Gesamtverzeichnis des deutschsprachigen Schrifttums (GV) 1700 – 1910

Bearbeitet unter der Leitung von
Hilmar Schmuck und Willi Gorzny

Bibliographische und redaktionelle Beratung:
Hans Popst und Rainer Schöller

100

Muk - Mul

K · G · Saur München · New York · London · Paris 1984

CIP-Kurztitelaufnahme der Deutschen Bibliothek

Gesamtverzeichnis des deutschsprachigen Schrifttums :
(GV). – München, New York, London, Paris : Saur.
Bd. 1 – 6 bearb. unter d. Leitung von Peter Geils
u. Willi Gorzny.
ISBN 3-598-30000-X

1700 – 1910 / bearb. unter d. Leitung von Hilmar
Schmuck u. Willi Gorzny. Bibliograph. u. red.
Beratung: Hans Popst u. Rainer Schöller

NE: Schmuck, Hilmar [Bearb.]

100. Muk - Mul. - 1984.

Techn. Realisierung und Druck: Norbert Gärtner, Mainz-Kastel
Binden: Karl Schaumann, Darmstadt
Printed in the Federal Republic of Germany
ISBN 3-598-30000-X (Gesamtwerk)

Mukai, Tetskichi [aus Tokio, Japan]: Studien über chemisch-analytische und mikroskopische Untersuchung des Manganstahls ... M. 10 Abbild. auf 5 Taf. Freiberg i. S., Craz & Gerlach, 1892; 35 S., 5 Taf. 8.
Erlangen, Phil. Fak., Inaug.-Diss. v. 1892

Mukai, Tetskichi, Studien üb. chemisch-analytische u. mikroskopische Untersuchung d. Manganstahls. Mit 10 Abbildgn. auf 5 Taf. gr. 8. (35 S.) Freiberg i/S. 892. Craz & Gerlach. n. 2. —

Mukarowsky, Jos., wie das Kind sein soll, s.: Lechler, Cornelie.

Mukden [Schlagwort]

Mukden, s. a. **China. Karte v. Ostchina.**

— s. a.: Liauyang.

Mukden. Karte der Umgebung v. **Mukden. 1:400,000.** 42,5×53 cm. Lith. Wien (904). (R. Lechner's Sort.) n.n. 1. 20

Müke, Paul Sachs-, s. Sachs-Müke

Mükisch, St(ephan) A(ndreas): Beiträge zur Kenntniß des kindlichen Organismus. 316 S., gbd.

Wien: Gerold 1825

JB 4.104

Mükisch, St. A., die Homöopathie in ihrer Würde als Wissenschaft u. Kunst dargestellt. gr. 8. Wien 826. Heubner. 21 gr

Mulack, C., praktische Winke über Baum- u. Beerenobst, nebst Anweisung zur Bereitung der Obstgetränke. 8. (34 S.) Angermünde 878. (Berlin, Lorentz) n. — 50

Mulack, C., praktische Winke über Baum- und Beerobst, nebst Anweisung zur Bereitung der Obstgetränke. 8. (84 S.) Angermünde 878. (Eberswalde, Rust.) *

Mulack, C., practische Winke über Baum- und Beerobst nebst Anweisung zur Bereitung der Obstgetränke: Johannisbeer-, Apfel-, Stachelbeerwein u. s. w. gr. 8. (34 S.) Angermünde 885, Windolff. *

Mulack, Johann Adam (Bautzen / Lausitz), Observationes singulares ad Pandectarum lib. I. tit. IV. et V. continens. Exercit. jur. specimen II. Präs. Fried. Gottlieb Zoller. Leipzig (Langenheim) 15. IV. 1771. 14 S. (5.—) 24363

Mūlamadhyamakakārikās (Mādhyamikasūtras) de Nāgārjuna, hrsg. v. Louis de la Vallée Poussin, s.: Bibliotheca buddhica. IV.

von der Mülbe, Arthur [aus Braunschweig]: Die Muskel-Gummata und ein neues Gumma des Myocardium .... Würzburg, Druck d. Ferdinand Rohrl'schen Buchdr., 1888; 26 S. 8°
Würzburg, Med. Fak., Inaug.-Diss. v. 1888

Mülbe, Arthur von der, die Muschel-Gummata und ein neues Gumma des Myocardium. Diss. Würzburg 1888, Stahelsche Univ.-Buchh. 8°. 26 S.

Mülbe, Franz von der

— d. Erzieh. d. Einjährig-Freiwilligen d. Infanterie, s.: Hilken.

Mülbe, v. d., das Garde-Füsilier-Regiment. Mit 2 (lith.) Uebersichtskarten (in Fol. u. qu. gr. Fol.) gr. 8. (IV, 464 S.) Berlin 876. Mittler & Sohn. n. 9. —

Das Garde-Füsilier-Regiment von (Franz) v. der **Mülbe,** Gen.Lt. z. D. 2. Aufl., fortgef. u. neubearb. von Offizieren d. Rgts. (Unter d. Vorr.: [Oskar] v. dem Knesebeck, Major.) Mit 11 Karten u. 11 Abb. *Berlin: R. Eisenschmidt 1901.* (VIII, 625 S.) 8° [F.] [01. ...]

v. d **Mülbe.** Geschichte des Garde-Füsilier-Regiments. (64) 8. M. 2 Krtn. Berlin 1876. 9,00.

Mülbe, v. der, wie bildet man d. Infanteristen im gefechtsmäß. Einzelschießen aus? Aus d. Praxis bearb. 12. (IV, 48 S.) Berlin 895. Liebel. n. — 60

Mülbe, Wolf-Heinrich von der: Die erste Schule von Fontainebleau. Ein Beitrag zu Geschichte d. französ. Malerei. *Breslau 1904: H. Fleischmann.* (74 S.) 8°
Breslau, Phil. Diss. v. 7. März 1904

Mülbe, Wolf Heinr. v. der, Sonne u. Nacht. Gedichte. Buchschmuck v. Rich. Grimm. 8. (46 S.) Krefeld 902. (J. Greven.) n. 2. —

— — Krefeld: Selbstverl. 1902. 46 S. 8°

Mülberger, Arth., d. Eisenbahn-Reform in Württemberg. gr. 8. (VII, 95 S.) Tübingen 896. H. Laupp. n. 1. 60

Mülberger, Arthur, approb. Arzt: Aus d. chirurg. Klinik zu München. 53 Fälle von Sectio alta. Ein Beitrag zur Statistik d. hohen Steinschnittes. *München 1902: C. Wolf u. Sohn.* (38 S.) 8°
München, Med. Diss. v. 1902

Mülberger, Arth., der Irrtum v. Karl Marx, s. Busch, Ernst.

Kapital und Zins. Die Polemik zwischen (Frédéric) Bastiat u. (P[ierre] J[oseph]) Proudhon. M. Einl. u. in Uebs. hrsg. v. Dr. Arthur **Mülberger.** *Jena: G. Fischer 1896.* (V S., 1 Bl., 232 S.) 1 Bd 8. [96. 9429 U

Mülberger, Arth., zur Kenntnis des Marxismus. Kritische Skizzen. gr. 8. (VII, 47 S.) Stuttgart 894. [G. J. Göschen.] Wiesbaden, M. Richter's Verl. n. 1. —

Ⓑ — Zur Kenntnis d. Marxismus. 894. — Studie über Proudhon. 891. (MB 28.) Jetzt: Berlin, J. Wunder.

— P. J. Proudhon. Leben und Werke. gr. 8°. Stuttgart, F. Frommann, 1898.

— P. J. Proudhon. Leben u. Werke. gr. 8. (VIII, 240 S.) Stuttgart 899. F. Frommann. n. 2.80; geb. n. 3.60

Mülberger, Arth. Studien üb. Proudhon. Ein Beitrag zum Verständnis der sozialen Reform. gr. 8. (V, 171 S.) Stuttg. 891, Göschen. * 2 50

— Zur Wohnungsfrage. 8°. Leipzig 1872. Mit Zusätzen abgedr. in: „Socialdemokratische Bibliothek", Nr. 13. 8°. Zürich 1887.

Mülberger, C. Das Finanzwesen von Württemberg zu Anfang des 16. Jahrhunderts. 8°. Tübingen 1840.

Mülberger, Ferd., über den Eid. Auseinanderſetzung. Wiesbaden 861. Limbarth in Comm. 8. (7 S.) 1½ ngr.

Mülberger, Friedrich [aus Erbach i. O.]: Über die Bedeutung der Irrenanstalten zur Verhütung des Selbstmordes der Geisteskranken .... Würzburg, Becker's Univ.-Buchdr., 1886; 32 S. 8°.
Würzburg, Med. Fak., Inaug.-Diss. v. 1886.

Mülberger, Friedrich, über die Bedeutung der Irrenanstalten zur Verhütung des Selbstmordes der Geisteskranken. Diss. Würzburg 1886, Stahelsche Univ.-Buchh. 8°. 32 S.

Mülberger, Marian H., Wandtafeln zur allgemeinen Biologie, s.: Haecker, V.

Mulde-Journal. 1847. 52 Nrn. gr. 4. (B. nebſt Prämie.) Döbeln, Dittmann. n. 1⅓ ₰

Mulde-Journal. 1847. 52 Nrn. (Bog. nebſt Prämie.) gr. 4. Döbeln, [Klemm's Sortimentsh.] *

Mulden, Alfr., die Macht des Rechtes. Drama in 5 Akten. (III, 124 S.) 8. Dresden 905. E. Pierſon. n. 1.50

Muldener

s. a. **Müldener.**

Muldener, Johann Friedrich (Frankenhausen), De rarissimo numo aureo in honorem Imperatoris Justini, Thracis, Tolenii quondam, in Gallia Narbonensi. Ab Orthodoxis signato. Disquisitio brevis. Frankenhausen (Keil) (29. I. 1755.) (5.50) 24364
Gew.: Anton Friedrich von Beulwiz.

Müldener, G., die Entwicklungsgeschichte der Poſt, ſ.: Volksabende.

Müldener, Johann Christian (auch: Johann Christoph)

Müldener, Jh. Cph., ſ. a. Geander an d. Oberelbe.

– – , Genauere // Betrachtung // der // Zeit // und // ihrer Theile, // Wie solche in // sechs an eine auf dem Lande woh- // nende Standes=Frau // abgelassenen // Send=Schreiben // angestellet worden // von // Geandern von der Ober=Elbe. // DRESDEN, // Zu finden bey Joh. Christoph Zimmermanns sel. Erben, // und Joh. Nicolao Gerlachen, 1731. – 2o Blatt (nicht paginiert) Titelblatt, Vorrede und Inhalt. – 157 S.
B. S. T. 8°.226.

Müldener, Joh. Chr.: Capitulatio harmonica, d. i. d. Römischen KK. Car. V. — u. Josephi Wahl-Capitulationen und deren Uebereinstimmung, Veränderungen, Anwachs u. Abweichungen, c. variis actis publicis. *Halle.* 697. 4. 2. Ausg. bes. v. J. Ch. *Müldener. Dresden* und *Leipzig.* 726. 4.

Müldener, J. C., capitulatio harmonica unterſch. röm. Kaiſer, nebſt Carl VI. Wahlverſprech. 4. Dresd. Walther. 725.

Müldener, Johann Christian, Geanders // von der Ober=Elbe // Poetische // Kleinigkeiten. // Dreßden und Leipzig, // Im Hekelischen Buchladen, // 1729. – 63 S.
Auf dem Vorblatt steht die Widmung:
Der
Teutsch=Übenden
Gesellschafft
Überreichet
diese wenigen Blätter
ein
Ehrlicher Teutscher.
B. S. T. 8°.227.

– – 2. Aufl. Ebd. 1753. 8°

Müldener, Johann Fr.

— erſte Abhandl. von d. in Fürſtl. Schwarzburg. Landen geweſenen u. zerſtörten Berg- u. a. Schlöſſern. 4. Frankenh. 751.

Müldener, Jh. Fr., († d. 13. Oct. 1766.) Abhandll. von d. Geſchichten d. Frankenhauſiſchen Stadtrechts. 1e—6e Abhandl. 4. Frankenhauſ. 747—52.

— Anecdota quaedam Rotlebensia, historiam hujus villae plenius explicantia. Cum contin. 4. Frankenh. 750, 51.

Müldener, J. F., Beweis, dass die von Beulwitzsche Familie schon seit vielen Jahrhunderten in schwarzburgischen Rathsbestallungen gestanden. Frankenhausen 1744. 4.

— Biographia Berth. Conr. Henr. et Casp. de Rottleben. Francohus. 1745. 4.

— hiſtor. Nachr. von d. Kapelle d. heil. Wolfgangs, eines beſondern Patrons des Salzwerks zu Frankenhauſen. 4. Frankenhauſ. 756.

— Nachrr. vom Kloſter Göllingen St. Wiperti. 4. Frankenh. 766. Cöler. 12 gr.

Müldener, J. F., hiſt.-diplom. Nachr. v. einig. verfalln. Bergſchlöſſern in Thüringen. 4. Leipzig, Groß. 752.

— hiſtor.-diplomat. Nachrr. von e. zerſtörten Bergſchlöſſern in Thüringen. 4. Frankenh. 752. Groß. 7 gr.

— merkwürd. hiſtor. Nachrr. von d. ehemals berühmten Ciſtercienſer-Nonnen-Kloſter St. Georgii zu Frankenhauſen in Thüringen ꝛc. 4. Leipz. u. Nordh. 747. Supplemente. 1s u. 2s Stück. 4. Frankenh. 759, 60.

Müldener, Johann Friedrich: Zuverlässige Nachrichten von den Schützengesellschaften, sowohl überhaupt als der Stadt Frankenhausen in ältern und neuern Zeiten. Frankenhausen, 1767. 1062

— Nachrr. v. Schützengeſellſchaften u. d. von d. Stadt Frankenhauſen. 4. Frankenh. 767. Cöler. 4 gr.

Müldener, J. F., Vita Conr. Herm., Henr. et Joh. de Rottleben. Francohus. 1744. 4.

— Vitae quorundam Rottlebiae dynastarum. Francohus. 1746. 4.

Müldener, Rud., Anna und ihre Kätzchen. Eine Erzählung für artige Kinder. gr. 4. (8 S. mit 6 Chromolithogr.) Leipzig 873, Opetz.

Müldener, Rud., Anna u. ihre Kätzchen. Eine Erzählg. f. artige Kinder. gr. 4. (8 S. m. 6 Chromolith.) Leipzig 873. Verlagsbuchh. f. Jugendliteratur. 1. 80

Müldener, Rudolph (Hrsg.), s.a. Arbeit, Nach der.

—— Nach der Arbeit. Novellen und Erzählungen für das Volk. 2 Bde. 8. (VII und 246 S., 280 S.) Langensalza 862,64, Schulbuchh. des Thüringer Lehrer-Vereins. à Bd. 18 Ngr.

Müldener, Rud., das Buch der schönsten Märchen aller Völker. Ein Märchenstrauß, zu Nutz u. Vergnügen der Jugend gesammelt u. gereiht. Mit 50 (eingedr. Holzschn.-)Abbildungen, 4 Tonbildern u. einem bunten Titelbilde zum Märchen Blaubart. 4. (IV, 318 S.) Halle 878. Schwetschke's Sep.-Cto. geb. 4. —

Müldener, Rud., das Buch der schönsten Märchen aller Völker. Ein Märchenstrauß, zu Nutz und Vergnügen der Jugend gesammelt und gereiht. 2. Aufl. gr. 8. (VIII, 347 S. mit 49 Abbild., 2 Tonbildern und 5 bunten Bildern.) Leipzig 887, Schwetschke's Verlag, Sep.-Cto. cart.

—— Das Buch der schönsten Märchen aller Völker. 3. Aufl. 4. (VIII, 346 S. m. 49 eingedr. Abbildgn., 2 Ton- u. 5 farb. Bildern.) Lpz. u. Halle a. S. 890, Schwetschke Sep.-Cto. cart. 4 —

Müldener, Rudolf, Das Buch vom Wetter oder das Wetter im Sprüchwort. Bernburg und Leipzig [o. J.].

Müldener, Rud., das Buch vom Wetter oder das Wetter im Sprüchwort. 1. und 2. Aufl. 8. (IV, 154 S.) Bernburg 882,83, Bacmeister. *

Müldener, Rud., das Buch vom Wetter od. das Wetter im Sprüchwort. 2. Aufl. 8. (IV, 154 S.) Gotha 883. Behrend n. — 80

Mueldener, Rudolf [Übers.]
s. Conscience, Hendrik: Die hölzerne Clara. 1850.

Müldener, Rud., Dornröschen u. Ritter Blaubart. Zwei Märchen f. die lieben Kleinen. Mit 6 (farb.) Bildern v. L. Hutschenreuter. 8. (16 S.) Leipzig 891. W. Opetz. Kart. n. — 50

Entlarvt. Eine wahre Kriminal-Geschichte von Rudolph Müldener. Berlin: Norddeutsche Verl.-Anst. [1905]. (128 S.) 8° [F.]
[Umschlagt.:] Entlarvt! Krim.-Roman von Adolf Mündner. [05. 14336

—— die Erbschaft des Verbrechens. Ein Billet, f. Geschichten, bizarre.

— der Kinder schönstes Fabelbuch. Mit Text in Versen nach Lafontaine. 8. (27 S. m. 16 Chromolith.) Ebend. 876. 1. 50

— Till Eulenspiegel's lustige Fahrten u. Schwänke. Der lieben Jugend. erzählt. Mit color. Abbildgn. gr. 4. (8 S.) Leipzig 873. Opetz. geb. 1. 80

— Till Eulenspiegel's lustige Fahrten u. Schwänke. Der lieben Jugend erzählt. Mit 12 Bildern in Farbendr. nach Zeichngn. v. Ramberg. 3. Aufl. gr. 4. (10 S.) Leipzig 887. Opetz. cart. 1. 50

— die wunderbaren Fahrten u. Abenteuer d. Grafen Pressac genannt Graf Fressack. Der lieben Jugend erzählt. gr. 4. (8 S. m. 12 Chromolith.) Ebend. 873. 1. 80

Müldener, Rud., Aus deutschen Gauen. Bilder und Skizzen. Zwickau 1870. 8. . [illegible]

—— schlichte Geschichten. Frei nach dem Engl. 8. (100 S.) Zwickau 872, Döhner.

—— seltsame Geschichten, fremd und eigen, s. Boudoir-Geschichten, amüsante.

— aus der Gesellschaft, s.: Reise-Bibliothek, Hamburger.

— Giebichenstein, Wittekind, Cröllwitz. Ein Erinnerungsblatt f. Heimische u. Fremde. 8. (51 S.) Halle 874. Anton. n. — 80

— unsere Hausthiere. Mit 6 Farbendr.-Taf. gr. 4. (12 Leipzig 876. Opetz. 1. 80

— Insubordination, s.: Bibliothek interessanter Erzählungen.

— Insubordination, s.: Erzählungen aus Heimat u. Ferne.

Müldener, R., Insubordination, s.: Wulff, F. W., m. d. Tode gesühnt.

— deutsch-französische Kriegs-Chronik. Geschichtliche Darstellung des deutschen Nationalkrieges gegen Frankreich. Zur Erinnerung für Mitstreit. u. Mitleb. 1—3. Liefg. Halle 870. Herrmann. gr. 8. (S. 1—128.) 3 ngr.

Deutsch-Französische Kriegs-Chronik. Geschichtliche Darstellung des deutschen Nationalkrieges gegen Frankreich. Zur Erinnerung für Mitstreitende und Mitlebende v. Rudolph Müldener. 8°.
(1.): Zur Vorgeschichte des Krieges 1870. Halle. 1871.

—— Liebe und Ehe im Epigramm. Epigramme deutscher Dichter. gr. 16. (172 S.) Leipzig 876, [B. Köhler.] G. Schulze. geb. mit Goldschn. *

— Liebe u. Ehe im Epigramme deutscher Dichter. gr. 16. (172 S.) Leipzig 876. B. Köhler. 3. —; geb. m. Goldschn. n. 4. —

—— Märchen aus dem Orient. 2 Bde. Mit (je 4 lithogr.) Illustr. 8. Langensalza, Schulbuchh. von Greßler. [1. Bd. 1. und 2. Aufl. (VI, 154 S.) 877,78; 2. Bd. (IV, 152 S.) 878.] à Bd. ℳ 1,50.

— Märchen aus dem Orient. Gesammelt u. hrsg. 2 Bde. 12. (Mit je 4 Tondr.-Bildern.) Langensalza 894. Schulbuchh. Kart. à 1. 50
1. 4. Aufl. (VI, 154 S.) — 2. 2. Aufl. (IV, 152 S.)

Märchen aus dem Orient. Gesammelt u. hrsg. von Rudolf Müldener. Mit Ill. 5. Aufl. Bd 1. Langensalza: F.G.L. Greßler [1904]. 8° [F.] [03. 118. 3

— Märchen aus dem Orient. Gesammelt u. hrsg. 1. u. 2. Bd. kl. 8. Langensalza, Schulbuchh. Kart. à n. 1. 50
1. 5. Aufl. (VI, 156 S. m. Abbildgn.) 904.
2. 4. Aufl. (IV, 152 S. m. Abbildgn.) 905.

Müldener, Rud., Märchen aus Süd und West. Langensalza 1863. 8.

Müldener, Rud., Märchen aus Süd und West. 8. (200 S.) Langensalza 865, Schulbuchh. von Greßler.

—— Märchen aus Süd und West. 2. Aufl. 1869, und 3. Aufl. 8. (200 S.) Langensalza 875, Schulbuchh. von Greßler.

— Märchen aus Süd u. West. Mit (4 lith.) Illustr. 4. Aufl. 8. (200 S.) Ebend. 878. cart. 1. 50

—, — 4. Aufl. Ebda 1879. 8.

— **Märchen aus Süd u. West. 6. Aufl. 12. (200 S. m. 4 Tondr.-Bildern.) Ebd. 894. Kart. 1. 50**

— nordisches Märchenbuch. 1. Aufl. 1863. und 2., verm. Aufl. 8. (VIII und 175 S.) Langensalza 865, Schulbuchh. von Greßler.

— nordisches Märchenbuch. Dänische, schwed. und norweg. Märchen übersetzt und gesammelt. 3. Aufl. 1869, und 4. verm. Aufl. gr. 8. (VIII, 174 S.) Ebendas. 874.

— nordisches Märchenbuch. Dänische, schwed. u. norweg. Märchen übersetzt u. gesammelt. 5. Aufl. gr. 8. (VIII, 174 S.) Ebend. 876. 1. 20

— Nordisches Märchenbuch. Dänische, schwed. u. norweg. Märchen, übers. u. gesammelt. 8. Aufl. 8. (VIII, 175 S. m. 4 Tondr.-Bildern.) Langensalza 891, Schulbuchh. cart. 1 50

— nord. Märchenbuch. Dänische, schwed. u. norweg. Märchen, übers. u. gesammelt. 9. Aufl. 12. (VIII, 175 S. m. 4 Bild.) Langensalza 895. Schulbuchh. Kart. 1. 50

Müldener, R., nord. Märchenbuch. Dänische, schwed. u. norweg. Märchen, übers. u. gesammelt. 10. Aufl. 8. (VIII, 175 S. m. 4 Vollbildern.) Langensalza 900. Schulbuchh. Kart. 1.50

Nordisches Märchenbuch. Dänische, schwed. u. norweg. Märchen übers. u. gesammelt von R[udolf] **Müldener**. 11. Aufl. Langensalza: F. G. L. Greßler 1907. (VIII, 182 S.) 8° [F.] (08. 13116

— nur e. Näherin. Amerikanisches Lebensbild frei nach dem Engl. d. Salon Robinson. gr. 16. (66 S.) Altona 873. Verlags-Büreau. — 75

— der Petersberg. Ein Erinnerungsblatt f. Heimische u. Fremde. 8. (46 S.) Halle 874. Anton. n. — 80

— **Rotkäppchen u. Aschenbrödel. Zwei Märchen f. die lieben Kleinen. 8. (16 S. m. 6 Farbendr.) Leipzig 891. W. Opetz. Kart. n. — 50**

— das brennende Schiff, s.: Volks-Erzählungen, kleine.

— auf der Sturmwand. Ein Bild aus dem norweg. Volksleben. Frei nach dem Dän. gr. 16. (87 S.) Altona 875. Verlags-Bureau. — 75

— Theater-Novellen. 8. (118 S.) Altona 879. Verlags-Bureau. 1. 50

— **hinter geschlossenen Toren. Kriminal-Roman. Die verhängnisvolle Station. (96 S.) 8. Neuweißensee (905). E. Bartels. 1. —**

— aus der Verbrecherwelt. Eine Sammlung von psychologisch-interessanten Criminalgeschichten. Frei nach dem Holländ. 2 Bde. 8. (240; 260 S.) Leipzig 874, Mutze. [Walther.] (*M. 7.)

— wunderbare Verwandlungen. Ein Bilderbuch für brave Kinder. 2 Hefte. 4. (à 10 S. Text und 8 chromolithogr. Taf.) Leipzig 874, Opetz. cart. à Heft complet in 1 Bde. cart.

— wunderbare Verwandlungen. Ein Bilderbuch f. brave Kinder. 2 Hfte. 4. (à 10 S. Text u. 8 chromolith. Taf.) Leipzig 874. Verlagsbuchh. f. Jugendliteratur. à 2. 40; cplt. in 1 Bd. cart. 4. 50

— die schönsten deutschen Volksbücher. Mit vielen Orig.-Zeichnungen von Osk. Schulz in Weimar (in eingedr. Holzschn. u. 1 Holzschntafel). Lex.-8. (VII, 312 S.) Halle 881. Schwetschke's Sep.-Cto. geb. 4. —

— zur Vorgeschichte d. Krieges 1870. [Aus „Deutsch-franz. Kriegs-Chronik." gr. 8. (IV, 160 S.) Halle 871. Herrmann. 1. 20

Müldener, Rudolph (Hrsg.). s.a. W e i b , Das.

— das Weib. Epigramme deutscher Dichter. 16. (199 S.) Leipzig 875. G. Schulze. n. 2. —

— dasselbe. 2. Aufl. gr. 16. (199 S.) Leipzig 876. B. Köhler. 3. —; geb. m. Goldschn. n. 4. —

Müldener, W. (Hrsg.). s. B a n c k e s , W.: Horae succisivae . . .

– (Hrsg.), s. B i b l i o t h e c a catholico-theologica.

– (Hrsg.), s. B i b l i o t h e c a geographica.

– (Hrsg.), s.a. B i b l i o t h e c a geographico-statistica.

Müldener, Dr. W., Bibliotheca geographico-statistica et oeconomico-politica. Göttingen 1869—74. 8°.

Müldener, W., s.a. **B i b l i o t h e c a historica.**

Müldener, Dr. W., Bibliotheca historica oder systematisch geordnete Uebersicht der in Deutschland und dem Auslande auf dem Gebiete der gesammten Geschichte neu erschienenen Bücher. Göttingen 1865—80 —

Müldener, W., Bibliotheca historico-geographica, s. B i b l i o t h e c a.

– (Hrsg.), s.a. B i b l i o t h e c a mechanico-technologica.

MÜLDENER, W. (Hrsg.): Bibliotheca mechanico-technologica et oeconomica oder systematisch geordnete Übersicht aller der auf dem Gebiete der mechanischen und technischen Künste und Gewerbe, der Fabriken, Manufakturen und Handwerke... der gesammten Bauwissenschaften, sowie der Haus-, Land-, Berg-, Forst- und Jagdwissenschaft in Deutschland und dem Auslande erschienenen Bücher. - Göttingen 1862-1873. Jg. 1-12 je 2 H.

– (Hrsg.), s. B i b l i o t h e c a oeconomica.

– (Hrsg.), s. B i b l i o t h e c a oeconomico-politica et statistica.

– (Hrsg.), s. B i b l i o t h e c a philologica.

– (Hrsg.), s. B i b l i o t h e c a theologica.

Muldental [Sachliches OW]

Muldenthal, das, v. Rochlitz bis Penig. 12. (5 S. m. 1 farb. Karte.) Leipzig 892. O. Dietrich. — 30

Muldental, das, von Rochlitz bis Penig. (6 S. m. 1 Abb. u. 1 farb. Karte.) kl. 8. Leipzig (910). O. Dietrich. — 20

Muldental [Schlagwort]

Muldetal, anhaltisches, s.a. Anhalt. Weyhe.

Muldenthal, s.a. Sachsen, Mittelbach, R.

Muldenthal. Specialkarte des Mulden- u. Zschopauthales m. Berücksicht der Umgegend v. Chemnitz. Auf Grund neuester Materialien bearb. 1 : 125,000. 5. Aufl. Chromolith. gr. Fol. Chemnitz 888. Troitzsch. n. 1. 20

Mulden- u. Zschopauthal. Spezialkarte d. Mulden- u. Zschopauthales m. Berücksicht. der Umgebung v. Chemnitz. Auf Grund neuester Materialien bearb. 6. (5.) Aufl. 1 : 125,000. 63×48 cm. Lith. Chemnitz 894. B. Troitzsch. n. — 60

— Touristen-Karte f. das Mulden- u. Zschopauthal m. Berücksicht. der Umgegend v. Chemnitz. Auf Grund neuester Materialien bearb. 1 : 125,000. 6. Aufl. 63 × 48 cm. Farbendr. Chemnitz 893. B. Troitzsch. n. 1. 20

Muldenthal-Album m. Specialansichten v. Wechselburg. Hrsg.: Karl Tirpitz. qu. 16. (12 Photogr.) Wechselburg 891. (Rochlitz, B. Pretzsch.) n. 1. 20

Mulder, G. (J.), s. Mulder, Gerrit Jan

Mulder, Gerardus Johannes, s. Mulder, Gerrit Jan

Mulder, Gerrit Jan

Mulder, G. J., neue Beiträge z. Geschichte des Proteins. (Aus d. Holländ.) A. u. d. Ttl.: Liebig's Frage sittlich u. wissenschaftl. geprüft. 8. (10½ B.) Frankfurt a. M. 846, Schmerber'sche Buchh. *

— die Chemie der Ackerkrume. Nach der holländ. Orig.-Ausg. deutsch bearb. und mit Erläuterungen versehen von Johs. Müller. 1. Bd. 6 Hefte, 2. Bd. 5 Hefte und 3. Bd. 1. Heft. Lex.-8. Berlin 861. 62, [Akademische Buchh.] [1. Bd. (VIII und 580 S.) 2. Bd. (VI und 472 S.) 3. Bd. (S. 1—96.)] à Heft * 15 Ngr. Thlr. *

Mulder, G. J., die Chemie der Ackerkrume. Nach der holländ. Orig.-Ausg. deutsch bearb. und mit Erläuterungen versehen von Johs. Müller. 13.—15. Heft. Lex.-8. (3. Bd. S. 97—394.) Berlin 863, Akademische Buchh. à Heft * 15 Ngr. *
1.—12. Heft. [Ebendas.] 1861,62. * 6 Thlr.

Mulder, G. J., die Chemie der Ackerkrume. Aus dem Holländ. unter Mitwirkung des Verf. von Chr. Grimm. 2 Bde. in 12 Lfgn. Lex.-8. Leipzig 861. 62, Weber. [1. Bd. (XVI und 592 S. mit Portr. in Stahlst.) 2. (VI und 569 S.)] à Lfg. * 15 Ngr. *

Mulder, G. J., die Chemie des Bieres. Aus dem Holländ. übers. von Chr. Grimm. Leipzig 858. Weber. 8. (X, 472 S.) n. 2 ℛ 15 ngr

— die Chemie der austrocknenden Oele, ihre Bereitung und ihre technische Anwendung in Künsten und Gewerben. Nach der holländ. Orig.-Ausg. bearb. von J. Müller. gr. 8. (VII und 255 S.) Berlin 867, Springer's Verlag. *

Mulder, Gerardus Johannes: Die Chemie des Weines. Aus d. Holländ. von Karl Arenz. Leipzig: Weber 1856. XII, 405 S. -- 12.16*.121.F 1

Mulder, Gerrit Jan. Die Ernährung in ihrem Zusammenhange mit dem Volksgeist. Utrecht u. Düsseldorf 1847. Ü: *Moleschott, Jacob.* (BrMm)

Mulder, G. J., die Ernährung in ihrem Zusammenhange mit dem Volksgeist, nach dem Holländ. von Jac. Moleschott. 8. (VIII und 80 S.) Düsseldorf 847, Bötticher.

Mulder G. J.: Liebigs Frage sittlich u. wissenschaftlich geprüft. Aus d. Holl. Frankf. a. M. 1846. 169 S.
(O. m. Tit.: Neue Beiträge z. Gesch. d. Proteins).

— Rede üb. die Welt der Materie, als ein Mittel zu höherer Entwickelung. Gehalt. bei der Einweihung des chem. Laboratoriums der Univers. zu Utrecht. Aus d. Holländ. übers. v. Jac. Moleschott. 8. (2 B.) Utrecht u. Düsseldorf 845, Bötticher'sche Buchh.

— die Silber-Probirmethode. Chemisch untersucht. Aus dem Holländ. übers. von Chr. Grimm. 8. (VIII und 328 S.) Leipzig 859, Weber. *

— das Streben der Materie nach Harmonie. Eine Vorlesung. gr. 8. (2¼ B.) Braunschweig 844, Vieweg u. Sohn. *

— chemische Untersuchungen. Unter des Verfassers Mitwirkung übersetzt von A. Völcker. 1. Hft. A. u. d. T.: Untersuchungen über die Galle u. ein Wort über Protein. gr. 8. (XVI u. 172 S.) Frankfurt a. M. 847, Schmerber. n. 1 ℛ — 2. Hft. A. u. d. T.: Untersuchungen über Protein, Behenöl u. amorphes Chinin. gr. 8. (S. 173—294.) Ebd. 847. n. ⅔ ℛ — 3. Hft. gr. 8. (S. 295—384.) Ebd. 848. n. ½ ℛ — (3 Hfte.) 2. (Titel-) Ausg. gr. 8. (XVI u. 384 S.) Ebd. 852. n. 1½ ℛ

Mulder, Chemische Untersuchungen. Deutsch von Völcker. Frankfurt a. Main. 1849. 8.

Untersuchungen über die Galle und ein Wort über Protein. Uebersetzt von A. Völcker. Frankfurt, 1847. 8vo.

Gerichtlich-chemische Untersuchungen ausgeführt unter G. J. Mulder's Leitung im Laboratorium zu Utrecht. Aus dem holländischen für deutsche Juristen, Aerzte und diejenigen bearbeitet, welche sich mit diesem Zweige der Chemie beschäftigen müssen, von Johannes Müller. Berlin, 1848. 16mo.

Mulder, G. J. Versuch einer allgemeinen physiologischen Chemie ... Braunschweig 1844—51. Ü: *Kolbe, Herm., Gg Hnr. Eberh. Schnedermann & Heinrich Limpricht.* (BrMm)

Versuch einer allgemeinen physiologischen Chemie. Mit eigenen Zusätzen des Verfassers für diese deutsche Ausgabe seines Werkes. Mit 8 colorirten und 12 schwarzen Kupfertafeln. Braunschweig, 1844–51. 2 vols., 8vo. Vol. I, pp. xii–532. Vol. II, pp. 533–1289–15.

Mulder, G. J., Versuch einer allgemeinen physiologischen Chemie. Mit eigenen Zusätzen des Verf. für diese deutsche Ausg. seines Werkes. Nach d. Holländ. v. H. Kolbe. 1.—8. Liefg. (6. Liefg. mit 8 Kupfertaf. 1 ℛ) gr. 8. Braunschweig 844—46, Vieweg u. Sohn. (à n. ⅓ ℛ) n. 3⅓ ℛ

Mulder, G. J., Versuch einer allgemeinen physiologischen Chemie. Mit eigenen Zusätzen des Verf. für diese deutsche Ausg. seines Werkes. Mit 8 color. u. 12 schwarzen Kpfrtaf. 9—14. Lfg. gr. 8. (S. 725—1289 u. 16 S. Erklärung der Kpfrtaf.) Braunschweig 851, Vieweg & Sohn. n. 2⅔ ℛ (cplt. n. 6 ℛ)

— dass. aus d. Holländ. v. J. Moleschott. 1.—7. Liefg. gr. 8. Heidelberg 844—46, Winter. à n. ⅓ ℛ

— Versuch einer allgemeinen physiologischen Chemie. Aus dem Holländischen von Jac. Moleschott. 8. Lfg. gr. 8. (S. 721—864.) Heidelberg 847, C. F. Winter. n. 12 ngr (1—8: n. 2 ℛ 22 ngr)

Mulder, G. J., s. J. *Vosmaer*, Institutiones.

—— über den Werth u. die Bedeutung der Naturwissenschaften für die Medicin. Eine Rede, gehalten bei der Eröffnung seiner chemischen Vorlesungen an der Universität zu Utrecht. A. d. Holländ. v. Jac. Moleschott. gr. 8. (2¼ B.) Heidelberg 844, C. F. Winter.

Mulder, H., Observationes criticae in aliquot Plutarchi vitas. Diss. 1863. 58 S.

Mulder, J. A., Tabulae arteriarum corporis humani Tab. I—IV. gr. Imp.-Fol. Lugduni Bat. 838, Luchtmans. (Leipzig, T. O. Weigel.) à *

Mulder, J. A., Tabulae vasorum corporis humani. Sect. I. Tabulae arteriarum. P. 1 et 2. gr. Imp.-Fol. Lugduni-Batav. 838, 39. Luchtmans et Trajecti ad Rhen., van der Post jun.; (Lipsiae, T. O. Weigel; libr. Weidmann.) n 1⅓ ℔

Mulder, John: Litterärische und kritische Geschichte der Zangen und Hebel in der Geburtshülfe. (Historia litteraria et critica forcipum et vectium obstetriciorum. Dt.) Übers. und mit einigen Anmerkungen versehen von Johann Wilhelm Schlegel. 306 S., gbd., Abb.

Leipzig: Weidmann 1798

JB 6.644

Mulder, M. E., unser Urteil üb. Vertical bei Neigung d. Kopfes nach rechts od. links. gr. 8. (12 S.) Groningen 898. P. Noordhoff. n.n. — 50

Mulder, N. C. [Arzt geb. in Leiden]: Über eine herzlose Missgeburt ... Leiden, P. J. Mulder, 1891; 4 Bl., 81 S., 2 Taf. 8.
Freiburg i. B., Med. Fak., Inaug.-Diss. v. 1891

Mulder, Nicol., Elenchus plantarum, quae prope urbem Leidam nascuntur, praemio ornatus. 4maj. Leyd. 818. (Lpz., Weigel). 1 ℔ 8 𝔊

Mulder-Boesgoed, Bibliotheca ichthyologica et piscatoria. Catalogue de livres et d'écrits sur l'histoire naturelle des poissons et des cétacés, la pisciculture, les pêches, la législation des pêches etc. gr. 8. (XXVI, 474 S.) Haarlem 873, de Erven Loosjes. *

[F.] **Mülder,** Dietrich [wiss. Hülfl. [!]]: Albrecht von Johannsdorf. E. Beitr. z. mittelhochdeutschen Metrik. Osnabrück, Druck v. J. G. Kisling, 1894; 1 Bl., 33 S. 8.
Osnabrück, k. RG, P 1894 (335)

Mülder, Dietr., Albrecht v. Johannsdorf. Ein Beitrag zur mittelhochdeutschen Metrik. gr. 8. (33 S.) Leipzig 894. G. Fock. n. 1. 20

Mülder, [Dietrich]: [Ansprache bei seiner Einführung als Direktor.] S. 17—20. 4. **Progr.** Kgl. Wilhelms-Gymn. *Emden* 1910 (412).

Mülder, Dietrich: Homer und die altjonische Elegie. Hildesheim 1906: Gebr. Gerstenberg. (51 S.) 8°
Hildesheim, k. G Andreanum OP 1906 (376)

Mülder, Dietr., Homer u. die altjonische Elegie. (51 S.) gr. 8. Hannover 906. C. Meyer. n. 1. 50

Die Ilias und ihre Quellen. Von Dietrich **Mülder**, Gymn.Dir., Emden. Berlin: Weidmann 1910. X, 372 S. 8° [10. 10387

Mülder, J. G., die Gräfin Gertrud v. Bentheim. Geschichtliche Erzählung aus der Kampfeszeit der reformirten Kirche. 8. (262 S.) Leer 878. Meyer. n. 1. 75

Sprach- und Übungsstoff aus der deutschen Kulturgeschichte von J. G. **Mülder**. *Hannover, Berlin: C. Meyer 1900.* (VI, 162 S.) 8° [F.] [01. 364

Mülders, J[ohann]. Die Balkongärtnerei. Pflege der Zimmer-, Kübelpflanzen und Cacteen. Die richtige Düngung derselben. Aus der Praxis — Für die Praxis. Mit vielen photographischen Abbildungen und Tabelle [im Text] für Erdmischung und Düngung. II + 166 S. 8. Zürich, Meyer & Hendess, 1906. [fr. 3. —]

Mülders, J., prakt. Leitfaden bei Ausschmückung der Balkone, Eingänge v. Häusern, f. Blumenfenster, Verandas u. Zinnen etc., bei Pflege der Zimmerpflanzen, der Kübel- u. Cactuspflanzen. Anweisung zur richt. Düngg. u. Erdmischg. dieser Pflanzen. (Die Balkongärtnerei. Pflege der Zimmer-, Kübelpflanzen u. Cacteen. Die richt. Düngg. derselben. Aus der Praxis f. die Praxis.) Mit vielen photograph. Abbildgn. u. Tabelle f. Erdmischg. u. Düngg. (165 S.) gr. 8. Zürich (906). G. Meyer. n. 2. 50

Muldetal, s. Muldental

Muldner, G. W.: Beiträge zu d. Lehre v. d. Kriegsgerichtsbarkeit, nach hess. Rechte. *Cassel*, Cramer. 798. 8. (8 Gr.)

Müldner, Rud., Novellen. Altona 867. Verlags-Büreau. 8. (200 S.) n. 20 *ngr.*

Müldner's v. Mülnheim, Karl, Biographie, s.: Rogge-Ludwig, W.

Müleisen, J., deutsches Lieder- und Commersbuch, s. Göpel.

Muelens, Eduard, Gerichtsassessor: Der § 326 des BGB. *Rostock 1903: C. Hinstorff.* (72 S.) 8°
Rostock, Jur. Diss. v. [12. Febr.] 1904

Mulert, s.a. Muhlert

— s.: Religion — Weltliebe.

Mulert, Gottes Welt. Erlösung. Gottes Wort. Gott ist alleinig. (28 S.) 8. Dresden 903. E. Pierson. n. — 50

Mulert, Alfred: Pierre Corneille auf der englichen Bühne und in der englichen Übersetzungs-Literatur des siebzehnten Jahrhunderts. Naumburg a. S. 1899: Lippert & Co. (35 S.) 8°
[Erschien vollst. 1900 als H. 18 d. Münchener Beiträge zur romanischen u. engl. Philologie.]
München, Phil. Diss. v. 1899

Mulert, Alfr., Pierre Corneille auf der englischen Bühne u. in der englischen Übersetzungs-Literatur des 17. Jahrh.. s. a. Beiträge, Münchener, zur roman. u. engl. Philologie. XVIII.

Pierre Corneille auf der englischen Bühne und in der englischen Übersetzungs-Literatur des siebzehnten Jahrhunderts. Von Dr. Alfred **Mulert**. Erlangen & Leipzig: A. Deichert 1900. (XIV, 61 S.) 8°
= Beiträge, Münchener, z. roman. u. engl. Philologie. H. 18.

Mulert, Botho, a. Königsberg i. Pr.: Ueber den Einfluß der Substituenten auf Bildung und Zersetzung von Derivaten alkylierter Cinchoninsäuren und über die Isomerie des α-Oxy-β-Alkylcinchoninsäureesters. (Berlin 1906: E. Ebering.) (65 S.) 8°
Berlin, Phil. Fak., Ref. Gabriel, Diss. v. 17. März 1906
[Geb. 15. März 83 Canditten, Ostpreußen: Wohnort: Königsberg i. Pr.; Staatsangeh.: Preußen: Vorbildung: Landessch. Pforta Reife M. 01; Studium: Königsberg 4, Berlin 4 S.: Rig. 7. Dez. 05.]

Mulert, Carl, s. Mulert, Karl

Mulert, Detlev [II. Assist. am path. Inst. zu Rostock]: Ein Fall von multiplen Endotheliomen der Kopfhaut, zugl. e. Beitr. z. Endotheliomfrage ... M. e. Taf. (Aus: Arch. f. klin. Chir., Bd. 54 Heft 3.) Berlin, gedr. bei L. Schumacher, 1897; 1 Bl., 16 S., 1 Taf. 8.
Rostock, Med. Fak., Inaug.-Diss. v. [2. Juni] 1897

Mulert, Ernst Otto Johann, s. Mulert, Otto

Mulert, Fr. K. D., Predigten, Beicht- u. Taufreden. gr. 8. (18 B.) Halle 828, (Meißner.)

Mulert, Fr. K. D., Predigten, Beicht- u. Taufreden. gr. 8. Halle 828. Reinecke u. C. 1 ℔

Mulert, Franz *Johannes Gottlieb* [aus Pommern]: Über die Heilung der bacillären Lungenschwindsucht. ... Greifswald, Druck v. J. Abel, 1891; 32 S. 8°
Greifswald, Med. Fak., Inaug.-Diss. v. 10. März 1891

Scheffels Ekkehard als historischer Roman. Ästhetisch-krit. Studie von S[chwester] G[abriele] **Mulert**. Münster: H. Schöningh 1909. VII, 112 S. 8° [10. 13738

Mulert, Gotthold [app. Arzt]: Ueber elektrische Reizung des Halssympathicus ... Rostock, C. Boldt'sche Hof-Buchdr., 1893; 24 S. 8.
Rostock, Med. Fak., Inaug.-Diss. v. [27. Juli] 1893

Mulert, Gustav Martin, s. Mulert, Martin

Mulert, H. B.: „Beleuchtung des von L. Bödiker herg. Rechtsgutachtens über die Frage: ob die im Herzogthume Arenberg-Meppen unter dem Namen von Landfolgen vorkommenden Dienste zu dem Patrimonial- und Privateigenthume des Herzogs von Arenberg als Standesherrn gehören, oder ob dieselben als aufgehoben betrachtet werden können?" Meppen (1831). — Vorhanden: Bibl. des Oberlandesgerichts Celle — Md. 635.

Mulert, Herm. (Julius Theod.) (geb. Rummelsburg in Pomm. 8. 10. 1824): De usu vaporum chloroformi obstetricio. Berolini (1848). (30 S.) 8°
Berlin, Med. Diss. v. 29. Mai 1848

Schleiermachers geschichtsphilosophische Ansichten in ihrer Bedeutung für seine Theologie von Lic. Hermann **Mulert**, Privatd. Gießen: A. Töpelmann 1907. (92 S.) 8°
— Mulert: Schleiermacher-Studien. 1.
— **Studien** z. Geschichte d. neueren Protestantismus. H. 3. [07. 10607

Mulert, Hermann. Die Lehrverpflichtung in der evangelischen Kirche Deutschlands. Zusammenstellung der Bestimmungen und Formeln, die eine Verpflichtung der Geistlichen, theologischen Universitätslehrer und Religionslehrer auf bekenntnismässige Lehre enthalten, nebst Mitteilungen über die Lehrverpflichtung in der deutschen ev. Kirche der Nachbarländer, besonders der Schweiz, hrg. von H' M'. XII + 99 S. 8. Tübingen und Leipzig, Mohr, 1904. [M. 1. 60]
S. 90—94: Die Schweiz; *s. auch S. 81. 82. 89 betr.* theol. Universitätslehrer, D.- und Lic.-Gelöbnisse.

Mulert, Hermann. Die Lehrverpflichtung in der evangelischen Kirche Deutschlands. Zusammenstellung der Bestimmungen und Formeln, die eine Verpflichtung der Geistlichen, theologischen Universitätslehrer und Religionslehrer auf bekenntnismässige Lehre enthalten, nebst Mitteilungen über die Lehrverpflichtung in der deutschen ev. Kirche der Nachbarländer, besonders der Schweiz, hrg. von H' M'. 2. Ausgabe ⟨mit einem Nachtrag⟩. XII + 108 S. 8. Tübingen, J. C. B. Mohr, 1906. [M. 1. —]
Darin S. 90/4 u. 81 f. 89. 106 f. die Schweiz *betr.*

Mulert, [Hermann]: Der Neuplatonismus, seine Vorbereitung u. Nachwirkung. *Leipzig 1897.*
in: **Festschrift** f. ... Prof. D. Fricke z. Feier s. 50j. Präsidiums in d. Lausitzer Prediger-Ges. zu Leipzig. [98. 2084

Mulert, Herm., s.: Schleiermacher's Sendschreiben üb. seine Glaubenslehre an Lücke.

— s.: Schleiermacher's, Frdr., Weihnachtsfeier.

Mulert, Hermann, Hilfsgeistlicher in Brockau b. Netzschkau: Schleiermacher-Studien I. Schleiermachers geschichtsphilosophische Ansichten in ihrer Bedeutung für seine Theologie. Gießen 1907: A. Töpelmann. (92 S.) 8°
Kiel, Theol. Fak., Ref. Mühlau, Diss. v. 1. Mai 1907
[Geb. 11. Jan. 79 Niederbobritzsch, Kgr. Sachsen; Wohnort: Kiel; Staatsangeh.: Sachsen; Vorbildung: Gymn. Freiberg i. Sa. Reife O. 97; Studium: Leipzig, Marburg, Berlin, Marburg, Kiel.]

— Schleiermacher-Studien, s.a. **Studien zur Geschichte des neueren Protestantismus. 3.**

Schleiermacher-Studien. Von Lic. Hermann **Mulert**, Privatd. 1. Gießen: A. Töpelmann 1907. 8°
— **Studien** z. Geschichte d. neueren Protestantismus. H. 3. [07. 10666

Mulert, J. G., biblischer Katechismus. gr. 8. Leipz. 818. 2e Aufl. 824. (Rein). 6 gr

— der kl. Katechismus Luthers. gr. 8. Leipz., (Rein). 2 gr

— kurze Religionsgeschichte f. Katechumenen. Leipz. 818. (Rein). 4 gr

— Zeittafel von Adam bis zum J. 1817. 3 Taf. Leipz. 818. (Rein) 4 gr

Mulert, K. F. Charte des Laufes der Leipzig-Dresdener Eisenbahn. Aus den officiellen Aufnahmen zusammengestellt. Leipzig. 1 Bl. c. L. Ff.

Mulert, Karl

Mulert, Carl (Wurzen), Diss. inaug. enchondromatis casum rariorem sistens. Leipzig (B. G. Teubner) 28. IX. 1852. 21 S. mit Biogr. (M.: H. von Brühl (Sächs. Adel)). (3.—) 24365
Gew.: Gustav Biedermann Guenther.

Mulert, *Gustav* Martin [app. Arzt aus Rummelsburg in Pomm.]: Ein Fall von Pankreascyste ... Leipzig, Druck v. Ramm & Seemann, 1894; 23 S. 8.
Leipzig, Med. Fak., Inaug.-Diss. v. 28. Apr. 1894

Mulert, Oskar, Dr. jur., Kammergerichtsreferendar: Vierundzwanzig ostpreußische Arbeiter und Arbeiterfamilien. Ein Vergleich ihrer ländl. u. städt. Lebensverhältnisse. Jena: G. Fischer 1908. (45 S.) 8° ¶ (Erscheint vollst. im gleichen Verlage.)
Königsberg, Phil. Fak., Ref. Diehl-Gorlach, Diss. v. 18. Juli 1908
[Geb. 29. Dez. 81 Canditten b. Pr.-Eylau; Wohnort: Wilmersdorf b. Berlin; Staatsangeh.: Preußen; Vorbildung: Schulpforta Reife O. 01; Studium: Königsberg 6, Tübingen 1 S.; Rig. 2. Juli 07.]

Vierundzwanzig ostpreußische Arbeiter und Arbeiterfamilien. Ein Vergleich ihrer ländl. u. städt. Lebensverhältnisse. Von Oskar **Mulert**. Jena: G. Fischer 1908. (228 S.) 8° [08. 11613

Mulert, O[skar], Referendar: Die staatsrechtliche Stellung von Elsaß-Lothringen. Greifswald 1904: J. Abel. (86 S.) 8° [F.]
Greifswald, Jur. Fak., Ref. Sartorius, Diss. v. 14. Nov. 1904
[Geb. 29. Dez. 81 Canditten i. Ostpr.; Wohnort: Braunsberg i. Pr.; Staatsangeh.: Preußen; Vorbildung: Landesschule Pforta Reife O. 01; Studium: Königsberg 1, Tübingen 5 S.; Rig. 2. Aug. 04.]

Mulert, (Ernst) Otto (Johann) (geb. Cörlin an d. Pers. 25. 11. 1858): Ein Beitrag zu den fibrösen Neubildungen der Haut. Berlin (1881). (30 S.) 8°
Berlin, Med. Diss. v. 30. Juli 1881

Mulert, S. G., s. M u l e r t, Gabriele

Mulertt, Hugo, der Goldfisch u. seine Arten, seine systemat. Pflege u. Zucht im Zimmer u. im Freien, zur Unterhaltg. u. als Erwerb, nebst Anleitgn. zur Anlage von Zimmer-Aquarien u. Zuchtteichen. 2. Aufl. (XII, 152 S. m. 38 Abbildgn., Bildnis u. 14 [1 farb.] Taf.) 8. Stettin (906). Herrcke & Lebeling. n. 3. 50

Mulertt, Hugo, der Goldfisch u. seine systematische, gewinnbringende Zucht. Eine Abhandlg. üb. den Fisch, seine Fortpflanzg., Feinde u. Krankheiten, üb. den Bau der Teiche u. s. w. u. die Pflege d. Fisches in der Gefangenschaft. gr. 8. (III, IV, 104 S. m. Text-Abbildgn. u. farb. Titelbild.) Stettin 892. Herrcke & Lebeling. n. 2. —

Mulertt, Johann Christfried (Judenberga / Sachs.), Theses juris controversi. Präs. August Friedrich Schott. Leipzig (Klaubarth) 30. I. 1788. 1 Bl. (1.50) 24366

Mulertt, Lina, der Dackel auf Reisen. Seine Reise-Erlebnisse, v. ihm selbst erzählt. Für die Jugend bearb. (VII, 63 S. m. Abbildgn.) gr. 8. Wiesbaden (904). R. Bechtold & Co. Kart. n. 2. —

Mules, Carl Hawkes (London)
Ueber Erysipelas.
[lt. Dekanatsbuch nur handschriftlich eingereicht.]
Dr. med. Giessen 10.7.1839.

Muletti, Saluzzese, Avvocat Delfino, Memorie storico-diplomatiche appartenenti alla Città ed Ai Marchesi di Saluzzo. Pubblicate con addizioni e note da Carlo Muletti. VI Tomi. Mit 3 Tabellen u. 20 Steintaf. gr. 8. Saluzzo 829—33. (Wien, Rohrmann u. Schweigerd.) n. 16 ℛ — (Beigedr. ist an Bd. III.: Calamitas calamitatum. Commentariolum Joannis Jacobi de Fia, Clerici Salutiensis, a Car. Muletti nunc primum editum. Salutiis 1830. — Bei Bd. V.: L'Assedio di Saluzzo dell' anno 1487, descritto da Bernard Orsello, Cittadino Saluzzese. Saluzzo 1831.)

Muley, der Sohn des Abdalla; ein Gemälde zur Nachahmung ... Grätz 1794. V: *Hoff, Heinrich Georg.* (MGT) (Ky)

Muley, Sohn des Abdallah; e. Gemälde f. Krieger, (von H. G. Hoff). 8. Grätz 794. (Salzb., Mayr). 3 gr.

Muley, der Sohn des Abdalla. Ein Gemälde rc. (v. H. G. Hoffi). 8. Grätz 794. jetzt Kienreich, u. d. Pr. 5 gl

Mülfarth, Martin *Leonhard* [aus Köln]: Aus d. chirurg. Klinik zu Bonn. Ueber maligne Geschwülste des Nasenrachenraumes ... Köln, Druck v. P. Brandts, 1893; 24 S. 8.
Bonn, Med. Fak., Inaug.-Diss. v. [27. Febr.] 1893

Mülfarth, Peter, aus Bettenhoven: Ueber Adsorption von Gasen an Glaspulver. *Bonn 1900: K. Drobnig.* (65 S.) 8°
Bonn, Phil. Diss. v. [28. Mai] 1900

Mulfinger, George A.: Ferdinand Kürnbergers Roman „Der Amerikamüde", dessen Quellen und Verhältnis zu Lenaus „Amerikareise". 49 S. Chicago, Univ., Phil. Diss. v. 1902

Mulford, Prentice, der Unfug des Sterbens. Ausgewählte Essays. Bearb. u. aus dem Engl. übers. v. Sir Galahad. (179 S.) 8. München (909). A. Langen. 2.50; geb. n 3. 50

Muley, der Sohn des Abdalla, ein Gemählde zur Nachahmung für Krieger und Helden, 8. Salzburg, 794. Mayrs. 4 sgl.

Mülhause, Elard. Die aus dem deutschen Götterglauben herrührenden Bilder an den Häusern in Oberhessen. Mit Holzschn. Kassel 1874. 8.

Mülhause, E., die aus der Sagenzeit stammenden Gebräuche der Deutschen, namentlich der Hessen. gr. 8. (84 S.) Kassel 867, (Freyschmidt.) *
Aus: Zeitschrift des Vereins für hessische Geschichte und Landeskunde, besonders abgedruckt.

Mülhause, Elard, die Urreligion des deutschen Volkes in hessischen Sitten, Sagen, Redensarten, Sprüchwörtern und Namen. 12. (359 S.) Cassel 860, Fischer. *

Mülhause, Geo., s.: Kriegserlebnisse e. Einjährig-Freiwilligen der VI. Kompagnie des III. hessischen Inf.-Regts. Nr. 83.

Mülhause, Joh. Philipp (Kassel/Hessen), De transactione propter enormem laesionem non rescindenda. Diss. jur. Marburg / Hessen (Ph. C. Muller) Juni 1740. 22 S. (4.50) 23844

Mülhausen [Sachliches OW]

Mülhausen i. E. Beckmann-Plan Mülhausen im Elsass. Nach amtl. Material in 5 farb. Ausführg. 1 : 10,000. 50,5×48 cm. Mit Strassenverzeichnis. (4 S.) 8. Stuttgart (909). W. Seifert. — 50

Mülhausen im Elsaß, der Kreis. Ein Beitrag zur Heimatkunde d. Kreises. Mit e. (chromolith.) Karte d. Kreises. 8. (VIII, 71 S.) Mülhausen i/E. 884. Bufleb's Sort. n.n. — 60; Karte ap. n. — 20

Pharus-Plan Mülhausen i/E. 1 : 11,000. 44,5×58,5 cm. Farbdr. Nebst Verzeichnis der Strassen, Plätze u. Brücken. (6 S.) kl. 8. Berlin 910. Mülhausen i/E., C. Detloff. — 75

Mülhausen i. E. [Schlagwort]

— s. a.: Altkirch. — Deutschland. Kürschner-Pelp.

— s. a.: Geolog. Karten, Spezialkarte (Elsass-Lothringen).

Mülhausen, s. a. Radfahrerkarten.

Mülhausen i/E. Karte von Mülhausen (i/E.) u. Umgegend. 1 : 200,000. [Aus: „Touristen-Atlas f. Süddeutschland".] 18 × 24 cm. Farbendr. Bruchsal 895. O. Katz. n. — 30; auf Leinw. n. — 40

Mülhausen. Karte der Umgegend v. Mülhausen (Elsass) in 4 Blättern. 1 : 25,000. Königl. preuss. Landesaufnahme 1885. Hrsg. 1888. Lith. u. color. gr. Fol. Berlin 888. (Eisenschmidt.) à n.n. 1. 50

Mülhausen i/E. Plan v. Mülhausen i. Elsass. 1 : 12,000. 41,5×31 cm. Farbdr. Mit Strassenverzeichnis. 12. (9 S.) Mülhausen i/E. 901. C. Ehrmann. n. — 80

Mülhausen. Plan der Stadt Mülhausen v. dem Stadtbauamte daselbst vervollständigt und richtiggestellt. 1 : 5000. In 2 Ausgaben. Je 2 Blatt à 81,5×52 cm. Farbdr. Mülhausen i/E. 903. (C. Ehrmann.)

— Plan de la Ville de Mulhouse. 1 : 10,000. 1 Blatt. Chromolith. Fol. Mülhausen 888. (Detloff.) n. 1. —

Mulhauser, J., Philibert Berthelier, s. Bibliothèque de drames nationaux.

Mulhauser, Jules, la bataille de Sempach. Poème dramatique. Ouvrage couronné par l'Institut National Genevois. Genève 855. Lauffer et Co. 12. (VIII, 80 S. u. 1 Stahlst.) n. 20 ngr.

Mülheim [Schlagwort]

Mülheim, s.a. Umgebungskarten.

Mülheim a. Rh., s. a.: Preussen. Messtischblätter.

Mülheim a. Rh. Plan der Städte Mülheim a. Rh. u. Kalk. 1 : 12,000. 25×49 cm. Farbdr. Mit Strassenverzeichnis an der Seite. Köln (909). (Mülheim-Rhein, J. Hartmann.) — 80

Mülheim am Rhein. Schaum, G., Karte d. Kreises Mülheim a. Rh. Chromolith. qu. 4. Bielefeld 889. Helmich. n.n. — 25

Mülheim a/Ruhr, s.a. Industriekarten.

Mülheim. Karte des Kreises Mülheim a/d. Ruhr, f. den Unterricht in der Heimatkunde bearb. 1 : 65,000. 23×19,5 cm. Farbendr. Nebst Beschreibg. gr. 4. (4 S.) Essen 893. H. L. Geck. n.n. — 25

Mülheim a/Ruhr. Pharus-Plan v. Mülheim-Ruhr. 1 : 18,000. 60×41 cm. Farbdr. Mit Strassenverzeichnis. (7 S.) 8. Berlin (910). (Mülheim-Ruhr, M. Röder.) — 75

Mülheim a/R. Weidenbach, Max, Mülheimer Stadtplan. Nach amtl. Quellen entworfen u. gezeichnet. 29×38 cm. Farbdr. Nebst Fahrplan u. erläut. Text. 8. (29 S.) Mülheim a/R. 899. M. Hegner. — 25

Mülheim [Verfasser]

Mülheim, Friedrich Wilhelm von (Brandenburger Adel), De charactere statuum Imperii. Der Reichs-Standschafft. Präs. Heinrich Coccejus. Frankfurt/Oder (Chr. Zeitler) 12. III. 1709. 44 S. (5.—) 23845

— — Dasselbe. Frankfurt/Oder (Chr. Zeitler) 12. III. 1709. 44 S. (4.—) 23846
Mit Widmung.

— — De charactere statuum Imperii, Germanice: Von der Reichs-Standschafft. Präs. Heinrich Coccejus. Frankfurt/Oder 12. III. 1709. tertia vice rec. 1739. 43 S. (5.—) 23847

Mülheims, Albert [aus Duisburg]: Über eine neue Art der Axenwinkelmessung und über die Bestimmung von Brechungsexponenten nach der Methode der Totalreflexion .... (Aus: Zeitschr. f. Krystallographie u. Mineralogie XIV. Bd.) Leipzig, Wilhelm Engelmann, 1888; 1 Bl. + 36 + 1 S. + 1 Bl. u. 1 Taf. 8°
Bonn, Phil. Fak., Inaug.-Diss. v. 12. Mai 1888

Mülhens, Die Gebrüder, Banquiers zu Frankfurt a. M., als Gläubiger der Stadt Koblenz ... [Koblenz 1826—28.] V: *Grebel, Matthias Joseph.* (KGBerlin I, 805) (STBKöln II, 110)

Mülhens, *Anton* [cand. med.]: Aus d. Krankenhäusern d. Hrn Prof. Dr. Witzel Bonn. Über Anlegung der Blasenbauchfistel nach Prof. Dr. Witzel ... Bonn, Buchdr. v. A. Henry, 1896; 31 S. 8.
Bonn, Med. Fak., Inaug.-Diss. v. [15.] Febr. 1896

Mülhens, Carl, s. Mülhens, Karl

Mülhens, Hermann, approb. Arzt, aus Köln-Ehrenfeld: Aus d. chirurg. Klinik zu Bonn. Vier Fälle von Abscessus intrahaepaticus [!] aut subphrenicus. *Bonn 1902: P. Hauptmann.* (40 S.) 8°
Bonn, Med. Diss. v. 5. März 1902

Mülhens, J., s. J. L. Klüber, die ehel. Abstammung d. Fürstl. Hauses Löwenstein-Wertheim.

Mülhens, Karl

Mülhens, Carl: Aus der medizinischen Klinik der Universität Bonn. Gelenksensibilität und Koordinationsstörungen, ein kasuistischer Beitrag. *Bonn 1898: Hauptmann.* (35 S. mit Taf.) 8°
Bonn, Med. Diss. v. [19. Febr.] 1898

Mülhöfer, J. Theorie der Parallelen. (Mit 1 Taf.) 7 S. . . . . .
Essen, Progr. 1840

Mulholland, Rosa, d. Emigrantin. Autoris. Übersetzg. v. Marie Morgenstern. gr. 8. (IV, 407 S.) Gotha 892. G. Schloeßmann. n. 4. —; geb. n. 5. —

Mulholland, Rosa, Marcella Grace. Eine Erzählg. aus Irlands Gegenwart. Autoris. Übersetzung v. Marie Morgenstern. 8. (III, 323 S.) Braunschweig 891. Grüneberg. n. 3. —; geb. n. 4. —

Mulholland, Rosa, die wilden Vögel v. Killeevy, s.: Roman- u. Novellen-Schatz. 1. Jahrg. 2. Bd.

Mulhouse, le vieux. Documents d'archives publiés par les soins d'une commission d'études historiques. (En 3 tomes.) Tome I et II. gr. 8. Mülhausen i/E. (C. Detloff.) n. 7. —
I. (VIII, 401 S.) 896. n. 3. —. — II. (LI, 551 S.) 898. n. 4. —

Müllich v. Prag, Lieder, hrsg. von Rich. Batka, s. a. Denkmäler deutscher Musik aus Böhmen. I.

Die Lieder Müllichs von Prag (um 1800). [Denkmäler deutscher Musik aus Böhmen. I.] Gr.-8°. (47 S.) † K 3.60
Prag: Taussig 1905.

Mulinen, s. Mülinen

[Mülinen, Berchtold von.] Familien-Geschichte und Genealogie der Grafen von Mülinen. 8. Berlin 1844.

v. Mülinen, der Grafen, Familiengeschichte und Genealogie. gr. 8. Berlin 844, A. Duncker. n. 1 ℔

Mülinen, Cecile von. Jutta, Prinzessin Sonnengold. [Erzählung.] Hrg. vom Verein für Verbreitung guter Schriften Bern. II + 92 S. 8. (Laupen, E. Bollmann,) 1907. (fr. —.15)
(Verein für Verbreitung guter Schriften, Verein Bern.) Jugendschrift J 10.

— dasselbe, s. a. Verein f. Verbreitung guter Schriften, Bern. Jugendschrift 10.

Mülinen, E. Fr. von, s. Mülinen, Egbert Friedrich von

Mülinen, [Eberhard] von. Beiträge zur Kenntniss des türkischen Grundbuchwesens. Von Dr. Graf von Mülinen. 8.

Sonderabdruck aus den Mittheilungen des Seminars für Orientalische Sprachen zu Berlin. (Hrg. von... Eduard Sachau....] Jahrg. 4. Abtheilung 2: Westasiatische Studien. Berlin, Reichsdruckerei, 1901. S. 116—136 + I S.

Auch in: Zeitschrift des deutschen Palaestina-Vereins. Band 24. Leipzig. K. Baedeker, 1901; — *und in:* Jahrbuch der internationalen Vereinigung für vergleichende Rechtswissenschaft... Jahrg. 7, 1901. Berlin, K. Hoffmann.

Mülinen, E[berhard] von. Beiträge zur Kenntnis des Karmels. Von Dr. E. Graf von M'. Mit 2 Tafeln und 122 Abbildungen. Separatabdruck aus der Zeitschrift des Deutschen Palästina-Vereins, Band 30 <1907>... und Band 31 <1908>.... IV + 350 S. 8. Leipzig, Komm. K. Baedeker, 1908. [M. 20.—]

Mülinen, [Eberhard] von. Die lateinische Kirche im Türkischen Reiche. Von Dr. Graf von Mülinen. (Sonderabdruck aus dem Jahrbuch der Internationalen Vereinigung für vergleichende Rechtswissenschaft und Volkswirtschaftslehre zu Berlin [Jahrg. 5, Teil 2].) IV + 53 S. 8. Berlin, K. Hoffmann, 1901.

Mülinen, E. Graf v., die lateinische Kirche im türkischen Reiche. 2. verm. Aufl. (III, 64 S.) gr. 8. Berlin 903. [K. Hoffmann.] H. W. Müller. n. 1. 50

Mülinen, Egbert Friedrich von

Mülinen, Egbert Fr. v., Beiträge zur Heimathkunde des Kantons Bern deutschen Theils. 1. Heft: Oberland und Emmenthal. 8. (VIII, 175 S.) Bern 879, Haller. *

Aus: Alpenrosen, besonders abgedruckt.

Mülinen, Egbert Friedr. v., Beiträge zur Heimathkunde des Kantons Bern deutschen Theils. 2.—4. Heft. 8. Bern, (Haller.) *

Inhalt:

Heft 2. Mittelland. I. Aegerten—Jaberg. (IV, 224 S.) 880. *ℳ 2.

„ 3. —— dass. — II. Jegistorf—Ottenleuebad. (IV, 284 S.) 881. *ℳ 2,50.

„ 4. —— dass. — III. Papiermühle—Zuzwyl. (VIII, 359 S.) 883. *ℳ 3,60.

1. Heft. Ebendas. 1879. *ℳ 2.

Aus: Alpenrosen, besonders abgedruckt.

Mülinen, Egbert Frdr. v., Beiträge zur Heimathkunde d. Kantons Bern deutschen Theils. Fortgesetzt v. Wolfg. Frdr. v. Mülinen. 5. Hft. Der Oberaargau. 8. (VIII, 268 S.) Bern 890. Nydegger & Baumgart. n. 3. 50 (1—5.: n. 13. 60)

Mülinen, Egbert Frdr. v., Beiträge zur Heimathkunde des Kantons Bern deutschen Theils, fortgesetzt von Wolfg. Frdr. v. Mülinen. 6. Hft. (1.—3. [Schluß-]Thl.): Das Seeland. 8. Bern, K. J. Wyß. n. 7. 20 (1—6, III.: n. 20. 80)

1. (II, 192 S.) 893. n. 2. 40. — 2. (S. 193—384.) 894. n. 2. 40. — 3. (S. 385—606.) 894. n. 2. 40.

Mülinen, E. Fr. v., Bericht üb. die Jahresversammlung des histor. Vereins des Kts. Solothurn, geh. auf dem Sälischloss ob Olten am 27. Sept. 1871. 7 Stn. 8. Bern. 1871.

Mülinen, E. Fr. von, Ueber die Glasmalerei in der Schweiz. 16 Stn. 8. Bern, Buchdr. B. F. Haller. 1873.

Separatabdruck aus den „Alpenrosen" vom 21. Decbr. 1872.

Mülinen, Egbert Friedr. v., Helvetia sacra, oder Reihenfolge der kirchlichen Obern und Oberinnen in den ehemaligen u. noch bestehenden innerhalb dem gegenwärtigen Umfange der schweizerischen Eidgenossenschaft gelegenen Bisthümern, Collegiatstiften u. Klöstern (möglichst nach älteren urkundl. Quellen und neueren zuverlässigen Mittheilungen). 1. Thl. Bern 858. (Zürich, Schulthess.) qu. Fol. (XVI, 242 S.) n. 4 ₰.

Mülinen, Egbert Frdr. v., Helvetia sacra, oder Reihenfolge der kirchlichen Obern u. Oberinnen in den ehemaligen u. noch bestehenden innerhalb dem gegenwartigen Umfange der schweizerischen Eidgenossenschaft gelegenen. Bisthumern, Collegiatstiften u. Klostern [möglichst nach alteren urkundlichen Quellen u. neueren zuverlassigen Mittheilungen.] 2. Thl. Bern 861. (Zurich, Schulthess.) qu. Fol. (XVI, 256 S.) n. 4 ₰

Mülinen, Egbert Friedrich von. Die weltlichen und geistlichen Herren des Emmenthales im Mittelalter. Vortrag, gehalten an der Jahresversammlung des hist. Vereins des Kantons Bern in Langnau... den 2. Juli 1871, und seither bedeutend vervollständigt. SA. 8. Bern, im Januar 1872.

Mülinen, E. Fr. von, die weltlichen und geistlichen Herren des Emmenthals im Mittelalter. Vortrag. 87 Stn. 8. Bern, Stämpfli'sche Buchdr. 1872.

Aus d. Archiv d. histor. Vereins d. Kt. Bern, Bd. VIII., besonders abgedr. in 100 Exemplaren.

Mülinen, Egbert Friedrich von. Der Johanniter-Orden im Allgemeinen und das Johanniterhaus Buchsee <Münchenbuchsee>... insbesondere. Vortrag, gehalten an der Jahressitzung des historischen Vereins des Kantons Bern in Münchenbuchsee den 30. Juni 1867. SA. 8. Bern, im October 1868.

Mülinen, Egbert Friedrich von. Prodromus einer schweizerischen Historiographie in alphabetischer Reihenfolge die Historiker aller Cantone und aller Jahrhunderte umfassend. 8. Bern 1874.

Mülinen, F. W. von, s. Mülinen, Wolfgang Friedrich von

Mülinen, Gottfried von. Urkundliche Geschichte der Grafen von Lenzburg. Ein Beytrag zur Geschichte Helvetiens im Mittelalter. [Mit 4 Stammtafeln. SA.] 8. Bern 1821.

[Mülinen, Gottfried von.] Franz Ludwig Haller von Königsfelden (1735—1838). Ein biographischer Versuch. ([Mit] Anhang: Briefe von Johannes von Müller an Franz Ludwig von Haller.) SA. 8. Bern 1838.

Mülinen, Hartmann Friedrich von

Mülinen, Hartm. Frdr. v., Beiträge zur Geschichte der Einigungen der alten Eidgenossenschaft m. dem Auslande u. d. Verhaltens der Eidgenossenschaft bei dem endgültigen Uebergang der Franche-Comté an Frankreich. Diss. gr. 8. (64 S.) Bern 892. (Schmid, Francke & Co.) n. 1. 60

Mülinen, Hartmann Friedrich von. Divico oder Die von Caesar den Ost-Galliern und Süd-Germanen gegenüber vertretene Politik. 3 Lieferungen. 8. Bern, Komm. Hans Körber, 1898—1901.

Liefg. 1. 64 S. 1898. [fr. 1. 50] — Liefg. 2. 25 S. 1899. [fr. —. 60] — Liefg. 3. (Theil 1.) 44 S. 1901. [fr. 1. —]

Wurde nicht fortgesetzt.

Mülinen, Helene von. Die Bedeutung des internationalen Frauenkongresses. ([Uebers. von:] Le rôle du Conseil International des Femmes....) Separatabzug aus der «Monatsschrift für christl. Sozialreform», Basel... Jahrg. 1903, Heft 8/9. II + 7 S. 8. Basel, Actiendr. «Basler Volksblatt», 1903.

Mülinen, Helene von. Schärfere Bestrafung der Sittlichkeitsdelikte an Kindern. Referat, gehalten an der zweiten Generalversammlung des Bundes Schweizerischer Frauenvereine. Separatabzug aus den «Schweiz. Blättern für Wirtschafts- u. Socialpolitik». Heft 11, Jahrg. 9, 1901.... 8 S. 8. Bern, Frl. C. Sturzenegger, 1901.

Muelinen, Helene von: Die Stellung der Frau zur sozialen Aufgabe. Vortrag gehalten im Schosse der christl.-soz. Gesellschaft d. Kantons Bern. — Bern: Schmid & Francke 1897. 67 S. 8°

Mülinen, Helvetius von, Nova Giessensia: sive observationes extemporaneae, de rebus ad eruditionem pertinentibus, in illustri Ludoviciana factae et collectae. Fasciculus primus cum censura et approbatione publica. Frankfurt / Gießen (H. L. Broenner u. B. Chr. Groot, J. R. Vulpius) (30. Jobr.) 1729. 74 S. (7.50) 23848

(Mülinen, N[iclaus] Friedrich von.) An die Hasler. (Rapport an die Landsleute von Oberhasli, in deren Namen die Petition an die Helvetische Tagsatzung eingegeben worden ist.) Den 10. Oktober 1801. 8. *o. O.*

(Mülinen, Niclaus Friedrich von.) Recherches historiques sur les anciennes assemblées des États du Pays-de-Vaud. ([Par] Nicolas-Fréderic de Mulinen.) 8. Berne, Décembre 1797.
[1re éd.]
<2de éd., augmentée d'une addition.>

v. Mulinen, Nicol. Fr., († d. 15. Jan. 1833.) récherches historiques sur les anciens états du Pays de Vaud contre le C. la Harpe. 8. Bern 797. Typ. Soc. 8 gl.

Mülinen, Rodolphe Cte de

Mulinen, Cte. de. Les finances de l'Autriche. **Étude historique et statistique** sur les finances **de l'Autriche** cisleithanienne comparées avec **celles de la France,** d'après les publications **officielles de l'administration** imperiale et royale **des finances.** 8°. Paris et Vienne 1875.

Mülinen, Comte de, les finances de l'Autriche. Etude historique et statistique sur les finances de l'Autriche-Cisleithanie comparées avec celles de la France. D'apres des publications officielles de l'administration impériale et royale des finances. gr. 8. (VIII, 320 S.) Wien 875. Braumüller. n. 8. —

Mülinen, R. comte de, les finances de l'Autriche. gr. 8. Wien 875, Manz'sche Hofverlagsb. * 8 —

Mülinen, Wolfgang Friedrich von: Beiträge zur Heimatkunde des Kantons Bern deutschen Teils,
s. Mülinen, Egbert Friedrich von

Mülinen, W[olfgang] F[riedrich] von. Zwei Berner (Johann und Hans Albrecht von Mülinen) in des Reiches Acht (1466–1493). SA. 8. [Bern 1889.]

Mülinen, W. F. v. 1598—1656. Die Chronik des Jost von Brechershäusern. In-8°. 32 S. Bern, Buchdr. des Berner Tagblatt. *1893.* — 75

— **Ludwig Schwinkhards Chronik. [Aus: „Berner-Heim".] 8. (15 S.) Bern 893. Exped. d. Berner Tagblatt.** n. — 20

[F.] Erinnerungen an die Zeit des Uebergangs. Aus Familienpapieren zsgest. v. Wolfgang Friedrich v. **Mülinen.** *Bern: Schmid & Francke 1898.* (158 S.) 1 Bd 8. [98. 1637

[F.] Erinnerungen an die Zeit des Uebergangs. Aus Familienpapieren zsgest. v. Wolfgang Friedrich v. **Mülinen.** 2. unveränd. Aufl. *Bern: Schmid & Francke 1898.* (158 S.) 1 Bd 8. [99. 88, 11

Mülinen, W. F. v., Daniel Fellenberg u. die patriot. Gesellschaft in Bern, s. a. Neujahrsblatt, hrsg. vom histor. Verein des Kantons Bern. 1901.

Mülinen, W[olfgang] F[riedrich] von. Daniel Fellenberg und die Patriotische Gesellschaft in Bern. [Mit Porträt.] 57 S. 4. Bern, K. J. Wyss, 1900. [fr. 2. 50]
Neujahrsblatt hrg. vom Historischen Verein des Kantons Bern für 1901.

Mülinen, Wolfg[ang] Friedrich von. Bern's Geschichte, 1191–1891. Festschrift zur 700jährigen Gründungsfeier. [Mit Vignetten und illustriertem Umschlag.] 8. Bern 1891.
[1. Aufl.] — (2. unveränderte Aufl.)

Mülinen, Wolfg. Frdr. v., Bern's Geschichte 1191—1891. Festschrift zur 700jähr. Gründungsfeier. 2. unveränd. Aufl. gr. 8. (VIII, 235 S.) Bern 891. Schmid, Francke & Co. n. 1. 80; **französ. Ausg. (VIII, 217 S.) zu gleichem Preise.**

Mülinen, Wolfgang Friedrich von. Geschichte der Schweizer-Söldner bis zur Errichtung der ersten stehenden Garde <1497>. Diss. Phil. Bern. 8. Bern 1887.

Mülinen, W. F. v. Geschichte der Schweizer-Söldner bis zur Errichtung der ersten stehenden Garde 1497. Gr. in 8°, XI u. 184 S. Bern, Huber & Cie. (Hans Körber). *1887.* 5 —

Mülinen, W[olfgang] F[riedrich] von. Eine Gevatterschaft mit Hindernissen. [SA.] 8. [Bern 1894.]

— **die Glasgemälde d. bernischen Kirchen, s.: Thormann, Frz.**

— **Christoph v. Graffenried, Landgraf v. Carolina, Gründer v. Neu-Bern, s. a. Neujahrsblatt, hrsg. v. histor. Verein d. Kantons Bern.**

Mülinen, Wolfgang Friedrich von: Christoph Graffenried, Landgraf von Carolina, Gründer von Neu-Bern. *Zumeist nach Familienpapieren und Copien seiner amtlichen Berichte von . . . Bern: Druck und Verlag K. J. Wyss 1896. 43 S., Karten.*
= Neujahrsblatt herausgegeben vom Historischen Verein des Kantons Bern 1897.

Mülinen, W[olfgang] Friedrich von. Histoire de Berne, 1191 à 1891. Écrite en commémoration du sept centième anniversaire de la fondation de la ville de Berne par W. Frédéric de Mulinen. [Traduit de l'allemand par Virgile Rossel. Avec des vignettes et couverture illustrée.] 8. Berne 1891.

— Histoire de Berne 1191—1891. Écrite en commémoration au sept-centième anniversaire de la fondation de la ville de Berne. In-8°. 214 p. Bern, Schmid, Francke & Co. *1891.* 2 —

— **der Jakobinerstaat. Akademischer Vortrag, geh. im Casino 3. Novbr. 1893. 8. (30 S.) Bern 894. Exped. des Berner Tagblatt.** n. — 50

Mülinen, Wolfgang Friedrich von. Ludwig XVII. im Temple. Vortrag, gehalten im historischen Verein des Kantons Bern am 12. November 1909. Sonderabdruck aus dem Sonntagsblatt des «Bund» [Jahrg. 1910, Nr. 28—30]. 23 S. 8. Bern, [H. Jent & Co.,] 1910.

— **Ritter Caspar v. Mülinen, s. a. Neujahrsblatt d. historischen Vereins v. Bern.**

Ritter Caspar von Mülinen. Von Wolfgang Friedrich v. **Mülinen.** *Bern: K. J. Wyss 1893.* (44 S.) 4°
— **Neujahrsblatt** des Historischen Vereins von Bern. 1894.

Mülinen, W[olfgang] F[riedrich] von. Die Schlacht von Malplaquet ‹11. September 1709›. Mitgeteilt im Historischen Verein [des Kantons Bern] am 9. Februar 1894. SA. 8. Bern 1894.

— Die Schlacht von Malplaquet (11. Sept. 1709). In-8°. 15 S. Bern, Berner Tagblatt. 1894. — 20

— **das französische Schweizer Garderegiment am 10. Aug. 1792. gr. 8. (VII, 214 S. m. Bildnis u. Plan.) Luzern 892. Gebr. Räber. n. 4. 40**

Mülinen, Wolfgang Friedrich von. Standeserhöhungen und Wappenänderungen Bernischer Geschlechter. SA. 4. Neuchâtel 1896.

— Zum Sturz der Mediation in Bern. Kl. 8°. 32 S. Bern, 1898, Verlag des „Berner Tagblatt."

— Letzte Tage einer Landvogtei im welschen Lande. Mitgeteilt v. *M.* Kl. 8°. 13 S. Ebda. 1898.

— **Verzeichnis der Burgen, Schlösser u. Ruinen im Kanton Bern deutschen Teils. Im Auftrag des bern. histor. Vereins hrsg. [Aus: „Berner Heim".] 8. (34 S.)**
Bern: Berner Tagblatt 1894. **n. — 50**

Mülinen, W[olfgang] Fr[iedrich] von. Wie der Oberaargau bernisch wurde. Vortrag, gehalten von Dr. W. Fr. von M' an der Jahresversammlung des bern. hist. Vereins ... den 22. Juni 1890 in Herzogenbuchsee. SA. 8. Herzogenbuchsee 1890.

Mülinen, W[olfgang] F[riedrich] v[on]. [Christoph Martin] Wieland in Bern. Nach gedruckten und ungedruckten Schriften. 8.
Ausg. A. SA. Basel 1899.
Ausg. B. An der Jahresversammlung des bern. histor. Vereins im Thalgut am 18. Juni 1899 vorgetragen, und seither ergänzt. SA. Bern 1900.

Mülinen, W[olfgang] F[riedrich] v[on]. Schloss Worb. Vortrag von W. F. v. M', gehalten an der 50. Jahresversammlung des historischen Vereins [des Kantons Bern] ... [zu] Worb, 21. Juni 1896. [Mit 1 Vignette.] SA. 8. ([Bern] 1896.)

Mulisch, Johann Friedrich (Artera-Mansfeld), De fama capita quaedam selecta. Präs. Ernst Martin Chladen. Wittenberg (Schlomach) 25. X. 1759. 8 S. (4.75) 24367

Mulkowski, Ad., das Königr. Polen u. d. Freistaat Krakau, s. Hoffmann, K. F. V., Europa, 8. Bd. 3. Abthl.

Mull, *Gustav Karl* Richard [app. Arzt aus Beinum]: Ueber angeborene maligne Neubildungen m. bes. Berücks. d. congenitalen Sarkome u. Carcinome d. Haut ... Leipzig, Druck v. A. Edelmann, Univ.-Buchdr., *1897;* 52 S., 1 Bl. 8.
Leipzig, Med. Fak., Inaug.-Diss. v. 26. Juli 1897

Mullach, A., s. Mullach, Friedrich Wilhelm August

Mullach, Friedrich Wilhelm August

— (Hrsg.), s. Aristoteles: De Melisso, Xenophane et Gorgia disputationes.

Mullach, F. G. A., conjectaneorum Byzantinorum libri II. gr. 8. (64 S.) Berolini 852, Geelhaar. n. ⅔ ₰

Mullachius, Fr. Wih. Aug., s. Demetrii Zeni Paraphrasis.

— (Hrsg.), s. Democritus Abderites: Operum fragmenta.

Mullach, **F. G. A., Grammaire latine, à l'usage des classes inférieures et moyennes du collége roy. franç. gr. in-8. (13 B.) Berlin 841, Duncker et Humblot.** *

Mullach, F. W. A., Grammatik der griechischen Vulgarsprache in historischer Entwickelung. Berlin 856. Dümmler's Verlhdlg. gr. 8. (X, 406 S.) n. 2 ₰. 20 ngr.

Q. D. B. V. **Germaniae philologos Berolinum congressos Societatis Gymnasiorum Berolinensium sodales salvere jubent interprete FRID. GUIL. AUGUSTO MULLACHIO. Inest disputatio de Empedoclis prooemio. Berolini 1850. Typis A. G. Schadii.** 22 S. 4°.

Mullach, F. G. A. Quaestionum Democritearum specim. 30 S.
Berlin, C. F., Progr. 1835

Mullach, F. G. A. Quaestionum Democritearum. Spec. II. 25 S.
Berlin, Franz. G., Progr. 1842

Mullach, A. Quaestionum Empedoclearum specimen secundum. 32 S.
Berlin, Franz. G., Progr. 1853

Mullach, F. W. A., griechische Sprache u. Dialekte, s. Griechenland.

Mullach, Frid[ericus] Guil[elmus] Aug[ustus]: • Dissertatio de Democriti Abderitae vita. 40 Bl. 2°
Halle-Wittenberg, Phil. Diss. v. 4. Aug. 1831
Geb. [Berlin 1. 1. 1807]
Ersch. veränd. u. d. T.: Quaestionum Democritearum. Specimen [1.] 2. Berolini 1835—42: Starcke. 32 u. 25 S. 8° (4°) Collège François, Progr. — Verf. diputierte über Theses ab ipso editas.

Die Schule und die häusliche Erziehung. Von Jg. Müllbauer, G. P. — 1833. Ebd. — S. 3—10.
Progr. München.

MÜLLBAUER, Maximilian (München): Geschichte der katholischen Missionen in Ostindien von der Zeit Vasco da Gama's bis zur Mitte des achtzehnten Jahrhunderts.- München: Hübschmann 1851.
XII,372 S.
10.3.1853 - Urk; P 44
Diss. Ingolst. - Landsh. - Mchn.

Müllbauer, Max., Geschichte der katholischen Missionen in Ostindien v. der Zeit Vasco da Gama's bis zur Mitte des 18. Jahrhunderts. Eine von der theolog. Facultät der Ludwigs-Max.-Universität zu München gekrönte Preisschrift. gr. 8. (XII u. 372 S.) Freiburg im Br. 852, Herder. n. 1 ₰ 4 ngr

Müllberger, Arth.: Kapital u. Zins. Jena 1896.

Müllegger, Aug., Augsburg in Wort u. Bild, s.: Probst, O. F.

Müllegger, S., das Seewasseraquarium, **s.:** Bibliothek f. Aquarien- u. Terrarienkunde. 18. Heft.

Müllegger, S., das Seewasseraquarium, s.: Bibliothek f. Aquarien- u. Terrarienkunde. 20. Heft.

Müllem, G., Naturblüthen. gr. 12. (7 B.) Düsseldorf 840, Stahl'sche Buchh. *

Müllem, Hubert: Über ein grosses intraparietales Uterussarkom. *Greifswald 1897: C. Sell.* (25 S.) 8°
Greifswald, Med. Diss. v. 9. Okt 1897

[Kopft.:] **Müllemeister,** Peter [Dr.]: Bemerkungen zur Streitfrage über die Echtheit der Brutusbriefe I, 16 und 17. *Emmerich, 1897;* 19 S., 1 kl. Bl. 4.
Emmerich, k. G, P 1897 (456)

Müllemeister, Petr., de fontibus Pyrri Plutarchei. Dissertatio inauguralis. gr. 8. (32 S.) Göttingen 874, (Dieterich's Verlag.) *

Müllenbach, Carl, s. Müllenbach, Karl

Müllenbach, Ernst

— s.a. Lenbach, Ernst.

(Muellenbach, Ernst
Abseits. Erzählungen. Von Ernst Lenbach [d.i. Ernst Müllenbach].
Stuttgart: Cotta Nachf. 1896. 277 S. 8°)
Titelbl. fehlt.

Muellenbach, Ernst (E. Lenbach), Aphrodite u. andere Novellen. 8. (309 S.) Stuttgart 902. J. G. Cotta Nachf. n. 8. —; geb. n. 4. —

Mvellenbach, Ernestvs (geb. am 3 März 1862 in Köln): Comoediae elegiacae ... Bonnae, typ. C. Georgi 1885. 36 S. 8. ¶ Sonderabdr. aus d. Verf. Ausg.: Comoediae elegiacae Fasc I Vitalis Aulularia. Bonnae, Weber 1885.
Bonn, Phil. Fak., Diss. v. 12 Aug. 1885

— u. Ute **Muellenbach,** aus junger Ehe. Studien u. Skizzen. Illustriert v. C. Wedenmeyer. gr. 8. (112 S.) Ebd. (902). 1. —; geb. in Leinw. 2. —

Muellenbach, Ernst (E. Lenbach), Franz Friedrich Ferdinand u. Anderes. 8. (VII, 238 S.) Dresden 897. C. Reißner. n. 3. —; geb. n. 4. —

Muellenbach, Ernst, Franz Friedrich Ferdinand u. Anderes. 2. [Titel-]Ausg. (VII, 238 S.) 8. Dresden [897] 903. C. Reißner. n. 2. —; geb. n. 3. —

— dasselbe, s.a. Volksbücher, Wiesbadener, Nr. 44.

Muellenbach, Ernst, Gebhard, s.: Volksbücher, Wiesbadener.

— altrheinische Geschichten. 8. (III, 237 S.) Dresden 899. C. Reißner. n. 3. —; geb. n. 4. —

— die Hansebrüder. Roman. 12. (299 S.) Ebd. 898. n. 3. —; geb. n. 4. —

— **Johannissegen, s.a. Zehnpfennig-Unterhaltungshefte f. Nationalstenographen. Nr. 14.**

Johannissegen. Von Ernst **Muellenbach.** Liegnitz: Verl. f. Nationalstenogr. 1905. (16 S.) 8° [Text stenogr.]
= **Zehnpfennig-Unterhaltungshefte** f. Nationalstenogr. No 14. 04. 3465

— dasselbe. Die Silberdistel, s.: Volksbücher, Wiesbadener. Nr. 29.

— **Maria. Roman. 8. (318 S.) Berlin 901. [E. Felber.] Leipzig, B. Elischer Nachf.** n. 4. —; geb. n. 5. —

— **Maria. Roman. 2. [Titel-]Aufl. (318 S.) 8. Leipzig [901] (904). B. Elischer Nachf.** n. 3. 50; geb. in Leinw. n. 4. 50

— aus der Rumpelkiste. Roman. 1. u. 2. Aufl. 8. (à 277 S.) Stuttgart 901. Deutsche Verlags-Anstalt. n. 3. —; geb. in Leinw. n.n. 4. —

— Schutzengelchen. Ein köln. Roman aus dem J. 1812. 1. u. 2. Aufl. 8. (à 316 S.) Ebd. 900. n. 3. —; geb. in Leinw. n.n. 4. —

— die Siebolds v. Lyskirchen. Ein altköln. Roman. 8. (307 S.) Ebd. 899. n. 3. —; geb. n.n. 4. —

— auf der Sonnenseite. Geschichten. Illustriert v. C. Reichert, A. Mandlick, O. Bluhm u. A. 2. Aufl. gr. 8. (174 S.) Leipzig (901). E. Keil's Nachf. 1. —

— vom heißen Stein. Roman. 8. (310 S.) Stuttgart 897. J. G. Cotta Nachf. n. 3. —; geb. n. 4. —

Der Türkenkopf. Erzählung von Ernst Lenbach-Bonn (d.i. Müllenbach). Berlin: F. Schulze [1902]. (50 S.) 8° [Ant. u. F. Text stenogr.] 03. 6678

— Waisenheim. Roman. 8. (268 S.) Dresden 898. C. Reißner. n. 3. 50; geb. n. 4. 50

— Waldmann u. Zampa u. andere Novellen, s.: Reclam's Novellen-Bibliothek.

Muellenbach, Ernst, Waldmann u. Zampa u. andere Novellen, s. Universal-Bibliothek.

Müllenbach, Heinrich

— **etwas vom Heizen. gr. 8. (20 S.) Leipzig 901. F. Leineweber.** n. 1. —
Sonderabdruck aus: „Gesundheit".

Müllenbach, H., zur Frage der natürlichen Abwasserreinigung. gr. 8. (13 S.) Leipzig 901. F. Leineweber. n. — 70
Sonderabdruck aus: „Gesundheit".

— **das gesunde Haus, s.: Kröhnke, O.**

Müllenbach, H., gesundheitstechnische Nebenanlagen im Fabrikbetriebe. Eine prakt. Anleitg. zur Errichtg. der Bedürfnis- u. Wohlfahrtseinrichtgn. f. gewerbl. Anlagen u. Fabriken. Mit 51 Abb. im Text u. auf 1 Taf. (136 S.) gr. 8. Halle 908. C. Marhold. 2. —

Müllenbach, H., aus der Praxis der Abwasser-Reinigung. (Mit Abbildgn. des Stoddartfilters.) (13 S.) gr. 8. Leipzig 903. F. Leineweber. n. 1. —
Sonderabdruck aus: Gesundheit.

— s.: Rundschau, haustechnische.

— **der derzeitige Stand der Abwasserreinigungsfrage in Amerika. Nach dem Amerikan. der „Engineering Review". (48 S.) 8. Ebd. 905.** n. 1. —
Sonderabdruck aus: „Gesundheit".

— **über Zweck u. Ausführung der Filter bei Wasserreinigungsanlagen. gr. 8. (28 S. m. 8 Abbildgn.) Halle 900. C. Marhold.** n. — 60
Sonderabdruck aus: „Zeitschr. f. Heizungs-, Lüftungs- u. Wasserleitungstechnik".

Müllenbach, Karl

Bonna la bella von C[arl] **M[üllenbach]**. *Bonn: H. Behrendt (1900).* (2 Bl.) 8° [01. 2154 B

Gruss vom Rhein. 3 Lieder von C[arl] **M[üllenbach]**, Verf. d. Sangs u. Weckrufs: 'Das Siebengebirge.' 2. Aufl. *(Bonn [1900]: C. Georgi.)* (2 Bl.) 8° [00. 4549 B

Hoch Colonia von C[arl] **M[üllenbach]**. 2. Aufl. *Cöln 1901: Greven & Bechtold.* (2 Bl.) 4° [01. 2155 B

Kaiserlied von C[arl] **M[üllenbach]**, Verf. d. Sangs u. Weckrufs: 'Das Siebengebirge'. 2. Aufl. *Bonn: (H. Behrendt) 1900.* (3 Bl.) 8° [00. 4550 B

Das Siebengebirge. Ein Sang u. Weckruf von C[arl] **M[üllenbach]**. 5. Aufl. ⟨Prachtausg.⟩ Mit e. Comp. d. Liedes: 'Wo wonnig uns d. Rheines Woge rauschet' für Männerchor u. Einzelstimme mit Klavierbegl. von C. J[osef] Brambach u. e. Gedicht von Fanny Stockhausen. *Bonn 1900: (C. Georgi).* (23 S.) 4° [Ant. u. F.] [00. 4551 B

Das Siebengebirge. Ein Sang u. Weckruf von C[arl] **M[üllenbach]**. 7. Aufl. *Bonn [1900]: P. Hauptmann.* (15 S.) 8° [Umschlagt. F.] [00. 4552 B

Müllendorf, s. Müllendorff

Müllendorff, Auguste Jules, s. Müllendorff, Julius

Müllendorff, Carl, s. Müllendorff, Karl

Müllendorff, Charles, s. Müllendorff, Karl

Müllendorff, E., Erzählungen aus dem Orient. gr. 8. (143 S.) Budapest 890. Grimm. n. 2. —

Müllendorff, Ernst, Referendar: Zur Lehre vom Lombardgeschäft. Marburg: Elwert 1910. 72 S. 8° ¶ (Ersch. vollst. u. d. T.: Das Lombardgeschäft, in: Arbeiten z. Handels-, Gewerbe- u. Landwirtschaftsrecht.)
Marburg, Jur. Diss. v. 29. Juli 1910, Ref. Heymann
[Geb. 15. Okt. 83 Adrianopel; Wohnort: Charlottenburg; Staatsangeh.: Preußen; Vorbildung: Prinz-Heinrich-Gymn. Berlin Reife O. 03; Studium: Berlin 6, Marburg 1 S.; Rig. 15. Dez. 09.] [U 10. 3311

Das Lombardgeschäft. Von Dr. jur. Ernst **Müllendorff.** Marburg: Elwert 1910. VIII, 98 S. 8°
Ein Teil ersch. als Inaug.-Diss. Marburg 1910.
(Arbeiten z. Handels-, Gewerbe- u. Landwirtschaftsrecht. Nr 7.) [11. 1913

Müllendorff, Eugen

Muellendorf, Eug.: Ansprachen bei den Weihnachtsfeiern der Loge „Zu den drei goldenen Schlüsseln" [in Berlin]. Berlin: Selbstverl. d. Loge 1910. cf. Bh. 53 (1910) S. 384.

Ansprachen bei den Weihnachtsfeiern der Loge zu den drei goldenen Schlüsseln. Von Dr. Eugen **Müllendorff.** Berlin: Loge; Siegismund (in Komm.) 1910. 51 S. 8° [10. 17161

Müllendorff, E., Aufgaben aus der Elektrotechnik nebst deren Lösungen. Ein Übungs- u. Hilfsbuch f. Studierende u. Ingenieure. gr. 8. (VII, 113 S. m. 14 Fig.) Berlin 902. G. Siemens. Geb. in Leinw. n. 2. 50

Müllendorff, E., Aufgaben aus der Elektrotechnik nebst deren Lösungen. Ein Uebungs- u. Hilfsbuch. 2. stark verm. Aufl. (VII, 190 S. m. 29 Fig.) 8. Berlin 906. G. Siemens. n. 3. —; geb. in Leinw. n. 3. 60

— u. F. Kübel, die Automobilen, ihr Wesen u. ihre Behandlung. Ein Ratgeber f. Nichtfachleute. 2. erweit. Aufl. gr. 8. (70 S. m. 32 Abbildgn.) Ebd. 900. n. 1. 50
1. Aufl. (54 S. m. 22 Abbildgn.) 899. n. 1. 50.
[BTD: 1. Aufl. Berlin: Siemens 1900.]

Die Leuchttürme, ihr Wesen und ihre Bedeutung gemeinfaßl. dargest. u. an Beispielen erl. von Dr. E[ugen] **Müllendorff**, Civiling. in Berlin. Mit 5 Abb. u. 1 Karte. *Köln: G. Luf 1902.* (32 S.) 8° [03. 7001 B

Müllendorff, H.

Müllendorf, H., Bibliographie 1879, s.: Zeitschrift für neufranzösische Sprache u. Literatur.

Müllendorff, Jean Baptiste Théodore Frédéric Auguste: Einige Notizen über die St. Willibrordus-Kirche in Echternach. Luxemburg: P. Brück [1862]. 3 S. 8°

Müllendorff, P. Julius, Die Auferstehung und Himmelfahrt des Herrn. Entwürfe zu Betrachtungen nach der Methode des heil. Ignatius von Loyola, zunächst für Cleriker. 8. (XXIII, 323 S.) —.90
Innsbruck: Rauch 1892.

– Begebenheiten aus dem öffentlichen Leben Jesu. Entwürfe zu Betrachtungen nach der Methode des heil. Ignatius von Loyola, zunächst für Cleriker. Innsbruck: Rauch 1887. XIII, 360 S. 8°

Müllendorff, Jul., S. J., der Beichtvater, s.: Reuter, Johs.

Müllendorf, P. Julius, Die Bergpredigt. Entwürfe zu Betrachtungen nach d. Methode d. heil. Ignatius v. Loyola, zunächst f. Cleriker. 8. (230 S.) Innsbruck, Felician Rauch. 60 kr.
1885.

(F) **Müllendorff, J.,** Die Bergpredigt. Entwürfe zu Betrachtungen nach der Methode d. heil. Ignatius v. Loyola. [Sursum corda! Entwürfe zu Betrachtungen für alle Zeiten des Kirchenjahres. I. Bd.] 2. Aufl. 8°. (VI, 250 S.) K 1,20
Innsbruck: Rauch 1902.

Müllendorff, Jul., S. J., der Blumenstrauß der christlichen Jungfrau. 4., abermals verb. Aufl., nach B. Marchals Blumenstrauß bearb. (VIII, 352 S. m. Titelbild.) kl. 8. Regensburg (908). F. Pustet. 1.50; geb. in Leinw. 2.30

Müllendorff, Auguste Jules: De castitate servanda, tractatus moralis quem pro privato auditorum suorum usu conscripsit. (Als Manuscript gedruckt.) Klagenfurti 1894. 54,1 S. 8°

Müllendorff, J. De castitate servanda. Klgft., St. Josefs-Druck., 1894. 55 S.

— das schönste Christgeschenk, die Kommunion, s.: Blüten aus dem Himmelsgarten.

— Die Ehe. Belehrungen u. Beispiele f. Christgläubige, die in den Ehestand eintreten wollen od. sich darin befinden. (78 S.) kl. 8. Graz 910. Styria. — 50

— von dem Einen Notwendigen, s.: Rogacci, Bened.

Müllendorff, Jul., Entwürfe zu Betrachtgn. nach der Methode d. heil. Ignatius v. Loyola, zunächst f. Cleriker. 1. u. 2. Bdchn. 8. Innsbruck 886. F. Rauch. n. 2. 80
1. Die Bergpredigt. 34 Betrachtgn. (VIII, 230 S.) n. 1. 20
2. Das Ziel der Gerechten. 31 Betrachtgn. (VIII, 284 S.) n. 1. 60

Müllendorff, J., Entwürfe zu Betrachtungen nach der Methode d. hl. Ignatius v. Loyola, zunächst f. Cleriker. 3.—5. Bdchn. 8. Innsbruck, F. Rauch. n. 5. 60
(1—5.: n. 8. 40
3. Weihnachts-Festkreis. 64 Betrachtgn. (XVI, 444 S.) 888. n. 2. 30
4. Begebenheiten aus d. öffentl. Leben Jesu. (XVI, 360 S.) 887. n. 1. 80
5. Die Parabeln d. Herrn. (IV, 288 S.) 889. n. 1. 50

Müllendorff, Jul., Entwürfe zu Betrachtungen nach der Methode des hl. Ignatius v. Loyola zunächst f. Cleriker. 6.—8. Bd. 8. Innsbruck, F. Rauch. n. 5. 90
(1—8.: n. 14. 30)
6. Das Leiden u. Sterben unseres Herrn Jesu Christi. 32 Betrachtgn. (XX, 411 S.) 890. n. 2. 30
7. Die Auferstehung u. Himmelfahrt d. Herrn. 28 Betrachtgn. (XXIV, 323 S.) 892. n. 1. 80
8. Pfingsten. 28 Betrachtgn. (VIII, 348 S.) 893. n. 1. 80

— Entwürfe zu Betrachtgn. nach der Methode des hl. Ignatius v. Loyola zunächst für Cleriker. IX. Bdchn. A. u. d. T.: D. Eucharistie, d. himml. Brod d. Seele. Betrachtgn. u. Erklärgn. üb. d. allerheiligste Sakrament d. Altars. 8. (XII, 291 S.) Innsbruck 898. F. Rauch. n. 1. 40 (1—IX: n. 15. 70)

Müllendorff, Auguste Jules: Entwürfe zu Betrachtungen nach der Methode des heiligen Ignatius von Loyola, zunächst für Cleriker. Mit Genehmigung der fürstbischöfl. Ordinariate von Brixen, Laibach, Seckau und Trient und Erlaubnis der Ordensobern. Innsbruck.
Zehntes Bändchen: Gott mein Alles. 28 Betrachtungen. 1898. VIII,288 S. 8°
Elftes Bändchen: Sechs kürzere Reden Jesu. 22 Betrachtungen. 1898. IV,236 S. 8°
Zwölftes Bändchen: Das heilige Messopfer. 16 Betrachtungen. 1898. IV,220 S. 8°

Müllendorff, Auguste Jules: Illustrierte lehrreiche und erbauliche Erzählungen für Schule und Haus. 3. Bändchen. Luxemburg: Pet. Brück 1875. 119 S. 12°

Müllendorf, P. Julius, Die Eucharistie, das himmlische Brod der Seele. Betrachtungen und Erklärungen über das allerheiligste Sacrament des Altars. 12. (XII, 291 S.) --.70
Innsbruck: Rauch 1898.

(F) Müllendorff, J., Die Eucharistie, das himmlische Brot der Seele. Betrachtungen und Erklärungen über d. allerh. Sakrament d. Altars. 2. Aufl. [Sursum corda! Entwürfe und Betrachtungen f. alle Zeiten d. Kirchenjahres. 9. Bd.] 8°. (XII, 294 S.) K 1.40
Innsbruck: Rauch 1902.

— der heil. Franz v. Sales als Kind, ein Muster für Kinder. Nach dem Französ. b. arb. und mit einem Anh. von Gebeten hrsg. 16. (XIII und 176 S. mit Holzschn.) Freiburg im Br. 864, Herder'sche Verlagsh. *

Müllendorff, Jul., der Führer zum heiligen Sacramente der Firmung. Ausführlicher Unterricht in Fragen und Antworten nebst Erklärungen und Gebeten zum würd. Empfange der heil. Firmung. gr. 16. (IV und 89 S.) Mainz 866, Giani. *

Müllendorf, Jul., die biblische Geschichte d. Alten u. Neuen Testamentes. 8. (XVI, 329 S. m. 2 chromolith. Karten.) Freiburg i/B. 876. Herder. n. 1. 60; geb. n. 1. 90

— biblische Geschichte d. Alten u. Neuen Testamentes. Mittlere Ausg. 8. (VIII, 218 S.) Freiburg i/Br. 883. Herder. n. — 60; Einbd. n.n. — 10

— die Geschichte des Gnadenbildes der Trösterin der Betrübten zu Luxemburg vom Entstehen der Wallfahrt bis zum Jubiläum des J. 1866 einschließlich kurz dargestellt. 3., verm. und verb. Aufl. 12. (III und 120 S. mit 1 Stahlst.) Luxemburg 866, Brück.

Müllendorff, Auguste Jules: Kurze biblische Geschichte des alten und neuen Testamentes. Zunächst für die Primärschulen der Diözese Luxemburg bearbeitet. Mit Erlaubnis der geistlichen Obrigkeit und Genehmigung der k.-gr. Schulkommission. Mit Illustrationen. Regensburg 1872. VIII,166 S. 8°

— kurze biblische Geschichten d. alten u. neuen Testamentes. Zunächst f. die Primärschulen der Diöcese Luxemburg bearb. 2. Aufl. Mit Illustr. (in eingedr. Holzschn.) 8. (IV, 168 S.) Luxemburg 873. Brück. geb. — 75

– Dass. Dritte Auflage. Ebd. 1876. IV,168 S. 8°

Müllendorff, Jul., kurze biblische Geschichte des alten u. neuen Testamentes. 4. Aufl. Mit (eingedr. Holzschn.-) Illustr. 8. (VI, 166 S.) Freiburg i/Br. 880. Herder. n. — 45; geb. n. — 60

Müllendorff, Auguste Jules: Kurze Geschichte des Gnadenbildes der Trösterin der Betrübten zu Luxemburg bei Gelegenheit der bevorstehenden zweihundertjährigen Jubelfeier des Gnadenbildes, herausgegeben vom Verfasser des „Luxemburger Hauskalenders." Mit einem Holzschnitte. Luxemburg: Peter Brück 1866. 60 S. 8°

– Dass. Zweite verbesserte Auflage. Mit einem Holzschnitte. Ebd. 1866. 98 S. 8°

— der Glaube an den Auferstandenen, gemeinfaßlich begründet in fünf apologet. Briefen an e. Freund. gr. 8. (VII, 152 S.) Regensburg 900. Verlagsanstalt vorm. G. J. Manz. n. 2. —

Müllendorff, Jul., S. J., der Glaube an die Kirche, nach den Rundschreiben Leo XIII. gemeinfaßlich begründet in neun apologet. Briefen an e. Freund. (VII, 167 S.) 8. Regensburg 906. Verlagsanst. vorm. G. J. Manz. n. 1. 20

Müllendorff, J., Gott mein Alles. Entwürfe zu Betrachtungen über Gott und die göttlichen Vollkommenheiten nach der Methode des heiligen Ignatius von Loyola. Gr.-8°. (VIII, 288 S.) K 2.—
Innsbruck: Rauch 1903.

— s. a. Heiligung, die, der Handarbeit.

Müllendorff, Auguste Jules: Die Heiligung der Handarbeit. Anleitung zur Vollkommenheit, zunächst für Laienbrüder, dann aber auch allen nützlich, die sich mit täglicher Handarbeit beschäftigen. Nach den Werken von Felix Cumplido und Thomas Leblanc, Priestern der Gesellschaft Jesu. Deutsch bearbeitet von einem Priester derselben Gesellschaft. Mit Erlaubnis der Obern.
Innsbruck 1881. IV,342 S. 8°

– Dass. Zweite Auflage. Ebd. 1887. 344 S. 8°

– Dass. Dritte Auflage. Ebd. 1899. 4,346 S. 8°

— Jesus, das göttliche Opferlamm in der hl. Messe. 16 Betrachtgn. nebst den gewöhnl. Gebeten. (IV, 169 S. m. Titelbild.) kl. 8. Innsbruck 910. F. Rauch. — 85

— Jesus, das himmlische Seelenbrot. 22 Betrachtgn. nebst den gewöhnl. Gebeten. (III, 192 S. m. Titelbild.) kl. 8. Ebd. 910. — 85

— Leben des Schuhmachermeisters Michael Heinrich Busch, genannt „der gute Heinrich." Regensburg 870. Pustet. gr. 16. (100 S.) 6 ngr

— Leben des heil. Clemens Willibrord, s. Leben.

Müllendorff, Auguste Jules: L e b e n des heiligen Clemens Willibrord, Apostels der Niederlande und Gründers der Abtei Echternach. Im Hinblick auf die bevorstehende Einweihung der Willibrordus-Basilika zu Echternach herausgegeben vom Verfasser des „Luxemburger Hauskalenders". Mit 7 Holzschn. 7 Holzschnitten. Selbstverlag des Verfassers.
Weimar: Selbstverl. 1868. VIII, 26 S. 8°

— Leben der heiligen Kunigunde von Luxemburg, s. Volksbücher, illustrirte.

Müllendorff, Auguste Jules: L e b e n der heiligen Kunigunde von Luxemburg, Kaiserin von Deutschland. Regensburg 1867. 51 S. 8°
Illustrierte Volksbücher. Nr. 1.

Müllendorff, Auguste Jules: L e b e n der heiligen Lucia, Jungfrau und Martyrin von Syrakus, nebst der Geschichte ihrer Verehrung und der Uebertragung ihrer Reliquien nach Metz, von A. Noël, Ehrendomherr und Pfarrer zu Briey. Mit Autorisation des Verfassers in verkürzter Bearbeitung herausgegeben von einem Priester der Diözese Luxemburg. Mit einem Stahlstich. Luxemburg: Gebrüder Heintzé [1874]. 157,2 S. 12°

— das Leben Mariä, der allerseligsten Jungfrau u. Mutter Gottes, in Betrachtungen nach den Evangelien zur Erinnerung an das Jubiläum der unbefleckten Empfängnis. (IV, 235 S. m. Titelbild.) 8. Innsbruck 904. F. Rauch. n. 1.80; geb. in Leinw. n. 2.40

Müllerndorff, P. Julius, Das Leiden u. Sterben unseres Herrn Jesu Christi. Entwürfe zu Betrachtungen nach der Methode des hl. Ignatius von Lojola. 8. (XX, 411 S.) 1.15
Innsbruck: Rauch 1891.

Müllendorff, J., Das heilige Messopfer. [Sursum corda! 2. Bd.] 8°. (220 S.) K 1.60
Innsbruck: Rauch 1903.

— Meßopfer u. Kommunion, s. a. Blüten a. d. Himmelsgarten.

Müllendorff, Auguste Jules: M e s s o p f e r und Kommunion. Gebete um mit besonderer Andacht die heilige Messe zu hören und die heilige Kommunion zu empfangen.
Straubing 1900. 32 S. 16°

—— Methode zur Auffindung der Ehehindernisse bei mehrfacher Blutverwandtschaft. Ein Beitrag zur Pastoral. gr. 8. (27 S.) Graz 888, Styria. *

Müllendorff, Auguste Jules: M i n i s t r i e r b ü c h l e i n. Anleitung für die Ministranten beim heiligen Messopfer. Graz 1890. 32 S. 32°

– Dass. Zweite Auflage. Klagenfurt 1895. 32 S. 32°

– Dass. Dritte verbesserte und vermehrte Áuflage. Graz 1896. 32 S. 32°

– Dass. Vierte Auflage. Mit Gutheissung der f.-b. Ordinariate von Seckau und Gurk. Ebd. 1900. 32 S. 16°

Müllendorff, Jul. Aug., S. J., Neoconfessarius, s.: Reuter, Jos.

— Die letzte Ölung, e. goldene Himmelsbrücke. Erklärgn. u. Beispiele f. alle Christgläubigen. (48 S.) kl. 8. Graz 910. Styria. — 40

Müllendorff, Auguste Jules: O r d o divini officii recitandi et sacri peragendi juxta ritum Breviarii et Missalis romani, cum Proprio Societatis Jesu in Provincia Austriaca-Hungarica. Pro anno 1882. Oeniponte. 56 S. 8°

– – Pro anno 1883. Ebd. 58 S. 8°

– – Pro anno 1886. Ebd. 54 S. 8°

– – Pro anno 1887. Ebd. 53 S. 8°

– – Pro anno 1888. Ebd. 58 S. 8°

– – Pro anno 1889. Klagenfurti. 54 S. 8°

– – Pro anno 1890. Ebd. 56 S. 8°

– – Pro anno 1891. Ebd. 58 S. 8°

– – Pro anno 1892. Ebd. 60 S. 8°

– – Pro anno 1893. Ebd. 60 S. 8°

– – Pro anno 1894. Ebd. 56 S. 8°

– – Pro anno 1895. Ebd. 60 S. 8°

– – Pro anno 1896. Ebd. 60 S. 8°

– – Pro anno 1897. Ebd. 60 S. 8°

– – Pro anno 1898. Ebd. 55 S. 8°

Müllendorff, P. Julius, Pfingsten. Entwürfe zu Betrachtungen nach der Methode des heiligen Ignatius von Loyola, zunächst für Cleriker. 8. (VIII, 348 S.) —.90
Innsbruck: Rauch 1893.

— Pius X. als Förderer der Verehrung des allerheiligsten Sakramentes. Anh. zu dem 9. Bdchn. der Betrachtungsentwürfe: „Die Eucharistie, das himml. Brot der Seelen". (IV, 58 S.) 8. Innsbruck 908. F. Rauch. — 30

Müllendorff, J., Sechs kürzere Reden Jesu. (Sursum corda! 11. Bd.) 8°. (236 S.) K 1.70
Innsbruck: Rauch 1903.

— der Reichthum der göttlichen Erbarmungen. Dogmatisch ascet. Erwäggn. zur Belebg. e. kindl. Gottvertrauens. 8. (VI, 508 S.) Regensburg 872. Pustet. 2. 40

— Sursum corda! Entwürfe zu Betrachtgn. für alle Zeiten des Kirchenjahres nach der Methode des hl. Ignatius v. Loyola. 1. u. 9. Bdchn. 8. Innsbruck, F. Rauch. n. 2. 60

1. Die Bergpredigt. 2. verb. Aufl. (VII, 250 S.) 902. n. 1. 20
9. Die Eucharistie, das himmlische Brot der Seele. 19 Betrachtgn. u. Erklärgn. üb. das allerheiligste Sacrament des Altars. 2., verb. Aufl. (XII, 294 S.) 902. n. 1. 40

— Sursum corda! Entwürfe zu Betrachtgn. f. alle Zeiten des Kirchenjahres nach der Methode des hl. Ignatius v. Loyola. 2., 10.—12. u. Schluß-Bdchn. gr. 8. Ebd. n. 9. 50

2. Das Ziel der Gerechten. 2., verb. Aufl. (VIII, 288 S.) 906. n. 2. 40
10. Gott mein Alles. Entwürfe u. Betrachtgn. üb. Gott u. die göttl. Vollkommenheiten. (VIII, 288 S.) 903. n. 2. —
11. Sechs kürzere Reden Jesu. (VIII, 236 S.) 903. n. 1. 70
12. Das hl. Meßopfer. (VIII, 220 S.) 903. n. 1. 60
Schlußbdchn. 25 nachträgl. Betrachtgn. Inhaltsverzeichnisse. (XII, 258 S.) 904. n. 1. 80

Müllendorff, Auguste Jules: U e b u n g der Liebe zu Jesus Christus. Zum Nutzen der Seelen, welche nach Vollkommenheit streben wollen. Aus dem Italienischen des heiligen Alphonsus Maria von Liguori übersetzt. Neue Auflage, mit Gebetsanhang. Regensburg 1872. 384 S. 32°

Müllendorff, Auguste Jules: U n s c h u l d und Busse. Eine Anrede an Kinder auf das Fest des engelreinen Jünglings Aloysius von Gonzaga. (Anhang.) Wunderbare Heilung, welche am 19. April 1863 durch die Fürbitte des hl. Aloysius geschah. Mit bischöflicher Approbation. Luxemburg: Vict. Bück 1864. 31 S. 8°

— **Unterweisung über die mit gesegneten Gegenständen verbundenen Ablässe. Regensburg 866. Pustet. 8. (63 S.)** ½ *ngr.*

Müllendorff, Auguste Jules: Kurze U n t e r w e i s u n g über die mit gesegneten Gegenständen verbundenen Ablässe, nach dem Werke des P. Maurel bearbeitet von einem Priester des Vikariats Luxemburg. Luxemburg: Gebr. Heintzé 1863. 24 S. 12°

Müllendorff, Auguste Jules: Luxemburger W a l l f a h r t s b u c h . Geschichte des Gnadenbildes der Trösterin der Betrübten zu Luxemburg, nebst Belehrungen und Gebeten. Mit Erlaubnis der Obern. Vierte bedeutende vermehrte Auflage. Luxemburg: Peter Brück 1878.VI,198 S. 8°

Müllendorff, Jul., S. J. Wappenschilder. Leitsterne f. d. Jugend. (IV, 372 S.) kl. 8. Graz 910. Styria. 2. —

(F) **Müllendorff, J.,** **Das Ziel der Gerechten.** 2. Aufl. 8°. (VII, 268 S.) K 2.40
Innsbruck: Rauch 1906.

— Das Ziel der Gerechten. Die Erkenntnis des Zieles im Glauben. Entwürfe zu Betrachtgn. üb. den Glauben nebst Anh. auf Heiligenfeste. (IV, 192 S.) 8. Brixen 908. A. Weger. 2. —

Müllendorff, Julius August, s. M ü l l e n d o r f f , Julius

Müllendorff, Karl, du beau dans ses rapports avec le vrai et le bien. Luxemburg 864. (Brück.) 4. (60 S.) . 8 *ngr.*

Müllendorff, Prosper Jean Charles, u. Joseph Weber: E n t w u r f einer Rechtschreibung der Luxemburger Mundart. Luxemburg: P. Worré-Mertens 1900. 4 S. 8°

Müllendorff, Prosper Jean Charles: E w è c h mam Soff! Weis vum P. Al. Barthel. Luxemburg: Jos. Beffort 1895. 1 S. 4°

Müllendorff, Prosper Jean Charles: F e s t - R e d e , gehalten bei Gelegenheit der Feier des 25jährigen Papst-Jubiläums unsers hl. Vaters Pius IX in der Domkirche zu Luxemburg. Luxemburg: V. Bück 1871. 27 S. 8°

Müllendorff, Prosper Jean Charles: F e s t r e d e am Tage der St. Willibrordus-Feier (7. November) in der Pfarrkirche zu Echternach gehalten. Zum Besten des Willibrordus-Bau-Vereins. Luxemburg: Pet. Brück [1862]. 16 S. 8°

—— **Festrede am Tage der St. Willibrordus-Feier (7. Novbr.) in der Pfarrkirche zu Echternach. 8. (16 S.) Luxemburg 863, (Brück.)** *

Müllendorff, Prosper Jean Charles, Jean Bernard Krier u. Nicolas Wies: Drei F e s t - R e d e n zu Ehren des hl. Alphonsus von Liguori, wegen seiner Erhebung zur Würde eines Kirchenlehrers. Gehalten beim feierlichen Triduum in der Redemptoristenkirche zu Luxemburg am 4., 5. und 6. Juni 1871. Luxemburg: V. Bück. 61 S. 12°

Müllendorff, Prosper Jean Charles: T'lèscht G e r i c h t . (Dies irae) iwersât. Luxemburg: Jos. Beffort 1894. 1 S. 8°

Müllendorff, Prosper Jean Charles: T' H a l e f n u e c h t vum neie Joer nom Lamartine. La minuit du nouvel an par Lamartine. Letzebureg: P. Worré-Mertens 1900. 8 S. 8°

Müllendorff, Charles: Luxemburger H e i l i g e n - L e g e n d e , s.a. H o c h m u t h , François-Joseph-Ferdinand

Müllendorff, Prosper Jean Charles, u. François Joseph Ferdinand Hochmuth: Luxemburger H e i l i g e n - L e g e n d e , herausgegeben von einem Priester der Diözese Luxemburg. Luxemburg: J. Hary 1882. 4,462,2 S. 8°

Müllendorff, Prosper Jean Charles: Die J u b i l ä u m s k i r c h e . Luxemburg: Witwe Léon Bück 1900. 2 S. 16°

Müllendorff, Prosper Jean Charles: De J u b i l e u m vum Cécilieverein. Luxemburg: Jos. Beffort 1894. 2 S. 8°

Müllendorff, Prosper Jean Charles: D' J u b i l é u m s k i r e c h (gutgehalen vum Hèrr Beschof.) [Luxemburg:] P. Worré-Mertens [1900.]. 1 S. 8°

Müllendorff, Prosper Jean Charles: Die K u n s t im Herrn zu sterben, von einem Priester der Diöcese Luxemburg. Luxemburg: J. Hary (St. Paul.-Druck) 1882. 3,108,3 S. 8°

Müllendorff, Prosper Jean Charles: L e i c h e n r e d e auf Can. Nikolaus Wies. Luxemburg: Pet. Brück 1879. 16 S. 16°

Müllendorff, Prosper Jean Charles: L i d zur hêléjer Familjen. Weis vum P. Al. Barthel. Letzeburg: Léon Bück 1894. (Mat an uni Klavéer.) 3 S. 8°

Müllendorff, Prosper Jean Charles: L i d fir de Gesèlleverein a fir dé âner Arbechter. Luxemburg: Jos. Beffort 1894. 1 S. 8°

Müllendorff, Prosper Jean Charles: L i d c h e n zum hl. Josef. Weis vum P. Al. Barthel. Letzeburg: Léon Bück 1894. 4 S. 8°

Müllendorff, Prosper Jean Charles: Illustrierter M ä s s i g k e i t s - K a t e c h i s m u s . Luxemburg: Léon Bück 1899. 51, 1 S. 8°

Müllendorff, Karl, illustr. Mäßigkeits-Katechismus. 2. Aufl. 8. (51 S.) Freiburg i/B. 902. Geschäftsstelle des Charitasverbandes f. das kathol. Deutschland. — 30

Müllendorff, Karl, illustrierter Mäßigkeits-Katechismus. 3. verb. Aufl., besorgt v. F. Keller. (55 S.) 8. Freiburg i/B. 905. Geschäftsstelle d. Charitasverbandes. n. — 30

Müllendorff, Prosper Jean Charles: M u t t e r - G o t t e s - L i d c h e n . (Mat an uni Klavéer.) Luxemburg: [Jos. Beffort. 20 April 1894]. 1 S. 16°

Müllendorff, Prosper Jean Charles: M u t t e r - G o t t e s - L i d c h e n (fir d'Sondesschol.) Fir Gesank mat Klavéer beglédonk. Weis vum P. Al. Barthel. Luxemburg: Verlag von Decker-Müllendorff [1894].

Müllendorff, Prosper Jean Charles: Der dritte O r d e n des hl. Dominikus. Nach dem Werkchen des hochw. P. H. Iweins bearbeitet. Luxemburg: Pet. Brück 1875. 45,1 S. 24°

– Dass. Zweite Auflage. Ebd. 1877. 39,1 S. 24°

– Dass. Dritte Auflage. Ebd. 1881. 40 S. 24°

Müllendorff, Prosper Jean Charles: P r e d i g t bei Gelegenheit der Segnung der Rosenkranzkapelle in der Sct. Michaelskirche am 31. Dezember 1883 gehalten. Luxemburg: J. Hary 1884. 2,17 S. 12°

Müllendorff, Prosper Jean Charles: R e d e bei Gelegenheit der Einsegnung des in der Neuthorstrasse aufgestellten Bildes der Trösterin der Betrübten, am 16. Mai 1876 gehalten. Luxemburg: Peter Brück 1876. 8 S. 8°

Müllendorff, Prosper Jean Charles: Mädchen-Sonntagsschule der Stadt Luxemburg. R e d e bei der Preise-Vertheilung am 28. Juli 1895 gehalten. Luxemburg: St. Paul.-Ges. [1895]. 8 S. 8°

Müllendorff, Prosper Jean Charles: Ons R e l i g i o u n. Breif vun ènger Mamm un hire Pier zu Pareis. Letzebureg: P. Worré-Mertens 1899. 58 S. 8°

Müllendorff, Prosper Jean Charles: Hl. S a c r a m e n t s l i d. (Lauda Siou.) Weis vum P. Al. Barthel. Letzeburg: Léon Bück 1894. (Mat an uni Klavëer.) 4 S. 8°

Müllendorff, Prosper Jean Charles: D'Arem S e i l e n. Letzebureg: Worré-Mertens 1899. 19 S. 8°
Separat-Auszug aus „Ons Hémecht", Organ des Vereins für Luxemburger Geschichte, Litteratur und Kunst.

– Dass. Ebd. 32 S. 16°

Müllendorff, Prosper Jean Charles: De S o n n d é g. (Vorgetragen vom Hrn. Verfasser am verfl. Mittwoch (15. Mai 1895) im hiesigen Priesterseminar bei der Festfeier des 50jährigen Jubiläums dieser Anstalt. Luxemburg: Jos. Beffort [15. Mai 1895].

Müllendorff, Prosper Jean Charles: T' 14 S t a t i o n e n. Letzeburech: P. Worré-Mertens 1895. 8 S. 8°

Müllendorff, Karl, die Trunksucht u. die Branntweinplage, deren Folgen u. Heilmittel. 12. (115 S.) Luxemburg 895. (St. Paulus-Gesellschaft.) n.n. — 50

Müllendorff, Domkapitular, Ehrenprof. Dr. Karl. Die Trunksucht und die Branntweinplage, deren Folgen und Heilmittel. 2. Ausg. Steyl 1898. 220 S. Geb. Mk. 1.20. (1. Aufl. Steyl 1895. 115 S.)

— dasselbe. 2. Ausg. 12. (220 S.) Steyl 898. Missionsdruckerei. Geb. in Leinw. n. 1. 20

Müllendorff, Prosper Jean Charles: V e r z e i c h n i s von Ablässen, zunächst zum Gebrauch der Tertiarier des hl. Dominikus zusammengestellt. Luxemburg: A. Neumann 1878. 42 S. 8°

Ost-Afrika im Aufstieg von Prosper **Müllendorff.** Essen: Baedeker 1910. IV, 253 S. 8° [10. 3477 B

Müllendorff, P., Staat u. katholische Kirche in Frankreich u. Preußen, s. a. Bibliothek f. Politik u. Volkswirtschaft. 13. Hft.

Staat und katholische Kirche in Frankreich und in Preußen. Von P[rosper] **Müllendorff.** Köln. *Berlin: W. Baensch 1903.* (62 S.) 8° [F.]
— Bibliothek f. Politik u. Volkswirtschaft. H. 13. [03. 1998a

Muelleneisen, Jakob

Muelleneisen, Jacobus [Marcoduranus]: De Cornelii Labeonis fragmentis, studiis, adsectatoribus.... Marburgi Chattorum, typ. Georgi Schirling, 1889; 48 S. + 1 Bl. 8°
Marburg, Phil. Fak., Inaug.-Diss. v. [2. Mai] 1889

Muelleneisen, J., de Cornelii Labeonis fragmentis, studiis, adsectatoribus. Diss. inaug. philol. gr. 8. (48 S.) Marburgi Cattorum 889. (Leipzig, Fock.) n. 1. —

Mülleneisen, Jakob: Friedrich von Schwarzenburg, Erzbischof von Köln (1099—1131). *Köln 1898: J. P. Bachem.* (3—23 S.) 4°
Köln, k. kath. G an Aposteln, P 1898 (451)

Mülleneisen, Jak*ob* [Dr.]: Die Zeitrechnung bei Thucydides und bei Xenophon im ersten Teile der Hellenica. Viersen, Druck v. J. H. Meyer, 1895; 3—22 S. 4.
Viersen, PG m. Realabt., P 1895 (475)

Müllener, Ch., Beiträge u. Vorschläge zur Reorganisation der Lehrerbildung auf pädagogischer Grundlage. Mit Benutzg. der bezügl. Fachlitteratur u. unter Berücksicht. bern. Verhältnisse bearb. gr. 8. (VIII, 98 S.) Bern 892. Schmid, Francke & Co. n. 1. —

Müllener, C., praktische Übungsschule in Sprachform u. Satzbau. Ein Lehr- u. Übungsbuch f. den Unterricht in der Grammatik der deutschen Sprache. Für schweizer. Volksschulen der Primar- u. Sekundarstufe methodisch bearb. gr. 8. (VIII, 168 S.) Bern 885. Huber & Co. n. 1. 50

Müllenheim-Rechberg, Herm. Baron v., das alte Bethaus Allerheiligen zu Strassburg im Elsass u. Regesten zur Familiengeschichte der Freiherren v. Müllenheim. Mit 4 (3 lith. u. 1 Lichtdr.-)Taf. Lex.-8. (60 S.) Strassburg 880. Schultz & Co. n.n. 3. —

Müllenheim u. v. Rechberg, Herm. Frhr. v., d. Annexion d. Elsass durch Frankreich, s. a. Beiträge z. Landes- u. Volkskunde v. Elsass-Lothringen, Hft. 22.

Müllenheim-Rechberg, Herm. Frhr. v., die Annexion des Elsaß durch Frankreich und Rückblicke auf die Verwaltung des Landes vom Westphälischen Frieden bis zum Ryswicker Frieden [1648—1697]. Vortrag, gehalten am 2. Mai 1887 im staatswissenschaftl. Verein zu Straßburg i. E. gr. 8. (64 S.) Straßburg 887, Heitz. *

Die Annexion des Elsass durch Frankreich u. Rückblicke auf d. Verwaltg d. Landes v. Westphäl. Frieden bis z. Ryswicker Frieden (1648—1697). Von Hermann Frh. v. **Müllenheim** u. v. Rechberg. 2. Aufl. *Strassburg: J. H. E. Heitz 1896.* (72 S., 1 Bl.) 8.
— Beiträge z. Landes- u. Volkskunde v. Elsass-Lothringen. H. 22.

[F.] Familienbuch der Freiherren v. Müllenheim-Rechberg. Bearb. v. Frh. Hermann v. **Müllenheim** v. Rechberg, Kgl. Preuss. Kammerherrn ... *Strassburg i. E.: In Komm. b. (& Dr. v.) J. H. E. Heitz 1896* (a. d. Umschl.: *1897.*) (6 Bl., 125 S., 1 Bl., 28 Taf.) 1 Bd 4. [97. 1686
(Das Werk ist nur in 150 Exemplaren gedruckt.)

— dasselbe. (Urkundenbuch.) 2. Tl. 1. Abschn. Imp.-4. (XI, 140 S. m. 18 [4 farb.] Taf.) Ebd. 898. n.n. 30. —

Müllenheim v. Rechberg, Frhr. Herm. v., Familienbuch (Urkundenbuch) der Freiherren v. Müllenheim-Rechberg. II. Thl. 2. Abschn. Imp.-4. (VII, 176 S. m. 22 [9 farb.] Taf.) Straßburg 901. (J. H. E. Heitz.) n.n. 30. —
I. Thl. u. II. Thl. 1. Abschn. Ebd. 896. 898. n.n. 55. —.

Müllenheim v. Rechberg, Herm. Frhr. v., das Geschöll der v. Müllenheim u. Zorn 1332. Ein Beitrag zur Localgeschichte v. Strassburg. gr. 4. (48 S. m. 6 Taf.) Strassburg i/E. 893. J. H. E. Heitz. n. 3. —

Müllenhoff, Carl, s. Müllenhoff, Karl

Müllenhoff, Emma

Müllenhoff, E., abseits. Niederdeutsche Heimatbilder. (1. bis 4. Tauf.) (à III, 191 S.) 8. Leipzig 905. 906. E. F. Amelang. n. 2. —; geb. in Leinw. n. 3. —

— aus e. stillen Hause u. andere Geschichten f. besinnliche Leute. (1.—8. Tauf.) (à III, 88 S.) kl. 8. Ebd. 904—906. Kart. n. 1. —

Müllenhoff, E., aus e. stillen Hause u. andere Geschichten f. besinnliche Leute. (9.—13. Tauf.) (III, 88 S.) kl. 8. Leipzig 909. 10. E. F. Amelang. Geb. in Leinw. 1.—; in Ldr. 2. —

— kleine Lieder. (IV, 55 S.) kl. 8. Ebd. 906. Kart. n. 1.—

— Von solchen, die zur Seite stehen, s. a. Aus klaren Quellen.

(Aus klaren Quellen.)
Von solchen, die zur Seite stehen v. Emma **Müllenhoff.** Stuttgart. 1910 (1909). 8°

Müllenhoff, E., des Kindes Spielkameraden. schmal 8. (12 S. m. z. Tl. farb. Abbildgn.) Nürnberg (902). Th. Stroefer. — 60

— Was aus ihnen wurde. Novellen. 1. u. 2. Tauf. (II, 274 S.) 8. Gießen 908. 10. A. Töpelmann. 2.80; geb. in Leinw. 3. 50

Müllenhoff, Karl, deutsche Alterthumskunde. 1. Bd. Mit e. Karte v. Heinr. Kiepert. (in Kpfrst u. qu. Fol.) Lex.-8. (XII, 501 S.) Berlin 870. Weidmann. n. 10. —

Müllenhoff, Karl, deutsche Altertumskunde. 1. u. 2. Bd. gr. 8. Berlin, Weidmann. à n. 14. —
1. Neuer, verm. Abdr., besorgt durch Max Roediger, m. e. Karte v. Heinr. Kiepert. (XXXV, 544 S.) 890.
2. Mit 4 Karten v. Heinr. Kiepert. (XVI, 407 S.) 887.

——, —— Bd. 1. Neuer verm. Abdr. besorgt durch Max Rœdiger. Mit 1 Karte von H. Kiepert. Berlin 1691. 8.

Müllenhoff, Karl, deutsche Altertumskunde. 2. Bd. Neuer verb. Abdr., besorgt durch Max Roediger. Mit 4 Karten v. Heinr. Kiepert. (XXII, 416 S.) gr. 8. Berlin 906. Weidmann. n. 14. —

Müllenhoff, Karl, deutsche Alterthumskunde. 3. Bd. gr. 8. (XVI, 352 S.) Berlin 892. Weidmann. n. 10. —

Müllenhoff, Karl, deutsche Altertumskunde. 4. Bd. 1. Hälfte. gr. 8. (384 S.) Berlin 898. Weidmann. n. 10. — (I—III, IV, 1 u. V: n. 60. —)

Müllenhoff, Karl, deutsche Altertumskunde. 4. Bd. 2. Hälfte. A. u. d. T.: Die Germania des Tacitus, erläutert v. M. gr. 8. (XXIV u. S. 385—751.) Berlin 900. Weidmann. n. 10. —; (I—V n. 70. —)

Müllenhoff, Karl, deutsche Altertumskunde. 5. Bd. 1. Abtlg. gr. 8. (IV, 356 S.) Berlin 883. Weidmann. n. 10. — (I. u. V, 1.: n. 20. —)
Die Bände 2—4 werden später erscheinen.

— dasselbe. 5. Bd. 2. Abth. gr. 8. (VII u. S. 359—417.) Ebd. 891. n. 2. — (5. Bd. kplt.: n. 12. —) (1—3 u. 5.: n. 50. —)

Müllenhoff, Karl, deutsche Altertumskunde. V. Bd. Neuer verm. Abdr., besorgt durch Max Roediger. (XI, 436 S.) gr. 8. Berlin 908. Weidmann. 14. —

Müllenhoff, Karl, s. Anzeiger für deutsches Altertum und deutsche Litteratur.

— Beovulf. Untersuchungen üb. das angelsächs. Epos u. die älteste Geschichte der german. Seevölker. gr. 8. (XI, 165 S.) Ebd. 889. n. 5. —

Bericht der königlichen Gesellschaft für Sammlung und Erhaltung vaterländischer Alterthümer in Kiel. 1857. (Separat-Abdruck aus der „Chronik der Universität zu Kiel". Jg. 1857. Seite 36—39.) (Von Karl **Müllenhoff.**) Kiel. 1858. 4°

Müllenhoff, Karl (II.). Botanik u. Zoologie, s. Vogel, Otto.

Müllenhoff, Karolus: De carmine Wessofontano et de versu ac stropharum usu apud Germanos antiquissimo. Berolini (1861). (31 S.) 4°
Berlin, Phil. Fak., Antrittsprogr. v. 23. Nov. 1861

Müllenhoff, Karl, de carmine Wessofontano et de versu ac stropharum usu apud Germanos antiquissimo. Dissertatio. Berlin 861. (Hertz.) gr. 4. (31 S.) n. 12 ngr.

—— und W. Scherer, Denkmäler deutscher Poesie und Prosa aus dem 8.—12. Jahrh. gr. 8. (XXXV und 548 S.) Berlin 864, Weidmann'sche Buchh. *

— u. W. **Scherer**, Denkmäler deutscher Poesie u. Prosa aus dem VIII-XII. Jahrh. 2. verm. u. verb. Aufl. gr. 8. (XXXV, 649 S.) Ebend. 873. n. 14. —

— u. W. **Scherer**, Denkmäler deutscher Poesie u. Prosa aus dem VIII.—XII. Jahrh. 3. Ausg. v. E. Steinmeyer. 2 Bde. gr. 8. Ebd. 892. n. 19. —
1. Texte. (XLIII, 321 S.) n. 7. —
2. Anmerkungen. (492 S.) n. 12. —

Müllenhoff, Karl (geb. Kiel 3. 5. 1849): Ueber den Ernährungs- und Athmungsprocess der Pflanzen im Vergleich mit dem der Thiere. Berlin (1874). (40 S.) 8°
Berlin, Phil. Diss. v. 23. Mai 1874

Die Germania des Tacitus erläutert von Karl **Müllenhoff.** (Hrsg.: Max Roediger.) (In 2 Hälften.) Berlin: Weidmann (1898–) 1900. (XXIV, 751 S.) 8°
= Müllenhoff: Deutsche Altertumskunde. Bd 4.

Müllenhoff, Karl, zur Geschichte der Nibelungen. Abdruck aus d. Allgem. Monatschrift f. Wissensch. u. Liter. Braunschweig 855. Schwetschke. Lex.-8. (104 S.) 1 ₰.

Müllenhoff, Carl, Zur Geschichte der Nibelunge Not. 4. (103 S.) Braunschweig 855, Schwetschke und Sohn. Thlr.
Aus: Allgemeine Monatsschrift für Wissenschaft und Literatur, besonders abgedruckt.

Glossar nebst Einleitung (zu Klaus Groth's Quickborn) v. Karl **Müllenhoff.** Hamburg. 1856. 8.

— s: Gudrun.

Müllenhoff, Ueber die Herkunft u. Sprache der pontischen Scythen u. Sarmaten. Ak. 1866. 28 S. 1.—

— s. Kudrun.

—— s. Lachmann, Karl, kleinere Schriften.

— s.: Laurin.

Müllenhoff, K., Leitfaden f. den Unterricht in der Botanik,
— Leitfaden f. den Unterricht in der Zoologie,
} s.: Vogel, O.

— die Natur im Volksmunde. gr. 8. (VIII, 95 S.) Berlin 898. Weidmann. n. 1. 60

Müllenhoff, Karl Die Ortsbewegungen der Tiere. 19 S.
Progr. Andr. Rg. *Berlin* 1885.

— die Ortsbewegungen der Tiere. 4. (19 S.) Berlin 885. Gaertner. n. 1. —

— Paradigmata zur deutschen Grammatik, s.a. Paradigmata.

Müllenhoff, Karl, Paradigmata zur deutschen Grammatik zum Gebrauch für Vorlesungen. 2. Aufl. Nebst Lachmann's Abriss der mittelhochdeutschen Metrik. gr. 8. (26 S.) Berlin 864, Hertz. *

Paradigmata zur Deutschen Grammatik zum Gebrauch für Vorlesungen v. Karl **Müllenhoff**. 2. Aufl. Nebst Lachmanns Abriss der Mittelhochdeutschen Metrik. Berlin. 1867. 8°.

— Paradigmata zur deutschen Grammatik zum Gebrauch f. Vorlesgn. 3. Aufl. Nebst Lachmanns Abriss der mittelhochdeutschen Metrik. gr. 8. (27 S.) Berlin 871. Hertz. n. — 50

Müllenhoff, Karl (II.), Paradigmata zur deutschen Grammatik. Zum Gebrauch für Vorlesungen. 4. Aufl. Nebst Lachmann's Abriss der mittelhochdeutschen Metrik. gr. 8. (27 S.) Berlin 876, Hertz. *

— Paradigmata zur deutschen Grammatik zum Gebrauch f. Vorlesungen. 6., neu bearb. Aufl. von M. Roediger. Nebst Lachmann's Abriss der mittelhochdeutschen Metrik. gr. 8. (32 S.) Berlin 889. Hertz. n. — 80

Muellenhoff, Kar., commentationis de antiquissima Germanorum poesi chorica particula. 4. (32 S.) Kiliae 847. (Schwers.) n. 1/3 ₰

Müllenhoff, Karl. Runen in Berlin. Aus der Zeitschrift für deutsches Alterthum. Neue Folge. Bd. 6. Berlin 1874. 8°.

—— und R. v. Liliencron, Zur Runenlehre, s. Liliencron, R. v.

Müllenhoff, Carl, Sagen, Märchen u. Lieder der Herzogthümer Schleswig, Holstein u. Lauenburg. gr. 8. (42⅝ B.) Kiel 845, Schwers'sche Buchh.

Sagen, Märchen und Lieder der Herzogthümer Schleswig Holstein und Lauenburg. Hrsg. von Karl **Müllenhoff** †. Anastat. Reprod. d. 2. Abdr. d. Aufl. v. Jahre 1845. Kiel: M. Liebscher 1899. LIV, 619 S. 8°

— Sagen, Märchen u. Lieder der Herzogthümer Schleswig-Holstein u. Lauenburg. Anastatische Reproduktion des 2. Abdr. der Aufl. v. J. 1845. gr. 8. (LIV, 622 S.) Kiel 899. Siegen, M. Liebscher. n. 10. —; erhöht. Pr. n.n. 15. —

— Sagen, Märchen u. Lieder der Herzogthümer Schleswig-Holstein u. Lauenburg. 4. Aufl. 2. Subskription. Kiel 1845. Anastatischer Neudruck. (LIV, 622 S.) 8. Siegen (911). M. Liebscher. 10.50; geb. in Leinw. 12. —

— Schleswig-Holsteinische Sagen. Eine Auswahl aus M.'s Sagen, Märchen und Liedern der Herzogtümer Schleswig, Holstein u. Lauenburg. Im Einverständnis m. dem Jugendschriften-Ausschuß des Kieler Lehrervereins zusammengestellt v. Heinr. Lund. 1.—3. Tausend. 8. (à III, 192 S.) Siegen 901. M. Liebscher. Kart. n. 1. 25; in Bibliotheksbd. n. 1. 50

— — Siegen: Westdeutsche Verlagsanst. in Komm. 1901. 192 S. 8°

— — 4.-6. Taus. Siegen: Liebscher [1902]. 192 S. 8°

— — 2. verb. Aufl. Siegen: Liebscher [1909]. 209 S. 8°

— Ueber das Sarmatien des Ptolemaeus. Ak. 1866. 12 S.

— über den Schwerttanz, s.a Festgaben f. G. Homeyer.

Müllenhoff, K., Ueber den Schwerttanz. Gel. 1871. 39 S. 4°.

— u. J. **Friedlaender**, der Silberfund von Farve, s.: Friedlaender, J.

— altdeutsche Sprachproben. Berlin 864. Weidmann. gr. 8. (IV, 124 S.) n. 20 ngr.

— altdeusche Sprachproben. 2. Aufl. gr. 8. (VII, 126 S.) Berlin 871. Weidmann. n. 2. —

Müllenhoff, Karl, altdeutsche Sprachproben. 3. Aufl. gr. 8. (VII, 152 S.) Berlin 878. Weidmann. n. 3. —

— altdeutsche Sprachproben. 4. Aufl., besorgt von Max Roediger. gr. 8. (VIII, 150 S.) Ebend. 885. n. 3. 60

— über die Weltkarte und Corographie des Kaiser Augustus. Kiel 856. (Akademische Buchhdlg.) gr. 4. (55 S.)
Universitäts-Programm. n. 12 ngr.

Müllenhoff, Karl: [Worte bei der Gedächtnisfeier für den verstorbenen Oberlehrer Heinrich Wilhelm Ubhoff.] S. 22—23. 4.
Progr. Elfte Realschule *Berlin* 1906 (146).

— (Hrsg.), s. Zeitschrift für deutsches Altertum.

Müllenhoff, Karl, Zeugnisse und Excurse zur deutschen Heldensage. Berlin 1860. 8.
Sep.-Abdr. aus?

Die domainenfiskalischen Sommerkoege im Kreise Süderdithmarschen. Mit (2) Kartenbeilagen (v. L. **Müllenhoff**). Marne. 1903. 4°.

Die Insel Trischen (v. L. **Müllenhoff**). Mit 4 Kartenbeilagen (Marne. 1895.) 2 Bl. 4°. geb. in Fol.

Müllenkamp, Franz D. Fr.,
s. Müllenkampf, Franz Damian Friedrich

Müllenkampf, Franz Damian Friedrich

MÜLLENKAMPF, F. D. F.: Anleitung zur Forstarithmetik für junge Jäger auf dem Lande, in Fragen und Antworten. - Frankfurt 1789. 64 S. - 2. unveränd. Aufl., ebd. 1804. 64 S.

— Anleit. zur Forstarithmetik f. junge Jäger auf d. Lande, in Fragen u. Antworten. 1r Thl. 8. Mainz 789.

— s. a. Bemerkk., prakt., z. Forstwissenschaft. 3 Stcke. Frkf., u. setze hinzu: (v. F. D. F. Mullenkampf).

MÜLLENKAMPF, Franz Damian Friedrich: Praktische Bemerkungen zur Forstwissenschaft, gesammelt und herausgegeben zum Unterrichte derer, so sich diesem Fache gewidmet haben. - Frankfurt 1783-1785. H. 1-3 (mehr nicht ersch.)

Müllenkampf, Franz Damian Fr.: „Praktische Bemerkungen zur Forstwissenschaft", 3 Stücke, Frankfurt a. M. 1783—1785 (Varrentrapp).

— s. Communs u. Privatwäldern, von.

MÜLLENKAMPF, Franz Damian Friedrich: Einladung zu einer öffentlichen Vorlesung über die Forstwissenschaft auf der hohen Schule zu Maynz. - Mainz 1785. 4 S.

MÜLLENKAMPF, Franz Damian Friedrich: Von Commun- und Privatwäldern nebst einem Anhange von der Waldhüthung. - Frankfurt a. M. 1789. 71 S., 1 Taf.

Commun- (Von) und Privatwäldern, nebst einem Anhange von den Waldhütern (von Frz. D. Fr. Müllenkamp). Mit Kupf. gr. 8°. Frankfurt, Varrentrapp, 1789.

— verm. Polizey- u. Kameralgegenstände d. praktisch. Forst- u. Jagdwesens. gr. 8. Leipz. Gräff.

MÜLLENKAMPF, Franz Damian Friedrich: Vermischte Polizey- und Kameralgegenstände des praktischen Forst- und Jagdwesens. - Mainz 1791. VIII, 214 S., 1 Tab., 1 Titelkupf.

Müllenkampf, Franz Damian Fr.: „Vermischte Polizey- und Cameralgegenstände des praktischen Forst- und Jagdwesens", Mainz 1791 (Fischer).

— vermischte Polizei- u. Kameralgegenstände d. prakt. Forst- u. Jagdwesens. gr. 8. Mainz 791. (Wienbrack in Lpz.) 14 gr

MÜLLENKAMPF, Franz Damian Friedrich: Sammlung der Forstordnungen verschiedener Länder. - Mainz 1791. 232 S. - 2. Tl. Salzburg 1796. 250 S. Fortges. v. Karl Erenbert Freyherrn von Moll

Müllenkampf F. D. F.: Sammlung d. Forstordnungen verschiedener Länder. 2 Th., Th. 2: fortges. v. K. E. v. Moll. (1 Vol.). [1]Mainz, [2]Salzburg 1791-96. (482) S. 5 Tvl. 1 Kt.
(Th. 2 o. m. Tit.: K. E. v. Moll: Fortgesetzte Müllenkampf'sche S. d. F. v. L. Th. 1).

Müllenkampf, Frz. Damian Fr., († d. 17. Decbr. 1791.) Samml. d. Forst- u. Jagdordnungen verschied. Länder. 1r Bd. gr. 4. Mainz 791. (Mayr in Salzb.; a. Wienbrack in Leipz.) 1 ℛ 2r Thl. A. u. d. T.: Fortgesetzte Samml. ꝛc. v. K. E. v. Moll. 1r Thl. gr. 4. Ebd. 796. 1 ℛ

Müllenkampf, Franz Damian Fr.: „Sammlung der Forstordnungen verschiedener Länder", 1. Teil, Mainz 1791 (Fischer), 2. Teil, herausgegeben von C. F. von Moll, Salzburg 1796 (Mayr).

Die Wegebauten und Strassenanlagen im Alterthum zwischen Mosel, Rhein und Maas, insbes. am linken Niederrhein (von Th. Müllenmeister, Nieukerk). *Geldern [1902]: C. E. Müller.* (46 S.) 8° [F.]
= Veröffentlichung d. Histor. Vereins f. Geldern u. Umgegend. No 7.
[07. 0838 B

Mullens, Henriette C. (geb. Lacroix), Prasanna oder des Glaubens Sieg. Eine Geschichte aus Bengalen. Aus dem Engl. von H. Hauff. Stuttgart 868. J. F. Steinkopf. 8. (195 S.) 18 ngr

Müllensiefen, Gustav, Gerichtsref. aus Witten a. d. Ruhr: **Rücktrittsrecht bei einem gegenseitigen Schuldvertrage wegen Erfüllungszögerung nach gemeinem Recht, preussischem Landrecht, code civil und nach Handelsrecht.** *Flensburg 1899 [vielm. 1900/1901]: J. Kauck.* (III, 29 S.) 8°
Erlangen, Jur. Diss. v. 16. Dez. 1896

Müllensiefen, Julius

Müllensiefen, J., ABC f. das christliche Haus. 12. (84 S.) Halle 894. E. Strien. Geb. in Leinw. m. Goldschn. n. 2. 50

Müllensiefen, J., Abschieds-Predigt üb. Apostel-Geschichte 20, 32, geh. am 17. Sonntage nach Trin. den 27. Septbr. 1885 in der Marienkirche zu Berlin. gr. 8. (13 S.) Halle 885. Strien. n. — 25

Müllensiefen, J., s. a. Adventsgabe in 4 Predigten.

— **Souchon, Kuntze** und **Knak**, Adventsgabe in vier Predigten. Berlin 857. Evangelische Buchhandlung. gr. 8. (54 S.) n. 10 ngr

—— tägliche Andachten zur häuslichen Erbauung. 15 Lfgn. gr. 8. (1. Bd. VIII und 746 S.) Berlin 861, Rauh. à Lfg. * 5 Ngr. *

Müllensiefen, J., tägliche Andachten zur häusl. Erbauung. 16.—29. (Schluß-)Lfg. gr. 8. (2. Bd. XIII und 739 S.) Berlin 862. Rauh. à Lfg. * 5 Ngr. *
1. Bd. Ebendas. 1861. * 2 Thlr. 15 Ngr.

Müllensiefen, J., tägliche Andachten zur häuslichen Erbauung. 2 Bde. 862. n. 4 ℛ 25 ngr — 2. Aufl. 863. n. 4 ℛ — 3. unveränd. Aufl. Berlin 864. Rauh. gr. 8. (XIV, 760 S.; XII, 710 S.) n. 4 ℛ

—— dass. — 2 Aufl. 1862,63. und 3., unveränd. Aufl. 2 Bde. in 24 Lfgn. gr. 8. (XIV und 769 S., XII und 710 S.) Ebendas. 864—66. à Lfg. * 5 Ngr. *

— tägliche Andachten zur häusl. Erbauung. 4., unveränderte Aufl. Berlin 867. Rauch. gr. 8. (605 S.) n. 2 ℛ 20 ngr

— — 5., unveränd. Aufl. 1. Bd. Ebend. 868. gr. 8. (XIV, 759 S.) n. 2 ℛ

Müllensiefen, J., tägliche Andachten zur häuslichen Erbauung. 6. unveränd. Aufl. 1. u. 2. Bd. Lex.-8. (XI, 342 u. IV, 336 S.) Berlin 873. Rauh. à n. 3. —

Müllensiefen, J., tägliche Andachten zur häuslichen Erbauung. 7. unveränd. Aufl. 2 Thle. in 1 Bde. gr. 8. (XVI, 342; IV, 335 S.) [Zeitz 879.] Halle, Strien Verlag. *
geb. *

Müllensiefen, J., tägliche Andachten zur häuslichen Erbauung. 8.—10. unveränd. Aufl. 2 Thle. in 1 Bde. gr. 8. (XVI, 342; IV, 335 S.) Halle 880—84, Strien Verlag. *
geb. **

Müllensiefen, J., tägliche Andachten zur häuslichen Erbauung. 9., unveränderte Aufl. 2 Thle. in 1 Bde. gr. 8. (XVI, 342 u. IV, 335 S.) Halle 882. Strien. n. 6. —; geb. n. 7. 50; m. Goldschn. n. 8. 25

— tägliche Andachten zur häuslichen Erbauung. 11. Aufl. 2 Thle. in 1 Bde. Lex.-8. (XVI, 342 u. IV, 335 S.) Ebend. 885. n. 6. —; geb. n. 7. 50

— — 12. unveränd. Aufl. Ebd. 1887.

Müllensiefen, J., tägliche Andachten zur häuslichen Erbauung. 14., vollständig durchgeseh. u. um 8 Beichtbetrachtgn. verm. Aufl. 2 Tle. in 1 Bd. Lex.-8. (XX, 343 u. VII, 352 S.) Halle 889. Strien. n. 6. —; geb. n.n. 7. 50; m. Goldschn. n.n. 8. 25

— tägliche Andachten zur häuslichen Erbauung. (2 Tle. in 1 Bde.) 16. Aufl. Lex.-8. (XX, 343 u. VII, 352 S.) Ebd. 893. n. 6. —; geb. in Leinw. n.n. 7. 50; m. Goldschn. n n. 8. 25

Müllensiefen, J., tägliche Andachten z. häusl. Erbauung. 17. Aufl. 2 Tle in 1 Bd. gr. 8. (XX, 343 u. VII, 352 S.) Halle 895. E. Strien. n. 6. —; geb. in Leinw. n.n. 7. 50

Müllensiefen, J., tägliche Andachten zur häuslichen Erbauung. 19. Aufl. 2 Tle. (XX, 343 u. VII, 352 S.) Lex.-8. Halle (905). E. Strien. à 2. 25; in 1 Leinw.-Bd. n. 6. —; m. Goldschn. n. 7. —

Müllensiefen, J., die häusliche Erbauung und der Hausgottesdienst. Eine kurze Anleitung zum Bibellesen für evangel. Christen in 4 Predigten. Berlin 857. Rauh. gr. 8. (50 S.) n. 5 ngr.

— Gottes Friedens-Gedanken in der Kriegszeit. Predigt über Jer. 29, 11—14 gehalten am allgemeinen Landes-Bettage, dem 27. Juli 1870 zu Berlin. Berlin 870. Habel. gr. 8. (15 S.) 7½ ngr.

— vom Glauben. Predigt gehalten am Sonntage Trinitatis den 19. Juni 1859. gr. 8. (15 S.) Iserlohn 859, Bädeker.

— das christliche Haus. Ein Beitrag zur socialen Frage. gr. 8. (51 S.) Berlin 873, Rauh. *

— das christliche Haus. Ein Beitrag zur socialen Frage. 2. Aufl. 8. (IV, 51 S.) Ebend. 879. n. — 60

— unsere Hoffnung in ernster Zeit. Predigt über Psalm 130, 7. 8. Am allgemeinen Landes-Bettage, dem 27. Juni 1866 gehalten in der Marienkirche zu Berlin. Berlin 866. Rauh. Lex.-8. (16 S.) 2½ ngr.

Müllensiefen, J., Predigt bei der Jahresfeier des Gustav-Adolph-Vereins in Berlin am 7. Decbr. 1853, gehalten über Ev. Lucä, Cap. 16, V. 19—21. gr. 8. (16 S.) Berlin 854, (Geelhaar.) *

— Kohlschütter u. Gerok, drei Predigten bei der 21. Hauptversammlung des evangelischen Vereins der Gustav-Adolf-Stiftung in Dresden am 5., 6. u. 7. September 1865 gehalten in der Frauenkirche. Dresden 865. Meinhold & Söhne. gr. 8. (36 S.) n. 6 ngr.

— der Segen der kirchlichen Gnadenmittel. Predigt üb. Ev. Math. 13, 33 geh. im Hinweis auf die bevorsteh. Einführg. der neuen kirchl. Ordng. am 17. Sonntage nach Trinitatis den 27. Septbr. 1874 in der Marienkirche zu Berlin. gr. 8. (24 S.) Ebend. 874. n. — 10

— „Vater, in Deine Hände befehle Ich meinen Geist." Predigt über Evang. Luc. 23, 44—48, gehalten am Charfreitag, den 14. April 1854. gr. 8. (13 S.) Berlin 854, Rauh. *

— die Verbreitung des göttlichen Wortes. Predigt üb. Col. 3, 16, geh. am 6. Sonntage nach Ostern, Exaudi, beim Jahresfeste der Deutschen evangel. Buch- u. Tractat-Gesellschaft am 21. Mai 1882, Abends 6 Uhr, in der Marienkirche zu Berlin. 8. (16 S.) Berlin 882. Deutsche evangel. Buch- u. Tractat-Gesellschaft. — 15

— Weg d. Friedens. Predigten. gr. 8. (IV, 244 S.) Ebend. 871. n. 2. 25

— weißt Du nicht, daß Gottes Güte u. Gottes Ernst Dich zur Buße leitet? Predigt über Römer 11, 33—36 in Bezug auf die schmerzl. Ereignisse der jüngsten Vergangenheit am Sonntage Trinitatis den 16. Juni 1878 geh. in der Marienkirche zu Berlin. gr. 8. (19 S.) Berlin 878. Habel. n. — 50

— das Wort des Lebens. Predigten auf alle Sonn- u. Festtage des Jahres. 7., veränderte u. vermehrte Aufl. (In 14 Lfgn.) 1. u. 2. Lfg. gr. 8. (128 S.) Halle 879. Strien. à n. — 50

— das Wort des Lebens. Predigten auf alle Sonn- u. Festtage d. Jahres. 8. Aufl. gr. 8. (VIII, 882 S.) Ebd. 888. n. 7. —; geb. n.n. 8. 50

— Zeugnisse von Christo. Predigten. 1—4. Sammlung. Berlin (854—57.) Rauh. gr. 8. n. 3 ₰. 5 ngr.
1. Sammlung. 854. (IV, 228 S.) — 2. Aufl. 856. (IV, 230 S.) n. 20 ngr.
2. " 856. (VI, 216 S.) — 2. Aufl. 857. (VIII, 222 S.) n. 25 ngr.
3. " 856. (IV, 252 S.) n. 25 ngr.
4. " 857. (254 S.) n. 25 ngr.

— dass. — 4. Sammlung. 1. Aufl. 1858. und 2. Aufl. gr. 8. (244 S.) Ebendas. 861. *

— Zeugnisse von Christo. Predigten. 1—6. Sammlung. Berlin, Rauh. gr. 8. n. 4 ₰
1. Sammlung. 3. Aufl. 860. — 4. Aufl. 862. (VI, 228 S.) n. 20 ngr.
2. Sammlung. 3. Aufl. 861. n. 25 ngr. — 4. Aufl. 863. (VIII, 216 S.) n. 20 ngr.
3. Sammlung. 2. Aufl. 860. 25 ngr. — 3. Aufl. 863. (IV, 240 S.) n. 20 ngr.
4. Sammlung. 2. Aufl. 861. 25 ngr. — 3. Aufl. 863. n. 20 ngr. — 4. Aufl. 863. (250 S.) n. 20 ngr.
5. Sammlung. A. u. d. T.: Das Wort des Lebens 1. Samml. 859. n. 25 ngr. — 2. Aufl. 862. n. 25 ngr. — 3. Aufl. 863. (VI, 226 S.) n. 20 ngr.
6. Sammlung. A. u. d. T.: Das Wort des Lebens. 2. Samml. 863. (252 S.) n. 20 ngr.

— — Ein Jahrgang Predigten. [1—4. Sammlung.] Stereot.-Ausg. 7. Aufl. Ebend. 864. gr. 8. (XVIII, 994 S.) n. 1 ₰ 20 ngr.

— Zeugnisse von Christo. Ein Jahrg. Predigten. (1—4. Sammlung.) Ster.-Ausg. in 1 Bde. 8—10. Aufl. Berlin 865—67. Rauh. gr. 8. (XXII, 930 S.) n. 1 ₰ 20 ngr.

— dass. — 8. Sammlung. Predigten aus bewegter Zeit. A. u. d. T.: Das Wort des Lebens. 4. Sammlung. gr. 8. (VII und 219 S.) Ebendas. 867. *

— — 1—4. Sammlung. 11. Aufl. Ster.-Ausg. Ebend. 869. gr. 8. (VI, 228; VIII, 216; IV, 240 u. IV, 246 S.) Jede Sammlung. n. 15 ngr.

— — 5—8. Sammlung. A. u. d. T.: Das Wort des Lebens. 1—4. Sammlung. 6. Aufl. Ster.-Ausg. Ebend. 870. gr. 8. (V, 226; VI, 250; V, 234 u. VII, 219 S.) Jede Sammlung. n. 15 ngr.

— Zeugnisse von Christo. Predigten. 1.—4. Sammlung. 12. Aufl. gr. 8. (VIII, 228; VIII, 216; IV, 240; II, 250 S.) Halle 880, Strien Verlag. Einzeln à Sammlung * ℳ 2.; compl. geb. *

— Zeugnisse von Christo. Predigten. 5.—8. Sammlung. A. u. d. T.: Das Wort des Lebens. Predigten auf alle Sonn- und Festtage des Jahres. 7. veränd. und verm. Aufl. 14 Lfgn. gr. 8. (VIII, 882 S.) Halle 879,80, Strien Verlag. à Lfg. * 50 Pf. * geb. **

— dass. — Ein Jahrgang Predigten auf alle Sonn- und Festtage des Kirchenjahres. 13. und 14. veränd. und um 34 bisher ungedruckte Predigten verm. Aufl. gr. 8. (XII, 859 S.) Ebendas. 882,84. * ℳ 7.; geb. *

— Zeugnisse v. Christo. Ein Jahrg. Predigten auf alle Sonn- u. Festtage des Kirchenjahres. 15. Ster.-Aufl. gr. 8. (XII, 859 S.) Ebd. 894. n. 7. —; geb. n. 8. 50

— der Zweifel und seine Lösung. Predigt über Ev. Joh. 20, 24—31, gehalten in Hirschberg den 6. Juli 1854. Hirschberg 854. (Berlin, Rauh.) 8. (15 S.) n. 2 ngr.

Müllensiefen, P., de titulorum Laconicorum dialecto, s. Dissertationes philologicae Argentoratenses.

Müllensiefen, P., u. **F. Bechtel**, die Inschriften v. Kalymna u. Kos, s.: Sammlung d. griech. Dialekt-Inschriften.

Müllensiefen, Paul, christliches Gesangbuch f. höhere Unterrichtsanstalten, s.: Kitz, G. A.

Müllensiefen, Paul, biblisches Lesebuch, s.: Schulz, Otto.

Müllensiefen, *Paul* Über den Begriff *METANOIA* im Neuen Testament. I. Teil. 4 (S. 3—30). Progr. G. *Arnstadt* 1888 (676).

Müllensiefen, Paul, Julius Müllensiefen, weil. Prediger an St. Marien in Berlin. Ein Erinnerungsblatt. 8. (31 S. m. Bildnis.) Halle 894. E. Strien. n. — 60

Müllensiefen, Thdr., s. Brickmann, Arth. D., die Lehren der Neuen Kirche.

Müllensiefen, Theod., der wahre Gegenstand der christl. Gottesverehrung u. die Dreieinigkeitslehre, befreit v. den Schwierigkeiten, v. welchen sie bisher umgeben war. Aus d. Engl. 8. (3¼ B.) Elberfeld 846, Bädeker. *

Müllensiefen, Theodor: Die Lage der industriellen Arbeiter im Regierungsbezirk Arnsberg. Nach d. Berichten d. Gewerbeaufsichtsbeamten u. der Handelskammern. *Tübingen 1901: H. Laupp jr.* (VIII, 121 S.) 8° [F.]
Tübingen, Staatswiss. Diss. v. 1901
(Nicht für den Austausch)

—— Leben und Wirken von Prof. Dr. Fr. Imman. Tafel. 2. verb. Aufl. gr. 8. (XII, 110 S. mit 1 Photogr. Imman. Tafels.) Basel 868, (Riehm.) [Stuttgart, Neukirchl. Buchh.] *
geb. *

Muller s.a. Miller, Müller, Mueller, Muiller.

Muller, A. Über das Carcinom der Nebenniere. In-8⁰. 28 S. Genf (1895) These. 1897.

Muller, A., à travers l'Oberland bernois. 8. (355 S.) Mülhausen i/E. 891. C. Detloff. n. 2. 80

— — s.a. Müller

Muller, Anton(ius), Stat(ius): Adversaria physico-medica. 56 S., gbd.
Erlangae: (Walther) 1775
(Adversaria argumenti physico-medici, Fasc. 1,1)

JB 1.808

Muller, Edouard, la flore pittoresque croquis d'après nature. gr. Fol. (25 Steintaf.) Lüttich 873. Claessen. In Mappe. n. 54. —

Muller, Émile, **Mamy, H.**, **Danzer, H.**, Rapport sur l'exposition générale allemande pour la protection contre les accidents. (Berlin 1889). 8⁰. Paris, Baudry, 1889.

Muller, Eugène, la jeunésse des hommes célèbres. Im Auszuge f. den Schulgebrauch hrsg. v. A. Mühlan. I. Tl.: Einleitung u. Text. II. Tl.: Anmerkungen. 8. (V, 106 S.) Leipzig 901. G. Freytag. Geb. u. geh. n. 1.—; Wörterbuch. (38 S.) n. — 40

Muller, Fz., s. Muller, Samuel

Muller, Fred. J. F., de veterum imprimis Romanorum studiis etymologicis. Pars I. (V, 264 S.) gr. 8. Utrecht 910. Oosthoek. 5. —

Alt- und Neu griechisch. Studien ueber alt-, mittel-, u. neugriechische Sprache u. Litteratur, von Dr. H[endrik] C[lemens] **Muller**, Privatd., Amsterdam. H. 1. Einl. über alt- u. neugr. Grammatik. [Mehr nicht ersch.]
Leiden: Brill 1895. 35 S. 8⁰

— Beiträge zur Lehre d. Wortzusammensetzung im Griechischen, m. Excursen über Wortzusammenstellg. im Indogerm. u. in verschied. anderen Sprachfamilien. gr. 8. (59 S.) Leiden 896. A. W. Sijthoff. n. 2. 50

Muller, H. C., historische Grammatik der hellenischen Sprache, s.: Bibliothek, hellenische.

Land und Leute zwischen Zambesi und Limpopo. Von Dr. Hendrik P. N. **Muller.** *Giessen: E. Roth [1896].* [Erschien z. Th. als Giessener Diss. 1894.] (3 Bl., 165 S., 12 Taf. bezw. Portr., 1 Kt.) 1 Bd 8. [96. 4717

Muller, Jean de, s. Müller, Johannes von

Anleitung zum Ordnen und Beschreiben von Archiven [Handleiding voor het ordenen en beschrijven van archieven] von Dr. S[amuel] **Muller** Fz., Dr. J[ohan] A[driaan] Feith en Dr. R[obert] Fruin Th. Az. Für deutsche Archivare bearb. von Dr. Hans Kaiser. Mit e. Vorw. von Wilh. Wiegand. Leipzig: O. Harrassowitz 1905. (VIII, 136 S.) 8° [05. 10373

(B) **Muller, FZ.** S., J. A. **Feith** u. R. **Fruin Th. Az,** Anleitung z. Ordnen u. Beschreiben v. Archiven. 905. (KBL 34.) Erhöht. Pr. 8. —

— u. W. **Vogelsang,** holländische Patrizierhäuser. 40 Taf. m. beschreib. Text. (48 S. m. Abbildgn.) 39,5 × 28 cm. Haag 909. M. Nijhoff. In Leinw.-Mappe 34. —

Müller. – s.a. Müllers ...

Müller, der. Organ für die Interessen der gesammten Mühlen-Industrie. Redact.: Rob. Teßmer. 1. und 2. Jahrg. 1885 und 1886. à Jahrg. 26 Nrn. (Bog. mit Fig.) gr. 4. Berlin, Rob. Teßmer. à Jahrg. *

Müller, der. Organ für die Interessen der gesammten Mühlen-Industrie. Red.: R. Teßmer. 3.—6. Jahrg. 1887—1890. à 52 Nrn. (B. m. Fig.) gr. 4. Berlin, Teßmer. à Jahrg. n. 4. —

Müller, der. Organ f. die gesammte Mühlen-Industrie. 7.—10. Jahrg. 1891—1894. à 52 Nrn. gr. 4. (à ca. 1½ Bog. m. Abbildgn.) Berlin, R. Teßmer. à Jahrg. n. 4.—

Müller, der. Organ f. d. ges. Mühlen-Industrie. 11. Jahrg. 1895. 52 Nrn. (à ca. 20 S. m. Abb.) gr. 4. Berlin, R. Teßmer. n. 4. —

— dasselbe, nebst Intelligenz-Blatt. 12.—14. Jahrg. 1896—1898. à 52 Nrn. (à ca. 20 S. m. Abb.) gr. 4. Ebd. à Jahrg. n. 4. —
Kann auch halbjährlich bezogen werden.

Müller, der. Organ f. die gesammte Mühlen-Industrie. Nebst Erholungsstunde u. Intelligenzblatt. 15.—18. Jahrg. 1899—1902. à 52 Nrn. gr. 4. (à ca. 20 S. m. Abb.) Berlin, R. Teßmer. à Jahrg. n. 4. —

Müller, der. Organ f. die gesamte Mühlen-Industrie. Nebst Erholungsstunde u. Intelligenz-Blatt. 19. u. 20. Jahrg. 1903 u. 1904. à 52 Nrn. (à ca. 16 S. m. Abbildgn.) gr. 4. Berlin, R. Teßmer. à Jhrg. n. 4. —

— dasselbe. Zeitschrift f. die gesamte Mühlen-Industrie. Organ des Verbandes deutscher Müller. Amtliches Organ der Müllerei-Berufsgenossenschaft. Red.: Heinr. Schlüter u. Ernst Prüser. 27. u. 28. Jahrg. 1905 u. 1906. à 52 Nrn. (à ca. 24 S. m. Abbildgn.) gr. 4. Ebd. à Jhrg. n. 6. —

Müller, der. Zeitschrift f. die gesamte Mühlenindustrie. Organ des Verbandes deutscher Müller. Amtliches Organ der Müllerei-Berufsgenossenschaft. Red.: Heinr. Schlüter u. Ernst Prüser. 29.—32. Jahrg. 1907—1910. à 52 Nrn. (à ca. 20 S. m. Abbildgn.) 35×25,5 cm. Berlin, Verlag Der Müller. à Jahrg. 6. —

Müller. Aloys M' von Hospenthal. Geboren 1825, gestorben 1887. ([Necrolog von] B .) [SA.] 8. [Zürich 1887.]

Müller, der betrügliche, u. sich selbst betriegende. Derber Schwank aus dem 18. Jahrh. 12. (12 S.) Köln 890. Teubner. — 75

Der Deutsch-Amerikanische Müller: Band 1–12, 1877/–1886/
Trade monthly. Continued as GERMAN-AMERICAN MILLER. Circulation: 1880, 7643. Edited & published by Sittig & Wenborne, 1877–79; by Eugene A. Sittig, 1879–86.
Chicago, IL

Müller, der deutsch-amerikanische. Monats-Schrift zur Verbreitung nützl. Kenntnisse im Mühlenwesen und verwandten Geschäftszweigen. Hrsgbr.: Eugene A. Sittig. 1.—8. Bd. Jahrg. 1877—1884. à Jahrg. 12 Hefte. (à Heft 5—6 Bog. mit Illustr.) gr. 4. Chicago. (Leipzig, M. Schäfer.) à Jahrg. *

—— der deutsch-amerikanische. Monats-Schrift zur Verbreitung nützl. Kenntnisse im Mühlenwesen und verwandten Geschäftszweigen. Hrsgbr.: Eugene A. Sittig. 9.—12. Bd. Jahrg. 1885/86, 1886/87, 1887/88 und 1888/89. à Jahrg. 12 Hefte. (à Heft 5—6 Bog. mit Illustr.) gr. 4. Chicago. (Leipzig, M. Schäfer.) à Jahrg. *

—— der deutsch-amerikanische. Monats-Schrift zur Verbreitg. nützl. Kenntnisse im Mühlenwesen u. verwandten Geschäftszweigen. Hrsgbr.: Eugene A. Sittig. 13. u. 14. Bd. Jahrg. 1889/90 u. 1890/91. à Jahrg. 12 Hefte. (à Heft 5—6 Bog. m. Illustr.) gr 4. Chicago. (Lpz., M. Schäfer.) à Jahrg. * 5 75
Fortsetzg. s. u. d. T.: Miller, German-American.

—— Deutscher. Zeitschrift für die Interessen des allgemeinen Mühlen-Gewerbes. Herausg. u. redig. von Th. Fritsch Jhg. 3–15. 1882—95. Leipzig. gr. 4.
Vorher: Kleines Mühlen-Journal.

Müller, deutscher. Zeitschrift für die Interessen des allgemeinen Mühlen-Gewerbes. Hrsg. und redig. von Th. Fritsch. 3. Jahrg. Octbr. 1882—März 1883. 6 Nrn. (à Nr. $2^1/_2$ Bog. mit Illustr.) gr. 4. Leipzig, Expedition. *

—— dass. — 3. Jahrg. April—Septbr. 1883. 12 Nrn. (à Nr. $2^1/_2$ Bog. mit Illustr.) gr. 4. Ebendas. *

—— dass. — 4. und 5. Jahrg. Octbr. 1883—Septbr. 1885. à Jahrg. 24 Nrn. (à Nr. $2^1/_2$ Bog. mit Illustr.) gr. 4. Ebendas. à Jahrg. *
Früher u. d. T.: Kleines Mühlen-Journal.

Müller, deutscher. Zeitschrift f. die Interessen d. allgemeinen Mühlen-Gewerbes. Hrsg. u. red. v. Th. Fritsch. 4. Jahrg. 1884. 24 Nrn. ($2^1/_2$ B. m. Illustr.) gr. 4. Leipzig, Th. Fritsch. n. 4. —

—— deutscher. Central-Organ für die Interessen des allgemeinen Mühlen-Gewerbes. Hrsg. und redig. von Thdr. Fritsch. 6. Jahrg. 1886. 48 Nrn. (Bog. mit Illustr.) gr. 4. Leipzig, Th. Fritsch.

— deutscher. Central-Organ f. die Interessen d. allgem. Mühlen-Gewerbes. Hrsg. u. red. v. Thdr. Fritsch. 7.—9. Jahrg. 1887—1889. à 52 Nrn. (B. m. Illustr.) gr. 4. Leipzig, Th. Fritsch. à Jahrg. 4. —

— dasselbe. 10. Jahrg. 1890. 52 Nrn. (B. m. Illustr.) gr. 4. Ebd. n. 6. —

— deutscher. Central-Organ f. die Interessen d. allgemeinen Mühlen-Gewerbes. Hrsg. u. red. v. Thdr. Fritsch. 11.—14. Jahrg. 1891—1894. à 52 Nrn. (à ca. 1 Bog. m. Illustr.) gr. 4. Leipzig, Th. Fritsch. à Jahrg. n. 6. —

— deutscher. Central-Organ f. d. Interessen d. allgem. Mühlen-Gewerbes. Hrsg. u. red. v. Thdr. Fritsch. 15.—18. Jahrg. 1895—1898. à 52 Nrn. (Bog. m. Abb.) gr. 4. Leipzig. Th. Fritsch. à Jahrg. n. 6. —
Kann auch vierteljährlich bezogen werden.

— deutscher. Zentral-Organ f. die Interessen des allgemeinen Mühlen-Gewerbes. Publikations-Organ d. Müllerei-Berufsgenossenschaft u. des deutschen Müllerbundes. Hrsg. u. red. v. Thdr. Fritsch. 19.—22. Jahrg. 1899—1902. à 52 Nrn. gr. 4. (à ca. 8 S. m. Abbildgn.) Leipzig (Th. Fritsch). à Jahrg. n. 6. —

— deutscher. Zentral-Organ f. die Interessen des allgemeinen Mühlen-Gewerbes. Publikations-Organ der Müllerei-Berufsgenossenschaft u. des deutschen Müllerbundes. Hrsg. u. geleitet v. Thdr. Fritsch. 23.—26. Jahrg. 1903—1906. à 52 Nrn. (414, 432. 454 u. 412 S. m. Abb.) gr. 4. Leipzig, Th. Fritsch. à Jhrg. n. 6. —

— deutscher. Zentral-Organ f. die Interessen des allgemeinen Mühlen-Gewerbes. Publikations-Organ der Müllerei-Berufsgenossenschaft, des deutschen Müllerbundes usw. Hrsg. u. geleitet v. Thdr. Fritsch. 27.—30. Jahrg. 1907—1910. à 52 Nrn. (VIII, 416; VIII, 428; VI, 422 u. VI, 414 S. m. Abb.) 30,5×23,5 cm. Leipzig, Th. Fritsch. à Jahrg. 6. —

Müller, Ferdinand, v. Ernst Wagner. 8. Tüb. Cotta. 8 Bog.

Müller, Franz und das Geschwornengericht. Zur Kulturfrage der Gegenwart. 8. (32 S.) Prag, André'sche B. (C. Reichenecker.) 34 kr. 1865.

Müller, Friedr. Bernard. Ein Lebensbild, s. Caplan, d. apostolische.

Müller, e. japanischer Georg, s. a. Missionstraktate, kleine.

Müller. Ein japanischer Georg. M. Abbild. In-16°. 16 S. Basel, Missionsbuchhandlung. 1894. — 05

Müller, ein, heiligt den Sonntag. 64. (16 S.) Carlsruhe 875. (Barmen, Klein.)

Müller. Johann Georg M', Architekt (1822–1849).... Njbl. 54 [Ziegler, Jacob Melchior].

Müller, Johann Georg, Architekt. Johann Martin Usteris artistischer Nachlass. [Zürich 1860.] V (Müller): *Ziegler, Jacob Melchior.* (Usteri): *Hess, Jacob.* (Cat. d. Stadtbibl. Zürich. Zürich 1864—97.)

Müller, Jh. Ldw., Pastor F. W. Krummacher u. Pastor Dr. Paniel; nach den kürzlich in Bremen von ihnen gehaltenen u. im Druck erschienenen Predigten. gr. 8. Bremen 841, Heyse. n. 1/6 ℛ

Müller, Johannes, weil. Doctor der Medizin u. Chirurgie, königl. preuß. Geheimer Medizinalrath, ordentl. Professor der Anatomie u. Physiologie an der Universität zu Berlin u. an der medizinisch-chirurg. Militär-Akademie daselbst, Direktor des königl. anatom. Museums u. anatom. Theaters u. s. w., geboren den 14. VII. 1801 in Coblenz, gestorben den 28. IV. 1858 in Berlin. (Von S.) 12. (20 S. m. 2 Bildn.) Coblenz 899. W. Groos. — 30

Müller, Johs. v., der Geschichtschreiber, u. sein handschriftlicher Nachlaß, s.: Thiersch, H. W. J.

Müller, D. Julius, Mittheilungen aus seinem Leben, s.: Schultze, L.

Müller. – Karl Müller, s. Müller von Friedberg. –

Müller, Carl Otfried. Lebensbild in Briefen an seine Eltern m. dem Tagebuch seiner italienisch-griech. Reise. Hrsg. v. Otto u. Else Kern. (XVI, 401 S. m. 3 Bildnissen u. 1 Fksm.) 8. Berlin 908. Weidmann. Geb. in Leinw. 10. —

Müller. – Der Pfarrer (auch: Vater) Müller und seine Kinder, s. Müller, Johann Ernst Justus

Müller, Luise; od. die Hofmeisterin. Schausp. f. Kinder in 2 A. n. d. Franz. v. J. M. Armbruster. 8. Winterthur, Steiner. 796.

Müller, Maria. Berlin 1799. V: *Ahlefeld, Charlotte Sophie Louise Wilhelmine von.* (Ky) (Schl) (MGT) (BrMm) (LS I, 6)

Müller, Marie, (von Charl. v. Ahlefeld). 8. Berl. 799. Unger. 1 ℛ

Müller, Marie, v. Charlotte v. Ahlefeld. 8. Schleswig, Koch. 814.

MÜLLER der Menschenverächter und seine 5 Töchter. 2 Thle. Königsberg, b. Gottlieb Leberecht Hartung, 1788. Kl. 8°.
Zahmer Roman. 180 fortlaufend gez. S.

— der Menschenverächter, u. seine fünf Töchter. 2 Thle. 8. Königsb. Unger. 788.

Müller! Müller! Müller! Schwank in 1 Akte . . . [4. Aufl.] [Paderborn 1895.] V: *Ney, Chn.* (Berl)

Müller. Die M' von Nidau... s. [Balmer, Hans Friedrich].

—— der österreichisch-ungarische. Monatsschrift zur Verbreitung nützl. Kenntnisse im Mühlenwesen und verwandten Geschäftszweigen. Unter Mitwirkung tücht. Fachmänner hrsg. von Otto Maaß. 1.—6. Jahrg. 1879—1884. à Jahrg. 12 Hefte. (à Heft 4 Bog. mit eingedr. Holzschn.) Fol. Wien, Administration. à Jahrg. **

Müller, Der Oesterreichisch-ungarische. Monatsschrift zur Verbreitung nützlicher Kenntnisse im Mühlenwesen und verwandten Geschäftszweigen. Herausg. Otto Maass. Red. Ludwig Conrad Hess. 13. Jahrgang. 1892. 12 Nrn. (Ca. 3—5 Bgn.) Fol. * 8.—, pro Sem. * 1.50
Wien: Maass 1892.

— der österreichisch-ungarische. Monatsschrift zur Verbreitg. nützl. Kenntnisse in der Müllerei, Bäckerei u. verwandten Geschäftszweigen. Unter Mitwirkg. tücht. Fachmänner hrsg. v. Rud. Maaß. Red.: Ludw. Conr. Heß. 29.—32. Jahrg. 1907—1910. à 12 Hefte. (à Jahrg. 240 S.) 38×25,5 cm. Wien, O. Maaß' Söhne. à Jahrg. 6. —

Müller, Otto. Festgabe der Leipziger Juristenfakultät f. Otto Müller zum 14. Mai 1892. gr. 8. Leipzig 892. Veit & Co. n. 2. 50
Die indirekte Vermögensleistung v. Bernh. Windscheid. — Der Gesammtakt, e. neuer Rechtsbegriff v. Johs. Emil Kuntze. (VII, 87 S.)

Müller, der preuß., in Ansehung seiner Rechte u. Pflichten, nach den über die Mühlen, das Müllerwesen u. damit in Verbindung stehenden Gegenstände erschien. kön. preuß. Gesetzen u. Verordnn. 8. Quedlinb. 823. Basse. 18 Gℛ

Müller, der Preuß., in Ansehung seiner Rechte und Pflichten, nach den über die Mühlen, das Müllerwesen u. damit in Verbind. stehende Gegenstände erschien. K. Preuß. Verordnungen. Ein Handbuch für Mühlenbesitzer rc. 3e verm. u. verb. Aufl., bis zum Jahre 1835. 8. Quedlinburg 836. Basse. 5/6 ℛ

Müller, der Preußische, in Ansehung seiner Rechte u. Pflichten, nach den über die Mühlen, das Müllerwesen u. damit in Verbindung stehende Gegenstände erschienenen Gesetzen u. Verordnungen. 3. verm. u. verb. Ausg., enth. alle bis zum Jahr 1843 incl. erschienenen neuen Verordnungen rc. 8. Quedlinburg 844, Basse. 5/6 ℛ
11½ B.

Müller und Schulze's Reise zum Danziger Sängerfeste 1857. Danzig 857. Bertling 8. (36 S.) n. 5 ngr

Müller und Schulze auf dem Carneval zu Leipzig. Humoreske von Klapperadatsch. 8. (48 S. mit Illustr. von K. R. Ulfbach in Holzschn.) Leipzig 870, Minde.

Müller und Schulze im Thüringer Walde. Ein humoristischer Reiseführer. Illustrirt von Wilh. Schröter. Leipzig 864. Purfürst. 8. (3 Bl., 132 S. m. Holzschn.) n. 10 ngr

Müller, die verbuhlten; aus d. Französ. v. B. Pfeuffer. 771.

Müller. – Wilhelm Müller, s. Klassiker, Moderne.

— Wilhelm, v. E. Hildebrand, m. K. 8. Leipz. Gräff. 805.

Müller, Mahler, s. Müller, Friedrich

Müller's Adressbuch des deutschen Buchhandels u. verwandter Berufszweige. 11. Jahrg. 1906. (1027 u. VI S.) gr. 8. Leipzig, C. F. Müller. Geb. in Leinw. n. 8. —

Müller, Adressbuch des deutschen Buchhandels u. verwandter Berufszweige m. Zeitschriften-Adressbuch. 16. Jahrg. 1911. (VIII, IX, 1127, 28 u. 260 S.) gr. 8. Leipzig. C. F. Müller. Geb. in Leinw. 10. 80

Müller. Aliso, die Römerfestung. (10) 4 Gr.-Glogau 1874.

Müller, auf Erfahrung gegründete Anweisung zum Lackiren. 8. Frankf. Akadem. Buchh. 767.

Müller: Anwendung des Parallelogramms der Bewegung auf die Untersuchung einer Curve. 9 S. – Torgau, Progr. 1861.

Müller, s.: Archiv, internat., f. Veterinär-Medizin.

Müller u. **Ziurek.** Archiv d. dtschn Medizin.-Gesetzgeb. u. öffentl. Gesundheitspflege. Erlangen 1857—59. Fol. 3 Bde.

Müller, Oberingenieur. Auszug aus dem Bericht über die Erstellung der Höllenthalbahn. 1880? fol.

Müller, San.-R. Dr., über die Bacterien, s. Müller (Ludwig).

Müller, (I.), vortheilhafteste Bauart ober- u. unterschlächtiger Mühlräder. 8. (1 B., 2 Tab. u. 1 Abbild.) Altena 844, Sant.

Müller: Beiträge zur Kritik und Erklärung der Briefe Cicero's an P. Lentulus. 14 S.--Innsbruck, Progr. 1862

Müller, v., Beiträge zur Statistik der Gemeindebesteuerung in Bayern. [Aus: „Zeitschr. d. bayer. statist. Bureau".] gr. 4. (26 S.) München 892. (J. Lindauer) n. — 40

— dasselbe. (Forts.) [Aus: „Zeitschr. d. bayer. statist. Bureau".] gr. 4. (S. 69—94.) Ebd. 893. n. — 40

Müller: Kritische Bemerkungen zu lateinischen Prosaikern. 22 S. (Zu Amm. Marc. Apul. Cato R.R. Cic.(30 Stellen.) Corn. N. Fronto. Liv. Petron. Plin. Sen.) –Landsberg a/W., Progr. 1865

Mueller: Einige metrische Bemerkungen. I. De versibus dactylicis, imprimis de versu heroo. II. De versibus iambicis et trochaicis. III. De versibus choriambicis. IV. De metris Sapphicis. 8 S.–Gr.Glogau kth., Progr. 1868

Müller: Bemerkungen zu unserer Realschule. 3 S. 8° –Jägerndorf UR., Progr. 1872.

Einige Betrachtungen über die Atmosphäre und Meteorologie vom Sekretär der naturwissenschaftlichen Sektion der Schlesischen Gesellschaft für vaterländische Kultur MÜLLER. Breslau 1822. 8°.

Müller: Die Bilderhandschriften des Mittelalters in der Bibliothek der Stadt- und Hauptschule zu Bremen. Bremen, Schul-/Univ.-Schrift 1863

[Müller, .] Bismarck und der neue Cours. Kapuzinerpredigt von Ed. Nörgelmüller. [Gedicht.] 8. Zürich 1892.

Müller, Briefe über die Heilwirkungen der Thermalquellen zu Wiesbaden bei chronischen Nervenleiden. Wiesbaden 857. Kreidel u. Niedner. 12. (63 S.) n. 7⅓ ngr.

— die unähnlichen Brüder, oder Unglück prüft das Herz. Lstspl. 8. Wien 788. Kurzböck. 4 K

Müller (Hrsg.), s. Bulletin d. naturwiss. Section d. Schles. Ges. f. vaterländ. Cultur.

a **Müller,** Diss. de cardialgia. Vindob. 4°. 1762

Mueller: Coniecturae Tullianae. 26 S.–Koenigsberg Fr.C., Progr. 1860

Müller. Getreue Darstellung der gestrigen Demonstration. Druck von Marquardt u. Steinthal. 1 Bl. Fol. Flugblatt. Berlin, 6. Okt. 1848.

Müller, Decke u. Wand, s.: Eichler.

Müller, moderne Dekorations-Motive, s.: Eichler.

Mueller, v., Deutsche u. Polen in d. Ostmarken. gr. 8. (46 S.) Basel 898. F. E. Perthes. n. — 80

Müller, s.: Deutschland's Obstsorten.

– De diaeta et curatione imbecillium, s. Büchner, Andreas Elias [Praes.]

Müller, die wichtigsten physikalischen Eigenschaften der Körper, sowie die einfachsten Gesetze der Mechanik, s.: Creutzmann.

Müller's Einakter u. heitere Szenen. Nebst e. Vorwort: „Wie trägt man vor?" Ein Schatzkästlein köstl. Humors f. Vereine. 8. (139 S. m. Bildnis.) Leipzig (900). Kühnel. n. 1. 25

Mueller: Über die Einführung von Schwefelkohlenstoff, Schwefelwasserstoff u. Chlorwasserstoff auf einige Sauerstoffsalze bei erhöhter Temperatur. Perleberg, Schul-/Univ.-Schrift 1865

Müller. Einiges über den Leitungswiderstand der Metalle. 24 S. Wesel, Progr. 1857

– Emendationes Soph. Rudolstadt, Schul-/Univ.-Schrift 1863

Müller, Entfernungs-Karte des Kreises Eckartsberga. 1 : 100,000. Chromolithogr. Imp.-Fol. Cölleda 883, Brocke. ** 1 50

Die Entwickelung des Ultramontanismus und seine Stellung zu Deutschland v. von **Müller.** Kiel. 1902 (1901). 8°.

— die Entwickelung des Ultramontanismus und seine Stellung zu Deutschland. gr. 8. (61 S.) Kiel 902. Universitäts-Buchh. n. 1. —

Mueller, von. Deutsche Erbfehler u. ihr Einfluss auf die Geschichte des deutschen Volkes. Bd. I. Gr. in-8°. VIII, 376 S. m. 1 farb. Karte. Basel, F. E. Perthes aus Gotha. 1897. 8 —

MÜLLER: Erfahrungen und Beobachtungen über Anlage und Behandlung der Eichenschälwaldungen. - Berlin 1850. 28 S.

Müller, Erinnerungen e. ehemaligen 36ers aus dem Feldzuge 1870—71, nach seinem Kriegstagebuche bearb. gr. 8. (75 S.) Halberstadt 893. (J. Schimmelburg.) n.n. — 75

Müller, Faust u. Gretchen (Goethe's Faust im Auszuge), s.: Volks-Bibliothek, allgem.

Müller-Gottesberg, König Friedrich Wilhelm I. u. d. große Militär-Waisenhaus zu Potsdam u. Schloß Pretzsch, s.: Für Feste u. Freunde d. inneren Mission, 19. Hft.

Müller, ..., Frühlingsblümchen zu Kränzen für Knaben u. Mädchen rc. Halle 806. Dietlein. 10 gr

Müller, (III.,) u. Krummacher, mancherlei Gaben, s. Gaben.

— neues Gebetbuch f. katholische Christen rc. m. K. 18. Wien, Bauer. 808.

— zum Gedächtnis an Ihre Hochselige Maj. die Königin Olga v. Württemberg. Predigt am 6. Novbr. 1892 in der Garnisonkirche zu Stuttgart. gr. 8. (12 S.) Ebd. 892. n. — 20

Müller, zum Gedächtnis an Se. hochselige Maj. den König Karl v. Württemberg. Predigt am 11. Oktbr. 1891 in der Garnisonkirche zu Stuttgart. gr. 8. (10 S.) Stuttgart 891. J. F. Steinkopf. n. — 20

Müller u. Schulz, Geheimnisse d. Natur, od. Zeug. und Fortpflanz. rc. m. K. 8. Wien, Gerold. 804.

Müller Zur Gesch. d. Entwickelung des Dramas in Deutschland. 20 S. Posen, F. W., Progr. 1838

Müller, Abgeord. Vide: Gewerbefrage (Zur).

Müller: Ueber biquadratische Gleichungen. 20 S. –München M., Progr. 1868

Müller, ..., s. Goldkörner oder pädagog. Spruchbuch.

Müller: Cardinal G r a n v e l l a u. sein Einfluss auf den niederländ. Freiheitskampf. 66 S. Dresden, Schul-/Univ.-Schrift 1864

Müller. Gras-Auktion. Ende dieser Woche findet eine Berliner Straßen-Gras-Auktion statt — Die Präsidentschaft des (Linden-) Clubs. Contraüg. Müller. 1 Bl. Fol. Flugblatt. Berlin, 28. Nov. 1848.

Müller, v., die Grundlage des Staates, s.a. Beiträge zu konservativer Politik u. Weltanschauung.

Die Grundlagen des Staates. Von Oberst a. D. v. Müller (in Blankenburg). Berlin: Hobbing [1910]. 46 S. 8°
(Beiträge z. konservativer Politik u. Weltanschauung. H. 3/4.)

Müller u. Schaffer F.: Gutachten betreffend die Errichtung einer schweizerischen Milchversuchsstation. (Bern 1888). 18 S. P.

Müller, Diss. de motuum habituali ex imaginatione. Hal. 4°. 1732.

Müller: Haus und Schule. Bemerkungen zur Knabenerziehung. 16 S.– Thorn. Progr. 1864.

Müller, v. Das brandenb. Hülfskorps bei Slankamen 19. 8. 1691. Berlin 1891. 4°. (Bh. z. M. W. B.)

Verwirrete Hochzeit-Gedancken ... [Hochzeitsgedicht auf Müller, und Bähr. 1732.] — Kiel 1732: Bartsch. 2 Bl. 4°

Müller. Hurrah! Wien hält sich. Alle bisherigen Nachrichten waren falsch. Druck von Marquardt u. Steinthal. 1 Bl. Fol. Flugblatt. Berlin, 4. Nov. 1848.

Müller, Japan, das Land der aufgehenden Sonne, s.a. Missionsschriften, neue. Nr. 60.

Japan, das Land der aufgehenden Sonne. Von Pastor Müller in Gersdorf. *Berlin: Berl. ev. Missionsges. [1901].* (15 S.) 8° [ ]
— Missionsschriften. Neue. 60.

Müller, s.: Jesus u. die Menschen seiner Zeit.

Ihr Deutschen, wollt Ihr die Ostmarken behaupten oder nicht? von Oberst a. D. von MÜLLER. 3. Auflage. Berlin 1908. Deutscher Ostmarkenverein. 8°.

Müller (H.), die Instruktion für die Lehrer der kathol. Primarschulen des Kantons St. Gallen in zwei große Schlagwörter zusammengesetzt. Eine Konferenzrede. gr. 8. (38 S.) St. Gallen 848, (Huber und Comp.) *

Müller. Das 50jährige Jubiläum des Steinkohlenbergwerkes Heinitz. Saarbrücken, 1897.

Müller, Kampfsaaten, ihre Gefahren u. deren Vorbeugung, insbesondere f. die Kiefer. (16 S.) 16. Neudamm 907. J. Neumann. p — 10
Sonderabdruck aus: „Neudammer deut. Forst-Zeitg."

— s. Krampfhusten der Kinder.

– Über proportionale K r e i s p o t e n z e n. 24 S. Berlin, G. K., Progr. 1844

Müller, die Kreisverwaltung des Kreises Mosbach v. 1865—1895. Nach amtl. Quellen bearb. gr. 8. (IV, 165 S.) Tauberbischofsheim 896. Karlsruhe, J. Lang. n. 1. 50

Müller, v., d. Krieg zwischen China u. Japan. 1894/95. Auf Grund authent. Quellen bearb. M. Skizzen u. Karten. 3 Tle. gr. 8. Berlin 895. Liebel. à 1. 20
1. D. J. 1894. 1.—4. Aufl. (IV, 40 S. m. 2 Tab.)
2. D. Kämpfe in d. Provinzen Ljao Tong u. Schantung b. z. Waffenstillstand März 1895. 1.—3. Aufl. (IV u. S. 41—71.)
3. Waffenstillstand. Operationen gegen Formosa u. den Kaiserkanal. D. Frieden. Politische u. militär. Bedeutg. d. Krieges. (IV u. S. 73-116 m. 1 Tab. u. 1 Karte.)

Müller. Königlich preussisches Kriegsrecht. 8. Berlin 1870.

Müller: Arithmetischer Cursus für Unter-Tertia. 28 S. –Wittenberg. Progr. 1865

Müller. Die Lage des bäuerlichen Grundbesitzes in Deutschland. Berlin 1884.

MÜLLER. Berthollet's Leben nach der Beschreibung von Hugh Colquhoun. [Erlangen], 1828.

Müller, die allgemeinen Lehren des Strafrechts in Frage u. Antwort. (135 S.) 8. Flöha 906. A. Peitz & Sohn. Geb. n. 2. —

[Lied. Gedichtet von Aug.] Mahlmann. In Musik gesetzt von Müller. o. O. u. J. 1 Bl. 8°
Ohne Noten: „Was ist's, das unsterbliche Geister entzückt, . . ."

[Lied.] Den Schwestern. (Comp. von Müller.) [Unterz.:] H. Hoffmann. [Leipzig 1856: Vollrath.] 1 Bl. 8°
[Kopftit.]
Tt. 2484. Mit Chor. Ohne Noten: „Auf, Brüder, auf! ein Lied!“

Müllers geistliche Lieder. 8. Bregenz, Brentano.

26 maurerische Lieder für den Bruderkreis. Zsgest. und der Loge zur Ceder [in Hannover] gewidmet von Müller, Molck, Jänecke. Hannover 1881: Jänecke. 25 S. 8°
Mit Noten.

Müller, Maßregeln zur Bekämpfung der Reblaus, s.: Land- u. Forstwirtschaft. 6. Heft.

Müller der Jüngere, Maximaldosen nach dem neuen Arzneibuch f. das Deutsche Reich in Paukversen. 12. (14 S.) Kiel 892. Gnevkow & v. Gellhorn. n. — 40

Müller, die Maximaltabelle, in versus memoriales gezwängt. 12. (13 S.) Tübingen 891. A. Moser. n. — 40

Müller, Madame ..., († ...) mémoires écrits par elle-même. Tom. I. 8. Riga 773. Hartknoch in Leipz. 20 gr.

Müller, ...; methodica seu de studiis apte instituendis praecepta. 8maj. Hamb., (Campe). 6 gr.

Müller, methodica seu de studiis etc. 8maj. Ist jetzt Verl. v. Hoffmann u. Campe in Hamburg.

Müller, v., vom christlichen Missionsberuf. Predigt über 1. Petr. 2, 9. 10 gehalten am Missionsfeste zu Nürnberg den 13. Juni 1876, in der Kirche zu St. Lorenzen. gr. 8. (15 S.) Nürnberg 876, Raw'sche Buchh. *

Müller, ..., s. Denys v. Montfort, Naturgesch. d. Molusken.

Müller, Musterbüchlein zum gründl. Schreiben. 8. Bresl. Korn d. Aelt.

Müller, observations sur les enfants d'Edouard de Delavigne et sur les rapports de cette tragédie au Richard III. de Shakspeare. Progr. Fulda 1844.

Müller, Horat. od. I, 18, II, 12. Gel. 1861. 2 S. 4°.

– (Red.), s. Pionier.

Müller, Plan von Bremen und Umgegend. 1 : 25,000. 4 Sect. Chromolithogr. gr. Fol. Bremen 884, v. Halem. * 5 —

Müller, Plan von Bremen und Umgegend. 1 : 25,000. 4 Sect. Chromolithogr. gr. Fol. Bremen 888, v. Halem. * 5 —

Müller, ..., s. Platon; e. Zeitschrift zc.

Müller, Pfarrhelfer. Predigt bei der Eröffnungsfeier der Kantonsschule. Bern 1856.

Müller, v., Predigt beim 17. Congreß f. innere Mission zu Dresden, s.: Kohlschütter, E. V.

— Predigten. 8. Ebend.

— vier Predigten, auf Neujahr, den Sonntag darauf, — das Erscheinungsfest, — u. den ersten Sonntag darnach. Ebend. 870. gr. 8. (52 S.) 7½ ngr.

Müller, (III.), Prhowina (Arnikatinktur) čili lék na wsselikeré zmozděninv, kloubů wyhnnti, puchýře, knří oka, poraněniny, odznobeniny atd. Náwod připrawiti a dokonale ji použiti u množstwi wnčjssích a wnitřnich nemoci lidských a dobytčích atd. W Lipsstě 2. wydání w český jazyk uwedl a rozmnožil Jan Waclík. (S. wiskresem byliny.) 12. (VII und 44 S.) Budweis 853, [Hansen.] *

Müller. Dissertatio. „Quid justum sit circa curam pauperum.“ 4. *Göttingae.* 1749.

Müller, der nützl. Rathgeber in Haus- u. Landwirthschaft, e. Samml. währ. e. langen Reihe v. Jahren bewährt befund. Recepte u. Vorschriften üb. Gesundheitskunde, Thierarzneikunde, Haus- u. Landwirthschaft u. Gartenbau. 8. (9½ B.) Dinkelsbühl 830, Walthr.

Mueller, Die Rechtslage der Feuerbestattung in Preussen u. in d. andern deutschen Bundesstaaten. Vortr. 8°.
Aus: Deutsche Feuerbestattungs-Zeitung 1898. Nr 10.

Müller, Prof. Dr.. Rede u. Gebet zc., s. Jahresbericht, fünfter, des evangel. Missions-Vereins in Kurhessen.

Zwey Reden, gehalten von dem Regiments-Quartiermeister MÜLLER und dem Professor REICHE, bey der ersten Feyer des Stiftungstages der Gesellschaft zur Beförderung der Naturkunde und Industrie Schlesiens, am 17ten December 1804. Breslau. Gedr. bey Grass und Barth. 8°.

Müller: Der Religionsunterricht mit besonderer Beziehung auf die Realschule. 31 S.–Elberfeld R., Progr. 1857.

Müller & Co., Aarau, Sammlung merkantiler Arbeiten. (24 T) 4° Aarau

Müller, ..., s. Samml. christl. Lieder f. d. kirchl. Andacht zc.

Müller, Frhr. v., die Schlachtfelder um Metz, m. Illustr. gr. 8. (57 S.) Dresden 900. C. Damm. n. 2. —

Müller, Schlußgebet beim letzten Hauptgottesdienst in der alten Hauptkirche zu Rheydt, s.: Gottesdienst, der letzte, zc.

Müller, ..., der fleißige Schuster; Drama. 8. Offenb. 781. Brede. 3 gr.

Müller (Conitz), Ueber den teutschen Sprachunterricht im weitern Sinne auf teutschen gelehrten Schulen (Gymnasien) nebst Nachrichten über die diesjährigen Ereignisse und den gegenwärtigen Zustand der Schule. Conitz. Berlin (C. Fr. Amelang) 30./31. VII. u. 2. VIII. 1824. 37 S. mit Namen. (3.50) 23849

Müller, ..., über eine Stelle im Buch Samuelis IV. v. 19. 8. Hof 777. Grau. 4 gr.

Müller, Sterbekassen und Vereine mit Begräbnisfürsorge in der römischen Kaiserzeit. (Aus: Neue Jahrbücher f. Philosophie, XV$_8$.) 8⁰. Leipzig, Teubner, 1905.

Müller: Die griechischen Symposien. 22 S.–Zeitz, Progr. 1858

Müller, (pract. Arzt in Stuttgart, Dr.,) Taschenbuch sämmtlicher syphilitischen Krankheitsformen, nach den neuesten Entdeckungen der Wissenschaft, nebst Angabe der verschied. Behandlungsweisen mit u. ohne Quecksilber. 16. Ludwigsburg 841, Nast'sche Buchh. (Leipzig, Herbig.) 1/2 ß 12 1/8 B.

Müller's Taschen-Fahrplan vom 1. X. 1902 bis 30. IV. 1903. Winter 1902. 12. (60 S.) Aachen, O. Müller. n. — 20

Müller. Die Tuberkulose des Rindviehs und die Viehversicherung. Bericht an das schweiz. landwirtsch. Departement. Bern 1892.

— Uebersicht der wichtigen Lehren d. Talmud. gr. 8. Berl. 827. Gruhr. 10 g.

Müller, (IV.), die ersten Uebungen im Klavierspiel, 100 stufenmässig geordn., instructive Bearbeitungen eines einfachen Satzes, zur leichten u. schnellen Erlernung der Anfangsgründe, sowie z. Erreichung sicherer Haltung u. früherer Geläufigkeit. qu. 4. (5 B.) Würzburg 842, Voigt u. Mocker.*

Müller, Uebungsstoff f das geometrische Zeichnen. Im Auftrage der kgl. württemberg. Centralstelle f. Gewerbe u Handel bearb. Mit 21 lith. Taf. 8. Aufl. 16. (118 S.) Eßlingen 883. (Fröhner.) cart. n. 1. 75

Müller's 1. deutscher Universal-Lehrmittel-Katalog, nach den neuesten u. direktesten Quellen zusammengestellt v. R. Carl. gr. 8. (XVI, 563 S.) Dresden-A. 891. A. Müller, Fröbelhaus. Geb. in Leinw. n.n. 3. —

Müller, Unsern Rekruten zum Eintritt in die Garnison. Predigt am Sonntag Misericordias. Stuttgart 860. (Oetinger.) gr. 8. (12 S.) n. 2 ngr.

Müller, Validol in der Gynäkologie. (7 S.) gr. 8. Leipzig 906. B. Konegen. 1. —
Sonderabdruck aus: „Der Frauenarzt".

Müller's Verkehrs-Karte vom mittleren Europa. 1 : 4,000,000. Bearb. v. Rud. Henke. Farbendr. Imp.-Fol. Dresd. 890, A. Müller, Fröbelhaus. * 1 —; auf Leinw. m. Stäben * 2 50
In Rahmen * 3 —

Müller, (II.,) Verzeichniß der in O. L. B. Wolff's poet. Hausschatz enth. Gedichte, s. a. Wolff, O. L. B.

Müller, (III.), Verzeichniß der in Prof. O. L. B. Wolff's poet. Hausschatz enthaltenen Gedichte, nach den Dichtern geordnet. 5. Aufl. 8. (1 B.) Leipzig 843, Otto Wigand.

Müller: Verzeichniss aller Schüler des Gymnasiums zu Rudolstadt, welche bei Gelegenheit der Sommerschen Redefeierlichkeit ... u. der Gegenstände, über welche sie Reden gehalten haben. 16 S. Rudolstadt, Schul-/Univ.-Schrift 1865

Müller, die Veteranenfürsorge im Deutschen Reich u. im Großherzogt. Hessen, s.: Heerwesen.

Müller, die Viehmast x., s. a. Schneider (Herm.).

Müller, (I.), die Viehmast oder die Mästung aller in der Landwirthschaft zu haltenden Thiere, als: des Rindviehes, der Kälber, der Schweine x., sowie die Behandlung des Fleisches und Fettes derselben x., mit beigefügten Regeln der Viehzucht und der Behandlung der am häufigsten vorkommenden Krankheiten der genannten Thiere, sowie auch andern dahin einschlagenden ökonom. Lehren für Landwirthe und städtische Wirthschaften. Zusammengestellt von Herm. Schneider. Nebst einem Anhang über das Einpökeln und Räuchern des Fleisches, sowie über die Aufbewahrung desselben im frischen Zustande im Eiskeller von Chr. Heinr. Schmidt. gr. 8. (VIII und 215 S.) Weimar 855, Voigt.

Müller: Ueber den Wert der Randbemerkungen im Codex G des taciteischen Agricola und der Noten des Fulvius Ursinus. 15 S.–Innsbruck, Progr. 1863

Müller: Der Werth d. kultivirten Schafpockenimpfung bestimmt nach zahlreichen ... Impfversuchen. Herausg. ... v. Kausch. Leipz. u. Züllichau 1817. (34) 69 S. 2 kol. Tvl.

Müller, Dr. ..., der Werth d. kultivirten Schafpockenimpfung, bestimmt nach zahlreichen, im Auftrage d. K. Preuß. Ministeriums des Innern im J. 1816 zu Winzig in Schlesien gemachten Impfversuchen; hrsgg. von J. J. Kausch. Mit 2 ill. Kpft. gr. 8. Züllich. 817. (Leipz., Baumgärtner). 16 g.

Müller, D., der Werth d. kultivirten Schaafpockenimpfung bestimmt nach zahlreichen im Auftrage des K. Preuß. Ministeriums des Innern im Jahre 1816 zu Winzig in Schlesien gemachten Impfversuchen, herausgegeb. von D. Kausch nebst 2 illum. Kupfertafeln. gr. 8. Züllichau, Darnmann. 817.

Müller, v., will Deutschland die Ostmarken behaupten od. nicht? gr. 8. (35 S.) Berlin 900. Gose & Tetzlaff. n. — 30

– Letztes Wort für Pangh von Düren ..., s. Rittmann

Müller, allgemeine Zeichnenschule. Landschaftsstudien. 1. u. 2. Hft. qu. Lex.-8. (à 12 Steindrucktafeln.) Iserlohn 844, Müller. à 5/12 ß

Müller, s.: Zeitschrift, Berliner, homöopathische.

Müller, A., s.a. Müller, Adam Heinrich, R[r] von Nitterdorf

Müller, A., siehe: Adreßbuch der Haupt- u. Residenzstadt Breslau für 1852.

Mueller, A.: Über Alkoholismus im allgemeinen und sein Vorkommen und seine Behandlung in der Greifswalder medizinischen Klinik im besonderen. Inaug.-D. 8°. Greifswald. 1868.

Müller A. De Ammiano Marcellino. 14 S.
Posen, Fr. W., 1852

Müller, A., Chronometrische Analyse einer Probe „Couleur" und braunen Syrups aus der Stärkezucker-Fabrik Nybro in Schweden.

Müller, A. (VI.), Anfangsgründe der Algebra. 4. (28 S.) Wittenberg 865, (Herrosé.) *
Aus: Osterprogramm des Wittenberger Gymnasiums, besonders abgedruckt.

Müller, A., Anfangsgründe der Zahlen- u. Raumgrößen-Lehre, s.: Foth, R.

— Die Ansprüche d. Landwirthschaft auf die städtischen Düngstoffe. Vortr., nebst anschliessenden Verhandlungen. Berl. 1880. 29 S. (Særtr.). P.

Müller, A. (Bearb.), s. Auchincloss, William S.: Die praktische Anwendung der Schieber- u. Coulissensteuerungen.

Müller, A., Bach, Gluck, Beethoven, Wagner. 4 Kunstblätter. gr. Fol. Berlin (900). Leipzig, Insel-Verlag. In Mappe n. 40. —; Luxusausg. n. 80. —

— Sachliche Bedenken betr. die staatliche Unterstützung der Hagelversicherung. Bern 1888.

—, Beitrag, zur Widerlegung der Chimäre von d. materiellen Ideen. 1776. 8°.

1776

Müller, A: Beiträge zur Hydrognose Berlins. Berlin 1870

— Beobachtungen über die Interferenz des Lichtes bei grossen Gang-Unterschieden. (Ber. der Königl. Sächs. Gesellsch. der Wissensch. Mathem.-physik. Classe. Sitzung am 11. Februar 1871.)

— Bericht über die Beteiligung des Bundes an der Hagelversicherung. Bern 1885.

Müller, A., Bestimmung der Curve, auf der ein schwerer materieller Punkt sich bewegen muss, wenn das Verhältniss des Druckes zur Centrifugalkraft constant bleiben soll. Jena. *22 p.*
Diss.

Müller, Die Beteiligung des Bundes an der Hagelversicherung. gr. 8°. Bern 1885.

Müller, A., Betriebslehre. Ein Lehrbuch zum Unterricht an niederen landwirtschaftl. Schulen u. zum Selbstunterricht. gr. 8. (VIII, 159 S.) Bautzen 900. E. Hübner. Geb. in Leinw. n. 1. 80

Müller, A., Betriebslehre. Ein Lehrbuch zum Unterricht an niederen landwirtschaftl. Schulen u. zum Selbstunterricht. 2. unveränd. [Titel-]Aufl. (VIII, 159 S) 8. Bautzen [900] 907. E. Hübner. Geb. in Leinw. n. 1. 20

Müller's, A., Bild von den Schneidern. gr. 8. (Mit 1 Lith.) Stralsund u. Berl. 841, Cornelius. 5/12 ₰ Chines. P. 2/3 ₰

Müller, A. (II.), Bild von den Schneidern. gr. 8. (1 B. u. 1 Lithogr. in 1/2 gr. Fol.) Berlin 841, [Danz.] chines. Pap.

Müller, A., Bilder aus d. Mark Brandenburg, s.: Richter-Rheinsberg, Wilh.

MÜLLER, A., Brautnacht. Geschichten aus dem Leben. 1900. 8°. (50 Pfg. Paul Alicke, Dresden, 1909, ohne Ortsangabe.)

Müller, A. (I.), 60 zwei-, drei- und vierstimm. Choralmelodien. Für den Schulgebrauch bearb. Anhang: Die Chöre der abgekürzten Liturgie. hoch 4. (15 lithogr. S.) Magdeburg 848, Baensch.

Müller, A.: Vergleichende anatomische Darstellung der Mundtheile der Insekten. 9 S. 8° – Villach, RG., Progr. 1871.

– Deutschland, s.a. Rulf, G.

Müller, A., und G. Rulf, Deutschland, Wandkarte nach einem Relief von Raaz, neu bearb. M. 1:1034500. Weimar, Photolith. Inst. von H. Graap, o. J. [vor 1877.] 12 Bll. (M. 9.)

— Ueber den Einfluss der Raddrehung der Augen auf die Wahrnehmung der Tiefen-Dimension. (Bericht der Kön. Sächs. Gesellsch. der Wissensch. Mathem.-physik. Classe. Sitzung am 6. Mai 1871.)

Müller, A., Die scenische Einrichtung in den Acharnern des Aristophanes. Pr. 1856. 10 S. 4°.

A. Müller, Die Preuß. Eisenbahn-Polizei in ihrer administrativen u. technischen Ausdehnung. Danzig, 1857. (XIV u. 290 S.)

Müller A.: Die Entwässerung v. Gross-Lichterfelde. (2 Avisudklip). [Rostr. Saml.].

— Erklärung der isochromatischen Curven, welche einaxige parallel mit der Axe geschnittene Kristalle in homogen polarisirtem Lichte zeigen. Darmstadt 1833.

Müller, A., kleine romant. Erzählungen. 8. Sulzb. 807. v. Seidel. 16 gr

Müller A. über Erziehung und Bildung. Hannover 1870

– Exempelbuch zum Gesundheitskatechismus, s. Müller, August Karl

Müller, A., fünfzig ganz neue Fabeln in Versen. Zürich 853. (Meyer u. Zeller.) 16. (79 S.) n. 10 ngr.

Müller, A. [aus Schallun]: Ueber einen Fall einer phthisischen Psychose .... Würzburg, Druck d. Thein'schen Druckerei (Stürtz), 1886; 17 S. 8°.
Würzburg, Med. Fak., Inaug.-Diss. v. 1886.

Müller, A., über einen Fall einer phthisischen Psychose. Diss. Würzburg 1886, Stahelsche Univ.-Buchh. 8°. 17 S.

— Die Farben-Erscheinungen dünner Gypsblättchen im Polarisations-Apparate. Frankfurt a. M. 1840.

Müller, A. Fichtelgebirge u. Frankenwald, Wegweiser, s. Mayenberg, J.

Müller A.: Das transoceanische Fleisch u. das Auffrieren d. Ackerbodens. U. A. [Rostr. Saml.].

Müller A.: Ueber die Förderung d. Landwirthschaft durch öffentliche Zuwendungen in Preussen u. in Schweden. Eine statistische Studie. (Berl. 1879). 43 S. (Særtr.). 4°.

Müller, A., Scenische Fragen zur Alkestis d. Euripides. Pr. 1860. 19 S.

Müller, A., kleiner Führer durch das Fichtelgebirge, s.: Mayenberg, Jos.

Müller, A., Gedenkblatt der Bohrung auf dem Weyherfeld bei Rheinfelden. Geolog. Aufnahme. 6 S. 4. Aarau, Sauerländer. 1877. 2. 50

Müller, A., die Gendarmerie-Carriere u. Polizei-(Schutzmann-)Carriere. Ein Hilfsbuch zur Vorbereitg. auf die Anstellg. u. Probedienstzeit. 8. (32 S.) Braunschweig 899. F. Euler. n. — 50

— I. Geschichte und Beschreibung des physikalischen Kabinets der Universität Freiburg. II. Untersuchungen über die thermischen Wirkungen des Sonnenspectrums. (Progr.-Abhandl.) Freiburg i. Br. 1858.

Müller, A. Geschichte des Grundsteuerwesens im Kgr. Böhmen. gr. 8°. Prag 1880.

— kleine vaterländische Geschichte für Schul- u. Selbstunterricht m. Geschichtstabellen. 8. (VIII, 112 S.) Berlin 899. Braunschweig, F. Euler. n. 1. —

Müller, A., grammaire générale des sept principales langues à l'usage des commençants. qu. Fol. (III, 80 S. m. Lichtdr.-Portr. d. Verf.) Mainz 881. (Diemer.) geb. n. 12. —

— französische Grammatik. 1. Teil: Elementargrammatik. Als Mskr. gedr. gr. 8. (III, 48; 52 u. 82 S.) Aachen 877. Barth in Comm. n. 3. —

— Grundriss der Physik und Meteorologie. Für Lyceen, Gymnasien, Gewerbe- und Realschulen, sowie zum Selbst-Unterrichte. 11. vermehrte und verbesserte Auflage. Mit 588 in den Text eingedruckten Holzstichen und einer Spectraltafel in Farbendruck. Braunschweig 1872.

— Das Hagelversicherungswesen. Kritische Bemerkungen zu dem Referate des Herrn Schuhmacher-Zarchlin. Köln 1870.

Müller, A., das Hagelversteigerungswesen in Deutschland, nach seiner gegenwärt. Gestaltg. in einigen Hauptpunkten erörtert. 8. (117 S.) Leipzig 876. Mayer. n. 1. 80

Müller, A. Die Kgl. Bayerische staatlich geleitete Hagelversicherungsanstalt. Bern 1888.

Müller, A., allgem. Handbuch d. Statistik. 1ste Abtheil. 1s Stck Frankreich. 4. Bremen, Seyffert. (Müller.) 804.

— 1ste Abtheil. 2s Stck. Grosbrittannien u. s. auswärt. Besitzungen. 4. Ebend. 804.

Müller, A., allgem. Handbuch d. Statistik 1ste Abtheil. 3s Stck. Rußland. 4. Ebend. 804. Rthlr.

— 1ste Abthl. 4s Stck.

Müller, A., Handbuch für Militär-Anwärter, welche sich durch Selbst-Unterr. auf Anstellg. od. Avancement im Staats- od. Kommunaldienst vorbereiten wollen. 8. Berlin, Aug. Schultze's Verl. Geb. in Leinw. 7. 50
D. Unteroffizier- od. Militäranwärter-Carriere. Von A. Müller. (VIII, 66 S.) 894. — Richtig Deutsch durch Selbst-Unterr. od. kleine deutsche Sprachlehre. Von M. Uebelacker. (96 S.) 894. — Rechtschreiblehre. (Orthographie.) Von M. Uebelacker. (84 S.) 895. — Kleine deutsche Aufsatzschule f. d. Schul- u. Selbstunterricht. Von M. Uebelacker. (IV, 96 S.) 893. — Kleiner Muster-Briefsteller f. alle Schreibereien, welche man im tägl. Leben u. Verkehr zu machen hat, nebst Titulaturen u. Belehrg. üb. d. äuß. u. inn. Form d. Briefe u. Schriftstücke. Von M. Uebelacker. 3. Aufl. (III, 96 S.) 894. — Schön- u. Schnell-Schreibschule. Von W. Koppeheel. (VIII, 120 S.) 894. — Gut u. richtig Rechnen od. kleine Rechenschule für den Selbst-Unterricht. Von C. Schulze. (159 S. m. Fig.) 894. — Gut Französisch durch Selbstunterricht in wenigen Tagen richtig u. gewandt lesen, sprechen u. schreiben zu lernen. Von A. Feller. 3. Aufl. (80 S.) 895.

— dasselbe. Enth.: D. Unteroffizier- od. Militäranwärter-Carriere nebst Stellenbewerbg. Lehrbücher f. d. Selbst-Unterr., unt. Berücksicht. d. bei d. Prüfungsarbeiten gestellten Anforderg. 5. Aufl. 2 Bde. 8. (IV, 80, 96, 48, 36, 144, III, 159 u. IV, VIII, 232, VIII, 120, 30, 32, 48, 80 S.) Ebd. 896. Geb. in Leinw. n. 10. —

Müller, A., d. neue Heilkunst. Prakt. Wegweiser zur Kenntnis d. Naturheillehre, insbes. d. Heilverfahrens v. Prießnitz, Schroth, Kneipp u. and. Autoritäten in der Anwendg. d. Wasserkur. 12. (232 S.) Erfurt 895. H. Güther. n. 1. —

Müller, A. (III.), die Heilquelle der Unzufriedenheit, oder Trostworte der Religion auf die Klagen der Menschen. Nach dem Italien. des Diego de Zunica bearb. 8. (IV, 281 S.) Regensburg 869, Manz.

Müller, A., s.: Jahresbericht üb. die chirurgische Abteilung usw. des Spitals in Basel.

Müller, A., Ueber die Ideen im Gehirn. 1776. 8°.

Müller, A., Jesus e. Arier. Ein Beitrag zur völk. Erziehg. (74 S.) gr. 8. Leipzig 904. M. Sängewald. n. 1. —

Müller, A. Die spanische Kanzlei. Beitrag z. diplomat. Geschichte des 30jährigen Krieges. (29.) 4. Berlin 1875.

Müller, A., Karte der Oberpfalz und Regensburg, zugleich Karte des Bisth. Regensburg und des bayer. Waldes. Nach den neuesten polit. Aenderungen gezeichnet. 1 : 250,000. Ausg. 1881. Kpfrst. und color. Imp.-Fol. Regensburg 881, Manz. *ℳ 4.; auf Leinw. in Carton * 6 —

Müller, A., Karte der Verkehrs-Anstalten von Bayern, Württemberg und Baden. Unter Leitung der Generaldirection der kgl. Bayer. Verkehrsanstalten nach amtl. Mittheilungen bearbeitet. In Kupferstich ausgeführt von G. Wirsing u. A. Müller. München, Piloty & Löhle, 1855. 4 ill. Bll. in gr. Fol.
——, —— München 1860. . . . . (Br. Mus.)
——, —— [Andere Ausg.] Ebda 1867. . . . . (Br. Mus.)

Müller, A., pädagogische Kleinigkeiten, die Volksschule betr. 1. u. 2. Heft. Coburg 867. (Meusel & Sohn.) gr. 8. (36 S.) Jedes Heft n. 2 ngr.

— Vorgeschichtl. Kulturbilder aus der Höhlen- u ältesten Pfahlbautenzeit. Bühl 1892

Müller, A., s.: Künstler-Steinzeichnungen f. die sächs. Volksschule.

Mueller, A., das Leben des Turn-Vaters F. L. Jahn. Den deutschen Turngenossen gewidmet. Weimar 863. Kühn. 16. (32 S.) n. 2¼ ngr.

— — Leben u. Wirken d. Georg Müller in Bristol. 2. Aufl. 448 Stn. 8. Basel, Spittler. 2. —
1875.

Müller, A., kurzgefaßter Lehrgang der englischen Sprache f. Handelsschulen. gr. 8. (VI, 145 S.) Freiberg i/S. 893. E. Mauckisch. n. 2. —; geb. n. 2. 25

Müller, A., kurzgef. Lehrgang d. englischen Sprache f. Handelsschulen. 3., unveränd. Aufl. gr. 8. (VI, 150 S.) Freiberg 895. E. Mauckisch. Kart. n. 2. 25

— dasselbe. 4., verm. Aufl. gr. 8. (VI, 174 S.) Ebd. 897. Kart. n.n. 2. 50

Müller, A., kurzgefaßter Lehrgang der englischen Sprache f. Handelsschulen. 6. Aufl. gr. 8. (VI, 174 S.) Freiberg 900. E. Mauckisch. Kart. n.n. 2.50

— Licht u. Finsternis im Wesen der Menschheit. Ein Schlüssel zu den wichtigsten religiös-philosoph., sozialen, nationalen u. volkserziehl. Fragen der Gegenwart. (84 S.) gr. 8. Ebd. 903. n. 1. 20

Müller, A., Zu den märchen der tausend und einen nacht. Ein sendschreiben an herrn M. J. de Goeje in Leiden. [A. a. Beiträge zur kunde der indogermanischen sprachen. XIII.]

— Mittheilungen aus der Chronometrie. (Aus: Journ. für praktische Chemie, XCIX, 6.)

Müller, A. (Red.), s. Mittheilungen, Schweizer graphische.

Müller, A. D. Mittel e. gesundheitl. u. wirtschaftl. Reinhaltg d. Wohn. Dresd. 1869.

Mueller. A. Muellerlieder: Lieder und Gedichte von Mueller von Davenport. Davenport, Iowa: Selbstverlag, 1905. GSP, UC

Müller, A., Arabische Münzen in den baltischen Küstenländern. [Königsberg 1885.]

Müller, A. (II.), Musterblätter der Schönschreibekunst. In einer Reihe von Alphabeten aller bekannten Schriftgattungen nebst zusammenhängenden Uebungen. 2 Hfte. gr. 16. (32 lith. Bl.) Berlin 844, Heymann. à * -

Müller, A., allgemeines Noth- u. Hülfsbüchlein od. die Kunst Sommersprossen, Leberflecke, Hühneraugen 2c. auf eine einfache u. zugleich unschädliche Weise zu heilen, nebst einer Gesundheitslehre f. jedes Alter u. f. Gelehrte. 8. (VI u. 82 S.) Jüterbog 850, Coldiz. 1/3 ₰

— A travers l'Oberland bernois. 8. (355 S.) Mülhausen i. E. 891, C. Detloff. * 2 80

— — s.a. Muller

— (Hrsg.), s. Pastor bonus.

Müller, A. v. (VII.), Perlen aus der Nachfolge Christi von Thomas v. Kempen. 32. (XXII und 215 S. mit 1 Stahlst.) Bonn 863, Henry.

Müller, A. v., Perlen aus der Nachfolge Christi v. Thomas v. Kempen. Neu gefaßt. 2. [Titel-]Ausg. 16. (XXII, 213 S. m. 1 Stahlst.) Aachen [863]. 902. J. Schweitzer. — 60; geb. in Leinw. n. — 90

Müller A.: Zur Pflege d. Hofdüngers. 1896. [Rostr. Saml.].

Müller, A. (II.), de placito regio. Dissertatio historico-canonica. gr. 8. (VIII, 228 S.) Lovanii 877. (Aachen, Barth.) *

Müller, A., neuester Plan von Frankfurt an der Oder. Im Maassstabe von 1 : 10,000 entworfen und gezeichnet. Mit einem alphabet. Nachweis der königl. und städt. Aemter und Gebäude, Kirchen, Schulen, öffentlichen Anlagen etc., nach den im Plan angegebenen, durch Buchstaben und Zahlen bestimmten Quadraten. Fol. (6 S. Text in 8.) Frankfurt a. O. 869, Harnecker und Comp. *

Müller, A., unsere Posaunenchöre. Referat. (16 S.) 8. Dresden (905). Verbandsbuchh. (E. Zacharias.) — 15

Müller, A., Protestantismus u. deutsches Volkstum. Vortrag, auf der Hauptversammlg. des evangel. Bundes in der Prov. Sachsen am 8. V. 1899 in Torgau geh. (Mit e. Vorwort v. L. Witte.) gr. 8. (38 S.) Gütersloh 900. C. Bertelsmann. n. — 60

Müller, A. Ueber die Quellen, aus denen Shakespeare den Timon von Athen entnommen hat. Diss. Jena 1873. 30 S.

— — Rechenbuch für Fortbildungsschulen. Ausgabe für Lehrer. Giessen 1892

Müller, A. (I.), das gute Recht der evangelischen Lehre von der Unio mystica und ihre Befehdung durch Ritschl und seine Schule. gr. 8. (V, 78 S.) Halle 888, Fricke's Sortiment. *

Müller, A.: Ein Rechtsstreit. Nach der Civil-Prozeß-Ordnung für das Deutsche Reich. Berlin 1879. (Deutsche Juristen-Zeitung. Besonderes Beibl.)

Müller, A: Ueber die Reinigung der Schmutzwässer nach dem deutschen Reichs-Patent Nr 37276. Berlin 1888

Müller, A., über d. Revision d. bayer. Gemeinde-Edikts u. üb. d. Trennung d. Polizei v. d. Gemeinde-Verwaltungen. gr. 8. (5 B.) Nürnberg 833, (Stein.)

Mueller (A.). Die Rinde unserer Laubhoelzer. Breslau, 1875. 8°.

Müller, A., Rückblicke in meine 26jährige Bade-Praxis zu Wiesbaden. Wiesbaden 867. Kreidel's Verlag. 8. (137 S.) n. 20 ngr.

Müller, A., Sammlg. v. Aufgaben z. mündl. Rechnen f. Mittelschulen, zun. f. Präparandenschulen. 12. (130 S.) Passau 896. M. Waldbauer. Kart. n. 1. 50

Der Schatz im Brunnen oder d. Entstehung d. Pyrmonter Heilquellen. Ein Märchen von e. Freundin Pyrmonts. [Verf.: A. Müller.] 3. Aufl. Hannover: C. Brandes [1901]. (73 S.) 8° [J.] [07. 17990 7

Müller, A., s.: Schiller's song of the bell.

Müller, A., s.: Schiller-Galerie.

Müller, A., Schraubentafel. (2 S. m. Abb.) 50,5×35 cm. Leipzig (909). Seemann & Co. — 10

— Ueber elastische Schwingungen. (Abdr. aus den Ber. der math.-phys. Cl. der Königl. Sächs. Gesellsch. der Wissensch., 1870.)

Muller, A., Spitta-Bey und die Bibliothek in Kairo. [Beilage zur Allgemeinen Zeitung. Nr. 131. 1882.] Augsburg 1882. 2°

— u. E. Knoch, deutsche Sprachlehre f. die oberen Klassen der Volksschule u. Mittelschule, f. Präparandenanstalten u. landwirtschaftliche Schulen. Eine leichtverständl. Darstellg. der Hauptbegriffe u. Regeln der deutschen Sprache, m. zahlr. Beispielen u. Übungsaufgaben. 8. (X, 159 S.) Ebd. 901. Geb. in Leinw. n. 1. 40

Müller, A., u. Rhold. Feller, deutsche Sprachlehre. Für Fachschulen bearb. 2. vollständig umgearb. Aufl. (IX, 101 S.) 8. Bautzen 910. E. Hübner. In Leinw. kart. nn 1. —

— 200 Sprüche aus der Nachfolge Christi von Thomas v. Kempen. 32. (38 S.) Bonn 863, Henry.

Müller, A., Staat, s. Schriften, junglib.

Müller, Prof. A., Streiflichter auf die österreichische Volksschule. Nach Fr. Stauracz u. A. (Sep. Abdruck aus der „Germania". 8. (16 S.) In Comm. * .3 Wien: Mayer 1889.

— Chronometrische Studien über Ferridsulfat. (Aus: Journ. f. prakt. Chemie, Cl, 4.)

Müller, A: Studien über die geographische Lage der Stadt Wasserburg am Jnn. Diss. München 1908

— Ueber die Ton-Empfindungen. (Aus den Berichten der Kön. Sächs. Ges. der Wissensch. Math.-physik. Cl. Sitzung vom 6. Mai 1871.)

Müller, A. (I.), medicinische Topographie d. Stadt Wiesbaden nebst e. Beitrage z. Kenntniss d. Heilwirkungen ihrer Thermalquellen. gr. 8. (13½ B.) Wiesbaden 846, Beyerle. *

Müller, A., die Uebereinkunft deutscher Bundesstaaten vom 15. Juli 1851 wegen gegenseitiger Uebernahme der Ausgewiesenen und Heimathlosen. (Gothaer Convention.) Mit erläuternden Anmerkungen und einem Abdrucke der den Abschluß, beziehungsweise die Revision der Uebereinkunft betreffenden Conferenz-Protocolle. Nach amtl. Quellen. gr. 8. (VII und 142 S.) Stuttgart 861, Ritzschke. *

Müller, A. (II.), die Uebereinkunft deutscher Bundesstaaten vom 15 Juli 1851 wegen gegenseitiger Uebernahme der Ausgewiesenen und Heimathlosen. (Gothaer Convention.) Mit erläut. Anmerkungen und einem Abdr. der den Abschluß, beziehungsweise die Revision der Uebereinkunft betr. Conferenz-Protocolle. Nach amtl. Quellen. 2., unveränd. Aufl. gr. 8. (VII und 142 S.) Stuttgart 863, Nitzschke. *

Müller, A., die Unteroffizier- od. Militäranwärter-Carriere. Enth.: 1. Die Ergänzg. der Unteroffiziere (Unteroffizier-Vorschulen, Unteroffizierschulen, Schiffsjungenabtlg. rc.), Kapitulation, Rang-, Gehalts- u. Löhnungsverhältnisse. 2. Die Versorgungsansprüche. 3. Die Anstellg. als Subaltern- u. Unterbeamte im Reichs-, Staats- u. Kommunaldienst, nebst Angabe der Anforderg., Aussichten u. Gehaltsverhältnisse der einzelnen Stellen. 4. Die Stellenbewerbg. nebst Bewerbungsgesuchen. 8. (IV, 66 S.) Berlin 894. Aug. Schultze's Verl. 1.—

— die Unteroffizier-Carriere oder Militäranwärter-Carriere. Mit Anh. Ausführliche Darstellg. der Post-, Eisenbahn- u. Gendarmerie-(Polizei-)Carriere u. der Verfassg. u. Verwaltg. des Deutschen Reichs u. der Bundesstaaten. 8. (IV, 80; 80, 96, 32 u. 128 S.) Berlin 898. Aug. Schultze's Verl. 3.—; kart. n. 3.50

Müller, A. (III.), die Verfassungs-Urkunde für das Königr. Württemberg, nebst den Verfassungs-Gesetzen vom 26. März 1868, 23. Juni 1874 und 1. Juli 1886, dem Landtagswahlgesetze vom 26. März 1868 und den das letztere betreffenden Vollzugsverfügungen. Mit erläut. Anmerkungen und alphabet. Sachregister. 2. Aufl. 12. (X, 170 S.) Stuttgart 881, Metzler'sche Buchh. cart. *
1. Aufl. vgl.: XV. Bd. 2. Abthl. S. 767.

— Ueber einige chromatische Verhältnisse des Annattos, Ferridacetats und Kaliumbichromats. (Aus: Journ. f. prakt. Chemie, Cl, 4.)

Müller, A., s.: Verzeichnis empfehlenswerter Werke f. d. Zeichenunterricht.

Müller, A., De Antisthenis Cynici vita et scriptis. Diss. 1860. 58 S.

Müller A.: Zu den Vorschlägen d. Prof. Soxhlet-München betr. Düngerbehandlung. 1898. [Rostr. Saml.].

Müller, A., Wandtafeln zur Erklärung der Formen der Erdoberfläche. Originale v. Leo Kainradl. 2 Taf. je 111×165 cm. Farbdr. Esslingen (907). J. F. Schreiber. à 5.—; auf starkem Pap. m. Leinw.-Rand u. Oesen à 6.50; auf Leinw. m. Stäben à 8.—; u. lackiert à 9.—
1. Formen am Boden u. am Rande stehend. Gewässer. 2. Binnenländische Formen.

Müller, A., kleiner Wegweiser durch das Fichtelgebirge, s.: Mayenberg, Jos.

— Die Wellenscheibe. Eine Anwendung der stroboscopischen Scheibe zur Versinnlichung der Grundgesetze der Wellenbewegung. Frankfurt a. M.

— allgem. Weltgeschichte f. d. Schul- u. Selbstunterr. Enth.: Alte, mittl. u. neuere Geschichte, deutsche Geschichte u. preuß. Geschichte in klarer, übersichtl. Darstellg. m. e. Geschichts-Tabelle. 8. (VIII, 384 S.) Berlin 896. Aug. Schultze's Verl. 3.—; kart. n. 3.50

Müller, A., allgem. Weltgeschichte f. den Schul- u. Selbstunterricht. Enth.: Eine klare, übersichtl. Darstellung der alten, mittleren u. neueren Geschichte, unter spezieller Berücksicht. der deutschen u. preuß. Geschichte. 10. Aufl. (VIII, 408 u. 30 S.) 8. Berlin 907. Aug. Schultze Verl. 3.—; kart. 3.50

Müller, (prakt. Arzt Dr.) A., die Wunderkräfte des kalten Wassers in Heilung schwerer Krankheiten. Nach Theorie u. Erfahrung dargestellt. (Neue Ausg.) 8. Leipzig 838. Reimann; jetzt Melzer. ½ ₰

Müller, A. (I.), die Wunderkräfte d. kalten Wassers in Heilung schwerer Krankheiten. Nach Theorie u. Erfahr. dargest. (Neue Ausg.) 8. (8 B.) Leipzig 838, [Westermann.]

Müller, A., Abkommandierte Centurionen. S.-A. O. J. 26 S.

Müller, A. A., neuer allgem. Schul-Atlas üb. alle Theile d. Erde. Nach d. neuesten Entdeckn. u. Grenzbestimmn. bearb. gr. 4. (26 Bl. Kpfrst., incl. 24 ill. u. ½ B. Text.) Halle (833), Buchh. d. Waisenhauses.

Müller, A. C., geografia del mondo antico ad uso delle scuole superiori. Versione dal tedesco con note del Soprint. alle scuole comunali Pietro Vittanovich. 8. (VIII, 262 S.) Berlin 877. Habel. — Verona, Drucker & Tedeschi. n. 2. 80

Müller, A. C., Geographie der alten Welt. Für höhere Lehranstalten. gr. 8. (XII, 158 S.) Berlin 874, Habel. *

Müller, A. E., s.a. Müller, August Eberhard

Müller, A. E., u. E. Friese, Feldblaumen. Lustige Geschichten. 8. (196 S.) Norden 889. Soltau. n. 2.—; geb. n. 3.—

(8) Müller, A. E., u. E. Friese, Feldblaumen. 889. (KVL 26.) Jetzt: Leipzig, O. Lenz.

Müller, A. F., s.a. Müller, August Friedrich

– s.a. Müller, Hermann Friedrich

Vortrag, gehalten am St. Johannis-Feste 5819 in der □ Carl zum Felsen in Altona von A. F. Müller. [Altona 1819]: Eckstorff. 15 S. 8°
Thema: Wie ernstliches Forschen nach Wahrheit mit Ruhe des Geistes u. Vermeidung aller Extreme zu vereinigen sei?

Müller, A. H. Ed.

Müller, A. H. E., Grundriß der Naturgeschichte in Tabellen. 1. u. 2. Thl.: Mineralogie u. Botanik. gr. 4. (4½ B.) Thorn 844, Lambeck.

Müller, A. H. Ed., botanisches Hülfsheft für die unteren Klassen höherer Lehranstalten. br. 8. (VI und 88 S. mit eingedr. Holzschn. und 2 Stnt.) Thorn 861, Lambeck. *

Müller, A. H. Ed., botanisches Hülfsheft für die unteren und mittleren Klassen höherer Lehranstalten. Neu bearb. und erweitert von O. Cunerth. 2. Aufl. 8. (VIII, 100 S. mit eingedr. Fig.) Thorn 881, E. Lambeck. cart. *

Müller, A. L., s.a. Müller, Adam Lebrecht

Müller, A. L., auserles. Bibliothek f. Volksschullehrer, ein Beitrag z. Kenntniß derj. Schriften, welche sie bei der Führung ihres Amtes u. beim Selbststudium unterstützen. 8. Nürnb. 823. Riegel u. W. 8 gl

Müller, A. Mauritius, s. M ü l l e r , Anton Mauritius

Müller, A. O., s. M ü l l e r , Arno Otto

Müller, A. W. Vide: Freiheitsbote.

Müller, (A. W.,) die Orgel, ihre Einrichtung u. Beschaffenheit &c., s. W. A. Müller.

Müller, (Clavier-Lehrer,) A. W., systematische Tabelle für den ersten Elementarunterricht im Pianoforte-Spiel. Dem kindlichen Fassungsvermögen gemäß so wie zum Selbstunterricht entworfen. 2 Blätter in Fol. Leipz. 842, Wöller. 1/4 Thlr.

Müller, Achilles [Volontärarzt an der chirurg. Klinik in Basel]: Hundert Fälle von Perityphlitis aus der Basler chirurgischen Klinik. Berlin 1902. 85 S. 8°.
Basel. Med. Diss. 1901/1902.

Müller, Achilles. Hundert Fälle von Perityphlitis aus der Basler chirurgischen Klinik. Diss. Med. Basel. IV + 86 S. 8. Berlin, L. Schumacher, 1902.

Müller, Ad., s.a. M ü l l e r , Adam

– s.a. M ü l l e r , Adam Heinrich, R[r] von Nitterdorf

– s.a. M ü l l e r , Adolf

Müller, Ad., u. Heinr. **Hensen,** zuverlässiger Leitfaden zur Erkenng. u. gründlichen Beseitigg. vorkommender Krankheiten der Pferde u. d. Rindviehes, sowie Anleitg. zu deren Gesunderhaltg. Hydriatische Heilweise. Methode Kneipp. gr. 16. (IV, 108 S. m. Abbildgn.) Leipzig 893. A. Stein. Kart. 1. 25

Müller, Ad., Nicks füðär unguodd! oder Plattdeutscher Bettelmann zum Besten des Hagener städtischen Krankenhauses. Hagen 862. Butz. 16. (55 S.) n. 10 ngr.

Müller, Ad. H., s. M ü l l e r , Adam Heinrich, R[r] von Nitterdorf

Müller, Ad. Wilhelm, s. M ü l l e r , Adolf

Müller, Adalbert

Müller, Adalbertus ⟨geb. am 29 Sept. 1799 in Trier⟩: Dissertatio . . . sistens pulsus intermittentis adumbrationem . . . Bonnae, typ. Büschlerianis (1821). 28 S. 4.
Bonn, Med. Fak., Diss. v. 31 Aug. 1821

Müller, Adelbert, die Biene. Eine Samml. v. Erzähln., Mährchen, Sagen u. histor. Denkwürdigkeiten, d. reif. Jugend gewidmet. 16. (17 B.) Nürnberg 839, Bauer u. Raspe.

— s. Comenius Orbis Pictus.

Müller, Adalbert, a. Bremen: Das Bremische Domkapitel im Mittelalter. Greifswald 1908: J. Abel. (103 S.) 8°
Greifswald, Phil. Fak., Ref. Bernheim, Diss. v. 1. Juli 1908
[Geb. 6. Juli 83 Bremen; Wohnort: Bremen; Staatsangeh.: Preußen; Vorbildung: Gymn. Vechta Reife O. 04; Studium: Münster 2, Berlin 2, Greifswald 3 S.; Rig. 9. Nov. 07.]

Müller, Adalb., die Donau von der Einmündung des Ludwigskanals bis Wien. Mit vorzügl. Berücksichtig. der längs dieser Stromstrecke auf den Gebieten der Natur, Industrie, Kunst, Alterthumskunde u. Geschichte vorkommenden Merkwürdigkeiten beschrieben. Mit e. Anhange: Eine Woche in Wien. 8. (13 3/4 B., 2 Ans. u. 1 Stromkarte.) Regensburg 844, Manz. -

—— die Donau v. Ursprunge bis zu d. Mündungen. Zugleich e. Handb. f. Reisende, welche diesen Strom befahren. Nach d. verlässigsten Quellen. II Thle. 8. Regensburg, Manz.
A. u. d. Ttln.:
Thl. I. Die obere Donau. Beschreib. d. Stromes u. sein. Umgebungen v. d. Quellen bis Wien. (21 B., 3 Ansichten u. 1 Stromkarte.) 839. 2 Thlr. 8 Gr.
- II. Die untere Donau. Beschreib. d. Stromes u. sein. Umgebungen v. Wien bis z. Meere. (19 1/4 B., 1 Ansicht u. 1 Stromkarte.) 841. 1 Thlr. 21 Gr.

—— die Donau vom Ursprunge bis zu den Mündungen. Zugleich ein Handbuch f. Reisende, welche diesen Strom befahren. 2. Ausg. 1. Thl. A. u. d. Ttl.: Die obere Donau. Beschreibung des Stromes u. s. Umgebungen v. den Quellen bis Wien. 2. Ausg. 8. (21 B., 3 Ans. u. 1 Stromkarte.) Regensburg 846, Manz.

—— dass. 2. Bd. A. u. d. Ttl.: Die untere Donau. Beschreibung des Stromes u. seiner Umgebungen v. Wien bis zum Meere. 8. (19 1/4 B., 3 Ans. u. 1 Stromkarte.) Ebds. 846.
Vergleiche: Grueber, B., Donaupanorama.

—— Donaustauf u. Walhalla. Geschildert. 4—6. Aufl. 843, 44. u. 7., mit den kurzgefassten Biographien der Walhalla-Genossen vermehrte Aufl. Mit 2 Stahlst., 2 Grundrissen u. 2 lith. Tabellen. Lex.-8. (6 3/4 B.) Regensburg 846, Manz. -

—— Donaustauf et Walhalla. Trad. de l'allemand d'après la 7. édit. 1. édit. (2 1/8 B. u. 2 Stahlst.) 843. * 20 Ngr. et 2. édit. revue, corr. et augm. des biographies des cohabitants de la Walhalla et d'un extrait de l'Album de la Walhalla. Ornée de 2 grav. et de plus. tables (2 Grundrisse u. 2 lith. Tab.) Lex.-8. (4 3/4 B.) Ratisbonne 846, Manz. *

Donaustauf u. Walhalla. Geschild. v. *Adalb. Müller*. 6. m. e. Auszuge aus d. Walhalla-Album vermehrte Aufl. Mit (2) Stahlst. u. (2) Tabell. Regensb., G. J. Manz, 1844. Gr. 8°. Cart. Papierfl.
68 S. u. 2 Tabellen (in Fol.). 8. Aufl. ibid. 1852. — Die histor. Daten über Markt u. Burg Donaustauf (S. 1—10) auszugsweise nach Schuegraf u. Gandershofer in d. Abhdlgn. d. histor. Vereins f. Oberpfalz u. Regensb. 1834, Heft 4. — Walhalla beschlossen 1807. Grundsteinlegung 18. Okt. 1830, Vollendung 18. Okt. 1842.

—— Donaustauf and Walhalla. Described. Transl. from the 6. edit. and enlarged with the biographies of Walhalla's Inmates and an Extract from Walhalla's Album. With engravings and tables. Lex.-8. (5 B., 2 Stahlst., 2 Grundr. u. 2 lith. Tab.) Ratisbon 846, Manz. *

— Donaustauf and Walhalla. Translated from the 6. edition and enlarged with the biographies of Walhallas Inmates. With (2) engravings and (2) tables. gr. 8. (80 S.) Ebd. 847. n. 2/3 Thlr.

— Donaustauf et Walhalla. Trad. de l'Allemande d'après la 7. édit. — 2. édit. revue, corrigée et augmentée des biographies des cohabitants de la Walhalla et d'un extrait de l'Album de la Walhalla. Ornée de 2 gravures et de plusieurs tables. gr. 8. (75 S.) Ebd. 847. n. 1/2 Thlr.

Müller, Adalb., Donaustauf u. Walhalla. 7. mit kurzgefassten Biographien der Walhalla-Genossen verm. Aufl. Mit 2 Stahlst. u. 2 Tab. (in Fol.) gr. 8. (96 S.) Regensburg 847, Manz. 5/12 Thlr.

Müller, Adalbert. Donaustauf und Walhalla. Geschildert von A' M'. 9., mit den kurzgefassten Biographien der Walhalla-Genossen vermehrte Aufl. Mit Stahlstichen [4 Tafeln] und [3] Tabellen. 8. Regensburg *o. J.* [1850/60].

Müller, Adalbert. Donaustauf und Walhalla. 10., mit den kurzgefassten Biographien der Walhalla-Genossen vermehrte Auflage. Mit Stahlstichen und Tabellen. 8. Regensburg (1868).

Müller, Adb. (II.), Donaustauf und Walhalla. 11. Aufl. 1869; 12. Aufl. 1872; 13. mit den kurzgefassten Biographien der Walhalla-Genossen verm. Aufl. gr. 8. (68 S. mit 2 Stahlst., 2 Holzschntaf. und Tab.) Regensburg 876, Manz.

Müller Adalbert, Donaustauf und Walhalla. (67 S 4 T) Regensburg (1875)

Müller, Adelbert, Ehrenhalle d. Deutschen. Eine Folge rühmenswerther Züge aus d. Leben deutscher Männer u. Frauen. Nach histor. Quellen. gr. 8. (16 B.) Nürnberg 837, Bauer u. Raspe. Thlr.

—— Ehrenhalle d. Menschheit. Eine Reihenfolge schöner u. nachahmungswerther Charakterzüge. Zum Nutzen d. Jugend. gr. 8. (20 B. u. Ttlkpfr.) Regensburg 838, Manz.

Müller, Adelb., die Erzählungen meines Hrn. Vetters, z. Belehr. u. Unterhalt. d. Jugend aufgezeich. 8. (9½ B., 24 ill. Bild. u. Ttlpfr.) Nürnberg 832, Endter.

— und Rud. Dehnike, Feld und Wald. Eine Festgabe für deutsche Land- und Forstwirthe. Imp.-Fol. (2 Chromolithogr. und 1 Bl. Text.) Berlin 860, [Brigl.]

Inhalt:
1. Der Landbau.
2. St. Hubertus.

Müller, Adelb., die große Fragenlotterie. Zur gesell. Unterhalt. 8. (2½ B.) Nürnberg 831, Endter. Thlr.

Müller, Adalb., das Gebet des Herrn. Acht Arabesken. Berlin, Brigl u. Lobeck. Fol. (8 lith. Bl. in Farbendr. u. lith. Titel.) n. 4 ℛ.

Müller, Adalb. (III.), das Gebet des Herrn. Acht Arabesken. Fol. (8 chromolithogr. Blatt mit lithogr. Titel.) Berlin 857, [Brigl.] * In Mappe *

Müller, Adalb., der Gelegenheitsdichter zum Gebrauche für Jedermann. Eine reichhaltige Sammlung versifizirter Glückswünsche zum Jahreswechsel, zu Geburts- u. Namenstagen, Verlobungen, Hochzeiten ıc. Mit e. Anh.: Der Gratulant in Prosa. Briefe zum neuen Jahr und zu Namens- und Geburtstagen für die Jugend. Regensburg 858. Montag u. Weiß. (Coppenrath.) 8. (273 S.) 15 ngr.

Müller, Adalb., der Gelegenheitsdichter zum Gebrauche für Jedermann. Eine reichhaltige Sammlung versifizirter Glückwünsche zum Jahreswechsel, zu Geburts- u. Namenstagen, Verlobungen, Hochzeiten ıc. 2. verb. u. sehr verm. Aufl. Mit einem Anhang. Regensburg 863. Coppenrath. 8. (310 S.) 15 ngr.

Müller, Adalb., der Gelegenheitsdichter zum Gebrauche für Jedermann. Eine reichhalt. Sammlung versifizirter Glückwünsche zum Jahreswechsel, zu Geburts- u. Namenstagen ıc. Mit einem Anhang: Der Gratulant in Prosa. Briefe zum neuen Jahre u. zu Namens- u. Geburtstagen für die Jugend. 3., verb. u. sehr verm. Aufl. Regensburg 869. Coppenrath. 8. (340 S.) 15 ngr.

— der Gelegenheitsdichter zum Gebrauche f. Jedermann. Eine reichhalt. Sammlg. versifizirter Glückwünsche zum Jahreswechsel, zu Geburts- u. Namenstagen, zum Weihnachtsfeste ıc. Mit e. Anh.: Der Gratulant in Prosa. Briefe zum neuen Jahre u. zu Namens- u. Geburtstagen f. die Jugend. 4. verb. u. sehr verm. Aufl. 8. (332 S.) Regensburg 873. Coppenrath. 1. 50

Müller, Adb. (I.), der Gelegenheitsdichter zum Gebrauche für Jedermann. Eine reichhaltige Sammlung versifizirter Glückwünsche zum Jahreswechsel, zu Geburts- und Namenstagen ıc. Mit einem Anhang: Der Gratulant in Prosa. Briefe zum neuen Jahr und zu Namens- und Geburtstagen für die Jugend. 5. verb. und sehr verm. Aufl. 8. (332 S.) Regensburg 877, Coppenrath. ℳ 2.; cart. *

Müller, Adb. (I.), Gelegenheitsdichter zum Gebrauche für Jedermann. Eine reichhalt. Sammlung versifizirter Glückwünsche zum Jahreswechsel, zu Geburts- und Namenstagen, zum Weihnachtsfeste, zu Verlobungen, Hochzeiten und Jubelfeiern, ferner von Gesängen zu Schul- und anderen Festlichkeiten, von Stammbuch-Gedanken, Abschieds- und Todtenklängen, Trinksprüchen und Grabschriften. Mit einem Anhang: Der Gratulant in Prosa. Briefe zum neuen Jahre und zu Namens- und Geburtstagen für die Jugend. 6. Aufl. 8. (332 S.) Regensburg 880, Coppenrath. ℳ 2.; cart.

Müller, Adb., der Gelegenheitsdichter zum Gebrauche für Jedermann. Eine reichhalt. Sammlung versifizirter Glückwünsche zum Jahreswechsel, zu Geburts- und Namenstagen, zum Weihnachtsfeste, zu Verlobungen, Hochzeiten und Jubelfeiern, ferner von Gesängen zu Schul- und anderen Festlichkeiten, von Stammbuch-Gedanken, Abschieds- und Todtenklängen, Trinksprüchen und Grabschriften. Mit einem Anhang: Der Gratulant in Prosa. Briefe zum neuen Jahre und zu Namens- und Geburtstagen für die Jugend. 7. Aufl. 8. (332 S.) Regensburg 886, Coppenrath.

— der Gelegenheitsdichter für die Jugend. Eine reichhaltige Sammlung versifizirter Glückwünsche zum Jahreswechsel, zu Geburtstags- und Namenstagen und Jubelfeiern, ferner von Gesängen zu Schul- und andern Festlichkeiten. Mit einem Anh.: Der Gratulant in Prosa. Briefe zum neuen Jahre und zu Namens- und Geburtstagen für die Jugend. Ebend. 858. 8. (167 S.) 10 ngr.

— der Gelegenheitsdichter für die Jugend. Eine reichhaltige Sammlung versifizirter Glückwünsche zum Jahreswechsel, zu Geburts- und Namenstagen und Jubelfeiern, ferner von Gesängen zu Schul- u. andern Festlichkeiten. 2., verb. u. sehr verm. Aufl. Mit einem Anhang. Ebend. 863. 8. (184 S.) 10 ngr.

Müller, Adalb., der Gelegenheitsdichter für die Jugend. 3. verb. u. sehr verm. Aufl. Regensburg 869. Coppenrath. 8. (178 S.) 10 ngr.

— der Gelegenheitsdichter f. die Jugend. Eine reichhalt. Sammlg. versifizirter Glückwünsche zum Jahreswechsel, zu Geburts- u. Namenstagen, zum Weihnachtsfeste, u. v. Gesängen zu Schul- u. anderen Festlichkeiten. Mit e. Anh.: Der Gratulant in Prosa. Briefe zum neuen Jahre u. zu Namens- u. Geburtstagen f. die Jugend. 4. verb. u. sehr verm. Aufl. 8. (178 S.) Ebend. 873. 1. —

—— der Gelegenheitsdichter für die Jugend. Eine reichhaltige Sammlung versifizirter Glückwünsche zum Jahreswechsel, zu Geburts- und Namenstagen, zum Weihnachtsfeste, und von Gesängen zu Schul- und anderen Festlichkeiten. Mit einem Anhang: Der Gratulant in Prosa. Briefe zum neuen Jahre und zu Namens- und Geburtstagen für die Jugend. 5. (Titel-) Aufl. 8. (178 S.) Ebendas. (873)78. ℳ 1,20.; cart. *

—— der Gelegenheitsdichter für die Jugend. Eine reichhalt. Sammlung versifizirter Glückwünsche zum Jahreswechsel, zu Geburts- und Namenstagen und zum Weihnachtsfeste. Mit einem Anhang: Der Gratulant in Prosa. 6. Aufl. 8. (178 S.) Ebendas. 880. ℳ 1,20.; cart.

—— der Gelegenheitsdichter für die Jugend. Eine reichhalt. Sammlung versifizirter Glückwünsche zum Jahreswechsel, zu Geburts- und Namenstagen und zum Weihnachtsfeste. 7. Aufl. 8. (178 S.) Ebendas. 886. ℳ 1.20.; cart.

— — für Kinder. Ebend. 869. 8. (47 S.) 4 ngr.

— der Gelegenheitsdichter f. Kinder. Eine reichhalt. Sammlg. versifizirter Glückwünsche zum Jahreswechsel, zu Geburts- u. Namenstagen u. zum Weihnachtsfeste. 8. (56 S.) Ebend. 873. — 40

—— der Gelegenheitsdichter für Kinder. Eine reichhaltige Sammlung versifizirter Glückwünsche zum Jahreswechsel, zu Geburts- und Namenstagen, und zum Weihnachtsfeste. 2. (Titel-) Aufl. (1873)78. 40 Pf.; cart. * 50 Pf.; 3. verb. Aufl. 8. (56 S.) Ebendas. 879. 40 Pf.; cart. *

— der Gelegenheitsdichter für Kinder. Eine reichhaltige Sammlung versifizirter Glückwünsche zum Jahreswechsel, zu Geburts- u. Namenstagen u. zum Weihnachtsfeste. 4. Aufl. 8. (56 S.) Ebend. 880. — 40; cart. — 60

Müller, Adb., der Gelegenheitsdichter f. Kinder. 5. Aufl. 8. (56 S.) Regensburg 884. Coppenrath. — 40; cart. — 60

Müller, Adb., der Gelegenheitsdichter f. Kinder. Eine reichhalt. Sammlg. versifizirter Glückwünsche zum Jahreswechsel, zu Geburts- u. Namenstagen u. zum Weihnachtsfeste. 6. Aufl. (56 S.) 8. Regensburg 889. Coppenrath's Verl. — 40; cart. — 60

— kurzgefaßte Geschichte u. Beschreibung der Walhalla u. des anliegenden Marktfleckens Donaustauf. 5. Aufl. Regensburg 865. Manz. 8. (32 S. mit 1 Abbild. in Stahlst.) 4 ngr

— kurzgefaßte Geschichte u. Beschreibung der Walhalla u. des anliegenden Marktfleckens Donaustauf. 10. Aufl. Mit einer Abbildg. (Holzschnittaf.). 8. (32 S.) Regensburg 880. Manz. — 40

—— kurzgefaßte Geschichte und Beschreibung der Walhalla und des anliegenden Marktfleckens Donaustauf. 11.—17. Aufl. 8. (32 S. mit 1 Abbild.) Regensburg 881—87, Verlags-Anstalt.

— kurzgefaßte Geschichte u. Beschreibung der Walhalla u. d. anliegenden Marktflecken Donaustauf. 14. Aufl. Mit 1 Abbildg. 8. (32 S.) Regensburg 885. Verlags-Anstalt. — 40

—— dass. — Verbessert nach A. M. Neueste [18.] Aufl. 8. (39 S mit 3 Beilagen.) Ebendas. 888. *

Müller, Adb., kurzgefasste Geschichte u. Beschreibg. der Walhalla u. d. anliegenden Marktfleckens Donaustauf. Neueste (24.) Aufl. 8. (40 S. m. 2 Taf.) Regensburg 894. Nationale Verlagsanstalt. n. — 40

Müller, Adb., kurzgef. Geschichte u. Beschreibung d. Walhalla u. d. anlieg. Marktfleckens Donaustauf. Verbess. nach M. Neueste (33.) Aufl. M. Abb. 12. (43 S.) Regensburg 898. Nationale Verlagsanst. n. — 40

— Grabschriften. Eine Sammlung der schönsten u. sinnigsten Denksprüche u. Inschriften für Grabdenkmäler u. Gedächtnißblätter. Regensburg 869. Coppenrath. 8. (84 S.) 5 ngr

—— Grabschriften. Eine Sammlung der schönsten und sinnigsten Denksprüche und Inschriften für Grabdenkmäler und Gedächtnißblätter. 2. (Titel-)Aufl. 8. (84 S.) Ebendas. (869)78. * cart. *

— Grabschriften. Eine Sammlung der schönsten u. sinnigsten Denksprüche u. Inschriften für Grabdenkmäler u. Gedächtnißblätter. 3., sehr verm. u. verb. Aufl. 8. (94 S.) Regensburg 880. Coppenrath. — 60; cart. — 80

— der Gratulant in Prosa. Briefe zum neuen Jahre u. zu Namens- u. Geburtstagen für die Jugend. Ebend. 869. 8. (60 S.) 4 ngr

— der Gratulant in Prosa. Briefe zum neuen Jahre u. zu Namens- u. Geburtstagen f. die Jugend. 2. Aufl. 8. (60 S.) Ebend. 872. — 40

—— der Gratulant in Prosa. Briefe zum neuen Jahre, zu Namens- und Geburtstagen für die Jugend. 3. (Titel-)Aufl. (60 S.) (1872)78. 40 Pf.; cart. * 50 Pf.; 4. verm. und verb. Aufl. 8. (74 S.) Ebendas. 879. 40 Pf.; cart. *

— der Gratulant in Prosa. Briefe zum neuen Jahre, zu Namens- u. Geburtstagen für die Jugend. 5. Aufl. 8. (74 S.) Ebend. 880. — 40; cart. — 60

Müller, Adalb., der Gratulant in Prosa. Briefe z. neuen Jahre, zu Namens- u. Geburtstagen f. die Jugend. 6. Aufl. (74 S.) kl. 8. Regensburg (909). A. Coppenrath's Verl. — 40

— a short history and description of Walhalla and Donaustauf. Translated from the latest German edition by J. Oscar Brehm. New edition. [With engravings.] 12. (38 S.) Ebd. 889. — 75

—— Kapuzinerpredigten, s. Kapuzinerpredigten.

— Kapuzinerpredigten aus den vorigen Jahrhunderten auf alle Sonn- und Festtage des Kirchenjahres. Zur Erbauung des christl. Volks für unsere Zeit mundgerecht gemacht. 1. u. 2. Thl. Sonntagspredigten. I. u. II. Regensburg 857. Manz. 8. (356; 324 S.) Jeder Thl. $28^{1}/_{3}$ ngr

—— Kelheim, die Befreiungshalle u. Weltenburg. gr. 8. ($1^{3}/_{4}$ B. u. 2 Stahlst.) Regensburg 844, Manz.

Müller, Adalb., Venedig's Kunstschätze und historische Erinnerungen. Ein Wegweiser in der Stadt und auf den benachbarten Inseln. Venedig 857. Münster. 16. (XIII, 367 S.) n. 28 ngr; mit lith. Plan (in Fol.) n. 1 ₰ 5 ngr

— allgemeines Martyrologium, oder vollständiger Heiligenkalender der katholischen Kirche, enthaltend die kurzen Lebensskizzen aller in den Haupttheil des Römischen Martyrologiums aufgenommenen Heiligen und Seligen, mit beigefügter Erwähnung der außerdem in den verschiedenen Ländern, Diöcesen, Pfarreien ꝛc. verehrten oder doch im frommen Andenken stehenden Diener Gottes. Aus den verlässigsten Quellen zusammengestellt u. mit einem mehr als 18,000 Namen enthaltenden Register versehen. Regensburg 860. Manz. 4. (IV, 735 S.) n. 2 ₰

—— die Merkwürdigkeiten der k. bayer. Kreishauptstadt Regensburg. Zum Gebrauche d. Fremden übersichtlich zusammengestellt. gr. 8. ($2^{1}/_{2}$ B. u. 2 Stahlst.) Regensburg 844, Manz. —

—— Monatrosen, e. Leseb. f. junge Leute aus d. gebild. Ständen. 1. Bd. 1. u. 2. Hft. 8. ($7^{1}/_{4}$ B. u. 2 Kpfr.) Nürnberg 833, Endter. à Hft.

—— Orbis Pictus, s. Comenius.

—— und Frz. Xav., Sagen u. Legenden d. Bayern, in e. Reihenfolge v. Romanzen u. Balladen. gr. 12. (8 B.) Regensburg 833, Reitmayr.

—— Stammbuch-Gedanken und Trinksprüche. 8. (64 S.) Ebendas. 873. 50 Pf.; cart.

—— Stammbuchgedanken und Trinksprüche. 2. (Titel-)Aufl. 8. (64 S.) Ebendas. (873)78. * 50 Pf.; cart. *

— Stammbuchgedanken, Trink-, Fest- u. Wahlsprüche, nebst Inschriften zu verschiedenen Anlässen. 3., sehr verm. Aufl. 8. (88 S.) Regensburg 888. Coppenrath's Verl. — 50; cart. — 70

Müller, Adelbertus (geb. am 29 Sept. 1799 in Trier): Theses medicae quas . . . dissertationi . . . De pulsu intermittente proxime typis edendae praemittit. Bonnae, typ. Büschlerianis (1821). 2 Bl. 4.
Bonn, Med. Fak., Thes. v. 31 Aug. 1821

Müller, Adalb., Venedig. Seine Kunstschätze u. historischen Erinnerungen. Ein Wegweiser in der Stadt u. auf den benachbarten Inseln. 2. verb. u. bereicherte Aufl. Mit dem Plane der Stadt u. der Lagune. Venedig 862. Münster. 16. (XXIV, 356 S.) n. 1 ℛ 10 ngr.

Müller, Adalb., Venedig. Seine Kunstschätze u. histor. Erinnerungen. Ein Wegweiser in der Stadt u. auf den benachbarten Inseln. 3. verb. u. bereich. Aufl. Venedig 870. Münster. 16. (XXII, 308 S.) In engl. Einb. n. 1 ℛ 2 ngr.

— Venedig. Seine Kunstschätze u. histor. Erinnergn. Ein Wegweiser in der Stadt u. auf den benachbarten Inseln. 4. verb. u. bereich. Aufl. Mit dem (lith.) Plane der Stadt u. der Lagune (in qu. gr. Fol.) 16. (XXIV, 352 S.) Venedig 876. Münster's Nachf. n. 2. 40

— s. Vergißmeinnicht, Regensburger.

Müller, Adelb., und B. Grueber, der bayrische Wald, s. Grueber, Bernh.

— bayerischer Wald. Zum Gebrauche als Wegweiser für Reisende. Vom Verf. mit Berücksichtigung der neuesten Zustände bearb. Mit 8 Ansichten in Stahlst. u. 1 in Stahl gest. u. color. Kärtchen (in 4.). Regensburg 861. Manz. 16. (152 S.) n. 24 ngr.

— die Walhalla bei Donaustauf. Erneuert nach A. M. (Grosse Ausg.) 14., m. den kurzgefassten Lebensschildergn. der Walhalla-Genossen verm. Aufl. Mit 6 Kunstbeilagen. gr. 8. (IV, 91 S.) Regensburg 888. Verlags-Anstalt. 1. 25

Müller, Adb. (I.). Walhalla u. Donaustauf. Kurzgefasste Geschichte u. Beschreibg., verbessert nach A. M. Mit Abbildgn. 20. Aufl. 12. (39 S.) Regensb. 889. Verlags-Anstalt. — 40
Grosse Ausg. Ebd. 1888. * 1 25.

Müller, Adb. (II.), 15 Wandbilder, s. Schneider, K. F. Th., deutsche Fibel und erstes Lesebuch.

Müller, Adam, s.a. Müller, Adam Heinrich, R^r^ von Nitterdorf

Müller, Adam: Amtlicher Bericht über die XXVIII. Versammlung deutscher Land- und Forstwirte zu München 1872. München 1872.

Müller, Adam, landwirthschaftliche Buchführung, das ist Anleitung zur Buchhaltung nebst liniirten Bögen für Inventar und Tagebuch, für Milch und Viehstands-Register. 2. Aufl. Fol. (8 S. mit 18 Bl. Formularen.) Mainz 877, Kunze's Nachf. *
—— dass. — mit kurzer Anleitung zur Buchhaltung, nebst liniirten Bögen für Inventar, Tagebuch, Viehstand-, Milch- und Getreide-Register u. a. 3. verm. und verb. Aufl., mit Genehmigung des Verf. hrsg. von Ferd. Dürig. Fol. (68 S.) Ebendas. 879. *

Müller, Adam, landwirthschaftliche Buchführung, das ist Anleitung zur Buchhaltung nebst liniirten Bögen für Inventar u. Tagebuch, für Milch u. Viehstands-Register. 2. Aufl. Fol. (8 S. m. 18 Bl. Formularen.) Wiesbaden 880. Kunze's Nachf. n. 1. 20

Müller's, Adam, landwirtschaftliche Buchführung. Fol. (42 S.) Nebst kurzer Anleitg. zur Buchhaltg. f. den mittleren u. kleineren Landwirt. 4., verm. Aufl. Hrsg. v. Ferd. Dürig. gr. 8. (14 S.) Wiesbaden 892. C. G. Kunze's Nachf. Kart. u. geh. n. 1. 50

Müller, Adam, ethischer Charakter v. Göthes Faust. Mit e. Faustmärchen als Anh. 8. (IV, 251 S.) Regensburg 886. Verlags-Anstalt. n. 2. 80

Müller, Adam: „Darstellung des von dem Amtsrathe Herrn Albert entworfenen neuen Wirthschaftsplans; mit Beylagen", Leipzig 1824 (Hamburg; Herold in Kom.).

Müller, Adam, die Drainage oder Bodenentwässerung durch Röhren. 8. (15 S. mit 10 eingedr. Holzschn.) Mainz 856, Kunze.

Müller, Adam: Feierstunden des Landwirths. Volksbuch für die oberen Klassen der katholischen Elementarschulen. Köln 1847.

Müller, Adam, Feierstunden des Landwirths. Volksbuch, dem gesammten Bauernstande Deutschlands, so wie allen Freunden u. Verehrern der Landwirthschaft gewidmet. Mit einem Beitrag von Jerem. Gotthelf. Nebst 1 Stahlst. u. vielen Holzschn. gr. 8. (VIII u. 202 S.) Mainz 850, Kunze. n. 14 ngr.

Müller, Adam, Lehrbuch der pract. Landwirthschaft, f. Schulen u. angehende Landwirthe. 12. (17½ B., 4 Stnt. u. 34 Holzschn.) Mainz 845, Kunze.

Müller, Adam, Lehrbuch der praktischen Landwirthschaft. Mit Holzschn. (im Text) u. 4 lith. Taf. 2. Aufl., verm. mit einem Anh.: Ueber Drainage &c. Mainz 856. Kunze. 8. (XII, 408, 15 S.) 28 ngr.

Müller, Adam, Lehrbuch der Landwirthschaft. 3. Aufl. Mit 66 Holzschn., mehreren chemischen Tab. u. 1 lith. Taf. (in Fol.) Mainz 862. Kunze. 8. (XII, 570 S.) n. 1 ℛ 12 ngr.

Müller, Adam: Die in landwirtschaftlicher Beziehung interessanten Lokalitäten in der Umgebung von München. München 1877.

Müller, A. (VIII.), und F. Villeroy, der Pferdezüchter, s. Villeroy, F.

Müller, Adam. Prophezeihungen. Berlin 1848. 8 S. 12.

Müller, Adam, über Reiten und Fahren. gr. 16. (66 S. mit eingedr. Holzschn.) Mainz 858, Kunze.
Aus: Villeroy, F., und Adam Müller, der Pferdezüchter. Anleitung zur Kenntniß der gesammten Pferdewissenschaft, besonders abgedruckt.

Mueller, Adamus: De struma. Halis Saxonum (1862): Orphanotropheum. 29 S. 8°
Halle-Wittenberg, Med. Diss. v. 13. Juni 1862
Geb. Deuna (Kr. Worbis) 1. 4. 1835. V.

Müller, Ad., kurzgefaßter Unterricht in der Landwirthschaft. Ein Lesebuch f. Fortbildungsschulen. Mit 25 (eingedr.) Holzschn. 2. Aufl. gr. 8. (IV, 124 S.) Mainz 871. Kunze's Nachf. n. 4. --

Müller's, Adam, kurzgefaßter Unterricht in der Landwirtschaft. 5. Aufl. Hrsg. von Otto May. 8. (VI, 122 S. mit 25 eingedr. Holzschn.-Abbild.) Wiesbaden 881, Kunze's Nachf. cart. *

Müller's, Adam, kurzgefaßter Unterricht in der Landwirtschaft. 6. Aufl. Hrsg. v. Otto May. Mit 26 Abbildgn 8. (IV, 124 S.) Wiesbaden 885. Kunze's Nachf. cart. n. 1. —

— kurzgefaßter Unterricht in der Landwirtschaft. 7. Aufl. Hrsg. v. Otto May. gr. 8. (V, 125 S. m. 28 Abbildgn.) Ebd. 892. Kart. n. 1. —

Müller, Adam. Zur Verstaatlichung der Mobiliarvers. Basel 1898.

— s. Zeitschrift, Rhein., f. Landwirthschaft rc.

Müller, Adam Heinrich, R[r] von Nitterdorf

Müller, Adam Heinr., und Friedr. Gentz, Briefwechsel, s. Briefwechsel.

Müller, Adam Heinrich: „Die Elemente der Staatskunst in Vorlesungen", 3 Theile, Berlin 1809. — Vorh.: UB Bonn (Signatur Ka 20).

Müller, Adam Heinrich von: „Die Elemente der Staatskunst. Oeffentliche Vorlesungen vor Sr. Durchlaucht dem Prinzen Bernhard von Sachsen-Weimar und einer Versammlung von Staatsmännern und Diplomaten im Winter 1808 und 1809 zu Dresden gehalten", 3 Bände, Berlin 1809, 1810 (J. D. Sander). — Vorh.: Com. Bibl. Hamburg und Preuß. Staatsbibliothek Berlin.

Müller, Adam Heinrich von: „Etwas, das Goethe gesagt hat, beleuchtet", Leipzig 1817.

Müller, Adam, Etwas, das Goethe gesagt hat. Beleuchtet. Leipzig, den 31. X. 1817. (Neudr., m. e. erläut. Nachwort hrsg. v. Hans Feigl.) (24 S.) 8. Wien (910). C. Konegen. 3. —

– (Hrsg.), s.a. Fortschritte, Die, der nationalökonomischen Wissenschaft in England während des laufenden Jahrhunderts.

Müller, Adam Heinrich von (Herausgeber): „Die Fortschritte der nationalökonomischen Wissenschaft in England während des laufenden Jahrhunderts. Eine Sammlung deutscher Uebersetzungen der seit dem Jahre 1801 bis jetzt erschienenen bedeutendsten parlamentarischen Rapports, Flug- und Streitschriften, Recensionen . . . ., welche zur Förderung der staatswissenschaftlichen Theorie beigetragen haben", 1. (einziges) Bändchen, Leipzig 1817 (Brockhaus).

– s.a. Franz I., Kaiser von Österreich.

(Müller, Adam Hch.) Franz I., Kaiser von Österreich. 8. Leipzig 1815.

Müller, Adam. Ueber Friedrich II. und die Natur, Würde und Bestimmung der Preußischen Monarchie. Oeffentliche Vorlesungen in Berlin 1810. Berlin 1810. VI 349 S. 8.

Müller, Adam, Ueber König Friedrich II. und die Natur, Würde und Bestimmung der Preuss. Monarchie. Oeffentliche Vorlesungen. (Die 3. Vorlesung wiederholt sich als adnex unter einem besonderen Titel.) Berlin 1810. 8.

Müller, Ad. H., zum Gedächtniß der verewigten Königin. gr. 4. Berlin, Sander. 810.

Müller, Adam Heinrich: „Die Gewerbe-Polizey in Beziehung auf den Landbau. Eine staatswirthschaftliche Abhandlung", Leipzig 1824 (Reclam).

MÜLLER, A., Von der Idee der Schönheit. In Vorlesungen. Berlin 1809. 8°. 241 S. Selten! (5 Mk. 25 Pfg. H. Streisand, Berlin, 1908.)

— von d. Idee der Schönheit in Vorlesungen; gehalten zu Dresden im Winter 1807 u. 8. 8. Berl. 809. (Dümmler). 1 ℳ

— von der Idee d. Schönheit rc. gr. 4. Berlin, Hitzig. 8og.

Müller, Adam Heinrich von: „Von der Idee des Staats und ihren Verhältnissen zu der populären Staatstheorie", Dresden 1809 (Walther).

Müller, Adam H., s. H. v. Kleist, Amphytruon.

Ad. H. Müller's Lehre vom Gegensatze; 1[r] Bd., d. Gegensatz. *Berl.*, Realschulbh. 804. gr8° 16 gl

— die Lehre von Gegensätzen. 16 Bdchn. Der Gegensatz. gr. 8. Berl. 804. Reimer. 16 gl

Müller, Adam, von d. Nothwendigkeit e. theolog. Grundlage d. gesammten Staatswissenschaften u. d. Staatswirtschaft insbes., s. a. Bücherei, allgem., Nr. 16.

Müller, Adam Heinrich von: „Von der Nothwendigkeit einer theologischen Grundlage der gesammten Staatswissenschaften und der Staatswirthschaft insbesondere", Leipzig 1820 (W. Vogel).

— u. v. Kleist, Phöbus, s. Phöbus.

— zwölf Reden üb. d. Beredtsamkeit u. deren Verfall in Deutschland, gehalten zu Wien im Frühjahre 1812. gr. 8. Leipz. 817. Göschen. 1 ℳ 8 gl

Müller, Adam Heinrich von: „Ueber Regentenbevormundung. Ein Beitrag zum heutigen deutschen Staats- und Fürstenrecht", Ilmenau 1822. — Vorh.: Preuß. Staatsbibliothek Berlin.

— die Rückkehr des Königs in seine Hauptstadt. 8. Berl. 809. Sander. 4 gl

Müller, Adam v., gesamm. Schriften. 1. Bd. gr. 8. (26 B. u. M's. Portr.) München 839, Franz. *

Müller, Ad., vermischte Schriften üb. Staat, Kunst u. Philosophie. 2 Bde. gr. 8. Wien, Camesina. 812. Schreibp.

Müller, Adam Heinrich von: „Vermischte Schriften über Staat, Philosophie und Kunst", 2 Bände, Wien 1812 (Heubner).

— an den Sprecher d. Stadt u. Landschaft Coblenz. (Aus dem deutschen Staatsanzeiger.) gr. 8. Leipz. 818. Voß. 4 gl

Müller, Adam Heinrich von: „Deutsche Staatsanzeigen", drei Bände (in zwanglosen Heften), 1816—1818, Leipzig (Voß).

Müller, Adam Heinrich von: „Die Theorie der Staatshaushaltung und ihre Fortschritte in Deutschland und England seit Adam Smith", 2 Bände, Wien 1812 (Schauenburg).

Müller, Adm. Hnr. v. Die Theorie der Staatshaushaltung und ihre Fortschritte in Deutschland und England seit Adam Smith. 2 Bde. gr. 8°. Wien, Schaumburg, 1812.

Müller, Adam Heinrich von: „Versuch einer neuen Theorie des Geldes, mit besonderer Rücksicht auf Grossbritannien", Leipzig 1816 (Brockhaus). — Vorh.: Preuß. Staatsbibliothek Berlin.

Müller, Adam Heinrich von: „3. Vorlesung über Friedrich II.", Berlin 1810 (Sander).

Müller, Adam Heinrich von: „Vorlesungen über Friedrich II. und die Natur, Würde und Bestimmung der Preussischen Monarchie", Berlin 1810 (Sander).

— Vorlesungen über die deutsche Wissenschaft u. Litt. 8. Dresd. 806. N. A. 807. Arnold. 1 ♯

Müller, Adam v., Vorschlag zu e. histor. Ferien-Cursus. Lex.-8. (1½ B.) Wien 829, Mechitaristen-Congreg.-Buchh.

Müller, Adam Lebrecht

— theologi S. Petri antipontificiana, od. Petri Grundf. wider die Lehre der Römischen Kirche. 8. Jena. 731.

Müller, Adm. Lebr., († 1770.) histor. u. theolog. Betrachtt. v. d. Händewaschen d. alten Völker überhaupt; insbesondere aber v. d. noch heutigen Händewaschen d. Gevattern im Tauf-wasser; nebst einem Gutachten v. Jh. Lor. Mosheim ꝛc. 8. Jena 750.

Müller, Adam Lebr., Blumen u. Rosen zu Saron. 8. Jena. 734.

— geistl. Brüderschaft d. Christen, in Betr. a. heil. Schr. 8. Ebend. 741.

— Christus in Psalmen, oder Davids Zeugnisse. 8. Jena 762. Güth. 12 gl

— sechsf. Dispositiones üb. die Episteln. 8. Jena, Cröcker. 759.

— — — üb. d. Evangel. 8. Ebend. 760.

— sechsfache Dispositiones u. Nutzanwendungen über alle Sonn- u. Festtags-Episteln. 8. Jena 760. Cröker. 16 gl — Diess. üb. alle Sonn- u. Festtags-Evangelien, mit J. G. Walchs Vorrede. 8. Ebd. 754. 16 gl

— Erndtepredigten üb. verschied. Schriftstellen d. A. u. N. Test. 8. Jena 755. Güth. 8 gl

— Erndtepredigten üb. versch. Texte. 8. Jena, Güth. 755.

— zufällige Gedanken üb. d. Alte u. Neue, so ein Hausvater aus seinem Schatze hervorträgt; nebst Abhandl. v. alten Gott im neuen Jahre. 8. Jena 752.

— heroicae fidei gynaeceum, oder biblische Glaubensheldinnen, a. heil. Schr. in moral. Betr. gez. 8. Jena 736.

Müller, A. L., vom Händewaschen der Gevattern im Taufwasser. Jen. 1751. 8.

— Hauptsumme d. göttl. Rechtsgelahrtheit. 8. Jena 761. Cröker. 2 gl

— der gekreuz. Jesus, in Passionsbetracht. 8. Jena. 734.

— evangel. Kirchen- u. Hausandachten, üb. alle Evangelien; nebst e. Vorrede v. S. Basch. gr. 8. Jena 763. Fickelscher. 1 ♯ 4 gl

— Krieg u. Sieg d. wahren Glaubens, a. d. heil. Schrift erw. 8. Jena. 741.

— Nachr. v. d. Katechisation Jesu Christi, nach Anleit. des kl. Katechismus Luthers aus d. heil. Schrift. 8. Jena 756. Güth. 6 gl

— kurzgefaßte Predigten üb. die Evangelien; nebst dreifacher Disposition gr. 8. Jena 766. Fickelscher. 18 gl

— Prozeß der geistlichen Ritterschaft. 8. Jena. 733.

— geistl. Reden üb. d. Leben Jesu. Mit e. Vorrede von J. G. Walch. 8. Jena 755. Güth. 4 gl

— Stufen des ewigen Lebens. 8. Jena. 733.

Müllers, Ad. Lebr., von den Stufen der ewigen Verdammniß, mit Speners Tr. von den Ursachen der Verdammniß. Jen. 735. 8.

— deutl. Unters. d. Stufen d. ewigen Verdammniß. 8. Jena. 735.

Müller, Adelaide, s. Müller-Portius, Adelaide.

Müller, Adelbert, s. Müller, Adalbert

(M[üller], [Frau] A[dele].) Etwas über den Gemüsegarten! Separatabdruck aus dem Landwirtschaftlichen Jahrbuch der Schweiz. [Jahrg. 16,] 1902. [Mit Figuren.] 7 S. 8. [Bern, K. J. Wyss, 1902.]

Müller, Frau A[dele]. Leitsätze für den Unterricht im Gemüsebau an Hauswirtschaftlichen Schulen, zusammengestellt von Frau A. M' im Rost, d. Z. in Bern. [Mit Figuren.] II + 40 S. 8. Bern, Verlag der Haushaltungsschule, 1903. fr. —. 70

Müller, Adele, Poesieranken. Gedichte. (XII, 244 S.) 8. Dresden 905. E. Pierson. n. 3. —; geb. n. 4. —

Müller, Adolf Eine neue Ableitung des Additionstheorems für elliptische Integrale. 21 S. Progr. Ev. G. *Glogau* 1880.

Müller, Adf., S. J., über die Achsendrehung des Planeten Venus. Nach e. der päpstl. Akademie der Wissenschaften vorgelegten Denkschrift. gr. 8. (60 S. m. 1 Taf.) Münster 899. Aschendorff. n. 1. —
Sonderabdruck aus: „Natur u. Offenbarung."

Müller, Adf., um Allerseelen. Trost u. Mahng. gr. 8. (15 S.) Augsburg 894. Literar. Institut v. Dr. M. Huttler. n. — 20

Müller, Adolf Arithmetik. Zweiter Kursus. 32 S. (I: 1865.) *Wittenberg* 1879. Progr.

Bausteine zum Menschheitsdome. Vorträge von Adolf **Müller.** Stettin: Bornemann 1908. 175 S. 8°

Müller, *Friedrich Carl* Adolf [app. Arzt aus Magdeburg]: Aus d. patholog. Institute zu Kiel. Zur pathologischen Bedeutung der Drüsen in der menschlichen Gallenblase ... Kiel, Druck v. L. Handorff, 1895; 21 S., 1 Bl. 8.
Kiel, Med. Fak., Inaug.-Diss. v. [27. Juni] 1895

Müller, Adolf, a. Lübbecke in Westfalen: Aus der Psychiatrischen und Nervenklinik zu Kiel. Beitrag zur Klinik und Pathologie der Stirnhirntumoren. Lübbecke 1905: F. Werneburg. (24 S.) 8°
Kiel, Med. Fak., Ref. Siemerling, Diss. v. 23. Mai 1905
[Geb. 25. März 78 Lübbecke (Westfalen); Wohnort: Lübbecke; Staatsangeh.: Preußen; Vorbildung: Gymn. Gütersloh Reife O. 00; Studium: Marburg 2, Kiel 3, Würzburg 1, Kiel 3 S.; Coll. 31. März 05; Approb. 18. März 05.]

Müller, Adolf [Obl. Dr.]: Bemerkungen zur englischen und französischen Lektüre in Mädchenschulen. Berlin, Druck v. A. W. Hayn's Erben, 1891; S. 3—10; 4°
Berlin, k. Elisabeth-S. OP 1891 ••

Müller, Adf., S. J., Bibel u. Gnomonik. Eine apologet. Studie üb. die Sonnenuhr des Königs Achaz. (III, 47 S. m. 13 Fig.) gr. 8. Münster 902. Aschendorff. 1. —
Sonderabdr. aus: „Natur u. Offenbarg."

Müller, Ado., Blicke auf d. neuesten Vorfälle in Frankreich. gr. 8. (14 Seit.) Berlin 830, [Stuhr.]

•Der Blondin von Namur'. Operette in 3 Acten. ⟨Mit Benützung d. Grundidee aus Zschokke's gleichnam. Novelle⟩ von Julius Horst u. Leo Stein [d. i. Leo Rosenstein]. Musik von Adolf **Müller** jr. Gesangstexte. Leipzig, Wien: J. Weinberger. [1898]. (40 S.) 8° [F.] [c8. 9238

Müller, Adf., s.: Centralblatt f. d. gew. Unterrichtswesen.

Müller, Adf., u. Karl **Müller**, Charakterzeichnungen der vorzüglichsten deutschen Singvögel. Leipzig 865. C. F. Winter'sche Verlagsh. gr. 8. (VII, 112 S. mit 11 Illustr., entworfen u. auf Holz gezeichnet von Adf. Müller, so wie mit 8 in den Text gedr. Figg. in Holzschn.) n. 1 *Thlr* 15 *ngr.*

— . —— Ebda 1868. 8. . . . . (D.)

Müller, Adolph (Übers.):

s.: Cheyne, John: Versuch über den akuten Wasserkopf oder die Wassersucht im Gehirn. (An Essay on hydrocephalus acutus, or dropsy in the brain. Dt.) Wien: 1810

JB 4.499

— — (Smiglensis/Posen), De chorea S. Viti. Diss. med. Berlin (Schlesinger) 21. III. 1837. 24 S. u. Biogr. (M.: C. Gugatsch.) (3.—) 23852
Oppon.: F. Busch, J. Loewenstein, W. Gross. — Seinen Eltern gewidmet (Vater: August Müller).

Müller, Adolf *Friedrich Albert* *Curvus, uncus* und Composita. 4 (38 S.). Progr. G. u. Rg. *Flensburg* 1886 (256).
Ein Auszug der Arbeit in Wölfflin's Archiv f. lat. Lex. u. Gr. III (1886) 117—130. 236—250.

Müller, Adf., curvus uncus u. Komposita. 4. (38 S.) Flensburg 886. (Leipzig, Teubner.) n. 1. —

Müller, Adf., das griechische Drama u. seine Wirkungen bis zur Gegenwart, s. a. Sammlung Kösel.

Das griechische Drama und seine Wirkungen bis zur Gegenwart. Von Dr. Adolf **Müller**, Prof., Kiel. Kempten & München: J. Kösel 1908. (164 S.) 8° [F.]
(Sammlung Kösel. 18.) [o8. 16;56

—— und H. Kletke, Preußens Ehrenspiegel, s. a. Preußens Ehrenspiegel.

— und H. Kletke, Preußens Ehrenspiegel. Eine Sammlung preußisch-vaterländ. Gedichte von den ältesten Zeiten bis zum J. 1840 mit einleitenden geschichtlichen Anmerkungen. (Neue Titel-Ausg.) Berlin (851.) 855. Gebauer. (Streckrath u. Co.) Lex.-8. (XI, 388 S.) n. 1 *Thlr.*

Müller, Adf. (III.), Doctor Faust's Ende. Tragödie in 5 Aufzügen. gr. 8. (VII, 144 S.) Ilfeld 887, Fulda. *

Müller, Adf., Entwickelungsgedanke u. Gotteserfahrung, verglichen. (XV, 208 S.) gr. 8. Halle 908. M. Niemeyer. 4.—; geb. 4.75

Müller, Adph., Erinnerung an meine Jugend. E. Geleit- u. Gedenkbuch f. uns. Kinder. 4. (30 S. u. 9 Bl. m. 7 Taf.) Regensburg (894). H. Hotter.
Geb. in Leinw. n. 2. —; in Prachtbd. m. Goldschn. n. 4. —

Müller, Adolf & Anton **Gunkel**. Die gesammte Fachwissenschaft des Schneiders. Lehrbuch ... Gleichzeitig dritte wesentlich verbesserte und vermehrte Auflage der Antropo[!]-Trigonometrie. Dresden, G. A. Müller's Verlag [1870].
2 Bde. 4°.
I.1 Text: Tit., 1 Bl., 128 S.
II.1 Schnittzeichnungen: Tit., 1 Bl.; 101 Taf. in Lithogr.
1. Aufl. 1859.

Müller, Adolf, Eltville: Über Flüssigkeitsmembranen. *Rostock 1904: C. Boldt.* (33 S.) 8°
Rostock, Phil. Diss. v. [30. Apr.] 1904

Müller, Adolf, Gerichtsassessor in Wiesbaden: Ueber die Frage, ob und inwieweit bei Vertragsverletzung der Gläubiger Schadensersatz verlangen kann, wenn das Interesse an der Erfüllung nicht bei ihm, sondern bei einem Dritten ist. Borna-Leipzig 1907: R. Noske. (VI, 59 S.) 8°
Leipzig, Jur. Fak., Diss. v. 11. Sept. 1907
[Geb. 15. Aug. 80 Fulda; Wohnort: Wiesbaden; Staatsangeh.: Preußen; Vorbildung: Kgl. Gymn. Wiesbaden Reife O. 98; Studium: Lausanne 1, München 2, Leipzig 1, Marburg 2 S.; Rig. 23. Febr. 07.]

Müller, Adf., Frauenfrage und Christenthum. Vortrag im kathol. kaufmänn. Verein „Lätitia" in Augsburg. 8°. Augsburg, Lit. Inst. von Dr. M. Huttler, 1893.
15 S.

Müller, Adf., Fuchsmühl. Eine Skizze aus dem Rechtsstaat der Gegenwart. Mit 2 photograph. Aufnahmen. 1.—30. Taus. gr. 8. (39 S.) München 895. M. Ernst. — 30

Müller, Adf., Fuchsmühl. E. Skizze aus d. Rechtsstaat d. Gegenwart. M. 2 photograph. Aufnahmen. 31.—40. Taus. (Volks-Ausg.) gr. 8. (39 S.) München 895. M. Ernst. — 20

— Galileo Galilei u. das kopernikanische Weltsystem, s. a. Stimmen aus Maria-Laach. 101. Erg.-Heft.

Galileo Galilei und das kopernikanische Weltsystem von Adolf **Müller** S.J., Prof., Rom. Freiburg im Br.: Herder 1909. XII, 184 S. 8°
(Stimmen aus Maria-Laach. Erg.H. 101.)

— Der Galilei-Prozeß, s. a. Stimmen aus Maria-Laach. 102. Erg.-Heft.

Der Galilei-Prozeß ⟨1632–1633⟩ nach Ursprung, Verlauf und Folgen dargest. von Adolf **Müller** S.J., Prof., Rom. Freiburg im Br.: Herder 1909. VIII, 205 S. 8°
(Stimmen aus Maria-Laacc. Erg.H. 102.)

Müller, Adf. (I.), plattdeutsche Gedichte. 2. mit einem Anhang hochdeutscher Gedichte verm. Aufl. 16. (VI, 125 S.) Hagen 876, Butz. geb. mit Goldschn. *

Müller, Adf. u. Karl **Müller**, Gefangenleben der besten einheimischen Singvögel. Vogelwirthen u. Naturfreunden geschildert. Mit e. lehrbegriffl. Zusammenstellg. u. naturgeschichtl. Beschreibung d. Freilebens dieser Vögel. gr. 8. (IV, 180 S.) Leipzig 871. C. F. Winter. n. 2. 40

Müller, Adf. (IV.), praktische Geschäftsbriefe und Aufsätze, besonders dem angehenden Geschäftsmanne gewidmet. 12. (64 S.) Kempten 887, Wenger. *

Müller, Adf., Geschichte des altmärkischen Feldartillerie-regiments Nr. 40 u. seiner Stammbatterien. Für die Unteroffiziere u. Mannschaften des Regiments auf dienstl. Veranlassg. zusammengestellt. (88 S. m. Abbildgn.) 8. Leipzig (905). C. Jacobsen. Geb. n. 2. 50

(G) Müller, Adf., Gesch. d. altmärk. Feldartill.-Regts. 905. (KBL 34.) Stuttgart, Uhland'sche Buchdr. (Nur direkt.)

Müller, Ado., Geschichte d. Reformation in d. Mark Brandenburg. gr. 8. (22 B.) Berlin 839, Herm. Schultze.

Müller, Adf., Geschichtskerne in den Evangelien nach modernen Forschungen. Marcus u. Matthäus. (XI, 144 S.) gr. 8. Giessen 905. A. Töpelmann. n. 3. —

Müller, Adf., die philosophische u. die christliche Gewissheit üb. die Unsterblichkeit der Menschenseele. Ein Vergleich m. besond. Berücksicht. v. G. Teichmüller's Schrift üb. diesen Gegenstand. [Aus: „Zeitschrift f. wissenschaftl. Theologie".] gr. 8. (S. 430 —471.) Altenburg 890. (Landsberg a/W., Schaeffer & Co.) — 60

Müller, Adf. (I.). Die philosophische u. die christliche Gewissheit üb. die Unsterblichkeit der Menschenseele. Ein Vergleich m. besond. Berücksicht. v. G. Teichmüller's Schrift üb. diesen Gegenstand. gr. 8. (S. 430–471.) [Altenb.] Landsberg a. W. 890, Selbstverlag. — 60
Aus: Zeitschr. f. wissenschaftl. Theologie, besonders abgedruckt.

Müller, Adf., die Gebrüder Haas im J. 1848 oder das Loos Nr. 7777. Eine jüdische Posse in 3 Aufzügen. Friedberg 853. Scriba. 16. (72 S.) n. 5 ngr.

Müller, Adf., u. Karl Müller, aus Heimat u. Natur. Bilder f. die deutsche Familie u. Jugend. (VII, 204 S. m. 29 Abbildgn.) 8. Gotha 906. F. A. Perthes. Geb. in Leinw. n. 4. —

Müller, Brüder Adf., u. **Karl Müller, aus** Heimat u. Natur. Bilder f. d. deutsche Familie u. Jugend. 2. [Titel-]Aufl. (VII, 204 S. m. Abb. u. 5 [4 farb.] Taf.) 8. Gotha [906] 908. F. A. Perthes. Geb. in Leinw. 2. 50

Müller, Adf. (II.), Hengstenberg und die evangelische Kirchenzeitung. Ein Wort der Mahnung. 1. und 2., überarb. Aufl. 8. (88 S.) Berlin 856(57,) Gebauer'sche Buchh. *

— Hengstenberg und die evangelische Kirchenzeitung. Ein Wort der Mahnung. 2. überarb. Aufl. Berlin, Gebauer (J. Petsch) 1857. 88 S. 8.

Müller, Adf., Hengstenberg und die Evangelische Kirchenzeitung. Ein Wort der Mahnung. 1—3. Aufl. Berlin 857. Gebauer. (Streerath u. Co.) 8. (88 S.) n. 10 ngr.

Müller, Adf., Hermann der Cherusker. Schauspiel in 5 Aufzügen. (112 S.) 8. Straßburg 906. Süddeutscher Merker. n.n. 1. 50

Müller, Adf. (II.), und Karl Müller, der Hund und seine Jagd. Den deutschen Waidmännern und Naturfreunden gewidmet. Mit 16 Orig.-Aquarellen und 1 Titelvignette von C. F. Deiker. 11 Lfgn. qu. Fol. (V, 58 S. mit 11 Chromolithogr.) Frankfurt a. M. 879, May Söhne. à Lfg. * M 2. * geb. mit Goldschn. *

Müller, Adf., u. **Karl Müller,** der Hund u. seine Jagd. Den deutschen Waidmännern u. Naturfreunden gewidmet. Mit 16 Orig.-Aquarellen u. einer Titelvignette von C. F. Deiker. qu. Fol. (V, 58 S. m. 11 Chromolith.) Frankfurt a/M. 879. 80. Wiesbaden, Nicol. n. 22. —; geb. m. Goldschn. n. 34. —

Müller, A., und K. Müller, der Hund und seine Jagd. qu. Fol. Frankfurt a. M. 879, Schwelm. 30 —

Müller, Adolf, von Ermatingen (Canton Thurgau): Ueber einige Isonitrososäuren. Zür. J. Schabelitz Dr. 1884. 35 S. 8°.
Zürich. Phil. Diss. [v. 1. März 1884].

Müller, Adf., Faust's Kampf u. Sieg. Tragödie in 5 Akten. 3. Bearbeitg. 8. (171 S.) Dresden 902. R. Zinke. n. 2.—

Müller, Adolf, approb. Arzt aus Wittgenstein: Aus d. chirurg. Klinik zu Kiel. Zur Casuistik der Schädelverletzungen mit besonderer Berücksichtigung ausgedehnter praeduraler Haematome. *Kiel 1902: P. Peters.* (29 S.) 8°
Kiel, Med. Diss. v. [28. Febr.] 1902

Müller, Adf., der rote Katechismus — Wahrheit od. Lüge? Ein Vortrag. (22 S.) gr. 8. Dresden 910. Leipzig, H. G. Wallmann. p — 10

Müller, Adf., S. J., Johann Keppler, der Gesetzgeber der neueren Astronomie, s. a. Stimmen aus Maria-Laach. 83. Erg.-Hft.

Johann Keppler, der Gesetzgeber der neueren Astronomie. Ein Lebensbild. Von Adolf **Müller,** S. J., Prof. zu Rom. *Freiburg i. Br.: Herder 1903.* (VIII, 186 S.) 8° [F.]
= **Stimmen** aus Maria-Laach. Erg.H. 83. [03. 2037]

—— Klio. Eine Samml. histor. Gedichte, mit einleit., geschichtl. Anmerkn. Lex.-8. (31 B.) Berlin 840, Herm. Schultze. *

Müller, Adf., ästhetischer Kommentar zu den Tragödien des Sophokles. Mit 1 Lichtdr.-Bild. (VIII, 517 S.) gr. 8. Paderborn 904. F. Schöningh. n. 5. 60; geb. in Leinw. n. 6. 60

Müller, Adolf, prakt. Arzt a. Laucha, Unstrut: Komplikationen von Diphtheritis und ihre Nachkrankheiten nach einer Zusammenstellung aus den Sektionsprotokollen des pathologischen Institutes zu Halle vor der Serumtherapie. Halle a. S. 1907: H. John. (33 S.) 8°
Halle, Med. Fak., Ref. Eberth, Diss. v. 12. Jan. 1907
[Geb. 20. Apr. 59 Thalwinkel b. Bibra; Wohnort: Laucha (Unstrut); Staatsangeh.: Preußen; Vorbildung: Dom-Gymn. Halberstadt Reife M. 80; Studium: Halle 8 S.; Coll. 21. Dez. 06; Approb. 24. Apr. 86.]

Müller, Adf., S. J., Nikolaus Copernicus, d. Altmeister d. neueren Astronomie, s. a. Stimmen aus Maria-Laach.

[F.] Nicolaus Copernicus, der Altmeister der neuern Astronomie. E. Lebens- u. Culturbild v. Adolf **Müller** S. J., Prof. ... an d. Gregor. Univ. ... zu Rom. *Freiburg i. B.: Herder 1898.* (V S., 1 Bl., 159 S.) 8.
= **Ergänzungshefte** zu d. 'Stimmen aus Maria-Laach'. [II.] 72. [98. 4844]

Müller, Adf., die Kiffhäuser Sage. 8. (27 S.) Berlin 849, Decker. 6 ngr.

—— Leben d. Erasmus v. Rotterdam. Mit einleit. Betrachtn. üb. d. analoge Entwickelung d. Menschheit u. des einzel. Menschen. Eine gekr. Preisschr. gr. 8. (25 B.) Hamburg 828, Fr. Perthes.

– Deutsches Lesebuch für österreichische Obergymnasien und Realobergymnasien, s. Prosch, Franz

Müller, Adf., Oberon der Elfenkönig, od. Ritter Hüons Abenteuer. Für die Jugend erzählt. Mit 4 Vollbildern u. 20 Textillustr. v. Hans Looschen. gr. 8. (III, 151 S.) Leipzig 893. Abel & Müller. Geb. in Leinw. n. 4. —

– Deutsches Lesebuch für Oberrealschulen, s. Prosch, Franz

Müller, Adf., Naturbilder aus der heim. Vogelwelt. Der deutschen Jugend gewidmet. (85 S. m. Abb.) 8. Frankfurt a/M. 909. F. Strauß. Kart. 1. 35

Müller, Adf., Oberon der Elfenkönig oder Ritter Hüons Abenteuer. Für die Jugend erzählt. Mit 4 Vollbildern u. 20 Textillustr. v. Hans Looschen. 2. u. 3. Aufl. gr. 8. (à III, 151 S.) Leipzig (900. 902). Abel & Müller. Geb. in Leinw. n. 3. —

Müller, Adf., Oberon der Elfenkönig od. Ritter Hüons Abenteuer. Für die Jugend erzählt. Mit 4 Vollbildern u. 20 Textillustr. v. Hans Looschen. 5. Aufl. (III, 151 S.) gr. 8. (903). Abel & Müller. Geb. in Leinw. n. 3. —

Müller, Adf. (II.), Ortschafts-Verzeichnis für das Herzogtum Anhalt, nebst einem Anhang: Gebühren-Tarif für Postsendungen innerhalb des Deutschen Reiches. Zum Gebrauch im Postverkehr für Behörden, Beamte und das gewerbtreibende Publikum zusammengestellt. 2. Aufl. gr. 8. (15 S.) Dessau 888, Baumann. *

Müller, Adph. (II.), Predigt am Erndtefest 1870 über Psalm 95. gr. 8. (14 S.) Erlangen 870, Deichert. *

—— und H. Kletke, s. Preußens Ehrenspiegel.

Müller, *Adolf* Die Progressionen. 4 (S. 127—144).
In: Festschrift zur Feier der Einweihung des neuen Gymnasialgebäudes G. *Wittenberg* 1888.
Nicht im Tauschverkehr.
Progr.

Müller, Adolf Quaestiones socraticae. [Quid Socrates in Protagora Platonis de virtute doceat exponitur. — Quo iure Aristippus in numerum philosophorum referatur socraticorum.] XXXVI S. Progr. *Döbeln* 1877.

— quaestiones Socraticae. 4. (36 S.) Döbeln 877. (Leipzig, Fock.) n. 1. —

Müller, Dr. Adolf, praktický lékař, a Dr. Max Popper, praktický lékař v Praze, Zdravotní rádce. Lidový výklad o zdraví, o chorobách a lécích, jmenovitě o moderních methodách léčebných. Ve dvou svazcích. S 8 skládacími anatomickými modely, 32 chromotypickými a 16 černými přílohami a přečetnými illustracemi v textu. Druhé vydání. Tiskem Dělnické knihtiskárny v Praze. (Gesundheitsratgeber. II. Aufl. 2 Bde.) Lex.-8. (I. 14 u. 479 S., II. 522 S.) Wien: Dostal 1904. geb. K 26.50

– u. Karl Müller

— —die einheimischen Säugethiere u. Vögel nach ihrem Nutzen u. Schaden in der Land- u. Forstwirthschaft. 8. (169 S.) Leipzig 873. Keil. 2. 40

— — unsere nützlichsten Säugethiere u. Vögel, der deutschen Jugend geschildert. gr. 8. (V, 167 S.) Köln 876. Du Mont-Schauberg. n. 2. 20

Müller, Adf., Scheinchristentum u. Haeckels Welträtsel. Ein Vergleich. gr. 8. (IV, 167 S.) Gotha 901. F. A. Perthes. n. 2. —
Jena, Theol. Diss. v. (9. Mai) 1901.

— die Schlacht bei Leuthen. Eine Jubelschrift. Mit 1 (lith.) Schlacht-Plane. Berlin 857. Fr. Schulze. 8. (62 S.) n. 6 ngr.

— die Schlacht bei Prag. Eine Jubelschrift. Berlin 857. Gebauer. (Streerath u. Co.) 8. (63 S.) 7½ ngr.

— die Schlacht bei Roßbach. Eine Jubelschrift. Mit 1 (lith.) Plane (in 4.). Berlin 857. Mittler u. Sohn. 8. (VII, 104 S.) 15 ngr.

— Vide: Schmidt, J.

Müller, Adf., vier Schreckenstage d. Stadt Hersfeld. 8. (36 S.) Hersfeld 896. Hoehl. n. — 50

Vier Schreckenstage der Stadt Hersfeld. Von Prof. Dr. Adolf Müller. *Hersfeld: H. Schmidt 1896.* (30 S.) 8° [F.] [96. 6727 4

Müller, Ad[olf]. Schulgeschichte von Niedergerlafingen. Im Auftrage der Schulbehörden als Festschrift auf die Einweihung des neuen Schulhauses 18. August 1907 bearb. von Ad. M', Lehrer. [Illustriert.] 47 S. 8. Aarau und Lausanne, A. Trüb & Cie., (1907).

Müller, Adolf, aus Warburg: Ueber Stromschwankungen bei Stossionisation. [Mit 11 Figuren im Text.] Zürich 1910. 51 S. 8°. [12. IV. 10.]
Zürich, Univ. Phil. Diss. II. S. 1909/10.

Müller, Adolf. Über Stromschwankungen bei Stossionisation. Diss. Phil. [II.] Univ. Zürich. [Mit Figuren.] 51 S. 8. Zürich, Aktien-Buchdr., 1910.

– u. Karl Müller

— — Thiere der Heimath. Deutschlands Säugethiere u. Vögel, geschildert. Mit Orig.-Illustr. nach Zeichnungen auf Holz u. Stein von C. F. Deiker u. Adf. Müller. (In ca. 30 Lfgn.) 1—22. Lfg. Lex.-8. (1. Buch VII, 440 S. u. 2. Buch S. 1—288.) Kassel 881. 82. Fischer. à 1. —

Müller, Adf. u. Karl Müller, Thiere der Heimath. Deutschlands Säugethiere u. Vögel, geschildert. Mit Orig.-Illustr. nach Zeichngn. auf Holz u. Stein v. C. F. Deiker u. Adf. Müller. 23—30. (Schluss-)Lfg. Lex.-8. (2. Buch VIII u. S. 289—586 m. 12 Steintaf.) Kassel 883. Fischer. à 1. — (cplt. in 2 Halbfrzbde. geb.: à n. 18. —)

Müller, Adf., u. Karl Müller, Thiere der Heimath. Deutschlands Säugethiere u. Vögel, geschildert. Mit Chromolith. nach Originalen von C. F. Deiker u. Adf. Müller. (2. Aufl.) 1.—13. Lfg. gr. 4. (1. Buch X, 152, 217 S. m. Tafeln.) Cassel 888—890. Fischer. à n. — 80 (1. Buch cplt.: n. 10. —; geb. n.n. 14. —)

Müller, Adf., u. Karl Müller, Thiere der Heimath. Deutschlands Säugethiere u. Vögel, geschildert. Mit Orig.-Illustr. in Farbendr. nach Zeichngn. u. Aquarellen v. C. F. Deiker u. Adf. Müller. 2. Aufl. 14.—32. Lfg. gr. 4. (2. Buch VII, 379 S. m. 22 farb. Taf.) Kassel 891—894. Th. Fischer. à n. — 80 (2. Bd.: n. 15. —; kart. n.n. 17. —; geb. n.n. 18. —; 2 Bde. kplt.: n. 25. —; kart. n.n. 29. —; geb. n.n. 32. —)

[F.] Thiere der Heimath. Deutschlands Säugethiere u. Vögel, geschildert v. Adolf u. Karl Müller. M. Orig.-Ill. in Farbendr. n. Zeichngn u. Aquar. v. C. F. Deiker u. Adolf Müller. 3. Aufl. Buch I. II. *Cassel: Th. Fischer 1897.* 2 Bde 4.
I. A. Allgem. Theil. B. Wesen u. Wandel d. Säugethiere. (4 Bl., 293 S., 22 Taf.)
II. Wesen u. Wandel d. Vögel. (4 Bl., 365 S., 24 Taf.) [98. 11376 Uo

Müller, Adf. u. Karl Müller, Thiere d. Heimath. Deutschlands Säugethiere u. Vögel, geschild. v. A. u. K. M. Orig.-Illustr. in Farbendr. nach Zeichnungen u. Aquarellen v. C. F. Deiker u. Adf. Müller. 2 Bücher in 1 Bd. 3. Aufl. gr. 4. (VII, 293 u. VII, 365 S. m. Abb. u. 47 Farbdr.) Kassel 897. Bonn, E. Strauß. Geb. in Leinw. n. 32. —; herabges. Pr. n. 20. —

Müller, Adf., kurzgefaßter Unterricht in der Landwirthschaft. Ein Lesebuch für Fortbildungsschulen. 2. Aufl. gr. 8. (IV, 124 S. mit 25 eingedr. Holzschn.) Mainz 871, Kunze's Nachf. cart. *

Mueller, Adolph (geb. Berlin 29. 1. 1798): De vita Henrici VII. Imperatoris Romani ex stirpe Luciliburgensi. Particula prima. Berolini (1828). (30 S.) 8° • Verf. nannte sich seit 1858 Schottmüller.
Berlin, Phil. Diss. v. 15. Okt. 1828

— **Adolph** (Berlin), De vita Henrici VII. Imperatoris Romani ex stirpe Luciliburgensi. Part. prima. Berlin (Plahn) 15. X. 1828. 30 S. u. Biogr. (M.: Schott. (3.—) 23851
Oppon.: Theophil Kaestner, Heinrich Petermann, Julius Schubring.

— die bayerische Volksvertretung u. das allgemeine directe Landtagswahlrecht. Mit e. Anh. gr. 8. (82 S.) München 894. Verlag der Münchener Post. — 75

Das Wirkliche in der Welt. Religionsphilos. Skizze von Adolf **Müller**, Pastor in Stettin. Gotha: F. A. Perthes 1899. (IV, 282 S.) 8°

Müller, Adph., die Wirkungen der Thorme v. Weissenburg (Kanton Bern). Bern 868. (Dalp.) 8. (IV, 64 S. mit 2 Steintaff.) n. 10 ngr.

Müller, Adf. und Karl, Wohnungen, Leben und Eigenthümlichkeiten in der Thierwelt. 12 Lfgn. gr. 8. (XV und 556 S. mit eingedr. Holzschn. und 7 Holzschntaf.) Leipzig 866—68, Spamer. à Lfg. * 7½ Ngr. * 3 Thlr.; geb. *

Müller, Adolf u. Karl, Wohnungen, Leben u. Eigenthümlichkeiten in der *höheren Thierwelt*. Mit 125 Text-Abbild., 8 Tonbild. u. 1 Frontisp. Nach Zeichnungen von *F. M. Keyl, R. Kretschmer, H. Leutemann, Ad. Müller, Thieme* u. A. Leipzig 1869. Gr. 8°. Gepr. Orig.-Lwdb., gebraucht. XIV—556 S.

— Worte an Stahl und gegen Stahl. Leipzig 856. Kittler. 8. (32 S.) n. 5 ngr.

Müller, Adph. (I.), König Yngard, s. Universal-Bibliothek.

Müller, Adf., s.: Zentralblatt f. das gewerbliche Unterrichtswesen in Österreich.

— **Adolph Adalbert** (Danzig), De dentitione prima. Diss. med. Berlin (A. Petsch) 10. IV. 1828. 29 S. mit Biogr. (M.: Knoff.) (3.—) 23853
Oppon.: F. Kessler, J. Blaurock, C. Rahts. — Gew.: Carl Christoph Müller.

Müller, Adf. C. R. H., d. zonenweise Wasserversorgung d. Residenz- u. Universitätsstadt Jena nach d. Projekt v. M. gr. 8. (38 S. m. farb. Plan.) Gotha 895. (Jena, O. Raßmann.) n.n. 1. 25

— **Adolph Ferdinand** (Halberstadt), De ratione, quae morbos inter et aetates diversas intercedat. Diss. med. Berlin (A. Petsch) 3. X. 1828. 31 S. mit Biogr. (M.: E. Winter.) (3.—) 23854
Oppon.: F. Schiele, C. Schiegnitz, F. Rupp. — Gew.: Ferdin. Brüggemann, Carl Müller (Bruder).

Müller, Adolf Friedrich Albert, s. Müller, Adolf

Müller, Aegid., Anno II. der Heilige, Erzbischof von Köln und dreimaliger Reichsverweser von Deutschland 1056—1075. Sein Leben, sein Wirken und seine Zeit nach den Quellen bearb. Leipzig 858. T. O. Weigel. gr. 8. (VIII, 200 S. u. 3 lith. Taf.) n. 1 Thlr. 20 ngr.

Müller, Aegid: Anwendbarkeit der Vorschriften des B.G.B. über den Dienstvertrag auf das Rechtsverhältnis zwischen Redakteur, Verleger und Berichterstatter einer Zeitung. Fulda [1906]: Fuldaer Actiendruckerei. (54 S.) 8°
Heidelberg, Jur. Fak., Ref. Endemann, Diss. v. 26. Sept. 1906
[Geb. 29. Nov. 79 Simmershausen; Wohnort: Fulda; Staatsangeh.: Preußen; Vorbildung: Gymn. Fulda Reife O. 02; Studium: Würzburg 2, Münster 4 S.; Rig. 20. Juni 05.]

Müller, Ägidius, das heilige Deutschland. Geschichte und Beschreibung sämmtl. im deutschen Reiche bestehenden Wallfahrtsorte. Unter Beihilfe vieler Gelehrten Deutschlands verfaßt. (In ca. 20 Lfgn.) 1. Lfg. Lex.-8. (XV, 48 S.) Köln 888, Brake.

Müller, Aegidius, d. hl. Deutschland. Geschichte u. Beschreibg. sämmtl. im deutschen Reiche besteh. Wallfahrtsorte. 2. Aufl. 2 Thle. in 1 Bd. Lex.-8. (XXIII, 553 u. 470 S. m. 28 farb. Bild.) Köln 897. Schafftein & Co. Geb. in Leinw. 12. —

– Lehrbuch der Geometrie, s. Fortbildungsschule, Die, des Handwerkers.

Müller A. Lehrbuch d. Geometrie f. Handwerker-Fortbildungsschulen. Weimar 1867

– Lehrbuch der Rechenkunst, s. Fortbildungsschule, Die, des Handwerkers.

Müller A, Lehrbuch d. Rechenkunst f. Handwerker-Fortbildungsschulen. Weimar 1867

Müller, Aegid., Lehrbuch des deutschen Styls, s. Fortbildungsschule, die, des Handwerkers.

Das Marterthum der thebäischen Jungfrauen in Köln. '(Die h. Ursula u. ihre Gesellschaft.)' E. Beitr. z. köln. Gesch. v. Aegidius **Müller**, Pfarrer . . . Köln a. Rh.: Schafstein & C. 1896. (2 Bl., 36 S.) 1 Bd 8°

Müller, Aegid., der Pilgerstab des katholischen Christen. Lehr-, Erbauungs- u. Gebetbuch für den häusl. Kreis. Mit zahlr. (z. Tl. farb.) Illustr. gr. 4. (VIII, 828 S.) Köln (900). Schafftein & Co. Geb. in Leinw. n. 12.—

Müller, Aegidius, Siegburg und der Siegkreis. Seine Sagen und seine Geschichte von den ältesten Zeiten bis auf die Gegenwart. Nach den besten Quellen bearb. 8. (84 S. mit Anhang XI S.) Siegburg 858, [Mayen,] Taxer. Thlr.

Müller, Alb., das Buch des Anstandes und der guten Lebensart. Zunächst für die junge Welt bearb. 12. (64 S.) Oberhausen 882, Spaarmann.

Müller, Alb., on the dispersal of nonmigratory insects by atmospheric agencies. [Aus: „Trans. ent. soc. Lond. 1871".] Lex.-8. (16 S.) Basel 877. (Meyri.) n. 1. 30

Müller, Alb., Elementarbuch d. lateinischen Sprache, s.: Bleske, F.

—— British Gall-Insects. Reprinted with a few slight additions from „The Entomologist's Annual for 1872". gr. 8. (28 S.) (Ebendas.) 876. *

Müller, A., Ludwig Ferdinand Herbst. S.-A. 1894. 11 S. —.60

— griechisches Lese- u. Übungsbuch f. Untertertia, im Anschluß an d. Verf. griech. Schulgrammatik zur Förderung d. induktiven Elementarunterrichts bearb. gr. 8. (IV, 94 S.) Göttingen 893. Vandenhoeck & Ruprecht. n. 1. —; geb. n.n. 1. 30

Müller, Alb., Nekrolog auf Ludwig Ferdinand Herbst, s.: Herbst, Ludwig Ferdinand.

Müller, Alb., Plan der Stadt Döbeln. 1:6000. Lithogr. Imp.-Fol. Döbeln 883, Schmidt. ** 1 50

Müller, Alb., über unwillkürliche Samenverluste u. über functionelle Störungen der männlichen Geschlechtsorgane, ihre Ursache, Folgen, Diagnose u. Behandlung, nebst e. Anh. von 44 Krankheitsfällen. Eine wissenschaftl. Abhandlg. Rorschach 869. Huber. gr. 8. (XV, 392 S.) n. 2 ℳ 15 ngr.

Müller, Alb., üb. unwillkürliche Samenverluste u. üb. functionelle Störungen der menschlichen Geschlechtsorgane, ihre Ursachen, Folgen, Diagnose u. Behandlung, nebst e. Anh. v. 44 Krankheitsfällen. 2. (Titel-) Aufl. gr. 8. (XV, 392 S.) Glarus 890. J. Vogel. 6. —

— griechische Schulgrammatik, auf Grund v. H. L. Ahrens' griech. Formenlehre bearb. gr. 8. (8 u. 241 S.) Ebd. 893. n. 2. 60; geb. n. 3. –

Müller, Alb. C., das künstl. Auge, s.: Müller, Frdr. A.

Müller, Albert

Müller, Alb., die neueren Arbeiten auf dem Gebiete d. griechischen Bühnenwesens. Eine krit. Übersicht. [Aus: „Philologus", Suppl.-Bd.] gr. 8. (108 S.) Göttingen 891. Dieterich's Verl. n. 2. 50

Müller, Albert *II* [1839–1898]. Die Bäder von Weissenburg, geographisch, historisch und populär-medizinisch dargestellt. 8. Bern 1873.

Müller, Albert, pract. Arzt in Haselünne: Beitrag zur Statistik der Aetiologie der Nephritis. *Haselünne 1901: A. Lammersdorf.* (45 S.) 8°
Göttingen, Med. Diss. v. [7. Febr.] 1902

Müller, Alb., Beitrag zur Statistik der Aetiologie der Nephritis. Diss. gr. 8. (45 S.) Haselünne 901. (Göttingen, Vandenhoeck & Ruprecht.) n. 1. —

Müller, Albert, Oberreallehrer a. Calw: Die Beziehungen Heinrichs VIII zu Anna von Cleve. Calw 1907: A. Oelschläger. (98 S.) 4°
Tübingen, Phil. Fak., Ref. Busch, Diss. v. 17. Sept. 1907
[Geb. 9. April 77 Böblingen; Wohnort: Calw; Staatsangeh.: Württemberg; Vorbildung: Sem. Blaubeuren Reife M. 95; Studium: Tübingen 7, Techn. Hochsch. Stuttgart 1, Univ. Tübingen 1 S.; Coll. 10. Jan. 07.]

Müller, Alb., das attische Bühnenwesen. Kurz dargestellt. gr. 8. (VIII, 117 S. m. 21 Abbildgn.) Gütersloh 902. C. Bertelsmann. n. 2. —; geb. n. 2. 80

— Das Cingulum militiae. Pr. 1878. 28 S. u. 1 Taf. 4°.

Das Cingulum militiae. Von Albert Müller. Ploen. 1873. 4°. Gymn.-Progr.

Müller, Albert: Über die Darstellung des Elektrolyteisens, dessen Zusammensetzung und thermische Eigenschaften. Halle: Knapp 1909. 24 S., 1 Taf. 4° ¶ Aus: Metallurgie. Jg. 6; auch in: Mitteilungen aus d. Eisenhüttenmänn. Institut d. Kgl. Techn. Hochschule Aachen. Bd 3 [Nr 99]. Autoreferat in: Stahl u. Eisen. Jg. 29, Halbj. 1.
Aachen, Dr.-Ing.-Diss. v. 6. 4. 1909

Müller, Albert *II*. Effets thérapeutiques des eaux thermales de Weissenbourg, Canton de Berne.... [Avec 2 planches.] 8. Berne 1868.

Müller, Albert [aus New-York]: Über die Einwirkung von gelbem Schwefelammonium auf Ketone und Chinone .... Freiburg i. B., Univ.-Buchdr. v. Chr. Lehmann, 1887; 38 S. 8°
Freiburg i. B., Phil. Fak., Inaug.-Diss. v. 1887

Müller, Albert, a. Minden i. W.: Die hydrographische Entwicklung der Fuhneniederung. Halle a. S. 1904: Waisenhaus. (20 S.) 8°
Halle, Phil. Fak., Ref. Kirchhoff, Diss. v. 22. Dez. 1904
[Geb. 2. Juli 77 Minden i. W.; Wohnort: Lüneburg; Staatsangeh.: Preußen; Vorbildung: Realgymn. Hannover Reife O. 98; Studium: Halle 10 S.; Rig. 29. Juli 04.]

Müller, A., Erinnergn. aus Griechenland v. J. 1822, s. a. Verein f. Verbreitg. guter Schriften. Zürich. Nr. 27.

Müller, A[lbert] *I* [1800–1876]. Erinnerungen aus Griechenland vom Jahr 1822. Von dem ehemaligen Philhellenen A. M', Artillerie-Oberst.... Mit dem Portrait des Admiral's Miaulis in Hydra [Tafel]. 8. Aarau 1872.

Müller, A. (I.), Erinnerungen aus Griechenland vom J. 1822. gr. 8. (111 S. mit dem lithogr. Portr. des Admirals Miaulis in Hydra.) Aarau 872, Sauerländer's Verlag.

Müller, Albert [app. Arzt aus Altenburg, S.-A.]: Ueber einen Fall von Sehnervengeschwulst ... Jena, 1896; 15 S., 1 Taf. 8.
Jena, Med. Fak., Inaug.-Diss. v. [30. Juli] 1896

Müller, Albert *Emil Ludwig Karl* Kaiser Friedrich II. als König beider Sicilien. (Umschlagtitel: Rede zur Vorfeier des Geburtstages Sr. Majestät des Kaisers und Königs gehalten am 26. Januar 1890*).) 4 (12 S.) Progr. G. u. Rg. *Flensburg* 1890 (271)

Müller, Alb., ein Fund vorgeschichtlicher Steingeräthe bei Basel. 4. (11 S. mit 1 Photogr.) Basel 875, (Meyri's Buchh.) **

Jugendfürsorge in der römischen Kaiserzeit von Dr. phil. Albert Müller, Geh. Reg.R. *Hannover, Berlin: C. Meyer 1903.* (28 S.) 8° [F.] (03. 7303) 7

Müller, Alb[ert]. Die unentgeltliche Krankenpflege. Separatabdruck aus der «Helvetia», politisch-literarisches Monatsheft der Studentenverbindung Helvetia. [Jahrg. 21, 1902, Nr. 1.] 20 S. 8. [Bern, Büchler & Co.]

Müller, Albert Daniel Tossanus' Leben und Wirken. 19 S. *Flensburg* 1882.
Progr.

Müller, A., Lehrbuch der griechischen Bühnenalterthümer, s. a. Hermann's, K. F., Lehrbuch der griechischen Antiquitäten.

Müller, Dr. Albert. Lehrbuch der griechischen Bühnenalterthümer. Mit 22 Abbildungen im Text. Freiburg i. Br. 1886. 4°.

Müller, Albert, approb. Arzt aus Lübbecke i. Westf.: Aus d. Nerven- u. Psychiatr. Klinik zu Kiel. Zur Lehre der Dystrophia muscularis progressiva — juvenile Form mit Beteiligung der Gesichtsmuskulatur und hereditäre Form —. *Lübbecke 1902: F. Wernebury.* (41 S.) 8°
Kiel, Med. Diss. v. [6. Mai] 1902

— Manöverkritik Kaiser Hadrians. Vortrag, im histor. Verein f. Niedersachsen zu Hannover geh. gr. 8. (52 S.) Leipzig 900. Dietrich. n. 1. —

Müller, Alb., die Pädagogik Schleiermachers, s. a. Bausteine, pädagogische. 35. Heft.

Die Pädagogik Schleiermachers. Zur 75. Wiederkehr s. Todestages. († 12. Febr. 1834.) Von Albert **Müller**, Magdeburg. Berlin: Gerdes & Hödel [1909]. 54 S. 8° [Umschlagt.] (Pädagogische Bausteine. H. 35.)

Müller, Albert, Rechtsanwalt in Stuttgart: Die Rechtsformen der Kartelle. Stuttgart 1907: C. Grüninger. (58 S.) 8° [F.]
Tübingen, Jur. Fak., Ref. Rietschel, Diss. v. 4. Mai 1907
[Geb. 5. Juli 70 Stuttgart; Wohnort: Stuttgart; Staatsangeh.: Württemberg; Vorbildung: Seminare Schönthal u. Urach Reife M. 88; Studium: Tübingen 3, Leipzig 2, Tübingen 2, Leipzig 1 S.]

[Umschlagt.:] [F.] **Müller,** Albert [Dir. Dr.]: Rede zum Gedächtnis des Professor Dr. *Heinrich Wilhelm* Schaefer, geh. am 2. Apr. 1892. Flensburg, gedr. in d. Buchdr. v. Gebr. Funke, 1893; 3—7 S. 4.
Flensburg, k. G u. RG, P 1893 (279)

Rede, gehalten bei der Gedächtnissfeier für Professor Dr. Christian August **Klander** v. Albert Müller (nebst Mitteilungen) Aus den letztwilligen Verfügungen des Professor Dr. Klander. Ploen. 1875. 4°. Gymn.-Progr.

Müller, Albert, aus Lützen: **Studien über sogenanntes Honigdextrin.** *Leipzig 1901: B. Georgi.* (47 S.) 8°
Leipzig, Phil. Diss. v. [24. Juni] 1901

Müller, Albert, K. Reallehrer i. Kulmbach: Studien über die geographische Lage der Stadt Wasserburg am Inn. 1908. 71 S., 4 Taf. 8°
München, Dr.-Ing.-Diss. v. 20. 6. 1907

Müller, Alb., die Trachten der Römer u. Römerinnen nach Ovid u. Martial. Vortrag zur Erläuterg. der Modellstatuetten des Herrn v. d. Launitz. Mit 4 Abbildgn. (auf 1 Steintaf.) Hannover 868. Meyer. gr. 8. (38 S.) n. 5 ngr.

MÜLLER, ALBERT. Ueber die molekulare Umlagerung der Hydrazoverbindungen unter dem Einfluss von Mineralsäuren. (Freiburg im Breisgau) Hamburg, 1883.

Müller, Alb., Untersuchungen zu den Bühnenalterthümern. gr. 8. (116 S. m. 1 Taf.) Leipzig 899. Dietrich. n. 2. 80
Sonderabdruck aus: „Philologus, VII. Suppl.-Bd."

— Albert (Waldheim), De usu vesicantium. Diss. med. Leipzig (Staritz) 10. XII. 1830. 28 Seiten. (4.—) 23855
Gew.: Christian August Fürchtegott Hayner, Christian Conrad Weiss.

Müller, Alb[ert] *H.* Weissenburg in Brustkrankheiten und speziell bei Lungenphthise. 8. Bern 1875.

Müller, Albert, Referendar in Halle a. S.: **Das Wesen der** Gesellschaft und Gemeinschaft und die Abgrenzung dieser beiden Rechtsverhältnisse von einander im römischen Recht und im Recht des Bürgerlichen Gesetzbuchs. *Halle a. S. 1904: S. Schlesinger.* (81 S.) 8°
Leipzig, Jur. Diss. v. 1904

Müller, Albert *H.* Die Wirkungen der Therme von Weissenburg [2 Theile.] 8. Bern.
[Theil 1.] Die W' der Th' von W' (Kanton Bern), dargestellt von A' M'.... [Mit 2 Tafeln.] 1868.
[Theil 2] *u. d. T.:* Nachtrag zur Kenntniss der Wirk' der Weissenburg-Therme im Simmenthal..., von Alb. M'... 1872.

— Albert Basilius, Ad actum oratorio-dramaticum de Friderico I. Imperatore Augusto in Schola Michaelitana Hamburg . . . . invitat, brevemque commentationem de Friderico Barbarossa pontificis Romani pedibus calcato praemittit. Hamburg (Stromer) (7./8. XII. 1741.) (5.—) 23856

Müller, Albert Emil Ludwig Karl, s. Müller, Albert

Müller, Albert Siegfried, s. Müller, Albert

— Albert Wilhelm (Bräunsdorf), Über Pulver-Verbrennung mit letalem Ausgang. Diss. med. Leipzig (J. Klinkhardt) 20. VI. 1870. 20 S. mit Biogr. (M.: Ch. Beyer.) (3.—) 23858
(Oppon.: Schubert, Rieselt, Sommer.)

Müller, *Albert Wilhelm Karl* [cand. med. aus Magdeburg]: Statistik der Verletzungen durch Schlangenbiss in Pommern, nebst e. Anh. über d. Verbreitg d. Kreuzotter in Pommern ... Greifswald, Druck v. J. Abel, 1895; 106 S. 8.
Greifswald, Med. Fak., Inaug.-Diss. v. 22. Jan. 1895

Müller, Albin, Architektur u. Raumkunst. Ausgeführte Arbeiten nach Entwürfen v. M. (100 Taf. m. 5 Bl. Text.) 39×33 cm. Leipzig (909). Baumgärtner. In Leinw.-Mappe 40. —

Müller, Albin, der Former u. Giesser. Praktische Winke u. Ratschläge in der Sand-, Masse- u. Lehmformerei, sowie für die Eisengiesserei, deren Anlagen u. Einrichtgn. gr. 8. (VI, 60 S. m. 1 Abbildg.) Lössnitz 901. (A. Wallisch.) n. 1. 80

Müller, Albr., die qualitative u. quantitative Bestimmung d. Holzschliffes im Papier. Eine chemisch-techn. Studie. gr. 8. (67 S.) Berlin 887. Springer. geb. n. 3. —

Müller, Albr., die Erzgänge, s. a. **Vorträge, öffentliche, gehalten in der Schweiz.**

Müller, Albr. Die Erzgänge. In-8°. Basel, Schweighauser's Verlag. 1880. 1 —

— der Gebirgsbau d. St. Gotthard, s. a. Vorträge, öffentliche.

Müller, Albr[echt]. Der Gebirgsbau des St. Gotthard. Mit einer Profilkarte. 8. Basel 1875.
(Oeffentliche Vorträge gehalten in der Schweiz. Band 3. [Heft 6.])

Müller, Albr[echt]. Ueber das Grundwasser und die Bodenverhältnisse der Stadt Basel. Mit einer lithogr. Tafel. SA. 8. Basel 1867.

Müller, Albr. Beschreibender Katalog der schweizer. Baumaterialienausstellung in Olten. Basel 1866.

Müller, Albr. Ueber einige anormale Lagerungsverhältnisse im Basler-Jura. 1858.

Müller, Albr. Rathsherr Peter Merian. 1883?

Müller, Albr. (Prof.) Die Meteorologie. 8°. Basel, Schweighauser. 1878.
Oeffentliche Vorträge, Band IV, Heft 3.

– Die Meteorsteine, s.a. Vorträge, Öffentliche, gehalten in der Schweiz.

Müller A. die Meteorsteine. (Vorträge, Öffentliche IV, 3) Basel 1876

— — A., die Meteorsteine. gr. 8. Basel, Schweighauser. 1877. 1. —

Müller, Albrecht, Regierungsreferendar: Der Okkupationserwerb geschäftsunfähiger Personen. Borna-Leipzig 1908: Noske. XI, 68 S. 8°

Breslau, Jur. Diss. v. 15. Dez. 1908, Ref. Schott-Leonhard

[Geb. 12. Aug. 84 Oberglogau; Wohnort: Posen; Staatsangeh.: Preußen; Vorbildung: Gymn. Sagan Reife O. 03; Studium: Grenoble 1, Freiburg i. B. 2, Berlin 1, Breslau 2 S.; Rig. 21. Juli 08.] [U 09. 505

Müller, Alb[recht]. Geognostische (*2. *Aufl.*: Geologische) Skizze des Kantons Basel und der angrenzenden Gebiete.... (Beitr. Geol. Karte Schweiz. Lfg. 1.) 4.

[1. Aufl.] Geognost' Sk'.... Nebst geognostischer Karte in Farbendruck [und 2 Tafeln]. — *Ausg. A.* (Beitr..... [Lfg. 1.]) — *Ausg. B.* (Sep.-Ausg. aus: Beitr..... [Lfg. 1.]) Neuenburg 1862.

2., vom Verfasser revidirte Aufl. Geol. Sk'..., nebst 2 Tafeln Profile. (Beitr..... Lfg. 1.) Bern 1884.

—— geologische Skizze des Kantons Basel und der angrenzenden Gebiete, s. a. Beiträge zur geologischen Karte der Schweiz.

Müller, A. Geologische Skizze des Kantons Basel und der angrenzenden Gebiete, nebst 2 Tafeln Profile. 2. Aufl. Bern 1884. In-4°, br. 5 —

– Die ältesten Spuren des Menschen in Europa, s.a. Vorträge, Öffentliche, gehalten in der Schweiz.

Müller, Albrecht. Die ältesten Spuren des Menschen in Europa. 8. Basel 1871.
Oeffentliche Vorträge gehalten in der Schweiz. [Band 1.] Heft 3.

Müller, Albrecht: Die ältesten Spuren des Menschen in Europa. 2. Auflage. (Oeffentliche Vorträge. Bd. 1. Heft 3.) Basel 1876. 52 S. 8°.

Müller, Alb[recht]. Vorlegung der geognostischen Karte des Kantons Basel und der angrenzenden Gebiete. [Mit 1 Tafel. A.] 8. [Basel 1861.]

—— das Wachsen der Steine, s. a. Vorträge, öffentliche, gehalten in der Schweiz.

Müller A. das Wachsen der Steine. (Vorträge, Öffentliche II, 9) Basel 1874

Müller, A., das Wachsen der Steine. 44 Stn. 8. Basel, Schweighauserische Verlagshdlg. 1. 20 1874.

Müller, Alex., meine Ansichten wider d. deutsche Repräsentativsystem, u. üb. d. Hauptursachen d. zunehm. Volksunzufriedenheit, insbesond. üb. manches, was päbstelt. Ein Memento f. d. Reformatoren uns. Zeit. gr. 8. (12 B.) Ilmenau 828, [Weimar,] Voigt.

Müller, Alex., Archiv f. d. neueste Gesetzgebung, s. Archiv.

—— über d. Aristokratie d. Geldes, d. Ultra-Industrialismus u. d. Pauperismus; mit Andeutn. f. d. national-ökonom. Gesetzgebung. gr. 8. (3 B.) Heilbronn 839, Drechsler.

—— die deutschen Auswanderungs-, Freizügigkeits- u. Heimaths-Verhältnisse. Eine vergleich. Darstell. d. darüber in d. Staaten d. deutschen Bundes, besond. in Oestreich, Preußen u. Sachsen besteh. Verträge, Gesetze u. Verordnn., zugleich mit literär. Nachweisn. u. Bemerkn. f. d. Gesetzgebungspolitik. Zur Selbstbelehr. f. deutsche u. ausländ. Staatsbürger jed. Standes. gr. 8. (22 B.) Leipzig 841, Wienbrack.

Ej.: Beiträge zu dem künftigen deutsch-kathol. Kirchenrechte; od. staats- und kirchenrechtl. Erläuterung des Grossherzogthums S. Weimar. Gesetzes vom 7. Octbr. 1823: die Verhältnisse d. kathol. Kirchen u. Schulen betreffend, m. besond. Beleuchtung d. dawider versuchten Ausstellungen. gr. 8. *Neustadt*, Wagner. 825. (1 Thl. 12 Gr.)

— unpart. Beleuchtung des Hauptcharakters u. Grundfehlers d. röm. Katholicismus, in Beziehung auf Glaubenssachen, auf d. Kirchenthum, a. d. äußere Gottesverehrung u. a. d. Staat. Ein Sendschreiben an alle Nicht-Papstgläubige im Norden u. Süden, im Osten u. Westen. 8. Meißen 831. Gödsche 6 ℊ

—— unpartciische Beleuchtung d. Hauptcharakters u. Grundfehlers d. röm. Katholicismus, in Bezieh. auf Glaubenssachen, auf d. Kirchenthum, auf d. äuß. Gottesverehrung u. auf d. Staat. Ein Sendschr. an alle Nicht-Pabstgläubige im Norden u. Süden, im Osten u. Westen. 8. (3½ B.) Meißen 831. [Leipzig, Vetter u. Rostosky.]

—— und Ernst Münch, allgem. Bibliothek f. d. Kirchenwesen, s. Bibliothek.

Müller, Alex., Blumenzeichnen, s.: Zeichnenschule, neue.

(——) über d. Charakter uns. Zeit, s. Ueber.

—— das Christenthum, nach seiner Pflanzung u. Ausbreit., nach sein. Verhältniß z. Philosophie u. Gesetzgeb., z. Religion, z. Katholicismus u. Protestantismus, sodann in Bezieh. auf dess. Schutzverhält. im Staate. Ein abermal. Sendschr. rc. gr. 8. (3½ B.) Leipzig 831, Köhler.

– s. Eigentümlichkeit, Über die, des Geistes unserer Zeit in Beziehung auf die soziale Macht der Geldaristokratie.

(——) über d. Eigenthümlichkeiten d. Geistes uns. Zeit, s. Ueber.

Müller, Alexander, Dr., Ueber den chemischen Einfluss des Ackerbaues auf das Klima. (Aus: Zeitschrift f. d. Landw., VI. Jahrgang).

Müller, Alex.: Einleit. z. Studium d. Verfassungsgesch. d. 4 freien Städte d. deutsch. Bundes. *Hamb.*, Hoffmann u. Campe. 825. gr. 8. (20 Gr.)

Müller, Alex., die zweckmässige Entfernung der Abfallstoffe der Städte, m. besond. Berücksicht. der Verwerthung derselben. Thesen. (Deutsch u. französisch.) (Internationaler land- u. forstwirtschaftl. Congress zu Wien 1890, 63. Hft.) gr. 8. (14 S.) Wien 890. (Frick.) n. — 40

(——) Entweder — Oder, s. Entweder.

Müller, Alex.: Kirchenrechtliche Erörterungen nach d. Forderungen d. Zeit, mit besond. Beziehung auf d. Grossherzogth. S. Weimar u. d. neuesten Verhältnisse der kathol. Kirche geg. d. Röm. Curie. 1e Samml. gr. 8. *Weimar*, Landes-Ind. Compt. 823. (21 Gr.)

(——) neue merkw. Erscheinungen rc., s. Erscheinungen.

(——) der Erzbischof v. Köln, s. Erzbischof.

(MÜLLER, Alex.): Der Erzb. v. Cöln in Opposition m. d. Preuss. Staatsoberhaupte, od. neuestes Beispiel d. offenbaren Auflehnung u. starren Reaction wider d. Kirchenhoheit der Staatsregierung, m. Rückblicken auf d. vielfach vereinigten revolutionären Umtriebe, mit zeitgemässen Erinnerungen an d. Corpus Evangelicorum, dann mit noch verschiedenen Zugaben f. d. Lehre v. gemischten Ehen und anderen, in das bürgerliche Leben tief eingreifenden Kultusangelegenheiten. Von d. Herausg. des Canonischen Wächters. *Karlsruhe*, Müller. 838. gr. 8. (1 Thl. 12 Gr.)

Müller, Alexander [pr. Arzt in Iphofen (Mittelfranken)]: Ein Fall von Abortus einer Drillingsschwangerschaft bei retroflexio uteri. . . . Würzburg, A. Boegler'sche Buchdr., 1890; 16 S., 1 Bl., 1 Taf. 8°
Würzburg, Med. Fak., Inaug.-Diss. v. 1890

—— Febronius d. Neue, od.: Grundlagen f. d. Reformangelegenheiten d. deutschen Kirchenverfassung im Geiste d. Baseler Beschlüsse, d. Fürstenkonkordate, d. Emser Punktationen u. d. Frankfurter Grundzüge. gr. 8. (24¾ B. u. Joseph II. Portr.) Karlsruhe 838, Müller'sche Hofbuchh.

— die Fortbildung der Gesetzgebung im Geiste der Zeit und über die Hindernisse derselben besonders in Deutschland, mit Hinblick auf den deutschen Gesetz- und Rechts-Zustand, und die legislator. Vorarbeiten; sodann über die zweckmäß. Mittel zu einer guten Gesetzgebung überhaupt zu gelangen, mittelst Angabe der vornehmsten hieher gehörenden Literatur-Quellen für fremde u. einheim. bürgerl. Gesetzgebung. gr. 8. Köln 836. (Leipzig, Berger.) n. ⅓ ß

—— die Fortbildung d. Gesetzgeb. im Geiste d. Zeit u. üb. d. Hindernisse ders. besond. in Deutschland, mit Hinblick auf d. deutschen Gesetz- u. Rechts-Zustand, u. d. legislator. Vorarbeiten; sodann üb. d. zweckmäß. Mittel zu e. guten Gesetzgeb. überh. zu gelangen, mittelst Angabe d. vornehmsten hierher gehör. Literatur-Quellen f. fremde u. einheim. bürgerl. Gesetzgeb. gr. 8. (6 B.) Köln 836. (Leipzig 841 [neuer Ttl.], Polet.)

Müller, A., die Gasbeleuchtung im Haus u. die Selbsthilfe des Gas-Consumenten. Praktische Anleitung zur Herstellung zweckmäßiger Gasbeleuchtungen mit Angabe der Mittel, eine möglichst große Gas-Ersparniß zu erzielen. Zur Belehrung für Gas-Consumenten, Gas-Installateure &c. Mit 84 (eingedr. Holzschn.-)Abbildgn. 8. (IV, 160 S.) Wien 881. Hartleben. 2. —

Müller A, die Gasbeleuchtung im Haus und die Selbsthilfe des Gaskonsumenten. (Bibliothek, Chemisch-technische 74) Wien 1881

Müller, A.: „Die letzten Gründe wider alle Eigenthumsgerichte; nebst einer historischen Uebersicht der in verschiedenen deutschen Staaten erfolgten Reform der standes- und gutsherrlichen Gerichtsbarkeit", Neustadt a. d. Orla 1826 (Wagner). — Vorh.. Preuß. Staatsbibliothek Berlin.

—— Grundriss z. Kenntniss d. hohen u. höh. Lehranstalten in Europa u. Amerika, mit besond. Rücksicht auf die in Deutschland in Ansehung d. Universitäten ergriff. Maasregeln u. eingeleit. zeitgemäss. Verbessern. gr. 8. (4 B. incl. 1 Tab.) Frankfurt a. M. 833, Streng.

—— Gutachten üb. den Einfluß der Münchener Spüljauche auf den Reinheitszustand der Isar. Im Auftrage d. deutschen Landwirtschafts-Gesellschaft erstattet. 8. (30 S.) Berl. 891, Parey. 1 —
Vgl.: Prausnitz, W. Zur Einführung d. Schwemmkanalisation in München.

Mueller, Alex., Hand aufs Herz! Gedanken u. Geschichten aus dem Leben für das Leben. (144 S.) 8. Duisburg (906). Dietrich & Hermann. Geb. in Leinw. n. 1.50

—— encyklopäd. Handbuch d. gesammten in Deutschland geltenden kathol. u. protestant. Kirchenrechts. Mit geschichtl. Erläutern. u. steter Rücksicht auf d. neuesten kirchl. Verhältnisse in Oesterreich, Preußen, Baiern &c. u. a. deutschen Staaten. 1. u. 2. Bd. A — Ehe. gr. 4. Leipzig, (Kayser) [1. (44 B.) Erfurt 829., 2. (42½ B.) Leipzig 832. à 3 Thlr.]

Müller, Alex., encyklopädisches Handbuch des gesammten, in Deutschland geltenden kathol. u. protestant. Kirchenrechts. Mit geschichtl. Erläuterr. u. steter Rücksicht auf die neuesten kirchl. Verhältnisse in Oestreich, Preußen, Baiern, Würtemberg, Hannover, Sachsen, Mecklenburg, Baden, Hessen, Nassau u. a. deutschen Staaten. 1r Bd. gr. 4. Erf. 829. Keyser. Subscr.-Pr. 3 ß — 2r Bd. gr. 4. Leipz. 832. Wohlbrecht. 3 ß

— encyclopädisches Handbuch, des allgemeinen in Deutschland geltenden kathol. u. protestant. Kirchenrechts. 1r u. 2r Bd. A bis Ehe, nebst Nachtrag. gr. 4. Leipzig u. Erfurt 829. u. 832. jetzt Melzer. 6 ß

—— über d. Indifferentismus in Cultusangelegenheiten, mit einig. Vorschlägen zu kirchl. Reformen aus d. Standpunkte d. allgem. Kirchen-Staatsrechts. Ein Sendschr. &c. gr. 8. (5 B.) Leipzig 830, Hinrichs. — 10

— das Institut der Staatsanwaltschaft nach seinen Hauptmomenten, aus d. Gesichtspunkte d. Geschichte u. Gesetzgebung Frankreichs u. Englands, sodann in seiner Empfehlungswürdigkeit auch f. deutsche Staaten dargestellt. gr. 8. Leipz. 825. Baumgärtner. 1 ß 12 ℊ

Müller, Alex., Karte der Länder an der unteren Donau [Türkei, Rumänien, Bosnien, Serbien — Herzegowina, Montenegro — Ungarn, Siebenbürgen etc.] von Wien bis Odessa, Constantinopel und Saloniki, nach den neuesten und besten Quellen bearb. 1 : 2,500,000. Chromolithogr. und color. Imp.-Fol. Weimar 876, Photolithogr. Institut. * 1 —

Müller, Alex., das Complementär-Colorimeter. Ausführlicheres über Construction und Anwendung desselben für Chemiker, Hüttenprobirer, Metallurgen etc. Mit 1 Lithogr. Chemnitz 854. Ernesti in Comm. gr. 8. (32 S.) n. 12 ngr.

— der Koran u. d. Osmanen im J. 1826. 8. Leipz 827. Baumgärtner. 1 ß

Müller, Alexander. Leichenrede bei der Beerdigung des Hochwst. Gnädigen Herrn Anselmus I. Villiger, Abt des Benediktinerstiftes Engelberg. Gehalten in der Stiftskirche zu Engelberg den 17. Januar 1901 von P. Alexander Müller. O. Cap. ... in Stans. 17 S. 8. Stans, Paul von Matt, 1901.

Müller, Alexander: Mittelenglische geistliche und weltliche Lyrik des XIII. Jahrhunderts ⟨mit Ausschluss der politischen Lieder⟩ nach Motiven und Formen. Halle a. S. 1910: Karras. VIII, 84 S. 8° ¶ (Ersch. vollst. als: Studien z. engl. Philol. Bd 44.)
Göttingen, Phil. Diss. v. 8. Aug. 1910, Ref. Morsbach
[Geb. 9. Nov. 82 Klausthal; Wohnort: Hannover; Staatsangeh.: Preußen; Vorbildung: Realgymn. Osterode a. H. Reife M. 03; Studium: Hannover Techn. Hochsch. 1, Göttingen 2, Berlin 3, Göttingen 6 S.; Rig. 29. Juli 09.]
[U 10. 1444

— über die Nothwendigkeit der Reorganisation des Corpus evangelicorum auf dem Bundestage d. Deutschen. gr. 8. Leipz. 830. Hartmann. 8 ℊ

—— über d. Nothwendigkeit d. Reorganisation d. Corpus evangelicorum auf d. Bundestage d. Teutschen. gr. 8. (3 B.) Leipzig 830, [Volckmar.]

Müller, Alexander, k. k. Major des Ruhestandes. Ornament-Muster-Vorlagen in allen Stylarten für Holzmalerei und Intarsien-Arbeiten. Mit Benützung einiger den besten Werken entnommenen Motiven entworfen, zusammengestellt und autographirt. (50 Taf.) Fol. Wien 1887—1888.

— Preußen u. Baiern im Concordat mit Rom, im Lichte d. 16 Artik. d. deutschen Bundesacte u. nach d. Grundsätzen der heil. Allianz dargestellt. gr. 8. Neust. a. d. O. 824. Wagner. 1 ß 12 ℊ

— über Regenten-Bevormundung. Ein Beitrag zum heutigen deutschen Staats- u. Fürstenrecht gr. 8. Ilmenau 822. Voigt. 4 gl.

Müller, Alex., zur Reinhaltung der Städte. 8. (5 S.) Leipzig 901. F. Leineweber. n. — 70

— die Reinigung fäulnisfähiger Abwässer u. die sekundäre Verpestung. gr. 8. (7 S.) Ebd. 902. n. — 70
2 Sonderabdrucke aus: „Gesundheit".

— s. Sammlung aller in den deutschen Staaten rc. erschien. Staatsverträge rc.

— die neuauflebende Schirmvoigtei des österr. Kaisers üb. die röm. kathol. Kirche u. d. päpstl. Stuhl, geschichtl. u. in ihren Folgen f. Staat u. Kirche angedeutet. gr. 8. Erf. 829. Keyser. 8 gl.

—— die neu auflebende Schirmvoigtei d. österr. Kaisers üb. d. röm.-kathol. Kirche u. d. päpstl. Stuhl, geschichtl. u. in ihren Folgen f. Staat u. Kirche angedeutet. gr. 8. (4½ B.) Erfurt 829, [Winkler.]

— die neu auflebende Schirmvoigtei des österreich. Kaisers über die römisch-katholische Kirche u. den päpstlichen Stuhl, geschichtlich u. in ihren Folgen für Staat u. Kirche angedeutet. gr. 8. Erfurt 829. jetzt Leipzig, Brandes. ⅓ ß

Müller, Alex., kleiner Schul-Atlas üb. alle Theile der Erde in 21 (chromolith. u. color.) Karten. qu. gr. 4. Weimar 875. photolith. Institut. n. 1. —

Müller, Alex., kleiner Schul-Atlas über alle Theile der Erde in 21 (chromolithogr. und color.) Karten. qu. gr. 4. Weimar 876, Photolithographisches Institut. * 1 —

Mueller, Alex., oro-hydrographischer Schul-Atlas über alle Theile der Erde, in 20 Karten nach Reliefs. gr. 4. Weimar [Leipzig] 875, Photolithogr. Institut. *

(——) Sendschreiben an Hrn. D. K. A. Frhrn. v. Reichlin-Meldegg, s.: Sendschreiben.

Müller, Alex., s. Spüljauchenrieselung.

Müller, Alexander. Die Spüljauchenrieselung nach Prof. Dünkelberg. 1870?

Müller, Alex., über den gegenwärtigen Stand der Städtereinigungs- und Wasserbeschaffungs-Frage für Berlin. gr. 8. (33 S.) Chemnitz 873, Focke. *

—— staatswissenschaftl. Studien f. Gesetzgebung, geistige Entwicklung, staatsbürgerl. Wohlfahrt u. persönl. Freiheit. gr. 8. (20⅞ B.) Stuttgart 836, [Scheible, Rieger u. Sattler.]

— s. Telegraph, der allgem., für d. deutsche Gesetzkunde.

(——) wider röm. Verketzerungssucht rc., s.: Wider.

Müller, A., die Verwerthung der städtischen Fäcalien, s.: Heiden, E.

Müller, Alex., Vorlagen f. Holzmalerei u. Intarsion-Arbeiten. Mit Benützg. einiger den besten Werken entnommenen Motive entworfen u. zusammengestellt. Fol. (26 lith. Blatt.) Wien 893. A. Pichler's Wwe. & Sohn. In Mappe. n. 8. —

— Volks-Schul-Atlas üb. alle Theile der Erde in 12 (chromolith. u. color.) Karten. qu. gr. 4. Ebend. 875. n.n. — 65

—— Volks-Schul-Atlas über alle Theile der Erde in 12 (chromolithogr. und color.) Karten. qu. gr. 4. Ebendas. 876. ** — 65

—— der canonische Wächter, s. Wächter.

Mueller, Alex., Wandkarte von Australien und Neu-Seeland. Photolithogr. (und color.) nach einem Relief. 9 Bl. qu. Fol. Weimar 877, Photolithogr. Institut. * 8 —
Auf Leinw. in Mappe ** M. 13,50.; mit Stäben ** 14 —

Mueller, Alex., Wandkarte von Frankreich. Photolithogr. nach einem Relief von Fr. Schilling. 12 Bl. Fol. Weimar 875, Photolithogr. Institut. * 9 —
aufgez. in Mappe ** M. 16.; mit Stäben ** 16 50

Müller A, Wandkarte von Grossbritannien u Irland nach einem Relief. 1:790000 auf Leinwand in Mappe. Weimar

Mueller, Alex., Wandkarte von Grossbritannien und Ireland. Photolithogr. nach einem Relief. 9 Bl. Fol. Weimar 875, Photolithogr. Institut. * 8 —
aufgez. in Mappe ** M. 13,60.; mit Stäben ** 14 —

Müller, Alex., die Ziele u. Mittel e. gesundheitlichen u. wirthschaftlichen Reinhaltung der Wohnungen, besonders der städtischen. Dresden 869. Schönfeld. gr. 8. (89 S.) n. 15 ngr.

Müller, Alex., die chemische Zusammensetzung der gebräuchlichsten Nahrungsmittel und Futterstoffe, bildlich dargestellt. Chromolithogr. Imp.-Fol. Dresden 861, Schönfeld's Buchh. *

Müller, Alex., die chemische Zusammensetzung der gebräuchlichsten Nahrungsmittel u. Futterstoffe bildlich dargestellt. 861. — 2. Aufl. Dresden 864. Schönfeld. (1 lith. Tab. in gr. Fol.) n. 20 ngr.

— die chemische Zusammensetzung der gebräuchlichsten Nahrungsmittel u. Futterstoffe bildlich dargestellt. 3., verb. Aufl. Chromolith. Ebend. 868. Imp.-Fol. n. 20 ngr.

-- die chemische Zusammensetzung der wichtigsten Nahrungsmittel u. Futterstoffe bildlich dargestellt. 4. verb. u. verm. Aufl. Chromolith. Imp.-Fol. Mit Text. gr. 8. (2 S.) Dresden 875. Schönfeld. n. 2. —

Müller, Alph., 5 neue Lustspiele für das Policinell-Theater. 8. (47 S.) Frankfurt a/M. 878. Jäger. n. — 60

Müller, Alph., fünf neue Lust-Spiele f. das Policinell-Theater. (II.) (2. Aufl.) 8. (47 S.) Frankfurt a/M. 886. Jaeger's Verl. n. — 60

— 6 neue Lust-Spiele für das Policinell-Theater. 2. Aufl. gr. 16. (51 S.) Ebend. 878. n. — 60

Müller, Alph., 6 neue Lust-Spiele f. das Policinell-Theater. 3. Aufl. 8. (51 S.) Frankfurt a/M. 887. Jaeger. n. — 60

Müller, Alfons, a. Ravensburg: Zur Ueberlieferung der Apologie des Firmicus Maternus. Tübingen: J. J. Heckenhauer in Komm. 1908. (IX, 94 S.) 8°
Tübingen, Phil. Fak., Ref. Gundermann, Diss. v. 7. Juli 1908
[Geb. 15. Dez. 81 Ravensburg; Wohnort: Rom; Staatsangeh.: Württemberg; Vorbildung: Gymn. Ravensburg Reife M. 99; Studium: Innsbruck 2, Tübingen 6 S.; Coll. 26. Febr. 08.]

Müller, Alfons Vict., Alfons v. Liguori u. der Madonnenfetischismus od. die „Religion" des Romanismus. 1. u. 2. Aufl. gr. 8. (à 35 S.) Halle 902. E. Strien. n. — 80

Müller, Alphons Vict., das ultramontane Ordensideal nach Alphons v. Liguori. Seine Kulturgefährlichkeit u. seine Bekämpfg. (71 S.) gr. 8. Frankfurt a/M. 905. Neuer Frankfurter Verlag. n. 1. —

Müller, Alphons Vict., die „hochheilige Vorhaut Christi" im Kult u. in der Theologie der Papstkirche. (VII, 156 S.) 8. Berlin 907. C. A. Schwetschke & Sohn. 2. 50

Müller, Alfred, appr. Arzt aus Göppingen: Aus d. Tübinger Universitätsaugenklinik. Über Abschätzung der Erwerbsbeschränkung durch Schädigung des Sehorgans bei Unfall-Verletzten der landwirtschaftl. Berufsgenossenschaft. *Cannstatt: L. Bosheuyer 1901.* (19 S.) 8°
Tübingen, Med. Diss. v. 1901

Müller, Alfred, Referendar: Die Abweichungen des Indossamentes beim Scheck vom Indossamente beim Wechsel. Halberstadt 1910: Koch. VI, 48 S. 8°
Rostock, Jur. Diss. v. 5. Sept. 1910, Ref. Lehmann
[Geb. 20. Nov. 87 Halberstadt; Wohnort: Oschersleben; Staatsangeh.: Preußen; Vorbildung: Gymn. Halberstadt Reife O. 06; Studium: Marburg 4, Halle 2 S.; Rig. 1. Aug. 10.] [U 11. 4062

Der Befreiungskampf der Buren 1900/1901. Dargestellt von Alfred v. **Müller**, Oberlt. im Inf.-Rgt Nr. 75. Zugl. als Forts. von 'Der Krieg in Süd-Afrika 1899/1900'. T. 1. Übersicht über d. Kriegslage u. über d. beiderseitigen Streitkräfte Sept./Okt. 1900. Die vorbereitenden Kämpfe u. d. Übergang z. Offensive seitens d. Buren. Der Einfall in d. Kapkolonie, Dez. 1900. Mit 2 Skizzen. [Mehr nicht erschienen.] Berlin: Liebel 1901. (54 S.) 8° [F.] [o6. 6290

Müller, Alfr., e. Beitrag zur Frage d. Regelg. d. Patentanwaltstandes in Deutschland nach positiven Vorschlägen. gr. 8. (27 S.) München 899. J. Lindauer. n. — 50

Müller, Alfred, aus Lissa (Posen), Unterarzt im 1. Kurhess. Feld-Art.-Reg. No 11: Beitrag zur Casuistik der Luxationen des Fussgelenkes nach hinten. *Berlin (1902): G. Schade.* (38 S.) 8°
Berlin, Med. Diss. v. 31. Mai 1902

Müller, Alfred, aus Hilchenbach: Beitrag zur Lehre der desmoiden Geschwülste des Beckenbindegewebes. *Würzburg 1901: V. N. Seubert.* (28 S.) 8°
Würzburg, Med. Diss. v. 1901

— kritische Betrachtungen üb. den Burenkrieg. I u. II. Vorträge, geh. im deutschen Kolonial-Verein, Abteilung Bremen. gr. 8. Ebd. 901. à n. 1. —
I. Geh. im Febr. 1900. (39 S.) — II. Geh. am 17. XII. 1900. (64 S.)

Müller, Alfred [pr. Arzt aus Scheibenberg, Kgr. Sachsen]: Ueber Bursitis ischiadica ... Freiburg i. B., Buchdr. v. Ch. Ströcker, 1895; 20 S., 1 Bl. 8.
Freiburg i. B., Med. Fak., Inaug.-Diss. v. 1895

— Deutschland zur See, s.: Weiland, B.

Müller, Alfred: Die Entwicklung des Erfindungsschutzes und seiner Gesetzgebung in Deutschland. *München 1898: Kastner & Lossen.* (80 S. mit Tab.) 8° [F.]
München, Staatswirtsch. Diss. v. 1898

[F.] Die Entwicklung des Erfindungsschutzes und seiner Gesetzgebung in Deutschland. Von Dr. Alfred **Müller**. *München: J. Lindauer 1898.* (3 Bl., 80 S., 1 Tab.) 1 Bd 8. [98. 7590

Müller, Alfred [aus Salzgitter]: Über einen Fall von Blutung aus der Vena jugularis interna bei Paracentese des Trommelfells. . . . Halle a. S., Hofbuchdr. v. C. A. Kaemmerer & Co., 1890; 25 + 1 S. + 1 Bl. 8°
Halle, Med. Fak., Inaug.-Diss. v. 12. März 1890

Müller, Alfr., Christi Geburt, s.: Mosen, Gust.

Müller, Alfred, barc. jur. aus Schimmelwitz: Die Haftung des Bürgen im Bürgerlichen Gesetzbuche für das Deutsche Reich. *Borna-Leipzig 1901: R. Noske.* (VIII, 49 S.) 8°
Leipzig, Jur. Diss. v. 1904

Müller, Alfred [aus Ohrdruf]: Incarcerirte Hernien des processus vermiformis ... München, kgl. Hof- u. Univ.-Buchdr. v. Dr. C. Wolf & Sohn, 1891; 30 S. 8.
München, Med. Fak., Inaug.-Diss. v. [28. Juli] 1891

Müller, Alfred, a. Lindlar: Zur Kenntnis einiger Phentriazole. Gießen 1905: J. Weinert. (35 S.) 8°
Gießen, Phil. Fak., Ref. Elbs, Diss. v. 2. Sept. 1905
[Geb. 5. Dez. 76 Lindlar: Wohnort: Berg-Gladbach; Staatsangeh.: Preußen; Vorbildung: Gymn. Brilon Reife O. 97; Studium: Bonn 3, Gießen 5 S.; Rig. 21. Okt. 04.]

— der Krieg in Süd-Afrika 1899/1900 u. seine Vorgeschichte. Mit zahlr. Karten, Skizzen u. Anlagen. 1.—4. Tl. 1.—3. unveränd. Aufl. u. 5. Tl. 1. u. 2. unveränd. Aufl. gr. 8. Berlin 900. Liebel. n. 7. 50; kplt. in 1 Bd. 6. —; geb. in Leinw. n. 7. —
1. Vorgeschichte der beiden Buren-Staaten u. die Kriegsereignisse bis zum Eintreffen des englischen Expeditions-Korps. Mit e. Uebersichtsskizze, je e. Karte des östl. u. westl. Kriegsschauplatzes, e. Karte des Kriegsschauplatzes in Natal u. verschied. Anlagen. (à IV, 69 S.) n. 2. —
2. Der Oranje-Modder-Feldzug. Stormberg u. Colesberg. Der Tugela-Feldzug. Mit e. Gesamt-Uebersichtskarte des südafrikan. Kriegsschauplatzes, 1 Karte des westl. u. südl. Kriegsschauplatzes, 6 Skizzen u. 4 Anlagen. (à III u. S. 71—114.) n. 2. —
3. Die englischen Rüstungen im Dezbr. 1899 u. Jan. 1900. Der Tugela-Feldzug des Generalleutnants Buller. Die Kriegslage im Süden und Westen. (Bis Mitte Febr. 1900.) Mit e. Skizze zu den Kämpfen am oberen Tugela, e. Skizze zu den Gefechten am Colesberg, 3 Anlagen u. mehreren Abb. (à III u. S. 115—153.) n. 1. —
4. Der Entsatz v. Kimberley u. Ladysmith u. seine Folgen. Die Besetzung v. Bloemfontein. Mit 1 Karte des Kriegsschauplatzes im Oranje-Freistaat, 1 Textskizze, 3 Anlagen u. 2 Abbildgn. (à III u. S. 155—202.) n. 1. —
5. Die Operationspause. Der Feldzug im südöstl. Tl. des Oranje-Freistaats. Die Kriegslage im Westen u. Osten. Von Bloemfontein bis Pretoria. Der kleine Krieg. Schlußwort. Mit 1 Karte des Kriegsschauplatzes im Oranje-Freistaat u. in Transvaal u. 2 Textskizzen. 1. u. 2. unveränd. [Umschlag-] Aufl. (IV u. S. 203—320.) 1. 50

Müller, Alfred: Lebensläufe der Lehrer der Anstalt. *Auerbach i. V. 1898: A. Gröger.* (6—7 S.) 4°
Auerbach i. V., st. R m. PG, OP 1898 (584)

Müller, A[lfred], Dir. Dr.: Über die geschlossene Lektüre im Deutschunterricht der Realschulen. Auf statist. Grundlage dargest. *Auerbach i. V. 1902: A. Gröger.* (17 S.) 4°
(Erweit. Vortrag.)
Auerbach i. V., st. R m. PG, OP 1902 (621)

Müller, Alfr., de Σ litera in lingua graeca inter vocales posita. Commentatio. gr. 8. (91 S.) Leipzig 880. Stauffer. n. 1. —

— unsere Marine in China. Eingehende Darstellg. der Thätigkeit unserer Marine u. der Seebataillone im ersten Abschnitt der „China-Wirren". Mit Orig.-Berichten von Mitkämpfern u. Augenzeugen: Kühne, Graf v. Soden, Lustig u. a. m. Mit zahlr. Abbildgn. in Skizzen. gr. 8. (VII, 291 S.) Ebd. (901). Geb. in Leinw. n. 5. —

Mueller, Alfr. (Georg. Car.) (geb. Posen 17. 10. 1842): De peritonitide acuta, praecipue ex perforatione orta. Berolini (1866). (31 S.) 8°
Berlin. Med. Diss. v. 29. Juni 1866

Müller, Alfred, Referendar: Die Rechte und Pflichten des Handelsmäklers. Borna-Leipzig 1910: Noske. VIII, 64 S. 8°
Leipzig, Jur. Diss. v. 28. Jan. 1910
[Geb. 7. Juli 84 Bautzen; Wohnort: Hartenstein; Staatsangeh.: Sachsen; Vorbildung: Gymn. Bautzen Reife M. 04; Studium: München 2, Leipzig 5 S.; Rig. 12. Febr. 08.] [U 10. 2810

Müller, A[lfred]: [Rede bei der Entlassung der Abiturienten Ostern 1900.] S. 16—18. 4.
Progr. Städt. Realschule mit Progymn. *Auerbach i. V.* 1901 (606).

Müller, Alfr., schweizerische Touristenblätter. 8. (VIII und 372 S.) Leipzig 856(57,) Weber. *

Müller, Alfr., Volkslieder aus dem Erzgebirge, gesammelt u. hrsg. 12. (XX, 225 S.) Annaberg 883. Graser. n. 1.50

Müller, Alfr., Volkslieder aus dem Erzgebirge, gesammelt u. hrsg. 2. unveränd. (Titel-)Ausg. 12. (XX, 223 S.) Annaberg 891. H. Graser's Verl. Kart. 1. —

Müller, Alfred: Vorgeschichte der Anstalt. *Auerbach i. V. 1898: A. Gröger.* (S. 3.) 4°
Auerbach i. V., st. R m. PG, OP 1898 (584)

— die Wirren in China u. die Kämpfe der verbündeten Truppen. 1.—3. Tl. gr. 8. Ebd. à n. 2. —
1. Vorgeschichte. Deutschlands Interessen in Ostasien. Boxerbewegung. Streitkräfte. Die ersten Kämpfe. Rüstungen der Verbündeten. (V, 77 u. 24 S. m. 2 eingedr. Karten, 4 Tab. u. 1 farb. Karte.) 900.
2. Die Kämpfe in u. um Tientsin. Der Entsatz v. Peking. Die Vorgänge in Peking vor dem Entsatz u. die deutschen Maßnahmen zur Sicherung der Etappenlinie Taku-Peking. Mit 2 Skizzen u. 4 Skizzen als Nachtrag zum Text des 1. Tl. (V u. S. 79—170 u. 13 S.) 901.
3. Ueberfahrt u. erste Thätigkeit des deutschen Marine-Expeditionskorps auf dem Kriegsschauplatze. Die Boxerbewegung in der Mandschurei u. die Gegenmaßregeln der Russen. Das Oberkommando. Die Rüstgn. der Mächte. Die polit. Lage nach der Einnahme v. Peking. Ueberfahrt u. erste Thätigkeit des deutschen ostasiat. Expeditionskorps. Mit 4 Skizzen im Text. (VII u. S. 171—283.) 901.

— dasselbe. 2 Bde. gr. 8. Ebd. 902. 9.60; in 1 Bd. 9. —; geb. in Leinw. n. 11. —
1. Die Ereignisse im J. 1900 bis zum Eintreffen des Armee-Oberkommandos. Mit e. kurzen Vorgeschichte. Mit 1 mehrfarb. Übersichtskarte von Ostasien, 1 Plan u. 5 Skizzen im Text. 2. verb. Ausg. (IX, 283 u. 24 S.) 6. —
2. (Zugleich IV. Tl.) Die Thätigkeit des Armee-Oberkommandos des ostasiatischen Expeditionskorps u. der verbündeten Truppen auf dem Kriegsschauplatz in Petschili u. in der Mandschurei. — Friedensschluß. Mit 16 Skizzen u. 3 Zeichngn. im Text. (VII u. S. 285—519.) 3.60

Müller, Alfred Georg Karl, s. Müller, Alfred

Müller, Alois, Astarte. Ein Beitrag zur Mythologie des orientalischen Alterthums. (Aus den Sitzungsber. der k. Akad. der Wissensch.) Wien 861. Gerold in Comm. gr. 8. (44 S. u. 1 lith. Taf.) n. 8 ngr.

— Astarte. Ein Beitrag zur Mythologie des orientalischen Altertums (mit 1 Taf.). S. 37. 3 . . . . vgr.
Separatabdruck

Müller, Alois: Über die Berücksichtigung der Geologie im geographischen Unterrichte der VIII. Gymnasialclasse. I. Theil. (Umschlagtitel: . . . classe.) S. 21—38. 8. II. Theil. S. 3—12. 8.
Progr. K. k. Staats-Gymn. u. gewerbl. Fortbildungsschule *Oberhollabrunn* 1901. 1902.

Müller, Alois, Bilder-Atlas zur Geographie v. Oesterreich-Ungarn. (48 S. m. 96 Abbildgn. u. 29 S. Text.) gr. 8. Wien 905. A. Pichler's Wwe. & Sohn. n. 2. —

Müller, Alois, brauchen die Juden Christenblut? Ein offenes Wort an denk. Christen. Lex.-8. (16 S.) Wien 884. Frank. n. — 50

Müller, Alois, Esmun. Ein Beitrag zur Mythologie des oriental. Alterthums. Lex.-8. (28 S.) Wien 864, (Gerold's Sohn.) * *
Aus: Sitzungsberichte der k. Akademie der Wissenschaften, besonders abgedruckt.

— Esmun. Ein Beitrag zur Mythologie des orientalischen Altertums. S. 45. 496 . . vgr.
Separatabdruck

Müller, Alois, a. Bukarest (Rumänien): Die Gemeinden und ihr Finanzwesen in Rumänien. Halle a. S. 1906 (Lippert & Co., Naumburg a. S.). (VIII, 59 S.) 8° ¶ [Erschien vollst. 1906 als: Sammlung nationalökon. u. statist. Abhandl. d. staatswiss. Sem. zu Halle Bd 55.]
Halle, Phil. Fak., Ref. Conrad, Diss. v. 25. Okt. 1906
[Geb. 30. März 81 Bukarest; Wohnort: Halle a. S.; Staatsangeh.: Rumänien; Vorbildung: Staatl. Gymn. Bukarest Reife Juni 01; Studium: Berlin T.H. 3, Univ. 4, Halle 2 S.; Rig. 3. Mai 06.]

Müller, Alois, die Gemeinden u. ihr Finanzwesen in Rumänien, s. a. Sammlung nationalökonom. u. statist. Abhandlungen.

Die Gemeinden und ihr Finanzwesen in Rumänien. Von Dr. Alois **Müller**. Jena: G. Fischer 1906. (XII, 186 S.) 8°
= **Sammlung** nationalökon. u. statist. Abhandlungen d. staatswissenschaftl. Seminars zu Halle. Bd 55. [06. 13780]

Müller, Alois. Die elterliche Gewalt nach dem schweizerischen Zivilgesetzbuch, unter Ausschluss des Rechtes der Vertretung und Versorgung der Kinder und unter Berücksichtigung des geltenden kantonalen und deutschen Rechtes. Diss. Jur. Univ. Zürich. 79 S. 8. Zug, W. Zürcher, 1909.

— vier sidonische Münzen aus der römischen Kaiserzeit. Eine numismatisch-phönizische Studie als Beitrag zur phönizischen Geschichte. (Aus den Sitzungsber. der k. Akad. der Wiss.) Ebend. 860. gr. 8. (20 S. m. Holzschn.) 3 ngr.

— Vier sidonische Münzen aus der römischen Kaiserzeit. Eine numismatisch-phönizische Studie als Beitrag zur phönizischen Geschichte. S. 35. 31 . . . . vgr.
Separatabdruck

Müller, Aloys, Pharisäer u. Sadduzäer oder Judaismus u. Mosaismus. Eine historisch-philosophische Untersuchung als Beitrag zur Religionsgeschichte Vorderasiens. (Aus d. Sitzungsberichte 1860 d. k. Akademie d. Wiss.) Wien, Gerolds Sohn in Kommiss., gr. 8°, 72 S., 1 Mk.

Müller, Alois, d. alte Testament im Lichte d. neuesten assyrisch-babylon. Entdeckgn., s. a. Broschüren, Frankfurter zeitgem., Bd. 17.

[F.] Das alte Testament im Lichte der neuesten assyrisch-babylonischen Entdeckungen. Von Alois **Müller**. *Frankfurt a. M.: A. Foesser Nachf. 1896.* (30 S.) 8.
= Broschüren, Frankfurter zeitgemässe. N. F. Bd 17. H. 4. [96. 4516]

Müller, Aloys, elementare Theorie der Entstehung der Gezeiten. (III, 87 S. m. 21 Abbildgn.) gr. 8. Leipzig 906. J. A. Barth. n. 2.40

Müller Alois: Diodors Verhältnis zu Xenophons Hellenia, III., IV., V., VI. und VII. Buch.
H. 1896 PN 987 **Diss.** Wien, Univ. 785

Müller, Alois: Über den Zusammenhang zwischen Culturgeschichte und Geographie und seine praktische Verwertung im Unterrichte. 8 (S. 3—40).
K. k. Staats-G. u. gewerbl. Fortbildungssch. *Oberhollabrunn* 1900.
Progr.

Müller, Alwin [aus Kühnhausen]: Die Mystik und ihre Bedeutung für die Wissenschaft. . . . Halle a. S., Hofbuchdr. v. C. A. Kaemmerer & Co., 1889; 88 S. 8°
Halle, Phil. Fak., Inaug.-Diss. v. [11. Dez.] 1889

Müller, Amand G. Ad., allgemeine Elementarlehre der richterl. Entscheidungskunde, besond. f. Richter, Sachwalter, Studirende, welche einen plötzlichen Uebergang aus der alten Ordnung d. Dinge in eine neue fürchten. gr. 8. Leipz. Weygand. 812.

Müller's, Ambros., Stamm- und Zeitbuch, s. Chroniques, les, d'Alsace.

Mueller, Ambrosius: [Teils.] Drey curieuse chymische Tractätlein [T r a k t ä t l e i n] . . . Ambrosii Müllers [Müller] ([1]–3.) Franckfurt & Leipzig: Liebezeit 1704. 1 Bd 8°

[1:] Paradeis-Spiegel, darin zu besehen die höchste Medicin, Gold und Menschen damit zu curiren.

(2:) Der Teutschen Schützen-Hoff.

(3:) Beschreibung des grossen Geheimnüsses des Steins der Weisen.

Mueller, Aemilius, s. M ü l l e r , Emil

Müller, Anastas. Jos., O. M. Cap., Ecce mater tua! Siehe deine Mutter! Maria, betrachtet in ihren Worten als Vorbild der Ordensfrau. (126 S.) 16. Ravensburg (907). F. Alber. — 50

— Lucerna. Eine Leuchte ist dein Wort f. meine Füße. Exerzitienvorträge u. Exerzitienbetrachtgn. f. Ordensleute. 2 Bde. (VII, 459 u. III, 403 S.) 8. Ebd. (909). 7.50; geb. in Leinw. 9. 50

— Lucerna pedibus meis verbum tuum. Exerzitienvorträge u. Exerzitienbetrachtungen f. Priester. 2 Bde. (VII, 458 u. III, 451 S.) 8. Ebd. (909). 7.50; geb. in Leinw. 9. 50

— Psallite Deo nostro, psallite sapienter! Kurze Erklärg. der Psalmen des marian. Offiziums, besonders f. Ordensleute. 2., verb. Aufl. (225 S.) 16. Ebd. (908). — 80

Müller, Andreas, Tentamen exegeticum et philologico-criticum exhibens animadversiones in psalmum 21. Würzburg, 1820, 8°, 48 S.

Inauguraldissertation. Recens. in Felders Litteratur-Ztg. 1820, Bd. IV, S. 330–333.

Müller, Andr., Anleitung z. geistl. Geschäfts-Style, u. z. geistl. Geschäfts-Verwaltung, sowohl nach d. Pastoral- u. d. gem. als besond. bayer. Kirchenrechte. Nebst e. Anh. v. Formularen aller Arten v. Geschäfts-Aufsätzen rc. 2., umgearb. u. verm. Aufl. (33 B. u. 2 Tab.) 828. 1 Thlr. 16 Gr., 3., verm. A. (42 B. u. 2 Tab.) 830. 2 Thlr. 4 Gr., 4., verm. A. (42¾ B. u. 4 Tab. incl. 1 lith.) 831. 2 Thlr. 8 Gr., 5., sehr verm. A. 2 Thle. (71¾ B. incl. 7 Tab. u. 1 Stnt. qu. Fol.) gr. 8. Würzburg 835, Etlinger'sche Brlsbuchh.

Müller, Andr., Anleitung z. geistl. Geschäfts-Style u. z. geistl. Geschäfts-Verwaltung, sowohl nach d. Pastoral u. d. gem. Kirchenrechte, als nach besond. bayer. Verordnn. Nebst e. Anh. v. Formularen. 6., verb. Aufl. Lex. 8. (36 B. u. 2 Tab.) Würzburg 840. [Regensburg, Manz.]

Müller, Andr., Anleitung z. geistl. Geschäfts-Style u. z. geistl. Geschäfts-Verwaltung, sowohl nach der Pastoral u. dem gemeinen Kirchenrechte, als nach besond. bayer. Verordnungen. 7., verb. u. verm. Aufl. Lex.-8. (39 B. u. 2 Tab.) Regensburg 845, Manz. Thlr.

Müller, Andr., Anleitung zum geistlichen Geschäfts-Style und zur geistlichen Geschäfts-Verwaltung, mit Rücksicht auf die in Bayern bestehenden gesetzlichen Bestimmungen. Nebst einem Anhang von Formularen aller Arten von Geschäfts-Aufsätzen, welche in den verschiedenen Verzweigungen der geistlichen Amts-Verwaltung vorkommen, zunächst für kathol. Geistliche. 8., gänzlich umgearb. Aufl. Regensburg 858. Manz. gr. 8. (XII, 600 S. u. 1 Tab. in Fol.) 2 ₰. 15 ngr.

Müller's, A., Anleitung zum geistlichen Geschäftsstil und zur geistlichen Geschäftsverwaltung. Ein Handbuch f. die gesamte Pfarramtsverwaltg. in Bayern. 9., nach dem neuesten Stande der Gesetzgebg. u. Rechtsprechg. vollst. umgearb. Aufl. v. Karl Aug. Geiger. 1. Tl. gr. 8. (XII, 642 S.) Regensburg 902. Verlagsanstalt vorm. G. J. Manz. n. 5. 40; geb. in Halbfrz. n. 7. 40

Müller's, A., Anleitung zum geistlichen Geschäftsstil u. zur geistlichen Geschäftsverwaltung. Ein Handbuch f. die gesamte Pfarramtsverwaltg. in Bayern. 9., nach dem neuesten Stande der Gesetzgebg. u. Rechtsprechg. vollständig umgearb. Aufl. v. Karl Aug. Geiger. 2. Tl. (XI u. S. 645–1269.) gr. 8. Regensburg 903. Verlagsanstalt vorm. G. J. Manz. n. 5. 60; geb. in Halbfrz. n. 7.60; (vollständig: n. 11. —; geb. n. 15. –)

Müller, A., Anleitg. zum geistl. Geschäftsstile u. zur geistl. Geschäftsverwaltung, 10. Aufl., s.: Geiger, Karl Aug., Handbuch f. die gesamte Pfarramtsverwaltung im Königr. Bayern.

Müller, A., Bruchstücke a. e. Reisebeschr. durch das nördl. Deutschl. 8. Stuttgart, Magazin f. Literatur. 805.

Müller, Andr. l., Bruchstücke aus e. Reisebeschreib. durch das nördl. Deutschland. 8. Stuttg. 805. (Sonnewald) 8 gl

Müller, A., die Kölner Bürger-Solidalität. 1608—1908. (VIII, 207 S. m. Abb.) gr. 8. Paderborn 909. Junfermann. 4. —

— systemat. Darstellung der im Lexikon des Kirchenrechts enthaltenen kirchl. Artikeln. A. u. d. T.: Grundriß d. Kirchenrechts. gr. 8. Ebd. 833. 5 gl

– Pastor F e l k e und seine Heilmethode, s. M ü l l e r , Andres

—— Grundriß d. Kirchenrechts. — A. u. d. T.: Systemat. Darstellung der im Lexikon d. Kirchenrechts enthalt. kirchenrechtl. Artikel. gr. 8. (2 B.) Würzburg 833, [Etlinger'sche Brlsbuchhandlung.]

— Handbuch d. Volksschulwesens im Königr. Baiern. 8. Augsb. 802. Wolff'sche B. 1 ₰ (bei Etlinger in Würzb.) 16 gl

Müller, Andr., Handbuch d. Volksschulwesens im Königr. Bayern. 1. Aufl. (17½ B. u. 1 Tab.) 8. Augsburg 830, Wolff. (Kollmann.) 2., verm. Ausg. gr. 8. (19 B. u. 1 Tab. qu. ½ gr. Fol.) Würzburg 834, Etlinger'sche Brlsbuchh. à Thlr.

Müller, Andr., ein Kupferstich von Rafael in der Sammlung der Königlichen Kunst-Akademie zu Düsseldorf beschrieben. Nebst einem Facsim. des Stiches von Rafael (in Kpfrst.) u. 1 Photographie nach Marc-Antonio. Düsseldorf 860. J. Buddeus. gr. 4. (24 S.) n. 2 ₰

—— Lehrbuch d. Katechetik, od. Anleit. z. Katechisir-Kunst. 1. Aufl. (12½ B.) 838. ¾ Thlr., 2., verm. u. verb. A. gr. 8. (8¾ B.) Würzburg 840. [Regensburg, Manz.]

— Lesebuch f. Landwirthe üb. d. wichtigst. Gegenstände d. Landwirthschaft. 8. Stuttg. 806. Magazin f. Litt.

—— Lexikon d. Kirchenrechts u. d. röm.-kathol. Liturgie; in Bezieh. auf Ersteres mit steter Rücksicht auf d. neuesten Concordate, päbstl. Umschreibungs-Bullen, u. d. besond. Verhältnisse d. kathol. Kirche in d. verschied. deutsch. Staaten. 5 Bde. gr. 8. (183¼ B. incl. Register.) Würzburg 830—32, [Etlinger'sche Brlsbuchh.] Einzeln à 1 Thlr. 18 Gr., zusamm.

—— Lexikon d. Kirchenrechts u. d. röm.-kathol. Liturgie. In Bezieh. auf Ersteres mit steter Rücksicht auf d. neuesten Concordate, päbstl. Umschreibungs-Bullen, u. d. besond. Verhältnisse d. kathol. Kirche in d. verschied. deutschen Staaten. 5 Bde. (od. 25 Hfte.) 2. umgearb., sehr verm. Aufl. 838, 39. u. neue A. gr. 8. (à 252½ B.) Würzburg 842. [Regensburg, Manz.] *

Müller, Andr., Lexikon des Kirchenrechts u. d. römisch.-kathol. Liturgie. In Beziehung auf Ersteres m. steter Rücksicht auf die neuesten Concordate, päpstl. Umschreibungs-Bullen, u. die besond. Verhältnisse der kathol. Kirche in den verschied. deutschen Staaten. In 5 Bdn. — 1. Bd. 1. Hft. A—Baulast. Neue umgearb., verm. Aufl. gr. 8. (12 B.) Würzburg 842, Etlinger'sche Vrlagsbuchh. *

Müller, Andreas, Lexikon des Kirchenrechts und der römisch-kathol. Liturgie. In Beziehung auf Ersteres mit steter Rücksicht auf die neuesten Concordate, päbstl. Umschreibungs-Bullen, und die besond. Verhältnisse der kathol. Kirche in den verschied. deutschen Staaten. In 5 Bdn. Neue (3.) umgearb. sehr verm. Aufl. gr. 8. Würzburg 842, Etlinger-sche Verlagsb. n. 9 3/8 ℛ

Müller, Andr., Lexikon des Kirchenrechts u. der römisch-kathol. Liturgie. In Beziehung auf Ersteres mit steter Rücksicht auf die neuesten Concordate, päpstl. Umschreibungs-Bullen u. die besonderen Verhältnisse der kathol. Kirche in den verschiedenen deutschen Staaten. In 5 Bdn. (od. 28 Lfgn.) 1—3. Lfg. Neue umgearb. u. sehr verm. Aufl. 2. (Titel-) Ausg. gr. 8. (1. Bd. S. 1—432.) Regensburg (842) 851, Manz. (à 1/4 ℛ) 3/4 ℛ

Müller. Lexikon d. Kirchenrechts. 5 Bde. 2. Ausg. Regensb. 852. (21. —)

Müller, Andr., die Nachfolge des heiligen Abtes Wendelinus. Zur Belehrung u. Erbauung dem frommen Landvolke gewidmet u. mit einem Anhang von Morgen-, Abend-, Meß- 2c. Gebeten versehen. Mit 1 Stahlst. Augsburg 864. Schlosser. 8. (IV, 123 S.) 6 ngr.

—— Repertorium d. landesherrl. Verordn. in Kirchensachen, dann in and. d. Wirkungskreis d. Geistlichen in Bayern betreff. Gegenständen. Nebst d. bischöfl.-würzburg., bis zum J. 1829 erschien., Diözesan-Verordn. — A. u. d. T.: Encyclopäd. Handbuch d. kathol. Geistlichkeit im Königr. Bayern. 2 Abthln. gr. 8. (56 B.) Augsburg 829, (Wolff; Kollmann.)

— Saamenkörner für die Ewigkeit. Ein Andachtsbuch für jeden kathol. Christen. 12. (147 S.) Donauwörth 847, Veith. 4 ngr

Müller, Andreas [k. Gymnasialprof.]: Untersuchungen über den Brocard'schen Kreis und das verallgemeinerte Brocard'sche Dreieck. (Aus: Arch. d. Math. u. Phys. v. Hoppe (Grunert) 2. Reihe T. VIII u. IX.) Greifswald 1890: F. W. Kunike. 1 Bl., 70 S. 8°
Tübingen, Naturw. Fak., Inaug.-Diss. v. 1890.
(Nur in beschränkter Zahl für den Austausch)

Müller, A.: Untersuchungen über die merkwürdigen Punkte und Linien des Dreiecks. Kempten, Buchdr. d. J. Kösel'schen Buchh., 1889; 56 S., 1 Taf. 8°
Kempten, k. StA, P 1889 •

— Martin Wolf, od. d. Schulmeister zu Hohenwalde u. sein Pflegesohn, mehr Geschichte als Roman. 2 Thle. m. 3 Kpf. 8. Stuttg. 805. Magaz. f. Litt. 1 ℛ 8 gr.

Müller, Andr. Chr., De fontibus caloris animalis specimen inaug. Kiliae. 1836.

Müller, Andreas Friedrich, s.a. Müller, Friedrich

— **Andreas Friedrich** (Berlin), De praecipuis juris Marchici a Saxonico differentiis. Disput. auspic. Präs. Christian Wildvogel. Jena (J. A. Muller) Sept. 1712. 31 S. (5.50) 23859
Widm. v.: Hanß Moritz von Brühl (Sächs. Adel) (Oppon.)

Rede, gesprochen in der ▭ Carl zum Felsen in Altona am Johannis-Feste 1817 von Andr. Friedr. **Müller.** Altona 1817: Eckstorff. 14 S. 8° [Umschlagtit.]
Üb. den weisen Gebrauch der Zeit.

Mueller, Andr(eas) Hadrian(us) Valent(inus) Frid(ericus): De perforatione calli praeternaturalis ossis femoris atque de curatione articuli spurii et spinae ventosae per setaceum cuneiforme. [Praeses:] Curtius Sprengel. Halae (1826): Schimmelpfennig. 20 S. 8°
Halle-Wittenberg, Med. Diss. v. 22. März 1826
Geb Aschersleben 5. 3. 1798. V.

Müller, Andres, die Augendiagnose in ihren gesicherten Ergebnissen. Eine Einführg. Mit 1 orientier. farb. Taf. (28 S.) gr. 8. Oranienburg (909). [Orania-Verlag.] F. Koslowsky. 1. —

Müller, Andres, Pastor Felke u. seine Heilmethode. 1. Bd. gr. 8. (VIII, 168 S. m. Bildn.) Homberg a/Rh. 898. E. Hadtstein. n. 1. 60; geb. in Leinw. n. 2. 25

Pastor Felke und seine Heilmethode von Andres Müller. Bd 1. 2. [2 ohne Nennung d. Verf.] *Homberg a. Rh.: E. Hadtstein [1898–99].* 2 Bde 8°
2. Mit mehreren Abb. [illegible]

Müller, Andres, Pastor Felke u. seine Heilmethode 2. Bd., s.a. Felke, Pastor.

Müller, Anna, u. Heinr. Müller, Ratgeber f. Brautleute bei Errichtung des neuen Hausstandes. (32 S.) gr. 8. Wien 908. G. Szelinski. n. — 40

Müller, Anna, wie erhalten wir unsere Kinder gesund? s.: Müller, Heinr.

Müller, Anselmo, Referendar in Zschopau: Ein Beitrag zur Interpretation der §§ 228, 904 des Bürgerlichen Gesetzbuches für das Deutsche Reich nebst einer kurzen Übersicht über deren Bedeutung für das Strafrecht. *Borna-Leipzig 1903: R. Noske.* (VIII, 50 S.) 8°
Leipzig, Jur. Diss. v. 1903

Müller, Ant., s. a.: Willram, Br.

Müller, Antonius: Dissertatio ... sistens adnotationes aetiologicas de phthisi pulmonali apud sexum sequiorem. Halis Saxonum (1820): Grunert. 30 S. 8°
Halle-Wittenberg, Med. Diss. v. 6. März 1820
Geb. Fulda [12. 1. 1790]. V.

Müller, Anton. Der Anteil des Sarganserlandes am alten Zürcherkriege. Separatabdruck aus dem «Sarganserländer» 1906. II + 61 S. 8. [Mels, Otto Hidber.]

Müller, Ant. (III.), Arithmetik u. Algebra, nebst e. systemat. Abhandl. d. jurist., polit., kameralist., so wie der im Leben überh. vorkomm. prakt. Rechnungen. gr. 8. (38 B.) Heidelberg 833, Mohr.

Müller, Ant., die algebraische Auflösung der Gleichungen des fünften u. des sechsten Grades. gr. 4. (XII u. 82 S.) Stuttgart 848, Hallbergersche Verlagsbuchh. 1 ℛ 18 ngr

(Müller, Ant.) (IV.), die Behandlung d. Irren, s. Oegg, J.

Müller, Ant. (I.), Beschreibung u. Abbild. der in letzter Zeit neu erfund. u. verbess. Luftpumpen. M. 2 Taf. Abbild. (qu. Fol.) 8. (2 B.) Quedlinburg 834, Basse.

Müller, Ant. (II.), Bilderkatechismus nach d. Leitfaden d. großen Lesebuches, f. Eltern zc. z. häusl. Unterweis. u. Erbauung. 1—3. Lfg. 8. (5 B. u. 9 Kpfr.) Prag 829, Bohmanns Erben. à

Müller, Ant. III., Bilderkatechismus nach d. Leitfaden des großen Lesebuches, für Eltern u. Lehrer zur häusl. Unterweisung u. Erbauung. 1e—3e Lieferg. m. 9 Kpf. 8. Prag 829: Bohmanns Erben. (Leipz. Magaz. f. Ind.) à 8 gr 1 ℔

— Bildung des Menschen, d. i. Religion u. Moral. 8. Prag. 805, (Haslinger in Linz). (a. Doll in Augsb.) 1 ℔ 8 gr 3e A. 8. Prag 811. Buchler. Herabg. Pr. 16 gr Schrbp. 20 gr

Müller, Ant. (Br. Willram), Blütenstaub u. Blättergold. 8 (144 S.) Innsbruck 903. H. Schwick. n. 1.50; geb. n. 2.50

MÜLLER, Anton: Schädliche Forstinsekten. - Olmütz 1859

Müllor, Anton: Frankenstein im dreissigjährigen Kriege. 1. T.: Vom Dresdner Accord bis zum Prager Frieden. 1621 1635. *Frankenstein 1898: F. Huch.* (31 S.) 4°
Frankenstein i. Schl., st. kath. PG, P 1898 (191)

Müllor, Anton, Dr.: Frankenstein im dreissigjährigen Kriege. T. 2: Vom Prager Frieden bis zum Westfäl. Frieden. 1635—1648. *Frankenstein 1900: (H. Lonsky).* (23 S.) 4°
¶ [Schluss d. P-Beil. 1898.]
Frankenstein i. Schl., kath. PG, P 1900 (194)

—— die Fundamentalgesetze der höheren Geometrie. I. Abthl. gr. 4. (IV und 125 S.) Stuttgart 850, Hallbergersche Vrlgsh. *

— f. F. Fürich, Pater noster.

Müller, Dr. Ant. IV., über einige wichtige Gegenstände der Eisenhüttenkunde. gr. 8. Halle 822. Schwetschke u. S. 12 gr

Müller, Anton: Geschichte der böhmischen Kur von der Wahl Rudolfs I. bis zu der Wahl Karls V. 1273–1519. I. Teil: Von der Wahl Rudolfs von Habsburg bis zur Goldenen Bulle. 1273–1356. Würzburg, Druck v. F. X. Bucher, 1891; 65 S. 8°
Würzburg, Phil. Fak., Inaug.-Diss. v. 1891

Müller, Ant., die allgemeinsten Gesetze d. sphär. Polygonometrie, u. d. allgemeinsten Gleichungen d. Gauchen Polygone. Entdeckt u. dargest. gr. 4. (18 B.) Heidelberg 836, Groos.

Müller, Ant., die phanerogamen Giftgewächse Deutschlands mit Rücksicht auf Oesterreich. Wien (858.) Sallmayer u. Co. (4 lith. u. color. Taf. in gr. Fol.) n. 4 ℔.

Müller, Ant. (II.), Grundgesetze der Configuration der algebraischen Curven. Imp.-4. (70 S. mit 1 Stnt.) Wien 861, (Gerold's Sohn.) *
Aus: Denkschriften der k. Akademie der Wissenschaften zu Wien, besonders abgedruckt.

Müller Anton, Dr.: Grundgesetze der Konfiguration der algebraischen Kurven (mit 1 Taf.) D 19. II. 3?? . . . . 3.—
Separatabdruck

— Heliotrop. Skizzen u. Bilder aus Italien. 1. Folge. (359 S.) 8. Innsbruck (904). Vereinsbuchh. n. 4.—

— Heliotrop. Skizzen u. Bilder aus Italien. 2. Aufl. (IV, 350 S.) 8. Innsbruck (908). Vereinsbuchh. u. Buchdruckerei. Geb. in Leinw. 5.—

— s. Jäger, d. wilde.

—— die der Landwirthschaft schädlichen Insekten beschrieben, nebst Angabe der bewährtesten Mittel zu ihrer Vertilgung oder Verminderung. Für Landwirthe und Gartenbesitzer, so wie auch zum Unterrichte in landwirthschaftl., polytechn. und höheren Bürgerschulen. gr. Lex.-8. (72 S. mit 215 Fig. auf 2 lithogr. und ill. Taf. in Imp.-Fol.) Wien 858, Sallmayer und Comp. * *

Müller, Ant., die wichtigsten, nützlichen und schonenswerthen Insekten in der Land- und Forstwirthschaft. Nebst 2 großen (lith. u.) fein kolor. Taf. (in Fol.) mit 301 Fig. Für Land- u. Forstwirthe, so wie zum Unterrichte in Forstschulen, in landwirthschaftlichen, polytechnischen u. höhern Bürgerschulen. Olmütz 859. Hölzel. Lex.-8. (80 S.) n. 2 ℔ 20 ngr.

Müller, Ant. I., die Irren-Anstalt in d. Julius-Hospital zu Würzburg u. d. 26jährl. ärztl. Dienstverrichtungen in derselben. Nebst Anhang. Ein Wort zu fr. Zeit. gr. 8. Würzb. 824. Stahel. 1 ℔

Müller, Ant. (Bruder Willram), Kiesel u. Krystall. Gedichte. gr. 16. (128 S.) Brixen 895. Buchh. d. kath.-polit. Preßvereins. n. 1.20; geb. n. 2.40

Müller, Ant. (Bruder Willram), Kiesel u. Krystall. Gedichte. 2., verm. u. verb. Aufl. 12. (180 S.) Brixen 896. Buchh. d. kath.-polit. Preßvereins. n. 1.80; geb. in Leinw. m. Goldschn. n. 3.—

— Kiesel u. Kristall. Gedichte. 3., verm. u. verb. Aufl. (187 S.) kl. 8. Brixen (910). Tyrolia. 2.—; geb. 3.—

— geometr. Construktionslehre; od. zeichnende Geometrie. Mit 29 Steinabdr. gr. 4. Heidelb. 827. Winter. 1 ℔ 12 gr

Müller, Ant. III., Krankenbuch zum Gebr. f. Seelsorger. 8. Prag 796. (Haslinger in Linz). 8 gr

Müller, Ant. II., die Kränze. Eine allegor. Scene, gegeben als Prolog zur Feier des allerhöchsten Geburtsfestes Sr. Maj. des Kaisers. 4. Inspruck 821. Wagner. 2 gr

Grünes Laub und Weisser Flieder. Gedichte von Br[uder] Willram ⟨Ant. **Müller**⟩. Münster: Alphonsus-Buchh. 1906. (160 S.) 8° [F.] 107.9786

Grünes Laub und weißer Flieder. Gedichte von Br. Willram ⟨Ant. **Müller**⟩. 2. verm. Aufl. Münster i. W.: Alphonsus-Buchh. 1910. 164 S. 8° [11. 4413.

Müller, Anton [Kand. Dr.]: Die Theaterdichter Zacharias Liebholdt aus Silberberg und Hieronymus Lingk aus Glatz. Ein Beitr. z. Kulturgesch. Schlesiens im XVI. Jahrh. I. Tl. Strehlen, T. Erler's Buchdr., *1891*; 36 S. 8°
Strehlen, k. G, P 1891 (203)

Müller, Ant., s.: Mitteilungen des historischen Vereins der Pfalz.

— f. J. Degg, Behandl. d. Irren.

—— Passions-Betrachtungen nach d. Spruche: „Weinet nicht üb. mich, sondern üb. euch u. eure Kinder." Breit 16. (4½ B. u. 14 Kpfr.) Prag 828, Enders. 1 Thlr. 16 Gr., ill.
Die Kupfer apart auf Natur-Papier. 1 Thlr. 8 Gr., ill. 2 Thlr. 8 Gr.

Müller, Anton Zu Plautus. 25 S. Progr. *Baden* 1883.

—— zur **Polyedrometrie**. gr. 8. (3¾ B.) Heidelberg 837, Groos.

Müller, Anton. Dissertatio de binomii ac polynomii problematis. Heidelberg 1822. 4.

— naturhistorischer Schul-Atlas nach dem Standpunkte der neuesten Entdeckungen. Für Gymnasien und Realschulen. 48 (lith.) Taf. kolor. Abbildgn. aus dem Thier- u. Pflanzenreiche mit der Nomenklatur in lateinischer, deutscher, böhmischer, polnischer u. ungarischer Sprache. Wien 863. Dirnböck. Lex.-8. (IV, 18 S.) 3 ₰ 10 ngr.

Müller Anton: Die Sequestration von Jülick durch Erzherzog Leopold. 1609—1610.
H. 1909 PN 2784 Diss.Wien, Univ. 1023

Müller, Anton [aus Breslau]: Die Vorauer Sundenklage. Erster Teil .... Breslau, Druck v. Grass, Barth u. Comp. (W. Friedrich) (1887); 2 Bl. + 58 S. + 1 Bl. u. 1 Taf. 8.
Breslau, Phil. Fak., Inaug.-Diss. v. 1. Aug. 1887.

Müller, Ant., die Vorauer Sündenklage. 1. Tl. Inaugural-Dissertation. gr. 8. (58 S. mit 1 Tab.) Breslau 887, (Köhler.) *

Müller, Ant., Tagebuch des 25. bayer. Pilgerzuges in das hl. Land od. Reise durch Italien, Griechenland, Aegypten, Palästina u. Syrien im Frühling 1902. Red. v. Herm. Geiger. (114 S. m. 1 Taf.) 8. Kempten 903. J. Kösel. n. — 60

Aus gold'nen Tagen. Gedichte von Anton Müller ⟨Br. Willram⟩. Münster ⟨Westf.⟩: Alphonsus-Buchh. 1910. 172 S. 8°

M[üller], A[nton]. Aus vergangenen Tagen. Gesammelt von A. M. [Sep.-Abdr. aus dem Feuilleton des Sarganserländers 1905. № 27 ff.] 23 S. 8. [Mels, Otto Hidber.]

Müller, Anton. Aus vergangenen Tagen. ⟨Neue Folge.⟩ Gesammelt von A' M'. Separatabdruck aus dem «Sarganserländer» [Jahrg. 1907, Nr. 3—21]. 82 S. 8. [Mels, F. Hidber,] 1907.

Mueller, Antonius. Matheseos professor ord. in academia Turicensi: Novae theoriae functionum symmetrarum specimen. Tur. typ. et sumptib. F. Schulthess. 1837. 2 Bl., 20 S. 4°.
Zürich. Phil. Fac., Antrittsprogramm v. 4. Nov. 1837.

MÜLLER, Anton
(F) In wachen Träumen! Gedichte von Anton Müller. (Bruder Willram.) Brixen. 1901. Kathol.-polit. Pressverein. 8°. 160 S. Geb. K 3.—

— die Ueberreste der bisher aufgefundenen wichtigsten vorweltlichen Wirbelthiere. Olmütz 859. Hölzel. (3 lith. Taf. in gr. Fol.) n. 2 ₰

Müller, Ant. III, s. Vater Unser, das.

—— Vater-Unser nach Bildern v. Führich, zur häusl. Erbauung f. d. Jugend. 8. (4¼ B. u. 9 Kpfr.) Prag 832, Bohmanns Erben.

— Wanderweisen u. Heimatlieder. 12. (176 S.) Innsbruck 898. Wagner. n. 2. —; geb. in Leinw. n. 3. 20

— Wanderweisen u. Heimatlieder. 2., verm. Aufl. (196 S.) kl. 8. Innsbruck 910. Wagner. Geb. in Leinw. 3. 20

—— alphabetisches Wörterbuch synonymer lateinischer, deutscher und böhmischer Namen der früheren und jetzigen officinellen Pflanzen, nebst Angabe einiger Bemerkungen der rohen, einfachen und zusammengesetzten Arzneistoffe mit deutschem und böhm. Register für Apotheker, Aerzte und Droguisten etc. qu. 4. (174 S.) Prag 866, (Rziwnatz.) *

Müller, Ant. Benj., De locis in ischuria adfectis. 36 pp. Hal. 4°.

Müller, Ant. Dominik., geistlicher Führer oder Regel- und Gebet-Buch für die Brüder und Schwestern d. 3 Ordens von der Buße des heil. Vaters Dominikus. 12. (XVI und 492 S. mit 3 Stahlst.) Köln 866, (Boisserée.) *

Müller, Ant. Dominik., geistlicher Führer oder Regel- und Gebet-Buch für die Brüder und Schwestern des dritten Ordens von der Buße des heil. Vaters Dominikus. 2. verm. Aufl. 16. (XV, 500 S. mit 4 Stahlst.) Köln 870, J. und W. Boisserée.) *

Müller, Ant. Dominikus, geistlicher Führer oder Regel- und Gebetbuch für die Brüder und Schwestern des dritten Ordens von der Buße des heil. Vaters Dominikus. 3. verm. Aufl. 3 Thle. in 1 Bd. gr. 16. (XVI, 101; 164; 264 S.) Luxemburg 876, Brück.

Müller, Ant. Dominikus, geistlicher Führer od. Regel- u. Gebetbuch f. die Brüder u. Schwestern d. 3. Ordens v. der Buße d. heil. Vaters Dominikus. 4. Aufl. 12. (XII, 472 S.) Luxemburg 884. Brück. 2. 40

—— Tagzeiten zu Ehren der allerseligsten Jungfrau Maria nach dem Ritus des Prediger-Ordens, nebst Kalendarium und den Gedächtnissen der Heiligen und Seligen des genannten Ordens. gr. 16. (X, 160 S.) Ebendas. 876. *
Aus: Geistlicher Führer, besonders abgedruckt.

Müller, Ant. Gust., zur Revision der Gemeinde-Ordnung für das Königreich Böhmen vom 16. April 1864. 8. (34 S.) Böhm.-Leipa 879. Hamann in Comm. n. — 50

Müller, Anton Mauritius

Müller, A. Maurit., ein Blick in die Entwickelung des Christenthums. Der rechte Hirt. Zwei Vorträge, gehalten vor der deutsch-kathol. Gemeine in Berlin u. hrsg. v. C. W. Schmidt. gr. 8. (1 B.) Berlin 845, Hermes. *

— s. Brief, offener, einer Christin.

—— Deutsch-katholisch, nicht römisch. gr. 8. (½ Bog.) Berlin 845, Hermes.

—— christliche Gebete u. Betrachtungen zunächst f. die Deutsch-Katholiken. 8. (12 B.) Berlin 846, Hold.

—— die kathol. Kirchenreform, s. Kirchenreform.

—— der sächs. Landtag u. die Deutsch-Katholiken. 8. (3 B.) Berlin 845, Hold.

—— zwei Reden vor der deutsch-kathol. Gemeinde Berlins gehalten, nebst ein. Auszug aus einer Rede Ronge's, v. 20. April 1845. gr. 8. (1 B.) Berlin, Hermes. *

— s. Schrift, d. heil., zunächst f. Deutsch-Katholiken.

Müller, Armand, über die Einwirkung des Lichtes auf Wasser. Ein Versuch zur Erklärung der chem. Lichtreactionen des Gewitters und der Production organ. Substanz. gr. 8. (VIII, 112 S.) Zürich 873, Schmidt.

Müller (A.), Ueber die Einwirkung des Lichtes auf Wasser. Ein Versuch zur Erklärung der chemischen Lichtreactionen des Gewitters und der Production organischer Substanz. Zürich 1874. 8.

Müller, Armin, Arzt a. Aue in Sachsen: Aus der chirurgischen Klinik zu Rostock. Bericht über 49 Fälle von operativ behandeltem Magengeschwür und dessen Folgen. Rostock 1905: Adler. (74 S.) 8°
Rostock, Med. Fak., Ref. Müller, Diss. v. 12. Dez. 1905
[Geb. 8. Febr. 80 Bernsbach, Erzgebirge; Staatsangeh.: Sachsen; Vorbildung: Gymn. Schneeberg Reife O. 99; Studium: Leipzig 4, Marburg 2, Rostock 3 S.; Coll. 31. März 04; Approb. 29. Jan. 04.]

Müller, Armin, Erinnergn. e. Schweizorarztes aus dem griechisch-türk. Krieg 1897. gr. 8. (54 S.) Zürich 898. A. Müller's Verl. n. 1.—

Müller, Armin, de insania puerperarum. Dissert. inaug. med. 8. (3¼ B. Gryphiae.) Berolini 834, Herbig.

Müller, Armin. Frid., s. Müller, Hermann Friedrich

Müller, Arminius Ottocarus, s. Müller, Hermann Ottokar

Müller, Arno, a. Schönlanke, Pr. Posen: Die Assimilationsgröße bei Zucker- und Stärkeblättern. Leipzig: Gebr. Borntraeger 1904. (56 S.) 8°
Jena, Phil. Fak., Ref. Stahl, Diss. v. 6. Jan. 1904 [!]
[Geb. 15. Dez. 79 Schoenlanke; Wohnort: Schoenlanke; Staatsangeh.: Preußen; Vorbildung: Gymn. Bromberg Reife O. 99; Studium: Königl. Pomolog. Inst. Proskau 5, Jena 6 S.; Rig. 6. März 04.]

Müller, Arno [aus Ziegelheim]: Zur Kenntniss des Fluorpseudocumols ... Rostock, Univ.-Buchdr. v. Adler's Erben, 1893; 34 S., 1 Bl. 8.
Rostock, Phil. Fak., Inaug.-Diss. v. [15. Mai] 1893

Müller, Arno Otto: Messung von Gasmengen mit der Drosselscheibe. 1907. 29 S. 4° ¶ Auch in: Mitteilungen über Forschungsarbeiten auf d. Gebiete d. Ingenieurwesens. H. 49. 1908; Ausz. in: Zeitschrift d. Vereines deutscher Ingenieure. Bd 52, Halbj. 1.
Berlin, Dr.-Ing.-Diss. v. 28. 6. 1907

Müller, A[rnold], med. pract. aus Winterthur [Kt. Zürich]: Aus dem pathologischen Institut der Universität Zürich. Ein Beitrag zur Ätiologie des Lymphosarcoms. Zür. Orell Füssli Dr. 1894. 37 S. 8°.
Zürich. Med. Diss. [v. 15. Sept. 1894].

(Müller, Arnold.) Festschrift zum 79-jährigen Jubiläum des stadtzugerischen Männer-Gesanges. 1835—1910. ([Hrg. vom] Männerchor Zug.) [Mit Vignetten und 2 Porträt-Tafeln.] 85 S. 8. Zug, J. Speck & Cie., 1910. [fr. 1.—]

Müller, Arnold, b. kgl. bayer. 8. Feld-Artillerie-Regt. Königin Mutter 1848—1898. Anläßl. d. Feier d. 50jähr. Bestehens d. Regts. in dienstl. Auftrage f. d. Unteroffiziere u. Mannschaften bearb. 8. (IV, 265 S. m. Abb., Skizzen u. 1 Bildn.) München 898. (J. Lindauer.) Kart. n. 2.—

Müller, Arth., s. Müller-Karthaus, Arth.

Müller, Arth., Anleitung zur Ausführung textilchemischer Untersuchgn. Methoden zur chemisch-techn. Prüfg. der in der Textil-Industrie hauptsächlich verwendeten Materialien. Zum Laboratoriums-Gebrauch zusammengestellt. (VIII, 163 S. m. 20 Abbildgn.) 8. Wien 904. A. Hartleben. n. 3.—; geb. n. 3.80

Müller A, Anleitung zur Ausführung textil-chemischer Untersuchungen. (164 S)
(Bibliothek Chemisch-technische 270) Wien 1904

† Müller, Arthur, (Ed. Jos. Müller,) Babiolen, s. Babiolen.

Müller, Arthur, bacc. iur., Referendar in Leipzig: Der Begriff des politischen Verbrechens nach dem positiven Auslieferungsrechte des Deutschen Reichs. Borna-Leipzig 1907: R. Noske. (IX, 85 S.) 8° [J.]
Leipzig, Jur. Fak., Diss. v. 10. Dez. 1907
[Geb. 31. Jan. 83 Plauen (Vogtland); Wohnort: Leipzig; Staatsangeh.: Sachsen; Vorbildung: Kgl. Albert-Gymn. Leipzig Reife O. 01; Studium: Leipzig 2, München 1, Leipzig 3 S.; Rig. 24. Juni 06.]

Müller, Arthur, aus Bergneustadt: Beiträge zur Kenntnis von Chara hispida Linné und Chara foetida Braun. [Mit Figuren und 2 Tafeln.] München 1907. 47 S. 8°. [19. II. 07.]
Zürich. Phil. Diss. II. S. 1906/1907.

Müller, Arthur. Beiträge zur Kenntnis von Chara hispida Linné und Chara foetida Braun. Diss. Phil. [II.] Univ. Zürich. [Mit Figuren und 2 Tafeln.] 47 S. 8. München, Val. Höfling, 1907.
[Arbeiten aus dem Laboratorium für allgemeine Botanik und Pflanzenphysiologie der Universität Zürich. Heft 9.]

Mueller, Arth., über Beziehungen zwischen Darmleiden u. Frauenleiden. (8 S.) gr. 8. Leipzig 907. B. Konegen. 1.—
Sonderabdruck aus: „Der Frauenarzt“.

— **Bibliographie der Kolloide.** (32 S.) gr. 8. Hamburg 904. L. Voss. n. 1.20
Sonderabdruck aus: „Ztschr. f. anorgan. Chemie“.

Müller, Arth., Bilder aus der chemischen Technik, s. Aus Natur u. Geisteswelt.

Bilder aus der chemischen Technik. Von Dr. Arthur **Müller,** (Fürstenwalde). Mit 24 Abb. Leipzig: B. G. Teubner 1908. (146 S.) 8° [J.]
— **Natur,** Aus, u. Geisteswelt. Bdch. 191. [08. 7414

Müller, Arth., Blicke in d. Vergangenheit Klingenthals u. d. umlieg. Orte Brunndöbra, Unter- u. Obersachsenberg, Georgenthal, Aschberg, Steindöbra, Mühlleithen m. Winselburg, Kottenheide u. Zwota, m. Berücksicht. der böhm. Nachbarorte. gr. 8. (V, II, 388 S. m. Titelbild.) Leipzig 897. (Brückner & Niemann.) Geb. in Leinw. n. 8.—

— Allgemeine Chemie der Kolloide, s. a. Handbuch der angewandten physikal. Chemie. 8.

Allgemeine Chemie der Kolloide von Dr. Arthur **Müller,** (Fürstenwalde). Mit 22 Abb. Leipzig: J. A. Barth 1907. (x, 204 S.) 4°(8°)
— **Handbuch** d. angewandten physikalischen Chemie. Bd 8. [07. 13051

Müller, A., auf dem Exercierplatz, s. a. Bloch's, E., Theater-Correspondenz.

Müller, Arth., auf dem Exerzierplatz. Schwank in 1 Akt. Neue Bühnen-Einrichtung v. Mart. Böhm. (19 S.) 8. Berlin (908). M. Böhm. 1.50

Die ewige Fackel. Ein Oppositionsblatt. Jan. 1849. Verfasser Arthur Mueller. Jan. 1849. 1 Nummer. 8.

Müller, Arth., der Fluch des Galilei, s. Bloch's, E., Volks-Theater.

Müller, Arth., siehe: Flugblatt.

– (Hrsg.), s. Gaudy, Franz von: Gedichte.

Mueller, Arthur (Hrsg.), s. Gaudy, Franz von: Poetische und prosaische Werke.

Müller, Arthur, s. Gaudy's, Frhrn. Frz., sämmtl. Werke.

— Geächtet oder Otto der Große u. sein Haus. Ein deutsches Trauerspiel in 5 Acten. Berlin 867. Schroeder's Verlag. 16. (VII, 166 S.) 22½ ngr.

Müller, Arth., vierstimmige Gesänge f. höhere Lehranstalten. Unter besond. Berücksicht. des Umfanges u. der Leistungsfähigkeit jugendl. Stimmen. Op. 38. (VIII, 142 S.) gr. 8. Berlin-Gr. Lichterfelde (903). Ch. F. Vieweg. n. 1.20

— Gute Nacht Hänschen, s. Bloch's, E., Volks-Theater.

—— ein Haberfeldtreiben. Volksschauspiel in 5 Aufzügen. gr. 8. (III und 68 S.) München 866, Dempwolff. *

Müller, Arthur, appr. Arzt aus Buckow: Zur **Histogenese** der melanotischen Tumoren und ihrer Metastasen. *Würzburg 1899 [vielm. 1901/02]: F. Scheiner.* (31 S.) 8°
Würzburg, Med. Diss. v. 1899

— Pacifistisches Jugendbuch. Ein Ratgeber f. Eltern u. Erzieher. Mit e. Vorworte von Bertha v. Suttner. (VIII, 84 S.) gr. 8. Wien 910. Leipzig, H. Haessel, Comm.-Gesch. 1. —

Müller, Arth., Liederbuch f. Buchgesellen. 150 Buchhändler-Lieder, gesammelt u. hrsg. gr. 16. (240 S.) Berlin 901 E. M. A. Müller & Co. Geb. in Leinw. n.n.n. — 80

Müller, Arth., das Lutherfest zu Worms mit besond. Rücksicht auf die Bonifaciusfeier zu Mainz im J. 1855. Ein freies Wort an den Bischof von Mainz, Wilh. Emman. Frhrn. v. Ketteler. 3. Aufl. gr. 8. (34 S.) Wiesbaden 868, Limbarth.

Müller, Artur, a. Berlin: Das niederrheinische Marienlob. (Berlin 1907: H. Mitsching.) (122 S.) 8°
Berlin, Phil. Fak., Ref. Roethe, Diss. v. 16. Febr. 1907
[Geb. 27. Febr. 83 Berlin; Wohnort: Berlin; Staatsangeh.: Preußen; Vorbildung: Humboldt-Gymn. Berlin Reife M. 01; Studium: Berlin 3, Freiburg i. B. 1, Berlin 5 S.; Rig. 30. Juli 06.]

Mueller, Arthur [cand. med. aus Gotha]: Aus d. Patholog. Institut d. Univ. München. Die N e m a t o d e n der Säugethierlungen und die Lungenwurmkrankheit . . . (Aus: Deutsch. Zeitschr. f. Thiermed. u. vergl. Pathol. Bd. XV. 1889.) Leipzig 1889: J. B. Hirschfeld. 1 Bl., 64 S. 8°
München. Med. Fak., Inaug.-Diss. v. 1889

Müller, Arth., der Wintersportplatz Oberwiesenthal. Ein Skifahrtenführer. (24 S. m. Abb. u. eingedr. Kartenskizzen.) 8. Annaberg 911. Graser's Verl. — 50

Müller, Arth., das Problem des Fremdenverkehres in Österreich. Psycholog.-propagandist. Betrachtungen. (VI, 133 S.) 8. Wien (909). J. J. Plaschka. 2. 50

— s. Reliquien, moderne.

– Ein R i t t ins deutsche Reich, s. B l o c h ' s , E., Volks-Theater.

Müller, Arthur, dramatische Schriften. 1. Bdchn. Ein' feste Burg ist unser Gott. Volksstück in 5 Aufzügen. Jena 861. Mauke. 16. (178 S.) 15 ngr.

Müller, Artur: Aus d. Univ.-Ohrenklinik Heidelberg. Das 'Sérum antiscléreux' Malherbe. Berlin & Wien: Urban & Schwarzenberg 1909. 20 S. 8° ¶ (Aus: Monatsschrift f. Ohrenheilk. u. Laryngo-Rhinol. Jg. 43.)
Heidelberg, Med. Diss. v. 11. Okt. 1909, Ref. Kümmel
[Geb. 12. Aug. 83 Ludwigsburg, Württ.; Wohnort: Braunschweig; Staatsangeh.: Württemberg; Vorbildung: Gymn. Ludwigsburg Reife M. 02; Studium: Würzburg 1, Bonn 1, Kiel 1, Freiburg i. B. 2, Heidelberg 5 S.; Coll. 10. Juli 08; Approb. 26. Aug. 09.] [U 10. 2080

Mueller, Arth., geburtshilfliches Taschenphantom zur Darstellung des Beckenausgangs-Mechanismus der Kopflagen u. der Operationen bei denselben, nebst e. Besprechg. der Eintheilg., Diagnose, Pathologie u. Therapie der Kopflagen. Text. 8. (51 S. m. 3 Taf.) München 899. J. F. Lehmann's Verl. Grosse Ausg. in natürl. Grösse (zur Demonstration in Kliniken etc.). qu. gr. Fol., in Leinw.-Mappe, Text geb. in Leinw. n. 12. —; kleine Ausg. 1/2 natürl. Grösse. 8. Text geb. in Leinw. n. 6. —

— die **Theorie** der Kolloide. Uebersicht üb. die Forschungen, betr. die Natur des Kolloidalzustandes. (VIII, 56 S.) gr. 8. Wien 903. F. Deuticke. n. 2. —

Müller, Arthur: Zur Untersuchung von Leim und Gelatine. – 1902. 28, 21 S.
Diss. Wien, TH

—— ein Vademecum für den Bischof von Mainz, Herrn Wilh. Emman. Frhr. v. Ketteler. Antwort auf seine Schrift: „Die öffentliche Beschimpfung der katholischen Kirche auf der Bühne". 1.—3. Aufl. gr. 8. (23 S.) Mainz 868, Kunze's Nachf.

—— eine ländliche Verlobungs-Anzeige, s. Bloch's, E., Dilettanten-Bühne.

– Eine ländliche V e r l o b u n g s a n z e i g e , s. B l o c h ' s , E., Volks-Theater.

Müller, A., die Verschwörung der Frauen, s.: Bloch's, E., Volks-Theater.

Müller, Arth., die Verschwörung der Frauen od. Die Preußen in Breslau, s.: Universal-Bibliothek.

— das Wichtel, } s. Bloch's, E., Dilet-
— wie geht's dem Könige, } tanten-Bühne.

—— Wie geht's dem Könige? s. Bloch's, E., Volks-Theater.

Müller, Arthur: Die Zulässigkeit der Veräußerung künftiger Mobilien. Schöneberg-Berlin 1910: Gebhardt, Jahn & Landt. 31 S. 8°
Göttingen, Jur. Diss. v. 2. Mai 1910, Ref. Detmold
[Geb. 9. Febr. 86 Hannover; Wohnort: Hannover; Staatsangeh.: Preußen; Vorbildung: Kaiser-Wilhelms-Gymn. Hannover Reife O. 05; Studium: Lausanne 1, Berlin 1, Munchen 1, Berlin 1, Göttingen 2 S.; Rig. 2. Aug. 09.] [U 10. 1347

Müller, Arthur J. H., approb. Arzt aus Konitz ⟨Westpr.⟩: Einige F ä l l e zur Casuistik der Opium-Brom-Behandlung der Epilepsie nach Flechsig. Konitz Wpr. 1899: W. Dupont. (32 S.) 8°
Rostock, Med. Diss. v. [10. Febr.] 1899

Müller, Ascan Bruno Fritz, s. M ü l l e r , Fritz

Müller, Athanas., berliner Vorlesungen üb. Glauben u. Aberglauben in d. Heilkunst, u. üb. verwandte Gegenstände. No. 1 — 4. (Schluß.) gr. 12. (18 5/6 B.) Karlsruhe 838, Groos. à 1/3 Thlr. Thlr.

Müller, Athanasius, Berliner Vorlesungen über Glauben und Aberglauben in der Heilkunst, u. über verwandte Gegenstände. Nr. 1—4. (Schluß.) gr. 12. Karlsruhe 838, 39. Groos. (à 1/3 ß) 1 1/3 ß

Müller, August [aus Tegel]: Über Miltons Abhängigkeit von Vondel. . . . Berlin, Druck v. G. Bernstein, *1891*; 61 S., 1 Bl. 8°
Berlin, Phil. Fak., Inaug.-Diss. v. 3. Jul. 1891

Die Abwehrbewegung der Konsumvereine des Zentralverbandes gegen die preußische Gesellschaftssteuer. Aktenstücke u. Dokumente komm. von Dr. Aug. Müller. Hamburg: Kaufmann 1909. 71 S. 8° [09. 16551 2

Müller, Aug., e. rüstiges Alter. Willst Du es erstreben, so muß Du nach folg. Ratschlägen leben. gr. 8. (III, 155 S.) Berlin 895. W. Möller. n. 3.— ermäß. Preis n. 1.50

[F.] Ein rüstiges Alter. Willst Du es erstreben, so musst Du nach folgenden Ratschlägen leben. [Von] Dr. Aug. Müller, pr. Arzt, Berlin ... *Berlin: W. Möller [1896].* (2 Bl., 150 S., 3 Bl.) 1 Bd 8. [96. 363

Müller, August, Dr.: Mösers Ansichten über Erziehung und Unterricht. *Magdeburg 1903: E. Baensch jun.* (S. 1—20.) 4° Magdeburg, Pd zum Kloster ULFr, P 1903 (280)

Müller, Aug., Antrittspredigt über Matth. 12, 30. in Danzig am 19. Decbr. 1847 gehalten. gr. 8. (16 S.) Danzig 847, Kabus. n. 3 ngr.

Müller, Aug. (II.), Antrittspredigt über Matth. 12, 30. in Danzig am 19. Dezbr. 1847 gehalten. gr. 8. (16 S.) Danzig 848, Kabus. *

Müller, August: Arbeitersekretariate und Arbeiterversicherung in Deutschland. München 1904. 184 S. 8°. [28. VI. 04.]
Zürich. Jur. Diss. 1903/1904.

Müller, Aug., Arbeitersekretariate u. Arbeiterversicherung in Deutschland. (184 S.) gr. 8. München (904). Buchdruckerei u. Verlagsanstalt G. Birk & Co. n. 3.—

Müller, Aug., Arbeitersekretariate und die Staatsversicherung der Arbeiter in Deutschland. 8°. St. Petersburg 1907.

Müller, August [Praes.], s. Arnold, Jacob Peter: De eruditionis principiis.

Müller, Augustus: De auctoribus rerum a M. Claudio Marcello in Sicilia gestarum. Halis Saxonum 1882: Orphanotropheum. 45 S. 8°
Halle-Wittenberg, Phil. Diss. v. [26. Jan.] 1882
Geb. Kahrstedt b. Kalbe a. d. Milde (Altmark) 26. 2. 1855. V.

Müller, [August], Einige Aufgaben west-östlicher Philologie. [Aus den Verhandlungen der XXXV. Philologenversammlung.] o. O. u. J.

Müller, A[ugust]. Die dramatischen Bearbeitungen der Genovefalegende. Eine litterarische Studie. 8.
Schlussbericht der Bezirksschule in Muri für das Schuljahr 1902-1903. ... Muri, A. Schibli-Keller, 1903. (Beilage:) S. 21—40.

Müller, A[ugust]. Die dramatischen Bearbeitungen der Genovefa-Legende. Eine litterarische Studie. Teil 2. 8.
Schlussbericht der Bezirksschule Muri für das Schuljahr 1903—1904. ... Muri, A. Schibli-Keller, 1904. [Beilage:] S. 1—18.

Müller, A., die Beherrscher aller Gläubigen, s.a. Sammlung gemeinverständlicher wissenschaftlicher Vorträge.

Müller A, die Beherrscher der Gläubigen. (S. wiss. Vortr. 406) Berlin 1883

Müller, Aug., s.: Bibliographie, orientalische.

Müller, Aug., bis hier her hat der Herr geholfen. Ein Rückblick auf die Geschichte des Missions-Hilfsvereins im Dillkreis in den ersten 50 Jahren seines Bestehens. 8. (32 S.) Herborn 899. (Buchh. d. nass. Colportage-Vereins.) n. —15

Müller, Aug., u. Emil Kautzsch, the book of Proverbs, s.: Books, the sacred, of the Old Testament. 15.

Müller, August [app. Arzt aus M.-Gladbach]: Brillengläser und Hornhautlinsen. ... Kiel, Druck v. L. Handorff, 1889; 81 S. 8°
Kiel, Med. Fak., Inaug.-Diss. v. 28. Febr. 1889

Müller, Aug., Brillengläser u. Hornhautlinsen. Inaug.-Diss. gr. 8. (27 S.) Kiel 889. (Lipsius & Tischer.) n. — 80

Mueller, Augustus (geb. Neuhaldensleben 1810): De bysso acephalorum. Berolini (1836). (16 S.) 4°
Berlin, Med. Diss. v. 23. Juli 1836

Müller, Aug. Cicéron proconsul de Cilicie l'an 51 avant Jésus-Christ s'est montré digne de l'estime qu'il a gagné par son consulat. 7 S. **Progr.** G. *Halberstadt* 1882.

Müller, Aug., der kleine muntere Declamator. Ein Büchlein f. d. liebe Jugend, als Geschenk zu Weihnachten, Neujahrs- u. Geburtstagen. gr. 16. (7½ B. u. 1 ill. Abbild.) Nordhausen 833, Fürst.

Müller, Aug., delectus veterum carminum arabicorum, s.: Noeldeke, Th.

Müller, Aug., Durchfall (Diarrhoe) u. chronische Stuhlverstopfung, s.a. Möller's Bibliothek f. Gesundheitspflege. 22. Heft.

Durchfall (Diarrhoe) und chronische Stuhlverstopfung. Von Dr. med. August Müller. *Berlin: W. Möller [1903.]* (29 S.) 8° [F.]
= Bibliothek, Möller's, f. Gesundheitspflege, Erziehung u. Volksaufklärung. H. 22. [04. 945

Einrichtung einer Sparkasse für gemeinsame Verwaltung des kirchlichen Kapitalvermögens. Vortrag, geh. 1902 in Stettin von A[ugust] **Müller**, Pastor in Belkow. Halle a. S. 1902: C. A. Kaemmerer & Co. (8 S.) 8° [F.] [06. 13705 9

Müller, A. (III.), über die erste Entstehung organischer Wesen, s.a. Sammlung gemeinverständl. wissenschaftl. Vorträge. 13. Heft.

Müller A, über die erste Entstehung organischer Wesen und deren Spaltung in Arten. (Sammlung gemeinverständl. wissenschaftl. Vorträge 13) Berlin 1866

Müller, Aug., über die erste Entstehung organischer Wesen u. deren Spaltung in Arten. 3., durch eine Beurtheilung der Lehre Darwin's verm. Aufl. gr. 8. (173 S.) Berlin 881. Habel. n. 3. —

Müller, Aug. Frhr. v., geschichtliche Entwickelung der kgl. bayer. Pagerie von 1514 bis zur Gegenwart. gr. 8. (VIII, 163 S. m. 9 Taf.) München 901. J. Lindauer. n. 3. —; geb. in Leinw. n.n. 4. —

Müller, August: Der Jülich-Clevesche Erbfolgestreit im Jahre 1614. *Berlin: H. Bernühler 1900.* (S. 21—105.) 4° (8°) ¶Aus: Forschungen zur Geschichte Bayerns, Bd 8.
München, Phil. Diss. v. 1900

Müller, August, approb. Arzt aus Gross-Lafferde: Aus d. 2. gynäkol. Klinik zu München. Vorst.: Privatdoz. Dr. Jos. Alb. Amann. Zwei Fälle von Extrauterinschwangerschaft kombiniert mit Myoma uteri. *München 1901: C. Wolf & Sohn.* (32 S.) 8°
München, Med. Diss. v. 1901

—· — (Kemberg), De fervore tepore et frigore theologico ex Apoc. III, 15. 16. Präs. Gottlieb Wernsdorf. Editio Secunda. Wittenberg (Gerdes) 3. VI. 1707. 1721. 62 S. (6.—) 23862

Müller, August, Heinrich Leberecht Fleischer. SA. aus BB., Band XV. p. 319 ff [Göttingen 1889.]

Müller, A. (II.), Formenlehre der französischen Sprache in drei Stufen, ein nach einem neuen Plane entworfener Leitfaden. Als Mscr. gedruckt. 1. und 2. Stufe. gr. 8. Görlitz, Tzschaschel. à Stufe *M 1. *

Inhalt:

Stufe 1. Das Nennwort und die Partikeln. 2. Aufl. (XII, 109 S.) 874.
» 2. Das regelmäßige Zeitwort. 1. Aufl. 1872, und 2. umgearb. Aufl. (VIII, 63 S.) 873.

—— Formenlehre der französischen Sprache in 3 Stufen. Ein nach einem neuen Plane entworfener Leitfaden. 3. Stufe: Das unregelmäßige Zeitwort. 1. und 2. Aufl. Als Mscr. gedr. gr. 8. (XII, 67 S.) Görlitz 873,75, (Tzschaschel.) *
1. und 2. Stufe. Ebendas. 1873,74. à M. 1.

Muellerus, Augustus: De priscis verborum formis Varronianis. Halis Saxonum (1877: Haberlandt in Berlin). 72 S. 8°
Halle-Wittenberg, Phil. Diss. v. 23. Jan. 1877
Geb. Berlin 19. 12 1851. V.

Mueller, Aug., de priscis verborum formis Varronianis. Dissertatio inauguralis. gr. 8. (72 S.) Halis Sax. 877. (Berlin, Mayer & Müller.) n. 1. 20

Mueller, Aug. (I.), s. Forschungen, morgenländische.

Müller, Aug., üb. Fumar- u. Maleinsäure. Inaugural-Dissertation. gr. 8. (31 S.) Göttingen 875. (Vandenhoeck & Ruprecht's Verl.) n. — 60

Müller, *Johannes Heinrich Christian* August [aus Balje]: Der syntaktische Gebrauch des Verbums in dem angelsachsischen [!] Gedichte von der Judith. Ein Beitr. z. angelsächs. Grammatik ... Leipzig, Druck v. E. Freter, 1892; 1 Bl., 27 S., 1 Bl. 8.
Leipzig, Phil. Fak., Inaug.-Diss. v. [11. März] 1892

Müller, Aug., die staatlichen Gesetze in ihrer Beziehg. zur sittlichen Weltordnung. (89 S.) Lex.-8. Trier 906. Paulinus-Druckerei. n. 1. —
Sonderabdr. a.: „Festschrift z. Bischofs-Jubiläum Trier 1906".

Müller, Aug., Gesundheitspflege u. Erziehung der Kinder im ersten Lebensalter. Aus dem Franz. hrsg. Uebersetzung. 8. (32 S.) Mülhausen i/Els. 879. (Detloff.) n. — 40

— Gewerkschaften und Unternehmerverbände. 8°. Magdeburg, Gewerkschaftskartell, 1906.

Müller, A., Gewerkschaften und Unternehmerverbände. 2. Aufl. Magdeburg, 1906. 49 S.

— türkische Grammatik, s.a. Porta linguarum orientalium.

Müller, August, Türkische Grammatik mit Paradigmen Litteratur Chrestomathie und Glossar. Unter Mitwirkung von Hermann Gies. [= Porta linguarum orientalium. Pars XI.] Berlin 1889.

Müller, Aug., die Gustav-Adolph-Stiftung u. ihre nothwend. Organisation namentlich in Hinblick auf unsere Provinz. gr. 12. (1 B.) Königsberg 845, Bon.

Müller, August s. Haendcke, Berthold, und Müller August.

Müller, Aug. I., s. Humphry, Chr., der engl. Zeichenmeister.

88 Jahre des Hotel zum Kurfürsten in Fulda. 1815–1903. (Verf.: August Müller, ehem. Besitzer d. Hotels.) (*Fulda 1903: Actiendr.*) (7 Bl., 4 Taf.) 8° [F.]
[03. 13839 4

—— wissenschaftlicher Jahresbericht über die morgenländischen Studien im J. 1879, s. Zeitschrift der deutschen morgenländischen Gesellschaft.

— s.: Ibn Al-Qifṭī's Ta'rīh Al-Ḥukamā.

— Ihr sollt keusch u. züchtig leben! s.a. Hausbücher f. Gesundheitspflege. 48. Bd.

Ihr sollt keusch und züchtig leben! Ein Weck- und Mahnruf an die Eltern u. die reife Jugend verbunden mit erprobten ärztl. Ratschlägen zur Heilung d. Onanie u. ihrer Folgen. Von Dr. med. August Müller. *Berlin: W. Möller [1903].* (88 S.) 8° [F.]
= Hausbücher f. Gesundheitspflege. Bd 48. [03. 3000

— der Islam im Morgen- u. Abendland, s.a. Geschichte, allgemeine, in Einzeldarstellungen.

— — Der Islam im Morgen- und Abendland. Band I. II. [Allgemeine Geschichte in Einzeldarstellungen. 2. Hauptabtheilung. 4. Theil.] 2 voll. Berlin 1885. 1887.

Müller, Aug., ist die katholische Moraltheologie reformbedürftig? Eine krit. Untersuchg. gr. 8. (73 S.) Fulda 902. Fuldaer Actiendruckerei. n. — 75

[Müller, August:] Katalog der Bibliothek der Deutschen Morgenländischen Gesellschaft. I. II. Leipzig 1880–81.

Müller, August [med. pract., Assistenzarzt des kant. Asyl in Wil (Kt. St. Gallen)]: Periodische Katatonien. Herisau 1900. 52 S. 8°
Zürich, Med. Diss. 1899/1900

Müller, August [aus Stuttgart]: Zur Kenntnis und chemischen Untersuchung der Mergel unter spez. Berücks. d. Mergelbildgn d. Keuperformation ... Stuttgart, Hofbuchdr. v. Greiner & Pfeiffer, *1893*; 36 S. 8.
Erlangen, Phil. Fak., Inaug.-Diss. v. 1893

Müller, August. Zur Kenntnis und chemischen Untersuchung der Mergel unter specieller Berücksichtigung der Mergelbildung der Keuperformation. (Erlangen) Stuttgart, 1894.

— der Preußische Kirchen-Beamte in der Eigenschaft als Kassen-Rendant u. Verwalter der äußern kirchlichen Angelegenheiten. Zum Gebrauch für Pfarrer u. andere Kirchenbeamte, Kirchen-Patrone rc. im Preuß. Staate, mit Ausschluß der Rhein-Provinz. (In 4 Thln.) 1. Thl. 2 Hfte. 8. (VIII u. 309 S.) Breslau 847, Kohn. Subscr.-Pr. n. 1 ß

—— s. Kitâb al-Fihrist.

Müller, Aug. II., Lecture instructive et amusante propre à faciliter l'étude des Gallicismes. A. u. d. T.: Lehrreiches u. unterhalt. Lesebuch z. leichten Erlernung d. Gallicismen. 2e A. ge. 8. Dresd. 826. Arnold. 1 ß 12 ℛ

Mueller, Augustus: *De lictoribus ceterisque magistratuum apparitoribus. 48 S. 4° (2°)
Halle-Wittenberg, Phil. Diss. v. 19. April 1869
Geb. [Naumburg 29. 12. 1845]

—— das Lied der Deborah. Eine philolog. Studie. 8. (22 S.) Königsberg 887, Hübner und Matz. *
Aus: Königsberger Studien, besonders abgedruckt.

[Müller, August,] Otto Loth. Ein Gedenkblatt für seine Freunde. o. O. 1881.

— Luther u. die deutsche Gegenwart. Festrede, geh. am 2. XII. 1903 in München beim V. Stiftungsfeste des akad. wissenschaftl. Vereins Stud. der Realien. (38 S.) 8. Ebd 904. n. 1.—

Müller, A. Ueber den französischen Dichter François de Malherbe. Görlitz, H. T., 1873. 14 S. Progr.

Müller, Aug. (II.), über den französischen Dichter François de Malherbe. gr. 8. (14 S.) Oberlahnstein 873, Chun. *

Müller, Aug. siehe: *Mitteilungen.*

Mueller, Fridericus **Augustus**: Imruulkaisi mu'allaka commentario critico illustrata. Halis (1868): Metzger & Wittig in Leipzig. XXII, 31 S. 8°
Halle-Wittenberg, Phil. Diss. v. 23. Nov. 1868
Geb. Stettin 3. 12. 1848. V.

Müller, Aug., das Münster in Bern, s.: Haendcke, Berthold.

Müller, Aug. (II.), der wohlerfahrene Musiklehrer. Theoretisch-prakt. Anleitung zur Einübung eines Tonstückes nach method. Grundsätzen. gr. 8. (63 S.) Langensalza 865, Schulbuchh. von Greßler.

Mueller, Augustus: De ossificatione retinae aliarumque oculi partium. Halis 1843: Ploetz. 32 S. 8°
Halle-Wittenberg, Med. Diss. v 10. Apr. 1843
Geb. [Neu-Brandenburg] (Mecklenb.-Strelitz) 16.4. 1818. V.

Müller, Aug., Paradigmentafeln zur hebräischen Schulgrammatik. gr. 8. (19 S.) Halle 879. Niemeyer. — 30

— August (Jessen/Sachsen), De peccatis principum in populo subjecto punitis ad dijudicandum exemplum II Sam. XXIV propositum. Exercit. moral. Präs. Martin Hassen. Wittenberg (Schlomach) 21. VII. 1731. 30 S. (5.50) 23861
Gew.: Christian von Loss, O. W. von Bodenhausen. — Widm. v.: Martin Hassen.

Müller, August, Die Griechischen Philosophen in der Arabischen Überlieferung. Halis 1872.

— die griechischen Philosophen in der arabischen Ueberlieferung. gr. 8. (59 S.) Halle 873, Buchh. des Waisenhauses. *

– (Hrsg.), s. Qur'ān.

Rede, gehalten am 60. Stiftungsfeste der Loge Vorwärts [in München-Gladbach-Rheydt] am 8. Okt. 1905 von A[ug.] **Müller**. o. O. [1905]. 2 Bl. 8° [Kopftit.]
Üb. die Bedeutung der Bezeichnung „Loge".

Müller, A[ugust]. Rekrutenprüfungen & freiämter Schulwesen. 8.
Schlussbericht der Bezirksschule Muri für das Schuljahr 1907-08... Muri, A. Schibli-Keller, 1908. [Beilage:] S. 18 28.

Mueller, Augustus (Henr.) (geb. Hilchenbach in Westf. 24. 9. 1840): De scarlatina. Berolini (1865). (31 S.) 8°
Berlin, Med. Diss. v. 10. Aug. 1865

— Schlüssel zu den Uebungen d. Behn-Eschenburg'schen Elementarbuchs der englischen Sprache. Zum Selbstunterricht hrsg. Als Mscr. gedr. gr. 8. (III, 41 S.) Oberlahnstein 876. Chun in Comm. n.n. 2. —

Müller, Aug. Die höheren Schulen Englands. Nach eigener Anschauung dargestellt. 26 S. Progr. OR. Coblenz 1884.

—— hebräische Schulgrammatik. gr. 8. (XII, 304 S. mit 1 Taf.) Halle 875, Niemeyer. *

— hebräische Schulgrammatik. gr. 8. (XII, 304 S. m. 1 Taf.) Ebend. 878. n. 2. 60

Die Seifenfabrik der Großeinkaufs-Gesellschaft Deutscher Consumvereine in Gröba-Riesa. Von August Müller. — Hamburg: Grosseinkaufs-Ges. 1910. 255 S., 39 Taf. 8° 10. 38 A.

Müller, Aug., so wirst du von deiner Nervosität befreit!, s.a. Hausbücher der Gesundheitspflege.

So wirst du von deiner Nervosität befreit! Erprobte ärztl. Ratschläge f. nervöse Menschen von Dr. med. August **Müller**, (pr. Arzt). *Berlin: W. Möller [1902].* (52 S.) 8° [F.]
— Hausbücher f. Gesundheitspflege. Bd 49.

—— französische Sprachlehre in 3 Stufen. Ein nach einem neuen Plane entworfener Leitfaden. 2. Stufe: Das regelmäßige Zeitwort. Der Formenlehre 3. umgearb. Aufl. Als Mscr. gedr. gr. 8. (III, 42 S.) Ebendas. 876. *

—— die ältesten Spuren des Menschen in Europa, s. Vorträge, öffentliche.

— Staat, Kirche u. Schule, s.a. Schriften, jungliberale. Nr. 4.

Staat, Kirche und Schule. Von Dr. August **Müller**-Pirmasens. Frankfurt a.M.: Grieser 1905. 43 S. 8°
(Jungliberale Schriften. No 4.)

[**Müller, August.**] Geschichtliche Übersicht der Schicksale und Veränderungen des Grossherzogl. Sächs. Militairs während der ... Regierung ... des Grossherzogs Carl August. Weimar ... 1825 ... [Umschlagtit.]
17 Bl. 20 Taf. in kol. Lithogr. 4°
Zeichner u. Lith. *Theodor Goetz*

Müller, (Hauptmann A.,) geschichtl. Uebersicht d. Schicksale u. Veränderungen des Großherzogl. Sächs. Militairs, während d. glorreichen Regierung Sr. K. H. des Großherzogs Carl August, zur ehrerbietigen Feyer höchst dessen 50n Regierungs-Festes d. 3. Sept. 1825. Nebst XXII Beilagen u. XX color. Abbildd. in Steindruck. Fol. Weimar 826, Ind.-Compt., Leipz. (Hinrichs.)

Müller, Aug., Übungsbuch zum Übersetzen aus dem Deutschen in das Französische. (141 S.) 8. Leipzig 910. G. Freytag. Geb. 1. 80

—— Preussens Verdienste um das deutsche Reich. Festrede zur Vorfeier des Geburtstages Sr. Maj. des Kaisers, gehalten am 20. März 1875. gr. 4. (10 S.) Oberlahnstein 875, [Chun.] Schonebohm. *

Müller, August: Aus der konsumgenossenschaftlichen Verwaltungstätigkeit. Hamburg 1906.

Müller, Aug., a travers la vie pratique, s.: Lagarde, Louis.

Mueller, Fridericus **Augustus**: Commentationis de vocabulis Hebraeis conscriptae specimen. Halis (1870): Orphanotropheum. 28 S. 8°
Halle-Wittenberg, Phil. Hab.-Schr. v. 16. Febr. 1870

Müller, Aug. (III.), Wegweiser für den Unterricht im Clavierspiele in engster Verbindung mit der allgemeinen Musiklehre. Mit eingefügter Harmonielehre. Nach method. Grundsätzen practisch-theoret. bearb. und zum Gebrauche für Lehrende und Lernende hrsg. Lex.-8. (X, 415 S.) Ems 873, Kirchberger. *

— Worte der Beruhigung an das kathol. Volk Schlesien's auf die von Maur. Müller-[Jochmus] verfaßte Schrift: „Oeffentlicher Prozeß gegen das fürstbischöfl. General-Vikariat-Amt zu Breslau." Widerlegung der in dieser Schrift enthaltenen Behauptungen ꝛc. 8. (VI u. 22 S.) Breslau 847, Scholz. 3 ngr

— Worte der Beruhigung an das kathol. Volk Schlesien's auf die von Maur. Müller-(Jochmus) verfaßte Schrift: „Oeffentlicher Prozeß gegen das fürst-bischöfl. General-Vikariat-Amt zu Breslau." Widerlegung der in dieser Schrift enthaltenen Behauptungen ꝛc. 8. (VI und 22 S.) Breslau 848. Scholz.

— Wörterbuch d. richtigen Aussprache ausländischer Eigennamen, aus allen Theilen d. Wissenschaft u. Kunst. Ein Handb. f. Gebildete. 3 Abthll. 8. Dresden u. Leipz. 832. Arnold. 3 ℛ 12 ngr

— Wörterbuch der richtigen Aussprache ausländ. Eigennamen, aus allen Theilen der Wissenschaft und Kunst. Ein Handbuch für Gebildete. (Neue, wegen Nachdruck, wohlf. Ausg.) 8. Dresden u. Leipzig 834. Arnold. n. $1\frac{1}{6}$ ℛ — Neue Aufl. unt. d. T.: allgem. Wörterbuch der Aussprache ausländ. Eigennamen, und zwar griech., latein., hebr., portugies., span., franz., engl., italien., schwed., dän., niederländ., ungar., poln., böhm., russ., pers., arab. Personen-, Länder-, Städte- u. a. Namen aus allen Theilen der Wissenschaft und Kunst; nebst einer allgemeinen Aussprachlehre ꝛc. 2e gänzlich umgearb. u. sehr verm. Aufl. 4 Hefte. 8. Ebd. 839, 40. $1\frac{1}{2}$ ℛ

Müller, Aug., allgemeines Wörterbuch der Aussprache ausländischer Eigennamen, nebst einer allgemeinen Aussprachlehre. Ein Handbuch für Gebildete aller Stände. 3. u. 4. (letztes) Heft. 2. gänzl. umgearb. und sehr verm. Aufl. 8. Dresden u. Leipzig 841, 42, Arnoldische Buchh. 4 Hefte in Leinw. n. 2 ℛ Ladenpr. 3 ℛ

Müller, Aug., allgemeines Wörterbuch der Aussprache ausländischer Eigennamen, u. zwar griechischer, latein., hebräischer, portugies., span., französ., engl., italien., schwed., dän., niederländ., ungar., poln., böhm., russ., pers.; arab. Personen-, Länder-, Städte- u. anderer Namen aus allen Theilen der Wissenschaft u. Kunst; nebst einer allgem. Aussprachlehre, mit deren Hülfe man auch andere, im Buche nicht vorkommende, Fremdnamen aussprechen kann. Ein Handbuch für Gebildete aller Stände. 3. gänzlich umbearb. u. sehr verm. Aufl. 8. (LIV u. 616 S.) Leipzig 849, Arnold. 27 ngr

Müller's, Aug., allgemeines Wörterbuch der Aussprache ausländischer Eigenamen u. zwar griechischer, lateinischer, hebräischer ꝛc. Ein Handbuch für Gebildete aller Stände sowie als nothwend. Ergänzung aller Fremdwörterbücher. In 4. Aufl. neu bearb., verb. u. bedeutend verm. von Booch-Arkossy. Leipzig 867,68. Arnoldische Buchh. gr. 8. (XVI, 464 S.) n. 1 ℛ 20 ngr

Müller's, Aug. (IV.), allgemeines Wörterbuch der Aussprache ausländischer Eigennamen und zwar griech., latein., hebr., portug., span., französ., engl., italien., schwed., dän., ungar., poln., böhm., russ., pers., arabischer Personen-, Länder-, Städte- und anderer Namen aus allen Theilen der Wissenschaft und Kunst; nebst einer allgemeinen Aussprachlehre, mit deren Hilfe man auch andere, im Buche nicht vorkommende Fremdnamen aussprechen kann. Ein Handbuch für Gebildete aller Stände, sowie als nothwend. Ergänzung aller Fremdwörterbücher. Neu bearb., verb. und bedeutend verm. von Booch-Arkossy. 5 Lfgn. 5. Ster.-Aufl. gr. 8. (XVI, 464 S.) Leipzig 870, Arnoldische Buchh. à Lfg. * 50 Pf. *

Müller's, Aug., allgemeines Wörterbuch der Aussprache ausländischer Eigennamen, u. zwar griech., latein., hebr., portugies., span., französ., engl., italien., schwed., dän., ungar., poln., böhm., russ., pers., arab. Personen-, Länder-, Städte- u. anderer Namen aus allen Theilen der Wissenschaft u. Kunst; nebst einer allgemeinen Aussprachslehre, mit deren Hilfe man auch andere, im Buche nicht vorkommende Fremdnamen aussprechen kann. Ein Handbuch für Gebildete aller Stände u. eine nothwendige Ergänzung aller Fremdwörterbücher. In 4. Aufl. neu bearb., verb. u. bedeutend verm. von Booch-Arkossy. 6. Ster.-Aufl. gr. 8. (XVI, 464 S.) Leipzig 877. Arnold. n. 2. 50; geb. n. 4. —

August Müllers Allgemeines Wörterbuch der Aussprache ausländischer Eigennamen. Ein Handbuch f. Gebildete aller Stände ... In 7. Aufl. neu bearb., verbessert u. bedeutend verm. von Dr. phil. G[ünther] A[lexander] Saalfeld. [Nebst] Erg.H. bearb. von H. Michaelis. *Leipzig: Arnoldi* (Erg.H.: *E. Haberland*) *1888–1903.* 2 Bde 8° [F.] [03. 16088 4

Müller's, Aug. (II.), allgemeines Wörterbuch der Aussprache ausländischer Eigennamen. Ein Handbuch für Gebildete aller Stände und eine nothwend. Ergänzung aller Fremdwörterbücher. In 7. Aufl. neu bearb., verb. und bedeutend verm. von G. A. Saalfeld. gr. 8. (XVIII, 502 S.) Leipzig 888, Arnoldische Buchh. *

Müller's, Aug., allgemeines Wörterbuch der Aussprache ausländischer Eigennamen. Eine Ergänzg. aller Fremdwörterbücher. In 7. Aufl. neu bearb. u. verm. von G. A. Saalfeld. gr. 8. (XVIII, 502 S.) Leipzig 888. [Arnold.] Haberland. n. 4. —

Müller's, Aug., allgem. Wörterbuch der Aussprache ausländischer Eigennamen. Ein Handbuch f. Gebildete aller Stände u. e. notwend. Ergänzg. aller Fremdwörterbücher. Ergänzungsheft zur 7. Aufl., bearb. von H. Michaelis. (IV, 70 S.) gr. 8. Leipzig 903. E. Haberland. n. 1. — Hauptwerk. Ebd. 888. n. 4. —.

Müller, *August Bernhard* Komplanation der Kegel II. Ordnung. 4 (20 S.). Progr. Rg. *Chemnitz* 1886 (507).

Müller, August C., s. Müller, August Karl

Müller, August Carl, s. Müller, August Karl

Müller, August Eberhard

— Anleit. zum richtigen Vortrage d. Mozart'schen Clavierconcerte ꝛc., nebst einem Anh. v. Generalbaß. 1s Heft. qu. Fol. Leipz. 796. Breitkopf u. H. 1 ℛ 4 ngr

— Elementarbuch f. Flötenspieler. (Nebst angehängten Tabellen u. e. Anweisung zu allen nur mögl. Trillern). Fol. Lpz. 815. Peters.

— kl. Elementarbuch f. Klavierspieler. Leipz. Kühnel.

— — 2 Supplemente hierzu. Ebend. (à 12 gr.)

Müller, Aug. Ebhrd., († d. 17. Dec. 1817) kl. Elementarbuch f. Klavierspieler. Leipz., (Peters). 1 ℛ 16 ngr 2 Supplem. hierzu. Ebd. (à 12 ngr) 1 ℛ

Müller, A. E., kleines Elementarbuch f. Klavierspieler, als wesentl. Grundlage d. Kunst, d. Klavier od. Pianoforte zu spielen. Neue Ausg. mit Zusätzen v. C. Czerny. qu. Fol. (18 B.) Leipzig 830, Peters.

Müller, (A. E.) große Forteplanoschule. 8e Aufl. mit vielen neuen Beispielen u. einem vollständigern Anhange vom Generalbaß versehen v. C. Czerny. gr. 4. Leipz. 825, Peters.

Müller, A. E. Grosse Pianoforte-Schule .... neu bearbeitet von Julius Knorr. 9. Auflage. 1. 2. Theil. Leipzig.

— große Clavier- u. Pianoforte-Schule, s. A. G. S. Löhlein.

Müller, A. E., große Clavier- u. Pianoforte-Schule, nebst einem Anhange vom Generalbaß. (Ist eine neu umgearb. Aufl. v. Löhlein's Clavierschule.) 7te verb. Aufl. gr. 8. Leipzig, Peters. 819.

— Tabellen für Flöten m. 1 u. m. 4 Klappen. Fol. Leipz. Hoffmeister. (a. Kühnel). 805.

— Tabellen f. Flöten mit 1 u. m. 4 Klappen. Fol. Leipz. 805. Hofmeister, (a. Peters) 6 gl.

Müller, August Eduard

Müller, Aug. Ed., zweijährige Dienstzeit. Offenes Schreiben an den Verf. v. „Ne quid nimis", Hrn. Friedr. Wilh. Schultze. gr. 8. (108 S.) Berlin 890. Wilhelmi. n. 1. 50

Müller, August Ernst

Müller, Aug. Ernst, die Bier-Reform, oder: die Grundzüge und Resultate des neuen Brau-Verfahrens mit dem hiezu construirten Apparate, wodurch 30—46 Procente Malz, 45—52 Procente Holz, sehr bedeutend an Arbeit und auch Hopfen erspart werden ꝛc. Mit e. Anh. über die Erfindung einer neuen Braumethode von Hrn. André Heys in Mainz ꝛc. Preßburg 854. Wigand in Comm. gr. 8. (20 S.) n. 4 ngr.

—— das neue Bau-Verfahren mit dem hiezu construirten Apparate. gr. 8. (IX und 121 S. mit 1 Stnt. in qu. Fol.) Pressburg 851, (Wigand.) *

Müller, Aug. Ernst, Lehrbuch der Ober- u. Untergährung des Bieres, od. Anleitung zur rationellen Darstellung vorzügl. Biere durch die Gährung. 8. (12¾ B.) Braunschweig 845, Vieweg u. Sohn. *

Müller, Aug. Fr., Dissertatio de educatione Christiana, s. Wunder, E.

—— warum feiern wir das Stiftungsfest unsrer Anstalt in d. Kirche? Predigt am Stiftungsfeste d. kgl. sächs. Landesschule z. Grimma d. 14. Septbr. 1846. gr. 8. (¾ Bog.) Grimma, Gebhardt.

—— wie bereitet sich unsere Jugend in rechter Weise auf den Ernst des Lebens vor? Predigt am Stiftungsfeste der kgl. sächs. Landesschule zu Grimma den 15. Septbr. 1845 gehalten. gr. 8. (1 B.) Grimma, Gebhardt.

Müller, Aug. Fr., wie bereitet sich unsere Jugend in rechter Weise auf den Ernst des Lebens vor? Predigt am Stiftungsfeste der K. S. Landesschule zu Grimma den 15. Septbr. 1845 gehalten. gr. 8. Grimma 845, Gebhardt. 3 ngl.

Müller, August Friedrich

— — Ad memoriam viri nobilissimi domini Johann Graf mercatoris quondam Leipzig celeberrimi futuro martis die oratione solenni .... invitat. Leipzig (Breitkopf) 24. XII. (1743). (4.—) 23871

— — Ad solennia promotionis magistrorum celebranda magnif. Acad. Rectorem .... decenter invitat. Leipzig (Breitkopf) 16. II. 1736. Mit Namen. (5.—) 23867

— — u. (Resp.) Gerhard Friedrich Borchold (Leipzig), De arte loquendi. Diss. Leipzig (Brandenburger) 25. VIII. 1708. 32 S. (5.—) 23887
Gew.: Woldemar von Leuendal.

Müller, August Friedrich, Von dem Auszuge der Inwohner eines Landes, der Religion halber. Aus dem Lateinischen übersetzt.
siehe Johann Georg Schelhorn,
Historische Nachricht u.s.w., Leipzig (1732).

Müller, August Friedrich [Praes.], s. Baudis, Gottfried Leonh.: De emigratione religionis caussa.

Müller, A. F., Beicht- u. Abendmahlsreden gehalten in der k. s. Landesschule zu Grimma. Leipzig 868. Hinrichs' Verl. gr. 8. (IV, 156 S.) 22½ ngr.

Müller, Aug. Frdr., die Bitte um ein Gott gehorsames Herz. Predigt am Stiftungsfeste der Königl. Sächs. Landesschule zu Grimma den 15. September 1862 gehalten. Grimma 862. Gensel. gr. 8. (14 S.) 3 ngr.

Müller, Aug. Friedr., des Christen Lauf in jedem Berufe, ein Lauf auf's Gewisse. Predigt am Stiftungsfeste der königl. sächs. Landesschule zu Grimma den 14. Sept. 1858 gehalten. gr. 8. (13 S.) Grimma 859, Gensel. Thlr.

Müller, Aug. Friedr., daß der Mensch bereits in diesem Leben nichts anderes erntet, als was er säet. Predigt am Stiftungsfeste der königl. sächs. Landesschule zu Grimma den 15. Septbr. 1856 gehalten. gr. 8. (13 S.) Grimma 856(57,) Gebhardt's Verlag.

Müller, Aug. Frdr., Einl. in die philosoph. Wissenschaften, 3 Thle. 8. Leipz. 733.

— — (Meißen), De eo, quod omnes ideae oriantur a sensione. Disput. Philos. Präs. Andreas Rüdiger. Leipzig (J. Chr. Brandenburger) 12. I. 1704. (5.50) 23888
Gew.: L. Immanuel Horn, L. Gust. Enoch Fromhold.

– (Übers.), s. Gracián, Baltasar: Orakel.

—— die Herrlichkeit des in Christo uns aufgegangenen Lichtes. Predigt am Epiphaniasfeste 1858 in der Klosterkirche zu Grimma gehalten. gr. 8. (14 S.) Grimma 858, Gensel.

Müller, Aug. Friedr., hin zu Jesu — unsre selige Losung für das neue Schuljahr. Predigt am Stiftungsfeste der königl. sächs. Landesschule zu Grimma den 14. Septbr. 1863 gehalten. gr. 8. (14 S.) Grimma 863, Gensel. *

— — De idea clara et distincta disserit et ad orationem memoriae .... Jo. Christian Geier sacram .... Leipzig (Breitkopf) 24. VIII. 1754. 16 S. (4.50) 23882

— die trostreiche Kraft unserer Taufe in schwerer äußerlicher Noth. Predigt am 6. p. Trin. in der Klosterkirche zu Grimma gehalten. Grimma 866. Gensel. gr. 8. (12 S.) 3 ngr.

— — De lectione librorum docta disserit et candidatos magisterii ad examen consuetum indeque ad capessendos summos in philosophia honores invitat. Leipzig (Breitkopf) (1. Adv. 1752). 8 S. (3.—) 23880

— — De lege naturali sine Deo concepta disserit et ad orationem memoriae praeclarissimi quondam viri Jo. Christian Geier sacram . . . . invitat. o. O. 7. IX. 1740. (4.—) 23869

— Lehrbuch der christlichen Religion für die oberen Klassen evangel. Gymnasien. Leipzig 867. Teubner. gr. 8. (VIII, 232 S.) 24 ngr.

Müller, A. F., Lehrbuch der christlichen Religion für die oberen Klassen evangelischer Gymnasien. 2. verb. Aufl. gr. 8. (VIII, 230 S.) Leipzig 879, Teubner. *

— — De libertate naturali et imperii humani limitibus disserit et candidatos magisterii ad examen consuetum indeque ad capessendos summos in philosophia honores invitat. (Leipzig (Langenheim) 1. Adv. 1760.) 16 S. (3.—) 23885

Müller, Aug. Friedr., die wahre christliche Liebe in der Erziehung. Predigt am Stiftungsfeste der königl. sächs. Landesschule zu Grimma den 15. Septbr. 1851 gehalten. gr. 8. (15 S.) Grimma 851, Gebhardt.

Müller, August Friedrich [Praes.], s. Liebeherr, Matth. Heinr.: De fictionum juris Romani usu antiquo nonusu hodierno.

— — Viro summe venerabili Carl Gottfr. Wilh. Theil, praesidi suo diem natalem congratulatur Societas Exegetica Lipsiensis. — Inest Diss. Exegetica de loco Pauli I. Cor. Cap. XV. V. 12—19. Leipzig (Breitkopf-Haertel) Febr. 1839. 16 S. (3.50) 23886

—— mit welchem Entschlusse sollen wir das dritte Jahrhundert unsrer Anstalt beschließen? Predigt am Stiftungsfeste der k. sächs. Landesschule zu Grimma den 14. Septbr. 1849 gehalten. gr. 8. (16 S.) Leipzig 849, Teubner.

— — De notione legis disserit et ad solennia renuntiationis magistrorum celebranda magnif. Acad. Rectorem, ... invitat. Leipzig (Breitkopf) 25. II. 1740. 16 S. mit Namen. (4.—) 23868

— — De notione legis naturalis detracta utilitatis ratione concepta disserit et ad salennia renuntiationis magistrorum celebranda illustr. comites proceres academiae gravis. nec non gener. et nobil. acad. cives human. invitat. Leipzig (Breitkopf) 16. II. 1758. 22 S. mit Namen. (5.—) 23883

— — De notione legis naturalis detracta utilitatis ratione concepta disserere pergit et ad orationem memoriae praenobilissimi et praeclarissimi quondam viri Jo. Christian Geyer sacram . . . . invitat. Leipzig (Breitkopf) 22. III. 1758. 15 Seiten. (4.50) 23884

MÜLLER, AUG. FR. — BALTHASAR GRACIANS Oracul, Das man mit sich führen und stets bey der Hand haben kan. Das ist; Kunst-Regeln der Klugheit, Zweyter Band, Aus dem Spanischen ins Deutsche übersetzet, mit neuen Anmerkungen, von D. August Friedrich Müllern. Zweyte Auflage. Leipzig, C. J. Eyssel, 1733. 8°. 7 Bl. 828 S. 20 Bl. Pbd. d. Z.

Zweiter Band der seltenen, zweibändigen Müllerschen Ausgabe, die Maximen 102—300 enthaltend. Diese Ausgabe ist besonders bemerkenswert, da sie für jede Maxime den span. Originaltext gefolgt von der deutschen Übersetzung und danach einen ausführl. deutschen Kommentar bringt. De B.-S. 1649 kennt nur eine spätere Ausgabe von 1738. —

— — Orationem qua professionem logicae Aristotelicae ordinariam clementissime sibi demandatam. Leipzig (Breitkopf) 19. IV. 1732. 23 S. (4.50) 23866

— — Orationem qua professionem philosophiae extra ordinem sibi clementissime demandatam. Leipzig (Breitkopf) 19. X. 1731. (4.—) 23865

— — De origine civitatum disserit et ad solennia magistrorum . . . . (Leipzig) 12. II. 1750. 16 S. mit Namen. (4.—) 23878

— — De origine civitatum disserere pergit et ad orationem memoriae . . . . Jo. Christian Geyer sacram . . . . o. O. 15. VII. 1750. 24 Seiten. (4.—) 23879

— — De perceptione clara et distincta disserit et ad solennia magistrorum . . . . Leipzig (Breitkopf) 28. II. 1754. 16 S. mit Namen. (4.—) 23881

— — Praemia viris strenuis a Platone decreta explicat et candidatos magisterii ad examen consuetum indeque ad capessendos summos in philos. honores invitat. Leipzig (B. Chr. Breitkopf) (1. Adv. 1744). (4.—) 23874

— — De principio contradictionis disserit et ad solennia magistrorum . . . . (Leipzig (Breitkopf)) 24. II. 1746. Mit Namen. (4.—) 23875

— — De principio contradictionis disserere pergit et ad orationem memoriae . . . . Johann Christian Geier sacram . . . . o. O. 18. VI. 1746. (4.—) 23876

— — De principio contradictionis disserere pergit et ad orationem memoriae praenob. et praeclar. quondam viri Johann Christian Geier sacram . . . . invitat. o. O. 18. VI. 1746. (4.50) 23877

— August Friedrich, De rationibus legum investigandis, Ad. L. 20. 21. ff. d. LL. Diss. jur. Präs. Philipp Wilhelm von Boineburg. Erfurt (J. H. Grosch) 8. X. 1714. 32 S. (5.50) 23864

— Schule und Evangelium. Sammlung von 11 Predigten, gehalten am Stiftungsfeste der Königl. Sächs. Landesschule zu Grimma in den J. 1844—1855. Grimma 856. Gebhardt. gr. 8. (à ca. 16 S.) 15 ngr.

Neuer Titel zu den einzeln erschienenen Predigten.

—— die Stille zu Gott, mit der wir vor ihm feiern. Predigt am Stiftungsfeste der königl. sächs. Landesschule zu Grimma den 14. Septbr. 1866 gehalten. gr. 8. (13 S.) Grimma 867, Gensel.

— — De successione haereditaria ex jure naturali disserit et ad memoriam viri nobilissimi domini Johann Graf, mercatoris Leipzig. Leipzig (Breitkopf) 9. XI. (1743). (4.50) 23870

Müller, Aug. Friedr., unser Glaube der weltüberwindende Sieg. Predigt am Stiftungsfeste der königl. sächs. Landesschule zu Grimma den 14. Septbr. 1859 gehalten. gr. 8. (14 S.) Grimma 860, Gensel.

—— unser Jubelfest ein Fest der Freude am Evangelium. Predigt bei der 3. Säcularfeier der königl. sächs. Landesschule zu Grimma den 16. Septbr. 1850 gehalten. gr. 8. (15 S.) Grimma 850, Gebhardt.

— unsere Festfeier ein Preis der Hirtentreue Gottes. Predigt am Stiftungsfeste der königl. sächs. Landesschule zu Grimma den 14. Septbr. 1865 gehalten. Grimma 865. Gensel. gr. 8. (13 S.) 3 ngr.

— — De usucapione et praescriptione longi temporis ex principiis naturalibus disserit et ad solennia magistrorum .... Leipzig (B. C. Breitkopf) 13. II. 1744. Mit Namen. (4.—) 23872

— — De usucapione et praescriptione longi temporis ex principiis naturalibus disserere pergit et ad orationem memoriae .... Jo. Christian Geier sacram .... [Leipzig] (Breitkopf) 20. VI. 1744. (4.—) 23873

— über das Verhältniß von Recht und Pflicht. Rede zur Feier des Geburtsfestes Sr. Maj. des Königs den 12. Decbr. 1864 in der königl. sächs. Landesschule zu Grimma gehalten. gr. 8. (14 S) Grimma 865, Gensel.

— was es heißt, den Segen in der Erziehung von oben erwarten. Predigt am Stiftungsfeste der Königl. Sächs. Landesschule zu Grimma d. 14. Sept. 1852 gehalten. gr. 8. (15 S.) Grimma 852, Gebhardt. 3 ngr

— Was soll uns erwecken zum Wandel im Geiste? Predigt am Stiftungsfeste der Königl. Sächs. Landesschule zu Grimma den 14. Septbr. 1857 gehalten. Grimma 858. Gensel. gr. 8. (14 S.) 3 ngr.

Müller, Aug. Frdr., welche Bedeutung hat es für uns, daß in den Aposteln ungelehrte Laien die Lehrer der Welt geworden sind? Predigt am Stiftungsfeste der K. Sächs. Landesschule zu Grimma d. 14. Sept. 1847 gehalten. gr. 8. (16 S.) Grimma 847, Gebhardt. 3 ngr

— Welchen sittlichen Halt der Jugend wie dem Alter die Taufe bietet. Predigt am Stiftungsfeste der königl. sächs. Landesschule zu Grimma den 16. Septbr. 1861 gehalten. gr. 8. (14 S.) Grimma 861, Gensel.

— wenn ist die Freude an dem Erfolge unserer beruflichen Thätigkeit eine Freude nach dem Willen des Herrn? Predigt am Stiftungsfeste der königl. sächs. Landesschule zu Grimma den 14. Septbr. 1864 gehalten. gr. 8. (14 S.) Grimma 864, Gensel.

— Wenn zeigt sich die Schule als eine Pflanzstätte christlicher Unterthänigkeit gegen den Landesfürsten? Predigt am Stiftungsfeste der königl. sächs. Landesschule zu Grimma den 14. Septbr. 1854 gehalten. gr. 8. (14 S.) Grimma 854, Gebhardt's Verlag.

— Woraus quillt der rechte, angestrengte Eifer im Berufe? Predigt am Stiftungsfeste der königl. sächs. Landesschule zu Grimma den 14. Septbr. 1860 gehalten. gr. 8. (14 S.) Grimma 861, Gensel.

— **August Heinrich** (Leipzig), De hypotheca tacita in bonis furis locum non habente. Präs. August Cornelius Stockmann. Leipzig (J. Fr. Fischer) 24. VIII. 1809. 15 S. (3.50) 23889
Widm. v.: Aug. Cornelius Stockmann.

— De scarlatina, s. Müller, August

Müller, August Karl

Müller, Aug. Carl, deutsche Dichtung des 19. Jahrhunderts. 16. (XVI und 468 S.) Berlin 862, Reichardt und Zander. geb. mit Goldschn.

Müller, A. Exempelbuch z. Gesundheitskatechismus. Hannover 1795 u. 96.

Exempelbuch zum Gesundheitskatechismus. Ein Lesebuch ... von August Carl **Müller**. Hälfte 1.2. Hannover: Hahn 1796 bis 1806. 1 Bd. 8⁰
Hälfte 1: 2. verm. u. verb. Aufl. 1806.
Hälfte 2: 1796.

Müller, Aug. W. F., Helgoland, s. Crell, R.

Müller, Aug. Wilh., Asträa, s. Asträa.

AUGUST WILHELM MÜLLER, Denkschrift zur fünfundzwanzigjährigen Amtsjubelfeier unseres verehrten Direktors Ludwig Bechstein, ... Im Namen des Hennebergischen alterthumsforschenden Vereins dargebracht von dessen Vorstand. Meiningen. Am 10. November 1856. 8⁰.

— der Bischof Dräseke als Freimaurer. Eine Sammlung seiner Vorträge und Festreden in der Loge. Mit einer biograph. Skizze Dräseke's. 2., mit neuen Zeichnungen verm. Aufl. gr. 8. (XVI und 348 S.) Magdeburg 865, Heinrichshofen'sche Buchh.

Die Feier des goldenen Maurer-Jubelfestes Seiner Hoheit des Herzogs Carl Bernhard zu Sachsen-Weimar-Eisenach im Bade Liebenstein. Dargest. vom Br. Aug. Wilh. **Müller**. Als Ms. f. Brr. Sondershausen 1859: Eupel 53 S. 8⁰
Aus: A. 21 (1859—1860) S. 347—392.

— die Fürsten Deutschlands in ihren Beziehungen zum Freimaurerbund. Vortrag bei dem Maifest in Kösen am 29. Mai 1864. 8. (45 S.) Sondershausen 864. [Lübeck, Bolhoevener.]

Die Fürsten Deutschlands in ihren Beziehungen zum Freimaurerbund. Vortrag bei dem Maifest in Kösen am 29. Mai 1864 von Aug. Wilh. **Müller**. Sondershausen: Eupel 1864. 45 S. 8⁰
Abgedr. in: A. 26 (1865) S. 217—254.
cf. L. 24 (1865) S. 61—63.
Tt. 401.

Müller, Aug. Wilh., Ihre Hoh. die Herzogin Ida v. Sachsen-Weimar-Eisenach, geb. Prinzessin v. Sachsen-Meiningen. Eine Lebensskizze. Lex. 8. (28 S.) Weimar 852, Voigt. 1/12 ℳ

— das Jean Paul-Denkmal im englischen Garten zu Meiningen. Ein Erinnerungsblatt. gr. 8. (86 S.) Halle 865, Pfeffer. *

Zöllner, Andr.: Klage und Trost am Grabe des [Brs] Andr. Zöllner. Ausgesprochen am 5. März 1862 von Aug. Wilh. **Müller**. Eine Ostergabe für die zahlreichen Freunde und Verehrer des Vollendeten. Hildburghausen [1862]: Gadow & S. 15 S. 8⁰ [Umschlagtit.]
Abgedr. in: A. 24 (1863) S. 215—229.
Gelegenheitsworte.

— aus des Lieder-Componisten Andreas Zöllner Leben u. Streben. Eine Skizze. Magdeburg 862. Heinrichshofen'sche Buchhdlg. gr. 8. (64 S.) 10 ngr.

— Dr. Martin Luther u. sein Stammort Möhra. Mit einem Mahnrufe des Reformators an unsere Zeit. Eine Denkschrift zur Erinnerung an die Enthüllung u. Einweihung des Lutherdenkmals in Möhra. Meiningen 862. Gadow & Sohn. 16. (XVI, 356 S.) n. 20 ngr.

Müller, August Wilhelm, Johanne Caroline Märcker, geb. Salzmann, Eine Lebensskizze, Meiningen 1854, 15 S., 8°.

Müller, Aug. Wilh., das deutsche Ordenskreuz. Festrede zur Feier des 18. Oktbr. 1861. gr. 8. (20 S.) Meiningen 861, (Brückner und Renner.) **

Müller, Aug. Wilh., Moritz v. Schwind. Sein Leben u. künstler. Schaffen insbesondere auf der Wartburg. Mit (lith.) Titelbild (in Tondr.) nach e. Zeichng. v. E. Haertel. gr. 16. (XV, 268 S.) Eisenach 871. Bacmeister. n. 2. 40

Müller, Aug. Wilh., Moritz v. Schwind. Sein Leben und künstler. Schaffen insbesond. auf der Wartburg. Mit (lithogr.) Titelbild (in Tondr.) nach einer Zeichnung von E. Haertel. gr. 16. (XV, 268 S.) Eisenach 871. Baerecke. 2 40

—— dass. — 2. Ausg. 8. (X, 267 S.) Eisenach 873, Bacmeister. * 1 —

—— die erlauchten Stammmütter des Hauses Sachsen Ernestinischer Linie. In Skizzen und einem ausführlicheren Lebensbilde der Mark- und Landgräfin Katharina, geb. Gräfin v. Henneberg. gr. 4. (86 S.) Meiningen 862, (Brückner und Renner.) *

Müller, Aug. Wilh., Deutschlands Wiedergeburt. Eine den Hauptzügen nach vollständ. Geschichte der deutschen Befreiungskriege. Mit den sie feiernden Freiheits- u. Vaterlandsreden Dräseke's. Eine Festgabe zur goldenen Jubelfeier des Siegestages der Schlacht bei Waterloo am 18. Juni 1865. Magdeburg 865. Heinrichshofen'sche Buchh. gr. 8. (XCVIII, 281 S.) 1 ₰ 10 ngr.

Müller, Auguste

Müller, Aug., Frauenfrage, höhere Mädchenschule u. Mädchenschulreform. Vortrag, geh. am 26. II. 1904 in Ludwigshafen a. Rh. im Verein f. Fraueninteressen. (42 S.) 8. Pirmasens 904. (Lützel & Co.) n. 1.—

Müller, Augustus, s. Müller, August

Müller, B. Üb. d. Bezieh. d. Wassers z. Militärkleidung. (S.-A.) O. J.

Müller, B., siehe a. Gesetze u. Verordnungen, die, über die Preuß. Renten-Banken.

Müller, d. Gesetze u. Verordngn. üb. d. preuss. Renten-Banken nebst Motiven u. d. Ablösungsgesetz v. 2/3. 1850. Berlin 850.

Müller, B., der Hörige, s.: Bibliothek vaterländischer Schauspiele.

Müller, B., Leitfaden f. d. Handarbeitsunterricht in Schule u. Haus. I. Tl. Das Ausbessern in ausgef. Lektionen. M. 14 in d. Text gedr. Abb. gr. 8. (VII, 39 S.) Ravensburg 898. O. Maier. n. — 90

Müller, B., Liederbuch für Volksschulen. Op. 5. 3 Hefte. 8. Hildburghausen 882, Gadow und Sohn. *

Inhalt:

Heft 1. Für die Unterstufe. (64 S.) * 30 Pf.
" 2. Für Mittel- und Oberklassen. (VII, 167 S.) * 60 Pf.
" 3. Für gehobene Oberklassen. (VII, 163 S.) * 70 Pf.

—— dass. — 2. Aufl. 2 Hefte. 8. Ebendas. 884. *

Inhalt:

Heft 1. Für Unter- und Mittelklassen. (VI, 64 S.) * 30 Pf.
" 2. Für Mittel- und Oberklassen. (VII, 167 S.) * 60 Pf.

Müller, B., Liederbuch für Volksschulen. Op. 5. 3 Hefte. 8. Hildburghausen 886—88, Gadow und Sohn. *

Inhalt:

Heft 1. Für Unter- und Mittelklassen. 4. und 5. Aufl. (64 S.) * 25 Pf.
" 2. Für Mittel- und Oberklassen. 3.—5. Aufl. (VII, 167 S.) * 50 Pf.
" 3. Für gehobene Oberklassen. 2. Aufl. (IV, 164 S.) * 60 Pf.

Müller, B., Liederbuch f. Volksschulen. Op. 5. 3 Hfte. 8. Hildburghausen, Gadow & Sohn. n. 1. 35

1. Für Unter- u. Mittelklassen. 6. Aufl. (64 S.) 889. n. — 25
2. Für Mittel-Oberklassen. 5. Aufl. (VII, 167 S.) 888. n. — 50
3. Für gehobene Oberklassen. 2. Aufl. (IV, 164 S.) 887. n. — 60

Müller, B., Liederbuch f. Volksschulen. Op. 5. 2 Hfte. 8. Aufl. 8. Hildburghausen 893. F. W. Gadow & Sohn. n. — 75

1. Für Unter- u. Mittelklassen. (64 S.) n. — 25
2. Für Mittel- u. Oberklassen. (VII, 167 S.) n. — 50

Müller, B., Liederbuch f. Volksschulen. Op. 5. 3 Hfte. 8. Hildburghausen, F. W. Gadow & Sohn. n. 1. 35

1. F. Unter- u. Mittelklassen. 9. Aufl. (64 S.) 895. n. — 25
2. F. Mittel- u. Oberklassen. 9. Aufl. (VII, 167 S.) 895. n. — 50
3. F. gehob. Oberklassen. 5. Aufl. (VI, 163 S.) 898. n. — 60

Müller, B., Liederbuch f. Volksschulen. Op. 5. 1. Hft. Für Unter- u. Mittelklassen. 11. Aufl. 12. (64 S.) Hildburghausen 899. F. W. Gadow & Sohn. n. — 25

Müller, B., Liederbuch f. Volksschulen. 1. u. 2. Heft. 8. Hildburghausen, F. W. Gadow & Sohn. n. — 75

1. Für Unter- u. Mittelklassen. 13. Aufl (64 S.) 905. n. — 25
2. Für Mittel- u. Oberklassen. 12. Aufl. (VII, 184 S.) 904. n. — 50

Müller, B., Plutarch über die Seelenschöpfung im Timaeus. Pr. 1873. 55 S. 4°. 1.20

Müller, B., Uli Rotach, s.: Volkstheater, schweizer.

Müller, B.: Die Sägemühle an der Rauti. Novelle in 7 Abschnitten aus der neuern Geschichte des Landes Glarus. Glarus, Selbstverlag 1871. VI, 56 S.

— deutsche Sprachlehre u. Rechtschreibung, s.: Kahlo, M.

Müller, B., Sprachübungen, s.: Bredendiek, K.

Müller, B., Vindiciae Plutarcheae. Diss. 1859. 27 S.

... Müller's Winke üb. d. Geisterwelt; e. Beitr. z. Naturphilos. *Berl.*, Stuhr. B. 825. 8° 6 gl

Müller, B., Winke üb. die Geisterwelt. Ein Beitrag z. Naturphilosophie. 8. Berl. 826. Stuhr. 6 gl

Müller, B. A., s. Müller, Bruno Albinus

Müller, B. C., antiquar. Untersuchung der unweit Tondern gefundnen goldnen Hörner, a. d. Dänisch. übers. von W. H. F. Abrahamson. gr. 4. Copenh. Brummer. 806.

Müller, Barthel, Chants d'écoles, s.: Rolfs, Ludw. E.

— Chorlieder-Sammlung f. d. gem. Chor höh. Lehranst. 8. (XII, 176 S.) Leipzig 897. Renger. Geb. n. 1. 20

— einstimmige Kirchengesänge zum Gebrauche f. d. kathol. Schüler höh. Lehranst. 2., verm. Aufl. 12. (76 S.) Ebd. 897. In Leinw. kart. n.n. — 75

— vierstimm. Kirchengesänge f. gem. Chor z. Gebrauche f. d. kathol. Schüler höh. Lehranst. 2., verm. Aufl. 12. (IV, 71 S.) Ebd. 897.
In Leinw. kart. n.n. — 75

— Liederbuch f. d. unt. Klassen u. Vorschulen höherer Lehranst. 8. (XII, 142 S.) Ebd. 897. Geb. n. 1.—

Müller, Barthel, Liederbuch f. die unteren Klassen u. Vorschulen höh. Lehranstalten. (XII, 146 S.) 8. Leipzig 908. Renger. Geb. n. 1. 20

Müller, Barthel, Liederbuch f. die unteren Klassen u. Vorschulen höh. Lehranstalten. 2. Aufl. (XII, 146 S.) 8. Leipzig 907. Renger. Geb. 1. 20

Müller, Benj., das Kostbarste des Kaufmanns. Eine Stimme. gr. 8. (11¼ B.) Berlin 844, (Mittler, Verl.)

Müller, Benjamin Karl Leopold, s. Müller, Leopold

Müller, Benno, über Asepsis bei Operationen. (7 S.) 4. Berlin 905. J. Goldschmidt. n. 1. —
Sonderabdruck aus: „Deut. medizin. Presse".

Mueller, Benno, Disputatio de Pentateuchi auctore. München, 1842 u. 1843, 29 u. 23 S. Gymnas.-Progr.

Müller, Benno, s. Balde, Jac., Carmina.

Müller, Benno, approb. Arzt: Es soll die Konfiguration der vorderen Bauchwand und namentlich die Lage des Nabels in der Norm und bei möglichst vielen Abdominalerkrankungen genau festgestellt und untersucht werden, wie weit die gewonnenen Daten zur Aufstellung diagnostischer Grundsätze verwendbar sind. *Leipzig-Reudnitz 1900: A. Hoffmann.* (131 S.) 8° ¶ Gekr. Preisschr. (v. J. 1897).
Leipzig, Med. Diss. v. [27. Juni] 1900

Historia Merdasidarum ex Halebensibus Cemaleddini annalibus excerpta a P. Benno. Muller, O. S. B, Phil. et Th. Dr., G. P. et R. — 1844 Ibid. — S. 4—56.
Progr. München.

Müller, Benno: Narkologie. Leipzig-Reudnitz (von Lfg 4 ab:) Berlin
Bd 1. Narkosiologie. 1903—1905
Bd 2. Anaesthetologie. 1908

Narkologie. Ein Handbuch d. Wissenschaft über allgem. u. lokale Schmerzbetäubung ⟨Narkosen u. Methoden d. lokalen Anästhesie⟩ in 2 Bden mit zahlr. Abb. f. Aerzte u. Studierende von Dr. med. Benno **Müller** in Hamburg. Lfg 1. *Leipzig-Reudnitz: A. Hoffmann 1903.* 8° [03. 10076

— Narkologie. Ein Handbuch der Wissenschaft üb. allgemeine u. lokale Schmerzbetäubung. (Narkosen u. Methoden der lokalen Anästhesie) in 2 Bdn. m. zahlreichen Abb. (In 12 Lfgn.) 1.—10. Lfg. (1. Bd. XIV, 608 S. u. 2. Bd. S. 1—128.) Lex.-8. Berlin 903—906. R. Trenkel. à n. 2. —

Müller, W. B., Narkologie. Ein Handbuch der Wissenschaft üb. allgemeine u. lokale Schmerzbetäubung. (Narkosen u. Methoden der lokalen Anästhesie) in 2 Bdn. m. zahlr. Abbildgn. 11. u. 12. (Schluss-)Lfg. (2. Bd. IX, S. 129—234 u. LXIII S.) Lex. 8. Berlin 907. 08. R. Trenkel. à 2.— (Kplt. 25.—; geb. 28. —)

Müller, Benno, Die Offenbarung des heil. Johannes übersichtlich und geschichtlich erklärt. München (Regensburg, Pustet,) 1860, gr. 8°, IV u. 288 S., 3,20 Mk.

— Stovain als Anästhetikum, s.a. Sammlung klinischer Vorträge.

Stovain als Anästhetikum von Benno **Müller**, Hamburg. Leipzig: Breitkopf & Härtel 1906. (20 S.) 8° [Umschlagt.]
— **Sammlung** klinischer Vorträge. No 428. [06. 9301

— über die Veränderungen der Uterusdrüsen in der Gravidität u. der Menstruation, s.a. Sammlung klinischer Vorträge.

Über die Veränderungen der Uterusdrüsen in der Gravidität und der Menstruation von Benno **Müller**, Hamburg. Mit 21 Fig. auf 2 Taf. Leipzig: Breitkopf & Härtel 1906. (38 S.) 8°
— **Sammlung** klinischer Vorträge. N. F. No 413. [06. 7643

Müller, B[ernhard]. **Die Aufgabe Kirchlicher Liebestätigkeit an Kirche und Volk. Ein Rückblick auf die 25jährige Tätigkeit des bernischen Ausschusses für kirchliche Liebestätigkeit, 1883—1908. [Mit Illustrationen und 1 Porträt-Tafel.] 47 S. 8. Bern. Stämpfli & Cie., 1908.**

Müller, Bernhard: Beiträge zur Geschichte des griechischen Söldnerwesens bis auf die Schlacht von Chäronea. Frankfurt a. M. 1908: Gottlieb & Müller. 125 S. 8°
Straßburg, Phil. Diss. v. 1. Aug. 1907, Ref. Neumann, Keil
[Geb. 13. April 79 Herborn; Wohnort: Oranienstein; Staatsangeh.: Preußen; Vorbildung: Gymn. Rottweil Reife Juli 01; Studium: Freiburg i. B. 2, Straßburg 8 S.] [U 09. 3846

Müller, Bernhard. Philibert Berthelier. Historisches Trauerspiel in vier Akten. [Mit 1 Vignette.] 156 S. 8. Berlin-Leipzig, Modernes Verlagsbureau Curt Wigand, 1910. [M. 3. —]

Müller, Bernh., u. Walt. Jost, Bestimmungen üb. den Zeichenunterricht. Eine Zusammenstellg. aller den Zeichenunterricht u. die Stellg. der Zeichenlehrer an den preuß. höheren Lehranstalten, höheren Töchter- u. Mittelschulen, Lehrerseminarien, Präparandenanstalten, Taubstummen- u. Volksschulen, sowie Fach- u. Fortbildungsschulen betr. Verfüggn., Erlasse u. Gesetze, welche seit dem J. 1823 erschienen sind. Ein Nachschlagebuch f. Behörden u. Zeichenlehrer, zugleich e. Beitrag zur Geschichte d. Zeichenunterrichtes in Preußen. Nach amtl. Quellen bearb. gr. 8. (XX, 166 S.) Hannover 894. Helwing's Verl. n. 2. —

Müller, Bernhard, approb. Arzt aus Heiligenstadt ⟨Eichsfeld⟩: Über **Drainage** der Harnblase nebst Veröffentlichung eines Falles von Tuberculose. *Würzburg 1892 [vielm. 1901/02]: P. Scheiner.* (30 S.) 8°
Würzburg, Med. Diss. v. 1892

Müller, Bernhard, prakt. Arzt aus Holzminden a. W.: Über einen **Fall** von Polyserositis. *München 1902: C. Wolf & Sohn.* (22 S.) 8°
München, Med. Diss. v. 1902

Müller, Bernhard: **Sebastian Furck**, Kupferstecher und Contrafaiter von Frankfurt am Main. *Frankfurt a. M. 1898: A. Osterrieth.* (39 S.) 8° ¶ (Enthält Th. 2 der eingereichten Abhandlung: Bosios Illustratoren und Sebastian Furck von Frankfurt a. M. Th. 1 erscheint in den Archäologischen Studien zum christlichen Altertum und Mittelalter; Th. 2 erscheint erweitert in: Archiv für Frankfurts Geschichte und Kunst, 3. Folge Bd 6.)
Göttingen, Phil. Diss. v. [13. Juni] 1898

Müller, Bernh., 18 Gemmen d. Göttinger Universitätssammlg. Herrn Geheimen Regierungsrat Professor Dr. Wieseler zur Feier d. vollend. 80. Lebensjahres gewidmet v. königl. archäolog. Seminar. gr. 4. (15 S. m. 1 Lichtdr.-Taf.) Göttingen 891. (Deuerlich.) n. 1. —

Müller, Bernhard: Giebt es pathognomonische Kennzeichen der Lues hereditaria? *Würzburg 1898.* (31 S.) 8°
Würzburg, Med. Diss. v. 1898

Müller, Bernh., Heimatkunde des Dorfes Sohland a. d. Spree u. seiner Umgebung. Ein Beitrag zur Landeskunde. gr. 8. (53 S. m. 4 Taf.) Schirgiswalde (901). (Bautzen, Weller.) Kart. n. 1. 20

Zur Kritik und Erklärung von Caesars Gallischem Kriege. — Von Bernh. Müller, Stdl. — 1877. Kaiserslautern, Ph. Rohr. — S. 3—30⁸.
Progr. Kaiserslautern, K. Gymn.

Müller, Bernh., Narreteien e. Kindes. Worte aus Liebe. (IX, 140 S.) 8. Dresden 903. E. Pierson. n. 1. 50; geb. n. 2. 50

Müller, Bernh., Reigen f. turner. Festaufführungen, s.: Richter, Jul.

(Maur.-K. . .) Scherzhafter Toast über 100 Namen von M.-BBr. zur Festtafel am St. Johannistage 1869 gehalten vom Br. B[ernh.] M[üller]. Rostock 1869: Boldt. 8 S. 8⁰ [Umschlagtit.]

Toast auf das Wohl der Schwestern zum Johannisfeste 1872 von B[ernh.] M[üller]. Rostock 1872: Behm. 4 S. 8⁰ [Kopftit.]

Müller, Bernhard: Untersuchungen über die quantitative Bestimmung einiger seltener Erden. [1905.] 40 S. 8⁰
München, Dr.-Ing.-Diss. v. 15. 3. 1905

Müller, Bernhardus Josephus *(geb. Sechtem bei Köln a. Rh. 12. 1. 1827)*: De lithiasi et lithotomia. Vratislaviae (1856). (27 S.) 8⁰
Breslau, Med. Diss. v. 13. Dez. 1856

Müller, Berthold, kurzer Abriß der Geschichte der Pädagogik. 8. (28 S.) Kottbus 881. Schauenburg. n. — 60

Müller, Berthold, appr. Arzt a. Gießen: Aus d. patholog. Institut zu Gießen. Ein Beitrag zur Kenntnis der Pulsionsdivertikel der Speiseröhre. Gießen 1905: v. Münchow. (30 S.) 8⁰
Gießen, Med. Fak., Ref. Bostroem, Diss. v. 18. Sept. 1905
[Geb. 28. Nov. 77 Gießen; Wohnort: Gießen; Staatsangeh.: Hessen; Vorbildung: Gymn. Gießen Reife O. 98; Studium: Gießen 5, Leipzig 1, München 1, Gießen 3 S.; Coll. 27. Nov. 03; Approb. 14. Febr. 03.]

Müller, Berthold, appr. Arzt a. Bromberg: Über 785 Fälle von congenitaler Amblyopie. ⟨Zusammengestellt aus dem Krankenmaterial der Halle'schen Univ.-Augenklinik.⟩ Halle a. S. 1906: C. A. Kaemmerer. (47 S.) 8⁰
Halle, Med. Fak., Ref. Schmidt-Rimpler, Diss. v. 1. Juni 1906
[Geb. 4. April 81 Karlsruhe i. B.; Wohnort: Bromberg; Staatsangeh.: Preußen; Vorbildung: Gymn. Bromberg Reife O. 00; Studium: Philol. u. Gesch.: Berlin 1, Med.: Greifswald 4, Berlin 3, Halle 2 S.; Coll. 25. Mai 06; Approb. 10. Aug. 05.]

Mueller, (Johannes Paulus) Bertholdus *(geb. Brätz in Pos. 12. 10. 1847)*: Vindiciae Plutarcheae. Vratislaviae (1869). (27 S.) 8⁰
Breslau, Phil. Diss. v. 14. Aug. 1869

Gedichte v. Betty **Müller**, geb. Pape. ⟨Manuscript für Freunde.⟩ Eutin. 1853. 8⁰

Müller, Bill, Feuerversicherung! Brandschaden-Regulierung durch Sachverständige! Ein lehrreiches Kapitel f. Versicherte. (49 S.) gr. 8. Erfurt 904. C. Villaret. n. — 80

Müller, Bonaventura, Abhandlung einiger geoffenbarten Wahrheiten, die man itzt in Zweifel zieht. Zum Unterricht und Nutzen des gemeinen Mannes. Prag, Gerzabek, 1798, 8⁰, 112 S.

Müller, Bonav., Widerlegung einer Schrift, worin ein sein sollender röm.-kath. Pfarrer in Schlesien unternommen hat zu erweisen, daß weder die christliche Religion noch die röm.-kathol. Kirche die alleinseligmachende sei. Prag, Gerzabek, 1799, 8⁰, 335 S.

Müller, Bonifacius, Leben u. Briefe von Irma le fer de la Motte, im Ordensstande Schwester François Xavier. Veröffentlicht durch ihre Schwester Clementine de la Corbinière. 2 Theile in 1 Bde. 8. (175 u. 252 S.) Wien, Heinrich Kirsch. 1 fl.
1884.

Müller, Bonifacius, Leben u. Wirken des Dieners Gottes Dominikus à Jesu Maria aus dem Orden der reformirten Karmeliter, geb. zu Calatajud in Spanien 1559, gest. zu Wien in der k. k. Hofburg 1630. Seinen alten Biographen nacherzählt. 8. (VIII, 214 S.) Wien 878. Mayer & Co. n. 1. 40

MÜLLER, Bonifaz (Bamberg): De fungo durae matris et cranii.- Monachii 1829. 20 S. 16.8.1826 - Pe 424; F 59
Diss. Ingolst. - Landsh. - Mchn.

Müller, Bruno, s.a. Müllor-Brunow.

Müller, Bruno: Der geologische Aufbau des Hirschberger Teichgebietes.
Prag, Diss. 1909/1910

Müller, Bruno, Referendar: Der Mäklervertrag nach dem Bürgerlichen Gesetzbuche für das Deutsche Reich. Cassel [1905]: Becker & Rennert. (29 S.) 8⁰
Rostock, Jur. Fak., Ref. Bernhöft, Diss. v. 15. Febr. 1905
[Geb. 3. Aug. 78 Gotha; Wohnort: Cassel; Staatsangeh.: Preußen; Vorbildung: Wilhelmsgymn. Cassel Reife O. 96; Studium: Jena 2, Marburg 5 S.; Rig. 10. Jan. 05.]

Müller, Bruno, das Motorboot u. seine Maschinenanlagen, s.a. Bibliothek der gesamten Technik.

Das Motorboot und seine Maschinenanlagen. Von Bruno **Müller**, Ing. Mit 126 Abb. Hannover: M. Jänecke 1906. (183 S.) 8⁰
— **Bibliothek** d. gesamten Technik. Bd 6. [06. 2269 7

Müller, Bruno, Taschenbuch f. Reisende durch den thüringer Wald u. dessen nächste Umgebung. 8. (12½ B., 3 lith. Ans. u. 1 Reisekarte.) Rudolstadt 845, Renovanz. *

Mueller, Bruno Albinus, Dresdensis: De Asclepiade Myrleano. *Lipsiae 1903: Hallberg & Buechting.* (52 S.) 8⁰
Leipzig, Phil. Diss. v. [28. Juli] 1903

Müller, Burch. Geo., († d. 2. Juni 1799). Zwei Abschiedspredigten, gehalten zu Buchholz u. Arnimb. 8. Berl. 757.

— s. Stimme d. Kranken.

Müller, C. . ., s. a.: Müller, K. . .

Müller, C., s.a. Müller, Karl

— s.a. Müller, Konrad

— s.a. Müller, Kurt

Müller C.: Albinismus bei *Lathraea squamaria L.* 1891. [Rostr. Saml.].

Müller, C., Altes u. Neues über das Bad Wildungen im Fürstenth. Waldeck. Ein freundl. Führer für Kurgäste. Fürstenwalde 870. Berlin, (Geelhaar.) gr. 8. (IV, 88 S.) n.n. 10 ngr.; Ausg. mit 1 chromolith. Karte (in qu. 4.). n.n. 15 ngr.

Müller-Fürstenwalde (C.), Altes und Neues über das Bad Wildungen im Fürstenthum Waldeck. 3. Aufl. Fürstenwalde in d. Mark 1878. 8. Mit 1 Karte.

Müller, C., einige Bemerkungen über die asiatische Cholera, f. Aerzte, nach eigener Erfahrung gesammelt auf einer zur Beobachtung des Uebels unternommenen Reise. gr. 8. (IV u. 47 S.) Hannover 848, Hahn. n. 1/3 ₰

— Betracht. der menschlichen Seele in der Zeit u. Ewigkeit. 8. Frankft. 741.

Müller, C., Bibliothek interessanter Criminalgeschichten, s. Bibliothek.

Müller, C., Dr. Julius Braun, Sanitätsrath u. Badearzt zu Oeynhausen. Ein kurzer Nachruf. gr. 8. (14 S.) Hannover 878. Schmorl & v. Seefeld. — 30

– Die trockene Destillation und die hauptsächlichsten auf ihr beruhenden Industriezweige, s. Müller, Karl Georg

Müller, C., Elektrizitätswerke, s.: Bermbach, W.

— Geschichte v. Eilenburg u. Umgegend, s.: Fettke, C.

— Grundriß der Geschichte d. preußischen Volksschulwesens, s.a. Bücherschatz, der, des Lehrers. 7.

Grundriss der Geschichte des preussischen Volksschulwesens. Für Seminaristen, Lehrer u. Schulaufsichtsbeamte dargest. von C. **Müller**, Rektor in Eilenburg. Osterwieck/Harz: A. W. Zickfeldt 1902. (XII,294 S.) 8°
= Bücherschatz d. Lehrers. Bd 7.

Grundriß der Geschichte des preußischen Volksschulwesens. Für Seminaristen, Lehrer u. Schulaufsichtsbeamte dargest. von Dr. C. **Müller**. 2. ⟨verm.⟩ Aufl. Osterwieck/Harz & Leipzig: Zickfeldt 1910. VIII, 408 S. 8°
(Der Bücherschatz d. Lehrers. Bd 7.) (10. 13993

— u. **Mueller** C.: Handbuch d. vergleichenden Anatomie, s.a. Gurlt.

Mueller, C., Handbuch der vergleichenden Anatomie der Haus-Säugethiere, s.a. Leisering, A. G. T.

— — u. A. G. T. **Leisering**, Handbuch der vergleichenden Anatomie der Haussäugetiere. VI. Auflage der Gurltschen Anatomie. Mit 248 H. (X., 926 S.) Berlin 85. Hirschwald. M. 20.--

Müller, C. (II.), des Landwirts immerwährender Hauskalender. Ein treuer und erprobter Ratgeber bei den monatl. Verrichtungen in Haus und Hof, in Feld und Wald. Mit ausführl. Belehrung über Stallung, Wart und Pflege der Haustiere, die Wichtigkeit der Kraftfuttermittel, über vorteilhafte Milchwirtschaft, Anlage von Dungstätten, Dünger- und Kompost-Bereitung, Behandlung und Benützung des Obstes, Obstwein-Bereitung, über die Wetterpropheten des Tierreichs ꝛc., nebst landwirtschaftl. Sprichwörtern. 8. (96 S.) Reutlingen 887, Enßlin und Laiblin.

Müller, C., neueste Heilmethode Scharlach, Masern, Friesel, Blattern, Halsentzündung u. dergleichen Krankheiten bei Kindern u. Erwachsenen mittelst eines specifischen Mittels mit Sicherheit schnell zu heben, gefahrlos zu machen, auch die weitere Verbreitung [Ansteckung] zu verhüten. Mit Angabe einer Heilart, jede Verbrennung bei Menschen u. Thieren auf's Schnellste u. Sicherste zu heilen. Nebst Krankengeschichten u. einem Anhang von Recepten gegen verschiedene Kinder- u. andere Krankheiten. Leipzig 859. Leiner in Comm. 16. (47 S.) n. 10 ngr.

Müller, C., die Caffee-Kochkunst ꝛc., nebst einer Abhandlung üb. den jetzigen verbesserten Bau der Caffeetrommel; ferner von Bereitung des Thee's u. über Theegesellschaften. Mit 2 Stnt. (Neue Ausg.) Quedlinburg 842, Ernst'sche Buchh.

Müller, C. Karte der Umgegend von Bremen, auf dienstl. Veranlassg. m. Benutzg. amtl. Quellen recognoscirt u. gezeichnet. 1 : 50,000. Photolithogr. u. Farbendr. 43,5×53 cm. Bremen 891, v. Halem. * 2 —

– Katechismus der landwirtschaftlichen Botanik, s. Müller, K.

Müller, C., und Cl. **Vogelsang**, der ophthalmologische Congress zu Brüssel vom 13. bis 16. Septbr. 1857. Bericht im Auftrage des Königl. Hannov. Ministeriums des Innern. Hannover 858. Hahn. gr. 8. (2 Bl., 130 S.) n. 16 ngr.

Müller, C. (I.), die preußischen Kultusminister und das Volksschulwesen. gr. 8. (VII, 89 S.) Bernburg 884, Bacmeister. *

Müller, C., die preußischen Kultusminister u. das Volksschulwesen. gr. 8. (VII, 89 S.) Gotha 884. Behrend. n. 1. —

– Über barytrope und tautobaryde Kurven, s. Müller, C. H.

Müller, C. (II.), Leitfaden zur Einführung der Lehrlinge in das Forst- und Jagdwesen. 2 Bde. gr. 8. Münden 883, Augustin. [1. Bd. (XVI, 214 S. mit 10 lithogr. Taf.) *ℳ 2,60.; 2. Bd. (X, 132 S. mit 6 lithogr. Taf.) *ℳ 1,60.] *

— Lesebuch zur Geschichte des 19. Jahrh., s.: Gall, W.

– Martin Luther ..., s. Müller, Karl Christian

— s.: Mittheilungen aus der thierärztl. Praxis im preuss. Staate.

Müller, C. Multiplikationstabellen, auch für Divisionen anwendbar. Karlsruhe 1897.

Müller, C. (II.), die leibliche und geistige Noth der dienenden und arbeitenden Klasse auf dem platten Lande. Eine Weckstimme an die, welche es angeht. gr. 8. (43 S.) Berlin 851(52,) [W. Schultze.]

Müller, C., De Euripidis Phoenissarum parte extrema. Diss. 1881. 30 S. 1.—

– Die Pferdezucht nach ihrem jetzigen rationellen Standpunkt, s. Müller, C. F.

Müller, C: Jllustrirte Preisliste über chirurgische Gummiwaren sowie sämtliche Artikel zur Krankenpflege. 8. Aufl. Berlin 1904

Müller, C: Jll. Preisliste über Patent- und Hartgummiwaaren sowie Artikel zur Krankenpflege. Berlin 1894

Müller, [C.]: Die Rinderpest im Regierungsbezirke Frankfurt und die Instruction zu dem Bundesgesetz am 7. April, Massregeln gegen die Rinderpest betreffend, vom 26. Mai 1869.
Aus: Annalen d. Landwirtschaft. Bd 55. [1870].

Müller, C., die Rinderpest in Thüringen u. Franken im J. 1867. Mit besond. Berücksichtigung der Abwehr- u. Tilgungsmaassregeln nach eigenen Erfahrungen bearb. Berlin 868. A. Hirschwald. gr. 8. (V, 122 S.) n. 24 ngr.

Müller, C. (II.), Schreib- und Hülfs-Kalender für Geistliche und Schullehrer, s. Schreib- und Hülfs-Kalender.

— die Schutz-Pocken-Impfung der Schafe u. deren Einfluß auf die Verbreitung der Pocken-Seuche. Glogau 868. Flemming. gr. 8. (44 S.) 7½ ngr.

Müller, C., die pastorale Seelsorge, das wichtigste Mittel zur Hebung der großen Nothstände unter der dienenden und verwaiseten Klasse auf dem platten Lande. Berlin 854. W. Schultze. 8. (102 S.) 9 ngr.

Müller, C. (I.), Selbstunterricht im Feinwaschen. Enth. prakt. Anweisn. z. vollkommensten u. schönsten Waschen d. Blonden, Points, Spitzen, Shawls, Umschlagetücher, Schleier, Seidenzeuge, Flor- u. a. Bänder, sowie aller Stickereien. Nebst Seifen-Recepten rc. 8. (1½ B. u. 1 Stnt.) Quedlinburg 840, Basse.

Müller, C., Sonntagsruhe. — Sonntagsheiligung. Ein Wort aus der Zeit f. die Zeit. (47 S.) 8. Luzern 908. (Räber & Co.) —60

Müller, C., Spicilegium animadversionum in Q. Valerii Catulli carmen epicum in nuptias Pelei et Thetidos. Pr. 1836. 42 S. 4°.

Müller, (Dr.,) C., Supplementheft zu d. Archiv f. d. homöopath. Heilkunst, s. Archiv.

Müller, C., de tentamine novae novi test. metaphraseos Zinzendorfiano. 4. 743.

Touristen-Karte von Sagorsch, Gnewau und Neustadt. Nach amtl. Quellen bearb. von C. Müller. (Förster). (Maßst. 1:25,000.) *Danzig: A. W. Kafemann [1903]; (Dr. von H. F. Jütte, Leipzig).* (1 Kartenbl. 57×39 cm.) 8° [Ant. u. F.] (n.) 10

Müller, C., s.: Veterinär-Kalender.

Müller, C., Vorschriften zu militair. Planen- u. Kartenzeichnen. 4. Berl. 778. Belitz. 1 ₰ 8 gr

—— Was lehrt Gottes Wort im alten und neuen Testament, was die evangel. und kathol. Kirche über Aufruhr und Revolution? Als Neujahrsgruß und Neujahrsgabe dem lieben deutschen, insbesondere aber dem preuß. Volke dargebracht. gr. 8. (43 S.) Berlin 852, W. Schultze. *

—— einige Worte über die asiat. Cholera, für das gebildete Publikum. gr. 8. (40 S.) Hannover 848, Hahn'sche Hofbuchh.

Müller, C. A., s.a. Müller, Karl Alb.

– s.a. Müller, Karl August

Müller, C. A., Anleitung zum Kerbschnitt, s.a. Bossong's kunsttechnische Bibliothek f. Dilettanten.

Müller CA, Anleit. z. Kerbschnitt. (Bossong's kunsttechn. Bibl. 11) Wiesbaden 1894

Müller, C. A., evangelische Antwort auf die Frage: Was müssen wir thun, daß wir unter unserer Landesverfassung glückliche u. zufriedene Staatsbürger werden? Predigt am Constitutionsfest u. 13. p. Trin. 1849 über Lucae 10, 25—37 zu Prausitz gehalten. Zugleich als Beitrag zur Lösung der Frage: Ob Republik oder constitutionelle Monarchie? gr. 8. (16 S.) Oschatz 849, Oldecop's Erben. n. 1/12 ₰

Müller, C. A., Geschichte des Friedrichs-Werderschen Gymnasiums zu Berlin. gr. 8. (V, 156 S.) Berlin 881. Weidmann. n. 4. —

Müller, C. A., Heimgang unserer Lieben. Trost f. Leidtragende in Wort u. Lied, gesammelt v. C. A. M. 12. (VIII, 164 S.) Dresden 885. J. Naumann. geb. m. Goldschn. 3. —

Müller, C. A., Heimgang unserer Lieben. Trost f. Leidtragende in Wort u. Lied, gesammelt von M. 2. verm. Aufl. 12. (VIII, 197 S.) Dresden (900). Fr. Richter. Geb. in Leinw. n. 2. 80

— C. A., De Σ littera in lingua Graeca inter vocales posita. Diss. 1880. 91 S. s. Müller, Alfred

Müller, C. A., zur Reform des Veterinär-Wesens in Preußen. In drei Fragen bearb. u. zusammengestellt. Stolp 861. (Schrader.) gr. 8. (16 S.) n. 6 ngr.

— dasselbe. 2. Theil. Ebend. 861. gr. 8. (34 S.) n. 9 ngr.

– Synopsis muscorum frondosorum omnium hucusque cognitorum, s. Müller, Karl

Müller, C. A. A., topographische Karte der Gegend um Halle a. S. 1:40,000. Revid. 1888. Kpfrst. qu. Fol. Berlin, Schropp'sche Hof-Landkartenh. * 1 50

— C. A. C. (Mecklenburg), De praescriptione superioritatis territorialis acquisitiva. Diss. jur. Präs. Michael Grass. Tübingen (J. Sigmund) 1727. 54 S. (6.—) 23891

Müller, C. Ad., s. Müller, Christian Adam

Müller, C. Alb. F., s. Müller, Christian Albrecht Friedrich

Müller, C. Andr., s. Müller, Christian Andreas

Müller, C. Aug., s. Müller, Karl August

Müller, C. B.: Versuch üb. d. Anwendung d. Grundsätze d. Naturrechts auf peinl. Verbrechen. *Nürnb.* 800. 8. (18 Gr.) [jetzt *Leipz.*, Fleischer.]

Müller, C. C., s.a. Müller, Karl Konrad

– s.a. Müller, Kaspar Karl

Müller, C. C. Wünsche eines Patrioten und Christen zur Ausrottung des Strafsenbettelns und zur Beförderung der Industrie, durch Errichtung eines allgemeinen Arbeits- und Armenhauses in Lithauen und Curland. gr. 8. *Leipzig, Gräff.* 1802

Müller, C. C., Wünsche eines Patrioten u. Christen zur Ausrottung des Strassenbettelns und zur Beförderung der Industrie, durch Errichtung eines allgem. Armen- und Arbeitshauses in Lithauen und Kurland. gr. 8°. Leipzig (Wienbrack) 1802.

Vör 100 Johr. Ein Roman, dei Grund un Wohrheit het ut' e Franzosentied. Mit Anh. a. Ein neues Kaiserlied. b. Allerlei dumm' Tüg, wat dat Volk noch glöwt. Breides Platt ... Vertellt von C. C. E. Müller. Rostock: Westphal 1909. 72 S. 8°

Müller, C. C. E., nige „Läusch'n un Rimels" v. 1907. Lustig un ok irnsthaft. (VII, 80 S.) kl. 8. Schönberg i/M. (907). (Saßnitz, E. Fack.) 1. —

Nige ' L ä u s c h ' n un Rimels'. Rutgäw'n von C. C. E. Müller. [1.] Von 1907. Schönberg i. M. 1907: Schröder. 8⁰

— dasselbe v. 1908, m. Anh.: a. de swart Graf (ein Sag'), b. hoch- un plattdütsche Lieder usw. Lustig un ok irnsthaft. (VIII, 96 S.) 8. Rostock (908). E. Westphal. 1. —

— dasselbe. pp. ut Mekelborg un Pommern. (55 S.) 8. Schönberg 909. (Saßnitz, E. Fack.) — 50

— Bi den grot'n S t e i n od.: Hubert un Klaus, twei lustige Jägers, un Fiek'n un Mriek'n. Plattdütsch Theaterstückschen m. Gesang. (19 S.) 8. Rostock (908). E. Westphal. 1. —

Müller, C. C. F., s. M ü l l e r , Christian Karl Friedrich

Müller, C. C. H., Geschichte der Hamburger Apotheken. Historisch-biograph. Skizze vom J. 1265 bis auf die neueste Zeit. 2. Aufl. gr. 8. (112 S. mit 3 Facs.) Hamburg 888, Gräfe. *

Müller, C. Carl, s. M ü l l e r , C. Karl

Müller, (Superint.) C. D., Rede bei der Einweihung der von d. Kaufmann J. G. Göllner in Breslau an seinem Geburtsorte Sooneu erbauten evangel. Kirche. gr. 8. Breslau 827. Max u. Comp. 1/12 ₰

Müller, C. E., s.a. M ü l l e r , K. E.

Müller, C. E., de hierarchia et studio vitae ascet. in sacris et myster. Graecor. Romanorumque latentib. 8maj. Kopenh. 803. Brummer. 14 gl

Müller, C. E., Predigt am Geburtstage Sr. Majestät des Königs von Preußen, am 22. März 1866, in der St. Marienkirche zu Hadersleben gehalten. Hadersleben 866. Griem. 8. (13 S.) n. 4 ngr.

Müller, C. E. Hermann, s. M ü l l e r , Karl Eugen Hermann

Müller, C. Ed., s.a. M ü l l e r , Karl Ed.

M ü l l e r , C. Ed., die Aeolsharfe. Ein Cyklus Gedichte m. didactischen Motiven. 16. (12 B.) Leipzig 842, (Melzer.)

Müller, C. F., s.a. M ü l l e r , Christian Friedrich

– s.a. M ü l l e r , K. F.

– s.a. M ü l l e r , Karl Friedrich

Müller C. F.: Anatomie u. Physiologie d. Pferdes. Berl. 1879. 931 S. Fig. (= — u. Schwarznecker G.: Die Pferdezucht ... Bd. 1). 436.

Müller, C. F., A n a t o m i e und Physiologie des Rindes, s. R i n d v i e h z u c h t, die.

M ü l l e r , C. F. (II.), A n s i c h t e n in Biedermann's deutscher Monatsschrift üb. die deutsche Postreform beleuchtet. 8. (3¾ B.) Jena 815, Luden.

M ü l l e r , C. F., gründl. Anweisung f. Posamentirer, um sich beim Aussetzen u. Zurichten d. verschiedenartigsten Arbeiten ihres Faches leicht u. selbst helfen zu können. 8. (3¾ B.) Annaberg 840, (Rudolph u. Dieterici.) *

M ü l l e r , C. F. (I.), gründl. Anweisung f. Posamentierer, um sich beim Aussetzen u. Zurichten d. verschiedenartigsten Arbeiten ihres Faches leicht u. selbst helfen zu können. 2., verb. u. verm. Aufl. 8. (3¾ B. u. 1 Stnt.) Annaberg 840, Rudolph u. Dieterici.

Müller, C. F. II., prakt. Anweis. z. Lackiren u. die dazu gehörigen Lacke und Firnisse zu verfertigen, nebst Anhang in kurzer Zeit die Glasmalerei zu erlernen. Aus d. Nachlaß d. Verf. hrsgg. v. A. F. Geißler. 8. Leipz. 805. Joachim. 12 gl N. A. 16 gl

Müller, C. F., s.: A r c h i v für wissenschaftl. u. prakt. Thierheilkunde.

— kritische B e t r a c h t u n g e n über den Gesetz-Entwurf zur Abänderung der thüringischen Straf-Prozeßordnung von 1850, unter Berücksichtigung der neuen deutschen Strafprozeßgesetzgebung. Jena 853. (Döbereiner.) gr. 8. (148 S.) n. 16 ngr.

— Die scenische Darstellung des äschyleischen Prometheus. Pr. 1871. 22 S. 4⁰. 2.50

Müller, C. F.: Die Einfuhr von Schlachtvieh aus Deutschland nach Grossbritannien und die Massregeln Englands zur Abhaltung und Tilgung ansteckender Thierkrankheiten. o. O. u. J. [um 1878]. 31 S.

—— E i s e n b a h n - A l m a n a c h, od. die Tarifs u. hauptsächl. Bestimmungen bei den Eisenbahnen in Deutschland, Oestreich, Frankreich u. Belgien. 1. Jahrg. 16. (9⅛ B. u. 5 Tabellen.) Eisenberg 845, Schöne'sche Buchh. * -

— s. F r a n c i s c e e n.

Müller, C. F., siehe a. F r i e d r i c h der Große als Kenner der Tonkunst.

(M ü l l e r , C. F.) (I.), Friedrich der Große als Kenner und Dilettant auf dem Gebiete der Tonkunst. Nebst einem Anhange, enth.: Anekdoten und Miscellen aus dem Leben Napoleons. 8. (75 S.) Potsdam 847, Stuhr'sche Buchh.

— Handbuch d. vergleich. Anatomie d. Hausthiere, s.: Ellenberger, W.

Müller, C. F., H a n d b u c h der Preuß. Schul-Gesetzgebung, s. H a n d b u c h.

Müller, C. F., das Holzdiebstahls-Gesetz vom 2. Juni 1852. Aus den Materialien erläutert. Mit einem Anh.: die Feld-, Forst- u. Jagdpolizei-Gesetzgebung. Ein Handbuch f. Justiz-, Verwaltungs- u. Gemeinde-Beamte, sowie f. Forst-, Feld- u. Jagdbesitzer rc. 8. (VI u. 138 S.) Berlin 852, Hempel. n. ⅔ ₰

Müller, C. F., die Jagdgesetze im Großherzogthum Sachsen-Weimar-Eisenach. Für Gemeinde-Vorstände, Grundstücks- u. Jagdbesitzer, Jagdpächter u. Jagdliebhaber. Mit Erläuterungen. Jena 861. Deistung in Comm. 8. (IV, 68 S.) n. 8 ngr.

M ü l l e r , C. F. (II.), die sämmtl. preuß. Jagdgesetze, s. J a g d g e s e t z e.

C. W. M ü l l e r , Das jetzige Preuß. Jagdrecht. Berlin (1850) 2. Ausg. Berlin, 1852.

MÜLLER, C. F.: **Das jetzige preußische Jagdrecht. Eine systematische Zusammenstellung der sämtlichen preußischen Jagdgesetze vom Allgemeinen Landrecht bis auf die neueste Zeit. Unter Berücksichtigung der verschiedenen Provinzial-Gesetze. Mit erläuternden Bemerkungen für Justiz- und Verwaltungsbeamte, Jäger, Jagdliebhaber und Grundbesitzer. - Berlin 1852. XVI, 147 S.**

Müller, C. F., das jetzige preuß. Jagdrecht. Eine systemat. Zusammenstellung der sämmtl. preuß. Jagdgesetze vom Allgemeinen Landrecht bis auf die neueste Zeit. Unter Berücksichtigung der verschiedenen Provinzial-Gesetze. Mit erläut. Bemerkungen f. Justiz- u. Verwaltungsbeamte, Jäger ꝛc. 2. umgearb. Aufl. 8. (XVI u. 147 S.) Berlin 852, Hempel. n. $^{2}/_{3}$ Thlr.

— Jahresber. üb. die Litteratur zu d. Briefen d. jüng. Plinius a. d. J. 1873—1876. S. A. 1876. 6 S. —.40
— — a. d. J. 1877—1883. S. A. 1883. 24 S. —.80

– Kriegs- und Soldatenrecht, s. Müller, George Friedrich

—— d. projectirte Luther-Verein u. die Deutschkatholiken. 8. (3½ B.) Jena 846, Luden.

Müller, C. F., über Logier's Musikunterr.-System, s. Kollmann, A. F. W.

Müller, C. F., s. Original-Anekdoten u. Miszellen.

Müller und Schwarznecker, Die Pferdezucht nach ihrem jetzigen rationellen Standpunkte. 2 Bde. (in Lieferungen). Berlin, Wiegandt, H. u. P. 1874.

Müller, C. F., u. G. Schwarznecker, die Pferdezucht. Mit zahlreichen Racebildern u. anderen in den Text gedr. Holzschn. 1. Bd. 1—7. Lfg. u. 2. Bd. 1—4. Lfg. gr. 8. Berlin 875—76. Wiegandt, Hempel & Parey. à n. 1. 50
I. Anatomie u. Physiologie d. Pferdes v. C. F. Müller. 1—5. Lfg. (S. 1—448.)
II. Racen d. Pferdes, Züchtung, Haltung, Pflege u. Erziehung v. G. Schwarznecker. 1—4. Lfg. (S. 1—256.)

Müller, C. F., u. G. Schwarznecker, die Pferdezucht. Mit zahlreichen Racebildern u. anderen in den Text gedr. Holzschn. 1. Bd. 8—12. Lfg. u. 2. Bd. 5—10. Lfg. Lex.-8. Berlin 877—79. Parey. à n. 1. 50
I. Anatomie u. Physiologie des Pferdes. Von C. F. Müller. 8—12. Lfg. (S. 449—787.) — II. Racen des Pferdes, Züchtung, Haltung, Pflege u. Erziehung. Von G. Schwarznecker. 5—10. Lfg. (X u. S. 257—657.)

– – 2. Bd., s.a. Schwarznecker, G.

Müller, C. F., und G. Schwarznecker, die Pferdezucht nach ihrem jetzigen rationellen Standpunkt. 2. Bd.: Racen, Züchtung und Haltung des Pferdes. Von G. Schwarznecker. 2. verm. und verb. Aufl. Lex.-8. (X, 719 S. mit 128 in den Text gedr. Holzschn.) Berlin 884, Parey. *M 15.; geb. *
1. Bd. Ebendas. 1879. *M 21.; geb. *M 23,50.

—— die fürstl. Thurn u. Taxis'schen Posten u. Posttaxen. Antwort an die konstitutionellen Jahrbücher. gr. 8. (3½ B.) Jena 845, Frommann. *

—— Posthülfsbuch od. die hauptsächlichsten Bestimmungen, welche bei Benutzung der Postanstalt in den europ. wie außereurop. Ländern zu beachten sind. 8. (5¼ B.) Jena 843, Luden.

Müller, C. F. Postkarte des Königreichs Sachsen. Carlsruhe 1824. 1 Bl. c. l..

Müller, C. F. (III.), das deutsche Postwesen in geschichtl. und rechtl. Beziehung von Carl Stängel, beleuchtet und mit Urkunden versehen. 12. (VI und 152 S.) Quedlinburg 847, Ernst'sche Buchh. Thlr.

Müller, C. F.: Die Preußischen Preß- und Nachdrucks-Gesetze. Mit histor. u. erl. Commentar. Berlin 1851.

— die organischen Prozeßgesetze Preußens synoptisch zusammengestellt und durch die ergangenen Novellen, Präjudicien und Rescripte ergänzt und erläutert. Mit einem Anh. der wichtigsten neben den Prozeßgesetzen zu beachtenden Vorschriften. Berlin 858. Gebr. Scherk. gr. 4. (1 Bl., 42 S.) n. 18 ngr.

— die Rechte u. Verbindlichkeiten der unehelichen Kinder u. deren Eltern im Großherzogth. Sachsen-Weimar-Eisenach. Für Gemeinde-Vorstände, Geistliche, Vormünde ꝛc. Jena 860. Cröker in Comm. gr. 8. (IV, 43 S.) n. 6 ngr.

—— über die Reform des Postwesens in Deutschland. Ein Beitrag zur Erörterung der Zeitfrage. 8. (5⅛ B.) Frankfurt a. M. 843, Brönner. *

Müller, C. F., Die Kinderpost in Deutschland während des ersten Quartals 1877 etc. Berlin 1877. gr. 8.
Ist: Archiv f. wiss. u. prakt. Thierheilkunde. Bd. 3, Suppl.-Heft.

—— Spontini u. Rellstab. Einige Worte zur Beherzig. d. Partheien. 8. (2 B.) Berlin 833, (Bechtold u. Hartje.) Thlr.

Müller, C. F. (IV.), die preußische Sportelgesetzgebung. Die Gesetze über die Gebühren der Gerichte und Gerichtsbeamten so wie der Rechtsanwälte und Notare, nebst den Tarifen. Nach den amtl. Quellen erläutert aus den Motiven des Justiz-Ministerii und den Revisionsarbeiten beider Kammern, mit Hinweisung auf die früheren Gebührentaxen und die Ausführungs-Instruktion. Authentischer Kommentar für Richter, Sachwalter, Notare und Subalternen. Lex.-8. (VIII und 160 S.) Berlin 851, Hempel. *-

Müller, C. F., Städte-Ordnung vom 30. Mai 1853, s. Städte-Ordnung.

—— das Strafgesetz über Verbrechen, Vergehen und Uebertretungen für das Kaiserth. Oesterreich vom 27. Mai 1852 in seinen Verhältnissen zu den neuen Strafgesetzbüchern in Preußen, Baiern, Würtemberg, Hannover, Sachsen, den thüring. Staaten ꝛc. Eine vergleichende Ausg. gr. 8. (XII und 824 S.) Pest 853, Hartleben's Verlag.

Müller, C. F., das Strafgesetz über Verbrechen, Vergehen und Uebertretungen für das Kaiserthum Oesterreich vom 27. Mai 1852 in seinen Verhältnissen zu den neuen Strafgesetzbüchern in Preußen, Baiern, Würtemberg, Hannover, Sachsen, den Thüringischen Staaten ꝛc. Eine vergleichende Ausgabe. Wien 853. Hartleben. gr. 8. (XII, 824 S.) 4 Thlr.

—— das preuß. Straf-Gesetzbuch, s. a. Straf-Gesetzbuch.

Müller, C. F.: Das Preußische Straf-Gesetzbuch nebst dem Einführungs-Gesetz. Mit den Motiven. E. prakt. Handbuch. Th. [1.] 2. Berlin 1851. 2 Bde
Th. 2. [Nebentit.:] Novellen zum Preuß. Strafgesetzbuch. System. Sammi. der das StGB. für die Preuß. Staaten erg. Gesetze u. Verordnungen.

—— Straf-Gesetz-Buch für das Großherzogthum Sachsen-Weimar ꝛc., s. Straf-Gesetz-Buch.

— das Strafgesetzbuch f. die Preußischen Staaten vom 14. April 1851 mit Beifügung der nach den neuesten Strafgesetzbüchern in Oesterreich, Baiern, Oldenburg, Sachsen, Würtemberg ꝛc. geltenden Strafbestimmungen. gr. 8. (XII u. 652 S.) Halle 852, (Braunschweig) Schwetschke & Sohn. 2¾ Thlr.

Müller, C. F.: Die Preussische Strafgesetzgebung. Das Strafgesetzbuch mit den vollständ. Materialien u. sämmtl. erg., abänd. u. erl. Gesetzen [usw.]. 3. Aufl. Berlin 1857.

Müller, C. F.: Die Preußische Straf-Prozeß-Ordnung in ihrer jetzigen Gestalt. System. Zusammenstellung der neuesten das Strafverfahren betr. Gesetze . . . Aus den Materialien erl. Berlin 1852.

—— die preußische Straf-Prozeß-Ordnung in ihrer jetzigen Gestalt. Systematische Zusammenstellung der neuesten das Straf-Verfahren betreffenden Gesetze mit den noch anwendbaren älteren Gesetzen und den Bestimmungen der Kriminal-Ordnung. Aus den Materialien erläutert. 8. (VII und 238 S.) Halle 852. [Braunschweig,] Schwetschke und Sohn. *

—— die Strafprozeß-Ordnung für S. Weimar-Eisenach, S. Meiningen, Anhalt-Dessau-Köthen ꝛc., s. Strafprozeß-Ordnung, die.

MÜLLER, C. F., Theater-Anekdoten, oder Enthüllung des inneren Lebens der Breterwelt (!) u. ihrer Kunstjünger, der Schauspieler, Theaterdichter u. Compositeurs. In wahren komischen u. erheiternden Charakterzügen u. Begebenheiten gesammelt u. dem theaterliebenden Publikum zugeeignet. Erstes bis Drittes Hundert (soviel ersch.). Mit 1 Titelkupfer. Wien, 1834. Bey Bauer u. Dirnböck, 8°. (7 Kr. Gilhofer & Ranschburg, Wien, 1908.) 64 + 64 + 64 Seiten. — Ziemlich zahm.

Müller, C. F., üb. d. Umgang d. Landpfarrers m. d. Schulmeister s. Kirchspiels. 8. Leipz. Barth. 802.

— über die Unabhängigkeit der Justizbehörden und die Stellung der Staatsanwaltschaft. Eine Mahnung an die deutschen Landstände. Weimar 853. Jansen u. Co. 8. (55 S.) 10 ngr.

Müller, C. F. Versuche über den Verlauf der Netzhautermüdung. Zürich 1866.

Müller, C. F. (Hrsg.), s. Vorwärts.

— Landschaften zu zeichnen für Anfänger. 4. Leipz. 803 Hinrichs. 8 gl.

Müller, C. F. A., s.a. Müller, Karl Friedrich August

Müller, C. F. A. (Hrsg.), s. Anzeigebuch aller Haus-u. Grundeigenthümer d. Haupt-u. Residenzstadt München . . .

Müller, C. F. L. R., üb. einige menschl. Ueberreste a. d. Steinperiode. Marburg.
Schul-/Univ.-Schrift 1864

Müller, C. F. O. Aegineticorum liber. 8. Berolini 1817.

v. Müller, C. F. W., siehe: Beckford, Peter, Gedanken üb. Parforce-Jagd.

Müller, C. F. W., s. Müller, Karl Friedrich Wilhelm

Müller, C. Fr., s.a. Müller, Karl Friedrich

Die Agitation in Jena und Herr Ortloff. Eine Entgegnung von C. Fr. Müller. Jena. 1848. 8°.

Müller, C. Fr. W., entdeckte Vortheile und Geheimnisse bey Vorbereit. d. rohen Schaafwolle zur bessern Annahme der Farben, so wie beym Walken u. Schönfärben der wollenen Tücher. 8. Leipzig, Mag. f. Indust. u. Liter. 816.

Müller, C. G., s.a. Müller, Chr. Gottfried

– s.a. Müller, K. G.

– s.a. Müller, Karl Georg

Müller, C. G., Nachricht über die Wirkungen u. das Fortbestehen der warmen Quelle zu Wiesenbad im K. sächs. Erzgebirge. gr. 8. (14 S.) Annaberg 847, Rudolph & Dieterici. 1/12 ₰

Müller, C. G., gemeinnütziges homonymisches Wörterbuch u. Ableitungen zum Behuf des Rechtschreibens. Nürnb. Geyer. 814.

Müller, **C. G. A.,** Diss. inaug. med. observationes medicas et chirurgicas continens. 4. Helmst. 798. Fleckeisen. 3 gl.

Müller, C. G. D., s. Müller, Chr. Gottlieb Daniel

Müller, C. Gl., s. Müller, Chr. Gottlieb

Müller, C. H., s.a. Müller, Christoph Heinrich

– s.a. Müller, Karl Heinrich

– s.a. Müller, Karl Hugo

Müller, C. H., Emendationes Ovidianae. Pr. 1847. 14 S. 4°.

Müller, C. Über barytrope und tautobaryde Kurven. Eine historische Studie aus der analytischen Mechanik. 25 S. *Hadamar* 1880. Progr.
Diss. Marburg

Müller, C. H., De locis aliquot Virgilii interpretandis. Pr. 1887. 17 S. 4°.

— Samml. auserl. geistr. Gebete, zergled. u. nach Hübners Lehrart abgef. 8. Frankf. (Schneider, Nürnb.) 744.

— Schwierige Stellen aus röm. Classikern, grösstenth. aus Virgils Aeneis. Pr. 1[illegible] 19 S. 4°.

Müller, C. J. G., die Cholera in Riga im Jahre 1848, s. Cholera.

Müller, C. J. G., Correspondenzblatt d. naturforsch. Vereins zu Riga, s. Correspondenzblatt.

Müller, C. J. H., s. Buchholz, Wilhelmine, Wasser und Seife.

Mueller, C. Jos., De prognosi apoplexiae. 40 pp. Hal. 4°. 1792

Müller, C. K., s. Müller, Kaspar Karl

Müller, C. K. F., s. Müller, Christian Karl Friedrich

Müller, C. Karl, methodische auf Anschauung beruhende Anleitung in der Perspektive für Sekundarschulen und zum Selbststudium. Mit 5 lith. Taf. (in Fol.). Bülach 854. (Zürich, Orell, Füßli u. Co.) 8. (2 Bl., 72 S.) n. 20 ngr.

Müller, C. L., s.a. Müller, Karl

– s.a. Müller, Karl Ludwig

Müller, C. L. Die Belagerung der Stadt Ueberlingen i. J. 1634. (31.) 8. Freiburg i/Br. 1834.

Müller, C. L., die Bewährung der Wasserkur. Ein Wort f. Jedermann, der sich von der Wahrheit überzeugen will. 8. (6½ B.) Magdeburg 843, [Baensch.]

Müller, C. L., die Bewährung der Wasserkur. Ein Wort für Jedermann, der sich von der Wahrheit überzeugen will. 8. Magdeburg 843, Schmilinsky. 1/4 ₰

v. ***Müller,*** C. L., fauna Lepidoptera silesiaca, Schlesiens Schmetterlinge, in Abbildd. nach d. Natur, mit Beschreib. 1e Abtheil. 1s Hft. Papiliones, u. 3e Abtheil. 1s Hft. Bombyces. Mit 10 ill. Kpft. 4. Bresl. 802. W. G. Korn. 2 ₰

Müller, C. L., die Kaltwasserkur. Eine f. Jedermann verständliche Belehrung über ihren Nutzen, ihre Anwendung u. s. w. 2. unveränd. (Titel-) Aufl. 8. (VIII u. 93 S.) Magdeburg (843) 848, Baensch. 1/4 ₰

Müller, C. L., neu erfund. Schreibmaschine, mittelst welcher Jedermann ohne Licht u. in jeder Sprache u. Schreibmanier sicher schreiben kann ꝛc. 8. Wien 823. (Härter). 8 gl.

— entomolog. Taschenbuch f. Schmetterlingssammler. Mit 1 ill. Kpf. 12. Bresl. 800. W. G. Korn. 12 gl.

Müller, C. L., de indigno s. coena usu, morbi mortisque causa. Soltqu. 1732. 4.

—— der wohlerfahrene Wasserarzt f. das Haus u. f. Wasserheilanstalten. 8. (4 B.) Quedlinburg 843, Basse.

Müller, C. Lebr., anabaptismus, oder Wiedertäufer-irrthum. 8. Lübeck. 737.

— heller Bußspiegel, od. Anl. zum recht. Verst. d. Bußgebets Manasse. 8. Hamb. 733.

— absolutum decretum, od. bloßer Rathschluß Gottes widerlegt. 8. Hamb.

— leidender Jesus oder Charfreytagsbetracht. 8. Hamburg 738.

Müller, C. Ludwig, s. Müller, Karl Ludwig

Müller, C. M. [Praes.], s. Liebeher, Joh. Heinr.: Disp. jur. de eo quod juris est circa successionem Herge-Wetticam in Pomerania orientali.

Müller, C. M., s.: Mitteilungen des Geschichts- u. Alterthums-Vereins zu Leisnig.

Müller, C. O., s. Müller, Karl Otfried

– s. Müller, Karl Otto

Müller, C. Otfried, s. Müller, Karl Otfried

Müller, C. P. Paludan, Observatt. crit. de foedere inter Daniam, Sueciam et Norvegiam auspiciis Margarethae reginae icto. 8. Hafniae 840. Schubothe. ...

Müller, C. R., s.a. Müller, Karl Renatus

Müller, C. R., Theorie der Parallel-Linien. Mit 1 Kpf. 4. Marb. 823. Krieger. 6 gl.

– Joh. Heinrich Waser ..., s. Müller, Kaspar Karl

Müller, C. Sigm., s. Müller, Christoph Sigmund

Müller, C. T., s. Müller, C. Theodor

Müller, C. Th., s.a. Müller, K. Theodor

– s.a. Müller, Karl Theodor

Müller, C. Th., Predigten üb. d. Vaterunser. Geh. in d. Hof- u. Garnisonkirche zu Cassel. gr. 8. (66 S.) Kassel 897. (A. Freyschmidt.) n. 1. 20

— selig sind die Leidtragenden. Predigt üb. Matth. 5, 4, geh. am 15. XI. 1896 in d. Hof- u. Garnisonkirche zu Kassel. 8. (8 S.) Kassel 897. E. Röttger. n. — 10

— s.: Soldatenfreund, deutscher.

Müller, C. Th. Standesehre und Standespflichten des Unteroffizierkorps. Cöln 1905. 8°. (Mit Gott für Kaiser und Reich. 5.)

Müller, C. Theodor, s.a. Müller, K. Theodor

Müller, C. Theodor: Zur Geographie der älteren chansons de geste.... Göttingen, Druck d. Dieterich'schen Univ.-Buchdr. W. Fr. Kästner, 1885: 36 S. + 1 Bl. 8°.
Göttingen, Phil. Fak., Inaug. Diss. v. 1885.

Müller, C. Thdr, zur Geographie der älteren Chansons de geste. gr. 8. (36 S.) Göttingen 885. (Erlangen, Deichert.) n. — 80

Müller, C. W., s.a. Müller, Karl Wilhelm

Müller, C. W., Beiträge zur praktischen Elektrotherapie in Form einer Casuistik. gr. 8. (XVIII, 118 S.) Wiesbaden 891. J. F. Bergmann. n. 3. —

Müller, C. W., s. Bourdon, Lehrbuch d. Algebra.

Müller, C. W., Büchlein vom Hanf, s.: Jäde, H.

— Junilii Flagrii, T. Galli et Gaudentii commentaria in Virgilii septem priores ecl I–IV. Pr. 1847. 52. 58. 54. 42, 41, 25, 32 S. 4°.

Müller, C. W., zur Einleitung in die Elektrotherapie. gr. 8. (XII, 187 S.) Wiesbaden 885. Bergmann. n. 5. —

– Das jetzige preußische Jagdrecht, s. Müller, C. F.

– Ostracoda, s. Müller, Gustav Wilhelm

— Pechvogel. Eine Jugend-Erinnerg. (38 S.) 8. Frankfurt a/M. 903. K. Brechert. n. — 40

Müller, C. W., die Zerstörung d. Schlosses Dillenburg, e. Denkmal deutscher Reichsohnmacht. Vortrag. 8. (40 S.) Dillenburg 884. Seel. n. — 50

Müller, C. Wilhelm, s. Müller, Gustav Wilhelm

Müller, Camille, approb. Arzt aus Sulz <Ob.-Els.>: Pityriasis versicolor und Microsporon furfur. *Straßburg i. E. 1903: C. Müh & Co.* (32 S.) 8°
Straßburg, Med. Diss. v. 1903

Müller, Carl, s. Müller, Karl

Müller, Carl Adolf, s. Müller, Karl Adolf

Müller, Carl Alb., s. Müller, Karl Alb.

Müller, Carl Albert, s. Müller, Karl Albert

Müller, Carl Arthur, s. Müller, Karl Arthur

Müller, Carl Aug., s. Müller, Karl August

Müller, Carl Aug. Wilh., s. Müller, Karl August Wilhelm

Müller, Carl Benedikt, s. Müller, Karl Benedikt

Müller, Carl Christ., s. Müller, Karl Christ.

Müller, Carl Christian, s. Müller, Karl Christian

Müller, Carl Christoph, s. Müller, Karl Christoph

Müller, Carl Conrad, s. Müller, Karl Konrad

Müller, Carl Ed., s. Müller, Karl Ed.

Müller, Carl Ernst Christian, s. Müller, Karl Ernst Christian

Müller, Carl Eugen Hermann, s. Müller, Karl Eugen Hermann

Müller, Carl Friedrich, s. Müller, Karl Friedrich

Müller, Carl Friedrich Gustav, s. Müller, Karl Friedrich Gustav

Müller, Carl Friedrich Otto, s. Müller, Karl Friedrich Otto

Müller, Carl Friedrich Wilhelm, s. Müller, Karl Friedrich Wilhelm

Müller, Carl Frommherz, s. Müller, Karl Frommherz

Müller, Carl Georg, s. Müller, Georg

– s. Müller, Karl Georg

Müller, Carl Gotthelf, s. Müller, Karl Gotthelf

Müller, Carl Gottlieb, s. Müller, Karl Gottlieb

Müller, Carl Gottlob, s. Müller, Karl Gottlob

Müller, Carl Gottwert, s. Müller, Karl Gottwert

Müller, Carl Gustav, s. Müller, Gustav

– s. Müller, Karl Gustav

Müller, Carl Heinrich, s. Müller, Karl Heinrich

Müller, Carl Heinrich Ferdinand, s. Müller, Karl Heinrich Ferdinand

Müller, Carl Heinrich Gottlob = Malten, Heinrich von [Autorname].

Müller, Carl Hermann, s. Müller, Karl Hermann

Müller, Carl Hugo, s. Müller, Karl Hugo

Müller, Carl Julius Max, s. Müller, Karl Julius Max

Müller, Carl Leonhard, s. Müller, Karl Leonhard

Müller, Carl Ludwig, s. Müller, Karl Ludwig

Müller, Carl Ludwig Methusalem, s. Müller, Karl Ludwig Methusalem

Müller, Carl Moritz (von), s. Müller, Karl Moritz (von)

Müller, Carl Oskar, s. Müller, Karl Oskar

Müller, Carl Otfried, s. Müller, Karl Otfried

Müller, Carl Otto, s. Müller, Karl Otto

– s. Müller, Otto

Müller, Carl Otto Felix, s. Müller, Felix

Müller, Carl Philipp Johannes, s. Müller, Johannes

Müller, Carl Theodor, s. Müller, Karl Theodor

Müller, Carl Theodor Hubert Heinrich Joseph, s. Müller, Karl Theodor Hubert Heinrich Joseph

Müller, Carl Wilhelm, s. Müller, Karl

– s. Müller, Karl Wilhelm

Müller, Caroline, s. Müller, Karoline

Müller, Cäs., Napoleon bei Hanau. Histor. Novelle. 8. (19 B.) Hanau 841, König.

Müller, Cäsar, der fahrende Ritter u. sein Lieb. Romant. Gedicht in drei Gesängen. 16. (9 B.) Hanau 842, König.

Müller, Caspar, s. Müller, Kaspar

Müller, Caspar Carl, s. Müller, Kaspar Karl

Müller, Caspar Heinrich, s. Müller, Kaspar Heinrich

Müller, Caspar Matthäus, s. Müller, Kaspar Matthäus

Müller, Ch., über Eigenmacht im Staate, oder meine Rechtfertigung. gr. 8. Lübeck 834. v. Rohdensche Buchh. n. 5 gGr

Müller, Ch. Tabula generalis Marchionatus Moraviae. 1755. Fol.

Müller, Ch., neueste Verkehrskarte von Deutschland und den angrenzenden Ländern in 16 Sectionen. Autogr. qu. 4. Kassel 883, Kleimenhagen. In Carton * 1 —

Müller, Ch. H., der Schreiblese-Unterricht in Lektionen dargestellt. Mit e. Vorwort von K. A. Zoller. 8. Künzelsau 840. (Ravensburg, Gradmann u. Knapp.) n. 6¼ ngr

Müller, Ch. H., der Schreiblese-Unterricht in Lektionen dargest. Mit e. Vorw. v. K. A. Zoller. 8. (4½ B.) Künzelsau 840. (Ravensburg, Knapp. ?) *

Müller, Ch. P., unsere Freudigkeit zum Dienst am Werk der Mission. Predigt über Josua 1, 9, gehalten am Missionsfeste zu Nürnberg in der Kirche zu St. Lorenzen den 12. Juni 1883. gr. 8. (12 S.) Nürnberg 883, Raw'sche Buchh. *

Müller, Ch. P., Predigt bei der Friedens-Feier am Sonntag den 5. März 1871 in der Kirche zu St. Johann in Schweinfurt. 8. (13 S.) Schweinfurt 871, Giegler. *

Müller, Ch. Paul, Rede am Grabe des Hrn. Pfr. Dr. J. H. M. Jul. Schunck. Den 19. Febr. 1857 gehalten. Nebst einem kurzen Lebensabriß des Entschlafenen. gr. 8. (15 S.) Erlangen 857, Bläsing. * — 2

Müller, Charles Jean Gaspard, s. Müller, Karl Johann Kaspar

Müller, Charlotte, med. pract. aus Zürich: Aus dem anatomischen Institut der Universität Zürich. Zur Entwicklung des menschlichen Brustkorbes. Mit 21 Figuren im Text. Leipzig 1906. 108 S. 8°. S.-A. a. „Morpholog. Jahrbuch" Bd. 35. Heft 4. [28. VII. 06.]
Zürich. Med. Diss. 1905/1906.

Müller, Charlotte. Zur Entwicklung des menschlichen Brustkorbes. Diss. Med. Univ. Zürich. Mit 21 Figuren im Text. (Sonderabdruck aus «Morpholog. Jahrbuch». Bd. 35. Heft 4.) *Kopftitel:* Aus dem anatomischen Institut der Universität Zürich. 108 S. 8. Leipzig, Wilhelm Engelmann, 1906.

Müller, Chlothar

Müller, Clotar, Anweisung f. Laien zur homöopath. Behandlung der Cholera. (8 S.) kl. 8. Leipzig (878). Täschner & Co. — 20

Müller, Klotar (Hrsg.), s. Apelt, Karl: Die Arnikatinktur. 2. Aufl.

Müller, Clotar, Charakteristik von dreißig der wichtigsten homöopathischen Heilmittel behufs ihrer Anwendung in den gewöhnlichsten Erkrankungsfällen. 1. und 2. Aufl. 8. (104 S.) Leipzig 873,80, Schwabe's Homöopath. Buchh. geb. *

Müller, Clotar. Charakteristik von dreißig der wichtigsten homöopathischen Heilmittel behufs ihrer Anwendung in den gewöhnlichsten Erkrankungsfällen. 3. Aufl. 12. (104 S.) Lpz. 890, (Schwabe). geb. * 1 50

— Charakteristik der wichtigsten homöopath. Heilmittel behufs ihrer Anwendung in Erkrankungsfällen. 4. wesentlich verm. u. umgearb. Aufl. v. Frz. Mittelstaedt. (VIII, 132 S.) Ebd. 902. Geb. in Leinw. 2. 50

— u. **Trinks** Handbuch, siehe: Trinks, Carl Friedr.

— der homöopathische Haus- und Familienarzt. Eine Darstellung der Grundsätze und Lehren der Homöopathie zur sichern Heilung der Krankheiten. 2. Aufl. 855. (XVI, 192 S.) — 3., verm. etc. Aufl. Leipzig 857. O. Wigand. gr. 8. (XVI, 218 S.) 25 ngr.

Müller, Dr. Clotar, der homöopathische Haus- u. Familienarzt. Eine Darstellung der Grundsätze u. Lehren der Homöopathie zur Heilung der Krankheiten. 4. Aufl. 860. (XVI, 208 S.) — 5. vielfach verm. u. verb. Aufl. Leipzig 864. O. Wigand. gr. 8. (XVI, 220 S.) 25 ngr.

Müller, Clotar, der homöopathische Haus- u. Familienarzt. Eine Darstellung der Grundsätze u. Lehren der Homöopathie zur Heilung der Krankheiten. 6. Aufl. 1867 u. 7., vielfach verm. u. verb. Aufl. Leipzig 869. O. Wigand. gr. 8. (XX, 315 S.) 25 ngr.

Müller, Clotar, der homöopathische Haus- u. Familienarzt. Eine Darstellg. der Grundsätze u. Lehren der Homöopathie zur Heilg. der Krankheiten. 8. verm. u verb Aufl. 8. (XX, 316 S.) Leipzig 872. O. Wigand. geb. 2. 50

— dasselbe. 9. verb. u. m. e. Repertorium verm. Aufl. gr. 16. (XII, 371 S.) Ebend. 874. geb. 3. —

— der homöopathische Haus- u. Familienarzt. Eine Darstellung der Grundsätze u. Lehren der Homöopathie zur Heilung der Krankheiten. 10., verb. u. mit einem Repertorium verm. Aufl. gr. 16. (XIV, 347 S.) Leipzig 879. O. Wigand. geb. 3. —

—— der homöopathische Haus- und Familienarzt. Eine Darstellung der Grundsätze und Lehren der Homöopathie zur Heilung der Krankheiten. 11. verb., mit Anführung aller neuen, auch amerikan. Mittel verm. Aufl. 8. (XVI, 376 S.) Leipzig 884, O. Wigand. geb.

Müller, Clotar, der homöopathische Haus- u. Familienarzt. Eine Darstellg. der Grundsätze u. Lehren der Homöopathie zur Heilg. der Krankheiten. 12., verb. m. Anführg. aller neuen, auch amerikan. Mittel verm. Aufl. 12. (XVI, 383 S.) Leipzig 892. O. Wigand. Geb. in Leinw. 3. —

(S) **Müller,** Clotar, Homöopath. Haus- u. Familienarzt. 892. (KBL 28.) Leipzig. Dr. W. Schwabe.

Müller, Clotar, der homöopathische Haus- u. Familienarzt. Eine Darstellg. der Grundsätze u. Lehren der Homöopathie zur Heilg. der Krankheiten. 13. verb. u. verm. Aufl. Von J. Voorhoeve. (XVI, 414 S.) kl. 8. Leipzig 906. Dr. W. Schwabe. Geb. in Leinw. n. 3. —

— die Homöopathie, s. Bildungshalle.

——, die Homöopathie in Amerika und der Welt-Congress in Philadelphia. gr. 8. (53 S.) Leipzig 876, Schwabe's homöopathische Buchh. *

Aus: Internationale homöopathische Presse, besonders abgedruckt.

— el indicador característico de los treinta medicamentos homeopáticos mas importantes y su aplicacion á las enfermedades mas comunes. Traducido directamente del aleman por José de Miquelerena y precedido de un prólogo por Sálvio Almató. gr. 16. (112 S.) Leipzig 876. Täschner & Co. n. 1. —

(**Müller,** Clotar,) domowy lekarz-homeopata czyli poradnik jak leczyć zwyczajne choroby homeopat. środkami w nieobecności i do przybycia lekarza, napisany przez K. Millera. Tłomaczenie z niemieckiego. Lipsk 858. Gerhard. gr. 8. (X, 234 S.) 2 ℛ︀.

— die Quellen der Arzneimittellehre. Eine kritische Beleuchtung der herrschenden Ansichten. Zur Beherzigung für Ärzte jeder Richtung herausg. Leipzig 860. C. F. Fleischer. Lex.-8. (VIII, 117 S.) n. 1 ℛ︀

Müller, Clotar Mor., systematisch-alphabetisches Repertorium der gesammten homöopath. Arzneimittellehre nach den saemmtl. aelteren und bis auf die neuste Zeit herab genau zusammengestellten Quellen der Pharmakodynamik. gr. 8. (VIII und 944 S.) Leipzig 848, T. O. Weigel.

Vgl.: Noack und Trinks. — Trinks.

— **Clotarius Moritz** (Leipzig), De juglandis regiae viribus. Diss. med. Leipzig (F. A. Brockhaus) 17. II. 1843. 31 S. (3.50) 23965

Gew.: Moritz Wilhelm Müller (Vater).

Müller, Chlothar Moritz, s. Müller, Chlothar

Müller, Chr.

— Farnkräuter. 3 Erzählungen. Enthält: 1) Das Riegelhäubchen. 2) Die Sicilianer in Deutschland. 3) Die Löwengrube. 2 Thle. 8. Dresd. 824. Hilscher. 3 ℛ︀ 8 gr

Müller, Chr., Farrenkräuter. 2 Thle. 8. Dresden 827. (Cassel, Bohné.) $3^1/_3$ ℛ︀

Müller, Dr. Chr., das Mädchen v. Ithaka od. Odysseus Krone; e. Roman in 2 Thlen. Wohlf. Ausg. 8. Dresd. 827. (Gerold in Wien). 2 ℛ︀ Hbg. Pr. 1 ℛ︀

Müller, (Chr.,) das Mädchen v. Ithaka od. Odysseus Krone. Ein Roman in 2 Thle. Wohlf. Ausg. 8. Dresden 827, Hilscher.

Müller, Chr.: Ziel und Methode des geographischen Unterrichtes auf unseren Gymnasien. 22 S. 4°.– Aachen, Progr. 1870.

Müller, Chr. Adam, s. Müller, Christian Adam

Müller, Chr. Albr. Friedrich, s. Müller, Christian Albrecht Friedrich

Müller, Chr. Andr., s. Müller, Christian Andreas

Müller, Chr. C. Fr., s. Müller, Christian Karl Friedrich

Muller, Chr. C., praec. Fr. **Hoffmann,** De cephalaea cum immoderato haemorrhoidum fluxu saepius repetente. 36 pp. Hal. 4°. Auch: Opp. Suppl. II, 2. 1 7 3 5

Müller, Chr. Gottfried

— — **(Zschopau/Meißen), An a terentio primordia Latini sermonis capienda sint? Präs. C. S. Schurtzfleisch. Wittenberg/Sachsen (Hake) 16. II. 1704. (5.75) 23952**

— — **(Merseburg), De Angina polyposa seu membranacea. Diss. med. Wittenberg (Chr. H. Graeßler) 13. XII. 1814. 24 S. (5.—) 23929**

— — **(Zeitz), Animadversiones in Joann. X. 1—22. muneris rectoris in Schola Episcopali quae Zizae est auspicandi causa edit simulque ad orationem aditialem habendam observantissime et humanissime invitat. Weißenfels (Fr. Severin) 8. X. 1788. 16 S. (5.—) 23930**

– s. Beiträge, Einige, zum ersten Teile der Charakteristik der Bibel.

– (Übers.), s. Berger, Johann Wilhelm von: Beschreibung von Korsika in ält. Zeiten.

— Carmen seculare pro incolumitate scholae Cizensis. 8maj. Leipz. 801.

— **Chr. Gottfr., Causam, quare tam pauci juvenes litteris humanioribus satis instructi iam in academias proficiscantur, esse non tam hominum quam temporum nostrorum demonstrat. Simulque oratiunculas IV. in Schola Episcopali Cizensi . . . . benevole audiendas officiose et humane invitat. Gera (Roth) 20. IV. 1792. 12 S. mit Namen. (4.—) 23926**

— — **Ad orationes V. quae in Schola Episcopali Cizensi . . . . invitat. — Codex manu scriptus epistolarum Petri de Vineis, qui ornat bibliothecam Episcopalem Cizensem, commendatur. Leipzig (Breitkopf) 23. V. 1794. 12 S. mit Namen. (4.50) 23933**

— — **De codice Plotini manuscripto, qui in Bibliotheca Episcopali Cizae asservatur, breviter disputat simulque ad oratiunculas V. candidatorum Academicorum in Schola Cizensium Episcopali habendas observantissime invitat. Leipzig (Breitkopf-Haertel) 4. V. 1798. 19 S. mit Namen. (5.—) 23936**

— — **De corpore inscriptionum Gruteriano, notis et observationibus Thom. Reinesii ornato, quod Cizae in Bibliotheca Episcopali asservatur, disserit ac simul ad orationes XII. in Schola Episcopali Cizensi habendas . . . . invitat. Leipzig (Breitkopf) 23. et 26. IV. 1793. 16 S. mit Namen. (4.25) 23932**

— von dem Einflusse des Orts mit seinen Umgebungen auf die gelehrten Schulen. gr. 8. Leipz. 819.

– (Hrsg.), s. Epistolae Petri Mosellani, C. Borneri ...

— — **Epistolas II Ulrici ab Hutten ad Richardum Crocum nunc primum luce publica donavit, notis illustravit. Simulque oratiunculas XI Candidatorum academicorum in aede musarum Cizensium omni, qua par est, observantia indicit. Leipzig (Breitkopf-Haertel) 4. V. 1801. 22 S. mit Namen. (3.50) 23927**

— über die Ferienreisen d. Gymnasiasten. gr. 8. Leipz. 803. Barth. 6 gr.

— Gebete u. Lieder f. das Rutheneum zu Schleiz, nebst einem Anh. d. Schulgesetze. 8. Schleiz 782.

Müller's, C. G., Geschichte und Merkwürdigkeiten der Stiftsbibliothek in Zeiz. Progr. Leipz. 808. 8. (45 S.)

— Geschichte u. Merkwürdigkeiten d. Bibliothek zu Zeitz. gr. 8. Leipz. 808. Barth. 6 gr.

— — **Geschichte der milden Stiftungen bey der Stiftsschule zu Zeiz. Leipzig (J. G. F. Höhm) 13. V. 1805. 32 S. mit Namen. (5.—) 23939**

– (Hrsg.), s. Hutten, Ulrich von: Epistolae II.

— **Ch. Gottfried, De hymnis ac precum formulis Latinis e scholis nostra iam aetate eliminandis disputat simulque ad orationes V. in Rutheneo Schleiz. Schleiz (Mauk) 20. IV. 1781. 16 S. mit Namen. (4.—) 23925**

— — **Orationes VIIII. in Schola Episcopali Cizensi habendas indicit . . . . Illustratur locus Evangelii Joannis cap. XI. 45—55. Leipzig (Sommer) 4. et 16. V. 1791. 12 S. mit Namen. (4.—) 23931**

— — **De meritis Julii Pflugii, episcopi, in Scholam Cizensem Prolusio orationibus IV. in Schola Episcopali, quae Cizae est, habendis praemissa. Leipzig (Vogel) 27. IV. 1812. 24 S. mit Namen. (4.—) 23945**

Müller, Chr. Gf., († d. 10. Aug. 1819.), notitia et recensio codicum Mss., qui in bibliotheca episcop. Naumburgo-Cizensi asservantur. IV Prts. 8maj. Leipz. 806 et seq. Barth. (à 6 gr.). 1 Thlr., Ps. V—IX. 8maj. ibid. (W. Vogel.) 815—17. (à 5 gr.) 1 Thlr. 1 gr.

— — **Notitia et recensio codicum Mss. qui in Bibliotheca Episcopatus Naumburg-Zeitz asservantur. Part. prima. Qua ad oratiunculas IV. quae in Schola Cizensium Episcopali habebuntur . . . . invitat. Leipzig (Breitkopf-Haertel) 5. V. 1806. 23 S. mit Namen. (3.75) 23940**

— — **Notitia et recensio codicum Mss. qui in Bibliotheca Episcopatus Naumburg-Zeitz asservantur. Part. secunda Qua ad orationes in Schola, quae Cizae est, Episcopali a discipulis X. habendas . . . . invitat. Leipzig (Breitkopf - Haertel) 27. IV. 1807. 31 S. mit Namen. (4.—) 23941**

— — Notitia et recensio codicum Mss. qui in Bibliotheca Episcopatus Naumburg-Zeitz asservantur. Part. tertia Qua ad oratiunculas VII. in Schola Cizensium Episcopali .... invitat. Leipzig (Breitkopf-Haertel) 1. V. 1809. 24 S. mit Namen. (3.75) 23942

— — Notitia et recensio codicum Mss. qui in Bibliotheca Episcopatus Naumburg-Zeitz asservantur. Part. quarta Ad oratiunculas IV. in Schola Cizensium Episcopali .... invitat. Leipzig (Breitkopf-Haertel) 13. V. 1811. 23 S. mit Namen. (3.75) 23944

— — Notitia et recensio codicum Mss. qui in Bibliotheca Episcopatus Naumburg-Zeitz asservantur. Part. quinta Qua ad oratiunculas VII candidatorum Academicorum quae in Schola Cizensium Episcopali habebuntur .... invitat. Leipzig (Vogel) 17. V. 1813. 22 S. mit Namen. (3.75) 23946

— Notitia et recensio Cod. MSS. qui in bibliotheca episcopal. Numburgo Cizensi asservantur. Part. Vta. 8maj. Lips. W. Vogel. (in Comm.) 814.

— — Notitia et recensio codicum Mss. qui in Bibliotheca Episcopatus Naumburg-Zeitz asservantur. Part. sexta Qua ad oratiunculas VIII quae in Schola Cizensium Episcopali habebuntur .... invitat. Leipzig (Vogel) 24. IV. 1815. 20 S. mit Namen. (3.75) 23948

— — notitia et recensio Codicum MSS. qui in bibliotheca episcopatus Numburgo - Cizensis asservantur. Part. VI — IX. 8maj. Ibid. (in Comm.) 816 — 818. à 5 Gr.

— — Notitia et recensio codicum Mss. qui in Bibliotheca Episcopatus Naumburg-Zeitz asservantur. Part. septima Qua ad oratiunculas VIII in Schola, quae Cizae est, Episcopali .... invitat. Leipzig (Vogel) 9. V. 1816. 22 S. mit Namen. (3.75) 23949

— — Notitia et recensio codicum Mss. qui in Bibliotheca Episcopatus Naumburg-Zeitz asservantur. Part. octava Oratiunculas VI quae in Schola Cizensi habebuntur. Leipzig (Vogel) 5. V. 1817. 22 S. mit Namen. (3.75) 23950

— — Notitia et recensio codicum Mss. qui in Bibliotheca Episcopatus Naumburg-Zeitz asservantur. Part. Nona Qua ad oratiunculas sex in aede Musarum Cizensium .... invitat. Leipzig (Vogel) 20. IV. 1818. 22 S. mit Namen. (3.75) 23951

— — Ad C. suetonium tranquillum observationes cum auctario animadversionum Reinesianarum quibus ad oratiunculas VI. in Schola Cizensium Episcopali .... invitat. Leipzig (Breitkopf-Haertel) 30. IV. 1804. 24 S. mit Namen. (3.75) 23938

— — De Bernhardo Bertramo summo seculi decimi septimi philologo pauca disserit et nobilissimo ac generosissimo Ludwig Friedrich Ferdinand von Zedtwitz abitum e Schola Episcopali, quae Cizae est, in Universitatem Litterarum Lipsiensem pie atque officiose gratulatur. Leipzig (Breitkopf) (9. V.) 1795. 24 S. (4.75) 23934

— — De suida observationibus Thom. Reinesii ornato pauca disserit simulque ad declamationes IV in Schola Cizensium Episcopali habendas summa observantia ac pietate invitat. Leipzig (Breitkopf) 25. IV. 1796. 16 S. mit Namen. (5.—) 23935

– (Hrsg.), s. P f l u g , Julius: Formula sacror. emendand. ...

– (Hrsg.), s. P f l u g , Julius: Oratio funebris in mortem Petri Mosellani.

— — Pugna binorum Gallorum. Annaberg (A. V. Fris) o. J. (4.75) 23928

— Reformationsgeschichte d. Stadt Zeitz. gr. 8. Leipz. 818 W. Vogel. 8 gr.

– (Hrsg.), s. T z e t z e s , Johannes: Σχόλια εἰς Λυκωφρόνα.

— — Die Verdienste der beyden Herzoge Moritz und Moritz Wilhelm um die Stiftsschule in Zeiz. Leipzig (Fr. Chr. W. Vogel) 9. V. 1814. 36 S. mit Namen. (4.—) 23947

— — Was können und sollen kleinere Stadtschulen für Gymnasien und Lyceen in unsern Zeiten thun? Leipzig (Breitkopf u. Härtel) 21. V. 1810. 24 S. mit Namen. (4.—) 23943

Müller, Chr. Gottl., s. M ü l l e r , Chr. Gottfried

– s. M ü l l e r , Chr. Gottlieb

Müller, Chr. Gottlieb

— s. B e i t r r. z. deutschen Lehnrechte.

Müller, Chr. Gli., kurze Beschreib. d. Reichsst. Nürnberg. Ein Handb. rc. f. Reisende, nebst Grundriß v. Nürnberg. 8. Nürnb. 793. N. A. mit Nachtrag 800. Lechner. (v. Ebner). 1 ℔ 6 gr

— prakt. Bienenbuch f. alle Gegenden, wie man die Bienen in Strohkörben, Klötzen oder Beuten vermehren u. Nutzen davon ziehen kann. 8. Cannst. 818. (Stuttg., Sattler) 6 gr

Müller, Chr. Gottl., praktisches Bienenbuch für alle Gegenden, wie man die Bienen in Strohkörben, Klötzen oder Beuten vermehren u. Nutzen davon ziehen kann. 8. Cannstatt. (Stuttgart, Sattler.) 821.

Müller, Chr. Gli., Verzeichniß von Nürnb. histor.-topograph. Kupferstichen u. Holzschnitten. 4. Nürnb. 792. Lechner. (v. Ebner). 1 ℔ 16 gr — erste Fortsetz. hiervon. 4. Ebd. 801. 15 gr

Müller, Chr. H., ein neues leichtes Erwerbsmittel. Oder Anweisung, w. d. rohe Salpeter als Nebenprodukt mit wenigen Kosten u. großem Vortheile erzielt u. fabricirt werden kann. 8. Berl. 812. Fr. Maurer's B. 6 gr

Müller, Chr. Hnr., († d. 22. Juli 1811.) unparteiische Anmerkk. über Reinhard's Traktat von d. Unendlichkeit d. Welt. 8. Leipz. 754.

— commentat. de itinere in Helvetiam facto specim II. 4. Friedrichstadt Dresden 766, 69.

Müller, Chr. Karl Fr., s. Müller, Christian Karl Friedrich

Müller, Chr. Ludwig

— ruhige Blicke d. Christen auf ihre künft. Gräber rc. gr. 8. Bresl. 777.

Müller, Chr. Lw., († d. 13. Mai 1778.) Heiligkeit d. Gräber christl. Leichname; e. Rede bei Legung d. Grundsteins zur neuen Begräbnißkirche rc. zu Breslau. gr. 8. Bresl. 777.

Müller, Christ.

Müller Chr. Abhandlung über Kolben- und Schieber-Diagramme. (Einladungsschrift der Kgl. Polytechnischen Schule Stuttgart) 4° Stuttgart 1859

Müller, Chr., Ueber einige Dampfschieber. (Progr. d. Stuttg. polyt. Schule.) 1853. gr. 4°.

Müller, Christ., über Kolben- und Schieber-Diagramme. gr. 4. (22 S. mit 4 Stnt. in qu. Fol.) Stuttgart 859,64. (Tübingen, Fues'sche Sortimentsh.) *

Müller, Christ., Constructionslehre der Maschinentheile nebst Resultaten für den Maschinenbau. Ein Unterrichts- und Handbuch für technische Lehranstalten und Techniker. (In 3 Lfgn.) 1. und 2. Lfg. gr. 8. (S. 1—184 mit eingedr. Holzschn. und 34 ill. Stnt. in qu. Fol.) Stuttgart (861)62, Becher's Verlag. à Lfg. 1 Thlr. 24 Ngr.

Müller, Christ., Constructionslehre der Maschinentheile nebst Resultaten für den Maschinenbau. Ein Unterrichts- u. Handbuch für techn. Lehranstalten u. Techniker, mit Atlas 34 (lith. u.) col. Taff. (in qu. Fol.) enthld. 3. Liefg. Stuttgart 866. Becher's Verlag. (Kröner.) gr. 8. (XII u. S. 185—299 mit eingedr. Holzschn.) 24 ngr.

Müller, C.: Constructionslehre der Maschinentheile nebst Resultaten für den Maschinenbau. Neue Ausg. Mit Atlas. Stuttgart (1865) Atl. Fol.

— Konstruktionslehre der Maschinenteile nebst Resultaten für den Maschinenbau. Mit Atlas. Stuttgart 1862 und (71)

Müller, Christ., Constructionslehre der Maschinentheile, nebst Resultaten f. den Maschinenbau. Ein Unterrichts- u. Handbuch f. techn. Lehranstalten u. Techniker, m. Atlas, 34 (lith. u.) color. Taf. (in qu. Fol.) enth. Neue Ausg. gr. 8. (XII, 298 S.) Stuttgart 883. A. Koch. n. 10. —

Müller, Christ. Andr., s. Müller, Christian Andreas

Müller, Christ. Ferd., s.: Machern.

Müller, Christ. Fried., s. Müller, Christian Friedrich

* Kurzer Abriss der Seewissenschaften von *Christ. Gottlieb Daniel Müller.* Berl. u. Stettin b. Nikolai. gr. 8. 136 S. (10 gr.) 1794.
(Ist nur ein besonderer Abdruck aus der Klügelschen Encyklopädie.)

— (Übers.), s. Duhamel de Monceau, Henri Louis: Anfangsgründe der Schiffbaukunst.

— s.a. Schifferkalender, Hamburgischer.

Müller, C. Gl. Dan., Hamburg. Schiffcalender für d. J. 1786 u. 88. gr. 8. Hamb. Hoffmann. Rthlr.

* Hamburgischer Shiffer-Kalender für das Schaltjahr 1788. zum Besten aller Seefahrenden herausgegeben auf Veranlassung der Hamburgischen Gesellschaft zur Beförderung der Künste und nützlichen Gewerbe. Hamburg, bei B. G. Hoffmann. 8. 226 S. 1788.
(Der Verf. ist *C. G. D. Müller,* der als Gelehrter bekannte Schiffskapitain. Der englische Nautical-Almanac hat ihm zur Richtschnur gedient. Nach der Hand ist er jährlich fortgesetzt worden. Bei diesem ersten Jahrgange von 1788 befindet sich zugleich eine Anweisung, wie der Kalender zu gebrauchen sey.)

— — ders. f. 1790 u. 91. n. e. Erklär. z. immerwähr. Gebrauch. gr. 8. Ebend. 791.

— — ders. f. d. J. 1791. 92 u. 93. gr. 4. Ebend. (à 8 gr.)

— — Erklär. z. desselben immerw. Gebr. gr. 4. Ebend. 791.

— s.a. Versuch einer Literatur der Schiffbaukunst.

Versuch einer Literatur der Schiffbaukunst. Der Gesellschaft zur Beförderung der Künste und nützlichen Gewerbe zu Hamburg gewidmet (von Chr. Gottl. Dan. Müller).
Stade: Friedrich 1791. 40 S. 4°

— Vorschlag zu einem vollständ. Unterr. in d. Schifffahrt rc. 4. Hamb. 786. (Campe). 4 gr.

* Vorschlag zu einem vollständigen Unterrichte in der Schiffarth, darin auch die nähere Anwendung der neuern Erfindungen, aus der Sternkunde den Ort des Schiffes zu bestimmen, begriffen wäre. Eine Abhandlung, welcher von der Hamburgischen Gesellschaft 1785. der Preiss zuerkannt werden (von *Christ. Gottl. Dan. Müller.*) Hamburg b. Hoffmann. 4. 35 S. 1786.

Müller, Chr[istian]. Analyse der Heustrich-Schwefelquelle im Berner Oberland, nebst Notizen über andere schweizerische Schwefelwasser. 8. Bern 1866.

Müller, Chr[istian]. Analyse de la source sulfureuse de Heustrich dans l'Oberland Bernois, avec des notices sur d'autres eaux sulfureuses de la Suisse. 8. Aarau 1867.

Müller, Chrn. (I.), Anleitung zur Prüfung der Kuhmilch. gr. 8. (IV und 34 S. mit 2 lithogr. Tab. in qu. gr. Fol.) Bern 857, (Blom.) *

Müller, Chr., Anleitung zur Prüfung der Kuhmilch. 2. unveränd. Aufl. Bern 868. (Hall.) gr. 8. (IV, 35 S. mit 1 Steintaf.) n. $7\frac{1}{2}$ ngr.

Müller, Dr. Chr., Anleitung zur Prüfung der Kuhmilch. 3. verm. Aufl. 8. Bern, B. F. Haller's Buchh. 1872. 86 S. 2 Tab. 2. —

Müller, Chrn., Anleitung zur Prüfung der Kuhmilch. 4. Aufl. gr. 8. (V, 84 S. m. 2 Tab.) Bern 877. Haller. n. 1.50

Müller, Chrn., Anleitung zur Prüfung der Kuhmilch. gr. 8. (IV. und 34 S. mit 2 lith. Tabellen in quer gr. Fol.) (IV.) Bern 77. Fiala. M. —.80

Müller, Chrn., Anleitung zur Prüfung der Kuhmilch. 5. Aufl. gr. 8. (VII, 83 S. mit 2 Tab.) Bern 883, Haller. *

Müller, Chrn., Anleitung zur Prüfung der Kuhmilch. 5. Aufl. gr. 8. (VII, 83 S. m. 2 Tab.) Bern 883. Nydegger & Baumgart. n. 1. 50

Müller, Chrn., Anleitung zur Prüfung der Kuhmilch. 6. Aufl., vollständig umgearb. v. C. Müller. gr. 8. (VIII, 104 S. m. 8 Illustr. u. 3 Taf.) Bern 892. Nydegger & Baumgart. n. 1. 60

Müller, Chrn. (II.), s. Augustinus' Soliloquien.

Müller, Chr[istian]. Chemisch-physikalische Beschreibung der Thermen von Baden in der Schweiz.... [Mit 1 Tafel.] 8. Baden 1870.

– Evangelisches Brevier, s. Dieffenbach, Georg Christian

Müller, Christian: Über die Brunnen und Quellen Berns..., s. Pagenstecher, Friedrich

— Roms Campagna, in Beziehung auf alte Geschichte, Dichtkunst u. Kunst. 2 Thle. Mit 1 Karte. gr. 8. Leipz. 824. Brockhaus. 4 ₰

Müller, Christian, Collegium biblicum, s.: Vilmar, Aug. Frdr. Christ.

Müller, Ch., u. G. Ch. Dieffenbach, Diarium pastorale, s. Diarium.

Müller, C., Diarium postorale, s.: Dieffenbach, G. C.

Müller, Christian. Das Forum Romanum und die Via Sacra, nebst den umliegenden Monumenten. Nach dem Italiänischen. Stuttgart und Tübingen 1824. 8°.

– Handagende, s. Dieffenbach, Georg Christian

– Evangelisches Hirtenbuch, s. Dieffenbach, Georg Christian

Müller, Chrn., manuel de l'essai du lait de vache. Trad. par Éd. Magron sur la 3. éd. allemande, revue et augmentée. gr. 8. (IV, 85 S. u. 2 Tab. in qu. gr. 4. m. 2 eingedr. Holzschn.) Bern 874. Haller. n. 1. 50

Müller, Chrn., Johannes Mathesius, s.: Amelung, Karl.

Müller, Dr. Chrn., München unter König *Maximilian Joseph I.* Ein histor. Versuch zu Baierns rechter Würdigung. 2 Thle. Mainz, Florian Kupferberg, 1816—17. 8°. Name u. Stempel auf d. Titel. Roth. Ppb. m. Fil. u. Goldschn., schönes Expl.

1: XII S., 1 Bl. Inh., 408 S. 2: 2 Bll., 646 S., 1 Bl. Err. (zu 1 u. 2). Hofrath Prof. Heeren zu Göttingen gewidmet.

Inh. I: 1. Baiern u. baierisch Volk. 2. Totaleindruck u. phisische (!) Beschaffenheit der Stadt. 3. Merkw. geschichtl. Monumente der Stadt. 4. Topographie u. Statistik. 5. Vorzügl. Gebäude u. ihre Merkwürdigkeiten. 6. Nahe Umgebungen Münchens. 7. Die Männer. 8. Die Frauen. 9. Geselligkeit u. Vergnügungsleben. — II: 10. Wissenschaft. 11. Bildende Kunst. 12. Theater u. Kapelle. 13. Merkw. Staatsanstalten. 14. Polizei u. polizeiliche Institute. 15. Wohlthätigkeitsanstalten. 16. Fernere Umgebungen.

Müller, Dr. Chrn., Munich ou aperçu de l'histoire des beaux-arts en Allemagne et surtout en Bavière. Munich, Jean Palm, libraire de la Cour. 1844. Pet. in-8°. Demi-sars. bleu.

8 ff., 143 pp., 3 ff. „notes" et „errata".

Müller, Christian s. Pagenstecher, Friedrich und Müller, Christian.

— Reise von Berlin nach Paris, im J. 1812 durch Preußen, Sachsen u. Oesterreich ꝛc. 1s Bdchen 8. Mainz 815. Kupferberg. 1 ₰ 12 gr Velinp. 2 ₰ 8 gr (A. u. d. T.: Wanderungen v. St. Petersburg nach Paris. 2s Bdch.)

Müller, Christian, Reise durch Griechenland und die ionischen Inseln, in den Monaten Junius, Julius und August 1821. Leipzig 1822.

— Reise durch Griechenland u. die Jonischen Inseln, in d. J. 1821. 8. Leipz. 822. Brockhaus. 1 ₰ 16 gr

Müller, Christian. Reise durch Sachsen, Böhmen. etc. im Jahre 1812. Mainz 1815.

— St. Petersburg. Ein Beitrag z. Geschichte unsrer Zeit, in Briefen aus d. J. 1810, 11 u. 12 m. 1 ill. Plan v. Petersburg. gr. 8. Mainz 813. Kupferberg. 2 ₰ 16 gr Schrbp. 3 ₰ 6 gr Velinp. 4 ₰

St. Joh. Loge zur Perle am Berge. Or. Perleberg. Schlusslied. Ged. von A[ug.] Nickel. Komp. von Chr[istian] Müller. Hildburghausen 1908: Gadow & S. 2 Bl. 4° [Umschlagtit.]
cf. L. 31 (1908) S. 352 (P. Fischer); HL. 42 (1908—1909) S. 92 (K. Wahlstedt).
Mit Noten: „Eh' wir auseinander gehn, ..."

— Tableau de Petersbourg, aux lettres sur la Russie ecrites en 1810, 11 et 12. trad. de l'allemand par G. Léger, avec un Plan de Petersbourg. gr. 8. Mainz 814. Kupferberg. 2 ₰ 16 gr Velinp. 3 ₰ 6 gr

Müller, Chrn. Wanderung von St. Petersburg nach Paris im Jahr 1812 durch die deutsch-russischen Provinzen, durch Preussen, Sachsen, Oesterreich, Baiern, Würtemberg u. die Rheinlande. 2 Bdchn. Leipzig 1814 - 15. 8. . . . . (D.)

— Wanderung von St. Petersburg nach Paris im Jahr 1812 durch die deutschen russ. Provinzen, durch Preußen, Sachsen, Oesterreich, Baiern, Würtembrg u. die Rheinlande. In Briefen. 1r Bd. 8. Leipz. 814. Baumgärtner. 1 ₰ 8 gr

Müller, Christian Adam

Müller, Chr. Adam, die Besitzungen d. Europäer in d. andern Welttheilen. Ein Handb. z. nähern Kenntniß ders. gr. 8. Hof 803. Grau. 1 ₰ 4 gr

— vom pflichtmäß. Gebrauch derjenigen Mittel, wodurch Gesundheit u. Leben der Unsrigen können gesichert werden; eine Predigt. 8. Hof 802.

Müller, Christian Adam: „Neueste allgemeine Geographie der gegenwärtigen Zeit, ein neues vollständiges geographisch-statistisches Handbuch", 2 Teile in 4 Bänden, Hof 1803 ff.

— neueste allgem. Geographie f. d. gegenwärt. Zeit; e. geograph.-statist. Handb. d. gesammten Erd- u. Länderkunde. 4 Bde. (1r u. 2r Bd. 803, 4. 2e A. 804, 5., u. 3r u. 4r Bd. 805), gr. 8. Hof. Grau. 6 ₰ 4 gr (1r Bd. ganz Deutschland. 1 ₰ 12 gr, 2r Bd. die übr. europ. Staaten. 1 ₰ 16 gr, 3r Bd. Afrika, Asien u. Westindien. 1 ₰ 12 gr, 4r Bd. Amerika u. Australien. 1 ₰ 12 gr)

— s. 1) Jahrhundert, d. 18te 2) Jahr 1801. 3) Provinzenwechsel. 4) Taschenbuch, genealog.-histor.-statist.

Müller, Christian Albrecht Friedrich

Müller, Chr. Albr. Friedr.: Teutscher Vieharzt oder Unterricht für Jedermann, d. Krankheiten d. Pferde, d. Rindviehes, d. Schaafe, d. Schweine u. Hunde auf d. leichteste u. geschwindeste Art zu heilen. Nürnberg u. Sulzbach 1805. 224 S.

Müller, Chr. Alb. Fr., deutscher Vieharzt od. Unterricht für Jedermann, die Krankheiten d. Pferde, des Rindviehs rc zu heilen. Hrsgg. v. C. W. Ammen. 8. Sulzb. 805. v. Seidel. 12 gr

Müller, Chr(istian) Albr(echt) Fried(rich): Deutscher Vieharzt, oder Unterricht für Jedermann die Krankheiten der Pferde, des Rindviehes, der Schafe, der Schweine und Hunde auf die leichteste und geschwindeste Art zu heilen. Neueste Aufl. 224 S., gbd.

Nürnberg u.Sulzbach: 1806

JB 5.899

Müller, Christian Andreas

— allgem. Anleit. z. Sächsischen Weinpflege im Berge u. Keller. 8. Dresden, 1777. (Kuntze.) — 25

Müller, Christian Andreas: Allgemeine Anleitung zur Sächsischen Weinpflege im Berge und Keller, ... Dresden: Walther 1777. 592 S. -- 21°. Frei 100°
[Mit Literaturverzeichnis]
BJ: Müller, Christ. Aug. -- Weber: Müller, J. L.

Müller, Christ. Andr., jährl. Behandl. e. ganzen Weinbergs, als Anleit. z. e. Winzercontrakte, nebst e. Anh. v. d. Acacien- u. Kastanien-Bäumen z. Weinpfählen. 8. Grossenhayn, 1805.

Müller, Chr[istia]n Andreas: Alljährliche Behandlung eines ganzen Weinberges oder Anleitung eines ... allgemein einzurichtenden Winzercontractes. Nebst e. Anhange. Großenhayn 1805. -- [Zit. nach dem Realkatalog der DSB: 1: Kriegsverlust]

— Erdmandel, als Krone aller Stellvertreter des indisch. Kaffee's, nebst doppelten Anhange, theils 24 dergl. andere Surrogate, theils die Schädlichkeit d. ind. Kaffee's betreff. 8. Großenhayn. 805.

Müller, Christian Carl, s. Müller, Christian Karl

Müller, Christian Carl Friedrich, s. Müller, Christian Karl Friedrich

Müller, Chrstn. Friedr., über d. de recepto actio in ihrer Anwendbarkeit auf d. heutigen Postanstalten. Mit e. Anh., wie in d. größern Staaten Deutschlands d. Schaden b. d. Postanstalten nach d. Particular-Rechten ersetzt wird. gr. 8. (5 1/2 B.) Leipzig 835, Serig'sche Buchh.

— über die de recepto actio und deren analoge Ausdehnung auf die Postanstalten. Mit einem Anhange wie nach den Bestimmungen des deutsch-österreich. Post-Vereins und nach den Partikular-Rechten der zu demselben gehörigen Staaten der Schadenersatz bei den Postanstalten geleistet wird, sowie über die Haftverbindlichkeit der Eisenbahnen. 2., sehr verm. Aufl. Leipzig 857. Serig. gr. 8. (XVI, 210 S.) 1 n$. 7 1/2 ngr.

— — (Eybau bei Zittau), Ein Beitrag zur chirurgischen Pathologie der Vena femoralis. Diss. med. Leipzig (O. Wigand) 2. I. 1869. 1868. 38 S. mit Biogr. (3.—) 23924
(Oppon.: Wenzel, Frölich, Henrici.)

– Otto Böckeler, ein oldenburgischer Botaniker, s. Müller, Friedrich

— **Christian Friedrich** (Dresden), Disput. de exheredatione bona mente facta. Präs. Friedr. Gottl. Zoller. Leipzig (Langenheim) 17. VIII. 1769. 24 S. (5.—) 23923
Gew.: Christian Friedrich Fleischer.

Müller, Christian Friedrich: Henricus Grammateus und sein Algorismus de integris. Zwickau, Druck v. R. Zückler, 1896; 33 S. 4.
Zwickau, G, OP 1896 (558)

Müller, Chrn. Frdr., Henricus Grammateus u. s. Algorismus de integris. Progr. gr. 4. (33 S.) Zwickau 896. (Gebr. Thost.) n. 1. —

Müller, Christianus Fridericus: De hydrargyro muriatico corrosivo. Halae (1825): Grunert. 36 S. 8°
Halle-Wittenberg, Med. Diss. v. 28. März 1825
Geb. Erfurt 1799 [vielmehr: 24. 11. 1798]. V.
In der Tabelle der preussischen Medizinalpersonen 1830 (Zentralarchiv Merseburg) wird er unter Liegnitz mit dem weiteren 1. Vornamen Johann aufgeführt.

— **Christian Gotthold** (Auerbach), Quaestio juris controversi an exceptio dominii conductoris noceat, locatori. Präs. Christian Heinr. Breuning. Leipzig (Langenheim) 7. IV. 1773. 18 S. (4.50) 23953

CHRISTIAN GOTTLIEB MÜLLER, *Denkmal* der Freundschaft dem verewigten Herrn Johann Heinrich Hässlein, Rechnungs-Syndikus, ... in Nürnberg, auch Mitglied des Nürnbergischen Blumenordens, errichtet im Namen der Gesellschaft. Nürnberg, im December 1796. 4°.

Müller, Christian Karl

— **Christian Carl** (Freiberg/Meißen), De cephalaea cum immoderato haemorrhoidum fluxu saepius repetente. Diss. med. Präs. Friedrich Hoffmann. Halle/ Magdeburg (J. Chr. Hilliger) Mai 1735. 36 S. (6.—) 23922

Müller, Christian Karl Friedrich

Müller, C. K. F., kurze und faßliche Anleitung zu dem Privatstudium der griech. Sprache. Altenb. 787. 8.

— kurze u. faßl. Anleit. zum Privatstudium d. griech. Sprache. 8. Gera 787. Beckmann. (Haller) 5 gr.

Müller, Chr. Karl Fr., häuslicher Erbauungsfreund, e. Wochenschrift. Jahrg. 1803. 16 Quart. 8. (Gera) Illgen. 1 $

— für Erzieher u. Erziehungsfreunde. 8. Gera 801. Illgen. 8 gr

Müller, Chrn Karl Frdr., Über die vernachlässigte Geistesbildung des Landmanns. Gera 1802. 8.

– (Hrsg.), s. Hebe. 1785.

— drei Predigten über Gegenstände d. christl. Sittenlehre. 8. Gera 794.

– (Hrsg.), s. Tacitus, P. Cornelius: De situ, moribus et populis Germaniae. 1786.

— über d. Umgang d. Landpfarrers mit d. Schulmeister seines Kirchspiels. 8. Leipz. 802. Barth. 3 gr

— über die religiöse Unterhaltung d. Kranken rc. 2 Thle 8. Gera 800, 802. Illgen. (Grieshammer in Leipz.) 16 gl.

– Wöchentliche Unterhalt. für die mittlere Jugend in Volksschulen, s. Lummer, J. G.

Müller, Chr. Karl Fr., s. Woddo, od. die Folgen der Aufklärung.

§ WODDO, oder die Folgen der falschen Aufklärung. (Stellenw. etwas freier Familien- u. Candidaten-Roman in 2 Abthlgn., von *Chrn. Carl Friedr. Müller.*) (Engl. Motto aus Pope auf d. Tit.) Gera, bey Christoph Friedrich Beckmann. 1785. 8°. (In München: P. o. germ. 1635k.)
200 S. Th. 2 beg. mit S. 118. — *Am Ende* 1 vierzeil. Strophe, unterz. Gotter.
Anon.-Lex. IV. p. 408 (nach Meusel u. Kayser).

Müller, Christian Max Ernst, s. Müller, Max

— **Christian Melchior** (Hannover), De differentiis praediorum Rusticorum et feudorum praesertim quo ad successionem. Diss. jur. German. Präs. Johann Heinrich Christian von Selchow. Göttingen (Schulz, F. A. Rosenbusch) Okt. 1765. 61 S. (6.50) 23956
Mit sehr schöner Titelvignette von J. P. Kaltenhofer. — Gew.: Gerlach Adolph von Münchhausen.

* *Christian Samuel Müller's* Arithmetische Kunstschule. 1r Theil. Breslau. 8. 310 S. (8 gr.) 1756.

(—). — Elegie am Grabe unserer Freundin der Demoiselle **Christiane Wilhelmine Müller** zu Pödelist. Leipzig (Sommer) 21. XI. 1795. (5.—) 23957
Mit vielen Namen.

Müller, Christine, [Frau van Wallree, geb. Gobée], Lieb' und Leid aus einer kleinen Welt. Holländischer Familien-Roman. Autoris. Uebertragung von Friedr. Schnettler. 2 Bde. 8. (V, 275; III, 234 S.) Köln 873, Bachem.

MÜLLER, Christoph (München): Das Enchondrom. (Titel nach der Urkunde)
14.11.1895 - Urk; Chr 1895/96,8
Diss. Ingolst. - Landsh. - Mchn.

Proelss, Karl: [Autogr.] [Gedicht.] Den Manen des heimgegangenen Br.·. Proelss. [Unterz :] C[hristoph] Müller. [Nürnberg 1866.] 2 Bl. 4° [Kopftit.] „Zum Lichte sei das Angesicht gekehrt!"

Mueller, Christophorus (geb. am 16 Okt. 1811 in Rietberg Rgbz. Minden): De morbis loborum anteriorum cerebri ... Bonnae, typ. F. Baaden 1839. 2 Bl., 25 S., 1 Bl. 8.
Bonn, Med. Fak., Diss. v. 18 März 1839

— **Christoph Friedr.** (Tilleda/Schwarzburg), De obligatione domini erga vasallum. Diss. jur. Präs. Jo. Christoph Spitz. Erfurt (J. Chr. Hering) 11. VIII. 1750. 24 S. (5.—) 23962

Müller, Christoph Heinrich, s. a. Christoph Heinrich Myller.

– (Hrsg.), s. Amur, Der Gott.

– s.a. Dialoge und kleine Aufsätze.

Müller, C. H., Dialogen u. kl. Aufs. 2 Bdchn. 8. Zürich, Orell, F. u. Comp. 792.

Müller, (auch Myller,) Chph. Hnr., († d. 22. Febr. 1807.) der Dorfpfarrer; oder d. glückl. Sterbliche; e. philosoph. Abhandlung. 8. Berl. 785. Nauck. 5 gl.

—die Dorfschule; e. Pendant zum Dorfpfarrer. 8. Berl. 785. Nauck. 4 gl.

– (Hrsg.), s. Eschenbach, Wolfram von: Parcival. 1784.

– (Hrsg.), s.a. Sammlung deutscher Gedichte aus dem 12., 13. u. 14. Jahrhundert.

— Samml. deutscher Gedichte, a. d. 12n 13n u. 14n Jahrh. 2 Bde. gr. 4. Berl. 784. 85.

– s.a. Traum, Der.

— d. Traum. 8. Ebend. 789.

— üb ein Wort, d. Franz I. von den Folgen d. Reformation gesagt haben soll; (ist Anhang zum Briefen üb. d. Studium d. Wissenschaften von J. G. Müller).

Müller, Christoph Paul (pr. Religionslehrer) „Das religiöse Leben und die Gewerbsschule". pg. 3—9. 4°. Stadtamhof, Joseph Mayr.
Regensburg, Progr. 1850/51

Müller, Christoph Paul, Lieder auf alle Sonn- u. Festtage des Herrn des ganzen Jahres zum Gottesdienste in der römisch-kathol. Kirche für die Orgel u. 2 Singstimmen. 3 Hefte. Wieder herausg. von Georg Rieder. Fol. Landshut 839. Attenkofer. 2⅓ ß

Müller, Chrstph. Paul, Lieder auf alle Sonn- u. Festtage d. Herrn d. ganzen Jahres z. Gottesdienste in d. röm. kathol. Kirche f. d. Orgel u. 2 Singstimmen. Wieder hrsg. v. Geo. Rieder. Fol. (46 B.) Landshut 839, Thomann'sche Buchh.

Müller, Christoph Sigmund

Müller, C. Sigm., vollst. Samml. d. Kais. in Sachen Frankfurts contra Frankfurt ergang. Resolution. Fol. Frankf. Eichenberg. 785.

Müller, Chph. Sigm., († ...) vollständ. Samml. d. Kaiserl. in Sachen Frankfurts contra Frankfurt ergangenen Verordnn. 2 Thle Fol. Frankf. 776,78. Eichenberg. 4 ß 8 gl.

— **Christoph Theophil** (Eisfeld - Hildburghausen), De discrimine definitionis scholasticae et oratoriae. Präs. Michael Weber. Wittenberg (Tzschiedrich) Jul. 1791. 20 S. (4.75) 23964
Widm. v.: Michael Weber.

Müller, Cl., s. Müller, Klaus

Müller, Clara, s. Müller, Klara

Müller, Claus, s. Müller, Klaus

Müller, Clemens, s. Müller, Klemens

Müller, Clotar, s. Müller, Chlothar

Müller, Cölestin, s. Müller, Zölestin

Müller, Conrad, s. Müller, Konrad

Müller, Conrad Heinrich, s. Müller, Konrad Heinrich

Müller, Conrad Wilhelm August, s. Müller, Konrad Wilhelm August

Müller, Conradin, s. Müller, Konradin

Müller, Cornelius, s. Müller, Kornelius

Müller, Cunibert, s. Müller, Kunibert

Müller, Curt, s. Müller, Kurt

Müller, D., s.a. Müller, Daniel Ludwig

Müller, D., de Epicteti christianismo. Chemn. 1724. 4.

Müller, D. Die Petites Écoles von Port-Royal. Berlin, Fr.-Werder'sche G. S., 1867. 38 S. 4. Progr.

Export, Import. Feldsamen, Seeds, Semillas. D. Müller & Co, Hamburg. 1882—1907. — [Hamburg: Selbstverl. 1907.] 27 Bl. 8°

Müller, D., Programma de gente Pufendorfiorum. Chemnitii 1723. fol.

Müller, D. Observations sur les enfants d'Édouard de Delavigne et sur les rapports de cette tragédie au Richard III de Shakspeare. Fulda, G., 1844. 28 S. 4. Progr.

Müller, D. Die Schulden des Deutschen Reiches und der Antrag Dr. Lieber vom 12. März 1896. Ein Rückblick auf die Entstehung der deutschen Reichsschuld und das Zustandekommen des Gesetzes über die Reichsschuldentilgungen. gr. 8°. Fulda, Fuldaer Aktiendruckerei, 1896.

Müller, D. C., s. Müller, Karl

Müller, D. E., s. Müller, Daniel Ernst

Müller, D. F., anatomische und physiologische Darstellung des menschlichen Auges. gr. 8. Wien, Heubner. 819.

Müller, D. G., s.a. Müller, Daniel Gottfried

Müller, D. G., de connubio per sortem. Francob. 1742. 4.

Müller, D. H., s. Müller, David Heinrich

— Daniel (Chemnitz), Ad orationes memoriam sigelianam pie recolentes In Prontisterio Chemnitz, ipsis Onomasteriis . . . . invitat. Chemitz (Stössel) 6. II. 1709. Mit Namen. (3.50) 23967

Müller, D., de causis quare ingens Europaeor. etc. 8. Gött. Brose.

— — (New York / Amerika), De caussis quare ingens Europaeorum multitudo praematura morte Bataviae pereat; et de mali huius remediis. Diss. inaug. med. Göttingen (H. M. Grape) 25. V. 1798. 37 S. (4.50) 23968

Müller, Daniel, u. Louise Müller geb. Nernst, Gedichte. 8. (11³/₈ B.) Stralsund 841, Volkmann.

Müller, Dan., [De Hermunduris. — Schul-Progr.] Chemnitii o. J. [1710]. Fol. . . (D.)

Müller, Dan. Programma de Lothario, imperatore Saxonico, autore Chemnicii. fol. Chemnicii 1726

Müller, Daniel, Rechenbuch f. Volksschulen. 1. u. 2. Hft. 8. Bremen, v. Halem. geb. n. 1.90
1. (80 S.) 890. n. 1.—. 2. (58 S.) 889. n. —90.

Müller, D., Rechenbuch f. Vorschulen, s. a. Hartung, A.

Müller, Dan., Rechenbuch für Vorschulen. 1. Hft. (1. u. 2. Schulj.) (Neue Aufl.) gr. 8. (86 S.) Bremen 902. G. A. v. Halen. Geb. n.n. 1.25

MÜLLER, Daniel Ernst: Über den After-Raupen-Frass in den Fränkischen Kiefern-Waldungen vom Jahr 1819 und 1820. - Aschaffenburg 1821. 114 S., 1 Taf., 7 Tab. - 2. verm. Aufl. nebst Anleitung zum Schutze der Nadelwaldungen gegen Verheerungen vor den bis jetzt am schädlichsten sich gezeigten Insekten. ebd. 1824. 154 S., 1 Taf.

Müller, (D. E.,) über d. Afterraupenfraß in d. fränk. Kiefern-Waldungen vom J. 1819, 20; nebst Anleitung zum Schutze d. Nadelwaldungen gegen Verheerungen v. d. bis jezt am schädlichsten sich gezeigten Insekten. 2e verm. Aufl. Mit 1 ill. Kpfrt. gr. 8. Aschaffenburg 824, Knode.

Müller D. E.: Kurze Beschreibung d. Forst-Revieres Aschaffenburg im Untermainkreise d. Königreichs Baiern. Aschaffenb. 1824. 52 S. 7 Tab. P.

MÜLLER, Daniel Ernst: Kurze Beschreibung des Forst-Reviers Aschaffenburg im Untermainkreise des Königr. Baiern. - Giessen, Frankfurt 1824. 32 S.

MÜLLER, Daniel Ernst: Allgemeine Forstkerfkunde. - Gotha 1829. VI, 129 S. 2. neu bearb. Aufl. - 1. Tl. der in 1. Aufl. in einem Bd. ersch. Forstinsectologie oder Naturgeschichte ... v. J. M. Bechstein. - (=IV. Tl. 2. Bd., 1. Abt. v.: Die Forst- und Jagdwissenschaft nach allen ihren Theilen für angehende und ausübende Forstmänner und Jäger. Hrsg. v. J. M. Bechstein, fortges. v. C. P. Laurop. U. d. T.: Einleitung zur Kenntniß der Kerfe im Allgemeinen und der Forstkerfe ins Besondere)

Müller, Dan. Ernst, des Spessart's Holzhandel u. Holz verbrauch. Industrie. Ein Beitr. z. Beleucht. d. staatswirthschaftl. Interesse d. Holzhandels u. d. Holz verbrauch. Industrie im Allgem., u. in Bezug auf d. Spessart im Besonderen. 8. (21 B. u. 4 Tab.) Frankfurt a. M. 837, Andreäische Buchh.

Müller, Dan. Ernst, die Monokratie, das Grundprincip des Organischen im Natur- und insbesondere im Menschen-Leben und dessen allgemeinste mathematische Formel. 1. Abth. Aschaffenburg 858. (Krebs.) gr. 8. (2 Bl., 30 S.) n. 5 ngr.

Müller, D. E. Quadratur des Kreises und Grundgesetze der Musik. Aschaffenburg 1863.

Müller, Dan. Ernst, die durch die freie Arbeit zu erringende Vergesellschaftung der Menschen. gr. 8. (109 S.) Aschaffenburg 867, (Krebs.) *

MÜLLER, Daniel Ernst: Versuch zur Begründung eines allgemeinen Forstpolizeigesetzes auf die natürliche Ordnung der Wälder im menschlichen Haushalte. - Nürnberg 1825. VI, 140 S.

Müller, Dan. Ernst: „Versuch zur Begründung eines allgemeinen Forstpolizeigesetzes auf d. natürl. Ordnung der Wälder im menschlichen Haushalt", Nürnberg 1825 (Riegel). — Vorh.: UB Würzburg.

— Daniel Gottfried (Liegnitz/Schlesien), Meditationes de vi consuetudinis rationaliter explicanda. Diss. med. Präs. Johann Heinrich Schulze. Halle / Magdeburg (Chr. Hilliger) Nov. 1734. 39 S. (5.75) 23969
Widm. v.: Johann Victor Krause.

— **Daniel Gottlob** (Chemnitz/Meiß.), Veram eruditionis notionem. Präs. Ernst Christian Schroeder. Wittenberg (Hake) Juni 1733. 32 Seiten. (5.—) 23970

— — u. (Resp.) **Gottlob Gotthelff Thiem** (Gommer./Sachs.), Veram eruditionis notionem evoluent ac disputabunt. Wittenberg (Hake) Juni 1733. 16 S. (4.—) 23971

Müller, D. L., Abschieds-Predigt über 2 Tim. 2,19, geh. am 12. Aug. 1877. 8. (20 S.) Bremen 877. Sauernheimer. n. — 40

Müller, Dan., der alte Diedrichs. Züge aus dem Leben e. Wupperthaler Christen u. Missions-Freundes aus dem Anfang dieses Jahrh. 8. (78 S.) Barmen 874. Wiemann in Comm. n.n. — 60

Müller, D., der alte Diedrichs. Züge aus dem Leben e. Wuppertaler Christen. Neu bearb. von J. Haarbeck. (63 S. m. 1 Bildnis.) kl. 8. Neukirchen (909). Buchh. d. Erziehungsvereins. — 80

– Die ewige Erlösung, s.a. Predigt-Hausschatz, Evangelischer.

[F.] Die ewige Erlösung. Pred. über Hebräer 9, 12. geh. in d. österlichen Zeit v. D[aniel] L. Müller, Superint. . . . in Rheydt '(Rheinl.)'. *Halle a. S.: E. Strien [1899].* (16 S.) 1 Bd 8.
= Predigt-Hausschatz, Evangelischer. No 23. [99. 1757

Müller, D. L., die Erweckungsbewegung in Rheydt im Jahre 1750. Ein Blatt aus der Geschichte d. christl. Lebens am Niederrhein im vor. Jahrh. Nach Urkunden d. Rheydter Kirchenarchivs dargestellt. 8. (VII, 89 S.) Bremen 886. Müller. n. 1. —

Müller, D. L., Gott war mit uns, s.: Lange, C.

– Die evangelische Heiligung, s.a. Predigt-Hausschatz, Evangelischer.

[F.] Die evangelische Heiligung. 1. Thess. 5, 23. 24. Pred. v. D[aniel] L. Müller, Superint. . . . in Rheydt '(Rheinl.)'. *Halle a. S.: E. Strien [1899].* (20 S.) 1 Bd 8.
= Predigt-Hausschatz, Evangelischer. No 24. [99. 1758

— „ich bitte nicht, daß du sie von der Welt nehmest, sondern daß du sie bewahrest vor dem Uebel". Predigt über Joh. 17, 15 u. 16, geh. am 5. Aug. 1877. 8. (16 S.) Ebend. 877. n. — 40

— unser Kampfeslauf. Predigt über Hebräer 12, 1—3, geh. in der Kirche U. L. Frauen am 2. Octbr. 1882. gr. 8. (15 S.) Bremen 882. Noltenius. n. — 20

Müller, D., u. L. Tiesmeyer, der Heidelberger Katechismus im Auszuge für den Katechumenen-Unterricht bearb. [2. Aufl.] 8. (80 S.) Bremen 877. Sauernheimer. geb. n. — 60

– Über ein Kleines! s.a. Predigt-Hausschatz, Evangelischer.

[F.] Über ein Kleines! Pred. am Sonntag Jubilate über Joh. 16, 16—23 v. D[aniel] L. Müller, Superint. . . . in Rheydt '(Rheinl.)'. *Halle a. S.: E. Strien [1899].* (16 S.) 1 Bd 8.
= Predigt-Hausschatz, Evangelischer. No 12. [99. 1746.

Müller, Dan. Ludw., Lieder-Sammlung f. Jungfrauenvereine, Gemeinde u. Haus. 4. Aufl. Vierstimmige Notenausg., hrsg. v. Johs. Müller. (VIII, 274 S.) 8. Rheydt 910. W. R. Langewiesche. Geb. in Leinw. nn 2. 75

Müller, D., die religiöse Seite der Kindererziehung. Ein Vortrag bei dem Jahresfest der innern Mission in Bremen, am 6. Juli 1871. gr. 16. (16 S.) Bremen 871. (Barmen, Klein.) n. — 20

Müller, D. L., methodistische Strömungen u. Evangelistenarbeit in den evangelischen Gemeinden. Vortrag auf der niederrh. Prediger-Konferenz in Düsseldorf am 26. Apr. 1894. gr. 8. (39 S.) Gütersloh 894. C. Bertelsmann. n. — 40

— der Sündenfall. Zehn Predigten über 1. Moses 3, 8. (V, 193 S.) Bremen 881. Müller. n. 1. 60

Müller, D. L., treues Wirken u. selige Ruhe. 2 Predigten, geh. am Schluß d. Kirchenjahres. 8. (36 S.) Bremen 875. (Valett & Co.) n. — 50

—— die modernen Zweifel an der Auferstehung Jesu. Predigt am 2. Ostertage, 10. April 1871, über Lucas 24, 34. gr. 8. (16 S.) (Ebendas.) 871. *

Müller, Daniel Traugott

— — **De contemtu eruditorum eiusque caussis prima vice agit et ephoros Scholae gravissimos nec non omnes qui nec scholas nec eruditionem contemnunt . . . . invitat. Schneeberg (C. W. Fulda) 16. X. (1747). (4.—) 23982**

— — **De contemtu eruditorum eiusque caussis tertia vice agit et inspectores Scholae gravissimos omnesque quibus honor eruditionis Schneebergae curae cordique est ad frequentandam et diebus sequentibus scholae nostrae lustrationem . . . invitat. Schneeberg (C. W. Fulda) 13. V. 1748. (3.50) 23983**

— — **Praemissa hac brevi de fastigio apud veteres Romanos usitato prolusione . . . . et inspectores Scholae gravissimos omnesque alios viros dignitate florentes nostrisque conatibus faventes ad frequentandum actum valedictorium. Schneeberg (Fulda) 27. IV. 1764. Mit Namen. (4.50) 23998**

— — **Ad locum Suetonii in vita Caligulae Cap. 27. De saevitia Caligulae prima vice commentatur et inspectores Scholae gravissimos omnesque qui Schneeberg ab eruditione non abhorrent . . . . orationes et at frequentandum examen scholae publicum obsequiose invitat. Schneeberg (C. W. Fulda) 30. IV. et 3. V. 1751. Mit Namen. (4.50) 23984**

— — **Ad locum Suetonii in vita Caligulae Cap. 27. De saevitia Caligulae altera vice commentatur et loquendi formulam a Calvo ad Caluum duci imperavit explicat et inspectores Scholae gravissimos omnesque qui Schneeberg scholae favent ad frequentandam lustrationem scholae publicam et ad audiendas benevole orationes observanter invitat. Schneeberg (C. W. Fulda) 11. X. et 15. X. 1751. Mit Namen. (4.50) 23985**

— — De quibusdam longi belli malis nonnulla praefatus de pace in arce Huberti inita gaudet et inspectores Scholae gravissimos nec non viros omnes dignitate et Schneebergae et in Vicinia conspicuos et de pace restituta gaudentes ad solemnia hujus pacis in Schola nostra .... Schneeberg (Fulda) 22. III. 1763. Mit Namen. (4.50) 23995

— — (Schneeberg), Pauperes a studiis arcendos non esse probat et ut inspectores Lycei gravissimi nec non viri illi quos Schneebergae virtutum et eruditionis caussa suspicit quosque musae ut patronos suos colunt actum valedictorium .... Schneeberg (C. W. Fulda) 3. VII. 1747. Mit Namen. (4.50) 23981

— Daniel Traugott (Dresden), Pietatem primum esse officiorum a doctore scholastico observandorum comprobat et ad audiendos sex bonae spei juvenes Crastina luco .... de variis eruditorum symbolis acturos scholaeque .... et quoslibet scholae fautores pie colendos .... invitat. Dresden (Harpeter) 26. IV. 1765. 16 S. mit Namen. (4.50) 23978

— — Ridicula quaedam in religionibus veterum Romanorum demonstrat et ut actui oratorio sex juvenum optimae spei Crastina luce .... Dresden (Harpeter) 18. IV. 1766. 12 S. mit Namen. (4.—) 23979

— — Ridicula quaedam in religionibus veterum Romanorum iterum exponit et ut actui oratorio sex juvenum tam optinae quam bonae spei crastina luce .... et omnes maecenates atque fautores Scholae nostrae pio debitoque cultu devenerandi .... Dresden (Harpeter) 8. V. 1767. 12 S. mit Namen. (4.50) 23980

— — De Bibliotheca Schneeberg prima vice agit et inspectores Scholae gravissimos ac omnes viros colendos quibus otia scholae curae cordique sunt ut examini scholastico nec non actui oratorio ... enixe rogat. Schneeberg (C. W. Fulda) 16. X. et 21. X. 1757. Mit Namen. (4.50) 23986

— — De Bibliotheca Schneeberg secunda vice agit et inspectores Scholae gravissimos ac omnes viros aestumatissimos scholae nostrae bene volentes ut examini scholastico .... peramanter rogitat. Schneeberg (Fulda) 24. IV. 1758. Mit Namen. (4.50) 23987

— — De Bibliotheca Schneeberg tertia vice disserit et inspectores Scholae gravissimos aliosque omnes quos schola nostra tanquam fautores suos suspicit ut examini scholastico nec non actui oratorio .... per amanter rogitat. Schneeberg (C. W. Fulda) 15. X. et 20. X. 1758. Mit Namen. (4.50) 23988

— — De Bibliotheca Schneeberg quarta vice disserit et inspectores Scholae gravissimos aliosque omnes scholae nostrae bene cupientes ut actum valedictorium crastina luce audita hora nona instituendum nec non examen scholasticum ... omnio studio contendit. Schneeberg (C. W. Fulda) 14. V. 1759. Mit Namen. (4.50) 23989

— — De Bibliotheca Schneeberg quinta vice disserit inspectores Scholae gravissimos atque viros omnes scholam vero amore complectentes ut scholastico examini et actui oratorio ... decenter rogat. Schneeberg (C. W. Fulda) 14. X. 1759. Mit Namen. (4.50) 23990

— — De Bibliotheca Schneeberg octava vice disserens inspectores Scholae gravissimos omnesque viros urbis nostrae et viciniae aestumatissimos et ad amorem scholae nostrae propensos ut actum valedictorium nec non lustrationem scholae .... impense rogat. Schneeberg (C. W. Fulda) 17. IV. et 20. IV. 1761. Mit Namen. (4.50) 23991

— — Praemissa hoc programmate nono de Bibliotheca Schneeberg inspectores Scholae gravissimos omnesque eiusdem fautores atque amicos maximopere et decenter suscipiendos ut actum valedictorium .... quam potest maxime rogitat. Schneeberg (C. W. Fulda) 3. IX. 1761. Mit Namen. (4.50) 23992

— — Praemissa hoc programmate decimo de Bibliotheca Schneeberg inspectores Scholae gravissimos omnesque alios viros pie colendos a musarum nostrarum amore non aliendos ut lustrationem scholae nec non actum valedictorium .... rogat. Schneeberg (C. W. Fulda) 11. X. 1761. Mit Namen. (4.50) 23993

— — Praemisso hoc programmate duodecimo de Bibliotheca Schneeberg gravissimos Scholae inspectores ac omnes viros alios Schneebergae et in Vicinia a re scholastica non abhorrentes ad condecorandum sua praesentia examen scholasticum .... invitat. Schneeberg (Fulda) 11. X. 1762. (3.50) 23994

— — Praemisso hoc programmate decimo tertio de Bibliotheca Schneeberg inspectores Scholae gravissimos et viros omnium ordinum Schneebergae et in Vicinia spectatissimos ad ornandum sua praesentia actum valedictorium .... invitat. Schneeberg (Fulda) 15. IV. 1763. Mit Namen. (4.50) 23996

— — Praemisso hoc programmate decimo quarto de Bibliotheca Schneeberg inspectores Scholae gravissimos et viros omnium ordinum Schneebergae et in Vicinia pio cultu devenerandos ad ornandum sua praesentia examen scholasticum et actum valedictorium .... convocat. Schneeberg (Fulda) 2. V. et 5. V. 1763. Mit Namen. (4.50) 23997

Müller, Dav., Abriss der allgemeinen Weltgeschichte für die obere Stufe des Geschichtsunterrichtes. 1. Thl. Das Alterthum. Berlin 870. Weidmann. gr. 8. (VII, 312 S.) n. 25 *ngr.*

Müller, Dav., Abriss der allgemeinen Weltgeschichte für die obere Stufe des Geschichtsunterrichtes. 1. Thl.: Das Alterthum. 2. Aufl. gr. 8. (VI, 307 S.) Berlin 876, Weidmann'sche Buchh. *

Müller, Dav., Abriss der allgemeinen Weltgeschichte für die obere Stufe des Geschichtsunterrichtes. 1. Teil. Das Altertum. 3. Aufl., besorgt von Frdr. Junge. gr. 8. (VIII, 303 S.) Berlin 880. Weidmann. n. 3. —

Müller, Dav., Abriss der allgemeinen Weltgeschichte f. die obere Stufe d. Geschichtsunterrichtes. 1. Tl. Das Altertum. 4. Aufl. Besorgt v. Frdr. Junge. gr. 8. (VIII, 311 S) Berlin 883. Weidmann. n. 3. —

Müller, Dav., Abriss der allgemeinen Weltgeschichte f. die obere Stufe d. Geschichtsunterrichts. 1. Tl. Das Altertum. 5. Aufl. Besorgt von Frdr. Junge. gr. 8. (VIII, 324 S.) Berlin 887. Weidmann. geb. n. 3. 40

Müller, Dav., Abriss d. allgem. Weltgeschichte f. d. obere Stufe d. Geschichtsunterrichtes. 1. Tl. Das Altertum. 6., verb. Aufl. Besorgt von Frdr. Junge. gr. 8. (VIII, 335 S.) Berlin 896. Weidmann. Geb. in Leinw. n. 3. 60

– Kitab el Fark des al-'Asma'i, s. Müller, David Heinrich

— alte Geschichte f. die Anfangsstufe d. histor. Unterrichts. gr. 8. (IV, 166 S.) Ebend. 873. n. 1. 60

— alte Geschichte für die Anfangsstufe des historischen Unterrichts. 2. Aufl. gr. 8. (IV, 166 S.) Ebendas. 877. *

— dass. — 3. verb. Aufl. Besorgt von Friedr. Junge. (VIII, 166 S.) 878; 4. Aufl. 8. (172 S.) Ebendas. 879. *

— alte Geschichte für die Anfangsstufe des historischen Unterrichts. 5. und 6. Aufl. Besorgt von Friedr. Junge. gr. 8. (172 S.) Ebendas. 880,82. *

— alte Geschichte für die Anfangsstufe des historischen Unterrichts. 8. und 9. Aufl. Besorgt von Friedr. Junge. 8. (174 S.) Ebendas. 885,86. geb. *

Müller, Dav. Alte Geschichte f. die Anfangsstufe d. histor. Unterrichts. 10. u. 11. Aufl. Besorgt v. Friedr. Junge. 8. (174 S.) Berl. 889,91, Weidmann. geb. * 1 90

Müller, Dav., alte Geschichte f. die Anfangsstufe des historischen Unterrichts. 12. Aufl. Besorgt v. Frdr. Junge. 8. (174 S.) Berlin 893. Weidmann. Geb. in Leinw. n. 1. 90

— alte Geschichte f. d. Anfangsstufe des histor. Unterrichts. 14. Aufl., besorgt v. Frdr. Junge. Mit 4 geschichtl. Karten. gr. 8. (160 S.) Ebd. 897. Geb. in Leinw. n. 2. 20

Müller, Dav., alte Geschichte für die Anfangsstufe des historischen Unterrichts. 16. verb. Aufl., besorgt v. Rud. Lange. Mit 4 geschichtl. Karten. gr. 8. (162 S.) Berlin 902. Weidmann. Geb. in Leinw. n. 2. 20

Müller, Dav., alte Geschichte f. die Anfangsstufe des historischen Unterrichts. 18., verb. Aufl., hrsg. v. Rud. Lange. Mit 4 geschichtl. Karten (in Farbdr.). (162 S.) 8. Berlin 906. Weidmann. Geb. n. 2. 20

Müller, Dav., alte Geschichte f. die Anfangsstufe d. histor. Unterrichts. 19., verb. Aufl., hrsg. v. Rud. Lange. Mit 4 geschichtl. Karten (in Farbdr.). (162 S.) 8. Berlin 909. Weidmann. Geb. 2. 20

Müller, Dav., Geschichte des deutschen Volkes in kurzgefaßter übersichtl. Darstellung zum Gebrauch an höheren Unterrichtsanstalten und zur Selbstbelehrung. 1. Aufl. 1863,64. und 2., verb. und bis 1867 vervollständ. Aufl. gr. 8. (XXIV und 436 S.) Berlin 867, Schweigger'sche Hofbuchh. *

Müller, Dav., Geschichte des deutschen Volkes in kurzgefaßter, übersichtlicher Darstellung zum Gebrauch an höheren Unterrichts-Anstalten u. zur Selbstbelehrung. Berlin 864. Mylius. gr. 8. (XXIV, 417 S.) n. 1 ₰ 5 ngr.

— Geschichte d. deutschen Volkes in kurzgefaßter übersichtl. Darstellg. zum Gebrauch an höheren Unterrichtsanstalten u. zur Selbstbelehrg. 3. verb. u. bis 1871 vervollständigte Aufl. gr. 8. (XXVII, 440 S.) Berlin 871. Vahlen. n. 3. 60; geb. n. 4. 25

Müller, Dav., Geschichte d. deutschen Volkes in kurzgefaßter übersichtl. Darstellg. zum Gebrauch an höheren Unterrichtsanstalten etc. 4. verb. u. bis 1871 vervollständ. Aufl. gr. 8. (XXXIII, 454 S.) Berlin 872. Vahlen. n. 4. —

— dasselbe. 5. verb. Aufl. gr. 8. (XXXIII, 454 S.) Ebend. 874. n. 4. 20

— Geschichte des deutschen Volkes in kurzgefaßter übersichtlicher Darstellung, zum Gebrauch an höheren Unterrichtsanstalten und zur Selbstbelehrung. 6. und 7. verb. Aufl. gr. 8. (XXXV, 464 S.) Berlin 876,78, Vahlen. * M 4,20.; geb. ** Fein geb. **

— Geschichte des deutschen Volkes in kurzgefaßter übersichtlicher Darstellung, zum Gebrauch an höheren Unterrichtsanstalten u. zur Selbstbelehrung. 8., verb. Aufl. gr. 8. (XII, 480 S.) Berlin 880. Vahlen. n. 4. 20; geb. n.n. 5. —; fein geb. n.n. 5. 80

— dass. — Pracht-Ausg., in der Reihe der Auflagen die 9., besorgt von Friedr. Junge. Mit 1 (Lichtdr.-)Bildnis Kaiser Wilhelms nach 1 Orig.-Kreide-Zeichnung von Ant. v. Werner. 8 Lfgn. gr. 8. (XV, 714 S.) Ebendas. 880,81. à Lfg. * M 1.; * geb. *

— dasselbe. 10., verb. Aufl. Besorgt von Frdr. Junge. Ausg. für den Schulgebrauch. Mit einem (Lichtdr.-) Bildnis Kaiser Wilhelms von Ant. von Werner. gr. 8. (XXXVI, 488 S.) Ebend. 882. n. 4. 20; geb. n. 5. —; fein geb. n. 6. —

Müller, Dav., Geschichte d. deutschen Volkes in kurzgefaßter übersichtlicher Darstellung zum Gebrauch an höheren Unterrichtsanstalten u. zur Selbstbelehrung. 11. Aufl. Besorgt v. Frdr. Junge. Ausg. f. den Schulgebrauch. Mit dem (Lichtdr.-)Bildnis Kaiser Wilhelms von Ant. v. Werner. gr. 8. (XXXVI, 485 S.) Berlin 884. Vahlen. n. 4. 20; geb. n. 5. —; fein geb. m. der Schilling'schen Germania n. 6. —

— Geschichte des deutschen Volkes in kurzgefaßter übersichtl. Darstellung zum Gebrauch an höheren Unterrichtsanstalten u. zur Selbstbelehrg. 12., verb. Aufl. Besorgt v. F. Junge. Ausg. f. den Schulgebrauch. Mit einem Bildnis Kaiser Wilhelm's von Ant. v. Werner. gr. 8. (XXXVI, 489 S.) Berlin 887. Vahlen. geb. in Halbldr. n. 5. —; geb. in Leinw. m. der Schilling'schen Germania n. 6. —

— dasselbe. 13., verb. Aufl. Besorgt von Frdr. Junge. Ausg. f. den Schulgebrauch. Mit 6 geschichtl. Karten u. e. Bildnis Kaiser Wilhelm's von Ant. v. Werner. gr. 8. (XXXVI, 499 S.) Ebd. 890. n. 5. 20; geb. in Halbldr. n. 6. —; geb. in Leinw. m. d. Schilling'schen Germania n. 7. —

— Geschichte d. deutschen Volkes in kurzgefaßter Darstellung. Neue Pracht-Ausg., in der Reihe der Aufl. die 14., besorgt v. Frdr. Junge. Mit e. Drei-Kaiser-Bild in Photograv. gr. 8. (XII, 675 S.) Berlin 892. F. Vahlen. Geb. in Halbsaffian. n. 12. —

— dasselbe in kurzgefaßter übersichtlicher Darstellung zum Gebrauch an höheren Unterrichtsanstalten u. zur Selbstbelehrung. 15., verb. Aufl. Besorgt v. Frdr. Junge. Ausg. f. den Schulgebrauch. Mit 6 (farb.) geschichtl. Karten u. 1 Dreikaiserbildnis. gr. 8. (XXXVI, 512 S.) Ebd. 894. Geb. in Halbldr. n. 6. —; in Leinw. n. 7. —

— Geschichte des deutschen Volkes in kurzgef. übersichtl. Darstellg. zum Gebrauch an höh. Unterrichtsanst. u. zur Selbstbelehrg. 16., verb. Aufl. Besorgt v. Frdr. Junge. Ausg. f. d. Schulgebrauch. M. 6 geschichtl. Karten u. 1 Dreikaiserbildn. gr. 8. (XL, 512 S.) Berlin 897. F. Vahlen. Geb. in Halbldr. n. 6. —; geb. in Leinw. n. 7. —

Geschichte des deutschen Volkes in kurzgefasster übersichtlicher Darstellung z. Gebr. an höh. Unterrichtsanst. u. z. Selbstbelehrung von Dr. David Müller. 17., verb. Aufl., nach d. Tode d. bisher. Hrsg. Prof. Dr. Friedrich Junge besorgt von Dr. Rudolf Lange, Dir. zu Berlin. Ausg. f. d. Schulgebr. Mit 6 gesch. Karten u. 1 Bildnis. *Berlin: F. Vahlen 1900.* (XL, 512 S.) 8° [F.] (01. 365

— Geschichte d. deutschen Volkes in kurzgefaßter übersichtl. Darstellung zum Gebrauch an höh. Unterrichtsanstalten u. zur Selbstbelehrg. 18., verb. Aufl., besorgt v. Rud. Lange. Ausg. f. den Schulgebrauch. Mit 6 geschichtl. Karten u. 1 Dreikaiserbildnis. gr. 8. (XL, 514 S.) Berlin 902. F. Vahlen. Geb. in Halbldr. n. 6. —; in Leinw. n. 7. —

Geschichte des deutschen Volkes in kurzgefaßter, übersichtl. Darstellung z. Gebr. an höh. Unterrichtsanst. u. z. Selbstbelehrung von Dr. David Müller, weil. Prof. zu Karlsruhe. 19., verb. Aufl. besorgt von Dr. Rudolf Lange, Dir. zu Berlin. Ausg. f. d. Schulgebr. Mit 6 Karten u. 1 Dreikaiserbildnis. Berlin: F. Vahlen 1905. (XL, 520 S.) 8° [F.] (06. 1900

— Geschichte des deutschen Volkes in kurzgefaßter Darstellung. 20., verb. Aufl., besorgt v. Rud. Lange. Geschenkausg. Mit 6 geschichtl. Karten u. 1 Dreikaiserbildnis. (XL, 575 S.) gr. 8. Berlin 910. F. Vahlen. Geb. in Leinw. 8. —

— dasselbe in kurzgefaßter übersichtl. Darstellung z. Gebrauch an höh. Unterrichtsanstalten u. z. Selbstbelehrg. 20., verb. Aufl., besorgt v. Rud. Lange. Ausg. f. den Schulgebrauch. Mit 6 geschichtl. Karten u. 1 Dreikaiserbildnis. (XL, 575 S.) gr. 8. Ebd. 910. Geb. in Halbldr. 6. —

Müller, Dav., Leitfaden zur Geschichte des deutschen Volkes. 8. (II, 224 S.) Berlin 875, Vahlen. cart. *

— dasselbe. 2. Aufl. 8. (IV, 223 S.) Ebend. 876. n. 1. 50

— Leitfaden zur Geschichte des deutschen Volkes. 3. Aufl. 8. (VIII, 224 S.) Ebend. 878. cart. n. 1. 60

— dasselbe. 4., vielfach umgearb. Aufl. von Frdr. Junge. Mit einem (Lichtdr.-)Bildnis Kaiser Wilhelms von A. v. Werner. 8. (VIII, 218 S.) Berlin 882. Vahlen. geb. n. 1. 70

— Leitfaden zur Geschichte des deutschen Volkes. 5. verb. Aufl. von Friedr. Junge. 8. (X, 216 S. mit 1 Lichtdr.-Bildnis Kaiser Wilhelms von A. v. Werner.) Ebendas. 885. geb. *

— dass. — 6. verb. Aufl. von Friedr. Junge. 8. (X, 218 S. mit 1 Bildnis Kaiser Wilhelms von A. v. Werner.) Ebendas. 888. geb. *
Vgl.: Junge, Fr. (I.), der Geschichtsunterricht auf Gymnasien etc.

— dasselbe. 7., verb. Aufl. Besorgt v. Frdr. Junge. Mit 6 geschichtl. Karten u. e. Bildnis Kaiser Wilhelm's I. von A. v. Werner. gr. 8. (IX, 189 S.) Ebd. 890. geb. n. 2. 50

— Leitfaden zur Geschichte des deutschen Volkes. 9. Aufl. (Verb. Abdr. der 8., vollständig umgearb. Aufl.) Besorgt v. Frdr. Junge. Mit 6 geschichtl. (farb.) Karten u. 1 Dreikaiserbilde. gr. 8. (XI, 184 S.) Ebd. 894. Geb. in Leinw. n. 2. 50

— Leitfaden zur Geschichte d. deutschen Volkes. 9. Aufl. Besorgt v. Frdr. Junge. Nachtrag. Übersichten z. Wirtschafts-, Gesellschafts- u. Staatskunde. gr. 8. (16 S.) Ebd. (896). Unentgeltlich.

— dasselbe. 10. Aufl. (Verb. Abdr. der 8., vollst. umgearb. Aufl.) Besorgt v. Frdr. Junge. M. Übersichten zur Wirtschafts-, Gesellschafts- u. Staatskunde, 6 geschichtl. Karten u. 1 Dreikaiserbilde. gr. 8. (XI, 184 u. 16 S.) Ebd. 897. Geb. in Leinw. n. 2. 50

Müller, Dav., Leitfaden zur Geschichte d. deutschen Volkes. 11. Aufl. (Verb. Abdr. der 8., vollst. umgearb. Aufl.) Besorgt v. Frdr. Junge. Mit Übersichten zur Wirtschafts-, Gesellschafts- u. Staatskunde, 6 geschichtl. Karten u. 1 Dreikaiserbilde. gr. 8. (XI, 188 u. 16 S.) Berlin 899. F. Vahlen. Geb. in Leinw. n. 2. 50

— Leitfaden zur Geschichte des deutschen Volkes. 13., verb. Aufl., besorgt v. Rud. Lange. Mit Uebersichten zur Wirtschafts-, Gesellschafts- u. Staatskunde, 6 geschichtl. Karten u. 1 Dreikaiserbilde. (XIV, 216 S.) 8. Berlin 904. F. Vahlen. Geb. in Leinw. n. 2. 50

Leitfaden zur Geschichte des deutschen Volkes von Dr. David Müller, vorm. Prof. in Karlsruhe. 14., verb. Aufl. besorgt von Dr. Rudolf Lange, Dir. zu Berlin. Mit Übersichten z. Wirtschafts-, Gesellschafts- u. Staatskunde, 6 geschichtl. Karten u. 1 Dreikaiserbilde. Berlin: F. Vahlen 1906. (XIV, 220 S.) 8° [F.] (07. 1541

— Leitfaden z. Geschichte d. deutschen Volkes. 15. verb. Aufl., besorgt v. Rud. Lange. Mit Übersichten z. Wirtschafts-, Gesellschafts- u. Staatskunde, 6 (farb.) geschichtl. Karten u. 1 Dreikaiserbilde. (XIV, 225 S.) 8. Ebd. 910. Geb. in Leinw. 2. 50

— Luther-Büchlein. Kurzgefaßte Darstellg. der Reformationsgeschichte. gr. 8. (20 S.) Ebend. 871. — 30

— die Päbste u. die Concilien, s. a. Sammlung wissenschaftlicher Vorträge.

Müller D, die Päpste und die Konzilien. (Slg wiss. Vorträge 3) Berlin 1870

— Rede zur Feier der Enthüllung der Gedenktafel f. die im Kriege 1870 u. 1871 gefallenen Studierenden d. Polytechnikums in Carlsruhe geh. am 18. Jan. 1873. gr. 8. (16 S.) Karlsruhe 873. Braun. n. — 50

— Tabellen zur Geschichte des deutschen Volkes in kurzgefaßter übersichtl. Darstellung zum Gebrauch an höheren Unterrichtsanstalten u. zur Selbstbelehrung. 2., verb. u. bis 1867 vervollständ. Aufl. Berlin 867. Schweigger'sche Hofbuchh. gr. 8. (32 S.) n. 2⅓ ngr.

— Tabellen zur Geschichte des deutschen Volkes in kurzgefaßter übersichtl. Darstellung zum Gebrauch an höheren Unterrichtsanstalten und zur Selbstbelehrung. 2. verb. und bis 1867 vervollständ. Aufl. 2. (Titel-)Ausg. gr. 8. (16 S.) Berlin (867)70, Vahlen. *
Aus: Geschichte des deutschen Volkes, besonders abgedruckt.

Müller, David Heinrich

— s. Alasma'i Kitâb-al-Fark.

Müller, D.H. (Hrsg.), s.a. A l t e r t h ü m e r , Südarabische, im kunsthistorischen Hofmuseum.

Müller, D. H., südarabische Alterthümer im kunsthistor. Hofmuseum. Im Auftrage u. m. Unterstützg. des Oberstkämmerer-Amtes Sr. Maj. hrsg. Fol. (V, 95 S. m. 28 Abbildgn. u. 14 Lichtdr.-Taf.) Wien 899. A. Hölder. n. 25.—

Müller, D. H., Arabia. S.A. aus Pauly-Wissowas Realencyclopädie der klass. Altertumswissenschaft. Bd. II. Stuttgart 1894.

Die Bergpredigt im Lichte der Strophentheorie. Von Dav. Heinr. **Müller**, (Wien). Wien: A. Hölder 1908. (94 S.) 8°
— **Studien**, Biblische. 5. [08. 18365

Müller, Dav. Heinr., Bericht über die Ergebnisse einer zu wissenschaftlichen Zwecken mit Unterstützung der kaiserlichen Akademie der Wissenschaften unternommenen Reise nach Constantinopel. [Aus: „Sitzungsber. d. k. Akad. d. Wiss."] Lex.-8. (48 S.) Wien 878. Gerold's Sohn in Comm. n.n. — 70

Müller, David Heinrich, Bericht über die Ergebnisse einer zu wissenschaftlichen Zwecken ... unternommenen Reise nach Constantinopel. [Aus dem Aprilhefte des Jahrganges 1878 der SWA. (XC. Bd., S. 297) besonders abgedruckt.] Wien 1878.

Müller, Dav. Heinr., die Burgen u. Schlösser Südarabiens nach dem Iklîl des Hamdânî. 1. u. 2. Hft. [Aus: „Sitzungsber. d. k. Akad. d. Wiss."] Lex.-8. (91 u. 98 S. m. 2 lith. Taf.) Wien 879. Gerold's Sohn in Comm. n. 3. 90

— Die Burgen und Schlösser Südarabiens nach dem Iklil des Hamdâni. 1. Heft. S. 94. 335 . . . . vgr.
Separatabdruck

Müller, Dav. Heinr., die Burgen und Schlösser Südarabiens nach dem Iklîl des Hamdânî, 2. Heft. Lex.-8. (98 S. mit 2 lithogr. Taf. und 1 Abbild. im Text.) Wien 881, (Gerold's Sohn.) *
Aus: Sitzungsberichte der k. Akademie der Wissenschaften, besonders abgedruckt.
1. Heft. Ebendas. 1879. *ℳ 1,40.

— — 2. Heft (mit 2 Taf. und 1 Textfigur). S. 97. 365 . . . . vgr.
Separatabdruck

Müller, Dav. Heinr., epigraphische Denkmäler aus Abessinien nach Abklatschen v. J. Theodore Bent Esq. Mit 4 Lichtdr.-Taf. u. 1 Schrifttaf. [Aus: „Denkschr. d. k. Akad. d. Wiss."] Imp.-4. (82 S.) Wien 894. (F. Tempsky.) n. 5.—

— Epigraphische Denkmäler aus Abessinien nach Abklatschen von J. Theodore Bent Esq. (mit 5 Taf.). D 43 3 . . . . 5.—
Separatabdruck

Müller, D. H., epigraphische Denkmäler aus Arabien. [Nach Abklatschen u. Copien d. Hrn. Jul. Euting in Strassburg.] [Aus: „Denkschr. d. k. Akad. d. Wiss."] Imp.-4. (96 S. m. 12 Taf.) Wien 889. (Tempsky.) n. 9. 60

— Epigraphische Denkmäler aus Arabien. (Nach Abklatschen und Kopien des Herrn Prof. Dr. Julius Euting in Straßburg) (mit 12 Taf.) D 37. II. 1 . . . . 9.60
Separatabdruck

—— sabäische Denkmäler, s.a. Mordtmann, J. H.

— und **Mordtmann** J. H., Dr.: Sabäische Denkmäler (mit 8 photozinkographischen Taf.). D 33. II. 1 . . . . 9.—
Separatabdruck

— Die Deutungen der hebräischen Buchstaben bei Ambrosius. S. 167.2 . . . . . . —.85
Separatabdruck

— die südarabische Expedition der kaiserl. Akademie der Wissenschaften in Wien u. die Demission des Grafen Carlo Landberg. Actenmässig dargestellt. gr. 8. (61 S.) Wien 899. W. Braumüller. n. — 60

E z e c h i e l - S t u d i e n von Dr. Dav. Heinr. Müller, Prof., Wien. Berlin: Reuther & Reichard 1895. 62 S. 8°
(Müller: Biblische Studien. [1.])

E z e c h i e l - S t u d i e n . Von Dav. Heinrich Müller, ([Prof.], Wien). Neue Ausg. Wien: Hölder 1904. 62 S. 8°
(Müller: Biblische Studien. 1.)

Müller David: Kitâb el Fark des al-'Asma'ī H. 1874 PN 27 Diss. Wien, Univ. 2843

Müller David Heinrich von, Dr.: „*Gazırat al Arab*". Al-Hamdani's Geographie der arabischen Halbinsel. Nach den Handschriften von Berlin, Konstantinopel, London, Paris und Straßburg zum erstenmale herausgegeben. Leiden. 1884. E. J. Brill .

Müller, Dav. Heinr., zur Geschichte der südarabischen Expedition. (V S.) 31,5×24,5 cm. Wien 907. (A. Hölder.) — 75
Sonderabdr. a.: „Denkschr. d. k. Akad. d. Wiss."

— Zur Geschichte der südarabischen Expedition. D B 71. Einleitung . . . . —.75
Separatabdruck

— zur Geschichte der semitischen Zischlaute. Eine sprachvergleich. u. schriftgeschichtl. Untersuchung. [Aus: „Verhandlgn. d. 7. Orientalisten-Congr."] gr. 8. (22 S.) Wien 888. Hölder. n. 1.—

Über die Gesetze Hammurabis. Vortrag geh. in d. Wiener Jurist. Gesellsch. 1904 von Hofrat Dr. Dav. Heinr. **Müller**, Prof. in Wien. *Wien: A. Hölder 1904.* (45 S.) 8° [𝔍.] [04. 7506

Müller, Dav. Heinr., die Gesetze Hammurabis u. ihr Verhältnis zur mosaischen Gesetzgebung sowie zu den XII Tafeln. Text in Umschrift, deutsche u. hebr. Uebersetzg., Erläuterg. u. vergleich. Analyse. Mit e. Fksm. aus dem Gesetzes-Codex Hammurabis. (286 S.) gr. 8. Wien 903. A. Hölder. n. 10.—

— vier palmyrenische Grabinschriften im Besitze v. J. C. Samson. [Mit 1 (Lichtdr.-)Taf.] Lex.-8. (7 S.) Wien 885. Gerold's Sohn. n. — 60

Müller, Dav. Heinr., vier palmyrenische Grabinschriften im Besitze des Min.-Concipisten Hrn. Dr. J. C. Samson. Lex.-8. (7 S. mit 1 Lichtdr.-Taf.) Wien 885, (Tempsky.) *
Aus: Sitzungsberichte der k. Akademie der Wissenschaften, besonders abgedruckt.

— Vier palmyrenische Grabinschriften im Besitze des Ministerial-Konzipisten Dr. J. C. Samson (mit 1 Taf.). S. 108. 973 . . . . —.60
Separatabdruck

— u. Jul. v. Schlosser, die Haggadah v. Sarajevo. Eine spanisch-jüd. Liederhandschrift d. Mittelalters. Nebst e. Anh. v. Dav. Kaufmann. Mit 1 Frontispiz in Chromotypie, 38 Lichtdr.-Taf., 18 Textabb. u. e. Atlas v. 35 (2 farb.) Taf. Lex.-8. (V, 316 S.) Wien 898. A. Hölder. n. — 50

— die altsemitischen Inschriften v. Sendschirli in den königl. Museen zu Berlin. Text in hebr. Umschrift, Übersetzg., Commentar, grammat. Abriss u. Vocabular. [Aus: „Wiener Zeitschr. f. d. Kunde d. Morgenlandes".] gr. 8. (66 S. m. 1 Abbildg. u. 1 Tab.) Wien 893. A. Hölder. n. 5.—

Palmyrenische Inschriften nach Abklatschen des Herrn Dr Alois Musil. Von Dav. Heinr. **Müller**. Mit 3 Lichtdrucktaf. *Wien: C. Gerold's Sohn in Komm. 1898.* (28 S.) 4°
— **Denkschriften** d. Kais. Akademie d. Wissenschaften in Wien. Philos.-hist. Classe. Bd 46, 3. [04. 4834 4

Das Johannes-Evangelium im Lichte der Strophentheorie. Von Dav. Heinr. **Müller**. [Prof., Wien]. Wien: Hölder in Komm. 1909. 60 S. 8° [Umschlagt.]
(Sitzungsberichte d. Kais. Akademie d. Wiss. in Wien. Phil.-hist. Kl. Bd 161, Abh. 8.)

– – s.a. Sitzungsberichte ...

—— die Keil-Inschrift von Aschrut-Darya, s.a. Wünsch, Jos.

— und Wünsch Josef: Die Keil-Inschrift von Aschrut-Darga, entdeckt und beschrieben von Professor Josef Wünsch, veröffentlicht und erklärt von Dr. David Heinrich von Müller (mit 1 Taf., 1 Kartenskizze und 1 Plane). D 36. II. 1 . . . . . 2.80
Separatabdruck

Komposition und Strophenbau. Alte u. neue Beiträge von Dav. Heinr. **Müller**. Wien: Hölder 1907. VI, 144 S. 8°
(Müller: Biblische Studien. 3.)

– (Vorr.), s. Ḳuṣejr ʿAmra.

Müller, Dav. Heinr., die Mehri- u. Soqoṭri-Sprache, s. a. Expedition, südarabische. 4.

Die Mehri- und Soqoṭri-Sprache von Dav. Heinr. Müller. 1. *Wien: A. Hölder 1902.* 4°
= Expedition, Südarabische. Bd 4. [02. 8.287]

– die Mehri- u. Soqoṭri-Sprache, s. a. Expedition, südarabische, der kaiserl. Akademie der Wissenschaften. VI.

Müller, D. H., Die Mehri- und Soqotrisprache. II. Soqotritexte. [Südarabische Expedition. Bd. VI.] Fol. (XVI, 392 S.)
Wien: Hölder 1905. K 48.—

– Die Mehri- u. Soquoṭri-Sprache, s.: Expedition, südarabische. VII.

Müller, David Heinrich (Hrsg.), s. Mehri-Texte.

– Mehri- u. Ḥadrami- Texte, gesammelt im J. 1902 in Gischin, s. Expedition, Südarabische. 9. (Wilh. Hein.)

– d. Propheten in ihrer ursprüngl. Form. D. Grundgesetze d. ursemit. Poesie, erschlossen u. nachgewiesen in Bibel, Keilinschriften u. Koran u. in ihren Wirkgn. erkannt in den Chören der griech. Tragödie. 2 Bde. Lex.-8. Wien 896. A. Hölder. n. 16.—
1. Prolegomena u. Epilegomena. (256 S.) n. 10.—
2. Hebräische u. arabische Texte. (136 S.) n. 6.—

Das syrisch-römische Rechtsbuch und Ḫammurabi von D(av.) H(einr.) **Müller**. Wien: A. Hölder 1905. (59 S.) 8°
Aus: Wiener Zeitschr. f. d. Kunde d. Morgenlandes. Bd 19. [06. 3305 2

– die Recensionen u. Versionen d. Eldad had-Dânî, nach den alten Drucken von Constantinopel, Mantua u. Venedig u. den Handschriften v. London, Oxford. Parma, Rom, St. Petersburg u. Wien veröffentlicht u. kritisch untersucht. [Aus: „Denkschr. d. k. Akad. d. Wiss."] Imp.-4. (80 S.) Wien 892. (F. Tempsky.) n. 4.40

— Die Rezensionen und Versionen des Eldad had-Dâni, nach den alten Drucken von Konstantinopel, Mantua und Venedig und den Handschriften von London, Oxford, Parma, Rom, St. Petersburg und Wien veröffentlicht und kritisch untersucht. D 41/1 . . . . 4.40
Separatabdruck

– Semitica. Sprach- u. rechtsvergleichende Studien. I. u. II. Heft gr. 8. Ebd. 906. n. 3.70
I. (48 S.) n. 1.35. — II. (88 S.) n. 2.35.
Sonderabdrucke aus: „Sitzungsber. d. k. Akad. d. Wiss."

— Semitica. Sprach- und rechtsvergleichende Studien. 1. Heft. S. 153,3 . . . . . . 1.35
— — 2. Heft. S. 154,3 . . . . 2.35
Separatabdruck

Müller, D. H., Zur vergleichenden semitischen Sprachforschung. Zwei Vorträge gehalten auf dem sechsten internationalen Orientalisten-Congress in Leiden. Tiré du vol. II des Travaux de la 6e session du Congrès international des Orientalistes à Leide. Leide 1884.

Strophenbau und Responsion. Neue Beiträge von Dr. D[av.] H[einr.] **Müller**, Prof., Wien. Wien: Hölder 1898. 86 S. 8°
(Müller: Biblische Studien. [2.])

Müller, D. H., Strophenbau und Responsion. Neue Ausgabe. [Biblische Studien. II.] Gr.-8°. (86 S.) † K 1.50
Wien: Hölder 1904.

Müller, D. H., Strophenbau und Responsion in Ezechiel und den Psalmen. [Biblische Studien IV.] **Gr.-8°. (64 S.) K 2.40**
Wien: Hölder 1908.

[Biblische Studien.] Von Dav. Heinr. **Müller**, Prof., Wien. [1.] Berlin: Reuther & Reichard 1895. 8°

– biblische Studien. 2 Hefte. Neue [Titel-]Ausg. gr. 8. Ebd. à n. 1.—
I. Ezechiel-Studien. (65 S.) [895.] 904. — II. Strophenbau u. Responsion. Neue Beiträge. (87 S.) [898] 904.

– Biblische Studien. III—V. gr. 8. Wien, A. Hölder. 8.80
III. Komposition u. Strophenbau. Alte u. neue Beiträge. (VII, 144 S.) 907. 3.20
IV. Strophenbau u. Responsion in Ezechiel u. den Psalmen. (64 S.) 908. 2.—
V. Die Bergpredigt im Lichte d. Strophentheorie. (94 S.) 908. 3.60

Müller, David Heinrich, Südarabische Studien. [SA. aus den SWA. (LXXXVI. Bd.)] Wien 1877.

– südarabische Studien. [Aus: „Sitzungsber. d. k. Akad. d. Wiss."] Lex.-8. (82 S.) Ebend. 877. n. 1.20

– s.: Zeitschrift, Wiener, f. d. Kunde d. Morgenlandes.

Müller, Deob.. Andacht e. beständig glaubenden Christen. 2 Thle. 8. Konstanz. 778.

Mueller, Dettloff, Analysis of commercial correspondence with an abstract of commercial law. Textbook for commercial academies and Handelshochschulen. With pocket enclosing: Sample letter, envelop, consular invoice in original size, definitions of technical terms and English-German vocabulary. gr. 8. (VI, 142 u. 64 S. m. Abbildgn.) Leipzig 902. B. G. Teubner. Geb. in Leinw. u. geh. n. 3.—

Mueller, D., Leitsätze des englischen Handelsrechts u. die Nomenklatur des englischen Vertragswesens. [Aus: „M., Analysis of commerc. correspondance".] (II, S. 115—142 u. 51 S.) S. Leipzig, B. G. Teubner. 1903. 2.—

– Die Praxis des engl. Handelsbriefverkehrs. Zum Gebrauch an Handelshochschulen, Handelsschulen sowie zum Selbstunterricht hrsg. (VIII, 252 S.) gr. 8. Ebd. 909. In Leinw. kart. 3.50

Mueller, Dettloff, Das Studium d. Reklame. (Progr.) (33 S.) Lex. 8. Leipzig 910. (Röder & Schunke.) — 80

Müller, Dominik [Autorname] = Schmitz, Paul.

Müller, Dominik. Verse. 144 S. 8. Basel, Samstagsverlag (Buchdr. Wals & Miéville), 1908.
Ausg. A, gewöhnliche Ausg. [fr. 3.—]
Ausg. B, Vorzugs-Ausg.: ([Mit 1 Porträt-Tafel, Radierung von] R[udolf] L[öw].) [geb. fr. 12.—] —

Müller, Dominik. Verse. (144 S.) kl. 8. Basel 908. (Wepf, Schwabe & Co.) 2. 80

Müller, Dominik. Verse. 2. Aufl. 147 S. 8. Basel, Samstagsverlag (Buchdr. Walz & Miéville), 1909. [fr. 3. —]

Müller, Dominik. Neue Verse. 143 S. 8. Basel, Samstagsverlag; Komm. Rascher & Cie, Zürich und Leipzig, 1910. [fr. 3. —]

Müller, Don., musikalisches ABC-Büchlein, od. die Anfangsgründe der Singkunst. In Fragen u. Antworten. 4. Augsb. 832. Böhm. (Leipz., Probst-Kistner) 8 gl.

Müller, Donat, kurze Beschreibung der einzelnen Theile der Kirchenorgel, ihr Bau u. innere Einrichtung; dann die Orgelrevision u. die Orgelreparatur, nebst Bauentwürfen für Orgeln rc. gr. 8. (VIII u. 94 S.) Augsburg 848, Schmid. $^{5}/_{12}$ ß

Müller, Donat, Engelstimmen. Sammlung neuer, kirchlicher Lieder u. Gesänge für die katholische Schuljugend. Mit leichtfaßlichen Orig.-Melodieen, u. ebenso leicht spielbarer Orgelbegleitung versehen von verschiedenen Tonsetzern. Supplement zu des Verf. Werk: „Der katholische Schullehrer als Kirchensänger, Organist u. Kirchendiener." Landshut 859. Thomann. gr. 8. (64 S.) 6 ngr;

—— Melodieenheft dazu. qu. 4. (139 lithogr. S.) Landshut 859, Thomann'sche Buchh.

Müller, Donat, die Lehre des einfachen Figuralgesanges für Diskantisten und Altisten an Gymnasien, Knabenseminarien und andern Unterrichtsanstalten und zum Gebrauche beim Privatunterricht. Mit acht Notenbeilagen für den prakt. Lehrtheil und den nöthigsten Vorübungen im Treffen der Töne von der Prime an bis zu Oktavenweiten. 2., verm. und verb. Aufl. qu. gr. 8. (31 und 33 lithogr. S.) Augsburg 855, Rieger'sche Buchh.

Müller, Donat, die Lehre des Figural-Kirchengesanges f. Diskantisten u. Altisten an kath. Gymnasien, Knabenseminarien u. anderen Unterrichtsanstalten u. z. Gebrauch beim Privatunterrichte. Mit 200 Beispiel. u. Uebungen. 1. Thl. Theoretik. gr. 8. ($2^{1}/_{2}$ B. Text u. $1^{1}/_{2}$ B. Noten.) Augsburg 846, Fahrmbacher.

— die Lehre des Figural-Kirchengesanges f. Diskantisten und Altisten an kathol. Gymnasien, Knabenseminarien und anderen Unterrichtsanstalten u. z. Gebrauch beim Privatunterrichte. Mit 200 Beispielen u. Uebungen. 1. Thl. Theoretik. gr. 8. (Mit Text u. Noten.) Ebend. 846. 9 ngl — 2. Thl. Praktik. qu. 4. Ebend. 846. 21 ngl

— **die Lehre des Figural-Kirchengesanges für Diskantisten u. Altisten an katholischen Gymnasien rc. Mit 200 Beispielen u. Uebungen, welchen latein. Kirchentext unterlegt sind. 2. Thl.: Praktik. qu. 4. (143 S.) Augsburg 847, Fahrmbacher. 21 ngl (1. 2.: 1 ß)**

Müller, Donat, d. kathol. Schullehrer als Kirchensänger, Organist u. Kirchendiener. Mit e. Vorr. v. Andr. Büschl. 2 Bde. gr. 8. Augsburg, Fahrmbacher. à $16^{1}/_{4}$ Ngr.; Thlr.

Bd. 1. Gewöhnl. Gottesdienst am Vormittage. ($6^{1}/_{2}$ B. u. 3 B. Musikbeil.) 844.
„ 2. Gewöhnlicher Gottesdienst am Nachmittage. ($6^{1}/_{2}$ B. u. 4 B. Musikbeil.) 845.

Müller, Donat, der kathol. Schullehrer als Kirchensänger, Organist und Kirchendiener. Mit einer Vorrede von Andr. Büschl. 1. Bd. Gewöhnl. Gottesdienst am Vormittage. 2. Bd. Gewöhnl. Gottesdienst am Nachmittage. gr. 8. (Mit 7 Musikbeilagen.) Augsburg 844, 45. (Kreuzer u. Comp.) Subscr.-Pr. à $^{1}/_{2}$ ß

— **dass. 2 Bde. in 1 Bd. gr. 8. Augsburg 846, Fahrmbacher. 1 ß 3 ngl**

—— **dass. 3. Bd. A. u. d. Ttl.: Der katholische Schullehrer rc. in der heiligen Fastenzeit u. Charwoche. gr. 8. ($5^{3}/_{4}$ B. u. $8^{1}/_{4}$ B. Musikbeil.) Augsburg 846, 47, Schmid'sche Buchh.**

—— dass. 4. Bd. A. u. d. Ttl.: Der kathol. Schullehrer in der heil. Adventzeit, Kreuzwoche u. bei andern in bestimmten Zeiten vorkomm. gottesdienstl. Handlungen u. Feierlichkeiten. — Besondere Pflichten des Kirchendieners gegen den vorgesetzten Geistlichen. gr. 8. ($2^{1}/_{2}$ B. u. $6^{1}/_{4}$ B. Musikbeil.) Ebds. 847.

— **der katholische Schullehrer als Kirchensänger, Organist und Kirchendiener.** Mit einer Vorrede von Andr. Büschl. 2 Bde. 2. verm. u. verb. Aufl. Augsburg 853. Schmid. gr. 8. (71 S. u. 96 lith. S. Musikbeilagen; 100 S. u. 79 lith. S. Musikbeilagen.) Jeder Bd. 18 ngr.

1. Bd.: Der kathol. Schullehrer als Kirchensänger rc. Wochentäglicher Gottesdienst; Sonn- und festtäglicher Gottesdienst am Vormittage; Leichenbegängniß u. s. w.
2. Bd.: Der kathol. Schullehrer als Kirchensänger rc. Sonn- und festtäglicher Gottesdienste am Nachmittage. Die Vespern für's ganze Jahr mit Angabe der treffenden Antiphonen u. Hymnen; die Complet; der heilige Rosenkranz rc.

—— der katholische Schullehrer als Kirchensänger, Organist und Kirchendiener. 2., verm. und verb. Aufl. 3. und 4. (Schluß-)Bd. gr. 8. Augsburg 860, Schmid'sche Verlagsbuchh. [3. Bd. (192 S.) 4. (148 S.) à Bd. 18 Ngr.]

1. und 2 Bd. 2. Aufl. Ebendas. 1853. 1 Thlr. 6 Ngr.

—— die Stimme d. Christen im Tempel d. Herrn. Vollständ. kathol. Volksgesang-Buch, mit Melodien v. verschied. Meistern. 1. u. 2. Lfg. qu. Fol. (8 lith. B.) M. 1 Hft. Text. 12. ($3^{1}/_{4}$ B.) Augsburg 833, Schlosser.

Müller, Dorothea, allgemeines deutsches Kochbuch, oder leicht verständl. Anweis. zu Kochen, Braten, Backen, Einmachen rc. 8. Hamb., Schuberth u. N. 16 gl.

Müller, Dorothea, neues deutsch. Kochbuch, od. leicht verständl. Anweis. zum Kochen, Braten, Backen, Einmachen rc. 1. Aufl. ..., u. 2. Ausg. (à 20 B.) 8. Hamburg 835, Schuberth u. Niemeyer. à

2. Ausg. hat auch d. T.: Erfahrner Rathgeber u. Belehrungsbuch. Neues Hamburg. Kochbuch rc.

— **erfahrner Rathgeber und Belehrungsbuch. Neues Hamburgisches Kochbuch oder leichtverständl. Anweisung zum Kochen, Braten, Backen, Einmachen rc. 2e unveränd. Aufl. 8. Hamburg 835. Niemeyer.** $^{2}/_{3}$ ß

Müller, Dorothea, erfahrner Rathgeber f. Küche u. Keller. Neues deutsches Kochbuch, od. leicht verständl. Anweis. z. Kochen, Braten, Backen, Einmachen rc. 3., verm. u. verb. Aufl. gr. 12. ($25^{1}/_{4}$ B.) Hamburg 841, Niemeyer.

Müller, E., s.: Adreßbuch der Haupt- u. Residenzstadt Gera.

(Müller, E.): „Kurzgefasste Anweisung zur kaufmännischen Buchführung und Wechselkunde, nebst einem Verzeichnisse der häufig im täglichen Verkehr vorkommenden fremden Wörter und einem Recepte zur Verfertigung der schönsten schwarzen und nie schimmelnden Dinte", Ratzeburg 1840. — Vorh.: Com. Bibl. Hamburg.

Müller, E. (Hrsg.), s. Aerzte, Apotheker und Beamte.

Müller, E., Aufgaben im Rechnen. Im Zahlenraum von 1—100. Mit besond. Berücksichtigung schwach begabter Kinder, stufenmäßig geordnet. Basel 866. (Meyri.) gr. 8. (60 S.) n. 5 ngr.

Müller, E., Aufgaben zu lateinischen Stilübungen im Anschluss an Cicero's 1. und 2. philippische Rede. gr. 8. (24 S.) Gotha 889. F. A. Perthes. n. — 40

Müller, E., Aufgaben zu lateinischen Stilübungen im Anschluß an Ciceros Rede f. P. Sestius. gr. 8. (20 S.) Gotha 883. F. A. Perthes. — 30

Müller, E., der Bauernstand im Lichte des Wortes Gottes. In 6 Predigten dargestellt. gr. 8. (51 S.) Berlin 888. Deutsche evangel. Buch- u. Tractat-Gesellschaft. n. — 40

Müller, E., Beiträge zur Grammatik des Jainaprâkrit. Berlin 1876.

Müller, E., Beiträge zur Grammatik des Jainaprâkrit. gr. 8. (VII, 79 S.) Berlin 877. Dümmler's Verl. n. 2. —

Müller, E., die Beschaffenheit unserer Dschaggachristen. Eine Missionsstudie. (16 S.) 8. Leipzig 905. Verlag der ev.-luther. Mission. — 20

Müller, E. (I.), Betrachtungen über die Eisenbahnen mit Umladung vom ökonomischen und technischen Standpunkte aus. Einige Capital aus: „De la construction et de l'exploitation des chemins de fer d'intérêt local". Uebersetzt und mit kurzen Anmerkungen versehen. gr. 8. (27 S.) Magdeburg 880, (Klotz.) *

Müller, E. (II.), Conti finti und Calculationen verbunden mit Paritäts-Tabellen zur raschen Beurtheilung der Rentabilität aller Bezugsquellen für die Haupt-Artikel des Colonial-Waarenhandels und der zur Seifensiederei nöthigen Producte mit Rücksicht auf den neuesten Zollvereins-Tarif und auf die neuesten Gewichts-, Cours- und Fracht-Verhältnisse. 3., verb. und bedeutend verm. Aufl. Lex.-8. (VIII und 185 S.) Leipzig 865, E. H. Mayer.

Müller, E., die Entwickelung der Arbeiterverhältnisse auf den staatlichen Steinkohlenbergwerken vom J. 1816 bis zum J. 1903, s.a. Steinkohlenbergbau, der, des Preuss. Staates in der Umgebung v. Saarbrücken. VI.

Die Entwickelung der Arbeiterverhältnisse auf den staatlichen Steinkohlenbergwerken vom Jahre 1816 bis zum Jahre 1903. Von E. Müller, Berginsp. in Saarbrücken. Mit 3 Taf. Berlin: J. Springer 1904. (158 S.) 4°(5°) = Steinkohlenbergbau, Der, d. Preuß. Staates in d. Umgebung von Saarbrücken. T. 6. (5. 11.)

— Graecorum de Lynceis fabulae. Pr. 1887. 16 S. Fol.

Müller, E. (II.), 500 Fragen nebst Anleitung zu dem wissenschaftlichen Examen-Spiel. 8. (IV, 56 S.) Goslar 887, (Koch.) geb. *

Müller, E., Ueber den Cimonischen Frieden. I. Pr. 1866. 84 S. 4°.
— — II. Pr. 1869. 86 S. 4°.

Mueller, E., Führer durch Travemünde u. Umgebung, s.: Woerl's Reisehandbücher.

Müller, E., Geschichte der Stadt Osnabrück. Nach den besten Quellen u. Urkunden neu bearb. u. hrsg. 1. Bd. Berlin 868. (Osnabrück, Rackhorst.) gr. 8. (272 S.) n. 20 ngr.

Müller, E., Giftverkauf-Buch für Apotheker u. Droguisten. Sammlung der in den Preuß. Staaten für den Verkehr mit Giften geltenden Gesetze u. Verordnungen nebst dem vorschriftsmäßigen Schema zu den von Apothekern u. den zum Gifthandel concessionirten Kaufleuten zu führenden Giftverkauf-Buche. Im amtlichen Auftrage herausg. Berlin 859. Th. Enslin. 4. (VI, 42 S.) n. 15 ngr.; mit Formularen n. 1 ₰

Müller, E., et E. Cacheux, les habitations ouvrières en tous pays. Situation en 1878. Avec un Atlas de 70 (lith.) planches (in Fol.). gr. 8. (VIII, 411 S.) Paris 879. Mülhausen, Bufleb. n.n. 60. —

Müller, E. (IV.), Handelsfreiheit und Recht im Buchhandel, s. Mayor, R.

Müller, E., Handreichung f. kirchliche Katechisationen. Die Lehre vom Reiche Gottes im Anschluß an die altkirchl. Perikopen. gr. 8. (X, 111 S.) Gütersloh 901. C. Bertelsmann. n. 1. 20; geb. n. 1. 50

Müller, E., u. P. Heinrichs, die wildwachsenden u. im Garten gezogenen Heilpflanzen, s.: Singer's volkstümliche Bücherei.

Müller, E., Hülfsbuch zur französischen Grammatik. 8. (IV, 90 S.) Hamburg 885. O. Meißner's Verl. n. 1. —

Müller, E. (III.), Hilfsbuch für den deutschen Unterricht. 8. (IV, 192 S.) Langensalza 890, Schulbuchh. * 1 80

Müller, E., engl. Hotel-Korrespondenz f. kontinentale Hotels. (English hotel correspondence.) (72 S.) 8. Thun (909). E. Stämpfli. Geb. 2. 50

— Berliner statistisches Jahrbuch für das Jahr 1854, s. Müller, Ed. H.

Die vermeintlichen Inductionsstörungen im Fernsprechbetriebe und deren Beseitigung. Von E. Müller, Telegr.-Ing. im Reichs-Postamt ... Berlin: Mayer & Müller 1895. (VI S., 1 Bl., 65 S.) 1 Bd 8. (97. …)

*Müller, E. und J. Prager. Kommentar zum V. A. G. nebst den einschlägigen Vorschriften anderer Gesetze. Nürnberg 1901.

Müller, E., kleine Landbibliothek f. Einsame. 8. Leipz. Joachim. 811.

Müller, E., s.: Luther's Erklärg. d. hl. Schrift.

Müller, E., d. Landschaft Naruma auf d. Kilimandscharo, s.: Lichtstrahlen im dunkeln Erdteile, Nr. 8.

— Oedipi Regis Sophoclei vv. 826. 827 Dind. choro an Oedipo rectius tribuantur? 1885. 12 S.

Müller, E., und F. Smend, zwei Predigten gehalten bei der feierlichen Eröffnung der achten Westphäl. Provinzial-Synode am 17. August 1856 zu Schwelm. Schwelm 856. Scherz. 8. (24 S.) n. 5 ngr.

Müller, E: Preisverzeichniß für gewerbl., haus- u. landwirthschaftl. Maschinen usw.

Müller, E. Die Räthsel des Exeterbuches. Cöthen, G., 1861. 20 S. 4. Progr.

Müller, E., über mehrdimensionale Räume, s.: Beilage, wissenschaftliche, zum 17. Jahresberichte der philosophischen Gesellschaft an der Universität zu Wien.

MÜLLER, E. Ueber Reduction von Orthonitrobenzonitril. Berlin, 1895.

Müller, E., Regeln des Anstands, der Höflichkeit u. feinen Lebensart für den Umgang mit der gebildeten Welt. Nach dem Französ. Breslau 864. Kern. gr. 16. (VI, 137 S.) 15 ngr.

Müller, E., eine rein demokrat. Republik. Der Kanton Zürich zu Anfang des XX. Jahrg. (IV, 84 S.) gr. 8. Zürich 908. Art. Institut Orell Füssli. 2. 50

Müller, E. Samml. d. medizin.-polizeil. Gesetze u. Verordnungen f. Handel- u. Gewerbetreibende i. d. k. preuß. Staaten. Berlin 1841.

— (Red.), s. Schiff, Das.

Müller, E., Sehet, welch ein Mensch. Predigt am Geburtstage d. Kaisers u. Königs, 22. März 1874 üb. Matth. 27, 27—31. gr. 8. (15 S.) Barmen 874. Wiemann. — 30

Müller, E., Das Stützensystem (le système à colonnes), eiserner Eisenbahn-Oberbau. Mit 2 Tfln. Abbildungen. Magdeburg 1879. 8°. brosch. (15 S.)

Müller, E., die uneingeschränkte Submission im Bauwesen. gr. 8. (30 S.) Magdeburg 884. (Schäfer.) n. — 80

Müller, E., Unglaublich, aber wahr! Enthüllungen aus dem Rechtsleben des deutschen Volkes. I. Tl. Eine Entschädigungsklage in Höhe v. 6309,20 M., gestützt auf e. erlogenen Mietvertrag, geleitet v. dem königl. preuss. Landgericht I, Zivilkammer 24 in Berlin. Dauer 2 Jahre 20 Tage. Ein Lehrbuch f. das Volk. (51 S.) Berlin '08, H. Walther. 1. —

Müller, E., der Techniker. Die techn. Berufsarten u. ihre Erlerng. Ein Ratgeber f. alle, die sich e. techn. Berufe widmen wollen. 2. vollst. neu bearb. Aufl. gr. 8. (III, 96 S.) Limbach (902). (Chemnitz, C. Winter.) n. 1. 25

Müller, E. (I.). Der Telegraphenbetrieb in Kabelleitungen unter besond. Berücksicht. der in der Reichs-Telegraphenverwaltung bestch. Verhältnisse. gr. 8. (VIII, 84 S. m. 26 eingedr. Fig.) Berl. 890, Springer, u. Münch., Oldenbourg. * 1 40

Müller, E., Telegraphen-Technik. Ein Hülfsbuch zur Vorbereitg. f. die Prüfg zum Telegraphen-Secretair. Mit 86 in den Text gedr. Holzschn. gr. 8. (V, 149 S.) Zabern 875. Fuchs. n. 4. 75

Müller E, üb. Vervielfält.-Verfahren. (Gewerbebl. a. Württ. 1892 No. 34-40) Stuttgart 1892

— wohl dem Volk, deß der Herr sein Gott ist. Predigt geh. am Friedens-Dankfeste, den 18. Juni 1871, in der Kirche zu Bingum. gr. 8. (15 S.) Leer 871. Meyer. n. — 40

— E., s. Zeitschr. f. bad. Verwaltung.

Müller, E. Systemat. Zusammenstellung d. Medizinal-Gesetze d. Kantons Bern. 2. Aufl. Bern (Jenni in Kommission). 1878.

(Müller, E. A.) Aliso und die Gegend der Hermannsschlacht. Von M. v. Sondermühlen (Pseud). Berlin 1875. 8°.

Müller v. Sondermühlen. Aliso u. die Gegend der Hermannsschlacht. (117) 8. M. 1 Krt. Berlin 1875. 1,50.

Das Erzgebirge. Wanderkarte mit den v. Erzgebirgs-Verein farbig bezeichneten Wegen in Rotdruck. Maßst. 1:125,000. (Verf.: E. A. **Müller**, Chemnitz. 2. verb. u. verm. Aufl. [Mit 5 Nebenkarten.] Annaberg: Graser in Komm. [1907].) (1 Kartenbl. 84×55 cm.) [lith.] [kol.]
[07. 12000

(Müller, E. A.) Spuren der Varusschlacht. Von M. v. Sondermühlen. (Pseud.) Berlin 1888. 8°.

Muller, E. A. W., De Ammiano Marcellino. Diss. 1863. 81 S.

Müller, E. C. C., s. Müller, Karl Ernst Christian

Müller, E. C. K., s. Müller, Karl Ernst Christian

Mueller, E. E.: Disquisitio de methodo, qua veteres geometrae usi sunt ad tangentes curvarum determinandas. Berlin, Diss. 1836

Müller, E. Eduard

Müller, E. Ed. Sinn und Sinnverwandtschaft deutscher Wörter nach ihrer Abstammung aus den einfachsten Anschauungen entwickelt. 18 S. **Progr.** Rsch. *Neustrelitz* 1883.
Vgl. des Verf. unter demselb. Titel erschienenes Buch. (VIII, 322 SS.) 8. Leipzig 1886. Pfau. 6 Mk. 40 Pf.

Müller, Ed. (II.), Sinn und Sinnverwandtschaft deutscher Wörter, nach ihrer Abstammung aus den einfachsten Anschauungen entwickelt. 4. (VI, 18 S.) Neustrelitz 883. (Jacoby.) *

Müller, Ed., Sinn und Sinnverwandtschaft deutscher Wörter nach ihrer Abstammung aus den einfachsten Anschauungen entwickelt. gr. 8. (VIII, 322 S.) Leipzig 885/86. Pfau. n. 6. 40; geb. n. 7. 50

Müller, Ed. Sinn u. Sinnverwandtschaft deutscher Wörter. gr. 8. Lpz. 886, Oesterwitz Nachf. [* 6 40] * 4 —

Müller, E., Sinn u. Sinnverwandtschaft deutscher Wörter, nach ihrer Abstammg. aus d. einfachsten Anschaugn. entwickelt. M. e. kurzgef. Wörterbuch. 2., unveränd. (Titel-) Aufl. gr. 8. (VIII, 322 S.) Leipzig (886) 894. Fr. v. Lüpke. n. 6. —; geb. n. 7. 50; ermäß. Pr. 2. —

Müller, E. Eduard Versuch einer organischen Entwickelung der Geometrie vermittelst elementarer Vereinigung der Geometrie des Maſses mit der Geometrie der Lage. 23 S. Rsch. *Neustrelitz* 1877. **Progr.**

Müller, E. F. Karl, s. Müller, Karl

Muller, E. F. W., entdeckte Vortheile u. Geheimnisse bei Vorbereitung d. rohen Schafwolle zur bessern Annahme d. Farben, so wie beim Walken u. Färben. 8. Leipz. Ind. Comt. 815.

Müller, E. Fr. W., entdeckte Vortheile u. Geheimnisse bei Vorbereitung d. rohen Schafwolle z. bessern Annahme d. Farben, so wie beim Walken u. Schönfärben d. wollenen Tücher. 8. Leipz. 816. Magaz. f. Indust. 16 gr

Dem Herrn Prorector und Professor E. G. Müller zur Jubelfeier fünf und zwanzigjähriger treuer und gesegneter Amtsführung. 5 S.
Torgau, Progr. 1842

Müller, E. G. J., Übungsstoff f. den ersten Geographie-Unterricht. 3., umgearb. Aufl. 8. (IV, 35 S.) Bonn 889. Hanstein. n. — 30

Müller, E. G. Otto

Müller, E. G. O., u. F. Pax, Cucurbitaceae, s.: Engler, A., u. K. Prantl, die natürlichen Pflanzenfamilien.

Müller, E. G. Otto: Die Ranken der Cucurbitaceen .... Breslau, Druck v. Rob. Nischkowsky, 1886: 56 S. 8°.
Breslau, Phil. Fak., Inaug.-Diss. v. 30. Jan. 1886.

Müller, E. G. Otto, die Ranken der Cucurbitaceen. gr. 8. (54 S.) Breslau 886. (Köhler.) n. 1. —

Müller, E. H., s.a. Müller, Ed. H.

VERZEICHNISS der in der Bibliothek der Schlesischen Gesellschaft für vaterländische Cultur vorhandenen, auf Obst- und Gartenbau bezüglichen Bücher, Zeitschriften und Broschüren. Aufgenommen Ende Juli 1879. Vom Stadtrath E. H. MÜLLER. - Breslau s. a. Druck von Robert Nischkowsky. 8°.

Müller, E. H. O., s. Müller, Emil H. O.

Müller, E. Hermann, s. Müller, Ernst Hermann

Müller, E. J., s. Müller, Ernst Joseph

Müller, E. K: Meine letzte Bemerkung über das »Neue Verfahren« in der elektromagnetischen Therapie. Berlin 1903

Müller, E. K: Über den Einfluß psychischer und physiologischer Vorgänge auf das elektrische Leitvermögen des menschlichen Körpers. Berlin 1904

Müller, E. Max, s. Müller, Ernst Max

Müller, E. R., s.a. Müller, Edmund Rudolf

Müller, E. R., planimetrische Konstruktionsaufgaben, nebst Anleitg. zu deren Lösg. f. höhere Schulen. Methodisch bearb. 8. (VIII, 66 S.) Oldenburg 886. Stalling's Verl. cart. n. 1. 20

Müller, E. R., planimetrische Konstruktionsaufgaben, nebst Anleitg. zu deren Lösung für höhere Schulen. Methodisch bearb. 2. Aufl. 8. (VIII, 68 S.) Oldenburg 888, Stalling's Verlag. cart. n. 1. —

Müller, E. R., planimetrische Konstruktionsaufgaben, nebst Anleitg. zu deren Lösg., f. höhere Schulen. Methodisch bearb. 3. Aufl. 8. (VIII, 68 S.) Oldenburg 894. G. Stalling's Verl. Kart. n. 1. 20

Müller, E. R., planimetrische Konstruktionsaufgaben nebst Anleitung zu deren Lösung f. höhere Schulen. Methodisch bearb. 4. Aufl. 8. (VIII, 74 S.) Oldenburg 899. G. Stalling's Verl. Kart. n. 1. —

Müller, E. R., planimetr. Konstruktionsaufgaben nebst Anleitung zu deren Lösung f. höh. Schulen. Method. bearb. 6. Aufl. (VIII, 74 S.) kl. 8. Oldenburg 909. G. Stalling's Verl. Kart. 1. —

— Lehrbuch der planimetrischen Konstruktionsaufgaben, gelöst durch geometrische Analysis. 1. Tl Aufgaben, gelöst ohne Anwendg. d. Proportionenlehre. Mit 1952 gelösten u. ungelösten Aufgaben, 178 Anmerkgn., 207 Erklärgn. u. 214 in den Text gedr. Fig. Für das Selbststudium und zum Gebrauch an Lehranstalten bearb. nach System Kleyer. gr. 8. (XII, 235 S.) Stuttgart 891. J. Maier. n. 5.

— Lehrbuch der planimetrischen Konstruktionsaufgaben, gelöst durch geometrische Analysis. Für das Selbststudium u. zum Gebrauch an Lehranstalten bearb. nach System Kleyer. 2. u. 3. Tl. gr. 8. Stuttgart, J. Maier. n. 6. — (1—3.: n. 11. —)
2. Aufgaben, gelöst m. Anwendg. der Proportionenlehre. Mit 1827 gelösten u. ungelösten Aufgaben, 126 Anmerkgn., 100 Erklärgn. u. 174 in den Text gedr. Fig. (VI, 160 S.) 892. n. 4. —
3. Verwandlungs- u. Teilungsaufgaben, sowie Aufgaben üb. ein- u. umbeschriebene Figuren. Mit 510 gelösten u. ungelösten Aufgaben, 40 Anmerkgn., 72 Erklärgn. u. 54 in den Text gedr. Fig. (V, 86 S.) 893. n. 2. —

— Lehr- u. Übungsbuch der Elementar-Geometrie, den neuesten Ansichten gemäss bearb. 1. Tl.: Quintakursus. gr. 8. (28 S. m. Fig.) Ebend. 886. n. — 40

Müller, E. R., Leitfaden der unorganischen Chemie für Gymnasien, Realprogymnasien, höhere Bürgerschulen, Seminare etc. Methodisch-systemat. bearb. 8. (VIII, 53 S.) Oldenburg 884, G. Stalling. *

— die elektrischen Maschinen unter Berücksicht. ihrer geschichtlichen Entwickelung, s. a. Sammlung gemeinverständlicher wissenschaftlicher Vorträge.

Müller E.R., die elektr. Maschinen. (Slg wiss. Vortr. NF 110) Hamburg 1890

— vierstellige logarithmische Tafeln der natürlichen u. trigonometrischen Zahlen, nebst den erforderlichen Hilfstabellen. Für den Schulgebrauch u. die allgemeine Praxis bearb. gr. 8. (32 S.) Ebd. 892. n. — 60

Müller, E. W., s. Müller, Ernst Wolfgang

Müller, Eberhard [Referendar]: Die strafbare Hülfeverweigerung ... Göttingen, Druck d. Dieterich'schen Univ.-Buchdr., 1896; 2 Bl., 51 S. 8.
Göttingen, Jur. Fak., Inaug.-Diss. v. [22. Apr.] 1896

Müller, Eberhard s. Jahrbücher. Die beiden ältesten deutschen J' der Stadt Zürich .... Zürich 1844.

Müller, Eberhard [aus Triberg]: Versuche über pyrogene Zersetzung von Gasöl, Phenol und Kreosot, allein und in Mischung. Nebst einem Anhang über die Absorption von Benzol in Paraffinöl und Wasser. München 1897. 47 S. 8°.
Basel. Phil. Diss. 1897/98.

Müller, Ed., s.a. Müller, Ed. H.

— s.a. Müller, Eduard

Müller, Ed., Abbildungen v. Modellen künstlicher Obst-Baumformen. 4. (12 Steintaf.) Nördlingen 873. Beck. n. 1. —

Müller, Ed., kurze Anleitg. f. e. ärztliche Buchführung. 8. (35 S.) Herborn 897. J. M. Beck'sche Buchdr. — 60

Müller, E. De Aethone satyrico Achaei Eretriensis. 18 S. .
Ratibor, Progr. 1837

Müller, Ed., de Aethone satyrico Achaei Eretriensis. 4maj. (2½ B.) Ratisboriae 837. (Vratislaviae, Hirt.) *

Müller, Ed., de Aethone satyrico Achaei Eretriensis. 4maj. Ratisboriae 837. (Lipsiae, Wuttig.) n. 5 ℊ

Müller, Ed., die nationale Bedeutung der Hochschulen. Rectoratsrede, geh. am Stiftungsfeste der Hochschule Bern den 15. Novbr. 1876. gr. 8. (18 S.) Bern 876. Fiala. n. — 60

Müller, Ed. Darstellung der nationalen Ethik der Hellenen. Der ersten Periode erster Abschnitt: Das heroische Zeitalter des griechischen Volkes. (Bruchstück). . 20 S.
Liegnitz, G., Progr. 1853

Müller, Ed. Einleitung zu einer Darstellung der nationalen Ethik der Hellenen. 18 S. . . . . .
Liegnitz, G., Progr. 1849

Müller, Ed. (II.), Elemente der Geometrie, streng systematisch dargestellt. 2 Thle. Mit in den Text eingedr. Holzst. gr. 8. Braunschweig 869, Vieweg und Sohn. *
Inhalt:
Thl. 1. Grundvorstellungen der Geometrie, genetisch entwickelt. (XV, 51 S.) *ℳ 1.
» 2. Geometrische Formenlehre, genetisch entwickelt. (VI, 84 S.) *ℳ 1,50.

Müller, E. Zur englischen Etymologie. Cöthen, G., 1865. 45 S. 4. Progr.

Mueller, Ed., zur englischen Etymologie. Coethen 865. Schettler. 4. (45 S.) 7½ ngr.

— preussische Gebührenordnung f. pract. Ärzte u. Zahnärzte v. 15. V. 1896 in alphabet. Zusammenstellg. u. in Form des Regierungserlasses. 2. Aufl. (2. Taus.) 8. (41 S.) Ebd. 897. 1. —

Müller, Ed., die Gelübde, siehe: Volks-Bücher, neue.

Müller-Nordhausen, Ed., der Friedensvereine Heil u. Hafen. gr. 8. (11 S.) Berlin 892. H. Brieger. n. — 40

Müller, E. Die Idee der Aesthetik ihrem histor. Ursprunge nach dargestellt. Erste polemisch-kritische Abtheilung. 41 S. . . . . .
Ratibor, Progr. 1840

Müller, Ed., die Idee der Menschheit im hellenischen Alterthum. Aus dem Nachlass hrsg. von Herm. Kraffert. [Aus: „Jahrbb. f. class. Philol. 9. Suppl.-Bd."] gr. 8. (77 S.) Leipzig 877. Teubner. n. 1. 60

Müller, Ed. Das christliche Kunstprincip seinem geschichtlichen Ursprunge nach. 18 S.
Liegnitz, G., Progr. 1856

— s. Müller, Karl Otfr., Geschichte d. griech. Literatur. —

Ders. Ueber das Nachahmende in der Kunst, nach Aristoteles. 24 S.
Ratibor, Progr. 1834

Ders. Ueber das Nachahmende in der Kunst, nach Plato. 20 S.
Ratibor, Progr. 1831

Müller, Ed. Über Sophokleische Naturanschauung. 34 S.
Liegnitz, G., Progr. 1842

Müller, Ed., Parallelen zu den messianischen Weissagungen u. Typen d. alten Testaments aus dem hellenischen Alterthum. [Aus: „Jahrb. f. class. Philol. 8. Suppl.-Bd."] gr. 8. (158 S.) Leipzig 875. Teubner. n. 4. —

Müller, Ed., über Pockenimpfung u. über die Bedeutung der Glycerinlymphe für die öffentliche Gesundheitspflege. [Aus der Vierteljahrsschrift für gerichtl. Medic.] Berlin 869. (A. Hirschwald.) 8. (26 S.) n. 6 ngr.

Müller, Ed., Rechnungsabkürzungen, dem rechn. Publikum, insbesondere den Rechenlehrern an niederen u. höheren Schulen u. an Seminarien zur Berücksicht. empfohlen. 4. (15 S.) Neustrelitz 874. Barnewitz. n. -- 40

Müller, E. Rede zur Feier des Geburtstages Sr. Majestät des Königs Fried. Wilh. IV., geb. 15. October 1840. 11 S. . .
Ratibor, Progr. 1841

Müller, E. Rede zum Gedächtnisse Sr. Majestät des hochseligen Königs Friedr. Wilh. III. Geb. 3. Aug. 1840. 6 S. . . .
Ratibor, Progr. 1841

Müller, Ed. (Dr.) Religion, Staat, Moral. Drei Abhandlungen. In-8°, 192 S. Bern, K. J. Wyss. 1 50
1881.

Müller, Ed., Simson und Delila. Eine Tragödie in 5 Akten. Breslau 853. Max u. Co. 16. (132 S.) 1 ₰.

– Sinn und Sinnverwandtschaft deutscher Wörter, s. Müller, E. Eduard

Müller, Ed., Stufengang u. Riegenordnung f. Erwachsene, besond. f. den Wehrstand. Ein Leitfaden den Vorturnern u. Erinnerungshülfe Allen. gr. 8. (5 B.) Mainz 845, Faber'sche Bh. *

—— Vierstellige logarithmische Tafeln d. natürlichen u. trigonometrischen Zahlen, nebst d. erforderlichen Hilfstabellen. gr. 8. (32 S.) Ebd. 892. * — 60

— s. Volks- u. Jugendlieder.

Müller, Ed., War Apollonius von Tyana ein Weiser oder ein Betrüger oder ein Schwärmer u. Fanatiker? Eine culturhistorische Untersuchung. Breslau 861. Max & Comp. in Comm. 4. (56 S.) n. 10 ngr.

Müller, Ed., das Weltall vom Standpunkt unserer Erde aus betrachtet. Oder: Wie groß ist die Welt? Mit 24 Holzschn. (im Text.) (Neue Titel-Ausg.) Leipzig (852.) 856. O. Wigand. 8. (2 Bl., 196 S.) 15 ngr.

Mueller, Ed., etymologisches Wörterbuch der englischen Sprache. 1. Liefg. Cöthen 864. Schettler. gr. 8. (1 Theil: S. 1—176.) 22½ ngr.

— etymologisches Wörterbuch der englischen Sprache. 2—6. Liefg. Ebend. 865—67. gr. 8. (1. Thl. VIII u. S. 177—558. u. 2. Thl. IV, 572 S.) Jede Liefg. n. 22½ ngr.

Müller, Ed., etymologisches Wörterbuch der englischen Sprache. 2 Thle. 2., verm. u. verb. Aufl. gr. 8. (VIII, 656 u. 676 S.) Köthen 878. 79. Schettler's Verl. n. 18. —

Müller, Ed., Zweck der Gemeinde- u. Gemarkungskarten u. Unzuverlässigkeit derselben in Eigenthumsfragen. Ein Versuchsbeitrag zur Hebung des ökonom. Interesses. Berlin 870. (Gerstmann'sche Buchh.) 8. (16 S.) 2½ ngr.

Müller, Ed. H., die Behandlung Verunglückter bis zur Ankunft des Arztes. Im amtl. Auftrage hrsg. 2. Aufl. 16. (24 S.) Berlin 868, Th. C. F. Enslin. *

Müller, E. H., die Behandlung Verunglückter bis zur Ankunft des Arztes. Anweisung für Heilgehülfen, Polizei- u. Gemeinde-Beamte, sowie für Diejenigen, welche die erste Hülfe bei Verunglückten leisten. Im amtlichen Auftrage entworfen. Neu bearb. v. C. Skrzeczka. 2 Tabellen in gr. Fol. Berlin 877. Enslin. n. — 50

Müller, E. H., die Cholera-Epidemie zu Berlin im J. 1873. Amtlicher Bericht. gr. 4. (58 S.) Berlin 874. Enslin. n. 3. —

Müller, E. H., die Cholera-Epidemie zu Berlin im J. 1866. Amtlicher Bericht erstattet im Auftrage der königl. Sanitäts-Commission. gr. 4. (VI und 160 S. mit 1 lithogr. und ill., die Ausbreitung der Epidemie darstell. Plane in gr. Fol.) Berlin 867, Th. C. F. Enslin. *

Müller, E. H., Entwurf einer medicinisch-topograph. Skizze der Stadt Stettin. gr. 8. (9½ B. u. 1 Tab.) Berlin 843, (Oehmigke's Buchh.) *

Müller, Ed. (H.), berliner statistisches Jahrbuch, s. Jahrbuch, berliner statistisches.

Müller, Ed. (H.), Berliner statistisches Jahrbuch enthltd. den Bericht des statist. Amtes im Königl. Polizei-Präsidium zu Berlin für das Jahr 1854. Berlin 856. Besser's Verlhdlg. gr. 8. (VII. 281 S. u. 5 Tab. in 4.) n. 1 ₰. 20 ngr.

Müller, Ed. (H.), und C. F. **Schneider**, Jahresbericht des statistischen Amtes im k. Polizei-Präsidio zu Berlin für das Jahr 1852. Abdr. aus Hübner's Jahrbuch für Volkswirthschaft und Statistik.) Leipzig 853. Hübner. gr. 8. (127 S.) 1 ₰.

— — für das Jahr 1853. Berlin 854. Hayn. gr. 8. (4 Bl., 277 S.) 1 ₰. 15 ngr.

—— über Pockenimpfung und über die Bedeutung der Glycerinlymphe für die öffentliche Gesundheitspflege. 8. (26 S.) Berlin 869, (Hirschwald.) *
Aus: Vierteljahrsschrift für gerichtliche Medicin, besonders abgedruckt.

— Berlin's Sanitätswesen. Ein Führer für Fremde u. Einheimische. Ebend. 870. gr. 16. (VIII, 141 S.) n. 20 ngr.

Müller, Ed. J., Walter. Erlebnisse u. Abenteuer e. jungen Deutschen in Norwegen. Erzählt u. illustr. v. M. gr. 8. (VII, 327 S.) Frankfurt a/M. 894. Kesselring. Geb. in Leinw. n. 4. 50

Müller, Ed. J. L., s. M ü l l e r , Eduard Julius L.

Müller, Ed. Jos., s. M ü l l e r , Eduard Josef

Müller, Ed. Richard [Berlin]: H e i n r i c h Loufenberg. Eine litterar-historische Untersuchung ... Berlin 1888: C. Rehm. 4 Bl., 157 S. 8°
Strassburg, Phil. Fak., Inaug.-Diss. v. 1888

M ü l l e r, Ed. Rich., Heinrich Loufenberg, eine literarisch-histor. Untersuchung. gr. 8. (VII, 157 S.) Berlin 888, W. Weber's Verlag. *

Müller, Ed. Wilhelm, s. M ü l l e r , Eduard Wilhelm

Müller, Edmund

— der Chausseebau u. seine Hülfswissenschaften. Handbuch für Behörden u. Beamte des Chausseebauwesens, unter besonderer Rücksichtnahme auf die Ausbildung der Chaussee-Aufseher bearb. Mit 121 in den Text gedr. Fig. gr. 8. (VIII, 224 S.) Jena 881. Costenoble. n. 7. —

Der Chausseebau und seine Hülfswissenschaften. Handbuch f. Behörden u. Beamte d. Wege- u. Chausseebauwesens im Bau- u. Forstfach unter bes. Rücksichtnahme auf d. Ausbildung d. Wege-Aufsichtsbeamten bearb. von E[dmund] **Müller**, Baurat. 2. verm. u. verb. Aufl. Mit 123 Fig. *Berlin: H. Costenoble 1903.* (IX, 292 S.) 8° [F.] (03. 9790

40 Choräle nach dem neuen Melodieenbuche für die Provinz Brandenburg zu bekanntesten u. gebräuchlichsten Liedern d. ev. Gesangb. mit hinzugefügten Einl. u. Überleitungen f. Orgel, Harmonium oder Klavier von Edmund **Müller**. *Berlin: C. Simon (1898).* (42 S.) quer-8° [F. u. Ant.] (00. 5393

Müller, Edmund (Hrsg.), s. R e i c h, Das Deutsche.

Müller, Edmund [aus Hospenthal (Kt. Uri)]: Über das Vorkommen und die Verteilung des Glycogens in Geschwülsten. Zürich 1899. 30 S. 8°.
Zürich. Med. Diss. 1898/99.

Müller, Edmund Rudolf

M ü l l e r, E. R. Pflanzentabellen. Für den Schulgebrauch zusammengestellt. 30 S. 8. **Progr.** *Marne* 1884.

Müller, Edouard, prakt. Arzt von Les Brenets: Beitrag zur Raynaud'schen Krankheit. [Mit einer Abbildung im Text.] Basel, Gasser & Cie., 1910. 44 S. 8°.
Basel. Med. Diss. 1910/11.

M ü l l e r, E(douard). Beitrag zur Raynaud'schen Krankheit. Diss. Med. Basel. [Mit 1 Figur.] 44 S. 8. Basel, Gasser & Cie., 1910.

Müller, Eduard [Pseud.], s. M ü l l e r , Karl

M ü l l e r, Ed[uard] I [1820–1900]. Bericht über das neue Geläute der Heil. Geist-Kirche in Bern, bei der Glocken-Einweihung den 6. Januar 1861 im Auftrag des Glocken-Comites abgelegt durch Ed. M'.... Nebst Rechnung über Einnahmen und Ausgaben, abgelegt durch den Cassier des Comites, Samuel Friedli, junior. 8. Bern 1861.

Müller, Ed., B e r i c h t üb. die Untersuchung betr. die anarchistischen Umtriebe in der Schweiz, an den hohen Bundesrath der schweiz. Eidgenossenschaft erstattet. gr. 8. (186 S.) Bern 885. Wyss. n. 2. —; franz. Ausg. (180 S.) n. 2. —

Müller, Ed. (Prof. Dr.) Die Hochschule Bern in den Jahren 1834 — 84. Festschrift zur fünfzigsten Jahresfeier ihrer Stiftung, im Auftrag der h. Erziehungsdirektion und des akademischen Senats verfasst. In-8°, 227 S. Bern, J. Dalp'sche Buchhandlung. 1884. 2 50

— die H o c h s c h u l e Bern in den J. 1834—1884. Festschrift zur fünfzigsten Jahresfeier ihrer Stiftg. gr. 8. (V, 227 S.) Bern 884. (Schmid, Francke & Co.) n. 2. 50

Müller, Ed., Beseitigung u. Verhütung v. Feuchtigkeit u. Schwamm in Wohnhäusern. Mit Anh.: Rechtshilfe bei Streitfällen zwischen Mieter u. Vermieter wegen Feuchtigkeit. 8. (136 S.) Berlin 900. Mayer & Müller. Kart. n. 1. 80

M u l l e r, Eduard, Der Dialekt der Gâthâs des Lalitavistara. [Diss.] Weimar 1874.

Müller, Eduard, photographische Dunkelkammer f. Reise u. Haus, s.: W i e baue ich mir selbst?

Müller, Eduard [aus Oberviechtach]: Über den Einfluss von Chloralhydrat u. Morphium, Antipyrin, Chinolin und Chinin auf die Kohlensäureausscheidung des tierischen Organismus. ... Erlangen, k. b. Hof- u. Univ.-Buchdr. v. F. Junge, 1891; 64 S. 8°
Erlangen, Med. Fak., Inaug.-Diss. v. 18. Jul. 1890

Mueller, Eduardus *(geb. Brieg (13.11.) 1804)*: Euripides deorum popularium contemtor. Vratislaviae (1826). (67 S.) 8°
[Im Buchhandel 1826 bei Max & Ko. in Breslau]
Breslau, Phil. Diss. v. 11. Aug. 1826

Müller, Ed., Exercier-Reglement f. d. Wiener Berufsfeuerwehr. Hrsg. v. Commando d. Wiener städt. Feuerwehr. Im dienstl. Auftr. ausgearb. gr. 8. (VIII, 422 S. m. 156 Illustr.) Wien 894. W. Braumüller. n. 5. —

Müller, Eduard, aus Quedlinburg, Referendar am kgl. Amtsger. zu Quedlinburg: Das **Flusswasser** steht im Eigentum! (eine rechtsgeschichtliche Deduktion aus altrömischem und deutschem Rechte durch das gemeine Recht hindurch bis in das moderne kodificierte Recht, und die konsequente Anwendung dieses Satzes auf das Strafrecht. *Quedlinburg 1899: Gessler & Strauss.* (VIII, 56 S.) 8°
Erlangen, Jur. Diss. v. 9. März 1899

M ü l l e r, Ed., Geschichte d. Theorie d. Kunst bei d. Alten. 1. Bd. gr. 8. (18½ B.) Breslau 834, Max u. Comp.

—— Geschichte d. Theorie d. Kunst bei d. Alten. 2. Bd. gr. 8. (28¾ B.) Breslau 837, Max u. Komp.
1. Bd. Ebendas. 1834. 1 Thlr. 8 Gr.

Müller, Eduard [cand. chem. aus Saarlouis]: Zur H y d r o - g r a p h i e des westlichen und südlichen mittelfränkischen Keuper- und Juragebietes ... Erlangen 1893: E. Th. Jacob. 38 S., 1 Kt. 8°
Erlangen, Phil. Fak., Inaug.-Diss. v. 1893

– Berliner statistisches J a h r b u c h für 1854, s. M ü l l e r , Ed. H.

Müller, Eduard, Dr. med., Assistenzarzt an d. Kgl. med. Klinik: Zur **Kenntnis** der multiplen Sklerose des Gehirns und Rückenmarks. *Naumburg a. S. 1904: Lippert & Co.* (32 S.) 8° ¶ [Erschien vollst. bei G. Fischer in Jena u. d. T.: Die multiple Sklerose d. Gehirns u. Rückenmarks.]
Breslau, Med. Hab.-Schr. v. 4. Juni 1904
(Nicht für den Austausch)

MÜLLER, EDUARD. Zur Kenntniss des Tetramidobenzols. (Basel) Wiesbaden, 1889.

Müller, Eduard, d. spinale Kinderlähmung. Eine klin. u. epidemiolog. Studie. Mit Unterstützg. v. M. Windmüller. (170 S. m. 21 Abb. u. 2 farb. Plänen.) gr. 8. Berlin 910. J. Springer. 6. —

Müller, E[duard] *II* [geb. 1848]. Poupry. Vortrag, gehalten im November 1892 vor den zum Divisionsrapport vereinigten höheren Offizieren der III. Division. Hiezu als Beilage: Uebersichtsplan zur Schlacht bei Loigny-Poupry. SA. 8. Frauenfeld 1893.

Müller, [Eduard *I*]. Predigt über Matth. IX., 32–36, gehalten bei der Einweihung und Eröffnung der Irren-, Heil- und Pflegan-stalt „Waldau" [bei Bern] ... den 18. November 1855.... 8. Bern 1855.

— Rapport sur l'enquête relative aux menées anarchistes en Suisse. Adressé au Conseil fédéral suisse. In-8°, 180 p. Bern, K. J. Wyss. 2 —
1885.

Müller, Eduard: Ratgeber für Grund- und Gebäudebesitzer, Hausverwalter, Techniker und Baugewerbetreibende. Berlin
Bd 1—3. (1909)—(1911)

Müller, Eduard, Ratgeber f. Grund- u. Gebäudebesitzer, Hausverwalter, Techniker u. Baugewerbetreibende. Auskunftsb. f. Benutzg., Verwaltg., Vermietg., Geldbeschaffg., Grundstückkauf u. -verkauf, Instandhaltg., Ausbau, Umbau, f. eigene Betätigg. in Haus u. Hof usw. Unter Mitwirkg. v. E. Haesecke, K. Arndt, G. Baum u. and. Fachleute bearb. Mit etwa 500 Abb. 1.—3. Bd. (XVI, 663, 872 u. VIII, 416 S.) gr. 8. Berlin (909. 10). Mayer & Müller. Geb. in Leinw. 20. —

Ratgeber für Grund- und Gebäudebesitzer, Hausverwalter, Techniker und Baugewerbetreibende ... Unter Mitw. ... bearb. von Eduard **Müller** ⟨Reinickendorf⟩. Mit etwa 500 Abb. Bd 1–3. Berlin: Mayer & Müller [1910]. 8° A 12.148

Müller, Eduard [aus Altenschönbach '(Bayern)']: Ueber ein Sarkom in der Gegend der männlichen Brust ... Würzburg, P. Scheiner's Buchdr., 1895; 29 S. 8.
Würzburg, Med. Fak., Inaug.-Diss. v. 1895

Müller, Eduard: Friedrich Karl von Savigny,
s.a. Männer der Wissenschaft.

Friedrich Karl von Savigny. Von Eduard **Müller**, Reichsger.R. Leipzig: W. Weicher 1906. (32 S.) 8°
— Männer d. Wissenschaft. H. 9. [07. 1872]

Müller, Eduard, Schlaf u. Traum, Suggestion u. Hypnose. Eine psycholog. Studie. (61 S.) gr. 8. Leipzig 903. Roth & Schunke. n. — 60

Müller, Ed[uard] *I*. (Friedrich) Schleiermacher in seiner Bedeutung für das religiöse kirchliche und sittliche Leben. Rektoratsrede, gehalten bei der fünfunddreissigsten Stiftungsfeier der Berner Hochschule und der Säkularfeier des hundertjährigen Geburtstages Schleiermacher's, den 21. November 1868. (SA.) 8. Bern 1868.

Müller, Eduard, Schwarz-Rot-Gold, s.: Schultz-Stegmann, A.

Müller, Eduard, die multiple Sklerose des Gehirns u. Rückenmarks. Ihre Pathologie u. Behandlg., klinisch bearb. Mit e. Vorwort von Adf. v. Strümpell. (VIII, 395 S. m. 5 Taf.) gr. 8 Jena 904. G. Fischer. n. 10. —

– Stammtafel der Nachkommen des Amtmanns Adam Möller ... in fünf Generationen,
s. Müller, Hans von

Müller, [Eduard *II*]. Die Thätigkeit der Vereinigten Freisinnigen in den letzten Jahren und ihre Stellungnahme zur „Arbeiterpartei". Rechenschaftsbericht des Vorstandes, abgelegt in der Mitgliederversammlung vom 3. Oktober 1887, durch dessen Präsidenten, Herrn Nat.-Rath M'. Stenographische Aufnahme.... 8. (Bern 1887.)
Vereinigte Freisinnige. Bülletin des Centralvorstandes. Jahrgang 2. N° 4.

– (Hrsg.), s. Turn-Zeitung, Mainzer.

Müller, Eduard, Mainzer Turnziel, E. Angabe aller Turnübungen nach ihrer Stufenfolge, H. 1: Anfänger-Riegen, Mainz 1844, 208 S., 8°.

—— mainzer Turnziel, eine Angabe aller Turnübungen nach ihrer Stufenfolge. 1. Hft. Anfänger-Riegen. gr. 8. (13 B.) Mainz 844, (Faber'sche Buchh.) *

Mueller, (Petr.) Eduard. (geb. Löwenberg in Schles. 16. 1. 1822): De acidi arsenicosi viribus et usu in medicina. Berolini (1844). (24 S.) 8°
Berlin, Med. Diss. v. 18. März 1844

Müller, Ed., Weihnachtsspiel zur Aufführung in Schulen u. christlichen Vereinen. gr. 8. (30 S.) Zwickau 889 (Leipzig, Buchhandlg. d. Vereinshauses.) n.n. — 6

Müller, Ed. (I.). Weihnachtsspiel zur Aufführung in Schulen und christlichen Vereinen. gr. 8. (30 S.) Zwickau 889. (Lpz., Wallmann.) ** — 60

— I. u. II. Weihnachtsspiel zur Aufführg. in Schulen u. christl. Vereinen. gr. 8. Zwickau (Berlin, Buchh. d. ostdeutschen Jünglingsbundes). n. 1. 50
I. Die hl. Nacht. 6. Aufl. (32 S.) 894. n. — 70
II. D. Weisen v. Morgenland. 2. Aufl. (36 S.) 893. n. — 80

Weihnachtsspiel ... zur Aufführung in Schulen und christlichen Vereinen von Eduard **Müllor**, Pastor in Zwickau. 1. 2. *Berlin: Buchh. d. Ostdeutsch. Jünglingsb. 1898–1900.* 2 Bde 8° [F.]
1. Die heilige Nacht. 6. Aufl. 1894.
2. Die Weisen im Morgenland. 1900. [00. 10561]

Müller, Ed., I u. II. Weihnachtsspiel. gr. 8. (à 32 S.) Berlin 900. Buchh. des ostdeutsch. Jünglingsbundes. n. 1.50
I. Die heil. Nacht, z. Aufführg. in Schulen u. christl. Vereinen. 7. Aufl. n. — 70
II. Die Weisen vom Morgenland, zur Aufführg. in Schulen u. christl. Vereinen. 3. Aufl. n. — 80

Wie beseitigt und verhütet man Feuchtigkeit und Schwamm in Wohnhäusern? Für Bauhandwerker bearb. von Eduard **Müller**. *Berlin: Mayer & Müller 1900.* (99 S.) 8° [F.] [01. 6014]

Mueller, Eduard. Albert. (geb. Aschersleben 6. 8. 1815): De colica saturnina. Berolini (1839). (33 S.) 8°
Berlin, Med. Diss. v. 10. Nov. 1839

Müller, Eduard Emil: Über das Vorkommen von Sporen im Säuglingsdarm. *Erlangen 1898: F. Junge.* (41 S.) 8°
Erlangen, Med. Diss. v. 1898

Müller, Eduard Friedrich Hermann Luzian,
s. Müller, Luzian

— Eduard Heinrich (Gumbinnen), De ustionibus. Diss. med.-chir. Berlin (Unger) 13. IV. 1831. 55 S. mit Biogr. (M.: Collins.) (4.—) 24001
Oppon.: Th. Kortum, F. W. Krieger, C. Hopffer. — Gew.: Dan. Heinr. Mueller (Vater), Theod. Fried. Mueller (Verwandter).

Müller, Ed. Jos., s.a. Müller, Arthur.

Aufklärungen über den Schulkampf im Jahre 1904 und 1905 in Frankfurt a. M. Hrsg. von Eduard Josef Müller, Stadtverordn., Frankfurt a. M.
Frankfurt a. M.: Heil 1905. 96 S. 8°

Müller, Ed. Jos., die Berjergard. Schwank in 1 Akt. gr. 8. (28 S.) Frankfurt a/M. 901. B. Kreuer. n. —50

— Es lebe die Kunst!, s.a. Dilettanten-Theater. 3.

Es lebe die Kunst! Lustspiel in 3 Akten. Von Ed. Jos. Müller. Mit e. Musikbeil. *Paderborn: F. Schöningh [1901].* (43, 2 S.) 8° [A.]
= Dilettanten-Theater. N. F. 3.

— der Weihnachtsabend od. Ehrliche Arbeit segnet Gott, s.: Theater-Bibliothek. 4.

— Hans Winkelsee, der Schütze des Neuners in d. Wetterfahne d. Eschenheimer Turms in Frankfurt a. M. Schauspiel m. Gesang u. Tanzreigen in 4 Akten nach e. Altfrankfurter Sage. (29 S.) kl. 8. Frankfurt a/M. 909. Messelring. —50

Müller, Eduard Julius L.

Müller, Ed. J. L., aus deutscher Gebirgswelt. Kombinierte Reiserouten. 1. Hft. 12. Wunsiedel 897. G. Kohler. n. —60
Vogtländische Schweiz — Fichtelgebirge — böhm. Bäder, böhm. Schweiz — sächs. Schweiz, lausitzer Gebirge — Görlitz — Isergebirge — Riesengebirge. Anh.: Wien, Semmering, Triest, Venedig. (57 S.)

— dasselbe. Neue Touristen-Fahrten u. -Wanderg. in kombinierten Reiserouten. 2. Hft. 12. Ebd. 897. n. 1.—
Bei d. Bären in Dessau-Bernburg — Kyffhäuser — Unstrut u. Saale — Frankenwald — Fichtelgebirge u. Steinwald — Böhmisch-bayr. Wald — München — Zwischen Isar u. Inn — Donaufahrt Passau-Wien — Prag. (99 S.)

Müller, Eduard Jul. L., über die Vogesen in die Provence. Wanderungen. (In 3 Tln.) 1. Abtlg.: Rhön — Spessart — Odenwald. gr. 8. (IV, 64 S. m. 9 Abb.) Leipzig (902). R. Baum, Sep.-Cto. n. 1.20; kart. n. 1.50

— Weimar. Ein Gedenkbuch. Wanderungen durch Vergangenheit u. Gegenwart. 8. (VII, 223 S.) Weimar 902. H. Große. n. 2.—; geb. n. 2.40

[Müller, Eduard Ludwig Gabriel von.] Dorfgespräche über verschiedene Gegenstände des öffentlichen Wohls. In Briefen an den Oberländer Anzeiger hrg. von Hans Jakob Treuer. 8. Thun 1850.

[Müller, Eduard Ludwig Gabriel von.] Dorfgespräche über verschiedene Gegenstände des öffentlichen Wohls. In Briefen ... hrg. von Hans Jakob Treuer. 3. Aufl. 8. Thun 1850.

Müller, Eduard [Ludwig Gabriel von]. Offene Erklärung an das Volk des Kantons Bern. 4. (Thun 1852.)
Ausg. A.
Ausg. B. Extrabeilage zum Oberländer Anzeiger.

Müller, Eduard [Ludwig Gabriel von]. Einige Fragen der innern Politik, unmassgeblich beantwortet von E. M.... 8. Bern und Thun 1854.

[Müller, Eduard Ludwig Gabriel von.] Die Patrioten. Ein Fastnachtspiel. 8. Helvetien [Zürich] 1847.

— **Eduard Theodor** (Meißen), De resectione ossium carpi et metacarpi. Diss. chir. Meißen (A. C. Cato) 10. VIII. anni H. S. LII. 22 S. mit Biogr. (M.: S. Wiese.) (3.50) 24002
Gew.: Wilhelm Dieckmann, Eduard Langeluetje.

Müller, Ed. Wilh., die erste Hilfe bei Unglücksfällen u. plötzlichen Erkrankungen. Instructionsbuch f. Sanitätsabtheilgn. v. Feuerwehren u. Rettungs-Gesellschaften, Polizei- und Gemeindebehörden, sowie zum Selbstunterrichte f. Eisenbahn-, Schiffahrts- u. Fabriks-Bedienstete. gr. 8. (VIII, 168 S. m. 68 Abbildgn. u. 1 Taf.) Wien 893. A. Hartleben. n. 3.—

Müller, Eduard Wilhelm, Gerichtsrefer.: Das Wesen des parlamentarischen Budgetrechts und der Indemnitätserteilung. Borna-Leipzig 1909: Noske. VIII, 64 S. 8°
Jena, Jur. Diss. v. 16. Okt. 1909, Ref. Rosenthal
[Geb. 14. Mai 84 Breslau; Wohnort: Berlin; Staatsangeh.: Preußen; Vorbildung: Sophien-Gymn. Berlin Reife O. 02; Studium: München 1, Berlin 5 S.; Rig. 18. Mai 09.] [U 10. 2261

Müller, Edwin, (Carl Nap. Hottenroth), die goldene Aue u. der Kyffhäuser. Ein Führer zu der Reise v. Naumburg üb. Freiburg, Memleben, Roßleben, Sachsenburg u. den Kyffhäuser nach Sangerhausen. 16. (73 S.) Leipzig 848, Brauns. n. 8 ngr.

— ganz Deutschland in der Brusttasche. Der unentbehrliche Führer auf allen Reisen zu Fuß und im Wagen, per Dampfschiff oder Eisenbahn. 16. (151 S. mit 1 Straßen- und Eisenbahncharte von Deutschland in Kpfrst. und Fol. und 1 Münzvergleichungstabelle.) Leipzig 850. [Berlin, Grobe.] *

Müller, Edwin, Dresden, die Sächsische Schweiz und der Oybin in der Brusttasche. Der sichere Führer durch Dresden, die Sächsische Schweiz, nach der Lausche und dem Oybin bei Zittau. 3., neu bearb. und verm. Aufl. gr. 16. (164 S. mit Illustr. in eingedr. Holzschn., 1 lithogr. Plane von Dresden in 4. und 1 lithogr. Karte in Fol.) Berlin 859, Bergemann. *

Müller, Edwin, Dresden u. die sächsische Schweiz in der Brusttasche. Der sichere Führer durch Dresden, die sächs. Schweiz, nach der Lausche u. dem Oybin bei Zittau. 3. Aufl. 859. — 4. neu bearb. u. verm. Aufl. Mit vielen Illustr. (Holzschn.) u. 1 (lith.) Karte (in Fol.). Berlin 864. Bergemann. 16. (172 S.) 15 ngr.

Müller, Edwin, Dresden und die sächsische Schweiz in der Brusttasche. Der sichere Führer durch Dresden, die sächs. Schweiz, nach der Lausche und dem Oybin bei Zittau. 4. Aufl. 1864. und 5., neu bearb. und verm. Aufl. 16. (172 S. mit vielen Illustr. in Holzschn. und 1 lithogr. Karte in Fol.) Berlin 866, Lobeck. cart.

— Dresden und die sächsisch-böhmische Schweiz. Führer durch Dresdens Kunstschätze, zu seinen Plätzen und Palästen und in die sächsisch-böhm. Berge. 6. vollständig umgearb. und verm. Aufl. 16. (114 S. mit vielen Illustr. in Holzschn. und 1 lithogr. Karte in Fol.) [Ebendas.] 868. cart.

Müller, Edwin, Dresden und die sächsisch-böhmische Schweiz. Führer durch Dresdens Kunstschätze und in die sächsisch-böhm. Berge mit besond. Berücksicht. des Badeortes Schandau. 7. und 8. neu bearb. und verm. Aufl. Mit (eingedr. Holzschn.-)Illustr., 2 Karten: „die sächs. Schweiz" und die „Umgebung von Teplitz" und Plan von Dresden (1 Stnt. in qu. gr. 4. und 1 eingedr. Holzschn.) gr. 16. (III, 116 S.) Berlin 876, Barthol und Comp.

Müller, Edwin, Dresden u. die Sächsisch-Böhmische Schweiz. Führer durch Dresdens Kunstschätze u. in die sächsisch-böhm. Berge m. besond. Berücksicht. des Badeortes Schandau. 9., neu bearb. u. verm. Aufl. Mit Illustr. u. Spezialkarten (in eingedr. Holzschn.) u. einer Generalkarte der Sächs. Schweiz m. Plan von Dresden. (1 Steintaf. in qu. Fol.) 12. (III, 151 S.) Berlin 881. Barthol & Co. 1.50

Müller, Edwin, Dresden u. die Sächsisch-Böhmische Schweiz. Führer durch Dresdens Kunstschätze u. in die Sächsisch-Böhm. Berge, m. besond. Berücksicht. d. Badeortes Schandau u. seiner Umgebgn. 10. Aufl. Mit Illustr u. 18 Spezialkarten u. 1 Generalkarte der Sächs. Schweiz m. Plan v. Dresden. 12. (IV, 121 S.) Berlin 886. Barthol & Co. cart. n. 1.50

— ganz Deutschland in der Brusttasche. Der unentbehrl. Führer auf allen Reisen zu Fuß u. im Wagen, per Dampfschiff od. Eisenbahn. Mit 1 Straßen- u. Eisenbahncharte von Deutschland (in Kpfrst. u. Fol.) u. 1 Münzvergleichungstabelle. 16. (151 S.) Leipzig 850, Hottenroth (jetzt: Berlin, Grobe). 12 ngr

Müller, Edwin, Berliner Fremdenführer. Wegweiser durch Berlin, Potsdam und Umgebung mit Rücksicht auf schnelle und sichere Orientirung. gr. 16. (192 S. mit Illustr. in Holzschn. und 1 chromolithogr. Plan in qu. Fol.) Berlin 869, W. Lobeck. [Barthol und Comp.]

— — Ausg. II. Mit (chromolith.) Plan (in qu. Fol.). Ebend. 869. gr. 16. (32 S.) 7½ ngr

— Führer durch den Harz. Ausg. II., mit einer (lithogr.) Karte (in qu. Fol.). Ebend. 869. 16. (46 S.) 7½ ngr

— Führer durch das Riesengebirge, s. Stangen.

— Führer durch Thüringen. Spezial-Karten dazu. Suppl. zu allen Reisebüchern für Thüringen. Nebst erläut. Text. 12. (15 S. m. 7 eingedr. Karten.) Ebend. 881. n. — 50

Müller, Edwin, Herzogs Geburtstag. Volksschauspiel in 2 Aufzügen in Altenburger Mundart. Mit Portr. u. Fcsm. Sr. Hoh. des regier. Herzogs. 8. (VI, 52 S.) Schmölln 902. (R. Bauer.) n.n. 1. 50

— — Schmölln: Selbstverl. 1902. 52 S. 8°

Müller, Edwin, der Gentleman. Kalender, s. Gentleman, der.

— der Harz in der Brusttasche. Der sichere u. kundige Führer zu einer Lustreise in das Harzgebirge. Mit einem (lith.) Panorama von der Viktorshöhe. gr. 16. (90 S.) Leipzig 849, Brauns. ⅓ ₰ — 2. sehr verm. Aufl. Mit 2 in Kpfr. gest. Panoramen: vom Brocken u. der Victorshöhe u. 2 (in Kpfr. gest.) Charten von der Umgebung des Brocken u. dem Harzgebirge. gr. 16. (141 S.) Leipzig 850, Hottenroth (jetzt: Berlin, Grobe). n. 13 ngr

Müller, Edwin, der Harz in der Brusttasche. Der sichere und kundige Führer zu einer Lustreise in das Harzgebirge. 3. sehr verm. Aufl. Mit 1 (lith. u. color.) Karte (in Fol.) u. Münzvergleichungs-Tabelle. Berlin 853. Grobe. (Bergemann.) 16. (148 S.) n. 15 ngr

—— der Harz in der Brusttasche. Der sichere und kundige Führer zu einer Lustreise in das Harzgebirge. 4., neu bearb. Aufl. gr. 16. (III und 168 S. mit Illustr. in eingedr. Holzschn. und 1 lithogr. Karte in Fol.) Berlin 859, Bergemann. Thlr. *

—— der Harz in der Brusttasche. Der sichere und kundige Führer zu einer Lustreise in das Harzgebirge. 5.—7., neu bearb. Aufl. Mit Nachtrag: Thale und Umgebung. 16. (III und 208 S. mit vielen Illustr. in Holzschn. und 1 lithogr. Karte in Fol.) Berlin 862—66, Lobeck. 15 Ngr.; geb.

Müller, Edwin, der Harz. Führer zu einer Lustreise in das Harzgebirge. 8.—11. neu bearb. Aufl. 16. (III, 135 S. mit vielen Illustr. in Holzschn. und 1 lithogr. Karte in Fol.) Berlin 868—75, Lobeck. [Barthol und Comp.] cart.

—— dass. — Ausg. II. 16. (46 S. mit 1 lithogr. Karte in qu. Fol.) [Ebendas.] 869.

— der Harz. Führer durch das Harzgebirge m. besond. Berücksicht. des Nordharzes u. der Hauptorte Thale, Wernigerode, Harzburg. Mit (eingedr. Holzschn.-)Illustr. u. einer (lith.) Karte. 12., neu bearb. Aufl. gr. 16. (III, 151 S.) Ebend. 879. 1. 50

—— der Harz. Führer durch das Harzgebirge, mit besond. Berücksicht. des Nordharzes und seiner Hauptorte: „Thale, Wernigerode, Harzburg". 13. neu bearb. Aufl. mit 1 (lithogr.) Uebersichtskarte und 17 in den Text eingedr. Spezialkarten. 12. (III, 192 S.) Ebendas. 882. cart.

— der Harz. Führer durch das Harzgebirge unter besond. Berücksicht. seiner Bade- u. Luftkurorte m. Einschluß d. Kyffhäuser. 14. Aufl. m. 1 Übersichtskarte u. 37 in den Text eingedr. Spezialkarten. 12. (III, 211 S.) Ebend. 886. cart. 2. —

Müller, Edwin, der Harz. Führer durch das Harzgebirge unter besond. Berücksicht. seiner Bade- u. Luftkurorte. 15., neu bearb. Aufl. m. 1 Übersichtskarte u. 47 in den Text eingedr. Spezialkarten. 12. (IV, 258 S.) Berlin 889. Barthol & Co. cart. 2. —

—— die berühmten muggendorfer Höhlen in der fränkischen Schweiz. Der sichere und kundige Führer durch die lieblichen Gefilde der fränkischen Schweiz, so wie zu den sehenswerthesten Tropfsteinhöhlen Norddeutschlands. 16. (73 S. mit 1 lithogr. Panorama vom Adlerstein.) Leipzig 850. [Berlin, Grobe.] *

— das Kyffhäuser-Gebirge. Die goldene Aue u. das Unstrutthal. Reise-Führer vom Kyffhäuser nach Sachsenburg, u. im Unstrutthale abwärts nach Freiburg u. Naumburg. 2. vollständig umgearb. Aufl. Mit 1 (lith.) Specialkarte (in gr. 4.). Ebend. 868. 16. (86 S.) cart. 15 ngr

Müller, Edwin, (Carl Nap. Hottenroth), Leipzig in der Brusttasche. Der sichere u. kundige Führer durch diese Stadt, ihre Umgebung u. das Schlachtfeld v. 1813. Mit einem Plane v. Leipzig (in 4.) u. d. Ansicht d. Centralhalle (in Holzschn.) 16. (64 S.) Leipzig 850, Hottenroth (jetzt: Berlin, Grobe). n. 8 ngr

Mueller, Eduinus, Grossgraupensis: De **Posidonio Manilii Auctore** Spec. I. *Bornae 1901: R. Noske.* (38 S.) 8°
Leipzig, Phil. Diss. v. [27. Apr.] 1901

Müller, Edwin, Reiseführer durch Deutschland. Nr. 3 u. 10. 12. Berlin 896. Barthol & Co. In Leinw. kart. à 1. 50
3. D. Riesen-Gebirge u. d. Thalorte u. Vorberge desselben m. bes. Berücksicht. d. Bade- u. Stationsorte u. sämtl. Gebirgswege. Führer f. Badegäste u. Touristen. 11., neu bearb. Aufl. M. 1 Uebersichtskarte u. 38 Routen- u. Spezialkarten. (XII, 207 S.)
10. Die Seebäder der Inseln Usedom u. Wollin u. d. angrenz. pommerschen Küste: Swinemünde, Heringsdorf, Ahlbeck, Koserow, Zinnowitz, Karlshagen, Misdroy, Neuendorf u. Dievenow. Führer f. Badegäste u. Touristen. 6., neu bearb. Aufl. M. 23 Spezialkarten u. Plänen. (VIII, 134 S.)

Müller, Edwin, Reiseführer durch Deutschland. Nr. 6. 12. Berlin, Barthol & Co. In Leinw. kart. n. 1. 50
Die Insel Rügen m. Berücksicht. der benachbarten Städte des Festlandes: Stralsund u. Greifswald. Führer f. Badegäste u. Touristen. 17. neu bearb. Aufl. Mit e. kolor. Generalkarte v. Rügen u. 27 Spezialkarten. 1850—1900. (VIII, 180 S.) 900.

—— die Rheinreise von Düsseldorf bis Basel. Der sichere und kundige Führer auf der Reise durch die Städte, Burgen, Bäder, Gebirge und Thäler sämmtl. deutschen und französ. Rheinlande. 8. (IV und 187 S. mit 1 lithogr. Karte und Münzvergleichungstabelle.) Berlin 852, [Bergemann.] Thlr. *

— die Rheinreise von Düsseldorf bis Basel. Der sichere u. kundige Führer auf der Reise durch die Städte, Burgen, Bäder, Gebirge u. Thäler sämmtl. deutschen u. französ. Rheinlande. Mit 1 (lith.) Karte u. Münzvergleichungstabelle. 8. (IV u. 187 S.) Berlin 852, Grobe. n. ½ ₰

—— die Rheinreise von Düsseldorf bis Mainz. Führer durch die Städte, Burgen und Thäler des Rheins und seiner Nebenflüsse Ahr, Lahn, Mosel 2c. 2. vollständig umgearb. Aufl. 16. (III, 219 S. mit 21 Illustr. in Holzschn. und 1 lithogr. Karte in gr. qu. Fol.) [Ebendas.] 868. cart.

— das Riesengebirge in der Brusttasche. Der sichere u. kundige Führer zu einer Lustreise durch Schlesiens Gebirge u. Thäler, zu seinen Burgen u. Bädern u. nach seiner Hauptstadt. Mit einem Panorama: Von der Schneekoppe u. einer (in Kpfr. gest.) Charte von Schlesien (in gr. 4.) 16. (154 S.) Leipzig 850, Hottenroth (jetzt: Berlin, Grobe). n. ⅓ ℛ

— das Riesen-Gebirge in der Brusttasche. Der sichere u. kundige Führer zu einer Lustreise durch Schlesiens Gebirge u. Thäler, den Adersbacher u. Weckelsdorfer Felsen, zu seinen Burgen u. Bädern u. nach seiner Hauptstadt. 2. Aufl. 859. — 4. neu bearb. u. illustr. Aufl. Mit vielen in den Text gedr. Abbildgn. (Holzschn.) u. 1 (lith.) Karte (in Fol.). Ebend. 864. 16. (III, 181 S.) 15 ngr.

—— das Riesen-Gebirge in der Brusttasche. Der sichere und kundige Führer zu einer Lustreise durch Schlesiens Gebirge und Thäler, den Adersbacher und Weckelsdorfer Felsen, zu seinen Burgen und Bädern und nach seiner Hauptstadt. 3.—5., neu bearb. und illustr. Aufl. 16. (III und 181 S. mit vielen in den Text gedr. Abbild. in Holzschn. und 1 lithogr. Karte in Fol.) Berlin 862—66, Lobeck.

—— das Riesen-Gebirge und die angrenzenden Gebirgszüge Schlesiens. Führer durch Schlesiens Gebirge und Thäler, zu seinen Burgen und Bädern und in die Adersbach-Weckelsdorfer Felsenstadt. 6. Aufl. 1868, und 7. vollständig umgearb. Aufl. gr. 16. (191 S. mit vielen Illustr. in Holzschn., 1 lithogr. Routenkarte und 1 lithogr. Specialkarte des Riesengebirges in gr. 16. und qu. Fol.) [Ebendas.] 869.

— das Riesengebirge u. die angrenzenden Gebirgszüge Schlesiens, m. besond. Berücksicht. d. Badeortes Warmbrunn. Führer f. Badegäste u. Touristen. 8. vollständig umgearb. Aufl. Mit (eingedr. Holzschn.-)Illustr. u. Specialkarten (1 Steintaf. in qu. gr. 4.) gr. 16. (III, 133 S.) Ebend. 876. 1. 50

— das Riesengebirge u. die angrenzenden böhmisch-schlesischen Gebirgszüge m. besond. Berücksicht. der Badeorte u. Stationsorte u. sämmtl. Gebirgswege. Führer f. Badegäste u. Touristen. 9. Aufl. Mit Illustr., 1 Übersichtskarte u. 11 in den Text eingedr. Spezialkarten. 12. (III, 185 S.) Ebend. 883. cart. 2. —

—— das Riesen-Gebirge und die Thalorte und Vorgebirge desselben mit besond. Berücksicht. der Bade- und Stationsorte und sämtl. Gebirgswege. Führer für Badegäste und Touristen. 10. neu bearb. Aufl. 12. (X, 163 S. mit 1 Übersichtskarte und 18 in den Text eingedr. Spezialkarten.) Ebendas. 888. cart.

[F.] Das Riesengebirge und die Thalorte und Vorberge desselben m. bes. Berücks. d. Bade- u. Stationsorte u. sämtl. Gebirgswege. Führer f. Badegäste u. Touristen. Von Edwin **Müller**. 11. neu bearb. Aufl. M. 1 Übersichtskt. u. 38 Routen- u. Spezialkt. . . . *Berlin: Barthol & C. 1896.* (XII, 208 S., 1 Kt.) 1 Bd 8.
= **Reiseführer** durch Deutschland. No 3. (96. 5413

—— Rügen in der Brusttasche. Der sichere und kundige Führer zu einer Lustreise nach dieser an Naturschönheiten so reichen Insel. 16. (85 S. mit 1 lithogr. und ill. Karte in Fol., 1 lithogr. Panorama vom Rugard und 1 Münzvergleichungstabelle.) Leipzig 850. [Berlin, Grobe.] *

— Rügen in der Brusttasche. Der sichere u. kundige Führer zu einer Lustreise nach dieser an Naturschönheiten so reichen Insel. 2. Aufl. 859. — 3. Aufl. 861. — 4. neu bearb. Aufl. Mit vielen in den Text gedr. Abbildgn. (Holzschn.), 1 (lith.) Karte u. 1 Panorama von Rugard (in Fol.). Ebend. 864. 16. (III, 110 S.) 15 ngr.

— Rügen in der Brusttasche. Der sichere u. kundige Führer zu einer Lustreise nach dieser an Naturschönheiten so reichen Insel. 5. Aufl. 1866 u. 6., vollständig umgearb. Aufl. Ebend. 869. 16. (III, 128 S. mit vielen eingedr. Holzschn. u. 1 lith. Specialkarte von Rügen in Fol.) cart. 15 ngr.; geb. 20 ngr.

— die Insel Rügen. Kurzer Führer. Mit 1 (lith.) Spezialkarte (in Fol.). Ebend. 868. 16. (39 S.) 7½ ngr.

—— die Insel Rügen nebst Stralsund und Greifswald. Führer für Badegäste und Touristen. 6. neu bearb. und verm. Aufl. 16. (IV, 130 S. mit eingedr. Holzschn. und 1 lithogr. Specialkarte von Rügen in Fol.) Berlin 869, W. Lobeck. [Barthol und Comp.]

— die Insel Rügen u. die benachbarten Städte d. Festlandes Stralsund u. Greifswald. Führer f. Badegäste u. Touristen. 8. neu bearb. Aufl. Mit (eingedr.) Holzschn. u. e. (lith. u. color.) Specialkarte v. Rügen. gr. 16. (III, 112 S.) Ebend. 875. 1. 50

—— die Insel Rügen und die benachbarten Städte des Festlandes Stralsund und Greifswald. Führer für Badegäste und Touristen. 9. neu bearb. Aufl. Mit (eingedr.) Holzschn. und 1 (lithogr.) Spezialkarte von Rügen. gr. 16. (VIII, 110 S.) Ebendas. 878.

—— die Insel Rügen und die benachbarten Städte des Festlandes Stralsund und Greifswald. Führer für Badegäste und Touristen. 10. neu bearb. Aufl. Mit (eingedr.) Holzschn. und 1 (lithogr.) Spezialkarte von Rügen. 12. (VIII, 120 S.) Ebendas. 880.

—— die Insel Rügen, mit Berücksicht. der benachbarten Städte des Festlandes: Stralsund und Greifswald, und der angrenzenden Küsten des Zingst und Dars. Führer für Badegäste und Touristen. 11. neu bearb. Aufl. Mit (eingedr.) Holzschn., 1 (lithogr. und color.) Generalkarte von Rügen und 6 (eingedr.) Specialkarten. (VIII, 142 S.); 12. neu bearb. Aufl. Mit Holzschn., 1 Generalkarte von Rügen und 8 Specialkarten. 12. (VIII, 149 S.) Ebendas. 882. cart.

Müller, Edwin, die Insel Rügen m. Berücksicht. der benachbarten Städte d. Festlandes: Stralsund u. Greifswald, u. der angrenz. Küsten d. Zingst u. Darß [Bad Prerow]. Führer f. Badegäste u. Touristen. 13. Aufl. Mit Holzschn., 1 Generalkarte v. Rügen u. 13 Spezialkarten. 12. (VIII. 172 S.) Berlin 886. Barthol & Co. cart. 1. 50

— die Insel Rügen, m. Berücksicht. d. benachbarten Städte des Festlandes: Stralsund u. Greifswald. Führer. 14., neu bearb. Aufl. Mit einer Generalkarte von Rügen u. 21 Spezialkarten. 12. (VIII, 177 S.) Ebd. 888. cart. 1.50

Müller, Edwin, die Insel Rügen, m. Berücksicht. der benachbarten Städte des Festlandes: Stralsund u. Greifswald. Führer f. Badegäste u. Touristen. 15., neu bearb. Aufl. Mit e. (farb.) Generalkarte v. Rügen u. 21 Spezialkarten. gr. 16. (VIII, 172 S.) Berlin 893. Barthol & Co. Kart. 1. 50

Die Insel Rügen mit Berücks. d. benachbarten Städte d. Festlandes: Stralsund u. Greifswald. Führer f. Badegäste u. Touristen. Von Edwin **Müller**. 17. neu bearb. Aufl. Mit 1 Generalkarte u. 27 Spezialkarten. 1850 • 1900. *Berlin: Barthol & Co. 1900.* (VIII, 184 S.) 8° [F.]
= **Reiseführer** durch Deutschland. No 6. (01. 10804

—— die sächsische Schweiz und der Oybin in der Brusttasche. Der sichere und kundige Führer durch Dresden und zu einer Lustreise in die sächs. Schweiz und nach der Lausche und dem Oybin bei Zittau. 16. (142 S. mit 2 Panoramen: von dem großen Winterberge und der Lausche in Kpfrst. und 1 in Kpfr. gest. Karte.) Leipzig 850. [Berlin, Grobe.] *

— die Sächsische Schweiz und der Oybin in der Brusttasche. Der sichere u. kundige Führer durch Dresden, zu einer Lustreise in die Sächsische Schweiz, nach der Lausche und dem Oybin bei Zittau. 2. sehr verm. Aufl. Mit 1 (lith.) Karte (in Fol.) und Münzvergleichungs-Tabelle. Ebend. 852. 16. (142 S.) n. 15 ngr.

Müller, Edwin, die sächsische Schweiz und der Oybin in der Brusttasche. Der sichere und kundige Führer durch Dresden, zu einer Lustreise in die sächsische Schweiz, nach der Lausche und dem Oybin bei Zittau. 2., verm. Aufl. 16. (142 S. mit 1 lithogr. Karte in Fol. und Münzvergleichungs-Tabelle.) Berlin 853, [Bergemann.] *

— die sächsisch-böhmische Schweiz. Führer durch die sächs. Schweiz nach Teplitz u. in das böhm. Erz- u. Mittelgebirge. 6., vollständig umgearb. u. verm. Aufl. Mit vielen Illustr. (in Holzschn.) u. 1 (lith.) Karte (in Fol.). Ebend. 868. 16. (112 S.) cart. 10 ngr.

— die sächsisch-böhmische Schweiz. Führer durch die sächs. Schweiz u. die angrenz. böhm. Berge. 9., umgearb. u. verm. Aufl. Mit (eingedr. Holzschn.-)Illustr. u. (lith.) Karte der „sächs. Schweiz". 12. (III, 92 S.) Berlin 880. Barthol & Co. 1. —

— die Sächsisch-Böhmische Schweiz. Führer durch die sächs. Schweiz u. die angrenz. Böhm. Berge. 10. Aufl. Mit Illustr. u. 15 Spezialkarten, sowie e. Übersichtskarte der Sächs. Schweiz, nebst Plan v. Dresden. 12. (121 S.) Ebend. 886. cart. 1. —

— die Seebäder der Inseln Usedom u. Wollin u. der angrenzenden Pommerschen Küste: Swinemünde, Heringsdorf, Misdroy, Dievenow, Ahlbeck u. Zinnowitz, m. Ausflug bis Colberg. Führer für Badegäste u. Touristen. 4., umgearb. u. verm. Aufl. Mit (eingedr.) Ansichten, (lith. u. color.) Spezialkarten u. Plänen. 12. (III, 128 S.) Ebend. 882. cart. 1. 50

—— die Seebäder der Inseln Usedom und Wollin und der angrenzenden Pommerschen Küste: Swinemünde, Heringsdorf, Ahlbeck, Zinnowitz, Misdroy und Dievenow, mit Ausflug bis Colberg. Führer für Badegäste und Touristen. 5. umgearb. und verm. Aufl. 12. (III, 140 S. mit Ansichten und 12 Spezialkarten und Plänen.) Ebendas. 885. cart.

[F.] Die Seebäder der Inseln Usedom und Wollin u. d. angrenzenden Pommerschen Küste: Swinemünde, Heringsdorf ... Führer f. Badegäste u. Touristen v. Edwin Müller. 6. neu bearb. Aufl. M. 23 Spezialkt. u. Pl. ... *Berlin: Barthol & C. 1896.* (VIII, 134 S., 1 Bl.) 1 Bd 8.
— Reiseführer durch Deutschland. No 10. [96. 5413

— Swinemünde, Heringsdorf — Misdroy. Führer für Badegäste u. Touristen durch die Haupt-Seebäder der Inseln Usedom u. Wollin. Mit Ansichten (in eingedr. Holzschn.), (2 chromolith.) Spezialkarten u. Plänen. Ebend. 869. 16. (92 S.) 15 ngr.

— Swinemünde, Heringsdorf u. Misdroy. Notizen für die Besucher dieser Bäder. Ausg. II. Mit 2 Spezialkarten (auf 1 chromolith. Taf. in gr. 4.). Ebend. 869. 16. (14 S.) 7½ ngr.

Müller, Edwin, Swinemünde, Heringsdorf, Misdroy, Dievenow, Ahlbeck und Zinnowitz. Führer für Badegäste und Touristen durch die Seebäder der Inseln Usedom und Wollin an der angrenzenden Pommerschen Küste. 3. verb. und verm. Aufl. Mit Ansichten (in eingedr. Holzschn.), (lithogr.) Spezialkarten und Plänen. gr. 16. (VIII, 101 S.) Berlin 878, Barthol und Comp.

— der Thüringerwald in der Brusttasche. Der sichere u. kundige Führer zu einer Lustreise in das Thüringerwaldgebirge. Mit einem (lith.) Panorama vom Inselsberge. gr. 16. (117 S.) Leipzig 849, Brauns. 12 ngr — 2. verm. Aufl. Mit einem Panorama vom Inselsberge (in Kpfrst.) u. einer (in Kpfr. gest. u. col.) Charte von Thüringen (in Imp. 4.), nebst einer Münzvergleichungstabelle. 16. (168 S.) Leipzig 850, Hottenroth (jetzt: Berlin, Grobe). n. ½ ₰

— der Thüringerwald in der Brusttasche. Der sichere und kundige Führer zu einer Lustreise in das Thüringerwaldgebirge. 3. verm. u. verb. Aufl. Mit 1 (lith. u. color.) Karte (in Fol.) u. Münzvergleichungs-Tabelle. Ebend. 852. 16. (166 S.) n. 15 ngr

—— der Thüringerwald in der Brusttasche. Der sichere und kundige Führer zu einer Lustreise in das Thüringerwaldgebirge. 3., verm. und verb. Aufl. 16. (166 S. mit 1 lithogr. und ill. Karte in Fol. und Münzvergleichungs-Tabelle.) Berlin 853, [Bergemann.] *

—— der Thüringer Wald in der Brusttasche. Der sichere und kundige Führer zu einer Lustreise in das Thüringer Waldgebirge. 4., neu bearb. Aufl. gr. 16. (IV und 196 S. mit vielen in den Text gedr. Illustr. in Holzschn. und 1 lithogr. Karte in Fol.) Berlin 860, Bergemann. *

Müller, Edwin, der Thüringer Wald in der Brusttasche. Der sichere und kundige Führer zu einer Lustreise in das Thüringer Waldgebirge. 5.—7., neu bearb. und illustr. Aufl. 16. (III und 196 S. mit vielen in den Text gedr. Illustr. in Holzschn. und 1 lithogr. Karte in Fol.) Berlin 862—66, Lobeck. cart.

—— der Thüringer Wald und die Ortschaften der Thüringer und Werrabahn. Führer zu einer Lustreise durch Thüringen. 8. Aufl. 1868, und 9. vollständig umgearb. Aufl. 16. (181 S. mit vielen Illustr. in Holzschn. und 2 lithogr. Karten in Fol.) [Ebendas.] 870. cart.

— der Thüringer Wald u. die Ortschaften der Thüringer u. Werrabahn. Ausg. II. Mit einer (lith.) Karte (in qu. Fol.). Berlin 869. W. Lobeck. 16. (46 S.) 7½ ngr.

—— der Thüringer Wald und die Ortschaften der Thüringer Saal- und Werrabahn. Führer für Touristen und Badegäste. 10. und 11. umgearb. Aufl. Mit (eingedr. Holzschn.-)Illustr. und (lithogr.) Karten. 16. (III, 161 S.) Ebendas. 877.

— der Thüringer Wald u. die Ortschaften der Thüringer Saal- u. Werrabahn, m. besond. Berücksicht. der Bade- u. Stations-Orte. Führer f. Touristen u. Badegäste. 12. Aufl. Mit Illustr. u. Übersichtskarte u. 19 in den Text eingedr. Spezialkarten. 12. (III, 208 S.) Ebend. 883. cart. 2. —

— der Thüringer Wald u. die Ortschaften d. Thüringer Saal- u. Werrabahn, m. besond. Berücksicht. der Bade- u. Luftkurorte. 13., neu bearb. Aufl. Mit 1 Übersichtskarte u. 37 in den Text eingedr. Spezialkarten. 12. (III, 245 S.) Ebd. 889. cart. 2. —

Müller, Egb., der Babelismus, der Kaiser u. die orthodoxe Theologie. (36 S.) gr. 8. Berlin 903. Stuhr. 1. —

[Umschlagt.:] Das Medium 'Bernhard von Berlin' und die Kölner wissenschaftliche After-Entlarvung ... Von Dr. Egbert Müller. '(Im Auftr. d. Dtsch. spiritist. Vereins 'Psyche' zu Berlin.)' ... *Berlin: F. Schlosser (1897).* (44 S.) 1 Bd 8. [97. 8651

Müller, Egb., Bismarck im Urteil s. Zeitgenossen. 100 Gutachten v. Freund u. Feind. 12. (145 S.) Berlin 898. Verlag d. Gegenwart. n. 2. —

(B) Müller, Egb., Bismarck im Urteile seiner Zeitgenossen. 898. (KBL 30.) Jetzt: Leipzig, M. Hesse.

Müller, Egbert, 50 offene Briefe zur Verständigung üb. den Spiritismus an Hrn. Geheimrath Foerster, Director d. kgl. Sternwarte, o. Prof. a. d. Universität Berlin, Präsident der Deutschen Gesellschaft f. Ethische Cultur, Ritter hoher Orden. 1. Brief-Fascikel. I—V. gr. 8. (23 S.) Berlin 894. (T. Trautwein.) n. — 50
[Mehr nicht erschienen.]
[04. 13940

— Diesterweg u. der Spiritismus. gr. 8. (19 S.) Berlin 891. K. Siegismund. n. — 60

Müller, Egbert, pr. Arzt: Über den Einfluss geburtshülflicher Operationen auf das Wochenbett. Würzburg 1908: Becker. 62 S. 8°
Würzburg, Med. Diss. v. 8. März 1909, Ref. Hofmeier
[Geb. 4. Nov. 72 Hettstedt; Wohnort: Steinau a. K.; Staatsangeh.: Preußen; Vorbildung: Gymn. Halberstadt Reife O. 91; Studium: Halle 4, Würzburg 8 S.; Coll. 25. Nov. 08; Approb. 26. Juni 09.] [U 09. 4134

Müller, Egb., Enthüllung d. Spukes v. Resau. 1.—4., durch e. Nachschrift verm. Aufl. 8. (IV, 55 S.) Berlin 889. K. Siegismund. n. — 80

— unantastbarer **Erweis** f. die Wahrheit der Möglichkeit d. mediumistischen Verkehrs m. den Geistern unserer Verstorbenen, sowie f. die Echtheit der Medlumität der Frau Valeska Töpfer. Mit Anh.: Die Cohn'sche Entlarvg. der Frau Töpfer. 2. Aufl. gr. 8. (23 S.) Ebd. 892. n. — 30

Müller, Egb., die Kreuz-Zeitung, die Enthüllung des Spukes v. Resau u. das öffentliche Interesse. Erstes offenes Sendschreiben an den Hrn. G. B. auf seinen, Beachtg. erfordernden Artikel in Nr. 527 u. 529 der Kreuz-Zeitg. gr. 8. (13 S.) Berlin 889. Siegismund. n. — 20

Das Problem: 'Wo ist das Jenseits da unsere Todten wandeln?' Von Dr. Egbert **Müller.** (Mit d. Bildn. d. Verf.) *Berlin: F. Schlosser 1901.* (61 S.) 8° [J.] [03. 4106

— „der Spiritismus u. das öffentliche Interesse." Eine öffentl. Antwort an die Kreuz-Zeitg. 1. u. 2. Aufl. gr. 8. (27 S.) Ebd. 890. n. — 50

— der Spiritismus u. die Criminal-Polizei. Mit Anh.: Über das Spiritistische um den Wende'schen Mord. gr. 8. (17 S.) Ebd. 890. n. — 50

Der Spiritismus in der Taschenuhr des Kaisers Wilhelm II. Mit e. Anh. über d. 'Nephesch' d. Menschen u. s. Agieren von Dr. Egbert **Müller,** Simplicius. Berlin: A. Pulvermacher & Co. 1908. (48 S.) 8° [08. 16013

— d. spiritist. Medium Anna Rothe e. echtes Medium u. wissenschaftl. nicht entlarvt! 8. (16 S.) Ebd. 902. n. — 20

— Stellung d. Strafrichters zum Spiritismus u. der Procesz Valeska Töpfer, s.: Publikationen der Vereinigung „Sphinx" zu Berlin.

— die Wunder um den Heiland der Welt im theologischen Lichte d. Spiritismus. I. Der Stern v. Bethlehem. gr. 8. (11 S.) Berlin 891. Aschenfeldt. n. — 50

Müller, Egon, Dr. phil.: Die Abhängigkeit des Wärmeleitungscoefficienten der Luft von der Temperatur. *Erlangen 1901: F. Junge.* (38 S.) 8°
Erlangen, Phil. Hab.-Schr. v. [29. Juli] 1901

Müller, Egon, a. Leipzig: Über Härtebestimmung. Jena 1906: B. Vopelius. (41 S.) 8°
Jena, Phil. Fak., Ref. Linck, Diss. v. 22. März 1906
[Geb. 26. Okt. 70 Leipzig; Wohnort: Erfurt; Staatsangeh.: Preußen; Vorbildung: Oberrealsch. Hermannstadt, Siebenbürgen Reife Juli 89; Studium: Graz T.H. 2, München 8, Jena 5 S.; Rig. 10. Febr. 06.]

Müller, Egon, Einj.-freiw. Arzt: Zur Kenntnis der Kontagiosität des Pemphigus neonatorum. Nürnberg 1909: Hilz. 46 S. 8°
Erlangen, Med. Diss. v. 11. Aug. 1909, Ref. Jamin
[Geb. 8. Okt. 81 Furtwangen; Wohnort: Nürnberg; Staatsangeh.: Württemberg; Vorbildung: Gymn. Ehingen Reife M. 02; Studium: Tübingen 4, München 2, Kiel 1, Erlangen 3 S.; Coll. 19. Juli 09; Approb. 11. Jan. 09.] [U 10. 814

Müller, Egon: Experimentelle Untersuchungen ueber die absolute Wärmeleitungsconstante der Luft ... Leipzig, J. A. Barth, 1896; 48 S. 8.
München, Phil. Fak., Inaug.-Diss. v. 1896

Mueller, Elias Eduard. (geb. Erfurt 10. 11. 1810): Disquisitio de methodo, qua veteres geometrae usi sunt ad tangentes curvarum determinandas. Particula dissertationis mathematicae de methodorum tangentes curvarum determinandi historia cum inquisitione vestigiorum calculi differentialis in variis methodis coniuncta. Berolini (1836). (32 S.) 8°
Berlin. Phil. Diss. v. 23. März 1836

Müller, Elisab., Elternsegen. s.a. Sonnenschein.

Müller, Elisabeth. Elternsegen. Erzählung. Mit farbigen Bildern [2 Tafeln] von M[elchior] Annen. 1. Tausend. 131 S. 8. Einsiedeln ..., Benziger & Co. A. G., 1910. (geb. M. 1. —)
Sonnenschein. Geschichten für Kinder und ihre Freunde. Bändchen 7....

Müller, Elisab., der Geißhirt vom Gotthard. s.a. Sonnenschein.

Müller, Elisabeth. Der Geisshirt vom Gotthard. Erzählung. Mit farbigen Bildern [2 Tafeln] von M Annen. 1. Tausend. 135 S. 8. Einsiedeln *etc.*, Benziger & Co. A. G., 1907. (geb. M. 1. —)
Sonnenschein. Geschichten für Kinder und ihre Freunde. Bändchen 1....

— Jutta das Ritterkind. s.a. Sonnenschein.

Müller, Elisabeth. Jutta das Ritterkind. Erzählung. Mit farbigen Bildern [2 Tafeln] von M Annen. 152 S. 8. Einsiedeln *etc.*, Benziger & Co. A. G., 1907. (geb. M. 1. —)
Sonnenschein. Geschichten für Kinder und ihre Freunde. Bändchen 2....

Müller, Elisab., s.: Kinderfreude.

— Die Krückenlinde. s.a. Sonnenschein.

Müller, Elisabeth. Die Krückenlinde. Erzählung. Mit farbigen Bildern [2 Tafeln] von M[elchior] Annen. 1. Tausend. 136 S. 8. Einsiedeln *etc.*, Benziger & Co. A. G., 1908. (geb. M. 1. —)
Sonnenschein. Geschichten für Kinder und ihre Freunde. Bändchen 4....

Müller, Elise, neue Märchen f. die liebe Jugend. 8. (78 S. m. Abbildgn.) Leipzig 892. Fr. Richter. Kart. n. 1. 50

Müller, Elisabeth, Märchen auf der Wanderschaft. 16. (71 S.) Freiburg i. Br. 881, Kiepert und v. Bolschwing. *

Müller, Elis., Märchen auf der Wanderschaft. 16. (71 S.) Schaffhausen 881. Rothermel. n. 1. 50

Müller, Elis., Märchen auf der Wanderschaft. Neue Ausg. 16. (71 S.) Wiesbaden 887, (Bischkopff.) geb. mit Goldschn. *

Müller, Elisabeth, aus Flensburg: Ueber die Stabilität der Bewegung. Zürich 1910. 38 S. 8°. [15. VI. 10.]
Zürich. Univ. Phil. Diss. II. S. 1909/10.

Müller, Elisabeth. Ueber die Stabilität der Bewegung. Diss. Phil. [II.] Univ. Zürich. 38 S. 8. Zürich, J. Leemann, 1910.

— Wir bitten um Arbeit u. andere Märchen, s.a. Sonnenschein.

Müller, Elisabeth. Wir bitten um Arbeit, und andere Märchen. Mit farbigen Bildern [2 Tafeln] von M[elchior] Annen. 1. Tausend. 136 S. 8. Einsiedeln *etc.*, Benziger & Co. A. G., 1908. (geb. M. 1. —) R
Sonnenschein. Geschichten für Kinder und ihre Freunde. Bändchen 3....

— die Zirkuskinder, s.: Kinderfreude. 8. Bdchn.

Müller, Elise, Broll u. Louise, oder was vermag d. Liebe nicht. Schspl. 8. Gotha, Ettinger. 10 K

— s. Kostgängerin, die, im Nonnenkloster.

Müller, Elise: Neue Märchen für die liebe Jugend, s. Müller, Elisabeth

Müller, Em.: Zusammenstellung und Erläuterung der im Briefwechsel zwischen Göthe und Schiller vorkommenden Bemerkungen über die epische und drammatische Dichtung. 24 S. 8°.– Sternberg UR., Progr. 1873.

Müller, Eman., s.: Bibliothek des allgem. u. prakt. Wissens.

— s.: Hand-Bibliothek des allgem. u. prakt. Wissens.

Mephisto. Moderner Roman von Emanuel Mueller-Baden. Erfurt: F. Kirchner (1907). (480 S.) 8° [F.] (07. 1350 3

— Mephisto. Moderner Roman. (480 S.) 8. Erfurt (907). Berlin, F. Kirchner. 4.—; geb. n 5.—

— Phantasie u. Wirklichkeit. I. Serie. Guy Sarron als Detektiv d. Schah v. Persien. Erzählungen. 1. 8. Mainz 908. J. Diemer. —50
Die Befreiung des persischen Prinzen. (78 S.)

Müller, Emil, a. Berlin: Über einige aromatische Acetylenderivate und Versuche in der Styrol-Reihe. Rostock 1906: C. Hinstorff. (52 S.) 8°
Rostock, Phil. Fak., Ref. Michaelis, Diss. v. 18. Mai 1906
[Geb. 22. März 81 Berlin; Wohnort: Berlin; Staatsangeh.: Preußen; Vorbildung: Luisenstädt. Realgymn. Berlin Prima-Reife M. 00; Studium: T.H. Berlin 5, Univ. Tübingen 1, Rostock 4 S.; Rig. 16. Mai 06.]

Müller, Emil, Anschauungen u. Bekenntnisse eines Eingeborenen. Selbstverfaßter Lebenslauf des Seminaristen Santosh Mundu im Lande der Kols in Vorder-Indien. (Aus dem Hindi übers. u. m. Anmerkgn. versehen.) gr. 8. (30 S. m. 5 Abbildgn.) Friedenau-Berlin 899. Buchh. der Goßner'schen Mission. n. —15

Müller, Emil, Anschauungen u. Bekenntnisse eines Eingeborenen. Aus dem Hindi übers. u. m. Anmerkgn. versehen. Selbstverfaßter Lebenslauf des Seminaristen Santosh Mundu im Lande der Kols in Vorder-Indien. 2. Aufl. (32 S. m. 5 Abbildgn.) 8. Friedenau-Berlin 905. Buchh. der Goßner'schen Mission. —25

Müller, Emil *Ansprache bei der Festfeier des 300jährigen Bestehens des Gymnasiums.* 4 (S. 20—28 der Schuln.). G. Zittau 1886 (503).
Progr.

Aus dem Archiv der Kirchschaffnei Kusel. Von Emil Müller, Pfarrer in Quirnbach. Kaiserslautern: Dr. v. E. Thieme 1896. (35 S.) 1 Bd 8°

Müller, Emil, aus dem Archiv der Kirchschaffnei Kusel. 12. (35 S.) Kaiserslautern 898. (E. Crusius.) n. —40

Jeep, Ludovicus, ord. phil. h. t. decanus: Lectiones cursorias, quas ... Aemilius Mueller Phil. Dr. 'Die Aufgaben und Methoden der darstellenden Geometrie'. ad docendi facultatem rite impetrandam die III. Augusti ... habebit, indicit. *Regimonti Bor. 1899: Hartung.* (1 Bl.) 4°

— Beiträge z. Grassmann'schen Ausdehnungslehre. I. Mitteilg.: Einige allgemeine Sätze. (30 S.) gr. 8. Wien 909. A. Hölder. —90
Sonderabdr. a.: „Sitzungsberichte d. k. Akad. d. Wiss."

— Beiträge zur Graßmann'schen Ausdehnungslehre. 1. Mitteilung: Einige allgemeine Sätze. S. 118. IIa. 907 —90
Separatabdruck

Müller, Emil Beiträge zur Erklärung und Kritik des Königs Oedipus des Sophokles. I. II. 71 S. Fürst. *Grimma* 1883. 1884.
Progr.

Müller, Emil, Beiträge zur Erklärung u. Kritik d. Königs Ödipus d. Sophokles. I. u. II. 4. (71 S.) Grimma 884. (Gensel.) n.n. 2.—

Müller, Emil, Berufsarten u. Lungenschwindsucht im Kanton Zürich. Eine sanitarisch-sociale Skizze. gr. 8. (35 S) Winterthur 875. Bleuler-Hausheer & Co. n. — 80

— der Brand v. Kusel im J. 1794. 8. (68 S.) Ludwigshafen 901. (Kaiserslautern, E. Crusius.) n. 1.—

Müller, Emil Über den Charakter der Hauptperson im König Ödipus des Sophokles. 4 (S. 61—100).
In: Festschrift z. 300jähr. Jubelfeier des G. *Zittau* 1886 (zu 503).
Progr.

Müller, Emil, a Hausen dumma-Gunga-Straach', s.: Röder, E.

Müller, Emil, über d. intendirte Hamburg-Altona u. Lübecker Eisenbahn z. Verbind. d. Nordsee mit d. Ostsee. gr. 8. (22¼ B. u. 1 Plane.) Leipzig 835, Weber. *

— —, über die intendirte Hamburg-Altona- und Lübecker Eisenbahn zur Verbindung der Nordsee mit der Ostsee. Hamburg. 1840. 8. ⅔ Thlr.

[F.] Müller, Emil [Rekt. Oberschulr. Dr.]: *Rektor Schulrath Dr. Heinrich Julius Kämmels und Professor Anton Dietrichs Erklärung der Wandgemälde in der Aula des Johanneums zu Zittau.* Zittau, Druck v. R. Menzel, 1895; 19—21 S. 4.
Zittau, G. OP 1895 (558)

Müller, Emil, die Freigebung der ärztlichen Praxis. [Referat im demokrat. Verein der Stadt Winterthur, 24. Septbr. 1868.] Winterthur 868. Bleuler-Hausheer & Co. gr. 8. (22 S.) 3 ngr.

Müller, Emil, die Gast- u. Schankwirtschafts-Polizei in Preußen. Praktisches Handbuch f. Behörden u. Wirte. Bearb. auf der Grundlage v. über 600 Entscheidgn. 2c. des Reichsgerichts, des Kammer- u. des Oberverwaltungs-Gerichts, von Reichs- u. Landes-Gesetzen, Allerhöchsten Kabinetsordres, Ministerial-Erlassen u. s. w. 2. Taus. gr. 8. (VIII, 270 S.) Halle a/S. (Blumenthalstr. 23) (901). Amtssekret. a. D. Müller. Kart. n. 3.—

Müller, Emil, die Gast- u. Schankwirtschafts-Polizei in Preußen. (Prakt. Handbuch f. Behörden u. Wirte.) Neue, verb. Aufl. Bearb. auf der Grundlage v. üb. 700 Entscheidgn. 2c. des Reichsgerichts, des Kammer- u. des Oberverwaltungs-Gerichts, v. Reichs- u. Landes-Gesetzen, allerhöchsten Kabinetsordres, Ministerial-Erlassen u. s. w. (266 S.) gr. 8. Halle a/S. (Blumenthalstr. 23.) 903. Amtssekr. a. D. Müller. Kart. n. 3.—

Die Gast- und Schankwirtschafts-Polizei in Preußen. (Prakt. Handbuch f. Behörden u. Wirte.) Neue, verb. Aufl. Bearb. auf d. Grundlage von über 700 Entscheidungen &c. d. Reichsgerichts ... u.s.w. von Emil Müller, Amtssekr. a. D. (16. Taus.) *Halle a. S.: Selbstverl. 1903.* (272 S.) 8° [F.] (03. 10983

Müller, Emil, d. Gast- u. Schankwirtschafts-Polizei in Preußen. (Praktisches Handbuch f. Behörden u. Wirte.) Vergrößerte Ausg. Bearb. nach üb. 1000 Entscheidgn. d. Reichs-, des Kammer- u. Oberverwaltungs-Gerichtes, Gesetzen u. Verwaltungsvorschriften. 25.—28. Taus. (347 S.) 8. Halle a/S. (Schließfach 210) 909. Amtssekretär E. Müller. Kart. 4.—

Müller, Emil: Die Geometrie orientierter Kugeln nach Grassmann'schen Methoden. *Teschen 1898: K. Prochaska.* (S. 209—315.) 8° ¶ (Aus: Monatshefte f. Mathematik u. Physik, Jg 9.)
Königsberg, Phil. Diss. v. 26. [hs.: 29.] Okt. 1898

— zur Geschichte des höheren Schulwesens. I. Die Kameralschule in Kaiserslautern. (1774—1784.) II. Die Verhandlgn. üb. die Einrichtg. e. theolog. Akademie in Zweibrücken. (1803—1812.) Aufgrund archival. Studien dargestellt. gr. 8. (VII, 98 S.) Kaiserslautern 899. E. Crusius. n.n. 1. —

Müller, Emil, Gewindeschneiden. Ein prakt. Hilfsbuch f. Dreher m. vollständ. Tabellen f. alle vorkomm. Drehbänke u. Gewinde, unter Mitwirkg. v. Alfr. Freund. (VIII, 172 S. m. Fig.) 16. Leipzig (909). F. Brandstetter. Geb. in Leinw. 2. —

Müller, Emil, Grünstadt u. Umgebung. Mit 25 Textillustr. u. 11 Vollbildern. (VII, 208 S. m. 1 Stammtaf. u. 1 Tab.) 8. Grünstadt 904. J. Schäffer. Geb. in Leinw. n.n. 2. 50

Müller, Emil, vor u. nach d. Heimkehr, s.: Munzinger, Karl.

Müller, Emil, der deutsche Käferfreund. Kurzgefaßte Naturgeschichte der Käfer, nebst Anleitung zum Sammeln u. Aufbewahren derselben u. Anlegen von Käfersammlungen. Wien 865. Wenedikt. 4. (XV, 96 S. mit 12 lith. u. color. Taff.) cart. 2 ₰ 15 ngr

Müller, Emil, Karte der fahrbaren oder im Bau begriffenen und der ernstlich projectirten Eisenbahnen in Deutschland, Belgien und Holland, so wie desgleichen einiger in Frankreich, in der Schweiz, in Italien und in Polen. M. 1 : 2500000. Hamburg, Hoffmann u. Campe, 1840. Roy.-Fol. (1/4 ₰)

Müller, Emil, Zur Casuistik der Hirntumoren. Diss. Dorpat. 8°. 51 pp. 1869.

Müller, Emil, das hessische Land und Volk. Für Reisende von Eisenach nach Kassel und Frankfurt a. M. 8. (IV und 187 S.) Leipzig 856(57,) Brockhaus. *
Aus: Brockhaus' Reise-Bibliothek. —

Müller, Emil, Lehrbuch der darstellenden Geometrie f. techn. Hochschulen. 1. Bd. (XIV, 368 S. m. 273 Fig. u. 3 Taf.) gr. 8. Leipzig 908. B. G. Teubner. Geb. in Leinw. 12. —

Müller, Emil, Lehr- u. Übungsbuch der ebenen Geometrie m. besond. Berücksicht. des Zusammenhangs zwischen Lehrsatz u. Konstruktionsaufgabe f. Gymnasien u. Realschulen. gr. 8. (VI, 172 S. m. 248 Fig.) Berlin 903. Winckelmann & Söhne. n. 1. 80; geb. in Leinw. n. 2. 20

– Viel Lieb', viel Leed, s.a. Gedichte und Geschichten in erzgebirgischer Mundart.

[F.] Viel Lieb', viel Leed. Erzählg v. Emil **Müller.** *Annaberg: Graser 1898.* (40 S.) 1 Bd 8.
= **Gedichte** u. Geschichten in erzgebirgischer Mundart. H. 15. [97. 6987

Liederbuch deutscher Gast- und Schankwirte. Hrsg.: Emil **Müller,** Amtssekr. a. D. in Halle a. S. Halle a. S.: E. Müller [1908]. (VIII, 230 S.) 8° [F.] [08. 4305

Müller, Emil, Märchenschatz, s.: Sammlung guter Jugendschriften.

Müller, Emil Noch einmal die Schlacht an der Trebia. 29 S. *Conitz* 1876.
Progr.

Mueller, Aemil. (geb. Lumpzig in S.-Altenburg 20. 11. 1819): De noma. Berolini (1845). (31 S.) 8°
Berlin, Med. Diss. v. 10. Sept. 1845

—— Nutzen u. Zweck d. Hamburg-Bergedorfer Eisenbahn. gr. 8. (8 1/2 B. incl. lith. Ttl. u. 1 Stnt.) Hamburg 840, Hoffmann u. Campe.

— die Pfalz im J. 1870. Ein Gedenkbuch f. alt u. jung. (VII, 191 S. m. Abbildgn.) 8. Grünstadt 906. F. Ch. Riedel & Co. Geb. n. 2. 50

Müller, Emil, die Portland-Zement-Fabrikation in den Vereinigten Staaten v. Amerika. (49 S. m. Abbildgn.) Lex.-8. Berlin 905. Tonindustrie-Zeitg. Geb. in Leinw. n. 5. —

— die Privat-Vereine in Preußen. Handbuch üb. vereinspolizeil. u. vereinsrechtl. Fragen der preuß. Geselligkeits- u. Vergnügungs-Vereine, Gesang-, Musik-, Theater- u. Lese-Vereine, Krieger-, Militär- u. Marine-Vereine, Turn-, Athleten-, Schützen-, Radfahrer-, Ruder- u. Sport-Vereine, Kegel-, Schach-, Skat-, Lotterie- u. sonst. Spiel-Vereine, Stenographen-Vereine, wissenschaftl. Vereine, Studenten-Verbindgn. usw. usw. 8. (125 S.) Ebd. (901). Kart. n. 2. —

— die Privat-Vereine in Preußen. Neue vergrößerte Aufl. Handbuch f. Behörden, Vereine u. Wirte üb. polizei- u. privatrechtl. Fragen der Krieger-, Militär- u. Marine-Vereine, Turn-, Radfahrer-, Feuerwehr- u. Schützen-Vereine, Kegel-, Sport-, Schach- u. dergl. Vereine, Geselligkeits- u. Vergnügungs-Vereine, Gesang-, Musik-, Theater- u. Lese-Vereine, Stenographen-Vereine, der Vereine zu gemeinnütz., wohltät., wissenschaftl. u. künstler. Zwecken, Studenten-Vereine, Freimaurerlogen usw., m. Mustern zu Vereins-Satzgn. (256 S.) 8. Ebd. 904. Kart. n. 3. —

Müller, Emil *Heinrich Otto* Antike Reminiszenzen in Goethes Iphigenie. 8 (S. 3—17).
Z. Gedächtnisfeier mehrerer hochverd. Männer G. *Zittau* 1888.
Nicht im Tauschverkehr.
Progr.

Müller, Emil. Antike Reminiszenzen in Goethes Iphigenie. gr. 8. (17 S.) Zittau 888. (Lpz., Fock.) * — 50

— s. Resultate, die, der Experimente der Dampfwagen.

Müller, Emil. Resultate der Experimente mit Dampfwagen auf der grossen westlichen und anderen englischen Eisenbahnen. Hamburg 1839.

Robinson. Schicksale eines auf e. einsamen Insel Verschlagenen. Neu bearb. von E[mil] **Müller.** Titelbild von R. Balcke. Schwiebus: H. Reiche (1906). (48 S.) 8° [F.] [07. 7101

Müller, Emil, über Schiebflächen, deren e. Erzeugendenschar aus gewöhnlichen Schraublinien besteht. (11 S. m. 2 Fig.) gr. 8. Wien 909. A. Hölder. — 45
Sonderabdruck a.: „Sitzungsber. d. k. Akad. d. Wiss."

Müller Emil, Dr.: Über Schiebflächen, deren eine Erzeugendenschar aus gewöhnlichen Schraublinien besteht (mit 2 Textfiguren). S. 118. IIa. 3 . . . . „ —.45
Separatabdruck

Schiffbrüchig auf der Reise nach Ostindien von Missionar Emil **Müller** *Friedenau-Berlin: Gossner'sche Miss. [1899].* (40 S.) 8° [F.] [00. 8788

— Schiffbrüchig auf der Reise nach Ostindien. 2. Aufl. (40 S.) 8. Ebd. (905). — 25

—— der deutsche Schmetterlingsfreund. Kurzgefaßte Naturgeschichte der Schmetterlinge nebst Anleitung zum Sammeln und Aufbewahren derselben und Anlegen von Schmetterlingssammlungen. 4. (VIII und 104 S. mit 18 lithogr. und ill. Taf.) Wien 866, Wenedikt. cart.

– Schnick-Schnack, s. Gedichte und Geschichten in erzgebirgischer Mundart.

Müller, Emil, Schnick-Schnack, s.: Kosmahl, A.

— d. Schulwesen im ehem. Oberamte Lichtenberg. Konferenz-Referat. 12. (46 S.) Kaiserslautern 898. (E. Crusius.) n. — 50

Müller, Emil *Heinrich Otto* Sokrates in der Volksversammlung. 8 (S. 3—16).
Z. Gedächtnisfeier mehrerer hochverd. Männer G. *Zittau* 1894.
Nicht im Tauschverkehr. **Progr.**

Müller, Emil, Sokrates in d. Volksversammlg. Progr. gr. 8. (16 S.) Zittau 894. (Leipzig, Buchh. G. Fock.) n. — 75

— Spaß muß sei!, s. a. Gedichte u. Geschichten in erzgebirgischer Mundart. 19. Hft.

Spass muss sei! Von Emil **Müller**. *Annaberg: Graser 1901.* (48 S.) 8° [J.]
— Gedichte u. Geschichten in erzgebirgischer Mundart. 19. [01. 11037

Müller, Emil, a. Köln am Rhein: Überlieferung des Herpin von Burges. Halle a. S. 1905: E. Karras. (56 S.) 8°
Halle, Phil. Fak., Ref. Strauch, Diss. v. 29. April 1905
[Geb. 6. Jan. 82 Köln a. Rh.; Wohnort: Halle a. S.; Staatsangeh.: Preußen; Vorbildung: Latina Halle a. S. Reife O. 01; Studium: Tübingen 3, Halle 6 S.; Rig. 30. Jan. 05.]

Müller, Emil: Sprachliche und textkritische Untersuchungen zum altspanischen 'Libro de Alexandre'. Strassburg 1910: Heitz. 68 S. 8°
Straßburg, Phil. Diss. v. 23. Juli 1910, Ref. Keil
[Geb. 30. Aug. 85 Vallerysthal; Wohnort: Rothau; Staatsangeh.: Elsaß-Lothringen; Vorbildung: Gymn. Saarburg Reife M. 05; Studium: Straßburg 10 S.] [U 11. 4301

Müller, Emil, drei griechische Vasenbilder. Festgruss der archaeolog. Sammlg. der Züricher Hochschule an die XXXIX. Versammlg. deutscher Philologen und Schulmänner. gr. 4. (20 S. m. 2 Taf.) Zürich 887. (Höhr.) n. 1. 35

Müller, Emil. Bibliothekar an der Züricher Kantons- (Universitäts-) Bibliothek: Drei griechische Vasenbilder. Festgruss der Archaeologischen Sammlung der Züricher Hochschule an die XXXIX. Versammlung Deutscher Philologen und Schulmänner. Mit zwei Tafeln. Zür. Zürcher u. Furrer Dr. [Fäsi & Beer] 1887. 20 S., 2 Taf. 4°.

Müller, Emil, die Verbreitung der Lungenschwindsucht in der Schweiz. Bericht der v. der schweizer. naturforsch. Gesellschaft zu Untersuchgn. darüber niedergesetzten Kommission. gr. 4. (118 S.) Winterthur 875. Bleuler-Hausheer & Co. n. 3. —

Die Vereins- u. Versammlungs-Polizei in Preußen. Prakt. Handbuch f. polit. u. gesellige Vereine ... von Emil **Müller**, Amtssekr. a. D., Halle. Halle a. S.: E. Müller 1910. 450 S. 8° [10. 6179

Müller, Emil *Heinrich Otto* Vorspiel und Einzugslied der Antigone des Sophokles, übersetzt von E. M. 8 (S. 3—8).
Progr. Z. Gedächtnisfeier für Ph. F. A. Just G. *Zittau* 1889.
Nicht im Tauschverkehr.

Critias. Müller, Emil *Heinrich Otto* Wer ist der Verfasser der älteren Schrift von der athenischen Verfassung? 8 (S. 3—17).
Z. Gedächtnisfeier mehrerer hochverd. Männer G. *Zittau* 1891.
Nicht im Tauschverkehr.
Progr.

Müller, E., Wer ist der Verfasser der älteren Schrift von d. athenischen Verfassun
Gel. 1894. 17 S. 1.

Müller, E[mil]. Der Kanton Zürich zu Anfang des XX. Jahrhunderts. Eine rein demokratische Republik. [Mit 2 Wappenvignetten.] IV+92 S. 8. Zürich, Orell Füssli, 1908. [fr. 2. 50]

Müller, Emil H. O.

Müller, E. H. O., De priscarum quatuor populi Atheniensis tribuum quae vulgo Joni dicuntur origine. Diss. 1849. 101 S.

Müller, Aemil. H. O., de Xenophontis historiae graecae parte priore (quae cont. l. I. et l. II capp. 1—3, s. 10.) Dissertatio chronologica. 8maj. (VI und 65 S.) Lipsiae 856, libr. Dürr.
Vgl.: Müller, Emil.

— Emil H. O., De Xenophontis historiae Graecae parte priore (Quae continet l. I. et l. II capp. 1—3, s. 10.) Diss. chronol. Leipzig (A. Edelmann) 28. VI. 1856. 63 S. (4.50) 24003
Gew.: Theodor Bergk.

Müller, Em. H. O., de Xenophontis historiae graecae parte priore. (Quae cont. l. I. et l. II. capp. 1—3, s. 10.) Dissert. chronolog. Lipsiae 856. Dürr'sche Buchhdlg. gr. 8. (VI, 65 S.) 15 *ngr.*

Müller, E. H. O., De tempore quo bellum Peloponnesiacum initium ceperit. I. strategis Atheniensium. Hab. 1852. 41 S. 1.

Müller, E. H. O. De tempore quo bellum Peloponnesiacum initium ceperit. (41) 8. Marburgi 1861

Müller, Emil Heinrich Otto, s. Müller, Emil

Müller, Emil Theodor: Die Arthropathie des Ellbogengelenkes bei Syringomyelie und ihre chirurgische Behandlung. Heidelberg 1900: Hörning. 53 S. 8°
Heidelberg, Med. Diss. v. 1900, Ref. Narath
[Geb. 31. Juli 80 Crailsheim; Wohnort: Karlsruhe i. B.; Staatsangeh.: Württemberg; Vorbildung: Wilhelms-Gymn. Kassel Reife M. 98; Studium: Marburg 4, Tübingen 1, München 1, Heidelberg 5 S.; Coll. 2. März 08; Approb. 24. Sept. 06.] [U 09. 1971

Müller, Emilie, Erzählungen aus d. Kinderstube. Ein belehr. Bilderbuch f. Kinder, die sich gerne mit Lesen unterhalten. gr. 8. (6 B. u. 24 ill. Kpfr.) Nürnberg 834, Endter.

— s. Genovefa.

—— die Wintergabe. Eine Samml. unterhalt. Erzähln. f. d. liebe Jugend. 8. (8 B. u. 24 ill. Kpfr.) Nürnberg 834, Endter.

Müller, Emma, Mucke un Schnooke. Elsässer Gedichte. (135 S.) 8. Strassburg (909). Schlesier & Schweikhardt. 2. —

Müller, Emma, üs Strossburri. Gedichtle in Strossburjerditsch. 8. (IV, 92 S.) Strassburg 899. Schlesier & Schweikhardt. n. 1. 60

Müller, Engelbert, Fastnachts-Aufführungen f. Turn-Vereine. gr. 8. (40 S. m. 1 Bild.) Germersheim 893. Hoch & Marquardsen. n. 2. —

Müller, Engelbert. Die Kirche u. Pfarre d. hl. Johannes zu Osnabrück. Festschrift zum 600jähr. Jubiläum d. Kirchweihe, Sonntag d. 28. Aug. 1892. 8. (VI, 52 S. m. 2 lithogr. Abbildgn.) Osnabr. 892, F. Schöningh. * — 50; geb. * 1 —

Müller, Er., s. Müller, Ernst

Müller, Erdm., Bernhard u. Jukunde u. seine Kinder. Ein ländl. Gedicht. 8. Zwickau 817. Schumann. 20 gr

Müller, E., Bernhard und seine Kinder. Ein ländliches Gedicht. 8. Zwickau, Schumann. 818.

Müller, Erdmann, Bernhard u. seine Kinder. Ein ländliches Gedicht. Mit Stahlst. 2. Aufl. 16. (VI u. 200 S.) Stuttgart 851, Ed. Hallberger. In Engl. Einb. mit Goldschn. n. 1⅓ ß

Müller, (E.,) ländliche Dichtungen. 8. Ronneburg 825, Fr. Schumann.

— ländl. Dichtungen. 8. Ronneburg 825. Fr. Weber. 20 gr

— Graf Günther u. sein Kutscher. Eine Erzählung für die Jugend. 2. Abdr. Mit 2 Bildern (in Holzschn.) 16. (128 S.) Stuttgart 849, Belser. 6 ngr

Müller, *Karl* Erdmann *Franz* [aus Halle a. S.]: Zur Casuistik des pulsierenden Exophthalmus. . . . Halle a. S., Hofbuchdr. v. C. A. Kaemmerer & Co., 1891; 94 S., 1 Bl. 8°
Halle, Med. Fak., Inaug.-Diss. v. 14. Mai 1891

Müller, Erdmann, aus Dessau: Schopenhauers Verhältnis zur Dichtkunst. Borna-Leipzig 1904: R. Noske. (VI, 140 S.) 8°
Erlangen, Phil. Fak., Ref. Falckenberg, Diss. v. 2. Nov. 1904
[Geb. 13. Dez. 07 Dessau; Wohnort: Gr. Lichterfelde; Staatsangeh.: Preußen; Vorbildung: Andreasrealgymn. Berlin Reife 88; Studium: Berlin 8 S.; Rig. 2. Nov. 04.]

—— zwei Weihnachtsabend-Erzählungen für die Jugend. 2. Abdr. 8. (88 S. und 1 Kpfrt.) Stuttgart 851, Belser'sche Buchh.

Müller, Erdm., Weihnachtserzählungen f. die Jugend. Mit e. Abrisse seines Lebens von G. Plieninger. Mit 4 prachtvollen Farbdr.-Bildern nach Aquarellen v. F. Lipps. gr. 8. (152 S.) Stuttgart 886. Süddeutsches Verl.-Institut. geb. n. 3. —

Müller, Erhard, Referendar: Die rechtliche Stellung des Finders nach gemeinem Rechte und dem Rechte des bürgerlichen Gesetzbuches für das Deutsche Reich. *(Greifswald 1904: J. Abel.* (77 S.) 8°
Greifswald, Jur. Diss. v. [9. Juli] 1904

Müller, Erich, Kammergerichtsref.: Für das Verschulden welcher Personen haftet der Rheder gemäss § 734, Abs. 1 des neuen Handelsgesetzbuchs? *(Berlin [1902]: Gebr. Kiesau.)* (59 S.) 8°
Rostock, Jur. Diss. v. [6. März] 1902

Müller, Erich: Zur Kenntnis der m-Toluylsäure. (Berlin: G. Schade 1908.) 46 S. 8°
Berlin, Phil. Diss. v. 19. Dez. 1908, Ref. Fischer
[Geb. 23. Sept. 83 Höxter; Wohnort: Münster i. W.; Staatsangeh.: Preußen; Vorbildung: Wilhelms-Gymn. Hamburg Reife M. 02; Studium: Lausanne 2, Berlin 8 S.; Rig. 3. Dez. 08.] [U 09. 241

Mueller, Ericus: De Graecorum deorum partibus Aeschyleis. Regimonti 1909: Toepelmann, Gissae. 46 S. 8° ¶ (Ersch. vollst. u. d. T.: De Graec. deor. part. tragicis, als: Religionsgeschichtl. Versuche u. Vorarbeiten. Bd 8, H. 3 1910.)
Königsberg, Phil. Diss. v. 21. Dez. 1909, Ref. Wünsch
[Geb. 10. April 86 Graudenz; Wohnort: Königsberg i. P.; Staatsangeh.: Preußen; Vorbildung: Gymn. Graudenz Reife O. 05; Studium: Greifswald 2, Heidelberg 2, Königsberg 5 S.; Rig. 20. Juli 09.] [U 10. 1017

Mueller, Ericus, de Graecorum deorum partibus tragicis, s. a. Versuche u. Vorarbeiten, religionsgeschichtl. VIII, 3.

De Graecorum deorum partibus tragicis scripsit Ericus **Mueller**. Giessen: Töpelmann 1910. VIII, 146 S. 8°
Ein T. ersch. 1909 als Königsberger Inaug.-Diss. u. d. T.: De Graecorum deorum partibus Aeschyleis.
(Religionsgeschichtl. Versuche u. Vorarbeiten. Bd 8, H. 3.)

Müller, Erich, approb. Arzt aus Hilchenbach i. Westf.: Die primäre fibrinöse Pneumonie in der Göttinger medicinischen Klinik vom 1. April 1886 bis 1. April 1900. *Göttingen 1901: Dieterich.* (42 S.) 8°
Göttingen, Med. Diss. v. [24. Juni] 1901

Müller, Erich, die primäre fibrinöse Pneumonie in der Göttinger medicinischen Klinik vom 1. IV. 1886 bis 1. IV. 1900. Diss. gr. 8. (44 S.) Göttingen 901. (Vandenhoeck & Ruprecht.) n. 1. —

Müller, Erich [aus Chemnitz (Sachsen)]: Über Reduktion von Orthonitrobenzonitril . . . Berlin, Buchdr. v. G. Schade, *1895*; 43 S., 1 Bl. 8.
Berlin, Phil. Fak., Inaug.-Diss. v. 9. Jan. 1895

Müller, Erich, Dr. phil.: Studien über kathodische Polarisation und Depolarisation. 1900. 86 S. 8° ¶ Auch in: Zeitschrift f. anorgan. Chemie. Bd 26. 1901.
Dresden Te. H., Hab.-Schr. v. S.-S. 1901

Müller, Erich, aus Helmstedt: Die Vergleichungssätze im Französischen. *Göttingen 1900: Dieterich.* (XIV, 130 S.) 8°
Göttingen, Phil. Diss. v. [21. Nov.] 1900

Müller, Erich Carl, s. Müller, Erich Karl

Müller, Erich *Georg* [Arzt aus Stanowitz (Oberschles.)]: Ein Fall von lymphatischer Leukämie . . . Freiburg i. B., Buchdr. H. Epstein, 1893; 23 S. 8.
Leipzig, Med. Fak., Inaug.-Diss. v. 6. März 1893

Müller, Erich Karl

Müller, Erich C(arl), aus Stettin: Optische Studien am Antimonglanz. *Stuttgart: E. Schweizerbart 1903.* (S. 187—251.) 8°
¶ (Aus: Neues Jahrbuch f. Mineralogie etc., Beil.-Bd 17.)
Göttingen, Phil. Diss. v. [4. Juli] 1903

Beiträge zur Anatomie des menschlichen Foetus. Von Erik **Müller**. Mit 10 Taf. u. 9 Fig. im Text. Stockholm 1897: P. A. Norstedt & söner. (74 S.) 8°
= Handlingar, Kgl. Svenska Vetenskaps-Akademiens. Bd 29, No 2.

Notizen über die Finanzlage des Königreichs Norwegen zusammengestellt nach amtlichen Quellen und nach anderem vorhandenen Material von Ernest Müller. Als Manuscript gedruckt. (Hamburg.) 1884. 8°.

Müller, Ernest, eine katechetische Studienreise. gr. 8. (IV, 136 S.) Wien 900. C. Fromme. n. 1. 80

Müller, Ernestus, s. Müller, Ernst

Müller, Ernst, s. a. Müller, Johann Ernst Friedrich Wilhelm

— s. a. Müller-Meiningen

Müller E.: Ueber den Afterraupenfrass in den fränkischen Kiefernwaldungen vom Jahre 1819 bis 1820. Aschaffenb. 1821. 114 S. 1 kol. Tvl.

Müller, Er. IV., über den Afterraupenfraß in d. Fränk. Kiefern-Waldungen v. J. 1819 u. 20; nebst Anleit. zum Schutze d. Nadel-Waldungen gegen Verheerungen v. d. bis jetzt am schädlichst. sich gezeigten Insekten. Mit 1 ill. Kpf. u. 7 Tabb. gr. 8. Aschaffenb. 821. Knodé. 21 gr 2e verm. Aufl. Mit 1 ill. Kpft. gr. 8. Ebd. 824. 1 ₰ 6 gr.

Müller, Ernst: *De Alarico. 46 S. 4° (2°)
Halle-Wittenberg, Phil. Diss. v. 11. April 1866
Geb. [Massow (Kr. Naugard, Pomm.) 11. 2. 1843]

Müller, Ernst. Alti und Jungi. Zeitbild in 1 Akt im Berner Dialekt. 21 S. 8. Bern, K. J. Wyss, 1910. [fr. —. 60]

Müller, Ernst, Referendar: Die **Ansprüche** des unbeauftragten Geschäftsführers gegen den Geschäftsherrn aus der Geschäftsführung. Nach römischem u. gemeinem Rechte u. dem Rechte d. Bürgerl. Gesetzbuches. *Greifswald 1904: J. Abel.* (43 S.) 8° [F.]
Greifswald, Jur. Diss. v. [27. Apr.] 1904

Müller, Ernst Aufgaben zu lateinischen Stilübungen im Anschluss an Ciceros Rede gegen Caecilius und das vierte Buch der Anklagerede gegen Verres nebst Vorbemerkungen. 18 S. *Kattowitz:* 1882.
Progr.

Müller, Ernst: Der Ausgelieferte vor dem Gerichte .... München, Druck v. Knorr & Hirth, 1887; 1 Bl. + 41 S. 8°
München, Jur. Fak., Inaug.-Diss. v. 1887

Müller, Ernst, der Ausgelieferte vor dem Gerichte. Diss. München 1887, A. Buchholz 8° 41 S.

Müller, Ernst, über den Bau der Knochen, s. a. Zeitfragen, naturwissenschaftliche. 4. Heft.

Über den Bau der Knochen. Von Prof. Dr. med. Ernst **Müller**, Stuttgart. Mit 4 Taf. Hamburg: G. Schloeßmann 1908. (25 S.) 8° [F.]
= **Zeitfragen**, Naturwissenschaftliche. H. 4. [08. 6177

Müller, Ernst, Schillers Bedeutung f. die Gegenwart, s. a. Sammlung gemeinnütziger Vorträge. Nr. 320.

Müller, E., Schillers Bedeutung für die Gegenwart. [Sammlung gemeinnütziger Vorträge. Nr. 320.] Gr.-8°. (68 S.)
Prag: Calve 1905.

Müller, Ernst, Medizinalpraktikant am Städt. Krankenhaus in Weimar: Beitrag zur Kenntnis der Corpora aliena adiposa in der Bauchhöhle. Jena 1906: Frommann. (23 S.) 8°
Jena, Med. Fak., Ref. Riedel, Diss. v. 22. Aug. 1906
[Geb. 18. Mai 79 Königsberg i. Pr.; Wohnort: Weimar; Staatsangeh.: Preußen; Vorbildung: Altstädt. Gymn. Königsberg Reife O. 00; Studium: Königsberg 9 S.; Coll. 31. Juli 06; Approb. 31. Aug. 06.]

Müller, Ernst, Dir. Dr.: **Bericht** über die Erbauung und Einweihung des neuen Gymnasialgebäudes zu Kattowitz. *Kattowitz 1901: Gebr. Böhm.* (S. 3—16.) 4°
Kattowitz, st. G, OP 1901 (204)

Müller, Ernst, Beschreibung e. Zentralmarktanlage am Deichtor, nebst Kostenvergleich. Mit e. Karte, gezeichnet von Axel v. Beringe. (8 S.) gr. 8. Hamburg 908. O. Meißner's Verl. 1. 20

Müller Ernst: Bewußtseinsprobleme.
1905 PN 1845 **Diss.** Wien, Univ 106

Müller, Ernst, Dr.: Ueber die Bildung von Dihydrotetrazinen aus Diazoessigester. Heidelberg 1909: Rössler & Herbert. 79 S. 8°
Mit: Einladung zur ... Probe-Vorlesung ... d. 19. Febr. 1909 ... Thema: Ueber neuere Anwendungen d. atmosphär. Luft u. ihrer Bestandteile. Heidelberg (1909): Hörning. 1 Bl. 8°
Heidelberg, Naturw.-math. Hab.-Schr. v. 1909 [U 09. 2070

Müller, Ernst (I.). Die Bildung des Landwirths u. der höhere landwirthschaftliche Unterricht in Preußen. Kritische Betrachtgn. unter Bezugnahme auf die gegenwärt. Lage der Landwirthschaft u. m. Vorschlägen zur Reform. gr. 8. (III, 139 S.) Berl. 891, Walther. * 3 —

Müller, Ernst (III.), Otways, Schillers und St. Réals Don Carlos. gr. 8. (27 S.) Tübingen 888, (Franz Fues.) *
Aus: Korrespondenzblatt für die württembergischen Gelehrten- und Realschulen, besonders abgedruckt.

Müller, Er. III., kurze u. gründl. Darstell. d. evangel.-protest. u. röm.-kathol. Kirche in ihrer Glaubenslehre, Sittenlehre u. Kirchenverfassung, aus d. symbol. Büchern, besond. f. Stadt- u. Landschulen bearb. 8. Dresd. u. Leipz. 829. Arnold. 6 gr

Müller, Ernst, Davids-Harfe. Die Psalmen, dichterisch gereimt u. dem bibl. Grundterte getreu. Für Kirche, Schule u. Haus. 8. (14 B.) Saalfeld 844, (Riese. 18 Ngr., Leipzig, Friese.) *

Mueller, Ern. (Car. Bernard.) (geb. Bernstein in d. Neum. 8. 2. 1819): De diabete. Berolini (1845). (30 S.) 8°
Berlin, Med. Diss. v. 10. Jan. 1845

Müller, Ernst, aus Eßlingen a. N.: Ueber **Diazofettsäureester**. *Heidelberg 1904: K. Rößler.* (77 S.) 8°
Heidelberg, Naturw.-math. Diss. v. 1904

Müller, Ernst, der schwäbische Dichterkreis. Eine Gedichtsammlg. f. Schule u. Haus. 12. (142 S.) **Leipzig 902. G. Freytag. Geb. n. — 80**
= Freytag's Schulausgaben und Hilfsbücher f. d. deutschen Unterricht.

Müller, Ernst Einleitung zu Ciceros Rede de provinciis consularibus. 4 (S. 3—8). **Progr.** G. *Kattowitz* 1886 (175)

Müller, Ernst, Eisenschiffbau. (VI, 170 S. m. 420 Abb. u. 1 Taf.) Lex. 8. Leipzig 910. B. G. Teubner. 6.50; geb. in Leinw. 7.50

Müller, Ernst, Elisabeth. Ein erzählendes Gedicht. Einbeck 855. Eggeling. 16. (46 S.) 12½ ngr.

Müller, E., voir: *L'Europe illustrée 160. 161.*

Müller, Ernst, Medizinalpraktikant a. Wörlitz: Ein Fall von extraduralem Hämatom nach Meningeablutung ohne Lähmung. Leipzig 1906: B. Georgi. (37 S.) 8°
Leipzig, Med. Fak., Ref. Trendelenburg, Diss. v. 15. Dez. 1906
[Geb. 17. Sept. 81 Wörlitz; Wohnort: Leipzig; Staatsangeh.: Anhalt; Vorbildung: Friedrichs-Gymn. Dessau Reife O. 01; Studium: Genf 1, Göttingen 4, München 2, Leipzig 3 S.; Coll. 21. Dez. 06; Approb. 2. Juni 06.]

Müller, (Ernst): Die Feier der Einweihung. Eisleben 1910: Schneider. S. 3—11. 4°
Eisleben, st. OR OP 1910 (304) [S 10. 301

Müller, Ernst, Feldpredigt, geh. an der VI. Schweiz. landwirtschaftl. Ausstellg. in Bern am eidgenöss. Bettag (15. Septbr. 1895). gr. 8. (9 S.) Bern 895. K. J. Wyß. n. — 20

Müller, E[rnst]. Festrede zur Feier des hundertjährigen Todestages Friedrich [von] Schillers. Gehalten in Langnau am 9. Mai 1905. 11 S. 8. Langnau, Wyss & Cie., 1905.

(**Müller**, Ernst:) Festschrift zum 50jährigen Jubiläum der Firma J. C. König & Ebhardt. (Geschäftsbücherfabrik.) Hannover. 1845—1895. [Mit Abb.] [Hannover: Selbstverl. 1895.] 60 S. 2°

Müller, Ernst (III.), die Flächen- und Körperberechnung für Oberklassen der Bürgerschule, sowie für Gewerbs- und Sonntagsschulen. Zugleich ein prakt. Leitfaden zum Selbstunterricht für Industriöse rc. 8. (183 S.) Coburg 855, J. G. Riemann'sche Hofbuchh.

(Müller, Ernst.) Illustrierter Führer durch Langnau (Bern) und Umgebung, mit [1 Panorama und] Exkursionskarte. Hrg. von G[ottfried] Tillmann, Buchhandlung.... 58 S. 8. Langnau, Otto Schären, 1906. [fr. —. 50]

– Das Gebet des Herrn, s. Volksschriften, Berner.

Müller, Ernst, Gesammt-Inhaltsverzeichniß, s.: Zeitschrift f. badische Verwaltung u. Verwaltungsrechtspflege.

Müller, Ernst, Geschichte der deutschen Schillerverehrung. Vortrag, geh. am 30. Jan. 1896 im Tübinger Zweigverein des schwäb. Schillervereins. gr. 8. (III, 20 S.) Tübingen 896. H. Laupp. n. — 50

— Geschichte d. Bernischen Täufer. Nach d. Urkunden dargest. gr. 8. (VII, 411 S.) Frauenfeld 895. J. Huber, Verl. n. 5. 60

Müller Ernst: Florian Geyer in der epischen und dramatischen Dichtung der Deutschen.
H. 1909 PN 2627 Diss. Wien, Univ. 285

– Das Gleichnis vom verlorenen Sohn, s. Volksschriften, Berner.

Müller, Ernst, die Gross-Schmetterlinge des Leipziger Gebietes, s.: Reichert, Alex.

Müller, Ernst (III.). Handbuch der Spinnerei, s. a. Karmarsch, Karl, Handbuch d. mechan. Technologie.

Handbuch der Spinnerei. Von Ernst **Müller**, Prof. zu Hannover. Mit 159 Textfig. *Berlin: W. & S. Loewenthal (1891).* (VIII, II, 486 S.) 8°
= Karmarsch, Karl: Handbuch d. mechan. Technologie. Bd 3, Abt. 1.
[92. 7399

Müller, Ernst, Handbuch der mechanischen Technologie, s.: Karmarsch, Karl.

— Handbuch d. Weberei, s. a. Karmarsch, Karl, Handbuch d. mechan. Technologie.

Handbuch der Weberei ⟨Weben, Wirken, Flechten⟩ mit Anh.: Nähen, Sticken u. zugehörige Zurichtungsarbeiten. Von Ernst **Müller**, Prof. zu Hannover. Mit 520 Textfig. *Leipzig: Baumgärtner* [übergekl.: *Berlin: W. & S. Loewenthal*] *1896.* (X S., S. 487–1150.) 8°
= Karmarsch, Karl: Handbuch d. mechan. Technologie. Bd 3, Abt. 2.
[96. 7400

Müller, Ernst [Dr., erster Assistenzarzt d. Klinik]: Die Hasenscharten der Tübinger chirurgischen Klinik in den Jahren 1843—1885 .... Tübingen, H. Laupp'sche Buchh., 1886; 89 S. u. 1 Tab. + 1 Lichtdr. 8°.

[F.] **Müller**, Ernst [Dr. jur.]: Hat der Staat das Recht, die Standesherren zur Einkommensteuer heranzuziehen? Eine Untersuchg unter spez. Berücks. d. preussischen u. bayrischen Verhältnisse. Leipzig, A. Deichert, 1892; 2 Bl., 60 S. 8.
Erlangen, Jur. Fak., Inaug.-Diss. v. 1892

Müller, Ernst, Heimkehr. Volksschauspiel in 4 Akten im Berner Dialekt. gr. 8. (87 u. Partitur 14 S.) Bern 900. K. J. Wyß. n. 2. —

Müller, Ernst, u. Alfr. Haussner, die Herstellung u. Prüfung des Papieres. (VI u. S. 1269—1702 m. 182 Abbildgn. u. 1 lith. Taf.) gr. 8. Berlin (905). W. & S. Loewenthal. n. 14. —
Sonderabdruck a.: „Karmarsch, Handb. d. mechan. Technol.“ 6. Aufl. Bd 3, Abt. 4.

– Aus armen Hütten, s. Volksschriften, Berner.

Müller, Ernst [Dir. Dr.]: Die ersten 25 Jahre des städtischen Gymnasiums zu Kattowitz. Kattowitz, Buch- u. Kunstdr. v. G. Siwinna, 1897; 41 S. 4.
Kattowitz, st. G, OP 1897 (196)

Müller, E., Jakob der Krämer, s.: Volksschriften, Berner.

Müller, Ernst, Inventare der nichtstaatlichen Archive des Kreises Warendorf, s.: Veröffentlichungen der histor. Kommission d. Prov. Westfalen. (Brennecke. Adf.)

Müller, Ernst (VIII.). Irrwege des Herzens. Roman. gr. 8. (III, 287 S.) Dresd. 891, Pierson. * 3 —

Müller, Ernst, aus Calbe a. d. S.: Das Itinerar Kaiser Heinrichs III. 1039 bis 1056. Kap. 1: Die Königsperiode bis zum Beginne des Römerzuges. 1039 bis 1046. Berlin (1901): E. Ebering. (66 S.) 8° (Erscheint vollst. als: Hist. Studien, H. 26.)
Berlin, Phil. Diss. v. 11. Mai 1901

Müller, Ernst, das Itinerar Kaiser Heinrichs III., s. a. Studien, historische. 26. Hft.

Müller, Ernst. Das Itinerar Kaiser Heinrichs III. (1039—1056), mit besonderer Berücksichtigung seiner Urkunden. VIII + 134 S. 8. Berlin, E. Ebering, 1901. (M. 3. 60)
Historische Studien, veröffentlicht von E[mil] Ebering, Dr. phil. Heft 26....
Darin S. 23 f. 36. 45. 52. 69 f. 81. 93 f. 99. 111—113. 129—133 betr. Reisen Heinrichs durch schweizerische Orte; s. auch S. 79. 82. 87 u. s. w.

— Schillers Jugenddichtung u. Jugendleben. Neue Beiträge aus Schwaben. gr. 8. (157 S.) Stuttgart 896. J. G. Cotta Nachf. n. 2. —; geb. n. 3. —

— Schiller's Kabale u. Liebe. Eine Studie. [Aus: „Korrespondenzbl. f. die Gelehrten- u. Realschulen Württembergs“.] gr. 8. (98 S.) Tübingen 892. F. Fues. n. 1. —

Müller, E[rnst], Prof. Dr.: Katalog der Bibliothek des k. Gymnasiums in Ulm. Ulm 1906: Gebr. Nübling. (104 S.) 8°
Ulm, k. G P 1906 (742)

Müller, Ernst: Zur Kenntnis der deutschen Familiennamen. Hamburg 1910: Lütcke & Wulff. 37 S. 8°
Hamburg, Stiftungs-S v. 1815, R P 1910 (1008) [S. 10. 302

Müller, Ernst. Der Liebe Kraft. Schweizerisches Volksschauspiel in 3 Aufzügen. In 8°. 114 S. Bern. K. J. Wyss. 1897. 2 —

Müller, Ernst. Der Liebe Kraft. Schweizerisches Volksschauspiel in drei Aufzügen. Von E' M' ([Pfarrer in] Langnau. [Mit Musikbeilage:] «Der L' K'», Partitur). 2. Aufl. 80 + *Musikbeilage* II + 34 S. 8. Bern, K. J. Wyss, 1906. [fr. 2. —]
(Partitur allein fr. —. 50)

Müller, Ernst, der Krankenfreund, s. a. Koetsveld, C. E. van.

Müller, Ernst (I.), der Krankenfreund. Ein bibl. Hausbuch. Nach dem Holländ. des C. E. van Koetsveld frei bearb. gr. 8. (XII, 280 S.) Bern 880, [Dalp'sche Buchh.] Schmid, Francke und Comp. * M 3,20.; geb. **

[F.] Die Kreisverwaltung des Kreises Mosbach von 1865—1895. Nach amtl. Quellen bearb. v. d. Grosshzgl. Kreishptm. Geh. Regiergsr. [Ernst] **Müller**. *Tauberbischofsheim: J. Lang 1896.* (2 Bl., 165 S.) 1 Bd 8.
[96. 2244

Müller, Ernst, med. pract., Altdorf: Mittheilungen aus dem orthopädischen Institut von Dr. A. Lüning und Dr. W. Schulthess, Privatdocenten in Zürich. Ueber die Lage der skoliotischen Abbiegungen in den verschiedenen Altersjahren. Mit 18 Abbildungen. Stuttgart 1904. 24 S. 8°. S.-A. a. d. Zeitschr. f. orthopäd. Chirurgie. Bd. 13. [29. XII. 04.]
Zürich. Med. Diss. 1904/1905.

Müller, Ernst. Ueber die Lage der skoliotischen Abbiegungen in den verschiedenen Altersjahren. Diss. Med. Univ. Zürich. Mit 18 Abbildungen. [Sep.-Abdr. aus der Zeitschrift für orthopädische Chirurgie, Band 13.] *Kopftitel:* Mittheilungen aus dem orthopädischen Institut von Dr. A[ugust] Lüning und Dr. W[ilhelm] Schulthess, ... in Zürich. IV + 24 S. 8. Stuttgart, Union Deutsche Verlagsgesellschaft, 1904.

Müller, Ernst (I.). Die preußischen Landwirthschaftsschulen als Bildungsanstalten f. den mittleren Landwirth. Kritische Betrachtgn. m. Vorschlägen zur Reform, zugleich als Beitrag zur Frage der Reform unserer höher. Schulen. gr. 8. (III, 148 S.) Berl. 891, Walther. * 3 —

Müller, Ernst, populäres Lehrbuch der Flächen- u. Körperberechnung nach Buchstabenformeln. Für Bürger-, Gewerbs- u. Fortbildungsschulen. Zugleich ein praktischer Rathgeber für Bauhandwerker, Kaufleute u. Industrielle aller Art. 2. Aufl. Halle 863. Schmidt's Verlag. gr. 8. (VIII, 112 S.) n. 15 ngr.

— die Lehre d. Landwirths. Betrachtungen üb. deren Aufgaben, Mängel u. zeitgemäße Reform. gr. 8. (30 S.) Leipzig 892. H. Voigt. n. — 60

Müller, E[rnst]. Leitfaden für den Konfirmanden-Unterricht. IV + 50 S. 8. Bern, Stämpfli & Cie. [cart. fr. —. 50, geb. —. 80]
5., [*d. i.* 3.,] gänzlich umgearbeitete Aufl. 1904.
4. neu bearbeitete Aufl. 1911.

— Leitfaden f. den Konfirmanden-Unterricht. 2. Aufl. der neuen Bearbeitg. (IV, 50 S.) kl. 8. Bern 906. Stämpfli & Co. Kart n.n. — 50; geb. in Leinw. n.n. — 85

Müller, E., Leitfaden f. d. Konfirmanden-Unterricht. 4. neu bearb. Aufl. (IV, 50 S.) 8. Bern 911. Stämpfli & Co. Geb. — 50

Müller, Ernst, aus Berlin: Über die Lichtabsorption wäßriger Lösungen von Kupfer- und Nickelsalzen. *Berlin (1903): G. Schade.* (46 S.) 8°
Berlin, Phil. Diss. v. 21. März 1903

Müller, Ernst (I.), das Lied von Gott. Ein lyr.-didact. Gedicht in vier Gesängen f. denk. Religionsfreunde. 8. (8¾ B.) Leipzig 836, (Geo. Wigand.) *

Müller, Er.: M a r c Aurel in seinen Briefen an Fronto. 12 S. – Ratibor, Progr. 1872.

Müller, Ernst: Über Menthon und Pulegon. Weida i. Th. 1908: Thomas & Hubert. 55 S. 8°
Leipzig, Phil. Diss. v. 3. Sept. 1908, Ref. Beckmann, Hantzsch
[Geb. 21. März 81 Kattowitz; Wohnort: Kattowitz; Staatsangeh.: Preußen; Vorbildung: Gymn. Kattowitz bis M. 97; Studium: Leipzig 9 S.; Rig. 28. Juli 08.] [U 09. 3027

Müller, Ernst, praktisches Muster-, Memorien- u. Exempelbuch des bürgerlichen Rechnens in 90 Lectionen f. Ober- u. Mittelklassen der Volks- u. Bürgerschulen. Zugleich ein beständiger Rathgeber für Geschäftsleute u. Alle, welche eine leichte, gedrängte u. schnelle Rechenweise sich aneignen wollen. Methodisch nach einem bestimmten Lehrgange geordnet u. verfaßt. 8. (VI u. 174 S.) Nürnberg 850, Zeh. ½ ₰

— Auflösungen dazu. 8. (44 S.) Ebd. 850. 4½ ngr

— Schillers Mutter. Ein Lebensbild. Mit vielen Abbildgn. in u. außer dem Text. gr. 8. (VIII, 208 S. m. 1 Fksm.) Leipzig 894. A. Seemann. n. 4. —; geb. in Leinw. n. 5. —

Müller, Ernst, nach uns? s.: Volksbibliothek d. Lahrer hinkenden Boten.

(Müller, Ernst.) Nekrolog [auf] Rudolf Rüetschi, Pfarrer in Münchenbuchsee, geb. ... 1851, gest. den 2. März 1887. SA. 8. Bern 1887.

a. Mueller, Ernestus [Hamburgensis]: De numero Ciceroniano .... Berolini, ex offic. Caroli Fromholz, 1886; 58 S. 8°.
Kiel, Phil. Fak., Inaug.-Diss. v. 8. Mai 1886.

b. Mueller, Ernestus [Hamburgensis]: Theses ... Kiliae, ex offic. Schmidt & Klaunig, 1886; 2 Bl. 4°.
Kiel, Phil. Fak., Inaug.-Diss. v. 8. Mai 1886.
(Nicht für den Austausch.)

Mueller, Ernst (I.), de numero Ciceroniano. Dissertatio philologica inauguralis. gr. 8. (56 S.) Kiel 886, (Lipsius und Tischer.) *

Mueller, Ernestus: Observationum Horatianarum particula. Halae (1862) Hendel. 33 S. 8°
Halle-Wittenberg, Phil. Diss. v. 16. Aug. 1862
Geb. Guben 8. 4. 1839. V.

Müller, Ernst (IV.), das Phantom der Weltsprache. Worte der Aufklärung und Ernüchterung über das Volapük und den Weltsprach-Gedanken im Allgemeinen. gr. 8. (26 S.) Berlin 888, Ulrich und Comp. *

Müller, Ernst, das badische Polizeistrafrecht, s.: Schlusser, Gust.

Müller, Ern[estus] Rob[ertus]: * Quaestiones grammaticae Horatianae. 69 [vielmehr: 68] S. 4° (2°) Als Teildr. erschienen die Seiten 3—16, 38—50 und 62—69 des Ms. als:

Müller, Ernst, Rechtspraktikant in Freiburg i. B.: Der Rechtsschutz gegen die Anschwärzung des Mitbewerbers. Ein Beitrag zum Kampf gegen den unlauteren Wettbewerb. Borna-Leipzig 1907: R. Noske. (106 S.) 8°
Freiburg i. B., Rechts- und staatsw. Fak., Ref. v. Rohland, Diss. v. 1908
[Geb. 26. Okt. 80 Freiburg i. B.; Wohnort: Freiburg i. B.; Staatsangeh.: Baden; Vorbildung: Gymn. Freiburg i. B. bis 00; Studium: Freiburg i. B. 4, München 1, Freiburg i. B. 2 S.; Rig. 28. Nov 04.]

Müller, Ernst [Dir. Dr.]: Ciceros Rede de provinciis consularibus. Verdeutscht. Kattowitz, Druck v. L. Neumann, 1889; S. 3—18; 4°
Kattowitz, st. G, OP 1889 (180)

— Regesten zu Friedrich Schillers Leben u. Werken. Mit e. kurzen Überblick üb. die gleichzeit. Litteratur. In tabellar. Anordng. bearb. gr. 8. (VII, 178 S.) Leipzig 900. R. Voigtländer. n. 4. —; geb. n. 4. 60

Müller, Ernst, a. Neuhaus a. Rennweg: Die innere Reibung als Hilfsmittel zum Nachweis desmotroper Formen. Weida i. Thür. 1906: Thomas & Hubert. (104 S.) 8°
Leipzig, Phil. Fak., Ref. Hantzsch, Beckmann, Diss. v. 18. Juni 1906
[Geb. 1. Nov. 77 Neuhaus; Wohnort: Neuhaus; Staatsangeh.: Schwarzburg-Rudolstadt; Vorbildung: Gymn. Rudolstadt Primareife O. 00; Studium: München 3, Tübingen 2, Leipzig 4 S.; Rig. 18. Juni 06.]

MÜLLER, Ernst: De relatione philosophiae ethnicae antechristianae, in specie graecae ad religionem christianam, secundum principia in genuinis Justini philosophi et martyris operibus obvia elucubrata. — (1853) 72 S. 8° (Handschr.) Diss. 97
Diss. Wien, Univ.

Müller, Ernst. Der Religionsunterricht in der Volksschule. Anregungen und Vorschläge von D. E' M', Pfarrer in Langnau. 31 S. 8. Bern, Stämpfli & Cie., 1907. [fr. —. 60]

Müller, Ernst: Die Rentabilität der Grossh. Badischen Staatseisenbahnen. Stuttgart 1909: Union. VI, 68 S. 8° ¶ (Ersch. auch als: Münchener volkswirtsch. Studien. Stück 94.)
München, Staatswirtsch. Diss. v. 9. Juni 1909, Ref. Lotz
[Geb. 27. Sept. 87 Mannheim; Wohnort: Mannheim; Staatsangeh.: Baden; Vorbildung: Gymn. Mannheim Reife Juli 05; Studium: München 7 S.; Rig. 9. Juni 09.] [U 10. 3458

Müller, Ernst, die Rentabilität der grossh. badischen Staatseisenbahnen, s.a. Studien, Münchener volkswirtschaftl. 94.

Die Rentabilität der Großh. Badischen Staatseisenbahnen. Von Ernst **Müller**, Dr. d. Staatswirtschaft. Stuttgart & Berlin: Cotta 1909. VIII, 68 S. 8°
(Münchener Volkswirtschaftl. Studien. Stück 94.)

—— s. Rolandslied, das.

Müller, Ernst, Ein Rückblick aus dem Jahre 2037 auf das Jahr 2000. Aus den Erinnerungen des H. Julian West. 1. u. 2. unveränd. Aufl. gr. 8°. Berlin, Ulrich u. Co., 1891. 3. durchges. u. verm. Aufl. gr. 8°. Ebenda 1891.

Müller, Ernst (VI.). Ein Rückblick aus d. J. 2037 auf d. J. 2000. Aus den Erinnergn. d. Hrn. Julian West. 1. u. 2., u. 3. verm. Aufl. gr. 8. (95 S.) Berl. 891, Ulrich & Comp. * 1 50

Müller, Ernst, üb. Rückgrats-Verkrümmung. 8. (85 S. m. eingedr. Fig.) Tübingen 889. Laupp. n. 1. 50

— „E Samstigabe imen-e Bärner Burehus" od. „Der Postheiri", s.a. Sammlung schwiezer. Theaterstücke. Nr. 2.

'E Samstigabe imen- e Bärner Burehus' oder 'Der Postheiri'. Lustspiel in Bernerdialekt, in 1 Akt von Ernst **Müller**. *Bern: Ch. Künzi-Locher 1904.* (20 S.) 8° [F.]
= Sammlung schweizerischer Theaterstücke. No 2. [04. 3129

Müller, Ernst, Schiller. Intimes aus seinem Leben, nebst e. Einleitg. üb. seine Bedeutg. als Dichter u. e. Geschichte der Schillerverehrg. Mit 65 Bildern u. 8 Fksm. Schriftstücken u. Briefen. (IV, 271 S.) gr. 8. Berlin 905. A. Hofmann & Co. Geb. in Leinw. n. 6. —

(S) **Müller, Ernst. Schiller. 905.** (KBC 34.) Erm. Pr. 3. —

Müller, Ernst, s.: Schiller's Calender.

— Schiller-Büchlein. Hülfsbuch f. Schule u. Haus. Mit 12 Abbildgn. u. e. Handschriftfksm. 8. (IV, 164 S. m. 1 Bildnis.) Wien 901. F. Tempsky. — Leipzig, G. Freytag. Geb. n. 2. —

— Schiller-Büchlein f. Schule u. Haus. 2., verb. u. verm. Aufl. Dem Andenken an Schillers 100. Todestag, den 9. V. 1905, gewidmet. Mit 40 Abbildgn. u. 2 Handschriftfksms. 3. Abdr. (16.—20. Taus.) (III, 191 S.) 8. Leipzig 905. G. Freytag. — Wien, F. Tempsky. Geb. in Leinw. n. 1. —

—— Schlüssel zur schnellsten u. kürzesten Berechn. d. im Handel, so wie bei Geld- u. Wechselgeschäften stattfind. Gewinn- u. Verlustagio's. 1. Thl.: Geld- u. Wechselreductionen ohne Spesen. N. e. neu erfund., ganz origin. kaufmänn. Rechenmethode. gr. 8. (4³/₄ B.) Altenburg 838, Pierer.

— neuer Schlüssel zur schnellsten und sichersten Berechnung der Gewichtspreise im Handel und Gewerbe. Mit e. Anhange, enthaltend eine leicht faßliche Schnellrechen-Methode zur Reduction des Preuß. Cour. in leichteres Geld, so wie der Sgr. in Gulden und Kreuzer, nebst 700 Uebungs-Aufgaben. 8. Rudolstadt 835. Hof-Buchh. ²/₃ ʀß

Müller, Ernst (II.), neuer Schlüssel zur schnellsten u. sichersten Berechn. d. Gewichtspreise im Handel u. Gewerbe. Mit e. Anh., enth. e. leicht faßl. Schnellrechen-Methode z. Reduction d. Preuß. Cour. in leichteres Geld, so wie d. Sgr. in Gulden u. Kreuzer, nebst 700 Uebungs-Aufgaben. Für Lehrer u. z. Selbstunterr., vorzügl. f. angeh. Kaufleute. 8. (14 B.) Rudolstadt 835. [Leipzig, Voigt u. Fernau.]

Müller's, Ernst, Schreibvorlagen, enth. die deutschen u. latein. Buchstaben nebst Ziffern in genet. Reihenfolge. qu. 4. (2 Bl.) Kempen 879. Jereslaw. n. — 10

Müller, Ernst Zwei Schulreden. (22. März 1875 u. 1880.) 12 S.
Progr. *Kattowitz* 1883.

Müller, E[rnst]. Soll für das Emmenthal eine Anstalt für Unheilbare [«Gottesgnad»] gegründet werden? Referat am kirchlichen Bezirksfest in Langnau [25. Juni 1905] von Pfarrer E. M'. [Sep.-Abdr. aus dem «Emmenthaler-Blatt», Jahrg. 61, 1905, № 52.] 7 S. 8. [Langnau, Wyss & Cie.]

Müller, Ernest, Spiez u. das Kanderthal im Berner Oberland, s. a. Europe, illustrated. — L'Europe illustrée. — Wanderbilder, europäische.

Müller, Ernst. Spiez und Kanderthal im Berner-Oberland. Dargestellt von E' M', Pfarrer. Mit 33 Illustrationen von J[ohann] Weber [wovon 6 Tafeln] und einer Karte. (Europäische Wanderbilder. № 200. 201. 202.) 8. Zürich ([18]91–92).

Müller, Ernst: Spiez und Kanderthal im Berner-Oberland. Mit 33 Illustrationen von J. Weber und einer Karte. (Europäische Wanderbilder. No. 200—202.) Zürich [1892]. 80 S. 8°.

Müller, Ernst. Spiez and the Kanderthal in the Bernese Oberland. With 33 (**Umschlag*: 32) Illustrations by J[ohann] Weber [6 Plates] and one Map. (Illustrated Europe. № 151. 152.) 8. Zurich ([18]92).

Müller, Ernst. Spiez et la vallée de la Kander dans l'Oberland bernois. Par Ernest M', Pasteur. Avec 33 (**Umschlag*: 32) Illustrations par J[ohann] Weber [dont 6 planches] et une Carte. (L'Europe illustrée. № 160. 161.) 8. Zurich ([18]92).

Spinnerei, Weberei ⟨Weben, Wirken, Flechten⟩, Müllerei, Herstellung und Prüfung des Papiers von Ernst **Müller**, Prof., Dresden ⟨Spinnerei ...⟩, u. Hermann Fischer, Prof., Hannover ⟨Müllerei⟩. Mit 956 Textabb. u. 1 Taf. Berlin: W. & S. Loewenthal (Bogen 1–72: Leipzig: Baumgärtner) (1891–[1905]). (II, XII, 1702 S.) 8°
= **Karmarsch,** Karl: Handbuch d. mechan. Technologie. 6. Aufl. Bd 3. [05. 10369 S

Müller, Ernst (II.), Staats-Handbuch für das Großherzogthum Sachsen-Weimar-Eisenach, s. Staats-Handbuch.

Müller, Ernst, aus Jena: Zur Statistik der Aneurysmen. *Jena: G. Fischer 1902.* (16 S.) 8°
Jena, Med. Diss. v. (17. Juli) 1902

Müller, Ernst, Gerichtsref.: Die rechtliche Stellung der Liquidatoren einer offenen Handelsgesellschaft nach dem Handelsgesetzbuche vom 10. Mai 1897. *Greifswald 1900: J. Abel.* (85 S.) 8° [F.]
Greifswald, Jur. Diss. v. 1900

Müller, Ernst [aus Gräfenthal]: Zur Syntax der Christine de Pisan . . . . Greifswald, Druck v. Julius Abel, 1886; 1 Bl. + II S. + 1 Bl. + 71 S. 8°.
Greifswald, Phil. Fak., Inaug.-Diss. v. 17. Dez. 1886.

Müller, Ernst, aus Schaffhausen: Über die Synthese des Methylcyclopentantrions. Schaffhausen 1906. 41 S. 8°. [29. X. 06.]
Zürich. Phil. Diss. II. S. 1906/1907.

Müller, Ernst. Über die Synthese des Methylcyclopentantrions. Diss. Phil. [II.] Univ. Zürich von E' M' aus Schaffhausen. 41 S. 8. Schaffhausen, K. Bachmann, 1906.

Müller, Ernest., Theologia moralis. 2 vol. gr. 8. Wien, Mayer und Comp. [Vol. 1. (XV, 392 S.) 868. ℳ 4.; Vol. 2. (XV, 671 S.) 869. ℳ 6.] *
—— dass. — Editio altera, emendata et aucta. Liber II. gr. 8. (VIII, 583 S.) Ebendas. 873. *

Müller, Ernst (I.), Theologia moralis. Liber III. gr. 8. (XVI, 552 S.) Wien 876, Mayer und Comp. *
Liber I et II. Ebendas. 1868,73. à *ℳ 6.

Müller, Ernst, theologia moralis. Liber I—III. gr.8. (XVI, 502, X, 577 u. XIV, 559 S.) Wien 879. 80. Mayer & Co. à n. 6. —
Lib. 1. 2. Ed. 3. recognita. — Lib. 3. Ed. 2. recognita.

Müller, Ernst (II.), Theologia moralis. Liber I—III. gr. 8. Wien, Mayer und Comp. [Liber I et II. Edit. IV. recognita. (XX, 515; X, 582 S.) 883; Liber III. Edit. III. recognita. (XII, 565 S.) 884.] à Liber *ℳ 6. *

Müller, Ernst, theologia moralis recognita. Liber I—III. gr. 8. (XX, 515, X; 582 u. XII, 565 S.) Wien 886. 87. Mayer & Co. à n. 6. —
Liber I. Ed. V. — Liber II. Ed. IV. — Liber III. Ed. III.

Müller, Ernst, theologia moralis. Liber II. III. gr. 8. Wien 887. Mayer & Co. à n. 6. —
II. Ed. V. (X, 582 S.) -- III. Ed. IV. (XII, 565 S.)

Müller, Ernst, theologia moralis. Recognovit Adph. Schmuckenschlaeger. Liber I—III. gr. 8. Wien, Mayer & Co. à n. 6. —
I. Ed. VII. (XXIV, 520 S.) 894. — II. Ed. VII. (X, 600 S.) 894. — III. Ed. V. (XIV, 571 S.) 891.

Müller, Ernst, theologia moralis. Ed. VI. Recogn. et auxit Adph. Schmuckenschlaeger. Liber III. (Finis.) gr. 8. (XVI, 591 S.) Wien 895. Mayer & Co. n. 6. — (kplt. n. 18. —)

Müller, Ernst, Theologia moralis. Ed. VIII. Recognovit et auxit Adph. Schmuckenschlaeger. Liber I et II. gr. 8. (XXIV, 520 u. XII, 626 S.) Wien 899. Mayer & Co. à n. 6. —

– Theses ..., s. Müller: De numero Ciceroniano ...

— Tobias oder die Erhörung des Gebets. Ein dramatisches Gedicht in 4 Akten mit Liedern und Chören. Bühnen gegenüber als Mscr. gedruckt. Pößneck 855. Gerold. (Leipzig, Joachim.) 16. (7 Bl., 174 S.) 20 ngr.

— Techn. Übungsaufgaben f. darstellende Geometrie. 1.—3. Heft. (Je 10 Bl. m. 4 S. Text.) Lex. 8. Wien 910. F. Deuticke. à nn 1. 25

Müller, E[rnst]. «Und Alles war wieder gut». Singspiel in einem Akt. Dem Gemischten Chor «Ilfis» gewidmet von Dr. theol. E. M', Pfarrer. [Mit Musik-Beilage.] 29 + *Beilage* 7 S. 8. Bern, K. J. Wyss, 1905. [fr. —. 80]

Müller, Ernst, gegen den „groben Unfug" in d. heut. Rechtsprechung, insbes. d. Preß- u. polit. Unfug. Studie. gr. 8. (V, 98 S.) Leipzig 895. A. Deichert Nachf. n. 1. 60

Müller, Ernst Über den deutschen Unterricht in der Sekunda des Gymnasiums. 14 S. Progr. *Kattowitz* 1877.

— Das niedere landwirthschaftliche Unterrichtswesen in Deutschland mit besond. Berücksichtigung Preussens. Kritische Betrachtungen unter Hinweis auf die zur Hebung des niederen landwirthschaftlichen Unterrichtes etwa einzuschlagenden Wege. gr. 8⁰. Leipzig, H. Voigt, 1892. III, 100 S.

Müller, Ernst. Untersuchungen über die Ausscheidung des Quecksilbers durch den Harn während der Inunctionscur. (Erlangen) Hameln, 1879.

Müller, Ernst, appr. Tierarzt: Aus d. med. Veterinärklinik d. Univ. Giessen. Dir.: Gmeiner. Untersuchungen über die normalen Tagestemperaturen der Haustiere. Mit 25 Tab. Giessen 1910: v. Münchow. 120 S. 8°
Gießen, Veterinär-Med. Diss. v. 6. März 1910, Ref. Garten
[Geb. 26. März 85 Alpirsbach; Wohnort: Rommelsbach; Staatsangeh.: Württemberg; Vorbildung: Realgymn. Ulm Reife Juli 03; Studium: Stuttgart Tierärztl. Hochsch. 7 S.; Rig. 23. Dez. 09.] [U 10. 1236

Müller, Ernst, Intendantur-Assessor: Der nicht rechtsfähige Verein als Beklagter im Zivilprozeß. *Straßburg i. E. 1902: M. Du Mont-Schauberg.* (32 S.) 8°
Rostock, Jur. Diss. v. [26. Jan.] 1903

Müller, Ernst, Dr. phil.: Das optische Verhalten der kolloidalen Metalle. Leipzig 1907: J. A. Barth. (24 S.) 8°
Mit: Einladung zur ... Probe-Vorlesung ... d. 28. Okt. 1907 ... Thema: Die Auflösung feinster Spektrallinien und einige neuere Resultate der spektroskopischen Forschung. Heidelberg (1907): J. Hörning. (1 Bl.) 8°
Heidelberg, Naturw.-math. Fak., Hab.-Schrift v. 1907

— üb. die Verheiratung der Jungfrau v. Orléans. [Aus: „Korrespondenzbl. f. die Gelehrten- u. Realschulen".] gr. 8. (7 S.) Tübingen 891. F. Fues. n.n. — 30

— Versuch zur Begründung eines allgem. Forstpolizeigesetzes auf die natürl. Ordnung d. Wälder im menschl. Haushalt. gr. 8. Nürnb. 825. Riegel u. W. 16 gr

— das Volk gegen den Sozialismus. gr. 8. (32 S.) Berlin 892. F. Fontane & Co. n. — 50

Müller, Ernst (Pfarrer). Religiöse Volksschriften. In-8⁰. Bern, J. Dalp. *1880*. à Band 1 —
Cart. 1 20
1. Bändchen. Das Gebet des Herrn dem Volk erklärt. 83 S.
II. Bändchen. Das Gleichniss vom verlornen Sohn. Ein Wort an die Jugend unserer Zeit. 80 S.

— dasselbe. 3. Bdchn. 12. Bern 882. Wyß. n. — 80; cart. n. 1. —
Die Person Jesu als Grundlage des Christenthums. Denkenden Christen dargestellt. (84 S.)

Müller, Er. l. u. A. Roßmäßler, kl. Vorschule d. Zeichnens, f. Knaben u. Mädchen. Mit 24 Vorlegeblättern u. e. Beilage. gr. 8. Leipz., Franz. (Taubert). 1 ß 8 gr

Eine Wanderfahrt durchs Weistritztal. Von Ernst Müller. *Schweidnitz: L. Heege [1902].* (42 S.) 8° [F.]

Müller, Ernst, eine Wanderfahrt durchs Weistritztal. (42 S.) 12. Schweidnitz (903). L. Heege. n. — 20

Müller, Ernst: Electrische Widerstände aus Baumwollenband und deren Verwertung bei electrischen Messungen. Pforzheim 1908: G. Bujard. (26 S.) 8°
Heidelberg, Naturw.-math. Fak., Ref. Quincke, Diss. v. 18. April 1908
[Geb. 24. Mai 81 Pforzheim; Wohnort: Heidelberg; Staatsangeh.: Baden; Vorbildung: Gymn. Heidelberg Reife M. 99; Studium: Heidelberg 4, Techn. Hochsch. Karlsruhe 8 S.; Rig. 16. Dez. 07.]

Müller, Ernst, Redacteur, aus Bonn: Wie verhält sich Verzicht zur Schenkung? *Köln 1899: M. DuMont Schauberg.* (83 S.) 8° [Umschlagt.]
Erlangen, Jur. Diss. v. 14. Febr. 1899

Müller, Ernst (V.). Über d. Wirkung d. Atropin auf das gesunde u. kranke menschliche Herz. Diss. gr. 8. (120 S.) Dorpat 891, (Karow). * 2 40

Müller, E., die neuesten Zeugnisse der theologischen Universitätslehrer gegen die radikale Theologie, gesammelt u. dargeboten. (X, 159 S.) 8. Halle 906. R. Mühlmann's Verl. n. 2. —

—— Ulrich **Zwingli**, s. a. **Volksschriften**, Berner.

Müller, Ernst. Ulrich Zwingli. Ein bernischer Beitrag zur Zwinglifeier. In-8⁰, 60 S. Mit Portr. Bern, Berner Volksschriften-Verlag. *1884*. — 40
*** Berner Volksschriften, Nr. 12.

Müller, Ernst. Ulrich Zwingli. Ein bernischer Beitrag zur Zwinglifeier (*Umschlag:* Eine bernische Gabe zu seinem 400. Geburtstag). [Mit Porträt-Tafel.] (3. Abdruck.) 8. Bern [1884].
(Berner Volksschriften № 12.)

— Ernst Christoph (Mecklenburg), De feudis imperii masculinis non foemininis. Diss. Präs. Mich. Heinr. Gribner. Leipzig (Langenheim) 26. IX. 1732. 32 S. (5.50) 24004
Gew.: Willebrandt.

— — Dasselbe. Leipzig (Langenheim) 26. IX. 1732. 32 S. (5.50) 24005
Gew.: Willebrandt. — Widm. v.: Mich. Heinr. Gribner.

Irrenärzte auf Irrwegen. Offener Brief an Herrn Univ.Prof. u. Med.R. Dr. C. Wernicke in Breslau betr. den Fall Müller-Breslau. Von Dr. phil. Ernst F. **Müller**. *Dresden: Selbstverl.; O. Damm in Komm. 1899.* (32 S.) 8° [F.] [04. 18174 2

Drei Monate ohne Grund im Irrenhause. Erlebnisse e. Preuß. Staatsbürgers im letzten Jahrzehnt d. 19. Jhs als Beweis f. d. Nothwendigkeit e. schleunigen Reform d. Irrenwesens. Von Dr. phil. Ernst F. **Müller**. *Dresden: Selbstverl.; O. Damm in Komm. 1898.* (98 S.) 8° [F.] [04. 18175 2

— zu Unrecht entmündigt. Die Geschichte der Entmündigg. e. preuß. Staatsbürgers als Unterlage f. dessen Vorschläge zur Reform d. Entmündigungs-Verfahrens, zu Nutz u. Frommen aller Stände u. Berufsklassen, insonderheit d. Mediciner u. Juristen, nach d. Acten dargest. gr. 8. (V, 125 S.) Ebd. 898. n. 2. —

Müller, Ernst Friedrich Karl, s. Müller, Karl

Müller, Ernst Gustav [pr. Arzt aus Berlin]: Über Darmwandbrüche ... Halle a. S., Druck v. Wischan & Wettengel, 1894; 29 S., 1 Bl. 8.
Halle, Med. Fak., Inaug.-Diss. v. 22. Aug. 1894

Müller, Ernst Heinrich, s. Müller, Heinrich

Müller, Ernst Hermann

Müller, E. Hermann, med. prakt., von Zürich, z. Z. Assistenzarzt der Schweiz. Anstalt f. Epileptische in Zürich: Beiträge zur Kenntnis der Hyperemesis gravidarum. (Aus der Universitätsfrauenklinik in Zürich.) Halle a. S. 1908. 28. S. 4°. S.-A. aus der Psychiatrisch-neurologischen Wochenschrift. Jahrg. 10, 1908. [15. VI. 08.]
Zürich. Med. Diss. 1907/08.

Müller, E[rnst] Hermann. Beiträge zur Kenntnis der Hyperemesis gravidarum. Diss. Med. Univ. Zürich. [Sep.-Abdr. aus: Psychiatrisch-neurologische Wochenschrift, Jahrg. 10.] *Kopftitel:* Aus der Universitätsfrauenklinik in Zürich. 28 S. 4. Halle a.S., Carl Marhold, 1908.

Müller, Herm. (E. Herm.), einige Beziehungen des Alkoholismus zur Aetiologie der Epilepsie. (Aus der schweizer. Anstalt f. Epileptische in Zürich. [Chefarzt: Alfr. Ulrich.]) (24 S. m. Kurven.) gr. 8. Berlin 910. S. Karger. 1. —
Sonderabdr. aus: „Monatsschr. f. Psychiatrie u. Neurol."

Müller, E[rnst] Herm[ann]. Entwurf eines Aktionsprogrammes für schweizerische Abstinenten. Im Auftrage des Abstinenten-Verbandes der Stadt Zürich verfasst von E. Herm. M', cand. med. ([Sep.-Abdr. aus:] Zürcher Abstinenz-Blätter [.... Jahrg. 2, N° 21 u. 22].) 16 S. 8. (Zürich, Jean Frey, 1905.)

Müller, Ernst Jakob, s. Müller, Ernst

Müller. Ernst Joseph. Tierarzt aus Soest: Untersuchungen über die Verwendbarkeit der Mark'schen Reagenztabletten zur quantitativen Zuckerbestimmung im Tierharne. (Aus dem physiologischen Institut der Königl. Tierärztlichen Hochschule zu Hannover. Prof. Tereg.) Brilon 1908. 45 S. und eine Tafel. 8°. [19. XI. 08.]
Bern. Vet.-med. Diss. 1908/09.

Müller, Ernst Joseph. Untersuchungen über die Verwendbarkeit der Merk'schen Reagenztabletten zur quantitativen Zuckerbestimmung im Tierharne. Diss. Vet.-Med. Bern. [Mit 1 Tafel.] (Aus dem Physiologischen Institut der Königl. Tierärztlichen Hochschule zu Hannover....) 45 S. 8. Brilon, Joh. Meyer, (1908).

Müller, Ernst Karl Bernhard, s. Müller, Ernst

— Ernst Ludwig (Francus), De testamenti coniugum reciproci mutabilitate. Diss. jur. Göttingen (Schulz) Aug. 1760. 34 S. (5.50) 24006

— — Dasselbe. Göttingen (Schulz) Aug. 1760. 34 S. (5.50) 24007
Gew.: Leonhard von Doering.

Müller, Ern. Lud.: De revocatione testamenti militaris. Epistola gratulatoria ad Joh. a Doering. Heilbronn (17..).

Müller, Ernst Martin, s. Müller, Martin

Müller, (Ernst Max): Zum Bedeutungswandel englischer Wörter. Freiberg 1908: Gerlach. 28 S. 4°
Freiberg, st. RG OP 1908 (728) [S 08. 319

Müller, Er. Max., Bürgerschul-Reden, in den Jahren 1830—1834 gehalten. 8. Pirna 835. Leipzig, (Lauffer.) 1/3 ℞
(8¼ B.)

—— kurze u. gründl. Darstellung d. evangel.-protestant. u. röm.-kathol. Kirche, in ihrer Glaubenslehre, Sittenlehre u. Kirchenverfassung, aus d. symbol. Büchern, besond. f. Stadt- u. Landschulen bearb. 8. (7¼ B.) Dresden 829, Arnold.

— u. Karl Friedr. Gthelf. Baumfelder, die Eckernförder Elementarschul-Einrichtung. Im Auftrage Eines Königl. Sächs. Hohen Ministerii des Cultus u. des öffentl. Unterrichts an Ort und Stelle zu Magdeburg, Altona und Eckernförde beobachtet u. auf hohe Veranlassung dem Drucke übergeben. A. u. d. T.: Die Eckernförder Elementarschulen-Einrichtung, gewöhnlich wechselseitige Schuleinrichtung genannt, in ihrem Wesen und ihrer Anwendbarkeit auf Deutschland. — Die Eckernförder Elementarschul-Einrichtung, od. Resultate der im Auftrage 2c. darüber gemachten Beobachtungen 2c. (Hierzu 3 Lectionspl., 4 Schemata u. 1 lithogr. Zeichnung.) gr. 8. Dresden 835. Grimmer; jetzt Gebhardt in Grimma. $^3/_4$ ₰ (Einzeln kostet die Abthl. von Müller $^1/_3$ ₰ — Baumfelder $^5/_{12}$ ₰)

Müller, Ernst Max., u. Carl Friedr. Gthelf. Baumfelder, die Eckernförder Elementarschul-Einrichtung. — A. u. d. Titln.: Die Eckernförder Elementarschulen-Einrichtung, gewöhnl. wechselseit. Schuleinrichtung genannt, in ihrem Wesem u. ihrer Anwendbarkeit auf Deutschland dargest. — Die Eckernförder Elementarschul-Einrichtung, od. Resultate d. im Auftrage 2c. darüber gemachten Beobachtn. 2c. (Hierzu 3 Lectionspläne, auf ½ B., qu. gr. Fol., 4 Schemata, auf 1 B., Fol. u. 1 lith. Zeichn. gr. 4.) gr. 8. (10½ B.) Dresden 835, [R. u. W. Kori.] Thlr.

Müller, Ernst Max., Geographie in Tabellen, d. i. tabellarische Uebersichten üb. die Geographie aller Welttheile, zunächst f. höhere Bürger- u. Real-Schulen. 2 Hfte. breit gr. 16. (à 4 B.) Grimma 842, Verlags-Comptoir. à

Müller, Ernst Max., nur in der Rückkehr zu Gott liegt die Hoffnung besserer Zeiten. Predigt, über Hosea 6, 1. am Constitutionsfeste 1850 zu Cuba gehalten. gr. 8. (11 S.) Chemnitz 850, Ernesti in Comm. n. 2 ngr

—— die Verbesserung d. deutschen Stadtschulen, mit besond. Rücksicht auf d. sächs. aufgefaßt u. dargestellt. gr. 8. (12 B.) Leipzig 832, Lauffer.

Müller, Ernst Robert, s. Müller, Ernst

Müller, Ernst Wilh., das Bild eines Jüngers des christlichen Gottesreiches in Predigten über die Seligpreisungen. br. 8. (88 S.) Eisenach 872, Bacmeister. [Basel, Spittler.] (*75 Pf.) *

Ernst Wilhelm Ludwig Mueller

Ern(estus) Guil(elmus) Lud(ovicus) Müller: De Scarificatione et cucurbitulis. Berolini (1817:) Starck. 35 S. 8°

Berlin, Med. Diss. v. 19. Juli 1817

Müller, Ernst Wolfgang: Die Wildschadensersatzvorschriften des deutschen bürgerlichen Rechts. Erlangen 1903: E. Th. Jacob. (91 S.) 8°
Erlangen, Jur. Diss. v. 7. Jan. 1903

Müller, Ernst Wolfg., das Wildschadensrecht in seiner heutigen Gestalt unter Berücksicht. der geschichtlichen Entwicklung desselben. (IV, 93 S.) gr. 8. Erlangen 903. (Leipzig, Buchh. G. Fock.) n. 2.—

Müller, Erwin. Adrian von Bubenberg. Schauspiel aus den Tagen des Burgunderkrieges. [Mit illustriertem Umschlag.] IV + 114 S. 8. Frauenfeld, Huber & Co., [1908]. [fr. 1. 20]

Müller, Erwin, Klausner-Zelle. Ritterschloß. Weberhäuschen, s.a. Bibliothek vaterländischer Schauspiele. 80.

Müller, Erwin. Klausner-Zelle — Ritter-Schloss — Weberhäuschen. Drei Bilder aus des Aargauerlandes Vergangenheit. Den ländlichen Bühnen im Aargau zur ersten Hundertjahrfeier als Festspiel gewidmet. II + 116 S. 8. Aarau, H. R. Sauerländer & Co.
Ausg. A: (Bibliothek vaterländischer Schauspiele. 80.) (1903.) (fr. 1. —)
Ausg. B: sep. [1903.] [fr. 1. —]

Müller, Erwin. Klausner-Zelle — Ritter-Schloss — Weberhäuschen. Drei Bilder aus des Aargauerlandes Vergangenheit. Den ländlichen Bühnen im Aargau zur ersten Hundertjahrfeier als Festspiel gewidmet. II + 116 S. 8. Aarau, H. R. Sauerländer & Co., [1903]. [fr. 1. —]

Müller, Eug., Abriss der Algebra der Logik, s.: Schröder, Ernst.

Müller, Eugen, Dr., Prof.: Über die Algebra der Logik. Die **Grundlagen** des Gebietekalkuls. *Leipzig 1900: B. G. Teubner.* (30 S.) 4° ¶(Soll fortgesetzt werden.)
Tauberbischofsheim, grossh. G, P 1900 (661)

Müller, Eugen, Dr., Prof.: Aus der **Algebra** der Logik. 2. Das Eliminationsproblem und die Syllogistik. *Leipzig 1901: B. G. Teubner.* (22 S.) 4° ¶[Forts. d. P-Beil. 1900.]
Tauberbischofsheim, grossh. G, P 1901 (674)

Müller, Eugen, Prof. Dr.: Die elektrische Anlage der Oberrealschule Konstanz. Konstanz 1905: Reuss & Itta. (8 S.) 4° ¶[Forts. d. P-Beil. 1902.]
Konstanz, OR P 1905 (750)

Müller, Eug., Apologie des Christenthums, s.: Hettinger, Frz.

Müller, Eug[en]. Atlas und Lehrbuch der modernen zahnärztlichen Metalltechnik von Zahnarzt Dr. Eug. M'-Wädenswil, Direktor des zahnärztl. Technikums ... in Zürich. Mit über 1000 meist kolorierten Original-Illustrationen im Text und auf 50 Tafeln. 4. Leipzig, Carl Ziegenhirt. [M. 36. —, geb. 40. —]
2., völlig neu gestaltete Aufl. 247 S. 1906.
3., mit der zweiten gleichlautende Aufl. II + 247 S. 1907.
Die 1. Aufl. ersch. u. d. T.: Goldkronen, Kapselstiftzähne und abnehmbare Brückenarbeiten. 85 S. 8. Wien 1897.

Müller-Wädenswil, Eug., Atlas u. Lehrbuch meiner Systeme der modernen zahnärztlichen Metalltechnik. 5., unveränd. Aufl. Mit üb. 1000 meist kolor. Orig.-Illustr. im Text u. auf 50 Taf. (247 S.) Lex. 8. Berlin 908. H. Meusser. Geb. in Halbfrz. 40.—

Derselbe.* Beleuchtung meiner Amtsentsetzung vom 14. Juni 1895. (Enthält die Stellungnahme für die Feuerbestattung.) Rostock, Selbstverlag. Druck von Bever u. Lange in Güstrow.

Beleuchtung meiner Amtsentsetzung vom 14. Juni 1895. Eugen **Müller**, Pastor zu Rostock. *Rostock: Selbstverl. (1895).* (29 S.) 8° [F. u. Ant.] [03. 4107

Müller, Eug., Beleuchtung meiner Amtsentsetzung v. 14. Juni 1895. gr. 8. (29 S.) Rostock 896. (Leipzig, P. Schirmer.) — 50

— — Die wichtigsten gesetzlichen Bestimmungen, betr. das Apothekenwesen in Württemberg. Hrsg. vom Pharmazeut. Landesverein. Stuttgart: Südd. Apothekerzeitung 1907.

Müller, Eug., 25 (lith.) Blatt Decken-Skizzen. Für Dekorations- u. Zimmermaler. 1. Serie. gr. 4. Frankfurt a/M. 883. (Rommel.) n. 4. 50

Müller, Eug., 25 Blatt Deckenskizzen. Für Dekorations- und Zimmermaler. 1. Serie. 2. Aufl. gr. 4. (1 Bl. in Farbendr. und 24 Bl. in Schwarzdr.) Frankfurt a. M. 886, (Rommel.) *

Müller, Eug., 25 Blatt Decken-Skizzen f. Maler. Lith., 1 in Farbendr. 1. Serie. 3. Aufl. gr. 4. Frankfurt a/M. 889. Rommel. n. 4. 50

Denkschrift aus Anlass des fünfzigjährigen Bestehens der Ober-Post-direction zu Münster (Westf.). Von Eugen Müller, Ober-Postdirectionssecr. *Münster (Westf.) 1900: Der Westfale.* (24 S.) 8° [F.]
Abschlusszettel für: 98. 2073

MUELLER, Eugen Frh. v.: Der Deutschenspiegel in seinem sprachlich-stilistischen Verhältnis zum Sachsenspiegel und Schwabenspiegel. — 1903. 588 Bl. Diss. Graz, Univ.

Müller, Eug. Frhr. v., der Deutschenspiegel in seinem sprachlich-stilistischen Verhältnis zum Sachsenspiegel u. zum Schwabenspiegel, s. a Beiträge, deutschrechtliche. II, 1.

Der Deutschenspiegel in seinem sprachlich-stilistischen Verhältnis zum Sachsenspiegel und zum Schwabenspiegel. Von Dr. Eugen Frh. v. Müller. Heidelberg: C. Winter 1908. (180 S.) 8°
— Beiträge, Deutschrechtliche. Bd 2, H. 1.

Müller, E[ugen]: Die Einrichtung der Apotheken in Württemberg in übersichtlicher Darstellung nach den gesetzlichen Bestimmungen. Hrsg. vom Pharmazeut. Landesverein. Stuttgart: Dr. von Stähle & F. 1906.

Müller, Eugen [approb. Arzt aus Stuttgart]: Über die intracapsuläre Exstirpation der Kropfcysten .... Tübingen, Druck v. H. Laupp jr., 1885; 24 + 9 S. 8°.
Tübingen, Med. Fak., Inaug.-Diss. v. 1885.

Müller, Eugen, über die intracapsuläre Exstirpation der Kropfcysten. Diss. Tübingen 1885, Fues' Sort. 8°. 24 S.

Müller, Eugen [aus Gelsenkirchen]: Aus d. Frauenklinik zu Bonn. Ueber einen Fall von Ovarialabscess ... Bonn, Buchdr. J. Bach Wwe, 1895; 33 S. 8.
Bonn, Med. Fak., Inaug.-Diss. v. [8. März] 1895

Müller Eugen: Das gereimte Faustbuch.
H. 1902 PN 1470 Diss. Wien, Univ. 111

Die Feuerbestattung (Leichen-Einäscherung) vom allgemeinen u. kirchlichen Standpunkte aus beleuchtet. Vortrag geh. von Pastor [Eugen] Müller aus Rostock. *Hannover: F. Rehtmeyer 1897.* (8 S.) 8° [F.]

Müller, E.*, Pastor in Rostock. Hat die christliche Kirche Grund, die Einführung der Feuerbestattung zu bekämpfen? Berlin. A. Gehlhaar. (Ohne Jahr.)

Der echte Hiob von Eugen Müller, Pastor zu Rostock. *Hannover: F. Rehtmeyer 1902.* (40 S.) 8°

Müller, Eug., Kaiser Flavius Claudius Julianus. Biographie, nebst Auswahl seiner Schriften. gr. 8. (VIII. 136 S.) Hannover (901). F. Rehtmeyer. n.n. 4.—

Müller, Eugenius. Longitudinem geographicarum gradus num astronomicis et quibus methodis usi Veteres Arabesque determinaverint quantumque profecerint. Berolini 1862.

—— Motive für Maler. 2. Heft. 1. und 2. Aufl. gr. 8. (21 Blatt, 20 chemigr., 1 chromolithogr.) Ebendas. 886,87. *
1. Heft. Ebendas. 1884. * M 3.—.

— 21 (20 chemigr., 1 chromolith.) Blatt Motive f. Maler. 2. Hft. gr. 8. Ebend. 886. n. 4.—(1. u. 2.: n. 7.—)

—— dass. — Detailausg. zu Heft II. gr. Fol. (50 Stnt.) Nürnberg 886. (Frankfurt a. M., Rommel.) *

— 21 (20 chemigr. u. 1 chromolith.) Blatt. Motive f. Maler. 2. Hft. 2. Aufl. gr. 8. Ebd. 887. n. 4.— (1. 2.: n. 7.—)

Müller, Eug., Motive zu Schablonen f. Maler. 1. Hft. 3. Aufl. gr. 8. (20 Taf.) Frankfurt a/M. 894. W. Rommel. n. 3. —

Müller, Eug., Motive zu Schablonen für Zimmermaler. gr. 8. (20 Steintaf.) Leipzig 882. Morgenstern in Comm. n. 3. —

— Motive zu Schablonen f. Zimmermaler. 1. Hft. 2. Aufl. gr. 8. (20 Bl.) Ebend. 884. n. 3. —

— s.: Münster-Blatt, Strassburger.

Müller, Eug., Natur u. Wunder, s. a Studien, Strassburger, theologische

Müller, Eugen [Dr., Prof. d. Theol. am Priestersem. zu Strassburg]: Natur und Wunder, ihr Gegensatz und ihre Harmonie. E. apologet. Versuch ... Strassburg, Agentur v. B. Herder, 1892; XV, 205 S. 8.
Würzburg, Theol. Fak., Inaug.-Diss. v. 1892

Müller, Eugen, Natur u. Wunder, ihr Gegensatz u. ihre Harmonie. Ein apologetischer Versuch. Freiburg, Herder, 1892. gr. 8°. XX, 206 S., 2,80 Mk.

— Sammel-Blätter f. Dekorations- u. Zimmermaler. Orig.-Skizzen u. Entwürfe, sowie Aufnahmen aus allen Zweigen der Praxis. Mit Beiträgen tücht. Fachmänner. 1. Hft. Fol. (18 Lichtdr.-Taf. m. 1 Bl. Text.) Ebd. 894. n. 5. —

Müller, Eug., Sammel-Blätter f. Dekorations- u. Zimmermaler. Orig.-Skizzen u. Entwürfe, sowie Aufnahmen aus allen Zweigen d. Praxis. M. Beiträgen tücht. Fachmänner. 2. Hft. Fol. (12 Lichtdr.-Taf. m. 1 Bl. Text.) Frankfurt a/M. 895. W. Rommel. n. 5. —

—— 50 Schablonen für Zimmermaler. Lithogr. gr. Fol. Leipzig 882. (Frankfurt a. M., Rommel.) *

Derselbe. Schädigen die Kirchhöfe die Gesundheit der Lebenden? Dresden 1885. Knecht.

Müller, Eugen von. Die Schlacht bei Friedlingen am 14. Oktober 1702. Sonderabdruck der „Zeitschrift für die Geschichte des Oberrheins." N. F. XVIII. 1. 8. Heidelberg 1903.

– (Hrsg.), s. Schröder, Ernst: Vorlesungen über die Algebra der Logik.

Müller, Eugen: Spartakus und der Sklavenkrieg in Geschichte und Dichtung. S. 3—51. 8. Progr. K. k. Staats-Gymn. *Salzburg* 1905.

—: Grillparzers Studien zur deutschen Literatur. S. 3—15. 4. Progr. K. k. Staats-Gymn. *Salzburg* 1907.

— s.: Studien, Strassburger theologische.

Müller, Eug. Ad., l'aide de la conversation française avec questionnaires et dictionnaire français-allemand. gr. 8. (144 S.) Hannover 895. Meyer. n. 1. 80

Müller, Eugen Anton, aus Achen (Lothr.): Über die Korkeiche (Quercus suber L. und occidentalis Gay). Ein Beitrag zur Pflanzen- u. Handelsgeographie. Mit 1 Karte d. Verbreitungsgebietes u. 2 Taf. *Wien: R. Lechner 1900.* (75 S.) 4° (8°) ¶ Aus: Abhandlungen d. k. k. geogr. Gesellschaft in Wien, Bd 2, 1900, No 7. — [Vgl. 1899/1900 Bonn No 61.]
Bonn, Phil. Diss. v. 1. Aug. 1900

Müller, E[ugen] C[onrad]. Ueber das Prinzip der «Permea-Elektrotherapie» ⟨Elektromagnetische Therapie⟩ ⟨Autoreferat⟩. [Von] E. K. Müller-Zürich. Separat-Abdruck aus No. 11 der Zeitschrift für Elektrotherapie und physikalische Heilmethoden. Hrg. von Dr. Hans Kurella.... Jahrg. 4. [1902.] S. 357—366. 8. Berlin und Leipzig, Vogel & Kreienbrink.

Müller, Eug[en] Conr[ad]. Über das Prinzip der «Permea-Elektrotherapie» ⟨Elektromagnetische Therapie⟩ von Eug. Konr. Müller ⟨Zürich⟩. ([Sep.-Abdr. aus: Comptes-rendus des séances du] 2e Congrès international d'électrologie et de radiologie médicales [Berne ... 1902 ...].) 18 S. 8. [Berne, Office Polytechnique d'Édition S. A., 1903.]

Müller, Eugen Robert [aus Lotzwyl, Kt. Bern]: Untersuchungen über die Oekonomie der elektrischen Beleuchtung mit Glühlampen niederer Spannung. Zürich 1902. 47 S. 8°.
Zürich. Phil. Diss. II. S. 1901/1902.

Müller, Eugen Robert. Untersuchungen über die Oekonomie der elektrischen Beleuchtung mit Glühlampen niederer Spannung. Diss. Phil. [II.] Univ. Zürich. [Mit Figuren.] 47 S. 8. Zürich, Jean Frey, 1902.

MÜLLER, Eugène
Eugène Müller. La jeunesse des hommes célèbres. Im Auszuge für den Schulgebrauch herausgegeben von Dr. A. Mühlau. I. Theil: Text. II. Theil: Anmerkungen. (Freytag's Sammlung französischer und englischer Schriftsteller.) Wien und Prag. 1901. Tempsky. 8°. 14, 106 S. Geb. K 1.20

Müller, Eug., la jeunesse des hommes célèbres. Wörterbuch. Bearb. v. A. Mühlan. 1. Aufl. 2. Abdr. in neuer Rechtschreibg. Leipzig 907. G. Freytag. — Wien, F. Tempsky. Geb. — 40

Müller, Ewald, verhaltene Gluthen. Gedichte. 8. (VI, 143 S.) Norden 888, Fischer Nachf. *
geb. *

Müller, Ewald, Morkusko. Ein romant. Sang vom Spreewald. gr. 8. (128 S.) Berlin 891. Buchhandlg. der Deutschen Lehrer-Zeitg. (Fr. Zillessen). n. 1.50; geb. n. 2.40

Müller, Ewald, die Saligen. Eine Romanze aus den Tiroler Alpen. (VII, 194 S.) 8. Dresden (906). E. Pierson. n. 2.50; geb. n. 3.50

Müller, Ewald, humor-, bilder- u. reimvoller Spreewaldführer. 8. (VI, 63 S. m. 10 Bild.) Cottbus 897. H. Differt. n. — 80

Müller, Ewald, aus der Streusandbüchse. Gedichte. 8. (VIII, 173 S.) Dresden 894. E. Pierson. n. 3.—; geb. in Leinw. m. Goldschn. n. 4.—

— das Wendentum in der Niederlausitz. Mit Illustr. nach Photogr. u. 2 Karten. gr. 8. (XI, 192 S.) Kottbus 894. H. Differt. n. 3.50

Müller, F., geometr. Aufgaben. 8. Wien 784. Heubner. 8 gr

Müller: Ein Ausflug in das Freie. 8 S.– Wien OR.Sch., Progr. 1864.

Müller, F., die Belagerung von Stralsund durch Wallenstein. Kurz erzählt. 12. (77 S.) Eisleben 880. Christl. Verein im nördl. Deutschland. geb. — 38

Mueller (F.). Bestaubung an Abutilon arten. Itajahy, 1871. 8°.

Müller F.: Die Bewegung d. Blüthenstieles v. *Alisma*. (Jena) 1868. (5) S. (Særtr.). P.

Müller F.: Über die Einheit der Form in der organischen Natur und bei den Thiererzeugnissen. Eine morphologische Studie. (24.) Gaya 89. Progr.

Müller, F. Elemente der Arithmetik und Algebra. Potsdam, 1839—1841.

Müller, F., s.: Erlebnisse e. kleinen Preußen in Frankreich im J. 1870—71.

— Kaledonische Erzählungen. 8. Tübingen, Cotta. 814.

Müller, F., Plotins Forschung nach der Materie. Pr. 1882. 29 S. 4°. 2.—

Müller's, F., Friedenskarte. Das deutsche Reich in seiner Grösse nach dem Friedensschluss von 1871: nebst Chronik des Krieges mit Angabe sämmtlicher Eisenbahnen. 1—3. Aufl. Breslau. Priebatsch, 1871. Imp.-Fol. Chromolith. 50 Pf.)

Müller, F., Georginen. Belehrende u. unterhaltende Erzählungen f. die Jugend. Mit 6 lith. Doppelbildern (auf 3 Taf.) gr. 16. (126 S.) Leitmeritz 848, Medau. 6 ngr

– Essener Gesang- und Andachtsbuch, s. Müllers, Friedrich

— Jahresbericht über Thukydides für 1877—1887. I. S.-A. 1889. 228 S.

Müller, F., auf Irrwegen u. Anderes, s.a. Volks- u. Jugend-Bibliothek.

(F) Müller, F., Auf Irrwegen und anderes. [Pichler's Jugendbücherei. Bd. 13.] 8°. (92 S.) geb. K 1.—
Wien: Pichler 1904.

Müller, F. Neueste Karte von Polen und Litauen, samt den Oesterreichischen, Russischen und Preussischen Antheilen und den übrigen angränzenden Ländern. Wien 1792 und 1794. Je 1 Bl. c. K. v.

– Compendium d. Staatsarzneikunde mit einem Anhang, enthaltend d. gerichtl. Chemie v. F. Mann, s. Müller von der Werra, Friedrich Konrad

Müller, F., das Leben Joachim Nettelbecks, s.: Groschenbibliothek.

— F. Erster Nachtrag zum Katalog der herpetologischen Sammlung des Basler Museums. In-8°. 49 S. mit 1 Tafel. Basel, Schweighauser'sche Buchdruckerei.

Müller, (Prediger zu Hohenwalde,) über die Offenbarung Johannis. gr. 8. Berl. 827. Stuhr. 6 gr

Müller, F., Paludan, die Tänzerin. A. d. Dän. übersetzt. gr. 8. (9 B.) Kiel 835, Schwers'sche Buchh.

Müller, F., die Perikopen in der Schule, s.: Reise, Fr.

Müller, F. Plan von Stettin. Stettin 1842. 1 Bl. c. L.

Müller, F: Preis-Verzeichniß über chemische, physikalische und meteorologische Apparate usw. 7. Aufl. Bonn 1892

– (Hrsg.), s. Struve, Georg Adam: Syntagma jurisprudentiae.

Müller, F., siehe a. Studien, poetische.

M(üller,) F. (II.), poetische Studien. Gedichte. gr. 8. (VI und 201 S. mit 1 Stnt.) Potsdam 847, Riegel's Verlag. *

Mueller, F. Aus vergangenen Tagen. Erlebnisse eines Höhgaubewohners in der Franzosenzeit 1795—1815. Engen 1894. 50 S.

Müller, F., anthropologischer Theil (der Reise der Fregatte Novara), s. Reise.

— Uebersicht d. wichtigen Lehren des Talmud. gr. 8. Berlin 827, Stuhr.

Müller, F., siehe: *Verhandlungen*.

Müller, F., Verschollen, s.: Jessen's, A. Ch., Volks- u. Jugendbibliothek, Nr. 108.

– Medicin. klin. Taschenbuch nebst einem Anhang, enthaltend d. Grundzüge d. Percussion u. einem Auszug a. d. Hydrotherapie u. Pharmacodyamik einschl. d. Analyse d. Mineralwasser, s. Müller von der Werra, Friedrich Konrad

– Das Waldhaus und andere Erzählungen, s. Pichler's Jugendbücherei.

(F) Müller, F., Das Waldhaus und andere Erzählungen. [Pichlers Jugendbücherei. Bd. 2.] 8°. (118 S.) geb. K 1.— Wien: Pichler 1904.

– Ein neuer Weg z. Darstellg. d. Toluolsulfisäuren. 1878.

— Winke üb. die Geisterwelt. Ein Beitrag zur Naturphilosophie. 8 Berl. 825, Stuhr.

MÜLLER, F., Die Wonnemonde der Liebe in (zahmen) Erzählungen. Mit Titelkpf. u. gestoch. Titel. Hamburg u. Mainz, b. Gfr. Vollmer, o. J. (1800). 8°. 244 S. (3 Mk., unbeschn. Expl., Frdr. Klüber, c. 1905.)

Müller, (F.,) kurzgefaßtes neugriechisches Wörterbuch, griech.-deutsch u. deutsch-griechisch. Nebst Uebersicht d. nothwend. grammat. Regeln. 8. Berl. 825, Dunker u. H.

Müller, F., s. Zeitschrift, neue illustrirte.

Müller F.: Zur Erinnerung an den Abt Othmar Helferstorfer †. 25. Baden 81. Progr.

Müller, F. A., s.a. Müller, Fr. August

Müller, F. A., Briefe über die christliche Religion. gr. 8. (VIII, 280 S.) Stuttgart 870, Koehle. [Kröner.] *

Müller, F. A.: De delirio tremente. D. Gryphiae. 1841.

Müller, F. A., das preussische Disziplinargesetz. Für Lehrer u. Lehrerinnen. Nebst e. Anh., enth. das Disziplinargesetz f. evang. Kirchenbeamte. Bearb. unter Benutzg. wicht. Entscheidgn. aus den Akten d. Rechtsschutzkommission d. deutschen Lehrervereins. Hrsg. im Einvernehmen m. dem geschäftsführ. Ausschuss des preuss. Lehrervereins. (155 S.) kl. 8. Berlin 908. A. Anton & Co. Geb. in Leinw. 1. 30

Müller, F. A., neuester Eisenbahn-Atlas v. Deutschland, Belgien, den Niederlanden u. dem Lombard.Venetian. Königreiche. Enthaltend 9 Specialkarten f. Eisenbahnrouten nebst einer Uebersichtskarte v. Mittel-Europa. Nach den neuesten u. besten Materialien entworfen u. bearb. 8. (Kpfrst. u. color.) Nürnberg 850, Serz & Co. — 2. Aufl. 8. Ebd. 851. — 3. verm. u. verb. Aufl. gr. 8. Ebd. 852. 18 ngr

—— dass. — Billige Ausg. gr. 8. Ebds. 854.

Müller, F. A., neuester Eisenbahn-Atlas von Deutschland, Belgien, den Niederlanden und dem lombard. venetian. Königreiche. Enthaltend 11 (in Kpfr. gest. und ill.) Specialkarten für Eisenbahnrouten nebst einer (in Kpfr. gest. und ill.) Uebersichtskarte von Mittel-Europa (in gr. Fol.) Nach den neuesten und besten Materialien entw. und bearb. 3., verm. und verb. Aufl. mit 7 lithogr. Tab. gr. 8. Nürnberg 856, Serz und Comp.

Müller, F. A. (Hrsg.), s. Gesetz vom 21. Juli 1852 betr. die Dienstvergehen der nichtrichterlichen Beamten, ...

**Müller, F. A.* Hypothekarkredit und Lebensversicherung. S. A. Schmollers Jahrb. Leipzig 1887.

— Karte von Ungarn u. Siebenbürgen, Galizien, Moldau u. Wallachey nebst Theilen der angrenzenden Länder. Nach den besten Quellen bearb. Fol. (Kpfrst. u. color.) Ebd. 849. 1/6 rf

— Zur Kritik des Lysias. Pr. 1862. 20 S. 4°. 1.20

Müller, F. A., Lehrer u. Strafgesetz. Ein Ratgeber f. deutsche Lehrer. Hrsg. im Auftrage des geschäftsführ. Ausschusses des deutschen Lehrervereins. (224 S.) 8. Berlin 906. A. Anton & Co. n. 1. 20; geb. in Leinw. n. 1. 50

Lehrer und Strafgesetz. Ein Ratgeber f. deutsche Lehrer. Hrsg. ... von F. A. Müller, (Lehrer, Wilmersdorf-Berlin). 7.–9. Taus. Berlin & Leipzig: A. Anton & Co. 1906. (224 S.) 8° (ob. 1814) 11

— Lehrer u. Strafgesetz. Ein Ratgeber f. deutsche Lehrer. Hrsg. im Auftrage des geschäftsführ. Ausschusses des deutschen Lehrervereins. 10. Aufl. (224 S.) 8. Berlin 910. Leipzig, A. Anton u. Co. Geb. in Leinw. 1. 50

Müller: Zu Lysias. Zs. 31 S. – Merseburg, Progr. 1862, 1866.

— Zu Lysias. Pr. 1866. 11 S. 4°.

Müller, F. A., die Zimmerarbeiten, s.: Volland, K.

Müller, F. B.: Ausgeführter Lehrplan f. die einklassige, ungeteilte Volksschule in Ostfriesland, s. Bussmann, E. Wilhelm

Müller, F. C., s.a. Müller, Franz Karl

– s.a. Müller, Friedrich Christoph

— Handbuch d. Christenthums, 1r u. 2r Bd. 8. Dessau, Gel. Handl. 783.

Müller, F. C. Die Grafschaft Mark 1791. 1 Bl. c. K. v.

Müller, F. C., Opii correctionem genuinam usui proponit. Hal. 4°. 1730

Müller, F. C., der Wuchtstab. Eine Anleitg., bei sitz. Lebensweise sich e. muskelstarken Körper zu erhalten, bezw. heranzubilden. Mit 60 Handzeichngn. 8. (III, 55 S.) Leipzig 898. Th. Grieben. Kart. n. 1. —

Müller, F. C. G., s. Müller, Friedrich Karl Georg

Müller, F. C. Joh., s. Müller, Fr. C. Johannes

Müller, F. C. W.: Über den Gebrauch von sive. 42 S. 4°.– Berlin J., Progr. 1871.

Müller, F. Ch., s. Müller, Friedrich Christoph

Müller, F. Chr., s. Müller, Friedrich Christoph

Müller, F. E., s. Müller, Friedrich Ernst

– Polona, s. Müller, Fr. C. Johannes

Müller, F. E. C., s. Müller, Friedrich E. C.

Müller, F. G. v., von der christlichen Barmherzigkeit; eine vierte Kriegspredigt, gehalten am 11. Sonntag nach Trinitatis. 8. Stuttgart 870, Schweizerbart'sche Verlagsh. (* 20 Pf.) *

– Beschreibung der Sparöfen und Herde in der Grafschaft Mark ..., s. Müller, Friedrich Christoph

Müller, zum Christfest, Neujahrstag u. Erscheinungsfest. Drei Predigten. Stuttgart 869. F. Schweizerbart. gr. 8. (48 S.) 6 ngr.

– zum Ende u. Anfang des Kirchenjahrs. 2 Predigten gehalten am 25. Sonntag nach Trin. u. am 1. Adventsonntag 1863. Ebend. 864. gr. 8. (28 S.) n. 4 ngr.

Müller, F. G., Handbuch der Provinz Preußen zum Schul- u. Privat-Gebrauch. Nach den besten Quellen zusammengestellt u. hrsg. Königsberg 867. Gräfe. gr. 8. (IV, 107 S.) n. 10 ngr.

—— zur Heimkehr unserer siegreichen Truppen aus Frankreich. Militärischer Dankgottesdienst am 4. Sonntag nach Trinitatis 1871. Mit einer Predigt. 8. Ebendas. 871. *

Müller, Jesus u. die Kinderwelt. Predigt am 1. Sonntag nach Epiphaniä 1873. gr. 8. (15 S.) Stuttgart 873. Moser. n. — 20

Müller, F. G., Jesus u. die Samariterin. Zwei Predigten am 3. u. 4. Sonntage nach Epiphaniä 1865. Stuttgart 865. (Gütersloh, Bertelsmann.) gr. 8. (35 S.) n. 4 ngr.

Müller, F. G. (H.), Jesus und die Samariterin. Zwei Predigten am 3. und 4. Sonntag nach Epiphaniä 1865. gr. 8. (35 S.) Stuttgart 865, S. G. Liesching. *

—— drei Kriegs-Predigten, darunter die Buß- und Bettags-Predigt, am 5., 6. und 7. Sonntag nach Trinitatis. 8. (32 S.) Stuttgart 870, Schweizerbart'sche Verlagsh. (* 40 Pf.) *

Müller, F. G. Panorama von Clausthal. Clausthal 1840.

—— Predigt zur Friedensfeier am 7. März 1871. 8. Ebendas. 871. (* 20 Pf.) *

– drei Predigten für Leidende, gehalten an den Sonntagen Estomihi, Reminiscere, Oculi 1866. Stuttgart 866. Fr. Schweizerbart. gr. 8. (46 S.) 6 ngr.

—— vier Predigten, auf Neujahr, den Sonntag darauf, das Erscheinungsfest und den ersten Sonntag darnach. 8. (52 S.) Ebendas. 870. (* 80 Pf.) *

Müller, F. G., von der letzten Ruhe des Volkes Gottes. Predigt am 17. Sonntag nach Trin. 1862. Stuttgart 862. S. G. Liesching. gr. 8. (15 S.) n. 2 ngr.

—— ein Wort vom Altar und von der Kanzel an unsere jungen Soldaten beim Eintritt in ihre Garnison. 8. Ebendas. 873. (* 20 Pf.) *

Müller, F. G. R., Religionsbüchlein f. Volksschulen in Städten u. auf d. Lande. 8. Helmst. 802. Fleckeisen. 3 gl.

Müller, F. H., s.a. Müller, Ferdinand Heinrich

– s.a. Müller, Franz Heinrich

– s.a. Müller, Franz Hubert

MÜLLER, F. H.
Anleitung alle im Handel vorkommenden Arten Brandwein zu untersuchen. Kopenhagen, 1799. 8vo.

Müller, F. H., Arithmetik und Algebra für Gymnasien und Realschulen. gr. 8. (XII und 280 S.) Berlin 856(57,) Springer's Verlag. *

Müller: Das Familienleben in der homerischen Zeit. 12 S. –Zeitz, Progr. 1866

Mueller, Dr. F. H. Großh. hessisches Militär. Hrsg. v. J. Velten. Karlsruhe 1829. 30 farb. Bl. 2°

Müller, F. H. & J. Völlinger. Grossherzoglich Hessisches Militair. Nach der Natur aufgenommen von F. H. Müller ... und auf Stein gezeichnet von J. Völlinger ... Herausgegeben von Johann Velten in Carlsruhe [um 1830].
Tit., 2 Bl.; 30 Taf. in kol. Lithogr. 2°.

Müller, F. H. Ploblemata quaedam analytica ad summationem serierum pertinentia. Fasc. 1. 20 S. . . . .
Torgau, Progr. 1833

Müller, F. J., s.a. Müller, Franz Jakob

Müller, F. J., Blätter für Nationalbildung u. Privaterzieh. herausg. 1r Bd. 1s u. 2s Hft. 8. Passau, Ambrosi. (a. Mayr in Salzburg, u. Heigl u. C. in Straubing). 804-5. (3n Bds 1s Heft auch unt. dem Titel: Müller: Beitr. zur Bericht. der Urtheile üb. Pestalozzi, s. Methode etc.)

Müller. F. J. u. K. Dändliker. Lehrbuch d. allgem. Geschichte f. höhere Volksschulen, sowie zur Selbstbelehrung. 2. Aufl. 8°. Zürich, Schulthess. 1878.

Müller, F. J., die illustr. Postkarte, ihre Selbstanfertigg. sowie ihre graphischen Vervielfältigungsarten. Technische Anleitg. zum Zeichnen, Malen, Illustrieren u. künstler. Ausschmücken von Postkarten, sowie Anwendg. von photograph. Arbeiten hierfür, nebst Einführung in die graph. Vervielfältigungsarten. Mit 12 Bildtaf. qu. gr. 16. (68 S.) Wiesbaden 899. Müller & Schott. 1. —

Müller, F. J. C., s. Müller, Fr. Josef Konrad

Müller, F. J. G. De conformatione periodorum in serm. lat. part. I. 12 S. . . . .
Torgau, Progr. 1829

- De linguae latinae deminutivis. Diss. 1865. 95 S.

Müller, F. J. G. Worte der Ermahnung, zur Vorbereitung auf die Feier des h. Abendmahls gesprochen im Gymn. zu T. 9 S. . .
Torgau, Progr. 1831

Müller, F. K. D., Altes u. Neues vom Monde, s.: Jugend- u. Volksbibliothek, naturwissenschaftliche.

Müller, F. Max, s. Müller, Friedrich Max

Müller, F. O., die Baugeschichte der Sebastianskirche zu Magdeburg. gr. 8. (37 S. m. 4 Steintaf.) Schönebeck 880. (Magdeburg, Klotz.) n. 1. —

Müller, F. Paludan, die Tänzerin. Aus d. Dän. übersetzt. gr. 8. Kiel 835. Schwers Witwe. (Hamburg, Herold,) n. 1 ₰

Müller, F. R., Chemie d. Hausfrau. 12. (33 S.) Trier 893. (Loewenberg.) — 65

Müller, F. Theod., s. Müller, Friedrich Theodosius

Müller, F. W., s.a. Müller, Fr. Wilhelm

– s.a. Müller, Friedrich Wilhelm

— Volksmährchen aus Thüringen. 8. Cassel 794. Griesbach. (Luckhard). 12 gr.

Müller, F. W. J., s.: Borggold's Gesundheits-Bibliothek.

Müller, F. W. K., s. Müller, Friedrich Wilhelm Karl

Müller, F. X., s. Müller, Franz Xaver

Müller, Fel., Führer durch die mathematische Literatur, s.a. Abhandlungen zur Geschichte der mathematischen Wissenschaften. 27. Heft.

Führer durch die mathematische Literatur mit besond. Berücks. der historisch wichtigen Schriften. Von Felix Müller, (Loschwitz). Leipzig & Berlin: Teubner 1909. X, 252 S. 8°
(Abhandlungen z. Geschichte d. math. Wissenschaften. H. 27.)

Müller, Fel., s.: Jahrbuch üb. die Fortschritte der Mathematik.

Müller, Felix, Kalender-Karten f. die J. 1800—1999. qu. 32. (34 S.) Berlin 888. R. Hertzberg. n. — 40

Müller, Felix, Kalender-Tabellen. gr. 8. (8 S. m. 3 Taf. in qu. gr. 4) Berlin 885. G. Reimer. n. — 80

Müller, Felix: Über die Resistenz des Diptherieheilserums gegenüber verschiedenen physikalischen und chemischen Einflüssen. Jena 1898. 20 S. 8°.
Bern. Phil. Diss. 1898/99.

Müller, (Carl Otto) Felix *(geb. Grünberg in Schles. 12. 2. 1860)*: Ueber die Schalenbildung bei Lamellibranchiaten. Breslau 1885. (41 S.) 8° *[Im Buchhandel 1885 bei Köhler in Breslau; aus: Zool. Beiträge hrsg. v. Ant. Schneider. Bd 1. 1885, woselbst auch die den Tauschexemplaren fehlenden Tafeln.]*
Breslau, Phil. Diss. v. 10. Juli 1885

Müller, Felix (I.), über die Schalenbildung bei Lamellibranchiaten. Inaugural-Dissertation. gr. 8. (41 S.) Breslau 885, (Köhler.) *

Müller, Fel., Karl Schellbach, s.a. Abhandlungen zur Geschichte der mathematischen Wissenschaften usw. 20, I.

Karl Schellbach. Rückblick auf sein wissenschaftl. Leben. Nebst 2 Schriften aus s. Nachlass u. Briefen von (K[arl] G[ustav]) J[akob]) Jacobi, (F[erdinand]) Joachimsthal u. [Karl] Weierstraß. Hrsg. von Felix Müller. Mit e. Bildn. Schellbachs.
Leipzig: Teubner 1905. 86 S. 8°
Aus: Abhandlungen z. Geschichte d. math. Wissenschaften. Bd 20.

Müller, Felix, Carl Heinrich Schellbach. Gedächtnisrede, geh. in der Aula d. königl. Friedrich-Wilhelms-Gymnasiums am 29. Oktbr. 1892. 8. (35 S. m. Bildnis.) Berlin 893. G. Reimer. n. — 50

Müller, Felix, stud. ling. rec.: David Humes Stellung zum Deismus. Borna-Leipzig 1906: R. Noske. (53 S.) 8°
Leipzig, Phil. Fak., Ref. Heinze, Wundt, Diss. v. 27. Jan. 1906
[Geb. 22. Febr. 81 Pürsten, Sachsen; Wohnort: Neustadt, Sachsen; Staatsangeh.: Sachsen; Vorbildung: Realgymn. Leipzig Reife O. 00; Studium: Leipzig 9 S.; Rig. 20. Jan. 05.]

Müller, Felix Historisch-etymologische Studien über mathematische Terminologie. 4 (32 S.). Progr. Luisen-G. *Berlin* 1887 (64).

— abgekürzte Titel von Zeitschriften mathematischen Inhalts m. Erläuterungen u. historischen Notizen. (19 S.) gr. 8. Leipzig 903. B. G. Teubner. n. — 80
Sonderabdr. a.: „Jahresbr. d. deut. Mathematiker-Vereinigg."

Müller, Fel., Ueber die Transformation vierten Grades der elliptischen Functionen. (Gratulationsschrift.) Berlin 1872. 4°. brosch. (11 S.)

Müller, Fel., De transformatione functionum ellipticarum. (Dissert. inaug.) Berolini 1867. 4°. brosch. (25 S.)

Mathematisches Vokabularium. französisch-deutsch und deutsch-französisch enth. d. Kunstausdrücke aus d. reinen u. angewandten Mathematik. Von Felix Müller. (In 2 Hälften.) *Leipzig: B. G. Teubner 1900.* (XIV, 314 S.) 4°
[Nebent.:] Vocabulaire mathémat. franç.-allemand et allem.-franç. [01. 8499

Müller, Fel., mathematisches Vokabularium französisch-deutsch u. deutsch-französisch, enth. die Kunstausdrücke aus der reinen angew. Mathematik. 2 Hälften. Lex.-8. (XIV, 315 S.) Leipzig 901. B. G. Teubner. n. 19. —; in 1 Leinw.-Bd. n. 20. —

Müller, Fel., Zeittafeln zur Geschichte der Mathematik, Physik u. Astronomie bis zum J. 1500, m. Hinweis auf die Quellenliteratur. gr. 8. (IV, 103 S.) Leipzig 892. B. G. Teubner. Geb. in Leinw. n. 2. 40

Müller, Ferdinand [Pseud.], s.a. Haberland, Friedrich Wilhelm

Mueller, Baron Ferd. v., Auswahl von aussertropischen Pflanzen, vorzüglich geeignet für industrielle Kulturen u. zur Naturalisation, m. Angabe ihrer Heimathsländer u. Nutzanwendung. Aus dem Engl. v. Edm. Goeze. gr. 8. (IV, 488 S.) Kassel 883. Fischer. n. 16. —

Müller, Ferdinand, Referendar: Begriff und Rechte des deutschen Bundesrates. Borna-Leipzig 1908: Noske. VIII, 87 S. 8°
Heidelberg, Jur. Diss. v. 9. Nov. 1908, Ref. Anschütz
[Geb. 1. April 86 St. Wendel; Wohnort: Bensberg; Staatsangeh.: Preußen; Vorbildung: Apostel-Gymn. Cöln Reife O. 04; Studium: Tübingen 3, Berlin 1, Bonn 2 S.; Rig. 31. Jan. 08.] [U 09. 1860

MÜLLER, Ferdinand (Giesing): Ueber die Behandlung des Starrkrampfes.- München: Mühlthaler (1869). 17 S.
5.8.1869 - Urk (Titel: De therapia tetani.); F 73; Chr 1869/70,12
Diss.Ingolst.-Landsh.-Mchn.

Müller, Ferdinand, aus Witten a. d. R., pract. Arzt: Ein Beitrag zur Casuistik der Fremdkörper in corpore vitreo. *Greifswald 1900: J. Abel.* (27 S.) 8°
Greifswald, Med. Diss. v. 1. März 1900

Müller, Ferd. (I.), Beiträge zur Orographie und Hydrographie von Estland. 2 Thle. gr. 4. St. Petersburg, Röttger. *
Inhalt:
Thl. 1. West-Esthland. (114 S. mit 1 chromolithogr. Karte in gr. Fol.) 870. *ℳ 10,50.
» 2. Ost-Esthland. (88 S. mit 1 chromolithogr. Karte in gr. Fol.) 872. *ℳ 12.

Müller, Ferd., Beiträge zur Orographie u. Hydrographie v. Esthland. 2 Thle. gr. 4. St. Petersburg 872. Röttger. n. 22. 50
1. West-Esthland. Mit e. (chromolith.) Karte (in gr. Fol.) (114 S.) n. 10. 50
2. Ost-Esthland. Mit e. (chromolith.) Karte (in gr. Fol.) (88 S.) n. 12. —

Mueller, Ferd.: De depositione judiciali juris Romani. Berolini 1847. (31 S.) 8°
Berlin, Jur. Diss. v. 6. Dez. 1847

Müller, Ferdinand [aus Mannheim]: Ueber einige Derivate von Methylpseudocarbostyril .... München, K. Hof- u. Univ.-Buchdr. Dr. C. Wolf & Sohn, 1887; 23 S. 8°.
München, Phil. Fak., Inaug.-Diss. v. 1887.

Müller, Ferdinand, über einige Derivate von Methylpseudocarbostyril. Diss. München 1887, A. Buchholz. 8°. 23 S.

Müller, Ferd., Einleitung in die Bibel und kurze Erklärung einiger Begriffe, welche in dem Religions-Unterrichte vorkommen. Für die Schule, so wie für einen Jeden, dem es um deutliche Begriffe in der Religion und Moral zu thun ist. gr. 8. (93 S.) Riga 851, Götschel's Buchh. Thlr.

Müller, Ferdin. Über die Einrichtungen öffentlicher Bibliotheken mit besonderer Berücksichtigung der k. Hof- und Staatsbibliothek zu München. 24 S. Progr. *Saalfeld* 1879.

Müller, Ferd., Erheiterungen f. d. Jugend. Bestehend in kurz. Erzähln., Fabeln, Räthseln, Charaden, Logogryphen, Anagrammen, Räthselfragen, in Beispielen von Einfalt, Unklugheit, Thorheit, Gedankenlosigkeit, Geistesgegenwart, Klugheit, Witz, List, Verschlagenheit, Verkehrtheiten in schriftl. Aufsätzen rc. 8. (13½ B.) Riga 839, Götschel.

Müller, Fd., Kopfrechenexempel, mit Angaben zweckmäßiger Regeln u. leichter Vortheile der Berechnungen. Ein Hand- und Hülfsbuch für die Schule und das Haus. 2. verb. Aufl. qu. 4. Riga u. Mitau 841, Götschel. ⅛ ₰
(8¼ B.)

Müller, Ferd., das große illustrirte Kräuter-Buch. Eine ausführl. Beschreibung aller Pflanzen, mit genauer Angabe ihres Gebrauchs, Nutzens und ihrer Wirkung in der Arzneikunde, ihrer Verwerthung und Verwendung im Handel und Gewerbe. Nebst einer deutlichen Anweisung zur Sammlung und Bebauung derselben, um den größtmöglichsten Nutzen daraus zu ziehen, und ein vollständ. Verzeichniß aller Krankheiten, gegen welche sich bewährte Mittel in diesem Buche finden. 12 Hefte. Lex.-8. (VII und 685 S. mit 300 Abbild. in eingedr. Holzschn. und Einleitung 48 S.) Ulm 859, Ebner'sche Buchh. à Heft 5 Ngr.

Müller, Ferd., das große illustrirte Kräuter-Buch. Eine ausführliche Beschreibung aller Pflanzen, mit genauer Angabe ihres Gebrauchs, Nutzens u. ihrer Wirkung in der Arzneikunde, ihrer Verwerthung u. Verwendung im Handel u. Gewerbe. Nebst einer deutlichen Anweisung zur Sammlung u. Bebauung derselben, um den größtmöglichsten Nutzen daraus zu ziehen, u. einem vollständigen Verzeichniß aller Krankheiten, gegen welche sich bewährte Mittel in diesem Buche finden. Mit 300 Abbildungen (in Holzschn.). Ulm 860. Ebner. Lex.-8. (VII, 685 S. u. Einleitung 48 S.) 2 ₰

Müller, Ferd., das große illustrirte Kräuterbuch. Ausführliche Beschreibung aller Pflanzen, ihres Gebrauchs, Nutzens, ihrer Anwendung und Wirkung in der Arzneikunde rc. Nebst deutl. Anweisung zur Bereitung aller mögl. medicin. Präparate, Kräutersäfte, Arzneien rc. Mit einem alphabet. Verzeichnisse der Krankheiten, gegen welche sich bewährte Mittel in diesem Buche finden. 2., umgearb. Aufl. (In 12 Heften.) 1.—9. Heft. Lex.-8. (XXIV und S. 1—640 mit 1 Holzschntaf. und 300 Abbild. in eingedr. Holzschn.) Ulm 866—68, Ebner. à Heft 5 Ngr.

Müller, Ferd. (II.), das große illustrirte Kräuterbuch. Ausführliche Beschreibung aller Pflanzen, ihres Gebrauchs, Nutzens rc. 2. umgearb. Aufl. Mit 300 Abbild. in eingedr. Holzschn. 10.—12. Heft. (Schluß.) Lex.-8. (S. 641—823.) Ulm 869,70, Ebner'sche Buchh. à Heft 50 Pf.
1.—9. Heft. Ebendas. 1866—68. ℳ 4,50.

Müller, Ferd., das große illustrirte Kräuterbuch. Ausführliche Beschreibung aller Pflanzen, ihres Gebrauchs, Nutzens, ihrer Anwendung u. Wirkung in der Arzneikunde, ihres Anbaus, ihrer Einsammlung, Verwerthung u. Verwendung im Handel u. Gewerbe. Nebst deutlicher Anweisung zur Bereitung aller möglichen medicinischen Präparate, Kräutersäfte, Arzneien, vieler Geheim- u. Hausmittel, Parfümerien, Pomaden, Insektenpulver. Mit einem alphabet. Verzeichnisse der Krankheiten, gegen welche sich bewährte Mittel in diesem Buche finden. 5., umgearb. Aufl. Mit 320 (eingedr. Holzschn.-) Abbildungen. gr. 8. (XXIV, 823 S.) Ulm 877. Ebner. 6. —; geb. n. 7. —

Müller, Ferd. (II.), das große illustrirte Kräuterbuch. Ausführliche Beschreibung aller Pflanzen, ihres Gebrauchs, Nutzens, ihrer Anwendung und Wirkung in der Arzneikunde, ihres Anbaus, ihrer Einsammlung, Verwerthung und Verwendung im Handel und Gewerbe. Nebst deutl. Anweisung zur Bereitung aller mögl. medicin. Präparate, Kräutersäfte, Arzneien, vieler Geheim- und Hausmittel, Parfümerien, Pomaden, Insektenpulver. Mit einem alphabet. Verzeichnisse der Krankheiten, gegen welche sich bewährte Mittel in diesem Buche finden. 6. und 7. umgearb. Aufl. gr. 8. (XXIV, 823 S. mit 320 eingedr. Holzschn.-Abbild.) Ulm 882,84, Ebner'sche Buchh. geb. ›

Müller, Fd., (Fr. Wlh. Haberland), die Familie Leblanc. od. die Waldhöhle bei Bougenais. 3 Thle. 8. Jena 803—805. Cröker. 2 ₰

Lehrbuch der Menschenhaar-Präparation. Prakt. Anleitung f. Friseure u. Perückenmacher z. Färben, Krausen u. Weissbleichen. Von Ferd. **Müller**, Begründer e. Haarfabrik. *Berlin: A. Knickmeyer [G. Grube in Comm.] [1900].* (60 S.) 8° [01. 11461

Müller, Ferd., Lehrbuch der Menschenhaar-Präparation. Praktische Anleitg. f. Friseure u. Perückenmacher zum Färben, Krausen u. Weissbleichen nach den neuesten Methoden. 2. verb. Aufl. (III, 67 S.) gr. 8. Berlin (907). (G. Grube.) nn 3. —

Lehrbuch der Menschenhaar-Präparation. Prakt. Anleitung f. Friseure u. Perückenmacher ... Von Ferdinand **Müller**, Leiter e. Haarfabrik. 2. verb. Aufl. Berlin: Hochschule f. d. Friseur- u. Perückengewerbe [1907]. (68 S.) 8° [07. 12931

Müller, Ferdinand, appr. Arzt a. Wittlich: Über die Löslichkeit des Zinns durch Weinsäure unter verschiedenen Bedingungen des praktischen Lebens. Würzburg 1905: F. Staudenraus. (24 S.) 8°
Würzburg, Med. Fak., Ref. Lehmann, Diss. v. 15. Apr. 1905
[Geb. 15. Dez. 80 Wittlich; Wohnort: Würzburg; Staatsangeh.: Preußen; Vorbildung: Gymn. Trier Reife O. 00; Studium: Würzburg 4, Kiel 1, Berlin 2, Würzburg 2 S.; Coll. 1. März 05; Approb. 16. Febr. 05.]

—— der Naturfreund, od.: erster Unterr. in d. Sternkunde u. Naturlehre. Ein Schul- u. Hausb. in katechet. Form. 3. Ausg. gr. 8. (12 B. u. 1 Stnt.) Berlin 839, Geo. Reimer.

Müller, Ferd., die Pflichten eines Kindes zu Hause u. in der Schule durch lehrreiche Erzählungen erläut. 8. (3¾ B.) Riga 845, Götschel.

von: Mueller, Ferdinand: Das Schicksal Dr. Ludwig Leichhardt's und eine erneute Anregung zur Aufsuchung dieses Forschungsreisenden und seiner Gefährten. Ein Vortrag gehalten in der St. George's Halle zu Melbourne am 9. Februar 1865. (Uebersetzung von Theodor Müller.) Melbourne 1865. 8 S. 8°.

Müller's (Ferd.) Schreib- u. Termin-Kalender auf d. J. 1853. 12. (332 S.) Stettin, Müller & Co. In Engl. Einb. 3/6 ; in Lederbd. 5/6

Müller's (Ferd.) Schreib- und Termin-Kalender auf die J. 1853—55. 12. Stettin 852—54, Müller'sche Buchh. à Jahrg. —

Müller's, (Ferd.), Schreib- u. Termin-Kalender für Juristen und Geschäftsleute auf das Jahr 1853—55. Stettin, Müller u. Co. 12. Jeder Jahrg. n. 22½ ngr.

* MÜLLER, Ferd., Sittenspiegel, oder Tugend und Laster zur Nachahmung sowie zur Warnung vorgestellt. Berlin 1836. 8°. (In Berlin.)

—— Sittenspiegel, od. Tugend u. Laster, z. Nachahm. so wie z. Warnung dargest. in Beispielen, die aus d. Bibel, d. Weltgesch. u. d. tägl. Leben entlehnt, u. nach d. Reihefolge d. im luther. Katechismus enth. Hauptlehren d. Religion geord. sind. Ein christl. Leseb. f. d. Schule u. d. Haus. gr. 8. (44½ B.) Berlin 836, Geo. Reimer.

Müller, Fd., leichtfaßl. deutsche Sprachlehre, mit erläut. Beispielen. 2 Thle. 8. Riga 830. 31.

—— leichtfaßliche deutsche Sprachlehre, mit erläuternden Beispielen zum Gebrauch für Schulen und zum Selbstunterrichte. 3., verb. und verm. Aufl. gr. 8. (III und 329 S.) Riga 847, Götschel's Buchh.

Müller, Ferd., unter Tungusen u. Jakuten. Erlebnisse u. Ergebnisse der Olenék-Expedition der kaiserl. russ. geograph. Gesellschaft in St. Petersburg. Mit 4 (Holzschn.-)Abbildungen u. einer (lith.) Karte. gr. 8. (X, 326 S.) Leipzig 882. Brockhaus. n. 8. —; geb. n. 9. 50

—— kurzer Unterricht in der Erdbeschreibung und Geschichte, für Schulen und zum Selbstunterrichte. 1. Aufl. (IV und 79 S.) 1847. * 10 Ngr. und 2., verb. und verm. Aufl. 8. (IV und 153 S.) Riga 850, Götschel's Buchh.

—— kurzer Unterricht in der Menschenkunde, nebst einer kleinen Gesundheitslehre. Ein Schul- und Hausbuch. 8. (76 S.) Riga 849, Götschel's Buchh.

—— kurzer Unterricht in der Naturbeschreibung, mit besond. Berücksicht. Rußlands. Ein Schul- und Hausbuch. 8. (199 S.) Riga 848, Götschel's Buchh.

— leichtfaßl. Unterricht im Rechnen, für Schulen u. z. Selbstbelehrung. Nebst Antworten. ... 2. verb. u. verm. Aufl. gr. 8. Riga u. Moskau 842, Deubner. n. 1⅓ (26 B.)

Müller, Ferd. Ueber Ventilation u. Heizung. (Jahresber. der Königl. Gewerbeschule zu Crefeld. 1874-75.) Crefeld 1875. 8.

Müller, Ferdinand, a. Hersfeld an der Fulda: Über das 4-Aethylthiopyrin und dessen Derivate. Rostock 1905: H. Winterberg. (52 S.) 8°

Rostock, Phil. Fak., Ref. Michaelis, Diss. v. 29 Juli 1905

[Geb. 6. Febr. 81 Fraulautern b. Saarlouis; Wohnort: Stavenhagen; Staatsangeh.: Preußen; Vorbildung: Gymn. Hersfeld O. 01; Studium: Marburg 4, Rostock 5 S.; Rig. 26. Juli 05.]

Müller, Ferdinand, Ueber die Vorherbestimmung der Stürme und insbesondere über die Stürme vom 1.—4. December 1863. (Beilage zu den Annalen des Physikalischen Central-Observatoriums für das Jahr 1861). St. Petersburg 1864.

Müller, Ferd. Ado. Heinr. Jos., tabellar. Uebersicht d. Pflanzenreichs nach d. Linneischen Sexual-System f. angeh. Mediciner u. Pharmaceuten bearb. Roy.-Fol. (5 Blätter.) Stuttgart 836, [Scheible, Rieger u. Sattler.]

—— dass., nach d. natürl. Pflanzen-System v. Jussieu. Roy.-Fol. (4 Blätter.) Stuttgart 836, [Scheible, Rieger u. Sattler.] Beide ungetrennt nur 1 Thlr. 9 Gr.

Müller, Ferd. Ado. Heinr. Jos., einige Worte üb. d. Heil-Systeme v. Broussais, Rasori u. Hahnemann. Eine Vorles. gr. 8. (¾ B.) Zürich 834, (Orell, Füssli u. Comp.)

MÜLLER, FERDINAND ALBRECHT.
Berzelius' Ansichten. Ein Beitrag zur theoretischen Chemie. Breslau, 1846. 8vo.

Lehrbuch der theoretischen Chemie. Berlin, 1850.

Müller, Ferd. Aug., das Axiom der Psychophysik u. die psychologische Bedeutung der Weber'schen Versuche. Eine Untersuchung auf Kantischer Grundlage. gr. 8. (VII, 158 S.) Marburg 882. Elwert's Verl. n. 3. —

Müller, Ferd. Aug., das Problem der Continuität in Mathematik u. Mechanik. Historische u. systemat. Beiträge. gr. 8. (IV, 124 S.) Marburg 886. Elwert's Verl. n. 3. —

— **Ferdinand Christian** (Celle), De actionibus ex delicto rei persecutoriis adversus heredes delinquentis in solidum competentibus. Diss. jur. Präs. Georg Heinrich Ayrer. Göttingen (G. L. Schulz) 27. VII. 1752. 42 S. (6.—) 24009
Gew.: Rudolph Johann von Wrisberg, Ludwig von Gemmingen, Hermann Conrad von Hugo.

Müller, Ferdinand Heinrich: Historisch-geographische Darstellung des Stromsystems der Wolga. Berlin 1839. XXXII, 679 S. 8°.

— s. Hannibals Heerzug.

Müller, Ferdinand Heinrich. Hannibal's Heerzug über die Alpen. Aus dem Englischen. Mit einer lithographirten Karte der Westalpen. (Donation Liechtenstein.) 8. Berlin 1830.

Müller, Ferd. Heinr., über d. Organismus u. d. Entwicklungsgang d. polit. Idee im Alterthum, od. d. alte Gesch. v. Standpunkte d. Philosophie. gr. 8. (23½ B.) Berlin 839, [Lüderitz'sche Verlsbuchh.]

— **Ferd. Heinr.** (Stettin/Pommern), De rebus semitarum. Diss. histor.-geogr. Berlin (A. W. Schade) 24. V. 1831. 89 S. mit Biogr. (3.—) 24010
Oppon.: Vatke, Hasse, Matthies.

Müller, F. H., de rebus Semitarum diss. histor.-geographica. 8maj. Berl. 831. Enslinsche B. 12 gl

Müller, Ferd. Heinr.: Die deutschen Stämme und ihre Fürsten. Oder: Historische Entwicklung der Territorial-Verhältnisse Deutschlands im Mittelalter. Th. 1—4. Gotha 1861. Th. 5. Hamburg u. Gotha 1852. 5 Bde
Th. 4. 5. [Nebentit.:] Histor.-geogr. Darstellung von Deutschland im Mittelalter vornehmlich während der Zeit des 10. Jahrh. Th. 1. 2.

—— die deutschen Stämme u. ihre Fürsten, ob. histor. Entwickelung d. Territorial-Verhältnisse Deutschlands im Mittelalter. 1—3. Thl. gr. 8. Berlin, [Lüderitz'sche Vrlsbuchh.]
Thl. 1. Vorgeschichte d. deutsch. Stämme bis z. Bildung d. fränk. Reiches d. Merowingen. (29½ B.) 840. 2 Thlr.
" 2. Geschichte d. deutsch. Stämme in Verbindung mit d. fränk. Reiche d. Merowingen u. Karolingen. (32⅔ B.) 841. 2 Thlr.
" 3. Die deutsch. Stämme in d. karoling. Reiche u. d. Begründung d. deutschen Reiches. (23¼ B.) 842. 2 Thlr.

Müller, Ferd. Heinr., die deutschen Stämme u. ihre Fürsten, od. histor. Entwickelung der Territorial-Verhältnisse Deutschlands im Mittelalter. 4. Thl. A. u. d. Ttl: Histor.-geograph. Darstellung von Deutschland im Mittelalter vornehmlich während der Zeit des 10. Jahrhunderts. 1. Thl. Die Länder Hohenrhätien, Alemannien u. Burgund. gr. 8. (26 B.) Berlin 844, Lüderitz'sche Vrlgsbuchh.
1—3. Thl. Ebendas. 1840—42. à 2 Thlr.

Müller, Ferd. Heinr., die deutschen Stämme und ihre Fürsten oder histor. Entwickelung der Territorial-Verhältnisse Deutschlands im Mittelalter. 5. Thl. A. u. d. T.: Historisch-geographische Darstellung von Deutschland im Mittelalter vornehmlich während der Zeit des 10. Jahrhunderts. 2. Thl.: Die Länder Burgund und Alemannien. gr. 8. (XVIII und 418 S.) Hamburg und Gotha 852, F. A. Perthes. *
1—4. Thl. Ebendas. 1840—44. 8 Thlr.

Müller, Ferdinand Heinrich: Der ugrische Volksstamm oder Untersuchungen über die Ländergebiete am Ural und am Kaukasus in historischer, geographischer und ethnographischer Beziehung. Erster oder geographischer Theil. Abth. 1. Berlin 1837. XXXII. 516 S. 8°.

—— der ugrische Volksstamm, od. Untersuchungen üb. d. Ländergebiete am Ural u. am Kaukasus in histor., geograph. u. ethnograph. Beziehung. 1. od. geograph. Thl. 1. Abthl. gr. 8. (34½ B.) Berlin 837, Duncker u. Humblot.

—— dass. — 1. od. geograph. Thl. 2. Abthl. — A. u. d. T.: Histor.-geograph. Darstell. d. Stromsystems d. Wolga. gr. 8. (44½ B.) Berlin 839, [Lüderitz'sche Vrlsbuchh.] *

Müller, Filipp, s. Müller, Philipp

Bühl und Baden. — Müller, Fl., Schulwandkarte der Amtsbezirke Bühl und Baden. 1:33,333. Baden-Baden 888, Sommermeyer. Aufgezogen und mit Stäben * 9 —

Müller, Florian, der Bankerott. Eine gesellschaftliche Tragödie in 5 Acten. Leipzig 853. Thomas. gr. 8. (3 Bl., 122 S.) n. 25 ngr.

Müller, Fooke Hoissen, Döntjes un Vertellsels in Brookmerlander Taal, de verbreedste Ostfreeske Mundart. (Herausg. von J. D. Müller.) Berlin 857. J. Springer. 8. (IV, 157 S.) n. 20 ngr.

Müller, Foocke Hoissen, Elemente d. Arithmetik u. Algebra in System, Commentar u. Anwendn., als Lehr- u. Uebungsbuch f. d. mittl. Classen höh. Lehranstalten u. z. Gebr. f. Hauslehrer u. beim Selbstunterr. dargest. 2 Thle. gr. 8. Potsdam, [Riegel's Vrlsbuchh.] [1. (19½ B.) 839. 1⅙ Thlr., 2. (22 B.) 841. 1⅓ Thlr.]

Müller, Fr. IV., Alexis u. Halvanna. Gedicht in 5 Gesängen 12. Lippst. 822. (Wien, Tendler). 10 gl

— staatswissenschaftl. kurze Andeutungen, größtentheils Mecklenburg berührend. gr. 8. Rostock u. Güstrow 832. Oeberg u C. Velinp. 18 gl (9½ B.)

Müller, Fr., staatswissenschaftl. kurze Andeutungen, od. ökonom.-polit. Grundsätze u. Wahrheiten z. Beförder. d. Gemeinwohls. 2. Ausg. gr. 8. (9½ B.) Quedlinburg 840, Ernst'sche Buchh.

Müller, Fr. (I.), Beiträge zur oldenburgischen Flora, s. Abhandlungen, hrsg. vom naturwissenschaftlichen Verein zu Bremen.

SIEBENBÜRGEN. — Müller, Fr., Beiträge zur Geschichte des Hexenglaubens u. des Hexenprozesses in Siebenbürgen. Braunschweig 1854. Gr. 8°. (1 Mk. Gust. Pietzsch, Dresden, 1909.)

Müller, Fr.: Die scenische Darstellung des äschyleischen Prometheus. 21 S. – Stade, Progr. 1871.

Müller, Fr., Denkmäler der alten Kunst, s. Denkmäler.

Müller, Fr., (J. C. Sommer,) die Dorf- u. Landpolizei, ein Mittel, den Landmann gesunder, vernünftiger, glücklicher u. wohlhabender zu machen. Mit Abbild. u. Beschreib. e. neuen Feuerleiter ꝛc. Mit Kpf. gr. 8. Leipz. 80.. 2c A. 810. (W. Rauck). 14 gl

Müller, F., d. Dorf- od. Landpolicey, u. Mittel, d. Landm. gesünder ꝛc. z. machen. Ein Buch f. Jederm. nebst Abbild. u. Beschr. ein neuen Feuerleiter ꝛc. m. K. gr. 8. Leipz. Sommer. 810.

JAHRESBERICHT DES NATURWISSENSCHAFTL. VEREINS FÜR DAS FÜRSTENTUM LIPPE.
1891. Inhalt. 1. Rechenschaftsbericht für 1890, erstattet von ... Gymnasialdirektor GEBHARD 2 FR. MÜLLER, Die Gross-Schmetterlinge des lippischen Faunengebiets. Detmold 1891. Meyersche Hofbuchdruckerei (Quentin). 8°.

Müller (Fr.), Handbuch der Mineralogie. Dresden und Leipzig 1832. 8.

Müller, Fr., Ein zugerisches Heerdebuch, dessen Wesen, Einrichtung u. Nutzen. 18 Stn. 8. Zug, Buchdruckerei J. Zürcher. 1874.

Müller, Fr., Stöcker's angeblich ethisch-sociale Judenfrage. Eine allseit. Beleuchtung derselben vom polit. und sittl. Standpunkte aus mit besond. Berücksicht. der Mischehe. 1. und 2. verb. Aufl. gr. 8. (III, 77 S.) Würzburg 880, (Stuber's Verlagsh.) *

Müller, Fr.: Illustr. deutsch-französ. Krieg in 1870-1871. [Der Kamerad. Lesebuch f. bayerische Soldaten, hrsg. v. J. Heyberger.] München 1872. 143 S. 8°

Müller, Fr., die Kunst des Mittelalters in Schwaben, s. Heideloff.

—— und C. Heideloff, die Kunst des Mittelalters in Schwaben, Supplem., s. Baudenkmale, mittelalterliche, aus Schwaben.

Müller, Fr., s.: Kunst, die, zu studieren.

Müller, Fr., Klunzinger, Karl, und Seubert, A. Die Künstler aller Zeiten und Völker oder Leben und Werke der berühmtesten Baumeister. Bildhauer. Maler, Kupferstecher, Formschneider. Lithographen etc. von den frühesten Kunstepochen bis zur Gegenwart. Band IV. Nachträge seit 1857. Neuere Forschungen über ältere Künstler, sowie alphabetische Uebersicht der Künstler der Gegenwart und ihrer Leistungen. 4 Bde. Stuttgart 1857—1870. 8°.

—— die Künstler aller Zeiten und Völker. Leben und Werke der berühmtesten Baumeister, Bildhauer, Maler, Kupferstecher, Formschneider, Lithographen etc. von den frühesten Kunstepochen bis zur Gegenwart. Nach den besten Quellen bearb. 1—10. Lfg. (1. Bd.) (A — Ezquerra.) Lex.-8. (VIII und 602 S.) Stuttgart 854. 55, Ebner und Seubert. à Lfg. * 12 Ngr. *

Müller, Fr., die Künstler aller Zeiten und Völker oder Leben und Werke der berühmtesten Baumeister, Bildhauer, Maler etc. von den frühesten Kunstepochen bis zur Gegenwart. 11—16. Lfg. Lex.-8. (2. Bd. S. 1—336.) Stuttgart 859, Ebner und Seubert. à Lfg. * 12 Ngr. *

—— dass. — Fortgesetzt von Klunzinger. 17—28. Lfg. Lex.-8. Ebendas. 858—62. [2. Bd. (VI und S. 337—644.) 3. Bd. (S. 1—336.)] à Lfg. * 12 Ngr. *
1—10. Lfg. Ebendas. 1854,55. * 4 Thlr.

Müller, Fr., die Künstler aller Zeiten und Völker, oder Leben und Werke der berühmtesten Baumeister, Bildhauer, Maler etc. von den frühesten Kunstepochen bis zur Gegenwart. Fortgesetzt von Karl Klunzinger und A. Seubert. 29.—39. (Schluss-)Lfg. Lex.-8. (3. Bd. S. 337—937.) Stuttgart 864, Ebner und Seubert. à Lfg. * 12 Ngr. *
1.—28. Lfg. Ebendas. 1854—62. * 11 Thlr. 6 Ngr.

—— dass. — Neue (Titel-)Ausg. 10 Lfgn. gr. 8. Ebendas. 866. à Lfg. * 1 Thlr. 16 Ngr. *
Ermässigter Preis *

— neuestes Künstler-Lexicon. Ergänzungsband. Nachträge seit 1857: Neuere Forschungen über ältere Künstler, sowie alphabet. Uebersicht der Künstler der Gegenwart u. ihrer Leistungen. Bearb. von A. Seubert. Ebend. 869,70. gr. 8. (VI, 473 S.) n. 3 ₰ 4 ngr.

Müller, Fr., neuestes Künstler-Lexicon. Ergänzungsband. Nachträge seit 1857: Neuere Forschungen über ältere Künstler, sowie alphabet. Uebersicht der Künstler der Gegenwart und ihrer Leistungen. Bearb. von A. Seubert. 4 Lfgn. gr. 8. Stuttgart 870, Ebner und Seubert. [Frankfurt a. M., Schwelm.] [1. und 2. Lfg. (S. 1—324.) à Lfg. * M 2.; 3. und 4. Lfg. (VI, S. 325—473.) * M 5,40.] *
4 Bde. complet. 1866—70. (* M 24,40.) M 12.

Müller, Fr., spanische Liebe. Ein Gedicht in 4 Gesängen. 12. Wien, Tendler u. v. Manstein. 820.

— Meledin. Gedicht in 5 Gesängen. 12. Lippst. 822. Wien Tendler). 12 gr

Müller, Fr. VIII., prakt. Münz- u. Reductionstabellen. gr. 8 Hof 803. Grau. 18 gr

Müller, F.: „Die Polizey auf dem Lande höchst nöthig, um den Landmann gesünder, einsichtsvoller, wohlhabender, glücklicher und zufriedener zu machen", Leipzig 1823 (Sommer).

Müller, Fr., précis de la législation rurale en vigueur dans le grand-duché de Luxembourg, coordonnée d'après le système de M. A. Bourguignat. Luxemburg 860. Buck. 12. (X, 255 S.) n. 20 ngr.

Müller Fr, Stuttgart. Proben der Buchdruckerei. Stuttgart 1840

Müller, Fr. II., Schulbüchlein f. d. ersten Unterricht im Lesen; verbunden mit Wandtafeln. 8. Quedlinb. 824. Ernst. 2 gr

— s. Steenstrup, Jh. Japet. Sm., Untersuchungen.

Müller, Fr., Ursachen u. Wirkungen der deutschen Auswanderungen im 19. Jahrhundert. (Aus der allgem. Ausw.-Zeitung abgedr.) gr. 8. (78 S.) Rudolstadt 847, Froebel. 12 ngr

Müller, Fr., Verzeichnis der Groß-Schmetterlinge [Macrolepidopteren] d. Lippischen Faunengebietes. Gesammelt u. zusammengestellt. gr. 8. (68 S.) Detmold 891. Hinrichs. n. 1.50

— Wandtafeln zur Erleichterung d. ersten Unterrichts im Lesen, nach d. Lautmethode geordnet u. f. d. gleichzeit. Unterricht einer größeren Schülerzahl eingerichtet. In Verbindung mit e. Handfiebel. gr. Fol. Quedlinb. 824. Ernst. 18 gr

Müller, Fr. Aug., († d. 31. Jan. 1807.) Adelbert der Wilde ein Gedicht in 12 Gesängen, 2 Bde. Mit Kpf. 8. Leipz. 793 Weidmann. 2 ₰ 16 gr Velinp. 3 ₰ 8 gr

— Alfonso, s. Alfonso.

Müller, Fr. X., das Portrait. Epysches Gedicht in fünf Gesängen. 12. Wiesensteig 836. Schmid. (Stuttgart, Beck u. Fränkel.) 1/2 ₰ (4¾ B.)

Müller, F. A., Richard Löwenherz. Gedicht rc. s. Richard.

Müller, Fr. Alfr., s.: Aufnahmen altbäuerlicher Gehöfte u. alter städtischer Gebäude aus vormals henneberglschen Bezirken.

Müller, Fr. C. Johannes

Müller, F. C. Johs., politische Brochuren Nr. 2. A. Adresse an Sr. Excellenz den Hrn. Minister des Auswärtigen von Frankreich, die Theilung Deutschlands betreffend. B. Adresse an Sr. kgl. Hoh. den Großherzog von Baden. (1 B.) Straßburg 832, Schuler. (Treuttel u. Würtz.) Thlr.

Müller, F. C. Jh., die Entstehung der Welt aus Nichts. Astronom.-philosoph. Skizze in logischer Darstell. (Aus d. Pallas abgedr.) Mit 1 Steindr. gr. 8. Leipz. 831. Klein. 12 gr

Müller, Fr. C. Johs., die Entstehung d. Welt aus Nichts. — Astronom.-philosoph. Skizze in log. Darstell. f. Gelehrte u. Gebildete. gr. 8. (4½ B. u. 1 Stnt.) Leipzig 832, Klein.
Aus dess. „Pallas" abgedruckt.

—— Ideen zum Entwurfe einer Verfassungsurkunde für Deutschland. gr. 12. (5¼ B.) Straßburg 832, Schuler, (Treuttel u. Würtz.) *

— rationelle Methode, d. Cholera durch Mittel zu heilen, welche den jedesmal. Symptomen entsprechen. gr. 8. Leipz. 831. (Franke). 2 gr

Müller, Fr. C. Johs., rationelle Methode, die Cholera durch Mittel zu heilen, welche d. jedesmal. Symptomen entsprechen. Eine Verbind. d. homöopath. mit d. allopath. Verfahren. Für Aerzte u. Nichtärzte. gr. 8. (1 B.) Leipzig 832, Franke. Thlr.

Müller, F. C. Jh., rationelle Methode, die Cholera durch Mittel zu heilen, welche dem jedesmaligen Symptomen entsprechen. Eine Verbindung des homöopath. mit dem allöopath. Verfahren. gr. 8. Leipzig 832. (jetzt Melzer.) 1/12 ₰

—— Pallas. Eine Zeitschrift, s. Pallas.

—— Philosophie u. Mathematik in Parallele, od. üb. d. Möglichkeit e. Apodiktik in d. Philosophie, u. d. Nothwendigkeit e. bloß auf Möglichkeit gehenden Propädeutik zur Philosophie, welche zu jener sich verhält, wie d. reine Mathematik zur angewandten. Als Einleit. zu meinem Systeme d. Philosophie. 8. (2½ B.) Berlin 829, Voß.

— für Polen u. Freiheit. Gegen Krug u. d. an Gewalt Verkauften. In Briefen an Hrn Prof. Krug. 8. Altenb. 831. (Leipz., Franke). 6 gr

—— für Polen u. Freiheit. Gegen Krug u. die an die Gewalt Verkauften. In Briefen an d. Hrn. Prof. Krug in Leipzig. 8. (2½ B.) Altenburg 832. (Leipzig, Franke.)

— für Polen und Freiheit. Gegen Krug und die an die Gewalt Verkauften. In Briefen an den Professor Krug in Leipzig. 8. Altenburg 832. (Leipzig, Melzer.) 1/4 ₰

—— die Politik Preußens seit Friedrich d. Gr. Tode. gr. 8. (6 B.) Altenburg 832, (Exped. d. Eremiten.)

Müller, F. E., Polona. Eine lyrische Dichtung in 3 Gesängen. gr. 8. (1½ B. ohne Pag.) Leipzig 832, Glück.

Müller, Fr. Chr., s.a. M ü l l e r, Friedrich Christoph

Muller, dictus **Wohlheimer,** Fr. Chr., Diss. opii correctionem genuinam et usum . . . proponit. 31 pp. Hal. 1702. 1730. 4°.
1702

Müller, Fr. David

Müller: Der Kampf um die Auctorität auf dem Concil zu Constanz. 25 S.–Berlin Gw., Progr. 1860

Müller, Fr. Dav., der Kampf um die Auctorität auf dem Conzil zu Constanz. Berlin 860. Dümmler's Buchhdlg. gr. 4. (25 S.) n. 10 ngr

Mueller, Fr. E., was müssen die Berufsgenossenschaften v. den Aerzten verlangen? Nach e. auf der 71. Versammlg. deutscher Naturforscher u. Aerzte geh. Vortrag. gr. 8. (32 S.) Lübeck 900. M. Schmidt. —50

Müller, Fr. E. C., s. M ü l l e r, Friedrich E. C.

Müller, Fr. Ed., s.: Professoren- u. Lehrer-Kalender, Fromme's österr.

Müller, Fr. Er., s. M ü l l e r, Friedrich Ernst

Müller, Fr. Gottlieb

— s. Faden, der, im Labyrinthe.

Müller, Fr. Gli., († d. .. April 1794.) zufällige Gedanken über die Poesie d. Bibel. gr. 8. Wittenb. 794.

Müller, Fr. H., s. M ü l l e r, Franz Hubert

Müller, Fr. H. Hans, s. M ü l l e r, Friedrich Hermann Hans

Müller, Fr. Heinrich, s. M ü l l e r, Franz Heinrich

Fr. J. Müller, Beiträge zur Kenntniß der Schicksale einheimischer und fremder Münzen im Kurfürstenthum Trier im Mittelalter und bis 1794. Trier, 1827. 4.

Müller, Fr. J., Literatur-Anzeige, welche üb. die in d. Stadt Trier u. ihren Umgebungen theils noch besteh., theils aber zerstörten Bauten, Denkmäler, Inschriften ꝛc., aus der ältesten und mittlern Zeit, einige Kunde geben. 8. Trier 841, Lintz. 1/4 ₰

Müller, Fr. Jac., poetische Bilder aus dem Leben. 1. Aufl. 1865 u. 2. Aufl. Ohrdruff 866. (Stadermann jun.) gr. 16. (VII, 93 S.) n. 10 ngr

–(Hrsg.), s. S p r e c h - S a a l.

Müller, Fr. Jos., Andachtsübungen e. wahren Christen. 8. (19 B. u. 1 Holzschn.) Füssen 833. (Augsburg, Kollmann.)

Müller, Fr. Josef Conrad, s. M ü l l e r, Fr. Josef Konrad

Müller, Fr. Jos. Ignaz, s. Piegre, die Schule d. Väter.

Müller, Fr. Josef Konrad

— **Fr. Jos. Conr.** (Braunschweig), De bonis durante concursus judicio a debitore communi acquisitis ad illius massam simpliciter referendis. Diss. jur. Göttingen (H. C. Seemann) 1837. 27 S. (3.50) **24011**

— **F. J. C.,** De bonis durante processu concursus a debitore acquisitis ad massam concursus simpliciter referendis. Diss. inaug. Göttingen 1837. 27 S. (3.50) 24008

Müller, Fr. Ludwig, s. M ü l l e r, Friedrich Ludwig

Müller, Fr. Rud., s. M ü l l e r, Franz Rudolf

Müller, Fr. Theodos., s. M ü l l e r, Friedrich Theodosius

Müller, Fr. Wlh., die Denkmäler; e. Schspl. 8. Mitau 803.

Müller, Fr. Wlh. III., kleine Gebüsche am Flusse des Pindus, od. dichterische Vorübungen. 8. Riga 797.

Müller, Fr. Wlh. I., Milon u. Theon; e. Lehrgedicht. 8. Manh. 769.

Müller, Fr. Wlh. II., Unterr. in d. Lehre des Christenthums, zur Beförder. gründl. Beruhigung u. Rechtschaffenheit. 8. Berl. 788. (Akad. Buchh. in Frankf. a. d. O.) 8 gr

Müller, Fr. Xaver, s. M ü l l e r, Franz Xaver

Müller, François: Das B ü r g e r - H o s p i t a l zu Echternach. S. 3–125. Echternach, Progymn., Progr. 1863/64

Müller, Franc., das Bürger-Hospital zu Echternach (Großherzogth. Luxemburg). 2. Abdr. 12. (373 S.) Luxemburg 864, Bück.

Müller, François: F o r t s e t z u n g der geschichtlichen Notizen (gesammelt aus Urkunden des Schlosses zu Erpeldingen.) S. 3-14. Diekirch, Progymn., Progr. 1842/43

Müller, Franç., das Paradenmädel, s.: Geschichten, intime.

Müller, François: Die heiligen Martyrer Q u i r i n u s, Firminus und Ferreolus, nach dem römischen Martyrologium und Baronius, herausgegeben zur Beförderung der Andacht von einem Priester von Ehling. Luxemburg: J. Lamort 1839. 12,1 S. 8°

Müller, François: V e r s u c h einer Chronik des Studienwesens in Echternach, besonders seit dem Ende des vorigen Jahrhunderts bis zur Gründung des König-Grossherzoglichen Progymnasiums im Jahre 1841. S. 13–47. Echternach, Progymn., Progr. 1855/56

Müller, François: V e r s u c h einer Vereinfachung und Erleichterung der sphärischen Trigonometrie. S. 1-10. Diekirch, Progymn., Progr. 1848/49

Müller, François: W i c h t i g k e i t des letztjährigen Besitzstandes (der Staats-Ackerbauschule zu Echternach.) S. 48-53. Echternach, École d'agriculture de L'État, Progr. 1861/62

Müller, Franklin, Inhaltsverzeichnis, s.: Zeitschrift. deutsche entomologische.

Müller, Frz., s. a. Ulrich, Frz.

— Eine Abbildung krummer Flächen auf eine Ebene und ihre Verwertung zur konstruktiven Behandlung der Schraub- und Schiebflächen. 1. Mitteilung (mit 10 Textfiguren). S. 120. II a. 1763 . . . . „ 1.90
Separatabdruck

Müller, Franz, approb. Arzt aus München: Ueber chronische Anämie im frühen Kindesalter und ihre Behandlung mit Eisenmilchzucker. München 1900: Kastner & Lossen. (29 S.) 8°
München, Med. Diss. v. 1900

(Müller, F[ranz].) Dem Andenken des seligen Herrn Johannes Gessners: Weiland M. D. und öffentlichen Lehrers der Physik und Mathematik.... Gewidmet von einem ehmaligen Schüler... des Seligen. [Gedicht. Mit Porträt-Vignette.] 8. Zürich 1790.

(Müller, Fr[anz].) Dem Andenken des Seligen Herrn Salomon Gessners, Weiland Rathsherrn in Zürich, berühmten Dichters und Mahlers. [Gedicht.] Von einem alten Freunde des Seligen.... [Mit 1 Vignette.] 8. Zürich 1788.

Müller, Franz. Über die Anwendung der anharmonischen und harmonischen Verhältnisse zur Auflösung einiger Aufgaben der Geodäsie. Greifswald 1866.

Müller, Frz., der gewerbl. Arbeiterschutz u. Arbeitsvertrag in Oesterreich, s.: Verwaltung, sociale, in Oesterreich. I. 2.

Müller, Frz. (I.), die k. k. österreich. Armee seit Errichtung der stehenden Kriegsheere bis auf die neueste Zeit. Nebst einer Beigabe: Notizen über die bewaffneten Bürger-Corps der größeren Städte der Monarchie. 2 Bde. 12. (46⅓ B. u. 5 Bl. Abbild.) Prag 845, Haase Söhne, Vrlgs.-Expedition.

Müller, Franz, Oberlieutenant etc. Die k. k. österreichische Armee seit Errichtung der stehenden Kriegsheere bis auf die neueste Zeit. Nebst einer Beigabe: Notizen über die bewaffneten Bürger-Corps der grösseren Städte der Monarchie. Geschichtlich nach den besten Quellen bearbeitet und herausgegeben. Mit 5 Blatt Abbildungen. 2. Ausgabe. (2 Bde.) 8. Prag 1846.

Müller, Frz., Beantwortung einiger Fragen in Bezug auf d. Nothwendigkeit u. Zweckmäßigkeit d. Blindenerziehung, od. Andeutn. üb. d. Geistesbildung d. Blinden. Programm. gr. 8. (2¼ B.) Bruchsal 853. (Heidelberg, A. Oßwald.)

Müller, Franz, aus St. Graba (Sachsen-Meiningen): **Beitrag zur Kenntniss der Isorosindulinfarbstoffe.** *Erlangen 1899: E. Th. Jacob.* (29 S.) 8°
Erlangen, Phil. Diss. v. 20. Juli 1898

— **u. C. Wedl,** Beiträge zur Anatomie des zweibuckeligen Kameles [Camelus bactrianus.] [Mit 5 lith. Taf.] [Aus den Denkschriften d. k. Akad. d. Wiss. abgedr.] Fol. (24 S.) Wien 852. (Braumüller.) n. 1½ ₰ (siehe auch: Denkschriften der k. Akademie der Wissenschaften. Mathematisch-naturwissenschaftl. Classe, III. Bd.)

— und C. Wedl, Beiträge zur Anatomie des zweibuckeligen Kameles (Camelus bactrianus.) Fol. (24 S. und 5 Stnt.) Wien 852, (Gerold's Sohn.) *
Aus: Denkschriften der k. Akademie der Wissenschaften, besonders abgedruckt.

Müller Franz, Dr., und **Wedl** Karl, Dr.: Beiträge zur Anatomie des zweibuckeligen Kameles *(Camelus bactrianus)* (mit 5 Taf.). D 3. I. 286 . . . . „ 4.40
Separatabdruck

Müller, Frz., Beiträge zur Kulturgeschichte der Stadt Demmin. schmal Fol. (130 S.) Demmin 902. W. Gesellius. 1. 80

Beiträge zur Kulturgeschichte der Stadt Demmin von Prof. Dr. Franz **Müller.** [Nebst] Anh. *Demmin: W. Gesellius 1902–04.* 1 Bd 4°(8°). 1 Bd 8° [F.] (04. 10875 3

Müller, Franz Neue Beobachtungen über die Schielspinne. — Tonapparat bei Prionus coriarius. — Insectenbesuch bei Salbeiblüten. 8 (S. 3—18). K. k. deutsches Staats-G. *Kremsier* 1892.
Progr.

Müller, Frz., u. L. Graf, Bericht üb. eine Bereisung der vorzüglichsten ungar. Gestüte, s.: Graf, L.

Müller, Frz., einige Berichtigungen u. Ergänzungen zur Geschichte des Kronprinz Ferdinand 4. Kürassier-Regiments in den Schlachten bei Regensburg, Aspern u. Wagram. gr. 8. (36 S.) Reichenberg 877. (Jannasch.) n.—80

Müller, Frz., der Blinde. Episches Gedicht in neun Gesängen. Mit einer Vorrede von W. Lachmann II. gr. 8. Leipzig 839. Weber. n. 1 ₰

Müller, Frz. (II.), Blüthenkranz. Aphorismen aus d. Gebiete schöngeistiger Literatur aller gebildeten Völker älterer u. neuerer Zeit. Eine Gabe f. Gebildete. 2 Bde. 8. Nürnberg 842, Riegel u. Wießner. [1. (12¾ B. u. Titvign.) 842., 2. (12 B.) 43. à 26¼ Ngr.]

Müller, Frz., s.: Braun- u. Fleckvieh, d. schweizer.

Müller, Frz., Brutus de claris oratoribus, e. Selbstvertheidigg. d. M. Tullius u. Cicero. gr. 4. (15 S.) Kolberg 874. (Berlin, Calvary & Co.) n. 1. 20

Generalleutnant Friedrich Philipp von Cardell. Ein Demminer Bürgermeistersohn. Aus d. Zeit d. Schmach u. d. Wiedergeburt d. Vaterlandes. Von Prof. Dr. Franz **Müller.** Demmin: W. Gesellius 1906. (46 S.) 8° [F.]
— **Müller:** Beiträge z. Kulturgeschichte d. Stadt Demmin. Anh. 2. (06. 13326 3

Karl Friedrich von Cardell. Ein Demminer als Kgl. Schwed. Generalfeldzeugmeister u. Chef d. gesamten Artillerie. Von Prof. Dr. Franz **Müller.** Demmin: W. Gesellius 1907. (64 S.) 8° [F.]
— **Müller:** Beiträge z. Kulturgeschichte d. Stadt Demmin. Anh. 3. (07. 11084 9

Karl Friedrich von Cardell. Ein Demminer als Kgl. Schwed. Generalfeldzeugmeister u. Chef d. gesamten Artillerie. Von Prof. Dr. Franz **Müller.** 2. Aufl. Demmin: Gesellius 1908. 76 S. 8°
(Müller: Beiträge z. Kulturgeschichte d. Stadt Demmin. Anh. 3.) (09. 12380

(Müller, Fr[anz].) Charakterzüge. Dem Andenken des Seligen Herrn Leonhard Usteri, Weiland Theologus... in Zürich gewidmet. [Gedicht. Mit 1 Vignette.] 8. Zürich 1789.

Mueller, Franz, Rechtscand.: Vergleichende **Darstellung der Lehre von den Schuldverschreibungen auf den Inhaber und den Grundschuldbriefen auf den Inhaber mit besonderer Berücksichtigung der §§ 793—806 des Bürgerlichen Gesetzbuches.** *Rostock 1901: H. Winterberg.* (87 S.) 8°
Rostock, Jur. Diss. v. [25. Sept.] 1901

(Müller, Franz.) Denkmal Herrn Johann Conrad Ott († 1783), Weiland des Raths und Zunftmeister in Zürich. Als ein verehrungswürdiges Beyspiel seinen... Mitbürgern gewiedmet von Einem ihrer getreuen Mitbürger (Franciscus M'). [Mit 1 Vignette und 1 Porträt-Tafel.] 4. Zürich 1784.

Müller, Frz., Dispositionen zu den Reden bei Thukydides. Für die Schul- u. Privatlektüre entworfen. gr. 8. (XII, 112 S.) Paderborn 886. F. Schöningh. n. 1. 80

— Über tripolare Ebenenkoordinaten und ein Analogon zur Bonnetschen Transformation (mit 2 Textfiguren). S. 123. II a. 441 . . . . „ 1.60
Separatabdruck

Müller, Frz., über den Einfluss des Seeklimas u. der Seebäder auf den Stoffwechsel des Menschen, s.: Loewy, A.

Müller, Franz [Dr., I. Assistenzarzt d. Univ.-Poliklinik]: Ein Fall von Arthritis ... Würzburg 1887: Bonitas-Bauer'sche Buchdr. 30 S. 8°
Würzburg, Med. Fak., Inaug.-Diss. v. 1887

Müller, Franz, ein Fall von Arthritis. Diss. Würzburg 1888, Stahelsche Univ.-Buchh. 8°. 30 S.

(Müller, Frz. [II.],) Fecht-Unterricht mit d. Feuergewehr, s. Fechtunterricht.

— über die „Ferricyanid-Methode" zur Bestimmung d. Sauerstoffs im Blut ohne Blutgaspumpe. (S. 541 bis 580 m. 5 Fig.) gr. 8. Bonn 904. M. Hager. n. 2. —
Sonderabdruck aus: „Archiv f. d. ges. Physiologie".

Müller, F., geometrische Formeln und deren Anwendung auf die Bau-Praxis nebst einer Tabelle über Festigkeit der Materialien mit prakt. Beispielen versehen. Nebst einem Anh.: Verhältnisse, nach welchen die Materialien bei Landbauten berechnet werden. Mit 87 Holzschn. (im Text.) Leipzig 858. Brockhaus. 8. (VII, 67 S.) n. 12 ngr.

Müller, Frz. (II.), geometrische Formeln und deren Anwendung auf die Bau-Praxis. Mit 1 Tab. über Festigkeit der Materialien und prakt. Beispielen versehen. Nebst einem Anh.: Verhältnisse, nach welchen die Materialien bei Landbauten berechnet werden. 2., verb. Aufl. 1863. und 3. Aufl. 8. (VII und 67 S. mit 87 Fig. in eingedr. Holzschn.) Leipzig 868, Brockhaus. *

Müller, Frz., im Foyer. Kleine Bühnen-Briefe. München, C. Merhoff, 1870. 8°. Hlwdb.
VIII—286 S., 1 Bl. Inh. — Die 40 Briefe (dem Könige Ludwig II. zugeeignet) handeln u. a. über Goethe u. s. Schule, Karl Immermann, Richard Wagner etc. — Die Vorrede ist von Weimar dat.

Müller, Frz. (II.), die Gebirgs-Bäche und ihre Verheerungen wie die Mittel zur Abwendung der Letzteren. Lex.-8. (VIII und 49 S. mit 6 Stnt. in Fol.) Landshut 857, Krüll'sche Universitäts-Buchh.

Müller, Franz (Hrsg.), s.a. Gewerbeordung, Die.

— die Gewerbe-Ordnung, s. a. Gesetze, österreichische. I. 1.

Müller, Frz., u. Hugo **Diwald**, die Gewerbeordnung, s. a. Handausgabe der österr. Gesetze u. Verordnungen. 78. Hft.

Müller, F. und **Diwald**, H., Die Gewerbeordnung. 5. Aufl (Handausgabe der österr. Gesetze und Verordnungen. Heft 78.) 8°. (XXIV. 1529 S.) K 8.—
Wien: Hof- u. Staatsdruckerei 1903.

Müller, Frz., Grammatik der Kinyamwesi-Sprache. (In Kinyamwesi- u. französ. Sprache.) (IV, 94 S.) 8. Salzburg 904. St. Petrus Claver-Sodalität. Kart.: 2. 50

Deutsche Größe. Ein wiedererstandener Hymnus-Entwurf Schillers. Schillerfestgabe an Demmin, d. pommersche Bürgerheimat d. Grafen Heinrich Ernst Schimmelmann von Prof. Dr. Franz **Müller**. Demmin: W. Gesellius 1905. (37 S.) 8° [F.] 05. 64.4 9

—— Hand-Waffenlehre, od. alle jetzt gebräuchl. Gattungen Feuergewehre u. blanke Waffen der k. k. österreich. Armee. In geschichtl. u. techn. Hinsicht nach den besten Quellen bearb. nebst einer Abhandlung über die Schießkunst. 12. (8½ B. u. 1 Stnt.) Prag 844, Brlgs.-Expedition.

— Höhenklima u. Bergwanderungen, s.: Zuntz, N.

Müller, Franz [aus St. Jöris]: Ueber die Hubhöhe des unbelasteten Muskels bei verschiedenen Temperaturen ... Würzburg, Druck v. F. Scheiner, kgl. bayer. Hoflief., 1897: 24 S. 8.
Würzburg, Med. Fak., Inaug.-Diss. v. 1897

Müller, Frz. Über Hypnotismus u. Suggestion, sowie deren therapeutische Anwendung in d. ärztlichen Praxis. [Durch Zusätze erweit. Sonderabdr. aus dem „Centralbl. f. d. ges. Therapie".] gr. 8. (20 S.) Wien 889, Perles. * — 60

— **Franz** (Windesheim b. Koblenz/Rheinprovinz), De ictero. Diss. pathol. Berlin (Nietack) 13. V. 1837. 40 S. mit Biogr. (M.: Ph. Schweppenhaeusser.) (4.—) 24012
Oppon.: C. Wirth, F. Dahn, P. Rheinen. — Seinem Vater gew. (Wendelin Mueller).

Müller, Frz., 40 Katechesen zum Religionsunterricht in der Fortbildungsschule. I. u. III. Hft. 8. Ravensburg 899. München (H. Kitz.) à n. 1. —
I. 20 Konferenzen über Glaube, Gnadenmittel, Gebet (üb. das 1., 2., 4. Katechismus-Hauptstück). (104 S.)
III. 11 kirchengeschichtl. Konferenzen (Nr. 28 bis 38) nebst 2 Abschluß-Katechesen. (39 u. 40.) (S. 47—113.)

— dasselbe. II. Hft.: 7 Katechesen (od. Konferenzen) über die Gebote (üb. das 3. Katechismus-Hauptstück). 8. (43 S.) Ravensburg 898. (Dorn.) n. 1. —

Müller, Frz., der russisch-japanische Krieg, seine Vorgeschichte, sein Ausbruch u. seine Folgerungen. (47 S.) gr. 8. Berlin 905. Herm. Walther. n. 1. —

Zwei Kriegshelden von Haus Demmin. Von Prof. Dr. Franz **Müller**. Demmin: W. Gesellius 1908. (41 S.) 8° [F.] 08. 1799 9

Ein Stück Demminer Lateinschulgeschichte aus der Schwedenzeit. Von Prof. Dr. Franz **Müller**. Demmin: W. Gesellius 1908. (109 S.) 8° [F.] 08. 18000 9

Müller, Frz., Lehrbuch der Anatomie der Haussäugethiere mit besond. Berücksichtigung des Pferdes u. physiolog. Bemerkungen. 2. verb. Aufl. Mit 40 (eingedr.) Holzschn. Wien 871. W. Braumüller. gr. 8. (XIII, 551 S.) n. 4 Rthl.

Müller, Frz., Lehrbuch der Anatomie der Haus-Säugethiere m. besond. Berücksicht. d. Pferdes u. m. physiologischen Bemerkungen. 3. Aufl. Mit 75 Holzschn. gr. 8. (XV, 545 S.) Wien 885. Braumüller. n. 12. —

Müller, Franz — Lehrbuch der Anatomie des Pferdes mit vergleichender Berücksichtigung der übrigen Haussäugethiere und physiologischen Bemerkungen von — —. 8. (VII, 506 S.) Wien, k. k. Hof- und Staatsdruckerei. 1853.

Müller, Frz., Lehrbuch der Anatomie des Pferdes mit vergleichender Berücksichtigung der übrigen Haussäugethiere und physiologischen Bemerkungen. Wien 853. (Seidel.) gr. 8. (VII, 505 S.) n. 2 Rthl. 20 ngr.

—— Lehrbuch der Geometrie für Handwerker-Fortbildungsschulen, sowie zum Selbstunterrichte für Baubeflissene, Mechaniker und Techniker. Nebst einem Anhang über das specifische Gewicht und die Festigkeit der Materialien. gr. 8. (VII und 111 S. mit 98 Fig. in eingedr. Holzschn.) Leipzig 860, Brockhaus. *

Müller, Frz. (II.), Lehrbuch der Geometrie für Handwerker-Fortbildungsschulen, sowie zum Selbstunterrichte für Baubeflissene, Mechaniker und Techniker. Nebst einem Anhang über das specif. Gewicht und die Festigkeit der Materialien, sowie über Maß- und Gewichtssysteme. 2. verm. Aufl. gr. 8. (VIII, 120 S. mit 98 Fig. in eingedr. Holzschn.) Leipzig 869, Brockhaus. *

Müller, Frz., Lehrbuch der Geometrie f. Fortbildungsschulen, sowie zum Selbstunterrichte f. Baubeflissene, Mechaniker u. Techniker. Nebst e. Anh. üb. das specif. Gewicht u. die Festigkeit der Materialien, sowie üb. das deutsche Maß- u. Gewichtswesen. Mit 98 (eingedr.) Fig. in Holzschn. 3. verb. Aufl. gr. 8. (IX, 105 S.) Leipzig 877. Brockhaus. n. 1. 50

Müller, Frz., Lehrbuch der Physiologie der Haussäugethiere für Thierärzte u. Landwirthe. Mit 36 in den Text gedr. Holzschn. Wien 862. Braumüller. Lex.-8. (X, 355 S.) n. 2 ℛ 20 ngr.

— Lehre vom Exterieur des Pferdes oder von der äußeren Pferdekenntniß. Wien 854. Braumüller. gr. 8. (VIII, 144 S. u. 1 Holzschn.) 24 ngr.

— die Lehre vom Exterieur des Pferdes oder von der Beurtheilung des Pferdes nach seiner äusseren Form. 2. verb. Aufl. Mit 18 in den Text gedr. Holzschn. Ebend. 868. gr. 8. (VIII, 164 S. mit 1 Holzschntaf.) n. 1 ℛ

Müller, Frz., Lehre vom Exterieur d. Pferdes oder v. der Beurtheilg. d. Pferdes nach seinen äusseren Formen. 3. verb. Aufl. Mit 28 (eingedr.) Holzschn. (u. Holzschntaf.) u. der Abbildg. e. Pferdeskeletes (Steintaf. in qu. gr 4.) gr. 8. (VIII, 198 S.) Wien 875. Braumüller. n. 4. —

— Lehre vom Exterieur d. Pferdes od. v. der Beurtheilung d. Pferdes nach seiner äusseren Form. 4. Aufl. Mit 28 Holzschn. u. der (lith.) Abbildg. e. Pferdeskelettes. gr. 8. (VIII, 211 S.) Ebend. 884. n. 4. —

Müller, Frz., Lehre vom Exterieur des Pferdes od. v. d. Beurtheilg. d. Pferdes nach s. äuss. Form. 5., verb. Aufl. Mit 28 Holzschn. u. der Abb. e. Orig.-Araber-Hengstes u. e. Pferdeskeletes. gr. 8. (VIII, 215 S.) Wien 895. W. Braumüller. n. 3. 60

Müller, Frz., Lehre vom Exterieur des Pferdes od. v. der Beurtheilung des Pferdes nach seiner äusseren Form. 6. verb. Aufl. Mit 28 Holzschn. u. der Abb. e. Orig.-Araber-Hengstes u. e. Pferde-Skeletes. gr. 8. (VIII, 216 S.) Wien 901. W. Braumüller. n. 3, 60

Müller, Frz., Lehre v. Exterieur des Pferdes od. v. der Beurteilung des Pferdes nach seiner äusseren Form. 7. Aufl. Mit 28 Holzschn. u. der Abb. e. Orig.-Araber-Hengstes u. e. Pferdeskelettes. (VIII, 216 S.) gr. 8. Wien 908. W. Braumüller. Geb. in Leinw. 4. 20

Müller, Frz., deutsches Lesebuch f. Bürgerschulen, s.: Jacobi, Alfr.

Müller, Frz. (I.), der Leseschüler in d. untern Klassen e. Volksschule. Elementar. Lesebuch. 2 Abthln. gr. 8. (8 B.) Bacha 838, Schmitt u. Müller. (?)

Müller, Frz., der Leseschüler in den untern Klassen einer Volksschule. Elementarisches Lesebuch. 2 Abthll. gr. 8. Bacha 838. Schmitt u. Müller. 7 ggr.

(F) Liedersammlung und methodisch geordnete Übungen zur Erlernung des Treffsingens für österreichische Volksschulen in 2 Bändchen zusammengestellt von Franz Müller und Franz Kemmler. I. Bändchen (Erstes und zweites Schuljahr). Mit hohem k. k. Ministerial-Erlass vom 20. Juli 1899, Z. 19729, zum Gebrauche an allgemeinen Volksschulen für zulässig erklärt. Wien. 1899. Manz. 8°. IV, 60 S. fl. —.15

(F) Liedersammlung und methodisch geordnete Übungen zur Erlernung des Treffsingens für österreichische Volksschulen in 2 Bändchen zusammengestellt von Franz Müller und Franz Kemmler. II. Bändchen (Drittes, viertes und fünftes Schuljahr). Mit hohem k. k. Ministerial-Erlass vom 20. Juli 1899, Z. 19729, zum Gebrauche an allgemeinen Volksschulen für zulässig erklärt. Wien. 1899. Manz. 8°. IV, 140 S. fl. —.20, cart. fl. —.25

— u. Frz. Kemmler, Liedersammlung u. methodisch geordnete Uebungen zur Erlernung des Treffsingens für österr. Volksschulen. 2 Bdchn. kl. 8. Wien, Manz. n. — 99
1. (1. u. 2. Schulj.) 2. Aufl. Inhaltlich unveränd. nach der neuen Rechtschreibg. hergestellter Abdruck. (IV, 60 S.) 906. n. — 35
2. (3., 4. u. 5. Schulj.) 2. Aufl. (VI, 140 S.) 904. Kart. n. — 64

Müller, Frz. Carl Friedr., Lohengrin u. die Gral- u. Schwan-Sage. Ein Skizzenbild auf Grund der Wort- u. Tondichtung Rich. Wagner's. München 867. Kaiser. Lex.-8. (IX, 621 S.) 3 ℛ

Müller, Frz., Magdeburg im Wandel der Zeit, s.: Leinung, Wilh.

—— die Meistersinger von Nürnberg. Ein Versuch zur Einführung in die gleichnam. Dichtung Rich. Wagners. 4 Lfgn. gr. 8. (XI, 526 S.) München 868,69. Kaiser. à Lfg. ℳ 1,50.

Mueller, Franciscus, Magdeburgensis: De monumentis ad Odysseam pertinentibus caput primum. Adiecta est reliquorum capitum epitome. Halis Sax. 1908: Wischan & Burkhardt. (48 S.) 8° ¶ [Erscheint später vollst. in deutscher Sprache.]
Halle, Phil. Fak., Ref. Robert, Diss. v. 15. Mai 1908
[Geb. 25. Jan. 86 Magdeburg; Wohnort: Halle a. S.; Staatsangeh.: Preußen; Vorbildung: Gymn. Halle a. S. Reife O. 04; Studium: Halle 8 S.; Rig. 6. März 08.]

Müller, F., de Claudio Rutilio Namatiano Stoico, s. a. Festschrift zu der Feier der Einweihung d. neuen Gymnasiums zu Salzwedel.

Müller, Frz. De Claudio Rutilio Namatiano stoico. 12 S. **Salzwedel* 1882. Progr.

Mueller, Franc., de Claudio Rutilio Namatiano Stoico. 4. (12 S.) Soltquellae 882. Leipzig. Teubner in Comm. n. — 80

—— und Ludw. Ebner, über Nervendehnung bei peripheren und centralen Leiden, insbesondere bei Tabes dorsalis, s. Klinik, Wiener.

Müller, Frz., Graphisches Nivelliren. Prag 1866. 8°.

Müller, Frz., graphisches Nivelliren oder Beschreibung u. Anwendung eines neuen Perspectiv-Diopters zur graph. Höhenmessung. Prag 867. Calve'sche Univ.-Buchh. gr. 8. (IV, 32 S. mit 2 Steindrtaff. in gr. 4.) n. 16 ngr.

Müller, Frz., Obstbau-Regeln. Imp.-4. (1 Bl.) Graz (901). Leykam. n. — 50; auf Pappe n. 1. —

Johannes von der Osten (Oestenius). Ein Rechtslehrer d. 16. Jhs. aus Demmin. Mit Anh.: Vitae Demminensium selectae. Von Prof. Dr. Franz Müller. Demmin: Gesellius [1908]. 66 S. 8°

Müller, F., Pferdezucht, s.: Tafeln, landwirthschaftliche.

Müller, Franz. Unsere Pferdezucht. Bericht an das Eidgenössische Landwirtschaftsdepartement von Franz Müller, Abteilungschef des Departements. Separatabzug aus dem «Landwirtschaftl. Jahrbuch der Schweiz» [Jahrg. 15. 1901. — Mit 3 Tabellen]. II + 55 S. 8. Bern, K. J. Wyss, 1901. [fr. —.60]

Müller Frz.: Philipp II. u. die Athener in ihren wechselseitigen Beziehungen zu einander. I. Th. 19. Olmütz R. 89. Progr.

Müller Franz: Philipp II. und die Athener in ihren wechselseitigen Beziehungen zu einander. 88. Olmütz R. 90. Progr.

Mueller (Franz), Photographie und Naturgeschichte. M. 7 Lichtbild. Krems 1908. 14 S.
Krems, Staats-G., P 1907/08.

Müller, Frz. (III.), Psychologie, s. Procházka.

Müller, F. Punktir- u. Messtabellen nebst kurzer Anleit. zum Messen u. Punktiren d. schweizer. Braun- u. Grauviehes. Mit Text. In-8°. Zürich, Schmidt. 1884. cart. 1 50
in Lwd. gebdn. 2 —
in Ldr. 2 50
Tabellen ohne Text für Zuchtstiere — 25
" " " " Kühe — 20
Viehmesstabellen — 15

Müller, Frz., der Ring der Nibelungen. Eine Studie zur Einführung in die gleichnamige Dichtung Rich. Wagners. Leipzig 862. Heinze. gr. 8. (VIII, 120 S.) n. 20 ngr.

Müller, Frz., Rom in sechs Tagen. Mit Erlaubnis des „Comitato internazionale del pellegrinaggio" frei in's Deutsche übers. u. ergänzt. 1.—3. Taus. (XVI, 216 u. VII S. m. 2 Plänen u. Stadtplan.) kl. 8. Leutkirch 908. J. Bernklau. Geb. in Leinw. 2.50; erm. Pr. 1.50

Eine Schulschrift von 1611. Zugleich Nachtrag zu d. Schrift: Ein Stück Demminer Lateinschulgeschichte aus d. Schwedenzeit. Von Prof. Dr. Franz **Müller**. Demmin: Gesellius 1909. 51 S. 8° [10. 3363 9

Müller, Frz., die acute atrophische Spinallähmung der Erwachsenen. [Poliomyelitis anterior acuta.] Eine klin. Studie. Mit 2 lith. Curven. gr. 8. (V, 105 S.) Stuttgart 879. Enke. n. 3. 60

— Symptomatologie u. Therapie der Tabes dorsalis im Initialstadium. [Aus: „Mittheilgn. d. Vereines der Ärzte Steiermarks".] gr. 8. (42 S.) Graz 880. Leuschner & Lubensky. n. 1. 40

Müller, Fr., Tabellen der wirklichen Längen der Sinuse und Cosinuse für den Halbmesser von 1 bis 10 Klafter. Entw. u. berechnet etc. Wien 856. (Braumüller.) Fol. (V, 45 S.) n. 20 ngr.

Müller, Frz. (I.), über Richard Wagner's Tannhäuser und Sängerkrieg auf Wartburg. Eine Mittheilung, unter Rückblick auf Sage und Geschichte. gr. 8. (133 S. mit Rich. Wagner's Portr. in Stahlst.) Weimar 853, Jansen und Comp.

—— kleine Taschenbibliothek, od. militär. Notizen-Handbuch. Ein Magazin d. Wissenswürdigsten aus allen Zweigen d. Militär-Wissenschaften f. Soldaten aller Waffengattungen. 1. Bd. 2 Thle. gr. 12. (39 B. u. 46 Stnt.) Prag 841, Haase Söhne.

Müller, Frz. (I.), Taschenliederbuch für deutsche Wehrmänner, s. Taschenliederbuch.

— Zu Thukydides. Erklärungen und Wiederherstellungen aus dem Nachlass von Ludwig Herbst. Mitgeteilt und besprochen. 3 Teile. Pr. 1898. 1899. 1900. 84, 32, 32 S. u. 1 Bild von L. Herbst. à 1.50

Müller, Franz: Zu Thukydides. Erklärungen und Wiederherstellungen aus dem Nachlass von Ludwig Herbst mitgeteilt und besprochen. T. 1: B. I—IV. *Leipzig 1898: B. G. Teubner.* (34 S.) 8°
Quedlinburg, k. G, OP 1898 (256)

Müller, Franz, Prof. Dr.: Zu **Thukydides**. Erklärungen u. Wiederherstellungen aus d. Nachlass von Ludwig Herbst, mitgeteilt u. besprochen. T. 2: B. V VI. *Leipzig 1899: B. G. Teubner.* (32 S.) 8° ¶ [Forts. d. P-Beil. 1898.]
Quedlinburg, k. G, OP 1899 (258)

Müller, Franz, (Prof. Dr.): Zu **Thukydides**. Erklärungen u. Wiederherstellungen aus d. Nachlass von Ludwig Herbst, mitgeteilt u. besprochen. T. 3: B. VII. Mit d. Bilde von L. Herbst. *Leipzig 1900: B. G. Teubner.* (32 S.) 8° ¶ [Forts. d. P-Beil. 1898. 99.]
Quedlinburg, k. G, OP 1900 (262)

Müller, F., Zu Thucydides VIII. Die Unzulänglichkeit des Codex vaticanus B. Aus dem Nachlass von Ludwig Herbst. 3 Teile Pr. 1909—13. 33. 48. 40 S. 4.50

Müller, Franz: Zu Thukydides. [T. 4.] VIII. Die Unzulänglichkeit des Codex Vaticanus B. Aus d. Nachlaß von Ludwig Herbst mitgeteilt. Leipzig 1909: Teubner. 33 S. 8° ¶ [Forts. d. P-Beil. 1898—1900.]
Quedlinburg, k. G OP 1909 (337) [S 09. 331

Müller, Franz: Zu Thukydides. [T. 5.] VIII. Die Unzulänglichkeit des Codex Vaticanus B. Aus d. Nachlaß von Ludwig Herbst mitgeteilt u. bearbeitet. T. 2. Leipzig 1910: Teubner. 48 S. 8° ¶ (Forts. d. P-Beil. 1898—1900. 09.)
Quedlinburg, k. G OP 1910 (343) [S 10. 303

—— Tristan und Isolde nach Sage und Dichtung. Ein Skizzenbild. Zur Einführung in das Drama Rich. Wagner's. gr. 8. (XI und 275 S.) München 865, Kaiser.

Müller, Franz, Oberamtstierarzt in Riedlingen a. D.: Aus d. med. Veterinärklinik d. Univ. Gießen. Direktor: Prof. Dr. Gmeiner. Klinische Untersuchungen über Wert und Wirkung des Kalomels. Stuttgart 1908: Union. (62 S.) 8° ¶ (Aus: Monatshefte f. prakt. Tierheilkunde Bd 19.)
Gießen, Veterinär-Med. Koll., Ref. Geppert, Diss. v. 30. Juni 1908
[Geb. 4. Mai 72 Schwendi (Württemberg); Wohnort: Riedlingen; Staatsangeh.: Württemberg; Vorbildung: Gymn. Ehingen a. D. Reife M. 93; Studium: Tierärztl. Hochsch. München 7 S.; Rig. 24. Febr. 08.]

Müller, Franz [aus Berlin]: Untersuchungen über Substitution in der aliphatischen Reihe ... Karlsruhe, Druck d. G. Braun'schen Hofbuchdr., 1892; 54 S., 1 Bl. 8.
Heidelberg, Naturw.-math. Fak., Inaug.-Diss. v. [28. Okt.] 1892

Müller, Franz, approb. Arzt aus Kröligkeim: Über Uterusruptur: Nach d. Beobachtungen d. Hallenser Frauenklinik 1894—1900 mit besond. Berücks. d. Therapie. *Halle a. S. 1901: C. A. Kaemmerer & Co.* (49 S.) 8°
Halle, Med. Diss. v. 30. März 1901

Müller, Frz., Vaterlands- u. Soldatenlieder. Ein Liederstrauß f. d. deutsche Volk u. Heer. (Feine Ausg.) 8. (VIII, 99 S.) Quedlinburg 896. Ch. F. Vieweg. Geb. in Leinw. m. Goldschn. n. 2.—

— dasselbe. Wohlf. Ausg. gr. 16. 895. Kart. n. — 80

Müller, Franz: Die morphologischen Veränderungen der Blutkörperchen und des Fibrins bei der vitalen extravasculären Gerinnung. *Jena: G. Fischer 1898.* (33 S.) 8°
Heidelberg, Med. Diss. v. [15. Juli] 1898

– (Red.), s. Vierteljahresschrift für wissenschaftliche Veterinärkunde.

Müller, Frz., Richard Wagner u. das Musik-Drama. Ein Charakterbild. Leipzig 861. Matthes. Lex.-8. (V, 202 S.) n. 1 ₰

—— das Wissensnöthigste aus d. deutschen Sprachlehre nebst zweckmäß. Uebungsaufgaben f. Volksschulen. 2 Bdchn. 8. (17 B.) Bacha 839, Schmitt u. Müller. (?)

Müller, Frz., ein Wort zur Revision des Communalanlagen-Regulativs für die Stadt Freiberg. gr. 8. (63 S.) Freiberg 879. Engelhardt in Comm. n.n. — 80

Müller, Franz C., s. Müller, Franz Karl

Müller, Franz Carl, s. Müller, Franz Karl

Müller, Franz Carl Friedrich, s. Müller, Franz

Müller, Franz Christian Ulrich, s. Müller, Franz

Müller, Frz. Elogius, Beschreibung von drei Sorten künstlicher Brennmaterialien, welche nach vielfacher, sorgfält. Prüfung gegen Holz u. Steinkohlen eine wenigstens zweifache Ersparniß gewähren u. von Jedermann leicht gefertigt werden können. Blaubeuren 842, Mangold'sche Buchh. *

Müller, Frz. Euseb., praktische Anleitung der in neuerer Zeit so sehr beliebten Holz-Gold-Leisten. 8. (1½ B. m. viel. Abbild.) Heilbronn 843, Classische Buchh.

Mueller, Franc. Henr. (geb. Berlin 26. 1. 1842): De variis pulmonum haemorrhagiis. Berolini (1865). (32 S.) 8°
Berlin, Med. Diss. v. 21. Dez. 1865

Müller, Fr. Hnr., Versuch mit Bronze oder gelbem Metall, um Kanonen u. Mörser daraus zu gießen; aus d. Dän. v. J. A. Markussen. gr. 8. Kopenh. 802. Schubothe. 6 gl

— Versuch mit einfachen u. zusammengesetzt. Erd- u. Steinarten; aus d. Dän. von J. A. Markussen. Mit 9 Tabb. gr. 8. Kopenh. 803. Schubothe. 10 gl

Mueller, F. H. Versuche mit Bronze oder gelbem Metall in Ansehung des Gebrauchs desselben, um Kanonen u. Mörser daraus zu gießen. Verdeutscht nach dem Dänischen von J. A. Markussen. Mit 1 Taf. Kopenhagen 1802. 64 S.

Muller, Franz Heinrich: Versuche mit einfachen und zusammengesetzten Erd- und Steinarten ... Aus dem Dänischen übers. von Johannes Ambrosius Markussen. Kopenhagen und Leipzig 1803

Müller, Frz. Hub., Anleit. zum Unterr. f. angehende Zeichner u. Maler ec. 1e Abtheil. Zeichnenkunst ec. Mit 6 Taf. in Steindr. 8. Darmst. 832. (Heyer). 12 gl

Müller, Franz Hubert. Beiträge zur teutschen Kunst- und Geschichtskunde durch Kunstdenkmale mit vorzüglicher Berücksichtigung des Mittelalters. Mit Abbildungen. Darmstadt 1832—1835. 4°.

— Beitr. zur deutschen Kunst- u. Geschichtskunde durch Kunstdenkmale. 1s Hft. Mit 5 Steintaf., wovon 2 ill. u. 1 Schrifttafel in Kpfstich. gr. 4. Darmst. 832. Leske. 1 rl 6 gl

Müller, Frz. Hub., Beiträge z. deutschen Kunst- u. Geschichtskunde durch Kunstdenkmale. 1. u. 2. Jahrg. 1832 u. 33. à 4 Hfte. gr. 4. Mit Stnt. Darmstadt, (Leske.) à II.

Müller, Franz Hubert. Beiträge zur teutschen Kunst- und Geschichtskunde durch Kunstdenkmale mit vorzüglicher Berücksichtigung des Mittelalters. Bearbeitet und herausgegeben von Franz Hubert Müller ... Zweite Auflage. Leipzig & Darmstadt, Verlag von Carl Wilhelm Leske 1837.
2 Abt. 4°.
I: Tit., 2 Bl., 84 S.; 20 Taf. in Lithogr., 2 Schrifttaf. in Kupferst.
II: 67 S.; 21 Taf. in Lithogr.
Die Taf. z. T. kol.

— Beschreib. d. Gemäldesamml. in dem Großherzogl. Museum in Darmstadt. Darmst. 820. (Heyer). 1 rl Schrbp. 1 rl 18 gl

— die St. Katharinenkirche zu Oppenheim, ein Denkmal deutscher Baukunst aus d. 13. Jahrh., geometr. u. perspektivisch dargestellt u. mit erläut. Texte begl. 8 Lieferr. Darmst., Verf. (Heyer). 1e Liefer. 823. 13 rl 20 gl

—— die St. Catharinenkirche zu Oppenheim. Ein Denkmal teutscher Kirchenbaukunst a. d. 13. Jahrh. Geometr. u. perspectiv. dargest. u. mit ein. erläut. Texte versehen. 2., unveränd. Abdr. gr. 4. (12½ B. u. 24 Kpfrt., Imp.-Fol.) Darmstadt 836, Diehl.

Müller, Frz. Hub., die St. Catharinenkirche zu Oppenheim. Ein Denkmal teutscher Kirchenbaukunst aus dem 13. Jahrhundert. Geometrisch und perspectivisch dargestellt und mit einem erläuternden Texte versehen. 3. auf's neue vervollständigte Pracht-Ausg. Mit 40 (theilweise color.) Kpfr.- (u. lith.) Taf. (in Imp.-Fol.) Frankfurt a. M. (853.) J. Baer. gr. 4. (2 Bl., 94 S.) n. 60 rl.

—— erster Unterr. im Zeichnen, besond. wichtig f. Eltern, Erzieher u. Lehrer an Volks- u. Realschulen; auch d. Erwachsenen zu empfehlen, welche ohne Lehrer Zeichnen lernen wollen. 8. (1½ B. u. 3 Kpfrt. Fol.) Darmstadt 830, (Diehl.)

— erster Unterr. im Zeichnen, besond. wichtig f. Aeltern, Erzieher u. Lehrer an Volks- u. Realschulen; auch den Erwachsenen zu empfehlen, welche ohne Lehrer das Zeichnen lernen wollen. Mit 3 Kpf. in Fol. 8. Darmst. 830. (Heyer). 20 gl — Dass. 2r Thl. Ebd. 832. 12 gl

— das freie Zeichnen nach Körpern u. natürl. Gegenständen. Mit 2 Kpft. 8. Heyer. 16 gl

—— das freie Zeichnen nach Körpern u. natürl. Gegenständen. Nach d. reinsten u. einfachst. Grundsätzen, sowohl f. d. öffentl. als f. d. Privat-Unterr. Auch f. Erwachsene, welche sich ohne Lehrer, im Zeichnen auf d. kürzesten Wege gründl. unterrichten wollen. 8. (3¼ B. u. 3 Kpfrt. qu. Fol.) Darmstadt 832, (Diehl.)

— das freie Zeichnen nach Körpern und natürlichen Gegenständen. Nach den reinsten und einfachsten Grundsätzen, sowohl für den öffentl. als für den Privat-Unterricht. Auch für Erwachsene ec. Mit 3 Kpfrtaf. 8. Darmstadt 832. (Heyersche Hofbuchh.) ⅔ rl

—— die geometr. Zeichnungslehre, besond. geeignet f. Schulen, f. Künstler u. höh. Handwerker u. zur Selbstbild. Nach leicht faßl. Grundsätzen dargest. 8. (2½ B. u. 2 Kpfrt. qu. Fol.) Darmstadt 832, (Diehl.)

— die geometrische Zeichnungslehre, besonders geeignet für Schulen, für Künstler u. höhere Handwerker und zur Selbstbildung. Nach leicht faßlichen Grundsätzen dargestellt. Mit 2 Kpfrtaf. 8. Darmstadt 832. Heyersche Hofbuchh. ½ rl

Müller, Franz Jakob

— f Bericht d. luther. Gemeine.

Müller, Frz. Jak., Ehrendenkmal d. vormal. Präsidenten Eph. Fr. v. Derschau. gr. 8. Norden 800.

Müller, Franciscus Jacobus: 1. De indole Lutheranae bibliorum versionis. 2. Quae Christus de redimendis morte sua hominibus docuerit.
Halle-Wittenberg, Phil. Diss. v. 2. Sept. 1821
Geb. [Norden (Ostfriesland) 17. 9. 1799]
Nur die 1. Arbeit wird im Diplom genannt, sie hatte von der theol. Fakultät die Hälfte des 1. Preises erhalten. Verf. versprach, sie binnen einem halben Jahre noch mehr zu überarbeiten und dann dieses verbesserte Exemplar der Fakultät einzusenden. In den Akten fehlen beide Arbeiten.

Müller, Franciscus Iacobus ⟨geb. am 20 Mai 1793 in Weiden Kr. Wipperfürth⟩: De iureiurando canonico, speciatim promissorio, quatenus differat cum a iure civili communi, tum ab ecclesiastico evangelicorum, cum appendice de iurandi formulis ... Bonnae, typ. C. F. Thormannianis 1831. 3 Bl., 68 S., 1 Bl. 8. ¶ Erschien zugleich selbständig bei Weber in Bonn.

[Bonn], Jur. Fak., Diss. v. 14 Mai 1831

Müller, F. J., de jurejurando canonico, speciatim promissorio, quatenus differat cum a jure civili communi, tum ab ecclesiastico evangelicorum, cum appendice de jurandi formulis. Dissertat. 8maj. (4½ B.) Bonnae 831, (Weber.)

— Schreiben an junge angeh. Gottesgelehrte u. a. Christen. 8. Zurich 775.

— s. Ursachen d. Mitglieder.

Müller, Franz Johann (Bensheim)
Thesen aus der gesammten Heilkunde, welche den 23.12.1824 zur Erlangung der Doctorwürde in der Medicin, Chirurgie und Geburtshülfe öffentlich vertheidigen wird, Franz Johann Müller, aus Bensheim.
Giessen, Schröder 1824. 6 S. vorh. 7.
Dr. med. 23.12.1824.

Müller, Frz. Jos., kurze Anweis. f. Lehrer, die Kinder bald zu einer gründl. Kenntniß der Laute u. ihrer Zeichen, u. zur Fertigkeit im Lesen zu bringen. Mit 1 lithogr. ABC-Tabelle. 8. Kempt. 817. Kösel. 1 gr

Müller, Frz. Jos., Blätter aus der Geschichte des Herzogth. Schleswig-Holstein, bis zur deutschen Nationalversammlung. Ein Hülfsbüchlein zur Verständigung seiner Freunde u. zum Verständnisse seiner Sache. Lörrach 864. Gutsch. gr. 8. (IV, 70 S.) n. 12 ngr.

Müller, Frz. Jos., die Erziehung in Volksschulen. Mit e. Anh., mehrere Lehrordnn. v. Schulen des Oberdonaukreises enthalt., u. 2 Muster-Vorschriften. 2e A. 8. Kempt. 823. Dannheimer. 2 ß 8 gr Hbg. Pr. 1 ß 12 gr

— Rede, gehalten bei der feierl. Behändigung d. silb. Verdienst-Medaille an d. 90jähr. Lehrer Ant. Botzenhard zu Weiler. 8. Kempt. 814. Kösel. 3 gr

— **Franz Joseph** (Celle), De subscriptione testatoris analphabeti per cruces. Diss. jur. Präs. Johann Franz Christoph Wiesen. Würzburg (Fr. E. Nitribitt) 28. IV. 1778. (5.50) 24013
Gew.: Adam Friedrich, Bischof von Bamberg.

— s. 1) Tabelle der Rechtschreibung. 2) Tabelle über sämmtl. Veränderungsarten ꝛc.

Müller, Frz. Jos., Wiener Vorlagen f. Sitzmöbel in einfacher Ausführung f. das bürgerliche Wohnhaus. 1. Serie. gr. 4. (18 farb. Taf. m. 1 Bl. Text.) Wien 893. A. Schroll & Co. In Mappe. n. 12. —

Müller, Franz Karl

Müller, Frz. Carl. Alexandersbad u. seine Heilmittel. 2. Aufl. gr. 8. (102 S. m. Abbildgn., 2 Karten u. 1 Grundriss.) Lpz. 890, Abel. * 1 —
1. Aufl. erschien 1888 in München bei Gerber (in Comm.).

Müller, Frz. C., s.: Archiv d. Balneotherapie u. Hydrotherapie.

— Balneotherapie. Ein kurzes Lehrbuch f. Studirende u. Aerzte. 8. (VIII, 452 S.) Ebd. 890. n. 7. —; geb. n. 7. 75

— die balneolog. u. hydropath. Behandlung der Neurasthenie, s.a. Archiv f. Balneotherapie u. Hydrotherapie.

Die balneologische und hydropathische Behandlung der Neurasthenie v. Dr. Franz C. Müller, Nervenarzt in München ... *Halle a. S.: C. Marhold 1897.* (50 S.) 8.
— Archiv d. Balneotherapie u. Hydrotherapie. H. 2. [98. 2269

Müller, Franz C., sieh: Balneologisches Centralblatt. 1890/91.

Müller, Franz Carl [approb. Arzt aus Baden-Baden]: Ueber psychische Erkrankungen bei acuten fieberhaften Krankheiten. Kiel, Druck von C. F. Mohr (P. Peters), 1880. (soll 1881 heissen). 8. 82 + 1 S.

— Geschichte der organ. Naturwissenschaften im 19. Jahrh., s. a. Jahrhundert, das neunzehnte, in Deutschlands Entwicklung. VI.

Müller, Franz Carl. Geschichte der organischen Naturwissenschaften im Neunzehnten Jahrhundert. Medizin und deren Hilfswissenschaften, Zoologie und Botanik. [Mit 16 Porträt-Tafeln.] XVI + 714 S. 8. Berlin. Georg Bondi, 1902. (br. M. 10. —, geb. M. 12. 50)
Das Neunzehnte Jahrhundert in Deutschlands Entwicklung. Unter Mitwirkung... Hrg. von Paul Schlenther. Band 6... .

Müller, Frz Carl, s.: Handbuch der Neurasthenie.

Müller, Frz. Carl, vereinfachte Harmonik, auf Grundlage e. natürlichen Harmoniesystems. Zugleich e. leichtfaßl. Anleitg. zum harmon. Begleiten f. den Selbstunterricht. gr. 8. (V, 121 S.) Regensburg 894. A. Coppenrath's Verl. n. 2. —

— Hydrotherapie. Ein kurzes Lehrbuch f. Studirende u. Aerzte. 8. (X, 568 S. m. 27 Abbildgn.) Ebd. 890. n. 6. —; geb. n.n. 6. 75

— u. F. Siebert, Jahrbuch der Therapie. Orig.-Referate aus der medizin. Fachpresse. 1.—3. Jahrg. 1904 bis 1906. à 4 Vierteljahrshefte. (812, 764 u. 4 u. 260 S.) Lex.-8. München, Seitz & Schauer. Geb. in Leinw. à Jhrg. n. 4. —

— Klimatotherapie m. e. Anh.: Die Hilfsmittel der Balneotherapie. Ein kurzes Lehrbuch f. Studirende u. Aerzte. (Kapitel 1 u. 2 der „Balneotherapie" des Verf.) 12. (V, 220 S.) Leipzig 894. J. A. Barth. Geb. in Leinw. n.n. 4. —

— s.: Monatsschrift f. prakt. Balneologie.

Über die traumatische Neurose. Vortrag, gehalten in der Mitglieder-Versammlung des „Deutschen Vereins für Versicherungs-Wissenschaft" im Reichstagsgebäude zu Berlin am 15. Januar 1907 von Dr. FRANZ C. MÜLLER. Aus der Privatklinik von Dr. F. C. Müller und Dr. K. Heldrich in München. Zeitschrift für die gesamte Versicherungs-Wissenschaft. Sonderabdruck aus Jahrg. VII, Heft 2. ib. 1907. — 8°.

Müller, Frz. C., s.: Praxis, deutsche.

— Psychopathologie d. Bewusstseins. Für Aerzte u. Juristen bearb. gr. 8. (VII, 190 S.) Ebd. 889. geb. n. 6. —

— üb. „Schüler-Verbindungen". [Erweit. Sonderdruck aus: „Blätter f. d. Gymn.-Schulwesen".] 1.—5. Aufl. gr. 8. (16 S.) München 896. Seitz & Schauer. n. — 50

Müller, Frz. Carl, die letzten Tage König Ludwigs II. von Bayern. Nach eigenen Erlebnissen geschildert. 1.—3. Aufl. 8. (III, 53 S.) Berlin 888, Fischer's medicin. Buchh. *

— s.: Verhandlungen d. allgemeinen deutschen Bäderverbandes.

Müller, Franz Karl Friedrich, s. Müller, Franz

Müller, Franz L(udwig): Die Ästhetik Albrecht Dürers. Strassburg 1910: Heitz. 42 S. 8° ¶ (Ersch. vollst. als: Studien z. dtsch. Kunstgesch. H. 123.)
Greifswald, Phil. Diss. v. 14. Juni 1910, Ref. Semrau
[Geb. 7. März 88 Posen; Wohnort: Birnbaum; Staatsangeh.: Preußen; Vorbildung: Oberrealsch. Posen Reife O. 07; Studium: Breslau 1, Berlin 2, Greifswald 3 S.; Rig. 26. Febr. 10.] [U 10. 1627

Müller, Frz. L., die Ästhetik Albrecht Dürers, s.a. Studien zur deutschen Kunstgeschichte.

Die Ästhetik Albrecht Dürers. Von Dr. Franz L. **Müller**. Strassburg: Heitz 1910. 76 S. 8°
Ein T. ersch. als Greifswalder Inaug.Diss.
(Studien z. deutschen Kunstgeschichte. H. 123.) [10. 9383

Müller, Franz Otto

— die Küche; e. Handb. f. junge Köche u. Frauenzimmer. gr. 8. Leipz. 789. Schwickert. 1 Thlr 8 gr

Müller, Frz. Otto, gründl. Unterr. in d. feinen Kochkunst ꝛc. 8. Berl. 785. 2e A. 796. Mylius. 2 Thlr

Müller, Franz R.

— pace restituta anno 1797. Carmen lyricum. 8. Viennae, Kaulfuss. 798.

— — dass. in deutsch. Uebersetz. Ebend.

Müller, Frz. R., paci anno 1791 carmen lyricum. Mit einer freien deutschen Uebersetzung. 8. Wien 792. Degen. 8 gr

Müller, Franz Reinhard: David Williams' Reformbestrebungen auf dem Gebiete der Pädagogik. Ein Beitrag zur Kenntniss d. Reformpädagogik d. XVIII. Jahrhunderts. *Leipzig-R. 1898: O. Schmidt.* (95 S.) 8°
Leipzig, Phil. Diss. v. [11. Nov.] 1898

Müller, Frz. Rud., die Heilquellen des König Ottobades bei Wiesau. 16. (15 B.) Regensburg 843. (München, Franz.) * —

Müller, Frz. Rud., die beschwerliche u. schmerzhafte Menstruation, ihre Ursachen und Heilung. Inaugural-Abhandlung. gr. 8. München 838. (Leipzig, Fischer.) n. 1/6 Thlr

Müller, Frz. Rud., die beschwerl. u. schmerzhafte Menstruation, ihre Ursachen u. Heilung. Inaug.-Abhandl. gr. 8. (2 1/2 B.) München 838, Verf. *

Müller, Franz Werner [aus Neuhaldensleben]: Bakteriologische und klinische Beiträge zu den Mittelohreiterungen. ... Jena, Druck v. B. Engau, 1891; 41 S. 8°
Jena, Med. Fak., Inaug.-Diss. v. [10. Apr.] 1891

Müller, Frz. Werner, bakteriologische u. klinische Beiträge zu den Mittelohreiterungen. Diss. gr. 8. (41 S.) Jena 891. (Rudolstadt, H. Dabis.) n. — 60

Müller, Frz. Xav., nützl. Allerlei für Kinder, zur Uebung im Schriftlesen u. Schreiben. 8. Straubing. 804. 2e A. 806. 3e A. 807. 4e A. 811. (Wienbrack in Leipz.) 4 gr

Müller, Frz. Xav., nützl. Allerley f. Kinder z. Uebung im Schriftlesen u. Schreiben. 8. Straubing. Heigl u. C. 811.

— Anekdoten, kleine Erzähll. u. Räthsel; e. Geschenk- u. Erholungsbüchlein f. fleißige Kinder. 8. Inspruck 808. Wagner. 3 gr

— Aufgaben zu zweckmäß. Uebungen in d. latein. Sprache. 8. Straubing. 806. (Schorner). 12 gr

— Aufgaben zu zweckmäß. Uebungen in d. latein. Sprache ꝛc. 8. Straubing. 806. (Wienbrack in Leipz.) 12 gr

— Auswahl d. vorzügl. Briefmuster ꝛc. 8. Amb. 809. 5e Aufl. 822. Uhlmann. 1 Thlr

MÜLLER, Franz Xaver (Tirschenreut): Ueber die Behandlung des Typhus.- München: Stahl 1871. 20 S.
20.7.1870 - Urk (Titel: De typho abdominali.); F 72; Chr 1870/71,13
Diss. Ingolst.-Landsh.-Mchn.

— Beitrr. zur Uebung im Schriftlesen, Schön- u. Rechtschreiben, für die Jugend, s. Beitrr., u. setze hinzu: (von Frz. Xav. Müller).

Müller, Frz. Xav., Beiträge z. Uebung im Schriftlesen, Schön- u. Rechtschreiben, f. d. Jugend in d. Volks- u. Sonntags-Schulen, u. auch f. d. Schüler d. untersten latein. Klasse. 2 Abthln. 4. Aufl. 8. (14 B.) Stadtamhof 831. (Regensburg, Manz.)

Müller, Franz Xaver. Bemerkungen an den Bürger [Philipp Albert] Stapfer, Minister der Wissenschaften. Ueber die Besoldungen der Kirchen-Diener. 8. *o. O.* 1800.

— s. a. Blick in das Innere d. deutschen Stadt- u. Landschulen.

— Blick in das Innere der deutsch. Stadt- und Landschulen in Bayern. 8. Ebend. 802.

— allgem. Briefsteller; nebst e. leichtfaßl. Unterricht im Rechtschreiben ꝛc. Zunächst f. Baiern bearb. 8. Amb. 806. 2e A. ... 3e A. 815. 4e A. 819. Uhlmann. 18 gr

Müller's, Fr. Xav., Briefsteller nach den Anforderungen der neuesten Zeit. Ein Formular- und Musterbuch zur Abfassung aller Gattungen von Eingaben und Gesuchen, von Briefen und schriftl. Aufsätzen für die verschiedensten Verhältnisse des bürgerl., geschäftl. und häusl. Lebens. Vollständig umgearb. und neu hrsg. von M. Wechs. 8. (XVI, 382 S.) Regensburg 872, Coppenrath. M. 1,50.; geb.

—— kleiner Briefsteller nach den Anforderungen der neuesten Zeit. Ein Formular- und Musterbuch zur Abfassung von Eingaben und Gesuchen, von Briefen und schriftl. Aufsätzen für die verschiedensten Verhältnisse des bürgerl., geschäftl. und häusl. Lebens. Vollständig umgearb. und neu hrsg. von M. Wechs. 8. (VIII, 190 S.) Ebendas. 872. M. 1.; geb.

— Einleit. zum Unterr. in die Geographie; nebst e. kurz. Uebersicht d. 4 Erdtheile. Eine Zugabe zur neuest. Geographie von Baiern. 8. Regensb., Pustet. 2 gr

— neueste kurzgefaßte Erdbeschreibung von Bayern. 8. Straubing. Heigl u. C. 809.

— neueste kurzgefaßte Erdbeschreib. d. Königr. Baiern. 8. Straubing. 1e u. 2e Aufl. 809. (Wienbrack in Leipz.) 6 gr

Müller, F[ranz] X[aver], aus Neuburg a. D.: Über multiple Fettgewebsnekrose im Pankreas und in der Nachbarschaft desselben. *Würzburg 1898: J. B. Fleischmann.* (75 S.) 8°
Würzburg, Med. Diss. v. 1898

— ein Fingerzeig z. Kopfrechnen; nebst Zahlen-Anschauungs-Tabellen ꝛc. 8. Straubing. ... 2e A. 805. (Schorner). 3 gr

— kl. Gebet- u. Lesebuch; ein zweckmäß. Jugendgeschenk f. Kinder ꝛc. 8. Inspruck 809. Wagner. 3 gr — Dass. 12. Ebd. 2 gr

—— kurzgefaßte Geographie u. Geschichte v. Bayern, mit d. Wissensnöthigsten v. Deutschland, Europa u. d. übr. Erdtheilen, nebst e. Einleit. zum Unterr. in d. Geographie. 2. Aufl. gr. 12. ($6\frac{1}{2}$ B.) Stadtamhof 831. (Regensburg, Manz.)
Aus dess. „gemeinn. Hilfs-, Lehr- u. Lesebuch ꝛc." besond. abgedr.

— neueste Geographie u. kurzgefaßte Geschichte v. Baiern in fr. neuen Constitution. Zum Gebr. in Schulen. 2e A. 8. Landsh. 819. Weber. 10 gr

— neueste Geographie u. kurzgefaßte Gesch. v. Baiern, mit d. Wissensnöthigsten von Deutschland u. Europa; nebst e. Einleit. z. Unterr. in d. Geographie. 4e verm. A. 8. Stadt am Hof 822. (Landsh., Krüll). 8 gr (Pustet in Regensb.) 6 gr

— bibl. Geschichte d. Alt. u. N. Testam. 3e A. 8. Amb. 819. Uhlmann. 5 gr (Pustet in Regensb.) 3 gr

— — gemeinnützl. Hülfs-, Lehr- und Lesebuch, für die vaterl. kathol. Jugend in den höhern Kursen d. Volks- u. Feyertagsschulen. 3te Aufl. 8. Landshut, Weber. 819.

— gemeinnütz. Hülfs-, Lehr- u. Lesebuch für d. vaterländ. kathol. Jugend in d. höhern Kursen d. Volks- u. Feiertagsschulen ꝛc. 3 Abtheill. gr. 12. Stadt am Hof ... 6e A. 823. 9e A. 828, 29. (1e Abtheil. 10e A. u. 3e Abtheil. 11e A. 831.) Eggensperger. (Landsh., Krüll). 8 gr 3e Abtheil. A. u. d. T.: kurzgefaßte Geographie u. Gesch. v. Baiern, mit d. Wissensnöthigsten v. Deutschland, Europa ꝛc. 2e A. 831. 5 gr

—— gemeinnützl. Hilfs-, Lehr- u. Lesebuch f. d. vaterländ. Jugend in d. höh. Kursen d. Volks- u. Feiertags-Schulen, auch f. Schulpräparanden u. Privatlehrer, mit Hinsicht auf d. allgem. Lehrplan. 3 Abthln. (1., 10. Aufl.; 2., 9. A.; 3., 11. A.) 8. (23 B.) Stadtamhof 828—33, Eggensperger. (Regensburg, Manz.)

Müller, Frz. Xav., gemeinnützliches Hilfs-, Lehr- u. Lesebuch für die vaterländ. Jugend ꝛc. 3e Abthl. A. u. d. T.: Kurzgefaßte Geographie und Geschichte von Bayern ꝛc. 3e Aufl. 8. Stadtamhof 833. (Regensburg, Manz.) $\frac{1}{3}$ Thlr

— s.a. Nachdenken, Mein liebstes, über das oberste Moralgesetz.

— Nachdenken üb. d. oberste Moralgesetz. 8. Ebend. 802.

Von dem allerhöchst bestätigten neuen Plan zur künftigen Einrichtung der lateinischen Schulen und Gymnasien in Bayern. Von F. X. Müller, Reg. Rath u. St. R. — 1829. Ebend. — S. 3—10.
Progr. Landshut

— Sagen und Legenden der Bayern, s. Müller, Adalbert

— über das oberste Sittengesetz. 8. Straubing. 808. (Schorner). 4 gr

— leichtfaßl. Sittenunterricht, verbund. mit Religionsunterricht f. die Jugend ꝛc. 2 Thle. 8. Straubing. 801. (Schorner). 14 gr Hbg. Pr. 6 gr

Müller's, Fr. Xav., Universal-Briefsteller. Ein f. Jedermann brauchbares Formular- u. Musterbuch zur Abfassg. v. Eingaben u. Gesuchen, v. Briefen u. schriftl. Aufsätzen f. die verschiedenen Verhältnisse des bürgerl., geschäftl. u. häusl. Lebens. Vollständig umgearb. u. neu hrsg. v. M. Wechs. 6. Aufl. 8. (XVIII, 596 S.) Ebend. 872. 2. 50; geb. 3. —

— leichtfaßl. Unterricht in d. Anfangsgründen d. Rechenkunst f. die erste Klasse der deutschen Schulen. 8. Straubing. 803. (Wienbrack in Leipz.) 5 gr

— Fortsetz. des leichtfaßl. Unterr. in d. Rechenkunst, zum Gebr. in den niedern Schulen. 8. Straubing. 803. (Schorner). 6 gr

— — Fortsetzung des leichtfaßl. Unterrichts in der Rechenkunst, zum Gebrauch in den niedern Schulen. 8. Straubing, Schmidt. 817.

— Versuch einer Erfahrungsseelenlehre ꝛc. 8. Straubing. 803. (Schorner). 4 gr

— — Versuch über den Nutzen und die Nothwendigkeit der Volkserziehung. gr. 8. Landshut, Weber. 818.

— wäre wohl die Einführung d. Sittenpreise in den Gymnasien das rechte Mittel, die studir. Jugend gesitteter u. tugendhafter zu machen? 8. Straubing. 800. (Schorner). 4 gr

Müller, Frieda, u. Martha Müller, Liebe u. Eintracht. Gedichte. (187 S. m. 2 Bildnissen.) 8. Leipzig 901. E. Ungleich. Geb. in Leinw. m. Goldschn. 3. 50; erm. Pr. 1. 50; geb. 2. 50

Müller, Friederike, neue Hamburger Stickmuster. 1s Hft. qu. gr. Fol. Hamb. 831. (Herold). 16 gr 2s Hft. 832. qu. gr. Fol. (Ebd.) 1 Thlr 16 gr

Müller, Friedrich

Müller, Fr., kurze Abhandlung üb. den Gebrauch u. die Wirksamkeit d. Heil-Quellen z. Homburg v. d. Höhe mit Belegen nach eigenen Beobachtungen. Neue Aufl. gr. 8. ($4\frac{1}{4}$ B.) Homburg v. d. Höhe 845. (Frankfurt a. M., Varrentrapp's Sortmh.)

Müller, Friedr. (I.), kurze Abhandlung über den Gebrauch und die Wirksamkeit der Heil-Quellen zu Homburg vor der Höhe mit Belegen nach eigenen Beobachtungen. 5. Aufl. gr. 8. (IV und 75 S.) Homburg 849. (Frankfurt a. M., Hermannsche Buchh.) *

Müller, Friedr., kurze Abhandlung über den Gebrauch und die Wirksamkeit der Heil-Quellen zu Homburg vor der Höhe mit Belegen nach eigenen Beobachtungen. 6. Aufl. Homburg v. d. Höhe 853. Schick. 8. (IV, 79 S.) 10 ngr.

Müller, Frdr., kurze Abhandlung über den Gebrauch u. die Wirksamkeit der Heil-Quellen zu Homburg vor der Höhe mit Belegen nach eigenen Beobachtungen. 8. Aufl. Homburg 862. Schick. gr. 8. (IV, 79 S.) n. 10 ngr.

Müller's, Friedr. (II.), Abhandlung über den Gebrauch der Homburger Heilquellen. Neu hrsg. und mit zahlreichen Zusätzen versehen von Fr. Hoeber. 9.—11. Aufl. 8. (IV, 60 S.) Homburg 876, Schick's Buchh.

Müller, Frdr., zwei sprachwissenschaftliche Abhandlungen zur Armenischen Grammatik. (Aus den Sitzungsber. der k. Akad. der Wissensch.) Wien, 860. Gerold in Comm. gr. 8. (11 S.) n. 2 ngr.

Müller, Friedr. (I.), zwei sprachwissenschaftliche Abhandlungen zur armenischen Grammatik. Lex.-8. (11 S.) Wien 861, (Gerold's Sohn.) *

— Zwei sprachwissenschaftliche Abhandlungen zur armenischen Grammatik. 1. Zur Suffixlehre des armenischen Verbums. 2. Über die armenischen Zahlwörter. S. 35. 191 . . . . ngr.
Separatabdruck

Müller, Fr. Vl., (Maler,) Adonis, die klagende Venus. Venus Urania. Eine Trilogie. Mit 4 Umrissen in Kpf. 8. Leipz. 825. Er. Fleischer. 2 Thlr

Müller, Friedrich [approb. Arzt aus Mitteldachstetten (Bayern)]: Antisepsis in der Geburtshülfe .... Würzburg, Becker's Univ.-Buchdr., 1888; 29 + 1 S. 8°
Würzburg, Med. Fak., Inaug.-Diss. v. 1888

Müller, Friedrich, Antisepsis in der Geburtshülfe. Diss. Würzburg 1888, Stahelsche Univ.-Buchh. 8°. 29 S.

Müller, Frdr., s.: Archiv, deutsches, f. klin. Medicin.

Müller, Friedr., Armeniaca. I. u. II. [Aus d. Sitzungsber. der k. Akad. der Wiss.] Wien 865, 70. (Gerold's Sohn.) Lex.-8. (7 u. 10 S.) à n. 2 ngr.

— Armeniaca. 1. Teil. S. 18. 126 . . . . vgr.
Separatabdruck

— Armeniaca. 2. Teil. S. 64. 467 . . . . vgr.
Separatabdruck

Müller, Frdr., Armeniaca. III et IV. [Aus d. Sitzungsber. d. k. Akad. d. Wiss.] Lex.-8. (18 u. 9 S.) Wien 871. 74. Gerold's Sohn in Comm. à — 30 (I—IV.: n.n. 1. —)

— Armeniaca. 3. Teil. S. 66. 59 vgr.
Separatabdruck

— Armeniaca. 4. Teil. S. 78. 425 . . vgr.
Separatabdruck

Müller, Frdr., Armoniaca. V. [Aus: „Sitzungsber. d. k. Akad. d. Wiss."] Lex.-8. (10 S.) Wien 878. Gerold's Sohn in Comm. n.n. — 30 (1—5.: n n. 1. 30)

— Armeniaca. 5. Teil. S. 88. 9 . vgr.
Separatabdruck

Müller, Frdr., Armoniaca. VI. [Aus: „Sitzungsber. d. k. Akad. d. Wiss."] Lex.-8. (8 S.) Wien 890. (Tempsky.) n. — 30 (1—VI.: n.n. 1. 60)

— Armeniaca. 6. Teil. S. 122 1 . . . . —.30
Separatabdruck

Müller, Friedrich, approb. Arzt aus Baden-Baden: Die Ausscheidung des Methylenblaus durch die Nieren. *Naumburg a. S. 1899: Lippert & Co.* (32 S.) 8°
Freiburg i. B., Med. Diss. v. 1899

Müller, Fr., Mahler, der hohe Ausspruch, od. Chares u. Fatime; e. alt-persische Novelle. (Aus d. Rheinblüthen f. 1825 abgedr.) 16. Karlsr., Braun, 1 ℔ 12 ℊ

— s. a. Bachidon.

— Bachidon, eine Idylle. 8. Ebend. 775.

— Balladen. 8. Manh. 776. Schwan u. G. 4 ℊ

Balladen vom Mahler Müller [Friedrich Müller.] Mannheim: C. F. Schwan 1770. (Neudr. d. 1. Ausg., der Gesellsch. d. Bibliophilen anläßlich d. Generalversammlung in München 1909 gewidmet von Emil Hirsch u. Georg Müller, Buchh. in München). Rudolstadt 1909: Mänicke & Jahn. 64 S. 8°

— die Sprachen Basa, Grebo u. Kru im westlichen Afrika. [Aus: „Sitzungsber. d. k. Akad. d. Wiss."] Lex.-8. (20 S.) Ebend. 877. n.n. — 50

— Die Sprachen Basa, Grebo und Kru im westlichen Afrika. S. 86. 5 . . . . vgr.
Separatabdruck

— der grammatische Bau der Algonkin-Sprachen, ein Beitrag zur amerikan. Linguistik. [Aus d. Sitzungsber. der k. Akad. der Wiss.] Ebend. 867. Lex.-8. (23 S.) n. 4 ngr.

— Der grammatische Bau der Algonkin-Sprachen. Ein Beitrag zur amerikanischen Linguistik. S. 56. 132 . . . . vgr.
Separatabdruck

Müller, Friedr. (IV.), über die diagnostische Bedeutung der Tuberkelbacillen. gr. 8. (7 S.) Würzburg 883, Stahel'sche Universitäts-Buchh. *
Aus: Verhandlungen der physikalisch-medicinischen Gesellschaft zu Würzburg, besonders abgedruckt.

Müller, Friedrich, aus Kleineicholzheim, Amt Adelsheim, Baden: Beitrag zur Kenntnis der Fermentwirkung des menschlichen Mundspeichels. *Freiburg i. B. 1898: Ch. Lehmann's Nachf.* (39 S.) 8°
Freiburg i. B., Med. Diss. v. 1898

Zur feierlichen Einführung des Neuen Rectors der Universität am 16. Oct. 1892 ... ladet ein der zeit. Rector Rudolf Leonhard Dr. u. o. Prof. d. Rechte. — Inh.: Ein Beitrag zur Kenntniss der Seelenblindheit v. Prof. Friedrich Müller. Marburg, Univ.-Buchdr. (C. L. Pfeil), 1892; 1 Bl., 47 S. 4

— Beiträge zur Declination des armenischen Nomens. (Aus den Sitzungsber. der k. Akad. der Wissensch.) Ebend. 864. gr. 8. (17 S.) 3 ngr.

Beiträge zur Deklination des armenischen Nomens. S. 44. 55 . . . . . . vgr.
Separatabdruck

Müller, Frdr., Beiträge zur Erklärung d. Artâi-virâf-nâmak u. d. Džôšt-i-frijân. [Aus: „Sitzungsber. d. k. Akad. d. Wiss."] Lex.-8. (18 S.) Wien 892 (F. Tempsky.) n. — 80

— Beiträge zur Erklärung des Artâi-virâf-nâmak und des Dž . . -i-frijân. S. 127 11 . —.80
Separatabdruck

Müller, Frdr., Beiträge zur etymolog. Erklärung der griechischen Sprache. [Aus: „Sitzungsber. d. k. Akad. d. Wiss."] gr. 8. (40 S.) Wien 897. (C. Gerold's Sohn.) n. 1. —

— Beiträge zur etymologischen Erklärung der griechischen Sprache. S. 136 4 . . . . 1.—
Separatabdruck

Müller, Friedr., Beiträge zur Geschichte des Hexenglaubens und des Hexenprocesses in Siebenbürgen. Braunschweig 854. Schwetschke. gr. 8. (77 S.) n. 12 ngr.

Friedrich Müller. Beiträge zur Geschichte der Stadt Lahr. I. Abt. 28 S. Lahr, P 1855

Derselbe. Beiträge zur Geschichte der Stadt Lahr. II. Abt. 28 S. Lahr, P 1856

— Beiträge zur Kenntniss der neupersischen Dialekte. (Aus den Sitzungsber. der k. Akad. der Wissensch.) I. u. II. Ebend. 864. gr. 8. Jede Nr. 5 ngr.
Inhalt: I. Mazandaranischer Dialekt. (28 S.) — II. Kurmangi-Dialekt der Kurdensprache. (31 S.)

— Beiträge zur Kenntnis der neupersischen Dialekte. 1. Mazandaranischer Dialekt. S. 45. 267 . . . . vgr.
Separatabdruck

— Beiträge zur Kenntnis der neupersischen Dialekte: 2. Kurmângi-Dialekt der Kurdensprache. S. 46. 150 . . . . vgr.
Separatabdruck

— Beiträge zur Kenntniss der neupersischen Dialekte. III. Zaza-Dialekt der Kurdensprache. [Aus den Sitzungsber. der k. Akad. der Wiss.] Ebend. 865. Lex.-8. (21 S.) n. 4 ngr.

— — 3. Zaza-Dialekt der Kurdensprache. S. 48. 427 . . . . vgr.
Separatabdruck

Müller, Friedrich [aus Göttingen]: Beiträge zur Kenntnis des Isophorons, Kampherphorons und des Mesityloxyds ... Göttingen, Druck v. L. Hofer, 1897; 102 S., 1 Bl. 8.
Göttingen, Phil. Fak., Inaug.-Diss. v. [8. März] 1897

— Beiträge zur Kenntniss der Pâli-Sprache. I—III. [Aus den Sitzungsber. der k. Akad. der Wiss.] Ebend. 868, 69. Lex.-8. n. 13 ngr.
I. (30 S.) n. 5 ngr. — II. (22 S.) n. 4 ngr. — III. (22 S.) n. 4 ngr.

— Beiträge zur Kenntnis der Pāli-Sprache. 1. Teil. A. Lautlehre. S. 57. 7 . . . . . vgr.
— — 2. Teil. B. Formenlehre. S. 57. 243 . . . . vgr.
Separatabdruck

— Beiträge zur Kenntnis der Pāli-Sprache. 3. Teil. S. 60. 533 . . . . vgr.
Separatabdruck

— Beiträge zur Kenntniss der Rom-Sprache. [Aus d. Sitzungsber. der k. Akad. der Wiss.] Ebend. 869. Lex.8. (58 S.) n. 8 ngr.

— Beiträge zur Kenntnis der Rom-(Zigeuner-)Sprache. 1. Teil. S. 61. 149 . . . . . vgr.
Separatabdruck

— Beiträge zur Kenntniss der Rom-Sprache. II. [Aus „Sitzungsber. d. k. Akad. d. Wiss."] Lex.-8. (18 S.) Ebend. 872. n. — 40 (1. u. 2.: n. 1. 20

— Beiträge zur Kenntnis der Romsprache. 2. Teil. S. 70. 85 . . . . vgr.
Separatabdruck

Müller, *Andreas* Friedrich [aus Berlin]: Beiträge zur Kenntniss der Schädelbrüche bei Kindern ... Berlin, Buchdr. v. G. Schade, *1892*; 34 S., 1 Bl. 8.
Berlin, Med. Fak., Inaug.-Diss. v. 4. Aug. 1892

— Beiträge zur Conjugation des armenischen Verbums. (Aus den Sitzungsber. der k. Akad. der Wissensch.) Ebend. 863. gr. 8. (16 S.) 3 ngr.

— Beiträge zur Konjugation des armenischen Verbums. S. 42. 327 . . . . . . vgr.
Separatabdruck

Müller, Frdr., Beiträge zur Kritik u. Erklärung d. Minōïg Chrat. [Aus: „Sitzungsber. d. k. Akad. d. Wiss."] Lex.-8. (42 S.) Wien 892. (F. Tempsky.) n. 1. —

— Beiträge zur Kritik und Erklärung des Minōïg Chrat. S. 125/1 . . . . 1.—
Separatabdruck

— Beiträge zur Lautlehre des Ossetischen. (Aus den Sitzungsber. der k. Akad. der Wissensch.) Ebend. 863. gr. 8. (20 S.) n. 8 ngr.

— Beiträge zur Lautlehre des Ossetischen. S. 41. 148 . . . . vgr.
Separatabdruck

— Beiträge zur Lautlehre der armenischen Sprache. I—III. (Aus den Sitzungsber. der k. Akad. der Wissensch.) Ebend. 862, 63. gr. 8. (34 S.; 14 S.; 12 S.) I.: n. 4 ngr.; II. u. III.: à 3 ngr.

— Beiträge zur Lautlehre der armenischen Sprache. 1. Teil. S. 38. 364 . . . . . vgr.
Separatabdruck

— Beiträge zur Lautlehre der armenischen Sprache. 2. Teil. S. 41. 3 . . . . . . vgr.
Separatabdruck

— Beiträge zur Lautlehre der armenischen Sprache. 3. Teil. S. 42. 240 . . . . . vgr.
Separatabdruck

— Beiträge zur Lautlehre der neupersischen Sprache. I. u. II. (Aus den Sitzungsber. der k. Akad. der Wissensch.) Ebend. 862, 63. gr. 8. (27 S.; 15 S.) I.: n. 5 ngr.; II.: 3 ngr.

— Beiträge zur Lautlehre der neupersischen Sprache. 1. Teil S. 39. 389 . . . . vgr
Separatabdruck

— Beiträge zur Lautlehre der neupersischen Sprache 2. Teil. S. 43. 290 . . . . vgr
Separatabdruck

— Beiträge zur Morphologie u. Entwickelungsgeschichte der Sprachen. I. [Aus d. Sitzungsber. d. k. Akad. d. Wiss.] Lex.-8. (20 S.) Ebend. 871. — 30

— Beiträge zur Morphologie und Entwicklungsgeschichte der Sprachen. 1. Teil. S. 67. 139 . . . . vgr.
Separatabdruck

— Beiträge zur Textkritik u. Erklärg. d. Andarz i Āturpāt i Mahraspandān. M. e. deutschen Übersetzg. dieses Tractats. [Aus: „Sitzungsber. d. k. Akad. d. Wiss."] gr. 8. (25 S.) Ebd. 897. n. — 70

— Beiträge zur Textkritik und Erklärung des Andarz i Āturpāt i Mahraspandān mit einer deutschen Übersetzung dieses Traktats. S. 136/8 . . . . —.70
Separatabdruck

— Beiträge zur Textkritik u. Erklärg. d. Kārnāmak i Artaχšīr i Pāpakān. [Aus: „Sitzungsber. d. k. Akad. d. Wiss."] gr. 8. (25 S.) Ebd. 897. n. — 70

— Beiträge zur Textkritik und Erklärung des Kārnāmak i Artaχšīr i Pāpakān. S. 136/6 . . . . —.70
Separatabdruck

— Bemerkungen üb. zwei armenische Keil-Inschriften. [Aus d. Sitzungsber. d. k. Akad. d. Wiss.] Lex.-8. (6 S. m. e. Tab. in qu. 4.) Ebend. 870. n. — 50

— Bemerkungen über zwei armenische Keilinschriften (mit 1 Tabelle). S. 65. 589 . vgr.
Separatabdruck

— Bemerkungen über den Ursprung des Nominalstammes im Neupersischen. [Aus: „Sitzungsber. d. k. Akad. d. Wiss."] Lex.-8. (8 S.) Ebend. 878. n. — 20

— Bemerkungen über den Ursprung des Nominalstammes im Neupersischen. S. 88. 323 . —.20
Separatabdruck

— Bemerkgn. üb. d. Ursprung d. Praeteritums im Neupersischen. [Aus: „Sitzungsber. d. k. Akad. d. Wiss."] Lex.-8. (8 S.) Ebd. 895. n. — 30

— Bemerkungen über den Ursprung des Präteritums im Neupersischen. S. 132 1 . . —.30
Separatabdruck

— Bemerkungen üb. die schwache Verbalflexion d. Neupersischen. [Aus: „Sitzungsber. d. k. Akad. d. Wiss."] Lex.-8. (6 S.) Ebend. 874. n. — 20

— Bemerkungen über die schwache Verbalflexion des Neupersischen. S. 77. 459 . . vgr.
Separatabdruck

Müller, Frdr., Bemerkungen üb. das Verbum der Koloschischen Sprache. Lex.-8. (12 S.) Wien 884. (Gerold's Sohn.) n. — 40

— Bemerkungen über das Verbum der koloschischen Sprache. S. 106. 153 . . . . . —.40
Separatabdruck

Müller, Friedrich (Homburg v.d.H.)
Beschreibung eines höchst merkwürdigen Falles von wahren Fleischpolypen in den Bronchien, nebst pathologischen Bemerkungen über Lungenpolypen und über Polypenbildung überhaupt.
Giessen 1818. 24 S. und 1 Taf.
Diss. med. 1818. 10. Juli. vorh. 26.7.

—— ethnologischer Bilder-Atlas für Volks-, Bürger- und Mittelschulen. Nach Angaben und unter wissenschaftl. Leitung von F. M. Nach Originalen von Aug. Gerasch, in Farbendr. ausgeführt von Ant. Hartinger und Sohn. Bl. 4: Hottentotten. Imp.-Fol. Mit Text. gr. 4. (1 Bl.) Wien 884, (Lechner's Verlagsh.) *
1.—3. Bl. noch nicht erschienen.

Müller, Friedr. (III.), ethnologischer Bilder-Atlas für Volks-, Bürger- und Mittelschulen. Nach Angaben und unter wissenschaftl. Leitung von F. M. Nach Orig. von Aug. Gerasch, in Farbendr. ausgeführt von Ant. Hartinger und Sohn. Blatt 5 und 11. Imp.-Fol. Wien 885, (Lechner's Verlag.) à Bl. *ℳ 5.—. *
Inhalt:
Bl. 5. Buschmänner.
» 11. Amerikanische Indianer.
Bl. 4. Ebendas. 1884. *ℳ 5.—. — Die übrigen Blätter sind noch nicht erschienen.

Müller, Fr[iedrich], Dr.: Otto Böckeler. Ein oldenburgischer Botaniker. *Oberstein (1900): J. Hehner.* (S. 3—8.) 4°
Oberstein-Idar, R, P 1900 (721)

Müller, Frdr., Buchführung u. Kalkulationen für das Schreinergewerbe. Für Fachschulen, Fortbildungsschulen, Meisterkurse u. Gewerbetreibende. (V, 101 S.) gr. 8. Nürnberg 903. F. Korn. n. 1. — ; geb. n. 1. 20

Müller, Friedr. (I.), die Cholera u. d. Anwend. d. Kälte als einfachstes Schutz- u. Haupt-Mittel ders., mit Berücksichtig. der durch d. Untersuchung mit d. Horchrohre erhalt. Resultate. gr. 8. (10½ B.) Wien 832, Beck.

Müller, Frdr., der Vetter Christian, s.: Barthel's, Karl, Theater-Bühne. Nr. 2.

Müller, Friedrich: [illegible] Die Chronologie des Simeon Šanqlâwâjâ, nach den drei Berliner Handschriften dargestellt . . . Leipzig, Druck v. W. Drugulin, 1889; 54 + 16 S. + 1 Bl. 8°
Leipzig, Phil. Fak., Inaug.-Diss. v. 4. Dez. 1889

Müller, Friedrich, Hofrath und Landsyndicus. Actenmässige Darstellung der Theilnahme des Herzogthums Meklenburg-Strelitz an dem Kriege gegen Frankreich in den Jahren 1813 und 1814.
8. Neu-Strelitz 1814.

Müller, Fr. VII., aktenmäß. Darstell. d. Theilnahme d. Herzogth. Mecklenburg-Strelitz an d. Kriege gegen Frankreich. 8. Neustrelitz 814. Albanus. 8 gr.

Müller, Friedrich: Anatomische und physiologische Darstellung des menschlichen Auges. 152 S., gbd.

Wien: Heubner 1819

JB 4.243

Müller, Friedr. (II.), Denkwürdigkeiten aus Griechenland, s. Denkwürdigkeiten etc.

Müller, F. Denkwürdigkeiten aus Griechenland 1827—28. Hrsg. von P. O. Bröndsted. Paris 1833. 8°.

Müller, (Maler), Dichtungen, s. Bibliothek der deutschen Nationalliteratur des 18. u. 19. Jahrh.

— der Dual in den semitischen Sprachen. [Aus „Sitzungsber. d. k. Akad. d. Wiss."] Lex.-8. (14 S.) Ebend. 875. n.n. — 30

— Der Dual in den semitischen Sprachen. S. 79. 4to . . . . „ —.30
Separatabdruck

— der Dual im indogermanischen u. semitischen Sprachgebiete. (Aus den Sitzungsber. der k. Akad. der Wissensch.) Ebend. 860. gr. 8. (19 S.) 3 ngr.

— Der Dual im indogermanischen und semitischen Sprachgebiete. S. 35. 31 . . . . „ —.30
Separatabdruck

— Einiges über das ν ἐφελκυστικόν im Griechischen vom sprachwissenschaftlichen Standpunkte. (Aus den Sitzungsber. der k. Akad. der Wissensch.) Ebend. 860. gr. 8. (7 S.) n. 2 ngr.

— Einiges über das ν ἐφελκυστικόν im Griechischen vom sprachwissenschaftlichen Standpunkte. S. 34. 3 . . . . ngr.
Separatabdruck

Müller, Friedrich, aus Cassel: Ueber die Einwirkung von Phosphorsulfochlorid auf die primären aliphatischen Amine und einige Sulfophosphazoverbindungen. *Cassel 1901: Weber & Weidemeyer.* (36 S.) 8°
Rostock, Phil. Diss. v. [5. Dez.] 1900

— d. semitischen Elemente d. Pahlawi-Sprache. [Aus: „Sitzungsber. d. k. Akad. d. Wiss."] gr. 8. (12 S.) Ebd. 897. n. — 40

— Die semitischen Elemente der Pahlavisprache. S. 136/10 . . . . —.40
Separatabdruck

Müller, Friedrich [Rechtspraktikant in Karlsruhe (Baden)]: Das badische Enteignungsrecht ... Würzburg, Druck v. F. Frumme-Etlingers Nachf., 1896; 44 S. 8.
Erlangen, Jur. Fak., Inaug.-Diss. v. [5. Dez.] 1895

Müller, Friedrich W. [aus Berlin]: Ueber die Entwicklung und die morphologische Bedeutung der „Pseudobranchie" und ihrer Umgebung bei Lepidosteus osseus ... (Aus: Arch. f. mikr. Anat., Bd. 49.) Bonn, F. Cohen, 1897; 41 S., 1 Bl. 8.
Berlin, Med. Fak., Inaug.-Diss. v. 18. Mai 1897

Müller, Friedrich, aus Gerhardsbrunn (Pfalz): Die geschichtliche Entwicklung des landwirtschaftlichen Genossenschaftswesens in Deutschland. *Naumburg a. S. 1900: Lippert & Co.* (50 S.) 8° [F.] ¶ [Erschien vollst. 1900 als: Wirtschafts- u. Verwaltungsstudien mit besond. Berücks. Bayerns, 10.]
Würzburg, Jur. Diss. v. 1900

Müller, Frdr., die geschichtl. Entwicklung des landwirtsch. Genossenschaftswesens in Deutschland, s. a. Wirtschafts- u. Verwaltungsstudien. X.

Die geschichtliche Entwicklung des landwirtschaftlichen Genossenschaftswesens in Deutschland von 1848/49 bis zur Gegenwart. Von Dr. Friedrich Müller aus Gerhardsbrunn. *Leipzig: A. Deichert 1901.* (XX, 552 S.) 8° [F.]
— Wirtschafts- u. Verwaltungsstudien m. bes. Berücks. Bayerns. 10.
[oo. 10846

— Eránica. [Aus: „Sitzungsber. d. k. Akad. d. Wiss". Lex.-8. (11 S.) Ebend. 871. — 30

— *Eránica.* S. 66. 361 . . . . —.30
Separatabdruck

— s.: Ergebnisse der inneren Medizin u. Kinderheilkunde,

Müller, Frdr. v.: Erinnerungen aus den Kriegszeiten 1806—1813 s. a. Hausbibliothek, hamburgische.

— dasselbe, s. a. Quellen.

v. **Müller**, Frdr., Erinnerungen aus den Kriegszeiten v. 1806 —1813. gr. 8. (XVIII u. 310 S.) Braunschweig 851, Vieweg & Sohn. n. 1⅔ ₰

Müller, Frdr. v., Erinnerungen aus den Kriegszeiten 1806—1813. s.a. Aus vergilbten Pergamenten.

Mueller, Friedr. v., Erinnerungen aus den Kriegszeiten 1806—1813. Leipzig [1910]. 8°.
(A. vergilbten Pergamenten, hrsg. von Theod. Rehtwisch. Bd 9.)

Müller, Friedr. (II.), die Erstürmung der Burg Ravensberg. Historische Erzählung aus den Zeiten des Faustrechts. 2. Aufl. 12. (120 S.) Osnabrück 888, (Pillmeyer.) *

Müller, G. F. Lebes Maler, Adams erstes Erwachen ꝛc. 8. Mannheim, Schwan u. G. 778.

Müller, Fr. V., (G. Fr. Lebes,) Maler, Adonis erstes Erwachen u. ersten sel. Nächte. 8. Manh. . . . N. A. 778. Schwan u. G. 9 gr.

Müller, Friedrich. Erzählungen vom Mahler Müller. Mannheim 1803. V (nicht): *Müller, Friedrich.* (GGr IV, 349)

— Ethnographie, s.a. Reise der österreich. Fregatte Novara.

Müller, Friedrich: Ethnographie. Auf Grund des von Dr. Karl v. Scherzer gesammelten Materials bearbeitet. Mit 10 photographischen Tafeln und einer Karte. Wien 1868. XXX, 225 S.
= Reise der österreichischen Fregatte Novara um die Erde. Anthropologischer Theil. Abth. 3. 4°.

—— allgemeine Ethnographie. gr. 8. (VIII, 550 S.) Wien 878, Hölder. *

—— allgemeine Ethnographie. 2. umgearb. und bedeutend verm. Aufl. 8 Lfgn. gr. 8. (XV, 621 S.) Wien 878,79, Hölder. à Lfg. * ℳ 1,50. *

Müller, Friedrich, Arzt a. Stettin: Über einen Fall von ausgedehnter Kiefernekrose nach Zahnextraktion. Freiburg i. B. 1905: A. Mehlhase. (20 S.) 8°
Freiburg i. B., Med. Fak., Ref. Kraske, Diss. v. 1905
[Geb. 9. Apr. 80 Stettin; Wohnort: Freiburg; Staatsangeh.: Preußen; Vorbildung: Gymn. Stargard Reife O. 00; Studium: Heidelberg 1, Leipzig 1, Freiburg 2, Greifswald 1, Berlin 1, Freiburg 3 S.; Coll. 14. März 05.]

Müller, Frdr., das österreichische Feld- u. Gebirgs-Artillerie-Material vom Jahre 1863. Mit 2 lith. Taf. (in Fol.) Wien 864. Gerold in Comm. 8. (XII, 256 S.) n. 1 ₰ 14 ngr.

Müller, Friedr., das österreichische Feld- u. Gebirgs-Artillerie-Material. 2. Aufl. Wien 868. Gerold's Sohn. 8. (XI, 247 S. mit 2 Steintaff. in Fol.) n. 1 ₰ 14 ngr.

Müller, Friedr. (I.), über Fettresorption. gr. 8. (5 S.) Würzburg 885, Stahel'sche Universitäts-Buchh. *
Aus: Sitzungsberichte der physikalisch-medicinischen Gesellschaft zu Würzburg, besonders abgedruckt.

— einige Fragen des Stoffwechsels u. der Ernährung, s.a. Sammlung klin. Vorträge.

Müller, Friedrich: Einige Fragen des Stoffwechsels und der Ernährung. Öffentliche Antrittsvorlesung, gehalten in Basel. (Sammlung klinischer Vorträge. Neue Folge Nr. 272.) Leipzig 1900. 50 S. 8°.
Keine offizielle Publikation.

Einige Fragen des Stoffwechsels und der Ernährung von Friedrich Müller, (Basel). Leipzig: Breitkopf & Härtel 1900. (34 S.) 8°
= Sammlung Klinischer Vorträge. N. F. No 272.

(**Müller**, Friedr.) Ein Friedenswort zur Lösung der religiösen Streitfrage. Kassel, Appel, 1844. gr. 8°, 2. Aufl.

Müller, Frdr., Führer in die Grotten u. Höhlen v. Sanct Canzian bei Triest u. Notizen üb. den Lauf der Reka. Mit 6 heliogr. Ansichten u. 1 Situationsplan. 8. (111 S.) Triest 887. (Schimpff.) n.n. 2. —

Müller, Friedr., Gedichte. Ein Nachlese zu dessen Werken. Hrsg. v. Hans Graf Yorck. 16. (V, 102 S.) Jena 873. F. Mauke. n. 1. 50

Lyrische Gedichte des Malers Friedrich **Müller**. In Auswahl von Prof. O[tto] Kohl. Kreuznach: K. Scheffel 1905. (40 S.) 8° [F.]
— Antiqu.-Histor. Verein zu Kreuznach. **Veröffentlichung**. 21. [06. 8969

Carl Gerhardt †. (Verf.: F[riedrich] **Müller**, Basel.) Naumburg a. S. 1902: Lippert & C. (XXIX S.) 8° [07. 13360 6

Müller, Friedr. (III.), zur Geschichte der Kasseler Gallerie. 4. (18 S.) Kassel 882, (Hühn.) *
Aus: Zeitschrift für bildende Kunst, besonders abgedruckt.

Programm des evangelischen Gymnasiums in Schäßburg und der damit verbundenen Lehranstalten. Zum Schlusse des Schuljahres 1855/56. Veröffentlicht vom Direktor G. D. Teutsch.
Inhalt: A. Geschichte der siebenbürgischen Hospitäler bis zum Jahre 1625. Vom Professor Friedrich Müller. — B. Schulnachrichten. Vom Direktor. Wien, 1856. Aus J. B. Wallishausser's k. k. Hoftheater-Druckerei. (86 S. 8)

Müller, Friedr. (I.), Geschichte d. Burgschlosses Ravensberg in Westfalen. gr. 8. (7¼ B., Titelbild. u. 1 Stammtaf.) Osnabrück 839, Rackhorst'sche Buchh. *

Müller, Friedr. (I.), Geschichte der alten Grafen von Tecklenburg in Westfalen. gr. 8. (17½ B.) Osnabrück 842, Rackhorst'sche Buchh. *

— das grammatische Geschlecht [Genus]. Ein sprachwissenschaftlicher Versuch. (Aus den Sitzungsber. der k. Akad. der Wissensch.) Ebend. 860. gr. 8. (26 S.) n. 4 ngr.

Das grammatische Geschlecht (Genus). Ein sprachwissenschaftlicher Versuch. 8. 33. 4?? . . . . ngr.
Separatabdruck

—— Goethe in sein. ethischen Eigenthümlichkeit. Zweiter Beitr. zu seiner Charakteristik. (Gedächtnissrede.) gr. 8. (2 B.) Weimar 832. [Leipzig, Böhme.]

— Goethe in seiner ethischen Eigenthümlichkeit. Zweiter Beitr. zu sr. Charakteristik. (Gedächtnißrede, gehalten in der Trauerversamml. zu Weimar am 9. Nov. 1832.) gr. 8. Weim. 832. Hoffmann. 6 gr.

Müller, Friedr. v., Goethe in seiner pract. Wirksamkeit. (Eine Vorles.) gr. 8. (3 B.) Weimar 832. [Leipzig, Böhme.]

v. **Müller**, Fr. IX., (Geo. Fr. Konr. Ldw. v. Gerstenbergk,) Goethe in seiner prakt. Wirksamkeit. Eine Vorlesung in der Academie gemeinnütz. Wissenschaften zu Erfurt am 12. Sept. 1832. gr. 8. Weim. 832. Hoffmann. 10 gr.

— die Grottenwelt v. St. Canzian. [Aus: „Zeitschr. d. deutschen u. österr. Alpenver."] gr. 8. (59 S. m. Abbildgn. u. 1 Karte.) Wien 890. (Triest, Schimpff.) n. 1. 60

— Grundriss der Sprachwissenschaft. 1. Bd. 1. u. 2. Abth. gr. 8. Ebend. 876. 77. n. 9. 20
1. Einleitung in die Sprachwissenschaft. (VIII, 177 S.) n. 3. 60
2. Die Sprachen der wollhaarigen Rassen. (IX, 262 S.) n. 5. 60

— Grundriss der Sprachwissenschaft. 2. Bd. Die Sprachen der schlichthaarigen Rassen. 1. Abth. Die Sprachen der australischen, der hyperboreischen u. der amerikanischen Rasse. gr. 8. (X, 439 S.) Ebend. 879. 82. n. 9. 20

— dasselbe. 2. Abth. Die Sprachen der malayischen u. der hochasiatischen [mongol.] Rasse. gr. 8. (IX, 416 S.) Ebend. 880. 82. n. 8. 80 (I—II, 2.: n. 27. —)

— Grundriss der Sprachwissenschaft. 3. Bd. Die Sprachen der lockenhaarigen Rassen. 1. u. 2. Abth. gr. 8. Wien, Hölder. n. 20. 40 (cplt.: n. 46. 40)
1. Die Sprachen der Nuba- u. Dravida-Rasse. (IX, 246 S.) 883. n. 5. —
2. Die Sprachen der mittelländ. Rasse. (VIII, 679 S.) 885. 86. n. 15. 40

—— Grundriss der Sprachwissenschaft. 3. Bd.: Die Sprachen der lockenhaar. Rassen. 2. Abthl. in 2 Hälften: Die Sprachen der mittelländ. Rasse. gr. 8. Wien, Hölder. [1. Hälfte. (V, S. 1—224.) 885. *M 5.—; 2. Hälfte. 1. Lfg. (S. 225—480.) 886. *M 5.40.; 2. Hälfte. 2. Lfg. (VII, S. 481—679.) 887. *M 5.—.] *
1. und 2. Bd. (à 2 Abthlgn.) und 3. Bd. 1. Abthl. Ebendas. 1876—83. *M 32.—.

— Grundriss der Sprachwissenschaft. 4. Bd. 1. Abth. Nachträge zum Grundriss aus den J. 1877—1887. gr. 8. (VII, 240 S.) Wien 888. Hölder. n. 5. 60 (I—IV, 1.: n. 52. —)

Müller, Frdr., Grundzüge d. Kleinbahnwesens. Im Auftr. d. kgl. preuss. Ministeriums d. öffentl. Arbeiten verf. u. hrsg. gr. 8. (XX, 583 S.) Berlin 895. W. Ernst & Sohn. n. 10. —; geb. in Leinw. n. 12. —

— die Grundzüge der Conjugation des ossetischen Verbums sprachvergleichend dargestellt. (Aus den Sitzungsber. der k. Akad. der Wissensch.) Ebend. 864. gr. 8. (16 S.) 3 ngr.

— Die Grundzüge der Konjugation des ossetischen Verbums. Sprachvergleichend dargestellt. S. 45. 53 . . . . vgr.
Separatabdruck

— die Guttural-Laute der indogermanischen Sprachen. [Aus: „Sitzungsber. d. k. Akad. d. Wiss."] Lex.-8. (16 S.) Wien 878. Gerold's Sohn in Comm. n.n. — 30; Nachtrag (8 S.) n.n. — 25

— Die Guttural-Laute der indogermanischen Sprache. S. 89. 3 . . . . vgr.
— — Nachtrag. S. 91. 80 . . . . —.24
Separatabdruck

Müller, Friedr. (II.), Handbuch d. Kassen- u. Rechnungswesens f. Herrschafts- u. Ritterguts-Verwaltungen in d. deutschen Bundesstaaten ꝛc. Zur Begründung eines guten, geregelten, haltbaren Haushaltes u. zeitgemäßen Rechnungs-Systems. 1. Bd. 1. u. 2. Lfg. Mit prakt. Mustern. gr. 4. (25½ B. u. 1 Forst- u. Jagd-Karte.) Nördlingen 846, 47, Beck'sche Buchh. à Lfg.

Müller, Friedr. (II.), Handbuch des Kassen- und Rechnungswesens für Herrschafts- und Ritterguts-Verwaltungen in den deutschen Bundesstaaten. 3—5. Lfg. gr. 4. (S. 176—492. mit 1 lithogr. und ill. Plan in Fol.) Nördlingen 848, Beck'sche Buchh. *
1. und 2. Lfg. Ebendas. 1846—47. 2 Thlr.

Müller, Friedr. (III.), Handbuch d. Naturgeschichte. Für Schulen u. techn. Anstalten, so wie zum Elementarunterr. f. Jedermann bearb. 1. Thl. — A. u. d. T.: Handbuch d. Mineralogie. gr. 8. (14¼ B., 4 Stnt. u. 1 Tab. gr. 4.) Dresden 832, Arnold.

— die armenischen Handschriften d. Klosters v. Argni (Arghana). [Aus: „Sitzungsber. d. k. Akad. d. Wiss."] gr. 8. (14 S.) Ebd. 896. n. — 50

— Die armenischen Handschriften des Klosters Arghana. S. 134/4 . . . . —.50
Separatabdruck

— dasselbe, v. Sewast (Siwas) u. Šenquš. [Aus: „Sitzungsber. d. k. Akad. d. Wiss."] gr. 8. (13 S.) Ebd. 896. n. — 60

— Die armenischen Handschriften von Sewast (Siwas) und Šenquš. S. 135/6 . . . . —.60
Separatabdruck

Müller, Frdr., über die Harari-Sprache im östlichen Afrika. (Aus den Sitzungsber. der k. Akad. der Wissensch.) Wien 864, Gerold in Comm. gr. 8. (15 S.) 3 ngr.

— Über die Harari-Sprache im östlichen Afrika. S. 44. 60 . . . . vgr.
Separatabdruck

Müller, Frdr., d. Verbum „Hastam" im Neupersischen. [Aus: „Sitzungsber. d. k. Akad. d. Wiss."] Lex.-8. (8 S.) Wien 895. (C. Gerold's Sohn. n. — 40

— Das Verbum „hastam" im Neupersischen. S. 133/2 . . . . —.40
Separatabdruck

Mueller, (Joan.) Frid. (Theod.) (geb. Windischholzhausen in Thür. 31. 3. 1822): De hirudinibus circa Berolinum hucusque observatis. Berolini (1844). (36 S.) 8°
Berlin, Phil. Diss. v. 14. Dez. 1844

—— Indogermanisch und semitisch. Ein Beitrag zur Würdigung dieser beiden Sprachstämme. Lex.-8. (16 S.) Wien 870, (Gerold's Sohn.)
Aus: Sitzungsberichte der k. Akademie der Wissenschaften, besonders abgedruckt.

— Indogermanisch und Semitisch. Ein Beitrag zur Würdigung dieser beiden Sprachstämme. S. 65. 5 . . . . vgr.
Separatabdruck

Müller, Frdr.: Die römischen Inschriften in Dacien,
s. A c k n e r , Michael Johann

— zwei armenische Inschriften aus Galizien u. die Gründungs-Urkunde d. armen. Kirche in Kamenec Podolsk. [Aus: „Sitzungsber. d. k. Akad. d. Wiss."] gr. 8. (8 S. m. 2 Taf.) Ebd. 896. n. 1. —

— Zwei armenische Inschriften aus Galizien und die Gründungsurkunde der armenischen Kirche in Kamenec Podolsk (mit 2 Taf.). S. 135/11 . . . . 1.—
Separatabdruck

Müller, Frdr., die Kačna Jama („Schlangen-Schlund") bei Divača im Karste. gr. 8. (13 S. m. 1 eingedr. Plan u. 1 Karte.) Triest (900). (F. H. Schimpff.) n.n. 2. —
Sonderabdr. aus: „Zeitschr. d. deutsch. u. österr. Alpenver."

Müller, Friedrich, Neuer landwirthschaftlicher Kalender für Steiermark und die angrenzenden Provinzen für 1883. 4. (118 S.) cart. 60 kr.
Graz: Leykam 1882.

Müller, Fr., Kassel seit 70 Jahren, zugleich auch Hessen unter vier Regierungen, die westphäl. mit inbegriffen. Geschildert auf Grund eigener Erlebnisse. gr. 8. (VII, 275 S.) Kassel 876, (Hühn.) (* M 2,50.) *
geb. (* M 3,50.) *

—— daſſ. — 2. Bd. gr. 8. (VIII, 339 S.) Ebendaſ. 878,79. *
geb. *

Müller, Fr., Kaſſel ſeit 70 Jahren, zugleich auch Heſſen unter vier Regiergn., die weſtphäl. mit inbegriffen. Geſchildert auf Grund eigener Erlebniſſe. 2 Bde. 2. Aufl. (2. Bd. Titel-Aufl.) 8. (VII, 275 u. VIII, 339 S.) Kaſſel 893. E. Hühn. n. 5. —

Müller, Friedrich, appr. Tierarzt a. Popelken ⟨Ostpreußen⟩: Aus d. Poliklinik f. große Haustiere d. Kgl. Tierärztl. Hochschule zu Berlin. Leiter: Prof. Dr. Kärnbach. Die Kieferhöhlenentzündung des Pferdes mit besonderer Berücksichtigung der pathologisch-anatomischen Veränderungen. Mit 8 Abb. auf Taf. I—VI. Stuttgart 1907: Union. (31 S.) 8° ¶ (Aus: Monatshefte f. prakt. Tierheilkunde Bd 18.)
Gießen, Veterinär-Med. Koll., Ref. Pfeiffer, Diss. v. 9. Okt. 1907
[Geb. 17. Dez. 82 Momehnen (Ostpr.); Wohnort: Popelken; Staatsangeh.: Preußen; Vorbildung: Gymn. Rastenburg Reife O. 01; Studium: Tierärztl. Hochsch. Berlin 4, München 1, Berlin 2 S.; Rig. 13. Nov. 06.]

Müller, Frdr., häusliche Kinderpflege in den erſten Lebensjahren. Mit e. Anh.: Diät der ſtillenden Mütter. Von Edward L. Partridge. (Sonderheft der Zeitſchrift „Unſer Hausarzt".) (29 S.) gr. 8. Berlin-Zehlendorf (910). Verlag „Unſer Hausarzt". — 50

Müller, Frdr., treue Kindesliebe. Eine Erzählg. gr. 16. (63 S.) Mülheim 875. Bagel. n. — 25

Müller, Frdr., s.: Kolportage-Kalender, deutscher.

— die Conjugation des avghanischen Verbums sprachvergleichend dargestellt. [Aus den Sitzungsber. der k. Akad. der Wiss.] Ebend. 867. Lex.-8. (23 S.) n. 4 ngr.

— Die Konjugation des avghanischen Verbums sprachvergleichend dargestellt. S. 55. 677 . . . . vgr.
Separatabdruck

— zur Conjugation des georgischen Verbums. [Aus den Sitzungsber. der k. Akad. der Wiss.] Ebend. 869. Lex.-8. (16 S.) 3 ngr.

— Zur Konjugation des georgischen Verbums. S. 60. 51 . vgr.
Separatabdruck

— die Conjugation des neupersischen Verbums sprachvergleichend dargestellt. (Aus den Sitzungsber. der k. Akad. der Wissensch.) Ebend. 864. gr. 8. (35 S.) n. 5 ngr.

— Die Konjugation des neupersischen Verbums. Sprachvergleichend dargestellt. S. 44. 29 . . . . vgr.
Separatabdruck

MÜLLER, Friedrich (Augsburg): Ueber den normalen Koth des Fleischfressers.- München: Oldenbourg 1884. 53 S.
30.12.1882 - Urk (Titel: Indagationes de faecibus.); Chr 1882/83,17
Diss.Ingolst.-Landsh.-Mchn.

— Kritik d. Schrift d. Ritter v. Boſſi über das Abendmahl des Leonardo da Vinci. gr. 8. Heidelb. 817. Mohr. 12 ggr

—— Kryptogamen Sachsens u. d. angränz. Gegenden. 1. u. 2. Hundert. gr. 4. Dresden 830, Arnold. à

Müller, Frdr., über die Lage des Mittelohrs im Schädel (35 S. m. 1 Abbildg., 17 Taf. u. 9 Bl. Erklärgn.) gr. Fol. Wiesbaden 903. J. F. Bergmann.
In Mappe n. 28. —

Müller, Maler, Fausts Leben, s. a. Litteraturdenkmale, deutsche, d. 18. Jahrh.

Müller, Fr., (Mahler), Doctor Fauſts Leben. Dramatiſirt. 1r Thl. gr. 8. Manh. 778. Schwan u. G. 8 ggr

Müller, Fr., Leben und Kunſt. Dichtungen, Deutſchlands reiferer Jugend für Schule und Haus gewidmet. gr. 12. Quedlinburg 835. Becker. 3/4 rf

Müller, Friedr. (II.), Leben u. Kunſt. Dichtungen, Deutſchlands reif. Jugend f. Schule u. Haus gewid. gr. 12. (8 B.) Quedlinburg 835, (Franke.)

Müller, Friedr., Lehrbuch für den erſten Unterricht in der franzöſiſchen Sprache zur methodiſchen und gründlichen Erlernung derſelben, für Cadettenhäuſer und zur Vorbereitung für die Aufnahme in dieſelben, ſo wie für Real- u. höhere Töchter-Schulen, Gymnaſien und zum Selbſtunterricht. Breslau 853. Aderholz. gr. 8. (VIII, 264 S.) 18 ngr.

[Lied.] Zur Eröffnung der Loge. (Aus einem Ms. vom Jahr 1802.) [Unterz.: Friedr.] v. Müller. [Weimar] o. J. 1 Bl. 8° [Kopftit.]
Ohne Noten: „Der Tempel winkt zur heiligen Bundesfeier, . . ."

— geiſtl. Lieder u. Lobgeſänge. gr. 8. Ebend. 770.

— der Satyr Mopſus; e. Idylle. 8. Manh. 775. Schwan u G. 3 ggr

— die Musuk-Sprache in Central-Afrika. Nach den Aufzeichngn. v. Glob. Adf. Krause hrsg. [Mit 1 Karte.] Lex.-8. (71 S.) Wien 886. (Gerold's Sohn.) n. 1. 80

—— die Musuk-Sprache in Central-Afrika. Nach den Aufzeichnungen von Glob. Adf. Krause hrsg. Lex.-8. (71 S. mit 1 Karte.) Wien 886, (Tempsky.) *
Aus: Sitzungsberichte der k. Akademie der Wissenschaften, besonders abgedruckt.

— Die Musuksprache in Zentralafrika. Nach den Aufzeichnungen von Gottlob Adolf Krause (mit 1 Karte). S 112. 333 . . . . 1.80
Separatabdruck

— Niobe, ſ. Theater.

— Niobe; Drama. gr. 8. Manh. 778. Schwan u. G. 6 ggr

Müller, Fridericus: Dissertatio . . . sistens nonnulla de variis arthritidis formis earumque decursu et curatione. Halis (1835): Baentsch. 34 S. 8°
Halle-Wittenberg, Med. Diss. v. 25. Mai 1835
Geb. Braunschweig [20. 4.] 1800. V.

—— das Nußkernen, } ſ. Univerſal-Bibliothek Nr. 1339.
—— die Schafſchur, }

Müller, Friedr. (I.), über das lateinische Perfectum. Lex.-8. (4 S.) Wien 871, (Gerold's Sohn.)
Aus: Sitzungsberichte der k. Akademie der Wissenschaften, besonders abgedruckt.

— Über das lateinische *Perfectum*. S. 66. 225 . . . . vgr.
Separatabdruck

— d. Personal-Pronomen d. altaischen Sprachen. [Aus: „Sitzungsber. d. k. Akad. d. Wiss."] gr. 8. (7 S.) Ebd. 895. n. — 30

— Das Personalpronomen der altaischen Sprachen. S. 131/1 . . . . — .30
Separatabdruck

— das **Personal-Pronomen** in den modernen eránischen Sprachen. (Aus den Sitzungsber. der k. Akad. der Wissensch.) Ebend. 864. gr. 8. (15 S.) 3 *ngr.*

— Das Personalpronomen in den modernen eränischen Sprachen. S. 44. 568 . . . vgr.
Separatabdruck

Goethes Persönlichkeit. Drei Reden des [Br.] Friedr. v. **Müller**, gehalten in den Jahren 1830 und 1832. Hrsg. und eingel. von Wilh. Bode. Mit einem Bilde Goethes. Berlin: Mittler & S. 1901. 91 S. 8°
Recens: BZC. 30 (1901) S. 596—597; BrL. 19 (1901—1902) S. 56.
Rede zu Göthes 50jährigem Mrjubiläum; Gedächtnisrede für Göthe. Die 3. Rede üb. Göthe in seiner praktischen Wirksamkeit ist nicht-mrisch.

Müller, Friedr. (III.), der landwirthschaftliche Pflanzenbau. Kurze Anleitung zu Anbau, Bearbeitung, Ernte und Verwendung der landwirthschaftl. Culturpflanzen. 8. (VIII, 122 S.) Wien 879, Faesy und Frick. *

Müller, Friedr., Pflanzen-Familien, beschrieben nach Jussieu's System. Tübingen 858. Buchhdlg. Zu-Guttenberg. 16. (62 S.) n. 12 *ngr.*

Müller, Friedr. (III.), Const. Aug. Schmidt u. König, Preisschriften üb. d. Schaafpockenimpfung, deren zweckmäßigste Anwendung u. Verrichtung. Bekannt gemacht u. mit Zusätzen v. d. k. märk.-ökonom. Gesellsch. zu Potsdam. gr. 8. (10 B.) Potsdam 837, [Horvathsche Brlsbuchh.] *
VIII, 150 S.

— u. Max Roller, Prologe u. Festreden f. Turn-, Gesang-, Feuerwehr- u. Krieger-Vereine. 8. (22 S.) Gera (900). K. Barthel. n. 1.—

Müller, Friedrich: Ueber phenylirte Pyrazine. *Kiel 1898: P. Peters.* (53 S.) 8°
Kiel, Phil. Diss. v. [13. Aug.] 1898

Mueller, Fridericus: Quaestiones grammaticae de γάρ particulisque adversativis enuntiata eorumque membra coniungentibus. Gottingae 1910: Dieterich. 114 S. 8°
Göttingen, Phil. Diss. v. 2. April 1910, Ref. Leo, Wendland
[Geb. 18. Okt. 83 Berlin; Wohnort: Berlin; Staatsangeh.: Preußen; Vorbildung: Gymn. Andreanum Hildesheim Reife O. 03; Studium: Freiburg i. B. 1, Göttingen 2, Berlin 1, Göttingen 9 S.; Rig. 17. Dez. 09.] [U 10. 1445

—— die Rache des Indianers, s.a. Volks-Erzählungen, kleine.

— die Rache d. Indianers. gr. 16. (63 S.) Ebend. 875. n. — 25

Die Rache des Indianers. Erzählung von Friedrich **Müller**. Mülheim a. d. Ruhr: J. Bagel [1901]. (64 S.) 8° [F.] [06. 4845

Müller, Frdr. v., die Räuber, s.: Fastnachts-Bühne.

Müller, Frdr., Raudeck. Ein Trauerspiel in 5 Akten. gr. 8. (107 S.) Oldenburg 879. Schulze. n. 2. —; geb. n. 3. —

Müller, Frdr., Rede, aus Anlaß der Beerdigg. Sr. Hochw. des Bischofs G. D. Teutsch am 5. Juli 1893 in der ev. Pfarrkirche in Hermannstadt geh. 8. (12 S.) Hermannstadt 893. W. Krafft. n.n. — 40

[Rede.] Bei Goethe's [50jähr.] maurerischem Jubelfeste. Gesprochen in der Johannis-Loge [Amalia] zu Weimar 1830. [Unterz.: Friedr.] v. **Müller**. [Weimar 1830.] 2 Bl. 4° [Kopftit.]
Abgedr. in: Müller, F. v.: Goethes Persönlichkeit. 1901 S. 11—17; Wernekke, H.: Goethe u. d. K. K. 1905 S. 56—60.
Goethe ein Vorbild für den Frmr.

—— s. Reise der Fregatte Novara, anthropologischer Theil.

—— s. Reise der österreichischen Fregatte Novara. Linguistischer Theil.

Mueller, Frid. (geb. Neu-Ruppin 14. 1. 1839): De resectionibus, praecipue de resectione articulationis cubiti. Berolini (1864). (42 S.) 8°
Berlin, Med. Diss. v. 12. März 1864

— üb. den Rhythmus. 8. Cöln, Sommersfirchen. 810.

Müller, Friedr. (III.), siebenbürgische Sagen, gesammelt und mitgetheilt. gr. 12. (XXXI und 424 S.) Kronstadt 857, (Haberl und Sindel's Buchh.) *

— siebenbürgische Sagen, gesammelt und mitgetheilt. Kronstadt 857. — Schäßburg, Habersang in Comm. 12. (XXXI, 424 S.) n. 1 *thlr.* 18 *ngr.*

Müller, F., siebenbürgische Sagen, s.a. Volksbücher, siebenbürgisch-deutsche.

— — Siebenbürg. Sagen. 2. unveränd. Aufl. (Siebenbürg.-deutsche Volksbücher, I. Bd.) 8. (XXXVII u. 404 S.) Wien, Carl Graeser. 4115. 2 fl. 80 kr., cart. 3 fl., eleg. geb. 3 fl. 40 kr.

Müller, Friedrich (Red.), s. Sammlung klinischer Vorträge.

— die Schafschur; das Nußkernen, s.: Universal-Bibliothek.

— die Schafschur: e. pfälzische Idylle. 8. (Manh.) 775. Schwan u. G.; (a. Haller in Bern). 4 *gr.*

— Schreiben über e. Reise aus Liefland nach Neapel u. Rom v. A. v. Kotzebue. 8. Manh. 807. Schwan u. G. 8 *gr.*

Müller, Frdr., Schreibmaschinen u. Schriften-Vervielfältigung. gr. 8. (IV, 148 S. m. 250 Abbildgn.) Berlin 900. C. Hofmann. Geb. in Leinw. n. 4.—

Schreibmaschinen und Schriften-Vervielfältigung. Von Friedrich **Müller**. Mit 250 Abb. *Berlin: Papier-Zeitung 1900.* (168 S.) 8° [02. 3367

— Situationen a. Fausts Leben. 8. Ebend. 775.

— Situation aus Fausts Leben. 8. Manh. 776. Schwan u. G. 3 *gr.*

— deutsche **Sprachdenkmäler** aus Siebenbürgen. Aus schriftl. Quellen des 12—16. Jahrh. gesammelt. Hermannstadt 864. Steinhaussen's Buchh. gr. 8. (XXXII, 236 S.) n. 1 *thlr.*

— über die **Sprache der Avghânen** [Paṣto.] I. II. (Aus den Sitzungsber. der k. Akad. der Wissensch.) Ebend. 862, 63. gr. 8. (17 S.; 24 S.) I.: 3 *ngr.*; II.: n. 5 *ngr.*

— Über die Sprache der Avghânen (Paṣto). 1. Teil. S. 40. 3 . . . . vgr.
Separatabdruck

Über die Sprache der Avghänen (Paʒto). 2. Teil. S. 42. 3 . . . vgr.
Separatabdruck

— die **Sprache der Bari.** Ein Beitrag zur afrikanischen Linguistik. (Aus den Sitzungsber. der k. Akad. der Wissensch. abgedr.) Ebend. 864. gr. 8. (84 S.) n. 12 ngr.

— Die Sprache der Bari. Ein Beitrag zur afrikanischen Linguistik. S. 45. 48 . . . vgr.
Separatabdruck

— Die Sprache der Bribri-Indianer in Costa-Rica, von H. Pittier de Fábrega. S. 138 6 . . . vgr.
Separatabdruck

— die äquatoriale **Sprachfamilie** in Central-Afrika. [Aus: „Sitzungsber. d. k. Akad. d. Wiss.“] Lex.-8. (16 S.) Wien 889. (Tempsky.) n. — 40

— Die äquatoriale Sprachfamilie in Zentralafrika. S. 119 2 . . . —.40
Separatabdruck

— die äquatoriale **Sprachfamilie** in Central-Afrika. Nachträge dazu. [Aus: „Sitzungsber. d. k. Akad. d. Wiss.“] Lex.-8. (6 S.) Ebd. 892. n. — 30
(Hauptabhandlg. u. Nachträge: n. — 70)

— Nachträge zur Abhandlung: Die äquatoriale Sprachfamilie in Zentralafrika. (Sitzungsberichte 119 2.) S. 127/30 . . . —.30
Separatabdruck

Müller, Friedrich [aus Habelschwerdt '(Preussen)' pr. Arzt in Hartmannshof bei Hersbruck]: Der heutige Stand der Kenntnis von dem Wesen der Diphtheritis u. ihrer Bekämpfung ... Hersbruck, K. Pfeiffer's Buchdr., 1893; 32 S. 8.
Erlangen, Med. Fak., Inaug.-Diss. v. Dez. 1892

Müller, Friedrich, approb. Arzt aus Schackstedt: Zur Statistik der Steisslagen. 495 Fälle aus d. geburtshülfl. Klinik u. Poliklinik zu Halle a. S. *Halle a. S. 1902: C. A. Kaemmerer & Co.* (48 S.) 8
Halle, Med. Diss. v. 11. Jan. 1902

Ferdinand v. Steinbeis. Sein Leben u. Wirken 1807–1893. Eine Gedenkschrift von Dr. Fr[iedrich] **Müller**, mit e. biogr. Begleitwort von Dr. R[obert] Piloty. Mit 2 Portr. Tübingen: H. Laupp 1907. (V, 215 S.) 8° [F.] [07, 8048]

— über die **Stellung** des Armenischen im Kreise der indogermanischen Sprachen. [Aus: „Sitzungsber. d. k. Akad. d. Wiss.“] Lex.-8. (24 S.) Ebend. 877. n.n. — 50

— Über die Stellung des Armenischen im Kreise der indogermanischen Sprachen. S. 84. 20 . . . vgr.
Separatabdruck

Müller, Friedrich: Die Stellung der Gläubiger einer Gesellschaft des bürgerlichen Rechtes. Amorbach 1908: Volkhardt. 121 S. 8°
Würzburg, Jur. Diss. v. 5. März 1909, Ref. Mayer
[Geb. 2. Jan. 86 Buchbrunn; Wohnort: München; Staatsangeh.: Bayern; Vorbildung: Gymn. Würzburg Reife Juli 03; Studium: Würzburg 8 S.; Rig. 21. Okt. 08.] [U 09. 4073

— über die **Stellung** des Ossetischen im éránischen Sprachkreise. (Aus den Sitzungsber. der k. Akad. der Wissensch.) Ebend. 861. gr. 8. (16 S.) 3 ngr.

— Über die Stellung des Ossetischen im éránischen Sprachkreise. S. 36. 3 . . . vgr.
Separatabdruck

Müller, Frdr., Stimmungslieder. (52 S.) 8. Leipzig 908. Modernes Verlagsbureau. 1. —

Friedrich **Müller**. Stimmungslieder. Berlin-Leipzig: C. Wigand 1908. (51 S.) 8° [08, 12894]

— über **Störungen d. Sensibilität bei Erkrankungen d. Gehirns,** s.a. **Sammlung klinischer Vorträge. 394. 395.**

Über Störungen der Sensibilität bei Erkrankungen des Gehirns. Von Friedrich **Müller**, München. (Mit 20 Textabb.) Leipzig: Breitkopf & Härtel 1905. (80 S.) 8°
= Sammlung Klinischer Vorträge. N. F. No 394/95. [05, 11323]

— **Studie über die Taktik der Artillerie bei der neuen Infanterie-Bewaffnung.** (II und 66 S.) Wien 868, Gerold's Sohn. *

Müller, Friedrich, cand. theol.: Studien über Zenobia und Palmyra nach orientalischen Quellen. *Kirchhain N.-L. 1902: M. Schmersow.* (61 S.) 8°
Königsberg, Phil. Diss. v. 27. Febr. 1902

— zur **Suffixlehre** des indogermanischen Verbums. (Aus den Sitzungsber. der k. Akad. der Wissensch.) Ebend. 860. gr. 8. (11 S.) n. 2 ngr.

— Zur Suffixlehre des indogermanischen Verbums. 1. Teil. S. 34. 8 . . . vgr.
Separatabdruck

— zur **Suffixlehre** d. indogermanischen Verbums II u. III. [Aus d. Sitzungsber. d. k. Akad. d. Wiss.] Lex.-8. (20 u. 9 S.) Ebend. 871. — 50 (1—3.: n. — 70)

— Zur Suffixlehre des indogermanischen Verbums. 2. Teil. S. 66. 93 . . . vgr.
Separatabdruck

— Zur Suffixlehre des indogermanischen Verbums. 3. Teil. S. 67. 68 . . . vgr.
Separatabdruck

Müller, Frdr., **Taschenbuch** der medizinisch-klinischen Diagnostik, s.: **Seifert,** Otto.

— die **Transscription** fremder Alphabete. [Aus: „Sitzungsber. d. k. Akad. d. Wiss.“] gr. 8. (12 S.) Ebd. 897. n. — 50

Müller Friedrich, Dr.: Die Transskription fremder Alphabete. S. 136. 14 . . . K —.50
Separatabdruck

Goethes Unterhaltungen mit dem Kanzler Friedrich v. **Müller**, s.a. Goethe, Johann Wolfgang von

[F.] Goethes Unterhaltungen mit dem Kanzler Friedrich v. **Müller**. Hrsg. v. C[arl] A[ug.] H[ugo] Burkhardt. 2. stark verm. Aufl. *Stuttgart: J. G. Cotta 1898.* (XX, 272 S.) 1 Bd 8. [98, 4843]

Goethes Unterhaltungen mit dem Kanzler Friedrich v. **Müller**. Hrsg. von C[arl] A[ugust] H[ugo] Burkhardt. 3., verm. u. verb. Aufl. Stuttgart & Berlin: J. G. Cotta Nachf. [1907]. (XVI, 208 S.) 8° [F.]
— **Handbibliothek**, Cotta'sche. No 85. [08, 2383]

— s.: **Untersuchungen** an zwei hungernden Menschen.

— über den **Ursprung** der armenischen Schrift. [Aus den Sitzungsber. der k. Akad. der Wiss.] Ebend. 865. Lex.-8. (8 S. mit 1 Taf.) n. 4 ngr.

— Über den Ursprung der armenischen Schrift (mit 1 Taf.). S. 48. 431 . . . vgr.
Separatabdruck

— über d. **Ursprung** d. **gruzinischen Schrift.** [Aus: „Sitzungsber. d. k. Akad. d. Wiss.“] gr. 8. (12 S.) Ebd. 897. n. — 40

— Über den Ursprung der gruzinischen Schrift. S. 137 1 . . . —.40
Separatabdruck

— über den Ursprung der himjarisch-äthiopischen Schrift. [Aus den Sitzungsber. der k. Akad. der Wiss.] Ebend. 865. Lex.-8. (8 S. mit 1 Steintaf. in 4.) n.n. 6 ngr.

Müller Friedrich, Dr.: Über den Ursprung der himjarisch-äthiopischen Schrift (mit 1 Taf.). S. 49. 76 . . . . . vgr.
Separatabdruck

— über den Ursprung der Schrift der malayschen Völker. [Aus den Sitzungsber. der k. Akad. der Wiss.] Ebend. 865. Lex.-8. (11 S. mit 1 Steintaf. in qu. Fol.) n.n. 6 ngr.

— Über den Ursprung der Schrift der malayischen Völker (mit 1 Taf.). S. 50. 318 vgr.
Separatabdruck

Müller, Friedr., der Verbalausdruck im arisch-semitischen Sprachkreise. Eine sprachwissenschaftliche Untersuchung. (Aus d. Sitzungsberichten d. k. Akad. d. W.) Wien 858. Gerold in Comm. gr. 8. (39 S.) n. 7 ngr.

Müller Friedrich, Dr.: Der Verbalausdruck im arisch-semitischen Sprachkreise. S. 25. 379 vgr.
Separatabdruck

— der Verbalausdruck im semitischen Sprachkreise. [Aus den Sitzungsber. der k. Akad. der Wiss.] Ebend. 869. Lex.-8. (26 S.) n. 4 ngr.

— Der Verbalausdruck im semitischen Sprachkreise. S. 60. 509 . . . . . K —.40
Separatabdruck

Müller, F[riedrich]. Die Verbreitung der beiden Viperarten in der Schweiz. Beilage zum Nachtrag III des Katalogs der herpetologischen Sammlung des Basler Museums. Mit einem Kärtchen. 8. Basel 1883.

—— Verwendungslehre der Feld- und Gebirgs-Artillerie mit besond. Rücksicht auf den Gebrauch grosser Artilleriekörper. gr. 8. (XI und 174 S.) Wien 866, Gerold's Sohn *

Müller, Fridericus (*geb. Brieg 12.5.1797*): De antiphlogistica hydrargyri muriatici mitis virtute. Vratislaviae (1822). (42 S.) 8°
Breslau, Med. Diss. v. 5. Nov. 1822

— die Vocalsteigerung der indogermanischen Sprachen. [Aus: „Sitzungsber. d. k. Akad. d. Wiss".] Lex.-8. (12 S.) Ebend. 871. n. — 20

— Die Vocalsteigerung der indogermanischen Sprachen. S. 66. 213 . . . . . vgr.
Separatabdruck

Müller, Frdr., s.: Volkserzählungen, kleine.

Müller, Friedrich [app. Arzt aus Heidelberg]: Ueber das Vorkommen sehr kleiner Zuckermengen im Harn. (Aus d. Laboratorium d. med.-klin. Institutes in München.) . . . Leipzig, Druck v. J. B. Hirschfeld, 1889; 16 S. 8°
München, Med. Fak., Inaug.-Diss. v. 1889

Müller, Friedr. (IV.), Waffenlehre, vorzugsweise zum Gebrauche für Infanterie- und Cavallerie-Offiziere der kais. königl. österreich. Armee. Lex.-8. (XXXI und 519 S. mit 1 Atlas von 17 Stnt. in qu. Fol.) Wien 859, Gerold's Sohn. *

Das Wasserwesen der niederländischen Provinz Zeeland v. Friedrich Müller, Kgl. Regiergsbaumeister. M. 10 Taf. in Steindr., enth. 133 Abb., sowie 121 Abb. im Text. [Nebst] Atlas. *Berlin: W. Ernst & Sohn 1898.* 1 Bd 4.(8.) 1 Bd 4.
[Text] (XXV, 612 S.) Atlas. (10 Taf. in e. Mappe.) [98. 1867

Müller, (Mahler, Fr.,) Werke. 3 Bde wohlf. Ausg. gr. 8. Heidelberg 825, Mohr.

Müller, Fr., (Maler) sämmtliche Werke. 3 Bde. 8. Heidelb. Mohr u. Z. 811.

—sämmtl. Werke. 3 Bde. 8. Heidelb. 811. 6 ℛ 16 gℛ Wohlfeile Ausg. gr. 8. Ebd. 825. Mohr. 2 ℛ 16 gℛ

Müller, Frdr., Wirtschaftslehre u. Handelskde. (handelsgesetzl. Bestimmgn., Überblick üb. die Wertpapiere). Mit e. Anh.: Die gebräuchl. Fremdwörter im Handelsverkehre u. Gebührentarif f. den Postverkehr. gr. 8. (IV, 35 S.) Nürnberg 902. F. Korn. Kart. n. — 75

Bertuch, Friedr. Justin: [Worte.] An Bertuch's Grabe im Namen der Loge Amalia zu Weimar gesprochen in der Morgenstunde des 6. April 1822. [Von Friedr. v. Müller.] Als Ms. f. Freunde. [Weimar 1822.] 7 S. 4° [Umschlagtit.]
Abgedr. in: FZ. 23 (1869) S. 365—367.
Kl. 1460. Selten. Nachruf. Üb. Bertuch s. Allgem. Deutsche Biographie Bd 2 1875 S. 552 (Mühlbrecht u. Froriep).

— s.: Zeitschrift, Wiener, f. d. Kunde d. Morgenlandes.

—— Zendstudien. I. II. Lex.-8. (12 S., 8 S.) Wien 863, (Gerold's Sohn.) à * 2 Ngr. *

— Zendstudien. 1. Teil. S. 40. 625 . . . . . vgr.
Separatabdruck

— Zendstudien. 2. Teil. S. 43. 3 . . . . . vgr.
Separatabdruck

— Zendstudien. III. [Aus „Sitzungsber. d. k. Akad. d. Wiss."] Lex.-8. (8 S.) Ebend. 872. (à) n. — 20

— Zendstudien. 3. Teil. S. 70. 60 . . . . . vgr.
Separatabdruck

—— Zendstudien. IV. Lex.-8. (16 S.) (Ebendas.) 877. *
I.—III. Ebendas. 1863—72. * 60 Pf.
Vorstehende vier Schriften sind aus: Sitzungsberichte der k. Akademie der Wissenschaften, besonders abgedruckt.

— Zendstudien. 4. Teil. S. 86. 279 . . . . . —.40
Separatabdruck

Müller, Frdr., Zusammenstellung der im deutsch-französischen Kriege 1870/71 auf dem Felde der Ehre gebliebenen u. verwundeten Offiziere u. summarische Angabe der Mannschaft d. kgl. bayer. Heeres, systematisch nach Abtheilgn. geordnet. 16. (VIII, 40 S.) München 871. Fritsch. n. — 75

Müller, Frdr. A., u. Alb. C. Müller, das künstliche Auge. (VII, 75 S. m. Abb., 14 Taf. u. 1 Bildnis in Heliogr.) Lex. 8. Wiesbaden 910. J. F. Bergmann. 3.—; geb. 4.—

Mueller, Frid(ericus) Adolfus: Observationes de elocutione Lysiae. Part. 1. De anacoluthia. Halis Saxonum (1877): Karras. 33 S. 8°
Halle-Wittenberg, Phil. Diss. v. 13. Juni 1877
Geb. Neuhaldensleben 25. 11. 1852. V.

Müller, Friedrich Alois, aus Brückenau: Quantitative Untersuchungen über Absorption im Ultraviolett. *Erlangen 1903: Junge & Sohn.* (33 S.) 8°
Erlangen, Phil. Diss. v. 11. Nov. 1902

Müller, Friedrich Andreas Wilhelm, s. M ü l l e r , Fritz

Müller, Friedrich August, s.a. M ü l l e r , August

— **Friedrich August** (Dresden), De hysterotomia. Diss. Präs. Christian Gotthold Eschenbach. Leipzig (Klaubarth) 29. VIII. 1800. VIII, 36 S. (4.50) 24018
Gew.: Christian Erhard Kapp, Christian Gottlieb Roeber.

— — (Lemgo / Lippe), De sanctitate legatorum jure gentium non modo necessario, sed et voluntario ac moribus circumscripta, occasione caussae illustriss. comitis de Wartensleben legati Belgici ad quatuor Rheni electores cet. — Offert Herm. Fried. Kahrel. — Illustrationis caussa praemissa et commentatio de vera juris praxi et usu forensi a pravo abusu pragmaticorum discernendo, veramque, ex mente ulpiani, philosophiam affectando. Marburg (Müller) 22. IV. 1769. 30 S. (5.—) 24020
Gew.: Jakob Sigismund von Eschen, Leopold Heinrich Ludwig Georg von Canngiesser, Moritz Wilhelm von Althauss, Georg Lennep.

— — (Leipzig), Einige Worte über die Methode der Bildung angehender Geburtshelfer, nebst einer Anzeige des seit 1803 in Leipzig bestehenden Privat-Entbindungs-Instituts. Leipzig (Fr. Richter) Sommerhalbjahr 1808. 24 S. (4.50) 24019

— **Friedrich August Wilhelm** (Zittau/Lausitz), Theses ex statutorum Zittaviensium capite de consensu ad sponsalia necessario. Präs. Ernst Gottfr. Christian Kluegel. Wittenberg (Tzschiedrich) 10. VIII. 1791. (3.50) 24021

Müller, Friedrich C. G., s. M ü l l e r , Friedrich Karl Georg

Müller, Friedrich Carl, s. M ü l l e r , Friedrich Karl

Müller, Friedrich Carl Adolf, s. M ü l l e r , Adolf

Müller, Friedrich Carl Georg, s. M ü l l e r , Friedrich Karl Georg

Müller, Friedrich Christian: Theoretisch-praktische A b h a n d l u n g über das richtige Aufnehmen und Zeichnen der Situations-Charten nach dem blossen Augenmaase,
s. M ü l l e r , Friedrich Christoph

Müller, Friedrich Christian Ferdinand

Müller, Fr. Christ. Fd., über alte und neue Lehen im Sinne der Artikel XXIV und XXX des Mecklenburgischen Assecurations-Reverses von 1621. Ein Versuch. 8. Schwerin 836. Kürschner. (Berlin, Plahn'sche Buchh.) n. 7/12 ₰ (8 B.)

Müller, Friedrich Christoph (Mutmaßl. Verf.),
s. A b h a n d l u n g , Ausführliche, über die Silhouetten u. deren Zeichnung.

* Theoretisch-praktische Abhandlung über das richtige Aufnehmen und Zeichnen der Situationscharten nach blossem Augenmasse, durch *F. C. Müller*. Münster, bey Perrenon. 8. 126 S. 1 Kupf.
1778.

Müller, Fr. Cph., († d. 10. April 1808.) erleicht. Anfang e gründl. Kenntniß d. Geometrie u. Feldmeßkunst. Mit Holzschn. 8. Schwelm 801. Scherz. 14 gl. Lpz. 802. Andrä. 14 gl.

— erleicht. Anf. e. gründl. Kenntn. der Geometrie u. Feldmeßkunst, mit Holzschnitten. 8. Leipz. Kleefeld. (Bauer). (Bädecker u. K. Duisb.). 802.

— erleicht. Anfang ein. gründl. Kenntn. d. Rechenkunst. 8. Duisb. Bädecker u. K. in Commission. (Bauer, Leipz.)

— erleicht. Anfang e. gründl. Kenntniß d. Rechenkunst. 8. Duisb. 800. (Andrä in Leipz.) 4 gl.

——— Praktische Anweisung zur Markscheidekunst. Siegen 1812. 4.

Müller, F. C., üb. d. Aufnehmen u. Zeichn. d. Situationskarten, m. K. 8. Münster, Perrenon. (Coppenrath). 778.

* *Friedr. Chr. Müllers* Beschreibung einer neuen und vollkommenen Art, Plans aufzunehmen. Mit 12 Kupfern. Frankfurt u. Leipzig, bey Philipp Heinrich Perrenon, Buchhändler in Münster. 8. 116 S.
1775.

— — F. Ch. Beschreibung einer neuen u. vollkommenen Art, Plans aufzunehmen u. zu verzeichnen. Mit Kpf. Leipzig 1775. 116 S.

— Beschr. e. neuen u. voll. Art, Plans aufzunehmen, m. K. 8. Münster, Perrenon. (Coppenrath). 775.

Müller, F. C., Beschreib. der Boumagle, oder die Kunst, Schattenrisse zu verfertigen, m. K. 8. Münster, Perrenon. (Coppenrath). 788. Rthlr.

Müller, Fr. Cph., Beschreib. eines zur Verjüng. d. Schattenrisses dienenden Storchschnabels. Mit Kpf. 8. Münst. 787 (Coppenrath). 6 gl.

— Beschr. eines z. Verjüng. d. Schattenr. dienenden Storchschnabels, m. K. 8. Münst. Perrenon. 787.

Müller F. C.: Vollständige Beschreibung d. Spaaröfen u. Heerde, welche in der Grafschaft Mark schon seit vielen Jahren gebräuchlich u. bewährt befunden sind . . Weimar 1803. 70 S. 7 Tvl.

— Beschreib. d. Sparöfen u. Heerde in d. Grafschaft Mark, nebst e. Nachr. vom Brodbacken, Bierbrauen 2c. bei Steinkohlen 2c. Mit 7 Kpf. gr. 8. Weim. 803. Ind.-Cpt. 15 gl.

— Entw. zur Erklär. der Luftmaschinen Montgolfiers. 8. Cöln, Imhof. 784.

* *F. Ch. Müller* vom Gebrauch der Taschenuhren zu geometrischen Messungen. m. K. Berlin, Decker. 8 maj. (18 gr.) 1777.

— vom Gebrauch d. Taschenuhren zu geometr. Messungen. Mit Kpf. gr. 8. Berl. 777. Rottmann. 1 ₰ 4 gl.

— Gebr. d. Transparente z. Zeichnen n. d. Natur, u. ein. Anw. z. Portraitiren, m. K. 8. Münst. Perrenon. (Coppenrath). 776.
Schreibr.

Müller (F. Chr.), Geometrie und Feldmesskunst. Schwelm 1801. 8.

— Handbuch d. Christenthums. 1r Thl. Unterricht im Christenthum. 8. Dessau 783. Gel. Handl. 9 gl.

— Minuten-Calender z. richt. Stell. der Uhren mit Sextant u. Sonnenuhren. Duisb. Bädecker u. K.

— Minutenkalender zur richt. Stellung d. Uhren mit Sextant u. Sonnenuhren. Schwelm, Scherz. 3 ₰

— Projekt e. neuen Befestigungsmanier. gr. 8. Berl. 776. Decker. (Rottmann). 12 gl

— üb. d. Silhouetten, der. Zeichn. Verjüng. rc. m. K. 8. Munster, Perrenon. (Coppenrath). 780. Schreibp.

— tables des Hauteurs du Soleil p. t. l'Allemagne etc. gr. 8. Leipz. Crusius. (F. C. W. Vogel). 791.

— Astron. Tafeln z. Stell. der Uhren f. alle Oerter Deutschl. u. d. benachb. Ländern, der. Polhöhe zw. d. 51n u. 52n Grad fällt. gr. 8. Leipz. Crusius. (F. C. W. Vogel). 792.

— — — f. d. Länder, d. zw. d. 52n u. 53n Gr. liegen. gr. 8. Ebend. 792.

Friedrich Christoph Mueller

Friederich Christoph Müllers [Müller] Gemeinnützige astronomische Tafeln (hauptsächl. z. richtigen Stellung der Uhren) für alle Oerter Deutschlands u. d. benachbarten Länder deren Polhöhe zwischen 52 u. 53 Grad fällt. Leipzig: Crusius 1792. 48 S., 88 Bl 8°

Friedrich Christoph Mueller

Friederich Christoph Müllers [Müller] Tafeln der Sonnenhöhen für ganz Deutschland und dessen westlich und östlich benachbarte Länder. Leipzig: Crusius 1791. 48 S., 64 Bl. 8°

— Tafeln d. Sonnenhöhen für ganz Deutschland rc. m. K. gr. 8. Leipz. Crusius. (F. C. W. Vogel). 791.

— — der Sextant hierzu ohne Emballage. Ebend.

— Tafeln d. Sonnenhöhen f. den 47n — 54n Grad d. Polhöhe. gr. 8. Leipz. 797. (W. Vogel). (à 12 gl) 4 ₰

Mullerus [Müller], Fridericus Christophorus: • De Socratis theologia et morum doctrina ducentibus Commentariis quos Xenophon memoriae tradidit. 57 S. 8° (4°)
Halle-Wittenberg, Phil. Diss. v. 1. Juni 1827
Geb. [Heldrungen (Thür.) 27. 11. 1796]
S. 3—37 des Ms. ersch. stark umgearb. u. d. T.: Müller, [o. Vorn.]: Socratis de rebus divinis placita ex commentariis Xenophontis depromta. Querfurth 1834: Schmid. 13 S. 8° (4°) Rossleben, Klosterschule, Progr. vorh. Greifswald UB

Müller, Friedrich Conrad, s. Müller von der Werra

Müller, Friedrich E. C.

Müller, Fr. E. C., die Kirchenbuchführung im Herzogth. Braunschweig, nach den bezügl. zu Recht besteh. Gesetzen, Verordnungen und Rescripten entworfen. Hrsg. von H. Karsten. 4. (IV, 144 S.) Braunschweig 868, Leibrock. [Wreden.] geb. *

Müller, Fr. E. C., deutsche Schulvorschriften f. d. Unterricht im Schönschreiben. 1r—5r Curs. qu. kl. Fol. Wolfenb. 831. Albrecht. Velinp. 1 ₰ 18 gl

Müller, F. E. C., neue deutsche Vorschriften für Elementarschulen. Wolfenbüttel (853.) Holle. qu. gr. 8. (16 lith. Bl.) 7½ ngr.

—— Vorschriften zum Schönschreiben. Gest. v. A. Bock. qu. Fol. Wolfenbüttel, (Albrecht.) 12 Gr., Vlnp.

— Vorschriften zum Schönschreiben; gestochen v. Bock. qu. Fol. Wolfenb. 829. (Leipz., E. Klein). 12 gl Velinp. 1 ₰

(M[üller], F[riedrich] E[manuel].) Zum Entwurf eines neuen schweiz. Patentschutzgesetzes. ([Sep.-Abdr. aus:] «Glarner Nachrichten» [Jahrg. 33, 1907, Nr. 4, 5 u. 7].) 16 S. 8. [Glarus, Dl. Tschudy-Aebly.]

Müller, Frdr. Emil, Rede bei dem Trauergottesdienst f. Se. Hoh. Herzog Ernst II. v. Sachsen-Coburg u. Gotha in der Hauptkirche zu St. Moriz am 28. Aug. 1893. gr. 8. (14 S.) Coburg 893. E. Riemann jun. — 30

Müller, Frid. Ern., Commentatio exeget. crit. qua respondetur ad quaestionem a nobiliss. Societate de Ammoniana propositam: Numne locus Evang. Joh. VI, 51—58. idoneis argumentis ad verum et proprium sacrae coenae usum trahi queat? Praemio, quod proxime accessit, adornata. Praef. est Chrstoph. Frid. de Ammon. 8maj. (7 B.) Lipsiae 839, Weinedel. Thlr.

Müller, [Friedrich Ernst]: Die Feier der Einweihung. S. 3—11. 4. Progr. Städt. Oberrealschule *Eisleben* 1910 (364).

Müller (Friedrich Ernst). Die Contacterscheinungen an dem Granite des Hennbergs bei Weitisberga. (Inaugural-Dissert. Leipzig.) Stuttgart 1882. 8.

Müller, Friedr. Ernst, der Siegesruf der protestant. Kirche unter den Anfechtungen der Zeit. Predigt, gehalten in Altenburg am Reformationsfeste 1846. gr. 8. (15 S.) Altenburg 847, Schnuphase. n. 4 ngr (1 B.)

—— de Solipsismo. Comment. ex decreto nobiliss. instituti de Ammoniani praem. primo ornata. Lex.-8. (5¾ B.) Lipsiae 841. [Hamburgi, Engel.]

Müller, Fr. Er., de Solipsismo. Commentatio ex decreto nobiliss. instituti de Ammoniani praemio primo ornata. Lex.-8. Lipsiae 841, Meissner. ⅔ ₰

Arnis. Gez., lithogr., gedr. u. Eigenthum v. Friedrich Gottlieb **Müller**. Verden. o. J. (nach 1864). 1 Bl. Gr.-Fol.

Elmshorn. Gez., lithogr., gedr. u. Eigenth. v. Friedrich Gottlieb **Müller**. Verden. o. J. (nach 1864). 1 Bl. Gr.-Fol.

Friedrichstadt. Gez., lith., gedr. u. Eigenthum v. Friedrich Gottlieb **Müller**. Verden. o. J. (nach 1864). 1 Bl. Gr.-Fol.

Garding. Gez., lith., gedr. u. Eigenthum v. Friedrich Gottlieb **Müller**. Verden. o. J. (nach 1864). 1 Bl. Gr.-Fol.

Heiligenhafen. Gez., Lithogr., Gedr. u. Eigenthum v. Friedrich Gottlieb **Müller**. Verden. o. J. (nach 1864). 1 Bl. Gr.-Fol.
Mit Randbildern.

Husum. Gez., Lithogr. Druck u. Eigenthum v. Friedrich Gottlieb **Müller**. Verden. o. J. (nach 1864). 1 Bl. Gr.-Fol.

Lütjenburg. Gez., Lithogr., gedr. u. Eigenth. v. Friedrich Gottlieb **Müller**. Verden. o. J. (nach 1864). 1 Bl. Gr.-Fol.

Meldorf. Gez., Lithogr., gedr. u. Eigenth. v. Friedrich Gottlieb **Müller**. Verden. o. J. (nach 1864). 1 Bl. Gr.-Fol.

Mölln. Aufgen., Lithogr., gedr. u. Eigenth. v. Friedrich Gottlieb **Müller.** Hannover. o. J. (nach 1864). 1 Bl. Gr.-Fol.

Oldenburg i. Holst. Gez., lithogr., gedr. u. Eigenth. v. Friedrich Gottlieb **Müller.** Verden. o. J. (nach 1864). 1 Bl. Gr.-Fol.
Mit Randbildern.

Oldesloe. Gez., lithogr., gedr. u. Eigenth. v. Friedrich Gottlieb **Müller.** Verden. o. J. (nach 1864). 1 Bl. Gr.-Fol.

Panorama von Altona. Gez., lithogr., gedr. u. Eigenth. v. Friedrich Gottlieb **Müller.** Verden. o. J. (nach 1870). 1 Bl. Gr.-Fol. Kol.
Mit Randbildern.

Panorama von Apenrade. Gez., lithogr., gedr. u. Eigenthum v. Friedrich Gottlieb **Müller.** Hannover. o. J. (nach 1864). 1 Bl. Gr.-Fol.
Mit Randbildern.

Panorama von Burg a./Femarn. Gez., lithogr., gedr. u. Eigenth. v. Friedrich Gottlieb **Müller.** Verden. o. J. (nach 1864). 1 Bl. Gr.-Fol.
Mit Randbildern.

Panorama von Eckernförde. Lithogr. Druck u. Eigenthum v. Friedrich Gottlieb **Müller.** Verden. o. J. (nach 1864). 1 Bl. Gr.-Fol.
Mit Randbildern.

Panorama von Eutin. Gez., lithogr., gedr. u. Eigenth. v. Friedrich Gottlieb **Müller.** Verden. o. J. (nach 1864). 1 Bl. Gr.-Fol. Kol.
Mit Randbildern.

Panorama von Flensburg. Gez., lithogr., gedr. u. Eigenthum v. Friedrich Gottlieb **Müller.** Verden. o. J. (nach 1864). 1 Bl. Gr.-Fol. Kol.

Panorama von Glückstadt. Gez., lithogr., gedr. u. Eigenth. v. Friedrich Gottlieb **Müller.** Verden. o. J. (nach 1864). 1 Bl. Gr.-Fol.
Mit Randbildern.

Panorama von Hadersleben. Gez., lithogr., gedr. u. Eigenthum v. Friedrich Gottlieb **Müller.** Verden. o. J. (nach 1864). 1 Bl. Gr.-Fol.
Mit Randbildern.

Panorama von Heide. Aufgen., lithogr. Druck und Eigenthum v. Friedrich Gottlieb **Müller.** Verden. o. J. (nach 1864). 1 Bl. Gr.-Fol.

Panorama von Itzehoe. Aufgen., Lithogr., gedr. u. Eigenth. v. Friedrich Gottlieb **Müller.** Verden. o. J. (nach 1864). 1 Bl. Gr.-Fol.
Mit Randbildern.

Panorama von Cappeln (Kappeln). Gez., lithogr., gedr. u. Eigenthum v. Friedrich Gottlieb **Müller.** Verden. o. J. (nach 1864). 1 Bl. Gr.-Fol. Kol.

Panorama von Kappeln. Gez., lith., gedr. u. Eigenth. v. F[riedrich] G[ottlieb] **Müller.** Verden. o. J. [nach 1864]. 1 Bl. 52/77 cm.

Panorama von Kellinghusen. Gez., lithogr., gedr. u. Eigenth. v. Friedrich Gottlieb **Müller.** Verden. o. J. (nach 1864). 1 Bl. Gr.-Fol.
Mit Randbildern.

Panorama von Kiel. Gez., lithogr., gedr. u. Verlags-Eigenth. v. Friedrich Gottlieb **Müller.** Verden. o. J. (nach 1878). 1 Bl. Gr.-Fol.
Mit Randbildern.

Panorama von Lauenburg a. d. Elbe. Gez., lithogr., gedr., Eigenth. u. zu haben b. Friedrich Gottlieb **Müller.** Verden. o. J. (nach 1864). 1 Bl. Gr.-Fol.

Panorama von Marne von der Kirche herab gesehen. Aufgen., Lithogr., gedr. u. Eigenth. v. Friedrich Gottlieb **Müller.** Verden. o. J. (nach 1864). 1 Bl. Gr.-Fol.

Panorama von Neumünster. Gez. u. lithogr. v. Friedrich Gottlieb **Müller.** Verden. o. J. (nach 1864). 1 Bl. Gr.-Fol.
Mit Randbildern.
—— (aus späterer Zeit stammend.)

Panorama von Neustadt in Holstein. Gez., lithogr., Druck u. Eigenth. v. Friedrich Gottlieb **Müller.** Verden. o. J. (nach 1864). 1 Bl. Gr.-Fol.
Mit Randbildern.

Panorama von Ottensen. Gez., lithogr., gedr. u. Eigenth. v. Friedrich Gottlieb **Müller.** Verden. o. J. (nach 1864). 1 Bl. Gr.-Fol. Kol.
Mit Randbildern.

Panorama von Ploen. Gez., lithogr. u. Eigenth. v. Friedrich Gottlieb **Müller.** Verden. o. J. (nach 1864). 1 Bl. Gr.-Fol.

Panorama von Preetz. Gez., lithogr., gedr. u. Eigenth. v. Friedrich Gottlieb **Müller.** Verden. o. J. (nach 1864). 1 Bl. Gr.-Fol.
Mit Randbildern.

Panorama von Ratzeburg. Gez., lithogr., gedr. u. Eigenth. v. Friedrich Gottlieb **Müller.** Verden. o. J. (nach 1864). 1 Bl. Gr.-Fol.
Mit Randbildern.

Panorama von Rendsburg. Aufgen., lithogr., gedr. u. Eigenth. v. Friedrich Gottlieb **Müller.** Verden. o. J. (nach 1864). 1 Bl. Gr.-Fol.
Mit Randbildern.

Panorama von Schleswig. Gez., Lithogr., gedr. u. Eigenthum v. Friedrich Gottlieb **Müller.** Verden. o. J. (nach 1864). 1 Bl. Quer-Fol.
Mit Randbildern.

Panorama von Segeberg. Gez., lithogr., gedr. u. Eigenth. v. Friedrich Gottlieb **Müller.** Verden. o. J. (nach 1864). 1 Bl. Gr.-Fol.
Mit Randbildern.

Panorama von Sonderburg. Gez., lithogr., gedr. u. Eigenth. v. Friedrich Gottlieb **Müller.** Verden. o. J. (nach 1864). 1 Bl. Gr.-Fol.
Mit Randbildern.

Panorama von Tondern. Gez., lithogr., gedr. u. Verlags-Eigenthum v. Friedrich Gottlieb **Müller.** Verden. o. J. (nach 1864). 1 Bl. Gr.-Fol.
Mit Randbildern.

Panorama von Ütersen. Aufgen., lithogr., gedr. u. Eigenth. v. Friedrich Gottlieb **Müller.** Verden. o. J. (nach 1864). 1 Bl. Gr.-Fol.
Mit Randbildern.

Panorama von Wandsbek. Gez., lithogr., gedr. u. Eigenth. v. Friedrich Gottlieb **Müller.** Verden o. J. (nach 1864). 1 Bl. Gr.-Fol.
Mit Randbildern.

Panorama von Wesselburen. Gez., Lithogr., gedr. u. Eigenth. v. Friedrich Gottlieb **Müller.** Verden. o. J. (nach 1864). 1 Bl. Gr.-Fol.
Mit Randbildern.

Panorama von Wilster. Aufgen., Lithogr., gedr. u. Eigenth. v. Friedrich Gottlieb **Müller.** Verden. o. J. (nach 1864). 1 Bl. Gr.-Fol.
Mit Randbildern.

Pinneberg. Gez., lithogr., gedr. u. Eigenth. v. Friedrich Gottlieb **Müller.** Verden. o. J. (nach 1864). 1 Bl. Gr.-Fol.

Tönning. Gez., lithogr., gedr. u. Eigenthum v. Friedrich Gottlieb **Müller.** Verden. o. J. (nach 1864.) 1 Bl. Gr.-Fol.

Müller, Friedr. H. S., ein neuer Weg zur Darstellung der Toluolsulfsäuren. Inaugural-Dissertation. gr. 8. (31 S.) Göttingen 878, (Vandenhoeck und Ruprecht's Verlag.) *

Müller, Friedrich Hermann, s. M ü l l e r, Hermann

Müller, Friedr.) Herm.) Hans (geb. Neuglück bei Eisleben 9. 2. 1856): Beitrag zur Kenntniss des α-*m*-Xylidins. Berlin 1883. (58 S.) 8°
Berlin, Phil. Diss. v. 31. Jan. 1883

Müller, Friedrich Karl

Müller, Friedrich Carl (Giessen)
De haemorrhagiis.
Gissae 1803. 4°
Diss. med. Giessen 13.9.1803.

Mueller, Frid. Car. (geb. Berlin 1820): De calomelanos usu in febribus et inflammationibus. Berolini (1841). (28 S.) 8°
Berlin, Med. Diss. v. 17. Juli 1841

Müller, Friedrich Karl Adolf, s. M ü l l e r, Adolf

Müller, Friedrich Karl Georg

Müller, Friedrich C. G. Neue Apparate und Versuche für den physikalischen Unterricht. 1 (19 S.).
Progr. v. Saldernsches Rg. *Brandenburg a. H.* 1887 (100).

Müller, Friedrich C. G. [Oberl. Dr.]: Einführung in die Chemie. Brandenburg a. d. H., J. Wiesikes Buchdr., 1891; 1 Bl., 18 S. 8°
Brandenburg a. d. H., v. Saldernsches RG, OP 1891 (102)

Müller, Friedrich C. G. [Prof. Dr.]: Über neue Einrichtungen für den Experimentalunterricht am von Saldernschen Realgymnasium. Brandenburg a. d. H., J. Wiesikes Buchdr., 1896; 1 Bl., 17 S. 8.
Brandenburg a. d. H., v. Saldernsches RG, OP 1896 (100 [vielm. 99])

Müller, Frdr. C. G., Krupp's Gussstahlfabrik. Illustr. v. Felix Schmidt u. A. Montan. gr. 4. (III, 170 S. m. 6 Bl. in Heliogr.) Düsseldorf 896. A. Bagel. Geb. in Leinw. n. 25. —

Krupp's Gussstahlfabrik. Von Prof. Dr. Friedrich C. G. **Müller.** Ill. von Felix Schmidt u. A. Montan. [Nebst] Nachtr. [1.] 2. Düsseldorf: Bagel ([1896–]1911). 177 S. 4° (11. 680) 0

Krupp's Gußstahlfabrik (Essen-Ruhr). Von Friedrich C. G. Müller. — Düsseldorf: Bagel [1896]. 177 S., 6 Taf. 4° **1. 38 A.**
Dass. mit Nachtr. 1897 **1.**

Müller, Frdr. C. G., Technik des physikalischen Unterrichts nebst Einführung in die Chemie. (XII, 370 S m. 251 Abbildgn.) gr. 8. Berlin 906. O. Salle. n. 6. — geb. n. 7. —

Müller, Friedrich Konrad. s. M ü l l e r von der Werra

Müller, Frdr. Louis, Cunewalder Kirchennachrichten 1883. 8. (III, 20 S.) Frankenberg i/S. 884. (Frankfurt a/M., Drescher.) n. — 30

Müller, Friedr. Louis, Cunewalder Kirchennachrichten 1883. 8. (III, 20 S.) Frankenberg i. S. 884. (Leipzig, Drescher.) *

Müller, Friedr. Louis, Cunewalder Kirchennachrichten 1883. 8. Frankenberg i. S. 884. (Leipzig, Wilh. Weber.) * — 30

Müller, Frdr. Louis, die Obrigkeit e. Wächterin der heiligen 10 Gebote Gottes. Hinweis auf die den einzelnen Geboten entsprech. Paragraphen d. Reichsstrafgesetzbuches vom 31. Mai 1870. gr. 8. (16 S.) Glauchau 873. Burow. — 30

— **was ist Trauung?** In Fragen u. Antworten kurz behandelt. 8. (17 S. m. 1 Holzschntaf.) Frankenberg 884. Roßberg. — 30

Müller, Friedr. Ludw., der fromme Tobias u. sein Sohn, od.: Dem Gerechten geht's zuletzt wohl. Eine poet. Bearbeit. d. Buches Tobiä. 8. (4¾ B.) Dortmund 837, Krüger.

Müller, Friedr. Max, Ansprache am Friedensfest in London, am 1. Mai 1871. 4. (4 S.) London 871. (Leipzig, Brockhaus' Sortiment und Antiq.) **

Beiträge zu einer wissenschaftlichen Mythologie v. F[riedr.] Max **Müller.** A. d. Engl. übs. v. Dr. Heinrich Lüders. Autoris., v. Vf. durchges. Ausg. Bd 1. *Leipzig: W. Engelmann 1898.* 8.

— **Beiträge zu e. wissenschaftlichen Mythologie.** Aus dem Engl. übers. von Heinr. Lüders. Autoris. vom Verf. durchgeseh. Ausg. 2. (Schluss-)Bd. gr. 8. (IV, 435 S.) Ebd. 899. n. 11. —; geb. n.n. 13. 50

Müller, F. Max, das Denken im Lichte der Sprache. Aus dem Engl. übers. von Engelbert Schneider. Autoris., vom Verf. durchgeseh. Ausg. gr. 8. (XXIII, 607 S.) Leipzig 888, Engelmann. geb. **M 18.—. *

— **Einleitung in die vergleichende Religionswissenschaft.** Vier Vorlesungen im J. 1870 an der Royal Institution in London gehalten nebst zwei Essays „über falsche Analogien“ und „über Philosophie der Mythologie“. 1. Aufl. 1874. *M 8., und 2. unveränd. Aufl. 8. (V, 353 S. mit 1 Lichtdr.) Strassburg 876, Trübner.

– Essays. Bd 1-4. Leipzig: Engelmann 1869-76.

— **Essays.** 1. Bd.: Beiträge zur vergleichenden Religionswissenschaft. Nach der engl. Ausg. mit Autorisation des Verf. ins Deutsche übertragen. gr. 8. (XXXIII, 342 S.) Leipzig, Engelmann. *1869.*

Inhalt:

I. Die Vorlesung über die Vedas oder die heiligen Bücher der Brahmanen. (1865.) — II. Christus und andere Meister. (1858.) — III. Der Veda und Zendavesta. (1853.) — IV. Das Aitareya-Brâhmana. (1864.) — V. Ueber das Studium des Zendavesta in Indien. (1862.) — VI. Die Fortschritte der Zendphilologie. (1865.) — VII. Genesis und Zendavesta. (1864.) — VIII. Die heutigen Parsis. (1862.) — IX. Ueber den Buddhismus. (1862.) — X. Buddhistische Pilger. (1857.) — XI. Die Bedeutung von Nirvâna. (1857.) — XII. Chinesische Uebersetzungen von Sanskrittexten. (1861.) — XIII. Die Werke des Confucius. (1861.) — XIV. Popol Vuh. (1862.) — XV. Der semitische Monotheismus. (1860.)

— dass. — 2. Bd.: Beiträge zur vergleich. Mythologie und Ethologie. Nach der 2. engl. Ausg. mit Autorisation des Verf. ins Deutsche übertragen. Mit einem ausführl. Namen- und Sachregister. gr. 8. (V, 376 S.) Ebendas. 869.

Inhalt:

XVI. Vergleichende Mythologie. — XVII. Griechische Mythologie. — XVIII. Griechische Sagen. — XIX. Bellerophon. — XX. Die Normannen in Island. — XXI. Volkssage. — XXII. Ammengeschichten der Zulus. — XXIII. Volksthümliche Geschichten aus dem Nordischen. — XXIV. Geschichten aus den West-Hochlanden. — XXV. Ueber Sitten und Gebräuche. — XXVI. Unsere Zahlzeichen. — XXVII. Kaste. — XXVIII. Index.

— dass. — 3. Bd.: Beiträge zur Literaturgeschichte, Biographik und Alterthumskunde. Mit einem Anhang: Briefe von Bunsen an Max Müller aus den J. 1848—59. Aus dem Engl. mit Autorisation des Verf. ins Deutsche übertragen von Fel. Liebrecht. gr. 8. (V, 547 S.) Ebendas. 872. *

Inhalt:

I. Die deutsche Literatur. — II. Der Minnesang. — III. Das Narrenschiff. — IV. Leben Schillers. — V. Ueber die Sprache und Dichtkunst Schleswig-Holsteins. — VI. Joinville. — VII. Das Journal des Savants und das Journal de Trévoux. — VIII. Chasot. — IX. Shakespeare. — X. Bacon in Deutschland. — XI. Ein deutscher Reisender in England. A. D. 1598. — XII. Cornwallisische Alterthümer. — XIII. Giebt es Juden in Cornwall? — XIV. Die Insulation des St. Michaelsberges. — XV. Ueber die Wanderung der Märchen. — XVI. Bunsen. — Briefe von Bunsen an Max Müller aus den J. 1848—1859.

— dass. — 4. Bd.: Aufsätze hauptsächlich sprachwissenschaftlichen Inhalts enth. Mit Register zum 3. und 4. Bd. Aus dem Engl. mit Autorisation des Verf. in's Deutsche übertragen von R. Fritzsche. gr. 8. (VI, 502 S.) Ebendas. 876.
2. und 3. Bd. Ebendas. 1869,72. *M 13,50.

Müller, Friedr. Max, Essays. 1. Bd.: Beiträge zur vergleichenden Religionswissenschaft. 2. verm. Aufl. gr. 8. (XXXII, 427 S.) Leipzig 879, Engelmann.

Müller, Friedr. Max, Essays. 2. Bd.: Beiträge zur vergleichenden Mythologie und Ethologie. Mit ausführl. Register zum 1. und 2. Bde. 2. verm. Aufl., besorgt von O. Francke. gr. 8. (V, 666 S.) Leipzig 881, Engelmann. *
geb. **

Müller, F. Max, Indien in seiner weltgeschichtlichen Bedeutung. Vorlesungen, geh. an der Universität Cambridge. Vom Verf. autoris. Übersetzg. v. C. Cappeller. gr. 8. (XV, 336 S.) Leipzig 884. Engelmann.
n. 7. —; Einbd. n.n. 2. —

Müller, Max, the languages of the seat of war in the East. With a survey of the three families of language, semitic, arian, and turanian. 2. edit., with an appendix on the missionary alphabet, and an ethnographical map, drawn by A. Petermann. London 855. Williams et Norgate. (Leipzig, Brockhaus.) 8. (XCVI, 150 S. u. 1 lith. u. color. Karte in Fol.)
n. 1 ℛ. 15 ngr.

— aus meinem Leben. Fragmente zu e. Selbstbiographie. Autoris. Übersetzg. v. H. Groschе. gr. 8. (IX, 261 S.) Gotha 902. F. A. Perthes. n. 5. —; geb. n. 6. 50

Müller, F. Max, Leben u. Religion. Gedanken aus den Werken, Briefen u. hinterlassenen Schriften. (VIII, 251 S. m. Bildnis.) kl. 8. Stuttgart (906). M. Kielmann.
n. 3. —; geb. in Leinw. n. 4. —

Mueller, Max, Leben und Religion. Gedanken aus d. Werken, Briefen u. hinterlass. Schriften. ([Hrsg von] Georgina Müller.) Stuttgart 1906. 8°.

Leben und Religion (Thoughts on life and religion). Gedanken aus d. Werken, Briefen u. hinterlassenen Schriften von [Friedrich] Max Müller, † Prof. in Oxford. (Hrsg.: Georgina Müller.) Stuttgart: Kielmann [1909?]. VIII, 251 S. 8°

Ⓑ **Müller, F. Max, Leben u. Religion.** 906. (ℬℬ 84.) Jetzt: Stuttgart, J. Engelhorns Nachf. Geb. in Leinw. 4.—; in Ldr. 6.—

—— s. Liebe, deutsche.

(**MÜLLER, Max.**) Deutsche Liebe. Aus den Papieren eines Fremdlings. Leipzig, Brockhaus, 1857. Kl. 8°.

Deutsche Liebe. Aus d. Papieren e. Fremdlings. Hrsg. von [Friedrich] Max Müller. 16. Aufl. Leipzig: Brockhaus 1910. VI, 130 S. 8°
[11. 2460 5

—— s. Love, German.

Müller, Max, siehe: Meghadûta oder der Wolkenbote.

—— eine Missionsrede in der Westminsterabtei am 3. Decbr. 1873 gehalten. Mit einer einleit. Predigt von Arthur Penrhyn Stanley. 8. (72 S.) Strassburg 874, Trübner.
(* M. 1,50.) *

—— über den Buddhistischen Nihilismus. Vortrag gehalten in Kiel am 28. Septbr. 1868. [Als Mscr. gedr.] gr. 8. (20 S.) Kiel 869, (Schwers'sche Buchh.)

Müller, Frdr. Max, b. Pferdebürla. Tagesfragen, beantwortet. 8. (267 S.) Berlin 899. Gebr. Paetel.
n. 5. —; geb. in Halbfrz. n. 6. 50

Müller, F. Max, anthropologische Religion. Gifford-Vorlesgn., geh. an der Universität Glasgow im J. 1891. Aus dem Engl. übers. v. Mor. Winternitz. Autoris., vom Verf. durchgeseh. Ausg. gr. 8. (XXVIII, 468 S.) Leipzig 894. W. Engelmann. n. 11. —; geb. n.n. 13. —

— natürliche Religion. Gifford-Vorlesgn., geh. vor der Universität Glasgow im J. 1888. Aus dem Engl. übers. v. Engelbert Schneider. Autoris., vom Verf. durchgeseh. Ausg. gr. 8. (XX, 587 S.) Leipzig 890. Engelmann. n. 14. —; geb. n. 16. —

— physische Religion. Gifford-Vorlesgn., geh. an der Universität Glasgow im J. 1890. Aus dem Engl. übers. v. R. Otto Franke. Autoris., vom Verf. durchgeseh. Ausg. gr. 8. (XIV, 398 S.) Ebd. 892. n. 10. —;
geb. n.n. 12. —

—— über die Resultate der Sprachwissenschaft. Vorlesung gehalten in der kaiserl. Universitaet zu Strassburg am 23. Mai 1872. 1.—3. unveränd. Aufl. gr. 8. (32 S.) Strassburg 872, Trübner. *

—— s. Rig-Veda, the Hymns of the.

—— Sanskrit-Grammatik in Devanâgari und lateinischen Buchstaben. Aus dem Engl. übers. von F. Kielhorn und G. Oppert. Lex.-8. (XXIII und 442 S.) Leipzig 868, Engelmann. *

–(Hrsg.), s. Śaunaka.

–(Hrsg.), s. Schiller, Friedrich von: Briefwechsel mit dem Herzog Friedrich Christian von Schleswig-Holstein-Augustenburg.

—— Speech at the German Peace Festival in London. May first 1871. The German Original with an English translation. gr. 8. (16 S.) London 871, Williams und Norgate.

— Theosophie od. psycholog. Religion. Gifford-Vorlesgn., geh. vor d. Universität Glasgow im J. 1892. Aus d. Engl. übers. v. Mor. Winternitz. Autoris., v. Verf. durchgeseh. Ausg. gr. 8. (XXIV, 580 S.) Leipzig 895. W. Engelmann. n. 15. —; geb. n.n. 17. —

—— Vorlesungen über den Ursprung und die Entwickelung der Religion, mit besond. Rücksicht auf die Religionen des alten Indiens. 1. und 2. unveränd. Aufl. 8. (XVI, 439 S.) Strassburg 880,81, Trübner. *

Müller, Max, Vorlesungen über die Wissenschaft der Sprache. Für das deutsche Publikum bearb. von Carl Böttger. Autorisirte Ausg. Leipzig 863. G. Mayer. gr. 8. (VII, 400 S.)
n. 1 ℛ 20 ngr.

— Vorlesungen über die Wissenschaft der Sprache. Für das deutsche Publicum bearb. von Carl Böttger. Autoris. Ausg. (1. Serie.) 2. Aufl. Leipzig 866. Klinckhardt. gr. 8. (VIII, 436 S.) n. 1 ℛ 20 ngr.

— — 2. Serie von 12 Vorlesungen. 2 Hälften. Autoris. Ausg. Ebend. 866. gr. 8. (1. Hälfte. S. 1—288 mit eingedr. Holzschn., 2. Hälfte. VIII u. S. 289—606 mit eingedr. Holzschn.) Jede Hälfte n. 1 ℛ 6 ngr.

— — 2. Serie von 12 Vorlesungen mit 30 (eingedr.) Holzschn. Autorisirte Ausg. 2. verm. Aufl. Ebend. 870. gr. 8. (VIII, 636 S.) n. 2 ℛ 20 ngr.

Müller, M., Vorlesungen über die Wissenschaft der Sprache. 2 Bände. Neue Auflage. Leipzig 1873. 8.

Müller, Friedr. Max, Vorlesungen über die Wissenschaft der Sprache. Für das deutsche Publicum bearb. von Carl Böttger. 1. Serie von 9 Vorlesungen. Autorisirte Ausg. 3. Aufl. gr. 8. (XII, 500 S.) Leipzig 875, Klinkhardt. *

Müller, F. Max, ausgewählte Werke. 1.—20. Lfg. gr. 8. Leipzig 898. W. Engelmann. à n. 1. —
Essays. I. Bd. Beiträge zur vergleich. Religionswissenschaft. (XXXII, 427 S.) 879.
Dasselbe. II. Bd. Beiträge zur vergleich. Mythologie u. Ethologie. Mit ausführl. Register zum I. u. II. Bde. 2., verm. Aufl. Besorgt v. O. Francke. (V u. S. 591—666.) 881.
Dasselbe. III. Bd. Beiträge zur Literaturgeschichte, Biographik u. Alterthumskunde. M. e. Anh.: Briefe v. Bunsen an Max Müller aus d. J. 1848—59. Aus d. Engl. m. Autorisation d. Verf. ins Deutsche übertr. v. Fel. Liebrecht. (III, 547 S.) 872.
Dasselbe. IV. Bd. (S. 1—240.)

Müller, Frdr. Max, ausgew. Werke. 21.—71. (Schluss-) Lfg. gr. 8. Leipzig 899—901. W. Engelmann. à n. 1. —
Essays. IV. Bd. Aufsätze, hauptsächlich sprachwissenschaftl. Inhalts enth. Mit Register zum III. u. IV. Bde. Aus dem Engl. m. Autoris. des Verf. ins Deutsche übertr. von R. Fritzsche. (VI u. S. 241—502.) 876.
Natürliche Religion. Gifford-Vorlesgn., geh. vor der Universität Glasgow im J. 1888. Aus dem Engl. übers. v. Engelb. Schneider. Autoris., vom Verf. durchgeseh. Ausg. (XX, 587 S.) 890.
Physische Religion. Gifford-Vorlesgn., geh. an der Universität Glasgow im J. 1890. Aus dem Engl. übers. von R. Otto Franke. Autoris., vom Verf. durchgeseh. Ausg. (XIV, 398 S.) 892.
Anthropologische Religion. Gifford-Vorlesgn., geh. vor der Universität Glasgow im J. 1891. Aus dem Engl. übers. v. Mor. Winternitz. Autoris., vom Verf. durchgeseh. Ausg. (XXVIII, 468 S.) 894.
Theosophie od. psychologische Religion. Gifford-Vorlesgn., geh. vor der Universität Glasgow im J. 1892. Aus dem Engl. übers. v. Mor. Winternitz. Autoris., vom Verf. durchgeseh. Ausg. (XXIV, 580 S.) 895.
Die Wissenschaft der Sprache. Neue Bearbeitg. der in den J. 1861 u. 1863 am königl. Institut zu London geh. Vorlesgn. Vom Verf. autoris. deutsche Ausg., besorgt durch R. Fick u. W. Wischmann. 2 Bde. (XXXIX, 561 u. VII, 722 S.) 892. 893.
Indien in seiner weltgeschichtl. Bedeutung. Vorlesgn., geh. an der Universität Cambridge. Vom Verf. autoris. Übersetzg. von C. Capeller. (XV, 335 S.) 884.
Beiträge zu e. wissenschaftl. Mythologie. Aus dem Engl. übers. von Heinr. Lüders. Autoris., vom Verf. durchgeseh. Ausg. 2 Bde. (XXXII, 408 u. IV, 435 S.) 898. 899.

— die Wissenschaft der Sprache. Neue Bearbeitg. der in den J. 1861 u. 1863 am königl. Institut zu London geh. Vorlesgn. Vom Verf. autoris. deutsche Ausg., besorgt durch R. Fick u. W. Wischmann. 2 Bde. gr. 8. Ebd. n. 25. —; geb. n.n. 29. 50
1. (XXXIX, 564 S.) 892. n. 11. —; geb. n.n. 13. 25
2. (VII, 722 S.) 893. n. 14. —; geb. n.n. 16. 25

— alte Zeiten, alte Freunde. Lebenserinnerungen. Autoris. Übersetzg. v. H. Groschke. gr. 8. (IV, 461 S. m. Bildnis.) Gotha 901. F. A. Perthes. n. 9. —; geb. n. 11. —

Müller, Friedrich Theodor, a. Gütersloh: Die Eisenerzlagerstätten von Rothau und Framont im Breuschtal ⟨Vogesen⟩. Mit zwei Tafeln. Straßburg i. E.: Straßb. Druckerei u. Verlagsanstalt 1905. (55 S.) 8° ¶ (Aus: Mitteilungen d. Geolog. Landesanstalt von Elsaß-Lothringen Bd 5.)
Straßburg, Math.-naturwiss. Fak., Ref. Bücking, Bruhns, Diss. v. 1905
[Geb. 22. Okt. 81 Gütersloh; Wohnort: Berlin; Staatsangeh.: Preußen; Vorbildung: Wilh.-Gymn. Berlin Reife M. 00; Studium: Berlin 3, Kiel 1; Straßburg 4 S.]

– Der Eßlinger Mathematiker Michael Stifel, s. Müller, Theodor

Müller, Friedrich Theodosius

— systemat. Abhandl. des theolog. Lehrsatzes von d. Kraft d. geoffenbart. Wahrheiten üb. d. Seele des Menschen. 8. Jena 751. Bielke. 6 gr

Müller, Fr. Theodos., (+ 1766.) Beurtheilung d. scheinbaren Einwendung, die von d. Erwähl. d. Israelit. Könige gegen d. Verf. der mosaisch. Schriften entlehnt ist. 4. Jena 764. Gollner. 6 gr

— Friedrich Theodosius (Jena), Die geoffenbahrte Herrlichkeit Gottes aus I Joh. 5, 7. Am Feste der H. Dreyeinigkeit in der Jenaischen Stadt-Kirche vorgetragen. Jena (Marggraf) 1742. 27 S. (3.50) 24024

Müller, F. Theod., die Pflicht des geistlichen Redners, in ihrem ganzen Umfange, systematisch entworfen. 8. Jena, Bielke. 752. Rthlr.

Müller, Friedr. Wilh., der Arzneischatz des praktischen Arztes. Charakteristik, Dosirung, Anwendungsweise und Anwendungsfall aller wicht. Arzneimittel, unter Berücksicht. der einschläg. Indicationen und Methoden. Mit 340 Receptformeln zu innerl. und äusserl. Gebrauch. 8. (IV, 140 S.) Stuttgart 877, Enke. *

Müller, Frdr. Wilh., üb. die dermaligen Behandlungs-Methoden der venerischen Krankheiten. gr. 8. (64 S.) München 886. Ernst. n. 4. —

Müller, Friedrich Wilhelm, appr. Tierarzt: Ein Beitrag zur Kenntnis der Gebärparese des Rindes. Leipzig 1909: Lehmann. 44 S. 8°
Leipzig, Veterinär-Med. Diss. v. 15. Juni 1909, Ref. Schmidt
[Geb. 24. Aug. 79 Dortmund; Wohnort; Worpswede; Staatsangeh.: Preußen; Vorbildung: Realgymn. Dortmund bis Aug. 98; Studium: Tierärztl. Hochschulen Berlin 4, München 1, Hannover 6 S.; Coll. 3. Juli 09; Approb. 20. Juni 04.]
[U 09. 2835

Müller, Frdr. Wilh., üb. d. Beredsamkeit m. bes. Beziehg. auf d. klass. Alterthum. gr. 8. (116 S.) Regensburg 896. W. Wunderling. n. 1. 80

—— ärztliche Blicke in's menschliche Leben. Psychologische Abhandlungen für Gebildete aller Stände. gr. 8. (V, 67 S.) Freiburg i. Br. 878, Herder'sche Verlagsh.

– De cyanosi et tuberculosi, s. Müller, Wilhelm

— Grundriss der Pathologie u. Therapie der venerischen Krankheiten f. praktische Aerzte u. Studirende. Mit 3 lith. Taf. gr. 8. (XII, 172 S.) Leipzig 884. Veit & Co. n. 4. 60

Müller, Friedr. Wilh., Grundzüge der Psychologie. Freiburg. Herder in Komm., 1876, gr. 8°. VIII, 64 S., 1,20 Mk.

Müller, F. W., Ideale. 8. Schleswig. (Kaven, Altona). 795.

Müller, Friedr. Wilh., 20 leichte u. gefällige zweistimmige Kindergesänge, heitern u. ernsten Inhalts f. Schulen. qu. 16. (2 B.) Neustadt. (Leipzig 843, C. H. Reclam sen.) *

Müller, Friedrich Wilhelm, aus Speyer a. Rh.: Über Kohärer, insbesondere Untersuchung der Abhängigkeit des Kohärerkontaktwiderstandes von der Stromstärke. *Strassburg i. E. 1901: C. & J. Goeller.* (43 S.) 8°
Strassburg, Math.-naturw. Diss. v. 1901

Müller, Frdr. Wilh., Compendium der Geschichte, Pathologie u. Therapie der venerischen Krankheiten. Erlangen 868. Enke. gr. 8. (XV, 336 S.) n. 1 Thlr 22 ngr.

Müller, Friedr. Wilh., Compendium der Geschichte, Pathologie und Therapie der venerischen Krankheiten. gr. 8. (XV, 336 S.) Erlangen [Stuttgart] 869, Enke. *

MÜLLER, Friedr. Wilh. Die venerifchen Krankheiten im Alterthum. Erlangen 1873. 8°. XVI, 148 S.

Müller, Frdr. Wilh., die venerischen Krankheiten im Alterthum. Quellenmässige Erörterungen zur Geschichte der Syphilis. gr. 8. (XVI, 148 S.) Stuttgart 873. Enke. n. 4. —

Müller, Friedrich W[ilhelm], Dr., 2. Prosector am anat. Inst. zu Tübingen: Über die Lage des Mittelohrs im Schädel. *Wiesbaden: J. F. Bergmann 1903.* (36 Sp., 17 Taf.) 2°
Tübingen, Med. Hab.-Schr. v. 1903
(Nicht für den Austausch)

Über die Lage des Mittelohrs im Schädel. Von Dr. Friedrich W. **Müller.** Prosector zu Tübingen. Mit 17 Taf. u. 1 Abb. im Text. *Wiesbaden: J. F. Bergmann 1903.* (35 S.) gr.2° [03. 2777

Müller, F[riedrich] W[ilhelm]. Die elsässischen Landstände. Ein Beitrag zur Geschichte des Elsasses. [Von] F. W. M', Dr. phil. 211 S. 8. Strassburg i. E., Schlesier & Schweikhardt, 1907. [M. 4. 50]
(*Teilweise* gleichzeitig als Diss. [Phil. Strassburg] erschienen.) — *Darin S. 10 f. 16/26. 29/35. 44/9. 51 f. etc.* Basel, Mülhausen, Murbach *etc. betr.*

— Leben u. Tod. **Aerztliche Betrachtgn.** üb. das Greisenalter. gr. 8. (V, 103 S.) München 876. J. A. Finsterlin. n. 2. 40

Müller, F. W., Mene, Tekel, Upharsin! Ein ernstes Wort üb. die sittl. Mängel unserer Zeit, zumal die Prostitution. gr. 8. (88 S.) Regensburg 890. Wunderling. n. 1. 50

Müller, Friedrich Wilhelm, a. Uttweiler i. Els.: Organisation und Geschäftsordnung der elsässischen Landständeversammlungen und ihr Verhältnis zu Frankreich nach dem westfälischen Frieden nebst einem Verzeichnis der Ständetage. [Offenbach a. M. 1907: J. Scherz.] (VIII, 73 S.) 8°
¶ [Erscheint vollst. u. d. T.: „Die elsässischen Landstände, e. verfassungsgeschichtliche Studie als Beitrag z. Geschichte d. Elsasses" b. Schlesier u. Schweikhardt, Straßburg i. E.]
Straßburg, Phil. Fak., Ref. Bresslau, Diss. v. 24. Febr. 1906
[Geb. 24. März 81 Uttweiler i. Els.; Wohnort: Straßburg i. E.; Staatsangeh.: Elsaß-Lothringen; Vorbildung: Gymn. Buchsweiler Reife Sommer 01; Studium: Straßburg 8 S.]

— Pathologie u. Therapie d. Harnröhrentrippers. gr. 8. (XII, 186 S.) Stuttgart 875. Enke. n. 2. 80

— klinische Pharmacopoe. Die gebräuchl. Arzneimittel der deutschen Medicin, ihre Wirkg. u. Anwendg., nebst 400 beliebten Receptformeln f. innere und äussere Krankheiten. gr. 16. (VI, 128 S.) Ebend. 875. n. 1. 60

Müller, Friedrich Wilhelm: Die Prostitution in sozialer, legaler und sanitärer Beziehung, d. Nothwendigkeit u. d. Modus ihrer Regelung. Eine sozial.-med. Studie. — Erlangen: Enke 1868. 35 S. 8°

Müller, d. Pr. in socialer, legaler u. sanit. Beziehung. Stuttgart 868.

Müller, Frdr. Wilh., die Prostitution in Deutschland am Ende d. 19. Jahrh. Historisch-krit. Darlegg. der Notwendigkeit e. diesbezügl. Reform. gr. 8. (64 S.) Regensburg 892. W. Wunderling. n. 1. 20

— — (Schleusingen / Hennberg), Exercitatio jur. quaestionem Quando depositario competat Jus retentionis in deposito? Präs. Fried. Gottlieb Zoller. Leipzig (Langenheim) 30. IX. 1775. 27 S. (5.—) 24026

— — Dasselbe. Leipzig (Langenheim) 30. IX. 1775. 27 S. (5.50) 24027
Gew.: Leopold Nikolaus von Ende.

Müller, Friedrich Wilhelm [app. Arzt aus Augsburg]: Aus d. kgl. Universitätskinderklinik d. Herrn Prof. Dr. H. v. Ranke. Ueber die Ursachen des Nichtstillens auf der schwäbisch-bayrischen Hochebene nebst geschichtl. Notizen üb. d. Nichtstillen überhaupt ... München, Buchdr. v. M. Ernst, *1891;* 50 S. 8.
München, Med. Fak., Inaug.-Diss. v. 1891

— **Friedrich Wilhelm** (Isenbytanus in Lüneburg), De legum quarundam justinianearum non usu in Germaniae foris ex earundem rationibus nec quidquam probando. Disput. jur. Präs. Christian Wildvogel. Jena (Muller) 11. X. 1726. 46 Seiten. (5.50) 24025
Gew.: Dietrich Rudolph von Bothmer (Hannoverscher Adel), Brandius Ernst von Bothmer (Lüneburger Adel), Christian Burchard von Bothmer (Lüneburger Adel), Ernst August von Estorff (Lüneburger Adel), Georg Friedrich von Bellingk (Hannoverscher Adel).

Müller, Friedr. Wilh. Vom Leben zum Tod, durch Tod zum Leben! Beweise f. die Fortdauer der Seele nach dem Tode, begründet durch Citate alter u. neuer Classiker. gr. 8. (IV, 81 S.) Regensb. 890, Wunderling. * 1 50

Müller, Friedrich Wilhelm Karl

Müller, F. W. K., **Beschreibg. e. v. G. Meissner zusammengestellten Batak-Sammlung, s.: Veröffentlichungen aus dem königl. Museum f. Völkerkunde zu Berlin.**

Müller, F. W. K., neutestamentliche **Bruchstücke** in soghdischer Sprache. (11 S. m. 2 Taf.) Lex. 8. Berlin 907. G. Reimer. — 50
Sonderabdr. aus: Sitzungsberichte d. preuß. Akad. d. Wiss.

Handschriften-Reste in Estrangelo-Schrift aus Turfan, Chinesisch-Turkistan. Von Dr. F[riedrich] W[ilhelm] K[arl] Müller. T. [1.] 2. Berlin: Akad. d. Wiss. 1904. 1 Bd 8°, 1 Bd 4° 2. Mit 2 Taf.
1 aus: Sitzungsberichte d. Kgl. Preuß. Akad. d. Wiss. Philos.-hist. Cl. 1904, 9.
2 aus: Abhandlungen d. kgl. Preuß. Akad. d. Wiss. 1904, Anh.

Müller, F. W. K., **Handschriften-Reste** in Estrangelo-Schrift aus Turfan, Chinesisch-Turkestan. (5 S.) gr. 8. Berlin 904. (G. Reimer.) n. — 50
Sonderabdruck aus: „Sitzungsber. d. preuss. Akad. d. Wiss."

— dasselbe. 2. Tl. (117 S. m. Abbildgn. u. 2 Taf.) gr. 8. Ebd. 904. Kart. n. 7. —
Sonderabdruck aus: „Abhandlgn. d. preuss. Akad. d. Wiss."

— eine Hermas-Stelle in manichäischer Version. (7 S. m. 1 Taf.) gr. 8. Ebd. 905. n. — 50
Sonderabdruck aus: „Sitzungsber. d. preuss. Akad. d. Wiss."

Müller, F. W. K., Ikkaku sennin, e. mittelalterl. japan. Oper, s.: **Festschrift f. Adolf Bastian.**

— Die „persischen" **Kalenderausdrücke** im chinesischen Tripitaka. (8 S. m. 1 Taf.) Lex. 8. Ebd. 907. — 50
Sonderabdr. aus: Sitzungsberichte d. preuß. Akad. d. Wiss.

— Näng, siames. Schattenspielfiguren im kgl. Museum f. Völkerkunde zu Berlin, s.: Archiv, internat., f. Ethnographie.

— Ein iranisches Sprachdenkmal aus d. nördlichen Mongolei. (S. 726—730.) Lex. 8. Ebd. 909. — 50
Sonderabdruck aus: „Sitzungsber. d. preuss. Akad. d. Wiss."

— De stenosi oesophagi, s. Müller, Karl

Müller, F(riedrich) W(ilhelm) K(arl): Uber[!] Tetanus puerperalis. *Greifswald 1897: J. Abel.* (26 S.) 8°
Greifswald, Med. Diss. v. 6. Nov. 1897

— samoanische Texte, s.: Stuebel, O.

Uigurica. 1. Die Anbetung d. Magier, e. christl. Bruchstück. 2. Die Reste des Buddhistischen 'Goldglanz-Sūtra'. Ein vorläuf. Bericht. Von F[riedrich] W[ilhelm] K[arl] Müller. Mit 2 Taf. Berlin: Akad. d. Wiss. 1908. 60 S. 4°
Aus: Abhandlungen d. Kgl. Preuss. Akad. d. Wiss. 1908.

Müller, Fritz, aus Lauscha (Sachs.-M.): Ueber die Aufspaltung des Antipyrins durch Hydrazine. *Jena 1902: G. Neuenhahn.* (34 S.) 8°
Jena, Phil. Diss. v. (3. März) 1902

Müller, Fr(itz), Arzt aus Schneidemühl: Casuistischer Beitrag zur Indication und Ausführung der Knochennaht bei Fracturen. *Halberstadt 1901: H. Meyer.* (23 S.) 8°
Kiel, Med. Diss. v. [22. Juli] 1901

Müller, Fritz, Referendar in Berlin: Beiträge zur Interpretation der l. 38 D. de rei vindicatione 6,1. Naumburg a. S. 1908: Lippert & Co. (48 S.) 8° [J.]
Leipzig, Jur. Fak., Diss. v. 28. April 1908
[Geb. 2. Juli 83 Berlin; Wohnort: Berlin; Staatsangeh.: Preußen; Vorbildung: Askanisches Gymn. Berlin Reife M. 01; Studium: Leipzig 1, Breslau 1, Berlin 1, Breslau 1, Berlin 2 S.; Rig. 16. Febr. 06.]

Müller, Fritz, aus Saalfeld a. S.: Beiträge zur Kenntnis der Antipeptone. *Leipzig 1903: B. G. Teubner.* (30 S.) 8°
Leipzig, Phil. Diss. v. [27. März] 1903

Müller, Fritz [aus Kreuzburg in Schlesien]: Beiträge zur Kenntnis der Grasroste. Cassel 1901. 36 S. 8°. (S.-A. aus Botan. Centralblatt. Beihefte. Bd. 10. Heft 4/5. 1901.)
Bern. Phil. Diss. 1900/1901.

Müller, Fritz. Beiträge zur Kenntniss der Grasroste. Diss. Phil. Bern. [Mit 2 Figuren.] Separat-Abdruck aus: «Botan. Centralblatt». Beihefte. Bd. 10. Heft 4/5. 1901. 36 S. 8. Cassel, Gebr. Gotthelft, 1901.

Müller, Fritz, Bilder u. Gedichte. (Umschlag: Gedichte u. Skizzen.) (75 S.) 8. Straßburg 909. J. Singer. 1.25

Müller, Fritz, Arzt aus Basel: Darmkrebs-Statistik nach den Befunden der pathologisch-anatomischen Anstalt zu Basel vom Jahre 1874—1904. Bern 1905. 56 S. 8°. S.-A. a. d. Zeitschr. f. schweizer. Statistik.
Basel. Med. Diss. 1905/1906.

Müller, Fritz. Darmkrebs-Statistik nach den Befunden der pathologisch-anatomischen Anstalt zu Basel vom Jahre 1874—1904. Diss. Med. Basel. Separatabdruck aus der «Zeitschrift für schweizerische Statistik» [Jahrg. 41, 1905, Band 2, Liefg. 7]. 55 S. 8. Bern, Stämpfli & Cie., 1905.

Müller, Fritz. Für Darwin. Mit 67 Fig. in Holzschn. Leipzig 864. Engelmann. Lex.-8. (2 Bl., 91 S.) 1 ℛ 7½ ngr.

(Müller, Fritz:) Zur Erinnerung an das 75jährige Geschäfts-Jubiläum der Firma Friedr. Müller Söhne, Elberfeld, Geschäftsbücherfabrik, Buch- u. Steindruckerei, am 1. Mai 1909. (1834—1909.) [Mit Abb.] [Elberfeld: Selbstverl. 1909.] 20 Bl. quer-8°

Müller, Fritz, die Ernährung u. Pflege des Kindes im ersten Lebensjahre. (VI, 77 S.) 8. Wien 908. A. Hölder. 1.—

Müller, Fritz, Frühlingskinder. Gedichte. gr. 8. (VII, 152 S.) Stuttgart 896. (Strecker & Schröder.) n. 1.60; geb. in Leinw. n. 2.25

Müller, Fritz, approb. Arzt aus Simmern (Rheinpr.): Über Gangrän von Extremitäten bei Neugeborenen. *Strassburg i. E. 1899: C. & J. Goeller.* (37 S.) 8°
Strassburg, Med. Diss. v. 1899

Müller, Fritz, pract. Arzt: Über die Geburt beim kyphotischen Becken aus der Königl. Universitäts-Frauen-Klinik zu Königsberg i. Pr. *Königsberg i. Pr. (1901): L. Krause & Ewerlien.* (38 S.) 8°
Königsberg, Med. Diss. v. 28. März 1901

Müller, Fritz, Gedichte. (IV, 212 S.) gr. 8. Jauer (904). O. Hellmann. n. 2.—

Müller, Fritz, Staatl. appr. Nahrungsmittelchemiker und Apotheker, I. Assistent am Institut für Pharmacie und Nahrungsmittelchemie der Universität Jena: Zur Kenntnis der Spaltungsprodukte des Apiins, des Glycosides der Petersilie. Jena 1900: A. Kämpfe. (48 S.) 8°
Jena, Phil. Fak., Ref. Vongerichten, Diss. v. 2. Juni 1906
[Geb. 13. Jan. 77 Freiburg i. B.; Wohnort: Jena; Staatsangeh.: Sachsen-Weimar; Vorbildung: Gymn. Freiburg i. B.; Studium: Freiburg i. B. 3, Berlin 2, Jena 4 S.; Rig. 3. März 06.]

Müller, Fritz, a. Carlshafen a. Weser: Über neue Klassen Metallsalze bildender Imidbasen und über auffällige Fluoreszenzerscheinungen bei Pikramidverbindungen. Weida i. Th. 1908: Thomas & Hubert. (42 S.) 8°
Leipzig, Phil. Fak., Ref. Hantzsch-Beckmann, Diss. v. 7. April 1908
[Geb. 17. März 80 Carlshafen a. W.; Wohnort: Carlshafen a. W.; Staatsangeh.: Preußen; Vorbildung: Realgymn. Cassel Reife 1. Obersek. O. 96; Studium: Leipzig 12 S.]

Müller, Fritz, a. Hamburg: Die Landschaftsschilderungen in den erzählenden Dichtungen Chateaubriands. Kiel 1905: H. Fiencke. (X, 117 S.) 8°
Kiel, Phil. Fak., Ref. Körting, Diss. v. 2. Aug. 1905
[Geb. 15. Dez. 81 Hamburg; Wohnort: Hamburg; Staatsangeh.: Hamburg; Vorbildung: Realgymn. Altona Reife O. 01; Studium: Marburg 2, Kiel 5 S.; Rig. 13. Mai 05.]

Leben und Tod. Erzählungen von Fritz Müller. Jauer: O. Hellmann [1904]. (296 S.) 8° [J.]
[05. 14733 2

Müller, Fritz, aus Halle a. d. S.: Ueber das Methylstilben und das Isomethylstilben. *Leipzig: Tholacker & Schöffer 1903.* (54 S.) 8°
Leipzig, Phil. Diss. v. [27. Jan.] 1903

Müller, Fritz, Referendar am Kgl. Amtsgericht Freiberg: Der Minderkaufmann einst und jetzt. Leipzig 1904: R. Hahn. (55 S.) 8° [J.]
Leipzig, Jur. Fak., Diss. v. 16. Aug. 1904
[Geb. 26. Juli 78 Leipzig; Wohnort: Freiberg i. S.; Staatsangeh.: Sachsen; Vorbildung: Kön. Albert-Gymn. Leipzig O. 98; Studium: Leipzig 7, München 1 S.; Rig. 12. Juli 02.]

Müller, Ascan Bruno Fritz: Die Natur des Schiedseides. Halle 1876: Waisenhaus. 61 S. 8°
Halle-Wittenberg, Jur. Diss. v. 19. Febr. 1876
Geb. Mühlhausen (Thür.) 15. 3. 1852. V.

— zwei neue Quallen von Santa Catharina [Brasilien]. Mit 3 (lith.) Taf. (Abgedr. aus den Abhdlgn. der naturforsch. Gesellsch. in Halle.) Halle 859. Schmidt's Verlag. gr. 4. (12 S.) n. 1 ℛ

Müller, Fritz, zwei neue Quellen von Santa Catharina (Brasilien). gr. 4. (12 S. mit 3 Stnt.) Halle 859, Schmidt's Verlagsh. *

Aus: Abhandlungen der naturforschenden Gesellschaft zu Halle, 5. Bd., besonders abgedruckt.

Müller, Fritz, appr. Arzt: Die Resultate der bisher ausgeführten arteriovenösen Anastomosierungen bei angiosklerotischer Gangrän mit besonderer Berücksichtigung der Wietingschen Operation. Berlin 1910: Ebering. 38 S. 8°
Berlin, Med. Diss. v. 12. Juli 1910, Ref. Bier
[Geb. 16. Juni 83 Reutlingen; Wohnort: Berlin; Staatsangeh.: Württemberg; Vorbildung: Gymn. Reutlingen Reife O. 03; Studium: Tübingen, Kiel, Berlin, München zus. 14 S.; Coll. 9. u. 11. Juli 10; Approb. 23. Mai 10.] [U 10. 73

— Fritz (Friedrich Andreas Wilhelm) (Putbus a. Rügen), Über Schussverletzungen der Genitalien und des Dammes. Diss. med.-chir. Berlin (M. Niethe) 17. VII. 1885. 32 S. mit Biogr. (2.50) 24028
Oppon.: A. Leuchert, A. Schuster, R. Ockel. — Seinem Vater gew. (Musik- u. Turnlehrer Müller).

Müller, Fritz, aus Berlin: Über Thiophosphate und Thiophosphorsäuren. *(Berlin 1904: E. Ebering.)* (55 S.) 8°
Berlin, Phil. Diss. v. 9. Juli 1904

Müller, Fritz, d. Zeichenunterricht nach s. naturgem. Gestaltg. in d. Schule. 1. Tl. Das Zeichnen nach Stäbchen auf d. Unterstufe. gr. 8. (31 S. m. 21 Taf.) Hamburg 895. C. Kloß. Kart. n. 1. 50

Müller, Fritz, systematische Zusammenstellung der Medizinal-Gesetze des Kantons Bern. 2., umgearb. u. verm. Ausg. gr. 8. (XI, 255 S.) Bern 878. (Jenni.) n.n. 4. —

Müller, Fritz Andreas Wilhelm, s. Müller, Fritz

Müller, G., kurze u. faßliche Anweisung für Lehrer, Organisten u. Musikfreunde auf dem Lande, sich ihr Pianoforte, Piano u. Orgel selbst richtig zu stimmen. Wittenberg 866. (Herrosé.) 16. (26 S.) n. 4 ngr.

– Das mechanische Aequivalent der Wärmeeinheit. 21 S. Lübben, Schul-/Univ.-Schrift 1865

Müller, G., das preuß. Ausführungsgesetz zum bürgerl. Gesetzbuche, s.: Crusen, G.

— G., preuss. Ausf.-Ges., s. Kommentar z. B. G. B.

– Neue Beiträge zur Ätiologie des Unterleibstyphus, s. Müller, G. J. C.

Müller, G.: Darstellung der Form und des Gebrauchs der appellativen Deminutiva in der nhd. Sprache mit Berücksichtigung des mhd. u. ahd. 24 S. – Lissa, Progr. 1869.

— über die Echtheit d. zwei ersten Kapitel d. Evangel. Matthäi. gr. 8. Trier. 830. Troschel. 8 gr

Müller, G., drey Emigranten-Predigten. 4. Dresd. Gerlach. 734.

Müller, G. (II.), zum Ende und Anfang des Kirchenjahrs. Zwei Predigten gehalten am 25. Sonntag nach Trin. und am 1. Adventsonntag 1863. gr. 8. (28 S.) Stuttgart 864, S. G. Liesching. *

Müller, G., Entwurf e. Lehrplans f. das Zeichnen in d. Volksschulen Württembergs. (18 S.) 8. Stuttgart 904. A. Bonz & Co. n. — 40

Müller, G., u. C. A. Weber, üb. e. frühdiluviale u. vorglaziale Flora bei Lüneburg, s.: Abhandlungen der königl. preuss. geologischen Landesanstalt. N. F. 40.

Mueller, G., Zur Frage der Getreidezölle und die grundlegenden Gedanken des zollpolitischen Programms des Reichskanzlers. 8⁰. Berlin 1879.

— G., Ueber die sogenannten unwilligen oder missbilligenden Fragen im Lateinisc Pr. 1875. 22 S. 4⁰.

Müller, G. (III.), das Freihandzeichnen auf der Elementarstufe. 8. (IV, 23 S. mit 3 lithogr. Fig.-Taf.) Eßlingen 874, (Weychardt.) *

Müller, G. Göthes Fürstlichkeit zu seinem hundertsten Geburtstage 1849. 28 S.
Halberstadt, Progr. 1849

Müller, G., der neue Gambrinus oder Bierfabrikation aus Colonial-Syrup mit Malz-Zusatz. Ulm (855.) Höchel. qu. 8. verklebt 1 rß. 6 ngr.

Müller, G. (III.), die Geistlichkeit der Superintendentur zu Dresden im J. 1758, s. Mittheilungen des Vereins für Geschichte und Topographie Dresdens, 8. Heft.

— zeichnende Geometrie. Im Auftrage der königl. württemberg. Central-Stelle f. Gewerbe u. Handel bearb. Mit 8 (lith.) Figurentaf. br. 8. (VI, 48 S.) Ebend. 872. n. 1. 20

Müller, G. (I.), zeichnende Geometrie. Im Auftrage der königl. württemberg. Centralstelle für Gewerbe und Handel bearb. 2. und 3. Aufl. 8. (76 S. mit 9 lithogr. Taf.) Eßlingen 879,84, (Mayer.) geb. *

Müller, G., zeichnende Geometrie. Mit 9 (lith.) Fig.-Taf. 3. Aufl. 8. (76 S.) Eßlingen 884. (Fröhner.) geb. n. 1. 80

Müller, G., zeichnende Geometrie. Im Auftrage der k. württemb. Centralstelle f. Gewerbe u. Handel bearb. 4. Aufl. 4. (VIII, 92 S. m. 10 Fig.-Taf.) Esslingen 889. (Mayer.) geb. n. 2. 40

Müller, G., zeichnende Geometrie. Im Auftrage der königl. württemberg. Centralstelle f. Gewerbe u. Handel bearb. Mit X Fig.-Taf. 5. Aufl. 8. (VIII, 92 S.) Esslingen 891. (Stuttgart, J. B. Metzler's Sort.) Geb. n.n. 2. —

Müller, G., zeichn. Geometrie. Im Auftr. d. kgl. Württemberg. Centralstelle f. Gewerbe u. Handel bearb. 5. Aufl. 8. (VIII, 92 S. m. 10 Fig.-Taf.) Esslingen 894. (Stuttgart, P. Neff Verl.) Geb. n. 2. 25

Müller, G., zeichnende Geometrie. Im Auftrage der kgl. württemberg. Centralstelle f. Gewerbe u. Handel hrsg. 6. verm. Aufl. gr. 8. (XII, 172 S. m. Abb. u. 11 Fig-Taf.) Stuttgart 901. A. Bonz & Co. Geb. in Leinw. n. 2. 20

Müller, G., s.: Gottes Wort f. das christliche Volk.

Müller, G., s. Handbibliothek, juristische. 273 Bd.

—— der homöopathische Hausarzt, oder: Kurze Anweisung zum Gebrauch der homöopath. Arzeneimittel in Krankheiten der Menschen für den Bürger und Landmann nach dem jetz. Standpunkte der Homöopathie. 16. (42 S.) Wittenberg 866, (Herrosé.) *

Müller, G., homöopathischer Haus-, u. Thierarzt in zwei Heften. (Eine kurze Anweisg. die Krankheiten a) der Menschen, b) der Thiere homöopathisch zu heilen. 2. Afl. 16. (106 S.) Wittenberg 871. Herrosé. — 75

Müller, G., neuer vollst. Hausdoktor od. d. Buch v. gesunden u. kranken Menschen. Reichhaltigste Sammlg. d. bewährtesten alten u. neuen Hausmittel u. Naturheilarten gegen fast alle vorkomm. Krankheiten. Neueste Ster.-Ausg. 8. (96 S. m. Abb.) Reutlingen 897. Enßlin & Laiblin. — 50

Müller, G. (II.), Hülfsbüchlein bei dem Unterricht in der vaterländischen Geographie, zugleich als Begleitwort der Karte von Ost- und Westpreußen von A. Elwenspök und G. Müller. gr. 8. (40 S.) Königsberg 874, Beyer. *

Müller, G. (I.), Hülfsbüchlein bei dem Unterricht in der vaterländischen Geographie, zugleich als Begleitwort der Wandkarte von Ost- und Westpreußen von A. Elwenspök. und G. Müller. 2. verb. und verm. Aufl. gr. 8. (47 S. mit 1 chromolithogr. Kreiskarte der Provinz in qu. 4.) Königsberg 877, Beyer's Verlag. *

Müller, G. (III.), Hülfsbüchlein bei dem Unterricht in der vaterländischen Geographie, zugleich als Begleitwort der Wandkarte von Ost- und Westpreußen von A. Elwenspök und G. Müller. 3. verb. und verm. Aufl. gr. 8. (47 S. mit 1 chromolithogr. Kreiskarte der Provinz in qu. 4.) Königsberg 879, Beyer's Verlag. *

—— dass. — 4. Aufl. gr. 8. (49 S. mit 1 chromolithogr. Kreiskarte der Provinz in qu. 4.) Königsberg 879, Bon's Verlag. *

Müller, G., Hilfsbüchlein bei dem Unterricht in der vaterländischen Geographie, zugleich als Begleitwort der Wandkarte v. Ost- u. Westpreußen v. A. Elwenspök u. G. Müller. 4. Aufl. gr. 8. (60 S.) Königsberg 885. Bon's Verl. n. — 60

Müller, G., Hilfsbüchlein bei dem Unterricht in der vaterländischen Geographie, zugleich als Begleitwort der Wandkarte v. Ost- u. Westpreußen v. A. Elwenspök u. G. Müller. 5., verb. u. verm. Aufl. gr. 8. (69 S. m. 2 Karten.) Königsberg O.-Pr. 890. Bon's Verl. cart. n. — 80

Müller, G. De historia German., in summis gymnasior. ordinib. tractanda. 19 S. . . . .
Progr. Stendal 1833

Müller, G., ausführliches Inhalts-Verzeichniß zum „Prediger u. Katechet", s.: Prediger u. Katechet.

Müller, G., kann man ohne Lügen fertig werden? Vortrag, geh. am 20. Jan. 1893. 8. (32 S.) Bremen 893. J. Morgenbesser. n. — 30

Müller, G. Zur Konkordanz lateinischer und deutscher Metaphern. 12 S. Progr. *Köthen* 1881.

Müller, G., das chemische Laboratorium der Universität Greifswald. Mit 6 Kpfrtaf. (in Fol.) (Abdr. aus der Zeitschrift für Bauwesen.) Berlin 864. Ernst & Korn. Fol. (8 S.) n. 1 ℳ 20 ngr.

Müller, G., s.: Leben u. Wirken.

Müller, G. (IV.), praktischer Lehrgang der Stenographie nach Gabelsberger's System. Mit stenograph. Taf. gr. 8. (IV, 46 und 50 lithogr. S.) Giessen 866, Ferber'sche Universitäts-Buchh. *

Müller, G., praktischer Lehrgang der Stenographie nach Gabelsberger's System. Mit stenograph. Taff. 1. u. 2. (Titel-)Aufl. Giessen 866. Roth. gr. 8. (IV, 46 u. 50 lith. S.) n. 10 ngr.

Müller, G. (IV.), praktischer Lehrgang der Stenographie nach Gabelsberger's System. 2. (Titel-)Aufl. gr. 8. (VI, 46 S. mit 50 stenograph. lithogr. Taf.) Gießen (866)70, Roth. *

— Material f. den Geographie-Unterricht auf der Unterstufe methodisch geordnet. 8. (23 S.) Bonn 874. Standke. n. — 25

— Mittheilungen f. Jedermann aus dem preußisch-französischen Kriege 1870. gr. 8. (164 S. m. 18 Holzschntaf. in 4.) Königsberg 871. Gräfe & Unzer. n. 1. 20

Müller, G. Nord-Thüringen und Süd-Harz. Oestlicher Theil. Auf Grund der Messtischblätter, nach amtlichen Mittheilungen und eigenen Aufnahmen bearbeitet. 1 : 100 000. Eisleben (1893). 2 Bl. c. L. Sch.

Müller, G. [aus Zerbst-Anhalt]: Die drei Phtalsäuren und ihre Derivate .... Berlin, A. W. Schade's Buchdr. (L. Schade), 1886; 58 S. + 1 Bl. 8°.
Berlin, Phil. Fak., Inaug.-Diss. v. 18. Dez. 1886.

Müller, G., die drei Phtalsäuren und ihre Derivate. Diss. Berlin 1886, Mayer & Müller. 8°. 58 S.

Müller, G., die im Reg.-Bez. Arnsberg besteh. Polizei-Verordnungen, s.: Schaltenberg, W.

Müller, G. (II.), s. Prediger und Katechet.

— — Gustav Reinwald, oder die geheime Geschichte des Grafen v. R. Eine moralische Erzählung. 2 Thle. Stuttgart, bey Friederich Uebel. 1800. 8°. ($1^1/_6$ Rthl.) (3 Mk., geles. Expl., J. Halle, München, c. 1905.)
207 u. 215 S. Zahm. — Kayser hat: „Stuttgart, Erhard, 1801".

— Gustav Reinwald, od. die geheime Geschichte des Grafen v. R. 8. Stuttg. 801. Sonnewald. 1 ℳ 4 𝔤𝔯

Müller, G., Sabbat u. Sonntag, e. Beitrag zur evangel. Begründg. der christl. Sonntagsfeier. (52 S.) 8. Bremen 898. (J. Morgenbesser.) n. — 50

Müller, G., sind die Unterzeichner der Erklärung vom 15. August Bauchdiener? Offene Anfrage an die Hrn. Prediger Kuntze u. Souchon. gr. 8. (3¼ B.) Berlin 840, Enslin'sche Buchh. *

Müller, G., der Sohn der Sklavin. Eine Erzählg. aus Süd-Amerika. 8. (62 S.) Hamburg 884. Kramer. — 25

Müller, G., Luthers Stellung zum Rechte, s.a. Flugschriften des Evangelischen Bundes. 243, 244.

Luthers Stellung zum Rechte. Von G. **Müller**, Landrichter in Naumburg a. S. Leipzig: C. Braun in Komm. 1906. (40 S.) 8° [Umschlagt. J.]
— **Flugschriften** d. Evangel. Bundes. 243/44. [06, 13870

Müller, G., De Aeschyli Supplicum tempore atque indole. Diss. 1908. 74 S. 8°. 1.50

— Übungsstoff f.d.geometr.Zeichnen. 1.2.3.5.7.Aufl. in 2 Bdchen. 16° Esslingen 1870-80

—— Uebungsstoff für das geometrische Zeichnen. Im Auftrage der königl. württemberg. Centralstelle für Gewerbe und Handel bearb. 2. Aufl. 16. (96 S. mit 20 lithogr. Bl. in Carton.) Ebendas. 870. **

—— Übungsstoff für das geometrische Zeichnen. Im Auftrage der kgl. württemberg. Centralstelle für Gewerbe und Handel bearb. 8. Aufl. 16. (118 S. mit 21 lithogr. Taf.) (Ebendas.) 883. cart. *
3.—7. Aufl. erschienen im Selbstverlage des Verfassers.

—— Übungsstoff für das geometrische Zeichnen. Im Auftrage der königl. württemberg. Centralstelle für Gewerbe u. Handel bearb. 10. Aufl. 12. (112 S. m. 21 lithogr. Taf.) Stuttg. 891, J. B. Metzler's Sort. geb. * * 1 50

— **Übungsstoff f. d. geometrische Zeichnen. 11. Aufl. 12. (123 S. m. 21 Taf.) Stuttgart 896. [P. Neff.] A. Bonz & Co. Geb. n. 1.50**

— Uebungsstoff f. das geometrische Zeichnen. Im Auftrage der königl. württemberg. Zentralstelle f. Gewerbe u. Handel bearb. 12. Aufl. (122 S. m. 22 lith. Taf.) kl. 8. Ebd. 904. Geb. in Leinw. n. 1. 50

Müller, G., Barbara Uttmann. Ein histor.-dramat. Gedicht in 3 Abthlgn. 8. (X u. 148 S.) Annaberg 852, Rudolph & Dieterici. n. 2/3 ß

Müller, G. (IV.). Zur Vorschulfrage. Beleuchtung der Schrift des Hrn. Dir. Kaiser: „Ist es ratsam, die Vorschulen aufzuheben?" Vortrag. 8. (31 S.) Barmen 892, (Wiemann). * — 40
Die Kaiser'sche Schrift ist im Jahresberichte der höheren Töchterschule in Wittel-Barmen 1892 enthalten.

MÜLLER, G., Elise v. Wahlheim und Bernardo. 2 Thle. Stuttgart, Löflund, 1800. 8°. (1 2/3 Rthl.) (Citirt Kayser.)

Müller, G., Wichtigkeit u. Anbau der Apothekerkräuter für den Landwirth zur Erhöhung der Bodenrente in den Zeiten niederer Getreidepreise, sowie zur Erzielung der höchsten Bodenrente überhaupt. Leipzig 868. Wilfferodt. gr. 8. (VI, 50 S.) n. 8 ngr

Müller, G. Ueber die analyt. Wiederholungen mathem. Lehrabschnitte im Gymn.-Unterrichte. 10 S. . . . .
Progr. Stendal 1826

— Wissensstoff d. elementaren Geometrie d. Ebene u. d. Raums zur Einführg. in d. geometrische Rechnen. Schülerausg. gr. 8. (30 S. m. Fig.) Stuttgart 897. W. Kohlhammer. n. — 40

— dasselbe. 2. Tl. Aufgabensammlg. f. d. geometr. Rechnen. 8. (56 S. m. 40 Fig.) Ebd. 898. n. — 60

— dasselbe. Lehrerausg. gr. 8. (VI, 44 S. m. Fig.) Ebd. 897. n. 1. —

Müller, G. A., s.a. Müller, Georg Alfred

— s.a. Müller, Gerhard Andreas

— s.a. Müller, Gustav Adolf

Müller, G. A., Ueber die Axendrehung des Planeten „Venus". Münster 1899. 8°.

Müller, G. A. L., Anweis. z. Flötenspiel, mit Beispielen. Halle 806. Hendel. 6 gr

Müller, G. A., die Arbeiten des Verlegers. Ein Handbuch der Theorie u. Praxis des Verlagsbuchhandels. Briefe an e. jungen Freund. 6 Lfgn. gr. 8. (IV, 191 S.) Leipzig 893. G. A. Müller & Co. à — 75 (kplt. geb.: n. 5. —)

— Aurore, recueil moral et amusant, composé d'histoires de contes etc. tirés des meilleurs auteurs. 8. Halle 812. Schwetschke u. S. 8 gr

— a choice collection of original English lettres. Mit deutscher Worterklärung. 8. Halle 806. Dietlein.

Müller, G. A., Elementar-Grammatik der latein. Sprache. Zum Gebrauch f. die untern Klassen eines Gymnasiums. gr. 8. (63 S.) Frankfurt a. d. O. 847, Harnecker & Co. n. 8 ngr

Müller, G. A., Elementar-Grammatik der latein. Sprache. Zum Gebrauch für die untern Klassen eines Gymnasiums. gr. 8. (63 S.) Frankfurt a. d. O. 850, Harnecker und Comp. *

Müller, G. A., Elementar-Grammatik der lateinischen Sprache. Zum Gebrauch für die unteren Klassen eines Gymnasiums. 2. Aufl. Frankfurt a. O. 856. Harnecker. gr. 8. (68 S.) n. 10 ngr

Müller, G. A., Elementar-Grammatik der lateinischen Sprache. Zum Gebrauch für die untern Klassen eines Gymnasiums. 3. neu durchgesehene Aufl. Frankfurt a. O. 861. Harnecker & Comp. gr. 8. (71 S.) n. 10 ngr

— s. Goldsmith, the Vicar of Wakefield.

Müller, G. A. H., new Germann Grammar or a concise and easy introduct. to the German language, adapt. to the use of Englishmen. 12. Leipz. 805. Hinrichs. 8 gr

— Hand- u. Lesebuch d. engl. Sprache u. ihrer klassisch. Schriftsteller. 8. Leipz. 803. Hinrichs. 1 ß — A. u. d. T.: manual or familiar Guide to the english Tongue etc. 1 ß

— prakt. Lehr- u. Hülfsbuch d. engl. Sprache, neu bearb. von Lacabanne. 8. Halle 806. 2e Aufl. 822. Dietlein; (a. Hahn in Hannov.) 16 gr

Müller, G. A., manual or familiar Guide to the english Tongue etc. 8. Leipz. Hinrichs. Rthlr.

— Das Reich der redenden Tiere, s. Müller, G. F.

Müller, G. A., malerische Reise durch die Sächsische Schweiz im Jahre 1833, nach der Natur aufgenommen u. auf Stein gezeichnet. Verbunden mit einem Wegweiser durch die Sächsische Schweiz. 1s—6s Heft. 19 Tafeln u. Text. Fol. Berlin 834. Winckelmann u. Söhne. (à 1/2 ß) 3 ß

Müller, (G. B.) zwei Bücher v. Wahren u. Gewissen in d. sittlichen u. religiösen Dingen. 2 Thle. 8. Leipzig 822, Hartmann.

Müller, G. B., zwei Bücher v. Wahren u. Gewissen in d. sittl. u. religiösen Dingen. 2 Thle. 8. Leipz. 822. Lehnhold. 2 ß 8 gr

Müller, G. B. M., s. Müller, G. L. C.

Müller, G. C., s. Müller, Georg Chr.

— s. Müller, Gotthard Christoph

Müller, G. C. H., Kölner Turner-Marsch, Offizieller Festmarsch f. Klavier, d. Verband Kölner T. V. z. Kreisturnfest 1905 gewidmet, Köln a. Rh., 3 S., 2°.

Müller, G. C. M: Anleitung zur Verfertigung der Glasflüsse, künstlicher Edelsteine, Emaille und der Schmelzfarben usw. Regensburg 1828

Müller, G. Ch., s. Müller, Gotthard Christoph

Müller, G. Chr., s.a. Müller, Georg Chr.

— G. Chr., Progr. von den vorzüglichsten Mitteln zur Erweckung des Gemeingeistes in der röm. Republik. Wetzl. 797. 4. (15 Seiten).

Müller, G. D., resp. Jo. G. Emden, De temperamentorum propensionumque humanorum connexione. 39 pp. Lps. 4°. 1708

Müller, G. D., die Kleidertheilung auf Golgatha. Passionspredigt üb. Ev. Joh. 19. Vs. 23. u. 24. gr. 8. (1 B.) Elberfeld 846, Hassel.

— s. Stimmen aus u. zu der streit. Kirche.

Müller, G. E., s.a. Müller, Georg Elias

– s.a. Müller, Gottfried Ephraim

Müller, G. E., ob Pilatus Christum f. einen Philosophen gehalten? ob Pil. sich gefürchtet, in der Person des Erlösers einen Halbgott zu tödten? (s. l.) 1744. 8.

Müller, G. E., von Orgeln, ihrem Ursprung u. Gebrauch. Dresd. 1748. 8.

Müller, G. E., de papolatria. Lips. 1726. 4.

Müller, G. F., s.a. Müller, George Friedrich

– s.a. Müller, Gotthilf Friedrich

Müller, G. F., Geographie u. Geschichte des Königr. Bayern. Ein Anh. zu: Lebensbilder III. Lesebuch f. Oberklassen deutscher Volksschulen v. Berthelt, Jäkel, Petermann u. Thomas. gr. 8. (16 S.) Leipzig 850, Klinkhardt. 1 1/2 ngl

Müller, G. F.: Geographie und Verfassung von Kamtschatka aus verschiedenen schriftlichen und mündlichen Nachrichten, gesammlet zu Jakuzk, 1737.
an: Steller: Beschreibung von dem Lande Kamtschatka. Frankfurt u. Leipzig 1774. 71 S. 8°.

Müller, G. F., Perlen. Erzählungen f. d. Jugend u. ihre Freunde. (Nach Meletaons Tugendschule bearb.) 8. (14 1/8 B. u. 4 ill. Kpfrt.) Nürnberg 838, Zeh'sche Buchh.

— Perlen. Erzählungen für die Jugend u. ihre Freunde. Neue (Titel-) Ausg. Mit 4 color. Bildern (in Kpfrst.) 8. (226 S.) Nürnberg (838) 850, Lotzbeck. 1/2 ß

— G. F. (Celle), De usurario pravitate eiusque poenis. Diss. jur. Celle (Schulz) 18. III. 1803. 17 S. (4.—) 24029

— das Reich der redenden Thiere. Neuestes Fabelbuch für die Jugend. qu. gr. 4. (58 S., 12 Stahlst. u. gest. Titel.) Nürnberg 847, Lotzbeck. 1 ß 12 ngl

Müller, G. F., das Reich der redenden Thiere. Neuestes Fabelbuch für die Jugend. Nürnberg 860. Lotzbeck. qu. 4. (58 S. u. 13 color. Kpfrtaf.) 1 ß

Müller, G. F. I., was haben Dienstherrschaften u. Dienstboten, sodann Vermiether u. Miether von Wohnungen in rechtl. Hinsicht zu beobachten, um sich vor unangenehmen Streitigkeiten sicher zu stellen? 8. Regensb. 827. (Jaquet in Münch.) 4 gl

Müller, (G. F.,) Was haben Dienstherrschaften u. Dienstboten, sodann Vermiether u. Miether von Wohnungen in rechtl. Hinsicht zu beobachten, um sich vor unangenehmen Streitigkeiten sicher zu stellen? 8. Regensb. 827, (Michaelis in München.) Rthlr.

Müller, G. F. Ledes Maler, s. Müller, Friedrich

Müller, G. Fr., s.a. Müller, George Friedrich

– s.a. Müller, Gerhard Friedrich

– s.a. Müller, Gotthilf Friedrich

Müller, G. Fr. III., neutestamentl. Erzählл., in ein poet. Gewand gekleidet. Eine Zugabe zu Ewalds Erzählл. d. Neuen Testaments. Mit bibl. Kpf. gr. 8. Götting. 831. Vandenhöck u. R. 16 gl (15 1/2 B.)

Müller, G. Franz, s. Müller, George Friedrich

– s. Müller, Gotthilf Friedrich

Müller, G. G., s. Müller, Wilhelm Christian

Müller, G. H., s.a. Müller, Georg H.

– s.a. Müller, Georg Heinrich

– s.a. Müller, Georg Hermann

– s.a. Müller, Gerhard Heinrich

Müller, G. H. I., Abbild. u. Beschreib. einer ganz neu erfund. Hand-, Schrot- u. Mahlmühle, welche mit Schwungrädern getrieben wird u. mit wenig Kosten zu bauen ist; hrsgg. von C. F. T. v. Schad. gr. 4. Als Manuscript. Leipz., Centr.-Compt. 2 ß 12 gl

– Animadversiones ad L. Annaei Senecae epistulas quae sunt de oratione spectantes, s. Müller, Georg Johann

Müller, G. H. I., neue Denkwürdigkeiten aus d. Oekonomie. 8. Leipz. R. A. 803. H. Richter. 8 gl

Müller, (G. H.,) prakt. Lehr- u. Hülfsbuch d. engl. Sprache. Vermehrt v. Lacabanne. gr. 8. Hannov. 822, Hahn.

Müller, G. H., engl. Lesebuch v. neuem durchges. u. mit e. kurzen Grammatik, mehren Leseübn. u. e. vollständ. Wörterb. verm. v. P. Lacabanne. 2., sehr verm. u. verb. Aufl. gr. 8. (19 B.) Hannover 834, Hahn.

Müller's, G. H., Englisches Lesebuch von neuem durchgesehen u. mit einer kurzen Grammatik, mehren Leseübungen u. einem vollständ. Wörterbuche verm. von P. Lacabanne. 3. sehr verm. u. verb. Aufl. gr. 8. (297 S.) Hannover 851, Hahn. 2/3 ß

Müller, G. H. A., der Bremer Koch in Zubereitung von Seefischen, Hummern, Austern, Krebsen u. Granaten [Garnälen], mit den dazu gehörenden Saucen. gr. 16. (XII u. 68 S.) Bremen 848, Geisler. n. 1/6 ß

Müller, G. H. W., s. Müller, Georg Heinrich Waldemar

Müller, G. J., über die Entwicklung u. den derzeitigen Stand der Akinotherapie. (21 S.) 8. Berlin 905. J. Goldschmidt. n. 1.50
Sonderabdruck aus: „Deut. medizin. Presse".

Mueller, G. J. C., neue Beiträge zur Aetiologie des Unterleibs-Typhus, nebst einem statistischen Bericht über die Erkrankungen an Unterleibs-Typhus in den verschiedenen Casernements der Garnison Posen während der J. 1862 bis incl. 1877. gr. 8. (112 S.) Posen 878. Jolowicz. n. 2. —

Müller, G. L., s. Müller, G. Louis

Müller, G. L. C., chem.-techn. Werke (Abhandln.) 1. Thl. — A. u. d. T.: Anleit. z. Verfertigung d. Glasflüsse, künstl. Edelsteine, Emaille u. d. Schmelzfarben, d. Auftragens d. Silbers, Goldes u. Platines, so wie auch d. Kupferstiche auf Porzelan u. Steingut rc. rc. 1. Aufl. 828., 2. Ausg. (à 26 1/4 B. u. 1 Stnt. qu. Fol.) 8. Regensburg 834, Reitmayr. à 1 16

—— dass. 2. Thl. — A. u. d. T.: Anleit. z. Erzeug., Gewinn. u. Bearbeitung d. Salpeters. 1. Aufl. 830., 2. Ausg. (à 10 B. u. 5 Stnt.) 8. Ebds. 834. à — 18

—— dass. 3. Thl. — A. u. d. T.: Anleit. z. Kenntniß u. Bearbeit. d. Potasche. 1. Aufl. 830., 2. Ausg. (à 10½ B. u. 3 Stnt.) 8. Ebds. 834. à — 16

—— dass. 4. Thl. — A. u. d. T.: Neueste u. leichtfaßl. Anweis. z. Erzeug. e. ganz fuselfreyen, dem französ. an Geruch u. Geschmack gleich komm. Branntweins, nebst e. Verfahren z. Darstell. ölig-aromat. ausländ. Branntweine u. e. reinen Weingeistes. 1. Aufl. 830., 2. Ausg. (à 3½ B. u. 2 Stnt.) 8. Ebds. 834. à — 12

Müller, G. Louis: Kaufmännische Formulare und Briefe in Musterschrift, s. Röhrich, W.

—— Rundschrift [Ronde]. 1.—3. Aufl. qu. 4. (8 Stnt.) Ebendas. 874,75. *

Müller, G. Louis, Rundschrift [Ronde.] 3. Aufl. qu. gr. 8. (8 Steintaf.) Stuttgart 875. Maier. n. 1. —

Müller, G. Louis, Rundschrift [Ronde]. 16 (lithogr.) Bl. 4.—12. Aufl. qu. gr. 8. Stuttgart 880—83, Maier. *

Müller, G. Louis, Rundschrift [Ronde]. 16 (lith.) Blätter. 10. Aufl. qu. gr. 8. Stuttgart 882. Maier. n. 1. --

Müller G.L. Rundschrift (Ronde). 2. und 21. Auflage. qu 4° Stuttgart, Berlin

— 40 Blätter Schreibvorlagen in Geschäftsformularen u. Briefen. Zum Gebrauche an Handels-, Gewerbe- u. Fortbildungsschulen, f. Zöglinge d. Handelsstandes, sowie als Mustervorlagen f. Lithographen rc. Im Anschluß an die Musterstücke aus dem schriftl. Handelsverkehre v. Wilh. Röhrich. 2. Abdr. gr. 4. (7 S. m. 40 Steintaf.) Ebend. 875. In Mappe. n. 4. —

Müller, G. Louis, deutsche u. englische Schreibvorlagen. Deutsche Schrift. 5 Hefte. Frankfurt a. M. 867. Hermann'sche Buchh. qu. 4. [1. Heft. (8 Steintaff.) n. 5 ngr., 2. Heft. (12 Steintaff.) n. 10 ngr., 3. Heft. (12 Steintaff.) n. 10 ngr., 4. Heft. (14 Steintaff.) n. 12 ngr., 5. Heft. (17 Steintaff.) n. 15 ngr.] n. 1 ₰ 22 ngr.

— — Englische Schrift. 5 Hefte. Ebend. 867. qu. 4. [1. Heft. (18 Steintaff.) n. 15 ngr., 2. Heft. (14 Steintaff.) n. 12 ngr., 3. Heft. (12 Steintaff.) n. 12 ngr., 4. Heft. (12 Steintaff.) n. 12 ngr., 5. Heft. (15 Steintaff.) n. 14 ngr.] n. 2 ₰ 5 ngr.

—— deutsche und englische Schreibvorlagen in 10 Heften. qu. kl. 4. Frankfurt a. M. 874, Diesterweg. [Deutsche Schrift Heft a. * 50 Pf.; b. und c. à *ℳ 1., d. *ℳ 1,20.; e. *ℳ 1,50. — Englische Schrift Heft a. *ℳ 1,50.; b. c. d. à *ℳ 1,20.; e. *ℳ 1,40.] In Carton. *

Müller, G. P.. de cultu Dei externo. Lips. 1713. 4.

Müller, G. Polyc., s. Müller, Gottfried Polykarp

Müller, G. S., s. Müller, Gottfried Samuel

Müller, G. T. J., s. Möchten doch alle Fürsten u. Minister sein, wie Karl u. Ehrenfeld.

MÜLLER, G. T. J. Möchten doch alle Fürsten u. Minister so sein, wie — Karl u. Ehrenfeld! Eine Geschichte für das aufgeklärte Jahrhdrt. 2 Thle. Mit 2 Vign. u. 1 Titelkpfr. von Mansfeld. Wien, Gerold, o. J. (1786). 8°. Selten! (8 Kr. Gilhofer & Ranschburg, 1912.)

Müller, G. W.

— s. a. Mueller, Gottlob Wilhelm.

— s.a. Müller, Gustav Wilhelm

— s.a. Müller, Wilhelm Christian

Müller, G. W., s. Euphemia.

Müller, G. W. Exercitatio ex mathesi applicata. Jena 1714. 4.

— G. W. (Magdeburg), Jahrbuch des Pädagogiums zum Kloster Unser Lieben Frauen in Magdeburg. Neue Fortsetzung. 22. Heft. 1858. Einladungsschrift . . . . zu der öffentlichen Classenprüfung. Inhalt. De scribis publicis Romanorum von Krause. — Schulnachrichten aus dem Jahre von Ostern 1857 bis Ostern 1858. Magdeburg (W. Heinrichshofen) 22. u. 23. III. u. 30. III. 1858. 67 S. mit Namen. (—.—) 24030

Müller, G. W. C., († 1703.) s. 3b. Kämpf, Abhandll.

Müller, G. Wilhelm, s. Müller, Gustav Wilhelm

— s. Müller, Wilhelm Christian

Müller, Gabriel

Müller, J., Ozar Agadath. Lexicon der in den beiden Talmuden enthaltenen Agadath alphabetisch geordnet. Ein nützliches Handbuch für Rabbinen, Prediger u. Theologen. 2. Bd. (In hebr. Sprache.) gr. 8. (VIII, 171 S.) Pressburg 882. (Wien, D. Löwy.) n. 1. 50

Müller, Gabr., Ozar Agadath. Lexicon der in den beiden Talmuden enthaltenen Agadath alphabet. geordnet. Ein nützl. Handbuch für Rabbinen, Prediger und Theologen. 2. Bd. (In hebr. Sprache.) gr. 8. (VIII, 171 S.) Pressburg 882. (Wien, Polák.) **
1. Bd. (Ebendas.) 1877. **ℳ 1,40.

Müller, Gabr., Ozar Agadoth. Lexicon der in den beiden Talmuden enthaltenen Agadoth, alphabetisch geordnet u. commentirt. Ein nützl. Handbuch f. Rabbiner, Prediger u. Theologen. 3. Bd. (In hebr. Sprache.) gr. 8. (XII, 159 S.) Pressburg 888. (Wien, Lippe.) n. 2. — (1—3.: n. 4. 90)

Müller, Geo. (I.), kurzer Abriss e. Gesch. d. Tonkunst, als Einleit. in d. Elemente d. Musikwissenschaft. gr. 8. (2½ B.) Bern 834, Jenni, Sohn.
Aus J. J. Pursh „Elemente d. Musikwissenschaft" abgedruckt.

Müller, Georg [kgl. Kreistierarzt in Höchst a. M.]: Über Agglutinine normaler Thiersera. (Mit 1 Tafel.) Darmstadt 1901. 31 S. 8°.
Bern. Vet.-med. Diss. 1901/1902.

Müller, Georg. Ueber Agglutinine normaler Thiersera. Diss. Vet.-Med. Bern. [Mit 1 Tafel.] 31 S. 8. Darmstadt, Valentin Sachs, 1901.

Engel, Phil. Christian Jak.: Das 50jährige Amtsjubiläum des Br. Ph. Jac. Ch. Engel [am 8. Dez. 1860]. Mitgeth. von G[eorg] Müller. [Leipzig 1861: Bär & Hermann.] 16 S. 8° [Kopftit.]
Aus: Bh. 4 (1861) S. 43—47.
Tt. 2137. Bericht. Festrede von F. Eckstein.

MÜLLER, Georg (Dillingen): Ueber Angina.- München: Wolf 1839. 16 S.
20.8.1836 - Urk (Titel: De angina.); F 63
Diss. Ingolst.-Landsh.-Mchn.

Müller, Georg Gottfried Ansprache bei der Gedächtnisfeier für Dr. Philipp. 4 (S. 3–8 der Schuln.). Wettiner G. Dresden 1887 (498). Progr.

Müller, Georg, approb. Arzt aus Mülhausen i. E.: Ueber die Aetiologie der bei Infektionskrankheiten auftretenden pneumonischen Prozesse. *Straßburg i. E. 1903: C. Müh & Co.* (45 S.) 8°
Straßburg, Med. Diss. v. 1903

Müller, Georg [Referendar]: Ueber erbrechtliche Bedenkfähigkeit und erbrechtliche Erwerbfähigkeit ... Göttingen, Druck d. Univ.-Buchdr. v. W. F. Kästner, 1892; 44 S. 8.
Göttingen, Jur. Fak., Inaug.-Diss. v. [24. Juni] 1892

Müller, Geo., üb. erbrechtliche Bedenkfähigkeit u. erbrechtliche Erwerbfähigkeit. Diss. gr. 8. (44 S.) Göttingen 892. (Vandenhoeck & Ruprecht.) n. 1. —

Müller, Georg, Die Bedeutung der Gymnastik für die Erziehung der Jugend, Berlin, 16 S., 8°.

Müller, Georg, appr. Arzt a. Bremen: Zur quantitativen Beeinflussung der Zuckerausscheidung nach Verfütterung verschiedener Eiweissstoffe resp. Kohlehydrate. Erlangen 1906: E. Th. Jacob. (38 S.) 8°
Erlangen, Med. Fak., Ref. Penzoldt, Diss. v. 13. Sept. 1906
[Geb. 24. Sept. 80 Bremen; Wohnort: Ellen; Staatsangeh.: Bremen; Vorbildung: Gymn. Bremen Reife 99; Studium: Göttingen 5, Tübingen 2, Greifswald 1, München 1, Tübingen 1 S.; Coll. 9. Aug. 06; Approb. 10. Febr. 05.]

— — Beitrag zur Kenntnis des Oxyhämoglobins im Blute der Haussäugetiere und des Hausgeflügels. Diss. Leipzig 86. G. Wolf. M. 1.–

Müller, Georg, a. Schwarzenbruck, Rechtsprakt. am k. Amtsgericht Nürnberg: Beiträge zum bayerischen Budgetrecht insbesondere zum Recht des bayerischen Militäretats. Nürnberg 1907: W. Tümmel. (52 S.) 8°
Erlangen, Jur. Fak., Ref. Rieker, Diss. v. 28. Febr. 1907
[Geb. 5. Aug. 83 Schwarzenbruck (Bayern); Wohnort: Nürnberg; Staatsangeh.: Bayern; Vorbildung: Neues Gymn. Nürnberg Reife 02; Studium: Erlangen 6, München 2 S.; Rig. 15. Febr. 07.]

Müller, Georg [app. Arzt aus Rybnik i. Schles.]: Beiträge zur Kenntniss der Histologie der acuten Milzschwellung. . . . Gleiwitz, Neumann's Stadtbuchdr., 1890; 63 S., 1 Taf. 8°
Freiburg i. B., Med. Fak., Inaug.-Diss. v. 1890

Müller (=Frauenstein), Geo., grammat. Belehrungen im Anschlusse an A. Kippenbergs deutsches Lesebuch. 1. Tl.: Für d. Unterstufe. gr. 8. (IV, 76 S.) Hannover 896. Norddeutsche Verlagsanstalt O. Goedel. Geb. in Leinw. n. 1.20

Müller, Georg Die neuesten Besprechungen des Rastadter Gesandtenmordes. 37 S. Progr. Vitzt. Dresden 1876

Müller, Geo. (III.), die neuesten Besprechungen des Rastadter Gesandtenmords. gr. 4. (37 S.) Dresden 876, (v. Zahn's Verlag.) *

Müller, Georg, a. Offenbach a. M.: Über die Bildung von Aminosäuren aus den Amiden ungesättigter Säuren. Straßburg i. E. 1905: C. Müh & Cie. (31 S.) 8°
Straßburg, Math.-naturwiss. Fak., Ref. Thiele, Diss. v. 1905
[Geb. 12. Okt. 74 Offenbach a. M.; Wohnort: Offenbach; Staatsangeh.: Hessen; Vorbildung: Realschule Offenbach Reife O. 92 (Latein-Nachprüfung); Studium: Kiel 1, Würzburg, Straßburg 6 S.; Rig. 25. Juli 05.]

Müller, Geo., Königsberger Bürger-Buch. Sammlung v. Polizei-Verordngn., Ortsstatuten u. Regulativen f. die Stadt Königsberg i/Pr. Auf Grund amtl. Materials bearb. 3 Tle. (VIII, 306; VII, 336 u. X, 478 S.) kl. 8. Königsberg 907. Hartung. Kart. à 2. —

Müller, Geo., c. Elevenstreich. Schwank in 1 Acte. 12. (20 S.) Magdeburg 892. E. Grudzinski. n. 1. —

Müller, Geo., Fordern u. Bieten. Zwei Brennpunkte im Schulleben. Ansprache zur Hauptkonferenz. (8 S.) 8. Leipzig 905. A. Hahn. n. — 20
Sonderabdruck aus: „Leipz. Lehrerzeitg."

Müller, die Fortschritte in der Wundbehandlung, s. a. Vorträge, thiermedizinische.

Müller G.: Die Fortschritte in der Wundbehandlung. Halle 1888. 29 S.
(Thiermed. Vorträge. Bd. 1 H. 3). 327.

Müller, Georg, Fortschritte auf dem Gebiete der Wundbehandlung. gr. 8. (29 S.) Leipzig 88. Felix. M. 1.50

Müller, [Georg]: Ueber die Fortschritte in der Wundbehandlung. Leipzig 1890. 29 S.
(Thiermedizinische Vorträge. 1, H. 3.)

Müller, Geo. (II.), die vier wichtigsten Fragen beantwortet. 1. Aufl. 1875. 8 Pf.; 2. Aufl. gr. 16. (24 S.) Basel 876, Spittler. *

Müller, Geo. (II.), die vier wichtigsten Fragen beantwortet. 3. und 4. Aufl. 12. (24 S.) Basel 882, Spittler. *

Müller, Geo., die vier wichtigsten Fragen. 5. Aufl. 8. (23 S.) Basel 888. Spittler. n. — 8

Müller, Geo., die vier wichtigsten Fragen, beantwortet. 6. u. 7. Aufl. gr. 16. (23 S.) Basel 891. 892. Jaeger & Kober. n. — 8

Müller, Geo., die vier wichtigsten Fragen. Beantwortet v. M. 8. Aufl. 12. (23 S.) Basel 899. Kober. n. — 08

MÜLLER, Georg 1724 - 1791
Der Englische Friedensplan wurde bey der höchsterfreulichen Zurückkunft der Hochfürstl. Brandenb. Onolz-Culmbachischen Kriegstruppen aus Amerika, im Monat November 1783. abgehandelt von Georg Müller ...
Bayreuth: Lübeck. 1784. 28 S. 8°.
Staatsarchiv Bamberg

– Deutsche Gassenlieder
— — (meist aus dem Anfang des 18ten Jahrhunderts von Georg Müller gesammelt). (In Schaffhausen.)
So im gedruckten Cataloge der dortigen Stadtbibl. angezeigt.

— **Gedächtnißpredigt der verstorbenen Frau Georg Müller in Bristol, v. ihrem hinterbl. Gatten geh.** [Aus „Zionsbote".] 8. (24 S.) Elberfeld. 871. (Barmen, Klein.) n. — 30

Bismarcks Gedanken vom Staate. Ansprache bei d. Bismarckfeier am 1. April 1909 zu Naumburg a. S. von Georg Müller, Oberl. Ger. R. Naumburg a. S.: 1909: Sieling. 15 S. 8°

— der Rastadter Gesandten-Mord. Inaugural-Dissertion. gr. 8. (95 S.) Leipzig 873. (G. Körner.) 1. —

– Landwirtschaftliche Giftlehre, s. Thaer-Bibliothek.

[F.] Landwirtschaftliche Giftlehre. Von Dr. Georg Müller, Prof. in Dresden. M. 48 Textabb. *Berlin: P. Parey 1897.* (VI, 171 S.) 1 Bd 8. = Thaer-Bibliothek. Bd 92. [97. 6427]

Müller, Geo., der seligmachende Glaube, s.: Eichhorn.

Müller, Geo., d. Glaube u. s. Werk. Ansprache, geh. in Basel im Vereinshaus am 9. Oktbr. 1890 (nachgeschrieben v. e. Freunde). 12. (24 S.) Neukirchen bei Moers 891. Missionsbuchh. Stursberg & Co. n. — 10

Müller, Geo. J., Grundlinien d. Hauttherapie mittels medicamentöser Seifen. [Aus: „Dermatolog. Zeitschr."] gr. 8. (40 S.) Berlin 897. S. Karger. n. 1. —

Müller, Geo., die schlechte Haltung der Kinder u. deren Verhütung. gr. 8. (V, 65 S. m. 21 Abbildgn.) Berlin 893. A. Hirschwald. n. 1. 60

Müller-Frauenstein, Geo., Handbuch für den deutschen Sprachunterricht in den oberen Klassen höherer Lehranstalten. 1. 2. Tl. gr. 8. Hannover, Norddeutsche Verlagsanstalt. n. 4. 60; geb. n. 5. 40
1. Zur Sprachgeschichte u. Sprachlehre. (VIII, 203 S.) 889. n. 2. 40; geb. n. 2. 80
2. Zur Vers-, Stil- u. Dispositionslehre. (IV, 180 S.) 890. n. 2. 20; geb. n. 2. 60

Müller-Frauenstein, Geo., Handbuch f. den deutsch. Sprachunterricht in den obern Klassen höh. Lehranstalten. II. Tl. Zur Vers-, Stil- u. Dispositionslehre. 2. Aufl., neu durchgesehen v. Klaudius-Bojunga. (IV, 148 S.) gr. 8. Hannover 909. Norddeutsche Verlagsanstalt O. Goedel. Geb. 3. —

Müller, Georg, appr. Arzt a. Glatz: Über Häufigkeit und Ausgänge der Cholelithiasis. Nach den Sectionsberichten des Krankenhauses r. d. I. in den Jahren 1901 bis Juni 1904. München 1904: V. Zimmermann. (41 S.) 8°
München, Med. Fak., Ref. v. Bollinger, Diss. v. 28. Nov. 1904
[Geb. 16. Aug. 78 Glatz i. Schles.; Wohnort: Glatz; Staatsangeh.: Preußen; Vorbildung: Gymn. Glatz Reife O. 98; Studium: München 1, Berlin 3, Heidelberg 1, München 4 S.; Coll. 25. Juli 04; Approb. 23. Nov. 03.]

Müller-Dresden, die oberflächlichen Hautentzündungen [Hautkatarrhe] u. ihre Behandlung, s. a. Vorträge, thiermedizinische.

Müller: Die oberflächlichen Hautentzündungen (Hautkatarrhe) u. ihre Behandlung. Leipz. 1890. 40 S. (Thiermed. Vorträge. Bd. 2 H. 2). 327.

— — Die oberflächlichen Hautentzündungen und ihre Behandlung (Hautkatarrhe). S.-A. Leipzig 90. Felix. M. 1.50

Müller, [Georg]: Die oberflächlichen Hautentzündungen (Hautkatarrhe) und ihre Behandlung. Leipzig 1892. 40 S. (Thiermedizinische Vorträge. 2, H. 2.)

Müller, Georg — Der Herbst. Belletristisches Volks-Album. Herausgegeben von — —. Wien, 1856. Druck von M. Lell. Dritte Aufl. (32 S. 8.)

— Der gesunde Hund, s.a. Thaer-Bibliothek.

MÜLLER, Georg: Der gesunde Hund. Naturgeschichte, Körperbau, Rassen, Aufzucht und Pflege des Hundes. Für Hundebesitzer bearbeitet. - Berlin 1898. VIII, 148 S., 64 Abb. - 4. verm. u. verb. Aufl. ebd. 1923. IV, 187 S., 83 Abb. - (Thaer-Bibl. Bd. 98)

Der gesunde Hund. Naturgesch., Körperbau, Rassen, Aufzucht u. Pflege d. Hundes. F. Hundebesitzer bearb. v. Dr. Georg Müller, Prof. ... zu Dresden ... M. 64 Textabb. Berlin: P. Parey 1899. (VIII, 147 S.) 1 Bd 8°
= Thaer-Bibliothek. Bd 98.

Müller, Geo., der kranke Hund, s. a. Thaer-Bibliothek.

[G.] Der kranke Hund. Anleitg z. Erkenng, Heilg u. Verhütg d. hauptsächlichsten Hundekrankhtn. F. Hundebesitzer bearb. v. Dr. Georg Müller, Prof. ... zu Dresden. M. 62 Textabb. *Berlin: P. Parey 1896.* (VIII, 190 S.) 1 Bd 8.
= Thaer-Bibliothek. Bd 91.

Der kranke Hund. Anleitung z. Erkennung, Heilung u. Verhütung d. hauptsächlichsten Hundekrankheiten. Für Hundebesitzer bearb. von Dr. Georg Müller, Prof. zu Dresden. 2., verm. Aufl. Mit 69 Textabb. Berlin: P. Parey 1903. (VIII, 212 S.) 8° [G.]
= Thaer-Bibliothek. Bd 91. [03. 6081]

Müller, Geo., e. Jahr in Schweden. Skizzen nach dem Leben. 8. (162 S.) Berlin 884. F. Luckhardt. cart. n. 2. 50

Müller-Frauenstein, Geo., neue Karte des Reg.-Bez. Hannover mit der Grenzeinteilung nach Kreisen und mit Angabe aller Eisenbahnen und Chausseen. 1 : 350,000. Chromolithogr. gr. Fol. Nebst einem Ortsnamenverzeichniss. 8. (5 S.) Hannover 886, Meyer. * 1 —

1903–1908. Georg Müller, Verlag, München. Katalog der in den ersten 5 Jahren des Bestehens erschienenen Bücher. Mit liter. Selbstcharakteristiken von Otto Julius Bierbaum ... u. anderen Originalbeitr. Mit d. Bildn. d. Autoren u. viel. anderen Ill. München & Leipzig: Müller 1908. 160 S. 8°

— Katechismus u. Katechismusunterricht im Albertinischen Sachsen. (48 S.) Lex.-8. Leipzig 904. Dürrsche Buchh. n. 2. —

Katechismus und Katechismusunterricht im albertinischen Sachsen. Von Schulrat D. (Georg) Müller-Leipzig. (Leipzig 1904: Schmaler in Bautzen.) (48 S.) 4°
= Jahresbericht d. Lausitzer Predigergesellschaft zu Leipzig. Mitteilung 29. [05. 1751]

Müller, Georg: Wendische Kirchen- und Schulvisitationen im 16. Jh. *Leipzig 1897.*
in: Festschrift f. ... Prof. D. Fricke z. Feier s. 50j. Präsidiums in d. Lausitzer Prediger-Ges. zu Leipzig. [98. 2084]

— das zweite Kommen unseres Herrn Jesu Christi. 12. (24 S.) Ebend. 882. n. — 10

— das zweite Kommen unsres Herrn Jesu Christi. 2. u. 3. Aufl. gr. 16. (24 S.) Ebd. 891. 892. n. — 8

Müller, Geo., die Krankheiten d. Hundes u. ihre Behandlung. gr. 8. (XVI, 434 S. m. 93 Textbildern.) Berlin 892. P. Parey. Geb. in Leinw. n. 16. —

Müller, Geo., die Krankheiten des Hundes u. ihre Behandlung. 2., gänzlich neubearb. Aufl. (XVI, 558 S. m. 195 Abb.) gr. 8. Berlin 908. P. Parey. Geb. in Leinw. 16. —

Müller, Geo., Kriegs-Erinnerungen e. Elsässers 1870—71. 8. (VIII, 286 S.) Weißenburg 894. R. Ackermann. n.n. 2. —; kart. n.n. 2. 50

Müller, Geo., Cursus d. Orthopädie f. praktische Arzte. 10 Vorlesgn. gr. 8. (VIII, 115 S. m. 25 Abbildgn.) Berlin 902. O. Enslin. n. 3. 60; in Leinw. kart. n. 4. 60

Müller, Georg, approb. Arzt aus Hagenau i. E.: Über die Lage der Kleinhirnseitenstrangbahn und des Gowers'schen Bündels vom oberen Halsmarke an und über deren Endigung nach Versuchen am Hunde. *Strassburg i. E. 1900: C. & J. Goeller.* (32 S.) 8°
Strassburg, Med. Diss. v. 1900

Müller, Geo., Land u. Leute im Bismarck-Archipel. gr. 8. (40 S. m. 3 Taf.) Leipzig 895. G. Uhl. n. — 80

— Das Lehns- und Landes aufgebot unter Heinrich Julius von Braunschweig-Wolfenbüttel, s. Müller, Georg Hermann

Müller, Geo., kurzgef. Lehrbuch d. Nachbehandlg. v. Verletzgn., nebst e. Anleitg. zur Begutachtg. v. Unfallfolgen. gr. 8. (VIII, 264 S. m. 32 Abb.) Berlin 898. O. Enslin. n. 8. —

— Lehrbuch der Pharmakologie f. Tierärzte. Auf Grundlage des Arzneibuches f. das Deutsche Reich u. der Pharmacopoea austriaca, sowie m. Berücksicht. der Pharmakognosie, pharmaceut. Chemie u. Toxikologie bearb. gr. 8. (VIII, 501 S. m. 71 Holzschn.) Dresden 894. G. Schönfeld. n. 12. —

(B) Müller, Geo., Lehrbuch der Pharmakologie. 894. (KBL28.) Jetzt: Hannover. M. & H. Schaper.

Müller, Geo., liebet einander, oder die wahre Union. Zwei Ansprachen in einer christl. Versammlung gehalten. Berlin 868. Prochnow's Selbstverl. 16. (12 S.) 1½ ngr.

Müller, Geo., Paul Lindenau, der erste evangelische Hofprediger in Dresden. Ein Beitrag zur Reformationsgeschichte Sachsens nach meistens ungedruckten Acten u. Briefen. gr. 8. (64 S.) Leipzig 880. Hinrichs' Verl. n. 1. 20

Müller, Geo., Linearzeichnen. 1. Thl. Eine umfassende Sammlung geometrischer Constructionen systematisch geordnet für technische Schulen, Techniker und Bauhandwerker, mit 347 Fig. auf 16 (lith.) Taf. (in 4.) Iserlohn 858. Bädeker. 8. (VII, 113 S.) 1 ₰.

Müller, Geo., Linearzeichnen. Eine umfass. Sammlung geometr. Constructionen systematisch geordnet f. techn. Schulen, Techniker u. Bauhandwerker, m. 347 Fig. auf 16 (lith.) Taf. (in qu. 4.) 2. Ausg. 8. (VII, 112 S.) Iserlohn 876. Baedeker. n. 2. 75

Müller, *Carl* Georg [aus Halle a. S.]: Bakteriologische Luftuntersuchungen im Operationssaale der chirurgischen Klinik zu Halle a. S. als Beitr. z. Frage d. Luftinfektion in d. Chirurgie . . . Halle a. S., Druck v. Beyer & Rounger, 1893; 24 S., 2 Bl. 8.
Halle, Med. Fak., Inaug.-Diss. v. 5. Aug. 1893

Über höheren Mädchenunterricht und über Frauenbildung. Zwei Vorträge von Dr. G[eorg] Müller(-Frauenstein), Dir. in Hannover. Hannover & Leipzig: Ost 1894. 60 S. 8° [11. 107

Müller, Geo. (III.), Milch und Milchcontrole, s. a. Vorträge für Thierärzte. Ser. 4, H. 11/12.

— — Milch und Milchkontrolle. Vortrag. S.-A. (47 S.) Jena 82. Dege & Hänel. (Dürselen, Wiesbaden.) M. 1.50

Müller, Geo., zur Morphologie der Scheidewände bei einigen Palythoa u. Zoanthus. Mit 1 (lith.) Taf. gr. 8. (44 S.) Heidelberg 884. C. Winter. n. 1. 40

—— nehmet immer zu in dem Werk des Herrn! Ein Wort für Lehrer und Lehrerinnen an den Sonntagsschulen, aber auch für alle Arbeiter im Reiche Gottes. 8. (16 S.) Elberfeld 887, Buchh. der evangel. Gesellschaft. *
Aus: Sonntagsschulfreund, besonders abgedruckt.

Die Orthopaedie des praktischen Arztes. Von San.Rat Dr. Georg Müller, Berlin. Mit 151 Textabb. Berlin, Wien: Urban & Schwarzenberg 1910. XV, 258 S. 8° [10. 13319

Müller, Geo., 39 estnische Predigten aus den J. 1600—1606, s.: Verhandlungen der gelehrten estnischen Gesellschaft zu Dorpat.

Mueller, Georgius [Oldenburgensis]: De L. Annaei Senecae quaestionibus naturalibus . . . . Bonnae, typ. C. Georgi univ. typogr., 1886; 46 S. 8°.
Bonn, Phil. Fak., Inaug.-Diss. v. 31. Jul. 1886.

Müller, Geo., de L. Annaei Senecae quaestionibus naturalibus. Dissertatio philologica. gr. 8. (46 S.) Bonn 886, (Behrendt.) *

— christliche Ratschläge. Vom Verf. genehmigte Übersetzg. 8. (VII, 164 S. m. Bildnis.) Halle 899. R. Mühlmann's Verl. n. 1. 20; geb. in Leinw. n. 2. —

Müller, Georg, Kammergerichts-Ref.: Das Recht der Notwehr nach gemeinem Rechte und nach dem Rechte des Bürgerlichen Gesetzbuchs für das Deutsche Reich. *Greifswald 1900: J. Abel.* (50 S.) 8°
Greifswald, Jur. Diss. v. 1900

Müller, Geo., tierärztliche Rezeptier- u. Dispensierkunde. 2., unter Berücksicht. der 4. Ausg. des Arzneibuches f. das Deutsche Reich völlig neu bearb. Aufl. 12. (VI, 310 S.) Berlin 901. P. Parey. Geb. in Leinw. n. 5.50

Müller, Gg.: Rückblicke auf die Gründung und Entwickelung der Vereinsbank Worms, eingetragene Genossenschaft mit beschränkter Haftpflicht, vormals Vorschuß- und Kredit-Verein Worms E. G. m. b. H. 1860–1910. [Mit Abb.] (Worms a. Rh.) 1910: (Kranzbühler). 39 S. 4°

Müller, Geo., Sammlung kleinerer privatrechtlicher Reichsgesetze, s.: Bierhaus, F.

Müller, Georg *Gottfried* Das kursächsische Schulwesen beim Erlaſs der Schulordnung von 1580. 4 (XXXII S.).
Progr. Wettiner G. *Dresden* 1888 (505).

— der Segen d. Gebens. 8. (15 S.) Basel 888. Spittler. n. — 8

— der Segen des Gebens. 2. u. 3. Aufl. 16. (15 S.) Ebd. 891. 893. n. — 8

— Der Segen des Glaubens. In-8°, 15 S. Ebendas. 1888. — 10

Müller, Geo., die Skoliosenbehandlung des praktischen Arztes. (45 S. m. 33 Abbildgn. u. 3 Taf.) 8. Berlin 906. Urban & Schwarzenberg. n. 1. —
Sonderabdruck aus: „Therapie der Gegenwart".

Müller, Geo., Sokrates in Sachsen während d. 18. Jahrh. Festrede zur Pestalozzifeier im Leipziger Lehrerverein, am 11. 1. 1902 geh. gr. 8. (16 S.) Leipzig 902. F. Brandstetter. — 30
Erweiterter Sonderabdruck aus: „Der prakt. Schulmann".

Müller, Georg — Der Sommer. Belletristisches Volks-Album. Herausgegeben von — —. 3te Auflage. Wien, 1856. Druck von M. Lell. (35 S. 8.)

Müller, Geo., die kommunale Sozialpolitik u. die Handlungsgehilfen, s. a. Denkschrift des Verbandes deutscher Handlungsgehilfen. 7.

Müller G, die kommunale Sozialpolitik und die Handlungsgehilfen. (10 S) (Schriften des Verbandes Deutscher Handlungsgehilfen 7) Leipzig 1903

— die kommunale Sozialpolitik u. die Handlungsgehilfen, s. a. Fortschritt, sozialer. Nr. 37.

Müller, Geo, Die kommunale Socialpolitik und die Handlungsgehilfen. 8°. Leipzig, F. Dietrich, 1905. (Socialer Fortschritt, Heft 37.) 16 S.

Mueller, Georgius, Cothensis: De Aeschyli supplicum tempore atque indole. Halis Sax. 1908: Wischan & Burkhardt. (74 S.) 8°
Halle, Phil. Fak., Ref. Robert, Diss. v. 29. Jan. 1908
[Geb. 19. Sept. 84 Cöthen (Anhalt); Wohnort: Halle a. S.; Staatsangeh.: Preußen; Vorbildung: Ludwigs-Gymn. Cöthen Reife O. 03; Studium: Leipzig 3, Halle 5 S.; Rig. 26. Nov. 07.]

Müller, Geo. (H.), kurze Theorie d. Dichtungsarten, nebst e. vollständ. deutschen Beispielsamml., f. obere Gymnasialklassen verfaßt. gr. 8. (34½ B.) Berlin 828, Mittler. 2 Thlr., hrbgs. Pr. Thlr.

— Theorie u. Praxis der thierärztlichen Wundbehandlung, s. a. Stockfleth, H. V., Handbuch der thierärztlichen Chirurgie.

Theorie und Praxis der thierärztlichen Wundbehandlung. Unter gleichzeit. Berücks. d. neuesten Forschungen auf d. Gebiete d. Bakteriologie. Hrsg. von Dr. Georg Müller, Prof., Dresden. Mit 10 Holzschn. Leipzig: C. A. Koch 1892. (V, 86 S.) 8°
= Stockfleth, Harald Vigo: Handbuch d. thierärztl. Chir. Suppl. H.

Müller, Georg [app. Arzt aus Elbing]: Ueber die vaginale Totalexstirpation des Uterus wegen Carcinom bei Schwangerschaft. Nebst e. casuist. Beitr. dazu ... Freiburg i. B., Univ.-Buchdr. v. H. M. Poppen & Sohn, 1889; 30 S., 1 Bl. 8.
Würzburg, Med. Fak., Inaug.-Diss. v. 1889

Müller, Georg, a. Magdeburg: Die Untersuchungen Julius Fröbels über die Methoden und die Systematik der Erdkunde und ihre Stellung im Entwicklungsgange der Geographie als Wissenschaft. Ein Beitrag z. Geschichte d. geogr. Methodik. Halle a. S. 1908: C. A. Kaemmerer & Co. (62 S.) 8°
Halle, Phil. Fak., Ref. Philippson, Diss. v. 17. Juli 1908
[Geb. 16. Aug. 83 Magdeburg; Wohnort: Halle a. S.; Staatsangeh.: Preußen; Vorbildung: Realgymn. Magdeburg Reife M. 02; Studium: Halle 3, Leipzig 3, Halle 4 S.; Rig. 25. Mai 08.]

Müller, Geo., s.: Urkundenbuch zur Geschichte der Deutschen in Siebenbürgen.

— — s. Zimmermann, Fr.

Müller, Georg, Prof. Dr.: Die geologischen Verhältnisse von Alzey und seiner Umgebung. Eine historisch-geologische Skizze. *Alzey 1903: R. Pfund.* (S. 3—41.) 4°
Alzey, großh. R u. PG (m. VS), OP 1903 (732)

Müller's, Georg, Vermächtnis an uns. 11 charakterist. Ansprachen u. Betrachtungen m. vorausgeschicktem kurzen Lebenslauf u. e. Nachwort. gr. 8. (VIII, 94 S. m. Bildnis.) Neukirchen 899. Missionsbuchh. Stursberg & Co. — 80; geb. in Leinw. 1. 40

Müller-Frauenstein, Geo., von Heinrich v. Kleist bis zur Gräfin Marie Ebner-Eschenbach. Zehn gemeinverständl. Vorträge üb. die neueste deutsche Litteratur. gr. 8. (IX, 381 S. m. 10 Holzschn.) Hannover 891. L. Ost. n. 4. 50; geb. n. 5. 50

— die Widerstands-Gymnastik. Für Schule u. Haus. Eine Anleitg. zur Erhaltg. u. Kräftigg. der Gesundheit. Allgemein verständlich f. Jedermann. 8. (63 S. m. 50 Abbildgn.) Leipzig 892. C. L. Hirschfeld. In Leinw. kart. n. 1. 60

Müller-Frauenstein, G., wie malen sich die Naturvölker den Anfang und das Ende der Menschen aus, s. Sammlung gemeinnütziger Vorträge.

Schlichte Worte. Predigten u. Ansprachen von Georg Müller, weil. Pred. zu Bristol. Mit 1 Bildn. G. Müllers. Autor. Übers. Halle a. S.: R. Mühlmann 1900. (VI, 233 S.) 8°

Müller, Geo., schlichte Worte. Predigten u. Ansprachen. Autoris. Übersetzg. 2. Taus. [Titel-Ausg.] (VI, 233 S. m. Bildnis.) 8. Halle 910. R. Mühlmann's Verl. 1.60; geb. in Leinw. 2. 40

—— Thierärztliche Wundbehandlung, s. Stockfleth, H. V. Handbuch der thierärztl. Chirurgie.

Mueller, Georg Alexander: Der Tatbestand des schweren Diebstahls. (RStGB. § 243.) Borna-Leipzig 1909: Noske. IX, 50 S. 8°
Heidelberg, Jur. Diss. v. 1909, Ref. v. Lilienthal
[Geb. 26. Juli 76 Riga; Wohnort: Berlin; Staatsangeh.: Preußen; Vorbildung: Karls-Gymn. Stuttgart Reife Sommer 97; Studium: Straßburg, Freiburg i. B., Berlin; Rig. 4. Nov. 08.] [U 09. 1861

Müller, Georg Alfred [aus Dresden]: Beitrag zur Kenntniss des Oxyhaemoglobins im Blute der Haussäugethiere und des Hausgeflügels .... Leipz., Gustav Wolf Verlagsbuchh., 1886; 40 S. 8°.
Erlangen, Phil. Fak., Inaug.-Diss. v. 1886.

Müller, Geo. Alfr., Beitrag zur Kenntniss des Oxyhaemoglobins im Blute der Haussäugethiere und des Hausgeflügels. Inaugural-Dissertation. gr. 8. (40 S.) Leipzig 886, [G. Wolf.] Levin. **

Müller, Geo. Alfr., der Landmann als Thierarzt bei den hauptsächlichsten äußeren und inneren Krankheiten der Pferde, des Rindviehes, der Schafe, Ziegen, Schweine, Hunde und des Federviehes. Nebst einer kurzen Anleitung über Stallung, Fütterung, Wartung, Pflege, Zucht, über Altersbestimmung, Beurtheilungslehre der Hausthiere zum Zwecke des Kaufes, sowie über die gesetzl. Gewährsmängel und Gewährszeiten beim Kaufe und den polizeil. Bestimmungen bei Seuchen, besonders für solche Landwirthe, welche fern von einem Thierarzte ihrem Vieh selber helfen müssen. 6. vollständig umgearb. Aufl. Nebst einem Vorwort von F. A. Zürn. gr. 8. (XVI, 263 S.) Weimar 880, B. F. Voigt. cart.
Früher u. d. T.: Der Bauer als Vieharzt.

—— die Untugenden der Haustiere, s. Zürn, F. A.

— Veterinär-Receptir- u. Dispensirkunde. Auf Grundlage der Pharmacopoea germanica Ed. altera bearb. 8. (VIII, 196 S.) Berlin 885. Parey. geb. n. 4. —

— Georg Andr., Disquisitio brevis de differentia juris Romani et Germanici quoad forum rei sitae qua Lud. Conrad Schroeder specimen jur. German. de actionibus personalibus, quae ad rem petendam sunt comparatae, apud veteres Germanos in foro rei sitae instituendis sub examen vocatur. Giessen/Kassel (J. Muller) 1748. 24 S. (4.50) 24035

Müller, Georg Bernhard, aus Limbach: Über die Verseifungs- und Reduktionsprodukte der 1,3-Dibenzoylglutarsäurediäthylester. *Leipzig 1904: A. Th. Engelhardt.* (29 S.) 8°
Leipzig, Phil. Diss. v. 1904

Müller, Georg Carl, s. Müller, Georg Karl

Müller, Geo. Chr., Entwurf e. philosoph. Religionslehre. 1r Thl. 8. Halle 797. Renger. 20 gr

— Predigten zur Beförder. des sittl. religiösen Glaubens u. Lebens, nebst 2 Reden. gr. 8. Leipz. 822. Reclam. 2 ß

Müller, G. Chr., Protestantismus u. Religion, e. Versuch zur Darstellung ihres Verhältnisses. gr. 8. Leipzig, Feind. 809.

— Protestantismus u. Religion, e. Versuch zur Darstell. ihre Verhältnisses. gr. 8. Leipz. 809. (Taubert). 20 gl

— s. vom Reformationsgeiste.

— Vorträge f. die Belehrung u. Erbauung des Volks, nebst Bemerkk. über Predigt u. Lehre. 8. Leipz. 812. Franz. (Taubert). 16 gl

— Zeitschrift f. Moral, s. Chr. Fr. Böhme.

— **Georg Christoph** (Nürnberg), De expeditionibus cruciatis, vulgo, Von Creutz-Fahrten. Diss. inaug. Präs. Dan. Wilh. Moller. Nürnberg (J. W. Kohle) 10. VI. 1709. 38 S. (5.50) 24036
Gew.: Jakob Willibald Haller, Christoph Fürer, Gustav Georg Tezel, Christoph Andreas Tucher. — Widm. v.: Dan. Wilh. Moller, Joh. Mich. Sonntag, G. C. Ponhoelzel.

— **Georg Daniel** (Leipzig), De pactis rem afficientibus. Diss. jur. Präs. Jo. Christ. Schroeter. Jena (Muller) 27. VIII. 1729. 43 S. (5.50) 24037
Gew.: Joh. Heinrich von Berger, Joh. Gottfried von Berger, Joh. Wilhelm von Berger. Widm. v.: Johann Gottlieb Brendel (dtsch., Oppon.), Johann Philipp Treuner (Oppon.), G. S. Lindner u. eine dtsche. Widm. von einem Freund.

Müller, Georg Elias

Müller, G. E., zur Analyse der Unterschiedsempfindlichkeit, s.: Martin, Lillie J.

— u. A. **Pilzecker**, experimentelle Beiträge zur Lehre vom Gedächtnis, s.a. Zeitschrift f. Psychologie u. Physiologie der Sinnesorgane. 1. Erg.-Hft.

Experimentelle Beiträge zur Lehre vom Gedächtnis. Von G[eorg] E[lias] Müller u. A. Pilzecker. *Leipzig: J. A. Barth 1900.* (XIV, 300 S.) 8°
— Zeitschrift f. Psychologie u. Physiol. d. Sinnesorgane. Erg. Bd 1. [illegible]

(Aus d. psychol. Inst. zu Göttingen.) Experimentelle Beiträge zur Untersuchung des Gedächtnisses. Von G[eorg] E[lias] Müller u. F. Schumann. Hamburg & Leipzig: L. Voss 1893. (IV, 192 S.) 8°
Aus: Zeitschrift f. Psychol. u. Physiol. d. Sinnesorgane. Bd 6. [illegible] 11

Müller, G. E, die Gesichtspunkte u. die Tatsachen d. psychophysischen Methodik. (VIII, 244 S.) gr. 8. Wiesbaden 904. J. F. Bergmann. n. 4. 60
Sonderabdruck aus: „Ergebnisse d. Physiologie".

Müller, Geo. Elias, zur Grundlegung der Psychophysik, s.a. Bibliothek für Wissenschaft und Literatur.

Müller, Geo. Elias, zur Grundlegung der Psychophysik. Kritische Beiträge. 2. (Titel-)Ausg. gr. 8. (XVI, 424 S.) Berlin 879. Th. Hofmann. n. 7. 50

Müller, G. Elias, Theorie der Muskelcontraktion. (In 2 Thln.) 1. Thl. gr. 8. (X, 336 S.) Leipzig 891. Veit & Co. n. 9. —

Müller, Geo. Fr. H., († ...) Varii generis carmina latina denuo excusa, cum additamentis. 4. Annab. 769.

Müller, Georg Fr. Konrad Ludwig

— Erzählungen. 8. Berl. 803. Belitz. 16 gl

Müller, Geo. Fr. Konr. Ldw., (v. Gerstenbergk, gen. Müller), Kaledon. Erzählungen. 8. Tübing. 814. v. Cotta. 1 rthl 16 gl

Müller, Geo. Fr. Ldw., geistl. Lieder u. Lobgesänge, in Nachahmungen d. Psalmen Davids. 8. Manh. 771. Schwan u. G. 6 gl

Müller, Ge. Friedr.: Darstellung der Art u. Weise wie im deutsch. Reiche neue Fürsten, Grafen, Freyherrn u. Edelleute gemacht werden. *Wolfenb.* 797. 8.

— **Georg Friedrich** (Altenburg), Ad Saxon. decision. X. de anno 1746. Diss. Präs. Heinrich Gottfried Bauer. Leipzig (Langenheim) 17. IX. 1770. 16 S. (4.—) 24038

Müller, Geo. Friedr., die Entstehung des Menschengeschlechts. Ist der Mensch Geschöpf eines persönl. Gottes od. Erzeugniß der Natur, u. stammt die Menschheit von Einem od. mehreren Paaren ab? gr. 8. (7½ B.) Erlangen 842, Heyder.

— — Fideicommissi familiae relicti alienatio, consentientibus iis, quorum interest, facta quatenus damnosa sit liberis. Diss. Präs. Heinr. Gottfried Bauer. Leipzig (Langenheim) 22. IX. 1770. 16 S. (4.—) 24039

(Müller, Geo. F.,) des Herrn Führungen im Lebensgange des Geo. Fr. Müller. Von ihm selbst geschrieben. 2 Thle. gr. 8. (24½ B.) Stuttgart 844, (Liesching u. Comp.) *

(Müller, Geo. F.,) Des Herrn Führungen im Lebensgange des Georg F. Müller. Von ihm selbst geschrieben. 2 Thle. (Neue Titel-Ausg.) Stuttgart (843.) 852. (Quack.) (IV, 196; 189 S.) 15 ngr

Müller, Geo. Friedr., Ostindien. Ein Gesammtbild d. Geographie, Gesch., Cultur, u. d. relig. Zustände dies. großen Länder- u. Völker-Gebietes, nach d. zuverläß. Quellen u. mit besond. Rücksicht auf d. christl. Missionen dargest. 1. Bd.: Vorder-Indien. gr. 8. (29 B. u. 1 ill. Karte.) Stuttgart 841, J. F. Steinkopf. *

Müller, Georg Friedrich Carl, s. Müller, Georg Friedrich Karl

Müller, Geo. Friedr. Herm., Namen- und Sach-Verzeichniß zu Carl Ritter's Erdkunde von Asien. 2. Bd. West-Asien. (Zu Bd. 7. bis 11. des ganzen Werkes.) gr. 8. (IV und 564 S.) Berlin 849, G. Reimer.
Fein Pap.
1. Bd. Ebendas. 1841. 2 Thlr., fein Pap. 2 Thlr. 12½ Ngr.

Müller, Georg Friedrich Karl

Müller, Georg Friedr. Carl (Homburg an der Höhe)
De ophthalmis chronicis.
Giessae 1. März 1784.
Diss. Med. zur Erl. d. Doctorwürde.

Müller, Georg Friedrich Wilhelm, appr. Arzt: Kasuistische Beiträge zur Unfalls-Hysterie. Rostock [1909]: Adler. 32 S. 8°
Rostock, Med. Diss. v. 7. April 1909, Ref. Schuchardt
[Geb. 9. Juni 70 Halberstadt; Wohnort: Altona; Staatsangeh.: Preußen; Vorbildung: Gymn. Halberstadt Reife O. 90; Studium: Berlin 2, Greifswald 2, Rostock 6 S.; Coll. 6. März 09; Approb. 21. Dez. 05.] [U 09. 3720

Müller, Georg Gottfried, s. Müller, Georg

Mueller, Ge. H., Series experimentorum in musculis et nervis animalium quorundam institutorum horumque organorum functionem s. effectus naturales illustrantium. 10 pp. Stuttg. 4°. *Ludwig,* IV, 170–180.

1793

Zur Synopse. Untersuchung über die Arbeitsweise des Lk und Mt und ihre Quellen, namentlich d. Spruchquelle, im Anschluß an e. Synopse Mk – Lk – Mt, von G[eorg] H. **Müller**, Volontär an d. Univ.Bibl., Göttingen. Göttingen: Vandenhoek & Ruprecht 1908. (60 S.) 8°
— **Forschungen** z. Religion u. Literatur d. Alten u. Neuen Testaments. H. 11. [08. 1230,

– Dass., s.a. Forschungen ...

Müller, Georg Heinrich

Müller, G. H. II., (Sprachlehrer,) kurzer Auszug d. deutschen Sprachlehre u. Orthographie rc. 8. Hamb. 803. (Campe). 8 gr.

— kurz. Ausz. d. deutsch. Sprachlehre u. Orthographie rc. 8. Hamb. Hoffmann. 803.

Müller, Geo. Hnr. III., († d. 21. Sept. 1820.) Beitrr. zur Beförder. e. christl. Sinnes in Hinsicht auf bürgerl. Ordnung u. Vaterlandsliebe. 8. Tübing. 794. Schramm. 4 gr.

— — u. (Respond.) **Carl Christian Flatt,** Cognitio doctrinae Christianae perfector ab ipso Christo commendata. Diss. theol. Tübingen (Schramm) 28. I. 1794. 48 S. (5.—) 24041

— brevis commentatio memoriae antecessoris, Ern. Bengelii, dicata. 4. Tübing. 793.

— kirchl. Feier des 3n Jubelfestes d. Reformation in Heilbronn u. seiner Umgebung rc. gr. 8. Heilbr. 818. Claß. 9 gr.

— über das neue Würtemberg. Gesangbuch; nebst e. Predigt. gr. 8. Tübing. 792.

— locorum D. Gerhardi index generalis. Prs I. et II. 4. Tübing. 787, 89.

— **Georg Heinr.** (Nürnberg), De jure peregrinantium. Diss. jur. Präs. Jo. Wilh. Engelbrecht. Helmstedt (G.-W. Hamm) 28. IX. 1711. 29 Seiten. (5.—) 24040
Widm. v.: Jo. Wilh. Engelbrecht, Andreas Weber, J. F. Best, C. A. Laemmermann.

— s. Morgen- u. Abendandachten.

Müller, Geo. Heinr., Morgen- u. Abend-Andachten auf alle Tage des Jahres. 2. verm. u. verb. Aufl. (In 13 Lfgn.) 1—5. Lfg. Lex. 8. (1. Bd. VIII S. u. S. 1—320.) Heilbronn 851. 52, Landherr. (à 1/6 Thlr) 5/6 Thlr

Müller, Geo. Heinr., Morgen- und Abend-Andachten auf alle Tage des Jahres. 2. verm. u. verb. Aufl. 6—13. (letzte) Liefg. Heilbronn 853—55. Landherr. Lex.-8. (1. Bd.: S. 321—366.; 2. Bd.: 376 S. u. Anh. 80 S.) 1 Thlr. 5 ngr.

— — 3. verm. rc. (Titel-)Aufl. 2 Thle. Ebend. 856. 2 Thlr.

— — dass. — 3., verm. und verb. Aufl. 2 Thle. (in 1 Bd.) Lex.-8. (III und 823 S.) Ebds. 856.

— die Wahrheit d. Geschichte Jesu nach d. Erzähll. d. 4 Evangelisten. 8. Stuttg. 785.

— Deutsch-dänisches Wörterbuch. Revidirt von Frederik Höegh Guldberg. Kiel 1807–10.

— deutsch-dänisches Wörterbuch, revidirt von F. H. Guldberg, 5 Thle. gr. 8. Kiel, Akadem. Buchhandl. 807—810. (1r 5 Rthlr. 2r 2 Rthlr. 8 gr. 3r 5 Rthlr. 16 gr.)

— deutsch-dänisches Wörterbuch, revidirt von F. Högh-Guldberg. 3 Thle. gr. 8. Kiel 807—10. (A. Hesse). 9 Thlr

Müller, G. H., Neues Dänisch-deutsches Wörterbuch zum Gebrauch für Deutsche, welche diese Sprache erlernen wollen, samt einer kurzgefassten dänischen Sprachlehre für die Anfänger. 2 Bände. Schleswig und Kopenhagen 1800.

— neues dänisch-deutsches Wörterbuch rc., nebst dänischer Grammatik. 2 Thle. gr. 8. Schleswig u. Kopenh. 800. (Brummer). 4 Thlr

— neues dänisch-deutsches Wörterbuch rc. nebst dän. Grammatik. 2 Bde. gr. 8. Schlesw. Christiani. 800.

Kurzgefasster Auszug der dänischen Sprachlehre, zum Bedarf seiner Vorlesungen über die dänische Sprache ausgearbeitet und mit passenden Beyspielen erläutert v. Georg Heinrich Waldemar **Müller**. Kiel. 1811. 8°.

Müller, G. H. W., kurzgefaßter Auszug der dänischen Sprachlehre. gr. 8. Kiel, Akadem. Buchh. 811.

Müller, G. H. W., kurzgefaßter Auszug d. dän. Sprachlehre. gr. 8. Kiel 811. Hesse. 21 gr.

Müller, Georg Hermann, appr. Tierarzt: Aus d. pharmakol. Inst. d. Tierärztl. Hochsch. zu Dresden. Dir.: Müller. Über die Giftwirkung einiger Opiumalkaloide auf Katzen unter gleichzeitiger Berücksichtigung der Wirkung auf andere Tiere und den Menschen. Dresden 1908: Ulrich. 103 S. 8°
Leipzig, Veterinär-Med. Diss. v. 13. Dez. 1908, Ref. Ellenberger
[Geb. 27. Dez. 81 Plaue b. Flöha; Wohnort: Dresden; Staatsangeh.: Sachsen; Vorbildung: Kreuz-Gymn. Dresden Reife M. 04; Studium: Tierärztl. Hochschulen Dresden 6, Stuttgart 1 S.; Coll. 22. Dez. 08; Approb. 1. Juli 08.] [U 09. 2836

Müller, Georg, a. Hannover: Das Lehns- und Landesaufgebot unter Heinrich Julius von Braunschweig-Wolfenbüttel. T. 1. Hannover 1904: A. Eberlein & Co. (VI, 67 S.) 8° [F.]
¶ (Ersch. vollst. als: Quellen u. Darstellungen z. Geschichte Niedersachsens, Bd 20.)
Göttingen, Phil. Fak., Ref. Lehmann, Diss. v. 14. Dez. 1904
[Geb. 23. Aug. 78 Dresden; Wohnort: Hannover; Staatsangeh.: Preußen; Vorbildung: Lyzeum 1 Hannover Reife O. 97; Studium: Göttingen 3, Tübingen 2, Göttingen 7 S.; Rig. 22. Okt. 03.]

Müller, Geo. Herm., das Lehns- u. Landesaufgebot unter Heinrich Julius v. Braunschweig-Wolfenbüttel, s. a. Quellen u. Darstellungen zur Geschichte Niedersachsens. 23. Bd.

Das Lehns- und Landesaufgebot unter Heinrich Julius von Braunschweig-Wolfenbüttel. Von Georg Hermann **Müller**. Hannover & Leipzig: Hahn 1905. (XII, 619 S.) 8° [F.]
— **Quellen** u. Darstellungen z. Geschichte Niedersachsens. Bd 23. [06. 334

Müller, Geo. Herm., das Stadt-Theater zu Leipzig vom 1. Jan. 1862 bis 1. Septbr. 1887. Nach amtl. Quellen bearb. gr. 8. (XV, 367 S.) Leipzig 887. Duncker & Humblot. n. 6. 40; geb. n. 8. —

Müller, Geo. Herm., das Stadt-Theater zu Leipzig. Statistik vom Tage seiner Begründg. am 26. Aug. 1817 bis 1. April 1891. [II. Bd.] Nach amtl. Quellen bearb. gr. 8. (VIII, 231 S.) Leipzig 891. (J. C. Hinrichs' Sort.) n.n. 4. —; geb. n.n. 5. — (1 u. 2.: n.n. 10. 40; geb. n.n. 13. —)

— **Georg Johann** (Stauchitz bei Riesa), Animadversiones ad L. Annaei Senecae epistulas quae sunt de oratione spectantes. Diss. Weida/Thüringen (Thomas et Hubert) (29. VII.) 1910. 130 S. u. Biogr. (M.: M. Nickol.) (1.50) 24042
Gew.: J. H. Lipsius, Richard Heinze.

Müller, Georg Julius Carl, s. Müller, Karl

Müller, Georg Karl

MÜLLER, GEO. CAROL., Commentatio ad L. 22. D. de pignoribus et L. 41. D. de pignorat. actione. Kiliæ. 1838. P.

Müller, (Geo. Ludw.,) de Diabete praesertim mellito. gr. 8. Götting. 822, (Brose.)

Müller, Geo. Ldw., de Diabete praesertim mellito. 8maj. Götting. 822. (Vandenhöck u. R.) 6 gr.

Müller, Georg Paul, a. Stettin, Gerichtsreferendar: Die Stellung des Reichsgerichts zur völkerrechtlichen Lehre von der Exterritorialität. Stettin 1904: Fischer & Schmidt. (41 S.) 8°
Greifswald, Jur. Fak., Ref. Stoerk, Diss. v. 10. Jan. 1905
[Geb. 22. Nov. 81 Stettin; Wohnort: Pasewalk; Staatsangeh.: Preußen; Vorbildung: Stadtgymn. Stettin Reife O. 00; Studium: Marburg 2, Berlin 2, Greifswald 2 S.; Rig. 21. Apr. 04.]

Müller, Georg Samuel

— s. Landbibliothek d. Deutschen.

— s. Müller, Johann Samuel: Abhandlung von Kaiser Julian dem Abtrünnigen.

Müller, Georg Wilhelm, s. Müller, Wilhelm Christian

Müller, George [prakt. Arzt in Neumuhlen]: Seltene Folgen der Endocarditis .... Jena, Frommannsche Buchdr. (Herm. Pohle), 1887; 16 S. + 1 Bl. 8°.
Jena, Med. Fak., Inaug.-Diss. v. [18. Jun.] 1887.

Müller, George, seltene Folgen der Endocarditis. Inaug.-Diss. gr. 8. (16 S.) Jena 887. (Pohle.) n. — 50

Müller, George. Leben und Wirken des Georg M' in Bristol (geb. 1805). Dessen Berichten entnommen und vom Appenzeller Sonntagsblatt abgedruckt. 8. Basel 1869.

Ehrenrettende Beantworthung der immerwährenden neubegierdigen Frage: Weshalb kein Frauenzimmer in dem Freymåurer-Orden aufgenommen werde? Gelegentlich, bey einem Besuche der zunftmåssigen freyen und angenommenen Maůrer, in ihrer Versammlung abgelesen und nunmehro sämmtlichen åchten ehrwůrdigen Landes-Logen mit schuldigster Ehrerbiethung gewidmet von George Friedr. **Müller.** Berlin 1777. 4 Bl. 4° [Umschlagtit.]

Müller, George Friedrich: Königlich-Preußisches Krieges-Recht, Oder Vollständiger Innbegriff aller derjenigen publicirten Gesetze, Obbervantzen und Gewohnheiten, welche bey der Königl. Preußl. Armée zu beobachten sind, ... Nebst einer Vorrede, worinnen von denen Ursachen, weshalb die Krieges-Rechtswissenschafft bishero versäumt ist, gehandelt, und die Frage: Ob ein Positivum Jus Militare Commune existire? untersucht worden. Berl. 1760. 1119 S.

Müller, George Friedrich: Das Krieges- oder Soldatenrecht, so, wie solches in ältern und neuern Zeiten, vornehmlich bey der Königl. Preußl. Armee, und in den Gerichten sämtlicher Preußl. Staaten gesetzlich, üblich und gewöhnlich ist, vermehrt und verbessert. 2 Bde. Berl. 1789. — Repertorium. *Das.* 1792.

MÜLLER, Gf. Fr.: Das Krieges- od. Soldatenrecht, sowie solches in älteren u. neueren Zeiten, vornehml. bei der Königl. Preuss. Armee u. in den Gerichten sämmtl. Preuss. Staaten gesetztich üblich u. gebräuchl. ist, nebst Repert. 2 Thle. 2e Aufl. *Berlin,* (Reimer.) (760.) 789. 92. gr. 8. (4 Thl.)

Müller, G. F., Kriegs- und Soldatenrecht, 1r u. 2r Thl. gr. 8. Berl. Schöne. 789.

Eb.: Repertor. üb. d. Kriegs- u. Soldatenrecht; h. nebst d. Abändd., so durch d. Gesetzb. f. d. Preuss. Staaten näher bestimmt u. festges. worden sind. *Eb.* 792. 8. (4 Gr.)

— kön. preuß. Kriegsrecht, 2 Bde. u. Repertorium. gr. 8. Berl. Schöne. 789. (d. Repertorium apart 6 gr.)

Müller, George *H.* [aus Bremen]: Aus d. medizin. Klinik in Bonn. Ein Fall von Dermatomyositis chronica ... Bonn, Druck v. E. Heydorn, *1894;* 32 S. 8.
Bonn, Med. Fak., Inaug.-Diss. v. [26. Mai] 1894

Müller, Gerhard Andreas [Präs.] u. Joh. Ludw. Chrn. Vigelius (Crainfeld) [Auctor et Resp.]
Dissertatio inauguralis medico-chirurgica de stretis.
Giessae 4. Sept. 1761: Braun. (2), 36 (2) S. 4°
pro gradu doctoris

Muller, Gerh. Andr., Betracht. üb. d. Art u. Weise der Mitwirkung deren Nerven zu denen muskulösen Zusammenziehungen. 119 S. Frkf. a. M. 16°. *Haller*, Bibl. anat. II, 479.

1753

— Betracht. üb. d. Art d. Mitwirkung der Nerven zu deren muskulösen Zusammenziehungen. 8. Frkf. a. M. 753. Hermann; (a. Brönner). 3 gl

Müller, Gerhard Andreas [Präs.] u. Theod. Friedr. Ludw. Balser (Giessen) [Resp. et Auctor]
Dissertatio inauguralis medica exhibens bigam observationum Chirurgico-Medicarum.
Giessae Sept. 1757: Braun. 27, (1) S. 4°
pro summis in medicina honoribus ... impetrandis

Müller, Gerhard Andreas [Präs.] u. Georg Heinr. Tamm (Saxo-Gothanus)
Dissertatio inauguralis physiologico-medica, de causis motus cordis.
Giessae 19. Dez. 1758: Braun. (2), 30 S. 4°
pro licentia summos in arte medica honores legitime capessendi.

Müller, Gerhard Andreas [Präs.] u. Christoph Grüninger (Butzbach) [Autor et Resp.]
Dissertatio inauguralis philosophico-medica exhibens de calido innato veterum cogitationes novas.
Giessae 21. Nov. 1758: Braun. (2), 56 S. 4°
pro gradu doctoris legitime capessendo.

Müller, Ghrd. Andr., († d. 26. Febr. 1762.) Einleit. zu dem Entwurf e. neuen Methode d. Krankenheilung. 8. Frkf. a. M. 754. Hermann; (a. Brönner). 5 gl

— Entwurf eines neuen Lehrgebäudes d. natürl. Philosophie u. Arzneikunst. 8. Frkf. a. M. 752. Hermann; (a. Brönner). 8 gl

Müller, Gerhard Andreas [Präs.] u. Philipp David Busch (Gießen) [Resp.]
Functionum corporis humani manifestarum genera et species reformatae.
Giessae [27.] Sept. 1757: Eberh. H. Lammers. (2), 58 S. 4°
pro gradu doctoris

Müller, Gerhard Andreas [Präs.] u. Joh. Wilh. Mog (Giessen) [Auctor et Resp.]
Specimen inaugurale medicum de generibus et speciebus statuum praeter-naturalium, qui in partibus fluidis contentisque corporis humani locum habent.
Giessae 28. 12. 1757: Braun. (2), 38 S. 4°
pro gradu doctoris

Müller, Gerhard Andreas [Präs.] u. Aug. Frider. Bauer (Gedern)
Dissertatio inauguralis medica Iatrarchen contractam exhibens.
Giessae [29.] Dez. 1757: Braun. (2), 30 S. 4°
pro summis in arte medica privilegiis ... consequendis.

— s. R. Mead, Erinnerungen.

Muller, Gerh. Andr., Gießische Nebenstunden. 1. Samml. Frkf. 1755. 8°. *Haller*, Bibl. anat. II, 479.

— Gießische Nebenstunden. 1e Samml. Die Arzneigelahrth., Literatur rc. betreff. 8. Frkf. a. M. 756. Hermann; (a. Brönner). 5 gl

Müller, Gerhard Andreas [Präs.] u. Joh. Cornelius Fridrich Schweizer (Affaltracensis) [Auctor et Resp.]
Dissertatio medico-chemica inaug. de oleis essentialibus sive aethereis vegetabilium, absque destillatione parandis.
Giessae [16.] Sept. 1756: Braun. (4), 36 S. 4°
pro licentia summos in arte medica honores ... obtinendi.

Müller, Gerh. Andreas [Präs.] u. Christian Ludw. Birx (Stolberg) [Auctor et Resp.]
Dissertatio inauguralis medico-chirurgica de emendata, an et ulterius emendanda ? membra amputandi ratione.
Gissae [30.] Oct. 1759: Braun. (4), 28 S. 4°
pro gradu doctoris.

Gerhard Andreas Mueller

Schreiben an einen guten Freund von der Ursache und von dem Nutzen der Electricität. Hrsg. von Gerhard Andreas Müller. Weimar: S.H.Hoffmann 1746. 55 S. 8°

(= Müller: Untersuchung der wahren Ursache von Newton's allgemeinen Schwehre, wie auch der bewegenden Kräfte der Körper. Anh.]

Müller, Gerhard Andreas [Präs.] u. Georg Boesefleisch (Curonus) [Auctor et Resp.]
Dissertatio inauguralis medica exhibens Syllogen observationum quarundam anatomicarum imprimis de cisterna lumbari ductuque chylifero.
Giessae 2. Mai 1760: Braun. 20 S. 4°
pro obtinendis summis in arte medica honoribus doctoralibus.

Müller G. A.: Untersuchung d. wahren Ursache v. Neutons allgemeiner Schwehre wie auch die bewegenden Kräfte d. Cörper. Weimar 1743. 288 S.

— Unters. d. wahren Ursache von Newtons allgem. Schwere des menschlichen Körpers rc. m. K. 4. Weimar, Hoffmann. 743.

Gerhard Andreas Mueller

Untersuchung der wahren Ursache von Newton's allgemeiner Schwehre, wie auch der bewegenden Kräfte der Körper. Von Gerhard Andreas Müller. [Nur] Anh. Weimar: S.H.Hoffmann 1746. 8°

Anh.: Müller: Schreiben an einen guten Freund von der Ursache und von dem Nutzen der Electricität. 1746.

Müller, Gerh. Andreas [Präs.] u. Franz Christian Merck (Darmstadt) [Resp.]
Dissertatio inauguralis medica de vitiis motuum corporis humani in genere.
Giessae 8. Jan. 1759: Braun. (8), 44 S. 4°
pro summis in arte medica honoribus ... impetrandis.

Müller, Gerhard Friedrich

Müller, Ghrd. Fr., († d. 11. Oct. 1783.) Lebensbeschreib. des Grafen Boris Petrowitsch Scheremitew, mit Erläuterr. über die Gesch. Peters d. Großen; aus d. Russ. v. Bacmeister. Mit Kpf. gr. 8. Riga 789. (Hartknoch in Leipz.) 21 gl

Scheremetew. — Müller, Gerhard Friedrich. Lebensbeschreibung des General-Feldmarschalls Grafen Boris Petrowitschj ..... (1652—1719), mit eingestreuten Erläuterungen über die Geschichte Peters des Grossen. Aus dem Russischen v. H. L. Chr. Bacmeister. 8. St. Petersburg 1789.

Müller, Gerhard Friedrich [Hrsg.], s.a. Sammlung russischer Geschichten.

Müller, Gerhard Friedrich. Sammlung Russischer Geschichte ... Offenbach 1777—79. H: *Merk, Johann Heinr.* (BrMm) (ML) (CBH)

Müller, Samml. russisch. Gesch. 5 Thle. Offenbach, Brede. 777-79.

— — — dies. 9 Bde. 8. Petersb. (Hartknoch in Leipz.)

Müller, Gerh. Heinr. [Oberl. Prof.]: Beiträge zur Erklärung und Kritik des Horaz. Strassburg, Strassburger Druckerei u. Verlagsanst., vorm. R. Schultz & Cie, 1889; 22 S. 4°
Strassburg, L, P 1889 (490)

Müller, Gerh(ard) Heinr(ich), (Prof.): **Beiträge** zur Sprachwissenschaft. *Saargemund [!] 1900: Saargemünder Zeitung.* (21 S.) 4°
Saargemünd, G u. R, P 1900 (553)

Müller, Gerh*ard* Heinr*ich*: Beiträge zur Sprachwissenschaft. 4 (21 S.) **Progr.** G. u. Rsch. *Saargemünd* 1900
I Zum Genus der Indogermanen. II. Der Lokalismus. III. Die Bildung des 2. 1. Sg-Ind. Praes. Act.

Mueller, Gerh. Heinr. Über mundum creare. Ein Beitrag zur lateinischen Stilistik. S. 16—18. **Progr.** *Wongrowitz* 1877.

Mueller, Gerh. Henr., emendationes et interpretationes Sophocleae. Collegit, retractavit, novas addidit. gr. 8. (82 S.) Berlin 878. Weidmann. n. 2. —

— Novae emendationes sophocleae. 16 S. **Progr.** *Wongrowitz* 1877.

Mueller, Gerh. Heinr. Emendationes sophocleae. 24 S. *Wongrowitz* 1876. **Progr.**

Müller, Gerh. Heinr., Geschichte der griechischen Litteratur, s.: Kopp, W.

Müller, Gerh. Heinr., griechische Grammatik für Schulen. gr. 8. (VII, 131 S.) Trier 888, Lintz'sche Buchh. *
geb. *

Mueller, Gerh. Heinr. Horati metra descripsit. 20 S. *Wongrowitz* 1882. **Progr.**

Mueller, Gerh. Henr., Horati metra. 4. (20 S.) Berlin 882, Weidmann'sche Buchh. *

– (Bearb.), s. Sophocles: Philoktetes. 1903.

Mueller, Gerardus Philipp. (geb. Munstereifel 20. 6. 1828): De tuberculosi intestinali. Berolini (1857). (28 S.) 8°
Berlin, Med. Diss. v. 26. Aug. 1857

Müller, Giuseppe, dizionario manuale della lingua greca compilato colla scorta delle migliori opere. gr. 8. (XVI, 1223 S.) Turin 871. Loescher. n. 9. 60

Müller, Gfr., Praeglaciale marine u. Süsswasserablagerungen bei Boizenburg a. d. Elbe. Briefl. Mitteilg. an Hrn. E. Geinitz. gr. 8. (4 S.) Güstrow 899. (Opitz & Co.) n. — 12
Sonderabdr. a.: „Archiv d. Ver. d. Fr. d. Naturgesch. in Meckl."

Müller, Gf., s. Agnes Linden.

Müller, Gf., Anweis, was e. Christ v. Abendmahl wissen etc. müsse, in Vorbereitungs-Reden. 4. Leipz. 748.

Müller, Gottfried: Beitrag zur Kenntniss der oberen Kreide am nördlichen Harzrande. . . . (Aus: Jahrbuch d. k. preuss. geolog. Landesanstalt f. 1887.) Berlin, A. W. Schade's Buchdr. (L. Schade), 1888; 35 + 1 S. 8°
Göttingen, Phil. Fak., Inaug.-Diss. v. 14. Mai 1888

— Beschr. d. Bades z. Wolkenstein. 8. Dresd. 721.

— getr. Beichtvater, od. Anw., wie man sich z. Beichte anschicken soll. 4. Leipz. Junius. 724.

— curieus. Botanikus, Chymik. u. Medikus, od. Kräuter- u. Destillirkunst etc. m. Fig. 8. Dresd. 744.

Müller, Gf. III., Chronik von Eybau. 4. Zittau 800.

Müller, Gfr., die Entstehung der vier Evangelien u. der Christus des Apostels Paulus. 2. Aufl. gr. 8. (V, 141 S.) Leipzig 877. Grieben. n. 2. —

Müller, Gf. IV., ein neues leichtes Erwerbsmittel, oder Anweis., wie der rohe Salpeter als Nebenprodukt von jedem Grund- u. Hausbesitzer etc. fabricirt werden kann. 8. Berl. 812. (Heinemann in Stolp.) 6 gr

— s. Fragen üb. mehrere f. das Alterthum wicht. Verhältnisse.

Müller, Gf. II., s. Landriani, Abhandl. v. Wetterableiter.

LINDEN, Agnes, oder scheinbare und wirkliche Liebe (von *Gottfr. Müller*). 2 Theile. Berlin, Maurer, 1802. 8°. Zahm.
Anon.-Lex. III. p. 78 (nach Kayser).

Müller, G., die Molluskenfauna des Untersenon von Braunschweig u. Ilsede, s. a. Abhandlungen der kgl. preuss. geolog. Landesanstalt. N. F. 25. Hft.

Müller, G., u. A. **Wollemann,** die Molluskenfauna des Untersenon v. Braunschweig u. Ilsede, s. a. Abhandlungen der königl. preuss. geolog. Landesanstalt. N. F. 47. Heft.

Mueller, G[ottfried]: Die Molluskenfauna des Untersenon von Braunschweig und Ilsede. Hrsg. von d. Kgl. Preuß. Geolog. Landesanstalt. Tl 1. 2. Berlin 1898. 1906. 4° u. 8°
1. Lamellibranchiaten u. Glossophoren. Hierzu 1 Atlas mit 18 Taf. 1898.
2. *Müller,* G[ottfr.], u. A[ug.] *Wollemann:* D. Cephalopoden. Hierzu 2 Textfig. u. 1 Atlas mit 11 Taf. 1906.
(Abhandlungen der Kgl. Preuß. Geolog. Landesanstalt. N. F. 25. 47.)

Die Molluskenfauna des Untersenon von Braunschweig und Ilsede. Von Dr. G[ottfr.] **Müller.** Hierzu ein Atlas mit 18 Taf. 1. Berlin: S. Schropp 1898. 4° (8°)
= Abhandlungen der Kgl. Preuss. geol. Landesanstalt. N. F. H. 25.

Müller, Gf. I., Reise eines Philhellenen durch die Schweiz u. Frankreich nach Griechenland u. zurück durch die asiat. Türkei u. Italien in seine Heimath. 2 Thle. gr. 8. Bamb. 825. Dresch. 1 ℛ 12 gr

— obeliscus bilinguis, d. i. Anfangsgr. u. Grundlehr. d. deutsch. u. lat. Sprache. 8. Bautzen. 750.

Müller, Gottfr., Eduard Grisebach's literarische Tätigkeit. Ein bibliograph. Versuch. (32 S.) kl. 8. Wiesbaden 907. Deffner's Verl. 2. —

Müller, Gottfried *II* [geb. 1854]. Winterthur und das Dorf Hettlingen bis 1798. SA. 8. [Winterthur 1874.]

Die Cephalopoden. Von Dr. G[ottfried] **Müller,** [Landesgeologe, Berlin], u. Dr. A[ugust] Wollemann. Hierzu 2 Textfig. u. e. Atlas mit 11 Taf. Hrsg. von d. K. Preuß. Geol. Landesanst. Berlin: Geol. Landesanst. 1906. 2 Bde 4°
= Molluskenfauna, Die, des Untersenon von Braunschweig u. Ilsede. 2.
= **Abhandlungen** d. Kgl. Preuß. Geol. Landesanstalt. N. F. H. 47. (06. 1386)

Müller, Gottfried August Heinrich. Der Pächter Carl Friedrich Sabin. Ein merkwürdiges Opfer der Ungerechtigkeit . . . Leipzig 1808. V (jurist. Beleuchtungen): *Schleswig* [?]. (Hitzig)

Müllers, Gottfried Ephraim, A. M., historisch-philologische Abhandlung von den Feldpriestern der Völker alter Zeiten. (Mit 1 Abbildung.) (Donation Liechtenstein.) 8. Dressden u. Leipzig 1750.

Müller, Gf. Ephr., († d. 12. Mai 1752.) histor.-philolog. Abhandl. v. den Feldpriestern der Völker alter Zeit. 8. Dresd. 750. Gröll. 10 gl

— histor.-krit. Einleit. z. Kenntn. u. Gebrauch d. alten latein. Schriftsteller. 5 Thle. 8. Dresd. 747—51 Walther. 4 rthl

Müller, G. E., von den Feldpriestern der Völker alter Zeit. Dresden 756. 8. 10 gr.

— Gedichte. gr. 8. Leipzig, Crusius. (F. C. W. Vogel). 736.

— otium philolog. s. dissert. var. argum. 8. Dresd. Walther. 737.

— Sammlung einiger seiner geistlichen Reden. 8. Ebend. 749.

Müller, Gf. Ernst, Augsb. Confession in Frag. u. Antw. 8 Dresd. 730.

Müller, Gottfried Fr., s. Müller, George Friedrich

Müller, Gottfried Friedrich, s. Müller, Gotthilf Friedrich

Müller, Gottfried Karl Rudolf, s. Müller, Karl

Müller, Gottfried Polykarp [Praes.], s. Dathe, Jo. Hieronymus: De divinationibus in civitate prohibitis.

Müller, Gottfried Polykarp [Praes.], s. Haentzschel, Karl Gottfried: De licentia poetica dissertationem.

Müller, Gf. Polyc., idea eloquentiae novae, antiquae. 4. Lips. Stock. 717.

— akad. Klugheit in Erkenntniß u. Erlern. nützl. Wissensch. 4. Leipzig. 725.

Müller, Gfrd Polycarp, De Germanorum laudibus per Romanos obtentis dissert. Zittau 1729. Fol. . . . . (D.)

Müller, Gttf. Polyc., Meditationes in theoriam sensuum generalem a N. *Hartsocker* traditam. Lps. 4°.
1722

Müller, G. Polyc., Mens substantia, a corpore essentialiter diversa. 32 pp. Lps. 4°.
1714

— philosophia facultatibus superiorum accomm. 8. Lips. Stock. 718.

— **Gottfr. Polycarp** (Stolberg / Meißen) u. (Resp.) **Johann Gottfried Am Enden** (Pegau / Meißen), Physiologia Moralis De temperamentorum propensionumque humanarum connexione. Leipzig (Brandenburger) 18. V. 1708. 39 S. (5.—) 24047

Müller, Gottfried Polykarp [Praes.], s. Platner, Johann Zacharias: Meditationes in oeconomiam generationis animalium a celeberr. Nikolaus Hartsoeker expositam.

Müller, Gottfried Polykarp [Praes.], s. Sachs, Karl Gotthelf: Meditationes in theoriam sensuum generalem, a celeberrimo domino Nicolao Hartsoeckero traditam.

Müller, Gottfried Polykarp [Praes.], s. Troeger, Johann Kaspar: Tentamen generale de signatura corporum naturalium physica.

— Weisheit u. Klugheit d. vernünftigen Welt. 8. Bresl. 734.

Müller, Gottfried Polykarp [Praes.], s. Zippfel, Heinrich Franz: De conjectandis hominum propensionibus ex stylo.

Müller, Gottfried Samuel

— Handbuch d. französ. Criminalprocesses vor d. Assissen-Gerichten mit Formularen, auf einen wirkl. Criminalfall angewendet. gr. 8. Hamb. 812. Perthes u. B. 1 rthl 8 gl

Müller, Gf. Sam., prakt. Handbuch d. französ. Civilprocesses, nebst e. Anweis. d. französ. Gerichtsstyls. 2 Bde, jeder Bd. mit Formularbuch. gr. 8. Lpz. 811, 12. W. Rein. 2 rthl 12 gl

Gottfried Wilhelm Mueller

XXIV Kupfer-Tafeln welche die Knochen des ganzen menschlichen Körpers vorstellen. Ges.u.erkläret von Gottfried Wilhelm Müller. Frankfurt a.M.: Varrentrapp 1749. 23 Bl., 24 Taf. 4°

— XXII Kupfertaf., welche die Knochen des ganzen menschl. Körpers vorstellen. Mit Text. gr. 4. Frankf. a. M. 794. Varrentrapp. 1 rthl 4 gl

Gottfried Wilhelm Mueller

XII Kupfertafeln welche die meisten kleinern und zarten Mäuslein an dem menschlichen Körper vorstellen. Ges.u.erkläret von Gottfried Wilhelm Müller. Frankfurt & Leipzig 1755: Eichenberg. 10 Bl., 12 Taf. 4°

Müller, Gf. Wlh., († d. 4. Febr. 1799.) 12 Kupfertafeln, welche die Mäußlein an d. menschl. Körper vorstellen. Fol. Frankf. a. M. 755. (Fr. Fleischer in Leipz.) 1 rthl 4 gl

Müller, Gottfried Wilhelm: XII Kupfertafeln, welche die meisten kleineren und zarten Mäuslein am menschlichen Körper vorstellen. 6 S., gbd., Abb.

Frankfurt u. Leipzig: typ. Diehl 1769
an: Brambilla, Giovanni Alessandro de: Instruktion für die bey den Kaiserl. Königl. Armeen, und in den Feldspitälern angestellten Feld-Chirurgen. 1779

JB 3.706

Müller, Gf. W., 12 Kupfertafeln, welche die Mäuslein am Körper vorstellen. Fol. Frankfurt. (B. Fleischer in Leipzig). 769.

Müller, Gotthard Christoph

— analyt.-prakt. Abhandl. üb. die Verzeichnung großer gedruckter Bogen in Hinsicht auf den Brückenbau, nebst Bemerkk. Mit 3 Kpfr. gr. 8. Götting. 792. Dieterich. 8 gl

Müller, Ghrd. Cph., († 1803.) prakt. Abhandl. vom Nivelliren od. Wasserwägen. Mit 6 Kpf. gr. 8. Götting. 799. Vandenhöck u. R. 1 rthl

MÜLLER, Gotthard Christoph: Beschreibung eines neuen, vorzüglich gemeinnützlichen und bequemen Werkzeugs zum Nivelliren oder Wasserwägen ... nebst Anzeige seiner nächsten Vorlesungen. - Göttingen 1792. 2 Bg., 1 Taf.

— Beschreib. e. neuen gemeinnütz. u. bequemen Werkzeugs zum Nivelliren. Mit 1 Kpft. 4. Götting. 792. Dieterich. 2 gr

— über militär. Encyklopädie u. deren Grundriß. gr. 8. Götting. 791. Dieterich. 2 gr

Müller, Gotth. Chrph. Militärische Encyclopädie oder systematischer und gemeinnütziger Vortrag der sämmtlichen alten und neuen Kriegswissenschaften. 2 Bde. 8. M. Taf. Göttingen 1796

Müller, G. C.: „Militairische Encyclopädie, oder systematischer und gemeinnütziger Vortrag der sämmtlichen alten und neuen Kriegswissenschaften", Göttingen 1796 (Dieterich). 794 S.

— **Gotthelf (Raschau/Meißen), De jure exequendi in feudi praesertim Imperii speciatimque Saxoniae. Präs. Justus Georg Chladen. Wittenberg (Gerdes) 6. III. 1727. 24 S. (4.—) 24048**

Müller, Gotthilf Friedrich [Wirkl. Name],
s.a. Veit, Lukas [Pseud.]

Müller, Gf. Fr., Art u. Weise, wie im deutschen Reiche neue Fürsten, Grafen, Freiherren u. Edelleute gemacht werden rc. 8. Wolfenbüttel 797. Albrecht; (a. Hinrichs in Leipz.) 8 gr

— Beitrag z. richtigen Beurtheil. d. Verhältnisse zwischen dem Miethsmanne u. d. Hauseigenthümer in Ansehung d. Einquartirungslast. Ein Beitr. d. Justiz-Canzlei in Hannover z. Entscheidung gekommener merkwürd.-Rechtsfälle, mit beigefügtem Facultäts-Urtheil u. dessen Entscheidungsgründen. gr. 8. Hannov. 808. Helwing. 9 gr

— s. Bemerkk. üb. Actenversendungen, e. setze hinzu: (v. Gthlf. Fr. Müller.)

MÜLLER, Gf. Fr.: Entwurf eines Königl. Preuss. geistlichen Civil-Privatrechts, bei Gelegenheit der zum Drucke beförd. Carrach'schen Anmerkk. üb. J. H. Böhmer's Institutiones juris canonici. *Halle*, Buchh. des Waisenh. 781. 8. (18 Gr.)

— Entwurf e. Königl. Preuß. geistl. Civil-Privatrechts, bei Gelegenheit d. zum Druck beförd. Carrach'schen Anmerkk. über J. H. Böhmer's Institutiones juris canonici. 8. Halle 782. Waisenhaus-B. 18 gr

— Etwas über das privileg. electionis fori des Hauses Braunschw. Lüneb. 8. Wolfenb. Albrecht. 798.

— üb. d. Fertigkeit, vor Gericht zu reden. gr. 8. Hannov. 811. Hahn. 6 gr

– s.a. Hannover, wie es war, ist und werden wird.

Hannover, wie es war, ist, und werden wird; eine Gallerie der bey Gelegenheit der Besitznahme desselben durch die Franzosen merkwürdig gewordenen Personen und Sachen in alphabetischer Ordnung (von *Gottfr. Friedr. Müller*). Heft 1. (A—G, soviel ersch.) O. O. 1804. 8°. Erläuterung zu dieser Schmähschrift. Ebd. 1804. 8°. (In München: Germ. spec. 197.) (2 Mk. A. Bielefeld, 1876; 3 Mk. List & Franke, c. 1886.) Selten!
Anon.-Lex. II. p. 263 (nach Meusel u. Kayser).

– (Übers.), s. Heineccius, Johann Gottlieb: Anfangsgründe des Wechselrechts.

– Königlich preußisches Kriegsrecht,
s. Müller, George Friedrich

— jurist., histor. u. Polizeiergötzlichkeiten, eine period. Schrift. 8. Halle 781. Waisenhaus-B. 18 gr

— üb. das, d. D. Hause Braunschw.-Lüneburg zustehende Privilegium electionis fori. 8. Wolfenbüttel 798. Albrecht. 6 gr

REISEN des Amtmanns Waumann, des Försters Dornbusch und Ehrn Schottenii von Biesterberg nach *** zur Gevatterschaft .... (von *G. F. Müller*). 4 Bde. Wolfenbüttel 1798—1800. 8°.
Expll. mit dem 4. Bde. sind Seltenheiten! — Anon.-Lex. III. p. 365 (nach Meusel) hat „Wanmann" (?).

Müller, Gttolf. Fr., († d. ... 1814.) s. Revolution, die neueste.

– s. Sendschreiben des Küsters Kaleb an den Reichsgraf Platen wegen der Berlepschen Rechtssache.

– s. Sie haben es aufgehalten.

Müller, G. F.: „Stempelrecht, oder Betrachtungen über die Stempel, deren verschiedene Bedeutung nach Rechts- und anderer Beschaffenheit, sowohl überhaupt, als insbesondere in den königlich preussischen und kurbrandenburgischen Landen", Halle 1778 (Waisenhaus-Buchh.).

Müller, Ghold., Festpredigt zum 50. Stiftungsfeste des akademisch-theolog. Vereins zu Berlin, s.: Wahrheit in Liebe.

Müller, Ghold., der Hebräerbrief, ausgelegt in 34 Predigten f. die festliche Hälfte des Kirchenjahres. Ein homilet. Versuch. gr. 8. (XI, 271 S.) Bremen 893. C. Ed. Müller. n. 4. —; geb. n.n. 5. —

Müller, Ghold., der Hebräerbrief, ausgelegt in 34 Predigten f. d. festliche Hälfte d. Kirchenjahres. Ein homilet. Versuch. 2. Aufl. [Titel-Ausg.] gr. 8. (XI, 271 S.) Halle [893.] 903. C. E. Müller. n. 4. —; geb. n. 5. —

Müller, Gli., das Alpenmädchen, od. die wunderbare Leuchte. 8. Wien 804. Rehm. 16 gr

— — Emilie von Alten, oder Lieb' und Treue. Ebd. 1803. 8°. 237 u. 336 S. (4 Mk. 50 Pfg. H. Streisand, Berlin, 1908.)
Neue Allg. dtsch. Bibl. 85, 67.

— Emilie v. Alten, od. Liebe u. Treue. 2 Thle. 8. Wien 803. Schaumburg u. C. 2 Thlr

Müller, Gli., Emilie von Alten. 2 Thle. 8. Wien 803. jetzt Fr. Fleischer in Leipzig. 2 Thlr

— — **De articulis fidei temporibus veteris testamenti magis cognitis quam scripto expressis. Diss. theol. Wittenberg (Fr. G. L. Boehmer) 3. XI. 1775. 46 S. (5.—) 24052**
Gew.: Hans Gotthelf von Globig, Leopold Carl von Palm, Christian Gottlieb von Hohenthal.

— August u. Johanne, od. die Geschichte d. Familie Wallenberg. 2 Thle. 8. Wien 804. Pichler. 1 Thlr 12 gr

Müller, Gli. I., († d. 9. Aug. 1793.) Auszüge aus d. Predigten v. J. 1751. 8. Wittenberg. 752.

Müller, Gli. II., s. a. patriot. Blätter.

Müller, G., patriot. Blätter. 2 Thle. 8. Leip. Liebeskind. 803.

Müller, Gottl. (Herausgeber): „Patriotische Blätter von und für Deutschland", 2 Theile, Wien 1803 (Schaumburg & C.).

— Briefe über unbedachtsame Gelübde. 8. Leipz. Böhme. 771.

— Briefe über unbedachtsame Gelübde. 8. Leipz. 771. (Snobloch). 4 gl

— Einfluß d. Beredtsamkeit u. Dichtkunst in e. gründl. Gelehrsamkeit u. deutsche Lehrart. 8. Wittenb. 752.

MÜLLER, Gottlieb (lebte in Wien), Die nächtliche Erscheinung auf den Gräbern zu Heldorf. 2 Theile, Mit 2 Kpfrn. Wien 1803. 8°. (1 Mk. 50 Pfg. Franz Teubner, Bonn, c. 1895.)
Zahm, wie alle ff. Romane dieses verschollenen Autors. (Goedeke VI, 407, 16.)

— die nächtl. Erscheinung auf d. Gräbern zu Helldorf. 8. Wien 803. Pichler. 1 ₰ 12 gl

— Gedanken üb. die Baumblüthe im Herbste. 8. Torgau 761.

— zufällige Gedanken üb. e. sonderbares engl. Ehegesetz. 8. Leipz. 756.

— Handbuch f. die Schuljugend, enthalt. ein vollständ. Spruchbuch üb. d. Evangel., nebst Reimgedichten u. Liederanzeigen 2c. 8. Schmiedeb. 754. N. A. 8. Eulenb. 767, 71, 75, u. 784.

MÜLLER, G., und Ernst Schulz. Heimlichkeiten oder Begattung und Fortpflanzung am Himmel und auf Erden. 2 Theile (in 1 Bd.). Mit 3 Kupfern [von J. C. Richter]. Berlin 1804/05. 8°.

Müller, Gli. III., u. Er. Schulz, Heimlichkeiten od. Begattung u. Fortpflanzung im Himmel u. auf Erden. 1r u. 2r Thl. Mit 2 Kpf. 8. Berl. 804, 5. (Dümmler). 2 ₰ 8 gl

— u. E. Schulz, Heimlichkeiten od. Begatt. u. Fortpflanz. im Himmel u. a. Erden. 1r u. 2r Thl. m. K. 8. Berlin, Matzdorf. (Hitzig.). 804-5. (1r 1 Rthlr. 8 gr. 2r 1 Rthlr. 4 gr.).

— Herrmann u. Sophie, eine Familiengeschichte. Mit Kpf. 8. Wien 805. Rehm. (Krappe in Leipz.) 16 gl

— Joseph u. Josephine, od. d. Graumantel. 2 Thle. 8. Wien 806. Rehm. (Krappe in Leipz.) 1 ₰ 16 gl

Müller, Gottlieb („Vf. der Emilie v. Alten", lebte in Wien), Laura von Wien oder das Mädchen im Augarten. Ein Original(-)Roman. Mit drast. Titelkpfr. (C. R. Schindelmayer sc.) u. gestoch. Titel. Wien (,) bey Peter Rehms sel. Witwe, 1804. — *A. E.:* Wien, gedruckt bey A. Strauß, k. k. priv. Buchdrucker. 8°.
3 Bll. (incl. Drucktitel) u. 141 S. Zahm. — Goedeke VI, 407, 16.

— Laura v. Wien, od. das Mädchen im Augarten. Mit Kpf. 8. Wien 804. Rehm. (Krappe in Leipz.) 16 gl

— — Leben, Liebschaften, Abenteuer und Schwänke des edlen Junkers Samuel von Hütenburg. Ein komischer Roman. 2 Thle. Mit 1 Titelkpfr. von Weinrauch. Wien, Schaumburg u. Co., 1804. Kl. 8°. (2 Rthl.) 400 u. 272 S. (2 Mk. J. Taussig, 1904.)

— Leben, Liebschaften, Abentheuer u. Schwänke des edlen Junkers Samuel v. Hüttenburg. 2 Thle. 8. Wien 804. jetzt Fr. Fleischer in Leipzig. 2 ₰

— Lebensgeschichte d. merkwürd. Sterndeuters Ambros. Rhodius, von Kemberg in Sachsen 2c. 4. . . . . 760.

— Lobrede auf Friedrich d. Weisen. 8. Wittenb. 760.

— gründl. Nachr. v. einer begeisterten Weibsperson, Annen Elis. Lohmannin; mit Anh., Vertheidig. u. Fortsetz. gr. 8. Wittenb. 759—60. Ahlfeld, (Kühne). 20 gl

— Nachr. von e. begeist. Weibsperson, m. Anh., Vertheid. u. Forts. gr. 8. Ebend. 760-62.

Müller, Gottl., Nachricht von einer begeisterten Weibsperson, An. Elisab. Lohmannin. 1ster Theil. 2te Aufl. Wittenb. 760. 8.

— — Anhang zur Nachricht 2c. Frkf. u. Leipz. end. 8.

— oratio de studii theol. amoenitate. 8maj. Leipz. 776. (W. Nauck). 4 gl

Müller, Gli, oratio de studii theol. amoenitate. 8. maj. Lips. Sommer. 776.

— s. Ovid's Verwandlungen.

— Predigten üb. verschiedne Mater. aus d. Natur- u. Geisterlehre. 8. Wittenb. Ahlfeld. 749.

— — De remuneratione operum ethice bonorum irregenitis a Deo facta. Präs. Carl Gottlob Hofmann. Wittenberg (E. G. Eichsfeld) März 1748. 48 S. (6.—) 24051

— Romane u. Erzählungen. 3 Thle. 8. Wien 804.

— s. Ruth, e. Geschichte.

Müller, Glieb., Studien zum Text der Psalmen, s. a. Beiträge zur Förderung christlicher Theologie. 14. Jahrg. 2. Heft.

Studien zum Text der Psalmen. Von Gottlieb **Müller**, Pfarrer in Thurau. Gütersloh: Bertelsmann 1910. 77 S. 8°
(Beiträge z. Förderung christl. Theologie. Jg. 14, H. 2.) 10. 8947

— d. Versöhnungstod Jesu; eine Charfreitagsrede. 4. Leipz. 786. (Snobloch). 2 gl

— **Gottlieb** (Kemberg/Sachsen), De supremis parentum votis. Präs. Martin Hassen. Wittenberg (E. G. Eichsfeld) 3. X. 1742. 23 S. (5.—) 24049
Widm. v: Martin Hassen.

— — De supremis parentum votis Von der Eltern letztem Seegen. Präs. Martin Hassen. Wittenberg (E. G. Eichsfeld) 3. X. 1742. 23 S. (5.—) 24050
Widm. v: Martin Hassen.

Müller, Gottlieb Samuel: De Stimulo naturae parcius addendo, s. Langguth, Georg Aug. [Präs.]

— **Gottlieb Samuel** (Riedeburg/Magdeburg), De stimulo naturae parcius addendo. Disput. med. Präs. Georg August Langguth. Wittenberg (C. Chr. Dürr) 11. XI. 1776. 30 S. (4.—) 24053
Gew.: Georg Christoph von Reitzenstein.

Müller, Gottlob *(geb. Sagan 6. 6. 1786)*: Physiologiae & Pathologiae Pilorum quaedam fragmenta. Wratislaviae 1816. (24 S.) 8°
Breslau, Med. Diss. v. [6. Febr.] 1816

— Sang u. Klang in der Lüneburger Heide. [Aus: „Niedersachsen".] (24 S.) 8. Ebd. 906. n. – 50

— Singen u. Sagen. Gedichte. Buchschmuck von Mary Freiin Knigge. (144 S.) 8. Ebd. (906). n. 2.—

Müller-Suderburg, G., aus stillen Stunden. Lieder für Haus u. Herz. 12. (134 S.) Hannover 883. Feesche. n. 1. 50; geb. n. 2. 50

Wat an 'n Heidweg blöht. Leeder un Riemels von G. Müller-Suderburg. Titelzeichn. u. Buchschmuck von Mary Freiin Knigge. Bremen: C. Schünemann [1905]. (99 S.) 8° [F.]

Müller-Suderburg, G., wat an'n Heidweg blöht. Leeder un Riemels. Titelzeichnung u. Buchschmuck von Mary Freiin Knigge. (99 S.) 8. Bremen (906). C. Schünemann. Kart. n. 2. 50

Müller, Gottlob Wilhelm

— — Paucula Annotata ad editionem Cornelii Nepotis Bremianam quibus subito exaratis ad orationum publice a discipulis sacro die palmarum et seq. habendarum solemnitatem invitavit. Wittenberg (C. H. Ruebener) 1820. 36 S. mit Namen. (3.50) 24032

Müller, (G. W.,) Annotata ad editionem Cornelii Nepotis Bremianem. 8. (Lips., Wienbrack) 822.

(Müller, G. W.) Beschreib. d. jetzigen Verfassung u. Einricht. d. Gymn. 39 S. Progr. Torgau 1836

Ders. Entlassungsrede, gesprochen am 7. Oktober 1836. 4 S. . . .
Torgau, Progr. 1837

Müller, G. W. Nachrichten üb. die früheren Schulhäuser u. d. Errichtung des neuen Schulgebäudes zu T. 12 S. . . . .
Progr. Torgau 1835

— — (Torgau), Oratio ad nuptias Friedrich Wilhelm I. principis Regii et haeredis Regni Prussici atque Elisabethae Ludovicae Bavarae pie celebrandas scripta 4. XII. 1823 recitata in Lyceo Torgau. — Accesserunt pauca de rebus Lycei Torg. et cum eo coniunctae Scholae puer. civilis. Quibus editis ad declamationum a discipulis Cl. I. habendarum solemnitatem Jo. Friedrich Schroeder (Torgau) voluntate institutam beneficioque adiutam. invitavit. Torgau (W. C. H. Wideburg) 3. IV. 1824. 37 S. mit Namen. (4.50) 24055

Müller, G. W. In Hesiodi ἔργα καὶ ἡμέρας Phil. Melanchthonis praefatio, ejusdemq. adhortationis de legendis tragoediis et comoed. initium. 8 S. . . . . . .
Torgau, Progr. 1830

— — Ad declamationem discipulis aliquot classis primae habendarum solemnitatem Johann Friedrich Schroeder (Torgau) voluntate institutam beneficioque adiutam rerum scholasticarum tutores ac fautores invitavit. — Praemisit problemata quaedam analytica ad summationem serierum pertinentia Foocke Hoissen Mueller (Torgau). — Addita sunt pauca de rebus Gymnasi Torgau. Torgau (W. C. H. Wideburg) April 1833. 46 S. mit Namen. (4.—) 24056

— — Scriptio de variis rebus grammaticis. Accedunt pauca de rebus Lycei Torgau. Quibus publice propositis, ad declamationum a discipulis e schola discessuris habendarum solemnitatem Schroeder Rectoris Lycei Torg. quondam meritissimi . . . invitavit. Wittenberg (C. H. Rübener) Palmarum 1822. 48, 28 S. mit Namen. (3.50) 24033

— — Scriptio II. de variis rebus grammaticis maxime ex Hesiodi Opp. et Dd. Accedunt pauca de Lyceo Torg. et cum eo conjuncta schola puer. civili Quibus editis ad declamationum a discipulis e schola discessuris habendarum solemnitatem J. Fr. Schroeder Rectoris scholae Torg. quondam meritissimi . . . . invitavit. Wittenberg (C. H. Rübener) 10. IV. 1823. 20 S. (S. 49 — 68), 18 S. mit Namen. (3.50) 24034

— Scriptio I et II. de variis rebus grammaticis maxime ex Hesiodi Opp. et Dd. u Schulnachrichten vom Torgauer Lyceo 8. Lpz. 823, Wienbrack.

Müller, G. W. De variis rebus grammaticis. (Gramm. Berichtigungen verschiedener Art) 10 S. . . . .
Torgau, Progr. 1825

— — **Gottlob Wilhelm,** Scriptio III. De variis rebus grammaticis. Accesserunt pauca de rebus Lycei Torgau cum eoque coniunctae scholae puerorum civilis. Quibus editis ad declamationum a discipulis Cl. I. quem diem miser. dom. testamento scripsit ipse auctor habendarum solemnitatem Jo. Friedrich Schroeder (Torgau). Torgau (W. C. H. Wideburg) 15. V. 1825. 38 Seiten mit Namen. (3.50) 24054

Müller, G. W. Rede, gespr. bei der Einweih. des neuen Schulgeb. am 31. Okt. 1835. (Enth. u. a. allgem. Ermahnungen f. d. Schüler.) 8 S.
Torgau, Progr. 1837

Müller, G. W. Schulgesetze für das Gymn. zu T. 30 S. . . . . . .
Progr. Torgau 1828

— — (Torgau), De verbo latino Scriptio I. quae de explicandis et ordinandis partibus et formis Verbi latini generatim agit, quaque in memoriam Schroeder quondam Rectoris Lycei Torgau Orationes scholasticas habendas indixit. Wittenberg (Fr. J. Seibt) 1817. 63 S. mit Namen. (4.50) 24031

Müller, G. W. Was der Uebergang auf die Universität zu bedeuten habe? Rede am Palmsonntage 1827. 10 S. . . . .
Torgau, Progr. 1830

Müller, G. W. Entlassungsrede an 8 auf die Univers. abgehende Schüler, zu Ostern 1827 gehalten. (Ueber das Wesen und die richtige Benutzung der Universitäten.) 10 S. . . . .
Torgau, Progr. 1830

Müller, Gottwalt, Handbuch f. die sächsischen Sparkassen, s.: Handbibliothek, juristische.

Müller, Gr. F., die deutschen Volksschulen u. ihre Krankheiten. Oder: Welche Krankheiten werden durch unsere deutschen Schulen vorzugsweise befördert oder erzeugt, worin liegen die Ursachen u. wie kann abgeholfen werden? Pfarrern, Schulinspektoren, Aerzten rc. gewidmet. 8. (63 S.) Schw. Hall 850, Haspel. 1/4 ₰

Müller, Greg., S. J., in Blut erkämpft. Der lieben Jugend, insbesondere den Erst-Kommunikanten gewidmet. (43 S. m. 1 Abb.) kl. 8. Münster (906). Alphonsus-Buchh. — 20

Müller, Greg., S. J., in Blut erkämpft. Der lieben Jugend, insbesondere den Erstkommunikanten gewidmet. 2. Aufl. (43 S.) kl. 8. Münster 907. Alphonsus-Buchh. — 20

Müller, P. Gregor. Der Konvent Wettingen vom 13. Januar 1841 bis 18. Oktober 1854. Von P. G' M', Kapitular von Wettingen-Mehrerau. (Schrift [zum] Jubiläum der Mehrerau 1904. [Illustriert.] Sonder-Abdruck aus der «Cistercienser-Chronik», Jahrg. 16.) II + 107 S. gr.-8. Bregenz, J. N. Teutsch, 1904.

Müller, Guido, Abschiedspredigt in der Kirche zu Haynichen am 6. Sonntage nach Trin. 1859 gehalten. Haynichen 859. Barchewitz. gr. 8. (15 S.) n. 2½ ngr.

Müller, Guido, approb. Arzt aus Jückelberg: Ueber den angeborenen und erworbenen Hochstand des Schulterblattes. *Leipzig 1902: B. Georgi.* (41 S.) 8°
Leipzig, Med. Diss. v. (19. Juni) 1902

Müller, Guido, die suchende Liebe im Gustav-Adolf-Vereine. Predigt üb. Luc. 15, 8. 9. beim Jahresfeste d. Annaberg-Jöhstädter Zweigvereins zur Gustav-Adolf-Stiftung am 26. Juni 1872 in Geyersdorf. geh. 8. (14 S.) Annaberg 872. Graser. n. — 20

Müller, Guido, zur Würdigung Polyäns, s.: Commentationes Aenipontanae. IV.

Müller, Günth., das goldene Buch der Gastronomie. Lehr- u. Hilfsbuch f. das Berufsleben der Kellner u. Köche. Unter Mitwirkg. namh. Fachleute u. Schriftsteller. (258 S. m. Abb. u. Bildnis.) gr. 8. Leipzig 908. (H. Hedewig's Nachf.) Geb. nn 6. 30

Müller, Günth., vom Kellnerlehrling zum Oberkellner. Praktischer Ratgeber für den Kellner in seiner Ausbildungszeit. (80 S. m. 3 Taf. u. Bildnis.) gr. 8. Leipzig 905. (P. M. Blüher.) Geb. in Leinw. n.n. 2. —

Müller, Gust., das goldene ABC f. Grundbesitzer, Kapitalisten, Hausbesitzer u. Mieter. (116 S.) 8. Berlin 910. L. Simion Nf. Geb. in Leinw. 1. 80

Müller, Gustav, aus Reichenberg, Böhmen: Über schwefelhaltige Analoga der Indigogruppe. Zürich 1905. 50 S. 8°. [28. XI. 05. (13. III. 06.)]
Zürich. Phil. Diss. II. S. 1905/1906.

Müller, Gustav. Über schwefelhaltige Analoga der Indigogruppe. Diss. Phil. [II.] Univ. Zürich. 50 S. 8. Zürich; Druck Gebrüder Stiepel, Reichenberg, Böhmen, 1905.

Müller, Gust. (I.), chemische Analyse der Idaquelle zu Biloves in Böhmen. Lex.-8. (10 S.) Wien 868, (Gerold's Sohn.) *
Aus: Sitzungsberichte der k. Akademie der Wissenschaften, besonders abgedruckt.

Müller Gustav: Chemische Analyse der Idaquelle zu Biloves in Böhmen. S. 58. II. 101 K —.20
Separatabdruck

[Umschlagt.:] [F. u. Ant.] **Müller,** *Gustav* [Dir.]: Die Anstalt in den ersten 25 Jahren ihres Bestehens. Riesenburg, Buchdr. v. J. E. Jonas, 1895; 3—28 S. 4.
Riesenburg Westpr., RPG '(R)' '(Webers S)', OP 1895 (49)

Müller, Gust., Aristoteles, u. die Zukunft der Philosophie. Ein λόγος παρακλητικός. gr. 8. (1½ B.) Schleusingen 843, Glaser.

Müller, Gust., die deutsche Armee u. kaiserl. Marine vom 1. Apr. 1891 ab. Nach den neuesten amtl. Mitteilgn. bearb. 8. (61 S.) Leipzig 891. G. Lang. n. — 60

Mueller, Gustav [pr. Arzt in Wartenburg in Ostpr.]: Aus d. K. chirurg. Universitätsklinik. Zur Behandlung der queren Kniescheibenbrüche mittels Naht. . . . Königsberg in Pr., Druck v. M. Liedtke, 1889; 64 S. + 2 Bl. 8°
Königsberg, Med. Fak., Inaug.-Diss. v. 21. Dez. 1889

Mueller, Gust., zur Behandlung der queren Kniescheibenbrüche mittelst Naht. Inaug.-Diss. gr. 8. (64 S.) Königsberg i/Pr. 889. (Koch.) n. 1. —

Müller, G. (I.). Photometrische u. spectroskopische Beobachtungen, s. a. Publicationen d. astrophysikalischen Observatoriums zu Potsdam.

Müller, G. Photometrische und spectroskopische Beobachtungen, angestellt auf dem Gipfel des Säntis. Mit 3 Taf. Imp. in-4°. 101 S. Leipzig, Comm.-Verlag von Wilhelm Engelmann. Mk. 6 —
*** Publicationen des astrophysikalischen Observatoriums zu Potsdam. N° 27. (8. Bdes. 1. Stück).
1891.

Müller, G., spectroskopische Beobachtungen der Sterne bis einschliesslich 7. 5ter Grösse in der Zone von — 1° bis + 20° Declination, s.: Vogel, H. G.

Müller, G., u. P. **Kempf,** Bestimmung der Wellenlängen v. 300 Linien im Sonnenspectrum, s.: Publicationen d. astrophysikalischen Observatoriums in Potsdam.

Der Branntwein in Kamerun und Togo. Von Gustav **Müller**. *Neuhaldensleben (1896): C. A. Eyraud.* (27 S.) 8° [F.]
Aus: Afrika. [04. 06?] 10

Müller, Gust., die Buchführung d. kleinen Geschäftsmannes bez. Handwerkers in praktischer Form. Anleitung zu Herstellg. ungekünstelter schriftl. Geschäftsnachrichten, nebst e. Extracte aus der Postordng., sowie Selbstunterricht im Decimal- u. Procent-Rechnen. gr. 8. (VII, 121 S.) Olbernhau 876. Christoph. n. 1. 50

Germanisches Christentum. (Verf.: Gustav **Müller**. Berlin: G. F. Müller 1908.) 16 S. 8° [Kopft.]
(Kulturphilosophische Flugschrift. 6.) [09. 39]

—— Darstellungen des Sonnenspectrums bei mittlerer und schwacher Dispersion, s. Publicationen des astrophysikalischen Observatoriums zu Potsdam.

Müller, Gust. (II.), de linguae latinae deminutivis. Dissertatio inauguralis philologica. gr. 8. (VII und 96 S.) Leipzig 865. (Königsberg, Akademische Buchh. von Schubert und Seidel.) *

Mueller, (Car.) Gust. (geb. Croppenstedt in d. Prov. Sachs. 13. 9. 1840): De sputorum dignitate diagnostica. Berolini (1865). (32 S.) 8°
Berlin, Med. Diss. v. 3. Mai 1865

— u. P. **Kempf**, photometrische Durchmusterung des nördlichen Himmels, s.: Publikationen des astrophysik. Observatoriums zu Potsdam. Nr. 43.

— u. P. **Kempf**, photometrische Durchmusterung des nördlichen Himmels, s.: Publikationen des astrophysikalischen Observatoriums zu Potsdam. Nr. 44. 51.

Photometrische Durchmusterung des nördlichen Himmels, enth. d. Grössen u. Farben aller Sterne der B. D. bis z. Grösse 7. 5. Generalkatalog. Von [Prof. Dr.] G[ustav] **Müller**, [Hauptobservator, Potsdam], u. P[aul] Kempf. Potsdam; Leipzig: W. Engelmann in Komm. 1907. (XXXV, 293 S.) 4°
= **Publikationen** d. astrophys. Observatoriums zu Potsdam. No 52. [07. 1340 3

Photometrische Durchmusterung des nördlichen Himmels, enth. alle Sterne der B. D. bis zur Grösse 7.5. Von G[ustav] **Müller** u. P[aul] Kempf. Th. 1–4. Potsdam: W. Engelmann in Leipzig in Comm. 1894–1906. 4 Bde 4°
1. Zone 0° bis + 20° Declination. 1894. 2. Zone + 20° bis + 40° Decl. 1899. 3. Zone + 40° bis + 60° Decl. 1903. 4. Zone + 60° bis + 90° Dekl. 1906.
= **Publikationen** d. astrophysikal. Observatoriums zu Potsdam. Bd. 9. 13. 14. 16. [06. 20023

— über den Einfluss der Temperatur auf die Brechung d. Lichtes in einigen Glassorten, im Kalkspath u. Bergkrystall, s.: Publicationen d. astrophysikalischen Observatoriums zu Potsdam.

Müller, Gust., d. Eisenbahn-Rechnungsgesetz u. d. Expropriationsinitiative. [Aus: „Helvetia".] gr. 8. (32 S.) Zürich 896. (Buchh. d. schweiz. Grütlivereins.) n: — 20

Müller, Gust., die Entstehg. u. Entwicklg. des Wechsels. (24 S.) kl. 8. Wien 908. Mor. Stern. — 45

Müller, Gustav [aus St. Goarshausen]: Die Entwickelung der Landeshoheit in Geldern bis zur Mitte des 14. Jahrhunderts. . . . Marburg, Univ.-Buchdr. (R. Friedrich), 1889; 2 Bl. + 79 S. 8°
Marburg, Phil. Fak., Inaug.-Diss. v. [21. Aug.] 1889

Müller, Gust., die Entwickelung der Landeshoheit in Geldern bis zur Mitte d. 14. Jahrh. gr. 8. (79 S.) Marburg 889. Elwert's Verl. n. 1. 60

Müller, Gust., Entwicklung u. Stand der evangel. Missionsarbeit in den deutschen Kolonien, s. a. Beiträge zur Missionskunde. 4. Hft.

Entwicklung und Stand der evangelischen Missionsarbeit in den deutschen Kolonien. Referat, erstattet auf d. Hauptversammlung d. Brandenb. Prov.-Verbandes d. Hilfsvereine f. d. Berliner Missionsgesellsch. ⟨Berlin 1⟩ 1902 von Gustav **Müller**, Pfarrer zu Groppendorf. *Berlin: Berliner Ev. Missionsges. 1903.* (33 S.) 8° [F.]
= Beiträge z. Missionskunde. H. 4. [03. 14807

MÜLLER, Gustavus: Genetico-historica expositio coelibatus ejusque momentum practicum. — (1876) 176 S. 8° (Handschr.) Diss. 376
Diss. Wien, Univ.

Müller, Gustav *Joseph Ferdinand* [app. Arzt aus Hannover]: Aus d. chirurg. Klinik u. Poliklinik zu Kiel. Drei Fälle von „Coxa vara" ... Kiel, Druck v. P. Wegehaupt, 1895; 33 S., 1 Bl. 8.
Kiel, Med. Fak., Inaug.-Diss. v. [10. Apr.] 1895

Müller, Gust.: Flexion der Nomina substantiva et adiectiva im Lateinischen. Dessau, Progr. 1871.

Führer durch die Insel Rügen. M. e. Reisekt. e. Übersichtskt. d. Küsten u. Dampferlinien u. 5 Specialkt. v. Gustav **Müller**, Kartogr. beim Gr. Generalstab. 5. Aufl. Vollst. neu bearb. v. Arthur Schuster. Stettin: A. Schuster 1898. (2 Bl., 70 S., 7 Kt.) 1 Bd. 8°

Führer durch die Insel Rügen. Mit 1 Reisekarte, 1 Übersichtskarte d. Küsten u. Dampferlinien u. 5 Specialkarten von Gustav **Müller**, Kartograph b. Gr. Generalstab. 6. Aufl. Vollst. neu bearb. von Arthur Schuster. Stettin: A. Schuster 1899. (74 S.) 8°

Führer durch die Insel Rügen. Mit e. Reisekarte, e. Übersichtskarte d. Küsten u. Dampferlinien u. 5 Specialkarten von Gustav **Müller**, Kartogr. 7. Aufl. Vollst. neu bearb. von Arthur Schuster. *Stettin: A. Schuster 1901.* (80 S.) 8° [F.] [02. 5316 0

Führer durch die Insel Rügen. 8. Aufl. Vollst. neu bearb. von Arthur **Schuster**. Mit 1 Reisekarte d. Insel, 1 Übersichts- u. 5 Specialkarten bearb. von Gustav Müller, Kartogr. Stettin: A. Schuster 1903–04. (86 S.) 8° [F.] [08. 4388 4

Führer durch die Insel Rügen. Mit 1 Reisekarte, 1 Übersichtskarte d. Küsten u. Dampfer-Linien u. 6 Spezialkarten ... von Gustav **Müller**, Kartogr. 10. Aufl. Vollst. neu bearb. von Arthur Schuster. Stettin: A. Schuster 1907–08. (101 S.) 8° [F. u. Ant.] [07. 13181 9

Müller, Dr. Gustav, Fysika pro c. k. ústavy ku vzdělání učitelův a učitelek. Wien 1881. Alfred Hölder.
I. Theil. Mit 111 Abbildungen. Preis 80 kr.
II. Theil. Mit 16 Abbildungen. Preis 68 kr.
III. Theil. Mit 167 Abbildungen. Preis 96 kr.

—— zur Geisteserregung, od. die Schule, der Staat u. das Leben. Eine Rede (über das Turnen) an die Gebildeten des Staates, u. insbesondere der Stadt Erfurt. gr. 8. (1 B.) Erfurt 842, Otto.

Geschichte der Ewe-Mission. Von Pastor Gustav **Müller**. Mit 108 Bild. u. 8 Karten. Bremen: Norddtsch. Miss.-Ges. 1904. (288 S.) 8° [F.] [06. 9976 8

Das Gottesproblem. (Verf.: Gustav **Müller**.) 2. Aufl. (Berlin: G. F. Müller 1908.) 16 S. 8° [Kopft.]
(Kulturphilosophische Flugschrift. 3.) [11. 56

Müller, Gust. (New-York), Gut u. Geld. Volkswirtschaftl. Studien e. Praktikers. gr. 8. (292 S.) Stuttgart 897. F. Frommann. n. 2. 40; geb. n. 3. 20

Müller, Gust., Handbuch bei Erwerbung von Nutzhölzern aller Art, zum Gebrauche vor u. bei deren Versteigerung, sowie beim Ankaufe aus freier Hand, ingleichen beim Ein- u. Verkauf geschnittener Holzwaaren. Freiberg 866. (Engelhardt'sche Buchh.) gr. 8. (V, 183 S.) n. 1 ℛ 20 ngr.

Müller, Gustav: Handwerkszeug und Handwerksmaschine. Ein wirtschaftwissenschaftlicher Vergleich. Leipzig 1905: J. B. Hirschfeld. (VI, 88 S.) 8° ¶(Ist Einleit., Kap. 1, 2 und 14 nebst Anh. einer Schrift, die unter gleichem Titel bei C. L. Hirschfeld in Leipzig demnächst erscheint.)
Rostock, Phil. Fak., Ref. Ehrenberg, Diss. v. 3. Juni 1905
[Geb. 15. Dez. 75 Kalkberge b. Berlin; Wohnort: Kalkberge; Staatsangeh.: Preußen; Vorbildung: Dorotheenstädt. Realgymn. Berlin Prima-Reife M. 92; Studium: Leipzig Handelshochsch. 5, Rostock 5 S.; Rig. 31. Mai 05.]

Müller, Gust., Handwerkzeug u. Handwerksmaschine. Ein wirtschafts-wissenschaftl. Vergleich. (VI, 166 S.) gr. 8. Leipzig 906. C. L. Hirschfeld. n. 4. 40

— Helligkeitsbestimmungen der grossen Planeten u. einiger Asteroiden, s. Publikationen d. astrophysikalischen Observatoriums zu Potsdam.

Helligkeitsbestimmungen der grossen Planeten und einiger Asteroiden v. G[ustav] **Müller**. *Potsdam: In Comm. b. W. Engelmann in Leipzig 1893.* (197 S.) 4.
= **Publicationen** d. astrophysikal. Observatoriums zu Potsdam. No 30. Bd VIII, St. 4. [98. 5638

Müller, Gust. (III.), der ehrwürdige Diener Gottes Clemens Maria Hofbauer. Eine biograph. Skizze und Bilder aus seinem pastorellen Wirken. gr. 16. (107 S.) Wien 877, Kirsch. *
Aus: Theologisch-praktische Quartalschrift, besonders abgedruckt.

Sexuelle Höhenpfade. (Verf.: Gustav **Müller**. Berlin: G. F. Müller 1908.) 16 S. 8° [Kopft.]
(Kulturphilosophische Flugschrift. 7.) [11. 60

Müller, Gust., u. Fritz **Bennigson,** die chemische Industrie, s.a. Teubner's, B. G., Handbücher f. Handel u. Gewerbe.

Die chemische Industrie von Gustav Müller, Kais. Geh. OberReg. R. unter Mitw. von Dr. phil. Fritz Bennigson. Leipzig: Teubner 1909. VIII, 488 S. 8°
(B. G. Teubners Handbücher f. Handel u. Gewerbe.)

Müller, G., Die chemische Industrie in der deutschen Zoll- u. Handelsgesetzgebung des 19. Jahrh. Ein Beitrag zum Studium der deutschen Wirtschaftsgeschichte. (XI, 437 S.) Lex.-8. Berlin, R. Gaertner. 1902. 24. —

Müller, Gust., die chemische Industrie in der deutschen Zoll- u. Handelsgesetzgebung des 19. Jahrh. Ein Beitrag zum Studium der deutschen Wirtschaftsgeschichte. Lex.-8. (XI, 437 S.) Berlin 902. Weidmann. n. 24. —

Müller, G. Karte zur Berechnung des Grund- und Bodenwerthes in **Berlin, Charlottenburg, Westend** u. s. w. mit der Berechnung der Werthe massiver Wohngebäude, Angabe der Miethspreise und Baugesetze. I., III. und IV. Jahrgang. Berlin 1888, 1892 und 1895. Je 1 Bl. c. I.. nebst Text.

Mueller, Gust., Karte zur Berechnung des Grund- und Bodenwertes in Berlin, Charlottenburg, Westend, Weissensee, Wilhelmsberg nebst e. Darstell. d. Wertes massiver Wohngebäude in d. verschied. Baustadien und d. Wohnungsmieten. E. Ratgeber f. Bauunternehmer . . . Jg 10 ff. Berlin 1909 ff. 8°.
10. 1906. 11. 1908.

Müller, G., Karte zur Berechnung des Grund- u. Bodenwertes in Berlin, Charlottenburg, Westend, Weissensee, Wilhelmsberg, nebst e. Darstellg. des Wertes massiver Wohngebäude in den verschiedenen Baustadien u. der Wohnungsmieten. Ein Ratgeber f. Bauunternehmer, Hypothekenbanken, Kapitalisten, Spekulanten u. Grundbesitzer bei Kauf, Verkauf u. Beleihg. der Grundstücke. 12. Jahrg. 1910—1911. Farbdr. Mit Text. (104 S.) kl. 8. Berlin, Deutscher Verlag. Geb. in Leinw. 12. —

Müller, Gust. Karte zur Berechnung des Grund- u. Bodenwerts in Leipzig u. den umliegenden Ortschaften. 1 : 15,000. Farbendruck. gr. Fol. Mit Berechnung der Werte massiver Wohngebäude. Ein Ratgeber f. Bauunternehmer, Spekulanten, Kapitalisten u. Bankgeschäfte, bei Geldbeleihg., Kauf od. Verkauf der Grundstücke. 1. Jahrg. 1890. 8. (32 S.) Lpz., Lang. * 5 —

Müller, G. Karte zur Berechnung des Grund- und Bodenwerthes in den östlichen und südöstlichen Vororten von **Berlin.** Berlin 1899. 1 Bl. c. I..

Müller, G. Karte zur Berechnung des Grund- und Bodenwerthes in den südwestlichen Vororten von **Berlin.** I. und III. Jahrgang. Berlin 1893 und 1899. 1 Bl. c. L.

Karte der Gegend südlich von Berlin, Kreis Teltow. Nach d. Generalstabs-Karten u. eigenen Aufnahmen bearb. von Gustav **Müller.** Kartogr. Maßst. 1:125,000. (Mit Ortsverz.) [Mit Legende.] *Berlin: H. Peters (1904).* (1 Kartenbl. 45×49 cm, 8 S.) 8° [kol.]
[Umschlagt.:] Karte d. Kreises Teltow zugleich Wanderkarte d. Gegend südl von Berlin ... von G. Muller. 04. 9498

Müller, Gust., grosse Karte der Insel Rügen. 1 : 75,000. Nebst 5 Specialkarten der Umgegend von Putbus, Göhren, Binz, Sassnitz, Stubbenkammer. 1 : 25,000. Nach den neuesten amtl. Aufnahmen bearb. Chromolithogr. Imp.-Fol. Greifswald 887, Bamberg. * 3 50
Auf Leinw. * ℳ 4.75.; in Mappe * 5 —
Mit Stäben * 5 —

—— —— dass. — Billige Ausg. in 4farb. Druck. Imp.-Fol. Ebendas. 888. 1 50

Müller, Gust. Grosse Karte d. Insel Rügen. 1 : 75,000, nebst 5 Spezialkarten der Umgegend v. Putbus, Göhren, Binz, Sassnitz, Stubbenkammer, 1 : 25,000, in 6farb. Druck nach den neuesten amtl. Aufnahmen bearb. Rev. 1892. 76,5×71,5 cm. Greifswald, L. Bamberg. * 2 —; auf Leinw. * 3 25
In Mappe * 3 75; m. Stäben * 3 50

—— dass. — Billige Ausg. in 4farb. Druck. Rev. 1892. 75,5×69 cm. Ebd. 1 50

Heringsdorf. — Müller, Gust., Karte der Ostseebäder Heringsdorf, Ahlbeck, Swinemünde, Misdroy und Umgegenden (1 : 75,000), mit 3 Specialplänen [Heringsdorf, Swinemünde, Misdroy, 1 : 12,500] und 1 Uebersichtskarte. Chromolithogr. gr. Fol. Nebst kurzem Führer. 8. (5 S.) Swinemünde 886. (Stettin, Dannenberg.) * 1 20

Ostsee-Bäder. — Müller, Gust. Karte der Ostsee-Bäder Heringsdorf, Ahlbeck, Swinemünde, Misdroy u. Umgegenden (1 : 75,000), m. 3 Specialplänen (Heringsdorf, Swinemünde, Misdroy 1 : 12,500) u. 1 Uebersichtskarte. 2. Aufl. Farbendr. 45×49 cm. Swinemünde 892, W. Fritzsche. * 1 20

Karte des Ruhrgebietes zwischen Dortmund und Essen. (Umgebungskarte von Bochum, Witten, Gelsenkirchen, Herne.) Bearb. von Gust. **Müller,** Kartograph, Berlin. Maßst. 1:60,000. 1. Aufl. 1903. *Dortmund: Koeppen 1903; Berliner Lith. Inst.* (1 Kartenbl. 62×53 cm.) quer-gr.2° [kol.] 03. 19903

Teltow. — Müller, Gust. Karte d. Kreises Teltow, zugleich Wanderkarte der Gegend südlich v. Berlin, umf. ca. 60 □Meilen. 1 : 125,000. Nach den Generalstabskarten u. eigenen Aufnahmen bearb. Farbendr. gr. Fol. Mit Ortsverzeichniss. 8. (8 S.) Berl. 890, H. Peters. * 2 50

Karte des Kreises Teltow zugleich Wanderkarte d. Gegend südl. von Berlin, umfassend ca. 60 □Meilen. Nach d. Generalstabskarten u. eigenen Aufnahmen bearb. von Gust. **Müller,** Kartogr. Maßst. 1:125,000. Mit Ortsverzeichnis. Vollst. erg. 1904. Berlin: H. Peters 1904; Stich C. L. Keller. (1 Kartenbl. 45×49 cm. mit Legende, 8 S.) 8° [lith.] [kol.]
[Kopft.:] Karte d. Gegend südlich von Berlin, Kreis Teltow. 05. 10350

Karte der Ostseebäder Ückeritz, Bansin, Heringsdorf, Ahlbeck, Swinemünde u. Misdroy mit Umgebungen (mit 4 Spezial-Plänen (Heringsdorf, Ahlbeck, Swinemünde, Misdroy)). Nach amtl. Quellen u. eigenen Erkundungen bearb. von Gust. **Müller,** Kartogr. (Maßst. 1:75,000. 6. Aufl. Swinemünde: W. Fritzsche [1906]; Lith. L. Kraatz, Berlin.) (1 Kartenbl. 46×46 cm.) 8° [kol.] 07. 890

Karte des Kreises Usedom-Wollin im Massst. 1:75,000. Nach amtl. Quellen u. eigenen Erkundungen bearb. von Gustav **Müller,** Kartogr. (Insel Usedom mit d. Ostseebädern Swinemünde ... Insel Wollin mit d. Ostseebädern Osternothhafen ...) Swinemünde: W. Fritzsche [1906]; (Lith. A. Kraatz, Berlin). (1 Kartenbl. 94×54 cm.) 8° [Umschlagt.][kol.] 07. 8..

Mueller, Gust., Karten zur Berechnung des Grund- und Bodenwertes in den Vororten von Berlin umfassend 43 Ortschaften. E. Rathgeber . . . 1903 ff. Berlin o. J. 8°.
1903. 1905 1907.

— G., Karten zur Berechnung des Grund- u. Bodenwertes in den Vororten v. Berlin, umfassend 43 Ortschaften. Ein Ratgeber f. Bauunternehmer, Hypothekenbanken, Kapitalisten, Spekulanten u. Grundbesitzer bei Kauf, Verkauf u. Beleihg. der Grundstücke. Ausg. 1909. 3 Karten in Farbdr. Mit Text. (89 S.) kl. 8. Berlin, Deutscher Verlag. In Leinw.-Decke 22. —;
alle 3 Karten zusammen in 1 Leinw.-Decke 20. —
Nördliche Vororte. 6. —. — Östliche u. südöstliche Vororte. 6. —. — Südwestliche u. südliche Vororte. 10. —.

Müller, Gustav, approb. Arzt aus Reutlingen: Über multiple primäre Carcinome. *Tübingen: F. Pietzcker 1902.* (27 S.) 8°
Tübingen, Med. Diss. v. 1902

[5.] **Müller,** Gustav [Rechtspraktikant u. Doktor beider Rechte]: Das Causalitätsproblem im Strafrecht ... München, kgl. Hof- u. Univ.-Buchdr. v. Dr. C. Wolf & Sohn, 1894; 98 S. 8.
Erlangen, Jur. Fak., Inaug.-Diss. v. 1894

Müller, Gust., d. Causalitätsproblem im Strafrecht. Diss. gr. 8. (98 S.) München 894. (Leipzig, Buchhdlg. G. Fock.) n. 2. –

Müller, Gust., s.: Kolonien, die deutschen.

Kulturbilanz. (Verf. Gustav **Müller.** Berlin: G. F. Müller 1908.) 16 S. 8° [Kopft.]
(Kulturphilosophische Flugschrift. 8.) 11. 61

Müller, Gust., Kultur-Fundamente. 101 Wahrheitsbeitrag zeitgenöss. Denker. Gesammelt, beleuchtet u. hrsg. (X, 516 S.) gr. 8. Berlin (S. O. 26) 907. Gust. Ferd. Müller. 6.—; geb. in Leinw. 7. 50

Zum Kulturgehalt der Abstinenzbewegung. (Verf.: Gustav **Müller.**) 2. Aufl. (Berlin: G. F. Müller 1908.) 16 S. 8° [Kopft.]
(Kulturphilosophische Flugschrift. 5.)

Die Kunst zu leiden. Ein Beitrag z. Kultur d. Geisteslebens von Gustav **Müller.** Berlin: G. F. Müller 1910. 77 S. 8°

Müller, Gust., im Lande der drei Burgen. Kurze illustr. Geschichte von Bolkenhain u. Hohenfriedeberg, sowie der Bolkoburg, Schweinhausburg u. Burg Nimmersatt. Zugleich Führer durch den Kreis Bolkenhain. (75 S. m. 1 Karte.) 8. Bolkenhain 903. (Jauer, O. Hellmann.) n. 1.—

Im Lande der drei Burgen. Kurze ill. Geschichte von Bolkenhain u. Hohenfriedeberg, sowie der Bolkoburg, Schweinhausburg u. Burg Nimmersatt. Zugleich Führer durch d. Kreis Bolkenhain. Bearb. von Gustav **Müller.** *Bolkenhain: Müller & Früsch 1903.* (94 S.) 8° [F.]

Müller, Gust., aus amerikan. Leben. Erlebnisse, freie Gedanken u. Empfindungen. gr. 8. (170 S.) Leipzig 894. [M. Spohr.] E. Fiedler. n. 2.—

Müller, Gust. Zur Lehre vom Infinitiv im Lateinischen. XX S.
Progr. G. *Görlitz* 1878.

Müller, Gust., **zur Lehre vom Infinitiv im Lateinischen. 4. (20 S.) Görlitz 878. (Tzschaschel.) n.n. 1. 20**

Müller, Gust., s. a. Leid, das, als die Wurzel des Glückes.

Das Leid als die Wurzel des Glückes. Ein Beitrag z. Reformation d. Glaubens. Von e. Christen. (Verf.: Gustav **Müller.**) *Berlin: Selbstverl.; Leipzig: E. Schmidt 1899.* (472 S.) 8° [F.]

Das Leid als die Wurzel alles Glückes. Mein Glaube. Von Gustav **Müller.** Neubearbeitung früherer Schriften gleichen Titels. *Berlin: G. Müller 1900.* (79 S.) 8° [F.]

Müller, Gust., Die einzig mögliche und wahre Lösung der sozialen Frage. Ein Lichtblick in dem wirren Getümmel der Welt in der Gegenwart. gr. 8°. Leipzig, M. Spohr, 1894. 99 S.

Müller, Gust., mehr Licht in unsere Welt! E. Beitrag zur Klärg. schwank. Begriffe u. Anschaugn. im Anschl. an Graf Tolstoy's „Christliche Gesinnung u. Patriotismus". gr. 8. (V, 151 S.) Leipzig 895. M. Spohr. n. 2. –

Mehr Luft! Polare Atmungsgymnastik als Schlüssel z. Heilkunst. Von einem Selbstarzt [d. i.: Gustav **Müller**]. 2. Aufl. Berlin: G. F. Müller 1910. 76 S. 8°

Die Menschheits-Tragödie. In besond. Berücks. d. Verfallsursachen d. Kirchenchristentums. Ein Beitrag z. Klärung d. Kulturlage d. Gegenwart. Von einem Wahrheitsträchtigen [d. i. Gustav **Müller**]. Berlin: G. F. Müller 1910. 72 S. 8°

Müller, Gust. **Neue Militärkarte des Deutschen Reichs zur Übersicht d. Quartierstandes u. der Landwehr-Inspektions-Bezirke vom 1. April 1891 ab. 1 : 750,000. Farbendr. 58×72 cm. Lpz. 891, Lang. * 1 50; m. erläut. Text. 8. (61 S.) * — 60**
Ausg. vom 1. April 1890, m. Textheft. (32 S.) Kbd. 1890. * 3 —.

Müller, Gust., Militair-Karte des deutschen Reichs zur Uebersicht des Quartierstandes und der Landwehr-Inspektions-Bezirke vom 1. April 1890 ab. 1 : 750000. Leipzig, Lang, 1890, gr. qu.-Fol. Farbendruck mit erläut. Text in 8. (3 M.)

Müller, *Johannes* Gustav [cand. med. ([übergeklebt:] Arzt) aus Olberode]: Über Morbidität und Mortalität in der Marburger Entbindungsanstalt im Decennium 1883—1893 ... Marburg, Buchdr. O. Ehrhardt, 1894; 37 S. 8.
Marburg, Med. Fak., Inaug.-Diss. v. 19. März 1894

— Nausikaa, s. Müller, Gustav Adolf

— u. Paul Kempf

—— —— Neuberechnung der 2614 in Publication 3 des Astrophysikalischen Observatoriums zu Potsdam bestimmten Wellenlängen. 4. (27 S.) Leipzig 886, Engelmann. *
Aus: Publicationen des Astrophysikalischen Observatoriums zu Potsdam, besonders abgedruckt.

Müller, G., d. Photometrie d. Gestirne. gr. 8. (X, 556 S. m. 81 Fig.) Leipzig 897. W. Engelmann. n. 20. —; geb. n.n. 22. 50

Müller, *Gustav Adolf* Die Phraseologie des Sallust, nach Verben geordnet. (Umschlagtitel: Phraseologie des Sallust. I.) 4 (38 S.). II. 4 (S. 3—32).
Progr. Ludwigs-G. *Cöthen* 1888 (642). 1890 (664).

Müller, G. [Prof.]: Die Phraseologie des Sallust. II. (Forts. d. P-Beil. 1888.) Cöthen, Druck v. P. Schettler's Erben (1890); S. 3—32; 4°
Cöthen, herz. Ludwigs-G; OP 1890 (664)

Müller, *Gustav Adolf* [Prof.]: Die Phraseologie des Sallust. III. [Forts. d. P-Beil. 1880. 90.] Cöthen, Druck v. P. Schettler's Erben, *1894;* 3–27 S. 4.
Cöthen, herz. Ludwigs-G, OP 1894 (668 [übergeklebt 681])

Müller, Gust., mikroskopisches u. physiologisches Praktikum der Botanik f. Lehrer. 1. u. 2. Tl. gr. 8. Leipzig, B. G. Teubner. Geb. in Leinw. 8. 80
1. Mit 235 vom Verf. entworfenen Fig. (XVI, 224 S.) 907. Geb. 4. 80
2. Kryptogamen. Mit 168 vom Verf. entworfenen Fig. (XII, 165 S.) 908. Geb. 4. —

—— das Princip u. die Methode des Aristoteles. Aus Aristoteles typisch dargestellt. I. Thl. Das Princip des Aristoteles. gr. 8. (11 B.) Leipzig 844, Barth.

— die römische Propaganda in unseren afrikan. Kolonien, s. a. Flugschriften des Evangelischen Bundes.

[F.] Die römische Propaganda in unseren afrikanischen Kolonien. Von Gustav **Müller,** Pfarrer in Groppendorf. *Leipzig: C. Braun 1899.* (27 S.) 8.
= **Flugschriften** d. Evangel. Bundes. [No] 159.

Das Raumrätsel gelöst! (Verf.: Gustav **Müller.** Berlin: G. F. Müller 1908.) 16 S. 8° [Kopft.]
(Kulturphilosophische Flugschrift. 4.)

Müller, Gust., u. Geo. Meikel, d. bürgerliche Recht in s. neuen Gestaltg. Verständl. f. Jedermann dargestellt. 1.—5. Lfg. gr. 8. (432 S.) München 898. J. Schweitzer Verl. à n. – 80

Müller, Gust., u. Geo. Meikel, das bürgerliche Recht des Deutschen Reichs. Systematisch dargestellt u. durch Beispiele erläutert. 2. vollständig umgearb. Aufl. 2 Bde. (XVI, 984 u. XI, 869 S.) gr. 8. München 904. J. Schweitzer Verl. n. 18. —
Erschien auch in 8 Lfgn.

Müller, Gust., u. Geo. Meikel, das bürgerliche Recht in seiner neuen Gestaltung. Systematisch dargestellt u. durch Beispiele erläutert. 6.—15. Lfg. gr. 8. (1. Bd. XII u. S. 433—698 u. 2. Bd. VII, 670 S.) München 898. 899. J. Schweitzer Verl. à n. — 80; (kplt. n. 12. 80; geb. n. 15.—)

Neue Reisekarte von Bornholm mit Inselgruppe Christiansö. Nach d. dän. Generalstabskarten u. eigenen Erkundungen bearb. von Gust. **Müller,** Kartogr. (Masst. 1 : 125.000.) Stettin: A. Schuster [1907]; (Photolith. B. Gisevius, Berlin). (1 Kartenbl. 26×30 cm.) 8° [kol.]

—— —— Reisekarte der Insel Rügen. 1 : 110,000. Nach den neuesten amtl. Aufnahmen bearb. Chromolithogr. gr. Fol. Ebendas. 887. — 75

—— —— Reisekarte der Insel Rügen. 1 : 110,000. Nach den neuesten amtl. Aufnahmen bearb. 3. Aufl. Farbendr. 50,5×46 cm. Ebd. 892. — 60

Reise-Karte für die Insel Rügen im Maßst. 1 : 125,000 ... (nach d. neuesten amtl. Aufnahmen u. eigenen Erkundigungen) bearb. von Gust. Müller, Kartogr. 5. (rev.) Aufl. Stettin: A. Schuster [1905]; (Photolith. B. Gisevius, Berlin). (1 Kartenbl. 39×43 cm.) 8° [kol.] [06. 9869

Müller, Gust., Schülercommentar zu Sallusts Schriften. Für den Schulgebrauch hrsg. 8. (IV, 170 S.) Prag 893. F. Tempsky. — Leipzig, G. Freytag. n. 1. —; geb. n.n. 1. 30

Müller, Gust., Schülercommentar zu Sallusts Schriften. Für den Schulgebrauch hrsg. 2. Aufl. 8. (III, 170 S.) Wien 900. F. Tempsky. — Leipzig, G. Freytag. Geb. in Leinw n. 1. 40

Müller, Gust., Schülerkommentar zu Sallusts Schriften. Für den Schulgebrauch hrsg. 3. Aufl. (III, 128 S.) 8. Leipzig 903. G. Freytag. Geb. 1. 25

Mueller, Gust., Grosse Spezial-Karte zur Berechnung des Grund- und Bodenwertes in Berlin. innere Stadt m. d. eingezeichn. einzeln. Grundstücken und ihren Hausnummern umfass. d. Gebiet innerhalb d. früh. Stadtmauer. Masstab 1:5700 nebst e. Darstell. d. Wertes massiv. Wohngebäude in d. verschied. Baustadien u. d. Wohnungsmieten. E. Ratgeber f. Bauunternehmer . . . Jg 3. 1905. Berlin o. J. 8°.

Müller, Grosse Spezial-Karte zur Berechnung des Grund- u. Bodenwertes in Berlin, innere Stadt m. den eingezeichneten einzelnen Grundstücken u. ihren Hausnummern, umfassend das Gebiet innerhalb der früheren Stadtmauer, 1 : 5700, nebst e. Darstellg. des Wertes massiver Wohn-Gebäude in den verschiedenen Baustadien u. der Wohnungsmieten. Ein Ratgeber f. Bauunternehmer, Hypothekenbanken, Kapitalisten, Spekulanten u. Grundbesitzer bei Kauf, Verkauf u. Beleihg. der Grundstücke. 5. Jahrg. 1909. Farbdr. Mit Text. (69 S.) kl. 8. Berlin, Deutscher Verlag. In Leinw.-Decke 20. —

(Alexius) Kießling's Große Special-Karte der Umgegend von Berlin im Maßst. 1:75,000. Auf Grund d. Generalstabs-Aufnahmen bearb. u. gezeichnet von Gustav Müller, Kartogr. (Mit alphab. Namensverzeichnis. 11farbig. 6. Aufl. Berlin: A. Kießling [um 1902]; Lith. F. Werner.) (1 Kartenbl. 82×63 cm, 8 S.) 8° [03. 11371

Neue Spezialkarte von Bornholm mit Inselgruppe Christiansö (u. e. allgem. Übersichtskarte). Nach d. dänischen Generalstabskarten u. eigenen Erkundungen bearb. von Gust. Müller, Kartograph. [Mit 1 Nebenkarte.] Stettin: A. Schuster [1907]; (Lith. B. Gisevius, Berlin). (1 Kartenbl. 43×51 cm.) 8° [kol.] [07. 12417

Specialkarte der Umgegend von Hildesheim im Massst. 1:75,000. Bearb. auf Grundlage der neuesten Generalstabs-Aufnahmen von Gust. Müller, Kartograph. Hildesheim: Gerstenberg [1899]. (1 Kartenbl. 44x75 cm) quer-gr. 2°

Specialkarte der Umgegend von Hildesheim im Massstab 1:75,000. Bearb. auf Grundl. d. neuesten Generalst.-Aufn. von Gust. Müller, Kartogr. *Hildesheim: Gerstenberg [1899].* (1 Kartenbl. 85 × 58 cm.) 8° [00. 0066 7

Specialkarte der Umgegend von Hildesheim im Massst. 1 : 75,000. Bearb. auf Grundl. d. neuesten Generalstabs-Aufnahmen von Gust. Müller. Kartograph. 2. bericht. Aufl. 1902. *Hildesheim: Gebr. Gerstenberg 1902: E. Gaebler's geogr. Inst., Leipzig.* (1 Kartenbl. 75×45 cm mit Legende. 8° [kol.] [03. 2776

Saarbrücken. — Müller, Gust. Special-Karte der Umgegend v. Saarbrücken u. St. Johann. 1 : 75,000. Chromolithogr. Imp.-Fol. Nebst Ortsverzeichniss. 8. (19 S.) Saarbrücken 889, Klingebeil. [* 6 —] * 3 50

Müller, Gust. Specialkarte der Umgegend v. Strassburg i. E., umfassend ca. 60 □ Meilen. 1 : 75,000. Farbendr. Imp.-Fol. Strassb. 890, Schlesier. * 2 —; aufgezogen * 3 20

Spezial-Karte der Umgegend von Straßburg i. Els. umfassend d. Gebiet von Hagenau-Lahr u. von Zabern-Oppenau (ca. 60 □-Meilen). Fünffarb. Druck. Auf Grund d. neuesten Generalstabs-Aufnahmen bearb. von Gustav Müller, Kartograph. 2., neu durchges. u. nach amtl. u. vielen anderen Angaben verb. u. erg. Aufl. Maßst. 1 : 75,000. *Straßburg i. E.: Schlesier & Schweikhardt (1904); Lith. E. Gaebler's geogr. Inst., Leipzig.* (1 Kartenbl. 80×74 cm.) 8° [04. 13941

Spezial-Plan von Groß-Berlin. Unter Benutzung d. neuen Messtischblätter u. Bebauungspläne nach eigenen Erkundungen bearb. von Gustav Müller, Kartogr. d. Kgl. Landesaufnahme. Maßst. 1 : 20,000. Wilmersdorf: Selbstverl.; Berlin: Berl. Lith. Inst. [1906]. (1 Kartenbl. 101×88 cm.) [lith.] [kol.] [06. 25101

— u. Paul Kempf

— — ein neuer veränderlicher Stern v. aussergewöhnlich kurzer Periode. (11 S.) gr. 8. Berlin 903. (G. Reimer.) n. — 50
Sonderabdruck aus: „Sitzungsber. d. preuss. Akad. d. Wiss".

Müller, Gust., d. beliebtesten Stubenvögel. Ihre Pflege, Fütterg., Kennzeichen d. Geschlechter, Nistg. etc. sowie Krankheiten u. deren Heilg. 12. (46 S.) Berlin 896. (Leipzig, A. Twietmeyer.) n. 1. 50

Müller, Gust., die Stubenvögel, insbesondere d. Kanarienvögel, Finken, Wellensittiche, Papageien etc. Ihre Pflege, Fütterg., Kennzeichen der Geschlechter, Nistg. etc., sowie ihre Krankheiten u. deren Heilg., nebst Anleitg. zum Ankauf u. Sprechenlernen der Papageien. 2. verm. Aufl. gr. 8. (64 S.) Berlin (902). Deutscher Verlag. 1. —

(B) Müller, Gust., die Stubenvögel. 902. (LBL 32.) Jetzt: Stuttgart, E. Leupoldt.

— I.: Studien, missionswissenschaftliche.

Müller, Gust., Tabellen zur Berechnung d. Inhaltes aller Arten Bottige, Kübel, Branntweinblasen, Destilliergefäße etc. v. kreisrundem Querschnitt nach Centimeter- u. Litermaß. Nebst e. Anh. verschiedenen Inhaltes. Für Brauerei- u. Brennereibesitzer, Destillateure, Kaufleute etc. 8. (IV, 180 S.) Liegnitz 872. Krumbhaar. 1. 50

Touristenkarte für das Ostsee-Gebiet Rügen-Swinemünde-Stettin. (5-farbiger Druck.) (Nebst Uebersichtskarte Berlin-Kopenhagen u. e. col. Flaggenkarte.) Bearb. von Gust. Müller, Kartogr. Maßst. 1 : 300,000. 2. Aufl. *Stettin: A. Schuster 1901: Lith. B. Gisevius, Berlin.* (1 Kartenbl. 44×50 cm.) 8° [kol.] [03. 10433

Touristenkarte für das Ostsee-Gebiet Rügen-Swinemünde-Stettin. Massst. 1 : 300,000. (5 farb. Druck. Nebst Übersichtskarte Berlin-Kopenhagen u. e. kol. Flaggenkarte.) Bearb. von Gust. Müller, Kartogr. (3. Aufl.) Stettin: A. Schuster (1904); (Lith. B. Gisevius, Berlin). (1 Kartenbl. 44×50 cm.) 8° [06. 9866

Universal-Automobil-Karte. Berichtigt v. Gustav Müller, Kartogr. in d. Kgl. Landesaufnahme, Berlin. Karte 1. *Leipzig: Th. Thomas [1903]; Lith. E. Gaebler's geogr. I., Leipzig-N.* 8° [kol.]
[Umschlagt.:] Universal-Automobil-Karte. [04. 379

Müller, Gustav [aus Wien]: Ausführliche Untersuchung der Nitrouvitinsäuren sichere Bestimmung ihrer Beziehungen zu den beiden Oxyuvitinsäuren. . . . Rostock, Carl Boldt'sche Hof-Buchdr., 1890; 20 S. 8°
Rostock, Phil. Fak., Inaug.-Diss. v. 27. Sept. 1889

— u. O. Kempf, Untersuchgn. üb. d. Absorption d. Sternenlichts in d. Erdatmosphäre, s. a. Publikationen d. astrophysikal. Observatoriums zu Potsdam.

Untersuchungen üb. d. Absorption d. Sternenlichts in der Erdatmosphäre angestellt auf d. Ätna u. in Catania v. G[ustav] Müller u. P[aul] Kempf. *Potsdam: In Commiss. bei W. Engelmann in Leipzig 1898.* (71 S., 1 Taf.) 1 Bd 4.
= Publicationen d. Astrophysical. Observatoriums zu Potsdam. No 38. Bd 11. Stück 5. [98. 3892 Ku

Mueller, Gust. (geb. Schweidnitz 7. 5. 1851): Untersuchungen über Mikrometerschrauben, mit besonderer Anwendung auf das Fadenmikrometer des 9zölligen Aequatoreals der Berliner Sternwarte. Berolini (1877). (21 S.) 4°

Berlin, Phil. Diss. v. 4. Aug. 1877.

— Untersuchungen üb. Mikrometerschrauben, s. a. Beobachtungen, astronomische, auf der königl. Sternwarte zu Berlin.

—— Untersuchungen über Mikrometerschrauben mit besond. Anwendung auf das Fadenmikrometer des neunzölligen Aequatoreals der Berliner Sternwarte. Fol. (17 S.) Berlin 884, (Dümmler's Verlag.) *
Aus: Anhang des V. Bds. der Berliner Beobachtungen, besonders abgedruckt.

—— photometrische Untersuchungen, s. Publicationen des astrophysikalischen Observatoriums zu Potsdam.

[Umschlagt.:] Neuer Verkehrsplan von Gross-Berlin. Bearb. v. Gustav Müller, Kartogr. d. Kgl. Preuss. Landes-Aufn. Massst. 1 : 20,000. M. ausführl. Verzeichn. aller ... Namen. *Berlin: D. Reimer 1897.* (1 Ktnbl. 32 S.) 1 Bd 8. [97. 8651

VII. Internat. Geographen-Kongr., Berlin 1899. Neuer Verkehrsplan von Gross Berlin. Bearb. von Gustav Müller, Kartogr. d. Kgl. Preuss. Landes-Aufnahme. Massst. 1: 20,000. Mit ausführl. Strassenverz. p. p. Dargeboten den Mitgliedern d. Kongr. vom Verleger u. Verf. Berlin: Bethcke & Reiss 1899. (1 Kartenbl. 93x100 cm 19 S.) 4° [Umschlagt.]

Neuer Verkehrs-Plan von Groß-Berlin (mit ausführl. Straßenverzeichnis pp.) von Gustav Müller, Kartogr. Maßst. 1:20,000. 11. Aufl. *Berlin: Deutsches Kartogr. Inst. 1899.* (1 Kartenbl. 100 × 94 cm, 21 S.) 4° [kol.] [03. 10077

— s.: Vierteljahrsschrift d. astronom. Gesellschaft.

—— —— Wanderkarte für die Granitz, Mönchgut, Putbus, Bergen etc. 1 : 75,000. Nebst Specialkartons von Binz und Göhren. 1 : 25,000. Nach den neuesten amtl. Aufnahmen bearb. Chromolithogr. gr. Fol. Ebendas. 887. * — 80

—— —— Wanderkarte f. die Granitz, Mönchgut, Putbus, Bergen etc., 1 : 75,000, nebst Specialkartons von Binz und Göhren, 1 : 25,000, in 6 farb. Druck nach den neuesten amtl. Aufnahmen bearb. 2. Ausg. 50×36,5 cm. Ebd. 892. — 60

—— —— Wanderkarte von Jasmund. 1 : 75,000. Mit 2 Specialkartons von der Stubnitz und Sassnitz. 1 : 25,000. Nach den neuesten amtl. Aufnahmen bearb. Chromolithogr. qu. Fol. Ebendas. 887. * — 80

—— —— Wanderkarte von Jasmund, 1 : 75,000, m. 2 Specialkartons von der Stubnitz u. Sassnitz, 1 : 25,000, in 6 farb. Druck nach d. neuesten amtl. Aufnahmen bearb. 2. Ausg. 38,5×41,5 cm. Ebd. 892. — 60

Wander-Karte für Jasmund auf Rügen (Crampass-Sassnitz, Stubbenkammer, Lohme) in vierfachem Farbendr. Maßst. 1 : 25,000. Nach amtl. Quellen u. eigenen Erkundungen bearb. v. Gust. Müller, Kartogr. Stettin: A. Schuster [1905]; (Lith. B. Gisevius, Berlin). (1 Kartenbl. 48×51 cm.) 8° [06. 9867

— e. Wegweiser auf d. Pfade z. ewigen Leben. Für Freunde d Wahrheit. gr. 8. (157 S.) Berlin 895. Gust. Müller. n. 1. 20

— e. offenes Wort an d. Arbeitgeber. M. Bezug auf den Maximalarbeitstag im Bäckereigewerbe. Von e. Arbeitgeber. gr. 8. (36 S.) Ebd. 896. — 50

Müller, Gustav Adolf

— als die Brautnacht kam! Liebes-Roman. 8. (161 S.) Bremerhaven (902). L. v. Vangerow. n. 2. —

— — Dasselbe. Ebd. 1905. 8°. (Mk. 2,50.) (1 Mk., unbeschn. im Orig.-Umschl., Hans Lommer, Gotha, 1911.)

Als die Götter starben. Roman von Gustav Adolf Müller. *Berlin: O. Janke [1902].* (276 S.) 8° [F.]
(Collection Otto Janke.) [02. 14569

Müller, Gustav Adolf. Die wilde Annsch. Ein heiterer Künstlerroman. *1. u.* 2. Aufl. II + 300 S. 8. Berlin-Charlottenburg, Verlag Continent, [1902]. [br. M. 3. 50, geb. M. 5. —]
Buch II, Cap. 1—8, S. 119 ff. spielen bei Arnold Böcklin *in* Fiesole.

Die wilde Annsch. Ein heiterer Künstlerroman von Gustav Adolf Müller. 2. Aufl. *Berlin-Charlottenburg: Continent [1903].* (298 S.) 8° [F.] [03. 3435

Müller, Gust. Adf., die wilde Annsch. Ein heiterer Künstlerroman. 3. Aufl. (298 S.) 8. Hannover (906). Leipzig O. Tobies. n. 2. 50; geb. n. 4. —
2. Aufl. Ebd. 905. n. 4. —; geb. n. 5. —.

Müller, Gust., Ad., Ansichten von der Schweiz, s. Stellen, die klassischen, der Schweiz.

Müller GA, die Anthropo-Trigonometrie der Zuschneidekunst, zunächst für Herrenkleidermacher. fol Dresden 1863

Müller, G. A: Die Anthropo-Trigonometrie der Zuschneidekunst. 2. Aufl. (Deutsch, Französ. und Engl.). Dresden, London, New York und Paris 1863. Fol.

Müller, Gust. Adf., die Anthropo-Trigonometrie der Zuschneidekunst, zunächst für Herrenkleidermacher, erfunden in Paris u. während einer langjährigen, an Erfahrungen reichen Praxis vervollkommnet. 2. verm. Aufl. Dresden, Expedition d. europ. Modenzeitung in Comm. Fol. (VIII, 70 S. u. 35 lith. Taf. in gr. Fol.) n. 5 ℳ 10 ngr; mit Maaßapparaten n. 8 ℳ

— s.: Antiquitäten-Rundschau.

Unterm wilden Apfelbaum. Ein Junggesellenroman von (Dr.) Gustav Adolf Müller. Leipzig & Berlin: Grethlein & Co. [1907]. (303 S.) 8° [F.] [08. 1130

— Aschenbrödel. Roman. (249 S.) 8. Bremerhaven (904). L. v. Vangerow. n. 2. 50; geb. n. 3. 50

— Ave Maria. Ein Waldkapellenstrauß. 16. (64 S. m. Titelbild.) München 896. Seitz & Schauer.
Geb. in Celluloid u. Leinw. n. 2. —

—— die Beinkleid- und Gamaschen-Construction. Integranter Theil der Anthropo-Trigonometrie für die Zuschneidekunst, nebst einem Anh.: Die Buchhaltung für Kleidermacher, zum Selbstunterrichte bearb. von Friedr. Alb. Schmidt. 4. (94 S. mit 6 Stnt. in Imp.-Fol.) Dresden 862, (Expedition der europäischen Modenzeitung.) *

Müller, Gust. Adf., Beitrag zur Reform des Abgabenmodus f. die Haupt- u. Residenzstadt Dresden als Referat für die von den 5 Bezirksvereinen Dresdens dazu niedergesetzte Commission. 8. (25 S.) Dresden 879. Weiß. n. — 25

— junges Blut. Eine Geschichte aus den Bergen. (Aus Amors Reisemappe.) (104 S.) 8. Leipzig (905). G. Müller-Mann. n. 1. —

Müller, Gust. Adf., die Braut v. Fikensholt. Eine geschichtl. Untersuchg. d. oldenburg. Sage. Mit 1 Fcsm. u. 2 Abbildgn. gr. 8. (63 S.) Westerstede i/Oldenburg (902). Eberh. Ries. (Nur direkt.) 1. 20

Ⓑ — Die Braut v. Fikensholt. 902. (KBL 32.) Jetzt: Bremerhaven, L. v. Vangerow.

— Brautnacht, s. a. Eckstein's moderne Bibliothek.

Brautnacht. 4 Geschichten aus d. Leben von Gustav Adolf Müller. 11. bis 20. Taus. *Berlin: R. Eckstein Nachf. [1902].* (95 S.) 8°
— Bibliothek, Ecksteins Moderne. No 14.

— — Brautnacht. Vier Geschichten aus dem Leben. Leipzig 1904. 8°. (1 Mk., Origlwdbd., Schaper, Hannover, 1904.)

— G. A. Aus Lavaters Brieftasche. Neues von Johann Kaspar Lavater. Ungedruckte Handschriften nebst anderen Lavater-Erinnerungen mit Faksim. herausg. Gr. in-8°. 81 S. München, Seitz & Schauer. 1897. 6 70

Müller, Gustav Adolf, Christus bei Josephus Flavius. Eine kritische Untersuchung als Beitrag zur Lösung der berühmten Frage und zur Erforschung der Urgeschichte des Christentums. Innsbruck, Wagner, 1890, 8°, 53 S., 1,60 Mk.

Recens. v. Funk, Litt. Rundsch. 1890, S. 362—3. H. Hurter, Innsbr. Ztschr. f. k. Theol. 1890, S. 512—6. — 2. durch einen Nachtrag verm. Aufl. 1895, gr. 8°, 60 S., 1,60.

Müller, Gust. Adf., Christus bei Josephus Flavius. E. krit. Untersuchung als Beitrag zur Lösung d. berühmten Frage u. zur Erforschg. d. Urgeschichte d. Christentums. 2., durch e. Nachtrag verm. Aufl. gr. 8. (IV, 60 S.) Innsbruck 895. Wagner. n. 1. 60

— construction du pantalon et de la guètre, formant partie de l'anthropo-trigonométrie appliquée à l'art de la coupe. Dresden 862. Expedition d. europ. Moden-Zeitung in Comm. 4. (24 S. u. 6 lith. Taf. in gr. Fol.) n. 24 ngr

Müller, Gust. Ado., die Denkmähler im Chor d. Schlosskirche zu Pforzheim, s. a. Denkmähler.

— die Denkmäler im Chor der Schloßkirche zu Pforzheim. Mit 1 Kpfrtaf. gr. Fol. Carlsruhe 834. Creuzbauer. n. 1⅚ ₰

Dornenkronen der Liebe. Ein Schwarzwaldroman von Gustav Adolf Müller, Verf. d. 'Nachtigall von Sesenheim'. 1. Aufl. Wien & Leipzig: Akad. Verl. [1907]. 251 S. 8°

— Dornenkronen der Liebe. Ein Schwarzwaldroman. 2. Aufl. (253 S.) 8. Wien (907). Akadem. Verlag. 4.—; geb. 5.—

(F) Müller, G. A., Dornenkrone der Liebe. Ein Schwarzwaldroman. 3. Aufl. Gr.-8°. (251 S.) K 4.80, geb. K 6.— Ebd. 1907.

— Ecce homo! Eine Erzählg. aus Jesu Christi Tagen. (429 S.) 8. Leipzig 908. C. F. Amelang. 4.50; geb. in Leinw. 6.—

— — Erinnerung an d. sächs. Schweiz. N. d. Natur aufgenomm. u. auf Stein gez. Mit begleit. Texte v. Ed. Lange. qu. 4. (8 ill. Ansichten u. 1¼ B. Text, qu. gr. 8.) Berlin 835, Krause'sche Buchh.

Müller, Gust. Adf., u. Ant. Gunkel, die gesammte Fachwissenschaft des Schneiders. Lehrbuch für den Unterricht an der deutschen Bekleidungs-Akademie zu Dresden, gleichzeitig für den Selbstunterricht verf. u. hrsg. 3. wesentlich verb. Aufl. der Anthropo-Trigonometrie. (In 8 Liefgn.) 1—5. Liefg. Dresden 869, 70. Müller. Lex.-8. (S. 1—148 mit 130 Steintaff. in Lex.-8. u. Imp.-Fol.) Jede Liefg. n. 20 ngr

Müller, Gust. Adf., und Ant. Gunkel, die gesammte Fachwissenschaft des Schneiders. Lehrbuch für den Unterricht an der deutschen Bekleidungs-Akademie zu Dresden, gleichzeitig für den Selbstunterricht verfaßt und hrsg. 3. und 4. wesentlich verb. Aufl. der Anthropo-Trigonometrie. Lex.-8. Dresden 869, Müller's Verlag. *

— — dass. — 5. wesentlich verb. und verm. Aufl. In 12 Lfgn. 1872. à Lfg. *ℳ 1., und 6. Aufl. 2 Bde. Lex.-8. (VIII, 172 S. mit 1 Tab. in Imp.-Fol., 151 Stnt. und 1 lithogr. Schnittmuster in Imp.-4.) Ebendas. 875. *

Müller, Gust. Adf., u. Ant. Gunkel, die gesammte Fachwissenschaft d. Schneiders. Lehrbuch f. den Unterricht an der deutschen Bekleidungs-Akademie zu Dresden, gleichzeitig f. den Selbstunterricht. 6., wesentlich verb. u. verm. Aufl. der Anthropo-Trigonometrie. hoch 4. (172 S. m. 154 Steintaf. in hoch 4 u. Imp.-Fol.) Dresden 876. Müller. n. 9.—

— urkundliche Forschungen zu Goethes Sesenheimer Idylle u. Friederikens Jugendgeschichte. Auf Grund d. Sesenheimer Gemeindearchives. Mit e. korrigierten Kopie u. e. Wiedergabe d. Falckschen Friederikenportraits, sowie 5 Beigaben. gr. 8. (XV, 146 S.) Bühl 894. Konkordia. n. 3. 75

— Führer durch Sesenheim u. Umgebung. Ein Wegweiser f. die Freunde der Goethe'schen Idylle. gr. 16. (31 S.) Strassburg 894. Kronenburgerring 11, Selbstverlag. — 80

— Führer durch Sesenheim u. Umgebung. Ein Wegweiser f. Goethefreunde. 2. verm. Aufl. (46 S. m. 1 Abbildg.) gr. 16. Bühl (903). Konkordia. n. 1.—

— Pater Fulgentius. Der Roman e. Leutnants. (213 S.) 8. Berlin (904). Verlag Continent. n. 3.—; geb. n. 4. 50

— Gedichte. 12. (VIII, 59 S.) Kassel 902. E. Vietor. n. 1.—; geb. in Leinw. n. 1. 50

— Die leibliche Gestalt Jesu Christi nach d. schriftlichen u. monumentalen Urtradition. Ein Versuch. (VIII, 103 S. m. 5 Abb.) 8. Graz 909. Styria. 1. 40

[S.] Goethe in Strassburg. E. Nachlese zur Goethe- u. Friederikenforschung aus d. Strassburger Zeit. M. vielen neuen Abb. Von Gustav A[d.] Müller. *Leipzig: G. Heyne 1896.* (3 Bl., 71 S.) 1 Bd 8.

— Goethe in Straßburg. E. Nachlese zur Goethe- u. Friederikenforschg. a. d. Straßburger Zeit. M. vielen neuen Abb. gr. 8. (V, 71 S.) Leipzig 896. W. Radestock. 2.—

— Goethe-Erinnerungen in Emmendingen. Neues u. Altes in kurzer Zusammenfassg. Mit 12 Abb. u. e. Urkunde in Fcsm. (XV, 112 S.) 8. Leipzig-Gohlis 909. B. Volger. 3.—; geb. 4.—

— das Grab am Rhein. Roman. (203 S.) 8. Bremerhaven 903. L. v. Vangerow. n. 3.—; geb. in Leinw. n. 4.—

— Juvenes dum sumus! Zwei Studenten- u. Liebesgeschichten. (103 S.) 8. Ebd. (904). n. 1.—; kart. n. 1. 50

— Hainot. Die Liebe zweier Weltkinder. Mit dem Vollbild des Dichters. 8. (135 S.) Leipzig (898). W. Fiedler. 3.—; geb. in Leinw. m. Goldschn. 4.—

— — Juvenes dum sumus. Novellen. 1905. (Kürschner, l. c.)

Müller, Gust. Adf., u. Ant. Gunkel, Collection v. 50 Grundmodellen in natürlicher Größe als Grundlage für alle Körperbauarten u. Kleiderformen, nebst e. Anleitg., wie nach dem Grundmodell e. richtig paff. Schnitt konstruirt wird. 5., verb. Aufl. Neu bearb. v. A. Strobel. gr. Fol. Mit Text. Lex.=8. (4 S.) Dresden 890. Exped. der Europ. Modenzeitung. n. 2. —

Müller, Gust. Adf. (II.) u. Ant. Gunkel. Collection v. 50 Grundmodellen in natürl. Größe als Grundlage f. alle Körperbauarten u. Kleiderformen, nebst e. Anleitg., wie nach dem Grundmodell e. richtig paff. Schnitt konstruirt wird. 7. u. 8. verb. Aufl. Neu bearb. v. A. Strobel. gr. Fol. Mit Text. Lex.-8. (8 Bl. m. 4 S. Text.) Dresd. 892, Exped. der Europ. Modenzeitg. * 2 —
4.—6. Aufl. Ebd. 1888—91.

— Kreuz u. Kreuzigung Christi in ihrer Kunstentwicklung, s: Forrer, Rob.

— mit Kreuz u. Schwert. Roman aus der german. Vorzeit. (183 S.) 8. Stuttgart (905). [Nationaler Verlag.] Berlin, J. Singer & Co. n. 2. 50; geb. n. 3. 50

—— Vorgeschichtliche Kulturbilder aus der Höhlen- u. älteren Pfahlbautenzeit. Mit besond. Berücksicht. Süddeutschlands u. der Schweiz. Für Freunde der Prähistorie entworfen. gr. 8. (IV, 144 S. m. 11 Taf.) Bühl 892, Konkordia. * 2 80

— drei Liebesnächte. Der Roman der Delila. (167 S.) 8. Budapest (904). F. Sachs. n. 2. 50
Im Deutschen Reiche verboten.

— römische Liebesopfer, s. a. Eckstein's 50 Pfennig=Biblioth.

Römische Liebesopfer. Drei realist. Novellen von Gustav Adolf Müller. 1.–4. Taus. *Berlin: R. Eckstein Nachf. [1900].* (78 S.) 8° [F.]
= 50 Pfennig-Bibliothek. Eckstein's. No 39. [00. 11609

MÜLLER, Gustav Adolf (in Mainz, geb. 24. Mai zu Buch in Baden), Römische Liebesopfer. Novellen. 1900; 2te Aufl. 1904.
Kürschner Litt.-Kalender f. 1909, Sp. 1128.

— römische Liebesopfer, s. a. Eckstein's mod. Bibliothek.

Römische Liebesopfer. 3 Herzensgeschichten von Gustav Adolf Müller. 5.–15. Taus. Berlin: R. Eckstein Nachf. [1905]. (94 S.) 8°
= Bibliothek, Ecksteins Moderne. No 35. [05. 4917

— ein Liebeswunder. Novelle. (Aus Amors Reisemappe.) (128 S.) 8. Leipzig (905). G. Müller=Mann. n. 1. —

Müller, Gust. Adf., d. fahrenden Burschen Lieder in Liebesfreud u. Herzeleid. gr. 8. (43 S.) München 891. (H. Lukaschik.) n. 1. 20

— des Fahrenden Burschen Lieder. 2., verm. Aufl. (Diamantausg.) 32. (53 S.) Bühl 895. J. Zenker. Geb. in Leinw. m. Goldschn. n. 1. 60

— Vater Josef Loreye. Sein Leben u. seine Gedichte. Gesammtausg. der hinterlassenen Poesien. Aus Auftrag v. Jos. Beck besorgt. gr. 8. (VII, 137 S. m. Bild.) Konstanz 889. (Freiburg i/Br., Trömer.) n. 2. 80

— Nach Lourdes! Bilder, Gedanken, Erinnergn. Ein Gedenkbuch. Mit 25 Abb. u. neuen Mitteilgn. (150 S.) 8. Luzern 909. Räber & Co. 2.50; geb. in Leinw. 3. 50

— Märchengold f. große u. kleine Leute. In Verse gefaßt. Mit Deckelzeichng. v. Osk. Höppner. (Neue [Titel-] Ausg.) (VII, 148 S.) gr. 8. Leipzig (908). R. Kunze. Geb. in Leinw. 3. —

— Märtyrer des Glücks. 3 Novellen. (VII, 165 S. m. Bildnis.) 8. Weinheim (906). F. Ackermann. n. 2. —; geb. n. 3. —

— der Mensch der Höhlen- u. Pfahlbautenzeit. Ein Handbuch f. Lehrer u. Lernende. 2. [Titel-]Aufl. (v.: „Vorgeschichtl. Kulturbilder aus der Höhlen- u. älteren Pfahlbautenzeit"). (III, 145 S. m. 11 Taf.) Lex.-8. Bühl [892] (904). Konkordia. n. 2. —

Müller, Gust. Adf., die Nachtigall v. Sesenheim. Goethes Frühlingstraum. Ein heiter-ernster Sang vom Rhein. 8. (173 S. m. Ornamenten u. 9 Lichtdr.) Leipzig 894. W. Fiedler. Geb. in Leinw. m. Goldschn. 4. 50; Liebhaber=Ausg. 6. 50

— die Nachtigall v. Sesenheim. Goethes Frühlingstraum. E. heiter=ernster Sang v. Rhein. 3., durchgeseh. Aufl. 16. (193 S. m. Bildn.) Leipzig 897. W. Fiedler. Geb in Damast m. Goldschn. 2. 50

— die Nachtigall v. Sesenheim. Goethes Frühlingstraum. Ein Liebesfang vom Rhein. 5. Tauf. (173 S. m. 9 Taf.) 8. Berlin (903). [Verlag Continent.] Leipzig, O. Tobies. Geb. in Leinw. m. Goldschn. n. 4. 50

— Nausikaa, s. a. Theater=Bibliothek, Münchener.

Müller, Gust., Nausikaa. Ein Schauspiel in 4 Aufzügen. 8. (43 S.) Bühl 890. (München, Franz' Sort.) n. — 80

—— Nausikaa. Ein Schauspiel in 4 Aufzügen. 8. (43 S.) Bühl 890. (Münch., Lukaschik.) * — 80

— Nausikaa. Ein Liebesspiel in 4 Aufzügen. (Neue Aufl.) (62 S.) 8. Berlin (903). Verlag Continent. n. 1. 20

—— Nornagest. Aus Walhallas letzten Tagen. Drama aus der nordgerman. Urzeit in 5 Aufzügen. 8. (VII, 69 S.) Augsb. 892, Literar. Institut v. Huttler. * 1 80

— Ortrud. Ein Liebesidyll. Erzählung. 12. (61 S.) Basel 896. G. L. Kattentidt. Geb. in Leinw. n. 2. —

— der Pfeifer v. Dusenbach. E. Liebesmär aus dem Elsaß. 12. (VII, 103 S.) München 896 Seitz & Schauer. Geb. in Celluloid u. Leinw. n. 3. —

— der Pfeifer v. Dusenbach. Eine Liebesmär aus dem Elsaß. 3. durchgeseh. Aufl. (VIII, 79 S. m. 6 Vollbildern.) 8. Bremerhaven 904. L. v. Vangerow. Geb. in Leinw. n. 4. 50

— Die Phraseologie des Sallust, s. Müller, Gustav

Müller, Gust. Adf., Pontius Pilatus, der 5. Prokurator von Judäa und Richter Jesu von Nazareth. Mit einem Anhang: „Die Sagen über Pilatus" und einem Verzeichnis der Pilatus-Literatur. gr. 8. (VIII, 59 S.) Stuttgart 888, Metzler's Verlag. *

— Das sterbende Pompeji. Ein Roman aus Pompejis letzten Tagen. (XVI, 425 S.) 8. Leipzig (910). O. Weber. 5.—; geb. 6.—; in Prachtbd. 8. —

— — Aus Amors Reisemappe. Novellen. 3 Thle. 1905 bis 6. (l. c.)

— die Reitergruppe auf den römisch-germanischen Giganten-Säulen. Eine archaeolog. Studie. gr. 8. (30 S. m. 2 Taf.) Bühl 894. Konkordia. n. 2. 50

— Im Schatten der Akropolis, s.: Bibliothek, bunte, zeitgenössischer Schriftsteller.

— die Schlacht bei Sendling (1705), s.: Theater-Bibliothek, Münchener.

Schnewelin. Eine Geschichte aus d. 13. Jh. Epische Dichtung von Gustav Ad[olf] Müller. Ill. von Josef Albrechtskirchinger. München: G. Franz 1892. (149 S.) 8° [F.] [07. 6249

— Schnewelin. Eine Geschichte aus dem 13. Jahrh. Epische Dichtg. Illustr. v. Jos. Albrechtskirchinger. 16. (151 S.) München 892. H. Lukaschik. n. 2. 50; geb. in Leinw. n. 3. 20

— Schnewelin. E. Geschichte aus d. 13. Jahrh. In Versen erzählt. 2. Ausg. gr. 16. (VIII, 149 S. m. Bildn.) Leipzig 895. W. Fiedler. Geb. in Celluloid u. Leinw. m. Goldschn. 2 80

— Sesenheim, wie es ist u. der Streit üb. Friederike Brion, Goethes Jugendlieb. Ein Beitrag zu friedl. Einigg. Mit 1 Titelbild u. mehreren Abbildgn. in Lichtdr. nach Skizzen v. M. Feurer. gr. 8. (125 S.) Bühl 894. Konkordia. n. 6. —

(B) — Sesenheim. 894. (KBL 28.) Erm. Pr. 3. 80

Müller, Gust. Adf., Stimmen toter Dichter. Briefe, Gedichte, Erinnerungen. Ein Gedenkbuch. Mit dem Bild u. Fksm. Ulrikes v. Levetzow. (IV, 105 S.) 8. Hannover 904. Leipzig, O. Tobies. n. 2. 50; geb. n. 3. 50

(B) — Stimmen toter Dichter. 904. (KBL 34.) Jetzt: Dresden-Loschwitz, M. Menzel.

— die Tempel zu Tivoli bei Rom u. das altchristliche Privathaus auf dem Monte Celio. Mit 3 Lichtdr.-Taf. u. Abbildgn. im Text. Archäologische Studien. gr. 8. (55 S.) Leipzig 899. [M. v. Metsch.] Blumberg & Co. n. 3. —

Müller, Gust. Adf., über d frühchristl. Thiersymbole v. Achmim-Panopolis in Oberägypten u. in d. Katakomben. Studie. [Aus: „Augsb Postzeitg."] 8 (37 S.) Augsburg 894. Straßburg (Kronenburgerring 11), Selbstverlag. 1. 50

— Töchter der Sünde, s.a. Seemann's kleine Unterhaltungsbibliothek. Nr. 25.

— — Töchter der Sünde. Novellen 1903; 5te Aufl. 1904. (Kürschner, l. c.)

— Töchter der Sünde, s.a. Siesta.

Töchter der Sünde. Geschichten aus d. dunkelsten Leben. Von Gustav Adolf Müller. 11./15. Aufl. Berlin & Leipzig: Seemann [1910]. 132 S. 8°
(Siesta. 11.) [10. 16480

Müller, Gust. Adf., anthropometrische Trigonometrie der Zuschneidekunst, zunächst für Herrenkleidermacher, erfunden in Paris und während einer 20jähr., an Erfahrungen reichen Praxis vervollkommnet. (In ca. 12 Heften.) 1. Heft. Fol. (S. 1—4 und 2 lithogr. Schnittmuster in Imp.-Fol.) Dresden 860, (Klemm's Verlag.) * *

— Ungedrucktes aus d. Goethe-Kreise. Mit vielen Fcsms. Hrsg. v. M. Handschriften v.: Goethe. — Karl August. — Herzogin Amalia. — Stegmayer. — Lessmann. — Kamienska. — Zacharias Werner. — Johanna Schopenhauer. — Heinr. Meyer. — Eckermann. — Bertuch. — Ottilie v. Goethe. — „Werther"-Jerusalem. — J. G. u. Fr. Jacobi. — Lavater. — Lenz. — Joh. Rud. Salzmann. — Familie Brion. — Vulpius. — Carus. — Lerse gr. 8. (136 S.) München 896. Seitz & Schauer. n. 8. —

— wenn sich zwei Täubchen küssen. Novelle. (Aus Amors Reisemappe.) (124 S.) 8. Leipzig (905). G. Müller-Mann. n. 1. —

— im Zauber der Wartburg. Roman. Deckelzeichnung v. Osc. Höppner. (398 S.) 8. Leipzig (905). G. Müller-Mann. n. 6. 50; geb. n. 8. —

Mueller, Gust. Anton. (geb. Wettin 18. 11. 1832): De hydrope ovarii. Berolini (1857). (31 S.) 8°
Berlin, Med. Diss. v. 21. Apr. 1857

Mueller, Gust. Eduard. Rud. (geb. Grunau in Westpr. 1. 1. 1836): De epilepsia ejusque connexu cum traumate et rheumate. Berolini (1861). (32 S.) 8°
Berlin, Med. Diss. v. 8. Aug. 1861

Müller, Gustav Ferdinand (Hrsg.), s. Wegweiser, Kosmosophischer.

Müller, G(ustav Gottfried) Hans, aus Berlin: Über die Condensation von Benzaldehyd mit Äthylmethylketon. ⟨α-Benzalbutanon u. γ-Benzalbutanon u. ihre Derivate.⟩ *Berlin (1902): G. Schade.* (47 S.) 8°
Berlin, Phil. Diss. v. 16. Aug. 1902

Müller, Gustav Joseph Ferdinand, s. Müller, Gustav

Vergessene und halbvergessene Dresdener Künstler des vorigen Jahrhunderts. Von Gustav Otto **Müller**, Insp. d. Kgl. Gemäldegal. in Dresden. *Dresden: W. Hoffmann 1895.* (VIII S., 1 Bl., 104 S., 1 Taf.) 1 Bd 8. [96. 3215

Müller, Gustav Theodor, s. Müller, Theodor

Müller, Gustav Wilhelm

Müller, C. W., Ostracoda, s.a. Ergebnisse, wissenschaftliche, der deutschen Tiefsee-Expedition. VIII. 2.

Ostracoda. Von G[ustav] (auf d. Umschl.: C.) W[ilhelm] **Müller**, [Prof. in Greifswald]. (Mit 31 Taf.) (Text [&] Tafeln.) (Jena: G. Fischer 1906.) (S. 29–154, Taf. 5–35.) 4°
— **Ergebnisse**, Wissenschaftl., d. deutschen Tiefsee-Expedition auf d. Dampfer Valdivia 1898–99. Bd 8, Lfg 2. [06. 8033

Die Ostracoden. Von G. W[ilhelm] **Müller**. M. 7 Taf. u. 1 Abb. im Text. *(Frankfurt a. M.: M. Diesterweg; [Dr. v.] A. Weisbrod 1898.)* (3 Bl., 257—296 S., 7 Taf.) 4.
— Voeltzkow, A.: Wissenschaftl. Ergebnisse d. Reisen in Madagaskar u. Ostafrika. H. II, 1.
— **Abhandlungen** hrsg. v. d. Senckenbergischen naturforschenden Gesellschaft. Bd 21, H. 2. [No 1.] [98. 12317

(B) **Müller,** G. W., Ostracoden. 898. (KBL 30.) Jetzt: Frankfurt a/M. (Viktoria-Alle 7), Senckenberg. naturforsch. Gesellschaft. Erm. Pr. nn 4. —

Müller, G. W., die Ostracoden des Golfes v. Neapel, s.: Fauna u. Flora des Golfes v. Neapel.

Müller, G. W., die Ostracoden der Siboga-Expedition. (Siboga Expeditie XXX.) (III, 40 S. m. 9 Taf. u. 9 Bl. Erklärgn) 4. Leiden 906. Buchh. u. Druckerei vorm. E. J. Brill. n.n. 7. 50

— Die Ostracoden der deutschen Südpolar-Expedition, s.: Südpolar-Expedition 1901—1903. X. 2.

G[ust.] W[ilhelm] Müller, Deutschlands Süsswasser-Ostracoden. Mit 10 Taf. [1.] *Stuttgart: E. Nägele 1900.* 4°
— Zoologica. Bd 12, Lfg 3. [oo. 8505

Müller, G. W., Deutschlands Süsswasser-Ostracoden, s.a. Zoologica. 30.

Deutschlands Süsswasser-Ostracoden von G[ust.] W[ilhelm] Müller. Mit 21 Taf. (In 2 H.) *Stuttgart: E. Nägele 1900.* (112 S.) 4°
— Zoologica. H. 30. [oo. 10491

Müller, H., s.a. Müller-Thurgau, Hermann

Müller, H., Abhandlung über den Bau der Molen, der medicin. Facultät a. d. U. Würzburg bei der Habilitation vorgelegt. 8. (87 S.) Würzburg 847. (Stahel'sche Buchh.) n. 1/2 ₰

Müller, H., Adelaide, s. Theater-Mappe

Müller, H. (Hrsg.), s. Alterthümer, Südarabische.

Müller, H. (II.), Anleitung zum Erlernen einer schönen Handschrift. 8. (24 S. mit 2 lithogr. Taf.) Leipzig 880, (G. A. Schmidt.)

— Anmerk. üb. die Leidensgeschichte Jesu Chr. m. K. 8. Stettin. 744.

Müller, H., Sophoclis Antigone aliquot locis emendata et explicata. Pr. 1833. 15 S. 4°. 2.—
Naumburg.

Müller, H., s. Arbeiten d. Seminars z. Marburg.

MÜLLER, H.: Auseinandersetzung e. d. schwersten Fälle aus der Internsurienrechnung. *Gött.* 785. 8.

Müller, H. Beitrag zur Bodenkunde im Chiemgau unter spezieller Berücksichtigung der Umgegend von Bernau. Mit 1 Karte. In-8°. 54 S. Basel. These. 1896.

— v., s. Beiträge z. konservativer Politik.

Müller, H., die Belagerung v. Soissons im J. 1870. Im Auftrage der königl. General-Inspection der Artillerie, unter besond. Berücksichtg. der artillerist. Verhältnisse u. m. Benutzg. dienstl. Quellen bearb. Mit 3 (lith.) Plänen (in qu. gr. 4.) gr. 8. (V, 75 S.) Berlin 875. Voss. n. 3. 50

Müller, H., parva biblia, od. kl. Bibel aus dess. Schr. erkl. 8. Dresd. 700.

— collegium experiment. in quo ars experiment. de aëre etc. explanatur. c. fig. 4. Nürnb. Stein. 721.

Müller, H., der Diplomat der alten Schule, s.: Bloch's, E., Volkstheater.

Müller, H., die Domkirche zu Chur. 8. Chur, Kellenberger'sche Buchh. 1874. —. 60

Müller, H. Ueber neue Echinodermen des Eifeler Kalks. Berlin. 1856.

Müller, H. Ueber den Einfluss der Zeitgeschichte auf die dramatische Literatur der Italiener. Diss. Rostock 1871. 16 S.

Müller, H. Eisenbahn-Karte v. Mittel-Europa m. Angabe sämtl. Bahnstationen, Hauptpost- und Dampfschiffahrts-Verbindungen. 1 : 1,800,000. 39. Aufl. Ausg. 1892. 2 Blatt. Farbendr. 80×96 cm. Glogau, Flemming. * 2 10; auf Leinw. in Leinw.-Karton * 4 80
Erscheint jährlich.

Müller, H. Der bayrisch-pfälzische Erbfolgekrieg i. J. 1504. 2 T. (21, 21.) 4. Prenzlau 1876. 78. 2 00

Müller, H., der bayrisch-pfälzische Erbfolgekrieg im Jahre 1504. 4. (21 S.) Prenzlau 878. (Biller.) n. 1. —

Mueller, H. Die Erziehung der Truppe zum moralischen Wert in Deutschland, Rußland u. Japan. Eine vergleichende Studie auf Grund des russisch-japan. Krieges. Berlin 1906. 69 S.

Müller, H. [app. Arzt]: Ein Fall von arteriellem Rankenangiom des Kopfes . . . (Aus: Beitr. z. klin. Chir. VIII. Bd. I. H.) Tübingen, H. Laupp'sche Buchh., 1891; 2 Bl., 13 S. 8°
Tübingen, Med. Fak., Inaug.-Diss. v. 1891

Müller, H., deutsche Fibel, s.: Dietlein, Rud.

— H., De fontibus Plutarchi vitam Dionis enarrantis. Diss. 1876. 58 S.

Müller, H., s. Fournet, J., Vereinfachung der Lehre von d. Gängen.

Friede auf Erden. Ein Vortrag über die Friedensbewegung d. Gegenw. von Pfarrer Dr. H. Müller in Elgersburg, geh. in Gotha 1896. Hrsg. durch d. Ortsgruppe Gotha d. Deutschen Friedensgesellsch. *Gotha: F. A. Perthes 1897.* (24 S.) 8° [F.] [oo. 3627 B

Müller, H. (H.), über einige Gebilde, die aus der Betrachtung von Curvensystemen erster und zweiter Ordnung entspringen. gr. 4. (88 S. mit in den Text eingedr. Holzst.) Braunschweig 866. (Freiburg im Br., Troemer.) *

Müller, H. (II.), über Gemeinde-Verfassung, zunächst f. Kurhessen u. in Bezieh. auf die daselbst einzuführ. Städte- u. Gemeinde-Ord., mit vergleich. u. prüf. Rückblicken auf die in and. deutschen Staaten besteh. allgem. Gesetze dies. Art. gr. 8. (6 B.) Hanau 831, König.

Müller, (Regier.-Secr.) H. IV., üb. Gemeinde-Verfassung, zunächst f. Kurhessen u. in Beziehung auf d. daselbst einzuführende Städte- u. Gemeinde-Ordnung, mit vergleichenden u. prüfenden Rückblicken auf d. in andern deutschen Staaten bestehenden allgem. Gesetze dieser Art. gr. 8. Hanau 832. König. 12 gGr.

Müller, H., Generalregister, s.: Entscheidungen des Reichsgerichts in Civilsachen.

[F.] Der Georgs-Marien-Bergwerks- und Hütten-Verein v. H. Müller, Dr. jur. in Hannover, Vorsitz. des Aufsichtsr. des . . . Ver. Th. 1. 2. *Osnabrück: Hrsg. v. Georgs-Marien-Bergwerks- u. Hütten-Ver.; (Dr. v. A. Grimpe in Hannover) 1896.* 2 Bde 4.
1. Die Gesch. des Ver. M. 3 Abb. nach Photogr. (4 Bl., 151 S., 1 Taf., 2 Portr.)
2. Beschreibg d. Besitzgn, d. Betriebsanlagen u. d. Einrichtgn des Ver. M. 70 Abb. nach Linienzeichngn u. Photogr. auf 47 Taf. (2 Bl., 117 S., 47 Taf., bezw. Kt. u. Pl.) [97 331

Müller, H., der Georgs-Marien-Bergwerks- u. Hüttenverein. 2 Tle. in 1 Bd. 4. (VI, 151 u. IV, 117 S. m. 50 Taf.) Osnabrück 896. (Rackhorst.) n.n. 12. —; geb. n.n. 14. —

Müller, H., der Georgs-Marien-Bergwerks- u. Hütten-Verein. 2. Bd. (176 S. m. 6 Taf.) Lex. 8. Osnabrück 906. (Rackhorst.) nn 8. 50 (1 u. 2: nn 20. 50)
1. Bd. Ebd. 896. nn 12.—; geb. nn 14.—.

Müller, H: Zur Geschichte der südarabischen Expedition. Wien 1908

[Bildert.:] [F.] Geschichte des Corps Silesia. E. Festschr. z. 60jähr. Stiftgsfeste v. H. **Müller**. 1837. 1897. *(Breslau: Buch- u. Kunstdr. E. Trewendt 1897.)* (3 Bl., 203 S., 1 Bildert., 1 Taf.) 1 Bd 4.(8.) [98. 8600

Müller, H., die Kepler'schen Gesetze. Eine neue elementare Ableitung derselben aus dem Newton'schen Anziehungsgesetze. Mit in den Text eingedr. Holzst. Braunschweig 870. Vieweg & Sohn. gr. 8. (VIII, 72 S.) n. 15 ngr.

Müller, H. Die Glaubwürdigkeit des Thukydides geprüft an s. Darst. der Belagerung von Plataia. S.-A. 1885. 60 S. 2.—

— H., Dr., Ostafrikanische Gletscherfahrten. Forschungsreisen im Kilimandscharo-Gebiet. Leipzig 1890.

Müller, H., Schloß Großcomburg, die Wiege d. Vaters Sr. Maj. d. Königs Wilhelm II. v. Württemberg, Sr. k. Hoh. d. Prinzen Friedrich. Beschreibung der dort. Staatsgebäude u. ihrer Sehenswürdigkeiten. Mit Benützg. amtl. Quellen u. Erlaubnis der vorgesetzten Behörden verf. 8. (III, 32 S. m. 1 Plan.) Stuttgart 894. (W. Kohlhammer.) n. — 50

Müller II., H., die Grundsätze der neueren Befestigung und Widerlegung Mangin's. Antwort auf die Abhandlung über die Polygonal-Befestigung vom Kaiserl. Franz. Genie-Hauptm. Mangin. Mit 2 (lith.) Taf. Abbildgn. (in Fol.) Berlin 856. Decker. 8. (91 S.) 22½ ngr.

Müller, H. (IV.), Gymnasial-Arithmetik. 2 Thle. 8. Cöslin, Hendeß. cart. *
Inhalt:
Thl. 1. Rechnen in der Sexta und Quinta. (46 S.) 881. * 60 Pf.
" 2. Quarta und Untertertia. (62 S.) 882. * 80 Pf.

— **Gymnasial-Botanik. 8. (VIII, 85 S. mit 1 Steintaf. in 4.) Ebend. 880. cart.** n. 1. —

Müller, Dr. H., und J. v. Schlosser, Die Haggadah von Sarajevo. Eine spanisch-jüdische Bilderhandschrift des Mittelalters. Nebst einem Anhange von Prof. Dr. David Kaufmann. Mit einem Frontispiz in Chromotypie, 38 Lichtdrucktafeln, 18 Text-Abbildungen und einem Atlas von 35 Tafeln. 2 Bände. Lex.-8. (Textband IV, 316 S.)
Wien: Hölder 1898. 30.—

Müller, H., der praktische Hausarzt. Ein getreuer Ratgeber f. Jung u. Alt in gesunden u. kranken Tagen. Populärwissenschaftl. Darstellg. aller wicht. Krankheitsbilder m. besond. Berücksicht. der modernen Behandlungsmethoden. Mit 16 Chromotaf., 16 einfarb. Taf. u. 157 in den Text gedr. Abbildgn., sowie 8 zerlegb. anatom. Modellen. gr. 8. (XV, 639 S. m. 4 Bl. Erklärgn.) Leipzig (901). Bulitta & Co. Geb. in Leinw. n. 13. —

(B) **Müller, H., der prakt. Hausarzt. 901. (KBL 32.) Jetzt: Dresden, Dresdner Verlagsbh. M. O. Groß.** Erh. Pr. 15. —

— **über den Hausschwamm, so wie über die Mittel denselben zu vertilgen. gr. 8. (23 S.) Bremen 848, Schünemann.** ¼ ng

Müller, H., Homer und Virgil. Eine Parallele. Erfurt 807. 8.

Müller, H., und C. Riemer, Karte von Angra Pequeña (1 : 2,000,000) und Süd-Afrika. 1 : 8,000,000. Chromolithogr. qu. Fol. Weimar 884, Geograph. Institut. * — 80

Müller, H., und C. Riemer, Karte von Angra Pequeña (1 : 2,000,000) und Süd-Afrika 1 : 8,000,000. 2.—7. Aufl. Chromolithogr. qu. Fol. Weimar 884—88, Geograph. Institut. * — 80

Müller, H., Karte der Eisenbahnen Mittel-Europas mit Angabe sämmtlicher Bahnstationen, Hauptpost- und Dampfschiff-Verbindungen. Entworfen und nach den zuverlässigsten Quellen bearbeitet. Glogau, Flemming, 1857. Imp.-Fol. Chromolith.
—, — Neue Ausg. Ebenda 1858. Lith.
—, — Neue Ausg. Ebenda 1859. Lith.
—, — 4. Aufl. Ebenda 1860. Lith.
—, — 6. Aufl. Ebenda 1862. Lith.
—, — 7. Aufl. Ebenda 1863. Imp.-Fol. 2 Bll. Lith.
—, — 8. Aufl. Ebenda 1864. 2 Bll. Lith.
—, — 9. Aufl. Ebenda 1865.
—, — 10. Aufl. Ebenda 1866.
—, — Neue Ausg. Ebenda 1867. . . . . (Br. Mus.)

Müller, H., Karte der Eisenbahnen Mittel-Europa's mit Angabe sämmtl. Bahnstationen, Hauptpost- und Dampfschifffahrts-Verbindungen. Nach den zuverlässigsten Quellen bearb. Ausg. 1868—1875. Fol. Glogau, Flemming. aufgez. in Carton *

—, — Neue revid. Ausg. Ebenda 1869—76.

—, — Ausgabe mit den polit. Grenzen in Buntdruck. Ebenda 1871, 1872. (Br. Mus.)

Müller, H., Karte der Eisenbahnen Mittel-Europa's mit Angabe sämmtlicher Bahnstationen, Hauptpost- und Dampfschifffahrts-Verbindungen. Entworfen und nach den zuverlässigsten Quellen bearb. Ausg. 1876. Chromolithogr. Imp.-Fol. Glogau, Flemming. *
Auf Leinw. in Carton *

—, — Ausg. 1884—92. Ebda. Imp.-Fol. 2 Bll. Chromolith. (40 Auflagen.) (M. 2,10.)

Müller, H., Karte der Eisenbahnen Mittel-Europa's, mit Angabe sämmtl. Bahnstationen, Hauptpost- und Dampfschifffahrts-Verbindungen. Entworfen und nach den zuverlässigsten Quellen bearb. Ausg. 1884. 2 Bl. Chromolithogr. Imp.-Fol. Glogau, Flemming. * 2 10
Auf Leinw. in Carton * 4 80

Müller, H., Karte der Eisenbahnen Mittel-Europa's mit Angabe sämmtl. Bahnstationen, Hauptpost- und Dampfschifffahrts-Verbindungen. Entworfen und nach den zuverlässigsten Quellen bearb. Ausg. 1885—1888. 2 Bl. Chromolithogr. Imp.-Fol. Glogau, Flemming. * 2 10
Auf Leinw. in Carton * 4 80

Müller's, H., Karte des deutsch-französischen Kriegsschauplatzes. 1 : 500,000. Fol. Glogau 870, Flemming.

— Katechisationen üb. d. Reformationsfest in Zürich 8. Zürich 819. Orell, 4 ß Dass. mit 4 Festliedern 6 ß

Die evangelische Kirche zu Emmerich a. Rh. Ein Erinnerungsblatt d. evang. Gemeinde gewidmet von Pfarrer H. **Müller**. (Emmerich [1908]: J. L. Romen.) (31 S.) 8° [Umschlagt.] [08. 6013 B

Müller, H., Schloß Komburg, d. Wiege d. Vaters Sr. Maj. des Königs Wilhelm II. v. Württemberg, Sr. kgl. Hoh. des Prinzen Friedrich. Beschreibung der dort. Staatsgebäude u. ihrer Sehenswürdigkeiten. Mit Benützg. amtl. Quellen u. Erlaubnis der vorgesetzten Behörden verf. 2. umgearb. Aufl. 8. (III, 38 S.) Schwäb. Hall (901). W. German's Verl. n. — 50

Müller, H., über Cultur der Cyclamen persicum, s.: Sammlung gemeinnütziger Vorträge u. Abhandlgn. auf dem Gebiete des Gartenbaues.

— theol. u. hist. Curiositäten. 8. 713.

Müller, H., u. C. **Schulz**, der religiöse Lernstoff in Volksschulen nach den Bestimmungen der Regulative zusammengestellt u. hrsg. 2. verb. Aufl. Oppeln 869. Reisewitz. 8. (96 S.) n. 4 ngr.

Müller, H. (IV.), und C. Schulz, der religiöse Lernstoff für Volksschulen, im Anschluß an die allgem. Bestimmungen vom 15. Octbr. 1872 zusammengestellt und hrsg. 3. Aufl. (96 S.) 1873; 4. verb. und verm. Aufl. 8. (102 S.) Oppeln 878, Franck's Buchh. *

Müller, H., u. C. **Schulz**, der religiöse Lernstoff f. Volksschulen, im Anschluß an die allgem. Bestimmgn. vom 15. Oktbr. 1872 zusammengestellt u. hrsg. 5. Aufl. 8. (103 S.) Oppeln 885. Franck. n. — 50

Müller, H., u. C. Schulz. Der religiöse Lernstoff für Volksschulen. 5. Aufl. II. 8. Oppeln 885. Berl., Gronau. * — 50

Müller, H., Lieder und Gesänge, nebst Dichtungen verschiedener Gattung. Allen Freunden des Gesanges, insbesondere den deutschen Tondichtern gewidmet v. Armin Thuringensis [H. M.]. 1. Buch. 8. (XIV, 79 S.) Heidelberg 888. Petters. n. 2. —; geb. n.n. 2. 80

Müller, H., Liedersammlung f. Schulen u. z. Privatgebrauch. 2 Hfte. qu. gr. 8. Berlin 839, Lüderitz'sche Vrlsbuchh. à 1/4 Thlr.
Hft. 1. Enth. ein- u. zweistimmige Lieder. (5 B.)
" 2. " dreistimmige Lieder u. Chorále. (6 1/4 B.)

Müller, H. (IV.), Liedersammlung für Schulen und zum Privatgebrauch. 2. Heft, enth. dreistimm. Lieder und Choräle. 2., verb. und fast um das doppelte verm. Aufl. qu. gr. 8. (94 S.) Berlin 850, Lüderitz'sche Vrlgsh.
1. Heft. Ebendas. 1839. 7 1/2 Ngr.

Müller, H., erste liste d. v. kanon-ausschuss d. allgem. deutschen neuphilolog. verbandes als f. d. schulunterr. „bedingungslos brauchbar" anerkannten schulausgaben französ. schriftsteller. (Abgeschlossen pfingsten 1898.) Mitgeteilt v. d. vorsitzenden d. kanon-ausschusses M. [Aus: „Neuere Sprachen".] gr. 8. (15 S.) Marburg 899. N. G. Elwert's Verl. n. — 40

Müller, H., die Maurerkunst, Handbuch zum theoret. u. prakt. Gebrauche f Baumeister, Architekten u. Maurermeister. Mit üb. 300 (eingedr.) Holzschn. geschmückt. gr. 8. (XV, 626 S.) Leipzig 875. Scholtze. n. 8. —

Müller, H. (II.), die Maurerkunst. Handbuch zum theoret. und prakt. Gebrauche für Baumeister, Architekten und Maurermeister. Mit über 300 (eingedr.) Holzschn. geschmückt. (XV, 626 S.) 1875; 2. und 3. Aufl. gr. 8. (XIV, 620 S.) Leipzig 877,79, Scholtze. * M 8.; geb. *

Müller, H., Medea; Tragödie, aus d. Griech., mit einer Abhandlung begleitet. gr. 8. Erfurt 811. Keyser. 18 K

—— zur Methode des mathematischen Unterrichts. 3 Hefte. 8. Ebendas. *
Inhalt:
Heft 1. Rechnen und Arithmetik in der Quarta und Tertia. (34 S.) 880. * M 1.
" 2. Arithmetik in der Sexta und Quinta mit Auflösungen und Bemerkungen zum 1. Tl. der Gymnasial-Arithmetik. Gymnasial-Arithmetik. 1. Tl.: Rechnen in der Sexta und Quinta. (36; 48 S.) 881. * M 1,50.
" 3. —— dass. — für Quarta und Untertertia. Gymnasial-Arithmetik. 2. Tl. (35; 64 S.) 882. * M 2.

— Onkel Moses, s.: Bloch's, E., Theater-Gartenlaube.

Müller, H., Plan der Stadt Magdeburg mit dem neu zu bebauenden Terrain und des Centralbahnhofes. Fol. Magdeburg 871, Baensch.

— evang. Präservativ wid. den Schaden Josephs in allen 3 Ständen, auf die Sonn- und Festtags-Evangel. m. K. 4. Stettin, Jungnickel. 741.

Förtsch (Rector), Zu der öffentlichen Prüfung sämmtlicher Classen des Domgymnasiums zu **Naumburg**. 2.—5. IV. 1838. — Inh. 1. Müller, Probe einer neuen Uebersetzung des Aristophanes. 2. Schulnachrichten. Naumburg a. S. (K. A. Klaffenbach). 33 S. (4.—) 9173

Müller, H. Probe einer neuen Uebersetzung des Aristophanes. (Scenen aus den Fröschen, 14te bis 16te.) 19 S. . . . . .
Naumburg, Progr. 1838

Müller H. Ein Problem der Variationsrechnung. 1875. 8. Rostock, Diss.

— H., Quaestiones Horatianne. Pr. 1862. 24 S. 4°.

Müller, H... I., das Reich d. Natur, lehrreich dargest. u. zur prakt. Gotteskenntniß angewendet. 3 Bdchn. 8. Krems 796. (Schmidt in Leipz.) 1 ß

Müller, H. Das Reportgeschäft. In-8°. VIII, 151 S. Zürich. These. 1897.

Müller, H., das Jeverländer Rind, s.: Monographien landwirtschaftlicher Nutztiere. 1. Bd.

— Rosalia, Bilder des Lebens. Den Manen meines edlen vdterl. Freundes ... geweiht. 2 Thle. 8. St. Gallen 827, Huber u. C.

Müller II., H., die Rotation der runden Artillerie-Geschosse. Geschichtliche Entwickelung der Rotationsfrage seit dem Jahre 1737 u. ihr gegenwärtiger Standpunkt. Berlin 862. Mittler's Sortbhdlg. (Bath.) gr. 8. (VI, 218 S. u. 1 lith. Taf. in 4.) n. 1 ß 10 ngr.

Müller, H. III., **vollständ. u. systemat. geordn. Sach- u. Namen-Register zu d. 76 Bänden d. v. D. L. W. Gilbert vom Jahr 1791—1824 herausgg. Annalen d. Physik u. physikal. Chemie. gr. 4. Leipz. 826. Barth. 4 ß** (Vergl. Annalen d. Physik).

— Schriften wider die Heuchler ꝛc. 8.

—— Schüler-Herbarium. Fol. (171 Bl.) Ebendas. 880. In Mappe *

— Schüler-Herbarium. Fol. (36 Bl.) Ebend. 882. In Mappe. n. 1. 60

Müller, H., Schüler-Herbarium. 2. Aufl. Fol. (43 B.) Cöslin 883. Hendess. In Mappe. n. 1. 60

Müller, H., Specialkarte der Eisenbahn-, Post- und Dampfschiff-Verbindungen Mittel-Europas ... Vollständig neu gez. u. umgearb. ... [1855?] . . . . (Br. Mus.)
——, —— 4. Aufl. ... 1859. (Br. Mus.)
——, —— 8. Aufl. ... 1864. (Br. Mus.)
——, —— 12. Aufl. (ohne polit. Grenzen). ... 1868. . . . . (Br. Mus.)
——, —— 14. Aufl. (mit den polit. Grenzen). ... 1870. . . . . (Br. Mus.)
——, —— 14. Aufl. (mit Ortsverzeichniss.) ... 1874. . . . . (Br. Mus.)
——, —— 14. Aufl. (mit oestlichen Anschlussblättern.) ... 1877.

Müller, H., und C. Riemer, Spezial-Wand-Karte von Deutsch-Ost-Afrika. 1 : 3,000,000. 12 Bl. Chromolithogr. Imp.-4. Weimar 887, Geograph. Institut. 9 —
Auf Leinw. in Mappe * ℳ 14.—; mit Stäben * 15 —

Mueller (H.). Sporenvorkeime und Zweigvorkeime der Laubmoose. Leipzig, 1874. 8°.

— unsere Stellung zu dem nationalliberal-konservativen Schulkompromiß. Vortrag, geh. auf der XVIII. Generalversammlg. des Vereins zur Erhaltg. der evangel. Volksschule. (19 S.) 8. Berlin (906). F. Zillessen. n. — 20

Müller, H. De theatri, scenaeque inpr. Graecor. Romanorumque structura et partibus. 18 S. . . . .
Naumburg, Progr. 1825

— im Stuben-Arrest, s.: Bloch's, E., Dilettanten-Bühne.

Müller, H., s. Studien, historische.

Mueller, H.: Symptome des Alkoholismus nebst Mitteilung einiger Fälle von chronischer Alkoholvergiftung. D. 8°. 1 Bd. Würzburg. 1888.

– (Hrsg.), s. T a c i t u s , P. Cornelius: Opera quae supersunt. 1903.

Müller, H., der französische Unterricht im deutschen Gymnasium. 1. u. 2. Tl. gr. 8. Heidelberg 894. O. Petters. n. 1. 60
1. (43 S.) n. 1. 20. — 2. Die Methode desselben. (16 S.) n. — 40.

Müller, Veilchentreiberei, s.: Sammlung gemeinnütziger Vorträge u. Abhandlungen auf dem Gebiete des Gartenbaues.

Müller, H., s.: Vorträge, komische.

Müller, H., Wegweiser zur Höhe der Bienenzucht u. zur Erkenntniß d. Bienenlebens. 8. (65 S.) Cöslin 875. Schulz in Comm. n. — 60

—— Wegweiser zur Höhe der Bienenzucht und zur Erkenntniß des Bienenlebens. 2. Aufl. 12. (659 S.) Cöslin 875, (Schulz.) cart. *

— Wegweiser zur Höhe der Bienenzucht u. zur Erkenntniß des Bienenlebens. 3., verm. Aufl. 12. (72 S.) Ebend. 881. cart. n. — 50

– Das W e i n g e s e t z , s.a. G e s u n d h e i t s p f l e g e . H. 5.

— Das Weingesetz m. Erläuterungen u. Ausführungsvorschriften. Amtliche Handausg. Bearb. im Auftrage des grossherzogl. Ministeriums des Innern. (180 S.) 8. Darmstadt, G. Jonghaus. 1909. 2. —
Gesundheitspflege. Heft 5.

Müller, H., wie erwirbt man zur Sicherung gefährdeter Forderungen e. dringlichen Arrest? Ein nützl. Handbuch f. Kaufleute, Fabrikanten, Gewerbetreibende, unter Berücksicht. der neuen Reichsjustizgesetze. 12. (IV, 39 S.) Essen (899). (Kaiserslautern, H. Tremel.) Kart. n. — 80

W i e erwirkt man zur Sicherung gefährdeter Forderungen einen dinglichen Arrest? Ein Handb. f. Kaufleute, Fabrikanten, Gewerbetreib. unter Berücks. der neuen Reichsjustizges. Bearb. von H. Müller. (Köln): Selbstv. (1899). (39 S.) 8⁰

Müller, H., Wie ist dem Nothstande des Handwerkers abzuhelfen? Breslau 862. Maruschke & Berendt. 8. (IV, 55 S.) n. 7½ ngr.

Müller, H. II., ein Wort an das Züricher Landvolk, vor dem Reformationsfest 1819. gr. 8. Zürich 818. Orell. 9 ℛ

– (Hrsg.), s. Z e i t s c h r i f t , Wiener, für die Kunde des Morgenlandes.

– (Red.), s. Z e i t s c h r i f t , Würzburger naturwissenschaftliche.

Möller, H.
See Pharmaceutische Zeitung.

Müller, Das griechische Zeitwort. Pr. 1847. 16 S. 4°. Naumburg.

Müller, H. A., s.a. M ü l l e r , Hermann Alexander

Müller, H. A., Gedenkbuch der freien Hansestadt Bremen, sowie der Hafenstädte Bremerhaven u. Vegesack für das Vierteljahrh. 1851—1875. 8. (IV, 245 S.) Bremen 876. Heinsius. n. 3. —; geb. n. 3. 50 u. n. 4. 50

Müller, H. A., die Ruinen des Klosters Hude im Großherzogth. Oldenburg. 8. (30 S. mit 1 lithogr. Ansicht und 1 lithogr. Grundriß von Kloster Hude in qu. 4.) Bremen 867, Müller. *

Müller, (H. A.) Zeitschrift f. Gesetzgebung, s Zeitschrift.

MÜLLER, H. A. C.: Die Preußischen Agrargesetze. Die wichtigsten Bestimmungen der preuss. Agrarreform, Rentenguts- u. Ansiedlungsgesetze, des Anerben- und Höferechts, sowie der Zusammenlegungs- und des Enteignungsgesetzes nebst einem Quellennachweis der Landeskulturgesetzgebung in Bezug auf Wald, Wasser und Wege. - Neudamm 1904. 64 S. - 2. verm. u. verb. Aufl. ebd. 1908. - 3. nach d. Stande d. Gesetzgebung am 31. December 1927 erg. Aufl. u. d. T.: Die preußischen Agrargesetze. Eine Zusammenstellung der wichtigsten Bestimmungen der Preußischen Agrar- und Landeskulturgesetze unter besonderer Berücksichtigung ihrer Beziehungen zur Forstwirtschaft. ebd. 1928. 92 S.

Müller, H. A. C., die preussischen Agrargesetze. Die wichtigsten Bestimmgn. der preuss. Agrarreform-, Rentenguts- u. Ansiedlungsgesetze, des Anerben- u. Höferechtes, sowie des Zusammenlegungs- u. des Enteignungsgesetzes nebst e. Quellennachweis d. Landeskulturgesetzgebg. in bezug auf Wald, Wasser u. Wege. 2. verm. u. verb. Aufl. (64 S.) 8. Neudamm 908. J. Neumann. 1. 60

Müller, H. C., s.a. M ü l l e r , Hans C.

Mueller, H. C. Die Diskontierung offener Buchforderungen. Ein Leitfaden für die Praxis. Berlin 1909.

Müller, H. C., Düngerlehre, s.: Thaer-Bibliothek. (Wolff.)

Müller, H. C., Düngerlehre, s.: Wolff, Emil.

Müller, H. C. Gedichte 1879-1880. St Petersburg, 1881.

Müller, H. Chr., Beiträge zur Kenntniss der interstitiellen Leberentzündung. Lex.-8. (10 S. mit 2 lithogr. Taf. in gr. 8. und qu. 4.) Wien 876, (Gerold's Sohn.) *
Aus: Sitzungsberichte der k. Akademie der Wissenschaften, besonders abgedruckt.

Müller H. Chr., Dr.: Beiträge zur Kenntnis der interstitiellen Leberentzündung (mit 2 Taf.). S. 73. III. 5⁰ . . . . — 80
Separatabdruck

Müller, H. D., s.a. M ü l l e r , Heinrich Dietrich

Müller, H. D., Die Gesetze Hammurabis und ihr Verhältnis zur mosaischen Gesetzgebung sowie zu den XII Tafeln. Gr.-8°. (286 S.) K 11 80
Wien: Hölder 1903.

Müller, H. Dan., s. Müller, Heinrich Daniel

Müller, H. Ed., üb. accentuirendmetrische Verse in der französischen Sprache d. XVI—XIX. Jahrh. gr. 8. (IV, 95 S.) Bonn 882. (Behrendt.) n. 1. 50

Müller, H. F., s.a. Müller, Heinrich Fidelis

– s.a. Müller, Hermann Felix

– s.a. Müller, Hermann Franz

– s.a. Müller, Hermann Friedrich

Müller H. F.: Descriptio anatomica pulli gallinacei extremitatibus superfluis praediti simul cum disquisitione physiolog. de ortu monstrorum duplicium parasiticorum. Diss. inaug. Kiliae 1859. 12 S. 2 Tvl. 4°.

Müller, H. F. (II.) u. C. Füllgraf. Hobelbank-Arbeiten f. Knaben u. Erwachsene. Ein Lehrgang, f. Schüler-Werkstätten hrsg. gr. 8. (110 S. m. 30 Taf. Vorlagen in Fol.) Berl. 889, Harrwitz Nachf. * 10 —

– Idealismus u. Christenthum, s. Zeitfragen des christlichen Volkslebens.

– Goethe's Iphigenie, s. Zeitfragen des christlichen Volkslebens.

– G. E. Lessing u. seine Stellung zum Christenthum, s. Zeitfragen des christlichen Volkslebens.

Müller, H. F., Parzival u. Parsifal, s.: Sammlung v. Vorträgen.

Müller, H. F. (I.). Unsere Waffen im Kampfe gegen Rom. Vortrag: 1. Aufl. (43 S.) u. 2. Aufl. 8. (IV, 48 S.) Braunschw. 889, Wollermann. * — 50

Müller, H. Fr. Vierstellige Logarithmen. 2. A. Halle 1866.

Müller, H. G., s.a. Müller, Heinrich G.

– s.a. Müller, Hermann Gerhard

Müller, H. G., patriotische Ergüsse eines alten deutschen Herzens aus der bewegten Zeit der Sommer-Monate des J. 1866. Ohrdruff 866. (Stadtermann jun.) gr. 8. (8 S.) n. 1½ ngr.

Müller, H. G., deutsche Klänge aus den für das deutsche Vaterland so verhängnißvollen Jahren 1866 und 1867. Nebst einem Anhang vermischter Gedichte. gr. 16. (VI, 82 S.) Ohrdruff 868, (Stadermann jun.) *

Müller, H. H., Aufgaben f. den Rechenunterricht, s.: Becker, J. C., u. K. Paul.

— dasselbe im 2. u. 3. Schulj., s.: Reinhardt, W.

— Lehrbuch f. den mathemat. Unterricht, s.: Reinhardt, W.

Müller, H. J., s.a. Müller, Heinrich Joseph

– s.a. Müller, Hermann Johannes

– s.a. Müller, Hermann Joseph

Onusa. — Müller, H. J., Onusa. S. A. 1882. 10 S.

Müller, H. J., üb. Sonntagsschulen f. die Jugend, in besond. Beziehung auf Hamburg u. d. Vorstadt St. Georg. 8. Hamb. 827. Perthes u. B. 3 gl

Müller, H. K., s. Müller, Hans Karl

— H. L. O., De usu atque natura infinitivi historici apud Latinos. Pr. 1898. 24 S. 4°.

Müller, H. Steph., Sonntagsarb. üb. Evang. am 5. Sonntage n. Trinitatis. 4. Lpz. 729.

Müller, H. Th., Berechnungs-Tabelle für Umrechnung von Rundhölzern, kantigen Hölzern, Brettern, Diehlen, Bohlen vom Cubikmeter auf laufende resp. Quadratmeter [letztere in Stärke von 1—100 Millimeter ohne Auslassung berechnet], sowie der Reduktion üblicher Preise vom Cubikmeter auf laufende und Quadratmeter. 2. erweit. und bis zur dopp. Anzahl der Berechnungen verm. Aufl. 8. (47 S.) Thalkirchen 888. (Leipzig, G. Weigel.) *

Müller, H. Th. Berechnungs-Tabelle f. Umrechnung v. Rundhölzern, kantigen Hölzern, Brettern, Diehlen, Bohlen vom Cubikmeter auf laufende resp. Quadratmeter, nebst Reduktion übl. Preise vom Cubikmeter auf lauf. u. Quadratmeter. 3. erweit. Aufl. 8. (47 S.) [Münch. 890, Stahl sen.] Stuttg., J. Roth. geb. * 1 70
Mit Bleistift, Gummiband u. Tasche * 2 —

Müller, H. W. H., s. Müller, Heinrich Wilhelm Hermann

Müller, Hanno, Referendar in Leipzig: Die Verträge der Post, ihre Erfüllung und die Rechtslage des Empfängers unter der Wirkung eines zwischen Empfänger und Post abgeschlossenen Abkommens auf Überlassung eines Postschließfachs. Leipzig: Veit & Co. 1908. (128 S.) 8°
Leipzig, Jur. Fak., Diss. v. 20. März 1908
[Geb. 5. Juni 81 Plauen (Vogtland); Wohnort: Leipzig; Staatsangeh.: Sachsen; Vorbildung: König-Albert-Gymn. Leipzig Reife O. 00; Studium: Leipzig 2, München 1, Leipzig 5 S.; Rig. 3. Febr. 05.]

Müller, Hans (I.), eine Abhandlung über Mensuralmusik in der Karlsruher Handschrift St. Peter pergamen. 29a. Imp.-4. (III, 24 S. mit 1 Lichtdr.-Taf.) Leipzig 886, Teubner. *
Aus: Mittheilungen aus der grossh. bad. Hof- und Landesbibliothek und Münzsammlung, besonders abgedruckt.

Müller, Hans, d. kgl. Akademie d. Künste zu Berlin 1696 bis 1896. 1. Tl. Von d. Begründg. durch Friedrich III v. Brandenburg bis zur Wiederherstellung durch Friedrich Wilhelm II. v. Preussen. gr. 4. (VI, 204 S. m. Abb., 1 Lichtdr. u. 5 Photograv.) Berlin 896. R. Bong. n. 25. —

Müller, Hans, aus Höchst a. M.: Ueber die Anlagerung von Oxyden des Stickstoffs an ungesättigte organische Verbindungen. *Göttingen 1904: Dieterich.* (75 S.) 8°
Göttingen, Phil. Diss. v. [19. Juni] 1904

Müller, Hans, über die Anlagerung v. Oxyden des Stickstoffs an ungesättigte organische Verbindungen. Diss. (75 S.) 8. Göttingen 904. (Vandenhoeck & Ruprecht.) n. 1. 60

Müller, Hans, Tierarzt: Arbeiten aus d. med. Veterinärklinik d. Univ. Giessen. Dir.: Gmeiner. Beiträge zur Reaktion des Harns der Haussäugetiere. Giessen 1910: v. Münchow. 35 S. 8°
Gießen, Veterinär-Med. Diss. v. 1. Mai 1910, Ref. Martin
[Geb. 24. Sept. 85 Kandern; Wohnort: Kandern; Staatsangeh.: Baden; Vorbildung: Gymn. Lörrach Reife Juli 05; Studium: Tierärztl. Hochschulen Stuttgart 4, München 1, Stuttgart 2 S.; Rig. 10. Dez. 09.] [U 10. 1237

Müller, Hans, a. Leipzig. Assistenzarzt im Kgl. Sächs. 1. (Leib.-) Grenadier-Reg. No. 100: Zur Aetiologie und Symptomatologie der Migräne. Leipzig 1905: B. Georgi. (44 S.) 8°
Leipzig, Med. Fak., Ref. Hoffmann, Diss. v. 25. März 1905
[Geb. 6. Okt. 78 Leipzig; Wohnort: Dresden; Staatsangeh.: Sachsen; Vorbildung: Gymn. Dresden-N. Reife O. 97; Studium: Leipzig 4, Freiburg i. B. 1, München 1, Leipzig 5 S.; Coll. 30. März 05; Coll. 19. Mai 04.]

Müller, Hans. L'attitude des consommateurs vis-à-vis de la Loi sur la police des denrées alimentaires. Conférence faite devant les membres de la société coopérative de consommation de Bienne, le 13 février 1906 ... ⟨traduit de l'allemand par W[illiam] Demiéville ...⟩. 51 p. 8. Bâle, Impr. du Typographenbund [comm. Basler Buch- und Antiquariatsh. vorm. A. Geering], 1906. [fr. 1. —]

Müller, Hans, approb. Arzt aus Mangalore: Aus d. Kgl. Universitäts-Frauenklinik zu Marburg. Ueber die Behandlung mittelschwerer u. schwerer frischer Puerperalfieberfälle durch conservative Methoden. *Marburg 1903: Köster & Schell.* (23 S.) 8°
Marburg, Med. Diss. v. 15. Okt. 1903

Müller, Hans, a. Augsburg: Zur Behandlung der Scheidenatresie bei functionierendem Uterus. Würzburg 1904: C. J. Becker. (47 S.) 8°
Würzburg, Med. Fak., Ref. Hofmeier, Diss. v. 10. Okt. 1904
[Geb. 29. Aug. 80 Augsburg; Wohnort: Augsburg; Staatsangeh.: Bayern; Vorbildung: Gymn. St. Stephan Augsburg Reife Juli 99; Studium: München 4, Kiel 2, Würzburg 4 S.; Coll. 27. Juli 04; Approb. 14. Juni 04.]

— — **Hans (Oskar Friedrich Ferdinand Hans)** (Berlin), Die Behandlungsmethoden der Kniescheibenbruche. Diss. med.-chir. Berlin (J. Sittenfeld) 5. X. 1892. 36 S. u. Biogr. (2.50) 24057
Oppon.: P. Werner, R. Schneider, A. Hildebrandt. — Seiner Mutter gew.

Müller, Hans, aus Weimar: Aus d. psychiatr. u. Nervenklinik zu Kiel. Ein Beitrag zur Lehre vom induzierten Irresein. *Kiel 1904: Schmidt & Klaunig.* (18 S.) 8°
Kiel, Med. Diss. v. [16. März] 1904

Müller H.: Beiträge z. Reaktion d. Harns d. Haussäugetiere. Diss. Giessen 1910. (60) S. P.

Müller, Hans, Die Bekämpfung des unlauteren Wettbewerbes im Lichte des allgemeinen Interesses. (Schweiz. Blätter f. Wirtsch.- u. Sozialpol., Jhrg. 5, 1897.) S.-Abdr. gr. 8⁰. Bern, Steiger u. Co., 1897.

— d. Bekämpfung des unlauteren Wettbewerbs im Lichte d. allgem. Interesses. Vortrag, geh. am Verbandstage d. ostschweizer. landwirtschaftl. Genossenschaften zu Mettmenstetten am 9. V. 1897. gr. 8. (34 S.) Bern 897. C. Sturzenegger. n. — 80

Müller, Hans [Dr.]: Bemerkungen zum Unterricht in der lateinischen Formenlehre. Stettin, Druck v. F. Hessenland, 1889; 16 S. 4°
Stettin, st. RG, OP 1889 (140)

Müller, Hans (II.), Betrachtungen über das Studium der Kunstwissenschaft. gr. 8. (32 S.) Köln 878, Lengfeld'sche Buchh. *

Müller, Hans, s.: Blätter, schweizer., f. Wirtschafts- u. Socialpolitik.

Müller, Hans, Buch der Abenteuer. Novellen. (Buchschmuck v. Lucian Bernhard.) (VII, 205 S.) 8. Berlin 905. E. Fleischel & Co. n. 3. —; geb. n. 4. 50

Müller, Hans, approb. Arzt aus Stuttgart: Carcinoma ventriculi kompliciert mit Pericarditis haemorrhagica und Pachymeningitis chronica haemorrhagica interna. *Tübingen: F. Pietzcker 1902.* (19 S.) 8°
Tübingen, Med. Diss. v. 1902

Müller, Hans, Dämmer. Verse aus den J. 1899 u. 1900. 8. (VIII, 80 S.) Dresden 901. E. Pierson. n. 1. 50; geb. n. 2. 50

Müller, Hans, Davos in geschichtlicher, kulturhistorischer u. landwirthschaftlicher Beziehg. 8. (135 S.) Basel 875. Schweighauser. n. 2. 50

Müller, H., Davos als Sommer- u. Winterkurort. Ein Führer für Kurgäste u. Sommerfrischler. 2., umgearb. u. vorb. Aufl. 8. (III, 116 S.) Davos 882. Richter. cart. n. 1. 20

— aus Davos und Umgebung. gr. 8. (108 S.) Ebendas. 875. *
Aus: Davoser Blätter, besonders abgedruckt.

Müller, Hans, Elementarbuch der latein. Sprache, s.: Bleske, F.

Müller, Hans, der Eleve od. Hans Senfkorn's Lehrjahr. Humoristische Dichtg. in 12 Gesängen. Mit 44 Federzeichngn. v. Fr. Deppen. gr. 8. (58 S.) Reval 891. (F. Wassermann.) n. 3. 60

Müller, Hans, a. Biebrich am Rhein: Essexit und verwandte Gesteine der Löwenburg im Siebengebirge am Rhein. Stuttgart: E. Schweizerbart 1907. (S. 406—434.) 8° ¶ (Aus: Neues Jahrbuch für Mineralogie Beil.-Bd 23.)
Münster, Phil. Fak., Ref. Buß, Diss. v. 26. März 1907
[Geb. 30. Jan. 84 Biebrich; Wohnort: Biebrich; Staatsangeh.: Preußen; Vorbildung: Realgymn. Wiesbaden Reife O. 02; Studium: Würzburg 1, Darmstadt 2, Münster 3 S.; Rig. 13. Juli 06.]

Müller, Hans, appr. Arzt a. Augsburg: Aus der chirurgischen Universitäts-Kinderklinik in München. ⟨Prof. Dr. Herzog.⟩ Ueber einen Fall von Meningocele. München 1906: C. Wolf & Sohn. (20 S.) 8°
München, Med. Fak., Ref. v. Angerer, Diss. v. 9. Okt. 1906
[Geb. 7. Apr. 80 Augsburg; Wohnort: München; Staatsangeh.: Bayern; Vorbildung: Luitpold-Gymn. München Reife Juli 00; Studium: München 3, Straßburg 1, Erlangen 1, München 5 S.; Coll. 9. Okt. 06; Approb. 30. Sept. 06.]

Müller, Hans. Zur Frage der Jugendersparniskassen. Vortrag gehalten im Basler Lehrerverein am 15. Dezember 1900. 23 S. 8. Basel, Fr. Bürgin, 1901.

Müller, Hans: Die Frau im Dienste des Konsumgenossenschaftswesens. Vortr., geh. i. d. öffentl. Versamml. d. Bundes schweiz. Frauenvereine a. 19. Okt. 1907 i. Basel. — Basel: Verband schweiz. Konsumvereine 1907. 16 S. 8⁰

— u. E. Friese. Onkel Fritz, s. Theater-Mappe.

Müller, Hans, badische Fürsten-Bildnisse. 1. Bd. Von Karl I. [† 1475] bis Karl Friedrich [1728—1811]. Imp.-4. (28 S. m. 54 Lichtdr.-Taf. u. 55 Bl. Text.) Karlsruhe 888. Groos. geb. n. 20. —

Müller, Hans, badische Fürsten-Bildnisse. 2. (Schluß-) Bd.: von Markgraf Friedrich (1756—1817) bis zur Gegenwart. Imp.-4. (46 u. XXI S. m. 32 Lichtdr.-Taf. u. 32 Bl. Erläutergn.) Karlsruhe 893. Ch. Th. Groos. Geb. in Leinw. n. 12. 50 (kplt.: n. 32. 50)

— der Garten des Lebens. Eine bibl. Dichtg. Mit Buchschmuck v. M. J. Gradl. (118 S.) 8. Stuttgart 904. J. G. Cotta Nachf. n. 2. —; geb. in Leinw. n. 3. —

Müller, Hans, Gedichte. 1. Bd. Lieder in Lust u. Leid. gr. 16. (XI, 168 S.) Leipzig 874. Exp. der Literatur. 1. 50; geb. m. Goldschn. n.n. 2. 25

Müller, Hans, Geheimnisland. Novellen. (VII, 259 S.) 8. Berlin 909. E. Fleischel & Co. 3.—; geb. 4. 50

— die lockende Geige. Ein Gedichtbuch. (109 S.) 8. München 904. A. Langen. n. 2. —; geb. in Leinw. n. 3.—

Müller, Hans. Der internationale Genossenschafts-Kongress in Budapest (5. bis 8. September 1904) und seine Resultate. Mit einem Bildnis des Kongresspräsidenten, Grafen Alexander Károlyi [Tafel]. [Sep.-Ausg. aus Jahrg. 1904] des «Schweiz. Konsumvereins», Nrn. 47—53.) VIII + 106 S. 8. Basel, Komm. Basler Buch- u. Antiquariatsh. vormals Ad. Geering, 1905. [fr. 1. 50]

— Gestrüpp u. Heidekraut. Gedichte. gr. 8. (V, 68 S.) Ebd. 891. n. 2. 50

Eduard Grisebach. Ein Versuch v. Hans von Müller. Berlin. 1910 (1909). 8°

Müller, Hans von. Eduard Grisebach. Ein Versuch. Berlin, Edm. Meyer, Verlag, 1910. Gr. 8°. XXXII—135 S. Vortreffliche Monographie, worin ausführliche Bibliographie des „neuen Tannhäuser".

Müller, Hans v., Eduard Grisebach. Jetzt: Berlin (W. 15, Uhlandstr. 145), Hans v. Müller.

Müller, Hans: Über die Grundlagen der Genossenschaftsbewegung. Basel: Verband schweiz, Konsumvereine 1906.

— das Hemdenknöpfchen, s.: Universal-Bibliothek.

Hoffmann und Härtel. Neue Mitteilungen über ihren Verkehr in d. Jahren 1799—1819, enth. u. a. 32 ungedr. Briefe [Ernst Theodor Amadeus] Hoffmanns. Zsgest. von Hans v. **Müller**. Angehängt ist e. Gluck-Rezension Hoffmanns, beigelegt e. Liste von 36 seiner Arbeiten f. Breitkopf & Härtel. Privatdruck. (München 1908: Kastner & Callwey.) (XI, 68 S.) 4°(8°) [F.]
Durchgesehen aus: Südd. Monatshefte. 1907, Dez. 1908, Jan. u. März. [08. 6478

— Quintus Horatius Flaccus, s.: Theater-Mappe.

Mueller, Hans (Mitarb.), s. Innern. – Im Innern Afrikas.

Mueller, Hans (II.), im Innern Afrikas, s. Wißmann, Herm.

Müller, Hans, Rechtsprakt. a. Nürnberg: Inwieweit unterliegen die Staats- und Gemeindebetriebe den Vorschriften der Gewerbeordnung? Rothenburg o. Tbr. 1907: J. P. Peter. (83 S.) 8° [F.]
Erlangen, Jur. Fak., Ref. Rieker, Diss. v. 30. März 1907
[Geb. 19. Dez. 81 Nürnberg; Wohnort: Nürnberg; Staatsangeh.: Bayern; Vorbildung: Altes Gymn. Nürnberg Reife M. 00; Studium: Erlangen 8 S.; Rig. 11. Jan. 07.]

Müller, Hans, a. Trier a. d. Mosel: Über den vaginalen Kaiserschnitt mit besonderer Berücksichtigung von 9 Fällen der Freiburger Frauenklinik. Freiburg 1906: E. Kuttruff. (21 S.) 8°
Freiburg i. B., Med. Fak., Ref. Krönig, Diss. v. 1906
[Geb. 20. Dez. 81 Trier; Wohnort: Freiburg i. B.; Staatsangeh.: Preußen; Vorbildung: Gymn. Trier Reife O. 01; Studium: Bonn 2, Kiel 2, München 1, Berlin 2, Freiburg i. B. 2 S.; Coll. 23. Febr. 06.]

Müller, Hans. Der Kampf um das eidgenössische Lebensmittelpolizeigesetz. Rede gehalten an der 17. Delegiertenversammlung des Verbands schweizer. Konsumvereine in Bern, den 13. Mai 1906. 43 S. 8. Basel, G. Krebs, 1906.

– Katechismus der Schwimmkunst, s. Müller, Hans Karl

— Wilhelm Kaulbach. 1. Bd. Mit Kaulbach's Selbstbildnis vom J. 1824 (in Photogr.). gr. 8. (VI, 572 S.) Berlin 893. F. Fontane & Co. n. 15. —; geb. n.n. 17. 50

Müller, Hans, Referendar in Steinach S.M.: Die Klage aus dem früheren Besitz nach dem bürgerlichen Gesetzbuch für das deutsche Reich unter Berücksichtigung ihrer historischen Entwickelung. *Saalfeld a. S. 1900: K. Stöckigt.* (56 S.) 8° [F.]
Jena, Jur. Diss. v. (Okt.) 1900

— der Klassenkampf in der deutschen Sozialdemokratie. Mit e polem. Nachwort: K. Kautsky's Abenteuer in Zürich gr. 8. (150 S.) Zürich 892. Verlags-Magazin. n. 1. 20

Müller, Hans, die Klassenkampftheorie u. das Neutralitätsprinzip der Konsumgenossenschaftsbewegung. (IV, 108 S.) 8. Basel 907. (Basler Buch- u. Antiquariatshandlg. vorm. A. Geering.) 1. 20

Müller, Hans. Die Klassenkampftheorie und das Neutralitätsprinzip der Konsumgenossenschaftsbewegung. IV + 108 S. 8. Basel, Verlag des Verbands schweizer. Konsumvereine, 1907. (fr. —. 50)
Genossenschaftliche Volksbibliothek. Hrg. vom Verband schweizerischer Konsumvereine. Heft 6.

Müller, Hans, Kommentar zum zürcher. Baugesetz, s.: Maag, Jak.

— d. schweizer. Konsumgenossenschaften, ihre Entwickelg. u. ihre Resultate, dargest. im Auftr. des Verbands schweizer. Konsumvereine f. d. 2. Landesausstellg. in Genf. gr. 8. (XXIV, 455 S.) Basel 896. (Born, Schmid & Francke.) n. 7. 50

Die schweizerischen Konsumgenossenschaften, ihre Entwicklung u. ihre Resultate, dargest. im Auftr. d. Verbands schweizer. Konsumver. f. d. 2. Landesausstellg in Genf v. Dr. Hans Müller. (Vorr.: J. Fr. Schär.) *Basel: Verb. schweizer. Konsumver. 1896.* (XXIV, 455 S.) 1 Bd 8. [96. 8009

Müller, Hans, Gerichtsrefer. a. Cassel: Die Koppelfischerei und die Beseitigung der durch sie erzeugten Mißstände in der Provinz Hannover und dem Reg.-Bez. Cassel. Marburg 1909: Scheel, Cassel. X, 66 S. 8° ¶ (Ersch. vollst. als: Arbeiten aus d. jur.-staatswiss. Seminar d. Univ. Marburg. H. 10.)
Marburg, Jur. Diss. v. 7. Dez. 1909, Ref. Schücking
[Geb. 14. Sept. 86 Witzenhausen; Wohnort: Großalmerode; Staatsangeh.: Preußen; Vorbildung: Realgymn. Kassel Reife O. 05; Studium: Marburg 4, München 1, Marburg 3 S.; Rig. 26. Juli 09.] [U 10. 3312

Müller, Hans, die Koppelfischerei u. die Beseitigung der durch sie erzeugten Mißstände in der Prov. Hannover u. dem Reg.-Bez. Cassel, s. a. Arbeiten aus dem juristisch-staatswissenschaftlichen Seminar der königl. Universität Marburg. 10. Heft.

Die Koppelfischerei und die Beseitigung der durch sie erzeugten Mißstände in der Provinz Hannover und dem Reg.-Bez. Cassel. Von Dr. jur. Hans **Müller**, Gerichtsref. Marburg a. L.: Ebel 1910. VIII, 156 S. 8°
(Arbeiten aus d. Juristisch-staatswiss. Seminar d. Kgl. Univ. Marburg. H. 10.) [10. 14421

Müller, Hans von. Das Kreislerbuch. Texte, Compositionen und Bilder von E. T. A. Hoffmann zusammengestellt von — Leipzig 1903.

Müller, Hans *Bruno* [aus Halle a. S.]: Der Longobardenkrieg auf Cypern 1229-1233. Mit besonderer Berücksichtigung der Gestes des Chiprois des Philippe de Novaire. . . . Halle a. S., Hofbuchdr. v. C. A. Kaemmerer & Co., 1890; 63 S. 8°
Halle, Phil. Fak., Inaug.-Diss. v. [16. Okt.] 1890

— **das stärkere Leben. Ein Einakter-Cyklus. (VII, 165 S.) 8. Berlin 906. E. Fleischel & Co. n. 2. —; geb. n. 3. —**

(Müller, [Hans].) Lehrerbesoldungsprozess. Klagebeantwortung der Stadt Zürich ([durch ihren] Rechtskonsulent[en]: Dr. M'. 1906 Februar 24). 24 S. 8. [Zürich, Grütli-Buchdr.]

(Müller, H[ans].) Lehrerbesoldungsprozess. Duplik (der Stadt Zürich [durch ihren] Rechtskonsulent[en]: Dr. H. M'. 1906 Juni 1). 47 S. 8. [Zürich, Grütli-Buchdr.]

— **die Leistungen d. schweizerischen Arbeitersekretariats. [Aus: „Schweizer. Blätter f. Wirtschafts- u. Social-politik".] 1. u. 2. Aufl. gr. 8. (32 S.) Basel 894. Dr. H. Müller. n. — 50**

— Die Leistungen des schweizer. Arbeiter-Sekretariats. (Schweiz. Blätter f. Wirtschafts- u. Soz.-Pol., Jhrg. 2, 1894.) 2. Aufl. 8⁰. Basel, H. Müller, 1894.

M ü l l e r, Hans: Leitsätze über das Verhältnis der Arbeiter- und Gewerkschaftsbewegung zu den Konsumgenossenschaften. Basel: Verband schweiz. Konsumvereine 1905.

Aus den Materialien zu einer Biographie E. T. A. Hoffmanns. 1. Die Königsberger Burgschule und ihr Rector Wannowski. 2. Hoffmann, Julius v. Voß u. Holbein in Berlin. Max Burckhard z. 14. Juli dargebracht von Hans v. **Müller**. Berlin 1907: Mittler. 7, 5 S. 4°
1 aus: Altpreußische Monatsschrift. 1907.
2 aus: Mitteilungen d. Vereins f. d. Geschichte Berlins. 1907, Nr. 7. [10. 17274

Müller, Hans, Moment-Multiplikationstabelle f. die kaufmännische Praxis. (1 S., 8 Doppels. u. 2 S.) Lex.-8. Reutlingen (906). (Stuttgart, J. Rath.) n. 1. 20

—— die Musik Wilhelms von Hirschau. Wiederherstellung, Uebersetzung und Erklärung seines musik-theoretischen Werkes. gr. 4. (XXIV, 85 S. mit 4 Taf.) Frankfurt a. M. 883. (Leipzig, Teubner.) *

– Der M y t h o s von der Begründung des Deutschen Reiches, s. A r b e i t e r b i b l i o t h e k, Berliner.

Müller, Hans, Das Programm der „Opposition" in der deutschen Sozialdemokratie. Ein letzter Versuch zur Verständigung. 8⁰. Zürich 1892.

Die Puppenschule. Schauspiel in 4 Akten von Hans **Müller**. Berlin: E. Fleischel & Co. 1908. (138 S.) 8° [5.] [08. 11308

– (Übers.), s. R a n g a b é, Emil Rhisos: Erinnerungen aus dem deutsch-französischen Krieg 1870/71.

Müller, Hans, die Rechtsverhältnisse des bayerischen Wirthes auf Grund der Reichs- u. bayerischen Landesgesetzgebung, sowie der einschlägigen Rechtsprechung, m. e. Anh.: die Münchener Verhältnisse. Ein unentbehrl. Handbuch für den Brauer, Hotelier, Restaurateur, Weinwirth, Gastwirth, Schankwirth, Cafetier, Branntweinschenkinhaber, Konditor u. s. w. 8. (VIII, 187 S.) München 902. J. Schweitzer Verl. Kart. n. 2. —

Müller, Hans. Rede, gehalten zur Einweihung des Lagerhauses des Verbands schweizer. Konsumvereine in Pratteln den 23. Juni 1907 (*Umschlag: Verband schweizerischer Konsumvereine. Zur Erinnerung an die Einweihung des Lagerhauses in Pratteln den 23. Juni 1907). [Mit 1 Ansicht.] 16 S. 8. Basel, Hermann Krüsi, 1907.

—— griechische Reisen und Studien. 2 Tle in 1 Bd. gr. 8. (XI, 244; VI, 209 S.) Leipzig 887, Friedrich. *

Müller, Hans, von Zürich: Das R e p o r t g e s c h ä f t. (Adlisweil-Zür. 1896: Manns u. Markwalder.) VIII, 151 S. 8⁰
Zürich, Jur. Diss. [v. 4. Dez. 1896].

Die Rosenlaute. Gedichte von Hans Müller. Berlin: Fleischel 1900. 90 S. 8° [09. 6153

—— Hucbalds echte und unechte Schriften über Musik. hoch 4. (IV, 102 S. mit 3 lithogr. Taf.) Leipzig 884, Teubner. *

Müller, Hans, schöne Seelen. Eine Jägerianergeschichte f. „Wollene" u. solche, welche „Wollene" werden wollen. 16. (45 S.) Leipzig 886. Werther. geb. n. 1. 20

M ü l l e r, Hans: Der Staat und das Steuerrecht der Konsumvereine. Basel: Verband schweiz. Konsumvereine 1898.

Stammtafel der Nachkommen des Amtmanns Adam Möller . . . in fünf Generationen. Unter Mitwirkung v. Eduard von Müller zusamg. v. Hans von **Müller**. Berlin. 1897. Fol.

— **d. Stärkg. d. Gewerkschaftsbewegung durch Konsumgenossenschaften. E. Beitrag zur Förderg. freiheitl. Socialreform. gr. 8. (VIII, 80 S.) Zürich 896. Bern, E. Sturzenegger. n. 1. —; ermäß. Preis — 50**

— Die Stärkung der Gewerkschaftsbewegung durch Konsumgenossenschaften. Ein Beitrag zur Förderung freiheitlicher Sozialreform. gr. 8⁰. Zürich, E. Speidel, 1896.

Müller, Hans. Die Stellung der Konsumenten zum Lebensmittelpolizeigesetz. Vortrag, gehalten vor den Mitgliedern der Konsumgenossenschaft in Biel, den 13. Februar 1906. 55 S. 8. Basel ... 1906. [fr. 1. —]
Ausg. A: B', Verlag des Verbands schweiz. Konsumvereine, 1906.
Ausg. B: B', Komm. der Basler Buch- und Antiquariatsh. vorm. A. Geering, 1906.

Müller, Hans: Ueber binäre Systeme, gebildet aus den Sulfaten der Alkalien und des Calciums. Göttingen 1909: (Grüninger, Stuttgart). 54 S. 8° ¶(Aus: Neues Jahrbuch f. Mineral., Geol. u. Paläontol. Beil.-Bd 30.)
Göttingen, Phil. Diss. v. 13. Dez. 1909, Ref. Mügge
[Geb. 14. Sept. 80 Thal b. Pyrmont; Wohnort: Thal; Staatsangeh.: Braunschweig; Vorbildung: Oberrealsch. Braunschweig Reife O. 06; Studium: Braunschweig Techn. Hochsch. 2, Göttingen 4 S.; Rig. 12. Mai 09.] [U 10. 1446

Müller, Hans, Armins Tod. Dramatisches Gedicht in 5 Aufzügen. 8. (VII, 216 S) Frankfurt a/M. 883. Koenitzer. n. 2. 40; geb. n. 3. 50

Müller, Hans, Kurfürst August d. Starken Übertritt zur röm. Kirche, s.a. Flugschriften d. Evang. Bundes.

[F.] (Kurfürst) Augusts des Starken Übertritt zur römischen Kirche. Von Hans **Müller**, Diak. an St. Moritz in Zwickau. *Leipzig: C. Braun 1897.* (56 S.) 8.
= **Flugschriften** d. Evang. Bundes. [No] 134/35. '(Reihe XII. 2/3.)' [97. 9437

Müller, Hans, Übungsbuch zum Übersetzen aus dem Deutschen ins Lateinische f. Quarta. [Im Anschluß an „De viris illustribus", Lesebuch f. Quarta.] gr. 8. (VI, 138 S.) Hannover 891. C. Meyer. n. 1. 80

Übungsbuch für den Unterricht im Lateinischen nach dem Grundsatze der Konzentration. Kursus der Sexta. 4 (18 S.).
Progr. Rprg. *Altenburg* 1888 (645).

— d. Unentgeltlichkeit d. Lehrmittel f. d. Schulen d. Volkes, s.a. Arbeiter-Bibliothek, Berliner, II, 9.

Müller, der Unentgeltlichkeit der Lehrmittel für die Schulen des Volkes. Berlin 891.

Müller, Hans. L'Unione Svizzera delle Società di Consumo, esposta nelle sue origini, nel suo spirito e nelle sue opere. [Con illustrazioni e 8 tavole.] 48 p. 8-obl. Basilea, Presso l'Unione Sv' delle S' di C' (Druck: Froese & Co.), 1907. [fr. 1. —]

— Der Verband schweizerischer Konsumvereine. Denkschrift für alle Konsumvereine der Schweiz. 8°. Basel 1897.

Muller, Hans: Der Verband schweizerischer Konsumvereine. Basel: Verband schweiz. Konsumvereine 1897.

Müller, Hans. Der Verband schweizerischer Konsumvereine, dargestellt in seinem Werden, Wesen und Wirken. [Mit Illustrationen und 8 Tafeln.] 52 S. quer-8. Basel, Verlag des Verbands schw' K' (Druck: Froese & Co.), 1906. [fr. 1. —]

—— das Verhältnis des Neugriechischen zu den romanischen Sprachen. Eine sprachvergleichende Betrachtung. gr. 8. (VII, 71 S.) Ebendas. 888. *

Müller, Hans, de viris illustribus, s.a. Bleske's, F., Elementarbuch der lateinischen Sprache.

— de viris illustribus. Lateinisches Lesebuch nach Nepos, Livius, Curtius f. die Quarta höherer Lehranstalten. 2. Aufl. gr. 8. (XI, 128 u. Wörterverzeichnis 26 S.) Ebd. 892. n. 1. 80; geb. n. 2. —

— dasselbe. Wörterverzeichnis. gr. 8. (26 S.) Ebd. 892. n. — 30

Müller, Hans, de viris illustribus. Lateinisches Lesebuch nach Nepos, Livius, Curtius, f. die Quarta höh. Lehranstalten hrsg. 5. Aufl. gr. 8. (XI, 152 S.) Hannover 902. C. Meyer. n. 1. 20; geb. n. 1. 50

— De viris illustribus. Lateinisches Lesebuch nach Nepos, Livius, Curtius f. die Quarta höherer Lehranstalten. 6. verb. Aufl. (XII, 157 S.) gr. 8. Hannover 905. C. Meyer. n. 1. 20; geb. n. 1. 50

Müller, Hans, Vokabular zu Cäsars Commentarii rerum in Gallia gestarum. 2. Ausg. v. H. Müller. (IV, 76 S.) 8. Hannover 910. C. Meyer. Geb. — 80

— Vokabularium zu Cäsars commentarii de bello Gallico. gr. 8. (IV, 75 S.) Ebd. 894. n. — 75; geb. n. — 90

– Preußische Volksschulzustände, s.a. Arbeiterbibliothek, Berliner.

— preuss. Volksschul-Zustände. Ein Wort an das Volk u. seine Lehrer. Berl 890.

Müller, Hans, appr. Arzt a. Butzbach i. Oberhessen, Unterarzt b. Inf.-Leibreg. Großherzogin ⟨3. Großh. Hess.⟩ Nr. 117: Über das Vorkommen von Hemiataxie ohne Sensibilitätsstörungen bei halbseitigen Kleinhirnerkrankungen und die Differentialdiagnose gegenüber ähnlichen hysterischen Krankheitsbildern. Berlin (1907): G. Schade. (37 S.) 8°
Berlin, Med. Fak., Ref. Ziehen, Diss. v. 14. Juni 1907
[Geb. 20. Okt. 81 Butzbach, Oberhessen; Wohnort: Butzbach; Staatsangeh.: Preußen; Vorbildung: Gymn. Posen Reife O. 01; Studium: Berlin K. W. A. 9 S.; Coll. 12. Juni 07; Approb. 5. Juni 07.]

– Wenn man seine Töchter verborgt, s.a. Theater-Mappe.

[F.] Wenn man seine Töchter verborgt! Lustsp. in 1 Akt v. Hans **Müller**. *Berlin: Kühling & Güttner [1893].* (20 S.) 1 Bd 8.
= **Theater-Mappe**, Kühling & Güttner's. [No] 73. [96. 3535

— wenn man seine Töchter verborgt!, s.a. Thalia.

Wenn man seine Töchter verborgt! Lustspiel in 1 Akt von Hans **Müller**. *Mühlhausen i. Th.: G. Danner 1900.* (37 S.) 8° [F.]
= **Thalia**. 78. [00. 9827

Müller, Hans, Werth u. Bedeutg. polit. Demonstrationen, s.a. Bibliothek, sozialist. 2.

— Wert und Bedeutung politischer Demonstrationen. 8°. Berlin 1892. (Socialistische Bibliothek, Nr. 2.) 2. Aufl. 1894.

Müller, Hans, Wesen, Grundsätze u. Nutzen der Konsumvereine, s.a. Volksbibliothek, genossenschaftliche. 2.

— Wesen, Grundsätze und Nutzen der Konsumvereine. 8°. Zürich, Buchhdlg. des schweiz. Grütlivereins, 1900. (Genossenschaftl. Volksbibliothek, Heft 2.)

Müller, Hans, wie der schweizerische Arbeitersekretär sich rechtfertigt. Ein 2. Beitrag zur Kenntnis seiner Leistgn. gr. 8. (56 S.) Basel 894. Dr. H. Müller. n. — 75

Müller, Hans. Wie gründet und organisiert man einen Konsumverein? Ein Hilfsbüchlein für Konsumgenossenschafter und solche, die es werden wollen. IV + 104 S. 8. Basel, Verlag des Verbands schweizer. Konsumvereine, 1907. (fr. —. 50)
Genossenschaftliche Volksbibliothek. Hrg. vom Sekretariat des Verbands schweizerischer Konsumvereine. Heft 5.

— wodurch bereiten wir anderen e. Freude? od.: Quintus Horatius Flaccus, s.a. Bloch's, Ed., Theater-Korrespondenz.

Wodurch bereiten wir anderen eine Freude? oder Quintus Horatius Flaccus. Lustspiel in 1 Akt. Von Hans **Müller**. Berlin: E. Bloch (1902). (40 S.) 8°
= Theater-Korrespondenz, Eduard Blochs. No 323.

Das Wunder des Beatus. Drama in 4 Akten von Hans **Müller**. Berlin: Fleischel 1910. 163 S. 8° [11. 2746

M u l l e r, Hans: Die Gothaische Zeitung und die Kreditgenossenschaften von Schulze- Delitzsch. Gotha 1888.

Müller, Hans C.

— s. Zeitschrift, schweizerische f. Gemeinnützigkeit.

Müller, Hans Benno, s. M ü l l e r, Hans

Müller, Hans C., siehe: *Zeitschrift*. schweiz., für Gemeinnützigkeit.

Müller, Hans Carl, s. M ü l l e r, Hans Karl

Müller, Hans Eduard: Zur Kenntnis des Brenzkatechins und des Orthochinons. München 1908: Höfling. 62 S. 8°
München, Phil. Diss. v. 4. Dez. 1908, Ref. v. Baeyer
[Geb. 1. Aug. 81 Antwerpen; Wohnort: Gent; Staatsangeh.: Belgien; Vorbildung: Gymn. Antwerpen Reife Juli 99; Studium: Karlsruhe Techn. Hochsch. 9, Zürich Polytechn. 5 S.; Rig. 4. Dez. 08.] [U 09. 3489

Müller, Hans Herm., Verstand und Gemüth. Ein Bild aus dem Leben. Wien 859. Wallishausser's Hoftheaterdr. in Comm. 8. (233 S.) 22½ ngr.

Müller, Hans Karl

Müller, Hans Carl [in Prag]: Ueber die Entstehung von Kalkoxalat-Krystallen in pflanzlichen Zellmembranen. . . . Prag, k. u. k. Hofbuchdr. A. Haase. — Selbstverl., 1890; 50 S., 1 Bl., 1 Taf. 8°
Leipzig, Phil. Fak., Inaug.-Diss. v. [22. März] 1891

Müller, Hans Karl, Katechismus der Schwimmkunst, s. a. Hesse's, Max, illustrierte Katechismen.

M ü l l e r, Hans, Katechismus der Schwimmkunst, E. Leitfaden b. d. Erteilung d. Schwimmunterrichts (Max Hesses illustr. Katechismen, Nr. 27) m. Abb., Leipzig 1891, X u. 104 S., 8°.

— der kleine Schwimmlehrer. Ein illustr. Leitfaden f. Schwimmlehrer u. -Schüler, nebst Vorschriften zur Rettg. Ertrinkender. Mit e. Anh. 12. (IV, 28 S. m. Abbildgn. u. 1 Taf.) Hamburg-Eilbeck 893. H. K. Müller's Selbstverl. n. — 40

Mueller, Hans Rud., die Granite des Langenbachsgrundes bei Ilmenau. Inaugural-Dissertation. gr. 8. (32 S.) Jena 882. (Neuenhahn.) — 80

Mueller, Hans Ullrich, Regierungs-Referendar a. D. a. Berlin: Die Exceptio non numeratae pecuniae des römischen Rechts. Ein Beitrag zur Beurteilung derselben. Borna-Leipzig 1908: R. Noske. (50 S.) 8°
Leipzig, Jur. Fak., Diss. v. 14. Aug. 1908
[Geb. 6. Okt. 67 Berlin; Wohnort: Nieder-Lichtenau, Kr. Lauban (Schlesien); Staatsangeh.: Preußen; Vorbildung: Friedrich-Wilhelms-Gymn. Berlin Reife O. 86; Studium: München 1, Leipzig 2, Berlin 4 S.; Rig. 1. Aug. 08.]

Müller, Harry, prakt. Arzt a. Oberglogau: Beitrag zu den Unfallverletzungen des Kehlkopfes. Leipzig 1906: B. Georgi. (44 S.) 8°
Leipzig, Med. Fak., Ref. Trendelenburg, Diss. v. 9. Febr. 1906
[Geb. 15. Juli 78 Neustadt, Schles.; Wohnort: Oberglogau; Staatsangeh.: Preußen; Vorbildung: Gymn. Neustadt Reife O. 98; Studium: Breslau 7, München 1, Freiburg i. B. 1 S.; Coll. 9. Febr. 06; Approb. 10. Juni 03.]

Müller, Harry, Referendar in Markranstädt: Das Erbscheinverfahren nach Bürgerlichem Gesetzbuch. *Borna-Leipzig 1903: R. Noske.* (VIII, 65 S.) 8° [F.]
Leipzig, Jur. Diss. v. 1903

Hygienisches Kochbuch von Hedwig **Müller**, Besitzerin d. Kurpens. f. Damen, Westend. Mit e. Vorw. von Dr. med. [Peter Simon] Ziegelroth. *Berlin: M. Richter 1902.* (VIII, 49 S.) 8° [02. 8597

Müller, Hedw., Weihnacht im Reiche der Unterirdischen, s. a. Bloch's, Ludw., Kinder-Theater. Nr. 83.

Weihnacht im Reich der Unterirdischen. Ein Märchensp. von Hedwig **Müller**. *Berlin: E. Bloch (1900).* (36 S.) 8° [F.]
— Kinder-Theater, Ludwig Blochs. No 83. [02. 3341

Müller, Heinrich

— allerneuestes, naturhistor. ABC- u. Lesebuch. Mit 24 Abbildn. 8. Quedlinb. 821. Basse. 9 gr

— allerneuestes, naturhistor. ABC- u. Lesebuch. Mit 24 Abbildd. 8. Quedl. 822, Basse.

M ü l l e r, ABC- u. Lesebuch, neuestes, naturhistorisches, nach Pestalozzi u. Olivier, od. d. nützlichste Buch f. Kinder, mit illum. Kupf. Hamb. Vollmer.

— neuest. technologisches ABC- u. Lesebuch nach Pestalozzi u. Olivier, od. d. kleine Kaufmann, Künstler u. Profession. mit illum. K. Ebend.

(——) Albert Graf v. Reinstein, s. a. Albert.

REINSTEIN, Graf Albert von, oder das heimliche Gericht der Teufelsmauer. Rittergeschichte aus den Zeiten der Vehme. (Zahmer Roman von *Heinrich Müller.*) 3 Thle. Mit 1 Kupfer. Quedlinburg und Leipzig, Basse, 1819. 8°. (3⅓ Rthl.)
Seiner Zeit verschlungener Schauer- u. Ritterroman.

– A l g e b r a, s. B o s s e, L.

Müller, Hnr. Vl., (eigentl. Hnr. Aug.), Anton u. Sophie, die musterhaften Geschwister. Bilder d. Liebe u. Tugend im Vaterhause. Mit 6 ill. Abbildd. 8. Neu Haldensleben 831. Eyraud. 20 gr

M ü l l e r, Heinr. (Aug.), A n t o n u. Sophie, die musterhaften Geschwister. Bilder d. Liebe u. d. Tugend im Vaterhause. M. 6 ill. Abbild. 8. (7¾ B.) Neuhaldensleben 831. [Magdeburg, Rubach.] — 20

– (Bearb.), s. A r n a u d François Thomas Marie de Baculard d': Auserlesene Erzählungen für das Herz.

– (Übers.), s. A r n a u d, François Thomas Marie de Baculard d': Auserlesene Romane und Erzählungen.

— Auf zum hl. Gastmahl! Belehrungen üb. die häuf. Kommunion, nebst Beicht- u. 70 Kommunionandachten, m. vielen Gebeten f. Welt- u. Ordensleute. (784 S. m. 1 Farbdr.) 16. Steyl 908. Missionsdruckerei.
Geb. in Leinw. 1.70; m. Goldschn. 2.—; in Ldr. 2.50; m. Goldschn. 3.—; u. wattiert 4.50; in Seehundldr. m. Goldschn. 5. —

— dasselbe. (Ausg. in mittelgroßem Druck.) (800 S. m. farb. Titelbild.) 16. Ebd. 909. Geb. in Leinw. 1.90; in Ldr. n 2.20; m. Goldschn. n 3. 20

— dasselbe. (Grobdr.-Ausg.) (800 S. m. farb. Titelbild.) 16. Kevelaer 909. Gebr. v. Danwitz. Geb. in Leinw. 1. 90

— dasselbe. Belehrungen üb. die häuf. Kommunion nebst Beicht- u. 90 Kommunionandachten m. vielen Gebeten f. Welt- u. Ordensleute. 4., verb. u. verm. Aufl. (Feindr.-Ausg.) (864 S. m. farb. Titel u. Titelbild.) 16. Ebd. 909. Geb. in Leinw. 1. 80

Müller, Heinr., Aufgaben zu planimetrischen Konstruktionen u. graphischen Darstellungen. Ergänzungsheft zu der Aufgabensammlg. v. H. Müller u. M. Kutnewsky u. dem Lehrbuch der Mathematik v. H. Müller. (H. Müllers mathem. Unterrichtswerk.) (VI, 70 S. m. 4 Fig. u. 1 Taf.) 8. Leipzig 909. B. G. Teubner. Kart. — 80

Müller's, Heinr., erbauliche Auslegung der Leidens-Geschichte Jesu Christi nebst Trost und Rath für Kranke, bearb. von Vikt. Aug. Jäger. Stuttgart 858. Belser. 8. (368 S.) 15 ngr.

— Autognosis. Das Buch d. Selbsterkenntniß. 8. Quedlinb. 824. Basse. 16 gl

— Autognosis. Das Buch d. Selbsterkenntniß. 8. Quedlinb. 826, Basse.

Müller, H. [de Pforzheim (Bade)]: Über Azoniumverbindungen aus Chlormethyl-o-Phenylendiamin. Lausanne 1901. 43 p. 8°.
Lausanne. Thèse sc. 1900/1901.

Müller, H[einrich]. Über Azoniumverbindungen aus Chlormethyl-o-Phenylendiamin. Diss. Phil. (Sci.) Lausanne. 43 S. 8. Lausanne, Georges Bridel & Cie, 1901.

— s. Barthel. — Hans Barthel. Grillen, Erscheinung und Ehestandsszenen.

Müller, Heinr. (Aug.), die gräßl. Bartholomäusnacht; od. Heinrich IV., König v. Frankreich, u. Margarethe v. Valois. Ein histor.-romant. Gemälde aus d. 16. u. 17. Jahrh. 2 Thle. 8. (29 B.) Quedlinburg 829, Basse. Thlr. 2 4

Müller, Heinrich: Die Bedeutung der Form in den vermögensrechtlichen Geschäften nach gemeinem Recht. *[Köln] (1897): (Kölner Verl.-Anst. u. Druckerei).* (59 S.) 8°
Erlangen, Jur. Diss. v. 19. Okt. 1897

Müller, Heinr., S. V. D., mein Begleiter. Kathol. Gebetbuch m. kurzen Belehrgn. 16. (222 S. m. 1 Abbildg., farb. Titel u. 1 Farbdr.) Steyl 900. Missionsdruckerei. Geb. in Ldr. m. Goldschn. n. 1. —

Müller, Heinrich [aus Peine]: Ein Beitrag zur Kenntniss neuer Umsetzungen der Thioamide .... Berlin, Buchdr. v. C. Berg, 1887; 65 + 1 S. + 1 Bl. 8°.
Berlin, Phil. Fak., Inaug.-Diss. v. 11. Jun. 1887.

Müller, Heinrich, ein Beitrag zur Kenntniss neuer Umsetzungen der Thioamide. Diss. Berlin 1887, Mayer & Müller. 8°. 65 S.

Müller, Heinrich [aus Opperhausen]: Beitrag zur Lehre von der acuten Leukaemie. ... Göttingen, Druck d. Dieterichschen Univ.-Buchdr. W. Fr. Kaestner, 1889: 37 S. 8°
Göttingen, Med. Fak., Inaug.-Diss. v. 2. März 1889

Müller, Heinr., Beitrag zur Lehre v. der acuten Leukämie. Inaug.-Diss. gr. 8. (37 S.) Göttingen 889. (Vandenhoeck & Ruprecht's Verl.) n. 1. —

Müller, Heinr., ein Beitrag zur Lösung der sozialen Frage. Verhütung der Konzeption durch e. absolut sicheres, unschädl., den Sittengesetzen nicht zuwiderlauf. Mittel. gr. 8. (15 S.) Leipzig 900. E. Demme. n. — 30

Müller, Heinr. Beitrag zur Methode des botanischen Unterrichts in der Sexta und Quinta. 45 S. u. 1 Taf. 8. Progr. *Cöslin* 1879.

Müller, Heinrich *Franz* [aus Neuendorf '(Eichsfeld)']: Beiträge zur Alkalescenzbestimmung des Blutes ... Greifswald, Druck v. J. Abel, 1895; 35 S. 8.
Greifswald, Med. Fak., Inaug.-Diss. v. 12. Nov. 1895

Müller, Heinr. Kritische Bemerkungen zu Euripides. 14 S. *Burg* 1876. Progr.

Müller, Heinr., kritische Bemerkungen zu Euripides. gr. 4. (14 S.) Burg 876. (Hopfer.) — 75

Bemerkungen zu dem Lippischen Thronfolgestreite und den beiden in ihm ergangenen Schiedssprüchen. Von Reichsger.R. a. D. H[einrich] Müller. Leipzig: Veit & Co. 1906. (32 S.) 8° [F.] [ad. 877]

— (Übers.), s. Benger: Anna Boleyn.

— s. Bertrams Wallfahrten, Gefangenschaft und Liebe.

— Bilder d. Jugend, Unschuld u. Tugend, zum Vergnügen u. zur Belehr. f. d. Kindheitsalter d. Knaben u. d. Mädchen, abwechselnd u. nach alphabet. Ordn. dargest. Eigene u. nicht abgeschrieb. Arbeit. M. 49 ill. Bildern. Breit 12. (8⅔ B.) Leipzig 831, Enobloch. 1 21

— vaterländ. Bilder, od. histor. Denkwürdigkeiten, Kunstwerke, Produkte, Industrie u. Naturmerkwürdigkeiten d. preuß. Monarchie, f. Preußens Jugend, um Vaterlandsliebe in ihr zu erwecken, zu stärken u. unwandelbar zu begründen. M. 6 Abbild. 8. (23 B.) Neuhaldensleben 830, Eyraud. — 18

— unterhalt. u. lehrreiches Bilderbuch f. Knaben u. Mädchen. M. 8 ill. Kpfr. 8. (14 B.) Magdeburg 830, Rubach. — 20

— das neue Bildungsbuch zum Unterricht u. Vergnügen f. d. lieben Kinder. M. 6 ill. Kpfr. 8. (14 B.) Frankfurt a. M. 829. [Grimma, Gebhardt.] 1 Thlr. 6 Gr., hrbgs. Pr. — 21

— Bitte! Bitte! liebe Mutter! bester Vater! lieber Onkel! beste Tante! schenke mir dies Buch mit d. schönen Kupfern. Ein neues ABC-Buch nach Pestalozzi's u. Stephani's Lehrmethade. Mit Kpf. 8. Hamb. (811). N. A. 819. 4e A. 826. 5e verb. A. mit 33 ill. Bildern auf 6 Taf. 828. 6e A. 830. Herold jun. 12 gl

— — Bitte! Bitte! liebe Mutter! bester Vater! lieber Onkel! beste Tante! schenke mir dies Buch mit schönen Kpfrn. Ein neues ABC-Buch nach Pestalozzi u. Olivier. N. Aufl. M. K. 8. Hamburg, Herold. 819.

— Bitte! Bitte! liebe Mutter! lieber Vater! guter Onkel! beste Tante! schenke mir dieß allerliebste Buch mit den schönen ausgemalten Kupfern u. den vielen hübschen Erzählungen. — Ein verbess. ABC- u. Lesebuch nach Pestalozzi's u. Stephani's Lehrmethode. 4te verbess. Aufl. 8. Hamburg 826, Herold.

— Bitte! Bitte! liebe Mutter! lieber Vater! guter Onkel! beste Tante! schenke mir dies allerliebste Buch mit d. schönen ausgemalt. Kupfern u. d. vielen hübschen Erzählungen. Ein verbess. ABC- u. Leseb. nach Pestalozzi's u. Stephani's Lehrmethode. 4—6., verb. Aufl. Jede m. (32) ausgem. Kpfrn. u. d. interessantest., den Fassungskräften d. Kindes angemess. Erzähln. (à 12 B.) 8. Hamburg 828, 30, 34, Herold. à

— Bitte! Bitte! liebe Mutter, lieber Vater! guter Onkel! beste Tante schenke mir dies allerliebste Buch mit d. schönen ausgem. Kupfern u. d. vielen hübschen Erzähln. Ein verbess. ABC- u. Leseb. n. Pestalozzi's u. Stephani's Lehrmethode. 6., verb. Aufl. 8. (12 B. u. 6 ill. Kpfrn.) Hamburg 841, Heroldsche Buchh.

Müller, Heinr. (Aug.), Bitte! Bitte! liebe Mutter! lieber Vater! guter Onkel! beste Tante! schenke mir dies allerliebste Buch mit den schönen ausgemalten Kupfern u. den vielen hübschen Erzählungen. Ein ABC- u. Lesebuch. 7., umgearb. Aufl., m. (4) ill. Kpfrn. u. (3) Stahlst., v. Carl Straus. 8. (12¾ B.) Hamburg 845, Herold'sche Buchh.

— Bitte u. Ermahnung, im Gutesthun d. verunglückt. Ost- u. Westpreußen nicht müde zu werden, veranlaßt durch d. Worte: Rufe mich in der Noth; so will ich dich erretten u. du sollst mich preißen. Eine Pred. 8. (1¼ B.) Magdeburg 829, Creutz. — 8

— Bitte u. Ermahnungen, im Gutesthun d. durch Wasser verunglückten Ost- u. West-Preußen nicht müde zu werden. 8. Magdeb. 829. Creutz. 3 gr

— Bitte an die Lutheraner bei d. diesjähr. Feier d. Reformation andere Religionspartheien zu achten. gr. 8. Halle 817. Kümmel. 5 gr

— bleibe treu! Ein Vergißmeinnicht f. den Tag der ersten hl. Kommunion. 16. (32 S. m. Abbildgn.) Ebd. 900. — 08

— s.a. Bonaventuri, der Geweihte der Nacht.

BONAVENTURI, der Geweihte der Nacht. Vom Verf. des Fiorenzo *(Heinr. Müller)*. 2 Bde. Hamburg, bey Gottfried Vollmer (Gedr. Quedlinburg b. Basse), o. J. (1811). 8°. Zahm.
TKpf., Tit., 214 u. 240 SS. — Kayser p. 17 nennt das Jahr des Erscheinens.

Müller, Heinr. (Aug.), der Oberförster Börner. Unterhalt. Erzähln. f. d. Jugend. Ein Nachlaß. 8. (12 B. u. 6 ill. Kpfr.) Berlin 836, [Hasselberg'sche Vrlsh.]

— s. Brautraub, Der.

— Die Brückenbaukunde in ihrem ganzen Umfange, s. Müller, Hinrich

—— Eduards erstes Buch, od. neues Fibellesebuch f. kl. Knaben, die sich vergnügen, Angenehmes u. Nützliches lernen wollen. Ein Geschenk vom lieben Vater. M. 24 ill. Bildern. 8. (4½ B.) Nürnberg 830, Zeh. — 15

——, Eduard's erstes Buch, od. neues Fibellesebuch f. kleine Knaben, die sich vergnügen, Angenehmes u. Nützliches lernen wollen. Ein Geschenk vom lieben Vater. 2. Aufl. 8. (4¾ B. u. 8 ill. Blätt.) Nürnberg 841, Zeh'sche Buchh.

— Eduard's erstes Buch, oder neues Fibellesebuch für kleine Knaben, die sich vergnügen, Angenehmes u. Nützliches lernen wollen. Ein Geschenk vom lieben Vater. 2. Aufl. Mit 24 gemalten Kupf. (auf 8 Bl.) 8. Nürnberg 842, Zeh'sche Buchh. geb. ½ ℛ

— Emiliens goldnes Buch, welches sie schuldlos u. sicher ihrer Bestimmung entgegen führt. 8. Halberst. 827. Brüggemann (Weinedel in Leipz.) 14 gr Velinp. 20 gr

——, Emiliens goldenes Buch. Ein Muttergeschenk f. d. geliebte Tochter. 2. Aufl. 8. (9 B. u. 3 Holzschn.-Vign.) Leipzig 835, Weinedel.

—— Eugenias erstes Buch, oder neues Fibellesebuch f. kl. Mädchen, die sich vergnügen, Angenehmes u. Nützliches lernen wollen. Ein Geschenk von d. lieben Mutter. M. 24 ill. Bildern. 8. (5½ B.) Nürnberg 830, Zeh. — 15

——, Eugenia's erstes Buch, od. neues Fibellesebuch f. kleine Mädchen, d. sich vergnügen, Angenehmes u. Nützliches lernen wollen. Ein Geschenk v. d. lieben Mutter. 2. Aufl. 8. (5¾ B. u. 8 ill. Blätt.) Nürnberg 841, Zeh'sche Buchh.

— Eugenia's erstes Buch, oder neues Fibellesebuch für kleine Mädchen, die sich vergnügen, Angenehmes und Nützliches lernen wollen. Ein Geschenk von der lieben Mutter. 2. Aufl. Mit 24 gemalten Kupf. 8. Ebend. 842. geb. ½ ℛ

Müller, J., das nützlichste Buch f. kleine Kinder, mit 2. illum. K. 8. Hamb. Vollmer. 811.

— d. nützlichste Buch f. kl. Kinder, od. ABC- u. Lesebuch. Mit ill. Kpf. 8. Hamb. ... 3e A. 824. 4e A. 829. Mit 28 illum. Kpf. Herold jun. 12 gr

—— das nützlichste Buch f. kleine Kinder. Od.: Bilder-, ABC- u. Lesebuch. M. 23 ill. Kpfr. u. d. interessantesten, d. Fassungskräften d. Kindes angemess. Erzähln. 4., gänzl. umgearb., verb. u. verm. Aufl. 829, 5., verb. u. verm. A. (à 11½ B.) 8. Hamburg 834, Herold. à — 12

—— das nützlichste Buch f. kleine Kinder. Oder Bilder-, ABC- u. Lesebuch. 6., verb. u. verm. Aufl. 8. (12 B., m. 1 Stahlst. u. 6 Taf. m. 28 ill. Kpfrn.) Hamburg 843, Herold'sche Buchh.

Müller, Heinr., die amerikan. Buchführg., s.: Miniatur-Bibliothek.

MÜLLER, Heinrich
Die Repser Burg. Von Dr. Heinrich Müller. Herausgegeben vom Ausschuss des Vereins für Siebenbürgische Landeskunde. Mit 18 Abbildungen. Hermannstadt. 1900. In Comm. Michaelis. Lex.-8°. 73 S. mit 8 Tafeln. K 1.40

— geistl. Dankaltar z. tägl. Bet- u. Lobopfer u. Communionbuch, m. K. 8. Hannov. Helwing. 724.

Müller, Heinrich. Christlicher Dank-Altar zum täglichen Lobopfer der Christen. Neue Ausg. Hamburg 1853. H: *Serrius, Franz Carl.* (zu) (Ky)

— geistlicher Dank-Altar zum täglichen Lobopfer der Christen. Neue Ausg. (Herausg. von J. C. Serrius.) Hamburg 853. Agentur des Rauhen Hauses. 12. (IV, 400 S.) n. 10 ngr

Müller's, Heinr., geistlicher Dank-Altar zum täglichen Lob-Opfer der Christen. Neue Ausg. gr. 8. (VI, 354 S.) Hermannsburg 885. Missionshausdruckerei. n. 1. —

— Darstellung meiner Ideen üb. Religionshandlungen überhaupt u. ihre Verwaltung insbesond. gr. 8. Quedlinb. 813. Basse. 6 gr

— s. Dedo von Adlerstein, der wilde Ritter.

— d. Denkmal auf d. Brocken f. Preußens tapfere Krieger, e. patriot. Phantasie. 8. Quedlinb. 814. Basse. 3 gr

Müller, Heinr., der Diebstahl im Urheberrecht, Patentrecht, Warenzeichenrecht u. Unlauterer Wettbewerb. (165 S.) kl. 8. Berlin 910. Puttkammer & Mühlbrecht. Geb. in Halbleinw. 2. 80

— die Dorfschule, als erste Anleit. zum Denken, Empfinden u. Handeln. 8. Quedlinb. 812. Basse. 12 gr

Müller, Heinr., der Drechsler, s.: Dörr, Fr.

* **MÜLLER**, D. Heinr. („der Heiligen Schrifft Prof. und Pastor bey der Kirchen S. Marien in Rostock", geb. 18. Oktob. 1631 zu Lübeck, † als Prof. zu Rostock 13. Sept. 1675). — Ungerathene Ehe, Oder, Vornemste Ursachen, so heute Den Ehestand zum Wehestand machen, vorgestellet von D. *Heinrich Müllern* .... Mit Churfürstl. Sächs: Freyheit. Franckfurt, In Verlegung Joh. Geo. Schiele, Buchh. M. DC. LXXIV. (1674.) (Nebst Portr. u. Kupfertitel.) 12°. (In Berlin: Da 7540.) (6 Mk. Max Weg, Lpz., 1897; 5 Mk. 50 Pfg. Adolf Weigel, mit 3 [statt 4] Kpfrn., c. 1905.)

— — Dasselbe. Mit Kupfertitel. Hamburg 1705. Kl. 8°. 6 Bll. u. 408 S. (12 Kr., Expl. in Prgtbd., Halm & Goldmann, Wien, 1907.)
Das O. M. V. 1705, G. 4b, hat: „Franckf. u. Lpz., b. Joach. Wilde. 12°."

— — Dasselbe. Ebd. 1715. 8°. 18 Bogen.
Cat. Meissner III. Braunschw. 1774.

– s.a. E g e d e . – Hans Egede und seine Gattin unter den heidnischen Grönländern.

(——) Hans E g e d e u. seine Gattin unt. d. heidn. Grönländern. Ein schönes Lebensbild f. Jung u. Alt. M. (4) ill. Abbild. 8. (11½ B.) Neuhaldensleben 832, Eyraud. — 20

Einführung in die Differential- und Integralrechnung. Zum Gebr. an höh. Schulen bearb. von Prof. Heinrich **Müller**, ([Oberl.], Charlottenburg). Mit 1 Kurventaf. Leipzig & Berlin: B. G. Teubner 1907. (IV, 38 S.) 8° [F.]
(Heinrich Müllers Mathematisches Unterrichtswerk.) [07. 13339

Müller, Heinrich [aus Leipzig]: Über die Einwirkung von Chlor auf Chlorameisensäureäthylester. . . . Leipzig, Druck v. G. Kreysing, 1889; 34 S. + 1 Bl. 8°
Leipzig, Phil. Fak., Inaug.-Diss. v. 11. März 1889

— religiöse Elementarbildung als Vorschule d. eigentl. Religions-Unterrichts. 1r Bd. 8. Quedlinb. 813. Basse. 6 gl

M ü l l e r, H. (III.). Die Elementar-Planimetrie. Ein method. Lehrbuch f. den Schul- u. Selbstunterricht. gr. 8. (VIII, 187 S. m. Fig.) Berl. 891, Springer. cart. * 2 40

Die Elementar-Planimetrie. Ein method. Lehrbuch f. d. Schul- u. Selbstunterr. von H[e i n r i c h] **Müller**, Gymn.L. 2. unveränd. Aufl. *Leipzig & Berlin: B. G. Teubner 1902*. (VIII, 187 S.) 8° [F.] [03. 6844

— kleines moral. Elementarwerk f. Kinder, in faßl. u. zweckmäß. abgefaßten Geschichten. 8. Hamb. (811). (Herold jun.) 12 gl

de **Mueller**, Henricus [Caroliruhensis]: De Teletis elocutione . . . Friburgi Brisigavino, form. C. A. Wagneri, 1891; 1 Bl., 75 S. 8°
Freiburg i. B., Phil. Fak., Inaug.-Diss. v. 1891

Mueller, Henr. de, de Teletis elocutione. Diss. gr. 8. (75 S.) Freiburg i/B. 891. (Karlsruhe, J. J. Reiff.) n. 1. —

Müller, Heinrich: Zur Entstehungsgeschichte der Bronchialerweiterungen. Ermsleben a. H. 1882: Busch. 36 S. 8°
Halle-Wittenberg, Med. Diss. v. 20. Dez. 1882
Geb. Bockenheim (Hessen-Nassau) 16. 3. 1858. V.
Verf. erlebte die Diplomerneuerung 1932 in Bad Warmbrunn.

M ü l l e r, Heinr. (II.), über die Entwickelung der Knochensubstanz nebst Bemerkungen über den Bau rachitischer Knochen. gr. 8. (87 S. mit 2 Kpfrt. in qu. gr. 4.) Leipzig 858, Engelmann. *
Aus: Zeitschrift für wissenschaftl. Zoologie, 9. Bd., besonders abgedruckt

— William, des Waisenknaben, außerordentl. Erfahrr. in zwei Erdtheilen. Ein Buch z. Beförder. frommer Gesinnungen für liebe Kinder. Mit 8 ill. Abbildd. u. Titelvign. 8. Neuhaldensl. 830. Eyraud. 1 ₰ 12 gl

—— W i l l i a m des Waisenknaben außerordentl. Erfahrungen in zwei Erdtheilen. Ein Buch zur Beförder. frommer Gesinnungen f. liebe Kinder. M. 8 ill. Abbild. u. Ttlvign. 8. (14½ B.) Neuhaldensleben 830. [Magdeburg, Rubach.]

Müller, Hnr. VI., Erheiterr. f. die liebe Kinderwelt. Mit 6 ill. Abbildd. 8. Neuhaldensl. 830. Eyraud. 1 ₰

—— E r h e i t e r u n g e n f. d. liebe Kinderwelt. M. 6 ill. Abbild. 8. (10½ B.) Neuhaldensleben 830. [Magdeburg, Rubach.] 1 —

—— Vater R e i n h o l d s Erinnerungen an seine Kinderjahre. Von ihm selbst seinen Kindern zum Vergnügen, aber auch z. Belehr. u. z. Frommwerden, in e. Reihe v. Erzähln. mitgeth. gr. 12. (14½ B. u. 4 ill. Kpfr.) Leipzig 832, Cnobloch.

M ü l l e r, Heinr., geistl. Erquickstunden.

— dass. s. auch H a u s b i b l i o t h e k.

—— dass., s. a. S a m m l u n g d. vorzügl. Hand- u. Hausbücher christl. Andacht etc., 1. Abthl. 1—3. Bdchn.

— geistl. E r q u i c k s t u n d e n. 8. Frkf. Andreä. 717. in 12.

— — od. 300 Haus- u. Tischandachten. 8. Tüb. (Helwing in Hannov.) 725.

Heinrich **Müllers** Geistliche Erquickstunden. Neu hrgg. u. verm. v. J o h. Georg R u ß w u r m. Ratzeburg. 1822. 8°

M ü l l e r, Heinr., geistl. Erquickstunden. Aufs neue hrsg. u. mit e. kurzen Bericht v. d. Leben u. d. Schriften d. Verf. verm. v. J. G. Rußwurm. 1. Aufl. (45¾ B.) 831., 2., verb. A. (47½ B.) 8. Lüneburg 832, Herold u. Wahlstab.
à 1 Thlr., Schrbp. gr. 8. 1 12

Müller, Heinrich. Geistliche Erquicksstunden . . . neu herausg. Dresden 1841—42. H: *Blüher, Magnus Adolf.* (Haan) (Zeitschr. f. Büch. N. F. 15, 1923, S. 117)

M ü l l e r, Heinr. (III.), geistl. E r q u i c k s t u n d e n, od. drei Hundert Haus- u. Tisch-Andachten. Mit e. kurzen Lebensbeschreib. d. Verf. neu hrsg. 1. Bd. gr. 8. (14 B.) Dresden 841, Naumann.

—— dass. od. 300 Haus- u. Tisch-Andachten. 2. Bd. gr. 8. (16 B.) Dresden 842, Naumann.
1. Bd. Ebendas. 1841. 15 Ngr.

—— dass. Aufs neue hrsg. u. m. e. kurzen Bericht von dem Leben und den Schriften d. Verfass. verm. v. Joh. Geo. Rußwurm. 2., verb. Aufl. 8. (46½ B.) Lüneburg 842, Herold u. Wahlstab'sche Buchh.

— geistliche E r q u i c k s t u n d e n, als Andachten auf alle Tage u. Kirchenfeste des Jahrs, sowie für die verschiedensten Lebensverhältnisse etc. neu herausgeg. v. Chr. Göring. 2. sorgfältigst revid. u. verm. wohlf. Ausg. 2 Bde. 12. Dinkelsbühl 845, Walthr'sche Buchh. n. ⅚ ₰

M ü l l e r, Heinr., geistl. E r q u i c k s t u n d e n. Aufs Neue bearb. v. Aug. Gebauer. 16. (34⅛ B.) Stuttgart 845, Cast'sche Bh. *

M ü l l e r, Heinr., geist. E r q u i c k s t u n d e n, od. 300 Haus- u. Tischandachten, nebst 4fachen vollständ. Registern. Herausg. v. evang. Bücher-Verein. gr. 8. (32 B.) Berlin 846, (Wohlgemuth.) Schreibp. 16 Ngr. (Berlin, Grobe.) Thlr.
Vgl. H a u s b i b l i o t h e k, christl.

M ü l l e r ' s, Heinr. (I.), geistliche E r q u i c k s t u n d e n, oder: 300 Haus- und Tischandachten. Unveränd. Abdr. gr. 8. (VIII und 424 S.) Hamburg 851, Agentur des Rauhen Hauses. *

Müller, Heinr., geistliche Erquickstunden. Aufs neue hrsg. v. A u g. G e b a u e r. 2. (Titel-) Aufl. gr. 16. (VI u. 534 S.) Stuttgart (845) 851, Cast. 12 ngr

—— dass. — Aufs neue hrsg. von Aug. Gebauer. 2. (Titel-) Aufl. gr. 16. (VI und 534 S.) [Stuttgart 851, Verlagsmagazin.]

— geistliche E r q u i c k s t u n d e n, oder dreihundert Haus- und Tischandachten. 3. unveränd. Abdr. Hamburg 855. Agentur des Rauhen Hauses. gr. 8. (VIII, 408 S.) n. 10 ngr

— — Unveränd. Ausg. nebst dem die Sonn- u. Festtags-Evangelien u. Episteln etc. enthaltenden Register. Neu-Ruppin 859. Bergemann. 8. (IV, 459 S.) n. 10 ngr

—— geistliche E r q u i c k s t u n d e n, oder dreihundert Haus- und Tischandachten. 4., unveränd. Abdr. 16. (XII und 683 S.) Hamburg 861, Agentur des Rauhen Hauses. * 10 Ngr.; geb. *

Müller, Heinr., geistliche Erquickstunden oder 300 Haus- u. Tischandachten. Neu-Ruppin 862. Oehmigke. 16. (512 S. u. Portr. in Holzschn.) n. 20 ngr.

Müller, Heinr. (I.), geistliche Erquickstunden oder 300 Haus- und Tischandachten. gr. 16. (512 S. mit Portr.) Neu-Ruppin 862. [Leipzig, Einhuber.] cart. *
geb. mit Goldschn. *

Müller's, Heinr., geistliche Erquickstunden, oder dreihundert Haus- u. Tischandachten. 6., unveränd. Abdr. gr. 16. (XII, 604 S.) Hamburg 879. Agentur des Rauhen Hauses. n. 1. —; geb. n. 1. 60

Müller's, Heinr., geistliche Erquickstunden, od. 300 Haus- u. Tischandachten. 6., unveränd. Abdr. 12. (XII, 604 S.) Hamburg 888. Agentur d. Rauhen Hauses. n. 1. —

Müller's, Heinr., geistliche Erquickstunden od. 300 Haus- u. Tischandachten nebst vierfachen vollständigen Registern, davon e. diejenigen Andachten anzeigt, welche die Sonn- u. Festtags-Evangelien u. Episteln sehr erbaulich erläutern. 10. Aufl. (XIV, 438 S.) 8. Berlin, Hauptverein f. christl. Erbauungsschriften. Geb. in Halbfrz. 1. 80

— evangelische Erquickungsstunden. 12. Basel, Flick. 726.

Müller, Hnr. V., († ...) geistl. Erquickungsstunden; aufs neue hrsgg. u. mit e. kurzen Bericht v. d. Leben u. d. Schriften d. Verfass. verm. v. J. G. Nußwurm. gr. 8. Ratzeb. 823. 2e A. 832. (Herold u. W. in Lüneb.) 1 ₰ 4 gr Weiß Pap. 1 ₰ 12 gr Hbg. Pr. 1 ₰ Schrbp. in gr. 8. 1 ₰ 12 gr (Vergl. Samml. d. vorzügl. Hand- u. Haus-Bücher.)

BARTELS, Hans, Erscheinungen (,) Träume und Ehestandsscenen, komischer (stellenw. etwas derber) Roman vom Verfasser des Fiorenzo (*Heinr. August Müller.*) Mit TKpf. Hamburg u. Altona, bey Gfr. Vollmer, o. J. (1810). 8°. (3 Mk. J. Taussig, Prag, 1907.)

— freimüth. Erwiederr. auf d. Stellen d. Schrift d. Hrn. Ob. Präs. F. v. Bülow: üb. die gegenwärt. Verhältnn d. christl. evangel. Kirchenwesens 2c. 8. Quedlinb. 818. Basse. 12 gr

—— der tägliche Erzähler f. kl. Kinder, zum Gebr. d Eltern u. Lehrer. 2 Thle. 8. Leipzig, Kollmann. [1. (4 B. u. 21 ill. Abbild. auf 5 Kpfrt.) 828. 1 Thlr., 2. (15 B. u. 8 ill. Kpfr.) 831. 21 Gr.] 1 21

—— des Großvaters Harding's Erzählungen im Kreise gebild. Enkel. M. 4 ill. Kpfrt. gr. 12. (9 B.) Leipzig 833, Cnobloch.

—— Erzählungen d. Lehrers in d. Spiel- u. Ruhestunden. Ein nützl. u. unterhalt. Lesebuch f. Knaben u. Mädchen, d. eben sowohl Unterhalt. als Belehr. suchen. 8. (13½ u. 16 ill. Kpfrt.) Leipzig 838, Krappe.

— neue moral. Erzählungen f. d. Jugend. Mit 2 Kpf. v. Jury. 8. Hamb. 826, Lübbers u. S.

— neue moral. Erzähll. f. die Jugend. Mit 2 Kpf. 8. Hamb 826. Schuberth u. N. 1 ₰

– s. Eugen von Rothelin.

Müller, Heinrich [approb. Arzt aus Lüneburg]: Ein Fall von Hirnsyphilis mit Erweichungs-Herd im Hirnschenkel und Veränderungen an den Kernen der Medulla oblongata unter dem Bilde einer apoplektiformen Bulbaerparalyse verbunden mit hochgradiger Ataxie .... Helmstedt, Druck v. J. C. Schmidt, 1886; 36 S. 8°.
Göttingen, Med. Fak., Inaug.-Diss. v. 1886.

Müller, Heinr., e. Fall v. Hirnsyphilis m. Erweichungsherd im Hirnschenkel u. Veränderungen an den Kernen der Medulla oblongata unter dem Bilde e. apoplektiformen Bulbärparalyse, verbunden m. hochgrad Ataxie. gr. 8. (36 S.) Helmstedt 886. (Göttingen, Vandenhoeck & Ruprecht.) n. — 80

Müller, Heinrich, a. Halberstadt: Ein Fall von Obliteration der vena cava inferior und der venae hepaticae. Greifswald 1905: H. Adler. (36 S.) 8°
Greifswald, Med. Fak., Ref. Grawitz, Diss. v. 25. März 1905
[Geb. 15. Okt. 78 Halberstadt; Wohnort: Greifswald; Staatsangeh.: Preußen; Vorbildung: Gymn. Bromberg Reife O. 98; Studium: Göttingen 1, Leipzig 3, Freiburg i. B. 1, Greifswald 4 S.; Coll. 22. Febr. 05; Approb. 4. Febr. 03.]

Müller, Heinrich, approb. Arzt aus Morsbach ⟨Rheinl.⟩: Aus d. Kgl. chirurg. Universitäts-Klinik zu Kiel. Über die in der Kieler chirurgischen Klinik in den Jahren 1899, 1900 und 1901 beobachteten Fälle von Kryptorchismus. *Kiel 1902: Schmidt & Klaunig.* (33 S.) 8°
Kiel, Med. Diss. v. [21. Juli] 1902

Müller, Heinrich, aus Eltville: Zwei Fälle von primärem Lungencarcinom. *Freiburg i. B.: Speyer & Kaerner 1904.* (50 S.) 8°
Freiburg i. B., Med. Diss. v. 1904

— die heil. Feier d. Abendmahles. Ein Erbauungsb. f. wahre Christusverehrer im Geiste u. in d. Liebe. 8. Quedlinb. 826 Basse. 18 gr

—— die Feier d. Religion. Jünglingen, Jungfrauen u. allen Verehrern d. Heiligsten geweiht. M. 1 Kpfr. u. 1 Vign. gr. 12. (6 B.) Halberstadt 828. [Leipzig, Weinedel.] — 16

– s.a. Feldzug, Abenteuerlicher und wunderbarer, eines jungen Kosakenoffiziers.

FELDZUG, Abentheuerlicher und wunderbarer, eines jungen Kosacken-Officiers (von *Heinr. Aug. Müller*). Quedlinburg, Basse, 1817. 8°. (¾ Rthl.)
Anzeige des Verlegers.
— — Dasselbe. Hamburg 1816 (!).
Anon.-Lex. II. p. 94 (nach Kayser u. Meusel).

– s.a. Fiorenzo.

FIORENZO, oder die geheimen Verbündeten der Nacht. Eine (zahme) Räuber- u. Revolutions-Geschichte aus Spaniens und Italiens neuesten Zeiten (von *Heinr.* [August] *Müller*, 1766—1833.) 2 Bde. Hamburg, Herold, 1810. 8°. (2½ Rthl.)
Anon.-Lex. II. p. 100 (nach Kayser u. Meusel).

– (Übers.), s. Florian, Jean Pierre Claris de: Auserlesene Romane.

Mueller, (Ern.) Henr. (geb. Königsberg i. Pr. 12. 2. 1833): De P. Annio Floro poeta et carmine quod Pervigilium Veneris inscriptum est. Berolini (1855). (46 S.) 8°
Berlin. Phil. Diss. v. 16. Juni 1855

– s. Flucht, Meine, aus Deutschland.

– s.a. Folgen, Traurige, unbedachtsamer Verlobung.

Folgen
— —, Traurige, unbedachtsamer Verlobung, eine wahre Geschichte zur Warnung für Ältern, Jünglinge und Mädchen, von *H. M—r.* (Zahmer Roman von *Heinr. Müller.*) Mit TKpfr. Magdeburg 1800. 8°. (4 Mk. Gust. Fock, 1907.)
Kayser hat „frühzeitiger Verlobungen". — Anon.-Lex. II. p. 105.

Müller, Heinrich [Referendar]: Forderungspfandrecht und Sicherungscession ... Düsseldorf, Druck v. L. Schwann, 1897; 51 S. 8.
Erlangen, Jur. Fak., Inaug.-Diss. v. 1897

Müller, Heinr., fort m. den Schulprogrammen! gr. 8. (32 S.) Berlin 902. O. Gerhardt. n. — 50

— üb. die gewissenlose Freiheit theolog. Schriftsteller u. Schriften, welche d. Religiosität d. Volks zerstören. 8. Quedlinb. 820. Basse. 14 gr

—— die Freuden d. Frühlings, zur Erheiter., Belehr. u. Veredlung f. gute, liebe Kinder. M. 6 ill. Kpfr. 8. (11½ B.) Nürnberg 830, Zeh. 1 8

— Friedensbüchlein. Eine Schrift fürs deutsche Volk. Mit erläut Geschichten. 8. Quedlinb. 815. Basse. 14 gr

— — Friedensbüchlein. Eine Schrift fürs deutsche Volk. Mit erläuternden Geschichten. 8. Ebend. 817.

—— Friedrich u. Marie, od. wunderbare Erfahrungen zweier Kinder. Ein Lehr- u. Lebensbuch f. Kinder. 8. (14 B. u. 8 ill. Stndr.) Neuhaldensleben 829, Eyraud. 1 12

Müller, Heinrich von, Kammergerichtsref.: Einseitige Fristbestimmungen zur Vornahme einer Handlung nach dem Bürgerlichen Gesetzbuche. *Göttingen 1902: E. S. Mittler & Sohn, Berlin.* (VI, 43 S.) 8°
Göttingen, Jur. Diss. v. [27. Okt.] 1902

Müller, Heinr. v., einseitige Fristbestimmungen zur Vornahme e. Handlung nach dem bürgerlichen Gesetzbuche. Diss. (VI, 43 S.) gr. 8. Göttingen 902. (Vandenhoeck & Ruprecht.) n. 1. 20

— meine Frühlingsreise aus d. Priegnitz durch die Altmark rc. 2 Thle. 8. Ruppin 795. Kühn. 1 ₰ 8 gr, 1800 mit folgend. Titelbl.: der reisende Dorfprediger. 2 Thle. 8. o. O. u. Verleger. (Ruppin, Kühn). 1 ₰

Müller, Heinr., S. V. D., Führer zum Glück f. Jungfrauen od.: Hoher Wert des jungfräulichen Standes. Lehr- u. Gebetbuch zum Gebrauche in der Welt u. im Kloster. (656 S. m. 1 Farbdr.) 16. Steyl 905. Missionsdruckerei. Geb. in Leinw. n. 1. 50

Müller, Heinr., S. V. D., Führer zum Glück f. Jungfrauen od.: Hoher Wert des jungfräul. Standes. Lehr- u. Gebetbuch zum Gebrauche in der Welt u. im Kloster. 4. Aufl. (684 S. m. farb. Titelbild.) 12,3×7,7 cm. Kevelaer 909. Gebr. v. Danwitz. Geb. in Leinw. 1. 40

— dasselbe f. Jünglinge. (592 S. m. 1 Farbdr.) 16. Ebd. 904. Geb. in Leinw. n. 1. 50

— Führer zum Glück f. Jünglinge od.: Hoher Wert des jungfräul. Standes. Lehr- u. Gebetbuch zum Gebrauche in der Welt u. im Kloster. (592 S. m. farb. Titelbild.) 12,3×7,7 cm. Ebd. 905. Geb. in Leinw. 1. 40

Müller, Heinrich (Apensburg)
Diss. inaug. de fungo articulorum.
Gissae 1816.
Diss. med. Giessen 12.9.1816.

— Gastmahl der Seele. Kommunion- u. Gebetbuch m. 37 Kommunionandachten sowie Belehrgn. u. Gebeten f. Welt- u. Ordensleute. (384 S. m. farb. Titelbild.) 16. Ebd. 909. Geb. in Leinw. — 90

Müller, Henricus: De gastricismo et methodo gastrica. Halis Saxonum (1820): Grunert. 34 S. 8°
Halle-Wittenberg, Med. Nostrifik.-Diss. v. Febr. 1820
Geb. [Tonenburg zu Albaxen gehörig, KB Bruchhausen b. Ottbergen (Kr. Höxter) get. 11. 2. 1790.]
Verf. war am 13. Sept. 1816 in Giessen mit dieser Dissertation ohne deren Drucklegung promoviert worden.

— Der gute Gatte u. Vater. Ein kathol. Lehr- u. Gebetbuch. 8., verb. u. verm. Aufl. (496 S. m. farb. Titelbild.) 12,3×7,5 cm. Ebd. 908. Geb. in Leinw. 1. 40

— die gute Gattin u. Mutter. Ein kathol. Lehr- u. Gebetbuch. 16. (542 S. m. Abbildgn. u. 1 Farbdr.) Ebd. 901. Geb. in Leinw. n.n. 1. 30

— Die gute Gattin u. Mutter. Ein kathol. Lehr- u. Gebetbuch. 12. Aufl. (544 S. m. farb. Titelbild.) 12,3×7,7 cm. Ebd. 909. Geb. in Leinw. 1. 40

— Gebetbuch z. eignen Erbauung u. bei d. öffentl. Betstunden, f. Soldaten. 12. Halle, Kümmel. 4 gr

—— des Knaben von Neapel Gefahr u. Rettung, od. Reiseabentheuer von Rom nach Tibet. Ein Lehr- u. Sittenb. f. d. Jugend beiderlei Geschlechts v. 10—14 Jahren. 8. (16 B. u. 6 col. Kpfrn.) Leipzig 838, Krappe.

— Gelegenheitsreden vor u. in Magdeburg, während der letzten Belagerung gehalten. 8. Magdeb. 814. Creutz. 10 gr

– (Übers.), s. Genlis, Felicité Stephanie Ducrest de Saint-Aubin: Alphonsine.

– Geometrie der Ebene, s. Bosse, L.

— das lieblichste Geschenk f. kleine Kinder, die lesen lernen u. lesen können. Ein verbess. ABC-Buchstabier- u. Lesebuch nach Pestalozzi's u. Stephani's Lehrmethode. 3e verbess. u. verm. Aufl. Mit illum. Kupfern. 8. Hamb. 825. Herold.

—— das lieblichste Geschenk f. kl. Kinder, die lesen lernen u. lesen können. Ein verbess. A-B-C-, Buchstabir- u. Lesebuch nach Pestalozzi's u. Stephani's Lehrmethode. 4., verb. u. sehr. verm. Aufl. M. (64 ill. u. 2 schw.) Kpfr. u. d. interessant., d. Fassungskräften d. Kinder angemess. Erzähln. 8. (11½ B.) Hamburg 830, Herold. — 12

—— das lieblichste Geschenk f. kleine Kinder, d. lesen lernen u. lesen können. Ein zweckmäß. A-B-C-, Buchstabir- u. Lesebuch. 5. Aufl., durchges. u. verb. v. Carl Straus. 8. (11½ B. u. 70 ill. Kpfrn.) Hamburg 837, Heroldsche Buchh.

— — das lieblichste Geschenk für das zarte Kindesalter. Ein ABC- u. Lesebuch nach Pestalozzi. Mit 24 illum. Kpf. 8. Hamburg. Herold. 819.

– s.a. Geschichte, Die denkwürdige, des reichen Findelkindes.

(——) die denkwürd. Geschichte d. reichen Findelkindes. Ein Buch zur Unterhalt. u. Belehr. f. Kinder. (M. 8 ill. Stndr.) Breit 8. (15½ B.) Leipzig 831, Leo. 1 12

—— kleine Geschichten. Nützl. u. anmuth. zu lesen f. Knaben u. Mädchen. 12. (2½ B. u. Titelbild.) Reutlingen 840, Fleischhauer u. Spohn.

— Geschmückt m. Myrte. Ein kathol. Lehr- u. Gebetbuch f. den Bräutigam, Gatten u. Vater. 8. Aufl. (496 S. m. farb. Titel u. Titelbild.) 12,2×8,8 cm. Ebd. 909. Geb. in Leinw. m. Goldschn. 1. 80

Müller, H., der unerschöpfliche Gesellschafter als Komiker. Humoristische Dichtgn., Einzelvorträge u. kom. Scenen f. mehrere Personen. Orig.-Dichtgn. Nebst e. Vorwort: Wie trägt man vor? 8. (128 S.) Leipzig (900). Erfurt, F. Bartholomäus. — 60

Der unerschöpfliche Gesellschafter als Komiker. Humoristische Dichtungen, Einzelvorträge u. komische Scenen für mehrere Personen, Orig.-Dichtungen von H(einrich) **Müller**, Wien. Nebst einem Vorw.: Wie trägt man vor? *Leipzig: Leipziger Roman-Verl. [Erfurt: F. Bartholomäus 1901].* (127 S.) 8° [F.]
(Kollektion 'Gesellschafter'. No 86.)

Mueller, Heinrich
Die Gewalt der ersten Liebe. Roman. Th. 1.2.
Quedlinburg, Leipzig: Basse 1822. 8°

— Lady Glami, od. d. Kerker vnn Stirling. Ein Roman nach W. Scott. 3 Thle. 8. Quedlinb. 823. Basse. 3 ß

Mueller, Heinrich
Lady Glami oder der Kerker von Stirling. Roman nach Walter Scott. Th. 1-3.
Quedlinburg, Leipzig: Basse 1824. 8°

— — Glaubet, hoffet, liebet, oder die würdigste Weihe der Confirmation. 8. Quedlinburg, Basse. 818.

Glück
— —, Das, und das Grab der Liebe. Von *H****ch, M****r (Heinrich Müller,* 1766—1833). Magdeburg, bei Friedr. Wilh. Bauer. 1800. Kl. 8°.
Tit. gestoch. u. 312 S.

—— das seltene Glück d. sieben verwaisten Kinder. Eine Gesch. f. d. Veredlung d. Kinder. M. 8 ill. Kpfr. 8. (17 B.) Leipzig 832, Kollmann. 1 —

— Gnade u. Wahrheit oder christliches Schatzkästlein in kurzen Betrachtungen auf alle Tage des Jahrs. Aus den Schriften desselben ausgehoben von Vikt. Aug. Jäger. Stuttgart 859. Belser. 8. (512 S.) 21 ngr.

RITTER Golo der Grausame, oder die Büßende in der Felsengruft. Ritterroman vom Vf. „Alberts v. Rheinstein" *(Heinrich Müller).* 3 Thle. Mit 1 Kpfr. Quedlinburg und Leipzig, Basse, 1821. 8°. (3½ Rthl.) Zahm.

—— Gräber der Heiligen. Christliche Leichen-Predigten. Auf's Neue hrsg. gr. 8. (VI und 342 S.) Halle 860, Schmidt's Verlagsh. *.

—— Gräber der Heiligen. Christliche Leichen-Predigten. Auf's Neue hrsg. 2. (Titel-)Aufl. gr. 8. (VI und 342 S.) Halle (860)62, Schmid's Verlag. *

– Griechische Grammatik für Gymnasien,
s. Müller, Heinrich Dietrich

—— Gutes u. Schönes, was d. liebe Mutter ihren kl. Töchtern Lisettchen, Jettchen u. Minna, lehrt. Ein Büchl. zum Lernen u. z. Vergnügen f. kl. Mädchen. M. 6 ill. Kpfr. 8. (9¼ B.) Nürnberg 830, Zeh. 1 8

Müller, Heinr. (Aug.), Gutes und Schönes, was die liebe Mutter ihren kleinen Töchtern, Lisettchen, Jettchen und Minna, lehrt. Ein Büchlein zum Lernen und zum Vergnügen für kleine Mädchen. Neue wohlf. (Titel-)Ausg. 8. (VI und 142 S. mit 6 ill. Kpfrt.) Nürnberg 849, Lotzbeck. Thlr.

— Handbuch liturg. Bearbeitung aller Sonntags- u. Festperikopen in Antiphonien, Collecten 2c. 3 Bde. gr. 8. Magdeb. 821—24. Rubach 4 ß 12 gr (Aus obigen 3 Bdn besonders abgedr.: Materialien zu Predigten f. d. Fastenzeit. gr. 8. Ebd. 824. 18 gr)

Müller, Heinr. (I.), elementares Handbuch der Festigkeitslehre mit besonderer Anwendung auf die statistische Berechnung der Eisen-Constructionen des Hochbaues, zum prakt. Gebrauch für Ingenieure, Bau-, Maurer- und Zimmermeister, sowie als Leitfaden für techn. Lehranstalten. Mit vielen in den Text gedr. Holzschn., zahlreichen Profiltabellen und mehreren lithogr. Taf. gr. 8. (VIII, 356 S. und Anhang 82 S. mit 4 Stnt. in gr. 8. und qu. 4.) Berlin 875, Polytechnische Buchh. (* ℳ 10.) * ℳ 6.; geb. *

dgl. 2. Auflage. Ebend., 1893.

Müller, Heinr. (Aug.), das allerliebste Hannchen, wie es spielt, lernt u. d. Freude d. Eltern wird. Ein Geschenk f. liebe Töchter. M. 16 ill. Bildern. 8. (17½ B.) Leipzig 829, Kollmann. Thlr.

—— christl. Hausschatz od. gediegene Predigtsammlung auf alle Sonn- u. Festtage des Jahres. Von d. vorzügl. Kanzelrednern neuester Zeit. 2 Thle. gr. 8. (46½ B.) Guben 846, Bölitz. *

——. die Hausthiere, od. erstes naturgeschichtl. Lese- u. Bilderbuch f. Kinder. 8. (10¼ B. m. ill. Abbild.) Stuttgart 842, Ebner u. Seubert.

– Die Hauszimmerkunst in allen ihren Teilen,
s. Müller, Hinrich

Das heilige Kaiserpaar Heinrich und Kunigunde. In seinem tugendreichen u. verdienstvollen Leben quellenmäßig dargest. von P. Heinrich **Müller** S. V. D. *Steyl, (Rhld): Missionsdr. 1903.* (448 S.) 8° [F.]

Müller, Heinrich: Aus d. med. Universitätskl. zu Strassburg. Über Hemiplegie nach Thrombose ausgehend von der Teilungsstelle der A. carotis communis. Strassburg i. E. 1910: Müh. 22 S. 8°
Straßburg, Med. Diss. v. 3. März 1910, Ref. Moritz
[Geb. 8. Jan. 84 Ratingen; Wohnort: Straßburg; Staatsangeh.: Preußen; Vorbildung: Kgl. Gymn. Düsseldorf Reife O. 03; Studium: Bonn 1, Freiburg i. B. 1, Berlin 3, München 1. Berlin 3, Straßburg 3 S.; Coll. 20. Jan. 10; Approb. 21. Mai 09.] [U 10. 4054

— Hermann v. d. Heideburg, od. d. Eremit in d. Waldklause; Rittergeschichte. 8. Quedlinb. 823. Basse. 20 gr

– s. Herrmann Streit.

— evang. Herzensspiegel.

— — 4. Frankf. Andreä. 705. 1 16

— — oder Erklär. der Evang. n. Lütkemanns Epistelpredigten. 4. Lüneburg. (Nauck in Berlin). 734. 3 18

— evangel. Herzensspiegel, od. Erklär. aller Sonn- Festtags-Evangelien. 4. Hof 764. (F. Hartung). 1 ß 8 gr

—— evangelischer Herzensspiegel. (Unveränderter Abdruck.) 2 Abthlgn. Evangelien-Predigten. Epistel-Predigten. gr. 4. (1203 S.) Hamburg 847, Agentur des Rauhen Hauses. à Abthl. * 1 Thlr. *

—— evangelischer Herzensspiegel. (Unveränd. Abdr.) 1. Abthl.: Evangelien-Predigten. 2 Hälften. gr. 4. (1. Hälfte. S. 1—280.) Hamburg 852, Agentur des Rauhen Hauses. *

—— dass. — (4., unveränd. Abdr.) 1. Abthl.: Evangelien-Predigten. gr. 4. (IV und 588 S.) Ebds. 856. *

—— evangelischer Herzensspiegel. (4., unveränderter Abdr.) 2. Abthl.: Epistel-Predigten. gr. 4. (S. 589—1204.) Hamburg 858, Agentur des Rauhen Hauses. *
1. Abthl. Ebendas. 1852. 1 Thlr.

—— evangelischer Herzensspiegel. (5., unveränd. Abdr.) 1. Abthl.: Evangelien-Predigten. gr. 4. (IV und 588 S.) Hamburg 864, Agentur des Rauhen Hauses. *
Der Preis der 2. Abthl. (4. Abdr.) ist auf * 1 Thlr. 10 Ngr. erhöht.

Müller's, Heinr. (I.), evangelischer Herzensspiegel. 2. (Schluß-) Abthl.: Epistel-Predigten. 5. Aufl. 4. (S. 591—1204.) Hamburg 882, Agentur des Rauhen Hauses. *
1. Abthl. Ebendas. 1864. * ℳ 4.

—— evangel. Herzensspiegel z. Beförder. d. häusl. Erbauung. Umgearb. u. hrsg. v. Joh. Geo. Nußwurm. gr. 4. (67½ B. u. M's. lith. Portr.) Schönberg 841. (Berlin, J. A. Wohlgemuth.) *

—— evangelischer Herzensspiegel zur Beförderung d. häusl. Erbauung. Umgearb. u. hrsg. v. Joh. Geo. Nußwurm. Neue wohlf. Ausg. 4. (67½ B. u. M's lith. Bildn.) Schönberg 845. (Berlin, J. A. Wohlgemuth, Berl.) *

— evangelischer Herzensspiegel zur Beförderung der häuslichen Erbauung. Umgearb. u. hrsg. v. Joh. Geo. Nußwurm. Mit dem lith. Bildniß Müller's. Neue wohlf. Ausg. gr. 4. (XIV u. 524 S.) Schönberg 849. Berlin, J. A. Wohlgemuth in Comm. n. 1 ß

Müller, Heinr., S. V. D., Himmelsschlüssel. Kathol. Gebetbuch, zusammenges. vorzügl. aus d. Gebeten d. Kirche u. d. Heiligen m. pass. Belehrungen. 16. (363 S. m. 1 Farbdr.) Steyl 898. Missionsdruckerei. Geb. n. 1. —; n. 1. 25 u. n. 2. —

— Himmelsschlüssel. Katholisches Gebetbuch, zusammengesetzt vorzüglich aus den Gebeten der Kirche u. der Heiligen. (496 S. m. 1 Farbdr.) 16. Ebd. 904. Geb. in Leinw. n.n. 1. 30

— Himmelsschlüssel. Katholisches Gebetbuch, zusammengesetzt vorzüglich aus den Gebeten der Kirche u. der Heiligen. Mit pass. Belehrgn. 8. Aufl. (Feindr.-Ausg.) (415 S. m. farb. Titelbild.) 12,5×7,7 cm. Ebd. 908. Geb. in Leinw. 1. 10

— dasselbe. 3. Aufl. (Grobdr.-Ausg.) (512 S. m. farb. Titelbild.) 12,5×7,7 cm. Ebd. 908. Geb. in Leinw. 1. 20

— Himmelsweg. Ein kathol. Gebet- u. Lehrbuch für Jungfrauen. 8. Aufl. gr. 16. (496 S. m. farb. Titel u. 1 Farbdr.) Ebd. 900. Geb. in Leinw. n.n. 1. 30

— Himmelsweg. Ein kathol. Gebet- u. Lehrbuch für Jungfrauen. 10. verb. u. verm. Aufl. (528 S. m. 1 Farbdr.) 16. Ebd. 905. Geb. in Leinw. n. 1. 30; m. Goldschn. n. 1. 60; in Ldr. m. Goldschn. n. 2. 20 u. wattiert n. 3. 50

— Himmelsweg. Ein kathol. Gebet- u. Lehrbuch f. Jungfrauen. 43.—48. Taus. (528 S. m. farb. Titelbild.) 12,5×7,7 cm. Ebd. 907. Geb. in Leinw. 1. 40; in Ldr. m. Goldschn. 2. 50

— dasselbe f. Jünglinge. 9., verb. Aufl. (536 S. m. farb. Titelbild.) 12,3×7,7 cm. Ebd. 909. Geb. in Leinw. 1. 40

—s. Hochzeit nach der Mode.

— die vier Jahreszeiten rc. 2 Bde. 8. Ebend. 812 und 813. (à 15 Gr.)

— die vier Jahreszeiten. Ein Lehr- u. Lesebuch f. Elementarschulen. Mit Kpf. 2 Bde. 8. Quedlinb. 813. Basse 1 ß 6 gr

— Janequeo, d. Heldenmädchen v. Chili. Eine Geschichte aus d. Zeiten d. Eroberung Amerikas. 3 Thle. 8. Quedlinb. 824. Basse. 3 ß

— Jesus, der Kinderfreund. Gebet- u. Lehrbüchlein f. Kinder. (126 S. m. Abbildgn.) 16. Ebd. 903. Geb. in Leinw. n. — 30

— Jesus, der Kinderfreund. Gebet- u. Lehrbüchlein f. kleine Kinder. Verb. u. verm. Aufl. 20.—40. Tausf. (144 S. m. Titelbild.) 11,4×7 cm. Ebd. 907. Geb. in Leinw. — 30

—— der leidende Jesus nach den vier Evangelisten. Ein Passionsbuch. Aufs Neue veröffentlicht von J. L. Pasig. 8. (VIII und 232 S.) Halle 855(56.) Fricke.

— — Jesus, wie er lebte und lehrte. Ein Religionsbuch, wörtlich aus der Bibel geschöpft f. Bürger- u. Landschulen. 8. Ebend. 819.

— Jesus, wie er lebte u. lehrte. Ein Religionsbuch wörtl. aus d. Bibel geschöpft, f. Bürger- u. Landschulen. 8. Quedlinb. 820. Basse. 16 gr

—s. Ina, das geraubte Mädchen aus Algier.

(——) Johann v. Schwaben, s. Johann rc.

(Mueller, Heinrich)
Johanna die Heldin der Bluthochzeit. Roman. Vom Verf. der Paulowna. Th. 1-3.
Quedlinburg, Leipzig: Basse 1824. 8°

—— Joseph, d. Lieblingssohn Jakobs. Für d. reif. Kindheitsalter, als e. Jugendspiegel in e. Erzähl. außergewöhnl., wunderbarer Schicksale dargest. M. 4 ill. Kpfr. 8. (10¼ B.) Leipzig 829, Kollmann. *

—s. Juan, Don, und Diego.

MÜLLER, H. *Jugend und Tugend* der Kinder auf dem Schloße Rosenthal. Zum Nachstreben für gute Kinder in Erzählungen geschildert, von Pastor H. Müller, Verfasser des „Bittel bitte! liebe Mutter!" pp. Mit 6 ill: Kupfern. Leipzig, Christian Conrad Krappe [c. 1833]. 1 Bl. 189 S. 1 Bl. (Anzeigen). Kl.-8°. Hellgrauer Orig.-Kartonbd. m. reicher typograph. Verzierung. 40.—
★ Erstausgabe. Besonders bemerkenswert sind die sehr sauber kolorierten, entzückenden 6 Kupfer (in die der Titel mit eingerechnet ist), gestochen von BOETTGER nach STRASBERGER. — Einbd. etwas bestoßen u. m. einigen Flecken, innen hie u. da kleine Stockfl.

—— Jugend u. Tugend d. Kinder auf d. Schlosse Rosenthal. Zum Nachstreben f. gute Kinder in Erzähln. geschildert. 8. (12¼ B. u. 6 ill. Kpfrn.) Leipzig 836, Krappe.

— d. neueste deutsche Jugendfreund, od. Erzähll. f. Knaben u. Mädchen, z. Ausbild. ihres Verstandes u. Herzens. 2 Thle. 8. Quedlinb. 816. Basse. 1 ß

—— Jugendgeschichte d. Japaners Leka Titais v. d. Insel Jesso; der mit sein. Vater u. sein. Schwester d. christl. Religion annahm. Ein Geschenk f. liebe Söhne u. Töchter. 2 Thle. M. 10 ill. Kpfr. 12. (19¼ B.) Leipzig 831, Kollmann.

—— Jugendgeschichten Albert Dörings, e. frommen u. geliebten Knaben. Als Beispiel zur Nachahm. f. Kinder, die in ihrem ersten Alter Frohes u. Trauriges erfahren. M. 8 ill. Kpfr. gr. 8. (9 B.) Berlin 832, Hasselberg.

—s. Julius Wartburg.

Polenmädchens, Des schönen, Kampf und Liebe. Ein Gemälde aus der Geschichte der letzten Polnischen Empörung, bis zur Erstürmung von Warschau. Vom Verf. der Paulowna, Alberts von Reinstein, des Fiorenzo, blinden Gottlobs etc. *(Heinrich Müller)*. 2 Thle. Mit 2 TKpfrn. Neuhaldensleben, C. A. Eyroud (sic!), o. J. (c. 1828?) 8°. (1 fl. 50 xr. Gilhofer & Ranschburg, c. 1890.)
Zahm. 239 u. 244 SS. — Fehlt Kayser, 1836.

Müller, Heinrich: Der letzte Kampf der Reichsritterschaft um ihre Selbständigkeit (1790—1815). VI. Kap. Der Rittersturm. Berlin 1910: Ebering. S. 119—157. 8° ¶ (Ersch. vollst. als: Histor. Studien. H. 77.)
München, Phil. Diss. v. 27. Juli 1908, Ref. v. Heigel, Grauert
[Geb. 10. Sept. 86 Kassel; Wohnort: Gotha; Staatsangeh.: Sachsen-Koburg-Gotha; Vorbildung: Gymn. Arnstadt Reife O. 05; Studium: Phil. Breslau 2, Jura u. Phil. Jena 1, Phil. Breslau 1, München 3 S.; Rig. 27. Juli 08.]
[U 10. 3680

Müller, Heinr., der letzte Kampf der Reichsritterschaft um ihre Selbständigkeit (1790—1815), s. Studien, historische. 77. Heft.

Der letzte Kampf der Reichsritterschaft um ihre Selbständigkeit (1790–1815). Von Heinrich Müller, Dr. phil. Berlin: Ebering 1910. 213 S. 8°
(Historische Studien. H. 77.) [ic. 3319 2

—s. Kapelle, Die, des alten Schlosses von Saint-Doulagh.

— — Carl u. Hermina. s. Carl.

— Karl u. Hermine, od. Liebe u. Täuschung. 8. Quedlinb. 817. Basse. 1 ß 4 gr

— D. M. Luthers Katechismus als Lehrbuch in Volksschulen bearbeitet. Allen Religionsfreunden z. Prüfung u. Beherzigung empfohlen. 8. Quedlinb. 826. Basse. 10 gr

— d. kleine Kaufmann, Künstler u. Professionist, od. technolog. Bilder-ABC- u. Lesebuch, nach Pestalozzischer Lehrart ꝛc. 8. Hamb. (811.) (Herold jun.) 14 gr

— der Kerker zu Munkholm, oder Verbrechen u. Reue des Großkanzlers von Griffenfeld, zur Regierungszeit König Christians V. in Dänemark. 2 Bde. 8. Rathen. 827, ~~Flick.~~

— der Kerker zu Munkholm, oder Verbrechen und Reue des Grafen und Großkanzlers von Griffenfeld, zur Regierungszeit König Christian V. in Dänemark. 2 Bde. 8. Rathenow 827. (Berlin, H. Schultze.) 2 ß

— neue moral. Kinderbibliothek in Erzähll. f. Verstand u. Herz. Mit Kpf. 8. Magdeb. 810. (Heinrichshofen). 1 ß 12 gr Daraus apart: die goldne Hochzeit, moral. Erzähl. f. d. Jugend. 1 ß 8 gr Das blinde Kind, od. die Belohn. e. guten Herzens. 10 gr

—— das wahre Kinderbuch zum Lernen u. Vergnügen, mit leichten Geschichtchen u. Lehren, Gesprächen, Sprach- u. Denkübn. Ein Geschenk f. Kinder. M. 4 ill. Kpfr. gr. 12. (9 B.) Nürnberg 830, Zeh.

—— das Kinderbuch zum Lernen und Vergnügen, mit leichten Geschichtchen und Lehren, Gesprächen, Sprach- und Denkübungen. Ein Geschenk für Kinder. Neue wohlf. (Titel-)Ausg. 12. (X und 204 S. mit 4 ill. Kpfrt.) Nürnberg 847, Lotzbeck.

— das Kinderbuch zum Lernen u. Vergnügen, mit leichten Geschichtchen u. Lehren, Gesprächen, Sprach- u. Denkübungen. Ein Geschenk für Kinder. Neue wohlf. (Titel-) Ausg. Mit 4 color. Kpfrn. 12. (X u. 204 S.) Ebd. 849. 1/3 ß

—— das Kinderbüchlein, f. d. lieben Kleinen v. 6 b. 8 Jahren, die fertig lesen, Gutes u. Erfreuliches lernen wollen. Zum Vorlesen u. Nacherzählen. M. 11 ill. Kpfr. gr. 12. (5½ B.) Leipzig 834, Taubert jun.

— das Kinderbüchlein, für die lieben Kleinen von 6 bis 8 Jahren, die fertig lesen, Gutes und Erfreuliches lernen wollen. Mit 11 color. Kpfrn. gr. 12. Leipzig 834. Taubert; jetzt Fritzsche. 2/3 ß

—s. Klostersturm, Der.

Müller, Heinr., Kochbuch f. den „kleinen Mann", s.: Zeitner, Emilie.

Müller, Heinrich *(geb. Elisenhof bei Bärwalde in Pomm. [12. 3. 1847])*: Complicationen und Formen der Pneumonie. Breslau (1872). (24 S.) 8°
Breslau, Med. Diss. v. 2. Aug. 1872

Müller, Heinrich: Ueber ein Kondensationsprodukt aus Phtalsäureanhydrid und 1-Phenyl-3-methyl-5-Pyrazolon und Umwandlungen desselben. 1909. 38 S. 8° ¶ Vgl. Journal f. prakt. Chemie. Bd 195. N. F. Bd 87. 1913. S. 132 ff.
München, Dr.-Ing.-Diss. v. 1. 3. 1909

Müller, Heinr., Konzentration in konzentrischen Kreisen, s. a. Magazin, pädagogisches. 227. Hft.

Konzentration in konzentrischen Kreisen. Ein Beitrag z. Herbeiführung einer planmäßig durchgeführten Konzentration auf d. Grundlage d. method. Fortschritts in konzentrischen Kreisen. Von Heinrich Müller, Rektor in Duisburg. *Langensalza: H. Beyer & Söhne 1904.* (79 S.) 8°
= Magazin, Pädagogisches. H. 227.

— die Corsarenbraut, od. Fatime. 2 Thle. 8. Quedlinb. 821. Basse. 1 ß 20 gr

— Creuz- u. Betschule, aus d. 143. Psalm Davids ꝛc. 8. Querf. 736. — 9

— — dies. 8. Frankf. 719. — 8

— Creuz- Buß- u. Betschule wahr. Christen, a. d. 143. Ps. Davids in Betracht. 8. Hof u. Bayr. 738. — 5

—— Kreuz-, Buß- u. Betschule wahrer Christen. In 22 Betrachtn. d. Gemeine Gottes zu St. Marien in d. öffentl. Betstunden vorgestellt. Neueste Aufl. gr. 12. (15 B.) Stuttgart 835, (Scheible, Rieger u. Sattler.)

Müller, Dr. Hnr., Kreuz-, Buß- und Betschule wahrer Christen. In 22 Betrachtungen der Gemeine Gottes zu St. Marien in den öffentlichen Betstunden vorgestellt. Neueste Aufl. gr. 12. Stuttgart 835. (Scheible.) jetzt Gaul u. Tonger in Cöln. 5/…

—— Kreuz-, Buß- u. Betschule wahrer Christen. (Nach d. ältesten Ausgaben unveränd. abgedr.) 12. (15 B. u. 1 Kpfr.) Schw. Hall 845, Haspel'sche Buchh.

—— Kreuz-, Buß- u. Bet-Schule aus dem Psalm 143. gr. 8. (19½ B.) Hamburg 844, Agentur des Rauhen Hauses. *

— Kreuz-, Buß- und Betschule aus dem Psalm 143. 2. Aufl. Hamburg 853. Agentur des Rauhen Hauses. gr. 8. (XII, 216 S.) n. 9 ngr.

— Kreuz-, Buß- u. Betschule aus dem 143. Psalm. Aufs neue ans Licht gestellt von Traugott Siegmund. Neu-Ruppin 861. Oehmigke. 16. (294 S. u. Portr. in Holzschn.) n. 12 ngr.

(——) der Kronprätendent, s. Kronprätendent.

EISENBERG, Kunigunde v. — Müller, Heinr. („Vf. der „Paulowna", des „Graf Albert von Reinstein" u. s. w."), Kunigunde von Eisenberg, die Geliebte des Landgrafen Albrecht von Thüringen. Roman von —. 2 Thle. Quedlinburg und Leipzig. Verlag von Gottfr. Basse. 1831. 8°. Zahm. (1 Mk. 75 Pfg. C. Priewe, vor 1900.)
215 + 208 S. (incl. Tit.). — *A. E.:* Blankenburg, gedruckt bei C. W. Kircher.

— eheliches Leben u. häusl. Glück. Ein Geschenk für Gebildete beiderlei Geschlechts. 8. Quedlinb. 824. Basse. 1 ß Velinp. 1 ß 6 gl

— D. M. Luthers Leben u. Wirken; z. völligen Verständniß d. diesjähr. Jubelfestes d. Reformation. 8. Magdeb. 817. Heinrichshofen. 8 gl

Müller, Heinr., arithmetisches Lehr- u. Uebungsbuch f. Knaben-Mittelschulen, s.: Bieler, Alb.

— Lehrbuch der Geometrie f. Knaben-Mittelschulen, s.: Bieler, Alb.

— Lehrbuch der Katechetik, s. Müller, Johann Heinrich

— Lehrbuch der Mathematik, s.: Plath, J.

Müller, Heinr., u. A. Witting, Lehrbuch der Mathematik f. die oberen Klassen der höheren Lehranstalten. Im Anschluß an H. Müllers Unterrichtswerk bearb. (XII, 320 S. m. 174 Fig. u. 4 Taf.) gr. 8. Leipzig 907. B. G. Teubner. Geb. 3. 60

— u. A. Mahlert

— — Mathematisches Lehr- u. Übungsbuch f. höhere Mädchenschulen. 1. u. 2. Tl. gr. 8. Ebd. Geb. in Leinw. 3. 80
1. Arithmetik u. Algebra. 3. Aufl. (IV, 146 S. m. 6 Fig.) 910. Geb. 2. —
2. Planimetrie u. Körperberechngn. 3. Aufl. (2. Aufl. der den neuen Lehrplänen angepaßten Umarbeitg.) (VII, 122 S. m. 96 Fig.) 910. Geb. 1. 80

— dasselbe. Ergebnisse. I. Tl. (44 S.) gr. 8. Ebd. 910. nnn 1. 50
Wird nur direkt an Lehrer geliefert.

— — dasselbe f. das Lyzeum. Fortsetzg. des mathemat. Lehr- u. Übungsbuches f. höh. Mädchenschulen. 1.—3. Tl. gr. 8. Ebd. Geb. 6. 20
1. Arithmetik u. Algebra. (IV, 152 S. m. Fig.) 909. Geb. 2. —
2. Planimetrie, Trigonometrie u. Stereometrie. (VI, 187 S. m. 71 Fig.) 909. Geb. 2. 40
3. Methodik des Unterrichts. Fachliteratur. Analytische Geometrie der Ebene. Unter Mitwirkg. v. J. Plath. (VI, 100 S. m. 33 Fig.) 910. Geb. 1. 80

— — dasselbe. Ergebnisse (zum 1. u. 2. Tl.). (38 S.) gr. 8. Ebd. 910. nnn 1. 50

— u. A. Mahlert, Lehr- u. Übungsbuch der Arithmetik u. Algebra f. Studienanstalten. Ausg. A: Für gymnasiale Kurse. 2 Tle. gr. 8. Ebd. Geb. 4. 40
I. Bis zur Lehraufgabe der Klasse IV. (VI, 181 S. m. 10 Fig.) 909. Geb. 2. 40
II. Für die oberen drei Klassen. Mit ausgewählten Abschnitten aus der Geschichte der Schulmathematik u. 7 Fig. im Text. (VI, 139 S.) 910. Geb. 2. —

— — dasselbe. Ausg. B: Für Oberrealschul- u. realgymn. Kurse. 2 Tle. 8. Ebd. Geb. 5. 40
I. Bis zur Lehraufgabe der Klasse IV. (VI, 192 S. m. 10 Fig.) 909. Geb. 2. 40
II. Lehraufgabe der oberen 3 Klassen. Mit ausgewählten Abschnitten aus der Geschichte der Schulmathematik u. 10 Fig. im Text. (VII, 237 S.) 910. Geb. 3. —

Müller, Heinr., u. A. Mahlert, Lehr- u. Übungsbuch der Geometrie f. Studienanstalten. Ausg A: Für gymnasiale Kurse. 2 Tle. 8. Leipzig, B. G. Teubner. Geb. 5.—
I. Planimetrie bis zur Lehraufgabe der Klasse IV. (VI, 120 S. m. 100 Fig.) 909. Geb. 2. —
II. Für die oberen 3 Klassen. Mit 107 Fig. im Text. (VIII, 228 S.) 910. Geb. 3. —

— — dasselbe. Ausg. B: Für Oberrealschul- u. realgymnasiale Kurse. 2 Tle. 8. Ebd. Geb. 5. 50
I. Planimetrie bis zur Lehraufgabe der Klasse IV. (VII, 166 S. m. 118 Fig.) 909. Geb. 2. 40
II. Für die oberen 3 Klassen. (VIII, 270 S. m. 107 Fig.) 910. Geb. 3. 20

— Lehre u. Beispiel. Ein kleines Bilderbuch für Kinder. Mit 28 ill. Abbildd. 8. Neuhaldensl. 831. Eyraud. 14 gl

—— Lehre u. Beispiel. Ein kl. Bilderbuch f. Kinder beiderlei Geschlechts. M. (28) ill. Abbild. 8. (7½ B.) Neuhaldensleben 831. [Magdeburg, Rubach.]

— die Lehre v. den Koordinaten u. Kegelschnitten. Für den Unterricht dargestellt. [Aus: „M., die Mathematik auf den Gymnasien u. Realschulen".] gr. 8. (III u. S. 165—216 m. Fig.) Berlin 899. [W. Moeser.] Leipzig, B. G. Teubner. Kart. n. 1. —

— das Leiden unseres Herrn u. Heilandes Jesu Christi. Neun Predigten. Nach der Erfurter Ausg. vom Jahre 1739 auf's Neue edirt von A. Hartmann. Nürnberg 862. Raw. gr. 8. (228 S.) n. 15 ngr.

— mein liebes Lesebuch mit erheiternden u. nützl. Belehrr. Ein Geschenk f. fleißige lernbegierige Kinder. Eine Samml. von Versen, Erzähll., Sprach- u. Denkübungen, bibl. Geschichten, Liedern, Gebeten u. s. w. Mit 10 ill. Abbildd. 8. Neuhaldensl. 830. Eyraud. 16 gl

—— mein liebes Lesebuch mit erheiternden u. nützl. Belehrn. Ein Geschenk f. fleißige, lernbegier. Kinder. Eine Samml. v. Versen, Erzähln., Sprech- u. Denkübn., bibl. Geschichten, Liedern, Gebeten rc. 8. (8½ B. u. 10 ill. Abbild.) Neuhaldensleben 830. [Magdeburg, Rubach.]

— himmlisch. Liebeskuß. 8. Basel, Flick. 724. — 14

— himml. Liebeskuß und göttliche Liebesflamme, m. K. 4. Nürnb. Stein. 748. 2 4

— himmlischer Liebeskuß. Andächtige Betracht. üb. d. Erweis. d. Liebe Gottes gegen d. Menschen. Mit Kpf. 8. Potsd. 765. Horvath. 1 ß Ueberarb. u. aufs neue mit Abkürzg., Zusätzen u. d. nöthigen sprachl. Berichtigungen herausgg. v. F. Fiedler. 8. Leipz. 831. Kollmann. 1 ß 4 gl Velinp. 1 ß 12 gl (34 B.)

—— himml. Liebeskuß, od.: Uebung d. wahren Christenthums, fließend aus d. Erfahrung göttl. Liebe. Bevorwort. v. Frz. Glieb. Strecker. 8. Aufl. (1. Lfg.) gr. 8. (9 B.) Cammin 846, Domine u. Comp.

— himmlischer Liebeskuß oder Uebung des wahren Christenthums, fließend aus der Erfahrung göttlicher Liebe. Unveränd. Abdr. 10 Lfgn. gr. 8. (VI u. 616 S.) Hamburg 848, Agentur des Rauhen Hauses. n. 2/3 ß — Unveränd. Abdr. gr. 8. (VI u. 616 S.) Hamburg 848, Agentur des Rauhen Hauses. n. 18 ngr

—— himmlischer Liebeskuß. Andächtige Betrachtungen über die Erweisungen der Liebe Gottes gegen die Menschen. Ueberarb. und auf's Neue mit einigen Abkürzungen, Zusätzen und den nöthigen sprachl. Berichtigungen hrsg. von Ferd. Fiedler. Neue (Titel-)Ausg. 8. (VII und 536 S.) Leipzig 856(57,) Kollmann.

— Vermehrter und durchgehends verbesserter Himmlischer Liebes-Kuß, Oder: Göttliche Liebes-Flamme, Das ist: Aufmunterung zur Liebe Gottes: Durch Vorstellung dessen unendlicher Liebe... Nürnberg, J. E. Adelbulner für Wolfg. M. Endter, 1722. 4°. *Schönes Titelkupfer*, 39 Bl. 920 S. 9 Bl. *und 35 emblemartige Kupfertafeln von J. C. Reiff und I. C. Dohne.*

Doct. Heinrich Müllers ... Vermehrter und durchgehends verbesserter Himmlischer Liebes-Kusz, Oder: Göttliche Liebes-Flamme, Das ist: Aufmunterung zur Liebe Gottes ... Mit vielen schönen Sinn-Bildern gezieret ... Auch ist dieser Dritten Auflage beygefüget worden, ein Evangelischer und Epistolischer Weg-Weiser ... Nürnberg, In Verlegung W. M. Endter sel. Töchter, und J. A. Engelbrechts sel. Wittib. Gedruckt bey Joh. Ernst Adelbulner. An. 1732.
22 cm. 39 leaves, 920 pages, 8 leaves.

— verm. u. verbess. himml. Liebeskuß, od. göttl. Liebesflammen, n. dess. geistl. Erquickungsstunden. gr. Druck. Mit Kpf. 4. Frankf. a. M. 768. Brönner. 2 ₰ 16 gr

—s. Liebesprobe, Die.

Müller, Heinr., u. W. Volckmar, deutsche Lieder f. Schule, Haus u. Leben. 1—3. Samml. 12. Cassel 843, Luckhardt'sche Bh. [1. (24 Seit.) 1⅓ Ngr., 2. (33 S.) 2 Ngr., 3. (45 S.) 2½ Ngr.]

Müller, Heinr., u. Wilh. Volckmar, Deutsche Lieder f. Schule, Haus u. Leben. 3 Sammlungen. 2. verb. u. verm. Aufl. 8. (1: IV u. 32 S. 2: IV u. 32 S. 3: 45 S.) Cassel 848. 50, Luckhardt. (1: 1½ ngr 2: 2 ngr 3: n. 1/12 ₰) 6 ngr

Müller, Heinr., und Wilh. Volckmar, deutsche Lieder für Schule, Haus u. Leben. Drei Sammlungen, nebst einem Anh.: „34 alte Choräle in der Urform." 3. verb. rc. Aufl. Cassel (858.) J. G. Luckhardt. 8. (VIII, 32; IV, 32; IV, 32; IV, 45 S. und: 34 alte Choräle rc. Herausg. von W. Volckmar. 2. Aufl. 18 S.) n. 6 ngr

Müller, Heinr., u. Wilh. Volckmar, deutsche Lieder für Schule, Haus u. Leben. 3 Sammlungen nebst einem Anh.: „34 alte Choräle in der Urform." 4., verb. u. verm. Aufl. Cassel 865. Leipzig, Luckhardt. 8. (XII, 127 S.) n. 6 ngr

Vierstellige Logarithmen-Tafeln f. d. Hand d. Schüler zsgest. von Prof. Heinrich **Müller**. Leipzig & Berlin: B. G. Teubner 1906. (4 Bl.) 8° [Umschlagt.] [06. 13509

Müller, Heinr. (Aug.), die Lust- u. Kinderreise durch d. maler. Thüringen. Schilderung merkwürd. Orte u. Personen, Abentheuer, Geschichten u. Anekdoten, f. d. lernbegier. Jugend. 8. (12½ B. u. 6 col. Kpfrn.) Leipzig 839, Krappe. Thlr.

— ein Mahnruf an das deutsche Volk. Ein Lesebuch f. Jedermann! gr. 8. (36 S.) Leipzig (900). Kühnel. —50

— Maria Stuart, Königin v. Schottland. 3 Bde. 8. Hamb. ... (Herold jun.) 1 ₰ 16 gr

— das Kloster Mariaheim, od. Hermann v. Wolfsburg. 2 Thle. 8. Quedlinb. 821. Basse. 1 ₰ 20 gr

— die Mathematik auf den Gymnasien u. Realschulen. Für den Unterricht dargestellt. 2 Tle. gr. 8. Ebd. 899. Geb. n.n. 5. 70
1. Die Unterstufe. (Lehraufgabe der Klassen Quarta bis Unter-Sekunda.) (VIII, 152 S. m. Fig.) n.n. 2. 50
2. Die Oberstufe. (Lehraufgabe der Klassen Ober-Sekunda u. Prima.) (X, 216 S. m. Fig.) n. 3. 20

— dasselbe. (Prof. H. Müllers mathemat. Unterrichtswerk.) Ausg. A. 1. u. 2. Tl. Für Gymnasien u. Progymnasien. gr. 8. Leipzig 902. B. G. Teubner. Geb. in Leinw. n. 5. —
1. Die Unterstufe. (Lehraufgabe der Klassen Quarta bis Unter-Sekunda. 2. Aufl. (VII, 137 S. m. Fig.) n. 1. 60
2. Die Oberstufe. (Lehraufgabe der Klassen Ober-Sekunda u. Prima.) 2. Aufl. (XII, 311 S. m. Fig.) n. 3. 40

— dasselbe. Ausg. B.: Für reale Anstalten u. Reformschulen, unter Mitwirkg. v. Alb. Hupe. I. Tl. u. II. Tl., 2 Abtlgn. gr. 8. Ebd. 902. Geb. in Leinw. n. 7. 40
I. (VIII, 199 S. m. Fig.) n. 2. 20
II. 1. Die Oberstufe. (Lehraufgabe der Klassen Ober-Sekunda u. Prima.) 1. Abtlg.: Planimetrie, Algebra, Trigonometrie u. Stereometrie. 2. Aufl. (VIII, 223 S. m. Fig.) n. 2. 80
2. Dasselbe. 2. Abtlg.: Synthetische u. analyt. Geometrie der Kegelschnitte. Darstellende Geometrie. 2. Aufl. (VIII, 173 S. m. Fig. u. 2 Taf.) n. 2. 40

— dasselbe, Bearbeitung f. Seminare u. Präparandenanstalten, s.: Baltin, R., u. W. Maiwald.

— die Mathematik auf den Gymnasien u. Realschulen. Für den Unterricht dargestellt. 1. Tl.: Die Unterstufe. (Lehraufgabe der Klassen Quarta bis Unter-Sekunda.) 3. Aufl. Ausg. A: Für Gymnasien u. Progymnasien. (VIII, 136 S. m. Fig.) 8. Leipzig 905. B. G. Teubner. Geb. in Leinw. n. 1. 60

— dasselbe. Ausg. B: Für reale Anstalten u. Reformschulen. (VIII, 199 S. m. Fig.) gr. 8. Ebd. 904. Geb. in Leinw. n. 2. 20

Heinrich **Müller**, [Prof., Oberl. zu Charlottenburg] ... Die Mathematik auf den Gymnasien und Realschulen. In Verbindung mit d. Verf. f. Bayerische Lehranst. hrsg. von Dr. M[ax] Zwerger, Prof. T. 1. 2. Leipzig: B. G. Teubner 1906. 2 Bde 8° [F.]
1. Lehraufgabe d. 5. u. 6. Gymn.-, bez. d. 3. u. 4. Realschulkl.
2. ... d. 7. u. 8. Gymn.-, bez. d. 5. u. 6. Realschulkl.
(Heinrich Müllers Mathematisches Unterrichtswerk. Abt. 1.) [07. 13349

Die Mathematik auf den Gymnasien und Realschulen. Für d. Unterr. dargest. von Prof. Heinrich **Müller**, Oberl. zu Charlottenburg. Ausg. B. Für reale Anstalten u. Reformschulen. 5. Aufl. T. 1. Leipzig & Berlin: B. G. Teubner 1906. 8° [F.] [06. 8405

Die Mathematik auf den Gymnasien und Realschulen. Für d. Unterr. dargest. von Prof. Heinrich **Müller**, Oberl. zu Charlottenburg. Ausg. B: Für reale Anst. u. Reformschulen. 5. Aufl. T. 1. Leipzig & Berlin: B. G. Teubner 1907. 8° [F.] [07. 13348

— Die Mathematik auf den Gymnasien u. Realschulen. Für den Unterricht dargestellt. Ausg. A: Für Gymnasien u. Progymnasien. 2 Tle. gr. 8. Leipzig, B. G. Teubner. Geb. 5. —
1. Die Unterstufe. (Lehraufgabe der Klassen Quarta bis Unter-Sekunda.) 4. Aufl. (VIII, 138 S. m. Fig.) 907. Geb. 1. 60
2. Die Oberstufe. (Lehraufgabe der Klassen Ober-Sekunda u. Prima.) 3. umgearb. Aufl. (XIV, 306 S. m. Fig.) 909. Geb. 3. 40

— dasselbe. Ausg. B: Für reale Anstalten u. Reformschulen. 2 Tle. gr. 8. Ebd. Geb. in Leinw. 4. 60
1. Die Unterstufe. (Lehraufgabe der Klassen Quarta bis Unter-Sekunda.) 6. Aufl. (XII, 200 S. m. Fig.) 910. Geb. 2. 20
2. Unter Mitwirkg. v. Alb. Hupe. Abtlg. II der Oberstufe: Geometrie der Kegelschnitte. Darstellende Geometrie. 3. Aufl. Mit 138 Fig. im Text u. auf 2 Taf. (VIII, 178 S.) 909. Geb. 2. 40

—— Max, der Tyroler. Das schöne Bild d. Kindesliebe u. d. Brudersinnes. Geweiht d. Jugendwelt v. e. Kinderfreunde. M. 8 ill. Bildern. 8. (17¼ B.) Leipzig 831, Kollmann. 1 —

—— Merkwürdigkeiten, Abenteuer, Erfahrungen u. Bekanntschaften; gesamm. f. d. reif. Jugend auf e. Vergnügungsreise üb. d. Ober- u. Unterharz. 8. (24 B. u. 9 ill. Bildern.) Leipzig 840, Krappe.

— das hl. Meßopfer od.: Die Quelle aller Gnaden, nebst e. Anh. der gewöhnl. Gebete. Mit 17 Vollbildern. Unter Zugrundelegg. der Erklärg. des hl. Meßopfers v. Martin v. Cochem. (634 S. m. 1 Farbdr.) 12. Ebd. 903.
Geb. in Leinw. n. 1. 75

Müller, Heinrich, a. Cassel: Über die Metakutisierung der Wurzelspitze und über die verkorkten Scheiden in den Achsen der Monokotyledonen. (Marburg 1906.) (32 S.) 4° [Kopft.] ¶ (Mit 2 Tafeln erschienen in der „Botanischen Zeitung" 1906, H. 4.)
Marburg, Phil. Fak., Ref. A. Meyer, Diss. v. 30. Mai 1906
[Geb. 8. Nov. 82 Hofgeismar; Wohnort: Cassel; Staatsangeh.: Preußen; Vorbildung: Realgymn. Cassel Reife O. 01; Studium: Berlin 4, Marburg 4 S.; Rig. 15. Nov. 05.]

Heinrich **Müller** (aus Cassel). Über die Metakutisierung der Wurzelspitze u. über d. verkorkten Scheiden in d. Achsen d. Monokotyledonen. Mit 1 Doppeltaf. Leipzig: A. Felix 1906. (S. 53–84.) 4°
= **Zeitung**, Botanische. Jg. 64. Abt. 1, H. 4. [06. 6840

– s. a. Meuchelmörder, Der.

(Mueller, Heinrich)

Der Meuchelmörder. Roman. Vom Verf.: "Albert von Reinstein." Th. 1.
Quedlinburg, Leipzig: Basse 1820. 250 S. 8°

Müller, Heinr., moderne Möbel. 24 Bl. Entwürfe. (III S. Text.) 4. Leipzig 905. Seemann & Co. In Mappe n. 6. —

— die moderne Möbel- u. Bau-Tischlerei in einfachen Ausführungen. Meist ausgeführte Entwürfe u. Zeichngn. v. einfachen Möbel- u. Bautischler-Arbeiten aller Art in verschiedenen Stilarten. Im Verein m. Praktikern u. Fachgenossen hrsg. 10 Lfgn. Fol. (40 lith. Taf., 19 Detailbog., 2 Bl. Text.) Ravensburg 891—893. O. Maier. à n. 1. 60;
Aufbewahrungsmappe n.n. 1. —

– s. Montpensier. -- Marie Montpensier.

— christl. Moral f. Lehrer ꝛc. 2 Bdch. 8. Quedlinb. Basse. 812 u. 13. (1ℛ 18 gr. 2ℛ 10 gr.)

— christl. Moral f. Lehrer ꝛc. 2 Bdchn. 8. Quedlinb. 813. Basse. 1 ℛ 4 ℊ

Müller, Hnr. VI., Julius, Graf Morelle. Eine Erzähl. aus d. Zeiten d. Franzosen-Herrschaft in Italien. Bearb. für die reifere Jugend. Mit 8 ill. Bild. 8. Neuhaldensl. 831. Eyraud. 1 ℛ 12 ℊ

—— Julius, Graf Morello. Eine Erzähl. a. d. Zeiten d. Franzosen-Herrschaft in Italien. Bearb. f. d. gebild., reifere Jugend. 8. (16 B. u. 8 ill. Kpfr. u. Ttlvign.) Neuhaldensleben 831, Eyraud.

– s. a. Morgenländerin, Die schöne.

MORGENLANDERIN, Die schöne, oder Mädchen-Treue. Romantische (zahme) Erzählung. Herausgegeben von H . . . L. (Heinrich August Müller). Mit 1 Kupfer. Quedlinburg u. Leipzig, Basse, 1821. 8°. 268 S. (2 Mk. Franz Teubner, Bonn, c. 1895.)
Anon.-Lex. III. p. 163 hat auch: „Hamburg 1820" (nach Meusel).

MURRLEBEN. Vetter, oder die Brautfahrten eines verliebten Landjunkers. Lustiger (zahmer) Roman vom Vf. der „Teufeleien in u. außer dem Ehestande" *(Heinrich Müller)*. Quedlinburg und Leipzig 1823. 8°. 240 S.

— In bräutlicher Myrte. Ein kathol. Lehr- u. Gebetbuch f. die Braut, Gattin u. Mutter. 12. Aufl. (544 S. m. farb. Titel u. Titelbild.) 12,5×7,8 cm. Ebd. 909.
Geb. in Leinw. m. Goldschn. 1. 80

Müller, Heinr. (II.), über d. Nabelbruch, mit e. neuen Vorschlage zu seiner Behandl. gr. 4. (9 B. u. 5 Stnt.) Erlangen 841, (F. Enke.) Thlr. *

Müller, Heinrich, Referendar: Die rechtliche Natur des Handelsgeschäftes. Halle a. S. 1908: Waisenhaus. 72 S. 8°
Halle, Jur. Diss. v. 16. Dez. 1908, Ref. Rehme
[Geb. 7. Aug. 81 Magdeburg; Wohnort: Magdeburg; Staatsangeh.: Preußen; Vorbildung: Päd. z. Kloster U. L. F. Magdeburg Reife O. 01; Studium: Halle 9 S.; Rig. 2. Juli 08.] [U 09. 1592

— das Opfer d. Rache, od. d. Giftbecher; eine Geschichte aus d. Vorzeit. 3 Thle. 8. Quedlinb. 823. Basse. 3 ℛ

Müller, Heinrich *(geb. Schmiegel in Pos. 30. 1. 1846)*: Ueber Ostitis cranii traumatica purulenta. Breslau (1871). (26 S.) 8°
[Im Buchhandel 1871 bei Maruschke & Berendt in Breslau.]
Breslau, Med. Diss. v. 30. Okt. 1871

Müller, Heinr., üb. ostitis cranii traumatica purulenta. Inaugural-Dissertation. gr. 8. (28 S.) Breslau 871. (Maruschke & Berendt.) n. — 80

– s. a. Oswald und Luise.

OSWALD und Luise. Gedicht in 3 Gesängen (von *Heinr. Müller*). Hamburg, o. J. (1809). 8°. (In München: P. o. germ. 960.) Zahm.

——, Owin u. Clima die Singalesen, od. d. Macht kindl. Liebe, als e. Vorbild f. d. Jugend beiderlei Geschlechts. 8. ($13\frac{3}{4}$ B. u. 6 ill. Kpfrn.) Leipzig 836, Krappe.

— — Paulowna ꝛc. s. a. Paulowna.

— Paulowna, od. das unglückl. Mädchen im Todtengewölbe unter dem brennenden Moskau. 3 Thle. 8. Quedlinb. 817. 2e A. 830. Basse. 3 ℛ 8 ℊ

—— Paulowna, od. das unglückl. Mädchen im Todtengewölbe unter d. brennenden Moskau. Ein Schaudergemälde a. d. franz.-russ. Kriege. 3 Thle. 2. Aufl. 8. (33 B.) Quedlinburg 830, Basse. 3 8

— das Pfarrhaus zu Liebenthal, od. die seltene Braut. 2 Thle. 8. Quedlinb. 821. Basse. 1 ℛ 20 ℊ

— das Pfarrhaus zu Reinsdorf. 8. Hamb. 808. Vollmer. (Herold jun.) 1 ℛ 8 ℊ

— Philothea, s.: Sales, Frz. v.

Müller, Heinrich [Repetent am Seminar Urach]: Über die unendliche Potenzkette $x^{x^{x^{\cdot^{\cdot^{\cdot}}}}}$. Stuttgart, Druck v. W. Kohlhammer, 1886: 31 S. 8°.
Tübingen, Naturwiss. Fak., Inaug.-Diss. v. 1886.

Müller, Heinr., üb. die unendliche Potenzkette $x^{x^{x^{\cdot^{\cdot^{\cdot}}}}}$ Inaug.-Diss. gr. 8. (31 S.) Stuttgart 886. (Tübingen, Fues' Verl.) n. — 80

— der Prätendent; Roman nach W. Scott. 3 Thle. 8. Quedlinb. 823. Basse. 3 ß

— Predigt üb. d. Kindermord, vor einer Landgemeinde gehalten. gr. 8. Berl. 818. Mittler 3 ℊ

— Predigt am dritten Sonntage nach Trinitatis 1824, als das Dorf Glindenberg während d. großen Ueberschwemmungen d. Elbe v. Wasser eingeschlossen war. gr. 8. Magdeb., Heinrichshofen. 4 ℊ

Müller, Heinr., ausgewählte Predigten, s.: Predigt, die, der Kirche.

—— vier Predigten, s. a. Aus.

Müller, Hnr. VII., vier Predigten. Frankf. a. M. 807. Hermann. 6 ℊ

— zwölf Predigten üb. freie Texte. 8. Hamb. 812. Vollmer. (Herold jun.) 1 ß

Müller, Hnr., s. Prussia. Eine Samml. dreistimm. Lieder.

— die Psalmen zu Religionsliedern, d. Zeitgeiste gemäß, bearb. Ein Beitr. z. Stärkung des Heiligen im Menschen. 8. Quedlinb. 817. Basse. 12 ℊ

— — die Psalmen zu Religionsliedern, dem Zeitgeiste gemäß bearbeitet. Ein Büchlein zur Stärkung des Heiligen im Menschen. 8. Quedlinburg, Basse. 818.

RABENECK, Benno von, oder das warnende Gerippe im Brautgemach. Eine (zahme) Rittergeschichte aus dem 13. Jahrhundert. Vom Verfasser des Romans: Albert von Reinstein (von *Heinr. Müller*). 2 Bde. Quedlinburg u. Leipzig, Basse, 1820. 8°.

— — Dasselbe. 2. Aufl. Ebd. 1831. 8°. (2 Mk., fleckiges Expl., Südd. Antiqu., München, 1907.)

Mueller, Heinrich, approb. Arzt aus Giessen: Aus d. pathol. Institut zu Giessen. Über die behaarten Rachenpolypen. Mit 1 Taf. *Giessen 1899: v. Münchow.* (43 S.) 8°
Giessen, Med. Diss. v. 1899

Müller, Heinr., Ratgeber f. Brautleute, s.: Müller, Anna.

— s.a. Räuberhöhle, Die.

RÄUBERHÖHLE, Die. Gemälde menschlicher Größe und Verworfenheit aus Italiens und Spaniens neuester Geschichte. Vom Verf. des Fiorenzo (d. i. *Heinrich Müller*, 1766—1833). 2 Thle. Hamburg, Gottfried Vollmer, o. J. (1811). Kl. 8°. Zahm.
247 u. 152 SS. Jahrzahl nennt Goedeke VI, 401, 16, aber ohne Theilesangabe.

Rechenbuch für die unteren Klassen der Höheren Lehranstalten. Vorstufe zu d. Aufgabensammlungen von Bardey u. Müller-Kutnewsky hrsg. von Prof. H[einrich] **Müller**, Oberl. zu Charlottenburg, u. Prof. F[riedrich] Pietzker. Mit Doppeltaf.: Reproduktion e. Staatspapiers. Ausg. B: Für reale Anstalten u. Reformschulen. 2. verb. Aufl. Leipzig & Berlin: B. G. Teubner 1904. (VIII, 284 S.) 8° [F.] 05. 7616

Rechenbuch für die unteren Klassen der Höheren Lehranstalten. Vorstufe zu d. Aufgabensammlungen von Bardey u. Müller-Kutnewsky hrsg. von Prof. H[einrich] **Müller**, Oberl. zu Charlottenburg, u. Prof. F[riedrich] Pietzker. Mit Doppeltaf.: Reproduktion e. Staatspapiers. Ausg. B: Für reale Anstalten u. Reformschulen. 2. verb. Aufl. [Nebst] Ergänzungsh. f. d. Mittelklassen d. Realschulen u. Anst. mit Ersatzunterr. Leipzig & Berlin: B. G. Teubner 1905. 2 Bde 8° [F.] 05 10605

— — dasselbe. I.—III. Abtlg. 8. Ebd. n. 2. 60
I. Für Sexta. 2. Aufl. (80 S.) 904. n. — 80
II. Für Quinta. 2. verb Aufl. (II u. S. 81—149.) 904. n. — 80
III. Mit Doppeltaf.: Reproduktion e. Staatspapiers. Für Quarta. 2. verb. Aufl. (II u. S. 149—254.) 904. n. 1. —

— dasselbe. Ergänzungsheft f. die Mittelklassen der Realschulen u. Anstalten m. Ersatzunterricht. (IV, 89 S.) gr. 8 Ebd. 905. Kart. n. 1. 20

Rechenbuch für die unteren Klassen der Höheren Lehranstalten. Vorstufe zu d. Aufgabensammlungen von Bardey u. Müller-Kutnewsky hrsg. von Prof. H[einrich] **Müller**, Oberl. in Charlottenburg, u. Prof. F[riedrich] Pietzker, Oberl. zu Nordhausen. 3. verb. Aufl. Abt. 1. Leipzig & Berlin: B. G. Teubner 1906. 8° [F.] 07. 3500

— u. F. Pietzker, Rechenbuch f. die unteren Klassen der höh. Lehranstalten. Vorstufe zu den Aufgabensammlgn. v. Bardey u. Müller-Kutnewsky. Mit Doppeltaf.: Reproduktion e. Staatspapiers. Ausg. A. Für Gymnasien u. Progymnasien. 3. verb. Aufl. (VIII, 254 S.) gr. 8. Leipzig 906. B. G. Teubner. Geb. in Leinw. n. 2. 40

Müller, Heinr., u. F. Pietzker, Rechenbuch f. die unteren Klassen der höh. Lehranstalten. Vorstufe zu den Aufgabensammlgn. v. Bardey u. Müller-Kutnewsky. Mit Doppeltaf.: Reproduktion e. Staatspapiers. Ausg. B. Für reale Anstalten u. Reformschulen. 3. verb. Aufl. (VIII, 284 S.) gr. 8. Leipzig 906. B. G. Teubner. Geb. n. 2. 60

Rechenbuch für die unteren Klassen der Höheren Lehranstalten. Vorstufe zu d. Aufgabensammlungen von Bardey u. Müller-Kutnewsky hrsg. von Prof. H[einrich] **Müller**, Oberl. zu Charlottenburg, u. Prof. F[riedrich] Pietzker, Oberl. zu Nordhausen. Ausg. C. d. 3. Aufl. (Mit Vermehrung d. Aufgaben u. Verminderung d. sachl. u. method. Zusätze.) H. 1—3. Leipzig & Berlin: B. G. Teubner 1906. 3 Bde 8° [F.]
1. Für Sexta. 2. Für Quinta. 3. Für Quarta. Mit Doppeltaf. 06. 13347

— u. F. Pietzker, Rechenbuch f. die unteren Klassen der höh. Lehranstalten. Vorstufe zu den Aufgabensammlgn. v. Bardey u. Müller-Kutnewsky. I. u. II. Abtlg. 8. Ebd. à — 80
I. Für Sexta, 4. Aufl. (VIII, 80 S.) 909.
II. Für Quinta. 4. verb. Aufl. (S. 79—150.) 910.

— — dasselbe. Mit Doppeltaf.: Reproduktion e. Staatspapiers. Ausg. A: Für Gymnasien u. Progymnasien. 4. Aufl. (VIII, 260 S.) gr. 8. Ebd. 910. Geb. in Leinw. 2. 40

— — dasselbe. Mit Doppeltaf.: Reproduktion e. Staatspapiers. Ausg. B: Für reale Anstalten u. Reformschulen. 4. Aufl. (VIII, 290 S.) gr. 8. Ebd. 909. Geb. 2. 60

— — dasselbe. Ausg. A: Für Gymnasien u. Progymnas. 3. Abtlg. Für Quarta. 4. Aufl. (II u. S. 151—260.) 8. Ebd. 910. 1. —

— — dasselbe. Ausg. B: Für reale Anstalten u. Reformschulen. 3. Abtlg.: Für Quarta. 4. Aufl. (II u. S. 151—290.) 8. Ebd. 910. 1. 20

— — dasselbe. Ausg. A u. B: Ergebnisse. (Neue Aufl.) (59 S.) gr. 8. Ebd. 908. nnn 1. 20
Wird nur direkt an Lehrer geliefert.

— — dasselbe. Ausg. C. (Mit Vermehrg. der Aufgaben u. Verminderg. der sachl. u. method. Zusätze.) 3 Hefte. 2. Aufl. (V, 78 S.) 8. Ebd. 909. 2.60; in 1 Bd. geb. 2. 40
1. Für Sexta. (V, 78 S.) — 80
2. Für Quinta. (VI u. S. 79—150.) — 80
3. Für Quarta. Mit Doppeltaf.: Reproduktion e. Staatspapiers. (VI u. S. 151—258.) 1. —

— — dasselbe. Bearbeitg. f. die Vorschule, s.: Gegger, Frz.

— Rechenbuch f. die unteren Klassen der höheren Lehranstalten, f. bayer. Lehranstalten bearb., s.: Zwerger, M.

— Rechenbuch f. Knaben-Mittelschulen, s.: Bieler, Alb.

— Rechenbuch f. Mittelschulen, s.: Bieler, Alb.

— u. O. Schmidt, Rechenbuch f. höhere Mädchenschulen. I. Tl. 4 Hefte, II. Tl. u. III. Tl. 2 Abtlgn. 8. Leipzig, B. G. Teubner. n. 6. 60
I, 1. Für die 4 unteren Klassen. Bearb. v. Hedw. Güthlein u. F. Segger. 1. Heft: Zahlenkreise von 1—10, von 1—20 u. zum Teil von 1—100. (IV, 50 S.) 904. n. — 60
2. Dasselbe. 2. Heft: Zahlenkreise von 1—100 u. zum Teil von 1—1000. (IV, 55 S.) 904. n. — 60
3. Dasselbe. 3. Heft: Zahlenkreis von 1—1000 u. seine Erweiterg. bis zu den Millionen. (IV, 50 S.) 904. n. — 60
4. Dasselbe. 4. Heft: Das Rechnen im unbegrenzten Zahlenraum. Einführung in das Rechnen m. mehrfach benannten Zahlen. (IV, 52 S.) 904. n. — 60
II. Für die mittleren Klassen. Rechnen m. mehrfach benannten Zahlen. Dezimalzahlen u. Brüche. (VI, 116 S.) 904. n. 1.40
III, 1. Dreisatz, bürgerliche Rechnungsarten. Wirtschafts- u. Versicherungswesen u. leichtere Aufgaben aus der Flächen- u. Körperberechnung. (VI, 142 S.) 904. n. 1. 60
2. Flächen- u. Körperberechnung (2. Tl.). Gleichungen 1. u. 2. Grades nach der Müller u. Kutnewskyschen Aufgabensammlg. (IV, 104 S.) 904. n. 1. 20

— u. O. Schmidt, Rechenbuch f. höhere Mädchenschulen. 1. bis 6. Heft. 8. Ebd. 4. —
1. Lehraufgabe der Klasse X, bearb. v. Hedw. Güthlein u. F. Segger. 3. Aufl. (Neudr. der nach den neuen Lehrplänen umgearb. Ausg.) (II, 54 S.) 910. — 60
2. Lehraufgabe der Klasse IX, bearb. v. Hedw. Güthlein u. F. Segger. 3. Aufl. (Neudr. der nach den neuen Lehrplänen umgearb. Ausg.) (II, 66 S.) 910. — 60
3. Lehraufgabe der Klasse VIII, bearb. v. Hedw. Güthlein u. F. Segger. 3. Aufl. (Neudr. der nach den neuen Lehrplänen umgearb. Ausg.) (II, 68 S.) 910. — 60
4. Für die Klasse VII. (Nach dem Hefte 4 u. dem Tl. II der ursprüngl. Ausg.) 4. Aufl. (IV, 74 S.) 910. — 60
5. Für die Klasse VI. 4. Aufl. (IV, 68 S.) 910. — 60
6. Für die Klasse V. Mit Doppeltaf.: Reproduktion e. Staatspapiers. 4. Aufl. (IV, 111 S.) 910. 1. —

— — dasselbe. Ergebnisse. 2.—6. Heft. (67 S.) 8. Ebd. 910. nnn 2. —
Wird nur direkt an Lehrer geliefert.

— Rechenbuch f. Präparandenanstalten, s: Baltin, R.

Müller, Heinr., der Rechnungsmeister. Leichtfaßliche Umwandlungstabellen d. süddeutschen Münz-, Maaß- u. Gewichtssystems in das neue Münz- Maaß- u. Gewichtssystem nebst Zins- u. Zeitberechnungs-Tabellen. 2. Aufl. Anhang: Ein Tableau (in Hochdr. in gr. 4.) m. genauer Abbildg. der deutschen Reichsmünzen v. Adf. Henze. 8. (IV, 38 S.) Aalen 875. Kapfhammer. — 75

Müller, Heinr., über Regeneration der Wirbelsäule u. des Rückenmarks bei Tritonen u. Eidechsen. Mit 2 (lith. u. color.) Taf. Frankfurt a. M. 864. Brönner. gr. 4. (24 S.) n. 24 ngr

Müller, H. (III.), über Regeneration der Wirbelsäule und des Rückenmarks bei Tritonen und Eidechsen. gr. 4. (24 S. mit 2 lithogr. und ill. Taf) Frankfurt a. M. 864, [Winter.] *

Müller, Heinr., das Reichsgesetz gegen den unlauteren Wettbewerb vom 7. VI. 1909. Mit e. Anh.: Das königl. sächs. Stempelsteuergesetz vom 12. I. 1909, in übersichtl. Form zusammengestellt. (105 S.) 8. Leipzig 909. Helios-Verlag. 2. 50

Müller, H., die Restauration des Katholicismus in Strassburg, s. a. Abhandlungen, Hallesche, zur neueren Geschichte Heft 14.

Müller, Heinrich: Die Restauration des Katholicismus in Strassburg. Halle a/S. 1881: Karras. 30 S. 8°
Halle-Wittenberg, Phil. Diss. v. 12. [vielmehr: 15.] Aug. 1881
Geb. Mainz 11. 6. 1858. V.
Ersch. vollst. im Buchhandel Halle: Niemeyer 1882. 97 S. (Hallesche Abhandlungen zur neueren Geschichte. H. 14.)

— die wichtigsten Resultate f. die Berechnung eiserner Träger u. Stützen f. den Gebrauch bei Anfertigg. baupolizeil. stat. Berechngn. zusammengestellt u. durch zahlreiche der Praxis entlehnte Beispiele erläutert. Mit 61 in den Text gedr. Holzschn. u. 4 lith. Taf. (in qu. Fol.) gr. 8. (XIII, 109 S.) Ebend. 876. n. 3. 60

— s. Ritter Angus.

— Robert, od. schweizer. histor. Bilder aus d. Regierungsgeschichte Ludwig XI. u. Karl d. Kühnen. 3 Bde. 8. Rathenow 827. Klick. 2 ₰ 16 𝒢

— Robert, oder Schweizer. hist. Bilder, aus d. Regierungsgeschichte Ludwig XI. u. Karl des Kühnen. 3 Bde. 8. Rathenow 827, ~~Klick.~~ Plahn

— Robert der Schweizer. Historische Bilder aus der Regierungsgeschichte Ludwig XI. u. Karl des Kühnen. 3 Bde. 8. Rathenow 827. (Berlin, H. Schultze.) $2^2/_3$ ₰

— Don Roman, der Goldschmacher in Sevilla. Eine span. Geschichte aus d. Zeiten d. Eroberung v. Peru. 2 Thle. 8. Quedlinb. 824. Basse. 1 ₰ 18 𝒢

— auserles. Romane d. class. Schriftsteller Frankreichs. 15 Bde. 8. Hamb. 801—810. (Herold jun.) 12 ₰ 12 𝒢

—— Rudolph, der Amerikaner. Seltene Kindesliebe, allen Kindern zum Vorbilde, die Belehr. u. Unterhalt. suchen. M. 4 ill. Bild. (Kpfr.) gr. 12. ($11^1/_3$ B.) Leipzig 831, Knobloch.

Sammlung von Aufgaben aus der Arithmetik, Trigonometrie und Stereometrie von H(einrich) **Müller**, Oberl. in Charlottenburg, u. M[ax] Kutnewsky, Oberl. Ausg. A, f. Gymn., Realgymn. u. Oberrealschulen. T. 1. 2. Leipzig & Berlin: B. G. Teubner 1900–02. 2 Bde 8° [F.]
(Prof. Heinrich Müllers Mathematisches Unterrichtswerk.) [07. 13550

— u. M. Kutnewsky, Sammlung v. Aufgaben aus der Arithmetik, Trigonometrie u. Stereometrie. Ausg. A., f. Gymnasien, Realgymnasien u. Oberrealschulen. 1. u. 2. Tl. gr. 8. Leipzig, B. G. Teubner. Geb. in Leinw. n. 6. —
1. (VIII, 315 S.) 900. n. 2. 80. — 2. (VIII, 348 S.) 902. n. 3. 20.

— — dasselbe. Ausg. B., f. reale Anstalten u. Reformschulen. 1. u. 2. Tl. gr. 8. Ebd. Geb. in Leinw. n. 6. —
1. (VIII, 289 S.) 900. n. 2. 60. — 2. (VIII, 360 S.) 902. n. 3. 40.

— — dasselbe, Bearbeitung f. Seminare u. Präparandenanstalten, s.: Baltin, R., u. W. Maiwald.

Sammlung von Aufgaben aus der Arithmetik, Trigonometrie und Stereometrie von Prof. H(einrich) **Müller**, Oberl. in Charlottenburg, u. M[ax] Kutnewsky, Oberl. in Berlin. Ausg. A, f. Gymn. u. Progymn. 2. verb. Aufl. T. 1. Leipzig & Berlin: B. G. Teubner 1903. 8° [F.] [07. 13551

Sammlung von Aufgaben aus der Arithmetik, Trigonometrie und Stereometrie von Prof. H(einrich) **Müller**, Oberl., u. M[ax] Kutnewsky, Oberl. Ausg. B, f. reale Anstalten u. Reformschulen. 2. verb. Aufl. T. 1. Leipzig & Berlin: B. G. Teubner 1903 8° [F.] [07. 13555

Sammlung von Aufgaben aus der Arithmetik, Trigonometrie und Stereometrie von Prof. H[einrich] **Müller**, Oberl. in Charlottenburg, u. M[ax] Kutnewsky, Oberl. in Berlin. Ausg. A, f. Gymn. u. Progymn. 3. Aufl. T. 1. Leipzig & Berlin: B. G. Teubner 1905. 8° [F.] [07. 13550

Heinrich **Müller**, [Prof., Oberl. in Charlottenburg], (u. M[ax] Kutnewsky) ... Sammlung von Aufgaben aus der Arithmetik, Trigonometrie und Stereometrie. Im Anschluß an d. Teile A I u. A II d. Müller u. Kutnewskyschen Aufgabensammlung u. in Verbindung mit den Verf. f. Bayer. Lehranst. hrsg. von Dr. M[ax] Zwerger, Prof. T. 1. Leipzig: B. G. Teubner 1906. 8° [F.]
(Heinrich Müllers Mathematisches Unterrichtswerk. Abt. 2.) 07. 15337

Heinrich **Müller**, [Prof., Oberl. in Charlottenburg], (u. M[ax] Kutnewsky) ... Sammlung von Aufgaben aus der Arithmetik, Trigonometrie und Stereometrie. Im Anschluß an d. Teile A I u. A II d. Müller u. Kutnewskyschen Aufgabensammlung u. in Verbindung mit den Verf. f. Bayer. Lehranst. hrsg. von Dr. M[ax] Zwerger, Prof. Leipzig: B. G. Teubner 1906. (VIII, 276 S.) 8° [F.]
(Heinrich Müllers Mathematisches Unterrichtswerk. Abt. 2.) 07. 15338

— u. M. **Kutnewsky**, Sammlung v. Aufgaben aus der Arithmetik, Trigonometrie u. Stereometrie. Ausg. A, f. Gymnasien u. Progymnasien. 1. u. 2. Tl. gr. 8. Ebd. Geb. à n. 2. 20
1. 4. Aufl. (VII, 237 S.) 906.
2. 2. verb. u. stark gekürzte Aufl. (VIII, 273 S.) 905.

— dasselbe. Ausg. B, f. reale Anstalten u. Reformschulen. 1. Tl. 4. Aufl. (VIII, 301 S.) gr. 8. Ebd. 906. Geb. n. 2. 80

— u. M. **Kutnewsky**, Sammlung v. Aufgaben aus der Arithmetik, Trigonometrie u. Stereometrie. Ausg. A, f. Gymnasien u. Progymnasien. I. u. II. Tl. gr. 8. Leipzig, B. G. Teubner. Geb. 5. —
I. 5. Aufl. (VIII, 237 S.) 909. Geb. 2. 20
II. 3. Aufl. (X, 287 S.) 909. Geb. 2. 60

— — dasselbe. Ausg. B, f. reale Anstalten u. Reformschulen. I. u. II. Tl. gr. 8. Ebd. Geb. 5. 80
I. 5. Aufl. (VIII, 301 S.) 908. Geb. 2. 80
II. 3. Aufl. (Mit Tabellen auf Grund e. Verzinsg. zu $3\frac{1}{2}$ %.) (XI, 312 S.) 910. Geb. 3. —

— — dasselbe. Ausg. B. II. Tl. Ergebnisse. 2. Aufl. (94 S.) gr. 8. Ebd. 908. Geb. nnn 2. 40
Wird nur direkt an Lehrer geliefert.

— Sammlung v. Aufgaben zur Vorbereitung auf die Mittelschullehrer-Prüfung usw., s.: **Plath**, Jul.

– (Hrsg.), s. Sardemann, Gerhard: Geschichte der Ersten Weseler Classe ...

Müller, H., Vater Mildenbergs Schatzkästlein, od. Sitten- u. Klugheitslehren in Denksprüchen f. die Jugend. 8. Quedlinb. Basse. 812.

— Vater Mildenbergs Schatzkästlein, od. Sitten- u. Klugheitslehren in Denksprüchen f. d. Jugend. 8. Quedlinb. 813. Basse. 18 gr.

(F) **Müller, H.**, Der Schauspieler und Komiker im Verein. 8°. (283 S.) K 3.60
Wien: Huber & Lahme 1904.

Müller, Heinr., der Schauspieler u. Komiker im Verein. Eine Sammlg. leicht aufführbarer Einakter u. erprobter humorist. Vorträge. Sämtliche vorkomm. Gesangstexte m. Musik v. Carl Weinstabl. Mit Abhandlgn.: „Wie trägt man vor" u. „Wie schminkt man sich". (283 S.) 8. Zürich 904. [C. Schmidt.] Schweizer Druck- u. Verlagshaus. 3. —

Müller, Heinrich. Der Schauspieler und Komiker im Verein. Eine Sammlung leicht aufführbarer Einakter und erprobter humoristischer Vorträge. Sämtliche vorkommenden Gesangstexte mit Musik von Carl Weinstabl. [Neue Ausgabe.] 284 S. 8. Zürich, Schweizer Druck- und Verlagshaus, [1909]. [fr. 3. 75]
1., Original-Ausg. Zürich, Caesar Schmidt, 1904.

Mueller, Heinrich August
Der Schleier.
s. Hildebrandt, Christoph: Der Schleier. 1821.

— epistol. Schlußkette. Fol. Ebend. 732.

— apostol. Schlußkette u. Kraftkern, oder gründl. Auslegung der gewöhnl. Sonn- u. Festtagsepisteln, herausgeg. vom Prediger Dr. Bittcher. gr. 8. Halle 844, Lippert u. Schmidt. n. $1\frac{1}{3}$ Thlr.

—— apostol. Schlußkette u. Kraftkern, od. gründl. Auslegung der gewöhnl. Sonn- und Festtagsepisteln, hrsg. v. Bittcher. gr. 8. ($36\frac{1}{2}$ B.) Halle 844, [Schmidt's Verl.] *

— apostolische Schlußkette und Kraftkern, oder gründliche Auslegung der gewöhnl. Sonn- u. Festtags-Episteln, herausg. von Bittcher. 2. Aufl. Halle 855. Schmidt. gr. 8. (VIII, 541 S.) n. 1 Thlr. 10 ngr.

— evangel. Schlußkette oder Predigten üb. die Evangelia. Frkf. Andreä. 734.

* **Müller, H.**, evangelische Schlußkette, od. Predigten üb. die Evangelien. Fol. Leipz. Sommer. 734.

Müller's, aus Hnr. V., evangel. Schlußkette u. Kraftkern. Vier Predigten über das Evangelium am ersten heil. Weihnachtfeiertage Lucas 2, 1—14. aufs Neue herausgeg. gr. 8. Leipzig 840. Kummer. $\frac{1}{3}$ Thlr.

— evangelische Schlußkette und Kraftkern, oder gründliche Auslegung der gewöhnlichen Sonntags-Evangelien herausg. von G. A. Bandermann. Halle 853. Schmidt. gr. 8. (VIII, 700 S.) n. 1 Thlr. 15 ngr.

— evangelische Schlußkette u. Kraftkern, oder gründliche Auslegung der gewöhnlichen Sonntags-Evangelien, hrsg. v. G. A. Bandermann. 2. Aufl. gr. 8. (VIII, 700 S.) Halle 881. Schmidt. n. 4. 50

— Fest-evangelische Schlußkette und Kraftkern, oder gründliche Auslegung der gewöhnl. Festtags-Evangelien herausg. von G. A. Bandermann. Halle 855. Schmidt. gr. 8. (VI, 302 S.) n. $22\frac{1}{2}$ ngr.

Müller's, Heinr., gesammelte u. hinterlassene Schriften zur Anatomie u. Physiologie d. Auges. 1. Bd. Gedrucktes. Zusammengestellt u. hrsg. v. Otto Becker. Mit 5 (lith.) Taf. (in qu. gr. 4.) gr. 8. (XXVIII, 400 S.) Leipzig 872. Engelmann. n. 9. —

— Schutzschrift f. protestant. Geistliche in Kirchen u. Schulen gegen d. Verdacht ihrer alleinigen u. dann verderbl. Schulaufsicht. 8. Quedlinb. 818. Basse. 8 gr.

(**Müller**, H[einrich].) Der Schweizersoldat. Militärischer Führer des Schweizerbürgers. VI + 136 S. 8. Bern, Haller, 1904. [fr. 1. 20]

(**Müller**, H[einrich].) Der Schweizersoldat. Militärischer Führer des Schweizerbürgers. 2. Aufl. VIII + IV + 135 S. 8. Bern, Haller, 1907. [fr. 1.20]

— Schwert u. Pflug. 8. Quedlinb. 815.

– (Bearb.), s. Scott, Walter: Lady Johanne Gray.

— Seelenliebe. Katholisches Gebetbuch m. kurzen Belehrgn. 10. Aufl. (222 S. m. Titelbild.) 10×6,9 cm. Kevelaer 907. Gebr. v. Danwitz. Geb. in Ldr. m. Goldschn. 1. 20

– (Bearb.), s. S é g u r , L. G. Graf: Antworten auf die Einwürfe gegen die Religion.

—— Selbstbeschäftigungen f. Kinder, ohne d. belehr. Beistand d. Erwachsenen. Selbstgedachtes, nichts Ausgeschriebenes. M. 6 ill. Kpfrt. 8. (16 B.) Leipzig 830, Kollmann.

– s.a. S e l b s t m o r d und Raserei.

SELBSTMORD u. R a s e r e y , d i e F o l g e n d e r z ä r t l i c h s t e n L i e b e . Ein Beytrag zur Erfahrungs-Seelenkunde (zahme Wertheriade), von *H . . ch M . . r* (d. i. *Heinrich Muller*), 1798. 8⁰. (½ Rthl.) 147 S. (3 Mk. 50 Pfg. Adolf Weigel, 1906.)
Neue Allg. dtsch. Bibl. 54. 369. Erstlingswerk des bekannten Vielschreibers, Predigers in Menz bei Magdeburg. — Goedeke VI. 401. 1.)

— – Dasselbe. Leipzig 1808. 8⁰.

—— der dankbare S o h n u. d. armen Eltern. Ein häusl. Gemälde zur Erweck. d. Familiensinnes in Kinderherzen. M. (6) ill. Abbild. 8. (10½ B.) Neuhaldensleben 833, Eyraud. — 20

– s.a. S o m a r i n s k y , der Brudermörder.

SOMARINSKI d e r B r u d e r m ö r d e r . Geschichte aus den Zeiten der pohlnischen Revolution, vom Verfasser des Fiorenzo (d. i. *Heinr.* [Aug.] *Müller*). Mit Titelkpfr. Hamburg, bey Gottfried Vollmar. 1812. 8⁰. 446 S. Zahm.
Anon.-Lex. IV. p. 96 (nach Kayser u. Meusel).

Müller, Heinr. (Aug.), S p i e l , Scherz u. Ernst f. kl. Kinder vom 4. bis zum 6. Jahre, nebst ABC- u. Leseübungen. M. 5 ill. Kpfrt. 8. (8¼ B.) Leipzig 828, Kollmann. Thlr. — 15

Müller, Heinr., Staatsbordelle? (16 S.) 8. Wien 904. Huber & Lahme Nachf. n. — 40

Müller, Heinr., der S t e i n m e t z . E. Mustersammlg. mod. Entwürfe v. Steinmetzarbeiten z. Gebrauche f. Architekten, Bauunternehmer, Steinmetzen u. gewerbl. Schulen. 1. Bd. Thor- u. Gartenpforten. 5 Lfgn. hoch 4. (à 4 photolith. Taf.) Ravensburg 895. O. Maier. à n. — 80

Müller, Heinrich [Cand. jur. von Gossau (St. Gallen)]: Die Stellung der Konkurs-Verwaltung nach dem Bundesgesetz über Schuldbetreibung und Konkurs vom 11. April 1889. Gossau 1900. 112 S. 8°.
Bern. Jur. Diss. 1900/1901.

Müller, H., Das königl. sächsische Stempelsteuergesetz vom 12. I. 1909, in übersichtl. Form zusammengestellt. (91 S.) 8. Leipzig, Helios-Verlag. 2. 50. 1909.

– S t e r e o m e t r i e , s. B o s s e , L.

Mueller, Henricus [Silesius]: Studia Statiana ... Berolini, R. Heinrich, 1894; 2 Bl., 58 S., 1 Bl. 8.
Rostock, Phil. Fak., Inaug.-Diss. v. [18. Juli] 1894

Mueller, Heinr. (geb. Grabowo in Westpr. 9. 10. 1845): Ueber die Syphilis der Circulationsorgane. Berlin (1868). (32 S.) 8°
Berlin, Med. Diss. v. 11. Aug. 1868

— d. Tempel d. Gottheit. 8. Magdeb. 799.

MÜLLER, Heinr. (Aug.), (1766—1833, zuletzt Prediger in Wolmirsleben, Bez. Magdeb.), T e u f e l e i e n i n u n d a u s s e r d e m E h e s t a n d e . (Zahmer Roman.) 2 Thle. (Quedlinburg u. Leipzig, Basse, 1822. 8⁰. (⅓ Rthl. Schmidt, Halle, vor 1875.)

—— Thränen- und Trostquelle oder der Heiland und der Sünder. Hrsg. von L. Schmidt. 8. (III und 518 S.) Halle 854(55,) Fricke.

Müller, Heinrich. Thränen und Trostquelle. Erklärung der Geschichte der grossen Sünderin. Berlin [1856]. H: *Serrius, Franz Carl.* (Ky) (Zu)

— Thränen- und Trostquelle. Erklärung der Geschichte der großen Sünderin. (Herausg. von J. C. Serrius.) Berlin (856.) Wohlgemuth. 8. (2 Bl., 476 S.) 22½ ngr.

—— Thränen- und Trostquelle. Erklärung der Geschichte der großen Sünderin. 8. (IV und 476 S.) Berlin 857, J. A. Wohlgemuth.

— Thränen- u. Trostquelle bey E r k l ä r u n g der Gesch. von der groß. Sünderin Luc. 7. m. K. 8. Ebend. 724.

– s. T r e m n o r , der Zerstörer des Druidenreiches.

—— T r e n n u n g u. Wiedersehen, od. Gefahr, Rettung u. Tugendlohn. Eine moral. Erzähl. aus d. Ritterzeit, f. d. Jugend. 8. (15 B. u. 8 col. Kpfrn.) Leipzig 841, Kroppe.

— der allerbeste T r ö s t e r . Ein kathol. Lehr- u. Gebetbuch. Zu Ehren des hl. Geistes. 16. (240 S. m. farb. Titel u. 1 Farbdr.) Ebd. 899. Geb. in Ldr. m. Goldschn. n. 1. —

— der allerbeste T r ö s t e r . Ein kathol. Lehr- u. Gebetbuch. Zu Ehren des hl. Geistes. 3., verm. Aufl. (256 S. m. Titelbild.) 16. Ebd. 903. Geb. in Leinw. n.n. — 65

— Tugendlehre nach Salomons goldn. Sprüchen dargestellt. 8. Quedlinb. 813. Basse. 12 'K

Müller, Hnr. Vl., Tugend- u. Sittenlehren in angenehmer Erzähll. f. d. Kindesalter. Mit (6) fein ill. Abbildd. 8. Neuhaldensl. 832. Eyraud. 1 ʃ

—— T u g e n d - u. S i t t e n l e h r e n in angeneh. Erzählungen f. d. Kindesalter. M. (6) ill. Abbild. 8. (10 B.) Neuhaldensleben 832. [Magdeburg, Rubach.] 1 —

—— kleiner T u g e n d s p i e g e l , od. Erzähln. edler Gesinnungen u. Handln. Zur Nachahm. f. d. Jugend hrsg. 12. (3 B.) Reutlingen 841, Fleischhauer u. Spohn.

Müller, Heinrich, bacc. jur., Referendar in Moers: Der Übergang der Gefahr bei Gattungsschulden. Borna-Leipzig 1905: R. Noske. (VIII, 59 S.) 8°
Leipzig, Jur. Fak., Diss. v. 25. Mai 1905
[Geb. 6. Jan. 78 Moers; Wohnort: Moers; Staatsangeh.: Preußen: Vorbildung: Gymn. Emmerich Reife O. 98; Studium: Freiburg i. B. 1, München 2, Berlin 1, Bonn 2 S.; Rig. 2. Aug. 01.]

– Griechisches Ü b u n g s b u c h , s. M ü l l e r , Heinrich Dietrich

Die Uglei-Sage v. Heinrich Müller. o. O. u. J. 8°

— Ein verkanntes U n i v e r s a l m i t t e l f. jung u. alt, f. Welt- u. Ordensleute. (96 S.) 16. Steyl 908. Missionsdruckerei. — 20

— Unterhaltung u. Belehr. in Erzähll., Sprech- u. Denkübungen, Briefen, merkwürd. Entdeckungen u. Erfindd., f. liebe, lernbegierige Kinder. Mit 11 illum. Abbildd. 8. Neuhaldensl. 830. Eyraud. 16 'K

—— Unterhaltung u. Belehrung in Erzähln., Sprech- u. Denkübn., Briefen, merkwürd. Entdeckn. u. Erfindungen, f. liebe, lernbegier. Kinder. M. 11 ill. Abbild. 8. (9½ B.) Neuhaldensleben 830. [Magdeburg, Rubach.] 1 Thlr. 12 Gr., hrbgs. Pr.

—— Vater Beresfort's naturhistor. Unterhaltn. m. seinen Söhnen üb. d. Wunder d. Natur, die Pracht u. d. Nutzen d. Meteore. Anleit. z. Betracht. u. Kenntniß großer, mächt., freundl. u. ergötzl. Naturerscheinn. 8. (14¼ B. u. 1 col. Titkpfr.) Leipzig 837, Krappe.

Müller, H.: Ueber den ersten planimetrischen Unterricht. Berlin, Druck v. Gebr. Unger, 1889; 1 Bl., 30 S. 4°
Charlottenburg, k. Kaiserin-Augusta-G, OP 1889 (68)

—, *Heinrich* Ueber den ersten planimetrischen Unterricht. (Umschlagtitel: I.) 4 (30 S.). (Teil II. Fortsetzung). 4 (27 S.).
Progr. Kaiserin-Augusta-G. *Charlottenburg* 1889 (68). 1890 (70).

— mathematisches Unterrichtswerk. I. Abtlg. 2 Tle. u. II. Abtlg. 8. Leipzig, B. G. Teubner. Geb. n. 6. 20
I. 1. Die Mathematik auf den Gymnasien u. Realschulen. In Verbindg. m. dem Verf. f. bayer. Lehranstalten hrsg. Von M. Zwerger. 1. Tl. Lehraufgabe der 5. u. 6. Gymnasial-, bez. der 3. u. 4. Realschulklasse. (VI, 138 S. m. Fig.) 906. Geb. n 1. 60
2. Dasselbe. 2. Tl.: Lehraufgabe der 7. u. 8. Gymnasial-, bez. der 5. u. 6. Realschulklasse. (VI, 162 S. m. Fig.) 906. Geb. n. 2. —
II. Sammlung v. Aufgaben aus der Arithmetik, Trigonometrie u. Stereometrie. Im Anschluß an die Tle. A I u. A II der Müller u. Kutnewskyschen Aufgabensammlg. u. in Verbindg. m. den Verff. f. bayer. Lehranstalten hrsg.. Von M. Zwerger. (VIII, 276 S.) 906. Geb. n. 2. 60

Müller, Heinrich: Untersuchung der Reime des altfranzösischen Artusromans von „Durmart le Galois". Bonn 1906: C. Georgi. (53 S.) 8°
Bonn, Phil. Fak., Ref. Foerster, Diss. v. 21. Febr. 1906
[Geb. 18. Okt. 73 Scharmbeck, Kr. Osterholt; Wohnort: Hannover; Staatsangeh.: Preußen; Vorbildung: Auguste-Viktoria-Gymn. Linden Reife O. 02; Studium: Berlin 1, Bonn 5 S.; Rig. 10. Mai 05.]

— anatomisch-physiologische Untersuchungen über die Retina des Menschen und der Wirbelthiere. Mit 2 (theilw. color.) Kpfrtaf. (in 4.) Leipzig 856. Engelmann. gr. 8. (IV, 122 S.) 1 ₰.

Müller, Heinrich, aus Lockstedt (Prov. Sachsen): Untersuchungen über die Bewegung der Criminalität in ihrem Zusammenhang mit den wirtschaftlichen Verhältnissen. *Halle a. S. 1899: C. A. Kaemmerer & Co.* (72 S.) 8°
Halle, Phil. Diss. v. 1899

– (Übers.), s. Valerie. –

[Johann Andreas] Cramer's Verdienste um das Königliche Schulmeisterseminarium in Kiel. Eine Rede zu seinem Gedächtniss am 6ten August 1788 gehalten v. Heinrich **Müller**. Kiel. 1788. 8°.

– s. Verlobung, Die frühzeitige.

— die Verstaatlichung der Theater. Eine Studie f. das allgemeine Publikum. Mit e. Anh.: Das Wiener Parktheater. (Ein Traumbild.) (11 S.) schmal Fol. Ebd. 903. n. — 40

Müller, H., Verstaatlichungsideen. Drei Gedanken. 8°. (31 S.) K —.50
Wien: Huber & Lahme 1904.

Verstaatlichungs-Ideen. Drei Gedanken von Heinrich **Müller**. Oedenburg: Röttig 1905. 31 S. 8° [11. 7117 2

– s. Verunglückten, Die.

Müller, Heinr., Via Coeli. Ein kathol. Gebet- u. Lehrbuch f. Studierende. 5. Aufl. (550 S. m. farb. Titelbild.) 11,8×7,5 cm. Kevelaer 909. Gebr. v. Danwitz. Geb. in Leinw. 1. 40

Müller, Heinr., an d. Volk in Oesterreich. gr. 8. (19 S.) Wien 898. J. Dietl. — 60

– (Übers.), s. Voltaire, François Marie Arouet de: Zadig.

Müller, Heinrich, aus Esens-Ostfriesl.: Ueber das Vorkommen pathologischer Veränderungen an den Nieren von Kälbern, Rindern und Hunden. *Würzburg 1904: A. Boegler.* (30 S.) 8°
Würzburg, Med. Diss. v. 1904

Müller, Heinr., neue Vorlagen f. Flachschnittarbeiten, f. Gewerbetreibende, Fachschulen u. Dilettanten gezeichnet u. hrsg. 4 Lfgn. hoch 4. (16 Taf.) Leipzig 894. E. A. Seemann. In Mappe. à n. 1. —

—— Warnungs- u. Sitten-Buch. Der Jugend beiderlei Geschlechts, in Städten u. auf d. Lande, zur lehrreich. Unterhalt. gewid. M. 8 ill. Bild., gez. v. L. Elsholz. gr. 12. (7¼ B.) Berlin 833, Hasselberg.

—— die Weihe d. Jünglings f. d. Folgeleben, besond. Jünglingen, die d. Wissenschaften leben, zur Nacheiferung empfohlen. Mit Titkpfr. 8. (15 B.) Nürnberg 831, Zeh.

—— der Weihnachtsabend in Liebenthal, d. liebste Kinderfest im Jahre. Eine Erzähl. f. gutgeart. Kinder. M. 17 ill. Bild. 8. (12 B.) Leipzig 830, Kollmann.

— der hl. Wendelinus. Lehr- u. Andachtsbuch f. die christl. Familie. 1.—18. Taus. 16. (588 S. m. Abbildgn. u. farb. Titelbildc.) Ebd. 902. Geb. in Leinw. n.n. 1. 30

Müller, Heinr., wie befähigen wir die Kinder zur selbständigen Anfertigung e. Aufsatzes, s. a. Sammlung pädagog. Vorträge. XI. 11.

Wie befähigen wir die Kinder zur selbständigen Anfertigung eines Aufsatzes? Von Heinrich **Müller**, Haupt. in Duisburg-Neuenkamp, *Bonn. Berlin. Leipzig: F. Soennecken [1898].* (26 S.) 8.
= Sammlung pädagogischer Vorträge. Bd XI. H. 11. 99. 1414

— u. Anna **Müller**, wie erhalten wir unsere Kinder gesund? Volksbuch üb. die Kinderpflege. Mit Beiträgen v. Jos. Gratzinger, Meyner, Perger u. A. gr. 8. (54 S.) Ebd. 901. n. 1. —

Müller, Heinr., wie sollen wir leben? 8. (54 S.) Leipzig (900). E. Demme. n. — 75

— die Wonnemonde d. Liebe. 8. Hamb. ... (Herold jun.) 21 ₰

WONNEMONDE, Die, der Liebe (von *H. Müller*). Mit Titelkpfr. Hamburg und Mainz, o. J. (c. 1800). 8°. (⅔ Rthl. Lippert. Halle, c. 1870.)
Günther's Verz. Dresden 1834, No. 170. — Selten!

Müller, Hnr. Ein Wort des Ernstes und der Ermahnung die neuen Abgaben betreffend. gr. 8°. Berlin, Maurer's B., 1811.

— d. Wort ward Fleisch. Acht Predigten, gehalt. v. 1n Sonntag im Advent bis z. Sonntag nach Weihnachten. 1r Bd. d. evangel. Herzensspiegels. 1s Heft. gr. 8. Berl. 829. Schulbuchhandl. (Franklin u. C.) 9 ₰

—— das Wort ward Fleisch. Acht Predigten, gehalt. v. 1. Sonnt. im Advent bis zum Sonnt. nach Weihnachten. 1. Bd. d. evangel. Herzensspiegels. 1. Hft. gr. 8. (12 B.) Berlin 829, [Stuhr.] — 9

Müller, Hnr., Worte gesprochen im Johannisthale, s. Ludw. Fischers Predigt.

— die Wunder d. Natur u. die Wunderwerke d. Welt, od. Vater Brissons Unterhaltt. mit seinen Kindern üb. Natur- u. Kunstmerkwürdigkk. Ein physikal. u. belehr. Bilderbuch. Mit 32 color. Abbildd. 8. Hamb. 830. Herold jun. 12 gr

—— die Wunder d. Natur u. d. Wunderwerke d. Welt, od. Vater Brissons Unterhaltungen mit sein. Kindern üb. Natur- u. Kunstmerkwürdigkeiten. Ein physikal. u. belehr. Bilderbuch. 1. Aufl. ($7\frac{1}{2}$ B. u. 30 ill. Abbild.) 830. Neue, durchges. u. verb. A. Hrsg. v. Carl Straus. ($8\frac{1}{2}$ B. u. 32 Abbild.) 8. Hamburg 835, Herold. à

— Zins-Tabellen nach dem 100theiligen Münzsystem aus 1 bis 50000 Kapital von 1 bis 360 Tagen, enth. die Zinsfüße v. $\frac{1}{8}$, $\frac{1}{6}$, $\frac{1}{5}$, $\frac{1}{3}$, 1, 2 u. $3\frac{1}{3}$ % in kürzeren Abschnitten. Sodann ununterbrochen von 1 bis 360 Tagen die Zinsfüße v. $3\frac{1}{2}$, $3\frac{3}{4}$, 4, $4\frac{1}{4}$, $4\frac{1}{2}$, $4\frac{3}{4}$, 5, $5\frac{1}{2}$, 6 u. $6\frac{1}{2}$ %. Nebst Zeitberechnungs-Tafeln nach Tagen und Monaten. 2. Aufl. 4. (376 S.) Stuttgart 875. Bruchmann. n. 4. 50; geb. n. 5. 30

Müller, Heinr., Zins-Tabellen nach d. 100teil. Münzsystem aus 1 bis 50000 Kapital von 1 bis 360 Tagen, enth. d. Zinsfüße v. $\frac{1}{8}$, $\frac{1}{6}$, $\frac{1}{5}$, $\frac{1}{3}$, 1, 2 u. $3\frac{1}{3}$ % in kürzeren Abschnitten, sodann ununterbrochen von 1 bis 360 Tagen d. Zinsfüße v. $3\frac{1}{2}$, $3\frac{3}{4}$, 4, $4\frac{1}{4}$, $4\frac{1}{2}$, $4\frac{3}{4}$, 5, $5\frac{1}{2}$, 6 u. $6\frac{1}{2}$ %. Nebst Zeitberechnungs-Tafeln nach Tagen u. Monaten. 2. Aufl. 4. (376 S.) Reutlingen 898. Enßlin & Laiblin. Geb. in Leinw. n. 4. —

Müller, Heinr. (II.), Zins-Tabellen nach dem 100theiligen Münzsystem in Mark, Frank, östreich. Gulden, Rubel, Dollars ꝛc. aus 1 bis 100,000 Mark Kapital von 1 bis 365 Tagen zu 3, $3\frac{1}{2}$, $3\frac{3}{4}$, 4, $4\frac{1}{4}$ $4\frac{1}{2}$, 5, $5\frac{1}{2}$, 6 und $6\frac{1}{2}$ Procent, nebst Zeitberechnungs-Tafel, einer Anleitung zum Gebrauch der Tafeln und ihrer Verwendung auch für andere Zinsfüße, ausführl. Reductions-Tabellen der süddeutschen, Thaler- und Franken-Währung und einer Zusammenstellung der wichtigsten ausländ. Währungen. 2. Aufl. 4. (374 S.) Reutlingen 881, Enßlin und Laiblin's Verlagsh. geb. *

— Zins-Tabellen nach der neuen deutschen Reichswährung aus 1 bis 100,000 Mark Capital von 1 bis 365 Tagen zu 3, $3\frac{1}{2}$, $3\frac{3}{4}$, 4, $4\frac{1}{4}$, $4\frac{1}{2}$, 5, $5\frac{1}{2}$, 6 u. $6\frac{1}{2}$ Procent nebst Zeitberechnungs-Tafel u. Reductions-Tabellen der süddeutschen, Thaler- u. Franken-Währg. in die neue Reichswährg. gr. 8. (371 S.) Heidenheim 874. (Rees — Stuttgart, Bruchmann.) geb. n. 6. —

— Ulrich Zwingli. Ein Denkmal. 8. Quedlinb. 818. Basse. 20 gr

Müller, Heinrich / [† 1833]. Ulrich Zwingli. Ein Denkmal. 8. Quedlinburg und Leipzig 1819.

Mueller, Henr. Adolph. (geb. Halbau 17. 7. 1796): Signa praecipua ex colore cutis in morbis. (Berolini 1820.) (42 S.) 8°
Berlin, Med. Diss. v. 6. Okt. 1820

Mueller, H[enricus] A[ntonius] Eduardus ⟨geb. 1835 in Nottuln bei Münster Westf.⟩: De cataractae aetiologia experimenta ... Bonnae, typ. Carthausianis (1858). 26 S., 1 Bl., 1 Tab. 8.
Bonn, Med. Fak., Diss. v. 10 Aug. 1858

Müller, Heinrich August, s.a. Müller, Heinrich

Mueller, Henr. Augustus (geb. Berlin 19. 7. 1817): De lithopaediis. Berolini (1846). (57 S.) 8°
Berlin, Med. Diss. v. 24. Dez. 1846

— Heinrich August (Waehlsdorf / Neustadt), De perjurio. Diss. jur. Präs. Carl Salomon Zacharias. Wittenberg (Meltzer) 14. IX. 1804. 23 S. (4.—) 24059
Gew.: Carl Wilhelm von Hopfgarten.

– (Hrsg.), s. Zeitschrift für Gesetzgebung, Rechtswissenschaft und Rechtspflege in dem Großherzogtum Sachsen-Weimar-Eisenach.

Müller, Heinrich Carl, s. Müller, Heinrich Karl

— Heinrich Daniel (Hessen / Darmstadt), De Christo, Deo magno, vero et benedicto ad. Tit. II, 13. I. 10. V, 20. Rom. IX. 5. Diss. theol. Präs. Johann Georg Walch. Jena (J. Fr. Ritter) 16. VI. 1736. 54 S. (5.50) 24060
Widm. v.: Jo. Gerhard Pagendarm, W. P. Muller, F. R. Rays, Phil. Heinr. Werthes.

Müller, Heinrich Daniel [Präs.] u. Joh. Heinr. Cramer (Königsberg) [Resp.]
Dissertatio theologica de absoluto electionis et reprobationis decreto.
Giessae Juni 1749: Müller. 24 S. 4°

Müller, Henr. Daniel: De existentia Dei etc., s. Benner, Johann Hermann [Praes.]

Müller, Hnr. Dn., († d. 22. März 1797.) Gesch. bekehrter Seelen u. d. göttl. Führungen derselben. 8. Marb. 755. Keßler. 8 gr

Müller, Heinrich Daniel u. Henr. Christ. Dornseiff [Resp.]
Dissertatio theologica de incredulitate finali.
Giessae 13. Oct. 1749. 24 S. 4°

Müller, Heinrich Daniel
Disquisitio philosophica brevis de quantitate.
Giessae 17. Febr. 1746: E.H. Lammers. 12 S. 4°
pro licentia aperiendi collegia et praesidendi.

Müller, Heinrich Daniel [Präs.] u. Jo. Phil. Wilh. Ludov. Lyncker [Resp.]
Theses philosophicae.
Giessae 1746. 4°

Müller, Heinr. Dietr., Ares. Ein Beitrag zur Entwickelungsgeschichte der griech. Religion. gr. 8. (VIII und 134 S.) Braunschweig 848, Vieweg und Sohn. *

Müller, Heinr. Dietr. Zur Entwicklungsgeschichte d. indogermanischen Verbalbaus. gr. 8. (VI, 177 S.) Gött. 890, Vandenhoeck u. Ruprecht. * 4 —

—— und Jul. Lattmann, griechische Formenlehre für Gymnasien. Lex.-8. (VIII und 136 S.) Göttingen 868, Vandenhoeck und Ruprecht's Verlag. *

– Lateinische Formenlehre und Hauptregeln der Syntax, s. Lattmann, Julius

– Griechische Grammatik für Gymnasien, s.a. Lattmann, Julius

Müller, Heinr., u. J. Lattmann, griechische Grammatik f. Gymnasien. Auf Grundlage der vergleich. Sprachforschg. bearb. 2. verm. u. verb. Aufl. 1. Thl. Formenlehre. Lex.-8. (X, 178 S.) Göttingen 871. Vandenhoeck & Ruprecht's Verl. n. 1. 80

— u. Jul. Lattmann, griechische Grammatik für Gymnasien. Auf Grundlage der vergleichenden Sprachforschung bearb. 1. Thl. Formenlehre. 3., verb. Aufl. Lex.-8. (X, 178 S.) Ebend. 877. n. 2. —

— u. J. **Lattmann**, griechische Grammatik f. Gymnasien. Auf Grundlage der vergleich. Sprachforschg. bearb. 1. Tl. Formenlehre. 4. Aufl. gr. 8. (VIII, 179 S.) Göttingen 886. Vandenhoeck & Ruprecht's Verl. n. 1. 80; geb. n. 2. 20

— u. J. **Lattmann**, griechische Grammatik f. Gymnasien. Auf Grundlage der vergleich. Sprachforschg. bearb. 2. Tl. Syntax. Von H. D. Müller. gr. 8. (X, 214 S.) Göttingen 887. Vandenhoeck & Ruprecht's Verl. n. 2. —; geb. n. 2. 40 (1. u. 2.: n. 3. 80; geb. n. 4. 60)

— dasselbe. 2. Tl. Ausg. B. Syntax der attischen Prosa. Von H. D. Müller. gr. 8. (VIII, 116 S.) Ebd. 888. n. 1. 40

– Kleine lateinische Grammatik, s. Lattmann, Julius

Müller, Heinr. Dietr., kurzgefaßte lateinische Grammatik, s. Lattmann, Jul.

Müller, Heinr. Dietr., Hermes Argeiphontes u. Jo-Demeter. Göttingen 866. (Vandenhoeck & Ruprecht's Verlag.) gr. 4. (24 S.) n. 6 ngr.

Müller. Heinrich Dietrich. Hermes-Sârameyas und die vergleichende Mythologie. Abdruck aus dessen Mythologie der griechischen Stämme. Theil I. Abtheil. II. Göttingen 1868.

Müller, Heinr. Dietr., Hermes-Sârameyas und die vergleichende Mythologie. gr. 8. (34 S.) Göttingen 869, Vandenhoeck und Ruprecht's Verlag. *
Aus: Mythologie der griechischen Stämme, besonders abgedruckt.

– Grammatisches Hülfs- u. Übungs buch f. den griechischen Unterricht, s. Lattmann, Julius

– Lernheft und Repertorium zur lateinischen Syntax, s. Lattmann, Julius

Müller, Heinr. Dietrich, Mythologie der griechischen Stämme. 1. Thl.: Die griech. Heldensage in ihrem Verhältniss zur Geschichte und Religion. gr. 8. (VIII und 320 S.) Göttingen 856(57,) Vandenhoeck und Ruprecht's Vrlgsh. *

—— dass. — 2. Bd. 1. Abthl.: Die Religion des achäischen Stammes. gr. 8. (VIII und 216 S.) Ebendas. 861. *

— **Mythologie der griechischen Stämme.** 2.Thl. 2.Abthl. Ebend. 869. gr. 8. (III u. S. 217—417.) n. 1 Thlr. 5 ngr.

– Lateinische Schulgrammatik, s. Lattmann, Julius

– der indogermanische Sprachbau in seiner Entwicklung. 1. Thl. gr. 8. (X, 450 S.) Göttingen 879. Vandenhoeck & Ruprecht's Verl. n. 9. —

Müller, Heinr. Dietr, sprachgeschichtliche Studien. gr. 8. (IV, 202 S.) Göttingen 884. Vandenhoeck & Ruprecht's Verl. n. 4. 40

— Syntax der griechischen Tempora. gr. 4. (35 S.) Göttingen 874. Vandenhoeck & Ruprecht's Verl. n. 1. 20

— Tabelle der griechischen unregelmässigen Verba zum Auswendiglernen für Schüler geordnet. Göttingen 854. Vandenhoeck u. Ruprecht. 4. (8 S.) n. 2 ngr.

— Tabelle der griechischen unregelmässigen Verba zum Auswendiglernen für Schüler. 2. revid. Aufl. Ebend. 861. gr. 8. (8 S.) n. 2 ngr.

— Tabelle der griechischen unregelmässigen Verba zum Auswendiglernen für Schüler. 3. Aufl. 1865 u. 4., revid. Aufl. Ebend. 867. Lex.-8. (11 S.) n. 2 ngr.; cart. n. 3 ngr.

— griechisches Übungsbuch, s. a. Lattmann, J.

– u. Julius Lattmann

—— —— griechisches Uebungsbuch. 1. Stufe. [Quarta.] 1. Aufl. 1868. * 60 Pf., und 2. verb. Aufl. gr. 8. (VIII, 64 S.) Ebendas. 874. * 80 Pf.; geb. *

— historisch-mythologische Untersuchungen. gr. 8 Göttingen 892. Vandenhoeck & Ruprecht. n. 3. —
1. Pelasger u. Hellenen. 2. Die Sage vom trojanischen Kriege u. die homerische Dichtung. (IV, 134 S.)

— Ueber den dorischen Ursprung des Apollodienstes. I. Pr. 1859. 16 S.

Müller, über den dorischen Ursprung des Apollodienstes. 1. Abhandlung. Göttingen 859. (Vandenhoeck & Ruprecht.) 4. (16 S.) n. 6 ngr.

— über den Zeus Lykaios. Eine mytholog. Abhandlung. [Abgedr. aus dem Programm des Gymnasiums zu Göttingen.] gr. 4. (38 S.) Göttingen 851, Vandenhoeck & Ruprecht. n. 1/2 Thlr.

Müller, Heinrich F. B., s. Müller-Breslau, Heinrich Franz Bernhard

Müller, Heinr. Fidelis, A christmas-oratorio. Op. 5. Book of the words, adapted and translated by John Bernhoff. 12. (15 S.) Fulda 898. A. Maier. n. — 25

Müller, Heinr. Fidelis, die Heiligen Dreikönige. Ein geistliches Weihnachtsspiel nach einer Dichtung von Gust. Schwab, zur Aufführung mit lebenden Bildern eingerichtet. Begleitungs-Musik für gemischten Chor, Solo u. Pianoforte. Op. 7. Vollständiger Text. 4. (14 S.) Fulda 882. Maier. — 50

Müller, Heinr. Fidelis, die heiligen Dreikönige. Ein geistl. Weihnachtsspiel, nach e. Dichtg. v. Gust. Schwab zur Aufführg. m. leb. Bildern f. Soli u. gemischten Chor m. Clavierbegleitg. componirt. Op. 7. Dichtung, nebst Text der Gesänge. 5. Aufl. 8. (33 S.) Fulda 890. Maier. — 50

Müller, Heinr. Fidelis, die heil. Dreikönige. Ein geistl. Weihnachtsspiel nach e. Dichtg. v. Gust. Schwab, zur Aufführg. m. leb. Bildern f. Soli u. gemischten Chor m. Clavierbegleitg. componirt. Op. 7. Dichtung nebst Text der Gesänge. 6. Aufl. 8. (33 S.) Fulda 892. A. Maier. n. — 50

Müller, Heinr. Fidelis, die hl. Dreikönige. Ein geistl. Weihnachtsspiel nach e. Dichtg. v. Gust. Schwab, zur Aufführg. m. leb. Bildern f. Soli u. gemischten Chor m. Clavierbegleitg. Op. 7. Dichtung nebst Text der Gesänge. 7. Aufl. 12. (38 S. m. Bildnis.) Fulda 903. A. Maier. n. — 30

— die heilige Elisabeth. Geistliches Festspiel in 7 Bildern f. Soli u. gemischten Chor m. Clavierbegleitg. Op. 12. Dichtung u. Text der Gesänge. 1.—3. Aufl. 8. (38 S.) Ebd. 889. 890. — 30

— die hl. Elisabeth. Geistliches Festspiel in 7 Bildern f. Soli u. gemischten Chor m. Clavierbegleitg. Op. 12. Dichtung u. Text der Gesänge. 25. Aufl. 8. (38 S.) Ebd. 893. n. — 30

— — 32. Aufl. Fulda: A. Maier 1897. 32 S. 8⁰

— die hl. Elisabeth. Geistliches Festspiel in 7 Bildern f. Soli u. gemischten Chor m. Clavierbegleitg. op. 12. Dichtung u. Text der Gesänge. 42. Aufl. gr. 16. (32 S.) Ebd. 902. n. — 30

Müller, Heinr. Fidelis, die hl. Elisabeth. Geistliches Festspiel in 7 Bildern f. Soli u. gemischten Chor m. Clavierbegleitg. op. 12. Dichtung u. Text der Gesänge. (32 S.) kl. 8. Fulda 907. A. Maier. — 30

— Emanuel. Neues Weihnachts-Festspiel f. Soli u. gemischten Chor m. Clavierbegleitg. Op. 28. (Zur Aufführg. m. leb. Bildern.) Textbuch. 12. (16 S. m. Bildnis.) Ebd. 902. n. — 20

— die Feier des Stiftungsfestes katholischer Gesellenvereine. 5 Männerchöre mit verbindendem Text zur Aufführung mit lebenden Bildern. gr. 8. (27 S.) Ebend. 881. n. 1. —

— die Feier d. Stiftungsfestes katholischer Gesellenvereine. 5 Männerchöre m. verbind. Text zur Aufführg. m. leb. Bildern. 2. Aufl. gr. 8. (27 S.) Ebd. 893. n. 1. —

— „Heliand". E. Weihnachts-Festspiel, nach der gleichnam. altdeutschen Dichtg. f. Soli, gem. Chor u. Declamation m. Clavier- od. Orchesterbegleitg. zur Aufführg. m. leb. Bildern componirt. Op. 21. Text d. Gesänge u. Declamationen. 12. (24 S.) Fulda 895. A. Maier. n. — 20

Müller, H. F., Laßt uns beten! Katholisches Gebet- u. Erbauungsbuch nach bewährten, zumeist älteren kirchl. Gebetbüchern. Mit 1 Stahlst. Frankfurt a. M. 868. Hamacher. 16. (X, 416 S.) n. 20 ngr.

Müller, H. F., Laßt uns beten! Katholisches Gebet- und Erbauungsbuch nach bewährten, zumeist älteren kirchl. Gebetbüchern. 2. verm. und verb. Aufl. 16. (XII, 485 S. mit 1 Stahlst.) [Frankfurt a. M. 876, Hamacher.] Aachen, Creutzer. (*ℳ 2.)

Müller, H. F., laßt uns beten! Kathol. Gebet- u. Erbauungsbuch nach bewährten, zum. älteren kirchl. Gebetbüchern. 3., verb. u. verm. Aufl. 32. (XVI, 719 S. m. Zierleisten, Ziertitel u. Titelbild.) Frankfurt a/M. 897. B. Kreuer. Geb. in Ldr. m. Goldschn. 3. —

Müller, Heinr. Fidelis, 3 Lieder zur Begrüßg. d. hochwürdigsten Herrn Bischofs f. 2-stimm. Kinderchor (u. 1 nicht obligate Männerstimme). Op. 20. gr. 16. (7 S.) Ebd. 895. — 15

Vier Lieder zur Verehrung des hl. Joseph 1-, 2- u. 3-stimmig zu singen comp. von Heinrich Fidelis **Müller**. Op. 24. *Fulda: A. Maier (1900).* (8 S.) 8° [F.] [oo. 5197 4

— Lieder im Volkston. Geistlich u. weltlich, f. vierstimm. Männerchor, zunächst zum Gebrauche kathol. Gesellen u. Männervereine componirt. qu. gr. 16. (42 S.) Ebend. 873. n. — 40

Lieder im Volkston für vierstimmigen Männerchor zunächst z. Gebr. f. kath. Männerchöre, Gesellen-, Arbeiter- u. Meister-Vereine comp. von Heinrich Fidelis **Müller**. Op. 4. 2. verm. Aufl. *Fulda: A. Maier 1901.* (57 S.) 8° [F.] [oo. 1167 4

(30) Lieder im Volkston für vierstimmigen Männerchor zunächst z. Gebr. f. kath. Männerchöre ... comp. von Heinrich Fidelis **Müller**. Op. 4. 3. verm. Aufl. *Fulda: A. Maier 1901.* (57 S.) 8° [F.] [01. 5793 4

Liliengärtlein. Geistl. Lieder f. d. Kirchenjahr ein-, zwei- u. mehrstimmig zu singen. Für kath. Kirchenchöre ... comp. von Heinrich Fidelis **Müller**. *Fulda: A. Maier [1901].* (50 S.) 8° [F.] [01. 8257 4

— het Lijden onzes Heeren Jesus Christus in levende beelden. Naar woorden der H. Schrift voor Soli en gemengd koor met begeleiding van orkest getoonzet. Met toestemming van den Uitgever vertaald door C. N. v. d. A. (Deutsch u. holländisch.) 12. (43 S. m. 1 Bildnis.) Ebd. 898. n. — 30

Müller, H. F., vier Papstlieder im Volkston. Zum 50jähr. Priester-Jubiläum Sr. Heiligkeit Papst Leo XIII. componirt. A. Ausgabe f. 2stimm. Kinderchor od. 4stimm. gemischten Chor. gr. 8. (7 S.) Fulda 887. Maier. n. — 20; B. Ausg. f. 4stimm. Männerchor n. — 20

— Die Passion unseres Hrn. Jesu Christi in sieben Bildern. Nach Worten der heil. Schrift f. Soli u. gemischten Chor m. Clavierbegleitg. componirt. Op. 16. Text der Gesänge. 8. (31 S.) Ebd. 892. * — 20

— die Passion unseres Herrn Jesu Christi in sieben Bildern. Nach Worten der heil. Schrift f. Soli u. gemischten Chor m. Clavierbegleitg. componirt. Op. 16. Text der Gesänge. 36. Aufl. 8. (31 S.) Ebd. 893. n. — 20

— d. Passion uns. Herrn Jesu Christi. Componirt v. M. Op. 16. Text d. Gesänge. 87. Aufl. 12. (23 S. m. Bildnis.) Ebd. 898. n. — 20

Müller, Heinr. Fidelis, die Passion unseres Herrn Jesu Christi. Comp. v. M. Opus 16. Textbuch. (Neue Aufl.) (23 S. m. Bildnis.) 12. Fulda (903). A. Maier. n. — 20

Die Passion unseres Herrn Jesu Christi. Componirt von Heinrich Fidelis Müller. Opus 16. Textbuch. Fulda: Maier [1909]. 23 S. 8⁰ [Umschlagt.]

— Psälterlein. Katholisches Gesangbüchlein zumeist älterer Kirchenlieder sammt den gebräuchlicheren neuen mit ihren ursprüngl. Singweisen. Ebend. 869. 16. (XII, 239 S.) n. 10 ngr.

— u. B. Widmann, neue Trutz-Nachtigall. Auswahl volksthüml. geistl. u. weltl. Lieder für kathol. Schulen u. Familien. Gesammelt u. 2- u. 3stimmig gesetzt. Ebend. 869. 16. (IV, 84 S.) n. 5 ngr.

— u. B. Widmann, neue Trutz-Nachtigall. Auswahl volksthüml., geistl. u. weltl. Lieder f. kathol. Schulen u. Familien. Gesammelt u. 2- u. 3stimmig gesetzt. 2. verb. u. verm. Aufl. 16. (IV, 96 S.) Ebend. 873. n. — 50

— und B. Widmann, neue Trutz-Nachtigall. Auswahl volkstüml., geistl. und weltl. Lieder für kathol. Schulen und Familien. Gesammelt und 2- und 3stimmig gesetzt. 3. verm. Aufl. 12. (IV, 100 S.) Cassel 887, Schmitt. geb. **

— u. Bened. Widmann, neue Trutz-Nachtigall. Auswahl volkstüml., geistl. u. weltl. Lieder zweistimm. u. dreistimm. m. e. kleinen Chorgesangschule f. kathol. Schulen u. Familien. 16., verm. Aufl. gr. 16. (IV, 132 S.) Ebd. 898. n. — 40

Neue Trutz-Nachtigall. Auswahl volkstüml., geistl. u. weltl. Lieder von Heinrich Fidelis **Müller** u. Benedict Widmann. 20. verm. Aufl. *Fulda: A. Maier 1901.* (IV, 132 S.) 8° [F.] [01. 5223 4

— u. Bened. **Widmann**, neue Trutz-Nachtigall. Auswahl volkstüml., geistl. u. weltl. Lieder zweistimmig u. dreistimmig m. e. kleinen Chorgesangschule f. kathol. Schulen u. Familien. 24. verm. Aufl. gr. 16. (IV, 136 S.) Ebd. 902. n. — 40

— — 25. verm. Aufl. Fulda: A. Maier 1904. IV, 132 S. 8°

— u. Bened. **Widmann**, neue Trutz-Nachtigall. Auswahl volkstüml., geistl. u. weltl. Lieder zweistimmig u. dreistimmig m. e. kleinen Chorgesangschule f. kathol. Schulen u. Familien. 27. verm. Aufl. (IV, 136 S.) kl. 8. Fulda 905. A. Maier. n.n. — 40

— der Weg zum Heil. 31 Betrachtgn. üb. die großen Wahrheiten des Glaubens, nebst e. Gebetsanh. Aus dem Gebets- u. Erbauungsbuch „Laßt uns beten". 24. (76 S. m. Titelbild.) Frankfurt a/M. (901). P. Kreuer. n. — 20

— Weihnachtsfeier. Für 4stimm. Männerchor u. Soli m. Clavier- od. Harmonium-Begleitg. componirt. op. 10. Zur Aufführg. m. leb. Bildern nebst verbind. Text, Dichtg. v. F. Heitemeyer. Text. gr. 8. (8 S.) Ebd. 894. n. — 10

— **Weihnachtsfeier.** Für 4stimm. Männerchor u. Soli m. Klavier- od. Harmoniumbegleitg. komp. Op. 10. Zur Aufführg. m. leb. Bildern, nebst verbind. Text, Dichtg. v. F. Heitemeyer. Textbuch. (19 S. m. Bildnis.) kl. 8. Ebd. 907. — 20

— Weihnachts-Oratorium nach Worten d. hl. Schrift f. Soli u. gem. Chor, zur Aufführg. m. leb. Bild. componirt. op. 5. Text. gr. 8. (8 S.) Ebd. 894. — 10

Weihnachts-Oratorium nach Worten der heil. Schrift f. Soli u. gem. Chor, z. Aufführung mit lebenden Bildern, comp. von Heinrich Fidelis **Müller**, Domkapitular. op. 5. Textbuch. *Fulda: A. Maier 1902.* (8 S.) 8° [Umschlagt.] [illegible]

— **Weihnachts-Oratorium** nach Worten der hl. Schrift f. Soli u. gemischten Chor, zur Aufführung m. lebenden Bildern. op. 5. Textbuch. (Neue Aufl.) 16. (8 S.) Fulda 903. A. Maier. n. — 10

Weihnachts-Oratorium nach Worten der heil. Schrift für Soli und gemischten Chor... comp. von Heinrich Fidelis **Müller**, Domdechant in Fulda. Op. 5. Textbuch. [2. Aufl.] Fulda: A. Maier 1905. (8 S.) 8° [Umschlagt.] [06. 1507 4]

Zur Weltweihe an das heiligste Herz Jesu. (Komp.: H[einrich] F[idelis] **Müller**, Text von Julie v. Massow.) *Fulda: A. Maier (1900).* (2 Bl.) 8° [F.] [00. 5878 4]

Müller, Heinrich Franz, s. Müller, Heinrich

Mueller, Heinr. G., die Diskontierung offener Buchforderungen. Ein Leitfaden f. die Praxis. (116 S.) 8. Berlin 909. J. Springer. 2.—; geb. in Leinw. n 2. 60

Müller, Heinrich Joseph

Müller, H. J., Gesangbuch f. Schule u. Haus. 3 Tle. 12. Aachen (902). A. Jacobi & Co. n.n. 1. 35
1. Für die Unterstufe der Volksschule od. die Vorschulen der höheren Lehranstalten. (42 S.) n.n. — 35
2. Für die Mittelstufe der Volksschule od. f. die Sexta der höheren Lehranstalten. (58 S.) n. — 35
3. Für die Oberstufe der Volksschule od. f. die Quinta u. den Knabenchor der höh. Lehranstalten. (184 S.) n. — 75; geb. n. 1. —

Lehrbuch des Gesangunterrichtes in der Volksschule und in den untern Klassen der höhern Lehranstalten. Kommentar zu des Verf.: 'Gesangbuch f. Schule u. Haus.' Hrsg. von Oberl. H[einr.] J[os.] **Müller**. Aachen: A. Jacobi & Co. 1901 [Umschlagt.: 1902]. (VIII, 131 S.) 8°

Das Werk unserer Verbrüderung ein Werk aus Gott. Eine Mittagspredigt zur Eröffnung der Generalversammlung der Deputirten deutscher Enthaltsamkeits- und Mässigkeits-Vereine, am 8. Sonntage nach Trinitatis, den 6. August 1843 gehalten v. Heinrich Julius Müller. Hamburg. 1843. 8°.

Müller, Heinrich Karl

Müller, Heinr. Carl, die Baugelüsten uns. Zeit; od.: das neugermanische Kaiserthum. Eine Parabel. Nebst e. Schilderung Deutschlands, rücksichtl. sein. polit. u. socialen Verhältnisse, in Vergleich. mit d. übr. europ. Staaten. Zur Rechtfertig. d. deutsch. Regierungen u. d. Belehr. d. Volks hrsg. 8. (6¾ B.) Darmstadt 834, Dingeldey.

Müller, Heinrich Karl Resonanzschwingungen gespannter Saiten. 32 S Progr. G. *Fulda* 1884.

Müller, Heinr. Karl, üb. Resonanzschwingungen gespannter Saiten. 4. (32 S.) Fulda 884. (Nehrkorn.) n. 1. —

— **Heinrich Rudolph** (Bockwa), De eorum, quae vel e leviori vulneratione inter dissecanda cadavera accepta proveniunt, differentia et natura. Diss. med. Leipzig (Hirschfeld) 19. IV. 1831. 36 S. (3.50) 24061
Gew.: Heinrich Leopold Francke.

Müller, Heinrich Th. Fettsäuren, ihre chemische Struktur und einige damit zusammenhängende physikalische Eigenschaften. 21 S. Progr. HB. *Königsberg* 1882.

Mueller, Henricus W[ilhelmus] H[ermannus], Bremensis: De Metamorphoseon Ovidii codice Planudeo. Gryphiae 1906: J. Abel. (98 S.) 8°
Greifswald, Phil. Fak., Ref. Gercke, Diss. v. 12. Mai 1906
[Geb. 16. Juli 77 Scharmbeck bei Bremen; Wohnort: Berlin; Staatsangeh.: Preußen; Vorbildung: Gymn. Bremen Reife O. 97; Studium: München 2, Göttingen 3, Kiel 2, Greifswald 3 S.; Rig. 8. Juni 03.]

Müller, Heinz Ges., Posaunen-Abend, s.: **Familienabend**, der.

Müller, Helene: Zu Goethes 150. **Geburtstage.** (Gedicht.) *Cassel 1900: H. Siebert.* (S. 21—22.) 4° [F.]
Cassel, st. HM m. Lehrerinnen-Sm, P 1900**

Müller, Helmuth, Mag. pharm.: **Aus** d. chemischen Institut d. Universität Breslau. Ueber die stereoisomeren Formen des α-Phenyl-ά-methylpiperidins. *Breslau 1901: H. Fleischmann.* (44 S.) 8°
Breslau, Phil. Diss. v. 15. Mai 1901

Müller, Hellmuth [app. Arzt aus Rostock]: '(Aus d. patholog. Institut d. Univ. Rostock.)' Ueber die Lipome und lipomatösen Mischgeschwülste der Niere ... M. e. Taf. (Aus: Virchow's Arch. f. path. Anat. u. Physiol. u. f. klin. Med., Bd 145.) Berlin, *G. Reimer*, 1896; 1 Bl., 339—368 S., 1 Taf. 8.
Rostock, Med. Fak., Inaug.-Diss. v. [4. Sept.] 1896

Müller, Hellmuth: Pflanzenphysiologische **Schulversuche.** [T. 1.] *Landsberg a. d. W. 1900: Dermietzel & Schmidt.* (26 S.) 4°
Landsberg a. d. W., k. G m. Realkl., OP 1900 (82)

Müller, Henriette, geb. v. Cronstein, s. **Wort**, ein, üb. Theaterwesen.

Müller, Herb., Geschichte des 4. württembergischen Infanterie-Regiments Nr. 122 Kaiser Franz Joseph v. Oesterreich, König v. Ungarn. 1806—1906. Auf Befehl des königlichen Regiments bearb. Mit Abbildgn., Karten u. Skizzen. (XIII, 239 S. m. 2 Bildnissen, 4 farb. Taf. u. 7 Karten.) Lex.-8. Heilbronn 906. (A. Scheurlen.) Geb. in Leinw. n. 8. —

— 4. württ. Infanterie-Regiment Nr. 122, Kaiser Franz Joseph v. Oesterreich usw., s.: Achselklappe, die.

4. Württ. Infanterie-Regiment Nr. 122, Kaiser Franz Joseph von Oesterreich, König von Ungarn. Von Herbert Müller, Lt. im Regt. Stuttgart: E. H. Moritz [1906]. (36 S.) quer-8° [F.]
= Achselklappe, Die. No 6. [06. 14456

Müller, Herbert [aus Düsseldorf]: Über Isorhodanatopentamminkobaltsalze. Zürich 1900. 52 S. 8°.
Zürich. Phil. Diss. II. S. 1899/1900.

In Memoriam Wilhelm Grube. Ein Gedenken d. Art, d. Lebens u. d. Schaffens dieses hervorrag. Menschen u. Gelehrten f. s. treuen Freunde u. Schüler. (Verf.: Herbert Mueller, Berlin.) Privatdr. Berlin 1908: O. v. Holten. (15 S.) 8° [08. 18001

Müller, Herb., Sturm! Gedichte. (64 S.) 8. Leipzig 904. Modernes Verlagsbureau. n. 1. —

Mueller, Herbert: Untersuchungen über die Geschichte der polyandrischen Eheformen in Südindien. (T. 1, Kap. 4. T. 2, Kap. 1.) Berlin 1909: G. Schade. XI, 55 S. 8° ¶(Ersch. vollst. in: Zeitschr. f. vergl. Rechtswissensch. 1910.)
Bonn, Jur. Diss. v. 29. Juli 1909, Ref. Zitelmann
[Geb. 29. Aug. 85 Gumbinnen; Wohnort: Friedenau-Berlin; Staatsangeh.: Preußen; Vorbildung: Gymn. Gumbinnen Reife O. 04; Studium: Berlin 2, Kiel 1, Berlin 4 S.; Rig. 9. Juli 09.] [U 09. 319

Müller, Heribert, appr. Arzt a. Neresheim: Beitrag zur Lehre von den Meningealhämorrhagieen. München 1905: C. Wolf. (40 S.) 8°
München, Med. Fak., Ref. v. Bollinger, Diss. v. 15. Dez. 1905
[Geb. 10. Febr. 79 Gutenzell, O. A. Biberach; Wohnort: Neresheim; Staatsangeh.: Württemberg; Vorbildung: Gymn. Ehingen Reife S. 99; Studium: Tübingen 3, München 1, Tübingen 5 S.; Coll. 15. Dez. 05; Approb. 22. Febr. 05.]

Müller, Hermann, s. a. Müller, Karl Eugen Hermann

Müller, H. (VI.), Adreßbuch für die deutschen Apotheker rc., s. a. Adreßbuch.

Müller, Herm., Adressbuch für die deutschen Apotheker, Droguen-Handlungen, chemischen Fabriken, Mineralwasser-Anstalten und die mit denselben in Geschäftsverkehr stehenden Gewerbszweige. Berlin 1867. Lex.-8.

Müller, Herm. (I.), Alpenblumen, ihre Befruchtung durch Insekten und ihre Anpassungen an dieselben. gr. 8. (IV, 611 S. mit 173 eingedr. Abbild. in Holzschn.) Leipzig 881, Engelmann. *

Müller, Herm. (II.), der lex salica u. d. lex Anglior. et Werinor. Alter u. Heimat. gr. 8. (18 B. u. 1 Karte.) Würzburg 840, Voigt u. Mocker. *

Müller, Hermann, Secundararzt der medicinischen Klinik [in Zürich, von Thayngen, Kt. Schaffhausen]: Die progressive perniciöse Anämie nach Beobachtungen auf der medicinischen Klinik in Zürich. Zür. C. Schmidt 1877. 3 Bl., XIV, 250 S., 1 Bl., 1 Bl. Thesen. 8°.
Zürich, Med. Diss. [v. 14. März 1877].

Müller, Hermann, Justizref. aus Stuttgart: Das Anfechtungsrecht der Gläubiger innerhalb und ausserhalb des Konkurses mit Beziehung auf die Anfechtungslehre des bürgerl. Gesetzbuchs. *Tübingen 1902: G. Schnürlen.* (59 S.) 8°
Tübingen, Jur. Diss. v. 1902

Müller, Herm., das Anfechtungsrecht der Gläubiger innerhalb u. ausserhalb des Konkurses mit Beziehung auf die Anfechtungslehre des bürgerl. Gesetzbuchs. Diss. gr. 8. (III, 59 S.) Tübingen 902. (F. Fues.) n. 2. —

Müller, Herm. (I.), Anwendung der Darwinschen Lehre auf Bienen. gr. 8. (96 S. mit 2 Stnt.) Berlin 872, (Friedländer und Sohn.) *

—— Arbeitstheilung bei Staubgefässen von Pollenblumen. gr. 8. (19 S. mit 10 eingedr. Holzschn.) Stuttgart 883, (Berlin, Friedländer und Sohn.) *
Aus: Kosmos, besonders abgedruckt.

Die Artillerieangriffe auf Paris und Schlussbetrachtungen über den Festungskrieg im Kriege von 1870/71. Von H[ermann] v. Müller, Gen.Lt. z. D. Mit 1 Plan, 1 Bl. Lichtdr. u. 9 Skizzen im Text. *Berlin: E. S. Mittler & Sohn 1901.* (XII, 318 S.) 8° [F.]
= Müller: Die Thätigkeit d. Deutschen Festungsartillerie. Bd 4. [01. 10667

Mueller, Herm., das Arznei-Dispensir-Recht der homöopathischen Aerzte. Der Würdigung aller Betheiligten, namentlich der Mitglieder des preuß. Landtages empfohlen. Berlin 862. Gaertner. gr. 8. (IV, 64 S.) 7½ ngr.

Mueller, Hermann: Zur Aetiologie der Parotitis. Halle 1883: Karras. 30 S. 8°
Halle-Wittenberg, Med. Diss. v. 2. Juli 1884
Geb. Marienhof bei Kolberg 11. 9. 1859. V.

Müller, Herm. (V.), Anna Christina v. Balthasar's [Baccalaurea der Philosophie und Mitgliedes der deutschen Gesellschaften zu Greifswald, Königsberg und Jena, geb. 1737, † 1808] Bedeutung als Gelehrte und Schriftstellerin. In einer biograph. Skizze untersucht, durch Beifügung ihrer selten gewordenen gedruckten Schriften, sowie durch die Herausgabe einer bisher ungedruckten Arbeit belegt und als Beitrag zur Geschichte gelehrter Frauen veröffentlicht. gr. 8. (120 S.) Greifswald 875, Bindewald. *

Müller, Herm., Anna Christina v. Balthasar's [Baccalaurea der Philosophie u. Mitgliedes der deutschen Gesellschaften zu Greifswald, Königsberg u. Jena, geb. 1737 † 1808.] Bedeutung als Gelehrte u. Schriftstellerin. In e. biograph. Skizze untersucht, durch Beifügg. ihrer selten gewordenen gedruckten Schriften, sowie durch die Herausgabe e. bisher ungedruckten Arbeit belegt u. als Beitrag zur Geschichte gelehrter Frauen veröffentlicht. gr. 8. (120 S.) Greifswald 876. Bindewald. n. 2. —

Müller, Herm. (II.), die militärische Bedeutung der projektirten Schweizer-Eisenbahnen. Aus der allgem. Wichtigkeit der Eisenbahnen für die Kriegführung entwickelt und durch Beispiele erläutert. gr. 8. (XI und 140 S. mit 1 in Kpfr. gest. und ill. Karte in qu. gr. 4.) Leipzig 851(52,) Weber. *

—— die Befruchtung der Blumen durch Insekten und die gegenseit. Anpassungen beider. Ein Beitrag zur Erkenntniss des ursächl. Zusammenhanges in der organ. Natur. gr. 8. (VIII, 478 S. mit 152 eingedr. Abbild. in Holzschn.) Leipzig 873, Engelmann. *

Müller, Herm., d. Befruchtg. d. Blumen durch Insekten, neue Bearbeitg., s.: Knuth, Paul, Handbuch der Blütenbiologie.

Müller, Hermann [app. Arzt aus Laubst (Prov. Brandenb.)]: Über operative Behandlung bei Empyem des Processus mastoideus ... Würzburg, Druck d. Köhl & Hecker'schen Buchdr., 1895; 37 S. 8.
Würzburg, Med. Fak., Inaug.-Diss. v. 1895

Müller, Herm., Beitrag zur Embryonalentwickelung der Ascaris megalocephala, s. a. Zoologica. 41. Hft.

Müller, Hermann, Tierarzt zu Biebrich: Beitrag zur Embryonalentwickelung der Ascaris megalocephala. *Stuttgart: E. Nägele 1903.* (30 S.) 4° ¶(Aus: Zoologica, H. 41.)
Leipzig, Phil. Diss. v. [6. Juni] 1903

Beitrag zur Embryonalentwickelung der Ascaris megalocephala. (Aus d. Zool. Inst. zu Leipzig.) Von Dr. Hermann Müller in Biebrich. Mit 5 Taf. u. 12 Fig. *Stuttgart: E. Nägele 1903.* (30 S.) 4°
= Zoologica. H. 41. [03. 13398

Müller, Hermann: Beitrag zu Casuistik und Lehre der Carbolsäurevergiftung durch Verschlucken derselben. Halle a. S. 1885: Kaemmerer. 37 S. 8°
Halle-Wittenberg, Med. Diss. v. 3. Aug. 1885
Geb. Hilchenbach (Westf.) 26. 1. 1861. V.

Müller, Hermann: Ein Beitrag zur Casuistik der bösartigen Neubildungen in der Lunge. *München 1897: E. Schneider, Eisleben.* (22 S.) 8°
München, Med. Diss. v. 1898

Müller, Herm. (III.), ein Beitrag zur Lebensgeschichte der Dasypoda hirtipes. gr. 8. (52 S. mit 2 lithogr. Taf.) Berlin 885, Friedländer und Sohn. *
Aus: Verhandlungen des naturwissenschaftlichen Vereins für Rheinland und Westfalen, besonders abgedruckt.

Müller, Hermann [app. Arzt, Wertheim]: Ein Beitrag zur Lehre von den Knorpelgeschwülsten im Anschl. an e. Fall v. Enchondrom d. Beckens ... Würzburg, P. Scheiner's Buchdr., 1892; 50 S. 8.
Würzburg, Med. Fak., Inaug.-Diss. v. 1892

Müller, Hermann [aus Ennerich, Hessen-Nassau]: Beitrag zur Lehre von den Wirbelfrakturen und ihrer operativen Behandlung ... Halle a. S., Hofbuchdr. v. C. A. Kaemmerer & C., 1895; 38 S., 1 Bl. 8.
Halle, Med. Fak., Inaug.-Diss. v. 28. Mai 1895

Beiträge zu einer allgemeinen Behandlung der Elementar-Arithmetik von Prof. H. Müller. — 1851. K., Dannheimer. — S. 3—10.
Progr. Kempten

Beiträge zur Geschichte der Algebra. Von Hermann Müller, P. — 1857. Ebend. — S. 3—12.
Progr. München.

Müller, Hermann [aus Amöneburg]: Beiträge zur Kenntniss des Para-Oxychinolins (B_3-Oxychinolin). . . . Marburg, Buchdr. Fr. Sömmering, 1889; 48 S. 8°
Marburg, Phil. Fak., Inaug.-Diss. v. [24. Febr.] 1890

Die Belagerung von Belfort. Von H[ermann] v. **Müller**. *Berlin: E. S. Mittler & Sohn 1900.* (XX, 366 S.) 8° [F.]
= **Müller**: Die Thätigkeit d. Deutschen Festungsartillerie ... 3. [01. 917

[F.] Die Belagerung von Strassburg. Von H[erm.] v. **Müller**, Generallieut. z. D. M. 1 Pl. u. 4 Sk. in Steindr. *Berlin: E. S. Mittler & Sohn 1898.* (XVI, 374 S., 5 Pl.) 1 Bd 8.
— **Müller**, H. v.: Die Thätigkeit d. Deutschen Festungsartillerie ... 1870/71. Bd 1. [98. 10980

Die Belagerungen und Beschiessungen der kleinen französ. Festungen und Einschliessung von Metz. Von H[ermann] v. **Müller**, Gen. Lt. z. D. Mit 14 Kartenbeil. u. 21 Skizzen im Text. Berlin: E. S. Mittler & Sohn 1899. (XVI, 513 S.) 8°
= Müller: Die Thätigkeit d. Deutschen Festungsartillerie. Bd 2.

Müller, Herm., Beleidigung u. Ehrverletzung. Eine gemeinverständl., philosophisch-rechtswissenschaftl. Betrachtg., zugleich e. Beitrag zur Stärkg. des Rechtsgefühls unseres Volkes. gr. 8. (32 S.) Düsseldorf 899. L. Schwann. n. — 75

Müller, H. (I.), einige Bemerkungen zu der erst erschien. Schrift: „Die Opfer d. alt. Testaments u. ihre neutestamentl. Deutung, f. Schriftforscher" auch f. Schriftforscher. 8. (2¾ B.) Bremen 832, Schünemann.

Müller, Herm. (I.), weitere Beobachtungen über Befruchtung der Blumen durch Insekten. I. gr. 8. (59 S. mit 1 lithogr. Taf.) Berlin 879, Friedländer und Sohn. *
Aus: Verhandlungen des naturhistorischen Vereins des preuss. Rheinlands und Westfalens, besonders abgedruckt.

—— weitere Beobachtungen über Befruchtung der Blumen durch Insekten. II. gr. 8. (71 S. mit 2 lithogr. Taf.) Berlin 880, Friedländer und Sohn. *
1. Ebendas. 1879. *ℳ 2.

—— dass. — III. gr. 8. (104 S. mit 2 lithogr. Taf.) Bonn 882. (Berlin, Friedländer und Sohn.) *
Vorstehende zwei Schriften sind aus: Verhandlungen des naturhistorischen Vereins der preuss. Rheinlande und Westfalens, besonders abgedruckt.

Zur Beschießung von Paris 1870/71. Nach neueren Quellen dargest. von H[ermann] v. **Müller**, Generallt. z. D. Zugl. e. erweiternder u. berichtigender Nachtrag zu d. Belagerung von Belfort u. zu d. Artillerieangriffen auf Paris. *Berlin: E. S. Mittler & Sohn 1904.* (40 S.) 8° [F.]
— **Müller**: Die Tätigkeit d. Deutschen Festungsartillerie ... 1870/71. Erg.H. [illegible]

Beschreibung des Säcular-Festes der St. Joh.-Loge „Zur Ceder" in Hannover (19. und 20. Sept. 1877) von Isenbeck und H[erm.] Müller. Hannover 1877: Jänecke 1877. 32 S. 8°
cf. Bh. 20 (1877) S. 345—346.
Festbericht.

Müller, Herm. (I.), Betrachtungen üb. d. heil. Schrift. 8. (4 B.) Bremen 835, [Schünemann's Verlsh.] *

— Betrachtt. üb. einige Stellen d. heil. Schrift, in Bezug auf d. evangel. Missionswerk unserer Tage. gr. 8. Bremen 820. Heyse. 9 gGr Velinp. 12 gGr

– Einige Beziehungen des Alkoholismus zur Ätiologie der Epilepsie, s. Müller, Ernst Hermann

Müller, Herrm. (III.), über die Beziehungen zwischen Mineralquellen und Erzgängen im nördlichen Böhmen und in Sachsen. gr. 8. (48 S.) Freiberg 860, Engelhardt. *
Aus „Gangstudien" besonders abgedruckt.

Müller, Hermann, Tierarzt aus Herbede a. d. Ruhr: Über Bierhefetherapie. Untersuchungen über die Anwendung von Antigourmine „La Zyma" in der Tierheilkunde. Leipzig 1908. 41 S. 8°. [19. XI. 08.]
Bern, Vet.-med. Diss. 1908/09.

Müller, Hermann. Über Bierhefetherapie. Untersuchungen über die Anwendung von Antigourmine «La Zyma» in der Tierheilkunde. Diss. Vet.-Med. Bern. 41 S. 8. Leipzig, August Hoffmann, 1908.

Müller, Herm. (II.), Katharina von Bora als Nonne, Ehefrau und Wittwe. Vortrag. gr. 16. (50 S.) Hannover 869, Meyer.

MÜLLER, Hermann (Essingen): Das Brechmittel.- München: Schurich 1853. 16 S.
23.7.1853 - Urk (Titel: De emeticis.); F 68
Diss. Ingolst.-Landsh.-Mchn.

Müller, Herm. (III.), neuester Briefsteller für Liebende. Eine ausgewählte Sammlung von Liebesbriefen jeder Art und für jeden Stand. Nebst einem Anh. enth. Stammbuchverse, Gelegenheitsgedichte und Glückwünsche für Liebende. 8. (80 S.) Moers 867, Spaarmann.

Müller, Herm. (III.), neuester Briefsteller für Liebende. Eine ausgewählte Sammlung von Liebesbriefen jeder Art und für jeden Stand. Nebst einem Anhang enth. Stammbuchverse, Gelegenheitsgedichte und Glückwünsche für Liebende. 4. Aufl. 8. (80 S.) Moers 869, Spaarmann.

Müller, Herm. (IX.), neuester Briefsteller für Liebende. Eine ausgewählte Sammlung von Liebesbriefen jeder Art und für jeden Stand. Nebst einem Anhang, enth. Stammbuchverse, Gelegenheitsgedichte und Glückwünsche für Liebende. 5.—8. Aufl. 8. (80 S.) Moers 876—79, Spaarmann.

Müller, Herrmann (Übers.):

s.: Bulard, F.A.: Ueber die orientalische Pest... (De la Peste orientale... Dt.) Leipzig: 1840

JB 5.036

Müller, Herm. (IV.), Chronik des königl. Hoftheaters zu Hannover. Ein Beitrag zur deutschen Theatergeschichte. gr. 8. (VIII, 273 S.) Hannover 876, Helwing'sche Verlagsh. *

Müller, Hermann [aus Gotha]: Johannes Clauberg und seine Stellung im Cartesianismus m. bes. Berücks. s. Verhältnisses zu d. occasionalist. Theorie ... Jena, Frommannsche Buchdr., 1891; 2 Bl., 77 S. 8.
Jena, Phil. Fak., Inaug.-Diss. v. 1891

(Müller, Hermann.) Unter dem Deckmantel der Krankenpflege. Ein Beitrag zur Geschichte des Hohen Königlich Preussischen Johanniter-Ordens. 32 S. 8. Zürich, Caesar Schmidt, 1905. [fr. —. 60]

Müller, Herm. (II.), Denkblätter viermonatlichen Zwistes um die Nordmarke. gr. 8. (144 S.) Frankfurt a. M. 864, Hamacher. *

Müller, Herm., Denkblätter viermonatlichen Zwistes um die Nordmarke. Frankfurt a. M. 864. Verlag für Kunst u. Wissensch. gr. 8. (114 S.) n. 10 ngr.

Müller, Herrmann (Übers.):

s.: Devergie, (Marie Nicolas): Der Harnfluß und seine rationelle Behandlung durch Einspritzungen. (Aus dem Französischen.) Leipzig: 1840

JB 3.784

Müller, Hermann, appr. Arzt: Zur Diagnose der Frakturen und Luxationen der Halswirbelsäule. Strassburg i. E. 1909: Müh. 59 S. 8°
Straßburg, Med. Diss. v. 0. Dez 1910, Ref. Madelung
[Geb. 30. März 84 Bergenweiler; Wohnort: Straßburg; Staatsangeb.: Württemberg; Vorbildung: Gymn. Heilbronn Reife Juli 03; Studium: Tübingen 5, München 2, Straßburg 3 S.; Coll. 4. März 09; Approb. 15. Dez. 08.] [U 11.4258

[Umschlagt.:] Dislokationskarte der Heere Europas. Hrsg. v. Dr. Hermann Müller-Sagan, Mitgl. d. Deutschen Reichstags. Nach d. neuesten amtl. Quellen bearb. v. A. Herrich. Massst. 1:3,250,000. (In 4 Sekt.) [Nebst] Erklärung. *Glogau: C. Flemming [1894—96].* 1 Ktnbl. quer-gr. 2. 1 Bd 8.
Dislokationskt. (1 Ktnbl. in 4 Bl.) Erklärg. (49 S.) [96. 5414

—— meine Ehrensache mit dem Obersten v. Süßmilch, Kommandant der 2. Infanterie-Brigade. gr. 8. (24 S.) Leipzig 849, O. Wigand. *

—— dass. — 3., mit einem Anhange: „Zur Abwehr" verm. Aufl. gr. 8. (40 S.) Ebds. 849.

Müller, Herm., das württemberg. Einkommensteuergesetz vom 8. VIII. 1903 m. den Ausführungsbestimmungen. (XXVIII, 349 S.) 8. Stuttgart 909. Holland & Josenhans. 3.60; geb. 4. —

Müller, Hermann *Wilhelm Christian Adolf* [aus Altena]: Ueber die Einwirkung von Benzoïn auf substituierte Harnstoffe und Thioharnstoffe ... Bonn, Univ.-Buchdr. v. C. Georgi, 1892; 42 S., 1 Bl. 8.
Bonn, Phil. Fak., Inaug.-Diss. v. 1. Aug. 1892

Müller, Hermann [cand. chem. aus Ansbach]: Ueber 1. 2. Diketoverbindungen der aromatischen Reihe. . . . München, k. Hof- u. Univ.-Buchdr. Dr. C. Wolf & Sohn, 1889; 1 Bl. + 51 S. 8°
Erlangen, Phil. Fak., Inaug.-Diss. v. 1889

Müller, Herm., die Eisenerzlagerstätten des obern Erzgebirges u. des Voigtlandes als Grundlagen zur Erhebung des sächs. Eisenhüttenwesens. Mit einem Vorw. von F. C. v. Beust. Freiberg 856. Engelhardt. gr. 8. (36 S.) n. 6 ngr.

Müller, Hermann Dr. „Die geographischen und ethnographischen Elemente in Dr. Ph. J. Fallmerayers Werken". I. Teil: Die geographischen Elemente. pg. 3—31. 8°. H. Böes.
Amberg, Progr. 1905/06

Müller, Hermann Dr. „Die geographischen und ethnographischen Elemente in Dr. Ph. J. Fallmerayers Werken". II. Teil Die ethnographischen Elemente. pg. 3-28. 8°. C. E. Sebald. (Teil I erschien 1906 als Progr. der Kgl. Realschule Amberg.)
Nürnberg, Progr. 1906/07

—, Elisabeth, Königinn v. England. Ein Trauersp. in 5 Act. 8. (12 B.) Berlin 837, Behr's Buchh.

— die Entwickelung der Feld-Artillerie in Bezug auf Material, Organisation u. Taktik, von 1815 bis 1870. Mit besond. Berücksichtg. der preuß. Artillerie auf Grund officiellen Materials. gr. 8. (XII, 374 S.) Berlin 873, Oppenheim. n. 7. —

Müller, H., die Entwickelung der Feldartillerie in Bezug auf Material, Organisation u. Taktik von 1815—1892. Mit besond. Berücksicht. der preuß. u. deutschen Artillerie u. m. Benutzg. dienstl. Materials dargestellt. 1.—3. Bd. gr. 8. Berlin, E. S. Mittler & Sohn. n. 29. —; geb. n.n. 34. —

1. Die Entwickelung der Feldartillerie von 1815—1870. 2., vervollständ. Aufl. (XIV, 388 S.) 893. Einzelpr. n. 8. —; geb. in Leinw. n.n. 9. 50
2. — dasselbe von 1870—1892. (IX, 465 S.) 893. Einzelpr. n. 10. —; geb. in Leinw. n.n. 11. 50
3. Die Wirkung der Feldgeschütze 1815—1892. Mit e. Anh., enth. Anlagen, Tabellen u. Skizzenblätter. (XII, 338 u. 68 S.) 894. Einzelpr. n. 13. —; geb. in Leinw., die Skizzen in Mappe n.n. 15. —

[F.] Die Entwickelung der deutschen Festungs- und Belagerungsartillerie in Bezug auf Material, Organisation, Ausbildg u. Taktik von 1875 bis 1895. M. Benutzg dienstl. Materials dargest. v. H[ermann] v. Müller, Generallt. z. D. M. 8 Abb. im Text u. 3 Taf. in Steindr. *Berlin: E. S. Mittler & Sohn 1896.* (XIII, 574 S., 4 Tab.) 1 Bd 8. [96. 4716

—— die Entwickelung der preußischen Festungs- und Belagerungs-Artillerie in Bezug auf Material, Organisation und Ausbildung von 1815—1875. Mit Benutzung officiellen Materials dargestellt. gr. 8. (XII, 355 S. mit 1 Holzschntaf.) Berlin 876, Oppenheim. *

Müller, H., die Entwickelung der preußischen Küsten- u. Schiffs-Artillerie von 1860—1878. Auf Grund officiellen Materials dargestellt. Mit 6 (lith.) Taf. Zeichngn. gr. 8. (X, 346 S.) Berlin 879. Oppenheim. n. 8. —

Müller, H., Erklärung der Faust-Vorstellungen am königl. Theater zu Hannover. Mit Benutzung der von Düntzer hrsg. „Erläuterungen" zusammengestellt. 8. (55 S.) Hannover 877. Helwing's Verl. n. — 60

Müller, Herm., Erklärung der Faust-Vorstellungen am königl. Theater zu Hannover. Mit Benutzg. der von Düntzer hrsg. „Erläuterungen" zusammengestellt. 8. (55 S.) Hannover 883. Helwing's Verl. n. — 60

Müller, Herm., die Erziehung der Truppe zum moralischen Wert in Deutschland, Rußland u. Japan. Eine vergleich. Studie auf Grund des russisch-japan. Krieges. (III, 69 S.) gr. 8. Oldenburg (906). G. Stalling's Verl. n. 1. 75

Müller, H. Die Erzgänge des Annaberger Bergreviers. Leipzig, 1894.

Müller, Herm., die Erzgänge des Freiberger Bergrevieres, s.a. Spezialkarte, geologische, des Königr. Sachsen. Erläuterungen.

Müller, H., Die Erzgänge des Freiberger Bergreviers. Leipzig, 1901. 350 S. mit 5 Taf.

— Erzlagerstätten bei Freiberg, siehe: Gangstudien, Ilft. II u. III.

Müller, Herm. (V.). Ueber die Erzlagerstätten in der Umgegend v. Berggiesshübel. [Erläutergn. zur geolog. Specialkarte d. Königr. Sachsen.] Mit e. Erzlagerkarte u. e. Taf. Profile. gr. 8. (166 S.) Lpz. 890, (W. Engelmann). ** 1 80

Müller, Herm. (III.), freie Forschungen im Gebiete des Alterthums. 1. Heft: Missa, Ursprung und Bedeutung der Benennung. Eine sprach- und kirchengeschichtl. Untersuchung. gr. 8. (95 S.) Wertheim a. Rh. 873. (Aschaffenburg, Krebs'sche Buchh.) *

— brennende pharmaceutische Fragen. Als Denkschrift zur weiteren Ausführung der Petitionen preuß. Apothekenvorstände an das hohe Ministerium der geistlichen, Unterrichts- u. Medicinal-Angelegenheiten dargelegt. Bunzlau 859. (Appun.) gr. 8. (30 S.) n. 5 ngr.

Müller, Herm., Heideläufers Friedl od. Der Herr führt alles herrlich hinaus, s. a. Sammlung beliebter Jugendschriften. Bd. 4.

Müller, Herm., Heideläufers Friedel od. der Herr führt alles herrlich hinaus. Eine Erzählg. f. die Jugend. Mit 4 Stahlst. 12. (100 S.) Stuttgart 884. Schmidt & Spring. cart. — 75

Müller, H. Gangkarte über die nächste Umgebung von Schneeberg. Freiberg.

—— und B. v. Cotta, Gangstudien, s. Gangstudien.

Müller, Herrm. v., Gangstudien aus dem Freiberger Revier, s. a. Beiträge zur geognostischen Kenntniss des Erzgebirges.

Müller, Herm. u. Bernh. Rud. Förster. Gangstudien aus der Freiberger Revier. Freiberg 1869.

Müller, Hermann. Gedichte. Villach, Hoffmann, 1849. 43 S.

Müller, Herm., der Gehsport, s.: Miniatur-Bibliothek f. Sport u. Spiel. (Otto, Heinr.)

Müller, H. De generibus verbi. Diss. Greifswald 1864. 57 S.

Mueller, Herm., de generibus verbi. Dissert. inaug. philologica. Greifswald 864. (Leipzig, Teubner.) gr. 8. (64 S.) n. 12 ngr.

Müller, Herm., über kardiopulmonale Geräusche, s. a. Sammlung klinischer Vorträge.

Müller, Hermann. Über kardiopulmonale Geräusche. [Mit Figuren.] II S. + S. 309—360 ⟨52 S.⟩. gr.-8. Leipzig, Johann Ambrosius Barth, 1908. M. 1. 50
Sammlung Klinischer Vorträge, begründet von Richard von Volkmann. Neue Folge.... Nr. 500/501. ⟨Serie XVII, Heft 20/21.⟩ Innere Medizin Nr. 147/148.

Müller, Herm. (I.), über Germani u. Teutones. gr. 4. (3 B.) Würzburg 841, (Voigt u. Mocker.)

Müller, H. v., Geschichte des Festungskrieges von 1885—1905 einschließlich der Belagerg. v. Port Arthur. Mit e. Plan u. 29 Skizzen im Text. (XII, 260 S.) gr. 8. Berlin 907. E. S. Mittler & Sohn. 6.—; geb. n 7. 50

Müller, H., Geschichte des Festungskrieges seit allgemeiner Einführung der Feuerwaffen bis zum Jahre 1880. gr. 8. (VI, 222 S.) Berlin 880. Oppenheim. n. 4. 50

Müller, H. (I.). Geschichte d. Festungskrieges seit allgemeiner Einführung der Feuerwaffen bis zum J. 1892. 2. umgearb. Aufl. gr. 8. (XVI, 471 S.) Berl. 892, Mittler u. Sohn. * 9 —; geb. ** 10 50

[F.] Geschichte der Salvator-Kirche zu Breslau und ihrer Gemeinde. Nach urkundl. Material zsgest. v. H[erm.] Müller, Pastor an St. Salvator ... *Breslau: Ev. Buchh. 1898.* (62 S., 2 Taf.) 1 Bd 8. [96. 10779]

Müller, Herm., der militärische Gesichtspunkt in der Alpenbahnfrage. Zürich 866. Schabelitz'sche Buchh. gr. 8. (45 S.) n. 5 ngr.

— -Sagan, s. Gewerbeschau, politische.

Müller, Herm., die Gewinnantheile der Mitglieder des Vorstandes u. des Aufsichtsraths von Actiengesellschaften nach den Vorschriften der §§ 237 u. 245 des neuen Handelsgesetzbuchs f. das Deutsche Reich. gr. 8. (30 S.) Hannover 899. Hahn. n. — 50

Müller, Herm., Gifte u. Gegengifte, s.: Miniatur-Bibl.

Müller, Herm. (IV.). König Goldner. Märchendichtg. Text u. Musik v. H. M. Op. 8. Textbuch. 8. (24 S.) Lpz. 890, C. F. W. Siegel. * — 60

Müller, Herm., der feierliche Gottesdienst der Karwoche. Nach den liturg. Büchern im Auszuge bearb. u. in latein. u. deutscher Sprache hrsg. 2. Aufl. gr. 16. (IV, 180 S.) Paderborn 901. Junfermann. Geb. in Leinw. n. 1.—

Müller, Herm., der feierliche Gottesdienst der Karwoche. Nach den liturg. Büchern im Auszuge bearb. u. in latein. u. deutscher Sprache hrsg. 3. Aufl. (IV, 180 S.) kl. 8. Paderborn 905. Junfermann. Geb. in Leinw. n. 1. —

—— das nordische Griechenthum u. die urgeschichtl. Bedeutung des nordwestlichen Europas. gr. 8. ($33\frac{1}{2}$ B.) Mainz 844, Kirchheim, Schott u. Thielmann.

Müller, Herm., „Grundheil" od.: Wie Blutarme, Magen- u. Darmleidende, Nervenkranke u. Erholungsbedürftige wieder gesund werden. (61 S. m. Abbildgn.) gr. 8. Düben 905. H. Müller. n. 1. 50

Müller, Hermann: Grundlegung und Entwickelung des Charakters Richards III. bei Shakespeare. Dortmund, Druck v. F. Crüwell, 1889; S. 3—68; 4°
Dortmund, RG, OP 1889 (348)

Müller, Herm. (III.). Grundlegung u. Entwickelung d. Charakters Richards III. bei Shakespeare. gr. 4. (68 S.) Dortmund 889. (Lpz., Fock.) * 1 60

Die Heinzelmännchen in Köln. Märchendichtung. Text u. Musik von Hermann Müller. Op. 12. Vollst. Textbuch. Leipzig: Siegel [1897]. 22 S. 8°

Müller, Hermann, a. Höchst a. M.: Über Hexachlor-m-Ketohydrobenzoësäure. Marburg 1907: Köster & Schell. (40 S.) 8° Marburg, Phil. Fak., Ref. Zincke, Diss. v. 21. Juni 1907
[Geb. 4. Febr. 81 Höchst a. M.; Wohnort: Frankfurt a. M.; Staatsangeh.: Preußen; Vorbildung: Progymn. Höchst, Lessing-Gymn. Frankfurt Reife O. 00; Studium: Marburg 12 S.; Rig. 27. Febr. 07.]

—— das königl. Hoftheater zu Hannover. Ein Beitrag zur deutschen Theatergeschichte. 2. (Titel-)Ausg. 8. (VIII, 273 S.) Ebendas. 884. *

Müller, Herm., Hydrachniden, s.: Elb-Untersuchung, hamburgische. II.

—— die Hypothese in der Schule und der naturgeschichtliche Unterricht an der Realschule zu Lippstadt. Ein Wort zur Abwehr und Rechtfertigung. gr. 8. (61 S.) Bonn 879, Strauß. *

Mueller, Hermann *Ludwig*: De l'influence considérable des mariages princiers, et des femmes en général, au moyen âge: particulièrement pendant la „Guerre de Cent ans" entre la France et l'Angleterre. Thèse proposée par H. M. 4 (S. 35—40).
Festschrift z. d. 350jähr. Jubelfeier des Großherz. G. *Heidelberg* 1896.

Nicht im Tauschverkehr. Vgl. des Verf: ... Angleterre (1337—1453 — Der große Einfluß der fürstlichen Heiraten, und der Frauen im Allgemeinen, im Mittelalter; besonders während des „hundertjährigen Krieges" zwischen Frankreich und England (1337—1453). Durchgesehener u. verb. Sonder-Abdruck aus d. Festschrift des Großherz. Gymn. zu H., nebst deutscher Uebersetzung u. einigen Anmerkungen in beiden Sprachen. 8 (31 S.) Ebenda 1897, vorm. Weiss' Sort. 75 Pf.
Progr.

Müller, H., l'influence considerable des mariages princiers, et des femmes en général, au moyen âge; particulièrement pendant la Guerre de cent ans" entre la France et l'Angleterro" (1337—1453). — Der große Einfluß d. fürstl. Heiraten, u. d. Frauen im Allgemeinen, im Mittelalter; bes. währ. d. „hundertjähr. Krieges" zwischen Frankreich u. England (1337—1453). Durchgeseh. u. verb. Sonder-Abdr. aus d. Festschrift des grossherzogl. Gymnasium zu Heidelberg, nebst deutscher Uebersetzg. u. ein. Anmerkgn. in beiden Sprachen. gr. 8. (31 S.) Heidelberg 897. C. Th. Groos. n. —75

Die Johannis-Loge zur Ceder. Eine Festgabe zum 125jährigen Stiftungsfeste am 20. Sept. 1902. [Für die Jahre 1777—1877 bearb. von Herm. Müller, für 1877—1902 von J. Treumann.] Hannover 1902: Jänecke. 89 S. 2 Taf. 8°
[Umschlagtit.:] 1777—1902 Fest-Schrift zum 125. Stiftungsfeste der Johannis-Loge zur Ceder in Hannover am 20. Sept. 1902.
Gesch. der Loge. Nebst Bildn. von Beamten u. Satzungen des Frmr-Logenhaus-Vereins.

Müller, Herm., die preußische Justizverwaltung. Eine systematische Darstellung der die administrativen Geschäfte der Justiz betr. Vorschriften. Auf amtliche Veranlassung hrsg. gr. 8. (VIII, 548 S.) Berlin 881. R. Kühn. n. 10. —

Müller, Herm., die preußische Justizverwaltung. Eine systemat. Darstellg. der die administrativen Geschäfte der Justiz betr. Vorschriften. Auf amtl. Veranlassg. u. unter Benutzg. der Akten d. Justizministeriums hrsg. 2. Aufl. gr. 8. (VIII, 883 S.) Berlin 883. R. Kühn. n. 15. —

Müller, Herm. (I.), die preußische Justizverwaltung. Eine systemat. Darstellung der die administrativen Geschäfte der Justiz betr. Vorschriften. Auf amtl. Veranlassung und unter Benutzung der Akten des Justizministeriums hrsg. 3. Aufl. 1. und 2. Bd. gr. 8. Berlin 887, R. Kühn. à Bd. *
Inhalt:
Bd. 1. Behörden und Beamte. (VII, S. 1—566.)
" 2. Geschäfte. (VI, S. 567—1212.)

Müller, H., die preußische Justizverwaltung. Eine systemat. Darstellg. der die administrativen Geschäfte der Justiz betreff. Vorschriften. Auf amtl. Veranlassg. u. unter Benutzg. der Akten d. Justizministeriums hrsg. 4. Aufl. 2 Bde. Lex.-8. Berlin 892. Reinh. Kühn, Verl. n. 32. —; geb. in Halbfrz. n.n. 36. —
1. Behörden u. Beamte. (VIII, 772 S.) n. 13. 50; geb. n.n. 15. 50
2. Geschäfte. (VI u. S. 773—1753.) n. 18. 50; geb. n.n. 20. 50

Müller, H., die preußische Justizverwaltung. Eine systemat. Darstellung der die administrativen Geschäfte der Justiz betr. Vorschriften. Auf amtl. Veranlassg. u. unter Benutzg. der Akten des Justizministeriums hrsg. 5. Aufl. 2 Bde. gr. 8. Berlin 901. R. Kühn. n. 38. —; Einbde. in Halbfrz. à n.n. 2. —
1. Behörden u. Beamte. (XI, 1016 S.) n. 16. —
2. Geschäfte. (IV u. S. 1017—2204.) n. 22. —

Müller, H., die preußische Justizverwaltung. Eine systemat. Darstellg. d. die administrativen Geschäfte d. Justiz betr. Vorschriften. Auf amtl. Veranlassg. u. unter Benutzg. der Akten des Justizministeriums hrsg. 6. Aufl. 2 Bde. gr. 8. Berlin, R. Kühn. 46.60; geb. in Halbfrz. nn 51. 10
1. Behörden u. Beamte. (XI, 974 S.) 909. 20. —; geb. 22. 25
2. Geschäfte. (VI u. S. 975—2162.) 910. nn 26.60; geb. nn 28. 85

Das Klima von Calw, nach hundertjährigen Wetterbeobachtungen. Dargest. von Dr. Hermann Müller, Rektor a. D. in Calw. Mit 2 Taf. Stuttgart 1901: C. Grüninger. (S. 189—218.) 8°
Aus: Jahreshefte d. Ver. f. vaterl. Naturkunde in Württemb. Jg 1901. (os. 8/0 8

Müller, H., Collectaneen der Literatur über Erzlagerstätten, s.: Gangstudien, Hft. IV.

— Kriegerisches u. Friedliches aus den Feldzügen 1864, 1866 u. 1870/71. Aus dem Nachlasse hrsg. v. der Familie. Mit 2 Karten, 4 Skizzen im Text u. 8 Abbildgn. auf Taf. (VII, 222 S.) gr. 8. Ebd. 909. 5. —; geb. 6. —

Müller, Herm. (VI.), Leben und Streben im Seminar zu Hannover während des J. 1790—94. Als Beitrag zur Geschichte des Seminarwesens nach Acten und Tagebüchern dargestellt. gr. 8. (VIII, 248 S.) Hannover 877, Helwing'sche Verlagsh. *

– Lebensabriß des ... Professors Reinhold Succo, s. Müller, Hermann Johannes

Müller, H. v., zur Lebensgeschichte des Generalpostdirektors Schmückert, geb. 12. XI. 1790; gest. 3. II. 1862. (VIII, 126 S. m. 3 Lichtdr.-Taf.) gr. 8. Berlin 904. E. S. Mittler & Sohn. n. 3. —

Müller, Herm[ann], Prof. Zur Lehre von den angeborenen Herzkrankheiten. Von Prof. Dr. Herm. M' in Zürich. Separat-Abdruck aus dem Correspondenz-Blatt für Schweizer Aerzte 1904. [Mit 3 Tafeln.] 16 S. gr.-8. Basel, Schweighauser, 1904.

Müller H. die Lehre von den direkten Steuern. Stuttgart 1873

Müller, Herm. (IV.), die Lehre von den directen Steuern mit besond. Rücksicht auf die deutsche, namentlich die preuß. und württemberg. Gesetzgebung. Eine wissenschaftl. Begründung des Ertragssteuersystems und systemat. Darstellung der Katastrirungsgrundsätze. gr. 8. (VIII, 148 S.) Nördlingen 874. (Stuttgart, Lindemann.)

Müller, Herm., Lehrgänge f. Knabenarbeitschulen, s.: Kapp, Adf.

Müller, Herm. Der naturgeschichtliche Lehrplan der Realschule zu Lippstadt. 23 S. Progr. *Lippstadt* 1876.

Müller, Herm., Leitfaden zum Unterrichte in der elementaren Mathematik, s. a. Zwerger, Max.

Müller, Herm. (VII.), Leitfaden zum Unterrichte in der elementaren Mathematik mit einer Sammlung von Aufgaben. 7. Aufl. des Georg Mayer'schen Leitfadens. 2 Abthlgn. 8. München 876, Lindauer'sche Buchh. à Abthl. * ℳ 1,75. *
Inhalt:
Abthl. 1. Arithmetik. (II, 139 S.)
" 2. Geometrie und Trigonometrie. (VI, 140 S. mit 132 eingedr. Holzschn.)

Müller, Herm. (VII.), Leitfaden zum Unterrichte in der elementaren Mathematik mit einer Sammlung von Aufgaben. 8. Aufl. des Georg Mayer'schen Leitfadens. 2 Abthlgn. 8. München 882, Lindauer'sche Buchh. à Abthl. *M 1,75. *
Inhalt:
Abthl. 1. Arithmetik. (II, 139 S.)
" 2. Geometrie und Trigonometrie. (VI, 140 S. mit 132 eingedr. Holzschn.)

Müller, Herm. (IV.), Leitfaden zum Unterrichte in der elementaren Mathematik, mit einer Sammlung von Aufgaben. 9. Aufl. des Dr. Geo. Mayer'schen Leitfadens. 2 Abtlgn. gr. 8. München, Lindauer'sche Buchh. à Abtl. *
Inhalt:
Abtl. 1. Arithmetik. (V, 139 S.) 885.
" 2. Geometrie und Trigonometrie. (VI, 149 S. mit 132 Holzschn.) 886.

Müller, Herm., Leitfaden zum Unterrichte in der elementaren Mathematik m. e. Sammlung v. Aufgaben. 10. Aufl. Neu bearb. v. Max Zwerger. 3 Abtlgn. gr. 8. München 890. Lindauer. n. 5. 40; geb. n. 6. —
1. Arithmetik. (VIII, 171 S.) n. 2. 40; geb. n. 2. 70
2. 3. Geometrie u. Trigonometrie. (VIII, 215 S. m. 171 Fig.) n. 3. —; geb. n. 3. 30

Müller, Hermann, approb. Arzt aus Stollhamm ⟨Oldenb.⟩: Die Leitung der Geburt in der Greifswalder Königl. Universitäts-Frauenklinik im Jahre 1903. *Greifswald 1903: J. Abel.* (27 S.) 8°
Greifswald, Med. Diss. v. 15. Dez. 1903

Englischer Lektüre-Kanon. Verzeichnis aller bis z. 15. März 1902 vom Kanon-Ausschuss d. allg. deutschen Neuphilologen-Verbandes f. brauchbar erklärten Schulausgaben engl. Schriftsteller. Zsgest. von Prof. Dr. Hermann **Müller**. *Marburg i. H.: N. G. Elwert 1902.* (30 S.) 8°
Aus: Die neueren Sprachen. Bd 10. [oo. 14935 4

Müller, Herm., 100 frische Lieder zum Gebrauche bei Schülerturnfahrten. schmal 8. (III, 76 S.) Düsseldorf 886. F. Bagel. geb. n. — 80

Müller, Herm. 100 frische Lieder z. Gebrauche bei Schülerturnfahrten. schmal 8. Düsseld. 886. Frankf. a. M., Jaeger's Verl. geb. — 80

Müller, Herm., 100 frische Lieder z. Gebrauche b. Schülerturnfahrten. Nebst e. Anh. v. 30 vierstimm. Liedern f. gemischten Chor. 2., verm. u. verb. Aufl. 12. (VIII, 156 S.) Frankfurt a/M. 898. Jaeger's Verl. Geb. in Leinw. n. 1. —

Müller, Herm., Nixe Lorelei. Dichtg. nach d. Volkssage. Text u. Musik v. M. Op. 18. Vollständ. Textbuch. 8. (16 S.) Leipzig 898. C. F. W. Siegel. — 60

– Manuel de l'étranger à Dresde ..., s. Müller: Ratgeber für Freunde bei längerem Aufenthalte in Dresden.

Müller, Herm. (IV.), Maria, Königinn v. Schottland. Dramat. Gedicht in 5 Act. 8. (14¼ B.) Altona 840, Hammerich.

Müller, Herm. (III.), die Marken d. Vaterlandes. 1. Thl. Des Westens nördliche Hälfte. (1. Hft. Cäsar's Zeit u. Vorzeit.) gr. 8. (24¾ B.) Bonn 837, Weber. *

Müller, Hermann, Über die heiligen Maße des Altertums, insbesondere der Hebräer und Hellenen. Freiburg, Herder, 1859, gr. 8°, IV u. 204 S., 2,40 Mk.
Recens. von Ginzel, (Tüb.) Theol. Quartalschr. 1860, S. 369—383.

Mueller, (Fredericus) Herm. (geb. Eisleben 17. 6. 1820): De tertiariae formationis mineris aluminicis. Berolini (1853). (45 S.) 4°
Berlin, Phil. Diss. v. 11. Mai 1853

Müller, Herm., am Neste. Beobachtungen u. Mitteilungen über das Leben u. die Fortpflanzung einheimischer körnerfressender Vögel. Für Vogelliebhaber, Ornithologen u. Züchter. Mit einem Vorworte von A. E. Brehm. 8. (XII, 178 S.) Berlin 881. Mode's Verl. 1. 50

Müller, Hermann [aus Behrungen (S.-Meiningen)]: Einige seltenere congenitale Neubildungen an Kopf und Gesicht .... Jena, Druck v. A. Neuenhahn, 1885; 38 S. u. 1 Taf. 8°.
Jena, Med. Fak., Inaug.-Diss. v. 3. Aug. 1885.

Müller, Herm., nur drei Pfennige oder ehrlich währt am längsten! Eine Erzählg. f. d. Jugend. Mit 4 Stahlst. 12. (85 S.) Stuttgart 882. Schmidt & Spring. cart. — 75

Müller, Hermann [aus Holzminden]: Über Paraphenylphenylenhydrazin ... Leipzig, Druck v. Gressner & Schramm, *1894;* 40 S., 2 Bl. 8.
Berlin, Phil. Fak., Inaug.-Diss. v. 18. Juli 1894

Müller, Hermann, Das deutsche Parlament und der König von Preußen. Frankfurt a. M., Horstmann, April 1849. 40 S. 8°.

Der Vierte Parteitag der Freisinnigen Volkspartei Görlitz, 20., 21., 22. Okt. 1900. Im Auftr. d. Geschäftsführenden Ausschusses hrsg. von [Hermann] **Müller**-Sagan. Berlin: Fortschritt 1900. (80 S.) 8°

— de tertia in verbo finito persona inprimis de verbis impersonalibus. Puthus 863. (Greifswald, Koch.) gr. 4. (34 S.) n. 10 ngr.

— 6 Predigten. 8. Brem. 806. Müller. 6 gr

Müller, Herm., die verzauberte Prinzessin. Märchendichtung. Text u. Musik v. M. Op. 19. Vollständ. Textbuch. (22 S.) 8. Leipzig (903). C. F. W. Siegel. n. — 60

Mueller, Herm., Psalmi horarum tertiae et nonae, quos ad singulorum tonorum tramitem digestos ac dispositos psallentium usui offert M. 8. (75 S.) Paderborn 898. Junfermann. n. — 90; kart. n.n. 1. —

– (Hrsg.), s. Rambaud, Alfred: Histoire de la civilisation en France.

Müller, Herm. (I.), Rathgeber für Freunde bei längerem Aufenthalte in Dresden, enthalt. die für sie wissenswerthesten rechtl. und polizeil. Grundsätze und Bestimmungen. 8. (VII und 40 S.) Dresden 847, Adler und Dietze. *

—— dass. — mit französ. Text u. d. T.: Manuel de l'étranger à Dresde etc. 8. (VII und 40, VII und 39 S.) Ebds. 847. *

Müller, Herm., die Rechtsprechung in Unfallrenten-Streitsachen. Eine Zusammenstellg. u. gemeinverständl. Erläuterg. der wichtigsten prinzipiellen Entscheidgn. des Reichs-Versicherungsamtes. (198 S.) 8. Berlin 909. Buchh. Vorwärts. Geb. in Leinw. 3. —

Müller, Hermann Dr. „Rede bei der Schlussfeier des Schuljahres 1903/04". Auf des Verfassers Kosten gedruckt und dessen Freunden und Gönnern gewidmet. pg. 3—11. 8°. Rob. Abt.
Neu-Ulm, Progr. 1903/04

Müller, Hermann, aus Basel: Die Reduktionsprodukte des 2,4-Dinitrorhodanbenzols. Affinitätmessungen an einbasischen Fettsäuren. Basel 1905. 75 S. 8°. [2. III. 05.]
Basel. Phil. Diss. 1904/1905.

Müller, Hermann. [1.] Die Reduktionsprodukte des 2,4-Dinitrorhodanbenzols; [2.] Affinitätmessungen an einbasischen Fettsäuren. Diss. Phil. Basel. 75 S. 8. Basel, Walz & Miéville, 1905.

Müller, Hermann „Zur Reform der Schülerbibliotheken an den bayerischen Realschulen". pg. 3—52 u. 1 Bl. 8°. H. Böes.
Amberg, Progr. 1903/04

Müller, (Dr.) Herm., s. Ph. Ricord, Abhandlung über vener. Krankheiten.

Müller, Hermann, a. Erfurt, Referendar am Kgl. Amtsgericht zu Langensalza: Die Sachmängelhaftung des Unternehmers beim Werklieferungsvertrag unter Berücksichtigung des § 381 Abs. 2 HGB. Borna-Leipzig 1907: R. Noske. (VIII, 64 S.) 8°
Erlangen, Jur. Fak., Ref. Oertmann, Diss. v. 16. Nov. 1907
[Geb. 14. Aug. 83 Erfurt; Wohnort: Langensalza; Staatsangeh.: Preußen; Vorbildung: Realgymn. Erfurt Reife O. 02; Studium: Jena 3, Halle 3 S.; Rig. 24. Okt. 07.]

Die St. Johannis-Loge zur Ceder. Eine Festgabe zum 100jährigen Stiftungsfeste am 20. Sept. 1877. [Bearb. von Herm. **Müller.**] Hannover 1877: Jänecke. 67 S. 8°
Gesch. der Loge. Nebst Verzeichn. sämtlicher Mitgl., Ehren-Mitgl. u. Beamten der Loge vom Tage der Stiftung an, ausgearb. von R. Schimmelpfennig. 65.

Müller, Herm., Scherz u. Ernst. Plaudereien eines alten Comödianten. gr. 8. (76 S. m. 6 Steintaf.) Hannover 878. Helwing's Verl. n. 1. —

Müller: Die Schlacht an der Trebia. 34 S.–Charlottenburg, Progr. 1867

—— die Schlacht an der Trebia. 4. (34 S.) Berlin 867, Calvary und Comp. *

— Der Stadtpfeifer v. Schönau, od. Die Sünde ist der Leute Verderben, s. a. Sammlung beliebter Jugendschriften. Bd. 1.

— der Stadtpfeifer v. Schönau od. die Sünde ist der Leute Verderben. Eine Erzählg. f. die Jugend. 12. (88 S.) Ebend. 883. cart. — 75

Müller, Herm., vor Straßburg 1870/71. Festspiel f. vaterländ. Gedenktage. Gedichtet u. d. deutschen Kriegervereinen gewidmet. In Musik gesetzt v. G. Pezold u. C. Braun. gr. 8. (28 S.) Stuttgart 894. (W. Kohlhammer.) n. — 30

Müller, Hermann von, a. Berlin: Zur Synthese des Papaverins. (Berlin 1907: A. W. Schade.) (32 S.) 8°
Berlin, Phil. Fak., Ref. Fischer, Diss. v. 13. Juli 1907
[Geb. 17. Febr. 83 Berlin; Wohnort: Berlin; Staatsangeh.: Preußen; Vorbildung: Wilhelms-Gymn. Berlin Reife O. 01; Studium: Berlin 1, Heidelberg 1, Berlin 9 S.; Rig. 27. Juni 07.]

-- d. Thätigkeit d. deutschen Festungsartillerie bei d. Belagergn., Beschießgn. u. Einschließgn. im deutsch-französ. Kriege 1870/71. 1. Bd. D. Belagerung v. Straßburg. M. e. Plane u. 4 Skizzen in Steindr. gr. 8. (XVI, 374 S.) Ebd. 898. n. 8. —;
geb. in Leinw. n.n. 9. 50

Müller, H. v., die Thätigkeit d. deutschen Festungsartillerie bei den Belagerungen, Beschießungen u. Einschließungen im deutsch-französischen Kriege 1870/71. 2.—4. Bd. gr. 8. Berlin, E. S. Mittler & Sohn. n. 25. 50;
geb. in Leinw. n.n. 30. 50
2. Die Belagergn. u. Beschießgn. der kleineren französ. Festgn. u. Einschließg. v. Metz. Mit 14 Kartenbeilagen in Steindr. u. 21 Skizzen im Text. (XVI, 513 S.) 899. n. 11. —;
geb. n.n. 13. —
3. Die Belagerg. v. Belfort. Mit 1 Karte, 19 Skizzen, 1 Taf. in Lichtdr. u. Abbildgn. im Texte. (XX, 366 S.) 900.
n. 8. —; geb. n.n. 9. 50
4. Die Artillerieangriffe auf Paris u. Schlußbetrachtgn. über den Festungskrieg im Kriege v. 1870/71. Mit 1 Plan, 1 Bl. Lichtdr. u. 9 Skizzen im Text. (XII, 318 S.) 901. n. 6. 50;
geb. n.n. 8. —
1. Bd. Ebd. 898. n. 8. —; geb. n.n. 9. 50.

— die Tätigkeit der deutschen Festungsartillerie bei den Belagerungen, Beschießungen u. Einschließungen im deutsch-französischen Kriege 1870/71. Ergänzungsheft. Zur Beschießg. v. Paris 1870/71. Nach neueren Quellen dargestellt. Zugleich e. erweit. u. berichtig. Nachtrag zu der Belagerg. von Belfort u. zu den Artillerieangriffen auf Paris. (VIII, 40 S.) gr. 8. Ebd. 904. n. 1. —;
geb. n. 1. 80
Hauptwerk. Ebd. 898—901. n. 33. 50; geb. n. 40. —.

Müller, Hermann, aus Amberg: Enea Silvio de' Piccolomini's literarische Tätigkeit auf dem Gebiete der Erdkunde und dessen Einfluß auf die Geographen der Folgezeit. *Fürth 1903: A. Schröder.* (62 S.) 8°
Erlangen, Phil. Diss. v. 15. Juni 1903

Müller, Hermann: Zur Theorie der Aehnlichkeitscentra und der Radicalachse. Halle 1880: Heinicke in Berlin. 34 S. 8°
Halle-Wittenberg, Phil. Diss. v. 23. [vielmehr: 25.] Nov. 1880
Geb. Berlin 16.3.1855. V.

MÜLLER, Hermann (München): Ueber Thoracodidymi.- München: Straub 1879. 30 S.
12.3.1879 - Urk (Titel: De thoracodidymis.); Chr 1878/79,11
Diss. Ingolst.-Landsh.-Mchn.

'Tischlein, deck dich!' Märchendichtung. Text u. Musik von Hermann **Müller**. Op. 10. Textbuch.
Leipzig: Siegel [1896]. 23 S. 8°

Müller, Herm., über Typhus abdominalis. Inaugural-Dissertation. 8. Freiburg im Br. 845, Wagner. 3/8 ₰

Müller, Herm. (II.), über Typhus abdominalis. Inaugural-Dissertation. 8. (6 B.) Freiburg im Br. 846, Wagner'sche Bh. -

Aus der Ueberlieferungsgeschichte des Polykarp-Martyrium. Eine hagiogr. Studie von Hermann **Müller**, Prof. zu Paderborn. Paderborn: Bonifacius-Dr. 1908. (65 S.) 8°
Erschien zuerst im Vorlesungsverzeichnis d. phil.-theol. Fakultät zu Paderborn. 1908/09.
[08. 1437

Müller, Herm., s.: Unter dem Deckmantel der Krankenpflege.

— geschichtl. Untersuchung der Stiftung fränkischer, thüring. u. hessischer Bisthümer durch den heil. Bonifazius auf der Salzburg bei Neustadt an der Saale, als Programm der 11. Säcularfeier, begangen den 12. Juli 1841. 4. Würzburg 841, Voigt u. Mocker. 1/4 ₰

Müller, Hermann, a. Altona: Untersuchungen über Eibildung bei Cladonemiden und Codoniden. Mit 3 Taf. Göttingen 1908 (Leipzig: Breitkopf & Härtel). (57 S.) 8°
(Aus: Zeitschrift f. wissensch. Zoologie Bd 89. H. 1.)
Göttingen, Phil. Fak., Ref. Ehlers, Diss. v. 31. Jan. 1908
[Geb. 9. Mai 77 Görlitz; Wohnort: Görlitz; Staatsangeh.; Preußen; Vorbildung: Gymn. Görlitz Reife O. 96; Studium: Leipzig 3, Berlin 2, Halle 3, Göttingen 1 S.; Rig. 10. Juli 07.]

Müller, Herm. (VI.), unregelmäßige griechische Verba, in alphabet. Zusammenstellung und nach Konjugationsklassen für Schüler mittlerer Gymnasien bearb. 6. verb. Aufl. gr. 8. (23 S.) Tübingen 883, Fues. **
1.—5. Aufl. erschienen im Selbstverlage des Verfassers.

Müller, Herm., unregelmäßige griechische Verba in alphabetischer Zusammenstellung u. nach Konjugationsklassen, f. Schüler v. Gymnasien bearb. 7., umgearb. Aufl. gr. 8. (27 S.) Tübingen 889. Fues. n. — 60; cart. n.n. — 70

—— Versuche über die Farbenliebhaberei der Honigbiene. gr. 8. (27 S.) Berlin 883, Friedländer und Sohn. *
Aus: Kosmos, besonders abgedruckt.

Müller, Hermann: Ueber die Verwendung einiger arithmetischer Grundbegriffe im Unterricht. Schwäb. Hall (1910): Schwend. 23 S. 4° [Nachträglich geliefert.]
Schwäb. Hall, k. G P 1910 (813) [S 11. 333

– De Trithemii abbatis vita et ingenio, s. Müller, Karl Eugen Hermann

—— Wechselbeziehungen zwischen Pflanzen und Insekten, s. Handbuch der Botanik.

Müller, Herm., der Weltstaat als Staatsbund des Erdkreises. Ein Beitrag zur Friedenskonferenz des J. 1899. Verfassungsentwurf. gr. 8. (36 S.) Dresden 899. E. Pierson. — 75

Müller, Herm., das Wesen des Unteroffizierberufes, s.: Unteroffizier-Bibliothek.

— Die Wichtigkeit der Unfallversicherung für die Landwirtschaft. 8°. Gotha 1876.

Müller, Herm. (V.), Zündnadel-Bilderbuch für Groß und Klein. Eine freundl. Weihnachtsgabe zur Erinnerung an den Franzosenkrieg 1870—1871. 12 Federzeichnungen in sechsfachem lithogr. Farbendr. nebst Versen von Ernst Sartorius. gr. 4. (124 S. Text.) Eßlingen 871, Schreiber. geb.

(Mueller, Hermann). Zündnadeln. Ernste und heitere Bilder aus dem deutschen Nationalkrieg gegen Napoleon III. Nr. 1—23. Darmstadt, Verlag der gemeinnützigen Schriften [1870/71].
23 Taf. gr 2°.

Müller, Herm. Alex., neue Aufgaben zum Uebersetzen aus dem Deutschen ins Französische. Zu des Herausg. „Französischer Grammatik für Gymnasien." 1. Abth.: Für die mittleren Gymnasialklassen. gr. 8. (IV u. 59 S.) Jena 852, Mauke. n. 1/6 ₰.

— der heilige Bonifacius auf der Salzburg, eine geschichtl. Untersuchung, s. Programm für das Salzburgfest.

— s. Delavigne, M. Cas., les enfants d'Edouard. — dess. Louis XI.

Müller, Herm. Alex. (I.), der Dom zu Bremen und seine Kunstdenkmale. gr. 4. (IV und 48 S. mit eingedr. Holzschn. und 4 Stnt. nach Zeichnungen des Dombaumstrs. Joh. Wetzel, wovon 1 in Tondr., in gr. 4., qu. Fol. und qu. Imp.-Fol.) Bremen 861, Müller. *

Müller, Herm. Alex., französische Grammatik f. Gymnasien. Nebst den nöthigen Aufgaben z. Uebersetzen aus d. Deutschen 2 Abthlgn. gr. 8. Jena, Hochhausen.
Abthl. 1. Für die mittleren Gymnasialklassen. 1. Aufl. (11½ B.) 843. u. 2. Aufl. (11 B.) 846. à 11¼ Ngr.
„ 2. Für die oberen Gymnasialklassen. (19 B.) 843. 22½ Ngr.

—— dass. — 2. Abthl.: Für die oberen Gymnasialklassen. 2. Aufl. gr. 8. (VI und 316 S.) Jena 848, Hochhausen.

—— dass. — 3. Abthl. A. u. d. T.: Beiträge zur französ. Syntax mit besond. Rücksicht auf die Sprache der Romantiker. gr. 8. (XII und 230 S.) Ebds. 849.

Müller, Herm. Alex., französische Grammatik für Gymnasien. Nebst den nöthigen Aufgaben zum Uebersetzen aus dem Deutschen ins Französische. 1. Abthl.: Für die mittleren Gymnasialklassen. 3. Aufl. gr. 8. (XIV und 178 S.) Jena 851, Mauke.

Müller, Herm. Alex., französische Grammatik für Gymnasien. Nebst den nöthigen Aufgaben zum Uebersetzen aus dem Deutschen ins Französische. 1. Abth.: Für die mittleren Gymnasialklassen. 4. Aufl. Jena 855. Mauke. gr. 8. (XIV, 178 S.) 11¼ ngr.

Müller, Herm. Alex. (II.), französische Grammatik für Gymnasien. Nebst den nöthigen Aufgaben zum Uebersetzen aus dem Deutschen ins Französische. 2. Abthl.: Für die oberen Gymnasialclassen. 3. Aufl. gr. 8. (VIII und 307 S.) Jena 860, Mauke.

— französische Grammatik für Gymnasien. Nebst den nöthigen Aufgaben zum Uebersetzen aus dem Deutschen ins Französische. 1. Abth.: Für die mittleren Gymnasialclassen. 5. Aufl. Jena 863. Mauke. gr. 8. (XIV, 178 S.) 11¼ ngr.

Müller, Herm. Alex., französische Grammatik für Gymnasien. Nebst den nöth. Aufgaben zum Uebersetzen aus dem Deutschen in's Französische. 1. Abthl.: Für die mittleren Gymnasialklassen. 6. Aufl. gr. 8. (XIV, 178 S.) Jena 871, Dufft. (ℳ 1,13.)

—— die mittelalterlichen Kirchengebäude Deutschlands nach der alphabet. Reihenfolge ihrer Oerter. gr. 8. (IV und 43 S. mit 1 lithogr. und ill. Karte in Imp.-Fol.) Leipzig 855(56,) T. O. Weigel. *

Müller, Herm. Alex., s. a. Künstler-Lexicon, allgemeines.

Müller, Hermann Alexander & Hans Wolfgang Singer. Allgemeines Künstler-Lexikon. Leben und Werke der berühmtesten bildenden Künstler 3. umgearb. ... Aufl. Frankfurt, Rütten & Loening 1895—1906.
5 Bde. [nebst] Nachträge. 8°.
1. Aufl. 1868—70.

— HA, biographisches Künstlerlexikon. (Meyer's Fachlexika) Leipzig 1882

Müller, Herm. Alex., biographisches Künstler-Lexikon der Gegenwart. Die bekanntesten Zeitgenossen auf dem Gesamtgebiet der bildenden Künste aller Länder mit Angabe ihrer Werke. 8. (III, 576 S.) Leipzig 882. Bibliograph. Institut. n. 5. 50; geb. n. 6. —

—— biographisches Künstler-Lexikon der Gegenwart. 2. Aufl. 8. Ebendas. 884. geb. [*ℳ 6.—.] * 2 40

—— Französ. Lesebuch f. die mittl. Klassen d. Gymnasien. Mit besond. Rücksicht auf des Herausgebers „Französ. Grammatik." (1. Curs.) gr. 8. (11 B.) Jena 846, Hochhausen.

Müller, Herm. Alex., Lexikon der bildenden Künste. Technik u. Geschichte der Baukunst, Plastik, Malerei u. der graph. Künste; Künstler, Kunststätten, Kunstwerke. Mit 480 Abbildgn. 17 Lfgn. 8. (VI, 965 S.) Leipzig 883. 884. Bibliograph. Institut. n. 8. 50

Müller, Herm. Alex., Lexikon der bildenden Künste. 8. Leipzig 883, Fock. geb. [ℳ 9.—.] * 6 —

Müller, Herm. Alex., französische Maler d. 18. u. 19. Jahrh., s.: Klassiker-Bibliothek der bildenden Künste.

—— die Museen und Kunstwerke Deutschlands. Ein Handbuch für Reisende und Heimgekehrte. 1. Thl.: Norddeutschland mit Einschluss der Rheinlande bis Trier, Mainz und Frankfurt. br. 8. (XII und 540 S. mit eingedr. Holzschn.) Leipzig 857, Weber. *

—— dass. — 2. Thl.: Süddeutschland. br. 8. (VI und 461 S. mit eingedr. Holzschn.) Ebendas. 858. *

Müller, Hermann Alexander. Die Museen und Kunstwerke Deutschlands. Ein Handbuch für Reisende und Heimgekehrte. Zweite Ausgabe. 2 Bde. Leipzig 1857. 8°.

Mueller, Herm. Alex., Panathenaica. 8maj. (8½ B.) Bonnae 837, [Koenig.]

Müller, Herm. Alex., Panathenaica. 8maj. Bonnae 837. König et van Borcharen. 2/3 ß

Müller, H. A., und Osk. Mothes, illustrirtes archäologisches Wörterbuch der Kunst des germanischen Alterthums, des Mittelalters sowie der Renaissance. 1.—9. Lfg. Lex.-8. (S. 1—320 mit eingedr. Holzschn.) Leipzig 874, Spamer.
à Lfg. * M 1. *

—— und Osc. Mothes, illustrirtes archäologisches Wörterbuch der Kunst des germanischen Alterthums, des Mittelalters und der Renaissance, sowie der mit den bildenden Künsten in Verbindung stehenden Ikonographie, Kostümkunde, Waffenkunde, Baukunde, Geräthkunde, Heraldik und Epigraphik. [Deutsch, französisch, englisch und lateinisch.] Für Archäologen, Sammler, Kunsthistoriker, Freunde des Alterthums und der Geschichte. 10.—25. (Schluß-)Lfg. gr. 8. (IV, S. 321—1002 mit eingedr. Holzschn. und Chromolithogr.) Leipzig 874—77, Spamer.
à Lfg. * M 1. *
compl. * M 25.; geb. *
1.—9. Lfg. Ebendas. 1874. à * M 1.

Müller, Hermann Alexander & Oscar Mothes. Illustrirtes Archaologisches Wörterbuch der Kunst des germanischen Alterthums, des Mittelalters und der Renaissance, sowie der mit den bildenden Künsten in Verbindung stehenden Ikonographie, Kostümkunde, Waffenkunde, Baukunde, Gerathkunde, Heraldik und Epigraphik (deutsch, franzosisch, englisch und lateinisch) ... herausgegeben von Hermann Alex. Müller ... und ... Oscar Mothes ... Leipzig und Berlin. Otto Spamer 1877—1878.
2 Abt. 4°.
I A—H. 1877: Vortit., Tit., 1 Bl., 536 S. m. 750 Holzschn.; 1 Taf. in kol. Holzschn.
II J—Z. 1878. Vortit., Tit., S. 537—1002 m. 770 Holzschn.

Müller, Hermann Benedictus, Bacc. jur. Schönau bei Leipzig: Das deutsche Lagerrecht nach dem Handelsgesetzbuch und Bürgerlichen Gesetzbuch. *Leipzig 1904: B. G. Teubner.* (80 S.) 8°
Leipzig, Jur. Diss. v. 1904

Müller, Herm. Felix (geb. Berlin 27. 4. 1843): De transformatione functionum ellipticarum. Berolini (1867). (25 S.) 4°
Berlin, Phil. Diss. v. 29. Juni 1867

Müller, Herm. Frz., e. Beitrag zur Lehre vom Verhalten der Kern- zur Zellsubstanz während der Mitose. [Aus: „Sitzungsber. d. k. Akad. d. Wiss."] Lex.-8. (10 S. m. 1 farb. Taf.) Wien 891. (F. Tempsky.) n. —80

— Ein Beitrag zur Lehre vom Verhalten der Kern- zur Zellsubstanz bei der Mitose (mit 1 Taf.). S. 100. III. 179 . . . . , —.80
Separatabdruck

— Über die Beulenpest in Bombay im Jahre 1897. 2. Wissenschaftlicher Teil des Berichtes: A. Klinische Untersuchungen (mit 36 Taf.). D 66. 1.
Siehe III. Abt. Beulenpest.
Separatabdruck

Müller, Herm. Frz., zur Frage der Blutbildung. Aus dem physiolog. Institute der k. k. Universität in Graz. [Aus: „Sitzungsber. d. k. Akad. d. Wiss."] Lex.-8. (76 S. m. 5 Taf.) Wien 889. (Tempsky.) n. 3.60

Müller Hermann Franz, Dr.: Zur Frage der Blutbildung (mit 5 Taf.). S. 98. III. 219 . vgr.
Separatabdruck

Müller, H. F., u. R. Pöch, die Pest, s.a. Pathologie u. Therapie, specielle. V. 4.

Specielle Pathologie und Therapie. Herausgegeben von Hofrath Prof. Dr. Hermann Nothnagel. V. Bd. IV. Theil.
Enthält:
Die Pest. Von weil. Docent Dr. H. F. Müller und Dr. R. Pöch. Mit 4 Tafeln. Wien. 1900. Hölder. Gr.-8°. X, 353 S.
K 9.80

Müller, Hermann Friedrich

— H. F., Τὸν σπουδαῖο ἄνδρα, quem Graeci intellexerint. Commentariolum graeco-latinum. Gel. 1876. 14 S. 4°. 1.—

Müller, *Hermann Friedrich* Antrittsrede. 4 (S. 3—9).
Progr. G. *Blankenburg* 1886 (629).

Müller, H[ermann] F[riedrich]: Aphorismen über Religionsunterricht und Leben. Blankenburg Harz 1910: Harz-Zeitung. 25 S. 4°
Blankenburg a. H., herz. G OP 1910 (946) [S 10. 304

Müller, H. F., Beiträge zum Verständnis der tragischen Kunst, s.a. Aufsätze u. Vorträge aus verschiedenen Wissensgebieten.

Müller, H. F., Beiträge zum Verständnis der tragischen Kunst. 2., verm. u. verb. Ausg. (398 S.) 8. Wolfenbüttel 909. J. Zwißler. 3. —

Müller, H. F., Bibel od. Schulbibel? Vortrag f. die Konferenz d. evang.-luther. Vereinigg. in Braunschweig am 11. Febr. 1896. gr. 8. (54 S.) Wolfenbüttel 896. J. Zwißler. n. — 50

Müller, Herm. Frdr., Dispositionen zu den drei ersten Enneaden d. Plotinos. gr. 8. (III, 102 S.) Bremen 883. Heinsius. n. 2. —

Müller, H[ermann] F., Direktor Prof. Dr.: Die Entsühnung des Orestes bei Aeschylus und bei Goethe. Blankenburg Harz 1907: Harz-Zeitung. (22 S.) 4°
Blankenburg am Harz, herz. G OP 1907 (862)

Müller, Herm. Fr. Plotins Forschung nach der Materie. 29 S. *Ilfeld* 1882.
Progr.

Müller, Herm. Frdr., Plotins Forschung nach der Materie. Im Zusammenhang dargestellt. 4. (29 S.) Berlin 882. Weidmann. n. 1. 60

—, *Hermann Friedrich* Kaiserworte zu Kaisers Geburtstag. 4 (S. 10—15). Progr. G. *Blankenburg a. H.* 1886 (629).

Mueller, Armin. Frid. (geb. Lindenberg in d. Mark 10. 4. 1843): Ethices Plotinianae lineamenta. Berolini (1867). (110 S.) 8°
Berlin, Phil. Diss. v. 30. Nov. 1867

[Umschlagt.:] Müller, *Hermann Friedrich* [Dir. Prof. Dr.]: Euripides Medea und Das goldene Vliefs von Grillparzer. Tl 1. Blankenburg a. H., O. Kircher, 1895; 3—24 S. 4.
Blankenburg a. H., herz. G, OP 1895 (713)

Müller, *Hermann Friedrich* [Dir. Prof. Dr.]: Euripides Medea und Das goldene Vliess von Grillparzer. II. [Forts. d. P-Beil. 1895.] Blankenburg a. H., O. Kircher, 1896; 3—31 S. 4.
Blankenburg a. H., herz. G, OP 1896 (704)

Müller, H[ermann] F.: Platons Phädon als Schullektüre. Blankenburg Harz 1908: Harz-Zeitung. 21 S. 4°
Blankenburg a. H., herz. G OP 1908 (890) [S 08. 320

— Plotinos, Jahresbericht 1884. S. A. 17 S.

— Uebet Plotin's Schrift περὶ θεωρίας. Pr. 1875. 50 S. 4°.

Müller, H[ermann] F[riedrich], Dir. Prof. Dr.: [Prof. Rudolf **Steinhoff**, gest. am 30. Dez. 1900.] *Blankenburg Harz 1901: O. Kircher.* (S. 10—11.) 4°
Blankenburg a. H., herz. G, OP 1901 (752)

— Die Tragödien des Sophokles. Mit e. Einleitg. üb. das Wesen des Tragischen. (III, 127 S.) 8. Heidelberg 909. Carl Winter. 2.—; geb. in Leinw. n 3. —

Müller, H. F., Zu des Porphyrios vita Plotini. S.-A. 1879. 8 S.

—, *Hermann Friedrich* Was ist tragisch? Ein Wort für den Sophokles. 4 (37 S.). **Progr.** G. *Blankenburg a. H.* 1887 (637).

Müller, H[ermann] F[riedrich]: Wie dient das Gymnasium dem Leben? Blankenburg a. H. 1909: Kircher. 23 S. 4°
Blankenburg a. H., herz. G OP 1909 (927) [S 09. 332

Mueller, Herm. Frid. Vollrath (geb. Mullrose 26. 11. 1816): De abscessu lumbali. Berolini (1839) (34 S.) 8°
Berlin, Med. Diss. v. 15 Juli 1839

Müller, Hermann Friedrich Wilhelm Karl, s. Müller, Karl

Müller, Herm. Gerhard, Oregon und seine Zukunft. Ein Beitrag zur Entwickelungsgeschichte des fernen Westens. gr. 8. (42 S.) Leipzig 872, Mayer.

Müller, Hermann Johannes

Müller. H. J., Adnotationes crit. ad M. A. Lucani commentaria Bernensia. Pr. 1876. 14 S. 4°. 1.50

Müller, H. J., Dispatatiuncula Ausoniana. Pr. 1876. 5 S. 4°.

Müller, H. J., lateinische Formenlehre f. Sexta als Anh. zu Chrn. Ostermanns lateinischem Übungsbuche f. Sexta, neue Ausg. 8. (III u. S. 193—219.) Leipzig 893. B. G. Teubner. — 30

— dasselbe, f. Quinta als Anh. zu Chrn. Ostermanns lateinischem Übungsbuch f. Quinta, neue Ausg. gr. 8. (S. 257—307.) Ebd. 894. n. — 40

— u. G. Michaelis, lateinische Formenlehre. Nach der Ausg. B der latein. Schulgrammatik v. H. J. Müller zum Gebrauche in Reformschulen bearb. (II, 88 S.) 8. Leipzig 905. B. G. Teubner. Kart. n. 1. —

Lateinische Formenlehre. Nach d. Ausg. B. d. lat. Schulgrammatik von H. J. Müller z. Gebr. in Reformschulen bearb. von Prof. Dr. H[ermann] J[ohannes] **Müller**, Dir. in Berlin, u. Dr. G[erhard] **Michaelis**, Dir. in Barmen. 2. Aufl. Leipzig & Berlin: B. G. Teubner 1907. (86* S.) 8° [F.]
(Ostermann-Müller-Michaelis: Latein. Unterrichtswerk f. Reformschulen.) [07. 10384

– u. Gerhard Michaelis

Lateinische Grammatik. Formen- u. Satzlehre. Nach d. Ausg. B. d. latein. Schulgrammatik von H. J. Müller z. Gebr. in Reformschulen bearb. von Prof. Dr. H[ermann] J[ohannes] **Müller**, Dir., Berlin, u. Dr. G[erhard] **Michaelis**, Dir. zu Barmen. Leipzig & Berlin: B. G. Teubner 1903. (*88, 229 S.) 8° [F.] [03. 10330

— — Lateinische Grammatik. Formen- u. Satzlehre. Nach der Ausg. B der latein. Schulgrammatik v. H. J. Müller zum Gebrauche in Reformschulen bearb. 3. bzw. 2. Aufl. (IV, 90 u. 259 S.) 8. Ebd. 910. Geb. in Leinw. 3. 20

Müller, H. J., Grammatik zu Ostermanns lateinischen Uebungsbüchern. gr. 8. (VIII, 327 S.) Leipzig 896. B. G. Teubner. Geb. in Leinw. n. 2. 60

Müller, H. J., Jahresbericht über Seneca rhetor 1881—1888. S.-A. 1888. 60 S.
— — 1888—1894. S.-A. 1895. 10 S.

Müller, Hermann *Johannes: Lebensabriß des am 29. November 1897 verstorbenen Professors Reinhold Succo.* 4 (S. 17—18 der Schuln.). Luisenstädtisch. G. *Berlin* 1898
Progr.

Müller, H. J., s. Ostermann's, Chrn., lateinisches Übungsbuch.

Müller, H. J., Quaestiones Catonianae. Pr. 1876. 9 S. 4°.

– u. Gerhard Michaelis

— — lateinische Satzlehre. Nach der Ausg. B der latein. Schulgrammatik v. H. J. Müller zum Gebrauche in Reformschulen bearb. (VIII, 229 S.) 8. Ebd. 904. Geb. n. 2. 20

— — Lateinische Satzlehre. Nach der Ausg. B der latein. Schulgrammatik v. H. J. Müller zum Gebrauche in Reformschulen bearb. 2. Aufl. (VIII, 259 S.) 8. Ebd. 908. Geb. 2. 40

— lateinische Schulgrammatik, vornehml. zu Ostermanns latein. Übungsbüchern. 3. Aufl. gr. 8. (XII, 329 S.) Ebd. 898. Geb. in Leinw. n. 2. 60

Müller, H. J., lateinische Schulgrammatik, vornehmlich zu Ostermanns lateinischen Übungsbüchern. 5. Aufl. Ausg. A. gr. 8. (XII, 334 S.) Leipzig 901. B. G. Teubner. Geb. in Leinw. n. 2. 60

Lateinische Schulgrammatik, vornehmlich zu Ostermanns Lateinischen Übungsbüchern. Von Prof. Dr. H[ermann] J[ohannes] **Müller**. Dir. zu Berlin. ⟨Erw.⟩ Ausg. B. *Leipzig & Berlin: B. G. Teubner 1901.* (VII, 345 S.) 8° [F.] [03. 10609

Lateinische Schulgrammatik, vornehmlich zu Ostermanns Lateinischen Übungsbüchern. Von Prof. Dr. H[ermann] J[ohannes] **Müller**. Dir. zu Berlin. Ausg. A. 6 Aufl. *Leipzig & Berlin: B. G. Teubner 1903.* (XIV, 336 S.) 8° [F.] [04. 8008

Lateinische Schulgrammatik, vornehmlich zu Ostermanns Lateinischen Übungsbüchern. Von Prof. Dr. H[ermann] J[ohannes] **Müller**. Dir. zu Berlin. ⟨Erw.⟩ Ausg. B. 2. Aufl. *Leipzig & Berlin: B. G. Teubner 1903.* (IX, 349 S.) 8° [F.] [04. 8036

Lateinische Schulgrammatik vornehmlich zu Ostermanns Lateinischen Übersetzungsbüchern von Prof. Dr. H[ermann] J[ohannes] **Müller**, Dir. zu Berlin. ⟨Erw.⟩ Ausg. B. 3. Aufl. *Leipzig & Berlin: B. G. Teubner 1904.* (IX, 349 S.) 8° [F.] [04. 13011

Müller, H. J., lateinische Schulgrammatik, vornehmlich zu Ostermanns lateinischen Uebungsbüchern. 7. Aufl. Ausg. A. (XV, 336 S.) 8. Leipzig 905. B. G. Teubner. Geb. in Leinw. n. 2. 60

Lateinische Schulgrammatik, vornehmlich zu Ostermanns Latein. Übungsbüchern von Prof. Dr. H[ermann] J[ohannes] **Müller**, Dir. zu Berlin. ⟨Erw.⟩ Ausg. B. 4. Aufl. Leipzig & Berlin: B. G. Teubner 1905. (IX, 349 S.) 8° [F.] [06. 3064

Lateinische Schulgrammatik vornehmlich zu Ostermanns Lateinischen Übungsbüchern von Prof. Dr. H[ermann] J[ohannes] **Müller**, Dir. zu Berlin. Ausg. C. zugleich mit Berücks. d. Ostermannschen Übungsbuches f. Reformschulen bearb. von Prof. Dr. H[ermann] Fritzsche, Oberl. Leipzig & Berlin: B. G. Teubner 1906. (VIII, 340 S.) 8° [F.] [06. 15900

— dasselbe. Sonderausg. der Formenlehre. (VIII, 100 S.) 8. Ebd. 906. Kart. n. 1. —

— dasselbe. Sonderausg. der Syntax. (VIII u. S. 103 bis 340.) 8. Ebd. 906. Kart. n. 2. —

Lateinische Schulgrammatik, vornehmlich zu Ostermanns Lateinischen Übungsbüchern von Prof. Dr. H[ermann] J[ohannes] **Müller**, Dir. zu Berlin. Ausg. A. 8. Aufl. Leipzig & Berlin: B. G. Teubner 1907. (XIV, 337 S.) 8° [F.] [07. 7431

Lateinische Schulgrammatik, vornehmlich zu Ostermanns Lateinischen Übungsbüchern von Prof. Dr. H[ermann] J[ohannes] **Müller**, Dir. zu Berlin. (Erw.) Ausg. B. 5. Aufl. Leipzig & Berlin: B. G. Teubner 1907. (IX, 350 S.) 8° [F.] [07. 17739

— dasselbe. Sonderabdr. der Syntax. (III u. S. 117—320.) 8. Ebd. 907. Geb. 1.60

Müller, H. J., lateinische Schulgrammatik, vornehmlich zu Ostermanns lateinischen Übungsbüchern. Ausg. A. 9. Aufl. (XV, 337 S.) 8. Leipzig 909. B. G. Teubner. Geb. 2.60

— dasselbe. (Erweiterte) Ausg. B. 6. Aufl. (X, 350 S.) 8. Ebd. 909. Geb. 2.60

— dasselbe. Ausg. C., bearb. v. H. Fritzsche. 2., verb. Aufl. (X, 346 S.) 8. Ebd. 910. Geb. 2.60

Mueller, Herm. J. Symbolae ad emendandos scriptores latinos. I. 1. Adnotationes criticae ad M. Annaei Lucani commenta bernensia. II. Quaestiones catonianae. III. Disputatiuncula ausoniana. IV. Pauli Diaconi carmen. 30 S. **Progr.** Fr. Werd. G. *Berlin* 1876.

Mueller, H. J., symbolae ad emendandos scriptores latinos. I. gr. 4. (30 S.) Berlin 876. Dümmler's Sort. in Comm. n. 1. —

Annaei **Senecae** oratorum et rhetorum sententiae divisiones colores suasoriarum. Ex codicibus denuo collatis edidit H. J. Mueller. 31 S. (Symbolae ad emendandos scriptores latinos part. III.) **Progr.** Luisst. G. *Berlin* 1885.

Müller, H. J., symbolae ad emendandos scriptores latinos. Particula III. 4. (31 S.) Berlin 885. Gaertner. n. 1. —

— stilistische Übungen der lateinischen Sprache, s.: Berger, Ernst.

— latein. Übungsbücher, s.: Ostermann, Chrn.

— lateinisches Vokabularium, s.: Ostermann, Chrn.

— Wörterbuch (lateinisch-deutsch u. deutsch-lateinisch), s.: Ostermann, Christian.

— s.: Zeitschrift f. das Gymnasialwesen.

Müller, Hermann *Joseph* Der Dual bei Euripides, nebst einigen einleitenden Bemerkungen zur Geschichte des Duals im Griechischen. 4 (36 S.). **Progr.** Kath. G. *Sigmaringen* 1886 (420).

Müller, Hermann Ludwig, s. Müller, Hermann

Müller, Hermann Ottokar

Müller, Arminius O(ttocarus) *(geb. Polom in Oberschles. 22. 7. 1845)*: De bigamia irregularitatis fonte et causa. Vratislaviae (1868). (40 S.) 8°

Breslau, Jur. Diss. v. 28. Okt. 1868

Müller, Herm. Reinhold (geb. Neu-Lobitz in Pomm. 17. 9. 1846): Ueber Aphasie. Berlin (1871). (32 S.) 8°

Berlin, Med. Diss. v. 21. Dez. 1871

Müller, Hermann Wilhelm Christian Adolf, s. Müller, Hermann

Müller, Hermelius

— **historia sacra veteris Testamenti chronologice deducta ab orbe condito usque ad iacta fundamenta templi Salomonici. 4. Heidelb. 784.**

***Müller*, Hermelius, († d. 7. Febr. 1791.)** Positiones scripturae sacrae in Prophetas minores. 4. Heidelb. 781.

— vaticinium Danielis, animadverss. hermeneutico-criticis illustratum. 4. Heidelb. 786.

Müller, Hieron. (Bearb.) s. Aristophanes: Die Lustspiele.

— s. Euripides Medea.

— — Kaspar Friedrich Lossius. Aus seinem handschriftlichen Nachlaß biographisch dargestellt. Mit seinem Bildniß. 8. Gotha, Perthes. 819.

— — (Naumburg), Thukydides's Vorrede zu seiner Geschichte des Peloponnesischen Krieges, als Probe einer neuen Uebersetzung desselben. Einladungsschrift zu der bei der feierlichen Entlassung mehrerer Domschüler statt findenden Redeübung. Naumburg (C. A. Klaffenbach) 3. IV. 1826. 23 S. (3.50) 24064

Müller, Hieronymus Gottfried von

— s. Grundsätze u. Gedanken.

v. **Müller**, Hier. Gf., († . . .) Unterricht, wie sich lebendig Begrabene leicht wieder aus d. Sarge u. Grabe helfen u. ganz bequem herausgehen können. 8. Pappenheim 789. 2e A. 8. Leipz. 790. Barth. (Daisenberger in Augsb.) 4 gl

— Vorschläge u. Entwürfe. 1) Wie eine Wittwenkasse immer fortdauernd bleiben müsse. 2) Wie eine Waisenkasse ꝛc. einzurichten ꝛc. ꝛc. . . . 2e A. 8. Pappenheim 791.

— s. Wie Ueberschwemmungen ꝛc.

— **Hieronymus Peter** (Hamburg), De jure actuarii Hamburgensis. Diss. inaug. Präs. Stephan Christoph Harpprecht. Kiel (J. Chr. Reuther) 10. VII. 1726. 77 S. (5.50) 24065

Müller, Hinrich

Müller, H. (II.), die Brückenbaukunde in ihrem ganzen Umfange. Ein Handbuch für Ingenieure und Baumeister. 1—3. Bd. Lex.-8. Leipzig. [Dresden,] Romberg.

Inhalt:

Bd. 1. Die Hülfswissenschaften. (298 S. mit 1 Atlas von 23 Stnt. in gr. Fol.) 850. 4 Thlr.

" 2. Die Erbauung der hölzernen Brücken. (242 S. mit 1 Atlas von 29 Stnt. in gr. Fol.) 850. 4 Thlr.

" 3. Die Erbauung der steinernen Brücken. (164 S. mit 1 Atlas von 20 Stnt. in gr. Fol.) 852. 3 Thlr.

Müller, H., die Brückenbaukunde in ihrem ganzen Umfange. Ein Handbuch für Ingenieure und Baumeister. 4. (letzter) Bd. Die Erbauung der eisernen Brücken enthaltend. (Mit 1 Atlas von 26 lith. Taf. in gr. Fol.) Leipzig, Romberg. (Brockhaus.) Lex.-8. (XII, IV, 217 S.) n. 3 ℛ.

Müller, H. (I.), die Brückenbaukunde in ihrem ganzen Umfange. Ein Handbuch für Ingenieure und Baumeister. 4. (letzter) Bd. Die Erbauung der eisernen Brücken enthaltend. Lex.-8. (XII und 217 S. mit einem Atlas von 26 Stnt. in gr. Fol.) Leipzig 853, [Brockhaus.] *

1—3. Bd. Ebendas. 1850—52. * 11 Thlr.

Müller, Hinr., die Brückenbaukunde in ihrem ganzen Umfange. Ein Handbuch für Ingenieure und Baumeister. 4 Abthlgn. Neue (Titel-)Ausg. Lex.-8. (XII und 921 S. mit 98 Stnt. in gr. Fol.) Leipzig (853)60, Brockhaus. à Abthl. * 2 Thlr. Thlr. *

Inhalt:

Abthl. 1. Die Hülfswissenschaften. Mit 1 Atlas von 23 Stnt.

" 2. Die Erbauung der hölzernen Brücken. Mit 1 Atlas von 29 Stnt.

" 3. Die Erbauung der steinernen Brücken. Mit 1 Atlas von 20 Stnt.

" 4. Die Erbauung der eisernen Brücken. Mit 1 Atlas von 26 Stnt.

— die Hauszimmerkunst in allen ihren Theilen. Ein Handbuch für Baumeister, Ingenieure und angehende Architekten. Mit 1 Atlas von 98 Steintaf. (1. u. 2. Liefg.) 1. Thl. Die geradlinigen Holzverbindungen und Dachverbindungen. Leipzig 858. Förstner. 4. (287 S. u. 51 lith. Taf. in gr. Fol.) n. 9 ℛ.

— die Hauszimmerkunst in allen ihren Theilen. Ein Handbuch für Baumeister, Ingenieure u. angehende Architekten. Mit 1 Atlas von 98 Steintaf. (3. u. 4. Liefg.) 2. Theil. Leipzig 859. Förstner. (Felix.) 4. (172 S. u. 47 lith. Taf.) Jede Liefg. n. 4 ℛ 15 ngr.

Müller, Hiob Friedr.
Dissertatio inauguralis juridica de judicii cameralis origine, constitutione, progressu, sustentatione ac jurisdictione in genere.
Giessae April 1733: E. H. Lammers. 20 S. 4°

Müller, Hubert

— besitzt die heutige Schulgeometrie noch die Vorzüge d. Euklidischen Originals? Eine Betrachtg. 1. u. 2. Aufl. gr. 8. (16 S.) Metz 886. 889. Scriba. n. — 30

Besitzt die heutige Schulgeometrie noch die Vorzüge des Euklidischen Originals? Eine Betrachtung v. Hubert Müller. Metz, Diedenhofen [1888]. 8°

Müller, Hubert, die Elemente der Arithmetik u. Algebra. Ein Hülfsbuch zum Gebrauche m. e. der systematisch geordneten Aufgabensammlgn. gr. 8. (IV, 68 S.) Metz 891. G. Scriba. n. 1. 20

Müller, Hub., die Elemente der Planimetrie. Ein Beitrag zur Methode d. geometr. Unterrichts. 8. (V, 63 S. m. 2 Steintaf.) Metz 883. Scriba. n. 1. 20

Müller, Hub., die Elemente der Planimetrie. Ein Beitrag zur Methode des geometr. Unterrichts. 2. und 3. Aufl. 8. (VI, 75 S. mit 2 Taf.) Metz 886,88, Scriba. *

—— Die Elemente der Planimetrie. Ein Beitrag zur Methode d. geometr. Unterrichts. 4. Aufl. gr. 8. (IV, 76 S. m. 2 Taf.) Metz 890, Scriba. 1 20; geb. * 1 60

— die Elemente der Planimetrie. Ein Beitrag zur Methode des geometr. Unterrichts. 5. Aufl. gr. 8. (IV, 72 S. m. 2 Taf.) Ebd. 893. n. 1. 20

Müller, Hub., d. Elemente d. Planimetrie. E. Beitrag zur Methode d. geometr. Unterrichts. 6. Aufl. gr. 8. (IV, 72 S. m. 2 Taf.) Metz 896. G. Scriba. n. 1. 20

Müller, Hub., die Elemente der Planimetrie. Ein Beitrag zur Methode des geometr. Unterrichts. 7. Aufl. gr. 8. (IV, 84 S. m. Fig.) Metz 899. G. Scriba. n. 1. 20

Müller, Hub., die Elemente der Planimetrie. Ein Beitrag zur Methode des geometr. Unterrichts. 9. unveränd. Aufl. (IV, 83 S. m. Fig.) 8. Metz 904. G. Scriba. n. 1. 20; geb. in Leinw. n. 1. 60

Müller, Hub., die Elemente der Planimetrie. Ein Beitrag zur Methode des geometr. Unterrichts. 11. Aufl. (IV. 83 S. m. 83 Fig.) 8. Metz 910. G. Scriba. 1. 20

—— die Elemente der Stereometrie. Ein Beitrag zur Methode des geometr. Unterrichts. 8. (III, 60 S. mit 2 Stnt.) Ebendas. 883. *

— die Elemente der Stereometrie. Ein Beitrag zur Methode d. geometr. Unterrichts. 2. Aufl. gr. 8. (IV, 82 S. m. 2 Taf.) Ebd. 889. n. 1. 20

— die Elemente der Stereometrie. Ein Beitrag zur Methode des geometr. Unterrichts. 3. Aufl. gr. 8. (IV, 88 S. m. Fig.) Ebd. 899. n. 1. 20

— Die Elemente der Stereometrie. Ein Beitrag zur Methode des geometr. Unterrichts. 4. Aufl. (VI, 88 S.) 8. Ebd. 908. 1.20; geb. 1. 60

Die Elemente der ebenen Trogometrie mit einer Sammlung von Aufgaben und deren Lösungen v. Hubert Müller. Metz (1886). 8°

—— Elemente der ebenen Trigonometrie. 8. (VI, 40 S. mit 1 Taf.) Ebendas. 887. *

Müller, Hubert. Die Elemente der ebenen Trigonometrie, m. e. Sammlg. v. Aufgaben u. deren Lösgn. 2. Aufl. gr. 8. (VII, 40 S. m. 1 lithogr. Taf.) Metz 890, Scriba. * — 80; geb. * 1 20

— die Elemente der ebenen Trigonometrie, m. e. Sammlg. v. Aufgaben u. deren Lösgn. 3. Aufl. gr. 8. (VII, 40 S. m. 1 Taf.) Ebd. 899. n. — 80; geb. in Leinw. n. 1. 20

— die Elemente der ebenen Trigonometrie, m. e. Sammlg. v. Aufgaben u. deren Lösgn. 4. Aufl. (VI, 42 S. m. Fig.) 8. Ebd. 905. n. — 80; geb. n. 1. 20

Müller, Hub., Gedichte. 2., verm. Aufl. der „Lieder e. ausgewanderten Kurmärkers". 8. (VIII, 181 S.) Berlin 892. J. Lieber. n. 2. —; geb. m. Goldschn. n. 3. —

Dr. Hubert Müller. Über eine Construction der allgemeinen Curve. 4. Ordnung. 8 S. Lahr, P 1870

— d. Lehrpläne v. 1892 u. d. mathemat. Lehrweise in Preussen. Mit bes. Beziehg. auf die Schriften v. Holzmüller in Hagen. gr. 8. (60 S.) Ebd. 896. n. 1. —

Müller, Hubert, Leitfaden der ebenen Geometrie, m. Benutzg. neuerer Anschauungsweisen f. die Schule. 2 Thle. gr. 8. Leipzig 874. 75. Teubner. n. 3. 60
1. Die geradlin. Figuren u. der Kreis. (VIII, 132 S.) n. 2. —
2. Die Kegelschnitte u. die Elemente d. neueren Geometrie (VI, 111 S. m. eingedr. Holzschn.) n. 1. 60

Müller, Hub., Leitfaden der ebenen Geometrie mit Benutzung neuerer Anschauungsweisen für die Schule. 1. Thl. 2 Hfte. 2., umgearb. Aufl. gr. 8. Leipzig 878. Teubner. n. 2. 80
1. Die gradlinigen Figuren u. der Kreis. Mit Uebungen. (X, 118 S. m. 2 lith. Taf. in qu. Fol.) n. 1. 60
2. Erweiterungen zu Thl. 1 u. Einleitung in die neue Geometrie. Mit Uebungen. (60 S. m. 2 lith. Taf. in qu. Fol.) n. 1. 20

— Leitfaden der ebenen Geometrie, m. Benutzg. neuerer Anschauungsweisen f. die Schule bearb. 1. Tl. 1. Hft. Die geradlinigen Figuren u. der Kreis. Mit Übungen. 3. Aufl. gr. 8. (VIII, 69 u. 49 S. m. 2 Taf.) Leipzig 889. Teubner. n. 1. 60

— Leitfaden der Stereometrie, mit Benutzung neuerer Anschauungsweisen für die Schule bearb. [In 2 Thln.] 1. Thl. Grundgebilde u. die einfachsten Körperformen. Mit zahlreichen (eingedr.) Holzschn. u. 3 (lith.) Taf. gr. 8. (VIII, 127 S.) Ebend. 877. n. 2. —

MUELLER, HUBERT. Ueber Methylderivate des Cinchonin's. Freiburg i. B., 1880.

Müller, Hugo, an die Luft gesetzt, s. Bloch's, E., Theater-Korrespondenz.

Müller, Hugo, Anleitung zur Momentphotographie. Mit 35 Abbildgn. u. e. alphabet. Register. (IV, 80 S.) kl. 8. Halle 904. W. Knapp. Kart. n. 1. —

— das Arbeiten m. Rollfilms, s. a. Encyklopädie d. Photographie.

Das Arbeiten mit Rollfilms. Von Hugo **Müller**. Mit 47 Abb. u. e. alphab. Reg. *Halle a. S.: W. Knapp 1904.* (64 S.) 8°
= Enzyklopädie d. Photographie. H. 48. [04. 64..]

Müller, Hugo *Gottfried Arthur* [aus Kopenhagen]: Ueber Arsenmelanose ... Berlin, Buchdr. v. G. Schade, *1892*; 28 S., 2 Bl. 8.
Berlin, Med. Fak., Inaug.-Diss. v. 16. Juli 1892

Müller, Hugo: Die Bedeutung der Gymnasial-Alumnate für die Entwicklung unsres höheren Schulwesens. Grünberg 1909: Robert. 24 S. 4°
Laubach, großh. G Fridericianum P 1909 (859) [S 09. 333

Müller, Hugo [pr. Arzt aus Burgsteinfurt]: Ein Beitrag zur Lehre vom menstrualen Irresein ... Greifswald 1889: Abel. 31 S. 8°
Greifswald, Med. Fak., Inaug.-Diss. v. 22. Mai 1889

Müller, Hugo, med. pract., von Wohlen (Kt. Aargau), z. Z. Volontärarzt an der Universitäts-Frauenklinik Zürich: Experimentelle Beiträge zur physikalischen Erklärung der Entstehung des psycho-galvanischen Phaenomens. Zürich 1909. 76 S. 8°. [15. XII. 09.]
Zürich. Univ. Med. Diss. 1909/10.

Müller, Hugo. Experimentelle Beiträge zur physikalischen Erklärung der Entstehung des psycho-galvanischen Phaenomens. Diss. Med. Univ. Zürich. [Mit Figuren.] 76 S. 8. Zürich, Gebr. Leemann & Co., 1909.

Müller, Hugo, Duft, s. Bloch's, Ed., Theater-Correspondenz.

Müller, Hugo, die Gefahren der Einheitsschule f. unsere nationale Erziehung. (VIII, 142 S.) 8. Gießen 907. A. Töpelmann. 2. 40

Müller, Hugo, prakt. Arzt: Ueber die Heilung von Wunden bei aseptischem und antiseptischem Heilverfahren und bei primärer und sekundärer Naht. *Königsberg i. Pr. 1904: O. Kümmel.* (66 S.) 8°
Königsberg, Med. Diss. v. 2. März 1904

Müller, Hugo, Referendar aus Eisenach: Die Hemmung der Anspruchsverjährung nach § 202 B.G.B. *Eisenach 1901: H. Kahle.* (36 S.) 8° [J.]
Jena, Jur. Diss. v. (24. Sept.) 1901

Müller, Hugo [aus Halle a/S. (Prov. Sachsen)]: Hermann von Luxenburg, Gegenkönig Heinrichs IV. ... Halle a/S., Heynemann'sche Buchdr. (F. Beyer), 1888; 1 Bl. + 54 S. + 2 Bl. 8°
Halle, Phil. Fak., Inaug.-Diss. v. 6. Jun. 1888

Müller, Hugo, Hermann von Luxenburg, Gegenkönig Heinrich IV. Diss. Halle 1888, Lippertsche Buchh. 8°. 54 S.

Müller, Hugo, gewonnene Herzen, s. Bloch's, E., Volks-Theater.

—— und Emil Pohl, Heydemann und Sohn, s. Bloch's, E., Volks-Theater.

Müller, Hugo, approb. Arzt aus Lissa (Pos.): Ueber Kontusionen des Bulbus mit pathologisch-anatomischer Untersuchung zweier durch Kontusion verletzter Bulbi. *Halle a. S. 1904: Wischan & Burkhardt.* (39 S.) 8°
Halle, Med. Diss. 30. Juli 1904

Müller, H., die Misserfolge der Photographie u. die Mittel zu ihrer Beseitigung, s. a. Encyklopädie der Photographie.

Die Mißerfolge in der Photographie und die Mittel zu ihrer Beseitigung. Ein Hilfsbuch f. Liebhaber d. Lichtbildkunst. Von H[ugo] **Müller**, Bibliotheks-Assist., Berlin. Th. 1. 2. *Halle a. S.: W. Knapp 1894.* 2 Bde 8°
1. Negativ-Verfahren. Mit 9 Fig. u. e. ausführl. Sachreg. 2. Positiv-Verfahren.
— Enzyklopädie d. Photographie. H. 7. 9. [04. 4571

Die Misserfolge in der Photographie und die Mittel zu ihrer Beseitigung. Von Hugo **Müller**. 2. verb. u. verm. Aufl. Th. 1. Halle a. S.: W. Knapp 1899. 8°
= Encyclopädie d. Photographie. H. 7.

Die Mißerfolge in der Photographie und die Mittel zu ihrer Beseitigung. Ein Hilfsbuch f. Liebhaber d. Lichtbildkunst. Von Hugo **Müller**-Berlin (T. 2: u. Paul Gebhardt). 3. verb. u. verm. Aufl. T. 1. 2. Halle a. S.: W. Knapp 1905–7. 2 Bde 8°
1. Negativ-Verfahren. Mit 10 Fig., 8 Taf. u. e. ausführl. Sachreg. 1905.
2. Positiv-Verfahren. 1907.
— Encyklopädie d. Photographie. H. 7. 9. [06. 114..

MÜLLER, HUGO. Ueber die Palladamine. Göttingen, 1853.

Müller, Hugo [Alsfeldensis]: Quaestiones de locis Thucydideis ad comprobandam sententiam Ullrichianam allatis .... Gissae, typ. Guilelmi Kelleri, 1887; 70 S. + 1 Bl. 8°.
Giessen, Phil. Fak., Inaug.-Diss. v. 1887.

Müller, Hugo, quaestiones de locis Thucydideis ad comprobandam sententiam Ullrichianum allatis. Diss. Giessen 1887, J. Rickersche Buchh. 8°. 70 S.

Müller, Hugo, Prof. Dr.: Die einheitliche Redaktion des Geschichtswerkes des Thukydides. Darmstadt 1904: G. Otto. (S. 1—38.) 4° [J.]
Darmstadt, großh. Ludwig-Georgs-G OP 1904 (737)

Müller, Hugo, Rousseau, s.a. Arbeiterbühne. 1.

Müller, Hugo, Rousseau. Drama in 1 Akte. 12. (36 S.) Leipzig 894. Buchdruckerei u. Verlagsanstalt der Leipziger Volkszeitg. — 30

Müller, Hugo, das höhere Schulwesen Deutschlands am Anfang des 20. Jahrh. (V, 135 S.) gr. 8. Stuttgart 904. Ch. Belser. n. 2. —

Müller, Hugo, in valäsälun klada balid. [Im Wartesalon erster Klasse.] Yofapled in süf bal. Lovepolam fa Dl. Schwarz Adolf. 12. (32 S.) Berlin 888. Herbig. n. — 50

—— in valäsälun klada balit. [Im Wartesalon erster Klasse.] Yofapled in süf bal Lovepolam fa Schwarz Adolf. 12. (32 S.) Berlin 888, Herbig. *

Müller, Hugo: Über Die Angelsächsischen Versus Gnomici ... Jena, Druck v. A. Kämpfe, 1893; 55 S. 8.
Jena, Phil. Fak., Inaug.-Diss. v. 1893

— von Stufe zu Stufe, s.: Bloch's, E., Volks-Theater.

—— im Wartesalon erster Klasse, s. Bloch's, Ed., Theater-Correspondenz.

Müller, H. (V.), im Wartesalon erster Klasse, s. Bloch's Volks Theater.

Müller, Hugo, Roentgen's X-Strahlen. Gemeinverständl. dargest. M. 4 Taf., aufgenommen im elektrotechn. Laboratorium der kgl. techn. Hochschule zu Berlin v. Slaby u. Klingenberg u. 5 Fig. im Text. 1.—6. Aufl. gr. 8. (32 S.) Berlin 896. K. Siegismund. n. — 75

Müller, Hugo Gottfried Arthur, s. Müller, Hugo

Müller, J. Aachen und seine Umgebungen. Führer für Fremde. Sechste Auflage. Nebst zwei Karten. Aachen 1869. 8°.

Müller, J., das Absehen der Schwerhörigen. Leitfaden nach e. eigenen Lehrmethode, nebst e. Vorwort v. A. Lucae. 2. Aufl. gr. 8. (160 S.) Hamburg 893. J. Kriebel. n. 5. —

Müller, J., Aerra biblica, od. Hist. aus der heil. Schrift. n. Schröders Forts. 14 Thle. 8. Rostock. 705–39.

Müller, J. III., Anleit. z. Erlernung d. Rechenkunst. 16 Bdchn. 8. Herborn (Marb.) 804. Krieger. 16 gr

— J., Dr., Kurze Anleitung zur Anstellung der Grundversuche über Fluorescenz. Frankfurt a. M. Mit einer Tafel. (In Verbindung mit einem Preis-Courant der Firma J. V. Albert Sohn in Frankfurt a. M.)

— Anleitung zur Rechenkunst. 8. Marb. Krieger. 804.

Müller, J., Ueb. d. philos. u. religiösen Anschauungen d. Tacitus. Pr. 1874. 32 S. 8.—

Müller, J. IV., kurze u. leichte Anweis. z. Singen d. Choralmelodien. 4. Frankf. a. M. 793. Hermann. 6 gr

MÜLLER, J.: Praktische Anweisung, wie den täglich mehr zunehmenden Klagen über den einreissenden Holzmangel zweckmässig und zum Vortheile der Waldeigenthümer abgeholfen werden könne. - Hadamar 1802

Müller, J., Anweis., wie den Klagen über Holzmangel ꝛc. a. Hadam, Gel. Handl. 802.

Müller, J. I., prakt. Anweis., wie d. Klagen üb. d. einreißenden Holzmangel zweckmäßig abgeholfen werden könne. gr. 8. Hadamar 802. (Lanz in Weilburg). 6 gr

M[üller], J. Kurze Anzeige der Beschädigungen in der Stadt Zürich. Veranlasst bey zweymahliger Beschiessung derselben, durch den helvetischen General [Joseph Lorenz] Andermatt, Unterm 10ten und 13ten September 1802. So getreu als möglich zusammengetragen durch J. M. 8. Zürich.

Müller, J., Bericht über die Litteratur zu den röm. Rhetoren (ausser Seneca) a. d. 1874—1879. S.-A. 1880. 28 S. —

Müller J.: Bericht d. Provinzial-Obstgutes zu Diemitz-Halle a. S. von der Begründung bis April 1896. Halle a. S. 1896. 22 S. 1 Pl. P.

Müller, J., *Verfass. d. Volksgeschichte Böhmens etc.* Ein Blatt in den Kranz der Erinnerung an den Heldenmarschall Oesterreichs Josef Grafen Radetzky von Radetz; bei Gelegenheit der feierl. Enthüllung seines Ehrendenkmals in der k. Hauptstadt Prag. Im Nov. 1858. *Prag* 1858. *A. Renn.* 51 S. 8°. Mit einem Titelbilde.

– Das nützlichste Buch für kleine Kinder, s. Müller, Heinrich

Müller, J., s.: Codex diplomaticus Alvenslebianus.

Müller, J., Corpus juris civilis u. bürgerliches Gesetzbuch. Ausgewählte Stellen aus dem Corpus juris civilis. Uebers. u. nach beiden Rechten erläutert. (IV, 107 S.) Lex.-8. Leipzig 904. [C. L. Hirschfeld.] Tübingen, J. C. B. Mohr. n. 2. 20; geb. n.n. 2. 70

Müller J. Der Denkfreund. Ein Lehr- und Lesebuch für Schule u. Haus. Prag u. Leitmeritz. C. W. Medau 1852. 8.

Müller, J. — Der Denkfreund. Ein Lehr- und Lesebuch für Schule und Haus bearbeitet von — —. Zweiter Theil. A. u. d. bes. T. Die drei Naturreiche. Ein unterhaltend belehrendes Lesebuch für Schule und Haus. Mit Holzschnitten. (134 S.) Prag und Leitmeritz. Druck und Verlag von Karl Wilhelm Medau. 1853.

Müller, J.: Denkschrift über die zehn ersten Jahre der Verbandsanwaltschaft unterelsaessischer Raiffeisenvereine. o.O.1896.

— Discours: Ob Rixners deutsches Turnierbuch pro scripro authentico zu halten? 4. Schwab. Enderes. 766.

— de dono pentecostali per Jeremiam promisso. Ibid. 1702. 4.

Müller, J. Entwickelung der Grundsätze, nach welchen ein dem Geist der Zeit und rechtlichen Principien angemessener Steuerfuss in Bezug auf die würtembergische Kreis-Contribution zu entwerfen wäre, nebst einer Abhandlung der bes. hierher gehörenden Gegenstände. 8°. Stuttgart, Löfflund, 1796.

– Zur Entwickelungsgeschichte der Vallisneria spiralis, s. Müller, Joseph Franz

– Entwurf der gerichtlichen Arzneiwissenschaft, s. Müller, Johann Valentin

Müller, J., kleine moralische Erzählungen für die Jugend. mit illum. K. 8. Hamb. Vollmer. 811. Rthlr. –

Müller, J., der Familienarzt. Ein Hausbuch zur richt. Erkenntniß der im menschl. Leben am häufigsten vorkomm. Krankheiten, m. Angabe der Ursachen, Behandlg., d. Verlaufs u. der Mittel zur Heilg. derselben, sowie auch m. Franzbranntwein u. Salz. gr. 8. (VIII, 178 S.) Bern 885. Jenni. n. 2. —

Müller's praktischer Familienarzt. 2 Thle. Enthltd.: Aerztliche Belehrungen zur richtigen Erkenntniß der im Leben am häufigsten vorkommenden Krankheiten, nebst Angabe der Ursachen, Behandlung, des Verlaufs und der Mittel zur Verhütung und Heilung derselben; mit Dr. Raspail's Heilverfahren ꝛc. Aufs Neue durchgesehen u. bearb. nach den neuesten Fortschritten der Wissenschaft von J. G. Krause. Ein für jede Haushaltung belehrendes und nützliches Hausbuch. 2. vielverm. Aufl. Glarus 856. (Zürich, Meyer u. Zeller.) Lex.-8. (XII, 391 S.) n. 1 ℛ𝓅. 10 ngr.

Müller, J., der Familienkreis zu Marienthal, s. Jugend-Bibliothek zur Bildung des Geistes ꝛc.

Müller, J.: Festrede des Oberlehrers über die nationale Aufgabe des Gymnasiums. 28 S. 4° –Brandenburg R.Ak., Progr. 1871.

Müller, J., Geographie für Schüler in deutschen Schulen des Königreichs Bayern. Inhalt: Bayern, Deutschland, Europa, Asien, Afrika, Amerika, Australien, das Weltmeer, die Erde als Weltkörper, das Weltgebäude. 3e sehr verm. Aufl. gr. 12. Kempten 839. Dannheimer. 1/12 ℛ𝓅
(2 B.)

Müller, J. Glätzer Gesänge, von Ch. G. Hallmann, (geb. 1754, gest. 1831). 1r Gesang (Ueb. d. Umgegend von Glatz). 14 S. Glatz, Progr. 1836

Müller, J., Geschichte von Böhmen von Einwanderung der Bojer bis auf unsere Tage. Für Schule u. Haus. Prag 861. Lehmann. 12. (VI, 244 S.) n. 20 ngr.

Müller, J. Gesetze der sphärischen Polygonometrie. Heidelberg, 1836.

– Gesundheits-Almanach auf das Jahr 1797, s. Müller, Johann Valentin

Müller, J., De M. Antonio Gordiano III. Romanorum imperatore Diss. 1888. 89 S. 1.2(

— Handschreiben an Fr. Nicolai, in welch. die Ungarn ꝛc. gr. 4. Pest, Kilian. (Trattner, Wien) 810.

Müller, J. (I.). Aus dem Heiligtum u. den Vorhöfen. (Gedichte.) 8. (VII, 75 S.) Aarau 890, Sauerländer u. Comp. * 1 20; geb. * 1 80

Müller, J. (III.). Die Heilkunde einst u. jetzt, s.a. Vorträge, St. Gallische.

Müller, J., die Heilkunde einst u. jetzt. Vortrag, geh. am 18. Jan. 1891. gr. 8. (65 S.) St. Gallen 891. F. Hasselbrink. n. 1. —

— Dr. Raspail's neues Heilverfahren od. theoret. u. prakt. Anweisg. zur Selbstbehandlung der meisten heilbaren Krankheiten u. zur Selbstbereitg. der einfachen, bill. u. bewährten Heilmittel der neuen Schule. gr. 8. (VIII, 178 S.) Ebend. 885. n. 2. —

Müller, (Dr.) J., kleiner Himmels-Atlas. (1/2 B. u. 4 Steintaf. gr. 8. Gießen 839. Ricker'sche Buchh. n. 1/6 ℛ𝓅

– Für Hypochondristen, Nervenkranke ..., s. Müller, Johann Valentin

— Jahresbericht üb. die Literatur zu Ciceros Werken a. d. J. 1878. S.-A. 1879. 58 S.
— — a. d. J. 1879 u. 1880. S.-A. 1881. 59, 46 u. 82 S.

– s. Jahresbericht, Zweiter, des germanischen Nationalmuseums zu Nürnberg.

— Judaismus, oder Ber. von d. jüd. Volks Unglauben ꝛc. 4. Hamb. 707.

Müller, J. and Son [publishers, Marietta, O]. Kalender für 1884. Prämie für die Leser der Marietta Zeitung. Marietta, 1884.

Müller, J. Charte der Königlich Württembergischen Lande, verbessert und mit den durch den Haupt-Deputations-Recess von 1803 und den Pressburger Frieden von 1805 hinzugekommenen Besitzungen vermehrt. Nürnberg 1806. 2 Bl. c. K. v.

—— die deutschen Katechismen der böhmischen Brüder, s. Monumenta Germaniae paedagogica.

— der kleine Kaufmann, s. Kaufmann, der kleine.

Müller, J., der Knecht Jehovah's bei Jesaias. Königsb. i. Pr. 4. 14 p. Schul-/Univ.-Schrift 1867

Müller, J. u. C. Modrach. Deutsch-russisches u. russisch-deutsches militairtechnisches Kriegswörterbuch. St. Petersburg 1881. 8°.
Dass. 1887.

Müller, J. Des königl. engelländ. Generals Duc de Marlborough Leben u. Thaten. (500) 4. M. 14 Tfln. Franckfurt u. Leipzig. 1710.

Müller, J. Lehrbuch der Mathematik. 5 Bde. Halle, 1851—1877.

(Müller J.): Allgemeiner Leitfaden z. Bearbeitung d. Karten, Register, Separationspläne u. Special-Eintheilungen f. Feldmesser. Berl. 1821. 71 S. 1 Kt.

Müller, J., Leitfaden der italienischen Sprache, s.: Langhard, H.

Müller, J. (II.). Lichenes epiphylli novi. gr. 8. (22 S.) Genf 890. Basel, Georg u. Comp. * 2 50

Müller, J., Lichenes exotici Herbarii Vindobonensis, quos determinavit J. M. [Aus: „Annalen d. k. k. naturhistor. Hofmuseums".] Lex.-8. (4 S.) Wien 892. A. Hölder. n. — 40

Müller, J., um Liebe u. Ehre, s.: Radermacher's, J., Vereinsbühne.

Müller, J. Dr., voir *Mémoires.*

Müller, J. De nominativis absolutis ap. Graecos tragicos. 23 S. Schleusingen, Progr. 1831

Mülleri, J., Notitia veteris Germaniae populorum. Diss. Giessae 709. 4.

Müller, J., Obstbau. s.a. Bibliothek der gesamten Landwirtschaft.

Obstbau. Von J. Müller. Hannover: Jänecke 1908. VII, 151 S. 8°
(Bibliothek d. gesamten Landwirtschaft. Bd 20.)
(Jäneckes Bibliotheken. Reihe B.) [illegible] 7

Müller, J. (II.), aargauische Obstbau-Statistik für das J. 1885. Veranstaltet vom aargauischen statist. Verein, subventionirt von der aargauischen Regierung, dem Bundesrath und der aargauischen landwirthschaftl. Gesellschaft. Bearb. in Verbindung mit dem Vorstand des Vereins und der aufgestellten Specialkommission. gr. 8. (III, 64 S. mit 1 Titelbild.) Aarau 888, Wirz-Christen. *

— orationes scholast. XIII. 8. Hamb. 753.

– Ozar Agadath, s. Müller, Gabriel

Müller, J. „De figuris" quaestiones criticae. I. Diss. 1880. 81 S. u. 1 Taf.

Müller, J., die außerbiblischen Religionen, dargestellt für höhere Lehranstalten u. gebildete Leser. gr. 8. (IV, 140 S.) Aarau 879. Christen. n. 1. 80

Müller, J., das Ringen m. dem Leben. Predigten aus der evangelisch-reformierten Kirche in Hamburg. (VII, 276 S.) 8. Hamburg 909. O. Meißner's Verl. 3.—; geb. 4.—

Müller, J. Vt., die Schlüssel d. Himmelreichs, od. die Bestimmung d. Apostel zum Dienst d. Evangeliums. 4. Bern, Haller. 2 gl

—— ein griechisches Schreiben des Sultan Suleiman, s. Jahrbuch für vaterländ. Geschichte.

Müller J, Schreibmaschinen und Schriftvervielfältigung. (168 S) Berlin 1900

Müller, J., Sendschreiben an den jungen Christen-Verband in Schneidemühl. 4. (½ Bog.) Berlin 844. [Danz.]

Müller, J., Sendschreiben an den jungen Christen-Verband in Schneidemühl. 4. Berlin 844, v. Puttkammer. 1/12 ß

Müller, J., Stoffe zur Belebung, Vertiefung u. Ergänzg. des Geschichtsunterrichts in den Schulen Niedersachsens. 1. Hft. gr. 8. (V, 81 S.) Hamburg (901). H. O. Persiehl. n. 1.—

— Tableau de la confédération Germanique. Traduit de l'Allemand. Berlin 1787. 8.

Müller, J.: Die 14. allgemeine deutsche Turnlehrerversammlung und der 2. Turnlehrertag des deutschen Turnlehrervereins in Magdeburg (Pfingsten 1900). Basel 1900. 35 S. Sonderdr. aus: Monatsbl. f. d. Schulturnen. Jg. 11. 1900.

Müller, J., moralische Unterhaltungen der häuslichen Lektüre für gebildete Leser. 8. Stendal, Franzen und Gr. 803. Schreibp.

Müller J, Untersuchungen über die Einrichtung ländlicher Volksschulen mit Subsellien. (8 S 15 T) 4° Charlottenburg 1904

– Volkspredigten, s. Müller, Johann Nepomuk

Müller, I., von Innsbruck nach Bludenz, s.: Touristen-Führer.

Müller, J., Ueber den Werth der Randbemerkungen im Codex G des Taciteischen Agricola und der Noten des Fulvius Ursinus. Pr. 1868. 15 S. 4°. —.90

Müller, J., Wörterbuch zu Englmanns Anthologie aus Ovid, Tibull und Phädrus. 2. Aufl. gr. 8. München 881. Bamberg, Buchner'sche Buchh. * — 50

Müller, J., Wörterbuch zu Englmanns Anthologie aus Ovid, Tibull und Phädrus. 2. Aufl. gr. 8. (52 S.) München 881, [Lindauer'sche Buchh.] Englmann. *

Müller, J., u. C. Modrach, deutsch-russisches militairtechnisches Wörterbuch. Enthält in möglichst umfass. Weise alle im Militairwesen u. seinen sich ihm anschliess. Branchen vorkomm. techn. Wörter, als: Baukunst, Architektur, Astronomie, Geodäsie, Mathematik, Mechanik, nebst Maschinenbaukunst, Physik, Chemie, d. See-, Berg-, Eisenbahn- u. Telegraphen-Wesens etc. Lex.-8. (V, 832 u. II S.) St. Petersburg 887. (Schmitzdorff.) n. 18.—

Müller, J., vollständiges Wörterbuch zu Hutter's lateinischer Anthologie für die 5. Klasse der Lateinschule. gr. 8. München 876, Englmann. * — 70

Müller, J. (I.), vollständiges Wörterbuch zu Hutter's lateinischer Anthologie für die 5. Klasse der Lateinschule. gr. 8. (40 S.) München 876, Lindauer'sche Buchh. *

Müller, J. A., s.a. Müller, Johann Adam

– s.a. Müller, Johann Andreas

– s.a. Müller, Johann Anton

– s.a. Müller, Johann August

Müller, J. A., s. Abraham à St. Clara, Lauberhütte.

Müller, I. A., Appellatio altera s. p. Pio VI. in causa decimalis spolii notorii tricennati punito justitiae in Germania protracta. 4. München, Fleischmann. 791.

Müller, J. A., de Asae regis pompa ferali. Viteb. 1716. 4.

— JA, systemat. Vorschule für den ersten Unterricht im Freihandzeichnen. Wiesbaden

Müller, J. A. C.: De cancellaria Hispanica. 38 S. Berlin, Schul-/Univ.-Schrift 1864

Müller, J. A. D.: Versuch über den Nutzen und die Notwendigkeit der Volkserziehung, s. Müller, Johann Anton

Müller, J. A. F. W., Jubelfest-Büchlein, das ist Fragen u. Antworten über die Geschichte der evangel.-luther. Kirche. Eine Gabe für die Schuljugend zur Feier des viertehalbhundertjähr. Jubiläums der luther. Kirchenreformation am 31. Octbr. 1867. St Louis, Mo. 867. (Dresden, Naumann.) gr. 16. (32 S.) n.n. 4 ngr.

Müller, J. A. L., Addresse an den Herrn Prediger Uhlich zu Magdeburg. gr. 8. (4 S.) Magdeburg 847, Falckenberg und Comp.

Müller, J. A. L., Novellenkranz. 2 Bde. 16. Magdeburg, Falckenberg u. Comp.

A. u. d. Ttln.:

Bd. 1. Johannes u. Elisabeth. (9 B.) 846. 15 Ngr.
2. Der Major von Waldstein u. Lore das Zigeunermädchen, od. die Predigerinn der Gerechtigkeit. (18¾ B.) 847. 18 Ngr.

—— Novellenkranz. 2 Bde. 2. (Titel-)Aufl. gr. 16. Berlin 850, Brandis. à Bd. 15 Ngr.

Müller, J. Ad., Einleitung in d. sämmtl. Bücher d. Heil. Schrift Alten u. Neuen Testaments. 8. (16¼ B.) Zwickau 830, Gebr. Schumann.

— kurzgefaßtes neugriech. Wörterbuch, griechisch-deutsch u. deutsch-griechisch. Nebst e. Uebersicht d. nothwendigst. grammat. Regeln. 8. Berl. 825. Duncker u. H. 14 gl

Müller, J. Adam, s. Müller, Johann Adam

Müller, J. Ant., s. Müller, Johann Anton

Müller, J. Aug., s.a. Müller, Johann August

– Nähere Beleuchtung der Stelle des Buchs Samuel 6, V. 20, s. Müller, Johann Adam

Müller, J. Aug., Die Organisation der Schule für Mechaniker am zürch. Technikum. Winterthur, Technikum 1884.
Progr.

Müller, J. B., s.a. Müller, Jean Baptiste

- s.a. Müller, Johann Baptist

– s.a. Müller, Johann Bernhard

– s.a. Müller, Justus Balthasar

Müller, J. B.: Schematismus ..., s. Bonenkamp, W.

Müller, J. B., die Schmerzen der Mutter Gottes. Ein Lehr-, Gebet- u. Betrachtungsbüchlein f. die Mitglieder der Scapulier-Bruderschaft, die Liebhaber d. Rosenkranzes u. frommen Besucher der Stationen v. den 7 Schmerzen Mariä, sowie f. alle Verehrer der schmerzhaften Mutter Gottes. 16. (248 S. m. 1 Stahlst.) Dülmen 886. Laumann. geb. n. — 75

— üb. d. religiöse Unterh. d. Knaben. 8. Gera. (Illgen, L.) 800.

Müller, J. B., u. M. Lebl, der Weinstock. Praktische Anleitung zu dessen Erziehung, Schnitt u. Pflege. Mit 52 in den Text gedr. Holzschn. gr. 8. (IV, 124 S.) Stuttgart 878. Ulmer. n. 2. —

Müller, J. Bernh., s. Müller, Johann Bernhard

Müller, J. Bernh., Beschr. d. Kaiserl. Wahlstifts Bartholomäi in Frankf. 4. Frft. Hermann. 764.

— Beschr. d. gegenw. Zust. d. R. St. Frankfurt. 8. Ebend. 747.

Müller, J. C., s.a. Müller, J. Karl

– s.a. Müller, Johann Christian

– s.a. Müller, Justus Konrad

Müller, J. C., prakt. Anweisung in Wachs u. Gips zu formen etc., mit K. 8. Jena, Voigt. 813.

Müller, J. C., und Küster, Berlin. Chronik. 1r Thl. m. K. Fol. Berl. 742.

— J. C., Geschichte der Römer, f. gebildete Leser. Frankf. 805. Th. 1. 8. 16 gr.

Müller, J. C., Gesch. der Römer f. stud. und gebildete Leser etc. 1ste Abthl. 8. Frft. Andreä. 805.

Müller, J. C. I., Predigt auf d. am 15. Aug. 1807 zu Dresden erfolgten Tod d. Fürsten Moritz zu Lynar gehalten. 8. Lübben 807. Gotsch. 3 gr

Müller, J. C. IV., sächs. Provinzialblätter f. Stadt u. Land. Jahrg. 1821 u. 22. à 12 Hefte, u. Jahrg. 1823 Nr. 1—25. 4. Erf., Müller. (à Jahrg. 4 Rthl. u. Jahrg. 1823 1 Rthl.) 9 Rthl.

— neuer Schreib- u. Termin-Kalender, f. d. Jahr 1818—1830. f. Juristen etc. 1r—12r Jahrg. 8. Erfurt 821. Müller. à J. 16 gr

Müller, J. C., de thesauro eccl. rom. indulgentiario. Liro 1700. 4.

Müller, J. C., Vers. üb. die erste Gründung der Reformation. 8. Lemgo, Meyer. 797.

Müller, (J. C.,) Vorschriften f. d. Schul- u. Privat-Unterricht z. Erlernung d. Schönschreibens. 16 Hefte. gr 4. Frankf. a. M., (Leipz., Rein.) Rthl.

Müller, **J. C. A.**, commentatio, quamnam maxime hac aetate afferre possint libri nostrae eccles. symbolici etc. 8. Götting. 797. Brose. 8 gr

J. C. Andr. Müller rudimenta doctrinae Hippocraticae verae. Hal. 1815. 8.

Müller, J. C. F., (J. A. C. Löhr,) Anweis. z. zweckmäß. Behandl. d. Obst- u. Gemüsegartens, nebst e. Anhange v. Blumen. 2 Thle. 8. Frkf. a. M. 796. 2e A. unt. d. T.: die wichtigsten Lehren d. Gartenbaues. 8. Leipz. 800. 3e A. Frankf. 820. Guilhaumann. 1 Rthl. 12 gr

Müller, J. C. F.. Anweis. z. zweckmäss. Behandl. d. Obst- u. Gemüsegartens, nebst e. Anh. v. Blumen. 2 Thle. 8. Frankfurt, 1796. 2. Aufl. 1800, u. d. T.: d. wichtigsten Lehren d. Gartenbaues. 3. Aufl. 1820. (Guilhaumann.) 1. 15
— — s. dessen: Monatsgärtner.

Müller J. C. F.: Anweisung z. zweckmässigen Behandlung d. Obst- u. Gemüsegartens, nebst e. Anh. v. Blumen. 2. berichtigte u. verm. Aufl. Frankf. a. M. 1801. 386 S.

— Behandl. d. Obst- und Gemüsgartens. gr. 8. Frkft. Guilhaumann. 801.

Müller, J. C. F., zwanzig kurze, populäre Briefe über den Boden u. dessen Bearbeitung. Zum Gebrauche in landwirthschaftl. Fortbildungsschulen bearb. Schw.-Hall 869. Unger & Nissen. gr. 8. (47 S.) 7½ ngr.

— s. Cadet de Vaux, Anweisung.

— vollst. Gartenunterricht, s. K. Fr. Schmidt Gartenunterricht 2r Thl.

— vollständ. Gartenunterricht, s. K. Fr. Schmidt, Lehren d. Garten- u. Feldbaues.

Müller, J. C. F., (J. A. C. Löhr), d. wichtigsten Lehren d. nützl. Gartenbaues f. diejen. Freunde u. Liebhaber dess., welche sich üb. d. Gründe d. Behandl. ihres Obst- u. Gemüsegartens selbst unterrichten wollen. 8. Leipzig, 1797. 2. Aufl. 1800. (Fleischer.) (1. —) — 17
— — s. dessen: Anweisung etc.

— d. vollständ. Monatsgärtner etc., od. deutliche u. vollständig. Anweis. z. allen Geschäften im Baum-, Küchen- u. Blumengarten f. alle Monate d. Jahrs. gr. 12. Frankfurt, 1797. 2. Aufl. 1798. 3. Aufl. 1801. 4. Aufl. 1806. (4. Aufl. 8. Wien, 1815. Braumüller. — 15) 5. Aufl. Frankfurt, 1820. 6. Aufl. v. Jac. Ernst v. Reider. 1837. (Leipzig, Gebhardt u. R.) — 20

Müller J. C. F.: Der vollständige Monatsgärtner ... 3. verb. Aufl. Frankf. a. M. 1801. 208 S.

Müller, J. C., d. vollständ. Monatsgärtner, oder deutl. Anweis. zu allen Geschäften im Baum-, Küchen- u. Blumengarten f. alle Monate d. Jahres. 4e verb. Aufl. 8. Wien 815. v. Mösle. 12 gr

— d. vollständ. Monatsgärtner. 8. Frankf. a. M. 797. 2e Aufl. 798. 3e Aufl. 801. 4e Aufl. 819. 5e Aufl. 820. Guilhaumann. 16 gl

Müller, J. C. F., der vollständ. Monatsgärtner rc. Mit e. Anh., die Kunst alle Arten Gärten anzulegen. 6. Aufl. Gänzl. umgearb. u. verm. v. Jac. Ernst v. Reider. gr. 12. (10⅔ B.) Frankfurt a. M. 837. [Leipzig, Gebhardt u. Reisland.]

Müller, J. C. F., (J. A. C. Löhr) der vollständ. Monatsgärtner rc. Mit e. Anhange, die Kunst alle Arten Gärten anzulegen. 6e Aufl. Gänzlich umgearb. u. verm. von Jac. Ernst v. Reider. gr. 12. Frankfurt 837. Fr. Wilmans. ⅔ ₰

— Deutschlands Weinbau, nach Gründen, od. Anweis., d. Bau d. vaterländ. Weine zu veredeln u. einträglicher zu machen. 8. Leipz. 803. C. Fleischer. 1 ₰ 4 gl

— — s.a. Müller, J. E. F.

— die Wunder d. Thier- u. Pflanzenwelt, od. Beschreib. d. merkwürd. Thiere u. Pflanzen. 1r Bd. 8. Frankf. a. M. 805. Guilhaumann. 1 ₰ 12 gl 2e Aufl. unt. d. T.: Merkwürdigkeiten rc. s. J. A. C. Löhr.

Müller, J. C. J., s. B. Hugo Hernani.

Müller, J. C. P., ein Wort z. rechten Zeit üb. die Wirkung unserer Natur, besond. in Krankheiten; über wahres Nervenfieber u. d. Räucherwerk, wobei sich Kochsalzsäure entbindet. gr. 8. Halle. 814. Schwetschke u. S. 10 gl

Müller, J. Carl, s. Müller, J. Karl

Müller, J. Caspar, s. Müller, Johann Kaspar

Müller, J. Ch., s. Müller, Johann Christian

— s. Müller, Johann Christoph

— s. Müller, Joseph Ch.

Müller, J. Chr., s. Immanuel.

Müller, (Prof.) J. Chr. V., die Ungültigkeit d. am 15. Nov. vor. J. in Fulda unternommenen Bischofswahl aus kirchenrechtl. Gründen nachgewiesen, nebst e. Anhange, die Eidesleistung d. Fuldaer kathol. Geistlichkeit auf die Kurhess. Verfassungs-Urkunde betreffend. gr. 8. Marb. 832. Garthe. 6 gl

Müller, J. Conrad, s. Müller, J, Konrad

Müller, J. D., s.a. Müller, Johann Daniel

Müller, J.D.: De Joanne Baptista. P.1.2.– Helmst.1733.

Müller, J. Dan., s. Müller, Johann Daniel

Müller, J. David: Sinngedichte und Erzählungen, s. Müller, Johann Daniel

Müller, J. E., s.a. Müller, Johann Ernst

Müller, J. E., verbess. Entw. zu einem Collegium über d. Cameral- und Privatstaatsrechnung.n. 8. Götting. Dietrich. 785.

Müller, J. E., de episcope πολυπράγμονι. Rudolst. 1704. 4.

Muller, J. E., Christ-schuldige Erinnerung de Medicina hominis od. von der dem Menschen allein eigenen Medicin, nemlich: Curirung menschlicher Gemüths-Bewegungen u. äußerster Ersparung seiner Lebens-Säffte u. Kräffte. Hamb. 8°.
1732

Müller, J. E. Kurze Erklärung eines Schweizer-Reliefs. 1820. fol.

Müller, J. E., statist. Handbuch d. evangel. Kirche im Königr. Württemberg. 14. Folge d. sogen. Magisterbuchs. 2 Abthln. gr. 8. Stuttgart, J. F. Steinkopf.
Schrbpap. m. breit. Rande

Abthl. 1. Die evangel. Kirchenstellen, nebst d. Lehr- u. Bildungs-Anstalten. Mit e. vergleich. Uebersichts-Tab. (27 B.) 835. * 1 Thlr. 3 Gr., Schrbp. m. breit. Rande * 1 Thlr. 16 Gr.
2. Persönliche u. Dienst-Verhältnisse d. evangel. Geistlichen u. d. Lehrer an hoh. Lehranstalten. Nebst Nachträgen z. 1. Abthl. (18 B.) 840. * 20 Gr., Schrbp. m. breit. Rande * 1 Thlr. 8 Gr.

— J. E., de linguis pentecostalibus. Rudolst. 1701. 4.

— Der vollständige Monatsgärtner, s. Müller, J. C. F.

Müller, J. E., de paschate. Rudolst. 1714. 4.

Müller, J. E. F.: Teutschlands Weinbau nach Gründen, oder Anweisung den Bau der vaterländischen Weine zu veredeln und einträglicher zu machen. Leipzig: Fleischer 1803. XVI, 222 S. -- 16°
BJ: Müller, J.C.F. -- Bibliotheca oeconomica: Müller, J.C.F. -- Dochnahl: Müller, J.C.F. -- Heinsius: Müller, J.C.F. -- Kayser: Müller, J.C.F. -- Thienemann: Müller, J.C.S. -- Weber: Müller, C.F.

— — s.a. Müller, J. C. F.

Müller, I. E. I., s. Müller, Johann Ernst Justus

Müller, J. E. Just., s. Müller, Johann Ernst Justus

Müller, (J. E. M.,) Dissert. inaug. medico-chirurg. sistens methodorum atque instrumentorum ad pupillum artificialem formandam inventor. historiam. Cum tab. aen. 4 maj. Jenae 825. (Cröker.)

Müller, J. E. Ph., s. Müller, Iwan

Müller, J. E. W., s. Lobschrift auf R. Mengs.

Müller, J. F., s.a. Müller, Johann Fr.

— s.a. Müller, Joseph Franz

— Anleit. wie Pfirsichbäume zu schneiden rc. Frankf. a. d. O. ... Academ. B. 2 gl

— Anleitung wie Pfirsichbäume zu schneiden. 8. Ebendas. 756.

Müller, J. F. I., prakt. Anweis. z. Lackiren. 8. Frankf. a. d. O. 771. (Sander in Berl.) 6 gl

— De angelorum aliarumque formarum apparitionibus, s. Müller, Johann Joseph

Müller, J. F.: Ueb. d. wirthschaftl. u. rechtl. Benutzung des Zehntens, besond. für Privat-Zehend-Berechtigte. Mit 1 Plan, Muster u. Tabellen. *Nürnb.*, Recknagel. 819. gr. 8. (2 Thl.)

— Casus pecul. de morbo motuum habituali ..., s. Alberti, H. Ch. [Praes.]

Müller, J. F. II., Encyclopädie f. Ungelehrte, od. Entwurf d. Anthropologie, Naturgeschichte, Astronomie ꝛc. Mit Kpf. 8. Berl. 786. Wever. (Sander). 1 ℛ 8 gℓ

Müller, J. F., wahres Mittel, alle Punkte, worüber zwischen Wolf und seinen Gegnern gestritten worden, leicht einzusehen und zu beurtheilen. 4. Frft. Krieger. 736.

Müller, J. F., Deutschlands Morgenröthe, od. was haben wir Napoleon zu danken? gr. 8. Erfurt, Keyser. 815.

Müller, J. F.: „Ueber die wirthschaftliche und rechtliche Nutzung des Zehenden, besonders für Privat-Zehend-Berechtigte, nach den Grundsätzen der Preussischen Gesetze und den Baierisch-, Ansbach-, Baireuth-, Bamberg-, Würzburg- und Württembergischen Zehendordnungen", Nürnberg 1819 (Monath & Kussler). — Vorh.: Bibl. des Kammergerichts Berlin — Ec. 1179.

— Predigt zur Beförderung einer besseren Armenpflege. 8°. Magdeburg, Creuz, 1782.

– Dass., s.a. Müller, J. H.

Müller, J. F., neuestes Spiel-Taschenbuch. Od. gründl. Unterr. zur prakt. Erlern. d. Karten-, Billard-, Schach- u. and. Spiele. 2., verb. Aufl. 8. (27¼ B.) Ulm 850, Ebner.

— Zweifel gegen Wolfs Logik und Metaphysik, nach Cramers Auflös. d. Zweifel. 8. Gießen. 731.

Mueller, J. F. F., De casuum apud Justinum usu. Pr. 1859. 20 S. 4°.

Müller, J. F. L., Gedichte für Kinder. Frei nach d. Holländ. bearb. von C. A. X. G. F. Sicherer. 12. Essen 837. Bädeker; Rotterdam, Ad. Bädeker. ⅓ ℛ (5½ B.)

Müller, J. F. M., Beurtheilung d. rechtl. Verhältnisses zwischen d. Miethsmann u. Hauseigenthümer, s. Beitrag z. Beurtheilung ꝛc.

MÜLLER, J. F. M.: Beitrag z. richt. Beurtheil. der rechtl. Verhältnisse zwischen dem Miethsmanne u. dem Hauseigenthümer in Anseh. der Einquartierungslast. Ein bei d. Justiz-Kanzlei in Hannover z. Entscheid. gekomm. merkwürd. Rechtsfall, mit beigefügt. Facultäts-Urtheil u. dessen Entscheidungsgründen. *Hannover*, Helwing. 808. gr. 8. (9 Gr.)

Müller, J. G., s.a. Müller, Johann Georg

– s.a. Müller, Johann Gottfried

– s.a. Müller, Johann Gottlieb

– s.a. Müller, Johann Gottwerth

Müller, J. G. I., neuester Briefsteller f. alle Fälle im gemeinen Leben ꝛc. 8. Wien 809. Ant. Doll. 3e A. 813. 4e A. Mit 1 Kpf. 816. Ebd. 1 ℛ

Müller, J. G., neuester Briefsteller für alle Fälle im gemeinen Leben. 8. Wien, Anton Doll. (auch Liebeskind in Leipzig) 809.

Müller, J. G., neuester Briefsteller f. alle Fälle im gemeinen Leben. 3te Auflage. gr. 8. Wien, Anton Doll. 813.

Müller JG, Entwürfe zu architektonischen Abhandlungen. Herausgegeben von JM Ziegler. (19 S 43 T) fol Winterthur 1860

Müller, J. G., Erklärung des Barnabasbriefes. Ein Anh. zu de Wette's exeget. Handbuch zum neuen Testament. Leipzig 869. Hirzel. gr. 8. (IV, 395 S.) 2 ℛ

Müller, J. G., Gedichte, s.: Erinnerungen an J. G. Müller.

Müller, J. G., Geschichte der christlichen Feste. Entwickelung ihres Ursprungs u. ihrer Bedeutung, übersichtlich dargestellt. gr. 8. (104 S.) Berlin 852, Vereins-Buchh. 12 gℓ

Müller, J. G. (I.), Geschichte der christlichen Feste. Entwickelung ihres Ursprungs und ihrer Bedeutung, übersichtlich dargestellt. gr. 8. (104 S.) Berlin 853, Vereins-Buchh.

Müller, J. G. (II.), Geschichte der amerikanischen Urreligionen. gr. 8. (VIII und 707 S.) Basel 854(55,) Schweighauser's Verlag. Thlr. *

Müller, J. G. Gesch d anischen Ur-religionen. Basel, 1867.

Müller, J.G.: De iure comitiorum tributorum in legibus ferendis. 16 S.–Hildesheim, G. Jos., Progr. 1871.

Müller, J. G. III., Lebensgeschichte, mit dessen Bildniß; herausgg. v. J. E. Müller. 4. Jena 789. (Hennings in Neisse). 6 gℓ

– – s.a. Müller, Johann Ernst Justus

Müller, J. G. V., Pflanzengattungen nach ihren Belaubungs- u. Befruchtungstheilen, in ihrer natürl. Gestalt abgebildet. 16 Zehend. Fol. Berl. 757. Lange. 1 ℛ 4 gℓ ill. 2 ℛ 8 gℓ

Müller, J. G., des Flavius Josephus Schrift gegen den Apion. Text u. Erklärung, aus dem Nachlass hrsg. durch C. Joh. Riggenbach u. Conr. v. Orelli. gr. 8. (III, 304 S.) Basel 877. Bahnmaier. n. 9. —

Müller, J. G. II., s. Schuster, d. fleißige.

Müller, J. G., die Semiten in ihrem Verhältniß zu Chamiten u. Japhetiten. gr. 8. (X, 300 S.) Gotha 872. Besser. n. 5. —

Müller, J. G., Ueber d. Texteskritik d. Schriften des Juden Philo. Pr. 1889. 28 S. 4°.

Müller, J. G., II., Versuch einer Anwend. d. Grundsätze d. Naturrechts auf peinl. Verbrechen. 8. Zwickau 800. Schumann. 12 gℓ

Müller, J. G. A., s. Müller, Johann Gottfried Andreas

Müller, J. G. C., s. Müller, Johann Georg Christoph

Müller, J. G. Ch., s. Müller, Johann Georg Christoph

Müller, J. G. H., s. Müller, Johann Gottfried Heinrich

Müller, J. G. T., s. Müller, Johannes Gustav Theodor

Müller, J. G. Theophil, s. Müller, Johann Georg

Müller, I. Geo., s.a. Müller, Johann Georg

Müller, I. Geo., de natura media poëseos int. philosophiam et hist. 8. Ienae. 707.

Müller, J. Geo. C., s. Müller, Johann Georg Christoph

Müller, J. Geo. H., s. Müller, Johann Georg Heinrich

Müller, J. Gf., s. Müller, Johann Gottfried

Müller, J. Gottgetreu, heilsame Wahrheit u. rechtschaffne Gottseeligkeit n. Anleit. d. Sonn- und Festtagsevang., m. a. einig. Bußterte. 4. Hildburgh. Hanisch. 745.

— heilsame Wahrheiten n. Anl. der Episteln üb. d. Sonn- Fest- und Aposteltage. 8. Ebend. 748.

Müller, J. Gottl., s. Müller, Johann Gottlieb

– s. Müller, Johann Gottlob

Müller, J. Gtw., s. Müller, Johann Gottwerth

Müller, J. H., s.a. Müller, J. Hermann

– s.a. Müller, Joachim Hartwig

– s.a. Müller, Johann Heinrich

– s.a. Müller, Johann Helfrich

Müller, J. H, vor- u. frühgeschichtliche Alterthümer der Prov. Hannover. Hrsg. v. J. Reimers. Lex.-8. (VI, 386 S. m. 25 Taf.) Hannover 893. Th. Schulze. n. 18. —

— Anleit. zu e. vernünft. Gesundheitspflege f. d. Landvolk rc. 8. Basel 809. Neukirch. 12 gr

Müller, J. H., Anweisung zu einer vernünftigen Gesundheitspflege für das Landvolk rc. 8. Basel, Flick. 809.

Müller, J. H., Religionsgeschichtliche Bilder. I. Fetischismus u. Seelenverehrung bei Naturvölkern u. Chinesen. gr. 8. (31 S.) Bremen (901). (Rühle & Schlenker.) n. — 40

Müller, I. H., collegium experimentale, s. ars experimentandi c. fig. 4. Nrnb. Stein. 721.

Müller, J. H. De eclipsibus annularibus. 1715. 4.

Müller, J. H., prakt. Ethik f. Schule u. Haus. E. Handbuch f. d. sittl. Belehrg. u. Erziehg. der Jugend. Mit Berücksicht. d. Strafgesetzes, d. Staatenkunde, d. Gesellschaftslehre u. d. Religionswesens gr. 8. (VIII, 156 S.) Berlin 898. F. Dümmler's Verl. n. 1. 50; geb. n. 1. 80

Müller, J. H. De exhalationibus. Altorfi 1712. 4.

(Müller, J. H.) Gotha, Herzogthum u. Stadt in d. J. 1756--1763. (94) 8. Gotha 1854. 1,00.

J. H. Mueller

Handbuch der Physiologie nach der Erregungstheorie. Von J. H. Müller. Leipzig: Hinrichs 1803. XXVI,275 S. 8°

(= Müller: System der gesammten Heilkunde. Bd 1.)

Müller, J. H., neue moralische Kinderbibliothek in Erzählungen rc. 1r Bd. m. K. 8. Magdb. Heinrichshofen. 810. (dieser 1ste Bd. enthält 2 Erzählungen die auch unter folgenden Titeln einzeln zu bekommen sind: 1) das blinde Kind rc. 1 Rthlr. 8 gr. 2) d. goldne Hochzeit, od. d. glückl. Tag rc. 10 gr.)

— geistl. Lieder. 8. Bregenz, Brentano. 16 gr

Müller, J. H., Moralunterricht. Ein Programm f. die Befreig. der Schule. (32 S.) gr. 8. Berlin 905. F. Dümmler's Verl. n. — 60

Müller, J. H. Observationes astronomico-physicae selectae in specula Altorfina ab 1711—23 habitae. 2 Thle. 4.

Müller, J. H. Oratio de utilissima physicae tractatione: accessit descriptio observationis eclipseos solis totalis Anno 1706. Norimb. 1706. 4.

— Predigt z. Beförder. einer bessern Armenpflege. 8. Ebd. 2 gr

– Dass., s.a. Müller, J. F.

Müller, J. H. III., Predigt üb. d. Beichtwesen. 8. Magdeb. 782. Creuz. 2 gr

Müller, J. H., die Reihengräber zu Rosdorf bei Göttingen. Bericht. Nebst einer Abhandlung von W. Krause: Ueber den niedersächsischen Schädeltypus. Mit (eingedr.) Holzschn. u. einem (lith.) Situationsplane. gr. 8. (77 S.) Hannover 878. Hahn. n. 1. 60

– Reisen in den Vereinigten Staaten ..., s. Müller, Johann Wilhelm von

Müller, J. H., allgemeiner Religionsunterricht. Elementare Pflichtenlehre für die ersten 6 Schuljahre. 8. (XV, 151 S.) Bremen 887, Rühle und Schlenker. geb. *

Müller, J. H. II., Samml. etlicher Gelegenheitspredigten. 8. Bregenz 797. Brentano. 16 gr

Müller, (J. H.,) die St. Katharinen-Kirche zu Oppenheim. Geometrisch u. Perspektivisch dargestellt, u. mit erläut. Text begleitet. 1e — 4e Lief. Frankf. 823 — 26, (Brönner.) Pr.-Pr.

— zur Schulreform in Bremen. Grundsätze u. Vorschläge. (14 S.) 8. Bremen 905. Rühle & Schlenker. n. — 20

Müller, Dr. J. H. V., System d. gesammten Heilkunde nach d. Erregungstheorie. 4 Bde. Nebst e. Einleit. v. K. F. Burdach. gr. 8. Leipz. 803—10. Hinrichs. (1r Bd. A. u. d. T.: Handbuch d. Physiologie. 1 ß 8 gr Schrbp. 1 ß 16 gr 2r Bd. Auch u. d. T.: Handb. d. Pathologie. 1 ß 8 gr Schrbp. 1 ß 16 gr 3r Bd. Auch u. d. T.: systemat. Handb. d. Lebens- u. Arzneimittellehre. 1 ß 12 gr Schrbp. 1 ß 20 gr 4r Bd. Auch u. d. T.: systemat. Handb. d. prakt. Heilkunde. 1 ß 20 gr Schrbp. 2 ß 8 gr Velinp. 3 ß) Alle 4 Bde 6 ß Schrbp. 7 ß 12 gr

— das Teufelsmoor. Ein Stück Culturgeschichte aus Nordwestdeutschland. 8. (65 S.) Bremen 879. (Heinsius' Sort.) n. 1. —

Müller, J. H. I., die Wahrheit der Geschichte Jesu n. d. Erzähl. d. 4 Evangelisten. Mit Anmerkk. 8. Stuttg. 785. Metzler. 10 gr

Müller, J. H. A., praktische Anleitung zum Zeichnen männl. Kleidungsstücke nach den neuesten Schnitten. Prakt. Unterricht üb. d. Reinigen aller Arten Zeuge von Flecken rc. rc. 4., verm. u. vervollkommnete Aufl. 4. (2 B. u. 2 Stnt.) Hamburg 846. (Kittler.) *

—— Anweisung z. Selbst-Unterricht, nach vorgezeichneter Maaßeintheilung, aus freier Hand zuzuschneiden. 2., verb. Aufl. 8. (1 B. u. 2 Stnt.) Hamburg 844, (Kittler.) *

Müller, J. H. C. A. Der syntaktische Gebrauch des Verbums in dem angelsächsischen Gedichte von der Judith. Ein Beitrag zur angelsächsischen Grammatik. Diss. Leipzig 1892. 27 S.

Müller, J. H. F., s. Müller, Johann Heinrich Friedrich

Müller, J. H. L., s. Müller, Johann Heinrich Ludwig

Müller, J. H. T., s. Müller, Johann Heinrich Traugott

Müller J. Hartw., s. Müller, Joachim Hartwig

Müller, J. Heinrich, s.a. Müller, Johann Heinrich

Muller, J. Henr., Brutorum actiones mechanice inexplicabiles. Lps. 4°. 1719.

100 Entwürfe zu Vorträgen in evangelischen Arbeiter-, Männer- und anderen Vereinen. Von J. H[ermann] Müller u. A[lfred] Just, Pastoren in Breslau. Gütersloh: C. Bertelsmann 1906. (VII, 237 S.) 8° [J.] 106. 1054

Müller, J. H., u. A. Just, 100 Entwürfe zu Vorträgen in evangelischen Arbeiter-, Männer- u. anderen Vereinen. I. Reihe. 2., durchgeseh. Aufl. (VII, 248 S.) 8. Gütersloh 910. C. Bertelsmann. 2.40; geb. 3. —

— — Noch einmal 100 Entwürfe zu Vorträgen in evangelischen Arbeiter-, Männer- u. anderen Vereinen. (VII, 261 S.) 8. Ebd. 909. 2.40; geb. 3. —

Müller, J. J., s.a. Müller, Johann Jakob

– s.a. Müller, Johann Immanuel

– s.a Müller, Johann Joseph

Müller, J. J., vom Anbau und Nutzen der syrischen Asklepie, Schwalbenwurz oder Seidenpflanze, mit 2 ill. K. 8. Frft. Behrens. 802.

Müller, J. J., Anweis. z. d. einträgl. Anbau d. Erdmandeln u. deren Benutzung. Mit 2 ill. Kpf. 8. Frankfurt, 1800. 2. Aufl. 1802. Jäger. — 10

— Anweis. zu d. einträgl. Anbau d. Erdmantel u. d. Asklepie od. Seidenpflanze. Mit 1 Kpf. 8. Ebd. 802. Jäger. 8 gl

— Beitr. zu d. einträgl. Anbau d. Erdmantel u. d. Asklepie od. Seidenpflanze. Mit 1 Kpf. 8. Frankf. a. M. 801.

— Jahresbericht über römische Geschichte u. Chronologie f. 1873—76. S. A. 1876. 118 S.

Müller, J. J., Kantonsschule und Wälderverkauf, s. Höfliger.

—— Mittheilungen aus dem Gebiete der Waldkultur. Dargestellt in einem speciellen Falle in der statistisch-forstwirthschaftl. und kulturgeschichtl. Beschreibung des Bürgerwaldes der thurgauischen Gemeinde Tägerweilen. 8. (IV und 227 S.) St. Gallen 867, Altwegg-Weber.

Müller, J. J., Gründliche Nachricht von dem Leben und Schriften des berühmten Leipziger Gottesgelehrten Johann Höpners. Leipzig 1741. 4°. (1 Mk. 20 Pfg. J. Eckard Mueller, Halle a. S., 1898.)

Müller, J. J. l., vom Nutzen u. Anbau e. syrischen Asklepia, Schwalbenwurz od. Seidenpflanze. Mit 2 ill. Kpf. 8. Frkf. a. M. ... 2e Ausg. 802. Behrens. 8 gl

Müller, J. J. (1846—75). Ueber ein aus der Hamilton'schen Theorie der Bewegung hervorgehendes mechanisches Princip. 1871.

– Deutsche Schulen und deutscher Unterricht im Ausland, s. Müller, Johannes Paul

Müller, J. J., Schulturnen und Kadettenwesen in ihrem Verhältniß zur Volksschule und zum Wehrdienst. Vortrag, für die Versammlung des schweizer. Turnlehrervereins zu Biel 1881 gehalten. gr. 8. (35 S.) Basel 882, [Schweighauserische Verlagsh.] Schwabe. *

Müller, J. J. (1846—75). Zur Theorie der Farben. 1869.

— J. J., Dr., Zur Theorie der Farben. (Aus: Poggend. Ann., Bd. CXXXIX.)

Müller, J. J., die religiös-sittlichen Uebelstände des Kantons Zug und das Wirken seiner Orts-Piusvereine gegen dieselben. Oder: Welche Uebelstände im Kanton Zug haben dessen Orts-Piusvereine hauptsächlich in's Auge zu fassen, und wie sollen sie denselben entgegenwirken? Eine Abhandlung. gr. 8. (93 S.) Luzern 864, (Gebr. Räber.)

Müller, J. J. C., s. Müller, Johannes J. C.

Müller, J. J. L., s. Müller, Johann Jakob Ludwig

Müller, J. Im., s. Müller, Johann Immanuel

Müller, J. Joachim, s.a. Müller, Johann Joachim

Müller, J. Joach.: Das Dispensations-Recht in verbotenen Ehen. *Jena.* 706. 4.

— Erzählungen üb. bibl. Geschichte alten Testaments. 4. Dresden. 739.

Müller, J. Johann, s. Müller, Johann Joseph

Müller, J. Joseph, s. Müller, Johann Joseph

Müller, J. K., s. Müller, Johann Kaspar

Müller, J. Karl

Müller, J. Carl, vollständ. geograph. statist. Wörterbuch d. preuß. Staates, s. Handbuch z. d. Atlas v. Preußen, 2. Hälfte.

Müller, J. Kaspar, s. Müller, Johann Kaspar

— s. Müller, Karl Johann Kaspar

Müller, J. Konrad, s. Müller, Johann Konrad

Müller, J. L., s.a. Müller, Joachim Ludwig

– s.a. Müller, Johann Ludwig

Müller, J. L., praktische Anweisung z. Lackiren und die dazu gehörigen Lacke und Firnisse zu verfertigen. Nebst Anhang in kurzer Zeit die Glasmalerei zu erlernen. 8. Lpz. Joachim. 805.

Müller, (Schuhmacher-Meister in Berlin) J. L., ausführl. Beschreibung des Schuhmacher-Handwerks und aller bei demselben gebräuchlichen Werkzeuge, nebst Anweisung über die beste Form der Schuhe und Stiefeln. (Mit e. Vorrede von Klöden und 3 belobenden Zeugnissen.) Mit 4 Kpfrtaf. 8. Berlin 837. (Bade.) n. 1 ℔
4 3/4 B.

Müller, J. L., Schul-Chärtchen nebst gedrängter geograph.-statist. Tabelle vom Königreiche Bayern. gr. 4. Nürnberg 844, Serz u. Comp. In Etui 1/6 ₰

Müller, J. L. (II.), orthographischer Wegweiser. Ein Hilfsmittel für den Unterricht in der Orthographie an Fortbildungs- und geteilten Volksschulen. Für die Hand der Lehrer und Schüler bearb. gr. 8. (52 S.) Kempten 887, Kösel'sche Buchh.

— Landschaften z. Zeichnen für Anfänger. 4. Lpz. Hinrichs. 803.

Müller, J. L. F., die bekanntesten Acker- u. Wiesenunkräuter, deren Schädlichkeit u. Vertilgungsmittel. Nach eigenen Erfahrungen u. Beobachtungen u. mit Benutzung der besten Quellen zum Gebrauche in landwirthschaftl. Fortbildungsschulen u. für landwirthschaftl. Vereine. Stuttgart 867. Hannover, Cohen & Risch. 8. (80 S.) 7½ ngr.

Müller, J. L. F., die Gespinnstpflanzen Flachs und Hanf. Anleitung zur zweckmäß. Cultur und Bereitung derselben. gr. 8. (55 S.) Stuttgart 861, Hallberger's Verlagsh.

—— der Hopfen. Anleitung zum prakt. Anbau desselben. Nach eigenen Erfahrungen und Beobachtungen und mit Benützung der besten Quellen bearb. gr. 8. (IV und 92 S. mit eingedr. Holzschn.) Stuttgart (861)62, Hallberger's Verlagsh. *

— Landwirthschaftslehre in kurzer, gedrängter Darstellung für landwirthschaftl. Fortbildungsschulen, sowie für den praktischen Landwirth bearb. Stuttgart 868. Kitzinger. 8. (XII, 252 S.) 22½ ngr.

Müller, J. L. F., Naturgeschichte f. Volksschulen. Nach dem Normallehrplan bearb. 8. (47 S.) Stuttgart 875. Rupfer. n. — 68

— landwirthschaftliche Vorträge. Gehalten im Winter 1858—59 in der landwirthschaftlichen Fortbildungsschule zu Erkenbrechtsweiler. Tübingen 860. Riecker. 12. (211 S. m. Holzschn.) 18 ngr.

—— der Wiesenbau und die Drainirung. In populären Vorträgen für landwirthschaftl. Fortbildungsschulen, Landwirthe 2c. dargestellt. 12. (180 S. mit vielen eingedr. Holzschn.) Tübingen 861, Riecker.

Müller, J. Leonh., Samml. der neuest. Reichsgeschäfte zu Wien, Regensburg und Wetzlar. 5 Bde. 8. Ansp. Haueisen. 757-61.

Müller, J. Ludwig, s. Müller, Johann Ludwig

Müller, J. M., s.a. Müller, Johann Matth.

– s.a. Müller, Johann Matthias

Müller, J. M. De recta et commoda adplicatione normae ad delineationes chartarum geometricarum commentatio. Gottingae 1753. 4.

Müller, J. M., Progr. de aerario mercatorum apud Romanos. Hamb. 778. f.

Müller, J. M., festliche Gesänge für die reifere Schuljugend. Eine Auswahl 3- u. 4stimmiger Lieder. Herisau (853.) Meisel. qu. gr. 8. (32 S.) n. 5 ngr.

Müller, J. M., Über die arabischen Manuscripte, betreffend die drusische Religion. [Bulletin der königl. Akademie der Wissenschaften.] München 1842. 4°.

— J. M., de enixissimo Pilati Christum servandi studio ejusque vera causa. Hamb. 1751. 4.

Erster Versuch wissenschaftlicher Auffassung und Darstellung des Freimaurer-Ordens von J. M. Müller. Geprüft, und zum Druck befördert von der v.·. u.·. g.·. St. Johannisloge Karl zur geprüften Treue am M.·. zu Heidelberg. [Heidelberg] 1812. 88 S. 8°
Kl. 578, Tt. 1699. Üb. Mysterien u. Symbole des Bundes.

Müller, J. M., Versuch e. Gesch. d. Heilkunde vom Ursprung derselben bis auf gegenwärt. Zeiten. 8. Wien 805. Rehm. 1 ₰ 16 gr

Müller, J. M. (II.), Zeugnisse von Christo als von dem, der da ist der Weg zum Himmel, die Wahrheit und das Leben aus Gott; oder neues Predigtbuch über den 2. Jahrg. der sonntägl. Evangelien in Württemberg. Lex.-8. (XVI und 768 S. mit lithogr. Portr.) Stuttgart 867, Koch. *

Müller, J. M. C., s. Müller, Johann Michael Chr.

Müller, J. M. Fr.: De morbo epid.-spasmod.-convulsivo ..., s. Bergen, Karl August von [Praes.]

Müller, I. Matth., s. Müller, Johann Matthias

Müller, I. Mich., Florilegium poeticum. 8. Frft. 737.

Müller, J. N., s.a. Müller, Johann Nepomuk

– s.a. Müller, Johann Nikolaus

Müller, J. N., der Anti-Bretschneider. Ein apostol. freimüthiges Zeugniß. gr. 8. (10½ B.) Magdeburg 844, Falckenberg u. Comp.

(——) der Anti-König, od. Feuer, Feuer! zwischen der Vernunft u. d. Offenbarung. Eine geistliche Medicin wider den Vernunft-Koller. 1. Dosis. 2. Aufl. gr. 8. (2¾ B.) Magdeburg 845, Falckenberg u. Comp. *

—— verlangte Antwort auf die 5 Wislicenusschen Fragen nebst kurzer Musterung zweier verwandten Geister, nämlich der Hren. Nagel u. Uhlich. gr. 8. (4⅜ B.) Magdeburg 845, Falckenberg u. Comp.

— Ap.-Gesch. 9, 1. „Saulus schnaubt noch" oder: Er setzt seinen „rechten Standpunkt" fort. Eine geistliche Medicin wider den Vernunft-Koller. 2. etwas verstärkte Dosis. gr. 8. Ebend. 844. n. 1/6 ₰

(——) Ap.-Gesch. 9, 1. „Saulus schnaubt noch" od.: Er setzt seinen „rechten Standpunkt" fort. Eine geistliche Medicin wider den Vernunft-Koller. 2., etwas verstärkte Dosis. gr. 8. (4 B.) Magdeburg 845, Falckenberg u. Comp. *

—— la Carte blanche od. das aufgeklärte Glaubensbekenntniß d. halleschen Dreiunddreißiger. Nebst schuld. Begrüßung des Uhlichschen Sendschreibens u. d. Wislicenusschen Monatsschrift. gr. 8. (2¾ B.) Magdeburg 846, Falckenberg u. Comp.*

— die Emancipation der Israeliten. Eine Warnungs- u. Ermunterungs-, wie auch Trost-, Schutz- u. Trutzschrift f. Israel in seinem letzten Exil. gr. 8. (X u. 93 S.) Magdeburg 847, Falckenberg & Co. ¼ ₰

Müller, J. N., statistische Geographie von Böhmen. gr. 8. Prag 806. Hartmann. 2 ß

—— Hört! „Wer war Jesus? Hier fehlt die Antwort." Schriftmäßiges Gutachten üb. die „Blätter f. christl. Erbauung von protestantischen Freunden." Lex.-8. (2 B.) Magdeburg 842, Inkermann. ß *

—— keinen Papismus u. Romanismus! aber ums Himmelswillen auch keine Kirche nach Joh. Ronge! Ein Wort f. unsere Reformationszeit. gr. 8. (5 B.) Magdeburg 845, Falckenberg u. Comp.

—— Luther, ein Glaubensheld, d. Christi großes Verheißungswort erfüllte: Joh. 14, 12. „Wer an mich glaubt, d. wird die Werke auch thun, die ich thue, u. s. w." Predigt z. Feier seines 300jähr. Sterbetags gehalt. gr. 8. (1 ¼ B.) Magdeburg 846, Falckenberg u. Comp. *

Müller, J. N., Primiz-Predigt, geh. bei der Feier des 1. hl. Meßopfers des hochwürd. Hrn. Vincenz Zierer in der Pfarrkirche Westen-Mallersdorf am 17. Mai 1893. gr. 8. (16 S.) Regensburg 893. J. Habbel. n. — 20

—— Uhlich's gewaltiges Schreckmittel in ein Friedensmittel verwandelt u. mit vier Zugaben begleitet. gr. 8. (8 B.) Magdeburg 845, Falckenberg u. Comp. *

Müller, J. N., die Vereinigung der Evangelischen Kirche im Abendmahle, als das Hauptvollendungswerk der Reformation durch die Evangelischen Fürsten und den Evangelischen Bund. 859. 15 ngr. — 2. Aufl. Berlin 860. Evangelische Buchhdlg. (Akadem. Buchhdlg.) gr. 8. (2 Bl., 100 S.) 12 ngr.

Müller, J. N., die Vereinigung der evangelischen Kirche im Abendmahle, als das Hauptvollendungswerk der Reformation durch die evangel. Fürsten und den evangel. Bund. 1. Aufl. und 2. (Titel-)Aufl. gr. 8. (III und 100 S.) Berlin (859)60, [Akademische Buchh.]

—— die wichtigste Zeitfrage: Wer hat den Sohn Gottes? Aus der heil. Schrift u. durch christl. Geschichten beantw. gr. 8. (1 ¼ B.) Magdeburg 845, Falckenberg u. Comp. *

Müller, J. N. K., s. Müller, Johann Nikolaus

Müller, J. Nic., s. Müller, Johann Nikolaus

Müller, J. Np., s. Müller, Johann Nepomuk

Müller, J. O. (Red.), s. Zeitschrift des Vereines der homöopathischen Ärzte Österreichs.

Müller, J. P., s.a. Müller, Johann Peter

– s.a. Müller, Johannes Paul

Müller, J. P., Flora der Blüthenpflanzen des bergischen Landes. Zum Gebrauche in den Schulen zusammengestellt. 8. (III, 131 S.) Remscheid 876, Krumm. *

Müller, J. P. Flora der Blütenpflanzen des bergischen Landes. Gruppierung der Familien nach dem natürlichen System. 10 S. Progr. Remscheid 1878.

Müller, J. P., Flora der Blütenpflanzen d. bergischen Landes. Zum Gebrauche in den Schulen, unter Mitwirkg. v. E. Hintzmann hrsg. 2. Aufl. 8. (XV, 149 S.) Remscheid 885. Krumm. n. 1. 80

— E. Muser u. A. Roth, die badische Gemeinderechnungs-Anweisung m. Erläuterungen, Zusätzen u. Formularien. 3., neubearb. Aufl. (VIII, 440 S.) 8. Ebd. (904). Geb. in Leinw. n.n. 5. —

Müller, J. P., E. Muser, A. Roth, die badische Gemeindevoranschlagsanweisung u. Gemeinderechnungsanweisung f. die der Städteordnung nicht unterstehenden Gemeinden. Mit Erläutergn., Zusätzen u. Formularien. gr. 8. (VI, 415 S.) Karlsruhe 883. Reuther. n. 4. 70

— E. Muser, A. Roth, d. badische Gemeindevoranschlagsanweisung u. Gemeinderechnungsanweisg. m. Erläutergn., Zusätzen u. Formularien. 2 Thle. 2., neubearb. Aufl. gr. 8. Ebd. 886. Geb. in Leinw. n.n. 5. 50

1. Die badische Gemeindevoranschlagsanweisung. (V, 112 S.) n.n. 1. 50
2. D. bad. Gemeinderechnungsanweisg. (VI, 383 S.) n.n. 4. —

Müller, J. P., Handbuch üb. d. badische Sparkassenrechnungswesen. gr. 8. (VIII, 233 S.) Bonndorf 888. J. A. Binder's Nachf. Geb. in Leinw. n.n. 4. 60

Müller, J. P., Handbuch über das badische Sparkassenrechnungswesen. 1. Abthlg.: Die Sparkassenrechnungsanweisg. m. Erläutergn., Zusätzen u. Formularien. 2. Abthlg.: Das Sparkassengesetz vom 9. IV. 1880 u. die hierzu erlassene landesherrl. Verordng. vom gleichen Tag m. darauf bezügl. Ministerialentschließgn. 2. Aufl. Bearb. unter Mitwirkg. v. J. Riegger. (VIII, 283 S.) 8. Bonndorf 898. Spachholz & Ehrath. Geb. in Leinw. n.n. 4. 80

Müller, J. P., Leitfaden für den Unterricht in der Chemie. Für höhere Lehranstalten. 2 Thle. 8. Liegnitz, Cohn. *
Inhalt:
Thl. 1. Anorganische Chemie. 1. Aufl. 1869. (XI, 163 S.) *M 1,50., und 2. Aufl. (VIII, 183 S. mit eingedr. Holzschn.) 875. *M 2.
» 2. Organische Chemie. (V, 130 S. mit eingedr. Holzschn.) 871. *M 1,20.

MÜLLER, J. P.
Leitfaden für den Unterricht in der Chemie. Für höhere Lehranstalten bearbeitet. Zweiter Theil: Organische Chemie. Liegnitz, 1869. 8vo.

— — Leitfdn. f. d. Unterricht in d. Chemie. 2 Thle.
I. anorgan. Chemie. 2. Aufl. 1871. 1.20
II. organ. — 1875. — 72

—— und C. Meunier, Leitfaden für den methodischen Unterricht in der Botanik. Für höhere und mittlere Lehranstalten bearb. 1. Thl.: Morphologie und Physiologie von J. P. Müller. gr. 8. (58 S.) Remscheid 873, Krumm. cart. *

Müller, J. P. (II.), die Mennoniten in Ostfriesland vom 16. bis zum 18. Jahrh. Aktenmässige kulturgeschichtl. Darstellung. 1. Tl. gr. 8. (VII, 231 S.) Emden 887, Haynel. *

Müller, J. P. Der Predigten, üb. I. Die Fröhlichkeit in Hoffnung [Röm. 12, 12a]. II. Die Geduld in Trübsal [Röm. 12, 12b]. III. Das Anhalten am Gebet [Röm. 12, 12c]. Hrsg. vom Kirchenrathe der Mennoniten-Gemeinde zu Emden. gr. 8. (39 S.) Emden 890, (Haynel). • — 60

Müller, J. P. E., s. Müller, Iwan

Müller, J. Peter And., s. Müller, Johann Peter Andreas

Erfurt unter französischer Oberherrschaft (von J. Philibert, d. i. Buchhändler J. Philibert Müller Deutschland (Müller in Erfurt) 1814. 8°.
Weller, fing. Dr. — Bereits sehr selten!

Müller, J. N., Versuch e. Leitfadens bei d. zweckmäß. Studium d. redenden Künste, gr. 12. (8½ B.) Wien 829, Gollinger.

Müller, J. Rud., Anleitung zur Flächen-, Körper- u. Festigkeits-Berechnung. Leichtfassliche Entwicklung der Formeln zur Berechnung von Flächen u. Körpern für Laien; ihre Anwendung in der Praxis des Handwerkers zum Berechnen der Festigkeit verschiedener Materialien, nebst entsprechenden Tabellen u. Erläuterungen zur Berechnung v. Drahtseilzügen, Balken, einfachen Häng- u. Sprengwerken etc., sowie Tabellen über Dimensionen v. Stützmauern u. Brückengewölben. Mit ca. 150 erläut. Aufgaben u. m. 51 in den Text gedr. (Holzschn.-)Fig. gr. 8. (VIII, 83 S.) Aarau 879. (Sauerländer.) n. 2. —

Müller, J. S., s. Müller, Johann Samuel

– s. Müller, Johann Sebastian

Müller, J. S. F., s. Müller, J. C. F.

Müller, J. Sam., s. Müller, Johann Samuel

Müller, J. Seb., Annalen des Hauses Sachsen, Ernest. u. Albertin. Linie von 1400 - 1700. Fol. Lpz. 701.

Müller, I. Steph., s. Müller, Johann Stephan

Müller, J. T., s. Müller, Johann Tobias

Müller, J. T. E., s. Müller, Johann Theodor Eusebius

Müller, J. T. F., s. Müller, Johann Theodor Eusebius

Müller, J. Th. E., s. Müller, Johann Theodor Eusebius

Müller, I. Thadd., s. Müller, Johann Thaddäus

Müller, I. Theod., Europa in tabulis. fol. Dresd. 736.

Maurer - Weihe. Comp. von J. Theod. **Müller.** [Unterz.:] [Osw.] Marbach. [Glauchau] o. J. [Dulce]. 2 Bl. 4⁰ [Kopftit.]
Kantate ohne Noten: „Der Sturmwind braust, der Donner kracht, . . .“

Müller, J. Traug., s. Müller, Johann Traugott

Müller, J. U., s. Müller, Johann Ulrich

Müller, J. V., s. Müller, Johann Valentin

Müller, J. Volkmar, s. Jh. Joach. Müller, Fortsetz. u. Register zu s. entdeckten Staatskalender.

Müller, J. W., s.a. Müller, Johann Wilhelm

– s.a. Müller, Johann Wolfgang

Müller, J. W., Anleitung den Gemüse- und Obstbau durch zweckmäßigen Betrieb auf den höchsten Ertrag zu bringen. Zugleich eine Anweisung, den Werth von cultivirtem Gartenland bei Expropriations- und anderen Abschätzungs-Verhältnissen zu ermitteln. Für Gärtner, Garten- und Gutsbesitzer. Berlin 854. Gärtner. gr. 8. (VIII, 136 S. u. 1 Tab. in 4.) n. 20 ngr.

Müller, J. W., Untersuchungen über Flüssigkeitsketten, Beiträge zur Physik, Physiologie u. Chemie. Abth. 1. Mit 1 lith. Tfl. und Holzschn. i. Text. Leipzig 1869. 8⁰.

Müller, J. W. L., zwei zu Lissabon gehaltene deutsche Gelegenheits-Predigten. 8. Brünn 787. (Leipz., Göschen). 8 gr.

Müller, J. Wolfg., s. Müller, Johann Wolfgang

Müller, J. Worm, s. Müller, Jakob Worm

MÜLLER, Jakob (Neustadt): De angina parotidea.- Monachii: Deschler 1840. 16 S.
21.7.1838 - Urk; F 64
Diss. Ingolst.-Landsh.-Mchn.

Beschreibung des neuen Gymnasialgebäudes zu Neustadt a. d. Haardt. Mit einer Ansicht und 2 Plänen. — Von Jabob Müller, St.-R. — 1889, Neustadt a. d. H., J. H. Ziegler. — S. 3—11.
Progr. Neustadt a. d. Haardt (Pfalz), K. Gymn.

Mueller, Jacob. Aus den Erinnerungen eines 48ers: Skizzen aus der deutsch-amerikanischen Sturm und Drang Periode der 50er Jahre. Cleveland: Schmidt, 1896. GSP

Müller, Jakob [pr. Arzt aus Rybnik in Schlesien]:
Über Thrombose der Hirngefässe ... Würzburg 1888: Stürtz. 25 S. 8⁰
Würzburg, Med. Fak., Inaug.-Diss. v. 1888

Müller, Jak. Zur Übersetzung und Erklärung des Livius (II 1—20). X, 48 SS. 8. **Progr.** *Neustadt a. d. H.* 1881.

Müller, J[akob], [von Frankenthal, Bayern]: Kritischer Versuch über den Ursprung und die geschichtliche Entwicklung des Pesach- und Mazzothfestes. '(Nach den pentateuchischen Quellen.)'. Ein Beitrag zur hebräisch-jüdischen Archäologie. Bonn E. Weber 1883. VII. 85 S. 8⁰.
(Zürich, Phil. Diss. I. S. [v. 12. Juli 1884]).

Müller, J., kritischer Versuch üb. den Ursprung u. die geschichtliche Entwicklung d. Pesach- u. Mazzothfestes. [Nach den pentateuch. Quellen.] Ein Beitrag zur hebräisch-jüd. Archäologie. gr. 8. (VII, 85 S.) Bonn 883. Weber. n. 2. —

Müller, Jacob Alex. [aus Minkelfeld '(Rheinprov.)']: Ueber den Borneotalg oder Minjak Tangkawang ... Erlangen, Druck d. Univ.-Buchdr. v. E. Th. Jacob, 1892; 21 S. 8.
Erlangen, Phil. Fak., Inaug.-Diss. v. 1892

Müller, Jac. Fr., Abbild. d. Gottesgelahrheit nach natürl. Lehrart. 8. Frft. (Krieger, G.) 728.

— Lehre von den Regeln zu denken. 8. Ebend. 736.

— ungegr. u. idealist. Monadologie, oder wahre Gest. der Leibnitz. und Wolf. Lehre von d. eins. Dingen. 4. Ebend. 745.

Müller, Jak. Friedr. u. Alex. Emericus Jos. de Meuseren (Hadamar)
Disquisitio academica, an jus naturae exiturum, hominesque obligaturum fuisset, etiamsi deus non existeret.
Gissae Sept. 1739: Müller. (2), 46 S. 4⁰
publice ventilanda

Müller, Jacob Friedrich: De axiomatis philosophicis articulos generales, s. Bilfinger, Georg Bernhard

Müller, Jakob Friedrich [Präs.] u. Friedr. Karl Feuerbach (Darmstadt) [Autor]
Influxus physicus diversis disputationibus restitutus. [Disputatio] prima.
Giessae [30.] März 1735: Eberh. Henr. Lammers. 48 S. 4⁰

— **Jakob Friedrich,** Periculum juridicum ad materiam de sponsalibus et matrimonio, quo notiones aliquot fundamentales pro commentatione de his objectis vere demonstrativa stabiliuntur. Frankfurt/Main (Ph. H. Hutter, J. B. Eichenberg) Aug. 1744. 42 S. (4.50) 24067
Gew.: Conrad Heinrich von der Lühe.

Müller, Jakob Worm

Müller J. Worm: Transfusion u. Plethora. Eine physiolog. Studie. Univ.-Progr. Christ. 1875. 125 S.

— Dr., Experimentale Untersuchung uber die Physiologie des Gehörs. Berlin 1838.

Müllor, Jacob Worm, Dr., Versuche über die Einflüsse der Wärme und chemischer Agentien auf die elektro-motorischen Kräfte der Muskeln und Nerven. Würzburg 1868.

Mueller, Mr Jean, Docteur en philosophie, conservateur de l'herbier de M. de Candolle, ... [von Kulm, Kt. Aargau]: Monographie de la famille des Résédacées. Accompagné de dix planches lithographiées. Ouvrage couronné par le prix quinquennal fondé par M. Pyr. de Candolle. [S. A. aus: Neue Denkschriften d. allg. schweiz. Ges. f. d. ges. Naturwiss., Bd 16, N. 1]. Zur. Zurcher et Furrer Impr. 1857. 1 Bl., 239 S., 10 Taf. 4°.
[Zürich, Phil. Diss. v. 20. März 1857].

Mueller, Jean, monographie de la famille des Résédacées. Accompagné de 10 planches lithogr. Ouvrage couronné. Zürich 857. (Genf, Kessmann.) gr. 4. (239 S.) n. 7 ₰.

Mueller, Jean, Monographie de la famille des Résédacées. Accompagnée de 10 planches lith. Ouvrage couronné. gr. 4. (239 S.) Zürich 857. (Genf, Müller-Darier.) *

Müller, Jean Baptiste

Müller, Jean Bapt., Flora Waldeccensis et Itterensis, od. Aufzähl. u. Beschreib. der in d. Fürstenth. Waldeck u. d. Grosshrzgl.-Hess. Herrschaft Itter wildwachs. u. allgem. angebauten Pflanzen. — Phanerogamen. gr. 12. (23 1/2 B.) Brilon 841. [Hanau, König.] * 1⅓ Thlr., hrbgs. Pr.

Müller, Jh. Bapt., Flora Waldeccensis et Itterensis, oder Aufzählung u. Beschreibung der in dem Fürstenthum Waldeck u. der Großherz.-Hessischen Herrschaft Itter wildwachsenden u. allgemein angebauten Pflanzen. — Phanerogamen. gr. 12. Brilon 841. (Paderborn, Wesener.) n. 1 2/3 ₰ — Bei König in Bonn n. 2/3 ₰

– Die Gifte, s. Müller, Johannes

Müller, J. B., die Heilkraft der Natur u. ihre Falschmünzer, die Allo- u. Homöopathen. gr. 8. (2 B.) Berlin 845, Grobe.

— botanisch-prosodisches Wörterbuch, nebst einer Charakteristik der wichtigsten natürlichen Pflanzenfamilien, für angehende Aerzte, Apotheker, Forstmänner u. Dilettanten der Botanik. 1e Lfrg. (A—H.) gr. 4. Brilon 840. (Paderborn, Wesenersche Buchh.) n. 1 1/2 ₰

—— botan.-prosod. Wörterbuch, nebst e. Charakteristik d. wichtigsten natürl. Pflanzenfamilien f. angeh. Aerzte, Apotheker, Forstmänner u. Dilettanten d. Botanik. (3 Lfgn.) gr. 4. (65 B.) Brilon 840, 41. (Leipzig, Kummer.) •

Müller, Jean Philipp, Kalkulation od. Kostenberechnung im Schuhmacherhandwerk. Vortrag, geh. am 15. IX. 1907 in der pfälz. Schuhmachermeister-Versammlg. in Kaiserslautern. (III, 18 S.) 8. Neustadt Ach 907. (H. Epp.) — 75

Müller, Jens [aus Hamburg]: Über die Einwirkung von Diazobenzol auf Brenztraubensäure und Lävulinsäure ... München, kgl. Hof- u. Univ.-Buchdr. v. Dr. C. Wolf & Sohn, 1893; 69 S. 8.
München, Phil. Fak., Inaug.-Diss. v. 1893

Müller, Ignaz

Müller, J., prakt. Anleit. zur Markscheidekunst, zum Selbstunterricht für den gemeinen Bergmann. 4. Siegen, Müller u. Comp. 809.

Müller, Ign. I., prakt. Anleit. z. Markscheidekunst, z. Selbstunterricht f. d. gemeinen Bergmann. 4. Siegen 809. (Rein in Leipz.) 12 gr.

Müller, J. Praktische Anleitung zur Markscheidekunst. Siegen, 1812.

Müller, Ign. II., üb. den Scheintod; hrsgg. nach dessen Tode von G. F. Wend. gr. 8. Würzb. 815. Stahel. 1 ₰

(**Müller,** Imm.), s. † Mildenberg, L.

Müller, Jo., s. Müller, Johann

Müller, Joach. Hartw., († 1777.) Versuch e. Abhandl. von den Urnen d. alten deutschen u. nordischen Völker. Mit e. Vorrede v. Gf. Schütze. 8. Altona 755. Korte. 6 gr.

Joachim Hartwig Müllers Versuch einer Abhandlung von den Urnen der alten Deutschen und Nordischen Völker. Mit einer Vorrede Gottfried Schützens. Altona und Flensburg. 1756. 8°.

v. **Müller,** Joach. Jh. Hnr., († d. 3. März 1798.) s. Abhandl. v. Abschaff. d. Accidentalheb.

Müller, Joachim Ludwig

Müller J. L.: Gedanken wie dem immer mehr zunehmenden Brennholz-Mangel abzuhelfen. Rostock u. Leipz. 1756. 16 S. P.

MÜLLER, Joachim Ludwig: Gedanken, wie dem immer zunehmenden Mangel des Brennholzes abzuhelfen. - Rostock, Leipzig 1756

— **Joachim Ludwig** (Treptow/Pommern), De ossis femoris luxatione. Diss. med.-chir. Präs. Johann Heinrich Schulze. Halle/Magdeburg) (J. Chr. Hilliger) Sept. 1738. 26 S. (5.—) 24070
Gew.: Friedrich Hoffmann. — Widm. v.: Friedrich Hoffmann, Johann Heinrich Schulze.

Müller, Ioannes, s. Müller, Johann

– s. Müller, Johannes

Müller, Jobst Hermann Christian

* — — Kuntervers Vielesaufficas (sic!) Des Ehrsamen Schuster-Handwercks zu Beitzendorff Mit .... Jobst Hermann Christian Müller, Wissenschafftlichen Hof-Fuss-Kleidermacher In Dresen (!) .... Gedruckt in November 1738. 4°. 8 Bll. (Ebd.: an Yy 4211.)

* — — Ne Sutor ultra Crepidam! Der von dem .... Hoff-Schuster in Dressden Jobst Hermann August Müller, Nach mathematischer Methode gar übel unterrichtete .... Schuster-Geselle .... mit einer Vorrede begleitet von Picander dem Treuhertzigen (Johann Georg Hager). Strassburg zu finden auf der Schuster-Herberge, o. J. 4°. 6 Bll. (Ebd.: an Yy 4211.)

* **MÜLLER**, Jobst Herm. Chrn. (ps.). — Nihil zine rattione zufficientes. (sic!). Der nach Mathematischer Methode .... unterrichteter Schuster-Geselle .... von dem Wissenschafftlichen Hoff-Schuster in Dresden *Jobst Hermann Christian Müller* .... Mit einer .... Vorrede begleitet .... von Christian Hecht (ps.), der Wolfischen Philosophie ergebenen. Gedruckt in Aller Heiligen-Stadt, o. J. 4°. 12 Bll. (In Berlin: Yy 4211, mit 2 Beibdn.)
Prosa-Satyre auf die Wolfische Philosophie, wie die beiden vorhergehenden Schriftchen.

Mueller, Jodocus (geb. am 17 Dez. 1848 in Heerlen in Holl.): Beitrag zur Lehre vom Coloboma Bulbi ... Bonn, Druck v. J. F. Carthaus (1874). 21 S., 1 Bl. 8.
Bonn, Med. Fak., Diss. v. 15 Aug. 1874

Müller, Joel, biblische Bilder, dargestellt in Kanzelreden. 1. Heft. Böhmisch-Leipa 869. Hamann. gr. 8. (46 S.) n. 8 ngr.

Müller, Joel, Einleitung in die Responsen der babylonischen Geonen. (In hebr. Sprache.) gr. 8. (VIII, 300 S.) Berlin 891. M. Poppelauer. 6. —; ermäss. Preis n. 4. —

Müller, Joel, kurze geonäische Entscheidungen, erschienen zum 1. Male in Constantinopel 1516. Verb. Ausg., m. Einleitg., Commentar u. Indices versehen v. J. M. Veröffentlicht v. Sal. Fuchs. gr. 8. (102 S.) Krakau 893. (Frankfurt a/M., J. Kauffmann.) n. 1. 75

— Fest- u. Gedenkreden, geh. in dem Betsaale der Auerbach'schen Waisen-Erziehungsanstalten in Berlin. gr. 8. (VII, 128 S.) Berlin 893. F. Dümmler's Verl. n. 1. 60; geb. n. 2. —

Müller, Joel, Masechot Soferim. Der talmud. Tractat der Schreiber, eine Einleitung in das Studium der althebr. Graphik, der Masora u. der altjüd. Liturgie. Nach Handschriften hrsg. u. commentirt. Mit Unterstützung der kais. Akademie der Wissenschaften in Wien. gr. 8. (III, 386 S.) Leipzig 878. Hinrichs' Verl. n. 6. —

— réponses faites par de célèbres rabins français et lorrains du XI. et XII. siècle, publiées d'après un manuscrit et accompagnées d'un commentaire et d'une préface. gr. 8. (XL, 122 S.) Wien 881. (D. Löwy.) n. 3. —

Mueller, Joël, Réponses faites par de célèbres rabins français et lorrains du XIe et XIIe siècle, publiées d'après un manuscrit et accompagnées d'un commentaire et d'une préface. gr. 8. (XL, 122 S.) Wien 881, (Polák.) *

— Responsen d. R. Kalonymus aus Lucca. (In hebr. Sprache.) gr. 8. (16 S.) Frankfurt a/M. 891. J. Kauffmann. n. 1. —

Müller, Joel, Responsen der Lehrer des Ostens und Westens, nach Handschriften hrsg. und erklärt. (In hebr. Sprache.) gr. 8. (VII, 140 S.) Berlin 888. (Wien, Lippe.) n. 2. 50

Müller, Joël, die Spenden der Mutterfreude. Predigt. Gehalten zur Feier der Geburt der Erzherzogin Maria, am 25. April 1868 im israelit. Tempel zu Böhmisch-Leipa. 8. (12 S.) Böhmisch-Leipa 868, (Hamann.)

— kritischer Versuch über den Ursprung und die geschichtliche Entwicklung des Pesach- und Mazzothfestes. [Nach den pentateuch. Quellen.] Ein Beitrag zur hebräisch-jüd. Archäologie. gr. 8. (VII, 85 S.) Bonn 883, Weber's Verlag. *

[Umschlagt.:] [F.] Leopold Zunz. Ansprache geh. bei d. Eröffng des Wintersem. an d. Lehranst. f. d. Wiss. d. Judentums in Berlin ... 1894 v. d. derzeit. Vorsitzenden des Lehrercoll. Dr. Joel **Müller**. S.-A. a. d. 'Popul.-wiss. Monatsbl. z. Belehrg üb. d. Judentum ...' *Frankfurt a. M.: Dr. r. H. L. Brönner 1895.* (7 S.) 1 Bd 8. [97. 255

Müller, Joel, Leopold Zunz. Ansprache, geh. bei d. Eröffng. d. Wintersemesters an d. Lehranst. f. d. Wissenschaft d. Judentums in Berlin am 29. Oktbr. 1894 v. d. derzeit. Vorsitzenden d. Lehrercollegiums J. M. [Aus: „Populär-wissenschaftl. Monatsblätter z. Belehrg. üb. d. Judentum".] gr. 8. (7 S.) Frankfurt a/M. 895. (Berlin, M. Poppelauer.) n. — 25

Müller, Johann, s.a. Müller, Johannes

Müller, Joh., s.a. Lorand-Müller, Joh.

— — (**Nürnberg**), De Alexandra Judaeorum regina tanquam specimine sapientis ex hac gente foeminae ad illustrandam historiam factionum Judaicarum. Präs. Gustav Georg Zeltner. Altdorf-Nürnberg (Kohle) 11. XII. 1711. 40 S. (5.—) 24080
Gew.: Andreas Muhldorff, Wolfg. Christoph Winckler, Wolfgang Pflieger, Joh. Albert Spies, Joh. Wolfgang Neubrunner. — Widm. v.: Gustav Georg Zeltner.

Müller, Jh. Vl., Alles f. Jugend, Vaterland u. Monarchen. Eine Reihe von moral. Erzähll. u. histor. Aufsätzen f. d. Jugend. 3 Bdchen. Mit Kpf. 12. Prag 830. (Leipz., Centr.-C.) 1 ℛ 8 g — 2s Bdchen. A. u. d. T.: Oesterichs Trauer bei d. Krankheit ſs. geliebten Herrschers Kaisers Franz, des Vaters ſr. Völker. — Howora der Fürstenretter. — Soliman vor Güns im J. 1531, nebst 6 andern Erzähll. Mit Titelkpf. 830. 14 g — 3s Bdchen. A. u. d. T.: Der wunderb. Hofmeister. Die Lärmkanone ꝛc. Mit Titelkpf. 16. Ebd. 8 g

— Alles für Jugend, Vaterland u. Monarchen, e. Reihe v. Erzähln. u. histor. Aufsätzen. 8 Thle. 16. (26½ B. u. 7 Stndr.) Znaim 830, 34. (Wien, Beck.)

Müller, Jh. Vl., Alles für Jugend, Vaterland u. Monarchen, eine Reihe von Erzählungen u. histor. Aufsätzen. 2 Thle. (N. Ausg.) Mit 6 Steindr. 16. Znaim 834. Hofmann. n. 2/3 ℛ

Müller, Joh., Anästhetika. Ueber d. verschied. gebräuchl. Anästhetika, ihre Wirkungsweise u. d. Gefahren bei ihrer Anwendg. Welches Anästhetikum eignet sich am besten f. d. Gebrauch im Felde? M. 110 Abb. gr. 8. (VIII, 188 S.) Berlin 898. Mitscher & Röstell. n. 5. —

Müller, Joh., Anfangsgründe der geometrischen Disciplinen für Gymnasien, Real- u. Gewerbeschulen, sowie auch zum Selbstunterrichte bearb. 3 Thle. Braunschweig 859. Vieweg & Sohn. gr. 8. n. 1 ℛ 10 ngr.
1. Theil: Elemente der ebenen Geometrie u. Stereometrie. Mit 141 in den Text gedr. Holzschn. 2. verb. u. verm. Aufl. (XI, 113 S. u. 2 Holzschntaf.) n. 15 ngr.
2. Theil: Elemente der ebenen u. sphärischen Trigonometrie. Mit 25 in den Text gedr. Holzschn. 2. verb. u. verm. Aufl. (VIII, 76 S. u. 1 Holzschntaf. in 4.) n. 10 ngr.
3. Theil: Elemente der analytischen Geometrie in der Ebene u. im Raum. Mit 90 in den Text gedr. Holzschn. (XI, 111 S. u. 1 Holzschntaf.) n. 15 ngr.

Müller, Johs., Anfangsgründe der geometrischen Disciplinen für Gymnasien, Real- u. Gewerbeschulen, sowie auch zum Selbstunterrichte bearb. 1. Thl.: Elemente der ebenen Geometrie u. Stereometrie. Mit 143 in den Text eingedr. Holzst. 3. verb. u. verm. Aufl. Braunschweig 869. Vieweg & Sohn. gr. 8. (IX, 120 S. mit 2 Holzschntaf.) n. 15 ngr.

Müller, Johs. (I.), Anfangsgründe der geometrischen Disciplinen für Gymnasien, Real- und Gewerbeschulen, sowie auch zum Selbstunterrichte. Mit zahlreichen in den Text eingedr. Holzst. 2. und 3. (Schluß-)Thl. gr. 8. Braunschweig, Vieweg und Sohn. *

Inhalt:

Thl. 2. Elemente der ebenen und sphärischen Trigonometrie. 3. verb. und verm. Aufl., bearb. von Hub. Müller. (VIII, 80 S. mit 1 Holzschntaf. in qu. 4.) 876. *ℳ 1,20.

3. Elemente der analytischen Geometrie in der Ebene und im Raum. 2. verb. und verm. Aufl. bearb. von Hub. Müller. (XIII, 118 S. mit 93 in den Text eingedr. Holzst.) 878. *ℳ 1,60.

1. Thl. Ebendas. 1869. *ℳ 1,50.

Müller, Joh. (II.), Anfangsgründe der geometrischen Disciplinen für Gymnasien, Real- und Gewerbeschulen, sowie auch zum Selbstunterrichte bearb. 1. Thl. A. u. d. T.: Elemente der ebenen Geometrie und Stereometrie. 4. verb. und verm. Aufl., bearb. von Hub. Müller. gr. 8. (XI, 124 S. mit 155 in den Text eingedr. Holzst., 1 Holzschntaf. mit 4 Maaßstäben und 4 Transporteuren.) Braunschweig 880, Vieweg und Sohn. *

2. und 3. (Schluß-)Thl. Ebendas. 1877,78. *ℳ 2,80.

Müller, Joh., praktische Anleitung zur Hebung der Weinproduction, mit besonderer Rücksicht auf die Kronländer des österreich. Kaiserstaates. Nach vieljährigen Erfahrungen u. erprobten Versuchen mehrerer bis jetzt bekannten Cultur-Methoden bearb. Mit 91 Abbildgn. auf 11 (lith.) Taf. (in 4. u. Fol.) Wien 862. (Gerold.) Lex.-8. (VII, 159 S.) n. 2 ℛ

--- Dass. 2. Aufl. Pest: Heckenast 1867. VI, 159 S., mit 91 Abb. -- [Zit. nach Kayser]
BJ: 1866. -- Bibliotheca oenologica: 1866.

Müller, Joh., praktische Anleitung zur Hebung der Weinproduction, mit besond. Rücksicht auf die Kronländer des österreich. Kaiserstaates. Nach vieljähr. Erfahrungen u. erprobten Versuchen mehrerer bis jetzt bekannten Cultur-Methoden bearb. 2. (Titel-)Aufl. Pest 867. Heckenast's Verlag. gr. 8. (VI, 159 S. mit 91 Abbild. auf 11 Steintaff. in 4. u. Fol.) n.n. 1 ℛ 18 ngr

Müller, Joh., die Aequatorialzone des gestirnten Himmels. Lithochrom. 9' lang; 2' 1" hoch. Mit Text (7 S. in 8.) Freiburg im Br. 856, Wagner'sche Buchh. *

—— dass. — (Mit eingezeichneten Bahnen des Mars, Jupiter und der Venus von 1857 — 1860.) Lithochrom. 9' lang; 2' 1" hoch. Mit Text (7 S. in 8.) Ebds. 856. *

Müller, Joh., (in Freiburg), die Aequatorialzone des gestirnten Himmels. 856. n. 1 ℛ. 8 ngr — 2. Aufl. Freiburg i. Br. 858. Wagner. (8 S. in 8. u. 1 lith. Karte in gr. Fol.) 1 ℛ. 15 ngr

— — Atlas der Physik. Nebst einem Abriss dieser Wissenschaft. 10 Tfln. (455 Fig.) u. Text. Separatausgabe der 2. Aufl. des Bilderatlas. Leipzig 1871. med. 8°.

Müller, Joh. (III.). Der Baculus in Schule u. Haus. 8. (35 S.) Essen 890, (Geck). * — 20

Müller, Joh., der Bau u. die Thätigkeit des menschlichen Körpers, nebst e. Anh.: Ueber die erste Hilfe bei Unglücksfällen, f. Turnanstalten zusammengestellt. gr. 8. (144 S. m. 5 Abbildgn.) Berlin 901. Mitscher & Röstell. Kart. n. 3.—

Müller, J. — Der Baumbeschädiger aus Kindesliebe und das Hochzeitsgeschenk oder: die Zauberlampe. Erzählungen von — —. 8. (78 S.) Neuhaus. Druck und Verlag von Alois Jos. Landfraß, 1853.

Müller, Joh., der Baumbeschädiger aus Kindesliebe. — Das Hochzeitsgeschenk, oder: die Zauberlampe. Erzählungen. 2. Aufl. Neuhaus 865. Landfraß & Sohn. 8. (71 S.) n. 3 ngr

Müller, Joh. (III.), Beiträge zur Kritik und Erklärung des Cornelius Tacitus. 1. Heft: Historiarum 1 et 2. gr. 8. (60 S.) Innsbruck 865, Wagner'sche Universitäts-Buchh. *

Müller, Joh. (I.), Beitraege zur Kritik und Erklaerung des Cornelius Tacitus. 2.—4. (Schluss-)Heft. gr. 8. Innsbruck, Wagner'sche Universitäts-Buchh. à Heft *ℳ 1,20. *

Inhalt:

Heft 2. Historiarum III—V. (58 S.) 869.
» 3. Annalium I—VI. (61 S.) 873.
» 4. Annalium XI—XVI. Mit einem sprachlichen Register über alle 4 Hefte. (51 S.) 875.

1. Heft. Ebendas. 1865. *ℳ 1,20.

Müller, Johann [approb. Arzt aus Balje in Hannover]: Beiträge zur Tracheotomie. Bericht über 349 derartige im Hamburger allgemeinen Krankenhause ausgeführte Operationen .... Altona, Druck v. H. W. Köbner & Co., 1886; 16 S. u. 1 Taf. 8°.
Würzburg, Med. Fak., Inaug.-Diss. v. 1886.

Müller, Johann, Beiträge zur Tracheotomie. Bericht über 349 derartige im Hamburger allgemeinen Krankenhause ausgeführte Operationen. Diss. Würzburg 1886, Stahelsche Univ.-Buchh. 8°. 16 S. mit einer Taf.

Müller, J. Bericht über ein neu entdecktes Cetaceum aus Radoboy: Delphinopsis Freyeri. (Aus d. Sitzungsb. d. k. Akad.) Wien. 1853. 8.

Müller Johann. Bericht über ein neu entdecktes *Cetaceum* aus Radoboj, *Delphinopsis Freyerii*. S. 10. 84 . . . . vgr.
Separatabdruck

Müller, J. (Hrsg.), s.a. Bericht über die neuesten Fortschritte der Physik.

—— Bericht über die neuesten Fortschritte der Physik. In ihrem Zusammenhange dargestellt. Mit zahlreichen in den Text gedr. Holzschn. 1—10. Lfg. gr. 8. (1. Bd. XVII und S. 1—874.) Braunschweig 849—51, Vieweg und Sohn. à Lfg. * 15 Ngr. *

Müller, Jh. V., Beschäftigungen für Verstand u. Herz. 8. Götting. 805. Dieterich. 1 ℛ

Beschreibung des Kollossal-Relief, Napoleon I. Zug über den grossen St. Bernhard vom 16.—20. Mai 1800 darstellend. Erbaut im Maassstabe 1:500 von Joh[ann] Müller, Relief-Construkteur aus Zürich.... 2. Aufl. [Mit 1 Illustration.] II + 16 S. 8. [1902?] fr. —. 10

Müller, Jh. IV., (Maler in Nördl.) kurze Beschreib. d. freien Reichsstadt Nördlingen, nebst e. die damit verwandten Kupferstiche beleuchtenden Erläuterr. 8. Leipz. u. Dessau 784. Gel. Handl.

Müller, Joh. (I.), Blumen d. Trostes, gepflückt in Deutschlands Dichtergarten, gepflanzt auf Denkmähler d. Gestorbenen, u. Allen gewid., die um Todte trauern. 12. (5 B., Ttlkpfr. u. 1 Musikbeil.) Prag 830. (Leipzig, Central-Comptoir.)

— Blumen des Trostes, gepflückt in Deutschlands Dichtergarten. 12. Prag, jetzt Medau in Leitmeritz. 1/3 ℛ

— — (Hamburg), Exercit. jur. inaug. ad L. divus. VI. D. de bonis damnatorum. Präs. Anton Driessen. Groningen (G. Elam.) 29. XI. 1725. 38 S. (5.—) 24078

—— und Leonh. Euler, physikalische Briefe, s. Euler.

Müllerus, Ioannes: • (De Aeschyli carmine chorico, quod exstat in Choëph. inde a vss. 779—829.) 93 S. 8° (4°)
Halle-Wittenberg, Phil. Diss. v. 15. Sept. 1827
Geb. |Lieske b. Senftenberg (Lausitz) 1803; KB vor 1846 nicht mehr vorh.|

Zur Charakteristik der Wiltensinschen Norica-Sammlung im K. Realgymnasium Nürnberg. — Von Dr. Joh Müller, G.-P. — 1905, Nürnberg, Bieling-Dietz. — P. 3—24.
Progr. Nürnberg, Realgymn.

Müller, Joh. (Worms) [Auctor]
Dissertatio juridica inauguralis continens collationem juris romani et statutarii liberae S.R.I. civitatis Francofurti ad Moenum in materia de substitutione pupillari.
Gissae 10. Juni 1786: Braun. (2), 70 S. 4°
pro licentia summos in utroque jure honores rite consequendi.

Müller Jo., Dissertatio de conventu sagarum in monte Bructerorum nocte ante calend. Maii. Von der Hexen-Zusammenkunft auf dem Brockelsberg in der Walpurgis-Nacht. Francofurti et Lipsiae 1745. 4°. (3 Mk. Frdr. Klüber, 1905.)

Müller, Joh. (I.), kurze Darstellung d. Galvanismus. Nach Turner, mit Benutz. d. Orig.-Abhandln. Faraday's bearb. Mit e. Vorw. v. J. Liebig. gr. 8. (6¾ B. u. 38 eingedr. Abbild.) Darmstadt 836, Pabst.

Müller, Joh., populäre Darstellung der gesammten Erdkunde. Ein geograph. Taschenbuch f. Jedermann. 2., verb. u. verm. Aufl. 8. (15¼ B. u. 1 col. Karte.) Wien 844, Haas'sche Buchh. 25 Ngr.; ohne Karte

— — (Gertovillano), Disputatio theol. qua delineatio ecclesiae apostolicae ad ductum s. scripturae ejusque Sect. I. Fascic. I. Präs. Georg Friedrich Weber. Straßburg (Kürsner) 30. V. 1783. 11 S. (4.—) 24077

— — (Lübeck), De demonstratione autoris in delictis. Disputat. jur. Präs. Caspar Matth. Müller. Rostock (N. Schwiegerov) 1702. (5.—) 24079

Müller J.: Elemente d. analytischen Geometrie in der Ebene u. im Raum ... Braunschw. 1859. 111 S. Fig. 1 Tvl.
(=: Anfangsgründe d. geometr. Disciplinen. 3. Th.).

Müller, J. Elemente der analytischen Geometrie der Ebene und des Raumes. Braunschweig, 1878.

—— **Elemente d. ebenen Geometrie, f. Schulen bearb.** gr. 12. (4 B.) Darmstadt 838, Pabst. •

Müller, Joh. Elemente der Geometrie, Trigonometrie und analytischen Geometrie. 2. A. Braunschweig 1859.

—— **Elemente d. ebenen Trigonometrie, f. Schulen** bearb. gr. 12. (3½ B.) Darmstadt 839, Pabst. •

— Elemente der sphärischen Trigonometrie, f. Schulen bearbeitet. 12. Darmstadt 840. Pabst. ¼ Thlr.

—— **Elemente d. sphär. Trigonometrie, f. Schulen** bearb. gr. 12. (1½ B.) Darmstadt 841, Pabst. •

Müller, Joh., Emendationen zur naturalis historia des Plinius. I—III. Lex.-8. Wien, (Gerold's Sohn.) [I. (30 S.) 877. ** 50 Pf.; II. (40 S.) 878. ** 60 Pf.; III. (37 S.) 879. ** 50 Pf.] **
Aus: Sitzungsberichte der k. Akademie der Wissenschaften, besonders abgedruckt.

Müller, Joh. (I.), Emmendationen zur naturalis historia des Plinius. IV et V. Lex.-8. Wien, (Gerold's Sohn.) [IV. (34 S.) 880. ** 50 Pf.; V. (26 S.) 882. ** 40 Pf.] **
I—III. (Ebendas.) 1877—79. * ℳ 1,60.
Aus: Sitzungsberichte der k. Akademie der Wissenschaften, besonders abgedruckt.

Müller Johann, Dr.: Emendationen zur *Naturalis Historia* des Plinius. 1. Teil. S. 86. 184 . . . . . „ —.50
— — 2. Teil. S. 90. 349 . . . . . „ —.60
— — 3. Teil. S. 94. 149 . . . . . „ —.50
— — 4. Teil. S. 96. 415 . . . . . „ —.50
— — 5. Teil. S. 99. 411 . . . . . „ —.40
Separatabdruck

Müller, Joh. (II.), vollständige Enthüllungen des Kosmos. Weltkraft, Entwickelung und Seelenleben. 5 Thle. in 2 Bdn. 8. (640 S. mit Illustr.) Hamburg 871, L. M. Glogau. (ℳ 7,50.)

Müller, Joh. Die Entsetzung von Mantua. 8. (Wien) 1796.

Müller, Joh., Dr., Entwickelung der Gesetze des Elektro-Magnetismus. (Besond. Abdr. aus Dr. Joh. Müller's Bericht über die neuesten Fortschritte der Phys. Lieferung 5 u. 6.) Braunschweig 1850.

Müller, Dr. Johann, Erdkunde für Mittelschulen. 3. Teil, für die III. Klasse. Wien 1910. F. Tempsky. Geh. K 2.—, geb. K 2.50.

Müller, Johann Heinrich Jacob (Darmstadt)
Erklärung der isochromatischen Kurven, welche einaxige parallel mit der Axe geschnittene Kristalle in homogenem polarisirtem Lichte zeigen.
Darmstadt: Leske 1833. 24 S. u. 1 Taf.
Diss. phil. Giessen 27.3.1833. vorh. 7.

Müller, Joh., Erzählungen eines Großvaters aus der Böhm. Geschichte. Ein Volksbuch der Belehrung u. Unterhaltung gewidmet. 2 Bde. gr. 8. (VI u. 564 S.) Leitmeritz 848, Medau. 1 Thlr.

—— Erzählungen f. d. Jugend, zur Beförder. d. Moralität u. edlen Gesinnung. 2 Bdchn. 12. (5 B.) Prag 830. (Leipzig, Fr. Fleischer.) à 4 Gr.

Müller, Jh. VI., moral. Erzähll. f. d. Jugend. Mit Titelkpf. 8. Prag 828. (Leipz., Centr.-Compt.) 10 Ngr

—— moralische Erzählungen für d. Jugend. 8. (5½ B. u. Ttlkpfr.) Prag 829. (Leipzig, Central-Comptoir.)

— moralische Erzählungen für die Jugend. 8. Prag, jetzt Medau in Leitmeritz. 5/12 Thlr.

— moral. Erzähll., Legenden u. fromme Sagen, f. d. Jugend. Mit Titelkpf. 16. Znaim 830. (Wien, Beck). 6 Ngr (Leipz., Centr.-Compt.) 8 Ngr
7 B.

Müller, Joh. (II.), romant. Erzählungen u. Sagen. 2 Bdchn. 8. (16 B. u. 2 Ttlkpfr.) Znaim 839. (Wien, Singer u. Goering.)

Müller J. Erzählungen und Sagen des Taborer Kreises. „Der Bote von Neuhaus." „Die Burgkapelle in Borotin." „Die Altmutter von Schönberg." 8. (106. S.) Neuhaus, A. J. Landfraß, 1853.

— s. Euler, Leonh., Briefe an eine deutsche Prinzessin.

— **Johann (Johann, Herrmann, August)** (Spandau), Ueber Fremdkörper im Gehörorgan. Diss. med.-chir. Berlin (G. Schade (O. Francke)) 28. VII. 1880. 43 S. u. Biogr. (2.—) 24173
Oppon.: Max Schneider, Hermann Adrian, Ernst H. L. Krause. — Seinen Eltern gew.

Müller, J., Frömmigkeit u. Heldensinn, od.: Philipp Villiers l'Isle Adam, der letzte Großmeister auf Rhodus. Ein Glanzpunkt aus der Geschichte des verherrlichten ritterl. Malteserordens. gr. 12. (144 S.) Prag 848. (Kronberger.) n. 14 ngr

Müller, Joh., vermischte Gedichte. Leipzig 870. (Leiner.) 16. (328 S.) n. 1 ß

Müller Johann — Geographie von Böhmen mit besonderer Berücksichtigung der Geschichte, Technologie, Industrie, der Künste, des Handels und der Gewerbe; nach der neuesten Eintheilung in dreizehn Kreise bearbeitet von — —. 1te Lieferung. Prag, 1856. Druck von Johann Spurny. (S. 1—32. 8.)

Müller Joh. Geographie von Schlesien für Schule und Haus. Prag und Leitmeritz. C. W. Medau 1852. 8.

— Geschenk für junge Christen, die Gott mehr als die Welt zu gefallen suchen. 16. Znaim 840. (Wien, Singer u. G.) 1/6 ß

Müller, Joh. Geschichte und Beschreibung des physikalischen Kabinets der Universität Freiburg und Untersuchungen über die thermischen Wirkungen des Sonnenspektrums. Freiburg 1858. 4.

— üb. die Phantastischen Gesichtserscheinungen. Eine physiolog. Untersuchung mit einer physiolog. Urkunde des Aristoteles üb. den Traum, den Philosophen u. Aerzten gewidmet. gr. 8. Coblenz 826, Hölscher.

—— Glück-Wünsche für alle Familien-Feste, nebst Stammbuch-Aufsätzen und Grabschriften. 2., verm. und verb. Aufl. gr. 8. (VIII und 400 S.) Graudenz 847, Gaebel. *

Müller, J. — Der Goldschmiedsgeselle im Spessart. Das Raubschloß Erzählungen von — —. 8. (80 S.) Neuhaus. Druck und Verlag von Al. Jos. Landfraß 1854.

—— der Goldschmiedgeselle im Spessart. — Das Raubschloß Erzählungen. 5. Aufl. 8. (88 S.) Neuhaus 865, Landfraß und Sohn. *

—— Grundriß der Experimental-Physik. Für Lyceen, Gymnasien, Gewerbe- und Realschulen, sowie zum Selbstunterrichte. 3., verm. und verb. Aufl. gr. 8. (VI und 465 S. mit 532 eingedr. Holzschn.) Ebds. 852. *

Müller's, Joh., Grundriß d. Physik m. bes. Berücksicht. v. Molekularphysik, Elektrotechnik u. Meteorologie, f. d. oberen Klassen v. Mittelschulen, sow. f. d. elementaren Unterricht an Hochschulen u. z. Selbstunterr. bearb. v O. Lehmann. 14., völlig umgearb. Aufl. gr. 8. (XXIV 820 S. m. 810 Abb. u. 2 [1 farb.] Taf.) Braunschweig 896. F. Vieweg & Sohn. n. 7. 50; geb. n. 8. —

— Grundriß der Physik u. Meteorologie. Für Lyceen, Gymnasien, Gewerbe- u. Realschulen, sowie zum Selbstunterrichte. Mit 541 in den Text eingedr. Holzschn. gr. 8. Braunschweig 846, Vieweg u. Sohn. n. 2 ß
33 B.

— — 3. Aufl., s. Müller: Grundriß der Experimental-Physik.

Müller, Johs., Grundriß der Physik und Meteorologie. Für Lyceen, Gymnasien, Gewerbe- und Realschulen, so wie zum Selbstunterrichte. 2., verm. und verb. Aufl. Mit gegen 600 in den Text eingedr. Holzschn. gr. 8. (VI und 521 S.) Braunschweig 850, Vieweg und Sohn. *

Müller, Joh. (II.), Grundriß der Physik und Meteorologie. Für Lyceen, Gymnasien, Gewerbe- und Realschulen, sowie zum Selbstunterrichte. 4. Aufl. (V und 534 S. mit 556 eingedr. Holzschn.) 1853. und 5., verm. und verb. Aufl. Mit gegen 600 in den Text eingedr. Holzschn. 2 Hälften. gr. 8. (1. Hälfte. VI und S. 1—240.) Braunschweig 855, Vieweg und Sohn. *

—— Grundriß der Physik und Meteorologie. Für Lyceen, Gymnasien, Gewerbe- und Realschulen sowie zum Selbstunterrichte. 6. Aufl. 1858. und 7., verm. und verb. Aufl. gr. 8. (XVIII und 588 S. mit 554 in den Text gedr. Holzschn.) Braunschweig 860, Vieweg und Sohn. *

—— mathematischer Supplementband dazu. Nebst besonders gedr. Auflösungen. gr. 8. (XVI und 299 S. mit 178 in den Text gedr. Holzschn.) Braunschweig 860, Vieweg und Sohn. *

—— Auflösungen der Aufgaben des mathematischen Supplementbandes zum Grundriß der Physik und Meteorologie. gr. 8. (X und 54 S. mit in den Text gedr. Holzschn.) Braunschweig 860, Vieweg und Sohn. *

Müller, Johs. (I.), Grundriß der Physik und Meteorologie. Für Lyceen, Gymnasien, Gewerbe- und Realschulen, sowie zum Selbstunterrichte. 8. Aufl. 1862. und 9., verm. und verb. Aufl. gr. 8 (XIX und 645 S. mit 574 in den Text eingedr. Holzst. und 1 Spectraltaf. in Farbendr. in Kpfrst.) Braunschweig 866, Vieweg und Sohn. *

—— mathematischer Supplementband dazu. 2., verm. und verb. Aufl. gr. 8. (XX und 382 S. mit 5 Holzschntaf. und 280 in den Text eingedr. Holzst.) Braunschweig 866, Vieweg und Sohn. *

— — Auflösungen der Aufgaben des Grundrisses der Physik u. Meteorologie, sowie des dazu gehör. mathemat. Supplementbandes. 2. Aufl. Ebend. 866. gr. 8. (IV, 72 S. mit in den Text gedr. Holzst.) n. 15 ngr

—— Grundriß der Physik und Meteorologie. Für Lyceen, Gymnasien, Gewerbe- und Realschulen, sowie zum Selbstunterrichte. 10. verm. und verb. Aufl. Mit 576 in den Text eingedr. Holzst. und 1 Spectraltaf. in Farbendr. Mit einem Anhang: Physikal. Aufgaben enth. 2 Abthlgn. gr. 8. Braunschweig, Vieweg und Sohn. [1. Abthl. (XIX, S. 1—448.) 869. *ℳ 4.; 2. Abthl. (S. 449—641.) 870. *ℳ 2.] *

— Grundriß der Physik u. Meteorologie. Für Lyceen, Gymnasien, Gewerbe- u. Realschulen, sowie zum Selbstunterrichte. 11. verm. u. verb. Aufl. Mit 588 in den Text eingedr. Holzst. u. e. Spectraltaf. in Farbendr. gr. 8. (XIX, 646 S.) Ebend. 872. n. 6. —

Müller, Johs., Grundriß der Physik u. Meteorologie. Für Lyceen, Gymnasien, Gewerbe- u. Realschulen, sowie zum Selbstunterricht. 12. verm. u. verb. Aufl. Mit 598 in den Text eingedr. Holzst. u. e. Spectraltaf. in Farbendr. Mit e. Anh., physikalische Aufgaben enth. gr. 8. (XIX, 654 S.) Braunschweig 875. Vieweg & Sohn. n. 7. —

Müller, Johs. (I.), mathematischer Supplementband zum Grundriß der Physik und Meteorologie. Nebst einer Sammlung von Aufgaben und besonders gedr. Auflösungen. 3. verm. und verb. Aufl. gr. 8. (XXII, 410 S. mit 240 in den Text eingedr. Holzst. und 8 Holzschntaf.) Braunschweig 875, Vieweg und Sohn. *

Müller, Johs., Auflösungen der Aufgaben d. Grundrisses der Physik u. Meteorologie, sowie d. dazu gehör. mathemat. Supplementbandes. 3. Aufl. Mit in den Text eingedr. Holzst. gr. 8. (III, 74 S.) Braunschweig 875. Vieweg & Sohn. n. 1. 60

Müller, Joh., Grundriß der Physik u. Meteorologie für Lyceen, Gymnasien, Gewerbe- u. Realschulen, sowie zum Selbstunterrichte bearb. v. C. Reichert. 13., verm. u. verb. Aufl. Mit 622 in den Text eingedr. Holzst. u. einer Spektraltaf. in Farbendr. Nebst einem Anh.: Physikal. Aufgaben u. deren Auflösungen enthaltend. gr. 8. (XXII, 713 S.) Braunschweig 881. Vieweg & Sohn. n. 7. —

— — 14. Aufl., s. Müller: Grundriß der Physik.

— Grundzüge der Krystallographie. Mit 123 in den Text eingedr. Holzschnitten. gr. 8. Braunschweig 845, Vieweg u. Sohn. n. 1/2 ℛ 3½ B.

— Grundzüge der Krystallographie. 2. verm. u. verb. Aufl. Mit in den Text eingedr. Holzst. Ebend. 868. gr. 8. (VII, 64 S.) n. 15 ngr.

Müller, J. (Grün). Die Helden von Jerusalem, Rhodos und Malta. Ein historisch belehrendes Lesebuch für die reifere Jugend von — —. 8. (280 S.) Prag und Leitmeritz. Druck und Verlag von Karl Wilhelm Medau 1853.

Müller, J. Der Heldenberg bei Wetzdorf des heldenmüthigen Feldmarschalls Grafen Josef Radetzky's Ruhestätte. *Prag* 1858. *Joh. Spurny.* 24 S., kl. 8°. 10 kr.

Müller, J. (III.), Ich gratulire! Eine Samml. v. Glückwünschen f. Kinder. 12. (5 B.) Leitmeritz 830, Medau.

Müller, (Prof.) Jh., s. Imitatione Christi.

—— das Königs-Kind aus Kärlingen, od.: Gesch. d. fromm. Bertha, Mutter Kaisers Karl d. Gr., nebst and. Erzähln. 8. (8½ B.) Znaim 840. (Wien, Singer u. Goering.)

Müller, Johann: Die Lage der Verkehrsmittelpunkte Süddeutschlands und der Verlauf der Haupteisenbahnlinien dieses Gebietes. Ein Beitrag zur Verkehrsgeographie. S. 3–19. Mit Textfiguren. Zweibrücken, Progr. 1890/91

— Lehrbuch der kosmischen Physik. Mit 1 Atlas von 27 (theilw. color.) Taf. in Stahlst. (in 4. u. qu. Fol.) u. 281 in den Text eingedr. Holzschn. (Müller-Pouillet's Lehrbuch der Physik und Meteorologie. 3. Bd.) Braunschweig 856. Vieweg. gr. 8. (XV, 520 S.) n. 3 ℛ. 20 ngr.

— Lehrbuch der kosmischen Physik. 2. wesentlich verb. u. verm. Aufl. Mit 302 in den Text gedr. Holzschn. u. einem Atlas von 33 Stahlst.-Taf., zum Theil in Farbendruck (in 4. u. Fol.). [Müller-Pouillet's Lehrbuch der Physik u. Meteorologie 3. Bd.] Ebend. 860. gr. 8. (XVII, 567 S.) n. 4 ℛ

—— Lehrbuch der kosmischen Physik. 2., wesentlich verb. und verm. Aufl. (Müller-Pouillet's Lehrbuch der Physik und Meteorologie 3. Bd.) gr. 8. (XVII und 567 S. mit 302 in den Text gedr. Holzschn. und einem Atlas von 33 Stahlst.-Taf., zum Theil in Farbendr. in 4., gr. 4., qu. Fol. und gr. Fol.) Braunschweig 861, Vieweg und Sohn. *

—— Lehrbuch der kosmischen Physik. (Müller-Pouillet's Lehrbuch der Physik und Meteorologie. 3. Bd.) 2., durch einen Anh. bereich. Ausg. der 2. Aufl. gr. 8. (XVII und 613 S. mit 316 in den Text eingedr. Holzst. und 1 Atlas von 33 Stahlst.-Taf., zum Theil in Farbendr. in 4., qu. Fol. und gr. Fol.) Braunschweig 865, Vieweg und Sohn. *

—— Lehrbuch der Physik und Meteorologie. Theilweise nach Pouillet's Lehrbuch der Physik selbstständig bearb. 3. Bd.: Lehrbuch der kosmischen Physik. 3. umgearb. und verm. Aufl. gr. 8. (XXIII, 792 S. mit 385 in den Text eingedr. Holzschn. und 25 dem Texte beigegebenen, sowie 1 Atlas von 40 zum Theil in Farbendr. ausgeführten lithogr. Taf. in 4.) Ebendas. 872. *
1. und 2. Bd. 7. Aufl. Ebendas. 1868. *ℳ 30.

— Lehrbuch der kosmischen Physik. 4. umgearb. u. verm. Aufl. Mit 431 in den Text eingedr. Holzst. u. 25 dem Texte beigegebenen, sowie e. Atlas (in 4.) v. 46 zum Theil in Farbendr. ausgeführten Taf. (in gr. 8., 4. u. qu. Fol., in Holzschn., Lith. u. Kpfrst.) gr. 8. (XXV, 851 S.) Ebend. 875. n. 24. —

Müller's, Joh., Lehrbuch der kosmischen Physik. (Müller-Pouillet's Lehrbuch der Physik u. Meteorologie. Ergänzungsbd.) 5., umgearb. u. verm. Aufl. v. C. F. W. Peters. Mit 447 in den Text eingedr. Holzst. u. 25 dem Texte beigegebenen, sowie e. Atlas v. 60 z. Thl. in Farbendr. ausgeführten Taf. (in 4). gr 8. (XXIII, 907 S.) Braunschweig 894. F. Vieweg & Sohn. n. 26. —; geb. n.n. 30. —

— Lehrbuch der Physik u. Meteorologie, s. a. Pouillet.

Müller J.: Lehrbuch d. Physik u. Meteorologie. Als 2. umgearb. u. verm. Aufl. d. Bearbeitung v. Pouillet's Lehrbuch d. Physik. 2 Bd. Braunschw. 1844-45. Fig. 2 Tvl. (o. m. a. T.).

—— Supplemente zur 1. Aufl. von Müller-Pouillet's Lehrbuch der Physik und Meteorologie. gr. 8. (V und 163 S. mit eingedr. Holzschn.) Braunschweig 848, Vieweg und Sohn. *

—— Supplemente zur 2. Aufl. desselben Werkes. gr. 8. (V und 84 S. mit eingedr. Holzschn.) Braunschweig 848, Vieweg und Sohn. *

— Lehrbuch der Physik und Meteorologie. Als 4. umgearb. u. verm. Aufl. der Bearbeitung von Pouillets Lehrbuch der Physik. Mit ca. 1500 in den Text eingedr. Holzschn. u. 5 farbigen u. 3 schwarzen Kpfrtaf. 1. Bd. 5. 6. Liefg. u. 2. Bd. 5—7. Liefg. (Schluß.) Braunschweig 853. Vieweg. gr. 8. (1. Bd.: S. V—VIII, 401—644 u. 6 theilweis color. Kpfrtaf.; 2. Bd.: S. 433—778 u. 1 Kpfrtaf. in Farbendr.) n. 2 ℛ. 20 ngr.

—— Lehrbuch der Physik und Meteorologie. Theilweise nach Pouillet's Lehrbuch der Physik selbständig bearb. 5., umgearb. und verm. Aufl. (In 2 Bdn.) Mit ca. 1500 in den Text eingedr. Holzschn., farbigen und schwarzen Kpfrt. 1. Bd. 1—6. Lfg. gr. 8. (S. 1—608.) Braunschweig 856, Vieweg und Sohn. à Lfg. * 15 Ngr. Thlr. *
Vgl.: Pouillet.

—— Lehrbuch der Physik und Meteorologie. Theilweise nach Pouillet's Lehrbuch der Physik selbständig bearb. 5., umgearb. und verm. Aufl. Mit ca. 1500 in den Text gedr. Holzschn., farbigen und schwarzen Kpfrt. 1. Bd. 7. und 8. Lfg. und 2. Bd. 8 Lfgn. gr. 8. Braunschweig 857. 58, Vieweg und Sohn. [1. Bd. (XVI und S. 609—752.) 2. (XV und 790 S. mit 13 Taf.)] à Lfg. * 15 Ngr. *
1. Bd. 1—6. Lfg. Ebendas. 1856. * 3 Thlr.
Vollständig genommen kostet das Werk * 7 Thlr. 20 Ngr.

Müller-Pouillet's, Lehrbuch der Physik, Supplementbd., s. Fick, A., die medizinische Physik.

— Lehrbuch der Physik u. Meteorologie. Theilweise nach Pouillet's Lehrbuch der Physik selbständig bearb. 6. umgearb. u. verm. Aufl. Mit 1724 in den Text gedr. Holzst., 15 Stahlst.-Taf. u. 1 Photogr. 2 Bde. Ebend. 862—64. gr. 8. (XXI, 934 S.; XV, 910 S.) n. 9 ℛ

— Lehrbuch der Physik u. Meteorologie. Theilweise nach Pouillet's Lehrbuch der Physik selbständig bearb. 7., umgearb. u. verm. Aufl. Mit 1798 in den Text gedr. Holst., 15 Stahlst.-Taf. u. 1 Photogr. 2 Bde. Ebend. 868. gr. 8. (XXI, 939 S., XV, 961 S.) Jeder Bd. n. 5 ₰

Müller, Dr. Joh., Prof. der Physik und Technologie an der Universität zu Freiburg i. B. Lehrbuch der Physik und Meteorologie. Theilweise nach Pouillet's Lehrbuch der Physik selbständig bearbeitet. I. und II. Bd. Lehrbuch der Physik und Meteorologie. 7. umgearb. und verm. Auflage. Mit 1798 in den Text eingedruckten Holzstichen, 15 Tafeln, zum Theil in Farbendruck und 1 Photogr. (I. Bd. Mit 14 Taf., worunter 1 Photogr., 2. Bd. mit 2 Taf.) III. Bd. Lehrbuch der kosmischen Physik. 3. umgearb. und verm. Auflage. Mit 385 in den Text eingedruckten Holzstichen und 25 dem Texte beigegebenen, sowie 1 Atlas von 40 zum Theil in Farbendruck ausgeführten Tafeln. (4 Bde.) 8. u. 4. Braunschweig 1868—1872.

—— Lehrbuch der Physik und Meteorologie. Theilweise nach Pouillet's Lehrbuch der Physik selbständig bearb. 8. umgearb. und verm. Aufl., bearb. von Leop. Pfaundler. In 3 Bdn. Mit gegen 2000 in den Text eingedr. Holzst., Taf., zum Theil in Farbendr., und 1 Photogr. 1. Bd. 2 Abthlgn. und 2. Bd. 1. Abthl. 2 Lfgn. und 2. Abthl. 1. Lfg. gr. 8. Ebendas. [1. Bd. 1. Abthl. (I—XIII, S. 1—320.) 876. * ℳ 4.; 2. Abthl. (XV—XX, S. 321—596.) 877. * ℳ 3,60.; 2. Bd. 1. Abthl. 1. Lfg. (S. 1—320.) 878. * ℳ 4.; 2. Lfg. (S. 321—672 S.) 879. * ℳ 7.; 2. Abthl. 1. Lfg. (S. 1—320.) 879. * ℳ 4.] *

—— Lehrbuch der Physik und Meteorologie. Theilweise nach Pouillet's Lehrbuch der Physik selbständig bearb. 8. umgearb. und verm. Aufl., bearb. von Leop. Pfaundler. In 3 Bdn. Mit gegen 2000 in den Text eingedr. Holzst., Taf., zum Theil in Farbendr., und 1 Photogr. 2. Bd. 2. Abthl. 2. (Schluss-)Lfg. gr. 8. (IX, S. 321—656.) Ebendas. 880. *
1. Bd. 2 Abthlgn., 2. Bd. 1. Abthl. und 2. Abthl. 1. Lfg. Ebendas. 1876—79. * ℳ 22,60.

— dasselbe. 3. Bd. 2 Abthlgn. gr. 8. (X, 849 S.) Ebend. 881. 82. n. 12. — (cplt.: n. 39. —)

Müller, Joh., Lehrbuch der Physik u. Meteorologie. Theilweise nach Pouillet's Lehrbuch der Physik selbständig bearb. Ergänzungsbd. A. u. d. T: Lehrbuch der kosmischen Physik. 4. Aufl. 2. Ausg. Mit 431 in den Text eingedr. Holzst. u. 25 dem Texte beigegebenen, sowie e. Atlas v. 46 zum Thl. in Farbendr. ausgeführten Taf. (in 4. m. 2 S. Text.) gr. 8. (XXV, 851 S.) Braunschweig 883. Vieweg & Sohn. n. 12. —

Müller-Pouillet's Lehrbuch der Physik u. Meteorologie. 9. umgearb. u. verm. Aufl. v. Leop. Pfaundler. [In 3 Bdn.] Mit gegen 2000 Holzst., Taf., zum Thl. in Farbendr., u. 1 Photogr. 1. Bd. gr. 8. (XXI, 888 S.) Braunschweig 886. Vieweg & Sohn. n. 12. —

Müller-Pouillet's Lehrbuch der Physik u. Meteorologie. 9., umgearb. u. verm. Aufl. v. L. Pfaundler. [In 3 Bdn.] Mit gegen 2000 Holzst., Taf., z. Thl. in Farbendr., u. 1 Photogr. 3. Bd. 3 Abthlgn. gr. 8. Braunschweig, Vieweg & Sohn. n. 14. 40 (I. u. III.: n. 26. 40)
1. Abth. (VII u. S. 1—336.) 888. n. 4. 50. — 2. Abth. (S. 337—832.) 889. n. 6. 50. — 3. Abth. (XVI u. S. 833—1062.) 890. n. 3. 40.

Müller-Pouillet's Lehrbuch der Physik u. Meteorologie. 9., umgearb. u. verm. Aufl. v. Leop. Pfaundler unter Mitwirkg. v. Otto Lummer. (In 3 Bdn.) Mit gegen 2000 Holzst., Taf., z. Thl. in Farbendr. 2. Bd. 1. Abthl. 1. Lfg. gr. 8. (292 S.) Braunschweig 894. F. Vieweg & Sohn. n. 4.— (I, II, 1 I. u. III.: n. 30. 40)

Müller-Pouillet's Lehrbuch der Physik u. Meteorologie. 9., umgearb. u. verm. Aufl. v. Leop. Pfaundler unt. Mitwirkg. v. Otto Lummer. (In 3 Bdn.) M. 2982 Holzstöcken u. 13 Taf., z. Thl. in Farbendr. 2. Bd. 1. Abth. 2. u 3. (Schluss-) Lfg. gr. 8. (XX u. S. 293—1192.) Braunschweig 895. 97. F. Vieweg & Sohn. n. 9. 50 (II, 1. kplt.: n. 18. —; geb. in Halbfrz. n. 20. —)

— dasselbe. 2. Bd. 2. Abth. gr. 8. (1. Abth., Reg., IX S., u. 2. Abth. XIV, 768 S.) Ebd. 898. n. 10. —; geb. in Halbfrz. n. 12. — (I—II, 2. u. III: n. 54. 40

Müller-Pouillet's Lehrbuch der Physik u. Meteorologie. 9. umgearb. u. verm. Aufl. v. Leop. Pfaundler. (In 3 Bdn.) Mit 2981 Abbildgn. u. 13 Taf., zum Thl. in Farbendr. 1. Bd. Neue verb. u. ergänzte Ausg. (der 9. Aufl.). gr. 8. (XXI, 896 S.) Braunschweig 902. F. Vieweg & Sohn. n. 12. —

Müller-Pouillet's Lehrbuch der Physik u. Meteorologie. 10. umgearb. u. verm. Aufl. Hrsg. v. Leop. Pfaundler. Unter Mitwirkg. v. O. Lummer, A. Wassmuth, J. M. Pernter u. a. (In 4 Bdn.) Mit üb. 3000 Abbildgn. u. Taf., z. Tl. in Farbendr. I. Bd. Mechanik u. Akustik v. Leop. Pfaundler. 2 Abtlgn. (XVII, 802 S. u. S. 503 a—d.) Lex.-8. Braunschweig 905. 906. F. Vieweg & Sohn. n. 10. 50; geb. in Halbfrz. n. 12. 50

Müller-Pouillet's Lehrbuch der Physik u. Meteorologie. 10. umgearb. u. verm. Aufl. Hrsg. v. Leop. Pfaundler. Unter Mitwirkg. v. O. Lummer, K. Drucker, A. Wassmuth u. a. (In 4 Bdn.) Mit üb. 3000 Abb. u. Taf., z. Tl. in Farbendr. II. Bd. III. Buch. Die Lehre v. d. strahl. Energie (Optik) v. Otto Lummer. (X, XXVII, 1189 S.) Lex. 8. Braunschweig 907. 09. F. Vieweg & Sohn. 24.—; geb. 27.—

—dasselbe. III. Bd. 4. Buch. Wärmelehre, chem. Physik, Thermodynamik u. Meteorologie v. L. Pfaundler, K. Drucker, A. Wassmuth u. J. Hann. (XIV, 928 S.) Lex. 8. Ebd. 907. 16.—; geb. in Halbfrz. 18.—

— dasselbe. IV. Bd. 1. Abtlg. V. Buch. **Magnetismus** u. Elektrizität v. Walt. Kaufmann u. Alfr. Coehn. (XII, 622 S.) Lex. 8. Ebd. 909. 18.—

Müller, Joh., die Lehre v. der Elektrizität u. dem Magnetismus. Ein Lehrbuch zur Einführg. in das Studium der Elektrotechnik m. vielen Übungsaufgaben. gr. 8. (IX, 356 S. m. 176 Fig. u. 4 Taf.) Mittweida 893. Polytechn. Buchh. n. 7. 50

Mueller, Joh., Lehre u. Trost. Predigten. Cleveland, O., 865. (Philadelphia, Schäfer & Koradi.) gr. 8. (176 S.) geb. n. 1 ₰ 10 ngr.

—— der gefällige Lehrer, od.: Kleine Erzählungen, Gedichte u. Räthsel f. d. Jugend. 8. (9¼ B.) Prag 852, Eggenberger.

Müller, Joh., praktischer Lehrgang der romänischen Sprache zum Schul- u. Selbstgebrauch. 8. (176 S.) Hermannstadt 891. W. Krafft. Geb. n.n. 1. 60

Müller, Joh. (II.). Praktischer Lehrgang der romänischen Sprache. 8. (176 S.) Hermannst. 892, Krafft. geb. * 1 60

Müller, Joh., die Lotterie vom praktischen Standpunkte. gr. 8. (85 S.) Prag 899. (F. Haerpfer.) n. 1. 40

Müller Joh. Die schöne Melusine. Znaim, Martin Hoffmann 1852. 8.

— s. Mensch, der.

Müller, (Joh.,) Merkwürdigkeiten d. Stadt Nördlingen, nebst e. Chronik, mit lithogr. Zeichnungen. 4. Nördlingen 824, Beck.

Müller, Joh. (IV.). Das gestörte Nerven- u. Sexual-System. 20. Aufl. 8. (95 S.) Berl. 890, Stahn. * 1 —

Das gestörte Nerven- und Sexual-System. Von Med.R. Joh. Müller. 32. Aufl. *Berlin: F. Stahn [1900]*. (96 S.) 8° [8.] 1900. 1250 11

—— der gefällige Onkel od. kl. Erzählungen u. Gedichte f. d. Jugend. 2. Aufl. 12. (4 B. u. Titlkpfr.) Prag 830. (Leipzig, Central-Comptoir.)

Müller, Joh., üb. die Pflege der Wissenschaft bei den Römern. Rede, bei Gelegenheit d. feierl. Kundmachg. der gelösten Preisaufgaben geh. 8. (23 S.) Innsbruck 890. Wagner. n. — 80

— — **De praerogativis episcoporum ex divina institutione, ecclesiae antiquae consuetudine, atque amplitudine jurisdictionis ecclesiasticae vindicatis diss. canonico, historico, theologica. Mainz (J. J. Alef) 31. VIII. 1779. 32 S. (4.75) 24072**

— ratio et historia odii quo foenus habitum est; commentatio. gr. 4. Götting. 821, Dieterich.

Müller, Johann, appr. Arzt a. Calbe (Milde): Aus dem Säuglingsheim Haan bei Solingen. (Dir. Arzt Dr. Paul Selter.) Über die Reaktion der normalen Säuglingsfäces. Rostock 1907: Adlers Erben. (64 S.) 8°

Rostock, Med. Fak. Ref. Brüning, Diss. v. 15. Aug. 1907

[Geb. 3. Sept. 81 Calbe a. d. Milde; Wohnort: Haan b. Solingen; Staatsangeb.: Preußen; Vorbildung: Gymn. z. Kloster Unser Lieben Frauen Magdeburg Reife O. 01; Studium: Freiburg i. B. 1, Berlin 1, Marburg 2, Rostock 7 S.; Coll. 26. Febr. 06; Approb. 10. Apr. 06.]

Müller, Johann: Zwei R e d e n ...,
s. F e e r, Gustav

Müller, Joh., Uli Rotach, s.: Müller, B.

— Samml. kl. Erzähll. f. Kinder. 8. Brünn 798. Gastk. 8 gr.

— moral. Sätze auf jeden Tag im Jahre f. d. Jugend, zur Veredelung ihres Herzens u. zum Gebr. d. Lehrer gesammelt. gr. 12. Leitmeritz 828. (Leipz., Centr.-Compt.) 6 gr.

—— moral. Sätze auf jed. Tag im Jahre f. d. Jugend. Zur Veredl. ihres Herzens u. zum Gebr. d. Lehrer gesamm. gr. 12. (4½ B.) Leitmeritz 829. (Leipzig, Central-Comptoir.)

— moralische Sätze auf jeden Tag im Jahre rc. gr. 12. Leitmeritz 829. ist Verlag von Medau. ⅓ Thlr.

—— Scherz u. Ernst. Ein Geschenk f. frohe Herzen. (Erzähln. u. Gedichte.) 16. (4¾ B.) Znaim 832. (Wien, Beck.)

— Scherz u. Ernst. Ein Geschenk f. frohe Herzen. (Erzähll. u. Gedichte.) 16. Znaim 833. (Wien, Beck. Lpz., Centr.-Cpt.) 4 gr.

Müller, Joh., Scherz u. Ernst zur geselligen Unterhaltung. Sammlung von Anekdoten, Erzählungen, Gedichten u. Humoresken. Neuhaus 865. Landfraß & Sohn. 8. (80 S.) n. 3½ ngr.

— die Schule der Physik. Eine Anleitg. zum ersten Unterricht in der Naturlehre. Zum Schulgebrauch u. zur Selbstbelehrg. Mit 293 in den Text eingedr. Holzst. gr. 8. (XIV, 266 S.) Ebend. 874. n. 3. —

— die Schule der Physik. Eine Anleitung zum ersten Unterricht in der Naturlehre. Zum Schulgebrauch u. zur Selbstbelehrung. Mit 293 in den Text eingedr. Holzst. 2. Aufl. gr. 8. (XIV, 266 S.) Ebend. 878. n. 2.40

—— der Seeräuber oder der schwarze Felsen. Erzählung. 12. (36 S.) Leitomischl 865, Berger.

— vorzügl. Singvögel Deutschlands, mit ihren Nestern u. Eiern, nach d. Natur abgebild. 4 Hfte. Mit 25 illum. Kpft. gr. 4. Nürnb. 799—800. Schneider u. W. (à 1 Thlr. 12 gr.) 6 Thlr.

Mueller, Ioannes: *De situ et origine urbis Rheginae. 63 S. 8° (4°)
Halle-Wittenberg, Phil. Diss. v. 6. Nov. 1841
Geb. Hamburg 13. 7. 1819. V.

Müller, (Oberlehrer) Jh., polnisch-deutsche Sprachlehre, in geordneten Denk-, Sprech- und Schreibeübungen, für Volksschulen, zunächst in Westpreußen. Eine Anleitung für Lehrer, polnisch sprechende Kinder naturgemäß zur Kenntniß des Deutschen zu führen. 1r Lehrgang. Für die Elementarklasse. 8. Graudenz 834. (Berlin, Enslin'sche Buchh.) n. 11/12 Thlr.

Müller, Joh. (II.), polnisch-deutsche Sprachlehre, in geord. Denk-, Sprech- u. Schreibeübn., f. Volksschulen, zunächst in Westpreußen. Eine Anleit. f. Lehrer, polnisch sprechende Kinder naturgemäß zur Kenntniß d. Deutschen zu führen. 1. Lehrg. Für d. Elementarklasse. 8. (15½ B.) Graudenz 834. (Berlin, Mittler.)

— — **(Bern/Schweiz), Singularia de transactionum stabilitate et instabilitate capita. Diss. jur. Präs. Nikolaus Hieronymus Gundling. Halle / Magdeburg (Chr. Henckel) 2. V. 1719. 71 S. (5.50) 24073**

— — **Dasselbe. Halle / Magdeburg (Chr. Henckel) 2. V. 1719. 71 S. (5.—) 24074**
Widm. v.: Nikolaus Hieronymus Gundling.

— — **Dasselbe. Jena (J. Fr. Ritter) 2. V. 1719. Editio secunda. 1735. 70 S. (5.50) 24075**
Widm. v.: Nikolaus Hieronymus Gundling.

— — **Dasselbe. Halle/Magdeburg 2. V. 1719. 1757. 78 S. (5.50) 24076**
Widm. v.: Nikolaus Hieronymus Gundling.

Müller Johann: Englands Stellung zu Oesterreich von 1740—1756.
H. 1906 PN 2025 **Diss.** Wien, Univ. 929

Müller, Joh., der Stil d. älteren Plinius. gr. 8. (XI, 158 S.) Innsbruck 883. Wagner. n. 4. —

Müller, Joh., Die vorzüglichsten Stubenvögel Deutschlands, ihre Lebensart, Pflege, Zucht, Wartung, Behandlung und Fang. Nach Bechstein, Latham. ... Hamburg 1814. 8.

Müller, Joh., krit. Studien zu den Briefen Senecas. [Aus: „Sitzungsber. d. k. Akad. d. Wiss."] gr. 8. (32 S.) Wien 897. (C. Gerold's Sohn.) n. — 90

— Kritische Studien zu den Briefen Senecas S. 136/3 . . . . — .90
Separatabdruck

— Kritische und exegetische Studien zu Tacitus. S. 170/3 . . . . — .50
Separatabdruck

Müller, Joh., kritische Studien zu den Naturales quaestiones Senecas. [Aus: „Sitzungsber. d. k. Akad. d. Wiss."] Lex.-8. (34 S.) Wien 894. (F. Tempsky.) n. — 80

— Kritische Studien zu den *Naturales Quaestiones* Senecas. S. 130 3 . . . . —.80
Separatabdruck

Müller, Joh., kritische Studien zu d. kleineren Schriften des Philosophen Seneca. [Aus: „Sitzungsber. der k. Akad. d. Wiss."] Lex.-8. (34 S.) Wien 889. (Tempsky.) n. — 60

— Kritische Studien zu den kleineren Schriften des Philosophen Seneca. S. 118 1 . —.60
Separatabdruck

— kritische Studien zu Seneca de beneficiis u. de clementia. [Aus: „Sitzungsber. d. k. Akad. d. Wiss."] Lex.-8. (26 S.) Ebd. 892. n. — 80

— Kritische Studien zu Seneca *de beneficiis et de clementia*. S. 127 3 . . . . . . —.80
Separatabdruck

— die merkwürdigsten Tage Prag's in der Pfingstwoche des J. 1848. Getreue Beschreibung u. Schilderung der traurigen Ereignisse u. Vorfälle. Mit 9 (lith.) Abbildungen. Hrsg. von C. Steyrer. 2. Aufl. gr. 16. (29 S.) Prag 848, Credner & Kleinbub in Comm. n. 8 ngr

Müller, Joh., C. Kotzur, Ad. Vieth u. Herm. Wilda, der moderne Techniker. Gemeinverständliche Darstellg. der wichtigsten Gebiete des Maschinenbaues u. der Elektrotechnik. Mit 8 instruktiven auseinanderklappbaren Modellen. 2 Bde. u. Modellbd. (X, 294, XI, 304 u. VI S. m. 1076 Abbild. u. 35 Tab.) 34,5×26 cm. Leipzig 909. Leipziger Verlagshaus. Geb. in Leinw. 40. —

— die thebanischen Tragödien d. Sophokles als Einzeldramen ästhetisch gewürdigt. gr. 8. (VIII, 154 S.) Ebend. 871. n. 2. 40

— moral. Unterhaltt. d. häusl. Lectüre f. gebild. Leser. 8. Stendal 803. Franzen u. Gr. 10 gl Schrbp. 12 gl

— Verzeichniß d. sämmtl. Hausbesitzer d. Stadt Nördlingen ꝛc. 8. Nördl. 806. Beck. 1 ℛ 819. Hbg. Pr. 8 gl

– (Red.), s. Veterinär, Österreichisch-ungarischer.

Müller, Jh. II., der neue Vetter aus Sipiltau, oder Tagesgeschichten, Träume, Launen, Erzähll. u. Schwänke in poet. Briefen. 2 Hfte. 8. Wien 805. Wimmer. 8 gl

— vue générale de l'histoire du genre humain. II Vols. gr. 8. Stuttg. 817 u. 19. v. Cotta. 3 ℛ 8 gl

—— Wanderungen in die Hallen d. Vorzeit u. in die Gefilde d. Gegenwart. (Erzähln.) 7 Thle. 16. (79 B., 12 Kpfr. u. 7 Stnt.) Znaim 831—33. (Wien, Beck.)

— Wanderungen in die Hallen der Vorzeit und in die Gefilde der Gegenwart. (Erzählungen.) 7 Thle. Mit Steindr. 16. Znaim 831—33. Hofmann. 2 1/3 ℛ

— Wandkarte des nördlichen Theils des gestirnten Himmels. (Mit Venusbahn 1858. 1859.) 856. n. 1 ℛ. 8 ngr — 2. Aufl. Ebend. 858. (1 lith. Karte in gr. Fol.) 2 ℛ. 15 ngr

— — (Mit den Bahnen des Mars, Jupiter u. Saturn. 1857—1861.) 856. n. 2 ℛ. 8 ngr — 2. Aufl. Ebend. 858. gr. Fol. 2 ℛ. 15 ngr

— — (Mit eingezeichneter Milchstrasse.) Ebend. 858. gr. Fol. (mit 8 S. Text in 8.) 1 ℛ. 15 ngr

[Müller, Johann:] Die Weinjahre im Elsaß von 1600-1886. [Straßburg] o.J. 12 S. -- Bibliothèque Nationale et Universitaire de Strasbourg*

—— das Wirken und Denken des Menschen. Principien und Ideen zu seinem Leben. Kunst, Wissenschaft, Staat und Religion. 1. Thl. 8. (XV, 423 S.) Leipzig 870, (Leiner.) *

Müller, Joh. (II.), Wortlehre d. deutschen Sprache f. d. unt. Klassen höh. Schulanstalten, gute Elementarschulen u. d. Selbstunterr. 8. (14 B.) Graudenz 833. (Berlin, Mittler.) Thlr.

—— das Zauberschloß. Eine sehr unterhaltende Erzählung. 8. (68 S.) Neuhaus 863, Landfraß und Sohn. *

—— die constructive Zeichnungs-Lehre oder die Lehre vom Grund- und Aufriss, der Parallelperspective, der maler. Perspective und der Schatten-Construction. Für technische Lehranstalten und für den Selbstunterricht bearb. 2 Thle. gr. 4. (XX und 131 S.) Braunschweig 865, Vieweg und Sohn. à Thl. * 20 Ngr. *
Atlas dazu. 2 Thle. (72 Kpfrt.) à Thl. * 2 Thlr. *

—— die constructive Zeichnungs-Lehre oder die Lehre vom Grund- und Aufriss, der Parallelperspective, der maler. Perspective und der Schatten-Construction. Für techn. Lehranstalten und für den Selbstunterricht bearb. 2 Thle. 2. Aufl. gr. 4. (XIV, 55; VI, 76 S.) Ebendas. 874. à Thl. *ℳ 1,50. *
Atlas dazu. 2 Thle. (72 Kpfrt.) à Thl. *ℳ 4,50. *

—— Die vorzüglichsten Zugvögel Deutschlands mit ihren Nestern und Eyern nach der Natur abgebildet und aus eigner Erfahrung beschrieben. H. 1—4. Nürnberg 1799—1800. 4.

Müller, Jh. Adm. I., († d. 12. April 1782.) nähere Beleuchtung d. Stelle d. Buchs Samuel 6. v. 20. Mit e. Vorrede v. P. D. Longolius. 8. Hof 777. Vierling. (Grau). 4 gl

Müller, Joh. Adam, Bauersmann bei Heidelberg, Geschichte, Erscheinung u. Prophezeihungen. Nebst allen dazu gehörigen Originalbriefen in getreuen Abschriften. Mit J. A. Müller's (lith.) Bildniß. Nach dem Tode des Verf. herausg. von dessen Sohne. 12. (VI u. 66 S.) Heidelberg 848, C. Mohr. n. 1/4 ℛ

— Geschichte, Erscheinungen u. Prophezeihungen. Mit Kpf. 8. Frkf. a. M. 816. Wilmanns. 12 gl

— Johann Adam (Dresd.), De advocati justo circa causam injustam patrocinio. Diss. jur. Präs. Ernst Tenzel. Erfurt (Werther) 19. X. 1716. 23 Seiten. (4.75) 24081
Gew.: Philipp Wilhelm von Boineburg.

— d. neue Prophet, aufgesetzt von C. N. A—i. 3e A. Frankf. a. M. 816. Boselli. 6 gl

Müller, J. A., d. neue Prophet. 3te verb. Aufl. 8. Frkf. a. M., Boselli. 817.

Müller, J. Adam, eine Weissagung, eingegeben von Gott, üb. d. Türken- od. Muhamedan. Krieg, wie er e. Ende nimmt, wie es mit d. ganzen Welt-Begebenheit, so uns alle angeht, u. hernach mit d. ganzen Menschheit werden wird. 8. (6 B.) Heidelberg 829, Gutmann. (Winter.)

Müller, Johann Adolph Oskar Honoratus, s. Müller, Oskar

— Johann Albert (Megaloaspacens.), De vulneribus ductuum excretoriorum decolorum. Diss. Präs. J. H. F. von Autenrieth. Tübing. (Reiss) (18.) III. 1819. 30 S. (3.—) 24082
Widm. v.: J. H. F. von Autenrieth.

Müller, Jh. Andr., kurzer Abriß d. christl. Kirchengeschichte, zum Gebr. f. Schulen. 8. Sondersh. 818. Voigt in Ilm. 6 gl

— — Prolusio de literarum bonarumque artium abusu praemissa lectionibus publicis, a viro clarissimo atque doctissimo Jo. Carl Herold. Halle (Curtius) 13. XII. 1790. 8 S. (3.50) 24086

— — Acroases a Viris Clarissimis Christoph Jo. Heinrich Dienemann, et Jo. Carl Herold, altero Conrectore, altero Subconrectore in Gymnasio Eisleben. Eisleben (J. Ph. Hüllmann) Dez. 1780. (4.—) 24084

— **Johann Andreas** (Eisleben), Ad actum sollemnem, quo Viro Clarissimo Christian David Jan, Gymnasii Halle antehac Conrectori et Directori, nunc Ill. Gymnasii Eisleb. Rectori designato, . . . invitat. Eisleben (J. Ph. Hüllmann) (5.) VIII. 1780. (3.50) 24083

— — De caussis non nullis, cur optima juventutis institutio non semper ad optatum finem perveniat, disserit, atque ad actum solemnem, quo Viro praenobilissimo Carl Wilhelm Siebdrat illustris Gymnasii Eisleben Subconrectori designato . . . . invitat. Eisleben (Hüllmann) 6. XI. 1797. (4.—) 24087

— — Prolusio, de eo, quod boni praeceptoris est, qua ad audiendas lectiones publicas, a Viris Clarissimis Jo. Carl Herold, et Christ. Gottlob Istrich, altero Conrectore altero Subconrectore in Gymnasio Eisleben . . . . invitat. Eisleben (Hüllmann) 6. V. 1789. (4.50) 24085

– E r z ä h l u n g e n für Geist und Herz, s. M ü l l e r, Johann Anton

— — De felicicitate scholarum, communi praeceptorum studio adjuvanda, breviter disserit atque ad actum solemnem, quo Viro praenobilissimo atque doctissimo Carl Wilhelm Siebdrat artium magistro et adhuc Subconrectori meritissimo illustris Gymnasii Eisleben Conrectori designato . . . . invitat. Eisleben (Hüllmann) (26. III. 1800). (4.—) 24088

— — kurzgefaßte Geschichte der Fest= und Feyertage, wie auch der feyerlichen Gebräuche in den christl. Kirchen. 8. Magdeburg, Heinrichshofen. 819.

—kurzgefaßte Geschichte aller christl. Kirchen, ihrer Unterscheidungslehren u. feierl. Gebräuche. 8. Sondersh. 820. Voigt in Ilmenau. 4 ggr

— — kurzgefaßte Geschichte aller christl. Kirchen, ihrer Unterscheidungslehren u. feyerl. Gebräuche. 8. Sonders=hausen, Voigt. 821.

— kurzgefaßte Geschichte aller christl. Kirchen, ihrer Unterscheidungslehren u. Gebräuchen. 8. Ilmenau 822, Voigt.

—D. M. Luthers Leben, Meinungen u. Thaten. Allgemein faßl. dargestellt. 8. Nordh. 817. Happach. (Lauffer in Leipz.) 6 ggr

– Die R ü c k k e h r ins Vaterland, s. M ü l l e r, Johann Anton

— — Prolusio de tempore discendi a discentibus bene collocando praemissa Lectionibus publicis, a Viris Clarissimis Friedrich Gottlob Bindseil, Christian Friedrich Fessler, et August Gottlob Hofmann, tribus muneris Subconrectoris ill. Gymnasii Eisleb. Candidatis . . . . invitat. Eisleben (Hüllmann) 26. V. (1800). (4.—) 24089

—chronolog. Uebersicht d. Geschichte d. 3 letzten Jahrh. 8. Sondersh. 817. Voigt in Ilmen. 8 ggr

– V e r s u c h über den Nutzen und die Notwendigkeit der Volkserziehung, s. M ü l l e r, Johann Anton

– V o l k s e r z i e h u n g, eines Staats erstes Bedürfnis, s. M ü l l e r, Johann Anton

Müller, Jh. Ant., Beitrr. z. Länder= u. Völkerkunde, 2 Thle. 8. Augsb. 820. v. Jenisch u. St. 1 rthlr 21 ggr

– s. C r a n a c h, Lukas: Handzeichnungen.

Müller, J. A., chronolog. Darstellung d. italien. Klassiker über National=Oekonomie, nebst einigen ausführlichen Abhandlungen über die Freyheit des Getreidehandels, und die Ausfuhr der rohen Produkte. gr. 8. Pesth, Hartleben, 820.

§ **MÜLLER**, Joh. Ant. („öffentl. Lehrer d. neuern Sprachen in Landshut"), E r z ä h l u n g e n f ü r H e r z u n d G e i s t. Passau, in der Pustetschen Buchhandlung. 1822. Gr. 8⁰. (1 Mk. 20 Pfg. A. Bielefeld, v o r 1885; jetzt höher!)

Müller, Jh. Ant., Erzählungen für Geist und Herz. gr. 8. Passau 821. (jetzt Kollmann in Augsburg.) 1 rthlr

Müller, J. A., zwei wichtige F r a g e n, Deutschlands Rettung betreffend. 8. Nürnb. Campe. 814.

—zwei wichtige Fragen, Deutschlands Rettung betreffend. 8. Nürnb. 815. Campe. 4 ggr

Müller, J. A., G e s c h e n k f. d. erwachs. Jugend aus allen Ständen. gr. 8. Passau, Pustet. 821.

— Geschenk für die erwachsene Jugend aus allen Ständen. gr. 8. Paßau 821. (jetzt Kollmann in Augsburg.) 3/4 rthlr

Müller, Joh. Ant., Handbuch d. Gesch. Deutschlands, zum Gebr. f. d. öffentl. u. Sebstunterr. 2 Bde. 8. Leipzig 830, Lauffer.
Bd. 1. Gesch. Deutschlands v. Karl d. Gr. b. z. d. Auflösung d. deutschen Reichsverbandes im J. 1806. (18 B.) 1 Thlr.
= 2. Ausbruch d. preuß. Krieges am 7. Oct. 1806, b. mit d. Begebenheiten d. ersten Jahreshälfte 1830. (16 1/2 B.) 18 Gr.

– (Übers.), s. L e r o i, Alphonse: Über die Verstandeskräfte der Tiere.

— Lesebuch f. Landwirthe. 8. Stuttg. 806. . . . Als Anh.: Ueber die Krankheiten d. Viehes 8. Frankf. a. M. 807.

Müller J. A.: Noth- u. Hülfsbuch f. Landwirthe od. Anweisung wie sie sich bey vorkommenden Viehkrankheiten zu benehmen haben. Frankf. a. M. 1805. 80 S.

Müller, Joh. Ant., Not- und Hilfsbüchlein für Landwirte, oder Anweisung, wie sie sich bei vorkommenden Viehkrankheiten zu benehmen haben. 8. Frankfurt 05. Bronner. M. —.75

Merkw. Rechtsfälle, welche bei versch. französ. Gerichtshöfen verhand. wurden. Nach MEJAN Recueil de causes célèbr. frey bearb. v. J. Ant. MÜLLER. *Ulm*, Stettin. 818. 8. (20 Gr.)

— die Rückkehr ins Vaterland, od. d. Johannisabend. 8. Sulzbach 827. v. Seidel. 12 gl

— vollständ. französ. Sprachlehre, in theoret. u. prakt. Hinsicht. 2 Thle. gr. 8. Nürnb. 813. 14. Campe. 1 rß

— vollständige franz. Sprachlehre in theoret. u. prakt. Hinsicht. 2 Thle. 2te Aufl. gr. 8. Ebend. 815.

— Unterhaltungen; eine kleine Reisebeschreib., in Briefen. 8. Nürnb. 803.

—— nützl. Unterhaltungs- u. Belehrungsbuch. Ein Weihnachts- u. Neujahrsgeschenk f. d. Jugend. M. 5 ill. Kpfrt. 8. (11 B.) Nürnberg 829, Zeh.

Müller, Joh. Ant., nützliches Unterhaltungs- u. Belehrungsbuch. Ein Geschenk f. die Jugend. Neue wohlf. (Titel-) Ausg. Mit 4 color. Kpfrn. u. 1 astronom. Taf. 12. (VIII u. 164 S.) Nürnberg 849, Lotzbeck. 1/3 rß

Müller, J. A. D., Versuch über den Nutzen u. die Nothwendigkeit der Volkserziehung. 8. Landshut, Storno. 817.

— Versuch üb. d. Nutzen u. d. Nothwendigkeit d. Volkserziehung. 8. Landsh. 817. Weber in Münch. 10 gl

— Versuch üb. d. Nutzen u. Nothwendigkeit d. Volkserziehung. 8 Landsh. 822 (Lpz, Schmidt.)

— Volkserziehung, eines Staats erstes Bedürfniß. 8. Landsh. 817. (Leipz., Schmidt). 4 gl

Müller, J. A., William, od. Geburt u. Verdienst rc., s. a. Bibliothek histor. Romane, 12. Bd.

—— William, od. Geburt u. Verdienst. Mehr Wahrheit als Dichtung. Ein romant.-histor. Gemälde. 8. (14 B.) Leipzig 830, Lauffer.

Müller, Jh. Ant., s. Mart. Wolf, od. d. Schulmeister rc.

Müller, Johann August

— animadversiones in Pomp. Melam cum varietate lect. cod. Cibiniensis Spec. I—XIX. 4. Meissen 789—803. (Klinkicht).

— — Annuam memoriam beneficii vicedominici solenniter celebrandam indicit et ad audiendas quatuor declamationes alumnorum electoralium perillustrem Scholae ephorum ceterosque patronos et amicos literarum invitat. — Insunt animadversiones in pomponium melam, cum varietate lectionis codicis Cibiniensis. Meißen (Schulz) 19. X. 1789. Mit Namen. (4.50) 24099

— — Animadversionum in pomp. melam, cum varietate lect. cod. Cibiniens. Specimen alterum quo ad declamationes V in Electorali Schola Afrana audiendas perillustrem Scholae ephorum aliosque exercitationum scholasticarum fautores perofficiose invitat. Meißen (Schulz) 15. IV. 1790. Mit Namen. (4.50) 24100

— — Animadversionum .... Specimen III. Quo ad declamationes V in Electorali Schola Afrana audiendas perillustrem scholae ephorum aliosque scholasticarum exercitationum fautores perofficiose invitat. Meißen (Schulz) 3. XII. 1790. Mit Namen. (4.50) 24101

— — Animadversionum .... Specimen IV. Quo ad declamationes III in Electorali Schola Afrana audiendas perillustrem scholae ephorum aliosque scholasticarum exercitationum fautores perofficiose invitat. Meißen (Schulz) (4.) V. 1791. Mit Namen. (4.50) 24102

— — Animadversionum .... Specimen V. Quo ad declamationes IV in Electorali Schola Afrana audiendas perillustrem scholae ephorum aliosque scholasticarum exercitationum fautores perofficiose invitat. Meißen (Schulz) 8. IX. 1791. Mit Namen. (4.50) 24103

— — Animadversionum .... Specimen VI quo ad declamationes IV in Electorali Schola Afrana audiendas perillustrem scholae ephorum aliosque scholasticarum exercitationum fautores perofficiose invitat. Meißen (Schulz) 3. III. 1792. Mit Namen (4.50) 24104

— — Animadversionum .... Specimen VII quo ad declamationes IV in Electorali Schola Afrana audiendas perillustrem scholae ephorum aliosque scholasticarum exercitationum fautores perofficiose invitat. Dresden (Harpeter) 12. IX. 1792. Mit Namen. (4.50) . 24105

— — Animadversionum .... Specimen VIII quo ad declamationes V in Electorali Schola Afrana audiendas perillustrem scholae ephorum aliosque scholasticarum exercitationum fautores perofficiosissime invitat. Dresden (Harpeter) 22. III. 1797. 12 S. mit Namen. (4.50) 24107

— — Animadversionum .... Specimen IX quo ad declamationes IV in Electorali Schola Afrana audiendas perillustrem scholae ephorum aliosque scholasticarum exercitationum fautores perreverenter et perofficiose invitat. Dresden (Harpeter) Sept. (1797). 12 S. mit Namen. (4.50) 24108

— — Animadversionum .... Specimen X quo ad declamationes IV in Electorali Schola Afrana audiendas perillustrem scholae ephorum aliosque scholasticarum exercitationum fautores perreverenter et perofficiose invitat. Dresden (Harpeter) 2. IV. 1798. 12 S. mit Namen. (4.50) 24109

— — Animadversiones .... Specimen XI quo ad declamationes IV in Electorali Schola Afrana audiendas perillustrem scholae ephorum aliosque scholasticarum exercitationum fautores perreverenter et perofficiose invitat. Dresden (Harpeter) (Sept.) 1798. 12 S. mit Namen. (4.50) 24110

— — Animadversionum .... Specimen XII quo ad declamationes IV in Electorali Schola Afrana audiendas perillustrem scholae ephorum aliosque scholasticarum exercitationum fautores perofficiose invitat. Dresden (Harpeter) 15. III. 1799. 12 S. mit Namen. (4.50) 24111

— — Animadversionum .... Specimen XIII. Meißen (Klinkicht) 22. XI. 1799. 12 S. mit Namen. (4.50) 24112

— — **Animadversionum . . . . Specimen XIV. Meißen (Klinkicht) 18. III. 1800. 12 S. mit Namen. (4.50)** 24113

— — **Animadversionum . . . . Specimen XV. Meißen (Klinkicht) 18. IX. 1800. 12 S. mit Namen. (4.50)** 24114

— — Animadversionum . . . . Specimen XVI. Meißen (Klinkicht) 17. XI. 1801. 12 S. mit Namen. (4.50) 24115

— — Animadversionum . . . . Specimen XVII. Meißen (Klinkicht) 19. III. 1802. 12 S. mit Namen. (4.50) 24116

— — **Animadversionum . . . . Specimen XVIII. Meißen (Klinkicht) 16. IX. 1802. 16 S. mit Namen. (4.50)** 24117

— — **Animadversionum . . . . Specimen XIX. Meißen (Klinkicht) 15. IX. 1803. 12 S. mit Namen. (4.50)** 24118

Müller, J. A.: „Beiträge zur Metallurgie", Breslau und Leipzig 1820. — Vorh.: Preuß. Oberbergamt Dortmund — F. k. 2.

Müller, Jh. Aug. II., Beitrr. z. Metallurgie. 8. Bresl. 820. W. G. Korn. 1 ₰ 8 gr

— — Viro excellentissimo amplissimo doctissimoque Christian Friedrich Matthaei adhuc apud mosquenses humaniorum litterarum prof. . . . . Disseritur de bonis scholarum Saxoniae illustrium praecipuis. Meißen (Schulz) 6. X. 1785. 16 S. (4.—) 24098

— — (Meißen), De rerum male a Smalcaldicis gestarum caussis quibusdam exponit. Meißen (Schulz) o. J. 15 S. (4.—) 24097

— f. Homeri, Ilias et Odyssea.

— — (Meyena-Merseburg), De murcis. Präs. Josia Ludwig Ernst Püttmann. Leipzig (Langenheim) 28. IV. 1779. 18 S. (3.80) 24119

— — Dasselbe. Leipzig (Langenheim) 28. IV. 1779. 18 S. (4.—) 24120
Gew.: Peter von Hohenthal.

— — Necrologium Scholae Afranae exhibet simulque ad declamationes IV in eadem schola audiendas perillustrem scholae ephorum aliosque scholasticarum exercitationum fautores peroffìciose invitat. Meißen (Schulz) 21. III. 1793. Mit Namen. (4.50) 24106

— — (Dresden), De originibus leuterationis ac speciatim oberleuterationis Saxonicae. Diss. Präs. Adam Theophil Kind. Leipzig (Klaubarth) 9. VIII. 1787. 39 S. (5.—) 24096
Gew.: Johann August von Ponickau. — Widm. v.: Adam Theophil Kind.

— **Johann August**, Recensum virorum pace belloque illustrium qui olim Afrana disciplina usi sunt instituit. Dresden (Harpeter) 3. VII. (1793). 15 S. mit Namen. (3.50) 24090

— — Recensum virorum pace belloque illustrium qui olim Afrana disciplina usi sunt instituit alterum. Dresden (Harpeter) 10. IV. (1794). 12 S. mit Namen. (3.50) 24091

— — (Meißen), Recensum virorum pace belloque illustrium qui olim Afrana disciplina usi sunt instituit tertium. Dresden (B. H. W. Harpeter) 17. IX. (1794). 11 S. mit Namen. (3.50) 24092

— — Recensum virorum pace belloque illustrium qui olim Afrana disciplina usi sunt instituit quartum. Dresden (B. H. W. Harpeter) 6. III. (1795). 12 S. mit Namen. (3.50) 24093

— — Recensum virorum pace belloque illustrium qui olim Afrana disciplina usi sunt instituit quintum. Dresden (B. H. W. Harpeter) 7. IX. (1795). 12 S. mit Namen. (3.50) 24094

— — Recensum virorum pace belloque illustrium qui olim Afrana disciplina usi sunt instituit septimum. Dresden (Harpeter) 16. IX. (1796). 12 S. mit Namen. (3.50) 24095

— f. Stand, der, des Bergmanns.

(Müller, J. A.,) Der würdige Stand des Berg- und Hüttenmannes; geschildert von einem Bergmanne. Leipzig 1825. 8.

— christ. religionis veritas ac div. origo e dono ling. die Pentecost. a. Spir. S. 4. Dresd. Gröll. 766.

Müller Jh. Aug. I., christianae religionis veritas ac divina origo e dono linguarum die pentecostes a Spiritu S. super Apostolos effuso declarata. 4. Dresd. 766. (W. Vogel in Leipz.) 2 gr

— Versuch eines hüttenmännischen Berichts üb. einen vortheilbringenden Proceß, Silber u. Blei aus ihren Erzen trocken zu scheiden. gr. 8. Leipz. 825. Kaysers B. 1 ₰ 8 gr

Müller, Jh. Aug. I., († d. 22. Juni 1804.) Versuch einer vollständ. Geschichte d. Fürstl. u. Landschule zu Meißen, aus Urkunden 2c. 2 Bde. Mit 4 Kpfn. gr. 8. Leipz. 787 u. 89. (W. Vogel). 2 ₰ 4 gr

— — Leipzig: Crusius 1787-89.

Müller, (Joh. Aug. Ferd.), Bestimmungen über die Geld-Verpflegung der Königl. Preuß. Truppen im Frieden, incl. Reise- u. Vorspannkosten, so wie üb. Servis u. Einquartierung. Zusammengetragen bis Mitte December 1849. gr. 8. (X u. 224 S. m. 9 Tab. in 8., 4. u. Fol.) Posen 850, Gebr. Scherk in Comm. n. n. 1 ₰

Müller, Johann August Carl, s. Müller, Johann August Karl

Müller, Johann August Karl

Mueller, Joan. Augustus Car. (geb. [Kakeldutt in Meckl.] 12. 12. 1838): De cancellaria Hispanica. Berolini (1864). (40 S.) 8°
Berlin, Phil. Diss. v. 19. März 1864

Müller, Johann August Ludwig, s. Müller, Ludwig

Müller, Johann Baptist, s.a. Müller, Jean Baptiste

Müller, J(ohann) B(aptist): Erfahrungssätze über die contagiöse oder ägyptische Augenentzündung. Gesammelt am Krankenbette. 175 S., gbd.

Mainz: Kupferberg 1821

JB 4.246

Müller, Joh[ann] Baptist. Neujahr-Geschenk auf das Jahr 1834. Als ein Wort zu seiner Zeit an seine lieben Mitbürger in Mossnang, von ihrem eh'maligen Vorsteher Joh. B' M'.... 8. Herisau 1834.

Müller, J(ohann) B(aptist): Die neuesten Resultate über das Vorkommen, die Form und Behandlung der ansteckenden Augenliederkrankheit unter den Bewohnern des Niederrheins durch Thatsachen belegt. 192 S., gbd., 2 Taf.

Leipzig: Hartmann 1823

JB 4.247

— die neuesten Resultate üb. d. Vorkommen, die Form u. Behandl. einer ansteckenden Augenliederkrankheit unter d. Bewohnern d. Niederrheins durch Thatsachen belegt. Mit 2 col. Kpft. gr. 8. Leipz. 823. Lehnhold. 21 gr

Müller, (J. B.) die neuesten Resultate üb. das Vorkommen, die Form u. Behandl. einer ansteckenden Augenliederkrankheit unter den Bewohnern des Niederrheins durch Thatsachen belegt. Mit 2 color. Kupfert. gr. 8. Leipzig 824, Hartmann.

Müller, Joh. Baptist, In freien Stunden. Gedichte. Stuttgart 861. Gebr. Scheitlin. 16. (VIII, 240 S.) 1 fl

Müller, Joh. Bapt., S. J., Zeremonienbüchlein f. Priester u. Kandidaten des Priestertums, nach den neuen Rubriken u. Dekreten zusammengestellt. 2., verb. Aufl. (XII, 221 S. m. Titelbild u. 1 Tab.) kl. 8. Freiburg i/B. 904. Herder. n. 1.80; geb. in Leinw. n. 2.40
1. Aufl. (XII, 204 S.) 903. n. 2.—; geb. n. 2.60.

Müller, Johann Bernhard

— s. Abhandl. üb. d. Maasstab d. Verbrechen.

Müller, J. B., Abhandl. üb. d. Maasstab d. Verbrechen und Strafen. gr. 8. Jena, Cröcker. 789.

— — De invaliditate actuum voluntariae jurisdictionis in feriis divinis celebratorum. Diss. jur. Gießen (E. H. Lammers) 12. X. 1741. 36 Seiten. (—.—) 24123
Widm. v.: Heinr. Christian Senckenberg, J. E. Senckenberg (dtsch.), Georg Wilh. Wagner, Georg Wilhelm Ludwig Beneke (dtsch.), Carl Albert Bavariae (Adel.)

— **Johann Bernhard** (Frankfurt), Disquisitio acad. qua testamenti publici originem et solennitates extrinsecas secundum jus Romanum ac patrium. Praecipue statutum Francofurtense parte IV. Tit. 1. et 2. Präs. Heinrich Christian Senckenberg. Göttingen (A. Vandenhoeck) 31. I. 1736. 80 S. (7.50) 24121

— — Dasselbe. Göttingen (A. Vandenhoeck) 31. I. 1736. 80 S. (7.50) 24122
Widm. v.: Heinrich Christian Senckenberg.

Müller, Jh. Bhrd., Versuch üb. d. Gewährleistung. 8. Jena. 805. Gabler. (Gnobloch in Leipz.) 12 gr

— Versuch üb. d. Schätzungseid. 8. Jena 806. Gabler. (Gnobloch in Leipz.) 9 gr

— Versuch üb. d. Zustandsrecht. 8. Jena 807. Gabler. (Gnobloch in Leipz.) 1 rthl 18 gr

Müller, Johann Carl, s. Müller, Johann Karl

Müller, Johann Caspar, s. Müller, Johann Kaspar

Müller, Johann Christian

Müller, J. C., kurze Anleitung zur portugies. Sprache, mit deutsch-portugies. u. portugies.-deutschem Wortverzeichniß. gr. 8. ... Hamburg 832, Hoffmann u. Campe.

Müller, J. Ch., Anl. zum Selbstunterricht a. d. Harmonica. gr. 4. Lpz. Crusius. 788. Rthlr.

Müller, Jh. Chr., († d. 4. Nov. 1796.) Anleit. z. Selbstunterricht auf d. Harmonika. gr. 4. Leipz. 788. (W. Vogel). 12 gr

Müller, Joh. Chrstn., portugies. Sprachlehre. 8. (18¾ B.) Hamburg 840, Hoffmann u. Campe.

Müller, Joh. Chr., Portugiesische Sprachlehre. 2. Aufl. 8. (XVI u. 282 S.) Hamburg 848, Hoffmann & Campe. ¾ rthl

— **Johann Christian** (Leipzig), De vulnere per se lethali homicidam non excusante. Präs. Ernst Gottlob Bose. Leipzig (Langenheim) 7. IV. 1758. 28 S. (4.75) 24126

Mueller, Ioh. Christian. Friedr. (geb. am 20 Febr. 1799 in Schnepfenthal bei Gotha): De concretione morbosa cordis cum pericardio, casibus aliquot illustrata ... Bonnae, typ. Thormannianis (1825). 2 Bl., 43 S. 8.
Bonn, Med. Fak., Diss. v. 18 Mai 1825

— **Johann Christian Theophil** (Schmiedefeld / Meißen), Num crimen falsae monetae sit crimen laesae majestatis, et quaenam poena eius jure nostro locum habeat. Diss. Präs. Ernst Gottfr. Christ. Klügel. Wittenberg (Tzschiedrich) 24. V. 1803. 18 S. (4.50) 24127
Gew.: Peter Carl Wilhelm von Hohenthal, Traugott Andreas von Biedermann. — Widm. v.: Ernst Gottfr. Christ. Klügel.

Müller, Johann Christian Wilhelm

Müller, Jh. Chr. Wlh., s. Fragmente aus d. Leben e. Physiognomisten.

— s.a. Herrmann Kürbisius.

KURBISIUS, Herrmann, genannt Rolf. Eine Adepten Metamorphose für Adepten beyderley Geschlechts in radirten Blättern. (Vf.: *Joh. Chrn. Wilh. Müller.*) 2 Bde. Mit 1 Vign. Germanien (Altenburg, Richter) 1788. 8°. 884 S. (3 fl. Ö. W. Gilhofer & Ranschburg, Wien, c. 1890.) Selten!
Anon.-Lex. II. p. 378 (nach Weller u. Meusel). Kayser u. Callisen haben „1788—89".

Wolf, Philipp Nikolaus [Präs.] u. Joh. Christoph Müller [Auctor et Resp.] Dissertatio inauguralis philosophica in qua angelorum corpora ex principiis rationis methodo demonstrantur mathematica.
Gissae 9. Nov. 1752: E.H. Lammers. 32 S. 4°
pro summis in philosophia honoribus consequendis.

— — De instrumentis privatis. eorumque probatione, Occasione L. 5. C. d. probat. Oder: Von denen Schrifften / als Handschrifften / Brieffen / Erb-Büchern / Erb- und andern Registern / Handels-Büchern u. d. g. so ausserhalb Gerichten von gemeinen Personen gefertiget werden; und von derselben Beweiß und Gültigkeit. Diss. jur. Präs. Peter Müller. Jena (J. B. Heller) Febr. 1683. Rec. 1719. (5.—) 24130
Widm. v.: Caspar Sagittarius, Peter Müller, Johann Frischmuth.

Müller, Joh. Chrph., Mappa chorographica novissima et completissima totius Regni Bohemiae in 12 circulos divisae cum comitatu Glacensi et districtu Egrano ... in hanc formam redacta et ... 25 sectionibus exhibita a J. C. Müller, a C. 1720. Hanc in formam reducta a J. W. Wieland, 1726. [Augsburg?] 1726. . . . . . . (Br. Mus.)

Müller, J. Ch. Mappa geographica Regni Bohemiae in duodecim circulos divisae cum comitatu Glacensi et districtu Egerano adjunctis circumiacentium regionum partibus conterminis exhibita. 1720. 25 Bl. c. K. v. und 1 Generalkarte.

Moraviae — Marchionatus — etc. exhibet Joh. Ch. Müller S. C. M. Capit. et Ing. Editore Joh. Bapt. Homanno. Noribergae. a) Circulus Brunnensis Pars Septentrionalis et pars Meridionalis. 1: 240,000. b) Circulus Hradistiensis. 1: 240,000 c) Circulus Olmucensis. Pars Borealis et pars Australis. 1: 170,000. d) Circulus Praeroviensis. Pars Borealis et pars Australis. 1: 170,000. e) Circulus Znoymensis et Iglaviensis. 1: 170,000. Norib. verbessert herausgegeben v. Homanns Erben. 8 Bl.

— — (Colon. Marchico), Princeps monopola, h. e. de praecipuis regum Europaeorum et electorum secularium monopoliis. Präs. Johann Friedemann Schneider. Halle (Chr. A. Zeitler) 20. VI. 1700. 118 S. (6.75) 24131
Widm. v.: Johann Friedemann Schneider.

— — (Leipzig), De virtute. Präs. Johann Englert. Leipzig (J. A. Zschau) März 1711. 28 S. (4.75) 24132

— **Johann Christoph Andreas,** Quamnam maxime utilitatem etiam hac aetate afferre possint libri nostrae ecclesiae symbolici? Deinde: Qua ratione mos introductus et paulatim peopagatus fuerit, horum librorum subscriptionem a doctoribus religionis exigendi? Göttingen (J. D. G. Brose) 1797. XII, 76 S. (6.50) 24133
Seinem Vater gew.

Müller, Johann Conrad, s. Müller, Johann Konrad

Müller, Johann Dan. (Hrsg.), s. Anzeigen, Rintelische, von gelehreten und gemein-nützlichen Sachen.

Müller, Jh. Dn. I., († d. 30. Apr. 1794.) neue Bestätigung d. Beweise für die Gewißheit der Unsterblichkeit d. Seele. 8. Marb. 752. Keßler. 12 gl

— neue Bestätigung der Beweise für die Gewißheit der Unsterblichkeit der Seele. 8. Marburg, Keßler. 753.

— unwidersprechl. Beweis, daß das Duelliren eine ehrlose u. alberne Handlung sey. 8. Rinteln 776.

— compositio corporum ex entibus simplicibus demonst. 4. Frft. Andreä. 748.

— die Einfalt und Thorh. der Religionsspötter. 2 Thle. 8. Frft. Andreä. 748.

— rechtl. Gebrauch der Vernunft bey den Geheimnissen der Offenbar. überh. 8. Ebend. 748.

Müller, Joh. Dan. (1721—1794), das jüngste Gericht. Vortrag üb. Apostelgeschichte 10, 42. In etwas veränd. Form neu hrsg. v. Diedr. Goebel. 2. Aufl. (22 S.) 8. Barmen (904). (Elim, Buchh. d Blauen Kreuzes) n. —20

Das jüngste Gericht. Vortrag über Apostelgesch. 10, 42 von D. Joh. Daniel Müller, Prof. ord. theol. (1721-1794). In etwas veränd. Form neu hrsg. von Diedr. Goebel. 2. Aufl. (Vorr.: L. Wittekindt, Pfarrer.) Langerfeld bei Barmen: Selbstverl. [1904]. (22 S.) 8°

— vertheidigte Gewißheit der Unsterblichkeit der Seele n. d. Vernunft rc. 8. Frft. Andreä. 747.

— wahre Glückseligkeit; ein Lehrgedicht in 4 Gesängen. 8. Gießen 766. Krieger. 4 gl

— (Übers.), s. Heinsius, Daniel: Ausführliche ... Antwort auf die wichtigen Fragen, ob ein Gelehrter heiraten, was für eine Frau er nehmen und wie er sie lieben soll.

Alefeld, Joh. Ludwig [Präs.] u. Joh. Daniel Müller [Autor et Resp.]
Dissertatio inauguralis, in qua immortalitas animae, ex principiis rationis, methodo mathematica demonstratur.
Giessae 25. Juli 1743: E. H. Lammers. 58 S. 4°
pro summis in philos. honoribus consequendis.

— ist es wahr, daß die Erde ein unermeßl. hohes Alter habe? verneint. 8. Rinteln 774.

Müller, Jh. Dn. II., Kanzelvortr. üb. die gewöhnl. Epistel-texte d. ganzen Jahres. 2 Thle. 8. Magdeb. 790. v. Schütz (W. Nauck in Leipz.) 1 ₰ 8 gl

Müller, J. Dan., Canzelvorträge üb. die gew. Epist. d. ganz. J. 2 Thle. 8. Magdb. Schütz. (Sommer, Leipz.) 790.

— die vornehmsten Lehrsätze d. christl. Religion in ihrem Zusammenhange. 8. Frankf. 759. Gießen. 777. Krieger. 4 gl

— die vornehmsten Lehrsätze d. christlichen Religion im Zusammenh. 8. Marburg, Krieger. 801.

— vom Mißbrauch der Eide. 8. Helmstädt. (Weygand. Leipz.) 747.

— Oden, Lieder u. metr. Uebersetz. latein. Gedichte. 8. Magdeb. 781. (v. Schütz). 9 gl

— possibilitas et certitudo resurrectionis mortuor. ex princip. rationis excit. 8. Marb. 753. Krieger. 4 gl

— Sinngedichte u. Erzähll. nach d. Latein. einiger Dichter d. 16n u. 17n Jahrh. 8. Magdeb. 796. (v. Schütz). 9 gl

SOLLTEN Hurerey und Concubinat auch in unsern Zeiten noch schädliche und schändliche Laster sein? (von *Joh. Daniel Müller*). Frankfurt u. Leipzig. 1777. 8°. 68 S. (2 Mk. W. H. Kühl, Berlin, vor 1885; 2 Mk. 80 Pfg. Rhein. Antiqu., Bonn, 1911; jetzt theurer!)
Anon.-Lex. IV. p. 95 (nach Strieder u. Meusel). — Sehr selten!

— d. bestät. Thorheit d. Anruf. der Musen und andere heydnische Götter in der heutigen Dichtkunst. 8. Frankf. Andreä. 749.

— Ueberzeugung d. gemeinen Menschen- u. Bibelverstandes von d. dreieinigen Gott. 8. Braunschw. 776. Schulbuchh. 6 gl

— Ueberzeugung d. gemeinen Menschenverstandes von d. Wirklichkeit der guten u. bösen Engel. 8. Frankf. a. M. 777. Bayrhöffer. 6 gl

— die Vernunft- u. Schriftmäßigkeit d. Gnadenwirkk. d. heil. Geistes. 8. Frankf. a. M. 778. Bayrhöfer. 3 gl

— Vernunft- und Schriftmäßigkeit der Gnadenwirkungen des heiligen Geistes. 8. Marburg Bayrhöfer. 778.

— Vernunftmäßigkeit u. Vortrefflichk. d. natürl. u. geoffenbarten Religion. 8. Rinteln 771. Müller. 4 gl — Dass. d. geoffenb. Religion. 8. Ebd. 775. 7 gl

— s. Verschlimmerung d. christl. Religion.

– (Übers.), s. Vida, M. Hieronymus: Jesus Christus.

— d. von d. Vernunft bestätigte Wahrheit des Standes d. Unschuld und des Falls des Menschen. 8. Frankfurt, Andreä. 747.

Müller, Johann David [Praes.], s. Hein, Jo. Christian Ernst: De rebus duarum tribuum regni Judaici adversis.

— — Schediasma de prudentiae civilis methodo, actui oratorio in Valle D. Mariae. Helmstedt (J. St. Hess) 17. VI. 1722. Mit Namen. (4.—) 24137

— Johann David (Zwezena - Geranus, Marienthal), Dissertatiuncula de principum in literas et earum cultores munificentia actui oratorio praemissa. . . . . Helmstedt (H. Hess) 6. VIII. 1701. (4.75) 24134
Gew.: Philipp Ludwig Probst von Wendhausen, Anton Albert von Imhoff.

— — (Marienthal), **Programma de primae mundipartis Europae praerogativa et laudum principatu, quem prae tribus caeteris meretur, examini vernali et actui Oratorio praemissum** . . . . Helmstedt (H. Hess) (12. IV.) 1706. Mit Namen. (4.75) 24135

— — Programma de hieme examini autumnali et actui oratorio descriptiones continenti praemissum . . . . Helmstedt (H. Hess) 4. X. 1707. Mit Namen. (4.75) 24136

Johann Dietrich Mueller

De opportuna morborum actantium uberibus infestorum Prophylaxi. Francofurti ad Viadrum (1805:) Apitz. 28 S. 8°

Frankfurt a.d.Oder, Med. Diss. v. 6. Sept. 1805

Jo. Ehrenfried Maur. Müller diss. inaug. sistens methodorum atque instrumentorum ad pupillam artificialem formandam inventorum historiam. Cum tab. aen. Jenae 1825. 4.

Müller, Johann Ernst

— — Programma de emblemate. Rudolstadt (Urban) (19. VII.) o. J. 8 S. (3.50) 24141

Müller, J. E., kurzgefaßtes Lehrgebäude des Christenthums. 8. Erlang. Palmsche Verlagsbuchh. 815.

Müller, Jh. Er., kurzgefaßtes Lehrgebäude d. Christenthums. kl. 8. Erlang. 816. Palm. 3 gl

— — Programma, de Graeca lingua, et ejusdem optimo autore Isocrate. Rudolstadt (H. Urban) o. J. 8 S. (3.50) 29140

— — (Athenaei Schwartzburg. Conr.-R.), Programma, de Ovidio. Rudolstadt (H. Urban) (März) o. J. 8 S. (3.50) 24143

— — Programmatis loco è Manuscripto exhibetur oratio Neandrina De Afflicto Docentium in Scholis Statu. Rudolstadt (Urban) (5. XII.) 1703. 12 S. (3.50) 24142

Müller, Johann Ernst Friedrich Wilhelm

HONORINENS Abenteuer, hrsg. vom Verfasser der romantischen Gemälde der Vorwelt (d. i. *Joh. Ernst Friedr. Wilh. Müller).* 2 Thle. Leipzig 1814. 8°.
Anon.-Lex. I. p. 7 (nach Kayser, Meusel, Goedeke), aber unrichtig „Honoriens".

– (Hrsg.), s. Alruna. 1805 ff.

– s. Ästhetik der Toilette für Damen ...

– s.a. Besuch, Der, auf dem Lande und in der Stadt.

— —, Der Besuch auf dem Lande, und der Besuch in der Stadt. Mit 2 Carrikatur-Gemälden von Geißler. 1805. Qu.-4°. (2 Rthl.) Rar!

– s. Bibliothek der grauen Vorwelt.

– s. Bilderbuch für die nachdenkende Jugend.

BUSEN-TUCH, Das. Eine Arabeske. Als Seitenstück zu dem Unterröckchen, wie es seyn sollte (von *Joh. Ernst Friedr. Wilh. Müller*). Leipzig, Kühn, 1804. 16°. (2 Mk. E. Frensdorff, 1895.)
TKpf. u. 48 SS. Nicht erotisch.

BUSEN-TUCH, Das. Eine Arabeske. Als Seitenstück zu dem Unterröckchen, wie es seyn sollte. Mit einem Titelkupfer. Leipzig, in der Schäferischen Buchhandlung, 1804. 12°. Einschließl. Titel 48 S.
[B. I, 510.]
Verf. ist Joh. Ernst Friedr. Müller; vgl. Goedeke V, 517, 22. Ist Kühn der Verleger, oder Schäfer? Vgl. Der grundgescheute Antiquarius, herausgegeben von C. G. von Maaßen. 1920—22. S. 40.

– s. Elisa von Portugal. (NB. Ist zu streichen, da es gar nicht existirt).

— Esthétique de la toilette ou du beau dans la toilette. av. planch enlum. 8. ibid. 805.

– s. Filidor's kl. Romane.

— s.a. Fragmente auf Spaziergängen.

Fragmente
— — für Spaziergänger (von *Joh. Ernst Friedr. Wilh. Müller*). Mit TVign. Leipzig, Beygang, 1789. 8°. 3 Bll. u. 128 S. Zahm.

— Fragmente f. Spaziergänger u. Naturfreunde. 8. Leipz. Beygang. 800.

Müller, Jh. Er. Fr. Wlh., († ...) Fragmente f. Spaziergänger u. Naturfreunde. 2e Aufl. 8. Leipz. 800. Beygang. 9 gl (Die 1e Aufl. erschien ohne seinen Namen).

– s.a. Gardinenpredigten.

GARDINEN-Predigten von Ihm und Ihr, als Pendant zum Unterröckchen, vom Verfasser desselben (*Joh. Ernst Frdr. Wilh. Müller*, 1764—1826). Mit TKpf. Leipzig, im Industrie-Comptoir, o. J. (1803). 8⁰. 48 SS. (In Darmstadt: E 5866.) Zahm.

— Amors Geburt u. Lebenslauf, m. K. Taschenb.-Format. Leipz. Ind. Comt. illum.

— — dasselbe in 4. m. franz. u. deutsch. Text. Ebend.

Amors Geburt, Lebenslauf, Sieg und Triumph in 25 Kupfertafeln dargestellt (v. Rosmaesler), deutsch u. französ. Text (v. *Ernst Müller*.) Leipzig, Industrie-Comptoir, o. J. (1805). (40 Mk., schönes Expl. auf grossem Pap., Ppbd. d. Zeit, Max Perl, 1909:)

Gemälde
— —, Kleine, des menschlichen Herzens, vom Verfasser des Unterröckchens wie es seyn sollte. (13 zahme Erzählungen von *Johann Ernst Friedr. Müller*.) Leipzig, in der Joachim'schen Buchhandlung, o. J. (c. 1805). 12⁰.
VIII—232 SS. Laut Vorr. (unterz. *E. M—r.*) erschienen diese Erzähl. früher zerstreut in Zeitschriften. Der auf dem Titel erwähnte Roman erschien 1803.

– s.a. Gemälde, romant., der Vorwelt.

Gemälde
— —, Romantische, der Vorwelt (von *Joh. Ernst Friedr. Wilh. Müller*). 2 Thle. Leipzig, Beygang, 1789—90. 8⁰.
Nur Th. 1 lag vor: Titkpf., Tit. m. Vign., 7 Bll. Vorr. u. 383 S.

Müller, Er., (Jh. Er. Fr. Wlh.), Gemälde aus der wirkl. Welt, z. Unterhaltung d. Bürgerstandes. 8. Leipz. 825. (Krappe). 1 [illegible]

Müller, (Ernst,) Gemälde aus der wirkl. Welt, zur Unterhaltung d. Bürgerstandes. 8. Leipz. 825, Taubert.

— kleine Handbibliothek f. Einsame. 8. Leipz. 811. Joachim. 1 [illegible] 8 [illegible]

— Herbstblätter od. kl. Gemälde d. menschl. Herzens. 8. Leipz., Joachim. 1 [illegible]

HERBSTBLÄTTER, vom Verf. des Unterröckchens wie es seyn sollte (von *Joh. Ernst Friedr. Wilh. Müller*, 1764—1826). Leipzig, Joachim, o. J. (c. 1805). 8⁰. VII—232 S. (4 Mk. 50 Pfg. H. Streisand, Berlin, 1908.)
Enthält 13 zahme Erzählungen, die vorher in Zeitschriften erschienen waren (laut Vorrede). Hat auch d. Titel: Kleine Gemälde des menschlichen Herzens. — Fehlt im Anon.-Lex.

ARNIM, K. G. Ph. v. („Vf. der Schrift über den Adel", d. i. *Joh. Ernst Friedr. Wilh. Müller*), Die tugendhafte Kokette oder Geschichte der Gräfin Caroline Busso. Leipzig, o. J. (ca. 1800). 8⁰. 334 S. (1 Mk. 50 Pfg. Rich. Bertling, Dresden, 1889; 8 Mk. [!] H. Streisand, Berlin, 1908.)

RÖSCHENS Kuss, ein ländliches Gemälde . . . , (von *Joh. Ernst Friedr. Wilh. Müller*). Leipzig 1794.
Anon.-Lex. II. p. 381 (nach Meusel).

MÜLLER, Ernst (1764—1826), Stumme Liebe. Ein häusliches Gemälde. Mit 3 illum. Kpfrn. Leipzig, Industrie-Comptoir 1804. 12⁰. (1 Rthl.)
Neue Allg. dtsch. Bibl. 94, 92. (Goedeke V, 517, 22, 11.) Bibl. Günth. III. no. 6536. — Selten!

– s. Magazin zur Beförderung der Menschenkunde.

– (Hrsg.), s. Magazin, Unterhaltendes, zur Verbreitung der Natur- und Weltkenntnis ...

— Muttertreue, e. häusl. Gemälde d. 16n Jahrhund. Mit Kpf. 16. Leipz. 808. Schiegg. 1 [illegible] 8 [illegible]

– s. Pitt's Reise ins Ehebett.

– s. Prinzessin Sirta.

PITTS Reise in's Ehebett, vom Verf. des Unterröckchens, wie es seyn sollte (von *Joh. Ernst Friedr. Wilh. Müller*, 1764—1826). Mit TKpf. Leipzig, bei J. B. Schiegg. 1804. 8⁰. (5/6 Rthl. H. W. Schmidt, Halle, vor 1870.)
Ziemlich harmlos. 246 S. (incl. 4 Bll. Vorst.), 1 Bl. Druckf., 1 Bl. Inh. der 43 Kapitel.

— — Dasselbe. 2. Ausgabe. Mit TKpf. Ebd. 1806. 8⁰. (3 Mk. Bielefeld, vor 1885; 4 Mk. 50 Pfg., Bernh. Liebisch, Lpz., 1908.)
Tit. u. 246 S., nebst 1 Bl. Err.

Müller, Jh. Er. Fr. Wlh., s. Rettung aus d. Ruinen.

§ **SIRTA**, Prinzessin, ein abenteuerliches Mährchen der grauesten Vorzeit (von *Joh. Ernst Frdr. Wilh. Müller*, 1764—1826). Mit Titelkpfr. von Kohl. Leipzig, Voss, 1793. 8⁰. (3 Mk. 50 Pfg. E. Meyer, Berlin, 1908.) (In München: P. o. germ. 958 px.)
Anon.-Lex. IV. p. 88 (nach Kayser).

— Taschenbuch d. Liebe f. 1806, ist: Amors Geburt u. Lebenslauf, s.a. Amor.

Taschenbuch
— — der Liebe, für das Jahr 1806 von Ernst Müller. Mit 25 Kpfrn. von Rosmaesler. Leipzig, Industrie-Comptoir, 1805. 12⁰. (2 Rthl.)

— — Dasselbe, titulo: Taschenbuch der Liebe: Ein Geschenk für Herren und Damen. Hrsg. von Ernst Müller. Neue Auflage mit 25 Kupfern. Leipzig, Industrie-Comptoir, 1807. 12⁰. (2 Rthl.)

– (Hrsg.), s. Taschenbuch zum geselligen Vergnügen. 1793.

– s.a. Unterröckchen, das, wie es sein sollte.

UNTERRÖCKCHEN, Das, wie es sein sollte. Ein Paar (zahme) Worte unter vier Augen. (von *Joh. Ernst Fr. Wilh. Müller*). Mit TKpf. (von Mettenleiter). Leipzig 1803. 12⁰. (1 Mk. G. Priewe, Heringsdorf, 1895.)
— — Dasselbe. 2. Auflage. Ebd. 1805. 12⁰. (2 Mk. 50 Pfg. Scheible, 1881.)
— — Dasselbe. 3. Auflage. Ebd. 1810. 12⁰.

Müller, Ernst u. F. G. Baumgärtner. Versuch einer Ästhetik der Toilette oder Winke für Damen sich nach den Grundregeln der Malerei geschmackvoll zu kleiden . . . Leipzig, im Industrie-Comptoir [1805].
Tit., 142 S., 18 Taf. in Kupferst., davon 8 koloriert 8⁰.

— s. Wort, ein deutsches, zu deutschen Bürgern.

– s. Zeitvertreib, Anmutiger und nützlicher, für den Bürger- und Bauernstand.

— s. Zuschauer, Leipziger, e. Wochenschrift.

Müller, Johann Ernst Justus

— **Jo. Ernst Justus** (Henneberg), De causis mitigandi poenam in delictis. Coburg (Ahl) Okt. 1777. 16 S. (5.—) 24144
Gew.: Jo. Gottgetreu Müller.

— Etwas v. d. Rechtmäßigkeit d. kunstrichterl. Amtes, z. Vertheidig. gegen die Recension 2c. 8. Schleusingen 781.

— — (Schleusingen), De exceptionibus litis ingressum impedientibus et de remediis contra suspectos judices, eorumque aequitate et iniquitate. Coburg (R. A. W. Ahl) 1777. 32 S. (5.25) 24145
Gew.: Friedrich Ludwig von Wurmb.

Müller, Jh. Er. Just., († d. 17. Sept. 1795.) commentatio de exceptionibus et de remediis. 4. Coburg 777. Ahl. (Riemann). 3 gr

— sämmtl. Gedichte, od. Samml. geistl. Lieder. 8. Schleusingen 796. (Riedel). 12 gr

— Lebensgeschichte J. G. Müllers. 4. Jena, Acad. Bchhdl. 789.

— — s.a. Müller, J.G.

Müller, Der Pfarrer, und seine Kinder, eine vaterländische Familiengeschichte. Gera 1783—1784. Neue verb. u. verm. Auflage. Leipzig 1792—1793. V: *Müller, Johann Ernst Justus.* (BGE IV³, 197)

— der Pfarrer und seine Kinder, eine vaterländische Familiengesch. 3 Thle. 8. Gera, 783/84. Bekmann. 2 Rthl. 13 sgl.

* **MÜLLER**, Der Pfarrer, und seine Kinder, eine Vaterländische Familiengeschichte. (Zahmer Roman von *Joh. Ernst Justus Müller*). 5 Thle. Neue verbess. u. verm. Aufl. Leipzig, bey Caspar Fritsch 1792—93. 8º. (In Berlin: Yw 3257, 2 voll.)
V u. 380, 366, 360, 319, 328 Seiten. — Vorr. des Herausgebers zum 1. Th. dat. 4. Aug. 1790. — Lat. Lettern. Zuerst gedr. Gera 1783—84. (Anon.-Lex. III. p. 165, nach Meusel u. Kayser, aber unrichtig: „Der Vater Müller".

Müller, der Pfarrer, u. seine Kinder. 5 Bde. 8. Leipz. ... N. A. 792, 93. Hahn. 5 Rthl

Müller, Der Vater, und seine Kinder; eine vaterländische Familiengeschichte. Gera 1783—84. N. A. Leipzig 1792—93. V: *Müller, Johann Ernst Justus.* (ML) (Ky)

Müller, Jo. Ern. Just.: Observationum practicarum ad Leyseri meditationum ad Digesta opus. T. 1—6. Lipsiae 1786—93. 6 Bde

MÜLLER, J. E. Just.: Observatt. pract. ad *Leyseri* Meditatt. ad Pand. *Lpz.*, Fritsch. 786—91. 4 Voll. gr. 8. (6 Thl. 20 *Gr.*)

— observat. pract. ad Leyserii meditat. ad Pandectas. VI Tom. à 2 Fasc. 8maj. Leipz. 786—93. (Hahn). 10 Rthl 4 gr

Mueller, Joh. Ernst Just.: Opuscula iuridica tam civilia quam feudalia. T. 1. 2. Lipsiae 1796. 2 Bde

Müller, Jh. Er. Just., promptuarium juris novum ex legibus et optimorum etc. cum praef. Jo. Aug. Reichardt. XII Tom. 8maj. Leipz. 784—90. Ed. II. Auct. et emend. ed. K. Beyer. Vol. I—VII. 4maj. ibid. 792—97. (Hahn). 22 Rthl

MÜLLER, J. E. Just.: Promptuarium jur. novum ex legibus et opt. ICtorum tam vett. quam recentt. scriptis ord. alphabet. congest.; cum praefat. J. A. REICHARD. *Lpz.*, Fritsch. (785—90.) 792—97. 7 Vol. gr 4. (22 Thl.)

— Ed. 2. (Vol. 6. 7:) continuavit Chr. Beyer. Vol. 1—7. Lipsiae 1792—97. 7 Bde

Müller, Joh. Felix Seb.: De glandulis et vasis lymphaticis, s. Baumer, Joh. Wilhelm [Praes.]

— s. Abhandlung von Verbesserung des Nahrungsstandes ...

Müller, Jh. Fr. I., († d. 25. Jul. 1820.) über Bestimmung, Werth u. Verhalten d. Religionslehrers, in einigen Gelegenheitsreden. 8. Erf. (802.) Keyser. 5 gr

Müller, Jh. Fr. VI., s. Correspondent d. Triester.

— s. Gedanken von Anlegung mehrerer Manufakturen und Fabriken in Württemberg.

* — Kochunterricht in allerlei Mehl- u. Fastenspeisen. 8. Chemnitz, Starke 810.

Müller, J. F., Kochunterricht in allerley Mehl- u. Fastenspeisen 2c. 8. Chemnitz. 810. Jetzt Kretschmar.

Müller, Jh. Fr. III., Kochunterricht in allerlei Mehl- u. Fastenspeisen. 8. Chemnitz 819. (Kretschmar). 6 gr

— Deutschlands Morgenröthe, od. was haben wir Napoleon zu danken? gr. 8. Erf. 815. Keyser.

— über Patriotismus; zwei Schulprogramme. 8. Erf. 817.

— s. Unterricht für den kurpfälzischen Landmann, wie die Färberröte oder Krapp zu pflanzen ... sei.

— von d. Vorzügen d. öffentl. vor d. Privatunterricht; in 3 Abthll. 8. Erf. 811.

— **Johann Franz** (Zobten / Schlesien), Specimen ined. de marasmo senili. Präs. Philipp Friedrich Meckel. Halle (Fr. D. Frank) 20. X. 1800. 30 S. (4.50) 24146
Gew.: Johann Gottfried Morgenbesser.

Mueller, Jo. Fr., praes. Ge. G. **Richter**. De statu mixto somni et vigiliae, quo dormientes multa vigilantium munera obeunt. 34 pp. Gott. 4°. *Richter*, Opusc. med. 4°. Frcf. 1789, II, 196—219. *Vogel*, Bibl III, St. 5. Gött. Anz. 91. St. Erl. Beitr. n. 39. 1756.
1756

MÜLLER, Johann Friedrich (Kirchheimbolanden): Das allgemein gleichmässig verengte Becken und dessen Einfluss auf die Geburt.- Kirchheimbolanden: Thieme 1880. 64 S.,1 Bl.
15.7.1880 - Urk (Titel: De pelvi aeque coarctate parturientium.); Chr 1880/81,13
Diss. Ingolst. - Landsh. - Mchn.

Müller, Joh. Friedr. (I.), über d. wirthschaftl. u. rechtl. Erfordernisse e. Urbar-Buchs f. Herrschafts- u. Ritterguts-Verwaltungen, nach d. Bedürfen d. Zeit, zur Bewahr. u. Sicherung d. Besitzthums, u. zur Begründ. e. guten Haushaltes u. zweckmäß. Rechnungs-Systems. Mit prakt. Mustern u. Tabn. gr. 8. (7¼ B.) Koburg 832, Sinner.

Müller, Joh. Friedr., Handbuch der Veterinär-Ophthalmologie f. Thierärzte. Mit eingedr. Holzschn. 2 Bde. gr. 8. (110, 412 u. XVIII S. m. 3 Taf. Abbild.) Braunschweig 847, Westermann. n. 3 ℛ

Johann Friedrich Mueller
aus Ilmenau, 1780

Genitalium sexus sequioris, ovi, nutritionis fetus atque nexus inter placentam et uterum brevis Historia. Ienae (1780:) Fickelscherr. 37 S. 8°
Jena, Med. Diss. v. 4. Sept. 1780

Müller, Jh. Fr., Inaugural-Abhandlung über die arzneiliche Wirkung und Anwendung der Jodine. gr. 8. Würzburg 832. (Mainz, Rauch.) ⅜ ℛ

Müller, Joh. Friedr. (II.), Inaugural-Abhandl. üb. d. arzneil. Wirkung u. Anwend. d. Jodine. gr. 8. (3½ B.) Würzburg 832. (Bingen, Steingässer.)

Johann Friedrich Mueller
1771

De Ortu morborum contagiosorum ex fermento et acrimonia specifica deducto. Ienae (1793:) Stranckmann. 26 S. 8°
Jena, Med. Diss. v. 2. Okt. 1793

— **Johann Friedrich August** (Bobersena / Meißen), De jurisdictione criminali patrimoniali tollenda. Diss. Präs. Christoph Carl Stübel. Wittenberg (Tzschiedrich) 9. XI. 1801. 21 S. (3.50) 24147

Müller, Johann Friedrich Christoph, s. Müller, Friedrich

Müller, Joh. Frdr. Emil, am Grabe d. Königl. Würtemberg. Staatsministers a. D., Hrn. Karl Aug. Frhrn. v. Wangenheim, Exc., den 22. Juli 1850 gesprochen. gr. 8. (8 S.) Coburg 850, Riemann. 3 ℊ

—— einige Predigten. gr. 8. (XI und 160 S.) Coburg 851, Riemann'sche Buchh.

Müller, Johann Friedrich Theodor, s. Müller, Friedrich

Müller, J[ohann] G[eorg] *III* [1800–1875]. Abriss meines Lebenslaufes. Aufzeichnung von J. G. M', Theol. Prof. Basil. ⟨Bei seiner Beerdigung verlesen am 2. September 1875.⟩ 8. [Basel.]

–(Vorr.), s. Altdorfer, Johann Jakob: Hinterlassene poetische und prosaische Schriften.

Müller, J. G., philosophische Aufsätze. gr. 8. Breslau, W. Kom. 795.

MÜLLER, Johann Georg (Koblenz): De authentia capitum duorum priorum evangelii secundum Matthaeum. (Titel nach der Urkunde)
17.9.1827 - Urk: AI 1828,157; F 43
Diss. Ingolst. - Landsh. - Mchn.

— kurzer Begriff d. christl. Glaubens, s. a. Begriff u. setze hinzu: (v. Jh. Geo. Müller).

Müller, J. G., kurzer Begriff des christl. Glaubens. 8. Schafhausen, Hurter. 808.

(——) kurzer Begriff d. christl. Glaubens. In e. Auswahl bibl. Sprüche z. Gebr. f. d. ersten Religions-Unterr. 6., verb. Aufl. 12. (2 B.) Schaffhausen 832, Hurter.

Müller, Joh. Geo., kurzer Begriff des christl. Glaubens. In einer Auswahl bibl. Sprüche z. Gebrauch f. den ersten Religions-Unterricht. 7. verb. Aufl. gr. 12. (2 B.) Schaffhausen 842, Hurter'sche Buchh.

–(Hrsg.), s.a. Bekenntnisse merkwürdiger Männer von sich selbst.

— Bekenntnisse merkw. Männer von sich selbst. 6 Bdchen. gr. 8. Winterthur, Steiner. 792-809. (1s 20 gr. 2s 21 gr. 3s 1 Rthlr. 4s 1 Rthlr. 5s 20 gr. 6s 1 Rthlr. 8 gr.)

—— Blicke in d. Bibel, in freyen Abhandln. u. Erklärn. einzelner Stellen, vorzügl. d. Alten Testaments. Nebst e. Anh. hinterlass. Noten zur Bibel v. Johs. v. Müller. Nach d. Tode beyder Brüder hrsg. v. Johs. Kirchhofer. 2 Thle. gr. 8. Winterthur, Steiner. [1. (29 B.) 828. 1 Thlr. 6 Gr., 2. (40 B.) 830. 1 Thlr. 20 Gr.]

Müller, Joh. Geo., Blicke in d. Bibel, in freien Abhandln. u. Erklärn. einzelner Stellen, vorzügl. d. Alt. Testam. Nebst e. Anh. hinterlass. Noten z. Bibel v. Johs. v. Müller. Nach d. Tode beider Brüder hrsg. v. Johs. Kirchhofer. 2 Thle. (Neue Ausg.) gr. 8. (69 B.) Basel 840, (Bahnmaier's Buchh.)*

Müller, Jh. Geo., Blicke in die Bibel, in freien Abhandlungen u. Erklärungen einzelner Stellen, vorzüglich des Alten Testaments. Nebst e. Anhange hinterlass. Noten zur Bibel von Johannes v. Müller. Nach dem Tode beider Brüder herausg. v. Johannes Kirchhofer. 2 Thle. (Neue Ausg.) gr. 8. Basel 840. (Spittler u. Comp.) n. 2 ℛ

–(Hrsg.), s. Bosshard, Heinrich: Eines schweizerischen Landmannes Lebensgeschichte.

Müller, J[ohann] G[eorg] *II* [1759–1819]. Briefe über das Studium der Wissenschaften, besonders der Geschichte; an einen helvetischen Jüngling politischen Standes. Von J. G. Müller. Nebst einem Blatt Beylage nöthiger Verbesserungen. 8. Zürich 1798.

Müller, Joh[ann] Georg *II*. Briefe über das Studium der Wissenschaften, besonders der Geschichte. Jünglingen meines Vaterlandes zugeschrieben von Joh. G' M'... 2., verbesserte und vermehrte Aufl. 8. Zürich 1817.

— Briefe üb. d. Studium d. Wissenschaften. 1r Thl. 8. Zürich 798. 2e verb. Aufl. 817. Orell. 1 ℛ 16 ℊ

— Briefe üb. e. Wort, das Franz I. v. d. Folgen d. Reformation gesagt haben soll, als Anh. zu obigem Briefe, (v. C. H. Müller). 8. Zürich. 800. 6 ℊ

Neujahrsblatt

— der Stadtbibliothek Winterthur auf das Jahr 1892: Aus dem Briefwechsel zwischen Ulrich Hegner und Joh. Georg Müller. In-4°. 52 S. Winterthur, Moritz Kieschke. 1891. 2 —

– Dass., s.a. Hegner, Ulrich

Müller, Joh. Geo., s.: Briefwechsel d. Großfürstin Katharina Paulowna.

Müller, J. Geo., s.a. Briefwechsel, der, der Brüder J. G. M. u. Joh. v. M.

Müller, J(ohann) Georg *II*, und Müller, Joh(annes) v(on). Der Briefwechsel der Brüder J. G' M' und Joh. v. M'. 1789–1809. Hrg. von Eduard Haug. 2 Halbbände. 8. Frauenfeld 1891–1893.

—— des Juden Philo Buch von d. Weltschöpfung, erklärt. gr. 8. (29½ B.) Berlin 841, Geo. Reimer.

— — (Heilbronn), De curiis superioribus in Germania, Von denen Oberhöffen in Teutschland. Diss. jur. Präs. Christoph Friedrich Harpprecht. Tübingen (Schramm) (17.) Sept. 1732. 26 S. (5.—) 24149
Widm. v.: Christoph Friedrich Harpprecht.

– (Übers.), s. Dalrymple, John: Geschichte von Großbritannien und Irland unter der Regierung Jakobs II. und Wilhelms I.

Müller, Jh. Geo., die bildlichen Darstellungen im Sanctuarium der christl. Kirchen v. 5. bis zum 14. Jahrhundert. Eine kirchlich-archäologische Abhandlung. Mit 2 lithogr. Blätt. gr. 8. Trier 835. Lintz. ½ ℛ
4¾ B.

Müller J. G.: Deliciae hortenses o. vollständige Gartenlust . . . 2 Th. (1 Vol.). Stuttg. 1773. 496 S. 1 Tvl.

Müller, J. G. IV., deliciae hortenses, od. vollständ. Gartenbuch. N. A. 8. Stuttg. 794. Metzler. 12 gℓ

— Johann Georg (Buxtehude/Bremen), De dispositione ad morbos haereditaria. Diss. med. Göttingen (H. M. Grape) 29. III. 1794. 28 Seiten. (4.75) 24148
Gew.: Johann Georg Müller (Vater).

Müller, Joh. Geo., über d. Aechtheit d. zwei ersten Kapitel d. Evangeliums nach Matthaeus. gr. 8. (5½ B.) Trier 830, Troschel.

— — Jetzt Verlag von Lintz, Trier.

Müller, Joh. Georg, vollständ. Gartenbuch. 8. (Compendium triplicis horticulturae, 1675). (Deliciae hortenses, 1710). 9. Aufl. Stuttgart, 1765. 10. Aufl. 1772. 11. Aufl. 1788 u. 1794. Metzler. — 15

— vom Glauben d. Christen. Vorlesungen. 2 Bde. gr. 8. Winterthur 815 u. 16. 2e mit nachgelass. Zusätzen d. sel. Verf. verm. u. verb. Aufl. 823. Steiner 3 ℛ 12 gℓ

Müller, (Joh. Georg,) Glaubenslehre in bibl. Sprüchen ꝛc. s. Begriff...

Müller, Joh. Geo., aus dem Herder'schen Hause. Aufzeichnungen. [1780—82.] Hrsg. v. Jak. Baechtold. 8. (XXVII, 128 S.) Berlin 881. Weidmann. n. 2. 50

– (Hrsg.), s. Herder, Johann Gottfried von: Gedichte.

– (Hrsg.), s. Herder, Johann Gottfried von: Christliche Reden und Homilien.

– (Hrsg.), s. Herder, Johann Gottfried von: Sophron.

– (Hrsg.), s. Herder, Johann Gottfried von: Sämtliche Werke.

– s. Kirchhofer, Johannes: Etwas zum Andenken des ... Johann Jacob Maurer ...

— Zinzendorfs Leben. 2e Aufl. 8. Winterthur 823, Steiner.

– (Übers.), s. Mentelle, Edmond: Vergleichende Erdbeschreibung.

– (Hrsg.), s. Müller, Johannes von: 24 Bücher allgemeiner Geschichten.

– (Hrsg.), s. Müller, Johannes von: Sämtliche Werke.

Müller, Joh. Geo., aus (seinem) künstlerischen Nachlasse, s.a. Aus dem künstlerischen Nachlasse.

Aus dem künstlerischen Nachlass von Johann Georg Müller, Professor an der K. K. Ingenieurakademie u. Mitglied der Akademie der bildenden Künste in Wien. Enthaltend Entwurfe zu architektonischen Abhandlungen, Gedichte u. 43 facsimilirte Tafeln in Tondruck mit einer Lebensskizze Muller's u. Notizen. Hrsg. von J. M. Ziegler. Winterthur 1860. Fol.

Müller, J. G., Die Nationalität der Hyksos und der Philister. Basel, Pädag. 1864. Progr.

– Reden am Schulfeste bei Gelgenheit der Säkularfeier der schweizerischen Reformation, s. Altdorfer, Johann Jakob

– s. Reisen durch einige Kantone der Schweiz.

— von d. christl. Religionsunterricht. 8. Winterth. 809.

— von dem christl. Religionsunterricht. 2te Aufl. 8. Ebend. 811.

—— von d. christl. Religions-Unterricht. 3. Aufl. 8. (3½ B.) Winterthur 827, Steiner.

MÜLLER, Joh. Georg, Reliquien alter Zeiten, Sitten und Meinungen. 4 Thle. in 2 Bdn. Leipzig, bei Johann Friedrich Hartknoch. 1803, 4, 6, 6. Gr. 8°.

— Reliquien alter Zeiten, Sitten u. Meinungen. 4 Thle. gr. 8. Lpz. Hartknoch. 803–6 (1r 1 Rthlr. 2r 3r à 1 Rthlr. 8 gr. 4r 1 Rthlr. 16 gr.)
Engl. Druckp. (1r 1 Rthlr. 8 gr. 2r 3r à 1 Rthlr. 16 gr. 4r 2 Rthlr. 8 gr.)
(Dessen 2r Thl. h. a. d. Titel: Denkwürdigkeiten aus d. Geschichte des Christenthums 1r — der 3r und 4r auch unter dem Titel: Denkwürdigkeiten a. d. Gesch. der Reformation 1ste 2te Hälfte, oder Denkwürdigkeiten a. d. Gesch. des Christenthums 2r 3r.)

Müller, Joh. Georg. Aus meinem Sängerleben von 1852—1898. 12°. 31 S. St. Gallen, Buchdruckerei Merkur. 1899. — 50

J. G. Müller's Unterhaltungen m. Serena, moral. Inhalts. *Winterth.*, **Steiner. (793 -802. 2e vm. u. vb. A. 819.) 3e A. 834. 2 Thle. 8° 2 ß — Nach d. Tode d. Vfrs. h. v. J. Kirchhofer. 3r Th. A. d. Nachl. J. G. Müller's. 835. 8° 1 ß 4 gl**

—— Unterhaltungen mit Serena, moral. Inhalts. 3 Thle. 8. Winterthur, Steiner. [1. u. 2. 3. Aufl. (35½ B.) 834. 2 Thlr., 3. Aus d. Nachlasse J. G. Müllers, hrsg. v. Johs. Kirchhofer. (24½ B.) 835. 1 Thlr. 4 Gr.]

—— Unterhaltungen mit Serena, moralischen Inhaltes. 3 Thle. 3. Aufl. (1834.) Wohlf. Ausg. 8. (60¼ B.) Winterthur 843, Steiner'sche Buchh.

Müller's, Joh. Geo., Unterhaltungen mit Serena, moralischen Inhalts. 4. Aufl. gr. 8. (XII u. 552 S.) Winterthur 851, Steiner. 1½ ß

— theosoph. Unterhalt. üb. d. christl. Religion mit Jünglingen v. reifern Alter. 1r Thl. 8. Zürich 801. Orell. 1 ß 12 gr

Müller, J. G., Wer sind denn die Semiten? Und mit welchem Recht spricht man von semitischen Sprachen? Basel, Pädagogium 1860.
Progr.

Müller, Johann Georg *II.* Ueber ein Wort, das Franz der Erste von den Folgen der Reformation gesagt haben soll. Eine historische Untersuchung von J' G' M'.... Ein Anhang zu dem siebenten der Briefe über die Wissenschaften, von dem gleichen Verfasser. Zürich 1798. 8. Zürich 1800.

Müller, Johann Georg Christoph

— Gottes Allwissenheit u. Allmacht; zwei Predigten. 8. Nürnberg. 792.

Müller, Joh. Geo. Chrstph., ascetisch-religiöse Anthologie, enth. fromme Gedanken, Herzenserhebungen u. Denksprüche f. Christen jed. Confession, besond. f. Confirmanden. (Gedichte.) 8. (12 B.) Nürnberg 832, Riegel u. Wießner.

— Aphorismen aus d. deutschen besten Dichtern z. Erweckung edler Gefühle ꝛc. 8. Nürnb. 810. Monath u. K. 20 gr

— Auflösung d. neuen Charaden ꝛc. 8. Nürnb. 804. Monath u. K. 2 gr

— Beitrr. z. Beförder. d. guten Geschmacks. Versuch e. neuen prosaischen Antholog e. 8. Nürnb. 814. Zeh. 16 gr Velp. 20 gr

Müller, J. G. Ch., Beitrr. z. Beförder. d. guten Geschmacks, zur Bildung d. Verstandes, u. Veredlung d. Herzens. Versuch e. neuen prosaischen Anthologie. 8. Nürnb. 815. Zeh. 16 gr

Müller, (Joh. Geo. Chrstph.) literar. Beiträge zu einer nützl. Bücherkunde f. gebildete Frauenzimmer. 8. Nürnb. 823, Riegel u. W.

Müller, Jh. Geo. Cph., das Bild des Mannes, in der Lebensgeschichte Hrn. J. W. v. Wahler. 8. Nürnb. 797.

— carmen epicum saeculare a beato defuncto Chr. Th. Schwarz. s. r. MDCCXVII. in mem. relig. christ. etc. 8. Altdorf. (Nürnb., Riegel u. W.) 818. 2 gr

— Dichtungen meist üb. Religions- u. Naturgegenstände; nebst e. Anh. v. Charaden u. Logogriphen. Ein Versuch (z. Besten d. neu errichteten evangel. Gemeinde zu Ingolstadt.) 8. Nürnb. 826. Riegel u. W. 21 gr

— Freundschaft u. Liebe. Eine poet. Blumenlese. 8. Nürnb. 804. Monath u. K. 18 gr

— kurzgefaßte Gesch. Dr. M. Luthers u. seiner Reformatoren. 9e Aufl. 8. Nürnb., Riegel u. W.

—— kurzgefaßte Geschichte Dr. Martin Luthers u. sein. Reformation. Für protestant. Schulen zur jedesmahl. zweckmäß. Vorbereit. auf d. jährl. Reformationsfest. 10., verb. Aufl. 8. (3 B.) Nürnberg 828, Riegel u. Wießner.

Müller, J. G. C., kurzgefaßte Geschichte Dr. Martin Luther's und seiner Reformation. Für protestantische Schulen zur jedesmaligen zweckmäßigen Vorbereitung auf das jährliche Reformationsfest bearbeitet. 17. Aufl. Nürnberg 853. Riegel u. Wießner. 8. (48 S.) 2 ngr

Müller, J. G. C., kurzgefaßte Geschichte Dr. Mart. Luthers und seiner Reformation. Für protestant. Schulen zur jedesmaligen zweckmäßigen Vorbereitung auf das jährliche Reformationsfest bearb. 19. Aufl. Nürnberg 861. Mainberger. 8. (48 S.) 2½ ngr

Müller, J. G. C., kurzgefaßte Geschichte Dr. Martin Luthers u. seiner Reformation. Für protestant. Schulen zur jedesmal. zweckmäß. Vorbereitung auf das jährl. Reformationsfest. 20. Aufl. Nürnberg 867. Zechmeyer. 8. (48 S.) 2 ngr

— kurzgefaßtes homonymisches Handbuch, ein Beitrag z. Beförderung d. Rechtschreibens. 8. Nürnb. 814. 2e A. 825. Riegel u. W. 15 gr

— Huldigung dem Genius d. Wahren, Schönen u. Guten. Eine neue poet.-pros. Anthologie. 8. Nürnb. 820. Riegel u. W. 20 gr

— Materialien zu Lebensläufen u. sogenannten Einsegnungen f. Landprediger. 8. Nürnb. 805. Monath u. K. 1 ß

— Mit welchen Empfindd. u. Entschließungen feiert d. denkende Christ seinen Geburtstag? Eine Predigt. 8. Nürnb. 794.

— die Religion in bibl. Sprüchen, z. Gedächtnißübung f. meine Konfirmanden. 8. Altdorf. 803.

— neue Charaden mit Auflösungen; ein Beitrag z. unschuld. gesellschaftl. Unterhalt. 8. Nürnb. 803. Monath u. K. 12 gr

— Sprüche deutscher Weisheit, z. Erholung in d. Stürmen d. Lebens u. zu Denksprüchen in Stammbücher. Aus d. Werken v. Wieland, Schiller, Herder, Schlegel ꝛc. 8. Nürnb. 819. Zeh. 14 gr

— Trauergefühle vor d. bethränten Sarge d. Profess. d. Theol. Dr. Jh. Andr. Sixt, öffentl. dargest. in d. Todtenackerkirche vor Altdorf. gr. 8. Nürnb. 810. Lechner. (v. Ebner). 1 gr

—— kurzgef. Unterr. in d. neuen Geographie, zum Gebr. in niedern Volks- u. Landschulen. 4., durchaus verb. u. verm. Aufl. 8. (4 B.) Nürnberg 830, Riegel u. Wießner.

— das Vaterunser, d. Christen schönstes Gebet, in Gesängen u. andern metrischen u. rhythmischen Darstell. älterer u. neuerer Zeit. 8. Nürnb. 819. Riegel u. W. 6 gr — Dass. 2e Samml. 8. Ebd. 825. 10 gr

— Vater Unser, das, der Christen schönstes Gebet, in Gesängen u. andern metr. u. rhytm. Darstellungen alt. u. neuerer Zeit. 2e Samml. 8. Nürnb. 824, Riegel u. W.

— die grose Verantwortlichkeit derer, welche die öffentl. Lehrer d. Religion gering schätzen. Eine Predigt üb. d. Evangelium Matth. 22. V. 1—14. 8. Nürnb. 805. v. Ebner. 2 gr

— sonntägl. (poet.) Vorbereitungsgebete 2c. 8. Altb. 805—7.

— welches sind die vorzügl. Gedanken, Gefühle u. Entschliessungen, womit d. gebildete Christ seinen Geburtstag feiert. Beantwort. in e. Predigt. . . . 2e verb. Aufl. gr. 8. Nürnb. 825. Riegel u. W. 3 gr

Müller, Jh. Geo. Hnr., (Lehrer zu Altdorf.) Anleit. z. Schönschreiben. gr. 8. Nürnb. 797. 2e Aufl. 799. Monath u. K. 1 rthl 8 gr

— s. Schattenrisse.

— **Joh. Gerhard,** De verbis minitantibus von Drau-Worten. Präs. Peter Müller. Jena (Nise) Aug. 1691. 40 S. (5.50) 24152

— — Dasselbe. Jena (J. B. Heller) Aug. 1691. Rec. 1716. 47 S. (5.50) 24153

Müller, Johann Gottfried [Praes.], s. A l a n d e r, Friedrich Emil: Theses juris controversi.

— — (Merseburg), De attentione medico-practica. Disput. med. Präs. Georg Ernst Stahl. Halle / Magdeb. (Chr. Henckel) Sep. 1711. 40 S. (5.50) 24161

– s. B a g a t e l l e n für Literatur und Theater.

— — (Mühlhausen/Thüringen), De syphilidis primariae curatione sine mercurio.' Diss. med.-chir. Berlin (G. C. Nauck) 17. I. 1832. 30 S. u. Biogr. (M.: M. E. Neumann.) (3.50) 24162
Oppon.: C. Drescher, Ed. Strassberger, F. Boeger. — Gew.: F. A. Schulz, G. Graefenhan:

Müller, Johann Gottfried [Praes.], s. E n g e l h a r d t, Gottlob Friedrich: Theses juris controversi.

Müller, Johann Gottfried [Praes.], s. H a e n e l, Gustav Friedrich: De testamento militari.

— institutiones juris feudalis Lusatiae superioris. Prs I. 8maj. Leipz. 818. (Aue in Altona). 2 rthl 12 gr

MÜLLER, J. Gf.: Institutt. jur. feud. Lusat. superioris. Pars I. *Lpz.*, Jacobäer. 818. gr. 8. (1 Thl. 12 Gr.)

Müller, J. Gf., Jugendgesch. Friedrichs des Großmüthigen v. Sachsen. 4. Altb. Richter. 765.

Müller, Jh. Gf. I., (✝ d. 11. Febr. 1792.) Jugendgeschichte Johann Friedrich d. Großmüthigen v. Sachsen. 4. Jena 765. Richter. 4 gr

— u. (Soc.) **Carl Christoph Augapfel** (Zittau Lausitz), Super jure primariarum precum eiusque exercitio. Specimen primum. Diss. histor.-polit. Leipzig (Klaubarth) 14. II. 1789. 42 S. (5.—) 24158

— **Johann Gottfried,** Super jure primariarum precum eiusque exercitio. Specimen secundum. Leipzig (Klaubarth) 7. V. 1789. 42 S. (5.—) 24155
Spec. prim. s. Mueller, Johann Gottfried u. Carl Christoph Augapfel.

— — Super jure primariarum precum eiusque exercitio. Specimen tertium. Leipzig (Klaubarth) 14. X. 1795. 94 S. (6.50) 24156

— — (Ebersbach/Lausitz), De legato debiti. Präs. Christian Rau. Leipzig (Klaubarth) 18. IX. 1788. 24 S. (4.75) 24159
Widm. v.: Christian Rau.

Müller, Johann Gottfried [Praes.], s. L u d w i g, Vinc. Georg August: De jure adcrescendi Diss. I.

— s. Pagano's Versuche.

— **Jo. Gottfried,** Parenti pio observantiae cultu prosequendo admodum reverendo viro Jo. Friedrich Muller ad D. Mich. Diacono Jenensi optime merito . . . . cum . . . . Sophia Regina e gente Zollmann summe reverendi ac magnifici viri Jo. Jakob Syrbe . . . . Jena (Ritter) 5. XI. 1745. 8 S. (4.—) 24154

— — (Radmerich/Lausitz), Dubiae quaestiones de foro militari in Saxonia. Präs. Joh. Theophil Seger. Leipzig (Langenheim) 12. X. 1769. 23 S. (4.50) 24163
Gew.: Joh. Gotthelf von Globig, Jakob Friedemann Werther.

Müller, Johann Gottfried [Praes.], s. R a n f t, Julius Gebhard: De jure retentionis.

Müller, Joh. Gfried., Taschenbuch der k. k. Hermannstädter Rechtsakademie für die Studienjahre 1858—59 u. 1859—60. 1. u. 2. Jahrg. Hermannstadt 859, 60. (Steinhaussen.) 16. (X, 242 S.; VI, 252 S.) Jeder Jahrg. 1 rthl 10 ngr

— — (Warza-Gotha), Theoriam inflammationis. Diss. med. Präs. Ernst Anton Nicolai. Jena (Fickelscherr-Stranckmann) 6. IV. 1789. 27 S. (4.50) 24164

— — De usu juris Romani circa causas feudales in jure Longobardico recepto commentatio I. Leipzig (Staritz) 19. IX. 1821. 23 S. (3.50) 24157

Müller, Joan. Godof. (geb. Belgard 1. 1. 1784): Dissertatio medico-anatomica de vase dorsali insectorum. Berolini (1816). (22 S.) 8°
Berlin, Med. Diss. v. 14. Sept. 1816

Müller, Joh. Gtfr. Andr., Blasteia. Eleg., lyr. u. erot. Gedichte eines Erblindeten. gr. 12. (6 B.) Heiligenstadt 838. (Magdeburg, Heinrichshofen.) *

MÜLLER, J. G. A., B l a s t e i a. E l e g i s c h e, l y r i s c h e u n d e r o t i s c h e G e d i c h t e e i n e s E r b l i n d e t e n. 2. verbess. Auflage. Mühlhausen 1839. (Ed. I: 1838.) 8°. XV, 127 S. (2 Mk., mit d. folgenden, W. H. Kühl, Berlin, c. 1883.)

— — B l a s t e i a oder D i c h t u n g s k e i m e. Eine Sammlung vermischter Gedichte eines Erblindeten. 5. sehr vermehrte Auflage. O. O. 1840. — *A. E.:* Kassel, gedruckt b. Wwe. Estienne. (Vorr. zur 1. Ausgabe ist dat.: Heiligenstadt 1 8 3 8.) 8°. XII—165 S.

Müller, Jh. Gf. Hnr., Versuch, das Landvolk üb. herrschende tägl. Vorurtheile u. Aberglauben richtig denken zu lernen. 2 Thle. 8. Wien 791, 92. Gerold. 16 ℊℊ Hbg. Pr. 10 ℊℊ

Müller, Jh. Gli. l., Denkschrift auf Joh. Erdmuthe Ernest. v. Rostiz. 8. Görlitz 798.

— Denkschrift auf Frau Henriette Dorothea v. Rostiz Drzwiecky, geb. v. Miltitz. 8. Görlitz 800.

— üb. die schreckl. Folgen d. Aufruhrs; e. Kanzelrede. 8. Görlitz 793.

— — Fragmenta observationum ad veterem legem Saxonum. Präs. Christian Gottlob Einert. Leipzig (Langenheim u. Klauberth) 20. XII. 1779. 37 S. (5.—) 24166
Widm. v.: Christian Gottlob Einert.

— Christoph Frommann zu Lobethal, oder der Landmann als Christ, wie er sein sollte u. ist. 8. Görlitz 803. Anton in Halle. 10 ℊℊ

Müller, Joh. Gtli., Handbuch d. Hufbeschlagkunst, in besond. Bezi.h. auf d. Regeln u. Anweisn. zum Anfertigen d. Hufeisen f. die d. Thierheilkunde sich Widmenden, f. Hufschmiede u. Schmiedelehrlinge u. überh. f. alle diejen., welche Aufklär. üb. d. richt. Anfertig. d. Hufeisen wünschen. gr. 8. (18 B. u. 2 Stnt. qu. gr. Fol.) Berlin 832, (Hold.) VII, 272 S. Thlr.

— — Vollständige Hufbeschlagkunst. Siehe: Janze, W.

Müller, (Thierarzt) J. G., s. Jauze, Hufbeschlagkunst.

— kirchl. Nachrr. von Jänkendorf u. Ullersdorf. 8. Görl. 802. Anton in Halle. 4 ℊℊ

— — (Lauban/Lausitz), De retractu ex vicinitate. Diss. jur. Erfurt (Grosch) 9. VI. 1723. 32 Seiten. (5.—) 24167

— — Dasselbe. Präs. Jo. Joachim Hahn. Erfurt (Grosch) 9. VII. 1723. 32 S. (5.—) 24168

Müller, Jh. Gli. J., Versuch einer Oberlausitzschen Reformationsgeschichte. 8. Görl. 801. Anton in Halle. 1 ℊ

— Versuch einer Oberlausitzischen Reformationsgesch. 8. Ebend. 802.

Müller, J. Gli.: Vindiciae contractus aestimatorii sec. eos, qui in nominatorum numerum asserunt, tentatae. Praemissa est brevis disputatio ad hist. jur. Rom. de contractibus antiquissimam. *Lips.*, 768. 4.

— **Johann Gottlieb** (Dresden), Vindiciae contractus aestimatorii secundum eos qui in nominatorum numerum asserunt tentatae. — Praemissa est brevis disputatio ad Hist. Jur. Rom. de Contractibus antiquissimam. Leipzig (Langenheim) (3. I. 1778). 54 S. (7.50) 24165
Gew.: Johann Esaias Krebel. — Mit sehr schöner Titelvignette, gestochen v. Thoenert.

— Vorschlag z. Errichtung e. Schulmeister-Seminariums in d. Oberlausitz. 8. Görlitz 795.

— **Johann Gottlob** (Sohland/Lausitz) u. (Soc.) **Gottlob Rüffer** (Lomnitz/Lausitz), De paganorum post mortem conditione. Diss. Leipzig (Klaubarth) 30. VIII. 1788. 44 S. (5.—) 24169
Gew.: Johann Friedrich Burscher, Carl Theophil Richter.

Müller, Jh. Glo., üb. Volksvorurtheile, die Bemühungen der Prediger im Beichtstuhle u. am Krankenbette betr. 8. Berl. 789. W. Vieweg. 3 ℊℊ

Müller, J. Gottl., üb. Vorurtheile, d. Bemüh. der Prediger im Beichtst. und am Krankenbette betr. 8. Berlin, W. Vieweg. 798.

(Deutsche National-Litteratur. Histor.-krit. Ausgabe hrgg. v. Joseph Kürschner. Bd. 57. [Umschlag:] Bd. 107.)

Alxinger. Musäus. (Johann Gottwerth) Müller von Itzehoe. In einer Auswahl aus ihren Werken hrgg. v. H. Pröhle. Im Anschluß an Wielands Werke. Berlin u. Stuttgart. 1889. 8°

— Literarische Anmerkungen über die Geschichte der Sevaramben. Eine Beylage zur Uebersetzung dieses Buches. Itzehoe. 1783. P.

Antoinette oder die uneigennützige Liebe. Eine wahre Familiengeschichte, mit Digressionen geziert, aus dem Pulte des Verfassers des Siegfried von Lindenberg [d. i. (Johann Gottwerth Müller).] Frankfurt a. M. 1802. 8°

Müller, Jh. Gttwth., Antoniette, od. die uneigennützige Liebe. 12. Frankf. 802. Fr. Wilmans. 1 ℊ 12 ℊℊ

Müller, Joh. Gottwerth (Bearb.), s. Becker, E.: Wilhelm Leewend.

— (Hrsg.), s. Bemerkungen über die Fehler unserer modernen Erziehung.

— s.a. Benning. — Die Familie Benning.

[—] Die Familie Benning. Eine Geschichte in zwey Bänden vom Verf. des Siegfried von Lindenberg. 1. Bd. Altona. 1808- (Mere udkom ikke).

— s.a. Brack. — Friedrich Brack.

[—], Friedrich Brack oder Geschichte eines Unglücklichen. Aus desselben eigenhändigen Papieren gezogen vom Verf. des Siegfried von Lindenberg. 1—4. Bd. Berlin und Stettin. 1793—95.

Bürger, Der, von Condom, ein comischer Roman (von *Joh. Gottwerth Müller*). Itzehoe u. Hamburg, im Verlag d. Müllerschen Buchhlg. 1775. 8°. (In Dresden.) (2 Mk. 50 Pfg. A. Buchholz, München, 1906.)
Scheint Bearb. e. französ. Originals. Der Held ist ein Gascogner. 208 S. (incl. Tit. u. 2 Bll. Vorber. d. Vf.). Zahm. — Fehlt in Kayser's B.-Lex.

–s. Deutsche, Der.

[—] Emmerich, eine komische Geschichte vom Verf. des Siegfried von Lindenberg. 1—8. Th. Frankf. und Lpz. 1787—89. (O. m. T. Komische Romane. 3—6. Bd). — 2. Aufl. 1. Th. — 2—6. Th. Carlsruhe. 1789. (2. Aufl. kun paa 1. Th.).

–s.a. Ferdinand. 1802.

[—] Ferdinand. Ein Originalroman in vier Büchern. 1—2. Bd. Mit einem Titelkupfer. Altona. 1802. — Wohlfeilere Ausg. 1—2. Bd. Sm. St. 1809.

–s.a. Gedichte, der Freundschaft, der Liebe und dem Scherze gesungen.

Gedichte

— — der Freundschaft, der Liebe und dem Scherze gesungen (von *Joh. Gottwerth Müller*). 2 Thle. Helmstädt und Magdeburg 1770—71. 8°. Selten!
Anon.-Lex. II. p. 159 (nach Meusel, Kayser, Goedeke u. Joerdens).

Müller, Joh. Gottwerth [mutmaßl. Verf.], s. Geschichte, Meine, eh' ich gebohren wurde.

Geschichte Selims, des Glücklichen oder Der Substitut des Orimuzd. Eine morgenländische Geschichte; nach der Guzurattischen Urschrift hrsg. von dem Verf. des Siegfried von Lindenberg [d. i. Joh. Gottwerth Müller.] Bd 1—3. Berlin u. Stettin: Nicolai 1792.
cf. F. Nicolais Leben u. liter. Nachl. Hrsg. von L. F. G. v. Göckingk. 1820 S. 45; Goedeke, K.: Grundriss zur Gesch. der deutschen Dichtung 2. Aufl. 4 (1891) S. 355.
Kl. 3966; TB. 87. Von J. G. Müller aus dem Franz. übers.; enth. Schilderungen der Sitten von Paris. Im 3. Teil hat Nicolai das 40. Kapitel gemacht, um den Jesuitismus zu bekämpfen, der durch Starcks Klerikat in die Frmrei einzuschleichen drohte.

–(Übers.), s. Geschichte der Severamben.

Müller, Joh. Gottwerth, zu Itzehoe, die wundersame Historie vom Hochedlen Junker Siegfried v. Lindenberg. Humoristische Erzählung. Neu red. Volksausg. 8. (III, 206 S.) Berlin 878. Eckstein Nachf. n. 1. —

Müller, Joh. Gottwerth, die wundersame Historie vom hochedlen Junker Siegfried v. Lindenberg. Humoristische Erzählung. Neu redig. Volksausg. 8. (III, 206 S.) Leipzig 878, Eckstein. *

–s. Lewend. – Wilhelm Lewend.

–s.a. Lindenberg. – Siegfried von Lindenberg.

Müller, J. G., Siegfried v. Lindenberg, s.a. Bibliothek der besten Werke des 18. u. 19. Jahrh.

[MÜLLER, JOH. GOTTWERTH], Siegfried von Lindenberg. Eine komische Geschichte. Hamburg. 1779. — 2. rechtm. und durchgehends geänderte Ausg. 1—2. Th. Itzehoe. (Hamburg) 1781. — 3. rechtm. vom Verf. verb. Ausg. 1—4. Th. Lpz. 1783. — 4. rechtm. vom Verf. verb. Ausg. 1—4. Th. Lpz. 1784. — 5. rechtm. vom Verf. durchgehends verb. und verm. Ausg. 1—4. Th. Sm. St. 1790. — Neueste vom Verf. durchgehends verb. und verm. Ausg. 1—4. Th. Carlsruhe. 1791. — 6. rechtm. Ausg., vom Verf. durchgehends verb. und verm. 1—4. Th. Lpz. 1802. — Neue Ausg. 1—4. Th. Jena. 1830. — Neu herausgeg. und glossiert von Müllners Schatten. 1—3. Th. Lpz. 1830. (Kun de to sidstnævnte Udg. bærer Forfatterens Navn).

Müller (v. Itzehoe), Joh. Gtwerth., Siegfried v. Lindenberg. Neu hrsg. u. glossirt v. Müllners Schatten. Aus Tenare gesandt an d. Leipz. Eremit. 3 Thle. gr. 12. (25⅙ B. u. Titvign.) Leipzig 830, [Böhme.]

—— dass. — 4 Thle. Neue Ausg. 8. ... Jena 830, Schmid.

Müller, Joh. Gottwerth, Siegfried v. Lindenberg, s. Universal-Bibliothek.

(Universal-Bibliothek. 206—209.)
Siegfried von Lindenberg v. Johann Gottwerth Müller. Leipzig. [1870.] 8°.

Müller v. Itzehoe, s. National-Litteratur, deutsche.

–s.a. Novantiken.

NOVANTIKEN; eine Sammlung kleiner Romane .... (von *Johann Gottwerth Müller*). Braunschweig 1799. 8°. (In Zürich, Stadtbibl.)
Anon.-Lex. III. p. 220 (nach Goedeke u. Kayser).

[MÜLLER, JOH. GOTTWERTH], Novantiken. Eine Sammlung kleiner Romane, Erzählungen und Anekdoten vom Verf. des Siegfried von Lindenborg. 1. Bd. Braunschweig. 1799. (Mere udkom ikke).

–(Hrsg.), s. Pupille, Die.

[—] Sara Reinert, eine Geschichte in Briefen, dem schönen Geschlechte in Deutschland gewidmet vom Verf. des Siegfried von Lindenborg. 1—4. Bd. Mit Kupfern. Berlin und Stettin. 1796.

–s.a. Ring, Der. 1772.

[MÜLLER, JOH. GOTTWERTH], Der Ring. Eine komische Geschichte. Itzehoe und Hamburg. 1777.

[—], Der Ring, eine komische Geschichte nach dem Spanischen. Vom Verf. des Siegfried von Lindenberg und der Papiere des braunen Mannes. 2. rechtm. Ausg. Mit Kupfern. Göttingen. 1788. — Frankf. und Lpz. 1792.

— Romane und Erzählungen. 1. Bd., welcher die Geschichte Antoinettens enthält. Frankf. a/M. 1802. (O. m. T. Antoinette oder die uneigennützige Liebe. Eine wahre Familiengeschichte mit Digressionen geziert aus dem Pulte des Verf. des Siegfried von Lindenberg. Sm. St. o. A. (Mere udkom ikke).

– s.a R o m a n e , Komische, aus den Papieren des braunen Mannes ...

[—], Komische Romane aus den Papieren des braunen Mannes und des Verfassers des Siegfred von Lindenberg. 1—2. Bd., welches den 1—4. Th. der Waldheimer enthält. Göttingen. 1784—85. — 3—6. Bd. welches den 1—8. Th. Emmerichs enthält. Sm. St. 1786—89. — 7—8. Bd., welches den 1—4. Th. des Herrn Thomas enthält. Sm. St. 1790—91. — 2. Aufl. 1—2. Bd. Sm. St. 1786. — 2. Aufl. 1. Bd. Frankf. und Lpz. 1787. — 2. Bd. (Die Herren von Waldheim). 1—4. Th. Sm. St. o. A.

ROMANE, K o m i s c h e , a u s d e n P a p i e r e n d e s b r a u n e n M a n n e s u n d d e s V e r f a s s e r s d e s S i e g f r i e d v o n L i n d e n b e r g *(Joh. Gottwerth Müller)*. 8 Bde. Göttingen, Dieterich, 1784—90. 8⁰. (In Aarau, Cantonsbibl.: „1784—91".) (7 Mk. 50 Pfg., „1784—91", Scheible, 1886.)
Einiges etw. derb u. frei. (8 Mk. Baer.)

§ — — Dasselbe. Ibid. 1786—91. 8⁰.
Anon.-Lex. III. p. 391 (nach Kayser, Schröder, Engelmann. Godeke, Jördens, Kordes, Allg. dtsch. Biogr. 22, 791). — Einzelne dieser Romane wurden in's D ä n i s c h e u. H o l l ä n d i s c h e übersetzt. Vf. Jördens III, 724.

– s. S a r a Reinert.

– s.a. S e l i m , der Glückliche.

[—] Selim der Glückliche oder der Substitut des Orimuzel, eine morgenländische Geschichte. Nach der Guzurattischen Urschrift herausgeg. vom Verfasser des Siegfried von Lindenberg. 1—2. Bd. Berlin und Stettin. 1792.

Selim der Glückliche oder der Substitut des Orimuzd, eine morgenländische Geschichte. Nach der Guzurattischen Urschrift hrgg. vom Verfasser des Siegfried von Lindenberg [d. i. Johann Gottwerth Müller]. Bd. 1—3. Berlin u. Stettin. 1792. 8°

— s. Strauszfedern. 1790 ff.

– s.a. V e r l a g s r a u b , Über den.

[—] Ueber den Verlagsraub, oder Bemerkungen über des Herrn D. Reimarus Vertheidigung des Nachdrucks im April des Deutschen Magazins 1791, vom Verf. des Siegfried von Lindenberg. Lpz. 1792.

(J. Gtw. Müller) über d. Verlagsraub, od. Bemerkk. üb. *Reimarus* Vertheid. d. Nachdrucks. *Lpz.*, Schneider. 792. 8° 6 gl

Müller, Johann Gottwerth: Dubia cicutae V e x a t a , s. L a n g e , Joh. Heinrich (Präs.)

Die Herren von Waldheim, eine komische Geschichte vom Verfasser des Siegfried von Lindenberg [d. i.: Johann Gottwerth **Müller**]. Th. 1—4. Göttingen. 1784—85. 8°.

Die Herren von Waldheim, eine komische Geschichte vom Verfasser des Siegfried von Lindenberg [d. i. Johann Gottwerth **Müller**]. Th. 1—4. Frankfurt u. Leipzig. 1787—88. 8°

– s.a. W i l d s c h ü t t . – Klärchen Wildschütt.

Müller, Johann Gottwerth: Klärchen W i l d s c h ü t t , s.a. B e c k e r , E.

WILDSCHÜTT, K l ä r c h e n , oder die F o l g e n d e r E r z i e h u n g . . . . (von *Johann Gottwerth Müller*). 2 Thle. Berlin 1800—1. 8⁰.
Anon.-Lex. IV. p. 401 (nach Engelmann, Kayser, Goedeke).

Mueller, Johann Heinrich

Abriß der Länder- und Staaten-Kunde, besonders von Deutschland; mit beständiger Hinsicht auf die neuesten Veränderungen und kurzen historischen Notizen. Zum Schul- und Privatgebrauch.
Münster: Waldeck 1803. 346 S. 8°

Müller, J. H. IV., Abriß d. Länder- u. Staatenkunde, besonders v. Deutschland. gr. 8. Münst. 804. Theißing. 1 ß Schrbp. 1 ß 8 gl

Müller, J. H., Abr. der Länder- und Staatenkunde, bes. von Deutschland. gr. 8. Münster, Waldeck. 804. Schreibp.

Müller, Joh. Heinr., Basel: Specimen inaugurale chirurgico-medicum sistens a n i m a d v e r s i o n e s quasdam circa sphacelum.
Basel, Med. Diss. 1797

Müller, Jh. Hnr. VI., leichtfaßl. Anleit. zur Differential- u. Integral-Rechnung. gr. 8. Frankf. a. M. 820. Reinherz; (Hermann). 1 ß 8 gl

Müller, (J. H.,) Anleitung z. Tapezieren mit Papiertapeten, nebst Mitteln, d. Tapeten zu conserviren, d. Wanzen aus d. Zimmern zu vertreiben rc. 2e Aufl. 8. Würzb. 827, Stahel.

Müller, J. H., Anleitung zum Tapezieren mit Papiertapeten, nach welcher jeder dies. Geschäft auf d. leicht. Art selbst besorgen kann, nebst Mittel, d. Tapeten zu conserviren, d. Wanzen u. Mäuse aus d. Zimmern zu vertilgen u. dgl. 8. (2½ B.) Hamburg 831, (Herold.)

Müller, Jh. Hnr. II., einige Bemerkk. üb. die Gedanken des Prof. v. Orelli, die Wünschbarkeit u. Möglichkeit eines Privatvereins f. die Bildung u. Unterstützung d. Landschullehrer des Kanton Zürich betr. 8. Ebnat. 825. Keller. (Leipz., Kaysers B.) 5 gr

Müller, Johann Heinrich [Praes.], s. Blumroeder, Joh. Ernst: Brutorum actiones mechanice inexplicabiles.

Jo. Henr. Müller de Deo, legislatore medico, ad varia illustranda Sacrae Scripturae dicta. Altorf. 1717. 4.

Johann Heinrich Mueller
1671-1731

Joh[annes] Henricus Mullerus [Müller]: Discussio quaestionis physicae: An prima rudimentorum formatio in ovulis viventium Deo immediate sit adscribenda? [Resp.:] Johannes Albertus Vogel. Altorfii (1726): Kohlesius. 23 S. 8°

Altdorf, Phil.Disp.v. Jun.1726

Müller, Joh. Heinr. (I.), Elemente d. analyt. Geometrie, od. Anwend. d. Algebra auf d. Geometrie, f. Anfänger u. z. Selbstunterr. gr. 8. (34 B. u. 8 Stnt.) Frankfurt a. M. 836, [Sauerländer's Verl.]

Müller, Joh. Heinr., die verschiedenen Entzündungen und ihre Ausgänge, so wie die Verschwärungen und offenen Fußschäden, ihre Ursachen, verschied. Charactere und Nachtheile für die Gesundheit, so wie ihre verschied. Behandlungsweisen. Zum Nutzen aller Stände rc. 8. (VI und 126 S.) Eisenberg 817, Schöne'sche Buchh. *

Müller, Joh. Heinr., Europa, u. vornehml. Deutschland in sein. neuesten Gestalt. Ein geograph. Lehr- u. Lesb. f. Schule u. Haus. Zur nützl. Unterhalt. u. Beförder. echter Vaterlandsliebe. 8. (21 B.) Elberfeld 831, Weise. (?)

Müller, Jh. Hnr VI., Europa u. vornehmlich Deutschland in seiner neuesten Gestalt. 8. Elberfeld 831. jetzt Haul u. Tonger in Cöln. 3/8 ℔ — bei Langewiesche in Iserlohn geb. 1 ℔

Müller, Johann Heinrich: Ueber einige Fehler der körperlichen Erziehung der Kinder. 156 S., gbd.

Erlangen: Palm 1790

JB 4.072

Müller, J. H., neueste Geographie oder kurze u. faßliche Darstellung d. mathematischen, physischen u. politischen Erdbeschreibung. gr. 8. Elberfeld, Schaub. 820.

— neueste Geographie od. kurze u. faßl. Darstellung der mathematischen, phys. u. polit. Erdbeschreibung für Schulen u. den Selbstunterricht. 2e vermehrte Aufl. 8. Elberfeld 822, Schaub.

—— neueste Geographie, od. kurze u. faßl. Darstell. d. mathemat., phys. u. polit. Erdbeschreibung f. Schulen u. d. Selbstunterr. 3., verb. u. sehr verm. Aufl. gr. 8. (17 B.) Düsseldorf 829, Schaub.

Gesänge für Brüder Freimaurer. Gedruckt unter Leitung eines Mitgliedes der St.-Johannis-Loge Julia Carolina zu den drei Helmen in Helmstedt [d. i. Joh. Heinr. Müller]. [Helmstedt]: 1845. VIII, 95 S. 8°
Tt. 2289. 73 Lieder ohne Noten.

Müller, [Johann Heinrich]. Einige Gründe, warum der Schweizer mehr als kein anderer Weltbürger den Griechen das Glück der Erlangung einer edeln Freyheit wünschen... soll. Eine kleine Volksschrift. 8. Zürich 1822.

Müller, Joh. Heinrich „Die Hansa, eine geschichtliche Skizze". pg. 3—15. 8°. Weinitz'sche Buch. (L. Limpert).
Fürth, Progr. 1888/89

Müller, Jh. Hnr. I., († d. 4. Febr. 1804.) einige brüderl. Herzensergießungen an unsere kathol. Mitbrüder u. ihre Lehrer. 8. Zürich 799.

Müller, Johann Heinrich [Praes.], s. Kazauer, Christoph Stephan: De extispiciis veterum in quantum ad indolem et temperiem regionis dignoscendam valent occasione ex Vitruvii lib. I. cap. IV. desumta.

Müller, Joh. Heinr., erster Cursus der Geometrie. Von den geraden Linien, welche nicht einen Raum einer ebenen Fläche, in welcher sie liegen, auf allen Seiten begrenzen. gr. 8. (2 B.) Frankfurt a. M. 844, Sauerländer's Verl.

Müller, J. H., Lehrbuch d. Katechetik mit bes. Hinsicht auf d. katechet. Religionsunterricht. gr. 8. Alt. Hammerich. 815. Rthlr.

Müller, Johann Heinrich.
Lehrbuch der Katechetik mit besonderer Rücksicht auf den katechetischen Religionsunterricht. Altona 1816. H: *Funk, Nic.* (Ky) »1822« (winer)

Müller, J. Hnr. V., († d. 9. Febr. 1814.) Lehrbuch d. Katechetik, mit besond. Rücksicht auf d. katechet. Religionsunterricht, (hrsgg. v. N. Funk.) 8. Altona 816. 2e Aufl. 823. Hammerich. 14 gr

Müller, Heinr., Lehrbuch der Katechetik mit besonderer Hinsicht auf den katechetischen Religionsunterricht. 3. Aufl. Altona 854. Hammerich. 8. (XVI, 144 S.) 20 ngr

—— Lehrbuch der Mathematik für Gymnasien und Realschulen, nebst vielen Uebungsaufgaben und Excursen. 2. Thl. 2. Abthl. A. u. d. T.: Lehrbuch der Stereometrie. gr. 8. (XX und 203 S. mit 6 Stnt.) Halle 851, Buchhandlung des Waisenhauses. *
1. und 2. Thl. 1. Abthl. Ebendas. 1838,44. * 2 Thlr. 27½ Ngr.

– Deutsche Münzgeschichte bis zu der Ottonenzeit, s. Müller, Johannes Heinrich

Müller, Johann Heinrich [Praes.], s. Poeschel, Joh. Christoph: De ratione computandi paschatos exemplo a. 1724 illustrata.

— Johann Heinrich (Eichelborn-Weimar, Erfurt), De repudio et divortio. Diss. jur. Präs. Rudolph Heinrich Ziegler. Erfurt (Grosch) 8. I. 1707. 27 S. (5.—) **24170**
Gew.: Philipp Wilhelm von Boineburg, Johann Philipp Streit. — Widm. v.: Johann Philipp Streit, Ernst Tentzel, Rudolph Heinrich Ziegler, Georg Adam Behrmann, Joh. Christoph Hübler, Johann Wilhelm Ziegler (dtsch.), u. eine dtsche. Widm., unterschrieben G. S. L. L.

Müller, Johann Heinrich [Praes.], s. Roesler, Valentin: De admirandis naturae in gravitate specifica.

—— Satzlehre d. deutschen Sprache. Als Hülfsmittel z. Erlern. einig. Fertigkeit im mündl. u. schriftl. Gedankenausdrucke, prakt. bearb. 8. (7½ B.) Elberfeld, (Weise. ?)

— Satzlehre d. deutschen Sprache. Als Hülfsmittel z. Erlernung einiger Fertigkeit im mündl. u. schriftl. Gedankenausdruck, prakt. bearb. 8. Elberf. 832. Weise. 6 gr

Müller, Joh. Heinr. (II.), Satzlehre d. deutschen Sprache. Als Hülfsmittel z. Erlern. einiger Fertigkeit im mündl. u. schriftl. Gedankenausdrucke, prakt. bearb. 2., ganz umgearb. u. verm. Aufl. gr. 12. (7 B.) Leipzig 841, Polet.

Müller, Johann Heinrich. Ein freymüthiges Schweizerwort an den neuerwählten Bürger Regierungs-Statthalter [Ulrich] Suter in Arbon. 8. Zürich 1800.

Müller, Johann Heinrich [Praes.], s. Spies, Johann Albert: Observationes astronomico-physicae selectae in specula Altdorfina ... habitae ... Pars posterior.

Müller, Johann Heinrich [Praes.], s. Stengel, Johann: Schediasma physico-politicum deum legislatorem medicum, ad varia illustranda Script. S. dicta, sistens.

Müller, Johann Heinrich [Praes.], s. Stoer, Christian Melchior: Quaestio curiosa physico-astronomica an luna cingatur atmosphaera.

Müller, Johann Heinrich [Praes.], s. Stoy, Johann Friedrich: De hydrometro.

Müller, Joh. Heinr. (III.), der vollkomm. Tapezierer mit Papiertapeten. (Neue Ausg.) 8. (2½ B.) Hamburg 837, [Schuberth u. Comp.]

Müller, (Tapezierer) Jh. Hnr., der vollkommene Tapezierer mit Papiertapeten. (Neue Ausg.) 8. Hamburg u. Itzehoe 837. Schuberth u. Niemeyer. ¼ ℔

Müller, Joh.Heinrich: Theses juridicae. 11 S.– Basel, Jur.Diss.v.5. Juni 1731.

Müller, Johann Heinrich [Praes.], s. Tresenreuter, Christoph Friedrich: De inaequali claritate lucis diurnae in terra et planetis.

Müller, Johann Heinrich [Praes.], s. Tresenreuter, Christoph Friedrich: De scientiae cometicae fatis et progressu pars prior.

Johann Heinrich Mueller
1671-1731

Joh[annes] Henricus Mullerus [Müller]:
De Tuba stentorea. Germ. Das Sprach-Rohr.
[Resp.:] Christoph[orus] Stephanus
Kazauer [Katzauer]. ([Altdorf] 1713:)
Kohlesius. 40 S. 8°

Altdorf, Phil. Diss. v. 11. April 1713

Jo. Henr. Mulleri de indiſpenſabili uſu matheſeos in condenda hiſtoria naturali. Altdorfii. 4. 1724.

MÜLLER, J. H.: Vers. einer Entwickel. u. bestimmten Darstell. d. fränk. Gewohnheitsrechts v. d. ehel. Gütergemeinsch., in Gestalt e. Entw. zu einer darüb. z. erlass. Verordn.; wobey auch Ein. v. letzten Willen u. Vormundsch. mit angef. worden ist. *Nürnb.*, Stiebner. 801. 4.

Müller. Joh[ann] Heinrich. Vertheidigungs-Rede vor dem Cantons-Gericht im Thurgaü, gehalten den 13. Merz 1802. Auf die Anklage des öffentlichen Anklägers ... . Betreffend die Vorfälle bey der Pfarrwahl in Weinfelden. Dem kleinen Rath in Bern zugeeignet. 8. *o. O.*

Müller, Jh. Hnr. IV., († d. 22. Dec. 1793.) Diss. inaug. de vitiis quibusdam, circa infantum educat. physicam commissis. 4. Erlang. 786. Palm. 3 gr Ins Deutsche v. ihm selbst übersetzt, unt. d. T.: über einige Fehler d. körperl. Erziehung d. Kinder. 8. Erlang. 790. Palm. 8 gr

Müller, Johann Heinrich [Praes.], s. Vogel, Johann Albert: Discussio quaestionis physicae: an prima rudimentorum formatio in ovulis vicentium deo immediate sit adscribenda.

Müller, Johann Heinrich [Praes.], s. Volland, Johann Ignaz: De aqua principio rerum ex mente Thaletis.

Müller, Johann Heinrich [Praes.], s. Weber, Nikolaus: Cometae sublunares sive Aerei non prorsus negandi.

Müller, Johann Heinrich. Wie muß der Charakter eines Wahlmanns beschaffen seyn? Etwas für alle Wahlmänner unsers lieben Vaterlands. ([Mit Anhang:] Die Eintracht. Ein Schweizerlied ... [und 1 Vignette].) 8. St. Gallen 1798.

— ein Wort an d. Verf. d. neuen Schreibens eines Helvetiers an seine Mitbürger, betreff. den Faktionsgeist rc. gr. 8. Bern 800.

Müller, Johann Heinrich Friedrich [Pseud.], s.a. Schröter

— Abschied v. d. k. k. Hof- u. Nationalschaubühne. Mit e. kurzen Biographie seines Lebens u. e. gedrängten Geschichte d. hiesigen (Wiener) Hoftheaters. Mit Vign. gr. 8. Wien 802.

BALL, Der, oder der versagte Schmuck (von *Joh. Heinr. Fr. Müller*). Wien 1771. 8°.
Sehr selten! — Anon.-Lex. I. p. 134 (nach Kayser).

(—) der Ball, oder der versagte Schmuck. 8. Wien 771 Kurzböck. 3 gr

— Geschichte u. Tagebuch d. Wiener Schaubühne. gr. 8. Wien 776. Trattner. 12 gr

– s. Insel, Die, der Liebe.

Müller, Jh. Hnr. Fr., († ...) genaue Nachrr. v. d. Schaubühnen u. Ergötzlichkeiten in Wien. 2 Thle. 8. Preßb. 771, 73. Löwe. 12 gr

MÜLLER, Joh. Heinr. Fr., Genaue Nachrichten von beyden k. k. Schaubühnen u. anderen öffentlichen Ergötzlichkeiten in Wien. Mit 4 Portraits. Pressburg, Frankfurt u. Leipzig 1772. 8°. (4 Mk. 50 Pfg., mit 1 ähnl. Beibd., H. Hugendubel, München, 1903; 24 Kr., defektes Expl., Gilhofer & Ranschburg, 1912.) Sehr rar!

– s. Narren, Vier, in einer Person.

Müller, Jh. Hnr. Fr., präsentirt das Gewehr. Lstspl. 8. Wien 775. Leipz. 777. (Enobloch). 4 gr

SCHÖNE, Die stolze, oder das verwöhnte Kind (von *Joh. Heinr. Frdr. Müller*). Wien 1770.
Anon.-Lex. IV. p. 41 (nach Goedeke).

– s. Stirbt der Fuchs, so gilt der Balg.

– s. Tarnow. – Gräfin Tarnow.

— Theaterneuigkeiten, nebst e. Lustspiele u. d. dazu gehörigen Musik. 8. Wien 773. Ghelen. 16 xr

Müller, Johann Heinrich Jakob, s. Müller, Johann

Müller, Jh. Hnr. Lobegott, s. Hiller's, Ph. Fr., Choral-Melodieenbuch.

Müller, Johann Heinrich Ludwig

Müller, J. H. L., das landwirthschaftliche Rechnungswesen, od. gründliche Anweisung zur gedrängten u. übersichtlichen Rechnungs- u. Registerführung der Oekonomien, nach praktischer Anweis. entworfen u. in vollst. Formularen dargestellt. gr. 4. Braunschweig, Meyer. 819.

Müller, J. H. L.: „Das landwirthschaftliche Rechnungswesen, oder gründliche Anweisung zur gedrängten und übersichtlichen Rechnungs- und Registerführung der Oekonomen, nach praktischer Anwendung ausgearbeitet und mit erklärenden Formularen dargestellt; nebst Anleitung zu einer Revision der Rechnungen", Braunschweig 1820 (Meyer); 2. verbesserte und wohlfeile Ausgabe ebenda 1823.

Müller, Johann Heinrich Traugott

Müller J. H. T., Dr.: Allgemeine Ableitung der kristallometrischen Grundgleichungen. S. 12. 545 . . . . vgr.
Separatabdruck

Müller, Joh. Heinr. Traugott, geometrische Ausläufer. Eine Sammlung grösstentheils neuer zusammenhäng. Uebungsaufgaben f. angehende Mathematiker. 1. Hft., enth. 9 Abhandlungen m. 13 Figuren. gr. 8. ($11\frac{1}{2}$ B.) Halle 846, Buchh. des Waisenhauses.

Müller, Joh. Heinr. Traug., geometrische Ausläufer. Eine Sammlung grösstentheils neuer zusammenhängender Uebungsaufgaben für angehende Mathematiker. 1. Hft. gr. 8. (VIII u. 174 S. m. 1 lith. Taf. in Fol.) Halle 847, Buchh. des Waisenhauses. 5/6 ℛ

Müller, Joh. Heinr. Traug., Beiträge zur Terminologie der griechischen Mathematiker. Leipzig 860. Teubner. gr. 8. (40 S.) n. 8 ngr.

Müller, J(oh.) H(einr.) T(raug.), Betrachtungen über das Tetraeder mit seinen Berührungskugeln. 4. (34 S.) Wiesbaden 852, [Kreidel und Niedner.] *

—— Darstellung der Grundeigenschaften der Prismoide. Roy.-4. ($2\frac{3}{4}$ B.) Gotha 842, Becker'sche Verlags.-Buchh. *

Müller, Jh. Hnr. Trgtt., Einladungsschrift zur Einweihung des Realgymnasiums zu Gotha am 24. Octbr. 1838. Nebst e. trigonometrischen Abhandlung: Von den Relationen, welche zwischen den Halbmessern der sphärischen Dreiecken ein- und umgeschriebenen Kreise stattfinden. Von Karl Ant. Bretschneider. Mit 1 Steindr. gr. 4. Gotha 838. (Becker.) n. 1/3 ℛ (5 B.

— Für welche Fachwissenschaften haben die heutigen Realgymnasien vorzubereiten? Ebd. 1847. 34 S. 4. Progr.

Müller, J. H. T. In welcher Beziehung steht die lateinische Sprache zu den Lehrgegenständen der heutigen Realgymnasien? Wiesbaden, Rg., 1846. 27 S. 4. Progr.

—— über d. symmetr. Kreisvielecke v. ungerader Seitenzahl. gr. 4. ($1\frac{3}{4}$ B. u. 1 Stnt.) Gotha 840, [Becker'sche Vrlsbuchh.]

— Über diejenigen Kugeln, welche die Kanten eines beliebigen Tetraeders berühren. S. 20. 425 . . . . vgr.
Separatabdruck

Müller's, J. H. T., Lehrbuch der ebenen Geometrie für höhere Lehranstalten. 2. gänzlich umgearb. Aufl. Hrsg. von K. L. Bauer. 2 Thle. gr. 8. (VIII, S. 1—136; IV, S. 137—330, mit vielen in den Text gedr. Holzschn.) Halle 872,74, Buchh. des Waisenhauses. à Thl. * ℳ 2. *

Müller's, J. H. T., Lehrbuch der ebenen Geometrie für höhere Lehranstalten. 2., gänzlich umgearb. Aufl., m. vielen dem Text eingedr. Holzschn., hrsg. v. K. L. Bauer. 3. (Schluss-)Thl. gr. 8. (VIII u. S. 331—553.) Halle 877. Buchh. d. Waisenh. n. 3. — (cplt.: n. 7. —)

—— Lehrbuch d. Mathematik f. Gymnasien u. Realschulen, nebst vielen Uebungsaufgaben u. Excursen. 1. Thl. — A. u. d. T.: Lehrbuch d. allgem. Arithmetik. gr. 8. ($36\frac{1}{4}$ B.) Halle 838, Buchh. d. Waisenhauses. *

—— Lehrbuch der Mathematik f. Gymnasien u. Realschulen, nebst vielen Uebungsaufgaben u. Excursen. 2. Thl. 1. Abthl., die Grundeigenschaften d. unbegrenzten geometr. Gebilde im Raume u. die gesammte Planimetrie enthalt. A. u. d. Ttl.: Lehrbuch der Geometrie. I. Abthl. Mit den zum gesammten mathemat. Unterrichte erforderl. vierstell. Hülfstafeln als besond. Beilage. gr. 8. ($22\frac{1}{2}$ B. u. 10 Kpfrt.) Halle 844, Buchh. des Waisenhauses. Thlr. *
1. Thl. Ebendas. 1838. * 1 Thlr. 20 Ngr.

— Lehrbuch der Mathematik f. Gymnasien u. Realschulen, nebst vielen Uebungsaufgaben u. Excursen. 2. Thl. 2. Abth. A. u. d. T.: Lehrbuch der Stereometrie. Mit 6 (lith.) Figurentaf. gr. 8. (XX u. 203 S.) Halle 851, Buchh. des Waisenhauses. n. 2/3 ℛ — 2. Thl. 3. Abth. A. u. d. T.: Lehrbuch der ebenen u. sphärischen Trigonometrie u. der Tetraedrometrie. Mit 6 (lith.) Figurentaf. gr. 8. (XXVI S., S. 127—360 u. 79—298.) Ebd. n. 1 5/12 ℛ (I. II, 3. n. 5 ℛ)

—— Lehrbuch der Mathematik für Gymnasien und Realschulen, nebst vielen Uebungsaufgaben und Excursen. 2. Thl. 3. Abthl. A. u. d. T.: Lehrbuch der ebenen und sphärischen Trigonometrie und der Tetraedrometrie. gr. 8. (XXVI S. 127 — 360 mit 6 Stnt. und S. 79 — 298.) Halle 852, Buchhandlung des Waisenhauses. *

—— dass. — 1. Thl. 1. Heft. 2., umgearb. Aufl. A. u. d. T.: Lehrbuch der allgemeinen Arithmetik für höhere Lehranstalten. 1. Heft, die Arithmetik bis einschliesslich zu den quadrat. Gleichungen mit 2000 Uebungsaufgaben enthaltend. 2., umgearb. Aufl. gr. 8. (XVI und 413 S.) Ebds. 855.

Müller, Joh. Heinr. Traugott, vierstellige Logarithmen der natürlichen Zahlen u. Winkelfunctionen nebst den Gaussischen u. andern Hülfstafeln z. Auflösung der höhern numerischen Gleichungen u. z. Anwendung der Methode der kleinsten Quadrate. gr. Lex.-8. ($2\frac{1}{2}$ B.) Ebds. 844. *
Aus dess. Lehrbuch d. Mathematik 2. Thl. besond. abgedruckt.

— vierstellige Logarithmen der natürlichen Zahlen u. Winkelfunctionen nebst den Additions- u. Subtractions-Logarithmen. Beilage zu des Verf. Lehrbuch der Mathematik. 2. verb. Aufl. Halle 860. Buchh. des Waisenhauses. 4. (VIII, 30 S.) n. 10 ngr.

Müller, Jo. Henr. Traug., Disquisitiones de polygonis solidis et polyedris simplicibus. 4maj. ($2\frac{1}{2}$ B.) Gotha 841, libr. Becker. *

Ders. Disputatio mathematica, qua demonstrantur quaedam de tetraedro. 18 S. . . . .
Naumburg, Progr. 1831

— s. Schlimbach, J. G., Anleitung zum ersten Unterricht in der Himmelskunde.

Müller, J. H. T. Ueber die Schwerpunkte der Seitenquadrate des geradlinigen Dreiecks. 20 S. . . . .
Naumburg, Progr. 1835

Müller, Johann Helfrich

J. H. Müller's Beschreibung seiner neuerfundenen Rechenmaschine, herausgegeben von *Ph. E. Klipstein.* Frankft. u. Mainz. 8. 1786.

Müller, Jh. Helfr., Beschreib. seiner neu erfund. Rechenmaschine, nach ihrer Gestalt, ihren Gebrauch u. Nutzen. Mit e. Vorrede v. P. E. Klippstein. Mit Kpf. 8. Frankf. a. M. 787. Varrentrapp. 8 gl

— [illegible] Tafeln, welche d. cub. Gehalt rc.

MÜLLER, Johann Helfrich: Neue Tafeln, welche den cubischen Gehalt und Werth des runden, beschlagenen und geschnittenen Bau- und Werkholzes enthalten, verfertigt mittels der Müllerischen Rechenmaschine, nebst einer Anweisung wie daraus der Gehalt richtiger als bisher gefunden werden könne. - Frankfurt 1788. 222 S.

— — neue Tafeln, welche den cubischen Gehalt u. Werth des runden, beschlagenen u. geschnittenen Bau- u. Werkholzes enthalten. 2te Aufl. mit Zusätzen u. Verb. gr. 12. Frankf. a. M., Varrentrapp. 816.
Schreibpap.

Müller, Joh. Herm., u. Geo. Seibt, evangelische Gemeindeabende. (IV, 180 S.) gr. 8. Halle 904. E. Strien.
Geb. in Leinw. n. 4.—

Müller, Joh. Herm., u. Geo. Seibt, evangelische Gemeindeabende. 2. durchgeseh. u. erweit. Aufl. (VIII, 217 S.) 8. Halle 907. Gr. Salze, E. Strien. 3.20;
geb. in Leinw. 4.—

Müller, Johann Hermann August, s. Müller, Johann

Müller, Jh. Jak. l., naturhistor. ABC-Bilderbuch mit 24 ill. Kpfn. 8. Frankf. a. M. ..., N. Aufl. 811. Brönner. 1 ℳ 8 gl

Müller, Johann Jacob: Aus der Universitäts-Augenklinik zu Giessen. Ueber die Behandlung grösserer Perforations-Verletzungen des Bulbus durch die Naht. *Giessen 1897: v. Münchow.* (53 S.) 8°
Giessen, Med. Diss. v. 1897

Müller, Jh. Jak. l., naturhistor. Bilderbuch, mit 23 illum. Kpf. nebst Beschreib. d. Kpf. 8. Frankf. a. M. (804). N. A. 811. Brönner. 1 ℳ 4 gl

Müller, Johann Jakob [Praes.], s. Büttner, Johann Paul: De modis abolendi culpam et reatum.

Müller, Joh. Jac., Toggenburg: Dissertatio inauguralis medica sistens casum rarissimum uteri in partu rupti.
Basel, Med. Diss. 1745

Müller, Johann Jakob [Praes.], s. Endres, Lorenz: De jure superiorum in juramenta inferiorum.

Extract aus unsers Conferenz-Schreibers Johann Jacob Müllers geführten Protocoll bey der fünften Versammlung der Gemeine Gottes im Geist, Gehalten in Germantown 1742, den 6ten April und folgende Tage: *Nebst einer Vorrede an die ehrwürdige Conferenz aller Arbeiter bey der Kirche Jesu Christi in Pennsylvania. Philadelphia, Pa.: B. Franklin 1742. S. 93—102.*

Extract aus des Conferenz-Schreibers Johann Jacob Müllers Registratur von der sechsten Versammlung der Evangelischen Arbeiter in Pennsylvania, und der Gemeine Gottes im Geist siebender General-Synodus zu Philadelphia am 2ten und 3ten Junii 1742. st. v. *[Philadelphia, Pa.]: B. Franklin [1742]. S. 105—120.*

Müller, Joh. Jul., der Geist der Ahnen od. die Einheitsbestrebgn. in der Schweiz vor der helvet. Revolution. Eine geschichtl. Skizze. gr. 8. (38 S.) Zürich 874. Schultheß. n. — 80

Müller, Joh. Jac., zur Geschichte des Kaisers Antoninus Pius, s. Bossart, X.

Müller, J[ohann] J[acob]. Geschichte des Schweizer. Turnlehrervereins, 1858—1908. [Mit 24 Porträts.] 58 S. 8. Zürich, Orell Füssli, 1910. [fr. 1. 50]

— — (Jena), Commentatio polit., de jure partis maioris, Germanis: Vom Recht des stärcksten Theils in einer Republick, Stadt, Collegio, auch von Entscheidung der mancherley Stimmen beim Votiren. Jena (Heller) 1751. 28 S. (5.—) 24178

— Jo. Jakob, De jure retorsionis inter status imperii. Diss. inaug. Präs. Christian Wildvogel. Jena (J. A. Muller) 23. X. 1700. 56 S. (5.50) 24174

— — Dasselbe. Jena (J. A. Muller) 23. X. 1700 56 S. (5.50) 24175
Gew.: Jo. Friedrich Bachov von Echt.

Müller, J[ohann] J[acob], und Dändliker, C(arl). Lehrbuch der allgemeinen Geschichte ..., von Dr. J. J. M' und Dr. K. D'. 8. Zürich.

[1. Aufl.] L' der a' G' für Sekundar- und höhere Bürger-Schulen, sowie zur Selbstbelehrung. Neubearbeitung der Weltgeschichte von H[ermann] M[arcus] Kottinger, 5. Aufl. 1873.

2. Aufl. L' der a' G' für höhere Volksschulen, sowie zur Selbstb'. 2. umgearbeitete Aufl. 1878.

3. Aufl. L' der a' G' für h' Volksch', Seminarien und Mittelschulen, sowie zur Selbstb'. 3., erheblich verbesserte und vermehrte Aufl., besorgt von Dr. D' .... 1891.

— u. K. Dändliker, Lehrbuch der allgemeinen Geschichte für höhere Volksschulen sowie zur Selbstbelehrung. 2., umgearb. Aufl. gr. 8. (XV, 360 S.) Zürich 878. Schultheß. n. 3. 60

Müller, J. J. u. K. Dändliker. Lehrbuch der allgemeinen Geschichte f. Volksschulen, Seminarien u. Mittelschulen, sowie zur Selbstbelehrg. 3. erheblich verb. u. verm. Aufl. gr. 8. (XV, 384 S.) Zür. 891, Schultheß. * 3 60
Vgl.: Dändliker, Karl. Uebersichtstafeln.

Müller, J. J., und Roesti, H., Nationale Leibesübungen im Dienste des Schulturnens, Zsstllg. des in dem Kurse für nationale Leibesübungen auf dem Rigi 1901 behandelten Stoffes im Ringen, Schwingen, Steinheben, Steinstoßen und Fahnenschwingen, Zürich 1902, 14 S., 8°.

Müller, Johann Jakob [Praes.], s. Lippisch, Dan.: De moralitate tutelae inculpatae oder Noht-Wehr.

—— Liudprand von Cremona und seine Quellen, s. Untersuchungen zur mittleren Geschichte.

Müller, Johann Jacob. [von Wülflingen, Kt. Zürich]: Der Geschichtschreiber L. Marius Maximus. Eine kritische Untersuchung. (S. A. aus: Untersuchungen zur Röm. Kaisergeschichte [— Büdinger]. Bd III. S. 17—202). Leipz. B. G. Teubner 1870. 1 Bl., 186 S. 8°.
[Zürich. Phil. Diss. v. 5. Juli 1870].

Müller, J[ohann] J[acob]. Nyon zur Römerzeit. Ein Bild der römischen Colonie Julia Equestris Noviodunum. [Mit 1 Figur, 3 Tafeln und 1 Plan.] (Mittheil. Ant. Ges. Zürich ....) 4. Zürich 1875.
Ausg. A. (Mittheil. .... Band 18, Heft 8.)
Ausg. B. (Mittheil. .... [Njbl.] 39.)

(39. **Neujahrsblatt**). Mittheilungen der Antiquarischen Gesellschaft in Zürich. Bd. XVIII. Heft 8. 50 Stn. gr. 4. 4 Tafeln. Zürich, in Commission bei Hans Staub. 1875. 4. —
* Inh.: Prof. J. J. Müller, Nyon zur Römerzeit. Ein Bild der römischen Colonia Julia Equestris Noviodunum.

– Reichstags-Theatrum ..., s. Müller, Johann Joachim

Müller, J[ohann] J[acob]. Sempacher-Reigen für Fest-Darstellungen von Turnvereinen und höhern Schulklassen. Nebst einem Anhange mit Erläuterungen. [Mit Figuren.] 12 S. 8. Zürich, Orell Füssli, [1905]. [fr. —. 75]

—— Studien zur Geschichte der römischen Kaiserzeit. Zwei Vorträge. gr. 8. (56 S.) Zürich 874, Schulthess. *

Müller, Johann Jakob [Praes.], s. Tryllitius, Johann Jakob: De praesumtionibus moralibus.

Müller, Jh. Jak. U., prakt. Unterricht, Braun-Steinkohlen u. Torf in Kanonenöfen mit Vortheil zu brennen. Mit 1 Kpf. 8. Magdeb. 801. (Heinrichshofen). 8 gl.

Müller, Johann Jakob. von Seen. Cant. Zürich: Untersuchungen über den Drehpunct des menschlichen Auges. Zür. Zürcher u. Furrer Dr. 1868. 22 S., 1 Bl., 2 Taf. 4°.
[Zürich]. Med. Diss. [v. 8. Aug. 1868].

Müller, Jh. Jak. Ldw., üb. die Vorzüge des Landmanns vor dem Städtebewohner. Eine Predigt. 8. Braunschweig 802. Reichard. 3 gl.

— üb. die Zerstreuungssucht; vier Predigten zu Göttingen gehalten. 8. Braunschw. 796.

— **Johann Jeremias** (Flöha/Meißen), Discursus de vitae ac necis jure, circa se ipsum. Präs. Conr. Wilh. Strecker. Erfurt (Grosch) 20. IV. 1730. 51 S. (6.—) 24180

— — De vitae ac necis jure, circa se ipsum. Diss. Präs. Conr. Wilhelm Strecker. Erfurt 1755. 70 S. (6.—) 24181

Müller, Johann Immanuel

— d. Fürst dieser Welt ist gerichtet! Eine Predigt zu Zelle gehalten. gr. 8. Celle 814. Schulze; (a. Leipz., Wienbrack). 4 gl.

Müller, Jh. Imm., Predigten. gr. 8. Hannov. 822. Hahn. 1 ∦ 20 gl.

Müller, J. J. V., kleine Singschule oder Gesanglehre mit Uebungsstücken. gr. qu. 4. Erf. 823. Maring. (Otto). 12 gl.

— **Jo. Immanuel** (Roßwein/Meißen) u. **Jo. Valentin Beumelburg** (Fischbach / Gotha), Studium coenobium Constantinopolitanum ex monumentis Byzantinis erutum et illustratum exhibent clarosque studitas. Diss. phil.-histor. Leipzig (F. Titius) 15. X. 1721. 66 S. mit schöner Titelvignette. (—.—) 24182
Gew.: Heinrich Pipping, Valentin Ernst Loescher, Christian Friedrich Boerner, Gottlob Friedrich Jenichen. — Widm. v.: Präses.

— D. M. Luthers Verdienste um die Musik. gr. 8. Erf. 817 (Müller). 4 gl.

Müller, Joh. Joach.: Juristisch-historische Electa, worinnen zuvörderst die Staats-Geschäffte bey dem noch fortwehrenden Reichs-Tage zu Regensburg, u. dann auch Piecen aus alten u. neuen Zeiten ... vorgetragen werden. Th. 1—3. Jena 1726—28.

— juristisch-hist. Electa des Reichstags zu Regensburg. 4 Thle. 8. Jena, Bielke. 726-730.

— Historie v. d. evang. Stände-Protestation zu Speyer u. der Augsb. Confession. 4. Ebend. 705.

— Reichstagsstaat d. heil. röm. Reichs deutscher Nation. 4. Ebend. 709.

Des Heiligen Römischen Reichs, Teutscher Nation, Reichs Tags Theatrum, wie selbiges unter Keyser Friedrichs V. allerhöchsten Regierung, von Anno 1440. bis 1493 gestanden, und Was auf selbigem, in Geist- und Weltlichen Reichs-Händeln, berahtschlaget, tractiret und geschlossen worden, ... illustriret, v. Johann Joachim **Müllern**. Fol.
(Th. 1, in sich haltend die 1., 2. und 3. Vorstellung. 1440—1460.) Jena. 1713.
(Th. 2—3, in sich haltend die 4., 5. und 6. Vorstellung. 1461—1493.) ebd. 1713.

Des Heiligen Römischen Reichs, Teutscher Nation, Reichs Tags Theatrum, wie selbiges, unter Keyser Maximilians I. allerhöchsten Regierung gestanden. ... aufgestellet v. Johann Joachim **Müllern**. Fol.
Th. 1, von Anno 1486 bis 1496. (In sich haltend die 1. und 2. Vorstellung.) Jena. 1718.
Th. 2, von Anno 1496 bis 1500. (In sich haltend die 3. und 4. Vorstellung.) ebd. 1719.

— entdecktes Staatskabinet. 8 Thle. 8. Jena. 714-18.

Müller, J. Joach. III., Fortsetzung u. Register zu dessen entdeckten Staatscabinett. 8 Thle. (Jena 1714—18.) v. J. Volkmar Müller. 8. Coburg 758. Thl. 16 gr.

— Kön. Span. Vermählungssaal. 8. Nrnb. 710.

Müller, Johann Joseph

Mueller, Joannes Josephus: De angelorum aliarumque formarum apparitionibus. Vratislaviae (1832). (13 S.) 4°

Breslau, Kath.-theol. Fak., Antr.-Progr. als ord. Prof. v. 28. Juli 1832

MÜLLER, Johann Joseph (Neuwied): De auctore Pentateuchi. (Titel nach der Urkunde) 17.9.1827 - Urk: A1 1828,157; F 43
Diss. Ingolst. - Landsh. - Mchn.

Müller, Joh. Jos., die St. Gallische Bischthums-Angelegenheit. Oeffentlich besprochen. gr. 8. (2¼ B.) St. Gallen 844, Scheitlin u. Zollikofer.

Mueller, J. J., Historia Merdasidarum ex Halebensibus Gemaleddini annalibus excerpta. 8 maj. (7 B.) Bonnae 829, (Habicht.)

Müller, Joh. Jos., Jugend-Klänge. Dichterische Versuche. gr. 12. (8 B.) St. Gallen 838, (Huber u. Comp.)

—— variae de victu Jo. Baptistae opiniones examinatae. 8 maj. (1 B.) Bonnae 828, (Habicht.)

Müller, J. J., variae de victu J. B. opiniones examinantur. Bonn. 1829. 4.

— variae de Jo. Baptista opiniones examinatae. 8maj. Bonn 829. (Habicht). 4 gr

Mueller, Ioannes Iosephus, Dr. theol. cath. eiusque Professor publ. ord. in Univers. Vratisl.:

1. •Disputatio de Pentateucho (probatur a Mose scriptum esse hunc librum). 1825.
2. •Exercitatio philosophico-historica qua virtutes historicae ratione Socratica indagatae in Herodoti historiis ut exemplo monstrantur. (P.) 1. 11 Bl. 8° (4°) [Kopft.]

Als die Inaug.-Schrift vertretende Druckschriften des Verf. wurden außerdem vorgelegt:

3. Historia Merdasidarum ex Halebensibus Cemaleddini annalibus excerpta. Bonnae [1829]: Neusser. IV, 108 S. 8° [Im Buchhandel Bonn: Habicht 1829.]
4. De vitiis archaeologiae biblicae atque emendatione. Gissae 1830: Heyer. 18 S. 4° Giessen, Antrittsrede als ord. Prof. d. kath. Theologie v. 16. Dez. 1830.
5. De angelorum aliarumque formarum apparitionibus commentatio. Vratislaviae (1832): Univ. 13 S. 4° Breslau, Antrittsrede als ord. Prof. d. Theologie v. 28. Juli 1832.

[Halle-Wittenberg, Phil. Diss. v. 13. Okt. 1834]

Geb. [Neuwied a. Rh. 7. 5. 1803]

Die Fakultät sah vom Examen rigorosum ab. Das Ms. der 1. Arbeit fehlt.

Mueller, J. Joann., De vitiis archaeologiae biblicae atque emendatione. Oratio. Gießen, Heyer, 1830, 4°.
Recens. (Mainzer) Katholik 1831, Bd. 40, S. 252 ff.

Müller, Johann Julius, s. Müller, Johann Jakob

Müller, Johann Karl

— Johann Carl (Merseburg), Rhapsodiae supplementa. Präs. Carl Ferdinand Hommel. Leipzig (Langenheim) 14. IV. 1772. 20 S. (4.75) 24124

— — Rhapsodiae supplementa. Präs. Carl Ferdinand Hommel. Leipzig (Langenheim) 9. VI. 1774. 24 S. (4.75) 24125

Johann Karl Samuel Mueller

Joannes Carol[us] Sam[uel] Müller: De optima lympham vaccinam asservandi Ratione. ([Halle] 1811:) Orphanotropheum. 30 S. 8°

Halle, Med. Diss. v. 22. Juni 1811

Müller, Johann Kaspar

– (Hrsg.), s. Cicero, Marcus Tullius: Orationes selectae IX.

– (Hrsg.), s. Eutropius: Breviarium historiae Romanae. 1781.

— Geschichte v. Portugal u. Spanien. gr. 8. Mainz 785. Kupferberg. 5 gr

— Geschichte d. Römer, f. studir. u. gebildete Leser ꝛc. 1e Abthl 8. Frankf. a. M. 805. Andreä. 16 gr

Müller, Jh. Ksp., († d. 3. Nov. 1810.) Geschichte d. europäischen Staaten, z. Gebrauch d. Mainz. Schulen. (1r Thl.) Mainz 780.

Müller, Joh. Kaspar, Harmonie der vier hl. Evangelien, zur öffentlichen Erklärung und zum Privatgebrauch. Mainz, 1791, 8°. 2. Aufl. Frankfurt, 1803.

Müller, J. Kaspar, Harmonie der 4 Evangelien zum öffentlichen und Privatgebrauche. Frankfurt, Andreä, 1804, gr. 8°, 2. Aufl., 4 Mk.

– (Hrsg.), s. Horatius Flaccus, Quintus: Odae selectae.

– (Hrsg.), s.a. Lehrbuch der allgemeinen Weltgeschichte. 1788.

MÜLLER, Johann Kaspar 1749 - 1810
Lehrbuch der allgemeinen Weltgeschichte zum Gebrauch der studierenden Jugend eingerichtet.
Neue von Sr. Hochw. Herrn Prof. Müller in Mainz durchaus verbesserte und vermehrte Auflage.
Bamberg-Würzburg: Göbhardt. 1788. 8, LXIV, 458 S. 8°.
Stadtbibliothek Mainz
3. Aufl. ?
1. Aufl. [anonym] 1777, 4. [?] Aufl. 1790, 5. Aufl. 1796, s. Nr. 141,518,724.
Fehlende Ausg. konnte nicht gefunden werden.
Vgl. die bei Stahel verlegte Ausg.: 1. Aufl. 1776, 2. Aufl. 1782, 4. Aufl. 1799 [alle unter Titel].
Weitere Ausg. Wien 1781 [unter Titel]. Ausg. Salzburg 1788 [Holzmann-Bohatta, III, 37] u. Ofen 1788 [Kayser, III, 512] konnten nicht gefunden werden.

MÜLLER, Johann Kaspar 1749 - 1810
Lehrbuch der allgemeinen Weltgeschichte zum Gebrauch der studierenden Jugend eingerichtet.
Neue von Sr. Hochw. Herrn Prof. Müller in Mainz durchaus verbesserte und vermehrte Auflage.
Bamberg-Würzburg: Göbhardt. 1790. LXIV, 458, VIII S. 8°.
Bayerische Staatsbibliothek München
4. Aufl. ?
1. Aufl. 1777 [unter Sachtitel], 3. [?] Aufl. 1788, 5. Aufl. 1796, s. Nr. 141, 465,724.
Fehlende Aufl. konnte nicht gefunden werden.
Vorliegende Ausg. identisch mit ... zum Gebrauch der Schulen..., Würzburg 1791 [Frankfurt-Leipziger Meßkatalog, Ostermesse 1791, S. 79]? Konnte nicht gefunden werden.
Vgl. ferner die bei Stahel verlegte Ausg.: 1. Aufl. 1776, 2. Aufl. 1782, 4. Aufl. 1799.
Weitere Ausg. Wien 1781.

MÜLLER, Johann Kaspar 1749 - 1810
Lehrbuch der allgemeinen Weltgeschichte zum Gebrauche der studierenden Jugend eingerichtet.
Fünfte vom Professor Müller in Mainz durchaus verbesserte Auflage.
Bamberg-Würzburg: Göbhardt. 1796. 6, LXIV, 464 S. 8°.
Zentralbibliothek Luzern
1. Aufl. 1777 [unter Sachtitel], 3. [?] Aufl. 1788, 4. [?] Aufl. 1790.

Vgl. ferner die bei Stahel verlegte Ausg.: 1. Aufl. 1776, 2. Aufl. 1782, 4. Aufl. 1799.
Weitere Ausg. Wien 1781.

Müller, Johann Caspar. Lehrbuch der allgemeinen Weltgeschichte ... Neue Ausg. Bamberg 1809. H: *Hohn, Carl Friedrich.* (Ky)

— Lehrb. d. allgem. Weltgesch. zum Gebrauch d. studier. Jug. neue verb. vermehr. u. bis Ende 1808. fortgesetzte Ausgabe. gr. 8. Bamberg, Göbhard. 809.

Müller, J. Kasp., Lehrbuch d. Weltgeschichte ꝛc. verb. u. bis auf die neuesten Zeiten fortges. von Prof. K. F. Hohn. gr. 8. Bamberg, Göbhardt. 817.
(Ein wörtlicher Nachdruck von H. Curas Einleitung zur Universalhistorie ꝛc. verb. von J. M. Schröckh, fortges. von Pölitz. Berlin, Nicolai. 816. Preis: 12 Gr.)

— Lehrbuch d. allgem. Weltgesch. z. Gebrauch der studir. Jugend, neue verb., verm. u. bis Ende 1806 u. neue bis Ende 1808 fortgesetzte Ausg. (von K. Fr. Hohn). gr. 8. Bamb. 809. 1 ꝑ N. Ausg. verb. u. bis auf die neuesten Zeiten fortgesetzt v. Prof. K. F. Hohn. gr. 8. Bamb. 817. (Wesché in Frankf.) 1 ꝑ 8 gl.

– (Hrsg.), s. Livius, Titus: Historiae. 1780.

– s. Messe, Die heilige, an allen Sonn- und Feiertagen des Jahres.

— Diss. hist.-theolog. de ortu, vero religionis systemate etc. 8. Mainz 784. Ed. II. 787. Sartorius 9 gl.

– (Hrsg.), s. Phaedrus: Fabulae Aesopiae. 1781.

– s. Triumph der Philosophie im 18. Jahrhundert.

— pragmatischer Versuch üb. die erste Gründung d. Reformation. 8. Lemgo 797. Meyer. 9 gl.

Müller, Johann Konrad

Müller, Joannes Conradus, Flachensi-Tigurinus: De adenophyma inguinali. Tur. typ. Meyeri 1838. 23 S. 8°.
Zürich, Med. Diss. v. 10. März 1838.

Müller, J. Conr., üb. d. Gesch. und d. Lehrbegriffe der protestantischen Religionsparth. und Sekten. 8. Breslau, Korn d. ä. 788.

Müller, Jh. Konr., († d. 21. Juni 1804.) üb. die Gesch. u. d. Lehrbegriffe der protestant. Religionspartheien u. Secten. 8. Bresl. 789. J. F. Korn. 20 gl.

Müller, Johann Konrad: „Allgemeines Handbuch der Statistik, enthaltend eine möglichst vollständige und pragmatische Uebersicht des statistischen Gehalts sämmtlicher europäischen Mächte gegen den Anfang des 19. Jahrhunderts", 1. (einzige) Abteilung, in 4 Heften, Bremen 1804.

— histor. Handbuch in Abhandll. u. Auszügen v. d. Veränderr. u. Schicksalen der christl. Kirche. Mit Semlers Vorrede. 2 Thle. 8. Leipz. 786. Weidmann. 1 ꝑ 8 gl.

— dissert. de ortu, vero relig. systemate etc. 8. Mainz, Sartorius. 788.

Müller, Jh. Lebr., s. Luther's kl. Katechismus.

— **Jo. Ludolf Arnold (Westfalen), Lithonthrypticorum examen. Diss. med. Halle (Tramp) 21. VII. 1797. 36 S. (—.—)** 24185
Gew.: Friedrich Ludwig Greiff.

Müller, Johann Ludwig, s.a. Müller, Ludwig Johann

Müller, J. L., Abendmahls-Büchlein, od. Selbstbetrachtungen f. evang. Communicanten, z. Beförderung würdigen u. segensvollen Abendmahls-Genusses. 1. Aufl. 12. (3⅓ B.) 845, 6 Ngr. u. 2. Aufl. 8. (7 B.) Elberfeld 846, Hassel. *

Müller, J. L., Abendmahls-Büchlein oder Selbstbetrachtungen für evangelische Communicanten, zur Beförderung würdigen und segensvollen Abendmahls-Genusses. 5. Aufl. 12. (88 S.) Elberfeld 857. [Köln,] Hassel. *

Müller, J. L., Abendmahls-Büchlein oder Selbstbetrachtungen für evangel. Communicanten zur Beförderung würd. u. segensvollen Abendmahls-Genusses. 7. Aufl. Köln 869. Hassel. 8. (VIII, 82 S.) cart. n. 5 ngr.

Müller, J. L., Abendmahls-Büchlein oder Selbstbetrachtungen für evangel. Communicanten, nebst Anhang: Zum Confirmationstage. 8.—10. Aufl. Mit einem Vorwort von Nieden. 8. (VIII, 134 S.) Bremen 881—84, Müller's Verlagsh. cart. *

Müller, J. L., Abendmahls-Büchlein oder Selbstbetrachtungen für evangel. Communicanten, nebst Anh.: Zum Confirmationstage. 9. Aufl. Mit einem Vorwort von Nieden. 8. (VIII, 134 S.) Bremen 882. Müller. cart. n. — 75; Velinausg. n. 1. —; geb. m. Goldschn. n.n. 2. —

—— dass. — 11. Aufl. (Velinausg.) 8. (VIII, 134 S.) Ebendas. 884. *ℳ 1.; geb. *

Müller, J. L. (I.), Abendmahls-Büchlein oder Selbstbetrachtungen für evangelische Communicanten, nebst Anhang: Zum Confirmationstage. 12., 14. und 15. Aufl. Mit einem Vorwort von Nieden. 8. (VIII, 134 S.) Bremen 885—88, Müller's Verlag. cart. *

—— dass. — 13. Aufl. [Velin-Papier.] 8. (VIII, 134 S.) Ebendas. 887. *ℳ 1.—.; geb. *

— dasselbe. 14.—17. Aufl. Mit e. Vorwort v. Nieden. 8. (VIII, 134 S.) Ebd. 887—890. cart. n. — 75

Müller, J. L. Abendmahls-Büchlein od. Selbstbetrachtgn. f. evangel. Communicanten, nebst Anh.: Zum Confirmationstage. 16.—18. Aufl. Mit e. Vorwort v. Nieden. 8. (VIII, 134 S.) Brem. 890—92, Müller. cart. * — 75

Müller, J. L., Abendmahls-Büchlein od. Selbstbetrachtgn. f. evangel. Communicanten, nebst Anh.: Zum Confirmationstage. 19.—21. Aufl. 12. (VIII, 134 S.) Bremen 893. 894. C. E. Müller. Kart. n. — 75; Velin-Ausg. n. 1. —; geb. in Leinw. m. Goldschn. n.n. 2. —

Müller, J. L., Abendmahls-Büchlein oder Selbstbetrachtgn. f. evang. Communicanten, nebst Anh. Zum Confirmationstage. 24. Aufl. 12. (VIII, 134 S.) Bremen 898. C. E. Müller. Kart. n. – 75; Velin-Ausg. geh. n 1. —; geb. m. Goldschn. n.n. 2. —

Müller, J. L., Abendmahls-Büchlein od. Selbstbetrachtgn. f. evangelische Communicanten, nebst Anh. Zum Confirmationstage. 26. u. 27. Aufl. 12. (à VIII, 134 S.) Halle 901. 902. C. E. Müller. Kart. n. — 75; seine Ausg., geb. m. Goldschn. n. 2. —

Müller, J. L., Abendmahls-Büchlein od. Selbstbetrachtungen f. evangelische Kommunikanten, nebst Anh. Zum Konfirmationstage. 28.—30. Aufl. (X, 134 S.) 8. Halle 903. 905. C. E. Müller. Kart. n. — 75; geb. in Leinw. m. Goldschn. n. 2. —

Müller, J. L., Abendmahls-Büchlein od. Selbstbetrachtungen f. evangelische Kommunikanten, nebst Anh.: Zum Konfirmationstage. 33. Aufl. (X, 134 S.) kl. 8. Halle 909. R. Mühlmann's Verl. Kart. — 75; feine Ausg., 34. Aufl., geb. in Leinw. m. Goldschn. 2. —

— die erste Abendmahlsfeier oder: Der Herr, sein Mahl und seine Gäste. Predigt über Luc. 22, 14—23, auch ein Wort enthltd. von Trennung und Einigung der Gläubigen über dem Abendmahl des Herrn. Elberfeld 855. Bädeker. gr. 8. (16 S.) 2½ ngr.

— die Ansprüche der Wissenschaft und Bildung gegen Herrn Dr. Paniel in seiner „Unverholenen Beurtheilung der Replik von F. W. Krummacher", mit durchgäng. Berücksichtigung der Schrift des Herrn Prof. Weber: „Die Verfluchungen" nach der 2. Aufl. 1. Hft. gr. 8. Ebend. 841. n. 5/12 rthl.

Müller, Jh. Ldw., Entwickelung d. Grundsätze, nach welchen ein d. Geist d. Zeit u. rechtl. Principien angemessener Steuerfuß in Bezug auf die würtemberg. Kriegscontribution zu entwerfen wäre. 8. Stuttg. 796.

— **Johann Ludwig** (Hanau), De fungo articulari, cum annexa eiusdem argumenti observatione. Diss. chir.-med. Göttingen (J. H. Schulz) 18. III. 1780. 44 S. (5.—) 24186

— s. Gaben, mancherlei.

Müller, J. L., Heilsgrund, Heilsweg, Heilsleben. Predigten aus dem Nachlaß. Hrsg. von D. L. Müller. gr. 8. (VIII, 459 S.) Bremen 875, Müller's Verlagsh. *

—— die lebendige Hoffnung der Christen oder: Blicke des Glaubens auf die Dinge der zukünft. Welt, den Mitpilgern zur Heimath dargeboten zu Trost, Ermunterung und Belebung der ewigen Hoffnung. 1. und 2. Aufl. 8. (V, 110 S.) Bremen 872, Müller's Verlag. cart. *ℳ 1.; Velinpap. * geb. mit Goldschn. *

— die lebendige Hoffnung der Christen oder: Blicke des Glaubens auf die zukünftige Welt, den Mitpilgern zur Heimath dargeboten zu Trost, Ermunterung u. Belebung der ewigen Hoffnung. 3. Aufl. 8. (V, 110 S.) Ebend. 880. cart. n. 1. —

— die lebendige Hoffnung der Christen od. Blicke d. Glaubens auf die Dinge der zukünftigen Welt, den Mitpilgern zur Heimat dargeboten zu Trost, Ermunterg. u. Belebg. der ewigen Hoffng. 4. Aufl. 8. (VIII, 113 S.) Ebend. 885. n. 1. 20; geb. m. Goldschn. n.n. 2. 20

Müller, J. L., die lebendige Hoffnung der Christen oder Blicke des Glaubens auf die Dinge d. zukünftigen Welt, den Mitpilgern zur Heimat dargeboten zu Trost, Ermunterung u. Belebg. der ewigen Hoffng. 5. Aufl. 8. (VII, 113 S.) Bremen 887. Müller. cart. n. 1. —

— d. lebendige Hoffnung der Christen od. Blicke des Glaubens auf d. Dinge d. zukünft. Welt, d. Mitpilgern zur Heimat dargeboten zu Trost, Ermunterg. u. Belebg. d. ewigen Hoffng. Feine Ausg. 6. Aufl. 8. (VII, 112 S.) Ebd. 896. n. 1. 20; geb. m. Goldschn. n.n. 2. 20

Müller, J. L., Die lebendige Hoffnung der Christen od.: Blicke des Glaubens auf die Dinge der zukünft. Welt, den Mitpilgern zur Heimat dargeboten zu Trost, Ermunterg. u. Belebg. der ewigen Hoffng. 6. Aufl. (VII, 112 S.) kl. 8. Halle (910). R. Mühlmann's Verl. Geb. 1.—; feine Ausg., geb. m. Goldschn. n 2. 30

— dasselbe. Mit e. Anh. v. geistl. Liedern. (135 S.) 8. Herborn 910. Buchh. des nass. Colportagevereins. —60; geb. —80 u. 1.—; m. Goldschn. 1. 40

Müller, J. Ldw., Jesus in Bethanien. Eine Reihenfolge von Predigten über die Geschichte der Auferweckung Lazari. Insbesondere Leidenden, Schwachen im Glauben u. angefochtenen Seelen gewidmet. gr. 8. Barmen 837. Steinhaus. ½ rthl. (10¾ B.)

—— Jesus in Bethanien. Eine Reihenfolge von Predigten über die Geschichte der Auferweckung Lazari. Insbesondere Leidenden, Schwachen im Glauben und angefochtenen Seelen gewidmet. 2. Aufl. gr. 8. (VI, 164 S.) Barmen 873, Wiemann. *

– (Hrsg.), s. Journal der inneren Staatsangelegenheiten Württembergs.

— Missions-Predigt üb. das Evangelium am 7. Sonnt. post Trin. am 2. Aug. 1840 in d. Kirche zu Burhave gehalten. gr. 8. Oldenburg 840. Schulze. 1/8 rthl. (1¼ B.)

— Predigt am Stiftungsfeste des Elberfelder Missions-Vereins, d. 19. Juni 1833 gehalten. gr. 8. Barmen u. Schwelm 833. Falkenberg. n. 1/12 rthl. (1¼ B.)

—— Herr Baptistenprediger Ribbeck und die von ihm geschmähte evang. Landeskirche und Kindertaufe. Eine Beleuchtung seiner Schrift: „Aus der Landeskirche in die Baptistengemeine!" Den Gläubigen zur Prüfung und Beherzigung dargeboten. Lex.-8. (55 S.) Elberfeld 854, Bädeker'sche Buchh. *

—— die irdischen Sorgen. Der reiche Jüngling. Zwei Predigten über Matth. 6, 25—32 und Marcus 10, 17—32. 8. (23 S.) Barmen 874, Klein. *

Müller, Joannes Ludovicus Wilhelmus (Berolinensi)
Dissertatio inauguralis medica de Angina Tracheali.
Giessae: Schröder 1820. 16 S.
Diss. med. 20.10.1820. vorh. 7.

— **Johann Martin,** De memorabili veterum Romanorum rem scholasticam augendi ornandique studio. Hamburg (J. C. Piscator) (19. XI.) Dez. 1773. 24 S. (5.—) 24187

Müller, Joh. Matth., die Gicht u. ihre radicale Heilung. Stuttgart 860. Sonnewald. gr. 8. (4 S.) verklebt n. 7½ ngr.

Müller, J. M., die Gicht, ihre Ursache u. ihr Wesen so wie deren Heilbarkeit. Mit einem Anh. von Krankengeschichten. 13. u. 14. Aufl. Coburg 865,66. Sendelbach. 8. (24 S.) 4 ngr.

—— dass. — 15. Aufl. 8. (24 S.) Coburg 867. (Dresden, C. C. Dietze.)

—— die Hämorrhoiden, ihre Entstehung, ihre Folgen und deren Heilbarkeit. 8. (16 S.) Coburg 865, Sendelbach.

— die Hämorrhoiden, ihre Entstehung, ihre Folgen u. deren Heilbarkeit. Coburg 866. Sendelbach. 8. (16 S.) 3 ngr.

—— dass. — 4. Aufl. 8. (16 S.) Coburg 867. (Dresden, C. E. Dietze.)

-- die Ursache und das Wesen der Gicht sowie deren Heilbarkeit nebst einem Anhange von Krankengeschichten. Coburg 862. Riemann'sche Hofbuchhdlg. 8. (28 S.) n. 5 ngr.

Müller, Johann Matthias

Müller, Jo. Math., Casus med.-chir., offractura cranii subsecutis gravissimis symptomatibus divina gratia ex voto curatis cum notis de capite ejusque affectibus, in quibus extracta plurimorum auctorum anatomica atque practica etc. 131 pp. Frcf. ad M. 16°. *Panewitz*, J. etc. 11 G. n. 5. (Sine signo externo.)

1712

Müller, I. Matth., casus medici chirurg. de fractura cranii. 8. Nrnb. 712.

—, J. M., Observationum et curationum med.-chir. rariorum decades II. una cum tract. de fractura cranii. Hal. 8°.

1714

—, Decas casuum medic. cum L. de fractura cranii. Hall in Schwaben. 8°. Decas II Ib. 1718. 8°. *Haller*, Bibl. med. pr. IV, 365. Bibl. chir. I, 564.

1712

—, Casuum med.-chir. de capitis spraecipue passionibus rariorum, Deo benedicente feliciter curatorum, decas, una cum promissis auctorum, horumque allegatorum librorum, nec non rerum et verborum indicibus. 40 pp. Frcf. ad M. 16°. Norimb. 1714. 16°.

1712

Johann Matthias Mueller

De Inflammatione vesicae urinariae. ([Altdorf] 1703:) Kohlesius. 16 S. 8°

Altdorf, Med. Diss. v. 16. Okt. 1703

— observationes et curationes medicae. III decades. 8. ibid. 714.

Müller, Johann Michael Chr.

Müller, J. M. C., der aufrichtige Oestreichische Bienenmeister, od. vollständ. Katechismus in d. Bienenzucht. 8. Wien 783. v. Mösle. 8 gr

Müller, Joh. Mich. Chr., der aufricht. österreich. Bienenmeister, od. vollständ., in Gestalt e. Katechismus abgef. Unterr. in d. Bienenzucht. (Neue Ausg.) 8. (14 B.) Wien 839, [Braumüller u. Seidel.]

Müller, Joh. Nep. (I.), Abbildung u. Beschreibung e. Erdäpfel-Schaufel-Pfluges, der auch z. Türkisch-Waiz-, Tabak- u. Hopfenbaue, überh. bei allen Reihen-Früchten — u. mit e. kleinen Vorrichtung auch z. Wiesen-Gräben-Schneiden sehr vortheilhaft anzuwenden ist. Nebst e. Abhandl. üb. d. Anbau u. Nutzen d. Erdäpfel, nach mehr als 30jähr. Erfahr. gr. 8. (5½ B. u. 1 ill. Stnt.) Linz 841. (Leipzig, Fr. Fleischer.) *

Müller, Joh. Nep., Abbildung u. Beschreibung eines Erdäpfel-Schaufel-Pfluges. Nebst e. Abhandlung üb. den Anbau u. Nutzen der Erdäpfel. 2., verb. u. verm. Aufl. gr. 8. (6⅞ B., 1 ill. Stnt. u. 1 Tab.) Linz 845. (Prag, Credner.) *

— s. Achard-James, Lorenz oder die Gefangenen.

Müller, J. N., Ansichten üb. pfarrliche Versuche d. Wiedervereinigung v. Eheleuten. 8. Constanz 827. Seemüller. 8 gr

— Ansichten über pfarrliche Versuche der Wiedervereinigung von Eheleuten. 8. Constanz 827, ist jetzt Verlag von Glükher. ⅓ rf

Müller, Joh. Nep. (II.), Badenweiler. Gemälde, entworf. f. Freunde d. schönen Natur u. d. Gesch., zugleich e. Führer f. Kurgäste u. Reisende. 16. (10 B. u. 7 Abbild.) Carlsruhe 841, Müller'sche Hofbuchh.

—— christl. Besuche im Gefängnisse, s. Suringar, W. H.

—— christl. Bibel f. Gefangene u. ihre Tröster. gr. 8. (29½ B. u. Titlbild.) Freiburg 839, Wagner'sche Buchh.

Müller, J(oh.) N(ep.), christliche Bibel für Gefangene und ihre Tröster. Neue (Titel-)Ausg. gr. 8. (XVI und 454 S. mit 1 Stnt.) Freiburg im Br. 854, Wagner'sche Buchh.

— üb. den Charakter d. Instrumente. Ein Versuch f. Freunde d. Tonkunst. Constanz 828. Seemüller.

Müller, J. N., Ehren-Kränze. Lebensbeschreibungen von Bürgern, die sich als Kaufleute, Mechaniker, Handwerker u. Landwirthe zu Achtung u. Ansehen emporgehoben. Ein biograph. Lesebuch f. die reifere Jugend, f. Handels-, Fabrik-, Gewerbe- u. Ackerbau-Schulen rc. Mit 5 Bildnissen. gr. 8. (VIII u. 539 S. m. 1 Stahltaf.) Stuttgart 848, J. F. Steinkopf. 1⅓ rf

Müller, Joh. Nep., über das Eine, was bei d. Erzieh. u. Bildung uns. Jugend vorzüglich Noth thut. Ein Wort zur ernst. Beherzig. f. Alle, denen d. Menschheit Wohl am Herzen liegt. gr. 8. (9½ B.) Freiburg 830. (Augsburg, Wolff; Kollmann.)

— über Einführung und Verbreitung des Seidenbaues im Breisgau. Eine Aufmunterung zum Betriebe dieses gewinnreichen Erwerbzweiges. 8. Freiburg 837. Fr. Wagner. ⅙ rf (3 B.)

—— Erbauungsbuch f. Gefangene in Strafanstalten. 2 Thle. gr. 8. (41¼ B.) Freiburg 833, Herder.
Thl. 1. Erzählungen aus d. Leben verirrter unglückl. Menschen.
„ 2. Betrachtungen u. Gebete.

— über die Erziehung und Bildung unserer Jugend in religiöser, sittl. u. intellektueller Hinsicht mit Andeutung und Vorschlägen zur Verbesserung derselben, im Einklange mit jenen d. vorzügl. Erzieher. 8. Freiburg ... Waizenegger. ½ rf

—— Friedens-Palmen. Christkathol. Handbuch in Betrachtungen u. Gebeten, f. Leidende, Kranke, Pilger zur Ewigkeit, ihre Freunde u. seelsorgl. Führer. 2 Thle. 8. Karlsruhe, Macklot'sche Hofbh. [1. (33½ B.) 2 Thlr., 2. (30 B. u. 2 Stahlst.) 842. 2 Thlr. 15 Ngr.]

—— Führer durch d. erzbischöfl. Dom- u. Münsterkirche zu Freiburg im Breisgau. Eine kurze Darstell. d. Merkwürdigsten in u. an derselben. 16. (5½ B. u. 3 Kpfr.) Freiburg 839, Wagner'sche Buchh.

Müller, Joh. Nep., Gedanken über das Lottospiel, die Verzehrungssteuer u. das Stempel-Gesetz. gr. 8. (IV u. 16 S.) Linz 848. (Haslinger.) 4 ngr

— der Geist unserer Zeit u. der Priester. Eine Primizrede. gr. 8. Constanz 825. Glükher. ⅛ rf

Müller, J. N. (Cooperator an der Dom- u. Münsterkirche zu Constanz), der *Geist unserer Zeit u. der Priester.* Eine Primizrede. (Vign.) Mit Genehmigung des bischöfl. General-Vikariats und des hochlöbl. Seekreis-Direktoriums. Constanz, bei J. N. Seemüller. 1826. 8°. 26 S. Beibd.

Müller, Joh. Nep., Grabreden, s. Grabreden.

—— Handbuch bei seelsorgl. Funktionen. Für kathol. Seelsorger bearb. 2 Thle. 1. Aufl. 831., u. 2., verm. u. verb. A. (à 18½ B.) gr. 8. Augsburg 834, Kollmann. à Aufl.

Müller, J. N., kurze Heimatkunde des Amtsbezirks Konstanz. Unter Berücksicht. des bad. Normal-Lehrplans für die Hand der Schüler bearb. 2. verb. und mit 1 Kärtchen vers. Aufl. gr. 8. (20 S.) Konstanz 883, Meck. *
Die 1. Aufl. erschien 1881.

Müller, Joh. Nep., kurze Heimatkunde des Amtsbez. Konstanz. Unter Berücksicht. des bad. Normallehrplans f. die Hand der Schüler bearb. 3., verm. u. m. 1 (farb.) Handkärtchen vers. Aufl. gr. 8. (28 S.) Konstanz 894. W. Meck. n. — 30

—— christkathol. Homilien, s. Homilien.

—— Jugend-Segen Ein Gebeth- u. Gesangbuch f. d. kathol. Schuljugend, auf hoh. Befehl Sr. Erzbischöfl. Gnaden bearb. gr. 12. (9 B. u. 1 Stndr.) Freyburg 829, Herder.

—— Jugend-Segen. Ein Gebeth- u. Gesangb. f. d. kathol. Schuljugend. 2., verm. u. verb. Aufl. 18. (216 Seit. u. Titlbild.) Freiburg 836, Herder'sche Buchh.

—— die erste heil. Communion. Belehrungen u. Gebete z. frommen Empfange derselben. 12. (1⅚ B.) Offenburg 845, Braun.

—— Lebens-Bilder. Erzähln. aus d. Leben sittlich-guter Kinder. Zur Beförder. d. Tugend a. der Gesch. erzählt u. bearb. 3 Bde. gr. 8. (67¾ B.) Freiburg 831, Wagner.

—— Lebens-Bilder. Erzähln. aus d. Leben sittl.-guter Kinder. Zur Beförderung d. Tugend aus d. Gesch. gewählt u. bearb. 3 Bde. 2., m. 6 (ill.) Lithogr. verm. Ausg. gr. 8. (67¾ B.) Freiburg 836, Wagner'sche Buchh. 2⅚ Thlr., m. schw. Bildern.

— Lebens-Bilder. Erzählungen aus dem Leben sittlich guter Kinder. Zur Beförderung der Tugend aus der Geschichte gewählt u. bearb. 3. (Titel-) Ausg. Mit 6 (color.) Lith. 3 Bde. gr. 8. (XII u. 1071 S.) Freiburg im Br. (831) 851, Wagner. n. 1 ℔ 2 ngl

—— christkathol. Lehre von d. heil. Sacramenten d. Buße u. d. Altars. Nach d. heil. Schrift, d. Aussprüchen d. Kirchenväter u. Entscheidungen d. Kirche, z. Gebr. f. kathol. Christen, Erstcommunicanten, Catecheten u. Seelsorger. gr. 8. (18¼ B.) Freiburg 840, Wagner'sche Buchh.

— christkatholische Lehre von den heiligen Sacramenten der Buße und des Altars. Nach der heiligen Schrift, der Aussprüchen der Kirchenväter u. Entscheidungen der Kirche, zum Gebrauche für kathol. Christen, Erstcommunicanten, Catecheten u. Seelsorger m. Rücksicht auf die Bedürfnisse unserer Zeit gemeinfaßlich dargestellt. 2. (Titel-)Ausg. Ebend. (840.) 854. (XII, 280 S.) 21 ngr.

— Manuale sacerdotum pro praeparatione ad missam. Ex pluribus egregiis, laudatis, approbat. libris collectum et editum. Mit 1 Stahlstich. 8maj Friburgi Brisig. 837. Wagner. 2 ℔ — Ohne Stahlstich 1⅞ ℔

—— Manuale sacerdotum pro praeparatione ad missam. Ex pluribus egregiis, laudatis, approbat. libris collectum et editum. 8maj. (29 B. u. 1 Stahlst.) Friburgi Brisig. 838, libr. Wagner. 2 Thlr., ohne Stahlst.

— manuale sacerdotum pro praeparatione ad missam. Ex pluribus egregiis, laudatis approbatisque libris collectum et editum. Editio II. (Neue Titel-Ausg.) Ebend. (837.) 854. 8. (VIII, 452 S.) 21 ngr.

—— über die Nothwendigkeit des Mitwirkens der Aeltern bei d. Erzieh. u. Bildung ihrer Kinder auf öffentl. Schulen. gr. 8. (5½ B.) Freiburg 831, Herder.

– (Übers. u. Vorr.), s. Ramsay, Andr. von: Die Reisen des Cyrus.

— Rede üb. die Wohlthat u. Pflicht d. öffentl. Religionsbekenntnisses. 8. Freiburg, Herder. 2 gl

– (Übers. u. Hrsg.), s. Suringar, Wilhelm Heinrich: Christliche Besuche im Gefängnisse.

—— Tertullian, s. Tertullian.

— Tugendbilder. Erzähll. aus d. Leben guter Dienstboten. Mit e. Vorwort v. Verfasser d. Ostereier rc. 8. Augsb. 830. Kollmann u. H. 14 gl

—— Tugend-Bilder. Erzähln. aus d. Leben guter Dienstboten. Mit e. Vorw. v. Verf. d. „Ostereyer" rc. (Chrph. Schmid). 8. (17 B.) Augsburg 830, Wolff. (Kollmann.)

— Tugend-Bilder. Erzählungen aus dem Leben guter Dienstboten. Zur Erweckung u. Stärkung sittlicher Gefühle u. Entschlüsse, und als Lesebuch für junge Handwerker, Dienstboten u. Sonntagsschüler gesammelt. Mit e. Vorworte vom Verfasser der Ostereier. 2e sehr verm. u. verb. Ausg. gr. 12. Augsburg 837. Kollmann. ½ ℔

—— Tugend-Bilder. Erzählungen a. d. Leben guter Dienstboten. Zur Erweckung u. Stärkung sittl. Gefühle u. Entschlüsse, u. als Lesebuch f. junge Handwerker, Dienstboten u. Sonntagsschüler gesammelt. Mit e. Vorw. v. Verf. d. Ostereyer. 2., sehr verm. u. verb. Ausg. gr. 12. (12 B.) Augsburg 838, Kollmann'sche Buchh.

Müller, Joh. Nep., Tugend-Spiegel, od.: Pflichten d. Kinder geg. ihre Aeltern. Durch Beyspiele a. der Gesch. erläut. Mit Titkpfr. 8. (14 B.) Würzburg 853, Etlinger'sche Verlsbuchh. Thlr.

Müller's, Joh. Nep., Volks-Predigten. Hrsg. v. Leonard Widemayr. 1. u. 2. Bd. gr. 8. Brixen, Weger. n. 8. 80
1. Sonntags-Predigten. (XII, 480 S.) 883. n. 4. —
2. Festtags-Predigten. [Fest-Zeiten, Feste d. Herrn u. einiger Heiligen.] (IV, 588 S.) 886. n. 4. 80

Müller's, Joh. Nep., Volks-Predigten. Hrsg. v. Leonard Widemayr. 3. Bd.: Marien-Predigten. gr. 8. (V, 242 S.) Brixen 888. Weger. n. 2. 40 (1—3.: n. 11. 20)

MÜLLER, Joh. Nep
(F) Joh. Nep. Müller's Volks-Predigten. Herausgegeben von Leonhard Widemayr. 1. Bd. Sonntags-Predigten. Mit Approbation des Hochwürdigsten hl. Ordinariates Brixen. 2 Auflage. Brixen. 1902. Weger. Gr.-8°. XII, 480 S. K 4.—

Müller's, Joh. Nep., Volks-Predigten. Hrsg. v. Leonard Widemayr. 2. Bd.: Festtags-Predigten. (Fest-Zeiten, Feste des Herrn u. einiger Heiligen.) 2. Aufl. (XII, 596 S.) 8. Brixen 906. A. Weger. n. 4. 80
Bd. 1. Ebd. 902. n. 4.—.

—— werden Pönitentiar-Systeme ohne den Einfluß der Religion u. Kirche zur wahren Besserung der Gefangenen in den Strafanstalten vollkommen wirksam seyn? gr. 8. (2⅚ B.) Karlsruhe 843, Macklot'sche Hofbuchh. Thlr.

Müller, J. N., wie feiert d. Christ d. Kirchweihfest? Eine Rede. 8. Constanz 827. Seemüller. 2 gl

— wie feiert d. Christ das Kirchweihfest? 8. Konstanz 827. ist jetzt Verlag v. Glükher. ¹⁄₁₂ ℔

—— über d. Wohlthat u. Pflicht d. öffentl. Religions-Bekenntnisses. Eine Rede. 8. (1½ B.) Freiburg 828, Herder.

—— Worte d. Liebe u. d. Ernstes an junge Diener d. kathol. Kirche u. Jene, die es werden wollen. 8. (34¾ B.) Freiburg 832, Herder.

Müller, Johann Nikolaus

— Abhl. üb. d. Fuhrwerke und dazu gehörigen Maschinen. 2 Thle. m. K. 8. Gött. Brose. (Göthe in Lpz.) 800–2. (à 1 Rthlr. 6 gr.)

Müller, Joh. Nikolaus, der Philosophie-Doctor und Privatlehrer. Theoretisch-praktische Abhandlung über die Fuhrwerker und dazu gehörige Maschinen. 2. mit Zusätzen versehene Aufl. Mit 6 Kupfer-Tafeln. 8. Göttingen 1801.

— Anweis. z. Geometrie f. Anfänger; mit e. Vorrede v. A. G. Kästner. Mit 32 Kpf. 8. Götting. 778. 2e verb. Aufl. 790. Vandenhöck u. R. 18 gr

Müller, J. N.: „Anweisung zur ökonomischen Rechenkunst", Göttingen 1807 (Vandenhöck & R.).

-- f Anweisung z. ökonom. Rechenkunst f. Anfänger.

Müller, J. N.: „Anweisung zur ökonomischen Rechenkunst, für Anfänger in Stadt- und Dorfcantorschulen", Göttingen 1792 (Vandenhoeck & Ruprecht).

Auseinandersetzung eines der schwersten Fälle aus der Interusurienrechnung, von *J. N. Müller*. Göttingen, gedr. b. Schulze. 24 S. 4. (3 gr.)
1785.

— Auseinandersetzung d. schwersten Fälle a. d. Interusurien-Rechnung. 4. Gött. Brose. 786.

-- Auseinandersetzung eines d. schwersten Fälle aus d. Interusurien-Rechnung. 4. Götting. 786. (Vandenhöck u. R.) 5 gr

* Ausführlicher Beweis, daſs die höhere Mathematik für das menschliche Geschlecht eine unentbehrliche Wissenschaft ist, von *J. N. Müller*. Göttingen. Brose. 8. 46 S. (3 gr.)
1786.

Müller, Johann Nicolaus: „Ueber das doppelte italienische Buchhalten", Göttingen 1784 (Vandenhoeck & Ruprecht). — Neue Auflage ebenda 1790.

Müller, Johann Nicolaus: „Entwurf zu einem Collegium über das doppelte Buchhalten, sowohl wie Merkantilfuss, als auch wie Cammeralfuss betrachtet; nebst Anzeige seiner Winterlectionen", Göttingen 1784 (Vandenhoeck & Ruprecht). — 2. verbesserte Auflage u. d. T.: „Verbesserter Entwurf zu einem Collegium .....", Göttingen 1785 (Dieterich).

Verbesserter Entwurf zu einem Collegium über die Privat- und Cameral-Staats-Rechnungen nach der Methode der verbesserten Rechnung in doppelten Posten, von *J. N. Müller*. Göttingen, Dieterich. 174 Seiten. 8.
1785.

Müller, Johann Nicolaus: „Verbesserter Entwurf zu einem Collegium über die Privat- und Cammeral-Staatsrechnungen nach der Methode der verbesserten Rechnung in doppelten Posten", Göttingen 1785 (Vandenhöck & R.).

Johann Nikolaus Mueller
1754–1797

Erläuterung der Regeln Quadrat- und Cubik-Wurzeln auszuziehen für Anfänger ... Von J[ohann] Nicolaus Müller. Göttingen: Vandenhoel 1776. 116 S. 8°

Müller, Joh. Nikolaus (Giessen)
Dissertatio inauguralis juridica exhibens hecadem controversiarum ex universo jure.
Gissae 28. Dez. 1709: Henning Müller. 16 S. 4°
pro licentia summos in utroque jure honores et privilegia doctoralia obtinendi.

— Ideae quaedam ad rationem res creatas ab omnibus partibus beatas percipiendi. 8. Götting. 789. Dieterich. 2 gr

J. N. Müllers praktisches Lehrbuch über die Privat- und Cameral-Staats-Rechnungen nach der Methode der verbesserten Rechnung in doppelten Posten für Haus- und Landwirthe, Fabrikanten und Manufacturisten, Kaufleute und Cameralisten. Göttingen, Dieterich, 3 Alph. 15 Bog. fol. 1790.

— **Johann Nikolaus** (Gießen/Hessen), Notitia veteris Germaniae populorum, sive Diss. ad primordia juris publ. German. pertinens. Präs. Johann Nikolaus Hert. Gießen/Hessen (H. Müller) 28. II. 1709. 172 S. (8.50) 24188
Gew.: Philipp Helfrich Krebs, Joh. Justus Faber.

Valentini, Michael Bernh. [Präs.] u. Joh. Nik. Müller (Giessen) [Resp.]
Michaelis Bernhardi Valentini Prodromus historiae naturalis Hassiae, quem anno Academiae Gissenae Jubilaeo MDCCVII, sub Praesidio autoris, publicae curiosorum ventilationi sistit Joh. Nicolaus Müllerus.
Giessae März 1707: Henning Müller. 38 (2) S. 4°

* Dissertatio inauguralis mathematica de seriebus differentialibus quae ex potentiis numerorum in serie naturali progredientium subtrahendo elici possunt, quam publice defendet auctor *Joannes Nicolaus Müller* Bipontinus. Goettingae Litteris Friderici Andreae Rosenbusch. 4. 21 S.
1784.

– De luminum servitutibus,
s. Reyher, Samuel [Praes.]

Müller, Jh. Nik., († 1797.) Versuch e. Abhandl. über die Fuhrwerke u. dazu gehörige Maschinen. 1r Thl. Mit 6 Kpft. 8. Götting. 787. N.A. (blos neuer Tit.) 801. Brose. (Göthe in Leipz.) 1 rthl 6 gr

Müller, Johann Nicolaus: Versuch einer systematischen Abhandlung über das Fuhrwesen nebst einem Vorschlag auf Kgl. Georg-Augusts Universität zu Göttingen eine Handlungs-Academie zu errichten. Mit Kupfertaf. Göttingen 1787. 335 S.

Versuch einer systematischen Abhandlung über das Fuhrwesen, von J. N. *Müller*. Göttingen, Brose. 8. 335. S. m. 6 Kupst.
1787.

Vorbereitung zur Geometrie für Kinder, von *Joh. Nic. Müller*. Göttingen, im Vandenhökischen Verlage. 8. 303 S. 32 Kupf.
1778.

Müller, Johann Oswald, aus Hirschfelde i. Sachs.: **Ueber die Minimaleigenschaft der Kugel.** *Göttingen 1903: Dieterich.* (51 S.) 8°
Göttingen, Phil. Diss. v. [16. Febr.] 1903

Müller, Joh. Oswald, über die Minimaleigenschaft dei Kugel. Diss. (51 S. m. 1 Fig.) gr. 8. Göttingen 903. (Vandenhoeck & Ruprecht.) n. 1.40

Müller, Johann Paul, s. M ü l l e r, Johannes Paul

Müller, Johann Paul Berthold, s. M ü l l e r, Berthold

Müller, Johann Peter

G e s c h l e c h t s m o r a l und Lebensglück. Von J. P. Müller. Ein populär gehaltener Beitrag z. Lösung d. sexuellen Frage. Mit 6 Bild. Autor. Übers. aus d. Dän. (1.–5. Taus.) Kopenhagen: Tillge; Leipzig: K. F. Koehler 1909. 397 S. 8°

— Jo. Peter (Windsheim/Franken), De notis veterum criticis in censendis auctoribus. Diss. Präs. Jo. Georg Joch. Jena (Nise, H. Beyer) 21. VII. 1704. 24 S. (5.—) 24189

Müller, J. P., mein System. 15 Minuten tägl. Arbeit f. die Gesundheit. Mit 42 Illustr. nach der Natur u. 1 Zeittaf. Aus dem Dän. nach der 5. Aufl. des Originals v. M. u. H. Tillge übers. 1.–10. Taus. (89 S.) gr. 8. Kopenhagen 904. Tillge. n. 2. —; geb. n. 3. —

— dasselbe. Uebungstafel, gezeichnet v. Johs. Dorph. (1 Bl. m. Abbildgn.) qu. Lex.-8. Ebd. (905). Auf Pappe n. — 60

— — 2. Aufl. 1905. 90 S.

Mueller, J. P., Mein System. 15 Minuten täglicher Arbeit für die Gesundheit. A. d. Dän. nach d. 5. Aufl. d. Orig. von M. u. H. *Tillge* übers. 3. Aufl. Kopenhagen u. Leipzig 1905. 8°.

Mein System. 15 Minuten tägl. Arbeit f. d. Gesundheit von J. P. **Müller**, Ingenieurlt. a. D., Klampenborg. Mit 41 Ill., 1 Statuenbild u. 1 Zeittaf. Aus d. Dän. nach d. 5. Aufl. d. Orig. von M. u. H[olger] T i l l g e übers. 5. durchges. u. erw. Aufl. Kopenhagen: Tillge 1906. (82 S.) 8° [07. 16440 II

Mein System. 15 Minuten tägl. Arbeit f. d. Gesundheit von J. P. Müller, Ingenieurlt. a. D., Klampenborg. Mit 41 Ill., 1 Statuenbild u. 1 Zeittaf. Aus d. Dän. nach d. 6. Aufl. d. Orig. von M. u. H[olger] T i l l g e übers. 6. durchges. u. erw. Aufl. Kopenhagen: Tillge 1907. (92 S.) 8° [07. 14074

— Mein S y s t e m. 15 Minuten tägl. Arbeit f. die Gesundheit. Mit 41 Illustr. nach der Natur, 1 Statuenbild u. 1 Zeittaf. Aus dem Dän. nach der 6. Aufl. des Originals v. M. u. H. Tillge übers. 8. durchgeseh. u. erweit. Aufl. (94 S. m. Bildnis.) gr. 8. Ebd. 909. 2.—; geb. 3. —

M ü l l e r, J. P., Die täglichen fünf Minuten gymnastische Übungen zur Erziehung und Erhaltung körperlicher Leistungsfähigkeit, m. Abb., Leipzig u. Zürich, 111 S., 4 Taf., 8°.

Hygienische Winke von J.P. **Müller**. Mit 29 Ill. Kopenhagen: Tillge 1907. (204 S.) 8° [07. 12723

Müller, Jh. Pet. Andr., († d. 12. Jan. 1820.) Anmerkk. üb. d. die erste Weltgeschichte. 8. Halle 782. Waisenhaus-B. 8 gl

— die göttl. Anstalt, die Fortpflanzung auf d. Erde betrachtet. 4. Bützow 778. Bödner. 3 gl

– (Hrsg.), s. B e i t r ä g e, Kritische, zur neuesten Geschichte der Gelehrsamkeit.

— Belehr. v. Kanon d. A. Test. z. Vertheidigung d. göttl. Ursprungs rc. gr. 8. Leipz. 774. Kummer. 1 ℛ 6 gl

— neue Darstell. d. christl. Glaubenslehre. gr. 8. Lpz. 790. Hertel. 1 ℛ

– üb. d. Ideen im Gehirn. Ein Einladungsschreib. 4. Halle 776.

– (Hrsg.), s. M o s e s : Die Bücher Mose und Josua.

– s. N o t i z , Nähere, und Kritik der kantischen Kritik der reinen Vernunft.

– zwei Predigten, in Berlin gehalten. Mit Anmerkk. 8. ... 793.

– die Toleranz, in ihre rechtmäß. Schranken zurückgewiesen. 8. Leipz. 776.

– von d. menschlichen Verstande u. d. Vernunftwahrheiten. gr. 8. Halle 769. Gebauer. 1 ℛ 6 gl

– gemeinnütz. Vorträge wichtiger Lehren d. Christenthums. 8. Leipz. 776. Hilscher 5 gl

Müller, Jh. Ph., s. Mallebranche, v. d. Wahrheit.

MÜLLER, Johann Robert (Augsburg): De haemorrhagiis secundariis. (Titel nach der Urkunde) 21.5.1879 – Urk; Chr 1878/79,12
Diss.Ingolst.-Landsh.-Mchn.

Müller, Joh. Rud., Zofingen: Dissertatio inauguralis medica de t h e r m i s Schinznacensibus.
Basel, Med. Diss. 1763

— Johann Salomo (Megaloschirmens./Meiß.), Diss. epistolica qua de probabilismo morali nonnulla exponit et viro clarissimo ac doctissimo Johann Adam Hennik (Sangerhausen/Thüringen). Präs. Hieron. Georg Gloeckner. Leipzig (Breitkopf) 28. II. 1754. 16 S. (5.—) 24192

Müller, Jh. Sam., († d. 7. Mai 1773.) Abhandl. v. Kaiser Julian d. Abtrünnigen. Mit Anmerkk. v. Geo. Sam. Müller. 4. Hamb. 752. König. 8 gl

— G e s p r ä c h d. alten Weltweisen in einer Redübung. 2 Thle. 8. Hamb. 747.

M ü l l e r, J. Sam., Prüf. des abermal. Vers. e. Theodicee W ö l d i k e n s. 8. Hamb. 747.

– s. T a c i t u s sämmtl. Werke.

Des Chur- und Fürstlichen Hauses Sachsen, Ernestin- und Albertinischer Linien, Annales, von Anno 1400. bis 1700. Verfasset, auch mit einigen Genealogischen Tabellen und nöthigen Registern versehen, durch Johann Sebastian **Müllern**. Weymar. 1700.

Müller, **Jh. Sebast., nachher John Miller, († nach 1783.) illustratio systematis sexualis Linnaei. — Engl. unt. d. T.: An illustration of the sexual System of Linnaeus by J. Miller. 15 Hefte im grösst. Fol.-Form. 111 Bl. Text u. 214 Kpft. London 770—77. (Prachtwerk.)**

– id. lib., quem e textu angl. edit. minor. translatum, nunc emend. var. prop. additam., praecipue terminor. botan. notioni inserv., atque indic. locuplet. accur. Fr. G. Weiss. II Tom. c. 105. tab. aen. nigr. 8maj. Frankf. a. M. 789. Varrentrapp. 6 ℔ 18 gl Schrbp. illum. 12 ℔ 18 gl

Johann Sebastian Mueller
1715-nach 1783

Ioannis Milleri [Johann Sebastian Müller]: [An Illustration of the sexual system of Linnaeus. Lat.:] Illustratio systematis sexualis Linnaeani, quam e textu Anglico ed. minoris translat. nunc additamentis variis propriis praecipue terminorum botanicorum notioni inservientibus atque ind. ... accuravit Fridericus Guilielmus Weiss. Vol.1.2. Francofurti ad M.: Varrentrapp & Wenner 1789. 8°
Vol. 1: 1789.
Vol. 2 [u.d.T.]: [Müller] Miller: Tabulae iconum centum quatuor plantarum ad Illustrationem systematis sexualis Linnaeani... a Carolo Goepferto [Goepfert]. 1789.

Mueller (or Miller) (J. S.). Illustratio syst. sexualis Linnaei. Lond. 1779. fol. [Ed. 2.] by M. B. Borckhausen, Francof. 1792 and 1804.

– id. lib. denuo editus, revis. ac translat. German. locuplet. a M. B. Borckhausen. adjectis tab. 108 color. Imper. Fol. Frankf. a. M. 804. Varrentrapp. 76 ℔ — Dass. latein. u. deutsch, mit 108 illum. Kpft. Royal-Fol. Ebd. 804. 76 ℔

Mueller, Jo. St., Diss. utrum doctrina de mentis materialitate hypothesis philosophica possit vocari. Jen. 4°.

1753

Müller, Johann Stephan

Müller, I. Steph., Christus, per ipsa Socinianor. placita Deus, entstellt von seinen Widersachern. 4. Jena, Gollner. 761.

Müller, Jh. Steph., († d. 24. Oct. 1768.) Christus, per ipsa Socinianor. placita Deus, den falschen rc. Liebhabern der christl. Religion ein Aergerniß, d. wahren Gläubigen ein Zeugniß, daß Christus der Sohn Gottes sey. 4. Jena 771. Gollner. 14 gl

– de daemoniacis sembrianis. 4. Jena 763. Güth. 10 gl

Müller, Johann Stephan u. Georg Philipp Gottfr. Jan (Giessen) [Resp.]
De dissidentibus in Polonia nonnulla disputant Joh. Stephan Müller et Georg Philipp Gottfried Jan.
Gissae 27. Aug. 1767: Joh. Chrph. Schröder. (6), LIV, (2) S. 4°

— introductio in theologiam revelat. philosophiae Dariesad-ornata. 8. Giessen. (Frft. Nessler.) 770.

Müller, Johann Stephan [Praes.], s. Moog, Georg Daniel: Sententias protestantium juris naturae doctorum de lege naturali a vituperationibus Cel. P. Desingii defendens.

Müller, Jo. Steph. [Präs.] u. Jo. Phil. Wiener [Resp.]
La Providence ne s'interesse point à l'individu mais à l'espece. (Oeuvre du Philosophe de Sansouci Tom. I. Epitre VII. à Maupertuis.) vel deus non individua sed species curat.
Gissae Sept. 1764: Jo. Jak. Braun. 72 S. 4°

Müller, Johann Stephan [Präs.] u. Joh. Georg Ziegler (Frankf.) [Resp.]
Quid reformati ? ab eo vix pontificii deflectunt in doctrina de sacra coena, quod offendunt Reformati, disputatio.
Gissae 17. Jan. 1766: Braun. (2), 54 (4) S. 4°

— **Johann Steph., Triplicem dicendi rationem veterum philosophorum vulgarium stoicorum atque peripateticorum dialectice ex Cicerone dijudicat.** Jena (Schill) (22. IX.) 1758. 56 S. (5.50) 24194
Gew.: Gottfried Nonne.

Müller, Johann Stephan [Praes.], s. Roehde, Johann Justus: Dissertatio metaphysica sententiam philosophorum Christianorum de mundi et substantiarum origine nova quadam hypothesi contra systema Aristotelis defendens.

– die Sittenlehre Jesu, als ein v. Gott geoffenb. Supplement der philosoph. Sittenlehre. 8. Jena 758. N. Aufl. 765. Guno. 1 ℔

Müller, Johann Stephan [Praes.], s. Vetter, Jo. Martin: De generibus communicationis idiomatum generatim dissertatio.

Müller, Johann Stephan [Praes.], s. Wagenbronner, Georg Christ.: Notio illa animam mortui esse et dici in evangeliis daemonem opinioni debetur non vero Deo ipsi in scriptura alicubi adfirmanti ideoque nec dogmatica dici debet nec pro tali quae hermeneutice vera atque ex evangeliis derivata est habenda. Altera dissertatio theologico-hermeneutica.

Müller, Johann Stephan [Praes.], s. Wehmeyer, Johann Friedrich: Dissertatio metaphysica problema utrum doctrina de mentis materialitate hypothesis philosophica possit vocari et quo ostenso an illa probabilior doctrina de simplicitate animi solvens.

Müller, Jh. Thadd., († d. 31. März 1799.) jus criminale ad fora German. adplicat. et in us. auditor. etc. 8maj. Manh. 786. Löffler. 12 gl

Müller, Jo. Thad.: Systema Pandectarum ad fora Germaniae adplicatum et in usum auditorum ad praelectiones adornatum. P. 1—5. Manhemii 1785—86. 4 Bde

— Systema pandectar. ad fora German. adplicat. VII Pts. 8. maj. ibid. 786-88.

— systema Pandectarum ad fora Germaniae adplicatum. VII Pts. 4maj. Manh. 786—89. Löffler. 4 ℔

Müller, Jh. Thdr. Eus., die Gefahren d. Zeit unsrer Jugend. 8. Zittau 808. Schöps. 10 gl

— pragmat. Geschichte d. Theuerung u. and. Beschwerden, welche unsere Vorfahren während d. letzten 6 Jahrh. erfahren haben rc. 4. Görlitz 804.

Müller, J. Th. E.: „Pragmatische Geschichte der Theurung und anderer Beschwerden, welche unsere Vorfahren während der letzten sechs Jahrhunderte erfahren haben, hauptsächlich in Beziehung auf den jedes mahligen Einfluss der Witterung bei denselben" (Auch u. d. T.: „Blicke aus einer bedenklichen Gegenwart in eine lehrreiche Vergangenheit . . . ., oder sorgfältig gesammelte Nachrichten aus mehr als sechs Jahrhunderten über wohlfeile und theure Zeiten und deren Ursachen"), Görlitz 1806. — Vorh.: Preuß. Staatsbibl. Berlin und Com. Bibl. Hamburg.

— üb. die öffentl. Religiosität d. Zeitalters rc. 8. Görlitz 808. (Anton in Halle). 8 gl

Müller, Jh. Thdr. Eus., die im Königr. Sachsen neu angeordn. Texte rc. 8. Görl. 810. (Anton in Halle.) 8 gl

Mueller, Ioannes Theodorus Ludovicus (geb. am 11 Aug. 1814 in Laasphe Westf.): De induratione medullae spinalis ... Bonnae, typ. C. & F. Krüger (1842). 3 Bl., 36 S., 2 Bl. 8.
Bonn, Med. Fak., Diss. v. 5 Febr. 1842

— Johann Theophil (Dresden), Ad actionem spolii aliquod spicilegium. Präs. Carl Wilhelm Winckler. Leipzig (Saalbach) 20. I. 1783. 16 S. (4.75)
24196

Müller, Jh. Traug., († d. 2. Sept. 1794.) Einleit. in die ökonom. u. physikal. Bücherkunde. 2 Bde. gr. 8. Leipz. 780—81. Schwickert. (1r Bd. 1 ℔ 8 gl 2r Bd. 1e u. 2e Abthlg. 1 ℔ 16 gl) 4 ℔ 16 gl

Müller, J. Traug., Einl. in d. ökon. und physikal. Bücherkunde. 2 Bde. gr. 8. Leipz. Schwickert. 780—84. (1r Bd. 1 Rthlr. 8 gr. 2n Bds 1e Abth. 1 Rthlr. 16 gr. 2e 1 Rthlr. 16 gr.)

— üb. die Seelenwanderung; e. prüfende Gedanken. 4. Friedrichsſtadt 785.

— üb. unſer künftiges Wiederſehen. 4. Friedrichsſtadt 789.

Müller, Johann Tobias

Müller, J. T., ſ. a. Bücher, die ſymboliſchen, der evangeliſch-lutheriſchen Kirche.

— — s.a. Müller, Jos. Theodor

Müller, J. T., die ſymbol. Bücher d. evangel.-lutheriſchen Kirche, deutſch u. lateiniſch. Neue durchgeſ. Ausg. m. d. ſächſ. Viſitations-Artikeln, e. hiſtor. Einleitung u. e. 5fachen Regiſter. In 6 Abthlgn. 1. Abthl. Lex.-8. (12 B.) Stuttgart 846, Lieſching's Verl.

– s. Concordienbuch, Das evangelische.

— ſ. Dietrich, Veit, Haus-Poſtille.

Müller, Joh. Tob., 50 Gedenkblatt an die Confirmation mit Sprüchen. 8. Nördlingen 850, Beck. 1/3 ℔

Müller, Joh. Tob., 50 Gedenkblatt an die Confirmation mit Sprüchen. 8. Nördlingen 852, Beck'ſche Buchh.

Müller, J. T., 30 Confirmations-Gedenkblätter m. Bibelſprüchen u. Liederverſen. 3. Aufl. m. bibl. Bildern (in Holzſchn.) v. Ludwig Richter. gr. 4. Nördlingen 878. Beck. n. 1. 50

— ſ. a. Konkordienbuch, das evangeliſche.

Müller, J. T., das evangeliſche Concordienbuch, enth. die ſymbol. Bücher der evangeliſch-luther. Kirche. Mit den ſächſ. Viſitationsartikeln, e. Verzeichniß abweichender Lesarten, hiſtor. Einleitgn. u. Regiſtern. br. 8. (LIII, 491 S.) Gütersloh 871. Bertelsmann. n. 2. 40

Müller, Johann Ulrich

Müller, J. Ulr., kl. Atlas, od. Beſchr. d. ganz. Weltkreiſes, m. Landchart. 8. Ulm, Wohler. 702.

— Geometrie, od. theor. prakt. Meßkunſt. 8. Ebendaſ. 706.

Johann Ulrich Mueller

Die durch Blut und Blut weit und breit beängstigte Kriegs-Schaubühne. d.i. accurate Vorstellung deß gantzen Rheins, und andere benachbarten Ströme... Neben e.nothwendigen Reg. der vornehmsten Stätte, Festungen u.andrer auch geringeren Oerther. ([Verf.:] Joh[ann] Ulrich Müller.) Ulm: Kühn 1703. XLVIII,15 S. 8°
[Kupfert.:] Müller: Theatrum martis.

Joh. Ulr. Müller's theoretiſch-pracktiſche Meſskunſt in IV Theilen durch das Länge, Fläche, Cörper und Triangel-Meſsen, mit darzu gehörigen Kupffern vorgeſtellt. Ulm. G. W. Kühne. 1705.

— — ibid. 8. (8 gr.) 1706.

— Rechenmeiſter. 8. Ebend. 704.

— Stundenweiſer, od. Beſchr. all. üblich. Sonnenuhr. m. K. 8. Ebend. 712.

Müller, J. U: Der unbetrügliche Stunden-Weiser. Ulm 1702

Müller, Joh. Ulrich, Tabula geographica totius S. imperii Romani, ... Augusta [ca 1706]. Fol. . . . . (D.)

Müller, Jh. Val., Abhandl. v. d. Drüſenverhärtung, beſond. d. Brüſte u. ihrer Behandlungsart, mit äuß. u. innern Heilmitteln. 8. Leipz. 784. Weygand. 7 gl

Abhandlung über verschiedene Krankheiten welche ursprünglich aus einer Schärfe entstehen als verschiedene Hautkrankheiten, Scropheln, Lustseuche, Krebs und Gicht nebst beigefügter Heilart ... von J[ohann] V[alentin] **Müller**. Frankfurt: Jäger 1796. 276 S. 8°

Johann Valentin Mueller

Abhandlung über verschiedene Krankheiten welche ursprünglich von einer Schärfe herrühren als verschiedene Hautkrankheiten, Scropheln, Lustseuche, Flechten, Krebs und Gicht nebst beygefügter Heilart... von Joh[ann] Valentin Muller. Ganz neue umgearb. u. verb. Aufl. Frankfurt a.M.: Jäger 1799. IV,250 S. 8°

— Anleit. Kindbetterinnen in vorkommenden Krankheiten zu behandeln, ſ. unten: Handb. d. Frauenzimmerkrankhh.

Müller, Johann Valentin: Anleitung nach denen bewährtesten Grundsätzen ausübender Aerzte Kindbetterinnen in denen vorkommenden Krankneiten zu behandeln. Th.1 - 2, gbd.

Frankfurt u.Leipzig: Jäger 1794

JB 6.639

Gründliche Anleitung aller Arten der venerischen Krankheiten genau zu erkennen und richtig zu behandeln, ... Von Johann Valentin **Müller**. Bd 1. Bremen: Wilmans 1796. 8°
Bd 1: 1796.

Müller, Johann Valentin: Gründliche Anleitung, alle Arten der venerischen Krankheiten genau zu erkennen und richtig zu behandeln, zur Vorbauung der Empirie mit den nöthigen Arzneyformeln nach dem Muster der bewährtesten Aerzte versehen, für Aerzte, Wundärzte und Layen in der Arzneywissenschaft. Bd 2, 386 S., gbd.

Bremen: Wilmans 1796

JB 4.666

— Anleit., alle Arten v. vener. Krankheiten genau zu erkennen u. richtig zu behandeln. 2 Bde. 8. Brem. 796. Fr. Wilmanns in Frankf. a. M. 2 ℛ

— prakt. Anleit. z. Erkenntniß u. Heilung d. Lungensucht, für Aerzte u. Nichtärzte. Die Natur u. Ursachen dieser Krankheit, herrschende Vorurtheile u. Mißbräuche bei ihrer Kur, nebst zweckmäß. Anwend. d. Heilmittel ꝛc. 8. Frankf. 812. Brönner. 1 ℛ 12 ℊ 398 S.

— u. G. Fr. Hoffmann, Anleit. wie man sich bei d. jetzt herrschend. Ruhr bewahren kann. 8. Frankf. a. M. 1e u. 2e Aufl. 794. Andreä. 3 ℊ

— Dies., Frankfurt. medicin. Annalen f. Aerzte, Wundärzte ꝛc. f. 1789, 90. 4 Quartale. 8. Frankf. a. M. (Jäger). 2 ℛ — Fortgesetzte medicinische Annalen, od. medicin. Wochenblatt, 1r—3r Jahrg. 8. Ebd. 791—93. 6 ℛ 4r—7r Jahrg. unt. d. T.: medicin. Rathgeber f. Aerzte, Wundärzte ꝛc. 4 Bde. 8. Ebd. 794—97. 8 ℛ

— — s.a. Wochenblatt, Medizinisches.

— der diätetische Arzt; e. Anleit. z. vernünftigen Gesundheitspflege ꝛc. 8. Frankf. a. M. 808. Jäger. 20 ℊ

Müller, Johann Valentin: Der Arzt für venerisch-verlarvte Krankheiten oder medizinisch-technische Abhandlung, worinnen aus praktischen Wahrnehmungen die in dieser Materie herrschenden Vorurtheile widerlegt, und ein angemessener Heilungsplan dargestellt wird. Zur Beruhigung aller venerischer Kranken entworfen. 378 S., gbd.

Frankfurt am Main: Andreä 1808 JB 4.667

— d. Arzt f. Wöchnerinnen, s. unten Handbuch.

— d. Arzt f. Wöchnerinnen. 2 Thle. 8. Frankf. Jäger. 805.

– u. Georg Fr. Hofmann

— — Aufsätze a. d. Chirurgie ꝛc. 8. Frankf. Pech. 797.

Müller, Jh. Val., u. G. Fr. Hoffmann, vermischte Aufsätze u. Bemerkk. aus d. theoret. u. prakt. Heilkunde. 1r Thl. gr. 8. Frankf. a. M. 796. Andreä. 1 ℛ

— les mêmes, avis au peuple et aux chirurg. de la campagne sur les moyens de se préserver et de se guerir de la dyssenterie. 8. Lausanne 794. Pott u. C. 6 ℊ

— praktische Bemerkungen üb. die Kur des halbseiten Kopfwehes, od. sogenannten Migraine, mit beigefügten diätischen Vorschriften u. bewährten Arzneimitteln f. Nervenkranke u. Hypochondristen. 8. Ebend. 813.

— prakt. Bemerkk. üb. die Kur des halbseiten Kopfwehs, od. sogenannten Migraine, mit beigefügten diätetischen Vorschriften u. bewährten Arzneimitteln f. Nervenkranke u. Hypochondristen. 8. Frankf. a. M. 814. (Andreä). 16 ℊ

Müller, Johann Valentin: Beschreibung der Harnruhr nebst einigen Bemerkungen über die Zeichen der Krankheiten, ihrer Abänderungen, und ihres Ausgangs aus dem Urin für Aerzte und Nichtärzte. 105 S., gbd.

Frankfurt am Mayn: Jäger 1800

JB 2.060

Müller J. V.: Beweiss, dass die Kuhpocken mit den natürlichen Kinderblattern in keiner Verbindung stehen, u. also ihre Einimpfung kein untrügliches Verwahrungsmittel gegen die natürlichen Blattern seyn könne ... Frankf. a. M. 1801. 72 S.

— Beweis, daß die Kuhpocken mit d. natürl. Blattern in keiner Verbindung stehen. 8. Frankf. a. M. 801. Jäger. 8 ℊ

— üb. die Bleikrankheiten ꝛc. u. wie dieselben zu verhüten u. zu heilen sind. 8. Frankf. a. M. 796. Andreä. 14 ℊ

— v. d. Drüsenverhärtung, bes. d. Brüste und ihrer Behandlungsart ꝛc. m. Heilmitt. 8. Leipz. Weygand. 784. —

— üb. d. Einfluß in d. sogenannten Seelenkräfte u. Moralität menschl. Handll. Ein Handbuch f. Rechtsgelehrte ꝛc. gr. 8. Marb. 803. Krieger. 1 ℛ

Müller, Johann Valentin: Entwurf der gerichtlichen Arzneywissenschaft nach juristischen und medicinischen Grundsätzen für Geistliche, Rechtsgelehrte und Aerzte. Bd 1—4. Frankfurt a. M. 1796—1801.

1. Von d. Materien, welche denen Ehegerichten zur Entscheidung vorgelegt werden. 1796.
2. 1798.
3. 1800.
4. 1801.

— Entwurf d. gerichtl. Arzneiwissenschaft, nach juristischen u. medicin. Grundsätzen. 4 Bde. gr. 8. Frankf. a. M. 786—801. Andreä. 7 ℛ 12 ℊ

— Gesundheitsalmanach, od. medicin. Taschenbuch auf 1797. 8. Frankf. a. M. 796. Andreä. 14 ℊ

— s. Handbuch der Arzneimittellehre.

— Handb. d. Galanteriekrankh. z. Gebr. f. Aerzte und Wundärzte. gr. 8. Marburg, Krieger. 800.

— medicin. prakt. Handb. d. Frauenzimmerkrankheiten. 4 Thle 8. Frankf. a. M. 788—95. Jäger. 4 ℛ (3r u. 4r Thl. A. u. d. T.: der Arzt f. Wöchnerinnen; e. prakt. Anleit. Kindbetterinnen in Krankheiten zu behandeln. 2 Thle. 795. 2 ℛ

MÜLLER, Dr. J. V., Handbuch zur Toilettenlektüre für gebildete Frauen. Frkft. 1813. 8°. 247 S. (2 Mk. Friedr. Klüber, München, c. 1902.)

— Handbuch d. Toilettenlectüre f. gebildete Frauen., od. medicin. Rathgeber f. d. schöne Geschlecht. 8. Frankf. a. M. 813. Jäger. 20 ℊ

Praktisch-populäres H a u s - und Hand b u c h die gewöhnlichsten Krankheiten zu heilen mit beigefügten auserlesenen Arzneiformeln ... von Johann Valentin **Müller**. Frankfurt a. M.: Andreä 1796. VI, 424 S. 8°

— Heilmethode d. Trippers rc. 8. Frankf. a. M. ... 2e Aufl. 802. Jäger. 12 xr

– u. Georg Fr. Hofmann

Müller, J. u. **Hoffmann, G.** Für Hypochondristen, Nervenkranke, Gichtpatienten u. Auszehrende. Frankfurt 1795.

Mueller u. **Hoffmann,** Für Hypochondristen, Nervenkranke rc. Frkf. 8°. Salzb. med. chir. Zt. 1795, I, 401. Verm. Aufs. I, 273.
1795

— Dies., f. Hypochondristen, Nervenkranke, Gichtpatienten rc. 8. Frankf. a. M. 795. Andreä. 12 xr

Müller, J(ohann) V(alentin) (Comm.):

s.: Jäger, J(ohann) C(hristoph): Beiträge zur Kriegsarzneywissenschaft. Bd 2. Frankfurt am Main: 1795

JB 3.578/2

Mueller, Jo. Val., De nervorum originibus. 87 pp. Jen. 4°. 1778

— Orthodoxie u. Heterodoxie od. Bemerkk. über d. rechtl. Gebrauch d. Arzneimittel. 2 Bde. gr. 8. Frankf. a. M. 798, 99. Jäger. 2 ℛ 16 xr

— Physiologie, od. Lehre v. d. gesunden Zustande des menschl. Körpers. gr. 8. Frankf. a. M. 790. Andreä. 1 ℛ 16 xr

– u. Georg Fr. Hofmann

— Dies., Rath, wie man sich bei herrschend. Krankheiten sichern kann. 8. Frankf. a. M. 1e u. 2e Aufl. 794. Zeßler. 3 xr

– Medizinischer R a t g e b e r ..., s. M ü l l e r : Frankfurter medizinische A n n a l e n ...

– u. Georg Fr. Hofmann

— Dies., medicin. Repertorium üb. Gegenstände aus allen Fächern d. Arzneiwissenschaft rc. 8 Thle. 8. Frankf. a. M. 798, 99. Jäger. 6 ℛ

Ders.: Rhapsodien aus der gerichtl. Arznei-Wissenschaft, nebst e. Anh., welcher einen neuen Vorschlag ein. vollständ. Anstell. der Lungenprobe enthält. *Leipzig,* Cnobloch. 822. gr. 8. (16 Gr.)

— Rhapsodien, in Bezug auf technische Heilkunde, s. J. C. Ehrmann.

Mueller, Jo. V., Der Selbstmord nach seinen med. u. moral. Ursachen betrachtet. Frkf. 8°. Salzb. med. chir. Zt. 1795, IV, 252.
1795 A. L. Z. 1797, n. 77. N. A. D. B. B. XXXIII, 308.

Müller, Jo. Val., Selbstmord nach seinen med. u. moral. Ursachen betrachtet. Mit beigefügten Lebensregeln u. Recepten zum Besten hypochondr. u. melanch. Personen f. Aerzte u. denkende Leser aus allen Ständen. 78 S. Frkf. a. M. 8°.
1796

— d. Selbstmord nach s. medicin. u. moral. Ursachen betrachtet. 8. Frankf. a. M. 796. Andreä. 6 xr

— s. Taschenbuch, ein medicinisches.

– u. Georg Fr. Hofmann

— Dies., Unterricht wie man sich bei herrschenden Krankheiten vor Ansteckung sichern kann rc. 8. Frankf. 795. Diez. 3 xr

Ders.: Versuch eines Lehrbuchs der medizinischen Rechtsgelehrtheit, z. Unterrichte für Rechtsgelehrte. *Leipzig,* Cnobloch. 826. 8. (1 Thl. 6 Gr.)

— s. a. Vorschläge zu Verhütung d. Kindermords.

Vorschläge einiger Mittel zur Verhütung des Kindermords als Beantwortung der .... vorgelegten Preisfrage (von *Joh. Valentin Müller*). Leipzig 1783. 8°. (Im British Museum.)
6 xr. Beck I. p. 234. — Anon.-Lex. IV. p. 353 (nach Kayser).

— Dasselbe, tit.: Einige Vorschläge zur Verhütung des Kindermords; Eltern und Erziehern der Jugend gewidmet. Frankfurt a. M. 1784.
Anon.-Lex. IV. p. 354 (nach Kayser).

Müller, Jh. Wlh., Aerope. Trspl. in 3 Aufz. gr. 8. Heidelb. 824. Groos. 18 xr

von Müller, J. W. Baron: Beiträge zur Geschichte, Statistik und Zoologie von Mexico. Mit einer Karte des Kaiserreichs und einem Profil des Isthmus von Tehuantepec. Leipzig 1865. XII, 613 S., 2 Krt.
= von Müller: Reisen in den Vereinigten Staaten, Canada und Mexico. Bd. 3. 8°.

Müller, Baron J. W. v., Beiträge zur Ornithologie. Folge u. Fortsetzung der Planches enluminées von Buffon, der Planches coloriées von Temminck u. Laugier de Chartrouse u. der Planches peintes von O. des Murs. 1. Serie. Afrika. (Neue Ausg.) Stuttgart 865. (Aue.) gr. 4. (XVIII, 44 S. mit 20 color. Steintaff.) cart. n. 6 ℛ

Müller, J. W. v., Beiträge zur Ornithologie Afrika's. 1—4. Liefg. Stuttgart 853, 54. Hofbuchdr. Zu-Guttenberg. Fol. (16 lith. u. color. Taf. u. 18 Bl. Text.) Jede Liefg. n. 2 ℛ.

Müller J. W. Freiherr von. Dr.: Bericht über einzelne erheblichere Momente seiner 1845—1849 unternommenen wissenschaftlichen Reisen in Afrika (mit 2 Taf. und 2 Tabellen). S. 2 [illegible] . . . . ver.
Separatabdruck

Müller, Jh. Wlh., Bußreden an d. deutsche Volk. 8. Heidelb. 817. Oswald. 6 xr

—— des causes de la coloration de la peau et des différences dans les formes du crane au point de vue de l'unité du genre humain. Lex.-8. (74 S.) Stuttgart 853, Hofbuchdr. Zu Guttenberg. Thlr. *

— description de nouveaux oiseaux d'Afrique découverts et dessinés d'après nature pour servir de suite aux planches enluminées de Buffon, aux planches coloriées de Temminck et Laugier de Chartrouse et au nouveau recueil général de planches peintes d'oiseaux de O. des Murs. 1. et 2. livr. Ebend. 853, 54. Fol. (8 lith. u. color. Taf. u. 9 Bl. Text.) Jede Liefg. n. 2 ℛ. 12 ngr.

Müller, John W. Baron, das Einhorn vom geschichtlichen u. naturwissenschaftlichen Standpunkte betrachtet. Lex. 8. (VIII u. 60 S.) Stuttgart 852. Hofbuchdruckerei zu Guttenberg. n. 1 ℛ

—— das Einhorn vom geschichtlichen und naturwissenschaftlichen Standpunkte betrachtet. Lex. - 8. (VII und 60 S.) Stuttgart 853, Hofbuchdr. Zu Guttenberg. *

Müller, Joh. Wilh., der Grundsatz d. Anciennetät f. d. Besoldungen d. Lehrer an d. Studienanstalten. Ein Nachwort an d. hochehrb. Landrath d. Rheinkreises auf d. Wort d. Hrn. L. v. Germersheim. 8. (1½ B.) Landau 832. (Heidelberg, Groos.)

Müller, Joh. Wilh., Hiob. Dramatisches Gedicht. 8. (92 S.) New-Orleans 850. Braunschweig, Westermann. n. 12 ngr

—— Lexicon manuale, geographiam antiquam et mediam cum Latine tum Germanice illustrans, in usum scholarum editum. (II Pts.) 8maj. (26¼ B.) Lipsiae 831, [Böhme.]

— Lexicon manuale, geographiam antiquam et mediam cum Latine tum Germanice illustrans, in usum scholarum editum. II Prts. 8maj. Leipz. 831. Hartmann. 1 ₰ 6 gr

— fragmentarische Mittheilungen über die in Afrika gemachten Reisen. [Für d. kais. Leopold.-Carol.-Akad. d. Naturforscher.] gr. 4. (20 S.) Breslau u. Bonn 850, Weber. n. ⅓ ₰ (siehe auch: Actorum, novor., acad. caes. Leopold.-Carol., vol. XXII, pars 2.)

— **Johann Wilhelm** (Marienberg), Ad declamationes V. — Afferuntur quaedam ad historiam annonae caritatis apud veteres. Marienberg (Christ) (13. I. 1806). Mit Namen. (3.—) 24197

— Chriemhilds Rache; Trspl. in 3 Abtheill., mit dem Chor, 1) der Schwur. 2) Rüdiger. 3) Chriemhildens Ende. gr. 8. Heidelb. 822. Groos. 1 ₰ 8 gr

Müller, J. W. v., Reisen in den Vereinigten Staaten, Canada und Mexico. 1. u. 2. Bd. Mit (4) Stahlst., (9) Lithogr. u. in den Text gedr. Holzschn. Leipzig 864. Brockhaus. (XXIV, 976 S.) Jeder Bd. n. 3 ₰

— Reisen in den Vereinigten Staaten, Canada u. Mexico. 3. Bd. A. u. d. T.: Beiträge zur Geschichte, Statistik u. Zoologie von Mexico. Leipzig 865. Brockhaus. gr. 8. (XII. 643 S. mit 1 lith. Karte des Kaiserreichs u. einem Profil des Isthmus von Tehuantepec in qu. Fol.) n. 4 ₰ 3 Bde. compl. geb. n. 11 ₰ 6 ngr

—— Zustand d. latein. Schulen (Progymnasien) d. Königr. Bayern, besond. im Rheinkreise, in Bezieh. auf d. neuen Studienplan. Den versamm. Ständen z. Beherzig. vorgelegt. gr. 8. (1¾ B.) Heidelberg 831, Groos.

Müller, Johann Wolfgang

— ausführl. Anleit. z. trigonometr. Berechnung d. an einem gegebenen Ort d. Erdfläche sichtbaren Sonnenfinsternisse. Mit 1 Kpf. gr. 8. Sulzb. 815. v. Seidel. 12 gr Nachtrag. Ebd. 820. 3 gr

— prakt. Anleit. z. leichten u. richtig. Berechn. d. cub. Inhalts d. Baumstämme, des beschlagenen Holzes u. anderer z. Forstgeometrie gehörigen Aufgaben. gr. 8. Nürnb. 810. (Fr. Fleischer in Lpz.) 20 gr N. A. mit beigefügt. Tabb. Ebd. 819. 1 ₰

— Anweis. z. Kenntn. u. d. Gebrauche d. künstl. Himmels- u. Erdkugeln ꝛc. 2 Abthll. Mit 8 Kpft. gr. 8. Nürnb. 791, 92. Umgearb. Aufl. (von e. and. Verf.) unt. d. T.: Einleit. zu Erkenntn. u. Gebr. d. Erd- u. Himmelskugeln. Mit illum. Kpf. gr. 8. Nürnb. 801. Monath u. K. 1 ₰ 8 gr — Nachtrag dazu. gr. 8. Ebd. 805. 4 gr

* — praktische Anweisung z. richtigen Berechnung des cubischen Inhalts d. Baumstämme, u. z. Forstgeometrie ꝛc. 8. Ebend. 810.

Müller, J. W., prakt. Anweis. z. leicht. u. richtig. Berechn. des cubischen Inhalts der Baumstämme, des beschlagenen Holzes u. anderer zur Forstgeometrie gehöriger Aufgaben. N. A. m. beygef. Tabellen. 8. (Leipzig, Fr. Fleischer in Comm.) 819.

Müller, Jh. Wolfg., prakt. Anweis. zu algebraischen combinator. Rechnungen. 2 Thle. (A. u. d. T.: prakt. Anweis. zu logarithm.-algebraischen Rechnungen). 8. Nürnb. 809. (Lpz., Fr. Fleischer). 2 ₰

Müller, Joh. Wolfg., praktische Anweisung zu algebraischen combinatorischen Rechnungen. Ir u. IIr. Auch unt. d. Titel: Praktische Anweisung zu logaritmischen-algebraisch. Rechnungen. 8. Nürnb. Bieling. (Leipz. Benj. Fleischer in Comm.) 813. u. 14. (à 1 Rthlr.)

Müller, Jh. Wolfg., vollständ. Auflösung d. Aufgabe: in einen Kreis ein Dreieck mit e. gegeb. Winkel u. Inhalt zu beschreiben. Zur Prüfung d. v. Dr. Wex versuchten Erklärung der mathemat. Stelle in Plato's Meno dargestellt. Mit 1 Steindr. gr. 8. Nürnb. 826. Riegel u. W. 8 gr

— mathemat.-crit. Bearbeit. d. 1n Buchs d. Elemente Euklid's. Mit 1 Kpft. gr. 8. Nürnb. 821. Riegel u. W. 9 gr

— mathemat. u. histor. Beitrr. u. Ergänzungen zu J. J. J. Hoffmann's neuester Schrift: der pythagorische Lehrsatz ꝛc. Auch u. d. T.: systemat. Zusammenstellung d. wichtigen bisher bekannten Beweise des pythagorischen Lehrsatzes. Mit 1 Kpft. gr. 8. Nürnb. 819. (v. Ebner). 20 gr

— — mathemat. u. historische Beyträge u. Ergänzungen zu J. J. J. Hoffmann's neuester Schrift: der pythagorische Lehrsatz ꝛc. — Auch unter dem Titel: systemat. Zusammenstellung der wichtigen bisher bekannten Beweise des pythagorischen Lehrsatzes. Mit 1 Kpfrt. gr. 8. Nürnberg, Lechner. 819.

— neue Beitr. zu d. Parallellinien-Theorie, den Beweisen der pythagoräischen Zahlendreiecke. Mit 1 Kpft. 8. Augsb. 826. v. Jenisch u. St. 8 gr

— s. Beschreibung d. Merkwürdigkeiten.

— auserles. mathemat. Bibliothek, od. alphabet. u. wissenschaftl. Verzeichniß d. besten arithmet. algebr., geometr., trigonometr., geodät., mechan., opt., astronom., geograph., gnomon., chronolog., architecton. u. militär. alt. u. neuen bis 1820 herausgekomm. Schriften. gr. 8. Nürnb. 821. (v. Ebner). 1 ₰ 8 gr

— — auserles. mathemat. Bibliothek, oder alphabet. u. wissenschaftl. Verzeichniß der besten arithmet., algebr., geometr., trigonometr., geodät., mechan., opt., astronom., geograph., gnomon., chronolog., architekton., und militair. alten u. neuen bis 1820 herausgekommn. Schriften. gr. 8. Nürnberg, Lechner. 821.

Müller, J. Wolfg., Einl. z. Erkennt. u. Gebr. d. Erd- u. Himmelskugeln, m. ill. K. gr. 8. Nürnb. Monath u. K. 801.

— — — Nachtrag dazu. gr. 8. Ebend. 805.

— Commentar üb. 2 dunkle mathem. St. im Plato. 8. Nürnberg, Pech. 797.

— Commentar üb. 2 dunkle mathemat. Stellen in Plato's Schr., wovon die e. im Theätet u. die andere im Meno vorkommt. Mit 1 Kpft. 8. Nürnb. 797. (v. Seidel u. Sulzb.) 8 gr

— Repertorium d. mathemat. Literatur, in alphabet. Ordnung, 1r—3r Thl. gr. 8. Augsb. 822—25. v. Jenisch u. St. (1r u. 2r à 16 gr 3r 9 gr) 1 ₰ 17 gr

— vollständ. System d. Rechenkunst. 1r Thl. (enth. reine Arithmetik.) Mit 1 Kpf. gr. 8. Nürnb. 802. (Sulzb., v. Seidel). 1 ∦ 18 ℊℊ 2r Thl. Oekonom. u. merkantil. Arithmetik. Ebd. 821. 2 ∦

Müller, J. W.: „Vollständiges System der Rechenkunst", 2. Teil: „Oekonomische und mercantilische Mathematik", Sulzbach 1820 (Seidel).

— ausführl. revidirte Theorie d. Parallellinien. Mit 1 Kpftaf. gr. 8. Nürnb. 819. (v. Ebner). 12 ℊℊ

— — ausführlich revidirte Theorie d. Parallellinien. Mit 1 Kupfert. gr. 8. Nürnberg, Lechner. 819.

— gemeinfaßl. Unterricht, d. Inhalt cirkelrunder u. ovaler Fässer ꝛc. durch bloße Addition ꝛc. in baierschen Eimern zu berechnen. 1s—3s Hft. 8. Augsb. 820. v. Jenisch u. Stage. 16 ℊℊ

— Nachtrag od. 4s Heft zu dem gemeinfaßl. Unterricht, den Inhalt der Fässer u. anderer Gefäße auf eine sehr leichte, einfache, u. dennoch richtige Art zu berechnen. 8. Augsb. 822, v. Jenisch u. Stage. Rthlr.

Müller (J. W.), Systematische Zusammenstellung der wichtigsten, bisher unbekannten Beweise des Pythagoräischen Lehrsatzes. Nürnberg 1819. 8.

[J.] Erinnerungen an Albert v. Hermann. Von Johanna Müller geb. v. Hermann. *Wien: A. Hölder 1896.* (88 S., 1 Portr.) 1 Bd 8. (96. 3336

Müller, Johanna (C. Förstner), für kleine Leute. Neue Märchen, Sagen u. Geschichten f. brave Kinder. 2. Aufl. 12. (80 S. m. 1 Farbendr.) Mülheim a/R. 889. Bagel. geb. n. — 50

Müller, Johannes, s.a. Müller, Johann

Müller, J[ohannes] *III*. Die Stadt Aarau. Ein Beitrag zur Heimath-Kunde. 8. Aarau 1865.

Müller, J. Der Aargau. Seine politische, Rechts- und Kulturgeschichte. Bd. 1—2. Zürich 1867—71.

Müller, J[ohannes] *III* [1824—1890]. Der Aargau. Seine politische, Rechts-, Kultur- und Sitten-Geschichte. 2 Bände. 8. Zürich, Aarau 1870—1871.

Müller, J., der Aargau. Seine politische, Rechts-, Kultur- u. Sitten-Geschichte. (In 2 Bdn. oder 8 Liefgn.) 1. Liefg. Zürich 870. Schultheß. gr. 8. (S. 1—160.) 15 *ngr.*

Müller, J., der Aargau. Seine polit., Rechts-, Kultur- u. Sittengeschichte. 2—7. (Schluß-)Lfg. gr. 8. (1. Bd. S. 161—620 u. 2. Bd. 423 S.) Zürich 872. Schultheß. à 1. 50

Müller, Johs., s.: Abhandlungen, Würzburger, aus dem Gesamtgebiet der praktischen Medizin.

Mueller, Johs. (II.), über Alterthümer des ostindischen Archipels, s.a. Brumund und v. Hoevell.

Mueller, Johannes, Ueber Alterthuemer des Ostindischen Archipels insbesondere die Hindu-Alterthuemer und Tempelruinen auf Java, Madura und Bali, nach Mittheilungen Brumunds und v. Hoevells aus dem Hollaendischen bearbeitet. Berlin 1859.

Müller, Johannes: Ueber Alterthümer des Ostindischen Archipels, insbesondere die Hindu-Alterthümer und Tempelruinen auf Java, Madura und Bali. Nach Mittheilungen Brumunds und v. Hoevells aus dem Holländischen bearbeitet. Mit 21 Kunst-Beilagen. 2. Auflage. Berlin 1865. VII, 102 S. 8°.

Müller, Johannes [aus Sangerhausen, Prov. Sachsen]: Zur Anatomie des Chimpansegehirns .... (Aus d. Arch. f. Anthropol. Bd. XVII.) Braunschweig, Druck ... v. Friedrich Vieweg u. Sohn, 1887; 1 Bl. + S. 173—187 u. 2 Taf. 4°
Freiburg i. B., Med. Fak., Inaug.-Diss. v. 22. Jul. 1886

Müller, Johs. (I.), vergleich. Anatomie d. Myxinoiden, d. Cyclostomen mit durchbohrtem Gaumen. 1. Thl. Osteologie u. Myologie. Vorgetr. in d. k. Akad. d. Wissensch. zu Berlin im J. 1834, mit einigen neueren Zusätzen. gr. Fol. (69½ B. u. 9 Kpfrt.) Berlin 835, (Dümmler.) *

Hieran schliessen sich:

Forts. (1.) Dess., üb. d. eigenthüml. Bau d. Gehörorganes bei d. Cyclostomen, mit Bemerkn. üb. d. ungleiche Ausbild. d. Sinnesorgane bei d. Myxinoiden. Vorgetr. in d. k. Akad d. Wissensch. zu Berlin im J. 1836. Fol. (9 B. u. 3 Kpfrt. (Ebds.) 838. * 1 Thlr.

(2.) Dess., vergleich. Neurologie d. Myxinoiden. Vorgetr in d. k. Akad. d. Wissensch. zu Berlin am 15. Febr. 1838 Fol. (10½ B. u. 4 Kpfrt.) (Ebds.) 840. * 2 Thlr.

(3.) Dess., üb. d. Gefässsystem. Geles. in d. k. Akad. d Wissensch. am 11. Nov. u. 9. Dec. 1839, u. 11. Febr. 1841 gr. Fol. (33 B. u. 5 Kpfrt.) (Ebds.) 841. * 2 Thlr. 16 Gr

— s. Anmerkungen über die ... k. preußische Erklärung in betreff des zu Basel den 5. April geschlossenen Friedens ...

v. Müller, Jh. VII., Edler v. Sylvelden, († d. 29. Mai 1809.) Antrittsrede; nebst e. Anzeige sr. Vorlesungen. 4. Cassel 781.

—— Archiv f. Anatomie etc., s. Archiv.

— Armenerziehungs-Anstalten, siehe: *J. Wellauer.*

—— üb. Arsenik-Vergiftung, s. Herrenkohl, F. G.

[Müller, Johannes von.] Attila, der Held des fünften Jahrhunderts. 3. Aufl. 8. Berlin 1806.

Müller, Johs., die Aufgabe der ev.-luth. Christenheit gegenüber den Juden der Heimat. Vortrag, geh. auf der VI. allgemeinen luther. Konferenz in Hannover. [Aus: „Saat auf Hoffng."] gr. 8. (16 S.) Leipzig 891. Verlag der Akadem. Buchh. (W. Faber). n. — 30

Müller, Johs. (IV.), Aufgaben aus klassischen Dichtern und Schriftstellern zu deutschen Aufsätzen und Vorträgen in den oberen Klassen höherer Lehranstalten. Aus Berliner Programmen zusammengestellt und systemat. geordnet. gr. 8. (VI, 146 S.) Berlin 887, Gaertner's Verlag. *

Müller, Johs., Aufgaben aus klassischen Dichtern u. Schriftstellern zu deutschen Aufsätzen u. Vorträgen in höh. Lehranstalten. Aus Berliner Programmen zusammengestellt u. systematisch geordnet. 2., bedeutend verm. Aufl. gr. 8. (VIII, 244 S.) Berlin 901. [R. Gaertner.] Weidmann. n. 3. —; geb. n. 3. 40

Müller, Joh. Ausbeute von Borgoforte. 8. (Wien) 1796.

Müller, Johannes, Tierarzt in München: Ueber die Ausscheidung virulenter Hühnercholera-Bakterien bei durchseuchten Tieren. ⟨Aus der Seuchen-Versuchsstation der Tierärztlichen Hochschule zu München. Professor Kitt.⟩ Stuttgart 1910. II + 31 S. 8°. S.-A. aus „Monatshefte für praktische Tierheilkunde". Band 21. [10. XII. 09.]
Bern. Vet.-med. Diss. 1909/10.

Müller, Johannes. Über die Ausscheidung virulenter Hühnercholera-Bakterien bei durchseuchten Tieren. ⟨Aus der Seuchen-Versuchsstation der Tierärztlichen Hochschule zu München....⟩ Diss. Vet.-Med. Bern. Sonderabdruck aus »Monatshefte für praktische Tierheilkunde«. Band 21. II + 31 S. 8. Stuttgart, Union Deutsche Verlagsgesellschaft, 1910.

Müller, Johs., die Auswahl des Lesebuchstoffes. Ein Wort an alle Erzieher unserer deutschen Jugend. 8. (40 S.) Plauen 878. Neupert. n. — 50

Müller Edler von Sylvelden, Johann von. Der Geschichten Schweizerischer Eidgenossenschaft wörtlicher Auszug . . . Luzern 1828. H: *Kopp, Jos. Eutych.* (Ky)

—— der Geschichten Schweizerischer Eidgenossenschaft wörtl. Auszug f. Schulen u. Liebhaber. (Hrsg. v. E. Kopp.) gr. 8. (36½ B.) Lucern 828, Anich.
Kann als eine 2., erweiterte Aufl. v. Frz. R. Crauer's „Hauptepochen d. Schweizerischen Geschichte" betrachtet werden.

Müller, Johann[es] von. Auszüge aus den frühesten Briefen Johanns von M' an seinen ältesten Freund in der Schweitz [Hans Heinrich Füssli]. [A.] 8. [Zürich 1811.]

Müller, Joh. Ueber den Bau der Echinodermen. (Aus Müller's Archiv.) Berlin 1853. 8.

Müller, Joh., (in Berlin), über den Bau der Echinodermen. Vorgetragen in der K. Akad. d. W. zu Berlin am 26. Mai, 9. Juni u. 18. Juli 1853. Mit 9 Kpfrtaf. Berlin 854. Dümmler's Verlhdlg. gr. 4. (100 S.) n. 2 ₰.

—— über d. eigenthüml. Bau d. Gehörorganes b. d. Cyclostomen, s.a. Dess., vergleich. Anatomie, 1. Forts.

— über den eigenthüml. Bau des Gehörorganes bei den Cyklostomen, mit Bemerkk. über die ungleiche Ausbildung der Sinnesorgane bei den Myxinoiden. Fortsetzung der vergleich. Anatomie der Myxinoiden. Mit 3 Kpfrtaf. Fol. Berlin 838. (Dümmler.) n. 1 ₰

—— über d. feinen Bau u. d. Formen d. krankhaften Geschwülste. In 2 Lfg. — 1. Lfg. gr. Fol. (B. 1—15. Kpfrt. 1—4.) Berlin 838, Geo. Reimer. •

Müller, Johannes: Ueber den feineren Bau und die Formen der krankhaften Geschwülste. Lfg 1. Berlin 1838. 2⁰

Müller, Johs. (I.), über den Bau u. die Grenzen d. Ganoiden u. üb. das natürliche System d. Fische. Gelesen in d. k. Akad. d. Wissenschaften am 12. Dec. 1844. gr. Fol. (25½ B. u. 6 Kpfrt.) Berlin 846. (Dümmler, Verl.) Thlr. *

—— über den Bau u. die Lebenserscheinungen des Branchiostoma lubricum Costa, Amphioxus lanceolatus Yarrel. Gelesen in der k. Akademie der Wissenschaften zu Berlin am 6. Decbr. 1841. Imp.-4. (5 B. u. 5 Kpfrt.) Berlin 844. (Dümmler, Verl.) *

— über den Bau des Pentacrinus caput Medusae. Gelesen in der Königl. Akademie der Wissenschaften zu Berlin am 30. April 1840 u. am 13. Mai 1841. Mit 6 Kupfertafeln. Roy.-Fol. Berlin 843. (Dümmler.) n. 2⅔ ₰
19 B.

Müller, Johs., Bausteine f. persönliche Kultur. 1.—3. Stück. 8. München, C. H. Beck. Kart. à 1. 25
1. Das Problem des Menschen. (III, 123 S.) 908.
2. Persönliches Leben. (III, 110 S.) 908.
3. Das Ziel. Zur Verständigg. f. die Suchenden v. heute. (III, 80 S.) 908.

Müller, Johannes: Der Begriff der sittlichen Unvollkommenheit bei Descartes und Spinoza. . . . Leipzig, akad. Buchh. (W. Faber), 1890; 61 + 1 S. 8⁰
Leipzig, Phil. Fak., Inaug.-Diss. v. 19. März 1890

Müller, Johs., der Begriff d. sittlichen Unvollkommenheit bei Descartes u. Spinoza. gr. 8. (61 S.) Leipzig 890. Akad. Buchhandlg. (W. Faber). n. 2. —

Müller, Johannes, Assistenzarzt im Gren.-Reg. König Friedrich II. (3. Ostpr.) No 4 aus Magdeburg: Kasuistischer Beitrag zur Lehre von der Pseudologia phantastica. *Berlin (1901): G. Schade.* (32 S.) 8°
Berlin, Med. Diss. v. 8. März 1901

Müller, Johannes [aus Offenbach a. M.]: Beitrag zur Kenntniss der Influenza. Nach d. selbstgemachten Erfahrgn aus d. Epidemien 1891/92 u. 93/94 im Stadt- u. Landkreise Offenbach ... Würzburg, Becker's Univ.-Buchdr., 1894; 1 Bl., 5—35 S. 8.
Würzburg, Med. Fak., Inaug.-Diss. v. 1894

Müller, *Carl Philipp* Johannes [Oberl. z. D.]: Beiträge zur Anatomie holziger und succulenter Compositen. M. 4 Taf. Berlin: R. Friedländer 1893. 2 Bl., 42 S., 1 Bl., 4 Taf. 8⁰
Göttingen, Phil. Fak., Inaug.-Diss. v. [27. Apr.] 1893

Müller, Johs., Beiträge zur Anatomie holziger u. succulenter Compositen. Diss. gr. 8. (42 S. m. 4 Taf.) Berlin 893. R. Friedländer & Sohn. n. 3. —

Müller, Johannes, in Tanger ⟨Marokko⟩: Beiträge zur Erklärung und Kritik des Buches Tobit. Leipzig 1907: W. Drugulin. (53 S.) 8°
Göttingen, Phil. Fak., Ref. Smend, Diss. v. 17. Aug. 1907
[Geb. 12. Aug. 83 Kleinenkneten b. Wildeshausen; Wohnort: Göttingen; Staatsangeh.: Oldenburg; Vorbildung: Gymn. Jever Reife O. 02; Studium: Göttingen 3, Berlin 1, Tübingen 1, Berlin 1, Göttingen 3 S.; Rig. 30. Juli 07.]

Müller, Johs., Beiträge zur Erklärung u. Kritik des Buches Tobit, s. a. Zeitschrift f. die alttestamentliche Wissenschaft. 18. Beiheft.

Beiträge zur Erklärung und Kritik des Buches Tobit von Johannes **Müller** (in Tanger). Gießen: A. Töpelmann 1908. (53 S.) 8°
= **Zeitschrift** f. d. alttestamentl. Wissenschaft. Beih. 13, [1.] 08. 0189

Müller, Johs., Beleuchtung der Dr. Casper'schen Abhandlung uber Vergiftung durch Colchicum, Rosgens auf Colchicin, vom medizinisch-chem. u. gerichtlich-medizin. Standpunkte. Berlin 855. Logier in Comm. gr. 8. (35 S.) n. 8 ngr.

– s. Beleuchtung, Fernere, des zu Basel 1795 geschlossenen Friedens ...

— bellum Cimbricum, libri duo. 8maj. Zürich 772. Orell. 6 gr

Müller, J. Bemerkung über die Fussknochen des fossilen Gürtelthieres. Glyptodon clavipes Ow. (Aus den Schriften d. k. Akad.) Berlin. 1849. 4.

Müller, Johs., die Bergpredigt verdeutscht u. vergegenwärtigt. 1. Zehntauf. (VIII, 356 S.) 8. München 906. C. H. Beck. n. 3. —; kart. n. 4. —; geb. in Ldr. n. 5. 50

— **Die Bergpredigt, verdeutscht u. vergegenwärtigt.** 2. u. 3. Aufl. 11.—20. Tauf. (VIII, 346 S.) 8. Ebd. 908. 11. 3.—; geb. in Leinw. 4.—; in Ldr. 5. 50

Müller, Johs., der Beruf u. die Stellung der Frau. Ein Buch f. Männer u. Frauen, Verheiratete u. Ledige, alt u. jung. Mit Buchschmuck v. Marianne Fiedler. gr. 8. (160 S.) Leipzig 902. Verlag d. grünen Blätter. n. 2. —

Der Beruf und die Stellung der Frau. Ein Buch f. Männer u. Frauen, Verheiratete u. Ledige, alt u. jung von Johannes **Müller**. Mit Buchschmuck von Marianne Fiedler. 2. durchges. u. erg. Aufl. *Leipzig: Grüne Blätter 1903.* (169 S.) 8° [F.] 03. 9798

— **Beruf** u. Stellung der Frau. Ein Buch f Männer, Mädchen u. Mütter. Mit Buchschmuck von Marianne Fiedler. 3. durchgeseh. u. um ein Kapitel verm. Aufl. 11.—15. Taus. (III, 238 S.) 8. Ebd. 906. n. 2.—; geb. in Leinw. n. 3.—; in Ldr. n.n. 4. 50

— **Beruf** u. Stellung der Frau. Ein Buch f. Männer, Mädchen u. Mütter. Mit Buchschmuck v. Marianne Fiedler. 4. durchgeseh. Aufl. 16.—20. Taus. (V, 238 S.) 8. Ebd. 908. 2.—; geb, in Leinw. 3.—; in Ldr. n 4. 50

— Berufsbildung des weiblichen Geschlechtes. 8⁰. Lenzburg 1873.

Müller. Johannes: Geognostisch-botanische Beschreibung des Fürstenthums Waldeck und der zum Königlich Preussischen Regierungsbezirk Arnsberg gehörigen Kreise Brilon, Meschede und Wittgenstein. Bd. I. Paderborn (1841). XC, 453 S. 8°.

—— **Beschreibung** der Insel Java nach den Berichten R. J. L. Kussendragers und andern neuen Quellen aus dem Holländ. frei bearb. Lex.-8. (IV und 287 S. mit 17 lithogr. Abbild. in Tondr., wovon 8 ill. und 1 lithogr., nebst 1 ill. Karte in qu. 4.) Berlin 860, [Akademische Buchh.] Thlr. *

—— **Beschreibung** der Insel Java nach den Berichten R. J. L. Kussendragers und andern neuen Quellen aus dem Holländ. frei bearb. 2. (Titel-)Aufl. Lex.-8. (IV und 287 S. mit 17 lithogr. Abbild. in Tondr., wovon 8 ill., und 1 lithogr. und ill. Karte in qu. 4.) Berlin (860)65, Academische Buchh. *

Müller J. u. **Henle** J.: Systematische Beschreibung der Plagiostomen. Berl. 1841. (10) 200 S. 60 Tvl. (53 kol.). Fol.

—— und J. Henle, systemat. Beschreib. d. Plagiostomen. (In 3 Lfgn.) gr. Fol. (50 B., 52 ill. u. 8 schw. Stnt.) Berlin 838—41, Veit u. Comp. [1. * 3⅓ Thlr., 2. * 13⅓ Thlr., 3. * 15⅓ Thlr.] *

— u. J. **Henle**, systematische Beschreibung der Plagiostomen. 3. Liefg. (Schluß. Enthält Titelbogen, Vorrede, Verzeichniß der beschriebenen u. abgebildeten Arten, Bogen a—f; den ganzen Text der Rajae. Nachträge. Dd—Eee; einen Cartonbogen statt des Bogens E der 1. Liefg., u. 27 Steindrucktaf., wovon 22 sauber illum. sind.) Fol. Berlin 841, Veit u. Comp. n. 15⅓ Rthl (1—3: n. 32 Rthl)

Müller, Jh. III., Bildungsgeschichte der Genitalien, aus anatom. Untersuchungen an Embryonen des Menschen u. d. Thiere, nebst e. Anhang über die chirurg. Behandl. der Hypospadia. Mit 4 Kpft. gr. 4. Düsseld. 830. Arnz u. C. 2 Rthl 12 gr
XVIII, 152 S.

Müller, Johs., s. a. **Blätter** z. Pflege persönlichen Lebens.

Blätter zur Pflege persönlichen Lebens hrsg. von Dr. Johannes **Müller**. (Mitarb.: Heinrich Lhotzky.) 3. Aufl. 1. öffentl. Ausg. Bd 1. *Leipzig: Grüne Blätter 1902.* 8° [F.] [… 10

Müller, Johannes von *s.* **Bonstetten**, Carl [Victor] von . ... Briefe über ein Schweizer Hirtenland. Bern 1793

Müller, J., **Briefe** an Bonstetten, s. **Briefe** e. jungen Gel. an s. Fr.

— s. **Briefe** zweener Domherren.

Müller, Johann[es von]. Johann Müller's Briefe an seinen ältesten Freund in der Schweiz [Hans Heinrich Füssli]. Geschrieben in den Jahren 1771. bis 1807. Hrg. von J. H. Füssli. 8. Zürich 1812.

Müller, Joh. von, **Briefe** an seinen ältesten Freund in d. Schweiz; geschrieben in den Jahren 1771—807. Herausgeg. von J. H. Füßli. gr. 8. Zürich, Orell u. Comp. 813. Druckp. Velinp.

— s. a. **Briefe** eines jungen Gelehrten an seinen Freund.

Briefe eines jungen Gelehrten an seinen Freund ... Tübingen 1802. V: *Müller, Johannes von.* H: *Brun, Friederike Sophie Christiane.* (Ky) (BrMm) (JL)

[**Müller**, Johannes von.] Briefe eines jungen Gelehrten an seinen Freund [Carl Victor von Bonstetten]. Zum Besten der Schweitzerwaisen hrg. ([von] Fr[iederike] Brün geb. Münter). 8. Tübingen 1802.

— s. **Briefe** zwischen Gleim, Wilhelm Heinse und Joh. von Müller.

Müller, Johs. v., Briefe an K. Morgenstern, s. **Cordt**, Benj.

Briefe von Johannes **Müller** an Anders Retzius von d. Jahre 1830 bis 1857. (Hrsg.: Gustaf Retzius.) *Stockholm 1900: Aftonbladet.* (II, 84 S.) 4°(8°) [… 9

— **Briefwechsel** zwischen Gentz und Johannes von Müller, s. **Gentz**, Friedrich von

Müller, Joh. v., s.: **Briefwechsel**, der, der Brüder J. Geo. M. u. J. v. M.

Müller, J[ohannes] *III.* Das Capitel Brugg-Lenzburg, dargestellt aus den Akten seines Archivs. Ein Beitrag zur Kultur- und Sittengeschichte. ([Mit] Anhang: Zwei Briefe Martin Luthers und eine Antwort darauf.) 8. Lenzburg 1868.

Müller, Johs. v., vierundzwanzig Bücher allgemeiner Geschichten, s. a. **Volksbibliothek**, deutsche.

— 24 Bücher d. allgem. Geschichte rc.; herausgg. nach d. Verf. Tode von Jh. Geo. Müller. 2 Thle. gr. 8. Stuttg. 810. 2e A. 811. 3e A. 3 Thle. 817. 4 Rthl 12 gr Velinp. 5 Rthl 8 gr 4e A. gr. 8. Ebd. 828. v. Cotta. 4 Rthl 12 gr Velp. 5 Rthl 20 gr

Müller, Johannes von. Vier und zwanzig Bücher Allgemeiner Geschichten, besonders der Europäischen Menschheit. Durch J' von M'. 1797. Hrg. nach des Verfassers Tode durch dessen Bruder Johann Georg Müller. 3 Bände. 8.
[1. Aufl.] Tübingen 1810.
2. Aufl. Tübingen 1811.
3. Aufl. Tübingen (*Band 2 u. 3:* Stuttgardt und T') 1817.

Müller, Joh. v., Vierundzwanzig Bücher allgem. Geschichte besonders der europ. Menschheit. Herausgeg. nach des Verfassers Tode durch dessen Bruder J. G. Müller. 3. Aufl. Tübingen und Stuttgart 1817. 3 Bde. 8⁰.

—— 24 Bücher Allgem. Geschichten, besond. d. europ. Menschheit. Hrsg. nach d. Verf. Tode (†29. Mai 1809.) durch dess. Bruder J. G. Müller. 3 Bde. 4. Aufl. gr. 8. (104¼ B.) Stuttgart 828, Cotta. 4 Thlr. 12 Gr., wß. Pap.

Müller, Johs. v., vier u. zwanzig Bücher allgem. Geschichten, besond. d. europä. Menschheit. (Hrsg. v. Joh. Geo. Müller. — Neue Ausg. in 1 Bde. Lex.-8. (39¾ B. u. M's. Portr.) Stuttgart u. Tübingen 839, Cotta'sche Buchh. *

—— Supplement hierzu, s. **Briefe** an Johs. v. Müller.

Müller, Johannes v. (1752—1809), 24 Bücher allgemeiner Geschichten, besonders der europäischen Menschheit. (Hrsg. v. *Joh. Geo. Müller.*) Mit Porträt d. Verf. (in Stahlstich). Stuttgart u. Tübingen, Cotta, 1840. Lex. 8⁰. Hfrzb. XXVI—697 S. Schönste Ausgabe. — Ed. I. ib. 1810. 8°. II. (Zuerst in Genf im J. 1779 in Vorlesungen vorgetragen.)

Müller, Joh. v., vierundzwanzig Bücher allgemeiner Geschichten besonders der europäischen Menschheit. (Taschen-Ausgabe.) 4 Bde. 16. (90¼ B.) Stuttgart 845, Cotta'sche Buchh.

v. Müller, Johs., († d. 29. Mai 1809), vierundzwanzig Bücher allgemeiner Geschichten besonders der europäischen Menschheit. 4 Bde. (Neue Ausg.) gr. 16. (XLVI u. 1286 S.) Stuttgart 852, Cotta. 2 ℛ

—, Dasselbe. 4 Bde. (in 2). Ibid. 1861. Kl. 12°. Hlwdbde.
1: XXIV—291 S. 2: VIII—299 S. 3: VIII—396 S. 4: VI—395 S. Diese Taschen-Ausgabe erschien zuerst ebd. 1852 — S. auch Nr. 1928.

Müller, Johannes (Mitarb.):

s.: Burdach, Karl Friedrich: Die Physiologie als Erfahrungswissenschaft. Bd 4. Leipzig: 1832

JB 1.041

•Müller, Johannes [Adam Friedrich]: Zur Charakteristik der Wiltenainschen Norica-Sammlung im Kgl. Realgymnasium Nürnberg. 24 S. 8. Progr. K. Bayer. Realgymn. *Nürnberg* 1905.
I. Die Nürnberger Geschichtschreibung im Zeitalter der Reformation und Gegenreformation. II. Die Nürnberger Geschichtschreibung im polyhistorischen Zeitalter. III. Die Nürnberger Geschichtschreibung im Aufklärungs- und Revolutionszeitalter. IV. Die Nürnberger Geschichtschreibung des H. R. Reiches deutscher Nation bis zur Aufrichtung des neuen deutschen Reiches.

Müller, Johs., d. persönliche Christentum der paulin. Gemeinden nach seiner Entstehg. untersucht. 1. Tl. gr. 8. (807 S.) Leipzig 898. J. C. Hinrichs' Verl. n. 6.—; geb. in Leinw. n. 7.—

Müller, Joh. v., Christus ist die geistige Sonne der Menschheit. Christliche Bekenntnisse. Bern 868. Mann. 16. (48 S.) 3 ngr.

Müller, Joh., (in Berlin), über die Gattung Comatula Lam. u. ihre Arten. Gelesen in der K. Akademie der Wissenschaften zu Berlin, am 13. Mai 1841 u. 8. Juni 1846. — Bemerkung über die Fussknochen des fossilen Gürtelthiers, Glyptodon clavipes Ow. Gelesen in der K. Akademie der Wissenschaften zu Berlin, am 8. Juni 1846. Mit 2 Kpfrtaf. gr. 4. (31 S.) Berlin 849, Dümmler in Comm. n. 1 ℛ

– s.a. Darstellung des Fürstenbundes.

[Müller, Johannes von.] Darstellung des Fürstenbundes. 8. Leipzig 1787.

Müller, Johannes: Über die Diffusion des Ammoniaks durch Wasser und durch Alkohol. . . . Leipzig, J. A. Barth, 1891; 32 S., 1 Taf. 8°
Erlangen, Phil. Fak., Inaug.-Diss. v. 1891

— über neue Echinodermen des Eifeler Kalkes. Aus d. Abhdlgn. d. k. Akad. d. W. zu Berlin 1856. Mit 4 Kpfrtaf. Berlin 857. Dümmler's Verlhdlg. in Comm. gr. 4. (27 S.) n. 1 ℛ.

Müller, Johannes: Die eigenthümlichen Eigenschaften der arabischen Pferde. vom Emir Abd-el-Kader. Halle 1868. IV. 16 S. 8°.

– s. Empfehlungsrecht. – Über das kaiserliche Empfehlungs- und Ausschließungsrecht bei deutschen Bischofswahlen.

(Müller, [Johannes V: 1830–1905].) Zur Erinnerung an † (Johann) Friedrich Krafft, Pfarrhelfer von Brugg, geb. 13. Juni 1811. gest. 29. März 1882 . . . . (Personalien ... zu Brugg bei der Beerdigung am 1. April 1882 gesprochen.) 8. Aarau.

– s. Essai historique.

– s.a. Essais historiques.

Müller, J. de, Essais historiques. 8. Berlin, Rottmann 771. Rthlr.

M[üller], J[ohannes von]. Essais historiques. Par M. J*** M*****, Prof. à S********* [= Schafhouse]. Contenant 1. Vue générale de l'Histoire politique de l'Europe dans le moyen âge. 2. Considérations sur le Gouvernement de Berne. 3. Tableau des troubles de la République de Geneve, depuis leur origine jusqu'à nos jours. 8. Berlin 1781.

— d. Evangelisation unt. d. Entkirchlichten. Nach Beobachtgn. u. Erfahrgn. gr. 8. (VI, 110 S.) Ebd. 895. n. 1.80

Müller, Johannes Carl Hermann [aus Pommern]: Ein Fall von spontaner Uterusruptur. . . . Greifswald, Druck v. J. Abel, 1891; 32 S. 8°
Greifswald, Med. Fak., Inaug.-Diss. v. 11. Mai 1891

Müller, Johannes [aus Kowno in Russland]: Zwei Fälle von Actinomycose und Carcinom nebst einigen andern Beiträgen zur Casuistik der menschlichen Actinomycose ... Berlin 1888: Schade. 30 S., 1 Bl. 8°
Berlin, Med. Fak., Inaug.-Diss. v. 23. Jun. 1888

Müller, Johannes *III* s. Feer, Gustav. und Müller, Johannes *III*.

Müller, J. Fossile Fische, gesammelt während Middendorf's Sibirischer Reise. (Aus Middendorf's Sibirischer Reise. Vol. I.) 4.

Müller, Johannes, approb. Arzt aus Großgoerschen: Ueber eine eigenartige Form mechanischer Behinderung der Wendung auf den Fuß durch eine untere Extremität. *Halle a. S. 1903: Plötz.* (30 S.) 8°
Halle, Med. Diss. v. 26. März 1903

Müller, Johannes (Herrm. August) (geb. Spandau 17. 4. 1855): Ueber Fremdkörper im Gehörorgan. Berlin (1880). (43 S.) 8°
Berlin, Med. Diss. v. 28. Juli 1880

[F.] Führer durch den Königsberger Thiergarten. (Von Dr. J[ohannes] Müller.) M. 1 Pl. . . . *Königsberg i. Pr.: Verl. d. Königsb. Thiergarten-Vereins 1897.* (IV, 216 S., 1 Pl.) 1 Bd 8. [98. 9331 Ko

Müller, Johs., die Gallensteinkrankheit u. ihre Behandlung, s.: Abhandlungen, Würzburger, aus dem Gesamtgebiet der prakt. Medizin. I. 2.

– s. Gallitzin, Adelheid Amalia von: Mitteilungen aus dem Tagebuch ...

— über die Gattungen der Seeigellarven. 7. Abhandlung über die Metamorphose der Echinodermen. Vorgetragen in d. K. Akad. d. W. zu Berlin am 17. Novbr. 1853. Mit 9 Kpfrtaf. Berlin 855. Dümmler's Verlhdlg. gr. 4. (55 S.) n. 2 ℛ.

Müller, Johs., Gedächtnisrede auf Fritz Bischoff. — Gedächtnisrede auf Karl Kempf, s.: Zur Geschichte des Friedrichs-Gymnasiums (in Berlin).

Müller, Johs. v., Gedächtnißrede auf Friedrich den Großen, s.: Aus großer Zeit.

Müller, Joh. (I.), Gedächtnissrede auf Carl Asm. Rudolphi. In d. öffentl. Sitz. d. k. Akad. d. Wissensch. zu Berlin v. 6. Aug. 1835 gelesen. gr. 4. (3 B.) Berlin 837, (Dümmler.)

Müller, Johs., Gedichte. 2. Aufl. Hamburg 853. Heller. 16. (VIII, 118 S.) n. 20 ngr.

Müller, Johannes, aus Schköben (Sachsen-Altenburg): Die Gedichte des Guillem Augier Novella, eines provenzalischen Trobadors aus dem Anfange des XIII. Jahrhunderts, herausgegeben. *Halle a. S.: M. Niemeyer 1898.* (32 S.) 8°
Halle, Phil. Diss. v. 1898

—— Gedichte im schwäbischen Dialekt. 3. (Titel-)Aufl. 16. (96 S.) Memmingen 856, Besemfelder'sche Buchh. *

– s. Gefahren, Die, der Zeit.

—— über d. Gefässsystem (der Myxinoiden), s. Dess., vergleich. Anatomie, 3. Forts.

Müller, Johs. (II.), die sieben Geheimnisse der Evangelien u. der Apokalypse od. Architektonik d. wahren Christenthums. Als vollständ. Beweis, daß die neueren Kritiker die heil. Schrift nicht verstanden haben. 8. (10½ B.) Winterthur 845, (Literar. Comptoir.)

Müller, Johs. (II.), Geist d. Geschichte d. neuern Zeit. 1. Lfg. gr. 8. (6¼ B.) Zürich 836, Siegfried.

– Geschichte der schweizerischen Eidgenossenschaft, s. Müller: Geschichten schweizerischer Eidgenossenschaft.

Müller, Joh. von, Ueber die Geschichte Friedrichs des Zweyten. Eine Vorlesung in der öffentl. Sitzung der K. Akad. d. Wissensch. zu Berlin am 24. Jan. 1805. Berlin: Sander 1805. 8°

Müller, J. v., Ueber die Geschichte Friedrichs II. Berlin 1805. (Wien, Kubasta u. Voigt.)

Müller, Johannes: Zur Geschichte der Provinzialschule in Saalfeld, Ostpreussen. *Osterode, Ostpr. 1898: F. Albrecht.* (50 S.) 8° [F.]
Osterode in Ostpr., st. G, OP 1898 (13)

– Die Geschichte der Schweizer, s. Müller: Die Geschichten der Schweizer.

– Allgemeine Geschichten ..., s. Müller: 24 Bücher allgemeiner Geschichten ...

Müller, Johannes v., churfürstl. mainz. Hofrath und Bibliothekarius. Geschichten schweizerischer Eidgenossenschaft. Fortgesetzt von Robert Glutz-Blotzheim, J. J. Hottinger, L. Vulliemin und K. Monnard. (11 Bde. und Registerbd., in 14 Bde. geb.)
8. Leipzig und Zürich 1786—1847.

— Geschichte d. Schweizerischen Eidgenossenschaft. 1s—3s Buch. 1e u. 2e Abtheil. gr. 8. Leipz. 786—95. N. Aufl. 806. 4r u. 5r Bd. 1e Abtheil. 808. N. A. 1r—5r Bd. 1e Abtheil. gr. 8. Ebd. 826. Weidmann. 8 ₰ 16 gr. Fein Pap. 12 ₰ Velinp. 16 ₰ — 5n Bdes 2e Abtheil. A. u. d. T.: Glutz-Blotzheim, R., Gesch. vom Tode Waldmanns bis zum ewigen Frieden mit Frankreich, (1489—1816). gr. 8. Zürich 816. Orell. 2 ₰ 12 gr — 6r u. 7r Thl. A. u. d. T.: J. J. Hottinger, Geschichte d. Eidgenossen während d. Zeiten d. Kirchentrennung. 1e u. 2e Abtheil. gr. 8. Ebd. 825—29. 4 ₰ 16 gr

Müller, Johannes von. Der Geschichten schweizerischer Eidgenossenschaft 5 Theile. Durch Johannes (**Theil 4 und 5:* Johann von) Müller. 8. Leipzig 1786–1808.
Buch 1 = Theil 1. Von dem Anbau des Landes. 1786.
Buch 2 = Theil 2. Von dem Aufblühen der ewigen Bånde. 1786.
Buch 3, 2 Abtheilungen = Theil 3, 2 Abtheilungen. 1788–1795.
Theil 4. Bis auf die Zeiten des Burgundischen Kriegs. 1805.
Theil 5, Abtheilung 1. [Bis 1489.] 1808.

Müller, Johannes von. Der Geschichten schweizerischer Eidgenossenschaft Buch 1–4. Durch J' (**Buch 4:* Johann von) Müller. Theil 1–16. 8. Frankenthal.
Buch 1 = Theil 1–3. 1790. — Theil 1 *a. u. d. T.:* Sammlung der Besten Schriftsteller, welche die Geschichte ... der Völker ... abgehandlet haben. Band 60: Müllers Geschichte der schweizerischen Eidgenossenschaft. Band 1.
Buch 2 = Theil 4–7. 1790.
Buch 3, die beiden ersten Capitel = Band 8 *u.* 9. 1791.
Buch 3, Abtheilung 2 = Theil 10 *u.* 11. *o. J.*
Buch 4 = Theil 12–16. 1807 (**Theil 14–16:* Neueste Aufl. *o. J.*).

Müller, Johann(es) von. Der Geschichten Schweizerischer Eidgenossenschaft Theile 1–3 .... Neue verbesserte und vermehrte Aufl. Mit Königl. Sächs. ... Privilegio. 8. Leipzig 1806.
Theil 1 .... Mit des Verfassers Portrait [Tafel].

Müller, Johann[es] von. Der Geschichten Schweizerischer Eidgenossenschaft Theil 5, Abtheilung 1. [Titel-Ausg.] Mit Königl. Sächs. ... Privilegio. 8. Leipzig 1808.

Müller, Johann[es] von. [Der] Geschichten Schweizerischer Eidgenossenschaft [Fortsetzungen]. Theils 5 Abtheilung 2 *u.* Band 6–15. 8. Zürich 1816–1853.
Theils 5 Abtheilung 2. J' von Müller's G' Sch' E' Theils 5 Abth' 2. Von Robert Glutz-Blozheim. — *A. u. d. T.:* Geschichte der Eidgenossen vom Tode des Bürgermeisters [Hans] Waldmann bis zum ewigen Frieden mit Frankreich. Von R' G'-B'. 1816.
Band 6–7. Johann's von M' und R' Glutz Blotzheims G' Sch' E', fortgesetzt von Johann Jakob Hottinger. — *A. u. d. T.:* Geschichte der Eidgenossen während der Zeiten der Kirchentrennung, von J' J' H'. 2 Abtheilungen. 1825–1829.
Band 8–10. J' von Müller's, R. Glutz-Blotzheim's und J. J. Hottinger's G' Sch' E', fortgesetzt von L[ouis] Vulliemin (*Band 8:* mit einem Vorwort von J' J' Hottinger). — *A. u. d. T.:* Geschichte der Eidgenossen während des 16. und 17. Jahrhunderts, von L. Vulliemin. Aus dem Französischen. (*Theil 1:* Mit einem Vorwort von J' J' H'.) 3 Theile. 1842–1845.
Band 11–15. J' von Müller's, R. Glutz-Blotzheim's, J. J. Hottinger's und L. Vulliemin's G' Sch' E', fortgesetzt von K[arl] Monnard. — *A. u. d. T.:* Geschichte der Eidgenossen während des 18. und der ersten Decennien des 19. Jahrhunderts, von K. M'. Aus dem Französischen. 5 Theile. 1847–1853.

— — der schweizerischen Eidgenossenschaft. Leipz. 786–788. 3 Thle. 8. 3 rthl. 20 gr. Aufl. 2. Eb. 821. 4 Thle. 8.

Müller, Johann[es] von. Der Geschichten Schweizerischer Eidgenossenschaft 5 Theile. 8. Leipzig 1822–1826.
Theil 1 .... Neue verbesserte und vermehrte Aufl. 1825.
Theil 2 .... [Neue Aufl.] 1825.
Theil 3 .... Neue verbesserte und vermehrte Aufl. 1825.
Theil 4 .... 2. Aufl. Mit Königl. Sächs. ... Privilegio. 1822.
Theil 5 .... Neue vermehrte Aufl. 1826.

Müller, Johann[es] von. Der Geschichten Schweizerischer Eidgenossenschaft Theil 1. Von des Volks Ursprung. Neue verbesserte, wörtlich nach der Leipziger Ausgabe abgedruckte und mit einer Biographie des Verfassers vermehrte Aufl. 8. Boston [= Reutlingen?] 1823.

Müller, Johann[es] von. Der Geschichten Schweizerischer Eidgenossenschaft 5 Theile. Neue verbesserte, wörtlich nach der Leipziger Ausgabe abgedruckte und mit einer Biographie des Verfassers vermehrte Aufl. 8. Reutlingen 1824–1825.
Theil 1. Von des Volks Ursprung. ([Mit] Lebensbeschreibung ....) 1824.
Theil 2. Von dem Aufblühen der ewigen Bünde. (*Ausg. A:* IV + 771 S.) 1824.
Theil 3. Bis auf den ersten Französischen Krieg. 1825.
Theil 4. Bis auf die Zeiten des Burgundischen Kriegs. 1825.
Theil 5 [Abtheilung 1]. Vom Burgunder Krieg bis auf (Hanns) Waldmanns Hinrichtung (1489). (*Ausg. A:* VIII + 416 S.) 1825.

Müller, Johann[es] von. Der Geschichten Schweizerischer Eidgenossenschaft Theil 2 ... *u.* Theil 5 .... Neue verbesserte, wörtlich nach der Leipziger Ausgabe abgedruckte und mit einer Biographie des Verfassers vermehrte Aufl. 8. Reutlingen 1824–1826.
Theil 2. Von dem Aufblühen der ewigen Bünde. (*Ausg. B:* IV + 772 S.) 1824.
Theil 5 [Abtheilung 1]. Bis auf die Erklärung des Schwabenkriegs. ([Mit Zugabe: Fragment aus dem Nachlasse des Verfassers.] 1489–1499.) (*Ausg. B:* VIII + 442 S.) 1826.

Der Geschichten Schweizerischer Eidgenossenschaft 1.–5. Theil. Durch Johann von Müller. Neue Aufl. Th. 1–5. Leipzig. 1825–26. 8°.

—— und R. Glutz-Blotzheim, Geschichten Schweizer. Eidgenossenschaft, fortges. v. J. J. Hottinger. 7. Bd. — A. u. d. T.: J. J. Hottinger, Gesch. d. Eidgenossen währ. der Zeiten d. Kirchentrennung. 2. Abthl. gr. 8. (33½ B.) Zürich 829, Orell, Füßli u. Comp.
J. v. Müller's „Gesch. Schweizer. Eidgenossensch." 1—5. Bd. 1. Abthl. Neue Aufl. (213 B.) Leipzig, Weidmann. 1826. 8 Thlr. 16 Gr., f. Pap. 12 Thlr., Vlnp. 16 Thlr. — 5. Bd. 2. Abthl., vom Tode Waldmanns b. zum ewigen Frieden mit Frankreich, fortges. v. R. Glutz-Blotzheim. Zürich, Orell, Füßli u. Comp. 1816. 2 Thlr. 12 Gr. — 6. Bd., Gesch. d. Eidgenossen währ. d. Zeiten d. Kirchentrennung, fortges. v. J. J. Hottinger, 1. Abthl. Ebendas. 1825. 2 Thlr. 8 Gr.

Müller, Johann[es] von. Der Geschichten Schweizerischer Eidgenossenschaft 5 Theile. Neue verbesserte mit der Biographie des Verfassers vermehrte Aufl. 8. Gluckstadt 1831.

—— dass. — Sach- u. Personen-Register dazu, s. Sach- u. Personen-Register.

Müller, Johann[es] von. Sach- und Personen-Register zu den Geschichten Schweizerischer Eidgenossenschaft von Johann von M' und Robert Glutz-Blotzheim. 8. Bern 1832.

—— R. Glutz-Blotzheim's u. J. J. Hottinger's Geschichten schweizerischer Eidgenossenschaft, fortgesetzt v. L. Vulliemin m. einem Vorw. v. Joh. Jak. Hottinger. 8—10. Bd. — A. u. d. Ttl.: Geschichte der Eidgenossen während des 16. u. 17. Jahrhunderts. Von L. Vulliemin. Aus d. Franz. 1—3. Thl. gr. 8. Zürich, Orell, Füßli u. Comp. [8. (31½ B.) 842. 2 Thlr., 9. (45 B.) 44. 2 Thlr. 15 Ngr., 10. (42 B.) 45. 2 Thlr. 15 Ngr.]

—— dass. 11. Bd. Fortges. v. C. Monnard. A. u. d. Ttl.: Geschichte d. Eidgenossen während d. 18. u. der ersten Decennien d. 19. Jahrh. v. C. Monnard. Aus d. Franz. 1. Thl. gr. 8. (44½ B.) Ebds. 847.

Müller's, Johs. v., R. Glutz-Blotzheim's, J. J. Hottinger's und L. Vulliemin's Geschichten schweizerischer Eidgenossenschaft, fortgesetzt von C. Monnard. 12. Bd. A. u. d. T.: Geschichte der Eidgenossen während des 18. und der ersten Decennien des 19. Jahrh., von C. Monnard. Aus dem Französ. 2. Thl. gr. 8. (719 S.) Zürich 848, Orell, Füßli und Comp.

—— dass. — 13. Bd. A. u. d. Ttln.: Geschichte der Eidgenossen während des 18. und der ersten Decennien des 19. Jahrh., von C. Monnard. Aus dem Französ. 3. Thl.: Geschichte der helvetischen Revolution von C. Monnard. 1. und 2. Bd. Die Jahre 1798 — 1800. — Die Jahre 1800 — 1803. gr. 8. (477 und 443 S.) Ebds. 849—51. à Bd. 2 Thlr.

— R. Glutz-Blotzheim's, J. J. Hottinger's u. L. Vulliemin's Geschichten Schweizerischer Eidgenossenschaft, fortges. v. K. Monnard. 11—14. Bd. A. u. d. T.: Geschichte der Eidgenossen während des 18. u. der ersten Decennien des 19. Jahrh., von K. Monnard. Aus d. Franz. 1—4. Thl. gr. 8. (1. Thl. XX u. 682 S. 2. Thl. 719 S.) 3. Thl.: Geschichte der Helvetischen Revolution v. K. Monnard. 1. Bd. Die Jahre 1798—1800. (477 S.) 4. Thl.: Geschichte der Helvetischen Revolution von K. Monnard. 2. Bd. Die Jahre 1800—1803. (443 S.) Zürich 847—51, Orell, Füßli & Co. (11 u. 12. à 2½ ₰ 13 u. 14. à 2 ₰) 9 ₰

Müller's, Johs. v., R. Glutz-Blotzheim's, J. J. Hottinger's und L. Vulliemin's Geschichten Schweizerischer Eidgenossenschaft, fortgesetzt von K. Monnard. Zürich 853. Orell, Füßli u. Co. gr. 8.
15. Bd.: Geschichte der Eidgenossen während des 18. und der ersten Decennien des 19. Jahrhunderts, von K. Monnard. Aus dem Französ. 5. Thl. A. u. d. T.: Geschichte der Helvetischen Revolution von K. Monnard. 3. Bd. Die Jahre 1803—1815. (VIII, 563 S.)
2 ₰. 10 ngr.

Müller, Johannes [von]. Die Geschichten der Schweizer. Durch J' Müller. Das erste Buch. 8. Boston [d. i. Bern] 1780.

— die Geschichte d. Schweizer. 1r Bd. gr. 8. Boston. (Bern) 781. Typ. Soc. 1 ₰ 8 gl.

—— die Gifte. Ihre Wirkung auf d. Organismus, sowie Anleit., wie man sich zu verhalten hat, um bei Vergiftungszufällen, Erfrornen, Ertrunkenen ꝛc. schnelle Hülfe leisten zu können, f. Geistliche, Lehrer u. Familienväter. gr. 8. (4 B.) Nürnberg 840, Schrag.

Müller, Johannes von. De la Gloire de Frédéric. Discours prononcé à la Séance publique de l'Académie des Sciences, à l'occasion de l'anniversaire de Frédéric II. le 29 janvier, 1807. Par Jean de Muller…. 8. Berlin: Sander 1807. 8°

—— Grundriß d. Vorlesungen üb. allgem. Pathologie. gr. 8. (3 B.) Bonn 829, Habicht.

— Grundriß d. Vorlesungen über d. Physiologie. gr. 8. Bonn 827, Habicht. XIV, 102 S.

—— über den glatten Hai des Aristoteles u. über die Verschiedenheiten unter den Haifischen u. Rochen in der Entwickelung des Eies. Gelesen in der k. Akademie der Wissenschaften zu Berlin am 11. April 1839 u. 6. Aug. 1840. gr. Fol. (18½ B. u. 6 Kpfrt.) Berlin 842, (Dümmler, Verl.) *

Müller, Johs. v., s. Hamberger, Jul., das Licht der Geschichte.

— Johannes, Handbuch der Physiologie des Menschen für Vorlesungen. Band 1, Abth. 1 und 2. Coblenz 1833, 1834.

—— Handbuch d. Physiologie d. Menschen f. Vorlesn. 1. Bd. 1., u. 2., verb. Aufl. Lex.-8. (à 54½ B.) Coblenz 833, 35, Hölscher. à

—— Handbuch d. Physiologie des Menschen f. Vorlesn. 2 Bde. (od. 5 Abthl.) Lex.-8. Coblenz, Hölscher. [1. Bd. 1. u. 2. Abthl., 3. verb. Aufl. (54¼ B.) 837., 38. 3⅚ Thlr., 4., verb. A. (in 3 Lfgn. 47 B.) 841—44. 3⅔ Thlr.; 2. Bd. 1—3. Abthl. (49¾ B. u. 1 Kpfrt.) 837—40. 4¾ Thlr].

— Handbuch der Physiologie des Menschen. 1. Bd. 3 Liefg. 4. Aufl. gr. 8. Coblenz 841, 43, 44, Hölscher. (I. 1¼ ₰ II. 1 ₰ III. 1½ ₰) 1. u. 2. Bd. compl. 8½ ₰

— Hebel als Theolog für die Theologen. Aarau 870. Christen. gr. 8. (X, 38 S.) 7½ ngr.

– Die Heilung der Taubstummheit, in:
Goldbeck, Johann Chr.: Geist und Kritik des Mangelnden in der Mathematik, Naturkunde und Medizin.

— Hemmungen des Lebens. (V, 202 S.) 8. München 907. C. H. Beck. n. 2. —; geb. in Leinw. n. 3. —; in Ldr. n. 4. 50
Aus: Blätter z. Pflege persönlichen Lebens.

— Hemmungen des Lebens. 2. u. 3. Aufl. 6.—11. Taus. (III, 202 S.) 8. München 908. 11. C. H. Beck. 2.—; geb. in Leinw. 3.—; in Ldr. 4. 50

Mueller, Johann von [Hrsg.]
s. Herder, J.G.: Sämmtliche Werke. 1827-28.

— histoire de la Suisse et de la confédération helvetique. trad. de l'Allemand. (par Labaume). IX Vols. gr. 8. Lausanne 790, 96. (Walther in Dresd.) 11 ₰

— histoires des Suisses etc. XII Vols. 8. Lausanne 795—803. (Levrault in Strassb.) 12 ₰

—— u. Frz. Herm. Troschel, Horae ichthyologicae. Beschreibung u. Abbildung neuer Fische. 1. u. 2. Hft. Die Familie der Characinen. Imp.-4. (5½ B., 11 Kpfrt. u. 1 Tab.) Berlin 845, Veit u. Comp. *

—— und Frz. Herrm. Troschel, Horae ichthyologicae. Beschreibung und Abbildung neuer Fische. 3. Heft. Imp.-4. (IV und 28 S. mit 5 Kpfrt. und 1 Tab. in Fol.) Berlin 849, Veit und Comp. *
1. und 2. Heft. Ebendas. 1845. * 7 Thlr. 10 Ngr.

Müller, Johs., die Humboldts-Bai u. Cap Bonpland in Neu-Guinea ethnographisch u. physikalisch untersucht durch eine niederländ.-ind. Commission. Berlin 864. (Academische Buchh.) 4. (VII, 36 S. mit 7 lith. Kunst-Beilagen.) cart. n. 20 ngr.

Müller, Johs., s.: Jahresbericht der Handelsschule der Union, Bremen.

Müller, Johs., Immergrün. Ein Gedichtzyklus. 8. (XV, 112 S.) Hamburg 891. Verlagsanstalt u. Druckerei, A.-G. n. 2. —; geb. n. 3. —

Müller, Johannes, Kammergerichts-Referendar: Die Immunität der parlamentarischen Berichterstattung. Berlin 1906: H. Bergmann. (68 S.) 8°
Heidelberg, Jur. Fak., Ref. Jellinek, Diss. v. 20. Juli 1906
[Geb. 14. Febr. 82 Berlin; Wohnort: Zehlendorf bei Berlin; Staatsangeh.: Preußen; Vorbildung: Gymn. Steglitz Reife O. 00; Studium: Lausanne 1, Berlin 6 S.; Rig. 26. Febr. 06.]

Müller, Johs., Interpunktionsregeln. Entwurf zur Feststellg. e. einheitl. Interpunktion. 8. (23 S.) Plauen 874. Neupert. n. — 40

Katalog der Historisch-geographischen Ausstellung des 16. Deutschen Geographentages zu Nürnberg. Mit e. erl. Beigabe: Die Entwicklung d. Nürnberger Kartographie v. Ausgang d. 15. bis z. Anfange d. 19. Jhs. Vom Gymn.Prof. Dr. Johannes **Müller**. Hrsg. v. Ortsausschuß. Nürnberg: Ortsausschuß 1907. (80 S.) 8° [07. 9939

Müller, Johannes v[on]. Republikanische Kernworte zur Beherzigung aller Eidgenossen. Aus J' v. Müller's Schweizergeschichte gesammelt. 8. Winterthur 1855.

—— **über d. Compensation d. phys. Kräfte am menschl. Stimmorgan. Mit Bemerkn. üb. d. Stimme d. Säugethiere, Vögel u. Amphibien. Fortsetz. u. Supplem. üb. d. Physiologie d. Stimme. Lex.-8. (3½ B. u. 4 Kpfrt.) Berlin 839, A. Hirschwald. Thlr.**

—— über die Larven und die Metamorphose der Echinodermen. (2. Abhandl.) Gelesen in der k. Akademie der Wissenschaften zu Berlin am 27. Juli 1848. gr. 4. (37 S. und 5 Kpfrt.) Berlin 849, (Dümmler's Vrlgsh.) *

—— **über die Larven und die Metamorphose der Echinodermen. 4. Abhandlung. (Gelesen in der k. Akademie der Wissenschaften zu Berlin am 7. Nov. 1850, 28. April und 10. Nov. 1851.) gr. 4. (50 S. mit 6 Kpfrt.) Berlin 852, Dümmler's Verlag.** *

—— über die Larven und die Metamorphose der Holothurien und Asterien. (3. Abhandl.) Vorgetragen in der k. Akademie der Wissenschaften zu Berlin am 15. Nov. 1849 und 18. April 1850. gr. 4. (40 S. und 7 Kpfrt.) Berlin 850, (Dümmler's Vrlgsh.) *

—— über die Larven und die Metamorphose der Ophiuren und Seeigel. (1. Abhandl.) Vorgetragen in der k. Akademie der Wissenschaften zu Berlin am 29. Octbr. 1846. gr. 4. (40 S. und 7 Kpfrt.) Berlin 848, (Dümmler's Vrlgsh.) *

Müller, Johannes, a. Köthen, Anhalt: Bulwers Roman „The last of the Barons". Rostock 1907: C. Boldt. (88 S.) 8°
Rostock, Phil. Fak., Ref. Lindner, Diss. v. 2. März 1907
[Geb. 27. Juni 79 Köthen (Anh.); Wohnort: Rostock; Staatsangeh.: Anhalt; Vorbildung: Gymn. Braunschweig Reife O. 01; Studium: Freiburg i. B. 1, Heidelberg 2, Berlin 6, Rostock 3 S.; Rig. 26. Febr. 07.]

Persönliches Leben. Von Dr. Johannes **Müller**. München: C. H. Beck 1908. (110 S.) 8° [F.]
= **Bausteine** f. persönliche Kultur. Stück 2. [07. 16644

Müller, Johs., vom Leben u. Sterben. (III, 58 S.) kl. 8. München 907. C. H. Beck. Kart. n. 1. —

— Vom Leben u. Sterben. 2. Aufl. (6.—10. Taus.) (III, 58 S.) kl. 8. Ebd. 909. Geb. 1. —

—Lehrbuch d. Physiologie. 1r Bd. gr. 8. Coblenz 833. Hölscher. 3 ₰ 16 gr

Müller, Johs., Lehrbuch der elementaren Planimetrie mit zahlreichen Aufgaben für den Gebrauch höherer Lehranstalten, sowie für den Selbstunterricht. Bremen 870. Müller. gr. 8. (VIII, 208 S. mit eingedr. Holzschn.) n. 20 ngr.

— die Stadt Lenzburg in Hinsicht auf ihre politische, Rechts-, Cultur- u. Sittengeschichte dargestellt aus den Urkunden des städt. Archivs. Lenzburg 867. (Basel, Schneider.) gr. 8. (XVI, 239 S. mit 2 Steintaff.) n. 1 ₰ 10 ngr.

Müller, Johannes von. Lettres de Jean de Muller à ses amis (Charles-Victor) de Bonstetten et [Johann Wilhelm Ludwig] Gleim, précédées de la vie (écrite par lui-même) et du testament de l'auteur. 8. Zurich 1810.

—lettres à Mons. Bonstetten et à Mons. Gleim; trad. de l'Allem. 8. Zürich 810. Orell. 1 ₰ 16 gr

Müller, Johannes von. (Das Licht der Geschichte.) Mittheilungen aus Johannes von Müller's Werken. Von Dr. Julius Hamberger. 8. Gotha 1870.

Müller, Johs., Lieder-Sammlung f. Jungfrauenvereine usw., s.: Müller, Dan. Ludw.

Müller, Johs., Liscow u. d. Bibel, s.: Festschrift, z. 70. Geburtstage Oskar Schade dargebracht.

Müller, Johannes, Approb. Arzt aus Weiden: **Über abgeheilte Lungentuberkulose.** *Rostock 1903: C. Hinstorff.* (30 S. 8°
Erlangen, Med. Diss. v. 6. März 1899

—— **über d. Lymphherzen d. Schildkröten. Vorgetr. in d. k. Akad. d. Wissensch. zu Berlin am 14. Oct. 1839. gr. 4. (1 B. u. 1 Kpfrt.) Berlin 840, (Dümmler.)** *

– s. Mitverwendung, Die preußische, für den Reichsfrieden.

– (Hrsg.), s. Mohammed: Die Posaune des heiligen Kriegs.

Müller, Johannes (Übers.), s. Mulder, Gerrit Jan: Die Chemie der Ackerkrume.

Müller, Johannes (Übers. u. Bearb.), s. Mulder, Gerrit Jan: Gerichtlich-chemische Untersuchungen.

– Aus Johannes von Müllers schriftlichem Nachlasse, s. Henking, Karl

—— **über d. organ. Nerven d. erectilen männl. Geschlechtsorgane des Menschen u. d. Säugethiere. Geles. in d. k. Akad. d. Wissensch. zu Berlin im J. 1835. gr. Fol. (12½ B. u. 3 Kpfrt.) Berlin 836, (Dümmler.)** *

—— **vergleichende Neurologie d. Myxinoiden, s.a. Dess., vergleich. Anatomie, 2. Forts.**

— vergleichende Neurologie der Myxinoiden. Fortsetzung d. vergleich. Anatomie der Myxinoiden. Mit 4 Kpfrtaf. Fol. Berlin 840. (Dümmler.) n 2 ₰

—nihil esse rege Christo ecclesiae metuendum. 4. Götting. 771. Dieterich. 3 gr

– Hinterlassene Noten zur Bibel, in: Müller, Johann Georg: Blicke in die Bibel.

Müller, Johannes: Der Oberflächenbau Deutschlands. Ein Hilfsbuch zur Vertiefung des Unterrichts in der Heimatkunde. Mit 22 geologischen Profilen nebst einem Uebersicht-kärtchen und einem Flussprofil im Text und einer Tafel mit 8 Flussprofilen. München u. Leipzig 1900. (IV), 144 S. 8°.

Müller, Johs., der Oberflächenbau Deutschlands. Ein Hilfsbuch zur Vertiefg. des Unterrichts in der Heimatkunde. Mit 22 geolog. Profilen, nebst e. Übersichtskärtchen u. e. Flußprofil im Text u. e. Taf. m. 8 Flußprofilen. gr. 8. (VIII, 144 S.) München 900. G. Franz' Verl. Geb. in Leinw. n. 1. 80

De ovo humano atque embryone observationes anatomicae. Prolusio acad., qua ad audiendam orationem, quam pro aditu muneris prof. ord. in facultate med. recitaturus est I Sept. ...invitat Ioannes Mueller ... Bonnae 1830: Baaden. 1 Bl., 15 S. 4°

—— Observationes de canaliculis corpusculor. ossium atque de modo, quo terrea materia in ossibus cont., s. Miescher, Fr.

—— über die Ophiurenlarven des adriatischen Meeres. Gelesen in der königl. Akademie der Wissenschaften zu Berlin am 16. Jan. 1851. gr. 4. (29 S. mit 8 Kpfrt.) Berlin 852, Dümmler's Verlag. *

Müller, Johs., Osterode in Ostpreußen. Darstellungen zur Geschichte der Stadt u. des Amtes. (XII, 542 S. m. 1 eingedr. Skizze, 3 Taf. u. 1 Plan.) gr. 8. Osterode 905. H. Riedel. n.n. 3. 75; geb. n.n. 4. 75

MÜLLER, Johannes (Rönkhausen): Ueber Ovarientumoren als Complication von Schwangerschaft und Geburt.- München: Beyer. Landeszeitung und Börsenhalle 1881. 24 S.
19.2.1881 - Urk (Titel: De ovarii tumoribus graviditatis ac partus complicatione.); Chr 1880/1881,15
Diss.Ingolst.-Landsh.-Mchn.

Müller, J(ohannes) // [1764–1845]. Ein bernisches Pfarrhaus in den Märztagen 1798. Nach einem Tagebuche von Pfarrer J. M' in Limpach hrg. von Dr. K[arl] Geiser. SA. 8. ([Bern] 1891.)

Müller, Joannes (geb. am 14 Juli 1801 in Koblenz): Dissertatio ... sistens commentarios De phoronomia animalium ... Cum tabula lith. Bonnae, typ. C. F. Thormanni (1822). 44 S., 1 Bl., 2 Tab., 1 Taf. 4. ¶ Erschien 1823 [?] selbständig bei Marcus in Bonn.
Bonn, Med. Fak., Diss. v. 9 [hs. u. nach d. Thesen v. 14] Dez. 1822

Müller, (Joh.,) dissertatio inaug. physiolog. sistens commentarios de phoronomia animalium. Cum tab. lithogr. 4. Bonnae 823, (Marcus.)

Müller, Johs., systemat. Phraseologie d. engl. Umgangssprache, s.: Gärtner, Alb.

Müller, Johannes: Zur vergleichenden Physiologie des Gesichtssinnes des Menschen und der Thiere, nebst einem Versuch über die Bewegungen der Augen und über den menschlichen Blick. 462 S., gbd., 8 Taf.
Leipzig: Cnobloch 1826

JB 4.258

— über den allgemeinen Plan in der Entwickelung der Echinodermen. Gelesen in der K. Akad. d. W. zu Berlin am 19. Febr. u. 28. Octbr. 1852. Mit 8 Kpfrtaf. Berlin 853. Dümmler's Verlhdlg. in Comm. gr. 4. (41 S.) n. 1 ₰. 10 ngr.

(Hrsg.), s.a. Posaune, Die, des heiligen Kriegs.

Müller, Johann v. Die Posaune des heiligen Krieges aus dem Munde Mohammeds, Sohnes Abdallah des Propheten. (Kriegsregeln der Türken dem Koran etc. entnommen.) 8. Leipzig 1806.

— die Posaune des heiligen Krieges rc. gr. 8. Leipzig, Gleditsch. 806.
Belinp.

Das Problem des Menschen. Von Dr. Johannes Müller. München: C. H. Beck 1908. (123 S.) 8° [J.]
— Bausteine f. persönliche Kultur. Stück 1. [07. 16663]

— von den Quellen des Lebens. 7 Aufsätze. 1. u. 2. Aufl. (à VIII, 364 S.) 8. Ebd. 905. 906. n. 3. —; geb. in Leinw. n. 4. —; in Ldr. n.n. 5. 50

— Von den Quellen des Lebens. 7 Aufsätze. 3. Aufl. 7.—9. Taus. (VIII, 359 S.) 8. Ebd. 910. Geb. in Leinw. 4. —

— Quellenschriften u. Geschichte des deutschsprachlichen Unterrichtes bis zur Mitte des 16. Jahrh. gr. 8. (XI, 420 S.) Gotha 882. Thienemann. n. 9. —

Müller, Johannes [von]. J' Müllers Räthe an die Eidsgenossenschaft. Gesammelt und mit einigen Zusätzen begleitet von einem Freunde seines Vaterlandes ([Johann] W[ilhelm] V[eith]). 8. [Aarau,] März 1814.

— Rath an die Eidgenossenschaft. Gesammelt u. mit e. Zusätzen begleitet von e. Freunde des Vaterlandes. gr. 8. Aarau 814. Sauerländer. 3 gl

Müller, Johannes [von]. Noch einige Räthe an die Eidgenossen von J' M'. Aus ungedruckten Papieren desselben [hrg. von Johann Wilhelm Veith]. 8. [Aarau] 1814, Mai.

— Die Reden Jesu, verdeutscht u. vergegenwärtigt. 1. Bd. Von der Menschwerdg. (IX, 330 S.) 8. Ebd. 909. 3.—; geb. in Leinw. 4.—; in Ldr. 5. 50

— s.a. Reisen der Päpste.

[Müller, Joh. v.]: Reisen der Päpste. o. O. 1782.

—— Reisen der Päpste; neu hrsg., bevorw. u. erläut. v. G. Kloth. gr. 12. (4 B.) Aachen 831, (Cremer.)

Müller, Johannes: De respiratione foetus. Commentatio physiologica, in Academia Borussica Rhenania praemio ornata. Cum tab. Lipsiae 1823. XIV, 259 S., 1 tab.

— de respiratione foetus comment. physiol. Cum tab. incisa. 8 maj. Lips. 823, Cnobloch.

—— über die fossilen Reste der Zeuglodonten von Nordamerika mit Rücksicht auf die europäischen Reste aus dieser Familie. Imp.-Fol. (IV und 38 S. mit 27 zum Theil ill. Stnt.) Berlin 849, G. Reimer. *

— Vom Ruhm Friedrichs II. Vorlesung in der öffentlichen Sitzung der Königlichen Akademie der Wissenschaften am 29. Jan. 1807. Aus dem Französ. übersetzt von H. F. Berlin 1807. 8.

— s. Sach- und Personenregister zu den Geschichten schweizerischer Eidgenossenschaft.

— kleine Schriften. 1) die Gefahren d. Zeit; 2) Mantua; 3) e. Ausbeute von Bergpforte. 8. Wien 796. (Perthes u. B. in Hamb.) 8 gl

Müller, Joh s. (II.), vor- und frühreformatorische Schulordnungen und Schulverträge, s. Sammlung selten gewordener pädagogischer Schriften früherer Zeiten.

Müller, Johannes, Referendar a. Delitzsch: Der Schutz des Grunddienstbarkeitbesitzes im heutigen bürgerlichen Recht. Halle a. S. 1904: Waisenhaus. (52 S.) 8°
Halle, Jur. Fak., Ref. Stammler, Diss. v. 19. Dez. 1904
[Geb. 30. Juni 78 Delitzsch; Wohnort: Delitzsch; Staatsangeh.: Preußen; Vorbildung: Gymn. Halle Reife O. 98; Studium: München 1, Halle 8 S.; Rig. 1. Dez. 04.]

(Müller, Johannes von.) Johannes Müller. (Selbstbiographie.) [Mit Porträt-Tafel.] 8. [Berlin 1806.]
(Bildnisse jetzt lebender Berliner Gelehrten, mit ihren Selbstbiographien. [Hrg. von M S] Lowe. Heft [1. Mit Titelkupfer])

— Selbstbiographie. gr. 8. Berl. Realschulbuchh.

— Selbstbiographie mit sm. Bildniß. gr. 8. Berl. 806. (Reimer). 16 𝔊

Müller, Johannes Platons Staatslehre und der moderne Socialismus, verglichen nach ihren Grundzügen. 4 (20 S.).
Progr. Rsch. *Sondershausen* 1886 (657).

— Staatsweisheitslehre, dargestellt u. ergänzt, s. Heinichen.

„Die Staatsweisheitslehre, oder die Politik von J. von Müller dargestellt und ergänzt von Heinichen (= J. A. Bergk)", Leipzig 1810. — Vorh.: Com. Bibl. Hamburg.

Müller E. v. S., J. v. Die Staatsweisheitslehre oder die Politik ... Leipzig 1810. H: *Bergk, Joh. Adam.* (MGT)

— Staatsweisheitslehre, od. d. Politik, dargestellt u ergänzt von Heinichen rc. 8. Lpz. Baumgärtner. 810.

Müller, Johannes [Dr. med., 1. Univ.-Assist. d. med. Klinik zu Würzburg]: Stoffwechseluntersuchungen bei einem Falle von progressiver Muskelatrophie ... Würzburg. Druck d. k. Universitätsdr. v. H. Stürtz, 1896; 40 S. 8.
Würzburg, Med Fak., Hab.-Schr. v. 1896

Mueller, Johannes: De glandularum secernentium structura penitiori earumque prima formatione in homine atque animalibus. Commentatio anatomica. 131 S., gbd., 17 Taf.

Lipsiae: Voss 1830

JB 850

— über Synapta digitata u. über die Erzeugung von Schnecken in Holothurien. Mit 10 Kpfrtaf. Fol. (IV u. 36 S.) Berlin 852, G. Reimer. n. 9 1/3 ₰

– u. Franz Hermann Troschel

—— —— System der Asteriden. gr. 4. (19½ B. u. 12 Kpfrt.) Braunschweig 842, Vieweg u. Sohn. *

—— der Tabak in geschichtl., botanischer, chemischer, medicinischer u. diätetischer Hinsicht. gr. 12. (6⅔ B.) Emmerich 842, (Mainz, Kirchheim, Schott u. Thielmann.) *

– (Hrsg.), s. Tacitus, P. Cornelius: Die Germania. 1898.

— über die Thalassicollen, Polycystinen u. Acanthometren des Mittelmeeres. (Aus den Abhdlgn. d. k. Akad. d. W. zu Berlin.) Mit 11 Kpfrtaf. Berlin 858. Dümmler's Verlhdlg. in Comm. gr. 4. (62 S.) n. 2 ₰. 5 ngr.

Müller, Johannes [cand. med. aus Wiesbden]: Thrombenbildung im Herzen ... Würzburg 1889: Scheiner. 24 S. 8°
Würzburg, Med. Fak., Inaug.-Diss. v. 1889

Müller, Johannes [app. Arzt aus Schwenningen a. N.]: Ueber Tuberkulose der Augenbindehaut. . . . Tübingen, Druck v. Heinrich Laupp jr., 1890; 28 S. 8°
Tübingen, Med. Fak., Inaug.-Diss. v. 1890

Müller, Johs., über die Tuberkulose der Augenbindehaut. Inaug.-Diss. gr. 8. (28 S.) Tübingen 890. (Moser.) n.n. — 80

—— über zwei verschied. Typen in d. Bau d. erectilen männl. Geschlechtsorgane bei d. straussart. Vögeln u. üb. d. Entwickelungsformen dieser Organe unt. d. Wirbelthieren überhaupt. Geles. in d. k. Akad. d. Wissensch. zu Berlin im J. 1836. gr. Fol. (44 Seit. u. 3 Kpfrt.) Berlin 838, (Dümmler.) *

Müller, Johannes / [1733-1817]. Merckwürdige Überbleibsel von Alter Thümeren an verschiedenen Orthen der Eydtgenosschafft, nach Originalien gezeichnet und in Kupfer heraus gegeben von J' M'... (*Theil 2 u. ff.*: Merckwürdiger Überbleibseln ... der Schweitz heraus gegeben durch J' M'... 2.–12. Theil). [Text von David von Moos und 260 Tafeln.] 12 Theile [*je* mit 1 Titelbild]. 4. [Zürich] 1773–1783.

Müller, J., Merkwürdige Überbleibsel helvetischer Antiquitäten. Mit Kupf. Zürich 777. 8 Thle. 8. 18 rthl.

– s. Übereilungen, Die.

— über den Umfang der Eiweissverdauung im menschlichen Magen unter normalen u. pathol. Verhältnissen, sowie üb. den Einfluss der Mischung der Nahrungsstoffe auf ihre Verdaulichkeit. (S. 91—112.) gr. 8. Würzburg 903. A. Stuber's Verl. n. — 80
Sonderabdruck aus: „Verhandlgn. d. phys.-med. Gesellsch zu Würzburg".

Über den Umfang der Eiweissverdauung im menschlichen Magen unter normalen u. pathol. Verhältnissen, sowie über d. Einfluss d. Mischung d. Nahrungsstoffe auf ihre Verdaulichkeit. Von Priv.-Doz. Dr. Johannes Müller. *Würzburg: A. Stuber 1903.* (22 S.) 8°
— Verhandlungen d. physikal.-medic. Gesellschaft zu Würzburg. N. F. Bd 35, No 4.

Gerichtlich-chemisch Untersuchung einer Arsenikvergiftung. Cleve, 1845. 8vo.

—— Untersuchungen über die Eingeweide der Fische. Schluss der vergleichenden Anatomie der Myxinoiden. Gelesen in der k. Akademie der Wissenschaften zu Berlin am 16. u. 23. Juni 1842. gr. Fol. (16 B. u. 5 Kpfrt.) Berlin 845, (Dümmler. Verl.) *

MÜLLER, JOHANNES.
Gerichtlich-chemische Untersuchungen für Juristen und Mediciner. Berlin, 1848. 8vo.

Müller, Johannes [app. Arzt aus Muggensturm]: Untersuchungen über Nephritis bei Typhus abdominalis ... Freiburg i. B., Buchdr. H. Epstein, 1891; 48 S., 1 Bl. 8.
Freiburg i. B., Med. Fak., Inaug.-Diss. v. 1891

Müller, Johs., Untersuchungen üb. das Verhalten d. Convolvulins u. Jalapins im Thierkörper. gr. 4. (29 S.) Dorpat 885. (Schnakenburg.) — 80

Müller, Johannes, kgl. Prof. an d. Kreisrealsch. zu Augsburg: Die Verdienste Zacharias Geizkoflers um die Beschaffung der Geldmittel für den Türkenkrieg Kaiser Rudolfs II. *(Augsburg): Selbstv. 1900.* (57 S.) 8°
München, Phil. Diss. v. 1900

Mueller, J. Die Verdienste Zacharias Geizkoflers um die Beschaffung der Geldmittel für den Türkenkrieg Kaiser Rudolfs II. Innsbruck 1900. 57 S.

Müller, Joh. Luthers reformat. Verdienste um Schule und Unterricht. 32 S. [2. Aufl. (65 S.) 8. Berlin 1883, Gärtner. 1 Mk.] Fr. G. *Berlin* 1883. Progr.

Müller, Johs., Luthers reformatorische Verdienste um Schule u. Unterricht. 2. Aufl. gr. 8. (65 S.) Berlin 883. Gaertner. n. 1. —

Die wissenschaftlichen Vereine und Gesellschaften Deutschlands im neunzehnten Jahrhundert. Bibliographie ihrer Veröffentlichungen (seit ihrer Begründung bis auf die Gegenwart) v. Johannes Müller. Bd. 1. 2. Berlin. 8°
1. 1883—1887. Manuldruck. 1924.
2, [1. 2.] ⟨Fortgeführt bis 1914.⟩ 1917.

Müller, Johs., die wissenschaftlichen Vereine u. Gesellschaften Deutschlands im 19. Jahrh. Bibliographie ihrer Veröffentlichgn. seit ihrer Begründg. bis auf die Gegenwart. 1—8. Lfg. 4. (S. 1—640) Berlin 883—86. Asher & Co. à n. 6. —

Müller, Johs., die wissenschaftlichen Vereine u. Gesellschaften Deutschlands im 19. Jahrh. Bibliographie ihrer Veröffentlichungen seit ihrer Begründg. bis auf d. Gegenwart. 9.—11. (Schluss-)Lfg. 4. (XXI u. S. 641—878.) Berlin 887. 888. Asher & Co. à Lfg. n. 6. — (cplt.: n. 66. —)

Müller, Joh. (III.), die Verfassung der christlichen Kirche in den ersten beiden Jahrhunderten und die Beziehungen derselben zu der Kritik der Pastoralbriefe. gr. 8. (52 S.) Leipzig 885, [Scholtze.] Liebisch. *

MÜLLER, JOHANNES.
Over de vergiften. Derzel verwerking op het organismus, en handleiding hoedanig men zich te gedragen heeft, om by vergiftigingen, dadelijke hulp te kunnen verleenen. Voor den beschaafden stand. Duisburg, 1841[?]. 8vo.

Müller, Johannes, Referendar: Vergleich der actio in rem Publiciana mit den Klagen aus § 1006, 1007 B.G.B. Leipzig-Reudnitz 1905: A. Hoffmann. (54 S.) 8°
Heidelberg, Jur. Fak., Ref. Buhl, Diss. v. 11. Okt. 1905
[Geb. 13. Okt. 79 Angermünde; Wohnort: Angermünde; Staatsangeh.: Preußen; Vorbildung: Gymn. Prenzlau Reife O. 01; Studium: Berlin 1, Greifswald 3, Berlin 2, Greifswald 1 S.; Rig. 27. Juni 05.]

—— über die bisher unbekannten typischen Verschiedenheiten der Stimmorgane der Passerinen. Gelesen in der k. Akademie der Wissenschaften zu Berlin. gr. 4. (71 S. und 6 Kpfrt.) Berlin 847, (Dümmler's Vrlgsh.) *

— das deutsche Volkstum u. das Christentum. Rede zur Feier d. Geburtstages Sr. Maj. d. Königs am 23. April 1874 in dem königl. Schullehrerseminar zu Plauen. 8. (24 S.) Ebend. 874. n. — 40

— s. Rud. Wagner, Physiologie d. Bluts.

Müller, Johannes: Osteroder Wappen und Siegel. Osterode Ostpr. 1904: F. Albrecht. (S. 1—8, 1 Taf.) 4° [F.]
Osterode, Ostpr., st. G OP 1904 (13)

Müller, Johs., was wir wollen. Fuchsstunden aus einem akadem. Turnverein. (172 S.) 8. Berlin (SW., Belle Alliancestr. 84), (906). Alb. Lüdtke. n. 2. 50

– Der Weg zur Verständigung zwischen Judentum und Christentum.

— dasselbe, s. a. Schriften des Institutum Judaicum zu Leipzig.

—— Der Weg zur Verständigung zwischen Judentum u. Christentum. gr. 8. (84 S.) Ebd. 892. * 1 20

Müller, Johs., Wegweiser für die hohe Tatra, mit e. Uebersichtskarte. Hrsg. vom Karpatenverein, Sektion Schlesien. (VI, 66 S. m. Abbildgn.) kl. 8. Breslau 905. (Müller & Seiffert.) Kart. n. 1. —

— allgem. Weltgeschichte. 3 Thle. gr. 8. Tübing. ... 2e A. 811. b. Cotta. 4 rℓ 12 gℓ Weiß Druckp. 7 rℓ 8 gℓ

— sämmtliche Werke. 23 Bde. in 9 Lieferungen. gr. 8. Ebend. 800—16. 5
Iste Lieferung 1r, 2r u. 3r Bd. 1800. 7 Rthlr. 8 gr. IIte Lief. 4r, 5r u. 8r Bd. 1810. 7 Rthlr. 8 gr. IIIte Lief. 6r, 9r u. 10r Bd. 1811. 7 Rthlr. 18 gr. IVte Lief. 11r u. 12r Bd. 1811. 5 Rthlr. 12 gr. Vte Lief. 7r u. 13r Bd. 1812. 5 Rthlr 12 gr. VIte Lief. 14r u. 15r Bd. 1812. 5 Rthlr. 12 gr. VIIte Lief. 16r, 17r u. 18r Bd. 1814. 7 Rthlr. 8 gr. VIIIte Lief. 19r, 20r u. 21r Bd. 1815. 7 Rthlr. 8 gr. IXte Lief. 22r u. 23r Bd. 1816. 5 Rthlr. 12 gr.)

Müller, Johannes von. J' von M' sämmtliche Werke. 27 Theile. Hrg. von Johann Georg Müller. 8. Tübingen 1810–1819.
Theil 1–3 *a. u. d. T.:* Vier und zwanzig Bücher Allgemeiner Geschichten, besonders der Europäischen Menschheit. Durch J' von M'. 1797 .... 3 Bände. 1810.
Theil 4–7. (J' von M' Lebensgeschichte, von ihm selbst beschrieben.) – Theil 4 *a. u. d. T.:* J' von M' Biographische Denkwürdigkeiten .... Mit dem Portrait des Verfassers [Tafel]. – 1810–1812.
Theil 8 *a. u. d. T.:* J' von M' kleine historische Schriften .... 1810.
Theil 9. (Schriften zur Geschichte des teutschen Fürstenbundes.) 1811.
Theil 10–11 *a. u. d. T.:* J' von M' historische Kritik .... 1811.
Theil 12 *a. u. d. T.:* J' von M' sämmt' W'. Zur Literatur und Geschichte der Schweiz 1811
Theil 13–14 *a. u. d. T.:* J' Müller's Briefe an Carl Victor von Bonstetten .... Hrg. von Friederika Brun geb. Münter. 2 Theile. 1812.
Theil 15 *a. u. d. T.:* J' Müller's Briefe an C' V' von B' .... Theil 3. – Briefe an Hrn. Carl Bonnet; und: Studien .... 1812.
Theil 16–17. (Joh. von M' Briefe an Freunde.) 1814.
Theil 18. (Briefe an Freunde. Philippiken. Zur historischen Kritik.) 1814.
Theil 19–26 *a. u. d. T.:* Der Geschichten Schweizerischer Eidgenossenschaft Theil 1–8 .... Nach der neuesten Ausgabe von 1806 abgedruckt. 1815–1817.
Theil 27. ⟨Nachlese kleiner historischer Schriften⟩ 1819.

— sämmtl. Werke, nach seinem Tode durch sn. Bruder Jh. Geo. Müller hrsgg. 27 Bde in 11 Lieferr. gr. 8. Stuttg. u. Tüb. 810—819. b. Cotta. Subscr.-Pr. 40 rℓ 12 gℓ

Müller, Johannes von. J' von Müllers sämmtliche Werke. Hrg. von Johann Georg Müller. [2. Ausg.] 40 Theile. 8. Stuttgart und Tübingen 1831–1835.
Theil 1–6 *a. u. d. T.:* Vier und zwanzig Bücher Allgemeiner Geschichten .... 6 Bändchen. 1831–1832.
Theil 7–22 *a. u. d. T.:* Der Geschichten Schweizerischer Eidgenossenschaft Theil 1–16 ..., 1832–1833.
Theil 23 *a. u. d. T.:* Zur Literatur und Geschichte der Schweiz .... 1833.
Theil 24. (Schriften zur Geschichte des teutschen Fürstenbundes.) 1833.
Theil 25 *a. u. d. T.:* J' von Müllers kleine historische Schriften .... 1833.
Theil 26–27 *a. u. d. T.:* J' von Müllers historische Kritik .... 1834.
Theil 28. ⟨Nachlese kleiner historischer Schriften⟩ 1834.
Theil 29–33 *a. u. d. T.:* J' von Müllers Biographische Denkwürdigkeiten .... 5 Theile. 1834–1835.
Theil 34–36 *a. u. d. T.:* J' von Müllers Briefe an Carl Victor von Bonstetten .... Hrg. von Friederika Brun geb. Münter. 3 Theile. 1835.
Theil 37 *a. u. d. T.:* J' von Müllers Briefe an Herrn Charles Bonnet; und: Studien. – Briefe an Freunde. [Theil] 1 .... 1835.
Theil 38–40 *a. u. d. T.:* J' von Müller Briefe an Freunde. [Theil] 2–4 .... 1835.

Müller, Joh. v., sämmtl. Werke. Hrsg. v. (dess. Bruder) Joh. Geo. Müller. 40 Thle. (od. 8 Lfgn.) 8. (745⅛ B.) Stuttgart 831—35, Cotta. 14 Thlr., Vlnp.
Thl. 1—6. 24 Bücher allgem. Geschichten, 6 Thle.
= 7—22. Der Geschichten Schweizerischer Eidgenossenschaft, 16 Thle.
= 23. Zur Literatur u. Gesch. d. Schweiz.
= 24. Schriften zur Gesch. d. teutschen Fürstenbundes.
= 25. Kleine histor. Schriften.
= 26., 27. Histor. Kritik, 2 Thle.
= 28. Nachlese kleiner histor. Schriften.
= 29—33. Biographische Denkwürdigkeiten, 5 Thle.
= 34—36. Briefe an Carl Vict. v. Bonstetten. Geschr. v. J. 1773—1809. Hrsg. v. Friederike Brun, geb. Münter, 3 Thle.
= 37., 38. Briefe an Hrn. Charles Bonnet; u. Studien. — Briefe an Freunde, 1. u. 2. Bd.
= 39., 40. Briefe an Freunde, 3. u. 4. Bd.

Müller, Johann(es) von. Zu Johann von Müllers sämmtlichen Werken Supplement. 6 Bände. Hrg. von [Johann Heinrich] Maurer-Constant.... – *A. u. d. T.:* Briefe an J' von M'.... (*Band 1:* Mit einem Vorwort von Dr. Friedrich Hurter.) 6 Bände. 8. Schaffhausen 1839–1840.

Müller, Johann[es] von. J' von Müller's Worte der Wahrheit an alle Eidgenossen. Nebst einem noch ungedruckten Schreiben über Nidwalden und das schweizerische Direktorium. Hrg. von J[ohann] Heinrich Gelzer. 8. Zürich 1832.

—— Worte d. Wahrheit an alle Eidgenossen. Nebst e. noch ungedr. Schreiben üb. Nidwalden u. das schweizer. Directorium. Hrsg. v. J. Heinr. Gelzer. gr. 12. (4 B.) Zürich 852, Orell, Füßli u. Comp.

— über die arteriösen und venösen Wundernetze ꝛc., s. D. F. Eschricht.

Müller, Johs., aus der Väter Zeiten. Erinnerungen aus dem Leben des Pastors Johann Ludw. Müller in Mettmann. Zusammengestellt v. seinem Sohne J. M. (169 S. m. 1 Bildnis.) 8. Barmen (906). E. Biermann. Geb. in Leinw. n. 2. 80

Das Ziel. Zur Verständigung f. d. Suchenden von heute. Von Dr. Johannes **Müller**. München: C. H. Beck 1908. (80 S.) 8° [F.]
— **Bausteine** f. persönliche Kultur. Stück 3. [07. 16645

Müller, Johannes Adam Friedrich, s. Müller, Johannes

Müller, Johannes Carl Hermann, s. Müller, Johannes

Müller, Johannes Ed. Viktor

Müller, J(ohannes) E(d.) V(iktor): Eichendorffs poetisches Bilderbuch. Ein Beitr. z. Kritik d. deutschen Romantik. Hamburg 1908: Lütcke & Wulff. S. 67—92. 4°(8°)
Bergedorf b. Hamburg, Hansa-S, G i. E. u. R, in Festschr. z. Feier d. 25j. Bestehens, OP 1908 (949) [S 08. 321

Müller, J[ohannes] E[duard] V[iktor]: Arnims und Brentanos romantische Volkslied-Erneuerungen. Ein Beitrag z. Gesch. u. Kritik des „Wunderhorns". (T.) 1. Hamburg 1906: Lütcke & Wulff. (74 S.) 8°
Hamburg, Hansa-S P 1906 (904)

Müller, Joh[annes] Ed[mund] Vikt[or], a. Moringen: Arnims und Brentanos romantische Volkslied-Erneuerungen. Ein Beitrag zur Geschichte und Kritik des „Wunderhorns". I. Hamburg 1906: Lütcke & Wulff. (74 S.) 8°
Rostock, Phil. Fak., Ref. Golther, Diss. v. 31. Mai 1906
[Geb. 5. Aug. 71 Moringen b. Northeim; Wohnort: Bergedorf; Staatsangeh.: Preußen; Vorbildung: Gelehrtensch. d. Johanneum Hamburg Reife O. 90; Studium: Halle 2, Erlangen 2, Göttingen 7 S.; Rig. 28. Mai 05.]

Müller, Johannes Georg, Referendar: Die militärische Dienstpflicht nach deutschem Verwaltungsrechte. Borna-Leipzig 1909: Noske. 51 S. 8°
Leipzig, Jur. Diss. v. 7. April 1909
[Geb. 4. Mai 83 Dresden; Wohnort: Ölsnitz i. V.; Staatsangeh.: Sachsen; Vorbildung: Thomassch. Leipzig Reife O. 02; Studium: Leipzig 2, Freiburg i. B. 1, Leipzig 4 S.; Rig. 8. Febr. 06.] [U 09. 2613

Müller, Johannes Gustav, s. Müller, Gustav

Müller, Johs. Gust. Thdr., quaestiones Lactantianae. Dissertatio inauguralis. gr. 8. (60 S.) Göttingen 875. (Vandenhoeck & Ruprecht's Verl.) n. 1. 20

Müller, Johannes Heinrich

Müller, Joh. Hnr., Deutsche Münzgeschichte. In 3 Theilen. Th. 1 [einziger.] (BRO.; D.)

Müller, Johs. Heinr., deutsche Münzgeschichte. 1. Thl. Leipzig 860. T. O. Weigel. Lex.-8. (XIV, 376 S.) n. 2 ₰ 20 ngr.
Inhalt: Deutsche Münzgeschichte bis zu der Ottonenzeit.

Müller, Johannes Heinrich Christian August, s. Müller, August

Müller, Johs. Herm., der Sozialdemokrat Johannes Wedde als litterarische Grösse. gr. 4. (47 S.) Hamburg 901. A. Janssen. n. 1.—

Müller, Johannes Hermann August, s. Müller, Johannes

Müller, Johs. J. C., Elemente der theoret. Physik, s.: Christiansen, C.

— Lehrbuch der Elektrotechnik. Mit besond. Berücksicht. der elektr. Anlagen auf Schiffen. (XV, 893 S. m. Abbildgn.) gr. 8. Braunschweig 903. F. Vieweg & Sohn. n. 6. 40; geb. in Leinw. n. 7.—

Lehrbuch der Elektrotechnik. Mit besond. Berücks. d. elektr. Anlagen auf Schiffen hrsg. von Dr. Joh[anne]s J. C. **Müller**, Oberl. 2. verb. u. verm. Aufl. Mit 425 Abb. Braunschweig: F. Vieweg & Sohn 1907. (XI, 442 S.) 8° [06. 505 7

— Wärmelehre. (VI, 194 S. m. 86 Fig.) gr. 8. Leipzig 907. J. A. Barth. 4.—; geb. 4. 80

Müller, Johannes Karl Hermann, s. Müller, Johannes

Müller, J(ohannes) M(atthäus), Med.-Prakt.: Ein Fall von Totalexstirpation des Ganglion Gasseri. Würzburg 1910: Staudenraus. 43 S. 8°
Würzburg, Med. Diss. v. 1. Nov. 1910, Ref. Enderlen
[Geb. 25. Juni 84 Kaltensondheim; Wohnort: Würzburg; Staatsangeh.: Bayern; Vorbildung: Altes Gymn. Würzburg Reife Juli 04; Studium: Erlangen 5, Königsberg 1, Berlin 1. Würzburg 3 S.; Coll. 24. Febr. 10; Approb. 9. Nov. 09.] [U 11. 4588

Müller, Johannes Nicolaus [approb. Arzt aus Güls (Rheinprovinz)]: Ueber Neuroglia und Gliom des Gehirns .... Würzburg, Anton Boegler'sche Buchdr., 1887; 23 S. 8°
Würzburg, Med. Fak., Inaug.-Diss. v. 1887

Müller, Johannes Nicolaus, über Neuroglia und Gliom des Gehirns. Diss. Würzburg 1887, Stahelsche Univ.-Buchh. 8°. 23 S.

Müller, Johannes Oswald Oskar, s. Müller, Oskar

Müller, Johannes Paul

Deutsche Schulen und deutscher Unterricht im Auslande. Mit 9 Vollbild. u. zahlr. Abb. Zsgest. von J(oh.) P(aul) **Müller**, Dir. in Antwerpen. Selbstverl. *Leipzig: Th. Thomas in Komm. 1901.* (XVIII, 412 S.) 8° [F.] [01. 999

Müller, Johs. Paul, die deutschen Schulen im Auslande, ihre Geschichte und Statistik. Unter Mitwirkung zahlreicher Schulmänner zusammengestellt. gr. 8. (XVI, 176 S. mit 1 Taf.) Breslau 884, F. Hirt. *

Müller, Johs. Paul, die deutschen Schulen im Auslande, ihre Geschichte u. Statistik. Unter Mitwirkg. zahlreicher Schulmänner zusammengestellt. gr. 8. (XVI, 176 S. m. 1 Taf.) Breslau 885. F. Hirt. n. 2.—

Müller, Johannes Paul. Untersuchungen über einige Derivate des Camphers. Greifswald, 1864.

Müller, Johannes Rudolf Albert, s. M ü l l e r, Johannes

Müller, Joh. Valent., biblische Geschichte alten und neuen Testaments nach den Worten der heil. Schrift, mit Erläuterungen u. 3 (lith.) Karten (in 8. u. 4.) für Schule u. Haus bearb. Mit einer Vorrede von C. F. W. Fabri. Würzburg 862. Kellner. gr. 8. (XV, 271 S.) n. 10 *ngr.*

Müller, John, a. Reval: Aus der medizinischen Klinik in Tübingen. Ueber die Veränderungen der Temperaturtopographie unter dem Einfluß warmer Bäder. Tübingen 1907: H. Laupp jr. (18 S.) 8°

Tübingen, Med. Fak., Ref. Romberg, Diss. v. 11. Juli 1907

[Geb. 26. Apr. 80 Reval (Estland); Wohnort: Reval; Staatsangeh.: Rußland; Vorbildung: Gymn. Kaiser Nikolaus I. Reval Reife Sommer 01; Studium: Dorpat 8, Königsberg 2, Tübingen 2 S.; Rig. 10. Juli 07.]

Müller, John W. von, s. M ü l l e r, Johann Wilhelm von

Müller, Josef

Müller, Josephus (Hrsg.), s.a. A c t a et diplomata Graeca medii aevi sacra et profana.

Müller, Jos. (III.), et F. Miklosich, Acta et diplomata graeca medii aevi, s.a. Miklosich, F.

und Müller Josef, Dr.: *Acta et diplomata Graeca medii aevi sacra et profana. Vol. I: Acta patriarchatus Constantinopolitani MCCCXV—MCCCCII e codicibus manu scriptis bibliothecae Palatinae Vindobonensis. Tomus prior. Vindobonae.* 1860. K. Gerold . . . . .
— — *Vol. II: Acta patriarchatus Constantinopolitani MCCCXV—MCCCCII e codicibus manu scriptis bibliothecae Palatinae Vindobonensis. Tomus posterior. Vindobonae.* 1862. K. Gerold . . . . .
— — *Vol. III: Acta et diplomata res Graecas Italasque illustrantia e tabulariis Anconitano, Florentino, Melitensi, Neapolitano, Veneto, Vindobonensi. Vindobonae.* 1865. K. Geroldś Sohn . . . . .
— — — *Vol. IV: Acta et diplomata monasteriorum et ecclesiarum orientis. Tomus primus. Vindobonae.* 1870. K. Geroldś Sohn . . . . .
— — — *Vol. V: Acta et diplomata monasteriorum et ecclesiarum orientis. Tomus secundus. Vindobonae.* 1887. K. Geroldś Sohn . . . . .
— — — *Vol. VI: Acta et diplomata monasteriorum et ecclesiarum orientis. Tomus tertius. Vindobonae.* 1890. K. Geroldś Sohn . . . . .

Müller, Joseph (Hrsg.), s. A c t a patriarchatus Constantinopolitani.

MÜLLER, Joseph (Winkelhausen): De affectione carcinomatosa pylori.- Monachii: Wolf 1837. 16 S.
15.4.1837 - Urk: F 63
Diss. Ingolst. - Landsh. - Mchn.

Müller, Jos. (I.), Albanien, Rumelien u. die österreich.-montenegrinische Grenze ec. statistisch-topograph. Darstellung der Paschaliks Skutari, Priserend, Ipek, Toli-Monastir, Jakova, Tirana, Kavaja, Elbassan u. Ohrida, so wie des Grenzdistricts von Budua in Oesterreich.-Albanien, nach eigenen Beobachtungen dargestellt. M. e. Vorr. v. Paul Jos. Schafarik. gr. 8. (7½ B. u. 1 Charte v. Albanien.) Prag 844, Calve'sche Brlgsb.
XII, 103 S. 8°

Müller, Jos. (II.), byzantinische Analekten, s.a. A n a l e k t e n.

Müller, J., Byzantinische Analekten aus Handschr. d. S. Markus-Bibl. zu Venedig u. d. k. k. Hof-Bibl. zu Wien. 1852. 86 S.

MÜLLER, Josef
Über die Anatomie der Assimilationswurzeln von Taeniophyllum Zollingeri von Josef Müller. (Mit 1 Doppeltafel.) (Aus den Sitzungsberichten der kaiserl. Akademie der Wissenschaften in Wien. Mathem. naturw. Classe. Bd. CIX. Abth. I. November 1900.) Wien. 1900. In Comm. Gerold's Sohn. Gr.-8°. 17 S. K—.80

Müller, Jos. II., Andeutungen z. Eingang in d. klassische Alterthum der Griechen. 8. Prag 811. Mit Jahrzahl 820. Ebd. Eggenberger. 8 gr.

Müller, J., Andeutungen zum Eingang in das klassische Alterthum der Griechen. Dem studirenden Jüngling zur Beherzigung. Prag 819. 8. 8 gr.

Müller, J., Andeutungen zum Eingang in das klassische Alterthum der Griechen. 8. Prag, Hartmann. 820.

Müller, Jos., Anleitung zur raschen u. leichten Erlernung der Gabelsbergerschen Schnellschrift (Verkehrsschrift). (Neue Ausg.) gr. 8. (48 S. u. 9 Aufgabenblätter in gr. 4.) Barmen (900). (J. Pertz.)
In Mappe n.n. 1. 20

Anleitung zur raschen und leichten Erlernung der Gabelsbergerschen Schnellschrift (Verkehrsschr.) Bearb. von Josef **Müller**, Barmen. Hierzu 9 sep. Aufgabebl. *Barmen: W. Wandt [1900].* (48 S.) 8° [ca. 7690 5

Müller, Jos., Anleitg. zur raschen u. leichten Erlerng. der Gabelsbergerschen Stenographie (Korrespondenzschrift). gr. 8. (II, 48 S. m. 9 sep. Aufgabeblättern.) Barmen (893). (J. Pertz i/Fa. H. Klein.)
Geh. od. in Mappe n. 1. 50

Müller, Jos., Anleitung zur schnellen und gründlichen Erlernung des französischen Briefstils. Eine Auswahl der besten bis jetzt erschienenen französ. Originalbriefe in deutscher Uebersetzung für alle Verhältnisse des Lebens, zum Rückübersetzen ins Französische, mit Anmerkungen, nebst französ. Formularen von Anredetiteln, Briefschlüssen, Adressen, Billeten rc. Leipzig 859. Holtze. gr. 8. (XII, 179 S.) n. 15 *ngr.*

Müller, Jos. Anleitung zur Erlernung der Gabelsbergerschen Stenographie. In-8°. 48 S. Zürich, Art. Institut Orell Füssli Verlag. 1892. 1 50

M ü l l e r, J[oseph]. Anleitung zur Fürsorge für die Gesundheit der Schuljugend. Im Auftrage des Erziehungsrates des Kantons St. Gallen verfasst von Dr. med. J. Müller.... II + 23 S. 8. St. Gallen, Zollikofer, 1901. [fr. —. 20]

S. 18—23: Bestimmungen über die Gesundheitspflege in den Schulen (erlassen [vom] Erziehungsrat, St. Gallen 31. Juli 1901).

Müller, J., Die Koleopterengattung Alpholeuonus Reitt. Ein Beitrag zur Kenntnis der dalmatinischen Höhlenfauna. [Aus: Sitzungsber. d. k. Akad. d. Wiss.] Gr.-8°. (ill. 14 S. mit 1 Tafel.) † K —.60
Wien: Gerold 1903.

— Die Coleopterengattung *Apholeuonus* Reitt. Ein Beitrag zur Kenntnis der dalmatinischen Höhlenfauna (mit 1 Taf. und 4 Textfiguren). S. 112. I. 77 . . . . . —.60
Separatabdruck

Müller, Jos., *Dr., k. k. Kreisphys. zu Prag.* Das Apotheker-Wesen in seinen gesetzlichen Bestimmungen mit besonderer Rücksicht auf das Kaiserthum Oesterreich. Zweite Aufl., verm. mit einer Zusammenstellung der bis z. J. 1858 für d. Kaiserth. Oesterreich publizirt. Gesetze von Dr. Mathias Macher, k. k. Bezirks- und Gerichts-Arzt zu Stainz etc. etc. *Wien* 1858. *W. Braumüller.* 258 u. 44 S., 8°. 1 fl.

Müller, Joseph (Franz): Das Apotheker-Wesen in den k.k.österreichischen, k.preußischen, k.baierischen, k.württembergischen, k.sächsischen, k.hannoveranischen, churfürstlich und großherzoglich hessischen, großherzoglich badischen und mecklenburgischen, herzoglich nassau'schen und braunschweig'schen, fürstl. hohenzollern'schen etc.etc.Staaten mit besonderer Rücksicht auf die Bildung, das Pflichtverhältniß und die Gewerbsrechte des pharmaceutischen Personals, die deutschen Landes-Pharmakopöen und die landesüblichen Arzneitaxen. 258 S., gbd.

Wien: Braumüller 1844
JB 1.517

Müller Josef: Ueber die philosophischen Auffassungen des Tacitus. Diss.Wien, Univ.
D. XIX. Jahresbericht d. vereinigten k. k. Staatsmittelschulen in Feldkirch. 1877 PN 74 5

Mueller, Jos., ein Autographon Peter Schoeffer's in e. Incunabel der koenigl. u. Universitaets-Bibliothek zu Koenigsberg i. Pr. Mit (2) lith. Fcslc. Koenigsberg 869. Hübner & Matz. gr. 4. (8 S.) n. 12 ngr.

— Osen äreme Bastian. Ein humoristisch-satyrischer Schwank in Aachener Mundart. Aachen 860. (Leipzig, Wengler.) 8. (80 S.) n. 5 ngr.

Müller, Joseph, approb. Arzt aus Offenburg ⟨Baden⟩: Aus d. Universitäts-Augenklinik ⟨Prof. Axenfeld⟩ in Freiburg i. B. Beitrag zur Beteiligung des Auges an der Pseudoleukämie ⟨pseudoleukämischer Sehnerventumor⟩. *Freiburg i. B.: Speyer & Kaerner 1903.* (50 S.) 8°
Freiburg i. B., Med. Diss. v. 1903

Müller, Jos., Beitrag zur Beteiligung des Auges an der Pseudoleukämie (pseudoleukämischer Sehnerventumor). Diss. (49 S.) gr. 8. Freiburg i/B. 903. Speyer & Kaerner. n. 1.20

Müller, Jos., ein Beitrag zur Kenntnis der Bipaliiden, s.a. Arbeiten aus d. zoolog. Institut zu Graz. VI. 7.

MUELLER, Josef: Ein Beitrag zur Kenntnis der Bipaliiden. — 1903. S. 223—262, Taf. IV—VI. Diss. Graz, Univ.

Müller, J. Beitrag zur Petrefactenkunde der Aachner Kreide. (Programm d. k. Gymnasiums.) Aachen 1846. 8.

MÜLLER, Josef: Beiträge zur vergleichenden Anatomie des Holzes. - Wien 1876. 130 S., 6 Taf.

— Beiträge zu. Kenntnis der Höhlenfauna der Ostalpen und der Balkanhalbinsel. 1. Mitteilung: Die Gattung *Aphaobius Abeille (Coleopt., Silphid.)* (mit 1 Verbreitungskarte im Texte und 2 Textfiguren). D 90. I 1.50
— — 2 Mitteilung: Revision der blinden Trechus-Arten (mit 1 Stammbaum und 9 Textfiguren). D 90. II . . . . 10.—
Separatabdruck

Müller, Jos. Neue Beiträge zur Petrefacten-Kunde der Aachener Kreideformation. 18 S. u. Figt.
Aachen, Progr. 1855

Müller, Jos. Beiträge zur Petrefacten-Kunde. 20 S. u. Figt.
Aachen, Progr. 1846

Müller, Jos. Beiträge zur Petrefacten-Kunde. 18 S.
Aachen, Progr. 1859

Müller, Jos., urkundliche Beiträge zur Geschichte des sinkenden Romäerreiches. [Aus den Sitzungsberichten der k. Akademie d. Wiss. 1851 abgedr.] gr. 8. (34 S.) (Wien 852, Braumüller.) n. 1/6 ℔

—— urkundliche Beiträge zur Geschichte des sinkenden Romäerreiches. gr. 8. (34 S.) Wien 852, (Gerold's Sohn.) *
Aus: Sitzungsberichte der k. Akademie der Wissenschaften 1851, besonders abgedruckt.

Müller Josef: Urkundliche Beiträge zur Geschichte des sinkenden Romaerreiches, auch unter dem Titel „Über einige byzantinische Urkunden". S. 7. 323 . . . . —.50
Separatabdruck

Müller, Jos., weitere Beiträge zur Kenntnis der Bipaliiden, s.: Arbeiten aus dem zoolog. Institut zu Graz. VIII, 1.

Müller, Jos. VI., Beschreib. e. Flächenberechnungs- u. Theilungs-Maschine, s. Jh. Geo. Jobel.

Müller, Jos., das Bild in der Dichtung. Philosophie u. Geschichte der Metapher. 1. Bd.: Theorie der Metapher. — Indien, China, Chaldäa, Aegypten. gr. 8. (V, 170 S.) München 903. (Straßburg, C. Bongard.) n. 2.—

Müller, Jos., das Bild in der Dichtung. Philosophie u. Geschichte der Metapher. 2. Bd.: Die griech. Metapher. (V, 241 S.) gr. 8. München 906. (Straßburg, C. Bongard.) n. 5.—
Bd. 1 Ebd. 903. Erhöht. Pr. n. 3.—.

Müller, Josef. Bilder aus dem Buchdruckerleben. Klgft., Bertschinger, 1895. 1. Tl. (Nicht mehr ersch.)

Müller, Jos., s.: Bilek, Jak., d. Gefangenschaft d. Johann Augusta 2c.

—, Jos. Biographisches über Johannes Duns Scotus 28. S. Apost. *Cöln* 1881. Progr.

Müller, Jos., ein alter Bittgang auf Ennetmärcht, s.a. Neujahrs-Blatt, 8., historisches, hrsg. vom Verein f. Geschichte u. Altertümer v. Uri.

Ein alter Bittgang auf Ennetmärcht. Hist. Skizze von Joseph Müller, Pfarrer in Bauen. *(Altdorf 1901: Gisler & Cie.)* (S. 65–73.) 8° [F.]
— Neujahrs-Blatt, Historisches, hrsg. vom Verein f. Gesch. u. Alterthümer von Uri. 8, [2.] [illegible]

Müller, Jos., z. Bücherkunde d. Comenius. Chronolog. Verzeichnis d. gedruckten u. ungedruckten Werke d. Johann Amos Comenius. [Aus: „Monatshefte der Comenius-Gesellsch."] gr. 8. (35 S.) Berlin 894. Münster, J. Bredt. n. 1.—

[Müller, Joseph IV: geb. 1874.] Der selige Petrus Canisius. Erinnerung an die dreihundertjährige Gedächtnissfeier zu Freiburg in der Schweiz von J. M. Alsaticus. [Mit 2 Tafeln.] 8. Rixheim 1897.

Müller, Jos. Chronik des katholischen Gymnasiums zu Glaz von 1194, der Gründung der hiesigen Malteser Commende, bis 1776, der Aufhebung der Jesuiten hieselbst. 28 S.
Glaz, Progr. 1842

— Clara. Novelle. (Renaissance-Broschüren.) gr. 8. (40 S.) Augsburg 901. [Lampart & Co.] Straßburg, C. Bongard. n. 1.—

Müller Josef, Cvičebnice jazyka českého pro školy obecné. Vydání pětidílného díl I. (Zvláště se zřetelem k I. dílu čítanky pětidílné.) Za redakce Jana Jursy složil. Wien und Prag 1909. Schulbücherverlag. Brosch. K —.30.

Müller Josef, Cvičebnice jazyka českého pro školy obecné. Vydání pětidílného díl II. (Se zřetelem k II. dílu čítanky pětidílné.) Za redakce Jana Jursy složil. Wien und Prag 1906. K. k. Schulbücherverlag. Brosch. K —.30.

Müller Josef, Cvičebnice jazyka českého pro školy obecné. Vydání pětidílného díl III. (Se zřetelem k třetímu dílu čítanky pětidílné.) Za redakce J. Jursy složil. Wien und Prag 1907. Schulbücherverlag. Geb. K —.50.

Müller, Joseph Franz: Skizzierte Darstellung des Wirkungskreises der Privat-Aerzte und Wundärzte, nach den kais.kön.österreichischen Medicinal-Gesetzen bearbeitet. 118 S., gbd., Tab.

Wien: Gerold 1840

JB 5.473

Müller, Joseph (Franz): Systematische Darstellung des Medizinal-Wesens in den deutsch-illyrischen, böhmisch-galizischen und italienischen Provinzen des österreichischen Kaiserstaates, nach authentischen Quellen bearbeitet.

Wien: Braumüller & Seidel 1840 - 1844
Abth.1: Systematische Darstellung des öffentlichen Medizinal-Dienstes... 1840
Abth.2: Systematische Darstellung der Gesundheitspolizei... 1843
Abth.3: Systematische Darstellung der Krankenpflege... 1844
Abth.4: Elemente der Medizinal-Statistik... 1843

JB 5.474
K 36

Müller, J. Systemat. Darstellg d. Mediz.-Wesens i. d. dtsch-illyr., böhm.-galiz. u. ital. Provinzen d. österr. Kaiserstaates. 1. Abt. Wien 1844.

Müller, Joseph (Franz): Systematische Darstellung der Gesundheitspolizei nach den im österreichischen Kaiserstaate geltenden Normen bearbeitet. 172 S., gbd.

Wien: Braumüller & Seidel 1843
(Müller, J.(F.): Systematische Darstellung des Medizinal-Wesens in den...Provinzen des österreichischen Kaiserstaates. Abth.2)

JB 5.474/2
K 36/2

Müller, Joseph (Franz): Systematische Darstellung der Krankenpflege nach den im österreichischen Kaiserstaate geltenden Normen bearbeitet. 382 S., gbd., Tab.

Wien: Braumüller & Seidel 1844
(Müller, J.(F.): Syste,atische Darstellung des Medizinal-Wesens in den...Provinzen des österreichischen Kaiserstaates. Abth.3)

JB 5.474/3
K 36/3

Müller, Joseph (Franz): Systematische Darstellung des öffentlichen Medizinal-Dienstes nach den im österreichischen Kaiserstaate geltenden Normen bearbeitet. 86 S., gbd., 2 Tab.

Wien: Braumüller & Seidel 1840
(Müller, J.(F.): Systematische Darstellung des Medizinal-Wesens in den...Provinzen des österreichischen Kaiserstaates. Abth.1)

JB 5.474/1
K 36/1

Mueller, Jos. Zacharias, Declinatio Hebraici nominis ad naturam suam magis accommodata. Glatz, 1830, 4°.

Müller, J. Declinatio hebraici nominis ad naturam suam accommodata. 12 S. . . . .
Glatz, Progr. 1830

Müller, J. Verbi latini declinatio ad originem suam redacta. 8 S.
Conitz, Progr. 1825

— Verbi latini declinatio ad originem suam redacta. qu. Fol. Berl. 825, Hirschwald. Schrbp.

Müller, Josef: Historische denkmäler in den klöstern des Athos. Wien 1850.
Sonderabdruck aus Bd 1 von Miklosich's slavischer bibliothek.

– Kunstmaler Felix Maria Diog, s.a. Neujahrsblatt, Historisches, hrsg. von der Gesellschaft für Geschichte und Altertümer des Kantons Uri.

Müller, Joseph II [geb. 1837]. Kunstmaler Felix Maria Diog (1764–1834). Sein Leben und Wirken, von Josef M'.... (Histor. Njbl. Uri 1896 [Theil 1].) 4. (Altdorf 1895.)

Müller, Jos., die bischöflichen Diözesanbehörden, insbesondere das bischöfliche Ordinariat, s.a. Abhandlungen, kirchenrechtl.

Die Bischöflichen Diözesanbehörden, insbesondere das bischöfliche Ordinariat. Von Dr. Joseph Müller, Sekret. d. bischöfl. Generalvikariats zu Fulda. Stuttgart: F. Enke 1905. (VIII, 140 S.) 8°
— Abhandlungen, Kirchenrechtliche. H. 15. [illegible]

— Dostojewski. Ein Charakterbild. gr. 8. (IV, 196 S.) München 908. (Straßburg, C. Bongard.) n. 2. —

Müller, Jos. (I.), Einführung in die Elemente der Raumlehre. Kurzgefaßtes Lehr- und Übungsbuch. gr. 8. (VIII, 192 S. mit 230 geometr. eingedr. Fig.) München 882, Expedition des k. Zentral-Schulbücher-Verlags. **

MÜLLER, JOSEPH: Einleitung zur Auflösung vornehmster Lehrsätze der Glaubensgegner unserer Zeiten. Aus dem Lateinischen übersetzt von Joseph Müller. Pressburg 1802: Schwaiger-Druck. 101 S. - 8°
- Dass. Preßburg: Fr. J. Patzkó. 101 S. - 8°

—— hebraicae linguae elementa tabulis praesertim expressa. Lex.-8. (4½ B.) Vratislaviae 833, Pelz.

Müller, Joseph (Franz): Elemente der Medizinal-Statistik der deutsch-illyrischen, böhmisch-galizischen und italienischen Provinzen der österreichischen Monarchie. 172 S., gbd.

Wien: Braumüller & Seidel 1843
(Müller, J.(F.): Systematische Darstellung des Medizinal-Wesens in den...Provinzen des österreichischen Kaiserstaates. Abth.4)

JB 5.474/4
K 36/4

Die Enzyklika Pius X gegen den Modernismus und Ehrhard's Kritik derselben. Von Joseph Müller, S.J. Innsbruck: F. Rauch 1908. (48 S.) 8° [J.]
— Zeitschrift f. kath. Theologie. 1908, H. 2, Gratisbeilage. [illegible]

Müller, Jos. (II.), Erinnerungen der heil. kathol. Kirche, der besten Mutter an ihren verirrten Sohn Joh. Ronge. (Gedicht.) 4. Aufl. gr. 8. (1 B.) Striegau 845, Hoffmann. *

Müller, Jos., erlaubt d. Kirche d. eidliche Ableugng. e. wissentl. Thatsache? E. Vertheidigg. d. kathol. Kirche gegen Jesuiten u. Ehrendomherrn. gr. 8. (20 S.) München (Herzogspitalgasse 19) 896. Pößenbacher'sche Buchdr. — 60

—— Erzählungen aus dem Leben f. die kathol. Jugend. 2 Bde. 8. (17 B.) Striegau 845, Hoffmann. à

Müller, Jos. (II.), Erzählungen aus dem Leben für die katholische Jugend. 2 Bde. 2. (Titel-)Aufl. 8. Striegau (845) 59, Hoffmann. [1. Bd. (VI und 122 S.) 2. (142 S.) à Bd. 10 Ngr.]

Müller, Jos. (I.), neun kleine Erzählungen, e. Geschenk f. fleiß. Kinder. gr. 12. (3 B.) Breslau 838, G. P. Aderholz.

Müller, (Jos.,) 100 sehr lehrreiche zweiversige Fabeln f. d. Jugend. 12. Wien 826, Mausberger.

Müller, Josef, k. ung. Hauptzollamts-Controlor, früher k. k. Oberlieut. im 34. Linien-Inft.-Reg. etc. Der illustrirte Felddienst. Grossthaten der Mannschaft des k. k. Heeres, angewendet auf den Felddienst. Zum Gebrauche für Unterofficiers- und Mannschaftsschulen. Nach kriegsgeschichtlichen Quellen zusammengestellt.
kl. 8. Pressburg 1875.

—— die Freundschaft, in drei Erzählungen f. Kinder u. Kinderfreunde. 8. (5¾ B.) Schweidnitz 840, Heege.
Inh.: Der silberne Pokal. — Das Denkmal. — Die Rettung.

—— das Frohnleichnamsfest, u. das Bild. Zwei Erzähln. f. d. Jugend. 16. (8 B.) Breslau 837, Verlags-Comtoir.

Müller, Jos., üb. Gamophagie. Ein Versuch zum weiteren Ausbau der Theorie der Befruchtg. u. Vererbung. gr. 8. (64 S.) Stuttgart 892. F. Enke. n. 1. 60

Derselbe Über die Gasteropoden der Aachener Kreide. 24 S. u. Figt.
Aachen, Progr. 1849

Müller, Jos. (II.), Gedichte in d. aachner Mundart. 8. (6 B. u. Holzschn.-Vign.) Aachen 840, (Mayer.) •

— Gedichte und Prosa in Aachener Mundart. Neue Folge. Aachen 853. (Benrath u. Vogelgesang.) 8. (XVI, 144 S. m. 1 Holzschn. im Text.) n. 15 ngr.

Müller, Jos[eph] / [1820–1897]. Die klimatischen Kurorte Gersau und Rigi-Scheideck. [Umschlag illustriert.] 8. Einsiedeln 1867.

— alt-russische Geschichte, nach Nestor. Mit Rücksicht auf Schlötzers russische Annalen. 8. Berl. 812. Maurers B. 12 gr. Schrbp. 18 gr.

Müller, Jos., Geschichte der hl. Märtyrer Felix u. Regula, der Patrone Zürichs, u. der Uebertragung ihrer Häupter nach Ursern, s.a. Neujahrsblatt, 10. historisches, hrsg. vom Verein f. Geschichte u. Altertümer v. Uri.

Geschichte der hl. Märtyrer Felix und Regula, der Patrone Zürichs, und der Übertragung ihrer Häupter nach Ursern von Jos. **Müller**, Kanonikus in Chur. *(Altdorf 1904: M. Gisler.)* (S. 13–24.) 8° [J.]
— Neujahrs-Blatt. Historisches, hrsg. vom Verein f. Gesch. u. Alterthümer von Uri. 10. (s.) [04. 754

— Geschichte des sexuellen Lebens der Menschheit. 1. Bd.: Das sexuelle Leben der Naturvölker. 3. verm. Aufl. (IV, 79 S.) gr. 8. Leipzig 906. Th. Grieben. n. 1. 50; geb. in Leinw. n. 2. 20

Müller, Jos. (I.), Grundfibel u. erstes Sprachbuch z. teütschen Sprache. 8. (4 B.) Glatz 830. (Neisse, Hennings.)

— Grund-Fibel zur deutschen Sprache, mit evangel. Religionsunterricht. 8. Berlin 827, Hirschwald.

— dasselbe, mit kathol. Religionsunterricht. 8. Berlin 827, Hirschwald.

Müller, J., Grundriß der Staatsklugheitslehre. 8. Landsh. Krull. (Ambrosi, Passau) 803.

— — dasselbe. 8. Salzburg, Mayr. 803.

— Grundzüge z. deutschen Sprachlehre f. d. 6e Gymnasialklasse u. ähnliche Bildungsstufen, nebst einer Grundfibel (mit besonderer Anweisung f. d. Lehrer) als Einleitung u. Leseübungen als Anhang. gr. 8. Berl. 825, Hirschwald.

—— Grundzüge f. d. ersten Unterricht in d. teütschen Sprachlehre. 8. (12¾ B.) Neisse 834, Hennings.

—— dass., s.a. Hand- u. Taschen-Bibliothek, pädagog., II. Abthl. 12. Bdchn.

Müller, (Dr.,) Jos., Handbuch der Gesetze von 1740—1818 in chronolog. Ordnung. 1.—4. Bd. (1740—1800.) gr. 8. Linz u. Prag ..., CreDner. n. 8 ₰

MÜLLER, J.: Handbuch der Gesetze, durch verlässige Auszüge aus den — v. 1740 bis Ende 1818 erschienenen — noch bestehenden Gesetzen, in chronolog. Ordnung 1. Bd. Grätz. 1839. 8. (geht his 1780.)

Müller u. Krause, Hand-Fibel. 1. Uebungsbuch zur leichten Erlernung des Lesens, f. zahlreiche Schülerklassen u. m. steter Rücksicht auf chorweises Ueben entworfen f. kathol. Schulen. 7. Ausg. 8. (155 S., wovon 16 lith.) Striegau 877. Hoffmann. n. — 35; geb. n. — 50

Müller, Josef, Rechtsprakt.: Heimat- und Gemeindebürgerrecht in ihrem Rechtsverhältnis zu einander. Wolfratshausen 1909: Schwankl. 61 S. 8°
Erlangen, Jur. Diss. v. 7. Juni 1909, Ref. Rieker
[Geb. 6. Nov. 81 Reißing; Wohnort: München; Staatsangeh.: Bayern; Vorbildung: Wilhelms-Gymn. München Reife 01; Studium: München 8 S.; Rig. 14. Okt. 08.] [U 09. 718

Müller, Jos. (II.), Heinrich, der fromme Jüngling. Gedicht in 3 Gesängen. Nebst e. musikal. Beil., compon. v. Sadebeck. (gr. 4.) gr. 12. (1½ B.) Breslau 832, Pelz.

— Heldengesang vom Zuge gegen die Palowzier, s. Heldengesang.

Müller, Josef, appr. Tierarzt a. Neresheim, Volontär-Assistent des Instituts: Aus dem Anatomischen Institut der Kgl. Tierärztlichen Hochschule zu Stuttgart. ⟨Direktor Prof. Dr. Sussdorf.⟩ Zur vergleichenden Histologie der Lungen unserer Haussäugetiere. Hierzu eine Tafel. Bonn: F. Cohen (1906). (62 S.) 8° ¶ (Aus: Archiv für mikroskopische Anatomie und Entwicklungsgeschichte Bd 69. 1906.)
Gießen, Veterinär-Med. Koll., Ref. Martin, Diss. v. 8. Okt. 1906
[Geb. 18. Apr. 80 Gutenzell (Württemberg); Wohnort: Stuttgart; Staatsangeh.: Württemberg; Vorbildung: Gymn. Ellwangen Reife Juli 99; Studium: Tierärztl. Hochsch. Stuttgart 4, Berlin 1, Stuttgart 2 S.; Rig. 13. Juli 05.]

Müller, Jos., über neue Höhlenkäfer aus Dalmatien. Resultate der im Sommer 1903 unternommenen Forschungen in dalmatin. Höhlen. (20 S. m. 1 Fig.) gr. 8. Wien 903. (A. Hölder.) n. — 50
Sonderabdruck aus: „Sitzungsber. d. k. Akad. d. Wiss."

— Über neue Höhlenkäfer aus Dalmatien. Resultate der im Sommer 1903 unternommenen Forschungen in dalmatinischen Höhlen (mit 1 Textfigur). S. 112. I. 870 . —.50
Separatabdruck

Müller, Jos., Jean Paul u. seine Bedeutung f. die Gegenwart. gr. 8. (436 S.) München 894. Dr. H. Lüneburg. n. 9. —

— Jean-Paul-Studien. gr. 8. (VII, 176 S.) München 900. Dr. H. Lüneburg, Verl. n. 2. 80

Müller, J[os] (I.), aus Italien. Reise-Skizzen. 8. (VII, 220 S. mit 15 eingedr. Holzschn.) Einsiedeln 879, Gebr. Benziger.

— die Keuschheitsideen in ihrer geschichtl. Entwicklg. u. prakt. Bedeutg. gr. 8. (III, 196 S.) Mainz 897. F. Kirchheim. n. 3. —

— französische Conversations-Sprachlehre mit grammatikalischen Neuerungen und Verbesserungen. Ein Elementar-Lehrbuch für jedes Alter und für jedes Begriffsvermögen. 1. Kurs. Wien 861. Gorischek in Comm. gr. 8. (193 S.) n. 12 ngr.

Müller, Jos., der Kunst-Radfahrer. Leitfaden f. jeden Freund des Radsports. Kunst-Radfahren, Rad-Ballspiel, Rad-Polospiel. (51 S. m. Fig. u. 1 Taf.) 8. Lucka S.-A. (910). (Leipzig, Rauh u. Pohle.) 1. —

— das Leben e. Priesters in unsern Tagen. Selbstbiographie. Mit dem Portr. des Verf. (V, 104 S.) gr. 8. Würzburg 903. (Augsburg, Lampart & Co.) n. 1. 50

Ⓑ Müller, Jos., d. Leben e. Priesters. 903. (KVL 34.) Jetzt: Straßburg, C. Bongard.

— das sexuelle Leben der alten Kulturvölker. gr. 8. (XII, 143 S.) Augsburg (902). Leipzig, Th. Grieben. n. 2. 50

— das sexuelle Leben der christlichen Kulturvölker. (IV, 238 S.) gr. 8. Ebd. 904. n. 4. —; geb. in Leinw. n. 4. 80

— das sexuelle Leben der Naturvölker. gr. 8. (IV, 51 S.) Augsburg(900).[Lampart&Co.]Leipzig,Th.Grieben.n. 1. —

— dasselbe. (2. stark verm. Aufl.) gr. 8. (VIII, 73 S.) Ebd. (901). n. 1. 50

— Lehre der deutschen Sprache gründlich u. neu gefaßt, sammt ausübenden Ton- u. Silbenmaßlehre. gr. 8. Berlin 827, Hirschwald.

Müller, (Jos.,) Leitfaden beim Gesangunterricht f. Schüler d. Gymn. Nebst 30 musikal. Beil. z. Schul- u. Kirchengebr. 4. Conis 825, (Berl., Hirschwald.)

Müller, Jos., englisches Lesebuch für den Schul- und Privatgebrauch. Mit Anmerkungen und e. vollständ. Wörterbuche. Stuttgart 855. Metzler. 8. (VIII, 187 S.) n. 12 ngr.

—— Leselehre ꝛc., s. Hand- u. Taschen-Bibliothek, pädagog., II. Abthl. 2. Bdchn.

——, Johann v. Loon, Herr zu Heinsberg. Eine Erzähl. 12. (2 B.) Aachen 838, (Mayer.)

Müller, Jos. (II.), s. Miklosich, Frz., Acta et diplomata graeca.

Müller (Jos.), Monographie der Petrefacten der Aachener Kreideformation. Abthl. 1 und 2 nebst Supplement. — Abth. 1. (Herausgeg. v. naturhist. Verein d. preuss. Rheinlande.) Bonn 1847. 4. Mit 2 Tafeln. — Abth. 2. (Herausgeg. v. naturhist. Verein d. preuss. Rheinlande.) Bonn 1851. 4. Mit 4 Tafeln. — Supplement zu Abth. 1 und 2. Aachen 1859. 4. Mit 2 Tafeln.

Müller, Jos., Monographie der Petrefacten der Aachener Kreideformation. 2 Abthlgn. m. 6 lith. Taf. gr. 4. (48 u. 68 S.) Bonn 847. 51, Henry & Cohen in Comm. (1: 24 ngl 2: 1 ₰) 1 ₰ 24 ngl

—— Monographie der Petrefacten der aachener Kreideformation. Supplement zur 1. und 2. Abthl. gr. 4. (32 S. mit 2 in Stein rad. Taf.) Aachen 859, Mayer.
Die 1. und 2. Abthl. dieses Werks: Bonn 1851, (Cohen und Comp.) 1 Thlr. 24 Ngr.

—— und Wilh. Weitz, die aachener Mundart. Idiotikon, nebst e. poet. Anh. 8. (18¼ B.) Aachen 836, Mayer.

Müller, Josef: Die Münzreform in Oesterreich während der fünfzigjährigen Regierung (1848-1898) Sr. Majestät des Kaisers Franz Josef I. (Mit 2 Tafeln.) Von der numismatischen Gesellschaft in Wien. Wien 1898.
Aus: Festschrift zum fünfzigjährigen Regierungs-Jubiläum (1848-1898).

— Muttergottes-Sträußlein zum Maimonate. 854. (24 S.) n. $2\frac{1}{2}$ ngr. — 2. stark verm. Aufl. Aachen 857. Mayer. 8. (80 S.) 10 ngr.

Müller, J. Nachricht von den in Tyrol entdeckten Turmalinen oder Aschenziehern an Ignaz Edlen v. Born. Wien. 1778. 4.

v. Müller, Jos. III., Nachr. von den in Tyrol entdeckten Turmalinen, oder Aschenziehern. gr. 4. Wien 778. Krauß. 6 gl

— geschichtliche Notizen üb. die Pfarr-Gemeinde Spiringen, s. a. Neujahrs-Blatt, 7., histor., hrsg. vom Verein f. Geschichte u. Alterthümer v. Uri.

Geschichtliche Notizen über die Pfarr-Gemeinde Spiringen. Von Joseph Müller, Pfarrer in Bauen. *(Altdorf 1901: Gisler & Cie.)* (S. 18–73.) 8° [F.]
— Neujahrs-Blatt, Historisches, hrsg. vom Verein f. Gesch. u. Alterthümer von Uri. 7. [2.] [03. 03]

Pädagogik und Didaktik auf modern-wissenschaftlicher Grundlage. Von Dr. Josef Müller. *Mainz: F. Kirchheim 1898.* (VI, 192 S.) 8° [F.] [00. 673] 6

Eine Philosophie des Schönen in Natur und Kunst von Dr. phil. Josef Müller. *Mainz: F. Kirchheim 1897.* (270 S.) 8° [F.] [00. 673] 6

Müller, Jos., Predigt, geh. an der Schlachtfeier in Sempach, Montag den 9. Heumonat 1883. gr. 8. (19 S.) Luzern 883. (Räber.) n. — 30

— Predigten. Lex.-8. (VIII, 166 S.) München 902. (Straßburg, C. Bongard.) n. 2. —

Müller, Jos., Prosa u. Gedichte in Aachener Mundart. 2 Thle. in 1 Bd. 3. Aufl. gr. 8. (XIV, 143 u. IX, 149 S.) Aachen 894. (A. Creutzer.) n. 4. 50

Müller, Jos., Prosa u. Gedichte in Aachener Mundart. 1. u. 2. Bdchn. 12. 8. Aachen, G. Schmidt. à n. — 80
1. Der Bamberg. Brötchern än Verzellchere. Mit dem Bildnis des Dichters u. e. biogr. Skizze v. Alfr. v. Reumont. 4. Aufl. (IV, 96 S.) 904. — 2. Ofen ärme Bastiom. Mit Illustr. von Wilh. Nießen. (115 S.) 905.

Müller, J. Ueber niederrheinische Provinzialismen. 28 S. . . . .
Aachen, Progr. 1838

Müller, Jos. Niederrheinische Provincialismen. Aachen u. Leipzig 1839. 4. . . . (B.)

—— niederrhein. Provinzialismen. Eine Abhandl. gr. 4. (4 B.) Aachen 838, Mayer.

Müller, Joseph, Magistrats-Diätar: Die Rechtsverhältnisse der Armenarbeitsanstalten in Preußen unter besonderer Berücksichtigung der Breslauer Verhältnisse. Breslau 1907: Grosser & Co. (X, 71 S.) 8° [F.]
Breslau, Jur. Fak., Ref. Brie-Dahn, Diss. v. 26. Febr. 1907
[Geb. 14. März 72 Neiße, O.-S.; Wohnort: Breslau; Staatsangeh.: Preußen; Vorbildung: Gymn. Oppeln Reife O. 99; Studium: Breslau 7 S.; Rig. 17. Jan. 07.]

— der Reformkatholizismus. Für die Gebildeten aller Bekenntnisse dargestellt. 2 Thle. gr. 8. Zürich 899. C. Schmidt. n. 3. 60
1. Die wissenschaftliche Reform. 2. verm. Aufl. (VI, 128 S.) n. 1,60
2. Die praktischen Reformen. (VI, 166 S.) n. 2.—

— Reformkatholizismus im Mittelalter u. zur Zeit der Glaubensspaltung. (Renaissance-Broschüren.) gr. 8. (VI, 82 S.) Augsburg 901. [Lampart & Co.] Straßburg, C. Bongard. 1.50

Müller, Jos., Der Reformkatholicismus, die Religion der Zukunft. Für die Gebildeten aller Bekenntnisse dargestellt. Würzburg, Göbel, 1899, gr. 8°, VIII, 102 S., 1,50 Mk.

Müller, Jos. (III.), Remarques sur la langue des classiques français au 17e siècle. Thèse. gr. 8. (87 S.) Leipzig 871, Dürr'sche Buchh.

— s.: Renaissance, die.

— s.: Renaissance-Broschüren.

Müller, Joseph [app. Arzt aus Eschweiler]: Über die Resultate der Diphtherie-Behandlung in der chirurgischen Klinik zu Halle vom 1. April 1890 bis 1. April 1896 ... Halle a. S., Hofbuchdr. v. C. A. Kaemmerer & C., 1896; 24 S., 2 Bl. 8.
Halle, Med. Fak., Inaug.-Diss. v. 13. Juni 1896

Müller, Joseph Über Rupert von Deutz und dessen „vita sancti Heriberti". 4 (S. 3—31).
Progr. Kath. G. an Aposteln *Köln* 1888 (402).

Müller, Jos., Aachens Sagen und Legenden. Aachen 858. Mayer. 16. (XII, 148 S.) 15 ngr.

Müller, Joseph, app. Arzt aus München: Über congenitale Sacraltumoren. *Bayreuth 1901: L. Ellwanger.* (30 S.) 8°
München, Med. Diss. v. 1901

Müller, Josef, aus Köln: Über Schallgeschwindigkeit in Röhren. *Bonn 1903: C. Georgi.* (48 S.) 8°
Bonn, Phil. Diss. v. 31. Jan. 1903

Mueller, Jos., die musikalischen Schaetze der königl. u. Universitaets-Bibliothek zu Koenigsberg in Pr. Aus dem Nachlasse Friedr. Aug. Gotthold's. Nebst Mittheilgn. aus dessen musikal. Tagebuechern. Ein Beitrag zur Geschichte u. Theorie der Tonkunst. (In 2 Liefgn.) 1. Liefg. Bonn 870. Marcus. hoch 4. (IV u. S. 1—168.) n. 2 ₰

Müller, Jos., die musikalischen Schätze der königl. u. Universitäts-Bibliothek zu Königsberg in Pr. Aus dem Nachlasse Friedr. Aug. Gotthold's Nebst Mittheilgn. aus dessen musikal. Tagebüchern. Ein Beitrag zur Geschichte u. Theorie der Tonkunst. 2. Lfg. hoch 4. (S. 169—432.) Bonn 871. A. Marcus. n. 9. — (1. 2.: n. 15. —)

[J.] Müller, Josef [aus Bamberg]: Die Seelenlehre Jean Pauls ... München, H. Lüneburg, 1894; 1 Bl., 33 S. 8.
Erlangen, Phil. Fak., Inaug.-Diss. v. 1894

— die Seelenlehre Jean Pauls. gr. 8. (33 S.) Ebd. 894. n. 1. —

Müller Dr. Josef: Über Sinnesempfindungen und Sinnesorgane im Pflanzenreiche. 25. Triest St. R. 05.
Progr.

Müller, J. Ueber den teutschen Sprachunterricht auf Gymn. im Allg. und über die teutsche Sprache insbesondere. 22 S. . . . .
Progr. Glatz 1834

Müller, J[oseph]. Die Stellung des Lehrers zur Schulgesundheitspflege. Vortrag gehalten an der Jahresversammlung des Vereins kath(olischer) Lehrer und Schulmänner der Schweiz am 18. Oktober 1904 in Chur. Separat-Abdruck aus « Pädagogische Blätter » [Jahrg. 12, 1905, Nr. 7—9]. II + 18 S. 8. Einsiedeln, Eberle & Rickenbach.

Müller, Jos., System der Philosophie. Enthaltend Erkenntnistheorie, Logik u. Metaphysik, Psychologie, Moral- u. Religionsphilosophie. Mainz, Kirchheim, 1898, gr. 8°, VII, 372 S., 5 Mk.
Vgl. dazu M. Gloßners ausführliche Kritik. Jahrb. f. Phil. u. spek. Theol. 1900, S. 17—47, und L. Schütz, Philos. Jahrb. d. Görresges. Bd. 12 (1899), S. 319—22. — Chabin, S. J., La science de la religion. Paris, Poussielgue, 1898, 8°, VI, 535 p., 5 fr.

Müller, Jos., das sociale Übel der Trunksucht und des Wirthshauslebens der Gegenwart. Vortrag, gehalten an der Jahresversammlung des Schweizerischen Piusvereins in Einsiedeln am 19. Aug. 1885. Nebst einem Anhang „über die christliche Arbeit" von demselben Verf. Hrs. vom Schweizerischen Piusverein. 8. (23 S.) Solothurn 885, Burckard und Frölicher. *

Müller, Jos., das sociale Übel der Trunksucht u. des Wirtshauslebens der Gegenwart. Vortrag. Nebst e. Anh., „üb. die christl. Arbeit" v. demselben Verf. Hrsg. vom Schweizer. Piusverein. 8. (23 S.) Solothurn 885. (Schwendimann.) n. — 20

Müller, Domhr. Prof. Jos., Das soziale Uebel der Trunksucht und des Wirthshauslebens der Gegenwart. Vortrag. Nebst einem Anhang: „Ueber die christl. Arbeit" von demselben Verf. Hrsg. v. Schweizer. Piusverein. 8°. Solothurn, Schwendimann, 1886.

TEUFELSMÜLLER (d. i. *Jos. Müller*). — Kurzgefaßte Unglücksgeschichte des sogenannten Teufelmüllers aus Mähren. Von ihm selbst erzählt. Wien 1814. 8°. Rar! (6 Kr. Gilhofer & Ranschburg, Wien 1912.)
Interessante Selbstbiographie *Jos. Müllers*, geb. 1760 in Hustopec in Mähren, später als Buchdrucker u. Gastwirt in Troppau u. Brünn tätig.

Müller, J. Ueber den naturhist. Unterricht auf Gymn. 16 S. . . .
Progr. Aachen 1833

Müller, Jos., Unterrichtsblätter (Anleitung) zur raschen u. leichten Erlernung der Gabelsbergerschen Schnellschrift (Verkehrsschrift). Für Unterrichtskurse u. zum Selbstunterricht bearb. Hierzu 9 Aufgabeblätter (in gr. 4) u. 1 Abbildg. des Gabelsberger Denkmals in München. (48 S.) gr. 8. Barmen (903). (J. Pertz.) n.n. 1. 25

Müller, Jos., Unterrichtsbriefe zur raschen u. leichten Erlernung d. Gabelsberger'schen Satzkürzung [Debattenschrift]. gr. 4. (24 S.) Barmen 890. (Klein.) n.n. 1. 20

Müller, Jos., Unterrichtsbriefe zur raschen u. leichten Erlernung der Gabelsbergerschen Satzkürzung [Debattenschrift]. 2. Aufl. gr. 4. (24 S.) Barmen 892. (H. Klein.) n. 1. 50

— dasselbe. [Korrespondenzschrift.] Für den Unterricht u. zum Selbststudium bearb. 2. Aufl. gr. 4. (40 S.) Ebd. 892. n. 1. 50

— Unterrichtsbriefe zur raschen u. leichten Erlerng. d. Gabelsbergerschen Schnellschrift (Verkehrsschrift), f. d. Unterricht u. zum Selbststudium bearb. 4. (24 u. 20 S. m. 1 Bl. in gr. 8.) Ebd. (895). n. 1. 50

— Unterrichtsbriefe zur raschen und leichten Erlernung der Gabelsberger'schen Stenographie [Korrespondenzschrift]. Für den Unterricht u. zum Selbststudium bearb. gr. 4. (40 S.) Ebd. 889. n.n. 1. 20

Müller, Josef, Unterrichtsbriefe zur raschen und leichten Erlernung der Gabelsberger'schen Stenographie. (Debattenschrift.) 4. In Umschlag —.70
— — (Correspondenzschrift.) 4. In Umschlag —.70
Teplitz: Becker 1892.

Müller, J. Unterrichtsbriefe zur raschen und leichten Erlernung der Gabelsbergerschen Stenographie (Debattenschrift). 5 Briefe, 4 Aufgabeblätter und 3 Beilagen. In-4°. 16 S. Zürich, Art. Institut Orell Füssli. 1892. 2 —

Müller, Joseph: Untersuchungen zur Lautlehre der Mundart von Aegidienberg. *Bonn (1900): P. Hauptmann.* (V, 62 S.) 8° ¶ (Auszug aus einer grösseren Arbeit üb. d. allg. Lautgesetze u. d. Vokalismus d. Aegidienb. Mundart.)
Bonn, Phil. Diss. v. 1. Aug. 1900

Müller, Jos., Untersuchungen zur Lautlehre der Mundart v. Aegidienberg. gr. 8. (V, 62 S.) Bonn 900. P. Hanstein. n.n. 1.50

— üb. Ursprung u. Heimat des Urmenschen. gr. 8. (68 S.) Ebd. 894. n. 1.60

— Vereinigt euch! Ein Mahnruf f. Klerus u. Laien. (28 S.) gr. 8. Leipzig (907). Th. Grieben. — 40

Müller, Jos., der Verlagsvertrag nach schweizer. Recht, s.a. Abhandlungen zum schweizer. Recht. 5. Heft.

Müller, Josef, aus St. Fiden (St. Gallen): Der Verlagsvertrag nach schweizerischem Recht unter besonderer Berücksichtigung des deutschen Verlagsrechts. Bern 1905. 175 S. 8°.
Bern. Jur. Diss. 1904/1905.

Müller, Josef. Der Verlagsvertrag nach schweizerischem Recht, unter besonderer Berücksichtigung des deutschen Verlagsrechts. XVI + 175 S. 8. Bern, Stämpfli & Cie., 1905.
Ausg. A: Diss. Jur. Bern.
Ausg. B: [fr. 3. 60.] — Abhandlungen zum schweizerischen Recht, hrg. von Dr. Max Gmür, Professor.... Heft 5.

Müller, Jos., S. J., s.a. Verurteilung, die, des Modernismus durch Pius X.

(F) **Müller, J.,** Die Verurteilung des Modernismus durch Pius X. Sonderabdruck a. d. „Zeitschrift für katholische Theologie" XXXII. (1908.) 8°. (20 S.) K —.21
Innsbruck: Rauch 1908.

Müller, Jos. (III.), systemat. Verzeichniß der in d. Umgegend Aachens wildwachs. phanerogam. Pflanzen. Zum Gebr. d. Schüler d. Gymnasiums u. and. Schulen zusammengest. 4. (3½ B.) Aachen 832, (Roschüz u. Comp.) Thlr.

—— systemat. Verzeichniß der in d. Umgegend Aachens wildwachs. phanerogam. Pflanzen, z. Gebr. d. Schüler d. Gymnasiums u. a. Schulen. 2. Aufl. — A. u. d. T.: Prodromus d. phanerogam. Flora v. Aachen. 8. (12⅙ B.) Aachen 836, Mayer.

Müller, Jos., Vorstrafen u. Strafregister, s. a. Abhandlungen, strafrechtliche.

Müller, Josef: Vorstrafen und Strafregister. ⟨Unter besonderer Berücksichtigung von Bayern.⟩ Breslau: Schletter 1908. 77 S. 8° ¶ (Ersch. auch als: Strafrechtl. Abhandlungen. H. 92.)
Würzburg, Jur. Diss. v. 14. Sept. 1908, Ref. Oetker
[Geb. 18. Sept. 81 Nürnberg; Wohnort: München; Staatsangeh.: Bayern; Vorbildung: Gymn. München Reife Juli 00; Studium: Berlin 1, München 2, Würzburg 5 S.; Rig. 4. März 08.] [U 09. 4074

— apologetische Vorträge. (III, 60 S.) gr. 8. Würzburg 903. (Straßburg, C. Bongard.) n. — 60

— moralphilosophische Vorträge. (52 S.) gr. 8. Würzburg 904. Ballhorn & Cramer Nachf. n. 1.20

Müller J. Wann und wie ist das Augustiner-Kloster in Konitz gegründet? Welche Schicksale hat dasselbe erfahren? Und wie hat sich zu uns. Zeit das Paupernhaus und Convikt bei St. Augustin daraus hervorgebildet? 8 S. . . . .
Progr. Conitz 1829

— d. Wesen d. Humors. gr. 8. (39 S.) München 895. Dr. H. Lüneburg. n. 1.50

Das Wesen des Humors. Von Dr. Josef **Müller.** München: H. Lüneburg 1896. (39 S.) 8° [F.] [06. 11236

Müller, Josef, gewesener k. k. Oberlieut. im 34. L.-Inft.-Reg., dermal k. k. Hauptzollamts-Assistent. Das k. k. österr. 34. L.-Inft.-Reg. König Wilhelm I. von Preussen in den Feldzügen 1859 und 1864. Erinnerungen aus dem Kriegsleben. gr. 8. Tetschen 1865.

— Heini Wolleb Hauptmann der Urner, Held zu Fastenz, s. Neujahrsblatt, Historisches, hrsg. von der Gesellschaft für Geschichte und Altertümer des Kantons Uri.

Müller, Joseph *H.* Heini Wolleb, Hauptmann der Urner, Held zu Frastenz, im Schwabenkriege gefallen den 20. April 1499 daselbst, von Josef M'.... (Histor. Njbl. Uri 1898 [Theil 2].) 4. (Altdorf.)

Müller, Jos. Zur Würdigung des Thukydides vom ethischen Standpunkte aus. 27 S. 8. Progr. *Feldkirch* 1885.

Müller, J., zur Würdigung d. Thukydides vom ethischen Standpunkte aus. gr. 8. (27 S.) Wien 885. (Pichler's Wwe. & Sohn.) n. — 50

Müller, Josef Zur Würdigung des Thukydides vom psychologischen Standpunkte aus. 8 (S. 3—38). K. k. R.- u. Ober-G. *Feldkirch* 1888. Progr.

— Zeitklänge. Aachen 861. Mayer. 8. (56 S.) 7½ *ngr.*

— (Red.), s. Zoll-Correspondenz, Ungarische.

Müller J. Vergleichende Zusammenstellung der gothischen, alt-, mittel- und neuhochteutschen Deklin. u. Conjug. für Gymn. 23 S.
Progr. Glatz 1838

Müller, Jos. Ch., § 111 des allgem. bürgerl. Gesetzbuches für das Kaisert. Oesterreich u. seine Folgen. 2. Aufl. (18 S.) 8. Graz 904. Leykam. n. — 20

Müller, Joseph Franz, s.a. Müller, Josef

Müller, Joseph Fr(anz) ⟨geb. am 11 Febr. 1849 in Bonn⟩: Zur Entwickelungsgeschichte der Vallisneria spiralis ... Bonn, Druck v. C. Georgi 1875. 33 S. 8. ¶ Wieder abgedr. in d. Bot. Abhandl. aus d. Geb. d. Morphol. u. Physiol. hrsg. v. Hanstein III 4 1878 S. 31 ff.
Bonn, Phil. Fak., Diss. v. 14 Aug. 1875

Müller, Jos. Frz., Entwicklungs-Vorgänge bei Pistia Stratiotes und Vallisneria spiralis, s. Abhandlungen, botanische, aus dem Gebiete der Morphologie und Physiologie.

Müller, J. F., Entwicklungs-Vorgänge bei Pistia Stratiotes u. Vallisneria spiralis, s.: Kubin, E.

MÜLLER, JOSEPH FRIDRICH: Da Sr. Päbstliche Heiligkeit Pius VI. Sr. Eminenz Herrn Joseph Fürsten von Batthyanyi den Kardinalshut in Wien aufsetzt. Wien 1782. 4 S.

(Müller, J[oseph] F[riedrich].) Kurort Engelberg im Kanton Unterwalden ob dem Wald. [Umschlag illustriert.] 8. (Luzern 1837).

(Müller, Jos[eph] Fr[iedri]ch.) Der Kurort Engelberg im Kanton Unterwalden ob dem Wald in der Schweiz. [Umschlag illustriert.] 8. Luzern 1864.

Müller, Josef Friedrich [prakt. Arzt von Engelberg, Unterwalden]: Helmitol, ein neues Harnantisepticum. (S.-A. aus d. Deutschen Aerzte-Zeitung H. 8. 15. April 1903.) [Berlin 1903.] 21 S. 8°.
Zürich, Med. Diss. 1902/1903.

Müller, Josef Friedrich. Helmitol, ein neues Harnantisepticum. Diss. Med. Univ. Zürich. (Sonder-Abdruck aus der Deutschen Aerzte-Zeitung. Heft 8. 15. April 1903.) IV + 21 S. 8. (Berlin, Pass & Garleb.)

Müller, Josef Godehard

— Aktenstücke zur inneren Geschichte Mailands unter französischer Herrschaft und unter den letzten Sforzas. Aus dem Archive von S. Fedele in Mailand. Ar 27. 345 „ —.60
Separatabdruck

Müller Josef Godehard: Carlo Caraffa, Vescovo d'Aversa *Relatione dello stato dell' imperio e della Germania fatta dopo il ritorno della sua nuntiatura appresso l'imperatore 1628.* 1. und 2. Teil. Ar. 23. 101, 211 . . . . „ 5.—
Separatabdruck

Müller, Jos. Godehard, s. Erinnerungen.

Müller, Jos. Godehard Nachricht über die Bibliothek des Gymnasii Josephini und die auf derselben vorhandenen Handschriften und alten Drucke. 21 S. Progr. Jos. Hildesheim 1876.

Müller, Jos. Heinr., katholisches Jahrbuch, s. Jahrbuch.

Müller, Jos. Heinr., siehe: Jahrbuch der Römisch-Katholischen Kirche.

Müller, Jos. Th., s.: Zeitschrift f. Brüdergeschichte.

Müller, Jos. Th., Zinzendorf als Erneuerer der alten Brüderkirche. Festschrift des theolog. Seminariums der Brüdergemeine in Gnadenfeld zum Gedächtnis der Geburt Zinzendorfs am 26. V. 1700. Mit e. Vorwort des Direktors. gr. 8. (V, 118 S.) Leipzig 900. F. Jansa. n. 1. 50

Mueller, J[os.] T[heod.], Die symbolischen Bücher der evangelisch-lutherischen Kirche, deutsch und lateinisch. Neue sorgfältig durchgeseh. Ausg. mit d. sächs. Visitations-Artikeln, ein. Verzeichn. abweich. Lesarten, hist. Einl. u. ausführl. Reg. 7. Aufl. Gütersloh 1890. 8°. *[1. Aufl. 1847.]*

— — s.a. Müller, Johann Tobias

Müller, Jos. Zacharias, s. Müller, Josef

Müller, Isidor (Hrsg.), s. Akademie, Die österreichische, der Dichtung...

Müller, Isidor —. Die Braut des Kaiserjägers. Epische Dichtungen von — —. 8. (122 S.) Innsbruck. Druck und Verlag von Felician Rauch. 1854.

Müller, Is., die praktisch wichtigsten Erkrankungen des Ohres. — Schmeichler, Ludw., augenärztliche Winke. (37 S.) 8. Wien 910, J. Šafář. nn — 85
Sonderabdruck aus: „Kldr. f. öst. Amts-, Gemeinde- u. f. prakt. Ärzte“.

Müller, Isidor —. Friedrich mit der leeren Tasche. Tirolisches National-Schauspiel in fünf Akten, von — —. Innsbruck. 1855. Verlag und Druck der Wagner'schen Buchhandlung und Buchdruckerei. (100 S. 8.) geh.

Müller, Isidor. Landeck-Meran m. den Touren in die Schweiz u. nach Italien. Eine Monographie. 12. (III, 75 S.) Meran 891, Ellmenreich. * 1 —

Müller, Isid., die Lehre von der Herrschaft und ihrer Gestaltung zum freien Staate. gr. 8. (55 S.) Wien 861, (Gerold's Sohn.) * *

— die Lehre von den Rechten, vom Unrechte und seiner Behandlung in und ausser dem Staate. Mit einem Anhang über die Katharsis des Aristoteles in der Tragödie. gr. 8. (45 S.) Wien 861, Gerold's Sohn. Thlr. * *

Müller Dr. Isid. (Landeck), Natulus, der Selbstnotar für Tirol und Vorarlberg. Druck von Karl Lampe in Imst. (Selbstverlag.) Lieferung 3. 1889.

Müller's, Isidor, poetische Werke. I. Serie. 3 Bdchn. 8. Imst, Selbstverlag. (Innsbruck, Wagner.) à n. 1. 40
1. Friedrich m. d. leeren Tasche. Tirol. National-Schausp. in 5 Akten. (93 S.) 895.
2. D. Braut d. Kaiserjägers. Epische Dichtg. in 8 Gesängen. (75 S.) 895.
3. 's Christill. Eine Geschichte aus Balgenair. (54 S.) 896.

— dasselbe. II. Serie. 1.—3. Bdchn. 8. Innsbruck 897. (Wagner.) à n. — 80
1. Das Dichtermonument. Tragi-kom. Dichtung in 2 Akten. (31 S.)
2. Tiroler Alpenbilder. (63 S.)
3. D. Tanzlection auf d. Alm. Dramat. Scherz in 2 Akten m. Gesang u. Tanz. (39 S.)

Müller, Julie, die Alkoholfrage, betrachtet v. e. Lehrerin. Vortrag, geh. in der Ortsgruppe Augsburg des Vereins f. Fraueninteressen am 7. I. 1907. (16 S.) 8. Augsburg (Oblatterwallstr. 2I), 907. Lehrerin Julie Müller. p — 10

Müller, Jul., s. a. Julius, Karl.

Müller, Jul., dogmatische Abhandlungen. Bremen 870. Müller. gr. 8. (XX, 658 S.) n. 3 ℛ

Müller, Julius (Hrsg.), s.a. Abschiede der in den Jahren 1540 - 1542 in d. Altmark geh. ersten General-Kirchen-Visitation.

Die Abschiede der in den Jahren 1540—1542 in der Altmark gehaltenen ersten General-Kirchen-Visitation mit Berücksichtigung der in den Jahren 1551, 1578—79(81) und 1600 gehaltenen Visitationen. Im Auftrage des Altmärkischen Geschichts-Vereins herausgegeben von J. MÜLLER und A. PARISIUS.
Bd. I., Heft 1—4. Magdeburg. 1889—1898. Druck von E. Baensch jun. 8°.
Bd. II., Heft 1. ib. 1907. —
Bd. II, Heft 2. (Seehausen, Kloster Neuendorf, Gardelegen.) ib. 1912. —

Müller, Julius, Gerichtsrefer.: Das bürgerliche Anfechtungsrecht, insbesondere seine Übertragbarkeit. Bonn 1909: Ludwig. 90 S. 8°
Bonn, Jur. Diss. v. 15. Okt. 1909, Ref. Cosack
[Geb. 14. Jan. 84 St. Wendel; Wohnort: Cöln; Staatsangeh.: Preußen; Vorbildung: Apostel-Gymn. Cöln Reife O. 02; Studium: Tübingen 3, Berlin 1, Bonn 2 S.; Rig. 1. März 09.] [U 10. 298

Antrag der Mitglieder Müller und Wauer c/a Kehrbach zur ordentlichen General-Versammlung der Gesellschaft für deutsche Erziehungs- und Schulgeschichte im Monat Mai 1902. Ausführl. begründet von Julius Müller, Verlagsbuchh. (Als Ms. gedr.) *Berlin 1902: J. Harrwitz Nachf.* (27 S.) 8° [J.] [01. 6451 0

Müller, Jul., unf. Arbeit f. d. reformirte Kirche. Bericht, erstatt. auf d. 6. Hauptversammlg. d. Reformirten Bundes f. Deutschland am 28. Aug. 1895 zu Siegen. gr. 8. (24 S.) Elberfeld 895. (Berlin, Verlag. d. Reform. Kirchenzeitg.) n. — 30

Müller, Jul., die nächsten Aufgaben f. d. Fortbildung der deutsch-protestant. Kirchenverfassung. gr. 8. (4 B.) Breslau 845, Max u. Comp.
Aus: Huber, B. X., Janus 1845. 8. Hft. befond. abgedruckt.

Müller, Jul., die hygienisch-diätetische Behandlung der Syphiliskranken. (VII, 118 S.) Lex. 8. Berlin 907. A. Hirschwald. 3. —

Müller, Julius: Beiträge zur Kenntnis der Metaphosphate. 1906. 42 S. 8°
Berlin, Dr.-Ing.-Diss. v. 23. 11. 1906

Müller, Julius, aus Halle a. S.: Beiträge zur Morphologie des Harzgebirges. *Halle a. S. 1903: Kreibohm & Co.* (39 S.) 8°
Halle, Phil. Diss. v. 1903

Müller, Julius [aus Bad Ems]: Beiträge zur Tuberculose des Calcaneus ... Göttingen, Druck d. Dieterich'schen Univ.-Buchdr., 1894; 67 S. 8.
Göttingen, Med. Fak., Inaug.-Diss. v. [24. Jan.] 1894

Müller, Jul., Beiträge zur Tuberculose des Calcaneus. Diss. gr. 8. (67 S.) Göttingen 894. (Vandenhoeck & Ruprecht.) n. 1. 40

Müller, Jul., der Beruf d. evangel. Predigers. Abschiedspred. gr. 8. (1 B.) Göttingen 835, Dieterichsche Buchh.

Müller, (Jul.,) zur Beurtheilung d. Schrift: die kathol. Kirche Schlesiens. 2e Aufl. 8. Bresl. 827, Max u. C.

Müller, Julius Bibelklänge. Sieben geistliche Lieder nach Bibelstellen. 4 (8 S.). Rg. auf der Burg *Königsberg i. Pr.* 1887 (19).
Progr.

Müller, Jul., Bibelstunden. Der Brief Pauli an die Galater. Mit Vorwort von Nitzsch. Wohlfeile Ausg. Hamburg 861. Agentur des Rauhen Hauses. 12. (IV, 392 S.) 15 ngr.

Müller, Jul., der Brief Pauli an die Galater, in Bibelstunden erklärt. Mit Vorwort von Nitzsch. Hamburg 853. Agentur des Rauhen Hauses. 12. (IV, 392 S.) 22¼ ngr.

Müller, Jul., das Berliner Brockenhaus. Seine Bedeutg. f. die Volks-Wohlfahrt. Ein Beitrag zur Armenpflege der Gegenwart. gr. 8. (64 S. m. 1 Abbildg.) Berlin 901. L. Frobeen Verl. n. — 60

Müller, Julius: Bromderivate des o-Amido- und o-Oxybenzaldehyds. 1909 31 S. 8° ¶ Vgl. Berichte d. Deutschen Chem. Gesellschaft. Jg. 42.
München, Dr.-Ing.-Diss. v. 5. 6. 1909

Müller, J[ulius]: [Direktor a. D. Johannes Mich. Wilh. Burow † am 5. (3.?) August 1904.] S. 16—18. 4.
Progr. Johanneum. Realgymn. i. E. u. Realschule *Lübeck* 1905 (866)

Zur Charakteristik des Königl. Universitäts-Professors Dr. Johannes Lehmann in Kiel genannt: Lehmann-Hohenberg! Eine Charakter-Studie als Rechtfertigung v. Julius Müller u. Max Fischer. Berlin. 1897. 8°, geb. in 4°

Müller, Julius [appr. Arzt aus Strassburg i. E.]: Ueber die Diagnose der Extrauterinschwangerschaft. Strassburg, Druck von Ed. Hubert & E. Haberer, 1884. 8. 120 S.

——, Lutheri de praedestinatione et libero arbitrio doctrina. Dissertat. inaug. 4 maj. (6½ B.) Gottingae 832, Dieterich.

Müller, Jul., über Ehescheidung und Wiederverehelichung geschiedener Gatten. Zwei Vorträge. Berlin 855. Hertz. gr. 8. (V, 38 S.) n. 6 ngr.

Müller, J[ulius], Direktor Prof. Dr.: Johanneum zu Lübeck. Die Einweihungsfeier. Lübeck 1907: M. Schmidt. (S. 43 bis 48.) 4°
Lübeck, Johanneum RG u. R OP 1907 (901)

Müller, Julius, aus Kenzingen: Über einen Fall von Peliosis rheumatica. Freiburg i. B. 1904: U. Hochreuther. (35 S.) 8°
Freiburg i. B., Med. Diss. v. 1904

Müller, Julius: Ein Fall von acuter Strophanthusvergiftung. *Berlin (1898): E. Ebering.* (29 S.) 8°
Berlin, Med. Diss. v. 12. Aug. 1898

Müller, Julius [cand med. aus Alsenz (Rheinpfalz)]: Ueber einen Fall von Ulcus rodens. . . . Alsenz, Buchdr. v. P. Stross, 1889; 26 S. 8°
Würzburg, Med. Fak., Inaug.-Diss. v. 1889

Müller, Julius, die erste Generalsynode der evangel. Landeskirche Preußens und die kirchl. Bekenntnisse. gr. 8. (227 S.) Breslau 847, Max und Comp.

— s. Gespräch d. Scholastikers.

(Müller, Jul.,) Gespräch d. Scholastikers mit seinem Freunde, zur Abwehr d. Angriffe d. Hrn. Middeldorpf u. e. evangel. Laien. 8. (4½ B.) Breslau 827, Max u. Komp.

Müller, Jul., Handbuch f. den Post- u. Telegraphen-Verkehr nebst Ortschaftsverzeichnis f. das Herzogt. Altenburg u. f. die angrenzenden Bezirke m. Angabe der Bestellungs-Postanstalten. 5. verb. Aufl. (32 S.) gr. 8. Altenburg 905. (Schnuphase.) n. — 60

Die Handwerker-Vorschule als Ersatz für die aufzulösende Pflichtfortbildungsschule. Begründung d. Notwendigkeit e. Reform u. Reformvorschläge zugunsten von Industrie u. Handwerk Von Julius Müller, Chefred. d. 'Metall-Technik'. Berlin: Pataky [1909]. 24 S. 8° [11. 3797

—— das Heil in Christo u. seine Aneignung u. Verschmähung. Drei Predigten. gr. 8. (4¼ B.) Breslau 831, Max u. Komp.

Den hochverehrten Jubilar Herrn Dr. Julius Müller Consistorialrath und Professor der Theologie zu Halle beglückwünscht zur Feier des fünfzigjährigen Jubiläums seiner Wirksamkeit im Dienste der evangelischen Kirche am 6. Mai 1875 die evangelisch-theologische Facultät zu Breslau. Breslau (1875). (2 Bl.) 2°

Müller, J[ulius]: [Professor Christian Franz Johannes August Jorns † 11. Juni 1906.] S. 23. 4.
Progr. Johanneum. Realgymn. u. Realschule *Lübeck* 1907 (901)

— und Ernst Friedr. Ball, der Konsensus lutherischer und reformirter Lehre in der evang. Kirche Deutschlands. Zwei Entwürfe. Berlin 854. Wiegandt u. Grieben. gr. 8. (55 S.) n. 7½ ngr.

Müller, Jul., die gegenwärtige Lage der reformirten Kirche in Berlin, e. Schade f. die Entwickelg. der reformirten Kirche Deutschlands. Referat, erstattet bei der 5. Hauptversammlg. des Reformirten Bundes f. Deutschland am 24. August 1893 zu Emden. 8. (24 S.) Elberfeld 893. Reformirter Schriftenverein. n. — 20

—— das christl. Leben, seine Entwickelung, seine Kämpfe u. seine Vollendung, dargest. in e. Reihe Predigten, gehalt. in d. Universitätskirche zu Göttingen. gr. 8. (16½ B.) Breslau 834, Max u. Komp.

—— das christl. Leben, seine Entwickelung, seine Kämpfe u. seine Vollendung, dargest. in e. Reihe Predigten. 2., verm. Aufl. gr. 8. (21½ B.) Breslau 838, Max u. Komp.

—— die christl. Lehre v. d. Sünde. 1. Bd. — A. u. d. T.: Vom Wesen u. Grunde d. Sünde. Eine theolog. Untersuchung. gr. 8. (36 B.) Breslau 839, Max u. Komp.

—— die christl. Lehre von der Sünde. 2 Bde. (1. Bd. Neue Ausarbeitung.) gr. 8. (72 B.) Breslau 844, Max u. Comp.
Obige beiden Bände werden nicht getrennt. Ein 2. Bd. zu der früher erschienenen 1. Aufl. des 1. Bdes. erscheint nicht.

—— die christliche Lehre von der Sünde. 3., verm. und verb. Aufl. 2 Bde. gr. 8. (LX und 1178 S.) Breslau 849, Max und Comp.

— die christliche Lehre von der Sünde. 4. Ausg. 2 Bde. Breslau 858. Max u. Co. gr. 8. (XVIII, 564; XX, 596 S.) 5 ₰. 15 ngr.

Müller, Jul., die christliche Lehre von der Sünde. 2 Bde. 5. Aufl. gr. 8. (XXXVIII und 1196 S.) Breslau 867, Max und Comp.

Müller, Jul. (II.), die christliche Lehre von der Sünde. 6. Aufl. 2 Bde. gr. 8. (XVIII, 576; XXI, 631 S.) Stuttgart 877, Heitz. *

Müller, Jul. Die christliche Lehre v. der Sünde. 6. Aufl. Neue (Titel-) Ausg. 2 Bde. gr. 8. (XVIII, 576; XXI, 631 S.) Brem. 889, Müller. * 20 —

Mueller, Iulius, Francofurtensis: De litteris *i* et *u* Latinis quomodo a Graecis in transcriptis Romanorum nominibus expressae sint capita tria. *Marpurgi Catt. 1898: Friedrich.* (59 S.) 8°
Marburg, Phil. Diss. v. [23. Dez.] 1898

Mueller, Jul., de miraculorum Jesu Christi natura et necessitate. Part. I. 4maj. (5¾ B.) Marburgi 839, (libr. univ. Elwert.) Thlr. *

Mueller, Iulius: Disputationis de miraculorum Iesu Christi natura et necessitate part. 2. Halis Saxonum 1841: Knapp (formis Ploetzianis). 26 S. 8° (4°)
Halle-Wittenberg, Pfingst-Progr. 1841
Part. 1 war ersch. Marburgi 1839: Elwert. 43 S. 8° (4°)

—— id. — Part. II. 4maj. (3¼ B.) Halae 841, (Kümmel's Sortbh.) *

Müller, Jul[ius]. Ueber die Nordwinde der Westschweiz. [Mit 2 Tafeln.] SA. 4. ([Zürich] 1888.)

[J.] **Müller,** Jul*ius* [Prof. Dr.]: Die sieben arithmetischen Operationen. Für d. Realschule bearb. Lübeck, Druck v. M. Schmidt, 1896; 40 S. 8.
Lübeck, R, OP 1896 (760)

Müller, J., die sieben arithmetischen Operationen. Zur Einführg. in die Arithmetik bearb. (40 S.) gr. 8. Lübeck 904. Lübcke u. Nöhring. n. — 40

Müller, Jul., Ortschaftsverzeichniß f. d. Herzogth. Altenburg u. f. d. angrenz. Bezirke m. Angabe d. Bestellungs-Postanstalten, nebst e. Gebühren-Tarif f. den Post- u. Telegraphen-Verkehr. 3., verb. Aufl. gr. 8. (27 S.) Altenburg 898. (Schnuphase.) n.n. — 45

— der Pelagianismus. Ein Vortrag auf Veranstaltung des evangel. Vereins für kirchliche Zwecke gehalten am 3. April 1854. Berlin 854. W. Schultze. gr. 8. (17 S.) 3 ngr.

Müller, Julius. Die jährliche Periode des atmosphärischen Niederschlages in der Schweiz. [Mit 1 Tafel.] Diss. Phil. Bern. 4. Zürich 1883.

—— unsre Pflicht geg. Gott u. geg. d. Ordnn. d. bürgerl. Gemeinschaft. Pred. gr. 8. (1 B.) Marburg 837, Elwert'sche Univ.-Buchh.

Müller, Jul. (I.), über reciproke Polaren zweiten Grades. Inaugural-Dissertation. gr. 8. (63 S.) Göttingen 875, (Vandenhoeck und Ruprecht's Verlag.) *

— Predigten. 1. Bd. A. u. d. T.: Das christliche Leben, seine Entwickelung, seine Kämpfe u. seine Vollendung, dargestellt in einer Reihe von Predigten. 3. verb. Aufl. gr. 8. (XVI u. 331 S.) Ebd. 847. 1⅓ ₰

— das gute Recht des reformirten Bekenntnisses innerhalb der Union. Referat, erstattet in der reformirten Conferenz f. Rheinland u. Westfalen am 24. Septbr. 1894 zu Barmen. gr. 8. (20 S.) Ebd. 894. — 15

Müller, Julius [aus Pommerswitz]: Die Rostpilze der Rosa- und Rubusarten und die auf ihnen vorkommenden Parasiten. . . . Berlin, Druck v. Gebr. Unger (Th. Grimm) 1886: 2 + 36 + 2 S. u. 2 Taf. 8°.
Berlin, Phil. Fak., Inaug.-Diss. v. 5. Jul. 1886.

Müller, Julius, die Rostpilze der Rosa- und Rubusarten und die auf ihnen vorkommenden Parasiten. Diss. Berlin 1886, Mayer & Müller. 8°. 36 S. mit 2 Taf.

Müller, Julius [aus Hinrichshagen (Mecklenburg-Strelitz)]: Eine Schussverletzung des Gehirns. . . . Berlin, Buchdr. v. Gustav Schade (Otto Francke) (1890); 30 S. + 1 Bl. 8°
Berlin, Med. Fak., Inaug.-Diss. v. 4. Jul. 1890

Mueller, Julius: Lutheri et Calvini sententiae de sacra Coena inter se comparatae. Halis 1853: Ploetz. 34 S. 8° (4°)
Halle-Wittenberg. Oster-Progr. 1853
Im Buchhandel 1853 bei Mühlmann in Halle.

— Lutheri et Calvini sententiae de sacra coena inter se comparatae. Halis 853. Mühlmann. gr. 4. (34 S.) n. 10 ngr.

Müller, Jul., sie bekehren sich, aber nicht recht! (Hosea 7, 16.) Die engl. u. deutsche Erweckungsbewegg. im Lichte des Wortes Gottes. (30 S.) 8. Barmen 905. (D. B. Wiemann.) n. — 30

Müller, Julius, Assistenzarzt an der Irrenanstalt Allenberg: Aus der Provinzialirrenanst. Allenberg. Korsakow'scher Symptomencomplex bei Tabes. Königsberg i. Pr. 1906: O. Kümmel. (33 S.) 8°
Königsberg, Med. Fak., Ref. Lichtheim, Diss. v. 2. Juli 1906
[Geb. 12. Juni 76 Coblenz; Wohnort: Allenberg, Ostpr.; Staatsangeh.: Preußen; Vorbildung: Marzellen-Gymn. Cöln Reife O. 95; Studium: Freiburg i. B. 4, Straßburg 1, Bonn 1, Heidelberg 6, Freiburg i. B. 3 S.; Coll. 28 Juni 06; Approb. 24. Juli 02.]

— Syphilis u. Ehe, s.: Abhandlungen, Würzburger, aus dem Gesamtgebiet der prakt. Medizin. IX, 8.

Müller, Jul., terminologia entomologica. Ein Handbuch sowohl für den angehenden Entomologen als auch für den Fachmann. Nach dem neuesten Standpunkte dieser Wissenschaft bearb. Mit 1080 Abbildgn. auf 32 (lith.) Taf. u. 1 color. (lith.) Farbentabelle. Brünn 860. (Winiker.) 12. (VIII, 308 S.) n. 3 ₰ 10 ngr.

Müller, Jul., terminologia entomologica. Ein Handbuch sowohl f. den angehenden Entomologen als auch f. den Fachmann. Nach dem neuesten Standpunkte dieser Wissenschaft bearb. Mit 1080 Abbildgn. auf 32 (lith.) Taf. u. e. feincolor. Farbentabelle. 2. Aufl. 8. (VI, 310 S.) Brünn 872. Winiker. 6. —

— die evangelische Union, ihr Wesen und göttliches Recht. Berlin 854. Wiegandt u. Grieben. gr. 8. (XIV, 418 S.) n. 2 ₰.

— Unsterblichkeitsglaube u. Auferstehungshoffnung. Ein Vortrag gehalt. in e. Verein zu wohlthätigen Zwecken. Halle 855. Mühlmann. 16. (35 S.) 6 ngr.

—— das Verhältniß der dogmatischen Theologie zu den antireligiösen Richtungen der gegenwärtigen Zeit. Eine dogmatische Vorlesung. gr. 8. (3 B:) Breslau 843, Max u. Comp. — 7½

Müller, Jul. (III.), Womit und wie sollen wir heizen, f. Vorträge, gemeinfaßliche, zum Vorlesen in Vereinen.

—— Zeugniß v. Christo u. v. dem Wege zu ihm f. d. Suchenden. Predigten. gr. 8. (24½ B.) Breslau 846, Max u. Comp. 1 17½

Müller, Julius Ad. Philipp

— der Kompagnie-Dienst. Ein Handbuch f. den Kompagnie-Chef im inneren u. äußeren Dienst der Kompagnie. Mit (eingedr.) Holzschn. im Text. gr. 8. (VII, 167 S.) Ebend. 875. n. 3. —

Müller, der Kompagnie-Dienst. Ein Handbuch für den Kompagnie-Chef im inneren u. äußeren Dienst der Kompagnie. 2., verb. Aufl. Mit Holzschn. im Text. gr. 8. (VI, 180 S.) Berlin 877. Mittler & Sohn. n. 3. —

Müller, Hauptm., der Kompagnie-Dienst. Ein Handbuch für den Kompagniechef im inneren und äußeren Dienste der Kompagnie. 3. verb. Aufl. gr. 8. (VI, 208 S. mit Holzschn. im Text.) Berlin 881, Mittler und Sohn. *

Müller, der Kompagnie-Dienst. Ein Handbuch f. den Kompagniechef im inneren u. äußeren Dienst der Kompagnie. 4. verb. Aufl. Mit Holzschn. im Text. gr. 8. (VIII, 210 S.) Berlin 886. Mittler & Sohn. n. 3. 60; geb. n. 4. 20

Müller (IV.). Der Kompagnie-Dienst, 5. Aufl., f. Schwarz.

Müller, der Kompagnie-Dienst, 6. Aufl., s.: Schwarz.

— — 7. Aufl., s. Schumann, Otto: Ratgeber für den Kompagnie-Chef.

Müller u. Schwarz, der Kompagnie-Dienst, 8. Aufl., s.: Schumann, der Kompagniedienst.

— **Julius August (Beeskow), De adiumentis quibus natura utitur ad evolutionem hominis perficiendam physicam et psychicam. Diss. anthropol. Berlin (Brüschcke) 24. XI. 1829. 54 S. mit Biogr. (M.: Fr. W. Pahn.) (3.50) 24200**
Oppon.: Ed. Scheibler, F. Schütz, Gust. Droysen. — Gew.: J. H. Kuntzmann, C. G. Mueller (Vater).

Müller, Jul. Aug., medicinisch-chirurgisch-pharmaceutisch- u. naturhistor. Handwörterbuch z. Verdeutschung der Fremdwörter u. Kunstausdrücke dieser Fächer, m. Erläuterungen; nebst deutschem Repertorium u. Erklärung der alten u. neuen medic. pharm. u. chem. Zeichen u. Abkürzungen. Zur leichtern Uebersicht f. Studierende zusammengestellt. gr. 16. (29½ B.) Wien 843, Wallishausser. *

Bakterien und Eumyceten od. Was sind u. woher stammen die Spaltpilze? Von Julius Heinrich Hans **Müller**. M. 2 Tab. u. 1 Taf. in Farbendr. *(Berlin: Fischer 1898.)* (1 Bl., v, 48 S., 2 Tab., 1 Taf.) (Bd 4. = **Müller**, J. H. H.: Forschungen in d. Natur. [No] 1. [98. 1869

Forschungen in der Natur von Julius Heinrich Hans **Müller**, Dr. d. Philos. 1. [Mehr nicht erschienen.] Mit 2 Tab. u. 1 Taf. Berlin: Fischer 1898. (II, 48 S.) 4°
1 = Bakterien u. Eumyceten oder Was sind u. woher stammen d. Spaltpilze? [06, 9868

Müller, Jul. Otto, aus den Eifelbergen. gr. 8. (IX, 354 S.) Langenberg 888, Joost. *

Müller, Just. Balth., Beitrr. zur Beförder. zweckmäß. Predigten, s. Journal f. Prediger u. Predigergeschäfte.

Müller, J. B., Beyträge zu Predigten, Katechisationen rc. 1r Bd. 16 gr. 8. Gießen, Krieger. 800.

— Erbauungsbuch z. Erweckung christl. Gesinnungen u. Tugenden. 8. Marb. 785. Krieger. 12 gr.

— s. 1) Geschenk f. Frauenzimmer. 2) Magazin f. Wochen- u. Leichenpredigten. 3) Moral, über die ganze christl. 4) Predigten über Episteln.

— s. Predigten über die ganze christl. Moral.

— kurze Predigten über vorzügl. schöne Stellen d. heil. Schrift auf alle Sonn- u. Festtage d. ganz. Jahres, zur Familien-Erbauung rc. 2 Thle. 2e verb. Aufl. 4. Gießen 806. ... 3e Aufl. 808. Krieger. 1 ₰ 12 gr. (Die 1e Aufl. stand in seinem Magazin.)

— s. Predigten über evangel. Texte.

Müller, Justus Konrad

MÜLLER, Justus Conr., Gemälde von Berlin, Potsdam u. Sansouci (!). Politisch-moralisch-charakteristisch freimüthig (aber sehr!) entworfen. (Motto: 2 Versz. aus Juven. sat. I.) London (Frankfurt), und in allen Buchhandlungen Deutschlands. 1792. 8°. (In Dresden: Hist. urb. Germ. 1342; auch in Breslau, Kgl. u. Univ.-Bibl.: Hist. Germ. V. 99a, m. Beibdn.)
Tit., 1 Bl. Vorber., 120 S. — S. 78—109: „Ueber die Ausschweifungen Berlins: das ist dessen Tanzsäle (Bordelle), Kupplerinnen, Freudenmädchen." (Mit Versen.) — S. 110—20: „Potsdam u. Sanssouci." — Rar!
Das interessante Buch erschien nicht anonym, daher bei Holzmann & Bohatta II. p. 173 zu streichen.

Müller, Just. Konr., Gemälde von Berlin, Sanssouci u. Potsdam; polit., charakterist., moral. u. freimüthig entworfen. 8. London. (Nürnb.) 792. Pech. 8 gr.

— Skizze e. Gemäldes v. Friedrich d. Großen. 8. Götting. 791. Vandenhöck u. R. 3 gr.

Müller, Just. Konr. Skizze eines Gemäldes von Friedrich dem Grossen. 8. Göttingen 1792.

— Versuch e. kurzen maler. charakterist. Beschreib. d. Universität Göttingen rc. 8. Götting. 790. Bossiegel. 4 gr.

Müller, J. C., Versuch einer Skizze eines biogr. Gemähldes Friedrichs des Grossen in einer physiognomisch-charakteristisch-moralischen Darstellung desselben — — — mit Zusätzen. Göttingen 1791. 8.

Müller, Iwan (von)

— Ueber die dem Galen zugeschriebene Abhandlung *περὶ τῆς ἀρίστης αἱρέσεως*. S.-A. 1898. 110 S. 1.50

—— s. **Acta seminarii philologici Erlangensis.**

Müller, (Iw.) Anweis. z. d. neuen Clarinette u. d. Clarinette-Alto, nebst einigen Bemerkk. f. Instrumentenmacher. Neue u. verb. Bearbeitung. Fol. Leipz. 826, Hofmeister.
Hieraus ist besonders zu haben:
Müller, (Iw.) Tabelle f. d. Clarinette-Alto.
Müller, (Iw.) Tabelle f. d. neue Clarinette.

Müller, Iwan, die Apollo-Idee in ihrer culturgeschichtlichen Bedeutung für Griechenland, s. Vorträge, sechs, gehalten zum Besten der Herberge zur Heimat in Nürnberg.

Müller, Iwan von: Die Bedeutung der Admonitio generalis Karls des Großen für das Bildungswesen in der Karolingerzeit. Zweibrücken 1909: Kranzbühler. S. 1—15. 8°
Zweibrücken, k. G, in Festschr. z. 350 j. Jubil., P 1909* [S 09. 334

Müller, Iwan, Chopin. Vortrag, im Saale der Harmonie zu Erlangen geh. am 30. Jan. 1878. gr. 8. (24 S.) Erlangen 878. Deichert. n. — 40

Müller, Iwan, specimina I. et II. novae editionis libri Galeniani, qui inscribitur ὅτι ταῖς τοῦ σώματος κράσεσιν αἱ τῆς ψυχῆς δυνάμεις ἕπονται. 4. Erlangen 885, Deichert'sche Verlagsh. Nachf. [I. (15 S.) 880. * 60 Pf.; II. (19 S.) 885. * 80 Pf.] *

Reg. Friderico-Alexandrinae lit. univ. Prorector D. Max Reess .... successorem suum civibus academicis commendat. — Praemissum est Iwani Muelleri specimen alterum novae editionis libri Galeniani qui inscribitur ὅτι ταῖς τοῦ σώματος κράσεσιν αἱ τῆς ψυχῆς δυνάμεις ἕπονται .... Erlangae, typ. Junge et filii, 1885; 19+1 S. 4°.

Regiae Friderico-Alexandrinae litt. universitatis prorector D. Augustus Koehler theol. prof. p. o. ... successorem suum civibus academicis commendat. — Praemissum est Iwani Muelleri specimem [sic!] tertium novae editionis libri Galeniani qui inscribitur οτι ταις του σωματος κρασεσιν αι της ψυχης δυναμεις επονται. Erlangae, typ. Junge et filii, 1886; 17+1 S. 4°.

— die Universität Erlangen unter dem Markgrafen Alexander. Rede beim Antritt des Prorectorats der königl. bayer. Friedrich-Alexanders-Universität Erlangen, in der Aula am 4. Novbr. 1878 geh. 4. (27 S.) Ebend. 878. n. — 60

— De Philostrati in componenda memoria Apollonii Tyanensis fide. I. S. 3-18. Ansbach, Progr. 1858

— — II. S. 3-16. Zweibrücken, Progr. 1859

Commentationis, qua de Philostrati in componenda memoria Apollonii Tyanensis fide quaeritur, particula tertia. Scrips. Jwanus Phil. Eduard. Müller, G. P. — 1860. Ibid. S. 3—28. Progr. Zweibrücken.

[F.] Zum hundertjährigen Geburtstag Ludwigs von Döderlein. Festrede am 19. Dez. 1891 ... geh. v. Dr. Iwan **von Müller,** o. Prof. d. klass. Philol. Erlangen, k. b. Hof- u. Univ.-Buchdr. v. F. Junge, 1892; 19 S. 4.

Müller, Iwan v. Zum 100jährigen Geburtstag Ludwigs v. Döderlein. Festrede, am 19. Dezbr. 1891 in der Aula der Universität geh. gr. 4. (19 S.) Erlangen 892, (Blaesing). * 1 —

Müller, Iwan, s.: Handbuch der klassischen Altertums-Wissenschaft.

— s.: Jahresbericht üb. etc. class. Altertumswissenschaft.

Jean Paul und Michael Sailer als Erzieher der deutschen Nation. Eine Jahrhunderterinnerung von Dr. Iwan v. **Müller.** München: C. H. Beck 1908. (VI, 112 S.) 8° [F.] [08. 3193

— Clarinetten-Schule. Revidirt ... von Kasp. Jak. Bischoff. Leipzig.

Müller, Iwan, Galeni libellum qui inscribitur *ὅτι ἄριστος ἰατρὸς καὶ φιλόσοφος.* 4. (28 S.) Erlangen 873. (Deichert.) n. — 80

—— **Galeni libellum qui inscribitur** περὶ τῆς τάξεως τῶν ἰδίων βιβλίων. **4. (27 S.) Ebendas. 874.** *

Müller, Iwan, Franz Liszt. Vortrag, in dem Saale der Harmonie zu Erlangen gehalten am 10. Jan. 1883. gr. 8. (33 S.) Erlangen 883, Deichert. *

— Gräfin Isota Nogarola. Eine italien. Humanistin d. 15. Jahrh. Vortrag. gr. 8. (22 S.) Erlangen 892. F. Junge. n. — 40

Mueller, Iwan. Ed. Phil., Observationes criticae in Aeschyli Choephoros. Erlangen 867. Deichert. gr. 8. (31 S.) 6 ngr.

—— Observationum in Ciceronis de finibus libros particulae 1 et 2. 4. (21; 22 S.) (Ebendas.) 869,70. à (75 Pf.) * 80 Pf. *

— de seminarii philologici Erlangensis ortu et fatis. Oratio in seminarii solemnibus saecularibus Kal. Dec. 1877 habita. 4. (20 S.) Ebend. 878. n. — 60

— die griechischen Privat- u. Kriegs-Altertümer, s.a. Handbuch der klassischen Altertums-Wissenschaft.

Die griechischen Privat- und Kriegsaltertümer. Von Dr. Iwan v. Müller, o. Prof. ... an d. Univ. Erlangen, u. Dr. Adolf Bauer, Prof. ... an d. Univ. Graz. 2. umgearb. u. sehr verm. Aufl. *München: C. H. Beck 1893.* (IX, 502 S., 10 Taf.) 1 Bd 8.
= Handbuch d. klassischen Altertums-Wissenschaft. Bd 4. Abt. 1. Hälfte 2. [94. 8217

— quaestionum criticarum de Chalcidii in Timaeum Platonis commentario specimen primum. 4. (28 S.) Ebend. 875. n. — 80

— quaestionum criticarum de Chalcidii in Timaeum Platonis commentario specimen II et III. gr. 4. (13 u. 17 S.) Ebend. 876. 78. à n. — 60 (1—3.: n. 2. —)

—— dass. — specimen III. gr. 4. (17 S.) Ebendas. 877. *
Specimen I. (Ebendas.) 1875. * 80 Pf.

—— Quaestiones criticae de Galeni libris περὶ τῶν καθ' Ἱπποκράτην καὶ Πλάτωνα δογμάτων. 4. (19 S.) (Ebendas.) 871. (75 Pf.) *

—— dass. — Specimen alterum. 4. (23 S.) Ebendas. 872. *

— lateinische Stilistik, s.: Nägelsbach, Carl Frdr. v.

—— Symbolae criticae et exegeticae ad Platonis de rep. librum VI. gr. 8. (59 S.) Erlangen 865, Deichert. *

Müller, Iwan, Tabelle für Clarinette-Alto. Leipzig, Hofmeister, ist d. Pr. nur 1/4 ₰

— Übungen d. latein. Stils, s.: Naegelsbach, Carl Frdr. v.

Müller, Iwan v., üb. Galens Werk v. wissenschaftl. Beweis. [Aus: „Abhandlgn. d. k. b. Akad. d. Wiss."] gr. 4. (76 S.) München 895. (G. Franz' Verl.) n.n. 2. 30

Müller, Iwan Ed. Philipp, s. Müller, Iwan (von)

Müller, Iwan Philipp Eduard, s. Müller, Iwan (von)

Müller, K., der Beginn göttlichen Lebens im Menschen. Vortrag geh. in Eisenach auf der IX. deutschen christlichen Studentenkonferenz „zur Vertiefg. christl. Lebens u. zur Anregg. christl. Werkes unter der studier. Jugend". 8. (15 S.) Frankfurt a/M. 899. Bonn, J. Schergens. n. — 15

Müller, K., s.: Garten-Zeitung, illustrirte.

Müller, K., aus d. ältesten Geschichte Michelstadts u. seiner Umgebung. Vortrag, am 6. XII. 1899 in der Turnhalle der Realschule daselbst geh. 12. (32 S. m. Abbildgn.) Erbach 900. (Michelstadt, F. Ramann.) n.n. — 25

Müller, K., Geschichte der Frau von Maintenon. 2 Bde. Mit 1 Kupfer. Leipzig 1807. 8⁰. (1 Mk. 75 Pfg. G. Priewe, c. 1890; jetzt theurer!)

Müller, K., genossenschaftlicher Getreideverkauf spez. d. Gründg. einer Getreideverkaufsgenossenschaft zu Worms. gr. 8. (34 S.) Offenbach 895. (Alzey, Ph. C. Medicus.) — 75

Mueller, K., u. Th. Kurz. Das K. B. Grenadier-Garde-Regiment von 1814—1826. Mit Taf. u. Zeichn. München 1900. 77 S. 4⁰

— s. A. J. B. Heunisch, das Großherzogth. Baden.

Müller, K., Jakou dulezitost maji Gorgias a Isokrates pro vyvoj umělé prosy attické. 1901.

Müller, K., s.: Kalender, landwirtschaftlicher.

Müller, C. (II.), Katechismus der landwirthschaftlichen Botanik, s. Weber's, J. J., illustrirte Katechismen.

Müller C.: Katechismus d. landwirtschaftlichen Botanik. Leipz. 1856. 174 S. Fig. (Webers illustrirte Katechismen. No. 10).

Müller, C.: Katechismus der landwirtschaftlichen Botanik. 2. Aufl. von R. Herrmann. Leipzig 1876

Müller, K., s.: Kurpfuscherei- u. Geheimmittelunwesen, das, im Herzogt. Oldenburg.

Mueller, K. München als befestigte Stadt. Fortifikatorische Studie. München 1903. 15 S. 4⁰

— Münzen-Reduktions-Tabelle für die süddeutschen Staaten. Würzburg

Müller, K. De rebus Aegyptiorum sub imperio Persarum gestis. 16 S. Putbus, Progr. 1842

Müller, K., s.: Religion, die christliche.

Müller, K. (II.), Sendschreiben an Hrn. Hofr. u. Prof. v. Rotteck, aus Anlaß sein. Motion üb. Zehntaufhebung. 8. (2 B.) Freiburg 831, Gebr. Groos.

Müller, K., d. militär. Wassertransport in Kurbayern, s. a. Darstellungen aus der bayer. Kriegs- u. Heeresgeschichte, Hft. 4.

Müller, K., Major à la suite des k. b. Ingenieurcorps, Lehrer an der Kriegsschule. Der militärische Wassertransport in Kurbayern. Mit einer Skizze und einem Uebersichtskärtchen. 8. (München 1895.)

— — K. Wasser-Transport bayer. Truppen von Ingolstadt nach Peterwardein i. J. 1692. Mit 1 Skz. Ingolstadt 1899. 22 S.

— einige Worte üb. d. Entwurf d. Zehntablösung u. d. Herabsetz. d. Salzpreises im Großh. Baden. 8. (2 B.) Freiburg 831, Gebr. Groos.

Müller, K., die Zerstörung von Heidelberg im Jahre 1693, s.: Jugend-Bibliothek, neue deutsche.

Müller, K. A., s.a. Müller, Karl August

Müller, C. A., Beschreibung sämmtl. Bäder Schlesiens in topograph., ökonom. u. medizin. Hinsicht. Nebst e. Abriß d. Gesch. aller bis jetzt bekannt geword. Mineralbrunnen u. Bade-Anstalten dies. Provinz, preuß. so wie östreich. Antheils u. d. Grafschaft Glatz. Ein treuer Führer f. alle Diejen., welche d. Eine od. Andere dies. Bäder mit Vortheil benutzen wollen. In alphabet. Ordn. nach d. neuest. u. best. Hülfsmitteln entworf. gr. 12. (3 B. u. 1 lith. u. ill. Karte, gr. 4.) Breslau 832, [Hentze.]

Müller, K. A., vaterländ. Bilder, in e. Geschichte u. Beschreib. d. alten Burgfesten u. Ritterschlösser Preußens. 1. Thl., die Burgfesten u. Ritterschlösser Schlesiens (beider Antheile), so wie d. Grafschaft Glatz. 1—12. Hft. gr. 8. (41¼ B. u. 12 Ansichten.) Glogau 836, 37, Flemming. Thlr. *

Müller, K. A., vaterländ. Bilder, in einer Geschichte u. Beschreibung der alten Burgfesten und Ritterschlösser Preußens. 1r Thl., die Burgfesten u. Ritterschlösser Schlesiens (beider Antheile), so wie der Grafschaft Glatz. 1s—12s Heft. Mit Abbildd. gr. 8. Glogau 836, 37. Flemming. (1s—7s Heft à 4¾ gGr, 8s—12s Heft à n. 5 gGr (NB. 1s—9s Heft erschien ohne seinen Namen.)

Müller, K. A. Geschichte der Stadt Bonn. 8. Bonn 1834.

Müller, K. A., s.: Musaeus', Joh. Karl Aug., Märchen.

Müller, K. A., Oberon, der Elfenkönig, s. Universal-Bibliothek für die Jugend.

Müller, K. A., Rübezahl, der Herr des Riesengebirges. Für die Jugend erzählt. Mit 30 Holzschn. und 4 Buntbildern nach Zeichnungen von Wold. Friedrich. 8. (IV, 272 S.) Leipzig 881, Abel. cart. *
— dass. — Mit 36 Holzschn. und 4 Buntbildern nach Zeichnungen von Wold. Friedrich. 2. Aufl. 8. (IV, 272 S.) Ebendas. 883. cart. *

Müller, K. A., Rübezahl, der Herr des Riesengebirges. Für die Jugend erzählt. 2. Aufl. 8. Leipzig 883, Abel und Müller. cart. * 2 —

— Rübezahl, der Herr des Riesengebirges. Für die Jugend erzählt. 3. und 4. Aufl. 8. (IV, 272 S. mit 36 Holzschn. und 4 Buntbildern nach Zeichnungen von Wold. Friedrich.) Leipzig 886,88, Abel. cart. *

Müller, K. A. Rübezahl, der Herr d. Riesengebirges. Für d. Jugend erzählt. 5. Aufl. gr. 8. (IV, 272 S. m. 36 Holzschn. u. 4 farb. Bildern.) Lpz. 890, Abel u. Müller. geb. * 3 —

— Rübezahl, d. Herr d. Riesengebirges. F. d. Jugend erzählt. M. 36 Holzschn. u. 4 Buntbild. nach Zeichngn. v. Wold. Friedrich. 10. Aufl. gr. 8. (IV, 271 S.) Leipzig 898. Abel & Müller. Geb. in Leinw. n. 3. —

— Rübezahl, der Herr des Riesengebirges. Für die Jugend erzählt. Mit 36 Holzschn. u. 4 Buntbildern nach Zeichngn. von Wold. Friedrich. 10.—13. Aufl. gr. 8. (à IV, 271 S.) Leipzig (899—902). Abel & Müller. Geb. in Leinw. n. 3. —

— Rübezahl, der Herr des Riesengebirges. Für die Jugend erzählt. Mit 86 Holzschn. u. 4 Buntbildern nach Zeichngn. v. Wold. Friedrich. 15. Aufl. (IV, 271 S.) 8. Leipzig (904). Abel & Müller. Geb. in Leinw. n. 3. —

Müller, K. A., alter Sang, neuer Klang. Märchen u. Sagen nach Musäus. Für die Jugend erzählt. Mit 68 in den Text gedr. Holzschn. u. 4 Buntbildern nach Zeichnungen v. Carl Römer. 8. (VI, 399 S.) Leipzig 882. Abel. cart. n. 3. —

—— Taschenbuch f. schlesische Bade- u. Brunnengäste, od. kurze Beschreib. aller in Schlesien (beider Antheile), d. Grafschaft Glatz u. d. preuß. Antheil d. Lausitz befindl. Mineralbrunnen u. Badeanstalten, d. breslauer Dampfbäder, so wie des gräfenberger kalten Wasserbades; nebst beigefügten Höhenangaben d. merkwürd. Städte, Ortschaften u. Berge dies. Länder. In alphabet. Ordn. nach d. neuesten u. besten Hülfsmitteln entworfen. gr. 12. (9 B.) Breslau 835, Schulz u. Comp.

—— Wegweiser f. Reisende durch d. Grafschaft Glatz u. ihre nächsten Umgebungen. gr. 12. (5 B. u. 3 Ansichten.) Glogau 838, Flemming.

—— dass. u. d. T.: Wegweiser od. neues Taschenbuch f. Reisende durch d. schles.-böhm. Riesengebirge. 4., verb. u. sehr verm. Aufl. gr. 12. (5⅔ B., 1 Karte u. 5 Ansichten.) Ebds. 842.

Müller, K. E., s.a. M ü l l e r , Karl Eugen Hermann

Müller, K. E. Geschichte der Erbauung der Nydeckbrücke in Bern. Zürich 1848. fol. Atl.

Müller, K. E. Zweites Gutachten über die Anlage des Bahnhofes in Solothurn. Solothurn 1856.

Müller, C. E. die Nydeckbrücke über die Aar zu Bern. Mit Text Zürich. 1835. Fol. 5½ Thlr.

M ü l l e r , C. E., die Nydeckbrücke über die Aar zu Bern auf 11 Steintafeln dargestellt nebst kurzer Beschreibung u. Geschichte ihrer Erbauung. Adler-Format. (0 B. Text.) Zürich, 845, Schulthess. *

M ü l l e r , K. E. Ueber accentuirend-metrische Verse in der französischen Sprache des 16.—19. Jahrhunderts. Diss. Rostock 1882. 94 S.

Müller, K. E. Hermann, s. M ü l l e r , Karl Eugen Hermann

Müller, K. F., s.a. M ü l l e r , K. Friedrich

– s.a. M ü l l e r , Kurt Ferdinand

— Anleit. z. Privatstud. d. griech. Spr. 8. Gera, Rothe. (Haller.) 787.

M ü l l e r , K. F., häusl. Erbauungsfreund, e. relig. Wochenschr. Jahrg. 1803. 8. Gera. (Grieshammer, Leipzig.)

M ü l l e r , K. F., nach Art d. Langisch. lat. Grammat. einger. polnisch. Grammatik. 8. Königsb 752.

Müller, K. F., Andreas Hyperius. E. Beitrag zu s. Charakteristik. gr. 8. (IV, 140 S. m. Bildn.) Kiel 895. H. Eckardt. n. 4. —

Müller, K. F., Lebenskraft im Sterben. Schiffspredigt zum Totenfest 1900. Der Geschwadergemeinde des ersten Geschwaders dargereicht. gr. 8. (9 S.) Berlin 901. E. S. Mittler & Sohn. n.n. — 25

Müller, K. F., der Rechenunterricht in den oberen Klassen d. Elementarschulen 2c. 8. Bresl. 842, G. P. Aderholz. ⅓ Rthl.

M ü l l e r , C. F. (III.), der Rechnenunterricht in den oberen Klassen d. Elementarschulen 2c. 8. (8¾ B.) Breslau 842, G. Ph. Aderholz.

— Schiffspredigten u. Reden aus bewegter Zeit. Bei besonderen Gelegenheiten im fernen Osten geh. 8. (VI, 255 S.) Leipzig 902. Dyk. n. 2.50; geb. in Leinw. n. 3.50

—— 24 Schulzeugniß-Formulare u. verschiedene Erinnerungsbl., eine Mitgabe auf den Lebensweg f. Schüler bei ihr. Entlassung. qu. 1. (25 Bl.) Oels 843. (Leipzig, Hartmann.)

Müller, K. F. A., s.a. M ü l l e r , Karl Friedrich August

Müller, K. F. A., s.: C u r t i s , W.

Müller, K. F. A., der Schneider in d. Fremde; Lstspl. in 1 A. 8. Augsb. 818. Braun. 4 Gr.

— die Zwillinge, oder das Feuermahl; Schspl. in 4 A. 8. Augsb. 818. Braun. 8 Gr.

M ü l l e r , K. F. L., üb. religiöse Unterhalt. d. Kranken 1r u. 2r Thl. 8. Gera. (Grieshammer, Leipzig.) 803. (à 8 gr.)

Müller, K. Fr., s. M ü l l e r , Karl Friedrich

Müller, K. Fr. A., s. M ü l l e r , Karl Friedrich August

Müller, K. Friedrich

Müller, K. F., im Kantonlande. Reisen u. Studien auf Missionspfaden in China. Mit vielen Bildern nach eigenen Aufnahmen. (V, 258 S.) gr. 8. Berlin (903). Buchh. der Berliner ev. Missions-Gesellschaft. n. 3. —; geb. in Leinw. n. 4. —

Müller, K. G., s.a. M ü l l e r , Karl G.

Müller, K. G., die leidenden Volksglieder. Ein Hilferuf f. Arme an die Nicht-Armen, zur Mahng. an die Dringlichkeit der socialen Frage. gr. 8. (39 S.) Halle 874. Fricke. n. — 50

Müller, K. Gotth.

— i u s naturae oeconom. et politicum. 8. ibid. 744.

— Logik u. Aesthetik. 8. Jena 762. Cröker. 4 Gr.

Müller, K. Gotth., Nachricht von d. deutschen Gesellschaft zu Jena. 8. Jena 752. Cröker. 6 Gr.

M ü l l e r , K. Gotth., Nachricht v. d. deutsch. Gesellsch. z. Jena. 8. Jena, Cröcker. 753.

— p h i l o s o p h i a practica univ., ius naturae ethicum et ethicae. 8. ibid. 743.

— Samml. kl. Schriften v. d. wichtigst. Wahrheiten aus d. gesammt. Reiche d. Wissensch. 3 Thle. 8. Jena 750—53. Cröker. 15 Gr.

— s.a. S c h r i f t e n der deutschen Gesellschaft zu Jena.

— S c h r i f t e n d. deutsch. Gesellsch. z. Jena, v. d. Classe der höhern Wissensch. gr. 8. Ebend. 754.

— — — v. d. Classe d. schönen Wissenschaft. gr. 8. Ebend. 754.

— d. Jenaisch-deutsch. Gesellschaft d. schönen Künste, Schriften an d. 2n Jubelfeste. 8. Jena 759. Cröker. 5 gl

—systema metaphysicum elementa solidioris doctrinae complect. 8. Jena 750. Cröker. 16 gl

— d. Weisheit des Redners systemat. entw. 8. Ebendas. 748.

Müller, K. H., s. R. Bakewell, Einleitung.

v. Müller, K. H. W. E., s. Was wird nach d. Reichsfundamentalgesetzen ꝛc.

Müller, K. J., s.a. Müller, Karl Joseph

Müller, K.J. (Hrsg.), s. Arbeiterfreund, Der christlich-soziale.

Müller, K. J., die Aufgabe d. evang. Kirche im Kampfe gegen d. verderbl. Volks-Litteratur. Vortrag. 8. (44 S.) Berlin 890. Buchhdlg. d. Berliner Stadtmission. n. — 50

Müller, K. J. Forderungen an den Verein f. Massenverbreitung guter Schriften. Vortrag, geh. in der General-Versammlg. d. Vereins zu Weimar am 29. Juni 1890. gr. 8. (24 S.) Berl. 890, Buchh. d. Berliner Stadtmission. — 30

— Die Kolportage christlicher Schriften. Wie ist sie zu betreiben, wenn sie ihren Zweck erfüllen soll? Referat, erstattet im Verein von Verlegern christl. Litteratur. gr. 8. (16 S.) Berl. 890, Wiegandt u. Grieben. * — 20

— die Notwendigkeit der Verbreitung christlicher Volksschriften gegenüber der verderblichen Schauer-Roman-Kolportage. Vortrag. gr. 8. (20 S.) Berlin 890. Buchhandlg. der Berliner Stadtmission. n. — 25

Müller, K. J., die Pflichten der innern Mission gegenüber dem verderblichen Volksschriftenwesen. Vortrag, geh. am 9. Juni 1891 zu Lübben. 8. (24 S.) Berlin 891. Wiegandt & Grieben. — 20

– De praescriptione criminali principiis processus inquisitorii repugnante, s. Müller, Karl Heinrich

Müller, K. K., ein griechisches Fragment über Kriegswesen. [Aus: „Festschrift f. Urlichs".] gr. 8. (33 S.) Würzburg 881. Stahel. n. — 80

Müller, K. K., s.: Liederhandschrift, die Jenaer.

— eine griechische Schrift über Seekrieg, zum ersten Male hrsg. u. untersucht. gr. 8. (63 S.) Würzburg 882. Stuber's Verl. n. 2. 40

Müller, K. L., s. Müller, Karl Leonhard

– s. Müller, Karl Ludwig Methusalem

Müller, K. L. M., s. Müller, Karl Ludwig Methusalem

Müller, K. L. Meth., s. Müller, Karl Ludwig Methusalem

Müller, K. O., s.a. Müller, Karl Otfried

— K. O., s. Studien, Tübinger.

Müller, K. R., Anleitung zum Generalbaß u. Anwend. dess. auf d. Choralspielen. Zum Gebr. beim Unterr. in Schullehrer-Seminarien u. zum Selbstunterr. f. angeh. Organisten. Mit e. dazu gehör. Notenheft in Stndr. (6 Bl. qu. gr. 8.) gr. 8. ($3\frac{1}{2}$ B.) Marburg 834, Garthe.

Müller, K. Sam., arithmet. Kunstschule. 1r Thl. 8. Berlin. 756.

Müller, K. Theodor

Müller, K. Th., der einjährig-freiwillige Dienst. Zusammenstellung der bezügl. Verordnungen und Erlasse zur Orientirung für junge Leute, welche ihrer Militärpflicht als Einjährig-Freiwillige [sei es mit der Waffe bei den verschiedenen Truppengattungen, oder als Arzt, oder als Pharmazeut, oder als Veterinär] Genüge zu leisten beabsichtigen. [Gesonderter Anhang zu dem Handbuche für Einjährig-Freiwillige von K. Th. Müller und Th. v. Zwehl.] gr. 8. (46 S.) München 886, Oldenbourg. *

Müller, C. Th., u. Th. v. Zwehl, Handbuch für den Einjährig-Freiwilligen, den Unteroffizier, Offiziers-Adspiranten u. Offizier des Beurlaubtenstandes der kgl. bayrischen Infanterie. Mit 223 Abbildungen (in eingedr. Holzschn. u. 2 lith. Taf.). gr. 8. (XX, 743 S. m. 2 Tab.) München 879. Oldenbourg. n. 7. —; geb. n. 8. —

Müller, C. Th., und Th. v. Zwehl, Handbuch für den Einjährig-Freiwilligen, den Unteroffizier, Offiziers-Aspiranten und Offizier des Beurlaubtenstandes der kgl. bayerischen Infanterie. Aus Reglements, Verordnungen ꝛc. zusammengestellt. 2. verb. Aufl. gr. 8. (XVI, 742 S. mit 260 Abbild. und 4 Taf.) München 883, Oldenbourg. * ℳ 7.; geb. *

Müller, C. Th., u. Th. v. Zwehl, Handbuch f. den Einjährig-Freiwilligen, den Unteroffizier, Offiziers-Adspiranten u. Offizier d. Beurlaubtenstandes der kgl. bayerischen Infanterie. Aus Reglements, Verordngn. ꝛc. zusammengestellt. 3. Aufl. Mit 260 Abbildgn. u. 4 Taf. gr. 8. (XIII, 738 S.) München 886. Oldenbourg. n. 7. —; geb. n. 8. —

Müller, C. Thdr. (II.) und Th. v. Zwehl, Handbuch für den Einjährig-Freiwilligen, den Unteroffizier, Offiziersaspiranten und Offizier des Beurlaubtenstandes der königl. bayerischen Infanterie. Aus Reglements, Verordnungen ꝛc. zusammengestellt. Nachtrag zur 3. Aufl. gr. 8. (182 S. mit Abbild.) München 887, Oldenbourg. *

Müller, C. Th., u. Th. v. Zwehl, Handbuch f. den Einjährig-Freiwilligen, den Unteroffizier, Offiziersadspiranten u. Offizier d. Beurlaubtenstandes der kgl. bayerischen Infanterie. Aus Reglements, Verordngn. ꝛc. zusammengestellt. 4. Aufl. Mit 198 Abbildgn. gr. 8. (XIV, 611 S.) München 888. Oldenbourg. n. 7. —

Müller, C. Th. u. Th. v. Zwehl. Handbuch f. den Einjährig-Freiwilligen, den Unteroffizier, Offiziersadspiranten u. Offizier d. Beurlaubtenstandes d. kgl. bayerischen Infanterie. Aus Reglements, Verordngn. ꝛc. zusammengestellt. 5. Aufl. gr. 8. (XII, 695 S. m. 179 Abbildgn.) Münch. 890, Oldenbourg. geb. * * 8 —

Müller, C. Th., u. Th. v. Zwehl, Handbuch f. den Einjährig-Freiwilligen, den Unteroffizier, Offiziersadspiranten u. Offizier d. Beurlaubtenstandes der kgl. bayerischen Infanterie. Aus Reglements, Verordngn. ꝛc. zusammengestellt. 6. Aufl., vollständig durchgesehen u. ergänzt v. Th. v. Zwehl. 3 Tle. gr. 8. München 894. R. Oldenbourg. n. 7. –; in Leinw.-Bd. n.n. 8. —

1. Organisation u. Ergänzung d. Heeres. (VI, 99 S.) n. 1. —
2. Innerer Dienst u. Verwaltung. (VI, 197 S. m. 8 Abbildgn.) n. 2. —
3. Äußerer Dienst, Bewaffnung u. Ausbildung. (VI, 358 S. m. 149 Abbildgn.) n. 4. —

Müller, C. Th., u. Th. v. Zwehl, Handbuch f. den Einjährig-Freiwilligen, den Unteroffizier, Offiziersaspiranten u. Offizier d. Beurlaubtenstandes d. kgl. bayer. Infanterie. 7 Tle. Aus Reglements, Verordngn. rc. zusammengest. 7., vollständig durchgeseh. Aufl. gr. 8. München 897. R. Oldenbourg. Geb. in Leinw. n.n. 10. —

Hieraus einzeln:
1. Heeresergänzg. u. Dienstverhältnisse d. Beurlaubtenstandes. (VI, 67 S. m. 1 Bildnis.) n.n. 1. —
2. Heeresorganisation. (III, 36 S.) n.n. — 75
3. Innerer Dienst. (IV, 100 S.) n.n. 1. 45
4. Verwaltg., Sanitätsdienst. (IV, 64 S.) n.n. 1. —
5. Disziplin, Rechtspflege, Ehrengerichte, Auszeichngn. (IV, 43 S. m. 8 Abb.) n.n. — 85
6. Gymnastik, Exerzieren, Waffen u. Munition, Schießen, Garnisonsdienst. (V, 203 S. m. 72 Abb.) n.n. 2. 70
7. Dienst im Felde (Manöver). (IV, 179 S. m. 81 Abb.) n.n. 2. 35

Müller, C. Th., u. Th. v. Zwehl, Handbuch f. den Einjährig-Freiwilligen, den Unteroffizier, Offiziersaspiranten u. Offizier des Beurlaubtenstandes der kgl. bayerischen Infanterie. 7 Tle. Aus Vorschriften, Verordngn. rc. zusammengestellt. 8., vollst. durchgeseh. Aufl. Bearb. u. hrsg. von Th. Frhr. v. Malsen. gr. 8. München 900. R. Oldenbourg. Geb. in Leinw. n. 10. —

Hieraus einzeln:
I. Heeresergänzung u. Dienstverhältnisse des Beurlaubtenstandes. (IV, 75 S. m. 1 Bildnis.) n. 1. 10
II. Heeresorganisation. (III, 39 S.) n. — 85
III. Innerer Dienst. (IV, 108 S.) n. 1. 55
IV. Verwaltung, Sanitätsdienst. (IV, 75 S.) n. 1. 20
V. Disciplin, Rechtspflege, Ehrengerichte, Auszeichnungen. (IV, 46 S. m. 8 Abbildgn.) n.n. — 85
VI. Turnen, Bajonettieren, Waffen u. Munition, Schießen, Exerzieren, Garnisonsdienst. (VI, 211 S. m. 83 Abb.) n. 2. 80
VII. Dienst im Felde (Manöver). (IV, 211 S. m. 100 Abb.) n. 2. 75

Müller, C. Th., u. Th. v. Zwehl, Handbuch f. den Einjährig-Freiwilligen, den Unteroffizier, Offiziersaspiranten u. Offizier des Beurlaubtenstandes der kgl. bayerischen Infanterie. Aus Vorschriften, Verordngn. rc. zusammengestellt. 9., vollständig durchgeseh. Aufl. Bearb. u. hrsg. von Th. Frhr. v. Malsen. Mit 198 Abbildgn. 3 Tle. gr. 8. München 903. R. Oldenbourg. Geb. in Leinw. n. 9. —

1. Heeresorganisation. (VIII, 127 S.) — 2. Dienstkenntnis. (VIII, 285 S.) — 3. Praktischer Dienst. (VI, 308 S.)

Müller, K. W., s.a. M ü l l e r , Karl Wilhelm

— **K. W.,** Bemerkungen üb. eine Stelle in Homers Odyssee (VII, 126), die Weinblüte betreffend. Gel. 1858. 2 S. 4°. —.75

— **K. W.,** Emendationes Platonicae. Gel. 1862. 6 S. 4°.

— **K. W.,** Emendationes Sophocleae duae et Schilleriana una. Gel. 1861. 7 S. 4°.

Müller, K. W., Menschenwille u. Gotteswege. Vier Erzählgn. gr. 8. (255 S.) Herborn 889. Buchhandlg. des Nassauischen Colportagevereins. n. 1. 50; geb. n. 2. —

Müller, K. W., Menschenwille u. Gotteswege. 4 Erzählgn. 2. Aufl. 12. (267 S.) Herborn 896. Buchh. d. Nassauischen Colportage-Vereins. n. 1. —; in Bibliotheksbd. n. 1. 35; eleg. geb. n. 1. 50

Müller, Karl, s.a. M a r t i n , Karl

— s.a. M ü l l e r von Friedberg

Müller, Karl, s. a. Mylius, Offried.

Müller, Karl, Abenteuer u. Erlebnisse e. jungen Deutschen in Kanada. E. Erzählg. f. d. Jugend. M. 4 feinen Farbendr.-Bild. (v. G. Franz). gr. 8. (127 S.) Mülheim a/d. R. (896). J. Bagel. Geb. 1. 80

Müller, Karl, kurze Abhandlung über das Püllnaer Bitterwasser, dessen Gebrauch u. Anwendung. 2. veränd. Aufl. gr. 8. (43 S.) Brünn 852. (Berlin, Th. Grieben.) 6 ngr

Müller, Karl, s.: Abhandlungen, theologische.

— Moderne Adamiten. Humoresken. Eine Erinnerung an Bad Wartenberg. 12. (108 S.) geh. 50 kr.

M ü l l e r , (von Halle), Carl, A d d e n d a ad litteraturam botanicam, s. W a l p e r s , Annales.

Mueller, Car.: Aegineticorum capita priora duo. Berolini 1817. (73 S.) 8° ¶ Vollst. ersch. u. d. T.: Aegineticorum liber. Berolini: Reimer 1817.
Berlin, Phil. Diss. v. [25. Okt. 1817]

Müller, Karl III., Aegineticorum liber. 8maj. Berl. 817. Reimer. 1 ꝑ 4 gr

M ü l l e r , C., Aegineticorum liber. Berol. 818. 8. 1 rthl. 4 gr.

Müller-Wölfickendorf, Karl, alles ist euer! Eine Weltanschaug. 8. (72 S.) Berlin (898). Rehtwisch & Langewort. n. 1. —

Alles ist euer! Eine Weltanschauung. Von Karl **Müller,** Pastor. *Berlin: Rehtwisch & Langewort [1897].* (72 S.) 8° [J.] (91. 7153)

— „Altgläubige" u. moderne Gläubige. Eine populartheolog. Auseinandersetzg. m. der Theologie der „Christlichen Welt". [Aus: „Reform. Kirchenzeitg."] 8. (36 S.) Leipzig 894. A. Deichert Nachf. n. — 50

MYLIUS, Otfrid, (d. i. *Herm. Friedr. Wilh. Karl Müller*). A m o r i m W a l d e. (Zahmer Roman.) 2 Bde. Mit Abbildgn. Weimar, o. J. (vor 1890). 8°. (Mk. 6—.) (3 Mk. 50 Pfg. Orig.-Lwdbd., wie neu, A. Bielefeld, 1908.)

Müller, Carl, alphabetisches Aemter-Verzeichniß vom deutsch. Zollverein. Ein Handb. für Steuer- u. Zollbeamte, Kaufleute, Spediteure rc. Nach amtl. Quellen bearb. u. hrsg. 2., verm. Ausg. Mainz 870. (Kunze's Nachf.) gr. 4. (VI, 96 S.) n. 24 ngr.

— — 1. Ausg., s. M ü l l e r : Alphabetisch geordnetes Verzeichnis der im deutschen Zollverein vorhandenen Hauptzollämter ...

Müller, Carl [aus Stolp in Pommern]: Zur vergleichenden Anatomie und Histologie der Prostata der Haussäugetiere mit Einschluss der Prostata von Hirsch, Rehbock und Wildschwein. Mit 15 Abbildungen auf 6 Tafeln. Dresden (a. d. Umschlag: Zürich) 1904. 103 S. 8°. [25. IV. 04.]
Zürich. Phil. Diss. II. S. 1903/1904.

M ü l l e r , Carl. Zur vergleichenden Anatomie und Histologie der Prostata der Haussäugetiere, mit Einschluss der Prostata vom Hirsch, Rehbock und Wildschwein. Diss. Phil. [II.] Univ. Zürich von C' M' aus Stolp..., Assistent ... zu Dresden. Mit 15 Abbildungen [auf 6 Tafeln]. 104 S. 8. Zürich (Buchdr. Arthur Schönfeld in Dresden) 1904.

Müller, Karl, die A n f ä n g e d. Minoritenordens u. der Bussbruderschaften. gr. 8. (XII, 210 S.) Freiburg i/Br. 885. Mohr. n. 5. —

Müller, Karl, ausführliche Anleitung f. die Herstellung u. Verwendung v. Kunstholz resp. Steinholz aus verschiedenen Rohmaterialien u. billigen Abfallstoffen. 3. verm. Aufl. (199 S. m. Abbild.) gr. 8. Gommern (Bez. Magdeburg) 908. Karl Müller, Kunststeinwerk. 5. —

M ü l l e r , C[arl]. Anleitung zur Schweinezucht und -Haltung für schweizerische Verhältnisse. Von K. M'.... Mit 24 Textabbildungen. IV +70 S. 8. Aarau, Emil Wirz, 1905. [cart. fr. 1. 50]

Mueller, Car. (geb. Berlin 20. 2. 1817): Annotationes quaedam de familia Elaeocarpeacearum specierumque nonnullarum generum et Elaeocarpearum et Monocerarum descriptiones, secundum specimina ex herbario Wallichiano sumpta. Berolini (1849). (41 S.) 8°
Berlin, Phil. Diss. v. 23. Juli 1849

— s. **Ansicht, auch eine, der Völkerschlacht, u. setze hinzu: (von Karl Müller).**

Müller, Karl, Ansichten aus den deutschen Alpen. Ein Lehrbuch für Alpenreisende, ein Naturgemälde für alle Freunde der Natur. Mit Holzschn. u. 1 (lith. u. color.) Karte (in Fol.). Halle 858. G. Schwetschke. 8. (XVI, 452 S. mit Holzschn. im Text u. 1 Holzschnitttaf.) n. 2 ℛ︎. 20 ngr.

Müller, Carl (IV.), Ansichten der Natur aus allen Reichen und Zonen. Eine Sammlung physisch-geograph. Spezialschilderungen in ästhet. Form und gemüthl. Darstellung zu Lust und Lehre für Leser aller Stände. 8. (IV und 308 S. mit 1 Titkpfr.) Stuttgart 854(55). [Leipzig, C. F. Winter'sche Vrlgsh.]

Müller, Karl, Ansichten der Natur aus allen Reichen und Zonen. Eine Sammlung physisch-geograph. Spezialschilderungen in ästhetischer Form und gemüthlicher Darstellung zu Lust u. Lehre für Leser aller Stände. Mit 1 (lith.) Titelkpfr. Stuttgart 855. J. B. Müller. (Leipzig, C. F. Winter.) 8. (308 S.) 1 ℛ︎.

Müller v. Halle, Karl, Antaeus od. die Natur im Spiegel der Menschheit. Mit dem Portr. Müllers u. seinem Lebensbilde v. Otto Taschenberg. gr. 8. (XIX, 185 S.) Halle 902. Gebauer-Schwetschke. n. 3. —; geb. n.n. 3.60

Müller, C[arl]: Die Apperzeptionstheorie von W. Wundt und Th. Lipps und ihre Weiterführung in der Gegenwart. Langensalza 1910: Beyer. 81 S. 8°
Münster, Phil. Diss. v. 15. April 1910, Ref. Meumann
[Geb. 30. Juli 68 Berlin; Wohnort: Soest; Staatsangeh.: Preußen; Vorbildung: Realgymn. Nordhausen Reife 04; Studium: Leipzig 6, Halle 1 S.; Rig. 27. Juli 09.] [U 10. 3790

Müller, C., die Apperzeptionstheorie v. W. Wundt u. Th. Lipps u. ihre Weiterführung in der Gegenwart, s. a. Magazin, pädagogisches.

Die Apperzeptionstheorie von W. Wundt und Th. Lipps und ihre Weiterführung in der Gegenwart. Von Dr. C[arl] **Müller**, Dir., Soest. Langensalza: Beyer 1910. 81 S. 8°
(Pädagogisches Magazin. H. 400.) [10. 9537

Müller, Carl, Die Arbeiterpartei und der Bauernstand. 2. Aufl. gr. 8⁰. Graz, Verl. Leykam, 1893.

– (Hrsg.), s. Arrianus, Flavius: Anabasis et Indica. 1846.

Müller-Rastatt, Carl, s.: Aus Wald u. Grund.

Müller, (Carl), Ausschlag an Zementfussbodenplatten. Vortrag im „Zentralverband deutscher Zementwaren- u. Kunststeinfabrikanten, e. V., Sitz Leipzig." (23 S. m. Abb.) gr. 8. Leipzig (908). Baumaterialien-Markt. — 70

Müller, Karl (I.), der Auswanderer,
— die beiden Auswanderer,
} s. Erzählungen aus Heimat und Ferne.

Müller, Karl, der junge Auswanderer, s.: Bibliothek interessanter Erzählungen.

— der junge Auswanderer, s.: Jugendbibliothek, neue.

Müller, Karl, die jungen Auswanderer in Australien, s.: Im Lande der Rothäute.

Müller, Karl (V.). Die jungen deutschen Auswanderer in Australien. Eine Erzählg. f. die Jugend. 8. (159 S. m. 3 Farbendr.) Mülheim a. d. R. 889, Bagel. geb. 2 —

[F.] Die jungen deutschen Auswanderer in Australien. E. Erzählg v. Otfried Mylius '(Dr. Karl **Müller**)'. *Mülheim a. d. R.: J. Bagel [1892].* (1 Bl., 159 S.) 1 Bd 8. [96. 7365

[J.] Die jungen deutschen Auswanderer in Australien. E. Erzählg f. d. Jugend v. Dr. Karl **Müller**. M. feinen Farbendruckbild. *Mülheim a. d. R.: J. Bagel [1896].* (128 S., 3 Taf.) 1 Bd 8. [97. 5590

Müller, Karl, aus Stuttgart: Ueber die **Aciditätsdifferenz** mehrbasischer Carbonsäuren. *Tübingen: F. Pietzcker 1903.* (47 S.) 8°
Tübingen, Naturw. Diss. v. 1903

MÜLLER, KARL. Ueber Azo- und Hydrazosulfobenzolamid. Greifswald, 1881.

Müller, Carl, s.: Bedeutung, die, der Feldbahn f. intensive Wirtschaftsbetriebe.

Müller, Karl: Die volkswirtschaftliche Bedeutung der Veterinärpolitik des Deutschen Reiches. *München 1898: F. Straub.* (48 S.) 8°
München, Staatswirtsch. Diss. v. 1898

Müller, *Theodor Louis Albert* Carl [aus Braunschweig]: Zur Behandlung beweglicher Scoliosen ... Greifswald, Druck v. J. Abel, 1895; 39 S. 8.
Greifswald, Med. Fak., Inaug.-Diss. v. 3. Okt. 1895

Müller, Karl [k. b. Assistenzarzt II. Kl. aus Schweinfurt]: Beitrag zur operativen Behandlung der Endometritis ... Würzburg, P. Scheiner's Buchdr., 1892; 46 S. 8.
Würzburg, Med. Fak., Inaug.-Diss. v. 1892

Müller, Carl [app. Arzt]: Beitrag zur Kenntnis des chronischen Ascites bei Kindern mit besonderer Berücksichtigung der „primären" Bauchfelltuberculose. . . . Frankfurt a. M., Druck v. Gebr. Knauer, 1890; 82 S. + 1 Bl. 8°
Freiburg i. B., Med. Fak., Inaug.-Diss. v. 1890

Müller, *Gottfried* Karl *Rudolf* [app. Arzt aus Wolfshagen]: Aus d. Laboratorium d. pharmakognost. Sammlung in Kiel. Beitrag zur Kenntnis der Wirkung des Methylconiinchlormethylat ... Kiel, Druck v. A. F. Jensen, 1893; 23 S. 8.
Kiel, Med. Fak., Inaug.-Diss. v. [14. Apr.] 1893

Müller, Carl, Beitrag zur Statistik der malignen Tumoren. Inaug.-Diss. gr. 8. (29 S.) Bern 890. (Huber & Co.) n. — 60

Müller, Carl (II.). Beitrag zur Statistik der malignen Tumoren. Diss. gr. 8. (29 S.) Bern 890, (Körber). * — 60

Müller, Carl: Beiträge zur vergleichenden Anatomie der Blätter der Gattung Agave und ihrer Verwertung für die Unterscheidung der Arten. Mit 2 Taf. u. 22 Abb. im Text. Göttingen 1909: (Pierer, Altenburg). 8°(4°) ¶(Aus: Botan. Zeitung. Jg. 67.)
Göttingen, Phil. Diss. v. 11. Aug. 1909, Ref. Peter
[Geb. 23. Sept. 84 Wolfenbüttel; Wohnort: Wolfenbüttel; Staatsangeh.: Braunschweig; Vorbildung: Gymn. Wolfenbüttel Reife O. 03; Studium: Göttingen 2, Berlin 2, Göttingen 6 S.; Rig. 4. Nov. 08.] [U 09. 1386

Müller, Karl, a. Meßkirch: Beiträge zur Chemie niederer Pflanzen. 1. Die chemische Zusammensetzung der Zellmembranen bei verschiedenen Kryptogamen. 2. Beitrag zur Kenntnis der ätherischen Öle bei Lebermoosen. Straßburg: K. J. Trübner 1905. (55 S.) 8°
Freiburg i. B., Phil. Fak., Ref. Gattermann, Diss. v. 17. Juli 1905
[Geb. 14. Juni 81 Messkirch; Wohnort: Freiburg; Staatsangeh.: Baden; Vorbildung: Gymn. Freiburg Reife Juli 01; Studium: Freiburg 1, München 1, Freiburg 5 S.; Rig. 12. Mai 05.]

Müller, Carl. Die Bekenntnisschriften der reformierten Kirche. In authentischen Texten, mit geschichtlicher Einleitung und Register, hrg. von E[rnst] F[riedrich] Karl Müller,... Professor... zu Erlangen. LXXII + 976 S. 8. Leipzig, A. Deichert Nachf., 1903. [M. 22.—]

Die Bekleidung, Ausrüstung und Bewaffnung der Kgl. Bayerischen Armee von 1806 bis zur Neuzeit. Nach amtl. Quellen bearb. v. Karl Müller, Maj. im Kgl. Bayer. Ingen.-Corps, u. Louis Braun, Prof. ... Text. [Taf.] Lfg 1. *München: A. Oehrlein [1898].* 4.2. [98.10781]

Müller, Karl, u. Louis Braun, d. Bekleidg., Ausrüstg. u. Bewaffng. d. kgl. bayerischen Armee v. 1806 bis zur Neuzeit. Nach amtl. Quellen bearb. (In 10 Lfgn.) 1. Lfg. Fol. (6 [2 farb.] Taf.) Nebst Text. 4. (S. 1—44.) München 899. A. Oehrlein. n. 9. —; Künstlerausg. n. 40. —

— u. Louis Braun, die Bekleidung, Ausrüstung u. Bewaffnung der königl. bayerischen Armee von 1806 bis zur Neuzeit. Nach amtl. Quellen bearb. 2.—9. Lfg. Ausg. I. Fol. (44 [16 farb.] Taf.) Nebst Text. 4. (S. 45—412.) München 899. 901. A. Oehrlein. à n. 9. —; Ausg. II. (41 farb. Taf.) à n. 12. —; Künstlerausg. à n. 40. —

Müller, Karl, u. Louis Braun, die Bekleidung, Ausrüstung u. Bewaffnung der königl. bayerischen Armee von 1806 bis 1906. Nach amtl. Quellen bearb. 10. bis 12. Lfg. Ausg. I. (18 [6 farb.] Taf.) Fol. Nebst Text. (IX u. S. 413—947.) 4. München 903. 04. 06. A. Oehrlein. n. 33. —; Ausg. II. (18 farb. Taf.) à n. 42. —; Künstlerausg. à n. 126. —

Müller(-Erlangen), E. F. Karl, Beobachtungen zur paulinischen Rechtfertigungslehre, s.: Studien, theologische.

Müller, E. F. Karl, Beobachtungen z. neutestamentlichen Sühneglauben, s.: Studien, theologische.

—— Bericht über den gegenwärtigen Stand der Forschung auf dem Gebiet der vorreformatorischen Zeit, s. Vorträge der theologischen Konferenz zu Gießen.

Der Beutezug eine nationale Gefahr. Von Carl Müller. Bern [1894]: Michel & Büchler. 24 S. 8° [Umschlagt.]
Aus: 'Helvetia', polit.-litterar. Monatsheft d. Studentenverbindung Helvetia.

— s.: Bibelfrage, die, in der Gegenwart.

Müller, Karl (V.), s. Bibliothek interessanter Erzählungen.

Müller, Karl, aus Essen (Ruhr): Über Bildung von Condensationsproducten aus Pseudophenolen und organischen Basen und deren Verhalten bei der Acetylierung. *Greifswald 1902: J. Abel.* (69 S.) 8°
Greifswald, Phil. Diss. v. 5. Juli 1902

—— die jungen Boers im Binnenlande des Kaps der guten Hoffnung. Ein Zonengemälde aus Süd-Afrika zu Lust und Lehre für die reifere Jugend gebildeter Stände. br. 8. (VIII und 333 S. mit 8 Kpfrn. in lithogr. Farbendr.) Breslau (861)62, E. Trewendt. geb.

MÜLLER, K. *Die jungen Boers* im Binnenlande des Kaps der guten Hoffnung. Ein Zonengemälde aus Süd-Afrika . . . von Karl Müller . . . Mit acht Kupfern [von A. HAUN] in lithographischem Farbendruck. Breslau, E. Trewendt, 1862. VI, 333 S. 8°. Orhlwd. (Rücken läd). Gut illustr. ★ Erstausgabe. Wenige Fleckchen. 14.—

An Bord der Cassiopeja. Eine Geschichte aus d. Chines. Meere von Rod. Nellenburg [d. i. Karl Müller]. [Neue Aufl.] Mülheim a. d. Ruhr: J. Bagel [1906]. (64 S.) 8° [F.] [06.6846]

— u. H. Potonié, Botanik, s. a. Potonié's, H., naturwissenschaftliche Repetitorien.

——— (Carl) und Potonié (H.), Botanik. Berlin 1893. 8.

— unter hohen Breiten. Eine Geschichte aus der Polarwelt. Zu Lust u. Lehre für die reifere Jugend gebildeter Stände. Mit 6 Bildern in lith. Farbendr. gez. v. A. Haun. Breslau 868. Trewendt. br. 8. (IV, 224 S.) geb. 1 ₰ 7½ ngr.

Müller, Karl (I.). Offener Brief an Hrn. Konsistorialrat Dr. Duncker in Dessau üb. d. Bekenntnisstand d. Anhaltischen Kirche. gr. 8. (16 S.) Cöthen 892, Schettler's Erben, Verlag. * — 60

— das Buch der Pflanzenwelt, s. a. Feierstunden, malerische.

— Das Buch der Pflanzenwelt. Botanische Reise um die Welt. 2 Bde Leipzig 1857

— das Buch der Pflanzenwelt. Eine botan. Reise um die Welt. Versuch e. kosmischen Botanik. Den gebildeten Ständen u. allen Freunden der Natur gewidmet. 2. verm. u. verb. Aufl. Mit 380 Text-Abbildgn. u. 9 Ansichten in Tondr. (in Holzschn.) 2 Abthlgn. Leipzig 869. Spamer. gr. 8. (XIV, 284 u. 368 S.) n. 3 ₰ 10 ngr.; in engl. Einb. n. 3 ₰ 25 ngr.

Müller, Carl (VII.), die jungen Büffeljäger auf den Prairien des fernen Westens von Nordamerika. Ein Naturgemälde zu Lust und Lehre für die reifere Jugend gebildeter Stände. br. 8. (VIII und 338 S. mit 8 Kpfrt. in lithogr. Farbendr.) Breslau 856(57,) [Trewendt.] 1

— die jungen Büffeljäger auf den Prairien des fernen Westens von Nordamerika. Ein Naturgemälde zu Lust u. Lehre für die reifere Jugend gebildeter Stände. 2. Aufl. Breslau 868. Trewendt. br. 8. (VIII, 338 S. mit 8 Bildern in lith. Farbendr.) geb. 1 ₰ 22½ ngr.

— die jungen Büffeljäger auf den Prairieen d. fernen Westens v. Nordamerika. Ein Naturgemälde zu Lust u. Lehre f. die reifere Jugend gebildeter Stände. Mit 8 Bildern in lith. Farbendr. 3. Aufl. 8. (VIII, 338 S.) Breslau 875. Trewendt. geb. 5. 25

MÜLLER, Carl (Berching): De calculis biliariis.- Monachii 1826.
20.5.1825 - Pe 414; F 58
Diss. Ingolst.-Landsh.-Mchn.

—— die jungen Canoëros des Amazonen-Stroms. Ein Naturgemälde aus dem trop. Südamerika zu Lust und Lehr für die reifere Jugend gebildeter Stände. br. 8. (VIII und 338 S. mit 8 Kpfrn. in lithogr. Farbendr.) Breslau 860, E. Trewendt. geb.

—— die jungen Canoëros des Amazonen-Stroms. Ein Naturgemälde aus dem trop. Südamerika zu Lust und Lehre für die reifere Jugend gebildeter Stände. 2. Aufl. br. 8. (VIII, 338 S. mit 8 Kpfrn. in lithogr. Farbendr. und 1 eingedr. Holzschn.) Breslau 872, Trewendt. geb.

Mülleri, C., Carminum neolatinor. specimen. Berol. 819. 8. ⅛gr.

— Carminum neo-latinorum specimen. 8maj. Berl. 820. Maurers B. 4 gr.

—— Charakterbilder aus der Länder- und Völkerkunde. Kultur- und sittengeschichtl. Skizzen zu Lust und Lehre für die reifere Jugend gebildeter Stände. br. 8. (VI und 331 S. mit 8 Bildern in lithogr. Farbendr.) Breslau 865, Trewendt. geb. 1

Müller Dr. Karl: Die Charaktere Theophrast's, La Bruyères und Rabeners. (47). Wien VII. R. 94.
Progr.

Müller, *Carl Heinrich Ferdinand*: Charakteristik des höfischen Lebens zur Zeit seiner Blüte mit besonderer Berücksichtigung der einschlägigen Stellen aus Gottfried von Strafsburg. 4 (S. 3—22). Progr. Kgl. G. *Weilburg* 1899

Müller, Karl, Christenlehre zur Konfirmation. (32 S.) 8. Wittenberge (903). Th. Gottharbt. n. — 25

— Christentum u. Monismus. Vortrag, bei der Jahres-versammlg. der evangelisch-kirchl. Vereinigg. in Stuttgart am 2. V. 1906 geh. (43 S.) 8. Neukirchen 906. Buchh. des Erziehungsvereins. n. — 50

Müller, C(arl). Cicero als Philosoph. Eine historisch-philosophische Skizze. 46 S. 8.
Jahres-Bericht der kantonalen Industrieschule ... in Zug. Schuljahr 1910-11. Zug, Blunschi. (Beilage.)

Müller, Karl, Collegium biblicum, s.: Vilmar, Aug. Frdr. Christ.

— Cook der Weltumsegler, s. a. Feierstunden, malerische.

— Cook, der Weltumsegler. Leben, Reisen u. Ende d. Kapitän James Cook, insbesondere Schilderg. seiner 3 großen Entdeckungsfahrten. Nebst e. Blick auf die heut. Zustände der Südsee-Inselwelt. Mit 100 in den Text gedr. (Holzschn.-)Abbildgn. u. 4 Tondr.-Bildern. 2. verb. Aufl., bearb. v. der „Red. d. Buchs der Reisen". gr. 8. (XXVI, 290 S.) Leipzig 876. Spamer. n. 4 —; geb. n. 5. —

Müller, Karl, Cook, der Weltumsegler. Leben, Reisen u. Ende des Kapitän James Cook. Nebst einem Blicke auf die heutigen Zustände der Südsee-Inselwelt. In den späteren Auflagen bearb. von der „Red. des Buchs der Reisen". Mit 100 in den Text gedr. Abbildungen u. 2 Tondr.-Bildern. 3., verb. Aufl. 8. (XXIV, 276 S.) Leipzig 882. Spamer. n. 3. 50; geb. n. 4. 50

— Cook, der Weltumsegler. Leben, Reisen u. Ende des Kapitäns James Cook. Ursprünglich hrsg. von K. M., in den späteren Auflagen bearb. v. der Red. des Buchs der Reisen. 4., verb. Aufl. gr. 8. (VIII, 294 S. m. 62 Textabbildungen u. 4 Buntbildern nach A. Richter.) Leipzig 890. Spamer. n. 3. 50; geb. n. 4. 50

— Cook, d. Weltumsegler. Leben, Reise u. Ende d. Kapitäns James Cook, f. Jugend u. Volk erzählt. 5. (Titel-)Aufl. M. 62 Textabb. u. 4 Buntbild. nach Aquarellen v. Alb. Richter. gr. 8. (VIII, 294 S.) Leipzig (890) 896. O. Spamer. n. 3. 50; geb. in Leinw. n. 4. 50

Mueller, Carolus: Dissertatio ... sistens monstri humani rarissimi descriptionem. Halis Saxonum (1831): Schimmelpfennig. 26 S., 1 Taf. 8°
Halle-Wittenberg, Med. Diss. v. 23. Juli 1831
Geb. Halle a. d. S. [4. 7.] 1806. V. vorh. Berlin UB

Müller, Carl (II.), und E. Brinckmeier, allgemeines Deutsch-Fremdwörterbuch, s. Brinckmeier.

– s. Dijon, Über, nach Paris.

– (Hrsg.), s. Diodorus Siculus: Βιβλιοθήκης ἱστορικῆς τὰ λείψανα.

Mueller, Karl [Grossh. Landwirthsch.-Lehrer u. Secretair d. landw. Ver. f. d. Prov. Rheinhessen zu Alzey]: Die Duengungen und die Duengungskosten in viehlosen Wirthschaften gegenueber denen in viehhaltenden Wirthschaften ... Merseburg, Buchdr. v. F. Stollberg, 1894; VI S., 1 Bl., 166 S., 1 Bl. 8.
Jena, Phil. Fak., Inaug.-Diss. v. 1894

Müller, Karl, aus Mainz: Die Einwirkung von Hydrazinhydrat auf Mandelsäureäthylester. *Heidelberg 1902: C. Pfeffer.* (74 S.) 8°
Heidelberg, Naturw.-math. Diss. v. 1902

Müller, Karl, die badischen Eisenbahnen in historisch-statistischer Darstellg. Ein Beitrag zur Geschichte des Eisenbahnwesens. (XVI, 466 S. m. 1 Taf. u. 2 Karten.) gr. 8. Heidelberg 904. Heidelberger Verlagsanstalt u. Druckerei. n. 12. —

— die jungen Elephantenjäger. Ein Naturgemälde aus dem Binnenlande Süd-Afrika's für die reifere Jugend. Mit 6 Bildern in lith. Farbendr. 8. (VIII, 288 S.) Breslau 878. Trewendt. geb. 5. 25

– Elisabeth von Thüringen, eine Fürstin im Reiche der Liebe, s. Für Feste und Freunde der inneren Mission.

— die besondere Entführung. 8. Bresl. 792. (Gosohorsky). 1 ₰ 6 gl

MÜLLER, Karl, Die besondere Entführung, in einer Reihe von Briefen. („Szene aus dem letztern Feldzuge der Preußen".) Breslau u. Leipzig, bey Ernst Gli. Meyer, 1792. 8°. VIII u. 479 SS.

Müller, Carl, Gerichtsrefer. a. Oranienstein a. L.: Die Entmündigung wegen Verschwendung. Borna-Leipzig 1910: Noske. VIII, 51 S. 8°
Marburg, Jur. Diss. v. 15. Sept. 1910, Ref. André
[Geb. 18. Febr. 87 Breslau; Wohnort: Limburg; Staatsangeh.: Preußen; Vorbildung: Gymn. Limburg Reife O. 06; Studium: Freiburg i. B. 2, Berlin 1, Marburg 3 S.; Rig. 1. Aug. 10.] [U 11. 3388

Müller, Carl, d. Entwickelg. d. Hühnchens im Ei, s. a. Sammlung populärer Schriften, hrsg. v. d. Gesellschaft Urania.

Die Entwickelung des Hühnchens im Ei. Von Dr. Carl Müller in Berlin ... M. 47. Ill. *Berlin: H. Paetel 1896.* (SA. a. 'Himmel u. Erde' Jg. VIII. H. 9–12.) (68 S.) 1 Bd 4.(8.)
= Sammlung populärer Schriften hrsg. v. d. ... Urania. No 42. (97. 307

— Entwurf einer Atwood'schen Fallmaschine für den Schulgebrauch. (4) u. 2 Taf. ibd. 96.
Progr.

Müller, Carl (II.), Erheiterungen, s. Erheiterungen.

Müller, Carl. Erinnerung an Johannes Ritschard, Regierungsrat und Nationalrat, von K' M'.... Hrg. vom bernischen Lehrerverein. Sonderabdruck aus Nr. 1/2 der «Helvetia», politisch-literarische Monatsschrift der Studentenverbindung Helvetia ⟨Januar/Februar 1909⟩. [Mit Porträt-Tafel.] II + 42 S. 8. Bern, Büchler & Co., 1909. [fr. —. 25]

Müller-Erlangen, E. F. Carl, zur christl. Erkenntnis. Vorträge u. Aufsätze f. denk. Christen. 8. (IV, 151 S.) Leipzig 898. A. Deichert Nachf. n. 2. 40

Müller, Carl [aus Braunfels '(Hessen-Nassau)']: Über den plastischen Ersatz der Schleimhaut durch äussere Haut ... *Schotten '(Hessen)', Druck v. W. Engel, 1895*; 25 S. 8.
Erlangen, Med. Fak., Inaug.-Diss. v. [11.] März 1895

Müller, Karl, Erzähll. nach Musäus. 2 Bdchen. 8. Bresl. 791, 92. (Gosohorsky). 1 ₰ 6 gl

Müller, Carl, Erzählungen nach Musäus, zweyte Aufl. 8. Breslau, 795. Meyer. 1 Rthl. 8 sgl.

— Esperanza, oder die jungen Gauchos in den Pampas am Fuße der Andes. Ein Zonengemälde aus Südamerika zu Lust u. Lehre für die reifere Jugend gebildeter Stände. Mit 8 Kpfrn. in lith. Farbendr. Breslau 859. Trewendt. gr. 16. (VIII, 424 S.) 1 ₰ 22½ ngr.

—— Esperanza, oder die jungen Gauchos in den Pampas am Fuße der Andes. Ein Zonengemälde aus Südamerika zu Lust und Lehre für die reifere Jugend gebildeter Stände. 2. Aufl. br. 8. (VIII, 424 S. mit 8 Bildern in lithogr. Farbendr.) Breslau 869, Trewendt. geb.

Müller, Karl Das vierte Evangelium in christologischer Hinsicht. XX, XX SS. Progr. Matth. G. Breslau. 1883. 1884.

—— Gabriel Ferry's Farmer und Goldsucher oder Abenteuer und Erlebnisse eines jungen Auswanderers in Virginien und Californien. Für die Jugend bearb. gr. 16. (137 S. mit 3 lithogr. und ill. Kpfrn.) Sondershausen [Thonberg] 863, Neuse. cart.

§ MÜLLER, Dr. S. A. U. (d. i. Sau-Müller), Humoristische Fasten-Predigt an die Münchener, gehalten von —. München, B. Hilf, o. J. 8°. 2 Bll.

Müller, Carl H [geb. 1855]. Oberst Joachim Feiss (1831–1895), Waffenchef der schweizerischen Infanterie und Kommandant des II. Armeecorps. Ein Lebensbild. verfasst von C' M'.... [Mit 1 Porträt und 1 Tafel.] 8. Bern 1895.

—— der Findling, s. Erzählungen aus Heimat und Ferne.

Müller Karl: Das Formelin. 4. Teplitz-Schönau 97. Progr.

Müller, Car. et Theod., Fragmenta historicor. graecor. hecataei, s. Fragmenta.

Frauenbilder und Frauendienst. Hrsg. von Pastor Karl Müller-Wölsickendorf. *Berlin: Ostdeutscher Jünglingsbund 1900.* (196 S.) 8° [F.] [00. 5879

— Frauenbilder u. Frauendienst. 1. u. 2. Aufl. gr. 8. (à V, 196 S. m. Abbildgn.) Berlin 901. 902. Buchh. d. ostdeutschen Jünglingsbundes. n. 1. 60; geb. n. 2. 50

Mueller, Karl

Für Frauenhand. Sinnige Erzählungen und Novellen zu Lust und Lehre für Frauen und Töchter gebildeter Stände. Von Otfrid Mylius [d.i. Karl Müller]. Bd 1. Mit dem Bildnis des Verfassers. Stuttgart: Bruchmann 1875. 387 S. 8°

Müller, C., Friedrich Fröbel, s. a. Klassiker, die pädagogischen. 8. Bd.

Friedrich Fröbel. Sein Leben u. s. Schriften. Von C[arl] Müller, Rektor in Eilenburg. *Halle a. S.: H. Schroedel 1902.* (96 S.) 8° [F.]
= Klassiker, Die pädagogischen. Bd 8. [03. 0794 3

— Elisabeth Fry, der Engel der Gefangenen, s. a. Für Feste u. Freunde der inneren Mission.

[F.] Elisabeth Fry, der Engel der Gefangenen. (Von Pastor Karl Müller-Wölsickendorf.) *Berlin: Buchh. d. Ostdeutschen Jünglingsbundes [1897].* (16 S.) 8.
= Feste, Für, u. Freunde d. Inneren Mission. H. 5. [98. 9079

—— Vasco da Gama oder die Auffindung des Seeweges nach Indien. Für die reifere Jugend erzählt. Mit Bildern nach Zeichnungen von Ludwig Burger, in Holz geschn. von Knesing. gr. 8. (VII, 193 S.) Breslau 882, Trewendt. geb. *

— das Gebet im Namen Jesu. Vortrag, geh. am 8. VIII. 1901 bei der allgemeinen kirchl. Konferenz der Wupperthaler Festwoche in der evangel. Kirche zu Unterbarmen. gr. 8. (19 S.) Neukirchen 901. Buchh. des Erziehungsvereins. n. — 30

Müller, Karl II., neues Gebetbuch f. kathol. Christen. 18. Wien 808.

Müller, Carl H. Gedenkblatt zur Neuenegg-Feier vom 5. März 1898. Auf Veranlassung des historischen Komitees verfasst von Major K' M'. (Hrg. vom historischen Komitee der Neuenegg-Feier.) [Illustriert.] 8. Bern 1898.

Müller, Karl, Gedenkblatt zur Neuenegg-Feier v. 5. III. 1898. Auf Veranlassg. d. histor. Komitees verf. gr. 8. (16 S. m. 5 Abb.) Bern 898. Schmid & Francke. — 30

Müller, Carl, Gedichte. Frankfurt a. M. 865. Auffarth. 16. (V, 142 S.) n. 18 ngr.

Gedichte

— —, Aufsätze und Lieder im Geiste Marcelin Sturms. Gesammelt und jedem lustigen Männerzirkel gewidmet von Dr. C. M(üller). Stuttgart 1826. 8°. (C. G. Boerner's in Lpz. Febr.-Auct. 1909, no. 390.)

MÜLLER, D*. C*. (d. i. Dr. *Carl Müller*, alias *„S**müller"*, 1796—1873, auch der *„bayerische Weitzmann"* genannt), Gedichte, Aufsätze und Lieder im Geiste Marc(elin) Sturms (s. d.). Gesammelt u. jedem lustigen Männer-Zirkel gewidmet. Stuttgart 1834. Kl. 8°. Tit., 248 S. u. 2 Bll. Inh. (6 Mk. Emil Hirsch, München, 1904; 5 Mk. A. Buchholz, München, 1908.) (In Wien, Stadtbibl.: Secr. A 70.)

Müller, D*. C*., Gedichte, Aufsätze u. Lieder im Geiste Marc. Sturms. Jedem lust. Männer-Zirkel gewidmet. 12. (9 B.) Stuttgart 834. (Augsburg, Magazin f. kathol. Theologie.)

Müller, D*. C*., Gedichte, Aufsätze und Lieder im Geiste Marc. Sturms. Jeden lustigen Männer-Zirkel gewidm. 12. Stuttgart 834. (Augsburg, Banoni jun.) 2/3 ℛ — Ze mit d. Octoberfeste 2c. 2c. 2c. verm. Aufl. gr. 12. Regensburg 835. (Reitmayr; auch München, Finsterlin.) 2/3 ℛ

Müller, C., Gedichte, Aufsätze u. Lieder im Geiste Marc. Sturms. Gesammelt u. jedem lust. Männer-Zirkel gewidmet. Neueste Aufl. Rorschach 853. (München, Ackermann.) 16. (IV, 256 S.) n. 10 ngr.

§ — — Dasselbe. Neueste Auflage. Mit Titelvignette. Rorschach, J. G. Schmied, 1853. In der J. G. Schmied'sche Buchdruckerei. Kl. 8°. IV. u. 256 S. (3 Mk. W. H. Kühl, Berlin, 1884; 3 Mk., unaufgeschn., Frdr. Klüber, München, 1904; 4 Mk. 50 Pfg. O. Rauthe, Berlin-Friedenau, 1908.) (In Wien, Stadtbibl.: Secr. A 134.)

— — Dasselbe. München, Albert Unflad, o. J. (188*). 8°.

Müller, Dr. C. (alias „S**müller", 1796—1873), Gedichte aus seiner letzten Zeit in Kötzting. Druck von J. Jakob in Kötzting (bei Cham), o. J. (c. 1855). Kl. 8°. Eleg. Hfrzb.
64 S. Meist komische Gelegenheitsgedichte (z. Th. im Dialekt), von denen das neueste eine Begebenheit von 1853 zum Gegenstande hat.

— in der Gefangenschaft der Shawnee-Indianer; unter Piraten u. auf einer wüsten Insel, s.: Volks-Erzählungen, kleine.

Müller, Carl: Über Gefässneubildungen im Glaskörper. *Leipzig 1897: A. Edelmann.* (21 S.) 8°
Leipzig, Med. Diss. v. 8. Dez. 1897

Mylius, Otfrid (d. i. *Herm. Friedr. Wilh. Karl Müller*), Die Geheimnisse der Bastille. Histor.-biograph. Bilder aus der Vergangenheit. 2 Bde. Mit Portr. u. zahlr. Holzschnitten. Stuttgart 1865. 8°. (2 Rthl. 16 1/2 Sgr.) (4 Mk. 50 Pfg. A. Bielefeld, 1905.)

Müller, Carl, Genera Muscorum frondosorum. Classes Schistocarporum, Cleistocarporum, Ategocarporum complectentia, exceptis Orthotrichaceis et Pleurocarpis. Gattungen u. Gruppen der Laubmoose in histor. u. systemat. Beziehg., sowie nach ihrer geograph. Verbreitg. unter Berücksicht. der Arten. Handschriftlicher Nachlass Mit e. Vorworte v. Karl Schliephacke. gr. 8. (VII, 474 S.) Leipzig 901. E. Kummer. n. 12.—

Müller, Karl (IV.). Geschichte, Geographie u. Naturkunde, s. Beitlhauser, Thdr.

Müller. Karl. s.: Geschichte der christlichen Religion.

Müller, Carl [von Thun]: Die Geschichte der Zensur im alten Bern. Bern 1904. 208 S. + 2 Tab. [22. VII. 04.]
Bern. Phil. Diss. 1903/1904.

Müller, Karl, die Geschichte der Zensur im alten Bern. (IV, 209 S. m. 1 Tab.) gr. 8. Bern 904. K. J. Wyss. n. 2. 50

[F.] Heitere Geschichten aus dem Ehestandsleben v. O. Mylius [d. i. Carl **Müller**], A[dolf] v. Winterfeld u. A. *Mühlheim a. d. R.: J. Bagel [1896].* (120 S.) 1 Bd 8. [97. 339

— unter den Goldgräbern in Britisch-Columbia, s.: Volks-Erzählungen, kleine.

– Aus dem Goldsucherleben, s. Bibliothek interessanter Erzählungen.

—— aus dem Goldsucher-Leben, s. Jugend-Bibliothek, neue.

Müller, Karl (I.), der Gorilla-Jäger. Erlebnisse und Abenteuer eines jungen Deutschen am Gabûnflusse und in Westafrika. Zu Lust und Lehre der reiferen Jugend gebildeter Stände erzählt. gr. 8. (140 S. mit 4 Farbendr.-Bildern.) [Leipzig 881, Albrecht.] Berlin, A. Engel. geb.

Müller, Karl, der Gorilla-Jäger. Erlebnisse u. Abenteuer e. jungen Deutschen am Gabûnflusse u. in Westafrika. Zu Lust u. Lehre der reiferen Jugend erzählt. 2. Aufl. gr. 8. (183 S. m. 4 Farbendr.) Leipzig 893. O. Drewitz Nachf. Kart. 3.—

Müller, Carl [Dr.]: Albert Ölingers deutsche Grammatik und ihre Quellen. Dresden, Druck v. B. G. Teubner, 1897; 64 S. 4.
Dresden, Wettiner G, OP 1897 (556)

Müller, Carl *Wilhelm*: Albert Ölingers deutsche Grammatik und ihre Quellen. 4 (64 S.). **Progr.** Wettiner G. *Dresden* 1897
Auch in: Festschrift d. 44 Versammlung d. Phil. u Schulmänner dargeboten von den öffentl. höh Lehranst. Dresdens S. 27—90

Müller, Carl: Robert Blair's 'Grave' und die Grabes- und Nachtdichtung. Ein Beitr. z. Geschichte d. Anfänge d. englischen Romantik. Weimar 1909: Wagner. 101 S. 8°
Jena, Phil. Diss. v. 22. Dez. 1909, Ref. Keller
[Geb. 19. Dez. 74 Döse-Kuxhaven; Wohnort: Döse-Kuxhaven; Staatsangeh.: Preußen; Vorbildung: Gymn. Eisenach Reife O. 06; Studium: Jena 8 S.; Rig. 27. Febr. 09.] [U 10. 2359

Mueller, Car. (geb. Samswegen bei Magdeburg 7. 1. 1829): De pulmonum haemorrhagia. Berolini (1855). (28 S.) 8°
Berlin, Med. Diss. v. 17. Apr. 1855

– Die Hand am Pflug u. Gott im Herzen, s. Bibliothek interessanter Erzählungen.

— die Hand am Pflug u. Gott im Herzen, s.: Jugendbibliothek, neue.

Müller, Carl, Haupt-Verzeichnis (General-Catalog) f. Apotheken, s.: Glässner, G.

Müller, Karl, der Haushalt des Arbeiters, od.: Wie soll es der Arbeiter anfangen, um sich u. den Seinigen ein rechtl. Fortkommen u. ein reichliches Auskommen zu sichern? Eine allgemeine Gewerblehre mit besonderer Berücksichtigung des österreich. Arbeiters, nach Bergery frei bearb. gr. 12. (XII u. 146 S.) Wien 849, Sollinger. 1/3 ₰

Müller, Carl, allgem. Preuß. Haussekretär u. Dorfadvokat. Ein unentbehrliches Handbuch für den Bürger u. Landmann. gr. 8. (VIII u. 231 S.) Stolberg a. H. 848, Schwegler. 1/2 ₰

Müller, Carl, die naturgemäßen Heilkräfte der Kräuter- u. Pflanzenwelt, u. das einfache le Roi'sche Heilsystem in Anwendung gegen alle Krankheiten des menschlichen Körpers, welche ihren Ursprung in der Verdorbenheit des Blutes u. der Säfte u. in den Störgn. einzelner Organe, namentlich der Verdauungswerkzeuge rc. haben. Ein Buch f. Leidende jeder Art, welche gesund werden u. die es bleiben wollen. Mitgetheilt nach Le Roi. 14. Aufl. 8. (VIII, 120 S.) Braunschweig (900). Frankfurt a/M. F. B. Auffarth. n. 1.—

Müller, Carl, siehe a. Heilkräfte, die untrüglichen u. naturgemäßen, der Kräuter- u. Pflanzenwelt.

Müller, Carl (III.), die untrüglichen naturgemäßen Heilkräfte der Kräuter- und Pflanzenwelt, und das einfache Le Roi'sche Heilsystem. Namentlich die Heilkraft der Le Roi'schen Kräuter-Arzeneien als sicherer, gefahrloser und erprobter Mittel gegen Augenkrankheiten, Ausschlag, Auszehrung rc. und als Schutzmittel gegen epidem. Krankheiten, als Cholera rc. nebst Angabe der Behandlung jeder einzelnen Krankheit. Mitgetheilt nach Le Roi. 4., umgearb. und verm. Aufl. gr. 8. (VI und 146 S.) Braunschweig 851, Oehme und Müller.

Müller, Carl, die untrüglichen, naturgemäßen Heilkräfte der Kräuter- und Pflanzenwelt, und das einfache Le Roi'sche Heilsystem in Anwendung gegen alle Krankheiten des menschlichen Körpers, welche ihren Ursprung in der Verdorbenheit des Blutes und der Säfte rc. haben. Ein Buch für Leidende jeder Art rc. Mitgetheilt nach Obersanitäts-Rath Leibarzt Dr. Le Roi u. mit Angabe der Behandlung jeder einzelnen Krankheit versehen. 7. durchges. Aufl. Braunschweig 857. Oehme u. Müller. gr. 8. (VIII, 119 S.) 10 *ngr.*

Müller, Carl (I.), die untrüglichen, naturgemäßen Heilkräfte der Kräuter- und Pflanzenwelt, und das einfache Le Roi'sche Heilsystem in Anwendung gegen alle Krankheiten des menschl. Körpers, welche ihren Ursprung in der Verdorbenheit des Blutes und der Säfte und in den Störungen einzelner Organe, namentlich der Verdauungswerkzeuge rc. haben. Mitgetheilt nach Le Roi und mit Angabe der Behandlung der einzelnen Krankheiten versehen. 7. Aufl. 1858. und 8. Orig.-Aufl. gr. 8. (VIII und 120 S.) Braunschweig 861, Oehme und Müller.

Müller, Carl (II.), die untrüglichen, naturgemäßen Heilkräfte der Kräuter- und Pflanzenwelt, und das einfache Le Roi'sche Heilsystem. Mitgetheilt nach Le Roi. 9. Orig.-Aufl. gr. 8. (VIII und 120 S.) Braunschweig 862, Oehme und Müller.

Müller, Karl, die Heilstatsachen u. der Glaube an den persönlichen Gott. Vortrag, geh. am 17. X. 1905 auf der Versammlg. des Eisenacher Bundes zu Bremen. (27 S.) 8. Neukirchen (906). Buchh. des Erziehungsvereins. n.n. — 45

— aus Heimat u. Natur, s.: Müller, Adf.

MÜLLER, K. *Die Heimkehr der jungen Canoëros.* Ein Naturgemälde aus dem tropischen Südamerika zu Lust und Lehre für die reifere Jugend gebildeter Stände von Karl Müller ... Mit sechs Bildern in lithographischem Farbendruck. Breslau. E. Trewendt. [c. 1850] VIII, 335 S. 8°. Halbleinenbd. d. Z. m. aufgezogenen Or.-Umschlägen. 16.—
★ 1. Ausg. Spannende Abenteuergeschichte. — Teilweise m. leichten Fleckchen; es fehlt ein Schmutztitel.

— die Heimkehr der jungen Canoéros. Ein Naturgemälde aus dem tropischen Südamerika zu Lust u. Lehre für die reifere Jugend gebildeter Stände. Mit 6 Bildern in lith. Farbendr. 8. (VIII, 335 S.) Breslau 877. Trewendt. geb. 5. 25

Müller, Karl (Ernst) (geb. Rudolstadt 20. 11. 1855): Neue Helminthocecidien und deren Erzeuger. Berlin 1883. (50 S.) 8° ¶ Vollst. ersch. u. d. T.: Mittheilungen über die unsern Kulturpflanzen schädlichen, das Geschlecht Heterodera bildenden Würmer, in: Landwirthsch. Jahrbb. Bd 13 1884.
Berlin, Phil. Diss. v. 2. Juni 1883

– (Hrsg.), s. Herodotus: Historiae. 1844.

— unser Herr (Der Glaube an die Gottheit Christi), s.a. Zeit- u. Streitfragen, biblische. II, 11.

Unser Herr. ⟨Der Glaube an d. Gottheit Christi.⟩ Von D. E[rnst] F[riedrich] Karl **Müller**, Prof., Erlangen. Gr.Lichterfelde-Berlin: E. Runge 1906. (52 S.) 8° [F.]
—Zeit- u. Streitfragen, Bibl., z. Aufklär. d. Gebildeten. Ser. 2. H. 11. [07. 16]

— **Herstellung v. Kunststein, speziell Kunstsandstein u. Kunstgranit. Kurze instruktive Anleitung. (4 S.) gr. 8. Ebd. (908).** —50

Müller, Carl (II.), einfache und zuverlässige Hilfs-Tabellen zur Umrechnung der [süddeutschen und niederländ.] Gulden-, sowie der Franken-Währung in die Mark-Währung und umgekehrt, für jede beliebig große Zahl ausreichend. Unter Benützung der decimalen Eintheilung des Marksystems entworfen. 4. (8 S. mit 6 Tab. in qu. 4.) Stuttgart 875, Neff. *
Auf Pappe *

Mylius, Otfried (d. i. *Herm. Friedr. Wilh. Karl Müller*), Am Hofe der nordischen Semiramis. Historischer Roman. 2 Bde. Hannover 1873. 8°. (Mk. 7,20.) (4 Mk. 50 Pfg. H. Hugendubel, München, 1905.)

Müller-Rastatt, Karl: Friedrich Hölderlin. Sein Leben und sein Dichten. Bremen: Kampe 1894 [1893].

Müller-Rastatt, Carl, Friedrich Hölderlin. Sein Leben u. sein Dichten. Mit e. Anh. ungedruckter Gedichte Hölderlins. gr. 8. (184 S.) Bremen 894. C. Hampe. n. 3. —; geb. n. 4. —

Müller, Karl, approb. Arzt aus Hildesheim b. Hann.: Über vordere traumatische **Hüftgelenksluxationen,** insbesondere über solche des höheren Alters. *Kiel 1902: Schmidt & Klaunig.* (19 S.) 8°
Kiel, Med. Diss. v. [14. Mai] 1902

Müller, Dr. C. L. (alias „Saumüller"), die Jacobi-Dult zu München. Seitenst. zum Octoberfest auf der Theresienwiese. München, Falter u. Sohn, o. J. (c. 184*). Gr. 8°. Cart.*) Schönes, wie neues Ex. 24 S. Prosa u. Verse; im oberbayr. Dialekt. — Selten!

[F.] Drei Jahre unter arabischen Seeräubern. Abenteuer aus d. indischen Inselmeer, nacherz. v. Otfrid Mylius [d. i. Karl **Müller**]. *Mülheim a. d. R.: J. Bagel [1892].* (117 S., 1 Taf.) 1 Bd 8. [97. 237

Müller, Carl, Ideen-Magazin zu Garten-Verzierungen, s. Wagner, Adolph.

— die Indianerburg od. Erlebnisse u. Abenteuer eines jungen Deutschen im fernen Westen, s.a. Helden, zwei, des Indianervolkes.

—— Die Indianerburg od. Erlebnisse u. Abenteuer e. jungen Deutschen im fernen Westen. Erzählg. f. die Jugend. 8. (159 S. mit 3 Farbendr.) Mülheim a. d. R. 889, Bagel. geb. 2 —

[F.] Die Indianerburg oder Erlebnisse u. Abenteuer eines jungen Deutschen im fernen Westen. E. Erzählg f. d. Jugend v. Dr. Karl **Müller**. M. 5 feinen Farbendruckbild. *Mülheim a. d. R.: J. Bagel [1895].* (128 S., 4 Taf.) 1 Bd 8. [96. 330

Das Indianergrab. Abenteuer u. Erlebnisse e. jungen Deutschen von Otfried Mylius [d. i. Karl **Müller**]. Mülheim a. d. Ruhr: J. Bagel [1902]. (63 S.) 8° [F.] [06. 4847

Mueller, Karl

Iphigenie. Roman. Von Otfried Mylius [d.i. Karl Müller]. Bd 1.2.
Hannover: Rümpler 1875. 8°

Müller, Carl, Prof. Dr.: Eine **Italienfahrt** im Frühling. *Weilburg (1900): A. Cramer.* (S. 3—27.) 4°
Weilburg, k. G, P 1900 (429)

— unser Kaiser. Ein Lebens- u. Herrscherbild f. Volk u. Heer, Schule u. Haus. 146.—155. Taus. gr. 8. (32 S. m. Abb.) Berlin 899. Rehtwisch & Langewort. n. —10

—— und O. Ule, Kalender der Natur, s. Kalender.

Müller, Carl (III.), der Kampf Ludwigs des Baiern mit der römischen Curie. Ein Beitrag zur kirchl. Geschichte des 14. Jahrh. 1. Bd.: Ludwig der Baier und Johann XXII. gr. 8. (XX, 407 S.) [Tübingen 879, Laupp'sche Buchh.] Freiburg i. Br., Mohr. *

Müller, Carl (I.), der Kampf Ludwigs des Bayern mit der römischen Curie. Ein Beitrag zur kirchlichen Geschichte des 14. Jahrh. 2. (Schluß-)Bd.: Ludwig der Baier, Benedict XII. und Clemens VI. gr. 8. (XII, 380 S.) [Tübingen 880, Laupp'sche Buchh.] Freiburg i. Br., Mohr. *
1. Bd. Ebendas. 1879. *M 8.

Aussig St. G.: Katalog der Lehrerbibl. 03 v. Dr. Karl Müller. 36. (Beil.) Progr.

—— Der Heidelberger Katechismus. Abdr. d. großen u. d. kleinen Katechismus, mit e. Einleitg. u. den Text betr. Anmerkgn. gr. 8. (40 S.) Cöthen 890, Schettler's Erben, Verlag. * — 50

Müller, Carl, a. Ülzen: Zur Kenntnis der Spaltung von Imidchloriden und -bromiden und über einen Versuch zur Synthese des Heptamethylenimins. Hildesheim 1906: A. Lax. (78 S.) 8°
Göttingen, Phil. Fak., Ref. Wallach, Diss. v. 13. Dez. 1906
[Geb. 6. März 81 Ülzen; Wohnort: Ülzen; Staatsangeh.: Preußen; Vorbildung: Realgymn. Hildesheim Reife O. 00; Studium: Göttingen 5, München 3, Göttingen 4 S.; Rig. 25. Juli 06.]

Müller, Carl, approb. Arzt aus Ahrensbök: Über **Keratitis** parenchymatosa als Teilerscheinung der hereditären Syphilis mit statistischen Angaben aus der Königlichen Augenklinik zu Kiel. *Kiel 1901: H. Fiencke.* (16 S.) 8°
Kiel, Med. Diss. v. [29. März] 1901

— u. Erich Foerster, Kirche Christi u. Landeskirche, s.: Hefte zur „Christl. Welt".

Müller, Karl, Kirche, Gemeinde u. Obrigkeit nach Luther. (VIII, 149 S.) gr. 8. Tübingen 910. J. C. B. Mohr. 5. —

Müller, Karl, die selbständige evangelisch-lutherische Kirche in den hessischen Landen. Ihre Entstehg. u. Entwicklg., in Verbindung m. Amtsbrüdern u. Freunden dargestellt. Mit 2 Vollbildern u. 20 Textillustr. (324 S.) 8. Elberfeld 906. Luther. Bücherverein. Geb. in Leinw. n. 3. —

Müller(-Tübingen), Karl, Kirchengeschichte, s. a. Grundriss der theologischen Wissenschaften. IV.

(Grundriss der theologischen Wissenschaften. Th. 4, Bd. 1. 2.)
Kirchengeschichte v. Karl **Müller.** 8°
Bd. 1. Freiburg i. B. 1892.
Bd. 2, Halbbd. 1. Mit 1 Karte über die Verbreitung der Reformation in Deutschland und der Schweiz von 1524 bis Anfang der sechziger Jahre. ⟨Anastatischer Neudruck.⟩ Tübingen. 1911.
Bd. 2, Halbbd. 2. Mit 1 Karte über die Verbreitung der Konfessionen in Deutschland und der Schweiz um 1618. 1. u. 2. Aufl. ebd. 1919.

—— das Kleid der Erde, s. Jugend- und Hausbibliothek, illustrirte.

MUELLER (K.). Das Kleid der Erde oder Wanderungen durch die gruene Natur. Ed. 2. Leipzig, 1873. 8°.

– Feurige Kohlen,
s. Bibliothek interessanter Erzählungen.

— feurige Kohlen, s.: Erzählungen aus Heimat u. Ferne.

— dasselbe, s.: Jugendbibliothek, neue.

Müller, Karl, Krieg im Frieden. Manöverbilder. qu. Fol. (12 Lichtdr.-Taf. m. 4 S. Text.) München 896. Verlagsanstalt F. Bruckmann. In Leinw.-Mappen. 20.—

– s. Kriegsberichte in deutschem Gewande.

Müller, Carl Lanx satura. Gedichte (ep., lyr., satir., humorist.) (VII, 150 S.) 8. Dresden 904. E. Pierson. n. 2.—; geb. n. 3 —

— gewerbliches Leben. Eine Sammlung von Vorträgen u. Aufsätzen über die verschiedensten Fragen des Gewerbelebens u. der Industriezweige für alle Freunde des Gewerbelebens, für Fabrikanten u. Arbeiter, für Handwerker, Bildungs- u. Gewerbevereine. 2 Bdchn. à 3 Hefte. Halle 865,66. Schwetschke'scher Verlag. 8. (IV, 292 S., IV, 288 S.) Jedes Heft n. 8 ngr.

Müller-Erlangen, Karl, das christliche Lebensideal nach d. hl. Schrift. Vortrag, geh. am 10. Aug. 1894 in d. Pastoral-Conferenz d. Wupperthaler Festwoche zu Barmen. gr. 8. (21 S.) Barmen 894. Wupperthaler Traktat-Gesellschaft. n. — 40

Müller-Erlangen, Karl, das evangelische Lebensideal. 1. Der Zweck des Lebens. 2. Kultur u. Beruf. 3. Der Schmuck des Lebens. 3. Vorträge. gr. 8. (IV, 48 S.) Erlangen 900. Fr. Junge. n. — 80

Müller, Karl, die Lebermoose (musci hepatici), s. a. Rabenhorst's, L., Kryptogamen-Flora usw.

Die Lebermoose ⟨Musci hepatici⟩ [von Deutschland, Oesterr. u. d. Schweiz]⟨unter Berücks. d. übrigen Länder Europas⟩. Mit vielen Abb. Bearb. von Dr. Karl **Müller,** Freiburg i. Br. Leipzig: E. Kummer 1906. 8° = **Rabenhorst,** L.: Kryptogamen-Flora von Deutschl., Oesterr. u. d. Schweiz. 2. Aufl. Bd 6, Lfg 1. [06. 110]

— Cooper's Lederstrumpf. Erzählungen von Kämpfen und Abenteuern unter den Indianer-Stämmen in den Urwäldern und Steppen Nord-Amerika's. Für die deutsche Jugend dargestellt. Mit 6 Kpfrn. in Farbendr. 862. (476 S.) — 2. Aufl. Sondershausen 863. Neuse. gr. 16. (268 S.) 1 ℛ

—— Cooper's Lederstrumpf: Erzählungen von Kämpfen und Abenteuern unter den Indianer-Stämmen in den Urwäldern und Steppen Nord-Amerika's. Für die deutsche Jugend dargestellt. 1. Aufl. 1862. und 2. Aufl. br. 8. (268 S. mit 6 Kpfrn. in Farbendr.) Sondershausen [Thonberg] 863, Neuse. cart.

Müller, Karl, stummer Lehrmeister f. die gesamte Kunststeinbranche. 2. verm. u. verb. Aufl. (817 S. m. Abbildgn. u. 1 farb. Taf.) 8. Sommern 905. (München, E. Pohl. — Berlin, Tonindustrie-Zeitung.) n. 8. —

Müller, Carl, das Lied vom Herrn v. Falkenstein, in seiner ursprünglichen Sangweise wiederhergestellt u. bearb. gr. 8. (III, 9 S.) Detmold 888. Hinrichs. n. 1. —

Müller, (Karl Wilhelm), Dr.: [**Lied** zur Gedächtnisfeier der Schule für den Fürsten Bismarck.] *Dresden 1899: Rumming.* (S. 51.) 4°
Dresden, Wettiner G, OP 1899 (566)

[Müller, Carl.] Deutsche Lieder aus dem Nachlasse eines deutschen Sängers [C' M', Kienholz-Brienz]. Heft 1.... [Mit] Anhang: Das Schloss im Walde, Deutsches Märchen, Teil 1. II + 31 S. 8. Brienz, Kanton Bern, Schweiz, «Deutscher Verlag» (Druck von J. Baur), [1905]. fr. —. 50

Müller, Karl, Liebes-Lust u. Leid. gr. 16. (VII, 147 S.) Leipzig 893. Verlag zum Greiffen. Geb. in Leinw. m. Goldschn. n. 3. —

Müller, Karl, die Locomotiven für Bahnen minderer Ordnung oder starker Steigung, mit besonderer Berücksichtigung der Zahnradlocomotiven. Ein Hilfsbuch für Studirende u. Eisenbahningenieure. Mit 33 Abbildungen im Text u. 8 lith. Taf. Imp.-4. (IV, 40 S.) München 880. Th. Ackermann. n. 4. 80

— Löwen-Hans oder die Erlebnisse eines jungen Thierbändigers. Für die reifere Jugend erzählt. Mit 6 Farbendr.-Bildern nach Aquarellen von C. Offterdinger. gr. 8. (198 S.) Stuttgart 879. Thienemann. geb. n. 4. 50

Luther und Karlstadt. Stücke aus ihrem gegenseitigen Verhältnis untersucht von Dr. Karl **Müller,** Prof. in Tübingen. Tübingen: J. C. B. Mohr 1907. (XVI, 243 S.) 8° [07. 15914]

Müller, C[arl], prakt. Arzt in Göppingen: Über die **Luxation** des Semilunarknorpels und Gelenkmäuse. *München 1901: C. Wolf & Sohn.* (25 S.) 8°
München, Med. Diss. v. 1901

KEFERLOHER Markt. — Müller, C. L., Der Keferloher Markt. 18 bedruckte S. 8°.
Ohne nähere Angabe in Emil Hirsch' in München Cat. 45. (1904.)

Müller, Carl, Medicinalflora. Eine Einführung in die allgemeine u. angewandte Morphologie u. Systematik der Pflanzen, m. besond. Rücksicht auf das Selbststudium f. Pharmaceuten, Mediciner u. Studirende bearb. gr. 8. (IX, 582 S. m. 380 Fig.) Berlin 890. Springer. n. 8. —; geb. n. 9. —

— in restitutae fidei memoriam ter saecularem. 4maj. Berl. 818. Maurers B. 3 ℊ

Müller, Carl, a. Dahme ⟨Brandenburg⟩: Messung hoher Spannungen und Bestimmung des Funkenpotentials für grosse Schlagweiten. Gekrönt mit d. Preise d. Dr. Elsa Neumann-Stiftung am 24. Jan. 1908. (Eberswalde 1908: E. Kähler.) (96 S.) 8°
Berlin, Phil. Fak., Ref. Rubens, Diss. v. 12. Aug. 1908
[Geb. 3. Jan. 82 Dahme; Wohnort: Dahme; Staatsangeh.: Preußen; Vorbildung: Gymn. Luckau Reife O. 01; Studium: Heidelberg 1, Berlin 12 S.; Rig. 5. März 08.]

Mueller, Karl

Ein Meteor der Börse. Roman. Von Otfrid Mylius [d. i. Karl Müller]. Bd 1-3.
Leipzig: Günther 1872. 8°

Müller, Carl, die Methode e. reinen Ethik, insbesondere d. Kantischen, dargestellt an e. Analyse des Begriffes e. „Praktischen Gesetzes", s. a. Kantstudien. 11. Erg.-Heft.

Die Methode einer reinen Ethik, insbesond. der Kantischen, dargest. an e. Analyse d. Begriffes e. 'Prakt. Gesetzes'. Von Carl Müller-Braunschweig.
Berlin: Reuther & Reichard 1908. 73 S. 8°
(Kantstudien. Erg. H. Nr. 11.)

MÜLLER, CARL.
Mikroskopie der Nahrungs- und Genussmittel. Leipzig, 1894. 8vo.
Bibliothek für Nahrungsmittel-Chemiker, Vol. v.

Müller, Carl, von Épiquerez (früher von Wornberg): James Mill und die historische Methode. Bern 1908. 7 S. 8°. [16. XI. 06.]
Bern. Phil. Diss. 1907/08.

Müller, Carl. James Mill (1773—1836) und die historische Methode. Diss. Phil. Bern ... von K' M'.... 87 S. 8. Bern, Jul. Zollinger, 1908. [fr. 2. —]

— Mittel wider d. Kindermord; e. Beantwort. d. Manheimer Preisaufgabe. 8. Halle 781. Hendel. 8 gr

— Graf v. Moltke. Ein Lebensbild für Volk u. Heer, Schule u. Haus. Zu seinem 100jähr. Geburtstag am 26. X. 1900. gr. 8. (16 S. m. Abbildgn.) Berlin 900. Buchh. des ostdeutschen Jünglingsbundes. n.n. — 10

Graf von Moltke. Ein Lebensbild f. Volk u. Heer, Schule u. Haus. Zu s. 100jähr. Geburtstag am 26. Okt. 1900. Von Pastor Karl Müller-Wölsickendorf. 6. Taus. *Berlin: Ostdeutsch. Jünglingsbund 1900.* (16 S.) 8° [Umschlagt. F.] [00. 11657

— **Monographie der Lebermoosgattung Scapania Dum, s. a. Acta, nova, academiae etc. naturae curiosorum. 88.**

Monographie der Lebermoosgattung Scapania Dum. Von Karl Müller in Freiburg i. Br. Mit 52 Taf. Halle 1905: E. Karras. (312 S.) 4°
— **Acta**, Nova, Academiae Caes. Leopoldino-Carolinae. Bd 83. [05. 9895 3

— **Deutschlands Moose oder Anleitung zur Kenntniss der Laubmoose Deutschlands, der Schweiz, der Niederlande und Dänemarks für Anfänger sowohl wie für Forscher bearbeitet. Mit Abbildgn. (Holzschn. im Text.) Halle 853. G. Schwetschke. Lex.-8. (VIII, 512 S.) n. 2 Thlr.**

Müller, Karl, Moosflora des Feldberggebietes. Ein Beitrag zur Kenntnis der bad. Kryptogamenflora. gr. 8. (24 S.) Karlsruhe 899. J. J. Reiff. n. 1. 20
Sonderabdruck aus: „Allg. bot. Zeitschrift".

— Hanna More, s.: Für Feste u. Freunde d. inneren Mission.

— Künstlicher Muschelkalkstein. Kurze instruktive Anleitg. (6 S.) 8. Ebd. (908). — 70

Müller, Carl, musci Hildebrandtiani in Archipelago Comorensi et in Somalia littoris Africani anno 1875 ab J. M. Hildebrandt lecti. [Aus: „Linnaea".] gr. 8. (80 S.) Berlin 877. (Friedlaender & Sohn.) n. 4. —

— musci Schweinfurthiani in itineribus duobus in Africam centralem per annos 1868—1871 collecti, determinati et expositi. [Aus: „Linnaea."] gr. 8. (140 S.) Berlin 876. (Friedländer & Sohn.) n. 5. —

§ **MYLIUS,** Otfried (d. i. *Herm. Friedr. Wilh. Karl Müller*), Neue Londoner Mysterien. Ein Sittengemälde aus der Gegenwart. 4 Bde. Stuttgart 1865—66. Gr. 8°. (4¹/₆ Rthl.) (6 Mk. A. Bielefeld, 1892; 4 Mk. C. Winter, Dresden, 1895.)

§ **MYLIUS,** Otfried (d. i. *Herm. Frdr. Wilh. Karl Müller,* geb. 8. Febr. 1890 zu Stuttgart), Neue Pariser Mysterien. Ein Sittengemälde aus dem 2. Kaiserreich. 3 Thle. Stuttgart 1863. Kl. 8°. (2⅔ Rthl.) (5 Mk. 50 Pfg. S. Calvary & Co., Berlin, c. 1900; 2 Mk. 50 Pfg. Julius Neumann, Magdeb., 1907.)
320, 300 u. 348 SS. — Zahm.

— in die Nacht! Ein Dichterleben. M. Buchschmuck v. Müller-Schönefeld. 8. (204 S.) Florenz 898. Leipzig, E. Diederichs. n. 2. 50; geb. in Leinw. n. 3. 50

MÜLLER, C. L., Der Nachtwächter. Eine komische Scene von —, mit Musik von C. Stenzer. München, Aibl, o. J. 8°.

—— d. Nachtwächter. Eine kom. Scene, m. Musik v. Carl Stenzer. Neue Aufl. 8. (1 B.) Straubing 845. (Schorner.)

— siehe: Natur, die

Müller, Karl aus Natur u. Leben. Gedichte. 8. (IV, 92 S.) Leipzig 888. [G. Wolff.] Levien. n. 1. 50; geb. n. 2. 50

Die Natur im Spiegel der Menschheit. Naturwissenschaftl. Essays von Prof. Dr. Karl **Müller** † von Halle a. S. Mit d. Portr. Müllers u. s. Lebensbilde von Prof. Dr. Otto Taschenberg, Halle a. S. *Halle a. S.: Gebauer-Schwetschke 1903.* (XIX, 185 S.) 8° [F.]
[Titelaufl. von des Verf.: Antaeus.] [03. [illegible] 3

Müller, Carl, Nirvana. Ein Frühlingstraum. Braunschweig 863. Bruhn. 16. (104 S.) n. 20 ngr.

Müller-Erlangen, noch einmal „Altgläubige" u. „moderne Gläubige". Illustrirt durch Prof. Meinhold's Schrift „Wider den Kleinglauben". 8. (56 S.) Leipzig 895. A. Deichert Nachf. n. — 75

Müller, Karl, die Notwendigkeit des Hopfenschutzes u. die Mittel zur Verhinderg. des Mißbrauches der Provenienzbezeichnung. (15 S.) gr. 8. Saaz (908). (A. Ippoldt's Nachf. — J. L. Neudörfer.) 1. 20

— Oberon, der Elfenkönig, s.: Universal-Bibliothek f. die Jugend.

Müller, Eduard (d. i. Dr. *Carl Müller,* vulgo *Saumüller*), Das Octoberfest auf der Theresien-Wiese zu München. Originell u. humoristisch dargestellt. München, G. Jacquet, 1834. 8°.

— die Opal-Grube, s.: Erzählungen aus Heimat u. Ferne.

— dasselbe; aus dem Goldsucher-Leben, s.: Jugendbibliothek, neue.

— **Isocratis oratio ad Demonicum a Nicolao Sagundino in Latinum conversa.** Pr. 27 S.

Müller, Karl [u. Louis Braun]. Die Organisation, Bekleidung, Ausrüstung und Bewaffnung der Königlich Bayerischen Armee von 1806 bis 1906 ... bearbeitet von Karl Müller. München, A. Oehrlein [1899—1906].
947 S., 58 Bl. 4°.
Tafeln nicht vorhanden.

Müller, Karl, u. Louis Braun, die Organisation, Bekleidung, Ausrüstung u. Bewaffnung der königl. bayerischen Armee von 1806 bis 1906. Nach amtl. Quellen bearb. Inhalts- u. Sachverzeichnisse. Berichtigungen u. Ergänzgn. Nach Dienststellen u. Waffengattgn. geordnet. (120 S.) Lex. 8. München 906. A. Oehrlein. 5.— (Vollst. 120.—; Ausg. II 155.—; Text geb., Taf. in Mappe 130.—; bezw. 165.—; Künstler-Ausg. 600. —)

Müller, Carl (V.), praktisch ausgeführte Ornamentik, enthaltend Gesimse, Eckstücke, Rosetten-Träger in Naturgrösse sowie ganze Plafond Verzierungen zum Gebrauche für Gypser, Stukatore, Decorationsmaler etc. 1. Lfg. Imp.-Fol. (9 Stnt.) Uttweil 858. [Stuttgart,] Uhler. *

Mueller, Karl [Übers.]
s. Parr, Harriet: Thorney-Hall. 1857.

— der blinde Passagier; die beiden Auswanderer, s.: Erzählungen aus Heimat u. Ferne.

— die jungen Pelzjäger im Gebiet der Hudsonsbay-Compagnie. Ein Naturgemälde zu Lust und Lehre für die reifere Jugend gebildeter Stände. Mit 8 Kpfrn. in lithograph. Farbendr. Breslau 858. E. Trewendt. br. 8. (VIII, 366 S.) 1 Thlr. 22½ ngr.

— die jungen Pelzjäger im Gebiet der Hudsonsbay-Compagnie. Ein Naturgemälde zur Lust u. Lehre f. die reifere Jugend gebildeter Stände. Mit 8 Bildern in lith. Farbendr. 2. Aufl. 8. (VIII, 367 S.) Breslau 876. Trewendt. geb. 5. 25

Müller Karl — Pesth, wie es leibt und lebt. Eine treue, humoristisch-topographische Biographie in Versen. Manual für alle Stände, Einheimische und Fremde. Von — —. Ausgabe für 1855. 1. Auflage. Pesth. Buchdruckerei von Gustav Emich. 186 S. und 2 Bl. 8.)

— Die Eßlinger Pfarrkirche im Mittelalter. Beitrag zur Geschichte der Organisation der Pfarrkirchen. (VI, 90 S. m. 1 Plan.) gr. 8. Stuttgart 907. W. Kohlhammer. 1. 50
Sonderabdruck aus: „Württ. Vierteljahrshefte f. Landesgesch."

Müller, Karl (III.), praktische Pflanzenkunde für Handel, Gewerbe und Hauswirtschaft. Ein Handbuch der sämtl. für den menschl. Haushalt nützl. Pflanzen. 10 Lfgn. Lex.-8. (IV, 314 S. mit 140 farb. Abbild. auf 24 Taf.) Stuttgart 884, [Thienemann's Verlag.] J. Hoffmann. à Lfg. compl. cart. *

Müller, Karl, prakt. Pflanzenkunde f. Handel, Gewerbe u. Hauswirtschaft. E. Handbuch d. sämtl. f. d. menschl. Haushalt nützl. Pflanzen. Neue wohlf. (Titel-) Ausg. (In 10 Lfgn.) 1. Lfg. Lex.-8. (S. 1—32 m. 3 farb. Taf.) Gera (884) 895. F. v. Zezschwitz. — 30

Müller, Karl, praktische Pflanzenkunde f. Handel, Gewerbe u. Hauswirtschaft. Ein Handbuch der für den menschl. Haushalt nützl. Gewächse. Mit 140 Abbildgn. auf 24 fein kolor. Taf. u. begleit. Text. 2. Aufl. gr. 8. (593 S.) Regensburg 900. E. Stahl. Geb. in Leinw. n. 9. —

Ⓑ Müller, Karl, prakt. Pflanzenkunde. 900. (ABL 32.) Jetzt: Berlin, Heilbrunn & Co.

—— der Pflanzenstaat oder Entwurf einer Entwickelungsgeschichte des Pflanzenreiches. Eine allgemeine Botanik für Laien und Naturforscher. Mit Abbildungen in Tondr. und vielen in den Text gedr. Holzschn. meist nach Originalzeichnungen. 3 Lfgn. gr. 8. (XXIV und 599 S. mit 3 Holzschnt.) Leipzig 860. 61, Förstner'sche Buchh. * 2 Thlr. 20 Ngr.; geb. *

— s.: Philotesia.

– Unter Piraten und auf einer wüsten Insel, s. Volkserzählungen, Kleine.

— die Polarwelt, s. Bibliothek, neueste naturwissenschaftliche.

— der Prärie-Doktor; der Findling, s.: Erzählungen aus Heimat u. Ferne. — Jugendbibliothek, neue.

— das Preußenbuch. Eine Festschrift zum 200. Krönungsjubiläums der preuß. Könige am 18. I. 1901. Für Volk u. Heer, Schule u. Haus. gr. 8. (48 S. m. Abbildgn.) Berlin 901. Buchh. d. ostdeutsch. Jünglingsbundes. n. — 20

Müller-Wölsickendorf, das Preußenbuch. Eine Festschrift zum 200. Krönungsjubiläum der preuß. Könige am 14. I. 1901. Für Volk u. Heer, Schule u. Haus. 56.—57. Tausd. gr. 8. (48 S. m. Abb.) Berlin 901. Buchh. des ostdeutschen Jünglingsbundes. n. — 20

—— der junge Rajah. Lebensbilder und Abenteuer aus Indien. Zu Lust und Lehre für die reifere Jugend erzählt. gr. 8. (152 S. mit 4 Farbendr.-Bildern.) [Leipzig 880, Albrecht.] Berlin, A. Engel. geb.

—— der junge Rajah. Lebensbilder und Abenteuer aus Indien. Zur Lust und Lehre für die reifere Jugend erzählt. Neue Ster.-Ausg. 8. (175 S. mit 4 Farbendr.-Bildern.) Reutlingen 887, Enßlin und Laiblin. cart.

Müller, Karl, Referendar: Das Recht des Hypothekengläubigers an den Miet- und Pachtzinsen. Leipzig 1909: Hoffmann. 63 S. 8°
Leipzig, Jur. Diss. v. 1. Dez. 1909
[Geb. 28. Aug. 82 Limbach b. Chemnitz; Wohnort: Leipzig; Staatsangeh.: Sachsen; Vorbildung: Thomassch. Leipzig Reife O. 02; Studium: Leipzig 9 S.; Rig. 16. Juli 07.] [U 10. 2811

Müller, Karl, das Recht des Hypothekengläubigers an den Miet- u. Pachtzinsen. (63 S.) gr. 8. Leipzig 909. J. Wörner. 1. 80

— Revision der Hepaticae in Mougeot-, Nestler- u. Schimper Stirpes kryptogamae Vogeso-Rhenanae 1810—1860, s. a. Mémoires de l'herbier Boissier. Nr. 6.

Revision der Hepaticae in Mougeot-, Nestler- und Schimper Stirpes kryptogamae Vogeso-Rhenanae 1810–1860 von Karl Müller, Freiburg i. B. Genève & Bâle: Georg & Cie 1900. (10 S.) 8°
= Mémoires de l'Herbier Boissier. No 6. [~ 3618

(Müller, Carl.) † Johannes Ritschard, Regierungsrat und Nationalrat. Geb. 10. Januar 1845, gest. 26. Oktober 1908. ([Von] K' M'.) Sonderabdruck aus Nr. 1/2 der »Helvetia«, politisch-literarische Monatsschrift der Studentenverbindung Helvetia ⟨Januar/Februar 1909⟩. 42 S. 8. Bern, Büchler & Co., [1909].

— der canadische Robinson. Abenteuer u. Erlebnisse e. jungen Deutschen in den Hinterwäldern v. Canada. Eine Erzählung f. die Jugend. 8. (159 S. m. 3 Farbendr.) Mülheim a/R. 889. Bagel. geb. 2. —

— Rübezahl, der Herr d. Riesengebirges. Für die Jugend erzählt. Mit 36 Holzschn. u. 4 Buntbildern nach Zeichngn. v. Wold. Friedrich. 3. Aufl. 8. (IV, 272 S.) Leipzig 886. Abel. cart. n. 2. —

Müller, Carl, das Salz in der Landwirthschaft u. Viehzucht als Düngemittel u. Medicin. Resultate langjähriger Prüfung. 2. Ausg. Berlin 862. Schotte & Co. (Stuttgart, Johannssen.) 8. (60 S.) n. 5 ngr.

Müller, Karl I., Schädlichkeit d. Hauserziehung f. Zöglinge, Erzieher u. Staat, mit Anlagen. 8. Stendal 783. Franzen u. Gr. 6 gr.

– Luise Scheppler, eine Magd des Herrn, s.a. Für Feste und Freunde der inneren Mission.

[F.] Luise Scheppler, eine Magd des Herrn. (Von P. Karl Müller-Wölsickendorf.) *Berlin: Buchh. d. Ostdeutschen Jünglingsbundes [1897].* (16 S.) 8. = Feste, Für. u. Freunde d. Inneren Mission. H. 8. [98. 9282

— s. Schilderungen, dichter.

Müller, Carl, der Schüler der Natur oder Johannes Ehrhart's Kinderjahre. Ein Volksbuch. 8. (VI u. 202 S.) Halle 851, Graeger. 1/2 ₰

Müller, Carl (I.), Schwaben sonst und jetzt, s. Schwaben.

Müller v. Fauerbach, C., die Schweiz in 14 Tagen genussreich u. billig zu durchwandern. Rathgeber f. Freunde der Natur. 16. (49 S. m. 1 Skizze.) Köln 894. (P. Neubner.) Kart. n. — 75

Müller, Carl. Die Schweiz in 14 Tagen genussreich und billig zu durchwandern. Ratgeber für Freunde der Natur von Carl Müller von Fauerbach.... 2., umgearb. und vermehrte Aufl. [Mit 1 Kartenskizze.] 80 S. 8. Köln, Selbstverlag, im Buchhandel durch: Paul Neubner, (1901). ([geb.] M. 1.60, fr. 2.—)

Müller, Karl, de scriptis Theognidis. Dissertatio inauguralis. gr. 8. (58 S.) Coronae Germanorum. (Jena 877. Deistung.) n. 1. —

Müller, Karl, verkaufte Seelen. Historischer Roman aus den Zeiten d. Soldatenhandels der kleinen deutschen Fürsten im 18. Jahrh. (In ca. 20 Lfgn.) 1. u. 2. Lfg. gr. 8. (S. 1—96.) Stuttgart 875. Bruchmann. à — 40

Müller, Carl (I.), verkaufte Seelen. Historischer Roman aus den Zeiten des Soldatenhandels der kleinen deutschen Fürsten im 18. Jahrh. 3 Bde. gr. 8. (320; 336; 312 S.) Stuttgart 877, [Bruchmann.] Levi. ℳ 8.; geb.
Vgl.: † Mylius, Otfried.

MÜLLER, Carl (Eberach): Ueber acut eitrige Sehnenscheidenentzündung der Beugemuskeln der Hand und Finger.- München: Wolf 1881. 17 S.
7.7.1881 - Urk (Titel: De acuta et purpulenta digitorum et manus tendinum vaginitide.); Chr 1881/82,7
Diss. Ingolst. - Landsh. - Mchn.

— Karl (Karl Gustav) (Pfalzfeld / Rheinprovinz), Ueber Sensibilität bei Tabes dorsalis. Diss. med. u. chir. Berlin (M. Niethe) 12. III. 1889. 31 S. mit Biogr. (2.50) 24201
Oppon.: Heinrich Buehrig, Erwin Steinbach, Alfred Klewe. — Gew.: Ottomar Müller (Bruder).

Müller, Carl, a. Bornheim, Kr. Bonn: Die Sicherungs-Hypothek des § 1190 des Bürgerlichen Gesetzbuches. Bonn 1907: S. Foppen. (75 S.) 8°
Heidelberg, Jur. Fak., Ref. Schroeder, Diss. v. 1907
[Geb. 21. Jan. 79 Bornheim; Wohnort: Bornheim; Staatsangeh.: Preußen; Vorbildung: Gymn. Burgsteinfurt (Westfalen) Reife O. 01; Studium: Bonn 1, Berlin 1, München 1, Bonn 9 S.; Rig. 8. Nov. 07.]

– Sioux Kit, s. Bibliothek interessanter Erzählungen.

— Sioux-Kit od.: Im fernen Westen, — vom Scherenschleifer zum Papuakönig, s.: Jugend-Bibliothek, neue.

— neues Sitten- u. Geschichtsbüchlein f. d. Jugend. Mit Kpf. 12. Wien 806. N. A. 816. Ant. Doll. 8 gl

* Müller, C., neues Sitten- u. Geschichtsbüchlein für die zartere Jugend, mit K. 12. Wien, Doll d. jüng. 808.

MÜLLER, CARL: Neues Sitten- und Geschichtsbüchlein für die zärtere Jugend. Oder Erzählungen und wahre Geschichten zur Bekehrung und Bildung guter und folgsamer Kinder zusammengetragen. Mit 3 Kupfern. Pesth 1816: Joseph Eggenberger. 120 mm

– Sittengemälde aus der letzten Hälfte unsers Jahrhunderts, s. Müller von Friedberg. – Karl Müller von Friedberg.

— Sittenlehre in Beispielen, aus d. histor. Kinderwelt, od. leichtfaßl. Erzähll. f. d. Jugend. Mit 4 Kpf. 8. Wien 806. N. A. 810 u. 820. Ant. Doll. 12 gl

— — dieselbe m. K. 8. Leipz. Liebeskind. 806.

MÜLLER, CARL: Sittenlehre in Beyspielen aus der historischen Kinderwelt. Oder lehrreiche Erzählungen für die Jugend aus der Geschichte genommen. Pesth 1810: Joseph Eggenberger. 4 t. - 8°

— — Sittenlehre in Beyspielen aus der histor. Kinderwelt. N. Aufl. Mit 4 Kupf. Ebend. (Leipzig, Hartmann in Comm.) 820.

—— Skizzen aus der Polarwelt, s. Unterhaltungen, belehrende.

— Skizzen aus der Polarwelt, s. Unterhaltungen a. d. Reiche d. Naturwissenschaft.

– Der Sohn des Kunstreiters, s. Bibliothek interessanter Erzählungen.

Müller, Karl, der Sohn des Kunstreiters, s.: Erzählungen aus Heimat u. Ferne.

Mueller, Karl

Ein verlorener Sohn. Familien-Roman. Von Ottfried Mylius [d.i. Karl Müller]. 2. Aufl. Bd 3.
Jena: Costenoble 1879. 249 S. 8°

Müller-Hamburg, Karl, Soldaten-Leben. Bilder aus der Garnison. 24 Lichtdr. nach Originalen. Fol. (2 S. Text.) Hamburg 891. C. Boysen. In Leinw.-Mappe. n. 20 —

Müller Carl: Der Stand der Mittelvokale in fränkischen Denkmälern der Uebergangsperiode von 1050 bis 1150.
H. 1895 PN 899 Diss. Wien, Univ. 69

Müller-Erlangen, Karl, s. a. Stand, der neueste, d. Evangelienfrage.

Der neueste Stand der Evangelienfrage. (Nach d. Referat von Prof. Dr. [Ernst Friedrich] K[arl] Müller-Erlangen erstattet auf d. theol. Herbstkursus in Düsseldorf, 1907. Cöln (1907): Winz. 12 S. 8°
[10. 1124 5

— Der Steinholzuntergrund. Vortrag, geh. auf der Generalversammlg. des „Verband deutscher Steinholzfabrikanten e. V." 20.—22. VI. 1909 in Leipzig. (20 S.) 8. Ebd. (909). — 70

Mueller, (Frid. Guil.) Car. (geb. Guben 20. 4. 1837): De stenosi oesophagi. Berolini (1863). (32 S.) 8°
Berlin, Med. Diss. v. 30. März 1863

Müller-Halle, Karl, Struckia, e. neue Laubmoos-Gattung. [Aus: „Archiv des Ver. d. Freunde d. Naturgesch. in Mecklenburg".] gr. 8. (4 S.) Güstrow 893. (Opitz & Co.) n. — 25

Müller, Carl, Studien zur Geschichte Oesterreichs im novellistischen Gewande. Wien 857. Pichler. (Leipzig, Liebeskind.) 8. (2 Bl., 222 S.) 18 ngr

Müller, Carl, Studien zur Geschichte Oesterreichs in novellistischem Gewande. 2. Ausg. Wien 863. Pichler's Wwe. & Sohn. gr. 8. (221 S.) 18 ngr.

— Die Sünde wider den Hl. Geist. — **Rexroth**, G., die Leitung des Hl. Geistes. 2 Vorträge, geh. auf der 2. Nürnberger Allianz-Konferenz. (32 S.) 8. Bremen (908). Buchh. u. Verlag des Traktathauses. — 25

Symbolik. Vergleichende Darstellg der christl. Hauptkirchen nach ihrem Grundzuge u. ihren wesentl. Lebensäussergn. Von Prof. E. F. Karl Müller in Erlangen. *Erlangen & Leipzig: A. Deichert 1896.* (VII, 548 S.) 1 Bd 8. [96. 6]

— synopsis muscorum frondosorum omnium hucusque cognitorum. 2 voll. in 10 fasc. gr. 8. (I: VIII u. 812 S. II: 772 S.) Berolini 848—51, Förstner. (à 1 ℔) 10 ℔

Müller, Carol., Synopsis muscorum frondosorum omnium hucusque cognitorum. 2 Tomi. 8maj. Berlin, libr. Förstner. [1. (VIII und 812 S.) 849. 5 Thlr., 2. (X und 324 S.) 851. 5 Thlr.]

Müller, Carl, Synopsis plantarum phanerogamicarum, s. **Walpers**, Wilh. Gerh., Annales botanices systematicae.

Müller, Carl, die letzten Tage d. alten Bern. Denkschrift zur Einweihungsfeier d. Denkmals im Grauholz 29. Aug. 1886. Hrsg. vom kantonalen bernischen Offiziersverein. gr. 8. (327 S. m. 1 Taf. u. 1 Karte.) Bern 886. (Nydegger & Baumgart.) n. 3. 50; geb. n. 5. —

— s.a. Tagebuch, Geheimes, des Herzens.

Tagebuch
— —, Geheimes, des Herzens (von *Carl Müller*). Th. 1. (einz.). Dresden, Adreß-Compt., o. J. (1785). Kl. 8°. (In Warmbrunn.)
Anon.-Lex. V, p. 149 (nach Meusel u. Kayser).

Müller, Karl, s.a. Tätigkeit, die, der königl. bayer. 3. Feld-Genie-Kompagnie während des Feldzuges 1870/71.

— — K. Die Tätigkeit der bayer. 3. Feld-Genie-Kompagnie während des Feldzuges 1870/71. Mit 1 Krt. u. 1 Anf. München 1903. 64 S.

— Terrazzo f. Werkstücke u. Beläge. Eine ausführl. instruktive Anleitg. zur Herstellg. v. Terrazzoarbeiten, nebst e. Anh.: Werkzeuge u. Geräte f. Terrazzo-Herstellg. (12 S. m. Abbild.) 33×25 cm. Ebd. (908). 1. —

— Neutestamentl. Theologie. Grundriss f. Vorlesgn. (43 S.) 8. Erlangen (907). R. Merkel. — 60

Mueller, (Georg. Julius) Car. (geb. Oschersleben 10. 11. 1820): Francisci Glissonii theoremata de perceptione, appetitu et motu. Berolini (1840). (35 S.) 8°
Berlin, Med. Diss. v. 28. Dez. 1840

Müller, Karl, Thiere d. Heimath, s.: **Müller**, Adf.

Müller Karl: Eine Thierreise (Vogelspinne). 8. Teplitz-Schönau 99. Progr.

Müller, Karl, D., K. o. Prof. d. reform. Theol.: Über religiöse Toleranz. (Enthält auch: Bericht über das Studienjahr 1901/1902, erstattet vom Prorektor Dr. W[ilhelm] Geiger.) *Erlangen 1902: F. Junge.* (S. 1—25.) 4°
Erlangen, Rede beim Antritt d. Proarektorats 1902

— über religiöse Toleranz. Rede, beim Antritt des Prorectorats der königl. bayer. Friedrich-Alexanders-Universität Erlangen am 4. XI. 1902 geh. (30 S.) gr. 4. Erlangen 902. (Th. Blaesing.) n. 1. 20

Festschrift Sr. Königl. Hoheit dem Grossherzoge ... Ludewig IV zum 25. Aug. 1888 gewidmet von Rector und Senat der Landesuniversität. — Inhalt: Occams Traktat gegen die Unterwerfungsformel Clemens VI. von Dr. Karl **Müller**, Prof. d. Theol. a. d. Ludewigs-Universität. Giessen, C. v. Munchow, Univ.-Buch- u. Steindr., 1888; 26 S. 4°

Müller, Karl: Über intramolekulare Umlagerungen und Ringschliessungen in orthosubstituierten Benzolabkömmlingen. Greifswald 1909: Adler. 109 S. 8°
Greifswald, Phil. Diss. v. 15. März 1909, Ref. Auwers
[Geb. 5. Febr. 86 Görlitz; Wohnort: Görlitz; Staatsangeh.: Preußen; Vorbildung: Gymn. Görlitz Reife O. 04; Studium: Freiburg i. B. 5, Greifswald 4 S.; Rig. 24. Okt. 08.] [U 09. 1544

Die ungeteilte Unterrichtszeit an Volksschulen. ⟨Der Vormittagsunterricht.⟩ Von C[arl] **Müller**, Rektor in Eilenburg. *Berlin: Gerdes & Hödel [1902].* (72 S.) 8° [03. 2393

Müller, C., Untersuchungen üb. einseitig frei schwingende Membranen u. deren Beziehung zum menschlichen Stimmorgan, s.: Schriften der Gesellschaft zur Beförderg. der gesammten Naturwissenschaften zu Marburg.

— s.a. Verdeutschungswörterbuch der Kriegssprache.

Müller, Karl, Allgemeines Verdeutschungswörterbuch der Kriegssprache. Ein Versuch. Berlin 1914. 8.

Mueller, K. Allgemeines Verteutschwörterbuch der Kriegssprache. Ein Versuch. Leipzig 1814. 395 S.

Müller, Carl, die Verfassungs-Urkunde für den preußischen Staat vom 31. Januar 1850. Mit ausführlichen Erläuterungen ihrer wichtigsten Bestimmungen nebst den Gesetzen u. Verordnungen über die Bildung der beiden Häuser des Landtages. Leipzig 863. Mittler. 16. (IV, 112 S.) 10 ngr.

Müller, Carl: Die Verhältnisse der Arbeiter in der Gräfl. Stolberg-Wernigerödeschen Verwaltung. Denkschrift für die internationale Ausstellung in Bremen. Braunschweig 1874.

Müller, C., Verordnungen betr. das gewerbliche u. ländliche Fortbildungsschulwesen in Preußen. (IV, 132 S.) gr. 8. Wittenberg 905. R. Herrosé. n. 2. —

— Verwendung v. Zementkalk in der Zementwaren-Industrie. Vortrag im „Zentralverband deutscher Zementwaren- u. Kunststeinfabrikanten, e. V., Sitz Leipzig“. (7 S.) 8. Ebd. (908). — 70

Kirchenbibliothek zu Fürstenau im Odenwald ⟨Eigentum d. selbständ. ev.-luth. Kirche in d. hessischen Landen⟩. Verzeichnis der durch einige Geschenke erweiterten Bibliotheca pastoralis practica des ... Pf. Christian Müller, aufgest. durch dessen Sohn Karl **Müller**, Michelstadt, i. J. 1898. (Heppenheim a. d. B. 1898: G. Allendorf.) (72 S.) 8° [Umschlagt.] [06. 13272 S

Müller, Carl, alphabetisch geordnetes Verzeichniß der im deutschen Zollverein vorhandenen Hauptzollämter, Hauptsteuerämter, Nebenzollämter, Steuerämter u. der sonstigen Zoll- u. Steuerstellen. Zum Gebrauche für Zollbeamte, Fabrikanten, Kaufleute ꝛc. nach amtl. Quellen bearb., hrsg. u. richtig gestellt bis zum Anfang d. J. 1869. Darmstadt 869. (Diehl's Verl.) gr. 4. (VI, 86 S.) n. 28 ngr.

Mueller, Carolus: De nonnullis doctrinae gnosticae vestigiis quae in quarto evangelio inesse feruntur. Friburgi Brisgoviae: Herder 1883. (47 S.) 8° *[Buchausg. ebenda.]*
Breslau, Kath.-theol. Fak., Hab.-Schr. v. 1. Dez. 1883

Mueller, Carl, de nonnullis doctrinae gnosticae uestigiis, quae in quarto euangelio inesse feruntur, dissertatio. gr. 8. (III, 47 S.) Freiburg i/Br. 883. Herder. n. — 80

Müller Karl: Ein Volumenometer und seine Verwendung im Unterrichte. 4 u. 1 Taf. Teplitz-Schönau 94.
Progr.

– Vom Scherenschleifer zum Papuakönig, s. Bibliothek interessanter Erzählungen.

– – s. Jugendbibliothek, Neue.

Müller, K. (I.), 12 Vorschriften, besteh. in Alphabeten d. bekanntesten alten u. neuen Schriftgattungen, als Vorlegeblaetter in verkehrt. Stellungen f. angeh. Lithographen u. Schriftstecher. gr. 4. Carlsruhe 823, Velten.

Müller, Karl, 12 Vorschriften in verkehrten Stellungen. Als Vorlegeblätter für angehende Lithographen u. Schriftstecher, enthaltend Alphabete der bekanntesten alten u. neuen Schriftgattungen. Neue Ausg. qu. 4. Carlsruhe 845, Nöldeke. n. ⅓ ℛ

— Vortrag bei dem Familienabende der beiden reformierten Gemeinden, s.: Hänchen, Ph. E., Predigt.

— die Wahrheit üb. die römische Moral, s.a. Flugschriften des evangelischen Bundes 217.

Die Wahrheit über die römische Moral. Vortrag bei d. Versammlung d. Bayer. Hauptver. d. Ev. Bundes, geh. 1903. Von Prof. D. E[rnst] F[riedrich] Karl **Müller** in Erlangen. *Leipzig: C. Braun 1904.* (26 S.) 8° [F.]
— **Flugschriften** d. Evangel. Bundes. 217. [04. 2665

— die Waldenser u. ihre einzelnen Gruppen bis zum Anfang d. 14. Jahrh. gr. 8. (XII, 172 S.) Gotha 886. F. A. Perthes. n. 3. —

Müller, Carl (VI.), Wanderungen durch die grüne Natur. Eine Naturgeschichte für Kinder. 8. (X und 324 S. mit vielen eingedr. Abbild. in Holzschn.) Berlin 850, Simion. *

Müller, Karl, Bad Wartenberg auf Gross-Skal und seine Umgebung. Für Badegäste etc. 12. (121 S.) geb. 70 kr, geb. 1 fl.

Müller, Carl, was haben wir v. den Adventisten zu halten? Ein offenes Wort an alle wahren Bekenner Jesu. Mit e. Vorwort v. Bornemann. (88 S.) Calw u. Stuttgart 910. Vereinsbuchh. 1. —

Praktischer Wegweiser durch das Gewerberecht. Anleitung z. Vorbereitung f. d. theoret. Meisterprüfung im Handwerk u. z. Gebr. in Fortbildungsschulen. Bearb. von C[arl] **Müller**, Rektor in Eilenburg. *Wittenberg: R. Herrosé 1903.* (116 S.) 8° [F.] [03. 9004 3

— im fernen Westen. Sioux-Kit. — Feurige Kohlen. — Der junge Auswanderer. Drei Erzählgn. f. die Jugend. 8. (160 S. m. 3 Farbendr.-Bildern.) Mülheim a/d. R. 891. J. Bagel. Kart. 2. —

Müller, Karl (IV.), das Wichtigste aus der Geschichte, Geographie und Naturkunde für die Oberklasse einer ungeteilten Volksschule, s. Beitlhauser, Thdr.

[Umschlagt.:] [F.] Wilhelm der Grosse. E. Lebensbild d. ersten Hohenzollernkaisers f. Volk u. Heer, Schule u. Haus. Zu s. hundertj. Geburtstage 22. März 1897 hrsg. v. Pastor Karl **Müller**-Wölsickendorf. *Berlin: Rehtwisch & Langewort 1897.* (16 S.) 1 Bd 8. [99. 1416

Müller, Karl, Winke zur geistigen u. sittlichen Fortbildung f. Jünglinge. 16. (VIII, 392 S.) Göppingen 862. Herwig's Verl. n. 1. 20; geb. in Halbleinw. n. 1. 80; in Leinw. n. 2. —

Müller, Carl, Wirken u. Schaffen der Pflanzenwelt, s. a. Sammlung populärer Schriften, hrsg. v. der Gesellschaft Urania.

Müller C, Wirken u Schaffen der Pflanzenwelt. (Samml d. Urania 27) Berlin 1894

Müller, Karl, göttliches Wissen u. göttliche Macht des Johanneischen Christus. Ein Beitrag zur Johanneischen Frage. gr. 8. (III, 143 S.) Freiburg i/Br. 882. Herder. n. 2. 50

Mueller, Carl, Würzburg als bayrische Handelsstadt. Denkschrift. Mit e. lith. Taf. (in Buntdr.) Würzburg 870. (Stahel.) gr. 8. (35 S.) n. 9 ngr.

Müller, Carl, practische Zeichenschule f. Mädchenklassen. Ein Hülfsbuch f. Zeichnenlehrer so wie f. alle die, welche ohne Lehrer zeichnen lernen wollen. 1 u. 2. Hft. qu. Fol. (à 12 lith. Taf.) Meissen 852, Goedsche. (à ⅓ ℛ) ⅔ ℛ

– Mutter Zeller, s. Für Feste und Freunde der inneren Mission.

— Zementkalke. (Hydraulische Kalke in mehlförm. Zustande.) Vortrag im „Verband vereinigter Baumaterialienhändler Deutschlands." (8 S.) 8. Ebd. (908). — 70

—— Die göttliche Zuvorersehung u. Erwählung in ihrer Bedeutung f. den Heilsstand d. einzelnen Gläubigen nach dem Evangelium d. Paulus. Eine biblisch-theolog. Untersuchg. gr. 8. (IV, 159 S.) Halle a. S. 892, M. Niemeyer. * 3 —

Müller, Karl Adolf

Müller, Carl Adf., die neuen Maasse u. Gewichte des metrischen Systems als Anschauungsmittel für Schulen bearb. 4 Bl. (mit eingedr. Holzschn.) Würzburg 870. Stahel. gr. Fol. n. 15 ngr.; auf Leinw. n.n. 1 ℛ 12 ngr.

Müller, Carl Adf., Multiplikations-Tabellen, auch f. Divisionen anwendbar. Bearb. nach e. neuen Anordng. gr. 8. (VIII, 201 S. m. 1 Tab. auf Leinw.-Pap.) Karlsruhe 897. G. Braun'sche Hofbuchdruckerei. u. Verlag. Geb. in Leinw. n. 3. —

Müller, Karl Adf., Reductions-Tabellen zur Vergleichung der bayerischen Maße u. Gewichte m. den metrischen Maßen u. Gewichten nebst Darstellg. gegenseit. Preis-Umrechngn. Nach e. neuen System. 2 Thle. gr. 8. Würzburg 871. Stuber. n. 1. 60; geb. n. 1. 80; einzeln à n. 1'. —; geb. à n. 1. 20

1. Längen-, Flächen- u. Körper-Maße, bearb. f. alle Stände, besonders f. den Handels- u. Gewerbestand. (XII, 44 S.)

2. Flüssigkeits- u. Getreide-Maße sowie Handelsgewichte, bearb. f. alle Stände besonders f. den Handels- u. Gewerbestand (S. 45—80.)

—— Reductions-Tabellen zur Vergleichung der bayerischen Maße und Gewichte mit den metr. Maßen und Gewichten nebst Darstellung gegenseit. Preis-Umrechnungen. Nach einem neuen System. 2. Aufl. gr. 8. (VIII, 73 S.) Ebendas. 872. geb. *

Müller's Reductions-Tabellen zur Vergleichg. der österreich. u. metr. Maße u. Gewichte nebst Darstellg. gegenseit. Preis-Umrechngn. Nach e. ganz neuen System [Maß od. Gewicht u. Preis in e. Zahl] v. Carl Ad. Müller. gr. 8. (63 S.) Wien 872. Gerold's Sohn. geb. n. 1. 60

— Reductions-Tabellen zur Vergleichung der österreichischen u. metrischen Maße u. Gewichte, nebst aus den Tabellen ersichtl. Preis-Angaben ohne weitere Umrechng. Nach e. ganz neuen System [Maß od. Gewicht u. Preis in einer Zahl]. 2. Aufl. gr. 8. (64 S.) Wien 875. Gerold's Sohn. n. 1. 60

— deutsche Reichswährung. Mark à 100 Pfennige umgerechnet in süddeutsche Gulden u. Kreuzer. Bearb. in abgerundeten Werthen f. Jedermanns Gebrauch. Fol. (2 S.) Würzburg 872. Stuber. Auf Pappe. n. — 60; auf Leinw. n. — 90

—— Würzburg als bayrische Handelsstadt. Denkschrift. gr. 8. (35 S. mit 1 lithogr. Taf. in Buntdr.) Würzburg 870, (Stahel'sche Buchh.) *

Müller, Karl Alb.

MÜLLER, C. A.
Wichtigsten (Die) Rohstoffe des Pflanzenreichs. Kurzes Lehrbuch der Waarenkunde für Fachschulen und zum Selbstunterricht. Leipzig, 1893. Ill.

Müller, Carl Alb., die wichtigsten Rohstoffe d. Pflanzenreichs. Kurzes Lehrbuch der Warenkunde f. Fachschulen u. zum Selbstunterricht. gr. 8. (172 S. m. 3 Tab. u. 4 Karten.) Leipzig 894. F. Hirt & Sohn. Geb. in Leinw. n. 2. 50

Müller, Karl Albert

Müller (Carl Albert), Die Diabase aus dem Liegenden des ostthüringischen Unterdevons. (Inaugural-Dissertation Leipzig.) Gera 1884. 8.

Mueller, C[arl] A[lbert]: Die Provinzial-Weinbauschule zu Trier. Trier: Lintz 1898. 31 S. -- 121*

Müller, C[arl] A[lbert]: Vortrag über die Bekämpfung des Heu- und Sauerwurms an der Obermosel. Luxemburg: Beffort 1891; Grevenmacher: Meyer-Schock 1911. -- [Zit. nach Goergen]

Müller, C[arl] A[lbert]: Zweitheiliger Winzerkursus abgehalten zu Wormeldingen ... 1892 über Weinbau. Bearb. u. hrsg. ... von Math[ias] Gindt. Remich: Verl. des 'Moselbote' Joseph Scheid 1892. XII, 148 S. -- 121*

Müller, Karl Alexander von: Bayern im Jahre 1866 und die Berufung des Fürsten Hohenlohe. 2. Kap. Persönlichkeit und politische Anschauungen des Fürsten Hohenlohe. München 1909: Oldenbourg. VIII, 89--132 S. 8° ¶ (Ersch. vollst. als: Histor. Bibliothek. Bd 20.)

München, Phil. Diss. v. 23. Juli 1908, Ref. v. Riezler, v. Heigel

[Geb. 20. Dez. 82 München; Wohnort: München; Staatsangeh.: Bayern; Vorbildung: Wilhelms-Gymn. München Reile Juli 01; Studium: Jura München 4, Oxford 2, München 4, Phil. München 4 S.; Rig. 23. Juli 08.] [U 09. 3490

Müller, Karl Alex. v., Bayern im J. 1866 u. die Berufung des Fürsten Hohenlohe, s. a. Bibliothek. historische. 20. Bd.

Bayern im Jahre 1866 und die Berufung des Fürsten Hohenlohe. Eine Studie von Karl Alexander v. Müller.
München & Berlin: Oldenbourg 1909. XVI,292 S. 8°
(Historische Bibliothek. Bd 20.)

— s.: Sagenbuch, deutsches.

Müller, Karl Alfred

Müller, Karl Arthur

Müller, Carl Arth., Goethe-Tasso. Dramatisches Gedicht in einem Aufzuge. Jena 853. Döbereiner. gr. 8. (31 S.) n. 10 ngr.

— Timoleon. Tragödie. Breslau 854. (E. Trewendt.) 8. (111 S.) n. 22½ ngr.

Müller, Karl August

Mueller, K. A. Fünf Bücher vom böhmischen Kriege in den Jahren 1618 bis 1621, nach handschr. Quellen des k. sächs. Haupt-Staats-Archivs. Ein Beitrag zur Geschichte des 17. Jhrh. T. 1. Dresden 1841. 472 S.

— die Forderungen des Staats an seine Gelehrtenschulen, s. Karl Snell.

Müller, Karl Aug., Forschungen auf d. Gebiete d. n. Gesch. 1e Lfrg. A. u. d. T.: Kurfürst Johann Georg der Erste, seine Familie u. sein Hof, nach handschriftl. Quellen des Königl. Sächs. Haupt-Staats-Archivs dargestellt. Ein Beitrag zur Cultur- u. Sittengeschichte des 17. Jahrhunderts. Mit 1 Facsimile. gr. 8. Dresden 838. Gerh. Fleischer. 1½ ℛ

— dass. 2e Lfrg. A. u. d. T.: Das Söldnerwesen in den ersten Zeiten des 30jähr. Krieges. Ein Beitrag zur Kriegs- u. Sittengeschichte des 17. Jahrh. gr. 8. Ebd. 838. ⅜ ℛ

Müller, Karl Aug., Forschungen auf dem Gebiete der neueren Geschichte. 3. Liefg. Die Geschichte des Dreißigjährigen Krieges. 1. Thl. — A. u. d. T.: Fünf Bücher vom Böhm. Kriege in den Jahren 1618 bis 1621, nach handschriftl. Quellen des Königl. Sächs. Haupt-Staats-Archivs herausgeg. Ein Beitrag zur Geschichte des Siebzehnten Jahrh. gr. 8. Dresden u. Leipzig 841, Gerh. Fleischer. (Weichardt.) 2¾ ℛ (1—3: 4⅝ ℛ)

Müller, Karl Aug., Forschungen auf d. Gebiete d. neuern Geschichte. 1—3. Lfg. gr. 8. Dresden. [Leipzig, Weichardt.]

A. u. d. Titln.:

Lfg. 1. Kurfürst Johann Georg d. Erste, seine Familie u. sein Hof, nach handschriftl. Quellen d. k. s. Haupt-Staats-Archivs dargest. Ein Beitr. z. Cultur- u. Sittengeschichte d. 17. Jahrh. (16½ B. u. 1 Facsim.) 838. 1 Thlr. 12 Gr.

" 2. Das Söldnerwesen in d. ersten Zeiten d. 30jähr. Krieges. Ein Beitr. z. Kriegs- u. Sittengeschichte d. 17. Jahrh. (4½ B.) 838. 9 Gr.

" 3. Die Geschichte d. 30jähr. Krieges. 1. Thl. — A. u. d. T.: Fünf Bücher v. böhm. Kriege in d. J. 1618—1621, nach handschriftl. Quellen d. k. s. Haupt-Staats-Archivs hrsg. Ein Beitr. z. Gesch. d. 17. Jahrh. (32½ B.) 841. 2 Thlr. 18 Gr.

— Gesammtgebiet des Geschichtlichen Unterrichts. 1r Kursus. Deutsche Geschichten für Bürgerschulen, Progymnasien u. Realschulen. 1r Bd. A. u. d. T.: Deutsche Geschichten für d. deutsche Jugend. 1r Bd. gr. 8. Dresd. 840. G. Fleischer. 1½ Rthlr

— Gesammtgebiet des geschichtlichen Unterrichts. 1. Kursus. 2. Bd. — A. u. d. T.: Deutsche Geschichten für die deutsche Jugend. 2. u. letzter Bd. gr. 8. Ebend. 841. 1½ Rthlr (Beide Bände 3 Rthlr)

— Gesammtgebiet d. geschichtl. Unterrichts. 1. Kurs. Deutsche Geschichten f. Bürgerschulen, Progymnasien u. Realschulen. — A. u. d. T.: Deutsche Gesch. f. d. deutsche Jugend. 2 Bde. gr. 8. Dresden. [Leipzig, Weichardt.] [1. (28 B.) 840., 2. (32 B.) 841. à 1½ Thlr.]

— über d. Geschichtsunterricht auf Schulen. gr. 8. (6¾ B.) Dresden 835, [Gottschalck.] *

— über den Geschichtsunterricht auf Schulen. gr. 8. Dresden 835. (Wagner.) n. ½ Rthlr

Müller, Carl Aug., Grundlinien einer Morphologie der Wärme. Tübingen 867. (Osiander'sche Buchh.) gr. 8. (IV, 104 S.) n. 18 ngr.

Müller, Carl Aug., statistisches Jahrbuch f. 1845 u. 1846. (1. u. 2. Jahrg.) gr. 8. Leipzig, Hinrichssche Bh. [1. (20 B.) 2. (21½ B.) à 1 Thlr. 20 Rgr.]

Müller, Carl Aug., statistisches Jahrbuch für 1847. (3. Jahrg.) gr. 8. (VI und 332 S.) Leipzig 848, Hinrichssche Buchh. *
Jahrg. 1845 und 1846. Ebendas. 3 Thlr. 10 Rgr.

Müller, C. Aug. Kurfürst Johann Georg I., seine Familie und sein Hof. [Beiträge zur Staats- und Kriegsgeschichte des 17ten Jahrhunderts. I.] 8. Dresden 1838.

Müller, Karl August: Ueber multiple Knochen- und Gelenktuberkulose. Ein Beitrag zur Lehre von der individuellen Organdisposition für tuberkulöse Erkrankungen. *Lucka 1898: Berger & Behrend.* (17 S.) 8°
Erlangen, Med. Diss. v. 1898

Müller, Carl Aug., Licht und Schwere. Eine Aufstellung des allgemeinsten Naturgesetzes. 8. (32 S.) Tübingen 853. (Ulm, Gebr. Nübling.)

Müller, Carl Aug., Licht und Schwere. Eine Aufstellung des allgemeinsten Naturgesetzes. Tübingen 853. Riecker. 8. (32 S.) 6 ngr.

— **Carl August** (Leipzig), De notione et pretio cognitionis medico-empiricae specimen. Diss. med.-chir. Leipzig (Klaubarth) 29. X. 1802. 22 S. (4.75) 23893

Müller, K. A.: Das Söldnerwesen in den ersten Zeiten des 30jährigen Krieges. Dresden 1838. 62 S. Dresden, Vitzthum. Geschlechts-Gymn. P 1838.

Müller, Carl August. Das Söldnerwesen in den ersten Zeiten des dreissigjährigen Krieges. 8. Dresden und Leipzig 1838.

Müller, K. A. Das Söldnerwesen in den ersten Zeiten des 30jährigen Krieges. Ein Beitrag zur Kriegs- und Sittengeschichte des 17. Jahrhunderts. Dresden 1838. 8°. (Forschungen auf dem Gebiete der neueren Geschichte. 2.)

Müller, Karl August Friedrich Wilhelm, s. Müller, Karl

Müller, Karl August Wilhelm

Müller, Carl August Wilhelm (Homburg v.d.H.)
Thesen aus der gesammten Heilkunde, welche den 17. Juny zur Erlangung der medicinisch-chirurgischen Doctorwürde öffentlich vertheidigen wird: Carl August Wilhelm Müller aus Homburg vor der Höhe.
Giesen: Schröder 1811. 8 S.
Dr. med. & chir. 17.6.1811. vorh. 26.

Müller, Karl Benedikt

— **Carl Benedikt** (Nürnberg), De dolo pro facto punito occasione L. 7. D. ad Leg. Cornel. de Sicar. et Venefic. Diss. jur. Präs. Andreas Elias Rossmann. Erlangen (D. M. Camerarius) 2. XI. 1743. Rec. 1754. 23 S. (6.—) 23894
Widm. v.: Andreas Elias Rossmann.

Müller, Karl Chr., Abschiedspredigt in Waiblingen. 8. Ludwigsb. 798.

— [Etwas für u. wider d. Besteuerung u.

Besteuerung (Etwas für und wider die ausserordentliche) der piorum Corporum unserer Würtemberg. Communen (von Karl Chr. Müller). 8°. Stuttgart, Löflund, 1796.

— Predigt am Huldigungstage. 8. Ludwigsb. 798.

Müller, Karl Christ.

Müller, Carl Christ., Pathologiae comparatae specimen. Diss. (Vergleichung einiger ansteckender Krankheiten der Menschen u. Tiere.) Königsberg 792.

Müller, Karl Christian

Müller-Schochwitz, C., Kaiser Friedrich, der Liebling der deutschen Nation, in Liedern aus allen deutschen Gauen. 1.—4. Aufl. 8. (96 S.) Eisenach 888, Bacmeister. *

Müller-Schochwitz, C. Dr. Martin Luther, sein Leben u. Wirken in Liedern aus allen deutschen Gauen alter u. neuester Zeit. Mit einem Vorwort v. Leuschner. 8. (XVI, 414 S. m. 14 Illustr.) Münch. 892, Handelsdruckerei. geb. * 3 60

Müller, C., Martin Luther, sein Leben u. Wirken, in Liedern aus allen deutschen Gauen alter u. neuester Zeit. Mit e. Vorwort v. Leuschner. gr. 8. (XVI, 414 S. m. 14 Abbildgn.) München 893. Münch. Handelsdruckerei u. Verlagsanstalt, M. Poeßl. Geb. in Leinw. n. 3.60

— dasselbe. Billige Ausg. ohne Bilder. gr. 8. (XVI, 414 S.) Ebd. 893. Kart. n. 2.—

— **Carl Christian** (Lausitz), Problema an hypotheca tacita in feudo debito feudali contrahatur, sistens. Diss. jur. feudal. Präs. Jo. Gottlieb Siegel. Leipzig (J. Chr. Langenheim) 5. IV. 1736. 31 S. (5.—) 23895
Gew.: Carl Otto Rechenberg, Heinrich Friedrich Berger. — Widm. v.: Jo. Gottlieb Siegel.

— d. deutsche Kaiserpaar Wilhelm II. u. Augusta Victoria. In Liedern aus allen deutschen Gauen. 8. (140 S.) Wiesbaden 896. Zürich, Johann Bacmeister. n. 1.20; geb. in Leinw. n. 2.—

Müller-Schochwitz, C., Kaiser Wilhelm II. u. Kaiserin Auguste Viktoria. s.: Schroebel, H.

Müller-Schochwitz, C., Kaiser Wilhelm II. u. s. Familie, s.: Schroedel's, H., Jugendbibliothek.

Müller, Karl Christoph

— **Carl Christoph** (Brenens./Meißen), De pecuniae efficacia. Diss. Präs. Abraham Kaestner. Leipzig (G. Trog) 27. IV. 1735. (4.75) 23896

Müller, Karl Ed.

Müller, Carl Ed., practisches Handbuch des Ackerbaues, vorzugsweise für die Ostseeländer Rußlands bearb., oder: gründliche Anleitung zum Getreide-, Flachs-, Hackfrucht- und Futterbau 2c. 2., verm. und verb. Aufl. gr. 8. (XVII und 436 S. mit 9 Stnt. Abbild. in qu. 4.) Reval 859, Kluge's Verlag. *

Müller, Carl Ed., practisches Handbuch des Ackerbaues, vorzugsweise für die Ostseeländer Rußlands bearb. oder: gründliche Anleitung zum Getreide-, Flachs-, Hackfrucht- u. Futterbau, zur Behandlung u. Anwendung des Düngers u. zur Urbarmachg. von Wäldern u. Wüstungen mit e. Anh. über Knechtswirthschaft 2c. Mit 11 (lith.) Taff. Abbildgn. (in qu. 4.) 3. verm. u. verb. Aufl. Reval 869. Kluge. gr. 8. (XX, 456 S.) n. 2 ₰ 15 ngr.

Müller, Carl Ed., practisches Handbuch der Landwirthschaft, vorzugsweise f. die Ostseeländer Rußlands bearb.; od.: gründliche Anleitung zum Getreide-, Kartoffel- u. Futterbau 2c. Mit 4 (lith.) Taf. Abbildungen (in 4.) gr. 8. (XVIII u. 289 S.) Reval 850, Kluge. n. 2½ ₰

Müller, C(arl) E(d.), Mittheilungen und Erfahrungen aus einer Knechtswirthschaft. gr. 8. (68 S.) Reval 862, Kluge's Verlag. *

Müller, Carl Ed., das Weltall, s. Heimath, unsere.

Müller, Karl Erdmann Franz, s. Müller, Erdmann Franz

Müller, Karl Ernst, s. Müller, Karl

Müller, Karl Ernst Christian

Müller, Karl Er. Chr., († ... 1813.) ökonom.-polit. Hefte f. den Norden, vielleicht auch im Süden brauchbar. gr. 8. Lpz. 789. (Reinecke in Halle). 20 gl

Müller, E. C. K., ökon. polit. Hefte für d. Norden, vielleicht a. in Süden brauchb. gr. 8. Leipz. Walther. (a. Ruff in Halle). 789.

Catharina II. Dargestellet in ihren Werken zur Beherzigung der Völker Europens vom Verfasser der „ökonomisch-politischen Hefte für den Norden" *(Carl Ernst Chrn. Müller)*. Berlin 1794. 8°. (Im British Museum.) (2 Mk. 50 Pfg., sehr breitrand. Dedicat.-Expl., Kössling, Lpz., c. 1878.)
Anon.-Lex. I. p. 311.

Müller, Karl Eugen [aus Geisingen, Grossh. Baden]: Untersuchungen über die Brunsschen Integralgleichungen und über die Normalform der algebraischen Integrale algebraischer Differentialgleichungssysteme ... Leipzig, Druck v. B. G. Teubner, 1893; IV, 45 S. 8.
Heidelberg, Naturw.-math. Fak., Inaug.-Diss. v. [5. Aug.] 1892

Müller, Karl Eugen [Dr., Lehramtsprakt.]: Über die algebraischen Integralfunktionen von Systemen algebraischer Differentialgleichungen. Die Reduktion d. algebraischen Integralfunktionen auf d. Form d. rechten Seiten ihrer normalen algebraischen Differentialgleichungssysteme. Lahr, Druck v. J. H. Geiger, 1894; 15 S. 4.
Lahr, grossh. G, MP 1894 (610)

Müller, Karl Eugen Hermann

Müller, K. E. Herm., das Magnum Chronicon Belgicum u. die in demselben enthaltenen Quellen. Ein Beitrag zur Historiographie des 15. Jahrh. gr. 8. (V, 48 S.) Berlin 888. Mayer & Müller. n. 1.20

Müller, K. E. Herm., die Chronik des Baseler Professors Huldreich Mutius. Ein Beitrag zur Historiographie des Reformationszeitalters. gr. 8. (IV, 38 S.) Prenzlau 882. Vincent. n. 1.—

—— das Ende Wallensteins. gr. 8. (39 S.) Ebendas. 882. *

Müller, K. E. Hermann Der bayrisch-pfälzische Erbfolgekrieg im Jahre 1504. 21 S. Progr. *Prenzlau* 1876.

Müller, K. E. Herm., die deutsch-feindliche Politik Karls d. Kühnen v. Burgund, e. Vorspiel der Annexionsbestrebgn. der französ. Regenten. gr. 8. (II, 44 S.) Prenzlau 873. Mieck. n. 1.—

Müller, C[arl] E[ugen] Hermann. Die deutschfeindliche Politik Karls des Kühnen von Burgund, ein Vorspiel der Annexionsbestrebungen der französischen Regenten. 8. Prenzlau 1874.

—— Quellen, welche der Abt Tritheim im ersten Theile seiner Hirsauer Annalen benutzt hat. gr. 8. (VI, 59 S.) Leipzig 871, Frohberg. *

— Quellen, welche der Abt Tritheim im zweiten Theile seiner Hirsauer Annalen benutzt hat. gr. 8. (VII, 72 S.) Halle 879. Buchh. d. Waisenhauses. n. 1.60

— Reichs-Steuern u. Reichs-Reform-Bestrebungen im 15. u. 16. Jahrh. gr. 8. (71 S.) Prenzlau 880. Vincent. n. 1.20

—— über das Verhältniß des Abtes Tritheim zu Joachim I. von Brandenburg. gr. 8. (24 S.) Prenzlau 874, Mieck. *

Mueller, Hermannus: De Trithemii abbatis vita et ingenio. Halis Saxonum (1863): Ploetz. 28 S. 8°
Halle-Wittenberg, Phil. Diss. v. 12. Dez. 1863
Geb. Treuenbrietzen 13. 1. 1839. V.
Teildr. aus der eingereichten Arbeit: De Trithemii Abbatis Chronico Hirsaugiensi. — Verf. erlebte die Diplomerneuerung 1913 als Oberlehrer a. D., Professor in Prenzlau.

Müller, K. E., wie kam es zur Kapitulation v. Prenzlau am 28. X. 1806? Eine histor. Studie. (71 S. m. 1 Karte.) 8. Prenzlau 906. A. Mieck. n. 1.50

Müller, K. E. Hermann Der Zug Karls VIII. von Frankreich nach Italien in seiner politischen Bedeutung. 26 S. *Prenzlau* 1885. **Progr.**

Müller, Karl Friedrich

Müller, Carl Friedrich [aus Barmen]: Beitrag zur Lehre von der Aphthongie ... Berlin, Buchdr. v. G. Schade, *1892*; 29 S., 1 Bl. 8.
Berlin, Med. Fak., Inaug.-Diss. v. 13. Aug. 1892

Müller, Carl Friedr., Beschreibung d. Gesundbrunnens zu Teinach. 8. (4¼ B. u. 5 lith. Abbild.) Stuttgart 834, Brodhag.

Müller, Carl Friedr., Beschreibung des Gesundbrunnens z. Teinach. 2., verb. Aufl. 8. (8 B. u. 2 Abbild.) Stuttgart 846, Beck u. Fränkel. *

Müller, Karl Frdr., bete u. arbeite, s.: Flugschriften, d. hanseat.-oldenburgischen Missions-Konferenz.

Müller, Karl Frdr., Großherzog Friedrich v. Baden, e. deutscher Fürst. Mit den Porträts Ihrer königl. Hoheiten d. Großherzogs u. der Großherzogin. 8. (68 S.) Karlsruhe 892. O. Nemnich. n. — 50

Müller, *Karl Friedrich Direktor* Karl Kappes, *† 14. Dezember 1893.* (Aus: Karlsruher Zeitung Beilage zu Nr. 88). 4 (S. 5—7). Progr. Rg. *Karlsruhe* 1894 (621).

*Müller, C[arl] Fr[iedrich]: Katalog der Bibliothek des Königlichen Gymnasiums zu Kiel. Herausgegeben von C. Fr. M. XXIX S., 1 Bl., 171 S. 8. Progr. Kgl. Gymn. *Kiel* 1900.

Müller, K. Fr., Karl Kraepelin. Zur Erinnerg. an sein Leben u. seine künstler. Thätigkeit. Mit e. Bildnis Kraepelins u. einigen Briefen Fritz Reuters. 8. (80 S. m. 1 Fcsm.) Hamburg 884. Schlotke. n. 1. 20; geb. n. 1. 50

Müller, Carl Frdr., Fritz Reuters Leben u. Schaffen, s.: Hesse's, Max, Volksbücherei.

— — De libertate academica oratio quam beneficio Marschalliano devinctus in Academia Wittenberg. Wittenberg (C. Chr. Dürr) 4. X. 1774. 15 S. (5.50) 23898

— — (Franken), Diss. jur. sistens nonnulla ad art. 131. C. C. C. adversus recentiorum juris interpretum sententias. Jena (Prager) 16. XI. 1805. 22 S. (4.—) 23899

— Carl Friedrich, De pacati panegyrico ad Pliniani exemplum formato disseruit ac de panegyricis veteribus pauca praefatus est. Wittenberg (C. Chr. Dürr) o. J. 44 S. (6.—) 23897

Müller, C. F., De Pacati Panegyrico ad Plinianі exemplum formato ac de panegyri veteribus. Diss. s. a. (1785?) 44 S. 4°.

Müller, Carol. Frider., de pedibus solutis in dialogorum senariis Aeschyli, Sophoclis, Euripidis. gr. 8. (156 S.) Berlin 866, Weidmann'sche Buchh. *

Müller, Karl Friedr. De pedibus solutis in tragicorum minorum trimetris iambicis. 24 S. **Progr.** G. *Kiel* 1879.

Müller, Carl Friedr., de pedibus solutis in tragicorum minorum trimetris iambicis. gr. 8. (42 S.) Berlin 879, Weidmann'sche Buchh. *

— (Hrsg.), s. Reuter, Fritz: Sämtliche Werke.

Müller, Carl Frdr., Reuter-Lexikon. Der plattdeutsche Sprachschatz in Fritz Reuters Schriften, gesammelt u. alphabetisch geordnet. (VII, 175 S.) kl. 8. Leipzig (905). M. Hesse. n. 1. 20; geb. in Leinw. n. 1. 50

Müller, Carl Friedrich, Dr., Prof.: **Zur Sprache und Poetik Fritz Reuters.** 1. *Leipzig (1902): Hesse & Becker.* (25 S.) 4° Kiel, k. G, OP 1902 (311)

Müller, Carl Frdr., zur Sprache Fritz Reuters. Ein Beitrag zur Kenntnis der mecklenburg. Mundart. gr. 8. (50 S.) Leipzig 902. M. Hesse. n. — 80

Zur Textkritik in Fritz Reuters Schriften. Von Dr. Carl Friedrich **Müller,** Prof. zu Kiel. Mit e. Vorw. d. Verlagshandlung. Leipzig: M. Hesse 1906. (29 S.) 8° [Umschlagt. F.] [07, 6692

Müller, Carl Friedrich, von Thayngen, Cant. Schaffhausen: Versuche über den Verlauf der Netzhautermüdung. Zürich 1866: Zürcher u. Furrer. 32 S., 1 Taf. 8°
Zürich, Med. Diss. v. 10. Nov. 1866.

Der Mecklenburger **Volksmund** in Fritz Reuters Schriften. Sammlung u. Erklärung volkstüml. Wendungen u. sprichwörtl. Redensarten im mecklenburg. Platt. Von Dr. Carl Friedrich **Müller,** Prof. am Kgl. Gymn. in Kiel. *Leipzig: M. Hesse (1901).* (XII, 132 S.) 8° [F.] [02, 77..]

— der Mecklenburger Volksmund in Fritz Reuters Schriften. Sammlung u. Erklärg. volkstüml. Wendgn. u. sprichwörtl. Redensarten im mecklenburg. Platt. gr. 8. (XII, 132 S.) Ebd. 902. n. 1. 80; geb. n. 2. 50

MÜLLER, CARL FRIEDRICH. Ueber das Vorkommen von Eisen im Harn bei verschiedenen Krankheiten und nach der Zufuhr von Eisenpräparaten. Erlangen, 1882.

Müller, Karl Friedrich August

Müller, Karl Fr. Aug., s. **Alibert,** Beschreib. d. Hautkrankheiten.

Müller, C. F. A., Denkwürdigkeiten für die Geschichte Frankreichs im Jahre 1815. s. Denkwürdigkeiten.

Müller, K. Fr. A., der Bayer'sche Landbote, s. Landbote.

—— die Bayer'sche Landbötin, s. Landbötin 2c.

Müller, K. F. A., Magazin f. allgem. Natur- u. Thiergesch. 6 Stck. m. K. 8. Gött. Brose. 790—96.

— — s.a. Magazin ...

MÜLLER, Dr. Karl Friedr. Aug. („bis Neujahr 1831 quiescirter Bayer'scher Landbote"), Besten Appetit! Erste, Zweyte, Dritte Portion Nürnberger Peterle-Fleisch und Bayer'sche Ruben, gesalzen, gepfeffert, geschmalzt und gekocht von —. („Wird servirt am Landboten-Guckerl.") München. 31. Juli, 2. u. 5. Aug. 1830. („Portion kostet 3 Kreuzer.") 4°. — Dazu Anzeige der mit Neujahr 1831 erscheinen sollenden „Bayer'schen Landbötin" mit Controverse gegen den Verleger des ehemal. Bayerschen Landboten, Buchdrucker Frankh aus Stuttgart. (3 Mk. 50 Pfg. Friedr. Klüber, München, 1898; jetzt theurer!)

Müller, Karl Friedrich Gustav

— **Carl Friedrich Gustav** (Stahlberg), De diagnosi coxariorum morborum graviorum. Diss. chir. Leipzig (O. Leiner) 28. IV. 1846. 27 S. (3.50) 23900

Gew.: Gustav Biederm. Guenther.

Müller, Karl Friedrich Otto

Müller, Carl Friedr. Otto [aus Heiligenhaus (Rheinpr.)]: Über tuberculöse Sehnenscheidenentzündung .... Würzburg, Becker's Univ.-Buchdr., 1887; 22 S. 8°.
Würzburg, Med. Fak., Inaug.-Diss. v. 1887.

Müller, Carl Friedr. Otto, über tuberculöse Sehnenscheidenentzündung. Diss. Würzburg 1887, Stahelsche Buchh. 8°. 22 S.

Müller, Karl Friedrich Wilhelm

— C. F. W., Zu Caesars bellum civile. S. A. s. a. 12 S.

Müller, *Carl Friedrich Wilhelm* Kritische Bemerkungen zu Plinius' naturalis historia. 4 (30 S.).
Progr. Johannes-G. *Breslau* 1888 (164).

– Kritische Bemerkungen zu lateinischen Prosaikern. 22 S. Landsberg a. d. W., Schul-/Univ.-Schrift 1865

Müller, C. F. W.: Conjecturae Tullianae. 25 S. – Königsberg, F. C., Progr. 1860.

Müller, C. F. W., über den Gebrauch der Partikel sive. gr. 4. (40 S.) Berlin 871, Calvary und Comp. *

– (Hrsg.), s. Plinius Caecilius Secundus, C.: Epistulae. 1903.

—— **Plautinische Prosodie. gr. 8. (XI, 800 S.) Berlin 869, Weidmann'sche Buchh. (*M 15.)** *

–- Nachträge zur Plautinischen Prosodie. gr. 8. (XVI, 156 S.) Berlin 871. Weidmann. n. 4. — cplt.: n. 19. —

Müller, C. F. W., Syntax des Nominativs u. Akkusativs im Lateinischen, s.a.**Grammatik**, histor., der latein. Sprache.

Syntax des Nominativs und Akkusativs im Lateinischen von C[arl] F[riedrich] W[ilhelm] **Müller**. (Hrsg.: F[ranz] Skutsch.) Leipzig & Berlin: B. G. Teubner 1908. (V, 174 S.) 8°
= **Grammatik**, Historische, d. latein. Sprache. Suppl. (ol. 1151)

—— **Wörterbuch zu Ellendt's lateinischem Lesebuch für die unteren Klassen der Gymnasien, s. Ellendt.**

Müller, C. F. W., Wörterverzeichniß zu Ellendt's lateinischem Lesebuch für die unteren Classen der Gymnasien, nach der Reihenfolge der Stücke geordnet. 17. Aufl. 8. (63 S.) Berlin 871, Gebr. Borntråger.

Müller, Karl Frommherz

Müller, Carl Frommherz, Referendar: Die staatsrechtliche Stellung des Reichskanzlers, insbesondere seine Verantwortlichkeit. Borna-Leipzig 1909: Noske. X, 70 S. 8°
Leipzig, Jur. Diss. v. 24. Nov. 1909
[Geb. 12. April 86 Riesa; Wohnort: Dresden; Staatsangeh.: Sachsen; Vorbildung: Vitzthumsches Gymn. Dresden Reife O. 05; Studium: Genf 1, Heidelberg 3, Leipzig 4 S.; Rig. 28. Jan. 09.] [U 10. 2812

Müller, Karl G., drei Fragen, welche jedem Christen am Anfange eines Jahres wichtig seyn müssen. Eine Predigt. 8. Görl. 817. (Anton in Halle). 5 gr

—**Kirchengeschichte von d. Stadt Lauban, von d. Mitte des 10. Jahrh. an bis mit d. 3n Jubelfeier der Reformation im J. 1817. 8. Görl. 819. (Anton in Halle). 1 rf 10 gr**

Müller, Karl Georg, s.a. Müller, Georg

Müller, Carl Geo., die trockene Destillation und die hauptsächlichsten auf ihr beruhenden Industriezweige. Leipzig 858. Barth. gr. 8. (VIII, 138 S.) · **22½ ngr**

Müller, Karl Gf., s. 1) neue alphabet. Bildertafeln, u. setze hinzu: (v. Karl Gf. Müller). 2) Elbansichten, Sächsische.

—**s. Kabinet der Natur.**

— **s. Konstantinopel u. seine Umgebungen.**

Müller, Karl Gotthelf

— **Carl Gotthelf, Orationem anniversariam qua memoria religionis formulae in Augustano Imperii consessu anno a sotere nato 1530. Recitatae ex lege beneficii Lynker renovanda est rite indicit. Jena (Heller) (2. VII.) 1755. 12 S. (4.50) 23901**

Müller, Karl Gotthelf [Praes.], s. Melle, Johann Jakob von: Apotheosis philosophorum Graecorum speciatim Pythagorae eiusque crisis philosophica.

Müller, Karl Gotthelf [Praes.], s. Mentzel, Tobias: De idea suppositi rite determinanda.

Müller, Karl Gotthelf [Praes.], s. Susemihl, Johann Albert: De facultate cogitandi corporibus deneganda dissertatio philosophica materialistis opposita.

Müller, Karl Gotthold [Praes.], s. Thieme, Johann Wilhelm Heinrich: Systema influxus physici demonstratum.

Müller, Karl Gottlieb

— **Carl Gottlieb** (Delitzsch/Meißen), **De marito administratore et usufructuario bonorum uxoris adhuc minorennis. Diss. Präs. Abraham Kaestner. (Leipzig (G. Trog) 4. III. 1739. 8 S. (4.—) 23902**

Gew.: Wolf Heinrich Schrey, Johann Friedrich Apfel.

Müller, Karl Gottlob

— **Carl Gottlob** (Kyhn./Meiß.), **De jure colonario, vom Land-Siedel-Recht. Diss. Präs. Abraham Kaestner. Leipzig (G. Trog) 26. X. 1735. (5.50) 23903**

Müller, Karl Gottwert

Erhebung. [Unterz.:] Hohlfeldt. [In Musik gesetzt von] C[arl] G[ottwert] **Müller.** Altenburg o. J.: Hofbuchdr. 1 Bl. 8° [Kopftit.]
[Dasselbe.] Ebendas. [ca 1860.] 1 Bl. 8°
Ohne Noten: „Schwinge dich aufwärts zu des Ew'gen Höhen, . . ."

Des Maurers Halle. Gedicht vom Br [Zacharias] Kresse; Weise vom Br [Karl Gottwert] Müller. [Altenburg] o. J. 1 Bl. 8° [Kopftit.]
Ohne Noten: „Friedliche Mauern, geheiligte Räume, . . .“

Johannes der Täufer: Johannes. [Text von Zacharias Kresse.] Weise von C[arl] G[ottwerth] Müller. [Altenburg] o. J. 1 Bl. 8° [Kopftit.]
Ohne Noten: „Hört Ihr nicht die Stimme tönen?“

Müller, Karl Gustav

Müller, Carl Gustav, a. Natal in Afrika: I. Über Abspaltung von Kohlensäure im aromatischen Carboxyl. II. Darstellung von Phenylsarkosin-p-carbonsäure u. a. Halle a. S. 1905: Wischan & Burkhardt. (47 S.) 8°
Halle, Phil. Fak., Ref. Volhard, Diss. v. 10. Aug. 1905
[Geb. 20. Juli 68 Hermannsburg in Natal; Wohnort: Halle a. S.; Staatsangeh.: England; Vorbildung: South Afric. College Capstadt; Studium: Berlin 10, Halle 7 S.; Rig. 31. Juli 05.]

— — u. (Resp.) Emil Hermann (Dresden), Num et quatenus continua possessio requiratur in juribus discontinuis praescriptione constituendis. Diss. Leipzig (W. Haack) 22. V. 1832. 28 S. (3.50) 23905

– Über Sensibilität bei Tabes dorsalis, s. Müller, Karl

— Carl Gustav (Leipzig), De testamento parentum inter liberos privilegiato. Diss. Leipzig (G. H. Moret) 19. IX. 1826. 42 S. (4.—) 23904

Müller, Karl Heinrich

Müller, Carl Heinrich, Referendar: Die Abnahmepflicht des Käufers. Borna-Leipzig 1910: Noske. IX, 139 S. 8°
Erlangen, Jur. Diss. v. 26. April 1910, Ref. Oertmann
[Geb. 29. Okt. 81 Kalk b. Cöln; Wohnort: Cöln; Staatsangeh.: Preußen; Vorbildung: Marzellen-Gymn. Cöln Reife O. 03; Studium: Bonn 5, München 1 S.; Rig. 28. Jan. 10.] [U 10. 736

Müller, Carl Heinr., s. Almanach für Stickerei-Muster-Vorlagen.

Gedächtniss-Rede auf Friedrich den Grossen König von Preussen gehalten den 17ten September 1786 von Carl Heinrich Müller, Prediger zu Lasschne, dem Guthe des Herrn General und Grafen von Borcke. Stettin 1786. 8

Müller, Carl Heinr. [Dr.]: Stereometrische Konstruktionen. Projektions-Lehre f. d. Prima d. Gymnasiums. Frankfurt a. M., Druck v. Enz & Rudolph, 1893; 2—32 S., 6 Taf. 4.
Frankfurt a. M., k. Kaiser-Friedrichs-G, OP 1893 (388)

Müller, Carl Heinr., stereometrische Konstruktionen. Projektions-Lehre f. die Prima d. Gymnasiums. Progr. gr. 4. (32 S. m. 6 Taf.) Frankfurt a/M. 893. (J. Ch. Hermann.) n. 1. —

— Lehr- u. Übungsbuch der Geometrie, s.: Schwab, Karl, u. Osk. Lesser, mathematisches Unterrichtswerk zum Gebrauch an höheren Lehranstalten.

Müller, (Carl Heinr.), Lehr- u. Übungsbuch f. den Unterricht in der Arithmetik u. Algebra, s.: Schwab, Karl, u. Osk. Lesser, mathem. Unterrichtswerk.

Müller, Carl Heinr., u. Otto **Presler,** Leitfaden der Projektions-Lehre. Ein Uebungsbuch der konstruier. Stereometrie. Ausg. A: Vorzugsweise f. Realgymnasien u. Oberrealschulen. (VII, 320 S. m. 233 Fig.) gr. 8. Leipzig 903. B. G. Teubner. Geb. in Leinw. n. 4. —

-- — dasselbe. Ausg. B: Für Gymnasien u. sechs-stuf. Realanstalten. (VI, 138 S. m. 122 Fig.) gr. 8. Ebd. 903. Geb. in Leinw. n. 2. —

— Mechanik, s.: Encyklopädie der mathemat. Wissenschaften. IV, 2. II. (Klein, Fel.)

— Carl Heinrich (Mecklenburg / Penzlinus), De praescriptione criminali principiis processus inquisitorii repugnante. Diss. Jena (Frommann u. Wesselhoeft) 1818. 38 S. (4.—) 23906
Gew.: Friedrich Mueller (Bruder).

Müller, **C. H., de praescriptione criminali principiis processus inquisitorii repugnante. 4. Neubrandenb. 820. Dümmler. 6 gGr.**

Müller, Carl Heinr., Prof. Dr.: Der logarithmische Rechenstab. Stab-Rechnen für d. Ober-Klassen höherer Schulen. *Frankfurt a. M. 1899: Enz & Rudolph.* (S. 3—52.) 4°
Frankfurt a. M., k. Kaiser-Friedrichs-G, OP 1899 (411)

Müller, Carl Heinr., d. logarithmische Rechenstab. Stab-Rechnen f. d. Ober-Klassen höherer Schulen. Progr. 4. (51 S. m. 5 Taf.) Frankfurt a/M. 899. (F. B. Auffarth.) n. 1.—

– (Hrsg.), s. Vico, Giambattista: Von dem einen Anfange und dem einen Ende alles Rechts.

Müller, Karl Heinrich Ferdinand, s. Müller, Karl

Müller, Karl Heinrich Gottlob [Wirkl. Name], s. Malten, Heinrich von [Pseud.]

Müller, Karl Hermann

— Carl Herrmann (Plauen/Vogtland), De singulari in puerperarum pudendis exulceratione. Diss. med. Leipzig (Breitkopf-Haertel) 25. I. 1828. 24 S. (3.50) 23907
Gew.: Johann Christian Gottfried Joerg.

Müller, Karl Herm., Gedichte. München 861. Fleischmann. 16. (VIII, 332 S.) 2 Thlr

Müller, Carolus Hermannus [Rastattensis]: De similitudinibus imaginibusque apud veteres poetas elegiacos .... Bremis, typ. Caroli Schuenemanni, 1887: 2 Bl. + 69 + 1 S. 8°.
Göttingen, Phil. Fak., Inaug.-Diss. v. 8. März 1886.

Müller, Carl Herm., de similitudinibus imaginibusque apud veteres poetas elegiacos. Diss. inaug. philol. gr. 8. (69 S.) Bremen 887. (Göttingen, Vandenhoeck & Ruprecht's Verl.) n. 1. 60

Müller, C. H., geognostische Verhältnisse und Geschichte des Bergbaues der Gegend von Schmiedeberg etc., s. a. Beiträge zur geognost. Kenntniss des Erzgebirges.

Müller, C. H., geognostische Verhältnisse und Geschichte des Bergbaues der Gegend von Schmiedeberg u. s. w. in dem Altenberger Bergamtsrevier. Freiberg. *VII u. 72 p. mit 1 color. u lithogr. Karte und 2 Holzschnitten* 1867.

Müller, Karl Hugo

Was ist der Sternhimmel? Von Carl Hugo Müller. (Charlottenburg: F. Harnisch & Co. [1905].) (54 S.) 8°
= Müller: Ein neues Weltsystem. Bd 1. [05. 7618

Die physische Welt und ihr Mechanismus. Von Carl Hugo **Müller**-Rastenburg. Rastenburg: Mundus-Verl. 1910. III, 95 S. 8°
(Müller: Ein neues Weltsystem. Bd 2.) [11. 11874 10

Müller, Carl Hugo, ein neues Weltsystem. 1. Bd. Was ist der Sternhimmel? (54 S. m. 2 Taf.) gr. 8. Charlottenburg (905). Berlin, F. Harnisch & Co. n. 1.50

Müller, Karl Jh. Geo., Diss. inaug. med. in pathologiam et therapiam bubonum venereorum. 8maj. Dorpat 820.

Müller, Karl Johann Kaspar

Müller, Charles Jean Gaspard: A l l e r w e l t s p f a f f e n a r l e k i n a d e . [Blum, Bibl. lux.]

MÜLLER, [Karl] J[ohann] Kaspar
Auch | Das Volk soll und darf | die | Wahrheit | wissen. | Von J. Kaspar Müller. | Und wann auch die grimmigste Wespe mich sticht; ich | sage es doch! – Lavater. | Lützemburg, | Bey den Perlischen Erben und Cercelet Compagnie | 1797. | 5 ungez. Bl., 172 gez. S., 1 ungez. Bl., kl-8° (175 × 105 mm).

Müller, Charles Jean Gaspard: G e s c h i c h t e der Römer. 1. Abtheilung. Frankfurt a. M. 1805. 8°

Müller, Karl Josef, s.a. M ü l l e r von Friedberg, Karl

Müller, Karl Jos., des Apostels Paulus Brief an die Epheser. Übers. u. erklärt. (VI, 123 S.) gr. 8. Graz 909. Styria. 2.—

Müller, Karl Jos., des Apostels P a u l u s Brief an die Philipper. Uebers. u. erklärt. gr. 8. (VII, 348 S.) Freiburg i/B. 899. Herder. n. 7.—; geb. n. 8.60

Müller, Karl Joseph, Prof. u. Geistl. Rat Dr. theol.: Über den Gedankengang des Apostels Paulus in seinem Briefe an die Kolosser. Breslau 1905: R. Nischkowsky. (S. 1—XLIII.) 4°
Breslau, k. kathol. St. Matthias-G OP 1905 (214)

Müller, Karl Jos., über den Gedankengang des Apostels Paulus in seinem Briefe an die Kolosser. Progr. (XLIII S.) Lex.-8. Breslau (905). (Leipzig, Buchh. G. Fock.) n. 1.50

Müller, Karl Joseph [Prof. Dr. Direktorats-Verweser]: *Nachtrag zu dem im Jahresberichte der Anstalt für 1882/83 enthaltenen Verzeichnisse der literarischen Publikationen des in den Ruhestand tretenden Direktors Dr. Johannes Oberdick.* Breslau, Druck v. R. Nischkowsky, 1897; 21—22 S. 4.
Breslau, k. kath. St. Matthias-G, OP 1897 (184)

— R i t t e r s w a l d e zur Zeit der Dreifelderwirtschaft bis 1763. Ein Beitrag zur Geschichte Schlesiens nach handschriftl. Quellen. gr. 8. (VIII, 161 S. m. Titelbild.) Breslau 900. G. P. Aderholz. n. 3.—

— T h e o p h i l u s. Kurze Predigten f. Zöglinge höherer Schulen. gr. 8. (XII, 444 S.) Freiburg i/B. 901. Herder. n. 4.50; geb. n. 6.40

Müller, Karl Jul., s. a.: J u l i u s, Karl.

— A b e r g l a u b e u. Occultismus in Berlin u. der Prov. Brandenburg. Vortrag, geh. in Berlin, Oranienburg u. Landsberg a. W. Nebst Anh.: Die Chiromantie in ihrer prakt. Anwendg. 8. (44 S.) Berlin 899. L. Frobeen. —50; geb. —75

F ü r c h t e t Gott! Ehret den König! Habt die Brüder lieb! Fest-Ansprache geh. am 18. Jan. 1899 im Verband Deutscher Kriegs-Veteranen ‹Zweig-Verb. Berlin› von Karl Julius **Müller**. Berlin: L. Frobeen (1899). (8 S.) 8° [Umschlagt.]

Mueller, Karl Jul., Prolog, gesprochen am 22. Novbr. 1876 in dem Verein „Vereinigte Sachsen" in Elberfeld. gr. 8. (4 S.) Elberfeld 877. Herrig. —20

Stille S t u n d e n . Lieder christl. Glaubens f. Bekümmerte u. Verzagte. Von e. Freund d. Armen [d. i. Karl Julius **Müller**, Dir. d. Berliner Brockenhauses.]
Berlin: L. Frobeen [1901]. (60 S.) 8°

Die Berliner C e n t e n a r - F e i e r für Kaiser Wilhelm den Grossen vom 21. bis 23. März 1897. Denkschrift. Auf Beschluss d. Vorstandes f. d. bürgerl. Centenarfeier in Berlin hrsg. v. Karl Julius **Müller**, Ehrenmitglied d. Verbandes Deutscher Kriegs-Veteranen. Berlin: Aktienges. Pionier 1897. (1 Bl., X, 145 S., 1 Portr., 11 Taf.) 1 Bd 4°

Müller, Karl Jul., d. B e r l i n e r Centenar-Feier für Kaiser Wilhelm d. Großen v. 21.—23. III. 1897. Denkschrift. Auf Beschluß d. Vorstandes f. d. bürgerl. Centenarfeier in Berlin hrsg. gr. 4. (X, 145 S. m. Abb. u. 12 Taf.) Berlin 897. F. v. Perbandt & Co.
Geb. in Leinw. 5.—

Müller, Karl Julius Max

Mueller, Car. Julius Maximil. (geb. Bathow in d. Lausitz 12. 8. 1834): De curatione vulnerum sclopetariorum artuum ossibus illatorum. Berolini (1850). (35 S.) 8°
Berlin, Med. Diss v. 25. März 1859

Müller, Karl Konrad

Mueller, Carol. Conr., de arte critica Cebetis tabulae adhibenda. gr. 8. (VII, 82 S.) Würzburg 877. Stuber's Verl. n. 2.—

Müller, Karl Leonhard

Erval's Kampf mit dem Riesen St. Gotthardt von A. J.-R. nebst „Der Landesgemeinde-Beschluss v. Jahre 1387". Eine Urkunde für Wilh. Tell's Existenz. Historisch und kritisch betrachtet von Karl Leonh. Müller. In-8°, 26 und 96 S. (Altdorf, Druck v. Högger). Basel. Cart.

Müller, Karl, Leonh. Der Landesgemeinde-Beschluss v. Jahre 1387. Eine Urkunde f. Wilh. Tell's Existenz. Histor. u. krit. beleuchtet. 8°, 96 S. Altdorf, Högger's Druck. (Basel, Georg.) *1878*.

M ü l l e r, Karl Leonh., der Landesgemeinde-Beschluß vom J. 1387. Eine Urkunde für Wilhelm Tell's Existenz. Historisch und kritisch beleuchtet. gr. 8. (94 S.) Milwaukee, Wis. 881. (Philadelphia, Schäfer und Koradi.)

Müller, Karl Ludwig

(M ü l l e r, Carl Ludw.,) sieben Abhandlungen üb. Einreden ꝛc., s. A b h a n d l u n g e n.

Müller, Karl Ldw., geprüfte Anweis. z. Kunst, mit wenig Aufwand ein sehr gutes Bier zu brauen. Nach Anleit. chemischer Grundsätze. Mit e. Vorrede vom Prof. F. L. Walther. Mit 4 Kpft. 8. Gießen 807. Heyer. 1 ₰ 8 gr

Müller, Carl Ludwig [pr. Arzt aus Hassel]: Beitrag zur Aetiologie und Operation des Strabismus convergens. . . . Marburg, Georg Schirling, Buchdr., 1889; 26 S. + 1 Bl. 8°
Marburg, Med. Fak., Inaug.-Diss. v. [28. Mai] 1889

MÜLLER, CARL LUDWIG. Ueber Derivate der Para- und Orthonitrozimmtsäure. (Freiburg i. B.) Bergzabern, 1881.

— **Carl Ludwig** (Mecklenburg), De dissimulatione mandati. Disput. jur. Präs. Ern. Joh. Fried. Mantzeln. Rostock (J. J. Adler) 23. IV. 1743. 54 S. (5.50) 23908
Widm. v.: Ern. Joh. Fried. Mantzeln.

Müller, C. Ludw.: Die Lehre von Injurien nach den Vorschriften der preuss. Gesetze systemat. zusammengestellt. *Leipz.*, Pönicke u. Sohn. (837.) gr. 8. (18 Gr.)

—— die Lehre v. Injurien nach d. Vorschriften d. preuß. Gesetze, systemat. zusammengest. gr. 8. (8 B.) Leipzig 838, Pönicke u. Sohn.

Ploen und Umgegend. Eine Geschichte der Stadt Ploen und ein Führer zu den schönsten Punkten der Umgegend v. Carl Ludwig **Müller**. Anhängend: 1 Karte des östl. Holsteins, 1 Karte der Umgegend Ploens und 1 Grundrifs von Ploen. Ploen. 1876. 8°.

Müller, Car. Lud., de resurrectione Jesu Christi, vita eam excipiente et ascensu ad coelum sententiae, quae in ecclesia christ. ad finem usque seculi sexti viguerunt. 8maj. (9¾ B.) Hauniae 836, (Deichmann's Verl.) *

Müller, Karl Lud., de resurrectione Jesu Christi, vita eam excipiente et ascensu ad coelum sententiae, quae in ecclesia christiana ad finem usque seculi sexti viguerunt. 8maj Hauniae 836. (libr. Gyldendal.) n. ⅔ ß

Müller, Karl Ludwig Math.,
s. Müller, Karl Ludwig Methusalem

Müller, Karl Ludwig Methusalem

– (Übers.), s. Alvarinos Schloß.

Müller, K. L. M., Anleitung z. Bildung f. Gesellsch. u. Umgang, mit 1 K. 8. Leipz. Göschen. 812.

— s. Beaumarchais. Eugenie.

(K. L. Mths. Müller's) Blicke auf d. menschl. Natur, nach *la Bruyère* u. *Rousseau*. *Lpz.*, Linke. 799–800. 2 Bdch. 8° 12 gl

– (Hrsg.), s. Blumauer, Alois: Sämtliche Werke.

– (Übers.), s.a. Bolding. – Brick Bolding.

BRICK Bolding, oder Was ist das Leben? Ein englisch-französisch-italienischer Roman (nach d. Französ des *C. A. B. Sewrin* von Carl Ludw. Methusalem Müller). 2 Thle. Mit Titelkpfrn. (von G. Boettger sen.). Leipzig, bey Salomo Lincke. 1800. 8°.
1: TK., VI—239 S. 2: TK., 1 Bl., 232 S. — Freien Inhalts u. sehr selten! (Fehlt im Anon.-Lex.)
Orig.: Brick Bolding ou qu'est-ce que la vie. Roman Anglo-Franco-Italien. 3 tomes. Avec 3 frontisp. curieux (n. signés). A Paris, Cailleau, an VIII. (1800.) 16°. (6 Mk. 50 Pfg. [seulement t. 1 et 3] Hugendubel, München, c. 1903.) 173, 152, 151 pp. (de plus 1 page d'avis de l'éditeur).
— — Dasselbe, titulo: Neuer französisch-italienisch-englischer Robinson oder Geschichte eines Abentheuers (sic!) durch Zufälle und Schicksale. 2 Thle. Carlsruhe 1801. 8°. 239+230 Seiten.

– (Übers.), s. Chateaubriand, François René Auguste de: Reise von Paris nach Jerusalem.

– (Übers.), s. Dubrocas, L.: Leben des J. F. / J. J. Dessalines ...

– (Übers.), s. Ducray Dumenil: Elmonde.

– (Übers.), s. Ducray Dumenil: Nettchens 50 Franken.

– (Übers.), s. Ducray Dumenil: Julius.

– s. Ehre, Über, und Freiheit, zunächst den Studierenden auf deutschen Universitäten zur Beherzigung empfohlen.

– s. Eugenio und Virginie.

– (Übers.), s. Fargy.

– s. Geist, Über den jetzt herrschenden, der Unruhe und Unzufriedenheit unter den Völkern Europas.

Müller, K. L., historische Gemälde aller Land- u. Seekriege u. d. merkwürd. Begebenheiten in Frankreich seit d. Ausbruche d. Revolution bis z. Wiener Frieden. 3 Bde. 8. Leipz. Gerh. Fleischer. 812.

– (Übers.), s. Genlis, Felicité Stephanie Ducrest de Saint-Aubin: Die Belagerung von La Rochelle.

– (Übers.), s. Genlis, Felicité Stephanie Ducrest de Saint-Aubin: Belisar.

– (Übers.), s. Gibbon, Edward: Geschichte des Verfalls und Untergangs des römischen Reichs.

Mueller, Karl Ludwig Methusalem [Übers.]
s. Grattan, Th.C.: Jacqueline von Holland. 1832.

– s. Griffith, J.: Neue Reise in Arabien, der europäischen und asiatischen Türkei.

– (Übers.), s. Guignes, de: Reisen nach Peking, Manila und Isle de France in den Jahren 1784–1801.

– s. Hausvater, Der. 1798.

– (Übers.), s. Helene. 1798.

– s. Jauffret, C. L. M.: Die Wunder des menschlichen Körpers.

— Iconodoria, eine Bildergallerie nebst Deutung, mit 33 K. 8. Leipz. Leo. 806.

Müller, K. L. Meth., die Königsreiche; e. Festspiel. 8. Lpz. 818.

– (Übers.), s. Ladusky und Floriska.

– (Übers.), s. Leben, Liebschaften und Abenteuer vornehmer Einsiedler.

– s. Lebensbeschreibungen merkwürdiger Kinder.

– (Übers.), s. Lille, Jacques de: Der Landmann. 1801.

– s. Lobrede auf die Perücken.

– (Übers.), s. Marmontel, Jean François: Neue moralische Erzählungen.

— histor. Merkwürdigkeiten rc. 6 Bde. m. K. 8. Wien, Ant. Doll. 800.

– (Übers.), s. Napoléon I., Kaiser von Frankreich: Code de procédure civile. 1808.

– (Übers.), s. O l i v i e r , G. A.: Reise durch Persien und Kleinasien.

– (Übers.), s. O p i e : Liebe, Geheimnis und Aberglaube.

– (Übers.), s. P e r r i n du Lac, M.: Reise in die beiden Louisianen ...

— K. L. M. Phantasie und Wirklichkeit, in vermischten Aufsätzen, mit 1 Kupf. 8. Leipzig, 795. Meyer. 25 sgl.

— Phantasie u. Wirklichkeit in vermischten Aufsätzen. 8. Leipz. 795. (W. Rauck). 20 gr

— Phantasie und Wirklichkeit in verm. Aufs. 8. Leipzig, Sommer. 795.

– (Übers.), s. P i g a u l t Lebrun, Guillaume Charles Antoine: Die Familie Luceval.

– (Übers.), s. P o u c q u e v i l l e : Reise durch Morea und Albanien nach Konstantinopel ...

Müller, Karl Ldw. Math., f. Reise auf d. Universität.

REISE, D i e, a u f d i e U n i v e r s i t ä t, ein Seitenstück zu der Reise nach Braunschweig von A. Frhrn. v. Knigge. (Vf.: *Carl Ludw. Methusalem Müller.*) Mit gestoch. Titel. Neustadt, o. J. (Leipzig 1805). 12°. (2 Mk., etwas fleckig, M. Hauptvogel, Gotha, 1907.) Zahm.
Anon.-Lex. III. p. 357 (nach Kayser).

– s. R e m i . – Nicolas Remi.

— Rhapsodien, a. d. Papier. e. einsam. Denkers. 8. Lpz. Beygang. 797.

-- (Übers.), s. R o b i n , C. C.: Reise nach dem Innern von Louisiana ...

– Neuer französisch-italienisch-englischer R o b i n s o n , s. M ü l l e r : Brick B o l d i n g .

Über
— — das R o m a n t i s c h e der K u n s t und d e r L i e b e (von *Carl Ludwig Methusalem Müller*). (Leipzig 1816.)
Anon.-Lex. IV. p. 203 (nach Meusel).

– (Übers.), s. S a i n t - Leon, Louise de: Orfeuil und Julie.

Müller, K. L. Meth., Gustav Salden. 2 Thle. 8. Berl. 802. (Reimer). 1 Thlr 8 gr

– (Übers.), s. S c o t t , Walter: Der Altertümler. 1821.

– (Übers.), s. S c o t t , Walter: Pauls Briefe an seine Verwandten. 1822.

– (Übers.), s. S c o t t , Walter: Quentin Durward. Leipzig 1823.

– (Übers.), s. S c o t t , Walter: Ivanhoe. 1820.

– (Übers.), s. S c o t t , Walter: Werke. Bd 13, 23, 24, 29, 30 u. 43–46.

Mueller, Karl Ludwig Methusalem [Übers.]
s. Scott, Walter: Das Kloster. 1821.

Mueller, Karl Ludwig Methusalem [Übers.]
s. Simonde de Sismondi, Jean-Charles-Léonard: Julia Severa ... 1822.

– S o m m e r m o r g e n . In Erzählungen. 2. Aufl. Leipzig: Hinrichs 1810. 8°

– s. S o p h i e . 1797.

– (Übers.), s. S o u z a , de: Die Gräfin von Fargy.

— Unterhaltung f. das Nachdenken u. d. Empfindung. 1r Thl. 8. Leipz. 795. Martini. 12 gr

– W i n t e r b l u m e n . 2. Aufl. Leipzig: Martini; Knobloch in Komm. 8°

— Worte an e. Jüngl. d. d. Akad. bez. wollte. 8. Leipz. Junius. 798.

K. L. Mths. Müller's Worte a. e. edlen Jüngling, der d. Akad. beziehen wollte. *Lpz.*, Linke. 798. 8° 6 gr

Müller, K. L. M., Worte an einen edlen Jüngling der die Akademie beziehen will. N. Aufl. 8. Leipzig, Central-Comt. 817.

– (Red.), s. Z e i t u n g für die elegante Welt.

Müller, Karl Matth.

— Antrittspredigt. In der Stadtkirche zu Eutin geh. am 29 Juli 1838. gr. 8. Eutin u. Kiel 839. Baurmeister u. Griem. 1/12 Thlr

Müller, Karl Matth., Antrittspredigt. In der Stadtkirche zu Eutin geh. am 29. Juli 1838. gr. 8. (1 B.) Eutin 839. [Hamburg, Schuberth u. Comp.]

Müller, Karl Matth., siehe: Begräbnißfeier, die, des Hauptpastors Encke.

—— Festpredigten. Mit e. Vorr. v. Ernst Gtfr. Ad. Böckel. gr. 8. (5½ B.) Bremen 835, Geisler.

Müller, Karl Moritz (von)

MÜLLER, CARL MORITZ v., Instruction über den Dienst in der Garnison im Frieden für den gemeinen Mann von der Infanterie mit einem Anhange die Garnison in Schleswig betreffend. Schleswig. 1834. P.

— Carl Moritz (Leisnig), De pneumonia infantium. Diss. med. Leipzig (W. Staritz) 27. X. 1843. 24 S. (3.50) 23909

Müller, Karl Oskar

Müller, Carl Oskar [aus Moorane i. S.]: Ein Beitrag zur Kenntniss der Eiweissbildung in der Pflanze .... Berlin, Druck v. Gebr. Unger (Th. Grimm), 1886; 39 S. | 1 Bl. 8°.
Leipzig, Phil. Fak., Inaug.-Diss. v. 17. Sept. 1886.

M ü l l e r , Carl O s k a r, ein Beitrag zur Kenntniss der Eiweissbildung in der Pflanze. Diss. Leipzig 1886, Gustav Fock. 8°. 39 S.

Müller, Karl Otfried

— K. O., Anhang zu dem Buch: Aeschylos Eumeniden griechisch u. deutsch m. erläut. Abhandl. Gel. 1834. 44 S. 4°. 1.—

Müller, Car. Odofr., Antiquitates Antiochenae. Commentat. duae. 4maj. (17¼ B. u. 2 Taf.) Gottingae 839, libr. Dieterich. Thlr. *

– (Hrsg.), s. Aeschylus: Eumeniden. 1833.

Mueller, Karl Otfried, s.: Briefwechsel zwischen Boeckh u. K. O M.

Mueller, K. O., Briefwechsel üb. e. attische Inschrift, s.: Boeckh, Aug.

Müller, Karl Otfr., Commentatio qua Myrinae Amazonis, quod in museo Vaticano, signum Phidiacum explicatur. 4maj. ... Gottingae 832, Dieterich.

Müller, C. O., u. F. Wieseler, antike Denkmäler zur griechischen Götterlehre. 4. umgearb. u. verm. Ausg. v. Konr. Wernicke. Denkmäler der alten Kunst. II. Tl. 4. umgearb. u. verm. Ausg. 1. u. 2. Lfg. gr. 8. Leipzig 899. Dieterich. à n. 5. —
1. Zeus. Hera. (VI, 140 S. m. 10 Taf. in qu. gr. 4.) 899.
2. Poseidon. Demeter u. Kore. (S. 141—262 m. 10 Taf. in qu. gr. 4.) 900.

Müller, C. O., u. F. Wieseler, antike Denkmäler zur griechischen Götterlehre. 4. umgearb. u. verm. Ausg. Begonnen v. Konr. Wernicke, fortgeführt v. Botho Graef. Denkmäler der alten Kunst. II. Tl. 4. umgearb. u. verm. Ausg. 3. Lfg. Apollon. (II u. S. 263—378 m. 10 Taf. in qu. gr. 4.) gr. 8. Leipzig 903. Dieterich. n. 8. -

– s. Denkmäler der Baukunst in Verbindung mit Werken der Bildhauerkunst ...

Müller, C. O(tfr.), Denkmäler der alten Kunst, s. Denkmäler.

Müller, C. O. Denkmäler der alten Kunst. Gezeichnet und radirt von Carl Oesterley. Fortgesetzt von Friedrich Wieseler. 2 Bde. Göttingen 1835 und 1856. 4°.

– – 2. Bearb. Bd 1. 2, Göttingen 1854-61.

Denkmäler der alten Kunst. Von C[arl] O[tfried] Müller u. F[riedrich] Wieseler. 4. umgearb. u. verm. Ausg. T. 2, Lfg 1-3. Text.Taf. Antike Denkmäler z. griech. Götterlehre. Umgearb. von K(onrad) Wernicke, fortgef. v. Botho Graef. [Mehr nicht ersch.] Leipzig: Dieterich 1899-1903. 8° (Taf. quer-4°)
2, 1. Zeus. Hera. 1899. 2, 2. Poseidon. Demeter u. Kore. 1899.
2, 3. Apollon. 1903.

—— dass. — französ., s. Monumens.

— Erinnerung an Ludolph Dissen, s. L. Dissen, latein. und deutsche Schriften.

—— die Etrusker. Vier Bücher. 2 Abthln. M. 1 Kpfrt. gr. 8. (53 B.) Breslau 828, Max u. Komp.

Müller, Karl Otfr., die Etrusker. Vier Bücher. Eine v. der k. preuss. Akademie der Wissenschaften in Berlin gekrönte Preisschrift. Neu bearb. v. Wilh. Deecke. 1. Bd. gr. 8. (XVI, 512 S.) Stuttgart 877. Heitz. n. 16. —

Müller, Karl Otfr., die Etrusker. Vier Bücher. Eine von der königlich preussischen Akademie der Wissenschaften zu Berlin gekrönte Preisschrift. Neu bearb. von Wilh. Deecke. 2. Bd. 3. u. 4. Buch. Mit einer (autogr.) Schrifttaf. gr. 8. (VIII, 560 S.) Stuttgart 877. Heitz. (à) n. 16. —

(——) tractantur Graecorum de Lynceis fabulae. Fol. maj. (4 B.) Gottingae 837, libr. Dieterich. *

– (Hrsg.), s. Festus, Sextus Pompeius: De verborum significatione.

— De foro Athenarum. Pr. 1839. 8 S. 4°.
— II. Pr. 1840. 7 S. 4°.
— III. Pr. 1840. 10 S. 4°.

—— Geschichte d. griech. Literatur bis auf d. Zeitalter Alexanders. N. d. Handschr. d. Verf. hrsg. v. Ed. Müller. 2 Bde. gr. 8. (59¾ B.) Breslau 841, Max u. Komp.

—— Geschichte der griechischen Literatur bis auf das Zeitalter Alexanders. Nach der Handschrift des Verf. hrsg. von Ed. Müller. 2. Ausg. 2 Bde. gr. 8. (XI und 933 S.) Breslau 857, Max und Comp.

— Geschichte der griechischen Literatur bis auf das Zeitalter Alexander's. Nach der Handschrift d. Verf. hrsg. v. Ed. Müller. 3. Ausg., m. Anmerkgn. u. Zusätzen bearb. v. Emil Heitz. 1. u. 2. Bd. gr. 8. (XIV, 456 u. 388 S.) Ebend. 875. 76. à n. 6. —

— Geschichte der griechischen Litteratur bis auf das Zeitalter Alexanders. Nach der Handschrift des Verfassers hrsg. von Ed. Müller. 4. Aufl., m. Anmerkungen u. Zusätzen bearb. von Emil Heitz. 1. Bd. u. 2. Bd. 1. Hälfte. gr. 8. (XVI, 636 u. VI, 212 S.) Ebend. 882. n. 12. —

Müller's, Karl Otfr., Geschichte der griechischen Litteratur bis auf das Zeitalter Alexanders. Fortgesetzt v. Emil Heitz. 2. Bd. 2. Hälfte. gr. 8. (VI, 462 S.) Stuttgart 884. Heitz. n. 6. — (I—II, 2.: n. 18. —)

— K. O., Geschichten hellenischer Stämme und Städte. Breslau 820. Bd. 1. mit 1 Karte. 8. 2 rthl. 16 gr. (Enth. Orchomenos und die Minyer).

— Geschichten hellenischer Stämme u. Städte. 1r Bd. Mit 1 Karte. gr. 8. Bresl. 820. Max u. C. 2 ℛ 16 gℊ — 2r u. 3r Bd. A. u. d. T: die Dorier. 4 Bücher in 2 Abtheill. Mit 1 ill. Karte des Peloponnes. gr. 8. Ebd. 824. Ebd. 5 ℛ Velinp. 6 ℛ Die Karte apart. 18 gℊ 1r—3r Bd. 820—24. 7 ℛ 16 gℊ Velinp. 9 ℛ 8 gℊ

Müller, Carl Otfried, Geschichten hellenischer Stämme u. Städte. 2., nach den Papieren des Verf. berichtigte u. verm. Ausg. v. F. W. Schneidewin. 3 Bde. gr. 8. Breslau 844, Max u. Comp.
Bd. 1. Orchomenos u. die Minyer. (32⅛ B. u. 1 Karte der Thäler des Kephissos u. der Karte v. Böotien.) 2 Thlr. 20 Ngr.
• 2., 3. Die Dorier. 4 Bücher. 2 Abthlgn. (65½ B. mit 1 Karte des Peloponnes u. der Karte von Hellas.) 6 Thlr. 22½ Ngr.

—— Handbuch d. Archäologie d. Kunst. 1. Aufl. (40 B.) 830. 2 Thlr. 12 Gr., 2., Ausg. (46⅛ B.) gr. 8. Breslau 835, Max u. Komp.

Müller, Karl Otfried, Handbuch der Archäologie der Kunst. 3. nach dem Handexemplar des Verf. verb., bericht. u. verm. Aufl. von Fr. G. Welcker. gr. 8. (XVIII u. 778 S.) Breslau 848, Max & Co. 3½ ℛ

— Handbuch der Archaeologie der Kunst. 3., nach dem Handexemplar verb., bericht. u. verm. Aufl. von Fr. G. Welcker. 2. Abdr. gr. 8. (XX, 777 S.) Ebend. 878. n. 16. —

– s. Ibycus Rheginus: Carminum reliquiae.

— K. O., Zur Karte des nördl. Griechenlands. 1831. 87 S.

– (Übers.), s. Leake, W. Martin: Topographie von Athen.

Carl Otfried Müller. Lebensbild in Briefen an s. Eltern mit d. Tagebuch s. italien.-griech. Reise. Hrsg. von Otto u. Else Kern. Mit 3 Bildn. u. 1 Faks. Berlin: Weidmann 1908. (XVI, 401 S.) 8°

—— archaeolog. Mittheilungen, s.a. Mittheilungen.

Müller, Carl Otfried. Archaeologische Mittheilungen aus Griechenland. Nach Carl Otfried Müllers hinterlassenen Papieren, herausgegeben von Adolf Schöll. I. Athens Antiken-Sammlung. Mit 1 Heft Kupfer. Frankfurt a. M. 1843. 4° und Fol.

—— Oratio in sacris saecularibus Acad. Georgiae Augustae d. XVIII. M. Sept. A MDCCCXXXVII. habita. 4maj. (2 B.) Gottingae 838, (libr. Dieterich.) •

Müller, K. O. Orchomenos u. die Minyer. 8. M. 1 Krte. Breslau 1820. 8.00. 2. Aufl. (32½ B.) 8. M. 2 Krten. ib. 1844. 8.00.

Müller, C. O., De Phrynichi Phoenissis. Pr. 1835. 4 S. 4°.

-- Die Phyleu von Elis u. Pisa. S.-A. 1834. 15 S.

— Prolegomena zu einer wissenschaftl. Mythologie. Mit e. antikrit. Zugabe. gr. 8. Götting. 825. Vandenhöck u. R. 1 ℔ 12 g

(——) quam curam respublica apud Graecos et Romanos literis doctrinisque colendis et promovendis impenderit, quaeritur. Cum annotat. (Jubelprogramm.) 4maj. (6½ B.) Gottingae 837, libr. Dieterich. •

—— de munimentis Athenarum, quaestiones historicae et tituli de instauratione eorum perscripti explicatio. Commentat. duae. 4maj. (10¼ B., 1 B. gr. Fol. u. 1 Stnt.) Gottingae 836, libr. Dieterich. •

— — Poliadis Minervae etc., s. a. Poliadis.

Müller, C. O., De Minervae Poliadis sacra et aide in arce Athenarum. Pr. 1820. 56 S. u. 3 Taf. 4°. 1.-

— Minervae Poliadis sacra et aedem in arce Athenarum illustravit. Adjecta est interpretatio inscriptionis Atticae, quae ad architecturam aedis hujus pertinet. Cum tribus tabulis aere incisis. 4maj. Götting. 820. Röwer. 1 ℔

Müller's (Karl Otfried) kleine deutsche Schriften über Religion, Kunst, Sprache u. Literatur, Leben u. Geschichte des Alterthums, gesammelt u. hrsg. von Eduard Müller. Breslau 1847-48. 2 Bde. 8.

—— kleine deutsche Schriften über Religion, Kunst, Sprache und Literatur, Leben und Geschichte des Alterthums gesammelt und hrsg. von Ed. Müller. I. Bd. Nebst Erinnerungen aus dem Leben des Verf. gr. 8. (LXXXVII und 550 S. mit 1 Karte in 4.) Breslau 847. Mar und Comp.

—— dass. — 2. Bd. gr. 8. (XII und 796 S.) Ebds. 847.

-- C. O., De Myrinae Amazonis in museo vaticano servatae signo Phidiaco. S.-A. 1829. 18 S., 1 Taf. 4°.

—— Tabula, qua Graecia superior etc. Imp.-Fol. Kpfrst. (v. J. u. C. Walker in London) u. ill. — Mit d. Beschreib.: Zur Karte d. nördl. Griechenlands v. K. O. Müller. Beil. zu d. Werke dess. Verf. „die Dorier." gr. 8. (2½ B.) Breslau 831, Mar u. Komp. 1 Thlr., f. Ausg. Dess. „die Dorier." 2 Abthln. M. 1 ill. Karte d. Peloponnes. Ebendas. 1824. 6 Thlr., Velinp. 6 Thlr. Die Karte apart, 18 Gr.

Müller, C. O., Minervae Poliadis in arce Athenarum templum. Progr. Goetting. 820. 4.

– s. Ternite, W.: Wandgemälde aus Pompeji und Herculanum.

—— zur Topographie Athens, s. Forchhammer, P. W.

— Carl Ottfried (Göttingen), De tripode Delphico. Diss. Göttingen (H. Dieterich) Jan. 1820. 22 S. (3.50) 23910

Müller, C. O., de tripode Delphico dissertatio. Goett. 821. 4. 4 gr.

– (Hrsg.), s. Varro, Marcus Terentius: De lingua Latina.

— de Phidiae vita et operibus commentationes tres. Cum tab. 4maj. Götting. 827. Dieterich. 18 g

– (Hrsg.), s. Völkel, (Johann) Ludwig: Archäologischer Nachlaß.

— kunstarchaeologische Werke, s.: Calvary's philologische u. archaeologische Bibliotheken.

– (Vorr.), s. Wiegmann, R.: Die Malerei der Alten ...

Müller, (Carl Otfr.) üb. die Wohnsitze, die Abstammung u. d. ältere Geschichte d. Makedonischen Volks. Eine ethnograph. Untersuchung. Mit 1 Karte. gr. 8. Berl. 825, Mylius.

Müller, Karl Otto, s.a. Müller, Otto

— Carl Otto (Cassel/Hessen), De admenatione Von Zucken: Die Hand / Dolchen / Degen auf einen Zucken. Disput. jur. Präs. Johann Georg Fichtner. Altdorf (Kohle) Sept. 1711. 40 S. (—.—) 23911
Widm. v.: Johann Georg Fichtner, Joh. Ludw. Mylius (dtsch., Oppon.), Wilh. Heinr. Majer (Oppon.), Philipp Jakob Schmid (Oppon.), David Wilhelm Rau, Joh. Sigm. Steher.

Müller, Karl Otto, zur Geschichte des peinlichen Prozesses in Schwaben im späteren Mittelalter. Ellwanger Halsgerichtsordnung v. 1466, s.: Studien, Tübinger, f. schwäb. u. deutsche Rechtsgeschichte. II. 3.

— — De jure metrocomiae, Occasione L. un. C. non licere habitat. metrocomiae etc. Diss. Jur. Präs. Jakob Heinr. Zoll. Rinteln (H. A. Enax) 4. X. 1715. 22 S. (—.—) 23912

Müller, Carl Otto, Lehrbuch der Institutionen. 2 Abthlgn. Leipzig 854, 58. B. Tauchnitz. gr. 8. (VIII, 898 S.) 3 ℔. 22½ ngr.

Müller, d. Lehre d. röm. Rechts v. d. Eviction. Thl. 1 (einz.). Halle 851.

Müller, Karl Otto, die Lehre des Römischen Rechtes von der Eviction. 1. Thl. gr. 8. (VIII u. 321 S.) Halle 851, Pfeffer. n. 1⅓ ℔

Das ächte Rüstzeug der Johannismaurerei. Fest-Vortrag, gehalten am St. Johannistage 1855 in der St. Joh.-Loge Minerva zu den drei Palmen in Leipzig vom Br Carl Otto Müller. Auf brüderlichen Wunsch als Ms. gedruckt. Leipzig 1855: Leiner. 15 S. 8°
Abgedr. in: Bh. 1 (1858) S. 5—7, 12—14.
Auslegung der Worte: „Mit Winkel u. Senkblei in's Herz hinein, der Grundstein des Tempels ist Demut allein" usw.

Des Maurers Vaterland. Von C[arl] O[tto] **Müller.** [Leipzig] o. J.: [Leiner]. 2 Bl. 8° [Kopftit.]
Lied ohne Noten: „Was ist des Maurers Vaterland? . . .“

[Andere Ausg. u. d. Tit.:]
Des Maurers Vaterland. [Von Karl Otto Müller.] o. O. u. J. 1 Bl. 4° [Lithogr.] [Kopftit.]

[Andere Ausg. u. d. Tit.:]
Des Maurers Vaterland. [Von Karl Otto Müller.] [Hamburg: 1850.] 1 Bl. 4° [Kopftit.]

[Andere Ausg. u. d. Tit.:]
Des Maurers Vaterland. Von C[arl] O[tto] Müller. Leipzig [ca 1870]: Leiner. 4 Bl. 8° [Umschlagtit.]
Tt. 2548.

Müller, Carl Otto, üb. die Verbrechen gegen die materielle Integrität d. Eisenbahnen. gr.8. (13½ B.) Leipzig 846, Bernh. Tauchnitz jun.

Weihegruss dem Br. Christian Adolph Wendler zur Feier seines funfzigjährigen Maurerjubelfestes am 3. Juli 5860 in Liebe und Treue dargebracht von Carl Otto **Müller.** [Leipzig 1860: Wassermann.] 2 Bl. 2° [Umschlagtit.]
Tt. 2547. Gedicht: „Im Geisterbund, der dankvoll dich bewundert, . . .“

[Worte.] Den geliebten Brüdern der Loge Minerva zu den 3 Palmen im Or.·. Leipzig zur freundlichen Erinnerung an die Feier der am 17. Oct. 1886 stattgefundenen Einweihung ihrer neuen Bauhütte gewidmet von Karl Otto **Müller.** [Leipzig 1886: Leiner.] 4 Bl. 8° [Umschlagtit.]
Gelegenheitsworte bei Enthüllung der Bildn. von J. V. Carus u. F. Schuster.

Müller, Karl Otto Felix, s. Müller, Felix

Müller, Karl Philipp Johannes, s. Müller, Johannes

Müller, Karl Renat., (Karl Fr. Lucius,) († 1799.) Handbuch d. Technologie. 2 Bde. gr. 8. Halberst. 796. 97. 2 ₰ Mit n. Titel ohne d. Verf. Namen: alphabet. geordnetes Handbuch f. Hauslehrer d. Jugend, in welchem sie die meisten beim Unterrichte vorkomm. schweren Wörter erklärt finden ꝛc. 2 Bde. gr. 8. Leipz. 800. (W. Nauck). 2 ₰

Müller, C. R., Handb. d. Technologie, 2 Bde. 8. Halberst. (Sommer, Leipz.) 796. 97. (1r 20 gr. 2r 1 Rthlr. 4 gr.)

— Taschenbuch d. Erfindungen; zur Belehr. u. Unterhalt. f. Kinder von 3 — 14 Jahren. 16. Leipz. 797. Mit n. Titel 820. (W. Nauck). 10 gr. Dann ohne des Verf. Namen unt. d. T.: die kleinen Reisenden; e. Buch zur Belehrung ꝛc. 16. Ebd. 820. 12 gr.

— edle Züge der Neufranken, besond. f. diesen. gesammelt, welche diesem Volke nie Gerechtigkeit widerfahren lassen wollen. Halberst. 797. Groß. 10 gr.

Müller, Karl Richard: Beiträge zur Kenntnis des Kalksteins und Dolomites ... Chemnitz 1886: Pickenhahn. 30 S. u. 2 Taf. 8°
Leipzig, Phil. Fak., Inaug.-Diss. v. 8. Aug. 1886.

Müller, Karl Richard, Beiträge zur Kenntniss des Kalksteins und Dolomites. Diss. Leipzig 1886, Gustav Fock. 8°. 30 S. mit 2 Taf.

Müller, Karl Rudolf, s. Müller, Rudolf

Müller, Karl Theodor

Friedhofgedanken von C[arl] Th[eodor] **Müller,** Divisionspfarrer. Berlin: Evangel. Trostbund 1908. 103 S. 8° [10. 2410

Müller, C. Th., Friedhofsgedanken. (103 S.) 8. Berlin 908. (Schriftenvertriebsanstalt.) Kart. 1. 50

— Handbuch des großherzogl. Badischen Handels- u. Wechselrechtes. 12. Mannheim 836. Hoff. 7/12 ₰

Müller, Karl Th., das Badische Landrecht, oder der Code Napoleon als populäres Handbuch des bürgerlichen Rechts. 2. mit e. Katechismus über das Badische Handels- u. Wechselrecht verm. Ausg. gr. 8. Mannheim 846, Löffler. 1 ₰

Müller, Carl Th., das badische Landrecht, oder: Der Code Napoleon als populäres Handbuch des bürgerl. Rechts. 2., mit einem Katechismus über das badische Handels- und Wechselrecht verm. Ausg. gr. 8. (291 und 31 S.) Mannheim 847, Löffler.

Müller, Carl Theod., der Code Napoleon als popul. Handb. d. bürgerl. Rechtes, zunächst f. Badens Bürger, so wie f. alle Staaten, in welchen d. franz. Civilrecht als Gesetzb. eingeführt ist. gr. 8. (18¼ B.) Mannheim 838, Loeffler. *

— die großherzogl. Badische Prozeßordnung. Für d. Bürger u. Landmann bearbeitet. 12. Mannheim 835. Hoff. 7/12 ₰

Müller, C. Th., das Rätsel des Todes, s. a. Salz u. Licht. 10.

Das Rätsel des Todes. Von C[arl] Th. **Müller,** Divisionspfarrer in Berlin. Barmen: Wuppertaler Traktat-Gesellsch. 1905. (20 S.) 8° [F.]
= **Salz** u. Licht. 10. [06. 6390

— Standesehre u. Standespflichten des Unteroffizierkorps, s. a. Mit Gott f. Kaiser u. Reich. 5. Bdchn.

Standesehre und Standespflichten des Unteroffizierkorps. Von C[arl] Th. **Müller,** Divisionspfarrer. Cöln: Westdeutscher Schriftenver. 1905. (79 S.) 8° [F.]
= 'Mit Gott für Kaiser u. Reich'. Bdch. 5. [06. 6083

Standesehre und Standespflichten des Unteroffizierkorps. Von C[arl] Th. **Müller,** Divisionspfarrer d. 2. Garde-Div. 5. Aufl. Berlin: Liebel 1909. 79 S. 8°

[F.] **Müller,** Carl Theodor [Dr.]: Der deutsche Unterricht auf Realschulen. Emden, Druck v. Th. Hahn Wwe, 1892; 3—11 S. 4.
Emden, Kaiser-Friedrichs-S '(HB)', OP 1892 (332)

—— Zusammenstellung d. Großhrzgl. bad. Gesetze u. Verordnn. üb. d. Tax-, Sportel- u. Stempelwesen, nebst d. Diäten-Reglement u. d. Tax-Ordn. f. d. Advocaten. N. d. Regierungs-Blättern u. d. Kreis-Anzeige-Blättern v. d. J. 1807 bis Ende 1834 geord. u. durch Anmerkn. erläut. gr. 12. (7 B.) Heidelberg 835, Groos.

Müller, Karl Theodor Hubert Heinrich Joseph

Mueller, Car. Theod. Hub. Henr. Josephus (geb. Aachen 25. 5. 1835): De dysenteria. Berolini (1860). (32 S.) 8°
Berlin, Med. Diss. v. 9. Aug. 1860

— **Karl W. (Rudolstadt), Zu der öffentlichen Prüfung sämmtlicher Classen des fürstl. Gymnasiums und der damit verbundenen Realschule ladet ein. — Inhalt: Klußmann, E., Livii Andronici Dramatum Reliquiae. — Schulnachrichten. Rudolstadt (Froebel) 27. u. 28. III. 1849. 32 S. mit Namen. (3.—)** 24202

Müller, Karl W. Ph., die Principien d. Protestantismus. gr. 8. (48 S.) Straßburg 883. (Trübner.) n. — 80

— der Zusammenbruch d. theologischen Protestantismus u. die Lösung d. 300jährigen Räthsels. gr. 8. (36 S.) Ebend. 883. n. — 80

Müller, Karl Wilhelm, s.a. Müller, Karl

Müller, Karl W., am Abgrund. Eine kleine Erzählg. aus großer Zeit. 8. (103 S.) Herborn 876. Buchh. d. nassauischen Colportage-Vereins. n. — 60

Müller, C. W., am Abgrund. Eine Erzählg. aus dem großen Krieg 1870/71. 2. Aufl. 12. (97 S.) Herborn 894. Buchh. d. Nass. Colportagevereins. n. — 40

— dasselbe u. Ueberwunden. 2 Erzählgn. aus dem großen Krieg 1870/71. 2. Aufl. 12. (188 S.) Ebd. 894. n. — 60; in Bibliotheksbd. n. — 90; eleg. geb. n. 1. —

Müller, C. W., Analecta Bernensia, I: De Boëstallerii bibliotheca graeca. Pr. 1839. 20 S. 1.—

Müller, C. W., Analectorum Bernensium II: Vitalis Blesensis Geta comoedia. Pr. 1840. 42 S. 4°. 1.50

Müller, C. W., Analectorum Bernensium III: De codicibus Virgilii, qui in Helvetiae bibliothecis asservantur, specimine varietatis scripturae et scholiorum addito et octo tabulis lithographicis adjunctis. Pr. 1841. 36 S. u. 8 Taf. 4°. 1.—

Müller, Car. Guil., Analectorum Bernensium. Part. I—III. 4maj. Bernae, (Huber et Soc.) *
Part. I. De Boëstellerii bibliotheca graeca. (3½ B.) 839. * 6 Gr.
II. Vitalis Blesensis Geta comoedia, ex opt. cod. Bern., Monac., Paris., Darmstad. et Vaticano recensita. 4maj. (6¼ B.) 840. * 8 Gr.
III. De codicibus Virgilii, qui in Helvetiae bibliothecis asservantur, specimine variet. scripturae et scholior. addito. 4maj. (5½ B. u. 8 Stnt.) 841. * 9 Gr.

Müller, Karl Wlh. I., († d. 27. Febr. 1801.) s. Bibliothek, britische.

Müller, C. W., ein altes Bild, s.: Jugend- u. Volksbibliothek, deutsche.

Müller, Carl Wil[helm]. Caroli Guil. Mülleri ... Dissertatio de Brunone Florentino, historico saeculi decimi tertii. Progr. Univ. Bern. 4. Bernae 1844. 24 S.

— **Carl Wilhelm, De crimine termini moti. Leipzig (Langenheim) 13. IV. 1752. 32 S. (5.—)** 23915

Müller, Karl Wilh., de cyclo Graecorum epico et poetis cyclicis, scripsit eorum fragmenta collegit et interpretat. Cum tab. lap. inscripta. 8 maj. (12 B.) Lipsiae 829, Lehnhold.

— das Ehegespenst. Eine Dorfgeschichte. 8. (171 S.) Herborn 880. Buchh. d. Nassauischen Kolportagevereins. n. 1. —; geb. n. 1. 50

Müller, Karl Wlh., s. **Eugenie.**

– (Übers.), s. Gray, H.: Gedichte und Briefe.

– s. Hoffmann, Johann Gottlob: Nach der erläuterten sächsischen Prozeßordnung eingerichteter Modus procedendi.

– (Übers.), s. Hutcheson, Francis: Sittenlehre der Vernunft.

— aus der Irre, s.: Jugend- u. Volksbibliothek, deutsche.

Müller, C. W., Kampf u. Sieg. Geschichten aus der Väter Tagen. (201 S.) kl. 8. Herborn 904. Buchh. des nass. Colportagevereins. n. — 80; geb. in Bibliotheksbd. n. 1. 20; eleg. geb. n. 1. 40

Müller CW, der grosse Krieg 1870-71. (280 S) Herborn 1895

— d. große Krieg 1870/71. Zur 25jähr. Wiederkehr d. großen Zeit d. deutschen Volk u. Heer erzählt. gr. 8. (VIII, 280 S. m. Abb.) Ebd. 897. n. 1. 60; geb. n. 2. —

Müller, Carl Wilh., die vitale Lungencapacität u. ihre diagnostische Verwerthung. Inauguraldissertation. [Aus Henle u. Pfeufer, Zeitschrift etc.] Leipzig 869. (Göttingen, Rente.) 8. (52 S.) n. 8 ngr.

— edle Rache. Du sollst nicht töten. Zwei Erzählgn. aus dem Kriege 1870 u. 1871. 8. (55 S.) Ebend. 883. — 30

— edle Rache. Du sollst nicht töten. Zwei Erzählgn. aus dem Kriege 1870/71. 2. u. 3. Aufl. gr. 8. (48 S.) Ebd. 891. 892. — 30

Müller, C. W., in d. Königs Rock. Bilder u. Erinnergn. aus dem Kriege 1870 u. 1871. 8. (V, 150 S.) Herborn 883. Buchh. d. Nassauischen Colportage-Vereins. n. 1. —

Müller, C. W. (II.). In des Königs Rock. Bilder u. Erinnergn. aus dem Kriege 1870 u. 1871. 2. Aufl. gr. 8. (134 S.) Herborn 891, Buchh. d. Nassauischen Kolportage-Vereins. geb. * 1 50

Müller, C. W., in des Königs Rock. Bilder u. Erinnergn. aus dem Kriege 1870 u. 71. 3. Aufl. 12. (153 S.) Herborn 897. Buchh. d. Nass. Colportagevereins. n. — 60; in Bibliotheksbd. n. — 90; eleg. geb. n. 1. —

— — **(Clausthal), De Aeschyli septem contra Thebas. Diss. Göttingen (H. C. Seemann) 1836. 75 Seiten. (5.—)** 23916

Mueller, Car. Guil. (geb. Königswinter 5. 3. 1816): De sympathia contagiosa. Berolini (1839). (40 S.) 8°
Berlin, Med. Diss. v. 4. Sept. 1839

—— Goethe's letzte literar. Thätigkeit, Verhältniß zum Ausland u. Scheiden, nach Mittheiln. seiner Freunde dargest. 8. (7½ B.) Jena 832, Frommann.

Müller, C. W., Orestis tragoedia, ex cod. Bongaro. et Ambros. ed. Pr. 1858. 31 S. 4°. 2.—
Rudolstadii.

— Ueberwunden. Eine Erzählg. aus dem großen Kriege 1870/71. 2. Aufl. 12. (42 S.) Ebd. 894. n. — 20

— auf Umwegen. Eine Dorfgeschichte. 12. (173 S.) Ebd. 894. n. — 60; in Bibliotheksbd. n. — 90; eleg. geb. n. 1.—

— s.a. Versuch in Gedichten.

— Versuch in Gedichten. Leipzig, bey J. Wendler. 1755. 8°. 32 Bl.
Verf. Karl Wilh. Müller, geb. den 15. Sept. 1728, starb als Bürgermeister zu Leipzig den 28. Febr. 1801.

— ein Weihnachtsabend. Eine Erzählg. aus dem Kriege 1870/71. 2. Aufl. 8. (40 S.) Ebd. 891. — 30

—— der falsche Zuave. Eine Erzählung aus dem Kriege 1870 und 1871. 8. (52 S.) Herborn 883, Buchh. des Nassauischen Kolportagevereins.

— der falsche Zuave. Eine Erzählg. aus dem Kriege 1870 u. 1871. 2. u. 3. Aufl. 8. (46 S.) Ebd. 891. 893. — 30

Müller, Karl Wilhelm Christian von

v. *Müller*, Karl Wih. Chr., († d. 14. April 1817.) de adulterationibus oleorum aethereorum quaedam disserit. (Pr.) 4. Götting. 778. Dieterich. 2 gr.

— s.a. Beschreib. der Epidemie ꝛc.

Karl Wilhelm Christian von Mueller

Beschreibung der Epidemie, welche im Frühjahr des 1782 Jahrs in mehreren Gegenden von Europa geherrschet, und unter dem Namen der rußischen Krankheit bekannt geworden. [Verf.: Karl Wilhelm Christian von Müller.] Gießen 1782. 63 S. 8°

Müller, Karl Wilhelm Hermann Ludwig, s. Müller, Ludwig

Müller, Karoline

Neues | vollständiges Kochbuch | für die | bürgerliche Küche | oder | leichtfaßliche Anweisung | alle in bürgerlichen Haushaltungen vorkommenden Spei- | sen, Backwerk, eingemachtes, kalte und warme Getränke etc. | zu kochen und schmackhaft zu bereiten. | Nach eigener Erfahrung herausgegeben | von | Caroline Müller. | Neue billige Ausgabe. | Reutlingen. | Verlag von Enßlin und Laiblin. (= *Reutlinger Volksbücher*, o. Nr.).
Kol.: Druck von G. Köllreutter in Reutlingen.
o. J., 64 S., 165 × 105, U.-Fig.: *Köchin in Küche*, 58 × 74.
LBS d. D. oct K 3496.
Die 22. Auflage (ebenda 3497) hat die Reihennummer 33 und als Kol.: Druck von G. L. Bohm in Reutlingen. Die 25. Auflage (ebenda 3498) ist wieder bei Köllreutter gedruckt. Die 27. Auflage trägt den Vermerk »Druck und Verlag von Enßlin und Laiblin.« (ebenda 3499).

Müller, Caroline, neues vollständiges Kochbuch für die bürgerliche Küche, oder leichtfaßliche Anweisung alle in bürgerl. Haushaltungen vorkommenden Speisen, Backwerke, Eingemachtes, kalte und warme Getränke ꝛc. zu kochen und schmackhaft zu bereiten. Nach eigener Erfahrung hrsg. 20.—26. verm. und verb. Aufl. 8. (96 S.) Reutlingen 869—75, Enßlin und Laiblin.

Müller, Caroline, neues vollständiges Kochbuch für die bürgerliche Küche oder leichtfaßl. Anweisung alle in bürgerl. Haushaltungen vorkomm. Speisen, Backwerk, Eingemachtes, kalte u. warme Getränke ꝛc. zu kochen u. schmackhaft zu bereiten. Nach eigener Erfahrung herSg. 20. u. 21. verm. u. verb. Aufl. Reutlingen 870. Enßlin & Laiblin. gr. 16. (96 S.) 3 ngr.

Müller, Caroline, neues vollständiges Kochbuch f. die bürgerliche Küche, od. leichtfaßl. Anleitg., alle in bürgerl. Haushaltgn. vorkomm. Speisen, Backwerk, Eingemachtes, kalte u. warme Getränke ꝛc. zu kochen u. schmackhaft zu bereiten. Nach eigener Erfahrg. hrsg. 27. Aufl. (Große Ausg.) gr. 16. (96 S.) Reutlingen 876. Enßlin & Laiblin. — 30; kleine Ausg. (64 S.) — 20

Müller, Kasp., s.a. Festreden an der Schlachtfeier in Sempach.

Müller, Caspar, und Rogger, Laurenz. Festreden an der Schlachtfeier in Sempach vom 12. Juli 1909 von ... Oberrichter K' M' in Luzern und Sr. Hochw. ... L' R' in Hitzkirch. [Mit Vignetten.] 36 S. 8. Luzern, Räber & Cie., 1909. [fr. —.35]

Müller, Kaspar, prakt. Arzt aus Köln a. Rh.: ⟨Aus d. Universitäts-Frauenklinik zu Berlin.⟩ Über **Hernia** diaphragmatica während der Schwangerschaft und der Geburt. *Berlin (1901): G. Schade.* (29 S.) 8°
Berlin, Med. Diss. v. 23. Juli 1901

Müller, C[aspar]; Stoll, F[ritz]: Jubiläums-Schrift der Feldschützengesellschaft Unterstraß. 1875—1900. Zürich, [1900]. 3031

(Müller, C[aspar, und] Käser, F[ritz].) Die Organisation grosser Volksschulkörper nach der natürlichen Leistungsfähigkeit der Kinder. Bericht nebst Schlussfolgerung betr. die einschlägigen Verhandlungen auf dem ersten internationalen Kongress für Schulhygiene in Nürnberg, 4.—9. April 1904. ([Erstattet an die Zentralschulpflege der Stadt Zürich von] C. M', Lehrer, Zürich III, [und] F. K', Lehrer, Z' I; [im Einverständnis mit] Dr. [Huldreich] F[riedrich] Erismann. 1904 April 23/Mai 29.) [Mit 1 Figur.] 31 S. 8. [Zürich, Gebr. Leemann & Co., 1904.]

— **Caspar** (Hamburg), De phlebotomia culposa. Diss. med.-legalis. Präs. Johann Bohn. Leipzig (J. G. Bauch) 23. VI. 1713. 48 S. (5.50) 23917

— — (Mainz), De Tussi. Diss. med. Präs. Franz Georg Ignaz Ittner. Mainz (J. J. Alef, Haeffner) Nov. 1784. 30 S. (5.—) 23918
Gew.: Georg Carl Franz Ignaz Johann Nepomuk von Fechenbach.

Müller, Kaspar Heinrich

MÜLLER, CASP. HENR., Diss. inaug. med. de hæmoptysi. Kiliæ. 1754. 4, P.

Müller, Kaspar Karl

Müller, C. K. Beiträge zur Geschichte der Güterpreise im Kanton Zürich. Zürich 1874. 4.

Müller, C., K., graphische Statistik des Kantons Zürich. Zürich, J. Wurster & Co. 1877. 4. —

Müller C K v, graphische Statistik des Kantons Zürich über landwirtschaftliche Bevölkerung und Seidenindustrie. (2 K) Zürich

Müller, C. K. Geographische Vertheilung der landwirthsch. Bevölkerung des Kantons Zürich und der wichtigsten Industrien. 2 Bl. fol.

Müller, C[aspar] C[arl]. [1.] Joh(ann) Heinrich Waser, der zürcherische Volkswirthschafter des 18. Jahrhunderts, seine Bestrebungen und Schicksale und sein statistischer Nachlass, fortgeführt bis zur Gegenwart von C. K. M'.... [Mit 1 Tabelle.] – ([2.] Resultate der Niederschlagsmessungen an den zürcherischen Regenstationen im Jahre 1877. [Von] R[obert] Billwiller.) SA. 8. Zürich 1878.

Müller, C. K., Joh. Heinrich Waser, der zürcherische Volkswirthschafter des 18. Jahrh., seine Bestrebungen und Schicksale und sein statist. Nachlaß, fortgeführt bis zur Gegenwart. gr. 8. (87 S.) Zürich 878, Herzog's Verlag. *
Aus: Züricher Jahrbuch für Gemeinnützigkeit, 1877, besonders abgedruckt.

Müller, Kaspar Matthäus

Krafft
— **Johann Peter** (Güstrow), De competente foro violantium privilegium Caesareum de non appellando. Disp. jur. Präs. Caspar Math. Müller. Rostock (Joh. Weppling) o. J. (ca. 1700). 86 S. (7.50) 19242

— **Casp. Matth.**, Programma quo suo et totius juridici ordinis nomine ad disputationem inauguralem viri praenobilis atque doctissimi Albert Heinsius (Kopenhagen), ... de foro legati delinquentis. Rostock (J. Weppling, S. Pring et Acad. Typ.) 19. VI. 1704. Mit Biogr. Heinsius'. (M.: M. Klingenberg.) (3.50) 23919
Disp. jur. von Heinsius, Albert, De foro .... siehe unter Heinsius, Albert (14073).

Müller, Kaspar Matthäus [Praes.], s. Heidebreck, Jakob Adrian von: De juramento per alterius salutem.

Müller, Kaspar Matthäus [Praes.], s. Heinsius, Albert: De foro legati delinquentis.

Müller, Kaspar Matthäus [Praes.], s. Müller, Johann: De demonstratione autoris in delictis.

Müller, Kaspar Matthäus [Praes.], s. Petersen, Joh. Christian: De osculo nocivo vulgo Vom Schädlichen Kuß.

Müller, Kaspar Matthäus [Praes.], s. Pyl, Theodor: De teste clerico, seu vom Bezeugnis eines Predigers.

Müller, Kaspar Matthäus [Praes.], s. Rauchbar, Karl Gottfried von: De foro legati contrahentis.

Müller, Kaspar Matthäus [Praes.], s. Tramp, Christian Friedrich: De sponsalibus sine testibus contractis. Von Verlöbnissen, so ohne Zeugen vollenzogen.

Müller, Kilian, s. a.: Kilian.

— Rheinberg a. N. Rh. u. die Kapuziner, s. a. Veröffentlichungen aus dem Archiv d. rheinisch-westfälischen Kapuzinerordensprovinz. II.

Rheinberg a. N. Rh. und die Kapuziner. Ein Beitrag z. Geschichte d. Niederrheins u. der Kurfürsten von Cöln. Nach ungedr. Quellen bearb. von Kilian **Müller** Ord. Cap., Provinzarchivar. Cöln: Bachem [1909]. 108 S. 8°
(Veröffentlichungen aus d. Archiv d. rhein.-westf. Kapuzinerordensprovinz. Abt.: Die ehem. cöln. Provinz. 2.) (10. 3401 5

Müller, Klara

Müller, Clara, mit roten Kressen. E. Gedichtbuch. 8. (VI, 162 S.) Großenhain 899. Baumert & Ronge. n. 2. —; geb. n. 3. —

Müller, Klara, mit roten Kressen. Ein Gedichtbuch. 2. veränd. Aufl. 8. (VI, 160 S.) Großenhain 900. Baumert & Ronge. n. 2. —; geb. n. 3. —

Müller, Clara, Sturmlieder v. Meer. 8. (88 S. m. Bildnis.) Stuttgart 901. J. H. W. Dietz Nachf. Geb. in Leinw. 2. —

Müller, Clara, e. unbedachtes Wort, s.: Familien-Bibliothek.

Müller, Klaus

Müller, Cl., allgemeine Ackerbaulehre. Ein Leitfaden zum Unterricht an niederen landwirtschaftlichen Lehranstalten. gr. 8. (VIII, 186 S. m. 56 Holzschn.) Stuttgart 895. E. Ulmer. Kart. n. 2. 60

Müller, Cl., allgemeine Ackerbaulehre. Ein Leitfaden zum Unterricht an nied. landwirtschaftl. Lehranstalten. 2. Aufl. (VIII, 211 S. m. 57 Abbildgn.) 8. Stuttgart 905. E. Ulmer. Geb. in Leinw. n. 2. 60

Müller, Klaus, Bilder des Leidens. (77 S.) 8. Straßburg 910. J. Singer. 2. —

Mueller, Claus, approb. Arzt aus Berlin: Über die Tyson'schen Drüsen beim Menschen und einigen Säugetieren. *Guben 1902: A. Koenig.* (21 S.) 8°
Halle, Med. Diss. v. 10. Febr. 1902

Müller, Claus, Spezielle Tierzuchtlehre. (XII., 179 S.) Stuttgart 95. Ulmer. Kart. M. 2.50

Müller, Cl., spezielle Thierzuchtlehre. Ein Leitfaden z. Unterricht an nied. landwirtschaftl. Lehranstalten. gr. 8. (XII, 179 S.) Stuttgart 896. E. Ulmer. Kart. n. 2. 50

Müller, Cl., spezielle Tierzuchtlehre. Ein Leitfaden zum Unterricht an niederen landwirtschaftl. Lehranstalten. 2. Aufl. (X, 201 S.) 8. Stuttgart 909. E. Ulmer. Geb. in Leinw. 2. 60

Müller, Klemens

Müller, Clem., Blüthen zwei- und mehrstimmigen Gesanges für Schulen und gesellige Kreise. 1. Abth. Schaffhausen 854. Schalch. qu. 8. (VIII, 102 S.) n. 8 *ngr.*

Müller, Klotar, s. Müller, Chlothar

Müller, Konrad [Dr.]: Über Anschauungsmittel für den naturkundlichen Unterricht. ... Pless, Druck v. A. Krummer, 1889; 1 Bl., S. 1–12; 4°
Pless, ev. Fürsten-S, OP 1889 (193)

Müller, Konrad (geb. am 8 Febr. 1861 in Offenbach a. M.): Die Assonanzen im Girart von Rossillon ... Altenburg, Pierer'sche Hofbuchdr. 1882. 33 S., 1 Bl. 8. ¶ Sonderabdr. d. ersten beiden Bogen einer gleichbetitelten Arbeit, die vollständig in dems. J. als 5 Heft d. III Bdes der Franz. Studien erschien.
Bonn, Phil. Fak., Diss. v. 11 März 1882

Müller, Conr. (I.), die Assonanzen im Girart von Rossillon, s. a. Studien, französische.

Die Assonanzen im Girart von Rossillon. Nach allen erreichbaren Hss. bearb. von Konrad **Müller**. Heilbronn: Gebr. Henninger 1882. (68 S.) 8°
= **Studien**, Französische. Bd 3, H. 5.

Müller, C., Beiträge zum Leben u. Dichten Daniel Caspers v. Lohenstein, s. a. Abhandlungen, germanistische.

Müller, Konr., Beiträge zum Leben und Dichten Daniel Kaspers von Lohenstein. Mit Portrait. Breslau 1882. 8°. (Mk. 3—.) (2 Mk. Jos. Jolowicz, Posen, 1889.)
Zuerst in K. Weinhold's Germanist. Abhandlgn. Breslau 1882. Heft 1. XII—107 S.

Müller, Konrad: Beiträge zur Systematik der Aizoaceen. Mit 33 Fig. im Text. Halle a. S. 1908: (Breitkopf & Härtel, Leipzig). 45 S. 8° ¶ (Aus: Botan. Jahrbücher f. Syst. Bd 42, Beibl. 97.)
Halle, Phil. Diss. v. 11. Jan. 1909, Ref. Mez
[Geb. 16. April 82 Göthewitz; Wohnort: Halle a. S.; Staatsangeh.: Preußen; Vorbildung: Latina Halle Reife M. 02; Studium: Jura Jena 2, Phil. Leipzig 2, Halle 8 S.; Rig. 24. Juli 08.] [U 09. 1683

Müller, Konr., die Bindung sonst stummer Endkonsonanten im französischen Sprachunterricht, s.: Festschrift zum 11. deutschen Neuphilologentage.

Müller, Conr., u. H. O. Nedderſen, Erzählungen aus der bibliſchen Geſchichte. Auf Grund der Scholarchatsverordnung vom November 1878, betr. den religiöſen Unterrichts- u. Memorirſtoff, bearb. 8. (VIII, 152 S.) Bremen 879. v. Halem. geb. n. 1. 20

Müller, Conr. (II.), und H. O. Nedderſen, Erzählungen aus der bibliſchen Geſchichte. Auf Grund der Scholarchatsverordnung vom Novbr. 1878, betreffend den religiöſen Unterrichts- und Memorirſtoff, bearb. 2. Aufl. 8. (VIII, 152 S.) Bremen 880, v. Halem. geb. *
Anhang dazu (den Memorirſtoff enthaltend). 2. Aufl. (31 S.) 879. **

— — daſſelbe. 3. Aufl. 8. (VIII, 152 S.) Ebend. 881. geb. n. 1. —

Müller, Konr., u. H. O. Nedderſen, Erzählungen aus der bibliſchen Geſchichte. Auf Grund der Scholarchatsverordng. vom Novbr. 1878, betr. den religiöſen Unterrichts- u. Memorierſtoff, bearb. 5. Aufl. 8. (VIII, 152 S.) Bremen 884. v. Halem. geb. n.n. 1. —

Müller, Konr., u. H. O. Nedderſen, Erzählungen aus d. bibliſchen Geſchichte. Auf Grund der Scholarchatsverordnung vom Novbr. 1878, betr. den religiöſen Unterrichts- u. Memorierſtoff, bearb. 6. Aufl. 8. (VIII, 152 S.) Bremen 888. v. Halem. geb. n. 1. —;
Anhang, 7. Aufl. (31 S.) n.n. — 10

Müller, Konr., u. H. O. Nedderſen, Erzählungen aus der bibliſchen Geſchichte. Auf Grund der Scholarchatsverordng. vom Novbr. 1878, betr. den religiöſen Unterrichts- u. Memorierſtoff, bearb. 7. Aufl. gr. 8. (VIII, 152 S.) Bremen 891. G. A. v. Halem. Geb. n. 1. —

Müller, Konr., u. H. O. Nedderſen, Erzählungen aus d. bibliſchen Geſchichte. Auf Grund d. Scholarchatsverordng. v. Novbr. 1878, betr. d. religiöſen Unterrichts- u. Memorierſtoff bearb. 8., nach d. Bremer Schulbibel rev. Aufl. gr. 8. (VIII, 152 S.) Bremen 895. G. A. v. Halem. Geb. in Halbleinw. n. 1. —

Müller, Konr., u. H. O. Nedderſen, Erzählungen aus der bibliſchen Geſchichte. Auf Grund der Scholarchatsverordng. vom Novbr. 1878, betr. den religiöſen Unterrichts- u. Memorierſtoff, bearb. 10. Aufl. gr. 8. (VIII, 158 S.) Bremen 901. G. A v. Halem. Geb. n. 1. —

– Ein Fall von Aneurysma arteriae femoralis traumaticum ..., s. Müller, Konradin

Müller Conr, kurzgefasste Haushaltungskunde. Ein belehrendes Lesebuch für Schule und Haus. Tauberbischofsheim 1880

Müller, Conr., Bismarcks Mutter u. ihre Ahnen. I. Die Ahnen u. die Jugendzeit. (XV, 343 S. m. 30 Taf., 1 Stammtaf. u. 2 Fksms.) gr. 8. Berlin 909. M. Warneck. 7.—; geb. in Leinw. 8. —

Das Rätsel von Vineta. Eine hist.-krit. Studie von Dr. Conrad **Müller**. Berlin: Reichsbote 1909. 49 S. 8°
Aus: Sonntags-Beil. d. 'Reichsboten'. April-Mai 1909.

Müller, Conrad: Regenerationsversuche an Lumbriculus variegatus und Tubifex rivulorum. Marburg 1908: (Breitkopf & Härtel, Leipzig). 69 S. 8° ¶ (Aus: Archiv f. Entwicklungsmechanik d. Organismen. Bd 26, H. 2.)
Marburg, Phil. Diss. v. 7. Sept. 1908, Ref. Korschelt
[Geb. 11. Mai 80 Fulda; Wohnort: Marburg; Staatsangeh.: Preußen; Vorbildung: Gymn. Hersfeld Reife M. 02; Studium: Würzburg 4, Marburg 9 S.; Rig. 1. Aug. 08.] [U 09. 3198

Müller, Konr.: Höhere arithmetische Reihen. 23 S. – Hadamar, Progr. 1872.

Müller, Conrad [Adjunct]: Über Kants Stellung zum Idealismus. Berlin, Druck v. M. Oldenbourg, 1895; 24 S. 4.
Berlin, k. Joachimsthalsches G, P 1895 (58)

Müller, Konrad. Vergleichende Untersuchung der anatomischen Verhältnisse der Clusiaceen, Hypericaceen, etc. Leipzig 1882.

Müller, Konrad Heinrich

Müller, Conr. H., s.: Encyklopädie der mathemat. Wissenschaften.

Müller, Conrad H(einrich), aus Bremen: **Studien zur Geschichte der Mathematik, insbesondere des mathematischen Unterrichts an der Universität Göttingen im 18. Jahrhundert.** Mit einer Einleitung: Über Charakter und Umfang historischer Forschung in der Mathematik. *Leipzig 1904: B. G. Teubner.* (92 S.) 8° ¶ [Aus: Abhandl. zur Gesch. d. math. Wiss.]
Göttingen, Phil. Diss. v. [25. April] 1904

— dasselbe, s. a. Abhandlungen zur Geschichte der mathemat. Wissenschaften. 18. Hft.

Studien zur Geschichte der Mathematik, insbes. d. mathemat. Unterrichts an d. Univ. Göttingen im 18. Jh. Mit e. Einl. über Charakter u. Umfang histor. Forschung in d. Mathematik. Von Conrad H. Müller aus Göttingen. (*Leipzig: B. G. Teubner 1904.*) (S. 53–143.) 8°
= **Abhandlungen** z. Geschichte d. mathemat. Wissenschaften. H. 18. [2.]

Müller, Konrad Wilhelm August

— Conrad Wilhelm August (Hannover), Observationes medicas et chirurgicas continens. Diss. med. Helmstedt (C. G. Fleckeisen), 11. VI. 1798. 20 S. (4.75) 23966

Müller, Konradin

Müller, Conradin [app. Arzt aus Ohrdruf]: Ein Fall von Aneurysma arteriae femoralis traumaticum und gleichzeitigem Aneurysma arcus aortae. . . . Jena, Frommannsche Buchdr. (Hermann Pohle), 1889; 2 Bl + 16 S. 8°
Jena, Med. Fak., Inaug.-Diss. v. [20. März] 1889

Müller, Conr., e. Fall v. Aneurysma arteriae femoralis traumaticum u. gleichzeitigem Aneurysma arcus aortae. Inaug.-Diss. gr. 8. (16 S.) Jena 889. (Pohle.) n. — 60

Müller, Kornelius

Müller, Corn., Spicilegium animadversionum in Q. Valer. Catulli carmen epicum in nuptias Pelei et Thetidos. Roy.-4. (5¾ B.) Hamburgi 836, (libr. Herold.) *

Müller, Kornelius (Hrsg.), s. Gurlitt, Johann Gottfried: Archäologische Schriften.

Müller, Cornelius, Commentatio de locis quibusdam epistolae Pauli ad Philippenses. 4. (4¾ B.) Hamburg 843. (C. Herold.) Thlr. *

Müller, Cornelius, commentatio de locis quibusdam epistolae Pauli ad Philippenses. 4. Hamb. 844. (Herold.) n. ⅓ ℞

Müller, Corn., Commentationum de locis aliquot Juvenalis Spec. I. 4. (4¼ B.) Hamburgi 831, (Herold.)

Müller, Corn., und F. K. Kraft, Real-Schul-Lexikon, s. Kraft, F. K.

— Rede bei d. feierl. Aufstellung d. Bildn. d. verstorb. Hrn. D. J. Gurlitt, im ersten Hörsaale d. Hamburg. Johanneums am 29. Nov. 1827 gehalt., auf Verlangen zum Druck beförd. u. mit einig. erläut. Anmerkn. begleitet. gr. 8. (2½ B.) Hamburg 828, Hoffmann u. Campe.

— s. L. T. Spittler, Vorlesungen.

Müller, Cornelius, allgemeines Wahlrecht od. Ständehäuser? gr. 8. (16 S.) Wien 893. Verlagsbuchh. Austria. n.n. — 30

Müller, Kunibert [aus Guben]: Bestimmungen des Gewichtes des Magens und Darmes bei mageren, mittelfetten und fetten Tieren und Gewichtsbestimmungen des Magen- und Darminhaltes, soweit die letzte Fütterung bekannt ist. Guben 1904. 27 + 2 S. 8°. [10. V. 04.]
Bern. Vet.-med. Diss. 1903/1904.

Müller, Cunibert. Bestimmungen des Gewichtes des Magens und Darmes bei mageren, mittelfetten und fetten Tieren und Gewichtsbestimmungen des Magen- und Darminhaltes, soweit die letzte Fütterung bekannt ist. Diss. Vet.-Med. Bern ... von K' M'.... 29 S. 8. Guben, Albert Koenig, 1904.

Müller, Kunibert, Bestimmungen des Gewichtes des Magens u. Darmes bei mageren, mittelfetten u. fetten Tieren u. Gewichtsbestimmungen d. Magen- u. Darminhaltes, soweit die letzte Fütterung bekannt ist. (24 S.) 8. Berlin (908). R. Schoetz. — 80

Müller, Kurt

Müller, Curt, Bilder aus der Großstadt. Lieder f. Erwachsene. 8. (94 S.) Leipzig 892. (O. Gottwald.) n. 1. —

— Couleurstudenten!?! 2., vollständig umgearb. Aufl. 8. (15 S.) Ebd. 893. — 30

— dasselbe, s.a. Cyklus akademischer Broschüren.

Müller, Curt, Moloch Ehre, s.a. Lebensfragen. 1903. Hft. 2.

Mueller, K. Moloch Ehre. 2. Aufl. Freiburg i. B. 1903. 64 S.

Müller, Kurt, a. Kirchberg i. S.: Über den Einfluss der klassischen Literatur auf die Reiseschilderungen. Crimmitschau 1905: R. Raab. (95 S.) 8° [F.]
Leipzig, Phil. Fak., Ref. Köster u. Ratzel, Diss. v. 25. Febr. 1905
[Geb. 1. Apr. 77 Kirchberg i. S.; Wohnort: Olsnitz i. V.; Staatsangeh.: Sachsen; Vorbildung: Seminar Schneeberg Wahlfähigkeitsprüfung Nov. 99; Studium: Leipzig 6 S.; Rig. 16. Juni 04.]

Müller, Curt, der Geiger v. Deuben od. Der Steinherzbauer. Ein Weihnachtsmärchen in 5 Akten. (118 S.) 8. Leipzig 907. J. T. Wöller. 1. —

— Hexenaberglaube u. Hexenprozesse in Deutschland, s.a. Universal-Bibliothek.

Müller, Kurt, Hexenaberglaube und Hexenprozesse in Deutschland. Leipzig 1894. 16.
Ist: Universal-Bibl. Nr. 3166—3167.

— s.: Iffland's Briefwechsel m. Schiller, Goethe, Kleist, Tieck u. anderen Dramatikern.

Müller, C., Juden, e. nationales u. soziales Elend! Kulturgeschichtliche u. nationalökonom. Studie. 8. (32 S.) Leipzig 890. Bouman. n. — 50

— Juden, e. nationales u. soziales Elend! Kulturgeschichtliche u. national-ökonom. Studie. gr. 8. (32 S.) Leipzig 891. Bouman. n. — 50

— das Judentum in der deutschen Studentenschaft, s.a. Cyklus akademischer Broschüren.

- Das Judentum in der deutschen Studentenschaft. Leipzig 1891. 8.
Ist: Cyclus akad. Broschüren. H. 10.

— Sancta Justitia! Eine Komödie der Ehrlosen in 4 Akten. (165 S.) 8. Leipzig 907. J. T. Wöller. 2. —

— C., Kaiser u. Majestätsbeleidigung. (46 S.) gr. 8. Leipzig, J. T. Wöller. 1907. 1. —

Müller, Curt. Leipziger Carcer-Album. Gewidmet den „Alten Herren". 8. (V, 72 S. m. Bildern.) Lpz. 891, Gottwald. * 1 —; geb. * 1 50

Müller, Kurt, Gerichtsref. in Erfurt: Zur Lehre von der Eigentümerhypothek. *Glatz 1902: L. Schirmer.* (62 S.) 8°
Leipzig, Jur. Diss. v. 1902

— Gundelbauer's Lore. Volksstück in 5 Akten. gr. 8. (80 S.) Lpz. 890, [Bouman]. Gottwald. * 1 —

— Die Macht der Liebe od. Die Reise durch Jahrhunderte. Ein Märchen-Drama in 5 Akten. (102 S.) 8. Ebd. 907. 1. —

Zwei Märchendramen von Curt **Müller,** [Red., Leipzig]. Leipzig: J. T. Wöller (1907). (118, 102 S.) 8° [Umschlagt. F.]
[Sondert. 1.] Der Geiger von Deuben oder Der Steinherzbauer ... von Müller.
[2.] Die Macht d. Liebe oder Die Reise durch Jahrhunderte ... v. Müller. (08. 11337

Müller, Kurt, der Milzbrand der Ratten. gr. 8. (82 S.) Berlin 893. Fischer's medicin. Buchh. n. 2. —

Um Napoleon. Eine polit. Familienkomödie in 4 Akten von Curt **Müller,** [Red., Leipzig]. (Leipzig: J. T. Wöller 1907.) (115 S.) 8° [F.] (08. 11338

— s.: Sachsen-Spiegel.

— Für Salon u. f. Mansarde. Prosa u. Verse. (VIII, 348 S.) gr. 8. Ebd. (907). 3. —

Müller, Curt, Savello od. Doge u. Pirate. Trauerspiel in 5 Akten. 8. (132 S.) Leipzig 885. Mutze. n. 1. 50

Müller, Kurt [aus Görlitz]: Die Sekretionsvorgänge im Pankreas bei Salamandra maculata. . . Halle a. S., Hofbuchdr. v. C. A. Kaemmerer & Co., 1890; 33 + 1 S. + 1 Bl. 8°
Halle, Med. Fak., Inaug.-Diss. v. 1. März 1890

Müller, Kurt, d. Serumtherapie bei Diphtherie in Theorie u. Praxis nach eig. Beobachtgn. in d. chirurg. Klinik zu Halle. [Aus: „Abhandlgn. d. naturforsch. Gesellsch. zu Halle".] gr. 8. (22 S.) Halle 895. M. Niemeyer. n. — 60

Müller, *Louis* Curt: Die Staatenbildungen des oberen Uëlle- und Zwischenseen-Gebietes. E. Beitr. z. polit. Geographie ... Veröffentl. v. Verein f. Erdkunde zu Leipzig. M. e. Karte. [Aus d. Wiss. Mitth. d. Ver. f. Erdk. zu Leipzig.] Leipzig, Druck v. C. G. Naumann, 1897; 3 Bl., 79 S., 2 Bl., 1 Kt. 8.
Leipzig, Phil. Fak., Inaug.-Diss. v. [8. März] 1897

— der tugend- und lasterhafte Student von 1890, s. a. Cyclus akademischer Broschüren.

MÜLLER, Curt, Der tugend- und lasterhafte Student von 1890. Skizzen aus dem Studentenleben des 19. Jahrhunderts. Leipzig, Oskar Gottwald, 1890. 8°.
Bibl. geogr. Germaniae. Lpz. 1896. S. 791.

Müller, Curt, aus Breslau: Studien zur Geschichte der Erdkunde im Altertum. 1. Die Kunde des Altertums von den Canarischen Inseln. 2. Statius Sebosus. *Breslau 1902: Bresl. Genoss.-Buchdr.* (60 S.) 8°
Breslau, Phil. Diss. v. 25. Apr. 1902

—— Aus dem Tagebuche d. Corpsstudenten Hans Leichtfuß. 12. (IV, 141 S.) Lpz. 892, Gottwald. * 1 —

— aus dem Tagebuch d. „Alten Herrn" Hans Leichtfuß. 8. (138 S. m. Abbildgn.) Ebd. 893. n. 1. 20

— aus dem Tagebuche d. Obersecundaners Hans Leichtfuß. 12. (VII, 47 S.) Ebd. 892. n. — 40

— aus dem Tagebuche des Obersecundaners Hans Leichtfuß. 2. Aufl. (XII, 47 S.) kl. 8. Leipzig (906). O. Borggold. n. — 50

Müller, Kurt, aus der Heimat vergangenen Tagen. Bilder aus Geschichte u. Sage der heimatl. Landschaft f. Schule u. Haus. (V, 137 S.) gr. 8. Leipzig 907. J. Klinkhardt. 1.—; kart. 1. 20

— dasselbe. A. (Anh. zur „Heimat".) (V, 65 S.) 8. Ebd. 907. — 50

— dasselbe. B. (Anh. zum „Vaterland".) (V u. S. 65—137.) 8. Ebd. 907. — 50

Müller, Kurt, s.: Tage-Taschenbuch f. den Haus- u. Grundbesitzer.

Müller, Kurt, Technik u. Verwertung der Röntgenschen Strahlen, s.: Büttner, Osk.

Müller, Kurt, a. Wilhelmsort (Kr. Bromberg): Untersuchungen über den Futterwert des gemeinen Heidekrautes (Calluna vulgaris.) Halle a. S. 1904: (O. Henning, Greiz.) (55 S.) 4°(8°) [J. u. Ant.] ¶ [Aus: Berichte aus d. physiol. Laborat. u. d. Versuchsanst. d. landw. Inst. d. Univ. Halle, H. 17.]
Halle, Phil. Fak., Ref. Kühn, Diss. v. 21. Nov. 1904
[Geb. 27. Aug. 75 Wilhelmsort, Kr. Bromberg; Wohnort: Bromberg; Staatsangeh.: Preußen; Vorbildung: Gymn. Bromberg Reife O. 96; Studium: Berlin Landw. Hochsch. 1, Poppelsdorf 1, Berlin 1, Halle 4 S.; Rig. 3. Juni 04.]

— Unwesen auf deutschen Hochschulen, s.: Cyklus akademischer Broschüren.

— allgemeines Vademecum f. Studierende auf deutschen Hochschulen. 12. (XVI, 251 S. m. Abb.) Leipzig 896. O. Borggold. Geb. in Leinw. m. Biernägeln n. 2. 50

Allgemeines Vademecum für Studierende auf deutschen Hochschulen von Curt **Müller.** Leipzig: O. Gottwald 1896. (XVI, 251 S.) 8° [J.] [illegible] 11

Müller, Curt, vivat Academia! Ernstes u. Heit. aus der Musenstadt. gr. 8. (VII, 179 S.) Leipzig 895. O. Borggold. n. 1. 50

Müller, C(urt), Dr.: Deutsche **Volksdichtung** in der Oberlausitz. Ein Beitrag zur Volkskunde. *Löbau i. S. 1901: Th. Kessner.* (S. 65—85.) 4°
Löbau i. S., R m. PG, Festschr. 1901 (622)

Müller, Curt, deutsche Volksdichtung in der Oberlausitz. Ein Beitrag zur Volkskunde. gr. 4. (21 S.) Löbau (901). (J. G. Walde.) n. 1. —

— vom Pennale bis zur Hochschule. Erinnerung e. alten Herrn aus seiner Abiturientenzeit. 12. (110 S.) Leipzig 894. O. Gottwald. n. — 75

Müller, Kurt Ferdinand

Müller, Kurt F., der Leichenwagen Alexanders des Grossen, s. a. Beiträge zur Kunstgeschichte. XXXI.

Müller, Kurt F(erdinand), a. Dresden: Der Leichenwagen Alexanders des Grossen. Mit einer Tafel u. 8 Abbildungen im Text. Leipzig: E. A. Seemann 1905. (75 S.) 8°
Leipzig, Phil. Fak., Ref. Studniczka u. Wachsmuth, Diss. v. 31. Jan. 1905
[Geb. 22. Febr. 80 Dresden; Wohnort: Dresden; Staatsangeh.: Sachsen; Vorbildung: Kreuzgymn. Dresden Reife O. 99; Studium: München 1, Leipzig 8 S.; Rig. 16. Febr. 04.]

Müller, L., Anleitung für Jäger und Jagdliebhaber, wie man am leichtesten Raubthiere in Fallen fangen kann, was für Witterungen dazu gehören, und wie die Witterungen gemacht werden müssen als Lockbissen für Füchse, Dachse, Otter, Biber etc. nebst Anlagen zu Sulzen oder Salzlecken. Dillingen 858. (Nördlingen, Beck.) 8. (12 S. u. 4 lith. Taf.) verklebt n. 10 *ngr.*

Müller, L. (I.), Berzelius' Ansichten. Ein Beitrag z. theoret. Chemie. gr. 8. (3 B.) Breslau 846, Hirt's Verl. *

Müller, L., (Pastor,) s. Ansprüche, die, der Wissenschaft u. Bildung gegen Dr. Paniel etc.

Müller L. (I.), Aquarium. Belehrung und Anleitung solche anzulegen und zu unterhalten. Nebst Beschreibung der vorzüglichsten Thiere, Pflanzen etc., welche sich für dieses eignen. 8. (36 S. mit 24 Abbildungen in Holzschn.) Leipzig 856, E. Schäfer. *

Müller, L., Beiträge zur Geschichte des Bauernkrieges im Riess und seinen Umlanden. gr. 8°. Augsburg 1891.

Müller, L. Bruchstücke einer neuen Bearbeitung der französischen Grammatik. Hildburghausen, G., 1857. 16 S. 4. Progr.

Müller, L. (II.), die Ebenbürtigkeits-Forderung f. d. Erbfolge im Stammgut, abgehand. aus Veranlaſſ. d. gegenwärtig eröff. Succeſſion in d. Familiengütern der Frhn. v. Liebenſtein. gr. 8. (7 B.) Stuttgart 831, (Beck u. Fränkel.) Thlr.

Müller, L. II., die Ebenbürtigkeitsforderung f. die Erbfolge im Stammgut, abgehandelt aus Veranlaſſung d. gegenwärtig eröffneten Succeſſion in die Familiengüter der Freiherren v. Liebenſtein. gr. 8. Stuttg. 831. (Löflund u. S.) 20 ggr

Müller, L., die Fabrikation des Papiers, in Sonderheit des auf der Maschine gefertigten, nebst gründl. Auseinandersetzung der in ihr vorkomm. chem. Processe und Anweisung zur Prüfung der angewandten Materialien. gr. 8. (VI und 147 S. mit 4 Stnt. in qu. gr. Fol.) Berlin 849, Springer. *

Müller, L. (II.), die Fabrikation des Papiers in Sonderheit des auf der Maschine gefertigten, nebst gründl. Auseinandersetzung der in ihr vorkommenden chem. Processe und Anweisung zur Prüfung der angewandten Materialien. 2., verm. Aufl. gr. 8. (XXXV und 255 S. mit 5 Stnt. in qu. gr. 4. und Fol.) Berlin 855, Springer's Verlag. *

Müller, L., die Fabrikation des Papiers in Sonderheit des auf der Maschine gefertigten, nebst gründlicher Auseinandersetzung der in ihr vorkommenden chemischen Processe und Anweisung zur Prüfung der angewandten Materialien. 3. neu bearb. u. verm. Aufl. Berlin 862. J. Springer. Lex.-8. (XV, 296 S. u. 7 lith. Taf. in 4. u. Fol.) n. 2 Thlr 26 ngr.

Müller, L., die Fabrikation d. Papiers in Sonderheit d. auf der Maschine gefertigten, nebst gründl. Auseinandersetzg. der in ihr vorkomm. chem. Processe u. Anweisg. zur Prüfg. der angewandten Materialien. Mit in den Text gedr. Holzschn. u. (11) lith. Taf.) (in qu. gr. Fol.) 4. neu bearb. u. verm. Aufl. Lex.-8. (XII, 434 S.) Berlin 877. Springer's Verl. geb. n. 24. —

Müller, L., Geographie f. Volksſchulen. Nach dem Normallehrplan bearb. 8. (70 S.) Tuttlingen 874. Kling. — 75

Müller, L., d. Geſchichte v. Erlangen, ſ.: Stein.

Müller, L., der Glaube e. gewiſſe Zuverſicht. Predigten üb. das 11. Kapitel d. Hebräerbriefes. gr. 8. (V, 282 S.) Gotha 885. F. A. Perthes. n. 4. —

Handbuch für Gemeinde- und Gutsvorsteher, Schöffen u. Gemeindeverordnete ... enth. die neue Landgemeindeordnung u. die wichtigen, auf d. Gebiete des Armen-, Militär- ... u. Arbeiterversicherungswesens erlassenen Gesetze ... mit Erl. u. Mustern f. d. Reg.-Bez. Königsberg bearb. von L. Müller, Kreis-Sekr., Heinrichswalde, [&] Urban, Kreis-Sekr. zu Labiau. Selbstverl. Tilsit 1892: J. Reyländer & Sohn. (VIII, 470 S.) 8°

Müller, L., praktiſches Handbuch der Land- u. Hauswirthſchaft mit vielen (eingedr. Holzſchn.-)Abbildgn. zu Nutz u. Lehr d. Landwirths, ſowie zum Gebrauch in Ackerbau- u. Fortbildungsſchulen. gr. 8. (448 S.) Eßlingen 885. Langguth. n. 4. 40; geb. n. 5. —

Müller, L., Heimatskunde d. Kreiſe Aſchersleben, Calbe u. ſ. w., ſ.: Lehrmann, C.

Müller, L. I., der natürl. Hexenmeiſter ꝛc. Halle 806. Dietlein. 6 ggr

MÜLLER, L.: Die Holzgewächse in Nord- und Mittel-Deutschland. Ein analytischer Leitfaden zum Bestimmen und Kennenlernen der wildwachsenden und allgemein eingeführten Sträucher und Bäume für Lehrer und Schüler, Förster, Gartenbesitzer etc. - Eisenach 1873. VI, 104 S.

Müller, L., Lehrbuch der theoretiſchen Chemie. 1. Hft. 8. (136 S.) Berlin 850, Springer. n. 7/12 Thlr

Müller, L. (II.), die ſogenannten Lichtfreunde u. die chriſtl.-proteſtant. Volksſchullehrer Deutſchlands. Ein offenes Sendſchreiben an den Paſtor König zu Anderbeck. gr. 8. (1 B.) Magdeburg 845, Falckenberg u. Comp. *

Müller, L., die Münzen des Thracischen Königs Lysimachus. Mit 9 in Kpfr. gest. Taf. Kopenhagen 858. (Leipzig, A. Dürr.) gr. 4. (3 Bl., 92 S.) nn. 3 Thlr.

Müller, L. (II.), die Münzen des thracischen Königs Lysimachus. gr. 4. (V und 92 S. mit 9 in Kpfr. gest. Taf.) Kopenhagen 858. (Leipzig, Lorck.) **

Müller, L., Ueber die wahre Noth unserer Zeit. 8°. Naila 1859.

Müller, L., numismatique de l'ancienne Afrique. Supplément. Avec 3 planches et une table alphabet. de tout l'ouvrage. gr. 4. (VI, 96 S.) Copenhagen 874. (Leipzig, Brockhaus' Sort.) n.n. 9. —

— numismatique d'Alexandre le Grand. Suivie d'un appendice cont. les monnaies de Philippe II et III, et accomp. de planches et tables. Copenhague 855. Host. (Leipzig, A. Dürr.) gr. 8. (XIV, 402 S. u. 29 Kpfrtaf. mit Erklärung in 4.) nn. 7 Thlr.

—— der praktiſche Obſtbaumzüchter mit vielen (eingedr.) Abbild. Gründliche Anleitung zur Zucht und Pflege der wichtigſten Obſtſorten. 1. und 2. Aufl. 8. (31 S.) Ebendaſ. 884,85. *

PLUMP, Tobias; ein komisches Gemälde (von *L. Müller*). Leipzig 1813.
Anon.-Lex. III. p. 281 (nach Kayser).

Müller, L., ſ. Tob. Plunch.

Müller, L.: De re militari Romanorum quaedam e Caesaris commentariis excerpta. Kiel 1841. 16 S. 4°

Müller, L. III., Rede bei dem, zur 3n Jubelfeier d. Uebergabe d. Augsb. Confeſſion in d. Königl. Realſchule zu Berlin veranſtalteten Schulfeſte, am 26. Juni 1830 gehalten. gr. 8. Berl. 830. (Th. Enslin). 4 ggr
(1½ B.)

Müller, L., das Rondel in den französischen Mirakelspielen u. Mysterien d. XV. u. XVI. Jahrh., s. a. Ausgaben u. Abhandlungen aus dem Gebiete der romanischen Philologie.

Müller, L. Das Rondel in den französischen Mirakelspielen und Mysterien des XV. und XVI. Jahrhunderts. Diss. Marburg 1884. 55 S.

— des Landwirts goldenes Schatzkäſtlein. Bewährte Erfahrgn. u. Beobachtgn. aus dem Gebiete der Land- u. Hauswirtſchaft. Zu Nutz u. Lehr d. Landwirts in vielen erprobten Recepten aus dem Wochenblatt f. Landwirtſchaft geſammelt u. geordnet. Ster.-Ausg. 8. (112 S.) Reutlingen 885. Enßlin & Laiblin. — 75

Müller, L., de stilo idiotico scriptt. N. T. a criticis afflicto. Schleus. 1718. 4.

Müller, L., die Vorarbeiten zum Wegbau in Waldungen. Anleitung f. Vollzugsbeamte im forstl. Betrieb. (IV, 70 S. m. 54 Abb.) 8. Stuttgart 910. E. Ulmer. 1.80; geb. n 2. 20

— L., Vorstrafen u. Strafregister, s. Abhandlungen, strafrechtl., 92. Heft.

Müller, L. A., s.a. Müller, Ludwig August von

Müller, L. A., Mittheilungen über das Entstehen der St. Joh. Loge zur heissen Quelle in Hirschberg und deren Verhältnisse bis zu ihrem Stiftungsfeste am 28. October des Maurerjahres 5858 zusammengetragen. Hirschberg, Druck v. Krahn. 8. 14 S.
Abgedr. Bauh. 1859, S. 4. Frmrztg. 1859, S. 12. Latomia XVII. S. 44.

Müller, L. C. E., Geschichte meiner Gefangenschaft. 8. o. O. (Leipz.) 795. Hartknoch. 10 gr

Müller, L. D., die Kirchenverfassungsfrage in Bremen. Ein Beitrag zu ihrer Lösung. 8. (31 S.) Bremen 875, Müller's Verlagsh.

Müller, L. G., der medizin. Blutegel (Hirudo medicinalis). Od. naturhistor. Beschreib. d. Blutegels, nebst prakt. Regeln üb. Fang, Aufbewahr, Fortpflanz., Krankheiten u. Transport dess. rc. Nach vieljähr. Erfahrn. u. mit Benutz. d. neuest. Methoden bearb. M. 7 Abbild. 8. (5 B.) Quedlinburg 830, Basse.

Müller, L. H., s. Müller, Leo Hermann

– s. Müller, Ludolf Heinrich

Müller, L. H. D., die Eschatologie Platon's und Cicero's in ihrem Verhältnisse zum Christenthume. (Einladungsschrift des Gesammtgymnasiums zu Jever.) gr. 4. (44 S.) Jever 854. (Bremen, Heyse's Verlag.) *

Müller, L. L., Landschaften f. Anfänger. 2r Stich durch 2 Landschaften vermehrt. 4. Leipz. 814. Hinrichs. 8 gr

Müller, L. M. De attractionis apud latinos eo genere, quo post verbum licet et similia dativum vel accusativum praedicati cum verbo infinitivo esse et aliis ejusdem potestatis jungunt. 15 S.
Glogau, kath., Progr. 1846

— L. M., Singulis disciplinis quotannis certamina praemiorum proponenda censa. Pr. 1861. 12 S. 4°. —.90
Glogau

Müller, L. N. F. Ueber einige Förderungsmittel der Jugendbildung. 15 S.
Progr. Bromberg 1827

Müller, L. O. Ch., die radicale Heilung des männlichen Unvermögens. 1. u. 2. Aufl. 8. (à 4 B.) Quedlinburg 845, 47, Ernst'sche Buchh. à

Müller, L. O. Ch., die radicale Heilung des männlichen Unvermögens, durch eine neue, geprüfte Kurmethode, so daß sich Jeder leicht selbst helfen und die volle Manneskraft durch einfache Mittel wieder erlangen kann rc. Mit einer Digestions-Tabelle zur Belehrung herausgegeben. 3. (Titel-) Aufl. Quedlinburg (847.) Ernst. 8. (62 S.) 10 ngr.

Müller, L. O. Ch., die radicale Heilung des männlichen Unvermögens, durch eine neue, geprüfte Kurmethode, so daß sich Jeder leicht selbst helfen rc. u. die volle Manneskraft durch einfache Mittel wieder erlangen kann. Mit einer Digestions-Tabelle zur Belehrung herausg. 2. Aufl. 8. (62 S.) Quedlinburg 847, Ernst. — 3. Aufl. 8. (62 S.) Ebd. 851. 1/3 ℛ

Müller, L. O. Ch., die radicale Heilung des männlichen Unvermögens durch eine neue geprüfte Kurmethode, so daß sich Jeder leicht selbst helfen rc. kann. Mit einer Digestions-Tabelle zur Belehrung hrsg. 3. (Titel-)Aufl. 8. (62 S.) Quedlinburg 854, Ernst'sche Buchh.

Jena's Heldentod. Eine Scizze aus dem Schleswig-Holstein'schen Feldzuge v. L. Ph. Müller. Wriezen. o. J. 8°

Müller, L. Th., s. Müller, Ludwig Theodor

Müller, L. W., Anweis. z. leicht. u. richtig. Berechn. d. kubisch. Inh. d. Baumstämme rc. m. Tabel. 8. Nürnb. Biesling. (B. Fleischer, Leipz.) 810.

Müller, Ladisl., die europäischen Kriegs-Brücken-Systeme nach den verläßlichsten Quellen bearb. Mit 97 (eingedr.) Holzschn. gr. 8. (229 S.) Wien 874. Gerold's Sohn. n. 5. 60

Müller, Laurentius, s. Müller, Lorenz

Müller, Laurentius Meinolphus, s. Müller, Lorenz

Müller, Leo [pr. Arzt in Karlsruhe '(Baden)']: Beitrag zur Unterscheidung zwischen Typhusbacillus und Bacter. coli commune ... M. e. Taf. (Aus: Klein u. Migula, Arbeiten etc., Bd. 1.) Emmendingen, Buchdr. A. Dölter, 1894; 23 S., 1 Taf. 8.
Jena, Med. Fak., Inaug.-Diss. v. [20. Juni] 1894

Müller, Leo., Beitrag zur Unterscheidung zwischen Typhusbacillus u. Bacter. coli commune. [Aus: „Arbeiten d. bakteriol. Instituts d. gr. Hochschule zu Karlsruhe".] gr. 8. (23 S. m. 1 Lichtdr.-Taf.) Karlsruhe 894. O. Nemnich. n. 2. 50

Müller, Leo, approb. Arzt: Ueber drei Fälle von Chorea chronica progressiva (Chorea hereditaria; Chorea Huntington). *Leipzig 1903: A. Pries.* (25 S.) 8°
Heidelberg, Med. Diss. v. 1903

Müller, Leo: Über die hypothekarische Haftung der Grundstückserzeugnisse. *Rostock 1903: H. Winterberg.* (80 S.) 8°
Rostock, Jur. Diss. v. [10. Dez.] 1903

Müller, Leo, die Influenza. Geschichtliches, Wesen u. Verlauf, Heilg. u. Schutzmaßregeln. In gemeinverständl. Darstellg. (70 S. m. 1 farb. Taf.) 8. Stuttgart (910). Strecker & Schröder. 1.—; geb. 1. 40

Müller, Leo, aus Rain (Luzern): Vergleichende Untersuchungen über Milchsäurebakterien (des Typus Güntheri) verschiedenster Herkunft, nebst Beitrag zur Frage der Stellung dieser Organismen zu den typischen Streptokokken. Zürich 1906. 71 S. 8°. S.-A. aus Centralblatt f. Bakteriologie, Abt. II. Bd. 17. [18. I. 07.]
Zürich. Phil. Diss. II. S. 1906/1907.

Müller, Leo. Vergleichende Untersuchungen über Milchsäurebakterien (des Typus Güntheri) verschiedenster Herkunft, nebst Beitrag zur Frage der Stellung dieser Organismen zu den typischen Streptokokken. Diss. Phil. [II.] Univ. Zürich. [Sep.-Abdr. aus: Centralblatt f. Bakteriologie ..., Abteilung II, Band 17.] VI + 72 S. 8. Zürich (Frommannsche Buchdr., Jena,) 1906.

[F. u. Ant.] **Müller**, Leo Hermann [Zeichen- u. Turnl.]: Verteilung der Ordnungsübungen, Freiübungen und Gerätübungen auf die Klassen Sexta bis Prima höherer Lehranstalten nach Massgabe d. Lehrpläne v. 1891 u. d. Ministerial-Erlasses v. 1. Apr. 1895. U. III. B. No. 1081 U. II. ([Umschlagt.:] ... U III B, Nr. 1081 U III.) Bromberg, Buchdr. v. A. Dittmann, 1897; 2 Bl., IV, 42 S. 8.
Bromberg, k. RG, OP 1897 (176)

Müller, Leo Herm., Verteilg. d. Ordnungsübungen, Freiübungen u. Gerätübgn. auf d. Klassen Sexta bis Prima höh. Lehranst. nach Maßgabe d. Lehrpläne von 1891 u. d. Ministerial-Erlasses v. 1. IV. 1895 U. III. B. No. 1081. U. II. gr. 8. (IV, IV, 42 S.) Bromberg 897. Mittler. n. — 80

[F.] Abendmahl und Bibelkritik. Auseinandersetzg m. Herrn Prof. D. Sachsse v. L[eonhard] Müller, Past. in Barmen ... *Duisburg: J. Ewich (1895).* (14 S.) 1 Bd 8. [96. 1459

Müller, Leonhard, Assistenzarzt im Diakonissenkrankenhaus zu Witten a. d. Ruhr: Beiträge zur Lehre von der Verwertung der Häminkrystalle zu gerichtsärztlichen Zwecken. *Bonn 1901: C. Georgi.* (25 S.) 8°
Bonn, Med. Diss. v. 31. Juli 1901

— Bibel u. Bibelkritik. Zurückweisg. d. Meinhold'schen Standpunktes. 8. (32 S.) Barmen 895. D. B. Wiemann. — 30

Müller, Leonh., der Bund zwischen Hirten und Gemeinde beim Amts-Antritt, am 9. Aug. 1868. gr. 8. (28 S.) Barmen 868, (Buchh. der evangel. Gesellschaft.) *

Müller, Leonh., der Bund zwischen Hirten u. Gemeinde beim Amts-Antritt, am 9. Aug. 1868. Barmen 868. (Klein.) gr. 8. (28 S.) n. 4 ngr.

Müller, L. (I.). Vollkommene Erlösung in Christo. Vortrag über Römer 8, 1—4. gr. 8. (15 S.) Elberf. 891, Buchh. der Evangel. Gesellschaft. — 15

Müller, Leonh., das politische Erziehungsproblem der badischen Gegenwart. 25 Briefe, der bad. Jugend gewidmet. gr. 8. (61 S.) Berlin 901. Rosenbaum & Hart. n. 1. —

Müller, L., folget ihrem Glauben nach! Predigt über Ebräer 11, 39—40. gr. 8. (12 S.) Barmen 882. (Wiemann.) n. — 20

Müller, L. (II.), der Geist der Gnade und des Gebets. Predigt über Sacharja 12, 10. gr. 8. (13 S.) Barmen 880. (Wiemann.) *

Müller, Leonhard: Geschichte der Breslauer Zeitungen von 1742—1871. (T. 1. 2°.) Breslau 1907: Grosser & Co. (45 S.) 8° ¶(Erscheint später vollst.)
Breslau, Phil. Fak., Ref. Kaufmann, Diss. v. 5. Aug. 1907
[Geb. 9. Juli 82 Schweidnitz; Wohnort: Breslau; Staatsangeh.: Preußen; Vorbildung: St. Matthias-Gymn. Breslau Reife O. 03; Studium: Breslau 9 S.; Rig. 17. Juli 07.]

— halte was du hast! Predigt über Offenbarung 3, 11. gr. 8. (14 S.) Ebend. 882. n. — 20

Müller, badische Landtagsgeschichte. 1. Thl.: Der Anfang des landständ. Lebens im J. 1819. Berlin 899.

— badische Landtagsgeschichte. 1.—3. Tl. gr. 8. Ebd. à n. 4. 50; geb. in Leinw. à n. 6. —
1. Der Anfang des landständ. Lebens im J. 1819. (XVI, 223 S. m. 2 Bildnissen.) 900.
2. 1820—1825. (XI, 248 S. m. 2 Bildnissen.) 901.
3. 1825—1833. (VIII, 165 S. m. 3 Bildnissen u. 1 Plan.) 902.

Müller, Leonh., badische Landtagsgeschichte. 4. Tl.: 1833—1840. (VIII, 169 S. m. 3 Bildnissen.) gr. 8. Berlin 902. Rosenbaum & Hart. n. 4. 50; geb. n. 6. —

Müller, Leonh., Lebenserinnerungen e. alten Kurhessen aus der Zeit des Königs Jerome v. Westfalen, der Kurfürsten Wilhelms I., Wilhelms II. u. Friedrich Wilhelms 1806 bis 1870. Zugleich als Versuch e. Familienchronik. Bearb. u. hrsg. v. Adf. Müller. gr. 8. (64 S.) Dresden 903. (v. Zahn & Jaensch.) n. 1. —

— s. den Pilgerweg. Lieder u. Gedichte. 8. (IV, 48; 52 u. 42 S.) Barmen 892. (Elberfeld, Buchh. der Evangel. Gesellschaft.) Geb. in Leinw. n. 1. 60

Müller, Leonh., die Breslauer politische Presse von 1742—1861. Nebst e. Überblick üb. die Dekade 1861 bis 1871. Von der Universität Breslau preisgekrönte Arbeit. (V, 443 S.) Lex. 8. Breslau 908. Goerlich & Coch. nn 10. —

Die Publizistik und das katholische Leben in Breslau und Schlesien während des 19. Jahrhunderts. Eine Skizze von Dr. Leonhard Müller. (Breslau: Schles. Volkszeitung) 1907 (1908). 66 S. 8°
Aus: Schles. Volkszeitung.

Müller, Leonhard. Die politische Sturm- und Drangperiode Badens. 2 Teile. [10 Lieferungen.] 8. Mannheim, Dr. H. Haas, 1905—1906 (*Umschlag: 1907). [pro Liefg. M. 1. —, pro Band 5. —]

Teil 1: 1840—1848. [Mit 5 Porträts.] XII + 188 S. 1905 (*Umschlag: 1907).
Teil 2: 1848—1850. [Mit 5 Porträts.] VIII + 217 S. 1906 (*Umschlag: 1907).

Müller, Leonh., die hauptsächlichsten Ursachen d. übermäß. Holztheurung, u. sichere Anleit. zu großer Holzersparniß in allen Haushaltungen als unfehlbares Mittel dagegen; auf vieljähr. Beobachtn. u. Versuche gegründet. 8. (1 B.) Dinkelsbühl 839, Walthr'sche Buchh.

Müller, L. (II.), Was dünket dich vom Dasein Gottes? Predigt über Psalm 14, Vers 1. 8. (16 S.) Barmen 876, Wiemann. **

Welche sollen zum Tisch des Herrn gehen? Vortrag, geh. in Emden 1903 von Pastor Leonhard Müller, Barmen. Erlangen 1904: Junge & Sohn. (17 S.) 8° [F.] [05. 376 5

Müller, Leonh., welche sollen zum Tisch des Herrn gehen? Vortrag, geh. in Emden bei der X. Hauptversammlung des reformirten Bundes f. Deutschland am 26. VIII. 1903. (17 S.) gr. 8. Erlangen 904. Elberfeld, Reformirter Schriftenverein. n. — 20
Sonderabdruck aus: „Reform. Kirchenztg."

Müller, Leopold —. Lithographisches Album, Alles, was man in den verschiedenen Fächern und Manieren der Kunst durch Lithographie zu leisten im Stande ist. Von — —.
1855.

Müller, Leop., der Bauernbua auf der Roas. Wos ar oll's hoamschreibt u. dahoam oll's dazählt. Gedicht in niederösterreich. Mundart. gr. 8. (26 S.) Wien (900). (Pola, F. W. Schrinner.) n. — 50

Müller, Leop., Beiträge zur Förderung der Obstkultur und Obstkunde in Deutschland. Stuttgart 864. Schweizerbart. gr. 8. (VI, 226 S.) 27 ngr.

Hamburg gez. und gestochen v. Leop. Müller. Hamburg. o. J. Lithographie. 1 Bl. Fol., 33,5 49,7 cm (beschn.). Aufgez. a. Leinwand in Futteral. 8°.

— der Hopfen. Anleitung zum praktischen Anbau desselben. Nach eigenen Erfahrungen u. Beobachtungen und mit Benützung der besten Quellen bearb. Stuttgart 862. Hallberger'sche Verlhdlg. gr. 8. (IV, 92 S. m. Holzschn.) n. 10 ngr.

MÜLLER, Leopold: Die Jagdsprache nebst den nöthigsten Erklärungen der weidmännischen Kunstausdrücke. - Wien 1840. 147 S.

Mueller, (Benj. Car. Leop. (geb. Main 23. 6. 1824)): De liquido cerebrospinali. Berolini (1847). (31 S.) 8°

Berlin, Med. Diss. v. 28. Mai 1847

— der Mais. Practische Anleitung zur zweckmäßigsten Cultur und Benützung desselben. Heidenheim 863. Völter. gr. 8. (2 Bl., 74 S.) n. 12 ngr.

—— Leopold. Mekore Hatephilla. Ein Beitrag zur Erklärung und Erläuterung des jüdischen Gottesdienstes und dessen Gebräuche. Nach den bewährtesten alten und neuen Quellen auf dem Gebiete der jüdischen Literatur. gr. 8. (V. 59 S.) Wien, Knöpflmacher in Comm. 45 kr. 1861.

Müller, Leop., üb. Ruptur d. Corneo-Soleralkapsel durch stumpfe Verletzg. gr. 8. (141 S. m. 5 Abb. u. 9 Taf.) Wien 895. F. Deuticke. n. 6.—

Müller, Leop., leichtfaßl. theoret.-prakt. Deutsche Sprachlehre f. Anfänger sowohl als Geübtere in d. Volksschulen. 4., verb. Aufl. 8. (14 B.) Mainz 833, Wirth.

Müller, Leop., die Typhus-Epidemie des J. 1868 im Kreise Lötzen [Reg.-Bez. Gumbinnen] besonders vom ätiologischen und sanitäts-polizeilichen Standpunkte aus dargestellt. gr. 8. (VII, 101 S. mit 1 lithogr. Karte in qu. 4.) Berlin 869, Hirschwald.

Müller, Lida, s. 1) P. de Kock, Ein charmanter Mann. 2) Sandeau, Mariane.

Beiträge zur Herpetologie Kameruns. Von Lorenz Müller. Mit 1 Taf. (München: Akad. d. Wiss. 1910.) S. 545–626. 4°
(Abhandlungen d. Kgl. Bayer. Akad. d. Wiss. Math.-phys. Kl. Bd 24, Abt. 3, [2.])

Müller, Lor., Beiträge zur Herpetologie Kameruns. (S. 545—626 m. Abb. u. 1 Taf.) Lex. 8. München 910. G. Franz' Verl. 4.—
Sonderabdruck aus: „Abhandlgn. d. bayer. Akad. d. Wiss."

Müller, Lorenz [Praes.], s. Bössel, Tobias: De eloqentia Apollonis viri apostolici.

Müller, L., de eloquentia Apollonis viri apostolici. Jen. 1717. 4.

— Vorläufige Mitteilung üb. e. neues Chamäleon u. e. neuen Gecko aus Kamerun. (S. 111—115.) gr. 8. Wiesbaden 909. J. F. Bergmann. — 40
Sonderabdruck aus: „Jahrb. d. nass. Ver. f. Naturkde."

Mueller, Laurentius (Meinolphus) *(geb. Paderborn 7. 10. 1813)*: De οἶμος et οἴμη, vocabulorum origine, significatione et usu apud Homerum. Vratislaviae (1840). (31 S.) 8°

Breslau, Phil. Diss. v. 25. Aug. 1840

Müller, Laurentius. In originem regni Damasceni tempore Israelitarum occasione 1. Reg. XI. 23. 24. 25. inquirunt historice ac philologice praeses M. — ... et respondens Ioh. Casp. Armann. Lipsiae 1714.

Müller, Lor., Primiz-Predigt, als Lor. Hengler seine erste heil. Messe las. 8. Landshut 836. Thomannsche Buchh. 1/8 ₰

Müller, Lor. Quomodo Horatius lyrica poesi ad commodum civium suorum usus sit, orationem anno olim MDCCCLVII. die natali regis Borussorum Potentissimi patrio sermone habitam latine edidit. 8 S.
Glogau, Kath., Progr. 1851

Müller, Lothar: Die Landwirtschaft auf dem Hunsrück unter besonderer Berücksichtigung der des Kreises Simmern. Bonn 1906: C. Georgi. (277 S.) 8°
Tübingen, Staatsw. Fak., Ref. v. Seemann, Diss. v. 3. Okt. 1906
(Nicht für den Austausch)
[Geb. 2. Juli 83 Frankfurt a. M.; Wohnort: Bonn; Staatsangeh.: Preußen; Vorbildung: Gymn. Offenbach Einj.-Freiw.-Zeugn. 99; Studium: Bonn 4, Tübingen 4 S.; Rig. 1. März 06.]

Müller, Lothar, Die Landwirtschaft auf dem Hunsrück unter besonderer Berücksichtigung der des Kreises Simmern. Diss. 8⁰. Tübingen 1908.

Müller, Loth., Sternenglaube u. Sterndeutung. Mit Bezugnahme auf Siegfried Wagners „Sternengebot". (23 S.) 8. Riga 908. W. Mellin & Co. nn — 80
Sonderabdruck aus: „Düna-Zeitg."

Müller, Louis, d. Bestimmgn. üb. Tagegelder, Reise- u. Umzugskosten im Königr. Sachsen. Mit Plänen v. Dresden u. Leipzig. 8. (XII, 275 S.) Dresden 895. H. Burdach. n. 4. 50; kart. n. 5. —

— L., Erläuterungen zu den allgemeinen Vorschriften f. das Staatsrechnungswesen des Königr. Sachsen in der seit 1. XI. 1900 giltigen Fassung. (A.R.V.) Lex.-8. (V, 34 S.) Dresden, W. Baensch. 1901. —. 75.

Müller, Louis, Erläuterungen zu den allgemeinen Vorschriften f. das Staatsrechnungswesen des Königr. Sachsen in der seit 1. XI. 1900 giltigen Fassung. (A. R. V.) 2. Aufl. Lex.-8. (34 S.) Dresden 901. W. Baensch. n. — 75

Müller, Louis, die neue evangelische Garnison-Kirche zu Strassburg i. E. Mit Lichtdr.-Bildern nach photograph. Aufnahmen auf 14 Taf. gr. Fol. (V, 62 S.) Strassburg 898. (Ulm, H. Kerler.) In Mappe n. 16. —

Die neue evangelische Garnisonskirche zu Strassburg i. E. von Architekt Louis Müller, Kgl. Baurat. Mit Lichtdruckbild. nach photogr. Aufnahmen auf 14 Taf. *Strassburg i. E.: F. Engelhardt 1898* (aufgekl.: *Ulm: H. Kerler in Comm. 1899*). (62 S., 14 Taf.) 2°

Müller, Louis, neue Grammatik d. franz. Sprache f. Gymnasien u. Realschulen. gr. 8. (18 B.) Leipzig 840, Barth.

— neues franz. Lesebuch mit e. kurzgefaßten Grammatik d. franz. Sprache u. e. franz.-deutsch. Wort- u. sacherklär. Lexicon. Für Gymnasien ꝛc. gr. 8. Leipzig 840. Gebr. Reichenbach. 1/2 ₰

—— neues franz. Lesebuch nebst vorangeh. kurzgef. Grammatik u. e. Wörterbuche, f. Gymnasien, Real- u. höh. Bürgerschulen. gr. 8. (17 B.) Leipzig 841, Gebr. Reichenbach.

Müller, Louis, s.: Möbeltransport-Kalender.

Müller, Louis, Tagegelder, Reise- u. Umzugskosten im Königreich Sachsen, s.: Handbibliothek, juristische.

Müller, Louis Curt, s. Müller, Kurt

Müller, Louise, s. Müller, Luise

Müller, Lucas, s. Müller, Lukas

Müller, Lucian, s. Müller, Luzian

Müller, Ludolf Heinrich

Müller, L. H., Lübeckisch. Münz- u. Medaillenkabinet, m. Anm., herausg. v. J. H. Schnobel. gr. 8. Lübeck, Bohn. (Niemann u. R.) 790.

* *Ludolph. Paul. Müllers* Beweis von der Nothwendigkeit der Rechenkunst und Mathematik im gemeinen Leben, als die vornehmsten Stücke, das Schulwesen zu verbessern. Braunschw. 4. (3 gr.) 1747.

Müller, Ludwig, Hamburg [wirkl. Name] s. Bredow, Heinrich [Pseud.] A 12. 10489

Müller, Ldw., s. a. Müller, Jh. Ldw.

Müller, (L.) Abriß u. Beschreib. d. Kriege Friedrichs des Großen oder Darstellung aller Schlachten u. Hauptgefechten, welche in den drei Schlesischen Kriegen geliefert wurden, mit einer genauen Erklärung jeder Bataille. 5e Aufl. mit Kupf. gr. 4. Berl. 822, Nauck.

Müller, Ludwig, k. preuss. Ingenieur-Lieut. Abriss der drei schlesischen Kriege. Zur Erklärung einer Kupfertafel, auf welcher 26 Schlachten und Hauptgefechte abgebildet sind. (1740—1763.) 4. Berlin 1786.

— Dasselbe, u. d. Tit.: Abris der drei Schlesischen Kriege zur Erklärung . . . Von Ludwig Müller. (Mit 1 Tafel.) Potsdam, Berlin 1786. 4.

— Dasselbe. (Mit 1 Tafel.) Berlin, Potsdam 1788. 4.

— Abr. d. 3 schlesisch. Kriege, z. Erklär. e. Kupfertafel, a. w. 26 Schlachten abgeb. s. 4. Berlin, Unger. 789.

Müller, Ludw., Andeutungen über die Anlehnung dogmatischer Erörterungen an einzelne Abschnitte der heiligen Schrift; durch Beispiele erläutert. Breslau 863. Dülfer in Comm. gr. 4. (IV, 34 S.) n. 10 ngr.

Müller, (Hauptm.) Ldw, L., († d. 12. Juni 1804.) Anweis., wie man die Breite u. Tiefe d. Flüsse aus gemeinen Landkarten erforschen könne. Berl. 784.

— s. Auswahl französ. Theaterstücke.

Müller, Ludw. (I.), über die Bacterien als Krankheitserreger. Vortrag, gehalten am Tage des 25jähr. Stiftungsfestes des wissenschaftl. Vereins in Minden. gr. 8. (32 S. mit 1 Fig.-Taf.) Minden 885, Bruns. *

Begebenheiten von Marburg aus dem vorigen Jahrhundert. Von Ludwig **Müller**, [Rentier in Marburg]. *[Marburg 1904.]* (67 S.) 8° [Umschlagt. J.] [04. 12370 4

Beiträge zur Chronik von Marburg. Von Ludwig **Müller**, [Rentier in Marburg]. [Marburg 1905: J. A. Koch.] (19 Bl.) 4° [Umschlagt. J.] Aus: Oberhessische Zeitung. [06. 5605 4

Müller, Ludwig, a. Wesel am Rhein ⟨Rheinprovinz⟩: Beiträge zur Kenntnis der Craniiden unter besonderer Berücksichtigung der Kreide-Formen. Abschnitt 2: Beiträge zur Organisation der Craniiden. (Halle a. S. 1908: K. Pritschow.) (32 S.) 8° ¶ (Soll vollst. u. mit d. Abbildungen erscheinen.)
Berlin, Phil. Fak., Ref. Branca, Diss. v. 18. April 1908
[Geb. 11. Febr. 83 Wesel; Wohnort: Charlottenburg; Staatsangeh.: Preußen; Vorbildung: Gymn. Wesel Reife O. 01; Studium: Berlin 7 S.; Rig. 19. Dez. 07.]

Müller, Ludwig von, Oberveterinär und Amtstierarzt in Leipzig: Beiträge zur Lehre vom Zahnalter des Pferdes. Borna-Leipzig 1908: R. Noske. (66 S., 4 Taf.) 8°
Leipzig, Phil. Fak., Ref. Eber-Kirchner, Diss. v. 2. April 1908
[Geb. 8. Sept. 73 Pößneck (Thüringen); Wohnort: Leipzig-Gohlis; Staatsangeh.: Sachsen; Vorbildung: Lat. Hauptsch. d. Franckeschen Stiftungen Halle Reife f. Prima O. 92; Studium: Leipzig 5, Tierärztl. Hochsch. Dresden 7 S.]

— L., Bemerk. zu Cäsars Gall. Kriege, Buch I—IV. Pr. 1854. 14 S. 4°.
— — Buch V—VIII. Pr. 1855. 29 S. 4°.
Kiel.

Müller, L. Kurzgefasste Beschreibung der drei Schlesischen Kriege. (92.) 4. M. 26 Pl. Berlin 1785. — 2. A: Abriss und Beschreibung der Kriege Friedrichs des Grossen, oder Darstellung aller Schlachten und Hauptgefechte in den drei Schlesischen Kriegen. 4. Berlin 1786. — ib. 1789. — ib. 1802. — 5. Aufl. 1822. 14,50.

— — L. Kurzgefaßte Beschreibung der 3 schlesischen Kriege zur Erklärung e. Kupfertafel, auf welcher 26 Schlachten und Hauptgefechte abgebildet sind. Mit Krt. Berlin 1785. 103 S.
— — 2. unveränd. Ausgabe. Berlin 1786.

— kurzgefaßte Beschreib. der 3 Schlesisch. Kriege, zur Erklär. e. Kupfertaf., auf welchen 26 Schlachten u. Gefechte abgebildet sind. 4. Berl. 785. 5e Aufl. unt. d. T.: Abriß u. Beschreib. d. Kriege Friedrichs d. Großen, oder Darstell. der 26 Schlachten u. Hauptgefechte, welche in den 3 Schles. Kriegen geliefert wurden, mit e. genauen Erklär. jeder Bataille. Mit 1 Kpf. u. Friedrichs Bildn. gr. 4. Berl. 822. Nauck. 4 ₰ 12 gr — Dass. französ.: Tableau de Guerre de Frédéric le grand etc. gr. 4. Ebd. 785. N. A. 822. Ebd. 4 ₰ 12 gr

Müller, Ludwig, Kurzgefasste Beschreibung der drei Schlesischen Kriege zur Erklärung einer Kupfertafel, auf welcher 26 Schlachten und Hauptgefechte . . . abgebildet sind. (Mit 1 Tafel.) Potsdam u. Berlin 1785. 4.

— Beschreibung d. 3 schlesisch. Kriege rc. gr. 4. Berl. Nauck. 805.

Aus der Blütezeit des Handwerksburschenlebens und des Zunftwesens. Von L[udwig] **Müller**. Marburg 1910: Koch. 89 S. 8° [10. 9455 4

Müller, L., deutsch-französischer Briefsteller, s.: Froment, Ed.

Müller, Ldw. II., deutsch-französ. Briefsteller, s. Fromment.

Müller L, die Bronzewaren-Fabrikation. (Bibliothek, Chem.-techn. 29) Wien 1877

Müller, Ludw. (I.), die Bronzewaaren-Fabrikation. Anleitung zur Fabrikation von Bronzewaaren aller Art, Darstellung ihres Gusses und Behandelns nach demselben, ihrer Färbung und Vergoldung, des Bronzirens überhaupt nach den ältern, so wie den neuesten Verfahrungsweisen. In leicht faßl. Weise bearb. 8. (IV, 238 S. mit 25 eingedr. Holzschn.-Abbild.) Wien 877, Hartleben's Verlag.

(F) Die Bronzewaaren-Fabrikation. Anleitung zur Fabrikation von Bronzewaaren aller Art, Darstellung ihres Gusses und Behandelns nach demselben, ihrer Färbung und Vergoldung, des Bronzirens überhaupt nach den älteren, sowie bis zu den neuesten Verfahrungsweisen. In leicht fasslicher Weise bearbeitet von Ludwig Müller. Mit 31 Abbildungen. 2., sehr vermehrte und verbesserte Auflage. [Chemisch-technische Bibliothek. Bd. XXIX.] Wien. Pest. Leipzig. 1902. Hartleben. 8°. VII, 231 S. K 3.30

Müller, Ldw. III., (Fr. Ldw. Meißner,) Diätetik gesunder u. geschwächter Augen, od. Rathgeber f. alle diejenigen, welche an veralteten u. hartnäck. Augenübeln leiden, dieselben verbessern u. die Augen bis in das späteste Alter erhalten wollen. 8. Leipz. 823. (Lehnhold). 14 gr

Müller, (Ludw.,) Diätetik gesunder u. geschwächter Augen oder Rathgeber f. all: diejenigen, welche an veralteten u. hartnäck. Augenübeln leiden, dieselben verbessern u. die Augen bis in das späteste Alter erhalten wollen. 8. Leipz. 825, Hartmann.

— Diätetik gesunder und geschwächter Augen ꝛc. Wohlf. Ausg. 8. Leipzig 839. Lehnhold. 1/3 ℛ

Müller, Ludw., das Duell im Lichte christlich-germanischer Bildung, eine Schmach des 19. Jahrhunderts. Ein Beitrag zur Sittengeschichte unserer Zeit mit Belägen aus den Schriften älterer und neuerer Gegner des Zweikampfs. Breslau 858. Aland. gr. 8. (50 S.) n. 7½ ngr.

Müller, Ludw. (I.), das Duell im Lichte christlich-germanischer Bildung, eine Schmach des 19. Jahrhunderts. Ein Beitrag zur Sittengeschichte unserer Zeit mit Belägen aus den Schriften älterer und neuerer Gegner des Zweikampfs. gr. 8. (50 S.) Breslau 858, (Morgenstern.)

Marburger Erinnerungen. Von L[udwig] Müller, [Rentier in Marburg]. [Marburg 1907: Oberhess. Zeitung.] (47 S.) 8° [Umschlagt. F.]
Aus: Oberhess. Zeitung. [07. 8043 4

Müller, Ludwig, appr. Arzt a. Malmedy: Ein Fall von Duodenalcarcinom mit Enteroanastomose zwischen Anfangsteil des Duodenums und dem Coecum. München 1904: C. Wolf & Sohn. (18 S.) 8°
München, Med. Fak., Ref. v. Bauer, Diss. v. 17. Jan. 1905
[Geb. 9. Juli 77 Chödes b. Malmedy; Wohnort: Malmedy; Staatsangeh.: Preußen; Vorbildung Gymn. Neuß Reife O. 98; Studium: Bonn 5, München 5 S.; Coll. 30. Nov. 04; Approb. 28. Juli 04.]

Mueller, (Joan. Augustus) Ludov. (geb. Gehrden bei Magdeburg 17. 9. 1828): De fato Homerico. Berolini (1852). (52 S.) 8°
Berlin, Phil. Diss. v. 7. Aug. 1852

Müller, Ludwig, Rechtspraktikant aus Mannheim: Frachtbrief u. Frachtbriefduplikat im deutschen Frachtrecht und internationalen Uebereinkommen über den Eisenbahnfrachtverkehr vom 14. Oktober 1890. *Schwetzingen 1899: A. Moch.* (41 S.) 8°
Erlangen, Jur. Diss. v. 11. Jan. 1899

Müller, *Karl Wilhelm Hermann* Ludwig [app. Arzt aus Marburg]: Eine Geburt bei Uterus septus. Aus d. Entbindungsanstalt zu Marburg ... Marburg, 1897; 30 S., 1 Bl. 8.
Marburg, Med. Fak., Inaug.-Diss. v. 25. Mai 1897

Müller, Ludw., das corrosive Geschwür im Magen und Darmkanal [Ulcus ventriculi perforans s. chronicum rotundum] und dessen Behandlung. Erlangen 860. Enke. Lex.-8. (X, 275 S. u. 3 lith. Taf.) n. 1 ℛ 14 ngr.

— L., Das Gesetz, betr. die Kaufmannsgerichte, nebst e. Zusammenstellg. der gesetzl. Bestimmgn. u. Gerichtsentscheidgn. üb. das kaufmänn. Dienst- u. Lehr-Verhältnis, m. Anh.: Formulare. (246 S.) 8. Witten, Leipzig, L. Fernau. 1904. 2. 20.

Müller, Ludw., das Gesetz, betr. die Kaufmannsgerichte, nebst e. Zusammenstellung der gesetzl. Bestimmungen u. Gerichtsentscheidgn. über das kaufmänn. Dienst- u. Lehr-Verhältnis, m. Anh.: Formulare. (246 S.) 8. Witten 904. Selbstverlag. n. 2. 20

Müller, L. (II.), Guide epistolaire franç.-allemand, s. Froment, Ed.

Müller, L. (II.), et Ed. Fromment, Guide épistolaire franç.-allem. etc., s. Fromment.

—— Handbuch f. Schüler beim erst. Unterr. in d. franz. Sprache. 8. (11 B.) Hildburghausen 832, Kesselring.

Deutsches Haus [zu Marburg]. Masst. 1:1271 nach d. Urkarte Q. Ludwig Müller. o. O. (1902.) (1 Kartenbl. 21x34 cm.) 4°
Aus: Hessenland. 1902.

Aus fünf Jahrhunderten. Beiträge z. Geschichte d. jüd. Gemeinden im Rieß von Prof. Dr. Ludwig Müller. (Abth. 1. [2.]) Augsburg (1899) 1900: J. P. Himmer [übergekl.:] Nördlingen: C. H. Beck in Comm. (226 S.) 8°
Aus: Zeitschrift d. hist. Ver. f. Schwaben u. Neuburg. Jg. 1899 u. 1900.

Müller, Ludw. (IV.), Inaugural-Abhandl. üb. Augenwassersucht, nebst Beschreib. u. Abbild. ein. unt. d. Form d. Staphyloma corneae pellucidum auftretenden Falles. gr. 8. (2¼ B. u. 1 ill. Kpfrt.) Würzburg 833, (Stahel.)

Mueller, Ludovicus *(geb. Berlin 9. 6. 1813)*: Commentationis de isomerismo, metamerismo et polymerismo part. 1. Vratislaviae (1837). (82 S., 1 Taf.) 8° *[Die Tafel fehlt in manchen Tauschexemplaren.]*
Breslau, Phil. Diss. v. 1. Sept. 1837

Müller, L., s. Kalender, konservativer.

Müller, Ludw., Karte der Umgegend von Ansbach. 1:100,000. Lithogr. und color. qu. Fol. Ansbach 883, Seybold's Buchh. — 30

— französ. Lehrmethode, od. das deutsche Lautirsystem beim französ. Lehrunterricht angewendet. 8. Hildburgh. 832. Kesselring. 3 gℛ

— Wandtabellen dazu. Fol. Ebd. 9 gℛ

Müller, Ludw., Leseübungen f. angehende Gabelsberger Stenographen. 2 Tle. gr. 8. (IV, 48 u. 56 S.) Erlangen 890. 891. Th. Blaesing. à n. — 80

Müller, Ludw., Leseübungen f. angeh. Gabelsberger Stenographen. 3., verb. Aufl. gr. 8. (IV, 96 S.) Erlangen 896. Th. Blaesing. Kart. n. 1. 80

Müller, Ludw., stille Lieder. Gedichte. (IV, 244 S.) kl. 8. Dresden 910. E. Pierson. 3.—; geb. n 4. —

Marburg früher und heute. Von Ludwig Müller, [Rentier in Marburg]. Marburg 1908: J. A. Koch. (30 S.) 8° [Umschlagt. F.] [08. 8014 4

Ludwig Müller, [Rentier in Marburg]. Die Universität Marburg. Einige Beiträge z. Geschichte derselben. *(Marburg: J. A. Koch [1904].)* (24 Bl.) 4° [Umschlagt. F.] [04. 8646 4

— Maximen über die Erziehung, nach Rousseau. 8. Leipz. 801. Joachim. 18 gℛ

— Maximen üb. d. Erziehung. 8. Leipz. Joachim. 804.

Müller, Ludovicus (geb. am 1 März 1827 in Minden Westf.): De iridis motu ... Bonnae, typ. Krüger 1851. 1 Bl., 28 S., 1 Bl. 8.
Bonn, Med. Fak., Diss. v. 14 Aug. 1851

Mueller, Ludov. (geb. Driburg 12. 12. 1836): De myelitide. Berolini (1864). (31 S.) 8°
Berlin, Med. Diss. v. 9. Aug. 1864

Müller, Ludw., geschichtliche Nachrichten üb. die Umgegend v. Erlangen. 8. (102 S.) Erlangen 885. (Deichert.) n. 1. —

Müller, Ludw., die Reichsstadt Nördlingen im schmalkaldischen Kriege. Mit e. (chromolith.) Karte in qu. gr. Fol.) gr. 8. (VIII, 200 S.) Nördlingen 877. Beck. n. 3. —

Müller, Ludwig, a. Bad Kissingen: Über beckenerweiternde Operationen unter besonderer Berücksichtigung der Hebotomie. Würzburg 1906: A. Borst. (43 S.) 8°
Würzburg, Med. Fak., Ref. Hofmeier, Diss. v. 26. Sept. 1906
[Geb. 5. Aug. 78 Kissingen; Wohnort: Würzburg; Staatsangeh.: Bayern; Vorbildung: Gymn. Birkenfeld Reife O. 00; Studium: Würzburg 10 S.; Coll. 13. Juli 06; Approb. 7. Juli 06.]

MUELLER, Ludwig (München): De ophthalmia gonorrhoica.- Monachii: Jaquet 1832. 22 S.
30.3.1832 - Urk; F 60
Diss. Ingolst.-Landsh.-Mchn.

Müller, Ludw., Deynhausen [Rehme] u. seine Heilquellen f. den Curgast. gr. 16. (135 S.) Deynhausen 873. Essmann & Co. 1. 50

— das Pflanzen der Obstbäume. 8. (32 S.) Berlin 862, Allgemeine Deutsche Verlagsanstalt. *

Müller, Ludw. (III.), der landwirthschaftliche Pflanzenbau. Praktische Anleitung zum Anbau der Culturpflanzen nach dem heutigen Standpunkt der Wissenschaft. Dargestellt für den prakt. Landwirth sowie für Ackerbau- und Fortbildungsschulen. 8. (VIII und 197 S.) Berlin 861(62), Schotte und Comp.

— der landwirthschaftliche Pflanzenbau. Praktische Anleitung zum Anbau der Culturpflanzen nach dem heutigen Standpunkt der Wissenschaft. Dargestellt für den praktischen Landwirth sowie für Ackerbau- und Fortbildungsschulen. Berlin 862. Schotte & Co. (Stuttgart, Johannssen.) 8. (VIII, 197 S.) 15 ngr.

Müller, Ludw. (II.), Placenta praevia, die vorliegende Nachgeburt, ihre Entwicklung und Behandlung. gr. 8. (VII, 343 S. mit 1 Tab. in qu. gr. Fol.) Stuttgart 877, Enke. *

Müller, Ludw., Predigt bei dem Dankfeste über die glückliche Ankunft der Passagiere des bei Harwich gestrandeten „Johann Friedrich" unter Capt. H. Wieting — mit der Barke „Leontine", Capt. G. Thormann. Gehalten den 26. Jan. 1851 in Charleston. gr. 8. (15 S.) Charleston 851. (Philadelphia, Schäfer & Koradi.) n. 6 ngr

— Predigt über das in der evangel. Kirche sich hie u. da zeigende Sektenwesen. 8. Liegnitz 833. Kuhlmey. 1/12 Thlr

Muller, L.: Quae ratio instituenda sit, ut discipuli Xenophontis Anabasim eo quo par est studio legant. 6 S. – Anklam, Progr. 1869.

Müller, Ludov., quae ratio instituenda sit, ut discipuli Xenophontis Anabasim eo quo par est sudio legant. Anclam 869. Wriezen, Riemschneider. 4. (11 S.) n.n. 5 ngr.

Müller, Ludw. (geb. Harzburg 8. 5. 1852): Ueber Querbrüche der Kniescheibe. Berlin (1870). (30 S.) 8°
Berlin, Med. Diss. v. 20. Mai 1870

Müller, (Superint. u. Pastor) Edw., Rede bei der Confirmation einiger Zöglinge und Schüler der Königl. Ritterakademie, gehalten den 19. Mai 1836. 8. Liegnitz 836. Kuhlmey. 1/12 Thlr (1 B.)

— Rede, bei Gelegenheit der Suspension des Pastors Otto Friedrich Wehrhan in Kunitz, gehalten den 21. Decbr. 1834. 8. Liegnitz 835. Kuhlmey. 1/12 Thlr (1 B.)

— Rückblicke auf Kurhessen und das Ende des Kurfürstentums. 8. (II, 89 S.) Ebd. 890. * 1 —

— Rückblicke auf Kurhessen u. das Ende des Kurfürstentums. 2. Aufl. gr. 8. (V, II, 89 S.) Ebd. 890. n. 1. —

— Schlachtengemälde. 12. Leipz. 808. Joachim. 4 Gr.

— nachgelass. militär. Schriften. 2 Thle. Mit Kpf. u. Holzschn. 4. Berl. 807. Duncker u. H. (1r Thl. enthalt. d. Lagerkunst. 4 Thlr 12 Gr., 2r Thl. enthalt. Terrainlehre. 5 Thlr 12 Gr.) 10 Thlr Hbg. Pr. 6 Thlr

Mueller, Ludovicus: Sententiae controversae ... veniae docendi rite impetrandae caussa. Vratislaviae 1838. (2 Bl.) 8°
Breslau, Phil. Fak., Hab.-Thesen v. 26. Mai 1838

— leichtfaßl. deutsche Sprachlehre f. Anfänger in d. untern Volksschulen. ... 2e A. 8. Mainz 825. Stenz. 9 Gr. 4e A. gr. 8. Ebd. ... Wirth. 12 Gr.

Marburger Studenten-Erinnerungen von L[udwig] **Müller**, [Rentier in Marburg]. [Marburg: J. A. Koch 1906.] (8 Bl.) 4° [F.]
Aus: Oberhess. Zeitung. [06. 14909 4

Marburger Studenten-Erinnerungen von L[udwig] **Müller**, [Rentier in Marburg]. Marburg 1908: J. A. Koch. (157 S.) 8° [F.]
[Aus: Oberhess. Zeitung. 1907.] [08. 4318 4

MÜLLER, Ludwig (Altleiningen): Experimentelle Studien über eine Krankheits- und Todesursache in faulenden Stoffen, das sogenannte "putride Gift".- München: Deschler 1867. 35 S.
7.7.1866 - Urk (Titel: De effectibus veneni quod vulgo nominatur putridum.); F 71 (= Miller)
Diss. Ingolst. - Landsh. - Mchn.

— Tableau des guerres de Frédéric le Grand ou Plans Figurés de Vingt-six Batailles ... donnés dans les trois Guerres de Silésie .... Traduit de l'allemand de Louis **Müller** par de la Kaux. Berlin, Potsdam 1785. 4.

Müller, Ludw., Tableau de guerres et de Batailles livrées p. Frédéric le grand ou plans fig. de 26 Batail. rang. ou combats essentiels donnés dans les trois guerres de Silésie etc. gr. 4. Berlin, Nauck. 785.

Müller, L. Tableau des guerres de Frédéric le Grand ou plans de 26 batailles etc. donnés dans les trois guerres de Silésie. Trad. de l'allem. par de la Kaux. 4. av. 26 pls. Potsdam 1785. — ib. 1786. — ib. 1789. — ib. 1802. — ib. 1822. 14,50.

Müller, Ludwig. Tableau des Guerres de Frédéric le Grand ... Traduit de l'Allemand. Potzdam 1788. V: *Laveaux, Jean Charles Thibault de.* (BrMm)

— Tableau des guerres de Frederic le grand ou plans figurés de vingt-six batailles rangées, ou combats essentiels, donnés dans le trois guerres de silésie, av. une explicat. précise de chaque bataille. Ouvre qui peut servir a l'intelligence de la partie milit. de la vie de Fréderic, gr. 4. Berl. 822. Nauck.

Müller et Engelbrecht, Tableau des guerres de Frédéric le Grand contre les puissances réunies de l'Empire de l'Autriche, de la Russie, de la France, de la Suède et de la Saxe ... [Berlin 1765?] . . . . (Br. Mus.)

— Tableau, Friedrichs Heer im 7jähr. Kriege. Fol. Berl. 801. Belitz. 1 Thlr

Aus dem Tagebuch eines Marburgers von 1870/71. Von L[udwig] **Müller**. *Marburg [1903]: J. A. Koch.* (43 S.) 8° [Umschlagt. F.]
Aus: Oberhess. Zeitung. 1903. [03. 12626 4

Müller, Ludw., aus dem Tagebuche e. Marburgers 1870/71. (III, 84 S. m. 4 Abbildgn.) 8. Marburg 904. N. G. Elwert's Verl. n. 1. —

Müller, Ludw., aus Deutschlands trüben Tagen. Auf Grund aktenmäß. Materials bearb. 2 Thle. 8. Marburg, O. Ehrhardt. n. 3. 50
1. (226 S.) 892. n. 2. —. — 2. (IV, 201 S.) 893. n. 1. 50.

Müller, Ludwig [Dr. aus Erlangen]: Tuberkulose der Brustdrüse ... Würzburg, F. Scheiner's Buchdr., 1893; 34 S. 8.
Würzburg, Med. Fak., Inaug.-Diss. v. 1893

Die Turnvereine in Marburg. Eine Erinnerung von L[udwig] **Müller**, [Rentier in Marburg]. Marburg 1908: J. A. Koch. (65 S.) 8°
[Aus: Oberhess. Zeitung. 1908, Febr. bis Mai.]

Müller, L. (III.), lateinisches Uebungsbuch zur Einübung der Formenlehre und des einfachen Satzes. Als Anhang eine gereimte Zusammenstellung 1) der Präpositionen, 2) der Regeln über die Kasusendungen in der 3. Declination, 3) der Genus-Regeln. gr. 12. (VI und 102 S.) Anclam 857, Dietze.

Müller, Ludwig, appr. Arzt a. Wertheim a. M.: Neue Untersuchungen über die Quantitative Aufnahme organischer Nitrokörper durch die Haut. Würzburg 1906: F. Staudenraus. (27 S.) 8°
Würzburg, Med. Fak., Ref. Lehmann, Diss. v. 19. März 1906
[Geb. 12. Nov. 78 Wertheim: Wohnort: Würzburg; Staatsangeh.: Baden; Vorbildung: Gymn. Wertheim Reife Juli 97; Studium: Würzburg 10 S.; Coll. 3. Jan. 06; Approb. 14. Juli 05.]

Mueller, Ludw. (geb. Gospenrode in Thür. 20. 3. 1857): Ueber das Verhältniss der acuten Miliartuberculose zu käsigen Heerden. Berlin (1879). (26 S.) 8°
Berlin, Med. Diss. v. 29. Nov. 1879

Müller, L. Versuch einer Terränlehre. Berlin 1807. 8°.

— Versuch über d. Verschanzungskunst auf Winterpostirungen. Mit 15 Kpf. gr. 8. Potsd. 782. (Rauck in Berl.) 2 ♯ — Nachdruck: gr. 8. Gotha 795. Ettinger. 2 ♯ 12 ℊℊ

Mueller, L. Versuch über die Verschanzungskunst auf Winterpostierungen. Mit Taf. Gotha 1788. 304 S.
— — Neue Aufl. 1795.

Müller und von Engelbrecht: Vorschriften zu Militairischen Plan- und Carten Zeichnungen. Entworfen von Müller, gezeichnet von v. Engelbrecht, gestochen von Ludw. Schmidt. Potsdam [o. J.]. 15 Tf. 8°.

— Vorschriften z. militär. Plan- u. Kartenzeichnen. Gezeichnet v. Engelbrecht, gestochen v. Ldw. Schmidt. gr. 4. Potsd. 778. (Belitz in Berl.) 1 ♯ 8 ℊℊ

Müller, Ludw. (L.). Aus sturmvoller Zeit. Ein Beitrag zur Geschichte der westfäl. Herrschaft. gr. 8. (VIII, 302 S.) Marb. 891, Ehrhardt. * 2 50

Aus unruhigen Zeiten. Der Gasthof z. Landgrafen Philipp. Von L[udwig] Müller, [Rentier in Marburg]. Marburg [1906]: J. A. Koch. (8 Bl.) 4° [F.]
Aus: Oberhess. Zeitung.

Müller, Ludw. Aug., die Beurkundung d. Personenstandes u. die Eheschließung nach dem Reichsgesetze vom 6. Febr. 1875. Ein Handbuch zur Erleichterg. d. Gesetzesvollzuges, hauptsächlich f. Standesbeamte. 8. (VI, 226 S.) Nördlingen 876. Beck. n. 2. 25

Müller, Ludw. Aug. v., die Beurkundung des Personenstandes u. die Eheschließung nach dem Reichsgesetze vom 6. Febr. 1875. Ein Handbuch zur Erleichterung des Gesetzesvollzuges, hauptsächlich für Standesbeamte. 2., verm. Aufl. 8. (VIII, 233 S.) Nördlingen 882. Beck. cart. n. 2. 25

Müller, Ludw. Aug., über die topographischen Beziehungen des Hirns zum Schädeldach. Inaug.-Diss. gr. 4. (60 S. m. 2 Taf.) Bern 889. (Schmid, Francko & Co.) n. 3. 50

MÜLLER, Ludwig August (München): Historisch dogmatische Darstellung der Verhältnisse bei beerbter Ehe nach den bayerisch-schwäbischen Stadtrechten.- Nördlingen: Beck 1874. 3 Bl., 50 S.
20.12.1873 - Urk (Titel: Quid de iuribus et coniuge superstiti et liberis e communione bonorum exorientibus statuta Augustana Memmingensia...); Chr 1873/74,14
Diss. Ingolst. - Landsh. - Mchn.

Müller, Ludw. Aug., historisch-dogmatische Darstellung der Verhältnisse bei beerbter Ehe nach den bayerisch-schwäb. Stadtrechten. Inauguraldissertation. gr. 8. (50 S.) Nördlingen 874, Beck'sche Buchh. *

Müller, Ludw. Aug. v., das kgl. bayrische Gesetz, die Flurbereinigung betr., s. a. Gesetzgebung, die, des Königreichs Bayern.

v. **Müller u. Haag,** bayer. Gesetz. d. Flurbereinigg. betr. Erlangen 887—91.

Müller, Ludw. Aug. v., das bayerische Gesetz üb. Heimat, Verehelichung u. Aufenthalt vom 16. Apr. 1868, 23. Febr. 1872 u. 21. Apr. 1884. Handausg. m. Erläutergn. unter besond. Berücksicht. der ergangenen Vollzugsvorschriften, sowie der Erkenntnisse d. Verwaltungsgerichtshofes u. einschläg. Reichsgesetze. 8. (III, 126 S.) Nördlingen 884. Beck. cart. n. 1. 40

— das bayerische Gesetz über die Wahl der Landtags-Abgeordneten vom $\frac{\text{4. Juni 1848}}{\text{21. März 1881}}$. Mit den zum Vollzuge ergangenen Anordnungen unter Anfügung kurzer Erläuterungen hrsg. 8. (105 S.) Ebend. 881. cart. n. 1. 40

— das bayerische Gesetz über die Wahl der Landtags-Abgeordneten vom $\frac{\text{4. Juni 1848}}{\text{21. März 1881}}$. Mit den zum Vollzuge ergangenen Anordnungen unter Anfügung kurzer Erläuterungen hrsg. 2. verm. Aufl. 8. (III, 107 S.) [Nördlingen 887.] München, Beck'sche Verlagsb. cart. *

Müller, Ludw. Aug. v., das bayerische Gesetz üb. d. Wahl der Landtags-Abgeordneten v. 4. VI. 1848/21. III. 1881. Mit den zum Vollzuge ergangenen Anordngn. unter Anfügg. kurzer Erläutergn. hrsg. In 3. Aufl. neu bearb. v. Karl Krazeisen. 8. (VIII, 158 S.) München 899. C. H. Beck. Kart. n. 1. 80

Müller, Ludw. Aug. v., das bayerische Gesetz über die Wahl der Landtags-Abgeordneten vom 4. VI. 1848/21. III. 1881. Mit den zum Vollzuge ergangenen Anordngn. unter Anfügung kurzer Erläutergn. hrsg. In 4. Aufl. neu bearb. v. Karl Krazeisen. (VIII, 179 S.) 8. München 905. C. H. Beck. Geb. in Leinw. n. 2. 50

— die Krankenversicherung der Arbeiter. Abdruck des Reichsgesetzes vom 15. Juni 1883, betreffend die Krankenversicherung der Arbeiter, des bayer. Ausführungsgesetzes vom 28. Febr. 1884, der k. Verordnung vom 14. Mai 1884 und der Vollzugsbekanntmachungen für Bayern, dann der vom Bundesrath veröffentlichten Entwürfe zu Statuten von Orts- und Betriebskrankenkassen. Mit einleitenden Bemerkungen, sowie ausführl. Sachregister hrsg. Ergänzungsheft zu v. Riedel's Kommentar zum bayer. Gesetz über öffentliche Armen- und Krankenpflege vom 29. April 1869 [3. Aufl.]. gr. 8. (XXVI, 156 S.) Ebendas. 884. *

Müller, L. A. v., die Krankenversicherung der Arbeiter. Abdruck d. Reichsgesetzes vom 15. Juni 1883, betr. die Krankenversicherg. der Arbeiter, d. bayer. Ausführungsgesetzes vom 28. Febr. 1884, der k. Verordngn. vom 14. Mai 1884 u. der Vollzugsbekanntmachgn. f. Bayern, dann der vom Bundesrath veröffentlichten Entwürfe zu Statuten v. Orts- u. Betriebskrankenkassen ꝛc. Mit einleit. Bemerkgn., sowie ausführl. Sachregister hrsg. Ergänzungsheft zu v. Riedel's Kommentar zum bayer. Gesetz üb. öffentliche Armen- u. Krankenpflege vom 29. Apr. 1869 [3. Aufl.]. 2. Aufl. gr. 8. (XXVI, 168 S.) Nördlingen 885. Beck. n. 2. —

Müller, Ludw. Joh. (Müller-Rellüm), s. a.: Ludwig, Herb.

— s. a. Rellüm [Pseud.]

Rellüm (d. i. Ludwig Joh. Müller). Humoristische Erzählungen aus dem Jägerleben. *Magdeburg: Selbstverl.; Lichtenberg & Bühling in Komm. 1901.* (VIII, 294 S.) 8° [F.]

— Rellüms humoristische Erzählungen aus dem Jägerleben. 2. Tl. (III, 186 S.) 8. Dresden (907). E. Pierson. 2.—; geb. n 3. —

Müller, Ludwig Robert [app. Arzt aus Augsburg]: Aus d. Patholog. Institut zu München. Beitrag zur pathologischen Anatomie der Tumoren des Rückenmarks und seiner Häute... M. 5 Abb. im Text. (Aus: Deutsch. Arch. f. Klin. Med., Bd LIV.) Leipzig, Druck v. J. B. Hirschfeld, 1895; 1 Bl., 15 S. 8.
München, Med. Fak., Inaug.-Diss. v. 1895

Müller, Ludwig Robert, Dr., I. Assistenzarzt an d. medicin. Klinik: Untersuchungen über die Anatomie und Pathologie des untersten Rückenmarksabschnittes. Mit 6 Taf. *Leipzig 1898: A. Pries.* (94 S.) 8°
Erlangen, Med. Hab.-Schr. v. [29. Dez.] 1898

Rechenbuch für gewerbliche Fortbildungsschulen. Nach d. minist. Bestimm. v. 5. Juli 1897, unter Mithilfe d. Lehrer Horn, [Karl] Meusch u. Salzmann hrsg. von L[udwig] Th[eodor] **Müller,** Rektor in Höchst/M. H. 1–5; Unterstufe. H. 2. 3. *Düsseldorf: L. Schwann 1902-04.* 8° 7 Bde [F.]
1. ⟨Unterstufe, H. 1.⟩ 1. T.: Die 4 Grundrechnungsarten mit unbenannten ganzen Zahlen. 2. T.: Das deutsche Münz-, Maß- u. Gewichtssystem nebst Sortenverwandlungsaufgaben. 3. T.: Die 4 Grundrechnungsarten mit benannten ganzen Zahlen. – Zeitrechnung. 2. Aufl. 1903.
2. 4. T.: Das Rechnen mit gemeinen Brüchen. 5. T.: ... mit Dezimalbrüchen. 6. T.: Schlußrechnung. Anh.: Unser Verkehrswesen. 2. Aufl. 1903.
3. 1. Die Prozentrechnung. 2. Lebens- u. Feuerversicherung. 3. Staats- u. Kommunalsteuern. 4. Raumrechnung. 5. Vermischte Aufgaben, insbesond. Einheitsrechnung. 2. Aufl. 1903.
4. ⟨Oberstufe H. 2.⟩ Übungsaufgaben f. d. Hand d. Schüler. 2. Aufl. 1903.
5. ⟨Oberstufe H. 1.⟩ Theoret. T. z. Selbstbelehrung f. Gesellen, Meister u. Lehrer. 3. Aufl. 1904.
Unterstufe, H. 2. 3. Auflösungen. 1902. [04. 11,38

Müller, L. Th., Rechenbuch f. gewerbliche Fortbildungsschulen. Nach den ministeriellen Bestimmungen vom 5. VII. 1897 unter Mithilfe v. Horn, Meusch u. Salzmann hrsg. 1.—4. Heft. gr. 8. Düsseldorf, L. Schwann. n. 1. 90
1. (Unterstufe, Heft 1.) I. Tl.: Die 4 Grundrechnungsarten m. unbenannten ganzen Zahlen. II. Tl.: Das deutsche Münz-, Maß- u. Gewichtssystem nebst Sortenverwandlungsaufgaben. III. Tl.: Die 4 Grundrechnungsarten m. benannten ganzen Zahlen. — Zeitrechnung. 2. Aufl. (62 S.) 903. n. — 40
2. 4. Tl.: Das Rechnen m. gemeinen Brüchen. 5. Tl.: Das Rechnen m. Dezimalbrüchen. 6. Tl.: Schlußrechnung. Anh.: Unser Verkehrswesen. 3. Aufl. (65 S.) 904. n. — 40
3. I. Die Prozentrechnung. II. Lebens- u. Feuerversicherung. III. Staats- u. Kommunalsteuern. IV. Raumrechnung. V. Vermischte Aufgaben, insbesond. Einheitsrechnung. 3. Aufl. (75 S. m. Fig.) 905. n. — 50
4. (Oberstufe, Heft II.) Uebungsaufgaben f. die Hand d. Schüler. 3. Aufl. (32 S.) 906. — 60; Auflösgn. (38 S.) 900. n. — 80

— **Rechenbuch** f. gewerbliche Fortbildungsschulen. Nach den ministeriellen Bestimmgn. vom 5. VII. 1897 unter Mithilfe v. Horn, Meusch u. Salzmann hrsg. 5. Hft. (Oberstufe Hft. 1.) Theoretischer Tl. zur Selbstbelehrg. f. Gesellen, Meister u. Lehrer. 2. Aufl. gr. 8. (XIII, 65 S.) Ebd. 901. n. 1. —

Müller, L. Th., Rechenbuch f. gewerbliche Fortbildungsschulen. Nach den ministeriellen Bestimmgn. vom 5. VII. 1897 unter Mithilfe v. Horn, Meusch u. Salzmann hrsg. 2. 3. u. 5. Heft. 8. Düsseldorf, L. Schwann. 1. 70
2. 4. Tl.: Das Rechnen m. gemeinen Brüchen. 5. Tl.: Das Rechnen m. Dezimalbrüchen. 6. Tl.: Schlußrechnung. Anh.: Unser Verkehrswesen. 5. Aufl. (66 S.) 907. — 40
3. I. Die Prozentrechnung. II. Lebens- u. Feuerversicherung. III. Staats- u. Kommunalsteuern. IV. Raumrechnung. V. Vermischte Aufgaben, insbesondere Einheitsrechng. 5. Aufl. (75 S. m. Fig.) 909. — 50
5. (Oberstufe Heft 1.) Theoretischer Tl. zur Selbstbelehrung f. Gesellen, Meister u. Lehrer. (XIII, 65 S.) 908. — 80; kart. 1. —

Müller, L. Th., Rechenbuch f. d. oberen Stufen der gewerbl. Fortbildungsschulen. Nach d. minister. Bestimmgn. v. 5. VII. 1897 unt. Mithilfe v. Horn, Meusch u. Salzmann hrsg. 1. u. 2. Hft. gr. 8. Düsseldorf 899. L. Schwann. n. 1. 80
1. Theoret. Teil zur Selbstbelehrg. f. Gesellen, Meister u. Lehrer. (XV, 64 S.) n. 1. 20
2. Übungsaufgaben f. d. Hand d. Schüler. (82 S.) n. — 60

Müller, L. Th., Rechenbuch f. d. unt. Stufen d. gewerblichen Fortbildungsschulen. Nach den ministeriellen Bestimmgn. vom 5. VII. 1897 unter Mithilfe von Horn, Meusch u. Salzmann hrsg. 1.—3. Hft. gr. 8. Düsseldorf 900. L. Schwann. à n. — 40
1. 1. Tl.: Die 4 Grundrechnungsarten m. unbenannten ganzen Zahlen. 2. Tl.: Das deutsche Münz-, Maß- u. Gewichtssystem, nebst Sortenwandlungsaufgaben. 3. Tl.: Die 4 Grundrechnungsarten m. benannten ganzen Zahlen. — Zeitrechnung. (62 S.)
2. 4. Tl.: Das Rechnen m. gemeinen Brüchen. 5. Tl.: Das Rechnen m. Dezimalbrüchen. 6. Tl.: Schlußrechnung. Anh.: Unser Verkehrswesen. (65 S.)
3. I. Die Prozentrechnung. II. Lebens- u. Feuerversicherung. III. Staats- u. Kommunalsteuern. IV. Raumrechnung. V. Vermischte Aufgaben, insbesond. Einheitsrechng. (75 S.)

— dasselbe. 2. u. 3. Hft. Auflösungen. gr. 8. (19 u. 31 S.) Ebd. 902. à n. — 80

Müller, Luise

Müller, L. u. H. Blesi. Erzählungen und Märchen in schweizer Mundart. Für Kinder von 4—7 Jahren. 8°. VII, 120 S. Zürich. Art. Institut Orell Füssli. 1899. Geb. 2 40

Müller, Louise, u. Hedw. Blesi, Erzählungen u. Märchen in schweizer Mundart, f. Kinder von 4–7 Jahren. 2. Aufl. 8. (VII, 130 S.) Zürich (901). Art. Institut Orell Füßli. Geb. in Leinw. n. 2. —

Müller, Louise, und Blesi, Hedwig. Erzählungen und Märchen in Schweizer Mundart. Zum Vorlesen für Kinder von 4 bis 7 Jahren. Gesammelt und bearb. von L' M' und H' B'. 3. Aufl., mit 12 Illustrationen [Tafeln und illustriertem Umschlag]. X+160 S. 8. Zürich, Orell Füssli, (1910). [geb. fr. 3. 50]

Müller, Louise, geb. Nernst, Gedichte, s. **Müller,** Dan.

Müller, Luise, (aus Hirschfelde in Sachsen): Grundzüge einer vergleichenden Anatomie der Blumenblätter. Gekrönte Preisschrift. Mit 22 phototypischen Tafeln Nr. I—XXII. Nova Acta der Ksl. Leop.-Carol. Deutschen Akademie der Naturforscher. Bd LIX N. 1. Halle (Leipz. W. Engelmann) 1893. 2 Bl., 356 S. m. 22 Taf. 4°.
(Zürich. Phil. Diss. II. S. v. April [25. Mai] 1891).

Müller, Luise, Grundzüge e vergleichenden Anatomie der Blumenblätter. Gekrönte Preisschrift. [Aus: „Nova Acta d. ksl. Leop.-Carol. Deutschen Akad. d. Naturforscher".] gr. 4. (356 S. m. 22 phototyp. Taf.) Halle 893. (Leipzig, W. Engelmann.) n. 30. —

Müller, Lukas

Müller, Lucas, s. L. Cranach.

Müller, Lucas d. ält. genannt Cranach, Handzeichnungen. Ein Nachtrag zu Albrecht Dürers christlich-mythologischen Handzeichnungen. Mit 1 Kupf. und Text. Fol. München, Zeller. (Leipzig, Lauffer in Comm.) 819.

Müller, Luzian

Müller, L., De Q. Ennii Annalibus. S.-A. s. a. 17 S.

— Ueber meine Ausgabe des Ennius. Gel. 1877. 19 S.

— Zu den latein. Dichterfragmenten. 1887. 35 S.

— de Horatii epistularum II, 1, 50—62 disputatio. [Aus: „Acta minist. inst. publ. Ross."] gr. 8. (16 S.) Berlin 890. Calvary & Co. n. 1. 20

Müller, Lucian, Gerichtsassessor in Dortmund: Die Eigentümerdienstbarkeit. Borna-Leipzig 1908: R. Noske. (IX, 83 S.) 8° [J.]
Münster, Rechts- u. staatsw. Fak., Ref. Erman, Diss. v. 25. Jan. 1908
[Geb. 5. Okt. 79 Hamm (Westfalen); Wohnort: Dortmund; Staatsangeh.: Preußen; Vorbildung: Gymn. Bielefeld Reife O. 98; Studium: Lausanne 1, Leipzig 1, Heidelberg 1, Berlin 1, Bonn 2 S.; Rig. 2. Sept. 07.]

Müller, L., Vier Emendationen zu Lucilius. S.-A. s. a. 5 S.

– Der Dichter Ennius, s.a. Sammlung gemeinverständlicher wissenschaftl. Vorträge.

Müller L, der Dichter Ennius. (Slg wiss. Vortr. NF 185) Hamburg 1893

Mueller, Lucian, Quintus Ennius. Eine Einleitung in das Studium der röm. Poesie. gr. 8. (IX, 313 S.) St. Petersburg 884, Ricker. *

— die Entstehung der römischen Kunstdichtung, s.a. Sammlung gemeinverständlicher wissenschaftlicher Vorträge.

Müller L, die Entstehung der römischen Kunstdichtung. (Sammlung gemeinverständlicher wissenschaftlicher Vorträge NF 92) Hamburg 1890

Mueller, Lucian, de Accii fabulis disputatio. [Aus: „Acta minist. inst. publ. Ross."] gr. 8. (68 S.) Berlin 890. Calvary & Co. n. 2. —

— de Pacuvii fabulis disputatio. [Aus: „Acta minist. instit. publ. Ross."] gr. 8. (50 S.) Ebd. 889. n. 1. 60

— de Phaedri et Aviani fabulis libellus. gr. 8. (III, 34 S.) Leipzig 875. Teubner. n. 1. —

Müller, Lucian, Geschichte der klassischen Philologie in den Niederlanden. Mit e. Anh.: Ueber die latein. Versification der Niederländer. Leipzig 869. Teubner. gr. 8. (VIII, 250 S.) n. 1 ₰ 20 ngr.

Müller, Lucian, Quintus Horatius Flaccus. Eine litterarhistorische Biographie. gr. 8. (X, 144 S.) Leipzig 880. Teubner. n. 2. 40

— Ein Horaz-Jubiläum. 1892. 40 S.

Müller, Lucian, Leben u. Werke d. Gaius Lucilius. Eine literar-histor. Skizze. gr. 8. (VIII, 43 S.) Leipzig 876. Teubner. 1. 20

— lectiones Horatianae. [Aus; „Mélanges grécoromains tirés du bullet. de l'acad. imp. des sciences de St. Pétersbourg".] gr. 8. (31 S.) St. Petersburg 874. (Berlin, Calvary & Co.) n. 1. 20

Mueller, Lucian, Luciliana. Ueber einige Beiträge zur Literatur d. Lucilius. gr. 8. (24 S.) Berlin 884. Calvary & Co. n. 1. 20

— Metrik der Griechen u. Römer. Für die obersten Klassen der Gymnasien u. angehende Studenten der Philologie bearb. Mit einem Anhang: Entwickelungsgang der antiken Metrik. 8. (VIII, 80 S.) Ebend. 880. geb. n. 1. 50

— Metrik der Griechen u. Römer. Für die obersten Klassen der Gymnasien u. angeh. Studenten der Philologie bearb. Mit e. Anh.: Entwicklungsgang der antiken Metrik. 2. Ausg. gr. 8. (XII, 86 S.) Leipzig 885. Teubner. geb. n. 1. 50

Mueller, (Eduard. Frid. Herm.) Lucianus (geb. Merseburg 17. 3. 1836): De scholicis observantiis poetarum veterum. Lipsiae (1861). (32 S.) 8°
¶ Ist ein Bruchstück von: De re metrica poetarum latinorum. Lipsiae: Teubner 1861.
Berlin, Phil. Diss. v. 29. Juni 1861

—— s. Phaedri fabulae Aesopiae.

—— Ueber A. Nauck's Phaedrusstudien. gr. 8. (16 S.) Berl. 890, Calvary u. Comp. * 1 —

Müller, L., Quaestionum Naevianarum capita tria. S. A. 26 S.

Muelleri, Luciani, de re metrica poetarum latinorum praeter Plautum et Terentium libri VII. Accedunt ejusdem auctoris opuscula. Leipzig 861. Teubner. gr. 8. (491 S.) n. 2 ₰ 20 ngr.

Mueller, Lucian, de re metrica poetarum latinorum praeter Plautum et Terentium libri VII. Accedunt eiusdem auctoris opuscula IV. Ed. II. gr. 8. (XII, 651 S.) St. Petersburg 894. C. Ricker. n. 14. —

— Friedrich Ritschl. Eine wissenschaftliche Biographie. 8. (VIII, 70 S.) Berlin 877. Calvary & Co. n. 2. —

— dasselbe. 2. Ausg. Mit dem Suppl.: Gedanken über das Studium der classischen Philologie. 8. (XVIII, 165 S.) Ebend. 878. n. 3. —; Suppl. ap. (93 S.) n. 2. —

— orthographiae et prosodiae latinae summarium. In usum sodalium instituti historici philologici Petropolitani conscripsit. gr. 8. (66 S.) Petropoli 878. (Leipzig, Teubner.) n. 1. 20

— rei metricae poetarum latinorum praeter Plautum et Terentium summarium. In usum sodalium instituti historici philologici Petropolitani conscripsit. gr. 8. (IV, 82 S.) Ebend. 878. n. 1. 60

Mueller, Lucian, der saturnische Vers u. seine Denkmäler. gr. 8. (VIII, 175 S.) Leipzig 885. Teubner. n. 4. —

– Üb. die Volksdichtung, s.a. Sammlung gemeinverständlicher wissenschaftl. Vorträge.

— Über die Volksdichtung der Römer. (Slg wiss. Vortr. NF 130) Hamburg 1891

Müller, M., s.a. Müller, Friedrich Max

Müller, M., s.a. Müller - Tissot

Die Bahnmotoren für Gleichstrom. Ihre Wirkungsweise, Bauart u. Behandlung. Ein Handbuch f. Bahntechniker von M. **Müller**, Obering., u. W[ilhelm] Mattersdorff. Mit 231 Fig. u. 11 Taf. sowie e. Übersicht d. ausgeführten Typen. *Berlin: J. Springer 1903.* (IX, 418 S.) 8° [03. 1614

Müller, M. von: Beitrag zu einer Geschichte des russischen Militärs. 1795. 8°

Müller, M.: Beleuchtungsgegenstände, s.a. Patent-Berichte, Illustrirte.

Müller, M: Jllustrirte Patent-Berichte. Nr 2: Beleuchtungsgegenstände. Berlin (1881?)

Müller, M., acht Bilder aus dem Leben Jesu Christi von seiner Geburt bis zur Himmelfahrt für liebe Kinder. Neu herausg. u. bearb. Reutlingen 854. Kurtz. 24. (24 S. u. 8 Lithogr.) 3 ngr.

Müller, M., Description abrégée du procédé d'Amalgamation à Halsbrücke près de Freyberg en Saxe. 8. (2½ B.) Freyberg 831, Craz et Gerlach.

v. Müller, M. Entwurf zu e. Geschichte der polnischen Kriegsverfassung. 1796.

, M. Eine Formel über die Teilung des unregelmäfsigen Vierockes vermittelst der Seiten und Diagonalen. 12 S. u. Taf. Progr. *Markirch* 1876

Müller, M., der Geist der Anstaltsdisziplin, s.: Schriften f. kath. caritative Erziehungstätigkeit. 5. Heft.

Mueller, v., Geschichte d. Grenadier-Regiments Prinz Carl v. Preußen [2. Brandenburgisches] Nr. 12. 1813—1875. Mit 14 lith. Karten (in qu. 4. u. Fol.) gr. 8. (VII, 657 S.) Berlin 875. Mittler & Sohn. n. 11. —

Mueller, v., Geschichte d. Grenadier-Regiments Prinz Carl v. Preußen (2. Brandenburg.) Nr. 12. 1813—1895. 2., v. Offizieren d. Regts. bis auf d. Gegenwart fortges. Aufl. M. 1 Bildn. in Heliograv. u. 15 Karten in Steindr. gr. 8. (V, 675 S.) Berlin/896. E. S. Mittler & Sohn. n. 11. —; geb. n.n. 12. 75

Müller, M., Pragmatische Geschichte der Theurung und anderer Beschwerden, welche unsre Vorfahren während der letzten 6 Jahrhunderte erfahren haben; hauptsächlich in Beziehung auf den jedesmaligen Einfluss der Witterung bei denselben. Görlitz 1806. 4.

Müller, M. Geschichte Thebens von der Einwanderung der Boioter bis zur Schlacht bei Koroneia. (70) 8. Leipzig 1879.

– Hufbeschlag,
s.a. Patent-Berichte, Illustrirte.

Müller M.: Hufbeschlag. Sachliche Zusammenstellung d. bis z. 1/1 1879 ... ertheilten Patente. Berl. 1879. 50 S. Fig. P.
(Illustrirte Patent-Berichte ...).

Müller M. in den allgemeinen Bildungsschulen der Nation sollte der lateinische Unterricht ausgeschlossen werden. Denkschrift. Stuttgart 1869

MÜLLER, M. Minne und Dienst in der altfranzösischen Lyrik. Marburg, philos. Diss., 1907. 8°. 101 S.

Müller, M., s.: Neisser, A., stereoscop. medicin. Atlas.

Müller, M., *Dr.* Ueber Privilegien-Gesetzgebung, vorgetragen in der Wochenversammlung des n. ö. Gewerbevereines am 5. Februar d. J. *Wien* 1858. Druck von *C. Gerold's S.* 20 S. 8°.
Besonders abgedruckt aus dem Februarhefte der Verhandlungen und Mittheilungen des n. ö. Gew.-Vereines.

Müller, M. (II.), Rettungswesen, s. Patent-Berichte, illustrirte.

— die neuhochdeutsche Sprache nach Bildung u. Bedeutung. 1. Thl. Wortbildung der neuhochdeutschen Sprache f. die Schule. gr. 8. (VII, 109 S.) Ebend. 876. n. 1. 20

Müller, M. Die Steuerfrage mit Beziehung auf die dem badischen Landtage vorgelegten Steuergesetz-Zolltarife. 4°. Pforzheim 1874.

Müller, M., geschichtl. Uebersicht der Gründung u. des Wachsthums sämmtl. bis jetzt entstandenen neukathol. Gemeinden, u. ihrer äußern u. innern Fortbildung in synchronistisch-alphabet. Umrissen. 16. (8⅛ B.) Grimma 845, Verlags-Comptoir.

v. Müller, M. Versuch einer Kriegsverfassung der Türken. 8. Cassel 1794.

Entdeckte Illuminaten-Recepte, von Aqua Fontana, und andern geheimen Mitteln, von M. A. Z. Müller. Berlin: Petit & Schöne 1788. 72 S. 8°
Kl. 3256.

Müller, ..., entdeckte Illuminaten-Recepte v. Aqua Fontana u. a. geheimen Mitteln. 8. Berl. 789. Schöne. 5 gr

* MÜLLER, M. Chrn. — Die von Christo im Neuen Testament gäntzlich auffgehobene POLYGAMIA Oder Vielweiberey In einem Theologischen Discurs Vorgestellet Von M. CHRISTIANO MÜLLERO, Predigern bey der Unter-Kirchen zu Franckfurt an der Oder. Gedruckt bey Johann Christoph Schwartzen, Anno 1712. 4°. (In Berlin: D 8 no. 5; D 6 no. 3.)
12 Bll. Letztes leer. Einiges etwas frei.

Müller, M. F. J., s. Müller, Michael Franz Joseph

Müller, M. G., s. Müller, Moritz Wilhelm

Müller, M. J. de, s.a. Müller, Johannes von

Müller, M. J., nouv. Grammaire française simplifiée et pratique etc. gr. 8. Mayence, Kupferberg. 809.

— neue franz. Lese-, Schreib- u. Sprachmethode. gr. 8. Ebend. 810.

Müller, M. L. W., s. W. Scott, das Kloster.

Müller, M. N., le nouvel office de l'immaculée conception que le pontife préconisateur de ce dogme, notre saint-père Pie IX, a octroyé à l'église le XXV septembre 1863. Traduit en vers français. gr. 8. (57 S.) Luxemburg 865, Brück.

Müller, M. W. G., s. Müller, Moritz Wilhelm Gotthard

Müller, Marcus Joseph, s. Müller, Markus Joseph

Müller, Margareta. Carla Wenckebach, Pionier. NY, 1908.

Müller, Marie, s. a.: Müller-Wunderlich, Marie.

— Hilfsbuch f. den französ. Unterricht, s.: Kuhr, Emma.

—— Kinderlieder für Schule und Haus [in Basler Mundart]. 2. verm. Aufl. 8. (96 S. mit Bildern.) Basel 886, Spittler. * 80 Pf.; cart. * M 1.20.; geb. *

Müller, Marie, Kinderlieder f. Schule u. Haus (in Basler Mundart). 3. verm. Aufl. 12. (124 S. m. Abbildgn.) Basel 898. Kober. — 80; geb. in Leinw. n. 1. 20

[F.] Vermächtnis eines armen Mädchens. Lebensroman e. Bergmannstochter (Marie Müller). Von Ernst Volksmann. *Leipzig: C. Güttich 1895.* (IV, 448 S., 1 Bl.) 1 Bd 8. [97. 236

Müller, Mark Wlh., († d. 25. Oct. 1785.) s. *Platonis*, Jo.

Müller, (Mark. Ant. Aurel), die Instruktion für die Lehrer der kathol. Primarschulen des Kantons St. Gallen in zwei große Schlagwörter zusammengesetzt. Eine Konferenzrede. gr. 8. (38 S.) St. Gallen 848. (Huber & Co.) n. 6 ngr

Müller, Markus Joseph

—— s. Averroes.

Müller, Marc. Jos., Beiträge zur Geschichte der westlichen Araber. 1. Heft. München 866. (Franz'sche Buchh.) gr. 8. (192 S.) n. 1 $ 18 ngr

Müller, Marc. Jos., Beiträge zur Geschichte der westlichen Araber. 2. Heft. gr. 8. (S. 193—360.) München 876, (Franz'sche Buchh.) *
1. Heft. (Ebendas.) 1866. * M 4,80.
Nicht weiter erschienen.

Müller, Marc. Jos., Beiträge zur Geschichte der westlichen Araber. 2. Hft. gr. 8. (S. 193—360.) München 878. Franz in Comm. n. 4. 50 (1. u. 2.: n. 9. 30)
Unvollendet durch den Tod des Hrsg., † 28. März 1874; eine Fortsetzung steht nicht in Aussicht.

— einleitende Worte zur Feier des Allerh. Geburtsfestes Sr. Maj. des Königs Maximilian II. gesprochen in der öffentlichen Sitzung der königl. Akademie der Wissenschaften am 28. November 1859. München 859. (Franz.) gr. 4. (8 S.) n. 4 ngr.

– (Hrsg.), s.a. Zeiten, Die letzten, von Granada.

—— die letzten Zeiten von Granada. gr. 8. (VI und 160 S.) München 863, Kaiser. *

Müller, Martha, Liebe u. Eintracht, s.: Müller, Frieda.

Müller, Mart., unentbehrlicher Ausrechner für die Umwandlung des alten preuß. Gewichts in das neue preuß. Gewicht so wie für die Umwandlung der Preise des alten preuß. Gewichts nach dem neuen preuß. Gewicht. In vollständig ausgerechneten Tabellen nach Centnern, Pfunden und Lothen. 1. und 2. Aufl. 8. (73 S.) Halle 858, Schrödel und Simon.

Müller, Martin *Arnold* [aus Berlin]: Über die Behandlung der Lymphdrüsen-Tuberkulose ... Halle a. S., Hofbuchdr. v. C. A. Kaemmerer & C., 1896; 22 S., 1 Bl., 5 Bl. Tab. 8.
Halle, Med. Fak., Inaug.-Diss. v. 23. Nov. 1896

MÜLLER, Martin: Gründlichen Bericht wie aus des Erdbodens Beschaffenheit ... unweit Ulm ... das unfehlbar Turf oder Torf vorhanden seyn müssen, beurtheilet ... gebrauchet ... wiederum eingestellet: hingegen neuerdingen hervorgesuchet ... werden. - Ulm 1752

Müller, Mart. I., Bericht, wie aus d. Erdbodens Beschaffenheit umweit Ulm, das Torf seyn müsse, beurtheilt rc. 8. Ulm 754. Bartholomäi. 6 gr.

Müller, Martin: Die Einleitungsformeln ⟨Arengen⟩ in den Urkunden von Konrad I.—Otto III. Greifswald 1910: Adler. 105 S. 8°
Greifswald, Phil. Diss. v. 26. März 1910, Ref. Bernheim
[Geb. 8. Okt. 85 Moltow; Wohnort: Moltow; Staatsangeh.: Preußen; Vorbildung: Gymn. Greifenberg i. P. Reife O. 04; Studium: Greifswald 3, Leipzig 2. Freiburg i. B. 1, Greifswald 7 S.; Rig. 26. Jan. 10.] [U 10. 1628

Müller, Martin [von Gersau, Schwyz]: Aus dem pathologisch-anatomischen Institut in Zürich. Ueber einen Fall von Endocarditis ulcerosa Aortae mit Perforation der Pars membranacea septi und Bildung eines Aneurysma valvulare an der Tricuspidalis. Einsiedeln. (1903.) 20 S. 8°. [8. I. 04.]
Zürich. Med. Diss. 1903/1904.

Müller, Martin. Über einen Fall von Endocarditis ulcerosa Aortae mit Perforation der Pars membranacea septi u. Bildung eines Aneurysma valvulare an der Tricuspidalis. Diss. Med. Univ. Zürich. [Mit 1 Figur und 2 Tafeln.] *Kopftitel:* Aus dem pathologisch-anatomischen Institut in Zürich. 20 S. 8. Einsiedeln, Eberle, Kälin & Cie., [1903].

Müller, *Ernst* Martin [aus Grossenhain]: Zur Casuistik und Symptomatologie der Muskelechinococcen ... Halle a. S., Hofbuchdr. v. C. A. Kaemmerer & C., 1893; 50 S., 1 Bl. 8.
Halle, Med. Fak., Inaug.-Diss. v. 14. Dez. 1893

—— die Kunst des Bildformers, s. Schauplatz, neuer, der Künste. 94. Bd.

Müller, Martin, a. Berlin: Minne und Dienst in der altfranzösischen Lyrik. Marburg 1907: J. Hamel. (101 S.) 8°
Marburg, Phil. Fak., Ref. Wechssler, Diss. v. 28. Mai 1907
[Geb. 13. Mai 83 Berlin; Wohnort: Berlin; Staatsangeh.: Preußen; Vorbildung: Leibniz-Gymn. Berlin Reife O. 02; Studium: Berlin 5, Marburg 4 S.; Rig. 13. Dez. 05.]

— **Martin** (Ziegenrück / Vogtland), De molendinis in genere, et in specie potissimum de bannariis, Von Zwang-Mühlen. Präs. Peter Müller. Jena (Muller) April 1678. (6.—) 24204
Gew.: Vito Ludwig von Seckendorf, Salomon Zapf, Johann Sebastian Mitternacht. — Widm. v.: Philipp Müller, eine Widm. „von dem Spahten" (dtsch.).

— — Dasselbe. Editio Tertia. Jena (Ehrich) April 1678. 1695. (6.—) 24206
Widm.: „von dem Spahten" (dtsch.).

— — Dasselbe. Jena (Muller) April 1678. (6.—) 24205
Gew.: Vito Ludwig von Seckendorf, Salomon Zapf, Johann Sebastian Mitternacht. — Widm. v.: Philipp Müller, Widm. „von dem Spahten" (dtsch.), Joh. Georg Müller, Joh. Jak. Müller, Johann Gabriel Müller.

— — Dasselbe. Editio Quarta. Jena (Ehrich) April 1678. 1711. (6.—) 24207
Widm.: „von dem Spahten" (dtsch.).

— der unentbehrliche Rechenknecht beim Frucht- u. Getreide-Handel. Enthltd. die Preisangaben von Scheffel zu Scheffel und von Metze zu Metze für alle Preise des Wispels zwischen 6 und 168 Thlr., nach Preuß. Maß und Geld. Ein Taschenbuch für Oekonomen, Müller, Getreide- und Fruchthändler, Mäkler rc. Quedlinburg 855. Basse. gr. 8. (IV, 65 S.) 10 ngr.

— zuverlässiger Rechenknecht nach dem neuen Preußischen Gewicht in vollständig ausgerechneten Tabellen für den Ein- und Verkauf nach Centnern, Pfunden, Lothen u. Quentchen. Halle 858. Schrödel u. Simon. 8. (81 S.) 10 ngr.

Müller, Martin: Über die stilform der altdeutschen zaubersprüche bis 1300. *Gotha 1901: F. A. Perthes.* (78 S.) 8°
Kiel, Phil. Diss. v. [29. Juni] 1901

Müller, Martin. Versuch den Inhalt der Fässer durch Anwendung der Muschel-Linie zu finden; a. d. Holl. Leipz. 1784. Ü: *Eschenbach, Hieronymus Christoph Wilhelm.* (ML) (Ky)

* *Mt. Müller's* — Versuch, den Inhalt der Fässer durch Anwendung der Muschellinie zu finden. Aus d. Holländischen übersetzt m. 1. Kpft. Leipzig, Hilscher. 46 S. 8. 1784.
Allg. Lit. Zeit. 1785. V. B. S. 125.
Allg. Deut. Bibl. 71. B. St. 1. S. 135.

Müller, M., Vers. d. Inh. d. Fässer durch Anwend. d. Muschellinie z. finden, a. d. Holl. m. K. 8. Leipz. Hilscher. (Compt. f. Litt.) 784.

Müller, Mart., der Zürich-See, s.a. Städtebilder u. Landschaften aus aller Welt.

Müller, Martin. Der Zürich-See. 2. Aufl. Städtebilder und Landschaften aus aller Welt. No. 19—20. 8.
Ausg. A. Von M' M' ⟨unter gefl. Mitwirkung einiger Tit. Gemeindebehörden.⟩ Mit 53 Illustrationen und drei Karten. Zürich *o. J.* [1890 96].
Ausg. B. Von M' M'. Mit 53 Ill' und einer Karte. Linz a. d. Donau [1892].

— M. v. Der Zürich-See. 2. Aufl. M. 53 Illustr. u. 3 Karten. In-8°. IV, 108 S. Linz, Städtebilder Verlag. 1892. M. 1 —

Müller, Martin Arnold, s. Müller, Martin

— **Martin Gustav Adolph** (Prausitz), De jodii in organismum humanum effectu. Diss. med. Leipzig (W. Staritz) 21. III. 1843. 20 S. (3.50) 24208
Gew.: Christ. Gottl. Wiedemann, Aug. Heinr. Christ. Mueller (Vater).

Müller, Mart. Matthias, Lindau: Dissertatio inauguralis medica de cardialgia.
Basel, Med. Diss. 1721

Müller, Mathias, s. Müller, Matthias

Müller, Mathilde, s. a. Rümly, Pet.

Bellina. Erzählg. aus San Marino v. Peter Rümly [d. i. Mathilde **Müller**]. M. 1 Titelb. (Vorr.: Prof. Dr. W[ilhelm] Jensch.) Berlin: A. Franz (1898). (76 S., 1 Taf.) 1 Bd 8°

[F.] Die Freunde. Erzählg aus Ostafrika v. Peter Rümly [d. i. **Mathilde Müller**]. M. 1 Kt. v. Deutsch-Ostafrika. *Berlin: A. Frantz (1897).* (190 S., 1 Kt.) 1 Bd 8. [97. 8653

Müller, Mathilde, aus Zürich: William Shenstone, ein Vorläufer der englischen Romantik. Zürich 1909. 149 S. 8°. [16. XI. 09]
Zürich. Univ. Phil. Diss. I. S. 1909/10.

Müller, Mathilde. William Shenstone, Ein Vorläufer der englischen Romantik. Diss. Phil. I. Univ. Zürich. 149 S. 8. Zürich, Orell Füssli, 1909.

[F.] Die Töchter des Justizrats. E. Familiengesch. v. Peter Rümly [d. i. **Mathilde Müller**]. 3. Aufl. *Berlin: A. Frantz [1897].* (1 Bl., 317 S.) 1 Bd 8. [97. 8654

[F.] Die Waisenknaben. Erzählg v. Peter Rümly [d. i. **Mathilde Müller**]. M. 1 farb. Titelbl. *Berlin: A. Frantz (1896).* (116 S., 1 Taf.) [97. 8655

Müller, Matth. Bernh., Handlungen v. d. heil. Abendmahl. 8. Soran, Hebold. 753.

— **Ordn. d. Heils. 8. Ebend. 760.**

* Diss. de Laterna magica, Praef. M. Frid. *Hannib. Stempel.* Resp. Matth. *Chr. Müller.* Jen. 4½ Bog. 2 Kupfert. 1704.

— **Matthaeus** (Nürnberg), De expositione infantum. Diss. jur. Altdorf (J. W. Kohle) 4. IV. 1727. 40 S. (5.50) 24209
Widm. v.: Michael Christoph Muller, Georg Friedr. Deinlin, Leonhard Bohner, P. von Stetten (Oppon.), J. P. Kirch (Oppon., dtsch.), Joh. Georg Miller (Oppon., dtsch.).

Müller, Matthias

Müller, Mathias: Die italienischen Arbeiter in Deutschland. Promemoria, herausgegeben von dem italienischen Arbeitersekretariat von Freiburg in Baden und eingeleitet durch einen Brief des Hochwürdigsten Hrn. Dr. Thomas Nörber, Erzbischof von Freiburg. Luxemburg: St. Paul-Ges. 1900. 47 S. 8°
Separatabdruck aus dem „Lux. Wort."

Müller, Mathias: Entstehung der Andacht zum hl. Antlitz, dargestellt im Leben der Schwester Maria vom hl. Petrus, Karmeliterin. Luxemburg: St. Paul.-Ges. 1895. 383,1 S. 8°

Müller, Matthias — Geschichte des evangelischen Gymnasiums zu Oedenburg nebst den Denkwürdigkeiten der evangel. Gemeinde daselbst. Bei Gelegenheit der dritten Säkularfeier der Lehranstalt verfaßt von — —. Oedenburg, 1857. Verlag von Seyring und Hennicke. Dr. von Karl Romwalter. (4 Bl. 144 S. 8.)

Müller, Mathias (geb. am 22 Juli 1848 in Trier): Ueber Haemoglobin und Chinin ... Bonn, Druck v. C. Georgi 1872. 1 Bl., 29 S., 1 Bl. 8.
Bonn, Med. Fak., Diss. v. 23 Juli 1872

Müller, Mathias: Leben der gottseligen Schwester Maria v. hl. Petrus, Carmeliterin, von ihr selbst geschrieben und vervollständigt mit ihren Briefen und einigen Auszügen aus ihrer Kloster-Chronik. Autorisierte Uebersetzung von Dr. M .... Luxemburg: (St. Paul.-Ges.) 1895. 383,1 S. 8°

Müller, Mathias: Die sogenannte Weissagung des hl. Malachaias über die Päpste. Luxemburg: St. Paul.-Ges. 1897. 16 S. 8°
(Separatabdruck aus dem „Luxemburger Wort".)

Müller, Mathias: Zweck hiesiger Ober-Primärschule. S. 3-7. Ettelbrück, École primaire supérieure, Progr. 1859/60

Müller, Mauritius

— s. v. Arnim, A. W. B., Religionsgespräch.

Müller, Mauritius, deutschkatholisch, nicht römisch. gr. 8. Berlin 845, Hermes. 9 Sgr.

— **christliche Gebete u. Betrachtungen zunächst für die Deutsch-Katholiken. 8. Berlin 846, Hold. ½ Thlr.**

[Müller, P. Mauritius.] IDea saCræ CongregatIonIs heLVeto-bene DICtInæ, anno ILLIVs IVbILæo sæCVLarI eXpressa, et orbI eXposIta .... [Cum incisionibus.] fol. S. Galli 1702.

— **der sächsische Landtag u. die Deutsch-Katholiken. 8. Ebend. 845. ¼ Thlr.**

Müller, Mauritius Guilelmus, s. Müller, Moritz Wilhelm

Müller, P. Maurus. Jubelrede an dem Gedächtnisstage der durch den seligen Einsiedler Nikolaus von Flüe geretteten Eidsgenossenschaft ..., gehalten von ... P. M' M' ... den 27sten Wintermonats 1781. 8. Luzern.

Müller, Max, Prof. d. Sprachwiss. in Oxford
s. Müller, Friedrich Max. [10. 1933

MÜLLER, Max (Landshut): (Titel nicht festgestellt)
20.7.1872 – Chr 1871/72,20
Diss. Ingolst. - Landsh. - Mchn.

Müller, Max, a. Jena: Über Abkömmlinge des β-Aminoäthylmethylsulfids. Weida i. Th. 1910: Thomas & Hubert. 42 S. 8°
Jena, Phil. Diss. v. 19. Dez. 1910, Ref. Knorr
[Geb. 25. Dez. 73 Wittstock a. D.; Wohnort: Wittstock; Staatsangeh.: Preußen; Vorbildung: Realgymn. Weimar bis M. 93, Pharmaz. Staatsprüf. Juni 01; Studium: Jena 6 S.; Rig. 11. Nov. 10.] [U 11. 2493

— Aischa, das Türkenmädchen, s. Volks-Erzählungen, Kleine.

Müller, Max, Anleitung zur unterrichtl. Behandlung von Hirts Anschauungsbildern: „Die vier Jahreszeiten". (Farbige Künstler-Steinzeichngn. v. Walth. Georgi.) Mit verklein. Wiedergabe der 4 Wandbilder in Schwarzdr. (90 S.) gr. 8. Breslau 904. F. Hirt. n. 1.—

Müller, Max, Anleitung zur unterrichtlichen Behandlung v. Hirts Anschauungsbildern: „Die 4 Jahreszeiten" (farbige Künstler-Steinzeichngn. v. Walth. Georgi). Mit kleinen farb. Reproduktionen der 4 Wandbilder. 2. Aufl. (90 S.) gr. 8. Breslau 910. F. Hirt. 1. 25

MÜLLER, Max, d. Jüngste (von Weller nicht enthüllter Pseud.), Sprachvergleichend Indo-germanische Ballade über die Wurzel „prd". Allen Linguisten, Etymologen, Ethnologen, Philologen, Archäologen und Historikern, Meistern wie Jüngern, gewidmet von —. Mit (drastischen blattgroßen) Illustrationen. Leipzig(,) Druck und Verlag des „Schalk" 1881. Kl. 8°. Orig.-Umschl. Lat. Lett.
Vorblatt (auf Rücks. Motto, unterz. Jac. u. Wilh. Grimm). Tit. m. Bordure, S. 5—47 Text. — Vergriffenes skatolog. Curiosum.

Müller, M., üb. die Bedeutung u. Verwendung des Magnesiumlichtes in der Photographie, s.a. Photographen-Bibliothek, deutsche.

Müller, M: Ueber die Bedeutung und Verwendung des Magnesiumlichtes in der Photographie. Weimar 1889

Müller, Max, aus Schenkendorf: **Beitrag** zum Verhalten von Salzen in Aceton. *Gießen 1904: v. Münchow.* (37 S.) 8°
Gießen, Phil. Diss. v. 1904

Müller, Max (II.). **Beiträge zur Kenntniss der Metastasenbildung maligner Tumoren nach statistischen Zusammenstellungen aus den Sektionsprotokollen d. bernischen pathologischen Instituts. Diss. gr. 8. (64 S.) Bern 892, (Körber).** * 1 20

Beiträge zur Urgeschichte des Westrichs v. Max **Müller**, Bürgermeister. (In 2 Th.) *St. Wendel: E. Müller 1896.(97.)* (159 S., 1 Tab.) 1 Bd 8. [96. 9]

Müller, Max, aus Erlangen: I. Ueber die quantitative **Bestimmung** des Selens und des Tellurs durch Hydroxylamin und Hydrazin. II. Ueber die quantitative Trennung des Arsens von Baryum, Strontium und Calcium im Salzsäurestrome. *Heidelberg 1899: J. Hörning.* (38 S.) 8°
Heidelberg, Naturw.-math. Diss. v. 1899

Müller, Max, s. Bibliothek, ausgewählte, der Classiker des Auslandes, 33. Bd.

Müller, Max, die Buchdruckerkunst, s.: Franke, C. A.

Müller, Max (II.), **in ägyptischen Diensten. Erlebnisse eines ehemal. preuß. Husarenoffiziers. 8. (VIII, 248 S. mit 10 Abbild. und 1 Karte von Unter-Aegypten.) Leipzig 888, Brockhaus.** *M 3.—; geb. *

Müller, Max [Assistenzarzt an d. kgl. dermatolog. Klinik zu Breslau]: Ueber den Einfluss von Fiebertemperaturen auf die Wachsthumsgeschwindigkeit und die Virulenz des Typhusbacillus ... (Aus: Zeitschr. f. Hyg. u. Infectionskrankh., Bd XX.) Leipzig, Veit & C., 1895; 40 S., 1 Bl. 8.
Breslau, Med. Fak., Inaug.-Diss. v. 11. Juli 1895

– Emin, der getreue Pascha, s. Volks-Erzählungen, Kleine.

Müller, **Max (III.), über die Ermittlung des Prozentgehaltes der Sool- und Moorbäder. Vortrag, gehalten in der fünften öffentl. Versammlung der balneolog. Sektion der Gesellschaft für Heilkunde in Berlin am 18. März 1883. gr. 8. (23 S.) Berlin 883, Grosser.** *
Aus: Deutsche Medizinal-Zeitung, besonders abgedruckt.

Müller, Max (II.), **die Fabrikation der für die Glasmalerei, Emailmalerei und Porcellanmalerei geeigneten Farben, s. Schauplatz, neuer, der Künste und Handwerke.**

Müller, Max, die Fabrikation der für die Glasmalerei, Emailmalerei u. Porcellanmalerei geeigneten Farben. 4. Aufl. von Chr. H. Schmidt's gleichnamigem Werke. Vollständig neu bearb. Mit 9 in den Text eingedr. Holzschn. gr. 8. (XII, 140 S.) Weimar 880. B. F. Voigt. 3. 75

Müller, Max [approb. Arzt aus Stuttgart]: Ein Fall von Kropftod ... Stuttgart, Druck v. W. Kohlhammer, 1887; 21, 1 S. u. 1 Taf. 8°
München, Med. Fak., Inaug.-Diss. v. 1887

Müller, Max, ein Fall von Kropftod. Diss. München 1887, A. Buchholz. 8°. 21 S. mit einer Taf.

Müller, Max [app. Arzt aus Friedrichshaide]: '[Aus d. medizin. Klinik zu Jena.]' Über einen Fall von Syringomyelie mit Anosmie ... Jena, Druck v. B. Engau, 1896; 28 S., 1 Bl. 8.
Jena, Med. Fak., Inaug.-Diss. v. [4. März] 1896

Vaterländische Feiertage in Schule und Gemeinde. Eine Sammlung v. Festansprachen von Max Müller, Seminarl. in Osterode Ostpr. Mohrungen: C. L. Rautenberg 1899. (81 S.) 8°

Müller, Max, das bayerische Gesetz üb. den Verwaltungsgerichtshof vom 8. Aug. 1878 m. systematischer Einschaltung der in Bd. I—X der Entscheidgn. d. Verwaltungsgerichtshofes veröffentlichten Rechtsgrundsätze u. Verweisung auf die zur Anwendung kommenden Gesetzesbestimmungen, nebst Sachregister. gr. 8. (XII, 345 S.) München 891. C. H. Beck. n. 4. 20; geb. n.n. 5. 20

Müller, Max v., bayerisches Gesetz v. 8. VIII. 1878 üb. den Verwaltungsgerichtshof m. systematischer Einschaltg. der in Bd. I—XXII der Sammlung v. Entscheidungen des Verwaltungsgerichtshofes veröffentl. Rechtsgrundsätze. Unter Mitwirkg. von Carl Buchert hrsg. 2., nach dem neuesten Stande der Gesetzgebg. u. der Rechtsprechg. des Verwaltungsgerichtshofes umgearb. u. erweit. Aufl. gr. 8. (XXVIII, 463 S.) München 902. C. H. Beck.
Geb. in Leinw. n. 10. —

Müller, Max [aus Leimerwitz '(Schles.)']: Die Getreidepolitik, der Getreideverkehr und die Getreidepreise in Schlesien während des 18. Jahrhunderts ... (Erscheint vollst. bei E. Felber in Weimar.) *Weimar, Druck v. G. Uschmann, 1897;* 2 Bl., 93 S., 1 Bl. 8.
Breslau, Phil. Fak., Inaug.-Diss. v. 6. März 1897

Müller, Max, d. Getreidepolitik, d. Getreideverkehr u. d. Getreidepreise in Schlesien während des 18. Jahrh. gr. 8. (III, 177 S.) Weimar 897. Berlin, E. Felber. n. 5. —

Müller, Max (IV.), in den Händen der Thugs, s. Volks-Erzählungen, kleine.

Müller, Max (V.). **Die Hermannshöhle b. Rübeland. s. Kloos, J. H.**

Müller, *Christian* Max *Ernst* [aus Stargard i. M.]: Über algebraisch-logarithmische Integrale von Systemen algebraischer Differentialgleichungen ... Leipzig, Druck v. B. G. Teubner, 1892; 2 Bl., 64 S. 8.
Heidelberg, Naturw.-math. Fak., Inaug.-Diss. v. [19. Febr.] 1892

Müller, Max [aus Berlin]: Zur Kenntnis von Pyrazolonderivaten aus β-Naphtylhydrazin ... Jena, G. Neuenhahn Univ.-Buchdr., 1892; 37 S. 8.
Jena, Phil. Fak., Inaug.-Diss. v. 1892

— im Lande der Turkmenen, s.: Volksbücher, neue.

Mueller, Maximilianus [Diaconus Camburgensis]: De Apollinaris Sidonii latinitate observationes ad etymologiam syntaxin vocabulorum apparatum spectantes .... Halis Saxonum, 1888; 104 S. + 1 Bl. 8°
Halle, Phil. Fak., Inaug.-Diss. v. [14. Jul.] 1888

Müller, Max. (III.), de Apollinaris Sidonii latinitate. Observationes ad etymologiam, syntaxin, vocabulorum apparatum spectantes. Dissertatio inauguralis philologica. gr. 8. (104 S.) Halis Sax. 888. (Leipzig, Fock.) *

Müller, Max, d. Liebe auf dem Lande, s.: Sammlung, Zwickauer, lebender Bilder. Nr. 8.

Mueller, Maximilianus, Servestanus: Num Horatii satirarum liber prior retractatus sit. *Ienae 1899: H. Pohle.* (47 S.) 8°
Jena, Phil. Diss. v. (3. Dez.) 1898

Mueller, Max., Num Horatii satirarum liber prior retractatus sit. Diss. gr. 8. (45 S.) Jena 899. (H. Pohle.) 1.20

Mueller, Maximil. (Ferd. Eduard.) (geb. Bonn 23. 10. 1829): Observationes anatomicae de vermibus quibusdam maritimis. Berolini (1852). (30 S.) 4°
Berlin, Med. Diss. v. 9. Aug. 1852

Die Ortsnamen im Regierungsbezirk Trier. Von Max Müller, Bürgermeister in Wadern. Trier 1910: Lintz. S. 41–75 u. S. 26–86. 4°
Aus: Jahresberichte d. Gesellsch. f. nützl. Forschungen zu Trier. 1900/05; u. Trierer Jahresberichte. 2. 1909. [10. 11015 b

Müller, Max, üb. die isomeren Oxysulfonsäure der Fettreihe. Inaugural-Dissertation. gr. 8. (51 S.) Braunschweig 874. (Göttingen, Vandenhoeck & Ruprecht's Verl.) n. — 80

Müller, Maximilianus (Gottholdus Ephraimius Julius) (geb. Jauer 23. 12. 1841): De parametritide acuta. Vratislaviae (1865). (39 S.) 8°
Breslau, Med. Diss. v. 23. [vielmehr 25.] Aug. 1865

Müller, Max: Die Reduktion des Brustschultergürtels der Saurier bis zum völligen Verluste desselben. *Leipzig [1900]: Hesse & Becker.* (42 S.) 8°
Leipzig, Phil. Diss. v. [31. Mai] 1900

Müller, Max: Die Reim- und Ablautkomposita des Englischen. Straßburg 1909: DuMont Schauberg. VI, 105 S. 8°
Straßburg, Phil. Diss. v. 30. Jan. 1909, Ref. Koeppel
[Geb. 5. Febr. 85 Magdeburg; Wohnort: Magdeburg; Staatsangeh.: Preußen; Vorbildung: Oberrealsch. Magdeburg Reife O. 04; Studium: Göttingen 4, München 1, Straßburg 5 S.] [U 09. 3847

Mueller, Max, a. Berlin: Die Schlacht bei Benevent 26. Februar 1266. (Berlin 1907: D. Dreyer & Co.) (78 S.) 8°
Berlin, Phil. Fak., Ref. Delbrück, Diss. v. 21. Sept. 1907
[Geb. 21. Okt. 83 Berlin; Wohnort: Berlin; Staatsangeh.: Preußen; Vorbildung: Königstädt. Gymn. Berlin Reife O. 02; Studium: Berlin 11 S.; Rig. 25. Juli 07.]

Mueller, Maximilianus [Sedinensis]: De Seleuco Homerico. ... Gottingae, *Altenburgi, typ. offic. aul. Piererianae,* 1891; 2 Bl., 53 S. 8°
Göttingen, Phil. Fak., Inaug.-Diss v. [25. Jul.] 1890

Mueller, Maxim., de Seleuco Homerico. Diss. gr. 8. (53 S.) Göttingen 891. Dieterich's Sort. n. 1.20

– In Sine, s. Volks-Erzählungen, Kleine.

Müller, Max, Referendar: Die rechtliche Stellung der Bundesratsmitglieder. Borna-Leipzig 1909: Noske. VIII, 61 S. 8°
Leipzig, Jur. Diss. v. 31. Dez. 1909
[Geb. 13. Juli 80 München-Gladbach; Wohnort: M.-Gladbach; Staatsangeh.: Preußen; Vorbildung: Gymn. Siegburg Reife Juli 02; Studium: Bonn 1, Freiburg i. B. 1, Bonn 4 S.; Rig. 11. Jan. 07.] [U 10.2813

Müller, Max, aus Oberneundorf: Der Streit der Zimmermannswerkzeuge. Ein mittelengl. Gedicht. [Hrsg. mit Einl. u. Anm.] *Erlangen 1899: F. Junge.* (33 S.) 8°
Erlangen, Phil. Diss. v. 19. Juli 1899

Müller, Max, aus Marbach: Studien über den Einfluß des Futters auf die Milch-, besonders auf die Milchfettproduktion. *Ludwigsburg 1903: Ungeheuer & Ulmer.* (24 S.) 4° [F.]
Berlin, Phil. Diss. v. 11. Aug. 1903

Müller, Max: Ueber subcutane Unterleibsverletzungen durch stumpfe Gewalt. *München 1897: Kastner & Lossen.* (40 S.) 8°
München, Med. Diss. v. 1897

Müller, Max *Rudolf* [aus Hornberg, Baden]: Untersuchungen über den Wert des Kaliphosphates als Düngemittel ... *Leipzig, Deutsche Verlagsdr. A. Müller, 1895;* 3 Bl., 57 S., 1 Bl., 8 Taf., 2 Bl. Tab. 8.
Leipzig, Phil. Fak., Inaug.-Diss. v. [31. Mai] 1895

Müller, Max, die Vererbung der Körperteile u. des Geschlechtes, s. a. Arbeiten der deutschen Gesellschaft f. Züchtungskunde. Heft 5.

Müller, Max: Die Vererbung der Körperteile und des Geschlechtes. Mit 8 Taf. u. 1 Doppeltaf. Hannover 1910. 167 S.

(Arbeiten d. Deutschen Gesellschaft für Züchtungskunde. 5.)

Müller, M[ax]: Über die Verwendbarkeit der Präzipitinreaktion zur Rotzdiagnose und die Beziehung der Rotzpräzipitine zu den Rotzagglutininen.
Aus: Zeitschrift für Immunitätsforschung u. experimentelle Therapie. Bd 3, H. 4. 1909.

Müller, Max (III.). Verwendung d. Magnesiumlichtes in d. Photographie, s. Photographen-Bibliothek, deutsche.

Müller, Max, s.: Volks-Erzählungen, kleine.

Müller, Max, Dr.: Sechs russische Volksmärchen mit Anmerkungen übers. *Görlitz 1903: Hoffmann & Reiber.* (61 S.) 8°
Görlitz, RPG (RG i. E., nach Frankfurter System), OP 1903 (251)

Müller, Max, Gerichtsrefer. a. D.: Die Vollziehung der Wandelung. Greifswald 1909: Abel. IX, 163 S. 8°
Breslau, Jur. Diss. v. 29. Okt. 1909, Ref. Fischer, Leonhard
[Geb. 20. Febr. 74 Neustettin; Wohnort: Deutsch Krone; Staatsangeh.: Preußen; Vorbildung: Gymn. Deutsch-Krone Reife O. 95; Studium: Berlin 9, Berlin 1, Breslau 1 S.; Rig. 2. März 06.] [U 10. 516

Müller, Max, approb. Tierarzt aus Straßburg i. E.: Über das Wachstum und die Lebenstätigkeit von Bakterien sowie den Ablauf fermentativer Prozesse bei niederer Temperatur unter spezieller Berücksichtigung des Fleisches als Nahrungsmittel. *München 1903: R. Oldenbourg.* (74 S.) 8°
Gießen, Veterinär-med. Diss. v. 1903

Müller, Max, was verbürgt den Erfolg im Deutschunterricht? s. a. Abhandlungen, pädagogische. 5. Bd. 3. Hft.

Was verbürgt den Erfolg im Deutschunterricht? Von **Max Müller**, Seminarl. in Osterode i. O. *Bielefeld: A. Helmich [1900].* (S. 55–70.) 8° [F.]
= Abhandlungen, Pädagogische. N. F. Bd 5, H. 3. [00. 7098

Müller, Max, (Assistent an d. Kgl. Bibliothek in Bamberg) a. Passau: Johann Albrecht v. Widmanstetter 1506—1557. Sein Leben und Wirken. Bamberg [1908]: Handels-Druckerei. (VIII, 115 S.) 8° ¶ [Erschien auch als Buch im Verl. d. Druckerei.]
München, Phil. Fak., Ref. v. Riezler, Diss. v. 16. Juli 1907
[Geb. 16. Sept. 80 Metten b. Deggendorf (Niederbayern); Wohnort: Bamberg; Staatsangeh.: Bayern; Vorbildung: Gymn. Metten Reife Juli 99; Studium: München 8 S.; Rig. 16. Juli 07.]

Müller, Max, Johann Albrecht v. Widmanstetter 1506—1557. Sein Leben u. Wirken. (VIII, 115 S. m. Abb.) gr. 8. Bamberg 908. Handels-Druckerei u. Verlagsh. 2.40

Müller, Max, aus Berlin: Über Adelungs **Wörterbuch.** Ein Beitrag zur Geschichte d. neuhochdeutschen Schriftsprache. *Berlin: Mayer & Müller 1900.* (27 S.) 8° ¶ (Erscheint vollst. in d. Palaestra.)
Berlin, Phil. Diss. v. 10. Aug. 1900

Müller, Max, Wortkritik u Sprachbereicherg. in Adelungs Wörterbuch, s.a. Palaestra. XIV.

Wortkritik und Sprachbereicherung in Adelungs Wörterbuch. Ein Beitrag z. Geschichte d. neuhochdeutschen Schriftsprache. Von Dr. **Max Müller**. *Berlin: Mayer & Müller 1903.* (99 S.) 8°
= Palaestra. 14. (03. 14276 10

Müller, Max: Die Preußische **Zentral-Boden-Kredit-Aktien-Gesellschaft** mit besonderer Berücksichtigung ihrer Beziehungen zum ländlichen Grundbesitz. *Naumburg a. S.: Lippert & Co. 1903.* (VIII, 89 S.) 8°
Heidelberg, Phil. Diss. v. 1903

– In heißer Zone,
s.a. Volks-Erzählungen, Kleine.

In heißer Zone. Erzählung von Max **Müller**. Mülheim a.d.Ruhr: J. Bagel [1905]. (61 S.) 8° [F.] (06. 4848

Müller, Max Cornelius [Cand. med. aus Riedenburg (Oberfalz [sic!])]: Ein Fall von multipler Aneurysmenbildung an der Aorta thoracica ... München 1890: M. Ernst. 32 S. 8°
München, Med. Fak., Inaug.-Diss. v. 1890

Müller, Max Rudolf, s. Müller, Max

Müller, Maximilian, appr. Arzt in Berlin-Charlottenburg: Beitrag zur Lehre von der chronisch ankylosierenden Entzündung der Wirbelsäule. (Spondylose rhizomélique). Berlin: M. Boas 1905. (24 S.) 8°
Leipzig, Med. Fak., Ref. Hoffmann, Diss. v. 11. Jan. 1905
[Geb. 1. Febr. 79 Küstrin; Wohnort: Charlottenburg; Staatsangeh.: Preußen; Vorbildung: Lessinggymn. Berlin Reife M. 98; Studium: Berlin 9 S.; Coll. 21. Jan. 05; Approb. 25. Juli 04.]

Müller, M., neuere Schiffsmaschinen, s.: Rosenthal, H.

MÜLLER, Maximilian August (München): De mercurio praecipitato rubro.- Monachii: Wolf (1835). 34 S. 4.4.1835 - Urk; F 62
Diss. Ingolst. - Landsh. - Mchn.

Müller, Maximilianus, s. Müller, Max

Müller, Michael, praktische Betrachtungen üb. die Parabel vom Verlorenen Sohn. Besonders zum Gebrauch in der Fastenzeit u. bei geistl. Uebungen. Aus dem Engl. übers. 2. Ausg. Mit 1 Stahlst. 8. (628 S.) Freiburg i/Br. 884. Herder. 3. —

— illustr. Handbuch der neuesten praktischen u. wissenschaftlichen Zuschneide-Kunst zum gründlichen Selbstunterricht f. Herren-Kleidermacher, System der Zukunft. 2., neu umgearb. Aufl. Fol. (88 S. m. Bildnis u. 97 Taf.) Ebd. 894. Geb. in Leinw. n. 15. —

Müller, Mich., illustr. Handbuch der neuesten praktischen u. wissenschaftlichen Zuschneidekunst f. Herren-Kleidermacher. „System der Zukunft". 3., neu umgearb. Aufl. Imp.-4. (360 S. m. Abbildgn. u. Bildnis.) München 899. M. Müller & Sohn. Geb. 15. —

Müller M. Illustriertes Handbuch der Zuschneidekunst für Herrenkleidermacher. 3. Auflage. (360 S) Mit Supplementband. (48 S) 4° München 1899. 02

Müller, Mich., der Bezirk Mellrichstadt als Gau, Cent, Amt und Gemeinde beschrieben. gr. 8. (XI, 415 S.) Würzburg 879, (Goldstein'sche Buchh.) *

Müller, Mich., das Landkapitel Mellrichstadt, s.a. Franconia sacra. 4. 5. Lfg.

Das Landkapitel Mellrichstadt. Von **Michael Müller**, Pfarrer in Kirnach. (Abth. 1. 2.) *Würzburg: [V. Bauch in Comm.] (1899–)1901: Fränkische Gesellschafts-Dr.* (VIII, 501 S.) 8° [Ant. u. J.]
— **Franconia Sacra.** Lfg 5. 6. (03. 4495

Müller's, Mich, Moden-Journal. Organ der deutschen Bekleidungsschule. Hrsg. v. Mich. Müller. 1. Jahrg. Novbr. 1892—Oktbr. 1893. 6 Nrn. (Bog. m. Modebildern u. Schnittbog.) gr. 4. München, Expedition der eleganten Herren-Mode. n. 12. —
s.: Herren-Mode, die elegante.

Müller, Michael, Dr.: Griechische Muße. Posen 1907: Merzbach. (31 S.) 4°
Posen, k. Auguste-Viktoria-G P 1907 (207)

Müller, Mich., Primiz-Predigt. 8. Landshut 835. Thomann'sche Buchh. (Attenkofer.) 1/8 ₰

Müller, Mich., Primiz-Predigt. Geh. zu Reichenhofen als Lor. Hengler seine erste heil. Messe las. Am 1. März 1835. 8. (2 B.) Landshut 836, Thomann'sche Buchh.

MÜLLER, Michael, Die // Psalmen // DAvids /// Nach dem mehrentheils bekandten // Gesang-Melodien // Reim-weiß Ubersetzet /// Und GOtt-liebenden Seelen zu Er- //bau- und Ermunterung vorgelegt // Von // MICHAEL MÜLLER. // Psal. 73. 28. // Das ist meine Freude / daß ich mich zu GOTT // halte / und meine Zuversicht setze auf den // HERRN HERRN / daß ich verkün- //dige alle dein Thun. // Stuttgart / In Verlegung deß AUTORIS. // Gedruckt bey Paul Treuen / Hochfürstl. Würtem- //bergis. Hof- und Cantzley-Buchdruckern. // Im Jahr M. DCC. - 8 Blatt (nicht paginiert) Titelblatt, Widmung, Vorrede und Ehrengedichte. - 266 S. und noch 3 Blatt (nicht paginiert) Register.
B. S. T. 8°.47o.

Mueller, Michael: In Senecae tragoedias quaestiones criticae. *Berolini: Mayer & Mueller 1898.* (58 S.) 8°
Berlin, Phil. Diss. v. 8. Aug. 1898

Mueller, Mich., in Senecae tragoedias quaestiones criticae. Diss. gr. 8. (58 S.) Berlin 898. Mayer & Müller. n. 1. 50

Müller, Mich., C. Ss. Red.: Rückkehr zu Gott. Betrachtgn. üb. d. Parabel v. verlor. Sohn. Aus d. Engl. übers. 2. Aufl. (Ascet. Bibliothek.) 12. (VIII, 621 S.) Freiburg i/B. 898. Herder. n. 3. —; geb. in Leinw. n. 3. 80

Müller, Michael, das allerheiligste Sakrament d. Altars, unser größter Schatz. gr. 16. (XII, 295 S.) Regensburg 872. Pustet. 1. 80

Müller, Mich., der verlorene Sohn oder des Sünders Rückkehr zu Gott. Aus dem Engl. übers. Mit einem Stahlst. gr. 8. (628 S.) Freiburg i/Br. 880. Herder. 4. —

Müller, M., Ad Senecae tragoedias. S.-A. s. a. 10 S.

Müller, Michael [Praes.], s. W e s t p h a l, Gabriel: De vocatione ministrorum ecclesiae mediata.

—— Neueste praktische Zuschneidekunst. Lehrbuch zum gründl. Selbstunterricht f. Herren- u. Damen-Schneider. System der Zukunft. Fol. (45 Taf. m. 30 S. Text.) Ebd. 892. * 12 —; geb. * 14 —

— Michael Christoph (Nürnberg), **De jure facinorosos sequela praefectoria persequendi, vulgò Von der Amts-Folge oder Nach-Eyle. Diss. jur. Altdorf (D. Meyer) 8. XI. 1714. 56 S. (5.75) 24211**

— — Dasselbe. Altdorf 8. XI. 1714. Rec. 1746. 56 S. (5.75) 24212

Müller, Michael Franz Joseph

Müller, Michel François Joseph: A b h a n d l u n g über die jährlich am Pfingstdienstage in dem Städtchen Echternach, Herzogthum Luxemburg, gewöhnliche Prozession der sogenannten Springenden Heiligen. Trier 1815. 18 S. 8°

Müller, Michel François Joseph: Die A l t e r t h ü m e r des Kantons Echternach beschrieben und beurtheilt. Trier.

Müller, Michel François Joseph: Über die gemeinen Landsbräuche des Herzogthums Luxemburg und der Grafschaft Chiny,einige A n m e r k u n g e n für Geschichte und Recht. Trier 1832. 68 S. 8°

Müller, Michel François Joseph: Alphabetische A n z e i g e der vorzüglichen Quellen zur Kenntnis der Rechte und Gewohnheiten des Herzogthums Luxemburg und der Grafschaft Chiny, vor deren Vereinigung mit der Franken-Republik, 9 Vendemiaire, Jahr IV. Trier 1825. 76 S. 8°

Müller, Michel François Joseph: Die in der Stadt Trier und Umgebung theils noch bestehende, theils zerstörte B a u t e n - D e n k m ä l e r, Inschriften ... Trier. 42 S. 8°

Müller, Michel François Joseph: Kleiner B e i t r a g zur Geschichte des Hexenwesens im XVI. Jahrhundert, aus authentischen Akten ausgehoben. Trier 1830. 18 S. 8°

Müller, Michel François Joseph: Kleiner B e i t r a g zur Trierischen Münz- und Siegelkunde. Trier 1828. 8 S. 8°

Müller, Michel François Joseph: Historisch-topographische B e i t r ä g e zur Kenntnis des Saur-Thales von Sure bis Wasserbillig. Trier 1844. 78 S. 8°

Müller, Michel François Joseph: B e i t r ä g e zur Kenntnis des National-Charakters, der Sitten, Gebräuchen, Sprache, Künsten und Wissenschaften der Trierer und der benachbarten Provinzen, in ältesten, vorzüglich aber mittlern und neuern Zeiten, zum Behufe des Geschichtschreibers und des Denkers, aus gedruckten und ungedruckten Quellen gesammelt. Erstes.Stück. Trier. 8°

– Dass. Zweites Stück. Trier. 8°

Müller, Michel François Joseph: Kleine vermischte B e i t r ä g e zur Geschichte der Concilien, Synoden und Synodalstatuten im Erzbisthum Trier. Trier.

Müller, Michel François Joseph: Kleine vermischte B e i t r ä g e zur Kenntnis der Schicksale einheimischer und fremder Münzen im Herzogthum Luxemburg und in der Grafschaft Chiny, im Mittelalter und in neueren Zeiten. Trier 1829. XV,32 S. 4°

M ü l l e r, Mich. Franz Jos.: „Kleine vermischte Beiträge zur Kenntniss der Schicksale einheimischer und fremder Münzen im Kurfürstenthum Trier im Mittelalter und in neueren Zeiten bis zum Jahre 1794", Trier 1827. — Vorh.: Bibl. des Preuß. Justiz-Ministeriums Berlin — Ma 6700.

M ü l l e r, Mich. Frz. Jos., histor.-topograph. Beiträge zur Kenntniß des Saur-Thales von Sure bis Wasserbillich. 16. (5 B.) Trier 844, Lintz'sche Buchh.

Müller, Michel François Joseph: Über das vom Kaiser Max dem I. bey Ausfertigung der Urkunden zu deren Beglaubigung gebrauchte Monogramma einige diplomatische B e m e r k u n g e n. Trier. 6 S. 8°

Müller, Michel François Joseph: Über die Natur der Grundgüter in dem Herzogthum Luxemburg, vorzüglich in dem deutschen Quartier, einige historisch-juristische B e m e r k u n g e n. Trier 1824. 43 S. 8°

Müller, Michel François Joseph: D a r s t e l l u n g der klösterlichen Institute unserer Vaterstadt und ihrer Umgebung. Zweiter Theil. Trier 1824. 84 S. 16°

Müller, Michel François Joseph: Summarisch-geschichtliche D a r s t e l l u n g der klösterlichen Institute unserer Vaterstadt und ihrer Umgebungen. Trier 1824. 69 S. 16° (Erster Theil.)

Müller, Michel François Joseph: Summarisch-geschichtliche D a r s t e l l u n g der Kollegiat-Stifter unserer Vaterstadt und ihrer Umgebung. Trier 1826. 94 S. 12°

Müller, Michel François Joseph: Das D e n k m a l der Diana im Kanton Echternach, Departement der Waldungen, beschrieben und beurtheilt. Trier. 8 S. 4°

Müller, Michel François Joseph: Mausolei Villae-Bollani d e s c r i p t i o topographico-historico-critica. [Treviris 1808.] 8 S. 4°

Müller, Michel François Joseph: Das Städtchen E c h t e r n a c h in dem Grossherzogthum Luxemburg, mit seinen Umgebungen, historisch-statistisch dargestellt. Trier 1823. 16 S. 8°

Müller, Michel François Joseph: Historisch-statistische E r d - b e s c h r e i b u n g des Kantons Echternach, Departement der Waldungen: aus sowohl ungedruckten als gedruckten Quellen bearbeitet. Trier. 32 S. 4°

Müller, Michel François Joseph: Kurzgefasste G e s c h i c h t e der Abtei St. Clemens Willibrord zu Echternach aus gedruckten und ungedruckten Quellen ausgehoben und dargestellt. Trier 1827. 108 S. 12°

Müller, Mch. Frz. Jos., Geschichte des von Kšp. Olewian im J. 1559 zu Trier erweckten Religionszustandes. Mit e. Urkunde. 8. Mainz 788.

Müller, Michel François Joseph: Das G e s c h i c h t l i c h e des Kur-Trierischen Landrechts, summarisch entwickelt. Trier. 15 S. 8°

M ü l l e r, Mich. Franc. Jos., G e s t a Treviorum etc., s. G e s t a.

Müller, Michel François Joseph, u. J.-H. Wyttenbach: G e s t a Trevirorum integra lectionis varietate et animadversionibus illustrata ac indice duplici instructa, nunc primum ediderunt. Augustae Trevirorum 1836-1839. 3 Bd. 4°.

Müller, Michel François Joseph: Historisch-statistisches L e x i - k o n des Wälderdepartementes; mit Zeichnungen. Trier 1810. 2°

Müller, Michel François Joseph: L i t t e r a t u r - A n z e i g e für die Denkmäler ... von Trier. Trier. 8°

—— Literatur-Anzeige, welche üb. die in d. Stadt Trier u. ihren Umgebungen theils noch besteh., theils aber zerstörten Bauten, Denkmäler, Inschriften rc., aus d. ältesten u. mittl. Zeit, einige Kunde giebt. gr. 12. (1¾ B.) Trier 840, (Lintz'sche Bh.)

—— Maximen z. Würdigung der Zeugenaussagen im Civil- u. Criminalverfahren, aus älteren u. neueren Gesetzen u. bewährten Rechtsgelehrten ausgehoben; nebst Winken aus der Erfahrung. 8. (4¾ B.) Trier 842, Lintz'sche Buchh.

Müller, Mich. Frz. Jos., kurzgef. Notizen üb. d. Entsteh., Fortdauer u. Auflösung d. Gewerbs- u. Handwerks-Zünfte in d. Stadt Trier. gr. 8. (1½ B.) Trier 840, Lintz'sche Bh. Thlr.

Müller, Michel François Joseph: Dissertatio de o r i g i n e peregrinationis saltatoriæ, vulgo der springenden Heiligen, in Urbe Epternacensi, feria tertia pentecostes usitatae. Treviris 1803. 4°

Müller, Michel François Joseph: Dissertatio de o r i g i n e peregrinationis saltatoriae vulgo Der springenden Heiligen quondam in urbe Epternacensi prope suram annuatim feria tertia Pentecostes usitatae; Per Archiepiscopum Trevirensem anno 1777, abrogatae, annis X et XI (1802 et 1803) denuo repetitae. [Treviris 1815.] 12 S. 4°

Müller, Michel François Joseph: R e d e , verfasst und gesagt, auf dem öffentlichen Platze zu Echternach, bei Gelegenheit der Verkündigung des zwischen dem Kaiser und der Franken-Republik geschlossenen Friedens. Am 5ten Pluviose 6. Jahr (24. Jänner 1798.) Trier: J. Ant. Schroell 1798. 4 S. 4°

Müller, Michel François Joseph: Dissertatio de r e l i g i o n e Trevirorum antechristiana quam congessit monumentisque tam editis quam ineditis illustravit. Augustae Trevirorum 1826. 20 S. 4°

Müller, Michel François Joseph: R e n s e i g n e m e n t s pour adminiculer la réponse à la question proposée par l'Académie royale des sciences et belles-lettres de Bruxelles pour l'an 1824, en ces termes: Quel était l'état des institutions religieuses et des établissements ecclesiastiques dans les provinces meridionales des Pays-Bas, depuis le commencement du règne de Marie-Thérèse; et quels changements y ont été successivement introduits jusqu'à ces jours? Trèves 1825. 28 S. 4°

Müller, Michel François Joseph: Kurze doch zuverläsige (sic) statistische U e b e r s i c h t des Herzogthums Luxemburg und der Grafschaft Chiny; so wie diese Provinz vor ihrer durch das Gesetz vom 9 Vendemiaire Jahr 4 mit der Franken-Republik gemachten Vereinigung von dem Haus Oesterreich besessen und regieret worden ist. Trier: Jos. Ant. Schroell [1814]. 6,47 S. 4°

— Versuch e. histor.-statist. Erdbeschreib. des Herzogth. Luxemburg u. der Grafschaft Chiny. 4. (Trier) 794.

Müller, Michel François Joseph: Über die Schicksale vaterländischer Handschriften einige W o r t e . Trier 1831. 24 S. 8°

Müller, Michel: Der A n s c h a u u n g s u n t e r r i c h t auf der Unterstufe der Primärschule nach dem Lehrplan der Muster- und Uebungsschule in Luxemburg: Luxemburg: P. Worré-Mertens 1899. 156,III S. 8°

Müller, Michel: Deutsches L e s e b u c h für die Mittel- und Oberklassen der Mädchenschulen und die Unter- und Mittelklassen höherer Töchterschulen und Pensionate. Mit Approbation der Königlich-Grossherzoglichen Unterrichts-Commission. Luxemburg: V. Bück 1867. XVIII,1,429,1 S. 8°

Müller, Michel: L e s e b u c h für Primärschulen. I. Theil für Mittlere Klassen. Mit Approbation der Königl.-Grossh.Unterrichtscommission. Luxemburg: V. Bück 1869. X,228 S. 8°

– Dass. Zweite unveränderte Auflage. Luxemburg: V. Bück 1870. X, 228 S. 8°

Müller, Michel: L e s e b u c h für Primärschulen. I. Theil für Mittlere Klassen. Sechste Auflage. Ausgabe A (unverändert). Grevenmacher: Johann Esslen 1884. X,228 S. 8°

– Dass. Siebente umgearbeitete Auflage. Grevenmacher: J. Esslen 1884. VI,210 S. 8°

– Dass. (Andere) Siebente umgearbeitete Auflage. Von der Königl.-Grossherz. Unterrichts-Commission genehmigt am 30.September 1884. Grevenmacher: J. Esslen 1885. VI,223 S. 8°

Müller, Michel: L e s e b u c h für Primärschulen. II. Theil für Obere Klassen. Unterrichts-Commission. Luxemburg: V. Bück 1870. VIII,319 S. 8°

– Dass. Zweite unveränderte Auflage. Luxemburg: V. Bück 1877. VIII,319 S. 8°

– Dass. Dritte unveränderte Auflage. Luxemburg: V. Bück 1883. VIII,319 S. 8°

– Dass. Vierte umgearbeitete Auflage. Grevenmacher: J. Esslen 1887. VI,376 S. 8°

Müller, Michel: Der Kleine S p r a c h s c h ü l e r . Elementare Sprech- und Stilübungen für Primärschulen. Luxemburg: V. Bück 1884. 80 S. 12°

Müller, Michel: Ausgeführte S t i l a r b e i t e n für die mittlern und obern Klassen der Primärschulen gesammelt und bearbeitet. Grevenmacher: J. Esslen 1884. X,279, 1 S. 8°

Müller, Michel François Joseph, s. M ü l l e r , Michael Franz Joseph

Müller, Michel Nicolas: Nekrologisches A n d e n k e n an Herrn Joseph Paquet, Doctor, Professor und Censor am K. G. H. Athenäum, Ritter der luxemburgischen Eichenkrone, des Niederländischen Löwenordens und des K. P. rothen Adlers. Ein Auszug aus dem Luxemburger Wort für Wahrheit und Recht. Den Schülern und Freunden des Hingeschiedenen gewidmet. Luxemburg: P. Brück [1858]. 22 S. 8°

Müller, Michel Nicolas: A n r e d e des Herrn Direktors an die Zöglinge des Athenäums bei der diesjährigen Firmung. Luxemburg: P. Brück [1859]. 7 S. 8°

Müller, Michel Nicolas: Generalversammlung des Vereins des h. Vinzenz von Paul (im Jahre 1856.) A n s p r a c h e an die anwesenden Mitglieder. Luxemburg: Pierre Brück [1856]. 11 S. 8°

Müller, Michel Nicolas: Die J u b e l f e i e r des Herrn Joh. Bapt. Burggraf, Professor der griechischen Sprache am K. G. H. Athenäum in Luxemburg. Auszug aus dem Luxemburger Wort vom 27. Juni 1856. Luxemburg: Pet. Brück [1856]. 21 S. 8°

Müller, Michel Nicolas: Le m o i s de Marie. Die lauretanische Litanei. Psalm 103. Benedic anima mea Dominum. Luxemburg: P. Brück [1856]. 29 S. 8°

Müller, Michel Nicolas: P r e d i g t , gehalten in der St. Peters-Kirche zu Luxemburg, am zweiten Sonntage der h. Muttergottes-Octave 1832. Luxemburg: J. Lamort [1832]. 16 S. 8°

Müller, Michel Nicolas: Der Sylvester-Abend (1856) am Athenäum. Luxemburg: Pet. Brück [1857]. 18 S. 8°

Müller, Michel Nicolas: Toast dem Herrn de Marie bei gemischter Tischgesellschaft Königlich-Preussischer Stabsoffiziere und befreundeter Civilbeamten, gesprochen von seinem Ordenskollegen, dem Direktor des Athenäums. Luxemburg: Pet. Brück [1859]. 1 S. 4°

Müller sen., Mor., drei Abhandlungen über I. Ph. Mainländer's „Philosophie der Erlösung!", II. einen Brief Max Nordau's, III. ein wichtiges politisches Ziel! gr. 8. (64 S.) Leipzig 888, (Kößling'sche Buchh.) *

Müller, Mor., Eine Ansprache über die Arbeitszeit! Den deutschen Arbeitervereinen gewidmet. 8°. Stuttgart 1866.

Müller, Moritz: Aphorismen über die Frauenfrage. Zur Erinnerung an d. Frauentag in Stuttgart den deutschen Frauen gewidmet. — Pforzheim: Flammer 1873. 18 S. 8°

Müller, sen. Mor., Zur Arbeiterfrage. Eine Denkschrift, den deutschen Arbeitern und Arbeiterfreunden gewidmet. Pforzheim 1867.

Müller, Moritz, Ueber die Arbeitervereine. 8°. Nordhausen 1867.

Müller sen., Mor. Ueber den Atheismus unter den Socialdemokraten. Eine Mahng. an die Arbeiterwelt. 8. (52 S.) Lpz. 892, (Kößling). * — 60

—— zur Aufklärung in der Goldwaaren-Fabrikation und im Goldwaaren-Handel. Allen Interessenten gewidmet. gr. 8. (16 S.) Stuttgart 884. (Pforzheim, Delffs.) *

Müller, Mor., Zur Aufklärung über Socialistisches, Socialdemokratisches und Materialistisches. 8°. Stuttgart 1881.

Auswahl-Katalog der Stadtbibliothek zu Aachen. Von Dr. Moritz Müller, Stadtbibl. Abt. H. Aachen: Stadtbibl. 1907. 8°

Müller, Moritz *Hermann:* Autobiographisches in "The Mill on the Floss" ... Aussig a. E., Druck v. E. Rennert, 1897; 2 Bl., 84 S., 1 Bl. 8.
Leipzig, Phil. Fak., Inaug.-Diss. v. [19. Juli] 1897

Müller, Mor., der neue große Bauernkrieg oder ein Fingerzeig zu seiner Abwehr. Allen Bauernfreunden gewidmet. gr. 8. (28 S.) Dresden 859. [Leipzig,] Schäfer's Verlag. *

Müller, Moritz (geb. Stromberg im Rheinl. 26. 3. 1850): Beitrag zur Diphtheritis und Tracheotomie. Berlin (1880). (29 S.) 8°
Berlin, Med. Diss. v. 4. Aug. 1880

Müller: Beiträge zur Kritik und Erklärung des Livius. 22 S. –Stendal, Progr. 1866

Müller, Mor., Beiträge zur Kritik u. Erklärung des Livius. Stendal 866. (Berlin, Calvary & Co.) 4. (22 S.) n. 8 ngr.

Müller, M.: Beiträge zur Kritik und Erklärung des Livius. 32 S. 4°.– Stendal, Progr. 1871.

Müller, Mor. (I.), Beiträge zur Kritik und Erklärung des Livius. 4. (22 S.) Stendal 871. (Berlin, Calvary und Comp.) *

Müller sen., Mor., e. Betrachtung üb. die Goldwaarenfabrikation u. den Goldwaarenhandel bei Gelegenheit der Legierungs- u. Stempelungsfrage. gr. 8. (61 S.) Stuttgart 877. Metzler. n. 1. —

—— Betrachtungen und Gedanken über verschiedene wichtige Gegenstände vom religiös-politischen Standpunkte. Seinen Mitbürgern zum Nachdenken gewidmet. 1—3., verb. Aufl. mit Vorworten. gr. 8. (78 S.) Carlsruhe 857, (Creuzbauer'sche Buchh.)

— üb. die socialdemokratische Bewegung u. die Nothwendigkeit gründlicherer Reformen. gr. 8. (30 S.) Kiel 894. Lipsius & Tischer. n. — 50

Müller sen., Mor., bis zum letzten Athemzuge! Eine Streitschrift nach verschiedenen Richtgn. 3. Abdr. gr. 8. (35 S.) Pforzheim 884. Delffs. n. — 80

— offener Brief an den Papst Pius den Neunten. Darmstadt 860. (Leipzig, Rein.) gr. 8. (19 S.) n. 2 ngr.

· über den Charakter des Menschen und menschliche Größe. Ein kleines Nach-Schiller-Göthe-Feuer. Frankfurt a. M. 859. Gebhard & Körber. gr. 8. (35 S.) 2 ngr.

— Oliver Cromwell, Protektor von England. Ein Vortrag. Gehalten in einer Bürger-Versammlung in Pforzheim. Carlsruhe 862. (Bielefeld.) gr. 8. (46 S.) n. 4 ngr.

Müller, Mor.: Eigenes und Fremdes über meine geistige Thätigkeit. Dargest. für Freunde und alle diejenigen, welche derartiges interessirt. Von Mor. Müller sen. [Gräfenhainichen] 1892: [Schulze & Co.]. 36 S. 8° [Umschlagtit.]
Enth. verschiedene Beurteilungen aus Zeitschr. u. Zeitungen von Verfs geistiger Tätigkeit.

—— Erziehung und Erzieher. Eine Ansprache an Eltern und Jugendfreunde. Mit einem Schlußwort in Bezug der Agende und Kniebeugung im Großherzogth. Baden. 2., verb. und verm. Aufl. gr. 8. (48 S.) Dresden 859. [Leipzig,] Schäfer's Verlag. *

— Flugschrift. 2. Aufl. (Beilage zum Geraer Unterhaltungs-Saal.) Stuttgart 862. (Gera, Illgen.) 4. (9 S.) 2 ngr.

—— die Fortsetzung unseres Lebens im Jenseits. Vertheidigt gegen die rabiate Unsterblichkeitsläugnerei. gr. 8. (109 S.) Halle 884, Pfeffer. *

— Ueber die Frauenfrage, resp. Frauenarbeit. 8°. Pforzheim 1867.

Müller, Mor., über die Freiheit der Arbeit an den Sonntagen u. Feiertagen. Leipzig 869. (Haessel.) gr. 16. (56 S.) 5 ngr.

—— zu Göthe's Geburtstag! Ein Gedenkblättchen, Freunden und Gesinnungsgenossen gewidmet. gr. 8. (48 S.) Carlsruhe 861, Bielefeld.

— Gedankenmainlinien oder: Durch Nacht zum Licht. Kein Roman sondern e. Denkanrege. Ebend. 869. gr. 8. (XII, 329 S.) n. 1 ₰

– Zur Geschichte der Homöopathie, s. Müller, Moritz Wilhelm

— Goldwaaren-Control-Phantasie. Allen deutschen Regierungen, Bijouteriefabrikanten, Juwelieren, Gold- u. Silberarbeitern, sowie allen Liebhabern dieser Industrie freundlichst gewidmet. Leipzig 857. Hübner. 16. (44 S.) n. 5 ngr.

— der liebe Gott und Napoleon III. Eine Betrachtung über Gottes unmittelbare Einwirkung auf die Menschheit. Carlsruhe 860. Bielefeld in Comm. gr. 8. (15 S.) 3 ngr.

Müller, Mor., Anti Rudolf Gottschall u. Julius Frauenstädt. Zur Vertheidigg. der persönl. bewussten Fortdauer nach dem Tode. gr. 8. (48 S.) Leipzig 871. Hartknoch. n. 1. 50

Müller, Mor., Grammatik der englischen Sprache, s.: Uebe, Frdr.

— üb. die Idee der Wiedergeburt d. Menschen, die Geschichte der Menschheit und ihre diesseitige wie jenseitige Zukunft. Mit besond. Beziehg. auf Lessing's „Erziehung d. Menschengeschlechts". 8. (217 S.) Ebd. 889. n. 2. 50

Müller, Moritz *Josef Wilhelm Georg* [aus St. Petersburg]: Die Kanzlei Zwentibolds, Königs von Lothringen. '(895—900)' ... Bonn, P. Hauptmann'sche Buchdr., 1892; 2 Bl., 98 S., 1 Bl. 8.
Bonn, Phil. Fak., Inaug.-Diss. v. 1. Aug. 1892

Müller, Mor., ein Kärrner im Dienst der Könige! Erinnerungen an allerhand Anregen, Mahnworte u Kämpfe. gr. 8. (997 S.) Leipzig 879. Foltz. n. 10. —; geb. n. 12. —

— über „berechtigte Kerne", sowie üb. die Zeit, wo vielleicht „nicht mehr gewählt werden wird". Eine Denkanrege. gr. 8. (43 S.) Pforzheim 885. Delffs. n. 1. —

Müller, Mor., zur Kritik und zum Sprachgebrauch des Livius, s.a. Festschrift zur Feier des 550jährigen Bestehens des Gymnasiums zu Stendal.

Müller, Moritz Zur Kritik und zum Sprachgebrauch des Livius. 4 (11 S. = S. 15—28).
In: Festschrift z. Feier des 550jähr. Bestehens des G. *Stendal* 1888 (zu 238).
Progr.

Müller, Moritz, Dr.: Bildende Kunst im Gymnasial-Unterricht. *Bautzen (1899): E. M. Monse.* (26 S.) 4°
Bautzen, G, OP 1899 (562)

— im Lande der Denker! Oder: Werden die Gelehrten, namentlich meine lieben Landsleute, noch nicht bald einig in Bezug e. Neugestaltg. unseres Culturideals? Berlin 870. Löwenstein. gr. 8. (IX, 167 S.) n. 18 ngr.

Müller, Mor., im Lande der Denker, Philosophische Abhandlgn. bezüglich e. Neugestaltg. unseres Culturideals. 2. Ausg. gr. 8. (VIII, 167 S.) Berlin 873. Staude. n. 1. —

Lebenserfahrungen und Lebensziele. Biogr. Skizzen von Moritz **Müller** sen. in Pforzheim. (Gräfenhainichen) 1893: (Schulze). 72 S. 8° [11. 1914

Müller, M., Lehrbuch der englischen Sprache f. Handels- u. Gewerbeschulen, s.: Uebe, Fr.

— Französisches Lesebuch, s.: Uebe, Frdr.

— Lichtbilder, aufgenommen auf einer Sommerreise nach Venedig im Juni u. Juli 1855. 2. verb. Aufl. Stuttgart 857. F. Köhler in Comm. (Aue.) gr. 8. (103 S.) n. 18 ngr.

— Lichtbilder, aufgenommen auf einer Sommerreise nach Venedig und zurück. 3. unveränd. (Titel-)Aufl. mit einem neuen Vorwort. Pforzheim 861. Flammer. (Lahr, Schauenburg & Co.) gr. 8. (VII, 103 S.) 9 ngr.

Müller, Mor., die Literatur üb. die Thermen v. Aachen u. Aachen-Burtscheid seit der Mitte des XVI. Jahrh. Nach den Beständen der Stadtbibliothek zu Aachen bibliographisch bearb. u. im Auftrage der Stadtverwaltung hrsg. 2., verm. u. vervollständ. Aufl. der durch Dr. E. Fromm veröffentl. Schrift. (VIII, 71 S.) gr. 8. Aachen 903. Bibliothekar Dr. M. Müller. n. 1. —

Müller, Moritz, pr. Arzt: Aus der Chir. Universitätsklinik zu Breslau. Über luxatio centralis femoris. Breslau 1910: Breslauer Genossensch.-Buchdr. 51 S. 8°
Breslau, Med. Diss. v. 15. Jan. 1910, Ref. Küttner
[Geb. 27. Jan. 72 Falkenberg i. P.; Wohnort: Olbersdorf b. Zittau; Staatsangeh.: Preußen; Vorbildung: Gymn. Dramburg Reife O. 91; Studium: Halle 2, München 3, Greifswald 1, Leipzig 1, Straßburg 3 S.; Coll. 22. Dez. 09; Approb. 17. Dez. 96.] [U 10. 583

— politischer Maitrank im Jahre 1859. Wiesbaden 859. Limbarth. gr. 8. (27 S.) n. 2 ngr.

— Johann Karl August Musäus. Ein Lebens- u. Schriftstellercharakter-Bild. Nebst einem Anhang enthltd. einige Gedichte von Musäus. Jena 867. Mauke's Verl. gr. 8. (128 S.) n. 16 ngr.

—— Paßschereien auf geistigem Gebiet. Ein Protest, als Antwort auf einen in Commission bei Ulrici in Carlsruhe erschienenen anonymen offenen Brief. gr. 8. (25 S.) Dresden 858. [Leipzig,] R. Schäfer's Verlag. *

— Paßschereien auf geistigem Gebiete. Ein Protest, als Antwort auf einen in Commission bei Ulrici in Karlsruhe erschienenen anonymen „Offenen Brief." Dresden 859. Schäfer's Verlag. gr. 8. (25 S.) n. 4 ngr.

— eine Pfingstrede über den Begriff des Wortes „Bildung". Der gebildeten Welt gewidmet. Leipzig 867. Haessel. gr. 8. (31 S.) n. 5 ngr.

Müller, Mor., Pfingstspiegel e. Kirchgemeinde. Predigt üb. Epheser 2, 19—22, geh. am 1. Pfingstfeiertag, den 18. V. 1902 in der St. Markus-Kirche zu Leipzig-Reudnitz. gr. 8. (12 S.) Leipzig 902. Ch. Steffen. n. — 15

— patriotische Phantasien aus dem europäischen politischen Concert der jüngsten Vergangenheit u. Gegenwart. Leipzig 857. Hübner. 8. (44 S.) 5 ngr.

— Referat über Frauen-Arbeit. 8°. Stuttgart 1867.

Müller, Mor. (II.), über Religion, Religiosität und religiöse Bildung und über die Gewissenhaftigkeit des Pred. Albrecht. Eine Beleuchtung einiger Aufsätze der „Kirchenfackel", Organ der freireligionsgemeindl. Mischmaschlehre. gr. 8. (16 S.) Leipzig 868, (Hermann.)

– eine Rose der Freiheit! Gezogen und in Ablegern mit einem Worte über Wildstämme allen rosigen Freiheitsfreunden gewidmet. Wiesbaden 859. Limbarth. gr. 8. (30 S.) 5 ngr.

-- die Schiller-Ebenbürtigen und die Schiller-Verehrer. Eine bürgerliche Rede und zugleich ein Neujahrswunsch an alle deutschen Patrioten. Pforzheim 861. Flammer. (Lahr, Schauenburg & Co.) gr. 8. (21 S.) 5 ngr.

—— über der „Weisheit letzten Schluß!" Mit krit. Bemerkungen über pessimist. Ansichten und Aussprüche von A. Schopenhauer, E. v. Hartmann, Ph. Mainländer, Max Nordau, Johs. Scherr und andere Pessimisten, sowie über diejenigen demokrat. Parteigenossen, welche der pessimist. Weltanschauung huldigen. gr. 8. (106 S.) Berlin 886, Friedrich Nachf. *

Müller sen., Mor., das Schulwesen mit besonderer Beziehung auf die Zukunft Pforzheims. 8. (48 S.) Leipzig 880. O. Wigand. — 60

— Ueber einige Sophismen, welche die Nichtsnutzigkeit des allgemeinen Wahlrechts beweisen sollen. 8°. Stuttgart 1878.

Müller, Mor. Zum Sprachgebrauch des Livius. I. Die Negationen haud (non), haudquaquam (nequaquam). 29 S **Progr.** *Stendal* 1877

Müller, Mor., zum Sprachgebrauch des Livius. I. Die Negationen haud [non], haudquaquam [nequaquam]. gr. 4. (29 S.) Berlin 877. Weber. n. 1. 20

—— eine protestantische Stimme. Offener Brief an Decan Zittel in Heidelberg. gr. 8. (31 S.) Mannheim [Straßburg] 868, Schneider.

Müller, Mor., ein mißverstandener Theologe u. ein dunkler Punkt im Protestantenverein. Protestantische Lichtfunken. Ebend. 868. gr. 8. (25 S.) 4 ngr.

— ein Vortrag über die Vorträge oder Wie ist durch das gesprochene Wort am besten auf das Volk zu wirken. Allen Freunden des Volksunterrichts gewidmet. Leipzig 866. Waldow. gr. 8. (46 S.) n. 5 ngr.

— Vorwärts! Ein protestantisches Tractätchen. Wiesbaden 859. Limbarth. gr. 8. (32 S.) n. 5 ngr.

Müller, Mor., Wahrheiten, Einbildungen und Träume. Lichtfreundlichst dargestellt. Mit dem Bildniß des Verf. (in Holzschn.) Carlsruhe 860. Bielefeld in Comm. gr. 8. (50 S.) 4 ngr.

—— die sittliche Weltordnung und das böse Princip. Verschiedene Ansichten über die Geschichte der Menschheit. Der liebe Gott und Napoleon III. 2. Thl. gr. 8. (28 S.) Carlsruhe 860, Bielefeld.

— wer die Schule hat, hat die Zukunft. Aber in welchen Händen sollte denn die Schule sein? Allerhand Bemerkungen nach verschiedenen Richtungen hin. gr. 8. (58 S.) Ebend. 882. — 50

—— die Wissenschaft muß umkehren oder Rede wider den Fortschritt, gehalten um Mitternacht bei Fackelschein am Wartthurm zu Pforzheim vor einer Versammlung von 100,000 Menschen. Frühlings-Anfang 1858. Lex.-8. (28 S.) Darmstadt 858. (Leipzig, R. Schäfer's Verlag.) *

— die Wissenschaft muß umkehren oder Rede wider den Fortschritt, gehalten um Mitternacht bei Fackelschein am Wartthurm zu Pforzheim vor einer Versammlung von 100,000 Menschen. Frühlings-Anfang 1858. Dresden 858. Schäfer. 8. verklebt n. 7½ ngr.

Müller, Moritz. Ein Wort über bezahlte Federn und über die rechten Bundesgenossen. Leipzig, Hübner 1859. 51 S. 8.

— ein Wort über die Nichtmitglieder und Gegner des deutschen Nationalvereins. Leipzig 860. Rein in Comm. gr. 8. (19 S.) n. 2 ngr.

— der Zweck erfordert das Mittel. Eine philosoph. Betrachtung über die Todesstrafe. Pforzheim 870. (Riecker.) gr. 8. (31 S.) 5 ngr.

— über den Zweck, die Mittel u. Organisation der Arbeitervereine, nebst einem Statuten-Entwurf. Nordhausen 867. Förstemann's Verlag. 8. (56 S.) n. 4 ngr.

Müller, Moritz Hermann, s. Müller, Moritz

Müller, Moritz Josef Wilhelm Georg, s. Müller, Moritz

Müller, Mor. (Wilh.), zur Geschichte d. Homöopathie. Aus Akten gezogen. Mit Anmerkn. gr. 8. (3 B.) Leipzig 830, (Reclam.)

—— dass. — 1. Fortsetz. od. 2. Abthl. gr. 8. (3½ B.) Ebds. 831.
Aus d. „Archiv f. d. homöopath. Heilkunst, hrsg. v. E. Stapf." besond abgedruckt.

Müller, Mor., zur Geschichte d. Homöopathie. gr. 8 (6½ B.) Leipzig 837, C. H. Reclam sen.

— Moritz Wilhelm (Klebitz/Sachsen), De febre inflammatoria quaestiones. Diss. med. Leipzig (G. Bruder) 19. I. 1810. 74 S. (5.—) 24213

Müller, Mor. Wlh., de febre inflammatoria quaestiones. 8maj. Leipz. 812. Schönemann. Disput.-Handl. 8 gl

(——) Rechtfertigung d. D. Jos. v. Bakody, s. Rechtfertigung.

— — u. (Soc.) **Christian Friedrich Heinrich Beck**, De schola Lipsiensium clinica. Comment. histor. Leipzig (G. Bruder) 23. XII. 1809. 37 S. (4.75) 24214

— de Schola Lipsiensium Clinica. 8maj. Leipz. 812. Schönemann. 4 gl

Müller, Moritz Wilhelm Gerhard [Pseud.]
s.a. Gotthardi, W.G.

Müller, Mor. Wilh. Ghard. [W. G. Gotthardi], Gedichte. 12. (VII, 96 S.) Merseburg 880. Stollberg. n. 1. —; geb. n. 1. 50

Müller, Mor. Wilh. Ghard, s.: Musäus, J. K. A., Volksmärchen der Deutschen.

Müller, Moritz Wilhelm Gotthard

Müller, Mor. Wilh. Gthe., Antwort auf d. Sendschreiben d. Verf. d. Glaubensbekenntnisses. 8. (1 B.) Weimar 836. [Leipzig, Schreck.]

– (Übers.), s. Cellérier, J. J. S.: Fromme Feierstunden in der Mitte einer Landgemeinde.

– (Bearb.), s. Merlin, Paul: Der Pastor Oberlin.

– s. Novellen. 1837.

—— Pastoral-Spiegel, s. Wohlfarth, J. F. T.

Müller, M. W. G., wandelt als Christen! Eine Buß- u. Bet-Tags-Predigt. gr. 8. (1¼ B.) Jena 831, Cröker.

—— einige Worte üb. d. Glaubensbekenntniß ein. Rationalisten. 8. (1 B.) Weimar 835. [Leipzig, Schreck.]

Irrtum und Wahrheit im 'Spiritismus' und Gesundbeten. Ein aufklärendes Wort auf Grund wiss. Forschung von Dr. N. Müller. *Leipzig & Berlin: E. Günther 1902.* (53 S.) 8° [?]

Müller, N. Die Mythen im „Beówulf" in ihrem Verhältniss zur germanischen Mythologie betrachtet. Diss. Heidelberg 1878. 88 S. Progr.

– Botanische Untersuchungen, s. Müller, Nikolaus Jakob Karl

Müller, N. A., über Erziehung und Bildung. Nach seltenen Schriften großer Pädagogen und Weltweisen bearb. 8. (VIII, 285 S.) Hannover 870, Hahn'sche Buchh.

Müller, N. J., s. Müller, Nikolaus Jakob Karl

Müller, N. J. C., s. Müller, Nikolaus Jakob Karl

Müller, Nathanael, Erbauungsbibel. Das ist ein Erbauungsbuch, zusammengestellt aus bloßen Bibelstellen in Luthers Übersetzung. 1. Tl.: Neues Testament. gr. 8. (XI, 99 S.) Gotha 885, F. A. Perthes. *ℳ 1.—; geb. *

Müller, Neander, Differenztheorie u. Börsengeschäfte. Aus den Gesichtspunkten der Praxis beleuchtet auf Grund der gegenwärt. Rechtsprechg. des Reichsgerichts (Urtheile v. 4. I. u. 8. III. 1902). (Die beiden Urtheile im Anh.) 2. erweit. Aufl. u. 3. Aufl. (4. Taus.) Im Auftrage des Centralverbandes d. deutschen Bank- u. Bankiergewerbes veröffentlicht. gr. 8. (à IV, 50 S.) Berlin 902. F. Siemenroth. n. 1.—

Differenztheorie und Börsengeschäfte. Aus d. Gesichtspunkten d. Praxis beleuchtet auf Grund d. gegenwärt. Rechtsprechung d. Reichsgerichtes. (Urteile v. 4. Jan. u. 8. März 1902) von Neander Müller. 3. Aufl. Im Auftr. d. Centralverb. d. Deutschen Bank- u. Bankiergewerbes veröffentl. *Berlin: F. Siemenroth 1903.* (50 S.) 8° 11

Juristische Lehrmeinungen über Börsengeschäfte. Aus d. Gesichtspunkten d. Praxis beleuchtet von Neander Müller. Im Auftr. d. Centralverbandes d. deutschen Bank- u. Bankiergewerbes veröffentl. *Berlin: J. Guttentag 1903.* (41 S.) 8°

Müller, Nic., s. Müller, Niklas

– s. Müller, Nikolaus

Müller, Nicholas, s. Müller, Niklas

Müller, Nicolas, s. Müller, Nikolaus

Müller, Nik., s. Müller, Niklas

– s. Müller, Nikolaus

Müller, Niklas I., kurze Anweis., von Kartoffeln viel u. guten Branntwein, Essig u. Liqueur zu gewinnen. Mit 2 Kpf. 8. Nürnb. 792. 2e A. 793. 3e A. 8. Schweinfurt 794. 4e A. 8. Würzb. 797. 5e A. 812. (Wesché in Frankf. a. M.) 5 gr (a. Etlinger in Würzb.) 6 gr

Müller, ..., aus Kartoffeln guten Branntwein zu brennen. Mit Kpf. Nürnb. 793. Raw. 3 gr

Müller, aus Kartoffeln guten Branntwein zu gewinnen, m. K. Nürnb. Raw. 793.

N. Müller, Kurze Anweisung, aus Kartoffeln viel und guten Branntwein-Essig und Liqueur zu gewinnen. Würzburg 1797.

Müller, N., Anweis. a. Kartoffeln, Branntw., Essig rc. z. gewinnen, m. K. 8. Würzb. Riennet. 797.

Müller, N., Anweisung, aus Kartoffeln viel u. guten Branntwein zu brennen, Essig u. Liqueure zu gewinnen. Neue Aufl. 8. Bamb. Göbhardt. 812.

– s. Aphorismen aus Voltaire, Rousseau, Raynald ...

Müller, Nik., die Aristokraten in d. Klemme, die Aristokraten auf dem Lande; Lstspl. in 3 A. 8. Straßb. 794. Specht.

Müller, Niklas II., Beschreib. des Festes, dem Andenken des Erfinders der Buchdruckerkunst, Joh. Gensfleisch zum Gutenberg, gefeiert in Mainz am 4. Octbr. 1824. Mit 3 Steindr. gr. 8. Mainz 825. Kupferberg. 8 gr

— Dekadenlieder. Straßb. 794. Treuttel u. W.

Nik. Müller, Es blühe der fränkische Weinhandel und dessen Veredlung, ein Scherflein auf den Altar des Vaterlandes gelegt. Würzburg 1796.

Müller, Nicolaus: Es blühe der fränkische Weinhandel und dessen Veredlung. Würzburg: Rienner 1796. 64 S. -- 20°

— es blühe der Fränk. Weinhandel. gr. 8. Würzb. 796. (Wesché in Frkf. a. M.) 3 gr

– s. Flucht, Meine, aus Deutschland.

— s. Freiheitsbaum.

Müller, Niklas, Gedichte. 1r Th. m. K. 8. Mainz, Kupferberg. 810.

— Gedichte. 1r Thl. Mit Kpf. 8. Mainz 810. v. Zabern. (Cöln, Rommerskirchen). 1 ℔ 8 gr

– Republikanische Gedichte, s. Lehne, Johann Friedrich Franz

— Geschichte des Münsterthurms zu Straßburg. Straßb. 795. Specht.

— s. Gespenst, das.

— Ghasalem. Das Leben Salomo's, u. d. T.: Jedidja u. Adoseba. 2 Bde. Mit Anmerkk. u. Glossarium. 800.

Glauben, Wissen und Kunst der alten Hindus in ursprünglicher Gestalt und im Gewande der Symbolik, mit vergleichenden Seitenblicken auf die Symbolmythe der berühmteren Völker der alten Welt, mit hierher gehöriger Literatur und Linguistik. Von Niklas **Müller.** Mit 2 Tab. und 7 Steindrucktaf., welche mehr als 170 noch nicht erschienene bildliche Darstellungen enthalten. Bd. 1. Mainz: Kupferberg 1822. XXX, 630 S. 8°
Recens: AZ. 1 (1823) S. 508.

— Johann u. Balbina; e. Ballade. Mainz.

— mein Ithaka; e. Idylle. Mainz.

Müller, Nic. (I.), Lieder. Eingeleit. v. Gust. Schwab. 8. (16½ B.) Stuttgart u. Tübingen 837, Cotta'sche Buchh. *

Müller, Niclas, neuere Lieder u. Gedichte. New-York 867. (Stuttgart, Aue.) 8. (XI, 276 S.) n. 1 ℛ 15 ngr.; geb. n. 2 ℛ

Müller, Nik. (II.), Liederbuch f. d. Veteranen d. großen Napoleonsarmee v. 1803—1814. Noch nicht im Druck erschien. Gesänge, mit Angabe ihrer Singweisen. gr. 8. (28 B. u. 6 Lithogr.) Mainz 837, Wirth.

— Lyane; e. griech. Gedicht. Mainz.

NIKLAS MÜLLER, Mithras. Eine vergleichende Uebersicht der berühmteren mithrischen Denkmäler und Erklärung des Ursprungs und der Sinndeute ihrer Symbole, mit besonderer Beziehung auf die reiche Ausbeute des Mithräums von Heddernheim, und mit einer erläuternden lithographirten Mithrasgallerie. (Besonders abgedruckt aus dem II. Bande 1s Heft der Annalen des Vereins für Nassauische Alterthumskunde und Geschichtsforschung.) Wiesbaden, 1831. Gedruckt bei Ludwig Riedel. 8°.
Vgl. Scriba, Biogr.-litterar. Lex. rc. II, 502.

Müller, Nikl., Mithras. Eine vergleich. Uebersicht d. berühmt. mithrischen Denkmäler u. Erklär. d. Ursprungs u. d. Sinndeute ihrer Symbole, mit besond. Bezieh. auf d. reiche Ausbeute d. Mithräums v. Heddernheim, u. mit e. erläut. lith. Mithrasgallerie (Fol.). gr. 8. (10½ B.) Wiesbaden 833, (Ritter.)

— die Opfer des Fanatismus an der Loire, u. Gabieu, der Räuberhauptmann. Zwei Dramen in 5 Akt. Straßb. 794. Specht.

— s. Optimismus, Republikanischer.

MÜLLER, N.: Die vorzüglichsten Pflichten e. Dorfschultheissen im Hochst. Würzburg, nach d. Landesgesetzen bearb. *Würzburg*, Rienner. 794. 8. (18 Gr.)

— die vorzügl. Pflichten e. Dorfschultheissen im Würzburgischen. gr. 8. Würzb. 794. Rienner. (Stahel). 16 gr

Müller, Nic.: „Die vorzüglichsten Pflichten eines Dorfschultheissen im Hochstifte Würzburg", Würzburg 1796 (Riemer in Kommiss.).

Müller, Niklas, der Rhyngrafenstein; Veit Klopp, der Binger; die Burg Stromberg; der Mäusethurm; das Rupertskloster; der Bibildesbrunnen; die Teufelsleiter; die Rochuskapelle; acht Vorzeitssagen. .. Mainz ... (Ob es wirklich gedruckt ist?)

— über den Rhythmus. 8. Cöln 810. Rommerskirchen. 8 gr

— die Ruinen. Trier.

— das dritte Säcularfest zum Andenken von Raphael Sanzio v. Urbino, am 1. April 1820. 8. Mainz 820. v. Zabern.

– (Hrsg.), s. Spiegel, Der.

— auserwählte Stücke aus Voltaire's u. Marmontel's Erzählungen. Straßb. 794. Treuttel u. W.

— Tabellen über militär. Einquartir., nebst Erklär. derselb. zum Gebr. d. Dorfschultheisse im Würzburg. rc. gr. 8. Würzb. 802. Rienner. 8 gr Steif gebund. 1 ℛ 4 gr (a. Erlinger). 20 gr

— Tagebuch d. Urversammlungen. 8. Straßb. 795. Pfeiffer.

— der Teufel, der Baumeister der Kirchen. Trier.

– s. Was sind Eide?

— was war das Schauspielwesen von Mainz bis zum 16. Juni 1816, u. was darf unter d. Regierung Sr. K. H. Ludwigs, Großh. v. Hessen, für dasselbe erwartet werden. Eine Denkschrift. 8. Mainz 816. v. Zabern.

– s. Welches ist die dem Menschen am zuträglichste Staatsverwaltung?

— der Wunderglaube. ... Trier. ...

Müller, Nikolaus, s.a. Müller, Niklas

Müller, Nikol., Beiträge zur Kirchengeschichte d. Mark Brandenburg im 16. Jahrh. 1. Heft. (III, 134 S.) gr. 8. Leipzig 907. Haupt & Hammon. 3.—
[Mehr nicht erschienen.]

Müller, Nik., s.: Beiträge zur Reformations-Geschichte.

– s. Biblia. Hrsg. von Nikolaus Müller und Immanuel Benzinger.

— zur Digamie des Landgrafen Philipp v. Hessen, s.a. Archiv f. Reformationsgeschichte. Nr. 4.

Zur Digamie des Landgrafen Philipp von Hessen von Nikolaus Müller, D. Dr., Univ.Prof. in Berlin. Berlin: C. A. Schwetschke & Sohn 1904. (S. 365–371.) 8°
= Archiv f. Reformationsgeschichte. Jg. 1, H. 4, [4.]

Müller, Nikol., der Dom zu Berlin. Kirchen-, kultus- u. kunstgeschichtl. Studien üb. den alten Dom in Köln-Berlin. 1. Bd. (VIII, 483 S.) gr. 8. Berlin 906. C. A. Schwetschke & Sohn. n. 7.—

Müller, Nicolas: Die Familien-Namen des Grossherzogthums Luxemburg zusammengestellt und geordnet. Luxemburg: V. Bück 1886. 115 S. 8°

Müller, Nik., die Familien-Namen des Grossherzogth. Luxemburg, zusammengestellt und geordnet. gr. 8. (115 S.) Luxemburg 887. Bück. n.n. 2. 50

Festschrift zur Feier der Einweihung des Melanchthon-Gedächtnishauses zu Bretten 1903 von D. Dr. Nikolaus **Müller**, Prof. zu Berlin. Bretten: Melanchthon-Gedächtnishaus 1903. (83 S.) 8°

Müller, Nikol., Götter u. Menschen bei Homer und Hesiod. Luxemburg, Brück, 1866, 4°, 80 S., 1,80 Mk.
(Wiener) Allg. Littztg 1866, S. 345. (Bonner) Theol. Littbl. 1866, S. 752–5 (Stiefelhagen).

[Müller, Nicolaus.] Grabesblumen von dem General Nikolaus (Franz) von Bachmann (1740–1831). [Biographische Skizze.] 8. Glarus 1831.

— s.: Jahrbuch f. brandenburgische Kirchengeschichte.

Müller, Nic., üb. das deutsch-evangelische Kirchengebäude im Jahrhundert der Reformation. Vortrag, geh. auf dem 1. Kongreß f. den Kirchenbau des Protestantismus zu Berlin am 24. Mai 1894. 8. (30 S.) Leipzig 895. A. Deichert Nachf. n. — 60

— die Kirchen- u. Schulvisitationen im Kreise Belzig 1530 u. 1534 u. Nachrichten üb. die Kirchen- u. Schuldiener in der Stadt u. dem Amt Belzig während der Reformationszeit. (III, 164 S.) gr. 8. Berlin 904. M. Warneck. n. 2. 50
Sonderabdruck aus: „Jahrb. f. brandenburg. Kirchengesch."

Philipp Melanchthons letzte Lebenstage, Heimgang und Bestattung nach den gleichzeitigen Berichten der Wittenberger Professoren. Zum 350. Todestage Melanchthons. Von D. Dr. Nikolaus **Müller**, Prof. Mit 2 Taf. Leipzig: Heinsius 1910. x, 156 S. 8° [10. 6945

Müller, Nikolaus, a. Oberelldorf: Über die Orbitalphlegmone. Würzburg 1905: Drescher & Reichart. (41 S.) 8°
Würzburg, Med. Fak., Ref. Heß, Diss. v. 21. Aug. 1905
[Geb. 29. April 80 Oberelldorf; Wohnort: Oberelldorf; Staatsangeh.: Bayern; Vorbildung: Gymn. Bamberg Reife Juli 00; Studium: Würzburg 10 S.; Coll. 15. Juni 05; Approb. 7. Juli 05.]

– (Hrsg.), s. Quellenschriften, Ungedruckte, zur Geschichte des 16. Jahrhunderts.

— Georg Schwartzerdt, der Bruder Melanchthons u. Schultheiß zu Bretten, s.a. Schriften des Vereins f. Reformationsgesch. 96. 97.

Georg Schwartzerdt, der Bruder Melanchthons und Schultheiß zu Bretten. Festschrift z. Feier d. 25jähr. Bestehens d. Vereins f. Reformationsgeschichte. Von D. Dr. Nikolaus **Müller**, Univ.Prof., Berlin. Leipzig: Ver. f. Reformationsgesch. 1908. (IX, 276 S.) 8° [F.]
— **Schriften** d. Vereins f. Reformationsgeschichte. No 96/97. [08. 17715 3

— Fürst Georgs III., des gottseligen, v. Anhalt schriftsteller. Tätigkeit in d. J. 1530—1538 u. sein Bericht v. der Lehre u. Zeremonien, so zu Dessau gehalten werden, vom J. 1534, s.a. Quellenschriften, ungedruckte, zur Geschichte des 16. Jahrh. I, 1.

Fürst Georgs III., des Gottseligen, von Anhalt [Georg Fürst von Anhalt] schriftstellerische Tätigkeit in den Jahren 1530–1538 u. s. Bericht von d. Lehre u. Zeremonien, so zu Dessau geh. werden, v. J. 1534. Zum 400jähr. Geburtstage d. Fürsten. Von D. Dr. Nikolaus **Müller**, Prof., Berlin. Leipzig & New York: R. Haupt 1907. (101 S.) 8°
— **Quellenschriften**, Ungedruckte, z. Geschichte d. 16. Jhs. Bd. 1, H. 1. [08. 3630 3

— s.: Testament, das Neue.

Müller, Nikolaus: Die deutschen Theorien der Idylle von Gottsched bis Geßner und ihre Quellen. Straßburg i. E. 1911: Du Mont Schauberg. 77 S. 8°
Straßburg, Phil. Diss. v. 30. Juli 1910, Ref. Henning
[Geb. 26. Mai 86 Tarforst; Wohnort: Trier; Staatsangeh.: Preußen; Vorbildung: Friedrich-Wilhelms-Gymn. Trier Reife O. 07; Studium: Straßburg 2, München 1, Straßburg 6 S.] [U 11.4302

Müller, Nic., die Wappen der deutschen Burschenschaften. Winter-Semester 1878—79. Chromolithogr. und Golddr. Imp.-Fol. Frankfurt a. M. 879, Rommel. *

— **Nikolaus David** (Hall/Württemberg), De voto decisivo civitatum imperialium in sacri Romano-Germanici imperii comitiis universalibus. Diss. jur. Präs. Gabriel Schweder. Tübingen (J. C Reis) Rec. 1745. 86 S. (6.—) 24215

Müller, Nikolaus Jakob Karl

MÜLLER, N. J. C.: Ueber die Arbeit der grünen Farbe. (Vortrag). - Helmstedt 1878. 24 S.

Müller, N. J. C., Atlas der Holzstructur, dargestellt in Mikrophotographien. 21 Taf. Fol. Mit erläut. Text. gr. 8. (VIII, 110 S. mit 68 Holzschn.) Halle 888, Knapp. In Mappe *

Müller, N. J. C. Beiträge zur Entwicklungsgeschichte der Baumkrone. Heidelberg 1877.

Müller, N. J. C., Handbuch der Botanik. 1. u. 2. Bd. Allgemeine Botanik. 1. u. 2. Thl. gr. 8. Heidelberg 880. C. Winter. n. 50. —
1. Anatomie u. Physiologie der Gewächse. Mit 480 (eingedr.) Abbildgn. in Holzschn. (XVIII, 648 S.) n. 30. —
2. Allgemeine Morphologie u. Entwicklungslehre der Gewächse. Mit 227 (eingedr.) Abbildgn. in Holzschn. (XIX, 482 S.) n. 20.

MÜLLER, N. J. C.: Handbuch der allgemeinen Botanik. - Heidelberg 1880. 2 Tl. 1. Tl.: Anatomie und Physiologie der Gewächse. - 2. Tl.: Allgemeine Morphologie und Entwicklungsgeschichte der Gewächse. - (Auch u. d. T.: Handbuch der Botanik)

Müller, N. J. C., neue Methoden d. Bakterienforschung. [Aus: „Beitr. z. wiss. Botanik".] 2 Hälften. gr. 8. (IV, 176 S. m. 40 lith. Taf.) Stuttgart 897. E. Nägele. à n. 30. —

— d. Nonnenraupe u. ihre Baktorien, s. Metzger, A.

—— s.a. Untersuchungen, botanische.

MÜLLER, Nicolaus Jacob Carl (Hrsg.): Botanische Untersuchungen. - Heidelberg 1872-1878. In einzeln. Lfgn. ersch. - I.: Untersuchungen über die Sauerstoffausscheidung der grünen Pflanzen im Sonnenlicht. - II.: Beziehungen zwischen Verdunstung, Gewebespannung und Druck im Innern der Pflanze. - III.: Untersuchungen über die Krümmungen der Pflanzen gegen das Sonnenlicht. - IV.: Über die Vertheilung der Molekularkräfte im Baume. 3 Tl. - V.: Über die Einwirkung des Lichtes und der strahlenden Wärme auf das grüne Blatt unserer Waldbäume. - VI.: Beiträge zur Entwicklungsgeschichte der Baumkrone. I-VI insges. 576 S., m. Holzschn., zahlr. Taf. - Bd. 2, H. 1: 96 S., 14 Taf.

Müller, N. J. C., botanische Untersuchungen. I.—IV. gr. 8. Heidelberg, C. Winter's Universitäts-Buchh. *
Inhalt:
I. Untersuchungen über die Sauerstoffausscheidung der grünen Pflanzen im Sonnenlicht. (S. 1—20 mit 1 lithogr. Taf. in hoch 4.) 872. *ℳ 1,20.
II. Beziehungen zwischen Verdunstung, Gewebespannung und Druck im Inneren der Pflanze. — III. Untersuchungen über die Krümmungen der Pflanzen gegen das Sonnenlicht. (S. 21—83 mit eingedr. Holzschn. und 1 lithogr. Taf. in 4.) 872. *ℳ 2,40.
IV. Ueber die Vertheilung der Molecularkräfte im Baume. 1. Thl.: Der sogen. aufsteigende Saftstrom. (S. 84—161 mit eingedr. Holzschn. und 2 lithogr. Taf. in 8. und qu. Fol.) 874. *ℳ 4,80.
IV. —— dass. — 2. Thl.: Der sogen. absteigende Saftstrom. (S. 162—224 mit eingedr. Holzschn. und 3 lithogr. Taf. in gr. 4.) 875. *ℳ 5. — 3. Thl.: Die einjähr. Periode. (S. 225—300 mit eingedr. Holzschn. und 7 lithogr. Taf. in gr. 8. und Fol.) 875. *ℳ 8,60.

Müller, N. J. C., botanische Untersuchungen. V. und VI. gr. 8. Heidelberg, C. Winter's Universitäts-Buchh. *

Inhalt:

V. Ueber die Einwirkung des Lichtes und der strahlenden Wärme auf das grüne Blatt unserer Waldbäume. (S. 301—425 mit eingedr. Holzschn., 1 Lichtdr.- und 1 Farbentaf. in qu. Fol. unc gr. 8.) 876. *ℳ 6,80.

VI. Beiträge zur Entwicklungsgeschichte der Baumkrone. (S. 427—576 mit eingedr. Holzschn., 10 lithogr. und 2 Lichtdr.-Taf.) 877. *ℳ 12.

I—IV. Ebendas. 1872—75. *ℳ 22.

Mueller (N. J. C.). Vertheilung der Molecularkraefte im Baeume. Heidelb. 1875. 8°.

— **Nikolaus Peter,** Theses quas Divina assistente gratia, et Max. Ven. Cons. Ecclesiastico adsentiente miti bonorum censurae. Lund (Schweden) (Berling) 12. XI. 1831. (1.50) 24216

Nikolaus Wolfgang Mueller

Nicolaus Guolfgangus Mullerus [Mueller]: De Empyemate. Altdorf (1707:) Kohlesius. 21 S. 8°
Altdorf, Med. Diss.v.4. Okt. 1707

Müller, O., s. a. Karnack, O.

Müller, O., u. M. **Buzall,** Algebra f. den Schul- u. Selbstunterricht, s.: Degener's Leitfäden f. Baugewerkschulen. XIII, XIV.

Müller, O. Die Aufgaben der Frauen in der Kriegskrankenpflege. (Vortr.) Wiesbaden 1900.

Müller, O., s.: Charité-Annalen.

– Die Dampfmaschine ..., s. Müller, Otto H.

Müller, O. Glaubenstrost. Predigten. In-8°. Basel, Spittler. 1883. 1 50

Müller, O., die Gottesoffenbarung in Jesu Christo. Kurze bibl. Unterweisung in der christl. Glaubens-, Hoffnungs- und Liebeslehre für schlichte Schriftforscher und besonders für Konfirmanden. 8. (60 S.) Basel 882, Spittler. geb. *

– Handbuch der Archäologie der Kunst, s. Müller, Karl Otfried

Müller, O., der Herr ist mein Panier! Dankespredigt am Tage unserer Siegesfeier (7. Sonntag nach Trin.) gehalten in der evangel. Kirche zu Grünberg. Grünberg 866. (Weiß.) 8. (15 S.) n.n. 2½ ngr.

Müller, O. (H.). Die moderne Physiologie u. die Fütterungslehre. gr. 8. (80 S.) Lpz. 890, H. Voigt. * 1 50

— —, O., zehn Tage in Oxford. Ein Vortrag. 28 Sin. 8. Basel, C. F. Spittler. 1875. —. 40

Müller, O., zehn Tage in Oxford. Vortrag. Eine Adventsgabe. 8. (28 S.) Berlin 875, (Beck's Verlag.) **

— der Techniker. D. techn. Berufsarten u. ihre Erlerng. E. Leitfaden f. alle Diejenigen, welche sich e. techn. Berufe widmen od. sich in e. solchen vervollkommnen wollen. (I. Tl.: Die techn. Berufsarten. II. Tl.: Die Lehrmethode nach O. Karnack's Unterrichtsbriefen.) gr. 8. (VIII, 82 S.) Frankenhausen 897. C. Werneburg. n. 1. —

Verarmt. Novelle von O. **Müller**. Berlin: A. Goldschmidt 1905. (101 S.) 8° [F.] [c6. 3308

Müller, O. F., s. Müller, Otto F.

– s. Müller, Otto Frederik

Müller, O. H., s. Müller, Otto H.

Mueller (O. L.). Entw. und Verbreitung der Lenticellen. Kaschau, 1877. 8°.

Müller, O. L., Untersuchungen über den anatomischen Bau amerikanischer u. europäischer Rebenwurzeln mit besonderer Berücksichtigung ihrer Widerstandsfähigkeit gegen die Phylloxera. gr. 8. (36 S. m. 1 Tab.) Kaschau 882. (Pressburg, Heckenast's Nachf.) n. — 80

Müller, O. M., s. Müller, Otto Moritz

Zur Abwehr. Eine Beleuchtung der Schrift des Erich Hein (alias Karl Heinrich Löberich in Nürnberg) Die Freimaurerei im Lichte der Wahrheit! Von Oskar **Müller.** Leipzig 1906: Böhme u. Lehmann. 15 S. 8°. [Umschlagtit.]
Selten. Wehrt Angriffe, die in der Schrift von Löberich gegen die Symbolische Grossloge des Schott. Ritus gerichtet wurden, zurück.

Müller, O. (L.). Zur ethischen Auffassung des Evangeliums Jesu. Vortrag im Gothaischen Protestanten-Verein gehalten. gr. 8. (16 S.) Gotha 891, Thienemann. * — 30

Müller, Osc., die Autonomie Elsass-Lothringens. (25 S.) gr. 8. Strassburg 910. Verl. d. elsäss. Rundschau. 1. —

Müller, Oskar, Kammergerichts-Refer.: Zur Behandlung des Zubehörs bei der Zwangsversteigerung von Grundstücken. (Boxhagen-Rummelsburg 1909: Herrgott.) 79 S. 8°
Jena, Jur. Diss. v. 27. April 1909, Ref. Löning
[Geb. 10. Sept. 83 Berlin; Wohnort: Rummelsburg; Staatsangeh.: Preußen; Vorbildung: Andreas-Realgymn. Berlin Reife O. 01; Studium: Berlin 7 S.; Rig. 17. Nov. 08.] [U 09. 3108

Müller, Oscar [aus Sondershausen (Thür.)]: Ein Beitrag zur Frage der Entwicklung des Magenkrebses aus dem runden Magengeschwür ... Würzburg, Druck v. F. Fromme, 1894; 33 S. 8.
Würzburg, Med. Fak., Inaug.-Diss. v. 1894

Müller, Oskar [pract. Arzt aus Berlin]: Beiträge zur Behandlung des Klumpfusses .... Berlin, Buchdr. v. Gustav Schade (Otto Francke) (1885); 29 + 2 S. 8°.
Berlin, Med. Fak., Inaug.-Diss. v. 22. Dez. 1885.

Müller, Oskar, Beiträge zur Behandlung des Klumpfusses. Diss. Berlin 1885, Mayer & Müller. 8°. 29 S.

Müller, Oscar, Apotheker aus Berlin: Beiträge zur Chemie der Guttapercha und des Kautschuks. Saalfeld a. S. 1905. 86 + 2 S. 8°. [29. VI. 05.]
Bern. Phil. Diss 1905.1906.

Müller, Oscar. Beiträge zur Chemie der Guttapercha und des Kautschuks. Diss. Phil. Bern. [Mit Figuren.] 87 S. 8. Saalfeld a. S., Wiedemann, 1905.

Müller, Oscar: Statistische Betrachtungen über allgemeine Paralyse nach dem Material der oberbayrischen Kreisirrenanstalt Gabersee. *Berlin: (G. Reimer) 1898.* (23 S.) 8° ¶(Aus: Zeitschrift für Psychiatrie etc., Bd 54.)
München, Med. Diss. v. 1898

Mueller, (Joan. Adolph.) Osc. (Honoratus) (geb. Beeskow 16. 5. 1820): De decapitatione cruro-talana propter cariem. Berolini (1845). (31 S.) 8°
Berlin, Med. Diss. v. 20. Dez. 1845

Müller, Osc. (I.). Ueber den Einfluss einiger pharmakologischer Mittel auf Secretion u. Zusammensetzung der Galle. Diss. gr. 8. (40 S.) Dorpat 890, (Karow). * 1 —

Müller, Oscar, Gerichts-Assessor a. Rostock: Einigung, Eintragungsbewilligung und Eintragungsantrag nach dem Bürgerlichen Gesetzbuch. Rostock 1904: C. Hinstorff. (86 S.) 8°
Rostock, Jur. Fak., Ref. Matthiass, Diss. v. 15. Sept. 1904
[Geb. 18. März 76 Rostock; Wohnort: Rostock; Staatsangeh.: Mecklenburg-Schw.; Vorbildung: Gymn. Rostock Reife O. 94; Studium: Heidelberg 1, München 3, Rostock 2 S.; Rig. 12. Aug. 04.]

Müller, Osk., drei Fragen der Zeit. Predigt, geh. im Militair-Festgottesdienst am 1. Pfingstfeiertag als Dank-Gottesdienst für die Errettung Sr. Majestät des Kaisers in der Augustinerkirche zu Gotha. 8. (14 S.) Ohrdruf 878. Stadermann jun. n. — 25

Müller, Osk., evangel. Gemeindebuch. (1. Heft: Der christl. Ehestand. Geburt u. Taufe. 2. Heft: Konfirmation. 3. Heft: Die evang. Kirche. Die Gemeinde. 4. Heft: Freud u. Leid auf dem Lebenswege.) (34, 63, 60 u. 28 S.) 16. Gotha 908. (Thienemann's Hofbuchh.) — 80

— dasselbe. Zur Verbindg. v. Haus u. Kirche hrsg. 2. Aufl. (VI, 125 S.) 8. Gotha 910. F. A. Perthes. 1. 20

Müller, Oskar, z. Z. Referendar in Elberfeld: Die Haftung der Gesellschafter nach dem Bürgerlichen Gesetzbuch für das Deutsche Reich. *Borna-Leipzig 1903: R. Noske.* (IX, 85 S.) 8°
Leipzig, Jur. Diss. v. 1903

Müller, Osk., die beiden Katechismen D. Martin Luthers in Zusammenhang. Hrsg. v. M. gr. 8. (92 S.) Gotha 901. E. F. Thienemann. n. — 70; geb. n. — 80

Müller, Oskar [Assistenzarzt 2. Kl. im K. S. Sanitäts-Corps]: Zur Kenntniss der Kindertuberkulose.... (Aus d. Münch. Med. Wochenschr.) München, Jos. Ant. Finsterlin, 1889; 2 Bl. + 26 S. + 6 Bl. 8°
München, Med. Fak., Inaug.-Diss. v. 1890

Müller, Osk., latein. Lesebuch, s.: Gebhardt, Herm.

Müller, Osk. (II.). Friedrich Mykonius, der Reformator Thüringens, s. Für die Feste u. Freunde d. Gustav-Adolf-Vereins.

Müller, Oskar, appr. Arzt a. Coburg: Über den Nachweis von Typhusbacillen im Trinkwasser mittels chemischer Fällungsmethoden, insbesondere durch Fällung mit Eisenoxychlorid. Leipzig: Veit & Co. 1905. (18 S.) 8° ¶(Ersch. in: Zeitschr. f. Hygiene u. Inf. Krankh., 1905.)
Jena, Med. Fak., Ref. Gärtner, Diss. v. 20. Mai 1905
[Geb. 2. Juli 78 Coburg; Wohnort: Coburg; Staatsangeh.: S.-Coburg-Gotha; Vorbildung: Gymn. Gotha Reife O. 99; Studium: München 2, Jena 2, Kiel 1, Berlin 1, Jena 3 S.; Coll. 7. März 05; Approb. 25. Febr. 04.]

Müller, (Johannes Osw.) Osc. (geb. Leobschütz 11. 12. 1860): Ueber das serösplurulente Oedem. Berlin (1883). (32 S.) 8°
Berlin, Med. Diss. v. 11. Okt. 1883

— Predigt am 13. Sonntag nach Trinitatis, 27. Aug. 1893, dem Sonntag nach dem Tode Herzogs Ernst II. v. Sachsen-Coburg-Gotha geh. in der Schloßkirche zu Gotha. 8. (16 S.) Gotha 893. (E. F. Thienemann's Verl.) n. — 30

Müller, Oskar, aus Insterburg: Die Technik des romantischen Verses. *Berlin 1901: E. Ebering.* (95 S.) 8°
Leipzig, Phil. Diss. v. [12. Juni] 1901

Müller, Osk., die Technik des romantischen Verses. gr. 8. (95 S.) Berlin 902. E. Ebering. n. 2. 40

Müller, Osk., Technik u. Vorworthg. d. Röntgen'schen Strahlen, s.: Büttner, Osk.

MÜLLER, OSCAR. Ueber die molekulare Umlagerung einiger Hydrazoverbindungen unter dem Einfluss von Mineralsäuren. (Freiburg im Breisgau) Hamburg, 1883.

Müller, Osk., die Vergoldung im Steinmetzgeschäfte. Aus d. Praxis e. Steinmetzen. (21 S.) gr. 8. München 909. E. Pohl. 1. —
Sonderabdr. aus: „Deutscher Steinbildhauer".

Müller, Oskar Friedrich Ferdinand Hans, s. Müller, Hans

Müller, Oswald, appr. Arzt: Über den Blutbefund bei Krebskranken. Berlin 1909: G. Schade. 37 S. 8°
Berlin, Med. Diss. v. 26. März 1909, Ref. His
[Geb. 14. Sept. 84 Heidelberg; Wohnort: Weißenburg i. Els.; Staatsangeh.: Baden; Vorbildung: Gymn. Heidelberg Reife M. 02; Studium: Berlin K. W. A. 10 S.; Coll. 26. März 09; Approb. 20. Jan. 09.] [U 09. 79

Beiträge zur Kreislaufphysiologie des Menschen, besonders z. Lehre von d. Blutverteilung. Studien an Wasser-, Kohlensäure- u. Sauerstoffbädern verschiedener Temperatur. Von Prof. Otfried **Müller** unter Mitw. von Dr. Eberhard Veiel. T. 1. Leipzig: J. A. Barth 1910. 8°
(Sammlung klinischer Vorträge. N. F. Nr 606/608.) [11. 1294

Müller, Otfried, aus Berlin: Beobachtungen über spontane Blutsedimentierung. *Berlin 1898: Gebr. Unger.* (41 S.) 8°
Berlin, Med. Diss. v. 25. Nov. 1898

Müller, Otfried, Dr., früherer Assistenzarzt der Poliklinik, derzeitiger Assistenzarzt der Medizinischen Universitätsklinik zu Tübingen: Aus der Medizinischen Universitätspoliklinik zu Marburg. Direktor Professor Romberg. Über die Blutverteilung im menschlichen Körper unter dem Einfluss thermischer Reize. M. 4 Taf. Naumburg a. S. 1905: Lippert & Co. (39 S.) 8°
Tübingen, Med. Hab.-Schr. v. 1905
(Nicht für den Austausch)

Müller, Othmar. Beiträge zur politischen und Steuerstatistik des Kantons St. Gallen: I. Die neuere Entwicklung der Steuerverhältnisse der st. gallischen Gemeinden; II. Die Volksabstimmungen im Kanton St. Gallen 1891—1902. Separatabdruck aus der «Zeitschrift für schweizerische Statistik», Jahrg. 1903. II + 46 S. 4. Bern, Stämpfli & Cie., 1903.
(Statistik des Kantons St. Gallen. Heft 20.)

Müller, Othmar. Die Bevölkerungsbewegung im Kanton St. Gallen, unter besonderer Berücksichtigung der Bürgerrechts- und konfessionellen Verhältnisse von 1837—1900. XIV + 92 S. 4. Bern, Stämpfli & Cie., 1901.
(Statistik des Kantons St. Gallen. Heft 16.)

Müller, Othmar. Die Herausgabe der kantonalen Amtsblätter vom administrativen und fiskalischen Gesichtspunkte aus. Referat für die Konferenz der schweiz. Staatsschreiber vom 29. September 1902 in St. Gallen. Als Manuskript gedruckt. ([Separatabdruck aus dem:] «Schweiz. Zentralblatt für Staats- und Gemeinde-Verwaltung» [Jahrg. 3, 1902].) 28 S. 8. [Brugg, «Effingerhof».]

Müller, Othm., die Organisation der kantonalen Staatskanzleien, s. a. Beiträge z. schweizer. Verwaltungskunde. 1. Heft.

Müller, Oth[mar]. Die Organisation der kantonalen Staatskanzleien. (Referat an der X. Staatsschreiber-Konferenz am 30. August 1909 in Bellinzona. Separat-Abdruck aus dem Schweizerischen Zentralblatte für Staats- und Gemeinde-Verwaltung. Jahrg. 11, 1910, Nr. 1, 2, 4, 5 und 6. ...) II + 45 S. 8. Zürich, Orell Füssli, 1910. [fr. 1. —]
Beiträge zur Schweizerischen Verwaltungskunde... Heft 1.

(M[üller], O[thmar].) Die Tätigkeit der st. gallischen Volksregierung. Separatabdruck aus der «Ostschweiz». 32 S. 8. St. Gallen, Buchdr. der «Ostschweiz», 1902. [fr. —. 50]

Müller, Othmar. St. Gallisches Verwaltungs-Recht. Sammlung grundsätzlicher Entscheidungen aus dem Gebiete des Öffentlichen (*Bd. 2: des Staats-) und Verwaltungsrechtes des Kts. (* Bd. 2: Kantons) St. Gallen.... Hrg. im Auftrage des Regierungsrates. 2 Bände. 8. St. Gallen, Buchdr. der «Ostschweiz», 1898—1908.
[Band 1:] S'... aus den Jahren 1850—1897. XVI + 488 S. 1898. [früher fr. 6. —, jetzt fr. 2.50]
Band 2: S'... aus den J' 1897—1908. XII + 565 S. 1908. [fr. 6. —]

Müller, Othmar, St. Gallisches Verwaltungs-Recht. Sammlg. grundsätzl. Entscheidgn. aus dem Gebiete des öffentl. u. d. Verwaltungsrechtes d. Kts. St. Gallen aus d. J. 1850—1897. Hrsg. im Auftr. d. Regierungsrates. gr. 8 (XVI, 488 S.) St. Gallen 898. (A. & J. Köppel.) n.n. 5 —

— St. Gallisches Verwaltungs-Recht. 2. Bd. Sammlung grundsätzl. Entscheidgn. aus dem Gebiete des Staats- u. Verwaltungsrechtes des Kantons St. Gallen aus den J. 1897—1908. Hrsg. im Auftrage des Regierungsrates. (XII, 565 S.) gr. 8. St. Gallen 908. (A. & J. Köppel.)
1. Bd. (1850—1897.) Ebd. 898. nn 5.—. 6. —

Müller, O., St. Gallische Verwaltungsgesetzgebung. Sammlung der auf dem Gebiete des kantonalen Staats- u. Verwaltungsrechtes gült. Erlasse. I.—III. Bd. Im Auftrage des Regierungsrates hrsg. 8. St. Gallen (A. & J. Köppel). n.n. 11. —; geb. n.n. 15. 50
I. 1. Tl.: Verfassungen. Organisatorische Erlasse. Gemeindewesen. 2. Tl.: Polizeiwesen. Im Auftrage des Regierungsrates hrsg. (XV, 740 S.) n.n. 5. —; geb. n.n. 6. 50; einzelne Teile n. 2. 50
II. 3. Tl.: Armen- u. Unterstützungswesen. 4. Tl.: Volkswirtschaftliche Angelegenheiten. 5. Tl.: Oeffentliche Werke. 6 Tl.: Finanz- u. Steuerwesen. 7. Tl.: Militärwesen. (XII, 552 S.) n.n. 3. 50; geb. n.n. 5. —
III. 8. Tl.: Erziehungswesen. 9. Tl.: Konfessionelle Angelegenheiten. (XII, 393 S.) n.n. 2. 50; geb. n.n. 4. —

Müller, O[thmar]. St. Gallische Verwaltungsgesetzgebung. Sammlung der auf dem Gebiete des kantonalen Staats- und Verwaltungsrechtes gültigen Erlasse. Im Auftrage des Regierungsrates hrg. 3 Bände. 8. St. Gallen, Zollikofer. [zus. fr. 11. —, geb. 15. —]
Band 1. Teil 1: Verfassungen. Organisatorische Erlasse. Gemeindewesen; Teil 2: Polizeiwesen. XVI + 740 S. 1903. [fr. 5. —, geb. 6. 50]
Band 2. Teil 3: Armen- und Unterstützungswesen; Teil 4: Volkswirtschaftliche Angelegenheiten; Teil 5: Öffentliche Werke; Teil 6: Finanz- und Steuerwesen; Teil 7: Militärwesen. XII + 552 S. 1904. [fr. 3. 50, geb. 5. —]
Band 3. Teil 8: Erziehungswesen; Teil 9: Konfessionelle Angelegenheiten. XII + 393 S. 1904. [fr. 2. 50, geb. 3. 50]

Müller, Ottilie, Anleitung zur häuslichen Krankenpflege. (45 S. m. Abbildgn.) gr. 8. Berlin 903. Nicolassee, M. Harrwitz. n. 1. 20

Müller, Ottilie. Anleitung zur häuslichen Krankenpflege, von Schwester O' M'. Mit [1 Vignette und] 33 Textfiguren. 48 S. 8. Berlin, Max Harrwitz — Aufdruck: Weinfelden, A.-G. Neuenschwandersche Buchh. —, 1903. [fr. 1. —]

Müller, Ottmar, approb. Arzt aus Augsburg: Ein Fall von Primärem Tubencarcinom. München 1896 [vielm. 1899/1900]: M. Ernst. (19 S.) 8°
Würzburg, Med. Diss. v. 1900

Müller, Otto v. (Red.), s. Abendblatt der Pesth-Ofner Zeitung.

Müller, Otto (Hrsg.), s. Abendroth, William: Leitfaden der Physik.

Müller, Otto: Ueber Absorption von Kohlensäure in Gemischen von Alkohol und Wasser. . . . Leipzig, Johann Ambrosius Barth, 1889; 23 + 1 S. u. 1 Taf. 8°
Leipzig, Phil. Fak., Inaug.-Diss. v. 28. März 1889

Müller, Otto (I.), Charlotte Ackermann, s. Hausbibliothek, belletristische.

Müller, Otto, Charlotte Ackermann, s. a. Bibliothek, deutsche.

Mueller, Otto
Charlotte Ackermann. Ein Hamburger Theater-Roman aus dem vorigen Jahrhundert.
Frankfurt a.M.: Meidinger 1854. 453 S. 8°
(Deutsche Bibliothek. Sammlung auserlesener Original-Romane. Bd 2.)

— Charlotte Ackermann; souvenirs du théâtre de Hambourg au 18. siècle. Traduction de J.-Jacques Porchat. gr. 8. (424 S.) Paris. Frankfort a. M. 854, Meidinger fils et Comp.

Müller, Otto, s. a. Adreßbuch, forstliches, sämmtlicher königl. preußischen Oberförstereien.

Forstliches Adressbuch sämmtlicher Königlich Preussischen Oberförstereien (einschliesslich d. Hofkammer- u. d. Kgl. Prinzl. Reviere) ... nebst 50 Uebersichtsskizzen. Bearb. von Otto Müller, Kgl. Preuss. Forstass., Hann. Münden. Mit 1 Orientirungskarte u. 1 Taf. Berlin: J. Springer 1902. (309 S.) 4°(8°)

[J.] Mueller, Otto [aus Riga]: Die Livländische Agrargesetzgebung ... Halle a. S., Druck d. Buchdr. d. Waisenhauses, 1892; IV S., 1 Bl., 107 S., 1 Bl. 8.
Halle, Jur. Fak., Inaug.-Diss. v. 25. Juni 1892

Mueller, Otto, die livländische Agrargesetzgebung. gr. 8. (V, 107 S.) Riga 892. A. Stieda. n. 5. —

Müller, Otto (I.), Altar und Kerker. Ein Roman aus den dreißiger Jahren. 3 Bde. 8. (III, 146; 167; 204 S.) Stuttgart 884, Bonz und Comp. *ℳ 6,50.; geb. *

Müller, Otto, Anleitung zur Dichtkunst. Ein allgemein verständl. Leitfaden, die Kunst der Poesie in bezug auf Form, Versmaß u. Reim durch Selbstunterricht zu erlernen. Mit zahlr. Beispielen u. e. vollständ. Reimlexikon. 2., v. K. E. Schimmer vollkommen neubearb. Aufl. des Werkes: „Die Kunst, Dichter zu werden". (VIII, 212 S.) kl. 8. Wien (904). A. Hartleben. n. 2. —

Mueller, Otto (geb. Braunschweig 27. 6. 1837): De apoplexia ischaemica. Berolini (1861). (32 S.) 8°
Berlin, Med. Diss. v. 2. Aug. 1861

Müller, Otto, katholische Arbeiterinnen-Vereine, s. a. Tagesfragen, soziale.

Katholische Arbeiterinnen-Vereine. Von Dr. Otto Müller, Generalsekr. d. Verband. d. kath. Arbeitervereine d. Erzdiöz. Köln. M. Gladbach: Zentralstelle d. Volksvereins f. d. kath. Deutschl. 1905. (92 S.) 8° [J.]
= Tagesfragen, Soziale. H. 32.

— Katholische Arbeiterinnen-Vereine. 8°. M.-Gladbach, Zentralstelle d. Volksvereins f. d. kath. Deutschland, 1905. 3. Aufl. 8°. Ebd. 1905. (Sociale Tagesfragen, Heft 32.)

Müller, Otto, katholische Arbeitervereine, s. a. Tages-Fragen, soziale. 22. Heft.

Katholische Arbeitervereine. Ihre Notwendigkeit, Aufgaben u. Mittel. Von Otto Müller, Gen.-Sekr., Köln. *M.-Gladbach: Volksver. f. d. kath. Deutschl. 1901.* (73 S.) 8° [F.]
= Tages-Fragen, Soziale. H. 19–22. [01. 11553 5

Katholische Arbeitervereine. Ihre Notwendigkeit, Aufgaben u. Einrichtungen. Von Otto Müller, Gen.-Sekr. 2. verm. Aufl. *M.-Gladbach: Zentralstelle d. Volksver. f. d. kath. Deutschland 1904.* (95 S.) 8° [F.]
= Tages-Fragen, Soziale. H. 19–22. [04. 6227

Katholische Arbeitervereine. Ihre Notwendigkeit, Aufgaben u. Einrichtungen. Von Dr. Otto Müller, Diözesan-Präs., Köln. 3. verm. Aufl. M.-Gladbach: Zentralstelle d. Volksver. f. d. kath. Deutschland 1907. (127 S.) 8° [F.]
= Tages-Fragen, Soziale. H. 22. [08. 4671

Müller, Otto (geb. Berlin 31. 7. 1845): Ueber die granulöse Augenkrankheit in den Europäischen Armeen. Berlin (1869). (34 S.) 8°
Berlin, Med. Diss. v. 4. März 1869

Müller, Otto, über die granulöse Augenkrankheit in den europäischen Armeen. Inaugural-Dissertation. Berlin 869. (Preuss. Stargardt, Kienitz.) 8. (34 S.) n. 6 ngr.

— — Ein Beitrag zur Aetiologie u. Prophylaxis dieser Krankheit. 2. verb. u. verm. Aufl. Ebend. 870. gr. 16. (33 S.) 7½ ngr.

——— (Otto), Bacillariaceen aus Java. Berlin 1890. 8.

Müller, Otto, u. Lommatzsch, Paul, Die Bedeutung der deutschen Turnerei und Geschichte des Turnvereins in Dippoldiswalde, Dippoldiswalde 1885, 28 S., 8°.

Müller, O. Ein Begleitschreiben des Horaz zu seinen Sermonen. 11 S. Progr. Luisst. G. *Berlin* 1876.

Müller, Otto, e. Begleitschreiben d. Horaz zu seinen Sermonen. gr. 4. (11 S.) Berlin 876. Weber. n. — 80

Mueller, Otto, d. Begriffe d. Verwaltungsrechtspflege u. des Verwaltungsstreitverfahrens nach preuß. Recht. gr. 8. (IV, 211 S.) Berlin 895. C. Heymann's Verl. n. 4.—

Müller, Otto, appr. Arzt a. Köln a. Rh., Assistenzarzt b. 7. Rheinischen Inf.-Reg. Nr. 69: Die Behandlung der Placenta praevia mit der Hysterotomia vaginalis anterior. Berlin (1907): G. Schade. (30 S.) 8°
Berlin, Med. Fak., Ref. Bumm, Diss. v. 21. März 1907
[Geb. 4. Juli 82 Cöln a. Rh.; Wohnort: Cöln; Staatsangeh.: Preußen; Vorbildung: Gymn. Küstrin Reife O. 01; Studium: Berlin K. W. A. 9 S.; Coll. 21. März 07; Approb. 18. April 06.]

Müller, Otto, Beiträge zur systematischen Darstellung des königl. sächsischen Civilrechts. 1. Thl. A. u. d. T.: Die Reallasten. Nach dem bürgerl. Gesetzbuche für das Königr. Sachsen unter Anknüpfung an das gemeine u. frühere sächs. Recht dargestellt. gr. 8. (VII, 149 S.) Leipzig 878. Teubner. n. 2. 40

Müller, Otto: Beiträge zur Erforschung der Angosturaalkaloide. 1909. 72 S. 8°
¶ Ausz. in: Apotheker-Zeitung. Jg. 24. S. 678 f.
Braunschweig, Dr.-Ing.-Diss. v. 30. 12. 1908

Müller, Otto, prakt. Arzt a. Hartenstein: Kasuistische Beiträge zur Kenntnis des offenen Meckelschen Divertikels. Leipzig 1906: B. Meyer. (39 S.) 8°
Leipzig, Med. Fak., Ref. Sattler, Diss. v. 16. Juni 1906
[Geb. 9. Jan. 79 Hartenstein; Wohnort: Leipzig; Staatsangeh.: Sachsen; Vorbildung: Gymn. Zwickau Reife O. 01; Studium: Leipzig 10 S.; Coll. 16. Juni 06; Approb. 7. Febr. 06.]

Müller, Otto, a. Calbe a. Saale: Beiträge zur Kenntnis der Lungengangrän. Straßburg i. E. 1908: C. Müh & Cie. (33 S.) 8°
Straßburg, Med. Fak., Ref. Moritz, Diss. v. 1. Aug. 1908
[Geb. 6. Juni 76 Calbe a. Saale (Reg.-Bez. Magdeburg); Wohnort: Straßburg i. E.; Staatsangeh.: Preußen; Vorbildung: Gymn. Wernigerode a. H. Reife O. 97; Studium: Halle 3, Würzburg 2, Gießen 1, Heidelberg 2, Freiburg i. B. 1, Straßburg 1 S.; Coll. 10. Juli 08; Approb. 25. Nov. 07.]

Müller, Otto [med. pract. aus St. Gallen]: Beiträge zur Lehre von der Entstehung von Knorpelgeschwülsten aus bei der Knochenbildung übrig gebliebenen Knorpelresten. Leipzig 1898. 61 S. 3 Tafeln. 8°. (S. A. aus Archiv f. Entwickelungsmechanik, VI. Bd. 3. Heft.)
Bern. Med. Diss. 1897/98.

Müller, Otto, Bericht üb. die Kuranstalt f. Nervenleidende in Blankenburg am Harz (Otto Müller u. Paul Rehm). gr. 8. (64 S. m. Abbildgn.) Blankenburg a/H. 894. Sundelin & Hoefer. n. 1. —

Mueller, Otto [Hrsg.]
s. Bibliothek, Deutsche. 1854–57.

Müller, Otto (III.), geschichtliche Bilder aus Lyon. 16. (36 S.) Hamburg 871, Agentur des Rauhen Hauses. *

Müller, Otto, neuester Briefsteller u. Rechtsconsulent f. Frauen u. Mädchen. Eine kurze, faßl. u. vollständ. Anleitg., um alle im tägl. Leben gebildeter Frauen vorkomm. Aufsätze richtig u. elegant zu verfassen u. sich in den f. das weibl. Geschlecht besond. wicht. Lebensverhältnissen u. Rechtsangelegenheiten schnell u. sicher zu orientiren. Mit mehr als 100 Musterbriefen u. populären Auszügen aus den einschläg. Gesetzen u. Verordngn. 8. (191 S.) Wien 872. Hartleben. 1. 25

— neuester Briefsteller u. Rechtskonsulent f. Frauen u. Mädchen. Eine kurze, faßl. u. vollständ. Anleitg., um alle im tägl. Leben gebildeter Frauen vorkomm. Aufsätze richtig zu verfassen u. sich in den f. das weibl. Geschlecht besonders wicht. Lebensverhältnissen u. Rechtsangelegenheiten schnell u. sicher zu orientieren. 2., vollkommen umgearb. Aufl. von Malvida v. Rähner. (XIII, 175 S.) kl. 8. Ebd. (905). n. 1. 25; geb. n. 2. —

Müller, Otto, Buchführung des Uhrmachers. (28 S.) 8 Eßlingen 905. W. Langguth. n. — 30

Müller, Otto (I.), Bürger, ein deutsches Dichterleben, s. a. Hausschatz deutscher Erzählung.

Müller, Otto, Bürger. Ein deutsches Dichterleben. Roman. 8. (28⅝ B.) Frankfurt a. M. 845, Oehler.

Müller, Otto, Bürger. Ein deutsches Dichterleben. Roman. 2. (Titel-)Ausg. 8. (456 S.) Frankfurt a. M. (845) 848, Oehler. 1½ ₰

Müller, Otto, Bürger, ein deutsches Dichterleben. Roman. 3. Aufl. 2 Bde. Stuttgart 870. Kröner. 8. (288 u. 272 S.) 2 ₰

[Ant. u. F.] Müller, Otto [cand. med. aus Parsberg i. d. Opf.]: Über recidivierende Chondrome ... Mengeringhausen, Druck d. Weigel'schen Hofbuchdr., 1893; 44 S. 8.
Erlangen, Med. Fak., Inaug.-Diss. v. 25. Juli 1892

Mueller, Otto, de demis atticis. Dissertatio inauguralis. gr. 8. (64 S.) Nordhusae 880. (Göttingen, Vandenhoeck & Ruprecht.) n. 1. 80

— **Otto,** De falsa demonstratione heredis institutioni vel legato adjecta comm. I. — Decanus et reliqui professores facultatis jur. Leipzig memoriam Christian Friedrich Kees. Leipzig (A. Edelmann) 13. II. 1861. 22 S. (3.—) 24219

Mueller, Otto, de falsa demonstratione heredis institutioni vel legato adjecta comment. I. Leipzig 861. Dürr'sche Buchhandlung. 4. (22 S.) 4½ ngr.

Mueller, Otto, de falsa demonstratione heredis institutioni vel legato adjecta comm. II. Leipzig 865. Dürr'sche Buchh. gr. 4. (32 S.) 7½ ngr.

Müller, Otto (I.), Diadem und Maske. Roman. 1. und 2. (Titel-)Aufl. 3 Bde. 8. (214; 219; 224 S.) Stuttgart 875,78, Hallberger. * M. 9.; geb. *

Müller, Otto, Diadem u. Maske. Roman. 2. (Titel-) Aufl. 3 Bde. 8. (214, 219 u. 224 S.) Stuttgart (1875) 878. Deutsche Verlags-Anstalt. n. 9. —

Mueller, Carolus Otto: De auctorum et ministrorum criminis differentia. Halis (1842): Hendel. 34 S. 8°
Halle-Wittenberg, Jur. Diss. v. 14. Mai 1842
Geb. [Wittenberg 12. 5. 1819]
Hallische gekrönte jur. Preisschrift v. 1840. —
Verf. erlebte das Jubeldiplom 1892 als ordentlicher Professor, Appellationsgerichts- und Geheimer Hofrat in Leipzig.

Müller, Otto, Reg.-Baumeister: Der Einfluß der neuzeitlichen Verkehrssteigerung auf die Durchbildung und Gestaltung der Straßenbahnschienen. Dresden: Dressel 1910. 109 S., 9 Taf. 4° ¶ Auch als Buch.
Dresden, Dr.-Ing.-Diss. v. 7. 12. 1910

Müller, Otto, aus Zdziechowice, Prov. Posen: Die **Einkommenbesteuerung** in den verschiedenen Ländern. *Halle a. S. 1902: C. A. Kaemmerer & Co.* (IV, 63 S.) 8°
Halle, Phil. Diss. v. 1902

Müller, Otto, die Einkommensteuergesetzgebung in den verschiedenen Ländern, s. a. Sammlung nationalökonomischer u. statistischer Abhandlungen. 34.

Müller, Otto. Die Einkommensteuergesetzgebung in den verschiedenen Ländern. VI + 104 S. 8. Jena, Gustav Fischer, 1902. [M. 2.50]
Sammlung nationalökonomischer und statistischer Abhandlungen des staatswissenschaftlichen Seminars zu Halle a. d. S., hrg. von Dr. Joh[ann] Conrad, Professor .... Band 34.

— Ekhof und seine Schüler. Roman. 2 Bde. Leipzig 863. Keil. 8. (412 S.) 1 ℛ 20 ngr

Mueller, Otto Electa statiana. 26 S. **Progr.** Luisst. G. *Berlin* 1882.

—— Electa Statiana. 4. (26 S.) Berlin 882, [Weidmann'sche Buchh.] Gaertner's Verlag.

Müller, Otto: Die Entstehung der Landeshoheit der Bischöfe von Hildesheim. Heidelberg 1908: Dörr. VIII, 112 S. 8°
Freiburg i. B., Phil. Diss. v. 1908, Ref. v. Below
[Geb. 13. Apr. 86 Königshofen i. B.; Wohnort: Königshofen; Staatsangeh.: Baden; Vorbildung: Gymn. Tauberbischofsheim Reife Juli 04; Studium: Würzburg 1, München 1, Heidelberg 1, Freiburg i. B. 3 S.; Rig. 27. Juli 07.] [U 09. 1037

— Erzählungen. Die Feuerbore, Erzählung aus dem pfälzer Volksleben. Der Helm von Cannä. 1. u. 2. (Titel-) Aufl. Stuttgart 868,70. E. Hallberger. gr. 8. (III, 252 S.) 1 ℛ 10 ngr

— Erzählungen u. Charakterbilder. 3 Bde. Berlin 865. Janke. 8. (623 S.) 4 ℛ

Müller, Otto [aus Braunschweig]: Ein Fall von hochgradiger Atrophie der linken Lunge mit compensatorischer Hypertrophie der rechten ... Greifswald, Druck v. J. Abel, 1895; 28 S. 8.
Greifswald, Med. Fak., Inaug.-Diss. v. 18. März 1895

Müller, Otto: Aus d. Augenklinik d. Univ. Jena. Ein Fall von traumatischer seröser Iriscyste mit postoperativer plastischer Iridocyclitis. Jena 1909: Kämpfe. 25 S. 8°
Jena, Med. Diss. v. 31. Mai 1909, Ref. Wagenmann
[Geb. 29. Juli 83 Apolda; Wohnort: Staßfurt; Staatsangeh.: Sachsen-Weimar; Vorbildung: Realgymn. Weimar Reife O. 02; Studium: Jena 2, Berlin 3, Erlangen 2, Leipzig 1, Jena 1, Straßburg 1, Jena 2 S.; Coll. 21. Okt. 08; Approb. 31. Mai 09.] [U 09. 2142

—— der Fall von Konstanz. Roman aus dem 16. Jahrh. 3 Bde. 8. (204; 213; 222 S.) Leipzig 872, E. J. Günther.

Müller, Otto [aus Münsterberg]: Zwei Fälle von gleichzeitiger Resection des II. und III. Trigeminusastes an ihrem Austritt aus der Schädelbasis. ... Berlin, Buchdr. v. Gustav Schade (Otto Francke) (1888); 29, 1 S. u. 1 Bl. 8°
Berlin, Med. Fak., Inaug.-Diss. v. 31. Aug. 1888

—— s. Festgabe d. Leipziger Juristenfacultät.

— Flora von Gera, s. Schmidt, Robert

—— die Förstersbraut von Neunkirchen. Erzählung. gr. 8. (208 S.) Stuttgart 867, E. Hallberger.

—— die Förstersbraut von Neunkirchen. 2. Aufl. 8. (208 S.) Ebendas. 869.

Müller, Otto, die Fortbildungsschule auf dem Lande. Ein kurzes Wort an die Erzieher u. Freunde unserer ländl. Jugend. 8. (16 S.) Stettin 894. J. Burmeister. —30

—— s. Fritsch, Gust., die Sculptur etc. der Diatomaceen.

Müller, Otto. Der Frühling. Kleine, leichte Kantate für zwei- oder dreistimmigen Schul- oder Frauen-Chor mit Pianofortebegleitung ad lib. gedichtet und komponirt von Otto Müller ⟨1825—1899⟩. Arrangement von Gustav Haug. Mit verbindenden Deklamationen von Jakob Niord. Partitur, Stimmen ⟨in Part.⟩ *und* Deklamation. 16, 10 *und* 2 S. 4. St. Gallen, Zweifel-Weber, (1901). Partitur fr. 3. —, Stimmen fr. —. 25, Deklamation fr. —. 50

Müller, Otto, Frühlings-Park. 2 Thle. 8. (34½ B.) Frankfurt a. M. 837, [Sauerländer's Verl.]

Müller, Otto, prähistorische Funde in der Umgebung v. Oedenburg, s.: Bolla, Ludw.

Müller, Otto (IV.), kirchliche Gedenkblätter vor, aus und nach dem deutsch-französischen Kriege. Vier Predigten gehalten in der evangel. Kirche zu Grünberg. gr. 8. (26 S.) Grünberg 871, (Weiß.) *

1701–1901. Geschichte des Kgl. Sächs. 5. Infanterie-Regiments 'Prinz Friedrich August' Nr. 104. Dem Regim. gewidmet von Otto **Müller**, k. Sächs. Major z. D. *(Berlin): K. Siegismund [1901].* (112 S.) 8° [15.] [02. 750

Müller, Otto. Gesetzbuch über das Verfahren in Strafsachen für den Kanton Bern; mit Anhang, enthaltend das Organisationsgesetz vom 31. Juli 1847, das Einführungsgesetz zum Strafgesetzbuch und die «Novelle» vom 2. Mai 1880. Textausgabe mit Anmerkungen hrg. von O' M', Fürsprecher. XII + 297 S. 8. Langenthal, Merkur A.-G., 1907. [fr. 7.—]

— die christliche Gewerkschaftsbewegung Deutschlands m. besond. Berücksicht. der Bergarbeiter- u. Textilarbeiter-Organisationen, s.a. Abhandlungen, volkswirtschaftliche, der badischen Hochschulen. VIII, 1.

Die christliche Gewerkschaftsbewegung Deutschlands mit besond. Berücks. d. Bergarbeiter- u. Textilarbeiter-Organisationen. Von Dr. O. Müller. Karlsruhe: G. Braun 1905. (XIII, 256 S.) 8°
— Abhandlungen, Volkswirtschaftl., d. Bad. Hochschulen. Bd 8, Erg.Bd 1.
[05. 4438

Müller, Otto, kleines Gratulations-Buch für die liebe Jugend, enth. auserlesene Glückwünsche in Versen u. Prosa zu Neujahrs-, Namenstags- u. Geburtstagsfesten, sowie Weihnachtswünsche aller Art. 8. (96 S.) Wien 881. Hartleben. n. — 50

Müller, Otto: Deutsche Gummi- und Guttapercha-Waaren-Fabrik, Actien-Gesellschaft, vormals Volpi & Schlüter. Berlin S. 1852—1902. Erinnerungs-Schrift aus Anlaß des 50jähr. Bestehens der Fabrik. [Mit Abb.] (Berlin 1902: Holten.) 26 S. quer-8°

— Gustav Adolf, der große Schwedenkönig u. evangelische Held. Ein Volksbüchlein zur Jubelfeier seines 300jähr. Geburtstages am 9. Dezbr. 1894. 12. (80 S. m. Bildnis.) Berlin 894. Deutsche evangel. Buch- u. Tractat-Gesellschaft. n.n. — 15

Müller, Otto, der Hauspoet od. der Gelegenheitsdichter f. alle Fälle. Eine Anweisg. kleine u. große Gesellschaften bei allen festl. Gelegenheiten durch Gedichte, Toaste u. Declamationen äußerst angenehm zu unterhatlen u. erheitern. 8. (181 S.) Ebend. 874. 1. 50

—— s. Hausschatz, humoristischer.

Müller, Otto, Rechtspraktikant aus Konstanz: Die Lex **Heinze**. *Freiburg i. B. 1900: Ch. Lehmann's Nachf.* (144 S.) 8°
Freiburg i. B., Rechts- u. staatswiss. Diss. v. 1900

Müller, O., Hilfstafeln f. prakt. Messkunde, nebst logarithmisch-trigonometr. Tafeln. 8. (144 S.) Zürich 897. F. Schulthess. n. 2. 40; geb. in Leinw. n. 3. 20

Müller, Otto, s.: Jahrbuch der Erfindungen.

Müller-Neudorf, Otto, Juristen. Tragikomödie in 3 Akt. (112 S.) 8. Leipzig 910. Mod. Verlagsbureau. 2. —

Juristen. Tragikomödie in 3 Akten von Otto Müller-Neudorf. Berlin-Leipzig: Wigand 1910. 112 S. 8°

Kurze Cadenz-Uebergänge in den gebräuchlichsten Tonarten f. d. Orgel zsgest. v. Dr. Otto Müller. Münster i. W.: Alphonsus-Buchh. [1897]. (19 S.) 1 Bd quer-8°

— Kaiser u. Volk. 2 Zeitpredigten zum 22. März u. 2. Septbr. gr. 8. (23 S.) (Barmen 874. Klein.) n. — 60; Pracht-Ausg. m. Goldschn. n. 1. —

Müller, O. Topographische Karte der Stadt **Potsdam** mit Umgebung. 1 : 10 000. Potsdam 1886. 1 Bl. c. L.

Müller, Otto: Ueber Kehlkopfpolypen und ihre Behandlung mit specieller Berücksichtigung der Galvanocaustik. Halle (1872): Plötz. 28 S. 8°
Halle-Wittenberg, Med. Diss. v. 9. Aug. 1872
Geb. Sydow (Pommern) 17. 10. 1844. V.

Müller, Otto, das gratulirende Kind. Kleines Gratulationsbuch f. die liebe Jugend. 2., neu bearb. Aufl. 8. (96 S.) Wien 887. Hartleben. n. — 50

Müller, Otto (II.), das gratulirende Kind. Kleines Gratulationsbuch für die liebe Jugend, enthaltend Glückwünsche in Versen und Prosa zu Neujahrs-, Namenstags- und Geburtstagsfesten, sowie Weihnachtswünsche aller Art. 2. neu bearb. Aufl. 8. (96 S.) Wien 888, Hartleben. *

Müller, Otto, das gratulirende Kind. Kleines Gratulations-Buch f. die liebe Jugend, enth.: Glückwünsche in Versen u. Prosa zu Neujahrs-, Namenstags- u. Geburtstagsfesten, sowie Weihnachtswünsche aller Art. 3., neu bearb. Aufl. 12. (96 S.) Wien 892. A. Hartleben. n. — 50

MÜLLER, Otto
(F) Das gratulirende Kind. Kleines Gratulations-Buch für die liebe Jugend, enthaltend Glückwünsche in Versen und Prosa zu Neujahrs-, Namenstags- und Geburtstagsfesten, sowie Weihnachtswünsche aller Art. Von Otto Müller. 4. neubearbeitete Auflage. Wien. Pest. Leipzig. [1899.] Hartleben. 8°. 96 S. fl. —.25

—— der Klosterhof. Ein Familienroman. 3 Bde. 8. (811 S.) Frankfurt a. M. 859. [Berlin, Janke.]

— der Klosterhof. Ein Familienroman. 3 Bde. Frankfurt a. M. 859. Meidinger Sohn & Co. 8. (811 S.) 4 ℛ 15 ngr.

—— der Klosterhof. Ein Familienroman. 3 Bde. 2. (Titel-) Ausg. 8. (811 S.) Berlin (859)62, Janke.

Müller, Otto, die Kompensation im Verfahren vor den Börsenschiedsgerichten. (VIII, 48 S.) gr. 8. Wien 905. Manz. n. 1. 80

Müller, Otto [aus Poesneck, Kreis Saalfeld]: Über die als „Maladie des tics convulsifs" beschriebene Krankheit. . . . Berlin, Buchdr. v. Gustav Schade (Otto Francke) (1889). 29 + 1 S. + 1 Bl. 8°
Berlin, Med. Fak., Inaug.-Diss. v. 27. Jul. 1889

— Im Kretscham zu Peterwitz, oder was der Schulze Grossmann von den Socialdemokraten hält. 8°. Diesdorf, s. a.

— die zwei Kriglein. Eine Erzählung. Braunschweig 868. Westermann. 8. (243 S.) n. 1 ℛ 10 ngr.

— Kryptogamen aus dem Walde, s. Müller, Walther Otto

— Kryptogamenflora, s. Müller, Walther Otto

— die Kunst der Beredtsamkeit. Eine auf Erfahrg. begründ. Anleitg. d. geschrieb. u. leb. Wortes in der Umgangs- u. Schriftsprache durch Selbstunterricht Meister zu werden. 8. (IV, 188 S.) Ebend. 872. 1. 5

Müller, Otto (II.), die Kunst der Beredtsamkeit. Eine auf Erfahrung begründete Anleitung, des geschriebenen und lebenden Wortes in der Umgangs- und Schriftsprache durch Selbstunterricht Meister zu werden. Enthaltend: Sämmtliche Elemente der Beredtsamkeit sowohl jener des alltägl. Lebens, als auch der höheren Rhetorik, zahlreiche vollendete Muster-Beispiele, nebst halb ausgearbeiteten Themas und einem Anhang über den öffentl. Vortrag. 2. vollständig umgearb. Aufl. 8. (VI, 192 S.) Wien 884, Hartleben's Verlag.

MÜLLER, Otto
Die Kunst der Beredsamkeit. Eine auf Erfahrung begründete Anleitung, des geschriebenen und lebendigen Wortes in der Umgangs- und Schriftsprache durch Selbstunterricht Meister zu werden. Enthaltend: Sämmtliche Elemente der Beredsamkeit, sowohl jener des alltäglichen Lebens als auch der höheren Rhetorik, zahlreiche vollendete Musterbeispiele nebst halb ausgearbeiteten Themas und einem Anhange über den öffentlichen Vortrag. Von Otto Müller. 3. vollständig umgearbeitete Auflage. Wien. Pest. Leipzig. [1899.] Hartleben. 8°. XIII, 167 S. fl. —.90

Müller, Otto, die Kunst Dichter zu werden. Eine auf Erfahrung begründete Anleitung, die Kunst der Poesie in Bezug auf Form, Versmaß u. Reim durch Selbstunterricht sich anzueignen. Mit Musterbeispielen u. einem vollständigen Reimlexikon. Wien 870. Hartleben. 8. (XV, 217 S.) 17½ ngr.

Müller, Otto, die livländischen Landesprivilegien u. deren Confirmationen. Neue Ausg. Leipzig 870. (Steinacker.) 8. (IV, 101 S.) 1 ℛ︎

Müller, Otto: Die Livländischen Landesprivilegien und deren Confirmationen. Neue Ausg. — Lpg: Wiegand 1870. IV, 101 S. [1. Ausg. 1841.]

Müller, Otto, Referendar: Die Landestrauer im System der Ehrenrechte des Königlichen Hauses von Preussen. *Greifswald 1899: J. Abel.* (41 S.) 8°
Greifswald, Jur. Diss. v. 1899

Müller, Otto [aus Halle a. S.]: Die täglichen Lebensgewohnheiten in den altfranzösischen Artusromanen. . . . Marburg, Druck v. Joh. Hamel, 1889; 1 Bl. + 71 + 1 S. 8°
Marburg, Phil. Fak., Inaug.-Diss. v. [8. Jun.] 1889

Müller, Otto, die täglichen Lebensgewohnheiten in den altfranzösischen Artusromanen. Inaug.-Diss. gr. 8. (71 S.) Marburg 889. (Leipzig, Fock.) n. 1.20

Müller, Otto, kurzgefaßtes Lehrbuch der französ. Sprache. Eingerichtet u. m. besond. Berücksicht. der Uebungen im mündl. u. schriftl. freien Gebrauch der Sprache f. die Kapitulantenschulen. (VIII, 159 S.) 8. Zwickau i/S. (909). (E. W. Marx.) Geb. in Leinw. p 1.80

— Socialdemokratische Lieder und Gedichte. 8°. Bonn, s a.

— der Majoratsherr. Ein Roman aus der Gegenwart in 3 Bdn. 8. (201, 102 u. 201 S.) Ebend. 871. 10. 50

—— der Majoratsherr. Ein Roman aus der Gegenwart in 3 Bdn. 8. (201; 192; 201 S.) Leipzig 873, E. J. Günther.

— die Mediatisirten. Roman. 2 Bde. 8. (430 u. 470 S.) Frankfurt a. M. 848, Literarische Anstalt. 3½ ℛ︎

Kurze Messe zu Ehren des hl. Alphonsus de Liguori f. Sopran, Alt '(Tenor ad lib.)' u. Bass m. Orgelbegleitg. comp. v. Dr. Otto Müller ... Partitur. Münster i. W.: Alphonsus-Buchh. [1897]. (21 S.) 1 Bd 8°

Mueller, Otto (geb. am 31 Juli 1831 in Büchenbeuren Rgbz. Koblenz): De variis hydrocelen curandi methodis ... Bonnae, form. C. Georgii 1857. 2 Bl., 30 S., 1 Bl. 8.
Bonn, Med. Fak., Diss. v. 14 Aug. 1857

—— Monika. Erzählung nach einer wahren Begebenheit. 8. (324 S.) Stuttgart 877, Göschen'sche Verlagsh. *

— Münchhausen im Vogelsberg.

—— dass. — s.a. Novellenschatz, neuer deutscher.

Müller, Otto, Münchhausen im Vogelsberg, s.a. Volksbücher, Wiesbadener, Nr. 70.

— Münchhausen in Vogelsberg. 8. (147 S.) Bremen 875. nordwestdeutscher Volksschriften-Verl. n. 2. —

— Münchhausen im Vogelsberg. Erzählung. 8. (122 S. m. 1 Holzschntaf.) Bremen 880. Nordwestdeutscher Volksschriften-Verl. cart. n. 1. —

Müller, Otto, Münchhausen im Vogelsberg. Eine Erzählg. (Neue Ster.-Ausg.) 12. (111 S. m. Titelbild.) Reutlingen 893. Enßlin & Laiblin. Kart. n. — 50; in buntem Umschlag — 60

Müller, Otto, die Organisations-Bestrebungen der Stolze'schen Schule. Ein Beitrag zur inneren Geschichte der Stolze'schen Stenographie. gr. 8. (60 S.) Berlin 883. (Hehn.) n. — 75

Mueller, Otto [aus Neuenburg W.-Pr.]: Zur allgemeinen Pathologie der septischen Exantheme. . . . Würzburg, Becker's Univ.-Buchdr., 1889; 35 + 1 S. 8°
Würzburg, Med. Fak., Inaug.-Diss. v. 1889

Müller, Otto (geb. Lübbecke in Westf. 25. 10. 1841): Ueber acute Phosphorvergiftung. Berolini (1867). (33 S.) 8°
Berlin, Med. Diss. v. 13. Aug. 1867

Mueller, Carolus Otto: De plagio commentatio. Halis (1843): Gebauer. 35 S. 8°
Halle-Wittenberg, Jur. Hab.-Schr. v. 17. Nov. 1843

Müller, Otto von (Red.), s. Post, Ungarische.

— der Postgraf. Roman. 2 Bde. 8. (218 u. 244 S.) Stuttgart 876. Hallberger. n. 6. —

— der Postgraf. Roman in 2 Bdn. 2. (Titel-)Aufl. 8. (218 u. 244 S.) Stuttgart (1876) 878. Deutsche Verlags-Anstalt. n. 6. —

Das Sächsische Privatrecht in seinen Grundzügen systemat. dargestellt. Von Dr. Otto **Müller**, Prof., Leipzig. Abth. 1. 2. [Nicht mehr erschienen.] *Leipzig: Veit & Co. 1892–95.* (332 S.) 8° [Umschlagt. J.] n. 10

Müller, Otto, das sächsische Privatrecht, in seinen Grundzügen systematisch dargestellt. (In 3 Abtheilgn.) 1. Abth. Allgemeine Bestimmgn. gr. 8. (196 S.) Leipzig 892. Veit & Co. n. 4. 50

Müller, Otto, d. sächsische Privatrecht, in s. Grundzügen systemat. dargest. 2. Abth. D. Forderungsrecht gr. 8. (S. 197—332.) Leipzig 895. Veit & Co. n. 3. 40 (1. u. 2.: n. 7. 90)

— der Professor von Heidelberg. Ein deutsches Dichterleben aus dem 16. Jahrhundert. 3 Bde. Stuttgart 870. Kröner. gr. 8. (189, 206 u. 217 S.) 4 ℛ︎

— der Professor von Heidelberg. Ein deutsches Dichterleben aus dem 16. Jahrh. 2. Aufl. Mit dem (Lichtdr.-) Portr. des „Petrus Lotichius". 2 Bde. 12. (343 u. 270 S.) Stuttgart 881. Bonz & Co. n. 6. —; in 1 Bd. geb. n. 7. 50

Müller, Otto, Psalmenlieder zu deutschen Weisen. 3., neubearb. u. verm. Aufl. (169 S.) kl. 8. Dresden 907. (Leipzig, Th. Rother.) Geb. in Leinw. 1. 25

Müller: Quaestiones Statianae. 34 S. –Berlin Kl., Progr. 1861

Mueller, Otto, quaestiones Statianae. Berlin 861. (Calvary & Co.) gr. 4. (34 S.) n. 10 ngr.

Müller, Otto, Rechtsbeistand f. d. österreich. Staatsbürger. Populäre Darstellung des österr. Privatrechtes u. Zivilprozesses, sowie des Handels- u. Gewerberechtes u. der wehrgesetzl. Bestimmgn. Mit Hinweisg. auf die gleichart. Vorschriften in Ungarn. Eine gemeinfaßl. Anleitg. zur Selbstvertretung vor Gerichten u. Behörden u. zur Verfassung v. Eingaben in allen bürgerl. Rechtsangelegenheiten. Mit 176 Formularen. 2., vollkommen neubearb. Aufl. (VIII, 312 S.) gr. 8. Wien 908. A. Hartleben. 3.50; geb. n 4.50

— **Rechtsbeistand** f. den österreichisch-ungarischen Staatsbürger. Populäre Darstellg. d. österreich. u. ungar. Privatrechts u. Civilprocesses. Eine gemeinfaßl. Anleitg., wie man sich in Rechtsgeschäften aller Art selbst vertreten, sich vor Irrgn. u. nachtheil. Folgen bewahren u. alle hiezu erforderl. schriftl. Aufsätze ohne Hilfe e. Advokaten rechtsgültig abfassen kann. gr. 8. (319 S.) Ebend. 876. 2. 70

— **Rede** zur feierlichen Grundsteinlegung d. Krieger-Denkmals in Grünberg am 16. Juli 1871. gr. 8. (7 S.) Grünberg 871. Weiß. n. — 10

— zur **Reform** der höheren Unterrichtsanstalten. gr. 8. (25 S.) Berlin 875. Weidmann. n. — 40

— Roderich. Eine Hof- und Räubergeschichte aus dem J. 1812. 2 Bde. 860. — 2. Aufl. Stuttgart 862. E. Hallberger. 8. (588 S.) 3 ℛ

—— Roderich. Eine Hof- und Räubergeschichte aus dem J. 1812. 2 Bde. 1. und 2. Aufl. br. 8. (588 S.) Stuttgart 861,62, E. Hallberger.

MÜLLER, O., Roderich. Eine Hof- u. Räubergeschichte. 2 Bde. Stuttgart 1873. 8⁰. Zahm.
R. Zinke's Dresdner Octob.-Auct. 1908, no. 991.

—— Schatten auf Höhen. Roman. 1. und 2. Aufl. 2 Bde. 8. (234; 239 S.) Ebendas. 881,83. *ℳ 5.; geb. *

Müller, Otto, d. Schlacht v. Sedan, dazu Mancherlei, was voranging u. nachfolgte. E. Jubelbüchlein z. 1. u. 2. Septbr. 1895 f. Alt u. Jung aus d. lieben, deutschen Volke. gr. 16. (III, 112 S. m. Skizzen.) Berlin 896. Buchh. d. ostdeutschen Jünglingsbundes. n.n — 25

Müller, Otto (I.), Schönschreibhefte. Deutsche Schrift. 9 Hefte. 4. und 5. verb. Aufl. qu. 4. (à Heft 24 S.) Halle 883, Hendel. à Heft * 10 Pf. *

—— dass. — Lateinische Schrift. 8 Hefte. 4. und 5. verb. Aufl. qu. 4. (à Heft 24 S.) Ebendas. 886. à Heft * 10 Pf. *

—— dass. — Geschäfts-Aufsätze. 3 Hefte. 4. und 5. verb. Aufl. qu. 4. (à Heft 24 S.) Ebendas. 886. à Heft 12 Pf. *

—— dass. — [Ohne Vorschriften.] 6 Hefte. qu. 4. (à Heft 24 S.) Ebendas. 883. à Heft * 10 Pf. *

Müller, Otto, Schönschreibhefte. Verb. nach d. „preuß. Normal-Alphabet". Deutsche Schrift. 9 Hfte qu. 4. (à 24 S.) Halle 895. O. Hendel à n. — 10

— dasselbe. Lateinische Schrift. 8 Hfte. qu. 4. (à 24 S.) Ebd. 895. à n. — 10

— dasselbe. Geschäfts-Aufsätze. 3 Hfte. qu. 4. (à 24 S.) Ebd. 895. à — 12

Schönschreibhefte von Otto **Müller**. Deutsche Schrift H. 1–9. Latein. Schrift H. 1–8. Geschäftsaufsätze H. 1–3. *Halle a. S.: O. Hendel [1900].* 20 Bde quer-8° [F. u. Ant.] [oo. 1160 3

Müller, Otto, ausgewählte Schriften. 1—12. Bd. gr. 16. Stuttgart 873. 74. Kröner. à 1. 35
1. 2. Charlotte Ackermann. Ein Hamburger Theater-Roman aus dem vor. Jahrh. 2 Bde. (240 u. 232 S.)
3. 4. Bürger, e. deutsches Dichterleben. Roman. 2 Bde. 230 u. 216 S.)
5. Der Stadtschultheiß v. Frankfurt. Ein Familien-Roman aus dem vor. Jahrhundert. (223 S.)
6. Ekhof u. Iffland. Roman aus der alten Theaterwelt. (232 S.)
7. 8. Roderich. Eine Hof- u. Räubergeschichte. 2. Bde. (246 u. 235 S.)
9. Die Försterbraut im Odenwald. Der Tannenschütz. 2 Erzählgn. (240 S.)
10. Zwei Sünder an e. Herzen. (258 S.)
11. 12. Marlo, od. die Mediatisirten. Roman, 2 Bde. (223 u. 347 S.)

Müller, Otto, die liberale Schulpolitik in Preussen u. unsere Aufgaben. 1.—4. Taus. (129 S.) 8. M.-Gladbach 910. Volksvereins-Verlag. Geb. 1. 20

– Die am häufigsten vorkommenden eßbaren und giftigen Schwämme, s. Müller, Walther Otto

Müller, Otto, der Selbstmord. Eine psychiatrische Skizze. Harburg 859. Elkan. gr. 8. (VIII, 96 S.) n. 20 ngr.

—— der Stadtschultheiß von Frankfurt. Ein Familienroman aus dem vorigen Jahrhundert. 8. (258 S.) Stuttgart 856, Cotta'sche Buchh.

— der Stadtschultheiß von Frankfurt. Ein Familienroman aus dem vorigen Jahrhundert. 2. unveränd. Aufl. Stuttgart 859. Cotta. 8. (258 S.) 1 ℛ

— der Stadtschultheiß von Frankfurt. Ein Familienroman aus dem vorigen Jahrh. 3. Aufl. [5. Abdr.] 8. (259 S.) Stuttgart 878. Cotta. n. 4. 50; geb. n. 6. —

Müller, Otto, das Studium des Pianoforte theoretisch praktisch; eine Anleitung, sich auf dem kürzesten u. sichersten Wege die grösste Geläufigkeit u. Sicherheit auf d. Instrumente anzueignen. 1. Thl. Imp. 4. (21 lith. S.) Minden 848, Fissmer & Co. 1 ℛ

Müller, Otto, aus Kreiensen: Die **Substantivierung** anderer Redeteile im Französischen. *Göttingen 1900: E. A. Huth.* (VI, 125 S.) 8°
Göttingen, Phil. Diss. v. [7. Nov.] 1900

Müller, Otto, die Substantivierung anderer Redeteile im Französischen. Diss. gr. 8. (VI, 125 S.) Göttingen 900. (Vandenhoeck & Ruprecht.) n. 3. —

— zwei **Sünder** an einem Herzen. Eine Erzählung. 2 Thle. Braunschweig 863. Westermann. 8. (607 S.) n. 2 ℛ 20 ngr.

—— aus Petrarca's alten Tagen. 2 Bde. 8. (526 S.) Berlin (861)62, Janke.

—— der Tannenschütz. Weihnachts-Novelle für 1851. 16. (179 S. und 1 Holzschn.) Bremen 851(52,) Schlodtmann. -

—— der Tannenschütz. Eine Volkserzählung aus dem Vogelsberg. 4. Abdr. 8. (154 S.) Ebendas. 883. *

Müller, Otto (VIII.), s. Tischer, Gust., Uebungsbuch zum Uebersetzen ins Lateinische.

Müller, Otto, Prof. Dr.: Turnier und Kampf in den altfranzösischen Artusromanen. Ein Beitrag zur Geschichte des höfischen Lebens in der Zeit der Trouvères. (Erfurt 1907: Ohlenroth.) (25 S.) 8°
Erfurt, st. OR i. E. OP 1907 (325)

Müller, Otto, Übungsbuch zum Übersetzen aus dem Deutschen ins Lateinische, s.: Tischer, Gust.

—— Universal-Gratulations-Buch enth. auserlesene Glückwünsche in Prosa und Versen für alle erfreul. Ereignisse im Leben, alle Stände und jedes Alter. 1. und 2. Aufl. 1868,71. ℳ 1., und 3. Aufl. 8. (VIII, 152 S.) Ebendas. 875. * cart. *

—— Universal-Gratulations-Buch enth. auserlesene Glückwünsche in Prosa und Versen für alle erfreul. Ereignisse im Leben, alle Stände und jedes Alter. 4. Aufl. 8. (VIII, 152 S.) Ebendas. 878. ℳ 1,10.; cart.

— Universal-Gratulations-Buch, enth. auserlesene Glückwünsche in Prosa u. Versen für alle erfreulichen Ereignisse im Leben, alle Stände u. jedes Alter. 5. Aufl. 8. (VIII, 152 S.) Ebend. 881. 1. 10; cart. 1. 25

— Universal-Gratulations-Buch, enth. auserlesene Glückwünsche in Prosa u. Versen f. alle erfreul. Ereignisse im Leben, alle Stände u. jedes Alter. 6. Aufl. 8. (VIII, 152 S.) Ebd. 889. n. 1. 10; cart. n. 1. 25

-- Universal-Gratulations-Buch, enth. auserlesene Glückwünsche in Prosa u. Versen f. alle erfreul. Ereignisse im Leben, alle Stände u. jedes Alter. 7. Aufl. 12. (VIII, 152 S.) Ebd. 895. n. 1. 10; kart. n. 1. 25

— **Universal-Gratulations-Buch. Enth.: Auserlesene Glückwünsche in Prosa u. Versen f. alle erfreul. Ereignisse im Leben, alle Stände u. jedes Alter. 8. Aufl. (VIII, 152 S.) kl. 8. Ebd. (905). n. 1. 10; kart. n. 1. 25**

— **neueste Universal-Haus-Secretär u. Briefsteller f. die österreichisch-ungar. Monarchie. Unentbehrliches Handbuch bei Abfassg. v. Briefen, Urkunden, Eingaben in polit. Rechts- u. Wehr-Angelegenheiten 2c. 14 Lfgn. gr. 8. (656 S.) Wien 871. 72. Gerold's Sohn. à n. — 50**

Müller, Otto, aus Jever (Oldenb.): Untersuchungen über die Abhängigkeit des Pseudophenol-Charakters von der Stellung der Halogenatome in der Seitenkette. *Heidelberg 1901: Hörning & Berkenbusch.* (86 S.) 8°
Heidelberg, Naturw.-math. Diss. v. 1901

Müller, Otto: Experimentelle Untersuchungen über Dämpfungsgeraden. Halle a. S. 1909: Kaemmerer. 24 S. 4° ¶ (Mitteilungen d. physik. Versuchs-Station Halle-Cröllwitz. No 21.)
Halle, Phil. Diss. v. 3. Juni 1910, Ref. Dorn
[Geb. 8. Febr. 85 Magdeburg; Wohnort: Magdeburg; Staatsangeh.: Preußen; Vorbildung: Stadtgymn. Halle Reife O. 03; Studium: Halle 11 S.; Rig. 20. Dez. 09.] [U 10. 1778

Müller, Otto, Untersuchungen zur Geschichte d. attischen Bürger- u. Eherechts. gr. 8. (S. 663—866.) Leipzig 899. B. G. Teubner. n. 7. 20
Sonderabdruck aus: „Jahrbücher f. class. Philologie".

Müller, Otto: Aus dem zoologischen Institut der Universität Jena. Untersuchungen über die Veränderungen, welche die Respirationsorgane der Säugetiere durch die Anpassung an das Leben im Wasser erlitten haben. *Jena: G. Fischer 1897.* (70 S.) 8°
Jena, Phil. Diss. v. [27. März] 1897

Müller, Otto, vergleichende Untersuchungen neuerer Mikroscop-Objective. [Aus: „Festschrift zur Feier d. 100jähr. Bestehens der Gesellsch. naturforsch. Freunde zu Berlin."] Mit 1 Taf. in Steindr. Fol. (16 S. m. 1 Tab. in Imp.-Fol.) Berlin 873. Dümmler's Verl. n. 2. 50

Müller, Otto, appr. Tierarzt: Aus d. Tierphysiol. Inst. d. Landwirtschaftl. Hochsch. zu Berlin. Über die Verdauungsarbeit nach Kohlenhydratnahrung in ihrer Abhängigkeit von der physikalischen Beschaffenheit der Nahrung. Berlin: Springer 1910. 33 S. 8° ¶ (Aus: Biochem. Zeitschrift. Bd 28, H. 5/6.)
Gießen, Veterinär-Med. Diss. v. 29. Nov. 1910, Ref. Garten
[Geb. 26. Jan. 86 Berlin; Wohnort: Berlin; Staatsangeh.: Preußen; Vorbildung: Friedrichs-Werdersche Oberrealsch. Berlin Reife M. 04; Studium: Berlin Tierärztl. Hochsch. 9 S.; Rig. 1. Aug. 10.] [U 11. 1309

Müller, Otto: Versuche über den Kohlensäuregehalt der Luft in einigen Sälen der optischen Werkstätte von Carl Zeiss. *Naumburg a. S. 1898: H. Sieling.* (22 S.) 8°
Jena, Med. Diss. v. [13. Apr.] 1898

—— Georg Volker. Ein Roman aus dem J. 1848. 3 Bde. 8. (934 S.) Bremen 851, Schlodtmann.

— **Volksbildungsabende, s. a. Tages-Fragen, soziale.**

Müller, O., Volksbildungsabende. 8°. M.-Gladbach, Zentralstelle des Volksvereins f. d. kathol. Deutschland, 1902. (Sociale Tagesfragen, Heft 27.) 38 S.

Volksbildungsabende. Von Otto **Müller**, Generalsekr. d. kath. Arbeiterver., Köln. 2. verb. u. verm. Aufl. M.Gladbach: Volksver. f. d. kath. Deutschland 1906. (40 S.) 8°. [F.]
= **Tages-Fragen,** Soziale. H. 27. [06. 0314 6

Wanderausstellung d. Deutschen Landwirtsch.-Gesellsch. Danzig v. 9. bis 14. Juni 1904. Spezial-Katalog zur Ausstellung der Ostpreußischen Herdbuchgesellschaften. Verf. von Dr. O[tto] Müller, Leiter d. Tuberkulosebekämpfung in d. Ostpreuß. Herdbuchgesellschaften. Königsberg i. Pr. 1904: Ostpr. Dr. (16 S.) 8° [F.] [04. 1997 6 10

Müller, Otto [aus Schneidemühl]: Wesen, Geschichte und pädagogischer Wert der erotematischen Lehrform ... Berlin, Druck v. B. Paul, 1895; 50 S., 2 Bl. 8.
Erlangen, Phil. Fak., Inaug.-Diss. v. 25. Jan. 1895

Müller, Otto (III.), wie fange ich meine Briefe an? Quintessenz der Briefschreibekunst. Mit Angabe vieler Eingangs- und Schlußformen zu Briefen jeder Gattung. 8. (VIII und 183 S.) Wien 868, Hartleben's Verlag.

— **wie fange ich meine Briefe an? Quintessenz der Briefschreibekunst. Mit Angabe vieler Eingangs- u. Schlußformen zu Briefen jeder Gattg. 2. verb. Aufl. 8. (VIII, 184 S.) Wien 873. Hartleben. 1. 50**

Müller, Otto, wie fange ich meine Briefe an? E. Handbuch d. Briefschreibekunst f. alle Fälle u. Lebenslagen. M. Angabe vieler Eingangs- u. Schlußformen zu Briefen jeder Gattg. 3., verb. u. verm. Aufl 8. (VIII, 176 S.) Wien 895. A. Hartleben. 1. 50

Mueller, Otto

Der Wildpfarrer. Historischer Volks-Roman. Th. 1-3. Berlin 1866.

In: Roman-Zeitung, Deutsche. Bd 1.

— der Wildpfarrer. Historischer Volksroman. 3 Bde. Berlin 866. Janke. 8. (972 S.) 4 ₰ 15 ngr.

Müller, Otto von (Red.), s. Zeitung, Pesth-Ofner.

Müller, Otto (IV.), die Zellhaut und das Gesetz der Zelltheilungsfolge von Melosira arenaria Moore. gr. 8. (62 S. mit 5 lithogr. Taf.) Berlin 883, Gebr. Bornträger. +
Aus: Jahrbücher für wissenschaftliche Botanik, besonders abgedruckt.

Müller, Otto F.

— Gedanken üb. d. Ausrufung d. Musen in der Dichtkunst. 8. Ebend. 741.

— Gedanken v. Gebrauch und Mißbrauch d. Eid- u. Handgelöbnisse. 8. Leipz. Weygand. 759.

Müller, Otto F., die Münze zu Hildburghausen. Zur Münzkunde des ernestin. Sachsen. [Aus: „Blätter f. Münzfreunde".] gr. 4. (26 Sp.) Leipzig 889. C. G. Thieme. n. 1.—

—— Die Münze zu Saalfeld u. ihre Meister. Ein Beitrag z. Münzkunde d. ernestin. Sachsen. gr. 4. (16 Sp. m. 1 Tab.) Ebd. 885. * 1 25
Vorstehende 2 Schriften sind aus: Blätter f. Münzfreunde, besonders abgedruckt.

—— Die Münzen auf Meininger Privatpersonen, s. Schriften des Vereins f. Meiningische Geschichte u. Landeskunde.

Müller, O. F., Meininger Ortsnamen und Bauwerke auf Münzen und Marken, s. Schriften des Vereins für Meiningische Geschichte und Landeskunde, Heft 1.

Müller, Otto F., der Henneberger Geschichtschreiber Johann Adolph v. Schultes, s.: Beiträge, neue, zur Geschichte deutschen Altertums.

Müller, Otto Fr., s. Müller, Otto Frederik

Müller, Otto Frederik

Müller O. F.: *Entomostraca* seu insecta testacea, quae in aquis Daniae et Norvegiae reperit, descripsit et iconibus illustravit —. Lips. et Havn. 1785. 134 S. 21 kol. Tvl. 4°.

Müller, Otto Fr., († d. 26. Dec. 1784.) entomostraca, s. insecta testacea, c. XXI tabb. 4maj. Leipz. u. Kopenh. 785. (Joachim in Leipz.) 3 ₰ illum. 4 ₰

Müller, Otto F., entomostraca, s. insecta testacea, c. tab. 4. Lips. (Hermann, Francf.) 792. illum.

(Müller O. F.): Fauna insectorum Fridrichsdalina ... Hafn. et Lips. 1764. (15) 96 S.

Müller, Otto Fr., fauna insector. Fridrichsdaliana. 8. Kopenh. u. Leipz. 764. (Brockhaus). 8 gr.

— Fauna Insector. Fridrichsdaliana. 8. Hafn. et Lips. Gleditsch. 764.

— s. Flora Fridrichsdaliana.

Müller, Otto F., Flora Fridrichsdaliana, s. descr. plantar. etc. per regn. Daniae crescent. c. tab. 8. maj. Strasb. Treuttel. 767. Rthlr.

— die Gabelschwanzraupe. Mit Kpf. 4. Leipz. 775.

Müller, Vermium terrestrium et fluviatilium histor. I Part. II, p. 25. *Murray*, De vermibus in lepra obviis et lumbricorum setis. Gött. 1769.

1769

Müller O. F.: Vermium terrestrium et fluviatilium, seu animalium infusoriorum, helminthicorum et testaceorum, non marinorum, succincta historia. 2 vol., vol. 1 i 2 pt. (1 Vol.). Havn. et Lips. 1773-74. (60, 421) S. 4°.

— Vermium terrestr. fluviatilium etc. historia. II Vol. 4. maj. Copenh. Schubothe. (Varrentrapp et W. Francf.) 773. (1. 1 Rthlr. 12 gr. II. 1 Rthlr. 20 gr.)

Müller O. F.: *Hydrachnae* quas in aqvis Daniae palustribus detexit., descripsit ... —. Lips. 1781. 88 S. 11 kol. Tvl. 4°.

— hydrachnae in aquis Daniae palustribus descr. c. tab. 4. maj. Lips. Crusius. (F. C. W. Vogel.) 781.

— icones plantarum, s. *Flora* Danica.

— Naturgesch. d. Würmer d. süß. u. salz. Wassers, m. K. gr. 4. Copenh. Schubothe. 800.

— kl. naturhistor. Schriften, von d. Verf. aus andern Sprachen übers. u. hrsgg. von J. A. E. Goeze. Mit 9 illum. Kpf. 8. Dessau 782. (Barth in Leipz.) 20 gr.

Müller O. F.: Von Würmern d. süssen u. salzigen Wassers. Kopenh. 1771. 200 S. 16 Tvl. 2 gr. Tvl.

Otto Frederik Mueller

Von Würmern des süssen und salzigen Wassers. Von Otto Fridrich Müller [vielm. Otto Frederik Müller]. Kopenhagen: Heineck & Faber 1771. 200 S. 4

— von Würmern des süßen u. salzigen Wassers. Mit 19 Kpft. gr. 4. Kopenh. 771. (Varrentrapp in Frankf. a. M.) 3 ₰ — N. Ausg. mit vielen Kpf. gr. 4. Kopenh. 809. Schubothe. 2 ₰ 12 gr.

— Zoologiae Danicae prodromus, seu animal. Daniae indigen. charact. etc. 8maj. Dessau 776. (Varrentrapp in Frkf. a. M.) 16 gr.

— Zoologia Danica, seu animal. Dan. et Norvegiae rarior. ac minus notorum descriptiones et historia. Vol. I. 8maj. Leipz. 779. Weygand. 7 gr. — Vol. II. 8maj. ibid. 784. (Joachim). 10 gr.

— Zoologia danica, od. Gesch. seltn. dänisch. u. norweg. Thiere. Fol. Dessau, Gel. Handl. 783.

— — d. Kupf. dazu. 1r Heft. illum.

— Zoologia Danica, seu animal. Daniae et Norvegiae rarior. ac minus notor. descript. et histor. IV Voll., c. CLX tabb. Fol. Kopenh. 788—808. Schubothe; a. Gyldendal. 32 ₰ illum. 64 ₰
(dasselbe m. deutschem Text zu eben d. Preisen.)

Müller, O. Fr., zoologia danica seu animalium Daniae et Norvegiae rarior. ac minus notor. descript. et histor. IV Vol. c. CLX Tab. Fol. c. Tab. pictis. Hafniae. 788 — 814. Jetzt Gyldendal.
illum.

Müller, Otto Fri(e)drich, s. Müller, Otto Frederik

Müller, Otto H., die Dampfmaschine vom ökonomischen u. praktischen Standpunkte betrachtet für Maschinenbesitzer, Ingenieure u. Freunde der Dampfmaschine überhaupt. Lex.-8. (VIII, 116 S. m. eingedr. Holzschn.) Wien 877. Gerold's Sohn in Comm. n. 6. —

Mueller (jr.), Otto H., das Pumpenventil. Ein Buch f. Konstrukteure. gr. 8. (IX, 151 S. m. 52 Fig.) Leipzig 900. (A. Felix.) n. 5. —; geb. n. 6. —

Müller, Otto H., die Vorurteile gegen die [sogen. militärberechtigten] „Landwirtschaftsschulen". Ein offenes Wort an die Landwirte. gr. 8. (52 S.) Leipzig 891. H. Voigt. n. 1. —

Müller, Otto Moritz

— O. M. (Züllichau), Ad examen publicum et actum valedictorium in Gymnasio Züllichau .... invitat. — Praemissae sunt animadversiones in loca nonnulla libri primi Ciceronis de Oratore. Züllichau (Zwarr) 4. u. 16. IX. 1817. 16 S. mit Namen. (2.50) 24217

— — Animadversionum ad M. Ter. Varronem part. prima. Ad indicendum primo examen publicum. Züllichau (Zwarr) 13., 23., 18. III. 1820. 18 S. mit Namen. (2.50) 24218

Müller, O. M. Anrede an die obern Klassen des Gymn., gesprochen am Tage der Durchreise Sr. Königl. Hoheit des Kronprinzen von Preußen am 25. Juni 1828.
Cöslin, Progr. 1828

– (Hrsg.), s. Cicero, Marcus Tullius: Oratio pro D. Sextio.

– (Hrsg.), s. Cicero, Marcus Tullius: De oratore. 1819 u. 1837.

Mueller, Otto Maur., ad M. Tullii Ciceronis Orationem pro P. Sestio curae secundae. Inest varietas lectionis ex Codice Büloviano. 8 maj. (9½ B.) Coeslini 831, [Stolpe,] Heinemann.

– (Hrsg.), s. Gradus ad Parnassum.

Müller, O. M. Interpretatio duor. locor. Ciceronis de orat. I. 1, 157. 5 S.
Cöslin, Progr. 1833

Müller, Otto Mor., Diss. de M. T. Ciceronis lib. III. de Oratore, etiam post criticorum curas nondum satis castigatis. 8. Leipz. 812. Tauchnitz. 4 gr

Ders. Ad Ciceronis de orat. librum secundum. 12 S.
Cöslin, Progr. 1839

Müller, O. M. Observat. de vi et usu verborum quorundam Latinorum. (Antikritik der Kritik des Prof. Wunder in Jahn's Jahrb. über die vom Verfasser besorgte Ausgabe der Rede des Cic. pro Sextio.) 12 S.
Coeslin, Progr. 1828

— Otto Moriz (Cöslin), Programm des Königlichen und Stadt-Gymnasiums zu Cöslin. Cöslin (C. G. Hendeß) Mich. 1828. 28 S. mit Namen. (3.—) 24220
Enthält: Observationes de vi et usu verborum quorundam latinorum.

— drei Predigten. gr. 8. Züllichau. Darnmann. 814.

— drei Predigten. gr. 8. Züllich. 814. (Leipz., Michelsen). 4 gr

Müller, O. M. Rede bei der Entlassung der Abiturienten Ostern. 1847. 11 S.
Cöslin, Progr. 1848

— C. Sallustius Crispus, od. histor.-krit. Untersuchung d. Nachrichten v. seinem Leben, der Urtheile üb. seine Schriften u. der Erklär. derselben. Nebst e. Beitr. zur Kritik des Cicero u. Seneca. 8. Züllich. 817. Darnmann. 14 gr

– (Hrsg.), s. Sallustius Crispus, C.: Catilina et Jugurtha. 1821.

Müller, Otto Victor [Arzt]: Zwei Tumoren der Hypophysis cerebri ... Darmstadt, C. F. Winter'sche Buchdr., 1897; 33 S., 2 Taf. 8.
Leipzig, Med. Fak., Inaug.-Diss. v. 28. Juni 1897

Müller, Otto Walter, von Aesch (Kt. Luzern): Die Verwaltungsgerichtsbarkeit nach allgemeinem und schweizerischem Recht und die Frage der Reform der eidg. Verwaltungsrechtspflege speziell. Männedorf 1910: E. Meyer. 184 S. 8° [15.XI.10.]
Zürich. Univ. Staatswiss. Diss. 1910/11.

Müller, Otto Walter. Die Verwaltungsgerichtsbarkeit nach allgemeinem und schweizerischem Recht und die Frage der Reform der Eidg. Verwaltungsrechtspflege speziell. Diss. Jur. Univ. Zürich. 184 S. 8. Männedorf, E. Meyer, 1910.

Müller, Ottokar Herm., Recht u. Kirche. Ein Beitrag zu der Philosophie d. Rechts. 8. (VII, 172 S.) Regensburg 888. Verlags-Anstalt. n. 1. 80

Müller, P., s.a. Müller - Otfried, Paula

— die Seiffarth'sche „Denkschrift" u. der heutige pädagogische Formalismus. Vortrag, geh. zu Göttingen in der Generalversammlg. d. evangel. Lehrerbundes am 29. Septbr. 1875. 8. (26 S.) Ebend. 876. n. — 50

– Über einige Derivate des Campfers. VI, 38 S.
Greifswald, Schul-/Univ.-Schrift 1864

Müller, P., um's Erbe der Väter! Zeitgemäße Fragen an Liebhaber der Kirche. I. (VII, 120 S.) 8. Hannover 904. (H. Feesche.) n. 1. 50

Müller, P., um's Erbe der Väter! Zeitgemäße Fragen an Liebhaber der Kirche. II. Die kathol. Machtstellung bei uns u. in Nordamerika. Stand d. Religionsunterrichts in den anderen Ländern u. bei uns. (XVI u. S. 119—413.) gr. 8. Hannover 908. H. Feesche. 4. —
I. Ebd. 904. 1.50.

Müller, P., J. A. Völker

— — u. B. Funk, deutsche Fibel. 15. Aufl. gr. 8. (108 S. m. Abbildgn.) Ebd. 892. n. — 40; geb. in Halbleinw. n.n. — 50; in Halbldr. n.n. — 60

— u. B. Funk, deutsche Fibel. 22. Aufl. Ausg. nach d. gemischten Schreiblese-Methode. gr. 8. (108 S.) Gießen 897. E. Roth. n. — 40; geb. in Halbleinw. n.n. — 50; in Halbldr. n.n. — 60

Müller, P., J. A. Völker u.

— — B. Funk, deutsche Fibel. Ausg. nach der gemischten Schreiblese-Methode. 33. Aufl. In neuester Rechtschreibg. (108 S. m. Abbildgn.) gr. 8. Ebd. 903. n. — 40; geb. in Halbleinw. n.n. — 50; in Halbldr. n.n. — 60

— u. J. A. Völker, Geographie. Ein Wiederholungsbuch f. die Hand der Schüler. (Hessische Ausg.) gr. 8. (VIII, 68 S.) Ebd. 894. n. — 30

— — dasselbe. (Deutsche Ausg.) gr. 8. (1, 68 S.) Ebd. 894. n. — 30

— u. J. A. Völker, Geographie. Ein Wiederholungsbuch f. die Hand der Schüler. Mit Kartenskizze der Alpen, 3. durchgeseh. Aufl. Nach der neuen Rechtschreibg. (X, 86 S.) gr. 8. Ebd. (906). n. — 40; geb. n. — 50

— u. J. A. Völker, Geschichte. E. Wiederholungsbuch f. d. Hand d. Schüler. gr. 8. (124 S. m. 54 Illustr.) Ebd. 895. n. — 50

— — dasselbe. Ausg. m. 4 (farb.) Karten. gr. 8. (112 S. m. 54 Illustr.) Ebd. 895. n. — 60

— — Geschichte. Ein Wiederholungsbuch f. die Hand der Schüler. 3. Aufl. Nach der neuen Rechtschreibg. (136 S. m. 54 Abbildgn. u. 4 farb. Karten.) gr. 8. Ebd. (906). n. — 60; geb. n. — 75

Müller, P., Geschichte v. Hessen. Für hess. Schulen bearb. 3., verm. Aufl. Mit dem Portr. Sr. Kgl. Hoh. d. Großherzogs Ludwig IV. u. 1 Karte der Grafsch. Katzenelnbogen. 8. (VIII, 84 S.) Gießen 889. Roth. n. — 60; m. Anh. Heimatskunde (32 S. m. 1 Karte) cart. n. 1. 15

Müller, P., Geschichte v. Hessen. Für hess. Schulen bearb. Mit d. Portr. Sr. königl. Hoh. d. Großherzogs Ernst Ludwig u. 1 Karte der Grafsch. Katzenelnbogen. 4., verm. u. verb. Aufl. gr. 8. (VIII, 83 S.) Gießen 896 E. Roth. n. — 60; kart. n.n. — 70

— dasselbe. Illustr. Prachtausg. 4., verm. u. verb. Aufl. gr. 8. (X, 83 S. m. Abb.) Ebd. 893. Geb. in Leinw. n. 2. —

Müller, P. Illustrierte Geschichte v. Hessen. 3. verm. u. verb. Aufl. gr. 8. (IX, 81 S. m. Abbildgn. u. e. chromolithogr. Karte.) Gießen 890. Roth. geb. * 2 —

Müller, P., kurze Geschichte von Hessen. Ein Anhang zu jedem Lehrbuch der Geschichte. Für hessische Schulen bearb. (Ausg. A.) 8. (63 S. m. 1 chemityp. Portr. d. Großherzogs.) Gießen 881. Roth. n. — 60; Ausg. B auf feinem Pap. cart. n. — 80

Müller, P., kurze Geschichte v. Hessen. Ein Anhang zu jedem Lehrbuch der Geschichte. Für hess. Schulen bearb. 2. Aufl. 8. (VIII, 72 S. m. 1 chemityp. Portr. u. 1 chromolith. Karte.) Gießen 883. Roth. n. — 60

Müller, P., Handbuch für Bierbrauer. Eine wissenschaftlich-praktische Anleitung zum Bierbrauen im ganzen Umfange d. Gewerbes. Mit Rücksicht auf die neuesten Erfahrungen u. Verbesserungen im Braufache, und unter Beifügung der verschiedenen Braumethoden in Baiern u. anderen Ländern. Nach den besten Quellen u. vieljährigen eigenen Erfahrgn. bearbeitet. Mit e. Vorwort von Fr. Jul. Otto. Mit in den Text eingedr. Holzschn. Braunschweig 854. Vieweg. gr. 8. (XVIII, 424 S.) n. 2 ₰. 10 ngr.

Müller, P., Handreichg. zur Heimatkunde v. Dresden, s.: Döring, H.

— J. A. Völker u. B. Funk, Hausschatz zur Unterhaltung u. Belehrung d. Bürgers u. Landmanns. gr. 8. (IX, 438 S. m. Illustr.) Ebd. 890. n. 2. —; geb. n. 2. 60
Ausgabe f. Hessen zu gleichem Preise.

Müller, P., aus der Heimat, s.: Döring, H.

— Heimatkunde des Großherzogt. Hessen. Für hessische Schulen bearb. 8. (24 S.) Ebend. 883. n. — 20

Müller, P. (II.), Heimatskunde des Großherzogtums Hessen. Für hess. Schulen bearb. 3. Aufl. 8. (32 S.) Gießen 887, Roth. *
Mit Wollwebers Schulkarte von Hessen *

— Heimatskunde d. Großherzogthums Hessen. Für hessische Schulen bearb. 4. Aufl. 8. (32 S.) Ebd. 889. n. — 20; m. Karte n. — 40

— Heimatskunde d. Großherzogthums Hessen. Für hessische Schulen bearb. 5. Aufl. 8. (32 S.) Ebd. 891. * — 20; m. Karte * — 40

Müller, P., Heimatskunde des Großherzogt. Hessen. Für hess. Schulen bearb. 6. Aufl. gr. 8. (32 S.) Gießen 894. E. Roth. n. — 20; m. Wollweber's Schulkarte v. Hessen n. — 40; m. Wamser's Schulhandkarte v. Hessen n. — 50

Müller, P., Heimatskunde d. Großherzogt. Hessen. Für hess. Schulen bearb. 7. Aufl. gr. 8. (32 S.) Gießen 897. E. Roth. n. — 20; m. Wamser's Schulhandkarte v. Hessen n. — 40; m. Wollweber's Schulkarte v. Hessen n. — 40

Müller, P., Heimatskunde des Großherzogt. Hessen. Für hess. Schulen bearb. 9., verb. Aufl. gr. 8. (32 S.) Gießen (901). E. Roth. n. — 20; m. Wamser's Schulhandkarte v. Hessen. n. — 40; m. Wollweber's Schulkarte v. Hessen. n. — 40

Müller, P., Heimatkunde des Großherzogt. Hessen. Für hess. Schulen bearb. 12., verb. Aufl. (32 S.) 8. Gießen 906. E. Roth. n. — 20; m. Wamser's Schulhandkarte v. Hessen n. — 40; m. Wollweber's Schulkarte v. Hessen n. — 40

Müller, P., der Hess. Kinderfreund, e. Lesebuch f. Stadt- u. Landschulen. 8. (8¾ B.) Darmstadt 832, [Heyer'sche Brlsh.]

— u. J. A. Völker

— — der menschliche Körper. Ein Wiederholungsbuch f. die Hand der Schüler. gr. 8. (22 S. m. 15 Abbildgn.) Ebd. 894. n. — 20

— u. J. A. Völker, der menschliche Körper. Ein Wiederholungsbuch f. die Hand d. Schüler. (Realienbuch A, 3.) 3. Aufl. Nach der neuen Rechtschreibg. (24 S. m. 15 Abbildgn.) gr. 8. Gießen (907). E. Roth. — 20

Müller P., Leitfdn. d. organ. Chemie u. Repetit. d. Chemie 1882. —.54

Müller, P. Leitfaden für den Unterricht in der Chemie. Bd. I, II. Liegnitz, 1874.

– J. A. Völker u. V. Funk

— — — Lesebuch f. Fortbildungsschulen. gr. 8. (IX, 438 S. m. Abbildgn.) Ebd. 890. n. 2.—

— — — Lesebuch f. Fortbildungsschulen. 2. Aufl. gr. 8. (IX, 438 S. m. Abbildgn. u. 1 Bildnis.) Ebd. 892. n. 2.—

— — u. V. Funk, Lesebuch f. Fortbildungsschulen. 3. Aufl. gr. 8. (IX, 442 S. m. Abb. u. Titelbild.) Ebd. 896. n. 2.—; geb. in Halbldr. n.n. 2.40

— — — Lesebuch f. Fortbildungsschulen, hrsg. v. P. Müller u. J. A. Völker. 4., verm. u. verb. Aufl. (XI, 454 S. m. Abbildgn.) gr. 8. Ebd. 903. n. 2.—; geb. in Halbldr. n.n. 2.40

— — — hessisches Lesebuch f. Fortbildungsschulen. gr. 8. (XI, 442 S. m. Abbildgn.) Ebd. 890. n. 2.—; geb. n. 2.40

— — — hessisches Lesebuch f. Fortbildungsschulen. 2., durchges. Aufl. gr. 8. (XI, 442 S. m. Illustr.) Ebd. 891. n. 2.—

— — — hessisches Lesebuch f. Fortbildungsschulen. 3., durchgeseh. Aufl. gr. 8. (XI, 442 u. 4 S. m. Abb. u. Titelbild.) Ebd. 895. n. 2.—; geb. in Halbldr. n.n. 2.40

— — V. Funk, hessisches Lesebuch f. Fortbildungsschulen. 4., verm. u. verb. Aufl. gr. 8. (XI, 458 S. m. Abbildgn. u. 1 Bildnis.) Ebd. 903. n. 2.—; geb. in Halbldr. n.n. 2.40

Müller, P., der Lese- und Schreibschüler in den beiden ersten Schuljahren. 1. Schuljahr. gr. 16. (48 S. mit eingedr. Holzschn.) Oppenheim a. R. 860, Kern. geb. *

—— dass. — 2. Schuljahr. gr. 16. (78 S. mit eingedr. Holzschn.) Ebendas. 860. geb. *

Müller, P., Über die Maßnahmen zum Schutze der Arbeiter in Salzbergwerken. Berlin, ca. 1893. 98 S.

– u. J. A. Völker

— — Mineralkunde u. Chemie. Ein Wiederholungsbuch f. die Hand der Schüler. gr. 8. (42 S. m. 16 Illustr.) Ebd. 894. n. —20

— — Mineralkunde u. Chemie. E. Wiederholungsbuch f. d. Hand d. Schüler. 2., durchgeseh. u. verb. Aufl. gr. 8. (42 S. m. 16 Abb.) Ebd. 897. n. —20

— — Mineralkunde u. Chemie. Ein Wiederholungsbuch f. die Hand der Schüler. 3., durchgeseh. u. verb. Aufl. (56 S. m. 18 Abb.) gr. 8. Ebd. (905). n. —20

— — Naturlehre. E. Wiederholungsbuch f. d. Hand d. Schüler. gr. 8. (98 S. m. 120 Illustr.) Ebd. 895. n. —50

— — Naturlehre. Ein Wiederholungsbuch f. die Hand der Schüler. 3., durchgeseh. Aufl. Nach der neuen Rechtschreibg. (99 S. m. 126 Abb.) gr. 8. Ebd. (906). n. —50

— — Pflanzenkunde. Ein Wiederholungsbuch f. die Hand der Schüler. gr. 8. (64 S. m. 107 Illustr.) Ebd. 894. n. —30

— — Pflanzenkunde. Ein Wiederholungsbuch f. die Hand der Schüler. (Realienbuch A 1.) 3. verm. u. verb. Aufl. Nach der neuen Rechtschreibg. (II, 110 S. m. 125 Abb.) gr. 8. Ebd. (907). —50

— — Realienbuch f. die Volks- u. Mittelschulen des Großherzogt. Hessen. gr. 8. (III, 64, 42, 22, 90, 98; VIII, 68 u. 124 S. m. 338 Illustr. u. Karten.) Ebd. 895. n. 2.—; geb. in Leinw. n.n. 2.50

— — dasselbe. Ausg. B. M. ca. 300 Illustr. gr. 8. (384 S. m. 4 farb. Karten.) Ebd. 898. n. 1.60; geb. in Halbldr. n.n. 2.—

— — Realienbuch. Ein Wiederholungsbuch f. d. Hand der Schüler. Ausg. A f. mehrklass. Schulen. (VIII; III, 110; 56; 24; 114; 99; X, 86 u. 136 S.) gr. 8. Ebd. (907). nn 2.—; geb. nn 2.50

— Rechenbuch, s. a. Niepoth.

– J. A. Völker u. V. Funk

— — — Rechenbuch f. Fortbildungsschulen. Zugleich Hft. XI zu Niepoths Rechenbuch. Neubearbeitung. 16. Aufl. gr. 8. (II, 94 S.) Ebd. 892. n. —50

— — — dasselbe. 16. Aufl. Ausg. f. Lehrer. gr. 8. (IV, 112 S.) Ebd. 892. n. 1.—

— u. J. A. Völker, Rechenbuch f. Fortbildungsschulen. (Hft. XI v. Niepoths Rechenbuch.) 2. verb. Aufl. gr. 8. (IV, 100 S. m. Abbildgn.) Gießen 902. E. Roth. n. —50; Ausg. f. Lehrer. (IV, 119 S.) n. 1.—

Müller, P., J. J. Rousseau, der pädagog. Irrstern unserer Zeit u. die christliche Erziehungsaufgabe. Vortrag, geh. im Saale d. evangel. Vereinshauses zu Hannover. gr. 8. (41 S.) Hannover 875. Feesche. n. —80

– J. A. Völker u. V. Funk

— — — deutsche Schreiblesefibel. Ausg. in Steilschrift. 17. Aufl. der Fibel. gr. 8. (VI, 108 S. m. Bildern.) Ebd. 893. n —40; geb. in Halbldr. n. —60

Müller, P., Tabulae novae, Geschichte der römischen Credit- und Schuldkrisen I u. II. Frauenfeld 1858 und 1860.
Progr.

— P., Tabulae novae. Beitrag zur Geschichte d. röm. Credit- u. Schuldkrisen. (Excursus zu Caes. bel. civ. lib. III, 1). Pr. 1860. 40 S. 4°. 2.—

– u. J. A. Völker

— — Tierkunde. Ein Wiederholungsbuch f. die Hand der Schüler. gr. 8. (90 S. m. 76 Illustr.) Ebd. 894. n. —40

— — Tierkunde. Ein Wiederholungsbuch f. die Hand der Schüler. (Realienbuch A 4.) 3. verm. u. verb. Aufl. Nach der neuen Rechtschreibg. (114 S. m. 88 Abbildgn.) gr. 8. Ebd. (907). —40

– J. A. Völker u. V. Funk

— — — sprachliche Übungen zum deutschen Lesebuch. [Ausg. B u. C.] 2. Aufl. gr. 8. (108 S.) Ebd. 890. n. — 60

— das Volksschulwesen im Großherzogt. Hessen, s.a. Greim.

— das Volksschulwesen im Großherzogt. Hessen, e. Hand- u. Nachschlagebuch f. Schulbehörden, Schulvorstände u. Lehrer. Unter Mitwirkg. v. Grein bearb. gr. 8. (XII, 270 S.) Gießen 891. E. Roth. n. 3. —; geb. in Leinw. n.n. 3. 50

– u. J. A. Völker

— — Wiederholungsbücher f. d. Hand der Schüler. [Einzelausgaben d. Realienbuchs.] Ausg. B. 7 Hfte. gr. 8. (Mit Illustr.) Ebd. 898. n. 2. 20
1. Mineralkunde u. Chemie. (32 S.) n. — 20
2. Pflanzenkunde. (S. 33—79.) n. — 20
3. D. menschl. Körper. (S. 81—96.) n. — 20
4. Tierkunde. (S. 97—162.) n. — 40
5. Naturlehre. (S. 163—220.) n. — 40
6. Geographie. (S. 221—278.) n. — 20
7. Geschichte. (S. 279—384 m. 4 farb. Karten.) n. — 60

— — Wiederholungsbücher f. die Hand der Schüler. (Einzelausgaben des Realienbuches.) Ausg. A. 7 Hfte. gr. 8. Ebd. (900). n. 2. 50; in 1 Bd. n. 2. —; geb. in Halbldr. n.n. 2. 50
1. Pflanzenkunde. Mit 107 Illustr. 2. durchgeseh. Aufl. (64 S.) n. — 30.
2. Mineralkunde u. Chemie. Mit 16 Illustr. 2., verb. Aufl. (42 S.) n. — 20
3. Der menschliche Körper. Mit 15 Illustr. 2. durchgeseh. Aufl. (22 S.) n. — 20
4. Tierkunde. Mit 76 Illustr. 2. durchgeseh. Aufl. (90 S.) n. — 50
5. Naturlehre. Mit 120 Illustr. 2. durchgeseh. Aufl. (98 S.) n. — 50
6. Geographie. 2. durchgeseh. Aufl. Mit Kartenskizze der Alpen. (VIII, 68 S.) n. — 30
7. Geschichte. Mit 54 Illustr. u. 4 Karten. 2. durchgeseh. Aufl. (124 S.) n. — 60

Müller, P., Zusammenstellung der die evangelische Landeskirche des Herzogt. Anhalt betr. Gesetze u. Konsistorialverfügungen. (XVI, 392 S.) gr. 8. Dessau 904. C. Dünnhaupt. Geb. in Leinw. n.n. 6. —

Müller, P. A., leichte Art, einige z. Interesserechnung ꝛc. gr. 4. Wien, Camesina. 773.

Müller, P. A. I., leichte Art, einige z. Interessenrechnung gehörige Fälle zu berechnen. gr. 4. Wien 773. (Heubner). 20 gr

Müller, P. A. Die Beobachtungen der Horizontal-Intensität des Erdmagnetismus im Observatorium zu Katharinenburg von 1841—1889. gr. 4. (120 S. m. 1 Curven-Taf.) St. Petersb. 891. (Lpz., Voss' Sort.) * 4 50
Aus: Repertorium f. Meteorologie, besonders abgedruckt.

Müller, P. A. Die Dauer der Sonnenrotation nach den Störungen der erdmagnetischen Elemente in Pawlowsk. St. Petersburg 1886.

Müller, P. A. Über den normalen Gang und die Störungen der erdmagnetischen Elemente in Pawlowsk 1882/3. Petersburg 1885. 4.

Müller, P. A., statistisches Jahrbuch f. die deutschen Länder zwischen dem Rhein, der Mosel u. d. franz. Grenze auf das Jahr 1815, mit 1 Charte. gr. 8. Mainz, Kupferberg. 815.

Müller, P. A., Schnellrechner. Abgekürzte Multiplications-Tabelle zur leichten und schnellen Berechnung aller im gewöhnl. Leben vorkommenden Einheiten und Zahlen-Verhältnisse ꝛc. 16. (44 S.) Wiesbaden 868, Limbarth. cart. *

Über die Temperatur und Verdunstung der Schneeoberfläche und die Feuchtigkeit in ihrer Nähe. Von P. A. **Müller** ... *St.-Pétersbourg: Acad. Imp. d. Sc. 1896.* (1 Bl., 38 S.) 4.
= Mémoires de l'Académie Imp. d. sciences de St.-Pétersbourg. Sér. VIII. Vol. V. No 1. [97. 261]

Müller, P. A., über d. Temperatur u. Verdunstg. d. Schneeoberfläche u. die Feuchtigkeit in ihrer Nähe. [Aus: „Mémoires de l'acad. imp. des sciences de St. Pétersbourg".] gr. 4. (38 S.) St. Pétersbourg 896. (Leipzig, Voss' Sort.) n. 2. —

Müller, (P. B.,) summula scitu necessariorum ad legitimam ecclesiasticor. ordinum susceptionum etc. 8. Prag 822, Krauss.

Müller, P. C., s. Müller, Pantaleon Ludwig

Müller, P. E., s.a. Müller, Peter Erasmus

Müller P. E.: Bemerkungen üb. die Mycorhiza d. Buche. 1886. [Rostr. Saml.].

— P. Er., Commentatio de genio, moribus et luxu aevi Theodosiani. Göttingen 797. 98. 2 P. 8.

Müller, P. F., Katechismus des christl. Glaubens, nach d. Bekenntnisse d. vereinigt. evangel. Kirche. 8. Wesel 820. (Berl., Sander). 6 gr

Müller, P. F. G., s. Müller, Peter Franz Joseph

Müller, P. F. J., s. Müller, Peter Franz Joseph

Müller, P. G., s.a. Müller, Paul Gustav

Müller, P. G., die Entwickelung der subventionirten Reichs-Postdampferlinien. gr. 8. (IV, 42 S.) Leipzig 901. Luckhardt's Buchh. f. Verkehrswesen. n. 1. —

Müller, P. H.: Der Sozialdemokrat Johannes Wedde ..., s. Müller, Johannes Hermann

(U.-Titel:) Wegweiser | zum | Glücke. | Für Jünglinge. | Von | P. H. Müller S. V. D. | in Steyl. | 40.–100. Tausend. | (Zum häufigen Durchlesen.) | *(Text)*. (= *Verehrungs- und Gebetsperle*, 15).
o. O., o. J. (Reimprimatur: Baarlo 1906), 16 S., 128 × 80.
Diöz.- B. Rottenburg.

Müller, P. J., s.a. Müller, Paul Johannes

Müller, P. J., Lehr- u. Wiederholungsbuch der französ. Sprache f. den Schulgebrauch u. zum Selbstunterricht. (X, 230 S.) 8. Halle 908. H. Gesenius. 2.50; geb. in Leinw. 3. —

Müller, P. Johannes, s.a. Müller, Paul Johannes

Müller, P. Johs., Leitfaden der anorganischen Chemie für höhere Unterrichtsanstalten u. Repetitorium der Chemie. 8. (VIII, 106 S.) Langensalza 882. Schulbuchh. — 90

Müller, P. Joh., das Deutsche Reich in seiner Entwicklung u. Gestaltung. Ein geograph. Handbuch f. den Schulgebrauch, sowie zum Selbststudium. 8. (XII, 304 S.) Langensalza 884. Schulbuchh. 2. 40

Müller, P. L., Wilhelm III. v. Oranien u. Georg Friedrich v. Waldeck. Ein Beitrag zur Geschichte d. Kampfes um das europ. Gleichgewicht. 1. Bd. 1679—1684. gr. 8. (304 S.) Haag 873. Nijhoff. n. 6. —

Müller, P. L., Wilhelm III. v. Oranien u. Georg Friedrich v. Waldeck. Ein Beitrag zur Geschichte des Kampfes um das europäische Gleichgewicht. 2. Bd. 1684—1692 u. Nachtrag 1675—1678. gr. 8. (384 S.) Haag 880. Nijhoff. n. 9. — (1. u. 2.: n. 15. —)

Müller, P. R., s. Müller, Paul Richard

Müller, P. Th., s. Müller, Paul Theodor

Müller, P. Ulrike, Kochbuch f. Zuckerkranke. Zusammengestellt unter ärztl. u. chem. Controle. 8. (IX, 41 S.) München-Neu-Wittelsbach (899). Müller & Huppert. n. 2. —

Müller, Pantaleon Ldw., Abhandl. über d. schleichenden Nervenfieber, für angeh. Aerzte. 8. Duisb. 808. Bädecker. 8 gl

Müller, Pascal [med. pract. von Naefels, Kt. Glarus]: Aus der medizinischen Klinik der Universität Zürich. Direktor: Herr Professor Dr. Hermann Eichhorst. Beiträge zur Kenntnis des Morbus Addisonii. Zürich 1902. 25 + 1 S. 8°.
Zürich. Med. Diss. 1902/1903.

Müller, Pascal. Beiträge zur Kenntnis des Morbus Addisonii. Diss. Med. Univ. Zürich. *Kopftitel:* Aus der medizinischen Klinik der Universität Zürich. Direktor: Herr Prof. Dr. Hermann Eichhorst. 26 S. 8. Zürich, Aschmann & Scheller, 1902.

Müller, Paul., s. Müller, Paulus

Müller, Paul, Arznei od. Gift? Ein aufklär. Wort gegen den Alkoholmißbrauch. (32 S.) gr. 8. Gebhardshagen (903). J. H. Maurer-Greiner Nachf. n. — 40

Müller, Paul [pr. Arzt]: Ueber Augen-Erkrankungen bei und nach Masern, nach d. Literatur u. eigenen Beobachtgn zsgest., nebst Bemerkgn z. Therapie. '(Aus d. Dr. Wolffberg'-schen Augenklinik zu Breslau.)' ... Breslau, Druck d. Bresl. Gen.-Buchdr., 1894; 49 S. 8.
Leipzig, Med. Fak., Inaug.-Diss. v. 17. Apr. 1894

Nicht für den Austausch

Müller, Paul, die lutherische Auswandervermission u. ihre Stellung zu den kirchlichen Aufgaben der Zeit. 8. (70 S.) Bremen 890. Müller. n. 1. —

Müller, Paul, pr. Arzt: Ueber Behandlungsversuche inoperabler Carcinome mit Glycerinextracten der eigenen Tumoren. Mülhausen i. E. 1910: Buchdr. Oberelsäss. Verlagsanst. 22 S. 8°
Straßburg, Med. Diss. v. 25. Jan. 1910, Ref. Fehling
[Geb. 9. Juni 78 Illkirch-Grafenstaden; Wohnort: Dammerkirch; Staatsangeh.: Elsaß-Lothringen; Vorbildung: Bischöfl. Gymn. Straßburg Reife M. 98; Studium: Straßburg 10 S.; Coll. 30. Juli 09; Approb. 18. Aug. 04.] [U 10. 4035

Müller, Paul, aus Köln: Beitrag zur Kenntnis der Ferricyanerdalkalien. *Berlin (1901): G. Schade.* (54 S.) 8°
Berlin, Phil. Diss. v. 26. Jan. 1901

Müller, Paul [pr. Arzt]: Ein Beitrag zur Symptomatologie und Behandlung der teleangiektatischen Uterusmyome. '(Aus d. Kgl. Frauenklinik zu Breslau.)'... Breslau, Druck v. C. Dülfer, 1892; 29 S., 1 Bl. 8.
Breslau, Med. Fak., Inaug.-Diss. v. 21. Sept. 1892

Müller, Paul, e. Beitrag zur Symptomatologie u. Behandlung der teleangiektatischen Uterusmyome. Diss. gr. 8. (29 S.) Breslau 892. (L. Köhler.) n. 1. —

Müller, Paul: Ein Beitrag zur Theorie der Nebenspannungen in gegliederten Trägern. 1908. 48 S., 12 Taf. 8°
Braunschweig, Dr.-Ing.-Diss. v. 11. 12. 1907

Müller, Paul [app. Arzt aus Gotha]: Beiträge zur Statistik der mehrfachen Schwangerschaft. . . . Jena, Frommannsche Buchdr. (Hermann Pohle), 1889; 2 Bl + 31 S. 8°
Jena, Med. Fak, Inaug.-Diss. v. [4. Jun.] 1889

Müller, Paul, Beiträge zur Statistik der mehrfachen Schwangerschaft. Inaug.-Diss. gr. 8. (31 S.) Jena 889. Rudolstadt. Dabis. n. — 40

Müller, P. (I.), Bemerkungen über physiologische und pathologische Involution des puerperalen Uterus, s. a. Festschrift, A. v. Kölliker gewidmet.

— Bemerkungen üb. physiologische u. pathologische Involution d. puerperalen Uterus. [Aus: „Festschrift f. A. v. Kölliker".] gr. 4. (17 S.) Leipzig 887. Engelmann. n. 1. 60

Müller, P(aul): Einige Beobachtungen über die sekundäre Erregung nach kurzer Reizung des Sehorgans. (Mit 14 Fig. im Text.) Leipzig: W. Engelmann 1909. 32 S. 8° ¶(Aus: Archiv f. d. gesamte Psychologie. Bd 14.)
Kiel, Phil. Diss. v. 8. März 1909, Ref. Martius
[Geb. 30. Jan. 80 Torgau; Wohnort: Lankwitz b. Berlin; Staatsangeh.: Preußen; Vorbildung: Gymn. Torgau Reife O. 99; Studium: Leipzig 2, Tübingen 1, Halle 4 S.; Rig. 9. Mai 08.] [U 09. 2328

Müller, Paul, a. Berlin: Zur Beurteilung der Persönlichkeiten im Feldzuge von 1815. (Berlin 1907: G. Schade.) (66 S.) 8°
Berlin, Phil. Fak., Ref. Delbrück, Diss. v. 21. Dez. 1907
[Geb. 23. Juli 82 Berlin; Wohnort: Berlin; Staatsangeh.: Preußen; Vorbildung: Friedrich-Wilhelm-Gymn. Berlin Reife M. 01; Studium: Berlin 10 S.; Rig. 5. Dez. 07.]

Müller, Paul, appr. Arzt a. Herrenberg: Über Biegungsbrüche an den langen Röhrenknochen der unteren Extremität. Tübingen 1906: H. Laupp jr. (25 S.) 8° ¶(Aus: Beiträge zur klinischen Chirurgie Bd 50, H. 1.)
Tübingen, Med. Fak., Ref. v. Bruns, Diss. v. 3. Juli 1906
[Geb. 31. Mai 80 Herrenberg; Wohnort: Konstanz; Staatsangeh.: Württemberg; Vorbildung: Realgymn. Stuttgart Reife M. 98; Studium: Tübingen 11, München 1, Berlin 1 S.; Coll. 9. Febr. 06; Approb. 31. März 06.]

Müller, Paul: Der Böhmerwald und seine Stellung in der Geschichte. Eine geographisch-historische Abhandlung. Mit einer Karte. Straßburg i. E. 1904: M. Du Mont-Schauberg. (VI, 110 S.) 8°
Straßburg, Phil. Fak., Ref. Gerland, Bresslau, Diss. v. 27. Febr. 1904
[Geb. 12. Apr. 78 Annaburg, Prov. Sachsen; Wohnort: Frankfurt a. O.; Staatsangeh.: Preußen; Vorbildung: Friedrichsgymn. Frankfurt Reife O. 98; Studium: Marburg 1, Leipzig 3, Straßburg 4 S.; Rig. 27. Febr. 04.]

Mueller, Paul: Aus d. phys.-chem. Abt. d. chemischen Instituts d. Universität Breslau. Borsäure, Wasser und Amylalkohol, ein Beitrag zur Molekulartheorie der Lösungen. Breslau 1905: Grass, Barth & Co. (39 S.) 8°
Breslau, Phil. Fak., Ref. Gadamer, Diss. v. 25. März 1905
[Geb. 16. Febr. 80 Krichen, Kr. Breslau; Heimatsort: Krichen; Staatsangeh.: Preußen; Vorbildung: Elisabet-Gymn. Breslau Reife O. 00; Studium: Breslau 7 S.; Rig. 6. März 05;

Müller, P. Die lateinische und französische Consecutio temporum. Eine Sprachvergleichung. Bruchsal, Pg., 1874. 48 S. Progr.

Müller, Paul, approb. Arzt aus Stettin: Aus d. Chirurg. Universitätsklinik zu Freiburg i. B. Darmverschluß durch Pseudoligament mit eigentümlicher Lagerung des Darms. Stettin 1904: H. Siemssen. (30 S.) 8°
Freiburg i. B., Med. Diss. v. 1904

—: Deutschland über See. S. 14. 4. Kgl. Gymn. *Friedeberg Nm.* 1908 (86). Progr.

Dienet dem Herrn mit Freuden! Predigten im Anschluß an d. erste Hauptstück. Paul **Müller**, Kgl. Divisionspfarrer zu Colmar. *Berlin: Berl. Stadtmiss. [1902].* (120 S.) 8° [F.]

Müller, Paul, dienet dem Herrn m. Freuden! Predigten im Anschluß an das 1. Hauptstück. 8. (120 S.) Berlin (902). Vaterländ. Verlags- u. Kunstanstalt. n. 1. —; geb. in Leinw. n. 1. 80

Müller, Paul, aus Birmensdorf, Ct. Aargau: Ueber die substitutionsweise Einführung von Phenolresten in Ammoniak. Aarau P. Wirz-Christen Dr. 1886. 40 S. 8°.
Zürich, Phil. Diss. [v. 20. Juli 1886].

Müller, Paul, die Elemente der Rechtsbildung u. des Rechts zur Grundlegung für die realistische Begründung des Rechts entwickelt. gr. 8. (VI, 458 S.) Leipzig 877. Hinrichs' Verl. n. 6. —

Müller, Paul: Entwurf zu einem Ilias-Kanon. *Leobschütz 1902: W. Witke.* (S. 95—132.) 8°
Leobschütz, k. kath. G, Festschr. 1902**

— zum Erlöser! (79 S.) 8. Dresden 906. C. L. Ungelenk. n. 1. —; geb. n. 1. 50

Müller, Paul, Arzt a. Berlin: Zwei Fälle von Paroxysmaler Hämoglobinurie. Rostock 1907: Adlers Erben. (42 S.) 8°
Rostock, Med. Fak., Ref. Martius, Diss. v. 30. Sept. 1907
[Geb. 23. Juni 80 Berlin; Wohnort: Höbscheit; Staatsangeh.: Preußen; Vorbildung: Friedrich-Wilhelms-Gymn. Berlin Reife O. 99; Studium: Berlin 4, Rostock 5 S.; Coll. 16. März 06.]

Müller, Paul, das Forst- u. Feldstrafgesetz f. das Königr. Sachsen. Kommentar. (VIII, 301 S.) 8. Leipzig 909. Dieterich. Geb. in Leinw. 4. —

Müller, Paul, Freisinn u. Bibelglaube. E. off. Wort zur kirchl. Lage in Hamburg. gr. 8. (XII, 267 S.) Hamburg 896. Herold's Verl. n. 3. —

Müller, Paul [app. Arzt aus Eisenach]: '[Aus d. medizin. Klinik zu Jena.]' Zur symmetrischen Gangrän. '(Raynaud'sche Krankheit.)' ... Jena, Druck v. B. Engau, 1895; 40 S. 8.
Jena, Med. Fak., Inaug.-Diss. v. [19. Juni] 1895

Paul Müller. Über den Gebrauch der Modusformen der deutschen abhängigen Rede. 48 S. Bruchsal, P 1869

Paul Müller. Über den Gebrauch der erzählenden Zeiten im Lateinischen und Französischen in der abhängigen Rede. Eine Sprachvergleichung. 47 S. Bruchsal, P 1872

Müller, Paul: Das Gegenseitigkeitsprinzip im Versicherungswesen besonders in der Lebensversicherung. Rostock 1905: Eichemeyer & Fett. (126 S.) 8°
Rostock, Phil. Fak., Ref. Ehrenberg, Diss. v. 20. Febr. 1905
[Geb. 3. Nov. 76 Berlin; Wohnort: Rostock; Staatsangeh.: Preußen; Vorbildung: Gymn. Waren Reife O. 97; Studium: Göttingen 4, Freiburg i. B. 1, Greifswald 2, Rostock 5 S.; Rig. 28. Okt. 04.]

Müller, Paul, das Gegenseitigkeitsprinzip im Versicherungswesen, besonders in der Lebensversicherung. (126 S. m. 6 Tab. u. 2 Taf.) 8. Berlin 905. Puttkammer & Mühlbrecht. Kart. n. 3. —

Müller, Paul Die Geldmacht im alten Rom gegen das Ende der Republik. 24 S. Progr. *Bruchsal* 1877.

—— s. **Handbuch der Geburtshülfe.**

Müller, Paul, aus Schweinfurt, Rechtspraktikant in Bayreuth: Die Hinterlegung zur Schuldbefreiung nach dem Bürgerlichen Gesetzbuch. *Bayreuth 1900: E. Mühl.* (VI, 91 S.) 8° [F.]
Erlangen, Jur. Diss. v. 3. Mai 1900

Müller, Paul, Kompendium der Anatomie des Menschen, s.: **Möller, Johs.**

—— **die Krankheiten des weiblichen Körpers in ihren Wechselbeziehungen zu den Geschlechtsfunctionen.** In 23 Vorträgen dargestellt. gr. 8. (XXVII, 508 S.) Stuttgart 888, Enke. *

Müller, P., Herzog Leopold v. Braunschweig, d. Menschenfreund. Ein Lebensbild a. d. Zeitalter der Humanität. Mit e. Porträt des Herzogs u. 3 Bildern. (95 S.) kl. 8. Frankfurt a/O. 906. Waldow. Geb. in Leinw. 1. —

Müller, Paul [aus Sondershausen]: Milztumoren bei acuten Infectionskrankheiten und die Resultate der Palpation derselben. . . . Würzburg, Anton Boegler'sche Buchdr., 1889; 41 S. 8°
Würzburg, Med. Fak., Inaug.-Diss. v. 1889

Müller, Paul, aus Rathenow: Chr. Garves Moralphilosophie und seine Stellungnahme zu Kants Ethik. Borna-Leipzig 1905: R. Noske. (VI, 67 S.) 8°
Erlangen, Phil. Fak., Ref. Falckenberg, Diss. v. 4. Mai 1905
[Geb. 25. Okt. 72 Rathenow; Staatsangeh.: Preußen; Vorbildung: Gymn. Steglitz Reife 01; Studium: Berlin 6 S.; Rig. 4. Mai 05.]

Müller, Paul *August Gustav* [app. Arzt]: Über Nasenrachenpolypen ... Leipzig, Buchdr. R. Hahn, 1896; 2 Bl., 31 S., 1 Bl. 8.
Leipzig, Med. Fak., Inaug.-Diss. v. 26. März 1896

Müller, Paul, üb. Nasenrachenpolypen. Diss. gr. 8. (33 S.) Leipzig 896. (G. Schlömminger.) — 75

Müller, Paul (I.), der Rose Pilgerfahrt. Ein Frühlings-Märchen. Neu erzählt. 16. (61 S.) Stuttgart 881, Greiner und Pfeiffer. geb. mit Goldschn. *

Müller, Paul, Gerichtsassessor, Jur. Hilfsarb. b. d. Gemeindeverwaltung Treptow b. Berlin: Die Rechtsstellung des Treuhänders im Falle der §§ 1187—1189 B.G.B. Berlin 1910: Pilz. VIII, 67 S. 8°
Erlangen, Jur. Diss. v. 26. April 1910, Ref. Siber
[Geb. 12. Aug. 82 Strehlen i. Schl.; Wohnort: Berlin; Staatsangeh.: Preußen; Vorbildung: Gymn. Strehlen Reife M. 00; Studium: Heidelberg 2, Leipzig 1, Breslau 3 S.; Rig. 17. Febr. 10.] [U 10. 737

— **Das Reichsstrafgesetzbuch** (auszugsweise) f. Forstmänner. Kommentar. (VIII, 172 S.) 8. Ebd. 909. Geb. in Leinw. 2. 50

Müller, Paul, [von Eberswalde, Preussen]: Das Riesenthor des St. Stephansdomes zu Wien. [Mit 6 Taf. u. 14 Abbildungen im Text]. ([S. A. aus:] Mittheilungen des Inst. f. öst. Geschichtsforschg, Bd IV [S. 232—283]). Innsbr. Wagner Dr. 1883. 56 S., 2 Bl., 6 Taf. 8°.
Zürich, Phil. Diss. [v. 1. Dec. 1883].

Müller, Paul (III.), das Riesenthor des St. Stephansdomes zu Wien. Seine Beschreibung und seine Geschichte. gr. 8. (59 S. mit 6 Taf. und 14 Abbild. im Text in Zinkdr.) Innsbruck 883, Wagner'sche Universitäts-Buchh. *
Aus: Mittheilungen des Instituts für österreichische Geschichtsforschung, besonders abgedruckt.

Müller, Paul, Sammlung von Monogrammen mit einem Anhang enthaltend Wappen aller Länder der Erde und der Städte Deutschlands. (In 4 Lfgn.) 1. Lfg. 4. (30 Stnt.) Stuttgart 873, Nübling. *

Müller, Paul, Sammlung v. Monogrammen. 2. Aufl. (In 8 Lfgn.) 1. Lfg. 4. (10 Steintaf.) Stuttgart 876. Nübling. n. 3. —

Müller, Paul, Sammlung von Monogrammen. 2. Aufl. 8 Lfgn. 4. Stuttgart 876,77, Werther. à Lfg. ℳ 3. 24 —

Müller, Paul, Sammlung von Monogrammen. 2. Aufl. 2—8. Lfg. 4. (à 10 Steintaf.) Stuttgart 877. Nübling. à 3. —

Müller, Paul (III.). Sammlung von Monogrammen. 3. Aufl. 4. (78 Steintaf.) Berl. (o. J.), J. Jolowicz. In Mappe (* 24 —) 6 —

Müller, Paul, Sammlg. v. Monogrammen. 3. Aufl. 4. (78 Steintaf.) Berlin (895). Commissions- u. Exportbuchh. (M. Neufeld Nf.) In Mappe. Erm. Preis 6. —

Müller, Paul, a. Berlin: Zur Schlacht bei Chotusitz. (Berlin 1905: E. Ebering.) (70 S.) 8°
Berlin, Phil. Fak., Ref. Delbrück, Tangl, Diss. v. 21. Jan. 1905
[Geb. 22. Apr. 74 Berlin; Heimatsort: Frankfurt a. O.; Staatsangeh.: Preußen; Vorbildung: Gymn. Guben Reife O. 94; Studium: Berlin 13 S.; Rig. 19. Dez. 04.]

Müller, Paul, zur Schlacht bei Chotusitz. Diss. (70 S.) gr. 8. Berlin 905. E. Ebering. n. 2. —

Müller, Paul, a. Berlin: Die Sprache der Aberdeener Urkunden des sechzehnten Jahrhunderts. (Berlin: Mayer & Müller 1908.) (143 S.) 8°
Berlin, Phil. Fak., Ref. Brandl, Diss. v. 12. Aug. 1908
[Geb. 13. Jan. 84 Berlin; Wohnort: Berlin; Staatsangeh.: Preußen; Vorbildung: Friedrichs-Werdersche Oberrealsch. Berlin Reife O. 02, Realgymn. Reife M. 05; Studium: Berlin 11 S.; Rig. 18. Juni 08.]

Müller, Paul, die Sprache der Aberdeener Urkunden des 16. Jahrh. Diss. (V, 144 S.) gr. 8. Berlin 908. Mayer & Müller. 2. 80

Mueller, P., die Stellung der Schöffen nach dem deutschen Gerichtsverfassungsgesetz u. der deutschen Strafprozeßordnung, s. a. Vorträge, gemeinfaßliche, zum Vorlesen in Vereinen.

Müller, d. Stellg. d. Schöffen nach d. deut. Ger. Verfass. Ges. Bresl. 878.

— Paul (Paul Ernst Oskar) (Legitten / Ost-Preußen), Über Stickstoffaufnahme und Stickstoffausscheidung bei chronischer Nephritis. Diss. med.-chir. Berlin (G. Schade (O. Francke)) 7. III. 1891. 29 S. u. Biogr. (2.—) 24221
Oppon.: Janz, Köhler, Buchbinder. — Gew.: Hörnigk (Oheim).

Müller, Paul [aus Berlin]: Studien über drei dramatische Bearbeitungen der Alexiuslegende . . . Berlin, Druck v. George & Fiedler (1888); 53 + 1 S. + 1 Bl. 8°
Berlin, Phil. Fak., Inaug.-Diss. v. 28. Jan. 1888

Müller, Paul, Studien über drei dramatische Bearbeitungen der Alexiuslegende. Diss. Berlin 1888, Mayer & Müller. 8°. 53 S.

Müller, Paul [app. Arzt. aus Koitz in Schles.]: Ulcus ventriculi et duodeni traumaticum . . . Breslau, Druck d. Bresl. Gen.-Buchdr., 1894; 31 S. 8.
Leipzig, Med. Fak., Inaug.-Diss. v. 19. Apr. 1894

Müller, Paul (Alfred) *(geb. Danzig 27. 7. 1856)*: Ueber das Verhältniss der specifischen Wärmen bei Gasen und Dämpfen. (Breslau 1882.) (46 S., 1 Taf.) 8° *[Im Buchhandel 1882 bei Köhler in Breslau.]*
Breslau, Phil. Diss. v. 7. Aug. 1882

Müller, Paul, über das Verhältniss der specifischen Wärmen bei Gasen u. Dämpfen. Inaugural-Dissertation. gr. 8. (46 S. m. 1 Steintaf.) Breslau 882. (Köhler.) n. 1. —

Müller, Paul, Verzeichniss sämmtlicher Nummern 1—100 Köng. Sächs. Landes-Lotterie, welche m. Gewinnen v. u. üb. 5000 Thaler bez. 15000 Mark gezogen worden sind. 12. (34 S.) Riesa 882. (Leipzig, Werther.) — 50

—, Paul Vorlagen zum Übersetzen aus dem Deutschen ins Lateinische für obere Klassen. 4 (12 S.) Dom-G. *Merseburg* 1886 (222). Progr.

Müller, Paul, Wärmeschutzeinrichtungen im Maschinenwesen. Ein Hülfsbuch f. Dampfkesselbesitzer u. Fabrikdirectoren. gr. 8. (31 S. m. 1 Taf.) Magdeburg 895. A. Rathke's Verl. n. — 75

Müller, Paul (Wilhelm Heinrich): Am Waterberg. S. 10. 4.
Progr. Kgl. Gymn. *Friedeberg Nm.* 1907 (82).

Müller, Paul, Hugo Wolf, s. a. Essays, moderne. 34. 35. Hft.

Hugo Wolf von Paul **Müller.** Berlin: Gose & Tetzlaff 1904. (51 S.) 8° [F.]
= **Essays,** Moderne. H. 34. 35. [04. 4800]

Müller, Paul, s. a. Wolf, Hugo, **Verzeichnis seiner Werke.**

Hugo Wolf. Verzeichnis seiner Werke. Mit e. Einführung von Paul **Müller.** Leipzig: C. F. Peters [1908]. (01 S.) 8° [08. 14011]

– Über die Zulassung der Frauen zum Studium der Medizin, s. Müller, Peter

Zusammenstellung der die evangelische Landeskirche des Herzogthums Anhalt betreffenden Gesetze und Konsistorialverfügungen. Bearb. von P[aul] **Müller,** Pastor in Roßlau. Dessau: C. Dünnhaupt 1904. (XVI, 392 S.) 8° [F.] [05. 577]

Müller, Paul Alfred, s. Müller, Paul

Müller, Paul August Gustav, s. Müller, Paul

Müller, Paul Ernst Oskar, s. Müller, Paul

Müller, Paul Gerhard: Die deutschen Mietervereine, s. Müller, Paul Gustav

Müller, Paul Gerhard [Dr. jur.]: Ausgew. Doktordissertationen d. Leipz. Juristenfakultät. Die Umwandlung einer Aktiengesellschaft in eine Gesellschaft mit beschränkter Haftung. Leipzig, Veit & C., 1896; 58 S. 8.
Leipzig, Jur. Fak., Inaug.-Diss. v. [8. März] 1895

Müller, Paul Gerh., d. Umwandlg. e. Aktiengesellschaft in e. Gesellschaft m. beschränkter Haftung. (Ausgew. Doktordissertationen der Leipziger Juristenfakultät.) gr. 8. (58 S.) Leipzig 896. Veit & Co n. 1. 80

Müller, P[aul] G[ustav]: Die deutschen Mietervereine. Stolp i. P. 1908: Delmanzo. 117 S. 8°
Leipzig, Phil. Diss. v. 7. Nov. 1908, Ref. Bücher, Lamprecht
[Geb. 7. Juli 70 Pausa; Wohnort: Leipzig; Staatsangeh.: Preußen; Vorbildung: Realgymn. Döbeln Reife O. 93; Studium: Leipzig 8 S.; Rig. 31. Juli 08.] [U 09.3028

Müller, P. G., die deutschen Mietervereine. (IV, 118 S.) gr. 8. Leipzig 908. C. L. Hirschfeld. 2. 80

Müller, Paul Johannes

Müller, P. Joh., die Entstehung der Welt. Zeitgemäße Gedanken e. Naturforschers. (32 S.) gr. 8. Leipzig 905. J. C. Hinrichs' Verl. n. — 30

Handbuch über Schulmöbel der Werkstaetten für Schuleinrichtung P[aul] Johs. **Müller**, Charlottenburg, Berlin, Dresden. (Charlottenburg: P. J. Müller 1905.) (68 S.) 4° [o6. 8244

Müller, P. Johannes: Handbuch über Schulmöbel. 1. 2. Leipzig 1907—1909

Müller, P. Joh., Kraft u. Stoff im Lichte der neueren experimentellen Forschg. Monismus od. Dualismus? (63 S.) gr. 8. Leipzig 909. J. A. Barth. 1. 20

*Müller, P[aul] Joh[annes]: Das Ohr und das Hören nach den Forschungsergebnissen der Gegenwart. S. 3—12. 8.
Zur Gedächtnisfeier für den Senator Phil. Ferd. Adolf Just
Progr. Gymn. *Zittau* 1901.

Müller, P. Joh., Probleme u. Schwächen des Darwinismus. gr. 8. (40 S.) Zittau 901. A. Graun. n. 1. —

— Schöpfung u. Auferstehung im Lichte der neuesten naturwissenschaftlichen Forschung. (85 S.) 8. Berlin 904. Vaterländ. Verlags- u. Kunstanstalt. n. — 50

'Müller P J. moderne Schulbänke. (28 S) Berlin 1902

– (Hrsg.), s. Schulzimmer, Das.

Müller, P. Johs., Untersuchungen üb. die Einrichtung ländlicher Volksschulen mit mehrsitzigen u. zweisitzigen Subsellien. (14 u. VIII S. m. 28 Abbildgn. u. 15 Steindr.-Taf.) Fol. Charlottenburg 904. P. J. Müller. n. 3. —

Müller, Paul Ludwig Wilhelm, s. Müller, Wilhelm

Müller, Paul Rich., Aufgaben zum Übersetzen in das Griechische im Anschluß an Lysias. 8. (48 S.) Halle 888. Niemeyer. cart. n. 1. —

— Zur Kritik des Lysias. Pr. 1862. 20 S. 4°.

Müller, P. R. De emendandis aliquot locis in orationibus Lysiae. 14 S.
Roßleben, Progr. 1858

— Zu Lysias. Pr. 1866. 11 S. 4°.

– (Hrsg.), s. Lysias: Rede gegen Evander.

Müller, Paul Rich., Übungsstücke zum Übersetzen aus dem Deutschen in das Lateinische für Tertia der Gymnasien und die entsprechenden Klassen verwandter Lehranstalten im Anschluß an Cäsars gallischen Krieg, vorwiegend nach der Folge der Regeln der Tempus- und Moduslehre in den gebräuchlichsten Grammatiken und mit Berücksicht. der Kasuslehre. 2 Tle. 8. Halle 883, Niemeyer. à Tl. * 80 Pf. *
Inhalt:
Tl. 1. [1.—4. Buch] bearb. von P. R. Müller und M. Müller. (88 S.)
= 2. [5.—7. Buch.] (VI, 90 S.)

Müller, Paul Rich., u. Mor. Müller, Übungsstücke zum Übersetzen aus dem Deutschen in das Lateinische f. Tertia der Gymnasien u. die entsprechenden Klassen verwandter Lehranstalten im Anschluß an Cäsars gallischen Krieg. 2 Tle. 2. Aufl. 8. Halle, Niemeyer. à n. — 80
1. [1—4. Buch.] Bearb. v. P. R. Müller u. M. Müller. (VI, 84 S.) 884.
2. [5—7. Buch.] Bearb. v. P. R. Müller. (III, 88 S.) 883.

—— und Mor. Müller, Übungsstücke zum Übersetzen aus dem Deutschen in das Lateinische im Anschluß an Cäsars gallischen Krieg. 3. und 4. Tl. [1.—3., resp. 4. und 5. Buch.] [Variationen und Extemporalien von P. R. Müller.] 8. (61; 48 S.) Ebendas. 887. *
1. und 2. Tl. Ebendas. 1883. à * 80 Pf.'

Müller, Paul Rich. u. M. Müller. Übungsbuch zum Übersetzen aus dem Deutschen ins Lateinische im Anschluß an Cäsars gallischen Krieg. 1. u. 2. Tl. 3. verb. u. verm. Aufl. gr. 8. Halle a. S. 890, Niemeyer. à Tl. * 1 40; * 2 80
1. Für Unter-Tertia. [1. 4. Buch.] (VIII, 110 S.)
2. Für Ober-Tertia. [4.–7. Buch.] [Vers. v. P. R. Müller.] (IV, 117 S.)
3. u. 4. Tl. Ebd. 1887. à Tl. * — 60.

Mueller, Paul Sam., Convulsionum et epilepsiae infantum ex leviori dolore prodeuntium rationes medicas proponat. 29 pp. Hal. 4°.
1757

Müller, Paul Theodor

Müller, P. Th., Über den Einfluß erhöhter Außentemperatur und der Röntgenbestrahlung auf die Antikörperproduktion. [Aus: Sitzungsber. d. k. Akad. d. Wiss., mathem.-naturw. Klasse.] Gr.-8°. (18 S.) † K —.40
Wien: Gerold 1905.

Müller, Paul Th., über den Einfluss erhöhter Aussentemperatur u. der Röntgenbestrahlung auf d. Antikörperproduktion. (18 S.) gr. 8. Wien 905. (A. Hölder.) n. — 40
Sonderabdruck aus: Sitzungsberichte der k. Akad. d. Wiss.

— Über den Einfluß erhöhter Außentemperatur und der Röntgenbestrahlung auf die Antikörperproduktion. S. 114. III. 479 . . . . —.40
Separatabdruck

— über den Einfluss lokaler u. allgemeiner Leukocytose auf die Produktion der Antikörper. (19 S.) gr. 8. Ebd. 904. n. — 40
Sonderabdruck aus: Sitzungsberichte der k. Akad. d. Wiss.

Müller Paul Th., Dr: Über den Einfluß lokaler und allgemeiner Leukozytose auf die Produktion der Antikörper. S. 113. III. 163 . . . . —.40
Separatabdruck

Technik der serodiagnostischen Methoden. Von Dr. Paul Th[eodor] **Müller**, Privatd., Graz. Jena: G. Fischer 1908. (VI, 55 S.) 8° [o8. 9938

Müller, Paul Th., Technik der serodiagnostischen Methoden. 3. Aufl. (VII, 95 S. m. 7 Abbild.) 8. Jena 910. G. Fischer. Geb. in Leinw. 2. —
1. Aufl. (VI, 55 S.) 908. Geb. 1.50. — 2. Aufl. (VII, 88 S. m. 7 Abb.) 909. Geb. 2.—.

— über chemische Veränderungen des Knochenmarkes im Verlaufe v. Immunisierungsvorgängen. (15 S.) gr. 8. Ebd. 904. n. — 40
Sonderabdruck aus: Sitzungsberichte der k. Akad. d. Wiss.

— Über chemische Veränderungen des Knochenmarkes im Verlaufe von Immunisierungsvorgängen. S. 111. III. 3 . . . . —.40
Separatabdruck

Müller, P. Th., Weitere Versuche über die Wirkung von Staphylokokkenkulturen auf das Knochenmark. [Aus: Sitzungsber. d. k. Akad. d. Wiss., math.-naturw. Klasse.] Gr.-8°. (39 S.) † K 1.10

— weitere Versuche üb. die Wirkung v. Staphylokokkenkulturen auf das Knochenmark. Ausgeführt m. Hilfe e. aus dem Legat Wedl gewährten Unterstützg. der kaiserl. Akademie der Wissenschaften in Wien. (39 S.) gr. 8. Ebd. 906 n. 1, 10
Sonderabdruck aus: „Sitzungsber. d. k. Akad. d. Wiss."

— Weitere Versuche über die Wirkung von Staphylokokkenkulturen auf das Knochenmark. S 115. III. 25 . . . . 1.10
Separatabdruck

— Vorlesungen üb. Infektion u. Immunität. (VI, 252 S. m. 16 Abbildgn.) Lex.-8. Jena 904. G. Fischer. n. 5.—; geb. n. 6.—

Vorlesungen über Infektion und Immunität. Von Dr. Paul Th[eodor] Müller, Prof., Graz. Mit 20 Abb. 2. erw. u. verm. Aufl. Jena: Fischer 1909. X, 401 S. 4° (8°)

— Vorlesungen üb. Infektion u. Immunität. 3. erweit. u. verm. Aufl. (XI, 451 S. m. 21 Abb.) Lex. 8. Ebd. 910. 7.—; geb. 8.—
2. Aufl. (X, 401 S. m. 20 Abb.) 909. 7.—; geb. 8.—.

— über das Wirkungsgesetz der Serum- u. Gewebslipasen. (13 S.) gr. 8. Wien 905. (A. Hölder.) n. — 40
Sonderabdruck aus: „Sitzungsber. d. k. Akad. d. Wiss."

— Über das Wirkungsgesetz der Serum- und Gewebslipasen. S 114. III. 717 . . . . —.40
Separatabdruck

Müller, Paul Wilhelm Heinrich, s. Müller, Paul

Müller, Paula, s. Müller- Otfried

Müller, Pauline, neues Kochbuch für Haushaltungen aller Stände mit nahezu 500 Recepten, worunter keines ist, das nicht die Probe bestanden hätte, oder gründl. Anweisung zur schnellen, billigen und schmackhaften Zubereitung der verschiedenartigsten Speisen, Backwerke und Getränke. Nach eigener Erfahrung hrsg. 32. (XX und 236 S.) Reutlingen 854, Fleischhauer und Spohn. Thlr.

Müller, Pauline, neues Kochbuch für Haushaltungen aller Stände mit nahezu 500 Rezepten, worunter keines ist, das nicht die Probe bestanden hätte, oder gründl. Anweisung zur schnellen, billigen und schmackhaften Zubereitung der verschiedenartigsten Speisen, Backwerke und Getränke. 2. Aufl. 32. (XX und 236 S.) Reutlingen 857, Fleischhauer und Spohn.

Müller, Pauline, neues Kochbuch für Haushaltungen aller Stände mit nahezu 500 Rezepten rc. Nach eigener Erfahrung herausg. 3. Aufl. Reutlingen 862. Fleischhauer & Spohn. 32. (XX, 236 S.) 9 ngr.

Müller, Pauline, neues Kochbuch für Haushaltungen aller Stände mit nahezu 500 Rezepten, worunter keines ist, das nicht die Probe bestanden hätte, oder gründliche Anweisung zur schnellen, billigen u. schmackhaften Zubereitung der verschiedenartigsten Speisen, Backwerke u. Getränke. Nach eigener Erfahrung hrsg. 4. Aufl. Reutlingen 865. Fleischhauer & Spohn. 32. (XX, 236 S.) cart. 9 ngr.

Müller, Pauline, neues Kochbuch f. Haushaltungen aller Stände m. nahezu 500 Rezepten, worunter keines ist, das nicht die Probe bestanden hätte, od. gründl. Anweisg. zur schnellen, billigen u. schmackhaften Zubereitg. der verschiedenartigsten Speisen, Backwerke u. Getränke. 5. Aufl. 32. (XXIV, 264 S.) Reutlingen 874. Fleischhauer & Spohn. — 90

Müller, Pauline, neues Kochbuch für Haushaltungen aller Stände mit 570 nach eigener Erfahrung erprobten Rezepten zur schnellen, billigen und schmackhaften Zubereitung der verschiedenartigsten Speisen, Backwerke und Getränke. 6. Aufl. 16. (XXIV, 264 S.) Reutlingen 885, Fleischhauer und Spohn. cart.

Müller, Pauline, neues Kochbuch f. Haushaltgn. aller Stände m. 570 nach eig. Erfahrung erprobten Rezepten zur schnellen, billigen u. schmackhaften Zubereitung der verschiedenart. Speisen, Backwerke u. Getränke. 6. Aufl. 32. (XXIV, 264 S.) Reutlingen 895. Fleischhauer & Spohn. Kart. — 75

Müller, Paulus

Müller, P., Anleitung z. Gesangunterrichte f. Lehrer an Volksschulen, nebst e. Samml. v. 2-, 3-, u. 4stimm. Liedern u. Choräle n f. Kirche u. Schule, u. e. Anh. v. Gesängen f. 3 u. 4 Männerstimmen in Noten- u. Ziffernschrift. 4 Abthln. qu. 4. Darmstadt 836, Papst. *

Abthl. 1. Gesanglehre. (7 B.) * 8 Gr.
- 2. 2-, 3- u. 4stimm. Lieder. (11¾ B.) * 16 Gr.
- 3. 3- u. 4stimm. evangel. Choräle. (9½ B.) * 10 Gr.
Diese Abthl. m. kathol. Chorälen nach d. Melodieen d. mainzer Gesangbuches. (4 B.) * 10 Gr.
- 4. A. u. d. T.: Zwanzig Männerchöre z. Gebr. f. Schulen, Seminarien u. Singvereine. (6¼ B.) * 12 Gr.

—— 50 auserles. Choräle f. d. Orgel, mit Vor- u. Zwischenspielen u. zum vierstimm. Gesange eingerichtet. qu. gr. 4. (7½ B.) Darmstadt 835. Pabst.

— 40 Choräle für 3 u. 4 Männerstimmen. Op 12. No. 1. Darmstadt... Pabst. 5/12 ngr

Müller, Paul., das Großhrzgth. Hessen in geschichtl. u. geograph. Hinsicht, f. Schule u. Haus dargest. 8. (3½ B. u. 1 Karte.) Darmstadt 836, [Jonghaus.]

—— Leitfaden beim Unterrichte in d. Naturlehre, Geographie, Naturgeschichte, Geschichte u. deutschen Sprache f. Schüler in d. Stadt- u. unteren Klassen d. Realschulen u. Gymnasien. 1. Aufl. (18½ B.) 836. * ⅓ Thlr., 2., verb. u. verm. Aufl. 8. (15½ B.) Darmstadt 839, Jonghaus. *

Müller, Paulus, Leitfaden beim Unterrichte in der Naturlehre, Geographie, Naturgeschichte, Geschichte u. deutschen Sprache f. Schüler in den Stadt- u. untern Klassen der Realschulen u. Gymnasien. 3., verb. u. verm. Aufl. gr. 8. (16½ B.) Darmstadt 844, Jonghaus. *

Müller, Paulus, Leitfaden beim Unterrichte in der Naturlehre, Geographie, Naturgeschichte, Geschichte u. deutschen Sprache f. Schüler in den Stadt- u. unteren Klassen der Realschulen u. Gymnasien. 4. verb. u. verm. Aufl. gr. 8. (IV u. 264 S.) Darmstadt 850, Jonghaus. n. ⅓ ngr

Müller, Paulus, Leitfaden beim Unterricht in der Naturlehre, Geographie, Naturgeschichte, Geschichte u. deutschen Sprache für Schüler in den Stadt- und unteren Klassen der Realschulen u. Gymnasien. 5. verm. rc. Aufl. Darmstadt 858. Jonghaus. gr. 8. (IV, 264 S.) n. 10 ngr.

— Lieder u. Choräle zur Gesanglehre. 1e, 2e, 3e u. 4e Stimme, für evangel. Schulen. 4., mit Text in 8. 3e Stereotyp-Ausg. Darmstadt.. Pabst. (à Stimme 1/18 ngr) 1/2 ngr

—— Lieder u. Chöre mit Begleit. d. Orgel od. d. Claviers, zu L. F. Münch's Festtagsfeier in künstler. Verknüpfung homilet. Vortrags etc. 9. Werk. qu. gr. 4. (8 B.) Darmstadt 836, Pabst. *

Müller, P., 2-, 3- u. 4-stimmige Lieder zum Gebrauche für Schulen, Seminarien u. Singvereine. 2. wohlf. Ausg. qu. 4. Darmstadt 844, Pabst. 1/3 Rthlr
(11 1/4 B.)

—— 20 Männerchöre z. Gebrauche f. Schulen, Seminarien u. Singvereine. 2., wohlf. Ausg. qu. 4. (6 B.) Darmstadt 844, Pabst.

Vorträge, gehalten in der Loge Johannes der Evangelist zur Eintracht im Or.·. zu Darmstadt beim Sommer-Johannisfest 5845 von P[aulus] Müller und C[arl] Baur. [Darmstadt 1845.] 14 S. 8° [Umschlagtit.]
2 Vorträge. 1. üb. die praktische Tätigkeit als Aufgabe der Frmrei, 2. üb. Demut, Glaube u. Liebe. Beigefügt sind Votivtafeln für den Tempel der Bruderliebe.

Müller, Peter: Abhandlung vom Recht der Liebesbriefe in und außer der Ehe, s. Müller: De literis amatoriis.

MÜLLER, Petr. (Juris utr. Dr. & Prof. publ. Jenens.), De annulo pronubo, vulgo vom Jaworts- od. Trau-Ring. Jenae 1688. 4°.
30 xr. Ackermann 37. no. 460.
— — Idem opus. Ibid. 1702. 4°.
L. St. Goar 43. no. 4755.

— — De annulo pronubo Vulgo vom Jaworts-Oder Trau-Ring / hypomnema. Editio sexta. Jena (P. Erich) 1711. 80 S. (5.—) 24252
Widm. v.: Albert Günzel.

— — De annulo pronubo Vulgo vom Jaworts-Oder Trau-Ring / hypomnema, cui accessit de modo ac usu computationis graduum dissertatio. Editio sexta. Jena (P. Erich) 1711. 112 S. (7.—) 24253
Widm. v.: Albert Günzel.

— — De annulo pronubo Vulgo vom Jaworts-Oder Trau-Ring / hypomnema, cui accessit de modo ac usu computationis graduum dissertatio. Editio sexta. Jena (P. Ehrich) 1718. 108 S. (7.—) 24254
Widm. v.: Albert Günzel.

— — Dissertationes tres I. De annulo pronubo, vulgo vom Jaworts- oder Trau-Ring, II. De modo ac usu computationis graduum, III. De osculo sancto junctim editae. Jena (J. Chr. Cröker) 1734. 135 S. (7.50) 24255
Widm. v.: Albert Günzel.

Müller, Petrus. De annulo pronubo vulgo vom Jaworts- oder Trau-Ring Hypomnema, cui accessit de modo ac usu computationis graduum dissertatio. Editio tertia. Jena, Typis & Sumtibus Johannis Jacobi Bauhoferi M.DC.LXXX [1860].
165 S. 8°
1. Aufl. 1672.

Müller, P., Anstands- u. Tanzlehre. Kommando d. Contre-Danse, norddeutsche Française, Quadrille à la cour, Les Lanciers, m. besond. Berücksicht. der Lehren zur ästhet. Bildg. des menschl. Körpers f. d. Verkehr in der Gesellschaft. (140 S.) 16. Cöln (908). (Münster, F. Rudolph.) 1.—

Anstands- und Tanzlehre. Kommando d. Contre-danse, Norddeutsche Française, Quadrille à la cour, Les Lançiers, mit besond. Berücks. d. Lehren z. ästhet. Bildung d. menschl. Körpers ... von P[eter] **Müller**, Cöln. Cöln: Selbstverl. [1908]. (140 S.) 8° [F.] [08. 10310

Laun
— **Christ. (Eisenberg), Diss. jur. de aere alieno a successoribus feudi solvendo. Präs. Petr. Müller. Jena (Heller) 11. I. 1692. (1736.) (5.—) 20570**

Müller, Peter [Praes.], s. Arnold, Johann Liborius: De causis dubiis von zweiffelhafften Fällen.

Müller, Peter [Praes.], s. Aeschardt, Johann Christoph: Diss. jur. de nova causa, Germanice: Was bey denen in Rechten sich eräugnenden und vorhero nicht vermutheten neuern Vorfallenheiten der Richter und Advocat zu beobachten hat.

—— s. Bausteine für die christliche Kanzel.

Müller, P., üb. Behandlg. d. Abortus, s. a. Sammlung klin. Vorträge.

Über Behandlung des Abortus. Von P[eter] **Müller** (Bern). *Leipzig: Breitkopf & Härtel 1896.* (551—568 S.) 8.
— Sammlung Klinischer Vorträge. N. F. No 153. [96. 3788

Müller, Peter [Praes.], s. Beilwitz, Georg Ulrich v.: De subtili disputandi ratione in causa publicae utilitatis rejicienda.

Müller, Peter: Beiträge zur Würdigung von Karl Gutzkow als Lustspieldichter. Mit e. einleit. Teil über e. unbekanntes Tagebuch Gutzkows. ⟨Teildr.⟩ Marburg 1910: Koch. 53 S. 8° ¶(Ersch. vollst. als: Beiträge z. dtsch. Literaturwiss. Nr 10.)
Marburg, Phil. Diss. v. 1. März 1910, Ref. Elster
[Geb. 22. März 85 Vallendar; Wohnort: München; Staatsangeh.: Preußen; Vorbildung: Gymn. Neuwied Reife O. 06; Studium: München 2, Marburg 4 S.; Rig. 3. März 09.] [U 10. 3375

Beiträge zur Würdigung von Karl Gutzkow als Lustspieldichter. Mit e. einleitenden T. über ein unbekanntes Tagebuch. Von Dr. Peter **Müller**. Marburg: Elwert 1910. 110 S. 8°
[Ein T. ersch. als Inaug.-Diss. Marburg 1910.]
(Beiträge z. deutschen Literaturwissenschaft. Nr 16.) [11. 3064

Müller, Peter, Bilder vom Baum im Dienste homiletischer Darstellung. Festschrift zur Erinnerung an die Inthronisation des hochw. Hrn. Dr. Michael Felix Korum, Bischof v. Trier. 8. (VII, 160 S.) Trier 882. Groppe's Verl. n. 1. 60

Müller, Peter [Praes.], s. Bollmann, Friedrich Christoph: De aedificio praedii nobilis. Vom Ritter-Sitz.

— — **Tractatus de bonis parochialibus von Pfarr-Gütern. Quedlinburg u. Aschersleben (G. E. Struntz), Waldenburg (J. Th. Heinsius, Schoenburg) 1714. 36 S. (5.50) 24229**
Widm. v.: Präses, Johann George Scharff (dtsch.), Friedrich Samuel Landgraff (dtsch.).

— — De bonis constante matrimonio quaesitis Von denen Währender Ehe erworbenen Gütern. Comment. jur. Jena (J. M. Horn) 1742. 32 S. (4.50) 24231

Müller, Peter [Praes.], s. Brem, Johann Georg: De frigusculo von Kalt-Sinniger Liebe.

Müller, Peter [Praes.], s. Brendel, Johann Friedrich: De jure columbarum, von Tauben-Recht.

— — **Tractatio jur., de citatione subsidiali, Germanis: Abhandlung über Die auserlesenste Materien von Gerichtsbarkeiten geist- und weltlicher Stände, Kayserl. Cammer, Ritterschaften, etc. auch denen dabey vorkommenden Ausnahmen. Nunc, ob in foris frequentissimum usum, deindeque cognitionis instituti necessitatem, recusa. Jena (Heller) 1750. 76 S. (6.—)** 24243

— — Commendatio juris, publici de concordia discordantis Germaniae. Frankfurt u. Leipzig (J. J. Vogt) 1729. 96 S. (7.—) 24230

Müller, Peter [Praes.], s. Conrad, Johann Georg: Casus bini partus dubii.

—· **Peter**, De conventibus circulorum in Sacro Romano Imperio, Vulgò Von Kreyß-Tägen Schediasma. cum indice. Jena 1700. 139 S. (7.—) 24222
Gew.: Christoph Ludwig von Stolberg, Georg Ludwig, Burggraf in Kirchberg.

— — Commentatio juris publici de conventibus circulorum, in Sacro Romano Imperio, Von Krayß-Tägen, cum indice necessario. Editio novissima. Halle-Magdeburg (Hendel) 1734. 120 S. (6.—) 24223

Müller, Peter [Praes.], s. Creutzing, Kaspar: De jocalibus. Vom Weiber=Schmuck.

Müller, Peter [Praes.], s. Crusius, Jacob Heinrich: De eo quod justum est circa captivorum redemtionem.

Müller, Peter [Praes.], s. Dancklufft, Heinrich Philipp: Poena inheredes transeat, vel non.

Müller, Peter [Praes.], s. Dancklufft, Heinrich Sigismund: De conquiescente officio judicis.

— — **De ficto seu quasi dominio Oder: von dem vermeintlichen Besitz einer Sache und den dabey einschlagenden Rechts-Händeln. Diss. jur. Jena (Schill) 1756. 40 S. (5.50)** 24233

Müller, Peter [Praes.], s. Donndorff, Christoph: De aucupio famae vulgo von Renommée.

Müller, Peter [Praes.], s. Dürfeld, Karl Reinhold: Von Verdacht oder Argwohns.

Müller, Peter, Matthias Eberhard, Bischof von Trier, s. Deutschlands Episcopat in Lebensbildern.

Müller, Peter [Praes.], s. Edeling, Bartholomäus: De eo, quod justum est circa misericordiam.

Müller, Peter [Praes.], s. Ehring, Paul Georg: De venatione precaria, von Gnaden=Jagten.

Müller, P., üb. d. Einpressen d. Kopfes in den Beckenkanal zu diagnostischen Zwecken, s.: Sammlung klinischer Vorträge.

Müller, Peter [Praes.], s. Ernst, Johann Christoph: De relaxatione carceratorum.

Müller, Peter [Praes.], s. Flörcke, Heinrich Ernst: De constituto possessorio.

Müller, Peter [Praes.], s. Forster, Georg: De jure agnatorum singulari. Germanis: Von gantz besondern Rechten, welche in Succeßions= u. Erbfällen bürgerlicher Reichs= u. Lehn=Güter unter Anverwandten nützlich zu ergreiffen.

Müller, Peter [Praes.], s. Forster, Jacob Wilhelm: De instanti mortis hora. Von der letzten Todes=Stunde.

Müller, Peter [Praes.], s. Förster, August Heinrich: De solutione minoris summae in deductionem majoris vulgo auff Abschlag.

Müller, Peter [Praes.], s. Franck, Joh. Melchior: De saevitia.

— — Dissertatio juridica de frigusculo, von kaltsinniger Liebe. Ibid. 1681. 4°.
36 xr. Ackermann 37. no. 461.
— — Idem opus. Quedlinburg 1702. 4°. 5 Bog. (In Glogau, Stahn's Bibl., u. in Stralsund, Rathsbibl.)

— **Fundgrube für Festpredigten auf Dreifaltigkeit. Ein homilet. Versuch. 8. (VII, 165 S.) Ebend. 881. n. 1. 60**

Müller, Peter [Praes.], s. Gerbet, Georg: De interstitio praediorum.

Müller, Peter [Praes.], s. Gerhard, Johann Friedrich: De camera principis. Von der Fürstlichen Cammer.

Müller, Peter [Praes.], s. Glock, Johann Heinrich: De libris officialium, von Ambts=Registern.

Müller, Peter [Praes.], s. Glorius, Joh. Kaspar: De mala fide superveniente.

Müller, Peter [Praes.], s. Haeppen, David Gottfried: De homicidio a pluribus commisso.

Müller, Peter [Praes.], s. Heider, Martin Friedrich: De quinquennio studii juris. Vom Fünffjährigen Studiren der Rechte

Müller, Peter [Praes.], s. Hemmann, Paul Andreas: De aestimatione judicis. Von Richterlicher Ermäßigung.

* — — De hierologia seu benedictione sacerdotali. Von Priesterlicher Copulation etc. Jenae 1714. 4°.

Müller, Peter [Praes.], s. Höfflich, Georg Christoph: De re pecunia aliena comparata.

Müller, Peter [Praes.], s. Hoffmann, August: De liquido ejusque jure.

Müller, Peter [Praes.], s. Horn, Georg Borchers: De odio violentiae.

Müller, Peter [Praes.], s. Horn, Johann Heinrich: De obligatione sub infamia Bey Schelmschelten.

PATRONUS Nupturientium (d. i. *Peter Müller*, Prof. in Jena), De injuriis, quæ haud raro novis nuptis, I. per sparsionem dissectorum culmorum frugum, Germ. (!) durch das Heckerling-Streuen, II. per injustam interpellationem ulterioris proclamationis, durch ungebührlichen Einspruch, III. per ligationes magicas, durch das Nestel-Knüpffen, inferri solent. Ed. II. (Ornament.: Signet d. Verlegers.) Sumptibus Gottlob Ernesti Strunzi, Quedlinburg. & Ascaniensis bibliopol. Anno MDCCII. (1702.) 4⁰. 123 S. (incl. roth u. schwarz gedr. Tit.) u. 8 Bll. Index.
— Ed. I. ib. 1699. 4⁰.

— — Idem. Quedlinb. et Ascan., s. a. 4⁰. (Im German. Museum u. in Görlitz, Bibl. d. Oberlaus. Ges. d. Wiss.) (4 Mk. 50 Pfg. J. A. Stargardt, Berlin, 1894.)

— — Idem. Ibid. 1731. 4⁰. 14 Bog. (Cat. Meissner II.)

§ — — (defensore C. Creutzing) Commentatio de jocalibus; vom Weiber-Schmuck. Ibid. 1680. 4⁰.
§ — — Idem opus. Ibid. 1686. 4⁰.
§ — — Idem opus. Ibid. 1706. 4⁰.

— de iocalibus, v. Weiberschmuck. 4. Ebend. 744.

§ — — Idem opus. Ibid. 1745. 4⁰.
88 pp. (1 Mk. 20 Pf. Kühl.)

—— das Jubeljahr der Kirche in seiner Bedeutung für die Gegenwart, s. Studien, katholische.

Müller, Peter [Praes.], s. Junghans, Gottfried:
De favore salarii.

— — Commentatio de jure agnatorum, cupis Pars I. Nominis notationem et singulare agnatorum. Jus in genere exponit. Partis II. Membrum I. de Singulari Agnatorum jure ratione Juris Citilis tum quoad jus personarum, cum quoad pro rerum et actionum. Membrum II. de Singulari agnatorum Jure ratione Juris Feudalis et quidem. Cap. I. de probatione agnationis in feudis et ejus jure singulari in Tutelis et successionibus feudorum. Cap. II. de Consensu agnatorum in alienatione feudi nec non delictis, propter quae feudum ad agnator de devolvitur. Frankfurt u. Leipzig 1729. 64 S. (6.—) 24237

Müller, Peter: Diss. iur. de jure apum Vom Bienen-Recht. Jenae 1738.

— — De jure columbarum, Vom Tauben-Recht. Jena (Croeker) 1740. 32 S. (5.—) 24240

— — Tractatus de jure praegnantium: Vom Rechte schwangerer Weiber. Jenae 1732. 4⁰. (Im German. Museum.)

— — Commentatio de jure praegnantium Vom Rechte Schwangerer Weiber. Jena (J. Chr. Croeker) 1744. 160 S. u. Index. (6.50) 24242

— — Jurisprudentia criminalis singulorum delictorum naturam et poenas nec non processum inquisitorium exercitationibus XV succincte repraesentans post Auctoris obitum edita, et necessariis supplementis aucta cura Burcard Gotthelff Struve. Jena (Bielck) 1701. (8.50) 24236
Gew.: Christian Wildvogel, Jo. Samuel Brunner von Burcard Gotthelff Struve

— jurisprudentia elementar. ad ord. institution. imper. 4. ibid.

Müller, P., der moderne Kaiserschnitt, seine Berechtigung u. seine Stellung unter den geburtshülflichen Operationen. Der Julius-Maximilians-Universität zu Würzburg zur Feier ihres 300jähr. Jubiläums dargebracht von der Universität zu Bern. gr. 8. (VI, 75 S.) Berlin 882. Hirschwald. n. 2. —

Müller, Peter [Praes.], s. Kämmerer, Johann Christoph:
De dignitate effigiata.

Müller, Peter [Praes.], s. Karnatz, Martin:
De societate universali.

Müller, Peter [Praes.], s. Keyßler, Johann Georg:
De dono nuptiali, vom Braut=Taffel Gelde.

Müller, Peter [Praes.], s. Killmar, Johann Nikolaus:
De jure apum, vom Bienen=Recht.

Müller, Peter [Praes.], s. Knorr, Johann Friedrich:
De poenitentia ecclesiastica, von der Kirchen=Busse.
Discursus juris canonici.

Müller, Peter [Praes.], s. Kramer, Joh. Christoph:
De furto domestico.

Müller, Peter [Praes.], s. Kühne, Christ.: De immunitatibus praediorum ecclesiasticorum a muneribus. Von Freyheiten der Kirchen-Güter von Beschwehrungen.

Müller, Peter [Praes.], s. Lakeman, Jo. Frid.:
De matrimonio absentium. Germ. Von Verlobungen zweyer einander abwesender Personen.

Jacobi
— Joachim (Strehlen/Schles.), De laesione juris, oder: Von Verletzung derer Rechte; In welcherley Fällen solche / denen Rechten und der Billigkeit nach / zugelassen sey. Präs. Peter Müller. Mai 1685. Ed. II. Jena (Jo. Bernhard Heller) 1723. 52 S. (7.—) 16506

Müller, P[eter]. Des Berner Stadtarztes Wilhelm Fabricius Hildanus (1560–1634) Leben und Wirken. Rede zur Feier des 48. Stiftungstages der Universität Bern am 18. November 1882 gehalten. [Mit Porträt-Tafel.] (SA.) 8. Leipzig 1883.

— — De literis amatoriis (Liebes-Briefen). Ibid. 1690. 4⁰. (1 Mk. 50 Pfg. der Vorige.)
— — Idem opus. Ibid. 1713. 4⁰. (1 Mk. 50 Pfg. der Vorige.)

— — Dasselbe, deutsch: Abhandlung vom Recht der Liebes-Briefe in und ausser der Ehe; mit curieusen Anmerkungen. Halle 1724. 8⁰. 104 S. (1 Mk. 25 Pfg. G. Priewe, 1895; 10 Kr. (so!) Halm & Goldmann, 1907:)

— — De literis amatoriis, vulgo: Von Liebes-Buhlen- oder Jungfer-Briefen in und ausser der Ehe. Jenae 1739. 4⁰. 30 S. (2 Mk. L. Rosenthal, 1886.)

— — Libellus de literis reversalibus vulgo: Von Reversen. Jena (J. Chr. Croeker) 1741. 80 S. (6.—) 24241

Mullerus, Petr.: Commentatio iur. de mandatis ducum militarium. Von der Kriegs-Ordre. Rec. Jenae 1744.

Müller, Peter [Praes.], s. Mars-Mann, Otto Heinrich: De fictionibus tam hominis quam juris.

— — **Tractatus jur. de molendinis in genere, et in specie potissimum de bannariis, Von Zwang-Mühlen. Jena (Fr. Bortoletti) 1738. 112 S. (—.—)** **24239**

— de molendinis in genere et in sp. de bannariis, von Zwangmühlen. 4. Jena, Cröcker. 738.

— — **Schediasma de molendinis in genere et in specie potissimum de bannariis Von Zwang-Mühlen. Wittenberg u. Leipzig 1749. 114 S. (—.—)** **24232**

Müller, Peter [Praes.], s. Müller, Joh. Christoph: De instrumentis privatis. eorumque probatione, Occasione L. 5. C. d. probat.

Müller, Peter [Praes.], s. Müller, Joh. Gerhard: De verbis minitantibus von Drau-Worten.

Müller, Peter [Praes.], s. Müller, Martin: De molendinis in genere, et in specie potissimum de bannariis, Von Zwang-Mühlen.

Müller, Peter [Praes.], s. Müller, Wilhelm: De crimine majestatis.

— P., de nummo confessionario, ejus origine, usu et abusu. Jen. 1673; rec. 1711, 1715, 1752. 4.

Müller, Peter: De numo confessionario. Vom Beicht-Pfennige. Jenae 1739.

Müller, P., de odio secundarum nuptiarum. Jen. 1679; rec. 1715. 4.

Mullerus. Petr.: Commentatio iur. de officiis transeuntium cum exercitu per aliorum territoria. Von den Pflichten dererjenigen, welche mit Kriegs-Völckern durch anderer Herrschaften Länder gehen. Rec. Jenae 1744.

Müller, Peter [Praes.], s. Oelsner, Christian Conr.: De jure feretri sive cruentationis Vom Baar Rechte.

Müller, Peter [Praes.], s. Oernster, Philipp Jakob: De calore juvenili, Oder: Von denen aus der Jugend-Hitz und Eyfer entspringenden Verbrechen: Wie weit dieselben defendiret/ bestraffet/ oder/ die Straffen nachgelassen werden können.

Müller, Peter [Praes.], s. Ortth, Philipp Wilhelm: De juris episcopalis in terris protestantium a Romano catholicis injuste praetensa reviviscentia.

— — **De osculo sancto Commentatio. (Stolberg 5. XI. 1674.) 62 S. (5.75)** **24247**
Gew.: Nicolai von Gersdorf. — Widm. v.: Jakob Thomasius, Joh. Christoph Hundeshagen.

— — **Dasselbe. Jena (Ehrich) 1701. 63 S. (5.75)** 24248

— — **Dasselbe. Jena (P. Ehrich) 1718. 63 S. (5.75)** **24249**

Müller, Peter [Praes.], s. Patzschenski, Karl Heinrich: Periculum in mora.

— — **(Jena), Discursus de optime instituenda in exteras oras peregrinatione. (Manuscriptum hocce absque nomine Autoris in bibliotheca suâ habuit D. Peter Müller Ictus et Prof. in Acad. Jenensi Publicus, ac bono publico typis evulgari permisit.) o. O. u. J. 24 S. (4.—)** 24234

— — De persecutione luporum, Oder: Von der Wolfs-Jagd. Diss. Jena (J. Fr. Ritter) 1738. 27 S. (4.—) **24238**

Müller, Peter [Praes.], s. Pfeiffer, Johann Abraham: De diebus juridicis Vom Amts- und Gerichts-Tägen.

Müller, Peter [Praes.], s. Pfretzschner, Bernhard: De literis amatoriis, Vulgo Von Liebes-Buhlen- oder Jungfer-Brieffen in und ausser der Ehe.

Müller, Peter [Praes.], s. Plathner, Georg Andreas: De bonis constante matrimonio quaesitis, Von Denen in währender Ehe erworbenen Güthern.

Lotzbeck, Joh. Leonhard (Weissenburg/Nürnb.), De reorum praerogativa in causis civilibus Oder: Von dem Vorzug derer Beklagten / vor den Kläger / in Bürgerlichen Fällen. Präs. Petr. Müller. Ed. II. Jena (J. B. Heller) Oct. 1686 (1722). 38 S. (4.—) **21649**

Kellner

— **Joh. Leonhard** (Kreuzburg / Thür.), **De protractione litis. Von Verschleiffung der Rechts=Händel. Disp. jur. Präs. Peter Müller 12. XII. 1690. Jena (Paul Ehrich) 1711. 44 S. (6.80) 17695**
Widm. v.: Präs., Franz Friderici (Altenb.), Joh. Nicolaus Lochner (dtsch.), Joh. Georg Pilling.

Müller, Peter: „Dissertatio iuris publici et gentium de subtili disputandi ratione in causa publicae utilitatis relicienda, Germanis: Dass man in Sachen / so das gemeine Wohl befördern / auch jezuweilen die Gesetze überschreiten dörffe . . . 1681 . . . . Resp.: Geora Ulricus a Bellwitz", Jenae, rec. per Jo. Bernardum Hellerum, 1743. — Vorh.: StB Nürnberg.

Müller, Peter [Praes.], s. Rumpel, Friedrich Gottlob: De pecunia doloris, Vom Schmertz=Gelde.

Müller, Peter [Praes.], s. Schirmer, Martin: De copiis auxiliaribus statum imperii, Von der Reichs=Hülffe.

Müller, Peter [Praes.], s. Schmalian, Jo. Heinrich: De ambitu connubiali, Oder: Vom Frey=Werben und Freyers=Männern.

Müller, Peter [Praes.], s. Schramm, Christian Gottfried: De conniventia. Germanis: Von allerhand Schadfällen, welche durch ein ungebührliches Fingersehen entstehen.

Müller, Peter, approb. Arzt aus Rheinböllen: **Aus d. chirurg. Klinik zu Kiel. Über Schußverletzungen der Halswirbelsäule.** *Kiel 1904: Schmidt & Klaunig.* (28 S.) 8°
Kiel, Med. Diss. v. [21. Apr.] 1904

Müller, Peter [Praes.], s. Seyfert, Karl Andreas:
De jure investiendi status imperii, Germanici Romani, Von Reichs=Belehnungen.

Müller, Peter [Praes.], s. Sieboldt, Johann Elias:
De feudificatione in fraudem creditorum facta.

— die Sterilität der Ehe, Entwicklungsfehler d. Uterus, s. a. Chirurgie, deutsche.

— dasselbe, s. a. Handbuch der Frauenkrankheiten.

Müller, P[eter]: Die Sterilität der Ehe. Entwicklungsfehler des Uterus. Mit 50 Holzschn. Stuttgart 1885. XXII. 300 S.
(Deutsche Chirurgie. Lfg 55.)

Müller, Peter [Praes.], s. Stieff, Gottfried:
De pari causa Von Gleich=geltender Sache.

Müller, Peter [Praes.], s. Sutorius, Tobias:
De legatis primi ordinis Von Gesanten des Ersten Rangs.

Müller, Peter [Praes.], s. Thilo, Kaspar:
De pecunia pupillari, ejusque administratione, Von Unmündiger Kinder Gelde.

Müller, Peter [Praes.], s. Traut, Wolfgang Joseph:
De stipendiis militum, vulgo Soldaten=Sold.

— die Unfruchtbarkeit der Ehe. Für Aerzte bearb. Mit Holzschn. gr. 8. (XV, 193 S.) Stuttgart 885. Enke. n. 5. —

Müller, Peter [Praes.], s. Velhagen, Franz Adolph:
De contraria testium depositione.

Müller, Peter: Commentatio iur. de verbis minitantibus, oder: von Drau-Worten. Francofurti et Lipsiae 1770.

Müller, Peter [Praes.], s. Vogel, Jo. Gottfried:
De absurdo, Germanice: Von dem, was sowohl die Richter, als auch die Advocaten, jezuweilen widerrechtliches und ungereymtes vorbringen.

Müller, Peter [Praes.], s. Volland, Johann:
De praeoccupatione fati.

Müller, Peter [Praes.], s. Wege, Andreas:
De odio secundarum nuptiarum, vulgo, Von dem Verdruss, so sich bey anderweitigen Verheyrathungen zu zeigen pfleget.

Müller, P., üb. die Wendung auf den Kopf u. deren Werth f. die geburtshilfl. Praxis, s.: Sammlung klinischer Vorträge.

Müller, Peter [Praes.], s. Winzer, Johann Heinrich:
De bonis parochialibus, von Pfarrgütern.

— die Wissenschaft des Heiles im Sinnbilde eines Uhrwerks. In einzelnen homilet. Zügen dargestellt. 8. (VI, 110 S.) Paderborn 881. F. Schöningh. n. 1. —

Müller, P., üb. die Zulassung der Frauen zum Studium der Medizin, s. a. Sammlung gemeinverständlicher wissenschaftlicher Vorträge.

Müller, P[eter]: Über die Zulassung der Frauen zum Studium der Medizin. — Hamburg: Verlagsanst. u. Dr. 1894. 43 S. 8° (Sammlung gemeinverständl. wiss. Vorträge. N. F. Serie 9. H. 195.)

Müller, Peter Eduard, s. Müller, Eduard

Müller, Pet. Erasm., über die Aechtheit der Asalehre u. den Werth der Snorrischen Edda; aus d. Dän. v. L. C. Sander. 8. Kopenh. 811. Brummer. 10 gl.

– Humuserden sind zu scheiden in ..., s. Albert

Müller, P. E., Sagabibliothek med Anmärkinger og indledende Afhandlinger. (Sagaenbibliothek des skandinavischen Alterthums. 1r und 2r Bd.) Kiöbenhavn. 8. 817 — 19. Gyldendal.

— — Sagabibliothek des Scandinav. Alterthums in Auszügen übersetzt von Dr. K. Lachmann. gr. 8. Berlin. Reimer. 816,

Müller, Pet. Erasm., s. Saxonis Grammatici.

Müller, P. E., Studien üb. die natürlichen Humusformen u. deren Einwirkung auf Vegetation u. Boden. Mit analyt. Belegen v. C. F. A. Tuxen. Mit in den Text gedr. Holzschn. u. 7 lith. Taf. gr. 8. (VIII, 324 S.) Berlin 887. Springer. n. 8. —

— antiquar. Untersuchung der unweit Tondern gefund. goldnen Hörner. Eine gekr. Preisschrift; aus d. Dän. v. W. H. F. Abrahamson. Mit 5 Kpft. gr. 4. Kopenh. 806. Brummer. 1 Rthlr 22 gl.

— über d. Ursprung u. Verfall d. Isländ. Historiographie, nebst e. Anh. üb. die Nationalität d. altnordischen Gedichte; aus d. Dän. übers. von L. C. Sander. 8. Kopenh. 813. Brummer. 14 gl.

Müller, Peter Franz Joseph

Müller, P. F. J., meine Ansicht d. Geschichte, 8. Düsseldorf, Schreiner. 814.

Müller, (Pet. Frz. Jos.,) meine Ansicht der Geschichte. N. wohlf. Ausg. 8. Köln 826, Bachem.

Müller, Pet. Fr. Jos., meine Ansichten d. Geschichte. 8. Düsseld. 814. (Schreiner). 2 Rthlr 12 gl. N. wohlf. Ausg. 8. Cöln 826. Bachem. Hbg. Pr. 1 Rthlr 8 gl.

Müller, Pet. Frz Jos., Beitrag zur Bestimmung der Gränzen zwischen den Franken u. Sachsen der Vorzeit. Duisburg u. Essen 1804. 8.

— Beitr. zur Bestimmung d. Gränzen zwischen den Franken u. Sachsen der Vorzeit. 8. Duisb. 804. Bädecker. 10 gl.

Müller, P. F. J.: „Ueber das Güterwesen . . . .", (gegen Mallinckrodt), Düsseldorf 1816 (Schreiner).

Müller, Petr. Fr. Jos., Ueber das Güterwesen. gr. 8°. Düsseldorf, Schreiner, 1816. N. wohlf. A. 8°. Köln, Bachem, 1826.

Müller, Pet. Fr. Jos., die Ursprache. gr. 8. Düsseld. 815. Schreiner. 4 Rthlr N. wohlf. Ausg. 8. Cöln 826. Bachem. Hbg. Pr. 2 Rthlr

Müller, Pet. H., geistl. Erquickstunden in e. heil. Lieberandacht rc. 12. Greifsw. 738.

Mueller, Petrus Joseph. (geb. Mayen bei Coblenz 1. 5. 1834): De carcinomate uteri. Berolini (1859). (32 S.) 8°
Berlin, Med. Diss. v. 20. Aug. 1859

Müller, Ph., s.a. Müller, Paulus

– s.a. Müller, Philipp

Müller, Ph., unser Eisenbahnwesen, s.a. Bibliothek der Rechts- u. Staatskunde.

Müller, Ph., Unser Eisenbahnwesen. Stuttgart, [1907]. 212 S. mit 22 Abb. u. 3 Taf.

Müller, Ph., neue Fibel f. Elsaß-Lothringen. Nach phonet. u. heimatkundl. Grundsätzen m. besond. Berücksicht. des Rechtschreibunterrichts ausgearb. (80 S.) gr. 8. Straßburg (903). Straßburger Druckerei u. Verlagsanstalt. Geb. n.n. — 40

— dasselbe. Katholische Ausg., bearb. v. N. Gottesleben. (80 S.) gr. 8. Ebd. (903). Geb. n.n. — 40

— neues Lesebuch f. das 2. Schuljahr, s.: Gottesleben, N.

Müller, Ph. L., s. Müller, Philipp Ludwig Statius

Müller, Ph. L. St., s. Müller, Philipp Ludwig Statius

Müller, Ph. Nikol., Confirmanden-Stunden, od. kurzer Unterricht f. solche Personen, welche rc. zum heil. Abendmahle sollen vorbereitet werden. 8. Karlsr. 809.

Müller, Philipp

Müller, Ph., s. M. Bellemare, Gespräch.

Müller, Phil., s. v. Bonald, H., das Verfahren der kathol. Kirche.

Müller, Phil., concordia confessionum fidei. 4. Jenae. 705.

Müller, Phil., das Elend zu Paris und die christlichen Wohlthätigkeitsanstalten zur Bekämpfung desselben. Ein Beitrag zur Geschichte der socialen Zustände unserer Zeit. Nach den Veröffentlichungen des Abbé Mullois u. eigenen Beobachtungen. Mainz 859. Kirchheim. gr. 8. (XV, 448 S.) 1 rß

Müller, Fpp., das Gesetz vom 23. Mai 1883, Nr. 82 R. G. Bl., betreffend die theilweise Aenderung der §§. 74 und 76 des allgemeinen Grundbuchsgesetzes. Mit Benutzung der Motive zur betroffenen Regierungsvorlage und im Zusammenhange mit dem Bezug habenden Gesetze vom 23. Mai 1883, Nr. 83 R. G. Bl., der Ministerialverordnung vom 1. Juni 1883, Nr. 86 R. G. Bl., und der Instruction vom 11. Juni 1883, Nr. 91 R. G. Bl., erläutert. 8. (52 S.) Wien 884, Manz'sche Hofverlagsb. *

Müller, Fpp., Handbuch für den Manipulations- u. Administrationsdienst bei den k. k. Bezirksgerichten. gr. 8. (IV, 221 S.) Wien 881. Manz n. 4. —

Müller, Handb. f. d. Manipulations- u. Administrationsdienst bei österr. Bezirksgerichten. Wien 882.

Müller, Phpp., Handbuch f. den Manipulations-, Concepts- u. Administrations-Dienst bei den k. k. Bezirksgerichten. 2., verm. u. ergänzte Aufl. gr. 8. (VII, 359 S.) Wien 889. Manz. n. 5. 60

— Memorienrecht christl. Stiftungen. 4. Ebend. 705.

— Normalien- u. Gesetzes-Nachschlagebuch [alphabetisch geordnet] für die Zeit vom Jahre 1849 bis Ende 1881, zum Gebrauche für die k. k. Bezirksgerichte, Advocaten, Notare etc. 8. (III, 148 S.) Wien 882. Perles. n. 2. 60; geb. n. 3. 20

Müller, Phil., die römischen Päpste, od.: Geschichte der Oberhäupter, welche vom heil. Petrus an bis auf den jetzt glorreich regierenden 259. Nachfolger desselben der kathol. Kirche vorgestanden haben, nach den ältesten wie neuesten Werken u. Dokumenten über diesen Gegenstand, welche die Jahrh. liefern. 1 u. 2. Bd. à 2 Lfgn. 3. Bd. 3 Lfgn. 4—9. Bd. 8. (1: 364. 2: 345. 3: 540. 4: 491. 5: 535. 6: 404. 7: 386. 8: 393. 9: 273 S.) Wien 847—52, Mechitaristen-Congregations-Buchhandlung. (1—3. Bd. à Lfg. 8 ngr 4. Bd. 1 rß 5. Bd. 1 1/3 rß 6—8. Bd. à 1 rß 9. Bd. 2/3 rß) 7 rß 26 ngr

Müller, Phil., die römischen Päpste, oder Geschichte der Oberhäupter, welche vom heil. Petrus an, bis auf den jetzt glorreich regierenden 259. Nachfolger desselben der kathol. Kirche vorgestanden haben. 9 — 17. (letzter) Bd. 8. Wien, Mechitaristen-Congregations-Buchh. [9. (274 S.) 852. 20 Ngr., 10. und 11. (728 S.) 853. 1 Thlr. 20 Ngr., 12. (496 S.), 13. (439 S.) à 1 Thlr., 14. (603 S.) 854. 1 Thlr. 10 Ngr., 15. (415 S.) 855. 1 Thlr., 16. (371 S.) 855. 1 Thlr., 17. (IV und 284 S.) 856. 20 Ngr.]
1—8. Bd. Ebendas. 1847—52. 7 Thlr. 6 Ngr.

Müller, Philipp, Rede, gehalten am 1. Oct. 1890 zur Feier des Erlöschens des Socialistengesetzes im „Schützenhof" Darmstadt. 8°. Darmstadt, Selbstverl. d. Verf., s. a. (1890).

Müller, Philipp [Praes.], s. Rittner, Samuel: De iure Dei in homines.

Müller, Ph., das unterirdische Rom rc., s. Gournerie, E. de la.

— der köstlichste Schatz des Christen oder Lebensregel nebst den nöthigen Gebeten, Tugenden und Uebungen zur Heiligung des Lebens. Nach dem Werke eines frommen Jüngers St. Bruno's bearb. Mainz 859. Kupferberg. 18. (XVIII, 263 S.) 12 ngr

Müller, Philipp Gustav: Chemische Analyse der Idaquelle zu Biloves in Böhmen. (Ausgeführt im Laboratorium des Herrn Professors Dr. J. Redtenbacher.) 10 S. Wien 1868.
(Sonder-Abdr. a. d. Sitzungsber. d. k. Akad. d. Wiss.)

– Directe Beleuchtungs-Constructionen für Flächen, deren zu einer Axe senkrechte Schnitte ähnliche Ellipsen sind. 15 S., 1 Tafel. Wien 1868.
(Sonder-Abdr. a. d. Sitzungsber. d. k. Akad. d. Wiss.)

Müller, Philipp Ludwig Statius

Müller, Ph. Ludw. Stat., Anleitung zur Holländischen Sprache, s. Fr. Otto, Lehrbuch der Holländischen Sprache.

— kurze Anleit. zur holländ. Sprache, nebst e. holländ.-deutsch. u. deutsch-holländ. Wörterbuch. 8. Erlang. 759. N. A. mit Anh. v. J. C. Stahlmann. 785. Palm. 4 gl

— Progr: Dubia coralliorum origini animali opposita. 4. Erlang. 770.

Müller-Statius, Phil. Ldw., († d. 5. Jan. 1776.) Entwurf von den gottl. Absichten bei Erschaffung u. Regierung dieser Welt rc. 8. Leew. 756. N. A. mit Walchs Vorrede. gr. 8. Jena 761. N. Aufl. gr. 8. Frankf. u. Leipz. 783. (Löffler in Manh.) 8 gl

– s. K n o r r , Georg Wolfgang: Deliciae naturae selectae.

– (Übers.), s. L i n n é , Karl von: Vollständiges Natursystem.

— einsame Nachtgedanken, od. moral. Betrachtt. über die Welt u. weltl. Begebenheiten. 2 Stcke. gr. 8. Erlang. 757, 58. Palm. 16 ℛ (Chr. Fr. Günther in Glog.) 16 ℛ

— einsame Nachtgedanken, od. moral. Betrachtungen üb. d. Welt u. weltl. Begebenheiten. 2 Stck. gr. 8. Jena und Wien. (Fr. Günther in Glogau, a. Palm in Erl.) 760.

– (Übers.), s. R u m p h , Geo. Ebhrd.: Amboimsche Raritätenkammer ...

– (Übers.), s. S l a b b e r , Martin: Physikalische Belustigungen ...

— auserles. Steinkabinet. Mit Kpf. 4. Nürnb. 775.

Müller, Philipp Ludwig Statius (Übers.):

s.: Valentyn, François: Abhandlung von Schnecken, Muscheln und Seegewächsen, welche um Amboina und den umliegenden Inseln gefunden werden. Aus dem Holländischen. Wien: 1773

JB 173/Anhang

— **Philipp Ludwig Statius,** De justo probabilitatis valore et usu sectio prima. Diss. inaug. Erlangen (J. D. M. Camerarius) 21. IX. 1757. 52 S. (5.—) 24268

Müller, Pl., s. M ü l l e r , Paul

Müller, P. Placidus. Blätter der Erinnerung an Abt Luigi Tosti, O.S.B. (1811–[1898]). Von Cardinal (Alphons) C a p e c e l a t r o .... Mit Erlaubnis des hohen Verfassers frei nach dem italienischen Originale bearbeitet. [Mit Porträt-Tafel.] SA. 8. Brünn 1900.

Müller, Qu.: G e s c h i c h t e der Breitengradmessungen bis zur peruanischen Gradmessung. Rostock, Diss. 1871

Müller, Quintianus, Leben des sel. Dieners Gottes Johannes v. Alverna aus dem Minderbrüder-Orden des heil. Franziskus. Aus dem Latein. übers. 16. (144 S.) Regensburg 882. Pustet. n. — 60

Müller, R., s.: A b h a n d l u n g e n aus den Gebieten der Mathematik etc.

Müller, R. (H.), Erzbischof Arno von Mainz 1021--1031, s. S t u d i e n , historische.

Müller, R., Buren-Reigen, s.: K o s t ü m - R e i g e n Nr. 18.

Müller, R., Christenlehre. Leitfaden f. Lernende in Kirche u. Schule I. Das Gesetz. gr. 8. (24 S.) Wiesbaden 876. Feller & Gecks. n.n. — 25

Müller, R. v., das sächsische Erzgebirge. gr. 8. (80 S. m. 71 Abbildgn. u. 1 Karte.) Dresden 902. W. Baensch. n. 2. 50

Müller, R. Examen du Cid de Corneille. Goslar, R., 1872. 12 S. 4. Progr.

Müller, R., u. A. Zeerleder, Gerüstungen u. Baumethoden der gewölbten Brücken auf dem IV. u. V. Baulos der Albulabahn. (31 S. m. Abbildgn.) Lex.-8. Zürich 904. (Rascher & Co.) n.n. 1. —

Müller, R., Grundriß der Chemie f. den Unterricht an landwirtschaftlichen Lehranstalten. (III, 71 S. m. Abb.) kl. 8. Stuttgart 910. E. Ulmer. Geb. 1. —

Müller R, die Hausfrau auf dem Lande. (Landmann's Winterab. 4) Stuttgart 1876

Müller, R., ist die jetzige Staatshilfe f. unsere so schwer geschädigte Viehzucht ausreichend? Unter Mitwirkg. unserer, dem Hrn. Reichskanzler am 1. März 1882 eingereichten, in Nrn. 131 u. 184 der „Nordd. Allg. Z." citirten u. in Nr. 20 der „D. L. Pr." veröffentlichten Denkschrift: „Mittel u. Wege, die Rentabilität unserer Viehzucht wieder herzustellen." gr. 8. (28 S.) Berlin 885. Parey. n. 1. —

Müller, R., Der erste Lichtstrahl, oder: Die Erkenntnis der Leiden des österr. Eisenbahnpersonals. Gesammelte Vorträge und Aufsätze. 8⁰. Wien 1893.

Müller, R., Elsaß-lothringischer Liederschatz, s.: A l b r e c h t , P.

Müller, R., Grossherzogl. hessisches Bad Bad-Nauheim bei Frankfurt a/M., s. Kurmittel u. Wirkgn. 3. Aufl. 8. (IV, 58 S.) Friedberg 897. C. Bindernagel. n. 1. —

Müller, R., grossherzoglich hessisches Bad Bad-Nauheim bei Frankfurt a/M., seine Kurmittel u. Wirkungen. 6. Aufl. 8. (IV, 56 S.) Friedberg 902. C. Bindernagel. n. 1. —

Plan von Zittau. Nach d. Plänen d. Stadtbauamtes bearb. von R. Müller. Masst. 1:10,000. *Zittau [1901]: C. Martin.* (1 Kartenbl. 38×27 cm.) quer-4° [kol.] [illegible]

Müller, R., De rebus inde a Caesaris nece usque ad funus Romae gestis. Diss. 1880 S. 182

Müller, R., deutsche Sprachlehre u. Rechtschreibung, s.: K a b l o , Mart.

Das Staatsrecht des Fürstenthums Reuss jüngerer Linie. Bearb. v. R. Müller. Freiburg i. B. und Tübingen. 1884. Siehe in: Handbuch des Oeffentlichen Rechts. Hrgg. v. H. Marquardsen. Bd. 3. Halbbd. 2. Abth. 2. 8⁰.

Müller, R., das Saarbrücker Steinkohlengebirge, s.: P r i e t z e , A.

—— und H. H o e p p e , Ulfilas. Evangelium Marci, grammatisch erläut. gr. 8. (72 S.) [Berlin 881.] Leipzig, Grieben's Verlag. *

— R., De interiectionum apud Sophoclem Euripidemque usu, significatione, rationibus metricis. I. Diss. 1886. 51 S. 1.20

Müller, R.: Ueber eine ein-zweideutige V e r w a n d t s c h a f t . Leipzig, Diss. 1883

Müller, R. E. (Dr.) Die Chronik des Baseler Professors Huldr. Mutius. Ein Beitrag zur Historiographie des Reformationszeitalters. Gr. in-8⁰, 38 S. Prenzlau, Vincent. 1882. 1 35

Müller, R. M., Geschichtliche Nachrichten über das Entstehen der Loge zum goldenen Rade in Osnabrück und deren Verhältnisse von 1807—1857. Aus dem Logen-Archive zusammengetragen. Hannover. Druck v. Jänecke. 1858. 8. 41 S. Schildert in kurzen Zügen das 50jährige Bestehen der Loge. Beigegeben ist das Protocoll über die Jubelfestloge vom 20. Nov. 1857 mit einer Festrede des Superintendenten G. Chr. Gruner. abgedr. Frmrztg. 1858. S. 291. — Latomia XVI. S. 172.

Müller, R. Otto, Psalmenlieder. Ausgewählte Psalmen zu deutschen Weisen. 2. verb. u. verm. Aufl. (148 S.) kl. 8. Leipzig 905. Dörffling & Franke. Geb. n. 1. 75

Müller, R. S., s. Müller-Müller, Robert Sigmund

Müller, R. T. T., s. Müller, Rudolf Timotheus Traugott

Müller, Raimund: Antoninus Philosophus — ein Protektor der Christen? Eine Einführung in die Selbstgespräche Mark Aurels. S. 3—14. 8. Progr. K. k. Oberrealschule *Teschen* 1904.

Teschener Archivstudien. Von Dr. Raimund **Müller.** o. O.: Selbstverl. [1905]. (8 S.) 4° [F.]
Aus: Zeitschr. f. Gesch. u. Kultur-Gesch. Österr.-Schlesiens. Jg. 1. [06. 1173 2

Müller, Raim., der Blitz. Ein Stück aus der Gesellschaft in 4 Aufzügen. (96 S.) 8. Bielitz (906.) O. Beigel n. 2. —

Dr. Raimund **Müller.** Die Rolle der Pflanzen in der Sagenwelt. Eine literar. Studie. *Brünn: Selbstverl. 1904.* (15 S.) 8° [F.]
Aus: Deutsch-mähr. Schulblatt. 1904. [04. 6945 11

Müller Raimund: Studien zur Geschichte des Severus Alexander. 222—235 n. Chr.
1899 PN 1203 **Diss. Wien, Univ.** 823

Dr. Raimund Müller. Der Tod als Erzieher. Vortrag geh. zu Brünn 1901. Brünn 1902: (R. M. Rohrer). (24 S.) 8⁰ [Umschlagt.]
Aus: Deutsch-Mähr. Schulblatt v. 22. Juni u. 8. Juli 1902.

Müller, Raimund: Die Zahl 3 in Sage, Dichtung und Kunst. S. 3 bis 23. 8. **Progr.** K. k. Staats-Oberrealschule *Teschen* 1903.

Müller, Reiner, Dr. med., 1. Assistent am hygien. Institut zu Kiel: **Aus d. hygien. Institut zu Kiel ⟨Geheimrat Prof. Dr. B. Fischer⟩. Eine Diphtheridee und eine Streptothrix mit gleichem blauen Farbstoff, sowie Untersuchungen über Streptothrixarten im allgemeinen. Jena: G. Fischer 1908. (18 S.) 8° ¶ (Aus: Centralblatt f. Bakteriologie Abt. 1 Originale Bd 46 H. 3, 1908.)**
Kiel, Med. Fak., Hab.-Schrift v. 1908
(Nicht für den Austausch)

Müller, Reiner, approb. Arzt aus Tetz ⟨Rheinl.⟩: **Aus d. städt.** Krankenhause in Kiel. Ueber subnormale **Körpertemperaturen,** ihr Vorkommen und ihre Behandlung. *Kiel 1903: P. Peters.* (30 S.) 8°
Kiel, Med. Diss. v. [20. Apr.] 1903

Heimatkunde des Kreises Grünberg. Beilage z. Flemmingschen Schulkarte d. Kreises Grünberg. Bearb. von R[einhd] **Müller,** Lehrer in Grünberg. Glogau: C. Flemming [1906]. (28 S.) 8° [F.] [07. 3779

Müller, Reinhard: Beiträge zur Geschichte des Schultheaters am Gymnasium Josephinum in Hildesheim. 70 S. 4. **Progr.** Bischöfl. Gymn. Josephinum *Hildesheim* 1901 (335).
I. Überblick über die äußere Geschichte des Schultheaters von 1597 bis 1788. II. Beiträge zur Geschichte der Musikantenpatres. III. Jahresfeste auf dem Theater. 1. Das Weihnachtsspiel. 2. Das Fastnachtsspiel. 3. Das Passionsspiel. IV. Titelverzeichnisse. Beilagen. 1. Das erste erhaltene Scenarium. 2. Saxonia conversa: ... 3. Der Minister ... Das Duell.

Müller, Rhard., Beiträge zur Geschichte des Schultheaters am Gymnasium Josephinum in Hildesheim. Progr. gr. 4. (70 S.) Hildesheim 901. (A. Lax.) 1. 50

Müller, R[einhard]. **Bericht über den Bau des neuen reformierten Schulhauses in Freiburg. Verfasst im Auftrage der Baukommission von ihrem Sekretär R. M', Lehrer.** [Mit 2 Tafeln.] II + 83 S. 8. Freiburg, E. Bonny, 1908.

Müller, Rhard., die höhere u. niedere Gemeinde. 1. u. 2. Aufl. Prag 868. Bellmann. gr. 8. (44 S.) n. 6 ngr.

Müller, Rhard., die höhere und niedere Gemeinde. 1. Aufl. 1868, und 2. Aufl. Lex.-8. (44 S.) Prag 869, Bellmann's Verlag. *

Offizier-Stammliste des Königlich Preußischen 3. Niederschlesischen Infanterie-Regiments Nr. 50. 1860—1910 ... bearb. von (Reinhard) Müller, Major. Berlin: Mittler 1910. 292 S. 8° [10. 12538

Müller, Reinhold: Die Ausbildung der malerischen Perspektive im Zeitalter der italienischen Frührenaissance, s. Feier, Die (öffentliche), der Rektoratsübergabe 1906.

Müller, Reinhold, appr. Arzt: Aus d. chir. Universitätspoliklinik in d. Kgl. Charité zu Berlin. Statistischer Beitrag zur Behandlung des typischen Radiusbruches mittels circulärem Gipsverband. Greifswald (1909): Adler. 32 S. 8°
Greifswald, Med. Diss. v. 11. Nov. 1909, Ref. Payr
[Geb. 16. April 82 Berlin; Wohnort: Berlin; Staatsangeh.: Preußen; Vorbildung: Königstädt. Gymn. Berlin Reife O. 02; Studium: Berlin 10 S.; Coll. 29. Okt. 09; Approb. 12. März 09.] [U 10. 1579

[F.] **Müller,** Reinhold [Oberl.]: Bemerkungen über Pierre Loti und seine Stellung in der Litteratur. Sondershausen, gedr. in d. Buchdr. des „Deutschen", 1892; 1—24 S. 4.
Sondershausen, fürstl. R, OP 1892 (720)

Chronik nebst Personal- und Beamten-Statistik der Loge Horus sowie der Prov. Gr. Loge von Schlesien und des inneren Orients von der Eröffnung der Loge im Jahre 1813 bis zum Jahre 1888. Zur Erinnerung an ihr 75jähriges Bestehen zum Stiftungsfeste am 19. Febr. 1888 als Denkschrift verf. und der Ehrw. Gr. Loge von Preussen gen. Royal-York zur Freundschaft in Berlin sowie den derzeitigen vorsitzenden Mstrn und Repräsentanten der Grloge: [Karl Eman.] Klopsch, [Karl Heinr. Sam.] Renner, [Joh. E. Aug.] Jedzek, [Ferd.] Kleemann und [Herm.] Braunhälter in ehrfurchtsvoller Ergebenheit gewidmet von R[einhold] Müller. [Breslau 1888: Korn.] 57 S. 8⁰
S. 17—43: Verzeichn. der Mitgl., Beamten u. Ehrenmitgl. der Loge von 1813—1888.

Müller, Reinhold, Schiffsarzt d. Union-Line aus Kiel: **Aus d. chirurg. Klinik zu Kiel. Die Gallensteinoperationen der chirurgischen Klinik zu Kiel aus den Jahren 1899—1901.** *Kiel 1902: K. Jansen.* (62 S.) 8°
Kiel, Med. Diss. v. [17. Juni] 1902

Müller, Rhold.. Leitfaden f. die Vorlesungen üb. darstellende Geometrie an der herzogl. techn. Hochschule zu Braunschweig. gr. 8. (VII, 88 S. m. Abbildgn.) Braunschweig 899. F. Vieweg & Sohn. n. 2. 50

Müller, Rhold., Leitfaden f. die Vorlesungen üb. darstell. Geometrie an der herzogl. techn. Hochschule zu Braunschweig. 2. Aufl. (VIII, 95 S. m. Abb.) gr. 8. Braunschweig 903. F. Vieweg & Sohn. n. 2. 50

Müller, Reinhold: Die geometrische Reliefperspektive in ihrer Anwendung auf die Werke der bildenden Kunst. 1908. [Rede 1907.] 21 S. 8⁰

MUELLER Reinhold. Auf den Tod des Herrn Franz Ferdinand Edeln von Schrötter . . . von . . . – . . . den 3. März 1785, Gerold, Wien o. J. (1785). 4 Bl.

Müller, Reinh.: Wie kam das linke Rheinufer an Deutschland? 38 S. 4° – Celle, Progr. 1871.

Müller, Rhold., wie kam das linke Rheinufer an Deutschland? gr. 4. (38 S.) Celle [Coburg] 871, (Capaun-Karlowa's Verlag.) **

—, Rich. Erzbischof Adalbert von Hamburg-Bremen und die Idee des nordischen Patriarchats. 22 S. Progr. *Stade* 1885.

Müller, Rich., Altes u. Neues. Gedichte in Pfälzer Mundart. (VIII, 217 S. m. Bildnis.) kl. 8. Kaiserslautern 911. E. Crusius. 2.50; geb. 3. —

Müller, Richard, Referendar a. Jena: Der Begriff der Einrede nach dem B.G.B. Jena 1908: Frommann. (41 S.) 8° [F.]
Jena, Jur. Fak., Ref. Thon, Diss. v. 27. April 1908
[Geb. 11. Juli 84 Jena; Wohnort: Jena; Staatsangeh.: Sachsen-Weimar; Vorbildung: Gymn. Jena Reife O. 04; Studium: Jena 1, München 1, Jena 1, Berlin 1, Jena 2 S.; Rig. 3. März 08.]

Müller, Richard: Beiträge zur Kenntnis der Phosphorfabrikation. [1904.] 87 S. 8° ¶ Vgl. Zeitschrift f. angewandte Chemie. Jg. 18, 1. 1905. S. 132 ff.
Dresden, Dr.-Ing.-Diss. v. 14. 4. 1904

Die Bekämpfung der Bleigefahr in Bleihütten von Dipl.-Ing. Rich. **Müller**, Ems. Von d. internat. Vereinigung f. gesetzl. Arbeiterschutz preisgekr. Arbeit. Mit 7 Taf. Jena: G. Fischer 1908. (VI, 207 S.) 8° [F.] 08.0473

Die Budderbärwel vun Diefedhahl. Dorfbilder in Pfälzer Mundart von Richard **Müller**, (Obermoschel). Kaiserslautern: E. Crusius 1909. (90 S.) 8° [F.] 08. 18306

Müller, Rich., 113 Choräle, auf Grund d. vierstimm. Choralbuchs zu dem Gesangbuche f. die evangelisch-luther. Landeskirche d. Königr. Sachsen f. mittlere u. höhere Schulen teils dreistimmig, teils drei- u. zweistimmig gesetzt. gr. 8. (III, 80 S.) Leipzig 884. M. Hesse. n. — 40

Müller, Rich. (II.). 113 Choräle auf Grund d. vierstimm. Choralbuchs zu dem Gesangbuche f. die evangelisch-luther. Landeskirche d. Königr. Sachsen f. mittlere u. höhere Schulen teils dreistimmig, teils drei- u. zweistimmig gesetzt. 2. Aufl. gr. 8. (IV, 80 S.) Lpz, 891, M. Hesse. * — 40

Müller, Rich., 70 dreistimmige Choräle f. den Schulgebrauch gesetzt. 8. (36 S.) Leipzig 874. Brandstetter. n. — 50

— 70 dreistimm. Choräle f. den Schulgebrauch gesetzt. 2. Aufl. 8. (IV, 36 S.) Leipzig 882. Brandstetter. cart. — 60

— 12 dreistimmige Chorlieder [2 Soprane u. Alt] f. höhere Schulen, gedichtet v. Jul. Altmann, Frdr. Oser u. Heinr. Pfeil. Op. 30. 8. (23 S.) Ebend. 872. — 35

— 12 dreistimmige Chorlieder [2 Soprane und Alt] für höhere Schulen, gedichtet von Jul. Altmann, Friedr. Oeser und Heinr. Pfeil. Op. 30. 8. (23 S.) Ebendas. 873. (35 Pf.) *

Müller, Richard: Die ruhmreiche Deutschland-Fahrt des Deutschen Krieger-Bundes. New York, im Mai 1900. (NY '00.) 92 S.

Müller, Rich., hinner'm Dunnerschberg! Dichtungen in nordpfälzer Mundart. 12. (IV, 112 S.) Kaiserslautern 899. E. Crusius. n. 1. 50; geb. n. 2. —

Müller, Rich., hinnerm Dunnerschberg. Dichtungen in nordpfälzer Mundart. 2. Aufl. (IV, 140 S.) 12. Kaiserslautern 904. E. Crusius. n. 2. –; geb. n. 2. 50

Die Einnahmequellen des Deutschen Reiches u. ihre Entwicklung in d. Jahren 1872 bis 1907. Ein Beitrag z. Beurteilung d. Reichsfinanzwesens von Richard **Müller** (Fulda), Mitgl. d. Deutschen Reichst. M.-Gladbach: Volksver. f. d. kath. Deutschland 1907. (66 S.) 8° [F.] 07. 19935

Müller, Rich., die Entwässerungs-Genossenschaft, s. a. Arbeiten der deutschen Section des Landesculturrathes f. d. Königr. Böhmen. III.

Müller R.: Die Entwässerungs-Genossenschaft, ihre Gründung, Leitung u. Buchführung. Prag 1900. [Omslag 1901]. 119, 49 S. 4°
(Arbeiten d. deutschen Section d. Landesculturrathes f. das Königreich Böhmen. H. 3). 373.

Mveller, Richardvs (geb. am 16 Juli 1842 in Glogau): De Plavti Epidico . . . Bonnae, typ. C. Georgi 1865. 2 Bl., 53 S., 1 Bl. 8.
¶ Erschien zugleich selbständig bei Calvary & Co. in Berlin.
Bonn, Phil. Fak., Diss. v. 27 Juli 1865

Mueller, Rich., de Plauti Epidico. Berlin 865. Calvary & Co. gr. 8. (III, 53 S.) n. 15 ngr.

Müller, Richard, a. Ems: Zur Erzählungskunst Otto Ludwigs. Potsdam 1904: A. W. Hayn's Erben. (50 S.) 8° [F.]
Tübingen, Phil. Fak., Ref. v. Fischer, Diss. v. 15. Dez. 1904
[Geb. 7. Aug. 82 Ems; Wohnort: Tübingen; Staatsangeh.: Preußen; Vorbildung: Gymn. Weilburg Reife 01; Studium: München 1, Berlin 3, Genf 1, Wien 1, Tübingen 1 S.; Rig. 31. Okt. 04.]

Müller-Ems, Rich., Otto Ludwigs Erzählungskunst. Mit Berücksicht. der histor. Verhältnisse nach den Erzählgn. u. theoret. Schriften des Dichters dargestellt. (128 S.) 8. Berlin 905. Wilmersdorf, A. Kohler. n. 2. 50

Müller-Ems, Rich., Otto Ludwigs Erzählungskunst. Mit Berücksicht. der histor. Verhältnisse nach d. Erzählgn. u. theoret. Schriften des Dichters dargestellt. (Neue [Titel-] Ausg.) (128 S.) 8. Halle (909). H. Gesenius. 2.—; geb. in Leinw. 2. 60

Müller, Rich. Das Gesetz der zehn Tribunen. 32 S. Fr. G. *Berlin* 1877. Progr.

Müller, Rich., das Gesetz der zehn Tribunen. gr. 4. (32 S.) Berlin 877. Weidmann. n. 1. —

Müller, Richard (geb. Berlin 19. 1. 1862): Ueber eine gewisse Gleichung 2 n^{ten} Grades, deren Specialfälle $n = 2$ und $n = 3$ beim Normalenproblem der Ellipse und des Ellipsoides auftreten. Berlin (1884). (35 S.) 8°
Berlin. Phil. Diss. v. 24. Juni 1884

Müller, Rich., einflügelige Haustüren im neuen Stil. 24 Taf. Vorlagen. 31×22,5 cm. Ravensburg 908. O. Maier. In Mappe 10. —

Müller, Richard, aus Stuttgart: Über die Hydrolyse und Natrolyse von Ferrisalzen. Stuttgart: Glaser & Sulz 1898 [vielm. 1899]. (62 S.) 8°
Tübingen, Naturw. Diss. v. 1899

[F.] Kann die Marine-Vorlage vom Reichstage angenommen werden? E. Beitrag z. Kritik d. Flottenges.-Entwurfes. Von Richard **Müller**, Mitgl. d. Deutschen Reichstages. *Köln: J. P. Bachem 1898.* (79 S.) 1 Bl 8.
= Zeitfragen, Sociale u. politische. II. 3. 98. 4530

Müller, Rich. (II.), die Kennzeichen unserer Vögel. Eine naturgeschichtl. Beschreibung unserer einheim., sowie der sich zeitweise bei uns aufhaltenden fremden Vögel. (In 7 Heften.) 1. Heft. gr. 8. (32 S.) Krotoschin 888, Monasch und Comp. *

Müller, Rich., die Kennzeichen unserer Vögel. Eine naturgeschichtl. Beschreibg. unserer einheim., sowie der sich zeitweise bei uns aufhalt. fremden Vögel. gr. 8. (227 S.) Krotoschin 889. (Leipzig, Rust.) n. 5. —

Müller R. die Kennzeichen unserer Vögel. Leipzig 1890

Müller, Richard [Dr.]: Über die Kurven, deren Bogen einer Potenz der Abscisse proportional ist. Berlin, Druck v. A. W. Hayn's Erben. (C. Hayn, Hof-Buchdr.) (1889); S. 3—16; 4°
Berlin, k. R (RG), OP 1889 (90)

Müller, Rich., über landwirthsch. Lagerhäuser, s. a. Sammlung gemeinnütziger Vorträge.

Muller, R.: Über landwirtschaftliche Lagerhauser. München: Oldenbourg 1900.

Müller, Richard [aus Radeberg im Königr. Sachsen]: Zur Lehre von der hereditären Syphilis. Ein Fall von verschieden intensiver Vererbung der mütterlichen Syphilis auf zwei Zwillingsfrüchte .... Berlin, gedr. bei L. Schumacher, 1888; 37 + 1 S. + 1 Bl. 8°
Berlin, Med. Fak., Inaug.-Diss. v. 3. März 1888

Müller, Rich. (I.), Leitfaden beim Gesangunterricht in Schulen. gr. 8. (16 S.) Leipzig (880), Kahnt's Nachf. *

Müller, Rich., Geschichtliches Lesebuch. Darstellgn. aus d. deutschen Geschichte d. 19. Jahrh., f. höh. Lehranst., Seminarien u. a. sow. z. eig. Studium ausgew. gr. 8. (VI, 319 S.) Göttingen 898. Vandenhoeck & Ruprecht. n. 3. 60; geb. n. 4. —

Müller, Rich., geschichtliches Lesebuch. Darstellungen aus der deutschen Geschichte des 19. Jahrh., f. höhere Lehranstalten, Seminarien u. a. sowie zum eignen Studium ausgewählt. 2. wohlfeile [Titel-] Ausg. (VI, 319 S.) gr. 8. Göttingen [898] 903. Vandenhoeck & Ruprecht. n. 2. —; geb. n. 2. 40

Müller, Rich., Liederbuch für Bürgerschulen. 168 zweistimmige Lieder und Gesänge in 2 Abthlgn. Für den Schulgebrauch gesammelt u. bearb. Leipzig 859. Kahnt. 4 n. 16 ngr
Inhalt: 1. Abth.: Zweistimmige Lieder. (S. 1—93.) einzeln n. 10 ngr — 2. Abth.: Zweistimmige Lieder mit Pianofortebegleitung (S. 94—153.) einzeln n. 7½ ngr

Müller, Rich. (II.), Liederbuch für Bürgerschulen. 168 zweistimmige Lieder und Gesänge in 2 Abthlgn. Für den Schulgebrauch gesammelt und bearb. 1. Abthl. 2. Aufl. 4. (VI und 93 S.) Leipzig 865, Kahnt. *

Müller, Rich., Liederbuch f. höhere Schulen. Eine Sammlg. v. 156 zwei- u. dreistimm. Liedern. gr. 8. (VIII, 184 S.) Leipzig 891. M. Hesse. n. 1. —; kart. n.n. 1. 30

— dasselbe. Eine Sammlg. v. 202 2- u. 3stimm. Liedern. 2., verm. Aufl. gr. 8. (VIII, 252 S.) Ebd. 894. n. 1. —; geb. n.n. 1. 30

Müller, Rich., Liederstrauß. Sammlung 2-, 3- u. 4stimm. Lieder u. Gesänge f. Männerchor. Für den Gesangunterricht in Gymnasien, Realschulen, Seminarien ꝛc. bearb. u. hrsg. gr. 8. (VI, 104 S.) Leipzig (881). C. F. Kahnt Nachf. n. — 80

Pälzer Luscht un Lewe von Richard Müller. *Kaiserslautern: E. Crusius [1902].* (180 S.) [F.] [c4. 14916]

— Pfälzer Luscht un Lewe. 2. Aufl. (IX, 178 S.) 8. Ebd. 906. n. 2. —; geb. n. 2. 50

Müller, Rich., Montecci. Ein Trauerspiel in 5 Aufzügen. 8. (123 S.) Leipzig 888. Rößling. n. 2. —

Müller, Rich., Motiven-Schatz f. Schaftweberei. E. Sammlg. v. Mustern u. Motiven f. d. verschied. Branchen d. Weberei. Zum Gebrauche f. Webereien, Dessinateure u. Webeschulen. 25 Taf., meist in lithogr. Farbendr., m. erläut. Text. Imp.-4. (VII S.) Weimar 896. Leipzig, B. F. Voigt. In Mappe 9. —

Mueller, Richard: Berthold Ottos Pädagogik. E. Vortr. Gr. Lichterfelde [1909]. 8°

Müller, Rich., über Peripachymeningitis spinalis. Inaugural-Dissertation. Königsberg 868. Hübner & Matz. gr. 8. (31 S.) 7⅓ ngr

Müller, Richard: Über die Quellen des Nationalgefühls und der nationalen Staatenbildung. *Stade (1898): A. Pockwitz.* (3—25 S.) 4°
Stade, k. G, OP 1898 (336)

Müller, Rich., zum Rechtschreiben in der Volksschule, s.: Henke, Paul.

— Die Reichsfinanzreform des J. 1909. (48 S.) 8. Köln 909. J. P. Bachem. p — 20

Das Schneiderche vun Mackebach. Ein Dorfidyll in pfälzer Mundart von Richard Müller. *Kaiserslautern: E. Crusius 1905.* (91 S.) 8° [c4. 16469]

— Das Schneiderche vun Mackebach. Ein Dorfidyll in pfälzer Mundart. 2. Aufl. Mit Buchschmuck v. Willy Planck. (IV, 100 S.) kl. 8. Ebd. 908. 2. —; geb. 2. 50

— Schulchoralbuch, s.: Gebhardt, F. W.

— d. Schulden d. Deutschen Reichs u. d. Antrag Dr. Lieber vom 12. März 1896. E. Rückblick auf d. Entstehg. d. deutschen Reichsschuld u. d. Zustandekommen d. Gesetzes üb. d. Reichsschuldentilgg. gr. 8. (35 S.) Fulda 896. Fuldaer Actiendruckerei. n. — 20

— Schulwörterbuch, s.: Henke, Paul.

Müller, Rich., Sonette eines Kranken. 16. (56 S.) Berlin 897. Th. Berge. n. — 50

[F.] Müller, Richard [Dr.]: Die Sprache in Grimmelshausens Roman „Der abenteuerliche Simplicissimus". 1. Tl. Eisenberg, P. Kaltenbach, 1897; 1—23 S. 4.
Eisenberg, herz. Christians-G, OP 1897 (715)

Müller, Richard [pr. Arzt aus Westpreussen]: Experimentelle Untersuchungen über die Entstehung der streifenförmigen Hornhauttrübungen nach Staarextraktion ... Greifswald, Druck v. J. Abel, 1894; 21 S., 1 Taf. 8.
Greifswald, Med. Fak., Inaug.-Diss. v. 27. Juli 1894

Müller, Richard, a. Münsingen: Untersuchungen über Gips. (Berlin [1904]: R. F. Funcke.) (44 S.) 8°
Tübingen, Naturw. Fak., Ref. Wislicenus, Diss. v. 1. Juni 1904
[Geb. 21. Apr. 80 Münsingen; Wohnort: Heidenheim; Staatsangeh.: Württemberg; Vorbildung: Friedrich-Eugen Realschule Stuttgart Reife M. 98; Studium: Tübingen 2, München 2, Freiburg i. B. 1, München T.H. 2 S.; Rig. 1. Juni 04.]

Müller, Rich., Untersuchungen über Gips. (44 S.) 8. Berlin 904. Tonindustrie-Zeitg. n. 2. —

— Neue Versuche an Eisenbeton-Balken üb. die Lage u. das Wandern der Nullinie u. die Verbiegg. der Querschnitte. Versuche üb. reine Haftfestigkeit. (Diss.) Hrsg. v. Rud. Wolle, Zementbaugeschäft, Leipzig. (VIII, 87 S. m. Abbild., 15 Taf. u. 21 graph. Taf.) Lex. 8. Berlin (908). (W. Ernst & Sohn.) Geb. in Leinw. 7. 50

Müller, Richard: Neue Versuche an Eisenbeton-Balken über die Lage und das Wandern der Nullinie und die Verbiegung der Querschnitte. Versuche über reine Haftfestigkeit. Hrsg. von Rud. Wolle, Zementbaugeschäft, Leipzig. Berlin: Ernst [1909]. VIII, 87 S., 36 Taf. 4°
Hannover, Dr.-Ing.-Diss. v. 27. 3. 1908

— musikalisch-technisches Vokabular. Die wichtigsten Kunstausdrücke der Musik, englisch-deutsch, deutsch-englisch, sowie die gebräuchlichsten Vortragsbezeichngn. etc. italienisch-englisch-deutsch. gr. 8. (IV, 84 S.) Leipzig 886. Kahnt. n. 1. 50

Müller, Rich. (I.), akiurgische Vorträge. Repetitorium für die medicin. Staats-Prüfung. gr. 8. (IV, 248 S.) Berlin 875, Gutmann'sche Buchh. *

Müller, Rich. (I.), akiurgische Vorträge. Repetitorium für die medicin. Staats-Prüfung. 2. gänzlich umgearb. Aufl. gr. 8. (IV, 271 S.) Berlin 881, [Gutmann'sche Buchh.] O. Enslin. *

Müller, Richard [Rechtspraktikant in Kaiserslautern]: Die rechtlichen Wandlungen der „advocatia ecclesiae" des römischen Kaisers deutscher Nation ... Kaiserslautern, Buchdr. Ph. Rohr, 1895; 51 S. 8.
Erlangen, Jur. Fak., Inaug.-Diss. v. 1895

Müller, Rich., was die Heimat sah. Bilder u. Erzählgn. aus der Geschichte des schles. Landes u. seiner Hauptstadt. 1.—3. Bdchn. (S. 1—128.) 8. Breslau 910. Priebatsch. à — 40; geb. in Halbleinw. à — 50

Müller, Rich., Weihnachtsfestspiele zur Aufführg. in Familien u. Vereinen. 1.—5. Hft. 8. Stuttgart, Levy & Müller. à n. 1. —
1. Weihnachten in d. Fremde. Weihnachtsfestsp. in 1 Aufz. f. 5 Herren. (32 S.) 897.
2. Weihnachten im Junggesellenklub. Weihnachtsfestspiel in 1 Aufz. f. 6 Herren u. 1 Dame. (24 S.) 897.
3. D. Weihnachtskiste. Weihnachtsfestsp. in 1 Aufz. f. 3 Herren u. 2 Damen. (32 S.) 897.
4. D. Kreuz v. Versailles. Weihnachtsfestsp. in 1 Aufz. f. 4 Herren u. 1 Dame. (32 S.) 898.
5. D. hl. drei Könige. Weihnachtsfestsp. in 1 Aufz. f. 7 Herren u. 1 Dame. (36 S.) 893.

Müller, Richard Julius Otfried, s. Müller, Richard

Müller, Richard W. Kegel-Reime. NY. 1896.

Müller Robert: Zum dichterischen Ausdrucke. (36). Reichenberg 92.
Progr.

— Zur Beachtung der Gefühlswirkung bei der Lectüre der Classiker. 19. ibd. 97.
Progr.

Müller, Robert [pr. Arzt]: Ein Beitrag zur Aetiologie der Lebercirrhose ... München, Druck v. V. Höfling, 1892; 33 S., 1 Bl. 8.
München, Med. Fak., Inaug.-Diss. v. [18. Mai] 1892

Müller, Robert [aus Vienenburg a/Harz]: Beiträge zur Untersuchung des Honigs ... Erlangen, k. b. Hof- u. Univ.-Buchdr. v. F. Junge, 1896; 36 S., 1 Bl. 8.
Erlangen, Phil. Fak., Inaug.-Diss. v. 18. Dez. 1895

Müller, Rob.: Biologie und Tierzucht. Gedanken u. Tatsachen z. biologischen Weiterentwicklung d. landwirtschaftlichen Tierzucht. Stuttgart 1905. 84 S.

Dresden, Vet.-med. Hab. Schr. v. 1905.

Müller, Rob., Biologie u. Tierzucht. Gedanken u. Tatsachen zur biolog. Weiterentwicklg. der landwirtschaftl. Tierzucht. (V, 96 S.) Lex.-8. Stuttgart 905. F. Enke. n. 2. 40

Biologie und Tierzucht. Gedanken u. Tatsachen z. biol. Weiterentwicklung d. landwirtsch. Tierzucht. Abhandlung z. Erlangung d. Lehrerberechtigung an d. Kgl. Sächs. Tierärztl. Hochschule zu Dresden von Prof. Dr. Rob. **Müller,** Tetschen-Liebwerd. Stuttgart 1905: Union. (84 S.) 8°
05. 1108

Müller, Rob., üb. Cirrhosis hepatis im Kindesalter. gr. 8. (39 S.) Göttingen 882. (Vandenhoeck & Ruprecht.) n. 1. —

Müller: Über Cirrhosis hepatis im Kinderspital Göttingen. D. Göttingen. 1883.

Müller, Rob., Denkmäler der vier romantischen Baustyle. 1. u. 2. Lfg. gr. Fol. (à Lfg. 7 Stnt. in Thondr. u. 1 Bl. Text.) Potsdam 845, (Riegel's Vrlgsh.) à *

Müller, R., Denkmäler der vier romantischen Baustyle. 1. u. 2. Heft Potsdam. 1845. 1848. Fol. à Heft 1⅓ Thlr.

Müller, Rob., Heinrich Eberhardt. Roman. (578 S.) 8. Straßburg (904). J. H. E. Heitz. n. 5. —; geb. in Leinw. n. 6. —

Müller, Rob., Einleitung in die Gesellschaftsbiologie. Für Gebildete bearb. Auf Grund seiner an der königl. tierärztl. Hochschule zu Dresden im Wintersem. 1908/09 geh. Vorträge, (VII, 196 S.) gr. 8. Stuttgart 909. F. Enke. 4.—; geb. in Leinw. n 5. —

Müller, Rob., staats- u. volkswirtschaftliche Einrichtungen zur Förderung der landwirtschaftlichen Tierzucht, insbesondere in Deutschland. Ein Handbuch f. Staatsmänner, Verwaltungsbeamte, Vorstände u. Beamte v. Zuchtvereinen, Tierzuchtinspektoren, Landwirtschaftslehrer u. a. gr. 8. (XV, 700 S.) Leipzig 900. M. Heinsius Nachf. n. 13. 50; geb. in Leinw. n. 15. —

Erläuterungen zur neu bearbeiteten Flözkarte von Robert **Müller,** Kgl. Markscheider. 1903. St. Johann a. d. S. 1904: Saardr. (81 S.) 8° 08.8605

Müller, Rob., die Errichtung v. Versuchsstätten f. die thierzüchterische Forschung. gr. 8. (22 S.) Wien 893. W. Frick. n. — 60

(Müller, Robert, [und] Estermann, M[elchior].) † Chorregent Nikolaus Estermann (1852—1907. A. Sein Leben und Wirken, von Rob. M', Prof.; B. Seine kunsthistorischen Sammlungen, von M. Est', Stiftspropst). 24 S. 4.
Jahresbericht über die Mittel-Schule [Bero-]Münster ⟨Kt. Luzern⟩ für das Schuljahr 1907/08. Beilage.... Luzern, J. Schills Erben, 1908.

Festschrift zum 50jährigen Jubiläum der Grube Heinitz (bei Neunkirchen-Saar). Zsgest. aus d. Textbeiträgen . . . durch [Robert] Müller. — St. Johann-Saarbrücken 1897: Neue Saarbr. Ztg. 95 S., 6 Taf. 8° **38 A.**

Müller, R., Geschichte der St. Johannisloge Hercynia zum flammenden Stern im Or. von Goslar. 2. verb. und bis Joh. 1862 fortgeführte Aufl. Goslar 862. Brückner. 8. (76 S.) 7½ ngr.

Müller, Rob. Die Geschicke Goslars und der Umgegend während des 30jährigen Krieges. 14 S. **Progr.** *Goslar* 1884.

— Grundzüge der landwirtschaftl. Tierproduktionslehre. Für Studierende u. Praktiker. gr. 8. (X, 439 S. m. 184 Abbildgn.) Berlin 900. P. Parey. Geb. in Leinw. n. 6. —

Müller, Rob., aus d'r Haamet. Erzählungen u. Gedichte in erzgebirg. Mundart. (112 S.) kl. 8. Chemnitz (911). H. Thümmler. Geb. in Halbleinw. 1.50

Die St. Johannis-Loge Hercynia zum flammenden Stern im Or. von Goslar während der ersten funfzig Jahre ihres Bestehens. Geschichtl. Nachrichten über dieselbe, zsgest. von R[ob.] Müller. Hs. f. Brr. Goslar 1859: Brückner. 44 S. 8⁰

[Dasselbe.] 2. verb. u. bis Joh. 1862 fortgeführte Aufl. Ebendas. 1862. 76 S. 8⁰
Auszug in: FZ. 14 (1860) S. 29—31, 111—112, 158—159, 182—184, 222—223.
Recens f. 2. Aufl.: Bh. 6 (1863) S. 46 (J. G. Findel).
Tt. 560—561. S. 66—67 der 2. Aufl.: Verzeichn. der Beamten von 1809—1862; nebst statistischen Bemerk.

— s.: Jahrbuch der landwirtschaftl. Pflanzen- u. Tierzüchtung.

Müller, Rob., s.: Jahrbuch f. wissenschaftl. u. prakt. Tierzucht.

Müller, Rob., Lustig's aus'n arzgebirg'schn Hutznschtübl. Humorist. Erzählgn. (112 S.) kl. 8. Chemnitz 910. H. Thümmler. Geb. 1.50

Müller, Rob., d. Milchnutzung d. Rindes im Kleinbetriebe. Kurzgef. Darstellg. d. bedeutsamsten Gesetze f. d. Züchtg. u. Pflege d. Milchrindes, sow. f. d. Verarbeitg. u. Verwertg. d. Milch. gr. 8. (VII, 88 S. m. Abb.) Wiesbaden 896. R. Bechtold & Co. n. 1.20

[F.] Die Milchnutzung des Rindes im Kleinbetriebe. F. d. Praxis bearb. v. Robert Müller, Prof. . . . an d. . . . Lehranst. Tetschen-Liebwerd. 2., verm. u. verb. Aufl. M. 65 Textabb. *Berlin: P. Parey 1897.* (VII, 127 S.) 1 Bd 8. [97. 5428

— die Moorhexe. Eine Schwarzwald-Geschichte. (Neue [Titel-]Ausg. von „Rombach, M., wessen Schuld".) (66 S.) 12. Ebd. [899] (904). n. —40

Müller, Rob., on the origin, development, peculiarities and destiny of the english language. Inaugural-dissertation. gr. 8. (48 S.) Göttingen 860, (Vandenhoeck und Ruprecht's Verlagsh.) r. *

Das Problem der sekundären Geschlechtsmerkmale und die Tierzucht. Eine wiss. Untersuchung von Dr. Robert Müller, Prof., Tetschen-Liebwerd. Stuttgart: F. Enke 1908. (89 S.) 8° [08. 14484

Müller, Robert, aus Giessen: Ueber Raumwahrnehmung beim monocularen indirecten Sehen. Mit 2 Fig. im Text. Leipzig: W. Engelmann 1898. (71 S.) 8⁰
(Aus: Philosoph. Studien, Bd 14, H. 3.)
Leipzig, Phil. Diss. v. [7. Sept.] 1898

— Sexualbiologie. Vergleichend-entwickelungsgeschichtl. Studien üb. das Geschlechtsleben des Menschen u. der höh. Tiere. (XX, 393 S.) 8. Berlin 907. L. Marcus. 6.—; geb. 7.20

— Studien u. Beiträge zur Geographie d. Wirtschaftstiere. 1. Bd. Die geographische Verbreitg. der Wirtschaftstiere m. besond. Berücksicht. der Tropenländer. Mit 31 Tierbildern. (VIII, 296 S.) gr. 8. Leipzig 903. M. Heinsius Nachf. n. 8.—; geb. n. 9.—

Müller, Robert, aus Zürich: Studien im Gebiete der Triazogruppe. Zürich 1909 51 S. 8°. [17. III. 10.]
Zürich. Univ. Phil. Diss. II. S. 1909/10.

Müller, Robert. Studien im Gebiete der Triazogruppe. Diss. Phil. [II.] Univ. Zürich. 51 S. 8. Zürich, J. J. Meier, 1909.

Müller, Rob.: Die geographische Tafel nach den Angaben Herodots mit Berücksichtigung seiner Vorgänger.
23 S., 1 Karte. Reichenberg, Progr. 1881

Müller, Rob., Übersichts-Tafeln zur Krankenpflege. Für Schwestern zusammengestellt. 8. (80 S.) Braunschweig 900. F. Vieweg & Sohn. Geb. in Leinw. n. 1.—

Müller, Robert, Prof. an d. landw. Akad. Tetschen-Liebwerd: Die geographische Verbreitung der Wirtschaftstiere mit besonderer Berücksichtigung der Tropenländer. Studien u. Beiträge zur Geographie d. Wirtschaftstiere. (1.)
Leipzig: M. Heinsius Nachf. 1903. (296 S.) 8⁰
Rostock, Phil. Diss. v. [2. Febr.] 1903

Die geographische Verbreitung der Wirtschaftstiere mit besond. Berücks. d. Tropenländer. Von Dr. Robert Müller, Prof., Tetschen-Liebwerd. Mit 31 Tierbild. *Leipzig: M. Heinsius Nachf. 1903.* (VIII, 296 S.) 8°
= Müller: Studien u. Beitr. z. Geogr. d. Wirtschaftstiere. Bd 1. [03. 7616

Müller, Robert, Dr. phil. aus Gießen: Ueber die Verwendbarkeit und Verwendung des Murphyknopfes in der Magendarmchirurgie auf Grund der in der Göttinger chirurgischen Klinik von Ostern 1898 bis Januar 1903 gemachten Beobachtungen. *Göttingen 1903: Dieterich.* (229 S.) 8°
Göttingen, Med. Diss. v. [26. März] 1904

Müller, Rob., über die Verwendbarkeit u. Verwendung des Murphyknopfes in der Magendarmchirurgie auf Grund der in der Göttinger chirurgischen Klinik von Ostern 1898 bis Jan. 1903 gemachten Beobachtungen. Diss. (229 S.) gr. 8. Göttingen 903. (Vandenhoeck & Ruprecht.) n. 4.—

Was bedingt die Blüte einer Loge? Rede am Stiftungsfeste der Loge Hercynia zum flammenden Stern [in Goslar], 12. Nov. 1889, gehalten von R[ob.] Müller. (Hs. f. Brr.) Goslar [1889]: Jäger & S. 14 S. 8⁰ [Umschlagtit.]

— wenn die Träume erwachen. Eine Geschichte aus der Jugend. (V, 180 S.) 8. Ebd. (904). n. 2.—

Müller, Robert, Referendar: Das Zurückbehaltungsrecht nach dem Handelsgesetzbuch (§§ 369-372). *Rostock 1901: J. Abel, Greifswald.* (60 S.) 8° [F.]
Rostock, Jur. Diss. v. [30. Juli] 1901

Müller, Robert Franz [aus Berlin]: Über das Verhalten der Leukocytose nach Bakterieninjektionen . . . Berlin, C. Vogts Buchdr., *1894;* 33 S., 1 Bl. 8.
Berlin, Med. Fak., Inaug.-Diss. v. 5. Juni 1894

Müller, Robert S., s. Müller-Müller, Robert Sigmund

Müller, Romanus, Gedanken-Spähne, gewidmet allen Lehrern und Erziehern in den Herzogthümern Schleswig und Holstein. Tönning 861. (Altona, Mentzel.) 8. (VII, 88 S.) n. 12 ngr.

Müller, Rosalie

Müller, Rosalia, Bilder des Lebens. 2 Thle. 8. (50½ B.) St. Gallen 827, Huber u. Comp.

— s. Leiden, Die, und Freuden einer Badereise.

(Müller, Rosalie,) Mnemosyne, s. Mnemosyne.

—— Pauline Selbach. gr. 16. (25½ B. u. Titvign.) Constanz 829, [Glükber.]

Müller, Rosalie, (... Rothpletz, geb. Mais), Pauline Selbach. gr. 16. Const. 829. Wallis. 1 ₰ 16 gr

Müller, Rosalie, Pauline Selbach. Neue Ausg. 16. (25½ B.) St. Gallen 845, Scheitlin u. Zollikofer.

Müller, Rosalie, des Lebens Wechsel. 8. St. Gallen 835. Huber u. Comp. 1⅔ ₰

Müller, Rudolf: Über *α* Phenylzimmtsäure. . . . Leipzig, Druck v. Ferdinand Bär, 1889; 21 + 1 S. 8°
Leipzig, Phil. Fak., Inaug.-Diss. v. 30. Jul. 1889

Müller, Rud., kurze Anleitg. f. tacheometrische Aufnahmen. 12. (19 S. m. 9 Fig.) Wien 898. R. v. Waldheim. n.n. — 65

Müller, Rud., kurze Anleitung f. tachymetrische Aufnahmen. 2. verm. Aufl. (26 S. m. 13 Fig.) gr. 8. Wien 906. Druckerei- u. Verlags-A.-G. vorm. R. v. Waldheim. n. — 90

Müller, Rudolf [aus Stettin, Unterarzt im Neumärkischen Drag.-Reg. No.3]: Ueber Aphasie nach Kopfverletzungen ... Berlin (1886): M. Niethe. 36 S. 8°
Berlin, Med. Fak., Inaug.-Diss. v. 30. Jul. 1886

Müller, Rudolf, über Aphasie nach Kopfverletzungen. Diss. Berlin 1886, Mayer & Müller. 8°. 36 S.

Müller, Rud., Auslese aus Arndts Prosaschriften, s.: Arndt, Ernst Mor.

Müller, Rudolf, Rechtskand.: Die rechtliche Bedeutung der Verzeihung. Borna-Leipzig 1908: Noske. IX, 49 S. 8°
Heidelberg, Jur. Diss. v. 1908, Ref. Endemann
[Geb. 8. Nov. 85 Schönebeck a. E.; Wohnort: Steglitz; Staatsangeh.: Preußen; Vorbildung: Dom-Gymn. Magdeburg Reife O. 05; Studium: Berlin 1, Bonn 1, Berlin 1, Halle 3 S.; Rig. 6. Nov. 08.] [09. 1862

Müller, Rudolf, prakt. Arzt in Hamdorf: Ein Beitrag zur Casuistik der interparietalen Hernien. *Kiel 1901: H. Fiencke.* (23 S.) 8°
Kiel, Med. Diss. v. [18. Dez.] 1901

Müller, Rudolf [app. Arzt aus Visselhövede '(Hannover)']: Aus d. Laboratorium d. pharmakognost. Sammlung in Kiel. Beitrag zur Kenntnis der Wirkung des cyanmilchsauren Kalium ... Kiel, Druck v. A. F. Jensen, 1897; 26 S., 1 Bl. 8.
Kiel, Med. Fak., Inaug.-Diss. v. [30. März] 1897

Müller, Rud. (geb. Berne in Oldenb. 1. 7. 1859): Beitrag zur Statistik der Schieloperation. Berlin (1884). (36 S.) 8°
Berlin, Med. Diss. v. 30. Dez. 1884

Müller, Rudolf: Beiträge zur Kenntnis des Diphenyldiacetylens. München 1904: V. Höfling. (43 S.) 8°
Straßburg, Math.-naturwiss. Fak., Ref. Thiele, Diss. v. 1904
[Geb. 3. Dez. 81 Flensburg; Wohnort: Straßburg i. E.; Staatsangeh.: Preußen; Vorbildung: Gymn. Flensburg Reife O. 00; Studium: Genf, Göttingen, München, Straßburg 4 S.; Rig. 25. Juli 04.]

Müller, Rud., Bilder u. Sagen aus der Schweiz, in episch-lyrischem Gewande. 12. (10⅞ B.) Glarus 842. (Schaffhausen, Brodtmann'sche Buchh.)

Müller, Rud., s.: Brüder-Kalender.

Müller, Rud., Entstehungsgeschichte d. Roten Kreuzes u. d. Genfer Konvention, m. Unterstützg. ihres Begründers J. H. Dunant. Im Anschluss an Eine Erinnerung an Solferino v. J. Henry Dunant, Begründer d. Roten Kreuzes u. Urheber d. Genfer Konvention, u. m. Abschnitten aus dessen Denkwürdigkeiten. gr. 8. (V, 454 S. m. 1 Bildn.) Stuttgart 897. Greiner & Pfeiffer. n. 4. —; geb. in Leinw. n. 5. 50

Müller, Rudolf [Emil Anton]: Ergebnisse der zwanzigjähr. zu Gumbinnen von 1885—1906 angestellten meteorol. Beobachtungen. 91 S. 8. Kgl. Friedrichsschule *Gumbinnen* 1907 (4).
Progr.

Müller, Rudolf, prakt. Arzt aus St. Fiden (St. Gallen): Über einen Fall von atypischen Epithelwucherungen in einem Fibroadenoma mammae mit beginnendem multicentrischen Carcinom. Zürich 1907. 77 S. 8°. [21. II. 07.]
Zürich. Med. Diss. 1906/1907.

Müller, Rudolf. Über einen Fall von atypischen Epithelwucherungen in einem Fibroadenoma mammae mit beginnendem multicentrischen Carcinom. Diss. Med. Univ. Zürich. 77 S. 8. Zürich-Selnau, Gebr. Leemann, 1907.

Müller, Rudolf [app. Arzt aus Freschluneberg]: Aus d. patholog. Institut zu Kiel. Ein Fall von vielfachen Missbildungen ... Kiel, Druck v. Schmidt & Klaunig, 1893; 24 S. 8.
Kiel, Med. Fak., Inaug.-Diss. v. [18. Juli] 1893

Müller, Rudolf, appr. Arzt aus Mayen: Ueber eine seltene Form von Papilloma ovarii. (Oberflächlich wucherndes, eröffnetes Kystoma papilliferum mit Bildung einer grösseren peritonealen Metastase.) *Würzburg 1898: A. Boegler.* (26 S.) 8°
Würzburg, Med. Diss. v. 1898

Müller, Rud., Geschichte d. k. k. priv. Reichenberger Schützen-Gesellschaft. gr. 8. (VII, 216 S. m. 25 Abb. u. 1 Bildn.) Reichenberg 895. K. k. priv. Schützengesellschaft. n.n. 2. —

Müller, Rud., Hypnotisches Hellsehen. Fragestellg. üb. d. Möglichkeit u. d. Weg zu e. wissenschaftl. Erforschg. dieses Phänomens u. alles dessen, was damit zusammenhängt, nebst e. Anleitg. zur Darstellg. d. Hellseh-Experimentes. 2., verm. Aufl. gr. 8. (86 S.) Leipzig 897. Arw. Strauch. n. 1. 50

— d. hypnot. Hellseh-Experiment im Dienste d. naturwissenschaftl. Seelenforschg. 2 Bde. gr. 8. Ebd. 898. n. 9. —
1. Das Veränderungsgesetz. (Neue [Titel-] Ausg. v.: Naturwissenschaftl. Seelenforschg., I. (VIII, 168 S.) (897). n. 5. —
2. D. normale Bewusstsein. (S. 171—322.) n. 4. —

Müller, Rud., zur Homiletik. Ueber die gewöhnl. Mängel der Predigten als bloßer Kanzelvorträge, und die eigentl. Requisite der Predigt als geistlicher Rede. 8. Breslau 834. J. F. Korn. (Neubourg.) n. ⅓ ₰

Müller, Rud., zur Homiletik. Ueber d. gewöhnl. Mängel d. Predigten als bloßer Kanzelvorträge, u. d. eigentl. Requisite d. Predigt als geistl. Rede. 8. (4½ B.) Breslau 834, [W. G. Korn.]

Hypnotismus und objektive Seelenforschung. Von Rudolf Müller ... *Leipzig: A. Strauch (1897).* (40 S.) 1 Bd 8. [98. 10276

Müller, Rud., d. Influenza u. ihre Beziehg. zu d. weibl. Generationsorganen, s. a. Sammlung zwangloser Abhandlgn. aus d. Gebiete d. Frauenheilkunde u. Geburtshilfe.

Die Influenza und ihre Beziehung zu den weiblichen Generationsorganen. Von Dr. Rudolf Müller, Frauenarzt zu Markdorf in Baden ... *Halle a. S.: K. Marhold 1896.* (53 S.) 8.
= Sammlung zwangl. Abhandlungen a. d. Gebiete d. Frauenheilkunde u. Geburtshilfe. Bd 1. H. 8. [97. 10276

Muller, Rud., De irritabilitate irid. hincque pupillae motu pendente. Bas. 4°. *Haller*, Bibl. anat. II, 511.

1760

— das Jubeljahr der Kirche in seiner Bedeutung f. die Gegenwart, s.: Studien, katholische.

Müller, Rud., die zivilistische Kartellfrage in Oesterreich. (22 S.) 8. Wien 910. Manz. — 50
Sonderabdruck aus: „Allg. öst. Ger.-Ztg."

Müller, Rud., die Prof. Dr. Aloys Klar'sche Künstlerstiftung, nach ihrer Bedeutg. u. Wirksamkeit, unter Beischluss biograph. Skizzen, gewürdigt. Hrsg. zur Feier d. ersten 50jähr Jubiläums der Stiftg. v. dem gegenwärt. Stiftungspräsentator u. Enkel d. Stifters Rud. Maria Klar. gr. 8. (IV, 97 S.) Prag 883. Kytka. n. 1. 20

— Reichenberger Leben u. Weben vor 70 Jahren, s. a. Sammlung gemeinnütz. Vorträge.

Müller, Rudolf: Reichenberger Leben und Weben vor 70 Jahren. — Prag: Verl. des dt. Vereins zur Verbreitung gemeinnütziger Kenntnisse in Prag 1896. 47 S. (Sammlung gemeinnütziger Vorträge. Nr 214—216.)

Mueller, Rudolfus *Gualtherus Hermannus* [Ruthenus]: De Lesbonacte grammatico. . . . Gryphiswaldiae, *Frommannsche Buchdr. in Jena*, 1890; 2 Bl., 118 S., 1 Bl. 8°
Greifswald, Phil. Fak., Inaug.-Diss. v. 8. Nov. 1890

Mueller, Rud., de Lesbonacte grammatico. Diss. gr. 8. (116 S.) Gryphiswaldiae 890. (Stettin, J. Burmeister.) n. 1. 50

Müller, Rud., de Lesbonacte grammatico, neue Ausg., 8. *Λεσβώνακτος περὶ σχημάτων.*

Mueller, R., De Lesbonacte grammatico. Diss. 1909.

Müller, R., *Λεσβώνακτος περὶ σχημάτων*. Gel. 1900. 116 S.

MÜLLER, Rudolph (Neualbenreuth): Die beschwerliche und schmerzhafte Menstruation, ihre Ursachen und Heilung. (Titel nach der Urkunde)
30.8.1836 - Urk; F 63
Diss. Ingolst.-Landsh.-Mchn.

— s. Nemesianus, 4 Idyllen.

Müller, Rudolph *(geb. Braunschweig 10. 1. 1853)*: Ueber das aetherische Oel der Früchte von Angelica Archangelica. Breslau 1880. (47 S.) 8° *[Im Buchhandel 1880 bei Koebner in Breslau.]*
Breslau, Phil. Diss. v. 9. Jan. 1880

Müller, Rud., über das aetherische Oel der Früchte von Angelica Archangelica. Inaugural-Dissertation. 8. (47 S.) Breslau 880. (Koebner.) n. 1. —

Müller, Rud. Phanerogamae geordnet nach natürlichen Familien mit besonderer Berücksichtigung der bei Gumbinnen wild und angebaut wachsenden Pflanzen. Zum Gebrauche für Schüler. 38 S. 8. **Progr.** Rpg. *Gumbinnen* 1884.

Müller, Rudolf Phanerogamae, geordnet nach natürlichen Familien mit besonderer Berücksichtigung der bei Gumbinnen wild und angebaut wachsenden Pflanzen. Zum Gebrauche für Schüler. Zweiter Teil. 8 (S. 39—100). Rprg. *Gumbinnen* 1886 (23).
Progr.

Müller, Rud. Joseph Proksch. Reichenberg, Prag 1874.

Müller, Rudf., Joseph Proksch. Biographisches Denkmal aus dessen Nachlaßpapieren errichtet. Mit Bildniß u. Facsimile (Photogr.) d. Meisters. 8. (XXI, 501 S.) Prag 874. Calve. n. 5. 60

Mueller, Rudolfus, Schoningensis: Quaestionum Xenophontearum capita duo. Halis Sax. 1907: Wischan & Burkhardt. (83 S.) 8°
Halle, Phil. Fak., Ref. Wissowa, Diss. v. 23. Dez. 1907
[Geb. 26. Mai 84 Schöningen (Braunschweig); Wohnort: Halle a. S.; Staatsangeh.: Braunschweig; Vorbildung: Gymn. Wolfenbüttel Reife O. 03; Studium: Heidelberg 3, Berlin 1, München 1, Halle 4 S.; Rig. 15. Nov. 07.]

Müller, Rudolf *(geb. Falkenberg in Oberschles. 6. 2. 1850)*: Die Rinde unserer Laubhölzer. Breslau (1875). (35 S.) 8°
Breslau, Phil. Diss. v. 10. Febr. 1875

Müller, Rud., schädigen die Kirchhöfe die Gesundheit der Lebenden? 8. (32 S.) Dresden 885. Knecht. n. — 50

Müller, Rud., Schreibe-Vorschriften, (enth. 1) deutsches Schreibebuch, 1r u. 2r Curs. 4. 12 gr.; 2) deutsche Vorlegeblätter, 1r u. 2r Curs. à 8 gr. 16 gr.; 3) deutsche große Vorschriften gr. 4. 1 Rthlr. 12 gr.; 4) engl. Schreibebuch. 4. 6 gr.; 5) engl. Vorlegeblätt. 1r u. 2r Curs. 16 gr.) Leipz. Industr. Comt.

Naturwissenschaftliche Seelenforschung.
Von Rudolf **Müller** (Iglau). (2 f. auch u. d. T.: Das Hypnot. Inschau-Experiment (Hellseh-Experiment) im Dienste d. Naturw. Seelenforschung.) Bd 1-3.
Leipzig: A. Strauch 1897-1900. 3 Bde 8°
1. Das Veränderungsgesetz. (1897.) 2. Das normale Bewusstsein. [1898.]
3. Wille; Hypnose; Zweck. [1900.]

— naturwissenschaftl. Seelenforschg. I. Das Veränderungsgesetz. gr. 8. (VIII, 168 S.) Ebd. 897. n. 5. —

Müller, Rud., naturwissenschaftliche Seelenforschung. A. u. d. T.: Das hypnot. Inschau-Experiment im Dienste der naturwissenschaftl. Seelenforschg. 3. Bd.: Wille; Hypnose; Zweck. gr. 8. (III u. S. 327—608.) Leipzig (900). A. Strauch. n. 8. —; (kplt. in 1 Bde. n. 17. —)

Müller, Rudolf: Über die Sprache Corneilles. Stuttgart 1909: Liebich. S. 1—34. 4°
Stuttgart, k. RG P 1909 (815) [S 09. 335

Müller, Rudolf, Referendar: Ueber die rechtliche **Stellung des** Käufers einer in unrechtmässiger Mobiliarzwangsvollstreckung versteigerten Sache. *Lemgo: F. L. Wagener 1899.* (34 S.) 8°
Freiburg i. B., Rechts- u. staatswiss. Diss. v. 1899

Müller, (Prof. Dr.,) Rud., der Streit der Gegenwart in religiöser, ethischer u. politischer Hinsicht, mit Beziehung auf Vergangenheit u. Zukunft entwickelt u. dargestellt, herausgeg. u. bevorwortet von Fr. Richter von Magdeburg. gr. 8. Breslau 1841. Berlin, Richter'sche Buchh. $1^2/_3$ ℛ (18 B.)

— Studien im Fache der Dramatik. 1r Bd. Das antike und moderne Drama, entwickelt u. verglichen aus d. Standpunkte der zeitlichen Religion. 3 Lfrg gr. 8. Baden im Aargau 836. Zehnder. (Leipzig, Rein.) $1^1/_3$ ℛ

Müller, Rud., lose Tagebuchblätter zwischen Krieg u. Frieden. Gedenkbuch aus der Kriegsperiode 1866. Reichenberg 866. (Jannasch.) gr. 8. (XII, 272 S.) n. 1 ℛ

Müller, Rud., Taschenlexikon technischer Notizen aus den Gebieten des Wasserleitungs- u. Wasserbaues, der Kanalisierung u. Gesundheitstechnik, s. a. Praxis, technische. 4.

Müller, Rudolf: Taschenlexikon technischer Notizen aus den Gebieten des Wasserleitungs- und Wasserbaues, der Kanalisierung und Gesundheitstechnik . . . Wien 1910 (= Technische Praxis Bd 4)

Müller, Rudolf [aus Gross-Niedesheim (Rheinpfalz)]: Ueber Tetrahydro-β-Naphtylamin. . . . München, Buchdr. v. M. Ernst, 1898; 49 S. 8°
Erlangen, Phil. Fak., Inaug.-Diss. v. 1898

— R., Kurzer Ueberblick über d. griechische Tonsystem. Pr. 1875. 16 S. 4°.

Müller, Rud., kurzer Ueberblick üb. das griechische Tonsystem. gr. 4. (15 S.) Wittstock 875. (Halle, Schmidt.) n. — 60

Müller, Rudolf [aus Montjoie bei Aachen]: Untersuchung über den Verfasser der altfranzösischen Dichtung Wilhelm von England.... Bonn, Univ.-Buchdr. v. O. Georgi, 1891; 120 S., 1 Bl. 8°
Bonn, Phil. Fak., Inaug.-Diss. v. 8. Aug. 1891

Müller, Rud., Untersuchung üb. den Verfasser der altfranzösischen Dichtung Wilhelm v. England. gr. 8. (18 S.) Bonn 891. Röhrscheid & Ebbecke. n. 2. —

Müller, Rudolf: Untersuchungen in der Menthenon⟨3⟩-Reihe. Göttingen 1910: Dieterich. 59 S. 8°
Göttingen, Phil. Diss. v. 28. Juli 1910, Ref. Wallach
[Geb. 27. Febr. 85 Heckenbeck; Wohnort: Göttingen; Staatsangeh.: Braunschweig; Vorbildung: Gymn. Holzminden Reife O. 05; Studium: Theol. Marburg 1. Phil. Göttingen 9 S.; Rig. 2. März 10.] [U 10. 1447

Müller, Rud., Untersuchungen üb. die Namen des nordhumbrischen Liber Vitae, s.: Palaestra. IX.

Müller, Rud., das Vaterunser im Kriegsjahr 1870. 10 Predigten in der Stadtkirche zu Diez a. d. Lahn gehalten. Berlin 870. Rauh. gr. 8. (VII, 112 S.) n. 12 ngr.

Müller, Rud. Vorarbeiten zu einer Flora von Lübben. 21 S. *Lübben* 1876. Progr.

—42 deutsche Vorlegeblätter f. Schulen. 16 Hft. N. Aufl. 8. Leipz. 825. Mag. f. Ind. 8 Gr

—deutsche große Vorschriften. N. A. gr. 8. Leipz. 813. Mag. f. Ind. 1 Thlr 12 Gr

Müller, Rud., wie das Reichenberger „Nordböhmische Gewerbe-Museum" entstanden ist. Culturgeschichtliche Skizze. 8. (23 S.) Reichenberg i/B. 899. Professor Müller. n. —60
Sonderabdruck aus: „Deutsche Volkszeitung".

— Städtische Wohlfahrts-Einrichtungen. Informationen f. Gemeindeverwaltgn. u. deren Organe. Mit 16 Orig.-Textfig. u. 1 Taf. (VIII, 73 S.) gr. 8. Wien 910. Druckerei- u. Verlags-Aktiengesellschaft vorm. R. v. Waldheim. 2. 60

Müller, Rudolf Emil Anton, s. Müller, Rudolf

Müller, Rudolf Eugen: Regenverteilung, Pflanzendecke und Besiedelung Oberguineas und des westlichen Sudan. Leipzig 1910: Teubner. 42 S. 8° ¶ (Aus: Geogr. Zeitschrift. Jg. 15, H. 11/12. 1909.)
Heidelberg, Phil. Diss. v. 12. Jan. 1910, Ref. Hettner
[Geb. 4. Sept. 85 Karlsruhe i. B.; Wohnort: Karlsruhe; Staatsangeh.: Baden; Vorbildung: Realgymn. Karlsruhe Reife M. 04; Studium: Karlsruhe Techn. Hochsch. 2, Berlin 1, Kiel 1, Heidelberg 5 S.; Rig. 15. Dez. 08.] [U 10. 2153

Müller, Rudolf Friedrich, approb. Arzt aus Webau b. Weißenfels: Die **Mischgeschwülste** der Blase im Kindesalter. *Leipzig 1904: B. Georgi.* (65 S.) 8°
Leipzig, Med. Diss. v. (17. Febr.) 1904

Müller, Rud. Tim. Trgtt., († 1811.) Anfangsgründe nützl Kenntnisse d. Sittenlehre, d. deutschen Wortfügung ꝛc. z. Belehr. f. Kinder u. Wiedererinnerung f. Erwachsene. 8. Erf. 792. 2e A. 802. Keyser. 18 Gr

—Haus- u. Schulgesangbuch. 8. Erf. 804. Keyser. 8 Gr

Müller, R. T. T., Initia linguae latinae, oder Anfangsgründe der lateinischen Sprache. Nebst Lesebuch. Erfurt 794. 2 Thle. 8. (I. 80 S. II. 202 S.)

—initia linguae latinae. 2 Thle. 8. Erf. 794. Keyser. (1r Thl. kl. latein. Lesebuch. 6 Gr 2r Thl. kl. lat. Grammatik. 3 Gr) 9 Gr

Müller, Rudolf Viktor: Aus d. Institut f. Gerichtl. Medizin-Leipzig. Ueber ungewöhnliche Fälle von Sublimatvergiftung. Leipzig 1908: B. Georgi. (32 S.) 8°
Leipzig, Med. Fak., Ref. Zweifel, Diss. v. 12. Juli 1908
[Geb. 25. Febr. 83 Bézanya b. Semlin; Wohnort: Stötteritz; Staatsangeh.: Österreich; Vorbildung: Realgymn. Semlin Reife Juni 02; Studium: Bonn 2, Kiel 4, Graz 1, Leipzig 4 S.; Coll. 16. Juli 08; Approb. S.-S. 08.]

Müller, Rudolf Walther Hermann, s. Müller, Rudolf

Geschichtliche Nachrichten über das Entstehen der Loge zum goldenen Rade im Or. von Osnabrück und deren Verhältnisse von 1807—1857. Aus dem Logen-Archive zsgetr. von R[ud.] W[ilh.] Müller. Als Ms. f. Frmr. Hannover 1858: Jänecke. 41 S. 8° [Umschlagtit.]
Auch in: FZ. 12 (1858) S. 291—295.
Recens: L. 16 (1859) S. 172—173.
Tt. 558. S. 12—15: Verzeichn. der Mitgl. von 1807—1857. Nebst Protokoll der Festloge zur fünfzigjährigen Jubelfeier am 30. Nov. 1857 mit einer Festrede von G. Chr. Gruner: Üb. den Beruf des Mrs.

Müller, Rupertus, O. F. M., Amor Seraphicus. Andacht zur gemeinsamen Verehrg. d. allerh. Altarssakramentes bei der „Ewigen Anbetg.", dem „vierzigstünd. Gebete" u. ähnl. Anlässen, besonders f. die Mitglieder des III. Ordens, der Bruderschaften, Sodalitäten u. Kongregationen. (VII, 104 S. m. Titelbild.) 16. Münster 907. Alphonsus-Buchh. —30; geb. — 40

Müller, Rupertus, O. F. M., seraphische Harfe f. die Mitglieder des 3. Ordens. 16. (XX, 520 S. m. Titelbild.) Freiburg i/B. 902. Herder. Geb. in Leinw. n. 1.60; m. Goldschn. n. 1.90; in Ldr. n. 2.20; m. Goldschn. n. 2.60

— das beste sociale Heil- u. Rettungsmittel. Der 3. Orden des hl. Franziskus nach seinem Wesen, seiner Wirksamkeit u. seinem Werte dargelegt in den Reden des Tertiar-Kongresses zu Mecheln 1897. 8. (VII, 124 S.) Paderborn 900. Junfermann. n. — 55; geb. n. — 70

— Kampf um die Palme der Keuschheit. 7 Predigten, zunächst f. die hl. Fastenzeit. 8. (179 S.) Münster 902. Alphonsus-Buchh. n. 2. —

Müller, S., s. a.: Karnack, O.

— Der Bauherr u. Hauswirt. Ein prakt. Ratgeber f. Jedermann in Bau- u. Haus-Angelegenheiten. Mit 8 Sep.-Bildern u. 255 Textabbildgn. gr. 8. (VIII, 414 S.) Berlin 900. O. Salle. n. 5. —; geb. n. 5. 60

Müller, S., kleine Bibel. Biblische Geschichte u. Religionslehre, fortgeführt bis zum Ende des jüd. Staates. (Erweiterte Ausg. des „Buch f. unsere Kinder".) Mit e. Karte v. Palästina, e. Karte v. Vorderasien u. Aegypten, e. Plane v. Jerusalem, e. Zeichng. der Stiftshütte u. e. Anh.: Abriß der Geographie Palästinas, Bibelkunde u. Zeittafel. 2. Aufl. Ausg. A. (Im 1. Tl. f. die Unterstufe bearb.) (VII, X, 433 S.) 8. Stuttgart 906. J. B. Metzler. Geb. n.n. 2. 50

— dasselbe. Ausg. B. (Im 1. Tl. f. die Mittelstufe bearb.) (VII, X, 433 S.) 8. Ebd. 906. Geb. n.n. 2. 50

Müller, S., ein Buch f. uns. Kinder. Bibl. u. nachbibl. Geschichten in method. Bearbeitg. z. Unterricht d. israelit. Jugend. 8. (VII, 307 S. m. 1 farb. Karte.) Stuttgart 897. J. B. Metzler's Verl. Kart. n. 1. 90; Vorbemerkgn. (7 S.) kostenlos.

Müller, S., ein Buch f. unsere Kinder. Biblische u. nachbibl. Geschichten in method. Bearbeitg. zum Unterricht der israelit. Jugend. Mit 1 (farb.) Karte v. Palästina. 3. unveränd. Aufl. 8. (VII, 307 S.) Stuttgart 902. J. B. Metzler. Kart. n.n. 1.90

— ein Buch f. unsere Kinder. Biblische u. nachbibl. Geschichten in method. Bearbeitung. zum Unterricht der israelit. Jugend. Mit e. (farb.) Karte v. Palästina. 5. Aufl. (VII, 342 S.) 8. Ebd. 906. Kart. n. 1.75

Müller, S. Ueber den Charakter der Thierwelt auf den Inseln des indischen Archipels, ein Beitrag zur zoologischen Geographie. (Aus d. Ann. f. Naturg.) Berlin. 1846. 8.

Müller, S. v., Etwas üb. die Reinhaltung v. Stockholm. 8. (16 S. m. 1 Fig.) Leipzig 901. F. Leineweber. n. —70
Sonderabdruck aus: „Gesundheit".

— dasselbe. gr. 8. (6 S.) Ebd. 900. n. —50

Müller, S., breve locorum descensum Chr. ad inferos vulgo probantium examen. Viteb. 1780. 4.

Müller, S., Lehrhefte zum methodischen Studium des Baufaches. (Hochbau.) Baukonstruktions-Lehre. Zum Gebrauche f. Techniker, Studierende u. an Bauschulen, zum Selbststudium u. namentlich f. die Praxis. 3. Hft. hoch 4. Leipzig 895. K. Scholtze. n. 3.60
3. 1. Tl. Gewölbebau. Bogenkonstruktionen. Durchdringungen. Allgem. Regeln. Tonnengewölbe. Kappengewölbe. Einrüstungen 2c. (1. Hft.) (24 S. m. 27 autolith. Taf.)
Heft 1 u. 2 erscheinen später.

Müller S.: Die Reinhaltung d. Stadt Westeraas in Schweden. 1899. [Rostr. Saml.].

— der Techniker, 2. Aufl., s.: Müller, E.

— Ueberblick üb. die biblische u. nachbibl. jüdische Geschichte, f. d. Oberstufe bearb. 8. (52 S.) Ebd. 898. Kart. n. —75

Müller, Dr. S. A. U. [Pseud.], s. Müller, Karl

Müller, Salom. I., (✝ ...) s. Blätter aus d. Tagebuche.

(Müller, Salomon.) Blätter aus dem Tagebuche eines Früh-Vollendeten. ([Mit biographischer Einleitung hrg. von] Carl E[manuel] Steiner.) 8. Winterthur 1823.

Müller, Salom. II., Cheschen Schlomo. 1e Liefer. Betracht. üb. die jüd. Religion 2c. 8. Wien 826. Ant. Strauß. 12 gr

Müller, Sal., ein Wort bei d. Empfange d. heil. Sacraments d. Taufe. gr. 8. (1 B.) Wien 830, (Wimmer.)

Müller, Sam., Chronik d. uralt. Bergstadt Sangerhausen. 4. Frankf. 731.

Müller, S[amuel]. Die Kunst bei allen Lotterien zu gewinnen. Ein Wort über Spiel und Lotterie, aus dem Leben für das Leben. 55 S. 8. Spiez, G. Maurer, 1904. [fr. —.50]

Müller, Sanderab, Beschreib. u. Meinung vom Vulkan Vesuv u. dem Schwefelthale, od. der sogen. Solfatara. 4. Frankf. a. M. 785.

Müller, Schaggi, s. a. Militärorganisation, die, in Unter-Trullikon.

Müller, Schaggi. Die Militärorganisation in Unter-Trullikon. Drei Briefe von Sch' M', Gemeindeschreiber, an seinen Freund den Angestellten xter Klasse des Schweizerischen Militärdepartements. Eine erfundene wahre Geschichte. 22 S. 8. Zürich, Arnold Bopp, (1904). fr. —.50

Müller, Selmar, neues Choralbuch für das Herzogth. Braunschweig. Im Auftrage Herzogl. Consistorii bearb. qu. 4. (VIII und 124 S.) Braunschweig 866, Leibrock. *
geb. **

— Choral-Melodien zum Braunschweigischen Gesangbuche für Kirche, Schule u. Haus. Nach dem neuen Landeschoralbuche. Wolfenbüttel 867. Holle. 8. (35 S.)
1 rf 15 ngr.

Müller, Selmar, kleine theoretisch-praktische Gesangschule. Enthaltend: ein-, zwei-, drei- und vierstimmige Uebungen für 1. und 2. Tenor und 1. und 2. Baß. Zur Ausbildung des vierstimmigen Männergesanges in Seminarien, Präparandenanstalten und Liedertafeln. Op. 8. 8. (VII und 62 S.) Wolfenbüttel 852, Holle.
Inhalt:
Heft 1. 100 einstimmige Lieder. (IV und 64 S.) 2 Ngr.
„ 2. 100 zweistimmige Lieder. (IV und 80 S.) 3 Ngr.
„ 3. 80 dreistimmige Lieder. (IV und 138 S.) 4 Ngr.

Müller, Selmar, Liederbuch für Mädchenschulen. Eine Sammlung ein-, zwei-, drei- und vierstimmiger Lieder und Gesänge. Wolfenbüttel 853. Holle. 8.
1. Heft: 100 einstimmige Lieder. (2 Bl., 64 S.) 2 ngr.
2. „ 100 zweistimmige Lieder. (2 Bl., 80 S.) 3 ngr.
3. „ 80 dreistimmige Lieder. (2 Bl., 138 S.) 4 ngr.

Müller, Selmar, Liederbuch für Mädchenschulen. Eine Sammlung ein-, zwei-, drei- und vierstimm. Lieder und Gesänge in 4 Heften. 2. und 3. Heft. 3., unveränd. Aufl. 8. Wolfenbüttel 859. 60, Holle.
Inhalt:
Heft 2. 100 zweistimmige Lieder. (IV und 80 S.) 3 Ngr.
„ 3. 80 dreistimmige Lieder. (IV und 138 S.) 4 Ngr.
1 Heft. Ebendas. 1853. 2 Ngr.

— Sängerlust. Eine Sammlung der schönsten ein-, zwei-, drei- und vierstimmigen Schullieder. 1—6. Heft. Wolfenbüttel 854. Holle. 8. Jedes Heft (à 32 S.) 1 ngr.

— 40 vierstimmige Schullieder, zugleich als 4. Heft des Liederbuches für Mädchenschulen u. als 4. Abth. der Sängerlust. Wolfenbüttel 853. Holle. 8. (2 Bl., 70 S.) 3 ngr.

— vierzig vierstimmige Schullieder, zugleich als 4. Heft des Liederbuches für Mädchenschulen und als 7. und 8. Heft der Sängerlust. 2. Ster.-Aufl. 8. (IV und 70 S.) Wolfenbüttel 861, Holle.

Siehst du sie wohl? Gedicht von Fr[iedr.] Voigts, für eine Singstimme mit Begleitung des Pianoforte comp. und Ihrer Majestät der Königin Marie von Hannover in tiefster Ehrfurcht gewidmet von Selmar Müller. (Op. 18.) Mainz: Schott o. J. 9 S. 2° [Umschlagtit.]
Mit Noten.

Müller, Sigfr., periostale Aplasie m. Osteopsathyrosis unter dem Bilde der sogenannten fötalen Rhachitis, s. a. Abhandlungen, Münchener medicinische.

Müller, Sigfrid [aus Grimma]: Periostale Aplasie mit Osteopsathyrosis unter dem Bilde der sogenannten fötalen Rhachitis ... München, J. F. Lehmann, 1893; 48 S., 1 Taf. 8.
München, Med. Fak., Inaug.-Diss. v. 1893

Müller, Siegm., Beiträge zur Theorie hölzerner Tragwerke des Hochbaues. I. Hänge- u. Sprengewerke. (56 S. m. 25 Abbildgn.) Lex.-8. Berlin 907. W. Ernst & Sohn. n. 1.20
Erweit. Sonderdr. aus: „Ztschr. f. Bauwesen". Jg. 1906.

Müller, Siegm., die Eisenbetonkuppel der Friedrichstrassenpassage in Berlin. (24 S. m. Abbild.) Lex. 8. Berlin 909. J. Springer. — 80
Sonderabdruck aus: „Armierter Beton."

— Techn. Hochschulen in Nordamerika, s. a. Aus Natur u. Geisteswelt.

Technische Hochschulen in Nordamerika. Von Siegmund **Müller**, Prof. in Berlin. Mit zahlr. Textabb., 1 Karte u. 1 Lagepl. Leipzig: B. G. Teubner 1908. (103 S.) 8° [F.]
= Natur, Aus, u. Geisteswelt. Bdch. 190. [08. 3201

Müller, Siegmund, Medizinal-Praktikant: Ueber multiple primäre Carcinome. Combination von Carcinoma ventriculi mit Carcinoma ovarii. München 1907: Kastner & Callwey. (40 S.) 8°
München, Med. Fak., Ref. v. Bollinger, Diss. v. 18. Febr. 1908
[Geb. 9. Sept. 81 Gelsenkirchen i. Westf.; Wohnort: Gelsenkirchen; Staatsangeh.: Preußen; Vorbildung: Realgymn. Schalke Reife O. 01; Studium: Bonn 1, Freiburg i. B. 3, Kiel 1, Berlin 2, München 3 S.; Coll. 18. Febr. 08; Approb. 27. Jan. 08.]

Müller, Sophie, Haushaltungsbuch f. alle Tage des Jahres. (A. u. d. T.: Tägliche Ausgaben f. die Haushaltg.) 4. (52 S.) Ravensburg 894. O. Maier. n. — 60

Müller, Sophie, allgemeines deutsches Kochbuch. Das Wichtigste der neuesten Kochkunst, oder leichtfaßl. Anweisungen zur Bereitung von 81 Speisen und 10 Getränken. Nach selbst gemachten Erfahrungen bearb. 1—4. Aufl. 16. (32 S.) Harburg 858—60. (Altona, Verlagsbureau.) *

Müller, Sophus, nordische Altertumskunde, nach Funden u. Denkmälern aus Dänemark u. Schleswig gemeinfassl. dargest. Deutsche Ausg., unt. Mitwirkg. d. Verf. besorgt v. Otto Luitpold Jiriczek. 2 Bde. gr. 8. Strassburg, K. J. Trübner. n. 17. —; geb. n. 19. —
1. Steinzeit — Bronzezeit. M. 253 Abb. im Text, 2 Taf. u. e. Karte. (XI, 472 S.) 897. n. 10. —
2. Die ältere Eisenzeit — die jüngere Eisenzeit. M. 189 Abb. im Text u. 2 Taf. (V, 324 S.) 898. n. 7. —
Erschien auch in 17 Lfgn. à n. 1. —.
1. (In 10 Lfgn.) 18(96.) 97.
2. (In 7 Lfgn.) 1898.

Müller, Sophus, die nordische Bronzezeit u. deren Periodentheilung. Autoris. Ausg. für Deutschland. Aus dem Dänischen von J. Mestorf. Mit 47 in den Text gedr. Holzschn. gr. 8. (139 S.) Jena 878. Costenoble. n. 4. —

— die Thier-Ornamentik im Norden. Ursprung, Entwicklung u. Verhältniss derselben zu gleichzeitigen Stilarten. Archäologische Untersuchung. Aus dem Dänischen übersetzt von J. Mestorf. gr. 8. (VIII, 191 S. m. 2 Steintaf.) Hamburg 881. O. Meissner. n. 5. —

Müller, Sophus. Urgeschichte Europas. Grundzüge einer prähistorischen Archäologie. Von S' M', ... Kopenhagen. Deutsche Ausgabe, unter Mittwirkung des Verfassers besorgt von Otto Luitpold Jiriczek.... Mit 160 Abbildungen im Text und 3 Tafeln in Farbendruck. VIII + 204 S. 8. Strassburg, Karl J. Trübner, 1905. [M. 6. —, geb. 7. —]
Darin S. 9. 20 f. 24. 26. 40/3. 69. 85. 97/107. 108 ff. 128 ff. 138 f. 154 ff. etc. die Schweiz (Pfahlbauten *etc.*) *betr.*

Ursprung und erste Entwickelung der europäischen Bronzecultur beleuchtet durch die ältesten Bronzefunde im südöstlichen Europa v. Sophus **Müller**. Deutsche Ausgabe v. J. Mestorf. Braunschweig. 1884. 4° Sonderabdruck aus: Archiv für Anthropologie. Bd. 15, H. 3.

Müller, Stephan, der glückliche Bauer. Eine wahre, höchst lehrreiche Geschichte. Von ihm selbst beschrieben. 8. Schwäb. Hall 843. (Haspel.) 1/4 ℛ︁

Müller, Susanna, s. Müller, Susanne

Müller, Susanne, l'amie de la maison ou simples directions sur la tenue d'un ménage. Avec 90 patrons imprimés dans le texte et 2 planches lithogr. (in Imp.-Fol.) Traduit librement de l'allemand. gr. 8. (IV und 307 S.) Herisau 866, Meisel's Buchh. * 1 Thlr. 10 Ngr.; geb. *

Müller, Susanna, die Anfangsgründe im Flicken. Ein Leitfaden f. Schülerinnen. Mit 33 Abbildgn. (in eingedr. Holzschn. u. 2 Holzschntaf. in qu. gr. 4.) 8. (24 S.) Herisau 875. Meisel. n. — 50

— die Anfangsgründe im Häckeln u. Filetschürzen. Die Kunststrickerei. 4. Stufe d. Elementarunterrichtes in den weibl. Handarbeiten. Ein Leitfaden f. Schülerinnen. Mit 67 Abbildgn. (in eingedr. Holzschn.) 8. (52 S.) Ebend. 875. n. — 80

— die Anfangsgründe im Nähen. Ein Leitfaden f. Schülerinnen. Mit 34 Abbildgn. (in eingedr. Holzschn. u. 2 Holzschntaf. in qu. gr. 4.) 8. (32 S.) Ebend. 875. n. — 50

— die Anfangsgründe im Stricken u. das Strümpfe-Stricken. Ein Leitfaden f. Schülerinnen. Mit 34 in den Text gedr. feinen Abbildgn. (in Holzschn.) 8. (30 S.) Ebend. 875. n. — 50

— Elementar-Unterricht in den weiblichen Handarbeiten. Systematisch geordn. Leitfaden f. Schule u. Haus. Mit 250 in den Text gedr. Abbildgn. (in Holzschn.) gr. 8. (VIII, 126 S.) Ebend. 871. n. 3. —

Müller, Susanna. Elementar-Unterricht in den weiblichen Handarbeiten. Systematisch-methodisch geordneter Leitfaden für Schule und Haus . Herisau. Commissionsverlag der C. J. Meisel'schen Buchhandlung (W. Hausknecht) 1872.
VIII + 126 S. m. 250 Holzschn. 8°.

Müller, Susanna, Elementar-Unterricht in den weiblichen Handarbeiten. Systematisch-methodisch geordneter Leitfaden für Schule und Haus. 2. Aufl. gr. 8. (331 S. mit 161 in den Text gedr. Holzschn., 300 Abbild. enth.) [Herisau 878, Meisel'sche Buchh.] Zürich, Schmidt. * ℳ 4.; geb. *

Müller, Susanna, d. Hausfrau auf d. Lande, s. a. Landmanns, des, Winterabende, 4. Bdchen.

Müller, Susanne, die Hausfrau auf dem Lande. 2., vollständig umgearb. u. verm. Aufl. Mit 24 Holzschn. 8. (III, 208 S.) Stuttgart 885. Ulmer. cart. n. 1. 30

Müller, Susanna. Die Hausfrau auf dem Lande. 4. Aufl. Mit 18 in den Text gedruckten Abbildungen. IV + 199 S. 8. Stuttgart, Eugen Ulmer, 1906. ([cart.] M. 1. 30)
Des Landmanns Winterabende. (Belehrendes und Unterhaltendes aus allen Zweigen der Landwirtschaft.) Bändchen 4.

Müller, Susanna. Haushaltungsbuch. In-4°. Zürich, Cäsar Schmidt. 1879. 1 60

Müller, Susanna. Haushaltungsbuch für das Jahr 18 . . In-4°. Zürich, Cæsar Schmidt. Cart. 1 80
1881.

Müller, Susanna, das fleißige Hausmütterchen. Mitgabe in das praktische Leben für erwachsene Töchter. 2. verb. Aufl. Mit 4 Taf. Abbildgn. u. 8 Mustertab. 862. 1 ℛ︁ 3 ngr
— 3. verb. Aufl. Mit 6 (lith.) Taf. Abbildgn. u. 8 (lith.) Mustertab. (in Fol.) Herisau 862. Meisel. gr. 8. (288 S.) 1 ℛ︁ 6 ngr

— — Mit 98 in den Text gedr. Abbildgn. (Holzschn.) u. 2 lith. Mustertab. (in Fol.) 6., umgearb. u. verm. Aufl. Ebend. 864. gr. 8. (534 S.) 1 ℛ︁ 15 ngr

— das fleißige Hausmütterchen. Mitgabe in das prakt. Leben f. erwachsene Töchter. Mit üb. 100 in den Text gedr. Abbildgn. (in Holzschn.) 7., umgearb. u. verm. Aufl. gr. 8. (532 S.) Ebend. 875. 4. 50; geb. n. 5. 50

—— das fleißige Hausmütterchen. Mitgabe in das praktische Leben für erwachsene Töchter. 8. Aufl. gr. 8. (532 S. mit über 100 in den Text gedr. Abbild. in Holzschn.) Herisau 877, Meisel'sche Buchh. *M 4,50.; geb. *

— das fleißige Hausmütterchen. Mitgabe in das prakt. Leben für erwachsene Töchter. Mit üb. 100 in den Text gedr. Abbildgn. 9., verb. u. verm. Aufl. gr. 8. (544 S.) Zürich 879. Schmidt. n. 4. 50; geb. n.n. 5. 50

— das fleißige Hausmütterchen. Mitgabe in das prakt. Leben f. erwachsene Töchter. Mit üb. 100 in den Text gedr. Abbildgn. 10. Aufl. gr. 8. (640 S.) Zürich 884. Schmidt. n. 5. —; geb. n.n. 6. —

Müller, Susanna, das fleißige Hausmütterchen. Mitgabe in das praktische Leben für erwachsene Töchter. 11. Aufl. 2 Bde. gr. 8. (386, 272 S. m. 195 in den Text gedr. Abbildgn. u. 1 Schnitttafel.) Zürich 888. Schmidt. n. 5. —; geb. n. 6. —

Müller, Susanna, das fleißige Hausmütterchen. Mitgabe in das prakt. Leben f. erwachsene Töchter. Mit üb. 100 in den Text gedr. Abbildgn. 12., verb. Aufl. gr. 8. (IV, 647 S. m. 1 Schnittmusterbog.) Zürich 891. C. Schmidt. Geb. in Leinw. n.n. 6. —

— das fleißige Hausmütterchen. Mitgabe in das prakt. Leben f. erwachs. Töchter. 13., verb. Aufl. gr. 8. (VII, 661 S. m. üb. 100 Abb. u. 1 Schnittmusterbog.) Zürich 895. C. Schmidt. Geb. in Leinw. n.n. 6. —

Müller, Susanna. Das fleissige Hausmütterchen. Mitgabe in das praktische Leben für erwachsene Töchter. Mit über 200 in den Text gedruckten Abbildungen für Handarbeiten und Schneiderei. 15. umgearb. Aufl., gleichzeitig ausführlichstes Kochbuch für den Selbstkocher. [Mit 1 Schnittmuster-Beilage.] II + XXX + 524 + 188 S. 8. Zürich, Caesar Schmidt, 1902. [geb. fr. 8.—]

Müller, Susanna. Das fleissige Hausmütterchen. Mitgabe in das praktische Leben für erwachsene Töchter. Mit über 200 in den Text gedruckten Abbildungen für Handarbeiten und Schneiderei [sowie 1 Schnittmuster-Beilage]. 16. Aufl., gleichzeitig ausführlichstes Kochbuch für den Selbstkocher. XXX + 548 + 179 S. 8. Aarau, Emil Wirz, 1906. [geb. fr. 8. —]
Auch in 24 Liefg. à fr. —.30

Müller, S., die Volkswirthschaft im Bauernhofe, s.: Landmanns, d., Winterabende.

Müller, Susanne, Zuschneidekurs. 5. u. 6. Stufe d. Elementarunterrichts in den weibl. Handarbeiten. Anh.: Das Weißsticken. Ein Leitfaden f. Schülerinnen. Mit 90 Abbildgn. (in eingedr. Holzschn.) 8. (100 S.) Herisau 875. Meisel. n. 1. 50

Müller, S., Zuschneidekurs. Mit Anhang: Das Weisssticken. Mit 90 Abbildungen. 8. St. Gallen und Herisau, C. J. Meisel. 1875. 1. 80

Müller, Susanna. Neuer systematischer Zuschneide-Unterricht ... mit Anleitungen zur Anfertigung der Schnittgegenstände. Praktische Original-Arbeit von Susanna Müller ... Erster Theil. Zürich. Verlag von Cäsar Schmidt 1883.
VI – 81 S. m 83 Abb. 8°.

Müller, T. (Red.), s. Thalysia.

Müller, T. G., de nuptiis. Jen. 1745. 4.

Müller, Th., das zürcherische Gesangbuch in seiner Entstehung und seinem Wesen; beleuchtet. Lex.-8. (VI und 123 S.) Zürich 855, Beyel. *

— Th., s. Konzipienten-Zeitg.

Müller, Th., Kunstgewerbe und Handwerkerfrage, s. Zeitfragen, soziale.

Müller, Th., die neuen Maße, Gewichte u. Münzen im Vergleich m. den seither in Württemberg im Gebrauch gewesenen. gr. Fol. (1 Bl.) Biberach 872. Dorn. — 30

Müller, Th. Situationsplan der Stadt Nordhausen. 1 : 2 500. Nordhausen. 1 Bl. c. L.

Müller, Th. Situations-Plan der Stadt und des Weichbildes von Nordhausen. Nordhausen. 1 Bl. L.

Müller, Th. Synopsis novor. generum, specierum et varietatum testaceorum viventium an. 1831 promulgatorum; adjectis iis quae in diariis societ. zoolog. Londinensis ab an. 1830 editis relata sunt. Supplementi loco ad ill. Wiegmann historiae natur. promtuar. coll. digessit adornavit. 8maj. (16¾ B.) Berolini 836, libr. Nicolai. *

(Müller, Thaddäus.) Zum Andenken des seligen Herrn ... Franz Xaver Keller (1772–1816), Schultheissen zu Luzern. 8. Luzern 1816.

[Müller, Thaddäus.] Anrede des Bischöflichen Herrn Kommissarius bey der Eröffnung des Klerikalseminariums zu Luzern, den 14 Wintermonat. 1808. 8. Luzern.

Müller, Thaddäus, Anrede bei Eröffnung des Klerikalseminars zu Luzern. 8. Luzern, Anich. 2 gr.

Müller, Thaddäus. Bey der Beerdigung Herrn Adam Heberle's von Ravensburg ... zu Luzern. 8. Luzern 1809.

Müller, Thaddäus. Nach der Hinrichtung des Aloys Schneiters, den 10ten Heumonat 1813. Gesprochen von Th' M' ... . 8. Luzern.

Müller, Thaddäus. Auf den seligen Hintritt Seiner Heiligkeit Pius VII. und hierauf erfolgte Wahl Seiner Heiligkeit Leo XII. Zwey Reden, am 16ten und 22sten Sonntag nach Pfingsten dieses Jahrs ... zu Luzern gehalten. Mit dem lithogr. Bildnisse Sr. Heiligkeit Leo XII. [Tafel]. 8. Luzern 1823.

Müller, Thaddäus. Lobrede auf seine Päbstliche Heiligkeit, Pius VII. Gehalten ... zu Luzern, den 19ten Brachmonat 1814. 8. Luzern 1814.

— Lobrede auf Pius VII. gehalten in d. Stifts- u. Pfarrkirche zu Luzern d. 19. Brachmonat 1814. 8. Luzern, Anich. 3 gr.

— kleine Monatsschrift f. Kinder u. junge Leute. 2 Jahrgg. 24 Hefte. 8. Luzern 791, 92. Anich. 1 ₰ 20 gr.

[Müller, Thaddäus.] Ode auf Johann Caspar Lavater. 4. Luzern 1801.

— Predigt am eidgenöss. Bettage. 8. Luzern 814. Anich. 3 gr.

Müller, Thaddäus. Predigt, gehalten ... zu Luzern, am Bethtage der Helvetischen Republik, den 6. Herbstmonat 1798. 8. Luzern.

— Rede bei d. Schlachtkapelle zu Semvach am 12. Jan. 1819. gr. 8. Luzern 819. Meyer. (Leipz., Schmidt). 6 gr.

Müller, (Th.) Rede bei d. Schlachtkapelle zu Sempach am 12. July 1819. gr. 8. Luzern 819, Meyer. (Leipz., Schmidt.)

— Sätze u. kürzere Auszüge aus schriftl. Vorlesungen üb. einige Fächer d. Pastoraltheologie. 8. Luzern 808. Anich. 8 gr

Müller, Thaddäus. Die schweizerischen Schlachtfelder. Eine Rede auf dem Schlachtfelde zu Sempach, gehalten den 11. Julius 1825. 8. Luzern 1825.

— die Schweizerischen Schlachtfelder. Eine Rede auf d. Schlachtfelde zu Sempach d. 11. Juli 1825. Luzern 825. Meyer. (Leipz., Schmidt). 4 gr

[Müller, Thaddäus.] Am Tag der Beerdigung des Herrn Altseckelmeister Joseph Anton Felix Balthasars. 8. Luzern 1810.

(Müller, T[haddäus].) An das Katholische Volk. 8. (Luzern [1798].)

Müller, Thaddäus. Ein religioses und patriotisches Wort zur Vorbereitung auf den Eidestag. An seine Mitbürger, von Thaddäus Müller .... 8. [Luzern] 1798.

(Müller, Thaddäus.) Zuschrift des Bischöflichen Commissarius zu Luzern, an den gesetzgebenden Rath für die Unterstützung der Geistlichkeit des Kantons Luzern, samt dem Begleitungs-Schreiben des B. Regierungs-Statthalters eben dieses Kantons ([Franz] Xav[er] Keller). SA. 8. Luzern 1800.

Müller, Theob., der Steinmetz in d. Schule u. in d. Praxis. Ein Hand-. u. Lehrbuch üb. Werksteinkonstruktionen u. üb. d. Steinschnitt f. d. Unterricht an gewerbl. Lehranstalten f. d. Selbstunterr. u. f. d. Gebrauch auf d. Werkplatze u. in d. Bureaux. 62 theils farb. Blatt in Steindr. m. aufgedr. Text. Nebst e. Vorworte v. Möbius. gr. Fol. (VII S. Text.) Leipzig 899. Baumgärtner. In Mappe n. 36. —

Müller, Theob., der Steinmetz in der Schule u. in der Praxis. Ein Hand- u. Lehrbuch üb. Werksteinkonstruktionen u. üb. den Steinschnitt f. den Unterricht an gewerbl. Lehranstalten, f. den Selbstunterricht u. f. den Gebrauch auf dem Werkplatz u. in den Bureaux. 2., ergänzte u. erweit. Aufl. 63 theils farb. Blatt in Steindr. m. aufgedr. Text. (VII S. Text.) Fol. Leipzig (906). Baumgärtner. In Mappe n. 24. —

Müller, Theod., Beleuchtung des A. B. C. Büchleins: die vier ersten Gegenkönige, ein bescheidener Beitrag zur Berichtigung des Urtheils über den cöthener Streit. gr. 8. (2¼ B.) Magdeburg 845, Falckenberg u. Comp. *

Müller, Th[eodor]: [Bericht über seine Einführung als Direktor der Anstalt.] S. 9—10. 4.
Progr. Städt. Steindammer Realschule *Königsberg i. Pr.* 1904 (22).

Müller, Thdr. (III.), s. Chanson, la, de Roland.

Müller, Thdr., über die Einwirkung des trocknen Chlorgases auf Hydrobenzamid. Inaug.-Dissert. Göttingen 869. (Vandenhoeck & Ruprecht.) 8. (40 S.) n. 8 ngr

Gedächtnis-Rede für den verstorbenen Br. Ferd. Michels, gehalten am 23. April 1896 in der Loge Immanuel zu Königsberg i. Pr. vom Br. Th[eod.] **Müller**. Königsberg i. Pr. 1896: Leupold. 12 S. 8⁰ [Umschlagtit.]
cf. L. 16 (1896) S. 96.

Müller, Thdr., Gesetze und Verordnungen über Volksschulen und ihre Lehrer besond. im Reg.-Bez. Arnsberg. gr. 8. (19 S.) Barmen 878, (Klein.) *

Müller, Theodor, von Zürich: Die St. Gallische Glaubensbewegung zur Zeit der Fürstäbte Franz und Kilian (1520—1530.) St. Gallen 1910. VIII + 240 S. 8⁰. [9. V. 10]
Zürich: Univ. Phil. Diss. I. S. 1909,10.

Müller, Theodor. Die St. Gallische Glaubensbewegung zur Zeit der Fürstäbte Franz und Kilian ⟨1520—1530⟩. Diss. Phil. [I.] Univ. Zürich. VIII + 240 S. 8. St. Gallen, Zollikofer & Cie., 1910.

Müller, Thdr., angelsächsische Grammatik. Aus dem handschriftl. Nachlasse d. Verf. hrsg. v. H. Hilmer. gr. 8. (XI, 257 S.) Göttingen 883. Vandenhoeck & Ruprecht's Verl. n. 4. 40

Mueller, Th. Grundzüge der organischen Chemie. 25 S. HB. *Königsberg* 1885.
Progr.

—, Theodor *Heinrich* Grundzüge der organischen Chemie (Fortsetzung aus Jahresbericht 1885). (Umschlagtitel: ... Fortsetzung). 4 (S. 3—21). (Schluſs aus Jahresbericht 1886). (Umschlagtitel: Schluſs). 4 (S. 3—16).
Löbenichtsche höh. Bürgersch. *Königsberg i. Pr.* 1886 (24). 1887 (24).
Progr.

Müller, Thdr. (II.), Jagden in Australien, s. Bibliothek für Jäger und Jagdfreunde.

Müller, T., neunzehn Jahre in Australien. Getreue Schilderung Australiens und seiner gesellschaftl. Zustände, in Reisen und interessanten Erlebnissen. gr. 8. (156 S.) Aarau 877. (Bern, Jenni's Verlag.) *

— neunzehn Jahre in Australien. Getreue Schilderung Australiens u. seiner gesellschaftlichen Zustände, in Reisen u. interessanten Erlebnissen. gr. 8. (156 S.) Aarau 877. (Sauerländer.) n. 2. —

Zum Jahresschluss 1890. Rede von [Theod.] **Müller**. [Leipzig 1890: Findel.] 15 S. 8⁰ [Kopftit.]
Thema: Was ist Glück, und wie können wir uns das wahre Glück dauernd erwerben?

Instruktionsvortrag, gehalten bei der gemeinschaftlichen Arbeit der drei Königsberger Logen am 22. Okt. 1902 von Theod. **Müller**. Königsberg: Koch 1902. 16 S. 8⁰
Bibel, Winkelmass u. Zirkel, gedeutet nach dem System der Grloge R. Y.

— (Hrsg.), s.a. Katechismus, Der Heidelberger.

Müller, Thdr. (I.), der Heidelberger Katechismus nebst den wichtigsten biblischen Beweisstellen, biblischen Beispielen, Lesestücken und Kirchenliedern. Im Auftrage der Kreis-Synode Siegen hrsg. 8. (VIII, 67 S.) Barmen 875, Klein. *

Müller, Thdr., der Heidelberger Katechismus, nebst den wichtigsten biblischen Beweisstellen, biblischen Beispielen, Lesestücken u. Kirchenliedern. Im Auftrage der Kreis-Synode Siegen hrsg. 2. Aufl. 8. (VIII, 68 S.) Barmen 882. Klein. n. — 40

Müller, Thdr., der Heidelberger Katechismus, nebst den wichtigsten bibl. Beweisstellen, bibl. Beispielen, Lesestücken u. Kirchenliedern. Im Auftrage der Kreis-Synode Siegen hrsg. 3. Aufl. 8. (VII, 64 S.) Siegen 888. Kogler. n. — 50; geb. n. — 60

Müller, Thdr., der Heidelberger Katechismus, nebst d. wichtigsten bibl. Beweisstellen, bibl. Beispielen, Lesestücken u. Kirchenliedern. Im Auftr. d. Kreis-Synode Siegen hrsg. 8. Aufl. 8. (VIII, 64 S.) Siegen 897. H. Montanus. Geb. n. — 60

Müller, Thdr., der Heidelberger Katechismus, nebst den wicht. bibl. Beweisstellen u. Kirchenliedern. Im Auftr. der Kreis-Synode Siegen hrsg. 22. Aufl. (V, 74 S.) 8. Siegen (909). H. Montanus. Geb. — 60

Müller, Theodor, Medizinalpraktikant a. Nürnberg: Zur Kenntnis der Werlhof'schen Krankheit. München 1908: C. Wolf & Sohn. (44 S.) 8°
München, Med. Fak., Ref. v. Bollinger, Diss. v. 18. Febr. 1908
[Geb. 16. Okt. 82 Nürnberg; Wohnort: München; Staatsangeh.: Bayern; Vorbildung: Wilhelms-Gymn. München Reife Juli 01; Studium: München 7, Tübingen 1, München 2 S.; Coll. 18. Febr. 08; Approb. 31. Jan. 08.]

—— Kirchen-Ordnung für die evangelischen Gemeinden der Prov. Westfalen und der Rheinprovinz vom 5. März 1835 mit den seither für Westfalen erlassenen Ergänzungen, Erläuterungen, Abänderungen u. s. w. Im amtl. Auftrage hrsg. gr. 8. (VIII, 496 S.) Barmen 873, Klein. *

Müller, Thdr., Kirchen-Ordnung f. die evangelischen Gemeinden der Prov. Westfalen u. der Rheinprovinz vom 5. März 1835 m. den seither f. Westfalen erlassenen Ergänzungen, Erläuterungen, Abänderungen 2c. Im amtl. Auftrage hrsg. Neu bearb. v. P. Schuster. gr. 8. (X, 653 S.) Berlin 892. [Schuster & Bufleb.] Gütersloh, C. Bertelsmann. n. 10.50; geb. in Halbfrz. n. 12.50

— australische Kolonisten, od. Heute so — Morgen so! Roman. 8. (IV, 432 S.) Leipzig 878. Schmidt & Günther. n. 3. —

Müller, Theodor [aus Eibau]: Das Konklave Pius' IV. 1559 .... Gotha, Druck v. Friedrich Andreas Perthes, 1888; IV + 32 S. + 1 Bl. 8°
Leipzig, Phil. Fak., Inaug.-Diss. v. 1. Aug. 1888

Müller, Theodor, das Konklave Pius' IV. 1559. Diss. Leipzig 1888, Gustav Fock. 8°. IV, 32 S.

Müller, Thdr., das Konklave Pius' IV. 1559. Historische Abhandlg. gr. 8. (VII, 278 S.) Gotha 889. F. A. Perthes. n. 4. —

Müller, Thdr. (I.), methodisches Lehrbuch der englischen Sprache für Realgymnasien und Realschulen, Handels- und Töchterschulen. 1. Tl. gr. 8. (XII, 238 S.) Braunschweig 885, Vieweg und Sohn. *
2. Tl. u. d. T.:

—— methodisches Lehrbuch der englischen Sprache für Gymnasien, Realgymnasien und Realschulen, Handels- und Töchterschulen. 2. Tl. gr. 8. (XII, 423 S.) Ebendas. 886. *

Müller, Thdr., methodisches Lehrbuch der engl. Sprache f. Gymnasien, Realgymnasien u. Realschulen, Handels- u. Töchterschulen. 1. Tl. 2., verb. Aufl. gr. 8. (XII, 346 S.) Braunschweig 889. Vieweg & Sohn. n. 2.50

Müller, Thdr., die Mission des Leutnants v. Pass. Heiterer Roman. (Illustriert v. O. Merté.) (94 S.) 8. Neurode i/Schl. 907. Verlags-Anstalt Dr. E. Rose. 1. —

Müller, Thdr., Junker Nachtigall. Komische Oper in 1 Akt. Musik v. Hans Hasselbeck. gr. 8. (32 S.) Berlin (898). W. Süsserott. n. — 40

— **Theodor** (Clausthal), De Thuriorum republica. — Commentatio in certamine literario civium Academiae Georgiae Augustae de sententia amplissimi philos. ordinis praemio regio ornata. Göttingen (Dieterich) 4. VI. 1838. 56 S. (5.50) 24277
Gew.: Ludwig Wiese.

Müller, Theodor *I* [1790–1857]. Rede, bei der Leichenfeier des Herrn Altlandammann [Philipp Emanuel] v[on] Fellenberg in Hofwyl am 5. Dezember 1844 gehalten. 8. Bern 1844.

Erdmann, J.: Th. **Müller**: Rede zur Trauerloge für den am 30. Januar 1895 in den E. O. eingegangenen Ehrenmeister Br. J[ulius] Erdmann. Königsberg i. Pr. 1895: Leupold. 16 S. 8°.

Müller, Thdr., s.: Regesta episcoporum Constantionsium.

— das erste Rendezvous u. andere humorist. Militärgeschichten. (Neue [Titel-]Ausg. v.: Durch alle Waffen u. Chargen.) 8. (123 S.) Berlin [896.] (898). J. Gnadenfeld & Co. n. 2. —

Müller, Theodor [ordentl. Lehrer an d. höheren Bürgerschule zu Königsberg i. Pr.]: Die Senegal- und oberen Nigerländer .... Königsb. i. Pr., Buchdr. v. R. Leupold. 1885; 52 S. 8°.
Königsberg. Phil. Fak., Inaug.-Diss. v. 25. Nov. 1885.

Müller, Thdr., die Senegal- u. oberen Nigerländer. gr. 8. (50 S.) Leipzig 886. Fock. n. 1. —

— „Seppl", „Der Einjährige Müller" u. and. Humoresken, s.: Schreiber's humorist. Bibliothek. 5.

Zum Sylvesterfest 1891. Rede, gehalten in der Loge Immanuel, Königsberg, vom Br. Th[eod.] **Müller**. Königsberg [1891]: Hartung. 16 S. 8°
Üb. die Vergänglichkeit des menschlichen Lebens u. üb. den Wert, den es trotzdem besitzt, wenn es nach frmrischen Grundsätzen eingerichtet wird.

Müller, Thdr. (I.), deutsche Sprachlehre. Im Einverständnisse mit dem Verf. neu bearb. von Friedr. Edinger. gr. 8. (VIII und 180 S. mit einer Tab. in qu. 4.) Bern 857, Dalp'sche Buchh. *
Vgl. auch: Edinger, F., Grundregeln der deutschen Sprache.

Müller, (Gustav) Theodor *(geb. Schönberg in d. Oberlausitz 8. 12. 1851)*: Statistik der Amputationen der Königlichen chirurgischen Klinik zu Breslau vom Jahre 1877 bis März 1884. Breslau 1884. (65 S.) 8° *[Im Buchhandel 1884 bei Köhler in Breslau.]*
Breslau, Med. Diss. v. 9. Apr. 1884

Müller, Thdr., Statistik der Amputationen der königl. chirurgischen Klinik zu Breslau vom J. 1877 bis März 1884. gr. 8. (65 S.) Breslau 884. (Köhler.) n. 1. —

Müller, The*odor* [Rektor]: Der Esslinger Mathematiker Michael Stifel. Esslingen, Druck v. O. Bechtle, 1897; 39 S. 4.
Esslingen, k. RA, P 1897 (619)

Müller, Theod. Frankreichs Unionsversuch unter der Regentschaft des Herzogs von Burgund 1393 — 1398. 28 S.
Progr. *Gütersloh* 1881.

Müller, Theodor, a. Dannigkow, Prov. Sachsen:
Untersuchungen über die Wirkung geringer Gaben von Rauhfutter und die Entbehrlichkeit desselben bei der Fütterung des Milchviehes. Halle a. S. 1907 (Roßberg, Leipzig). (87 S.) 4° (8°) (Aus: Berichte aus d. physiol. Laborat. u. d. Versuchsanst. d. landw. Inst. d. Univ. Halle H. 19.)
Halle, Phil. Fak., Ref. Wohltmann, Diss. v. 27. Mai 1907
[Geb. 5. Juni 80 Dannigkow, Kr. Jerichow I; Wohnort: Halle a. S.; Staatsangeh.: Preußen; Vorbildung: Oberrealsch. Magdeburg Reife O. oo; Studium: Bonn 2, Halle 6 S.; Rig. 10. Jan. 07.]

Müller, Thdr., durch alle Waffen u. Chargen. Humorist. Militärgeschichten. 8. (123 S.) Berlin 898. J. Gnadenfeld & Co. n. 2. —; geb. n. 3. —

[F.] Durch alle Waffen und Chargen. Humorist. Militärgesch. v. Theodor **Müller**, Premier-Lt. a. D. *Berlin [&] Leipzig: W. Süsserott 1898.* (1 Bl., 122 S., 1 Bl.) 1 Bd 8. 98. 1870

— **Theodor Arnold** (Essen/Westf.), De duplici officiorum obligatione quaedam disserit hasque studiorum primitias viro Heinrich Brokes .... sub auspiciis regiminis academici gratulabundus. Jena (Schill) (3. II. 1751). 16 S. (4.50) 24278

Müller, Thdr. Aug., über das Privateigenthum an katholischen Kirchengebäuden. gr. 8. (126 S.) München 883, [Kellerer's Verlag.] de Crignis. *

Müller, Theodor Gustav, s. Müller, Gustav

Müller, Theodor Heinrich, s. Müller, Theodor

Müller, Theodor Louis Albert Carl, s. Müller, Karl

Müller, [Theodor Wilhelm]: Ansprache, gehalten bei der Gedächtnisfeier für den verstorbenen Direktor [Gustav Weisker]. S. 3—5. 4.
Progr. Realgymn. i. E. u. Realschule *Rathenow* 1907 (125).

Müller, Theophil., Unterhaltungen üb. d. christl. Religion f. Jünglinge von reiferem Alter. 1r Thl. 8. Zürich, Orell, Füßli u. Comp. 801.

Müller, Th[éophile.] Transformés! Prédication de Pentecôte, par Th. Muller.... Sermon prononcé dans le temple de Saint-Gervais, le 26 mai 1901, pour la première communion des catéchumènes. [Avec 1 vignette.] II + 16 p. 8. Genève, J. H. Jeheber, (1901).

Müller, Traugott

Mueller, Tr. Vide: Archiv des deutschen Landwirtschaftsraths.

Mueller, Traug., die amerikanische Bewässerungswirthschaft u. andere landwirthschaftliche Reisebeobachtungen. gr. 8. (IV, 132 S. m. 21 Taf.) Berlin 894. P. Parey. n. 5. —

Müller, Traugott [aus Schaumburg (Mark)]: Über den Einfluss des Ringelschnitts auf das Dickenwachstum und die Stoffverteilung .... Halle, Druck v. E. Karras, 1888; 52 S. + 2 Bl. 8°
Halle, Phil. Fak., Inaug.-Diss. v. [10. Aug.] 1888

Müller, Traugott, über den Einfluss des Ringelschnitts auf das Dickenwachstum und die Stoffverteilung. Diss. Halle 1888. Lippertsche Buchh. 8°. 52 S.

Müller, Traug., s.: Handbuch des Grundbesitzes im Deutschen Reiche.

— Organisation der Saatenstands- u. Ernteberichterstattung. Vortrag, geh. am 6. Dezbr. 1892. 8. (32 S.) Berlin 893. [B. Grundmann.] Neudamm, J. Neumann. n. — 50

Mueller, Traugott [aus Montjoie]: Untersuchungen über den gegenwärtigen Stand der Agrarstatistik mit besonderer Berücksichtigung der landwirthschaftlichen Productionsstatistik und deren Entwicklung seit dem Jahre 1868 .... Halle a. S., *Druck v. Leonhard Simion, Berlin*, 1887; 1 Bl. + 68 S. + 1 Bl. 8°.
Halle, Phil. Fak., Inaug.-Diss. v. [25. Febr.] 1887.

Mueller, Traugott, Untersuchungen über den gegenwärtigen Stand der Agrarstatistik mit besonderer Berücksichtigung der landwirthschaftlichen Productionsstatistik und deren Entwickelung seit dem Jahre 1868. Diss. Halle 1887, Lippertsche Buchh. 8°. 68 S.

Müller, Untersuchgn. üb. d. gegenwärt. Stand d. Agrarstatistik. Halle 888.

— Untersuchungen üb. den gegenwärtigen Stand der Agrarstatistik u. deren Entwickelung seit dem J. 1868, s. a. Sammlung national-ökonom. u. statist. Abhandlungen d. staatswissenschaftl. Seminars zu Halle a/S.

Mueller T.: Untersuchungen üb. den gegenwärtigen Stand d. Agrarstatistik u. deren Entwickelung seit dem Jahre 1868 ... Jena 1888. 184 S.
(= Sammlung nationalökonomischer u. statist. Abhandlungen ... Bd. 5 H. 4).

— Usancen d. börsenmäßigen Getreidehandels in Deutschland. gr. 16. (24 S.) Berl. 892, Parey. * — 50
Aus: Mentzel u. v. Lengerke's landwirthschaftl. Kalender 1893, besonders abgedruckt.

Müller, Traug. Aug., die preußische Eisenbahn-Polizei in ihrer administrativen und technischen Ausdehnung. Systematisch geordnete Zusammenstellung aller zur Sicherung des Betriebes auf Eisenbahnen speziell erlassenen und der auf dieselben Anwendung findenden allgemeinen polizeil. Bestimmungen; die Handhabung der Eisenbahn-Polizei und das Untersuchungs-Verfahren in Bahnpolizei-Uebertretungen. Ein unentbehrl. Handbuch für Eisenbahn-Polizei und Verwaltungs-Beamte rc. 8. (XIV und 290 S.) Danzig (854)57, (Bertling.)

Müller, Udo, Lehrbuch der Holzmeßkunde. 3 Tle. Mit zahlr. in den Text gedr. Abbildgn. gr. 8. Leipzig, E. Haberland. à n. 4. —
1. Die Inhaltsbestimmg. des gefällten Holzes. (VIII, 115 S. m. Abbildgn.) 899.
2. Die Inhaltsermittelung des stehenden Baumes. (V u. S. 117—238.) 900.
3. Die Ermittelung des Inhalts ganzer Bestände. Die Ermittelg. d. Alters. Die Ermittelg. d. Zuwachses. (VI u. S. 239—368.) 901.

Ⓑ **Müller, Udo**, Lehrbuch d. Holzmeßkunde. 899—901. Jetzt: Berlin, P. Parey.

[F.] **Müller**, Udo [Kgl. Sächs. präd. Forstassessor, Dozent an d. Techn. Hochschule Karlsruhe]: Ueber Staatswaldveräusserungen ... Tübingen, *Druck v. J. Pässler, Dresden*, 1894; 1 Bl., 92 S. 8.
Tübingen, Staatswiss. Fak., Inaug.-Diss. v. 1894
(Nur in beschränkter Zahl für den Austausch)

Müller V. Hohentwiel. Geschichte, Beschreibung etc. Singen 1893

– (Schriftl.), s. Wein-Börse.

Müller, V. C., für Familien, welchen religiöses Gefühl vorzügl. im häusl. Leben viel werth ist. 8. Hamb. 791. Hoffmann. 20 gr

MÜLLER, Valentin: Duellum. — (1847) 105 S. 4° (Handschr.) Diss. 87
Diss. Wien, Univ.

Müller, Valent., der protestant. Wanderer im kathol. Heiligthume. gr. 8. (7 B.) Mannheim 841, Schmelzer.

Müller, Venanz

Müller, V., der Brand von Moskau, s. Familien-Bibliothek.

Müller, Venanz, Entstehen und Vergehen der Republik Paraguay, s. Familien-Bibliothek.

MÜLLER, Venanz (Vf. von „Maximilian II., König von Bayern"), Die Hohenzollern-Könige in der Kulturgeschichte. Nach den Quellen bearbeitet. Frankfurt am Main. Druck und Verlag von Reinhold Baist. 1866. Gr. 8⁰. XVIII (incl. reichen Litt.-Verzeichnisses) u. 269 S. (incl. S. 253 ff.: „Inhalt"). Vergriffen! (5 Mk., wie neu, Friedr. Klüber, München, 1908.)

Bei dem Einzug der Preussen in Frankfurt a. M., anno 1866 wurde ungefähr die Hälfte des Vorrats dieser Schrift in Beschlag genommen, der Rest entging mit knapper Not dem gleichen Schicksal.

— Maximilian II., König von Bayern. Ein vaterländ. Geschichtsbild. 5 Hefte. gr. 8. (336 S. mit dem Bildnisse des Königs in Holzschn. in 4.) Regensburg 864, Manz. à Heft 6 Ngr.

Müller, Venanz, Maximilian II., König von Bayern. Ein vaterländ. Geschichtsbild. Mit d. Bildnisse des Königs (in Holzschn.). Regensburg, G. J. Manz, 1864. Gr. 8⁰. Gepr. Orig.-Srsb. m. Goldschn.

336 S. (incl. Vorst. u. Reg.). Sämmtl. Seiten m. Randeinf. Bei S. 119 das (den meisten Expl. fehlende) schön gestoch. Portr. (unsign.) der Gemahlin Max II., Marie, geb. Prinzessin v. Preussen, als Kronprinzessin von Bayern, m. Facsim.-Unterschrift.

— Mein ist die Rache, s. Familien-Bibliothek.

— der letzte Novize in Andechs, s. Familien-Bibliothek.

Der letzte Novize in Andechs. Erzählung von Venanz Müller. Neue, ill. Ausg. *Einsiedeln, Waldshut, Köln: Benziger & Co. 1903.* (140 S.) 8° [S.]

— Skizzen aus der Culturgeschichte, s. Familien-Bibliothek.

Müller, Venanz. Die Sonnenbraut, s. Familienfreund.

— die Sonnenbraut. Südamerikanischer Geschichtsroman. Mit 6 Illustr. (in eingedr. Holzschn.) 8. (254 S.) Einsiedeln 874. Benziger. 1. 80

Müller, Viktor: Dichtungen zu Schulfesten. 19 S. Altenburg, Progr.

Müller, Viktor v., königl. grossbritt. und chur-braunschw. Rittmeister. Elementar-Taktik der Cavallerie. (2 Bde.) 8. Hannover 1803.

Mueller, V. v. Elementar-Taktik der Kavallerie. T. 1. Mit Pl. Hannover 1803. 546 S.

v. Müller, Vict., Elementartaktik f. die Cavallerie. 1r Thl. Mit 5 Kpft. gr. 8. Hannov. 803. Hahn. 1 ₰ 18 gl

Müller, Vict., Gedichte. Köln 859. Du Mont-Schauberg. 16. (3 Bl., 159 S.) n. 10 ngr.

Müller, Vict. v., Handbuch der Pferdearzneikunst. Siehe: White, James.

Müller, Victor, aus Mayen: Aus d. Kgl. Universitätsfrauenklinik Bonn. Zur Kasuistik der Geburten bei Entwicklungsfehlern der weiblichen Genitalien. *Bonn 1903: S. Foppen.* (27 S.) 8°
Bonn, Med. Diss. v. 27. März 1903

Müller, Vict., Leitfaden zum griechischen, römischen, deutschen Sagenunterrichte. 8. (16 S.) Altenburg 880. Bonde. n. — 25

Müller, Vict., Leitfaden zum griechischen, römischen, deutschen Sagenunterrichte. 2. verb. Aufl. 8. (16 S.) Altenburg 887. Bonde's Verl. n. — 25

Müller, Vict., Leitfaden zum griechischen, römischen, deutschen Sagenunterrichte. 3., verb. Aufl. 8. (16 S.) Altenburg 887. Bonde's Verl. n. — 25

Müller, V. Lateinisches Lese- u. Übungsbuch f. Sexta. gr. 8. (IV, 124 S.) Altenb. 891, H. A. Pierer. cart. * 1 60

Müller, V., lateinisches Lese- u. Übungsbuch f. Sexta. 2. Aufl. Ausg. A. gr. 8. (IV, 124 S.) Altenburg 893. H. A. Pierer. Geb. n. 1. 60

– Dasselbe f. Sexta. 2., nach den Lehrplänen f. die höheren Schulen in Preußen vom J. 1891 umgearb. Aufl. Ausg. B. Ebd. 1893. V, 111 S. 8⁰

— dasselbe f. Quinta. gr. 8. (IV, 148 S.) Ebd. 892. Kart. n. 1. 60; alphabetisch geordnetes Wörterverzeichnis dazu (32 S.) n. — 40

— dasselbe f. Quinta. 2., nach den Lehrplänen f. die höheren Schulen in Preußen vom Jahre 1891 umgearb. Aufl. Ausg. B. gr. 8. (172 S.) Ebd. 893. Geb. n. 2. 20

Müller, V., lateinisches Lese- u. Übungsbuch für Quinta. 2. Aufl. Ausg. A. gr. 8. (IV, 164 S.) Altenburg 896. H. A. Pierer. Geb. n. 2. 20

— dasselbe f. Quarta. gr. 8. (VI, 66 S.) Ebd. 893. Geb. n. 2. 20

— dasselbe f. Quarta. 2., nach den Lehrplänen f. die höheren Schulen in Preußen vom J. 1891 umgearb. Aufl. Ausg. B. gr. 8. (VI, 194 S.) Ebd. 894. Geb. n. 2. 20

Müller, *Viktor* [Prof. Dr.]: *Lied zum achtzigsten Geburtstage des Fürsten von Bismarck.* Altenburg i. S.-A., Pierer'sche Hofbuchdr., *1896*; S. 4. 4.
Altenburg, herz. Ernst-RG, OP 1896 (702)

Müller, Vict., der Offenbarungsbegriff Lessings im Zusammenhange m. seinen philosophischen u. religiösen Grundsätzen. Inaugural-Dissertation. gr. 8. (52 S.) Jena 875. (Deistung.) n. — 80

—, *Viktor* Über die Reform des höheren Unterrichtes mit besonderer Berücksichtigung des lateinischen Anfangsunterrichtes. 4 (48 S.). Progr. Rsch. *Altenburg* 1887 (635).

Müller, Victor, aus Herborn: Studien über das St. Trudperter Hohe Lied. *Marburg 1901: R. Friedrich.* (92 S.) 8°
Marburg, Phil. Diss. v. [3. Juli] 1901

Müller, Viktor, Dr.: Schleiermachers System der Pädagogik. Kalk 1900: A. H. Kirmse. (S. 3—18.) 4° [F.]
Kalk, st. G P 1906 (554)

— Übungsbuch f. den Unterricht im Lateinischen. 1. Tl. Für Sexta. gr. 8. (VII, 184 S.) Berlin 889. Hamburg, Verlagsanstalt u. Druckerei. Geb. n. 1. 75

Deutschlands Handel in der Welt. Vortrag geh. in Rostock 1907 von Victor Hugo **Mueller**. Leipzig 1907: Ackermann & Glaser. 16 S. 8° [Umschlagt.] [11. 7426

Müller, Viktor Ludwig Friedrich Wilhelm, s. M ü l l e r, Wilhelm

Müller, Dr. Vincenz, specielle Beschreibung der *Heilquellen, Mineralbäder u. Molkencur-Anstalten* (zus. ca. 90 an der Zahl) *des Kgrs. Bayern.* Mit 9 lithogr. Ansichten (von *J. B. Dilger* u. *Alois Flad*) u. 1 (Titel-) Stahlst. (von *L. Hoffmeister* in Carlsruhe). 2. verm. u. verbess. Aufl. Augsburg, Matth. Rieger, 1847. Gr. 8°. Unbeschn. in Hsrsb.
VIII—514 S. Ed. I. ibid. 1843.

Wohlmeinender, wahrhafter Diskurs warum die Jesuiten abzuschaffen und in Deutschland nicht zu dulden seien. Warnung e. wahrheitsliebenden deutschen Katholiken an alle Katholiken Deutscher Nation. [Verf.: Vincenz **Müller**.] Neudr. einer i. J. 1619 erschienenen Schrift. Leipzig: F. Simon 1895. (25 S.) 8° [F.] [07. 14730 2

Müller, Vinc., König Friedrich Wilhelm d. Dritte u. Preußen unt. seiner Regierung. Ein vaterländ. Geschichtb. f. alle Stände. N. d. besten Quellen bearb. 4 Lfgn. 8. (29⁷/₈ B.) Köln 840, 41, (Du Mont-Schauberg.)

Müller, Vincenz s. Wort. Ein wohlgemeintes W' an das Volk des Kantons Uri ....

Müller, Volkmar, d. Bau d. Reichsgerichts zu Leipzig. E. Schilderg. d. Baues u. s. Einzelheiten, zugl. e. Führer durch s. Räume. M. 5 Illustr., 2 Plänen u. d. Bildniß d. Erbauers. 8. (66 S.) Berlin 895. G. Siemens. n. — 50

Müller, Volkmar, deutsche Brennesseln, s. Volksbücher, landwirthschaftliche.

Müller, Volkm., Deutsche Brennesseln. Ihre Cultur u. Verwerthung als Gespinnst- u Handelspflanzen. (Mit 1 Holzschnt.) Leipzig 1878. 8.
I-I: Landwirthsch. Volksbücher. Nr. 160.

Müller, Volrad Kasimir: De p a t h e m a t i b u s hystericis, s. A l e f e l d, Georg Ludwig [Praes.]

Müller, W., Anleitung zum Präparieren, s.: Bardeleben, Karl v.

Müller, W. (II.), die populaire u. beschreib. Astronomie, durch d. Cosmophäre u. d. cosmophär. Instrumente erläut. Nach d. engl. u. franz. Ausg., mit Verbessern. v. Verf. 1. od. theoret. Thl. Mit d. Abbild. d. cosmophär. Instrumente. 16. (3½ B. u. 1 Stnt.) Hannover 829, (Hahn.)

Müller, W. III., die populäre u. beschreibende Astronomie, durch die Cosmophäre u. die cosmophär. Instrumente erläutert. Nach der engl. u. franzöf. Ausg. mit Verbesserr. vom Verf. 1r od. theoret. Theil mit den Abbildd. cosmophär. Instrumente. 16. Hannov. 830. Hahn. 6 gl

Müller, W., der Bau eiserner Treppen. **Eine Darstellg. schmiedeeiserner Treppen, m. bes. Berücksicht. d. neuesten Konstruktionen. Zum Gebrauche f. Architekten, Baugewerken u. Schlosser, sowie f. gewerbl. Fachschulen. 24 Taf. u. 2 Detailblätter. gr. 4. (16 S. Text.) Leipzig 899. B. F. Voigt. In Mappe 7. 50**

Müller, W., der Bau steinerner Treppen. Eine Darstellung steinerner Treppen in prakt. Beispielen, m. besond. Berücksicht. der neuesten Konstruktionen, nebst e. Anleitg. zum Konstruieren, unter ausführl. Erläuterg. aller Einzelheiten. Zum Gebrauche f. Architekten, Baugewerken u. Schüler bautechn. Lehranstalten. Mit 24 Taf. u. 4 Bl. m. Teilzeichngn. in natürl. Grösse. gr. 4. (21 S.) Leipzig 901. B. F. Voigt. In Mappe 7. 50

Müller, W., deutsches Bau- u. Nachbarrecht unter besond. Berücksicht. der preuß. Landesgesetzgebung. 2., umgearb. Aufl. des „Baurechts in den landrechtl. Gebieten Preußens". (VIII, 143 S.) gr. 8. Berlin 903 H. W. Müller. Kart. n. 4.—

Müller, W., das Baurecht in den landrechtlichen Gebieten Preußens unter besond. Berücksicht. der in den übrigen preußischen Landestheilen geltenden, sowie der außerpreußischen Gesetzgebung. gr. 8. (VIII, 148 S.) Berlin 883. H. W. Müller. cart. n. 4. —

Müller, W., Beitrag z. Geschichte des Gymnasiums in Rudolstadt von 1764—1840. Rudolstadt. 4. 31 p.
Schul-/Univ.-Schrift 1864

Müller, W. II., Beitrr. zu e. Revision der publicist. Verhältnisse d. Königr. Hannover. ... Hannov. 181..

— B e l e u c h t u n g s g e g e n s t ä n d e, s. M ü l l e r, M.

Müller, W., der Elementarunterricht im Rechnen unter Anwendung v. W. Müllers verbess. Rechenkasten. gr. 8. (62 S. m. Fig.) Leipzig 902. C. Merseburger. n. — 50

Müller, W., Fachzeichnen nach Maasskizzen, Mustern u. Modellen f. Glaser, s. a. Lehrhefte f. den Einzelunterricht an Gewerbe- u. Handwerkerschulen. III 2.

Müller W. Fachzeichnen fur Glaser. (Lachner III, 2) 4° Leipzig 1888

(F) **Müller,** W., Die Gemeindeordnung für das Herzogtum Kärnten samt den wichtigsten einschlägigen Erkenntnissen des k. k. Verwaltungsgerichtshofes etc. 2. Aufl. 8°. (XX, 632 S.) Klagenfurt: Kleinmayr 1904. K 5.—, * geb. K 6.—

Müller, W., d. biblische Gesetzes-Einteilung in neun Gütergebote an d. Gemeinde u. e. Lehrgebot an d. Erzieheramt. gr. 8. (30 S.) Potsdam 895. A. Stein. — 75

Müller, W., s.: **Jahrbuch f. Verkehrsbeamte.**

Müller, W., Klempner-Schule, s.: S ch r ö d e r, Chr.

Müller, W. (I.), der Kornhandel u. d. nächsten Getreidepreise, aus d. histor.-polit. Gesichtspuncte betracht. Ein offenes Sendschreiben an alle Staats- u. Landwirthe. gr. 8. (2¼ B.) Hannover 833, Hahn.

Müller, W.: „Der Kornhandel und die nächsten Getreidepreise, aus dem historisch-politischen Gesichtspunkte vorgestellt", Hannover 1833 (Hahn).

Müller, W., s. Laura v. Estell.

— Kurzes L e h r b u c h der analytischen Chemie, s. M i l l e r, Wilhelm von

Müller, W. (III.), Neujahrs-Predigt üb. Psalm 37, V. 4. u. 5. gr. 8. (1 B.) Breslau 832, Schulz u. Comp. Thlr.

Müller W. Slg der Ordnungen und Statutenbuch der Stadt Stuttgart. Stuttgart 1881

Müller, W., die Schiffsmaschine, ihre Konstruktionsprinzipien, Anordnung u. Bedienung. Ein Handbuch f. Schiffs-Ingenieure u. Offiziere der Handelsmarine. 3. vollständig neu bearb. u. bedeutend erweit. Aufl., hrsg. v. A. Benetsch. Mit 579 Abbild. in 603 Einzeldarstellgn. im Text u. auf 2 Taf. (XVIII, 646 S.) gr. 8. Braunschweig 908. F. Vieweg & Sohn. 10.—; geb. 11. —

Müller, W., die Schiffsmaschinen, ihre Konstruktionsprinzipien, sowie ihre Entwickelg. u. Anordnug Nebst e. Anh.: Die Indikatoren u. die Indikatordiagramme. Ein Handbuch, f. Maschinisten u. Offiziere der Handelsmarine bearb. Mit 100 Holzst. 8. (VIII, 259 S.) Braunschweig 884. Vieweg & Sohn. n. 5. —; geb. n. 5. 75

Müller, W., d. Schiffsmaschinen, ihre Konstruktionsprinzipien, sow. ihre Entwickelg. u. Anordng. Nebst e. Anh.: D. Indikatoren u. d. Indikatordiagramme u. gesetzl. Bestimmgn., betr. Anlage, Betrieb u. Untersuchg. v. Schiffsdampfkesseln (Auszug). E. Handbuch f. Maschinisten u. Offiziere d. Handelsmarine. 2., teilweise veränd. u. erweit. Aufl. 8. (X, 359 S. m. 150 Abb.) Braunschweig 896. F. Vieweg & Sohn. n. 5. —; geb. n.n. 5. 75

– (Red.), s. Schiffszimmerer, Der.

Müller, W., die Schwestern v. Prag, s.: Mode's, G., Textbibliothek.

Müller, W. Special-Karte des Fürstenthums Lippe und der Gegenden um Hameln, Herford, Höxter, Lippspring, Pyrmont, Nieheim, Rinteln, Steinheim, Vlothow u. s. w. Driburg 1824. 1 Bl. c. K. Ff.

— Treppen aus Holz, s.: Behse, W. H.

— Treppenwerk, s.: Behse, W. H.

Müller, W. I., (Studiendirector,) kirchenstaatsrechtl. Untersuchungen über eine bindende Agende in d. protestant. Kirche, mit besond. Bezugnahme auf die symbol. Bücher dieser Kirche u. eine etwanige Reform derselben im J. 1830. gr. 8. Leipz. 830. Barth. 21 gr
(11½ B.)

— s. Verfassung, über Deutschlands.

Müller, W. Das Verhältniss Böhmens zum deutschen Reiche unter Konrad II. und Heinrich III. (14). 4. Rathenow (Rostock) 1874.

Müller, W. (V.), über d. Verhältniß d. geistl. Standes zum Staate u. d. Einfluß dies. Standes auf d. Erreich. d. Staatszweckes; nebst Vorschlägen zur Wegräum. mancher Hindernisse, welche d. größern Wirksamkeit dess. im Königr. Hannover noch entgegenstehen. 8. (5 B.) Hannover 832, Hahn.

Müller, W., die allgemeine Volksschule. Vortrag, geh. auf dem 76. braunschweig. Lehrertage in Braunschweig am 5. X. 1904. (26 S.) gr. 8. Braunschweig 904. E. Appelhans & Co. n. — 30
Sonderabdruck aus: „Neues braunschweig. Schulbl."

Müller, W., der Wein u. dessen Nutzen z. Beförderung der Gesundheit. Nach der in Nr. 21 des hannov. Magazins f. 1842 enthalt. Abhandlung verbessert. 8. (1½ B.) Stade 842, Pockwitz.

Müller, W. A., s.a. Müller, Walter August

– s.a. Müller, Wilhelm A.

– s.a. Müller, Wilhelm Adolph

– s.a. Müller, Wolfgang Adolf

Müller, W. A., kurzer Abriß der biblischen Geschichte u. Geographie zur Repetition f. die Schüler der Volksschulen u. der unteren Classen höherer Schulen. gr. 8. (IV, 48 S.) Oldenburg 872. Schmidt. n. — 60

Müller, W. A. Th., s. Müller, Willy A. Th.

Müller, W. B., s. Müller, Benno

Müller, W. C., s. Müller, Wilhelm Christian

Müller, W. C. A., s. Müller, Wilhelm Konrad Hermann

Müller, W. Ch(r.), s. Müller, Wilhelm Christian

Vortrag des Herrn W. E. MÜLLER ... über die Kultur der Korbweide und ihre wirthschaftliche Bedeutung für den Regierungs-Bezirk Wiesbaden nebst Bericht des Herrn Hauptmann HAUS über die Versuche des Taunus-Clubs behufs Einführung des Weidenbaues und der Flechtindustrie im Taunus. Gehalten in der Versammlung des Landwirthschaftlichen Vereins zu Frankfurt a. M. am 2. December 1882. (Ohne bes. Titelblatt.) 8°.

Müller, W. F., s.a. Müller, Walter Felix

Müller, W. F., Beweise für die Fortdauer der Seele nach dem Tode aus alten und neuen Klassikern. Regensburg, Wunderling, 1889, 8°, 81 S., 1,50 Mk.

Müller, (W. F.,) kleiner Briefsteller f. Landschulen. 12. Kitzingen, Gundelach.

Müller, W. F., kleiner Briefsteller f. Landschulen, u. d. Briefschreibens unkund. Landmann. 2., u. 3., verm. Ausg., mit e. kl. Samml. Fremdwörter; nebst d. Anfangsgründen d. deutsch. Sprachlehre, sowie e. kurzen Anleit. zum richt. Gebr. d. Wörter mir u. mich, Ihnen u. Sie, vor u. für. (à 7 B.) 8. Kitzingen 828, 32, Gundelach. à Thlr.

Müller, W. F., vom Leben zum Tod, durch Tod zum Leben! Beweise f. die Fortdauer der Seele nach dem Tode, begründet durch Citate alter u. neuer Classiker. gr. 8. (IV, 81 S.) Regensburg 890. Wunderling. n. 1. 50

Müller, W. Ferd., s. Müller, Wilhelm Ferdinand

Müller, W. H., s.a. Müller, Wilhelm Heinrich

Müller, W. H. Aufhebung der Besitzveränderungs-Abgaben in Schlesien. Berlin 1848. 15 S. 8.

Müller, W. H., s. Belagerung, die, Briegs, im Jahre 1741.

Müller, W. H. Die Belagerung Briegs im Jahre 1741. Aus dem Tagebuch eines Augenzeugen. (88.) 8. Brieg 1841. 1,00.

Müller, W. H., Proterandrie der Bienen. Inaugural-Dissertation. gr. 8. (45 S.) Liegnitz 882. (Jena, Deistung.) n. 1. —

Müller, W. H., die deutsche Wechsel-Ordnung. Erläutert für Nicht-Juristen. Breslau 865. Maruschke & Berendt. 8. (VIII, 167 S.) n. 16 ngr.

Müller, W. H. Max, s. Müller, Wilhelm Heinrich Max

Müller, W. J. L., über London und Paris nach Rom, s. Wilm.

Müller, W. L., s. Müller, Wilhelm Christian

Müller, W. Max (F.), s. Müller, Wilhelm Max

Müller, W. O., s. Müller, Walther Otto

Müller, W. T., der Religionslehrer in der Unterklasse. Ein Leitfaden f. Elementarlehrer, welche den ersten Religionsunterr. zu ertheilen haben. 8. (11½ B.) Eisleben 844, Reichardt. *

Müller, Waldem., s. a. Müller-Eberhart, Waldem.

Müller, Wald., Cuba. Seine Geschichte, wirtschaftl. u. handelspolit. Entwicklg. gr. 8. (89 S. m. 1 Karte.) Berlin 898. R. Schröder. n. 2. 50

Müller, Waldem., Harzfahrt. Wanderungen u. Träume. (113 S.) 8. Berlin (903). Jena, H. Costenoble. n. 1. 50; geb. n.n. 2. —

Müller, Waldem., Harzfahrt. Jetzt: Halensee b/Berlin (Lützenstr. 10), Waldemar Müller (Ernst Erich Eberhart).

Müller, Waldemar, bisher Assistenzarzt der Eisenbahn-Lungenheilstätte Moltkefels (Riesengebirge): Die nichtbacteriellen Nebenursachen der Lungenschwindsucht im Eisenbahndienst. Leipzig 1906: B. Georgi. (21 S.) 8°

Leipzig, Med. Fak., Ref. Hofmann, Diss. v. 28. März 1906

[Geb. 23. Nov. 78 Syke, Hannover; Wohnort: Hann.-Münden; Staatsangeh.: Preußen; Vorbildung: Gymn. Göttingen Reife O. 97; Studium: Göttingen 1, Hannover T.H. 1, Göttingen 1, Berlin 1, Göttingen 8, Erlangen 1 S.; Coll. 28. März 06; Approb. 19 Jan. 06.]

Müller, Waldem., prakt. Selbsthilfe f. Lungenkranke u. deren Angehörige. (82 S. m. Abb.) gr. 8. Leipzig (907). O. Borggold. 1. —

Müller, Waldemar, Referendar: **Wahlschuld und alternative Ermächtigung des Schuldners nach gemeinem Rechte und Bürgerlichem Gesetzbuche.** *Rostock 1902: C. Hinstorff.* (88 S.) 8° [F.]

Rostock, Jur. Diss. v. [15. Juli] 1902

Müller, Wald., unlauterer Wechselverkehr. (45 S.) gr. 8. Berlin (904). A. W. Hayn's Erben. n. — 75

Unlauterer Wechselverkehr. Von Waldemar **Müller**, Kriminal-Kommissar in Berlin. Berlin: A. W. Hayn's Erben [1905]. (45 S.) 8° [F.] [05. 4039

Müller, Walter [Wirkl. Name], s. Walthari, Otto Robert [Pseud.]

Müller, Walter. **Abbildungen der in Deutschland und den angrenzenden Gebieten vorkommenden Grundformen der Orchideen-Arten. 60 Tafeln, nach der Natur gemalt und in Farbendruck ausgeführt von W' M' (Gera), mit beschreibendem Text von Dr. F[ritz] Kränzlin (Berlin). [Mit illustriertem Umschlag.] XVI [+ 1] S. + 60 Doppel-S. 8. Berlin, R. Friedländer & Sohn. 1904. [geb. M. 10. —]**

Müller, Walt., Anschauungstafeln f. den Unterricht in der Pflanzenkunde, s.: Pilling, F. O.

Müller, Walth., Beiträge zur Lehre v. der Addison'schen Krankheit. Diss. gr. 8. (57 S. m. 1 Tab.) Göttingen 900. (Vandenhoeck & Ruprecht.) n. 1. 40

Göttingen, Med. Diss. v. [22. Jan.] 1901

Müller, Walter: Beiträge zur Pathologie der Deflexionslagen. o. O. (1910). 41 S. 8° [Umschlagt.]

Bonn, Med. Diss. v. 2. Juli 1910, Ref. Fritsch

[Geb. 19. April 84 Schwelm; Wohnort: Wesel; Staatsangeh.: Preußen; Vorbildung: Gymn. Barmen Reife O. 04; Studium: Marburg 1, Berlin 1, München 1, Bonn 7 S.; Coll. 26. Mai 09; Approb. 5. Mai 10.] [U 10. 326

Müller, Walther. **Buechnüssli vom Lindeberg. G'schichtli und Gedichtli im Freiämter-Dialekt von Walter Müller. [Mit Porträt-Tafel.] VIII + 111 S. 8. Aarau, Druck H. R. Sauerländer & Co., Selbst-Verlag des Verfassers (Wädenswil, Weihnachten 1902). [fr. 1. 50]**

Müller, Walt., Buechnüssli vom Lindeberg. G'schichtli u. Gedichtli in Freiämter Mundart. 2. verm. Aufl. (VIII, 121 S. m. Bildnis.) 8. Aarau 904. H. R. Sauerländer & Co. n. 1. 60

1. Aufl. (VI, 111 S.) 903. n. 1. 40.

Müller, Walter [aus St. Gallen]: Comenius: ein Systematiker in der Pädagogik. Eine philosophisch-historische Untersuchung . . . . Dresden, Verl. v. Bleyl & Kaemmerer, 1887; 2 Bl. + 50 S. + 1 Bl. 8°

Jena, Phil. Fak., Inaug.-Diss. v. 1887

Müller, Walter, Comenius: ein Systematiker in der Pädagogik. Eine philosophisch-histor. Untersuchg. gr. 8. (50 S.) Dresden 887. Bleyl & Kaemmerer. n. 1. 50

Müller-Waldenburg, Balth., Das sind wir! Ohrenbeichten moderner Frauen. Mit Erlaubnis der Beichtkinder mitgeteilt. 8. (VIII, 102 S.) Berlin (902). Moderner Berliner Verlag. 1. —

Müller, Walth, der Fechtlehrer. Ein Lehrgang f. das Gewehrfechten der Infanterie. Ausgearb. auf Grund der Vorschrift vom 15. X. 1908, verteilt auf e. Lehrzeit v. 10 Wochen. (23 S. m. 11 Abb.) kl. 8. Berlin 910. E. S. Mittler & Sohn. — 35

Die kleinen Feinde an den Vorräten des Landwirtes, ihre Vertilgung u. Vertreibung. Von Walther **Müller**, Deutsch-Wilmersdorf. Mit 51 Abb. *Neudamm: J. Neumann 1900.* (VIII, 98 S.) 8° [F.]

(J. Neumanns Landwirtschaftl. Büchersammlung.) [01. 10616

Müller, Walther: Zur Frage des Ursprungs der mittelalterlichen Zünfte. Leipzig: Quelle & Meyer 1910. X, 92 S. 8°

¶ (Auch als: Leipziger histor. Abhandlungen. H. 22.)

Leipzig, Phil. Diss. v. 28. Okt. 1910, Ref. Seeliger, Stieda

[Geb. 14. Juli 84 Wurzen; Wohnort: Wurzen; Staatsangeh.: Sachsen; Vorbildung: Gymn. Wurzen Reife O. 04; Studium: Leipzig 12 S.; Rig. 14. Juni 10.] [U 11. 3265

Zur Frage des Ursprungs der mittelalterlichen Zünfte. Eine wirtschafts- u. verfassungsgeschichtl Untersuchung von Dr. phil. Walther **Müller**. Leipzig: Quelle & Meyer 1910. XII, 92 S. 8°

Ersch. auch als Inaug.-Diss. Leipzig. 1910.

(Leipziger Historische Abhandlungen. H. 22.) [10. 17868

Müller, Walter, approb. Arzt aus Ermsleben a. H.: **Über schwere Gangrän der Bauchdecken infolge lokaler Eisapplikationen und das Zustandekommen derartiger Veränderungen im Tierversuch.** *Halle a. S. 1903: C. A. Kaemmerer & Co.* (18 S.) 8°

Halle, Med. Diss. v. 6. Nov. 1903

Müller, Walther: Theodor Arnolds englische Grammatiken und ihre späteren Bearbeitungen. Ein krit. Beitr. z. engl. Lautgeschichte. Marburg 1900: (Hesse & Becker, Leipzig). 75 S. 8° • (Aus: Die neueren Sprachen. Bd 17.)

Marburg, Phil. Diss. v. 18. Nov. 1900, Ref. Viëtor

[Geb. 20. Nov. 80 Bergneustadt; Wohnort: Marburg; Staatsangeh.: Preußen; Vorbildung: Oberrealsch. Hagen Reife O. 05; Studium: Bonn 2, Greifswald 1, Berlin 1, Marburg 4 S.; Rig. 16. Dez. 08.] [U 10. 3376

Müller, Walter. Us 's Göttis Grümpelchammer. G'schichtli und Gedichtli für Chind in Freiämter-Mundart. ([Mit illustriertem Umschlag und] Worterklärungen.) 100 S. 8. Einsiedeln *etc.*, Benziger & Co. A. G., 1908. [fr. 1. 75]

Müller, Walther: Johann Adolf Hasse als Kirchenkomponist. Ein Beitr. z. Geschichte d. neapolitanischen Kirchenmusik. Leipzig 1910: Breitkopf & Härtel. IV, 179 S. ¶ (Auch als: Publikationen d. Internat. Musikgesellsch. Beihefte. F. 2, H. 9.)
Leipzig, Phil. Diss. v. 20. Dez. 1910, Ref. Riemann, Köster
[Geb. 7. Nov. 84 St.-Gallen; Wohnort: St.-Gallen; Staatsangeh.: Schweiz; Vorbildung: Gymn. St.-Gallen Reife O. 04; Studium: Leipzig 11 S.; Rig. 25. Febr. 10.] [U 11. 3266

Müller, Walter. Heublueme. Allerlei Gedichtli in Freiämter-Mundart. ([Mit illustriertem Umschlag und] Worterklärungen.) 93 S. 8. Einsiedeln *etc.*, Benziger & Co. A. G., 1906. [fr. 1. 50]

— f.: Kernobstsorten, die wichtigsten deutschen.

Müller-Waldenburg, Walth., Joseph Lauff. Ein Beitrag zur zeitgenöss. Literaturgeschichte. (98 S.) 8. Stuttgart 906. Strecker & Schröder. 1. 20

Totes Leben. Schauspiel in 3 Aufz. von Walther Müller-Waldenburg. *Berlin: Moderner Verl. Verl. [1903].* (97 S.) 8° [09. 1250

Müller, Walter, Gerichtsref. aus Köln am Rhein: Zur Lehre vom Schatz nach römischem Recht und nach dem Recht des bürgerlichen Gesetzbuchs für das deutsche Reich. *Köln 1898: Greven & Bechtold.* (47 S.) 8°
Erlangen, Jur. Diss. v. 16. Okt. 1898

Mueller, W., über die mitteldeutsche poetische Paraphrase des Buches Hiob. Ein Beitrag zur Geschichte der Sprache u. Literatur des Deutschordenlandes. gr. 8. (56 S.) Halle 883. Niemeyer. n. 1. 20

Mueller, Gualtherus (Walter) [Lubecensis]: Quaestiones vestiariae. . . . Gottingae, *Frommannsche* [sic!] *Buchdr. (Hermann Pohle) in Jena,* 1890; 3 Bl. + 58 + 1 S. 8°
Göttingen, Phil. Fak., Inaug.-Diss. v. 12. März 1890

Mueller, Walth. Quaestiones vestiariae. gr. 8. (VI, 53 S.) Gött. 890, Dieterich's Sort. * 1 —

Reklame! Lebensbild in 1 Akt. Von Walther Müller-Waldenburg. *Wiesbaden: Selbstverl.; Leipzig: C. Cnobloch in Komm. [1901].* (19 S.) 8° [F.] [01. 400

Müller, Walt., meine Rennstiegfahrt im Juli 1906. (46 S.) 8. Straßburg 907. J. Singer. 1. —

— f.: Schirmer, Frdr., dreißigjähr. Wirtschafts-Erfahrgn.

Müller, Walt., u. Pilling, Deutsche Schulflora zum Gebrauch für die Schule und zum Selbstunterricht. 240 Tafeln in Farbendr. mit erklär. Text. Je 8 Taf. u. Titelblatt. Gera 1891—92. gr. 8.

— u. F. O. **Pilling**, deutsche Schulflora zum Gebrauch f. die Schule u. zum Selbstunterricht. 240 Taf. in Farbendr. m. erklär. Text. 30 Lfgn. gr. 8. (je 8 Taf.) Gera 891—893. Th. Hofmann. à n. — 70
(kplt. geb. in 1 Bd.: n. 24. —)
Auch in 4 Tln.: 1. Tl. (48 Taf.) n. 4. 20. — 2. Tl. (64 Taf.) n. 5. 60. — 3. Tl. (64 Taf.) n. 5. 60. — 4. Tl. (64 Taf.) n. 5. 60. — Mappen zu jedem Tl. à n. — 40.
Textbeilage dazu, f.: Pilling, F. O.

— — dasselbe. 240 Taf. in Farbendr. m. erklär. Text. Neue (Titel-)Ausg. 4 Tle. gr. 8. (à 60 Taf. u. VIII S. Text.) Ebd. 894. In Mappe. à n. 6. 80; in 1 Bd. geb. n. 24. — ; auch in 60 Lfgn. à n. — 35

— die schönsten Stauden f. die Schnittblumen u. Gartenkultur, s. a. Hesdörffer, Max.

Die schönsten Stauden für die Schnittblumen- und Gartenkultur. 48 Blumentaf. nach d. Natur aquarelliert u. in Farbendr. ausgeführt von Walter Müller in Gera. Hrsg. u. mit begl. Text vers. von Max Hesdörffer, Ernst Köhler u. Reinh(old) Rudel. (In 12 Lfgn.) Berlin: G. Schmidt 1900. (VIII S., 48 Taf.) 4°

Mueller, Walth., eine Terrakotta der Göttinger Sammlung. Herrn Prof. Dr. Friedrich Wieseler zur Feier seiner 50jähr. Lehrthätigkeit an der Universität Göttingen überreicht vom kgl. archäolog. Seminar. gr. 8. (12 S. m. 1 photograph. Taf.) Göttingen 889. Dieterich's Verl. n. 1. 20

Müller, Walther, die Theseusmetopen vom Theseion zu Athen in ihrem Verhältnis zur Vasenmalerei. Ein archäolog. Beitrag. gr. 8. (64 S.) Göttingen 888, (Akadem. Buchhandlung.) *

Müller, Walther *Arnold:* Transformationstheorie der Monge-Ampère'schen Partiellen Differentialgleichungen n. O. Hr + 2 Ks + Lt + M + N '(rt — s²)' = o . . . Meissen, Druck v. C. E. Klinkicht & Sohn, *1895;* 44 S. 8.
Leipzig, Phil. Fak., Inaug.-Diss. v. [4. Nov.] 1895

Müller, Walther *Rüdiger Eduard Karl Johannes* [aus Berlin]: Über Veränderungen des Nervensystems bei Leukaemie . . . Berlin, C. Vogts Buchdr., *1895;* 30 S., 1 Bl. 8.
Berlin, Med. Fak., Inaug.-Diss. v. 9. Aug. 1895

Müller, Walther, appr. Arzt a. Zerbst, Assistenzarzt beim Kürassier-Reg. von Seydlitz (Magdeb.) No 7, Halberstadt: Das Verhalten der Langerhansschen Inseln beim Diabetes mellitus. (Kasuistischer Beitrag.) Berlin (1905): G. Schade. (28 S.) 8°
Berlin, Med. Fak., Ref. Orth, Diss. v. 12. Okt. 1905
[Geb. 5. Juli 80 Zerbst; Wohnort: Halberstadt; Staatsangeh.: Anhalt; Vorbildung: Francisceum Zerbst Reife O. 99; Studium: Berlin Kaiser Wilh.-Akad. 9 S.; Coll. 11. Okt. 05; Approb. 28. März 05.]

Müller, Walth., Wirtschafts-Erfahrungen, f.: Schirmer, Frdr.

Müller, Walth., tierische Zuckerrübenschädlinge, Beschreibg., Lebensweise u. Vertilgg. Für Rübenbauer bearb. 8. (VIII, 90 S. m. 42 Abbildgn.) Berlin 893. P. Parey. n. 1. 50

Müller, Walther Arnold, s. Müller, Walter

Mueller, Walter A[ugust], a. Bremen: Nacktheit und Entblößung in der altorientalischen und älteren griechischen Kunst. Borna-Leipzig 1906: R. Noske. (VI, 174 S.) 8°
Leipzig, Phil. Fak., Ref. Studniczka, Steindorff, Diss. v. 24. Febr. 1906
[Geb. 8. Juli 72 Bremen; Wohnort: Bremen; Staatsangeh.: Bremen; Vorbildung: Gymn. Bremen Reife M. 96; Studium: Freiburg i. B. 2, München 4, Leipzig 11 S.; Rig. 21. Juli 05.]

Müller, Walt. A., Nacktheit u. Entblössung in der altoriental. u. älteren griech. Kunst. (VI, 178 S. m. Abbildgn. u. 6 Taf.) gr. 8. Leipzig 906. (B. G. Teubner.) n. 4. —

Mueller, Walter Felix, Referendar in Leipzig: Die Teilung der Militärgewalt im deutschen Bundesstaat. Mit besonderer Berücksichtigung des Königreichs Sachsen. Leipzig: Veit & Co. 1905. (VI, 84 S.) 8° [F.]
Leipzig, Jur. Fak., Diss. v. 10. Dez. 1904
[Geb. 23. Nov. 79 Leipzig; Wohnort: Leipzig; Staatsangeh.: Sachsen; Vorbildung: Thomasschule Leipzig O. 99; Studium: Leipzig 6 S.; Rig. 23. Juni 03.]

Mueller, Walt. Fel., die Teilung der Militärgewalt in deutschen Bundesstaat. Die Militärhoheitsrechte in ihrer Verteilg. zwischen Kaiser u. Landesherrn. Mit besond Berücksicht. des Königr. Sachsen. Eine staatsrechtl. Studie (VI, 84 S.) gr. 8. Leipzig 905. Veit & Co. n. 2. 20

Müller, Walther Otto, Album der Cryptogamen-Welt für Freunde der Natur, enth. die am häufigsten vorkommenden Laubmoose, Lebermoose, Flechten, Farren, Bärlappe und Schachtelhalme in natura hrsg. (In 2 Serien.) 1. Serie, auf 10 Taf, enth. die Laubmoose, Lebermoose und Flechten. Imp.-4. Gera 877, Rudolph und Müller. In Mappe

— die Flechten, s. Pabst, G.

– Flora von Gera, s. Schmidt, Robert

Müller, Walther Otto, Flora der Reußischen Länder und deren nächster Umgebungen [Phanerogamen]. Gera 863. Kanitz. 8. (XV, 264 S.) n. 20 ngr.

— Gramineen-Herbarium für Botaniker, Lehrer, Gärtner etc. I. und II. Serie. Fol. (40 Blatt mit aufgeklebten Pflanzen.) Ebendas. 869. In Mappe. à Serie * ℳ 4,50. * 9 —

— u. Hugo Eck, Cryptogamen aus dem Walde. Herbarium. 1—3. Lfg. Lex.-8. Leipzig 876. Schmidt & Günther. In Carton. n.n. 34. —
1. Laubmoose u. Torfmoose. (8 S. nebst 15 Taf. m. aufgeklebten Pflanzen.) n.n. 12. —
2. Flechten. (7 S. m. 14 Taf.) n.n. 12. —
3. Lebermoose. (4 S. m. 4 Taf.) n.n. 10. —

— und G. Pabst, Cryptogamen-Flora. Enth. die Abbild. und Beschreibung der vorzügl. Cryptogamen Deutschlands. 1. Thl.: Flechten. Fol. (38 S. mit 520 Abbild. auf 12 lithogr. Taf.) Gera 874, Griesbach's Verlag. In Mappe. * 8 —

Müller, Walt. Otto, und G. Pabst, Cryptogamen-Flora, enthaltend die Abbildung und Beschreibung der vorzüglichsten Cryptogamen Deutschlands und der angrenzenden Länder. Th. I—3. Abth. I. Mit ca. 1400 Abbildgn. in Farben und Schwarzdruck auf 47 Tafeln m. 19 Holzschnitt. u. beschreibend. Texte. Gera 1875—77.

— u. **Pabst, G.**, Cryptogamen-Flora, enth. die Abbildg. u. Beschreibg. der vorzüglichsten Cryptogamen Deutschlands u. der angrenz. Länder. Die Flechten u. Pilze, m. ca. 900 Abbildgn. in Farben u. Schwarzdr. auf 39 Taf. u. 19 in den Text gedr. Holzschn. 1. u. 2. Thl. Imp.-4. Gera 875. Griesbach. In 1 Bd. geb. n. 36. —
1. Die Flechten v. O. Müller u. G. Pabst. (28 S. m. 12 Steintaf.) ap. n. 8. —
2. Die Pilze v. G. Pabst. (98 S. m. 23 lith. u. chromolith. Taf.) ap. n. 30. —

Müller, W. O., Cryptogamen-Herbarium der thüringen'schen Staaten. 5 Liefgn. Gera 869. Griesbach. hoch 4. (54 Blatt mit aufgeklebten Pflanzen.) n.n. 6 ₰ 10 ngr.

— und Ernst Buschendorf, die am häufigsten vorkommenden essbaren und giftigen Schwämme. Zum Gebrauche für Schule und Haus hrsg. 2., nach Angaben von Autoritäten verb. Aufl. Chromolithogr. von Ernst Buschendorf. gr. 8. (IV, 16 chromolithogr. Taf.) Gera 872, (Kanitz.) geb. * 3 —

— Tafeln zur Bestimmung der in Deutschland, Oesterreich, der Schweiz und Italien wildwachsenden, sowie in Anlagen cultivirten Pflanzen, nebst erläut. Text. In systemat. Ordnung mit zahlreichen Abbildungen, nach der Natur auf Stein gezeichnet. 1.—3. Lfg. gr. 8. (S. 1—96 mit 16 Stnt.) Gera 876,77, Rudolph und Müller. à Lfg. * ℳ 1,20. *

Müller, Walther Otto, Tafeln zur Bestimmung der in Deutschland, Oesterreich, der Schweiz u. Italien wildwachsenden, sowie in Anlagen cultivirten Pflanzen, nebst erläut. Text. In systemat. Ordng. m. zahlreichen Abbildgn., nach der Natur auf Stein gezeichnet. 1. Lfg. gr. 8. (40 S. m. 6 Steintaf.) Leipzig 876. Streller. n. 1. 20

— — **W. O.**, Tafeln der zur Bestimmung der in Deutschland, der Schweiz und Italien wildwachsenden, sowie in Anlagen kultivirten Pflanzen. 2. Lief. gr. 8. Leipzig, Streller. 1877. 1. 60

Müller, Walther Rüdiger Eduard Karl Johannes, s. Müller, Walter

Müller, Werner, Ref. in Erfurt: Die Auflage im Erbrechte des Bürgerlichen Gesetzbuches. Borna-Leipzig 1905: R. Noske. (VIII, 60 S.) 8° [F.]
Leipzig, Jur. Fak., Diss. v. 25. Sept. 1905
[Geb. 2. Okt. 77 Werben, Elbe; Wohnort: Erfurt; Staatsangeh.: Preußen; Vorbildung: Gymn. Stendal Reife O. 97; Studium: Freiburg i. B., Berlin, Halle; Rig. 21. Juni 01.]

Müller, Werner, approb. Arzt aus Braunschweig: Aus d. kgl. chirurg. Universitäts-Kinderklinik in München. Ueber einen Fall von geheilter subcutaner Milzruptur. *München 1904: Kastner & Callwey.* (20 S.) 8°
München, Med. Diss. v. 1904

Müller, Werner, Dr.: Propädeutische Logik nach Wundt. Greiz 1904: Otto Henning. (VIII, 45 S.) 8°
Greiz, st. G OP 1904 (820)

Müller, Wernerus [Suerinensis]: De Caesaris quod fertur belli Africi recensione ... Rostochii, typ. acad. Adlerianis, 1893; 93 S. 8.
Rostock, Phil. Fak., Inaug.-Diss. v. [9. März] 1893

Müller, Wilhelm, s.a. Müller, Wilhelm Adolph

Müller, Wilh. III., civilist. Abhandl. über die Natur der Schenkung auf den Todesfall. gr. 8. Gießen 827. Heyer. 12 gr.

Müller, W., u. G. v. Wendt, Abhandlungen aus dem Gebiete der Tierhaltung. 1.—3. Heft. gr. 8. Berlin, P. Parey. 2. 90
1. Wie füttert der Landwirt zweckmäßig Rübenblätter? Ein Beitrag zur Kenntnis der Ursachen der durch Rübenblattfütterg. hervorgerufenen Übelstände. (31 S.) (908.) — 50
2. Milchgewinnung vom hygienischen u. wirtschaftlichen Standpunkte aus, nebst Vorschlägen zur Bekämpfung der Rindertuberkulose u. Regelung des Verkehrs m. Milch. (63 S.) 908. 1. 20
3. Grundzüge e. wirtschaftlichen Ernährung der Milchkühe, nebst Anleitung zur schnellen Berechnung der Futterrationen u. Einschätzung des Futterwertes der Ernte. (64 S.) 909. 1. 20

– Dass., s.a. Abhandlungen ...

Müller, Wilh. III., civilistische Abhandlungen. 1r Thl. gr. 8. Gießen 833. G. Fr. Heyer, Vater. 1 1/6 ₰ 21 Bog.
[Mehr nicht erschienen.]

Müller, Wilh. (I.), kurzer Abriß der Geschichte für die mittleren Klassen der Gymnasien und Realschulen, für höhere Töchterschulen und andere Lehranstalten. gr. 8. (VIII, 120 S.) Heilbronn 878, Scheurlen's Verlag. * ℳ 1,20.; cart. *

Müller, Wilh., kurzer Abriß der Geschichte für die mittleren Klassen der Gymnasien u. Realschulen, für höhere Töchterschulen u. andere Lehranstalten. 2., verb. u. verm. Aufl. [fortgesetzt bis zum Jahre 1879]. gr. 8. (VIII, 122 S.) Heilbronn 880. Scheurlen's Verl. n. 1. 20; geb. n.n. 1. 40

— dasselbe. 3., verb. u. verm. Aufl. [fortgesetzt bis zum Jahre 1882]. gr. 8. (VIII, 123 S.) Ebend. 883. n. 1. 20; geb. n.n. 1. 40

Müller, Wilh., kurzer Abriß der Geschichte f. die mittleren Klassen der Gymnasien u. Realschulen u. f. andere Lehranstalten. 4. verb. u. verm. Aufl. [fortgesetzt bis zum J. 1885]. gr. 8. (VIII, 128 S.) Heilbronn 886. Scheurlen's Verl. n. 1. 20; geb. n.n. 1. 40

Müller, Wilh. (II.). Kurzer Abriß der Geschichte f. die mittleren Klassen der Gymnasien, Realschulen u. f. andere Lehranstalten. 5. verb. u. verm. Aufl. 8. (131 S.) [Heilbronn 889, Scheurlen.] Stuttg., Bonz u. Comp. * 1 20

Müller, Wilh., kurzer Abriß d. Geschichte im Anschluß an d. in Württemberg eingef. „Zeittafeln" f. die mittl. Klassen der Gymnasien, f. Latein- u. Realschulen u. f. and. Lehranst. 6. Aufl. gr. 8. (VIII, 131 S.) Stuttgart 896. A. Bonz & Co. n. 1. 20; geb. n. 1. 40

Müller, Wilh., kurzer Abriß der Geschichte im Anschluß an die in Württemberg eingeführten „Zeittafeln" f. die mittleren Klassen der Gymnasien, f. Latein- u. Realschulen u. f. andere Lehranstalten. 7. Aufl. gr. 8. (VIII, 131 S.) Stuttgart 900. A. Bonz & Co. n. 1.20; geb. n. 1.40

Müller, Wilhelm. Am Wege gepflückt. Glarus. 1888. UC

Müller, Wilhelm: Zur normalen und zur pathologischen Anatomie des menschlichen Wurmfortsatzes. *Jena: G. Fischer 1897.* (32 S.) 8°
Jena, Med. Diss. v. [17. Aug.] 1897

Müller, Wilh. I., Anfangsgründe d. reinen Mathematik, Arithmetik, Geographie u. Trigonometrie. 1r Thl. 1e Abtheil. Mit 5 Kpft. 8. Götting. 806. Dieterich. 2 ß

Müller, W(ilhelm): Über die Anwendung der Lautschrift im Anfangsunterricht. (Duisburg 1909: Mendelssohn.) 18 S. 8°
Duisburg, st. OR i. E. P 1909 (675) [S 09. 336

Müller, W. (Hrsg.), s. Askania.

Müller, Wilhelm (Hrsg.), s. Aßmann von Abschatz, Hans: Auserlesene Gedichte.

Müller, Wilh. (VI.), auch eine Antwort auf den Bann der Pastoralconferenz. Die Armuth des Evangeliums Christi und die Gleichgültigkeit der Eingeladenen. Zwei Predigten. gr. 8. (32 S.) Berlin 869, F. Lobeck. [Anders.] * — 50

Müller, Wilh., erste Aussaat. Lebenssprüche. (48 S.) kl. 8. Berlin 910. Gerdes & Hödel. —75; geb. in Leinw. 1.20

Müller, W(ilhelm), appr. Tierarzt: Aus d. Inst. f. Seuchenlehre d. Tierärztl. Hochsch. zu Stuttgart. Vorst.: Reinhardt. Bakterien im Fleisch notgeschlachteter und kranker Tiere. Jena: Fischer 1910. 26 S. 8° ¶(Aus: Centralblatt f. Bakteriol. Abt. 1. Bd 56, H. 3/4.)
Gießen, Veterinär-Med. Diss. v. 3. Nov. 1910, Ref. Olt
[Geb. 30. Sept. 86 Ulm a. D.; Wohnort: Stuttgart; Staatsangeh.: Württemberg; Vorbildung: Gymn. Ulm Reife M. 05; Studium: Stuttgart Tierärztl. Hochsch. 7 S.; Rig. 13. Juni 10.] [U 11. 1310

Müller, Wilh. (II.), über den feineren Bau der Milz. gr. 4. (VII und 115 S. mit 6 Buntdr.-Taf.) Leipzig 865, C. F. Winter'sche Verlagsh. *

Müller, Wilh.: Die Bau-Ordnung u. die Feuerlösch-Ordnung f. das Herzogth. Kärnten,
s. Landesgesetze d. Herzogth. Kärnten.

—— s. Becker's Weltgeschichte.

Müller, Wilhelm, Referendar in Weissenfels: Der Begriff der unerlaubten Handlung nach dem Bügerlichen[!] Gesetzbuch für das Deutsche Reich. *Halle a. S. 1900: C. A. Kaemmerer & Co.* (55 S.) 8°
Halle, Jur. Diss. v. 17. Febr. 1900

Müller, Wilh., der Begriff der unerlaubten Handlung nach dem bürgerl. Gesetzbuch f. das Deutsche Reich. gr. 8. (55 S.) Halle 900. C. A. Kaemmerer & Co. n. 1.20

Müller, Wilhelm [aus Hanau]: Aus d. kgl. Univ.-Frauenklinik zu Würzburg. Beitrag zur operativen Behandlung der Retroversio-flexio uteri... Würzburg, Becker's Univ.-Buchdr., 1896; 57 S., 1 Bl. 8.
Würzburg, Med. Fak., Inaug.-Diss. v. 1896

Müller, Wilhelm [aus Remagen am Rhein]: Ein Beitrag zur Kenntniss des Chiastoliths ... Berlin (1886): Gronau. 31 S. 8°
Jena, Phil. Fak., Inaug.-Diss. v. 1886

Müller, Wilhelm, ein Beitrag zur Kenntniss des Chiastoliths. Diss. Jena 1886, G. Neuenhahn. 8°. 31 S.

Müller, Wilh. (II.), Beiträge zur pathologischen Anatomie und Physiologie des menschlichen Rückenmarks. Zur Feier des 25jähr. Amtsjubiläums des geh. Hofr. Prof. Dr. Frz. Ried. Im Auftrage der medicin. Facultät der Universität Jena dargebracht. gr. 4. (III, 42 S. mit 2 Stnt., wovon 1 chromolithogr.) Leipzig 871, Voss. * 3 —

Müller, Wilhelm, a. Nördlingen: Beiträge zur Entwicklungsgeschichte der Inflorescenzen der Boragineen und Solaneen. München 1905: V. Höfling. (39 S.) 8° ¶Aus: Flora od. Allg. Bot.-Zeitung 1905, Bd 94, H. 3.
München, Phil. Fak., Ref. Goebel, Diss. v. 19. Mai 1905
[Geb. 29. Juni 78 Nördlingen; Wohnort: Nördlingen; Staatsangeh.: Bayern; Vorbildung: Realgymn. Augsburg Reife Juli 98; Studium: München 6, München T.H. 1, München 1 S.; Rig. 14. Febr. 05.]

Müller, Wilhelm [pr. Arzt aus Falkenburg in Pommern]: Aus d. pharmakolog. Institut d. Univ. Greifswald. Experimentelle Beiträge zur Kenntnis der Flusssäurewirkung ... Greifswald 1889: Abel. 51 S. 8°
Greifswald, Med. Fak., Inaug.-Diss. v. 16. Apr. 1889

Müller, Wilhelm, Kand. phil.: **Beiträge zur Geschichte des Imperfektum-Indicativi im Altfranzösischen.** (9.—15. Jh. inkl.) *Darmstadt 1904: G. Otto.* (XIV, 113 S.) 8°
Heidelberg, Phil. Diss. v. 1904

Müller, Wilh., Beiträge zur Kraniologie der Neu-Britannier. (S. 71—187 m. 1 Abbildg. u. 2 Taf.) Lex.-8. Hamburg 906. (L. Gräfe & Sillem.) n. 4. —
Sonderabdruck aus: „Jahrb. d. hambg. wiss. Anst."

Müller, Wilhelm, a. Wismar in Meckl.-Schwerin: Beiträge zur Kraniometrie der Neu-Britannier. (Berlin 1905: G. Schade.) (33 S.) 8° ¶(Teil der eingereichten Arbeit, der Rest ersch. später in einer Zeitschrift.)
Berlin, Phil. Fak., Ref. v. Luschan, F. E. Schulze, Diss. v. 2. Juni 1905
[Geb. 20. Mai 81 Wismar im Großherzogt. Mecklenburg-Schwerin; Heimatsort: Berlin; Staatsangeh.: Preußen; Vorbildung: Gymn. der Großen Stadtschule Wismar Reife M. 99; Studium: München 4, Berlin 4 S.; Rig. 18. Mai 05.]

Müller, Wilh. (III.), Beiträge zur Theorie der Respiration. Lex.-8. (49 S.) Wien 858, (Gerold's Sohn.) Thlr. * *
Aus: Sitzungsberichte der k. Akademie der Wissenschaften, Jahrg. 1858, besonders abgedruckt.

Müller Wilhelm: Beiträge zur Theorie der Respiration. S. 33. 8° . . . . —.70
Separatabdruck

Müller, Wilhelm: Beiträge zur Volkskunde der Dtn in Mähren. Ges. u. hrsg. — Wien u. Olmütz: Graeser 1893. VIII, 443 S.

Müller, Wilh. U., Beschreib. d. Sturmfluthen an d. Ufern der Nordsee u. der sich darin ergießenden Ströme u. Flüsse am 3. u. 4. Febr. 1825; nebst d. Angabe der verursacht. Teich-Beschädigungen rc. 1r Thl. gr. 8., Hannov. 825. Helwing. 1 ₰ 14 gr Mit Karten. 3 ₰ 18 gr

Beschreibung der Sturmfluthen an den Ufern der Nordsee u. der sich darin ergießenden Ströme u. Flüsse am 3. u. 4. Februar 1825. Von W[ilhelm] Müller. Mit Kt. u. Plänen. (Th. 1. 2.) — Hannover: Auf Kosten des Verf. in den Kgl. Hofbuchhdlgn (2: Hahn) 1825—28. 8°
(1.) Beschreibg der Sturmfluthen an d. Küsten des Königreichs Hannover u. des Großherzogthums Oldenburg. Mit 1 Kt. u. 2 Plänen. 1825.
(2.) Technischer Teil. Mit Zusätzen u. Anm. vermehrter Ausz. einer gekrönten Preisschr. .... Mit 1 Kt. in 13 Sectionen u. 8 Plänen. 1828.

Müller, Wilhelm, Rechtsprakt. a. Klingenmünster: Die Besonderheiten der Versicherungsaktiengesellschaften. Borna-Leipzig 1909: Noske. 54 S. 8°
Erlangen, Jur. Diss. v. 4. Okt. 1909, Ref. Sehling
[Geb. 15. Okt. 80 Bern; Wohnort: Bern; Staatsangeh.: Bayern; Vorbildung: Freies Gymn. Zürich Reife M. 99; Studium: Bern 2, Würzburg 3, München 1, Erlangen 2 S.; Rig. 30. Juni 08.] [U 10. 738

MÜLLER, WILHELM. Ueber die chemischen Bestandtheile des Gehirns. Erlangen, 1857.

Müller, Wilhelm, Referendar aus Wiesbaden: Der Betrug beim Vertragsschluss und die Ansprüche des Betrogenen gegen den Betrüger. Nach Gemeinem Civilrecht u. Bürgerlichem Gesetzbuch. *Berlin 1900: W. Pilz.* (81 S.) 8°
Rostock, Jur. Diss. v. [12. Juli] 1900

Kreis Beuthen. (Nach d. neuesten topogr. Aufnahmen d. preuß. Generalstabes u. d. Kgl. Oberbergamts hergest.) Angefert. durch [Wilh.] **Mueller**, Markscheider in Berlin. Maßst. 1:100,000. *Kattowitz: G. Siwinna [1903].* (1 Kartenbl. 23 × 20 cm mit Legende.) 8° [kol.]
[Umschlagt.:] Kreiskarte von Beuthen O.-S. [03. 7007

– (Hrsg.), s.a. B i b l i o t h e k deutscher Dichter des 17. Jahrhunderts.

Müller, (Wilh.,) Bibliothek deutscher Dichter d. 17. Jahrh., 1r Bd. A. u. d. T.: Auserlesene Gedichte v. M. Opitz v. Boberfeld. 822. 1 Rthl. 12 gr. — 2r Bd. A. u. d. T.: Andr. Gryphius, auserles. Gedichte 822. 1 Rthl. 12 gr. — 3r Bd. A. u. d. T.: P. Flemming, auserles. Gedichte 822. 1 Rthl. 12 gr. — 4r Bd. A. u. d. T.: Rod. Weckherlin, Gedichte 823. 1 Rthl. 12 gr. — 5r Bd. Simon Dach; Robert Roberthin; Heinr. Albert 823. 1 Rthl. 12 gr. — 6r Bd. Friedr. Logau; Hans Aßmann v. Abschatz 824. 1 Rthl. 4 gr. — 7r Bd. Jul. Wilh. Zinckgref; Andr. Tscherning; Ernst Christoph Homburg; Paul Gerhard 825. 1 Rthl. 8 gr. — 8r Bd. Joh. Rist; Dan. Geo. Morhof 825. 1 Rthl. 4 gr. — 9r Bd. Geo. Phil. Harsdörffer; Joh. Klaj; Sig. v. Birken; Andr. Scultetus; Just. Geo. Schottel; Adam Olearius; Joh. Scheffler 826. 1 Rthl. 4 gr. 10r Bd. Joh. Chr. Günther, auserles. Gedichte 827. 1 Rthl. 4 gr. 8. Leipz, Brockhaus. Rthlr.

—— s. Bibliothek der deutschen Nationalliteratur.

Müller, Wilh., Bilder aus der neueren Geschichte. 8. (III, 350 S.) Stuttgart 893. A. Bonz & Co. n. 4.—; geb. in Leinw. n. 5.—

– Reichskanzler Fürst B i s m a r c k.

— dasselbe, s.a. Aus dem Reiche f. das Reich.

— Reichskanzler Fürst Bismarck. Mit dem (Holzschn.-) Portr. Bismarck's. gr. 8. (XXIV, 332 S.) Stuttgart 881. Krabbe. n. 5. —; geb. n. 5. 50

— Reichskanzler Fürst Bismarck. 1815—1885. Jubiläums-Ausg. [1—10. Tausend.] 8. (VII, 232 S. m. Holzschn.-Portr.) Stuttgart 885. Krabbe. n. 1. —; geb. n. 1. 50

—— Fürst Bismarck. 1815—1890. 3. Aufl. 8. (VII, 288 S. m. Portr.) Stuttg. 890, Krabbe. * 2 —; geb. * 3 —

— Fürst Bismarck. 1815—1898. 4. Aufl. 8. (III, 311 S. m. 1 Bildn.) Stuttgart 898. C. Krabbe. n. 2. —; geb. in Leinw. n. 3. —

—— Feldmarschall Fürst Blücher, s. Aus dem Reiche f. das Reich.

Müller, Wlh. V., Blumenlese aus d. Minnesangern. 8. Berl. 816. Maurers B. 20 gr

Müller, Wilh. V., Blumenlese aus den Minnesängern. Erste Sammlung. 8. Berlin 816. Jetzt Heymann. 5/6 ₰

Müller, Wilhelm, aus Leipzig: Edward Bulwer als Dramatiker. *Leipzig 1901: Gebr. Junghanss.* (82 S.) 8°
Leipzig, Phil. Diss. v. [3. Febr.] 1902

Müller, *Viktor Ludwig Friedrich* Wilhelm [aus Godesberg]: Aus d. chirurg. Klinik zu Bonn. Ueber Coma diabeticum im Anschluss an die Narcose ... Bonn, Buch- u. Steindr. J. Bach Wwe, 1894; 32 S., 1 Bl. 8.
Bonn, Med. Fak., Inaug.-Diss. v. [16.] Juni 1894

Müller, Wilh., üb. Coma diabeticum im Anschluss an die Narcose. Diss. gr. 8. (32 S.) Bonn 894. (Tübingen, F. Pietzcker.) n.n. 1. —

— — (Mitau/Kurland), De crimine majestatis. Präs. Peter Müller. Jena (Bauhofer) 3. IX. 1687. 20 S. (5.—) 24280
Widm. v.: Peter Müller, Georg Wolffgang Wedel, Joachim Secken, Georg Friedrich Reutz, Joh. Hilgendorff, Joh. Friedrich von Ritter (Sächs. Adel), Leonhard Friedrich von Elvern.

— — Dasselbe. Jena (P. Ehrich) 3. IX. 1687. 1712. 24 S. (5.—) 24281
Widm. v.: Peter Müller, Georg Wolffgang Wedel, Joachim Secken, Georg Friedrich Reutz.

— **Wilhelm (Friedrich Wilhelm)** (Roemnitz/Mecklenburg), De cyanosi et tuberculosi. Diss. phys.-pathol. Berlin (G. Schade) 22. IX. 1845. 64 S. u. Biogr. (M.: C. Fischer.) (3.50) 24283
Oppon.: Wilhelm Wendt, Moritz Garthe, Friedrich von Kehler. — Gew.: Eduard Rusch.

—— Dämmerungs-Stunden. — Erzähln. u. Skizzen. gr. 12. (9½ B.) Cöslin 837, Hendeß.

Mueller, Wilhelm
Debora. Von Wilhelm Müller. Berlin 1875.
In: Novellenschatz, Deutscher. Bd 18.

Müller, Wilh., diary and letters. (In deutscher Sprache.) With explanatory notes and a biographical index. Ed. by Philip Schuyler Allen and James Taft Hatfield. (VIII, 201 S. m. Bildnis.) 8. Chicago 903. (New York, G. E. Stechert & Co.)
Geb. in Leinw. (urspr. Pr. 5. —)

— siehe: Dinter's Religionsgeschichte.

– (Hrsg.), s. E g e r i a. 1829.

Mueller, Wilhelm, a. Leipzig: Der Einfluß von Kupfer auf die chemischen und physikalischen Eigenschaften des Eisens. Leipzig [1906]: Hallberg & Büchting. (56 S. m. Taf.) 8°
Leipzig, Phil. Fak., Ref. Beckmann-Ostwald. Diss. v. 3. Sept. 1906
[Geb. 14. Apr. 69 Leipzig; Wohnort: Leipzig; Staatsangeh.: Sachsen; Vorbildung: Realgymn. Döbeln Reife O. 05; Studium: Leipzig 8, Berlin 1 S.; Rig. 22. Mai 06.]

– — Deutschlands Einigungskriege 1864—1871. Mit e. Titelbild in Lichtdr. u. Plänen der wichtigsten Schlachten u. Stellgn. 10 Lfgn. gr. 8. (513 S.) [Kreuznach 889, Voigtländer's Verlag.] Lpz., Geibel u. Brockhaus. à Lfg. — 50; * 5 —; geb. * 6 —

— Deutschlands Einigungskriege 1864—1871. Mit e. Titelbild in Lichtdr. u. Plänen der wichtigsten Schlachten u. Stellgn. 10 Lfgn. gr. 8. (513 S.) Leipzig 889. [Voigtländer.] Geibel & Brockhaus. à n. — 50 (cplt.: n. 5. —; geb. n. 6. —)

Müller, Wilh., Deutschland. Einigungskriege 1864, 1866 u. 1870—1871. Mit 6 Vollbildern v. Otto Marcus u Plänen der wichtigsten Schlachten u. Stellgn. In neuer Rechtschreibg. 2. Aufl. (513 S.) gr. 8. Berlin (903). Neufeld & Henius. Geb. in Leinw. 8. –

Müller, Wilh., Deutschlands Einigungskriege 1864, 1866 u. 1870—1871. Mit 6 Vollbildern v. Otto Marcus u. Plänen der wichtigsten Schlachten u. Stellgn. In neuer Rechtschreibg. 3. Aufl. (513 S.) gr. 8. Berlin (907). Neufeld & Henius. Geb. in Leinw. 8. —

Müller, Wilhelm: Über die Einwirkung von Oxaläther auf aromatische Amidokörper. *Rostock 1898: C. Hinstorff.* (40 S.) 8°
Rostock, Phil. Diss. v. [28. Febr.] 1898

Müller, Wilhelm, aus Augsburg: Ueber Ekgonin und Tropylamine. München 1898: Kastner & Lossen. (78 S.) 8°
München, Phil. Diss. v. 1899

Müller, Wilh. (II.), latein. Elementarbuch. Zum Gebr. f. unt. Classen gelehrter Schulen. gr. 8. (5 B.) Claudthal 837, Schweigersche Buchh.

Müller, Wilh. (I.), lateinische Elementargrammatik mit Aufgaben zum Uebersetzen in's Deutsche und Lateinische nebst Lectionen für Anfänger. In 5 Cursus eingetheilt. gr. 8. (VIII und 302 S.) Neustadt a. d. O. 847, Wagner. Thlr.

— analytische Entwickelung d. Trigonometrie u. ihre Differential-Formeln. Mit 2 Kpft. 8. Götting. 806. Röwer. 14 gr.

Müller, Wilhelm: Zur Entwicklung der Striges und deren Wendezehe. Leipzig 1907. 34 S. 8°. S.-A. aus „Zoologischer Anzeiger", Bd. 31. Nr. 13/14. 1907.*
[15. XII. 06.]
Bern. Phil. Diss. 1906/1907.

Müller, Wilhelm. Zur Entwicklung der Striges und deren Wendezehe. Diss. Phil. Bern. (Mit 13 Figuren. Sonderabdruck aus dem «Zoologischen Anzeiger» Bd. 31. No. 13/14 vom 2. April 1907.) 34 S. 8. Leipzig, Wilhelm Engelmann, 1907.

Müller, Wilh[elm]. Der Entwickelungsgang des Endophyllum Euphorbiae silvaticae (DC) Winter und der Einfluss dieses Pilzes auf die Anatomie seiner Nährpflanze Euph. Amygdaloides. Abdruck aus dem Centralblatt f. Bakteriologie, Parasitenkunde u. Infektionskrankheiten. Abteilung II... Band 20. 1908. No. 11. S. 333—341. 8. Jena, Gustav Fischer.

Müller, Wilh. (III.), allgem. Encyklopädie d. Wissenschaften u. Künste, s. Encyklopädie ꝛc., 2. Sect.

Müller, Wilhelm, Tierarzt a. Elbing: Aus dem Physiologischen Institute der Königl. Tierärztlichen Hochschule zu Berlin. (Leiter: Geh. Reg.-Rat Prof. Dr. H. Munk.) Ueber den Ersatz von Eiweiß durch Leim im Stoffwechsel. Gießen 1906: Brühl. (55 S.) 8°
Gießen, Veterinär-Med. Koll., Ref. Frank, Diss. v. 21. Dez. 1906
[Geb. 17. Sept. 83 Elbing; Wohnort: Berlin; Staatsangeh.: Preußen; Vorbildung: Oberrealsch. Elbing Reife O. 02; Studium: Tierärztl. Hochsch. Berlin 7 S.; Rig. 13. Nov. 06.]

Müller, (W[ilhelm]): Die Erstürmung Halberstadts durch das schwarze Korps des Herzogs Friedrich Wilhelm von Braunschweig-Oels am 29. Juli 1809. Rathenow 1909: Babenzien. 25 S. 4°
Rathenow, st. RG i. E. u. R OP 1909 (136) [S 09. 337

Müller, Wilh., über das gesetzliche Executionsverfahren der k. bayerischen Bezirksämter u. deren Taxregister. Augsburg 866. (Schlosser's Buchh.) gr. 8. (30 S.) n. 9 ngr.

Müller, Wilhelm [aus Deutz]: Ueber einen Fall von Arthrodese im Talocruralgelenke mit Nagelung ... Köln-Deutz (1888): J. Dietz & Baum'sche Druckerei. 43 S. 8°
Würzburg, Med. Fak., Inaug.-Diss. v. 1888

Müller, Wilhelm *Gustav Heinrich* [pr. Arzt in Dahle, Kr. Altena]: Ein Fall von Missbildung am Beckenteil des weiblichen Urogenitalapparates. Aus d. anatom. Institut Marburg ... M. 6 Abb. ... Marburg, Univ.-Buchdr. (R. Friedrich), 1895; 26 S., 1 Bl., 3 Taf. 8.
Marburg, Med. Fak., Inaug.-Diss. v. 13. Mai 1895

Müller, Wilhelm, Marine-Stabsarzt a. D. a. Nienburg (Saale): Aus dem Königlichen pathologischen Institute zu Kiel. Ein Fall von stark ossificirenden Sarkom-Metastasen nach Sarkom der fibula. Kiel 1904: H. Fiencke. (21 S.) 8°
Kiel, Med. Fak., Ref. Heller, Diss. v. 23. Dez. 1904
[Geb. 24. Jan. 72 Nienburg (Saale); Wohnort: Nienburg; Staatsangeh.: Preußen; Vorbildung: Gymn. Eisleben Reife M. 92; Studium: Berlin, Kaiser Wilhelm-Akademie 11 S.; Coll. 26. Febr. 03; Approb. 27. März 99.]

MÜLLER, Wilhelm (München): "De febri typhose". Ein Beitrag zur Geschichte und zur Ätiologie des Abdominal-Typhus.- München: Gotteswinter & Mössl 1866. 39 S.
13.3.1866 - Urk (Titel: De typho abdominali.); P 71
Diss. Ingolst. - Landsh. - Mchn.

Festschrift zur Feier des 25jähr. Bestehens des Vereins ehem. Preuss. Garde zu Halle a. S. (Verf.: Wilhelm **Müller**, Erster Vorsitzender.) Halle (1906): C. Colbatzky. (19 S.) 8° [Umschlagt.] 108. 9939 3

Müller, Wilh. (II.), le fils du viel invalide, s. Bibliothèque de la jeunesse.

Müller, Wilh. (VII.), Le fils du vieil invalide, s. Contes choisis.

— W., Flexionslehre des griechischen Verbi, nebst einem Verzeichniss der in Prosa vorkommenden irregulären Verben, in 9 Tabellen, für gelehrte Schulen. Stuttg. 822. f. 10 gr.

Müller, Wilh. IV., Flexionslehre des griech. Verbi, nebst e. Verzeichniß d. in Prosa vorkomm. irregulären Verben, in 9 Tabb. bearb. Fol. Stuttg. 822. Metzler. 12 gr.

Müller, Wilh., Flora v. Pommern. Nach leichtem Bestimmungsverfahren bearb. 12. (VI, 351 S.) Stettin 898. Burmeister Geb. in Leinw. n. 3. 50

Müller, Wilh., Flora v. Pommern. Nach leichtem Bestimmungsverfahren bearb. 2. Aufl. (V, 368 S.) kl. 8. Stettin 904. J. Burmeister. Geb. in Leinw. n. 3. 50

Die Frage der Barzahlungen im Lichte der Knapp'schen Geldtheorie. Verf. von Wilhelm **Müller**, Beamter d. Pester Ung. Kommerzialbank. Nach d. ungar. Original bearb. Wien: Manz 1908. (IV, 46 S.) 8° 108. 3399

Müller, Wilh(elm). Die Francis-Turbinen und die Entwicklung des modernen Turbinenbaues in Deutschland, der Schweiz, Österreich-Ungarn, Italien, Frankreich, England und den Vereinigten Staaten von Amerika. Mit 214 Abbildungen im Text, Tabellen, Leistungsuntersuchungen und 16 Tafeln ausgeführter Turbinenanlagen. VIII + 333 S. gr.-8. Hannover, Gebrüder Jänecke, 1901. [geb. M. 18. —]

Müller, Wilh., die Francis-Turbinen u. die Entwicklung des modernen Turbinenbaues in Deutschland, der Schweiz, Oesterreich-Ungarn, Italien, Frankreich, England, Skandinavien u. Nord-Amerika. Mit 339 Abbildgn. im Text, Tabellen, Leistungsuntersuchgn. u. XXIV Taf. ausgeführter Turbinenanlagen. 2., neubearb. u. erweit. Aufl. (VIII, 469 S.) Lex.-8. Hannover 905. Dr. M. Jänecke. Geb. in Leinw. n. 24. —

Müller, Wilh., Benjamin Franklin, s.: Aufwärts. Nr. 1.

Müller, Wilh., historische Frauen. gr. 8. (VI, 320 S.) Berlin 876. Springer's Verl. 6. —; geb. 7. 50

— historische Frauen. 2., verb. u. verm. Aufl. gr. 8. (VII, 382 S.) Berlin 882. Springer. 6. —; geb. 7. 50

Müller, Wilh, Fremdenführer f. den Luftkurort Gausmannsweiler bei Welzheim, Ebnisee u. Umgebung. 8. (39 S.) Gmünd 888. (Stuttgart, Lindemann's Sort.) n. — 70

—— Kaiser Friedrich. 8. (III, 151 S. mit Bild.) Stuttgart 888, Krabbe. * M 1.—.; geb. *

Müller, (Feldwebel,) Wlh., Friedrich Wilhelm, Herzog von Braunschweig-Lüneburg u. Oels, in Liedern der Deutschen. 8. (Mit 1 Kupfer.) Braunschweig 843 (G. C. E. Meyer sen.) 1/2 ℛ︁ 15 B.

—— dramat. Frühlingsgabe, s. Frühlingsgabe.

– (Hrsg.), s.a. Gabe, Des Bettlers.

Müller, Wilh., des Bettlers Gabe. Taschenbuch für 1835. 8. Kolberg 834. (Berlin, Hold.) n. 1 ℛ︁ — dass. für 1836. 2r Jahrg. (Enthält: Der Verkannte. — Der letzte Schmerz.) 8. Ebd. 835. Post (Ebd.) n. 1 1/3 ℛ︁ — (3r—7r Jahrg.) 1837—1840. gr. 12. Cöslin 836—39. Hendeß. (à 1 1/3 ℛ︁) 5 1/3 ℛ︁

Müller, Wlh., des Bettlers Gabe. Taschenbuch für 1840—1843. 6.—9. Jahrg. Mit Kupfern. kl. 8. Berlin u. Stralsund 841, 42, Cornelius; Cöslin, Hendeß. 6. u. 7. J. à n. 1 1/3 ℛ︁ 8. u. 9. J. à n. 1 2/3 ℛ︁

— dass. 10.—13. Jahrg. 1844—1847. Mit des Verf. Bildn. 8. Berlin 843—46, Deutsche Verlags-Buchh.; v. Puttkammer. geb. à n. 1 2/3 ℛ︁

Müller, Wilh., Bettlers Gabe. Taschenbuch für 1848. 14. Jahrg. 8. (324 S.) Berlin, Wilhelmi. 1 1/3 ℛ︁

Müller, Wilh. (II.), des Bettlers Gabe. Taschenbuch f. 1835. 8. (16 1/4 B.) Kolberg. (Berlin, Hold.)

Müller, Wilh. (VI.), des Bettlers Gabe. Taschenb. f. 1836. 2. Jahrg. 8. (21 1/2 B.) Kolberg, Post. *

—— dass. — f. 1837—41. 3—7. Jahrg. gr. 12. (14, 10 1/4, 12, 9 3/4 u. 10 1/4 B.) Cöslin, Hendeß. à *

—— dass. — f. 1842. 8. Jahrg. 8. (18 B. u. 4 Kpfr.) Berlin, [Danz.] *
1. Jahrg. 1835. Berlin, (Hold.) * 1 Thlr.

Müller, Wilh. (II.), Bettlers Gabe. Taschenbuch f. 1843. 9. Jahrg. 16. (19 B. u. 5 Stahlst.) Berlin u. Stralsund 842, Cornelius. Thlr. *

—— dass. f. 1844. 10. Jahrg. 8. (20 1/2 B. u. M's. Bildn.) Berlin 843, Deutsche Verlags-Buchh. *

—— dass. f. 1845—47. 11—13. Jahrg. 8. Berlin, [Danz.] [11. (21 1/4 B. u. Titkpfr.) 12. (20 3/4 B.) 13. (20 5/8 B.) à J. * 1 Thlr. 20 Ngr.] *

Müller, Wilh. (II.), Bettlers Gabe. Taschenbuch für 1848. 14. Jahrg. 8. (324 S.) Berlin 847, Wilhelmische Buchh.

Müller, Wilh., das 10. Gebot: Jeder Erzieher soll meine heiligen Gebote lehren. Aus der Schrift nachgewiesen. 8. (74 S.) Berlin 883. C. H. Müller. n. — 50

– Gedichte, s.a. Bibliothek der Gesamt-Litteratur d. In- u. Auslandes.

Müller, W., Gedichte, s. Bibliothek der deutschen Nationalliteratur.

Müller, Wilh., Gedichte, s. a. Universal-Bibliothek.

Müller, Wilh. (I.), Gedichte. Hrsg. u. mit e. Biographie Müller's begl. v. Gust. Schwab. 2 Bdchn. 16. (62 1/4 B.) Leipzig 837, Brockhaus. Thlr.

— Gedichte. Min.-Ausg. 2 Thle. 16. (XXII u. 615 S.) Leipzig 850, Brockhaus. n. 3 ℛ︁; in Engl. Einb. m. Goldschn. n. n. 3 ℛ︁ 16 ngr

Müller, Wilh., Gedichte. 2 Thle. 4. Aufl. Leipzig 858. Brockhaus. 16. (XII, 312; IX, 303 S.) n. 3 ℛ︁.

Müller, Wilh., Gedichte. Mit Illustr. von J. Heilmair rc. 2 Thle. 8. Berlin 874. Gera, Griesbach's Verlag. geb. 4 —

Müller, Wilh., Gedichte. Mit Illustr. v. J. Hailmair, Fuellhaas u. A. in Holz geschn. v. W. Aarland u. H. Käseberg u. e. Einleitg. v. E. Hermann. 2 Thle. 8. (VIII, 140 u. 204 S.) Berlin 874. Grote. n. 3. — geb. n. 4. —; geb. m. Goldschn. n. 4. 50

Müller, Wilh., Gedichte, s. a. Literaturdenkmale, deutsche des 18. u. 19. Jahrh.

Gedichte von Wilhelm Müller. Vollständ. krit. Ausg. bearb. von James Taft Hatfield. Nebst Portr. u. 1 Facs. Beil. Berlin: B. Behr 1906. (XXXI, 513 S.) 8°
= Literaturdenkmale, Deutsche, d. 18. u. 19. Jhs. No 137.

Müller, Wilh., ausgewählte Gedichte. Leipzig 864. Brockhaus. 16. (VIII, 161 S.) n. 20 ngr

— Gedichte, aus d. hinterlass. Papieren eines reisend. Waldhornisten, s. Gedichte, 77.

Müller, (Wilh.) Gedichte, aus d. hinterlass. Papieren eines reis. Waldhornisten. 1r Bd. 1e Aufl. u. 2r Bd. 8. Dessau 824 u. 27, Brockhaus in Leipz.

—— die Gefangenen im Kaukasus. Eine Volks- u. Jugend-Erzählung. 1. Aufl. (9 B.) 843. u. 2. Aufl. 8. (8 1/2 B.) Berlin 846, Simion.
Aus: Nieritz, G., Jugend-Bibliothek rc. besond. abgedruckt.

Müller, Wilh., die Gefangenen im Kaukasus. Eine Volks- u. Jugend-Erzählung. 3. Aufl. Leipzig 861. Voigt & Günther. 8. (124 S.) 10 ngr.

Müller, Wilh., die Gefangenen im Kaukasus. Eine Volks- u. Jugend-Erzählung. 4. Aufl. gr. 16. (110 S.) Düsseldorf 877. F. Bagel. cart. — 60

Müller, Wilh. (II.), die Gefangenen im Kaukasus. Eine Volks- und Jugend-Erzählung. 4. Aufl. gr. 16. (110 S.) Düsseldorf 879, Bagel's Verlag. cart.

General-Industriekarte vom oberschlesischen, russischen und Mährisch-Ostrauer Industrierevier. (Angefertigt durch [Wilhelm] **Mueller**, Markscheider in Berlin. Masst. 1:100,000. Kattowitz: G. Siwinna [1906].) (1 Kartenbl. 80×75 cm mit Legende.) 8° [Kopft. lith.] [kol.] 07.893

Müller, Wilh., die Geographie der Rheinprovinz nach der zeichnenden Methode. Dargestellt f. die Mittel- u. Oberstufe der Volksschule in 18 Skizzen m. erläut. Text. gr. 8. (11 S.) Düsseldorf 886. Schwann. n. — 75

— deutsche Geschichte. Mit 4 histor. (chromolith.) Karten. gr. 8. (XIX, 320 S.) Stuttgart 880. Krabbe. n. 5. —; geb. n. 6. —

— dasselbe. Mit zahlreichen Illustr. (Holzschntaf.) u. 4 Karten. 10 Lfgn. gr. 8. (XIX, 320 S.) Ebend. 881. à n. — 50; cplt. geb. n. 6. —

—— deutsche Geschichte bis zum J. 1888. Illustr. Volksausg. 8. (XX, 383 S.) Stuttgart 888, Krabbe. geb. *

— europäische Geschichte u. Politik 1871—1881. gr. 8. (XVI, 304 S.) Berlin 882. Springer. n. 5. —; geb. n. 6. —

Müller, Wilh., illustrirte Geschichte d. deutsch-französischen Krieges 1870 u. 1871. 16 Lfgn. hoch 4. (à 24 S. m. eingedr. Holzschn., 2 Holzschntaf. u. 1 lith. Karte in gr. Fol.) Stuttgart 871—72. Hallberger. à — 75 cplt. geb. m. Goldschn. n. 15. —

— —, W., illustrirte Geschichte des deutsch-französischen Krieges von 1870—71. Stuttgart 1873. fol.

Müller, Wilh., s. a. Geschichte, politische, der Gegenwart.

Politische Geschichte der Gegenwart v. Wilhelm **Müller**. [Bd.] 1 bis 25, 1867—1891. Berlin. 1868—92; fortgeführt v. Karl **Wippermann**. [Bd.] 26—33, 1892—1899. ebd. 1893—1900. 8°

Müller, Wilh. (IX.), politische Geschichte der Gegenwart. I.—IX. gr. 8. Berlin, Springer's Verlag. geb.

Inhalt:

I. Das Jahr 1867. (XIII, 194 S.) 868. ℳ 1,80.; geb. ℳ 2,80.
II. Das Jahr 1868. (XVI, 236 S.) 869. ℳ 2,25.; geb. ℳ 3,25.
III. Das Jahr 1869. (XV, 228 S.) 870. ℳ 2,25.; geb. ℳ 3,25.
IV. Das Jahr 1870. Nebst einer Chronik der Ereignisse des J. 1870. (XIX, 350 S.) 871. ℳ 3.; geb. ℳ 4.
V. Das Jahr 1871. Nebst einer Chronik der Ereignisse des J. 1871. (XVII, 346 S.) 872. ℳ 3,75.; geb. ℳ 4,75.
VI. Das Jahr 1872. Nebst einer Chronik der Ereignisse des J. 1872 und einem alphabet. Verzeichnisse hervorragender Personen. (XX, 342 S.) 873. (ℳ 4.) ℳ 4,20.; geb. ℳ 5,20.
VII. Das Jahr 1873. Nebst einer Chronik der Ereignisse des J. 1873 und einem alphabet. Verzeichnisse der hervorragenden Personen. (XX, 402 S.) 874. ℳ 4,50.; geb. ℳ 5,50.
VIII. Das Jahr 1874. Nebst einer Chronik der Ereignisse des J. 1874 und einem alphabet. Verzeichnisse der hervorragenden Personen. (XVII, 331 S.) 875. ℳ 4,20.; geb. ℳ 5,20.
IX. Das Jahr 1875. Nebst einer Chronik der Ereignisse des J. 1875 und einem alphabet. Verzeichnisse der hervorragenden Personen. (XV, 328 S.) 876. ℳ 4,20.; geb. *ℳ 5,20.

— politische Geschichte der Gegenwart. X. Das Jahr 1876. Nebst einer Chronik der Ergebnisse des Jahres 1876 u. einem alphabet. Verzeichnisse der hervorragendsten Personen. gr. 8. (XVI, 339 S.) Ebend. 877. 4. 20; geb. 5. 20

— dasselbe. XI. Das Jahr 1877. Nebst einer Chronik der Ereignisse des Jahres 1877 u. einem alphabet. Verzeichnisse der hervorragendsten Personen. gr. 8. (XII, 288 S.) Ebend. 878. 3. 60; geb. n. 4. 60

— dasselbe. XII. Das Jahr 1878. Nebst einer Chronik der Ereignisse des Jahres 1879 u. einem alphabet. Verzeichnisse der hervorragendsten Personen. gr. 8. (XIII, 319 S.) Ebend. 879. 4. 20; geb. n. 5. 20

— dasselbe. XIII. Das Jahr 1879. Nebst einer Chronik der Ereignisse des Jahres 1879 u. alphabet. Verzeichnisse der hervorragendsten Personen. gr. 8. (XVI, 265 S.) Ebend. 880. 3. 60; geb. n. 4. 60

— dasselbe. XIV. Das Jahr 1880. Nebst einer Chronik der Ereignisse des Jahres 1880 u. einem alphabet. Verzeichnisse der hervorragendsten Personen. gr. 8. (XVI, 296 S.) Berlin 881. Springer. 4. —; geb. n. 5. —

Müller, Wilh., politische Geschichte der Gegenwart. XV. Das Jahr 1881. Nebst einer Chronik der Ereignisse des Jahres 1881 u. einem alphabet. Verzeichnisse der hervorragendsten Personen. gr. 8. (XV, 301 S.) Berlin 882. Springer. 4. —; geb. n. 5. —

— politische Geschichte der Gegenwart. XVI—XIX. gr. 8. Berlin, Springer. 15. 30; geb. n. 19. 30
XVI. Das Jahr 1882. Nebst e. Chronik der Ereignisse d. J. 1882. (XV, 335 S.) 883. 4. 20; geb. n. 5. 20
XVII. Das J. 1883. Nebst e. Chronik der Ereignisse d. J. 1883. (XII, 268 S.) 884. 3. 60; geb. n. 4. 60
XVIII. Das J. 1884. Nebst e. Chronik der Ereignisse d. J. 1884. (XIII, 378 S.) 885. 4. 50; geb. n. 5. 50
XIX. Das J. 1885. Nebst e. Chronik der Ereignisse d. J. 1885. (XIV, 247 S.) 886. n. 3. —; geb. n. 4. —

— politische Geschichte der Gegenwart. XX—XXIII. gr. 8. Berlin, Springer. à n. 4. —; geb. n. 5. —
XX. Das J. 1886. Nebst e. Chronik der Ereignisse d. J. 1886 u. e. alphabet. Verzeichnisse der hervorrag. Personen. (XV, 314 S.)
XXI. Das J. 1887. Nebst e. Chronik der Ereignisse d. J. 1887 u. e. alphabet. Verzeichnisse der hervorrag. Personen. (XV, 316 S.)
XXII. Das J. 1888. Nebst e. Chronik der Ereignisse d. J. 1888 u. e. alphabet. Verzeichnisse der hervorrag. Personen. (XV, 340 S.)
XXIII. Das J. 1889. Nebst e. Chronik der Ereignisse d. J. 1889 u. e. alphabet. Verzeichnisse der hervorrag. Personen. (XIV, 313 S.)

— politische Geschichte der Gegenwart. XXIV. XXV. gr. 8. Berlin, J. Springer. à n. 4. —; geb. à n. 5. —
XXIV. Das J. 1890. Nebst e. Chronik der Ereignisse d. J. 1890 u. e. alphabet. Verzeichnisse der hervorrag. Personen. (XIV, 323 S.) 891.
XXV. Das J. 1891. Nebst e. Chronik der Ereignisse d. J. 1891 u. e. alphabet. Verzeichnisse der hervorrag. Personen. (XI, 304 S.) 892.
Fortsetzung, s.: Geschichte, politische, der Gegenwart.

Müller, Wilh., Geschichte der neuesten Zeit 1816—1866 mit besond. Berücksichtigung Deutschlands. Stuttgart 867. Neff. gr. 8. (XVII, 362 S.) 1 ℛ︎ 6 ngr.

— politische Geschichte der neuesten Zeit 1816—1868, mit besond. Berücksichtigung Deutschlands. 2., verb. u. verm. Aufl. Stuttgart 869. Neff. gr. 8. (XVIII, 400 S.) 1 ℛ︎ 6 ngr.; in engl. Einb. n. 1 ℛ︎ 18 ngr.

—— dass. — 1869—1875 mit besond. Berücksicht. Deutschlands. Supplement zu des Verf. Geschichte der neuesten Zeit 1816—1868. gr. 8. (VIII, 113 S.) Ebendas. 875. *

— politische Geschichte der neuesten Zeit 1816—1875 m. besond. Berücksicht. Deutschlands. 3. verb. u. verm. Aufl. gr. 8. (XXVI, 523 S.) Stuttgart 875. Neff. n. 5. —

— politische Geschichte der neuesten Zeit. 1816—1889. Mit besond. Berücksicht. Deutschlands. 4., verb. u. verm. Aufl. 12 Lfgn. gr. 8. (XXIV, 576 S.) Stuttgart 889. 890. Neff. à n. — 50 (cplt.: n. 6. —; geb. n. 7. —)

Müller, Wilh., Geschichte u. System d. *altdeutschen Religion.* Göttingen, Vandenhöck u. Ruprecht, 1844. Gr. 8°. Hfrzb.
XVI—424 S. „Versuch, die Forschungen Grimm's nach den in Ottfr. Müller's Prolegomena aufgestellten Principien zu verarbeiten. Eine übersichtl. Darstellung der altdeutschen Mythologie." (Schwab u. Klüpfel.)

Müller, W., württembergische Geschichte. Anh. zum Leitfaden f. den Unterricht in der Geschichte. 14. Aufl. gr. 8. (19 S.) Stuttgart (890). J. F. Steinkopf. n. — 20

Müller, Wilh., die Geschichte Württembergs für die Freunde des engeren Vaterlandes und zum Schulgebrauch. Im Anschluß an die für den geschichtlichen Unterricht eingeführten „Zeittafeln" bearb. Stuttgart 862. Metzler. gr. 8. (IV, 160 S.) n. 12 ngr.

– Geschichte der neuesten Zeit 1816-1866, s. Müller: (Politische) Geschichte der neuesten Zeit ...

— Geschichtsbilder zum Gebrauche der Volksschule. 11. Aufl. Ausg. für Baden. 8. (VIII, 107 S.) Stuttgart 877. Metzler's Verl. cart. n. — 80

– Griechenlieder, s.a. Bibliothek der Gesamt-Litteratur d. In- u. Auslandes.

Müller, Wilh. (III.), Griechenlieder. Neue vollständ. Ausg. gr. 8. (11½ B.) Leipzig 844, Brockhaus. *

—— Groß-Nowgorod der Freistaat der russischen Slawen. Schattenbilder der Vergangenheit. 8. (18 B.) Berlin 843, Deutsche Verlags-Buchh.

— Grundriß zu Vorlesungen über die militär. Encyklopädie. 8. Götting. 805. Dieterich. 2 gr

Dr. W[ilhelm] **Müller**, Leipzig, u. Dr. G[eorg] v. Wendt: Grundzüge einer wirtschaftlichen Ernährung der Milchkühe nebst Anleitung z. schnellen Berechnung d. Futterrationen und Einschätzung d. Futterwertes d. Ernte. Berlin: Parey 1909. 64 S. 8°
(Abhandlungen aus d. Gebiete d. Tierhaltung. H. 3.) A 12.6

Müller, W., Handb. d. Verfertig. d. grob. Geschützes rc. m. K. gr. 8. Götting. Dankwerts. 807.

— Handbuch der Verfertigung d. groben Geschützes, f. diejenigen, welche sich e. allgem. Kenntniß davon erworben haben. Mit 5 Kpfr. gr. 8. Götting. 807. (Vandenhöck u. R.) 3 ℛ

Müller, Wilh. (III.). Handlexikon zum Landes-Gesetz- u. Verordnungsblatt f. das Herzogth. Kärnten. 8. (IV, 157 S.) Klagenf. 890, v. Kleinmayr. * 1 40

— s. Hartmann von Aue, der arme Heinrich.

—— Hoffnungsgrün. Erzählungen für die reifere Jugend. Mit 4 Stahlst. und zahlreichen Illustr. (in Holzschn.) Gabe der Weihe für das J. 1850. gr. 8. (VIII und 312 S.) Berlin 849, Wilhelmische Buchh.

Müller, Wilhelm, aus Mainz: Hydrolyse des Natriumphenats beim Siedepunkt seiner wässrigen Lösungen. *Weimar 1901: R. Wagner Sohn.* (69 S.) 8°
Giessen, Phil. Diss. v. 1901

Hydrometrie. Prakt. Anleitung z. Wassermessung, neuere Meßverfahren, Apparate u. Versuche. Von Wilhelm **Müller**, Ing. Mit 81 Abb., 15 Übersichten u. 3 Taf. Hannover: Jänecke 1903. VI, 150 S. 8°

Mueller, (Paul. Lud.) Guil. (geb. Münster in Westf. 26. 3. 1819): De hydrophobia. Berolini (1843). (28 S.) 8°
Berlin, Med. Diss. v. 23. Juni 1843

– s. Hymens Jubelklänge.

Jena in den letzten hundert Jahren. Rede geh. z. Feier d. akadem. Preisverteilung am 20. Juni 1896 v. Wilhelm **Müller**, o. ö. Prof. d. pathol. Anat., d. Zt. Prorektor. Jena 1896: G. Neuenhahn. 17 S. 4°

—— Jermak u. seine Genossen, od. die Eroberung von Sibirien. Geschichtl. Sagengemälde. 2 Thle. 8. (32½ B.) Berlin 843, Deutsche Verlags-Buchh.

— die Ingrossation des Grundeigenthums nach dem Großherzogl. Hess. Gesetze vom 21. Febr. 1852 in Betreff der Erwerbung des Grundeigenthums und der besonderen rechtlichen Folgen des Eintrags eines Erwerbstitels in dem Grundbuche, mit vergleich. Rücksicht auf gemeines deutsches Civilrecht. Ein Beitrag zur Eigenthumslehre. Darmstadt 855. Jonghaus. gr. 8. (VIII, 271 S.) n. 1 ℛ 10 ngr.

Müller, Wilhelm. Inhalts-Verzeichnis über die Beschlüsse des kärntn. Landtages vom Jahre 1861 bis einschließlich 1898. Klgft., v. Kleinmayr, 1900. 196 S.

— Karte d. Königr. Hannover. 33 Bl. mit obigen Tabellen. Hannov., Helwing. schwarz 17 ℛ 18 gr illum. 21 ℛ 8 gr

Kreis Kattowitz. (Nach d. neuesten topogr. Aufnahmen d. preuß. Generalstabes u. d. Kgl. Oberbergamts hergest.) Angef. durch [Wilh.] **Muellor**, Markscheider in Berlin. Maßst. 1:100,000. *Kattowitz: G. Siwinna [1903].* (1 Kartenbl. 30 × 20 cm mit Legende.) 8° [kol.]
[Umschlagt.:] Kreiskarte von Kattowitz O.-S. [03. 1908

Müller Sohn, Wilh. (VI.), das Kellerwesen der Neuzeit oder die Kellerwirthschaft nach neuesten Erfahrungen. Ein prakt. Hand- und Hülfsbuch für Brauer, zunächst aber für Biergrossisten [Entrepositaires], Exporteure, Restaurateure rc., mit besond. Berücksicht. des Verfahrens beim Flaschenbier-Export nach überseeischen Ländern und des Seetüchtigmachens der Export-Biere durch Pasteurisiren, Salicylisiren rc. Anleitung zu zweckentsprechenden Bierdepotkeller-Bauten; Verwendung der neuesten Apparate und Hülfswerkzeuge in der Kellerwirthschaft rc. Mit in den Text gedr. (Holzschn.-)Abbild. und einem Anhang. gr. 8. (VIII, 174 S.) [Straßburg 876.] Mannheim, Schneider. *

Müller, Wilhelm, aus Cardiff (England): Zur Kenntnis der Farbstoffe des Gelbholzes. Bern 1907. 75 S. 8°. [31. I. 07.]
Bern. Phil. Diss. 1906/1907.

Müller, Wilhelm. Zur Kenntnis der Farbstoffe des Gelbholzes. Diss. Phil. Bern ... von W' M' aus Cardiff ⟨England⟩. 75 S. 8. Bern, Stämpfli & Cie., 1907.

Müller, Wilhelm, Bern, Botan. Institut: Zur Kenntnis der Euphorbia-bewohnenden Melampsoren. Mit 31 Figuren im Text. Jena 1907. IV + 40 S. 8°. S.-A. aus dem Centralblatt f. Bakteriologie, Parasitenkunde u. Infektionskrankheiten 2. Abth. Band 19. 1907. [3. V. 07.]
Bern. Phil. Diss. 1907/08.

Müller, Wilhelm. Zur Kenntnis der Euphorbia-bewohnenden Melampsoren. Diss. Phil. Bern. Mit 31 Figuren im Text. (Abdruck aus dem Centralblatt f. Bakteriologie, Parasitenkunde u. Infektionskrankheiten. Abteilung II. ... Band 19. 1907.) IV + 40 S. 8. Jena, Gustav Fischer, 1907.

— Kinderheimat in Bildern, s.: Güll, Frdr.

Müller, Wilh. (III.), die evangelisch-lutherische Kirche in Rußland nach ihrem gegenwärtigen Stande und ihrer Ausdehnung. gr. 8. (23 S.) Riga 868, Bacmeister. [Brutzer und Comp.] * — 40

Müller, Wilhelm: Die Klageverjährung im internationalen Privatrecht. *Konitz Wpr. 1898: W. Dupont.* (VI, 39 S.) 8°
Erlangen, Jur. Diss. v. 1898

Müller, Wilh., die Klagovorjährung im internat. Privatrecht. gr. 8. (VI, 40 S.) Konitz 898. W. Dupont. n. 1. —

Müller, Wilhelm, s. Klassiker, moderne.

Müller, Wilh., Commentar über das Großherzogl. Hessische Gesetz vom 19. März 1853 bezüglich der Verjährung der persönlichen Klagen, mit vergleichender Rücksicht auf fremdes und deutsches gemeines und particulares Recht. Ein Beitrag zur Verjährungslehre. Marburg 854. Elwert. gr. 8. (VIII, 204 S.) 27 ngr.

Kompendium der Lungentuberkulose f. prakt. Ärzte u. Studierende von Dr. Wilhelm **Müller**, Chefarzt, Tátraháza. Mit 1 Taf. Wiesbaden: J. F. Bergmann 1908. (VI, 112 S.) 8° [08. 2133

— der große Krieg u. das deutsche Reich, s.: Jugendbibliothek, neue deutsche.

—— der russisch-türkische Krieg 1877. 7 Lfgn. gr. 8. (VIII, 820 S.) Stutgart 877,78, Krabbe. à Lfg. 60 Pf.; compl. * geb. *

— der alte Krieger u. sein Sohn. (Aus d. Jugendbibliothek v. Nieritz.) 8. (122 S.) Berlin 847, Simion. 1/3 ₰

Müller, Wilh., der alte Krieger und sein Sohn. Abdr. aus der Jugend-Bibliothek von Nieritz. 2. Aufl. Berlin (853.) Simion. (Leipzig, Voigt u. Günther.) 8. (1 Bl., 116 S.) 10 ngr.

—— der alte Krieger und sein Sohn. 3. Aufl. gr. 16. (110 S.) Ebendas. 879. cart.

Müller, Wilhelm: Die literarische Kritik in Schubarts deutscher Chronik 1774—1777. [Teildr.] Erlangen 1910: Junge. 99 S. 8°

München, Phil. Diss. v. 10. März 1910, Ref. Muncker, H. Paul

[Geb. 15. Okt. 87 Ötlingen-Teck, Württemberg; Wohnort: Ötlingen-Teck; Staatsangeh.: Württemberg; Vorbildung: Karls-Gymn. Stuttgart Reife Juli 06; Studium: Tübingen 4, München 3 S.; Rig. 10. März 10.] [U 11. 3823

—— der Kunst-Pfeifer. Eine Erzählung aus d. siebenjähr. Kriege f. Jugend u. Volk. 8. (7½ B.) Berlin 844, Simion.

Aus: Nieritz, G., Jugend-Bibliothek ꝛc. besond. abgedruckt.

— der Kunst-Pfeifer. Eine Erzählung aus dem siebenjährigen Kriege f. Jugend u. Volk. [Abgedr. aus der Jugend-Bibliothek v. Gust. Nieritz.] 2. Aufl. 8. (IV u. 112 S.) Ebd. 850. 1/3 ₰

— der Kunstpfeifer. Eine Erzählung aus dem 7jährigen Kriege für Jugend u. Volk. 3. Aufl. gr. 16. (96 S.) Ebend. 879. cart. — 60

Müller, Wilh., Landes-Culturgesetze f. d. Herzogth. Kärnten, s.: Landesgesetze d. Herzogth. Kärnten.

Müller, Wilh. (III.), Lehrbuch d. teutschen gem. Criminalprocesses, mit besond. Berücksichtigung d. teutschen Particularrechte bearb. gr. 8. (38½ B.) Braunschweig 837, [Vieweg u. Sohn.]

Müller, Wilh. (V.), Leitfaden für den Unterricht in der Geschichte mit besond. Berücksicht. der neueren deutschen Geschichte für Gymnasien, Latein- und Realschulen, Schullehrerseminare, Töchteranstalten und für den Selbstunterricht bearb. Mit einem Vorwort von Hirzel. Lex.-8. (XV und 279 S.) Heilbronn (861)62, Scheurlen. *

— Leitfaden für den Unterricht in der Geschichte mit besonderer Berücksichtigung der neueren deutschen Geschichte im Anschluß an die in Württemberg eingeführten „Zeittafeln" bearb. Mit einem Vorwort von Hirzel. 861. n. 18 ngr. — 2. Aufl. 862. n. 18 ngr. — 3. verb. Aufl. Heilbronn 864. Scheurlen. Lex.-8. (X, 285 S.) n. 20 ngr.

— Leitfaden für den Unterricht in der Geschichte mit besonderer Berücksichtigung der neueren deutschen Geschichte für Gymnasien, Latein- u. Realschulen, für Töchterinstitute u. zum Selbstunterricht bearb. Mit einem Vorwort von Hirzel. 4. Aufl. 1866. n. 20 ngr. u. 5. u. 6. verb. u. verm. Aufl. (bis zum J. 1868 fortgesetzt). Heilbronn 868,70. Scheurlen's Verlag. gr. 8. (X, 307 S.) n. 25 ngr.

—— Leitfaden für den Unterricht in der Geschichte mit besond. Berücksicht. der neueren deutschen Geschichte für die mittleren Klassen der Gymnasien, für Realschulen, höhere Bürgerschulen, höhere Töchterschulen und Schullehrer-Seminarien. 6.—9. verb. und verm. Aufl. [fortgesetzt bis zum J. 1874]. gr. 8. (VIII, 329 S.) Heilbronn 869—74, Scheurlen's Verlag. *

—— Leitfaden für den Unterricht in der Geschichte mit besonderer Berücksichtigung der neueren deutschen Geschichte für die mittleren Klassen der Gymnasien, für Realschulen, höhere Bürgerschulen ꝛc. 10. verb. und verm. Aufl. [fortgesetzt bis zum J. 1876.] gr. 8. (VIII, 331 S.) Heilbronn 877, Scheurlen's Verlag. *

—— dass. — 11. verb. und verm. Aufl. [fortgesetzt bis zum J. 1879]. gr. 8. (VIII, 332 S.) Ebendas. 879. * geb. *

—— dass. — Ausg. für Württemberg. gr. 8. (VIII, 131 S.) Ebendas. 879. * ℳ 2,50.; geb. *

— Leitfaden für den Unterricht in der Geschichte mit besonderer Berücksichtigung der neueren deutschen Geschichte für die mittleren Klassen der Gymnasien, f. Realschulen, höhere Bürgerschulen u. höhere Töchterschulen. 12., verb. u. verm. Aufl. [fortgesetzt bis zum Jahre 1881]. gr. 8. (VIII, 332 S.) Heilbronn 882. Scheurlen's Verl. n. 2. 70; geb. n. 3. 10

— Leitfaden f. den Unterricht in der Geschichte m besond. Berücksicht. der neueren deutschen Geschichte f. die mittleren Klassen der Gymnasien, f. Realschulen, höhere Bürgerschulen u. höhere Töchterschulen, sowie zum Selbststudium. 13. Aufl. [fortgesetzt bis zum J. 1885]. gr. 8. (VIII, 339 S.) Heilbronn 886. Scheurlen's Verl. n. 2. 50; geb. n. 3. —

Müller, Wilh. (II.). Leitfaden f. den Unterricht in der Geschichte m. besond. Berücksicht. d. neueren deutschen Geschichte f. die mittleren Klassen d. Gymnasien, f. Realschulen, höh. Bürgerschulen u. höhere Töchterschulen, sowie zum Selbststudium. 14. verb. u. verm. Aufl. [fortgesetzt bis zum J. 1890]. Mit Anh.: Württembergische Geschichte. gr. 8. (VIII, 344, 19 S.) Stuttg. 890, J. F. Steinkopf. * 2 50; geb. * 3 — Anhang apart (19 S.) * — 20

—— deutsches Lesebuch f. d. Jugend, zur ersten Bildung d. Sprache u. d. Geschmacks. 2 Thle. 8. Clausthal 835, Schweigersche Buchh.

A. u. d. Ttln.:

Thl. 1. Uebungen um richtig sprechen u. lesen zu lernen, nebst Lesestücken in Prosa u. Poesie. (12 B.) 6 Gr.

„ 2. Musterstücke in Prosa u. Poesie. (25 B.) 12 Gr.

Müller, Wilh. (I.), deutsches Lesebuch f. d. Jugend, zur Bildung der Sprache u. des Geschmacks. 2., verb. u. verm. Aufl. 2 Thle. 8. Clausthal, Schweigersche Buchh.

A. u. d. Ttln.:

Thl. 1. Uebungen um richtig sprechen u. lesen zu lernen, nebst Lesestücken in Prosa u. Poesie. Für den ersten Unterricht im Deutschen ausgewählt. (12 B.) 842. 7½ Ngr.

„ 2. Musterstücke in Prosa u. Poesie. Zum Gebrauch beim Unterricht in d. deutschen Sprache, so wie zur Belehrung u. Unterhaltung der Jugend ausgewählt. (25 B.) 843. 15 Ngr.

§ **LIEBE**, Deutsche. Aus den Papieren eines Fremdlings. (Zahmer Roman von *Wilhelm Müller*). Hrsg. . . . . von F(riedr.) Müller. Leipzig: F. A. Brockhaus, 1857. 8⁰. 175 S. ($1^{5}/_{12}$ Rthl.) (3 Mk. 50 Pfg., Expl. im Orig.-Umschl., Alfr. Lorentz, Lpz., 1905.)

§ — — Dasselbe. 2. Aufl. Ibid. 1867. 8⁰. (3 frcs. Adolf Geering, Basel, 1905.)
Anon.-Lex. V. p. 194.

* — — Dasselbe. 13. Aufl. Ibid. 1902. 8⁰.
Anon.-Lex. V. p. 194 (nach Kayser).

— Lieder der Griechen. 1s Heft. 2e mit d. Gedicht „Byron" verm. Aufl. u. 2s Heft. 8. Dessau 822 — 825, Brockhaus in Leipz. Velinp. à 6 gr.

— neue Lieder d. Griechen. 1s u. 2s Heft. 8. Leipz. 822—23. Brockhaus. (à 4 gl.) 8 gl.

— neueste Lieder d. Griechen. 8. Leipz. 824. (Brockhaus). 6 gl.

—— üb. die Lieder von den Nibelungen. gr. 8. (4 B.) Göttingen 845, Vandenhoeck u. Ruprecht.
Aus: Göttinger Studien 1845, besond. abgedruckt.

Müller, Wilh., Lieder eines Wankelmütigen, s.: Reigen, lyrischer.

Müller, Wilh., Lobsinge dem Herrn meine Seele und vergiß nicht was er dir Gutes gethan. Erbauungsbuch. Mit 1 Holzschn. nach Ludw. Richter. Leipzig 856. G. Wigand. 4. (XV, 280 S.) n. 3 ₰. 10 ngr.

Müller, Wilh., Männergehirn u. Frauengehirn in Thüringen. Rede, geh. bei d. akadem. Preisverthlg. am 23. VI. 1898. gr. 4. (16 S.) Jena 898. (G. Neuenhahn.) n. — 80

Müller, Wilh., die Massenverhältnisse d. menschlichen Herzens. gr. 8. (V, 220 S.) Hamburg 883. Voss. n. 9. —

Müller, Wilh. In memoriam gratam Joanni Christiano Friderico Schaubio etc. [Lateinisches Gedicht mit deutscher Uebersetzung]. 6 S.
Magdeburg, Kl., Progr. 1855

Müller, Wilhelm, approb. Arzt aus Buch (Altmark): Über **Metreuryse.** *Roßwein i. S. 1903: A. Haubold.* (44 S.) 8°
Leipzig, Med. Diss. v. (10. März) 1903

Dr. W[ilhelm] **Müller**, Leipzig, u. Dr. G[eorg] v. Wendt: Milchgewinnung vom hygienischen und wirtschaftlichen Standpunkte aus nebst Vorschlägen z. Bekämpfung d. Rindertuberkulose u. Regelung d. Verkehrs mit Milch. Berlin: Parey 1908. 63 S. 8°
(Abhandlungen aus d. Gebiete d. Tierhaltung. H. 2.) A 12, 3

— Missolunghi. 8. Dresd. 826. Walther. 4 gl.

—— Generalfeldmarschall Graf Moltke 1800—1878. Mit dem (Holzschn.-)Portr. Moltke's. 1. und 2. Aufl. 8. (VII, 277 S.) Stuttgart 878,79, Krabbe. * ℳ 3,60.; geb. *

— Generalfeldmarschall Graf Moltke 1800—1885. Volks-Ausg. [1—10. Tausend.] 8. (VII, 203 S. m. Bildniß.) Stuttgart 885. Krabbe. n. 1. —; geb. n. 1. 50

—— Generalfeldmarschall Graf Moltke 1800—1889. Volks-Ausg. 3. Aufl. 8. (VII, 214 S. m. Bild.) Stuttg. 889, Krabbe. * 1 — geb. * 1 50

Müller, Wilh., die schöne Müllerin, s.a. Schubert, Frz.

Müller, Wilh., die schöne Müllerin. Lieder-Cyclus. Gedichte v. W. M. In Musik gesetzt v. Frz. Schubert. Mit 66 Orig.-Zeichn. v. R. Schuster u. A. Baumann. (Wohlf. Titel-Ausg.) gr. 4. (VII, 124 S.) Stuttgart 892. Deutsche Verlags-Anstalt. Geb. n. 6. —

— Mythologie der deutschen Heldensage. gr. 8. (VIII, 260 S.) Heilbronn 886. Henninger. n. 4. 50

Müller, Wilh. Mythologie d. deutschen Heldensage. gr. 8. Heilbr. 886. Lpz., Reisland. * 4 50

—— Zur Mythologie der griechischen u. deutschen Heldensage. gr. 8. (V, 177 S.) [Heilbronn 889, Gebr. Henninger.] Lpz., Reisland. * 3 —

Müller, Wilhelm (Osthofen)
Ueber die Natur der Schenkung auf den Todesfall. Ein civilistischer Versuch. Probeschrift.
Giessen 1827. 8⁰
Habil. jur. Giessen 1827.

Müller, Wilh.: Ueb. d. Natur der Schenkung auf den Todesfall. Ein civilist. Versuch. *Giessen*, Heyer, Vater. 827. gr. 8. (12 Gr.)

Müller, Wilh. (III.), südamerikanische Nymphalidenraupen. Versuch eines natürl. Systems der Nymphaliden. gr. 8. (X, 255 S. mit 4 Taf.) Jena 886, Fischer. *
Aus: Zoologische Jahrbücher, besonders abgedruckt.

Müller, Wilh., das Pfandrecht nach dem großherzogl. hessischen Gesetze vom 15. Septbr. 1858 erläutert. gr. 8. (XII, 360 S.) Darmstadt 871. Jonghaus. n. 4. 50

Müller, W. Chorographische Post-Karte des Königreichs Hannover, Herzogthums Braunschweig, Grossherzogthums Oldenburg, der Fürstenthümer Lippe-Detmold, Schaumburg-Lippe und Pyrmont und der angränzenden Länder. Hannover 1821. 12 Bl. c. K. Ff.

Müller, W., Chorographische Post-Charte des Kgrs Hannover, Herzogthum Braunschweig, Grossherzogthum Oldenburg, der Fürstenthümer Lippe-Detmold. Schaumburg-Lippe und Pyrmont und den angränzenden Ländern in 12 Bll. Hannover, Hahn, 1822. Fol. . . . . (RPA.)

Müller, Wilh., Predigt am Bettag 27. Juli 1870, gehalten zu Grenzhausen. Wiesbaden 870. Limbarth. 8. (10 S.) n. 2 ngr.

Müller, Wilh., Predigt f. den Sonntag Miser. Dom. gehalten am Tage seiner Reactivirung den 4. Mai 1851 zu Riemberg. 8. (19 S.) Wohlau 851. (Breslau, Schulz & Co.) n. 2 gl.

Müller, Wilh., Predigten u. Reden. Hrsg. von J. E. Websky. gr. 8. (VII, 186 S.) Berlin 877. Neuenhahn. n. 6. —

Müller, Wilh. (III.), Predigten und Reden. Hrsg. von J. E. Websky. gr. 8. (VII, 186 S.) Berlin 879, Neuenhahn. *

Mueller, Guil. (geb. Hilchenbach in Westf. 23. 1. 1830): Quam vim et hydrocarburetum et hydrobicarburetum ad metallorum oxyda, chloreta, et sulfureta in temperie calidiori habeant. Berolini (1861). (30 S.) 8°
Berlin, Phil. Diss. v. 21. Dez. 1861

Müller, Wilh., Theophrasti dicendi ratione. Pars I. Observationes de particularum usu. Dissertatio inauguralis. gr. 8. (66 S.) Arnstadtiae 874. (Göttingen, Vandenhoeck & Ruprecht's Verl.) n. 1. 40

Müller, Wilh., Rechen-Aufgaben f. die k. k. Fachschulen f. Weberei, s.: Bär, Frz.

Müller, Wilh., Rechen-Aufgaben f. Weberei-Fachschulen, s.: Bär, F.

Müller, Wilh., Rede an dem Sarge des Prof. Dr. Agathon Benary gehalten. Berlin 861. Jonas. (Steinthal.) 8. (8 S.) 1½ ngr.

— Rede an dem Sarge des Dr. Thdr. Mügge gehalten in der Leichenhalle des Jerusalems-Kirchhofes. Berlin 861. C. Heymann. 8. (9 S.) n. 2 ngr.

Müller, Wilh. (IV.), monol. Reise-Erinnerungen d. Sehenswürdigkeiten u. Erzeugnisse d. vorzüglichsten Orte d. Niederlande u. d. Länder bis Paris, Rheims, Heidelberg, Würzburg, Cassel, Elberfeld, Wesel etc., nebst e. chorograph. Reise-Charte in 27 Blätt. (qu. ½ Fol.) Schmal gr. 8. (3½ B.) Hamburg 836, (Perthes-Besser u. Mauke.) *

— lyrische Reisen u. dramat. Spaziergänge. 8. Leipz. 827. Voß. 1 ₰ 12 gl.

— lyrische Reisen u. epigrammatische Spaziergänge. 8. Leipz. 827, L. Voß.

—— Religion und Christenthum. Sechs Vorträge. 8. (VII, 128 S.) Berlin 870, Henschel. [Leipzig, Barth.] * 2 40

— — Rom, Römer und Römerinnen. Eine Sammlung vertrauter Briefe aus Rom und Albano mit einigen spätern Zusätzen. 2 Bde. 8. Berlin, Duncker und Humblot. 820.

Velinpap.

Müller, Wilhelm [approb. Arzt aus Vlotho a. d. Weser]: Ueber traumatische Ruptur des Herzens und der grossen Gefaesse .... Minden i. W., gedr. bei J. C. C. Bruns, 1887; 59 S. 8°
Freiburg i. B., Med. Fak., Inaug.-Diss. v. 8. Jul. 1887

—— Russen u. Mongolen. Bilder a. d. Wechselkampfe dies. Völker. 4 Bde. gr. 12. (12, 19, 24½ u. 22⅔ B.) Cöslin 838, Hendeß. à 1½ Thlr.

— Russen und Mongolen. Bilder aus d. Wechselkampfe dieser Völker. 4 Bde. gr. 12. Cöslin 838 — 40. Hendeß. 6 ₰

—— Rußland u. seine Völker. 1. Thl. Großrussische Lebensbilder aus Gegenwart u. Vergangenheit. 8. (24½ B.) Berlin 844, [Adolf u. Comp.]

— Rußland u. seine Völker. 1. Thl. Großrussische Lebensbilder aus Gegenwart und Vergangenheit. 8. Berlin 844, Buchh. d. Berliner Lesecabinets. 1¾ ₰

Müller, Wilh. (I.), und G. Schambach, niedersächsische Sagen und Märchen, s. Schambach.
Vgl.: Klassiker, moderne.

—— und O. L. B. Wolff, Sammlung italien. Volkslieder, s. Egerin.

--Schabiade; Leben und Taten des Fritz Schäbig ... Historie in ... Reimen. Von Frater Jocundus, i.e. Wilhelm Müller. Milw. 1877.

—— Schattenseiten des menschl. Herzens. Kriminalgeschichten aller Völker. 8. (17¼ B.) Berlin 843, Hold.

Müller, Wilh., Schiller in Zeugnissen s. Zeitgenossen u. in Selbstzeugnissen, s.: Velhagen & Klasing's Sammlg. deutscher Schulausgaben.

Müller, Wilhelm. Die Schopfheimer 1848/49. Eine Erinnerung aus bewegter Zeit. IV + 56 S. 8. Schopfheim, Gg. Uehlin, (1904). [M. —. 60]

Müller, Wilh., die Schopfheimer 1848/49. Eine Erinnerg aus bewegter Zeit. (III, 56 S.) kl. 8. Schopfheim (905) (G. Uehlin.) n.n. — 50

--Radikale Schriften, erste Sammlung. 2d ed. Louisville, 1856.

—— vermischte Schriften, hrsg. u. mit e. Biographie Müller's begleit. v. Gust. Schwab. In 5 Bdchn. 16. (145 B. u. M's. Bildn.) Leipzig 830, Brockhaus.

— die Schule u. der Religions-Unterricht, s. Vorträge, protestantische.

—— die sächsische Schweiz. Eine Jugend-Erzählung. 1. u. 2. Aufl. 8. (à 7½ B.) Berlin 842, 45, Simion. à
Aus: Nieritz, G., Jugendbibliothek ꝛc. besond. abgedruckt.

—— die sächsische Schweiz. Sagen-Cyclus. 8. (20½ B.) Berlin 843, Deutsche Verlags-Buchh.

Müller, Wilh., Offnes Sendschreiben an Jacob Grimm, als nachtrag zu dem buche: Geschichte und system der altdeutschen religion. Göttingen 1845. 8. . . . . . (D.)

Müller, Wilh., s.: Sirach, Buch.

Müller, Wilh., u. Max Bellhack, für den Spessart. Ein Dichterbuch. gr. 8. (244 S.) Aschaffenburg 880. Wailandt in Comm. n.n. 3. —; geb. n.n. 5. —

Müller, Wilh. Über den Sprachgebrauch des Theophrastus. 25 S.
Progr. G. *Arnstadt* 1878.

– Die Sünde, s. Vorträge, Protestantische.

— statist. Tabelle d. Königr. Hannover. gr. 8. Hannov., Helwing. 1 ₰ 8 gl.

Kreis Tarnowitz. (Nach d. neuesten topogr. Aufnahmen d. preuß. Generalstabes u. d. Kgl. Oberbergamts hergest.) Angefert. durch [Wilhelm] Mueller, Markscheider in Berlin. Maßst. 1:100,000. *Kattowitz: G. Siwinna [1903].* (1 Kartenbl. 30×29 cm mit Legende.) 8° [kol.]
[Umschlagt.:] Kreiskarte von Tarnowitz O.-S. (03. 7009

Müller, Wilhelm (Osthofen)
Thesen welche zur Erlangung der Würde eines Doctors beider Rechte ... den 21.8.1826 öffentlich vertheidigen wird: Wilhelm Müller aus Osthofen.
Giessen: Schröder 1826. 7 S.
Dr. jur. 21.8.1826. vorh. 26.

Übersichtskarte der Kreise Tarnowitz, Beuthen, Zabrze und Kattowitz. (Nach d. neuesten topogr. Aufnahmen d. preuß. Generalstabes u. d. Kgl. Oberbergamts hergest.) Angefert. durch [Wilhelm] Mueller, Markscheider in Berlin. Maßst. 1:100,000. *Kattowitz: G. Siwinna [1903].* (1 Kartenbl. 39×47 cm mit Legende.) 8° [kol.]
[Umschlagt.:] Oberschlesische Industrie-Karte d. Kreise Tarnowitz, Beuthen, Zabrze, Kattowitz. (03. 7006

— die Union im Sinne ihres Gründers. Predigt am Jubelfeste der Reformation u. der Union am 20. Sonntage nach Trin. 1867 gehalten. Berlin 867. F. Lobeck. gr. 8. (15 S.) 3 ngr.

— die gesetzl. Unterhaltspflicht. [Redactionelle Beilage d. kärntn. Gemeindeblattes 1893.] gr. 8. (21 S.) Klagenfurt 893. (F. v. Kleinmayr.) n. — 48

Müller, Wilhelm, aus Marienthal: Untersuchungen über die Aufrahmfähigkeit der Milch im Zusammenhange mit ihrer physikalischen Beschaffenheit und ihrer Zusammensetzung, besonders mit ihrem prozentischen Fettgehalte. *Merseburg 1901: F. Stollberg.* (29 S.) 8° [F.]
Leipzig, Phil. Diss. v. [18. Jan.] 1902

Müller, Wilhelm [app. Arzt aus Herleshausen]: Untersuchungen über einen trächtigen Uterus von Cercopithecus sabaeus. (Grüne Meerkatze.) ... München, Buchdr. v. M. Ernst, 1890; 31 S. u. 2 Taf. 8°
München, Med. Fak., Inaug.-Diss. v. 1890

Müller, Wilh., Untersuchungen über das Verhalten der Lymphdrüsen bei der Resorption von Blutextravasaten. Inaugural-Dissertation. gr. 8. (38 S.) Göttingen 879. (Vandenhoeck & Ruprecht.) n. — 80

Müller, Wilh. (V.), über das Urogenitalsystem des Amphioxus und der Cyclostomen. gr. 8. (38 S. mit 2 chromolithogr. Taf. in gr. 4.) Jena 875, [Dufft.] Fischer. *

Müller, W., üb. die heutigen Verfahren zur Pseudarthrosenheilg., s. a. Sammlung klin. Vorträge.

Über die heutigen Verfahren zur Pseudarthrosenheilung v. W[ilh.] Müller. Leipzig: Breitkopf & Härtel 1896. (38 S.) 8°
= Sammlung Klinischer Vorträge. No 145.

Müller, Wilh., vergiß nicht! od. Christliches Merkbuch (288 S.) 8. Bremen (903). Buchh. u. Verlag des Traktathauses. Geb. in Leinw n. 2. —; feine Ausg. n. 2. 50

— Vermuthungen üb. die wahre Gegend, wo Hermann den Varus schlug. Mit 1 Special-Karte des Fürstenthums Lippe ꝛc. gr. 4. Hannover, (Hahn, auch Helwing.)

Müller, Wilh. Vermuthungen über die Gegend, wo Hermann den Varus schlug. 4. M. 2 Krt. Hannover 1824. 8,00.

Müller, Wilh. (V.), Versuch e. mytholog. erklärung d. Nibelungensage. gr. 8. (9¾ B.) Berlin 841, Geo. Reimer.

Müller, Wilhelm. Versuche mit Uredineen auf Euphorbien und Hypericum. ⟨Aus dem Botanischen Institut Bern.⟩ ⟨Vorläufige Mitteilung.⟩ (Abdruck aus dem Centralblatt für Bakteriologie, Parasitenkunde und Infektionskrankheiten. Abteilung II.... Band 17. 1906. No. 5/7.) III S. + S. 210–211. 8. Jena, Gustav Fischer.

— der Verworfene. Romant. Nachtgemälde. 8. Kolberg 835. Post. n. 1⅓ Thlr.

—— der Verworfene. Romant. Nachtgemälde. 8. (19 B.) Kolberg 836, Post. *

* **MÜLLER**, Wilhelm, Die Verworfenen. Romantisches (zahmes) Nachtgemälde. Kolberg 1836. 8°. 293 S. (In Berlin: Yx 2941.)

Amerikanisches Volksbildungswesen. Von Wilhelm **Müller**, (Schuldir. a. D., Heppenheim). Mit 8 Beil. Jena: Diederichs 1910. 125 S. 8° (10. 9894

— Von Weihnachten bis Himmelfahrt. Predigten über das Evangelium St. Johannis. Leipzig 854. G. Wigand. br. 8. (XI, 187 S.) 1 Thlr. 15 ngr.

—— deutsche u. latein. Vorschriften f. d. Unterr. im Schönschreiben u. in d. Rechtschreib., z. Schul- u. Privatgebrauche. I. Hft. qu. 16. (17 lith. Bl.) Clausthal 837, Schweigersche Buchh.

— Homerische Vorschule. Eine Einleit. in das Studium d. Ilias u. Odyssee. gr. 8. Leipz. 824. Brockhaus. 20 Gr.

—— Homerische Vorschule. Eine Einleit. in d. Studium d. Ilias u. Odyssee. 2. Aufl., mit Einleit. u. Anmerkn. v. Detl. Carl Wilh. Baumgarten-Crusius. gr. 8. (13½ B.) Leipzig 836, Brockhaus.

— Vorträge u. Aufsätze. Hrsg. von J. E. Websky. Mit dem Bildnisse Müller's (in Stahlst.). gr. 8. (X, 248 S.) Berlin 877. C. Heymann's Verl. n. 5. —; geb. n. 7. —

Müller, Wilh., die Wagen-Benutzung, s.: Leitfäden f. den Selbstunterricht u. den Unterricht an Eisenbahnschulen.

— **Wasserkraft.** Elementare Einführg. in den Bau u. die Anwendg. der Wasserräder u. Turbinen. Mit 30 Abbildgn., Berechnungsbeispielen, Fragen u. Antworten, Aufgaben u. Lösgn., Versuchsresultaten an e. Turbine u. 1 Taf.: 11 Aufstellungsarten der Francisturbine. (VII, 82 S.) 8. Ebd. 906. Kart. n. 2. 80

Wasserkraft. Elementare Einführung in d. Bau u. d. Anwendung d. Wasserräder u. Turbinen. Mit 30 Abb., Berechnungsbeispielen ... u. 1 Taf. Von Wilh. **Müller**. Hannover: M. Jänecke 1906. (VI, 82 S.) 8° 07. 3898 7

Müller, Wilh., die eisernen Wasserräder. Berechng., Konstruktion u. Bestimmg. ihres Wirkungsgrades. Mit zahlr. Beispielen aus der Praxis, Übersichten der Grössenverhältnisse u. Gewichte, sowie Mitteilgn. über Leistungsversuche. Für Ingenieure, Wasserbautechniker u. Wasserwerksbesitzer. 2 Tle. Zellenräder u. Schaufelräder. M. zahlr. Tabellen u. Abb. im Text. Lex.-8. (VI, 143 u. IV, 167 S.) Mit e. Atlas v. 33 Taf.: Pläne ausgeführter Wasserräder. qu. Fol. (4 S. Text.) Leipzig 899. Veit & Co. Geh., Atlas geb. in Leinw. in 4. n. 22. —

Müller, Wilh., der Weg zu Gott, ein Leitfaden für Confirmanden, zugleich ein Hülfsbuch für Geistliche und Lehrer. Rawicz 859. (Breslau, Gosohorsky.) gr. 8. (VI, 140 S.) n. 7½ ngr.

Müller, Wilh., der Weg zu Gott, e. Leitfaden für Confirmanden, zugleich ein Hülfsbuch für Geistliche u. Lehrer. 2., verb. u. verm. Aufl. Rawicz 868. (Breslau, Gosohorsky.) gr. 8. (IV, 188 S.) n. 10 ngr.

Müller, Wilh., ein Wegweiser durch das Neue Testament. Freunden der hl. Schrift dargereicht. 8. (VI, 195 S.) Wiesbaden 899. Ch. Limbarth's Verl. n. 2. 40; geb. in Leinw. n. 3. —

— **Wehranlage u. Elektrizitätswerk Untertürkheim.** Nach amtl. Quellen bearb. Mit 14 Abbildgn., Tab., 1 Lageplan u. 3 Taf. Lex.-8. (29 S.) Ebd. 902. n. 3. —

Dr. W[ilhelm] **Müller**, Leipzig, u. Dr. G[eorg] v. Wendt: Wie füttert der Landwirt zweckmäßig Rübenblätter? Ein Beitrag z. Kenntnis d. Ursachen d. durch Rübenblattfütterung hervorgerufenen Übelstände. Berlin: Parey 1908. 31 S. 8°
(Abhandlungen aus d. Gebiete d. Tierhaltung. H. 1) A 1264

— Kaiser Wilhelm 1797—1877. Mit dem (lith.) Portr. des Kaisers. 1—3. Aufl. gr. 8. (VII, 236 S.) Berlin 877. Springer's Verl. n. 3. 60; geb. n. 5. —

—— Kaiser Wilhelm. Sein Leben und seine Zeit. 1797—1888. 8. (IV, 204 S. mit dem Portr. des Kaisers in Holzschn.) Berlin 888, Springer. *M 1.—; geb. *

— die Winterreise, s. a. Schubert, Frz.

— Winterreise, s. a. Jungbrunnen. 41. Bdchn.

Winterreise. Wilh. Mueller. Bilder v. H. Heise. Berlin: Fischer & Franke [1903]. (18 Bl.) 8° [Umschlagt.]
— Jungbrunnen. 41. [03. 10305

Müller, Wilh. (VIII.), und F. Zarncke, mittelhochdeutsches Wörterbuch, s. a. Wörterbuch.

Müller, Wilhelm [von Bd 2 ab:] und Friedrich Zarncke: Mittelhochdeutsches Wörterbuch. Unter Benutzung des Nachlasses von Georg Friedrich Benecke. Bd 1—3. Leipzig 1854—66

— Das Wunder, s. Vorträge, Protestantische.

Kreis Zabrze. (Nach d. neuesten topogr. Aufnahmen d. preuß. Generalstabes u. d. Kgl. Oberbergamts hergest.) Angefert. durch [Wilhelm] Mueller, Markscheider in Berlin. Maßst. 1:100,000. *Kattowitz: G. Siwinna [1903].* (1 Kartenbl. 18×23 cm mit Legende.) 8° [kol.] [Umschlagt.:] Kreiskarte von Zabrze O.-S. [03. 7…

— Civilehe und Trauung, s. Vorträge, protestantische.

Müller, Wilh., über Zwergwuchs im Lichte d. Röntgenmethode. (4 S.) gr. 8. Rostock 910. H. Warkentien. — 40

Sonderabdr. aus: „Sitzungsber. u. Abhandlgn. d. naturforsch. Gesellsch. zu Rostock".

Müller, Wilhelm [Arzt von Sumiswald, Kt. Bern, gew. Assistent des Pathologischen Instituts in Bern]: Über Cystenleber. (Mit einer Tafel.) (S.-A. aus Virchow's Archiv. 164. Bd. 1901.) Berlin 1901. 28 S. 8°.

Bern. Med. Diss. 1901/1902.

Müller, Wilhelm. Ueber Cystenleber. Diss. Med. Bern. ([Mit 1 Tafel.] — Separat-Abdruck aus [Rudolf] Virchow's Archiv für pathologische Anatomie und Physiologie und für klinische Medicin. Band 164. 1901.) 28 S. 8. Berlin, Georg Reimer, 1901.

Die Wirksamkeit des Pfändungspfandrechts. Von Dr. Wilhelm A. Müller, Ger.Ass., Halle. Berlin: F. Vahlen 1907. (VI, 179 S.) 8° [3.] [07. 6694 3

Müller, Wilh. Adp., hundert Aufgaben z. schriftl. Uebung in d. deutschen Sprache, f. Mittel-Classen in Stadt- u. Landschulen. gr. 12. (1½ B.) Leipzig 838, Pönicke u. Sohn.

Müller, Wilh. Ado., 110 Aufgaben zu schriftl. Arbeiten f. den Unterricht in der Muttersprache. 1. Curs. f. die unteren Classen in Volksschulen. 8. (2 B.) Meißen 843, Goedsche.

— 200 Aufgaben zu schriftl. Arbeiten f. den Unterricht in der Muttersprache. 2. Curs. f. die obern Classen in Volksschulen. 8. (5¼ B.) Meißen 843, Goedsche.

Müller, Wilh. Ad., kurze u. leichte Aufgaben u. Fragen zur schriftl. Bearbeit. u. Beantwort., als Vorüb. z. Fertigung deutsch. Aufsätze f. d. untern Classen in Stadt- u. Landschulen. 8. (3 B.) Meißen 832. [Leipzig, Vetter u. Rostosky.]

— drei Bibel-Katechisationen üb. d. Lehre v. d. Schöpfung d. Welt, v. d. Engeln u. v. den Pflichten geg. d. Obrigkeit, nebst e. Anh., welcher e. einjähr. Religions-Cursus enthält. gr. 8. (3 B.) Meißen 841, Goedsche.

— Choralbuch f. Kirche u. Haus, vierstimm. ausgesetzt u. mit Zwischenspielen versehen. qu. gr. Lex.-8. (6¾ B.) Magdeburg 841, Rubachsche Buchh.

Müller, (Organist,) Wlh., Choralbuch für Kirche u. Haus, vierstimmig ausgesetzt u. mit Zwischenspielen verseh. qu. gr. Lex.-8. Magdeburg 841, Fabricius u. Schäfer. n. 1½ ₰

— 25 der gebräuchlichsten Choralmelodien, mit beziffertem Basse und jede Strophe derselben mit drei verschiedenen zweckmäßigen Zwischenspielen versehen, zum Gebrauch beim öffentl. Gottesdienste für Organisten in kleinern Städten u. auf dem Lande. ... Ebd. ... ⅔ ₰

— 25 d. gewöhnl. Choralmelodieen mit beziff. Basse, u. jede Strophe ders. mit 3 verschied. zweckmäss. Zwischenspielen versch., zum Gebr. beim öffentl. Gottesdienste, f. Organisten in kl. Städten u. auf d. Lande. gr. 4. (4¼ B.) Meissen 831, Goedsche.

— 110 der gebräuchlichsten Choralmelodien in alphab. Ordn. f. 2 Discantstimmen in Violinschlüssel u. in leichte Tonarten gesetzt, u. mit einigen kurz. Vorübungen z. Choralsingen nach Noten vers., z. Gebr. f. Stadt- u. Landschulen bearb. 8. (3 B.) Meissen 836, Goedsche.

Müller, Wilh. Adph., 120 der gebräuchlichsten Choralmelodieen in alphabetischer Ordnung für 2 Discant- oder Männerstimmen in Violinschlüssel und in leichte Tonarten gesetzt, und mit einigen kurzen Vorübungen zum Choralsingen nach Noten versehen zum Gebrauch für Stadt- und Landschulen. 3., durchgesehene Aufl., mit einem Anhang, 12 dreistimmige Choräle enth. Schneeberg 860. Goedsche. 8. (53 S.) n. 4 ngr.

— Vater Ehrenfeld im Kreise fr. Familie. Ein angenehmes u. nützl. Lehr- u. Lesebuch f. wißbegier. Kinder, das Wissenswürdigste aus d. Naturkunde, Erdbeschreibung, Geschichte ꝛc., in Gesprächen enthalt. Mit 1 ill. Kpf. gr. 8. Leipz. 826. 2e Ausg. nur neuer Titel. Mit ill. Titelkpf. gr. 8. Leipz. 829. Sühring. 12 gl Kaysers B. 8 gl, geb. 10 gl — Dass. auch bei Drobisch. 16 gl

Müller, (Wilh. Ad.,) Vater Ehrenfeld im Kreise seiner Familie. Ein angenehmes u. nützl. Lehr- u. Lesebuch f. wißbegier. Kinder, das Wissenswürdigste aus d. Naturkunde, Erdbeschreibung, Geschichte ꝛc., in Gesprächen enthaltend. Mit 1 illum. Kpfr. gr. 8. Leipz. 826, Schladebach. (Sühring, auch Taubert.)

— Vater Ehrenfeld im Kreise sein. Familie. Ein angenehm. u. nützl. Lehr- u. Lesebuch f. wißbegier. Kinder, d. Wissenswürdigste aus d. Naturkunde, Erdbeschreib., Gesch. ꝛc. in Gesprächen enthalt. 2., unveränd. Ausg. gr. 8. (13 B. u. ill. Titkpfr.) Leipzig 829, [Kayser.]

— Vater Ehrenfeld im Kreise seiner Familie. ... Leipzig, ist Verlag von Melzer. ⅓ ₰

— der Clavier- od. Fortepiano-Lehrer. Eine Samml leichter u. gefäll. Sonatinen, Rondoletten, Adagio's, etc mit Bezeichn. d. Fingersatzes etc. Supplem.-Bd. zu sein erschien. ersten Lehrmeister im Clavier- od. Fortepianospiel. qu. gr. 4. (6¼ B.) Meissen 836, Goedsche. Thlr.

Dess., erster Lehrmeister im Clavier- od. Fortepianospiel etc. 4 Bdchn. 3. Aufl. gr. 4. Ebendas. 833. 3 Thlr.

Müller, Wlh. Ad., der erste Lehrmeister im Clavier- od. Fortepianospiel. Eine Samml. ganz leichter u. gefälliger Musikstücke f. d. ersten Anfänger. 4 Bdchn. Mit Bign. gr. 4. Meißen 827—829. (1s—3s Bdchn. 2e Aufl. 830.) Goedsche. (à 18 gl) 3 ₰

— erster Lehrmeister im Clavier- oder Fortepianospiel. 4 Bdchn. 3e verm. u. ganz umgearb. Aufl. gr. 4. Meißen 833. Goedsche. (à ¾ ₰) 3 ₰

— der erste Lehrmeister im Singen. Eine fassl. u. zweckmäss. Anleit. im Singen nach Noten, f. d. allerersten Anfänger, besond. zum Gebr. in Schulen. 2 Hfte. gr. 4. (à 5 B.) Meissen 829, Goedsche. à 8 Gr.

Müller, Wilh. Ado., erster Lehrmeister in d. deutschen Sprache. Eine tabellar. Uebersicht d. ersten Elemente, besond. d. Declinationen u. Conjugationen dieser Sprache, z. Gebr. f. Stadt- u. Landschulen bearb. gr. 4. (4¼ B.) Meißen 840, Goedsche.

— erster Lehrmeister in d. franz. Sprache. Eine leichtfaßl. Anweis., d. ersten Elemente dies. Sprache in kurzer Zeit zu erlernen. Zum Gebr. f. Bürger- u. Privatschulen bearb. 8. (5½ B. u. 1 Tab.) Meißen 838, Goedsche.

— der Lehrmeister im Orgelspiel, beim öffentl. Gottesdienst. In 3 Abtheill. gr. 4. Meiß. 828—29. Goedsche. (à 16 gl) 2 ₰

— der Lehrmeister im Singen. Eine faßl. u. zweckmäß. Anleit. im Singen nach Noten, f. die allerersten Anfänger, besond. zum Gebr. in Schulen. 2 Hefte. gr. 4. Meiß. 829. Goedsche. Subscr.-Pr. 16 gl.

— zweiter Lehrmeister im Clavier- oder Fortepianospiel. Eine Samml. ꝛc. 2 Bdchn. Mit Tit.-Vign. gr. 4. Meiß. 831—32. Goedsche (à 22 gl) 1 rl 20 gl

Müller, Wilh. Adph., Materialien zur Vorbereitung, Wiederholung und Uebung für Schüler in Mittelklassen von Bürger- und Landschulen. Enthaltend: I. 247 kurz erklärte religiöse Begriffe, nach den Hauptstücken des Luther. Katechismus geordnet; II. das Wichtigste von der menschlichen Seele; III. 66 Aufgaben zur schriftlichen Uebung in der deutschen Sprache, u. IV. 1700 Rechnungsaufgaben für den Hausfleiß, nebst einem Facitbüchlein für die Hand des Lehrers. Schneeberg 853. Goedsche. 8. (36 S.) n. 2½ ngr.

— Facitbüchelchen für die Hand des Lehrers zu den 1700 Rechnungsaufgaben in den Materialien zur Vorbereitung u. s. w. Schneeberg 853. Goedsche. 8. (30 S.) n. 5 ngr.

—— erste Nahrung f. Verstand u. Herz. Eine Samml. kleiner leichter Verschen z. Auswendiglernen f. Kinder v. 6—7 Jahren. gr. 12. (1 B.) Meißen 839, Goedsche.

Müller, Wilhelm Adolph. Die Orgel, ihre Einrichtung und Beschaffenheit. 2. Auflage. Meissen 1823.

— die Orgel, ihre Einrichtung u. Beschaffenheit sowohl, als das zweckmäß. Spiel derselben. Ein unentbehrl. Handbuch f. Cantoren, Organisten ꝛc. Mit 3 Zeichnn. in qu. Fol. ... 2e A. Meiß. 824. Goedsche.

—— die Orgel, ihre Einricht. u. Beschaffenheit sowohl, als d. zweckmäß. Spiel ders. Ein unentbehrl. Handb. f. Cantoren, Organisten ꝛc. M. 3 Zeichn. (qu.-Fol.) u. 1 Bog. Notentaf. (4.) 3., sehr verm. Aufl. 8. (7½ B.) Meißen 830, Goedsche.

—— Orgel-Lexicon, oder die Orgel, ihre Einrichtung und Beschaffenheit sowohl, als das zweckmäß. Spiel derselben in alphabet. Ordnung, für Cantoren, Organisten, Schullehrer ꝛc., welche sich über die Haupttheile und das zweckmäß. Spiel der Orgel zu belehren ꝛc. wünschen. 4., ganz umgearb. und verm. Aufl. gr. 8. (VI und 58 S. mit mehreren Zeichnungen auf 5 Stnt. in 4. und eingedr. Holzschn.) Schneeberg 860, Goedsche'sche Buchh.

— 1800 neue Rechnungsaufgaben, die vier Grundrechnungsarten mit gleich- u. ungleichbenannten Zahlen enth., nach dem neuen Münz-, Maaß- u. Gewichtssystem in Sachsen. 8. Ebend. 841. 2 ngl

— das Facitbuch dazu. 8. Ebend. 841. 5½ ngl

—— 1350 neue Rechnungsaufgaben aus d. bürgerl. Geschäftsleben ꝛc., z. Gebr. beim Unterr. im Tafelrechnen f. Stadt- u. Landschulen. 8. (2½ B.) Meißen 838, Goedsche.

—— Auflösungen hierzu. 8. (2½ B.) Meißen 838, Goedsche.

—— 2000 neue Rechnungsaufgaben, die vier Grundrechnungsarten mit gleich- u. ungleichben. Zahlen enth., als Vorbereit. z. Erlern. d. gewöhnl. u. nöthigsten Rechnungsarten f. d. bürgerl. Geschäftsleben, z. Gebr. beim Unterr. im Tafelrechnen f. Stadt- u. Landschulen. (Nebst Auflösungen.) 8. (5 B.) Meißen 835, Goedsche.
Die Auflösungen einzeln 2 Gr.

—— biblisches Religionsbuch, enthalt. die Glaubens- u. Sittenlehren d. Christenthums nach Luthers Katechismus in bibl. Sprüchen, m. d. nöthigsten Erklärungen u. Bemerkungen versehen f. evangel. Volksschulen. gr. 8. (7½ B.) Meißen 843, Goedsche.

—— christl. Religionsbuch in Bibelsprüchen. Od. Spruchb., enth. 452 d. wichtigsten Beweisstellen d. christl. Glaubens- u. Sittenlehre, zu gebrauchen bei jegl. Religionsbuche in Stadt- u. Landschulen. 8. (3¾ B.) Meißen 840, Goedsche.

— christl. Religionsbuch, nach d. 6 Hauptstücken d. luther. Katechismi geordnet. gr. 8. Leipz. 827. Schladebach. (Taubert). 10 gl — Dass. mit e. Menge bibl. Sprüchen u. passenden Liederversen versehen f. Oberklassen in Stadt- u. Landschulen. N. Ausg. gr. 8. Ebd. 831. 10 gl

—— christl. Religionsbuch nach d. 6 Hauptstücken d. Luther. Katechismi geord. u. mit e. Menge bibl. Sprüche u. passend. Liederverse vers. f. Oberclassen in Stadt- u. Landschulen. Neue Ausg. gr. 8. (12½ B.) Leipzig 831, Enobloch.

Müller, W. A., christliches Religionsbuch mit erklärten Sprüchen und beygesetzten passenden Liederversen zum Auswendiglernen, in 52 besondern Abschnitten. 12. Neustadt a. d. O., Wagner. 819.

—— christl. Religionsbuch mit beigesetzt. pass. Sprüchen u. Liederversen zum Auswendiglernen, in 58 besond. Abschn. abgefaßt f. Mittelclassen in Stadt- u. Landschulen. 2., ganz umgearb. u. verm. Aufl. gr. 12. (5 B.) Neustadt a. d. O. 832, Wagner.

—— der Singmeister. Eine Samml. v. 100 ein- u. 2-stimm. ganz leicht. Gesängen, nebst e. Vorbereit., d. Elemente d. Singens nach Noten enthalt., zum Gebr. beim Unterr. im Singen in Stadt- u. Landschulen. qu. Lex.-8. (4½ B.) Meissen 833, Goedsche.

—— die Singstimme aus des Verf. erstem Lehrmeister im Singen. Ohne Begleitung allein nur für die Hand der Schüler. 8. (16 lithogr. S.) Schneeberg 860, Goedsche'sche Buchh. *

—— Spruch- u. Versbuch. Oder christl. Religionsbuch in erklärten Bibelsprüchen u. beigesetzten passenden Liederversen in 48 besond. Abschnitten zu einem einjährigen Religionscursus abgefaßt, nebst e. Anhange, welcher das Wichtigste v. d. Bibel u. die Hauptstücke des luther. Katechism. m. kurzen Erklärungen enthält, f. Stadt- u. Landschulen. 8. (9 B.) Meißen 844, Goedsche.

—— erste Uebungen im Schönschreiben. 1. Hft. 4. (4 lith. B.) Leipzig 835, Pönicke u. Sohn. *

Müller, (W. A.,) das Wichtigste über die Einrichtung u. Beschaffenheit der Orgel u. üb. das zweckm. Spiel derselben. Mit 3 Zeichn. 2te Aufl. 8. Meißen 824, Gödsche.

—— das Wichtigste u. Merkwürdigste v. d. Erde überh., v. d. Königr. Sachsen u. Preußen, v. Deutschland, Europa u. d. übrigen vier Erdtheilen, tabellar. geord. u. z. Gebr. sowohl beim Unterr. in d. Geographie, als auch zur Vorbereit. u. Wiederhol. ders. f. Schule u. Haus hrsg. gr. 4. (2¼ B.) Meißen 837, Goedsche.

Müller, Wilhelm Benno, s. Müller, Benno

Müller, Wilhelm Christian

— derselbe schrieb unter d. Namen Geo. Wlh. Müller: annotata ad editionem Cornelii Nepotis Bremianam. 8. ... 822. (Leipz., Wienbrack). 4 gl

Müller, (Wilh. Chrstn.,) Briefe an deutsche Freunde von einer Reise durch Italien über Sachsen, Böhmen u. Oesterreich, 1820 u. 21 geschrieben, u. als Skizzen zum Gemälde unserer Zeit herausgegeben. 2 Bde. mit 3 Steindr. gr. 8. Altona 824, Hammerich.

Müller, Wilh. Chrstn., ästhet.-histor. Einleitungen in d. Wissenschaft d. Tonkunst. 2 Thle. — A. u. d. Tit.: Versuch e. Aesthetik d. Tonkunst im Zusammenhange mit d. übrig. schönen Künsten, nach geschichtl. Entwickelung. — Uebersicht e. Chronologie d. Tonkunst, mit Andeutn. allgem. Civilisation u. Kultur-Entwickelung. gr. 8. (53¾ B. u. 2 Bildn.) Leipzig 830, Breitkopf u. Härtel.

— élémens prem. de la langue franç. 8. Brem. 801. Müller. 8 gl (Heyse). Hbg. Pr. 2 gl

— französ. Elementarbuch, besond. f. Lateinlernende. 8. Brem. 788. Förster. 1 rℓ 10 gl

— — allgem. pragmat. Elementarschule für Kinder. Nach Pestalozzi. 2r Thl. m. 8. Kupft. gr. 12. Bremen. 809. Jetzt Petersen in Altenburg.

— neue Elementarschule f. Kinder a. gebild. Ständen n. Pestalozzis Methode, m. K. 2 Thle. 12. Bremen, Müller. 810. (1r 1 Rthlr. 12 gr. 2r 2 Rthlr.)

— Erfahrung über Pestalozzi's Lehrmethode ꝛc. 8. Brem. 804. Heyse. 16 gl

— der Familienklubb, nebst e. Spiele d. Witzes u. d. Laune ꝛc. 12. Brem. 804. Heyse. 4 gl

– (Übers.), s. Florian, Jean Pierre Claris de: Le novelle.

MÜLLER, W[ILH.] C[HR.], Flug von der Nordsee zum Montblank, durch Westphalen, Niederrhein, Schwaben, die Schweiz, über Baiern, Franken, Niedersachsen zurück. Skizze zum Gemälde unserer Zeit. 1—2. Th. Altona. 1821. (Paa Titelbl. W. L. Müller).

— Flug von der Nordsee zum Montblanc, durch Westphalen, Niederrhein, Schwaben, die Schweiz u. durch Baiern, Franken, Niedersachsen zurück. 2 Thle. 8. Altona 821. Hammerich. 2 rℓ 16 gl

W. Ch. Müller: offenbartes Geheimniss d. Mnemonik, insbes. d. Gedächtnisslehre *Feinaigle's*, m. e. Auszuge d. Anleit. z. Mnemonik v. *Aretin*. Für Lehrer u. Erzieher. *Brem.*, Müller. 810. 8° 12 gl

— offenbares Geheimniß d. Mnemonik, insbesond. der Gedächtnißlehre d. Hrn Prof. v. Fainaigle. 8. Brem. 811. Müller. 12 gl

—— Gesänge d. Hellenen u. Philhellenen 1820—1827. gr. 8. (4 B.) Bremen 828, Heyse.

— Bremisches Gesellschaftsliederbuch ꝛc. 2 Bde. 16. Brem. 807, 8. Heyse. (à 7 gl) 14 gl — Dass. mit Musik. 2 Bde. 16. Ebd. (à 18 gl) 1 rℓ 12 gl

Müller, W. C., Bremisches Gesellschaftsliederbuch; Fortsetzung, s. Krieges- u. Siegeslieder, patriotische.

Müller, Geo. Wilh., Grammatica ragionata, od. vollständ. theoret.-prakt. italien. Sprachlehre. 2 Thle. gr. 8. (46½ B.) Leipzig 827, 28, Voß.

— kurze französ. Grammatik f. d. ersten Anfänger; nebst e. Lesebuche. 8. Erf. 793. Keyser. 10 gl

Müller, G. Wilh., franz. Grammatik. 8. Erfurt, Keyser. 795.

— kurze italien. Grammatik f. d. ersten Anfänger; nebst e. Lesebuche. 8. Erf. 791. Keyser. 10 gl 2e Aufl. 8. Leipz. 812. Hinrichs. 6 gl

Müller, G. W., kurze italienische Grammatik f. Anfänger. 2te verm. Aufl. 8. Leipz. Hinrichs. 812.

– (Hrsg.), s. Jugendbeobachter, Der.

— grammat. Lesebuch d. französ. Sprache f. d. ersten Anfänger. A. u. d. T.: Leichte französ. Aufgaben z. Uebersetzen ins Deutsche über alle Redetheile. Nebst e. Wörterbuche. 8. Leipz. 825, Glück.

Müller, Geo. Wlh., (Wlh Chr. III.) grammatisches Lesebuch f. die ersten Anfänger d. franz. Sprache. Leipzig 825. ist jetzt Verlag von Bade in Berlin.

— italien. Lesebuch, nebst e. kurzen Grammatik. 8. Leipz. 810. 2e Aufl. 811. Hinrichs. 16 gl

— italien. Lesebuch. 8. Leipz. ... 2e A. ... 3e Aufl. Nebst e. Wortregister. 812. Hinrichs. 16 gl

Müller, Wlh. Chr., s. Chr. Marlowe, Doctor Faust.

Müller, Wlh. Chr. III., Paris im Scheitelpunkte, od. flüchtige Reise durch Hospitäler u. Schlachtfelder zu d. Herrlichkeiten in Frankreichs Herrscherstadt im August 1815. 2 Bdchen. Mit Kpf. 8. Brem. 816, 18. Heyse. 1 rℓ 12 gl

Müller, Wilh. Chrstn., drei Predigten, in d. Domkirche zu Güstrow geh. gr. 8. (2¼ B.) Güstrow 837. [Opitz u. Comp.]*

— scriptio I. et II. de variis rebus grammaticis maxime et Hesiodi Opp. et Dd. u. Schulnachr. vom Torgauer Lyceo. 8. Leipz. 823. Wienbrack. 9 gl

Müller, W. C. I., Samml. d. vorzügl. religiösen u. moral. Lieder zur häusl. Erbauung u. z. Gebr. in Schulen gebild. Bürger. 2e verb. A. 8. Augsb. 810. (Heinsius in Gera). 16 gl

— Samml. der vorzügl. religiösen u. moral. Lieder zur häusl. Erbauung u. zum Gebr. in Schulen. 8. Brem. ... 2e Ausg. 8. Leipz. 810. Taubert. 21 gl

— Samml. deutsch. poet. Meisterstücke des 18n u. Anfang d. 19n Jahrh. 3 Thle. 8. Brem. ... 2e A. 807—10. Seyfert. 4 rℓ Schrbp. 4 rℓ 12 gl 1r Thl. 1e Abtheil. A. u. d. T.: Samml. deutsch. Fabeln u. Erzähl. ꝛc. 16 gl Schrbp. 18 gl 1r Thl. 2e Abtheil. A. u. d. T.: Samml. deutsch. Idyllen u. Erzähll. 16 gl Schrbp. 18 gl — 2r Thl. 1e Abtheil. A. u. d. T.: Samml. vorzügl. Gesellschaftslieder ꝛc. 16 gl Schrbp. 18 gl 2r Thl. 2e Abtheil. A. u. d. T.: Samml. geistl. Lieder. 16 gl Schrbp. 18 gl — 3r Thl. A. u. d. T.: Samml. d. höhern deutschen lyrischen Poesie. 1 rℓ 8 gl

— Samml. deutsch. poet. Meisterstücke d. 18n u. Anf. d. 19n Jahrh. 3 Thle. 8. Brem. Seyffert. (Müller.) 807—10. (1r 1 Rthlr. 8 gr. 2r 1 Rthlr. 16 gr. 3r 1 Rthlr. 8 gr.) (Hiervon ist einzeln zu haben: Sammlung deutscher Fabeln und Erzählungen ꝛc. 16 gr. ist Samml. d. Meisterst. 1n Bds. 1e Abth. — Sammlung deutscher Idyllen und Erzählungen ꝛc. 16 gr. ist Samml. d. Meisterstücke 1n Bds 2te Abthl. — Samml. vorzügl. Gesellschaftslieder ꝛc. 16 gr. ist Samml. d. Meisterstücke 2n Bds 1e Abth.)

— theoret. u. prakt. italien. Sprachlehre f. Anfänger; nebst e. Wörterbuche. 2 Bde. gr. 8. Leipz. (805). Joachim. 1 rℓ 8 gl

— Stimmen d. Menschheit, besond. aus d. Hospitälern, gesammelt u. den Siegern des deutschen Bundes überreicht. 8. Bremen 815.

— der Unverbrennliche, od. wie macht es Hr. Roger, um gegen das Feuer sicher zu seyn? Beobachtet u. erklärt. 8. Brem. 1e u. 2e Aufl. 807. 8. Wien 809. Wimmer. 4 ggr

— Versuch e. allgem. prakt. Elementarschule f. Kinder aus gebildeten Ständen v. 6—10 Jahren, nach Pestalozzi's Methode. 2 Thle. Mit 16 Kpf. 12. Brem. 807—809. Müller. 3 ₰ 12 ggr

— Vorlesung üb. die zwei wichtigst. Erziehungsverbesserungen. 8. Brem. 791. Cramer. 6 ggr

— Vorles. über 2 Erziehungsverbess. 8. Brem. Cramer. (Rabenhorst, Leipz.) 791.

Müller (W. Chr.). Ausserordentliche Wärme und Kälte, in Sommern und Wintern seit 500 Jahren. Bremen 1823. 8.

Wilh. Chr. Müller ausserordentliche Wärme und Kälte, in Sommern und Wintern, seit 500 Jahren nach Bremischen, Hamburgischen und Oldenburgischen Chroniken und mehrern anderweitigen Thermometerbeobachtungen seit 100 Jahren. Nebst einigen Resultaten über ihre Perioden und Einwirkungen auf die Menschheit. Mit 66 lithogr. Tafeln. Bremen 1824. 8.

Müller, (W. C.,) außerord. Wärme u. Kälte in Sommern u. Wintern seit 500 Jahren, nach brem., hamb. u. oldenburgischen Chroniken u. mehrere anderweit. thermometer. Beobachtungen seit 100 Jahren rc. 3 Vorlesungen. (Mit 5 Steint.) gr. 8 Bremen 824. Schünemann.

Müller, W. Chr. Fünfhundertjährige Witterungsgeschichte. Bremen 1823.

Müller, Wilhelm Conrad Hermann,
s. Müller, Wilhelm Konrad Hermann

Müller, [Wilhelm Engelbert]: Das Weingesetz [7.4.1909] mit Erl. und Ausführungsvorschriften. Amtliche Handausg. Bearb. im Auftrage des Großherzoglichen Ministeriums des Innern. Darmstadt: Staatsverl. 1909. 180 S. (Gesundheitspflege. H.5.) -- 17*

— **Wilhelm Erdmann Ludw.** (Greiz/Reuß), Phthisis purulentae eiusque in corpus humanum effectuum examen. Diss. med. Jena (Goepferdt) 9. VII. 1795. 17 S. (4.50) 24282
Widm. v.: Heinr. Ern. Bernh. Eberhardt et Wilh. Süvern.

Müller, Wilh. Fd., meine Streifereien in d. Harz. 2 Bdchen. Mit 1 Kpf. 8. Berl. 800, 801. Gädicke. 1 ₰ 10 ggr

Glückwunsch der juristischen Fakultät für Wilhelm Gottlieb Müller, Geh. Justizrat, Rechtsanwalt in Paderborn, zu seinem 60jährigen Berufs-Jubiläum am 25. April [1866]. Halle-Wittenberg. 1 Bl.

Müller, Wilhelm Gustav Heinrich, s. Müller, Wilhelm

Müller, Wilh. Heinr., tabellarische Nachrichten über die Population der gesammten Königl. Preuß. Staaten, mit Nachweisung der getrauten Paare rc. 1r Thl. kl. Fol. Berlin 799. (Leipzig, Fr. Fleischer.) 2 ₰

Müller, Wilh. Hnr., tabellar. Nachr. üb. die Population des gesammt. Preuß. Staats. 1r Thl. Kur- u. Neumark. Fol. Berl. 799. Lagarde. (Köchly). 2 ₰

Müller, W[ilh.] H(einr.) Max (geb. Berlin 19. 10. 1857): Ein Beitrag zur Kenntniss der Dioxybenzoësäuren, Dioxybenzaldehyde und deren Abkömmlinge. Berlin 1882. (60 S.) 8°
Berlin, Phil. Diss. v. 11. März 1882

Müller, Wilh. Herm., Uebersicht der Urwesen u. Thiere. Für den Schulgebrauch zusammengestellt. 8. (43 S.) Lippstadt 879. Rempel. n. — 60

Müller, Wilhelm Konrad Hermann

Mueller, Guil. Conr. Arm., de Corcyraeorum republica. Comment. praem. reg. ornata. 4. (10 B.) Gottingae 835, Vandenhoeck et Ruprecht.

Müller, Wilhelm Max

Müller, W. Max, die alten Aegypter als Krieger u. Eroberer in Asien, s.a. Orient, der alte. V. 1.

Die alten Ägypter als Krieger und Eroberer in Asien. Von Dr. W[ilh.] Max **Müller**, Prof., Philadelphia. Mit 7 Abb. *Leipzig: J. C. Hinrichs 1903.* (31 S.) 8° [F.]
— **Orient**, Der alte. Jg. 5, H. 1. [illegible]

Müller, W. **Max**, Asien u. Europa nach altägyptischen Denkmälern. Mit e. Vorwort v. Geo. Ebers. gr. 8. (XI, 403 S. m. zinkotyp. Abbildgn. u. 1 Karte.) Leipzig 893. W. Engelmann. n. 24. —; geb. n.n. 26. —

— Aethiopien, s.a. Orient, der alte. VI. 2.

Äthiopien. Von Prof. Dr. W[ilh.] Max **Müller**. Mit 1 Abb. *Leipzig: J. C. Hinrichs 1904.* (32 S.) 8° [F.]
— Orient, Der alte. Jg. 6, H. 2. [illegible]

Müller, W. Max, der Bündnisvertrag Ramses' II. u. des Chetiterkönigs, s.a. Mitteilungen der vorderasiatischen Gesellschaft. VII. 5.

Der Bündnisvertrag Ramses' II. und des Chetiterkönigs im Originaltext neu hrsg. u. übers. von W[ilhelm] Max **Müller**. Mit 16 Doppeltaf. *Berlin: W. Peiser [1902].* (48 S.) 8°
— Mitteilungen d. Vorderasiat. Gesellschaft. 1902, 5. [illegible]

— neue Darstellungen „mykenischer" Gesandter u. phönizischer Schiffe in altägypt. Wandgemälden, s.a. Mitteilungen der vorderasiat. Gesellschaft. 9. Jhrg. Nr. 2.

Neue Darstellungen 'mykenischer' Gesandter und phönizischer Schiffe in altägyptischen Wandgemälden. Von W[ilhelm] Max **Müller**. Mit 5 Taf. u. vielen Textabb. *Berlin: W. Peiser (1904).* (67 S.) 8°
— **Mitteilungen** d. Vorderasiat. Gesellschaft. 1904, 2. [illegible]

– Geograph. Einzelheiten, s. Mitteilungen d. vorderasiat. Gesellschaft.

Müller, W. Max, hebräisches u. aramäisches Handwörterbuch üb. das Alte Testament, s.: Gesenius, Wilh.

– Ein phönikischer König. Ein neuer Hetiterkönig, s. Mitteilungen d. vorderasiat. Gesellschaft.

— die Liebespoesie der alten Ägypter. Mit 18 Taf. in Autogr. u. 3 Taf. in Lichtdr. gr. 4. (V, 46 S.) Leipzig 899. J. C. Hinrichs' Verl. Kart. n. 22. —

— Die Palästinaliste Thutmosis III, s.a. Mitteilungen der vorderasiatischen Gesellschaft. 1907. I.

Die Palästinaliste Thutmosis III. Von W[ilhelm] Max **Müller**. Mit 3 Taf. Berlin: W. Peiser (1907). (40 S.) 8°
— **Mitteilungen** d. Vorderasiat. Gesellschaft. 1907, 1. [illegible]

– Papāḫu - Hierapolis, s. Mitteilungen d. vorderasiat. Gesellschaft.

Studien zur vorderasiatischen Geschichte v. W. Max **Müller**. *Berlin: W. Peiser 1898.* (1 Bl., 62 S.) 8.
= **Mitteilungen** der Vorderasiat. Gesellschaft. 1898. [No] 3. [98. 4846

— Studien zur vorderasiatischen Geschichte, s.: Mitteilungen der vorderasiat. Gesellschaft. 1900. Hft. 1.

Müller, Wilhelm Otto, Referendar: Die Genehmigung des Vormundschaftsgerichtes als Voraussetzung für die Wirksamkeit von Rechtsgeschäften des Minderjährigen. Borna-Leipzig 1909: Noske. x, 110 S. 8°
Leipzig, Jur. Diss. v. 17. Juni 1909
[Geb. 27. Febr. 85 Dresden; Wohnort: Dresden; Staatsangeh.: Sachsen; Vorbildung: Kgl. Gymn. Dresden-N. Reife O. 04; Studium: Freiburg i. B. 1, Berlin 1, Leipzig 6 S.; Rig. 21. Jan. 08.] [U 09. 2614

Müller, Wilhelmine

— Schillers Andenken; e. Kantate. Karlsr., Müller. 4 gl

Müller, geb. Schulmann, Wilhelmine, Erinnerungen an Teplitz f. d. J. 1838. Den Freunden d. Natur gewid. (Gedichte.) gr. 8. (2 B.) Frankfurt a. O. 839, (Tempel. ?) *

Müller, Wilhelmine, Gedichte. 8. Stuttgart, Erhard. 801.

— — dieselben. 8. Karlsruhe, Müller.
V. V.

Müller, Wilhme, geb. Maisch, († d. 12. Dec. 1807.) Gedichte. 8. Stuttg. ... 2e A. 806. Sattler. (Hoffmann). 1 th 8 gl

— Gedichte an d. Erzherzog Karl v. Oestreich. gr. 8. Karlsr. 800.

— lyrische Gedichte u. Episteln. 8. Karlsr. 800. Müller. 1 th 4 gl Postp. 2 th 8 gl

Müller, Wilhelmine, der Großvaterstuhl. Eine Erzählung für die Jugend. Berlin 848. (Lederer.) 8. (48 S. u. 2 Lithogr.) n. 4 ngr

– (Hrsg.), s. T a s c h e n b u c h für edle Weiber und Mädchen.

Müller, Willi

Müller, Willy, a. Marburg a. d. Lahn: Beiträge zur Kenntnis des α- und β-Phellandrens. Hildesheim 1906: A. Lax. (67 S.) 8°
Göttingen, Phil. Fak., Ref. Wallach, Diss. v. 9. Juli 1906
[Geb. 22. Nov. 82 Marburg; Wohnort: Marburg; Staatsangeh.: Preußen; Vorbildung: Oberrealsch. Marburg Reife O. 01; Studium: Gießen 1, Hannover T.H. 3, Braunschweig T.H. 2, Göttingen 5 S.; Rig. 9. Mai 06.]

Müller, Willi *Otto Ludwig* [aus Anklam]: Die Herrschaft Theodorichs des Grossen vor seinem Zuge nach Italien ... Greifswald, Druck v. J. Abel, 1892; 68 S. 8.
Greifswald, Phil. Fak., Inaug.-Diss. v. 21. Dez. 1892

Müller, Willy: Aus der gynaekologischen Klinik zu Bonn. Ueber Metreuryse. *Köln (1898): Ph. Gehly.* (32 S.) 8°
Bonn, Med. Diss. v. [5. Febr.] 1898

Müller, Willi, aus Ludwigslust: The Monikins von J. F. Cooper in ihrem Verhältnis zu Gulliver's Travels von J. Swift. *Rostock 1900: C. Hinstorff.* (44 S.) 8° [J. u. Ant.]
Rostock, Phil. Diss. v. [10. Nov.] 1899

Müller, Willy: Charles Robert Maturins Romane 'Fatal Revenge, or The Family of Montorio' und 'Melmoth The Wanderer'. Ein Beitr. z. 'Gothic Romance'. Weida i. Th. 1908: Thomas & Hubert. 111 S. 8°
Leipzig, Phil. Diss. v. 14. Dez. 1908, Ref. Wülker, Birch-Hirschfeld
[Geb. 11. Juli 84 Chemnitz; Wohnort: Hohenfichte; Staatsangeh.: Sachsen; Vorbildung: Realgymn. Chemnitz Reife O. 03; Studium: Leipzig 8 S.; Rig. 26. Okt. 08.] [U 09. 3029

Mueller, Willy, die physikalische Therapie im Lichte der Naturwissenschaft. (122 S.) gr. 8. Jena 904. G. Fischer. n. 2,40

Mueller, Willy [aus Gotha]: Die gutartigen Tumoren der Zungenbasis. E. Beitr. z. Pathologie u. Therapie d. Zungenbasis. Aus d. Ambulatorium d. Hrn Privatdoz. Dr. Seifert zu Würzburg ... Würzburg, A. Boegler'sche Buchdr., 1895; 71 S. 8.
Würzburg, Med. Fak., Inaug.-Diss. v. 1895

Müller, Willi. Die Umsegelung Afrikas durch phönizische Schiffer ums J. 600 v. Chr. Geb. gr. 8. (III, 121 S.) Rathenow 889, [Babenzien]. E. Meyer. [* 3 —] * 2 —

Müller, Willy A. Th.

Müller, W. A. Th., der Automobil-Zug, s.a. Bibliothek, automobiltechnische. II.

Der Automobil-Zug. Eine Studie über d. allgem. Grundlagen d. Automobilzug-Systeme, durchgeführt an d. Beispiel des Train-Renard von W[illy] A. Th. **Müller**, Obering., Berlin. Mit 34 Abb. Berlin: M. Krayn 1907. (VIII, 104 S.) 4°(8°)
Erw. aus d. Zeitschrift 'Der Motorwagen'.
— **Bibliothek**, Automobiltechnische. Bd 2. [07. 12389

Müller, Willi Otto Ludwig, s. M ü l l e r , Willi

Müller, Willibald (Hrsg.), s.a. B e i t r ä g e , Urkundliche, zur Geschichte der mähr. Judenschaft im 17. u. 18. Jahrhundert.

Müller, Willib., urkundliche Beiträge zur Geschichte der mähr. Judenschaft im 17. u. 18. Jahrh. (199 S.) gr. 8. Olmütz 903. L. Kullil. n. 5. —; erh. Pr. n. 6. —

Müller, Willib., Beiträge zur Volkskunde der Deutschen in Mähren. gr. 8. (VIII, 446 S.) Wien 893. C. Graeser. n. 4. —

Müller Wilibald: 7. Bericht der prähistorischen Kommission. Von Ferdinand von Hochstetter. 4.) Urnenfunde nächst Kožušan bei Olmütz (mit 1 Taf.). S. 89. I. 880.
Siehe I. Abt. Mitt. der prähist. Komm.
Separatabdruck

Müller, Willib., Josef v. Engel. E. Lebensbild, zugl. Erinnerungsblatt an s. Thätigkeit als Stadtverordneter u. Bürgermeister d. kgl. Hauptstadt Olmütz. gr. 8. (V, 82 S.) Wien 896. C. Graeser. n. 1.40

Müller, Willib., Führer durch die mährisch-schles. Sudeten. Im Auftrage des mährisch-schles. Sudeten-Gebirgsvereines bearb. Mit 1 (chromolithogr.) Karte des Vereinsgebietes, 1:200,000. 12. (III, 191 S.) Freiwaldau 883, Blažek. geh. *

Müller, Willib., Führer an der mährisch-schlesischen Centralbahn u. den k. k. Staatsbahnen Kriegsdorf-Römerstadt u. Ebersdorf-Würbenthal. 8. (III, 88 S.) Freiwaldau 885. Blažek. n. — 80

Müller, Willibald, das Geschäftsbuch. Handbuch der privaten u. geschäftl. Korrespondenz u. Buchführg., d. öffentl. Verkehrswesens etc. Auf Grundlage der neuesten Normalverordngn. gänzlich umgearb. neue Ausg., im Ganzen 6. Aufl. m. 248 Formularien f. die Privat-, Handels- u. Geschäfts-Korrespondenz unter besond. Berücksicht. d. prakt. Bedürfnisses. gr. 8. (498 S.) Teschen 873. Prochaska. n. 4. 80

Müller's, Willibald, Geschäftsbuch. Verläßlicher, leichtverständl. u. prakt. Rathgeber in allen Angelegenheiten des Privat- u. des Geschäftsverkehrs. Mit 248 Formularien u. Mustern zu Aufsätzen aller Art, Privat-, Handels- u. Geschäftsbriefen etc. 7. Aufl. 10 Lfgn. gr. 8. (604 S.) Teschen 877. Prochaska. à — 50

— dasselbe. 8., mit der 7. gleichlautende Aufl. Auf Grundlage der neuesten Gesetze u. Vorschriften umgearbeitet u. verm. gr. 8. (604 S.) Ebend. 877. 5. —; geb. n. 6. 60

— Geschichte der königlichen Hauptstadt Olmütz von den ältesten Zeiten bis zur Gegenwart. Mit (Holzschn.- u. Lichtdr.-)Illustrationen nach Handzeichnungen von Jos. Langl. gr. 8. (XVI, 490 S. mit 4 Taf.) Wien 882. Hölzel. n. 8. —; geb. n. 10. 40

Müller, Willibald: Geschichte der königl. Hauptstadt Olmütz von den ältesten Zeiten bis zur Gegenwart. Mit zahlr. Abb. 2., erg. Ausg. — Olmütz: Hölzel 1895. IV, 405 S. [1. Aufl. 1882.]

Müller, Willib., Geschichte der k. k. Studienbibliothek in Olmütz nach Bibliotheksacten. gr. 8. (85 S.) Brünn 901. (Olmütz, E. Hölzel.) n. 1. 50
Sonderabdruck aus: „Zeitschrift des deutschen Vereines f. die Geschichte Mährens u. Schlesiens".

— die neuen österreichischen Gesetze seit 1868. Für das prakt. Bedürfniß erläutert u. m. Formularien versehen. Nr. 1—12. gr. 8. Ebend. 872—74. n. 9. 20

1. Konfessionelle Gesetze. Ehegesetz — Schulgesetz — Interkonfessionelles Gesetz vom 25. Mai 1868. (67 S.) n. — 60
2. Die Vollzugsvorschrift zum Ehegesetze vom 1. Juli 1868. Das Gesetz üb. die Aufhebg. der Wuchergesetze u. der Beschränkgn. d. vertragsmäß. Zinsfußes vom 14. Juni 1868. Das Gesetz üb. die Aufhebgn. der exekutiven Schuldhaft vom 4. Mai 1868. Das Gesetz üb. die Unifikation der Staatsschuld u. die Couponsteuer am 20. Juni 1868. Das Gesetz üb. die Organisation der politischen Behörden vom 19. Mai 1868. Gesetze üb. die Aendergn. im Amortisirungsverfahren vom 3. Mai u. 2. Juli 1868. Vorschriften üb. inländ. Expreßbriefe u. telegraph. Geldanweisgn. vom 14. u. 23. April 1868. (63 S.) n. — 60
3. Das Wehrgesetz vom 5. Dezbr. 1868. Verordnung d. Reichs-Kriegs-Ministerium v. 22. Dezbr. 1868, enth. die Durchführungs-Bestimmgn. zum Wehrgesetze. Vorschrift üb. das Verfahren m. den einjährig Freiwilligen von ihrem Eintritte in das steh. Heer angefangen bis zu ihrer Uebersetzg. in die Reserve. Vom 3. Februar 1869. (XXIII, 69 S.) n. — 80
4. Die Konkurs-Ordnung vom 25. Dezbr. 1868. (141 S.) n. — 20
5. Das Volksschulgesetz vom 25. Mai 1868. Das Landwehrgesetz vom 13. Mai 1869. Das Handelskammergesetz vom 29. Juni 1868. Schwurgerichte in Preßsachen. Gesetze vom 9. März 1869. Die Regulirg. der Grundsteuer. Gesetz vom 24. Mai 1869. (65 S.) n. — 60
6. Gewerbegerichte. Gesetz vom 14. Mai 1869. Grundbücherliche Zertheilg. v. Liegenschaften. Gesetz vom 6. Februar 1869. (63 S.) n. — 60
7. Allgemeines Grundbuchsgesetz vom 25. Juli 1871. Außerordentliche Berufung in Strafsachen u. Verfahren bei Strafaufschubs u. Gnadengesuchen vom 23. Juli 1871. Notariatszwang bei einigen Rechtsgeschäften u. die wichtigsten Bestimmgn. der neuen Notariats-ordng. Gesetz vom 25. Juli 1871. (100 S.) n. 1. —
8. Das Gesetz üb. das Bagatellverfahren vom 27. April 1873. Das Mahnverfahren. (68 S.) n. — 60
9. Das neue Maß u. Gewicht, m. vollständ. Preisausrechnungstabellen. (114 S.) n. 1. 20
10. Die Geschwornen-Gerichte u. die wichtigsten Bestimmgn. der neuen Strafproceß-Ordng. (72 S.) n. — 60
11. Aenderungen einiger Bestimmgn. in Civilrechtsstreitigkeiten [Civilprocessnovelle.] (40 S.) n. — 60
12. Betriebs-Reglement f. die Eisenbahnen Oesterreich-Ungarns u. Deutschlands. (78 S.) n. — 80

Müller's, Wilib., Haus- u. Familienbuch. Practische Gesundheitslehre, gute Sitte im Hause u. in der Gesellschaft, Karten- u. Gesellschaftsspiele, deutsche Volks- u. Gesellschaftslieder, Oeconomie in der Hauswirthschaft, Recepte f. die Haushaltg., Kochbuch m. Kranken- u. geschwinder Küche. gr. 8. (XXIV, 954 S.) Teschen 885. Prochaska. 7. 50; geb. n. 9. —

Müller, Wilib. Johann Leopold v. Hay. Ein biograph. Beitrag zur Geschichte der Josefin. Kirchenpolitik. gr. 8. (92 S. m. Bildnis.) Wien 892. Graeser. * 2 —

—— Hans Kudlich. Denkschrift zur vierzigjähr. Feier der Robot-Aufhebung. 8. (95 S. mit Portr.) Znaim 888, Fournier und Haberler. *

—— das romantische Mähren. Eine Sammlung vaterländ. Sagenstoffe. 1. Thl. gr. 8. (468 S.) Ebendas. 881. *
elegant geb. *

— Olmütz im J. 1894, s.: Graeser, Carl.

— der Rathsherr v. Olmütz. Geschichtliche Erzählg. 12. (IV, 330 S.) Olmütz 891. Müller's Selbstverl. (Durch R. Lechner's Verl. in Wien.) Geb. n. 2. —

Müller, Willibald, das Rechtsbuch. Rathgeber in allen Rechts- u. polit. Angelegenheiten, in Gewerbesachen, in Bezug auf das Steuer- u. Zollwesen. Nach dem neuesten Stande der österr. Gesetzgebg. gänzlich umgearb. neue Ausg., im ganzen 6. Aufl. m. 332 Formularien zu amtl. Eingaben u. Urkunden aller Art, unter besond. Berücksicht. der prakt. Bedürfnisse. gr. 8. (900 S.) Teschen 873. Prochaska. n. 8. 40

— Rechtsbuch. Verläßlicher, leichtverständl. u. praktischer Rathgeber in allen Angelegenheiten des bürgerl. u. des öffentlichen Rechtes. Mit 332 Formularien zu Rechtsurkunden u. Mustern zu gerichtl. Eingaben aller Art etc. [Populäre Erläuterung der Gesetze; — Ersatz für alle Gesetzsammlungen.] 7. Aufl. 15 Lfgn. gr. 8. (963 S.) Teschen 877. Prochaska. à — 50

— dasselbe. 8., m. d. 7. gleichlautende Aufl. gr. 8. (963 S.) Ebend. 877. 7. 50; cart. 8. —; geb. n. 9. 10

— — Rechtsbuch. Verlässl., leicht verständl. u. prakt. Rathgeber in allen Angelegenheiten d. bürgerl. u. öffentl. Rechtes. 9., vollkommen bericht. u. erg. Aufl. gr. 8. (963 S.) Ebds. 3 fl. 75 kr., geb. 4 fl. 55 kr.
1884.

— Sagen u. Geschichten der Stadt Olmütz. Illustr. v. José Hilber. 8. (VII, 114 S.) Olmütz 892. E. Hölzel. Kart. n. 1. 80

— Josef v. Sonnenfels. Biographische Studie aus dem Zeitalter der Aufklärung in Oesterreich. Mit Sonnenfels' Bildniß (in Heliogravure). gr. 8. (V, 145 S.) Wien 882. Braumüller. n. 3. —

Müller, W., Jos. von Sonnenfels. gr. 8. Wien 882. Leipzig, Greßner und Schramm. * 3 —

Müller, W., Um Sprache und Glauben. Roman. 8°. (300 S.) K 3.—
Olmütz: Kullil 1905.

Müller, W. (II.), die sel. Jungfrau Stilla, Gräfin v. Abenberg. Leben, Wunder, Verehrung, Grab etc. der Seligen, 9 Betrachtungen über ihr Leben, Andachtsübungen, nebst einem Anhang der gewöhnl. Gebete eines kathol. Christen. 8. (VIII, 186 S. mit 7 Illustr. und 1 Titelbilde.) [Amberg 886.] Regensburg, Habbel. *

Müller, Willib., die selige Stilla, Gräfin v. Abenberg. 2. Aufl. m. 11 Illustr. (VII, 160 S.) kl. 8. Eichstätt 906. Ph. Brönner. n. 1. 20; geb. n. 1. 60

Müller, Willibald, Gerhard van Swieten. Biograph. Beitrag z. Geschichte d. Aufklärung in Oesterreich. gr. 8. (175 S. mit Bildniss.) Wien, Wilhelm Braumüller. 1 fl. 80 kr. 1883.

Müller, Wilib., der Volks-Advokat. Verläßlicher Rathgeber in allen gerichtlichen u. geschäftlichen Angelegenheiten für die Bewohner aller österreich. Königreiche u. Länder. Mit besond. Berücksichtigung des prakt. Bedürfnisses u. nach dem neuesten Stande der österreich. Gesetzgebung bearb. 1—29. Liefg. Teschen 867—69. Prochaska. gr. 8. (1 Bd. 826 S., 2. Bd. IV, 576 S., 3. Bd. 410 S., 4. Bd. S. 1—64.) Jede Liefg. 6 ngr.

— der Volks-Advokat. Verläßlicher Rathgeber in allen gerichtl. u. geschäftl. Angelegenheiten f. die Bewohner aller österreich. Königreiche u. Länder. Mit besond. Berücksicht. d. prakt. Bedürfnisses u. nach dem neuesten Stande der österr. Gesetzgebg. bearb. 30. u. 31. Lfg. [Neue Gesetze 8. u. 9. Lfg.] gr. 8. (130 S.) Teschen 871. Prochaska. à n. — 50

— dasselbe. 2. m. besond. Berücksicht. d. prakt. Bedürfnisses u. nach dem neuesten Stande der österr. Gesetzgebg. gänzlich umgearb., neue Aufl. 32—37. Lfg. Neue Gesetze. 2. Bd. 1—6. Lfg. gr. 8. Ebend. 873. 74. n. 3. 80

1. Das Bagatellverfahren. Das Mahnverfahren. (168 S.) n. — 60
2 u. 3. Das neue Maß- u. Gewicht m. vollständ. Preisausrechnungstabellen. (114 S.) n. 1. 20
4. Die Geschwornen-Gerichte u. die wichtigsten Bestimmgn. der neuen Strafprozeß-Ordnung. Für das prakt. Bedürfniß erläutert u. m. Formularien versehen. (72 S.) n. — 60
5 u. 6. Aenderungen einiger Bestimmgn. in Civilrechtsstreitigkeiten. [Civilproceßnovelle]. Betriebs-Reglement f. die Eisenbahnen Oesterreichs Ungarns u. Deutschlands. (113 S.) n. 1. 40

— dasselbe. 2. gänzlich umgearb., neue Ausg. 22 Lfgn. gr. 8. (1. Bd. 900 u. 2. Bd. 498 S.) Ebend. 871. 72. à — 60

— Volks-Advokat. Verläßlicher, leichtverständl. u. prakt. Rathgeber in allen gerichtl. u. geschäftl. Angelegenheiten. 10. Aufl. Nach den neuesten Gesetzen umgearb. u. ververvollständigt v. Ferd. Böhm. 26 Lfgn. gr. 8. Teschen, K. Prochaska. à — 50

1. Bd. Das Rechtsbuch. (Populäre Erklärg. der Gesetze. — Ersatz f. alle Gesetzsammlgn.) (III, 1083 S.) 893. n. 8. 50; geb. n. 10. —
2. Bd. Das Geschäftsbuch. (617 S.) 894. n. 5. —; geb. n. 6. 60

Müller's, Wilib., neuer Volksadvokat. Prakt. Rathgeber in allen bürgerl. u. öffentl. Rechtssachen sowohl, als auch im Privat- u. im Geschäftsverkehr. 11. Aufl. Nach d. neuesten Gesetzen umgearb. v. Heinr. Arthold u. Ferd. Böhm. 2 Bde. gr. 8. Teschen 898. K. Prochaska. 14. 50; geb. n. 18. 10

1. Das Rechtsbuch. Umgearb. u. vervollst. auf Grundlage der neuen Civilprozeß-Ordng., d. neuen Steuergesetze u. allen sonst. Neuergn. d. Gesetzgebg. (VI, 1132 S.) 9. —; geb. n. 10. 80
2. D. Geschäftsbuch. Prakt. Rathgeber in allen Angelegenheiten d. Privat- u. d. Geschäftsverkehrs. Umgearb. u. vervollst. auf Grundlage d. neuesten Gesetze u. Vorschriften. (667 S.) 5. 60; geb. n. 7. 30

Erschien auch in 29 Lfgn. à — 50.

Müller's, Wilib., neuer Volksadvokat. Das Rechtsbuch. Praktischer Ratgeber in allen bürgerl. u. öffentl. Rechtssachen sowohl, als auch im Privat- u. im Geschäftsverkehr. Nach den neuesten Gesetzen gänzlich umgearbeitet v. Heinr. Böhm u. Ferd. Böhm. 12. Aufl. (120.—130. Taus.) (In 20 Lfgn.) 1.—17. Lfg. (1. Bd. S. 1—944.) 8. Teschen 906. K. Prochaska. à Lfg. — 42

Müller's, Willib., neuer Volksadvokat. Das Rechtsbuch. Praktischer Ratgeber in allen bürgerl. u. öffentl. Rechtssachen sowohl, wie im Privat- u. im Geschäftsverkehr. Nach den neuesten Gesetzen gänzlich umgearb. v. Heinr. Böhm u. Ferd. Böhm. 12. Aufl. 18.—20. Lfg. S. 945 —1143.) 8. Teschen (907). K. Prochaska. à Lfg. — 42

Müller, Willy, s. Müller, Willi

Müller, Wladislaus, a. Tarnowo: Zur pathologischen Anatomie der Friedreich'schen Ataxie. Würzburg 1907: A. Boegler. (37 S.) 8°

Würzburg, Med. Fak., Ref. Rieger, Diss. v. 20. Febr. 1908

[Geb. 11. Jan. 74 Tarnowo; Wohnort: Würzburg; Staatsangeh.: Preußen; Vorbildung: Gymn. Meseritz Reife O. 01; Studium: Berlin 3, Göttingen 2, Leipzig 2, Berlin 3 S.; Coll. 20. Febr. 07; Approb. 15. Febr. 07.]

Müller, Wolf: Studien ueber einige neue Derivate des o-Methylchinolins. *Freiburg i. B. 1897: H. M. Poppen & Sohn.* (40 S.) 8°

Freiburg i. B., Phil. Diss. v. 1897

Müller, Wolf, Dr., in Freiburg i. B.: Über die Zersetzungsgeschwindigkeit der Brombernsteinsäure in wässeriger Lösung. (1. Der Reaktionsverlauf bei 50°.) *Freiburg i. B. 1902: C. A. Wagner.* (22 S.) 8° ¶ (Aus: Berichte [d. Naturf. Ges. zu Freiburg i. B.], 13.)

Freiburg i. B., Phil. Hab.-Schr. v. 1902

Müller, Wolf Johs., zur Passivität der Metalle. (9 S.) gr. 8. Freiburg i/B. (904). (Tübingen, J. C. B. Mohr.) n. 1. —

Sonderabdruck aus: „Berichte d. naturforsch. Gesellsch. zu Freiburg i. Br."

Müller, Wolfgang, s.a. Müller von Königswinter

Müller, Wolfgang, Regierungsreferendar bei der Kgl. Regierung in Posen: Anfechtung letztwilliger Verfügungen wegen Irrtums im Falle des § 2078,2 B.-G.-B. Borna-Leipzig 1900: R. Noske. (IX, 42 S.) 8° [F.]

Breslau, Jur. Fak., Ref. Leonhard-Fischer, Diss. v. 28. Mai 1906

[Geb. 25. Febr. 81 Gniefgau, Kr. Neumarkt; Wohnort: Posen; Staatsangeh.: Preußen; Vorbildung: Johannes-Gymn. Breslau Reife O. 99; Studium: Heidelberg 1, Breslau 3, Leipzig 1, Breslau 2 S.; Rig. 29. Nov. 05.]

Müller, Wolfg., die Offenbarung St. Johannis, f. die Gemeinde ausgelegt. Mit e. Anh. üb. die Adventisten. (116 S.) gr. 8. Memmingen (910). (Ansbach, C. Junge.) 1. 50

Rechtskraft im Verwaltungsstreitverfahren. Krit. Untersuchungen über d. Anwendung zivilrechtl. Grundsätze in d. Verwaltungsjurisdiktion. Von Dr. jur. Wolfgang **Müller**, Reg.Ass., (Harburg). Leipzig: Veit 1910. VIII, 48 S. 8° (10. 9070)

Müller, Wolfg. Adf., die Erbauung e. elektrischen Bahn auf die Zugspitze. (55 S. m. 16 Abbildgn.) 8. Berlin-Charlottenburg (5, Leonhardtstr. 17) 905. Verlag der Zeitschrift f. das gesamte Turbinenwesen. n. 1. 80

— s.: Zeitschrift f. das gesamte Turbinenwesen.

Müller, Wolfgang Jakob

— s. Samml. kl. Schriften v. Wundarzneikunst.

Müller, Wolfg. Jak., oder Müllner? († d. 5. Febr. 1779.) seltene Wahrnehmung von einer sammt d. Kinde ausgefallenen Gebärmutter, nach e. 9monatl. Schwangerschaft ꝛc. Mit Kpf. 8. Nürnb. 771. Monath u. K. 2 gl.

— **Wolffgang Sigismund** (Regensburg), De erubescentibus et venarum capitis subitaneo tumore. Diss. med. Präs. Augustin Friedrich Walther. Leipzig (Langenheim) 8. V. 1739. 32 S. (4.50) 24286

Müller, Zölestin

Müller, Cölestin — Theoretisches Lehrbuch für den Pianisten. Zum Gebrauche seiner Schüler in Fragen und Antworten verfaßt mit Rücksicht auf seine praktische Klavierschule von — —. Prag, 1855. Druck von Fr. Rohlicek im fürsterzbischöflichen Seminär. (87 S. 8.)

Müller, Cölest., s. K. Tanner, Betrachtt. u. dessen Predigt-Entwürfe.

[Müller, Cölestin.] Züge aus der Reformations-Geschichte der Schweiz. 3 Abtheilungen. 8. Münster und Paderborn 1819–1828.
[Abtheilung 1.] Bey Gelegenheit der dritten Säkular-Feyer der Reformierten ... vorgelegt. (Von den Häuptern der Reformation.) 1819.
Abtheilung 2, Gang und Beförderungsmittel der Reformation. 1828.
3. und letzte Abtheilung. Früchte und Folgen der Reformation. 1828

[Müller, Cölestin.] Züge aus der Reformations-Geschichte der Schweiz. Bey Gelegenheit der dritten Sekularfeyer der Reformierten ... vorgelegt. 3 Abtheilungen. 8. Münster und Paderborn 1828.
Abtheilung 1: Häupter der Reformation. 2. verbesserte und vermehrte Ausg. — Abt. 2. u. 3 wie vorstehend.

Müller von Friedberg, Karl. Sittengemälde aus der letzten Hälfte unsers Jahrhunderts. Berlin 1793. 1800. 1803. St. Gallen 1837. V: *Scheitlein, Peter.* (BGE V[a], 197) Vgl. III, 5457.

— — Sittengemälde aus der letzten Hälfte unsers Jahrhunderts. Berlin, Akademie, 1793. 8°.
Schlesinger's in Berlin Lhbibl.-Cat. 1827. p. 189.
— — Dasselbe. Ebd. 1800. 8°. (3/4 Rthl.) (Citirt Kayser.)

Müller v. Friedberg, Karl, Sittengemälde aus d. letzten Hälfte unsers Jahrhund. 8. Berl. 793. N. Aufl. 800 u. 803. Lagier. 14 gl.

Müller, (K.,) Sittengemälde aus der letztern Hälfte unsers Jahrh. Neue verb. Aufl. 8. Berl. 823, Logier.

Müller von Friedberg, Karl. St. Gallen [1837]. V: *Scheitlin, Peter.* (Cat. d. Stadtbibl. Zürich. Zürich 1864—97.)

Müller von Friedberg. Karl M' von F', Landammann des Kantons S. Gallen. Njbl. S. Gallen *s.* [Scheitlin, Peter].

Müller-Friedberg, Landammann des Kantons St. Gallen. Lebensbild, s. Hürlimann, A.

Müller-Friedberg, Lebensbild, s. Mittheilungen zur vaterländischen Geschichte.

—

Müller-Friedberg's Lebensbild, s.: Dierauer, J.

Abg. MÜLLER-Fulda UND DER HANSABUND. (o. O. 1909.) 4°.

Müller-Amorbach, Wilh., der Pfälzer Löwe. Drei Wappenschwänke. (52 S.) 8. Kaiserslautern 901. H. Kayser. 1.—

Müller-Amorbach, Wilh., der Dürrbacher Mostgeist. Ein Würzburger Weinmärchen. [Zur Jubelfeier der Alma Julia.] 16. (63 S.) Würzburg 882, Stahel'sche Universitäts-Buchh. *

Müller-Amorbach, Wilh., aus der Schelmenecke. Schwänke. gr. 8. (VIII, 172 S.) Frankfurt a/M. (900). Gebr. Knauer. n. 2.—; geb. n. 3.—

— Schlitzohr. Eine Geschichte aus dem Spessart, m. Buchschmuck v. J. Ulrich. 8. (55 S. m. Titelbild.) Aschaffenburg 902. C. Krebs. Geb. n. 3.—

Müller-Amorbach, Wilh., Windverweht. Gedichte. (VIII, 194 S.) 8. Dresden 905. E. Pierson. n. 2.50; geb. n. 3.50

Müller-Angelo, Adolf

Müller-Angelo, A. Deutschland zur See. Dresden (1894). 4°. — Beigedr.: Hanstein, A. v.: Kaiser Wilhelm II Nord- und Südlandfahrten. Dresden (1894.)

Müller-Angelo, Adf., dramatischer Prolog zum Geburtstage Sr. Maj. d. deutschen Kaisers, s.: Bloch's, Ludw., Militär-Festmappe.

Müller-Argoviensis, J., üb. einige Flechten vom Monte Rosa. [Aus: „Berichte d. schweizer. botan. Gesellsch."] gr. 8. (2 S.) Bern 896. K. J. Wyss. n. — 60

Müller-Baden, Emanuel, s. Müller

Müller-Beeck: Verzeichniss der essbaren Pflanzen Japan's. Veröffentlicht vom Verein zur Beförderung des Gartenbaues in den Kgl. Preussischen Staaten. 1886. (Berlin 1886.) 18 S. 8°.

Müller-Beeck, F. G., e. Reise durch Portugal, m. e. geolog. (chromolith.) Karte. gr. 8. (III, 84 S.) Hamburg 883. Friederichsen & Co. n. 3.—

Müller-Beeck, F. Georg: Unsere wissenschaftliche Kenntniss von Korea. Vortrag, gehalten am 4. Juli 1882 in der Geographischen Gesellschaft zu Greifswald. ([S.-A.] I. Jahresbericht der Geographischen Gesellschaft zu Greifswald.) Greifswald 1882. 23 S., 6 Tf. 8°.

Müller-Beeck, George, Reise-Notizen von Teneriffa. Als Mscr. gedr. Lex.-8. (35 S. m. 1 Lichtdr. u. 1 lith. Karte.) Frankfurt a/M. 879. (Hamburg, Seippel.) n.n. 3.—

Müller-Berlin, Hugo, s. Müller

Breslau. Verf. u. gezeichnet von Ernst **Müller**-Bernburg. Leipzig: K. G. Th. Scheffler; Breslau: Priebatsch 1906. (72 S.) 8° [F.]
— **Wie wir unsre Heimat sehen.** Bd 5. [07. 2991]

Müller-Bernburg, Ernst, d. Isartal, s.: Landschaftsmappen.

— Das Riesengebirge, s.: Landschaftsmappen. Nr. 2.

— dasselbe. s.: Scheffer's, Th., Landschaftsmappen. Nr. 1.

Müller-Bernburg, Ernst, Breslau, s.: Wie wir unsere Heimat sehen.

Müller von Berneck, August Friedrich (Leipzig), De probatione indebiti dd L. XXV. D. de probat. et praesumt. Exercit. jur. civil. Leipzig (Langenheim) 30. IV. 1772. 36 S. (5.—) 24287
Gew.: Jakob Heinrich Born.

Müller v. Berneck, Ehrhardt, sind Reformen f. Deutsch-Südwestafrika e. dringende Notwendigkeit? (23 S.) gr. 8. Berlin 903. Charlottenburg, Deutscher Kolonial-Verlag. n. 1.—

Mueller von Berneck, Franz (Mittweida), Nonnulla de causis phthiseos pulmonalis. Diss. med. Leipzig (Staritz) 28. IX. 1830. 28 S. (4.—) 24288
Gew.: Christian Adolph Wendler, Ludwig Cerutti.

Müller-(Bernhardin), die deutsch-evang. Sache in Schlesien. Vortrag, geh. bei d. 21. Generalversammlg. d. Evangel. Bundes in Braunschweig am 6. X. 1908. (13 S.) 8. Leipzig (908). Halle, Verl. d. Evangel. Bundes. nn — 10

— dasselbe, s.a. Sache, die deutsch-evangel., in den Ostmarken.

Müller-Bertossa, J. Aug., Anleitung zum Rechnen m. dem logarithmischen Rechenschieber, durch Beispiele erläutert u. m. 2 lith. Taf. versehen. gr. 8. (IV, 55 S.) Zürich 892. Meyer & Zeller. n. 1. 80

Müller-Bertossa, J. Aug., Anleitg. zum Rechnen m. d. logarithm. Rechenschieber, durch Beispiele erläut. u. m. 2 lith. Taf. versehen. II., verm. Aufl. gr. 8. (IV, 60 S.) Zürich 896. A. Raustein. n. 1. 80

Müller-Bohn, Hermann

— Herrn Wilhelm Schulzes erste Badereise. Humoreske. 8. (129 S.) Ebd. 891. * 1 —

— Die deutschen Befreiungskriege. Deutschlands Geschichte v. 1806—1815, veranlaßt u. hrsg. v. Paul Kittel. Bilderschmuck v. Carl Röchling, Rich. Knötel, Woldem. Friedrich u. Frz. Stassen. 30 Lfgn. (VII, 944 S. m. 51 farb. Taf. u. 7 Fksms.) 32,5×24,5 cm. Berlin (907. 08). P. Kittel.
Aus dem Buchhandel zurückgezogen. (Urspr. Pr. 30. —)

Die deutschen Befreiungskriege. Deutschlands Geschichte von 1806-1815 von Hermann Müller-Bohn, veranlaßt u. hrsg. von Paul Kittel. Bilderschmuck v. Prof. Carl Röchling, Prof. Richard Knötel, Prof. Woldemar Friedrich u. Kunstmaler Franz Stassen. Bd 1. 2. Berlin: P. Kittel [1908-09]. 4°

— Gebhard Leberecht v. Blücher, s.: Volksabende. 12. Heft.

Müller-Bohn, Herm., die Denkmäler Berlins. Ihre Geschichte u. Bedeutg., m. e. Anh., enth. Gedenktafeln u. Wohnstätten berühmter Männer. E. kunstgeschichtl. Führer f. Einheim. u. Fremde, zugl. e. Ergänzg. f. d. heimatkundl. Unterricht. M. e. Geleitwort v. Friedel, Mitglied d. Kommission f. d. Denkmalspflege d. Prov. Brandenburg. M. 46 Illustr. 4. (IV, 72 S.) Steglitz-Berlin 897. R. Auerbach. Kart. n. 2. —; geb. m. Goldschn. 3. —

[F.] Die Denkmäler Berlins. Ihre Gesch. u. Bedeutg, m. e. Anh., enth. Gedenktaf. u. Wohnstätten berühmter Männer. E. kunstgeschichtl. Führer ... v. Hermann Müller-Bohn m. e. Geleitw. d. H. Geh. Regiergsr. u. Stadtr. (Ernst) Friedel ... M. 46 Ill. *Steglitz: R. Auerbach (1897).* (18 Bl., 72 S.) 1 Bd 8. [97. 6167

Müller-Bohn, Herm., die Denkmäler Berlins in Wort u. Bild nebst den Gedenktafeln u. Wohnstätten berühmter Männer. Ein kunstgeschichtl. Führer. 142 Illustr. u. 5 Wappen. 6. u. 7. Taus. (Je IV, 114 S.) Lex.-8. Berlin (905). F. M. Spaeth. n. 3. 50; geb. in Leinw. n. 4. 50

Ⓑ — Die Denkmäler Berlins. 905. (KVL 34.) Jetzt: Berlin, Patria-Verlag. Ladenpr. aufgeh.

— Friedrich der Grosse, s.: Röchling, Carl.

— Kaiser Friedrich d. Gütige. Vaterländ. Ehrenbuch m. vielen Illustr. erster Künstler, hrsg. v. Paul Kittel. (In 25 Lfgn.) 1. Lfg. Fol. (24 S. m. 2 farb. Taf.) Berlin 898. P. Kittel. n. — 90

Müller-Bohn, Herm., Kaiser Friedrich der Gütige. Vaterländisches Ehrenbuch. Hrsg. v. Paul Kittel. Mit 34 Kunstbeilagen in Schwarz- u. Farbendr., etwa 500 authent. Abbildgn. im Text u. 8 Fcsm.-Beilagen. 2.—23. Lfg. Fol. (IV u. S. 25—456.) Berlin 899. 900. P. Kittel. à n. — 90; (kplt., erhöh. Preis n. 23. —; geb. n. 26. —; m. Goldschn. n. 28. —)

Müller-Bohn, Hermann. Kaiser Friedrich der Gütige. Vaterländisches Ehrenbuch von Hermann Müller-Bohn. Hrsg. von Paul Kittel. Berlin. Paul Kittel 1900. 556 S. m. etwa 500 Abb.; 34 z. T. farb. Taf. 4°

Müller-Bohn, Herm., unser Fritz, deutscher Kaiser und König von Preußen. Ein Lebensbild. 10 Lfgn. gr. 8. (418 S. mit zahlr. Illustr. von der Hand der ersten deutschen Künstler.) Berlin 888, Kittel. à Lfg. * 50 Pf. * geb. *

Müller-Bohn, Herm., unser Fritz, deutscher Kaiser und König v. Preußen. Ein Lebensbild. Mit zahlr. Illustr. v. ersten deutschen Künstlern. 2. Aufl. gr. 8. (III, 426 S.) Berlin 889. Kittel. n. 6. —; geb. n. 8. —

Müller-Bohn, Herm., unser Fritz, deutscher Kaiser u. König v. Preußen. Ein Lebensbild. Mit zahlreichen Illustr. v. ersten deutschen Künstlern. 3. Aufl. gr. 8. (III, 426 S.) Berlin 891. P. Kittel. Geb. in Leinw. n. 8. —; m. Goldschn. n. 9. —; auch in 12 Lfgn. à n. — 50

— dass. — 4. u. 5. Aufl. gr. 8. (III, 426 S.) Ebd. 892. * 7 — geb. * 9 —; m. Goldschn. * 10 —; auch in 14 Lfgn. à * — 50

— dasselbe. 4. u. 5. Aufl. gr. 8. (III, 426 S.) Ebd. 893. Geb. in Leinw. n. 9. —; m. Goldschn. n. 10. —; auch in 14 Lfgn. à n. — 50

— unser Fritz, deutscher Kaiser u. König v. Preußen. E. Lebensbild. M. zahlr. Illustr. v. ersten deutschen Künstlern. 6. Aufl. gr. 8. (III, 426 S.) Ebd. 896. Geb. in Leinw. n. 9. —

— Deutschlands Kaiserpaar. Dem deutschen Volke gewidmet. Mit 1 Extrabeilage, 8 Kunstblättern, 8 Vollbildern u. 84 Abbildgn. im Text nach Orig.-Zeichngn. u. Orig.-Photographien. Hrsg. v. Paul Kittel. (Grosse Ausg.) (190 S.) 8. Berlin 906. P. Kittel. Geb. in Leinw. n. 2. 50

Müller-Bohn H, Deutschlands Kaiserpaar. (190 S) u kl. Ausg. (127 S) Berlin 1906

— Theodor Körner, s.a. Volksabende. 25. Heft.

Müller-Bohn, Hermann, Theodor Körner, Ein Sänger u. ein Held (Volksabende, H. 25), Gotha 1910, 48 S., 8°.

– Der Treue Lohn, s. Bibliothek, Kleine, für Arends'sche Stenographie.

— Königin Luise, s.: Volksabende. Nr. 3.

Müller-Bohn, Herm., die Königin Luise u. ihre Zeit, s.a. Kittel's, Paul, Künstler-Lichtbildervorführungen aus der vaterländ. Geschichte. II.

Die Königin Luise und ihre Zeit. 49 Bilder aus d. Leben d. Königin von Hermann Müller-Bohn. Beschreib. Text zu d. farbigen Lichtbildern: Königin Luise nach d. Orig. d. Bilderwerkes: 'Die Königin Luise' vom Prof. C. Röchling, R. Knötel u. Prof. W. Friedrich. *Berlin: P. Kittel 1901.* (63 S.) 8° [Ant. u. F.]
— Künstler-Lichtbildervorführungen, Paul Kittels. Ser. 2. [illegible]

— Graf Moltke. Ein Bild seines Lebens u. seiner Zeit. Mit zahlreichen Illustr. von ersten deutschen Künstlern. 14 Lfgn. gr. 8. (V, 513 S.) Ebd. 889. à n. — 50 (cplt. geb.: n. 9. —)

—— Graf Moltke. Ein Bild seines Lebens u. seiner Zeit. Mit zahlreichen Illustr. 14 Lfgn. gr. 8. (V, 513 S.) Ebd. 889,90. à Lfg. * — 50; * 7 —; geb. * 9 —

— Graf Moltke. Ein Bild seines Lebens u. seiner Zeit. Mit zahlreichen Illustr. v. ersten deutschen Künstlern. 2., vervollständ. Aufl. 15 Lfgn. gr. 8. (V, 559 S.) Ebd. 891. Geb. in Leinw. n. 9. 50; m. Goldschn. n. 10. —; auch in 15 Lfgn. à n. — 50

— dasselbe. 3. Aufl. gr. 8. (V, 550 S.) Ebd. 893. Geb. in Leinw. n. 10. —; m. Goldschn. n. 11. 50; auch in 15 Lfgn. à n. — 50

– Eine gefährliche Nachtparthie, s. Bibliothek, Kleine, für Arends'sche Stenographie.

— der eiserne Prinz. Ein Lebensbild des Prinzen Friedrich Karl. Dem deutschen Volke u. dem deutschen Heere gewidmet. 8. (IV, 204 S. m. 8 Taf.) Potsdam (902). A. Stein. n. 2. —; geb. n. 2. 50

— u. Herm. Jahnke, Germania's Ruhm u. Ehr'. Kaiser Friedrich der Edle. — Graf Moltke, der große Schlachtendenker. — Fürst Bismarck, der eiserne Kanzler. (Neue [Titel-]Ausg.) Reich illustr. v. ersten deutschen Künstlern. 45 Hfte. gr. 8. (à 3 Bog.) Berlin 891. P. Kittel. à n. — 50

—— u. Herm. Jahnke. Germania's Ruhm u. Ehr'. (Kaiser Friedrich der Edle. — Graf Moltke, der große Schlachtendenker. — Fürst Bismarck, der eiserne Kanzler.) Reich illustr. Neue (Titel-)Ausg. von drei einzeln erschienenen Werken. 45 Hefte. gr. 8. (à Heft ca. 3 Bog.) Ebd. 891,92. à Heft * — 50; * 22 50

— die stumme Schuld. Eine Geschichte nach dem Leben. Illustriert v. Otto Gerlach. gr. 8. (169 S.) Leipzig 901. Abel & Müller. Geb. in Leinw. n. 3. —

Müller-Bohn, Herm., vom Ballon z. Aeroplan, s.: Volksabende. 29. Heft.

— Freiherr vom u. zum Stein, s.: Volksabende. 10. Heft.

Mueller-Bonjour, Ernest, Lehrbuch der französischen Sprache f. Handelsschulen, s.: Dinkler, Rud.

Müller-Bonjour, M., neuer französischer Dolmetscher. Einfache u. prakt. Anleitg., in kurzer Zeit geläufig Französisch zu lernen. Ein bewährtes Hilfsb. f. jedermann. (254 S.) kl. 8. Reutlingen (910). Enßlin & Laiblin. 1. —; geb. 1. 20

Müller-Botzem, Milly-Annette, Knospen. (32 S.) 8. Straßburg 908. J. Singer. 1. —

Müller-Brandenburg, an die Gewehre! Ein Mahnwort an die deutsche Nation. (30 S.) 8. Leipzig (910). Leipziger Verlags- u. Kommissions-Buchh. — 50

Müller-Brauel, Hans, s.a. Müller, Hans.

Müller-Brauel, Hans, die vorgeschichtlichen Denkmäler des Kreises Geestemünde. (97 S. m. Abb.) 8. Hannover 910. E. Geibel. 1. 50
Sonderabdruck aus: „Jahresber. d. Männer v. Morgenstern".

Müller-Brauel, Hans, s.a. Dichterbuch, Hannoversches.

[F.] Hannoversches Dichterbuch. E. Sammelbuch heimatl. Dichtg. M. vielen Beitr. lebender Dichter u. reichem Buchschmuck v. Maler Heinr. Vogeler-Worpswede. Hrsg. v. Hans Müller-Brauel. *Göttingen: L. Horstmann 1898.* (XX, 459 S.) 1 Bd 8. [98. 6089

Müller-Brauel, Hans, aus Heide u. Moor. Dichtungen u. Stimmungsbilder. Mit vielen Orig.-Beiträgen leb. Dichter u. 30 Lichtdr.-Taf. m. Landschafts-Aufnahmen. 1. Tl. Heimatlieder. Vorzeit u. Sage. Geschichte u. Verwandtes. Sprache u. Sitten. Mit 10 Lichtdr.-Taf. gr. 16. (108 S.) Bremen 901. Goslar, Nordwestdeutsch. Kunstverlag u. Antiquariat. Geb. in Leinw. n. 3. —

Müller-Brauel, Hans, s.: Heidjer, der.

Müller-Brauel, Hans. Niedersächsische Volkstrachten ... Bremen. Carl Schünemann (1902).
20 S. m. 10 Abb. 8°.
Aus: Niedersachsen.

— das erste niedersächsische Volkstrachtenfest zu Scheeßel, s.a. Beiträge zur niedersächsischen Volkskunde.

Müller-Brauel, Hans. Das erste niedersächsische Volkstrachtenfest zu Scheeßel. Hannover. Gebrüder Jänecke 1904.
58 S. m. 29 Abb. 4°.
(Beiträge zur niedersächsischen Volkskunde.)

Müller-Brauel, Hans, Worpswede u. die Worpsweder. (S. 105—125 m. Abbildgn. u. 6 Taf.) 36×27 cm. München (896). F. Hanfstaengl. 4. —
Sonderabdruck aus: „Die Kunst unserer Zeit".

Müller-Braunau, Henry, Intervall- u. Akkord-Tabelle zum Gebrauche b. Studium d. Harmonielehre verf. qu. gr. 4. Hamburg 898. O. E. Müller. 1. 50

Müller-Braunschweig, Carl, s. Müller, Karl

Müller-Braunschweig, Karl, s. Müller

Müller-Breslau, Heinrich,
s. Müller-Breslau, Heinrich Franz Bernhard

Müller-Breslau, Heinrich Franz Bernhard

Müller-Breslau, Heinr. F. B., üb. einige Aufgaben der Statik, welche auf Gleichgn. der Clapeyronschen Art führen. [Aus: „Zeitschr. f. Bauwesen".] gr. 8. (38 S. m. 27 Abbildgn.) Berlin 891. W. Ernst & Sohn. Kart. n. 2. —

Müller-Breslau, Heinr. F. B. Beitrag zur Theorie d. räumlichen Fachwerks. Lex.-8. (63 S. m. Abbildgn.) Berl. 892, W. Ernst u. Sohn. * 3 —

—— Beiträge zur Theorie der ebenen elastischen Träger. gr. 8. (31 S. m. 35 Holzschn.) Ebd. 890. cart. * 2 —
Vorst. 2 Schriften sind aus: Centralbl. d. Bauverwaltg., besonders abgedruckt.

Müller-Breslau, Heinr. F. B., üb. d. Berechng. statisch unbestimmter Auslegerbrücken. M. 32 Abb. in Holzschn. [Aus: „Centralbl. d. Bauverwaltg."] gr. 8. (21 S.) Berlin 898. W. Ernst & Sohn. n. 1. 80

Müller-Breslau, Heinr. F. B., Elemente der graphischen Statik der Bauconstructionen für Architekten und Ingenieure. Hierzu ein Atlas mit 18 (lithogr.) Taf. (in qu. gr. 4.). gr. 8. (VIII, 136 S.) [Berlin 881, Polytechnische Buchhandlung.] Leipzig, Baumgärtner's Buchh. *
geb. *ℳ 7,50. und *

Müller-Breslau, Heinr. J. B., Erddruck auf Stützmauern. (VIII, 159 u. 12 S. m. 108 Abbildgn. u. 4 Taf.) gr. 8. Stuttgart 906. Leipzig, A. Kröner. n. 4. —

Müller-Breslau, Heinr. F. B., der Kaisersteg üb. die Spree bei Oberschöneweide. Imp.-4. (8 S. m. 2 Taf.) Berlin 900. W. Ernst & Sohn. n. 2. 50
Sonderabdruck aus: „Zeitschr. f. Bauwesen".

Müller-Breslau, Heinrich: Vom Kriege hinter der Front 1870—71. 1896. 24 S. 4° ¶ Etwas geändert u. mit Abb. versehen abgedr. in: Centralblatt d. Bauverwaltung. Jg. 16.
Berlin.

[F.] Vom Kriege hinter der Front 1870—71. Festvortr. z. Feier des Geburtst. Sr Maj. d. Kaisers u. Königs Wilhelm II. in d. Aula d. Kgl. Techn. Hochschule zu Berlin am 26. Jan. 1896 geh. v. d. zeit. Rektor Heinrich Müller-Breslau. *Berlin: Buchdr. v. Deuter & Nicolas (1896).* (24 S.) 1 Bd 4. [96. 2480

Müller-Breslau, Heinr. F. B., die neueren Methoden der Festigkeitslehre u. der Statik der Baukonstruktionen, ausgehend von dem Gesetze der virtuellen Verschiebgn. u. den Lehrsätzen üb. die Formänderungsarbeit. Mit 121 Textfig. in Holzschn. gr. 8. (IV, 192 S.) Leipzig 886. Baumgärtner. n. 6. —

— die neueren Methoden der Festigkeitslehre u. der Statik der Baukonstruktionen, ausgehend v. dem Gesetze der virtuellen Verschiebungen u. den Lehrsätzen üb. die Formänderungsarbeit. 2., verm. u. verb. Aufl. gr. 8. (VI, 242 S. m. 188 Abbildgn.) Leipzig 893. Baumgärtner. n. 7. 20

— die neueren Methoden der Festigkeitslehre u. der Statik der Baukonstruktionen, ausgehend v. dem Gesetze der virtuellen Verschiebgn. u. den Lehrsätzen üb. die Formänderungsarbeit. 3. verm. u. verb. Aufl. (XII, 342 S. m. 259 Abbildgn.) gr. 8. Ebd. 904. n. 8. —; geb. in Halbfrz. n.n. 10. —

—— die wichtigsten Resultate für die Berechnung eiserner Träger und Stützen, für den Gebrauch bei Anfertigung baupolizeil. statischer Berechnungen zusammengestellt und durch zahlreiche der Praxis entlehnte Beispiele erläutert. 2. Aufl. gr. 8. (VIII, 109 S. mit 75 Holzschn. im Text und 5 Taf. in Photocopie.) [Berlin 883, Polytechnische Buchhandlung.] Leipzig, Baumgärtner's Buchh. geb. *

Müller-Breslau, Heinr., üb. exzentrisch gedrückte gegliederte Stäbe. (S. 166—181 m. Fig.) Lex. 8. Berlin 910. G. Reimer. — 50
Sonderabdr. a.: „Sitzungsber. d. preuss. Akad. d. Wiss."

— die graphische Statik der Baukonstruktionen. 2., verm. Aufl. 1. Bd. Mit 422 Textfig. u. 7 lith. Taf. gr. 8. (X, 436 S.) Leipzig 887. Baumgärtner. n. 15. —; geb. n. 17. —

— die graphische Statik der Baukonstruktionen. 2., umgearb. u. verm. Aufl. 2. Bd. 1. Abth. Formänderung ebener Fachwerke. Das ebene statisch unbestimmte Fachwerk. Mit 362 Textfig. u. 6 lith. Taf. gr. 8. (VII, 376 S.) Ebd. 892. n. 14. —; geb. in Halbfrz. n.n. 16. — (I u. II, 1.: n. 29. —; geb. n.n. 33. —)

— d. graphische Statik d. Baukonstruktionen. 2., vollst umgearb. u. wesentl. verm. Aufl. 2. Bd. 2. Abth. 1. Lfg. gr. 8. (S. 1—96 m. Abb. u. 2 lith. Taf.) Leipzig 896. Baumgärtner. n. 3. — (I—II, 2, I.: n. 32. —)

Müller-Breslau H F B, die graphische Statik der Baukonstruktion. 3. Auflage.
I. (555 S 7 T) II, 1. 2. Leipzig 1901-02

— die graphische Statik der Baukonstruktionen. 3. wesentlich verm. Aufl. I. Bd. u. II. Bd., 1. Abth. gr. 8. Leipzig, Baumgärtner. n. 34. —; geb. in Halbfrz. n.n. 38. —
I. Zusammensetzung u. Zerlegung der Kräfte in der Ebene. — Trägheitsmomente u. Centrifugalmomente ebener Querschnitte; Spannungen in geraden Stäben. — Theorie der statisch bestimmten Träger m. Ausschluss der Untersuchg. der Formändergn. Mit 541 Textfig. u. 7 lith. Taf. (VIII, 554 S.) 901. n. 18. —; geb. n.n. 20. —
II. 1. Formänderung ebener Fachwerke. — Untersuchung der ebenen, statisch unbestimmten Fachwerke. (XII, 480 S. m. 436 Fig. u. 7 lith. Taf.) 903. n. 16. —; geb. n.n. 18. —

— die graphische Statik der Baukonstruktionen. 1. Bd. gr. 8. Ebd. n. 18. —; geb. in Halbfrz. n.n. 20. —
Zusammensetzung u. Zerlegung der Kräfte in der Ebene. — Trägheitsmomente u. Zentrifugalmomente ebener Querschnitte; Spanngn. in geraden Stäben. — Theorie der statisch bestimmten Träger m. Ausschluss der Untersuchg. der Formändergn. 4., verm. Aufl. Mit 585 Abbildgn. im Text u. 7 Taf. (VII, 576 S.) 905.

— Die graph. Statik der Baukonstruktionen. II. Bd. 1. Abtlg. 4., verm. Aufl. (VIII, 484 S. m. 383 Abb. u. 7 Taf.) gr. 8. Stuttgart 907. Leipzig, A. Kröner. 16. —; geb. in Halbfrz. n 18. —

— dasselbe. II. Bd. 2. Abtlg. Mit 410 Abb. im Text u. 2 Taf. 2. Lfg. (Schluss.) (VIII u. S. 97—594 m. 310 Abb.) gr. 8. Leipzig 908. A. Kröner. 15.— (Kplt. 52.—; geb. n 58. —)

— d. Thätigkeit uns. Feld-Eisenbahn-Abtheilungen im Kriege 1870/71. Nach e. Festvortrage zur Feier d. Geburtstages Sr. Maj. d. Kaisers u. Königs, geh. am 26. Jan. 1896 in der Aula d. techn. Hochschule in Berlin [Aus: „Centralbl. d. Bauverwaltg."] Lex.-8. (28 S. m. 8 Abb.) Berlin 896. W. Ernst & Sohn. n. 1. 60

Müller-Breslau, H: Theorie und Berechnung der eisernen Bogenbrücken. Berlin und Leipzig
Th. 1. Die stabförmigen elastischen Bögen. Mit Atlas. 1880. Atl. Fol

Müller-Breslau, Heinr. F. B., Theorie des durch einen Balken verstärkten steifen Bogens. gr. 4. (62 Sp. mit 3 lithogr. Taf.) Leipzig 883, Felix. *
Aus: Civilingenieur, besonders abgedruckt.

— zur Theorie der Windverbände eiserner Brücken. (10 S. m. Abb.) gr. 8. Berlin 903. (G. Reimer.) n. — 50
Sonderabdruck aus: „Sitzungsber. d. preuss. Akad. d Wiss."

—— Vereinfachung der Theorie der statisch unbestimmten Bogenträger. Imp.-4. (66 S. mit eingedr. Fig.) Hannover 885, (Schmorl und v. Seefeld.) *
Aus: Zeitschrift des Architekten- und Ingenieur-Vereins zu Hannover, besonders abgedruckt.

—— Vorlesungen über Brückenbau. 1. Bd.: Theorie und Berechnung der eisernen Bogenbrücken. 1. Thl.: Die stabförm. elast. Bögen. Hierzu ein Atlas mit 29 lithogr. Taf. gr. 8. (XII, 216 S.) [Berlin 880, Polytechn. Buchhandlung.] Leipzig, Baumgärtner's Buchh. *

Müller-Breslau, Heinrich J. B.,
s. Müller - Breslau, Heinrich Franz Bernhard

Müller-Breslau, Karl, s. Müller

Müller-Brunow, Benno

Müller-Brunow [Bruno Müller]. Tonbildung od. Gesangunterricht? Beiträge zur Aufklärg. üb. das Geheimnis der schönen Stimme. I. Tonbildung od. Gesangunterricht? II. Tonbildung. Die richt. Erziehg. der menschl. Stimme zum Kunstgesange nach den Grundsätzen d. primären Tones. 4. (71 S.) Lpz. 890, Merseburger. 2 25

Tonbildung oder Gesangunterricht? Beiträge z. Aufklärg üb. d. Geheimnis d. schönen Stimme v. **Müller-Brunow**, ... Gesanglehrer in Leipzig ... (Vorr.: L. C. Törsleff.) Neue Aufl. *Leipzig: C. Merseburger 1898.* (71 S.) 1 Bd 8. [98. 10173

Müller-Brunow, Tonbildung oder Gesangunterricht? Beiträge zur Aufklärg. üb. das Geheimnis der schönen Stimme. I. Tonbildung od. Gesangunterricht? II. Tonbildung. Die richt. Erziehg. der menschl. Stimme zum Kunstgesange nach den Grundsätzen des primären Tones, zugleich Studien f. Sänger, Sangesbeflissene u. Redner. 3. Aufl. 4. (71 S.) Leipzig 901. C. Merseburger. n. 2. 25

Müller-Brunow, Tonbildung od. Gesangunterricht? Beiträge zur Aufklärg. üb. das Geheimnis der schönen Stimme. I. Tonbildung od. Gesangunterricht? II. Tonbildung. Die richt. Erziehg. der menschl. Stimme zum Kunstgesange nach den Grundsätzen des primären Tones, zugleich Studien f. Sänger, Sangesbeflissene u. Redner. 4. Aufl. (71 S. m. Bildnis.) Lex.-8. Leipzig 904. C. Merseburger. n. 2. 25

Müller-Brunow, Tonbildung od. Gesangunterricht? Beiträge z. Aufklärg. üb. das Geheimnis der schönen Stimme. I. Tonbildg. od. Gesangunterricht? II. Tonbildung. Die richt. Erziehg. der menschl. Stimme z. Kunstgesange nach den Grundsätzen des primären Tones, zugleich Studien f. Sänger, Sangesbeflissene u. Redner. 5. Aufl. (71 S. m. Bildnis.) Lex. 8. Leipzig 908. C. Merseburger. 2. 25

Müller-Dolder, Edmund. med. pract. in Bero-Münster: Beiträge zur Kenntnis der Verletzungen der untern Extremitäten hinsichtlich ihrer Folgen für die Erwerbsfähigkeit. Luzern 1905. 96 + 2 S. 8°.
Bern. Med. Diss. 1905/1906.

Müller-Dolder, Edmund. Beiträge zur Kenntnis der Verletzungen der untern Extremitäten hinsichtlich ihrer Folgen für die Erwerbsfähigkeit. Diss. Med. Bern. 97 S. 8. Luzern, J. Schill, 1905.

Müller-Dresden, s. Müller, Georg

Müller-Ebeling, der Pastor auf dem Lande od. wenn die Buren ihren Willen kriegen. En Vertellen ut dem Butendyker Lanne. gr. 8. (64 S.) Bremen 894. E. Hampe. n. 1. 20

Müller-Eberhart, Waldem., s. a.: Eberhart, Ernst Erik.

Bühnen-Not. Beitrag z. Entwicklung d. dramat. Schreibform u. damit d. Dramas selbst. Von Waldemar **Müller-Eberhart**. Berlin: Berl. Theater-Verl. (1910). 16 S. 4°(8°) [10. 18293

— **Der Fall Friedberg. Konflikt e. königl. preuss. Kriminal-Kommissars m. seiner Behörde hinter den Koulissen. Vereitelte Mystifikation. Eine ebenso wahre wie lehrreiche Kriminalerzählg. aus der Gegenwart. m. photograph. Illustr. (79 S.) 8. Berlin (908). C. Malcomes.** 1. —

Die Turbine. Drama in 3 Akten von Waldemar Müller-Eberhart. Berlin: Concordia 1908. 68 S. 8°
(Moderne Bühne.)

— Die Turbine. (Ein Stück Leben.) (68 S.) 8. Berlin 909. B. Cassirer. 2. —

Müller-Eggen, J., e. Blick auf unsre Zeit. Aus dem Norweg. v. Hansen. gr. 8. (259 S.) Gütersloh 893. C. Bertelsmann. n. 3. —; geb. n. 3. 60

Müller & Einbeck, Einiges üb. Schaltungsweise v. Accumulatoren f. electrische Lichtbetriebe v. der Accumulatoren-Fabrik Tudor'schen Systems M. & E. Hagen i/W. gr. 4. (24 S. m. Abbildgn.) Hagen i/W. 889. Risel & Co. n. 1. —

Müller-Ems, Richard, s. Müller

Müller-Erlangen, E. F. Karl, s. Müller, Karl

Müller-Erlangen, Karl, s. Müller

Müller-Erzbach, Rud., die Grundsätze der mittelbaren Stellvertretung aus der Interessenlage entwickelt. (102 S.) gr. 8. Berlin 905. J. Guttentag. n. 2. 50

Müller-Erzbach, Rud[olf]: Das Traditionsprinzip beim Erwerbe des Eigentums. *Göttingen 1898: W. F. Kästner.* (58 S.) 8°
Freiburg i. B., Rechts- u. staatswiss. Diss. v. 1898

Müller-Erzbach, Wilhelm

Müller-Erzbach, W., physikalische Aufgaben f. d. oberen Klassen höh. Lehranst. u. f. d. Selbstunterr. 2., umgearb. u. verm. Aufl. gr. 8. (VIII, 167 S.) Berlin 898. J. Springer. n. 2. 40

Müller-Erzbach, W., physikalische Aufgaben f. die oberen Klassen höh. Lehranstalten u. f. den Selbstunterricht. 3., verb. u. verm. Aufl. (VII, 179 S.) 8. Berlin 906. J. Springer. n. 2. 40

Müller-Erzbach, W. Physikalische Aufgaben f. den mathematischen Unterricht in den oberen Klassen höherer Lehranstalten u. f. den Selbstunterricht. gr. 8. (VIII, 147 S.) Berl. 892, Springer. * 2 —

— Vergleichende Beobachtungen über den Unterschied in der Spannkraft des Wasserdampfes,
s. Abhandlungen, hrsg. vom naturwissenschaftlichen Verein zu Bremen.

— der Dampfdruck des Wasserdampfes nach der Verdampfungsgeschwindigkeit. (6 S.) gr. 8. Wien 903. (A. Hölder.) n. — 20
Sonderabdruck aus: „Sitzungsber. d. k. Akad. d. Wiss."

— Der Dampfdruck des Wasserdampfes nach der Verdampfungsgeschwindigkeit. S. 112. IIa. 615 . . . . —.20
Separatabdruck

Müller-Erzbach, W., das Gesetz der Abnahme der Adsorptionskraft bei zunehmender Dicke der adsorbirten Schichten. [Aus: „Sitzungsber. d. k. Akad. d. Wiss."] Lex.-8. (13 S.) Wien 889. (Tempsky.) n. — 30

Müller-Erzbach W., Dr.: Das Gesetz der Abnahme der Adsorptionskraft bei zunehmender Dicke der adsorbierten Schichten. S. 98. II a. 327 . . . . —.30
Separatabdruck

– Die magnetische Inclination von Bremen im März 1880, s. Abhandlungen, hrsg. vom naturwissenschaftlichen Verein zu Bremen.

MÜLLER-ERZBACH, W.
Das Messen des Dampfdruckes durch Verdunstung von W. Müller-Erzbach. (Aus den Sitzungsberichten der kaiserl. Akademie der Wissenschaften in Wien. Mathem.-naturw. Classe; Bd. CX. Abth. IIa. Mai 1901.) Wien. 1901. In Comm. Gerold's Sohn. Gr.-8°. 18 S. K —.40

— üb. e. genaue Messg. d. Dampfdruckes bei d. Dissociation wasserhalt. Salze. [Aus: „Sitzungsber. d. k. Akad. d. Wiss."] gr. 8. (6 S.) Wien 898. (C. Gerold's Sohn.) n. — 20

— Über eine genaue Messung des Dampfdruckes bei der Dissoziation wasserhaltiger Salze. S. 107. II a. 14 . . . . —.20
Separatabdruck

Müller-Erzbach, W. Von der Übereinstimmung der chemischen Verwandtschaft mit allgem. Massenanziehung. 31 S. Hptsch. *Bremen* 1879. Progr.

— neue Versuche üb. d. Fernwirkung d. Adsorptionskraft u. ihre Abnahme bei zunehm. Dicke d. adsorbirten Schichten. [Aus: „Sitzungsber. d. k. Akad. d. Wiss."] gr. 8. (27 S.) Ebd. 896. n. — 60

— Neue Versuche über die Fernwirkung der Adsorptionskraft und ihre Abnahme bei zunehmender Dicke der adsorbierten Schichten. S. 105. II a. 88 . . . . —.60
Separatabdruck

MÜLLER-ERZBACH, W.
Versuche über die Wirkungsart und die Wirkungsweite einer Molecularkraft von W. Müller-Erzbach. (Aus den Sitzungsberichten der kaiserl. Akademie der Wissenschaften in Wien. Mathem.-naturw. Classe; Bd. CIX, Abth. II a. Jänner 1900.) Wien. 1900. In Comm. Gerold's Sohn. Gr.-8°. 19 S. K —.40

Müller-Erzbach, W., chemische Verwandtschaft von Metallen. — Verwandtschaftstafeln, aus den Dichtigkeitsverhältnissen der chemisch wirksamen Stoffe abgeleitet. — Heinr. Ferd. Scherk, s. Abhandlungen, hrsg. vom naturwissenschaftl. Verein zu Bremen.

— über das Wesen u. üb. Unterschiede der Adsorption. gr. 8. (13 S.) Ebd. 902. n. — 40
Sonderabdruck aus: „Sitzungsber. d. k. Akad. d. Wiss."

— Über das Wesen und über Unterschiede der Adsorption. S. 111. II a. 954 . . . . —.40
Separatabdruck

– Die Wettersäule vor dem Bischofsthore. s. Abhandlungen, hrsg. vom naturwissenschaftlichen Verein zu Bremen.

Müller von Fauerbach, C., s. Müller, Karl

Müller von Fauerbach, Karl, s. Müller

Müller-Frauenstein, Geo., s.: Müller, Geo.

Müller-Fraureuth, s.a. Müller, Karl.

Müller-Fraureuth, Carl, die deutschen Lügendichtungen bis auf Münchhausen dargestellt. gr. 8. (III, 142 S.) Halle 881, Niemeyer. *

Müller-Fraureuth, Karl, Miles christianus. Ein noch unbekanntes Drama v. Geo. Lyttich. (52 S.) gr. 8. Prag 906. J. G. Calve. — 70
Sonderabdruck aus: „Mittlgn. d. Ver. f. Gesch. d. Deutschen in Böhmen".

MÜLLER-FRAUREUTH, Carl, Die Ritter- und Räuberromane. Ein Beitrag zur Bildungsgeschichte des deutschen Volkes. Halle a. S., Max Niemeyer, 1894. Gr. 8°. Lat. Lett.
Vortreffliche Arbeit! Titel, 1 Bl. Inh., 110 S., 1 Bl. Namen-Verz. — Am ausführlichsten werden behandelt Leonh. Wächter (= Veit Weber ps., S. 9 ff.); Carl Gottlob Cramer (S. 39 ff.); Chrn. Heinr. Spiess (S. 54 f.); Chrn. Aug. Vulpius (S. 77 ff.). — Von demselben Vf. die bibliogr. Zusammenstellungen bei Goedeke: §§ 279 und 295.

Müller-Fraureuth, Karl, sächsische Volkswörter. Beiträge zur mundartl. Volkskunde. (115 S.) gr. 8. Dresden 906. W. Baensch. n. 1. 50

Müller-Fraureuth, Karl, aus der Welt der Wörter. Vorträge üb. Gegenstände deutscher Wortforschg. (231 S.) gr. 8. Halle 904. M. Niemeyer. n. 4. —

— Wörterbuch der obersächsischen u. erzgebirgischen Mundarten. (In 5—6 Lfgn.) 1.—3. Lfg. (XIII u. S. 1—384.) Lex. 8. Dresden 908.09. W. Baensch. à 3. 50

Müller von Friedberg, Carl, s. Müller von Friedberg, Karl

Müller von Friedberg, Karl

Müller v. Friedberg, s. Annalen, Schweizerische.

Müller von Friedberg, Carl. Schweizerische Annalen oder die Geschichte unserer Tage seit dem Julius 1830. *(Band 3, Heft 4 u. Band 4–7:* Mit Rückblicken auf frühere Perioden – *Band 1–4:* Geschrieben von C' M' von F'... .) 7 Bände. 8. Zürich 1832–1842.
Band 1–4. (*je* 4 Hefte.) 1832(–1836).
Band 5 2 Theile. 1842.
Band 6 u. 7 *a. u. d. T.:* Politische An' der eidgenössischen Vororte Zürich und Bern wahrend der Jahre 1834, 1835 und 1836. Aus authentischen Quellen gezogen von H[einrich] Escher.... 2 Baude. 1838–1839.

Müller v. Friedberg, Carl, Schweizerische Annalen, od. d. Geschichte uns. Tage seit d. Jul. 1830. 1. u. 2. Bd. à 4 Hfte. gr. 8. Zürich 832, 33, Orell, Füßli u. Comp. à B.

Müller, von Friedberg, Karl (Jos.) Schweizerische Annalen, oder die Geschichte unserer Tage seit dem Julius 1830. 1r—4r Bd. gr. 8. Zürich 832—35. Orell, Füßli u. Comp. (à n. 1 5/6 ℛ) 7 1/3 ℛ — 6r u. 7r Bd. A. u. d. T.: Politische Annalen der eidgenöss. Vororte Zürich u. Bern während d. Jahre 1834—1836. Aus authent. Quellen gezogen v. H. Escher. 1r u. 2r Bd. gr. 8. Zürich 838, 39. Orell, Füßli u. C. (à n. 1 5/6 ℛ) 3 2/3 ℛ

[Müller von Friedberg, Carl.] Beleuchtung der Bemerkungen über das Umlaufschreiben der St. Gallischen Regierung, d.d. 27. May 1817. an die Eidgen. hohen Stände .... 4. [St. Gallen.]

– s.a. Darstellung, Chronologische, der eidgen. Truppenüberlassungen ...

[Müller von Friedberg, Carl.] Chronologische Darstellung der eidgenössischen Truppenüberlassungen an auswärtige Mächte. 8. St. Gallen 1793.

Müller [von] Friedberg, [Carl]. Erbauung der zur Tagsatzung des Kantons Schwytz erwählten Deputirten zum Bessten des Vaterlandes und ihres Kantons. 8. Zug 1801.

– s.a. Hall eines Eidgenossen.

[Müller von Friedberg, Carl.] Hall eines Eidgenossen. 8. St. Gallen 1789.

– s. Helvetier, die.

– s. Morgarten.

Müller v. Friedberg, K., Orgetorix. 8. St. Gallen. N. A. 804. Huber u. C. 12 K

Müller von Friedberg, Ritter Carl M.: „Philosophie der Staatswissenschaft in Grundsätzen, zur gesellschaftlichen Glückseligkeit", St. Gallen 1790 (Huber & Co.).

[Müller von Friedberg, Carl.] Précis historique de l'exécution du Traité de Lunéville, quant à la République Helvétique. 8. Amiens, an X de la République [1802].

Müller [von] Friedberg, [Carl]. Rede des ... Regierungsraths M' F', als Präsident der ... Regierung des Kantons St. Gallen, bey der Installation des ... neugewählten ... Grossen Rathes, den 3. May 1813. 8. St. Gallen.

– s.a. Staatsinteresse, Über der Eidgenossen, in Absicht auf das Fürstenthum Neuenburg und Vallendis.

[Müller von Friedberg, Carl.] Ueber der Eidgenossen Staats-Interesse in Absicht auf das Fürstenthum Neuenburg und Vallendis. 8. St. Gallen 1789.

– s.a. Versuch, Philosophischer, über die Geschichte der drei ersten Weltalter.

[Müller von Friedberg, Carl.] Philosophischer Versuch über die Geschichte der drey ersten Weltalter. 8. St. Gallen 1784.

Müller v. Friedberg, Karl, (eigentl. Karl Jos.) († ... 1803.) an das edle Volk in Toggenburg. Mein letztes Vermächtniß an dasselbe. 8. Näfels im Kant. Glarus 798.

Müller-Friedrich, Jac., im Banne der Leidenschaft. Schauspiel in 3 Akten. (VII, 84 S.) 8. Dresden (907). E. Pierson. 1. 50

Müller-Fulda, Richard

Müller-Fulda, s.: Bericht der VIII. Kommission des Reichstags üb. den ec. Entwurf e. Gesetzes betr. die Abänderung des Bankgesetzes.

— s.: Bericht der XX. Kommission (des Reichstags) üb. den Entwurf e. Gesetzes, betr. die Patentanwälte.

Der Deutsche Reichstag von 1898 bis 1903. Ein Bericht über d. Thätigkeit d. Centrumspartei in d. abgelaufenen Legislaturperiode von Rich. **Müller**-Fulda u. H[ubert] Sittart, M. d. D. R. Köln: J. P. Bachem 1903. (60 S.) 8° [F.] [07. 6693

Der Deutsche Reichstag von 1898 bis 1903. Ein Bericht über die Thätigkeit d. Centrumspartei in d. abgelaufenen Legislaturperiode von Rich. **Müller**-Fulda u. H. Sittart, M. d. D. R. 2. Aufl. *Köln: J. P. Bachem 1903.* (60 S.) 8° [F.] [03. 11916 5

Müller-Fürer, Theodor

Müller-Fürer, Th., die Hypothekenbanken u. die Sicherheit der Hypotheken-Pfandbriefe. gr. 8. (147 S.) Berlin 902. Herm. Walther. n. 2. —

Müller-Fürer, Th, die Hypothekenbank-Prozesse u. der deutsche Kapitalist. (62 S.) gr. 8. Berlin 904. Herm. Walther. n. 1. 50

Müller-Fürstenwalde, C., s. Müller

Schelmenstücke. Plattdütsche Gedichte von Martha **Müller**-Grählert. 1. Taus. Bd 1. Berlin: Selbstverl. [1907]. 8° [F.] [07. 11388 9

Müller-Grote, *Carl* Gustav [aus Hamm]: Die Malereien des Huldigungssaales im Rathause zu Goslar. ... Berlin, G. Grote'sche Verlagsbuchh., 1891; 87 S. 8°
Berlin, Phil. Fak., Inaug.-Diss. v. 14. März 1891

Müller-Grote, Gust. Die Malereien d. Huldigungssaales im Rathause zu Goslar. gr. 8. (IV, 112 S. m. Textbildern u. Lichtdr.-Taf.) Berl. 892, Grote. * 6 —

Müller-Gschwend, **Gustav:** Gottfried Keller als lyrischer Dichter. Berlin: Mayer & Müller 1910. VI, 62 S. 8° ¶ (Ersch. vollst. als: Acta Germanica. Bd 7, H. 2.)
Straßburg, Phil. Diss. v. 11. Dez. 1909, Ref. Henning
[Geb. 27. Sept. 80 Korntal; Wohnort: Korntal; Staatsangeh.: Württemberg; Vorbildung: Gymn. Reutlingen Reife M. 00; Studium: Theol. Tübingen 8, Phil. Berlin 3, Straßburg 4 S.] [U 10. 4089

Müller-Gschwend, Gust., Gottfried Keller als lyrischer Dichter, s.a. Acta germanica. VII, 2.

Müller-Gschwend, Gustav. Gottfried Keller als lyrischer Dichter. Sonderabdruck aus Acta Germanica, (Band) 7, (Heft) 2. S. 131—287 = 157 S. 8. Berlin, Mayer & Müller, 1910. [M. 4. 80]
Acta Germanica. Organ für deutsche Philologie, hrg. von Rudolf Henning. Band 7, Heft 2.

Müller-Gumperda, Max, der Kontokorrentvertrag, e. Blankovertrag. (Diss.) (80 S.) gr. 8. Berlin 905. Struppe & Winckler. n. — 80

Müller-Gutenbrunn, s. Müller-Guttenbrunn, Adam

Müller-Guttenbrunn, Adam, s. a.: Ignotus.

Müller aus Guttenbrunn, Adam, im Banne der Pflicht, s. Universal-Bibliothek Nr. 1417.

Müller-Guttenbrunn, Adam, s.: Bühnenwerke, verbotene.

Müller-Guttenbrunn, Adam, Frau Dornröschen. Ein Wiener Roman. 8. (310 S.) Berlin 884. Janke. n. 5. —

Müller-Guttenbrunn, Adam, Frau Dornröschen. Ein Wiener Roman. 2. Aufl. mit einem Vorwort des Verf. 8. (XII, 310 S.) Berlin 886, Janke. *

Müller-Guttenbrunn, Adam. Frau Dornröschen. Ein Wiener Roman. 3. Aufl. 8. (XII, 310 S.) Dresd. 892, Pierson. * 3 —

— des Hauses Fourchambault Ende. Schauspiel in 5 Aufzügen. Mit einem Vorwort von Heinr. Laube. 8. (XII, 116 S.) Breslau 881. Schottländer. n. 2. —; geb. n. 3. —

— dramaturgische Gänge. gr. 8. (VIII, 216 S.) Ebd. 892. n. 3. —; geb. n. 4. —

Dramaturgische Gänge. Von Adam Müller-Guttenbrunn. [1. 2.] Dresden & Leipzig: E. Pierson (2: Linz, Wien, Leipzig: Oesterr. Verlagsanst.) 1892(- 1902). 2 Bde 8°
1. 1892. 2.[u. d. T.:] Zwischen zwei Theaterfeldzügen. 1902.

— Die Glocken der Heimat. Buchschmuck u. Einbd. v. Alfr. Keller. 1. u. 2. Taus. (Je 331 S.) 8. Leipzig 911. L. Staackmann. 4.—; geb. in Leinw. 5. —

Müller-Guttenbrunn, s.a. Götzendämmerung.

(F) Müller-Guttenbrunn, A., Götzendämmerung. Ein Kulturbild aus dem heutigen Ungarn. 3. Aufl. Gr.-8°. (337 S.) K 4.80
Wien: Schultz 1908.

Müller-Guttenbrunn, Adam: Götzendämmerung. Roman. M. Buchschm. v. Alfred Keller. Neue Ausg. Lpz. ('10). 337 S.

— Götzendämmerung. Ein Kulturbild aus Ungarn. Mit Buchschmuck v. Alfr. Keller. Neue, durchgeseh. Ausg. 6. u. 7. Taus. (Je VII, 337 S.) 8. Ebd. 910. 4.—; geb. in Leinw. 5. —
39

Müller-Guttenbrunn, Adam, Franz Grillparzer, s.: National-Bibliothek, allgem.

— Franz Grillparzer, s.: Vorträge, volksthümliche.

(F) Müller-Guttenbrunn, A, Rund um den häuslichen Herd. 8°. (153 S.) K 1.80, geb. K 2.40
Wien: Mohr 1909.

— Kleist's Hermannsschlacht — e. Gedicht auf Österreich. Anlässl. d. Aufführgn. im Kaiserjubiläums-Stadttheater erläut. u. eingerichtet. gr. 8. (86 S.) Wien 898. C. Graeser. n. — 80

— im Jahrhundert Grillparzers. Literatur- u. Lebensbilder aus Oesterreich. 1. u. 2. unveränd. (Titel-)Aufl. 8. (V, 224 S.) Wien 893. Kirchner & Schmidt. n. 4. —; geb. in Halbfrz. m. Goldschn. n. 7. —

— im Jahrhundert Grillparzers. Literatur- u. Lebensbilder aus Oesterreich. 3., unveränd. (Titel-) Aufl. 8. (V, 224 S.) Leipzig (893) 895. G. H. Meyer. n. 3. —; geb. in Leinw. n. 4. —

Müller-Guttenbrunn, Adam, im Jahrhundert Grillparzers. Literatur- u. Lebensbilder aus Oesterreich. 3. unveränd. Aufl. Neue billige [Titel-]Ausg. (V, 224 S.) kl. 8. München [895]904. G. Müller. n. 2. —; geb. n. 3. —

Müller-Guttenbrunn, Adam, Irma. Schauspiel in 4 Akten. 8. (VII, 96 S.) Dresden 891. Pierson. n. 1. —

— deutsche Kulturbilder aus Ungarn. 1. u. 2. Aufl. 8. (VIII, 184 S. m. 9 Illustr.) Leipzig 896. G. H. Meyer. n. 3. —; geb. in Leinw. n. 4. —

— deutsche Kulturbilder aus Ungarn. 2. Aufl. Neue billige [Titel-]Ausg. (VIII, 184 S. m. 9 Abbildgn.) 8. Ebd. [896] 904. n. 2. —; geb. n. 3. —

Müller-Guttenbrunn, Adam, die Lectüre des Volkes, s.a. Gegen den Strom.

— die Lectüre d. Volkes. Volksausg. v. Hft. IX der Flugschriften e. literarisch-künstler. Gesellschaft „Gegen den Strom". 4. Tausend. gr. 8. (31 S.) Wien 886. Graeser. n. — 24

— Gescheiterte Liebe. Ein Novellenbuch. 8. (269 S.) Lpz. 889, W. Friedrich. * 3 —

— die Magyarin, s.: Novellen-Bibliothek, deutsche, aus Österreich.

— die gefesselte Phantasie. Gelegenheitsschrift zur Eröffng. d. Raimund-Theaters. Mit Anh.: „Zur Geschichte der gefesselten Phantasie". 8. (36 S. m. 1 Bildnis.) Wien 893. C. Konegen. n. — 25

[F.] Das Raimund-Theater. Passionsgeschichte e. deutschen Volksbühne v. Adam Müller-Guttenbrunn. *Wien: Verl. d. 'Neuen Revue'; in Comm. b. M. Perles 1897.* (Erweit. S.-A. a. d. Wiener Wochenschr. 'Neue Revue'.) (1 Bl., 2 S., 1 Bl., 172 S.) 1 Bd 8. [97. 4459

— Der kleine Schwab'. Abenteuer e. Knaben. 1.—5. Taus. (96 S.) kl. 8. Leipzig 910. L. Staackmann. Geb. 1. —

— Streber & Comp. Schauspiel in 4 Akten. (III, 122 S.) 8. Dresden 906. E. Pierson. n. 1. —

(B) — Streber & Co. 906. (KBL 34.), sowie die übrigen Schriften aus E. Pierson's Verl. Jetzt: Berlin, Verlag Berlin-Wien.

— s.: Süden, der. 3. Bd. (Schwaben im Osten.)

— der suspendierte Theaterdirektor. Rede. Geh. am 24. Febr. 1896 in d. außerordentl. General-Versammlg. d. Raimund-Theater-Vereins in Wien. 1. u. 2. Aufl. 8. (62 S.) Leipzig 896. G. H. Meyer. n. — 75

Zwischen zwei Theaterfeldzügen. Neue dramaturg. Gänge von Adam Müller-Guttenbrunn. Linz, Wien, Leipzig: Oesterr. Verlagsanst. (1902). (225 S.) 8°
= Müller-Guttenbrunn: Dramaturg. Gänge. [2.]

— Das Wiener Theaterleben. gr. 8. (V, 113 S.) Lpz. 890, Spamer. * 1 80

— Trost- u. Trutz-Büchlein d. Deutschen in Oesterreich, s.: Pawikovski, G.

— Wien war eine Theaterstadt, s. Gegen den Strom.

Müller von Halle, Carl, s. Müller, Karl

Müller von Halle, Karl, s. Müller

Müller-Hamburg, Karl, s. Müller

Müller-Hartung, C.: s.: Müllerhartung, C.

Müller-v. Hausen, Ludw., s.: Kalender, konservativer.

Müller von der Havel, Hunold [Pseud.], s.a. Jacobsen, Emil

Müller v. der Havel, Hunold, s.: Aeolsharfenalmanach, der.

– (Hrsg.), s. Aeolsharfenkalender, Der, für 1886.

— allerneuestes Traumbuch f. Hausofficianten, auch solche, die es waren oder werden wollen. Mit e. Wort: Was vermag d. Gesinde zu träumen und wie kann es sich dies fast kostenlos u. auf d. Richtigste ausdeuten. Nach den altbewährtesten Ueberliefergn. d. Chaldäer, Aegypter u. Feueranbeter bis auf d. allermodernsten Träume im Auftr. hrsg. M. Beiträgen d. berühmtesten Traum- u. Zeichendeuter: Jul. Bauer, Axel Delmar, Jul. Freund u. a. 8. (64 S.) Berlin 898. Freund & Jeckel. n. 1. —

Müller-Heim, Heinz Geo., s.: Leipzig u. die Leipziger.

Müller-Herfurth, J. B., Augenblicksbilder vom Feldberg. 12. (VIII, 96 S.) Frankfurt a/M. 891. Mahlau & Waldschmidt. n. 1. —; geb. m. Goldschn. n. 2. 50

Müller-Herfurth, J. B., vermischte Gedichte. (III, 196 S.) 16. Offenbach (908). J. P. Strauß. Geb. in Leinw. 3. —

Müller-Herfurth, J. B., von Station zu Station, s.: Mahlau's Reise-Unterhaltung.

Müller-Herrnech, M., Märchenbilder. Mit 10 Lichtdr.-Bildern nach Orig.-Zeichngn. v. Siegwald Dahl. gr. 8. (VII, 207 S.) Dresden 890. Dieckmann. geb. m. Goldschn. n. 4. —

Müller-Heymer, Paul, Referendar: Der Panamakanal in der Politik der Vereinigten Staaten. Eine völkerrechtspolitische Studie. Freiburg i. B. 1909: Wagner. 54 S. 8° ¶ (Ersch. auch als Buch b. Puttkammer & Mühlbrecht, Berlin.)
Würzburg, Jur. Diss. v. 10. Juni 1909, Ref. Meurer
[Geb. 20. April 84 Barmen; Wohnort: Koblenz; Staatsangeh.: Preußen; Vorbildung: Gymn. Bonn Reife O. 02; Studium: Lausanne 1, Berlin 2, Bonn 4 S.; Rig. 2. März 09.] [U 09. 4075

Müller-Heymer, Paul, der Panamakanal in d. Politik d. Vereinigten Staaten. Eine völkerrechtl. Studie. (54 S.) 8. Berlin 909. Puttkammer & Mühlbrecht. 1. 20

Müller-Holzmann, W. Der Eremit v. Gauting, s. Theater, kleines.

Müller-Jahnke, Klara, Gedichte. Hrsg. u. illustr. v. Osk. Jahnke. (292 S.) gr. 8. Berlin (910). Buchh. Vorwärts. 3.50; geb. in Leinw. 4. 50

— Gesammelte Gedichte. Hrsg. v. Osk. Jahnke. Wach auf! Letzte Gedichte. (142 u. IV S.) kl. 8. Goslar 907. [F. A. Lattmann.] Berlin, Buchh. Vorwärts. Geb. in Lw. 3. —

— dasselbe. Wintersaat. Letzte Gedichte. (V, 100 u. IV S. m. Bildnis u. 1 Taf.) kl. 8. Ebd. 907. 2.—; geb. in Leinw. 3. —

Clara Müller-Jahnke: Gesammelte Gedichte. Hrsg. v. Oskar Jahnke. [Bd 1. 2.] Goslar: (Lattmann) 1907. 8°
[1.] Müller-Jahnke: Wach auf! [2.] Müller-Jahnke: Wintersaat.

Müller-Jahnke, Clara, ich bekenne. Die Geschichte e. Frau. (218 S.) 8. Goslar (904). F. A. Lattmann. n 2 50; geb. n. 3. —

(H) — Ich bekenne. 904. (KBL 34.) Jetzt: Berlin, Buchh. Vorwärts.

Ich bekenne. Die Geschichte einer Frau von Clara Müller-Jahnke. Berlin, Goslar, Leipzig: Lattmann [1910]. 206 S. 8° [10. 15208

Clara Müller-Jahnke: Wach auf! Letzte Gedichte. Goslar: Lattmann (1907). 141, IV S. 8°
(Müller-Jahnke: Gesammelte Gedichte. [Bd. 1.])

Clara Müller-Jahnke: Wintersaat. Letzte Gedichte. Goslar: Lattmann (1907). V, 100, IV S. 8°
(Müller-Jahnke: Gesammelte Gedichte. [Bd. 2.])

Müller-Jochmus, Mauritius, siehe: Duplik.

Müller-Jochmus, Gesch. d. Völkerrechts im Alterth. Leipzig 848.

Müller-Jochmus, Mauritius, öffentlicher Prozeß gegen das fürstbischöfl. General-Vicariat-Amt in Breslau. Actenmäßige Darstellung u. Anklage. 8. (332 S.) Leipzig 847, Keil & Co. n. 1 1/3 ₰

—— über die Todesstrafe. Eine principielle Untersuchung (vorgetragen in der Humanitäts-Gesellschaft zu Berlin.) gr. 8. (24 S.) Leipzig 848, [Keil.]

—— das allgemeine Völkerrecht. I. Thl. A. u. d. T.: Geschichte des Völkerrechts im Alterthum. gr. 8. (270 S.) Leipzig 848, [Keil.]
[Mehr nicht erschienen.]

Gedichte v. Hans Müller-Irminger. Berlin: Concordia 1898 (auf d. Umschl.: 1899). (63 S.) 8°

Müller von Itzehoe, Johann Gottwerth, s. Müller

Müller-Kaempff, P., an der Alster, s.: Heimat. 2.

— Bilder aus der Halde, s.: Heimat. 9.

— Fahrten durch Marsch u. Geest, s.: Heimat. 4.

Heimat. Fahrten durch Marsch u. Geest. Zeichngn v. P. Müller-**Kaempff**. 1. 2. — Hamburg: Kähler o. J. 4° [Umschlagt.]

Müller-Karlsruhe, Leonhard, s. Müller

Müller-Karthaus, Arth., er muß Comödie spielen. Lustspiel in 1 Aufzuge. 2. neue, umgearb. Aufl. gr. 8. (23 S.) Elberfeld 890. Faßbender. — 60

Müller-Karthaus, Arth., er muß Comödie spielen. Schwank in 1 Aufzuge. 12. (46 S.) Elberfeld 881. Faßbender. — 60

Müller & Kerschbaum, Abbildungen und Preise von Lazaret-Artikeln von verzinntem Eisendraht. Ludwigsburg (1891?)

Müller-Knatz, J., die Farnpflanzen in der Umgegend v. Frankfurt a. M., s. a. Abhandlungen, hrsg. v. d. Senckenbergischen naturforsch. Gesellschaft. 31, I.

Die Farnpflanzen in der Umgegend von Frankfurt a. M. Von J. **Müller-Knatz.** (Frankfurt a. M.: Senckenberg. Naturf. Gesellsch. 1910.) S. 20–72. 4°
(Abhandlungen hrsg. von d. Senckenbergischen Naturforschenden Gesellschaft. Bd 31, 1, [2.]) [11. 4095 4

Müller von **Königswinter, Wolfg., Aschenbrödel. Mit 6 Compositionen, auf Holz gez. von A. Hendschel. qu. gr. 4. (16 S.) Frankfurt a. M. 863, Dondorf.** *

Müller, Wolfg., Balladen und Romanzen. 8. Düsseldorf 842, Schreiner. 1 ₰

Müller, Wolfg., Balladen und Romanzen. 8. (12 B.) Düsseldorf 842, [Leipzig, Friedr. Fleischer.] Thlr.

—— Beethoven. Festgabe, dargebracht bei der Inauguration seines Monuments am 11. August 1845. (Gedicht.) gr. 8. (1/2 Bog.) Bonn 845, Henry u. Cohen.

Müller v. Königswinter, Wolfg., Haus Bullenheim, s.: Hausbücherei, rheinische.

— vier Burgen. Deutsche Adelsgeschichten. 2 Bde. 8. (XII und 690 S.) Leipzig 862, Brockhaus. *

Müller, Wolfg., Dichtungen in Auswahl, s.: Joesten, mein Herz ist am Rhein.

Müller von Königswinter, Wolfg., Dichtungen eines rheinischen Poeten. 6 Bde. 8. Leipzig, Brockhaus. Jeder Band *
geb. *

Inhalt:
Bd. 1. Mein Herz ist am Rheine. Liederbuch. 4. verb. und verm. Aufl. (XIV, 321 S.) 871.
" 2. Rheinfahrt. Ein Gedicht in 9 Gesängen. 2. sehr verm. und verb. Aufl. (VII, 284 S.) 871.
" 3. Lorelei. Rheinisches Sagenbuch. 4. Aufl. (XII, 296 S.) 873.
" 4. Im Rittersaal. Rheinische Historien. (329 S.) 874.
" 5. Rheinisches Märchenbuch. (339 S.) 875.
" 6. Rheinische Idyllen. (272 S.) 876.

Dichtungen eines rheinischen Poeten. Von Wolfgang **Müller** von Königswinter. Neue Pracht-Ausg. Hrsg. von Prof. Dr. K(arl) Macke. Mit Ill. Berlin: Herlet [1909]. 288 S. 8°
[Beigedr.:] Fouqué, Friedrich de La Motte: Undine. Eine Erzählung ... hrsg. von Macke.

— durch Kampf zum Sieg. Zeitgedichte. 16. (86 S.) Berlin 870. Lipperheide. 1. —

— Erzählungen eines Rheinischen Chronisten. 2 Bde. Ebend. 861. 8.
1. Bd.: Karl Immermann und sein Kreis. (VIII, 417 S.) n. 1 ℛ 24 ngr.
2. Bd.: Aus Jacobi's Garten. Furioso. Aus Beethoven's Jugend. (336 S.) n. 1 ℛ 15 ngr.

Müller von Königswinter, Wolfg., eine Fahrt durch's Lahnthal. Wiesbaden 865. Kreidel's Verlag. 8. (V, 185 S. mit Illustr. von F. C. Klimsch in eingedr. Holzschn.) n. 20 ngr.; geb. n. 1 ℛ

— zu Joh. Wolfg. Goethe's hundertjähr. Geburtsfeier am 28. Aug. 1849. (Gedichte.) [Mit dem Umschlagstitel: Zur Goethe-Feier zu Düsseldorf am 28. Aug. 1849. Erläuterungen zu den lebenden Bildern u. dem dramat. Festzuge.] gr. 8. (33 S.) Düsseldorf 849, Buddeus. 3 ngr.

— Gedenk verschollner Tage! Erinnerungsbuch. 2., verm. und verb. Aufl. gr. 16. (VI und 259 S.) Hannover 856(57), Rümpler.
Aus des Verf.: Gedichte, besonders abgedruckt.

— gedenk verschollner Tage! Erinnerungsbuch. 3. (Titel-) Aufl. 16. (VI und 259 S.) Hannover (857)68, Rümpler. geb. mit Goldschn.

Müller, Wolfg., Gedichte. 8. (XI und 507 S.) Frankfurt a. M. 847, Literarische Anstalt. *

— Gedichte. 2 Bdchn. in 1 Bd. 2., verm. und verb. Aufl. gr. 16. (XVI und 483 S.) Hannover 856(57), Rümpler.

Müller, Wfg., (von Königswinter,) Gedichte. 2 Bdchn. 2. sehr verm. u. verb. Aufl. Hannover 857. Rümpler. 16. (5 Bl., 224; 4 Bl., 259 S.) 2 ℛ. 7½ ngr.
1. Bdchn.: Mein Herz ist am Rheine! Liederbuch. (3 Bl., 224 S.) 1 ℛ. 10 ngr.
2. Bdchn.: Gedenk verschollner Tage. (3 Bl., 259 S.) 1 ℛ. 10 ngr.

Müller von Königswinter, Wolfg., Gedichte. 2 Bde. 3. (Titel-) Aufl. gr. 16. (XVI und 483 S.) Hannover (857)68, Rümpler. geb. mit Goldschn.

— Germania. Ein satyrisches Märchen. 8. (168 S.) Frankfurt a. M. 848, Literarische Anstalt.

— Mit Hammer u. Meißel, s.: Hausbücherei, rheinische.

— s. a. Höllenfahrt v. Heinrich Heine.

Höllenfahrt von Heinrich Heine. (Verf.: Wolfgang **Müller** von Königswinter.) Hrsg., komment. u. eingel. von Siegfried Aschner. Berlin: E. Frensdorff [1905]. (CXLIV, 194 S.) 8° [F.]
— **Neudrucke** literarhistorischer Seltenheiten. No 4. (07. 337)

— u. Thdr. Mintrop, Kinderleben in Liedern u. Bildern (in Holzschn. v. Hugo Bürkner). 1. Hft. qu. Fol. (6 Holzschntaf. u. 6 Bl. Text.) Düsseldorf 850, Schulz. n. 12 ngr.

— Düsseldorfer Künstler aus den letzten fünfundzwanzig Jahren. Kunstgeschichtliche Briefe. Leipzig 854. R. Weigel. 8. (XII, 386 S.) 1 ℛ. 22½ ngr.

Müller, Wolfg., junge Lieder. 8. (8⅓ B.) Düsseldorf 841, Schreiner.

— Lorelei. Rheinische Sagen. 16. (X u. 325 S. m. 1 Radirg.) Köln 851, Du Mont-Schauberg. n. 1⅓ ℛ; in Engl. Einb. n. 1⅚ ℛ

— Lorelei. Rheinisches Sagenbuch. 2., verm. und verb. Aufl. gr. 16. (VIII und 486 S.) Köln 856(57), Du Mont-Schauberg'sche Buchh. *

Müller von Königswinter, Wolfg., die Maikönigin. Eine Dorfgeschichte in Versen. 32. (VI u. 192 S.) Stuttgart 852, Cotta. n. 26 ngr.

— Märchenbuch für meine Kinder. Leipzig 866. Brockhaus. gr. 8. (XII, 199 S.) n. 25 ngr.; cart. n. 1 ℛ

— Mein Herz ist am Rheine! Liederbuch. 2., verm. und verb. Aufl. gr. 16. (VI und 224 S.) Hannover 856(57), Rümpler.
Aus des Verf.: Gedichte, besonders abgedruckt.

— mein Herz ist am Rheine! Liederbuch. 3. (Titel-)Aufl. Ebend. (857)67. 16. (VI, 224 S.) geb. mit Goldschn. 1 ℛ

— der Zauberer Merlin. Ein Gedicht. 16. (VII, 129 S.) Ebendas. 871. *
geb. mit Goldschn. *

— Prinz Minnewin. Ein Mittesommerabendmärchen. Köln 854. DuMont-Schauberg. 16. (4 Bl., 295 S.) n. 1 ℛ. 15 ngr.

— von drei Mühlen. Ländliche Geschichten. 8. (V und 387 S.) Leipzig 865, Brockhaus.

— Oden der Gegenwart. 8. (143 S.) Düsseldorf 848, Buddeus. ¾ ℛ

— der Pilger in Italien. Sonette. 16. (V, 192 S.) Leipzig 868, Brockhaus. *
geb. mit Goldschn. *

— der Rattenfänger von Sankt Goar. Rheinische Kleinstädtergeschichte (in Gedichten.) gr. 16. (V und 139 S.) Köln 856(57), Du Mont-Schauberg'sche Buchh. *

—— Alfred Rethel. Blätter der Erinnerung. 8. (185 S.) Leipzig 861, Brockhaus. *

Müller, Wolfgang & Wilhelm Camphausen. Der Rhein und ein Nationaltanz, aufgeführt zu Dusseldorf auf dem Carnevalsballe am 13. Februar 1847, erklärt von Wolfgang Müller, illustrirt von Wilhelm Camphausen. Dusseldorf, bei Julius Buddeus 1847.
3 Bl.; 2 Taf. 4°.

Müller von Königswinter, Wolfgang, Das Rheinbuch. Landschaft, Geschichte, Sage u. Volksleben. M. Holzschn., 17 Tondrucktafeln u. 8 Aquarellbildern. Brüssel, Gent u. Leipzig o. J. (1855.) gr. 8. (PBHN.; D.)

— das Rheinbuch. Landschaft, Geschichte, Sage, Volksleben. Illustr. mit Holzschn. (im Text) u. Aquarellen. (In 24 Liefgn.) Brüssel (855.) Muquardt. Lex.-8. (VIII, 341 S. u. 25 theilw. color. Holzschnitttaf.) 4 ₰. 24 ngr.

—, — Neue unveränderte Ausg. Brüssel 1862—63. Hoch 4.

—— das Rheinbuch. Landschaft, Geschichte, Sage, Volksleben. Neue unveränd. Ausg. 24 Lfgn. hoch 4. (VI und 341 S. mit eingedr. Holzschn. und 25 Holzschntaf., wovon 8 ill.) Brüssel 863, Muquardt. à Lfg. * 6 Ngr. *

— Rheinfahrt. Ein Gedicht. 8. Frankfurt a/M. 846, Literarische Anstalt. n. $1^2/_3$ ₰

—— sie hat ihr Herz entdeckt, s.a. Bloch's, E., Dilettanten-Bühne.

Müller von Königswinter, W., sie hat ihr Herz entdeckt, s.a. Bloch's, E., Theater-Correspondenz.

— dasselbe, s.a. Universal-Bibliothek.

Müller v. Königswinter, Wolfg., sie hat ihr Herz entdeckt, s.a. Thalia.

Sie hat ihr Herz entdeckt. Lustspiel in 1 Akt von Wolfgang Müller von Königswinter. Für d. Bühne eingerichtet von Demetrius Schrutz, Mühlhausen i. Th.: G. Danner [1905.] (40 S.) 8° [F.]
— Thalia. 118. 05. 13256 S

— Sie hat ihr Herz entdeckt. Lustspiel in 1 Akt. In neuer Bühnen-Einrichtg. v. Mart. Böhm. (22 S.) 8. Berlin (908). M. Böhm. 1.50

Müller, Wolfg., von Königswinter (1816—73). Munchener Skizzenbuch. Leipzig: F. A. Brockhaus, 1856. (Illustr. Umschl.-Titel: Brockhaus' Reise-Bibl. f. Eisenbahnen u. Dampfschiffe. Bdchn. 13.) 8°. Cart. *1. Geies.
2 Bll., 155 S., 3 Bll. Literar. Anz. — Handelt besonders un. Munchener Kunst- u. Literatur-Zustande unter König Ludwig I.

— Sommertage am Siebengebirge. Kreuznach 867. Voigtländer. 8. (III, 171 S. mit in den Text gedr. Abbild. in Holzschn.) n. 20 ngr.
Mit (chromolith.) Panorama u. Karte (in qu. 4.). n. 28 ngr.

Müller v. Königswinter, Wolfgang, Sommertage am Siebengebirge. Neue (Titel-)Aufl. 8. (164 S.) Aachen 886, M. Jacobi. *

—— Vergangenheit und Zukunft der Kunst. Betrachtungen und Vorschläge allen Schriftstellern, Bildnern und Tonkünstlern vorgelegt. 8. (28 S.) Düsseldorf 848, Buddeus'sche Buchh. *

—— zum stillen Vergnügen. Künstlergeschichten. 2 Thle. 8. (XIV und 532 S.) Leipzig 865, Brockhaus.

— das Verhältniß des Staates zu den bildenden Künsten. Zur Reform der Kunstangelegenheiten in Preußen. Berlin 861. Seehagen. gr. 8. (28 S.) 5 ngr.

—— dramatische Werke. 6 Bde. 8. Berlin 872, Lipperheide. à Bd. * M 2. *

Inhalt:
Bd. 1. Sie hat ihr Herz entdeckt. — In der Kur. — Der Supernumerar. (VI, 139 S.)
„ 2. Die Frau Commerzienräthin. — Sie macht alle glücklich. (IV, 128 S.)
„ 3. Wie das Stück, so das Glück. — Dornröschen. — Um des Kaisers Bart. (IV, 124 S.)
„ 4. Ueber den Parteien. (IV, 120 S.)
„ 5. Incognito. — Amor und Psyche. (IV, 127 S.)
„ 6. In Bann und Acht. (IV, 138 S.)

— Johann v. Werth. Eine deutsche Reitergeschichte. Köln 858. DuMont-Schauberg. 16. (4 Bl., 244 S.) n 1 ₰

Müller-Köpen, Fluss- u. Eisenbahnkarte vom Deutschen Reich. Entw. u. gez. nach amtl. Quellen. 1:2000000. Berlin, Müller-Köpen, 1881. Imp.-Fol. Chromolith. (3 M. (Br. Mus.)

Müller-Köpen, üb. den Gebrauch der Nivellirlatten. Eine Monographie mit einem Nivellir-Formular. gr. 8. (11 S.) Berlin 883. Solingen, Müller-Köpen. [1. —]
— 50

Müller-Köpen, Die Höhenbestimmungen der kgl. Preuss. Landesaufnahme. H. 1—17. Berlin 1875—81. 8. [Ganz Deutschland ohne Bayern.] . . . . (MöA.)

—— die Höhenbestimmungen der königl. preuß. Landesaufnahme. Zusammengestellt nach amtl. Werken. 1.—13. Heft. Mit je 1 Karte. 8. Ebendas. *
geb. *

Inhalt:
Heft 1. Schleswig-Holstein, Lauenburg, Lübeck und Bergedorf. Nebst Anhang: Hamburg. (91 S.) 875. * M 5.—.; geb. * M 5.70.
„ 2. Ost- und Westpreußen. (74 S.) 875. * M 4.—.; geb. M 4.70.
„ 3. Mecklenburg. (16 S.) 875. * M 2.—.; geb. 3.—.
„ 4. Pommern. 1. Heft. (S. 1—72.) 880. * M 5.50.; geb. * M 6.20.
„ 5. Posen. 1. und 2. Heft. (S. 1—64.) 883. * M 5.—.; geb. * M 5.70.
„ 6. Brandenburg nebst 2 Situations-Plänen von Berlin. 1. und 2. Heft. (S. 1—82.) 880,83. * M 6.—.; geb. 6.70.
„ 7. Hannover, Großherzogt. Oldenburg, Herzogt. Braunschweig, Bremen und Ritzebüttel. 1. Heft. (S. 1—48.) 880. * M 4.—; geb. M 4.70.
„ 8. Sachsen, die sächsischen Großherzogtümer, Herzogtümer, Fürstentümer und Reußischen Länder. 1. Heft. (S. 1—20.) 880. * M 3.—.; geb. M 3.70.
„ 9. Westphalen. 1. Heft. (S. 1—36.) 881. * M 3.—.; geb. * M 3.70.
„ 10. Schlesien. 1. und 2. Heft. (36; 67 S.) 883. * M 6.—.; geb. * M 6.70.
„ 11. Hessen-Nassau einschließlich Kreis Wetzlar, Großherzogt. Hessen und Fürstent. Lippe-Schaumburg. 1. und 2. Heft. (S. 1—48.) 881 * M 4.—.; geb. * M 4.70.
„ 12. Rheinland. 1. Heft. 2. berichtigte und erweit. Aufl. (S. 1—36.) 885. * M 5.—.; geb. * M 5.70.
„ 13. Elsaß-Lothringen, die Rheinpfalz und Baden. 1. und 2. Heft. (S. 1—74.) 882,85. * M 4.50.; geb. 5.20.

Müller-Köpen, die Höhenbestimmungen der königl. preußischen Landesaufnahme. Zusammengestellt nach amtl. Werken. 1.—3. Heft. 8. Berlin 876, Müller-Köpen. * M 14,25.; geb. *

Inhalt:
Heft 1. Schleswig-Holstein nebst Anhang: Die Höhenpunkte des Nivellements von Hamburg. — Lauenburg und Lübeck. (91 S.) * M 7.; geb. * M 7,70.
Heft 2. Ost- und Westpreußen. (74 S.) * M 6.; geb. * M 6,70.
„ 3. das Nivellement in Mecklenburg, gemessen zur Verbindung der schleswig-holstein. mit den übrigen Nivellements von der trigonometrischen Abteilung der königl. preuß. Landesaufnahme, nebst einer Vergleichung der wichtigsten Küstenpegel von Norddeutschland. (13 S.) * M 1,25., geb. * M 1,80.

Müller-Köpen, die Höhenbestimmungen der königl. preuß. Landesaufnahme. Zusammengestellt nach amtl. Werken. 1. u. 2. Hft. 8. Berlin 876. (Polytechn. Buchh.) n. 4. 20

1. Schleswig-Holstein nebst Anh.: Die Höhenpunkte d. Nivellements v. Hamburg. (64 S.)
2. Schleswig-Holstein, Lauenburg u. Lübeck. (S. 65—82.)

—— die Höhenbestimmungen der königl. preuß. Landesaufnahme. Zusammengestellt nach amtl. Werken. 4.—17. Heft. Mit Karten. 8. Ebendas. 880—85. *

Inhalt:

Heft 4. Pommern. 1. Heft. (S. 1—72.) *M 9,50.; geb. *M 10,20.
" 5. Posen. 1. und 2. Heft. (S. 1—64.) *M 9.; geb. *M 9,70.
" 6. Brandenburg nebst 2 Situations-Plänen von Berlin. 1. und 2. Heft. (S. 1—82.) *M 10.; geb. *M 10,70.
" 7. Hannover, Großherzogt. Oldenburg, Herzogt. Braunschweig, Bremen und Ritzebüttel. 1. Heft. (S. 1—48.) *M 8.; geb. *M 8,70.
" 8. Sachsen, die sächsischen Großherzogtümer, Herzogtümer, Fürstentümer und Reußischen Länder. 1. Heft. (S. 1—20.) *M 5.; geb. *M 5,70.
" 9. Westphalen. 1. Heft. (S. 1—36.) *M 5.; geb. *M 5,70.
" 10. Schlesien. 1. und 2. Heft. (36; 67 S.) *M 12.; geb. *M 12,70.
" 11. Hessen-Nassau einschließlich Kreis Wetzlar, Großherzogtum Hessen und Fürstentum Lippe-Schaumburg. 1. und 2. Heft. (S. 1—48.) *M 7.; geb. *M 7,70.
" 12. Rheinland. 1. Heft. (S. 1—42.) *M 7.; geb. *M 7,70.
" 13. Elsaß-Lothringen, die Rheinpfalz und Baden. 1. Heft. (S. 1—52.) *M 7,50.; geb. *M 8,20.
" 14. Plan des nivellitischen Höhennetzes im Königr. Preußen und in den eingeschlossenen deutschen Staaten, sowie in Elsaß-Lothringen, Rhein-Pfalz und Baden. In Verbindung mit einer Fluß- und Eisenbahn-Karte des Deutschen Reichs. Maßstab 1 : 2000000. (34 S. mit 1 Karte in 6 Farben.) *M 3,50.; auf Leinw. in Mappe *M 5.
" 15. Nivellitisches Höhennetz in Preußen, Elsaß-Lothringen, Rhein-Pfalz, Baden 2c. nebst Fluß- und Eisenbahnkarte vom Deutschen Reich. Karte in 8 Farben. *M 2,50.; auf Leinw. in Mappe *M 4.
" 16. Fluß- und Eisenbahnkarte vom deutschen Reich. In 8 Farben. *M 1.; auf Leinw. in Mappe *M 2.
" 17. Plan von Pankow. 6 Bl. *M 16.

1.—3. Heft. Ebendas. 1876. *M 20,25.; geb. *M 22,40.

Müller-Köpen, die Höhenbestimmungen der königl. preuß. Landesaufnahme in der Provinz Brandenburg. 1. Heft. Zusammengestellt nach amtlichen Werken. 8. (54 S.) Berlin 880. Müller-Köpen. n. 6. —; geb. n. 6. 70

— die Höhenbestimmungen der königl. preuß. Landesaufnahme in der Prov. Brandenburg. Mit e. Karte: Nivellitisches Höhennetz in Preußen 2c. 2. Hft. Nach dem amtl. Mskr. d. VI. Bds. der Nivellements der trigonometr. Abteilg. hrsg. gr. 8. (S. 61—82.) Ebend. 883. n. 5. — (1. u. 2.: n. 11. —)

— dasselbe, in Elsaß-Lothringen, Rhein-Pfalz u. Baden, nebst einer (chromolith.) Karte: „Nivellitisches Höhennetz 2c." 1. Hft. Zusammengestellt nach amtlich. Werken. gr. 8. (52 S.) Ebend. 882. 7. 50

— dasselbe in Elsaß-Lothringen. 2. Hft. Zusammengestellt nach amtl. Werken. gr. 8. (S. 55—74.) Ebend. 885. n. 1. 35 (1. u. 2.: n. 8. 85)

— dasselbe, in der Prov. Hannover u. im Großherzogthum Oldenburg, im Herzogt. Braunschweig, sowie im Gebiete der freien Stadt Bremen u. in dem zur freien Stadt Hamburg gehörigen Amt Ritzebüttel [Cuxhaven]. 1. Hft. 8. (47 S.) Ebend. 880. n. 6. —; geb. n. 6. 70

— dasselbe, in der Provinz Hessen-Nassau einschließlich Kreis Wetzlar u. im Großherzogthum Hessen, sowie im Fürstent. Lippe-Schaumburg. 1. Hft. Zusammengestellt nach amtl. Werken. 8. (30 S.) Ebend. 881. n. 3. —; geb. n. 3. 70

— dasselbe in der Prov. Hessen-Nassau einschließlich Kreis Wetzlar u. im Großherzogt. Hessen, sowie im Fürstent. Schaumburg-Lippe. Mit e (chromolith.) Karte: Nivellitisches Höhennetz in Preußen 2c. 2. Hft. Nach dem V. Bde. der Nivellements der trigonometr. Abteilg. hrsg. gr. 8. (S. 33—48.) Ebend. 883. n. 5. — (1. u. 2.: n. 8. —)

— dasselbe, in der Provinz Pommern. 1. Hft. 8. (71 S.) Ebend. 880. n. 7. 50; geb. n. 8. 20

— dasselbe, in der Provinz Posen. 1. Hft. gr. 8. (48 S.) Ebend. 880. n. 5. —; geb. n. 5. 70

— dasselbe in der Prov. Posen. Mit e. (chromolith.) Karte: Nivellitisches Höhennetz in Preußen 2c. 2. Hft. Nach dem amtl. Mskr. d. VI. Bds. der Nivellements der trigonometr. Abteilg. hrsg. gr. 8. (S. 45—64.) Ebend. 883. n. 5. — (1. u. 2.: n. 10. —)

— die Höhenbestimmungen der königl. preuß. Landesaufnahme in der Prov. Preußen. Zusammengestellt nach amtl. Werken. 8. (65 S.) Ebend. 876. n. 3. 50

— dasselbe, in der Provinz Rheinland. 1. Hft. 8. (42 S.) Ebend. 880. n. 5. —; geb. n. 5. 70

— dasselbe in der Prov. Rheinland. 1. Hft. 2., bericht. u. erweit. Aufl. Mit 1 Karte „Nivellitisches Höhennetz". Nach dem V. Bde. der Nivellements der trigonometr. Abteilg. neu zusammengestellt. 8. (36 S.) Ebend. 885. n. 7. —

— dasselbe, in der Provinz Sachsen u. in den sächsischen Großherzogtümern, Herzogtümern, Fürstentümern u. Reußischen Ländern. 1. Heft. 8. (30 S.) Berlin 880. Müller-Köpen. n. 3. —; geb. n. 3. 70

Müller-Köpen, die Höhenbestimmungen der königl. preuß. Landesaufnahme in der Provinz Schlesien. 1. Hft. 8. (35 S.) Berlin 880. Müller-Köpen. n. 4. —; geb. n. 4. 70

— dasselbe in der Prov. Schlesien. Mit e. (chromolith.) Karte: Nivellitisches Höhennetz in Preußen 2c. 2. Hft. Nach dem amtl. Mskr. d. VI. Bds. der Nivellements der trigonometr. Abteilg. hrsg. gr. 8. (67 S.) Ebend. 883. 12. — (1. u. 2.: n. 16. —)

Müller-Köpen, Die Höhenbestimmungen der Kgl. Preuß. Landesaufnahme in der Provinz Westfalen. 1. [einziges] H. Berlin, 1881. 31 S.

Müller-Köpen, nivellitisches Höhennetz in Preußen, Elsaß-Lothringen, Rhein-Pfalz, Baden 2c. nebst Fluß- und Eisenbahnkarte vom Deutschen Reich. Karte in 8 Farben. Berlin 881, Müller-Köpen. * 2 50
Auf Leinw. * 4 —

— (Hrsg.), s. Landes-Kultur-Zeitung.

— das Nivellement in Mecklenburg, gemessen zur Verbindg. der schleswig-holstein. m. den übrigen Nivellements v. der trigonometr. Abteilg. der königl. preuß. Landesaufnahme, nebst e. Vergleichg. der wichtigsten Küstenpegel v. Norddeutschland. Zusammengestellt nach der amtl. Ausg. 8. (14 S.) Berlin 876. (Polytechn. Buchh.) n. 1.25

Müller-Köpen, Nivellirbuch. 204 S. Nivellir-Formulare. Berlin 890. Solingen, Müller-Köpen. geb. mit Brieftasche u. Bleistifthülse u. 2 Transversal-Massstäbe auf dem Deckel. 2. 50

Müller-Köpen, Plan des nivellistischen Höhennetzes in Preussen und in den eingeschlossenen deutschen Staaten, sowie in Elsass-Lothringen, Rheinpfalz und Baden. In Verbindung mit 1 Fluss- und Eisenbahnkarte vom Deutschen Reich. Zusammengestellt nach amtl. Quellen. 1 : 2,000,000. Chromolithogr. in 3 Farben. Imp.-Fol. Nebst Text. 8. (34 S.) Berlin 881, Müller-Köpen. * 4 —
Auf Leinw. in Calico-Decke *M 5,20.; in 8 Farben * 4 50
Auf Leinw. in Calico-Decke * 5 70
Ohne Text in 3 Farben * 3 —
Auf Leinw. in Calico-Decke *M 3,70.; in 8 Farben * 3 50
Auf Leinw. in Calico-Decke * 4 20

Pankow. — Müller-Köpen, Plan von Pankow. 6 Bl. Berlin, Müller-Köpen. * 16 —

— Verzeichnis derjenigen Fixpunkte, deren Höhen gemäß neuer amtlicher Feststellung gegen die früheren Angaben auf S. 26—29 endgültig abgeändert worden sind. Entnommen aus dem 5. Bde. der Nivellements der trigonometr. Abteilg. der Landesaufnahme. Endgültige Höhen. Prov. Westfalen. gr. 8. (2 S.) Ebend. 883. n. — 50

Müller-Kypke, Arthur

Müller-Kypke, d. Geschlechtskrankhtn. u. ihre homöopathische Behandlung. (62 S.) 8. Charlottenburg (II, Leibnizstr. 97) 907. Homöopath. Centralverl. 1. —

Müller-Kypke, *Friedrich Gustav* Arthur [aus Danzig]: Aus dem Revocativum memoriae des Johannes de Sancto Amando. '(XIII. Jh.)' Ueber die ars parva Galeni ... Berlin, gedr. bei L. Schumacher, 1893; 36 S., 2 Bl. 8.
Berlin, Med. Fak., Inaug.-Diss. v. 29. Sept. 1893

Müller-Kypke, die Zuckerkrankheit (Diabetes mellitus) u. ihre homöopath. Behandlung. s.a. Vorträge u. Abhandlungen der deutschen homöopath. Liga. 2. Hft.

Die Zuckerkrankheit (Diabetes mellitus) und ihre homöopathische Behandlung von Dr. med. [Arthur] Müller-Kypke, Berlin-Charlottenburg. Berlin-Charlottenburg: Homöopath. Central-Verl. 1907. (32 S.) 8°
= Vorträge u. Abhandlungen d. Deutschen homöopath. Liga. H. 2. 07. 3005

Müller-Kypke, Friedrich Gustav Arthur,
s. Müller-Kypke, Arthur

Müller de la Fuente, E., das Wildbad Schlangenbad u. seine Heilfactoren. gr. 8. (63 S.) Wiesbaden 901. J. F. Bergmann. n. 1. —

Müller de la Fuente, E., the thermal springs of Schlangenbad and their healing properties. (39 S.) gr. 8. Wiesbaden 906. J. F. Bergmann. n. — 80

— die Vorgeschichte der Menschheit im Lichte unserer entwicklungsgeschichtlichen Kenntnisse. (163 S. m. Abbildgn.) 8. Ebd. 906. n. 2. 40

Müller de la Fuente, Heinrich [cand. med. aus München]: Über alimentäre Glykosurie und die Wirkungen einiger Narcotica beim Affen '(Macacus cynomolgus)' ... München, kgl. Hof- u. Univ.-Buchdr. v. Dr. C. Wolf & Sohn, 1894; 39 S. 8.
München, Med. Fak., Inaug.-Diss. v. 1894

Müller-Landolt, J[oseph]. Geschichte der Stadtschützengesellschaft Bremgarten. Im Auftrage des Vereins bearb. von J. M'-L', Bezirkslehrer. Mit 6 Illustrationen [wovon 1 Tafel]. 78 S. 8. Bremgarten, Verlag Stadtschützengesellschaft (Buchdr. Emil Birkhäuser, Basel), 1908. [fr. 1. 20]

Die Schweizergeschichte in Bildern. 1. Serie. Herausgegeben von *Müller-Landsmann.* Qu.-fol. 48 Tafeln. Bern, Schmid, Francke & Cie. 1888. cart. 3 50
— Le même, en français. cart. 3 50
— Lo stesso, testo italiano. cart. 3 50

Müller-Leipzig, Georg, s. Müller

Müller v. der Leppe, Hans, Kronberger Liederbuch. Bilderschmuck v. Norbert Schrödl. gr. 8. (VIII, 249 S.) Frankfurt a/M. 895. A. Osterrieth. n. 8. —; geb. in Leinw. m. Goldschn. n. 10. —; in Liebhaberbd. n. 20. —

Müller-Liebenwalde, J., der Vorsteh- u. Gebrauchshund, s.: Würz, E.

Müller-Lipart, Herm., das Bild der Mutter, s.: Glaser's, Conr., Theaterbibliothek.

Müller-Lubitz, Anna

Müller-Lubitz, A: Das Einmachen und Konservieren von Obst und Gemüse in 212 erprobten Rezepten. Frankfurt a. M. und Leipzig (Um 1903)

Müller-Lubitz, [Frau] Anna. Nationalgerichte. 180 erprobte Rezepte. Eine Ergänzung zu jedem Kochbuch. 120 S. 8. Berlin-Leipzig-Wien, W. Vobach & Co., [1906]. (cart. M. 1. —)
Spezial-Kochbücher für die praktische Hausfrau. (Band) 22.
Darin S. 55—57: Schweiz.

Müller-Lubitz, Anna, s.: Pröpper's, L. v., Spezial-Kochbücher.

Müller-Lubitz, Anna, s.: Spezial-Kochbücher f. die praktische Hausfrau.

Müller-Lyer, F., die Entwicklungsstufen der Menschheit. Eine Gesellschaftslehre in Überblicken u. Einzeldarstellgn. 1. Bd. Der Sinn des Lebens u. die Wissenschaft. Grundlinien e. Volksphilosophie. (IV, 290 S.) gr. 8. München 910. J. F. Lehmann's Verlag. 4.—; geb. 5. —

Phasen der Kultur und Richtungslinien des Fortschritts. Soziolog. Überblicke von Dr. F[ranz] Müller-Lyer. München: Lehmann 1908. XIV, 370 S. 8°
(Müller-Lyer: Die Entwicklungsstufen d. Menschheit. Bd 2.) [11. 11709 6

Der Sinn des Lebens und die Wissenschaft. Grundlinien e. Volksphilosophie von Dr. F[ranz] Müller-Lyer. München: J. F. Lehmann 1910. IV, 290 S. 8°
(Müller-Lyer: Die Entwicklungsstufen d. Menschheit. Bd 1.) [11. 4411

Müller-Mann, Gust., Heiratsmaxel, \ s.: Eckstein's
— sonderbare Kostgänger, / Miniaturbiblioth.

— Minne- u. Malerfahrten. 10 Erzählgn. aus dem Leben. 8. (119 S.) Dresden 899. [E. Pierson.] Leipzig, G. Müller-Mann. n. 2.—

— dasselbe, s. a. Eckstein's Miniaturbibliothek.

Müller-Mann, Gustav [aus Wegeleben (Preussen)]: Die auswärtige Politik Kaiser Ottos II. Lörrach 1898. 68 S. 8°.
Basel. Phil. Diss. 1897/98.

Müller-Mann, Gust., d. auswärt. Politik Kaiser Ottos II. Diss. gr. 8. (68 S.) Lörrach 898. C. R. Gutsch. n. 1. —

— die auswärt. Politik Kaiser Otto's II. Diss. gr. 8. (68 S.) Lörrach 898. Leipzig, G. Müller-Mann. n. 1. —

Müller-Meier, Gabr. A., s.: Hagen, Fr. H. v. der, Fibel u. Fabel.

Müller-Meiningen, Ernst

— u. Frdr. Naumann, Gegenwart u. Zukunft des deutschen Liberalismus. (37 S.) 8. München 909. Buchh. Nationalverein. — 30

Müller, Ernst, d. Reichsgesetz z. Bekämpfg. d. unlauteren Wettbewerbes v. 27. Mai 1896. Commentar. gr. 8. (VIII, 215 S.) Fürth 896. G. Rosenberg. Kart. n. 3. 60

— dasselbe. 2. u. 3., verm. u. verb. Aufl. gr. 8. (XI, 236 S.) Ebd. 897. Geb. in Leinw. n. 4. 50

Müller, Ernst, das Reichsgesetz zur Bekämpfung des unlauteren Wettbewerbes vom 27. V. 1896. Commentar. 4., verm. u. verb. Aufl. (XI, 272 S.) gr. 8. Fürth 904. G. Rosenberg. Geb. in Leinw. n. 6. 50

— u. Jul. Prager, das Reichsgesetz üb. die privaten Versicherungs-Unternehmungen v. 12. V. 1901, nebst den einschlägigen Vorschriften anderer Gesetze. Text-Ausg. m. Einleitg., Anmerkgn., ausführl. Sachregister u. Anh., enth.: I. die schweizer., II. die österreich. Gesetzgebung, III. die zu § 98 erlassene Bekanntmachg. des Präsidenten des Reichsaufsichtsamts vom 10. VII. 1901. 12. (IV, 306 S.) Fürth 901. G. Rosenberg. Geb. in Leinw. n. 3. 60

Müller (-Meiningen), Ernst, das deutsche Urheber- u. Verlagsrecht. I. Bd.: 1. Tl.: Das Reichsgesetz betr. das Urheberrecht an Werken der Literatur u. Tonkunst vom 19. VI. 1901. 2. Tl.: Die internationalen Urheberrechtsbeziehgn. des deutschen Reichs. 3. Tl.: Das Reichsgesetz betr. das Verlagsrecht v. 19. VI. 1901. Erläutert v. M. 4 Lfgn. gr. 8. (I. Bd. VIII, 425 S.) München 901. J. Schweitzer Verlag. n. 7. —; geb. n. 8. 20

Müller(-Meiningen), Ernst, das deutsche Urheber- u. Verlagsrecht. II. Bd. 1. Tl.: Das Reichsgesetz betr. das Urheberrecht an Werken der bild. Künste u. der Photographie. 2. Tl.: Die internationalen Urheberrechtsbeziehgn. des Deutschen Reichs betr. den Schutz der Werke der bild. Künste u. der Photographie. Erläutert v. M. (VIII, 332 S.) 8. München 907. J. Schweitzer Verl. 5.50; geb. in Leinw. n 6. 50
I. Bd. Ebd. 901. 7.—; geb. 8. 20

— u. Geo. Schmid, Vereinsgesetz vom 19. IV. 1908, nebst den Ausführungsbestimmungen der sämtl. deutschen Bundesstaaten u. Anh. (bisher. preuß., bayer., ausländ. Vereinsrecht usw.). (XII, 399 S.) 8. München 908. J. Schweitzer Verl. Geb. 7. —

Müller-Melchior, Max, galante Musenkinder, s.a. Eros.

Galante Musenkinder. Eine Sammlung verschollener u. wenig bekannter Deutscher Liebes- u. Scherzgedichte aus früheren Jahrhunderten. Hrsg. u. mit Anm. versehen von Max Müller-Melchior. 2. u. 3. Aufl. Leipzig: Teutonia-Verl. 1906. (168 S.) 8° [F.]
(Eros. Sammlung kultur- u. literarhist. Neudrucke.) [07. 4304

Müller-Melchiors, Franz

Müller-Melchiors, F: Die Dampfmaschinen-Steuerungen. Wien 1878

Müller-Melchiors, Frz., die Dampfmaschinen-Steuerungen auf der Wiener Weltausstellung 1873. gr. 8. (IV, 76 S. mit 16 eingedr. Holzschn. und 15 lithogr. Taf. Abbild. in gr. 4.) Augsburg 874. Stuttgart, Cotta'sche Buchh. *
Aus: Dingler's polytechn. Journal, besonders abgedruckt.

Müller-Merlingen, J. L., Johann Amos Comenius, Ein Gedenkblatt zu seinem 300. Geburtstage, Ulm 1892, 20 S., 8°.

Müller-Mernéll, Elis., vom Hirtenstab zur Feder (P. K. Rosegger), s.: Volks- u. Jugend-Bibliothek.

Müller-Michelau, Jerusalem, die hochgebaute Stadt. Predigt über Psalm 122, nach Eröffnung der 5. schles. Provinzial-Synode am 30. Novbr. 1887 in der St.-Elisabeth-Kirche zu Breslau gehalten. 8. (14 S.) Breslau 888, (Dülfer.) *

Müller-Mittler, A., Jucunda Juventus. Gedichte. (VI, 111 S.) 8. Stuttgart (903). (F. Stahl.) Geb. in Leinw. n. 2. —

Müller-Müller, R[obert] S[igmund]. Goldene Regeln für den Verkehr in der Guten Gesellschaft. 8. bis 12. Tausend. VIII + 103 S. 8. Zürich und Leipzig, Th. Schröter, 1903. [geb. fr. 2. —]

Müller, R. S., 777 Regeln f. den Verkehr m. der guten Gesellschaft. 12. (93 S.) Zürich 891. C. Schmidt. n. 1. —

Müller, Rob. S., neuestes Universal-Tanz-Album. Ausführliche Anleitg. f. Tanzmeister u. Ballordner, Bälle u. Tanzkränzchen zu leiten. 2., verb. Aufl. 16. (125 S. m. 1 Abbildg.) Zürich 889. C. Schmidt. n. 1. 20

Müller-Müllerbach, Ed., der Bauernfreund. 12. (168 S.) Leipzig 887. v. Biedermann. n. 2. —

— im Dienst der „liberalen“ Presse. 12. (158 S.) Ebd 887. n. 2. -

Müller Edler v. Müllersheim, Wilh., u. ***, die kgl. serbischen Orden u. Ehrenzeichen. Ihre Geschichte u. Beschreibg. Mit 4 Taf. u. 10 Text-Illustr. gr. 4. (66 S.) Wien-Hernals 897. F. Matzner. n. 4. —

— et Heinr. Schöppl, Les ordres et les décorations de la principauté de Monténégro, leur histoire et leurs statuts. Écriture solennelle pour l'anniversaire de la 200ième année, depuis la fondation de la dynastie Njegusch. gr. 4. (24 S. m. Abb. u. 2 Lichtdr.) Wien-Hernals 897. F. Matzner. n. 3. 50

Müller-Münster, Franz

Müller-Münster, Fr., s.: Bilderbuch, das deutsche. A. 11. (Brüderchen u. Schwesterchen.)

— Gute Lehren, s.: Hey, Wilh.

Müller-Münster, F., Roß u. Reiter in Sage u. Legende, s.: Teuerdank. 20.

— Scherz u. Ernst, s.: Hey, Wilh. u. Frdr. Güll.

Müller-Münster, Frz., Stürmen u. Drängen, s.: Teuerdank.

Müller-Mylius, Carl, s. Müller - Mylius, Karl

Müller-Mylius, Dr. Karl, Die heutigen Indianer d. fernen Westens. Aus 30jähriger persönlicher Anschauung geschildert von Richard Irving Dodge, Oberstlieutenant. Mit einer Einleitung von William Blackmore. Autoris. deutsche Bearbeitung. 8 (380 S. mit 16 Illustr.) Wien, A. Hartleben. 2 fl.
1884.

Müller-Mylius, Carl, s. Lipps, F., die Herrlichkeiten des Jahrmarkts.

Müller v. d. Neiße, der Katzenhans. Ein Märchen. Mit e. Vorwort in Versen v. Johs. Trojan. (15 S.) 8. Berlin 908. Schöneberg, H. F. Lieck. — 30

Müller-Neudorf, Otto, s. Müller

Müller-Nitterdorf, Adam Rr von,
s. Müller, Adam Heinrich, Rr von Nitterdorf

Müller-Nordhausen, Ed., s. Müller

Müller-Otfried, Paula

Mueller, Paula, die Beteiligung der Frau an den sozialen Aufgaben der Gegenwart, s.a. Hefte zur Frauenfrage. 1. Heft.

Mueller, Paula: Die Beteiligung der Frau an den sozialen Aufgaben der Gegenwart. — Gr. Lichterfelde-Berlin: Runge 1908. 15 S. 8° (Hefte z. Frauenfrage. 1.)

— Die „Neue Ethik" u. ihre Gefahr, s.a. Hefte zur Frauenfrage. 3. Heft.

Mueller, Paula: Die „Neue Ethik" und ihre Gefahr. Hrsg. — Gr. Lichterfelde-Berlin: Runge 1908. 61 S. 8° (Hefte z. Frauenfrage. 3.)

— Einsame Frauen. Vortrag, gehalten auf d. deutschen Sittlichkeits-Konferenz in Heidelberg. — Gr.-Lichterfelde-Berlin: Runge 1906. 16 S. 8°

Müller, Paula: Die Frauen im kirchlichen Gemeindeleben. Beitrag z. Frage d. kirchl. Stimmrechts. — Hannover: Feesche 1904. 24 S. 8°

— 10 Jahre deutsch-evang. Frauenbund, s.a. Hefte zur Frauenfrage. 4. Heft.

— 10 Jahre Deutsch-Evangelischer Frauenbund. Festrede. — Gr.-Lichterfelde-Berlin: Runge 1910. 17 S. 8° (Hefte z. Frauenfrage. 4.)

— Freiheit u. Verantwortlichkeit. Eine Auseinandersetzg. m. der neuen Ethik. (20 S.) 8. München (910). Frauenverlag. — 30

— s.: Handbuch zur Frauenfrage.

— u. Adf. **Stöcker**, Rechte u. Pflichten der Frau in der kirchl. u. bürgerl. Gemeinde, s.a. Hefte d. freien kirchlich-sozialen Konferenz.

Müller, Paula, u. Adolf Stöcker: Rechte und Pflichten der Frau in der kirchlichen und bürgerlichen Gemeinde. Referate. Mit Diskussion. — Berlin: Vaterländ. Verlags- u. Kunstanst. 1903. 59 S. 8° (Hefte d. freien kirchl.-sozialen Konferenz. 28.)
Aus: Verhandlungen d. 8. Hauptvers. d. freien kirchl.-sozialen Konferenz. 14.–16. April 1903 in Berlin.

— Welche Aufgaben erwachsen der Frau aus der sittlichen Not unserer Zeit? — Hannover: Feesche 1906. 16 S. 8°

— Weltanschauung u. Frauenbewegung, s.a. Hefte zur Frauenfrage. 6. Heft.

Mueller[-Otfried], Paula: Weltanschauung und Frauenbewegung. Vortrag, geh. auf d. VII. Generalvers. d. Deutsch-Evang. Frauenbundes. — Gr. Lichterfelde-Berlin: Runge 1910. 14 S. 8° (Hefte z. Frauenfrage. 6.)

— Ziel u. Grenzen der Frauentätigkeit nach evangel. Grundsätzen, s.: Wychgram, J.

– Über die Zulassung der Frauen zum Studium der Medizin, s. Müller, Peter

Müller-Paland, Marianne, Dornröschen's Lieder. 8. (VIII, 94 S.) Dresden 902. E. Pierson. n. 2.50; geb. n. 3.50

Müller-Palleske, C(arl) F., s. Müller- Palleske, Karl Friedrich

Müller-Palleske, Karl Friedrich

Aus Nacht zum Licht. Zeitbilder in 4 Abteil. Festspiel z. 100. Geburtstag Kaiser Wilhelms I. entworf. f. d. Turnverein z. Landau i. d. Pfalz v. C. F. **Müller**-Palleske, Dir. d. städt. höh. Töchterschule Landau '(Pfalz)'.
Landau: K. & A. Kaussler 1897. (58 S.) 1 Bd 8°

Müller-Palleske, Carl Frdr., Bayern u. Pfalz! Gott erhalt's! Volks-Festspiel (in 1 Vorspiel u. 3 Abteilgn.) zur Feier des 80. Geburtstages Sr. kgl. Hoh. des Prinzregenten Luitpold, entworfen f. den Turn-Verein zu Landau, Pfalz. gr. 8. (22 S.) Landau 901. (G. L. Lang.) n. — 60

Müller-Palleske, C. F., Bilder aus zwei Jahrtausenden deutschen Lebens. Festsp. z. 25jähr. Jubiläum d. Erhebg. Deutschlands in d. J. 1870/71. gr. 8. (24 S.) Landau 895. (G. L. Lang.) — 60

— Festspiel z. 80. Geburtstage d. Fürsten Bismarck, aufgeführt in Landau, Rheinpfalz, am 31. März, 1. u. 3. Apr. gr. 8. (14 S.) Ebd. 895. n. — 20

Müller-Palleske, C[arl] F[riedrich], Dir.: Zur Schillerfeier 1905: Neujahr 1805 in Schillers Familie. Dramatische Skizze. Landau 1905: Kaussler. (S. 3—9.) 8°
Landau, st. HT P 1905 [151]

Müller-Palm, Adf., s.a. Palm, Adf.

Müller-Palm, Adf., zum 60jährigen Jubiläum d. Neuen Tagblatts in Stuttgart (24. Dezbr. 1843—1893). Eine Festschrift. Mit 4 Holzschn. u. genauer Nachbildg. der 1., ursprüngl. Nummer d. Blattes. gr. 8. (75 S.) Stuttgart 894. Deutsche Verlags-Anstalt. n.n. 1.—

Mueller-Palm, Adolf

Im Labyrinth der Seele. Zwei Novellen. Von Adolf Palm [d.i. Adolf Müller-Palm]. Leipzig: Günther 1872. 271 S. 8°

Müller-Pirmasens, August, s. Müller

Müller-Popelken, F., Grundriss der allgem. patholog. Anatomie der Haustiere, s.: Freytag, Frdr.

Müller-Portius, Adelaide, zwei Waisenkinder. Eine Erzählung für junge Mädchen. 1. und 2. Aufl. 8. (250 S.) Hannover 886, Meyer. ℳ 2.—.; geb.

Müller-Portius, Adelaide, zwei Waisenkinder. Eine Erzählg. f. junge Mädchen. 2. Aufl. 8. (250 S.) Hannover 892. C. Meyer. Geb. in Leinw. n. 3. —

Müller-Pouillet, s. Müller, Johann, u. Claude Servais Matthias Pouillet

Müller-Poyritz, Karl, aus dem Märchenland Egypten. Stunden abseits vom Touristenleben. (39 S.) 8. Kairo (909). J. Diemer. 1, 25

Müller-Pohritz, Karl, Max Burkert. Ein Drama aus dem Arbeiterleben. (III, 59 S.) 8. Dresden 904. E. Pierson. n. 1. 50

— **Gedichte. (64 S.) 8. Ebd. 905. n. 1. 50; geb. n. 2. 50**

Müller-Raabe, Rob., s.: Pegasus.

Müller-Rastatt, Karl, s. Müller

Müller-Rastenburg, Carl Hugo, s. Müller, Karl Hugo

Müller-Rastenburg, Karl Hugo, s. Müller

Ein Besuch in Silbitz bei Nimptsch. Von Ernst **Müller**-Reichenbach, Pfleger d. schles. Kunstdenkmäler. (Nimptsch [1906]: W. Wolff.) (32 S.) 8° [F.] [07. 9953 2

Ostertage in Stannowitz (bei Ohlau). Von Ernst **Müller**-Reichenbach. Schweidnitz: L. Heege [1907]. (11 S.) 8° [F.] [08. 6471 2

Müller-Rellüm, s.: Ludwig, Herb.

Müller-Rellüm, s. Müller, Ludwig Johann

L. v. Beethoven. Phantasie f. Pianof., Chor u. Orchester. Op. 80. Erl. v. Theodor **Müller**-Reuter. *Frankfurt a. M.: H. Bechhold [1896].* (11 S.) 1 Bd 8.
= **Musikführer**, Der. No 98. [97. 1304

– Dass., s.a. Musikführer, Der. 98.

— s.: **Chorwerke, die beliebtesten.**

Zur Einführung in Franz Liszts Legende von der heiligen Elisabeth von Th[eodor] **Müller**-Reuter. Leipzig: C. F. Kahnt Nachf. 1905. (8 S.) 8° [06. 1528

Godoleva von Edgar Tinel. Kleiner Konzertführer von Theodor **Müller**-Reuter. Leipzig: Breitkopf & Härtel [1898]. (31 S.) 8° [F.]
= **Musikbücher**, Breitkopf & Härtels. Abt. 2. No 603. [06. 4693

Müller-Reuter, Thdr., Godoleva v. Edgar Tinel. Kleiner Konzertführer. 12. (31 S.) Leipzig (900). Breitkopf & Härtel. n. — 10

Müller-Reuter, Thdr., Godolewa v. Edgar Tinel. Kleiner Konzertführer. (31 S.) kl. 8. Leipzig (904). Breitkopf & Härtel. n. — 10

Müller-Reuter, Theod., der tolle Graf, s. Herbold, Karl.

Müller-Reuter, Thdr., Lexikon der deutschen Konzertliteratur. Ein Ratgeber f. Dirigenten, Konzertveranstalter, Musikschriftsteller u. Musikfreunde. 1. Bd. (XXII, 626 S.) gr. 8. Leipzig (909). C. F. Kahnt Nachf. 6.—; geb. in Halbfrz. 8. —

Felix Mendelssohn-Bartholdy, Elias. '(M. Text)'. E. Orator. nach Worten d. alt. Testaments. Erl. v. Theodor **Müller**-Reuter, Musikdir. *Frankfurt a. M.: H. Bechhold [1896].* (38 S.) 1 Bd 8.
= **Musikführer**, Der. No 87/88. [97. 1305

– Dass., s.a. Musikführer, Der. 87/88.

Fünfzig Jahre Musikleben in Krefeld. Ein Beitrag z. Musik-Gesch. d. Niederrheins. Festschrift z. Feier d. 50jähr. Bestehens d. Abonnements-Konzerte in Krefeld. Verf. von Theodor Müller-Reuter. Mit d. Bildn. der Dirigenten, 1 Facs. von Brahms' 'Gesang d. Parzen' u. d. Zusammenstellung aller Programme d. Abonnementskonzerte von 1883-1902. Krefeld: Kramer & Baum 1902. (88 S.) 8°

Joachim Raff. Lenore. Symphonie No 5. E-dur. Op. 177. Erläut. v. Theodor **Müller**-Reuter. *Frankfurt a. M.: H. Bechhold (1898).* (22 S.) 1 Bd 8.
= **Musikführer**, Der. No 149. [illegible]

– Dass., s.a. Musikführer, Der. 149.

Joachim Raff. Im Walde. Symphonie No 3. F-dur. op. 153. Erläut. v. Theodor **Müller**-Reuter. *Frankfurt a. M.: H. Bechhold (1898).* (19 S.) 1 Bd 8.
= **Musikführer**, Der. No 138. [99. 2379

– Dass., s.a. Musikführer, Der. 138.

Robert Schumann, Ouverture, Scherzo u. Finale f. Orchester. Op. 52. Erl. v. Theodor **Müller**-Reuter. *Frankfurt a. M.: H. Bechhold [1896].* (14 S.) 1 Bd 8.
= **Musikführer**, Der. No 97. [97. 1306

– Dass., s.a. Musikführer, Der. 97.

— s.: **Symphonien und symphonischen Dichtungen, die beliebtesten.**

Robert Volkmann, Ouverture zu Shakespeare's Richard III. F. gross. Orchester. Erl. v. Th[eod.] **Müller**-Reuter. *Frankfurt a. M.: H. Bechhold [1896].* (11 S.) 1 Bd 8.
= **Musikführer**, Der. No 96. [97. 1307

– Dass., s.a. Musikführer, Der. 96.

Müller-Röder, E., die Beizjagd u. der Falkensport in alter u. neuer Zeit. (45 S. m. Abbildgn. u. 1 Vollbild.) Lex.-8. Leipzig 906. E. Rust. n. 3.—

Ⓢ Müller-Röder, E., d. Beizjagd. 906. (KBL 34.) Jetzt: Berlin-Schöneberg, Verlag Die Jagd. Erm. Pr. 1.—; geb. 1. 50

Müller-Rutz, J[ohannes]. Der Fang von Nachtschmetterlingen am elektrischen Lichte; Verzeichnis der in St. Gallen an demselben beobachteten Arten. SA. 8. [St. Gallen 1899.]

Müller-Saalfeld, Verwertung religiöser Stoffe zur Betrachtung socialer Fragen in der Schule. Vortrag, geh. auf der amtl. Kreislehrerkonferenz zu Saalfeld i. O. am 7. Septbr. 1891. gr. 8. (29 S.) Leipzig 892. F. Richter. n. — 50

Müller-Saalfeld, Ferd., eine Cotillontour, s. Universal-Bibliothek Nr. 2320.

Müller-Saalfeld, F., die Lorbeeren d. Herrn v. Moser, s.: Bloch's, E., Dilettanten-Bühne.

— lustiges Rätsel-Büchlein. Eine Sammlg. v. 227 neuen Rätseln u. Charaden zur Erheiterg. f. Jung u. Alt. Mit doppeltem Lösungen-Verzeichnis: 1) nach Nummern, 2) alphabetisch. (Titel-Ausg. v.: „Für Weihnachtszeit u. Sommerfrische".) 8. (84 S.) Leipzig 888. Fock. n. 1. 20

Müller-Saalfeld, Ferd., f. Weihnachtszeit u. Sommerfrische. Lustige Räthsel u. Charaden. 8. (III, 84 S.) Berlin 885. Ifleib. 1. 20

Müller-Sagan, Hermann, s. Müller

Müller-Samswegen, Emil, dunkle Blüten. Novellen. 8. (359 S.) Berlin 875. Otto. H. E. Müller. 7. 50

Müller-Schochwitz, C., s. Müller, Karl Christian

Müller-Sesenheim, Gustav Adolf, s. Müller

Müller-Simonis, P., réforme de l'assistance publique en Alsace-Lorraine. (VII, 207 S.) gr. 8. Strassburg 907. Schlesier & Schweikhardt. nn 2. 50

Müller-Simonis, P., vom Kaukasus z. persischen Meerbusen. Durch Armenien, Kurdistan u. Mesopotamien. Autor. Übersetzg. aus d. Franz. M. 1 Heliograv. als Titelbild, 6 Vollbild. in Lichtdr., 104 Textillustr. u. 1 (farb.) Karte. 4. (VIII, 350 S.) Mainz 897. F. Kirchheim. n. 12. —; geb. in Leinw. n. 15. —

Müller-Sommer, C., die Chorstühle des Münsters zu Bern, s.a. Renaissance, deutsche.

Müller-Sommer, C. Die Chorstühle des Münsters zu Bern. 1. Heft.

*** Deutsche Renaissance. Hrsg. von *A. Ortwein*, fortges. von *A. Scheffers*. Abtheilung LV. Leipzig, E. A. Seemann. 1886.

Müller von Sondermühlen [Pseud.], s. Müller, A. E.

Müller-Spielter, Jenny, Däumelinchen u. Blumenkind. gr. 8. (63 S. m. z. Tl. farb. Abbildgn.) Berlin (899). A. Hildebrandt. Geb. 3. —

Müller-Stade, Ernst, zahnärztl. Lexikon. Die Kunstausdrücke der Zahnheilkunde u. ihrer Hilfswissenschaften, etymologisch erklärt u. stofflich bearb. (VIII, 305 S.) 8. Berlin 910. H. Meusser. 9.—; geb. in Leinw. 10. —

Müller-Statius, Philipp Ludwig, s. Müller, Philipp Ludwig Statius

Müller-Strübing, Herm., Aristophanes und die historische Kritik. Polemische Studien zur Geschichte von Athen im 5. Jahrh. v. Chr. G. gr. 8. (XVI, 735 S.) Leipzig 873, Teubner. *

Müller-Strübing, H., Die letzten Aufführungen u. d. Ende d. alten Kratinos. S.-A. 1890. 37 S.

Müller-Strübing, H., polemische Beiträge zur Kritik des Thukydidestextes. gr. 8. (40 S.) Wien 879, Gerold's Sohn. *

Aus: Zeitschrift für die österreich. Gymnasien, besonders abgedruckt.

Müller-Strübing, Herm., Oliver Cromwell. Trauerspiel in 5 Akten. gr. 8. (7¼ B.) Berlin 843, (Nauck'sche Buchh.) *

—— Thukydideische Forschungen. gr. 8. (V, 276 S.) Wien 881, Konegen. *

— — Die Glaubwürdigkeit des Thukydides, geprüft an seiner Darstellung der Belagerung von Plataia. S.-A. 1885. 60 S. 1.50

— Die Korkyräischen Händel bei Thukydides. (E. Beitr. zur Charakter. d. Geschichtsschr.) S.-A. 1886. 64 S. 1.25

Müller-Strübing, Herm., *Ἀθηναίων πολιτεία*, s.: Philologus.

Müller-Strübing, H., Studien zur Verfassung von Athen während des peloponnesischen Krieges S.-A. 1893. 42 S. 1.—

Müller-Suderburg, G., s. Müller, Gottlob

Müller-Zund, Röschen Wildfang, s.: Liebhaber-Theater.

Müller von Stwolinski, Arthur, a. Frankfurt a. M.: Die Geburtshülfe und Gynäkologie bei den alten Aegyptern. München: E. Reinhardt 1904. (27 S.) 8°

München, Med. Fak., Ref. Klein, Diss. v. 22. Nov. 1904

[Geb. 12. Dez. 64 Frankfurt a. M.; Wohnort: Frankfurt a. M.; Staatsangeh.: Preußen; Vorbildung: Ludwig-Georgs-Gymn. Darmstadt Reife O. 85; Studium: München 10 S.; Coll. 22. Nov. 04; Approb. 13. Juli 04.]

Müller Edler von Sylvelden, Johann von, s. Müller, Johannes von

Müller-Thurgau, Hermann. Bakterienblasen ⟨Bacteriocysten⟩. ⟨Aus der Schweizerischen Versuchsanstalt für Obst-, Wein- und Gartenbau in Wädenswil.⟩ Mit 4 Tafeln. (Abdruck aus dem Centralblatt für Bakteriologie, Parasitenkunde und Infektionskrankheiten. Abteilung II, Bd. 20. Nr. 12/14, 15/17.) II + 68 S. 8. Jena, Gustav Fischer, 1908.

Müller-Thurgau H.: Naturgemässe Bekämpfung d. Pflanzenkrankheiten. Vortr. (1900). (18) S. (Særtr.). P.

Müller-Thurgau, Hermann. Der rote Brenner des Weinstockes. Abdruck aus dem Centralblatt f. Bakteriologie, Parasitenkunde u. Infektionskrankheiten. Abteilung 2. Hrg. von Dr. O[scar] Uhlworm in Berlin. Band 10. 1903. Heft 1—4 und Taf. 1—5. *Kopftitel:* Aus der Schweizerischen Versuchsanstalt für Obst-, Wein- und Gartenbau in Wädensweil. II + 38 S. 8. Jena, Gustav Fischer, 1903.

Müller-Thurgau, siehe: *Gartenbau.*

Müller, H. Die Herstellung unvergorener und alkoholfreier Obst- u. Traubenweine. In-8°. 31 S. Frauenfeld, J. Hubers Verlag. 1896. — 75

— **H.** Die Herstellung unvergorener und alkoholfreier Obst- und Traubenweine. 2. umgearb. Aufl. Gr. in-8°. 38 S. Frauenfeld, J. Hubers Verlag. 1896. — 75

Müller, H. Die Herstellung unvergorener und alkoholfreier Obst- u. Traubenweine. 3. umgearb. Aufl. Mit Abbild. In-8°. 41 S. Frauenfeld, J. Hubers Verlag. 1896. — 75

— dasselbe. 4., umgearb. Aufl. 8. (48 S. m. Abb.) Ebd. 897. n. — 80

— dasselbe. 5., umgearb. Aufl. 8. (68 S. m. 8 Abb.) Ebd. 898. n. 1. —

Müller-Thurgau, H., die Herstellung unvergorener u. alkoholfreier Obst- u. Traubenweine. 6., umgearb. Aufl. 8. (III, 66 S. m. 9 Abb.) Frauenfeld 902. Huber & Co. n. 1. —

— die Herstellung ungegorener u. alkoholfreier Obst- u. Traubenweine. 7. umgearb. Aufl. (III, 71 S.) 8. Frauenfeld 905. Huber & Co. n. 1. 20

Müller-Thurgau, H[ermann]. Zum Kampf gegen die Reblaus. Sonderabdruck aus der «Schweiz. Zeitschrift für Obst- und Weinbau» 1901. II + 15 S. 8. Frauenfeld, Huber & Co., 1901.

Müller, H. Ueber die Ursachen des krankhaften Zustandes unserer Reben. Vortrag gehalten in der Sitzung der thurg. naturforsch. Gesellschaft in Arbon den 16. September 1889. In-8⁰. 20 S. Frauenfeld, Comm.-Verlag v. J. Huber. 1 —
*** Sonderabdr. aus „Mittheilungen der thurg. naturforsch. Gesellschaft. Heft 8."

– (Red.), s. Zeitschrift, Schweizerische, für Obst- und Weinbau.

Müller-Thurgau, Herm. Über die Ursachen d. krankhaften Zustandes unserer Reben. Vortrag. gr. 8. (19 S.) Frauenfeld 890, (Huber). [* 1 —] — 60
Aus: Mittheilgn. d. thurg. naturforsch. Gesellsch., besonders abgedruckt.

Müller-Tissot, M., Erziehungsgeschichte in schlichten Bildern f. Zöglinge des Schullehrerseminars. gr. 8. (VII, 172 S. m. Bildnissen.) Stuttgart 902. J. B. Metzler. n. 2. 25

Müller-Tissot, M.

Müller, M., Geschichtsbilder zum Gebrauche der Volksschule. 1.—6. mit der 5. gleichlaut. Aufl. 8. (VIII, 107 S.) Freiburg i. Br. 872,73, Scheuble. *
—— dass. — 7. Aufl. 8. (X, 107 S.) Tauberbischofsheim 875, Lang. cart. *

Müller, M. (I.), Geschichtsbilder zum Gebrauche der Volksschule. 8. Aufl. 8. (X, 107 S.) Tauberbischofsheim 875. Lang. *

—— dass. — 9. Aufl. 8. (VIII, 111 S.) Stuttgart 876, Metzler'sche Buchh. *

—— dass. — Ausg. für Baden. 9.—11. Aufl. 8. (VIII, 107 S.) Ebendas. 876. cart. *

Müller, M. (I.), Geschichtsbilder zum Gebrauche der Volksschule. 10. Aufl. 8. (VIII, 107 S.) Stuttgart 881, Metzler'sche Buchh. *

—— dass. — Ausg. für Baden. 12.—16. Aufl. (VIII, 107 S.) 1877—81; 17.—21. Aufl. 8. (VIII, 103 S.) Ebendas. 881—84. cart. *

— dasselbe. 18. Aufl. Ausg. für Baden. 8. (VIII, 103 S.) Ebenb. 882. cart. n. — 80

Müller, M., Geschichtsbilder zum Gebrauche der Volksschule. 21. Aufl. Ausg. f. Baden. 8. (VIII, 103 S.) Stuttgart 884. Metzler's Verl. cart. n. — 80

Müller, M. (II.), Geschichtsbilder zum Gebrauche der Volksschule. Ausg. für Baden. 22.—27. Aufl. 8. (VIII, 103 S.) Stuttgart 885—89, Metzler'sche Buchh. cart. *

Müller, M. (I.). Geschichtsbilder z. Gebrauche d. Volksschule. 28. u. 29. Aufl. Ausg. f. Baden. 8. (VIII, 103 S. Stuttg. 890,91, Metzler's Verlag. cart. * — 80

Müller, M., Geschichtsbilder zum Gebrauche der Volksschule. 30. Aufl. Ausg. f. Baden. 8. (VIII, 103 S.) Stuttgart 892. J. B. Metzler's Verl. Kart. n. — 80

Müller, M., Geschichtsbilder z. Gebrauche d. Volksschule. 33. Aufl. Ausg. f. Baden. 8. (VIII, 103 S.) Stuttgart 898. J. B. Metzler's Verl. Kart. n. — 80

Müller-Tissot, M., Geschichtsbilder zu dem Gebrauche der Volksschule. 35. u. 36., durchgeseh. Aufl. Ausg. f. Baden. (VIII, 101 S.) 8. Stuttgart 903. J. B. Metzler. Kart. n. — 80

— Geschichts-Thatsachen zu den chronologischen Wandtafeln für höhere Lehranstalten. Für die Hand der Schüler. gr. 8. (IV, 24 S.) Ebend. 880. n. — 40

— Geschichts-Thatsachen zu den chronologischen Wandtafeln f. höhere Lehranstalten. Für die Hand der Schüler. 2. Aufl. gr. 8. (IV, 24 S.) Ebd. 891. n. — 40

— Geschichts-Thatsachen zu den chronolog. Wandtafeln f. höh. Lehranstalten. Für die Hand der Schüler. 3. Aufl. gr. 8. (VI, 24 S.) Ebd. 899. n. — 40

— chronologische Wandtafel zu den Geschichtsbildern. Ausg. für Baden. Imp.-Fol. Ebend. 881. n. 1. —

— chronologische Wandtafeln zu den Geschichts-Thatsachen für höhere Lehranstalten. Imp.-Fol. (4 Tab.) Ebend. 880. In Mappe. n. 4. —

Müller-Tübingen, Karl, s. Müller

Müller-Unkel, L.: Katalog über chemische und physikalische Apparate usw. 2. Aufl. (Braunschweig) 1894
Nebst: Nachtrag. 1. 2. Braunschweig 1896

Katalog über Apparate, Instrumente und Utensilien für den Physikalischen Unterricht an Hochschulen und höheren Lehranstalten von Richard Müller-Uri, Braunschweig. 5. Aufl. Braunschweig 1905: 'Gutenberg'. (XXXVII, 205 S.) 4°(8°) [illegible]

Müller-Uri, Richard: Katalog über Apparate, Jnstrumente und Utensilien für den physikalischen Unterricht. 6. Aufl. Braunschweig 1909
Nebst Nachträgen: Mitteilung Nr 68 1910 ff.

Müller-Uri, Richard: Preis-Verzeichnis über Apparate, Jnstrumente und Utensilien für den physikalischen Unterricht an Hochschulen und höheren Lehranstalten. 4. Aufl. Braunschweig 1901

Müller-Uri, Richard: Preis-Verzeichnis über chemische Apparate, Jnstrumente und Utensilien für Vorlesungen, Forschung und die Laboratorien. 3. Aufl. Braunschweig 1903

Festlied zu Kaisers Geburtstag, am 27. Januar 1889. [Von Fritz Mueller-Vollmer]. [Köln 1889: Du Mont-Schauberg.] 1 Bl. 8⁰. [Kopftit.]
Ohne Noten: „Es glänzen die Lichter im festlichen Saal" . . .
W. 19529 ist dementsprechend zu ergänzen.

Gepriesen seist Du, Sonnenschein! [Unterz.:] [Fritz] Müller-Vollmer. [Köln] o. J. 1 Bl. 8° [Kopftit.]
Lied ohne Noten: „Im Maiengrün die junge Welt, . . .“

[Lied.] Zum 1ten April 1898. [Unterz.:] [Fritz] Müller-Vollmer. [Köln 1898.] 1 Bl. 8° [Kopftit.]
Ohne Noten: „Heil! Bismarck Heil! so kling' es Dir entgegen, . . .“

Bismarck, Otto Fürst v.: [Lied.] Dem Fürsten Bismarck zum 80. Geburtsfeste am 1. April 1895. [Unterz.:] [Fritz] Müller-Vol[l]mer. [Köln 1895.] 1 Bl. 8° [Kopftit.]
Ohne Noten: „Horch! — wie von alten Tagen, . . .“ — Üb. d. Fürsten Bismarck s. Lenz: Bismarck 1902. — Die fast unübersehbar angewachsene Literatur sucht zu ordnen: A. Singer: Bismarck in der Literatur 1909.

Hall, Wilh.: 1829. 1899. Minerva: Rhenana zu Köln a. Rhein. [Lied.] Zum siebenzigsten Geburtstage des vielgeliebten Brs.·. Wilh. Hall am 4. Febr. 1899. [Unterz.: Fritz] Mueller-Vollmer. [Köln 1899: Elkan.] 1 Bl. 4° [Kopftit.]
Ohne Noten: „Dem Sänger der Freude, dem Sänger der Lust, . . .“

[Lied.] Heil Kaiser Dir! Zum 27. Jan. 1898. [Unterz.: Fritz] Müller-Vollmer. [Köln 1898: Breuer.] 1 Bl. 8° [Kopftit.]
Ohne Noten: „Alldeutschlands Volk lass hoch und hehr . . .“

[Lied.] Hoch! Hoch Dir dem Zollernsohne. Heil Kaiser! es jubelnd erschallt! [Unterz.:] [Fritz] Müller-Vollmer. [Köln] o. J. 1 Bl. 8° [Kopftit.]
Ohne Noten: „Heil Kaiser! Dich herzlichst zu grüssen . . .“

[Lied.] Zum goldnen Jubelfest am 9. Okt. 1892. [Unterz.: Fritz] Müller-Vollmer. [Köln 1892: Breuer.] 1 Bl. 8° [Kopftit.]
Ohne Noten: „Stimmt an mit hellem Festesklang . . .“

Schumacher: [Lied] Zum goldenen Jubelfest [des Br. Schumacher] am 9. October 1892. [Unterz.: Fritz] Müller-Vollmer. [Köln 1892: Breuer.] 1 Bl. 8°. [Kopftit.]
Ohne Noten: „Stimmt an mit hellem Festesklang“ . . .
Vgl. W. 10 998.

[Lied.] Zum Mozartfest der Loge Minerva-Rhenana im Or.·. Köln am Rhein am 3. Dez. 1892. [Unterz.:] Müller-Vollmer. [Köln 1892.] 1 Bl. 8° [Kopftit.]
Ohne Noten: „Musik! dir soll erklingen . . .“

Wilhelm II. Deutscher Kaiser: [Lied.] Dem Kaiser [Wilhelm II. von Deutschland]. [Unterz.:] [Fritz Müller-Vollme]r. [Köln] o. J.: [Elkan]. 1 Bl. 8° [Kopftit.]
Ohne Noten: „Heut', wo das ganze deutsche Volk in Freude . . .“

Müller vom Waldeck, Valerian Treu u. A. Breitner, die Odyssee d. Kaiserin. E. Dichtg. in 5 Gesängen. M. Illustr. von Carl O'Lynch v. Town. Hrsg. v. A. Breitner. gr. 4. (XXVIII S.) München 896. Leipzig-Reudnitz, R. Baum. Geb. n. 10. —

Müller-Wädenswil, Eugen, s. Müller

Müller-Walde, Paul, Leonardo da Vinci. Lebensskizze u. Forschgn. üb. sein Verhältniss zur Florentiner Kunst u. zu Rafael. Mit vielen Abbildgn. u. den Text ergänz. Schlussstücken. 1. u. 2. Lfg. gr. 4. München 889. Hirth. Subscr.-Pr.: n. 11. —
1. (VIII u. S. 1—80.) n. 6. —. — 2. (S. 81—152.) n. 5. —.

— dasselbe. 3. Lfg. (1. Hälfte.) gr. 4. (S. 153—232.) Ebd. 890. Subscr.-Pr. n. 4. 50

Müller-Waldeck, Eduard

Müller-Waldeck, Ed., Alpensee u. Ozean. I. Bd. Alpensee. (V, 147 S.) 8. Straßburg 907. J. H. E. Heitz. 2. —; geb. n 2. 50

Müller-Waldeck, Ed[uard]. Siciliana. Auf Goethes Pfaden und andere Essays. [Mit Titelvignette und 1 Tafel.] VI + 76 S. 8. Zürich, Caesar Schmidt, 1901. [fr. 2. 50]

Müller-Waldenburg, Balth., s. Müller, Walther

Müller-Waldenburg, Walther, s. Müller

Müller-Walsdorf, Else, Anemone. Märchen in 4 Aufzügen. Die zur Handlg. gehör. Musik v. Gust. Lewin. (48 S.) 8. Weimar (906). (W. Hoffmann.) n. — 60

M[üller-]W[egmann, Johann]. Höhenverhältnisse der Bad und Luftcurorte und der Postrouten in Graubünden, in Meter, Pariser und Schweizerfuss nach den neuesten Messungen bis Ende 1872. 8. *Lithographiert.* [Zürich] *o. J.* [1872/73].

Müller-Wegmann. Katalog der M-W'schen Sammlung von Panoramen, Gebirgsansichten etc. Eigenthum der Section Uto S. A. C. Gr. in-8°, 56 S. und 1 Karte. Zürich, Druck von Fr. Schulthess. 1882?

Müller-Weilburg, Wilh., im Lebenskampf Fallende. Skizzen. gr. 8. (160 S.) Hamburg (Feldstr. 32) 901. A. F. Krüger. n. 1. 50; geb. n. 2. 50

— Stimmungsbilder u. Chansons. Hamburger Ueberbrett'l. 8. (VIII, 71 S.) Hamburg (Neuerwall 66) (901). Max Baumann. n. 1. —

Müller-Weilburg, Wilh., aus seligen Stunden. Lieder. 8. (IV, 117 S.) Berlin 885. Ißleib. n. 2. —

Müller-Weilburg, Wilh., aus ernsten Tagen. Ein Erinnerungsblatt an Kaiser Friedrich d. Edlen. gr. 8. (32 S. m. 1 Bildn.) Weilburg 892. H. Zipper. n. 1. —

— vivat juventus. Academ. Humoresken. 8. (62 S.) Weilburg 895. Selbstverlag. n. — 80

— auf der Wandrung. Neue Gedichte. 12. (VIII, 163 S.) Dresden 889. E. Pierson. n. 3. —

Müller von der Werra, Friedrich Conrad,
s. Müller von der Werra, Friedrich Konrad

Müller von der Werra, Friedrich Eduard,
s. Müller von der Werra, Friedrich Konrad

Müller von der Werra, Friedrich Konrad,

Müller von der Werra, F. C., All-Deutschland, s. All-Deutschland.

Müller, (Friedr. Conr.) v. der Werra, Amoranthos. Ein Frühlingstraum. Dichtungen. Leipzig 857. Voigt u. Günther. 16. (XIII, 230 S.) n. 1 ℳ. 20 ngr.

— das Attentat auf die Universität Jena. Flugschrift. Leipzig 867. Klein's Buchh. gr. 8. (7 S.) 1 ngr.

Das Buch der Lieder von [Friedr. Edu.] **Müller v. der Werra.** Mit d. Bildn. des Dichters. Leipzig: Denicke 1866. XII, 459 S. 1 Taf. 8°
Enth. auch einige frmrische Lieder.

—— das Buch der Lieder. 2. Aufl. gr. 8. (459 S. mit dem Bildniß des Dichters in Holzschntaf.) Potsdam 878, Rentel. [Leipzig, Ehrlich.] (*ℳ 3.) geb. (*ℳ 4,50.)

Müller von der Werra, (Frdr. Conr.), Fest-Album des dritten Coburger Sängertages. Coburg 861. E. Riemann jun. Lex.-8. (108 S. u. 1 Lithogr.) 15 ngr.

—— Flamboyant. Demaskation eines weltpolitischen Carnevals. Zeitgedichte. 8. (III und 268 S.) Leipzig 859, [Henninge'sche Buchh.]

— Flamboyant. Demaskation eines weltpolitischen Carnevals. Zeitgedichte. Leipzig 859. Lehmann. (Wolf.) 8. (2 Bl., 268 S.) 1 ℳ

—— s. ein Gang durch Schützenhaus und Trianon.

Müller v. der Werra. Hohenzollern-Preis. Eine Dichtergabe zur Erinnerung an die goldene Hochzeitsfeier unseres deutschen Kaiserpaares. Nebst 3 musikal. Beigaben v. Rötsch, Mühldorfer u. Wandersleb. hoch 4. (84 u. Harmonieen 14 S.) Leipzig 879. H. Voigt. n. 1. 50; Jubiläums-Prachtausgabe. n. 3. —

—— deutscher Kinderfrühling in Wort, Klang und Bild. Mit Sangesweisen nebst Pianofortebegleitung von C. Kuntze und (eingedr.) Holzschn. nach Zeichnungen von L. Hutschenreuter. 1. Abthl. Imp.-4. (100 S.) Leipzig 869, Baumgärtner's Buchh. [Fr. Voigt.] (ℳ 18.) * geb. mit Goldschn. *

—— deutscher Kinderfrühling in Wort, Klang und Bild. Mit Sangesweisen, nebst Pianofortebegleitung von C. Kuntze, und (eingedr.) Holzschn. nach Zeichnungen von L. Hutschenreuter. 1. Abthl. gr. 4. (48 Bl.) Leipzig 879, Baumgärtner's Buchh. geb. *
Nicht weiter erschienen.

Müller v. der Werra [F. C.], deutscher Kinderfrühling in Wort, Klang und Bild. Lieder für die Kinderwelt. Mit Sangesweisen von C. Kuntze und Illustr. von L. Hutschenreuter. 2. Aufl. gr. 4. (96 S. mit eingedr. Holzschn.) Leipzig 880, Baumgärtner's Buchh. geb. mit Goldschn.

Müller (v. d. W.), Friedr., Compendium der Staatsarzneikunde für Aerzte, Juristen, Studirende, Pharmaceuten und Geschworene, nebst einem Anhange, enth. die gerichtliche Chemie von Friedr. Mann. gr. 16. (VIII und 286 S.) München 855, Palm's Hofbuchh.

—— des Sängers Lieblinge. 12 Bildnisse berühmter Componisten des Männergesanges in Stahlst. von A. Weger, mit biograph. Text. gr. 8. (16 S.) Leipzig 865, Baumgärtner's Buchh. *

Müller von der Werra, des Minne- u. Volkssängers, Lieder u. Reime. Mit Portr. (des Verf. in Stahlst.) u. Compositionen von P. Lindpaintner, Schnyder v. Wartensee, Fr. Lachner u. A. 16. (XVIII u. 464 S. m. 46 S. Musikbeilagen.) Zürich 849, Höhr in Comm. n. 2 ℳ 6 ngr.

— Liederhort, s. Liederhort.

— der Liederhort. Dichtungen mit Originalcompositionen von L. Spohr, Pt. v. Lindpaintner, Schnyder v. Wartensee, Fr. Lachner und H. Sczadrowsky. St. Gallen 855. Scheitlin u. Zollikofer. 16. (XXIV, 208 S. u. 40 S. Musikbeilagen.) 1 ℳ.

— deutscher Liederhort f. Männerchor in 100 neuen Gesängen. 2. Ster.-Aufl. gr. 16. (VIII, 256 S.) Leipzig 871. Kollmann. 1. 50

— deutscher Liederhort für Männerchor in 100 neuen Gesängen. 2. Ster.-(Titel-)Aufl. 12. (VIII, 256 S.) Erfurt (1869) 880. Bartholomäus. 1. 50

Müller v. d. Werra, s.: Reichs-Commersbuch, allgem., f. deutsche Studenten.

Allgemeines Reichs-Commersbuch für Deutsche Studenten. Begründet von [Friedrich Konrad] Müller von der Werra. Unter Mitw. von Dr. M. Rauprich neu hrsg. von Felix Dahn u. Carl Reinecke. 9. Aufl., verm. durch e. Anh. Mit 1 Titelbilde von Anton v. Werner. Leipzig: Breitkopf & Härtel 1895. 628 S. 8°

Allgemeines Reichs-Commersbuch für Deutsche Studenten. Begründet von [Friedrich Konrad] **Müller** von der Werra. Unter Mitw. von Dr. M. Rauprich, hrsg. von Felix Dahn u. Carl Reinecke. 10. Aufl. Mit e. Titelbilde von Anton v. Werner. *Leipzig: Breitkopf & Härtel 1904.* (628 S.) 8° [F.]
[Umschlagt.:] Allgem. Reichs-Commersbuch f. Deutsche Studenten. [04. 13943

– (Hrsg.), s. Sängerhalle, Die.

Schleswig-Holstein's Schmerzensruf. [Verf.: Friedrich Konrad (Müller von der Werra).] Leipzig. (1865.) 8°

— Schwert u. Schild. Vaterlands- u. Kriegslieder. Mit Orig.-Compositionen von W. Tschirch, P. Huß, J. C. Schmölzer, J. B. Hamm etc. Ein Beitrag zu allen Gesangsbibliotheken u. Commersbüchern. Leipzig 859. Mendelssohn. gr. 16. (VII, 71 S.) 15 ngr.

— medicinisch-klinisches Taschenbuch der rationellen Heilkunde mit Anführung der Rademacher'schen Erfahrungsheillehre, nebst einem Anhange, enthltd. die Grundzüge der Percussion und Auscultation und einen Auszug aus der Hydropathie und Pharmacodynamik, einschliesslich der Analyse der Mineralwässer, für Studirende und Aerzte. Erlangen 854. Enke. 16. (VI, 685 S.) n. 2 ₰. 16 ngr.

—— Thüringen. Ein Handbuch für Reisende. Nach eigener Anschauung und den besten Hülfsquellen. 8. (VII und 248 S. mit 1 lithogr. Karte in Farbendr. in 4.) Leipzig 861, Mendelssohn. geb. *

Vergiss für mich die Rose nicht. Eine Johannisfest Dichtung. [Von Friedr. Edu.] **Müller v. der Werra.** Bremen: Praeger & Meier. o. J. 1 Bl. 2° [Kopftit.]
[Nebentit.:] Do not forget a rose for me. Dedicated to the feast of St. John. English words by Annette v. Dissel.
Abgedr. in: Lieder u. Gesänge f. d. L. „Friedr. z. Tugend", Brandenburg a. d. H. 1879, gegenüber S. VI.
Ohne Noten: „Der Frühling beut die letzte Spende, . . ."

[Ausg. mit Komposition u. d. Tit.:]
1. Vergiss für mich die Rose nicht! Do not forget a rose for me! (Dedicated to the feast of St. John.) Eine Johannisfest-Dichtung von [Friedr. Edu.] Müller v. der Werra für eine Singstimme mit Begleitung des Pianoforte comp. von Friedr. v. Wickede. With english words by Annette v. Dissel. Op. 70. Bremen: Praeger & Meier. [usw.] o. J. 6 S. 2° [Umschlagtit.]

° 2. Vergiss für mich die Rose nicht. Gedicht v. [Friedr. Edu.] Müller v. der Werra. Für eine Singstimme und Chor ad libitum mit Begleitung des Pianoforte von Franz Abt. Op. 544. Leipzig: Froberg 1879.
[FZ. 33 (1879) S. 176.]

° 3. „Vergiss für mich die Rose nicht". Gedicht von [Friedr. Edu.] Müller v. der Werra, comp. von H[einr.] Voss. Bielefeld: Sulzer [1879].

°[Dasselbe.] Rostock: Trutschel 1879.
[ML. 8 (1879—1880) S. 64, 152.]

° 4. Vergiss für mich die Rose nicht. Johannesfest-Dichtung von [Friedr. Edu.] Müller v. der Werra. Komp. von Adolf Kugler. Kassel: Kuprian. [ca 1904?].
[H. 15 (1904) No 36.]

Müller-Wölsickendorf, Karl, s. Müller

Müller-Wunderlich, Marie, s. a.: Müller, Marie.

Müller, Marie, kurze Anleitung zum Verständnis u. Gebrauch der Fröbel-Methode in Ausübung u. Beschäftigungen. 8. (31 S.) Basel 884. Riehm. cart. — 60

Müller-Wunderlich, die Fröbelschen Beschäftigungen, dargestellt in Einzelheften m. Erläuterungen. 1.—4. Heft. gr. 8. Leipzig (910). F. Brandstetter. Kart. à 1. —
1. Das Flechten. (12 farb. Taf. m. 7 S. illustr. Text.)
2. Das Falten. (12 farb. Taf. m. 22 S. illustr. Text.)
3. Die Erbsenarbeiten. (12 farb. Taf. m. 6 S. Text.)
4. Die Tonarbeiten. (10 farb. Taf. m. 4 S. Text.)

— für die Fest- u. Gedenktage des Lebens. 2 Tle. gr. 8. Leipzig (904). Jaeger. à 1. 20
1. Reichhaltige Sammlung v. Geburtstags- Neujahrs- u. Jubiläumswünschen, Prologen, Festliedern, Begleitversen zu Geschenken, Widmungen, Stammbuchblättern, nebst kleinen Geburtstags-, Weihnachts- u. Neujahrsliedern m. beigegebenen Melodien u. leichter Klavierbegleitung. Kleine Festreigen u. Festspiele f. Haus u. Garten. (139 S.)
2. Reichhaltige Sammlung v. Prologen, Kranz- u. Schleiergedichten, Polterabendscherzen, Aufführungen zur Hochzeit, Reigen u. Festspielen mit beigegebenen Melodien u. leichter Klavierbegleitung. Widmungsgedichte zur Silber- u. Goldhochzeit. (120 S.)

Müller-Wunderlich, Marie (Frau Marie Wunderlich), ein glückliches Jahr. Ernste u. heitere Erinnergn. aus der Studienzeit e. Kindergärtnerin. (189 S.) 8. Berlin 906. L. Oehmigke's Verl. n. 1. 60

Müller, Marie, Kinderlied — Kinderspiel. Neue Spiele und Lieder, nebst einer Sammlung beliebter Spiele, Gedichte, Rätsel etc. und einer Zusammenstellung von Frei- und Ordnungsübungen. Für den Kindergarten, das Haus und die Elementarklasse. 8. (XVI, 184 S.) Düsseldorf 886, F. Bagel. cart. *

Müller, Marie. Kinderlied — Kinderspiel. 8. Düsseld. 886. Bonn, Strauß. cart. * 2 —

Müller, Marie, Kinderlied — Kinderspiel. Neue Spiele u. Lieder, nebst e. Sammlg. beliebter Spiele, Gedichte, Rätsel, Festspiele zu kleineren Aufführgn. u. s. w. u. e. Zusammenstellg. v. Frei- u. Ordnungsübgn. Für das Haus, den Kindergarten u. die Elementarklasse. 2., sehr verm. Aufl. (4. bis 6. Taus.) gr. 8. (XVI, 212 S.) Frankfurt a/M. 894. Jaeger, Verl. Kart. n. 2. 40

Kinderlied – Kinderspiel. Neue Spiele u. Lieder nebst e. Sammlung beliebter Spiele, Gedichte, Rätsel, Festspiele zu kleineren Aufführungen u. s. w. u. e. Zusammenstellung von Frei- u. Ordnungsübungen. Für d. Haus, d. Kindergarten u. d. Elementarklasse von **Marie Müller**, vorm. Lehrerin, Leipzig. 3. sehr verm. Aufl. *Leipzig & Frankfurt a. M.: Jaeger [1903].* (XVI, 223 S.) 8° [F.] [03. 3437

— Kinderlied—Kinderspiel. Neue Spiele u. Lieder nebst einer Sammlung beliebter Spiele, Gedichte, Rätsel, Festspiele zu kleineren Aufführgn. u. s. w. u. e. Zusammenstellg. v. Frei- u. Ordnungsübgn. Für das Haus, den Kindergarten u. die Elementarklasse. 3. sehr verm. Aufl. (7.—9. Tausl.) (XVI, 223 S. m. Fig.) gr. 8. Leipzig (904). Jaeger. n. 2. 20; geb. n. 2. 80

— Kinderlied—Kinderspiel. Neue Spiele u. Lieder nebst e. Sammlg. beliebter Spiele, Gedichte, Rätsel, Festspiele zu kleineren Aufführgn. usw. u. e. Zusammenstllg. v. Frei- u. Ordnungsübgn. Für das Haus, den Kindergarten u. die Elementarklasse. 5. Aufl. (13.—15. Taus.) (XVI, 224 S.) gr. 8. Leipzig (909). Jaeger's Verl. 2.20; geb. 2.80

— Das Kinder- u. Puppentheater. 1.—3. Heft. 8. Ebd. à — 60

1. 2. Puppenspiele f. Kasperle-Theater, f. den Kindergarten u. die Familie. (38 u. 37 S.) (910.)
3. Weihnachtsaufführungen f. den Kindergarten u. die Familie. (27 S.) (910.)

Müller, Marie, die zwölf Monate. Sammlung von Erzählungen, Märchen, Gedichten u. Liedern. Methodisches Handbuch für Kindergärtnerinnen u. Unterhaltungsbuch für die Jugend. 8. (XI, 328 S.) Berlin 882. Enslin. cart. 3. —

Müller, Marie, die zwölf Monate. Sammlung v. Erzählungen, Märchen, Gedichten u. Liedern. Methodisches Handbuch für Kindergärtnerinnen u. Unterhaltungsbuch f. die Jugend. 2., unveränd. (Titel-)Aufl. gr. 8. (XI, 328 S.) Düsseldorf 887. F. Bagel. cart. n. 3. —

— die 12 Monate. Sammlg. v. Erzählgn., Märchen, Gedichten u. Liedern. Methodisches Handbuch f. Kindergärtnerinnen u. Unterhaltungsbuch f. die Jugend. 3., veränd. Aufl. gr. 8. (XVI, 342 S.) Düsseldorf 892. [F. Bagel. — Bonn, E. Strauß Verl.] Frankfurt a/M., Jaeger. Verl. Kart. n. 3. —

Müller, Marie, d. zwölf Monate. Sammlung v. Erzählgn., Märchen, Gedichten u. Liedern. Method. Handbuch f. Kindergärtnerinnen u. Unterhaltungsbuch f. die Jugend. 4., veränd. Aufl. gr. 8. (XIII, 308 S.) Frankfurt a/M. 898. Jaeger's Verl. Geb. in Leinw. n. 3. —

— Die 12 Monate. Sammlg. v. Erzählgn., Märchen, Gedichten u. Liedern. Methodisches Handbuch f. Kindergärtnerinnen u. Unterhaltungsbuch f. d. Jugend. 5., veränd. Aufl. (13.—14. Taus.) (VIII, 267 S.) gr. 8. Ebd. (909). 2. 40

— zum Neujahrsfeste. Gedichte, Wünsche, Lieder. Zusammengestellt u. m. Orig.-Beiträgen hrsg. (65 S.) 8. Leipzig 904. Jaeger. — 60

— zum Weihnachtsfeste. Gedichte, Wünsche, Lieder, Begleit- u. Scherzverse zu Geschenken u. Julklappüberraschgn. Zusammengestellt u. m. Orig.-Beiträgen hrsg. (66 S.) 8. Ebd. (904). — 60

— Zum Weihnachtsfeste. Gedichte, Wünsche, Lieder, Begleit- u. Scherzverse zu Geschenken u. Julklappüberraschgn. Zusammengestellt u. m. Orig.-Beiträgen hrsg. (Neudr.) (66 S.) 8. Ebd. (909). — 60

Müller-Adressbuch, nebst einem Anh. der renommirtesten Mehl- u. Getreidehandlungen u. Bezugsquellenliste f. Mühlenbedarfsartikel. Hrsg. von der Red. des Intelligenz-Blattes, Organ für die gesammte Mühlen-Industrie. gr. 8. (VI, 242 S.) Berlin 882. Tessmer. geb. 30. —

Müller-Adressbuch, enth. Adressen der Mühlen in Ost- u. Westpreussen u. Pommern. 1892/93. Hrsg. v. der „Preuss. Müller-Zeitg." 12. (IV, 167 S.) Königsb. i. Pr., Beerwald. * 2 —

Müller- u. Mühlen-Adreßbuch. Verzeichniß sämmtlicher Dampf-, Wasser- u. Windmühlen des Deutschen Reiches u. der österreichischen Monarchie von 3 u. mehr Mahlgängen mit Angabe der Zahl der Mahlgänge u. der Betriebskraft. gr. 8. (VI, 367 S.) Leipzig 880. M. Schäfer. geb. n. 35. —

Müller-Adreßbuch

—— neuestes. Verzeichniß sämmtl. Mühlen d. Deutschen Reiches, welche der Müllerei-Berufsgenossenschaft angehören. Mit Angabe ihrer Betriebskraft, Anzahl der Arbeiter u. genauen Poststation. Nach Staaten, Regierungsbezirken u. Kreisen geordnet. Lex.-8. (III, 628 S.) Lpz. 891, M. Schäfer. cart. * 50 —

Müllerbach, E., d. Henkers Töchterlein, s.: Novellen-Bibliothek, criminalistische.

Müller-Ehrenkranz, s. Bohrmann, G.

Zwei Mueller, Geschichten. Allentown, Pa.: Trexler, 1869.
GSP

Müller-Geselle, der. Organ f. Müller u. verwandte Berufsgenossen. Redact.: L. Petzold. 1. u. 2. Jahrg. 1889 u. 1890. à Jahrg. 24 Nrn. (à Nr. 2 Bog.) Fol. Hamb., Jensen u. Comp. à Jahrg. * 4 —
Forts. u. d. T.: Fachorgan der Mühlenarbeiter, nicht mehr im Handel.

Müllerhartung, C.

Müller-Hartung, Grundlage für den Gesangunterricht in der Volksschule. gr. 8. (32 S.) Darmstadt 871, Brill. *
Aus: Lauckhard's Magazin, besonders abgedruckt.

Müller-Hartung, C., Grundlage für den Gesangunterricht in der Volksschule. [Aus: „Lauckhard's Magazin 4. Lfg."] 2. Aufl. gr. 8. (36 S.) Darmstadt 877. Brill. n. — 40

—— A. Bräunlich und A. W. Gottschalg, neues vaterländisches Liederbuch für Volksschulen und höhere Lehranstalten. 4 Hefte. gr. 8. Weimar, Böhlau. *

Inhalt:
Heft 1. Für die Unterklasse. 51 Lieder und 17 Spiellieder. (IV, 46 S.) 877. * 25 Pf.
" 2. Für die Mittelklasse. 69 Lieder und 10 Choräle. 1.—3. Aufl. (IV, 60 S.) 877—79. * 40 Pf.
" 3. Für die Oberklasse. 95 Lieder, 8 Choräle und 3 Canons. 1. und 2. Aufl. (IV, 128 S.) 877,78. * 80 Pf.
" 4. Für höhere Lehranstalten. 74 Lieder und 9 Choräle. (IV, 128 S.) 877. * M. 1.

— A. Bräunlich, A. W. Gottschalg, neues vaterländisches Liederbuch für Volksschulen u. höhere Lehranstalten. 4 Hfte. gr. 8. Weimar 880—82. Böhlau. n. 2. 45

1. Für die Unterklasse. (IV, 46 S.) n. — 25
2. Für die Mittelklasse. 6. Aufl. (IV, 60 S.) n. — 40
3. Für die Oberklasse. 4. Aufl. (IV, 128 S.) n. — 80
4. Für höhere Lehranstalten. (IV, 128 S.) n. 1. —

Müller-Hartung, C., A. W. Bräunlich und A. W. Gottschalg, neues vaterländisches Liederbuch für Volksschulen und höhere Lehranstalten. 4 Hefte. gr. 8. Weimar 880—84, Böhlau. *

Inhalt:
Heft 1. Für die Unterklasse. 2.—4. Aufl. (IV, 36 S.) * 25 Pf.
" 2. Für die Mittelklasse. 4.—6. Aufl. (IV, 60 S.) * 40 Pf.
" 3. Für die Oberklasse. 3.—5. Aufl. (IV, 128 S.) * 80 Pf.
" 4. Für höhere Lehranstalten. 2. Aufl. (IV, 128 S.) * M. 1.

Müller-Hartung, C., A. W. Bräunlich und A. W. Gottschalg, neues vaterländisches Liederbuch für Volksschulen und höhere Lehranstalten. 4 Hefte. gr. 8. Weimar 885—88, Böhlau. *

Inhalt:

Heft 1. Für die Unterklasse. 5. Aufl. (IV, 36 S.) * 25 Pf.
" 2. Für die Mittelklasse. 9.—11. Aufl. (IV, 60 S.) * 40 Pf.
" 3. Für die Oberklasse. 6. und 7. Aufl. (IV, 128 S.) * 80 Pf.
" 4. Für höhere Lehranstalten. 3. Aufl. (IV, 120 S.) *ℳ 1.—.

Müller-Hartung, C., A. Bräunlich u. A. W. Gottschalg. Neues vaterländisches Liederbuch f. Volksschulen u. höhere Lehranstalten. 2.—4. Heft. gr. 8. Weim., Böhlau. * 2 20
2. Für die Mittelklasse. 12. u. 13. Aufl. (IV, 60 S.) 890,91. * — 40.
3. Für die Oberklasse. 8.—10. Aufl. (IV, 128 S.) 889—92. * — 80.
4. Für höhere Lehranstalten. 4. Aufl. (IV, 128 S.) 892. * 1 —.
1. Heft. Ebd. 1886. * — 25.

Müller-Hartung, C., A. Bräunlich u. A. W. Gottschalg, neues vaterländisches Liederbuch f. Volksschulen u. höhere Lehranstalten. 2.—4. Hft. gr. 8. Weimar, Böhlau. n. 2. 20
2. Für die Mittelklasse. 12. Aufl. (IV, 60 S.) 890. n. — 40
3. Für die Oberklasse. 9. Aufl. (IV, 128 S.) 890. n. — 80
4. Für höhere Lehranstalten. 3. Aufl. (IV, 120 S.) 888. n. 1. —

Müllerhartung, C., A. Bräunlich, A. W. Gottschalg, neues vaterländisches Liederbuch f. Volksschulen u. höhere Lehranstalten. 4 Hfte. gr. 8. Weimar, H. Böhlau. n. 2. 45
1. Für die Unterklasse. 6. Aufl. (36 S.) 893. n. — 25
2. Für die Mittelklasse. 16. Aufl. (60 S.) 894. n. — 40
3. Für die Oberklasse. 11. Aufl. (IV, 128 S.) 894. n. — 80
4. Für höhere Lehranstalten. 4. Aufl. (IV, 128 S.) 892. n. 1. —

Müllerhartung, C., A. Bräunlich, A. W. Gottschalg, neues vaterländ. Liederbuch f. Volksschulen u. höhere Lehranst. 1.—4. Hft. gr. 8. Weimar, H. Böhlau's Nachf. n. 2. 45
1. Für die Unterklasse. 7. Aufl. (IV, 36 S.) 896. n. — 25
2. F. d. Mittelklasse. 19. Aufl. (IV, 60 S.) 898. n. — 40
3. F. d. Oberklasse. 13. Aufl. (IV, 128 S.) 898. n. — 80
4. F. höh. Lehranst. 5. Aufl. (IV, 128 S.) 898. n. 1. —

Müllerhartung, C., A. Bräunlich, A. W. Gottschalg, neues vaterländisches Liederbuch f. Volksschulen u. höhere Lehranstalten. 1.—3. Hft. gr. 8. Weimar, H. Böhlau's Nachf. n. 1. 45
1. Für die Unterklasse. 9. Aufl. (IV, 36 S.) (901.) n. — 25
2. Für die Mittelklasse. 22. Aufl. (IV, 60 S.) (902.) n. — 40
3. Für die Oberklasse. 16. Aufl. (IV. 128 S.) (902.) n. — 80

Müllerhartung, C., A. Bräunlich, A. W. Gottschalg, neues vaterländisches Liederbuch f. Volksschulen u. höh. Lehranstalten. 4 Hefte. gr. 8. Weimar, H. Böhlau's Nachf. n. 2. 45
1. Für die Unterklasse. 10. Aufl. (IV, 36 S.) (903.) — 25
2. Für die Mittelklasse, 26. Aufl. (IV, 60 S.) 906. — 40
3. Für die Oberklasse. 19., nach den amtlich festgestellten Regeln verb. Aufl. (IV, 128 S.) (906.) — 80
4. Für höhere Lehranstalten. 6. Aufl. (IV, 128 S.) (904.) 1.—

Müllerhartung, C., A. Bräunlich, A. W. Gottschalg, neues vaterländisches Liederbuch f. Volksschulen u. höh. Lehranst. 1.—4. Heft. 8. Weimar, H. Böhlau's Nachf. 2. 45
1. Für die Unterklasse. 12., nach den amtlich festgestellten Regeln verb. Aufl. (IV, 36 S.) (910.) — 25
2. Für die Mittelklasse. 30., nach den amtl. festgestellten Regeln verb. Aufl. (IV, 60 S.) (910.) — 40
3. Für die Oberklasse. 22., nach den amtlich festgestellten Regeln verb. Aufl. (IV, 128 S.) (910.) — 80
4. Für höhere Lehranstalten. 7., nach den amtlich festgestellten Regeln verb. Aufl. (IV, 128 S.) (908.) 1. —

— Theorie der Musik. 1. Thl.: Harmonielehre. gr. 8. (VIII, 171 S.) Bernburg 879. Bacmeister. n. 4. 50; cart. n. 5. —

—— **Theorie der Musik. 1. Thl.: Harmonielehre. gr. 8. (VIII, 171 S.) [Kassel 879, Bacmeister.] Dresden, Bleyl und Kaemmerer. * ℳ 4,50.; cart. ***

Müllerheim, Benno [aus Rügenwalde]: Beitrag zur Wirkung der Anaesthetica dolorosa .... Berlin, Buchdr. v. Gustav Schade (Otto Francke) (1888); 31 + 1 S. 8°
Berlin, Med. Fak., Inaug.-Diss. v. 4. Aug. 1888

Müllerheim, Fritz: Der Erlaß von Todeswegen unter besonderer Berücksichtigung des mandatum post mortem. Greifswald 1910: Adler. 59 S. 8°
Greifswald, Jur. Diss. v. 24. Okt. 1910, Ref. Pescatore
[Geb. 31. Dez. 86 Stolp i. P.; Wohnort: Stolp; Staatsangeh.: Preußen; Vorbildung: Gymn. Stolp Reife O. 05; Studium: Genf 1, München 3, Berlin 1, Freiburg i. B. 1, Greifswald 1 S.; Rig. 3. Aug. 09.] [U 11. 1608

Müllerheim, Robert [aus Stolp in Pommern]: Ein Beitrag zur Lehre des Accommodations-Krampfes .... Berlin, Buchdr. v. Gustav Schade (Otto Francke) (1888); 48 S. + 1 Bl. 8°
Berlin, Med. Fak., Inaug.-Diss. v. 8. März 1888

Müllerheim, Rob., die Symphyseotomie, s.: Sammlung klinischer Vorträge.

Müllerheim, Rob., die äussere Untersuchung der Gebärenden. gr. 8. (36 S. m. 21 Abb. im Text u. auf 1 Taf.) Berlin 895. O. Coblentz. n. 2. —

MÜLLERHEIM, Rob., Die Wochenstube in der Kunst. Eine kulturhistor. Studie. Mit 138 prachtvollen Abbildgn. nach Gemälden der berühmtesten Meister nebst ausführl. Texte. Stuttgart 1904. 4°. Orig.-Prachtbd. (Kr. 20.40.) (12 Kr. Orig.-Prachtbd., Franz Malota, Wien, 1910; 13 Mk. Orig.-Hlwd., K. W. Hiersemann, Lpz., 1910.)

Müllerheim, Robert. Die Wochenstube in der Kunst. Eine kulturhistorische Studie. Stuttgart, Ferdinand Enke 1904.
XVI — 244 S. m. 138 Abb. 4°.
S. auch Xb 28 **Holländer**, E. Die Karikatur und Satire in der Medizin. 1905.

Mulleri, s. Müller

Mülleri, s. Müller

Müllerin, Die, ein Singspiel a. d. Franz. Frankfurt a. M. 1773. Ü: *Faber, Johann Heinrich.* (ML)

Müllerin, die,. Singsp. 8. Frankf. Andreä. 773.

Müller-Kalender f. d. Jahr 1879, 2. Jahrg. Red. von Hoerde & Comp. gr. 16. (177 S.) Wien, Fromme. geb. in Leinw. 3. 20; in Ldr. 4. 20

Müller-Kalender. Ein Hand- u. Hülfsbuch f. Müller, Getreidehändler, Bäcker, nebst e. umfass. Auszug aus der bezügl. Gesetzgebg., bearb. u. hrsg. v. der Red. d. Zeitschrift „Der Müller". 3. Jahrg. 1891. Mit 1 Eisenbahnkarte, 1 Gacemusterkarte u. vielen Holzschn., nebst e. illustr. Beilage, enth. die Fortschritte auf dem Gebiete der Müllerei im J. 1889/90. gr. 16. (VIII, 275 S. u. Schreibkalender.) Berlin, Teßmer. geb. n.n. 2. 50

Müller-Kalender. Ein Hand- u. Hülfsbuch f. Müller, Getreidehändler, Bäcker, enth. e. Abriß m. den Betriebsregeln f. die Vermahlg. v. Getreide, Reis u. Oelfrüchten, sowie f. Säge-, Knochen, Lohmühlen u. Bäckereien ꝛc. hrsg. v. der Redact. der Zeitschrift „Der Müller". 5. Jahrg. 1893. Mit 1 Eisenbahnkarte, 1 Gacemusterkarte u. vielen Holzschn. gr. 16. (ca. 300 S. u. Schreibkalender.) Berl., R. Teßmer. geb. u. geh. * 2 50

Müller-Kalender. Ein Hand- u. Hülfsbuch f. Müller, Getreidehändler, Bäcker, nebst e. umfass. Auszug aus der bezügl. Gesetzgebg. bearb. u. hrsg. v. der Red. der Zeitschrift „Der Müller". 6. Jahrg. 1894. Mit 1 Eisenbahnkarte, 1 Gacemusterkarte u. 218 Holzschn. im Text, nebst e. illustr. Beilage, enth. e. Zusammenstellg. der gewerbl. Gesetzgebg. u. e. Uebersicht üb. die Fortschritte der Müllerei im J. 1892/93. gr. 16. (VIII, 210 S., Schreibkalender u. 155 S.) Berlin, R. Teßmer. Geb. in Leinw. u. geh. 2.50

— s.: Fiebinger.

Müller-Kalender. Ein Hand- u. Hilfsbuch f. Müller, Getreidehändler, Bäcker, enth. e. Abriß m. d. Betriebsregeln f. d. Vermahlg. v. Getreide, Reis u. Oelfrüchten, sowie f. Säge-, Knochen-, Lohmühlen u. Bäckereien, nebst Angaben üb. d. Handel m. Getreide, Mehl, Oelfrüchten u. Holz, nebst e. umfass. Auszug aus d. bezügl. Gesetzgebg., unt. Mitwirkg. d. hervorragendsten Fachleute bearb. u. hrsg. v. d. Red. d. Zeitschrift „Der Müller". 11. Jahrg. 1899. M. 1 Eisenbahnkarte u. vielen Holzschn. im Text, nebst e. illustr. Beilage, enth. e. Zusammenstellg. d. gewerbl. Gesetzgebg. u. e. Uebersicht üb. d. Fortschritte d. Müllerei im J. 1897/98. 12. (VIII, 214 S., Schreibkalender u. 132 S.) Berlin, R. Teßmer. Geb. in Leinw. u. geh. n.n. 2. 50

Müller-Kalender. Ein Hand- u. Hülfsbuch f. Müller, Getreidehändler, Bäcker, enth. e. Abriß m. den Betriebsregeln f. die Vermahlg. v. Getreide, Reis u. Oelfrüchten, sowie für Säge-, Knochen-, Lohmühlen u. Bäckereien, nebst Angaben üb. den Handel m. Getreide, Mehl, Oelfrüchten u. Holz, nebst Erläutergn. zur Berechnung der Fracht- u. Tarifsätze. Unter Mitwirkg. der hervorragendsten Fachleute bearb. u. hrsg. v. der Red. der Zeitschrift „Der Müller". 13. Jahrg. 1901. Mit 1 Eisenbahnkarte u. vielen Holzschn. im Text, nebst e. illustr. Beilage, enth. u. a. e. Zusammenstellg. der gewerbl. Gesetzgebg. u. e. Uebersicht üb. die Fortschritte der Müllerei im J. 1899/1900. 12. (VIII, 216 S., Schreibkalender u. 155 S.) Berlin, R. Teßmer. Geb. in Leinw. u. geh. n.n. 2. 50

Müller-Kalender, österreichisch-ungarischer, für die J. 1878 und 1879. 1. und 2. Jahrg. Redact.: v. Hoerde und Comp. gr. 16. (VIII, 170; 177 S.) Wien, Fromme. à Jahrg. * ℳ 3,20.; geb. in Ldr. *
Nicht weiter erschienen.

Würzburg: 12 Fr.·. M.·. Lieder. Der □ zu den zwei Säulen am Stein im O.·. Würzburg am Tage ihrer feierlichen Eröffnung in vollster Verehrung dargebracht von M[ich.] G[eorg] Conrad und Cl. **Müllerklein.** Chöre und Soli mit Harmonium-Begleitung. [Leipzig] 1871: [Leiner]. 18 S. 8⁰ [Umschlagtit.] Mit Noten.

Müllerleile, Richard, a. Frankfurt a. M.: Das Verhalten der Pupillen bei der Tabes und der progressiven Paralyse. Marburg 1900: Köster & Schell. (71 S.) 8°
Marburg, Med. Fak., Ref. Bach, Diss. v. 23. Aug. 1906
[Geb. 18. Juli 81 Frankfurt a. M.; Wohnort: Marburg; Staatsangeh.: Preußen; Vorbildung: Kaiser-Friedrichs-Gymn. Frankfurt Reife O. 00; Studium: Tübingen 5, Berlin 1, Marburg 4 S.; Coll. 28. Okt. 05; Approb. 15. Aug. 06.]

Müllermeister, Jos., Beschreibung des Reg.-Bezirks Aachen f. Volksschulen. Mit einer dem Texte zu Grunde gelegten (chromolith.) Karte des Reg.-Bezks. 8. (32 S.) Aachen 879. Barth. n.n. — 25

Müllermeister, Jos., Beschreibung d. Reg.-Bez. Aachen. Nebst e. Uebersicht d. übrigen geograph. Wissensstoffes f. die Volksschule. Mit 1 dem Texte zu Grunde gelegten Karte d. Regierungsbezirks. 4., verb. Aufl. 8. (32 S.) Aachen 884. Barth. n.n. — 25

—— Beschreibung des Reg.-Bez. Aachen. Nebst einer Uebersicht des übrigen geograph. Wissensstoffes für die Volksschule. 5. und 6. Aufl. 8. (32 S. mit 1 dem Texte zu Grunde gelegten chromolithogr. Karte des Reg.-Bez.) Ebendas. 885,87. **

Müllermeister, Jos. Beschreibung d. Reg.-Bez. Aachen. Nebst e. Übersicht d. übrigen geograph. Wissensstoffes f. die Volksschule. 7. Aufl. 8. (36 S. m. Karte.) Aachen 889, R. Barth. ** — 25

—— Kleine biblische Geschichte. Für die Unterstufe der kathol. Volksschule. gr. 16. (64 S.) Ebd. 890. geb. ** — 25

Müllermeister, Jos., vaterländische Geschichte für katholische Volksschulen. Ein Merk- und Wiederholungsbüchlein. [Schüler-]Ausg. A. Mit Berücksicht. des Crüwell'schen Lesebuches. 2. Aufl. — Ausg. B. Mit Berücksicht. des Kölner Lesebuches. gr. 8. (A. und B. à 32 S.) Aachen 888, Barth.
Ausg. A. und B. à **

— dasselbe. Ausg. f. Lehrer. gr. 8. (III, 30 S.) Ebd. 887. n.n. — 30

—— dass. — Lehrer-Ausg. A. 2. Aufl. gr. 8. (XIII, 32 S.) Ebendas. 888. **

—— Vaterländische Geschichte f. katholische Volksschulen. Ein Merk- u. Wiederholungs-Büchlein. Mit Berücksicht. der Crüwell'schen Lesebücher hrsg. Ausg. A. 3. Aufl. 8. (32 S.) Ebd. 891. ** — 20

Müllermeister, J., vaterländische Geschichte f. kathol. Volksschulen. Ein Merk-Wiederholungs-Büchlein. 4., verb. u. verm. Aufl. (48 S.) 8. Aachen 905. Cremer. n. — 30

Müllermeister, Jos., Heimatkunde des Reg.-Bez. Aachen. Nebst e. Übersicht des übr. erdkundl. Wissensstoffes f. die Volksschule. Mit 1 dem Text zugrundegelegten (farb.) Karte des Regierungsbezirks. 10., verb. u. verm. Aufl. (54 S.) 8. Aachen 910. A. Jacobi & Co. — 50

Müllermeister, J., s.: Schulzeitung, rheinisch-westfäl.

— Wilhelm Smets in Leben u. Schriften. Eine Literatur-Studie. Mit Smets' Bildniß (Holzschntaf.). gr. 8. (VI, 319 S.) Ebend. 877. n. 4. —

Müllermeister, Wilhelm, a. Aachen: Über Absorptionsspektra des Chlorophylls und seiner Derivate. Aachen 1907: P. Urlichs. (26 S.) 8°
Bonn, Phil. Fak., Ref. Kayser, Diss. v. 9. Juli 1907
[Geb. 28. Sept. 82 Aachen; Wohnort: Aachen; Staatsangeh.: Preußen; Vorbildung: Kaiser-Karls-Gymn. Aachen Reife O. 04; Studium: T.H. Aachen 1, Univ. Bonn 6 S.; Rig. 5. Juni 07.]

Müllern, s.a. Müller

Muellern, Frau Elisab. v., s.: Hekethusen, Hans v.

Müllern, Karl v., Anleitung zur klinischen Blutuntersuchung m. besond. Berücksicht. der Färbetechnik. (45 S. m. Abbildgn.) gr. 8. Leipzig 904. M. Müllern-Schönebeck. n. 2. —

Müllern, Karl v., Grundriss der klinischen Blutuntersuchung. (VI, 178 S. m. 5 Abb., 6 farb. Taf. u. 6 Bl. Erklärgn.) Lex. 8. Wien 909. F. Deuticke. 8. —

Müllerndorff, s. Müllendorff

Müller-Röschen, das hübsche, oder die wunderbare Erbschaft. Eine höchst interessante und wahre Begebenheit vor der Schlacht bei Jena. 16. (30 S.) Mügeln 865. (Leipzig, Senf.)

Müller-Röschen, das hübsche, oder die wunderbare Erbschaft. Eine höchst interessante und wahre Begebenheit vor der Schlacht bei Jena. 16. (30 S.) Mügeln 872. (Leipzig, Senf.)

Müller-Röschen, das hübsche, od. die wunderbare Erbschaft. Eine höchst interessante u. wahre Begebenheit vor der Schlacht bei Jena. 16. (24 S.) Lpz. 890, Vieweg. — 15

Müllers Herbstblumen, s. Müllers, Friedrich

Müller's, Herrmann, Biographie, s.: Liederbach, M.

Müller's Freuden u. Leiden (v. G. A. J. Leopold). 3 Thle. 8. Stendal 780, 81. Franzen u. Gr. 1 ₰ 12 gr

Müllers, Ludwig, Freuden und Leiden, 3 Theile, 8. Stendal, 780-82. Franzen. 1 Rthl. 15 sgl.

Müller's, Georg, in Bristol, Leben, s. Claus, W.

Müller's, Karl, Leben u. kleine Schriften. Von K. A. Varnhagen v. Ense. 8. (488 S.) Berlin 847, G. Reimer. 1⅙ ₰

Müller's, Maler, Leben u. Werke, s.: Seuffert, B.

Müller's, Prof. Oberschulherr D. Joh. Geo., Lebensbild, s.: Stokar, K.

Müller's, des, Taschenbuch. 1. und 2. Jahrg. Notizbuch für Müller und Mühlen-Interessenten für alle Tage des J. 1869 und 1870. gr. 16. (320; 312 S.) Leipzig, M. Schäfer. geb. 1869. * 1870.

Müller's Töchter. Eine lust. Heiratsgeschichte aus Berlin W. v. Diabolo. (38 S.) 8. Straßburg 908. J. Singer. 1.—

Müller's, Chr. Gf., des verewigten Hrn. Geh. Kriegsraths, Todesfeier in der Rathsfreischule zu Leipzig. gr. 8. Leip 801. Barth. 4 gr

Müllers, die Marmorsäule in der Münsterkirche zu Essen, s. Beiträge zur Geschichte von Stadt und Stift Essen.

Müllers, Adam Lebrecht, s. Müller

Müllers, Friedrich

Müllers, F., Essener Gesang- u. Andachtsbuch. 3. Aufl. 16. (VIII, 344 u. IV, 244 S.) Essen 884. Fredebeul & Koenen. geb. m. Goldschn. n. 3.—

Müller's, F., Essener Gesang- u. Andachtsbuch. Ausg. f. d. Jugend. 16. (272 S.) Essen 887, Fredebeul u. Koenen. * —60
Große Ausg. 3. Aufl. Ebd. 1894. geb. * 3 —.

Müllers Herbstblumen. Gedichte. Auf Wunsch viel. Freunde gesammelt u. hrsg. (45 S. m. Bildnis.) kl. 8. Essen 908. Fredebeul & Koenen. —60; geb. in Leinw. 1.—

Müllers, F., lobet den Herrn! Gesang- u. Gebetbüchlein f. die kath. Jugend. 2. Aufl. 16. (VII, 96 S.) Essen 892. Fredebeul & Koenen. Geb. in Leinw. —60

Müllers, Gottfried Ephraim, s. Müller

Müllers, H. J., Erklärung der biblischen Geschichte. Für den Gebrauch in kathol. Präparandenschulen u. Lehrerseminaren bearb. (X, 256 S. m. 1 farb. Karte.) gr. 8. Montabaur 905. W. Kalb. n. 2.40; geb. n. 3.—

Müllers, Jakob, Seminar-Oberl.: Verzeichnis der aus dem Seminar hervorgegangenen Lehrer. Wiesbaden: P. Plaum 1901. (S. 283-313.) 8°
Montabaur, k. paritát. Lehrer-Sm., Festschr. 1901.

Müllersheim, s.: Müller Edler v. Müllersheim, Wilh.

Müllerstein, H. Vide: Zeitgeist (Der).

– (Red.), s. Zimmerer, Der.

Müllerstöchter, die drei, welche in die Hände eines elenden Raubmörders gerathen und zwei davon auf gräßl. Weise ermordet wurden. Eine wahre Begebenheit. gr. 16. (35 S.) Reutlingen 867. (Stuttgart, Fischhaber.)

MÜLLERSTÖCHTER, Die 3, welche in die Hände eines elenden Raubmörders geriethen. Wahre Begebenheit. Reutlingen, o. J. (c. 1820?). 8°.
Seltene Jahrmarktsschrift.

Müllerstube. – Die Müllerstube. Wien: Fabrich 1891-

Mullerus, s.a. Müller

Mullerus, Justinus, neuestes u. bewährtestes Verfahren zur Herstellung v. Parfümerien. Eine sichere Erwerbsquelle f. jedermann, namentlich f. Parfümeriegeschäfte, Friseure, Droguisten, Apotheker ꝛc. Neue Ster.-Ausg. 12. (56 S. m. 1 Abbildg.) Reutlingen 893. Enßlin & Laiblin. 1.—

Müllerus, s. Müller

Müller-Verband, s. Attest-Buch.

Müller-Zeitung, allgemeine deutsche. Fachzeitschrift zur Wahrnehmung der Interessen deutscher Müller. Redact.: Rich. Liman. 1. Jahrg. 1878. 15 Nrn. (Bog.) gr. 4. Charlottenburg. (Leipzig, Schulze und Comp.) *
Nicht weiter erschienen.

Berliner Müller-Zeitung. Organ für das gesamte Mühlengewerbe. Jg. 2-10. Berlin: Expedition 1879-1888. 4°
Vorh. u. d. T.: Allgemeine Mühlen-Zeitung. Jg. 1. 1878.
Red.: R. Gersdorf

Müller-Zeitung, Berliner, früher: „Allgemeine Müller-Zeitung". Organ für die gesammten Müllergewerbe und verwandte Geschäftszweige. Redact.: R. Gersdorf. 9. und 10. Jahrg. 1887 und 1888. à Jahrg. 52 Nrn. (Bog.) gr. 4. Berlin, Harrwitz' Nachf. à Jahrg. *

Müller-Zeitung, Berliner. Forts. s. Mühlen-Industrie, deutsche.

Müllerzeitung. – Oesterreichische Müller-Zeitung. Organ des Verbandes der Müller und Müllerinteressen von Oberösterreich und Salzburg. Jg. 1-8.
Linz: Eurich (sp. Wien: Fiebinger) 1890-97. 8°
Red.: A. Fiebinger.

Müller-Zeitung, österreichische. Mit der Gratisbeilage: „Jedem Etwas". Officielles Organ des Verbandes der Müller u. Mühleninteressenten Oberösterreichs u. Salzburgs. Red.: Ant. Fiebinger. III. u. IV. Jahrg. 1892. 1893. à 26 Nrn. (à ca. 1½ Bog.) gr. 4. Linz, Administration. à Jahrg. n. 6.—

Müller-Zeitung, österreichische. Offic. Organ d. Verbandes der Müller u. Mühleninteressenten Oberösterreichs u. Salzburgs. Red.: Ant. Fiebinger. VI. Jahrg. 1895. 26 Nrn. (à ca. 20 S.) gr. 4. Linz, Eurich. n. 6.—

— dasselbe. Fachblatt f. Müller, Sägemüller, Bäcker, Mehl- u. Getreidehändler. M. d. Beilage „In d. Backstube". Red.: Ed. Werner. VII. u. VIII. Jahrg. 1896—1897. à 26 Nrn. (à ca. 2 Bog.) gr. 4. Ebd. à Jahrg. n. 6.—

— österreichisch-ungarische. Einzige österreichische Wochenschrift für Müller, Bäcker, Getreidehändler, Landwirthe ꝛc. Officielles Organ des Verbandes österreich. Müller- u. Mühleninteressenten. Red. u. Hrsg. Gust. Pappenheim. 14—16. Jahrg. 1880—1882. à 52 Nrn. (à 1—1½ B.) Fol. Wien, (Perles). à Jahrg. n. 18. —

Müller-Zeitung, österreichisch-ungarische. Einzige österreichisch-ungar. Wochenschrift f. Müller, Bäcker, Getreidehändler, Landwirthe ꝛc. Officielles Organ d. Verbandes österreich. Müller u. Mühlen-Interessenten. Nebst: „Oesterreichisches Handels-Journal". Red. u. Hrsg.: Gust. Pappenheim. 17—20. Jahrg. 1883—1886. à 52 Nrn. (à 2—3 B.) Fol. Wien, (Perles). à Jahrg. n. 18. —

— österreichisch-ungarische. Einzige österreichisch-ungar. Wochenschrift f. Müller, Bäcker, Getreidehändler, Landwirthe ꝛc. Officielles Organ d. Verbandes österreich. Müller u. Mühlen-Interessenten. Nebst: „Oesterreichisches Handels-Journal". Hrsg.: G. Pappenheim. 21.—24. Jahrg. 1887—1890. à 52 Nrn. (à 2—3 B.) Fol. Wien, (Perles). à Jahrg. n.n. 18. —

— österreichisch-ungarische. Einzige österreichisch-ungar. Wochenschrift f. Müller, Bäcker, Getreidehändler, Landwirthe ꝛc. Officielles Organ d. Verbandes österreich. Müller u. Mühlen-Interessenten. Nebst: „Oesterreichisches Handels-Journal". Hrsg.: Gust. Pappenheim. 25.—28. Jahrg. 1891—1894. à 52 Nrn. (à 2—3 Bog.) Fol. Wien, (M. Perles). à Jahrg. n.n. 18. —

— österreichisch-ungarische. Einz. österreichisch-ungar. Wochenschrift f. Müller, Bäcker, Getreidehändler, Landwirthe ꝛc. Offic. Organ d. Verbandes österreich. Müller u. Mühlen-Interessenten. Nebst: „Oesterreichisches Handels-Journal". Hrsg.: Gust. Pappenheim. Red.: Jos. Teirich. 29.—32. Jahrg. 1895—1898. à 52 Nrn. (à ca. 2 Bog.) Fol. Wien (M. Perles). à Jahrg. n.n. 18. —
Beim 32. Jahrg. war Karl Mahlke Mitredakteur.

Müller-Zeitung, österreichisch-ungarische. Einzige österreichisch-ungar. Wochenschr. f. Müller, Bäcker, Getreidehändler, Landwirthe ꝛc. Officielles Organ des Verbandes österreich. Müller- u. Mühlen-Interessenten. Nebst: „Oesterreich. Handels-Journal". Hrsg.: Gust. Pappenheim. Red.: Fritz Wolkenberg. 33.—36. Jahrg. 1899—1902. à 52 Nrn. gr. Fol. (à ca. 8 S.) Wien (M. Perles). à Jahrg. n.n. 18. —

Müller-Zeitung, österreichisch-ungarische. Einzige österreich.-ungar. Wochenschrift f. Müller, Bäcker, Getreidehändler, Landwirthe etc. Nebst: „Oesterreichisches Handelsjournal". Hrsg.: Gust. Pappenheim. Verantwortlich: Hans Pappenheim. Red.: Armand Matti. 37.—40. Jahrg. 1903 bis 1906. à 52 Nrn. (à ca. 8 S.) gr. Fol. Wien (M. Perles). à Jhrg. n.n. 18. —

Müller-Zeitung, österreichisch-ungarische. Einzige österr.-ungar. Wochenschrift f. Müller, Bäcker, Getreidehändler, Landwirthe ꝛc. Nebst: Illustr. Unterhaltungsblat u. „Oesterreichisches Handelsjournal". Gegründet v. Gust. Pappenheim. Verantwortl. Red.: Hans Pappenheim. Red.: E. Gutfreund. 41.—44. Jahrg. 1907—1910. à 52 Nrn. (à 8 S.) 45×32 cm. Wien, (M. Perles). à Jahrg. nn 18. —

— preußische. Fachorgan f. Mühlen, Getreidehandlgn., Bäcker, Landwirthe ꝛc., speziell f. die Prov. Ost- u. Westpreußen u. die angrenz. Landestheile. Hrsg.: Louis Beerwald. Jahrg. 1891. 1892. à 52 Nrn. (à ca. 1½ Bog.) hoch 4. Königsberg i/Pr., L. Beerwald. à Jahrg. n.n. 3. —

— dasselbe. Jahrg. 1893. 52 Nrn. (à ca. 1½ Bog.) hoch 4. Ebd. n. 4. —

— preußische. Fachorgan f. Mühlen, Getreidehandlgn., Bäcker, Landwirthe ꝛc., speciell f. d. Prov. Ost- u. Westpreußen u. d. angrenz. Landestheile. Hrsg.: Louis Beerwald. Mit Beilage: Neue Gartenlaube. 6.—8. Jahrg. 1895—1897. à 52 Nrn. (à ca. 2 Bog.) hoch 4. Königsberg (Kaiserstr. 52), L. Beerwald. à Jahrg. n. 4. —

Müller-Zeitung, preußische. Fachorgan f. Mühlen, Getreidehandlgn., Bäcker, Landwirthe ꝛc., speciell f. d. Prov. Ost- u. Westpreußen u. d. angrenz. Landestheile. Offic. Organ des „Ostpreuß. Mühlen-Feuerversicherungs-Verbandes". Hrsg.: Louis Beerwald. Mit Beilage: Neue Gartenlaube. 9. Jahrg. 1898. 52 Nrn. (à ca. 2 Bog.) hoch 4. Ebd. n. 6. —

Müllerzeitung. — Südwestdeutsche Müllerzeitung. München: Gebr. Haetel 1888-1902. 4°

Mulley, Jano, german gems in an english setting. — Deutsche Edelsteine in englischer Fassung. 8. (XI, 179 S.) Weimar 877. Böhlau. geb. n. 4. —

Müll-Gedicht v. Müll-Müller. Fol. (1 Bl.) Berlin 895. R. Meyenburg. Auf Blech 2. —

Mullhaupt, F., s. Müllhaupt, Friedrich

Müllhaupt, Friedrich: Historischer Atlas der Schweiz, s. Poirier-Delay, Louis

Bex. — Müllhaupt, F., Carte des environs de Bex. 1 : 100,000. Lithogr. 4. Bern 888, Müllhaupt. * — 40

— Carte des frontières franco-italiennes-suisses. Echelle 1 : 1,050,000. In-fol. Chromolith. Ibid. *1888*. 1 25, collée sur toile 2 75

Gruyère. — Müllhaupt, F. Carte de la Gruyère, Pays-d'En-Haut et Oberland-Bernois. 1 : 300,000. Farbendr. 19,5×35,5 cm. Bern 891, Müllhaupt. — 50

Müllhaupt, F., Carte relief de la Suisse occidentale, Savoie et des pays limitrophes de la France et de l'Italie. 1 : 300,000. Chromolithogr. qu. Fol. Bern 888, Müllhaupt. * 3 —

—— Carte relief de la Suisse occidentale, Savoie et des pays limitrophes de la France et de l'Italie. 1 : 300,000. Farbendr. 50×67,5 cm. Ebd. 891. 2 —

—— Carte routière de la Suisse, des frontières de la France (Savoie) et du Nord de l'Italie. 1 : 1,050,000. Chromolithogr. Fol. Ebendas. 888. * 1 25
Auf japan. Pap. * 1 50

Vevey. — Müllhaupt, F. Carte topographique de Vevey. — Tour de Peilz-Clarens-Montreux-Territet-Glion-Veytaux-Chillon-Villeneuve. Ligne du chemin de fer de Vevey à Villeneuve, chemin de fer Territet-Glion, ligne de tramway-électrique de Vevey à Chillon, débarcadères des bateaux à vapeur. 1 : 10,000. Farbendr. 30×110 cm. Bern 891, Müllhaupt. 1 —; in Leinw.-Mappe 1 20

Müllhaupt, F. et M. Carte de Vevey-Montreux et environs. Echelle 1 : 30,000. In-fol. Chromolith. Berne, Institut géograph. et artist. Müllhaupt. *1888*. 1 25

Müllhaupt, F[riedrich], & Müllhaupt, M[arc]. Carte de Vevey-Montreux et environs. Par F. & M. Mullhaupt. Echelle 1 : 30,000. Publiée par Henri Boneff, éditeur. Berne [1903]. [fr. 1. 25]
Titel auf dem Blatt: Vevey-Montreux et environs. [Avec cartons: 3 plans.] Echelle 1 : 30000. 417/566 mm. Inst. Géographique, Müllhaupt. Berne. — *Impression en lithographie.*

— (kleine) Eisenbahnen-, Posten- und Telegraphen-Karte der Schweiz. 1:850,000. Chromolithogr. qu. Fol. Ebendas. 888. * — 50

Müllhaupt, F. Eisenbahnen-, Posten- u. Telegraphen-Karte der Schweiz. 1:850,000. Farbendr. 30×42 cm. Bern 891, Müllhaupt. — 50

— — Eisenbahnführer der Schweiz u. Europa in 4 Sprachen mit einer Eisenbahnkarte. Bern, Müllhaupt & Sohn. Eleg. brochirt —. 80 1874.

Müllhaupt's internationaler Eisenbahnführer. (In französ., engl., deutscher u. italien. Sprache.) 16. (33 S. m. 3 Karten.) Bern 890. Müllhaupt. geb. n. 1. 20

Müllhaupt, F., grosse Eisenbahnkarte der Schweiz, mit den Eisenbahnen im Bau, concedirte u. projektirte Eisenbahnen u. s. w. Höhe 80 Centim., Breite 115 Centim. Bern, Müllhaupt & Sohn. In 2 Bll. als Wandkarte 6. — Eleg. brochirt in Taschenformat. 7. —

— Anhang zu Müllhaupt's grosser Eisenbahnkarte der Schweiz. Kilometrische Distanzen der schweiz. Eisenbahnen im Betrieb, im Bau und Hauptlinien im Projekt. 24 Stn. 4. Bern, Müllhaupt & Sohn. 1. —

Müllhaupt, F., grosse Eisenbahnkarte der Schweiz für Reisende. Massstab 1 : 300,000. Bern, Müllhaupt & Sohn. 1873 6. —

— Grosse Eisenbahn- u. Verkehrskarte d. Schweiz. Maßstab 1: 300,000. In-fol. Chromolith. Ebendas. 1888. 4 30, auf Lwd. aufgezog. 6 —

— Grosse Eisenbahn- und Verkehrs-Karte der Schweiz. 1:300,000. Farbendr. 77×114 cm. 2 Bl. Ebd. 891. 4 —

Müllhaupt, kleine Eisenbahn-, Post- u. Telegraphen-Karte der Schweiz. Massstab 1 : 850,000. Bern, ebendas. 1873. —. 80

— — kleine Eisenbahnkarte der Schweiz mit d. neuesten Projekten. Massstab 1 : 850,000. Bern, Müllhaupt & Sohn. Eleg. brochirt —. 80 1874.

Müllhaupt's, F., Eisenbahn-, Post- und Telegraphen-Karte der Schweiz. 1:850,000. Fol. Zürich 870, Leuthold. — 40

Müllhaupt's Eisenbahn-, Post- und Teleprapben-Karte der Schweiz mit Bezeichnung aller Eisenbahnen, Eisenbahnprojekte und Eisenb.-Stationen, einem alphab. Verzeichniss der Post- und Telegraphen-Bureaux, Briefpost- und Telegraphentarif, Münztabelle, Vergleichung der neuen Längenmasse und Gewichte mit den alten und einem Eisenbahntarif. Massstab 1 : 840,000. Bern. 1871. 1. —

Müllhaupt, F. Eisenbahnkarte der Schweiz. 1 : 300 000. 1 Bl. c. L. (1889).
Desgl. Ausgabe von 1891 u. 1899. Je 1 Bl. c. L. mit Beilage: Verzeichniss der Schweizerischen Eisenbahnen.

Müllhaupt, F. L'Electrique. Souvenir du Léman. Plan topographique de Vevey à Villeneuve. 1:10,000. Gr. in-fol. Bern, F. Müllhaupt, Geogr. Kunst-Inst. 1891. 1 —

Müllhaupt, F., éléments de topographie. 1:25000. Lith. 4. Bern 888. Müllhaupt. n. — 40

— L'Express. Guide des chemins de fer; principales stations en Europe. Avec 1 carte de l'Europe centrale et 2 cartes de la Suisse. In-16°. 70 p. Ibd. 1891. 1 25

— Karte der deutsch-französischen Grenzen, sowie der benachbarten Länder von Belgien, Holland und der Schweiz. Maßstab 1: 1,250,000. In-fol. Chromolith. Ebendas. 1888. 1 25

— — Dasselbe. Neue Aufl., 1888, mit dem Gebirge. Ebendas. 1 50
auf Leinwd. aufgez. 3 —

— Kleine Karte d. Schweiz. Maßstab 1:850,000. In-fol. Chromolith. Ebendas. 1888. — 60

Müllhaupt, F., Karte des Kantons Luzern für Schule und Haus. Nach Dufour. Massstab: 1 : 200,000. In Stahl gestochen. 10 Zoll breit u. hoch. Luzern, C. F. Prell. Cart. —. 80, aufgez. 1. 20.

Müllhaupt, militärische und Verkehrs-Karte der deutsch-französischen Grenzen, sowie der benachbarten Länder von Belgien, Holland und der Schweiz. 1:250,000. Chromolithogr. gr. Fol. Bern 888, Müllhaupt. * 1 20
Auf japan. Pap. * 1 40
Mit Gebirgszeichnung * ℳ 1.50.; auf japan. Pap. * 1 75

Baden. — Müllhaupt, F., topographische Karte von Baden (Schweiz) und Umgebungen. 1:25,000. Lithogr. 4. Bern 888, Müllhaupt. * — 40

Thun. — Müllhaupt, F., topographische Karte von Thun mit Umgebungen. 1:25,000. Lithogr. 4. Bern 888, Müllhaupt. * — 40

— Militär- und Verkehrskarte der franco-italienischen und schweizerischen Grenzen. 1:1,050,000. Chromolithogr. gr. Fol. Ebendas. 888. * 1 25
Auf japan. Pap. * 1 50

Mullhaupt, F., Relief-Karte der Süd-Westl. Schweiz und den angrenzenden Ländern Frankreich und Nord-Italien. Maassstab 1 : 300,000. Bern, Müllhaupt Sohn. 1875. **6. —**
— — in Carton 7. —
— — aufgezogen auf Lwd. 8. —

Müllhaupt, H., siehe: *Mengold, J. W.*

Müllhaupt. Henri. praktischer Arzt: Untersuchung der durch Einatmung von giftigen oder irrespirablen Gasen in der Schweiz von 1897—1901 vorgekommenen Todesfälle (Selbstmord ausgenommen). Bern 1906. 80 p. 8°. [10. III. 06.]
Genève. Thèse méd. 1905/1906.

Müllhaupt, Henri. Untersuchung der durch Einatmung von giftigen oder irrespirablen Gasen in der Schweiz von 1897—1901 vorgekommenen Todesfälle ⟨Selbstmord ausgenommen⟩. Diss. Med. Genf: These Nr. 111. 79 S. 8. Bern, W. Wälchli, 1906.

Müllheim [Schlagwort]

Müllheim, s.: Deutschland. Kürschner-Pelp.

Müllheim, s.: Geologische Karte. Spezialkarte (Baden).

Müllheim, s.: Schwarzwald. Lorenz.

Müllheim-Waldshut, s.: Schwarzwald.

Mülli, Hans, der Aufsatzunterricht, s.: Killer, Karl.

Mulliken, Samuel Parsons [aus Newburyport Mass.]: Ueber die Konstitution der Chlorzimmtsäuren. . . . Leipzig-Reudnitz, Druck v. M. Hoffmann, 1890; 1 Bl., S. 5-55, 1 Bl. 8°
Leipzig, Phil. Fak., Inaug.-Diss. v. [28. Aug.] 1890

Müllinen, s. Mülinen

Müllner, A., s. Müllner, Adolph

Müllner, A. G. A., s. Müllner, Adolph

Müllner, Ad., s. Müllner, Adolph

Müllner, Adolph [Wirkl. Name], s.a. Modestin [Pseud.]

– Die Albaneserin,
s.a. Universal-Bibliothek.

— die Albaneserin. Trspl. in 5 A. gr. 12. Stuttg. 820. v. Cotta. 1 Rthlr. Schreibp. 2 Rthlr. Velinp. 3 Rthlr.

Müllner, A., s.a. Almanach für Privatbühnen.

— Almanach für Privatbühnen. 1r Jahrg. für 1817., mit Kpf.; (enthält: Die Zweiflerin, vom Herausgeber. — Pflicht um Pflicht, v. P. A. Wolff. — Die großen Kinder, v. Herausg. — Ueber d. Spiel auf d. Privatbühne, v. Herausg.) 12. Leipz., Göschen. 1 Rthlr. 16 Gr.

— 2r Jahrg. f. 1818, mit Kpf.; (enthält: Ritter Hans, v. W. Hensel. — Der Schatz, v. C. W. Contessa. — Die lange Nase, v. Graf Soden. — Der Wahn u. d. Blitz, v. A. Müllner. — Miscellen). 12. Leipz., Göschen. 2 Rthlr.

— 3r Jahrg. f. 1819, mit Kpf.; (enthält: Donna Diana, von West. — Die Freistatt, v. Houwald. — Ich bin mein Bruder, v. Contessa. — Der Abend am Waldbrunnen, v. Kind. — Der Vorsatz, v. Holbein. — Die Onkelei, v. Müllner.) 12. Leipz., Göschen. 2 Rthlr.

– Der Blitz, s. Universal-Bibliothek.

—— Sieh: Coursbuch. 1874—79.

Müllner, Adph., s. Eisenbahn-Fahrpläne von Deutschland, Oesterreich, Dänemark, Italien etc.

Müllner, Amd. Gf. Adf.: Elementarlehre der richterl. Entscheidungskunde. *Lpz.*, Gräff. (Focke.) (812.) 2e unveränd. A. *Eb.* 819. 8. (1 Thl. 8 Gr.)

Müllner, A. G. A., allgem. Elementarlehre der richterl. Entscheidungskunde. gr. 8. Leipz. Weygand. 812. Rthlr.

Müllner, Amand Gf. Ad., († ...) allgem. Elementarlehre der richterl. Entscheidungskunde. gr. 8. Leipz. 812. 2e Aufl. 819. (Wienbrack). 1 Rthlr. 8 Gr.

— — allgemeine Elementarlehre der rechtl. Entscheidungskunde. 2te unveränd. Aufl. gr. 8. Leipzig, Göschen in Comm. 819.

– Der 29. Februar, s. Universal-Bibliothek.

— s. Grafen, die, v. Zeddau.

— s.a. Incest, od. der Schutzgeist.

INCEST oder der Schutzgeist von Avignon. Ein Beytrag zur Geschichte der Verirrungen des menschlichen Geistes und Herzens (von *Amandus Gottfr. Adolph Müllner*, 1774 bis 1829). 2 Thle. Greiz im Voigtlande, bey Carl Heinr. Henning, 1799. 8°. (4 Mk. 50 Pfg. Julius Neumann, Magdeburg, 1906.)
Tit., 280 u. Tit., 228 Seiten, 1 Bl. Err. Mehrfach anstössig. Seltener phantast. Roman von dem später so bekannt gewordenen Dramatiker. — Koberstein, 5. Aufl. V. p. 467; Anon.-Lex. II. p. 323 (nach Kayser u. Goedeke).

– Der Kaliber, s. Universal-Bibliothek.

Müllner, Adf., der Kaliber, s.: Volksbibliothek des Lahrer hinkenden Boten.

– s. Kann ein Gerichtsherr seinen Gerichtsverwalter willkürlich des Amtes entlassen?

– Der angolische Kater,
s. Universal-Bibliothek.

– Die großen Kinder, s. Universal-Bibliothek.

Müllner, Adolph, Coursbuch, Nord- u. mitteldeutsches. Eisenbahn- u. Dampfschiff-Course. Nach officiellen Quellen bearb. Mit (lithogr.) Reisekarte von Deutschland. Berlin 1879. gr. 8.

— Kotzebue's Literatur-Briefe aus d. Unterwelt. 8. Braunschw. 826. Vieweg. 1 Rthl. Vel.-P.

— Lustspiele. Enth.: der angolische Kater. — Die Zurückkunft aus Surinam. — Die Vertrauten. — Die Zweiflerin. — Die großen Kinder. — Der Wahn; Drama. — Der Blitz. — Die Onkelei. 3 Thle. mit 3 Titelvign. kl. 8. Braunschw., Vieweg. 2 Rthlr. 6 Gr. Einzeln: der neun u. zwanzigste Februar; Trspl. in 1 Akt. Mit Titelvign. 8. 12 Gr. Die Schuld; Trspl. in 4 Akt. Mit Titelvign. 8. 18 Gr. König Yngurd; Trspl. in 5 Akt. Mit Titelvign. 8. 18 Gr. Der angolische Kater; die Zurückkunft aus Surinam; die Vertrauten. Lustspiele in 1, 3 u. 2 Akt. Mit Titelvign. 8. 1 Rthlr. Die Zweiflerin, und die großen Kinder; Lustspiele in 1 u. 2 Akt. Mit Titelvign. 8. 16 Gr. Der Wahn; Drama in 1 Akt. Der Blitz u. die Onkelei; Lustspiele in 1 Akt. Mit Titelvign. 8. 1 Rthlr.

Müllner, (Amand. Gtfr. Ado.,) Mitternachtblatt, s. Mitternachtblatt.

Müllner, Ad., Novellen. 1r Thl. A. u. d. T.: Der Kaliber; aus d. Papieren e. Criminalbeamten. Mit 1 Vign. 16. Leipz. 829. Focke. 1 Rthlr.
14½ B.

– Die Onkelei, s. Universal-Bibliothek.

Müllner, Amandus Gottfried Adolph, Ad leges X. et XXIV. codicis de procuratoribus. Diss. inaug. Wittenberg (Tzschiedrich) 9. IX. 1805. 28 Seiten. (4.—) 24289

— — die Schaam (von *Amandus Gottfr. Aug. Müllner*). (Leipzig 1818.)
Anon.-Lex. IV. p. 227 (nach Meusel).

— vermischte Schriften. 2 Bde. 8. Stuttg. 824 u. 26. v. Cotta. 4 ß

Müllner, A., die Schuld, s. a. Meyer's Volksbücher.

—— die Schuld, s. a. Theater-Bibliothek, classische.

— die Schuld. 1r Thl., s. Th. Arener, die That.

– Die Schuld, s.a. Universal-Bibliothek.

— die Schuld. Trspl. in 4 A. 8. Leipz. 2e A. 816. 3e A. 817. Göschen. 12 gl Schreibp. 1 ß 8 gl

Müllner, Adolph (1774—1829), die Schuld. Trauerspiel in 4 Akten. Mit Titelkpf. (nach *H. Ramberg* von *B. Gottschick* gest.). Leipzig, bei Geo. Joach. Göschen 1816. 8⁰. Hlrzb., geles.

In Versen. 5 Bll., 210 S. Seltene Orig.-Ausg. der berühmten Schicksals-Tragödie. Der Kaiserin Elisabeth Alexiewna v. Russland zugeeignet (de dato Weissenfels in Sachsen, Mai 1816). — Zuerst aufgef. in Wien (Burgtheater), am 27. Apr. 1813. — S. 205 ff. Beurtheilung des Stückes u. seiner (7) Aufführungen in Wien, abgedr. aus der „Thalia" 1813, no. 69, 70, 71, m. Anmerkgn. d. Verf. S. über ihn Denkmäler verdienstvoller Deutschen. IV. Leipzig 1829. 8⁰. S. 97—107. Mit Portrait.

— dass. 4e A. 8. Stutt. 820. v. Cotta. 1 ß 8 gl

— Spiele für die Bühne. 2 Bde. (1r Bd. Enth.: der neun und zwanzigste Februar. — Die Vertrauten. — Der angolische Kater. — Die Zurückkunft aus Surinam. 2r Bd. Enth.: die Zweiflerin. — Die großen Kinder. — Der Wahn. — Der Blitz. — Die Onkelei.) N. A. 8. Leipz. 818, 20. Göschen. 3 ß 8 gl Hbg. Pr. 2 ß

– s. Spuckereien des Teufels.

Muellner, Adolf

Adolph Müllners Theater. Bdchn 1.2. Stuttgart: Macklot 1820. 8⁰

Müllner, Ad. Amad., Trauerspiele. Enth.: der 29. Februar. — Die Schuld. — König Yngurd. — Die Albaneserin. 4 Thle. Mit 4 Titelvign. 16. Braunschw., Vieweg. 2 ß 18 gl

— Vers u. Reim auf der Bühne; ein Taschenbüchlein für Schauspielerinnen. 16. Stuttg. 822, v. Cotta.

— die Vertrauten, s. Universal-Bibliothek.

Müllner, Ad. Amad., dramatische Werke. 7 Thle. Erste rechtmäßige u. vom Verf. verbess. Gesammt-Ausg. 16. Braunschw. 828. Vieweg. 5 ß 8r Thl. Ein Supplementband für Schriftsteller, Buchhändler u. Rechtsgelehrte. A. u. d. T.: Meine Lämmer u. ihre Hirten. Histor. Drama in 4 Handll. 16. Wolfenbüttel 828. Verlags-Compt. 18 gl (Hamb., Hoffmann u. Campe). 10 gl

—— dramat. Werke. 7 Thle. Erste rechtmäß., vollständ. u. v. Verf. verb. Gesammt-Ausg. 8. (116¾ B.) Braunschweig 828, [Vieweg.]

Thl. 1. Der neun u. zwanzigste Februar. Trauersp. in 1 Akt. — Eumenides Düster. Trauersp. nach Ado. Müllner's Weise v. † Ludw. Stahlpanzer (Heinr. Richter). Auch als Suppl. z. 1. Thle. Enth.: Ullos Tod od. d. Verbrechen. Vorsp. Der Eliastag, in 1 Akt. (Parodie d. 29. Febr.) 12 Gr.
„ 2. Die Schuld. Trauersp. in 4 Akt. — Beil.: Beurtheilung d. Stückes u. seiner Aufführung in Wien, aus d. Zeitschr. „Thalia," Jahrg. 1813, mit Anmerkn. d. Verf. 18 Gr.
„ 3. König Yngurd. Trauersp. in 5 Akt. — Beil.: Ueber d. Darstell. d. Trauersp. König Yngurd, auf d. Volksbühne. (Geschr. 1817.) 18 Gr.
„ 4. Die Albaneserin. Trauersp. in 5 Akt. — Fata libelli Beil. f. Bühnenvorsteher. (Geschr. 1820.) — Nicht apart verkäuflich.
„ 5. Der angolische Kater, od. d. Königin v. Golkonda. Lustsp. in 1 Akt. — Die Zurückkunft aus Surinam. Lustsp. in 3 Akt. — Die Vertrauten. Lustsp. in 2 Akt. 1 Thlr.
„ 6. Die Zweiflerin. Dramat. Spiel in 1 Akt. — Die großen Kinder. Lustsp. in 2 Akt. 16 Gr.
„ 7. Der Wahn. Drama in 1 Akt. — Der Blitz. Lustsp. in 1 Akt. — Die Onkelei od. d. franz. Lustspiel. Lustsp. in 1 Akt. 1 Thlr.

—— dass. 8. Thl. Ein Supplembd. f. Schriftsteller, Buchhändler u. Rechtsgelehrte. — A. u. d. T.: Meine Lämmer u. ihre Hirten. Histor. Drama in 4 Handln. 8. (9⅝ B. u. 1 Vign.) Wolfenbüttel 828. [Hamburg, Hoffmann u. Campe.]

—— dass. 1. Supplembd. — A. u. d. T.: Müllner's Leben, Charakter u. Geist, dargest. v. (Jul.) Schütz. M. 1 Facsimile u. d. Bildn. M's. 16. (31 B.) Meißen 830. [Leipzig, Vetter u. Rostosky.]

—— dass. 2—4. Supplembd. — A. u. d. T.: Anthologie d. geistreich. u. witzigsten Gedanken Müllner's, üb. Kunst, Literatur u. Leben, aus sein. sämmtl. poet. u. krit. Schriften; hrsg. v. (Jul.) Schütz. 3 Bdchn. 16. (58½ B.) Ebds. 830.

—— dass. — Zweite rechtmäß., vollständ. u. v. Verf. verbess. Gesammt-Ausg. In Einem Bde. Schmal gr. 4. (33½ B.) Braunschweig 832, Vieweg.

—— dass. — Anhang, s. Wagener, Fr.

– (Hrsg.), s. Wilke, Daniel Gottfried Aegidius: Kurzgefaßte Grundsätze zum Extrahieren und Referieren der Akten.

— König Yngurd. Trspl. in 5 Aufz. Mit 2 Kpf. 8. Leipz. 817. Göschen. Schreibp. 2 ß Velinp. in Seide. 4 ß ohne Kpf. 1 ß 2e Aufl. Ebd. 819. ohne Kpf. 1 ß

ZEDDAU, Die Grafen von (Roman von *Amandus Gottfr. Adolph Müllner*). 2 Thle. Mit 1 Titelkpfr. Weißenfels u. Leipzig, Severin, 1795—96. 8⁰.

— — Dasselbe. Neue Auflage. Ebd. 1811. 8⁰.
Anon.-Lex. IV. p. 425 (nach Kayser): Heinsius hat „1810".

– Die Zurückkunft aus Surinam, s. Universal-Bibliothek.

– Die Zweiflerin, s. Universal-Bibliothek.

Müllner, Alfons (Hrsg.), s. Argo.

Müllner, Alf., Emona. Archaeologische Studien aus Krain. Mit 7 (lith.) Taf. gr. 8. (VII, 342 S.) Laibach 879. v. Kleinmayr & Bamberg. n. 7. —

Müllner, Alfons, Geschichte des Eisens in Inner-Österreich von der Urzeit bis zum Anfange des XIX. Jahrh. Mit besond. Berücksicht. der ökonom., sozialen u. handelspolit. Verhältnisse sowie des Eisenhandels nach sämtl. europ. Ländern, der Levante u. Nordafrika. Im Auftrage u. m. Unterstützg. des hohen k. k. Ackerbauministeriums nach archival. Quellen bearb. Mit zahlr. Illustr., Fksms. v. Urkunden u. Karten. I. Abt. Krain, Küstenland u. Istrien. (IX, 764 S.) Lex. 8. Wien 908, 09. Halm & Goldmann. 25. —; auch in 5 Heften à 5. —

Müllner, Alf., die Krypta in S. Florian. Ein Beitrag zur Baugeschichte der Stiftskirche S. Florian im Lande ob der Enns. gr. 8. (VIII, 51 S. m. Fig. u. 7 Steintaf.) Linz 883. (Ebenhöch.) n. 2. 65

Müllner, Amadeus Gottfried Adolph, s. Müllner, Adolph

Müllner, Amand(us) Gottfried Adolph, s. Müllner, Adolph

Müllner, Aron

Müllner, A.: Die Stellung des attributiven Adjectivs im Englischen. Von den ersten Anfängen der englischen Sprache bis zur Früh-Neuenglischen Sprach-Periode. New York 1909. 79 S. 8°. [25. VII. 06.]
Bern. Phil. Diss. 1909/10.

Müllner, A[ron]. Die Stellung des Attributiven Adjectivs im Englischen. Von den ersten Anfängen der englischen Sprache bis zur Früh-Neuenglischen Sprach-Periode. Diss. Phil. Bern. 79 S. 8. New York, Frederick Heiss, 1909.

Müllner, C., s. Müllner, Karl

Müllner, Carl, s. Müllner, Karl

Müllner, Frz. Ser., Lehrbuch der katholischen Religion m. Berücksicht. der kirchl. Liturgie. Für die unteren Classen der Mittelschulen. 2 Thle. gr. 8. Wien 873. Braumüller. à n. 2. 60
1. Die kathol. Glaubenslehre. (XIV u. S. 1—106.)
2. Die kathol. Sittenlehre nebst e. liturg. Anh. (S. 107—118.)

Müllner, H., zwei Aufsätze üb. das Stethoskop. gr. 8. (27 S.) München 894. [Seitz & Schauer.] Verlag der Aerztl. Rundschau. n. 1. —

MÜLLNER, Hermann (Jegelon/Russl.): Ueber einen Fall von primärem Nierencarcinom.- München: Wolf 1882. 32 S.
26.10.1882 - Urk (Titel: De renum carcinomate primario.); Chr 1882/83,17
Diss. Ingolst. - Landsh. - Mchn.

Müllner, J., s. Müllner, Johann

– s. Müllner, Joseph Nepomuk

Müllner, J. N., s. Müllner, Joseph Nepomuk

Müllner, Dr. Johann, Erdkunde für Mittelschulen. I. Teil, für die I. Klasse. Wien 1910. F. Tempsky. Geb. K 1.80.

Müllner, Dr. Johann, Erdkunde für Mittelschulen. II. Teil, für die II. Klasse. Wien 1910. F. Tempsky. Geh. K 1.50, Geb. K 2.—. (Min.-Erl. vom 12. Februar 1910, Z. 214)

Müllner, Dr. Johann, Erdkunde für Mittelschulen. Ausgabe A, für Gymnasien und Realsch. IV. Teil, für die V. Klasse, mit 58 Abbildungen. Wien 1910. F. Tempsky. Geh. K 2.—, geb. K 2.50.

Müllner, Dr. Johann, Erdkunde für Mittelschulen. Ausgabe B. Für Realgymnasien. IV. Teil für die V. Klasse. Wien 1910. F. Tempsky. Geh. K 2.—, geb. K 2.50. V. Teil. Für die VI. und VII. Klasse. Wien 1910. F. Tempsky. Geh. K 1.80, geb. K 2.30

Müllner, Dr. Johann, Erdkunde für Mittelschulen. Ausgabe A. Für Gymnasien und Realschulen. 5. Teil für die VI. Klasse. Wien 1910. F. Tempsky. Geh. K 2.—, geb. K 2.50.

Müllner, Johann: Einige Erfahrungen und Wünsche auf dem Gebiete der Seenforschung. S. 1—29. 8.
Progr. K. k. Maximilians-Gymn. Wien 1903.

Müllner, Joh., Lehrbuch der Geographie, s.: Richter.

Müllner, Johann. Reformationsgeschichte der Stadt Nürnberg ... Nürnberg 1770. H: *Strobel, Georg Theodor.* (will)

Müllner, J., Reformationsgesch. d. fr. R. St. Nürnberg. 8. Nürnb. Bauer. (Schmidmer.) 770.

Müllner, J. Relation von der Reichsvesten und derselben anhängenden Reichsvogtey ... Frankfurt u. Leipzig 1790. V: *Schad, Gg Friedrich Casimir v.* (BB) (Ky)

— Relation v. der Reichsvesten u. derselben anhangenden Reichsvogtei, u. Zubörungen; (hrsgg. von G. F. C. v. Schad). 4. Frankf. u. Leipz. 790.

Müllner, Joh., die Seen am Reschen-Scheideck, s.a Abhandlungen, geographische. VII. 1.

Die Seen am Reschen-Scheideck. Eine limnolog. Studie von Prof. Dr. Johann **Müllner** in Wien. Mit 7 Abb. im Text u. 4 Taf. *Wien: E. Hölzel 1900.* (46 S.) 4°
— Abhandlungen, Geographische. Bd 7, H. 1. (00. 9047

Müllner, Joh., die Seen d. Salzkammergutes, s. a. Abhandlungen, geograph., VI. 1.

Die Seen des Salzkammergutes und die österreichische Traun. Erläutergn z. ersten Lfg d. österr. Seenatlasses. Von Dr. Johann **Müllner**. M. 2 Taf., 7 Textfig., 47 Tab. u. 1 Atl. v. 12 Taf. *Wien: E. Hölzel 1896.* (114 S., 1 Bl., 2 Taf.) 4.(8.)
— Abhandlungen, Geographische, hrsg. v. A. Penck. Bd VI. H. 1. (98. 5130

— Die Temperaturverhältnisse der Seen des Salzkammergutes. 28. Graz St. R. 95.
Progr.

Müllner Johann: Die österreichische Traun und die Seen ihres Gebietes.
1892 PN 762 2351
Diss. Wien, Univ.

Müllner Dr. Joh.: Untersuchungen zur Jugendgeschichte Heinrichs IV. von Deutschland. 80. Graz St. R. 96.
Progr.

Müllner, Joh., die Vereisung der österreich. Alpenseen in den Wintern 1894/5 bis 1900/1, s.a. Abhandlungen, geogr. VII. 2.

Die Vereisung der österreichischen Alpenseen in den Wintern 1894/5 bis 1900/1 von Prof. Dr. Johann **Müllner**. Mit 4 Textabb. u. 2 Doppeltaf. *Leipzig: B. G. Teubner 1903.* (51 S.) 4°(8°)
— Abhandlungen, Geographische. Bd 7, H. 2. (03. 6960

Müllner Josef: Wolfger von Ellenbrechtskirchen.
H. 1906 PN 2015 Diss. Wien, Univ. 927

Müllner, Joseph Nepomuk

— Münz-, Maas- und Gewichtskunde v. Königr. Böhmen etc. 8. Prag. (Haslinger, Linz.) 796.

Müllner, J. N., statist. Geogr. v. Böhmen. gr. 8. Prag, Barth. 806.

Müllner, J. N., statistische Geographie von Böhmen. gr. 8. Prag. 806. Jetzt Hartmann.

Müllner, Jos. Nep., Versuch e. statist. Geographie v. Böhmen. gr. 8. Prag 805. (Eggenberger). 2 fl (Leipz., Taubert). 2 fl

Müllner, Karl

Muellner, Carl, s.a. Bartholomäus Scala: Apologi Centum.

— Apologi Centum Bartholomaei Scalae, Equitis Aurati et Secretarii Florentini. 98. Wien XVII. 96
Progr.

Müllner Karl: De imaginibus similitudinibusque quae in Claudiani carminibus inveniuntur. Diss.Wien, Univ.
D: Selbstverlag, 1889.
1889 PN 561 1485

Müllner, C., De imaginibus similitudinibusque, quae in Claudiani carminibus inveniuntur. Diss. 1898. 105 S.

Müllner, Karl: Katalog der Lehrerbibliothek. (Schluß.) (Umschlagtitel: Katalog ... Wien.) 18 S. 8.
K. k. Staats-Gymn. im VI. Bezirke *Wien* 1901. 1902. 1903. 1904.
Progr.

Müllner, Karl: Laurentii Lippii Collensis opuscula tria. 42 S. 8. Progr. K. k. Staats-Ober-Gymn. *Wiener-Neustadt* 1901.
I. Oratio recitata in principio studii Pisis Kal. Nov. 1473 (cod. Corsin. 582 f. 46b—52a.) II. Liber proverbiorum ad magnificum virum Laurentium Medicem. (cod. Riccard. 1229 f. 1a—56b.) III. Prooemium in libello Satirarum ad magnum virum Laurentium Medicem. (cod. Riccard. 3193 f. 1a—13a.)

Müllner, Karl: Isocratis oratio ad Demonicum a Nicolao Sagundino in Latinum conversa. 31 S. 8.
Progr. K. k. Staats-Ober-Gymn. *Wiener-Neustadt* 1903.
Der innere Titel lautet Humanistisches. Als II. enthält das Programm Ugolini Verini epigrammata selecta. Anhang. Auszug aus der Spruchrede des Isokrates an Demonikos. [Übersetzt von K. M.]

Oratio Marcelli Virgilii [Adriani] habita in principio lectionis, cui titulus: nil admirari. [Herausgegeben] von Karl Müllner. (Neues von den italienischen Humanisten.) S. 7—17. 8.
Progr. K. k. Staats-Gymn. im VI. Bezirke *Wien* 1909.

Müllner, Karl (Hrsg.), s.a. Reden und Briefe italien. Humanisten.

Reden und Briefe italienischer Humanisten. E. Beitr. z. Gesch. d. Pädagogik d. Humanismus. M. Unterst. d. kais. Akad. d. Wiss. in Wien veröffentl. v. Dr. Karl Müllner, k. k. Prof.
Wien: A. Hölder 1899. (X, 305 S.) 1 Bd 8°

Müllner Dr. Karl: Francisci Castilionensis vita Victorini Feltrensis. 13. Wien VI. 05.
Progr.

Müllner, Karl, ein Zweikampf. Roman. (187 S. m. Bildnis.) 8. Dresden 905. E. Pierson. n. 2. 50; geb. n. 3. 50

Müllner, Laurenz, Wilhelm Rosenkranz' Philosophie. [Aus: „Zeitschr. für Philos. u. philos. Kritik".] 1. Hft. gr. 8. (35 S.) Wien 877. Kirsch. n. — 60

Müllner, Laurenz, literatur- u. kunstkritische Studien. Beiträge zur Ästhetik der Dichtkunst u. Malerei. gr. 8. (280 S.) Wien 895. W. Braumüller. n. 4.—

Müllner, Matthias, Geschichte des evangelischen Gymnasiums zu Oedenburg nebst den Denkwürdigkeiten der evangel. Gemeinde daselbst. Bei Gelegenheit der dritten Secularfeier der Lehranstalt verfaßt. gr. 8. (VII und 144 S.) Oedenburg 857, Sezyring. *

Ein neuer Don Quixote. Komisch-satyrischer Roman v. R. F. Müllner. Mit Illustrationen v. J. P. Lyser. Wien u. Leipzig. 1846. 8°

Müllner, R. F., ein neuer Don Quixote. Komisch-satyrischer Roman. Mit 4 Illustrationen v. J. P. Lyser. 12. (11⅓ B.) Wien 846, Stöckholzer v. Hirschfeld.

Müllner, Wolfg. Jak., s. **Wolfg. Jak. Müller.**

Müllneriana, N. 1. 2. 3. Leipz. 820. **Brockhaus.** 14 gr

Mullois, das Buch der arbeitenden Klassen, s. Chowanetz, J., neue katholische Haus- und Volksbibliothek.

Mullois, das Buch der arbeitenden Klassen, s. Haus- und Volksbibliothek, neue katholische.

Müllter, Johann Baptist, s. Müller, Jean Baptiste

Mully, Edle v. Oppenried, Marie, s.: Im Zeichen der Myrte.

MULLY von OPPENRIED, Robert
Alters- und Invaliditäts-Sparcasse als Uebergang zur allgemeinen Volksversorgung. Von Robert Mully von Oppenried. Separat-Abdruck a. d. Nummer vom Juni 1901 der „Mittheilungen des Verbandes der österr. und ungar. Versicherungs-Techniker in Wien" nebst einigen Einschaltungen. Wien. 1901. [In Comm.] Hölder. Gr.-8°. 32 S. K 1.—

Mully v. Oppenried, Rob., der Hypothekarkredit-Verkehr. Zur Theorie u. Praxis der Realitäten-Schätzg., -Besteuerg. u. -Belehng. (188 S.) gr. 8. Wien 907. Administration d. österreich. Handels-Museums. 2. 80

— dasselbe. Zur Theorie u. Praxis der Grund- u. Gebände-Schätzg., -Besteuerg. u. -Belehng. Ein Handbuch u. Ratgeber f. alle jene, welche an dem An- u. Verkaufe, an der Erbaug., an der Verwaltg. od. Belehng. e. Realität direkt od. indirekt beteiligt sind. 2. Aufl. (188 S.) gr. 8. Wien 907. A. Hölder. 2. 40
Sonderabdruck aus: „Jahrb. d. Export-Akad. d. k. k. öster. Handels-Museums".

— Post- u. Staatssparkassen. (58 S.) 8. Ebd. 908. 1. 10

Mülmann, F. von

Mülmann, v., Auszug aus der Geschichte des 4. Hannoverschen Infanterie-Regiments Nr. 164, ehemals 2. Infanterie-Regiment (Waterloo), für die Angehörigen des Regiments zusammengestellt. 8. (66 S. m. Abbildgn. u. 1 Bildnis.) Hameln 899. Th. Fuendeling. n. — 60

Mülmann, v., Auszug aus d. Geschichte d. 4. Thüringischen Infanterie-Regiments Nr. 72. Auf Veranlassung d. Regiments zur 25. Wiederkehr d. Schlachttages v. Vionville zusammengest. 3. Taus. gr. 8. (31 S. m. 1 Bild.) Torgau 895. P. Schultze. n. — 25

Mülmann, v., die Enthüllungsfeier des Denkmals der 72er bei Gorze. (2. Anh. zur kleinen Geschichte des 4. thür. Infanterie-Regiments Nr. 72.) (38 S. m. 3 Taf.) gr. 8. Torgau 903. P. Schultze. n. — 40

[Umschlagt.:] [F.] Kleine Geschichte des 4. Thüringischen Infanterie-Regiments Nr. 72. Auf Veranlassg d. Reg. z. 25. Wiederkehr d. Schlachttages v. Vionville f. d. Mannschaften zsgest. v. [F.] v. **Mülmann,** Hauptmann, ... 2. vervollst. Aufl. m. 4 Bild. 4.—7. Taus. *Torgau: P. Schultze 1896.* (52 S., 4 Taf.) 1 Bd 8. [97. 6168

— der chinesisch-japanische Krieg 1894/95, s. a. Soldaten-Bibliothek, kleine.

— dasselbe, s. a. Volksbücher, neue.

[F.] Der Chinesisch-Japanische Krieg 1894/95. Von [F.] v. **Mülmann.** 2. neubearb. u. bis z. Friedensschluss vervollst. Aufl. M. 24 Abb. *Berlin: Christl. Zeitschriftenver. 1895.* (114 S., 1 Bl., 1 Kt.) 1 Bd 8.
— Volksbücher, Neue. Bdch. 16 (vielm. 20). [97. 2640

Die Kirche von Elsnig (von F[riedrich] v. M[ülmann]).
Berlin [1898]: Sonntagsbl. (1 Bl.) 4°

Mülmann, I., comment. in libr. Iosuae. 4. Dresd. Gerlach. 701.

Mülmann, Otto von

Mülmann, O. v., Statistik des Regierungs-Bezirks Düsseldorf, s.a. Gewerbe-Statistik von Preussen.

Mülmann, Dr. Otto v., königl. Regierungsrath. Statistik des Regierungs-Bezirkes Düsseldorf. Mit Beiträgen S. E. des kgl. wirkl. geheimen Rathes und Ober-Berghauptmannes a. D. Herrn Dr. v. **Dechen,** des kgl. geheimen Regierungs- und Baurathes Herrn Strombau-Directors **Nobiling** in Coblenz, des Friedensrichters a. D. Herrn **Fahne,** Herrn Directors **Lose** und Anderer. I. und II. Bd. Fortsetzung und Supplement der Viebahn'schen und Mülmann'schen Bezirks-Statistik. Bearbeitet von Georg von **Hirschfeld,** Regierungs-Assessor in Düsseldorf. (3 Bde.)
8. Iserlohn 1864—1874.

Mulneck, ..., Wittbach u. ihre Kinder. 8. Leipz. 816. Rein. 1 ₰ 8 gl

Mulnek, Witbach u. ihre Kinder. 8. Leipz. 816. Rein. 1 ₰ 8 gl

Mulner, Johann Joseph (Nürnberg), Controversiarum juris naturae et gentium ex historia Graeca illustratarum specimen I. Präs. Christian Gottl. Schwarz. Nürnberg (J. W. Kohle) 6. V. 1711. (5.—) 24368

Mulnier, C.

— élémens de la Syntaxe franç. 8. Berl. 797. Belitz. 6 gl

Mulnier, C., les principes de la langue française etc. 8. Berl. 805. Duncker u. H. 6 gl

Mulnier, Rich. (geb. Klein-Mur in d. Mark 25. 8. 1844): Ueber Basedow'sche Krankheit. Berlin (1869). (30 S.) 8°
Berlin, Med. Diss. v. 13. Okt. 1869

Mulnier, Sam. Ferd. Amad. (geb. Berlin 30. 10. 1837): De calculis biliariis. Berolini (1863). (32 S.) 8°
Berlin, Med. Diss. v. 14. Aug. 1863

Mulock, Miß Dinah M., s.a. Craik, Mrs.

Mulock, Dinah Maria
John Halifax. Dt. autorisierte Ausg. Bd 1-6.
Wurzen: Verlags-Comptoir 1860. 8°

(Mulock, Dinah Maria)
John Halifax, Gentleman. Aus dem Engl. von Sophie Verena [d.i. Sophie Alberti]. Autor. Ausg. 2. Aufl. Bd 1.2.
Leipzig: Günther 1874. 8°

(Mulock, Dinah Maria)
Hannah. Von der Verf. von "John Halifax, Gentleman." [d.i. Dinah Maria Mulock]. Aus dem Engl. von Sophie Verena [d.i. Sophie Alberti]. Autor. Ausg. Bd 1.2.
Leipzig: Günther 1873. 8°

Mulock, Dinah Maria [Verf.]
s. Heirathen, Zwei. 1867.

Mulock, Miss, a Hero, s. Schüler-Bibliothek, englische.

Mulock, Dinah Maria
Herrin und Dienerin. Eine Erzählung aus dem häuslichen Leben. Aus dem Engl. v. Sophie Verena [d.i. Sophie Alberti]. Autorisierte Ausg. Bd 1.2.
Leipzig: Voigt & Günther 1863. 8°

(Mulock, Dinah Maria)
Herrin und Dienerin. Erzählung. Aus dem häuslichen Leben. Von der Verf. von "John Halifax" [d.i. Dinah Maria Mulock]. Aus dem Engl. von Sophie Verena [d.i. Sophie Alberti]. Autor. Ausg. 2. Aufl. Bd 1.2.
Leipzig: Günther 1878. 8°

(Mulock, Dinah Maria)
Jugend-Erinnerungen aus dem Leben eines häßlichen Mädchens. Von der Verf. von "John Halifax" [d.i. Dinah Maria Mulock]. Aus dem Engl. von Hausig-Kloxin. Autor. Ausgabe. 2. Aufl.
Berlin: Heinersdorff 1870. 242 S. 8°

(Mulock, Dinah Maria)
Ein edles Leben. Von der Verf. von "John Halifax" [d.i. Dinah Maria Mulock]. Aus dem Engl. von Sophie Verena [d.i. Sophie Alberti]. Autor. Ausg. 2. Aufl.
Leipzig: Günther 1875. 312 S. 8°

Mulock, Dinah Maria
Leben um Leben. Dt. v. August Kretzschmar. Bd 2-5.
Wurzen: Verlags-Comptoir 1861. 8°

(Mulock, Dinah Maria)
Meine Mutter und ich. Von der Verf. von "John Halifax" [d.i. Dinah Maria Mulock]. Aus dem Engl. von Anna Wünn. Autor. Ausg.
Leipzig: Günther 1876. 325 S. 8°

(Mulock, Dinah Maria)
Die Ogilvies. Oder: Herzenskämpfe. Roman. Von der Verf. von "John Halifax" [d.i. Dinah Maria Mulock]. Aus dem Engl. von August Kretzschmar. Bd 1-3.
Leipzig: Voigt & Günther 1863. 8°

(Mulock, Dinah Maria)
Oliva. Von der Verf. von "John Halifax" [d.i. Dinah Maria Mulock]. Aus dem Engl. Bd 1-3.
Leipzig: Günther 1875. 8°

(Mulock, Dinah Maria)
Ein muthiges Weib. Von der Verf. von "John Halifax" [d.i. Dinah Maria Mulock]. Aus dem Engl. von Sophie Verena [d.i. Sophie Alberti]. Autor. Ausg. Bd 1-3.
Leipzig: Günther 1870. 8°

Proben aus der sogenannten **Mulomedicina** Chironis ⟨Buch 2 u. 3⟩ hrsg. von Max Niedermann. Heidelberg: Winter 1910. X, 68 S. 8°
(Sammlung vulgärlateinischer Texte. H. 3.) [10. 13623

Mulot, Rudolf

Mulot, R., die Friedensbewegung, s.: Zeitfragen des christlichen Volkslebens. 205.

Die Friedensbewegung, ihre geschichtl. Entwicklung u. d. Stellung des Christen zu ihr. Von R. **Mulot.** *Stuttgart: Ch. Belser 1902.* (52 S.) 8° [F.]
= Zeitfragen d. christlichen Volkslebens. Bd 27, H. 5. [02. 9793

Mulot, R., die Hugenotten in Frankreich bis zur Aufhebung des Edikts v. Nantes, s.a. Wartburghefte. 32. 33.

Die Hugenotten in Frankreich bis zur Aufhebung des Edikts von Nantes. Von R[udolf] **Mulot.** (Leipzig: C. Braun in Komm. 1905.) (39 S.) 8° [Kopft. F.]
= **Wartburghefte.** 32/33. [07. 8623 3

— John Knox 1505—1572, s.a. Schriften des Vereins f. Reformationsgeschichte. Nr. 84.

John Knox 1505-1572. Ein Erinnerungsblatt z. 4. Zentenarfeier von R. **Mulot.** Halle a. d. S.: Ver. f. Reformationsgesch. 1904. (83 S.) 8° [F.]
= **Schriften** d. Vereins f. Reformationsgeschichte. No 84. [05. 7506 9

Mülot, H. F., der Auswanderer. Ein unpartheiischer Rathgeber und sicherer Führer für Auswanderer aller Klassen und Stände nach den verschiedenen in der neuesten Zeit empfohlen. Auswanderungszielen in Europa, Afrika, Australien, Süd-, Mittel- und Nordamerika. 8. (IV und 289 S. mit 1 lithogr. Karte der verein. Staaten von Nordamerika in Fol.) Hanau 848, Edler'sche Buchh.

—— Bemerkungen zu der systematischen Tabelle des französischen Zeitworts. 8. (15 S. und 2 Tab. in qu. Fol.) Hanau 851, (Edler'sche Buchh.) *

Mulsant, M. E., histoire naturelle des Coléoptères de France. (Tom. IV.) Sulcicolles. — Sécuripalnes. gr. in 8. (Mit 1 Kpfrtaf.) Paris 846. (Leipzig, T. O. Weigel.) n. 3 1/6 ß (I—IV. n. 13 5/6 ß)

Mulsant, E., et Ed. Verreaux, histoire naturelle des Oiseaux-Mouches ou Colibris, constituant la famille des Trochilides. Tome III. Livr. 1—4. (S. 1—301 m. 16 Chromolith.) Basel 876. 77. Georg. à n. 12. —

Mulsant, E., Species des Coléoptères trimères sécuripalpes. 2 parties. Lex. 8. (XVI u. 1104 S.) Lyon 851. Leipzig, T. O. Weigel. n. n. 7 1/3 ß

Mulso, Thom., Callistus, o. d. Mann nach der Welt, u. Sophronius, od. d. Mann in d. Entfern. von d. Welt. In 3 Gesprächen; aus d. Engl. 8. Leipz. 768. Weidmann. 4 gl.

Mulsow, Gotthilf: Mascheronische Konstruktionen. *Schwerin i. M. 1898: Bärensprung.* (16 S.) 4°
Schwerin, grossh. G Fridericianum, OP 1898 (691)

Mulsow, Hermann: Mass und Gewicht der Stadt Basel bis zum Beginn des 19. Jahrhunderts. Lahr 1910: Schauenburg. 76 S. 8°
Freiburg i. B., Phil. Diss. v. 1910, Ref. v. Below
[Geb. 31. Dez. 86 Philippsburg i. B.; Wohnort: Altenheim; Staatsangeh.: Baden; Vorbildung: Gymn. Offenburg Reife Juli 06; Studium: Freiburg i. B. 3, Tübingen 1, Freiburg i. B. 1, Straßburg 1, Freiburg i. B. 1 S.; Rig. 26. Febr. 10.] [U 10. 1073

Brombach im Wiesental. Ein Beitrag z. Heimatkunde von Pfarrer [Joh.] Mulsow, Altenheim. Lahr: M. Schauenburg 1905. (306 S.) 8° [J.]

Mulsow, Karl: Über Fortpflanzungserscheinungen bei Monocystis rostrata n. sp. München 1911: (Lippert, Naumburg a. S.). 36 S. 8° ¶ (Aus: Archiv f. Protistenkunde. Bd 22, H. 1.)
München, Phil. Diss. v. 17. Nov. 1910, Ref. v. Hertwig
[Geb. 23. Juli 87 Neubrandenburg; Wohnort: Neubrandenburg; Staatsangeh.: Mecklenburg-Strelitz; Vorbildung: Gymn. Neubrandenburg Reife O. 06; Studium: Freiburg i. B. 2, München 5 S.; Rig. 17. Nov. 10.] [U 11. 3824

Mulsum [Schlagwort]

Mulsum, s.: Preussen, Messtischblätter.

Multatuli (Pseud.), s. a. D e k k e r, Eduard Douwes

Multatuli (Ed. Douwes Dekker), die Abenteuer des kleinen Walther. Übertr. aus dem Holl. von Wilh. Spohr. Mit Vor- u. Nachwort des Übersetzers. 2 Bde. Titelzeichnung v. Fidus. gr. 8. (XXIV, 440 u. XI, 547 S.) Minden 901. 902. J. C. C. Bruns. n. 10. —; geb. n. 12. —

Multatuli (Ed. Douwes Dekker), die Abenteuer des kleinen Walther. Uebertr. aus dem Holl. v. Wilh. Spohr. Mit Vor- u. Nachwort des Uebersetzers. 2 Bde. Titelzeichnung v. Fidus. 2. Aufl. Billige Ausg. (XIV, 338 u. VIII, 432 S.) 8. Minden (903). J. C. C. Bruns. n. 5. —; geb. in Leinw. n. 6. —

— dasselbe, s. a. Bibliothek der Gesamtlitteratur.

— Auswahl aus seinen Werken in Übersetzung aus dem Holl., eingeleitet durch e. Charakteristik seines Lebens, seiner Persönlichkeit u. seines Schaffens. Von Wilh. Spohr. Mit Bildnissen u. handschriftl. Beilage. (Umschlag-)Titelzeichnung v. Fidus. 1. u. 2. Aufl. gr. 8. (à VIII, 383 S.) Minden 899. 902. J. C. C. Bruns. n. 4. 50; geb. n. 5. 50

— die Braut, s.: Bibliothek der Gesamtlitteratur.

— kleine Erzählungen u. Skizzen, s.: Universal-Bibl.

— Frauenbrevier. Hrsg. v. Wilh. Spohr. (Titelzeichnung u. Buchschmuck von Fidus.) (XV, 316 S.) 8. Frankfurt a/M. 905. Literar. Anstalt. n. 4. —; geb. in Leinw. n. 5. —; in Luxusbd. n. 6. 50

— Fürstenschule. Schauspiel in 5 Aufzügen. Übertr. aus dem Holl. v. Wilh. Spohr. Mit e. Nachwort des Übersetzers. Titelzeichng. v. Fidus. gr. 8. (VII, 134 S.) Minden 901. J. C. C. Bruns. n. 2. 25; geb. n. 3. —

— Fürstenschule. Schauspiel in 5 Aufzügen. Uebertr. aus dem Holl. von Wilh. Spohr. Mit e. Nachwort des Uebersetzers. Titelzeichnung v. Fidus. 2. Aufl. Volksausg. (III, 111 S.) 8. Minden 903. J. C. C. Bruns. n. 1. —; geb. in Leinw. n. 1. 50

— dasselbe, s. a. Bibliothek der Gesamtlitteratur.

— dasselbe, s. a. Universal-Bibliothek.

Multatuli, Max Havelaar oder die Holländer auf Java. Zeitgemälde. Deutsch von Th. Stromer. 8. (221 S.) Berlin 875, G. H. F. Müller. *

— Max Havelaar. Übertr. aus dem Holl. v. Wilh. Spohr. Titelzeichnung v. Fidus. 1. u. 2. Aufl. gr. 8. (à VIII, 355 S.) Minden 900. 901. J. C. C. Bruns. n. 4. 50; geb. n. 5. 50

Multatuli (Ed. Douwes Dekker), Max Havelaar. Uebertr. aus dem Holl. von Wilh. Spohr. Titelzeichnung v. Fidus. 3. Aufl. (Volksausg.) (280 S.) 8. Minden 903. J. C. C. Bruns. n. 2. —; geb. n. 2 50

— dasselbe, s. a. Bibliothek der Gesamtlitteratur.

— dasselbe, od. Die Kaffeeversteigerungen der niederländ. Handelsgesellschaft, s.: Meyer's Volksbücher.

— Ideen. Uebertr. aus dem Holl. v. Wilh. Spohr. 1. u. 2. Aufl. (XIV, 278 S.) gr. 8. Berlin 903. E. Fleischel & Co. n. 4. —; geb. n. 5. 50

— Ideen u. Skizzen, s.: Bibliothek der Gesamtlitteratur.

Multatuli, Jesus selbst, s.: Murray, A.

— infam kassiert, s.: Hesse's, Max, Volksbücherei.

— Liebesbriefe. Übertr. aus dem Holl. von Wilh. Spohr. (Umschlag-)Titelzeichnung von Fidus. 1. u. 2. Aufl. gr. 8. (à VII, 191 S.) Minden 900. 902. J. C. C. Bruns. n. 3. —; geb. n. 3. 75

— Millionen-Studien. Übertr. aus dem Holl. von Wilh. Spohr. Titelzeichng. v. Fidus. gr. 8. (X, 378 S.) Ebd. 900. n. 4. 50; geb. in Leinw. n. 5. 50

— dasselbe, s. a. Bibliothek der Gesamtlitteratur.

— Minnebriefe. Zeige mir den Platz, wo du gesäet hast, s.: Bibliothek der Gesamtlitteratur.

— dasselbe u. Millionenstudien, s.: Hesse's, Max, Volksbücherei.

— Walther in der Lehre, s.: Bibliothek der Gesamtlitterat.

— Worte Multatulis. [Hrsg. von] Carl Hagemann. Minden i. W. [1906]. 8°
(Breviere ausländ. Denker u. Dichter.)

Multatuli-Briefe. Hrsg. v. Wilh. Spohr. Mit 5 Bildern in Mezzotinto-Grav. Titelzeichnung von Fidus. 2 Bde. (XIV, 404 u. 288 S.) gr. 8. Frankfurt a/M. 906. Literar. Anstalt. n. 10. —; geb. n. 14. —

Multavidi, Amadeus, die Macht des Hypnotismus im Dienste des Menschen. Die Kunst der Ausnützg. geheimnisvoller Geisteskräfte. (111 S.) 8. Dresden (906). Verlag Meteor. n. 2. —

Multavidi, Amadeus, wie mache ich e. gute Partie? Ratschläge f. arme Teufel, die schnell ihr Glück machen wollen. (96 S.) 8. Dresden (909). M. Fischer. 1. 20

— **aus der Wunderwelt des Spiritismus.** Mit genauer Anleitung: Wie spiritist. Sitzgn. errichtet u. abgehalten werden. (109 S.) 8. Ebd. (906). n. 2. —

Multer, Johann Chr.

Multer, J. Chr., die Ungültigkeit der am 15. Nov. v. J. in Fulda unternomm. Bischofswahl aus kirchenrechtl. Gründen nachgewiesen, nebst e. Anh., d. Eidesleistung d. Fuldaer kathol. Geistlichkeit auf d. Kurhess. Verfass. betreff. gr. 8. (4½ B.) Marburg 832, Garthe.

— prakt. Vorschläge zur Errichtung u. Verbesser. des gesammt. Elementar- u. Unterrichtswesens in Deutschland; mit näherer Beziehung auf die kathol. Landschulen in d. Provinz Oberhessen. Nebst 2 Anlagen u. 7 Tabb. gr. 8. Cöln 822. Bachem. 14 gGr.

Mülter, C. H., s. Schönberg-Mülter.

Mülter, Heinr., neues Gebetbüchlein für fromme Kinder. Zur Erhebung des Geistes u. Herzens hrsg. 24. (108 S.) Reutlingen 849, Fleischhauer & Spohn. 2 ngr.

Mülter, Heinr., neues Gebetbüchlein für fromme Kinder. Zur Erhebung des Geistes und Herzens herausg. 1—3. Aufl. Reutlingen 855—57. Fleischhauer u. Spohn. 64. (142 S.) 4 ngr.

Mülter, Heinr., neues Gebetbüchlein für fromme Kinder. Zur Erhebung des Geistes und Herzens hrsg. 32. (159 S. mit 15 feinen Stahlst.) Reutlingen 865, Fleischhauer und Spohn. geb. mit Goldschn. und in Futteral

Multhaupt, Karl Bernhard [app. Arzt aus Albersdorf]: Aus d. patholog. Institut zu Kiel. Beitrag zur Lehre von der Aktinomykose. . . . Kiel, Druck v. A. F. Jensen, 1888; 16 S. + 2 Bl. 8°
Kiel, Med. Fak., Inaug.-Diss. v. 15. Sept. 1888

Multhaupt, Karl Bernh., Beitrag zur Lehre von der Aktinomykose. Inaugural-Dissertation. gr. 8. (16 S.) Kiel 888, (Lipsius und Tischer.) *

Multhaupt, Otto

Multhaupt, O., die moderne Elektrizität. Lehrbuch üb. die Anwendg. der Elektrizität f. Gewerbetreibende u. Interessenten. Allgemein verständlich dargestellt. Mit über 1200 Abbildgn., 4 zerlegbaren, mehrfarb. Modellen u. e. besond. Taf. (elektr. Fernschnellbahn). gr. 4. (IV, 408 S.) Berlin 901. R. Schwarz. Geb. in Leinw. 22. —

Multibibus, Blas., Jus potandi oder Deutsche Zech-Recht, Commentbuch des Mittelalters. Nach dem Original von 1616 mit Einleitung neu hrsg. von Dr. Max Oberbreyer. Heilbronn, Gebr. Henninger, o. J. (1877). (2 Auflagen.) 16°. XIX—89 SS.
— — Dasselbe. 5. Aufl. Ebd. 1883. 16°. XXIII—89 S. (Mk. 1—.)
— — Dasselbe. Ebd. 1878. 16°.

Multiplication, Die, in ihrer vollkommenen Gestalt; oder Beschreibung einer neu erfundenen . . . Rechnen-Maschine . . . Dresden 1823. V: *Seidel, Johann Georg Gottfried.* (Ky) (MGT)

Multiplication, die, in ihrer vollkommenst. Gestalt, od. Beschreib. e. neuerfund., einfachen u. untrügl. Rechnen-Maschine f. d. Multiplication ꝛc. 8. Dresd. 823. Arnold. 16 gGr.

Multiplication, die neue, oder Anweisung, die unmittelbare Berechnung der Producte aus zwei- bis achtzifferigen Factoren nach einer einfachen, von der bisher gebräuchlichen ganz verschied. Methode auszuführen. Für Freunde der Arithmetik, für alle Classen von Rechnern, namentlich aber zur Einführung in Gymnasien u. Bürgerschulen zum Druck befördert. 2. ganz umgearb. Aufl. gr. 8. Oldenburg 842, Schulze'sche Buchh. (W. Berndt.) 1/6 Thlr.
(3/4 Bog.)

Multiplications-Tabelle nach e. neuen Plan. 8. Stuttg. 824. Schulz. 3 gGr.

Multiplications-Tabellen, welche d. Produkte aller ganzen Faktoren von 1 — 1000 mit 00 enth. gr. 4. Kopenh. 793. (Brummer). 3 Thlr.

Multiplicationstabellen, w. d. Produkte all. ganzen Factoren v. 1 — 1000 ꝛc. enth. gr. 4. Copenh. Proft. 793.

Multiplications-Tabellen aller Zahlen von 1 bis 500. Ein Hülfsbuch für Geometer, Baumeister, Forstmänner und überhaupt für alle, die viel zu rechnen haben, zur schnelleren Erlangung richtiger Resultate beim Multipliciren und Dividiren. Lex.-8. (VII und 500 S.) Oldenburg 860, Schulze'sche Buchh. *

Multiplications-Tabellen aller Zahlen von 1 bis 500. Ein Hülfsbuch für Geometer, Baumeister, Forstmänner und überhaupt für Alle, die viel zu rechnen haben, zur schnelleren Erlangung richt. Resultate beim Multipliciren und Dividiren. 2., revid. Ausg. Lex.-8. (VII und 500 S.) Oldenburg 866, Schulze'sche Buchh. cart. *

Multiplicationstafel, neue. Leipzig. Künzel. 1½ gGr.

Multiplications-Tafel, neue, Lithogr. u. auf Pappe. (Runde Scheibe. 4" im Durchmesser.) Schmalkalden (832). [Leipzig, Schumann.]

Multiplications-Tafeln zum Behufe der Berechnung des Flächen-Inhalts bei der Catastral-Vermessung im österreichischen Kaiserstaate. Auf Anordnung der k. k. Grundsteuer-Regulirungs-Hof-Commission verfasst vom Triangulirungs-Calcul-Bureau des Catasters. 4. Wien 1822.

Mulvany, William Th.

Mulvany, Wm. T., die Anlage eines Central-Bahnhofs u. die Gestaltung des Eisenbahnnetzes in u. um Düsseldorf. Nach Verstaatlichung der Eisenbahnen, m. Rücksicht auf den internationalen Verkehr u. die Verbindung mit dem Rhein. Nebst 2 ausführlichen Karten in Farbendr. Lex.-8. (31 S.) Düsseldorf 880. Michels. n. 4. —

Mulvany, Will. Th., Deutschlands Binnen- und Seehäfen, mit besonderer Berücksichtigung der Ein- und Auslade-Vorrichtungen. (Düsseldorf 1883.) 8. . . . (LHK.)

Mulvany, W. Th., Projected international communication in the North and East of Europe through the new harbour of Flushing at the mouth of the Sheldt in Holland. Düsseldorf, 1873. 11 S. mit 2 Karten.

— Düsseldorfer Eisenbahn- u. Hafen-Frage. Modifications-Vorschlag betr. Lage des Central-Personen-Bahnhofs. Mit einem erläut. (chromolith.) Plane von Düsseldorf. gr. 8. (II, 12 S.) Düsseldorf 882. F. Bagel. n. 2. 50

Mulvany W Th, Deutschlands Fortschritte in der Kohlen- und Eisenindustrie in ihrer Abhängigkeit von der Eisenbahn. 4° Düsseldorf 1868

Mulvany, Will. Th., Deutschlands Handelspolitik und deren Wirkung auf den deutschen Nationalwohlstand. Düsseldorf 1876.

Mulvany, W. Th., Deutschlands Kohlen- und Koks-Export. Denkschrift und Korrespondenz mit Eisenbahndirektionen. 1. [einzige] Abt.: Holland. Düsseldorf, 1869. 30 S.

(**Mulvany,** Will. Th., und H. Daniel,) Deutschlands Nordseehäfen und ihre Eisenbahn-Verbindung. (Düsseldorf 1874.) 4. . . . . (HC.)

—— Nord- und Ostseehäfen. Graphische Darstellung der westfälischen und englischen Kohlenfrachten. Düsseldorf 1877. 8. . . . . (HC.)

Mulvany, W. Th., Der Strike der Bergleute im Essener Revier des O.-B.-B. Dortmund. Einige freundliche Worte an Arbeitgeber und Arbeiter. Düsseldorf, 1872. 13 S.

Mulvany, Will. Th., Deutschlands Verkehrswesen. — Eisenbahn-Tarif-Reform mit einer Tarifkarte oder graphischen Darstellung der bestehenden Tarif-Anomalien. Düsseldorf 1877. 8. . . . . (HC.)

Verein zur Wahrung der gemeinsamen wirthschaftlichen Interessen in Rheinland und Westphalen. — Praktische Vorschläge zur Beseitigung der Transportnoth von W. T. MULVANY. Düsseldorf, März 1872. Düsseldorf, 1872. Druck von Spiethoff & Krahe. 4°.

Mulvany, Will. Th., Deutschlands Wasserstrassen und deren Verwendung in ihrem jetzigen Zustand für den Export vermittelst Verbesserungen im Schiffsbau. Referat des Präsident W. T. Mulvany in der Ausschuss-Sitzung am 12. Jan. 1881. Nachtrag, enthaltend: Gutachten über dieses Referat, eine Kritik von Prof. (J.) Schlichting, mit Erwiederung auf dieselbe u. a. m. Zusatz zum Nachtrag. (Berlin und Düsseldorf 1881.) 4. . . . . (LHK.)

Mülverstedt, George Adalbert von

Mülverstedt, G. A. v., der abgestorbene Adel der sächs. Herzogthümer, s.: Siebmacher's, J., grosses u. allgem. Wappenbuch. VI, 12.

Mülverstedt, G. A. v., ausgestorbener anhaltischer Adel, s.: Siebmacher's, J., grosses u. allgem. Wappenbuch. VI. 11.

— ausgestorbener meklenb. Adel, s.: Siebmacher's, J., gr. u. allgem. Wappenbuch. VI. 10.

Mülverstedt, G. A. v., ausgestorbener preuss. Adel in der Prov. Ost- u. Westpreussen, s.: Siebmacher's, J., gr. u. allgem. Wappenbuch. VII. 3.

— Ausgestorbener Adel der Fürstenthümer Schwarzburg, s.: Siebmacher's, J., grosses u. allgem. Wappenbuch. VI, 13.

— der preuss. Adel (Edelleute, Freiherren u. Grafen), s.: Siebmacher's, J., grosses u. allgem. Wappenbuch. III. 1. II.

Mülverstedt, G. A. v., s.: Codex diplomaticus Alvenslebianus.

— s.: Diplomatarium Ileburgense.

Mülverstedt, von, Ad vocem Dodeleben. Beitrag zur Untersuchung über die Ortsnamens-Endungen -leben und -legen, so wie ihr Verhältniss zu einander. O. O. u. J.
Sep.-Abdr. aus: Zschr. d. Harzver. . . . . (D.)

Geschichte des altadeligen Geschlechts von Oppen. Im Auftr. d. Kammerherrn Adolph Wilhelm Rudolh v. Oppen-Schilden ... bearb. u. hrsg. von George Adalbert v. **Mülverstedt,** Geh. Archivrath. Bd 1–4. *Magdeburg 1894–98: E. Baensch jun.* 4 Bde 4°(8°) [F.]
1. 2 = Urkundenbuch z. Gesch. d. Geschl. v. Oppen. Th. 1. 2. 1893–96.
3 = Oppen, Matthias v.: Tagebuch. 1894.
4. Geschichte d. Geschlechts v. Oppen. Bd 1 [einz.]. 1898 [02. 14950

— des Geschlechts v. Kalckstein Herkunft u. Heimath. (48 S. m. 1 Stammtaf.) Lex.-8. Magdeburg 904. E. Baensch jun. n. 3. —

Mülverstedt, Geo. Adalb. v., Hierographia Erfordensis oder Uebersicht der in der Stadt Erfurt und deren Gebiete früher und noch jetzt bestehenden Stifter, Klöster, Capellen etc. sowie derjenigen Kirchen, deren Schutzheilige bekannt geworden sind. br. 8. (32 S.) Erfurt 867, Villaret. *
Aus: Mittheilungen des Vereins für die Geschichte zu Erfurt, besonders abgedruckt.

Mülverstedt, George Adb. v., die brandenburgische Kriegsmacht unter dem Großen Kurfürsten. Quellenmäßige Darstellung aller einzelnen, in der Zeit von 1640 bis 1688 bestehenden kurbrandenburg. Regimenter und sonst. selbständ. Truppenkörper nebst den Festungen, der Marine ꝛc. Mit einer Beigabe bisher ungedruckter Urkunden sowie von 127 Ranglisten und Musterrollen. Lex.-8. (XXI, 813 S.) Magdeburg 888, E. Baensch jun. *

Mülverstedt, G. A. v., die Münzen der Grafen v. Barby in neuerer Zeit. Nebst einigen Nachrichten üb. das Münzwesen derselben im Mittelalter. Mit e. (lith.) Taf. Abbildgn. gr. 8. (32 S.) Magdeburg 872. Schaefer. n. 1. —

—— die Münzen der ehemaligen freien Reichsstadt Nordhausen, s. Oswald.

—— magdeburgisches Münz-Cabinet des neuern Zeitalters, enth. das Verzeichniß aller sowohl von dem Erzstift und Herzogthum als auch von und in der Stadt Magdeburg von 1513 ab bis zur Gegenwart ausgegangenen Münzen und Medaillen. Mit einer allgemeinen Einleitung. 8. (88 S.) Magdeburg 868, Baensch. *

[F.] Magdeburgisches Münz-Cabinet des neueren Zeitalters, enth. d. Verz. aller sowohl v. d. Erzstift u. Herzogthum als auch v. u. in d. Stadt Magdeburg v. 1513 bis z. Gegenw. ausgegangenen Münzen u. Medaillen. M. e. allgem. Einl. Von G[eorge] A[dalbert] v. **Mülverstedt,** Kgl. Prov.-Archivar zu Magdeburg ... 2. unveränd. Aufl. *Magdeburg: A. Rathke 1897.* (93 S., 1 Bl.) 1 Bd 8. [98. 1871

— Magdeburgisches Münz-Cabinet d. neuern Zeitalters, enth. d. Verzeichniß aller sowohl v. d. Erzstift u. Herzogthum als auch von u. in der Stadt Magdeburg von 1513 ab bis zur Gegenwart ausgegang. Münzen u. Medaillen. M. e. allgem. Einleitg. 2., unveränd. Aufl. gr. 8. (95 S.) Magdeburg 898. A. Rathke. n. 2. —

Mülverstedt, G. A. v., Geschichtl. Nachrichten von dem altpreussischem Adels-Geschlechte der von Gaudecker. Mit Stamm-, Wappen- u. Siegeltfln. Magdeburg 1877. 8.

Geschichtliche Nachrichten von dem Rittergute Loszainen im Kreise Rössel des Ermlandes und seinen Besitzern. Zugl. e. Beitrag z. ermländ. Geschichte u. Landeskunde. Vom Geh. Archivr. (G[eorg] A[dalbert]) v. **Mülverstedt.** Mit 16 Urkunden u. 10 Stammtaf. Magdeburg (1909): Baensch jun. 58 S. 4°

Mülverstedt, George Adb. v., geschichtliche Nachrichten v. dem altpreußischen Adelsgeschlecht v. Ostau. Mit 11 Stamm- u Ahnentaf., sowie 4 Blättern m. Wappen- u. Siegelabbildgn. u. Fcsm. v. Namensunterschriften. Im Auftrage der Familie gesammelt, bearb. u. hrsg. Lex.-8. (V, 272 S.) Magdeburg 886. (Baensch jun.) n. 10. —

– (Bearb. u. Hrsg.), s. Oppen, Matthias von: Das Tagebuch.

[–.] Rechenschafts-Bericht über eine 50jährige litterarische Thätigkeit auf dem Gebiete der vaterländischen Geschichtsforschung. Ine. Uebersicht der v. d. Staats-Archivar ... (G[eorg] A[dalbert]) v. **Mülverstedt** 1849 1898 verfassten ... Werke, Abhandlgn u. Aufsätze. ... Ende 1898. Als Ms. gedr. *Magdeburg: Dr. v. E. Baensch jun. 1898.* (32 S.) 1 Bd 8 [Vf. 12482 II.

Mülverstedt, G. A. v., s. **Regesta archiepiscopatus Magdeburgensis.**

Mülverstedt, George Adb. v, s. Regesta Stolbergica.

Mülverstedt, Geo. Adalb. v., Sammlung von Ehestiftungen u. Leibgedingsbriefen ritterschaftlicher Geschlechter der Provinzen Sachsen, Brandenburg, Pommern und Preußen. Nach archivalischen Quellen herausg. Magdeburg 863. (Schäfer.) gr. 8. (XII, 361 S.) n. 1 Thlr 24 ngr

—— **die heraldische „Schachroche". Mit besond. Beziehung auf das Rochow'sche Wappen. gr. 8. (34 S. mit 2 Stnt.) Berlin 874, Mitscher und Röstell.** *

Aus: Vierteljahrschrift für Heraldik, Sphragistik und Genealogie, besonders abgedruckt.

Mülverstedt, G. A. v., s.: Siebmacher's, J., Wappenbuch.

— mittelalterliche Siegel aus dem Erzstift Magdeburg. Mit herald. u. histor. Erläuterungen. Hersg. vom Geschichts- u. Alterthums-Verein des Erzstifts Magdeburg. 1. Liefg. Taf. 1—3. (lith. in Tondr.) Magdeburg 869. Schäfer. gr. 8. (47 S.) n. 20 ngr

— mittelalterliche Siegel aus dem Erzstift Magdeburg. Mit herald. u. histor. Erläutergn. Hrsg. vom Geschichts- u. Alterthums-Verein d. Erzstifts Magdeburg. 2. u. 3. Lfg. Taf. 4—9. (lith. in Tondr.) gr. 8. (86 u. 80 S.) Magdeburg 871. 72. Schäfer. à n. n. 2. 50 (1—3.: n. n. 7. —)

– (Bearb. u. Hrsg.), s. Urkundenbuch zur Geschichte des altadeligen Geschlechts von Oppen.

Mülverstedt, v., Ueber das Vaterland der Familie York von Wartenburg. 1855.

Mülverstedt, G. A. v., die ältere Verfassung der Landstände in der Mark Brandenburg vornämlich im 16. u. 17. Jahrh. Berlin 858. R. Kühn. gr. 8. (XII, 288 S.) n. 15 ngr

— **Wappenbuch des ausgestorb. preuss. Adels der Provv. Brandenburg, Pommern u. Sachsen, s.: Siebmacher's, J., gr. u. allgem. Wappenbuch. VII. 3.**

v. Mulzer, (Staatsr.,) Darstell. d. franzöf. Gesetzgebung. gr. 8. Gieß. 809. Müller. 12 xr

Mulzer, Georg Chr.

Mulzer, Geo. Ch., discurs. de eo, quod circa communionem bonorum etc. 4. Bamb. Göbhard. 758.

Mulzer, Geo. Chr., discurs. de eo, quod circa communionem bonorum etc. 4. Bamb. 758. (Wesché in Frkf.) 4 gl

Mulzer, Geo. Wilh., Liederverse u. Bibelsprüche zu Luthers Katechismus. Zunächst f. meine Schulen. 1. Abthl.: Die heil. zehn Gebote. 12. ($3^2/_3$ B.) Berlin 834, Krause.

Mulzer, Georg Wilh., Liederverse und Bibelsprüche zu Luther's Katechismus. Zunächst für meine Schulen. 1e Abthl.: Die heiligen zehn Gebote. 12. Berlin 834. Krause, jetzt Stackebrandt. n. $^1/_6$ Thlr

Mulzer, Geo. Wilh., Liederverse u. Bibelsprüche zu Luthers Katechismus. 1. Abthl.: Die heil. zehn Gebote. 12. ($3^2/_3$ B.) Berlin 838. [Halle, Coldiß.] •

Mulzer, Ign.: Historia legum ecclesiasticarum positivarum quibus in Germania utimur. Bambergae 1772.

Mulzer, Ign., **Hist. legum ecclesiasticar. positivar. 8. maj.** Frcf. et Lips. (Göbhard, Bamberg.) 773.

Mulzer, Ign., († 1772.) historia legum ecclesiasticar. positivar., quibus in German. utimur. 8maj. Frkf. u. Leipz. 773. (Wesché). 4 gl

Mulzer, Ign.: Praecognita in jurispr. eccles. posit. Germanor. *Francof.*, (Wesché.) 770. 8maj. (9 Gr.)

Mulzer, Joh. Paul, das bayerische Gesetz vom 19. Mai 1881, die Kapitalrentensteuer betr., bearb. als Steuer-Katechismus f. den Steuerzahler. 8. (80 S.) Memmingen 894. J. Feiner. Kart. n. — 80

— die bayerische Haussteuer. Das bayer. Haussteuer-Gesetz vom 15. Aug. 1828 / 19. Mai 1881, bearb. als Steuerkatechismus f. den Steuerzahler. 2. Aufl. 8. (61 S.) Ebd. 893. Kart. n. — 80

Mulzer, Jos., Beiträge zur medicin. Statistik d. Stadt Regensburg, s.: Zeitschrift des kgl. bayer. statist. Bureau.

Mulzer, Max, approb. Arzt aus Neumarkt (in d. Oberpfalz): **Toxi**logische [!] **Studien** über das Natriumnitrat mit **Beziehung auf andere** Natronsalze. *Würzburg 1892 [vielm. 1899/1900]: P. Scheiner.* (42 S.) 8°
Würzburg, Med. Diss. v. 1892

Mulzer, P., prakt. Anleitung zur Syphilisdiagnose auf biologischem Wege. (Spirochaeten-Nachweis, Wassermannsche Reaktion.) (VIII, 128 S. m. 19 Abbildgn. u. 4 [1 farb.] Taf.) 8. Berlin 910. J. Springer. 3.60; geb. in Leinw. n 4. 40

Mulzer, Paul, Assistenzarzt im Torgauer Feld-Artillerie-Reg. No 74, Wittenberg: Über die **Behandlung** der Aortenaneurysmen und schwerer Blutungen mit Gelatineinjektionen und über die Gefahr der Infektion mit Tetanus. *Wittenberg 1904: Herrosé & Ziemsen.* (47 S.) 8°
Leipzig, Med. Diss. v. (21. Juni) 1904

Mulzer, Paul: Aus dem Laboratorium der Kgl. Universitätsklinik für Haut- und Geschlechtskrankheiten zu Berlin ⟨Prof. Dr. E. Lesser⟩. Ueber das Vorkommen von Spirochaeten bei syphilitischen u. anderen Krankheitsprodukten. Königsberg i. Pr. 1905: O. Kümmel. (26 S.) 8°
Königsberg, Med. Fak., Ref. Lexer, Diss. v. 6. Dez. 1905
[Geb. 8. Mai 80 Ludwigstadt, Oberfranken; Wohnort: Ludwigstadt; Staatsangeh.: Bayern; Vorbildung: Gymn. Augsburg Reife Juli 00; Studium: Erlangen 4, Berlin 6 S.; Coll. 30. Nov. 05; Approb. 29. Nov. 05.]

FSC
www.fsc.org
MIX
Papier | Fördert gute Waldnutzung
FSC® C083411

Kolibri 360 GmbH
Ferdinand-Jühlke-Straße 7
99095 Erfurt, Deutschland
produktsicherheit@kolibri360.de